有機化学命名法
IUPAC2013勧告および優先IUPAC名

H. A. Favre, W. H. Powell 編著
日本化学会 命名法専門委員会 訳著
協力 独立行政法人 製品評価技術基盤機構

東京化学同人

International Union of Pure and Applied Chemistry
Division of Chemical Nomenclature and Structure Representation

Nomenclature of Organic Chemistry
IUPAC Recommendations and Preferred Names 2013

Prepared for publication by

Henri A. Favre
Montréal, Canada

Warren H. Powell
Columbus, OH, USA

© International Union of Pure and Applied Chemistry, 2014. All rights reserved.

Original English language edition published for the International Union of Pure and Applied Chemistry by The Royal Society of Chemistry, Thomas Graham House, Science Park, Milton Road, Cambridge CB4 0WF, UK.

編纂者の一人 Henri A. Favre 氏は本書の完成を目前にした
2013 年 7 月 20 日に逝去されました.
哀悼の意を込めて本書を同氏に捧げます.

MEMBERSHIP OF THE IUPAC COMMISSION ON
NOMENCLATURE OF ORGANIC CHEMISTRY (CNOC, 1993-2001)

Titular Members: J. E. Blackwood (USA 1996-1997); H. J. T. Bos (Netherlands 1987-1995, Vice Chairman 1991-1995); B. J. Bossenbroek (USA 1998-2001); F. Cozzi (Italy 1996-2001); H. A. Favre (Canada 1989-2001, Chairman 1991-2001); P. M. Giles, Jr. (USA 1989-1995); B. J. Herold (Portugal 1994-1997, Secretary 2000-2001); M. V. Kisakürek (Switzerland 1994-1997, Vice Chairman 1996-1997); D. Tavernier (Belgium 1991-1995); J. G. Traynham (USA 1991-1999, Secretary 1994-1999); J. L. Wiśniewski (Federal Republic of Germany 1991-2001); A. Yerin (Russia 2000-2001).

Associate Members: F. Cozzi (Italy 1994-1995); F. Fariña (Spain 1989-1994); A. A. Formanovsky (Russia 1998-2001); L. Goebels (Federal Republic of Germany 2000-2001); K.-H. Hellwich (Federal Republic of Germany 1998-2001); B. J. Herold (Portugal 1998-1999); R. J.-R. Hwu (USA + Chemical Society Taipei 1989-1997); M. A. C. Kaplan (Brazil 1989-1997); M. V. Kisakürek (Switzerland 1998-1999); A. J. Lawson (Federal Republic of Germany 1991-1999); W. Liebscher (Federal Republic of Germany 1989-1997); M. M. Mikolajczyk (Poland 1989-1997); J. Nyitrai (Hungary 1994-2001); H. A. Smith Jr. (USA 1994-2001); J. H. Stocker (USA 1991-1999); D. Tavernier (Belgium 1996-1997); S. S.-C. Tsay (Chemical Society Taipei 1998-2001); A. Yerin (Russia l998-1999).

National Representatives: O. Achmatowicz (Poland 2000-2001); R. Bicca de Alencastro (Brazil 1994-1997); S. Chandrasekaran (India 1994-1995); Q.-Y. Chen (China 1991-2001); A. A. Formanovsky (Russia 1996-1997); E. W. Godly (UK 1994-1997); B. J. Herold (Portugal 1992-1993); S. Ikegami (Japan 1986-1999); A. K. Ikizler (Turkey 1987-1997); J. Kahovec (Czech Republic 1989-2001); P. Kristian (Slovakia 1994-1997); E. Lee (Korea 1994-2001); L. Maat (Netherlands 1996-2001); G. P. Moss (UK 1998-2001); L. J. Porter (New Zealand 1987-1995); J. A. R. Rodrigues (Brazil 1998-2001); M. S. Wadia (India 1996-2001).

MEMBERSHIP OF THE IUPAC DIVISION OF CHEMICAL NOMENCLATURE AND
STRUCTURE REPRESENTATION (2002-2013)

Titular Members: M. A. Beckett (UK 2012-); J. Brecher (USA 2008-2011); T. Damhus (Denmark 2004-, Secretary 2008-); K. Degtyarenko (UK 2008-2011); M. Dennis (USA 2002-2002); R. Hartshorn (New Zealand 2004-, Vice President 2008-2009, President 2010-2013); S. Heller (USA 2006-2009); K.-H. Hellwich (Germany 2006-2009, 2012-, Vice President 2012-2013); M. Hess (Germany 2002-2003); P. Hodge (UK 2008-2011); A. T. Hutton (South Africa 2008-2011); H. D. Kaesz (USA 2002-2005); J. Kahovec (Czech Republic 2004-2007); G. J. Leigh (UK 2002-2003, 2008-2011); A. D. McNaught (UK 2002-2007, President 2002-2005, Past President 2006-2007); G. P. Moss (UK 2002-2011, Vice President 2004-2005; President 2006-2009, Past President 2010-2011); E. Nordlander (Sweden 2012-); J. Nyitrai (Hungary 2004-2007); W. H. Powell (USA 2002-2007, 2012-2013, Secretary 2002-2007); A. P. Rauter (Portugal 2012-); H. Rey (Germany 2012-); W. G. Town (UK 2002-2003); A. Williams (USA 2002-2005, 2012-); J. Wilson (USA 2008-2011); A. Yerin (Russia 2004-2007, 2010-2013).

Associate Members: J. Brecher (USA 2004-2007); F. Cozzi (Italy 2006-2007); K. Degtyarenko (Spain 2012-); S. Heller (USA 2002-2005); K.-H. Hellwich (Germany 2010-2011); M. Hess (Germany 2004-2005); P. Hodge (UK 2012-); A. T. Hutton (South Africa 2006-2007, 2012-); R. G. Jones (UK 2006-2007); J. Kahovec (Czech Republic 2008-2011); A. J. Lawson (Germany 2002-2005, 2008-2009); G. J. Leigh (UK 2004-2007); E. Nordlander (Sweden 2008-2011); B. M. Novak (USA 2002-2003); J. Nyitrai (Hungary 2008-2011); W. H. Powell (USA 2008-2011); J. Reedijk (Netherlands 2010-2013); M. J. Toussant (USA 2004-2005); N. Wheatley (UK 2012-2013); J. Wilson (USA 2006-2007, 2012-2013); A. Yerin (Russia 2008-2009).

National Representatives: O. Achmatowicz, Jr. (Poland 2002-2005); V. Ahsen (Turkey 2012-); I. Anis (Pakistan 2012-2013); F. L. Ansari (Pakistan 2006-2009); S. Baskaran (India 2010-2013); R. Bicca de Alencastro (Brazil 2010-2011); C. S. Chin (Korea 2004-2005); R. de Barros Faria (Brazil 2002-2005); Y. Do (Korea 2006-2009); I. L. Dukov (Bulgaria 2006-2009); G. A. Eller (Austria 2012-); Md. A. Hashem (Bangladesh 2008-2009, 2012-2013); J. He (China 2002-2005); B. J. Herold (Portugal 2002-2003); R. Hoyos de Rossi (Argentina 2005-2007); W. Huang (China 2012-); J. Kahovec (Czech Republic 2012-2013); S. S. Krishnamurthy (India 2006-2007); L. H. J. Lajunen (Finland 2008-2009); L. F. Lindoy (Australia 2004-2007); M. A. J. Miah (Bangladesh 2010-2011); L. L. Mkayula (Tanzania 2012-2013); P. Moyna (Uruguay 2010-2011); J. Nagy (Hungary 2012-); H. Ogino (Japan 2008-2011); R. F. Pellón (Cuba 2010-2011); M. Putala (Slovakia 2006-2007); J. M. Ragnar (Sweden 2004-2007); A. P. Rauter (Portugal 2010-2011); J. Reedijk (Netherlands 2004-2009); P. Righi (Italy 2004-2007); S. Tantayanon (Thailand 2012-2013); J. M. F. Toullec (France 2002-2003); Y. Yamamoto (Japan 2002-2003).

ま え が き

国際純正・応用化学連合(IUPAC)により刊行された本書, 有機化学命名法(Nomenclature of Organic Chemistry)は, 1993 年に刊行された IUPAC 有機化合物命名法ガイド(A Guide to IUPAC Nomenclature of Organic Compounds)の続編にあたる. IUPAC は体系的な命名法規則を定める責務を負っている. 有機化学のための規則は 1892 年にジュネーブで初めて発表され, さらに, 1930 年にリエージュ規則, 1957 年の IUPAC 規則(A 部と B 部), ブルーブックとよばれた 1969 年規則(A, B, C 部), 1979 年規則(A, B, C, D, E, F, H 部)と続いている. 1993 年ガイドでは化学分野に対して, いわゆる '優先 IUPAC 名'(唯一の名称とまではいわないが)を定める必要があることを示唆した. 情報の爆発的な増加は, 有機化合物の命名法における原則, 規則, 慣用などの修正を促すこの考えを支持している. 馴染みやすいように頭文字をとって PIN とした優先 IUPAC 名(preferred *I*UPAC *n*ame)は, 特許, 輸出入における規制, 健康と安全に関する情報などの法的側面, 環境科学における情報交換や法的な影響などにおいても重要なものである.

　本書の編集は 1992 年に始まった. この時期, 1993 年ガイドは Commission on Nomenclature of Organic Chemistry (有機化学命名法委員会, CNOC)の専門家の指示のもとで印刷中であった. 本書でもこのガイドの全体にわたる方式は受継がれている. 指針となる主要な点は継続性と普遍性である. 継続性というのは, 有機化合物の命名体系として置換命名法を主要な命名法とすることである. この命名法は, 母体水素化物と多様な階層的な順位〔化合物の種類, 接尾語, 環や環系, 鎖(主鎖)などの優先順位〕に基づいて命名する. 普遍性というのは, 13, 14, 15, 16, 17 族の元素の水素化物を置換命名法で母体水素化物とすることで, 炭素とヘテロ元素を同等に扱うことである. それには, ヘテロ元素の水素化物の名称を, たとえば PH_3 を ホスファン phosphane, SiH_4 を シラン silane とよぶように, 語尾を アン ane で終わるようにする. これらの名称はいくつかある無機化合物名(たとえば H_2S に対する スルファン sulfane と硫化水素 hydrogen sulfide)の中から選ばれたものなので予備選択名とよぶ. これらの名称を優先 IUPAC 名とするかどうかは今後の問題である. 予備選択名に対応して, たとえば −SH を スルファニル sulfanyl, =S を スルファニリデン sulfanylidene というような予備選択接頭語と接尾語が生じる. これらは置換命名法で, たとえば −CH_3 をメチル methyl, −C_6H_5 を フェニル phenyl というような優先接頭語, 優先接尾語とならんで使われる.

　体系的に普遍性を保ちながら名前を付けるために, これまでの規則に対していくつかの変更を行った. 本書では優先 IUPAC 名という体系を理解し使いやすくするため, P-1 から P-8 において, そのような変更が現われるたびに, 目立つように枠で囲んだ説明文を加えた. P-6 では, 置換基と官能基の接辞のつくり方を体系に即して解説した.

　規則を厳密に適用することにより, 命名法の体系化が広く理解され, また受入れられることを願っている. 優先 IUPAC 名は容易に決められる. それでもなお, 曖昧な点や予期しない問題が生じることは避けられない. 寄せられた疑問には対策班をつくり, 直ちに疑問に答え, 執筆者に指示して, 命名法体系の一貫性が保たれるようにするであろう. また命名法に

コンピューターを導入することは，一貫性の保持にも役立ち，さらに一貫性を確実に保ちながらこの体系を発展させるための助けとなるであろう．

　重要なことなので，命名法が口頭での伝達，商業ならびに工業の発展，文字を使った科学情報交換などさまざまな目的に役立つものであることを重ねて述べておきたい．何度も述べてきたように，IUPAC命名法の主要な目的は明確でかつ誤りのない名称をつくることである．すなわち，構造に対してそれに対応する名称が確実につくることができ，また逆に，名称に対してそれに対応する構造が確実に描けなければならない．優先IUPAC名は今この段階で，期待された目的に適うものである．これは化学および科学共同体に押しつけられたものではない．本書で提示する規則は，現在の目的にも，将来の発展のためにも，最も優れた命名法の体系であるというIUPAC Division of Chemical Nomenclature and Structure Representation (IUPAC 化学命名法および構造表示部会，旧称 Commission on Nomenclature of Organic Chemistry)の確固とした考えに基づくものである．

謝　　辞

　貢献された多くの方々に深く感謝を申し上げる．初期の起草段階における本プロジェクトの具現化と監督は，IUPAC Commission on Nomenclature of Organic Chemistry の委員によって 1993 年から 2001 年にかけて行われた．この間の Organic Nomenclature Commission 委員の名は先に記したとおりである．2002 年にこのプロジェクトの責務は，IUPAC Division of Chemical Nomenclature and Structure Representation に移り，2013 年まで進展を遂げた．2002 年から 2013 年までのこの Division Committee 委員の名も先に記してある．また，順序として，次に謝辞を述べたいのは，Division Committee の全委員および同僚の皆さんである．2004 年の最初の草稿を完成させる間に，文書や RSC ウェブサイト上にある IUPAC Division VIII Webboard を利用して全般あるいは個々の問題に対する意見を述べ，あるいは討議に参加して，多くの意見と提案をいただいた．また Alan McNaught にも，心から深く感謝したい．彼は，執筆者達とともに多くの日々を費やして，2004 年の草稿に対して寄せられた何百もの意見や提案を検討し，その結果を 2010 年の改訂原稿に結実させた．その原稿は 2010 年に Division VIII Webboard に載せて意見を募ったが，寄せられた多くの意見は，2004 年の草稿に対して寄せられたものと大差なかった．最終的に 2013 年の本勧告を導くこととなった重要で有益な意見は，Jonathan Brecher, Ursula Bünzli-Trepp, Ture Damhus, Ted Godly, Harry Gotlieb, Richard Hartshorn, Karl-Heinz Hellwich, Bernardo Herold, Jaroslov Kahovec, L. Maat, Paulina Mata, József Nyitrai, Arthur Maximenko, Andrey Yerin, Richard Cammack, Hal Dixon, Gernot Eller, Rita Hoyos de Rossi, Jan Reedijk, Alexander Senning, L. Salvatella, Roger Sayle, Hervé Schepers の方々から寄せられたものである．さらにまた，何週間も費やして 2013 年原稿の文章と化学の両方における誤りを完全に修正して下さった Marcus Ennis にも謝意を表したい．

訳著者まえがき

現在用いられている IUPAC の有機化合物の命名法は，1979 年に刊行された "Nomenclature of Organic Chemistry: Sections A, B, C, D, E, F and H, 1979 Edition"（以下 1979 勧告）に基づいており，その後 1993 年に刊行された "A Guide to IUPAC Nomenclature of Organic Compounds: Recommendations 1993"（以下 1993 勧告）により軽微な補足・修正が行われたものの，大筋は変わっていない．しかし，2013 年 12 月に "Nomenclature of Organic Chemistry: IUPAC Recommendations and Preferred Names 2013"（以下 2013 勧告）が発刊され，約 35 年ぶりの大幅な改訂が行われた．この 2013 勧告の日本語訳が本書である．

2013 勧告における改訂の大きな特徴は "優先 IUPAC 名"（preferred IUPAC name，略称 PIN）と "一般 IUPAC 名"（general IUPAC name，本日本語版では GIN と略記）という概念が導入されたことである．本来，IUPAC の定めた命名法規則に従って命名すると，一つの名称に行きつくはずであるが，化合物によっては，規則に従って命名しても複数の名称が可能となることがある．2013 勧告では，これらの名称のなかの一つを "優先 IUPAC 名（PIN）" とし，その他の名称を "一般 IUPAC 名" と分類することとなった．その上で，さまざまな分野で使われることを考え，共通性をもった名称として PIN の使用を推奨している．一方で，使用する分野や状況によっては "一般 IUPAC 名" を使った方が便利ということもあり，その場合はそちらの名称を使用することも認めるという考えである．

原著の序文にも記されているように，2013 勧告において PIN が導入された背景には，情報の爆発的増大や国際化の中で，一つの化合物にはできるだけ一つの名称を用いることが望ましいとの要請が，索引作成や商工業，環境・安全情報の分野での法規制などにおいて強まっていたことがあげられる．2013 勧告は刊行後，まだ数年しか経ていないこともあり，勧告に基づく命名体系は国際的にもほとんど使用されていないのが現状である．これまでの勧告と同様，その普及にはある程度の時間が必要であろう．しかしながら，PIN の導入の経緯からもわかるように，産業界や関連分野には今後比較的早い時期に広く普及していくことが予想される．

2013 勧告には，1979 勧告，1993 勧告およびその後の改訂などをもととした数多くの命名法が実例とともに記載されており，たとえば，1979 勧告，1993 勧告にはないファン（phane）化合物，フラーレン類などの命名法に関する新たな章が設けられている．今回の勧告では従来の規則に多くの変更が加えられたが，主要な変更点は以下のとおりである．

1. 慣用名が大幅に削減され，原則として体系的命名法に基づく名称をつけることとなった．
2. 化合物の種類についての優先順位が詳しく定められ，PIN ではその優先順位を厳密に守って命名しなければならなくなった．
3. PIN においては，官能種類命名法で命名できる化合物の種類が，酸，エステル，酸ハロゲン化物，酸無水物，アミンオキシドに限られることとなった．そのため，これまで多用されていたエーテル，スルフィド，スルホキシド，スルホンなどの官能種類名は GIN

でしか使えなくなった.

4. これまで慣用的に使われていたシクロファン化合物の名称が体系的に命名できるようになり，また対象が鎖状化合物にまで拡張された.

5. 骨格代置命名法("ア"命名法)が大幅に変更され使いやすくなった.

6. 置換命名法が主流であることに変わりはないが，この方式の一つである倍数命名法が2に関連して従来よりも適用範囲が広がり，多くの使用例が紹介されている.

7. 主鎖の選定に関する優先順に大きな変更があった.

また，1979 勧告，1993 勧告にない本書の特色として"付録 2"があげられる．"付録 2"は本書に記載されている膨大な置換基をまとめた表で，その名称，構造とともに，それが PIN，GIN のいずれに使えるものなのかあるいは廃止されたものなのか，また本書のどこに記載されているのかを容易に調べることができる便利な資料で，大変利用価値の高いものである.読者の活用を望みたい.

本書のような性格の著書では，索引が読者にとって大きな助けとなる．それに加えて2013 勧告に含まれている莫大な情報量のことも考慮すると，原著の索引はあまりに貧弱である．そこで翻訳に際しては，事項索引項目の大幅な充実を図るとともに，非常に多くの化合物名，置換基名，接頭語・接尾語名などを新たに索引に追加した．これらも読者が本書を利用するうえで大いに役立つと期待しており，活用をお願いしたい.

命名法の全体系に大幅な変更を加えた原著の編集は，細心の配慮と多大な労力を要する大変な仕事であったと思われ，編著者の努力に大いに敬意を表したい．しかしながら，残念なことに，原著には名称や構造式の誤り，記述の重複や説明不足，規則と示された例の妥当性の問題など，多くの修正すべき記述がある．これについては，担当の IUPAC 命名法委員による膨大な正誤表(URL: www.chem.qmul.ac.uk/iupac/bibliog/BBerrors.html)が報告されており，本書では 2016 年 10 月 28 日現在での正誤表に基づいて修正を行ってある．この正誤表は今後も引き続き更新されていく予定であるので，読者は必要に応じて参照していただきたい．翻訳グループは，翻訳の過程でこの正誤表に記載のもの以外にも多くの新たな誤りを見つけたので，それらをまとめて IUPAC 担当委員に送付した．翻訳グループの指摘は，一部の章については上述の正誤表にすでに反映されている．正誤表への掲載は，その目的で設けられた IUPAC の委員会での討議を経て行われるので時間を要する．そのため，多くの章では指摘がまだ正誤表に取入れられていないが，それらの章で見つけた新たな誤りついては翻訳者の判断で適宜修正を加えてある．上述した"付録 2"についても，原著の誤りを訂正し，欠落していた項目をかなり追加するなどの補足を行い，表を充実させた.

2013 勧告では，PIN を定めたこと，命名法の適用範囲が広がり，新しい型の構造が命名の対象になったことなどにより，従来にない多種多様な化合物名が記載されることとなった.そのため，翻訳の過程で，英語の化合物名を日本語名にする際の表記法の基準を見直す必要が生じ，PIN の日本語名作成の規則を中心に再検討を行った．その結果を"日本語名称のつくり方"にまとめ，別途記載した．本書に記載の日本語名称はこの方式に基づいている．読者が日本語名称に疑問を感じたり，新たに名称をつける必要が生じたりした際には，これを参照していただきたい.

原著の翻訳にあたっては，独立行政法人製品評価技術基盤機構(NITE)に種々ご協力をいただき，また翻訳の段階でも貴重なご意見をいただいた．ここに記して深謝したい．

　末筆となったが，本書の P-6 に記載されている無機化合物の日本語名称について有益なご意見をいただいた命名法専門委員会委員の岩本振武氏，齋藤太郎氏に謝意を表したい．また，本書の出版に際しては竹田　恵氏をはじめとして東京化学同人編集部の方々に大変お世話になった．厚く御礼申し上げる．

2017 年 2 月

翻訳者を代表して

岡　崎　廉　治

務　台　　潔

公益社団法人 日本化学会 命名法専門委員会
"有機化学命名法" 翻訳グループ

委員長

荻 野　　博　　　　東北大学名誉教授，放送大学名誉教授，理学博士

委 員

岡 崎 廉 治*　　　元 東京大学大学院理学系研究科 教授，理学博士

豊 田 真 司　　　　東京工業大学理学院 教授，博士（理学）

廣 田　　洋　　　　理化学研究所ケミカルゲノミクス研究グループ，理学博士

務 台　　潔*　　　東京大学名誉教授，理学博士

山 本　　学　　　　北里大学名誉教授，理学博士

＊は監訳者　（五十音順）

協力　独立行政法人 製品評価技術基盤機構（NITE：ナイト）

1979 規則, 1993 規則, および 1993 年から 2002 年の間の IUPAC 刊行物からの主要な変更点

1. 2013 年勧告の範囲

(a) Al, Ga, In, Tl 元素を, 1979 規則(参考文献 1)と 1993 規則(参考文献 2)に含まれていた元素に追加した (P-11, P-22.2.2 参照).

2. "ア"(骨格代置)命名法

(a) "ア"命名法では, 鎖中のヘテロ原子は母体水素化物の構成要素であり, 分離不可接頭語として, 番号付けでは接尾語より優先順位が高い. したがって, 本勧告では"ア"命名法の対象となるヘテロ鎖は, 複素環と同じ扱いになる(P-14.4, P-51.4.1.2, P-59.2.2, P-65.1.2.3 参照).

(b) "ア"命名法では, ヘテロ原子 P, As, Sb, Bi, Si, Ge, Sn, Pb, B, Al, Ga, In, Tl はヘテロ鎖の末端となることができる. 従来の規則では, "ア"命名法の対象となるヘテロ鎖は, 炭素原子が末端でなければならなかった (P-15.4.0, P-15.4.3.1, P-51.4.1.4 参照).

(c) borata のような, ata で終了する"ア"接頭語は廃止した(P-72.3, P-72.4 参照).

(d) 多価を表す名称をもつヘテロ原子団は一つの単位とみなす. 'ヘテロ単位'という用語は, ヘテロ原子とともにこのようなヘテロ原子団も含む. ヘテロ原子団は, 従来の規則では単独のヘテロ単位とはみなされなかった(P-51.4 参照).

(e) "ア"命名法において, 1〜12 族の元素に対して"ア"接頭語を適用することは, これらの元素を含む有機金属化合物の名称が現段階では予備選択名であるとはいえ, 大きな変更である(P-51.4.2.1, P-69.4 参照).

3. 置換命名法

(a) 置換命名法は, 従来の官能種類名が残っている酸無水物, エステル類, 塩, 酸ハロゲン化物および酸擬ハロゲン化物を除き, 優先する命名法である. 置換命名法は, 母体水素化物を接尾語および接頭語によって修飾する方法である. 母体水素化物の名称を, "ア"命名法や官能基代置命名法により修飾し, さらに付加操作(たとえば, 水素原子やイオンの付加)や除去操作(たとえば, 水素原子やイオンの除去)などにより修飾を加える(P-15.1, P-61 参照).

(b) PIN には, 汎用"アン"命名法を推奨する. 置換命名法を, アルカン同様に, 決まった数の水素原子をもつ 13, 14, 15, 16, 17 族元素の単核または多核の母体水素化物に適用する. 推奨する名称は, AlH_3 に対して アルマン alumane, GaH_3 に対して ガラン gallane, InH_3 に対して インジガン indigane, TlH_3 に対して タラン thallane である. 接尾語および接頭語も, アルカンの場合と同様に付ける. たとえば, HSSS-COOH に対して トリスルファンカルボン酸 trisulfanecarboxylic acid, $(CH_3)_3Si$-OH に対して トリメチルシラノール trimethylsilanol, C_6H_5Sb=O に対して フェニルスチバノン phenylstibanone, $(CH_3)_3Al$ に対して トリメチルアルマン trimethylalumane のようになる(P-11 参照).

(c) メタン methane, エタン ethane, プロパン propane, ブタン butane のようなアルカンの名称や, すべての縮合多環系をつくり出すために使われる単環および多環の炭素環と複素環など, 十分に定着し, 広く使用されている慣用名は母体水素化物と認める. 官能性母体化合物と特性基の保存名の数は, IUPAC "有機化学命名法"を改訂するたびに減少してきた(P-21.1, P-21.2, P-34.1 参照).

(d) トルエン toluene および キシレン xylene は, PIN として保存するが, 置換には制限がある. トルエンは, GIN においては, 置換も可能であるが条件が付く. メシチレン mesitylene は保存名であるが GIN であり, 置換は認めない. 1993 規則(参考文献 2)でも, これらの母体水素化物名は残っていたが, 限られた置換のみを認めていた(P-22.1.3 参照).

xii　　　　　　　　　　　　　　従来の規則からの変更点

(e) ヒドラジジン hydrazidine は接尾語 ヒドラゾノヒドラジド hydrazonohydrazide を使って体系的に命名し，1979 規則のように，対応するヒドラジドのヒドラゾンとしては命名しない(P-66.4.3 参照).

(f) オキシムは置換命名法により，ヒドロキシルアミンのイリデン誘導体として命名し，従来の規則にあるように官能種類命名法では命名しない(P-68.3.1.1.2 参照).

(g) ヒドラゾンとアジンは，置換命名法によりヒドラジンのイリデン誘導体として命名し，従来の規則にある官能種類命名法による命名はしない(P-68.3.1.2.2，P-68.3.1.2.3 参照).

4. 倍数命名法

(a) 倍数命名法は，特性基の有無に関係なく環構造に拡張された．炭素原子のみからなる鎖は，従来通り除外されている．過去の勧告では，倍数命名法が適用できるのは，接尾語で表される特性基をもつか，または同様の表現を含んだ保存名をもつ化合物，あるいは複素環母体水素化物を対象とする場合に限られていた．今回の勧告では，中心の多価原子団への置換ならびに，条件付きではあるが，対称でない中心の原子団への置換も認めるところまで拡張されている(P-15.3 参照).

(b) 本勧告では，PIN の倍数名をつくるためには，主特性基を含むすべての置換基が同一でしかも同じ位置番号をもたなければならない．これは位置番号が同一である必要がないとした以前の勧告からの変更である(P-51.3 参照).

5. ヒドロ，デヒドロ接頭語

ヒドロ，デヒドロ接頭語は付加操作および除去操作を表す接頭語として名称に導入され，分離可能接頭語に分類されるが，置換を示しアルファベット順に並べる分離可能接頭語の仲間には入らない．名称の中では，常に，母体構造名の直前に置く分離不可接頭語と，置換を表しアルファベット順に並べる分離可能接頭語との中間に置く．分離不可接頭語からアルファベット順に従わない分離可能接頭語へのこのような変更は，位置番号を使って名称をつくる方法において，ヒドロ，デヒドロ接頭語に語尾 エン ene および イン yne により水素原子の除去を表すのと同じ資格を与えたことになる．両接頭語が共存する場合は，デヒドロ dehydro の方が ヒドロ hydro の前にくる．ヒドロ，デヒドロ接頭語は di, tetra などの単純な倍数接頭語とともに用いる．これらの接頭語を使う場合は，母体水素化物の番号付けにあわせ，また指示水素，付加指示水素，接尾語などがあれば，番号付けの一般則に従って優先順位を定め，最小位置番号の原則によって名称をつくる(たとえば，P-31.2 参照).

6. 接　尾　語

(a) −OOH の接尾語 ペルオキソール peroxol を，基礎的な接尾語のリストに加えた．官能基代置命名法で修飾すると，−OSH の接尾語 *OS*-チオペルオキソール *OS*-thioperoxol および −SOH の接尾語 *SO*-チオペルオキソール *SO*-thioperoxol ができる．−SOH の接尾語 スルフェン酸 sulfenic acid は 1993 規則で廃止した(P-33.2 参照).

(b) ギ酸 formic acid, 酢酸 acetic acid, 安息香酸 benzoic acid, シュウ酸 oxalic acid のような保存名をもつカルボン酸では，対応するイミド酸 imidic acid, ヒドラゾン酸 hydrazonic acid, ペルオキシカルボン酸 peroxycarboxylic acid, モノカルボン酸のカルコゲン類縁体の PIN は体系的に命名するように変更した．たとえばギ酸については，ホルムイミド酸 formimidic acid ではなくメタンイミド酸 methanimidic acid と命名する(たとえば P-65.1.3.1.1 参照).

(c) ゲルマニウム，スズおよび鉛化合物においては，化合物種類の優先順位(P-41 参照)に従って接尾語を使う．これは，接頭語しか使えなかった従来の規則からの変更である(P-68.2.0 参照).

(d) 鎖状ヒドラジドの命名には，従来の規則で使用された ohydrazide ではなく，接尾語の hydrazide を使う．たとえば，CH₃-CH₂-CH₂-CH₂-CO-NH-NH₂ の名称はペンタンヒドラジド pentanehydrazide で，ペンタノヒドラジド pentanohydrazide ではない．母体水素化物の名称に付け加える接尾語の一般的な用法と矛盾し

従来の規則からの変更点　　　　　　　　xiii

ないように注意する(P-66.3.1.1 参照).

7. 接　頭　語

(a) 予備選択接頭語の ニトリロ nitrilo は，窒素の三つの結合がそれぞれ異なる原子と結合する場合にのみ使用
する．この接頭語は，予備選択接頭語 アザニルイリデン azanylylidene に対応する −N= の構造には使え
ない(P-35.2.2 参照).

(b) 予備選択母体水素化物の アザン azane に由来する予備選択接頭語の アザンジイル azanediyl は，本書では
倍数置換基の −NH− に使う．予備選択接頭語の イミノ imino は，置換基として =NH を示すときにのみ
使う(P-35.2.2 参照).

(c) ボラン borane 由来の接頭語は，4 族の元素についての方法〔P-29.2 の方法(1)〕ではなく，一般的な方法〔P-
29.2 の方法(2)〕によって命名する．すなわち，ボラニル boranyl，ボラニリデン boranylidene，ボラニリジ
ン boranylidyne である．接頭語 ボリル boryl は廃止する(P-68.1.2 参照).

(d) PIN では，予備選択接頭語 オキソ oxo に対するカルコゲン類縁体 =S，=Se，=Te の予備選択接頭語とし
て スルファニリデン sulfanylidene，セラニリデン selanylidene，テラニリデン tellanylidene を使う．官能
基置換命名法による接頭語 チオキソ thioxo，セレノキソ selenoxo，テルロキソ telluroxo は GIN では使用
してもよい(P-64.6.1 参照).

(e) PIN では，スルホン酸 sulfonic acid，スルフィン酸 sulfinic acid およびそれらのカルコゲン類縁体の名称に
直接由来する簡単なアシル接頭語である ベンゼンスルホニル benzenesulfonyl，ベンゼンテルロジチオイル
benzenetellurodithioyl のような名称を使う．たとえば，フェニルスルホニル phenylsulfonyl のような，連結
によってつくる接頭語は使わない．この接頭語は GIN では使用可能である(P-65.3.2.2.2 参照).

(f) 接頭語の ウレイド ureido と ウレイレン ureylene は，PIN では使えない．PIN，GIN ともに，それぞれ接頭
語の カルバモイルアミノ carbamoylamino と カルボニルビス(アザンジイル) carbonylbis(azanediyl)を使う
(P-66.1.6.1.1.3 参照).

(g) 接頭語 グアニジノ guanidino は PIN では使えない．優先接頭語は カルバモイミドイルアミノ carbamimi-
doylamino である(P-66.4.1.2.1.3 参照).

(h) 接頭語 アミジノ amidino は PIN では使えない．優先接頭語は カルバモイミドイル carbamimidoyl である
(P-66.4.1.3.1 参照).

(i) HO-N(O)= の接頭語 aci-ニトロ aci-nitro は，PIN では使えない．優先接頭語はヒドロキシ(オキソ)-λ⁵-ア
ザニリデン hydroxy(oxo)-λ⁵-azanylidene である．1993 規則(参考文献 2)で推奨された接頭語の ヒドロキ
シニトロリル hydroxynitroryl は，二つの遊離原子価を イリデン ylidene または ジイル diyl のかたちで正
確に表現するとした本勧告に従っていないため，認めない(P-67.1.6 参照).

(j) 予備選択母体水素化物のヒドラジンに由来する予備選択接頭語は，ヒドラジン hydrazine をもとに体系
的につくる．すなわち，H_2N-NH− は ヒドラジニル hydrazinyl，H_2N-N= は ヒドラジニリデン hydrazin-
ylidene，=N-N= は ヒドラジンジイリデン hydrazinediylidene，−NH-NH− は ヒドラジン-1,2-ジイル
hydrazine-1,2-diyl となる．それぞれに対応する接頭語の ヒドラジノ hydrazino，ヒドラゾノ hydrazono，
アジノ azino，ヒドラゾ hydrazo は，GIN でも認められない(P-68.3.1.2.1 参照).

(k) 接頭語の ベンジル benzyl，ベンジリデン benzylidene，ベンジリジン benzylidyne は，GIN では条件付きで
置換を認める(P-29.6.2 を参照)が，PIN では置換は認めない．1993 規則(参考文献 2)では，これらの接頭語
は，環への置換は認めていた(P-57.1.2 参照).

(l) トリアザン triazane および テトラアザン tetrazane に由来する優先接頭語は，たとえば，トリアザン-1-イ
ル triazan-1-yl，テトラアザン-2-イル tetrazan-2-yl のように，炭化水素の名称と同様，体系的に命名する．
接頭語 トリアザノ triazano および テトラアザノ tetrazano は以前，トリアザン-1-イル triazan-1-yl および
テトラアザン-1-イル tetrazan-1-yl と同じ意味で使われ，また橋かけ接頭語としても使用されたが，今後
はどちらの場合にも使用は認められない．橋かけ接頭語としては エピトリアザノ epitriazano のようにす

る(P-68.3.1.4.1 参照).

(m) 鎖状母体炭化水素と オキソ oxo, チオキソ thioxo, スルファニリデン sulfanylidene, イミノ imino のような接頭語から組立てられるアシル接頭語(たとえば 1-オキソプロピル 1-oxopropyl)は，PIN で使える優先接頭語とはならないが，GIN では使用できる. このような接頭語は，CAS 索引名で使用されている(たとえば P-65.1.7.4 参照).

(n) ギ酸, 酢酸, 安息香酸, シュウ酸の官能基代置類縁体とそれらに由来するアシル接頭語は，体系的な命名法でつくり，たとえば，ホルムイミド酸 formimidic acid ではなく メタンイミド酸 methanimidic acid, ベンズイミドイル benzimidoyl ではなく ベンゼンカルボキシイミドイル benzenecarboximidoyl, ジペルオキシシュウ酸 diperoxyoxalic acid ではなく エタンジペルオキソ酸 ethanediperoxoic acid のように命名する(P-65.1.3.1.1, P-65.1.7.2.2 参照).

(o) 数詞で始まる接頭語が複数ある場合は，その接頭語を括弧で囲み，その前に単純倍数接頭語 di, tri などをつける. 従来の規則では bis, tris などを使用した(P-16.3.4 参照). 例：ジ(ドデシル) di(dodecyl), トリ(テトラデカン-1,14-ジイル) tri(tetradecane-1,14-diyl).

(p) −N=C=O 基とそのカルコゲン類縁体，ならびに −NC 基は，今回の勧告においては置換命名法では常に接頭語として記載する特性基に分類された. したがって，母体水素化物に結合している場合，これらの基は PIN ではそれぞれ，接頭語 イソシアナト isocyanato, イソチオシアナト isothiocyanato, イソセレノシアナト isoselenocyanato, イソテルロシアナト isotellurocyanato, イソシアノ isocyano を用いて命名する. 従来の規則では，これらは官能種類命名法によって命名した(P-61.8, P-61.9 参照).

(q) 曖昧さを残した名称 雷酸エステル fulminate および フルミナト fulminato は廃止して，体系名を優先して採用する(P-61.10 参照).

8. 位 置 番 号

(a) 対称的なジェミナルの関係にある ジアミン diamine, ジイミン diimine, ジアミド diamide, ジイミドアミド diimidamide, ジアミジン diamidine, ジヒドラゾノアミド dihydrazonamide, イミドヒドラジド imido-hydrazide, ジアミドラゾン diamidrazone, ジヒドラゾノヒドラジド dihydrazonohydrazide などに含まれる複数の窒素原子を区別するために，上付きのアラビア数字を用いる. また ジイミド diimido, ポリイミド polyimido 名をもった二核以上の酸(二炭酸およびポリ炭酸を含む)鎖の中で，主鎖部分にない窒素原子を区別するのにも用いる. 従来の規則では，この場合にはプライム($'$)，二重プライム($''$)，三重プライム($'''$)などを使用した(P-16.9.2 参照).

(b) 上付きのアラビア数字は，二炭酸やポリ炭酸を含む二核オキソ酸および多核オキソ酸に含まれるカルコゲン原子の位置を示すためにも使う. 従来の規則では，普通のアラビア数字を使用した(たとえば P-65.2.3.1.2.1 参照).

(c) 尿素, チオ尿素, 縮合尿素, セミカルバジド, セミカルバゾン, カルバジアゾンおよびカチオンのウロニウムについては，数字の位置番号を用いない(たとえば P-66.1.6.1.1.1 参照).

(d) アミジンの −NH$_2$ および =NH 原子団に対しては，1979 規則(参考文献 1)で使った N^1 および N^2 ではなく，それぞれ，N および N' を使う(P-66.4.1.1 参照).

9. 鎖 状 系

(a) 同一元素からなる鎖状構造では，優先母体鎖の選択においても，優先接頭語の母体となる鎖の選択においても，不飽和であることより鎖の長さを優先基準とする. これは，従来の規則と反対の基準である(たとえば P-44.3.2, P-57.1.6.2 参照).

(b) a(ba)$_x$ 型のヘテロ鎖の命名は，b 元素が窒素または炭素の場合には適用しない. これは，このような系に存在するアミン特性基を認めず，b 元素として炭素を除外しなかった 1993 規則(参考文献 2)からの変更であ

従来の規則からの変更点 xv

る(たとえば P-52.1.3 参照).

10．Hantzsch-Widman 体系

(a) Hantzsch-Widman 名の末尾の e は，PIN では必要であるが，GIN ではあってもなくてもよい．1979 規則(参考文献 1)では，環に窒素がない場合は，Hantzsch-Widman 名の最後の e は省略した．1993 規則(参考文献 2)では，最後の e の有無は任意であった(たとえば P-22.2.2.1.1 参照).

(b) 水銀元素は Hantzsch-Widman 体系から除いた(P-22.2.2 参照).

(c) 1〜12 族の元素を Hantzsch-Widman 体系の命名法原則にあてはめたことは，これらの元素を含む有機金属化合物が，現段階では予備選択であるとしても，重要な変更である(P-51.4.2.1，P-69.4 参照).

11．多 環 系

(a) 最多非集積二重結合をもった(マンキュード)単環および多環縮合環系と同様に(P-25.7.1.1 参照)，橋かけ縮合環系，スピロ環系(P-24.3.2 参照)および環集合(P-28.2.3 参照)においても指示水素(P-14.7.1 参照)を使用する．この操作は簡単な一定の手順で適用する．まず骨格構造を描き，ヘテロ原子を加える．さらに，最多数の非集積二重結合を挿入し，最後に，環系の構造と矛盾しないようにして，飽和しているすべての位置(環形成用の 2 個の結合と当該原子の結合数に見あうそれ以外の結合があるはず)に指示水素を記入する(P-58.2.1 参照).

(b) 縮合名を PIN とするには，少なくとも五員環以上の環 2 個の存在が必要である．これは，1979 規則(参考文献 1)とは一致するが，環の大きさや数に制限を設けなかった 1999 年の縮合環命名法(参考文献 4，FR-0 参照)および 1993 規則(参考文献 2)からの変更である．GIN では，縮合環系における環の大きさや数に対する制限はない(P-52.2.4.1 参照).

(c) 縮合環系で，縮合接頭語の後に別の母音字が続く場合，PIN では縮合接頭語名から母音字の省略をしない(P-25.3.1.3)．これは 1993 規則(参考文献 2)の R-2.4.1.1 を受け継いだもので，1979 規則(参考文献 1)では A-21.4 によって廃止していた(P-16.7.2 参照).

(d) クロメン chromene，イソクロメン isochromene，クロマン chromane，イソクロマン isochromane およびそれらのカルコゲン類縁体の従来の規則による名称は(参考文献 1, 2)，たとえば，2*H*-1-ベンゾピラン 2*H*-1-benzopyran のようにベンゾ benzo を使った体系名が PIN となる(P-25.2 参照).

(e) 新しい番号付けの方法を，3 個以上の環系からなる環集合に適用する．この方式は，それぞれの環の結合順を表す通常のアラビア数字と環固有の位置番号を表す上付きの数字を組合わせる複式位置番号を使うもので，PIN に使う．順次プライムを付けて実際の位置番号を表す従来の規則(参考文献 1, 2)による名称は，GIN では使用してもよい(P-28.3.1 参照).

(f) 環集合の不飽和は，環集合名を角括弧で囲んだ後に ene, yne などの語尾を置くことによって表す．この方式は，二重結合が非対称的に存在する環集合も対象とする．これは，1979 規則および 1993 規則(参考文献 1, 2)からの変更であり，スピロ化合物の命名法に関する 1999 年の文献(参考文献 8)において定めた方法と完全に一致する(P-31.1.7.1 参照).

(g) 橋かけ縮合複素環系，複素スピロ環系および複素環集合における代置命名法の"ア"接頭語は，分離不可接頭語として母体名の前に示す．この方法で，非対称な複素環も命名できるようになる．従来は，"ア"接頭語はそれが属す環の名称とともに記していた(P-51.4.2 参照).

(h) 以下の名称は，予備選択(P-12.2 を参照)橋かけ接頭語として推奨する．すなわち，−S− に対してスルファノ sulfano，−SS− に対してジスルファノ disulfano，−Se− に対して セラノ selano，−Te− に対して テラノ tellano，−NH− に対して アザノ azano，−NH-NH-NH− に対して エピトリアザノ epitriazano，−NH-N=N− に対して エピトリアザ[1]エノ epitriaz[1]eno などである．橋かけ接頭語のエピチオ epithio，エピジチオ epidithio，エピセレノ episeleno，エピテルロ epitelluro，エピミノ epimino〔参考文献 4，FR-8.3.1 (d)〕は，GIN では使用できる(P-25.4.2.1.4 参照).

12. 優 先 順 位

(a) 多環系の優先順位は，環状および鎖状ファン系を含め，環系の階層的な順位によって容易に決めることができる．多環系の優先順位は，母体水素化物で同数の同一ヘテロ原子をもったもの，同数の環をもったもの，同数の骨格原子をもったものを比較して，優先順位の高い順に並べると以下のようになる：スピロ化合物＞環状ファン系＞縮合環系＞橋かけ縮合環系＞ポリシクロ環系＞鎖状ファン系＞環集合．この順位は，これまでの規則からの変更である(P-44.2.2.2 参照)．

(b) 種類の優先順位(P-41 参照)と対応して，R-NH-Cl，R-NH-NO および R-NH-NO$_2$ のような化合物は，今後はアミドの誘導体として命名する(P-67.1.2.6 参照)．R-NH-OH のような化合物は(P-62.4, P-68.3.1.1.1 参照)，ヒドロキシルアミン NH$_2$-OH の N-誘導体としてではなく，上位であるアミンの N-ヒドロキシ誘導体として命名する．

13. 付 加 物

有機化合物のみからなる付加物は，構造式中の構成成分を化合物種類の優先順位順(P-41 を参照)に並べる．この方式は，付加物中の化学種の数によるものでも，また，1979 規則(参考文献 1，規則 D-1.55 を参照)で定められ，後に'無機化学命名法——IUPAC 2005 年勧告——'(参考文献 12)で定めた英数字順に並べるものでもない．有機化合物と無機化合物からなる付加物では，化学式の中で，有機化合物が無機化合物の前にくる．名称は，各構成成分の名称を化学式中の順序に従い記載する．PIN でも GIN でも，順位付けの基準として，全体に共通する体系である化合物種類の優先順位を，英数字順という言語に依存する順位より優先することになった(P-14.8.1, P-68.1.6 参照)．

14. 括 弧

(a) シクロヘキサンカルボニル cyclohexanecarbonyl およびベンゼンスルホニル benzenesulfonyl のような名称は，簡単な接頭語であるが丸括弧で囲む．二つの母体水素化物が存在するという誤解を避けることによって名称の理解を容易にするためである．これは，1993 規則(参考文献 2)からの変更である(P-16.5.1.4 参照)．

(b) 括弧を通常の重複括弧の優先順位({[[( )]]}), に従う場合，立体表示記号のような因子が異なった名称成分に挿入されることにより，2 個以上の同じレベルの括弧が重なって現れることがある．そのような場合は混乱を避けるために，その名称成分の括弧を次のレベルに移す(P-16.5.4.1 参照)．

(c) 縮合環名では，母体の構成要素が複数存在することを示すために，倍数接頭語の bis, tris などの後に丸括弧を使う．これは，1998 年の縮合環に関する勧告(参考文献 4)からの変更である(P-16.5.1.9 参照)．

15. エ ス テ ル

有機エステルの命名に倍数操作を適用する場合，二価あるいは多価の倍数置換基の名称中における位置について，従来の規則からの変更がある．この倍数置換基(アルカンジイル，アリーレンなど)名は，該当する酸のアニオン名の直前に示す．従来の規則のような，一価の有機基も含めてアルファベット順に並べる方法はとらない(P-65.6.3.2.2 参照)．

16. ア ミ ド

アミドが主官能基の場合はそのままアミドとして命名する．複素環系の窒素原子に結合した N-アシル基は，擬ケトン(P-64.3 参照)として命名する．1993 規則(参考文献 2)で述べられている，多環系においてアミドを置換基とみなす方式は GIN の場合にのみ使うことができる(P-66.1.3 も参照)．

17. 無 機 母 体 構 造

(a) 多核オキソ酸の名称における整合性を保つため，二核のヒポ(次)酸 hypo acid の命名では，数詞挿入語の

di を統一的に使用する．たとえば，次亜リン酸 hypophosphorous acid ではなく，次二亜リン酸 hypodi-phosphorous acid とする(P-67.2.1 参照)．

(b) 硝酸および亜硝酸のアミドとヒドラジドは，官能種類の優先順位に従って，硝酸および亜硝酸のアミドとヒドラジドとして，硝酸アミド，亜硝酸アミドまたはヒドラジドのように体系的に命名し，ニトロアミンおよびニトロソアミンとはしない．後者の名称は，GIN では使用することができる(P-67.1.2.6.3 参照)．

(c) 無機化学命名法(参考文献 12)で，二亜硫酸 disulfurous acid の名称が $HO-SO-SO_2-OH$ に対して使われているので，$HO-SO-O-SO-OH$ に対して体系的命名法に相当するこの名称を使用することができない．したがって，後者の予備選択名を 1,3-ジヒドロキシ-1λ^4,3λ^4-ジチオキサン-1,3-ジオン 1,3-dihydroxy-1λ^4,3λ^4-dithioxane-1,3-dione とする(P-67.3.2 参照)．

18．ラジカルおよびイオン

(a) アミンおよびアミド由来のラジカルは，アミニリデン aminylidene，アミジリデン amidylidene，カルボキシアミジリデン carboxamidylidene のような接尾語を用いて命名する．従来の規則では，このようなラジカルは，ナイトレン nitrene，アミニレン aminylene および λ^1-アザン λ^1-azane の誘導体として命名した(P-71.3.2 参照)．

(b) 上位の母体ラジカル，母体アニオン，母体カチオンを選ぶ場合の適切な基準は，化合物種類の優先順位(P-41 参照，N＞P＞As＞Sb＞Bi＞Si＞Ge＞Sn＞Pb＞B＞Al＞Ga＞In＞Tl＞O＞S＞Se＞Te＞C)で最初にくる骨格原子上にあるラジカル，アニオン中心，カチオン中心の最大数である．従来の規則では，順序は"ア"接頭語の順序に従っていた(P-71.7，P-72.7，P-73.7 参照)．

(c) ペルオキシ酸特性基のカルコゲン原子(O, S, Se, Te)から水素を除去して生成するアニオンの PIN は，酸名称の語尾 ic acid または ous acid を，それぞれ ate または ite に置き換えてつくる．従来の規則(参考文献 3，RC-83.1.6)では，このようなアニオンは母体水素化物アニオンをもとに命名していた(P-72.2.2.2.1 参照)．

(d) 複合接尾語の アミニド aminide，イミニド iminide，アミンジイド aminediide の使用は，負電荷をもつアミン，イミンを表現するのに，母体アニオンの H_2N^-，HN^{2-} を使用した従来の慣例からの変更である(P-72.2.2.2.3 参照)．

(e) 同じ母体構造中に複数のイオン中心をもつ両性イオン化合物は，接尾語を加えることのできる中性化合物とは考えない．従来の規則では，このような両性イオン化合物は，中性であると考え，接尾語を加えることができた(P-74.1.1 参照)．

19．同位体で修飾した化合物

(a) 同位体修飾を施された原子または原子団で，等価の位置が同等に修飾されていないものは，分けて表現する．これは，1979 規則(参考文献 1 の H 部)および 1993 規則(参考文献 2，R-8)からの変更である(P-82.2.2 参照)．

(b) 水素化された最多非集積二重結合をもった環系の水素が，同位体修飾され，しかも修飾が均一でない場合は，水素原子は別々に表現する．これは，従来の規則からの変更である(P-82.2.3 参照)．

用 語 集 （五十音順）

"ア"命名法〔skeletal replacement ('a') nomenclature〕同種元素からなる母体水素化物の骨格原子をヘテロ原子で置換する方式の命名法. 例: 8-チア-2,4,6-トリシラデカン 8-thia-2,4,6-trisiladecane, 1,2-ジカルバ-*closo*-ドデカボラン (12) 1,2-dicarba-*closo*-dodecaborane (12) など. 代置命名法の一つである. **骨格代置"ア"命名法**ともいう.

一般 IUPAC 命名法（GIN）〔general (IUPAC) nomenclature〕優先 IUPAC 名(PIN)以外の名称のもととなる原則, 規則, 慣用を定めた命名法. 例: アセトン acetone, プロパン-1,3-スルチム propane-1,3-sultim, チオアセトアミド thioacetamide など.

外縁原子〔peripheral atom〕縮合環系の外縁部を形成する原子のうち縮合原子でないもの.

カルバン命名法〔carbane nomenclature〕炭素の母体水素化物に適用する置換命名法の原則, 規則, 慣用を指す語. これにより, たとえば, メタンアミン methanamine, シクロヘキサノール cyclohexanol のような名称ができる.

官能化母体水素化物〔functionalized parent hydride〕特性基を接尾語にもつ母体水素化物. 例: シクロペンタンカルボニトリル cyclopentanecarbonitrile.

官能基代置命名法〔functional replacement nomenclature〕特性基および官能性母体化合物中の酸素原子をハロゲン, カルコゲン, 窒素などに置き換える命名法. 例: プロパン-1-チオール propane-1-thiol, カルボノイミド酸 carbonimidic acid など. これは代置命名法(次ページを参照)に属する命名法である.

官能種類命名法〔functional class nomenclature〕主官能基の属する官能種類名（例: ハロゲン化物, アルコール, ケトンなど）を, 母体水素化物に由来する語に続けて表現する命名法. 例: ヨウ化メチル methyl iodide, エチルアルコール ethyl alcohol, エチルメチルケトン ethyl methyl ketone など.

官能性母体化合物〔functional parent compound〕1 個以上の特性基をもつことを示す名称をもち, しかも少なくとも 1 個の骨格構成原子に置換可能な 1 個以上の水素原子をもった構造, あるいは, その特性基の一つが 1 種類以上の官能修飾が可能な構造をもった化合物. 例: 酢酸 acetic acid, アニリン aniline, ホスホン酸 phosphonic acid など.

慣用名〔trivial name〕名称のどこにも体系的命名法が反映されていない名称. 例: キサントフィル xanthophyll.

簡略化〔simplification〕ファン命名法において, 含まれる環を 1 個の原子(スーパー原子とよぶ)に置き換えた構造で示すこと.

擬エステル〔pseudoester〕一般式 R-E(=O)$_x$(OZ)で表される化合物およびそのカルコゲン類縁化合物. この式で, x は 1 か 2, Z は炭素を除く以下の元素である: B, Al, In, Ga, Tl, Si, Ge, Sn, Pb, N(環状), P, As, Sb, Bi. 例: 酢酸シリル silyl acetate.

擬ケトン〔pseudoketone〕(1) 環状化合物で, 環内カルボニル炭素が 1 個以上の環骨格ヘテロ原子に結合したもの. (2) 鎖状化合物で, カルボニル炭素が鎖上のヘテロ原子(窒素, ハロゲンを除く), あるいは複素環中のヘテロ原子(窒素を含む)と結合したもの. 例: ピペリジン-2-オン piperidin-2-one, 1-シリルエタン-1-オン 1-silylethan-1-one, 1-(ピペリジン-1-イル)プロパン-1-オン 1-(piperidin-1-yl)propan-1-one など.

橋頭原子〔bridgehead atom〕ポリシクロ環系では, 環に含まれる原子のうち 3 個以上の環構成原子と結合するもの. 橋をもった縮合環系では, 環に含まれる原子のうち橋と結合するもの.

ケトン〔ketone〕酸素原子と二重結合により結合した炭素原子がさらに 2 個の炭素原子と結合した化合物. 例: プロパン-2-オン propan-2-one CH$_3$-CO-CH$_3$.

骨格代置命名法 "ア"命名法を見よ.

再現化〔amplification〕ファン命名法において, 簡略構造中のスーパー原子を本来の環に戻すこと. 簡略化の逆の操作.

再現環〔amplificant〕ファン命名法において, スーパー原子に置き換わる環のこと.

再現環接頭語〔amplification prefix〕ファン命名法においてスーパー原子と入れ代わる再現環を表す分離不可接頭語. 例: ベンゼナ benzena, ピリジナ pyridina など.

主位置番号〔primary locant〕ファン命名法においては, ファン母体骨格中の原子または再現環(スーパー原子)を示すアラビア数字, 環集合においては環を示すアラビア数字のこと. **複式位置番号**を参照.

重複合置換基〔complex substituent group〕 単純置換基（母体置換基）にさらに複合置換基が結合したもの. 例：（クロロメチル）フェニル (chloromethyl)phenyl $ClCH_2$-C_6H_4-.

縮合原子〔fusion atom〕 縮合環系で2個以上の環が共有する原子.

縮合環命名法〔fusion nomenclature〕 2個以上の隣接する原子を共有して結合した2個以上の環系をもつ多環系の命名法. 例：ベンゾ[g]キノリン benzo[g]-quinoline, シクロペンタ[a]ナフタレン cyclopenta[a]-naphthalene など.

主特性基〔principal characteristic group〕 特性基の中で, 接尾語としてあるいは官能種類を示す語として名称の末尾にくるもの（慣用名に含まれていることもある）. 例：エタノール ethanol, 酢酸 acetic acid など.

除去操作〔subtractive operation〕 名称中に, 原子, イオン, 原子団などを除いたことを示す方法で, 接頭語, 接尾語, 語尾などが使われる. 例：3-ノルラブダン 3-norlabdane, プロパン2-イル propan-2-yl, ヘキサ-2-エン hex-2-ene など.

スーパー原子〔superatom〕 ファン構造において, 簡略化した骨格構造中で環系を表す模擬原子.

スピロ命名法〔spiro nomenclature〕 少なくとも1個のスピロ縮合原子をもつ多環系に適用する命名法で, Adolf von Baeyer によるモノスピロビシクロ化合物の命名法に基づいている. 例：スピロ[4.5]デカン spiro[4.5]decane など.

体系名 体系的名称を見よ.

体系的名称〔systematic name〕 特別に定めた, また選んだ語の一部に数字の接頭語や構造を表す記号を必要に応じて加え, 体系的な命名法規則に従って構成した名称. 例：シクロプロパンカルボニトリル cyclo-propanecarbonitrile, 2-クロロエタン-1-オール 2-chloroethan-1-ol など. **体系名**ともいう.

代置命名法〔replacement nomenclature〕 水素以外の単原子あるいは原子団を, 他の水素以外の単原子あるいは原子団と置換するかたちの命名法. 例：$6\lambda^5$-ホスファスピロ[4.5]デカン $6\lambda^5$-phosphaspiro[4.5]decane, ホスホロチオ酸 phosphorothioic acid など. "ア"命名法と官能基代置命名法は代置命名法に属する命名法である.

単純〔simple〕 単独の基礎要素を表す語. 単純置換基とは, 原子あるいは原子団をひとまとめにして一語のみで表す置換基のこと. 例：メチル methyl -CH_3, ヒドロキシ hydroxy -OH, ニトリロ nitrilo -N<, プ

ロパン-2-イル propan-2-yl [$(CH_3)_2CH$-] など. 橋をもった縮合環系の名称では, 原子あるいは一つの単位としてよぶことのできる原子団を単純橋という. 例：エピオキシ epoxy, ブタノ butano, ホスフェノ phospheno など.

単純置換基〔simple substituent group〕 原子あるいは原子団を一単位として, 一語で表す置換基. 例：メチル methyl -CH_3, ヒドロキシ hydroxy -OH, イミノ imino =NH, プロパン-2-イル propan-2-yl [$(CH_3)_2$-CH-] など.

置換基〔substituent〕 母体水素化物または母体構造の置換可能な水素原子と入れ替わることのできる原子または原子団. 例：アミノ amino, スルファニル sulfanyl, メチル methyl など.

置換命名法〔substitutive nomenclature〕 カルコゲン原子のもつ水素原子は別として, 母体水素化物または母体構造の1個以上の水素原子を他の原子または原子団と交換し, そのことを導入された原子または原子団を示す接尾語または接頭語で表す命名法. 例：1-メチルナフタレン 1-methylnaphthalene, ペンタン-1-オール pentan-1-ol.

特性基〔characteristic group〕 -Cl や =O のような1個のヘテロ原子, -NH_2, -OH, -SO_3H, -PO_3H_2, -IO_2 のように1個以上の水素原子またはヘテロ原子をもつヘテロ原子, -CHO, -CN, -COOH, -NCO のように炭素原子に結合あるいは炭素原子を含むヘテロ原子団で母体水素化物に結合するもの.

内部原子〔interior atom〕 縮合原子のうち外縁部にないもの.

倍数命名法〔multiplicative nomenclature〕 2個以上の同じ環状母体水素化物あるいはヘテロ鎖状母体構造を二価または多価の置換基で結合している系を表す命名法. 例：1,1′-ペルオキシジベンゼン 1,1′-peroxydi-benzene, 4,4′-オキシジ（シクロヘキサン-1-カルボン酸） 4,4′-oxydi(cyclohexane-1-carboxylic acid)など.

橋〔bridge〕 ポリシクロ環系では, 橋頭原子同士を結ぶ, 側鎖のない原子鎖, 原子, あるいは結合を指す. 橋をもった縮合環系では, 原子または原子団が該当する. 例：エタノ ethano, アザノ azano, エピオキシレノ epoxireno など.

半慣用名 半体系名を見よ.

半体系名〔semi-systematic name or semi-trivial name〕 体系的命名法からみると, 体系の一部のみが採用されている名称. 例：メタン methane, ブタ-2-エン but-2-ene, カルコン chalcone など. **半慣用名**ともい

う.

Hantzsch（ハンチ）-Widman（ウィドマン）名〔Hantzsch-Widman name〕 Hantzsch と Widman によって提案された方法で，複素環の三から十員環の単環の名称に適用する．接頭語または接頭語群により環中のヘテロ元素を示し，それを環の大きさと不飽和の程度を示す語幹に付して環名とする．例：1,2,4-トリアゾール 1,2,4-triazole，1,2-オキサアゾール 1,2-oxazole など．

汎用"アン"命名法〔generalized 'ane' nomenclature〕 周期表の 13, 14, 15, 16, 17 族に属する元素の母体水素化物一般に使われ，置換命名法の原則，規則，慣用に従う命名法．例：スルファン sulfane，ジアザン diazane，トリシラン trisilane，ボラン borane など．

ファン母体骨格〔phane parent skeleton〕 ファン命名法において，簡略化を行う前あるいは環再現化操作を行った後の，対象となるファン化合物の骨格模式構造．

von Baeyer（フォンバイヤー）命名法〔von Baeyer nomenclature〕 Adolf von Baeyer によるビシクロ脂環系の命名法をもとに，ポリシクロ環系の命名にまで拡張された命名法．例：ビシクロ[3.2.1]オクタン bicyclo-[3.2.1]octane

付加操作〔additive operation〕 構成成分から，原子や原子団を失うことなしに，各成分を形式的に組合わせて名称をつくる操作．例：塩化カルシウム calcium chloride，スチレンオキシド styrene oxide，1,1′-ビフェニル 1,1′-biphenyl，ペンチルオキシ pentyloxy，デカヒドロナフタレン decahydronaphthalene，ピリジン-1-イウム pyridin-1-ium など．

複合置換基〔compound substituent group〕 単純置換基に 1 個以上の単純置換基が加わった置換基．例：クロロメチル chloromethyl $ClCH_2-$，ヒドロキシスルファニル hydroxysulfanyl $HO-S-$，2,2-ジクロロエチル 2,2-dichloroethyl Cl_2CH-CH_2-

複式位置番号〔composite locant〕 2 個以上の数字からなる位置番号．ファン命名法では，再現環を表す番号（主位置番号）と再現環自身の結合位置を示す上付きの数字を使う，例：1^1，1^2 など．環集合では，構成する環の番号（主位置番号）を数字で示し，それぞれの環の結合位置を上付きの数字で示す．例：1^1，2^1 など．

副置換基 副母体置換基を見よ．

副母体置換基〔subsidiary parent substituent group〕 母体水素化物または母体構造に結合した重複合置換基の主置換基（主となる母体置換基）に結合する母体置換基のこと．例：(2-クロロエチル)フェニル (2-chloro-ethyl)phenyl $ClCH_2-CH_2-C_6H_4-$ という重複合置換基では，エチル基が副母体置換基にあたり，フェニル基が主置換基になる．**副置換基**ともいう．

付随成分〔attached component〕 縮合環命名法において，母体成分環に縮合する環系のこと．ベンゾ[g]キノリン benzo[g]quinoline 中のベンゾ benzo，フロ[3,2-h]ピロロ[3,4-a]カルバゾール furo[3,2-h]pyrrolo[3,4-a]carbazole 中のフロ furo，ピロロ pyrrolo のような付随成分を一次付随成分，シクロペンタ[4,5]ピロロ[2,3-c]ピリジン cyclopeta[4,5]pyrrolo[2,3-c]pyridine のシクロペンタ cyclopenta，ピラノ[3′,2′:4,5]シクロヘプタ[1,2-d]オキセピン pyrano[3′,2′:4,5]cyclohepta[1,2-d]oxepine のピラノ pyrano などのような付随成分を二次付随成分のようにいう．

分離可能接頭語〔detachable prefix〕 母体構造の名称の前に置く置換基接頭語．ヒドロ hydro およびデヒドロ dehydro を除いて，アルファベット順に並べる．例：アミノ amino，メチル methyl，シリル silyl など．

分離不可接頭語〔nondetachable prefix〕 母体水素化物の名称の前に置く接頭語のうち，アルファベット順に並べる分離可能接頭語とヒドロ，デヒドロ接頭語の後に置くもの．例：ビシクロ bicyclo，スピロ spiro，アザ aza，ノル nor など．

ヘテラン命名法〔heterane nomenclature〕 周期表の 13, 14, 15, 16, 17 族に属する炭素以外の元素の母体水素化物一般に使い，代置命名法の原則，規則，慣用に従う命名法．例：ジスルファン disulfane，トリアルサン triarsane，ジシラン disilane，ボラン borane など．

ヘテロアミン〔heteroamine〕 ヘテロ原子に結合したアミノ基をもつ化合物．例：ピペリジン-1-アミン piperidin-1-amine.

ヘテロイミン〔heteroimine〕 ヘテロ原子に二重結合で結合したイミノ基をもつ化合物．例：メチルホスファンイミン methylphosphanimine.

ヘテロ原子〔heteroatom〕 有機化合物の命名において，炭素を除き，13, 14, 15, 16, 17 族に属する原子．例：N, Si, Ge など．

ヘテロール〔heterol〕 ヘテロ原子に結合したヒドロキシ基をもつ化合物．例：ピペリジン-1-オール piperidin-1-ol.

ヘテロン〔heterone〕 酸素原子が二重結合でヘテロ原子に結合した基をもつ化合物．例：メチルシラノン methylsilanone.

母体成分〔parent component〕 縮合環系に含まれる環の中で，環の優先順位が最も高いもの．例：ジベンゾ

[*c*,*e*]オキセピン dibenzo[*c*,*e*]oxepine 中のオキセピン oxepine.

母体化合物〔parent compound〕 母体構造に代わりよく用いられる. **母体構造**を見よ.

母体水素化物〔parent hydride〕 枝分かれのない鎖状構造または環状構造, あるいは体系的名称または保存名をもった構造で水素のみと結合したもの. 例: メタン methane, シクロヘキサン cyclohexane, スチレン styrene, ピリジン pyridine など.

母体構造〔parent structure〕 母体水素化物(例: メタン methane), 官能性母体化合物(例: フェノール phenol), 官能化母体水素化物(例: プロパン-2-オン propan-2-one)などがある.

母体置換基〔parent substituent group〕 母体水素化物に結合する単純な置換基, または複合置換基の中の母体構造のこと(例: $ClCH_2$-CH_2- におけるエチル基)

保存名〔retained name〕 慣用名のなかで優先 IUPAC 名あるいはそれに代わる一般名(GIN)に使われる名称. 例: アセトン acetone, アニリン aniline など.

優先 IUPAC 名〔preferred IUPAC name (PIN)〕 IUPAC 勧告に従ってつくられた複数の名称(長期にわたって認められ, 使用されてきた同義語を含む)のうち, 使用が優先される名称. 例: ジシリル酢酸 disilylacetic acid (ジシリルエタン酸 disilylethanoic acid に優先), 3-クロロプロパン酸 3-chloropropanoic acid (3-クロロプロピオン酸 3-chloropropionic acid に優先), 1,1′-メチレンジベンゼン 1,1′-methylenedibenzene (ジフェニルメタン diphenylmethane に優先)など.

予備選択名〔preselected name〕 有機化合物を無機化合物誘導体として命名するときに, 優先 IUPAC 名の基礎として選んだ無機化合物の名称. 例: ヒドラジン hydrazine (ジアザン diazane でなく), ジスルファン disulfane (二硫化水素 dihydrogen disulfide でなく)など. 優先 IUPAC 名(PIN)を定めていない現行の無機化合物命名法において許容されている名称の一つから選ばれているが, 将来においても, 無機化合物命名法における PIN となるかどうかは不明である.

連結置換基〔concatenated substituent group〕 付加操作で形成される複合あるいは重複合置換基. 例: スルファニルオキシ sulfanyloxy HS-O-, シクロヘキシルオキシ cyclohexyloxy C_6H_{11}-O- など.

日本語名称のつくり方

1　日本語による化合物名の表記法
2　日本語名称における PIN と GIN
3　翻訳名と字訳名の使い分け
4　酸および酸の誘導体の日本語名称
5　日本語 PIN から派生する GIN
6　母音字の省略と省略母音字の補足
7　つなぎ符号の挿入
8　文字位置番号を含む酸の日本語名称
　　中での位置番号を示す英字の位置
9　天然物の名称

　本書に記載されている 2013 勧告の大きな特徴は優先 IUPAC 名(preferred IUPAC name, PIN)という概念が導入されたことである．これまでは，一般に一つの化合物に対し IUPAC で認められた複数の命名法による名称が可能であり，したがって"正しい名称"が複数存在していた．そのため一つの化合物に対していろいろな名前が混在している状況が続いてきたが，法規制や国際的な情報共有の観点から優先的に使用する名称を一つに絞る試みが行なわれ，その結果 2013 勧告において PIN が導入されることとなった．なお，その他の名称については一般 IUPAC 名(general IUPAC，本書では GIN と略した)として認めている．

　日本語名称の PIN もこの基本方針に則り一つに絞る必要が生じた．そのため，本書では従来の字訳規則の一部について修正を加え，PIN 作成のための字訳の規則を厳密に定めた．それにより，これまで使われてきた名称と異なる表記になったところがいくつかある．たとえば，thiazole はこれまでチアゾールと表記してきたが，PIN ではチアアゾールとしている．**これらはあくまでも PIN に対して適用されるものであり，GIN に対しては従来通り任意である**．GIN ではいぜんチアゾールで構わない．つなぎ符号＝の使い方もこれまでは曖昧であったが，PIN を一つに絞るという観点から，以下の **7** で説明するように，定められた方式に従って入れることとなった．これも GIN では任意である．

　化合物の日本語名称は英語名称に基づいている．しかし，日本語名称に変換する際には，すべての名称をそのまま字訳(片仮名書き)するのではなく，一部の名称については，翻訳名に置き換える，語順を変えるなどの独自の規則を併用する必要がある．以下に，本書記載の日本語名称を理解するために必要な，英語名称から日本語名称をつくる際の規則を説明する．

　はじめに **1** で外国語の化合物名を日本語で表す際に現在用いられている一般的な表記法について述べる．ついで，**2〜9** で本書における日本語名称のつくり方について説明する．**2〜8** に記述されている規則には，PIN にのみ適用する規則と PIN，GIN ともに適用する規則があるので，使用の際には注意をしていただきたい．なお，**1** は"化合物命名法──IUPAC 勧告に準拠──"第 2 版(日本化学会 命名法専門委員会 編)の **I. 総則** にある記述をもとに，本書の目的に沿い，例としてあげる名称の一部に変更・追加を施したものである．

1　日本語による化合物名の表記法

1.1　表 記 の 原 則

1.1.1　　外国語で命名された化合物名を日本語で書くとき，(a) 日本語に翻訳する場合，(b) 原語をそのまま片仮名書きする場合，および(c) 両者を併用する場合があるが，いずれの場合にも，一つの原語に対して一つの日本語が対応するように心がける．

　　例：(a) 硫酸カルシウム，安息香酸

　　　　(b) アンモニア，エタノール

　　　　(c) 三塩化ホスホリル，パルミチン酸

xxiv 日本語名称のつくり方

1.1.2　従来の文部科学省学術用語集に採用されていた既定用語，および従来広く慣用されてきた日本語の化合物名は，なるべく変えないようにするが，原則としては，片仮名書きの通則を決めて，全体的に統一をはかるように配慮する．

1.1.3　化合物名の片仮名書きにおいては，原語の発音とは関係なく，つまり音訳ではなく，字訳規準に従って原語の綴りを機械的に片仮名に変換する字訳方式を採用する．

例：butane　ブタン　（ビューテインではない）
　　benzene　ベンゼン　（ベンズィーンではない）

　化合物名を字訳するときは，英語綴りの名称を原語とし，そのアルファベット文字を片仮名文字との対応表によって片仮名文字に変えたものを，原則として，日本語名の基準とする．

1.1.4　アルファベット文字の綴り字を片仮名文字に移すための対応表(字訳規準表とよぶ)の作成にあたっては，従来広く慣用されてきた化合物名がなるべく変わらないように配慮してある(表1)．

1.1.5　既定用語で，英語以外の外国語を原語として字訳された化合物名が広く慣用されているものは，すでに定着した日本語名と認め，英語を原語とする字訳名に改めることはしない．たとえば，ドイツ語 Palmitinsäure の字訳に由来するパルミチン酸という日本語名は定着した慣用名として認め英語の palmitic acid の字訳によるパル

表 1　化合物名の字訳規準表[†1]

(子音字)	字訳 A. 子音字とそれに続く母音字との組合わせ (母音字)					字訳 B. 子音字のみ[†2]		備考
	a	i,y	u	e	o	同じ子音字がつぎにくるとき	他の子音字がつぎにくるときまたは単語末尾のとき	
	ア	イ	ウ	エ	オ			子音字と組合わせられていない母音字
b	バ	ビ	ブ	ベ	ボ	促	ブ	
c	カ	シ	ク	セ	コ	促	ク*	* ch=k; ch, k, qu の前の c は促音; sc は別項
d	ダ	ジ	ズ	デ	ド	促	ド	
f	ファ	フィ	フ	フェ	ホ	*	フ	* ff=f; pf=p
g	ガ	ギ	グ	ゲ	ゴ	促	グ	gh=g
h	ハ	ヒ	フ	ヘ	ホ	—	長	sh, th は別項; ch=k; gh=g; ph=f; rh, rrh=r
j	ジャ	ジ	ジュ	ジェ	ジョ	—	ジュ	
k	カ	キ	ク	ケ	コ	促	ク	
l	ラ	リ	ル	レ	ロ	*	ル	* ll=l
m	マ	ミ	ム	メ	モ	ン	ム*	* b, f, p, pf, ph の前の m はン
n	ナ	ニ	ヌ	ネ	ノ	ン	ン	
p	パ	ピ	プ	ペ	ポ	促	プ*	* pf=p, ph=f
qu	クア	キ	ー	クエ	クオ	—	—	
r	ラ	リ	ル	レ	ロ	*	ル*	* rr, rh, rrh=r
s	サ	シ	ス	セ	ソ	促	ス*	* sc, sh は別項
sc	スカ	シ	スク	スケ	スコ	—	スク	
sh	シャ	シ	シュ	シェ	ショ	—	シュ	
t	タ	チ	ツ	テ	ト	促	ト*	* th は別項
th	タ	チ	ツ	テ	ト	—	ト	
v	バ	ビ	ブ	ベ	ボ	—	ブ	
w	ワ	ウィ	ウ	ウェ	ウォ	—	ウ	
x	キサ	キシ	キス	キセ	キソ	—	キス	
y	ヤ	イ	ユ	イエ	ヨ	—	*	* この場合は母音字
z	ザ	ジ	ズ	ゼ	ゾ	促	ズ	

†1 **1.1.5** に字訳規準表の例外を示した．
†2 "促"は促音化(例：saccharin サッカリン)，"長"は長音化(例：prehnitene プレーニテン)

1. 日本語による化合物名の表記法   xxv

ミト酸という日本語名は採用しない．1979 勧告，1993 勧告では慣用名の使用が広く認められていたが，2013 勧告では多くの慣用名が廃止され，字訳の通則に従わない化合物の名称は大幅に減少した．以下に本書に記載されている化合物の名称のうち字訳の通則に従わない例をあげる．ほとんど大部分は GIN である．

・cresol クレゾール；glycerol グリセリン；glyceric acid グリセリン酸；palmitic acid パルミチン酸；stearic acid ステアリン酸；adipic acid アジピン酸；oleic acid オレイン酸；maleic acid マレイン酸；naphthoic acid ナフト エ酸；pyruvic acid ピルビン酸．

・succinaldehyde スクシンアルデヒド など succin の語幹をもつ化合物

・terephthalamic acid テレフタルアミド酸，oxalanilic acid オキサルアニリド酸など，amic acid, anilic acid の官能種類名をもつ化合物

・carbamic acid カルバミン酸（これのみは PIN）

また，日本語名が定着している元素名を，その英語名の字訳に改めることはしない．たとえば，Na ナトリウム，K カリウムなどはそのままである．

1.1.6   数を表す接頭語 mono, di, tri, tetra などを日本語にするとき，翻訳名の前では"一，二，三，四"などと翻訳し，字訳名の前では"モノ，ジ，トリ，テトラ"などと字訳する．ただし，元素名の前ではすべて"一，二"などと翻訳する．

例：calcium diacetate　二酢酸カルシウム

2,2′,2″,2‴-(ethane-1,2-diyldinitrilo)tetraacetic acid　2,2′,2″,2‴-(エタン-1,2-ジイルジニトリロ)四酢酸

disodium butanedioate　ブタン二酸二ナトリウム

tetraethyllead　テトラエチル鉛

1.2　化合物名字訳規準の基本

1.2.1　原　　語

この規準は，普通のアルファベット文字で書かれた化合物名を日本語で字訳するときの基準である．片仮名文字に字訳する化合物名は，原則として，英語を原語とするが，従来の慣習で，英語以外の外国語を原語として字訳された化合物名が，日本語として定着していると認められるものは，そのまま使う(**1.1.5** 参照)．

1.2.2　字 訳 す べ き 文 字

記号，翻訳すべき部分，語尾の e を除き，原語のすべてのアルファベット文字を字訳する．前記の e が複合名の中間にあるときも同様に扱う．原語の記号はすべてそのまま使う．

例：1-ethylnaphthalene　1-エチルナフタレン

N,N-dimethylformamide　*N,N*-ジメチルホルムアミド

2,4-dinitroaniline　2,4-ジニトロアニリン

4,6-di-*O*-methyl-β-D-galactopyranose　4,6-ジ-*O*-メチル-β-D-ガラクトピラノース

benzenesulfonic acid　ベンゼンスルホン酸

1.2.3　つ な ぎ 符 号

英語ではスペースによって語を別語としてわけて表示するが，日本語ではこうした規則はなく，続けて表示するのが一般的である．しかし，名称の曖昧さをなくす，あるいは英語名称でのスペースの存在を明確にするなどの目的でスペースにあたる箇所につなぎ符号を入れることがある．

例：methyl phenyl malonate　メチル＝フェニル＝マロナート

2-ethylhexyl propyl ketone　2-エチルヘキシル＝プロピル＝ケトン

つなぎ符号がなくても紛らわしくない場合には，つなぎ符号は入れなくてもよい．

例：ethyl alcohol　エチルアルコール　　　　ethyl methyl ketone　エチルメチルケトン

つなぎ符号については，**7** で詳しく述べる.

1.2.4　子音字と母音字

子音字とは英語字母のうち a, e, i, o, u を除いた 21 字母とする.

母音字とは a, e, i, o, u, y（直後に母音がこないとき，または母音がくるが y が音節末尾のとき）の 6 字母とする.

　注：methyl, cyano などの y は母音字. yohimbine などの y は子音字.

　　　ch, ff, gh, ll, pf, ph, qu, rh, rr, rrh, sc, sh, th は子音字 1 個と同様に扱う.

1.2.5　原語と字訳語の文字対応

(a) 子音字 1 個とそれに続く母音字 1 個は組合わせて表 1 の字訳規準表 A 欄により字訳する.

(b) 母音字を伴わない子音字は字訳規準表 B 欄により字訳する.

(c) 直前が子音字でない母音字はローマ字つづりと同じに字訳する.

　例：auxin　　アウキシン　　　　ionone　　イオノン　　　　thiirane　　チイラン
　　　thiuram　チウラム　　　　　guanidine　グアニジン　　　linalool　　リナロオール

(d) 元素名 iodine に関連のある io は "ヨー" と字訳する〔上記(c)項の例外〕.

　例：iodobenzene　ヨードベンゼン　　　iodide　ヨージド*
　　　*　"ヨウ化" または "ヨウ化物" と翻訳する場合もある.

(e) 母音字 y は i と同様，æ またはそれに代わる ae は e と同様，œ またはそれに代わる oe は e と同様，ou は u と同様，eu は oi と同様に字訳する〔上記(c)項の例外〕.

　例：cæsium（英）= caesium（IUPAC 名，英）= cesium（米）　セシウム
　　　œstrone（英）= oestrone（英）= estrone（米）　　エストロン
　　　coumarin　クマリン　　　leucine　ロイシン

(f)　下記の語尾は上記(a)〜(c)項の例外とし，下に示すように字訳する.

al　（ア）ール　　　ase　（ア）ーゼ　　　ate　（ア）ート　　　ol　（オ）ール　　　ole　（オ）ール

oll　（オ）ール　　　ose　（オ）ーゼ　　　ot　（オ）ート　　　it　（イ）ット　　　ite　（イ）ット

yt　（イ）ット

上記の（ア）は字訳規準表 A 欄のア列の文字であることを表し，原語の語尾直前の文字によりどの行の片仮名になるか決まる.（イ），（オ）についても同様である. これらの接尾語は，直前の子音字と組合わせて字訳することになる.

　例：hexanal　ヘキサナール　　　amylase　アミラーゼ　　　acetate　アセタート*
　　　anisole　アニソール　　　　glucose　グルコース　　　nitrite　ニトリット*
　　　*　"酢酸—" または "酢酸塩"，"亜硝酸塩" などと翻訳する場合もある.

1.2.6　基　本　名

有機化合物の命名においては，化合物の構造を，鎖状あるいは環状の炭化水素，基本複素環などを基本とし，これに置換基や特性基が結合しているものとみなす. この基本部分の名称を基本名という.

　例：hexane　　ヘキサン　　　cyclohexane　シクロヘキサン
　　　benzene　　ベンゼン　　　furan　　　　フラン
　　　pyridine　　ピリジン　　　thiophene　　チオフェン

1.2.7　複　合　名

基本名に，基本名語幹(例：acet, benz, succin, phthal)，官能種類名(例：aldehyde, amine, nitrile)，接頭語(例：di, cyclo, chloro)，接尾語(例：ene, ol, yl, oyl)などが組合わされて複合名をつくる．

(a) 複合名は語構成要素ごとに **1.2.5** によって字訳する．

例：methylanthracene　メチルアントラセン（メチラントラセンではない）
　　benzaldehyde　　　ベンズアルデヒド（ベンザルデヒドではない）
　　benzylamine　　　　ベンジルアミン（ベンジラミンではない）
　　pyridinamine　　　　ピリジンアミン（ピリジナミンではない）
　　acetamide　　　　　アセトアミド（アセタミドではない）
　　hexanamide　　　　　ヘキサンアミド（ヘキサナミドではない）
　　succinimide　　　　　スクシンイミド（スクシニミドではない）

(b) 母音字で始まる接尾語とその前の子音字は組合わせて **1.2.5(a)** に従って字訳する(**6.2** も参照)．該当する接尾語には ene, yne, ol, olate, al, one, ate, oate, yl, oyl, ylene, ylidene, ylidyne, olide, ide, ine, ium, onium などがある．

例：ethanol　エタノール　　　　hexenone　ヘキセノン
　　butenyl　ブテニル　　　　　anilinium　アニリニウム

aldehyde, amine, imine, amide などの官能種類名は，上記 **1.2.7(a)** 項に従って字訳する．

例：cinnamaldehyde　シンナムアルデヒド（シンナマルデヒドではない）
　　ethylamine　　　　エチルアミン（エチラミンではない）

(c) 二重結合1個をもつポリシクロ炭化水素，スピロ炭化水素，炭化水素基の名称は，炭素原子数を表す基本名語幹の後に母音aがあるものとして字訳する．

例：bicyclo[2.2.1]hept-2-ene　　　ビシクロ[2.2.1]ヘプタ-2-エン
　　spiro[4.4]non-2-ene　　　　　スピロ[4.4]ノナ-2-エン
　　but-1-ene-1,4-diyl　　　　　ブタ-1-エン-1,4-ジイル

1.2.8　字訳規準表の例外

字訳規準表の例外となる字訳名が定着しているものは，例外として認める(**1.1.5**，**1.2.1** も参照)．
以下に記載の名称は，いずれも文部科学省学術用語集あるいは第2版標準化学用語辞典(日本化学会編)に記載されている．

例：alcohol　　アルコール（規準表によればアルコホール）
　　ether　　　エーテル（規準表によればエテル）
　　fullerene　フラーレン（規準表によればフレレン）
　　nitrene　　ナイトレン（規準表によればニトレン）

また，英語を規準表によって字訳すると同じ日本語名になってしまうような場合は，以下に示すように特殊な例外的便法が認められているものがある．

例：allyl　　アリル　　　　aryl　　　アリール
　　benzine　ベンジン
　　benzyne　ベンザイン（この名称は 2013 勧告で廃止となった）

xxviii　　　　　　　　　　日本語名称のつくり方

2　日本語名称における PIN と GIN

2013 勧告において PIN が定められたことにより，本書で使用する日本語名称についても以下のような規則を設ける．

2.1　PIN の日本語名称

英語名称の PIN に対応する日本語名称における PIN はただ一つとする．本書では，その唯一の名称に **PIN** のロゴマークを付けてある．

2013 勧告では，天然物の名称には PIN を付けない．天然物の名称については，**9** も参照してほしい．

2.2　GIN の日本語名称

英語名称の GIN(本書で **PIN** のロゴマークが付いていない名称)は，日本語名称でも GIN であり，それらについては状況により複数の名称から適宜選択して用いてよい．化合物によっては，一つの英語名称に複数の日本語名称の GIN が可能な場合もあるが，本書では必ずしも可能な名称のすべてを記載しているわけではない．

> 例：CH_3CH_2OH　ethanol **PIN**, ethyl alcohol (GIN)　(P-63.1 参照)
> 　　　PIN：エタノール
> 　　　GIN：エチルアルコール
>
> 　　$C_6H_5CH_2CH_2N_3$　(2-azidoethyl) benzene **PIN**, 2-phenylethyl azide (GIN)　(P-61.7 参照)
> 　　　PIN：(2-アジドエチル)ベンゼン
> 　　　GIN：アジ化 2-フェニルエチル，2-フェニルエチルアジド，2-フェニルエチル=アジド
> 　　　　　　(つなぎ符号の使い方については **7** を参照)

3　翻訳名と字訳名の使い分け

慣用的に用いられる翻訳名には，以下のようなものがある．

3.1　酸

酸の名称には翻訳された日本語名称が多い．本書では，原則として，これらの日本語名称を用いる．

3.1.1　対応する英語名称が PIN である酸(P-65.1.1.1，P-65.2 参照)

ギ酸，酢酸，シュウ酸，安息香酸，炭酸

3.1.2　対応する英語名称が GIN として認められている酸(P-65.1.1.2 参照)

酪酸，ケイ皮酸，コハク酸，クエン酸，乳酸，酒石酸など

3.1.3　対応する英語名称が予備選択名である酸(P-67.1.1.1，P-67.2.1 参照)

ホウ酸，ケイ酸，硝酸，亜硝酸，リン酸，亜リン酸，次亜二リン酸，硫酸，亜硫酸，過塩素酸，塩素酸，亜塩素酸，次亜塩素酸(およびフッ素，臭素，ヨウ素類縁体)など

3.2　官能種類名

フッ化，塩化，臭化，ヨウ化，アジ化，シアン化，無水物などの翻訳名があり，ハロゲン化物，アジ化物，シアン化物，酸の誘導体，オニウム塩，酸無水物などで用いられる．

3.2.1　ハロゲン化物，擬ハロゲン化物

PIN は該当する基(ハロゲン基，アジド基など)を接頭語とする置換命名法で命名するので，PIN ではこれらの

翻訳名を用いることはない．しかし，GIN では使用でき，以下に示すように，翻訳名がいくつかの可能な名称の一つとなる（**2.2** の例も参照）．

例：$C_6H_5CH_2Br$　(bromomethyl) benzene**[PIN]**, α-bromotoluene (GIN), benzyl bromide (GIN)　(P-61.3.1 参照)
　　　PIN：（ブロモメチル）ベンゼン
　　　GIN：α-ブロモトルエン，臭化ベンジル，ベンジルブロミド，ベンジル＝ブロミド

3.2.2　酸ハロゲン化物，酸擬ハロゲン化物

酸の誘導体の場合には，官能種類命名法による名称が PIN となるので，**3.2.1** の例とは名称の付け方が異なる．PIN では字訳する．酸の誘導体の名称の付け方は **4** に記したので，詳細についてはそれを参照してほしい．

例：$CH_3CH_2CH_2COCl$　butanoyl chloride**[PIN]**, butyryl chloride（GIN）　(P-65.5.1.1 参照)
　　　PIN：ブタノイル＝クロリド
　　　GIN：塩化ブチリル，ブチリルクロリド，ブチリル＝クロリド

　　　CH_3COCN　aceyl cyanide**[PIN]**　(P-65.5.2.1 参照)
　　　PIN：アセチル＝シアニド

3.2.3　酸 無 水 物

官能種類名 anhydride は無水物と翻訳する（アンヒドリドではない）．

例：$C_6H_5CO\text{-}O\text{-}COC_6H_5$　benzoic anhydride**[PIN]**　(P-65.7.1 参照)
　　　PIN：安息香酸無水物

酸の誘導体の名称の付け方は **4** に記したので，詳細についてはそれを参照してほしい．

3.2.4　オ ニ ウ ム 塩

オニウム塩の GIN において，アニオン部分を表示する場合にフッ化，塩化，臭化，ヨウ化などが用いられる．PIN では字訳をする．

例：$CH_3NH_3{}^+Cl^-$　methanaminium chloride**[PIN]**, methylazanium chloride (GIN)　(P-62.6.1 参照)
　　　PIN：メタンアミニウム＝クロリド
　　　GIN：塩化メチルアザニウム，メチルアザニウムクロリド，メチルアザニウム＝クロリド

アニオン部分が有機酸に由来するオニウム塩は本項の方式ではなく **4.2** に記した方式により日本語名称をつくる．

例：$CH_3COO^-N(CH_3)_4{}^+$　*N,N,N*-trimethylmethanaminium acetate**[PIN]**
　　　　　　　　　　　　　酢酸 *N,N,N*-トリメチルメタンアミニウム**[PIN]**

オニウム塩の他の名称については，**4.2** を参照してほしい．

3.2.5　そ　の　他

炭酸ジアミドにあたる urea は PIN であり，尿素と訳す（ウレアではない）．また，thiourea も PIN であり，チオ尿素と訳す（チオウレアではない，P-66.1.6.1 参照）．

例：$H_2N\text{-}CO\text{-}NH_2$　urea**[PIN]**, carbonic diamide（GIN）
　　　PIN：尿素
　　　GIN：炭酸ジアミド

　　　$H_2N\text{-}CS\text{-}NH_2$　thiourea**[PIN]**, carbonothioic diamide (GIN)
　　　PIN：チオ尿素
　　　GIN：カルボノチオ酸ジアミド

xxx　　　　　　　　　　　　　　　日本語名称のつくり方

4　酸および酸の誘導体の日本語名称

他の化合物種類と異なり，酸とその誘導体の日本語名称のつくり方には独自の慣用的方法が定着している．——(o)ic acid を ——酸と翻訳し，酸の日本語名称として3に示したような多くの有機酸，無機酸の翻訳名が用いられている．さらに，エステル，塩では英語名称と語順が異なる名称が定着している．

これらの事情を考慮し，酸および酸の誘導体の PIN の日本語名称のつくり方を以下のように定める．なお，つなぎ符号の入れ方については，**7 を参照してほしい.**

4.1　酸

3 に記した翻訳名をもつ酸に基づく有機化合物の PIN は，字訳名でなく翻訳名を用いてつくる.

例(P-65.1.1.1 参照)：chloroacetic acid **PIN**　　　クロロ酢酸 **PIN**

4-methylbenzoic acid **PIN**　4-メチル安息香酸 **PIN**

4.2　エステルと塩

翻訳名，字訳名を問わずエステルおよび塩の PIN は，従来の方式に基づき英語名称と語順の異なる以下のような名称とする.

エステルの例(P-65.6.3.2，P-67.1.3.2 参照)：

ethyl acetate **PIN**　　　酢酸エチル **PIN**

pentyl nitrite **PIN**　　　亜硝酸ペンチル **PIN**

dimethyl sulfate **PIN**　　硫酸ジメチル **PIN**

methyl propyl butanedioate **PIN**　　ブタン二酸=メチル=プロピル **PIN**

ethyl methyl phenyl phosphate **PIN**　リン酸=エチル=メチル=フェニル **PIN**

塩の例(P-65.6.2 参照)：

sodium benzoate **PIN**　安息香酸ナトリウム **PIN**

ammonium potassium hexanedioate **PIN**　ヘキサン二酸=アンモニウム=カリウム **PIN**

N,N,N-tributylbutanaminium benzenesulfonate **PIN**
ベンゼンスルホン酸 *N,N,N*-トリブチルブタンアミニウム **PIN**

sodium hydrogen 2-(carboxylatomethyl)benzoate **PIN**
2-(カルボキシラトメチル)安息香酸=水素=ナトリウム **PIN**
　　　(‘水素’は酸の名称の直後に記載する)

4.3　酸無水物

官能種類名 anhydride はアンヒドリドと字訳せず，無水物と翻訳する．PIN，GIN ともにこの方式で命名する.

例(P-65.7 参照)：

propanoic anhydride **PIN**　プロパン酸無水物 **PIN**

ethanesulfonic ethanethioic anhydride **PIN**, ethanesulfonic thioacetic anhydride (GIN)
　　PIN：エタンスルホン酸=エタンチオ酸=無水物
　　GIN：エタンスルホン酸チオ酢酸無水物，エタンスルホン酸=チオ酢酸=無水物

ただし，acetic anhydride **PIN**, maleic anhydride (GIN), phthalic anhydride (GIN), succinic anhydride (GIN)の四つの酸無水物は，これまでの慣用に従いそれぞれ無水酢酸 **PIN**, 無水マレイン酸(GIN)，無水フタル酸(GIN)，無水コハク酸(GIN)と訳す(P-65.7.7.1 参照).

4.4 酸ハロゲン化物, 酸擬ハロゲン化物

PIN においては, ハロゲン, 擬ハロゲンの部分は翻訳せずに字訳する.

例(P-65.5 参照):

acetyl chloride **PIN**　　アセチル=クロリド **PIN**

benzoyl azide **PIN**　　ベンゾイル=アジド **PIN**

phenylphosphonous bromide chloride **PIN**　　フェニル亜ホスホン酸=ブロミド=クロリド **PIN**

5 日本語 PIN から派生する GIN

3 および **4** で述べた説明と例示からわかるように, 英語の PIN を日本語名称にする方法として, 翻訳名を使用する場合とそのまま字訳をする場合の二つがある. さらに翻訳名や字訳名につなぎ符号をいれるかどうかによって数種類の日本語名称が派生することになる. 本書では, 化合物種類ごとに定めた方式によりそのうちの一つを選択し PIN としたが, PIN として選ばれなかったその他の日本語名称も GIN として使用を認めることとする. ここではそのような GIN を"派生日本語 GIN"とよぶこととする. "派生日本語 GIN"はほとんどの場合, 翻訳名と字訳名をもちうる酸誘導体とオニウム塩で生じる. 以下に種類にわけて例示する. 日本語 PIN の後の括弧中に書かれているのが"派生日本語 GIN"である.

エステルおよび塩の場合は, 法律の文書などでは字訳名の方を用いる可能性がある.

5.1 エ ス テ ル

ethyl acetate **PIN**　酢酸エチル **PIN**　(エチル=アセタート, エチルアセタート)

dimethyl sulfate **PIN**　硫酸ジメチル **PIN**　(ジメチル=スルファート, ジメチルスルファート)

methyl propyl butanedioate **PIN**　ブタン二酸=メチル=プロピル **PIN**
(メチル=プロピル=ブタンジオアート, メチルプロピルブタンジオアート)

5.2 塩

sodium benzoate **PIN**　安息香酸ナトリウム **PIN**
(ナトリウム=ベンゾアート, ナトリウムベンゾアート)

ammonium potassium hexanedioate **PIN**　ヘキサン二酸=アンモニウム=カリウム **PIN**
(アンモニウム=カリウム=ヘキサンジオアート, アンモニウムカリウムヘキサンジオアート)

5.3 酸ハロゲン化物, 酸擬ハロゲン化物

acetyl chloride **PIN**　　アセチル=クロリド **PIN**　(塩化アセチル, アセチルクロリド)

benzoyl azide **PIN**　　ベンゾイル=アジド **PIN**　(アジ化ベンゾイル, ベンゾイルアジド)

5.4 オ ニ ウ ム 塩

N,N,N-trimethylmethanaminium iodide **PIN**　*N,N,N*-トリメチルメタンアミニウム=ヨージド **PIN**
(ヨウ化 *N,N,N*-トリメチルメタンアミニウム, *N,N,N*-トリメチルメタンアミニウムヨージド)

N,N,N-tributylbutanaminium benzenesulfonate **PIN**
ベンゼンスルホン酸 *N,N,N*-トリブチルブタンアミニウム **PIN**
(*N,N,N*-トリブチルブタンアミニウム=ベンゼンスルホナート, *N,N,N*-トリブチルブタンアミニウムベンゼンスルホナート)

6 母音字の省略と省略母音字の補足

英語名称では, 前の音節の最後の文字と次の音節の最初の文字がともに母音字の場合は, しばしば一方の母音字が省略される(P-16.7 参照). これらの省略された母音字の日本語名称作成時における取扱い規則について,

PIN に限定して用いる規則(**6.1**)と PIN, GIN に共通して用いる規則(**6.2**)とに分けて以下に説明する.

　日本語名称の PIN では, その名称からその化合物の構造が明確に誤りなく理解できることが特に重要であり, 本書ではその目的に沿って **6.1** に記載の新たな規則を設けた. この規則により, 名称の重要な構成要素を日本語名称の中に理解しやすい形で表現できる. ここでいう構成要素は, **6.1.1** と **6.1.2** では"ア"接頭語であり, **6.1.3** では橋かけを意味する用語 epi である.

> 6.1　PIN に限定して用いる規則
> 6.2　PIN, GIN に共通して用いる規則

6.1　PIN に限定して用いる規則

> 6.1.1　Hantzsch-Widman 系における"ア"接頭語　　6.1.3　橋かけ縮合環の命名に用いる橋の名称
> 6.1.2　pheno の付く複素環における"ア"接頭語

6.1.1　Hantzsch-Widman 系における"ア"接頭語 (P-22.2 参照)

　一つの"ア"接頭語と語幹から構成される名称では, 英語名称をそのまま字訳する. しかし, 複数の"ア"接頭語をもつ名称の場合は, "ア"接頭語間で省略されている末尾の a を補足して字訳する. これにより, 字訳名から化合物中のヘテロ原子の種類が理解しやすくなる.

　　例：oxolane **PIN**　　オキソラン **PIN**　（GIN でもオキソラン）
　　　　thiazole **PIN**　　チアアゾール **PIN**　（GIN ではチアゾールでもよい）
　　　　dioxazepine **PIN**　　ジオキサアゼピン **PIN**　（GIN ではジオキサゼピンでもよい）
　　　　oxazarsole **PIN**　　オキサアザアルソール **PIN**　（GIN ではオキサザアルソールでもよい）
　　　　iodoxazole **PIN**　　ヨーダオキサゾール **PIN**　（GIN ではヨードキサゾールでもよい）

6.1.2　pheno の付く複素環における"ア"接頭語 (P-25.2.2 参照)

　pheno に続く"ア"接頭語は英語の綴りのとおりに字訳するが, それ以後の"ア"接頭語では, 省略されている母音を補足して字訳する. これにより, 字訳名から化合物中のヘテロ原子の種類が理解しやすくなる.

　　例：phenazaphosphinine **PIN**　　フェナザホスフィニン **PIN**　（GIN でもフェナザホスフィニン）
　　　　phenoxazine **PIN**　　フェノキサアジン **PIN**　（GIN ではフェノキサジンでもよい）
　　　　phenoxantimonine **PIN**　　フェノキサアンチモニン **PIN**　（GIN ではフェノキサンチモニンでもよい）
　　　　phenazarsinine **PIN**　　フェナザアルシニン **PIN**　（GIN ではフェナザルシニンでもよい）
　　　　phenothiarsinine **PIN**　　フェノチアアルシニン **PIN**（GIN ではフェノチアルシニンでもよい）

6.1.3　橋かけ縮合環の命名に用いる橋の名称 (P-25.4.2 参照)

　橋かけ縮合環の PIN の命名には多くの場合 epi で始まる橋かけ接頭語名を使うが, epi に o または i が続くときは最後の母音字である i が省略される. 日本語 PIN では, このような場合は i を補って字訳がエピとなるようにし, 橋かけ接頭語であることが明確となるようにする.

　　例：epoxy 優先接頭　　エピオキシ 優先接頭　（GIN ではエポキシでもよい）
　　　　epoxireno 優先接頭　　エピオキシレノ 優先接頭　（GIN ではエポキシレノでもよい）
　　　　epoxymethano 優先接頭　　エピオキシメタノ 優先接頭　（GIN ではエポキシメタノでもよい）
　　　　[1,3]epindeno 優先接頭　　[1,3]エピインデノ 優先接頭　（GIN では[1,3]エピンデノでもよい）

6.2 PIN, GIN に共通して用いる規則

> 6.2.1 官能基代置命名法における 語幹と挿入語
> 6.2.2 官能基接尾語
>
> 6.2.3 集積接尾語
> 6.2.4 そ の 他

6.2.1 官能基代置命名法における語幹と挿入語

官能基代置命名法では，母体オキソ酸の −OH または =O を挿入語により他の原子あるいは原子団で代置して名称をつくる(P-15.5 参照)．その際の母体酸の語幹と挿入語の母音字の省略と補足は，以下の規則に従って行う．

6.2.1.1 語幹における省略と補足
ここで定める規則は，以下の酸に由来する接尾語の語幹にあるものを対象とする．これら以外の接尾語の場合は，ここに記した規則に準じて対処する．

carbon (carbonic acid), carbam (carbamic acid), carbox (carboxylic acid), sulfur (sulfuric acid), sulfon (sulfonic acid), sulfin (sulfinic acid) （および Se, Te 誘導体）, phosphor (phosphoric acid), phosphon (phosphonic acid), phosphin (phosphinic acid) （および As, Sb 誘導体）

6.2.1.1.1 語幹が carbon, carbam, sulfur, phosphor の場合は，それに続く挿入語が母音字でも子音字でも末尾に o を補足して字訳する．つまり，カルボノ，カルバモ，スルフロ，ホスホロとなる．Se, Te, As, Sb 誘導体もこれに準ずる．6.2.1.2 の例における一本下線の部分がこれに相当する．

6.2.1.1.2 語幹が sulfon, sulfin, phosphon, phosphin の場合は，後に母音字が続いても，末尾の o は補足せずに字訳する．つまり，スルホン，スルフィン，ホスホン，ホスフィンとなる．名称中に sulfono, sulfino, phosphono, phosphino のように末尾に o をもつ形で存在するときは，この o は省略せずに字訳する．つまり，スルホノ，スルフィノ，ホスホノ，ホスフィノとなる．6.2.1.2, 6.2.2 の例における二本下線の部分がこれに相当する．

6.2.1.1.3 語幹が carbox, sulfox の場合は，それぞれカルボキソ，スルホキソとせずカルボキシ，スルホキシと字訳する．6.2.1.2, 6.2.2 の例における波線下線の部分がこれに相当する．

6.2.1.2 挿入語における省略と補足
官能基代置命名法により挿入語を用いて命名された酸，その誘導体，対応するアシル基では，挿入語の末尾の o はすべて補足して字訳する．また，挿入語の末尾に o のある場合は，省略せずに字訳する．下の例における網かけの部分がこれに相当する．

多くの類似例が"付録 2"にあるので，あわせて参照してほしい．

例： carbonimidoyl 優先接頭　　カルボノイミドイル 優先接頭

carbamimidoyl 優先接頭　　カルバモイミドイル 優先接頭

carboximidoyl 優先接頭　　カルボキシイミドイル 優先接頭

sulfurimidoyl 予備接頭　　スルフロイミドイル 予備接頭

sulfonimidamide 予備接尾　　スルホンイミドアミド 予備接尾

benzenesulfinohydrazonamido 優先接頭　　ベンゼンスルフィノヒドラゾノアミド 優先接頭

phosphoramidochloridoyl 予備接頭　　ホスホロアミドクロリドイル 予備接頭

phosphorohydrazidimidoyl 予備接頭　　ホスホロヒドラジドイミドイル 予備接頭

phosphinimidoyl 予備接頭　　ホスフィンイミドイル 予備接頭

phosphonochloridoyl 予備接頭　　ホスホノクロリドイル 予備接頭

6.2.2 官能基接尾語

6.2.1 の規則は，母音字で始まる類似の官能基接尾語 amide, imide などをもつ化合物種類の字訳の場合にも適用する．

例: methanesulfonamide **PIN**　メタンスルホンアミド **PIN**

　　cyclohexanecarboxamide **PIN**　シクロヘキサンカルボキシアミド **PIN**

　　S,*S*-dimethyl-*N*-phenylsulfoximide (GIN)　*S*,*S*-ジメチル-*N*-フェニルスルホキシイミド (GIN)

6.2.3　集積接尾語

集積接尾語(P-33.3, P-70.3 参照)が連続する場合は，それらの間に限り接尾語を別々に字訳する.

6.2.3.1　母体水素化物に直接付く集積接尾語は，通常の字訳規準に従い，末尾の e をとった母体水素化物の名称と組合わせて字訳する.

例: methanaminyl **PIN**　メタンアミニル **PIN**　(メタンアミンイルではない)

　　benzenaminylidene **PIN**　ベンゼンアミニリデン **PIN**　(ベンゼンアミンイリデンではない)

　　pyridine-2-caboximidyl **PIN**　ピリジン-2-カルボキシイミジル **PIN**
　　(ピリジン-2-カルボキシイミドイルではない)

　　methanaminide **PIN**　メタンアミニド **PIN**　(メタンアミンイドではない)

　　benzenium **PIN**　ベンゼニウム **PIN**　(ベンゼンイウムではない)

6.2.3.2　集積接尾語が複数ある場合は，2 番目以降の接尾語(下記例での下線部分)は別々に字訳する. これにより，集積接尾語の構成要素が明確になる.

例: azaniumyl **PIN**　アザニウムイル **PIN**　(アザニウミルではない)

　　dimethylazaniumylidene **PIN**　ジメチルアザニウムイリデン **PIN**
　　(ジメチルアザニウミリデンではない)

　　anthracen-9-iumelide (GIN)　アントラセン-9-イウムエリド (GIN)
　　(アントラセン-9-イウメリドではない)

　　anthracen-9-eliumuide (GIN)　アントラセン-9-エリウムウイド (GIN)
　　(アントラセン-9-エリウムイドではない)

　　epiethanylylidene **PIN**　エピエタニルイリデン **PIN**　(エピエタニリリデンではない)

　　ethaniumyliumyl **PIN**　エタニウムイリウムイル **PIN**　(エタニウミリウミルではない)

6.2.4　その他

6.2.4.1　倍数接頭語に関連する母音の省略と補足(P-16.7 参照)　　tetra, penta, hexa などの倍数接頭語が母音字 a または o で始まる接尾語に直接つながる英語名称では省略される倍数接頭語の末尾の a を補足して字訳する.

例: tetrol　テトラオール　　　　pentamine　ペンタアミン　　　　hexone　ヘキサオン

6.2.4.2　ベンゾ縮合複素環における母音の省略と補足(P-16.7 参照)　　名称が母音字から始まる複素単環とベンゼン環の縮合でつくられるベンゾ縮合複素環の英語名称で省略されている benzo の末尾の o は，これを補足してベンゾと字訳する.

例: 3-benzoxepine **PIN**　3-ベンゾオキセピン **PIN**

　　4*H*-3,1-benzoxazine **PIN**　4*H*-3,1-ベンゾオキサジン **PIN**

7　つなぎ符号の挿入

英語名称が 2 語以上となる化合物では，続けて字訳すると難解になったり他の化合物と混同したりすることがある. そのような場合には，英語の語間に対応する箇所につなぎ符号＝を入れる. 酸とその誘導体，オニウム塩およびオキシド類(7.1〜7.3 参照)については，その種類ごとに挿入の有無についての規則を定め，PIN において

7 つなぎ符号の挿入　　　　　xxxv

はそれを適用する．それ以外の化合物種類(**7.4** 参照)については，官能種類命名法による名称が本勧告ですべて GIN となったため，つなぎ符号の挿入は任意とする．しかし，他の化合物との混同が起こるような場合には，つなぎ符号を入れて曖昧さが残らないようにすることを推奨する．挿入する場合は PIN に関する規則に準じて行う．

7.1　酸とその誘導体	7.4　官能種類命名法によるケトン，エーテル，スルフィド，スルホキシド，スルホンなどの名称
7.2　オニウム塩	
7.3　アミンオキシド，イミンオキシド，ニトリルオキシドとそのカルコゲン類縁体	

7.1　酸とその誘導体

7.1.1　酸	7.1.4　酸ハロゲン化物，酸擬ハロゲン化物
7.1.2　塩	
7.1.3　酸 無 水 物	7.1.5　エ ス テ ル

7.1.1　酸 (P-65.1, P-65.3 参照)
つなぎ符号は入れない．

例: hexanoic acid `PIN`　ヘキサン酸 `PIN`

naphthalene-1-sulfonic acid `PIN`　ナフタレン-1-スルホン酸 `PIN`

7.1.2　塩 (P-65.6 参照)
3 語以上で構成される名称の場合はつなぎ符号を入れる．

例: sodium acetate `PIN`　酢酸ナトリウム `PIN`

N,N,N-trimethylmethanaminium acetate `PIN`　酢酸 *N,N,N*-トリメチルメタンアミニウム `PIN`
　（有機酸のオニウム塩は **7.2** の方式ではなく，本項の方式で取扱う）

ammonium potassium hexanedioate `PIN`　ヘキサン二酸=アンモニウム=カリウム `PIN`

potassium sodium hydrogen propane-1,2,3-tricarboxylate `PIN`
プロパン-1,2,3-トリカルボン酸=水素=カリウム=ナトリウム `PIN`
　（'水素' は酸の名称の直後に記載する）

7.1.3　酸無水物 (P-65.7 参照)
3 語以上で構成される名称の場合はつなぎ符号を入れる．

例: benzoic anhydride `PIN`　安息香酸無水物 `PIN`

2-chloroethane-1-sulfinic anhydride `PIN`　2-クロロエタン-1-スルフィン酸無水物 `PIN`

acetic benzoic anhydride　酢酸=安息香酸=無水物

acetic 3-(acetyloxy)-3-oxopropanoic butanedioic dianhydride `PIN`
酢酸=3-(アセチルオキシ)-3-オキソプロパン酸=ブタン二酸=二無水物 `PIN`

3,6-diacetic 2-propanoic 8-[2-(acetyloxy)-2-oxoethyl]naphthalene-2,3,6-tricarboxylic trianhydride `PIN`
3,6-二酢酸=2-プロパン酸=8-[2-(アセチルオキシ)-2-オキソエチル]ナフタレン-
2,3,6-トリカルボン酸=三無水物 `PIN`

7.1.4 酸ハロゲン化物, 酸擬ハロゲン化物 (P-65.5, P-67.1.2.5 参照)

すべての語間につなぎ符号を入れる. PIN では, 酸ハロゲン化物, 酸擬ハロゲン化物のハロゲン, 擬ハロゲンは翻訳せずに字訳する (**4.4** 参照).

> 例: benzoyl chloride **PIN**　ベンゾイル=クロリド **PIN**
>
> dicarbonic dichloride **PIN**　二炭酸=ジクロリド **PIN**
>
> benzene-1,4-dicarbonyl dichloride **PIN**, terephthaloyl dichloride (GIN)
> 　　PIN: ベンゼン-1,4-ジカルボニル=ジクロリド
> 　　GiN: 二塩化テレフタロイル, テレフタロイルジクロリド, テレフタロイル=ジクロリド
>
> phenylphosphonous bromide chloride **PIN**　フェニル亜ホスホン酸=ブロミド=クロリド **PIN**
>
> butanedioyl isocyanide isothiocyanate **PIN**　ブタンジオイル=イソシアニド=イソチオシアナート **PIN**

7.1.5 エステル (P-65.6, P-67.1.3 参照)

3 語以上で構成される名称の場合はつなぎ符号を入れる.

> 例: methyl 2-chloro-5-[3-(ethoxycarbonyl)phenoxy] benzoate **PIN**
> 2-クロロ-5-[3-(エトキシカルボニル)フェノキシ]安息香酸メチル **PIN**
>
> dimethyl butanedioate **PIN**　ブタン二酸ジメチル **PIN**
>
> ethane-1,2-diyl diacetate **PIN**　二酢酸エタン-1, 2-ジイル **PIN**
>
> propane-1,2,3-triyl 1,2-diacetate 3-propanoate **PIN**
> 1,2-二酢酸=3-プロパン酸=プロパン-1,2,3-トリイル **PIN**
>
> ethyl methyl oxalate **PIN**　シュウ酸=エチル=メチル **PIN**
>
> ethyl methyl 1,4-phenylene dipropanedioate **PIN**
> ジプロパン二酸=エチル=メチル=1,4-フェニレン **PIN**
>
> ethyl methyl phenyl phosphate **PIN**　リン酸=エチル=メチル=フェニル **PIN**

7.2 オニウム塩 (P-62.6.1, P-73.1.1 参照)

すべての語間につなぎ符号を入れる. 有機酸のアニオンをもつオニウム塩については, **7.1.2** の方式により取扱う.

> 例: methanaminium bromide **PIN**　メタンアミニウム=ブロミド **PIN**
>
> trimethylsulfanium iodide **PIN**　トリメチルスルファニウム=ヨージド **PIN**
>
> *N*-methylanilinium chloride **PIN**, *N*-methylbenzenaminium chloride (GIN)
> 　　PIN: *N*-メチルアニリニウム=クロリド
> 　　GIN: 塩化 *N*-メチルベンゼンアミニウム, *N*-メチルベンゼンアミニウムクロリド,
> 　　　　　*N*-メチルベンゼンアミニウム=クロリド

7.3 アミンオキシド, イミンオキシド, ニトリルオキシドと
そのカルコゲン類縁体 (P-62.5, P-66.5.4 参照)

すべての語間につなぎ符号を入れる.

> 例: *N*,*N*-dimethylmethanamine *N*-oxide **PIN**　*N*,*N*-ジメチルメタンアミン=*N*-オキシド **PIN**
>
> acetonitrile oxide **PIN**　アセトニトリル=オキシド **PIN**

7.4 官能種類命名法によるケトン(P-64.2 参照)**, エーテル**(P-63.2 参照)**,**
スルフィド(P-63.2 参照)**, スルホキシド, スルホン**(P-63.6 参照)**などの名称**

ケトン, エーテル, スルフィド, スルホキシド, スルホンなどの PIN は置換命名法によりつくるが, 官能種類命名法による名称は GIN として認められている. それらの GIN においては, つなぎ符号の挿入は任意であり, 必要に応じて行う.

例: ethyl methyl ketone (GIN)　エチルメチルケトン (GIN)

2-ethylhexyl propyl ketone (GIN)　2-エチルヘキシル=プロピル=ケトン (GIN)

ethyl vinyl ether (GIN)　エチルビニルエーテル (GIN)

2-ethyloctyl methyl ether (GIN)　2-エチルオクチル=メチル=エーテル (GIN)

phenyl piperidin-4-sulfide (GIN)　フェニル=ピペリジン-4-イル=スルフィド (GIN)

dimethyl sulfoxide (GIN)　ジメチルスルホキシド (GIN)

2-methylbutyl nonyl sulfoxide (GIN)　2-メチルブチル=ノニル=スルホキシド (GIN)

8　文字位置番号を含む酸の日本語名称中での位置番号を示す英字の位置

8.1　酸の語以外が字訳である名称 (P-65.1.5 参照)

数字位置番号の有無に関係なく, 英語名称と同じ形式で '酸' の直前に置く.

例: hexanethioic S-acid **PIN**　ヘキサンチオ S-酸 **PIN**

1-piperidinecarbothioic O-acid **PIN**　1-ピペリジンカルボチオ O-酸 **PIN**

8.2　翻訳名の酸を含む名称

数字位置番号の有無により以下のように分けて対処する.

8.2.1　数字位置番号を含まない名称の場合は, 名称の先頭に置く (P-65.1.5 参照).

例: thioacetic O-acid (GIN)　O-チオ酢酸 (GIN)

8.2.2　数字位置番号を含む名称の場合は, 対応する数字位置番号の直後に, 前後にハイフンを付けて記載する. 文字位置番号が複数あるときは, 組にして, 数字位置番号の組の直後に記載する (P-65.2.3.1, P-67.2.2 参照).

例: N^1-methyl-1-imido-2-thiodithionous S^2-acid **PIN**

N^1-メチル-1-イミド-2-S^2-チオ亜ジチオン酸 **PIN**

1,3-dithiodicarbonic S^1,S^3-acid **PIN**　1,3-S^1,S^3-ジチオ二炭酸 **PIN**

9　天 然 物 の 名 称

ある化合物の名称が, 天然物命名法の保存名あるいは慣用名を用いて付けられる場合は, その化合物は天然物とみなし, その化合物の体系名は PIN としない (P-12.1, P-100 参照).

例: $N(CH_2COOH)_3$　(P-13.6 参照)

2,2′,2″-ニトリロ三酢酸　2,2′,2″-nitrilotriacetic acid

N,N-ビス(カルボキシメチル)グリシン　N,N-bis(carboxymethyl)glycine

この化合物はグリシンの誘導体として命名できるので, その体系名である 2,2′,2″-nitrilotriacetic acid は PIN とならない.

9.1　母音字の省略と省略母音字の補足

上記の **6** で定めた規則に従う.

9.2　つなぎ符号の挿入

天然物の名称には PIN がないので，上記 **7** で定めた規則には拘束されない．しかし，名称には複雑なものが多いので，適宜つなぎ符号を活用してわかりやすい名称となるように工夫する.

目　　　　　次

1979 規則，1993 規則，および 1993 年から 2002 年の間の
IUPAC 刊行物からの主要な変更点 ……… xi

用 語 集 ……………………………………………………………………………… xix

日本語名称のつくり方 ………………………………………………………… xxiii

P-1　一般原則，規則および慣例 ……………………………………………… 1
P-10　序　言 ……………………………………………………………………… 1
P-11　有機化合物命名法の範囲 …………………………………………… 1
P-12　優先 IUPAC 名，予備選択名および保存名 ……………………… 2
P-12.1　優先 IUPAC 名 ……………………………………………………… 2
P-12.2　予備選択名 ……………………………………………………………… 7
P-12.3　保 存 名 ……………………………………………………………… 7
P-12.4　命名の手順 ……………………………………………………………… 7
P-13　有機化合物命名における操作 ……………………………………… 7
P-13.1　置換操作 ……………………………………………………………… 8
P-13.2　代置操作 ……………………………………………………………… 8
P-13.3　付加操作 ……………………………………………………………… 10
P-13.4　除去操作 ……………………………………………………………… 13
P-13.5　接合操作 ……………………………………………………………… 14
P-13.6　倍数操作 ……………………………………………………………… 16
P-13.7　縮合操作 ……………………………………………………………… 17
P-13.8　天然物の命名法においてのみ使う操作 ……………………… 17
P-14　一 般 則 ……………………………………………………………………… 19
P-14.0　はじめに ……………………………………………………………… 19
P-14.1　結 合 数 ……………………………………………………………… 19
P-14.2　倍数接頭語 ……………………………………………………………… 20
P-14.3　位置番号 ……………………………………………………………… 22
P-14.4　番号付け ……………………………………………………………… 26
P-14.5　英数字順 ……………………………………………………………… 31
P-14.6　非英数字順 ……………………………………………………………… 34
P-14.7　指示水素および付加指示水素 ……………………………………… 35
P-14.8　付 加 物 ……………………………………………………………… 36
P-15　命名法の種類 ……………………………………………………………… 40
P-15.0　はじめに ……………………………………………………………… 40
P-15.1　置換命名法 ……………………………………………………………… 41
P-15.2　官能種類命名法 ……………………………………………………… 48
P-15.3　倍数命名法 ……………………………………………………………… 51
P-15.4　"ア"命名法 ……………………………………………………………… 65
P-15.5　官能基代置命名法 …………………………………………………… 69
P-15.6　接合命名法 ……………………………………………………………… 72

xl

P-16	名称の記法	76
P-16.0	はじめに	76
P-16.1	綴 り	76
P-16.2	句 読 点	76
P-16.3	倍数接頭語 di, tri など，および bis, tris など	78
P-16.4	その他の数値用語	82
P-16.5	括 弧	83
P-16.6	イタリック体	89
P-16.7	母音字の省略	89
P-16.8	母音字の補足	91
P-16.9	プライム記号	91

P-2 母体水素化物 … 95

P-20	序 言	95
P-21	単核および鎖状多核母体水素化物	95
P-21.1	単核母体水素化物	95
P-21.2	鎖状多核母体水素化物	97
P-22	単環母体水素化物	100
P-22.1	単環炭化水素	100
P-22.2	複素単環母体水素化物	102
P-23	ポリシクロ母体水素化物(拡張された von Baeyer 系)	111
P-23.0	はじめに	111
P-23.1	定義と用語	111
P-23.2	von Baeyer 炭化水素の命名と番号付け	112
P-23.3	不均一複素環 von Baeyer 母体水素化物	118
P-23.4	均一複素環 von Baeyer 母体水素化物	118
P-23.5	交互結合ヘテロ原子からなる不均一複素環 von Baeyer 母体水素化物	119
P-23.6	非標準結合数のヘテロ原子をもつ複素ポリシクロ母体水素化物	120
P-23.7	von Baeyer 母体水素化物の保存名	121
P-24	スピロ環	121
P-24.0	はじめに	122
P-24.1	定 義	122
P-24.2	単環成分のみからなるスピロ環	122
P-24.3	2 個の同じ多環成分からなるモノスピロ環	127
P-24.4	3 個の同じ多環成分が互いにスピロ結合したジスピロ環	129
P-24.5	少なくとも 1 個の多環系を含む異種成分からなるモノスピロ環	131
P-24.6	1 個の多環系を含む異種成分からなる枝分かれのないポリスピロ環	133
P-24.7	枝分かれのあるポリスピロ環	135
P-24.8	非標準結合数をもつ原子を含むスピロ環系	138
P-25	縮合環および橋かけ縮合環系	143
P-25.0	はじめに	143
P-25.1	母体炭化水素環成分の名称	144
P-25.2	母体複素環成分の名称	148
P-25.3	縮合環名のつくり方	153

P-25.4	橋かけ縮合環系	180
P-25.5	縮合環命名法の限界：三つの成分が一緒にオルト-ペリ縮合している場合	195
P-25.6	非標準結合数の骨格原子をもつ縮合環	197
P-25.7	二重結合，指示水素，δ-標記	198
P-25.8	母体成分の優先順位	201
P-26	ファン命名法	206
P-26.0	はじめに	206
P-26.1	考え方と用語	206
P-26.2	ファン母体名の成分	207
P-26.3	スーパー原子位置番号および再現環連結位置番号	209
P-26.4	ファン母体水素化物の番号付け	210
P-26.5	ファン命名法における“ア”命名法	219
P-26.6	ファン命名法のその他の事項	223
P-27	フラーレン	223
P-27.0	はじめに	223
P-27.1	定　義	223
P-27.2	フラーレンの名称	224
P-27.3	フラーレンの番号付け	225
P-27.4	構造を修飾されたフラーレン	226
P-27.5	骨格原子の代置	228
P-27.6	フラーレンへの環の付加	229
P-27.7	その他，フラーレンの命名について	233
P-28	環　集　合	233
P-28.0	はじめに	233
P-28.1	定　義	234
P-28.2	2 個の同じ環の環集合	234
P-28.3	3 個から 6 個の同じ環からなる枝分かれのない環集合	236
P-28.4	“ア”命名法で命名された同じ環からなる環集合	237
P-28.5	7 個以上の同じ環の環集合	239
P-28.6	同じ環からなる枝分かれした環集合	239
P-28.7	異なる環からなる環の集合体	241
P-29	母体水素化物に由来する置換基を示す接頭語	241
P-29.0	はじめに	241
P-29.1	定　義	241
P-29.2	置換基を命名する一般則	242
P-29.3	飽和母体水素化物に由来する単純置換基接頭語の体系的名称	243
P-29.4	複合置換基	249
P-29.5	重複合置換基	251
P-29.6	P-2 に記載した母体水素化物に由来する単純置換基接頭語の保存名	251

P-3	**特性基（官能基）と置換基**	**257**
P-30	序　言	257
P-31	母体水素化物の水素化段階の表現	257
P-31.0	はじめに	257

xlii

P-31.1	語尾 ene あるいは yne	258
P-31.2	接頭語ヒドロおよびデヒドロ	269
P-32	水素化段階の異なる母体水素化物に由来する置換基の接頭語	276
P-32.0	はじめに	276
P-32.1	語尾 ene あるいは yne をもつ母体水素化物に由来する置換基	276
P-32.2	ヒドロ接頭語をもつ母体水素化物に由来する置換基	278
P-32.3	不飽和鎖状母体水素化物に由来する置換基の保存名	280
P-32.4	一部飽和した多環母体水素化物に由来する置換基の保存名	280
P-33	接 尾 語	280
P-33.0	はじめに	280
P-33.1	定 義	280
P-33.2	官能基接尾語	282
P-33.3	集積接尾語	285
P-34	官能性母体化合物	286
P-34.0	はじめに	286
P-34.1	官能性母体化合物の保存名	286
P-34.2	官能性母体化合物に関連する置換基	289
P-35	特性基を表す接頭語	292
P-35.0	はじめに	292
P-35.1	一 般 則	292
P-35.2	特性基を示す単純接頭語	293
P-35.3	複合接頭語	295
P-35.4	重複合接頭語	296
P-35.5	混成接頭語	296
P-4	**名称をつくるための規則**	297
P-40	序 言	297
P-41	化合物種類の優先順位	297
P-42	酸の優先順位	299
P-42.1	7a 族. 接尾語で表される酸(炭酸とポリ炭酸を除く)	299
P-42.2	7b 族. 置換可能な水素原子をもたない炭酸	299
P-42.3	7c 族. 中心原子に置換可能な水素原子をもつ非炭素酸	300
P-42.4	7d 族. 置換可能な水素原子をもつ誘導体を生じうる非炭素酸	301
P-42.5	7e 族. 官能性母体化合物として用いられるその他の一塩基オキソ酸	302
P-43	接尾語の優先順位	303
P-43.0	はじめに	303
P-43.1	官能基代置の一般則	303
P-44	母体構造の優先順位	311
P-44.0	はじめに	311
P-44.1	母体構造の優先順位	311
P-44.2	環のみに関する優先順位	315
P-44.3	鎖の優先順位(主鎖の選択)	340
P-44.4	環または鎖の優先順位を決める基準	342
P-45	優先 IUPAC 名の選択	356

P-45.0	はじめに	356
P-45.1	同一構造の優先母体構造の倍数表現	356
P-45.2	置換基の数と位置番号に関する基準	357
P-45.3	非標準結合数をもった原子を含む置換基がある場合の基準	367
P-45.4	同位体標識に関連する基準	368
P-45.5	名称の英数字順に関する基準	369
P-45.6	立体配置にのみ関連する基準	371
P-46	**置換基のなかの主鎖**	374
P-46.0	はじめに	374
P-46.1	母体置換基	375
P-46.2	同位体標識された化合物における母体置換基	381
P-46.3	ステレオジェン中心をもつ化合物における母体置換基	382

P-5 優先 IUPAC 名の選択と有機化合物の名称の作成 ... 383

P-50	**序　言**	383
P-51	**IUPAC 命名法の中で優先する方法の選択**	384
P-51.0	はじめに	384
P-51.1	優先する命名法の選択	384
P-51.2	官能種類命名法	385
P-51.3	倍数命名法	386
P-51.4	"ア"命名法	391
P-51.5	接合命名法と置換命名法	396
P-52	**優先 IUPAC 名と母体水素化物の予備選択名の選択**	396
P-52.1	予備選択名の選択	397
P-52.2	PIN の選択	400
P-53	**母体水素化物の優先保存名の選択**	414
P-54	**優先名としての水素化段階表現方法の選択**	415
P-54.1	母体水素化物の水素化の段階を修飾するための方法	415
P-54.2	不飽和単環	415
P-54.3	単独マンキュード環と飽和環からなる環集合における不飽和度	415
P-54.4	ヒドロ接頭語およびデヒドロ接頭語によって修飾される名称	416
P-55	**官能性母体化合物に対する優先保存名の選択**	419
P-56	**主特性基の優先接尾語の選択**	419
P-56.1	−OOH 接尾語のペルオキソール	419
P-56.2	接尾語の *SO*−チオペルオキソールとカルコゲン類縁体	419
P-56.3	接尾語のイミドアミドとカルボキシイミドアミド	420
P-56.4	接尾語のジイル，イリデン，イレン	420
P-57	**置換基としての優先接頭語および予備選択接頭語の選択**	421
P-57.1	母体水素化物由来の置換基接頭語	421
P-57.2	特性基(官能基)に由来する接頭語	426
P-57.3	有機官能性母体化合物に由来する接頭語	426
P-57.4	構成要素が順に並んだ複合接頭語および重複合置換基接頭語の作成	427
P-58	**PIN の選択**	428
P-58.1	はじめに	428

P-58.2	指示水素，付加指示水素およびヒドロ接頭語	429
P-58.3	均一なヘテロ鎖および官能基	437
P-59	名称の作成	438
P-59.0	はじめに	438
P-59.1	一般的方法	438
P-59.2	一般的方法の解説例	441

P-6　個々の化合物種類に対する適用 · 453

P-60	序　言	453
P-60.1	各節の概要	453
P-60.2	名称の紹介	453
P-61	置換命名法：接頭語方式	454
P-61.0	はじめに	454
P-61.1	一般的な方法	454
P-61.2	炭化水素基と対応する二価と多価の基	456
P-61.3	ハロゲン化合物	459
P-61.4	ジアゾ化合物	463
P-61.5	ニトロおよびニトロソ化合物	463
P-61.6	ヘテロン	464
P-61.7	アジド	464
P-61.8	イソシアナート(イソシアン酸エステル)	465
P-61.9	イソシアニド(イソシアン化物)	466
P-61.10	雷酸エステルとイソ雷酸エステル	466
P-61.11	多官能基化合物	466
P-62	アミンとイミン	467
P-62.0	はじめに	467
P-62.1	一般的方法	468
P-62.2	アミン	468
P-62.3	イミン	478
P-62.4	ヘテロ原子によるアミンとイミンの N-置換	480
P-62.5	アミンオキシド，イミンオキシドおよびカルコゲン類縁体	481
P-62.6	アミンとイミンの塩	482
P-63	ヒドロキシ化合物，エーテル，ペルオキソール，過酸化物およびカルコゲン類縁体	484
P-63.0	はじめに	484
P-63.1	ヒドロキシ化合物とカルコゲン類縁体	485
P-63.2	エーテルとカルコゲン類縁体	491
P-63.3	過酸化物とカルコゲン類縁体	498
P-63.4	ヒドロペルオキシド(ペルオキソール)とカルコゲン類縁体	501
P-63.5	環状エーテル，スルフィド，セレニドおよびテルリド	503
P-63.6	スルホキシドとスルホン	504
P-63.7	多官能基化合物	505
P-63.8	ヒドロキシ化合物，ヒドロペルオキシ化合物およびカルコゲン類縁体の塩	507
P-64	ケトン，擬ケトン，ヘテロンおよびカルコゲン類縁体	508
P-64.0	はじめに	508

P-64.1	定　義	508
P-64.2	ケトン	509
P-64.3	擬ケトン	516
P-64.4	ヘテロン	518
P-64.5	接頭語としてのカルボニル基	519
P-64.6	ケトン，擬ケトンおよびヘテロンのカルコゲン類縁体	521
P-64.7	多官能性ケトン，擬ケトンおよびヘテロン	522
P-64.8	アシロイン	524

P-65 酸，酸ハロゲン化物と酸擬ハロゲン化物，塩，エステルおよび酸無水物 ⋯ 525

P-65.0	はじめに	525
P-65.1	カルボン酸および官能基代置類縁体	525
P-65.2	炭酸，シアン酸，二炭酸およびポリ炭酸	551
P-65.3	母体水素化物に直接結合するカルコゲン原子をもつ硫黄酸，セレン酸およびテルル酸 ⋯	559
P-65.4	置換基としてのアシル基	564
P-65.5	酸ハロゲン化物および酸擬ハロゲン化物	565
P-65.6	塩およびエステル	569
P-65.7	酸無水物およびその類縁体	586

P-66 アミド，イミド，ヒドラジド，ニトリルおよびアルデヒド ⋯ 596

P-66.0	はじめに	596
P-66.1	ア　ミ　ド	596
P-66.2	イ　ミ　ド	616
P-66.3	ヒドラジド	617
P-66.4	アミジン，アミドラゾン，ヒドラジジンおよびアミドキシム（アミドオキシム） ⋯	624
P-66.5	ニトリル	638
P-66.6	アルデヒド	644

P-67 有機化合物の命名に用いる官能性母体としての 単核および多核非炭素酸類とそれらの官能基代置類縁体 ⋯ 650

P-67.0	はじめに	650
P-67.1	単核非炭素オキソ酸	651
P-67.2	二核および多核非炭素オキソ酸	675
P-67.3	ポリ酸の置換名および官能種類名	683

P-68 P-62 から P-67 までに含まれない 13, 14, 15, 16, 17 族元素の有機化合物の命名法 ⋯ 685

P-68.0	はじめに	685
P-68.1	13 族元素化合物の命名法	686
P-68.2	14 族元素化合物の命名法	700
P-68.3	15 族元素化合物の命名法	705
P-68.4	16 族元素化合物の命名法	728
P-68.5	17 族元素化合物の命名法	734

P-69 有機金属化合物の命名法 736

P-69.0	はじめに	736
P-69.1	13 族から 16 族までの元素を含む有機金属化合物	737
P-69.2	3 族から 12 族までの元素を含む有機金属化合物	737
P-69.3	1 族および 2 族元素を含む有機金属化合物	741
P-69.4	メタラサイクル	741

xlvi

P-69.5　有機金属化合物についての優先順位 ‥‥‥‥‥‥‥‥‥‥‥‥‥‥‥‥	743

P-7　ラジカル，イオンおよび関連化学種 ‥‥‥‥‥‥‥‥‥‥‥‥‥‥‥‥‥‥ 745

P-70　序　言 ‥‥‥‥‥‥‥‥‥‥‥‥‥‥‥‥‥‥‥‥‥‥‥‥‥‥‥‥‥‥‥	745
P-70.1　一般的命名法 ‥‥‥‥‥‥‥‥‥‥‥‥‥‥‥‥‥‥‥‥‥‥‥‥	745
P-70.2　ラジカルおよびイオンの優先順位 ‥‥‥‥‥‥‥‥‥‥‥‥‥	745
P-70.3　名称のつくり方 ‥‥‥‥‥‥‥‥‥‥‥‥‥‥‥‥‥‥‥‥‥‥	745
P-70.4　優先名称を選ぶための一般則 ‥‥‥‥‥‥‥‥‥‥‥‥‥‥‥	746
P-71　ラジカル ‥‥‥‥‥‥‥‥‥‥‥‥‥‥‥‥‥‥‥‥‥‥‥‥‥‥‥‥‥‥	747
P-71.1　一般的命名法 ‥‥‥‥‥‥‥‥‥‥‥‥‥‥‥‥‥‥‥‥‥‥‥	747
P-71.2　母体水素化物から誘導されるラジカル ‥‥‥‥‥‥‥‥‥‥‥	747
P-71.3　特性基上のラジカル中心 ‥‥‥‥‥‥‥‥‥‥‥‥‥‥‥‥‥	752
P-71.4　母体ラジカルの集合 ‥‥‥‥‥‥‥‥‥‥‥‥‥‥‥‥‥‥‥	755
P-71.5　ラジカルを表す接頭語 ‥‥‥‥‥‥‥‥‥‥‥‥‥‥‥‥‥‥	756
P-71.6　接尾語イル，イリデン，イリジンの記載順序と優先順位 ‥‥	757
P-71.7　母体ラジカルの選択 ‥‥‥‥‥‥‥‥‥‥‥‥‥‥‥‥‥‥‥	757
P-72　アニオン ‥‥‥‥‥‥‥‥‥‥‥‥‥‥‥‥‥‥‥‥‥‥‥‥‥‥‥‥‥‥	758
P-72.1　一般的命名法 ‥‥‥‥‥‥‥‥‥‥‥‥‥‥‥‥‥‥‥‥‥‥‥	758
P-72.2　ヒドロンの除去により生じるアニオン ‥‥‥‥‥‥‥‥‥‥‥	758
P-72.3　水素化物イオンの付加により生じるアニオン ‥‥‥‥‥‥‥‥	764
P-72.4　"ア"命名法 ‥‥‥‥‥‥‥‥‥‥‥‥‥‥‥‥‥‥‥‥‥‥‥	765
P-72.5　複数アニオン中心 ‥‥‥‥‥‥‥‥‥‥‥‥‥‥‥‥‥‥‥‥	766
P-72.6　母体化合物および置換基の双方におけるアニオン中心 ‥‥‥	767
P-72.7　母体アニオンの選択 ‥‥‥‥‥‥‥‥‥‥‥‥‥‥‥‥‥‥‥	768
P-72.8　接尾語イドとウイドおよびλ-標記 ‥‥‥‥‥‥‥‥‥‥‥‥	769
P-73　カチオン ‥‥‥‥‥‥‥‥‥‥‥‥‥‥‥‥‥‥‥‥‥‥‥‥‥‥‥‥‥‥	769
P-73.0　はじめに ‥‥‥‥‥‥‥‥‥‥‥‥‥‥‥‥‥‥‥‥‥‥‥‥‥	769
P-73.1　形式的にヒドロン付加で生じるカチオン中心をもつカチオン化合物 ‥	769
P-73.2　形式的に水素化物イオン除去で生じるカチオン中心をもつカチオン化合物 ‥	774
P-73.3　接尾語イリウムを伴ったλ-標記 ‥‥‥‥‥‥‥‥‥‥‥‥‥	779
P-73.4　カチオンにおける"ア"命名法 ‥‥‥‥‥‥‥‥‥‥‥‥‥‥	780
P-73.5　複数のカチオン中心をもつカチオン化合物 ‥‥‥‥‥‥‥‥‥	782
P-73.6　カチオン接頭語名 ‥‥‥‥‥‥‥‥‥‥‥‥‥‥‥‥‥‥‥‥	785
P-73.7　母体カチオンの選択 ‥‥‥‥‥‥‥‥‥‥‥‥‥‥‥‥‥‥‥	786
P-73.8　接尾語イウム，イリウムとλ-標記 ‥‥‥‥‥‥‥‥‥‥‥‥	787
P-74　両性イオン ‥‥‥‥‥‥‥‥‥‥‥‥‥‥‥‥‥‥‥‥‥‥‥‥‥‥‥‥	787
P-74.0　はじめに ‥‥‥‥‥‥‥‥‥‥‥‥‥‥‥‥‥‥‥‥‥‥‥‥‥	787
P-74.1　接尾語として表すことができる特性基上のイオン中心も含め，アニオン中心と 　　　　　カチオン中心が同一の母体化合物上にある両性イオン母体構造 ‥‥	787
P-74.2　双極性化合物 ‥‥‥‥‥‥‥‥‥‥‥‥‥‥‥‥‥‥‥‥‥	790
P-75　ラジカルイオン ‥‥‥‥‥‥‥‥‥‥‥‥‥‥‥‥‥‥‥‥‥‥‥‥‥‥	798
P-75.1　電子の付加あるいは除去により生成するラジカルイオン ‥‥‥	798
P-75.2　母体水素化物に由来するラジカルイオン ‥‥‥‥‥‥‥‥‥‥	798
P-75.3　特性基上のラジカルイオン ‥‥‥‥‥‥‥‥‥‥‥‥‥‥‥‥	800

xlvii

P-75.4 異なった母体構造に分離したイオン中心とラジカル中心 ……………	801
P-76 非局在化したラジカルとイオン	801
P-76.1 例示と名称 ……………………………………………………………	801
P-77 塩	802
P-77.1 有機塩基の塩の PIN ……………………………………………………	802
P-77.2 アルコール(フェノールを含む),ペルオキソールおよび	
そのカルコゲン類縁体に由来する塩 ……	802
P-77.3 有機酸に由来する塩 ………………………………………………………	802

P-8 同位体修飾化合物 ………………………………………………………………… 805

P-80 序 言 ……………………………………………………………………………… 805

P-81 記号と定義 ………………………………………………………………………… 805

    P-81.1 核種記号 ………………………………………………………………………… 805

    P-81.2 元素記号 ………………………………………………………………………… 805

    P-81.3 水素原子とイオンの名称 ……………………………………………………… 806

    P-81.4 同位体非修飾化合物 …………………………………………………………… 806

    P-81.5 同位体修飾化合物 ……………………………………………………………… 806

P-82 同位体置換化合物 ………………………………………………………………… 806

    P-82.0 はじめに …………………………………………………………………………… 806

    P-82.1 構 造 ……………………………………………………………………………… 806

    P-82.2 名 称 ……………………………………………………………………………… 806

    P-82.3 核種記号の順番 …………………………………………………………………… 810

    P-82.4 立体異性同位体置換化合物 ……………………………………………………… 811

    P-82.5 番号付け …………………………………………………………………………… 812

    P-82.6 位置番号 …………………………………………………………………………… 813

P-83 同位体標識化合物 ………………………………………………………………… 815

    P-83.1 特定数標識化合物 ………………………………………………………………… 815

    P-83.2 特定位置標識化合物 ……………………………………………………………… 818

    P-83.3 不特定標識化合物 ………………………………………………………………… 819

    P-83.4 同位体不足化合物 ………………………………………………………………… 820

    P-83.5 全般標識および均一標識 ………………………………………………………… 820

P-84 同位体修飾化合物の構造式と名称の比較対照例 ……………………………… 821

P-9 立体配置と立体配座の特定 ……………………………………………………… 823

P-90 序 言 ……………………………………………………………………………… 823

P-91 立体異性体の図示と名称 ………………………………………………………… 823

    P-91.1 立体異性体の図示 ………………………………………………………………… 823

    P-91.2 立体表示記号 ……………………………………………………………………… 824

    P-91.3 立体異性体の名称 ………………………………………………………………… 826

P-92 Cahn-Ingold-Prelog (CIP) 優先順位方式と順位規則 ………………………… 827

    P-92.1 Cahn-Ingold-Prelog (CIP) 方式:一般的方法 ……………………………… 827

    P-92.2 順位規則 1 ………………………………………………………………………… 836

    P-92.3 順位規則 2 ………………………………………………………………………… 845

    P-92.4 順位規則 3 ………………………………………………………………………… 845

| P-92.5 | 順位規則 4 | 848 |
| P-92.6 | 順位規則 5 | 856 |

P-93 立体配置の特定 858
P-93.0	はじめに	858
P-93.1	立体配置に関する一般的事項	858
P-93.2	炭素以外の元素の四面体立体配置	861
P-93.3	四面体以外の立体配置	864
P-93.4	鎖状有機化合物の立体配置の特定	872
P-93.5	環状有機化合物の立体配置の特定	878
P-93.6	環と鎖からなる化合物	905

P-94 立体配座および立体配座の立体表示 907
P-94.1	定 義	907
P-94.2	ねじれ角	908
P-94.3	特定の立体表示	909

P-10 天然物および関連化合物の母体構造 913

P-100 序 言 913

P-101 母体水素化物に基づく天然物(アルカロイド, ステロイド, テルペン, カロテン, コリノイド, テトラピロールおよび類似化合物)の命名法 914
P-101.1	生物学に由来する慣用名	914
P-101.2	天然物(立体母体水素化物)の半体系的命名法	914
P-101.3	母体構造の骨格修飾	920
P-101.4	骨格原子の代置	929
P-101.5	環の付加	931
P-101.6	母体構造の水素化段階の変更	935
P-101.7	母体構造の誘導体	939
P-101.8	立体配置特定に関する追加事項	944

P-102 炭水化物の命名法 946
P-102.0	はじめに	946
P-102.1	定 義	946
P-102.2	母体単糖類	947
P-102.3	立体配置記号	949
P-102.4	母体構造の選定	953
P-102.5	単糖類:アルドースとケトース, デオキシ糖およびアミノ糖	954
P-102.6	単糖類と置換誘導体	973
P-102.7	二糖類およびオリゴ糖	976

P-103 アミノ酸とペプチド 978
P-103.0	はじめに	978
P-103.1	アミノ酸の名称, 番号付けおよび立体配置表現法	978
P-103.2	アミノ酸の誘導体	984
P-103.3	ペプチドの命名法	991

P-104 シクリトール 995
| P-104.0 | はじめに | 995 |
| P-104.1 | 定 義 | 995 |

	P-104.2　名称の作成	995
	P-104.3　シクリトールの誘導体	997
P-105	ヌクレオシド	999
	P-105.0　はじめに	999
	P-105.1　ヌクレオシドの保存名	999
	P-105.2　ヌクレオシド上の置換	999
P-106	ヌクレオチド	1001
	P-106.0　はじめに	1001
	P-106.1　保　存　名	1002
	P-106.2　ヌクレオシド二リン酸および三リン酸	1002
	P-106.3　ヌクレオチドの誘導体	1003
P-107	脂　　質	1006
	P-107.0　はじめに	1006
	P-107.1　定　　義	1006
	P-107.2　グリセリド	1006
	P-107.3　ホスファチジン酸	1007
	P-107.4　糖　脂　質	1009

参 考 文 献	1013
付録 1　"ア"命名法で用いられる元素および"ア"語の優先順位表	1016
付録 2　置換命名法で使用される分離可能接頭語	1017
付録 3　表 10・1 所載のアルカロイド，ステロイド，テルペノイド	
およびその類縁化合物の構造	1077
欧 文 索 引	1091
和 文 索 引	1119

掲載図一覧

P-1	図 1・1	母体水素化物をもとにした置換名における構成成分の並び順	41
	図 1・2	官能性母体化合物をもとにした置換名における構成成分の並び順	42
	図 1・3	重複括弧の記載順序	88
P-2	図 2・1	ファン命名法変換図	206
P-9	図 9・1	二つの配位子の序列順位	836
	図 9・2	段階的置換様式によるフラーレンのキラリティーの分類	899
	図 9・3	二つの配座異性体 A と B の 3 種類の表示	907
P-10	図 10・1	Fischer 投影図から Haworth 投影図への再配向	951

掲 載 表 一 覧

P-1	表 1・1	本勧告に含まれる元素 ……………………………………………………………	2
	表 1・2	命名法の操作 ……………………………………………………………………	5
	表 1・3	13, 14, 15, 16, 17 族の元素の標準結合数 ……………………………………	20
	表 1・4	基本数詞(倍数接頭語) …………………………………………………………	21
	表 1・5	"ア"接頭語 ………………………………………………………………………	66
	表 1・6	官能基代置命名法における接頭語および挿入語 ……………………………	70
P-2	表 2・1	標準結合数の 13, 14, 15, 16, 17 族元素の単核母体水素化物の体系名 ………	96
	表 2・2	最多非集積二重結合をもった複素単環母体水素化物の保存名 ……………	103
	表 2・3	飽和複素単環母体水素化物の保存名 …………………………………………	104
	表 2・4	Hantzsch-Widman 系の接頭語 …………………………………………………	104
	表 2・5	Hantzsch-Widman 系の語幹 ……………………………………………………	105
	表 2・6	von Baeyer 母体水素化物の保存名 ……………………………………………	121
	表 2・7	母体炭化水素環成分の保存名の優先順位 ……………………………………	145
	表 2・8	母体複素環成分の保存名の優先順位 …………………………………………	148
	表 2・9	窒素母体成分およびそのリンとヒ素置換体の名称 …………………………	150
P-3	表 3・1	部分的に飽和した多環母体水素化物の保存名 ………………………………	272
	表 3・2	一部飽和した多環母体水素化物に由来する置換基の保存名 ………………	281
	表 3・3	基本優先接尾語および予備選択接尾語を主特性基として記述する際の優先順位が高いものから順に並べた一覧表 ………	282
	表 3・4	母体構造中のラジカル中心とイオン中心を表す接尾語および語尾 ………	285
P-4	表 4・1	優先順位を上位から順に並べた一般的な化合物の種類 ……………………	297
	表 4・2	PIN の接尾語を官能基代置により作成するために用いる接頭語と挿入語 …	303
	表 4・3	官能基代置で生成する PIN のためのカルボン酸およびスルホン酸接尾語 …	304
	表 4・4	PIN のための接尾語と官能基代置類縁体の完全なリスト …………………	306
P-5	表 5・1	置換命名法において,常に接頭語として表示する特性基 …………………	440
P-6	表 6・1	官能基代置命名法により修飾されるペルオキソール(ヒドロベルオキシド)を示す接尾語 …	502
	表 6・2	母体水素化物に直接結合するカルコゲン原子をもつ硫黄酸,セレン酸およびテルル酸を示すために用いる接尾語と接頭語 …	560
	表 6・3	酸ハロゲン化物および酸擬ハロゲン化物の化合物種類 ……………………	566
	表 6・4	アルデヒドのカルコゲン類縁体に対する接尾語および接頭語 ……………	646
P-7	表 7・1	置換命名法におけるラジカルとイオンの接尾語(または語尾)および接頭語 ………………	746
	表 7・2	アミン,イミンおよびアミドラジカルのための接尾語 ……………………	753
	表 7・3	15, 16, 17 族元素の単核母体カチオンに対する保存優先名 ………………	770
	表 7・4	カチオン特性基の接尾語 ………………………………………………………	772
	表 7・5	イリウムカチオン母体化合物の保存名 ………………………………………	780
P-8	表 8・1	水素原子とイオンの名称 ………………………………………………………	806
P-9	表 9・1	有機化合物で一般的に見かける多面体記号 …………………………………	865
P-10	表 10・1	基本立体母体構造の名称 ………………………………………………………	918
	表 10・2	炭水化物の名称と炭素数 3～6 個のアルドースの構造(アルデヒド鎖状形)	948
	表 10・3	炭素数 3～6 個の 2-ケトース炭水化物の構造と名称 ………………………	949
	表 10・4	一般的な α-アミノ酸の保存名 …………………………………………………	979
	表 10・5	アミノ酸の保存名 ………………………………………………………………	980

P-1　一般原則，規則および慣用

P-10　序　　言	P-13　有機化合物命名における操作
P-11　有機化合物命名法の範囲	P-14　一　般　則
P-12　優先 IUPAC 名，予備選択	P-15　命名法の種類
名および保存名	P-16　名称の記法

P-10　序　　言　　　　"日本語名称のつくり方"も参照

　命名法の対象となる有機化合物とは，少なくとも 1 個の炭素原子を含み，1〜12 族の元素を含まない(水素元素を除く)構造をもち，本書で述べるような置換命名法や代置命名法といった有機化学命名法の原則により命名できるものをいう．

　有機化合物の体系的名称を組立てるには，まず母体構造を選び，名前を付けることである．さらに，この基本名称に接頭語，挿入語，また母体水素化物の場合には接尾語も加えて修飾し，母体構造から起こった構造上の変化を正確に伝えて，その化合物名をつくる．このような体系名とは対照的に，産業界でも学界でも広く使用されている慣用的な名称が存在する．たとえば，酢酸，ベンゼン，ピリジンである．このような名称が実用的な要求を満たし，体系的命名法の一般的な方式に適合する場合は，このような慣用的な名称を保存する．

　本勧告では重要な新しい原則について詳述する．それは，**優先 IUPAC 名(PIN)**という概念を開発し，体系的に適用することである．これまで，IUPAC によって開発され推奨されている命名法は，この問題の歴史的な流れに沿って，明確な名称をつくり出すことに重点を置いてきた．情報の伝達が爆発的に拡大し，人々の活動が地球規模に拡大したことにより，1993 年に，特許，輸出−輸入規制，環境衛生，安全情報などの法的側面で重要となる共通言語をもつ必要性があると判断された．しかし，それぞれの構造に対して，たった一つの'固有の名称'のみを推奨するのではなく，'優先 IUPAC 名'を作成する規則をつくる一方で，日常の化学や科学一般分野への適応性と多様性を保つために，他の名称もひき続き認めることにした．

　優先 IUPAC 名があるからといって，特別の事情がある場合，あるいは一連の化合物に共通の構造の特徴を強調したいような場合でも，他の名称が使用できないというわけではない．優先 IUPAC 名(PIN)は**優先 IUPAC 命名法**に属する．優先 IUPAC 名以外の名称でも，明確でこの IUPAC 勧告で述べられている原則に一致している限り，**一般 IUPAC 命名法**に属するという意味で**一般 IUPAC 名(GIN)**として使用してよい．

　優先 IUPAC 名の概念は，有機化合物の IUPAC 命名法が進展を続けていくために寄与するものとして開発されている．本書(2013 勧告)は，以前の二つの出版物，すなわち，有機化学命名法，1979 規則(参考文献 1)および有機化合物の IUPAC 命名法ガイド，1993 規則(参考文献 2)に述べられている原則，規則，慣用を内包しながら，発展させたものである．わずかではあるが，1979 規則と 1993 規則には，全体にわたって統一をとるために，変更されたものがある．さまざまな規則・勧告の間に相違がある場合は，この 2013 勧告が優先する．

P-11　有機化合物命名法の範囲　　　　"日本語名称のつくり方"も参照

　命名の対象としては，主要な元素として炭素を含むすべての化合物を，先に述べたように有機化合物とみなす(P-10 参照)．酸素，水素，窒素の 3 元素は，通常，炭素と組んで官能基または特性基という組織をつくり上げる．その他の元素，なかでもハロゲンと硫黄をあわせて，有機化合物に含まれる元素の基本集団となる．置換命名法は，最初に，この原子集団を含む化合物に適用された．この方式の命名法は，14, 15, 16, 17 族の全元素および 13 族ではホウ素(後に，13 族のすべての元素)まで拡張することによって成功を収めた(表 1・1)．

　アルカン alkane の特徴的な語尾の アン ane は，メタン methane，エタン ethane などを参考とし，さまざまな元素名の基本となる名称に付けられた．たとえば，H_2S スルファン sulfane，PH_3 ホスファン phosphane，SiH_4 シ

ラン silane, AlH₃ アルマン alumane などである．こうして得られた名称は，置換命名法の基礎となるもので，母体水素化物をこのように扱うことを，**汎用 "アン" 命名法**という．汎用というのは，アルカンに適用可能なすべての規則が 13, 14, 15, 16, 17 族全元素の水素化物にも適用できるからである．炭化水素の命名法は，便宜上，**カルバン命名法**とよばれることもある．一方，炭素以外の元素の水素化物に対しては，**ヘテラン命名法**という言葉があてられている．単核母体水素化物の名称を P-2 の表 2·1 に示してある．

　有機金属化合物，すなわち 1 個以上の炭素原子が金属原子に直接結合している化合物は，命名法では有機化合物とみなされてきた．本勧告(P-69 参照)においては，この考え方を，13, 14, 15, 16, 17 族に含まれる金属，半金属および非金属元素に対してそのまま適用する．しかし，1〜12 族元素の有機誘導体に対する命名法は，無機化合物の命名法の一部とみなす．

　同様に，ポリマーに対する優先 IUPAC 名および天然物と関連化合物に対する優先 IUPAC 名は，本書の範囲外である．前者は Polymer Committee on Polymer Terminology との共同作業により，後者は IUPAC-IUBMB Joint Commission on Biochemical Nomenclature との共同作業により，開発される予定である．

　体系的名称の組立ては，一般命名法の操作と規則および異なる種類の個々の命名法に固有の操作と規則に基づいている．これらの問題について以下の節で述べる．

表 1·1　本勧告に含まれる元素

族	13	14	15	16	17
	B ホウ素 boron	C 炭 素 carbon	N 窒 素 nitrogen	O 酸 素 oxygen	F フッ素 fluorine
	Al アルミニウム aluminium	Si ケイ素 silicon	P リ ン phosphorus	S 硫 黄 sulfur	Cl 塩 素 chlorine
	Ga ガリウム gallium	Ge ゲルマニウム germanium	As ヒ 素 arsenic	Se セレン selenium	Br 臭 素 bromine
	In インジウム indium	Sn ス ズ tin	Sb アンチモン antimony	Te テルル tellurium	I ヨウ素 iodine
	Tl タリウム thallium	Pb 鉛 lead	Bi ビスマス bismuth	Po ポロニウム polonium	At アスタチン astatine

> 元素 Al, Ga, In, Tl が 1979 規則(参考文献 1)および 1993 規則(参考文献 2)において推奨された元素に追加されている．

P-12　優先 IUPAC 名，予備選択名および保存名　　"日本語名称のつくり方" も参照

　　　P-12.1　優先 IUPAC 名　　　　　P-12.3　保 存 名
　　　P-12.2　予備選択名　　　　　　　P-12.4　命名の手順

P-12.1　優 先 IUPAC 名

　優先 IUPAC 名は，同じ構造あるいは構造成分に対して，有機化合物に関する複数の IUPAC 推奨規則からつく

られる複数の名称，あるいは長年にわたりつくられ使用されてきた多くの同義語の中から選び出した名称である．

優先 IUPAC 名，略して PIN は，本書に示した一連の原則，慣用，規則に従って選択した名称である．この名称は規則を厳密に適用することによってつくり出され，その意味で，'唯一の名称'とよぶことができる．本書では，有機化合物に対するすべての優先 IUPAC 名は，その名称に続く PIN マークによって特定できる．何もマークのついていない名称はすべて GIN である．過去に使われていたが現在では使われなくなった名称すなわち廃止された名称には，'ではない'を付ける（P-60.2 参照）．アルミニウム aluminium, ガリウム gallium, インジウム indium, タリウム thallium をもとにした有機化合物の名称には，PIN マークを後に付けない．これは，有機系と無機系の原則に基づく名称のどちらを選択するか，まだ結論が出ていないためである．

有機化合物の名称を組立てる際に，多くの場合，選択肢の中から優先するものを選ぶ必要がある．母体構造には優先 IUPAC 名を付け，接頭語および接尾語によって表す特性基には優先接頭語または優先接尾語を示している．また，PIN はさまざまな方式の命名法（たとえば，置換命名法，官能種類命名法，倍数命名法など），さまざまな操作（たとえば，置換，付加，除去など）から適当なものを選んだ結果でもある．

ほとんどの場合，**母体構造**は**母体水素化物**である．すなわち，1 個以上の水素原子に加え，1 元素の 1 個の原子を含む構造（たとえばメタン methane），あるいは複数の原子（同種の場合も異なる場合もある）が結合して枝分かれのない鎖となった構造（たとえばペンタン pentane），あるいは単環または多環系の構造（たとえばシクロヘキサン cyclohexane やキノリン quinoline）である．メタン methane は保存名（P-12.3 参照）であるが，体系名のカルバン carbane より優先する．カルバンをメタンと置き換えることは推奨されていないが，ラジカルの $H_2C^{2\bullet}$ と $HC^{3\bullet}$ に対しては，カルベン carbene とカルビン carbyne の名称を導くために使用する．同様に，保存名のエタン ethane, プロパン propane, ブタン butane を，体系名のジカルバン dicarbane, トリカルバン tricarbane, テトラカルバン tetracarbane に置き換えることは決してない．一方，シラン silane の類縁体ではジシラン disilane, ホスファン phosphane の類縁体ではトリホスファン triphosphane, スルファン sulfane の類縁体ではテトラスルファン tetrasulfane などが優先する名称となる．ペンタン pentane の名称は P-21.2.1 の適用によるもので PIN であるが，これに代わる名称をつくる規則はどこにもない．同じ理由が P-22.1.1 の適用によって生じた PIN のシクロヘキサン cyclohexane にも当てはまる．キノリン quinoline の名称も保存名であるが，それに代わる体系的縮合名の 1-ベンゾピリジン 1-benzopyridine あるいはベンゾ[b]ピリジン benzo[b]pyridine より優先する名称である．

例：CH₄　　　　　　　　　　メタン PIN　　methane PIN
　　　　　　　　　　　　　　（保存名）
　　　　　　　　　　　　　　カルバン　carbane

CH₃-CH₂-CH₂-CH₂-CH₃　　ペンタン PIN　　pentane PIN

　　　　　　シクロヘキサン PIN　　cyclohexane PIN

　　　　　　キノリン PIN　　quinoline PIN
　　　　　　　　　　　　　　（保存名，P-25.2.1）
　　　　　　　　　　　　　　1-ベンゾピリジン　　1-benzopyridine　（P-25.2.2.4）
　　　　　　　　　　　　　　ベンゾ[b]ピリジン　　benzo[b]pyridine　（P-25.3.1.3）
　　　　　　　　　　　　　　（1-ベンゾアジン　1-benzazine ではない，P-22.2.2.1.1 参照）

たとえば，ビフェニル biphenyl やスチレン styrene のように，環や環と鎖を組合わせた，より複雑な構造の母体水素化物を使うことが便利な場合がある．1,1′-ビフェニル 1,1′-biphenyl の名称は規則 P-28.2.1 の適用によるもので PIN である．位置番号の 1,1′ は不可欠であるが，位置番号のないビフェニル biphenyl は GIN として使用できる．スチレン styrene の名称は保存名として，置換命名法によるビニルベンゼン vinylbenzene, フェニルエテン phenylethene, フェニルエチレン phenylethylene とともに，いずれも明確で曖昧でないことから GIN として使うことができる．エテニルベンゼン ethenylbenzene が PIN である．

| | 1,1′-ビフェニル **PIN** 1,1′-biphenyl **PIN** |
| | ビフェニル biphenyl |

CH=CH₂ スチレン styrene （保存名，P-31.1.3.4）
ビニルベンゼン vinylbenzene
エテニルベンゼン **PIN** ethenylbenzene **PIN** （P-31.1.3.4）
フェニルエテン phenylethene
フェニルエチレン phenylethylene

保存名(P-12.3 参照)をもつ特殊な種類の母体構造を，**官能性母体化合物**とよぶ．たとえば，フェノールや酢酸が該当する．この二つの名称は PIN であり，これに代わる体系名の ベンゼノール benzenol と エタン酸 ethanoic acid は GIN として使用できる．一方，アセトン acetone は保存名であるが，GIN として認められていて，PIN は置換命名法による プロパン-2-オン propan-2-one である．

例：　　　C₆H₅-OH　　　　　　　CH₃-COOH　　　　　　　CH₃-CO-CH₃
　　フェノール**PIN** phenol **PIN**　　　酢酸**PIN** acetic acid **PIN**　　　アセトン acetone
　　ベンゼノール benzenol　　　エタン酸 ethanoic acid　　　プロパン-2-オン**PIN**
　　　　　　　　　　　　　　　　　　　　　　　　　　　　　propan-2-one **PIN**

命名の対象となる化合物から母体構造を取出すためには，秩序だったさまざまな**操作**が必要となる．たとえば，下記の構造を命名する場合，酸素原子と塩素原子を見合った数の水素原子に置換して，形式的に母体水素化物の ペンタン pentane が得られる．名前を組立てるには，この操作を逆にたどり，ペンタン pentane の水素原子の**置換**を示す接尾語の オン one と接頭語の クロロ chloro を母体水素化物の名称に付け加えて，5-クロロペンタン-2-オン 5-chloropentan-2-one という名称が得られる．

$$\underset{5}{\text{ClCH}_2}-\underset{4}{\text{CH}_2}-\underset{3}{\text{CH}_2}-\overset{\overset{\text{O}}{\|}}{\underset{2}{\text{C}}}-\underset{1}{\text{CH}_3}$$

接尾語と接頭語により，母体構造に対するいくつかの異なった操作を表すことができる．よく行われるのは，接尾語や接頭語により特性基(官能基)の付加を示す方法である．たとえば，=O に対して オン one または オキソ oxo を付加することである．接頭語は母体水素化物に由来する原子団を表すこともある．たとえば，ペンチル pentyl CH₃-CH₂-CH₂-CH₂-CH₂− は ペンタン pentane に由来する接頭語である．

　P-13.1 で述べる**置換操作**は，有機化合物の命名法において最も広範に使用する操作である．おもにこの操作の母体構造への適用を基本とする総合的な命名体系を，便宜上，**置換命名法**とよんでいるが，P-13 で述べるように，実際には多くの他の種類の操作も含まれている．置換命名法は，**名称の組立てに用いる置換名**，**原則**，**慣用**，**規則**が一組となったものである．置換命名法およびその他の命名法の例を表 1·2 に示した．

　その他の命名法には，主特性基を接尾語ではなく官能種類を示す用語により別の単語として名称中に示す方式がある．表 1·2 の エチルプロピルエーテル ethyl propyl ether という名称は，官能種類名の エーテル ether を用いた典型的な**官能種類名**である．これに対応する置換名 1-エトキシプロパン 1-ethoxypropane は，接頭語の エトキシ ethoxy と母体水素化物の名称の プロパン propane を用いることによってつくられている．

　表では，置換名と官能種類名は別々に記載している．通常，置換名は，1 語中に接頭語，母体水素化物の名称，語尾および接尾語を組合わせた名称である．対照的に，官能種類名は，英語では複数の単語からなる．母体水素化物あるいは修飾された母体水素化物を記述する部分に，置換名をつくるのと同じ操作を使っていても，この事情は変わらない．

　有機化合物のすべてではないが大部分は，置換命名法と官能種類命名法の原則に従って命名することができる．本勧告では，可能な限り置換命名法によって得られる名称を優先 IUPAC 名(PIN)とする．表 1·2 の例 1，2，3 は，この優先性が示してある．置換名の 1-エトキシプロパン 1-ethoxypropane と 4-クロロペンタン-2-オン 4-chloropentan-2-one は，対応する官能種類 エーテル ether と ケトン ketone に基づく官能種類名の エチルプロ

P-12 優先 IUPAC 名，予備選択名および保存名

表 1·2 命名法の操作

化学式[†1]	母体構造(種類名)	操作	名称	参考
1	プロパン PIN propane PIN (エーテル ether)	置換 (官能種類)	1-エトキシプロパン PIN 1-ethoxypropane PIN エチルプロピルエーテル ethyl propyl ether	P-13.1 P-13.3.3.2
2	ペンタン PIN pentane PIN (ケトン ketone)	置換 (官能種類)	4-クロロペンタン-2-オン PIN 4-chloropentan-2-one PIN 2-クロロプロピルメチルケトン 2-chloropropyl methyl ketone	P-13.1 P-13.3.3.2
3	ホスファン 予備名[†2] phosphane 予備名[†2] (亜リン酸エステル phosphite)	置換 (官能種類)	トリメトキシホスファン trimethoxyphosphane 亜リン酸トリメチル PIN trimethyl phosphite PIN	P-13.1 P-13.3.3.2
4	シクロヘキサン PIN cyclohexane PIN	除去	シクロヘキセン PIN cyclohexene PIN	P-13.4.2
5	ピリジン PIN pyridine PIN	付加	1,2-ジヒドロピリジン PIN 1,2-dihydropyridine PIN	P-31.2.3.1
6	エタン PIN ethane PIN トリデカン PIN tridecane PIN	置換 骨格代置 "ア"	1-エトキシ-2-[2-(メトキシエトキシ)エトキシ]エタン 1-ethoxy-2-[2-(methoxyethoxy)ethoxy]ethane 2,5,8,11-テトラオキサトリデカン PIN 2,5,8,11-tetraoxatridecane PIN	P-13.1 P-13.2.1.1
7	オキシラン PIN oxirane PIN スチレン＋オキシド styrene ＋ oxide	置換 付加	2-フェニルオキシラン PIN 2-phenyloxirane PIN スチレンオキシド styrene oxide	P-13.1 P-13.3.3.1
8	ボルナン bornane ビシクロ[2.2.1]ヘプタン PIN bicyclo[2.2.1]heptane PIN	除去 置換	10-ノルボルナン 10-norbornane 7,7-ジメチルビシクロ[2.2.1]ヘプタン PIN 7,7-dimethylbicyclo[2.2.1]heptane PIN	P-13.4.3.2 P-13.1
9	酢酸 PIN acetic acid PIN 酢酸＋インドール acetic acid ＋ indole	置換 接合	(1H-インドール-1-イル)酢酸 PIN (1H-indol-1-yl)acetic acid PIN 1H-インドール-1-酢酸 1H-indole-1-acetic acid	P-13.1 P-13.5.2

[†1] 化学式を下図に示す．
[†2] 予備名 は P-12.2 で説明するように予備選択名であることを示す．

1 CH₃-CH₂-O-CH₂-CH₂-CH₃

2 CH₃-CHCl-CH₂-CO-CH₃

3 P(OCH₃)₃

4

5

6 CH₃-O-CH₂-CH₂-O-CH₂-CH₂-O-CH₂-CH₂-O-CH₂-CH₃

7

8

9

ピルエーテル ethyl propyl ether と 2-クロロプロピルメチルケトン 2-chloropropyl methyl ketone より優先する．対照的に，エステルの亜リン酸トリメチル trimethyl phosphite の場合は，官能種類名が置換名のトリメトキシホスファン trimethoxyphosphane より優先する．エステルでは，酸ハロゲン化物，酸無水物とアミンオキシドなどとともに，官能種類命名法が優先的に用いられ，これらの官能種類の命名においては，置換命名法の優先度は低い．

その他の操作も，単独あるいは置換命名法とともに広範に使用する．代置操作には二つの主要な操作，骨格代置操作(しばしば，骨格代置命名法または単に"ア"命名法とよばれる)と官能基代置命名法がある．前者は，ヘテロ原子を環状炭化水素に導入したり，鎖状系の名称に非常に複雑な接頭語の使用を避ける処置として使う．たとえば，骨格代置を使った名称 2,5,8,11-テトラオキサトリデカン 2,5,8,11-tetraoxatridecane は，置換名である 1-エトキシ-2-[2-(メトキシエトキシ)エトキシ]エタン 1-ethoxy-2-[2-(methoxyethoxy)ethoxy]ethane より優先する(表1・2，例6参照)．後者は，基本的な酸素を含む名称から多数の接尾語や接頭語を導き出して付けられている．付加操作および除去操作は，ラジカルおよびイオンを命名するために拡大された．また，この二つの操作は，対となる水素原子を付加あるいは除去することによって，水素化の程度を変えるための唯一の方法である．例4と5は，この操作を示している．接合操作は，二つの異なる母体構造から水素原子を除去し，ついでそれらを連結する操作である．この方法は，繰返し同じ構造単位が現れる母体水素化物，あるいは特定の条件下において環と鎖が結合した構造を命名するのに使う．表1・2の例9は，このような操作の説明である．しかし，IUPAC命名法では，常に置換名が接合名より優先する．たとえば，(1H-インドール-1-イル)酢酸 (1H-indol-1-yl)acetic acid は，1H-インドール-1-酢酸 1H-indole-1-acetic acid より優先する(P-51.1.2 参照)．

命名法には，特定の名称をつくるのに必要な，重要な操作が原則，慣用，規則とともに含まれている．置換命名法と官能種類命名法については上に述べた．代置命名法と接合命名法もまた，固有の原則，慣用，規則をもっている．対照的に，付加操作や除去操作はそれ自身では対応する命名法がなく，他の命名法に必要な補完する役割を担っている．

有機化合物の命名法の規則が一般に，古典的な原子価結合の観点から記されていることを認識しておくことが非常に重要である．有機化合物の命名法の原則と一般則については本章で述べる．置換命名法については，P-2 (母体水素化物の名称)，P-3(語尾，接尾語および接頭語)および P-4(母体構造と唯一の名称を選ぶ規則)において詳しく述べる．P-5 では，優先 IUPAC 名をつくる際の選択規則について述べる．P-6 では，官能種類別の命名と周期表(13～17族)に関連する原子団について述べる．P-7 では，ラジカル，イオンおよび関連化学種の命名法について述べる．P-8 では，有機化合物の同位体修飾について述べる．P-9 は，立体配置と立体配座について詳しく述べ，P-10 では，天然物を扱う．P-10 では天然物の優先 IUPAC 名(PIN)は設定していない．実際には，ほとんどの名称は一般に受け入れられているが，天然物の名称と有機化学命名法の原則にのみ基づく体系名との間には，違いが定義されていない不明瞭な領域が存在する．これは，有機化学命名法および生化学命名法を担当する者の今後の課題であろう．

本勧告に記載されているいくつかのトピックは，完全に包括的な文書，すなわち，ラジカルおよびイオン(参考文献3)，縮合環系および橋かけ縮合環系(参考文献4)，ファン命名法(参考文献5,6)，多環化合物に対する von Baeyer 体系(参考文献7)，スピロ環化合物(参考文献8)，天然物(参考文献9)，フラーレン(参考文献10, 11)として1993年以降に刊行されている．本勧告では，これらを省略せずに収録するわけではない．むしろ，原則，慣用，規則について，範囲を限定して述べる．より複雑な問題にぶつかったときには，読者諸氏は，上記の詳細な刊行物を利用されたい．これらの刊行物の内容は，本書内の枠で囲んだ解説で特に言及しない限り，本勧告より新しくはなっていない．繰返すが，矛盾のないように，以前に発表した勧告に加えたすべての変更は，本勧告でも明確に示し，以前の規則や解釈より優先する．

次の元素，Al, Ga, In, Tl を含む化合物，ならびに次の元素，B, Si, Ge, Sn, Pb, N, P, As, Sb, Bi, O, S, Se, Te, Po, F, Cl, Br, I, At を含み炭素を含まない化合物に対する優先 IUPAC 名(PIN)の選択に関する規則は，今後の刊行物で論じる．本書に記した有機化学命名法の原則に基づいて命名できない化合物についても同様である．炭素から13～17族のすべての元素に拡張された置換命名法の範囲と限界を示す例についても述べる．該当する名称(予備

選択名)には表示 予備名 を付した.

P-12.2 予備選択名

予備選択名とは，炭素を含まない(つまり無機の)複数の母体構造の中から選ばれた構造または構造成分の名称のことで，有機化合物の命名法においては，この名称をもとにして，その有機誘導体の PIN をつくる.

有機化合物の置換命名法では，炭素を含む誘導体を命名するために，炭素を含まない母体水素化物またはその他の母体構造の名称を使う場合がある．この目的のために選んだ名称を'予備選択名'とよぶ．炭素を含む原子団によって置換あるいは官能化が可能な炭素を含まない母体構造には，PIN を導き出すための基礎になるという意味で，固有の'予備選択名'を割当てる．また，PIN に使われる炭素を含まない特性基，接頭語，接尾語などを，予備選択接頭語，予備選択接尾語とよぶ.

本書で'予備選択'とする母体構造，接頭語，接尾語は，無機化学命名法との関連で，必ずしも今後 PIN となるとは限らない．表 2·1 に示す，メタン methane (カルバン carbane)を除くすべての名称は予備選択名であり，この概念を以下の例で説明する.

例： $SnH_3-[SnH_2]_{11}-SnH_3$ 　　　トリデカスタンナン 予備名 　tridecastannane 予備名

$CH_3-SnH_2-[SnH_2]_{11}-SnH_3$ 　1-メチルトリデカスタンナン PIN 　1-methyltridecastannane PIN

$(HO)_3PO$ 　　　　　　　　　リン酸 予備名 　phosphoric acid 予備名

$(CH_3-O)_3PO$ 　　　　　　　リン酸トリメチル PIN 　trimethyl phosphate PIN

1,3,5,2,4,6-トリオキサトリシリナン 予備名
1,3,5,2,4,6-trioxatrisilinane 予備名 　(P-22.2.2.1.6 参照)
シクロトリシロキサン　cyclotrisiloxane　(P-22.2.6)

2-メチル-1,3,5,2,4,6-トリオキサトリシリナン PIN
2-methyl-1,3,5,2,4,6-trioxatrisilinane PIN

P-12.3 保存名

保存名は慣用的に，あるいは広く使われ，確立された名称であり，ナフタレン naphthalene，ピリジン pyridine，酢酸 acetic acid のような PIN の場合もあれば，ヒドラジン hydrazine，ヒドロキシルアミン hydroxylamine のような予備選択名もある．また，別の名称として，たとえばアレン allene のように GIN としては使える名称もある.

P-12.4 命名の手順

本書では，有機化合物あるいは無機化合物に対する母体構造の名称，特性基および関連する接頭語，接尾語を体系的に優先 IUPAC 名，優先接頭語，優先接尾語として特定するか，あるいは予備選択名，予備選択接頭語，予備選択接尾語として特定する．優先 IUPAC 立体表記法については，P-9 で使用法とともに述べる．有機化合物名が容易につくれるよう，PIN に必要な優先接頭語と予備選択接頭語を，GIN に限って認められるその他の接頭語とともに，付録 2 にまとめてある.

P-13 有機化合物命名における操作　　　　"日本語名称のつくり方"も参照

本節で述べる操作は，すべて構造の修飾に関するものである．まず，たとえば'代置操作'のような種類の修飾

があり，ついで修飾の内容を，'代置挿入語'によって表す．さまざまな修飾を施す構造は母体構造とみなすことができ，施す修飾は，接尾語，挿入語および接頭語によるか，あるいは語尾の変化によって表現する．

```
P-13.1  置換操作       P-13.5  接合操作
P-13.2  代置操作       P-13.6  倍数操作
P-13.3  付加操作       P-13.7  縮合操作
P-13.4  除去操作       P-13.8  天然物の命名においてのみ使う操作
```

P-13.1 置換操作

置換操作は，1個以上の水素原子を別の原子または原子団に交換する操作である．その結果は，導入された原子または原子団を示す接尾語や接頭語によって表す．

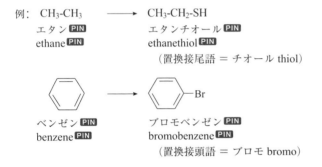

例： CH₃-CH₃ ⟶ CH₃-CH₂-SH
エタン PIN   エタンチオール PIN
ethane PIN   ethanethiol PIN
　　　　　　（置換接尾語 ＝ チオール thiol）

ベンゼン PIN   ブロモベンゼン PIN
benzene PIN   bromobenzene PIN
　　　　　　（置換接頭語 ＝ ブロモ bromo）

P-13.2 代置操作

P-13.2.1 代置操作は，1個の原子団または1個の非水素原子を別のものに交換する操作である．これには以下の項に示すように，いくつかの方法がある．

P-13.2.1.1 導入した原子を代置"ア"接頭語により表現する方法．この種の代置操作を，**骨格代置** skeletal replacement とよぶ．有機化合物の命名法における最も一般的な代置操作は，次の原子1個以上による炭素原子の代置である： O, S, Se, Te, N, P, As, Sb, Bi, Si, Ge, Sn, Pb．

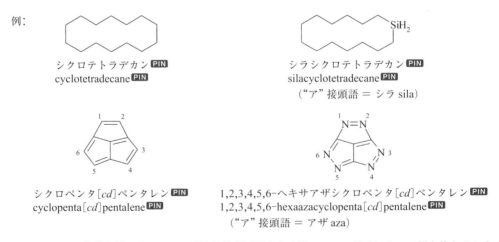

例：
シクロテトラデカン PIN   シラシクロテトラデカン PIN
cyclotetradecane PIN   silacyclotetradecane PIN
　　　　　　　　　　　　　　　（"ア"接頭語 ＝ シラ sila）

シクロペンタ[*cd*]ペンタレン PIN   1,2,3,4,5,6-ヘキサアザシクロペンタ[*cd*]ペンタレン PIN
cyclopenta[*cd*]pentalene PIN   1,2,3,4,5,6-hexaazacyclopenta[*cd*]pentalene PIN
　　　　　　　　　　　　　　　　　（"ア"接頭語 ＝ アザ aza）

P-13.2.1.2 特殊な例では，ヘテロ原子が炭素原子または別のヘテロ原子によって置き換わることがある．前者は，環状ポリボラン polyborane の命名法にその例がある（参考文献 12, IR-6.2.4.4）．天然物の命名法にはその両者が存在する（参考文献 9 の RF-5 および P-101.4 参照）．これらの方式は，有機化合物の命名法は本来，炭

素原子に基礎を置いているので，構造が厳密に規定されている場合にだけ適用できる．

例：

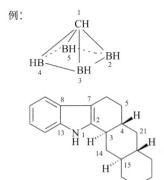

1-カルバ-*nido*-ペンタボラン(5) **PIN**　　1-carba-*nido*-pentaborane(5) **PIN**
("ア"接頭語 ＝ カルバ carba，ホウ素を代置する炭素．P-68.1.1.2.1 参照)

4β*H*-4-カルバヨヒンバン　　4β*H*-4-carbayohimban
("ア"接頭語 ＝ カルバ carba，窒素を代置する炭素．P-101.4 参照)

P-13.2.2 酸素原子または酸素を含む原子団の代置を表す接頭語または挿入語

P-13.2.2.1 この代置操作を**官能基代置** functional replacement という．接辞は導入する基を表す．官能基代置命名法については，P-15.5 で述べる．

例：　　(CH₃)₂P(O)-OCH₃　　⟶　　(CH₃)₂P(=NH)-OCH₃

ジメチルホスフィン酸メチル **PIN**　　　　*P*,*P*-ジメチルホスフィンイミド酸メチル **PIN**
methyl dimethylphosphinate **PIN**　　　　methyl *P*,*P*-dimethylphosphinimidate **PIN**
　　　　　　　　　　　　　　　　　　　　(代置挿入語 ＝ イミド imid(o)，
　　　　　　　　　　　　　　　　　　　　 ＝NH は ＝O を代置する)

　　　　　　　　　　　　　　　　　　　 P,*P*-ジメチル(イミドホスフィン酸)メチル
　　　　　　　　　　　　　　　　　　　 methyl *P*,*P*-dimethyl(imidophosphinate)
　　　　　　　　　　　　　　　　　　　　(代置接頭語 ＝ イミド imido，
　　　　　　　　　　　　　　　　　　　　 ＝NH は ＝O を代置する)

　　　　　C₆H₅-P(O)(OH)₂　　⟶　　C₆H₅-P(≡N)-OH

フェニルホスホン酸 **PIN**　　　　フェニルホスホノニトリド酸 **PIN**
phenylphosphonic acid **PIN**　　　　phenylphosphononitridic acid **PIN**
　　　　　　　　　　　　　　　　　　(代置挿入語 ＝ ニトリド nitrid(o)，
　　　　　　　　　　　　　　　　　　 ≡N は，＝O と -OH の両方を代置する)

　　　　　　　　　　　　　　　　　　フェニル(ニトリドホスホン酸)
　　　　　　　　　　　　　　　　　　phenyl(nitridophosphonic acid)
　　　　　　　　　　　　　　　　　　(代置接頭語 ＝ ニトリド nitrido，
　　　　　　　　　　　　　　　　　　 ≡N は，＝O と -OH の両方を代置する)

P-13.2.2.2 接辞の チオ thio，セレノ seleno，テルロ telluro は特性基中の酸素原子を他のカルコゲン原子によって代置したことを示す．

例：　C₆H₅-COOH　⟶　C₆H₅-C{O,Se}H

安息香酸 **PIN**　　　ベンゼンカルボセレン酸 **PIN**
benzoic acid **PIN**　　benzenecarboselenoic acid **PIN**
　　　　　　　　　　(代置挿入語 ＝ セレノ selen(o)，
　　　　　　　　　　 Se は，＝O または -O- のいずれかを代置する)

　　　　　　　　　　セレノ安息香酸
　　　　　　　　　　selenobenzoic acid
　　　　　　　　　　(代置挿入語 ＝ セレノ seleno，
　　　　　　　　　　 Se は，＝O または -O- のいずれかを代置する)

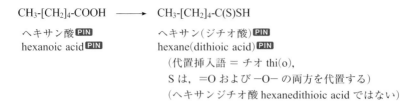

ヘキサン酸 **PIN**　　　　　　　　　ヘキサン（ジチオ酸）**PIN**
hexanoic acid **PIN**　　　　　　　hexane(dithioic acid) **PIN**
　　　　　　　　　　　　　　　　　（代置挿入語 ＝ チオ thi(o)，
　　　　　　　　　　　　　　　　　　S は，＝O および −O− の両方を代置する）
　　　　　　　　　　　　　　　　　（ヘキサンジチオ酸 hexanedithioic acid ではない）

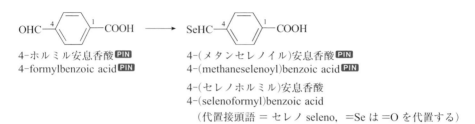

4-ホルミル安息香酸 **PIN**　　　　　4-(メタンセレノイル)安息香酸 **PIN**
4-formylbenzoic acid **PIN**　　　　4-(methaneselenoyl)benzoic acid **PIN**
　　　　　　　　　　　　　　　　　4-(セレノホルミル)安息香酸
　　　　　　　　　　　　　　　　　4-(selenoformyl)benzoic acid
　　　　　　　　　　　　　　　　　（代置接頭語 ＝ セレノ seleno，＝Se は ＝O を代置する）

P-13.2.2.3　　場合によって，接頭語のチオ thio，セレノ seleno，テルロ telluro が骨格の置換を示すことがある．この例は，保存名を使う環状母体水素化物，すなわち モルホリン morpholine（表 2·3 参照），ピラン pyran（表 2·2 参照），クロメン chromene，イソクロメン isochromene，キサンテン xanthene（表 2·8 参照），クロマン chromane，イソクロマン isochromane（表 3·1 参照）などに見られる．

例：

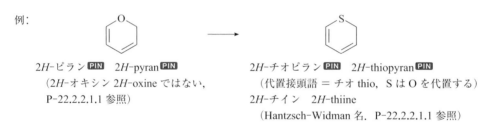

2H-ピラン **PIN**　　2H-pyran **PIN**　　　　　　2H-チオピラン **PIN**　　2H-thiopyran **PIN**
（2H-オキシン 2H-oxine ではない，　　　　　　（代置接頭語 ＝ チオ thio，S は O を代置する）
　P-22.2.2.1.1 参照）　　　　　　　　　　　　　2H-チイン　　2H-thiine
　　　　　　　　　　　　　　　　　　　　　　　（Hantzsch-Widman 名．P-22.2.2.1.1 参照）

P-13.3　付加操作

付加操作は，原子または原子団を失うことなしに，構造の構成成分からその構造を形式的に組立てる操作である．この操作には，以下の節に示すとおり，いくつかの方法がある．

P-13.3.1　付加接頭語による

例：

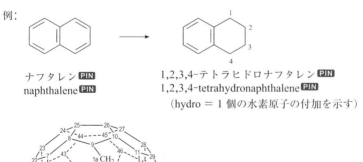

ナフタレン **PIN**　　　　　　　　1,2,3,4-テトラヒドロナフタレン **PIN**
naphthalene **PIN**　　　　　　　1,2,3,4-tetrahydronaphthalene **PIN**
　　　　　　　　　　　　　　　　（hydro ＝ 1 個の水素原子の付加を示す）

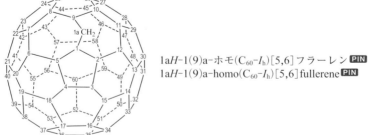

1aH-1(9)a-ホモ(C_{60}-I_h)[5,6]フラーレン **PIN**
1aH-1(9)a-homo(C_{60}-I_h)[5,6]fullerene **PIN**

P-13 有機化合物命名における操作

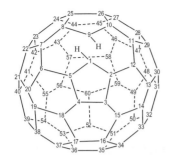

1,9-セコ(C_{60}-I_h)[5,6]フラーレン **PIN**
1,9-seco(C_{60}-I_h)[5,6]fullerene **PIN**

5α-プレグナン
5α-pregnane

→ 4a-ホモ-5α-プレグナン
4a-homo-5α-pregnane
(ホモ homo = メチレン基，
−CH_2− の付加．
この場合は，環を拡大する，
P-101.3.2.1 参照)

↓

2,3-セコ-5α-プレグナン
2,3-seco-5α-pregnane
(セコ seco = C2−C3 結合の開裂と，それによって必要
となる C2 および C3 への 2 個の水素原子の付加)

P-13.3.2 付加接尾語による

例：

ピリジン **PIN**　　+　H^+　→　ピリジン-1-イウム **PIN**
pyridine **PIN**　　　　　　　　　　pyridin-1-ium **PIN**
(イウム ium = 1 個の H^+ の付加を表す接尾語)

CH_3-BH_2　　+　H^-　→　CH_3-BH_3^-
メチルボラン **PIN**　　　　　　　　メチルボラヌイド **PIN**
methylborane **PIN**　　　　　　　methylboranuide **PIN**
(ウイド uide = 1 個の H^- の付加を表す接尾語)

P-13.3.3 単語の追加による

P-13.3.3.1 中性母体構造の名称に付加

例：　CH_3-C≡N　——→　CH_3-C≡NO
アセトニトリル **PIN**　　　　アセトニトリル=オキシド **PIN**
acetonitrile **PIN**　　　　　acetonitrile oxide **PIN**

C₆H₅-CH=CH₂ → [2-phenyloxirane structure]

スチレン　styrene
エテニルベンゼン PIN
ethenylbenzene PIN

スチレンオキシド　styrene oxide
2-フェニルオキシラン PIN
2-phenyloxirane PIN

P-13.3.3.2　1個以上の置換基接頭語による

ここでいう'追加する単語'とは，置換基が結合した特性基または準特性基を表す官能種類名のことである（官能種類命名法，P-15.2 も参照）．

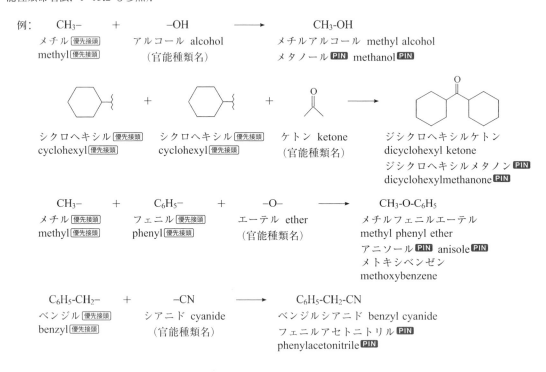

例：　CH₃-　　+　　-OH　　→　　CH₃-OH
メチル 優先接頭　　アルコール alcohol　　メチルアルコール methyl alcohol
methyl 優先接頭　　（官能種類名）　　メタノール PIN methanol PIN

シクロヘキシル 優先接頭 + シクロヘキシル 優先接頭 + ケトン ketone → ジシクロヘキシルケトン
cyclohexyl 優先接頭　　cyclohexyl 優先接頭　　（官能種類名）　　dicyclohexyl ketone
　　　　　　　　　　　　　　　　　　　　　　　　　　　　　　　　ジシクロヘキシルメタノン PIN
　　　　　　　　　　　　　　　　　　　　　　　　　　　　　　　　dicyclohexylmethanone PIN

CH₃-　+　C₆H₅-　+　-O-　→　CH₃-O-C₆H₅
メチル 優先接頭　　フェニル 優先接頭　　エーテル ether　　メチルフェニルエーテル
methyl 優先接頭　　phenyl 優先接頭　　（官能種類名）　　methyl phenyl ether
　　　　　　　　　　　　　　　　　　　　　　　　　　　　アニソール PIN anisole PIN
　　　　　　　　　　　　　　　　　　　　　　　　　　　　メトキシベンゼン
　　　　　　　　　　　　　　　　　　　　　　　　　　　　methoxybenzene

C₆H₅-CH₂-　+　-CN　→　C₆H₅-CH₂-CN
ベンジル 優先接頭　　シアニド cyanide　　ベンジルシアニド benzyl cyanide
benzyl 優先接頭　　（官能種類名）　　フェニルアセトニトリル PIN
　　　　　　　　　　　　　　　　　　phenylacetonitrile PIN

P-13.3.4　置換基同士を組合わせる連結操作による

例：CH₃-CH₂-CH₂-CH₂-CH₂-　+　-O-　→　CH₃-CH₂-CH₂-CH₂-CH₂-O-
ペンチル 優先接頭　　オキシ 予備接頭　　ペンチルオキシ 優先接頭
pentyl 優先接頭　　oxy 予備接頭　　pentyloxy 優先接頭

Cl-　+　-CO-　→　Cl-CO-
クロロ 予備接頭　　カルボニル 優先接頭　　クロロカルボニル　chlorocarbonyl
chloro 予備接頭　　carbonyl 優先接頭　　カルボノクロリドイル 優先接頭　carbonochloridoyl 優先接頭

-NH-　+　-CH₂-CH₂-　+　-NH-　→　-NH-CH₂-CH₂-NH-
アザンジイル 予備接頭　　エタン-1,2-ジイル 優先接頭　　アザンジイル 予備接頭　　エタン-1,2-ジイルビス-
azanediyl 予備接頭　　ethane-1,2-diyl 優先接頭　　azanediyl 予備接頭　　（アザンジイル）優先接頭
　　　　　　　　　　　　　　　　　　　　　　　　　　　　　　　　　　　　　ethane-1,2-diylbis-
　　　　　　　　　　　　　　　　　　　　　　　　　　　　　　　　　　　　　（azanediyl）優先接頭

P-13.3.5　分子そのものを付加することによる

分子 A と B から，どちらからも原子を失うことなしに，直接結合して生じた化学種 AB を，A と B の名称を全

角ダッシュで結び，付加物(P-14.8 参照)として命名する．

例：　　　　CO　　　　　+　　　　CH₃-BH₂　　　⟶　　　CO・BH₂-CH₃
　　　　一酸化炭素 PIN　　　　メチルボラン PIN　　　　一酸化炭素—メチルボラン PIN
　　　　carbon monoxide PIN　　methylborane PIN　　　carbon monoxide—methylborane PIN

P-13.4　除去操作

除去操作は，名称に含まれる原子または原子団を除く操作である．この操作により，不飽和基を導入し，あるいは置換基，ラジカル，イオンなどが生成するが，それ以外の変化は起こらない．天然物では，多種類の除去操作を示すのに，さまざまな接頭語が使われる．この操作は，以下の項に示すように，いくつかの表現方法がある．

P-13.4.1　接尾語による

例：　　CH₄　　　−　　　H・　　　⟶　　　CH₃・
　　　メタン PIN　　水素原子 予備名　　　メチル PIN　　methyl PIN
　　　methane PIN　monohydrogen 予備名　　（ラジカル，接尾語 イル yl は 1 個の水素原子の消失を示す）

　　　CH₃-CH₃　　−　　　H⁺　　　⟶　　　CH₃-CH₂⁻
　　　エタン PIN　　ヒドロン 予備名　　　エタニド PIN　ethanide PIN
　　　ethane PIN　　hydron 予備名　　　　（アニオン，接尾語 イド ide はヒドロンの消失を示す）

　　　CH₃-CH₂-CH₂-CH₃　−　　H⁻　　　⟶　　　CH₃-CH₂-CH₂-CH₂⁺
　　　ブタン PIN　　　　水素化物イオン 予備名　　ブチリウム PIN　butylium PIN
　　　butane PIN　　　hydride 予備名　　　（接尾語 イリウム ylium は水素化物イオンの消失を示す）

　　訳注：有機化学の分野では，従来 H⁺，H⁻ の日本語名としてそれぞれプロトン，ヒドリドイオン
　　　　を使用してきたが，"無機化学命名法 —— IUPAC 勧告 2005"(参考文献 12)により，この名称を
　　　　ヒドロン，水素化物イオンとすることになったので，本書でもこれらの名称を用いる．

P-13.4.2　語尾の変化によって

例：C₆H₅-SO₂-OH　　　−　　　H⁺　　　⟶　　　C₆H₅-SO₂-O⁻
　　ベンゼンスルホン酸 PIN　ヒドロン 予備名　　ベンゼンスルホナート PIN　benzenesulfonate PIN
　　benzenesulfonic acid PIN　hydron 予備名　　（語尾 ate は 'ic acid' からヒドロンの消失を示す）

　　CH₃-CH₂-CH₂-CH₃　−　　2 H　　⟶　　CH₃-CH₂-CH=CH₂ （3 2 1）
　　ブタン PIN　　　　水素 予備名　　　　ブタ-1-エン PIN　but-1-ene PIN
　　butane PIN　　　　hydrogen 予備名　　（語尾 ene は 2 個の水素原子の消失を示す）

P-13.4.3　接頭語デヒドロ dehydro およびノル nor によって

P-13.4.3.1　接頭語デヒドロ dehydro による

例：

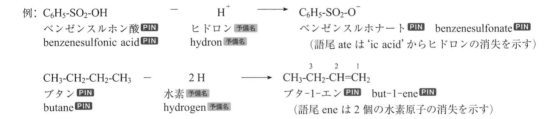

オキセパン PIN　　　　2,3-ジデヒドロオキセパン　2,3-didehydrooxepane
oxepane PIN　　　　　（接頭語 ジデヒドロ didehydro は 2 個の水素原子の消失を示す）
　　　　　　　　　　　2,3,4,5-テトラヒドロオキセピン PIN　2,3,4,5-tetrahydrooxepine PIN
　　　　　　　　　　　（P-54.4.1 参照）

14　　　　　　　　　　　　　　　　P-1　一般原則，規則および慣用

P-13.4.3.2　接頭語ノル nor による　　接頭語ノル nor は，立体母体構造の環または鎖から，結合した水素原子を伴ったまま置換基のない飽和骨格原子を除去する意味で使う．また，最多非集積二重結合をもった環からの −CH= 基の除去(P-101.3.1 参照)やフラーレン構造からの炭素原子の除去も示す(P-27.4.2 参照)．

例：

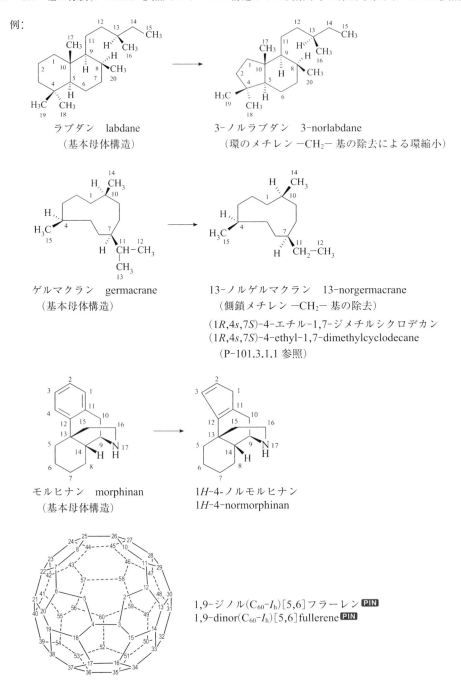

P-13.5　接合操作

接合操作は，接合成分が結合する部位からそれぞれ同数の水素原子を除去して化合物を生成するもので，その名称は形式的に成分名からつくる．操作を以下の項に示す．

P-13.5.1 ビ bi，テル ter，クアテル quater など（P-14.2.3 参照）の倍数接頭語を対応する母体水素化物の名称の前に置く方法．

例：

ピリジン **PIN**
pyridine **PIN**
　　　＋
ピリジン **PIN**
pyridine **PIN**
　　　→
2,2′-ビピリジン **PIN**　2,2′-bipyridine **PIN**
2,2′-ビピリジル　　2,2′-bipyridyl
（P-28.2.1 参照）

P-13.5.2 構成要素の名称を並置することによる（接合命名法）

　この操作は，Chemical Abstracts Service によって使用されている．この方法は PIN の作成には推奨できない．推奨するのは置換命名法である（P-51 参照）．この操作は，結合する二つの成分の一方が環であり，他方が化合物中の主特性基によって置換された一つまたは複数の炭素鎖である場合に，最も頻繁に使用する．この操作では，主特性基と環の両者がその鎖の末端にならなければならない．鎖に結合している残りの構造がある場合は置換基の接頭語を使って示し，その位置は α, α¹, β, β¹ などのギリシャ文字の位置番号によって示す（α は主特性基に隣接する原子を示す）．

例：

シクロヘキサン **PIN**
cyclohexane **PIN**
　　　＋
エタノール **PIN**
ethanol **PIN**
　　　→
シクロヘキサンエタノール
cyclohexaneethanol
2-シクロヘキシルエタン-1-オール **PIN**
2-cyclohexylethan-1-ol **PIN**

シクロペンタン **PIN**
cyclopentane **PIN**
　　　→
シクロペンタン酢酸
cyclopentaneacetic acid
シクロペンチル酢酸 **PIN**
cyclopentylacetic acid **PIN**
　　　→
α-エチルシクロペンタン酢酸
α-ethylcyclopentaneacetic acid
2-シクロペンチルブタン酸 **PIN**
2-cyclopentylbutanoic acid **PIN**

P-13.5.3 環の形成

　母体構造中のいずれか 2 個の原子のそれぞれから 1 個の水素原子を取去り，原子間で直接結合を形成して環をつくる方式は接頭語 シクロ cyclo で表す．

例：CH₃-CH₂-CH₃　→　△
プロパン **PIN**　　　シクロプロパン **PIN**
propane **PIN**　　　cyclopropane **PIN**

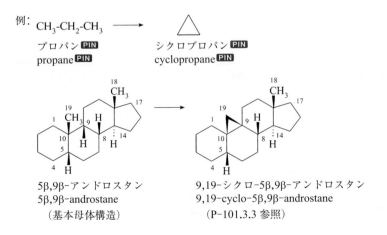

5β,9β-アンドロスタン
5β,9β-androstane
（基本母体構造）
　　　→
9,19-シクロ-5β,9β-アンドロスタン
9,19-cyclo-5β,9β-androstane
（P-101.3.3 参照）

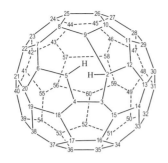

2*H*-2,9-シクロ-1-ノル(C_{60}-I_h)[5,6]フラーレン **PIN**
2*H*-2,9-cyclo-1-nor(C_{60}-I_h)[5,6]fullerene **PIN**

P-13.6　倍数操作

この操作で，多数の母体構造が対称的な多価置換基に結合している状態を表すことができる．

P-13.6.1　置換命名法に属する倍数操作は，二価以上の置換基に複数の同一の母体構造が結合している集合体の命名に用いる．同一母体構造とは，同一の官能化母体水素化物，官能性母体または環である．この命名方式は，二価以上の置換基に同一の母体構造が結合しているという意味で，まさしく置換命名法に属する．

例：

ベンゾニトリル **PIN**　　　メチレン 優先接頭　　　ベンゾニトリル **PIN**　　　2,2′-メチレンジベンゾニトリル **PIN**
benzonitrile **PIN**　　　methylene 優先接頭　　　benzonitrile **PIN**　　　2,2′-methylenedibenzonitrile **PIN**

3 CH_3-COOH　　　　　　-N<　　　　　　⟶　　　$N(CH_2$-COOH$)_3$
酢酸 **PIN**　　　　　　　　　ニトリロ 予備接頭　　　　　2,2′,2″-ニトリロ三酢酸
acetic acid **PIN**　　　　　nitrilo 予備接頭　　　　　　2,2′,2″-nitrilotriacetic acid
　　　　　　　　　　　　　　　　　　　　　　　　　　　　N,*N*-ビス(カルボキシメチル)グリシン
　　　　　　　　　　　　　　　　　　　　　　　　　　　　N,*N*-bis(carboxymethyl)glycine
　　　　　　　　　　　　　　　　　　　　　　　　　　　　（P-103.1，表 10・4 参照）

　　　　訳注：本勧告では，天然物には PIN を付けない（P-12.1，P-100
　　　　参照）．そのため，天然物としての慣用名または保存名に基づく
　　　　名称を記載している化合物については，同時に記載している体系
　　　　名に PIN を付けていない．

シクロヘキサン **PIN**　　　オキシ 予備接頭　　　シクロヘキサン **PIN**　　　1,1′-オキシジシクロヘキサン **PIN**
cyclohexane **PIN**　　　oxy 予備接頭　　　cyclohexane **PIN**　　　1,1′-oxydicyclohexane **PIN**

P-13.6.2　官能種類命名法において，倍数操作は，同一の母体構造が二価以上の官能種類名をもった集合体の命名にも用いられる．

例：　CH_3-O-CO-CH_2-CO-O-⟨1,4-phenylene⟩-O-CO-CH_2-CO-O-CH_3

ジプロパン二酸＝ジメチル＝1,4-フェニレン **PIN**
dimethyl 1,4-phenylene dipropanedioate **PIN**

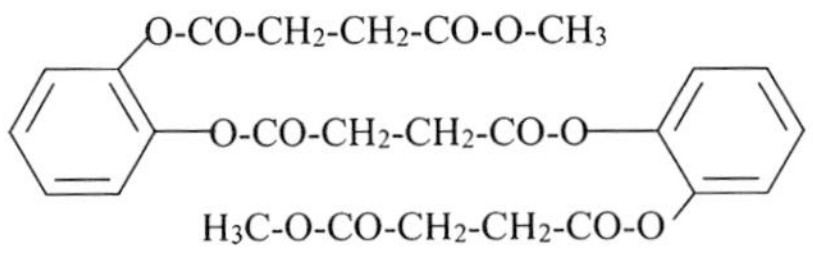

P-13 有機化合物命名における操作　　　　　　　　　17

O-CO-CH₂-CH₂-CO-O-CH₃

O-CO-CH₂-CH₂-CO-O

H₃C-O-CO-CH₂-CH₂-CO-O

ジブタン二酸=ジメチル=ブタンジオイルビス(オキシ-2,1-フェニレン) **PIN**
dimethyl butanedioylbis(oxy-2,1-phenylene) dibutanedioate **PIN**

P-13.7 縮合操作

縮合操作は，2個の環を一つにまとめる操作で，その結果，原子あるいは原子と結合を共有した状態になる．スピロ環系では1個の原子を共有し，縮合環系では原子と結合の両方を共有する．

例：

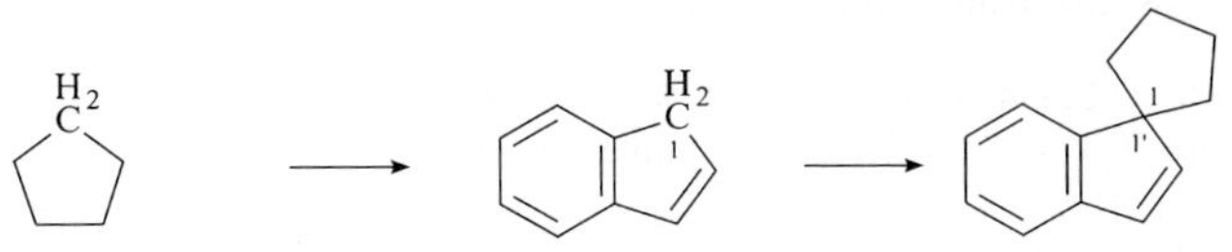

シクロペンタン **PIN**
cyclopentane **PIN**

1*H*-インデン **PIN**
1*H*-indene **PIN**

スピロ[シクロペンタン-1,1′-インデン] **PIN**
spiro[cyclopentane-1,1′-indene] **PIN**

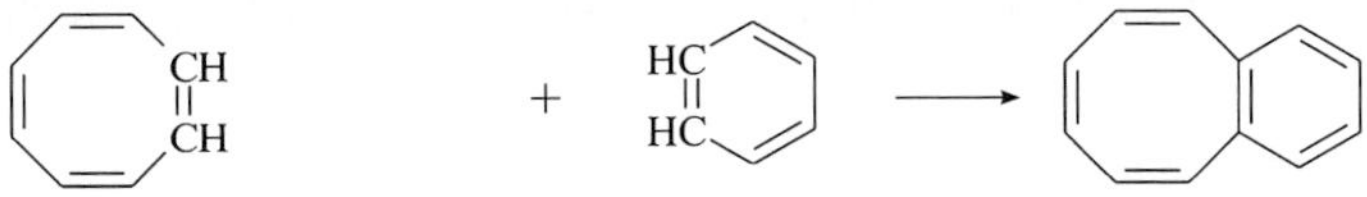

[8]アンヌレン
[8]annulene
シクロオクタ-1,3,5,7-テトラエン **PIN**
cycloocta-1,3,5,7-tetraene **PIN**

ベンゼン **PIN**
benzene **PIN**

ベンゾ[8]アンヌレン **PIN**
benzo[8]annulene **PIN**
(P-25.3.2.1.1 参照)

P-13.8 天然物の命名法においてのみ使う操作

天然物の命名法では，原子団の消失，すなわち原子団と水素との交換を示すために，いくつかの接頭語が使われる．水が取れて同時に結合が形成される場合も，除去操作とみなすことができる．これらの操作は以下の接頭語によって表される．

アベオ abeo	立体母体構造における単結合の転位(P-101.3.5.1 参照)
アンヒドロ anhydro	2個のヒドロキシ基から H₂O が消失して結合が形成される(P-102.5.6.7 参照)
アポ apo	カロテノイド系からのすべての側鎖の除去(P-101.3.4.2 参照)
デ de	炭水化物命名法における −OH 基からの酸素原子の除去(P-102.5.3 参照)またはメチル基から水素原子への変換(P-101.7.5 参照)
デス des	ペプチドからのアミノ酸残基の除去(P-103.3.5.4 参照)またはステロイド骨格からの末端非置換環の除去(P-101.3.6 参照)
レトロ *retro*	カロテノイド系における二重結合の移動(P-101.3.5.2 参照)

P-13.8.1 接頭語 デ de および デス des による

P-13.8.1.1　　接頭語 デ de (デス des ではない)は，その後に原子団または(水素以外の)原子の名称を続けて，その原子(団)の除去(または消失)とそれに伴う必要な水素原子の補足，つまりその原子(団)と水素との交換を示す．

例:

(I) モルヒネ
morphine

(II) デメチルモルヒネ
demethylmorphine
(メチルの H への交換)

(I) (5β*H*)-17-メチル-7,8-ジデヒドロフロ[2′,3′,4′,5′:4,12,13,5]モルヒナン-3,6α-ジオール
(5β*H*)-17-methyl-7,8-didehydrofuro[2′,3′,4′,5′:4,12,13,5]morphinan-3,6α-diol
4,5α-エポキシ-17-メチル-7,8-ジデヒドロモルヒナン-3,6α-ジオール
4,5α-epoxy-17-methyl-7,8-didehydromorphinan-3,6α-diol

(II) (5β*H*)-7,8-ジデヒドロフロ[2′,3′,4′,5′:4,12,13,5]モルヒナン-3,6α-ジオール
(5β*H*)-7,8-didehydrofuro[2′,3′,4′,5′:4,12,13,5]morphinan-3,6α-diol
4,5α-エポキシ-7,8-ジデヒドロモルヒナン-3,6α-ジオール
4,5α-epoxy-7,8-didehydromorphinan-3,6α-diol

例外として，デオキシ deoxy をヒドロキシ化合物に使う場合は，−OH 基から酸素原子を取って水素原子を再結合することを示す．deoxy は炭水化物の命名(P-102.5.3 を参照)において，除去を表す接頭語として広範に使用している．

例:

β-D-ガラクトピラノース
β-D-galactopyranose
(基本母体構造)

4-デオキシ-β-D-*xylo*-ヘキソピラノース
4-deoxy-β-D-*xylo*-hexopyranose
(4-デオキシ-β-D-ガラクトピラノース
4-deoxy-β-D-galactopyranose ではない)

(2*R*,3*R*,4*S*,6*S*)-6-(ヒドロキシメチル)オキサン-2,3,4-トリオール
(2*R*,3*R*,4*S*,6*S*)-6-(hydroxymethyl)oxane-2,3,4-triol
(母体水素化物 オキサン oxane に基づく番号付け)

P-13.8.1.2 接頭語 デス des は，ポリペプチド鎖からアミノ酸残基を除いた後，鎖を再結合する操作 (P-103.3.5.4 参照)，あるいは立体母体構造の末端環を除去する操作(P-101.3.6 参照)を表す．

例: オキシトシン **PIN**　→　デス-7-プロリン-オキシトシン
oxytocin **PIN**　　　　des-7-proline-oxytocin
(オキシトシンの 7 位のプロリン残基の除去)

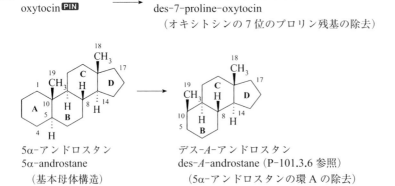

5α-アンドロスタン
5α-androstane
(基本母体構造)

デス-*A*-アンドロスタン
des-*A*-androstane (P-101.3.6 参照)
(5α-アンドロスタンの環 A の除去)

P-13.8.2 接頭語 アンヒドロ anhydro による

単糖類(アルドースまたはケトース)または単糖類誘導体 1 分子中に含まれる 2 個のヒドロキシ基から形式的に水が取れて分子内エーテルが生成する変化は, 分離可能接頭語 アンヒドロ anhydro を使い, 関係する 2 個のヒドロキシ基の位置番号をその前に付ける. 接頭語 anhydro の名称内の位置は, アルファベット順に従う (P-102.5.6.7.1 参照).

例:

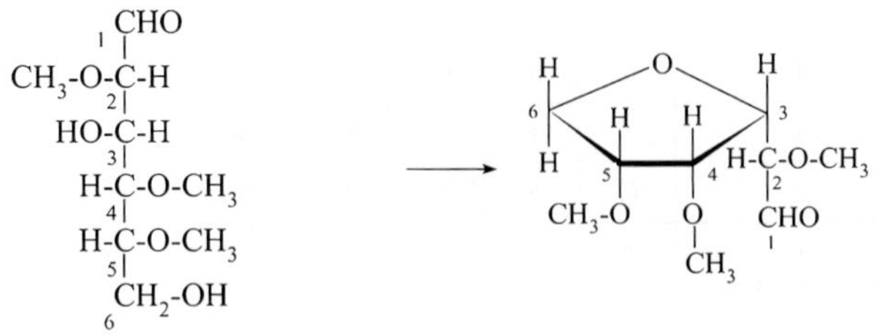

CHO
CH₃-O-C-H 2
HO-C-H 3
H-C-O-CH₃ 4
H-C-O-CH₃ 5
CH₂-OH 6

→

2,4,5-トリ-*O*-メチル-D-マンノース
2,4,5-tri-*O*-methyl-D-mannose
（基本母体構造）

3,6-アンヒドロ-2,4,5-トリ-*O*-メチル-D-マンノース
3,6-anhydro-2,4,5-tri-*O*-methyl-D-mannose
（接頭語 アンヒドロ anhydro は, 同一構造内の 2 個の OH 基からの H_2O の除去を表す）

P-14 一 般 則   "日本語名称のつくり方"も参照

P-14.0 はじめに	P-14.5 英数字順
P-14.1 結 合 数	P-14.6 非英数字順
P-14.2 倍数接頭語	P-14.7 指示水素および付加指示水素
P-14.3 位 置 番 号	P-14.8 付 加 物
P-14.4 番 号 付 け	

P-14.0 はじめに

本節で述べる規則は, 化合物の種類や個々の化合物の命名全般に適用されるものである. この規則は, PIN だけでなく GIN をつくるためにも厳密に守らなければならない.

P-14.1 結 合 数

原子の標準原子価状態の概念は, 有機化学命名法の基礎となる. ほとんどの有機化合物の名称は, 母体構造のもつ水素原子が, 他の原子または原子団と形式的に交換することによって導かれるので, 母体構造の骨格原子に何個の水素原子が結合しているか, 正確に知る必要がある. たとえば, ホスファン phosphane の名称は, PH_3 あるいは PH_5 のどちらを指すのか？この問題は, 元素が二つ以上の原子価をとりうる場合に起こる. そのような場合, 標準の原子価は通常わざわざ記さないが, それ以外の原子価状態である場合には, その**結合数**を特に表記する. 詳細は '有機化学命名法における可変原子価の取扱い(λ-標記)' (参考文献 13)に記されている. 本勧告では, この方法を簡単に λ-標記とよぶ.

P-14.1.1 定 義

骨格原子の結合数 n とは, その原子が母体水素化物である場合は, 隣接する骨格原子があれば, その結合当量 (原子価結合)の総和と水素原子総数の合計である.

例: H_2S S について, $n = 2$

H_6S S について, $n = 6$

$(C_6H_5)_3PH_2$ P について, $n = 5$

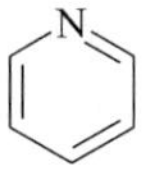

N について, $n = 3$

P-14.1.2 標準結合数

骨格原子の結合数は，表1・3に示す値をとる場合を標準とする．

表 1・3　13, 14, 15, 16, 17族の元素の標準結合数

標準結合数(n)	元　素				
3	B	Al	Ga	In	Th
4	C	Si	Ge	Sn	Pb
3	N	P	As	Sb	Bi
2	O	S	Se	Te	Po
1	F	Cl	Br	I	At

P-14.1.3 非標準結合数

母体水素化物中の**中性**骨格原子の非標準結合数は，記号 λ^n によって示し，該当する位置番号とともに記す．記号 λ^n の中の n は，イタリック体で記してあるが，たとえば λ^4 のように実数が入った場合，4 はイタリック体ではないことに留意してほしい(記号 λ^n 中のイタリック体 n の使用については，参考文献 14 の第 1.3 節 "物理量における記号の一般規則" 参照)．

例： CH₃-SH₅ 　　メチル-λ^6-スルファン **PIN**　　methyl-λ^6-sulfane **PIN**

　　(C₆H₅)₃PH₂　トリフェニル-λ^5-ホスファン **PIN**　triphenyl-λ^5-phosphane **PIN**

　　　　　1λ^4,3-チアジン **PIN**　　1λ^4,3-thiazine **PIN**

P-14.2 倍数接頭語

構造の中に同じ形態(特性基，置換基，多重結合)とそれに対応する接辞(接尾語，挿入語，接頭語)が複数あることを示すために，名称では3種の倍数接頭語が使われる．倍数接頭語は常に関連する名称の前に置く．

P-14.2.1　　基本倍数接頭語は単純なもので，一般に，多重度を表す接頭語の中でまず最初に選ぶ対象となる(参考文献 15)．基本倍数接頭語を表1・4にまとめた．

P-14.2.1.1 接頭語 モノ mono

P-14.2.1.1.1　　一つしかない場合の数値1を示す数詞はモノ mono であり，2を示す数詞はジ di である．別の数詞とあわせて使用する場合，数値1は(ウンデカ undeca を除き)ヘン hen によって表し，数値2は(ジクタ dicta と ジリア dilia を除き)ド do によって表す．数値11に対する数詞はウンデカ undeca である．

P-14.2.1.1.2　　接頭語 モノ mono は，体系的な名称において，たとえば接尾語，接頭語，語尾などの命名用語の場合，1個しか存在しないことを示すときには使用しない．この接頭語は，たとえばフタル酸モノメチルエステル phthalic acid monomethyl ester のように二価カルボン酸のモノエステルを示す官能種類命名法の場合，あるいは二環や多核と対比して単環や単核のような一つであることを強調する用語として使用する．

P-14.2.1.2 基本数詞の誘導

数 11 に対するウンデカ undeca の後は，基礎となる数詞をアラビア数字とは逆の順序で並べることにより，体系的に合成数詞をつくることができる．合成数詞はハイフンなしで数詞を直接並べる．イコサ icosa の文字 i は，母音の後にきた場合は省略する．

表 1·4 基本数詞（倍数接頭語）

数値	数詞	数値	数詞	数値	数詞	数値	数詞
1	モノ mono, ヘン hen	11	ウンデカ undeca	101	ヘンヘクタ henhecta	1001	ヘンキリア henkilia
2	ジ di, ド do	20	イコサ icosa	200	ジクタ dicta	2000	ジリア dilia
3	トリ tri	30	トリアコンタ triaconta	300	トリクタ tricta	3000	トリリア trilia
4	テトラ tetra	40	テトラコンタ tetraconta	400	テトラクタ tetracta	4000	テトラリア tetralia
5	ペンタ penta	50	ペンタコンタ pentaconta	500	ペンタクタ pentacta	5000	ペンタリア pentalia
6	ヘキサ hexa	60	ヘキサコンタ hexaconta	600	ヘキサクタ hexacta	6000	ヘキサリア hexalia
7	ヘプタ hepta	70	ヘプタコンタ heptaconta	700	ヘプタクタ heptacta	7000	ヘプタリア heptalia
8	オクタ octa	80	オクタコンタ octaconta	800	オクタクタ octacta	8000	オクタリア octalia
9	ノナ nona	90	ノナコンタ nonaconta	900	ノナクタ nonacta	9000	ノナリア nonalia
10	デカ deca	100	ヘクタ hecta	1000	キリア kilia		

例:

486　　ヘキサオクタコンタテトラクタ
hexaoctacontatetracta
| 6 | 80 | 400 |

14　テトラデカ　tetradeca　　21　ヘンイコサ　henicosa　　22　ドコサ　docosa

23　トリコサ　tricosa　　24　テトラコサ　tetracosa　　41　ヘンテトラコンタ　hentetraconta

52　ドペンタコンタ　dopentaconta　　111　ウンデカヘクタ　undecahecta　　363　トリヘキサコンタトリクタ　trihexacontatricta

P-14.2.2　複雑な構造に対する数詞

置換基をもった置換基のような複雑な構造に対する倍数接頭語は，テトラキス tetrakis，ペンタキス pentakis などのように，語尾 kis を基本倍数接頭語の語尾 a に付加する(参考文献 15)．接頭語 ビス bis および トリス tris は ジ di および トリ tri に対応する．基本倍数接頭語の モノ mono にはこの系列で対応するものはない．

例:　　　2　ビス　bis　　　3　トリス　tris　　　4　テトラキス　tetrakis
　　　231　ヘントリアコンタジクタキス　hentriacontadictakis

P-14.2.3　同一単位の集合を命名するための倍数接頭語

枝分かれのない環集合(P-28 参照)において，繰返し現れる同一単位の数を示すために使用する慣用的な接頭語は，次のとおりである．

2　ビ　bi　　　　　3　テル　ter　　　　4　クアテル　quater
5　キンクエ　quinque　　6　セクシ　sexi　　7　セプチ　septi
8　オクチ　octi　　　9　ノビ　novi　　10　デシ　deci

22 　　　　　　　　　　　　　　P-1　一般原則，規則および慣用

　このリストは，11 から 9999 までそろっている．この接頭語は，たとえば，数値の 11 を示すウンデシ undeci, 16 を示すヘキサデシ hexadeci, 40 を示すテトラコンチ tetraconti のように，基本数詞接頭語の語尾 a を i に変えることによってつくる．

P-14.3　位　置　番　号

P-14.3.1　位置番号の種類

　従来から使われている位置番号の種類の例をあげれば，1, 2, 3 のようなアラビア数字，1′, 1‴, 2″ のようなプライム記号の付いた位置番号，3a, 3b のような小文字の英字を含む位置番号，O, N, P のようなイタリック体のローマ字，α, β, γ のようなギリシャ文字，1(10)や 5(17)のような複合位置番号，などがある．

　位置番号の o, m, p は廃止となり，代わりに数値を使った 1,2-, 1,3-, 1,4- を置換名では使うことになった．ただし例外として，キシレン xylene およびクレゾール cresol の 3 種の異性体については，従来どおり o-, m-, p-xylene を GIN として認める(P-22.1.3, P-63.1.1.2 参照)．

　たとえば，$3^2, 2a^1, N^{2′}, O^3$ のような複式位置番号が，さまざまな目的のために最近考案され，本勧告でも使われている．これらの記号は，ファン命名法における再現環中の位置番号(P-26.4.3 参照)や環集合における番号表示(P-28.3 参照)，縮合環系の内部原子の位置表示(P-25.3.3.3 参照)，スピロ環系の von Baeyer 表示記号(P-24.2.2 参照)などの目的に使用する．また，ステロイド(参考文献 16 および P-101.7.1.3)，テトラピロール(参考文献 17)，アミノ酸やペプチドなどの命名(参考文献 18)においても使う．

　プライム記号(例 1′, 2″, N′, α′)は，構造中の複数の部分で位置番号を必要とする場合，それらを識別するために付加する．位置番号が二つ以上の文字からなる場合は，プライム記号は一般に最初の文字に付加する．たとえば，縮合環に使用される小文字のローマ字を含む位置番号において，プライム記号は 3′a や 2′a¹ のように，アラビア数字の後に付加する．この方式は，縮合環系で縮合位置を示すのに，まず数詞の位置番号を示し，その後に文字記号がくるという原則に従っている．ファン命名法において使用する複式位置番号の場合は，プライム記号は $2^{′3}$ や $2^{′4a}$ のように，スーパー原子の位置番号の後にくる．倍数命名法では，プライム記号は $N^{′4}$ のように，文字記号のすぐ後にくることもあれば，$N^{2′}$ のように数字の後にくることもある．

P-14.3.2　位置番号の位置

　位置番号(数字または文字)は名称中の関連する部分の直前に置くが，従来の方式では名称や慣用的な略称の前に置いた．

例：　CH₃-CH₂-CH₂-CH=CH-CH₃ (6 5 4 3 2 1)

ヘキサ-2-エン **PIN**　hex-2-ene **PIN**
　(2-ヘキセン 2-hexene ではない)

シクロヘキサ-2-エン-1-オール **PIN**
cyclohex-2-en-1-ol **PIN**
　(2-シクロヘキセン-1-オール
　2-cyclohexen-1-ol ではない)

ナフタレン-2-イル 優先接頭
naphthalen-2-yl 優先接頭
2-ナフチル　2-naphthyl
　(略称，naphth-2-yl としない)

P-14.3.3　位置番号の記載

　優先 IUPAC 名では，母体構造あるいは適切な括弧で囲まれた構造単位について，位置番号がその構造を明確に示すために不可欠な場合は，構造に関わるすべての位置番号を記さなければならない．たとえば，2-クロロエタノール 2-chloroethanol における位置番号 1 の省略は GIN では許されるが，PIN では認められない．したがっ

て 2-クロロエタン-1-オール 2-chloroethan-1-ol が PIN である．また，1-フェニル-2-(フェニルジアゼニル)-2-(フェニルヒドラジニリデン)エタン-1-オン PIN 1-phenyl-2-(phenyldiazenyl)-2-(phenylhydrazinylidene)ethan-1-one PIN の例では，位置番号は括弧によって囲まれた構造単位を主体とせず，母体構造 エタノン ethanone の置換基の位置番号として使われている．また，優先 IUPAC 倍数名や環集合に対する PIN では，たとえば 1,1′-オキシジベンゼン 1,1′-oxydibenzene(P-15.3.1.3)や 1,1′-ビフェニル 1,1′-biphenyl(P-28.2.1)のように，位置番号を省略せずに記す．

P-14.3.4 位置番号の省略

間違える可能性がない場合，位置番号はよく省略される．しかし PIN を完全に明確にするためには，位置番号の省略が可能な場合について定めておく必要がある．

位置番号は，PIN において次の場合に省略する．

P-14.3.4.1　末端の位置番号は，炭素原子上の置換の有無にかかわらず，鎖状炭化水素由来のモノおよびジカルボン酸，その酸ハロゲン化物，アミド，ヒドラジド，ニトリル，アルデヒド，アミジン，アミドラゾン，ヒドラジジン，アミドキシムの名称には記さない．

例：　HOOC-CH₂-CH₂-COOH　　　ブタン二酸 PIN　butanedioic acid PIN

　　　HOOC-CH₂-CH(Cl)-COOH　　2-クロロブタン二酸 PIN　2-chlorobutanedioic acid PIN

　　　CH₃-CH₂-CH₂-CH₂-CO–　　　ペンタノイル 優先接頭　pentanoyl 優先接頭

　　　H₂N-CO-CH(CH₃)-CO-NH₂　　2-メチルプロパンジアミド PIN　2-methylpropanediamide PIN

　　　CH₃-NH-CO-CH₂-CO-NH-CH₃　N^1,N^3-ジメチルプロパンジアミド PIN
　　　　　　　　　　　　　　　　N^1,N^3-dimethylpropanediamide PIN
　　　　　　　　　　　　　　　　（N^1,N^3-ジメチルプロパン-1,3-ジアミド
　　　　　　　　　　　　　　　　N^1,N^3-dimethylpropane-1,3-diamide ではない）

P-14.3.4.2　以下の場合，位置番号 1 は省略する．

(a) 置換された単核母体水素化物において

例：　CH₃Cl　　　　クロロメタン PIN　　chloromethane PIN

　　　SiH₂Cl₂　　　ジクロロシラン 予備名　dichlorosilane 予備名
　　　　　　　　　（シラン silane 由来）

　　　(CH₃)₃Al　　　トリメチルアルマン　trimethylalumane

(b) 2 個の同一原子からなる均一な鎖のモノ置換体

例：　CH₃-CH₂-OH　　エタノール PIN　ethanol PIN

　　　NH₂-NH-Cl　　クロロヒドラジン 予備名　chlorohydrazine 予備名
　　　　　　　　　（ヒドラジン hydrazine 由来）

　　　NH₂-NH–　　　ヒドラジニル 予備接頭　hydrazinyl 予備接頭
　　　　　　　　　（ヒドラジン-1-イル hydrazin-1-yl ではない）

(c) 均一な単環のモノ置換体において

例：　　シクロヘキサンチオール PIN
　　　　　　　cyclohexanethiol PIN

　　　　ブロモベンゼン PIN
　　　　　　　bromobenzene PIN

24   P-1 一般原則，規則および慣用

(d) 非置換の炭素数 2 個と 3 個のアルケンとアルキン，および不飽和結合 1 個のシクロアルケンとシクロアルキンにおいて．同様に，13, 14, 15, 16, 17 族の同一元素から構成され，非置換不飽和結合 1 個の鎖状化合物および不飽和環状化合物において

例：$CH_2=CH_2$ エテン `PIN`   ethene `PIN`

    $CH≡CH$ アセチレン `PIN`   acetylene `PIN`

    $CH_3-CH=CH_2$ プロペン `PIN`   propene `PIN`

    $NH=NH$ ジアゼン `予備名`   diazene `予備名`

    $SiH≡SiH$ ジシリン `予備名`   disilyne `予備名`

    $H_2N-N=NH$ トリアゼン `予備名`   triazene `予備名`

P-14.3.4.3   位置番号は，対称的な構造の母体水素化物または母体化合物で置換可能な水素が 1 種類しかない場合のモノ置換体では省略する．

例：$CH_3-NH-CO-NH_2$ メチル尿素 `PIN`   methylurea `PIN`

   $Cl-SiH_2-O-SiH_3$ クロロジシロキサン `予備名`   chlorodisiloxane `予備名`
                             （ジシロキサン disiloxane 由来）

クロロコロネン `PIN`   chlorocoronene `PIN`

ピラジンカルボン酸 `PIN`   pyrazinecarboxylic acid `PIN`

クロロプロパン二酸 `PIN`   chloropropanedioic acid `PIN`
クロロマロン酸   chloromalonic acid

P-14.3.4.4   位置番号は，接尾語や接頭語が別の場所に移動しても，あるいは二つの異なる位置の間で交換しても異性体が生じない場合に省略する．

例：$CH_3-CH=N-NH-$ エチリデンヒドラジニル `優先接頭`
                                   ethylidenehydrazinyl `優先接頭`
                                    （2-エチリデンヒドラジン-1-イル
                                     2-ethylidenehydrazin-1-yl ではない）

   $HC≡Si-Si≡C-CH_3$ エチリジン(メチリジン)ジシラン `PIN`
                                   ethylidyne(methylidyne)disilane `PIN`
                                    （1-エチリジン-2-メチリジンジシラン
                                     1-ethylidyne-2-methylidynedisilane ではない）

   $C_6H_5-CH=SiH-Si(=CH-C_6H_5)-$ ジベンジリデンジシラニル `優先接頭`
                                       dibenzylidenedisilanyl `優先接頭`
                                    （1,2-ジベンジリデンジシラン-1-イル
                                     1,2-dibenzylidenedisilan-1-yl ではない）

P-14 一 般 則   25

H_2C=P-O-PH-O-P=CH-CH_3   エチリデン(メチリデン)トリホスホキサン **PIN**
ethylidene(methylidene)triphosphoxane **PIN**
  (1-エチリデン-2-メチリデントリホスホキサン
  1-ethylidene-2-methylidenetriphosphoxane ではない)

H_2Si=N-NH-Cl   クロロ(シリリデン)ヒドラジン   chloro(silylidene)hydrazine
  (1-クロロ-2-シリリデンヒドラジン
  1-chloro-2-silylidenehydrazine ではない)

Br-S-S-CH_3   (ブロモジスルファニル)メタン **PIN** (bromodisulfanyl)methane **PIN**
  〔ブロモ(メチル)ジスルファン bromo(methyl)disulfane でも,
  1-ブロモ-2-メチルジスルファン 1-bromo-2-methyldisulfane でもない
  (P-63.3.1 参照)〕

O=C=CH–   オキソエテニル 優先接頭   oxoethenyl 優先接頭

Cl-N=N–   クロロジアゼニル 予備接頭   chlorodiazenyl 予備接頭

次の例では，位置番号が必要である．

CH_3-CH_2-CH=SiH-Si(=CH-CH_3)–   1-エチリデン-2-プロピリデンジシラン-1-イル 優先接頭
1-ethylidene-2-propylidenedisilan-1-yl 優先接頭
  (二つの置換基の交換により，別の異性体
  2-エチリデン-1-プロピリデンジシラン-1-イル
  2-ethylidene-1-propylidenedisilan-1-yl が生じる)

CH_3-CH=SiH-SiH_2-Cl   1-クロロ-2-エチリデンジシラン **PIN**
(2, 1)   1-chloro-2-ethylidenedisilane **PIN**
  (Cl 原子が 1 位から 2 位に移動することによって，別の異性体，
  1-クロロ-1-エチリデンジシラン 1-chloro-1-ethylidenedisilane
  が生じる)

Cl-CH=CH–   2-クロロエテン-1-イル 優先接頭   2-chloroethen-1-yl 優先接頭
2-クロロビニル   2-chlorovinyl

P-14.3.4.5 すべての置換可能な位置が同じように完全に置換されているか，あるいは完全に修飾(たとえば，
ヒドロ hydro により)されているような化合物または置換基では，すべての位置番号を省略する．酸，アルコール
などカルコゲン原子に結合している水素は別にして，他のすべての水素原子は，置換可能とみなす．

部分的に置換または修飾が行われている場合はすべての数詞接頭語を示さなければならない．

接頭語 ペル per は廃止した．

例：

デカヒドロナフタレン **PIN**
decahydronaphthalene **PIN**

CF_3-CF_2-C-NF_2 (NF)
オクタフルオロプロパンイミドアミド **PIN**
octafluoropropanimidamide **PIN**

CF_3-CF_2-CF_2-COOH
(4, 3, 2, 1)
ヘプタフルオロブタン酸 **PIN**
heptafluorobutanoic acid **PIN**

CF_3-CF_2-CH_2-OH
2,2,3,3,3-ペンタフルオロプロパン-1-オール **PIN**
2,2,3,3,3-pentafluoropropan-1-ol **PIN**

ベンゼンヘキサイル 優先接頭
benzenehexayl 優先接頭

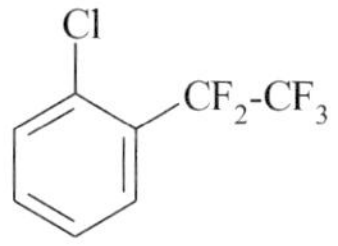

1-クロロ-2-(ペンタフルオロエチル)ベンゼン PIN
1-chloro-2-(pentafluoroethyl)benzene PIN

$F_2N\text{-}CO\text{-}NF_2$ テトラフルオロ尿素 PIN tetrafluorourea PIN

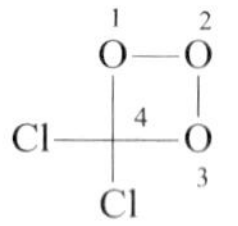

ジクロロトリオキセタン PIN
dichlorotrioxetane PIN

P-14.3.4.6 置換可能な水素原子すべてが同じ位置番号である場合は，位置番号を省略する．

例：$F_2CH\text{-}COOH$ ジフルオロ酢酸 PIN difluoroacetic acid PIN
(2,2-ジフルオロ酢酸 2,2-difluoroacetic acid ではない)

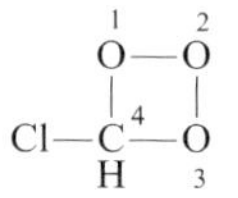

クロロトリオキセタン PIN chlorotrioxetane PIN
(4-クロロトリオキセタン 4-chlorotrioxetane ではない)

P-14.3.5 位置番号の最小組合わせ

位置番号の最小組合わせとは，各組合わせ内の位置番号を小さい方から順に比較したときに，最初の相違点で最小の位置番号をもった組合わせを指す．たとえば，2,3,5,8 の位置番号組合わせは 3,4,6,8 および 2,4,5,7 より小さい．プライムの付いた位置番号は，小さい方から順に並べた組合わせの中で，対応するプライムのない位置番号のすぐ後になる．数字と小文字からなる位置番号は，4a と 4′a(4a′ではない)のように，プライムの有無に関係なく該当する数字の後ろになり，上付き文字をもつ位置番号がある場合はさらにその後になる．イタリック体の大文字と小文字の位置番号は，ギリシャ文字の位置番号より小さく(優先し)，さらに，ギリシャ文字の位置番号は数字より小さい．

例：2 は，2′より小さい．	4a は，4′a より小さい．	1,1,1,4,2 は，1,1,4,4,2 より小さい．
3 は，3a より小さい．	1^2 は，1^3 より小さい．	1,1′,2′,1″,3″,1‴ は，1,1′,3′,1″,2″,1‴ より小さい．
8a は，8b より小さい．	1^4 は，2′より小さい．	*N*,α,1,2 は，1,2,4,6 より小さい．
4′は，4a より小さい．	3a は，$3a^1$ より小さい．	

注記：カロテノイド命名法の分野(P-101.5.2 参照)は例外で，5,5′,8,8′- ではなく，5,8,5′,8′- とするので注意を要する．体系的置換命名法では前者の並べ方を推奨している．

P-14.4 番号付け

さまざまな構造特性が環状化合物および鎖状化合物にみられる場合，以下の優先順位(前の事項ほど上位)に従って小さい位置番号を割当てる．

> 1979 規則に対して，二つの重要な変更が行われた(参考文献 1)．
> (1) 鎖中のヘテロ原子は，今回の勧告では母体水素化物の一部とみなすことになった．したがって，環骨格のヘテロ原子と同様に，位置番号は接尾語よりも優先する．
> (2) ヒドロ，デヒドロ接頭語は，今回の勧告では分離可能接頭語として分類するが，アルファベット順に並べる分離可能接頭語の仲間には含まれない．この接頭語は，母体水素化物の名称の直前に記載する〔以下の(e)の項参照〕．

(a) 鎖や環などの系で番号付けが固定されている場合(たとえば プリン purine, アントラセン anthracene, フェナントレン phenanthrene)は，この番号付けを PIN でも GIN でも使わなければならない.

例：

$$\overset{1}{\text{CH}_3}\text{-S-}\overset{2}{\text{CH}_2}\text{-}\overset{3}{\text{CH}_2}\text{-O-}\overset{4}{\text{CH}_2}\text{-}\overset{5}{\text{CH}_2}\text{-S-}\overset{7}{\text{CH}_2}\text{-}\overset{8}{\text{CH}_2}\text{-}\overset{9}{\text{SiH}_2}\text{-}\overset{10}{\text{CH}_2}\text{-}\overset{11}{\text{CH}_2}\text{-}\overset{12}{\text{CH}_2}\text{-}\overset{13}{\text{CH}_2}\text{-}\overset{14}{\text{COOH}}$$

5-オキサ-2,8-ジチア-11-シラテトラデカン-14-酸 PIN
5-oxa-2,8-dithia-11-silatetradecan-14-oic acid PIN

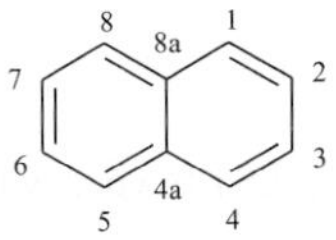

ナフタレン PIN
naphthalene PIN

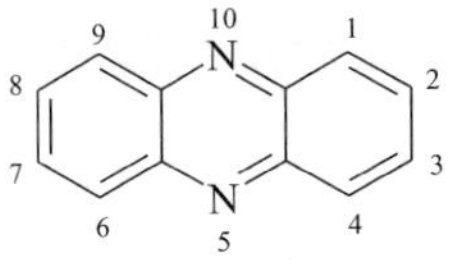

フェナジン PIN
phenazine PIN

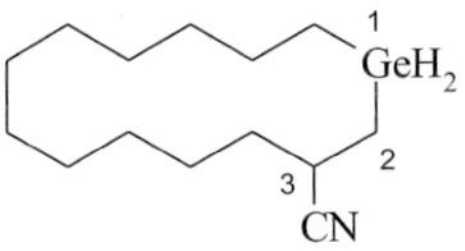

1-ゲルマシクロテトラデカン-3-カルボニトリル PIN
1-germacyclotetradecane-3-carbonitrile PIN

(b) 非置換化合物の指示水素. 構造特性(d)に従い，置換基の接尾語により大きな位置番号が必要となることがある.

例：

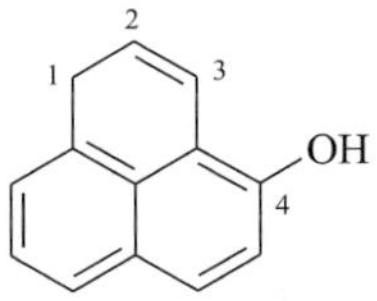

1*H*-フェナレン-4-オール PIN
1*H*-phenalen-4-ol PIN

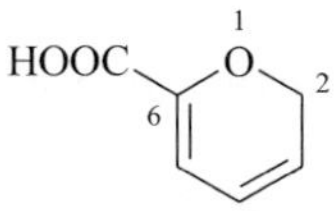

2*H*-ピラン-6-カルボン酸 PIN
2*H*-pyran-6-carboxylic acid PIN

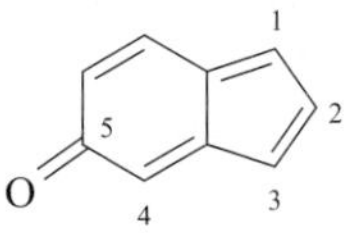

5*H*-インデン-5-オン PIN
5*H*-inden-5-one PIN

(c) 主特性基および遊離原子価(接尾語)

例：

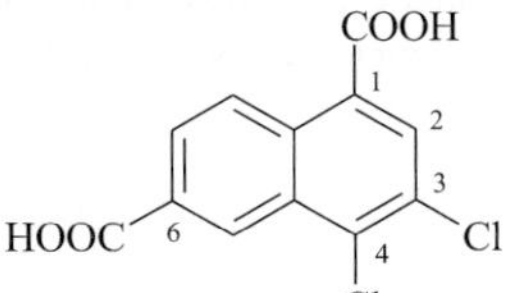

3,4-ジクロロナフタレン-1,6-ジカルボン酸 PIN
3,4-dichloronaphthalene-1,6-dicarboxylic acid PIN

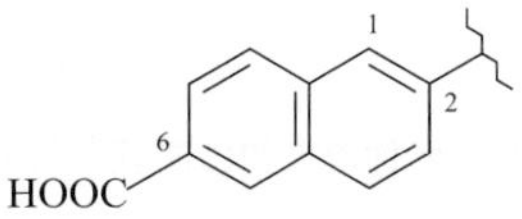

6-カルボキシナフタレン-2-イル 優先接頭
6-carboxynaphthalen-2-yl 優先接頭

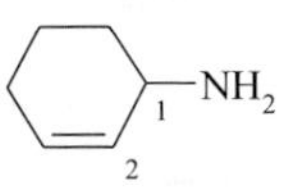

シクロヘキサ-2-エン-1-アミン PIN
cyclohex-2-en-1-amine PIN

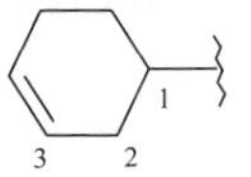

シクロヘキサ-3-エン-1-イル 優先接頭
cyclohex-3-en-1-yl 優先接頭

(d) 付加指示水素(化合物の構造に矛盾せず，さらなる置換に対応)

例：

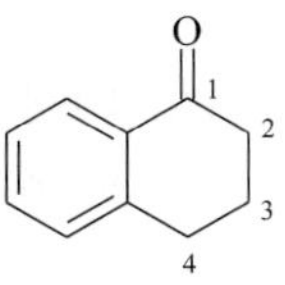

3,4-ジヒドロナフタレン-1(2*H*)-オン PIN
3,4-dihydronaphthalen-1(2*H*)-one PIN

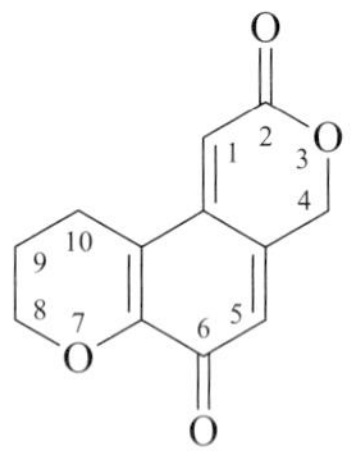

28   P-1 一般原則，規則および慣用

9,10-ジヒドロ-2H,4H-ベンゾ[1,2-b:4,3-c']ジピラン-2,6(8H)-ジオン PIN
9,10-dihydro-2H,4H-benzo[1,2-b:4,3-c']dipyran-2,6(8H)-dione PIN

(e) 飽和と不飽和

（ⅰ）小さな位置番号は，ヒドロ，デヒドロ 接頭語(最初の例および P-31.2.2 参照)および語尾 ene，yne に割
　　当てる．

（ⅱ）小さな位置番号は，まず多重結合をもった構造部分に付け，さらにその中で優先的に二重結合に付ける
　　(2 番目と 3 番目の例および P-31.1.1.1 参照)．

例：

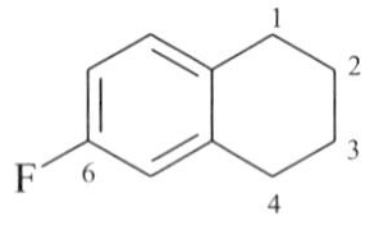

6-フルオロ-1,2,3,4-テトラヒドロナフタレン PIN
6-fluoro-1,2,3,4-tetrahydronaphthalene PIN

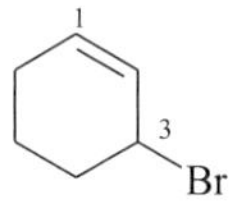

3-ブロモシクロヘキサ-1-エン PIN　3-bromocyclohex-1-ene PIN

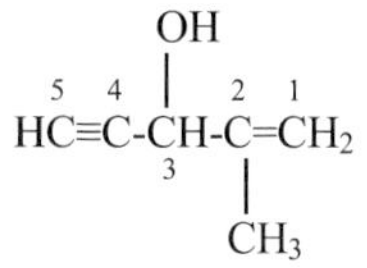

2-メチルペンタ-1-エン-4-イン-3-オール PIN
2-methylpent-1-en-4-yn-3-ol PIN
(4-メチルペンタ-4-エン-1-イン-3-オール
4-methylpent-4-en-1-yn-3-ol ではない)

(f) ひとまとめにして位置番号順に並べた，分離可能なアルファベット順に従う接頭語

例：

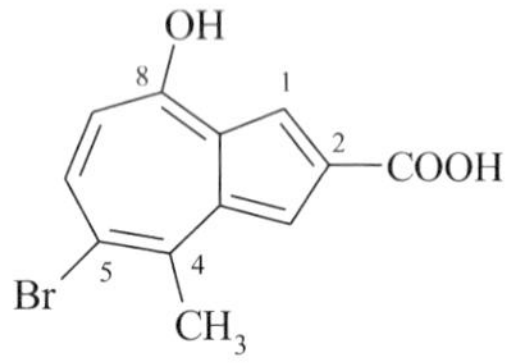

5-ブロモ-8-ヒドロキシ-4-メチルアズレン-2-カルボン酸 PIN
5-bromo-8-hydroxy-4-methylazulene-2-carboxylic acid PIN
(接頭語の位置番号組合わせ 4,5,8 は，4,7,8 より小さい)

(g) 接頭語として名称の最初に記載される置換基には最小の位置番号

例：

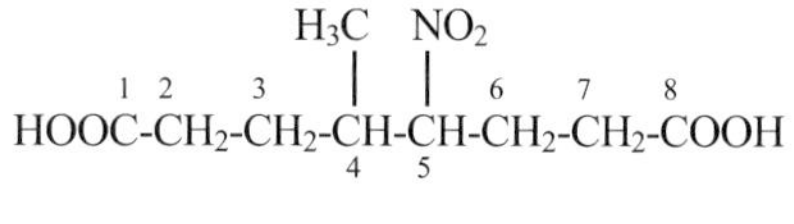

4-メチル-5-ニトロオクタン二酸 PIN
4-methyl-5-nitrooctanedioic acid PIN

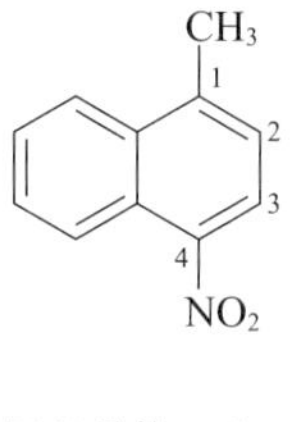

1-メチル-4-ニトロナフタレン PIN
1-methyl-4-nitronaphthalene PIN
(4-メチル-1-ニトロナフタレン
4-methyl-1-nitronaphthalene ではない)

(h) 同じ骨格の中で，同じ元素が原子価の異なる状態にある場合，非標準原子価をもつ原子に，より小さい位
　　置番号を割当てる．さらに複数の骨格原子が非標準原子価をもつ場合は，より高い原子価をもつ原子により
　　小さな位置番号を割当てる．

例：

$1\lambda^4,5$-ベンゾジチエピン **PIN**
$1\lambda^4,5$-benzodithiepine **PIN**

1-オキサ-$4\lambda^6,12\lambda^4$-ジチアシクロテトラデカン **PIN**
1-oxa-$4\lambda^6,12\lambda^4$-dithiacyclotetradecane **PIN**

1-(λ^5-ホスファニル)-3-ホスファニルプロパン-2-オール **PIN**
1-(λ^5-phosphanyl)-3-phosphanylpropan-2-ol **PIN**
（λ^5-ホスファニル は ホスファニル の前に記し，
より小さい位置番号を付ける）

(i) 同位体で修飾されていなければ，番号付けをどちらから始めてもよい化合物が，同位体修飾された場合の番号付けは，修飾された原子または原子団に，小さな数から順に並べた位置番号組合わせの中でできるだけ最小値が付くよう，番号付けの開始点と方向を選ぶ．それでも決まらないときは，原子番号の大きな核種により小さな番号を割当てる．同じ元素で核種が異なる場合は，質量数の大きな核種により小さな番号を割当てる．

例：
$\overset{1}{\text{CH}_3}$-$\overset{2}{^{14}\text{CH}_2}$-$\overset{3}{\text{CH}_2}$-$\overset{4}{\text{CH}_3}$

(2-^{14}C)ブタン **PIN** (2-^{14}C)butane **PIN**
〔(3-^{14}C)ブタン (3-^{14}C)butane ではない〕

$\overset{4}{\text{CH}_3}$-$\overset{3}{^{14}\text{CH}_2}$-$\overset{2}{\text{C}^2\text{H}_2}$-$\overset{1}{\text{CH}_3}$

(3-^{14}C,$2,2$-^{2}H$_2$)ブタン **PIN** (3-^{14}C,$2,2$-^{2}H$_2$)butane **PIN**
〔(2-^{14}C,$3,3$-^{2}H$_2$)ブタン (2-^{14}C,$3,3$-^{2}H$_2$)butane ではない〕

$\overset{1}{\text{CH}_3}$-$\overset{2}{^{14}\text{CH}_2}$-$\overset{3}{\text{CH}^2\text{H}}$-$\overset{4}{\text{CH}_3}$

(2-^{14}C,3-^{2}H$_1$)ブタン **PIN** (2-^{14}C,3-^{2}H$_1$)butane **PIN**
〔(3-^{14}C,2-^{2}H$_1$)ブタン (3-^{14}C,2-^{2}H$_1$)butane ではない〕

(3-^{3}H)フェノール **PIN** (3-^{3}H)phenol **PIN**

($2R$)-(1-^{2}H$_1$)プロパン-2-オール **PIN**
($2R$)-(1-^{2}H$_1$)propan-2-ol **PIN**

($2R$)-1-(^{131}I)ヨード-3-ヨードプロパン-2-オール **PIN**
($2R$)-1-(^{131}I)iodo-3-iodopropan-2-ol **PIN**
（P-82.2.2.1 参照）

($2S,4R$)-(4-^{2}H$_1$,2-^{3}H$_1$)ペンタン **PIN**
($2S,4R$)-(4-^{2}H$_1$,2-^{3}H$_1$)pentane **PIN**
〔($2R,4S$)-(2-^{2}H$_1$,4-^{3}H$_1$)ペンタン
($2R,4S$)-(2-^{2}H$_1$,4-^{3}H$_1$)pentane ではない，
同位体修飾は，位置番号付けでは，以下の(j)で述べる
立体表示より優先する〕

(j) ステレオジェン中心または立体異性体の存在に関連した番号付けでは，CIP 立体表示記号の Z, R, M, r（疑似不斉）がそれぞれ E, S, P, s より優先する．さらに，E, S, P, s は，非 CIP 立体表示記号の $cis, trans$ あるいは r（基準記号），c, t より優先する（CIP および非 CIP 立体表示記号については P-91.2 参照）．

例:

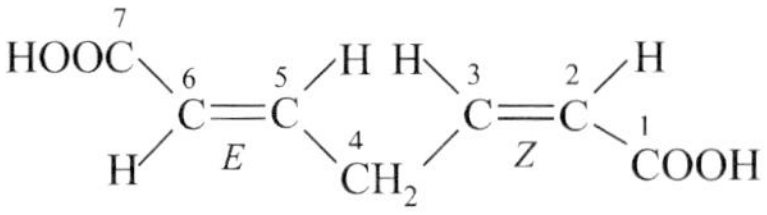

(2Z,5E)-ヘプタ-2,5-ジエン二酸 **PIN**
(2Z,5E)-hepta-2,5-dienedioic acid **PIN**
(Z の二重結合に, より小さい位置番号を割当てている)

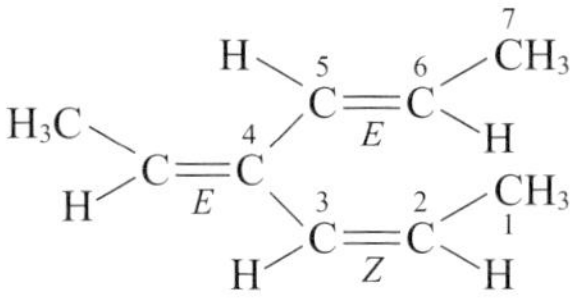

(2Z,4E,5E)-4-エチリデンヘプタ-2,5-ジエン **PIN**
(2Z,4E,5E)-4-ethylidenehepta-2,5-diene **PIN**
(最長の鎖を主鎖として位置番号を付け, その中で, Z の二重結合を優先する)

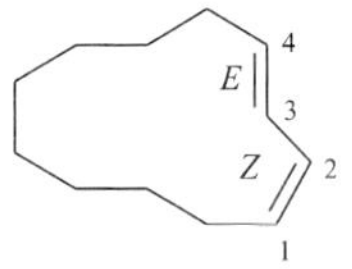

(1Z,3E)-シクロドデカ-1,3-ジエン **PIN**
(1Z,3E)-cyclododeca-1,3-diene **PIN**

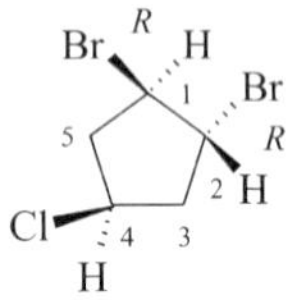

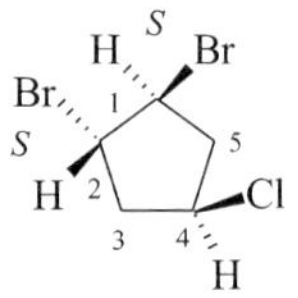

rel-(1R,2R)-1,2-ジブロモ-4-クロロシクロペンタン **PIN**
rel-(1R,2R)-1,2-dibromo-4-chlorocyclopentane **PIN**
1r,2t-ジブロモ-4c-クロロシクロペンタン
1r,2t-dibromo-4c-chlorocyclopentane
(PIN は CIP 立体表示記号を使って命名する. 2 番目に記した名称では, 相対立体配置は非 CIP 立体表示記号によると, 1r,2t,4t ではなく 1r,2t,4c となる. これは 4 位の c によって示す cis 配置が t によって示す trans 配置より優先するためである).

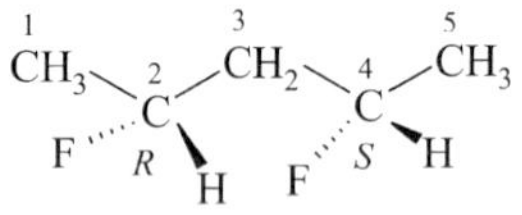

(2R,4S)-2,4-ジフルオロペンタン **PIN**
(2R,4S)-2,4-difluoropentane **PIN**

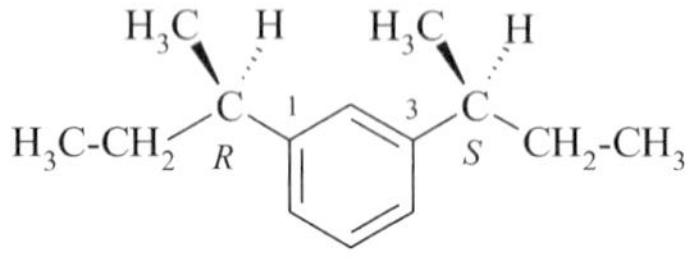

1-[(2R)-ブタン-2-イル]-3-[(2S)-ブタン-2-イル]ベンゼン **PIN**
1-[(2R)-butan-2-yl]-3-[(2S)-butan-2-yl]benzene **PIN**

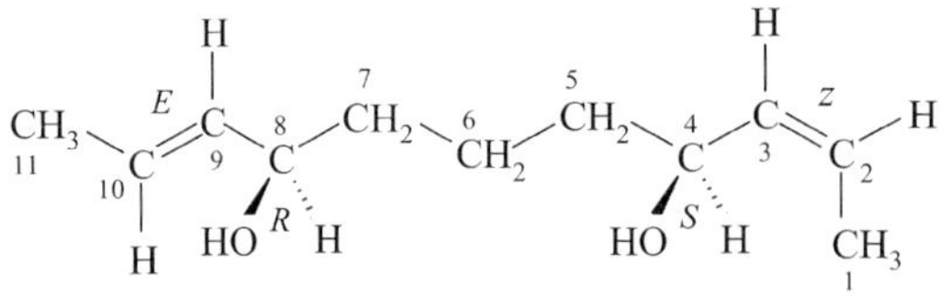

(2Z,4S,8R,9E)-ウンデカ-2,9-ジエン-4,8-ジオール **PIN**
(2Z,4S,8R,9E)-undeca-2,9-diene-4,8-diol **PIN**
(比較する優先順位は, 4 位の R と S ではなく, 2 位の E と Z の間である)

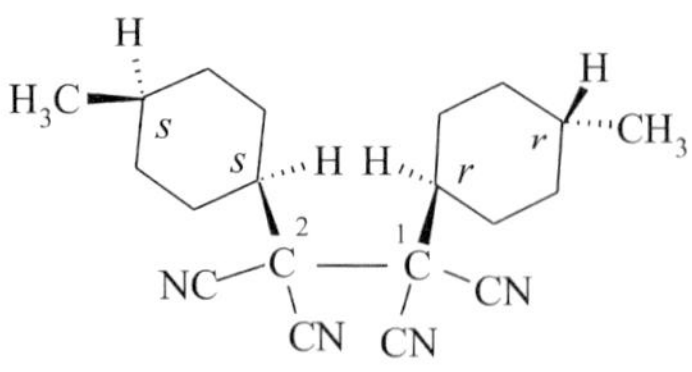

(I) 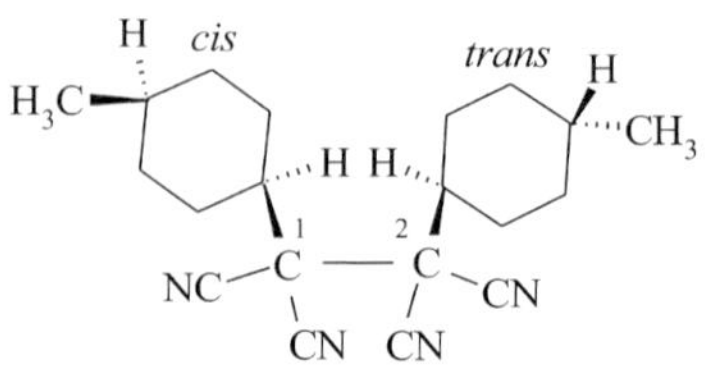　(II)

(I)　1-[(1r,4r)-4-メチルシクロヘキシル]-2-[(1s,4s)-4-メチルシクロヘキシル]エタン-1,1,2,2-テトラカルボニトリル **PIN**
　　1-[(1r,4r)-4-methylcyclohexyl]-2-[(1s,4s)-4-methylcyclohexyl]ethane-1,1,2,2-tetracarbonitrile **PIN**
　　(r の立体表示をもった置換基に最小の位置番号 1 を付ける. CIP 立体表示記号を使って PIN とする)

P-14 一 般 則 　　31

（前ページ例 つづき）

（Ⅱ）1-(*cis*-4-メチルシクロヘキシル)-2-(*trans*-4-メチルシクロヘキシル)エタン-
　　　　　　　　　　　　　　　　　　　　　　　　　1,1,2,2-テトラカルボニトリル
　　　1-(*cis*-4-methylcyclohexyl)-2-(*trans*-4-methylcyclohexyl)ethane-1,1,2,2-tetracarbonitrile
　　　（*cis* 置換基に最小の位置番号 1 を付ける）

(1*M*,6*P*)-1,8-ジクロロオクタ-1,2,6,7-テトラエン **PIN**
(1*M*,6*P*)-1,8-dichloroocta-1,2,6,7-tetraene **PIN**

P-14.5 英 数 字 順

　英数字順は，一般にアルファベット順とよばれている．しかし，順位を決める原則を適用する場合は，文字と数字の両方が含まれるので，厳密にいえば，両者に関係することを伝えるために，英数字順とよぶ方がふさわしい．

　英数字順は，分離可能な置換基接頭語（分離可能なヒドロ，デヒドロ接頭語は含まない）の順位を決め，番号付けの選択が可能な鎖や環などにも適用する．

　英数字順の適用は，有機化学命名法においては次のようになる．まず最初にローマ体の英字を対象にする〔ただし，*N* あるいは 4a(P-14.3 参照)のように，位置番号，複合または複式位置番号の一部として，あるいは同位体の標示などで使われている場合を除く〕．すべてのローマ体の英字が一致する場合は，主要な置換基（母体置換基）に対する最初の位置番号，すなわち，主要な置換基名の最初のローマ体の英字の前に現れる位置番号の組合わせが比較の対象になる．組合わせの中身の順序は，位置番号のない名称を最優先し，次にイタリック体の英字の位置番号，ギリシャ文字の位置番号（たとえば接合名），続いて最小から最大まで並んだアラビア数字が続く．つまり，英数字順についての優先順位は，ローマ体の英字 ＞ イタリック体の英字 ＞ ギリシャ文字である．

　非英数字符号の順位については P-14.6 を参照してほしい．

　以降で述べる英数字順の原則には，ギリシャ文字（接合名の場合は対象とする），同位体標識あるいは立体化学的な表示記号は対象としない．

P-14.5.1 単純接頭語（すなわち，原子および置換のない置換基を表すもの）は，アルファベット順に並べる．倍数接頭語が必要ならばさらに付け加えるが，このときすでに設定したアルファベット順はくずさない．

例：

1-エチル-1-メチルシクロヘキサン **PIN**
1-ethyl-1-methylcyclohexane **PIN**

1-エチル-4-メチルシクロヘキサン **PIN**
1-ethyl-4-methylcyclohexane **PIN**
　（番号付けについては，P-14.4(g)参照）

3,3-ジブロモ-3-シクロヘキシルプロパン酸 **PIN**
3,3-dibromo-3-cyclohexylpropanoic acid **PIN**
　（3-シクロヘキシル-3,3-ジブロモプロパン酸
　3-cyclohexyl-3,3-dibromopropanoic acid ではない）

5-(ブタン-2-イル)-5-ブチルヘントリアコンタン **PIN**
5-(butan-2-yl)-5-butylhentriacontane **PIN**
　（butyl は，butan-1-yl とはしない．
　括弧記号の使用については，P-16.5.1.2 参照）

4-ブチル-4-*tert*-ブチルシクロヘキサン-1-オール **PIN**
4-butyl-4-*tert*-butylcyclohexan-1-ol **PIN**

32   P-1 一般原則，規則および慣用

2,5,8-トリクロロ-1,4-ジメチルナフタレン **PIN**
2,5,8-trichloro-1,4-dimethylnaphthalene **PIN**
(1,4-ジメチル-2,5,8-トリクロロナフタレン
1,4-dimethyl-2,5,8-trichloronaphthalene ではない．
chloro がアルファベット順で methyl より先になるため，
trichloro は dimethyl の前にくる)
(1,4,6-トリクロロ-5,8-ジメチルナフタレン
1,4,6-trichloro-5,8-dimethylnaphthalene ではない．
位置番号 1,2,4,5,8 は 1,4,5,6,8 より小さい．P-14.3.5 参照)

P-14.5.2   置換基を表す複合および重複合接頭語名では，倍数接頭語も含んだ完全な置換基名の第 1 字から順位付けの対象とする．

例：

$$CH_3\text{-}[CH_2]_4\text{-}CH_2\text{-}CH\text{-}CH_2\text{-}CH\text{-}[CH_2]_3\text{-}CH_3$$

$$CH_3\text{-}CH_2\text{-}CH\text{-}CH \quad CH_2\text{-}CH_3$$

$$F \quad F$$

7-(1,2-ジフルオロブチル)-5-エチルトリデカン **PIN**
7-(1,2-difluorobutyl)-5-ethyltridecane **PIN**
〔5-エチル-7-(1,2-ジフルオロブチル)トリデカン 5-ethyl-7-(1,2-difluorobutyl)tridecane ではない．
PIN において，置換基名は d で始まり，d はアルファベット順で e より前になる〕

$$CH_3 \quad CH_3$$

$$CH_2\text{-}CH\text{-}CH_2\text{-}CH\text{-}CH_3$$

$$CH_3\text{-}[CH_2]_5\text{-}CH\text{-}CH_2\text{-}CH\text{-}CH_2\text{-}CH_2\text{-}CH_2\text{-}CH_3$$

$$CH_2\text{-}CH_3$$

7-(2,4-ジメチルペンチル)-5-エチルトリデカン **PIN**
7-(2,4-dimethylpentyl)-5-ethyltridecane **PIN**
(dimethylpentyl は d で始まり，アルファベット順で e より前になる)

P-14.5.3   英数字順に並べる際に，ローマン体の英字では記載順が決まらない場合，イタリック体の文字が考慮の対象になる．

例：

$$CH_3$$
$$CH_3\text{-}CH_2\text{-}CH \quad C(CH_3)_3$$

1-(ブタン-2-イル)-3-*tert*-ブチルベンゼン **PIN**
1-(butan-2-yl)-3-*tert*-butylbenzene **PIN**
3-*tert*-ブチル-1-(1-メチルプロピル)ベンゼン
3-*tert*-butyl-1-(1-methylpropyl)benzene
(括弧記号の使用については，P-16.5.1 参照．
1-*sec*-ブチル-3-*tert*-ブチルベンゼン
1-*sec*-butyl-3-*tert*-butylbenzene ではない)

3-(*as*-インダセン-3-イル)-5-(*s*-インダセン-1-イル)ピリジン **PIN**
3-(*as*-indacen-3-yl)-5-(*s*-indacen-1-yl)pyridine **PIN**
〔5-(*s*-インダセン-1-イル)-3-(*as*-インダセン-3-イル)ピリジン
5-(*s*-indacen-1-yl)-3-(*as*-indacen-3-yl)pyridine ではない〕

同様に，ナフト[1,2-*f*]キノリン-2-イル naphtho[1,2-*f*]quinolin-2-yl は英数字順で ナフト[1,2-*g*]キノリン-1-イル naphtho[1,2-*g*]quinolin-1-yl より優先される('*f*' は '*g*' より前).

P-14.5.4 複数の接頭語が同じ綴りの英字からなる場合，順位は最初の相違点でより小さな位置番号を含む基が優先する.

例:

CH₃-CH₂-CH-CH₂-⟨4 1⟩-NH-CH₂-CH₂-CH-CH₃

4-(2-メチルブチル)-*N*-(3-メチルブチル)アニリン **PIN**
4-(2-methylbutyl)-*N*-(3-methylbutyl)aniline **PIN**
4-(2-メチルブチル)-*N*-(3-メチルブチル)ベンゼンアミン
4-(2-methylbutyl)-*N*-(3-methylbutyl)benzenamine
　　(置換基の順番について，2 は 3 より小さい.
　　N が 4 より小さいことは関係しない)

6-(1-クロロロエチル)-5-(2-クロロエチル)-1*H*-インドール **PIN**
6-(1-chloroethyl)-5-(2-chloroethyl)-1*H*-indole **PIN**
　　(位置番号の 1 は 2 より小さい)

1-(ペンタン-2-イル)-4-(ペンタン-3-イル)ベンゼン **PIN**
1-(pentan-2-yl)-4-(pentan-3-yl)benzene **PIN**
　　(位置番号の 2 は 3 より小さい. 括弧記号の使用については，P-16.5.1 参照)

1-(2-メチルペンタン-2-イル)-1-(3-メチルペンタン-3-イル)シクロペンタン **PIN**
1-(2-methylpentan-2-yl)-1-(3-methylpentan-3-yl)cyclopentane **PIN**
　　〔1-(3-メチルペンタン-3-イル)-1-(2-メチルペンタン-2-イル)シクロペンタン
　　1-(3-methylpentan-3-yl)-1-(2-methylpentan-2-yl)cyclopentane ではない.
　　位置番号の組 2,2 は 3,3 より小さい〕

1-(2-メチルペンタン-3-イル)-1-(3-メチルペンタン-2-イル)シクロペンタン **PIN**
1-(2-methylpentan-3-yl)-1-(3-methylpentan-2-yl)cyclopentane **PIN**
　　〔1-(3-メチルペンタン-2-イル)-1-(2-メチルペンタン-3-イル)シクロペンタン
　　1-(3-methylpentan-2-yl)-1-(2-methylpentan-3-yl)cyclopentane ではない.
　　位置番号の組 2,3 は 3,2 より小さい〕

P-14.6 非英数字順

英数字による順位付けで，実質的に有機名称における順位付けのすべての問題が解決する．しかし，時には英数字の文字が完全に同一の名称が存在する．そのような場合には，PIN を選択するために，括弧記号や区切り記号のような他の文字を英字や数字と比較したり，あるいは記号同士を互いに比較して順位を決めなければならない．文字や数字は常に他の記号よりも優先する．必要が生じた場合，文字以外の記号の優先順序は優先度の高いものから順に，波括弧{ }＞角括弧[ ]＞丸括弧( )＞ピリオド＞コンマ＞セミコロン＞コロン＞ハイフンである．

> 注記：従来の規則には，英数字の順位付け以外に，優先名の選択規則がなかった．英数字で化合物固有の名称が決まらないときは，句読点，括弧記号などのような非英数字記号の順位付けが必要となる．上記の文章は，この事情を述べたものである．

例：

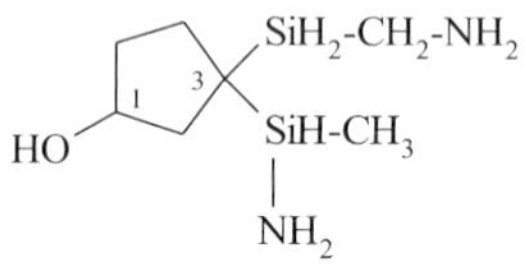

3-［アミノ（メチル）シリル］-3-［（アミノメチル）シリル］シクロペンタン-1-オール **PIN**
3-[amino(methyl)silyl]-3-[(aminomethyl)silyl]cyclopentan-1-ol **PIN**
　〔3-［（アミノメチル）シリル］-3-［アミノ（メチル）シリル］シクロペンタン-1-オール
　　3-[(aminomethyl)silyl]-3-[amino(methyl)silyl]cyclopentan-1-ol ではない．英数字については同じであるが，名称の4番目の記号では，文字 a は左丸括弧より優先する〕

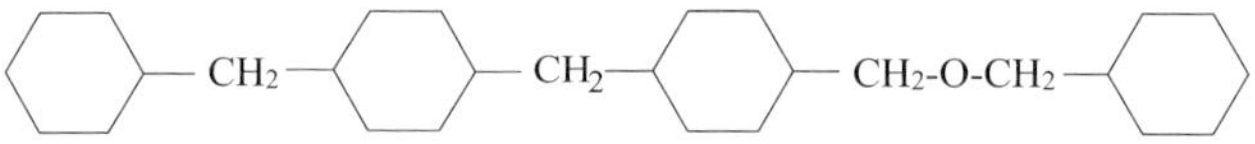

1-［（シクロヘキシルメトキシ）メチル］-4-
　　　　　　{［4-（シクロヘキシルメチル）シクロヘキシル］メチル}シクロヘキサン **PIN**
1-[(cyclohexylmethoxy)methyl]-4-{[4-(cyclohexylmethyl)cyclohexyl]methyl}cyclohexane **PIN**
　〔1-({4-［（シクロヘキシルメトキシ）メチル］シクロヘキシル}メチル)-
　　　　　　4-（シクロヘキシルメチル）シクロヘキサン
　1-({4-[(cyclohexylmethoxy)methyl]cyclohexyl}methyl)-4-(cyclohexylmethyl)cyclohexane ではない．両者の名称の英字と主置換基の位置番号は同じである．しかし PIN では最初の内部置換基に位置番号がないが，もう一方の名称では最初の内部置換の位置番号が4で，'位置番号なし'が4より優先する．〕

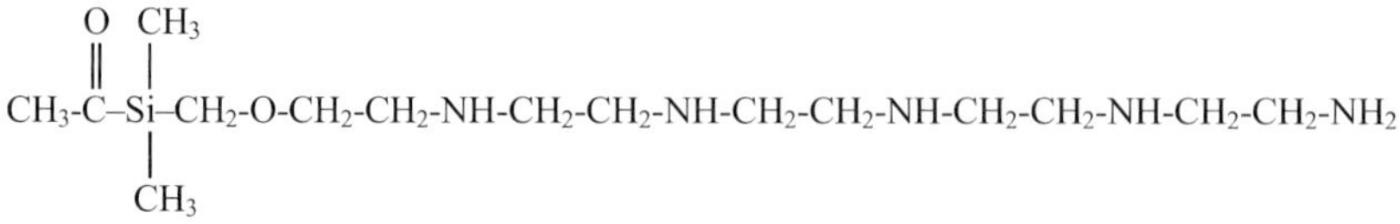

1,2-エタンジアミンを母体構造とした名称（GIN）としては，
N-{2-［（アセチルジメチルシリル）メトキシ］エチル}-N′-
　　　　　　　[2-({2-［（2-アミノエチル）アミノ］エチル}アミノ)エチル]エタン-1,2-ジアミン
N-{2-[(acetyldimethylsilyl)methoxy]ethyl}-N′-
　　　　　　　[2-({2-[(2-aminoethyl)amino]ethyl}amino)ethyl]ethane-1,2-diamine
　〔N-[2-({2-［（アセチルジメチルシリル）メトキシ］エチル}アミノ)エチル]-N′-
　　　　　　　{2-［（2-アミノエチル）アミノ］エチル}エタン-1,2-ジアミン
　N-[2-({2-[(acetyldimethylsilyl)methoxy]ethyl}amino)ethyl]-N′-
　　　　　　　{2-[(2-aminoethyl)amino]ethyl}ethane-1,2-diamine ではない〕
　〔最初の二つの名称の英数字の順序は同一である．3番目の記号では，非英数字の{は［より優先する〕

19-アミノ-3,3-ジメチル-5-オキサ-8,11,14,17-テトラアザ-3-シラノナデカン-2-オン **PIN**
19-amino-3,3-dimethyl-5-oxa-8,11,14,17-tetraaza-3-silanonadecan-2-one **PIN**

P-14.7 指示水素および付加指示水素

P-14.7.1 指 示 水 素

事情によって，最多非集積二重結合を含む環の名称に，多重結合に関与していない一つ以上の位置を明示する必要が生じることがある．その位置の原子が水素と結合している場合，名称の中に該当する原子の位置を示すことで，構造を特定することができる．そこで，化合物の名称の前に，該当する原子の位置番号を数字で示し，それにイタリック体の大文字 H を加える．

例：

1H-ピロール PIN　1H-pyrrole PIN
ピロール　pyrrole

3H-ピロール PIN　3H-pyrrole PIN

最初の例では，指示水素である 1 個の水素原子を ピロール pyrrole 環の 1 位に置く．また，次の例では，指示水素は 3 位に余分な水素原子があることを示す．すなわち，環の 3 位に，二重結合がある場合に比べて 1 個多い水素原子があることを示す．この種の指示水素は，母体水素化物の名称の前に置く．GIN では指示水素は省略することがあり(P-25.7.1.3 参照)，1H-ピロール 1H-pyrrole は単に ピロール pyrrole とよぶことができる．しかし，PIN では位置番号と記号 H を明記しなければならない．

指示水素の使用についての詳細な手順は P-58.2.1 において述べる．

P-14.7.2 付 加 指 示 水 素

第二の種類の指示水素は，付加指示水素とよばれるものである．これは，構造の修飾を表す接尾語や接頭語が付け加えられた結果として，特定の構造位置に付加された水素原子を示すものである．付加指示水素は，関連した構造特性の位置番号の後に，括弧に入れて示す．

例：

ホスフィニン PIN　phosphinine PIN

ホスフィニン-2(1H)-オン PIN　phosphinin-2(1H)-one PIN

付加指示水素は，遊離原子価，ラジカル，イオン中心，主特性基などを導入するために使用する．対象となるのは，完全不飽和の複素単環化合物または縮合多環系で，その導入部位には操作を受け入れるのに十分な数の水素原子がないか不足した状態であることが条件である．このような置換化合物は，−CH= 基や =C< 原子に対する操作，あるいはそれと同等のヘテロ原子 −N= や =NH のような基に対する操作を示すための接尾語を使用して命名する．

付加指示水素を使用するための詳細な手順は P-58.2.2 において述べる．

例：

ナフタレン-1(2H)-オン PIN
naphthalen-1(2H)-one PIN

36   P-1 一般原則，規則および慣用

キノリン-2(1H)-イリデン 優先接頭
quinolin-2(1H)-ylidene 優先接頭

アズレン-3a(1H)-カルボン酸 PIN
azulene-3a(1H)-carboxylic acid PIN

イソキノリン-4a(2H)-イル 優先接頭
isoquinolin-4a(2H)-yl 優先接頭

アントラセン-4a(2H)-イリウム PIN
anthracen-4a(2H)-ylium PIN

　最多非集積二重結合をもった化合物において，2個の同じ特性基を，実質的に母体構造の二重結合の一つを取り去るかたちで，接尾語として記載する場合は，PIN には付加指示水素を表示しない．

例：

ナフタレン-1,2-ジオン PIN
naphthalene-1,2-dione PIN

ナフタレン-4a,8a-ジオール PIN
naphthalene-4a,8a-diol PIN

P-14.8　付　加　物

P-14.8.1　有機付加物

　付加物は，独立した分子が直接組合わさって生じた化学種で，分子部分の結合性に変化があることもあるが，原子が失われることはない(参考文献 19 参照)．

　この項では，有機化合物から組立てられた付加物のみを対象とする．無機付加物については参考文献 12 の IR-5.5 において述べられている．ここでは，Lewis 付加物と π-付加物という 2 種類の異なった有機付加物の PIN を考える．構造未知の有機塩基または酸の塩も，同様の方法で命名するが，それらについては P-7 を参照してほしい．GIN としては，上述の付加物の定義には，たとえば，ブタジエン——塩化水素 butadiene——hydrogen chloride のような別の種類の付加物も含む．

　付加物の化学式は，P-41 に示した有機化合物全般の優先順位に従って記す．その名称は，化合物の名称を化学式の順序に並べ，それらを長いダッシュ(全角ダッシュ)記号(——)またはスペースなしの 2 連ハイフン(--)で結ぶ．構成成分の割合は，名称の後にスペースをあけ，括弧内に比率を表すためのアラビア数字を斜線で区切ったかたちで記す．

　ホウ素化合物と 15 族の元素化合物との間の塩や Lewis 付加物のように，結合がイタリック体の元素記号で表示される場合については，P-68.1.6 において述べる．

> 　有機化合物のみからなる付加物では，それぞれの化合物は種類の優先順位(P-41 参照)に従って化学式で記し，付加物中の数や，1979 規則(参考文献 1，規則 D-1.55 参照)あるいは'無機化学命名法——IUPAC 2005 年勧告'(参考文献 12)において推奨された英数字順には従わない．有機化合物と無機化合物からなる付加物の場合，化学式では有機化合物を先に書く．その名称は，成分の名称を化学式の順序に従って記す．順位付けの基準として，普遍的な体系である化合物種類の優先順位の使用は，PIN でも GIN でも，言葉をもとにする英数字順より優先する．

P-14 一 般 則   37

例:

コロネン―1,3,5-トリニトロベンゼン (1/1)[PIN]
coronene―1,3,5-trinitrobenzene (1/1)[PIN]

9H-フルオレン―1-メチルナフタレン (1/1)[PIN]
9H-fluorene―1-methylnaphthalene (1/1)[PIN]

$(HOOC-CH_2-NH-[CH_2]_2)_2 N-CH_2-COOH \cdot HN[CH_2-P(O)(OH)_2]_2 \cdot H_2N-[CH_2]_2-NH_2$

{[(カルボキシメチル)アザンジイル]ビス(エタン-2,1-ジイルアザンジイル)}二酢酸―
　　　　　　[アザンジイルビス(メチレン)]ビス(ホスホン酸)―エタン 1,2-ジアミン (1/1/1)
{[(carboxymethyl)azanediyl]bis(ethane-2,1-diylazanediyl)}diacetic acid―
　　　　　　[azanediylbis(methylene)]bis(phosphonic acid)―ethane-1,2-diamine (1/1/1)

N,N′-{[(カルボキシメチル)アザンジイル]ジエタン-2,1-ジイル}ジグリシン―
　　　　　　[アザンジイルビス(メチレン)]ビス(ホスホン酸)―エタン-1,2-ジアミン (1/1/1)
N,N′-{[(carboxymethyl)azanediyl]diethan-2,1-diyl}diglycine―
　　　　　　[azanediylbis(methylene)]bis(phosphonic acid)―ethane-1,2-diamine (1/1/1)

4,5-ジクロロ-3,6-ジオキソシクロヘキサ-1,4-ジエン-1,2-ジカルボニトリル―
　　　　　　1-メチル-1H-ペリミジン ―ヨードメタン (1/1/1)[PIN]
4,5-dichloro-3,6-dioxocyclohexa-1,4-diene-1,2-dicarbonitrile―1-methyl-
　　　　　　1H-perimidine―iodomethane (1/1/1)[PIN]

ベンゼン-1,2,3-トリオール―キノリン-8-オール (1/2)[PIN]
benzene-1,2,3-triol―quinolin-8-ol (1/2)[PIN]

4-ニトロ安息香酸―キノリン-8-オール (1/1)[PIN]
4-nitrobenzoic acid―quinolin-8-ol (1/1)[PIN]

1H-インドール-2-カルボン酸—3,5-ジニトロ安息香酸 (1/1) **PIN**
1H-indole-2-carboxylic acid—3,5-dinitrobenzoic aicd (1/1) **PIN**

$(C_5H_5)Fe(C_5H_4\text{-}CHO) \cdot C_6H_6 \cdot CBr_4$

フェロセンカルボアルデヒド—ベンゼン—テトラブロモメタン (1/1/1) **PIN**
ferrocenecarbaldehyde—benzene—tetrabromomethane (1/1/1) **PIN**

4-アミノ安息香酸—1,3,5-トリニトロベンゼン (1/1) **PIN**
4-aminobenzoic acid—1,3,5-trinitrobenzene (1/1) **PIN**

酢酸—(7,7-ジメチル-2-オキソビシクロ[2.2.1]ヘプタン-1-イル)メタンスルホン酸—
　　　酢酸エチル—[1,1′-ビナフタレン]-3,3′-ジイルビス(ジフェニル-λ^5-ホスファノン) (1/1/1/1) **PIN**
acetic acid—(7,7-dimethyl-2-oxobicyclo[2.2.1]heptan-1-yl)methanesulfonic acid—
　　　ethyl acetate—[1,1′-binaphthalene]-3,3′-diylbis(diphenyl-λ^5-phosphanone) (1/1/1/1) **PIN**

$\cdot \ CH_3\text{-}CO\text{-}OCH_2\text{-}CH_3$

$\cdot \ CH_2Cl_2$

{11^5-[2-(2,4-ジニトロフェニル)ジアゼン-1-イル]-3,6,9,13,16,19-ヘキサオキサ-
　　　1,11(1,3)-ジベンゼナシクロイコサファン-1^2-カルボン酸ピペラジン-1-イウム}
　　　　　　　　　　　　　　　　　　—酢酸エチル—ジクロロメタン (1/1/1) **PIN**
{piperazin-1-ium 11^5-[2-(2,4-dinitrophenyl)diazen-1-yl]-3,6,9,13,16,19-hexaoxa-1,11(1,3)-
　　　dibenzenacycloicosaphane-1^2-carboxylate}—ethyl acetate—dichloromethane (1/1/1) **PIN**

{13-[(2,4-ジニトロフェニル)アゾ]-3,6,9,17,20,23-
　　　ヘキサオキサトリシクロ[23.3.1.1^{11,15}]トリアコンタ-1(29),11(30),12,14,25,27-
　　　ヘキサエン-29-カルボン酸ピペラジン-1-イウム}—酢酸エチル—ジクロロメタン (1/1/1)
{piperazin-1-ium 13-[(2,4-dinitrophenyl)azo]-3,6,9,17,20,23-hexaoxatricyclo[23.3.1.1^{11,15}]triaconta-
　　　1(29),11(30),12,14,25,27-hexaene-29-carboxylate}—ethyl acetate—dichloromethane (1/1/1)

P-14 一　般　則　39

水和物(P-14.8.2 参照)を含む溶媒和物は付加物とみなし，PIN では上述の成分比を示す表記法を使わなければ
ならない．GIN では，水和物に倍数接頭語の一，二，三などを名称に付加して命名することができる．ヘミ
hemi，セスキ sesqui のような用語も使用できる．

例：

$$CH_3\text{-}CH_2\text{-}OH \quad \bullet \quad \text{(pyridine)}$$

エタノール―ピリジン（1/1）PIN
ethanol―pyridine（1/1）PIN

P-14.8.2　有機-無機混合付加物

有機化学種と無機化学種からなる混合付加物の化学式は，有機成分は P-14.8.1 に述べた順序，無機成分は参考
文献 12 に述べられている順序で記し，水がある場合は最後に付け加える．

有機成分が PIN であっても，無機成分にはまだ PIN が決まっていないため，混合付加物名を PIN とすること
はできない．

付加物の名称は，各構成成分の名称を長いダッシュ(全角ダッシュ)記号(―)または 2 連ハイフン(--)によって
結合して示す．構成成分の割合は，括弧の中にアラビア数字を斜線で区切って示し，括弧は名称の後にスペース
をあけて記す．

水和物は一，二，三のような倍数接頭語を水和物の前に付けて名称に付け加えてもよい．ヘミやセスキのよう
な用語も使用できる．

例：

$$\text{N-CH}_2\text{-CH}_2\text{-CH}_3 \quad \bullet \quad HCl$$

N-プロピル-N-(ピリジン-3-イル)-1H-インドール-1-アミン―塩化水素（1/1）
N-propyl-N-(pyridin-3-yl)-1H-indol-1-amine―hydrogen chloride（1/1）

$$\bullet \quad 2\ H_3PO_4$$

NH-CH(CH$_3$)-CH$_2$-CH$_2$-CH$_2$-N(CH$_2$-CH$_3$)$_2$

N^4-(7-クロロキノリン-4-イル)-N^1,N^1-ジエチルペンタン-1,4-ジアミン―リン酸（1/2）
N^4-(7-chloroquinolin-4-yl)-N^1,N^1-diethylpentane-1,4-diamine―phosphoric acid（1/2）

$$\bullet \quad H_2SO_4$$

NH-CH(CH$_3$)-CH$_2$-CH$_2$-CH$_2$-N(CH$_2$-CH$_3$)$_2$

N^4-(7-クロロキノリン-4-イル)-N^1,N^1-ジエチルペンタン-1,4-ジアミン―硫酸（1/1）
N^4-(7-chloroquinolin-4-yl)-N^1,N^1-diethylpentane-1,4-diamine―sulfuric acid（1/1）

$$\bullet \quad HCl$$

3-[(2S)-1-メチルピロリジン-2-イル]ピリジン―塩化水素（1/1）
3-[(2S)-1-methylpyrrolidin-2-yl]pyridine―hydrogen chloride（1/1）

40   P-1 一般原則，規則および慣用

$$\text{H}_2\text{N-CH}_2\text{-CO-NH} \overset{2}{\underset{1}{}} \overset{N}{} \text{---} \overset{4}{} \text{---O-CH}_2\text{-CH}_3 \quad \cdot \ \text{H}_2\text{O}$$

2-アミノ-*N*-(4-エトキシフェニル)アセトアミド―水 (1/1)
2-amino-*N*-(4-ethoxyphenyl)acetamide―water (1/1)
2-アミノ-*N*-(4-エトキシフェニル)アセトアミド―水和物
2-amino-*N*-(4-ethoxyphenyl)acetamide monohydrate

$$\text{HOOC-COOH} \ \cdot \ \text{H}_2\text{N-CH}_2\text{-CH}_2\text{-NH}_2 \ \cdot \ 3/2 \ \text{H}_2\text{O}$$

シュウ酸―エタン-1,2-ジアミン―水 (2/2/3)　oxalic acid―ethane-1,2-diamine―water (2/2/3)
シュウ酸―エタン-1,2-ジアミン＝セスキ水和物　oxalic acid―ethane-1,2-diamine sesquihydrate

$$\text{H}_2\text{N} \overset{1}{} \overset{4}{} \text{---SO}_2 \text{---} \overset{4}{} \text{---CH}_2\text{-NH}_2 \ \cdot \ \text{HCl} \ \cdot \ \text{H}_2\text{O}$$

4-[4-(アミノメチル)ベンゼン-1-スルホニル]アニリン―塩化水素―水 (1/1/1)
4-[4-(aminomethyl)benzene-1-sulfonyl]aniline―hydrogen chloride―water (1/1/1)

P-15 命名法の種類　　"日本語名称のつくり方"も参照

P-15.0　はじめに	P-15.4　"ア"命名法
P-15.1　置換命名法	P-15.5　官能基代置換命名法
P-15.2　官能種類命名法	P-15.6　接合命名法
P-15.3　倍数命名法	

P-15.0　はじめに

　化学において命名法とは，一連の原則，規則，慣用に従ったさまざまな命名の操作により名称をつくり上げる体系のことである．命名法には基本的に二つの方式がある．すなわち，(1) 置換命名法は有機化学で使用される主要な命名法で，PIN の基礎となる．もう一つ，(2) 付加命名法は配位名称をつくるために無機化学において使用する．これら二つの方式を有機化合物と無機化合物を命名するために使うので，どちらの方式を採用するかが問題となる．たとえば，SiCl_4 は四塩化ケイ素 silicon tetrachloride(組成名)，テトラクロリドケイ素 tetrachloridosilicon(付加名)，テトラクロロシラン tetrachlorosilane(置換名)のように命名することができる．配位命名法(付加命名法)については本勧告では述べないが，有機金属化合物の命名では，たとえば ジメチルマグネシウム dimethylmagnesium のように 1 族および 2 族の化合物には使う．組成名は，たとえば 酢酸ナトリウム sodium acetate や メタンアミニウム＝クロリド methanaminium chloride のような有機部分がアニオンまたはカチオンである塩において使う．有機化合物命名法の範囲内での選択，たとえば，二つの置換名(酢酸 acetic acid とエタン酸 ethanoic acid)間の比較，倍数名と置換名 [2,2′-オキシ二酢酸 2,2′-oxydiacetic acid と [(カルボキシメチル)オキシ]酢酸 [(carboxymethyl)oxy]acetic acid] 間の比較，置換名と官能種類名(ブロモメタン bromomethane と 臭化メチル methyl bromide)間の比較，のような場合には優先 IUPAC 名は決まる．しかし，付加名または組成名と有機名の間の比較，たとえば置換名と付加名(tetrachlorosilane と tetrachloridosilicon)のような場合には，PIN は決められない．

　有機化合物の命名法は，P-13 で述べたさまざまな操作に基づく一連の異なった方式の命名法である．命名法という用語は，通常，複数の操作に関連している．**置換命名法**は，置換操作，付加操作および除去操作が主となっている．**官能種類命名法**は，基本的に付加操作に基づくが，置換命名法によってつくられる置換基の名称も含むことがある．**倍数命名法**は，置換命名法の一部をなすもので，環状母体水素化物(官能化，非官能化に関係なく)，官能化鎖状母体水素化物およびヘテロ鎖状母体水素化物に関係している．**骨格代置換命名法**は，通常，語尾に"ア"をもった用語で代置を示すため，よく**"ア"命名法**と略称される．**接合命名法**は，環と置換方式で命名された主基

P-15 命名法の種類   41

を含む鎖あるいは保存名をもった鎖との接合操作を含む場合に限られる．最後に，**官能基代置命名法**は，酸素原子または酸素を含む基を窒素原子，含窒素基，カルコゲン原子，ハロゲン原子，ペルオキシ基などに代置する際の接頭語および挿入語の使用における規則を定めたものである(P-15.5 参照)．

したがって，命名法という言葉は，通常，一種類の操作だけに関連しているわけではなく，命名法の体系に添って名称をつくる作業は一連のさまざまな種類の操作から成り立っている．たとえば，二重結合の形成には除去操作が関係しているし，酸素原子をカルコゲン原子または窒素原子に置換するのは官能基置換操作が関係している．

命名法という用語は，**ラジカルとイオンの命名法**，鎖や環系からなる化合物の命名に関する**ファン命名法**，多環炭素カゴ状化合物とそれらの誘導体を命名するために必要なすべての操作を含む**フラーレン命名法**のように，さまざまな化合物群にも適用する．この用語は，天然起源の化合物群を記述するためにも使用し，たとえば，**天然物命名法**は立体母体の概念に基づく．炭水化物，α-アミノ酸，ペプチド，脂質およびその他の生化学的に重要な化合物の命名法は，総合して**生化学命名法**として別途出版される．

P-15.1 置 換 命 名 法

置換命名法 substitutive nomenclature は，置換可能な水素原子をもった母体構造の選択から出発する(P-15.1.1 参照)．さらに，この構造は，命名法において重要な構造成分によって置換を受け，そのことを接頭語と接尾語，あるいは接頭語だけを使って表す．置換命名法においては 3 種類の母体構造がある．すなわち，母体水素化物，官能化母体水素化物および官能性母体化合物である．

P-15.1.1 母 体 水 素 化 物

母体水素化物 parent hydride は，水素原子のみが結合している枝分かれのない鎖状構造，環状構造またはその両方をもつ鎖環状構造である．これらは，P-2 と P-3 に述べる保存名，天然物の半体系名(P-101 参照)あるいは P-2 と P-3 に述べる体系名をもっている．

例：メタン**PIN** methane**PIN** （保存名，P-21.1.1.2）
シクロヘキサン**PIN** cyclohexane**PIN** （P-22.1.1）
スチレン styrene （保存名，P-31.1.3.4），エテニルベンゼン**PIN** ethenylbenzene**PIN**
ピリジン**PIN** pyridine**PIN** （保存名，P-22.2.1）
コレスタン cholestane （保存名，表 10・1，b）

母体水素化物は接頭語と接尾語を使って置換名とすることができる．完全な置換体の名称はほぼ図 1・1 に示すような配置になる．

接頭語			母 体	語 尾	接尾語	
分離可能置換基接頭語	分離可能飽和，不飽和接頭語（ヒドロ，デヒドロ）	構造を特徴づける分離不可能な接頭語	母体水素化物の名称	飽和語尾(ane)不飽和語尾(ene, yne)	官能基接尾語	集積接尾語

図 1・1 母体水素化物をもとにした置換名における構成成分の並び順

P-15.1.2 官 能 性 母 体 化 合 物

P-15.1.2.1 体系的な有機化合物命名法において使われる**官能性母体化合物** functional parent compound とは，少なくとも 1 個の特性基の存在を示す保存名をもち，その骨格原子の少なくとも 1 個に 1 個以上の水素原子をもつ構造，あるいは特性基のうちの少なくとも一つが，少なくとも 1 種類の官能基修飾を受けることができる構造であるものを指す．このような官能性母体化合物の修飾には，分離可能接頭語と集積接尾語しか使えないので，限定したものになる．さらに，優先 IUPAC 官能性母体化合物名の修飾は，水素化の段階を接頭語のヒドロ，

デヒドロを用いて変化させたり，語尾の ane を ene や yne に変えたり，あるいはシクロのような分離不可接頭語によって構造を変化させたりすることはできない．

例：酢酸 PIN　acetic acid PIN　（P-65.1.1）
　　アニリン PIN　aniline PIN　（P-62.2.1.1.1）
　　ホスホン酸 予備名　phosphonic acid 予備名　（P-67.1.1）

P-15.1.2.2　官能性母体化合物の第二のグループは，天然物の命名で広範に使われているもので，P-10 で述べるように，シクロ，ノル，ホモのような分離不可接頭語，ヒドロ，デヒドロ接頭語，語尾の ene, yne などが使われている．

例：D-グルコース　D-glucose　（表 10·2）
　　アラニン　alanine　（表 10·4）

官能性母体化合物をもとにした完全な優先 IUPAC 置換名は，ほぼ図 1·2 に示すような配置になる．

| 分離可能置換基接頭語 | 官能性母体化合物名 | 集積接尾語 |

図 1·2　官能性母体化合物をもとにした置換名における構成成分の並び順

P-15.1.2.3　官能化母体水素化物 functionalized parent hydride は，たとえばエタンアミン ethanamine（P-62.2.1.2 参照）やシクロヘキサノール cyclohexanol（P-63.1.2 参照）のように特性基の接尾語によって置換された母体水素化物のことであり，官能性母体化合物と混同してはならない．

P-15.1.3　接尾語（P-33 も参照）

一般に，官能基接尾語と集積接尾語の 2 種類の接尾語がある．

(1) **官能基接尾語** functional suffix は，通常，官能種類を表現する特性基を記述するために使う単純接尾語である．たとえば，ケトン，酸，アミン，エステルは，それぞれ，接尾語のオン one，カルボン酸 carboxylic acid，アミン amine，カルボキシラート carboxylate によって表す．官能基接尾語は専有的な接尾語である．というのは，一つの接尾語が主特性基と決まると，残りの特性基には接尾語は使えず，すべて接頭語で表さなければならないからである．

(2) **集積接尾語** cumulative suffix は，置換基だけでなく，たとえば，yl, ium, ide のようにラジカル，イオン，ラジカルイオンおよび関連した化学種を示すために使う．集積接尾語は専有的ではなく，たとえば，アミニル aminyl，ニトリリウム nitrilium，スルファニウムイル sulfaniumyl のように，官能基接尾語と組合わせることも，接尾語同士を互いに組合わせることも可能である．

例：
　　　CH₄　　　　　　　　　⟶　　　　CH₄•⁺
　メタン PIN　methane PIN　　　　　メタニウムイル PIN　methaniumyl PIN
　（母体水素化物）　　　　　　　　　（iumyl は集積接尾語）

　　　CH₃-CH₃　　　⟶　　　CH₃-CH₂-NH₂　　　⟶　　　CH₃-CH₂-NH₃⁺
　エタン PIN　ethane PIN　　　エタンアミン PIN　ethanamine PIN　　　エタンアミニウム PIN
　（母体水素化物）　　　　　（amine は官能基接尾語）　　　　ethanaminium PIN
　　　　　　　　　　　　　　　　　　　　　　　　　　　　（ium は集積接尾語）

P-15.1.4　語尾 ane, ene, yne の位置

鎖状，環状および多環母体水素化物において，語尾が ane から ene または yne に変わることは，飽和の母体水素化物に除去操作によって二重結合および三重結合が導入されたことを示す．これらの語尾は集積的で，官能基

接尾語と組合わせて使うことができる.

P-15.1.5 接頭語と名称中での順序

接頭語には分離不可と分離可能の 2 種類がある. 分離不可接頭語は，母体構造に構造上の変化をもたらし，新しい母体構造をつくり出したことを示す. たとえば，"ア"接頭語(P-15.4 参照)や官能基代置接頭語(P-15.5 参照)のような代置接頭語がある. 分離可能接頭語には，飽和・不飽和を表す接頭語(ヒドロおよびデヒドロ)と，置換を表しアルファベット順に並びかえ可能な接頭語の 2 種類がある.

> P-15.1.5.1 分離不可接頭語
> P-15.1.5.2 分離可能 ヒドロ, デヒドロ接頭語
> P-15.1.5.3 分離可能アルファベット順接頭語

分離不可接頭語，分離可能なヒドロ，デヒドロ接頭語および分離可能なアルファベット順接頭語は，名称では図 1・1 に示したような順序で記す(P-15.1.1 参照).

P-15.1.5.1 分離不可接頭語　分離不可接頭語は，母体構造の名称から常に離すことなく，定められた順序で付けるもので，その順序は，通常，母体構造を修飾する操作の順序と一致する. 第一の操作を示す接頭語は名称の直前に置き，第二の操作に関するものはその接頭語の前に置く，というようにする(この方式は，母体構造の名称から'逆方向への前進'とでもいえよう). この順序は，以下に示すように，それぞれの種類について厳密に決められている.

P-15.1.5.1.1 新しい母体構造をつくり出す分離不可接頭語

(a) 接頭語による脂肪族環系. たとえば，シクロ cyclo，ビシクロ bicyclo，トリシクロ tricyclo など，スピロ spiro，ジスピロ dispiro，などによる

(b) 縮合を表す接頭語による縮合環系. たとえば，ベンゾ benzo，ナフト naphtho，イミダゾ imidazo などによる

(c) 橋を表す接頭語の付加による橋かけ縮合環系. たとえば，メタノ methano，エピオキシ epoxy などによる

(d) (a),(b),(c)に属する環状化合物名の組合わせによってつくられるスピロ化合物

P-15.1.5.1.2 他の原子による水素以外の原子の代置　骨格代置とよばれるこの代置操作は，つまるところヘテロ原子による炭素原子の代置である. "ア"接頭語，たとえば，オキサ oxa，アザ aza，チア thia などを使うことによって，鎖状および環状炭化水素から新しい母体構造をつくり出す.

P-15.1.5.1.3　指示水素(P-14.7 参照)もまた分離不可接頭語であり，その他の分離不可接頭語のどれよりも前に置く.

P-15.1.5.2 分離可能 ヒドロ, デヒドロ 接頭語

> この二つの接頭語は，付加操作または除去操作に対応して名称中に導入する. したがって，この二つは，置換を表す分離可能なアルファベット順接頭語には属さず(P-15.1.5.3)，分離不可接頭語と分離可能なアルファベット順接頭語の間に置かれる. この二つの接頭語は，最多非集積二重結合をもった環に対して，その水素化の段階の変更を表し，同じ機能をもつ語尾の ene や yne と同様に番号付けの扱いを受ける. 名称中に接頭語デヒドロとヒドロが共存する場合は，デヒドロをヒドロの前に置く. 単純な倍数接頭語 di, tri, tetra などをヒドロやデヒドロとともに使うことができる.

P-15.1.5.3　分離可能アルファベット順接頭語　　この接頭語は，主特性基にならなかった特性基を置換基として示す場合，また母体水素化物から誘導される置換基を示す場合に使うもので，図1·1に示したように，ヒドロ，デヒドロ接頭語があればその前(P-31.2 参照)に，また分離不可接頭語があればその前に記載する．この接頭語は P-14.5 に従って，アルファベット順に並べる．

P-15.1.6　その他の置換名成分
上述の名称成分に加え，次に示すような命名法上の指示用語を，必要に応じて付け加える．
P-15.1.6.1　　　接頭語や接尾語の前に置いて，複数あることを示す倍数接頭語
P-15.1.6.2　　　母体構造に，接尾語，接頭語，語尾などが示す修飾が生じた場合，その位置を表す位置番号
P-15.1.6.3　　　立体表示を適用する際，完成した名称または部分名称の前に置く立体表示記号(P-9 参照)

P-15.1.7　置換基名の作成
　この項では，置換基の名称のつくり方について，また番号付け(P-14.4)，位置番号(P-14.3)，倍数接頭語(P-14.2)と英数字順(P-14.5)に関する一般則の適用について述べる．これら四つの規則は，ほとんどすべての有機化合物の名称をつくるために使う．最初の例では，アルカンと枝分かれのあるアルカンについて述べる．2番目の例では，接尾語によって飽和，不飽和を示す鎖状化合物の位置番号付けについて述べる．名称をつくる際の完全な説明は P-45 で行う．

P-15.1.7.1　アルカンと枝分かれのあるアルカンの命名
P-15.1.7.1.1　　　アルカンの名称は，メタン methane，エタン ethane，プロパン propane，ブタン butane などの保存名であるか，あるいは基本的な倍数接頭語の最後の文字 a を省いて語尾をアン ane とする体系的につくられた名称のいずれかである(P-2 参照)．

例：CH_4　　　　　　　　　　　　メタン **PIN**　　methane **PIN**

　　$CH_3\text{-}CH_3$　　　　　　　　　　エタン **PIN**　　ethane **PIN**

　　$CH_3\text{-}CH_2\text{-}CH_3$　　　　　　プロパン **PIN**　　propane **PIN**

　　$CH_3\text{-}CH_2\text{-}CH_2\text{-}CH_3$　　　　ブタン **PIN**　　butane **PIN**

　　$CH_3\text{-}CH_2\text{-}CH_2\text{-}CH_2\text{-}CH_3$　　ペンタン **PIN**　　pentane **PIN**

　　$CH_3\text{-}[CH_2]_8\text{-}CH_3$　　　　　デカン **PIN**　　decane **PIN**

P-15.1.7.1.2　　　枝分かれのない鎖状炭化水素(アルカン)の末端炭素原子から1個の水素原子を取去る(除去操作)ことにより生成する一価の単純置換基は，炭化水素名の語尾 ane を yl (P-29.3.2.1 参照)に置き換えて名称とする．取去る1個の水素原子が末端ではない炭素原子に属する場合は，炭化水素の名称の最後の e を yl (P-29.3.2.2 参照)に置き換えて名称とする(yl は集積接尾語である．図1·1，P-15.1.1 参照)．

例：$CH_3\text{-}CH_2\text{-}CH_2\text{-}CH_2\text{-}$　　　ブチル 優先接頭　　butyl 優先接頭

　　$CH_3\text{-}CH_2\text{-}CH_2\text{-}CH_2\text{-}CH_2\text{-}$　　ペンチル 優先接頭　　pentyl 優先接頭

$$\overset{4}{C}H_3\text{-}\overset{3}{C}H_2\text{-}\overset{|}{\underset{2}{C}H}\text{-}\overset{1}{C}H_3$$
　　　　　　　　　　　ブタン-2-イル 優先接頭
　　　　　　　　　　　butan-2-yl 優先接頭

P-15.1.7.1.3　　　枝分かれのある飽和鎖状炭化水素は，P-15.1.7.1.2 で述べたようにしてつくった1個以上の置換基を，構造中の最長の鎖に置換して組立てる(置換操作)．その名称は，側鎖の名称(P-15.1.7.1.2 においてつくったように)を接頭語として最長の鎖の名称の前に示すことによって表す(番号付けについては P-15.1.7.1.4 参照)．

例: CH₃
         |
CH₃-CH₂-CH-CH₂-CH₃   3-メチルペンタン **PIN**
 1   2   3   4   5   3-methylpentane **PIN**

P-15.1.7.1.4 最長の鎖に，一端から他端へとアラビア数字により番号を付け，その方向は，置換基(側鎖)により小さな位置番号が付くように選ぶ[P-14.4(f)参照]．位置番号の最小組合わせとは，小さい方から順に並べた位置番号の組と他の位置番号の組の番号を最初から順に比較したとき，最初の相違点でより小さい位置番号をもつ組のことである(P-14.3.5 参照)．位置番号は，関係する名称部分の直前に置く．同じ単純置換基が複数あれば，di, tri などのような倍数接頭語を付けて示す[P-16.3.3(b)]．複合置換基や重複合置換基(P-29.4 および P-29.5 参照)があれば，P-16.3.5(a)で述べるように，bis, tris, tetrakis などの倍数接頭語(P-14.2.2)を使う．

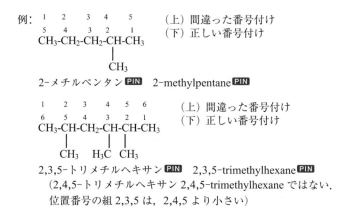

P-15.1.7.1.5 複数の異なる置換基が存在する場合，置換基名はアルファベット順に記す(P-14.5 参照)．複数の置換基が同等の位置を占める場合，名称の中で最初に表示する置換基により小さい位置番号を割当てる．

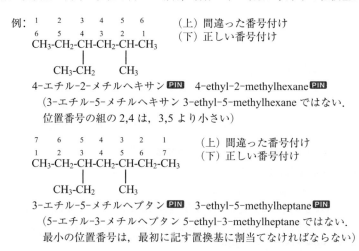

P-15.1.7.2 番号付けの規則 以下の例により，P-14.4 で述べた番号付けの規則を説明する．この規則は，命名法上，さまざまな特徴をもった基の中から，優先順位を定めて，できるだけ小さな位置番号を割当てるようにするものである．

P-15.1.7.2.1 アルコールは，母体水素化物名の最後に文字 e があれば，それを省略して，代わりに接尾語オール ol を付けることによって命名する．構造中に単独で存在する場合は，この特性基にできるだけ小さな位置番号を付け，その番号を接尾語の直前に記す(P-14.3.2 参照)．

例: CH₃-CH₂-CH₂-OH   プロパン-1-オール **PIN**   propan-1-ol **PIN**
     3   2   1

P-15.1.7.2.2 アルケンは，1個の二重結合をもつ鎖状炭化水素で，枝分かれのあるものもないものもある．枝分かれのないアルケンで，二重結合が1個ある場合の名称は，同じ数の炭素原子をもつアルカンの名称の語尾アン ane を語尾エン ene に変える．(P-31.1 参照)．二重結合には，できる限り小さな位置番号を割当て，語尾 ene の直前に記す(P-14.3.2 参照)．

例：
$$\overset{1}{C}H_2=\overset{2}{C}H-\overset{3}{C}H_2-\overset{4}{C}H_3$$
ブタ-1-エン **PIN**
but-1-ene **PIN**

P-15.1.7.2.3 命名法上考慮すべき対象が構造中に複数あるときは，最小の位置番号は，P-14.4 に従って割当てる．たとえば，1個の置換基をもった鎖状不飽和アルコールでは，最小の位置番号は次の順で割当てる．

(a) 接尾語(ol)として記される特性基

(b) 不飽和結合(たとえば，語尾 ene)

(c) 分離可能アルファベット順の接頭語(たとえば，methyl)

次の例で，この規則の適用を説明する．

例：
$$\overset{4}{C}H_2=\overset{3}{C}H-\overset{2}{C}H_2-\overset{1}{C}H_2-OH$$
ブタ-3-エン-1-オール **PIN**
but-3-en-1-ol **PIN**

$$\overset{1}{C}H_2=\overset{2}{C}H-\overset{3}{\underset{|}{C}}H-\overset{4}{C}H_3$$
（CH₃ 分岐は 3 位）
3-メチルブタ-1-エン **PIN** 3-methylbut-1-ene **PIN**

$$\overset{7}{C}H_3-\overset{6}{C}H=\overset{5}{C}H-\overset{4}{C}H-\overset{3}{C}H_2-\overset{2}{C}H-\overset{1}{C}H_3$$

$$\overset{1}{C}H_3-\overset{2}{C}H=\overset{3}{C}H-\overset{4}{C}H-\overset{5}{C}H_2-\overset{6}{C}H-\overset{7}{C}H_3$$

(上) 間違った番号付け
(下) 正しい番号付け

（OH と CH₃）

6-メチルヘプタ-2-エン-4-オール **PIN**
6-methylhept-2-en-4-ol **PIN**

（2-メチルヘプタ-5-エン-4-オール
2-methylhept-5-en-4-ol ではない）

P-15.1.8 保存名をもった母体構造における置換規則

以下の規則では，P-22.1.2，P-22.1.3，表 2·2，表 2·3，表 2·7，表 2·8，表 3·1，表 3·2 に見られる保存名をもった化合物の母体構造，および P-34 に示す官能性母体化合物への置換の可能性について述べる．この規則は，固有の規則を適用する天然物の命名の対象となるような官能性母体化合物には適用されない(P-10 参照)．

P-15.1.8.1 1型 接尾語，接頭語で表される置換基による無制限の置換．
これはおもに母体水素化物に適用される．

P-15.1.8.2 2型 置換に制限があり，それは次のように一般化される．
2a型 接尾語として表される置換基に限定される置換．接尾語は優先順位に従い，官能性母体化合物の名称に明確に示されているか，あるいは名称中に暗に含まれている．
2b型 強制接頭語となる置換基に限られる置換．
2c型 2a型または 2b型に該当しない母体構造への置換．

P-15.1.8.3 3型 いかなる種類の置換も認められない．

P-15.1.8.1 1型保存名における置換規則 P-2 および P-3 で述べる母体水素化物の 1 型の保存名は，接尾語，接頭語のいずれかで表す置換基によって無制限に置換を受ける．

例：
$$HOOC-\overset{2}{C}HF-\overset{3}{C}H(NO_2)-\overset{4}{C}OOH$$
（1 は最初の COOH）
2-フルオロ-3-ニトロブタン二酸 **PIN**
2-fluoro-3-nitrobutanedioic acid **PIN**
（ブタン butane は保存名である）

P-15 命名法の種類 　47

5-アミノアズレン-2-オール **PIN** 　5-aminoazulen-2-ol **PIN**
　（アズレン azulene は保存名である．2-ヒドロキシアズレン-5-アミン
　2-hydroxyazulen-5-amine ではない）

インダン-1,2,3-トリオン　indane-1,2,3-trione
1*H*-インデン-1,2,3-トリオン **PIN** 　1*H*-indene-1,2,3-trione **PIN**

P-15.1.8.2　2 型保存名における置換規則　　保存名をもつ母体水素化物，あるいは官能性母体化合物でその保存名が明確にあるいは暗に特性基の存在を接尾語(たとえば，オン one)で示しているもの，あるいはエーテル ether のような官能種類を示しているものについての置換は，以下の項で述べるさまざまなかたちで制限を受ける．官能性母体および母体構造として使われる無機のオキソ酸の置換に関する規則については，P-67 で述べる．

P-15.1.8.2.1　2a 型保存名における置換規則　　2a 型の保存名は，その名称に体系名では特性基として表される接尾語が明示または暗示されている官能性母体化合物を含む．

P-15.1.8.2.1.1　　接尾語より優先順位が低く，接頭語として表現する置換基による置換は認められる．

例：　　　H$_2$N-CH$_2$-CO-CH$_3$ 　　　　　　　　　HS-CH$_2$-COOH
　　アミノアセトン　aminoacetone 　　スルファニル酢酸 **PIN** 　sulfanylacetic acid **PIN**
　　1-アミノプロパン-2-オン **PIN**
　　1-aminopropan-2-one **PIN**

明示あるいは暗示される接尾語は接頭語として表現できない．

例：HOOC-CH$_2$-COOH 　　　　プロパン二酸 **PIN** 　propanedioic acid **PIN**
　　　　　　　　　　　　　　マロン酸　malonic acid
　　　　　　　　　　　　　　　（2-カルボキシ酢酸 2-carboxyacetic acid ではない）

　　　　　　　　　　　　　ベンゼン-1,2-ジカルボン酸 **PIN** 　benzene-1,2-dicarboxylic acid **PIN**
　　　　　　　　　　　　　フタル酸　phthalic acid
　　　　　　　　　　　　　　（2-カルボキシ安息香酸 2-carboxybenzoic acid ではない）

　　　　　　　　　　　　　ベンゼン-1,2,4-トリカルボン酸 **PIN** 　benzene-1,2,4-tricarboxylic acid **PIN**
　　　　　　　　　　　　　　（2,4-ジカルボキシ安息香酸 2,4-dicarboxybenzoic acid ではない．
　　　　　　　　　　　　　　4-カルボキシフタル酸 4-carboxyphthalic acid でもない）

P-15.1.8.2.1.2　　優先順位が上位の特性基の名称または官能種類名は，化合物の名称の中で明示しなければならない．

例：　　　　　　　　　　　2-ヒドロキシ安息香酸 **PIN** 　2-hydroxybenzoic acid **PIN**
　　　　　　　　　　　　　　（2-カルボキシフェノール 2-carboxyphenol ではない）

　　　　　　　　　　　　　N-フェニル亜硝酸アミド **PIN** 　*N*-phenylnitrous amide **PIN**
　　　　　　　　　　　　　　（*N*-ニトロソアニリン　*N*-nitrosoaniline ではない）

P-15.1.8.2.2　2b 型保存名における置換規則　　2b 型の保存名には，接尾語を明示も暗示もしていない母体化合物が含まれる．アセチレン **PIN** acetylene **PIN** とアレン allene がその例である．このような母体化合物の置換は，特別に指定された接頭語のみを使うことによって可能となる．
　母体構造(必要であれば，環および側鎖)を置換するために使用することができる特性基は以下のとおりである：

ハロゲン −Br, −Cl, −F, −I, 擬ハロゲン −N₃, −NCO(およびカルコゲン類縁体), −NC, ハロゲンオキソ酸由来の置換基 −ClO, −ClO₂, −ClO₃ (Cl が Br または I によって代置された基も同様), −NO₂ と −NO, および −OR (R = アルキル基)とカルコゲン類縁体, および −SO-R と −SO₂-R とその Se と Te 類縁体.

例: Br-C≡C-H

ブロモアセチレン bromoacetylene
ブロモエチン **PIN** bromoethyne **PIN**

$$\overset{1}{Cl}\text{-}\overset{2}{CH}\text{=}\overset{3}{C}\text{=}CH\text{-}Cl$$

1,3-ジクロロアレン 1,3-dichloroallene
1,3-ジクロロプロパ-1,2-ジエン **PIN**
1,3-dichloropropa-1,2-diene **PIN**

P-15.1.8.2.3 2c 型保存名における置換規則   2c 型の保存名は, たとえば, ヒドロキシルアミン hydroxyl-amine (P-68.3.1.1.1 参照), ギ酸 formic acid (P-65.1.8 参照), アニソール anisole (P-34.1.1.4, P-63.2.3 参照)のような 2b 型に含まれない官能性母体化合物である.

例: H₂N-O-CH₃

O-メチルヒドロキシルアミン **PIN**
O-methylhydroxylamine **PIN**
〔メトキシアミン methoxyamine ではない
(P-68.3.1.1.1.2 参照)〕

HS-CO-OH

カルボノチオ *S*-酸 **PIN** carbonothioic *S*-acid **PIN**
〔スルファニルギ酸 sulfanylformic acid ではない
(P-65.1.8.1 参照)〕

P-15.1.8.3 3 型保存名における置換規則   3 型の母体水素化物と官能性母体化合物の保存名に対しては, どのような種類の置換も認められない. しかし, エステル, 無水物あるいは塩のような特性基の官能変化は認められる.

例: Cl-CH₂-CH₂-COOH

3-クロロプロパン酸 **PIN** 3-chloropropanoic acid **PIN**
(3-クロロプロピオン酸 3-chloropropionic acid
ではない)

CH₃-CH₂-CH₂-CO-O-CH₂-CH₃

ブタン酸エチル **PIN** ethyl butanoate **PIN**
酢酸エチル ethyl butyrate

P-15.2 官 能 種 類 命 名 法

P-15.2.0 は じ め に

官能種類命名法 functional class nomenclature は, 多くの化合物が種類名を用いて命名された有機化学の初期の時代においては非常に重要であった. この命名方式は, 接尾語を使わなかったことを除けば, 置換命名法と同一であった. 初期の命名法ではラジカルとよばれた置換基が, 種類を示す名称とともに使用され, **基官能命名法** radicofunctional nomenclature とよばれた. 時とともに, ごく少数の例を除き, 官能種類命名法は置換命名法に置き換わった. PIN との関連でいえば, 置換命名法が有機化合物を命名するための主要な方法であり, 官能種類命名法はほとんど使用されなくなっている.

官能種類命名法の考えは, 種類名を用いて命名する化合物にも適用するが, 必ずしも置換基の名称が先行するわけではない. そのような場合には, 官能基修飾語を官能基の変化を示すために使用する. たとえば, 無水酢酸 acetic anhydride のような酸から無水物への変化や, ブタン-2-オンオキシム butan-2-one oxime のようなケトン誘導体の場合がそれに当たる.

官能種類命名法に関係する主要な操作を, P-13.3.3.2 で示したように, 付加操作として分類するのが便利である. ただし, この過程を官能種類名をもつ化合物中に存在する置換基(ラジカル)を明確にする操作の一つとみなす(おそらく, 歴史的な観点から見ればより適切な見方)ことも可能である. たとえば, メチルアルコール methyl alcohol CH₃-OH の名称は, 置換基の CH₃− の名称である メチル methyl と, R-OH の官能種類名である アルコール alcohol からなる.

官能種類命名法を, 慣用的な置換基名の使用ならびに官能基修飾語の使用と関連づけて解説する. 名称の中には, 官能種類名に基づいてつくられているものもあるが, そのような名称は官能種類命名法に属するとはみなさ

P-15 命名法の種類 49

ない．たとえば，プロパン酸メチルエステル propanoic acid methyl ester のような名称は，記述的名称とよばれ，決して PIN とすることはない．官能種類の優先順位(P-41 参照)は PIN との関連で示してある．

P-15.2.1 　置換基名を用いる官能種類命名法	P-15.2.3 　官能種類の優先順位
P-15.2.2 　官能基修飾語を用いる官能種類命名法	P-15.2.4 　多官能基化合物

P-15.2.1 　置換基名を用いる官能種類命名法

P-15.2.1.1 　官能種類名は，化合物の官能種類名を一語で表現し，分子の残りの部分を一価の基の名称として，種類名の前に別の語として置くことにより表すことができる．優先 IUPAC 官能種類名はエステル(P-65.6.3.3)，酸ハロゲン化物(P-65.5.1)および擬酸ハロゲン化物(P-65.5.2 参照)に限定する．アルキルグリコシドも，炭水化物命名法においては許容名称として分類され，官能種類名と認められている(P-102.5.6.2 参照)．

例： $CH_3-CH_2-CO-O-CH_3$ 　　プロパン酸メチル **PIN** 　methyl propanoate **PIN**

$CH_3-CO-Cl$ 　　アセチル＝クロリド **PIN** 　acetyl chloride **PIN**

$C_6H_5-CO-CN$ 　　ベンゾイル＝シアニド **PIN** 　benzoyl cyanide **PIN**

$C_6H_5-CH_2-NCS$ 　　イソチオシアン酸ベンジル　benzyl isothiocyanate
　　　　　　　　　　　　（イソチオシアナトメチル）ベンゼン **PIN** 　(isothiocyanatomethyl)benzene **PIN**

C_6H_5-NC 　　イソシアン化フェニル　phenyl isocyanide
　　　　　　　イソシアノベンゼン **PIN** 　isocyanobenzene **PIN**

CH_3-OH 　　メチルアルコール　methyl alcohol
　　　　　メタノール **PIN** 　methanol **PIN**

　　アジ化フェニル　phenyl azide
　　アジドベンゼン **PIN** 　azidobenzene **PIN**

　　メチル α-D-グロフラノシド　methyl α-D-gulofuranoside

P-15.2.1.2 　官能種類名が二価の特性基を示す場合，結合している二つの置換基をともに明示する．二つが同一である場合は適切な倍数接頭語を使い，異なる場合は別々の単語としてアルファベット順に並べ，必要に応じて位置番号を付ける．

例： $H_3C-O-CO-CH_2-CH_2-CO-O-CH_3$ 　　ブタン二酸ジメチル **PIN** 　dimethyl butanedioate **PIN**
　　　　　　　　　　　　　　　　　　　コハク酸ジメチル　dimethyl succinate

$H_3C-CO-O-CH_2-CH_2-O-CO-CH_3$ 　　二酢酸エタン-1,2-ジイル **PIN** 　ethane-1,2-diyl diacetate **PIN**
　　　　　　　　　　　　　　　　　　二酢酸エチレン　ethylene diacetate

　　ベンゼン-1,3-ジカルボン酸＝エチル＝メチル **PIN**
　　ethyl methyl benzene-1,3-dicarboxylate **PIN**

$CH_3-CH_2-CO-CH_2-CH_3$ 　　ジエチルケトン　diethyl ketone
　　　　　　　　　　　　　　ペンタン-3-オン **PIN** 　pentan-3-one **PIN**

50   P-1 一般原則，規則および慣用

CH₃-CH₂-CO-CH₃   エチルメチルケトン ethyl methyl ketone
                                   （メチルエチルケトン methyl ethyl ketone ではない）
                                   ブタン-2-オン **PIN** butan-2-one **PIN**

P-15.2.2 官能基修飾語を用いる官能種類命名法

主特性基または官能性母体化合物(P-34 参照)の多くの誘導体は，一つまたは複数の別々の単語からなる修飾語を母体構造の名称の後に置いて命名してもよい．この方法は索引をつくるうえでは最も好ましい方法であるが，PIN との関連でこの方式が使えるのは，鎖状酸無水物(P-65.7.1 参照)，N-オキシド，N-スルフィド，N-セレニドおよび N-テルリド(P-62.5 参照)のみである．

例：CH₃-CO-O-CO-CH₃   無水酢酸 **PIN** acetic anhydride **PIN** （acid を anhydride に置き換える）

(CH₃)₃NO   N,N-ジメチルメタンアミン＝N-オキシド **PIN**
                   N,N-dimethylmethanamine N-oxide **PIN**
                   （トリメチル）アミンオキシド (trimethyl)amine oxide
                   トリメチルアザンオキシド trimethylazane oxide

官能基修飾語は GIN にはいぜんとして認められているが，アジン，オキシム，ヒドラゾン，セミカルバゾン，カルボヒドラゾン，アセタール，ヘミアセタールなどにおける PIN は置換名である．

例：CH₃-CH₂-CH=N-OH   プロパナールオキシム propanal oxime
                       （オキシム oxime をカルボニル化合物名に付加する）
                       N-プロピリデンヒドロキシルアミン **PIN**   N-propylidenehydroxylamine **PIN**

CH₃-CH₂-CH=N-NH₂   プロパナールヒドラゾン propanal hydrazone
                       プロピリデンヒドラジン **PIN** propylidenehydrazine **PIN**

(CH₃)₂C=N-NH-CO-NH₂   アセトンセミカルバゾン acetone semicarbazone
                       2-(プロパン-2-イリデン)ヒドラジン-1-カルボキシアミド **PIN**
                       2-(propan-2-ylidene)hydrazine-1-carboxamide **PIN**

CH₃-CH₂-CH(O-CH₃)₂   プロパナールジメチルアセタール propanal dimethyl acetal
                       1,1-ジメトキシプロパン **PIN** 1,1-dimethoxypropane **PIN**

CH₃-CH₂-CH₂-CO-OCH₃   ブタン酸メチルエステル butanoic acid methyl ester
                       ブタン酸メチル **PIN** methyl butanoate **PIN**

P-15.2.3 官能種類の優先順位

2 個の官能基が存在し，どちらも官能種類命名法によって命名できる場合，どちらが上位か優先順位(P-41 参照)を決めなければならない．PIN における優先順位は酸無水物，エステル，酸ハロゲン化物の順である．酸ハロゲン化物と擬酸ハロゲン化物の優先順位については P-65.5 で述べる．最優先の官能基は官能種類命名法によって表現し，下位のものは従来どおり，置換命名法によってつくられる名称の中に接頭語のかたちで表現する．

例： ⁴Cl-CO-CH₂-CH₂-CO-O-CH₃¹   4-クロロ-4-オキソブタン酸メチル **PIN**
                                  methyl 4-chloro-4-oxobutanoate **PIN**
                                  3-(クロロカルボニル)プロパン酸メチル
                                  methyl 3-(chlorocarbonyl)propanoate
                                  3-カルボノクロリドイルプロパン酸メチル
                                  methyl 3-carbonochloridoylpropanoate

Cl-CH₂-OH   クロロメチルアルコール chloromethyl alcohol
                       クロロメタノール **PIN** chloromethanol **PIN**
                       （アルコールはハロゲン化物に優先する）

P-15　命名法の種類　　51

$$\overset{2}{NC}-\overset{}{CH_2}-\overset{1}{CO}-Cl$$

シアノアセチル＝クロリド **PIN**　cyanoacetyl chloride **PIN**
（塩化アシルはニトリルに優先する）

$$CH_3O-\overset{4}{CH_2}-\overset{}{CH_2}-\overset{}{CH_2}-\overset{1}{CO}-OCH_3$$

4-メトキシブタン酸メチル **PIN**　methyl 4-methoxybutanoate **PIN**
（エステルはエーテルに優先する）

P-15.2.4　多官能基化合物

多官能基化合物の官能種類名は推奨しない．置換命名法を優先する．

例：
$$HO-\overset{4}{CH_2}-\overset{3}{CH_2}-\overset{2}{CO}-\overset{1}{CH_3}$$

4-ヒドロキシブタン-2-オン **PIN**　4-hydroxybutan-2-one **PIN**　（置換名）
2-ヒドロキシエチル＝メチル＝ケトン
2-hydroxyethyl methyl ketone　（官能種類名）

P-15.3　倍数命名法

P-15.3.0　はじめに	P-15.3.3　非対称倍数置換基によって
P-15.3.1　一般的な方法	連結された同一構造
P-15.3.2　倍数名の組立て方	P-15.3.4　倍数命名法の制限

P-15.3.0　はじめに

倍数命名法 multiplicative nomenclature は，同一の母体構造が複数集まった化合物を命名するために使う．これには二つの場合がある．

(1) 同一の構造単位が二価以上の置換基と連結する置換命名法(P-15.3.1 参照)．
(2) 官能種類命名法の一つで，同一の構造単位が二価以上の非酸性残基と連結する場合〔実際には，エステルを命名するためだけに使用する(P-65.6.3.2 参照)〕．たとえば，

$$CH_3COO-CH_2-CH_2-OCOCH_3$$　　二酢酸エタン-1,2-ジイル ethane-1,2-diyl diacetate

置換命名法の一種である倍数命名法では，たとえば，2 個以上の同一構造単位(たとえば母体構造)が複数の結合手をもった置換基('倍数原子または倍数置換基'あるいは'多価原子または原子団'とよぶ)と結合している場合には，2 通りの命名法がある．

(a) 倍数命名法によるもので，2 個以上の母体構造が，対称あるいは非対称の，1 個または連結した置換基と結合しているとみなす方法
(b) 置換命名法(P-15.1 参照)によるもので，母体構造から優先順位の高い母体構造を一つ選び，残りの構造を置換基接頭語によって示す方法

たとえば，下記の化合物名は，倍数命名法により 4,4′-スルファンジイル二安息香酸 **PIN** 4,4′-sulfanediyldibenzoic acid **PIN** 〔位置番号は(I)参照〕となる．母体構造の名称には 2 個の安息香酸名が含まれる．

もう一つの方法として，置換命名法により 4-[(4-カルボキシフェニル)スルファニル]安息香酸 4-[(4-carboxyphenyl)sulfanyl]benzoic acid 〔位置番号は(II)参照〕と命名することもできる．母体構造の名称には 1 個の安息香酸名が含まれるだけで，もう一つの安息香酸は，接頭語として表されている．

本節では，倍数名のつくり方の一般原則を述べる．優先 IUPAC 名をつくる際の倍数命名法の使用規則は

52　　　　　　　　　　P-1　一般原則，規則および慣用

P-51.3 で示す.

> 倍数命名法は，今回の勧告で，特性基の有無に関係なく環状構造まで拡張された. 炭
> 素原子のみからなる鎖は，従来どおり除外されている. 過去の規則では，倍数命名法
> が適用できるのは，接尾語で表す特性基をもつかまたは同様の表現を含んだ保存名を
> もつ化合物か，あるいは複素環母体水素化物を対象とする場合に限っていた. 今回の
> 勧告では，この方式は，多価原子団中心への置換(P-15.3.1.2.1.2)ならびに条件付きで
> はあるが，対称でない構造の中心原子団への置換(P-15.3.3.1)も認めるところまで拡
> 張されている.

P-15.3.1　一 般 的 な 方 法

> P-15.3.1.1　同一構造単位
> P-15.3.1.2　倍数置換基
> P-15.3.1.3　倍数名の形成

P-15.3.1.1　同一構造単位　　倍数命名法でいう同一母体構造には，次の 4 種がある.

(a) 飽和あるいは最多非集積二重結合をもった環状母体水素化物

(b) 飽和または不飽和鎖状炭化水素を除く，単核または多核の鎖状母体水素化物

(c) 環状または鎖状母体水素化物で，接尾語で表される特性基を置換基としてもつもの，すなわち官能化母体
水素化物(P-15.1.2.3 参照)

(d) 置換可能な水素原子をもつ官能性母体化合物，たとえば，酢酸 acetic acid あるいは ホスホン酸 phosphonic
acid(P-15.1.2.1 参照)

同一母体構造は，同じ結合(単, 二重または三重結合)によって倍数置換基と結合し，しかも同じように置換され
ていなければならない.

P-15.3.1.2　倍数置換基　　倍数置換基には次の 2 種がある.

> P-15.3.1.2.1　単純多価原子または原子団
> P-15.3.1.2.2　連結された倍数置換基

P-15.3.1.2.1　単純多価原子または原子団

P-15.3.1.2.1.1　　単純な多価原子団(定義については，P-29.1 参照)は，2 個以上の同一構造単位に結合してい
る場合に，倍数置換基として扱う.

例：$-CH_2-$　　メチレン 優先接頭　methylene 優先接頭
　　　　　　　　メタンジイル　methanediyl

　　$-O-$　　　オキシ 予備接頭　oxy 予備接頭

　　$-S-$　　　スルファンジイル 予備接頭　sulfanediyl 予備接頭
　　　　　　　　チオ　thio

　　$-OO-$　　ペルオキシ 予備接頭　peroxy 予備接頭
　　　　　　　　（ジオキシ dioxy は廃止）

　　$-SS-$　　ジスルファンジイル 予備接頭　disulfanediyl 予備接頭
　　　　　　　　ジチオ　dithio

P-15 命名法の種類   53

–N<   ニトリロ 予備接頭   nitrilo 予備接頭

> 接頭語 ニトリロ nitrilo −N< は，三つの結合がそれぞれ異なる原子に結合する場合
> に限り予備選択接頭語として使い，構造 −N= に対して使うことはできない．後者に
> 対しては，予備選択接頭語として アザニルイリデン azanylylidene を使う．

1,4-フェニレン 優先接頭   1,4-phenylene 優先接頭
（他に 1,2- および 1,3-異性体）

–OC-CH₂-CH₂-CO–   ブタンジオイル 優先接頭   butanedioyl 優先接頭
スクシニル   succinyl

>CH–CH₂–   エタン-1,1,2-トリイル 優先接頭
ethane-1,1,2-triyl 優先接頭

–CH=CH-CH₂–   プロパ-1-エン-1,3-ジイル 優先接頭
prop-1-ene-1,3-diyl 優先接頭

P-15.3.1.2.1.2   対称的であれ非対称的であれ，単純な倍数置換基に対して置換基を導入する（接頭語によって表現する場合も表現しない場合もある）ことができ，その結果，複合または重複合（定義については，P-29.1 参照）倍数置換基ができる．

例：ClCH<   クロロメチレン 優先接頭   chloromethylene 優先接頭
（複合倍数置換基）

クロロメタニルイリデン 優先接頭   chloromethanylylidene 優先接頭
（複合倍数置換基）

1-クロロエタン-1,2-ジイル 優先接頭   1-chloroethane-1,2-diyl 優先接頭
（複合倍数置換基）

CH₃–N<   メチルアザンジイル 優先接頭   methylazanediyl 優先接頭
（複合倍数置換基，メチルイミノ methylimino ではない）

> 予備選択母体水素化物名の アザン azane に由来する予備選択接頭語 アザンジイル
> azanediyl は倍数置換基の −NH− の名称として使える．予備選択接頭語である イミ
> ノ imino は，=NH を表す置換基としてのみ使うことができる．

ClCH₂–P<   (クロロメチル)ホスファンジイル 優先接頭   (chloromethyl)phosphanediyl 優先接頭
（重複合倍数置換基）

2-メチルプロパン-1,3-ジイル 優先接頭
2-methylpropane-1,3-diyl 優先接頭

ブタン-1,3-ジイル 優先接頭   butane-1,3-diyl 優先接頭 （P-29.3.2.2 参照）
1-メチルプロパン-1,3-ジイル   1-methylpropane-1,3-diyl （P-29.4.1 参照）

2-(ジメチルアミノ)プロパン-1,3-ジイル 優先接頭
2-(dimethylamino)propane-1,3-diyl 優先接頭

P-15.3.1.2.2　連結された倍数置換基

P-15.3.1.2.2.1　　　　連結という操作は，二価以上の多価の複合倍数置換基をつくり出すための方法である．連結された倍数置換基をつくるには，まず中心となる倍数置換基名を示し，次に di, tri または bis, tris などの倍数接頭語を使いながら，同一母体構造の方向に向かって，順を追って，二価以上の多価置換基の名称を並べていく．

例：－O-CH₂-O－ の場合：

メチレンビス(オキシ) 優先接頭　methylenebis(oxy) 優先接頭
〔メチレンジオキシ methylenedioxy ではない．
dioxy は不明確で，peroxy すなわち
oxy が 2 個あると誤解されるため
(P-15.3.1.2.1.1, P-16.3.6(b)参照)〕

－CH₂-O-CH₂－
オキシビス(メチレン) 優先接頭　oxybis(methylene) 優先接頭

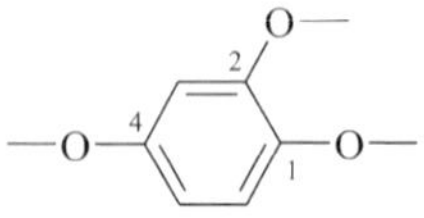

ベンゼン-1,2,4-トリイルトリス(オキシ) 優先接頭
benzene-1,2,4-triyltris(oxy) 優先接頭

>N-CH₂-CH-N< （N<）
エタン-1,1,2-トリイルトリニトリロ 優先接頭
ethane-1,1,2-triyltrinitrilo 優先接頭

－H₂C-NH-CO-CH₂-CO-NH-CH₂－
プロパンジオイルビス(アザンジイルメチレン) 優先接頭
propanedioylbis(azanediylmethylene) 優先接頭

注記：2 個以上の連続した倍数置換基名が中心の倍数置換基名に続く場合，それらには，別々に倍数接頭語を付けない．すなわち，すぐ上の例の接頭語名を，プロパンジオイルビス(アザンジイル)ビス(メチレン) propanedioylbis(azanediyl)bis(methylene)とはしない．

P-15.3.1.2.2.2　　　　位置番号をもたず，決まった順序で記された yl, ylidene 型の多価置換基を複合型倍数置換基として使う場合，yl 型の一価の原子価に対しては次の置換基の yl 型の一価の原子価が結合するかたちで，対応する置換基名を使って連結する．ylidene 型の原子価についても同様のかたちの結合を組合わせて連結する．

例：－CH=N-O-N=CH－
オキシビス(アザニルイリデンメタニルイリデン) 優先接頭
oxybis(azanylylidenemethanylylidene) 優先接頭
〔オキシビス(ニトリロメタニルイリデン)
oxybis(nitrilomethanylylidene)ではない〕

－O-N=CH-CH=N-O－
エタン-1,2-ジイリデンビス(アザニルイリデンオキシ) 優先接頭
ethane-1,2-diylidenebis(azanylylideneoxy) 優先接頭

－O-N=C=N-O－
メタンジイリデンビス(アザニルイリデンオキシ) 優先接頭
methanediylidenebis(azanylylideneoxy) 優先接頭

=CH-N=C=N-CH=
メタンジイリデンビス(アザニルイリデンメタニルイリデン) 優先接頭
methanediylidenebis(azanylylidenemethanylylidene) 優先接頭
〔メタンジイリデンビス(ニトリロメタニルイリデン)
methanediylidenebis(nitrilomethanylylidene)ではない〕

P-15.3.1.2.2.3　　　　中心置換基およびそれに連なる一連の倍数置換基への置換は，中心置換基から始まる原子と結合の並び方が，どちらの枝部分でも同一である場合に認められる．

例：CH₃　CH₃　（－N-O-N－）
オキシビス(メチルアザンジイル) 優先接頭　oxybis(methylazanediyl) 優先接頭

P-15 命名法の種類 55

$$Cl \qquad\qquad Cl$$
$$| \qquad 1 \quad 2 \qquad |$$
$$-C=N-CH_2-CH_2-N=C-$$

エタン-1,2-ジイルビス［アザニルイリデン（クロロメタニルイリデン）］優先接頭
ethane-1,2-diylbis[azanylylidene(chloromethanylylidene)] 優先接頭

$$-C-O-C-$$

オキシビス（シクロプロピリデンメチレン）優先接頭
oxybis(cyclopropylidenemethylene) 優先接頭

注記: ここに記載されている優先接頭語は，仮に接尾語 イリデン ylidene が二重結合で結合することを表す意味に限らないとした場合(P-29.2 参照)，意味が不明確になる可能性があり，シクロプロパン cyclopropane が CH$_2$ 基と酸素原子の両者に単結合で結合した構造を指すことにもなりうる．しかし，その場合の構造の優先接頭語は オキシビス（シクロプロパン-1,1-ジイルメチレン） oxybis(cyclopropane-1,1-diylmethylene)である．

P-15.3.1.2.2.4 二価または三価の複合型倍数置換基の構成要素に番号付けが必要な時は，構成要素の末端の原子のうち，倍数化される母体構造に最も近いものに，より小さな位置番号を割当てる．ただし，構成要素が固定の番号付けをもつ場合はこれに当てはまらない．倍数化される母体構造に接続する構成要素の位置番号は後(母体構造に近い側)に記す．番号が固定している場合は，位置番号は小さい方から番号順に記載する．

例:
$$Cl \qquad\qquad Cl$$
$$| \qquad\qquad |$$
$$-CH-CH_2-O-CH_2-CH-$$
$$_1 \quad _2 \qquad\quad _{2'} \quad _{1'}$$

オキシビス（1-クロロエタン-2,1-ジイル）優先接頭
oxybis(1-chloroethane-2,1-diyl) 優先接頭
オキシビス（1-クロロエチレン）
oxybis(1-chloroethylene)

$$Cl \qquad Cl$$
$$| \qquad |$$
$$-CH_2-CH-O-CH-CH_2-$$
$$_1 \quad _2 \qquad _{2'} \quad _{1'}$$

オキシビス（2-クロロエタン-2,1-ジイル）優先接頭
oxybis(2-chloroethane-2,1-diyl) 優先接頭
オキシビス（2-クロロエチレン）
oxybis(2-chloroethylene)

ペルオキシジ（4,1-フェニレン）優先接頭
peroxydi(4,1-phenylene) 優先接頭
〔ジオキシジ（4,1-フェニレン） dioxydi(4,1-phenylene) ではない〕

メチレンビス（1,3,5-トリアジン-6,2,4-トリイル）優先接頭
methylenebis(1,3,5-triazine-6,2,4-triyl) 優先接頭

$$Cl \qquad\qquad\qquad\qquad Cl$$
$$| \qquad\qquad\qquad\qquad |$$
$$-CH_2-CH=P-CH-CH_2-O-CH_2-CH-P=CH-CH_2-$$
$$_1 \quad _2 \qquad _1 \quad _2 \qquad\quad _2 \quad _1 \qquad _2 \quad _1$$

オキシビス［(1-クロロエタン-2,1-ジイル)ホスファニルイリデンエタン-1-イル-2-イリデン］優先接頭
oxybis[(1-chloroethane-2,1-diyl)phosphanylylideneethan-1-yl-2-ylidene] 優先接頭
(ethan-1-yl-2-ylidene の番号付けは，固定されている)

$$-CH_2-CH_2-O-CH_2-CH_2-O-CH_2-CH_2-$$
$$_1 \quad _2 \qquad _1 \quad _2 \qquad _2 \quad _1$$

エタン-1,2-ジイルビス（オキシエタン-2,1-ジイル）優先接頭
ethane-1,2-diylbis(oxyethane-2,1-diyl) 優先接頭

$$=CH-CH_2-CH_2-O-CH_2-CH_2-CH=$$
$$_3 \qquad _1 \quad _1 \qquad _3$$

オキシジ（プロパン-1-イル-3-イリデン）優先接頭
oxydi(propan-1-yl-3-ylidene) 優先接頭

56 P-1 一般原則，規則および慣用

–CH$_2$-CH$_2$-CH=N-N=CH-CH$_2$-CH$_2$–
（左：3, 3, 1 の番号付け）

ヒドラジンジイリデンジ(プロパン-1-イル-3-イリデン) 優先接頭
hydrazinediylidenedi(propan-1-yl-3-ylidene) 優先接頭
(プロパン-1-イル-3-イリデン propan-1-yl-3-ylidene
の番号付けは，固定されている)

P-15.3.1.3　倍数名の形成　　倍数名は，P-15.3.1.1 で定義した同一構造単位の数と，その同一構造単位と結合する倍数置換基との関係に従ってつくる．

化合物が P-15.3.1.1 で定めた同一構造単位をもち，対称的な単純，複合，重複合あるいは連結倍数置換基(二価または多価置換基)と結合しているときは，以下の項目を順次記載することによって命名できる．

(a) 同一母体構造単位と結合する倍数置換原子または原子団の置換位置番号(単核母体水素化物の名称のみの場合は，位置番号の 1 は省略する)

(b) 結合する倍数置換原子または原子団の名称

(c) 倍数接頭語の di, tri および bis, tris などは，同一母体構造単位名の前に置き，接頭語の末尾の母音字は省略しない

(d) 主特性基あるいは置換基を含む同一構造単位の名称は，必要ならば該当する括弧で囲む(P-16.5 参照).

同一母体構造単位中の番号付けは保たれる．選択の余地がある場合，倍数置換基と結合する同一母体構造の置換位置番号は，できる限り小さくなるように選ぶ．

P-15.3.2　倍数名の組立て方

P-15.3.2.1　同一構造単位の集合体	P-15.3.2.3　倍数接頭語 bis, tris など
P-15.3.2.2　同一母体構造内の窒素原子に対する位置番号	の使い方
	P-15.3.2.4　置換された同一母体構造

P-15.3.2.1　同一構造単位の集合体(P-15.3.1.1 参照)　　保存名も体系名も同一母体構造単位として使用することができる．プライム，二重プライムなどを，同一母体構造単位の位置番号を区別するために使用する．接尾語として表される基によって置換された母体構造，すなわち官能化母体水素化物(P-15.1.2.3 参照)は括弧で囲み，倍数接頭語の di, tri などをその前に付ける．非置換の官能性母体化合物は，倍数接頭語の di, tri などが前に付くが，P-15.3.2.3 で述べるように，不明確でない場合は括弧で囲まない．複合および重複合倍数置換基は，必要に応じて丸括弧，角括弧，波括弧で囲む(P-16.5 参照).

例：

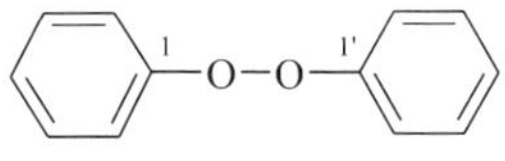

1,1′-ペルオキシジベンゼン PIN　1,1′-peroxydibenzene PIN
（ジオキシジベンゼン dioxydibenzene ではない）

H$_3$Si-SiH$_2$-CH$_2$-SiH$_2$-SiH$_3$

1,1′-メチレンビス(ジシラン) PIN
1,1′-methylenebis(disilane) PIN

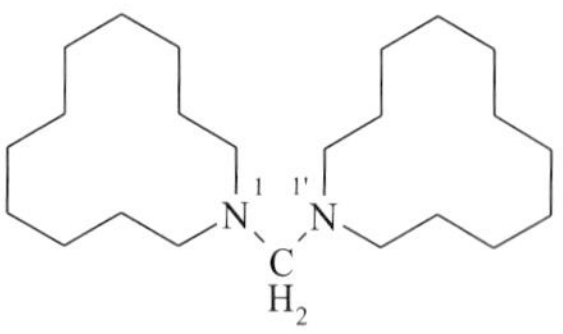

1,1′-メチレンビス(1-アザシクロドデカン) PIN
1,1′-methylenebis(1-azacyclododecane) PIN

HO-CH$_2$-CH$_2$-S-CH$_2$-CH$_2$-OH

2,2′-スルファンジイルジ(エタン-1-オール) PIN
2,2′-sulfanediyldi(ethan-1-ol) PIN
2,2′-チオジ(エタン-1-オール)　2,2′-thiodi(ethan-1-ol)

P-15 命名法の種類   57

8,8′-オキシジ(スピロ[4.5]デカン) **PIN**
8,8′-oxydi(spiro[4.5]decane) **PIN**

H₃Si-[CH₂]₁₄-O-[CH₂]₁₄-SiH₃ (1-14, 14-1)

[オキシジ(テトラデカン-14,1-ジイル)]ビス(シラン) **PIN**
[oxydi(tetradecane-14,1-diyl)]bis(silane) **PIN**

HOOC-（cyclohexane 1,4）-O-（cyclohexane 4′,1′）-COOH

4,4′-オキシジ(シクロヘキサン-1-カルボン酸) **PIN**
4,4′-oxydi(cyclohexane-1-carboxylic acid) **PIN**

HO-O₂S-（benzene 1,4）-O-（benzene 4′,1′）-SO₂-OH

4,4′-オキシジ(ベンゼン-1-スルホン酸) **PIN**
4,4′-oxydi(benzene-1-sulfonic acid) **PIN**

HO-（benzene 1,4）-O-CH₂-CH(CH₃)-CH₂-O-（benzene 4′,1′）-OH

4,4′-[(2-メチルプロパン-1,3-ジイル)ビス(オキシ)]ジフェノール **PIN**
4,4′-[(2-methylpropane-1,3-diyl)bis(oxy)]diphenol **PIN**

（cyclohexane 1-COOH, 2-）CH₂-O-CH₂-CH₂-O-CH₂（2′-cyclohexane, 1′-COOH）

2,2′-[エタン-1,2-ジイルビス(オキシメチレン)]ジ(シクロヘキサン-1-カルボン酸) **PIN**
2,2′-[ethane-1,2-diylbis(oxymethylene)]di(cyclohexane-1-carboxylic acid) **PIN**

HOOC-CH₂-O-CH₂-CH₂-O-CH₂-CH₂-O-CH₂-COOH (2, 2′)

2,2′-[オキシビス(エタン-2,1-ジイルオキシ)]二酢酸 **PIN**
2,2′-[oxybis(ethane-2,1-diyloxy)]diacetic acid **PIN**

HO-（benzene 1,4）-[CH₂]₁₄—O—[CH₂]₁₄-（benzene 4′,1′）-OH

4,4′-[オキシジ(テトラデカン-14,1-ジイル)ジフェノール **PIN**
4,4′-[oxydi(tetradecane-14,1-diyl)]diphenol **PIN**

HO-O₂S-（cyclohexane 1,4）-CH(F)-CH₂-O-CH₂-CH(F)-（cyclohexane 4′,1′）-SO₂-OH

4,4′-[オキシビス(1-フルオロエタン-2,1-ジイル)]ジ(シクロヘキサン-1-スルホン酸) **PIN**
4,4′-[oxybis(1-fluoroethane-2,1-diyl)]di(cyclohexane-1-sulfonic acid) **PIN**

HOOC-CH₂-O-CH₂-COOH (2, 2′)

2,2′-オキシ二酢酸 **PIN**   2,2′-oxydiacetic acid **PIN**

HOOC-CH₂-CH₂-O-CH₂-CH₂-COOH (3, 3′)

3,3′-オキシジプロパン酸 **PIN**   3,3′-oxydipropanoic acid **PIN**

P(CH₂-COOH)₃ (2,2′,2″)

2,2′,2″-ホスファントリイル三酢酸 **PIN**
2,2′,2″-phosphanetriyltriacetic acid **PIN**

(HO)₂P(O)-CH₂-NH-CH₂-P(O)(OH)₂

[アザンジイルビス(メチレン)]ビス(ホスホン酸) **PIN**
[azanediylbis(methylene)]bis(phosphonic acid) **PIN**

1,1′,1″,1‴-[オキシジ(ピリダジン-4,3,5-トリイル)]テトラメタノール **PIN**
1,1′,1″,1‴-[oxydi(pyridazine-4,3,5-triyl)]tetramethanol **PIN**
(位置番号の組合わせ 3,4,5 は，4,5,6 より小さく，位置番号の組合わせ
3,5 はピリダジン環の中で，4 個の母体構造との結合に使われる最小の
組合わせである)

58 P-1 一般原則，規則および慣用

$$HO\text{-}H_2C \overset{1''}{\underset{}{}} \cdots \overset{1'''}{CH_2\text{-}OH} \cdots O \cdots \overset{1'}{CH_2\text{-}OH} \cdots \overset{1}{CH_2\text{-}OH}$$

1,1′,1″,1‴-[オキシジ(ピリダジン-5,3,4-トリイル)]テトラメタノール **PIN**
1,1′,1″,1‴-[oxydi(pyridazine-5,3,4-triyl)]tetramethanol **PIN**
　（位置番号の組合わせ 3,4,5 は，4,5,6 より小さく，位置番号の組合わせ 3,4 は
　ピリダジン環の中で，4 個の母体構造との結合に使われる最小の位置番号の
　組合わせである）

$H_2N\text{–}CH_2\text{–}CH_2\text{–}O\text{–}CH_2\text{–}CH_2\text{–}NH_2$　　2,2′-オキシジ(エタン-1-アミン) **PIN**
　　　　　　　　　　　　　　　　　　　2,2′-oxydi(ethan-1-amine) **PIN**

$$\begin{array}{l}CH_2\text{-}CH_2\text{-}OH \\ | \\ HO\text{-}CH_2\text{-}CH_2\text{-}N\text{-}CH_2\text{-}CH_2\text{-}OH\end{array}$$　　2,2′,2″-ニトリロトリ(エタン-1-オール) **PIN**
　　　　　　　　　　　　　　　　　　　2,2′,2″-nitrilotri(ethan-1-ol) **PIN**

$$HOOC\text{-}CH_2\text{-}[CH_2]_7\text{-}CH_2\text{-}O \overset{10'}{\underset{4'\ 1'}{\bigcirc}}\overset{}{\underset{1\ 4}{\bigcirc}} O\text{-}CH_2\text{-}[CH_2]_7\text{-}CH_2\text{-}COOH$$

10,10′-[[1,1′-ビフェニル]-4,4′-ジイルビス(オキシ)]ジ(デカン酸) **PIN**
10,10′-[[1,1′-biphenyl]-4,4′-diylbis(oxy)]di(decanoic acid) **PIN**

　注記: 上記の名称中には二重の角括弧が使われているが，これ
　は環集合名に由来する置換基名には角括弧が必要であり
　（P-16.5.2.1 参照），さらに倍数置換基名を囲むために角括弧が
　必要となるからである.

$$\begin{array}{l}HOOC\text{-}\overset{2'}{CH_2} \quad\quad \overset{2''}{CH_2}\text{-}COOH \\ \phantom{HOOC\text{-}}| | \\ HOOC\text{-}CH_2\text{-}\overset{2}{N}\text{-}CH_2\text{-}CH_2\text{-}\overset{2'''}{N}\text{-}CH_2\text{-}COOH\end{array}$$

2,2′,2″,2‴-(エタン-1,2-ジイルジニトリロ)四酢酸
2,2′,2″,2‴-(ethane-1,2-diyldinitrilo)tetraacetic acid
N,N′-エタン-1,2-ジイルビス[*N*-(カルボキシメチル)グリシン]
N,N′-ethane-1,2-diylbis[*N*-(carboxymethyl)glycine]

P-15.3.2.1.1　　選択の余地がある場合，倍数置換基との結合部位により大きな位置番号をもつ母体構造の数
字には，より多くのプライム記号を付ける.このような名称は PIN としては認められないが，GIN としては使用
してもよい.この場合，PIN は置換命名法の原則に従ってつくる（P-51.3.3 参照）.

例:

$$HOOC\text{-}\overset{1'}{\underset{}{\bigcirc}}\overset{4'}{}\text{-}CH_2\text{-}\overset{}{\underset{2\ 1}{\bigcirc}}\overset{COOH}{}$$

2,4′-メチレンジ(シクロヘキサン-1-カルボン酸)
2,4′-methylenedi(cyclohexane-1-carboxylic acid)　（倍数名）
2-[(4-カルボキシシクロヘキシル)メチル]シクロヘキサン-1-カルボン酸 **PIN**
2-[(4-carboxycyclohexyl)methyl]cyclohexane-1-carboxylic acid **PIN**　（置換名）
　〔4-[(2-カルボキシシクロヘキシル)メチル]シクロヘキサン-1-カルボン酸
　4-[(2-carboxycyclohexyl)methyl]cyclohexane-1-carboxylic acid ではない.
　置換基の位置番号 2 は 4 より小さい（P-45.2.2 参照）〕

P-15　命名法の種類　　59

$$\overset{3}{CH_3}$$
$$\underset{1'}{HOOC}-\overset{2'}{CH_2}-\overset{3'}{CH_2}-O-\underset{2}{CH}-COOH \quad \overset{1}{}$$

2,3′-オキシジプロパン酸
2,3′-oxydipropanoic acid　（倍数名）
2-(2-カルボキシエトキシ)プロパン酸 **PIN**
2-(2-carboxyethoxy)propanoic acid **PIN**
〔3-(1-カルボキシエトキシ)プロパン酸
3-(1-carboxyethoxy)propanoic acid ではない.
置換基の位置番号 2 は 3 より小さい(P-45.2.2 参照)〕

P-15.3.2.2　同一母体構造内の窒素原子に対する位置番号

P-15.3.2.2.1　　倍数命名法では，同一構造単位が 1 個以上の窒素原子をもつ特性基を含む場合に，イタリック体文字 N にプライム記号を使って，それらの窒素原子を区別する.

例：
$$\overset{2}{CH_3}-\overset{1}{CH_2}-\overset{N}{NH}-CH_2-\overset{N'}{NH}-CH_2-CH_3$$

N,N'-メチレンジ(エタン-1-アミン) **PIN**
N,N'-methylenedi(ethan-1-amine) **PIN**

$$CH_3-CO-\overset{N''}{NH}-\overset{N'''}{NH}-CH_2-\overset{N'}{NH}-\overset{N}{NH}-CO-CH_3$$

N',N'''-メチレンジアセトヒドラジド **PIN**
N',N'''-methylenediacetohydrazide **PIN**

P-15.3.2.2.2　　倍数命名法では，同一構造単位が 1 個以上の窒素原子を含む複数の特性基をもつ場合に，特性基が結合している母体構造の位置番号を示すのに，上付きのアラビア数字を用い，さらに，たとえば $N^1, N^{2'}, N^{4'}$ のように適切な数のプライム記号を用いて窒素原子を区別する.

例：
$$\overset{N^{4'}}{H_2N}-\underset{1'}{\bigcirc}-\overset{N^{1'}}{NH}-CH_2-\overset{N^1}{NH}-\underset{1\quad4}{\bigcirc}-\overset{N^4}{NH_2}$$

$N^1,N^{1'}$-メチレンジ(ベンゼン-1,4-ジアミン) **PIN**
$N^1,N^{1'}$-methylenedi(benzene-1,4-diamine) **PIN**

$$\underset{5'\,4'\quad3'\qquad2'\quad1'\quad\quad1\quad2\quad3\quad4\quad5}{H_3C-CH-CH-CH_2-CH_2-NH-CH_2-NH-CH_2-CH_2-CH-CH-CH_3}$$
（上部に $H_2N\ NH_2$ が 3′,4′ 位と 3,4 位に結合）

$N^1,N^{1'}$-メチレンジ(ペンタン-1,3,4-トリアミン) **PIN**
$N^1,N^{1'}$-methylenedi(pentane-1,3,4-triamine) **PIN**

　　　注記：二つの同一母体構造の結合位置番号は N^1 である. N^1 の 1 がプライム記号を付ける位置番号である.

ジ di またはトリカルボキシイミドアミド tricarboximidamide (P-66.4.1.4)やシクロファンアミン cyclophan-amine (P-62.2.5.3 参照)のような複数の窒素原子をもつ母体構造では，上付きの数字の付いたプライム付きの文字位置番号，あるいは上付き数字にさらに上付きの数字の付いたプライム付きの文字位置番号のような，さらに複雑な位置番号も必要となる.

P-15.3.2.3　倍数接頭語 bis, tris などの使い方　　di, tri などの倍数接頭語を使用すると意味が曖昧になる可能性がある同一母体構造(P-16.3.6 参照)の場合は，必要に応じて該当する部分を丸括弧または角括弧で囲み，bis, tris などの接頭語を前に付ける.

例：
（ベンゼン環に SiH_3 が 1,3,5 位）

（ベンゼン-1,3,5-トリイル)トリス(シラン) **PIN**
(benzene-1,3,5-triyl)tris(silane) **PIN**
　（ベンゼン-1,3,5-トリイルトリシラン benzene-1,3,5-triyltrisilane ではない.
　トリシラン trisilane は $H_3Si-SiH_2-SiH_3$ である)

$H_3Si-[CH_2]_{14}-O-[CH_2]_{14}-SiH_3$

［オキシジ(テトラデカン-14,1-ジイル)］ビス(シラン) **PIN**
[oxydi(tetradecane-14,1-diyl)]bis(silane) **PIN**
　〔(tetradecane-14,1-diyl)の前の di については，P-16.3.4(c)参照〕

P-15.3.2.4 置換された同一母体構造(P-15.3.2.1 参照)　　もし，対称的な倍数置換基に結合した同一母体構造が，主特性基以外に置換基を含む場合，そのような置換基は，以下に述べる二つの方法のいずれかによって接頭語として記す．

P-15.3.2.4.1　　もし，同一母体構造上に主特性基以外の置換基が存在し，それらが次の二つの条件をともに満たす場合，同一母体構造に付属する接頭語として記す．

(1) 倍数置換基のうち，中心置換基と後続のすべての構造単位間との結合(単または多重結合)が同じであり，

(2) 接尾語を含め，同一母体構造上のすべての置換基の位置番号が同じである．

同一母体構造は，それらの接頭語と接尾語とともに複合または重複合基として扱い，P-16.5 に示されている重複括弧の順位に従って括弧で囲み，該当する倍数接頭語の bis, tris, tetrakis などを付ける．

例：

1,1′-オキシビス(4-ブロモベンゼン) **PIN**
1,1′-oxybis(4-bromobenzene) **PIN**

4,4′-オキシビス(2-ブロモ安息香酸) **PIN**
4,4′-oxybis(2-bromobenzoic acid) **PIN**

$F_3Si\text{-}SiF_2\text{-}CH_2\text{-}SiF_2\text{-}SiF_3$

1,1′-メチレンビス(ペンタフルオロジシラン) **PIN**
1,1′-methylenebis(pentafluorodisilane) **PIN**

$(CH_3)_2N\text{-}O\text{-}N(CH_3)_2$

N,N'-オキシビス(N-メチルメタンアミン) **PIN**
N,N'-oxybis(N-methylmethanamine) **PIN**

N,N'-[エテニル(メチル)シランジイル]ビス(N-メチルアセトアミド) **PIN**
N,N'-[ethenyl(methyl)silanediyl]bis(N-methylacetamide) **PIN**

1,1′-メチレンビス[3-ブロモ-4-(クロロメチル)ベンゼン] **PIN**
1,1′-methylenebis[3-bromo-4-(chloromethyl)benzene] **PIN**

3,3′-オキシビス[5-(1-クロロエチル)ピリジン] **PIN**
3,3′-oxybis[5-(1-chloroethyl)pyridine] **PIN**

(ベンゼン-1,3,5-トリイル)トリス(トリメチルシラン) **PIN**
(benzene-1,3,5-triyl)tris(trimethylsilane) **PIN**

P-15　命名法の種類

$$(CH_3)_2N-CO-CH_2-\overset{3}{C}H_2-S-CH_2-\overset{3'}{C}H_2-CO-N(CH_3)_2$$

3,3′-スルファンジイルビス(*N*,*N*-ジメチルプロパンアミド) PIN
3,3′-sulfanediylbis(*N*,*N*-dimethylpropanamide) PIN

$$C_6H_5-\overset{2}{N}=\overset{1}{N}-CO-\overset{1'}{N}=\overset{2'}{N}-C_6H_5$$

ビス(フェニルジアゼニル)メタノン PIN
bis(phenyldiazenyl)methanone PIN

〔1,1′-カルボニルビス(2-フェニルジアゼン)
1,1′-carbonylbis(2-phenyldiazene)ではない〕

P-15.3.2.4.2　上述の P-15.3.2.4.1 で示した条件 (1) および (2) が満たされない場合，接尾語によって表される置換基以外の置換基は，接頭語として集合体の名称の前に記す．まず主特性基を優先して位置番号を割当て，また接頭語には可能な限り最小の位置番号を割当てて多価置換基に結合する．このような名称は，PIN としては認められないが，GIN としては使用してよい．この場合，PIN は置換命名法の原則に従ってつくる(P-51.3.3 参照).

例：

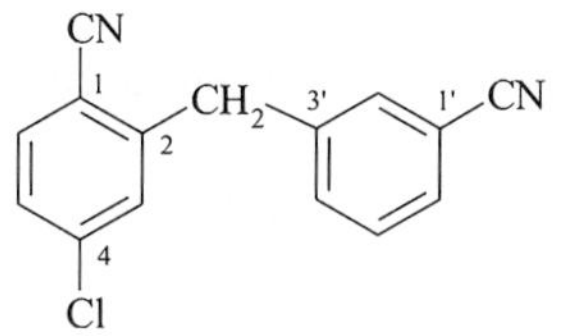

4-クロロ-2,3′-メチレンジベンゾニトリル
4-chloro-2,3′-methylenedibenzonitrile
（倍数名．図に位置番号を示す）

4-クロロ-2-[(3-シアノフェニル)メチル]ベンゾニトリル PIN
4-chloro-2-[(3-cyanophenyl)methyl]benzonitrile PIN

〔3-[(5-クロロ-2-シアノフェニル)メチル]ベンゾニトリル
3-[(5-chloro-2-cyanophenyl)methyl]benzonitrile ではない．PIN はより多くの
置換基をもつ母体構造を優先．P-45.2.1 参照〕

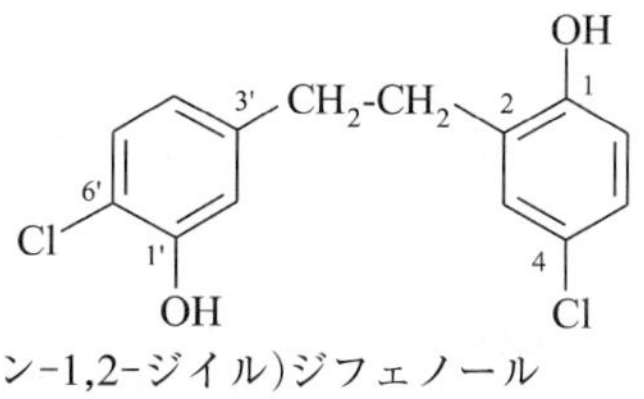

4,6′-ジクロロ-2,3′-(エタン-1,2-ジイル)ジフェノール
4,6′-dichloro-2,3′-(ethane-1,2-diyl)diphenol
（倍数名．図に位置番号を示す）

4-クロロ-2-[2-(4-クロロ-3-ヒドロキシフェニル)エチル]フェノール PIN
4-chloro-2-[2-(4-chloro-3-hydroxyphenyl)ethyl]phenol PIN

〔2-クロロ-5-[2-(5-クロロ-2-ヒドロキシフェニル)エチル]フェノール
2-chloro-5-[2-(5-chloro-2-hydroxyphenyl)ethyl]phenol ではない．PIN における
置換基の位置番号の組合わせ 2,4 は 2,5 より小さい．P-14.4(f), P-45.2.2 参照〕

$$\overset{1}{C}l-SiH_2-CH_2-CH_2-\overset{1'}{S}iH_3$$

1-クロロ-1,1′-(エタン-1,2-ジイル)ビス(シラン)
1-chloro-1,1′-(ethane-1,2-diyl)bis(silane)
（倍数名．図に位置番号を示す）

クロロ(2-シリルエチル)シラン PIN　chloro(2-silylethyl)silane PIN

〔[(2-クロロシリル)エチル]シラン　[(2-chlorosilyl)ethyl]silane ではない．
PIN の母体である シラン silane は，より多くの置換基をもつ．P-45.2.1 参照〕

(CH₃)₃Si-SiH₂-S-S-SiH₂-SiH₃ （位置番号 2 1 1'）

2,2,2-トリメチル-1,1'-(ジスルファンジイル)ビス(ジシラン)
2,2,2-trimethyl-1,1'-(disulfanediyl)bis(disilane)
（倍数名．図に位置番号を示す）
2-(ジシラニルジスルファニル)-1,1,1-トリメチルジシラン **PIN**
2-(disilanyldisulfanyl)-1,1,1-trimethyldisilane **PIN**

〔[2-(2,2,2-トリメチルジシラン-1-イル)ジスルファニル]ジシラン
[2-(2,2,2-trimethyldisilan-1-yl)disulfanyl]disilane ではない．
PIN における母体のジシランは，より多くの置換基をもつ．P-45.2.1 参照〕
〔6,6-ジメチル-3,4-ジチア-1,2,5,6-テトラシラヘプタン
6,6-dimethyl-3,4-dithia-1,2,5,6-tetrasilaheptane ではない．
"ア"命名法には 4 個以上のヘテロ単位が必要である．P-51.4 参照〕

2',5-ジクロロ-2,4'-オキシジピリジン　2',5-dichloro-2,4'-oxydipyridine
（倍数名．図に位置番号を示す）
2-クロロ-4-[(5-クロロピリジン-2-イル)オキシ]ピリジン **PIN**
2-chloro-4-[(5-chloropyridin-2-yl)oxy]pyridine **PIN**

〔5-クロロ-2-[(2-クロロピリジン-4-イル)オキシ]ピリジン
5-chloro-2-[(2-chloropyridin-4-yl)oxy]pyridine ではない．
PIN における置換基の位置番号の組合わせ 2,4 は，2,5 より小さい．P-45.2.2 参照〕

P-15.3.2.4.3　選択が可能な場合，プライム記号のない位置番号は，英数字順で最初に記す置換基をもつ同一母体構造に割当てられる．

例：

3-ブロモ-3'-クロロ-1,1'-メチレンジベンゼン　3-bromo-3'-chloro-1,1'-methylenedibenzene
（倍数名．図に位置番号を示す）
1-ブロモ-3-[(3-クロロフェニル)メチル]ベンゼン **PIN**
1-bromo-3-[(3-chlorophenyl)methyl]benzene **PIN**

〔1-[(3-ブロモフェニル)メチル]-3-クロロベンゼン　1-[(3-bromophenyl)methyl]-3-chlorobenzene
ではない．bromochloro が英数字順で bromophenyl より優先される．P-45.5 参照〕

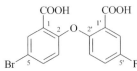

5-ブロモ-5'-フルオロ-2,2'-オキシ二安息香酸　5-bromo-5'-fluoro-2,2'-oxydibenzoic acid
（倍数名．図に位置番号を示す）
2-(4-ブロモ-2-カルボキシフェノキシ)-5-フルオロ安息香酸 **PIN**
2-(4-bromo-2-carboxyphenoxy)-5-fluorobenzoic acid **PIN**

〔5-ブロモ-2-(2-カルボキシ-4-フルオロフェノキシ)安息香酸
5-bromo-2-(2-carboxy-4-fluorophenoxy)benzoic acid ではない．
両方の名称の位置番号の組合わせは 2,5 であるが，PIN における位置番号
の出現順序は 2,5 である．これは 5,2 より小さい．P-45.2.3 参照〕

P-15 命名法の種類　　63

P-15.3.3　非対称倍数置換基によって連結された同一構造

P-15.3.3.1　　　中央の倍数置換基が非対称であっても，一つの多価置換基に後続の基が同じ単結合または多重結合で結合を続けて形成している場合は認められる．倍数置換基全体としては構成要素の数に制限はない．

例：

$$CH_3$$
$$|$$
$$(CH_3)_3Si\text{-}CH_2\text{-}\underset{1}{CH}\text{-}\underset{2}{Si}(CH_3)_3$$

（プロパン-1,2-ジイル）ビス（トリメチルシラン）**PIN**
(propane-1,2-diyl)bis(trimethylsilane) **PIN**
トリメチル[1-(トリメチルシリル)プロパン-2-イル]シラン
trimethyl[1-(trimethylsilyl)propan-2-yl]silane

Br—〈1′〉—CH₂-CH=CH—〈1　4〉—Br

1,1′-（プロパ-1-エン-1,3-ジイル）ビス（4-ブロモベンゼン）**PIN**
1,1′-(prop-1-ene-1,3-diyl)bis(4-bromobenzene) **PIN**
1-ブロモ-4-[3-(4-ブロモフェニル)プロパ-1-エン-1-イル]ベンゼン
1-bromo-4-[3-(4-bromophenyl)prop-1-en-1-yl]benzene
　〔1-ブロモ-4-[3-(4-ブロモフェニル)プロパ-2-エン-1-イル]ベンゼン
　1-bromo-4-[3-(4-bromophenyl)prop-2-en-1-yl]benzene ではない．
　母体置換基において，正しい置換名は，より小さい位置番号をもつ〕

P-15.3.3.2　倍 数 名 間 の 順 位

P-15.3.3.2.1　　　優先名は，最多数の同一母体構造に倍数接頭語を付けたものである．

例：

HOOC—〈4″〉—〈2　1〉CH₂-CH〈4′〉—〈4〉—COOH

4,4′,4″-（エタン-1,1,2-トリイル）三安息香酸 **PIN**
4,4′,4″-(ethane-1,1,2-triyl)tribenzoic acid **PIN**
4,4′-[2-(4-カルボキシフェニル)エタン-1,1-ジイル]二安息香酸
4,4′-[2-(4-carboxyphenyl)ethane-1,1-diyl]dibenzoic acid
　（PIN はより多くの同一母体構造をひとまとめにしている．3 個対 2 個）

$$C_6H_5 \quad C_6H_5 \quad \overset{1}{C_6H_5}$$
$$| \qquad | \qquad |$$
$$C_6H_5\text{-}C\text{-}O\text{-}C\text{-}S\text{-}\overset{1'}{C}\text{-}C_6H_5$$
$$| \qquad | \qquad |$$
$$C_6H_5 \quad C_6H_5 \quad \underset{1''}{C_6H_5}$$

1,1′,1″-（{[ジフェニル（トリフェニルメトキシ）メチル]スルファニル}メタントリイル）トリベンゼン **PIN**
1,1′,1″-({[diphenyl(triphenylmethoxy)methyl]sulfanyl}methanetriyl)tribenzene **PIN**
　〔{(トリフェニルメトキシ)[(トリフェニルメチル)スルファニル]メタンジイル}ジベンゼン
　{(triphenylmethoxy)[(triphenylmethyl)sulfanyl]methanediyl}dibenzene ではない〕
　〔({ジフェニル[(トリフェニルメチル)スルファニル]メトキシ}メタントリイル)トリベンゼン
　({diphenyl[(triphenylmethyl)sulfanyl]methoxy}methanetriyl)tribenzene ではない．
　PIN の方が英数字順位が低い．diphenyltriphenylmethoxy は，diphenyltriphenylmethyl に優先〕

P-15.3.3.2.2　　　母体構造部分と倍数置換体の構成成分の間で，どちらに属するか問題になるときには，化合物種類の優先順位(P-41 参照)により判断する．

64   P-1 一般原則，規則および慣用

例:
$$\overset{2}{\text{C}_6\text{H}_5}\text{-N=}\overset{1}{\text{N}}\text{-CO-}\overset{1'}{\text{N}}\text{=N-C}_6\text{H}_5$$

ビス(フェニルジアゼニル)メタノン **PIN**　bis(phenyldiazenyl)methanone **PIN**
〔1,1′-カルボニルビス(2-フェニルジアゼン) 1,1′-carbonylbis(2-phenyldiazene)でも，
1,1′-[carbonylbis(diazenediyl)]dibenzene でもない．ケトンは，炭素環のベンゼンよ
り優位な ジアゼンよりもさらに優位である．P-41 参照〕

P-15.3.4　倍数命名法の制限

倍数命名法は以下のような場合は使用できない．倍数命名法が使えない場合，PIN をつくるには置換命名法を
使う．

> P-15.3.4.1　認められない倍数置換基
> P-15.3.4.2　認められない同一単位

P-15.3.4.1　認められない倍数置換基　　倍数命名法では，3 種類の型の倍数置換基が認められない．

P-15.3.4.1.1　　二つ以上の異なった構成要素からなる非対称な置換基．

例: (1) たとえば，$\text{H}_3\text{Si-SiH}_2\text{-CH}_2\text{-OO-SiH}_2\text{-SiH}_3$ 中の $-\text{CH}_2\text{-OO}-$

1-[(ジシラニルメチル)ペルオキシ]ジシラン **PIN**　1-[(disilanylmethyl)peroxy]disilane **PIN**
〔[(ジシラニルペルオキシ)メチル]ジシラン [(disilanylperoxy)methyl]disilane ではない．
disilanylmethylperoxy は英数字順で disilanylperoxymethyl より前である．P-14.5 参照〕
〔3,4-ジオキサ-1,2,6,7-テトラシラヘプタン 3,4-dioxa-1,2,6,7-tetrasilaheptane ではない．
"ア"命名法には 4 個以上のヘテロ単位が必要である．P-51.4 参照〕

(2) たとえば，$\text{HO}\text{—}\bigcirc\text{—}\text{CH}_2\text{—NH—}\bigcirc\text{—}\text{OH}$ 中の $-\text{CH}_2\text{-NH}-$

4-[(4-ヒドロキシアニリノ)メチル]フェノール **PIN**　4-[(4-hydroxyanilino)methyl]phenol **PIN**
〔4-{[(4-ヒドロキシフェニル)メチル]アミノ}フェノール
4-{[(4-hydroxyphenyl)methyl]amino}phenol ではない．
hydroxyanilinomethyl は，英数字順で hydroxyphenylmethylamino より前である．P-14.5 参照〕

(3) たとえば，$\text{H}_3\text{Si-SiH}_2\text{-O-CH}_2\text{-CH}_2\text{-S-SiH}_2\text{-SiH}_3$ 中の $-\text{O-CH}_2\text{-CH}_2\text{-S}-$

3-オキサ-6-チア-1,2,7,8-テトラシラオクタン **PIN**　3-oxa-6-thia-1,2,7,8-tetrasilaoctane **PIN**
{[2-(ジシラニルオキシ)エチル]スルファニル}ジシラン
{[2-(disilanyloxy)ethyl]sulfanyl}disilane
〔[2-(ジシラニルスルファニル)エトキシ]ジシラン
[2-(disilanylsulfanyl)ethoxy]disilane ではない．disilanyloxy は，英数字順で
disilanylsulfanyl より前である．P-14.5 参照〕

P-15.3.4.1.2　　末端原子が多重性の異なった遊離原子価をもつ非対称な置換基．

例: (1) たとえば，

$$\bigcirc\text{—CH=}\bigcirc \quad \text{中の} \quad -\text{CH=}$$

(シクロヘキシリデンメチル)ベンゼン **PIN**　(cyclohexylidenemethyl)benzene **PIN**
〔(フェニルメチリデン)シクロヘキサン (phenylmethylidene)cyclohexane ではない．
ベンゼンはシクロヘキサンより優位である．P-44.4.1.1 参照〕

P-15　命名法の種類　　　　　　　　　　　65

(2) たとえば,

HO─⬡─CH₂-CH=N-CH₂-CH=⬡─OH　　中の　　─CH₂-CH=N-CH₂-CH=

4-(2-{[2-(4-ヒドロキシシクロヘキシル)エチリデン]アミノ}エチリデン)シクロヘキサン-1-オール **PIN**
4-(2-{[2-(4-hydroxycyclohexyl)ethylidene]amino}ethylidene)cyclohexan-1-ol **PIN**
　〔4-(2-{[2-(ヒドロキシシクロヘキシリデン)エチル]イミノ}エチル)シクロヘキサン-1-オール
　4-(2-{[2-(4-hydroxycyclohexylidene)ethyl]imino}ethyl)cyclohexan-1-ol ではない.
　(hydroxycyclohexyl)ethylidene は, 英数字順で(hydroxycyclohexylidene)ethyl より前である. P-14.5 参照〕

P-15.3.4.1.3　　非対称に置換された構成成分.

例: たとえば

HOOC─⬡─CH₂-CH-O-CH₂-CH-⬡─COOH　　中の　　─CH₂-CH─O-CH₂-CH─
　　　　　　　　　　│Cl　　　│Cl　　　　　　　　　　　　　│Cl　　　│Cl

4-{2-[2-(4-カルボキシフェニル)-1-クロロエトキシ]-1-クロロエチル}安息香酸 **PIN**
4-{2-[2-(4-carboxyphenyl)-1-chloroethoxy]-1-chloroethyl}benzoic acid **PIN**
　〔4-{2-[2-(4-カルボキシフェニル)-2-クロロエトキシ]-2-クロロエチル}安息香酸
　4-{2-[2-(4-carboxyphenyl)-2-chloroethoxy]-2-chloroethyl}benzoic acid ではない.
　1-chloroethoxy は, 英数字順で 2-chloroethoxy より前である. P-45.5 参照〕

P-15.3.4.2　認められない同一単位　　倍数命名法では, 飽和または不飽和の鎖状炭化水素は, 母体構造として認められない(P-15.3.1.1(b)参照).

例:
$$CH_3\text{-}CH_2\text{-}CH_2\text{-}S\text{-}\overset{1}{C}\text{-}S\text{-}CH_2\text{-}CH_2\text{-}CH_3$$
（上部に）$\overset{2}{C}H\text{-}S\text{-}CH_2\text{-}CH_3$（二重結合で結合）

1-{[2-(エチルスルファニル)-1-(プロピルスルファニル)エテン-1-イル]スルファニル}プロパン **PIN**
1-{[2-(ethylsulfanyl)-1-(propylsulfanyl)ethen-1-yl]sulfanyl}propane **PIN**　（置換名）
　〔1,1′-{[2-(エチルスルファニル)エテン-1,1-ジイル]ビス(スルファニル)}ジプロパン
　1,1′-{[2-(ethylsulfanyl)ethene-1,1-diyl]bis(sulfanyl)}dipropane ではない.
　アルカン類は, 依然として, 同一単位として認められていない〕

P-15.4　"ア"命名法

P-15.4.0　はじめに

　"ア"命名法 ('a') nomenclature (**骨格代置"ア"命名法** skeletal replacement nomenclature)は, 官能基代置命名法を含む代置命名法に属する命名法である(P-13.2 参照). 官能基代置命名法については P-15.5 で述べる. 官能基代置という操作を命名法とみなすのと同様に, 骨格代置という操作も命名法とみなす.

　有機化合物の命名法において, 命名法全般の範囲内で, 炭素原子を他の原子により代置するという骨格代置は, 代置するヘテロ原子が a で終わる分離不可接頭語によって示されることから, "ア"命名法(または骨格代置"ア"命名法)とよんでいる. "ア"命名法は, 炭素を含む別の原子によるホウ素原子の代置(P-68.1.1.3.1 参照)や天然物の基本的な構造を修飾するために(P-101.4 参照), 炭素を含む別の原子によるヘテロ原子の代置のような操作も含んでいる. "ア"接頭語を使って表現する以外の骨格代置の方法には, ある種の複素環に含まれる窒素原子のリンおよびヒ素原子による代置(表 2·9 参照)や他の複素環に含まれる酸素原子の硫黄, セレン, テルル原子などによる代置(表 2·8, p-25.2.2 参照)がある.

　本節ではおもに炭化水素母体水素化物における骨格代置を取扱う. "ア"命名法には次の 2 通りの使い方がある.

(a) 対応する環状炭化水素中の炭素原子を代置することによって，複素環母体水素化物の名称をつくるため

(b) たとえば，ポリアミンやポリエーテルなどを命名する場合に，置換命名法の原則に従ってつくった名称より，むしろ対応する鎖状炭化水素中の炭素原子を代置することによって，ヘテロ鎖状構造の簡単な名称をつくるため

> 以前の勧告では，ヘテロ鎖は炭素原子で終わらなければならなかった(1993 規則 R-2.2.3.1)が，本勧告では，ヘテロ鎖は以下のいずれのヘテロ原子: P, As, Sb, Bi, Si, Ge, Sn, Pb, B, Al, Ga, In, Tl および C で終わってもよい(P-15.4.3.1 参照).

"ア"命名法に関連する PIN の選択は P-51.4 で述べる.

P-15.4.1 一 般 規 則

P-15.4.1.1 "ア"接頭語とよばれる分離不可接頭語は，骨格原子の標準結合数を保ったまま，他の原子に代置することを示すために使う．本勧告に関連する原子が表 1·5 に記してある．

表 1·5 "ア"接頭語

標準結合数		3		4		3		2		1
	B	ボラ bora	C	カルバ carba	N	アザ aza	O	オキサ oxa	F	フルオラ fluora
	Al	アルミナ alumina	Si	シラ sila	P	ホスファ phospha	S	チア thia	Cl	クロラ chlora
	Ga	ガラ galla	Ge	ゲルマ germa	As	アルサ arsa	Se	セレナ selena	Br	ブロマ broma
	In	インダ inda	Sn	スタンナ stanna	Sb	スチバ stiba	Te	テルラ tellura	I	ヨーダ ioda
	Tl	タラ thalla	Pb	プルンバ plumba	Bi	ビスマ bisma	Po	ポロナ polona	At	アスタタ astata

P-15.4.1.2 命名と番号付けの際には，以下に示す元素の優位性の順位に従う: F > Cl > Br > I > At > O > S > Se > Te > Po > N > P > As > Sb > Bi > C > Si > Ge > Sn > Pb > B > Al > Ga > In > Tl (付録 1 参照). "ア"接頭語によって修飾された構造を命名し，番号付けをした時点で，その構造は新しい母体水素化物とみなされる．ヘテロ原子には位置番号の指定が必須であるから，すべての位置番号を P-14.3.3 で決めたとおりに記さなければならない．

P-15.4.1.3 記号 λ^n は，非標準結合数をもつヘテロ原子を記すために使う(P-14.1.3). これは，名称中のヘテロ原子を示す位置番号の直後に(ハイフンを入れずに)置く．

例:

$6\lambda^5$-ホスファスピロ[4.5]デカン **PIN** $6\lambda^5$-phosphaspiro[4.5]decane **PIN**

P-15.4.1.4 アニオン性およびカチオン性ヘテロ原子を表すために使われるアニオンおよびカチオンの"ア"接頭語は，表 1·5 に示した中性接頭語から導かれたものである．これらの"ア"接頭語はすべて予備選択接頭語である．

例:

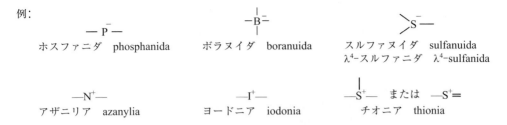

イオンの"ア"接頭語に関連する PIN の選択は, P-73.4 で詳しく述べる.

P-15.4.2 "ア"命名法には, 複素環母体水素化物を命名する方法が三つある.

P-15.4.2.1 "ア"命名法は, 単純に, 個々の複素単環母体水素化物(P-22.2.3 参照)の生成, 複素ポリシクロ環母体水素化物(P-23.3 参照)の生成, 単環のみからなる複素スピロ環母体水素化物(P-24.2.4.1 参照)の生成, フラーレン(P-27.5 参照)の生成などの目的のために使う. こうして生成した複素環化合物は, 倍数命名法における同一母体構造としては使えるが, 縮合環命名法あるいは環集合の構成成分として使うことはできない.

P-15.4.2.2 個々の複素環が上記の P-15.4.2.1 の対象とならない複素スピロ環系の構成成分の場合〔P-24.3.4, P-24.4.3(一部)および P-24.5.2(一部)参照〕, 複素環ファン系(P-26.5.2 参照)の場合, あるいは複素環集合(P-28.5 参照)の構成成分である場合は, "ア"命名法を次の2段階の手順で適用する. まず構造を全体的または部分的な炭化水素系として命名する. 次に"ア"接頭語を名称の前に付け加える. この方法によって組立てられた名称は, 倍数命名法において同一母体構造として使うことができる.

P-15.4.2.3 "ア"命名法によって命名した最多非集積二重結合をもった複素単環成分は, 縮合環命名法で成分の環として使う場合は変更を受ける〔P-25.2.2.1, P-25.2.2.4(一部)および P-25.3.2.1.2 参照〕.

P-15.4.3 鎖状母体水素化物を対象とした"ア"命名法

P-15.4.3.1 骨格代置名は, "ア"接頭語を P-15.4.1.2 に示した**優先順位に従い**, 枝分かれのない母体構造の名称の前に置くことによってつくる. 倍数接頭語の di, tri, tetra などにより同一ヘテロ原子の数を示し, 位置番号でそれらの位置を指定する. 鎖の末端は, 炭素原子または次のヘテロ原子: P, As, Sb, Bi, Si, Ge, Sn, Pb, B, Al, Ga, In, Tl の一つでなければならない.

> ヘテロ鎖の P, As, Sb, Bi, Si, Ge, Sn, Pb, B, Al, Ga, In または Tl が末端になることは, 炭素原子のみしか末端になれなかった以前の勧告からの変更である.

例:
$\overset{1}{CH_3}$-O-$\overset{3}{CH_2}$-S-S-$\overset{6}{CH_2}$-$\overset{7}{CH_2}$-O-$\overset{9}{CH_2}$-$\overset{10}{CH_2}$-Se-$\overset{12}{CH_3}$
2,8-ジオキサ-4,5-ジチア-11-セレナデカン **PIN**
2,8-dioxa-4,5-dithia-11-selenadodecane **PIN**

$\overset{1}{H_3Si}$-O-$\overset{3}{CH_2}$-S-$\overset{5}{SiH_3}$
2-オキサ-4-チア-1,5-ジシラペンタン **PIN**
2-oxa-4-thia-1,5-disilapentane **PIN**

P-15.4.3.2 ヘテロ鎖状母体水素化物の番号付け

P-15.4.3.2.1 枝分かれのない鎖構造を選び, 端から端まで連続して位置番号を振る. その際, 種類に関係なくヘテロ原子の集団に, 組合わせとしてなるべく小さな位置番号を割当てる. さらに, 可能ならば, P-15.4.1.2 に示されている優先順位の上位に記されているヘテロ原子に, より小さい位置番号が付くようにする.

> 本勧告により, "ア"命名法は, 環の場合と同様に, 番号付けが固定された新しい鎖状母体水素化物をつくり出すことになった. これは規則 C-0.6 (参考文献 1) に加えられた主要な変更である. したがって, 接尾語, 語尾および接頭語の番号付けは, この固定された位置番号に従う.

68   P-1　一般原則，規則および慣用

例：　　　　$\overset{1}{CH_3}-\overset{2}{SiH_2}-\overset{3}{CH_2}-\overset{4}{SiH_2}-\overset{5}{CH_2}-\overset{6}{SiH_2}-\overset{7}{CH_2}-\overset{8}{S}-\overset{9}{CH_2}-\overset{10}{CH_3}$

　　8-チア-2,4,6-トリシラデカン **PIN**　8-thia-2,4,6-trisiladecane **PIN**

　　（位置番号の組合わせ 2,4,6,8 は 3,5,7,9 より小さい，P-14.3.5 参照）

　　　　　　$\overset{9}{CH_3}-\overset{8}{SiH_2}-\overset{7}{CH_2}-\overset{6}{SiH_2}-\overset{5}{CH_2}-\overset{4}{SiH_2}-\overset{3}{CH_2}-\overset{2}{O}-\overset{1}{CH_3}$

　　2-オキサ-4,6,8-トリシラノナン **PIN**　2-oxa-4,6,8-trisilanonane **PIN**

　　（ヘテロ原子の位置番号の組合わせ 2,4,6,8 は同一である．したがって，
　　小さい位置番号が Si ではなく O に付けられる．付録 1 参照）

P-15.4.3.2.2　　遊離原子価をもった原子には，ヘテロ鎖に固定された番号付けに対応した位置番号を付ける．

例：　　　　$\overset{1}{CH_3}-\overset{2}{SiH_2}-\overset{3}{CH_2}-\overset{4}{SiH_2}-\overset{5}{CH_2}-\overset{6}{SiH_2}-\overset{7}{CH_2}-\overset{8}{SiH_2}-\overset{9}{CH_2}-\overset{10}{CH_2}-$

　　2,4,6,8-テトラシラデカン-10-イル 優先接頭　2,4,6,8-tetrasiladecan-10-yl 優先接頭

　　注記：デカ-10-イル dec-10-yl ではなく，デカン-10-イル decan-10-yl を使う．
　　P-29.3.2.2 参照．

　　　　　$\overset{1}{CH_3}-\overset{2}{SiH_2}-\overset{3}{CH_2}-\overset{4}{SiH_2}-\underset{5}{\overset{|}{CH}}-\overset{6}{SiH_2}-\overset{7}{CH_2}-\overset{8}{SiH_2}-\overset{9}{CH_2}-\overset{10}{CH_3}$

　　2,4,6,8-テトラシラデカン-5-イル 優先接頭　2,4,6,8-tetrasiladecan-5-yl 優先接頭

　　　　　$\overset{1}{CH_3}-\overset{2}{SiH_2}-\overset{3}{CH_2}-\overset{4}{SiH_2}-\overset{5}{CH_2}-\overset{6}{SiH_2}-\overset{7}{CH_2}-\overset{8}{SiH_2}-\overset{9}{CH_2}-\overset{10}{CH_2}-\overset{11}{CH_2}-$

　　2,4,6,8-テトラシラウンデカン-11-イル 優先接頭　2,4,6,8-tetrasilaundecan-11-yl 優先接頭

P-15.4.3.2.3　　接尾語として表される特性基には，ヘテロ鎖の固定番号に従って位置番号を付ける．

例：　　　　$\overset{9}{CH_3}-\overset{8}{SiH_2}-\overset{7}{CH_2}-\overset{6}{SiH_2}-\overset{5}{CH_2}-\overset{4}{SiH_2}-\overset{3}{CH_2}-\overset{2}{SiH_2}-\overset{1}{COOH}$

　　2,4,6,8-テトラシラノナン-1-酸 **PIN**　2,4,6,8-tetrasilanonan-1-oic acid **PIN**

　　（位置番号 1 は P-15.4.1.2 に従って省略しない）

　　　　　$\overset{1}{CH_3}-\overset{2}{SiH_2}-\overset{3}{CH_2}-\overset{4}{SiH_2}-\overset{5}{CH_2}-\overset{6}{SiH_2}-\overset{7}{CH_2}-\overset{8}{SiH_2}-\overset{9}{CH_2}-\overset{10}{CH_2}-OH$

　　2,4,6,8-テトラシラデカン-10-オール **PIN**　2,4,6,8-tetrasiladecan-10-ol **PIN**

　　　　　$\overset{1}{CH_3}-\overset{2}{SiH_2}-\overset{3}{CH_2}-\overset{4}{SiH_2}-\overset{5}{CH_2}-\overset{6}{SiH_2}-\overset{7}{CH_2}-\overset{8}{SiH_2}-\overset{9}{CH_2}-\overset{10}{CH_2}-COOH$

　　2,4,6,8-テトラシラデカン-10-酸 **PIN**　2,4,6,8-tetrasiladecan-10-oic acid **PIN**

P-15.4.3.2.4　　二重および三重結合の位置番号はヘテロ鎖の固定番号に従う．選択の余地がある場合は，多重結合の一般的な優先順位に従って位置番号を付ける（P-31.1.2.2.2 参照）．

例：　$\overset{1}{CH_3}-\overset{2}{SiH_2}-\overset{3}{CH_2}-\overset{4}{SiH_2}-\overset{5}{CH_2}-\overset{6}{SiH_2}-\overset{7}{CH_2}-\overset{8}{SiH_2}-\overset{9}{CH}=\overset{10}{CH_2}$　　2,4,6,8-テトラシラデカ-9-エン **PIN**
　　　　　　　　　　　　　　　　　　　　　　　　　　　　　　　　2,4,6,8-tetrasiladec-9-ene **PIN**

P-15.4.3.2.5　非標準結合数をもつヘテロ原子

（a）母体水素化物に存在し，電荷を帯びていない骨格ヘテロ原子の非標準結合数は，λ^n によって示す．ここで n は結合数を表し，この記号の前に該当する位置番号を示す（P-14.1.3 参照）．

例：　　$\overset{1}{CH_3}-\overset{2}{O}-\overset{3}{CH_2}-\overset{4}{CH_2}-\overset{5}{O}-\overset{6}{CH_2}-\overset{7}{CH_2}-\overset{8}{O}-\overset{9}{CH_2}-\overset{10}{CH_2}-\overset{11}{SH_2}-\overset{12}{CH_3}$

　　2,5,8-トリオキサ-11 λ^4-チアドデカン **PIN**　2,5,8-trioxa-11 λ^4-thiadodecane **PIN**

　　（O には S に優先して小さい位置番号を付ける．付録 1 参照）

P-15 命名法の種類   69

(b) 選択の余地がある場合は，小さい位置番号をより大きな結合数をもつヘテロ原子に割当てる.

例:
$$\overset{1}{C}H_3\text{-}\overset{2}{S}H_2\text{-}\overset{3}{C}H_2\text{-}\overset{4}{C}H_2\text{-}\overset{5}{S}\text{-}\overset{6}{C}H_2\text{-}\overset{7}{C}H_2\text{-}\overset{8}{S}\text{-}\overset{9}{C}H_2\text{-}\overset{10}{C}H_2\text{-}\overset{11}{S}\text{-}\overset{12}{C}H_3$$

2λ⁴,5,8,11-テトラチアドデカン **PIN**   2λ⁴,5,8,11-tetrathiadodecane **PIN**

P-15.4.3.3   アニオンおよびカチオンの"ア"接頭語の使用は，それぞれ P-72.4 および P-73.4 において詳しく述べる.

P-15.5 官能基代置命名法

> P-15.5.1 定 義
> P-15.5.2 一般的な命名法
> P-15.5.3 官能基代置命名法の範囲

P-15.5.1 定 義

官能基代置命名法 functional replacement nomenclature は，特性基ならびに官能性母体化合物中の酸素原子をハロゲン，カルコゲン，窒素原子などによって代置する命名方法である.

P-15.5.2 一般的な命名法

酸素原子またはヒドロキシ基を他の原子または原子団によって代置することは，特性基あるいは保存名や体系名をもった母体水素化物，官能性母体化合物などの名称に，分離不可接頭語を加えたり挿入語を挿入することによって表現できる. 接頭語と挿入語を表 1・6 に示してある. 接頭語と挿入語は −OO−，−S−，−Se−，−Te− などの代置する原子(団)を指定するために使う. たとえば，チオ thio は接尾語のスルホノチオイル sulfonothioyl とカルボチオイル carbothioyl，また官能性母体の チオ酢酸 thioacetic acid 中で，酸素原子が硫黄により代置されていることを示す. 同様に，ペルオキソ peroxo またはペルオキシ peroxy は，接尾語の ペルオキソ酸 peroxoic acid および ペルオキシ酢酸 peroxyacetic acid の名称中で，酸素原子が −OO− 基により代置されていることを示す. 複数の異なる代置原子(団)の存在を示す複数の接頭語または挿入語が存在する場合，たとえば，シクロヘキサンカルボセレノチオ *Se*-酸 cyclohexanecarboselenothioic *Se*-acid(P-65.1.5.1 参照)や 3-アミド-2-イミドジホスホン酸クロリド 3-amido-2-imidodiphosphonic chloride (P-67.2.3 参照)のように，アルファベット順に並べて記す.

P-15.5.3 官能基代置命名法の範囲

表 1・6 に示した接頭語および挿入語は，以下に述べる独自の規則に従って使う.

> P-15.5.3.1 複素環母体水素化物における代置   P-15.5.3.3 置換命名法において接頭語として
> P-15.5.3.2 置換命名法において接尾語として   示す特性基における代置
>   示す特性基における代置   P-15.5.3.4 官能性母体化合物における代置

P-15.5.3.1 複素環母体水素化物における代置   接頭語は，以下に記すように，母体水素化物の特定の原子団を修飾するために使用する. ピラン pyran については表 2・2，モルホリン morpholine については表 2・3，クロメン chromene，イソクロメン isochromene，キサンテン xanthene については表 2・8，クロマン chromane とイソクロマン isochromane については表 3・1 を参照してほしい.

表 1·6 官能基代置命名法における接頭語および挿入語 (アルファベット順)

接頭語	挿入語	代置される原子または原子団	代置する原子または原子団
アミド amido	アミド amido	−OH	−NH$_2$
アジド azido	アジド azido	−OH	−N$_3$
ブロモ bromo	ブロミド bromido	−OH	−Br
クロロ chloro	クロリド chlorido	−OH	−Cl
シアナト cyanato	シアナチド cyanatido	−OH	−OCN
シアノ cyano	シアニド cyanido	−OH	−CN
ジチオペルオキシ† dithioperoxy†	ジチオペルオキソ† dithioperoxo†	−O−	−S-S−
フルオロ fluoro	フルオリド fluorido	−OH	−F
ヒドラジド hydrazido	ヒドラジド hydrazido	−OH	−NH-NH$_2$
ヒドラゾノ hydrazono	ヒドラゾノ hydrazono	=O	=N-NH$_2$
イミド imido	イミド imido	=O または −O−	=NH または −NH−
ヨード iodo	ヨージド iodido	−OH	−I
イソシアナト isocyanato	イソシアナチド isocyanatido	−OH	−NCO
イソシアノ isocyano	イソシアニド isocyanido	−OH	−NC
イソチオシアナト† isothiocyanato†	イソチオシアナチド† isothiocyanatido†	−OH	−NCS
ニトリド nitrido	ニトリド nitrido	=O および −OH	≡N
ペルオキシ peroxy	ペルオキソ peroxo	−O−	−O-O−
セレノ seleno	セレノ seleno	=O または −OH	=Se または −SeH
テルロ telluro	テルロ telluro	=O または −OH	=Te または −TeH
チオ thio	チオ thio	=O または −OH	=S または −S−
チオシアナト† thiocyanato†	チオシアナチド† thiocyanatido†	−OH	−SCN
チオペルオキシ† thioperoxy†	チオペルオキソ† thioperoxo†	−O−	−OS− または −SO−

† セレンおよびテルルの類縁体は，チオ thio の代わりにセレノ seleno およびテルロ telluro を用いて命名する.

例： 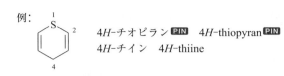 4*H*-チオピラン PIN 4*H*-thiopyran PIN
4*H*-チイン 4*H*-thiine

P-15.5.3.2 置換命名法において接尾語として示す特性基における代置   接尾語における代置は，−OO−，=S と −S−，=Se と −Se−，=Te と −Te−，=NH と =NNH$_2$ およびこれらの接辞の組合わせに限られる（表1・6 参照）．炭素原子を含む接尾語，ならびにスルホン酸とスルフィン酸およびそれらの類縁体に対応する接尾語は，挿入語によって修飾される．その他の接尾語は，接頭語によって修飾される．官能基代置によって修飾される接尾語の例と優先順位については，それぞれ，P-4 の表 4・2 と表 4・3 を参照されたい．

例： −CO-OOH   カルボペルオキソ酸 優先接尾   carboperoxoic acid 優先接尾

　　 −CO-SH   カルボチオ *S*-酸 優先接尾   carbothioic *S*-acid 優先接尾

　　 −CS-OH   カルボチオ *O*-酸 優先接尾   carbothioic *O*-acid 優先接尾

　　 −C(=NH)-OH   カルボキシイミド酸 優先接尾   carboximidic acid 優先接尾

　　 −SO-OOH   スルフィノペルオキソ酸 予備接尾   sulfinoperoxoic acid 予備接尾

　　 −S(=NNH$_2$)-OH スルフィノヒドラゾン酸 予備接尾   sulfinohydrazonic acid 予備接尾

　　 −(C)O-SH   チオ酸 優先接尾   thioic acid 優先接尾

　　 −(C)S-NH$_2$ チオアミド 優先接尾   thioamide 優先接尾
　　　　　　　　（チアミド thiamide に短縮しない）

　　 =S   チオン 予備接尾   thione 予備接尾

　　 −SeH   セレノール 予備接尾   selenol 予備接尾

P-15.5.3.3 置換命名法において接頭語として示す特性基における代置   官能基代置は，酸素原子を含む接頭語を，接頭語 チオ thio, セレノ seleno, テルロ telluro を用いて修飾する．接頭語については，P-6 の該当する節で述べる．また付録 2 にも示してある．

例： −C{O/S}H   チオカルボキシ 優先接頭   thiocarboxy 優先接頭

　　 =S   チオキソ   thioxo
　　　　　　　 スルファニリデン 予備接頭   sulfanylidene 予備接頭

P-15.5.3.4 官能性母体化合物における代置   官能基代置は，接頭語と接尾語によってカルボン酸およびオキソ酸を修飾するための操作で，以下の P-15.5.3.4.1 および P-15.5.3.4.2 に示した独自の規則に従う．この操作は，官能性母体構造を表す二つの保存名，尿素とセミカルバゾンを修飾するためにも使う．これについては P-15.5.3.4.3 で述べる．官能基代置は，ケトン，アルコールまたはアセタール，ケタールのような誘導体における酸素原子の代置には使わない．この場合は，代わりに体系名を推奨する．

例： CH$_3$-CS-CH$_3$ プロパン-2-チオン PIN   propane-2-thione PIN
　　　　　　　　（チオアセトン thioacetone ではない）

　　 C$_6$H$_5$-SH   ベンゼンチオール PIN   benzenethiol PIN
　　　　　　　　（チオフェノール thiophenol ではない）

P-15.5.3.4.1   GIN としては，モノカルボン酸の保存名を，代置原子である −OO−，−S− または =S，−Se− または =Se，−Te− または =Te による酸素原子の代置を示すために，接頭語の ペルオキシ peroxy, チオ thio, セレノ seleno, テルロ telluro により修飾してもよい（P-65.1.4.1 および P-65.1.5.2 参照）．

72   P-1 一般原則，規則および慣用

例： $CH_3\text{-}CO\text{-}SH$ $CH_3\text{-}CH_2\text{-}CS\text{-}OH$ $C_6H_5\text{-}CS\text{-}SH$
      S-チオ酢酸   *O*-チオプロピオン酸   ジチオ安息香酸
      thioacetic *S*-acid   thiopropionic *O*-acid   dithiobenzoic acid
      エタンチオ *S*-酸 **PIN**   プロパンチオ *O*-酸 **PIN**   ベンゼンカルボジチオ酸 **PIN**
      ethanethioic *S*-acid **PIN**   propanethioic *O*-acid **PIN**   benzenecarbodithioic acid **PIN**

P-15.5.3.4.2   単核および多核のオキソ酸の名称は，P-67 で述べる規則に従い，表 1・6 に示した接頭語および挿入語によって修飾する.

    例：$CH_3\text{-}P(=NH)(OH)(SH)$ *P*-メチルホスホンイミドチオ酸 **PIN**
                                    P-methylphosphonimidothioic acid **PIN**

P-15.5.3.4.3   P-66.1.6 および P-68.3.1 に述べられている複数の窒素をもつ鎖状の官能性母体化合物の保存名は，接頭語の チオ thio，セレノ seleno，テルロ telluro によって修飾する.

    例：$H_2N\text{-}CS\text{-}NH_2$ チオ尿素 **PIN** thiourea **PIN** （P-66.1.6.1.3）
                                    カルボノチオ酸ジアミド carbonothioic diamide

    $H_2N\text{-}NH\text{-}CSe\text{-}NH_2$ セレノセミカルバジド selenosemicarbazide
                                    ヒドラジンカルボセレノアミド **PIN** hydrazinecarboselenoamide **PIN**
                                    （P-68.3.1.2.4 参照）

P-15.6 接 合 命 名 法

P-15.6.0 は じ め に

接合命名法 conjunctive nomenclature は，本質的に接合操作をもとにした命名法で，それぞれの成分の接合部位から同数の水素原子を除去して結合することによって形式的につくり上げられる化合物が対象となる. この方式は，主基をもった鎖状成分が炭素-炭素結合によって直接，環状成分に結合している化合物を命名する方法で，慣用的によく使われている. この命名法は，置換命名法の代替法として GIN には使うことができるが，PIN をつくる方法としては使えない(P-51.5 参照). 接合名では，名称における位置番号の配置が，本勧告において定めた名称の位置番号の配置と矛盾しないように修正されている(参考文献 2). CAS 索引の命名法において使われている接合命名法の別の側面について，その制限も含めこの節で簡単に述べる(P-15.6.2).

P-15.6.1 名 称 の 組 立 て

P-15.6.1.1   名称は成分の名称を並置することによってつくる. 環状成分の名称を最初に記載し，その後に主特性基が結合している成分の体系名または保存名を記す.

    例： CH_2OH シクロヘキサンメタノール cyclohexanemethanol
                            シクロヘキシルメタノール **PIN** cyclohexylmethanol **PIN**

          $CH_2\text{-}COOH$ ベンゼン酢酸 benzeneacetic acid
                            フェニル酢酸 **PIN** phenylacetic acid **PIN**

P-15.6.1.2   環状成分への側鎖の結合位置が必要な場合は，環状成分の名称の前に該当する位置番号を置くが，ヘテロ原子や指示水素のような環状成分の構造特性に関する位置番号がすでにある場合は，その位置番号は環状成分の名称の後に置く. 鎖状成分は構造上，環状成分と結合する位置が末端となるので，鎖状成分側の結合位置番号は必ずしも示す必要はない. 側鎖の炭素原子の位置は，ギリシャ文字により，主特性基から環状成分に向かって順に示す. このような位置番号は，名称の中で側鎖上の他の置換基の位置を示すためだけに使う. ギリシャ文字の位置番号は，特性基の炭素原子(酸，アルデヒド，ニトリルなど)には付けない.

P-15 命名法の種類   73

例：

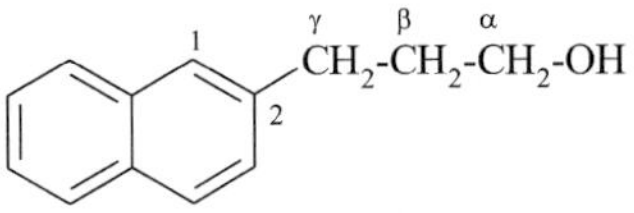

ナフタレン-2-プロパノール　naphthalene-2-propanol
3-(ナフタレン-2-イル)プロパン-1-オール PIN
3-(naphthalen-2-yl)propan-1-ol PIN
3-(2-ナフチル)プロパン-1-オール　3-(2-naphthyl)propan-1-ol

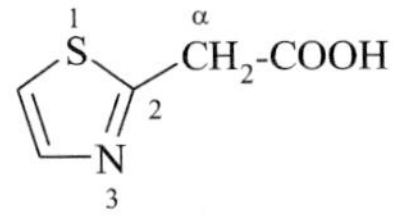

1,3-チアゾール-2-酢酸　1,3-thiazole-2-acetic acid
(1,3-チアゾール-2-イル)酢酸 PIN
(1,3-thiazol-2-yl)acetic acid PIN

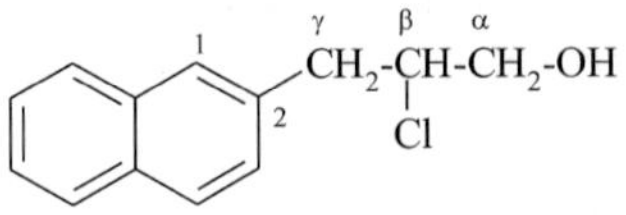

β-クロロナフタレン-2-プロパノール
β-chloronaphthalene-2-propanol
2-クロロ-3-(ナフタレン-2-イル)プロパン-1-オール PIN
2-chloro-3-(naphthalen-2-yl)propan-1-ol PIN

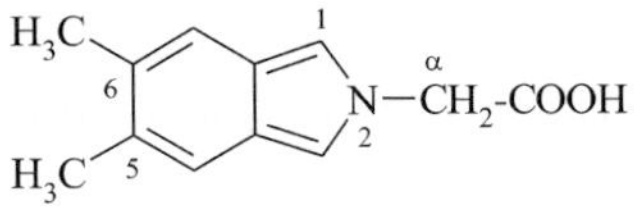

5,6-ジメチル-2H-イソインドール-2-酢酸
5,6-dimethyl-2H-isoindole-2-acetic acid
(5,6-ジメチル-2H-イソインドール-2-イル)酢酸 PIN
(5,6-dimethyl-2H-isoindol-2-yl)acetic acid PIN

P-15.6.1.3　接合命名法では，側鎖とは主基から環状成分までの部分を指すと考える．それ以外の鎖の成分は，側鎖の末端をより伸ばすかたちのものであっても，置換基とみなして該当する接頭語と位置番号を環状成分の前に記す．

例：

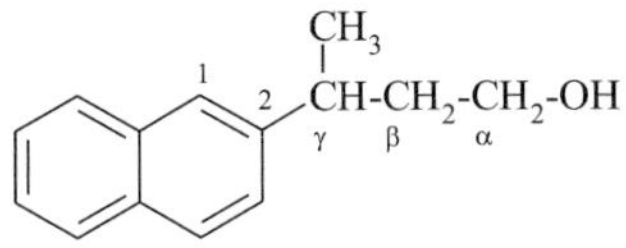

γ-メチルナフタレン-2-プロパノール
γ-methylnaphthalene-2-propanol
3-(ナフタレン-2-イル)ブタン-1-オール PIN
3-(naphthalene-2-yl)butan-1-ol PIN
3-(2-ナフチル)ブタン-1-オール
3-(2-naphthyl)butan-1-ol

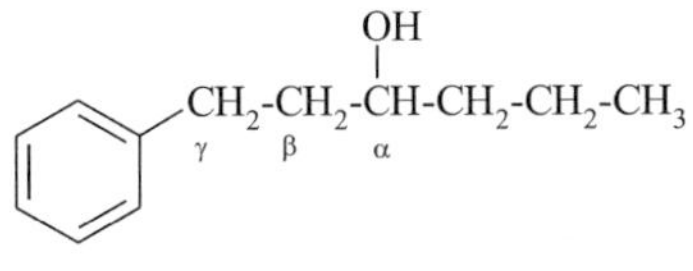

α-プロピルベンゼンプロパノール　α-propylbenzenepropanol
1-フェニルヘキサン-3-オール PIN　1-phenylhexan-3-ol PIN

P-15.6.1.4　環状成分が複数の同一側鎖をもつ場合，倍数接頭語の di, tri などを数を表すために使う．この種の接頭語は側鎖の名称の前に置き，側鎖上のすべての位置番号を示すには，プライム記号ではなく上付きアラビア数字を使う．

例：

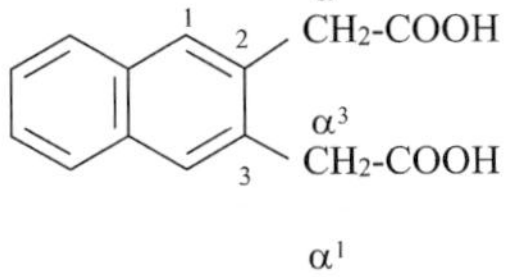

ナフタレン-2,3-二酢酸　naphthalene-2,3-diacetic acid
2,2′-(ナフタレン-2,3-ジイル)二酢酸 PIN
2,2′-(naphthalene-2,3-diyl)diacetic acid PIN

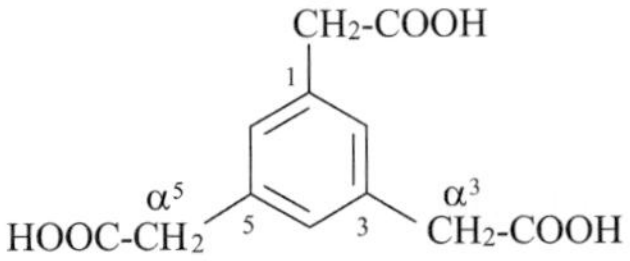

ベンゼン-1,3,5-三酢酸　benzene-1,3,5-triacetic acid
2,2′,2″-(ベンゼン-1,3,5-トリイル)三酢酸 PIN
2,2′,2″-(benzene-1,3,5-triyl)triacetic acid PIN

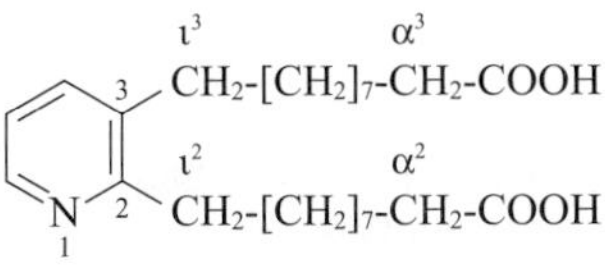

ピリジン-2,3-ジ(デカン酸)　pyridine-2,3-di(decanoic acid)
10,10′-(ピリジン-2,3-ジイル)ジ(デカン酸) PIN
10,10′-(pyridine-2,3-diyl)di(decanoic acid) PIN

P-15.6.1.5 環状成分に結合している側鎖が異なる場合

(a) 接合法により命名するには，主特性基を含む鎖を選択する．あるいは，
(b) 主特性基を含む側鎖が複数存在する場合は，主特性基をもつ接合鎖がより多くなる名称を選ぶ．必要があれば，側鎖選択には，主鎖を選択するための優先順位を適用する(P-44.3 参照)．

例：

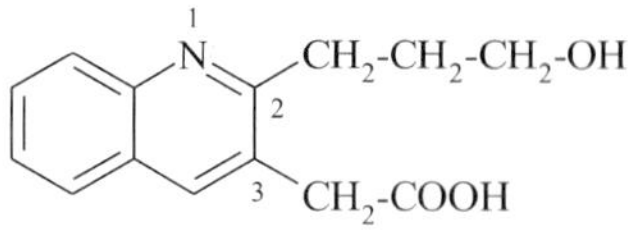

2-(3-ヒドロキシプロピル)キノリン-3-酢酸
2-(3-hydroxypropyl)quinoline-3-acetic acid
[2-(3-ヒドロキシプロピル)キノリン-3-イル]酢酸 **PIN**
[2-(3-hydroxypropyl)quinolin-3-yl]acetic acid **PIN**
（カルボン酸はアルコールに優先する）

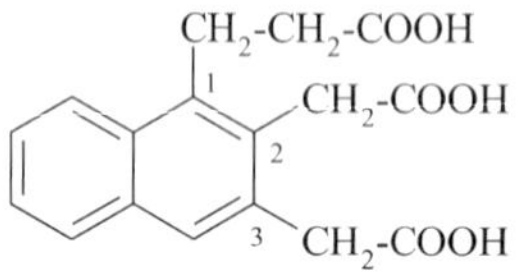

1-(2-カルボキシエチル)ナフタレン-2,3-二酢酸
1-(2-carboxyethyl)naphthalene-2,3-diacetic acid
3-[2,3-ビス(カルボキシメチル)ナフタレン-1-イル]プロパン酸 **PIN**
3-[2,3-bis(carboxymethyl)naphthalen-1-yl]propanoic acid **PIN**

P-15.6.1.6

側鎖が二つの異なる環成分と結合している場合，上位の環を優先順位に従って選択する(P-44.2 参照)．

例：

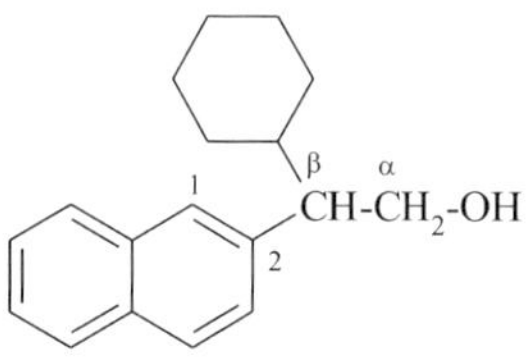

β-シクロヘキシルナフタレン-2-エタノール
β-cyclohexylnaphthalene-2-ethanol
（ナフタレン naphthalene はシクロヘキサン cyclohexane に優先する）
2-シクロヘキシル-2-(ナフタレン-2-イル)エタン-1-オール **PIN**
2-cyclohexyl-2-(naphthalen-2-yl)ethan-1-ol **PIN**

P-15.6.2 接合命名法の適用制限

接合命名法は，以下の場合は使用できない．

(a) 二重結合で鎖状成分が環に結合している場合
(b) 二重結合またはヘテロ原子が側鎖に存在する場合
(c) 2 個の同一の特性基が側鎖上に存在する場合．ただし，その 2 個の特性基に基づくことなく命名できる場合は使用できる
(d) 特性基を比較したとき，側鎖のものより上位の特性基が環成分に直接結合している場合
(e) 主基となる複数の同種の特性基が環上にある場合

上記のような場合は，通常の置換命名法を使って命名しなければならない．

例：

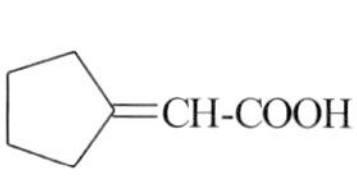

シクロペンチリデン酢酸 **PIN**
cyclopentylideneacetic acid **PIN**

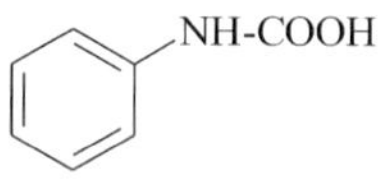

フェニルカルバミン酸 **PIN**
phenylcarbamic acid **PIN**

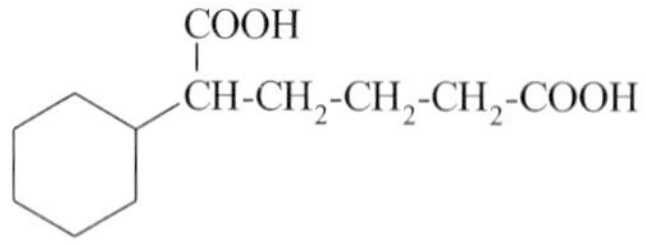

2-シクロヘキシルヘキサン二酸 **PIN**
2-cyclohexylhexanedioic acid **PIN**

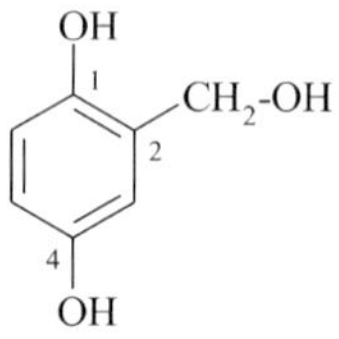

2-(ヒドロキシメチル)ベンゼン-1,4-ジオール **PIN**
2-(hydroxymethyl)benzene-1,4-diol **PIN**

$$\text{HO}-\overset{\beta^1}{\text{CH}}\text{-}\overset{\alpha^1}{\text{CH}_2}\text{-OH}$$

β¹,5-ジヒドロキシベンゼン-1,3-ジエタノール　β¹,5-dihydroxybenzene-1,3-diethanol

1-[5-ヒドロキシ-3-(2-ヒドロキシエチル)フェニル]エタン-1,2-ジオール **PIN**

1-[5-hydroxy-3-(2-hydroxyethyl)phenyl]ethane-1,2-diol **PIN**

P-15.6.3　接合名作成の解析

注記: PIN は置換名である.

例1:

$$\text{HO-}\overset{1}{\text{CH}_2}\text{-}\overset{2}{\text{CH}_2}\text{-}\overset{3}{\text{CH}_2}\text{-}\bigcirc\text{-CH}_2\text{-CH}_2\text{-OH}$$

解析: 主基	−OH	オール ol
母体:		
環:	C_6H_6	ベンゼン benzene
鎖:	$CH_3\text{-}CH_2\text{-}CH_3$	プロパン propane

接尾語を含む接合母体:

　　　　　◯−CH₂-CH₂-CH₂-OH　　　　　ベンゼンプロパノール　benzenepropanol

接頭語:	−CH₂-CH₂-OH	
接頭語の成分:	−OH	ヒドロキシ hydroxy
	−CH₂-CH₃	エチル ethyl
接頭語の名称:		2-ヒドロキシエチル 2-hydroxyethyl

その他の規則とあわせて, この解析により次の接合名が生じる.

4-(2-ヒドロキシエチル)ベンゼンプロパノール　4-(2-hydroxyethyl)benzenepropanol

3-[4-(2-ヒドロキシエチル)フェニル]プロパン-1-オール **PIN**

3-[4-(2-hydroxyethyl)phenyl]propan-1-ol **PIN**　（置換名）

例2:

$$\text{OHC-}\bigcirc\text{-CH}_2\text{-CH}_2\text{-CH}_2\text{-CH}_2\text{-CH}_2\text{-CH}_2\text{-CHO}$$

主基:	−CHO	カルボアルデヒド carbaldehyde
		または アール al
母体:		
環:	C_6H_6	ベンゼン benzene
鎖:	$CH_3\text{-}[CH_2]_5\text{-}CH_3$	ヘプタン heptane

接尾語を含む接合母体:

　　　　　◯−CH₂-CH₂-CH₂-CH₂-CH₂-CH₂-CHO

　　　　　　　　　　　　　　　　　　　　　　ベンゼンヘプタナール　benzeneheptanal

接頭語:	−CHO	ホルミル formyl

その他の規則とあわせて, この解析により次の接合名が生じる.

3-ホルミルベンゼンヘプタナール　3-formylbenzeneheptanal

3-(7-オキソヘプチル)ベンズアルデヒド **PIN**　3-(7-oxoheptyl)benzaldehyde **PIN**　（置換名）

76 P-1 一般原則，規則および慣用

P-16 名 称 の 記 法 　"日本語名称のつくり方"も参照

P-16.0　は じ め に	P-16.5　括　　弧
P-16.1　綴　　り	P-16.6　イタリック体
P-16.2　句 　読 　点	P-16.7　母音字の省略
P-16.3　倍数接頭語の di, tri など，および bis, tris など	P-16.8　母音字の補足
	P-16.9　プライム記号
P-16.4　その他の数値用語	

P-16.0　は じ め に

有機化合物の名称は，曖昧さを避け，名称と構造との間に明確な対応関係を築くために，命名法独自の記号体系に従って記す．この勧告で推奨する記号体系は，特に PIN をつくるために重要である．従来から，IUPAC は，特定の言語に特有の修飾を導入するためには別の言語が必要であることを認識しており，可能な限り，PIN だけでなく一般的な IUPAC 名(GIN)の作成においても，以下に述べる慣例が適用されることを期待している．

1979 規則と 1993 規則では，名称の頭文字は大文字で記された．この慣例は，有機化合物の名称が固有名詞とみなされないようにするため，最近の出版物では守られていない．しかし，文章の冒頭に大文字を使う通常の慣習は守るべきである．

P-16.1　綴　　り

元素の綴りは，たとえば，sulphur ではなく sulfur, aluminum ではなく aluminium, cesium ではなく caesium のように，'無機化学命名法—IUPAC 2005 年勧告—'(参考文献 12，表 I，日本語版 222〜223 ページ)に示されているものである．

P-16.2　句 　読 　点

P-16.2.1　コンマ	P-16.2.4　ハイフン
P-16.2.2　ピリオド	P-16.2.5　スペース
P-16.2.3　コロンとセミコロン	

P-16.2.1　コンマ　次の場合に使用する．
(a) 位置番号，数字またはイタリック体文字を分離するため

例：1,2-ジブロモエタン **PIN**　1,2-dibromoethane **PIN**　(P-61.3.1)

N,N-ジエチルフラン-2-カルボキシアミド **PIN**
N,N-diethylfuran-2-carboxamide **PIN**　(P-66.1.1.3.1.1)

(b) 環縮合を表す記号で，縮合されている構成成分を示すために，数字とイタリック体文字を分離するため
しかし，ペリ縮合の接合部位を示すイタリック体文字はコンマによって分離しない．

例：ジベンゾ[*c,g*]フェナントレン **PIN**　dibenzo[*c,g*]phenanthrene **PIN**　(P-25.3.4.2.1(c))

6*H*-ピロロ[3,2,1-*de*]アクリジン **PIN**　6*H*-pyrrolo[3,2,1-*de*]acridine **PIN**　(P-25.3.1.3)

P-16.2.2　ピ リ オ ド

ピリオドは，von Baeyer 体系(P-23.2.5.1 参照)によってつくられたポリシクロ環名中の橋の長さ，あるいは von Baeyer スピロ環名中のスピロ原子に結合する鎖の長さを示す数字を分離して表示するために使う(P-24.2.1 参照)．

P-16 名称の記法

例： ビシクロ[3.2.1]オクタン **PIN**　bicyclo[3.2.1]octane **PIN**　(P-23.2.3)

6-オキサスピロ[4.5]デカン **PIN**　6-oxaspiro[4.5]decane **PIN**　(P-24.2.4.1.1)

P-16.2.3　コロンとセミコロン

コロンは，関連する位置番号の組を分離する．より高いレベルの分離が必要な場合は，セミコロンを使う．

例： ベンゾ[1″,2″:3,4;4″,5″:3′,4′]ジシクロブタ[1,2-*b*:1′,2′-*c*′]ジフラン **PIN**
benzo[1″,2″:3,4;4″,5″:3′,4′]dicyclobuta[1,2-*b*:1′,2′-*c*′]difuran **PIN**　(P-25.3.7.3 参照)

1¹,2¹:2²,3¹-テルシクロプロパン **PIN**　1¹,2¹:2²,3¹-tercyclopropane **PIN**　(P-28.3.1 参照)

P-16.2.4　ハ イ フ ン

P-16.2.4.1　　　ハイフンは置換名において，

(a) 位置番号を単語または単語の一部から分離するために使用する．

例： 2-クロロ-2-メチルプロパン **PIN**　2-chloro-2-methylpropane **PIN**　(P-61.3.1)

(b) 丸括弧を閉じた後に位置番号が続く場合，丸括弧の後に使用する．

例： 1-(クロロメチル)-4-ニトロベンゼン **PIN**　1-(chloromethyl)-4-nitrobenzene **PIN**　(P-61.5.1)

N^1-(2-アミノエチル)-N^1,N^2,N^2-トリメチルエタン-1,2-ジアミン **PIN**
N^1-(2-aminoethyl)-N^1,N^2,N^2-trimethylethane-1,2-diamine **PIN**　(P-62.2.4.1.3)

(c) 隣接した位置番号を後続の左括弧記号から分離するために使用する．

例： 1-(3,4-ジヒドロキノリン-1(2*H*)-イル)エタン-1-オン **PIN**
1-(3,4-dihydroquinolin-1(2*H*)-yl)ethan-1-one **PIN**　(P-64.3.2)

N-アセチル-*N*-(3-クロロプロパノイル)ベンズアミド **PIN**
N-acetyl-*N*-(3-chloropropanoyl)benzamide **PIN**　(P-66.1.2.1)

(d) イタリック体をローマン体から分離するために使用する．

例： ジ-*tert*-ブチル　di-*tert*-butyl　(P-61.2.3)　　　*as*-インダセン　*as*-indacene　(P-25.1.1)

P-16.2.4.2　　　丸括弧で囲った複合置換基が位置番号から始まっていても，その置換基の前に付く倍数接頭語にはハイフンは付けない．

例： *N*,1-ビス(4-クロロフェニル)メタンイミン **PIN**　*N*,1-bis(4-chlorophenyl)methanimine **PIN**　(P-62.3.1.1)

P-16.2.4.3　　　ハイフンは，環縮合記号中の二つの部分，すなわち数字とイタリック体を分離する．

例： ナフト[1,2-*a*]アズレン **PIN**　naphtho[1,2-*a*]azulene **PIN**　(P-25.3.1.3)

P-16.2.4.4　　　ハイフンは，立体表示記号を名称全体または記号が関連する部分から分離する．

例：(2*E*)-ブタ-2-エン **PIN**　(2*E*)-but-2-ene **PIN**　(P-93.4.2.1.1)

P-16.2.4.5　　　長いハイフン(全角のダッシュ)は，付加化合物中の成分の名称を分離するために使用する．

例： 一酸化炭素—メチルボラン **PIN**　carbon monoxide—methylborane **PIN**　(P-13.3.5)

P-16.2.5　スペース　　　スペースは，多くの英語名称において，句読点に相当する非常に重要な役割を果たしている．名称中にスペースが必要な場合は，必ず入れなければならない．一方，スペースが必要とされない場所で(たとえば，ハイフンを使って部分同士をつなぐことにより，端から端まで連続して記さなければならないような置換名に)スペースを挿入することは誤解を招くおそれがある．スペースは次のような名称に使用する．

(a) 酸と塩の名称

例： 酢酸 **PIN**　acetic acid **PIN**　(P-65.1.1.1)

4-エトキシ-4-オキソブタン酸ナトリウム **PIN**
sodium 4-ethoxy-4-oxobutanoate **PIN**　(P-65.6.3.3.5)

(b) 官能種類名称

例： 酢酸エチル **PIN**　ethyl acetate **PIN**　(P-65.6.3.2.1)

78 　　　　　　　　　　　　　P-1　一般原則，規則および慣用

　　　　　2-(カルボノシアニドチオイル)ベンゾイル=クロリド **PIN**
　　　　　2-(carbonocyanidothioyl)benzoyl chloride **PIN** （P-65.5.4）

　　　　　ブチルエチルスルホキシド　butyl ethyl sulfoxide （P-63.6）
　　　　　1-(エタンスルフィニル)ブタン **PIN** 1-(ethanesulfinyl)butane **PIN**

(c) 官能基修飾語を用いてつくられる名称

　　　例：シクロヘキサノンエチルメチルケタール　cyclohexanone ethyl methyl ketal （P-66.6.5.1.1）
　　　　　1-エトキシ-1-メトキシシクロヘキサン **PIN** 1-ethoxy-1-methoxycyclohexane **PIN**

　　　　　ペンタン-2-オンオキシム　pentan-2-one oxime （P-68.3.1.1.2）
　　　　　(ペンタン-2-イリデン)ヒドロキシルアミン **PIN** (pentan-2-ylidene)hydroxylamine **PIN**

(d) 付加名称

　　　例：エテンオキシド　ethene oxide （P-63.5）
　　　　　オキシラン **PIN** oxirane **PIN**

　　　　　トリメチルホスファンオキシド　trimethylphosphane oxide
　　　　　トリメチル-λ^5-ホスファノン **PIN** trimethyl-λ^5-phosphanone **PIN** （P-68.3.2.3.1，P-74.2.1.4）

P-16.3　倍数接頭語の di, tri など，および bis, tris など

P-16.3.1　　　倍数接頭語は，ギリシャ語およびラテン語の数詞に由来し(P-14.2 参照)，化学名において同一の特性をもった構造がいくつあるかを示す主要な手段である．倍数接頭語は，括弧記号，特に丸括弧と密接に組合わせて使用する．

P-16.3.2　一般的な用法

　di, tri など，あるいは bis, tris など，のいずれを使うかどうか判断する一般的な最良の方法として，以下に述べるような手順を踏むが，示した順序どおりである必要はない．

(a) 倍数化する成分が単純であるか複雑な構造であるかを判断する．単純な成分とは，ナフタレン naphthalene のような非置換母体水素化物，エチル ethyl または *tert*-ブチル *tert*-butyl のような非置換接頭語，ベンゼンスルホン酸 benzenesulfonic acid のような官能化母体水素化物または酢酸 acetic acid のような保存名である．これらはすべて倍数接頭語の di, tri などを使って数を表す．

(b) このような単純な命名法成分が，丸括弧を必要とするかどうか(P-16.3.4 参照)を判断し，必要ならば名称に挿入する．

(c) 成分が置換されている場合は，自動的に bis, tris などの倍数接頭語を使用する．

(d) 単純な命名法成分が倍数接頭語の di, tri などによって倍数化されている場合に，丸括弧の有無により曖昧さが生じないかどうかを判断する(P-16.3.4 参照).

P-16.3.3　　　基本的な数詞接頭語の di, tri, tetra などは，以下のものの多重度を示すために使用する．

(a) P-16.3.6 で述べられている チオ酸 thioic acid および ジチオ酸 dithioic acid を除く官能種類接尾語と集積接尾語で，基本的なものおよび官能基代置により修飾されたもの

　　　例：ジオール　　　　　　　　　　diol （P-63.1.2 参照）
　　　　　ジカルボン酸　　　　　　　　dicarboxylic acid （P-65.1.1.2.1 参照）
　　　　　ジスルホン酸　　　　　　　　disulfonic acid （P-65.3.1 参照）
　　　　　ジイル　　　　　　　　　　　diyl （P-71.2.3 参照）
　　　　　ジイド　　　　　　　　　　　diide （P-72.2.2.1 参照）
　　　　　ジイウム　　　　　　　　　　diium （P-73.1.12 参照）
　　　　　ジペルオキソ酸　　　　　　　diperoxoic acid （P-65.1.4.1 参照）
　　　　　ジプロパン酸　　　　　　　　dipropanoic acid （P-15.3.2.1 参照）
　　　　　ジカルボペルオキソ酸　　　　dicarboperoxoic acid （P-65.1.4.1 参照）
　　　　　ジイミド酸　　　　　　　　　diimidic acid （P-65.1.3.1.1 参照）

ジカルボヒドラゾン酸	dicarbohydrazonic acid	(P-65.1.3.2.1 参照)
ジスルホノペルオキソ酸	disulfonoperoxoic acid	(P-65.3.1.2 参照)
ジスルフィンイミド酸	disulfinimidic acid	(P-65.3.1.4 参照)
ジスルホノヒドラゾノイミド酸	disulfonohydrazonimidic acid	(P-65.3.1.4 参照)
ジチオアミド	dithioamide	(P-66.1.4.1.1 参照)
ジイミドアミド	diimidamide	(P-66.4.1.1 参照)
ジカルボヒドラゾノアミド	dicarbohydrazonamide	(P-66.4.2.1 参照)
ジカルボキシイミドヒドラジド	dicarboximidohydrazide	(P-66.4.2.1 参照)
ジカルボキシイミドアミド	dicarboximidamide	(P-66.4.1.1 参照)

(b) 単純置換基接頭語(位置番号のない語尾 ene, yne をもった母体水素化物を含む)と特性基

例: ジシクロヘキシル　dicyclohexyl　(P-61.2.3 参照)

　　ジメチル　　　　　dimethyl　(P-61.2.3 参照)

　　ジ-*tert*-ブチル　　di-*tert*-butyl　(P-61.2.3 参照)

　　ジエテニル　　　　diethenyl　(P-61.2.3 参照)

　　ジイミノ　　　　　diimino　(P-62.3.1.2 参照)

　　ジブロモ　　　　　dibromo　(P-61.3.1 参照)

(c) "ア"接頭語

例: トリシラ　　trisila　(P-15.4.3.2.1 参照)

　　トリオキサ　trioxa　(P-15.4.3.2.5 参照)

(d) P-16.3.4(c), P-16.3.4(d), P-16.3.4(e)に示したもの以外の保存名と体系名をもつ倍数化された成分

例: ジフェノール　diphenol　(P-15.3.2.1 参照)

　　二酢酸　　　　diacetic acid　(P-15.3.2.1, P-15.6.1.4 参照)

　　ジプロパン酸　dipropanoic acid　(P-15.3.2.1 参照)

(e) 単純な官能基修飾語

例: ジオキシム　　dioxime　(P-68.3.1.1.2 参照)

　　ジヒドラジド　dihydrazide　(P-66.3.5.2 参照)

P-16.3.4　　丸括弧(P-16.6.1 参照)は, 倍数化する以下の成分を囲むために使う.

(a) 位置番号をもつ単純置換基接頭語

例: ジ(プロパン-2-イル)優先接頭　di(propan-2-yl)優先接頭　(P-61.2.3 参照)

　　テトラ(ナフタレン-2-イル)優先接頭　tetra(naphthalen-2-yl)優先接頭　(P-61.2.3 参照)

(b) 語尾 ene および yne によって修飾され, 位置番号をもつ単純置換基接頭語

例: ジ(プロパ-1-エン-2-イル)優先接頭　di(prop-1-en-2-yl)優先接頭　(P-68.2.6.1 参照)

(c) 数詞から始まる単純置換基接頭語と官能化母体水素化物

> これは, 従来, ビス bis が使われた規則からの変更である.

例: ジ(ドデシル)優先接頭　　　　　　　　di(dodecyl)優先接頭　(P-68.2.6.1 参照)

　　ジ(トリデシル)優先接頭　　　　　　　di(tridecyl)優先接頭　(P-52.2.8 参照)

　　ジ(テトラデカン-14,1-ジイル)優先接頭　di(tetradecane-14,1-diyl)優先接頭

　　　　　　　　　　　　　　　　　　　　(倍数優先接頭語, P-15.3.2.1 参照)

　　ジ(ペンタナール)　　　　　　　　　di(pentanal)　(P-68.2.6.2 参照)

(d) 12～19 個の原子を含む鎖状成分と倍数化された基を区別するため，名称が dec で始まる単純置換基および官能化母体水素化物(P-16.4.1.1 参照)

例：ジ(デシル)　　　　　　　di(decyl)　(P-29.3.2 参照)

ジ(デカン酸)　　　　　　　di(decanoic acid)　(P-15.3.2.1 参照)

トリ(デシル)優先接頭　tri(decyl)優先接頭

〔3 個の $-C_{10}H_{21}$ 基を表す，P-16.5.1.1 参照．

トリデシル tridecyl は $-C_{13}H_{27}$ 基を表す．P-29.3.2 参照〕

テトラ(デカン酸)優先接尾　tetra(decanoic acid)優先接尾

(4 個のデカン酸 decanoic acid を表す．テトラデカン酸 tetradecanoic acid は 14 個の原子をもつ酸を表す)

(e) 官能化母体水素化物

例：ジ(ベンゼン-1-スルホン酸)　　　di(benzene-1-sulfonic acid)　(P-15.3.2.1 参照)

ジ(シクロヘキサン-1-カルボン酸)　di(cyclohexane-1-carboxylic acid)　(P-15.3.2.1 参照)

(f) 角括弧を含む単純成分

例：8,8′-オキシジ(スピロ[4.5]デカン)PIN　8,8′-oxydi(spiro[4.5]decane)PIN　(P-15.3.2.1 参照)

ジ(ビシクロ[3.2.1]オクタン-3-イル)優先接頭　di(bicyclo[3.2.1]octan-3-yl)優先接頭
(P-44.2.1.1 参照)

ジ([4-²H]ベンゾイル)優先接頭　di([4-²H]benzoyl)優先接頭　(P-83.1.2.2 参照)

P-16.3.5　倍数接頭語の bis, tris, tetrakis などは，以下のものの多重度を示すために使用する．

(a) 複合または重複合(すなわち，置換された)接頭語(P-35.3 および P-35.4 参照)

例：ビス(2-クロロプロパン-2-イル)優先接頭　bis(2-chloropropan-2-yl)優先接頭　(P-61.3.1 参照)

ビス(ジメチルアミノ)優先接頭　bis(dimethylamino)優先接頭　(P-62.5 参照)

エタン-1,2-ジイルビス(オキシメチレン)優先接頭　ethane-1,2-diylbis(oxymethylene)優先接頭
(P-15.3.2.1 参照)

ビス(ブロモメチル)優先接頭　bis(bromomethyl)優先接頭　(P-61.3.1 参照)

(b) P-16.3.3 および P-16.3.4 で述べた接尾語の例外として，接尾語 チオ酸 thioic acid と ジチオ酸 dithioic acid ならびにその Se と Te 類縁体

例：ビス(チオ酸)優先接尾　bis(thioicacid)優先接尾
(二つの $-C\{O/S\}H$ 接尾語を表す．P-65.1.5.1 参照．
一方，ジチオ酸 dithioic acid は，一つの $-CSSH$ 接尾語を表す．P-65.1.5.1 参照)

ビス(ジチオ酸)予備接尾　bis(dithioic acid)予備接尾
(P-65.1.5.1 参照，ジジチオ酸 didithioic acid ではない)

(c) 複数の集積接尾語からなる接尾語の前

例：ビス(イリウム)優先接頭　bis(ylium)優先接尾
(二つの接尾語 イリウム ylium を表す．P-73.2.2.1.2 参照．
一方，ジイリウム diylium は一つのカチオンラジカル接尾語を表す可能性がある)

ビス(ニトリリウム)優先接尾　bis(nitrilium)優先接尾
(二つの接尾語 ニトリリウム nitrilium を表す．P-73.1.2.1 参照．
一方，ジニトリリウム dinitrilium は二つの接尾語 ニトリル nitrile と
一つの接尾語 イウム ium として解釈される可能性がある)

(d) 置換された官能基修飾語

例：ビス(フェニルヒドラゾン)　bis(phenylhydrazone)　(P-68.3.1.2.2 参照)

ペンタン-2,4-ジオンビス(*O*-フェニルオキシム)
pentane-2,4-dione bis(*O*-phenyloxime)　(P-68.3.1.1.2 参照)

P-16 名称の記法　　　　81

(e) 倍数命名法において，置換された母体化合物

　　例：　ビス(2-ブロモ安息香酸)　bis(2-bromobenzoic acid)　(P-15.3.2.4.1 参照)

　　　　　ビス[5-(1-クロロエチル)ピリジン]　bis[5-(1-chloroethyl)pyridine]　(P-15.3.2.4.1 参照)

P-16.3.6　　接頭語の bis, tris, tetrakis などは曖昧さを回避するためにも使用する.

(a) 多核鎖状構造の単核部分集合の前に置く.

　　例：　ビス(スルファニル)⌈優先接頭⌉　bis(sulfanyl)⌈優先接頭⌉
　　　　　(二つの −SH 基を表す. P-63.1.5 参照. 一方, ジスルファニル disulfanyl は −SSH 基を表す.
　　　　　P-63.3.1 参照)

　　　　　トリス(スルファニル)⌈優先接頭⌉　tris(sulfanyl)⌈優先接頭⌉
　　　　　(三つの −SH 基を表す. P-63.1.5 参照. 一方, トリスルファニル trisulfanyl は −SSSH 基を表
　　　　　す. P-68.3.1 参照)

　　　　　ビス(λ⁴-スルファニル)⌈優先接頭⌉　bis(λ⁴-sulfanyl)⌈優先接頭⌉
　　　　　(二つの −SH₃ 基を表す. ジ(λ⁴-スルファニル)　di(λ⁴-sulfanyl)ではない)

　　　　　注記：　また Se, Te, N, P, As, Sb, Bi, Si, Ge, Sn, Pb, B, Al, Ga, In
　　　　　および Tl を含む類似の基においても同様

　　　　　ビス(ホスホン酸)⌈予備名⌉　bis(phosphonic acid)⌈予備名⌉
　　　　　〔二つの ホスホン酸 phosphonic acid を表す, P-67.1.1.2 参照. ジホスホン酸 diphosphonic acid
　　　　　は, 酸化合物の(HO)(O)PH-O-PH(O)(OH)を表す. P-67.2.1 参照〕

　　　　　ビス(硫酸水素)⌈予備名⌉　bis(hydrogen sulfate)⌈予備名⌉
　　　　　〔二つの (硫酸水素)(hydrogen sulfate)アニオンまたは酸エステルを表す. P-67.1.3.2 参照. 硫酸
　　　　　水素イオン hydrogensulfate は HSO₄⁻ の無機化学名称である. 参考文献 12, IR-8.5 参照〕

　　　　　トリス(ヨージド)⌈予備名⌉　tris(iodide)⌈予備名⌉
　　　　　〔3 個のヨウ化物イオンを表す, 参考文献 12, IR-5.4.2.3 参照. 三ヨウ化 triiodide は, (I₃⁻)アニオ
　　　　　ンを表す. 参考文献 12, IR-5.4.2.3 参照〕

　　　　　ビス(リン酸)⌈予備名⌉　bis(phosphate)⌈予備名⌉
　　　　　例：　D-フルクトフラノース 1,6-ビス(リン酸)　D-fructofuranose 1,6-bis(phosphate)
　　　　　　　　(P-102.5.6.1.2 参照)

(b) 倍数命名法で, 鎖状構造と誤解されないよう, 倍数置換基を oxy, thio, methylene のような単核二価原子団
　　の保存名の前(P-15.3.1.2.2.1 参照)に置く.

　　　　例：　ビス(オキシ)⌈優先接頭⌉　bis(oxy)⌈優先接頭⌉
　　　　　　　(二つの −O− 基を表す. P-15.3.2.1 参照. 一方, ジオキシ dioxy は以前の用法で −OO− 基を表
　　　　　　　す可能性がある. P-15.3.2.1 参照)

　　　　　　　ビス(メチレン)⌈優先接頭⌉　bis(methylene)⌈優先接頭⌉
　　　　　　　(二つの −CH₂− 基を表す. P-29.4.2 参照. 一方, ジメチレン dimethylene は, エタン-1,2-ジイ
　　　　　　　ル⌈優先接頭⌉ ethane-1,2-diyl⌈優先接頭⌉ すなわち エチレン ethylene として −CH₂-CH₂− 基を表すと受取
　　　　　　　られる可能性がある. P-29.6.2.3 参照)

　　　　　　　ビス(アゾ)⌈優先接頭⌉　bis(azo)⌈優先接頭⌉
　　　　　　　(二つの −N=N− 基を表す. P-68.3.1.3.2.3 参照.
　　　　　　　一方, ジアゾ diazo は一つの =N₂ 基である, P-61.4 参照)

　　　例：　3,3′-[メチレンビス(アゾ)]ジプロパン酸 **PIN**　3,3′-[methylenebis(azo)]dipropanoic acid **PIN**

　　　　　　　ビス(スルホニル)⌈優先接頭⌉　bis(sulfonyl)⌈優先接頭⌉
　　　　　　　(二つの −SO₂− 基を表す. P-65.3.2.3 参照.
　　　　　　　一方, ジスルホニル disulfonyl は −SO₂-SO₂− である)

例: 3,3′-[オキシビス(スルホニル)]ジ(プロパン-1-オール) **PIN**
3,3′-[oxybis(sulfonyl)]di(propan-1-ol) **PIN** （P-65.3.2.3 参照）

ビス(スルフィニル) 優先接頭 bis(sulfinyl) 優先接頭
（二つの −SO− 基を表す. P-65.3.2.3 参照.
一方，ジスルフィニル disulfinyl は −SO-SO− である）

例: 3,3′-[アザンジイルビス(スルフィニル)]ジ(プロパン-1-アミン) **PIN**
3,3′-[azanediylbis(sulfinyl)]di(propan-1-amine) **PIN** （P-65.3.2.3 参照）

(c) Hantzsch-Widman 名の作成，あるいは"ア"命名法で使われる aza, oxa などの"ア"接頭語の前に置いて，名称や名称成分中の代置原子数を明確に示す.

例: ベンゾ[1,2-*c*:3,4-*c*′]ビス([1,2,5]オキサジアゾール) **PIN**
benzo[1,2-*c*:3,4-*c*′]bis([1,2,5]oxadiazole) **PIN**
〔二つのオキサジアゾール環を表す. P-25.3.7.1 参照. 一方，ベンゾ[1,2-*c*:3,4-*c*′]ジ[1,2,5]オキサジアゾール benzo[1,2-*c*:3,4-*c*′]di[1,2,5]oxadiazole とすると，2 個の酸素原子と 2 個の窒素原子をもつ五員環を表す可能性がある. P-22.2.2.1.1 参照〕

ビス(アザシクロドデカン) **PIN** bis(azacyclododecane) **PIN**
（二つのアザシクロドデカン環を表す. P-22.2.3 参照.
一方，ジアザシクロドデカン diazacyclododecane とすると，2 個の窒素原子をもつシクロドデカン環を表す. P-22.2.3.2.2 参照）

ビス(1,2-オキサアゾール-3-イル) 優先接頭 bis(1,2-oxazol-3-yl) 優先接頭
〔しかし ジ(イソオキサゾール-3-イル) di(isoxazol-3-yl) （上記の P-16.3.2 参照)または ジ(1,2-オキサゾール-3-イル) di(1,2-oxazol-3-yl)は，ジオキサゾール環と解釈される可能性がある(P-22.2.2.1.1 参照)〕

(d) 縮合環命名法における付随成分の前に置いて，付随環成分の数を表す接頭語と縮合環系の倍数接頭語を区別するために使う.

例: ビス(ベンゾ[*a*]アントラセン-1-イル) 優先接頭 bis(benzo[*a*]anthracen-1-yl) 優先接頭
（二つのベンゾ[*a*]アントラセン-1-イル benzo[*a*]anthracen-1-yl 接頭語を表す. P-61.2.4 参照.
一方，ジベンゾ[*a*]アントラセン-1-イル dibenzo[*a*]anthracen-1-yl とすると，ジベンゾアントラセン環と解釈される可能性がある. P-25.3.4.2.1 参照)

ビス(シクロブタ[1,2-*c*]フラン) **PIN** bis(cyclobuta[1,2-*c*]furan) **PIN**
（二つのシクロブタ[1,2-*c*]フラン cyclobuta[1,2-*c*]furan 環を表す. P-25.3.7.3 参照.
一方，ジシクロブタ[1,2-*c*]フラン dicyclobuta[1,2-*c*]furan は，ジシクロブタフラン環と解釈される可能性がある. P-25.3.6.1 参照)

(e) 倍数接頭語の di から始まる名称の前に置く.

例: ビス(ジアゾニウム) 予備接尾 bis(diazonium) 予備接尾
（P-73.2.2.3 参照. ジジアゾニウム didiazonium ではない）

ビス(ジアゼニル) 予備接頭 bis(diazenyl) 予備接頭
（P-68.3.1.3.1 参照. ジジアゼニル didiazenyl ではない）

ビス(ジスルファニル) 予備接頭 bis(disulfanyl) 予備接頭
（P-29.3.2.2, P-63.1.5 および P-63.4.2.2 参照. ジジスルファニル didisulfanyl ではない）

トリス(二水素リン酸) 予備名 tris(dihydrogen phosphate) 予備名
（P-67.1.3.2 参照. トリ二水素リン酸 tridihydrogen phosphate ではない）

P-16.4 その他の数値用語

P-16.4.1 倍数接頭語の ビ bi, テル ter, クアテル quater などは，おもに環集合の命名に使用する(P-28 参照).

P-16 名称の記法   83

例： 1,1′-ビフェニル **PIN**　1,1′-biphenyl **PIN**　（P-28.2.1）
　　$1^2,2^2\!:\!2^6,3^2\!:\!3^6,4^2$-クアテルピリジン **PIN**　$1^2,2^2\!:\!2^6,3^2\!:\!3^6,4^2$-quaterpyridine **PIN**　（P-28.3.1）

P-16.4.2　接頭語の mono は，通常，有機化合物の名称では省略する．しかし，母体構造の一つの特性基のみが修飾されていることを表すような場合には使用する．語尾の kis は，mono には付かない．

例： モノペルオキシフタル酸　monoperoxyphthalic acid　（P-65.1.4.2 参照）
　　2-カルボノペルオキソイル安息香酸 **PIN**　2-carbonoperoxoylbenzoic acid **PIN**　（P-65.1.4.2 参照）
　　一酸化炭素 **PIN**　carbon monoxide **PIN**　（P-13.3.5 参照）

P-16.4.3　セスキ sesqui は 1.5 倍多いことを表すために使われる．IUPAC 名では，数を表す接頭語としては使わないが，たとえば，セスキシロキサン sesquisiloxane のような一般的な記述用語として見受けることがある．

P-16.5　括　弧

　丸括弧（　）（小括弧，カーブまたはパーレンともよぶ），角括弧［　］（大括弧，ブラケットともよぶ）および波括弧｛　｝（中括弧，ブレースともよぶ）は，化学命名法においてできる限り明確に化合物の構造を伝えることを目的として，特定の構造特性に対応する名称部分を区切るために使用する．括弧は有機化合物でも無機化合物でも，名称では同じ方法で使うが，化学式では，無機化学とは使い方が異なることに留意してほしい．

　括弧を PIN から省略してはならない．GIN では，曖昧さがない場合は，名称を簡単にするために括弧を省略してもよい．

> P-16.5.1　丸　括　弧　　　　　P-16.5.3　波　括　弧
> P-16.5.2　角　括　弧

P-16.5.1　丸　括　弧

P-16.5.1.1　丸括弧(小括弧，カーブ，パーレンともよぶ)は，複合(P-29.1.2 参照)および重複合(P-29.1.3 参照)接頭語の前後，倍数接頭語の bis, tris などの後に使用する．また，母体水素化物と置換接尾語または複数の置換接頭語からなる母体化合物を(di, tri のような基本的な倍数接頭語が前に付いていても)囲むために使う．

例： $Cl\text{-}CH_2\text{-}SiH_3$

　　　　　　　　　（クロロメチル）シラン **PIN**　(chloromethyl)silane **PIN**
　　　　　　　　　〔クロロ(メチル)シラン chloro(methyl)silane の名称は，
　　　　　　　　　$Cl\text{-}SiH_2\text{-}CH_3$ の構造が該当する〕

$(HO\text{-}CH_2\text{-}CH_2\text{-}O)_2CH\text{-}COOH$

　　　　　　　　　ビス(2-ヒドロキシエトキシ)酢酸 **PIN**
　　　　　　　　　bis(2-hydroxyethoxy)acetic acid **PIN**

$[CH_2]_9\text{-}CH_3$ (置換基付きシクロヘキサン構造，$CH_3\text{-}[CH_2]_9$ および $[CH_2]_9\text{-}CH_3$)

　　　　　　　　　1,3,5-トリ(デシル)シクロヘキサン **PIN**
　　　　　　　　　1,3,5-tri(decyl)cyclohexane **PIN**
　　　　　　　　　〔1,3,5-トリス(デシル)シクロヘキサン
　　　　　　　　　1,3,5-tris(decyl)cyclohexane ではない〕

$HOOC\text{-}\overset{1}{\bigcirc}\overset{4}{\text{-}}CH_2\text{-}\overset{4'}{\bigcirc}\overset{1'}{\text{-}}COOH$

　　　　　　　　　4,4′-メチレンジ(シクロヘキサン-1-カルボン酸) **PIN**
　　　　　　　　　4,4′-methylenedi(cyclohexane-1-carboxylic acid) **PIN**

$H\{S/O\}C\text{-}CH_2\text{-}CH_2\text{-}C\{O/S\}H$

　　　　　　　　　ブタンビス(チオ酸) **PIN**　butanebis(thioic acid) **PIN**

$-CH_2\text{-}[CH_2]_{12}\text{-}CH_2\text{-}O\text{-}CH_2\text{-}[CH_2]_{12}\text{-}CH_2-$

　　　　　　　　　オキシジ(テトラデカン-14,1-ジイル) **優先接頭**
　　　　　　　　　oxydi(tetradecane-14,1-diyl) **優先接頭**
　　　　　　　　　〔倍数命名法において使用する際の置換基の位置番号の
　　　　　　　　　順序に注意〕

CH₃-[CH₂]₁₁-CH₂-⁴〈benzene〉¹-CH₂-[CH₂]₁₁-CH₃
  1,4-ジ(トリデシル)ベンゼン **PIN**
  1,4-di(tridecyl)benzene **PIN**
  1,4-フェニレンジ(トリデカン)
  1,4-phenylenedi(tridecane)

P-16.5.1.2 丸括弧は，単純な置換基接頭語の前後に使用して(P-29.1 参照)，異なる構造要素に同種の位置番号を使う場合，それを区別するために使う．特定の構造様式固有の位置番号がおもてだって示されない場合でも構わない．これは，たとえば，2-ナフチル 2-naphthyl のように，遊離原子価に割当てる位置番号を以前は名称の前に置いたのを，分かりやすくするために推奨する．

例：

 (ナフタレン-2-イル)酢酸 **PIN**
 (naphthalen-2-yl)acetic acid **PIN**
  （酢酸 acetic acid の位置番号 2 は
  記載しない，P-14.3.4.6 参照）
 ナフタレン-2-酢酸
 naphthalene-2-acetic acid

 4-(ピリジン-4-イル)ベンズアミド **PIN**
 4-(pyridin-4-yl)benzamide **PIN**
 〔旧名称 4-(4-ピリジニル)ベンズアミド
 4-(4-pyridinyl)benzamide〕
 4-(4-ピリジル)ベンズアミド 4-(4-pyridyl)benzamide

 (ナフタレン-2-イル)(フェニル)ジアゼン **PIN**
 (naphthalen-2-yl)(phenyl)diazene **PIN**
  （P-68.3.1.3.2.2 参照）
 2-ナフチル(フェニル)ジアゼン
 2-naphthyl(phenyl)diazene

 N-(フラン-2-イル)-1H-ピロール-2-アミン **PIN**
 N-(furan-2-yl)-1H-pyrrol-2-amine **PIN**
 (フラン-2-イル)(1H-ピロール-2-イル)アミン
 (furan-2-yl)(1H-pyrrol-2-yl)amine
 2-フリル(ピロール-2-イル)アミン
 2-furyl(pyrrol-2-yl)amine

P-16.5.1.3 丸括弧は，位置番号が必要でない場合でも，母体水素化物の前に記す複数の単純置換基を表す接頭語の前後，および位置番号をもった単純置換基を表す接頭語の前後に置く．丸括弧の使用は最小限にする．名称の最初にくる単純置換基名の前後には使用してはならない．

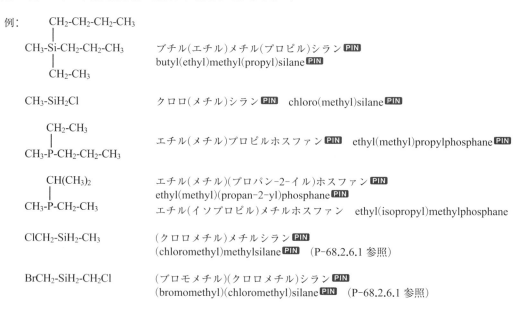

例：
CH₃-Si(CH₂-CH₂-CH₃)(CH₂-CH₂-CH₂-CH₃)(CH₂-CH₃)
 ブチル(エチル)メチル(プロピル)シラン **PIN**
 butyl(ethyl)methyl(propyl)silane **PIN**

CH₃-SiH₂Cl
 クロロ(メチル)シラン **PIN** chloro(methyl)silane **PIN**

CH₃-P(CH₂-CH₃)-CH₂-CH₂-CH₃
 エチル(メチル)プロピルホスファン **PIN** ethyl(methyl)propylphosphane **PIN**

CH₃-P(CH(CH₃)₂)-CH₂-CH₃
 エチル(メチル)(プロパン-2-イル)ホスファン **PIN**
 ethyl(methyl)(propan-2-yl)phosphane **PIN**
 エチル(イソプロピル)メチルホスファン ethyl(isopropyl)methylphosphane

ClCH₂-SiH₂-CH₃
 (クロロメチル)メチルシラン **PIN**
 (chloromethyl)methylsilane **PIN** (P-68.2.6.1 参照)

BrCH₂-SiH₂-CH₂Cl
 (ブロモメチル)(クロロメチル)シラン **PIN**
 (bromomethyl)(chloromethyl)silane **PIN** (P-68.2.6.1 参照)

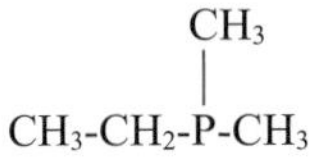

P-16 名称の記法　　　85

$$CH_3\text{-}CH_2\text{-}\overset{\overset{\displaystyle CH_3}{|}}{P}\text{-}CH_3$$

エチル(ジメチル)ホスファン **PIN**　　ethyl(dimethyl)phosphane **PIN**

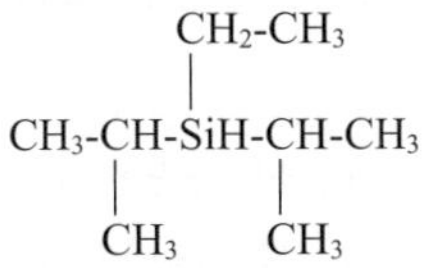

$$CH_3\text{-}CH\text{-}\overset{\overset{\displaystyle CH_2\text{-}CH_3}{|}}{Si}H\text{-}CH\text{-}CH_3$$
$$\qquad\;\;\overset{|}{CH_3}\qquad\;\;\overset{|}{CH_3}$$

エチル[ジ(プロパン-2-イル)]シラン **PIN**　　ethyl[di(propan-2-yl)]silane **PIN**

P-16.5.1.4　　丸括弧は，一つの置換基名中に二つの母体水素化物が存在するかのような誤解を避けるため，片方の母体水素化物の名称を含む置換基名を囲む．

> これは 1993 規則(参考文献 2)からの変更で，単純な接頭語であっても，名称中に二つの母体水素化物が存在するという錯覚を与える可能性のある，シクロヘキサンカルボニル cyclohexanecarbonyl のような名称の構造を理解しやすくするためである．

例：

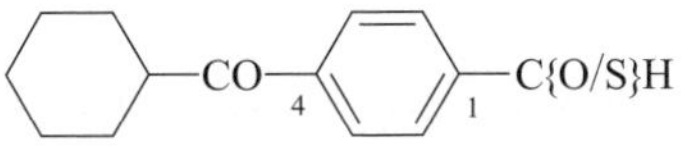

4-(シクロヘキサンカルボニル)ベンゼン-1-カルボチオ酸 **PIN**
4-(cyclohexanecarbonyl)benzene-1-carbothioic acid **PIN**

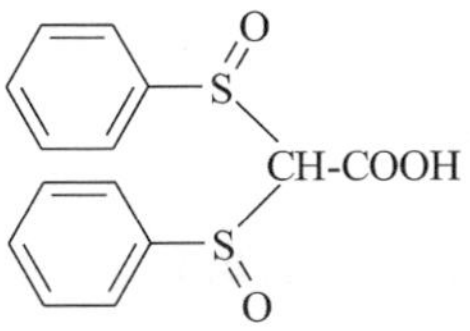

ジ(ベンゼンスルフィニル)酢酸 **PIN**
di(benzenesulfinyl)acetic acid **PIN**

P-16.5.1.5　　母体構造として amine を用いてアミンを命名する際に，いくつかの異なる置換基が存在する場合，amine に隣接する単純な炭化水素置換基を表す接頭語は丸括弧で囲む．これは，この種のアミン名が特殊であることを明記し，旧名称と区別するために必要な処置である．必要があればその他の括弧記号も使う．

例：(2-クロロエチル)(プロピル)アミン　(2-chloroethyl)(propyl)amine　(P-62.2.2.1)
　　N-(2-クロロエチル)プロパン-1-アミン **PIN**　*N*-(2-chloroethyl)propan-1-amine **PIN**

　　ブチル(エチル)(プロピル)アミン　butyl(ethyl)(propyl)amine　(P-62.2.2.1)
　　N-エチル-*N*-プロピルブタン-1-アミン **PIN**　*N*-ethyl-*N*-propylbutan-1-amine **PIN**

　　ブチル(エチル)(メチル)アミン　butyl(ethyl)(methyl)amine　(P-62.2.2.1)
　　N-エチル-*N*-メチルブタン-1-アミン **PIN**　*N*-ethyl-*N*-methylbutan-1-amine **PIN**

P-16.5.1.6　　丸括弧は，複雑な位置番号の集合において，補助の位置番号を区別するために使う．たとえば，ファン命名法では環の結合位置を示す位置番号を囲み，フラーレンでは識別記号を囲む．

例：ビシクロ[8.5.1]ヘキサデカ-1(15),10-ジエン **PIN**
　　bicyclo[8.5.1]hexadeca-1(15),10-diene **PIN**　(P-31.1.1.1)
　　1(1,3),4(1,4)-ジベンゼナシクロヘプタファン **PIN**
　　1(1,3),4(1,4)-dibenzenacycloheptaphane **PIN**　(P-26.4.2.2)
　　(C_{60}-I_h)[5,6]フラーレン **PIN**　(C_{60}-I_h)[5,6]fullerene **PIN**　(P-27.2.2)

P-16.5.1.7　　丸括弧は，付加指示水素とその位置番号，*E*, *Z*, *R*, *S* などのような立体表示記号，化合物の同位体置換を表す記号を囲むために使用する．

例：ホスフィニン-2(1*H*)-オン **PIN**　phosphinin-2(1*H*)-one **PIN**　(P-14.7.2)
　　(2*E*)-ブタ-2-エン **PIN**　(2*E*)-but-2-ene **PIN**　(P-93.4.2.1.1)
　　(^{13}C)メタン **PIN**　(^{13}C)methane **PIN**　(P-82.2.1)

P-16.5.1.8 丸括弧は，官能基代置接頭語による修飾を明確にするために使用する．

例：H₃C-CS—〈benzene ring〉—COOH　　4-(チオアセチル)安息香酸　4-(thioacetyl)benzoic acid
　　　　　　　　　　　　　　　　　　4-(エタンチオイル)安息香酸 **PIN**　4-(ethanethioyl)benzoic acid **PIN**
　　　　　　　　　　　　　　　　　　(P-65.1.5.1)

P-16.5.1.9 丸括弧(丸括弧がすでに存在する場合はその他の括弧記号)は，接頭語 di, bis などを含む多重母体系(P-25.3.7.1)構造が，接尾語としてのみ表すことのできる置換基をもっている場合に，母体構造を囲む．

例：[ベンゾ[1,2-*c*:3,4-*c*′]ビス([1,2,5]オキサジアゾール)]-5-カルボン酸 **PIN**
　　[benzo[1,2-*c*:3,4-*c*′]bis([1,2,5]oxadiazole)]-5-carboxylic acid **PIN**　(P-65.1.2.2.2)
　　(ベンゾ[1,2:4,5]ジ[7]アンヌレン)-2-カルボニトリル **PIN**
　　(benzo[1,2:4,5]di[7]annulene)-2-carbonitrile **PIN**　(P-66.5.1.1.3)

P-16.5.1.10 丸括弧は，P-16.3.6 で述べた bis, tris, tetrakis などの倍数接頭語によって修飾される用語を囲むために使用する．

例：ジシリルメチル 優先接頭　disilylmethyl 優先接頭　(P-68.2.5 参照)
　　ビス(シラニル)メチル　bis(silanyl)methyl

P-16.5.1.11 丸括弧は，直線状に書いた化学式において，骨格原子に結合した原子団を囲むために使用する．

例：
$\overset{3}{C}H_3\text{-}\overset{2}{C}H(SH)\text{-}\overset{1}{C}H_3$　　プロパン-2-チオール **PIN**　propane-2-thiol **PIN**

$\overset{4}{C}H_3\text{-}\overset{3}{C}H(OH)\text{-}\overset{2}{C}O\text{-}\overset{1}{C}H_3$　　3-ヒドロキシブタン-2-オン **PIN**　3-hydroxybutan-2-one **PIN**

$\overset{5}{C}H_3\text{-}\overset{4\text{-}3}{[CH_2]_2}\text{-}\overset{2}{C}(CH_3)_2\text{-}\overset{1}{C}H_3$　　2,2-ジメチルペンタン **PIN**　2,2-dimethylpentane **PIN**

P-16.5.1.12 丸括弧は，ラジカルイオン構造式において，複数の不対電子と電荷を囲むために使用する．

例：$[C_6H_5\text{-}C_6H_5]^{(2\bullet)(2-)}$　　[1,1′-ビフェニル]ジエリド **PIN**　　[1,1′-biphenyl]dielide **PIN**
　　　　　　　　　　　　　ビフェニルジラジカルジアニオン　biphenyl diradical dianion
　　　　　　　　　　　　　ビフェニルジラジカルイオン(2−)　biphenyl diradical ion(2−)

P-16.5.2　角　括　弧

P-16.5.2.1 角括弧(大括弧，ブラケットともよぶ)は，縮合環系における縮合部位を示す位置関係記号を囲み，ポリシクロ環系では von Baeyer 命名法による名称の橋の長さを示す数字を囲み，スピロ環系ではスピロ原子と結合する鎖の長さを示す数字を囲む．また，主特性基の接尾語または集積接尾語が続く場合の環集合名称および von Baeyer スピロ名称中の構成成分名も囲む．

例：ナフト[2,1-*a*]アズレン **PIN**　naphtho[2,1-*a*]azulene **PIN**　(P-25.3.1.3)
　　ビシクロ[3.2.1]オクタン **PIN**　bicyclo[3.2.1]octane **PIN**　(P-23.2.2)
　　スピロ[4.5]デカン **PIN**　spiro[4.5]decane **PIN**　(P-24.2.1)
　　[2,2′-ビピリジン]-5-イル 優先接頭　[2,2′-bipyridin]-5-yl 優先接頭　(P-29.3.5)
　　スピロ[シクロヘキサン-1,1′-インデン] **PIN**　spiro[cyclohexane-1,1′-indene] **PIN**　(P-24.5.1)

P-16.5.2.2 角括弧は，構成成分の構造特性，たとえば，橋にある二重結合や縮合環名に含まれる成分環のヘテロ原子などを示す位置番号を囲む．

例：6,7-(エピプロパ[1]エン[1]イル[3]イリデン)ベンゾ[*a*]シクロヘプタ[*e*][8]アンヌレン **PIN**
　　6,7-(epiprop[1]en[1]yl[3]ylidene)benzo[*a*]cyclohepta[*e*][8]annulene **PIN**　(P-25.4.3.4.2)

P-16　名 称 の 記 法　　　　　　　　　　87

$5H$-ピリド[2,3-d][1,2]オキサアジン **PIN**　$5H$-pyrido[2,3-d][1,2]oxazine **PIN**　(P-25.3.2.4(d))

P-16.5.2.3　　角括弧は，アンヌレンおよびフラーレンの環の大きさを表す数字を囲む.

例：[10]アンヌレン　[10]annulene　(P-22.1.2)

シクロデカ-1,3,5,7,9-ペンタエン **PIN**　cyclodeca-1,3,5,7,9-pentaene **PIN**

$(C_{60}\text{-}I_h)$[5,6]フラーレン **PIN**　$(C_{60}\text{-}I_h)$[5,6]fullerene **PIN**　(P-27.2.2)

P-16.5.2.4　　角括弧は，丸括弧がすでに使用されている置換基接頭語を囲む.

例：4-[(ヒドロキシセラニル)メチル]安息香酸 **PIN**

4-[(hydroxyselanyl)methyl]benzoic acid **PIN**　(P-63.4.2.2)

P-16.5.2.5　　角括弧は，同位体で標識された化合物の標識記号を囲むために使用する.

例：[^{13}C]メタン **PIN**　[^{13}C]methane **PIN**　(P-83.1.2.1)

P-16.5.2.6　　角括弧は，化学式を書く際に，鎖中の原子団の繰返しを示すために使う.

例：$CH_3\text{-}[CH_2]_{68}\text{-}CH_3$　ヘプタコンタン **PIN**　heptacontane **PIN**　(P-21.2.1)

P-16.5.3　波 括 弧

P-16.5.3.1　　波括弧(中括弧，ブレースともよばれる)は，角括弧と丸括弧がすでに使用されている置換基接頭語を囲むために使う.

例：

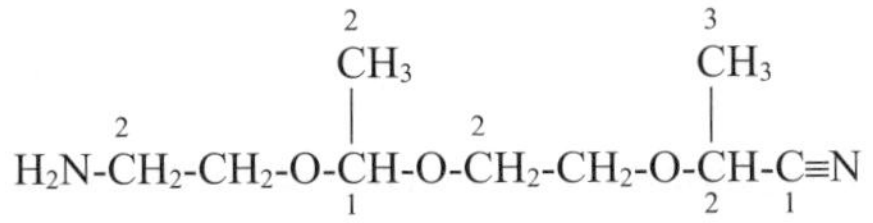

$$\underset{2}{H_2N}\text{-}CH_2\text{-}CH_2\text{-}O\text{-}\underset{2}{\overset{\overset{2}{CH_3}}{CH}}\text{-}O\text{-}CH_2\text{-}\underset{2}{CH_2}\text{-}O\text{-}\underset{}{\overset{\overset{3}{CH_3}}{CH}}\text{-}C\equiv N$$

2-{2-[1-(2-アミノエトキシ)エトキシ]エトキシ}プロパンニトリル **PIN**
2-{2-[1-(2-aminoethoxy)ethoxy]ethoxy}propanenitrile **PIN**

P-16.5.4　　複数の種類の括弧記号が必要な場合，重複括弧の順位は次ページの図1・3に示したように，{[({[( )]})]}のようになる. しかし，母体構造名の一部となっている角括弧，丸括弧については，ここに示す重複括弧の順位に影響を及ぼさないことに留意しなければならない.

例：

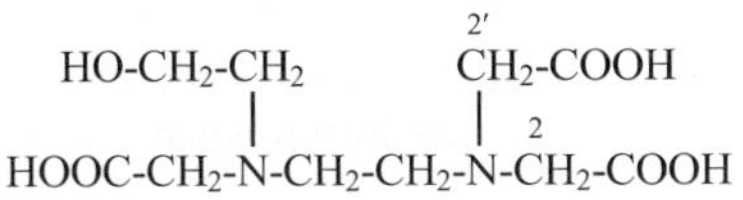

$$\underset{}{HOOC\text{-}CH_2\text{-}\underset{}{\overset{\overset{}{HO\text{-}CH_2\text{-}CH_2}}{N}}\text{-}CH_2\text{-}CH_2\text{-}\underset{2}{\overset{\overset{2'}{CH_2\text{-}COOH}}{N}}\text{-}CH_2\text{-}COOH}$$

2,2′-({2-[(カルボキシメチル)(2-ヒドロキシエチル)アミノ]エチル}アザンジイル)二酢酸
2,2′-({2-[(carboxymethyl)(2-hydroxyethyl)amino]ethyl}azanediyl)diacetic acid
N-(カルボキシメチル)-N'-(2-ヒドロキシエチル)-N,N'-(エタン-1,2-ジイル)ジグリシン
N-(carboxymethyl)-N'-(2-hydroxyethyl)-N,N'-(ethane-1,2-diyl)diglycine
　　(PIN については P-13.6 の訳注を参照)

P-16.5.4.1　　上に示した重複括弧の順位に従うと，同じ種類の括弧記号が続いてしまう場合は，次のレベルの括弧記号を使う. たとえば，次の名称は P-16.5.4 に示した重複括弧の順位にそのまま従った場合である.

(3S)-2-{(2S)-2-[((2S)-1-エトキシ-1-オキソ-4-フェニルブタン-2-イル)アミノ]プロパノイル}-6,7-
ジメトキシ-1,2,3,4-テトラヒドロイソキノリン-3-カルボン酸
(3S)-2-{(2S)-2-[((2S)-1-ethoxy-1-oxo-4-phenylbutan-2-yl)amino]propanoyl}-6,7-dimethoxy-1,2,3,4-
tetrahydroisoquinoline-3-carboxylic acid

しかし，この名称では，括弧記号の最初の組を丸括弧にするため，丸括弧が重なってしまう. そこで3番目の(2S)記号を含む括弧は[　]に変え，さらにその外側を{　}に変える. 次の括弧記号は再度(　)になるはずだが，2番目の(2S)記号に使われているので，この括弧は[　]になる. 以上の結果，正しい名称は次のようになる.

N≡C—⬡—⬡—O—[CH₂]₅—O—CO—CH—⬡—COOH
                                    |
                                   CH₂—⬡—COOH

a
b
c
d
e
f

(a) = 4′-シアノ[1,1′-ビフェニル]-4-イル
   4′-cyano[1,1′-biphenyl]-4-yl

(b) = (4′-シアノ[1,1′-ビフェニル]-4-イル)オキシ
   (4′-cyano[1,1′-biphenyl]-4-yl)oxy

(c) = 5-[(4′-シアノ[1,1′-ビフェニル]-4-イル)オキシ]ペンチル
   5-[(4′-cyano[1,1′-biphenyl]-4-yl)oxy]pentyl

(d) = {5-[(4′-シアノ[1,1′-ビフェニル]-4-イル)オキシ]ペンチル}オキシ
   {5-[(4′-cyano[1,1′-biphenyl]-4-yl)oxy]pentyl}oxy

(e) = 3-({5-[(4′-シアノ[1,1′-ビフェニル]-4-イル)オキシ]ペンチル}オキシ)-3-オキソプロパン-1,2-ジイル
   3-({5-[(4′-cyano[1,1′-biphenyl]-4-yl)oxy]pentyl}oxy)-3-oxopropane-1,2-diyl

(f) = 4,4′-[3-({5-[(4′-シアノ[1,1′-ビフェニル]-4-イル)オキシ]ペンチル}オキシ)-3-オキソプロパン-1,2-
   ジイル]二安息香酸 **PIN**
   4,4′-[3-({5-[(4′-cyano[1,1′-biphenyl]-4-yl)oxy]pentyl}oxy)-3-oxopropane-1,2-diyl]dibenzoic acid **PIN**

図 1·3　重複括弧の記載順序

(3S)-2-[(2S)-2-{[(2S)-1-エトキシ-1-オキソ-4-フェニルブタン-2-イル]アミノ}プロパノイル]-6,7-
   ジメトキシ-1,2,3,4-テトラヒドロイソキノリン-3-カルボン酸 **PIN**
(3S)-2-[(2S)-2-{[(2S)-1-ethoxy-1-oxo-4-phenylbutan-2-yl]amino}propanoyl]-6,7-dimethoxy-1,2,3,4-
   tetrahydroisoquinoline-3-carboxylic acid **PIN**

次の名称も同様に，P-16.5.4 に示した重複括弧の順位にそのまま従ったものである．

10-[((3S)-1-ホスファビシクロ[2.2.2]オクタン-3-イル)メチル]-10H-フェノキサジン
10-[((3S)-1-phosphabicyclo[2.2.2]octan-3-yl)methyl]-10H-phenoxazine

しかし，この名称でも，括弧記号の最初の組を丸括弧にするという原則のため，丸括弧が続いてしまうので，
(3S) 記号を囲む括弧は［　］に変える．したがって正しい名称は次のようになる．

10-{[(3S)-1-ホスファビシクロ[2.2.2]オクタン-3-イル]メチル}-10H-フェノキサジン **PIN**
10-{[(3S)-1-phosphabicyclo[2.2.2]octan-3-yl]methyl}-10H-phenoxazine **PIN**

> この手順は，先に示した重複括弧の順位に厳密に従った場合に起こりうる状況を軽減
> するための変更である．複数の同じ種類の括弧記号が連続して並び，混乱を招くおそ
> れのある立体表示記号のような問題を調整するには，独立した括弧記号を挿入する必
> 要がある．

P-16 名 称 の 記 法

P-16.6 イタリック体

イタリック体で示すということは，英数字順に並べるという主要な段階に関わっていない文字を示すことである．原稿において，イタリック体のフォントが使えない場合，イタリック体は習慣として下線を引いて示す．

P-16.6.1　イタリック体の小文字は，縮合環系の名称において，縮合部位の位置表示に使う．

　例：セレノフェノ[2,3-*b*]セレノフェン **PIN**　　selenopheno[2,3-*b*]selenophene **PIN**　（P-25.3.1.3）

o,m,p の文字は，二置換ベンゼンの 1,2-，1,3-，1,4-異性体を表し，それぞれ オルト *ortho*，メタ *meta*，パラ *para* の代わりに用いてきた．使用は極力控え，PIN では使わない．

　例：*o*-キシレン　　　　　　　　　*o*-xylene　（P-22.1.3）
　　　1,2-キシレン **PIN**　　　　　　1,2-xylene **PIN**
　　　1,2-ジメチルベンゼン　　　　　1,2-dimethylbenzene

　　　p-ジニトロソベンゼン　　　　*p*-dinitrosobenzene　（P-61.5.1）
　　　1,4-ジニトロソベンゼン **PIN**　1,4-dinitrosobenzene **PIN**

P-16.6.2　*O,N,As* のようなイタリック体の元素記号は，これらのヘテロ原子に置換基があることを示す位置番号である．

　例：*N,N*-ジエチルエタンアミン **PIN**　*N,N*-diethylethanamine **PIN**　（P-62.2.2.1）
　　　ヘキサンセレン酸 *O*-エチル **PIN**　*O*-ethyl hexaneselenoate **PIN**　（P-65.6.3.3.7.1）

P-16.6.3　イタリック体の元素記号の *H* は，指示水素または付加指示水素を表す．

　例：1*H*-アゼピン **PIN**　　　　　1*H*-azepine **PIN**　（P-22.2.2.1.4）
　　　キノリン-2(1*H*)-オン **PIN**　quinolin-2(1*H*)-one **PIN**　（P-64.3.1）

P-16.6.4　術語，綴りの一部，大文字の英字のイタリック体は，*cis, trans, R, S, E, Z, r, s, c, t, retro* のように，構造と立体異性を表す記号として使われる．

　例：*tert*-，しかし iso はイタリック体にしない（P-29.6.3）
　　　E と *Z*（P-93.4.2.1.1），*cis* と *trans*（P-93.4.2.1.1，P-93.5.1.2），*r, c, t*（P-93.5.1.3）
　　　R と *S*（P-93.1.1），*R**（R-スターと読む），*S**（S-スターと読む）と *r* と *s*（P-93.5.1.1），*rel*（P-93.1.2.1），
　　　meso（P-102.5.6.5.2），*ambo*（P-93.1.4），*rac*（P-93.1.3）
　　　M と *P*，R_a と S_a，R_p と S_p（P-93.4.2.2 および P-93.5.5.1）
　　　TPY-3，*TS*-3，*SS*-4，*TBPY*，*SPY*，*OC*（P-93.3.2）
　　　retro，しかし abeo, apo, cyclo, de, des, homo, nor, seco（P-101.3.1 から P-101.3.7）はイタリック体ではない．

P-16.7 母 音 字 の 省 略

P-16.7.1　英語名において母音字は，次のような場合に体系的に省略する．日本語名称では逆に母音を補うことがある（"日本語名称のつくり方"参照）

（a）母体水素化物の名称または語尾の ene, yne に，a, e, i, o, u, y で始まる接尾語が続く場合の末端文字 e

　　例：ペンタナール **PIN**　　　　　　　　　pentanal **PIN**　（P-66.6.1.1.1）
　　　　シクロペンタデカ-1-エン-4-イン **PIN**　cyclopentadec-1-en-4-yne **PIN**　（P-31.1.3.1）
　　　　メタニウム **PIN**　　　　　　　　　　methanium **PIN**　（P-73.1.1.2）
　　　　ブタン-2-オン **PIN**　　　　　　　　　butan-2-one **PIN**　（P-64.2.2.1）
　　　　テトラメチルボラヌイド **PIN**　　　　　tetramethylboranuide **PIN**　（P-72.3）
　　　　スルファニル 予備接頭　　　　　　　　sulfanyl 予備接頭　（P-29.3.1）

（b）Hantzsch-Widman 名において，母音字が続く場合の"ア"接頭語の末端文字 a

　　例：1,3-チアアゾール **PIN**　1,3-thiazole **PIN**　（P-22.2.2.1.3，1,3-thiaazole としない）

90   P-1 一般原則，規則および慣用

1,6,2-ジオキサアゼパン **PIN**   1,6,2-dioxazepane **PIN**   （P-22.2.2.1.3）
（英語名は 1,6,2-dioxaazaepane としない）

(c) 倍数接頭語に a または o から始まる接尾語が続く場合，接頭語の末端文字 a

例：[1,1′-ビフェニル]-3,3′,4,4′-テトラアミン **PIN**
[1,1′-biphenyl]-3,3′,4,4′-tetramine **PIN**   （P-62.2.4.1.2）
（英語名は[1,1′-biphenyl]-3,3′,4,4′-tetraamine としない）

ベンゼンヘキサオール **PIN**   benzenehexol **PIN**   （P-63.1.2）
（英語名は benzenehexaol としない）

(d) a(ba)$_n$ 型の繰返し単位名称において，元素を表す "ア" 接頭語の末端文字 a に母音字が続く場合の a

例：ジシロキサン 予備名   disiloxane 予備名   （P-21.2.3.1）
（ジシラオキサン disilaoxane ではない）

テトラスタンノキサン 予備名   tetrastannoxane 予備名   （P-21.2.3.1）
（テトラスタンナオキサン tetrastannaoxane ではない）

(e) 母音字が続く場合の官能基代置挿入語の末端文字 o

例：N,P-ジフェニルホスホノクロリドイミド酸 **PIN**
N,P-diphenylphosphonochloridimidic acid **PIN**   （P-67.1.2.4.1.1）
（英語名は N,P-diphenylphosphonochloridoimidic acid としない）

(f) 名称が母音字から始まる複素単環とベンゼン環の縮合によってつくられるベンゾ縮合複素環の名称における，ベンゾ benzo の末端文字 o（P-16.7.2(g)の例外）

例：3-ベンゾオキセピン **PIN**   3-benzoxepine **PIN**   （P-25.2.2.4）
4H-3,1-ベンゾオキサジン **PIN**   4H-3,1-benzoxazine **PIN**   （P-25.2.2.4）

P-16.7.2   次の場合は末端の母音字省略はない．
(a) 接合名において
例：ベンゼン酢酸 benzeneacetic acid   （P-15.6.1.1）
フェニル酢酸 **PIN**   phenylacetic acid **PIN**

(b) "ア" 命名法における代置または倍数接頭語から
例：2,4,6,8-テトラシラウンデカン-11-イル 優先接頭
2,4,6,8-tetrasilaundecan-11-yl 優先接頭   （P-15.4.3.2.2）

(c) 炭化水素と水素化ホウ素を除く，均一鎖状母体水素化物の倍数接頭語から
例：ノナアザン nonaazane   （P-21.2.2）
（ノナザン nonazane ではない）

(d) 倍数母体化合物における倍数接頭語から
例：2,2′,2″,2‴-(エタン-1,2-ジイルジニトリロ)四酢酸
2,2′,2″,2‴-(ethane-1,2-diyldinitrilo)tetraacetic acid
N,N′-エタン-1,2-ジイルビス[N-(カルボキシメチル)グリシン]
N,N′-ethane-1,2-diylbis[N-(carboxymethyl)glycine]   （P-13.6 の訳注参照）

(e) 置換基接頭語名の前の倍数接頭語から
例：5,6,7,8-テトラヨード-1,2,3,4-テトラヒドロアントラセン-9-カルボン酸 **PIN**
5,6,7,8-tetraiodo-1,2,3,4-tetrahydroanthracene-9-carboxylic acid **PIN**   （P-65.1.2.4 参照）

(f) 後に続く接頭語が母音字から始まる場合の，複合(P-29.1.2 参照)および重複合(P-29.1.3 参照)置換基の接頭語成分から
例：クロロアミノ 予備名   chloroamino 予備名   （P-35.3.1）
アミノオキシ 予備名   aminooxy 予備名   （P-68.3.1.1.1.5）

P-16 名称の記法　91

(g) 縮合環命名法において，付随成分を示す接頭語から

たとえば，アセナフト acenaphtho，ベンゾ benzo，ペリロ perylo，フェナントロ phenanthro などの末端文字の o およびアントラ anthra，シクロプロパ cyclopropa，シクロブタ cyclobuta などの末端文字の a は，母音字の前でも省略しない〔ベンゾ benzo を含む例外については，P-16.7.1(f)参照〕．

> この勧告は，P-25.3.1.3 および 1993 規則(参考文献 2)の R-2.4.1.1 に従ったもので，1979 規則(参考文献 1)の省略を勧告した規則 A-21.4 を廃止とするものである．

例：シクロプロパ[de]アントラセン **PIN**　cyclopropa[de]anthracene **PIN**　(P-25.3.8.1)

ナフト[1,2-a]アズレン **PIN**　naphtho[1,2-a]azulene **PIN**　(P-25.3.1.3)

P-16.8　母音字の補足

P-16.8.1　　　音調がよいという理由で，官能基代置命名法では，母音字の o を子音字の間に挿入する．

例：エタンスルホノジイミド酸 **PIN**　ethanesulfonodiimidic acid **PIN**　(P-65.3.1.4)
(ethanesulfondiimidic acid としない)

フェニルホスホノニトリド酸 **PIN**　phenylphosphononitridic acid **PIN**　(P-67.1.2.4.1.1)
(phenylphosphonnitridic acid としない)

P-16.8.2　　　音調がよいという理由により，ポリエン polyene，ポリイン polyyne，ポリエニン polyenyne などの名称の語幹と語尾の ene または yne の前の di, tri などの倍数接頭語との間に文字 a を挿入する．

例：ブタ-1,3-ジエン **PIN**　buta-1,3-diene **PIN**　(P-31.1.1.2，but-1,2-diene としない)

ヘキサ-1,3-ジエン-5-イン **PIN**　hexa-1,3-dien-5-yne **PIN**　(P-31.1.2.2.1，hex-1,3-dien-5-yne としない)

P-16.9　プライム記号

PIN において，プライム，二重プライムは，位置番号でも記号でもスペースを置かずに付け，イタリック体のフォントに付いてもイタリック体にはしない〔場合によって原子団が置換した母体構造の位置番号を上付きアラビア数字としてプライム記号と併用することもある(P-16.9.3 の例参照)〕．4 個以上のプライムを付ける場合は，3 個ずつの組として記す(P-16.9.6 参照)．

P-16.9.1　　　プライム記号(′)，二重プライム記号(″)，三重プライム記号(‴)などは，ヒドラジド(P-66.3)，イミドアミド(アミジン，P-66.4.1 参照)，ヒドラゾノアミド(アミドラゾン，P-66.4.2 参照)，ヒドラゾノヒドラジド(ヒドラジジン，P-66.4.3 参照)などの窒素原子を区別するために使用する．

例：

$$H_3C \quad CH_2\text{-}CH_3$$
$$| \qquad |$$
$$CH_3\text{-}CH_2\text{-}CH_2\text{-}C(O)\text{-}\underset{N}{N}\text{-}\underset{N'}{N}\text{-}C(O)\text{-}CH_3$$

N′-アセチル-N′-エチル-N-メチルブタンヒドラジド **PIN**
N′-acetyl-N′-ethyl-N-methylbutanehydrazide **PIN**　(P-66.3.3.2)

$$\overset{5}{C}H_3\text{-}\overset{4}{C}H_2\text{-}\overset{3}{C}H_2\text{-}\overset{2}{C}H_2\text{-}\overset{1}{C}O\text{-}\underset{N}{N}H\text{-}\underset{N'}{N}H_2$$

ペンタンヒドラジド **PIN**　pentanehydrazide **PIN**　(P-66.3.1.1)

$$\overset{N'}{NH}$$
$$\|N$$
$$\overset{6}{C}H_3\text{-}\overset{5}{C}H_2\text{-}\overset{4}{C}H_2\text{-}\overset{3}{C}H_2\text{-}\overset{2}{C}H_2\text{-}\overset{1}{C}\text{-}NH_2$$

ヘキサンイミドアミド **PIN**　hexanimidamide **PIN**　(P-66.4.1.1)
(ヘキサンアミジン hexanamidine は廃止)

$$\underset{}{N}\text{-}NH_2$$
$$\|N$$
$$C_6H_5\text{-}C\text{-}NH_2$$

ベンゼンカルボヒドラゾノアミド **PIN**
benzenecarbohydrazonamide **PIN**　(P-66.4.2.1)

$$CH_3\text{-}CH_2\text{-}CH_2\text{-}C(=\underset{N''}{N}\text{-}NH_2)\text{-}\underset{N}{N}H\text{-}\underset{N'}{N}H_2$$

ブタンヒドラゾノヒドラジド **PIN**
butanehydrazonohydrazide **PIN**　(P-66.4.3.1)

P-16.9.2 ジアミンおよびポリアミン，ジイミンおよびポリイミン，ジアミドおよびポリアミドの窒素原子を区別するために，母体構造の位置番号を上付きアラビア数字として付ける．ただし，ジェミナルなアミン，イミンおよびアミドには使わない．

> 今回の勧告で，上付きアラビア数字を，対称的なジェミナルなジアミン，ジイミン，ジアミド，ジ(イミドアミド)，ジ(アミジン)，ジ(ヒドラゾノアミド)，ジ(アミドラゾン)，ジ(ヒドラゾノヒドラジド)，イミドヒドラジドならびにポリイミドポリ炭酸と無機オキソ酸の窒素原子を区別するために使用する．従来は，プライム(′)，二重プライム(″)，三重プライム(‴)などを使っていた．

例：

N^2 2 1 N^1
CH$_3$-NH-CH$_2$-CH$_2$-NH-CH$_2$-CH$_3$

N^1-エチル-N^2-メチルエタン-1,2-ジアミン **PIN**
N^1-ethyl-N^2-methylethane-1,2-diamine **PIN** (P-62.2.4.1.2)
N-エチル-N'-メチルエタン-1,2-ジアミン
N-ethyl-N'-methylethane-1,2-diamine

N^1,N^4-ジメチルナフタレン-1,4-ジイミン **PIN**
N^1,N^4-dimethylnaphthalene-1,4-diimine **PIN** (P-62.3.1.1)
N,N'-ジメチルナフタレン-1,4-ジイミン
N,N'-dimethylnaphthalene-1,4-diimine (P-58.2.2.3 も参照)
N,N'-ジメチル-1,4-ジヒドロナフタレン-1,4-ジイミン
N,N'-dimethyl-1,4-dihydronaphthalene-1,4-diimine

N^5 5 4 3 2 1 N^1
CH$_3$-NH-CO-CH$_2$-CH$_2$-CH$_2$-CO-NH-CH$_3$

N^1,N^5-ジメチルペンタンジアミド **PIN**
N^1,N^5-dimethylpentanediamide **PIN**
N,N'-ジメチルペンタンジアミド
N,N'-dimethylpentanediamide

N^4
CH$_3$-NH   NH$_2$
5 | 3 2| 1
CH$_3$-CH-CH$_2$-C-CH$_3$
4 |
CH$_3$

N^4,2-ジメチルペンタン-2,4-ジアミン **PIN**
N^4,2-dimethylpentane-2,4-diamine **PIN** (P-62.2.4.1.2 参照)

N^1 N^3
NH   NH
‖ 2 ‖
HO-C-O-C-OH
1   3

1,3-ジイミド二炭酸 **PIN**   1,3-diimidodicarbonic acid **PIN**

上付きアラビア数字は，多核の有機オキソ酸および無機オキソ酸におけるカルコゲン原子を区別するためにも使う．

> 上付き数字を伴う文字位置番号の使用は，以前の慣例からの変更である．従来は，1-O，3-O のように数字位置番号を文字記号の前に置いた．(参考文献 1，規則 C-213.1)．

例：
3 2 1
HS-CO-O-CO-SH

1,3-S^1,S^3-ジチオ二炭酸
1,3-dithiodicarbonic S^1,S^3-acid
(1,3-ジチオ 1-S,3-S-二炭酸
1,3-dithiodicarbonic 1-S,3-S-acid ではない)

P-16　名 称 の 記 法　　　　93

P-16.9.3　上記の P-16.9.1 および P-16.9.2 に該当しない窒素原子(特に対称条件が満たされない場合)を区別するには，さらにプライム(′)，二重プライム(″)，三重プライム(‴)などを，母体構造にある接尾語の位置を示す上付き数字位置番号と併用する.

例:

$$N^3$$
$$NH\text{-}CH_2\text{-}CH_3$$
$$\underset{1}{CH_3}\text{-}\underset{2}{CH_2}\text{-}\underset{3}{C}\text{-}\underset{4}{CH_2}\text{-}\underset{5}{CH_2}\text{-}\underset{6}{CH_3}$$
$$NH\text{-}CH_3$$
$$N'^3$$

N^3-エチル-N'^3-メチルヘキサン-3,3-ジアミン **PIN**
N^3-ethyl-N'^3-methylhexane-3,3-diamine **PIN**
N-エチル-N'-メチルヘキサン-3,3-ジアミン
N-ethyl-N'-methylhexane-3,3-diamine

$$\overset{N''^{1}}{HN} \qquad \overset{N'^{1}}{NH}$$
$$CH_3\text{-}CH_2\text{-}NH\text{-}\underset{N''^{1}}{C}\underset{1}{}C\text{-}N(CH_3)_2$$

N''^{1}-エチル-N^1,N^1-ジメチルシクロヘキサン-
　　　　1,1-ジカルボキシイミドアミド **PIN**
N''^{1}-ethyl-N^1,N^1-dimethylcyclohexane-1,1-dicarboximidamide **PIN**
　(P-66.4.1.4.2)
N''-エチル-N,N-ジメチルシクロヘキサン-
　　　　1,1-ジカルボキシイミドアミド
N''-ethyl-N,N-dimethylcyclohexane-1,1-dicarboximidamide

$$\overset{N'^{1}}{H_2N}\text{-}N \quad \overset{N'^{2}}{N}\text{-}NH_2$$
$$H_2N\text{-}\underset{N^1}{C}\text{-}\underset{1}{}\underset{2}{C}\text{-}NH_2 \; {}_{N^2}$$

エタンジヒドラゾノアミド **PIN**
ethanedihydrazonamide **PIN**　　(P-66.4.2.1)

$$\overset{N''^{1}}{HN} \quad \overset{N''^{2}}{NH}$$
$$\underset{N'^1}{H_2N}\text{-}\underset{N^1}{NH}\text{-}\underset{1}{C}\text{-}\underset{2}{C}\text{-}\underset{N^2}{NH}\text{-}\underset{N'^2}{NH_2}$$

エタンジイミドヒドラジド **PIN**
ethanediimidohydrazide **PIN**　　(P-66.4.2.1)

$$\overset{N''^{1}}{H_2N}\text{-}N \quad \overset{N''^{2}}{N}\text{-}NH_2$$
$$\underset{N'^1}{H_2N}\text{-}\underset{N^1}{NH}\text{-}\underset{1}{C}\text{-}\underset{2}{C}\text{-}\underset{N^2}{NH}\text{-}\underset{N'^2}{NH_2}$$

エタンジヒドラゾノヒドラジド **PIN**
ethanedihydrazonohydrazide **PIN**　　(P-66.4.3.1)

$$\overset{N'^{3}}{NH\text{-}CH_3}$$
$$\underset{1}{CH_3}\text{-}NH\text{-}\underset{2}{CH_2}\text{-}\underset{3}{CH_2}\text{-}C\text{-}\underset{4}{CH_2}\text{-}\underset{5}{CH_2}\text{-}\underset{6}{CH_2}\text{-}NH_2$$
$$\underset{N^3}{NH\text{-}CH_2\text{-}CH_3}$$

N^3-エチル-N^1,N'^3-ジメチルヘキサン-
　　　　1,3,3,6-テトラアミン **PIN**
N^3-ethyl-N^1,N'^3-dimethylhexane-1,3,3,6-tetramine **PIN**
　(P-62.2.4.1.2)
N^3-エチル-N^1,N'^3-ジメチル(ヘキサン-
　　　　1,3,3,6-テトライルテトラアミン)
N^3-ethyl-N^1,N'^3-dimethyl(hexane-1,3,3,6-tetrayltetramine)

$$\overset{N^{4'}}{H_2N} \quad \overset{N^{3'}}{NH_2} \qquad\qquad \overset{N^3}{H_2N} \quad \overset{N^4}{NH_2}$$
$$\underset{5'}{CH_3}\text{-}\underset{4'}{CH}\text{-}\underset{3'}{CH}\text{-}\underset{2'}{CH_2}\text{-}\underset{1'}{CH_2}\text{-}NH\text{-}\underset{N'^1}{CH_2}\text{-}NH\text{-}\underset{N^1}{CH_2}\text{-}CH_2\text{-}CH\text{-}CH\text{-}CH_3$$

N^1,N'^1-メチレンジ(ペンタン-1,3,4-トリアミン) **PIN**
N^1,N'^1-methylenedi(pentane-1,3,4-triamine) **PIN**　　(P-62.2.5.2)

$$\overset{N^1}{CO\text{-}N(CH_3)_2}$$
$$\underset{N^3}{CH_3\text{-}NH}\text{-}CO\text{-}\underset{3}{CH_2}\text{-}\underset{2}{CH_2}\text{-}CH\text{-}CO\text{-}\underset{N'^1}{NH}\text{-}CH_2\text{-}CH_3$$

N'^1-エチル-N^1,N^1,N^3-トリメチルプロパン-1,1,3-トリカルボキシアミド **PIN**
N'^1-ethyl-N^1,N^1,N^3-trimethylpropane-1,1,3-tricarboxamide **PIN**　　(P-66.1.1.3.1.2)

N^1,N^1,N'^3-トリエチル-N'^1,N^3,N^3-トリメチルナフタレン-1,3-ジカルボキシイミドアミド [PIN]
N^1,N^1,N'^3-triethyl-N'^1,N^3,N^3-trimethylnaphthalene-1,3-dicarboximidamide [PIN] (P-66.4.1.4.2)

ベンゼン-1,2-ジカルボヒドラジド [PIN]
benzene-1,2-dicarbohydrazide [PIN] (P-66.3.1.2.2)

P-16.9.4 プライム(′)，二重プライム(″)，三重プライム(‴)などは，たとえば，1, 1′, 1″, 4′a (4a′ ではない．縮合位置番号では，プライムを文字の後ではなく数字の後に付ける)のように，N 位置番号以外でも同種の位置番号を区別するのに使用する．このような使用例には次のような場合がある．

(a) 倍数命名法において，倍数化された構造単位を示すとともに，その位置番号を区別するため

例：2,2′,2″-ニトリロトリ(エタン-1-オール) [PIN]　2,2′,2″-nitrilotri(ethan-1-ol) [PIN]　(P-15.3.2.1)

(b) スピロ縮合化合物において，同一または異なる多環系における位置を示すため

例：7,7′-スピロビ[ビシクロ[4.1.0]ヘプタン] [PIN]　7,7′-spirobi[bicyclo[4.1.0]heptane] [PIN]　(P-24.3.1)
1H,1′H,1″H,3′H-2,2′:7′,2″-ジスピロテル[ナフタレン] [PIN]
1H,1′H,1″H,3′H-2,2′:7′,2″-dispiroter[naphthalene] [PIN]　(P-24.4.1)
スピロ[シクロヘキサン-1,1′-インデン] [PIN]　spiro[cyclohexane-1,1′-indene] [PIN]　(P-24.5.1)

(c) 環集合において，同じ構造の環成分を区別して番号付けするため

例：1,1′-ビ(シクロプロパン) [PIN]　1,1′-bi(cyclopropane) [PIN]　(P-28.2.1)
1,1′-ビフェニル [PIN]　1,1′-biphenyl [PIN]　(P-28.2.1)
3a,3′a-ビインデン [PIN]　3a,3′a-biindene [PIN]　(P-28.2.3)

P-16.9.5　プライム記号は，次の場合にも使う．

(a) 縮合環命名法において，一次および高次の付随成分，同じ構造の付随成分，多母体名称などを区別するため

例：ピリド[1″,2″:1,2′]イミダゾ[4′,5′:5,6]ピラジノ[2,3-b]フェナジン [PIN]
pyrido[1″,2″:1,2′]imidazo[4′,5′:5,6]pyrazino[2,3-b]phenazine [PIN]　(P-25.3.4.1.1)
ジフロ[3,2-b:2′,3′-e]ピリジン [PIN]　difuro[3,2-b:2′,3′-e]pyridine [PIN]　(P-25.3.4.1.2)
シクロペンタ[1,2-b:5,1-$b′$]ビス([1,4]オキサチイン) [PIN]
cyclopenta[1,2-b:5,1-$b′$]bis([1,4]oxathiine) [PIN]　(P-25.3.7.1)

(b) 有機環にオルト縮合したフラーレンにおいて，非フラーレン成分中の位置を表すため

例：3′H-シクロプロパ[1,9](C$_{60}$-I_h)[5,6]フラーレン [PIN]
3′H-cyclopropa[1,9](C$_{60}$-I_h)[5,6]fullerene [PIN]　(P-27.6.1)

(c) 天然物の命名法において，基本となる母体水素化物に縮合した環の中の位置を表すため

例：ナフト[2′,1′:2,3]-5α-アンドロスタン [PIN]　naphtho[2′,1′:2,3]-5α-androstane [PIN]　(P-101.5.1.1)

P-16.9.6 多重プライムの記法

環集合やポリスピロ化合物では，長く並んだプライムが必要となることがある．ところで，次に示すプライムの数はいくつだろうか，‴‴″．答えは 8 個である．この勧告では，長く並んだプライムの数を数えるのを簡単にするために，3 個ずつスペースで区切って，‴ ‴ ″ のように記すことにした．これでも数は上と同じである．スピロ化合物に関する文献(参考文献 8)では 4 個ずつに区切るとしたが，これはその方式からの変更である．

P-2 母体水素化物

P-20	序　　言	P-25	縮合環および橋かけ縮合環系
P-21	単核および鎖状多核母体水素化物	P-26	ファン命名法
P-22	単環母体水素化物	P-27	フラーレン
P-23	ポリシクロ母体水素化物	P-28	環 集 合
	(拡張された von Baeyer 系)	P-29	母体水素化物に由来する
P-24	ス ピ ロ 環		置換基を示す接頭語

P-20　序　　言　　　"日本語名称のつくり方"も参照

　母体水素化物 parent hydride とは，置換基を示す接辞を付加する前に命名される構造で，この操作で特定の化合物の名称が生じる．母体水素化物の名称は，骨格構造に結合する水素原子の確定した数も表している．鎖状母体水素化物は，たとえば，ペンタン pentane や トリシラン trisilane のように，常に飽和の状態で枝分かれがない．環状母体水素化物は，たとえば，シクロペンタン cyclopentane, シクロトリシロキサン cyclotrisiloxane, アゼパン azepane, ビシクロ[3.2.1]オクタン bicyclo[3.2.1]octane, スピロ[4.5]デカン spiro[4.5]decane のように，通常は完全に飽和の状態か，あるいは，たとえば，ベンゼン benzene, ピリジン pyridine, 1,3-オキサアゾール 1,3-oxazole, 1H-フェナレン 1H-phenalene, フェナントロリン phenanthroline, ベンゾ[a]アクリジン benzo[a]acridine のように，完全に不飽和の(すなわち最多非集積二重結合をもった)状態のいずれかである．また，たとえば，スピロ[1,3-ジオキソラン-2,1′-[1H]インデン] spiro[1,3-dioxolane-2,1′-[1H]indene]のように，部分的に飽和した母体水素化物もあり，トルエン toluene のように，環状水素化物と鎖状水素化物との結合体で，慣用的な保存名をもつものもある．

　たとえば，トリシラン trisilane のように，骨格炭素原子を含まない母体水素化物の名称は，本勧告では PIN として採用しない．代わりに，そのような化合物は予備選択名とよび，有機(炭素を含む)置換基によって置換された誘導体の PIN をつくり出すために使う(P-12.2 参照)．もっとも，無機(炭素を含まない)化合物の優先 IUPAC 名を決定するために編成される委員会の決定次第では，優先 IUPAC 名になることもありうる．

　母体水素化物の名称は，保存された慣用的な名称か，特定の規則に従ってつくられた体系的名称のいずれかである．規則と名称は，曖昧さがなく明確でなければならない．この目的を達成し，規則を単純かつ簡潔な状態に保つために，母体水素化物の PIN と予備選択名の選択，ならびに母体水素化物に由来する置換基を表す優先接頭語の選択に関する規則は，本章ではなく P-5 で述べる．

P-21　単核および鎖状多核母体水素化物　　　"日本語名称のつくり方"も参照

P-21.1	単核母体水素化物
P-21.2	鎖状多核母体水素化物

P-21.1　単核母体水素化物

P-21.1.1　標準結合数をもつ単核母体水素化物

P-21.1.1.1　体系的名称　　　置換命名法による有機化合物の命名において，母体として使用する元素の単核水素化物の名称を表2·1に示した．ほとんどは，たとえば，BH_3 の ボラン borane や SiH_4 の シラン silane のように，元素の"ア"接頭語(表2·4参照)の末端文字 a を省略して語尾の ane を(メタン methane にならって)付けることにより体系的につくる．ただし，重要な例外として，H_2O の オキシダン oxidane, H_2S の スルファン sulfane,

H₂Se の セラン selane，H₂Te の テラン tellane，H₂Po の ポラン polane および BiH₃ の ビスムタン bismuthane(表 2·1 参照)がある．実は，上記の方式でつくった名称の オキサン oxane，チアン thiane，セレナン selenane，テルラン tellurane，ポロナン polonane および ビスマン bismane は，対応する 1 個のヘテロ原子をもつ飽和六員環を指す Hantzsch-Widman 名である．カルバン carbane という名称が メタン methane の代わりに使用されたことはない．この名称は推奨しない．

表 2·1　標準結合数の 13, 14, 15, 16, 17 族元素の単核母体水素化物の体系名
(カルバン carbane を除く体系名のうち，アルマン，ゲルマン，インジガン，タランを除いて他はすべて予備選択名である．P-12.2 参照．保存名の メタン methane については，P-21.1.1.2 参照)

族	13	14	15	16	17
	BH₃ ボラン borane	CH₄ (カルバン)† carbane	NH₃ アザン azane	OH₂ オキシダン oxidane	FH フルオラン fluorane
	AlH₃ アルマン alumane	SiH₄ シラン silane	PH₃ ホスファン phosphane	SH₂ スルファン sulfane	ClH クロラン chlorane
	GaH₃ ガラン gallane	GeH₄ ゲルマン germane	AsH₃ アルサン arsane	SeH₂ セラン selane	BrH ブロマン bromane
	InH₃ インジガン indigane	SnH₄ スタンナン stannane	SbH₃ スチバン stibane	TeH₂ テラン tellane	IH ヨーダン iodane
	TlH₃ タラン thallane	PbH₄ プルンバン plumbane	BiH₃ ビスムタン bismuthane	PoH₂ ポラン polane	AtH アスタタン astatane

†　メタン methane が PIN であることに留意．有機化合物と無機化合物の IUPAC 命名法において使用される常用名については，P-21.1.1.2 参照．

新たに推奨された名称の ガラン gallane と タラン thallane は，体系に従ってつくられた名称である．アルマン alumane と インジガン indigane は例外である．アルミナン aluminane は，単核水素化物の AlH₃ を指すはずであるが，一方で，Hantzsch-Widman 名では語尾 inane は 1 個のアルミニウム原子を含む飽和六員環を指すので，曖昧さが残る．アラン alane も使われていたが，この名称から体系的に派生する置換基 H₂Al− の名称は アラニル alanyl となるはずである．ところが，アミノ酸の アラニン alanine から派生するアシル基の名称も，すでに アラニル alanyl として確立しているため，アランも採用できない．名称アルマン alumane はこのような欠点を含んでいない．したがって，接頭語の アルマ aluma を Hantzsch-Widman 名をつくるのに推奨し，アルミナン aluminane は 1 個のアルミニウム原子を含む単環の飽和六員環を示すことになる(P-22.2.2 参照)．体系に従ってつくられる インダン indane という名称は，部分的に飽和した二環縮合炭化水素を表すためにすでに使われているため，使用することができない．Reich と Richter(参考文献 20)は，1863 年，この元素が炎光分析でセシウムとは異なる青藍色(インジゴ色)を示したことにちなんで，インジウムと名付けた．名前の起源のインジゴまでたどると，インジガン indigane が受入れ可能な名称であろう，したがって，これが，水素化物 InH₃ の推奨名となった．

AlH₃　　アルマン　alumane
　　　　(P-12.2 参照，アラン alane ではない)

アルミナン　aluminane

InH₃　　インジガン　indigane　(P-12.2 参照)

インダン　indane
2,3-ジヒドロ-1*H*-インデン [PIN]　2,3-dihydro-1*H*-indene [PIN]

表2・1に示した単核水素化物の名称は，汎用"アン"命名法の基礎となる．アルカン，シクロアルカン，ポリシクロアルカンに適用する置換命名法は，13, 14, 15, 16, 17族の元素の水素化物にまで体系的に拡張されている．汎用"アン"命名法は，炭素母体水素化物の慣用的な置換命名法を含むカルバン命名法と，ヘテロ原子とよばれる炭素以外の原子に関係するヘテラン命名法に分類される．

P-21.1.1.2　保存名　常用名のメタン methane は保存名である．広く使われている名称の水，アンモニア ammonia，あるいは，たとえば塩化水素 hydrogen chloride のような17族の水素酸の二成分名称，硫化水素 hydrogen sulfide のような16族の水素化物の二成分名称は，本勧告において使うが，PIN として使うことは，優先無機名称の選択に関する勧告が公表されていないため，保留の状態にある．したがって，PIN の表示はこれらの名称を含むものには付けられない (P-14.8 参照)．しかし，このような常用名に対する体系的な代替名，たとえば，水に対するオキシダン oxidane やアンモニアに対するアザン azane，17族の水素酸や16族の水素化物の二成分名に対するもの，たとえば塩化水素のクロラン chlorane や硫化水素のスルファン sulfane は，誘導体の命名やラジカル，イオン，多核同族体などの名称をつくるためには欠かすことができない．

PH$_3$ のホスフィン phosphine，AsH$_3$ のアルシン arsine，SbH$_3$ のスチビン stibine，BiH$_3$ のビスムチン bismuthine などの名称は GIN としての使用は認める．

P-21.1.2　非標準結合数の単核母体水素化物

P-21.1.2.1　体系名と慣用名　元素の結合数が P-14.1 で定められ，表2・1に例示された標準結合数と異なる場合，水素化物の名称に，記号 λ^n（n は結合数を表す）を付けることによって示す（参考文献13）．

PH$_5$ のホスホラン phosphorane，AsH$_5$ のアルソラン arsorane，SbH$_5$ のスチボラン stiborane の名称は，GIN としては保存する．しかし，最近の文献で使用されてきた SH$_4$ のスルフラン sulfurane，SeH$_4$ のセレヌラン selenurane，IH$_3$ のヨージナン iodinane，SH$_6$ のペルスルフラン persulfurane，IH$_5$ のペルヨージナン periodinane の名称は認めない．

例：IH$_3$　　λ^3-ヨーダン [予備名]　λ^3-iodane [予備名]
　　　　　　（P-12.2 参照．ヨージナン iodinane ではない）

　　SH$_4$　　λ^4-スルファン [予備名]　λ^4-sulfane [予備名]
　　　　　　（P-12.2 参照．スルフラン sulfurane ではない）

　　SnH$_2$　　λ^2-スタンナン [予備名]　λ^2-stannane [予備名]　（P-12.2 参照）

　　PH$_5$　　λ^5-ホスファン [予備名]　λ^5-phosphane [予備名]　（P-12.2 参照）
　　　　　　ホスホラン　　phosphorane

　　AsH$_5$　　λ^5-アルサン [予備名]　λ^5-arsane [予備名]　（P-12.2 参照）
　　　　　　アルソラン　　arsorane

　　SbH$_5$　　λ^5-スチバン [予備名]　λ^5-stibane [予備名]　（P-12.2 参照）
　　　　　　スチボラン　　stiborane

P-21.2　鎖状多核母体水素化物

P-21.2.1　炭化水素	P-21.2.3　不均一鎖状母体水素化物
P-21.2.2　炭化水素および水素化ホウ素以外の均一鎖状母体水素化物	P-21.2.4　非標準結合数のヘテロ原子を含む鎖状母体水素化物

P-21.2.1 炭化水素

枝分かれのない飽和鎖状炭化水素の C_2H_6，C_3H_8 および C_4H_{10} は，それぞれ エタン ethane，プロパン propane およびブタン butane という保存名をもつ．より多くの炭素を含むこの一連の化合物群の体系名は，数詞（表1・4参照）の末端文字 a を省略して，語尾の ane を付けたものである．飽和鎖状炭化水素の一般名称は，枝分かれの有無に関係なく，アルカン alkane である．鎖は，一方の端から他端へアラビア数字によって番号付けをする．化学式では，鎖中の基の繰返し部分を示すために角括弧を使う．不飽和鎖状炭化水素については，P-31.1 を参照してほしい．

例：
$$\overset{7}{C}H_3\text{-}\overset{6}{C}H_2\text{-}\overset{5}{C}H_2\text{-}\overset{4}{C}H_2\text{-}\overset{3}{C}H_2\text{-}\overset{2}{C}H_2\text{-}\overset{1}{C}H_3$$ ヘプタン **PIN** heptane **PIN**

$$\overset{20}{C}H_3\text{-}[CH_2]_{18}\text{-}\overset{1}{C}H_3$$ イコサン **PIN** icosane **PIN**
（Beilstein と CAS の索引名称は，エイコサン eicosane である）

$$\overset{23}{C}H_3\text{-}[CH_2]_{21}\text{-}\overset{1}{C}H_3$$ トリコサン **PIN** tricosane **PIN**

$$\overset{70}{C}H_3\text{-}[CH_2]_{68}\text{-}\overset{1}{C}H_3$$ ヘプタコンタン **PIN** heptacontane **PIN**

P-21.2.2 炭化水素および水素化ホウ素以外の均一鎖状母体水素化物

複数の同じヘテロ原子からなり，水素原子で飽和した枝分かれのない鎖状化合物は，P-21.1 に従った該当する水素化物の名称の前に，表1・4のヘテロ原子数にあたる倍数接頭語を（倍数接頭語の末端母音字は省略しない）を付けて命名する．この名称は予備選択名に該当する（P-12.2 参照）．−SH または −OH のような末端基が含まれていても，官能基として数から除外することはしない．

例：
$$\overset{2}{N}H_2\text{-}\overset{1}{N}H_2$$ ヒドラジン 予備名 hydrazine 予備名 （保存名，P-12.2 参照）
ジアザン diazane

$$\overset{9}{N}H_2\text{-}[NH]_7\text{-}\overset{1}{N}H_2$$ ノナアザン 予備名 nonaazane 予備名 （P-12.2 参照）

$$\overset{5}{S}iH_3\text{-}\overset{4}{S}iH_2\text{-}\overset{3}{S}iH_2\text{-}\overset{2}{S}iH_2\text{-}\overset{1}{S}iH_3$$ ペンタシラン 予備名 pentasilane 予備名 （P-12.2 参照）

$$\overset{5}{P}H_2\text{-}\overset{4}{P}H\text{-}\overset{3}{P}H\text{-}\overset{2}{P}H\text{-}\overset{1}{P}H_2$$ ペンタホスファン 予備名 pentaphosphane 予備名 （P-12.2 参照）

$$HS\text{-}S\text{-}S\text{-}SH$$ テトラスルファン 予備名 tetrasulfane 予備名
（ジスルファンジチオール disulfanedithiol でも
トリスルファンチオール trisulfanethiol でもない，P-58.3.1 参照）

P-21.2.3 不均一鎖状母体水素化物

2種類の可能な対象がある．

> P-21.2.3.1 ヘテロ原子が交互に結合した不均一母体水素化物
> P-21.2.3.2 "ア"命名法による不均一母体水素化物

P-21.2.3.1 炭素原子とハロゲン原子以外のヘテロ原子が交互に結合した不均一母体水素化物，すなわち，[a(ba)ₙ 水素化物] 枝分かれのない交互原子鎖で，末端原子が2個ともに同じ元素であり，その元素が優先順位，O＞S＞Se＞Te＞P＞As＞Sb＞Bi＞Si＞Ge＞Sn＞Pb＞B＞Al＞Ga＞In＞Tl で後にくる場合，その化合物の名称は，末端元素の原子数を示す倍数接頭語の後にその元素の"ア"接頭語を続け，ついで鎖中のもう一方の元素の"ア"接頭語と語尾の ane をつなぎ合わせて命名できる．"ア"接頭語の末端文字 a は，その後に母音字が続く場合は省略する．倍数接頭語の末端の母音字は，"ア"接頭語が同じ母音字で始まっている場合でも省略し

ない．窒素原子が存在する場合は，アミンの官能基優先順位が高いので，**アミン amine の名称が優先する**(P-62 参照)．この考えは，他の元素には適用しない．このような母体水素化物は，予備選択された母体水素化物 (P-12.2)であり，炭素を含む化合物では，その名称は PIN となる．

> これは，特性基として アミン amine が認められなかった 1993 規則(参考文献 2)からの変更である．

例：
$\underset{7}{SnH_3}\text{-O-}\underset{6}{SnH_2}\text{-O-}\underset{5}{SnH_2}\text{-O-}\underset{4}{}\underset{3}{}\underset{2}{}\underset{1}{SnH_3}$ テトラスタンノキサン 予備名   tetrastannoxane 予備名   （P-12.2 参照）

$SiH_3\text{-S-}SiH_3$ ジシラチアン 予備名   disilathiane 予備名   （P-12.2 参照）

$HS\text{-O-}SH$ ジチオキサン 予備名   dithioxane 予備名   （P-12.2 参照）

$PH_2\text{-Se-}PH_2$ ジホスファセレナン 予備名   diphosphaselenane 予備名   （P-12.2 参照）

$SiH_3\text{-NH-}SiH_3$ *N*-シリルシランアミン   *N*-silylsilanamine
   （予備選択名の シラン silane 由来する名称，P-12.2 参照．
   ジシラザン disilazane ではない）

$AsH_2\text{-}\overset{N}{NH}\text{-AsH-NH-AsH-}\overset{N^1}{NH}\text{-AsH_2}$
   N,*N*′-アザンジイルビス(アルサンジイル)ビス(アルサンアミン) 予備名
   N,*N*′-azanediylbis(arsanediyl)bis(arsanamine) 予備名
   〔テトラアルサザン tetrarsazane ではない〕

P-21.2.3.2　"ア"命名法による不均一母体水素化物　　ヘテロ原子(同じでも異なっていてもよい)と少なくとも 1 個の炭素原子を鎖に含み，その端末が C, P, As, Sb, Bi, Si, Ge, Sn, Pb, B, Al, Ga, In または Tl で終わる鎖状母体水素化物は，"ア"命名法によって命名する(P-15.4.3 参照)．PIN としての "ア" 名の使用は P-5 で述べる．

例：
$\underset{11}{CH_3}\text{-O-}\underset{10}{CH_2}\text{-}\underset{9}{CH_2}\text{-O-}\underset{8}{CH_2}\text{-}\underset{7}{CH_2}\text{-O-}\underset{6}{}\underset{5}{CH_2}\text{-}\underset{4}{CH_2}\text{-O-}\underset{3}{CH_2}\text{-}\underset{2}{}\underset{1}{CH_3}$
2,4,7,10-テトラオキサウンデカン PIN
2,4,7,10-tetraoxaundecane PIN

$\underset{11}{CH_3}\text{-O-}\underset{10}{CH_2}\text{-}\underset{9}{CH_2}\text{-O-}\underset{8}{CH_2}\text{-}\underset{7}{CH_2}\text{-}\underset{6}{SiH_2}\text{-}\underset{5}{CH_2}\text{-}\underset{4}{}\underset{3}{S}\text{-}\underset{2}{}\underset{1}{CH_3}$
7,10-ジオキサ-2-チア-4-シラウンデカン PIN
7,10-dioxa-2-thia-4-silaundecane PIN

$\underset{8}{CH_3}\text{-S-}\underset{7}{SiH_2}\text{-}\underset{6}{}\underset{5}{CH_2}\text{-}\underset{4}{CH_2}\text{-}\underset{3}{SiH_2}\text{-O-}\underset{2}{}\underset{1}{CH_3}$
2-オキサ-7-チア-3,6-ジシラオクタン PIN
2-oxa-7-thia-3,6-disilaoctane PIN

P-21.2.4　非標準結合数のヘテロ原子を含む鎖状母体水素化物

P-21.2.4.1　　非標準結合数のヘテロ原子は，位置番号の後に記号 λ^n を置いて表す(P-14.1 参照)．位置番号は，非標準結合数に関係なく，通常の方法で定めた順序で付ける．選択の余地がある場合は，非標準結合数の大きな原子により小さな位置番号を付ける．

例：
$\underset{1}{HS}\text{-}\underset{2}{SH_2}\text{-}\underset{3}{SH}$ $2\lambda^4$-トリスルファン 予備名 $2\lambda^4$-trisulfane 予備名   （P-12.2 参照）

$\underset{3}{HS}\text{-}\underset{2}{S}\text{-}\underset{1}{SH_5}$ $1\lambda^6$-トリスルファン 予備名 $1\lambda^6$-trisulfane 予備名   （P-12.2 参照）

$\underset{1}{PH_4}\text{-}\underset{2}{PH_3}\text{-}\underset{3}{PH_4}$ $1\lambda^5,2\lambda^5,3\lambda^5$-トリホスファン 予備名 $1\lambda^5,2\lambda^5,3\lambda^5$-triphosphane 予備名   （P-12.2 参照）
   （トリ-λ^5-ホスファン tri-λ^5-phosphane ではない）

$\underset{1}{PH_4}\text{-O-}\underset{2}{}\underset{3}{PH_4}$ $1\lambda^5,3\lambda^5$-ジホスホキサン 予備名 $1\lambda^5,3\lambda^5$-diphosphoxane 予備名   （P-12.2 参照）

P-21.2.4.2　　一つの骨格に複数の非標準結合数の原子があり，位置番号の選択が必要な場合，結合数の大き

なものに優先して小さな位置番号を割当てる．たとえば，λ^6 には，λ^4 より小さい位置番号を割当てる．

例：
$\overset{6}{SH}-\overset{5}{SH_2}-\overset{4}{S}-\overset{3}{S}-\overset{2}{SH_4}-\overset{1}{SH}$　　$2\lambda^6,5\lambda^4$-ヘキサスルファン 予備名
　　　　　　　　　　　　　　　　　$2\lambda^6,5\lambda^4$-hexasulfane 予備名　（P-12.2 参照）

$\overset{12}{CH_3}-\overset{11}{S}-\overset{10}{CH_2}-\overset{9}{CH_2}-\overset{8}{S}-\overset{7}{CH_2}-\overset{6}{CH_2}-\overset{5}{SH_2}-\overset{4}{CH_2}-\overset{3}{CH_2}-\overset{2}{S}-\overset{1}{CH_3}$　$2,5\lambda^4,8,11$-テトラチアドデカン PIN
　　　　　　　　　　　　　　　　　　　　　　　　　　　　　　　　　　$2,5\lambda^4,8,11$-tetrathiadodecane PIN

P-22 単環母体水素化物　　　"日本語名称のつくり方" も参照

> P-22.1　単環炭化水素
> P-22.2　複素単環母体水素化物

P-22.1　単環炭化水素

P-22.1.1　飽和単環炭化水素の名称は，分離不可接頭語の シクロ cyclo を同じ炭素原子数をもつ枝分かれのない鎖状飽和炭化水素の名称に付加することによってつくる．単環炭化水素の一般名称は シクロアルカン cycloalkane である．番号付けは，通常時計回りに連続して環をまわる．不飽和単環炭化水素については，P-31.1.3 を参照してほしい．

例：

シクロプロパン PIN
cyclopropane PIN

シクロヘキサン PIN
cyclohexane PIN

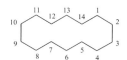

シクロテトラデカン PIN
cyclotetradecane PIN

P-22.1.2　最多非集積二重結合(マンキュード mancude)をもち，C_nH_n または C_nH_{n+1} (n は 7 以上)の一般化学式をもつ非置換単環炭化水素であるポリエンを，一般に アンヌレン annulene とよぶ．特定のアンヌレンは [n]アンヌレン [n]annulene と命名し，この n は環の炭素原子数で 6 より大きい．n が奇数の場合，すなわち，アンヌレンが化学式で C_nH_{n+1} となる場合，余分な水素原子は指示水素として示し(P-14.7 参照)，結合する炭素には位置番号 1 を割当てる．このようなアンヌレンの名称は，GIN では使用することができ，また縮合環命名法における母体化合物として PIN をつくる(P-25.3.2.1.1)．しかし，構成成分を表す接頭語として使用することはできない．

　完全不飽和単環炭化水素の PIN は，対応するシクロアルカポリエン cycloalkapolyene の名称である(P-31.1.3.1 参照)．

　ベンゼン benzene は C_6H_6 の保存名であり，[6]アンヌレン [6]annulene の名称は推奨しない．

　アンヌレンの番号付けで，偶数の炭素原子をもつ構造では，位置番号 1 は任意の炭素原子に付けることができる．奇数の炭素原子をもつアンヌレンでは，位置番号 1 は指示水素をもつ炭素原子になる(P-14.7 参照)．シクロアルカポリエン名の構造では，位置番号 1 は必ず二重結合の炭素原子に付ける．

例：

ベンゼン PIN　benzene PIN　（保存名）
（[6]アンヌレン [6]annulene ではない）

[10]アンヌレン　[10]annulene
シクロデカ-1,3,5,7,9-ペンタエン PIN
cyclodeca-1,3,5,7,9-pentaene PIN　（P-25.3.2.1.1 参照）

P-22 単環母体水素化物   101

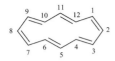

[12]アンヌレン　[12]annulene
シクロドデカ-1,3,5,7,9,11-ヘキサエン PIN
cyclododeca-1,3,5,7,9,11-hexaene PIN　（P-31.1.3.1 参照）

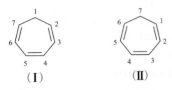

（Ⅰ）1H-[7]アンヌレン　1H-[7]annulene
（Ⅱ）シクロヘプタ-1,3,5-トリエン PIN
　　cyclohepta-1,3,5-triene PIN　（P-31.1.3.1 参照）

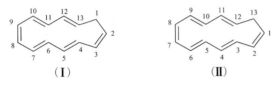

（Ⅰ）1H-[13]アンヌレン　1H-[13]annulene
（Ⅱ）シクロトリデカ-1,3,5,7,9,11-ヘキサエン PIN
　　cyclotrideca-1,3,5,7,9,11-hexaene PIN　（P-31.1.3.1 参照）

P-22.1.3　保存名をもつ母体炭化水素

　トルエン toluene，キシレン xylene，メシチレン mesitylene は，1個の環構成成分と鎖状で飽和した構成成分という，二つの構成成分からなる特殊な母体水素化物である．これらの名称は長期にわたり定着した慣用的なもので，保存名とする．トルエンとキシレンは PIN であるが，どのような置換も可能というわけではない．トルエンは特定の条件下では置換が可能であるが，それも GIN においてのみである（保存名に対する一般的な置換の規則については，P-15.1.8 参照）．
　メシチレンは GIN においてのみ保存名であり，しかも置換体の名称には使えない．
　クメン cumene と シメン cymene の名称は廃止した．

> 1993 規則(参考文献 2)では，これらの母体水素化物は保存名であったが，制限のある置換のみが認められていた．

トルエン PIN　toluene PIN
　（非置換体のみ．GIN においては，置換が P-15.1.8.2.2 に示した基だけに認められる）

キシレン PIN　xylene PIN　（1,2-，1,3- および 1,4-異性体，非置換体のみ）
o-, m- および p-キシレン

メシチレン　mesitylene　（非置換体のみ）
1,3,5-トリメチルベンゼン PIN　1,3,5-trimethylbenzene PIN

P-22.2 複素単環母体水素化物

P-22.2.1 複素単環類の保存名
P-22.2.2 三から十員環の複素単環母体水素
　　　　化物(Hantzsch-Widman 名)
P-22.2.3 "ア"命名法によって命名する複
　　　　素単環水素化物
P-22.2.4 最多非集積二重結合をもつ十一以
　　　　上の員数の複素単環

P-22.2.5 水素化ホウ素以外の均一単環母体
　　　　水素化物
P-22.2.6 繰返し単位からなる複素単環母体
　　　　水素化物[(ab)$_n$ 環状水素化物]
P-22.2.7 非標準結合数をもったヘテロ原子
　　　　の複素単環母体水素化物

P-22.2.1 複素単環類の保存名

最多非集積二重結合をもった(マンキュード)複素単環とそれらのカルコゲン類縁体の保存名を表 2·2 に示して
ある.

> 注記: マンキュード mancude は，最多非集積二重結合(MAximum number of NonCUmula-
> tive DoublE bonds)の頭字語である.

ピラン pyran の名称は，官能基代置換命名法により修飾されて，カルコゲン類縁体の名称となる.
飽和複素単環の保存名は表 2·3 に示してある.

P-22.2.2 三から十員環の複素単環母体水素化物 (Hantzsch-Widman 名)

十員環以下で 1 個以上のヘテロ原子を含む複素単環母体水素化物は，拡張された Hantzsch-Widman 体系(参考
文献 21)によって命名する. この体系は 1979 規則(参考文献 1)で公表された方法の改良法であり，説明のために
付け加えられていた多くの脚注や注釈を不要としたものである. 均一な複素単環の名称は予備選択名となる
(P-12.2 参照). 1979 規則で推奨された方式は，CAS の縮合環名においてひき続き使われている.

> 元素のアルミニウム，ガリウム，インジウム，タリウムは，推奨 Hantzsch-Widman 体
> 系に含まれているが，水銀は削除されている.

P-22.2.2.1 Hantzsch-Widman 名の作成と番号付け

P-22.2.2.1.1 Hantzsch-Widman 名は，ヘテロ原子の"ア"接頭語(表 2·4)を環の大きさと水素化の程度を示
す語幹(表 2·5)と組合わせることによってつくる. "ア"接頭語の間ならびに"ア"接頭語と語幹との間の最後の
a 母音字は省略する. 不飽和化合物という語は，最多非集積二重結合をもつ(マンキュード)化合物か，あるいは少
なくとも 1 個の二重結合をもつ化合物を指す. ヘテロ原子が 1 個しかない場合は，単環化合物の番号付けは簡単
に決まる. すなわち，そのヘテロ原子の位置番号が 1 となり，置換されていなければ，番号付けは時計回りに進
む.

> 訳注: 本書で採用する字訳基準("日本語名称のつくり方"参照)では，PIN の場合は"ア"
> 接頭語間の語尾 a を省略しない.

Hantzsch-Widman 名は，アジン azine と オキシン oxine を除き，不飽和および飽和化合物のいずれもが PIN で
ある. アジンは，=N-N= 化合物(P-68.3.1.2.3 参照)の種類名として長い間使われているので，ピリジン pyridine
に対して使ってはならない. オキシン oxine は，キノリン-8-オール quinolin-8-ol の慣用名として使用されてき
たので，ピラン pyran に対して使用してはならない.

Hantzsch-Widman 名は，炭化水素以外の均一複素単環については予備選択名である(P-22.2.5 参照).

P-22 単環母体水素化物

表 2·2 最多非集積二重結合をもった複素単環母体水素化物の保存名

フラン **PIN** furan **PIN**	ピラジン **PIN** pyrazine **PIN**
イミダゾール imidazole (1*H*-異性体を示した．PIN は 1*H*-イミダゾール **PIN** 1*H*-imidazole **PIN** である)	ピラゾール pyrazole (1*H*-異性体を示した．PIN は 1*H*-ピラゾール **PIN** 1*H*-pyrazole **PIN** である)
オキサゾール oxazole 1,3-オキサアゾール **PIN** 1,3-oxazole **PIN** (O の代わりに S) チアゾール thiazole 1,3-チアアゾール **PIN** 1,3-thiazole **PIN** (O の代わりに Se) セレナゾール selenazole 1,3-セレナアゾール **PIN** 1,3-selenazole **PIN** (O の代わりに Te) テルラゾール tellurazole 1,3-テルラアゾール **PIN** 1,3-tellurazole **PIN**	ピリダジン **PIN** pyridazine **PIN**
	ピリジン **PIN** pyridine **PIN**
イソオキサゾール isoxazole 1,2-オキサアゾール **PIN** 1,2-oxazole **PIN** (O の代わりに S) イソチアゾール isothiazole 1,2-チアアゾール **PIN** 1,2-thiazole **PIN** (O の代わりに Se) イソセレナゾール isoselenazole 1,2-セレナアゾール **PIN** 1,2-selenazole **PIN** (O の代わりに Te) イソテルラゾール isotellurazole 1,2-テルラアゾール **PIN** 1,2-tellurazole **PIN**	ピリミジン **PIN** pyrimidine **PIN**
	ピロール pyrrole (1*H*-異性体を示した．PIN は 1*H*-ピロール **PIN** 1*H*-pyrrole **PIN** である)
ピラン pyran (2*H*-異性体を示した．PIN は 2*H*-ピラ ン **PIN** 2*H*-pyran **PIN** である) (O の代わりに S) チオピラン thiopyran (2*H*-異性体を示した．PIN は 2*H*-チオピラ ン **PIN** 2*H*-thiopyran **PIN** である) (O の代わりに Se) セレノピラン selenopyran (2*H*-異性体を示した．PIN は 2*H*-セレノピ ラン **PIN** 2*H*-selenopyran **PIN** である) (O の代わりに Te) テルロピラン telluropyran (2*H*-異性体を示した．PIN は 2*H*-テルロピ ラン **PIN** 2*H*-telluropyran **PIN** である)	セレノフェン **PIN** selenophene **PIN**
	テルロフェン **PIN** tellurophene **PIN**
	チオフェン **PIN** thiophene **PIN**

P-2 母体水素化物

表 2·3　飽和複素単環母体水素化物の保存名

オキサゾリジン　oxazolidine
1,3-オキサアゾリジン **PIN**
1,3-oxazolidine **PIN**

（O の代わりに S）
チアゾリジン　thiazolidine
1,3-チアアゾリジン **PIN**　1,3-thiazolidine **PIN**

（O の代わりに Se）
セレナゾリジン　selenazolidine
1,3-セレナアゾリジン **PIN**
1,3-selenazolidine **PIN**

（O の代わりに Te）
テルラゾリジン　tellurazolidine
1,3-テルラアゾリジン **PIN**
1,3-tellurazolidine **PIN**

イソオキサゾリジン　isoxazolidine
1,2-オキサアゾリジン **PIN**
1,2-oxazolidine **PIN**

（O の代わりに S）
イソチアゾリジン　isothiazolidine
1,2-チアアゾリジン **PIN**　1,2-thiazolidine **PIN**

（O の代わりに Se）
イソセレナゾリジン　isoselenazolidine
1,2-セレナアゾリジン **PIN**
1,2-selenazolidine **PIN**

（O の代わりに Te）
イソテルラゾリジン　isotellurazolidine
1,2-テルラアゾリジン **PIN**
1,2-tellurazolidine **PIN**

ピロリジン **PIN**　pyrrolidine **PIN**

ピラゾリジン **PIN**　pyrazolidine **PIN**

イミダゾリジン **PIN**　imidazolidine **PIN**

ピペリジン **PIN**　piperidine **PIN**

ピペラジン **PIN**　piperazine **PIN**

モルホリン **PIN**　morpholine **PIN**
（O の代わりに S）
チオモルホリン **PIN**　thiomorpholine **PIN**
（O の代わりに Se）
セレノモルホリン **PIN**　selenomorpholine **PIN**
（O の代わりに Te）
テルロモルホリン **PIN**　telluromorpholine **PIN**

表 2·4　Hantzsch–Widman 系の接頭語（上のものほど優位）

元 素	結合数 （原子価）	接頭語	元 素	結合数 （原子価）	接頭語
フッ素 fluorine	1	フルオラ fluora	ケイ素 silicon	4	シラ sila
塩素 chlorine	1	クロラ chlora	ゲルマニウム germanium	4	ゲルマ germa
臭素 bromine	1	ブロマ broma	スズ tin	4	スタンナ stanna
ヨウ素 iodine	1	ヨーダ ioda	鉛 lead	4	プルンバ plumba
酸素 oxygen	2	オキサ oxa	ホウ素 boron	3	ボラ bora
硫黄 sulfur	2	チア thia	アルミニウム aluminium	3	アルマ aluma[†]
セレン selenium	2	セレナ selena			（アルミナ alumina
テルル tellurium	2	テルラ tellura			ではない）
窒素 nitrogen	3	アザ aza	ガリウム gallium	3	ガラ galla
リン phosphorus	3	ホスファ phospha	インジウム indium	3	インジガ indiga[†]
ヒ素 arsenic	3	アルサ arsa			（インダ inda では
アンチモン antimony	3	スチバ stiba			ない）
ビスマス bismuth	3	ビスマ bisma	タリウム thallium	3	タラ thalla

† 表 1·5 と比較のこと.

P-22 単環母体水素化物

表 2·5 Hantzsch-Widman 系の語幹

環の大きさ	不飽和	飽和	環の大きさ	不飽和	飽和
3	イレン/イリン irene/irine†1	イラン/イリジン irane/iridine†2	7	エピン epine	エパン epane
4	エト ete	エタン/エチジン etane/etidine†2	8	オシン ocine	オカン ocane
5	オール ole	オラン/オリジン olane/olidine†2	9	オニン onine	オナン onane
6A(O, S, Se, Te, Bi)	イン ine	アン ane	10	エシン ecine	エカン ecane
6B(N, Si, Ge, Sn, Pb)	イン ine	イナン inane			
6C(F, Cl, Br, I, P, As, Sb, B, Al, Ga, In, Tl)	イニン inine	イナン inane			

†1 P-22.2.2.1.5.1 参照.
†2 P-22.2.2.1.5.2 参照.

> Hantzsch-Widman 名の末尾の e は，PIN では必要であるが，GIN ではいぜんとして任意である．1979 規則(参考文献 1)では，Hantzsch-Widman 名の末尾の e は，環に窒素がない場合は省略した．1993 規則(参考文献 2)ではこの省略は任意とした．

例:

チエピン **PIN**
thiepine **PIN**

オキソカン **PIN**
oxocane **PIN**

P-22.2.2.1.2　同じヘテロ原子が何個あるかは，該当する"ア"接頭語の前に倍数接頭語の di, tri, tetra などを置くことによって示す．倍数接頭語の末尾の文字 a は，たとえば，テトラアゾール tetraazole ではなくテトラゾール tetrazole のように，母音字の前では省略する．可能な限り最小の位置番号の組をヘテロ原子に割当て，位置番号の 1 はいずれかのヘテロ原子に割当てる．位置番号は名称の前，すなわち"ア"接頭語とその前に付くすべての倍数接頭語の前に記す．

例:

1,5-ジアゾシン **PIN**
1,5-diazocine **PIN**

1,3-ジオキソラン **PIN**
1,3-dioxolane **PIN**

P-22.2.2.1.3　2 種類以上のヘテロ原子が同一名称中にある場合，その順序は F, Cl, Br, I, O, S, Se, Te, N, P, As, Sb, Bi, Si, Ge, Sn, Pb, B, Al, Ga, In, Tl の順に従う．位置番号 1 は，"ア"接頭語の優先順位で先頭にくるヘテロ原子に付ける．ついで，全体の番号付けは，ヘテロ原子の位置番号の組合わせが最小となるように選択する（P-14.3.5 参照）．位置番号は"ア"接頭語の記載順に名称の前に示す．

例:

1,3-チアアゾール **PIN**　1,3-thiazole **PIN**

1,2-オキサチオラン **PIN**　1,2-oxathiolane **PIN**

1,2,6-オキサジチエパン **PIN** 1,2,6-oxadithiepane **PIN**
（1,3,7-オキサジチエパン 1,3,7-oxadithiepane ではない．
位置番号の組合わせ 1,2,6 は，1,3,7 より小さい）

 1,6,2-ジオキサアゼパン **PIN** 1,6,2-dioxazepane **PIN**
（1,3,4-ジオキサアゼパン 1,3,4-dioxazepane でも，1,3,7-ジオキサアゼパン
1,3,7-dioxazepane でも，1,6,5-ジオキサアゼパン 1,6,5-dioxazepane でもない．
位置番号の組合わせ 1,2,6 は 1,3,4，1,3,7，1,5,6 のいずれよりも小さい）

さらに選択の余地がある場合は，優位性の順序(表2・4参照)で上位のヘテロ原子に，より小さな位置番号が割当てられるようにする．

例： 1,2,5-オキサアザホスホール **PIN** 1,2,5-oxazaphosphole **PIN**
（1,5,2-オキサアザホスホール 1,5,2-oxazaphosphole ではない．
優先順位が高い N には，P より小さな位置番号を付ける）

P-22.2.2.1.4 指示水素 最多数の非集積二重結合を環構造に割当てても，3以上の結合数をもち，単結合のみで隣接する環原子に結合し，しかも1個以上の水素原子をもつ環原子があった場合，その原子を指示水素によって示す(P-14.7参照)．位置番号を割当てる場合は，この環原子に可能な限り小さな番号を割当てる．

例：

1*H*-アゼピン **PIN**   1*H*-ホスホール **PIN**   2*H*-1,3-ジオキソール **PIN**
1*H*-azepine **PIN**   1*H*-phosphole **PIN**   2*H*-1,3-dioxole **PIN**

P-22.2.2.1.5 三，四または五員環の Hantzsch-Widman 名 表2・5に示したように，最多非集積二重結合をもった三員環および飽和三，四，五員環には，二つの語幹が推奨されている．この二つは PIN をつくるために次のように使う．

P-22.2.2.1.5.1 語幹のイリン irine はヘテロ原子として窒素原子のみを含む環に対して，イレン irene の代わりに使う．その他のヘテロ原子には語幹のイレン irene を使う．

例：

1*H*-アジリン **PIN**   オキシレン **PIN**   オキサジレン **PIN**
1*H*-azirine **PIN**   oxirene **PIN**   oxazirene **PIN**

P-22.2.2.1.5.2 語幹のイリジン iridine，エチジン etidine，オリジン olidine は，窒素原子が環に存在する場合に使用する．それ以外の場合は，アン ane の語幹を使用する．

例：

オキセタン **PIN**   アゼチジン **PIN**
oxetane **PIN**   azetidine **PIN**

1,2-オキサホスホラン **PIN**   1,2,3-オキサチアアゾリジン **PIN**
1,2-oxaphospholane **PIN**   1,2,3-oxathiazolidine **PIN**

P-22.2.2.1.6 六員環の Hantzsch-Widman 名

六員環の語幹は，環中で優位性が最も低いヘテロ原子によって決まる．したがって，そのヘテロ原子の名称は語幹の直前にくる．ヘテロ原子は A, B, C の三つの群に分けられ，それに対応して不飽和化合物と飽和化合物の語幹が決まる(表 2·5)．語幹は優位性が最も低いヘテロ原子が属する群を選択する．

例：

1,4-ジオキシン PIN
1,4-dioxine PIN

1,3-チアセレナン PIN
1,3-thiaselenane PIN

1,3,5-トリアジン PIN
1,3,5-triazine PIN

1,3-オキサアジナン PIN
1,3-oxazinane PIN

1,3,5-トリホスフィニン PIN
1,3,5-triphosphinine PIN

1,3-オキサアルシナン PIN
1,3-oxarsinane PIN

ヘキサシリナン 予備名
hexasilinane 予備名 （P-12.2 参照）

1,3,5,2,4,6-トリホスファトリボリニン 予備名
1,3,5,2,4,6-triphosphatriborinine 予備名
（P-12.2 参照）

1,3,5,2,4,6-トリホスファトリボリナン 予備名
1,3,5,2,4,6-triphosphatriborinane 予備名
（P-12.2 参照）

P-22.2.3 "ア"命名法によって命名する複素単環水素化物

十員環以下の飽和および最多非集積二重結合をもった複素単環化合物は，拡張された Hantzsch-Widman 体系によって命名する(P-22.2.2 参照)．十一以上の員数をもつ単環については，完全に飽和された化合物に対しても，完全に不飽和の化合物([n]アンヌレン [n]annulene)に対しても，"ア"命名法(P-15.4 参照)を適用する．

P-22.2.3.1 "ア"命名法による名称は，"ア"接頭語(表 2·4 参照)を対応するシクロアルカンまたはアンヌレンの名称の前に置く．また，2 個以上のヘテロ原子が存在する場合は，次の優先順位：F＞Cl＞Br＞I＞O＞S＞Se＞Te＞N＞P＞As＞Sb＞Bi＞Si＞Ge＞Sn＞Pb＞B＞Al＞Ga＞In＞Tl に従って記載する．番号付けについては P-22.2.3.2 を参照してほしい．PIN の選択については P-52.2.3 において述べる．

例：

チアシクロドデカン PIN
thiacyclododecane PIN

1-アザシクロテトラデカ-1,3,5,7,9,11,13-ヘプタエン PIN
1-azacyclotetradeca-1,3,5,7,9,11,13-heptaene PIN
アザ[14]アンヌレン aza[14]annulene

P-22.2.3.2 番号付け

P-22.2.3.2.1 ヘテロ原子が 1 個だけ環中に存在する場合は，指示水素原子のための位置番号がなければ，ヘ

テロ原子に位置番号1を割当てる．番号付けは，置換されていない限り，通常は時計回りに進む．小さい位置番号をまずヘテロ原子に割当て，次に不飽和部位に割当てる(P-31.1.3.2 参照)．必要な場合は，指示水素原子の位置番号を P-14.7 に従って割当てる．

例:

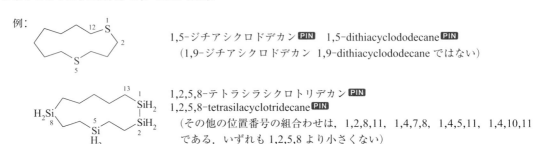

1-オキサシクロウンデカ-2,4,6,8,10-ペンタエン **PIN**
1-oxacycloundeca-2,4,6,8,10-pentaene **PIN**
オキサ[11]アンヌレン　oxa[11]annulene

1-アザシクロトリデカ-2,4,6,8,10,12-ヘキサエン **PIN**
1-azacyclotrideca-2,4,6,8,10,12-hexaene **PIN**
1*H*-1-アザ[13]アンヌレン　1*H*-1-aza[13]annulene

P-22.2.3.2.2　同種のヘテロ原子が複数含まれる場合，番号付けの順序はヘテロ原子の位置番号の組合わせが最小となるように選択する(P-14.3.5 参照)．

例:

1,5-ジチアシクロドデカン **PIN**　1,5-dithiacyclododecane **PIN**
（1,9-ジチアシクロドデカン　1,9-dithiacyclododecane ではない）

1,2,5,8-テトラシラシクロトリデカン **PIN**
1,2,5,8-tetrasilacyclotridecane **PIN**
（その他の位置番号の組合わせは，1,2,8,11，1,4,7,8，1,4,5,11，1,4,10,11 である．いずれも 1,2,5,8 より小さくない）

P-22.2.3.2.3　種類の異なるヘテロ原子が存在する場合，位置番号 1 は，上記の優先順位(P-22.2.3.1 参照)により，最上位となるヘテロ原子に付ける．次に，番号付けの方向は，ヘテロ原子の位置番号の組合わせが，種類に関係なく最小となるように選び，さらに必要があれば，ヘテロ原子についても上の優先順位(P-22.2.3.1 参照)を考慮する．小さな位置番号をまずヘテロ原子に割当て，次に不飽和部位に割当てる(P-31.1.3.2 参照)．必要な場合は，指示水素原子の位置番号を P-14.7 に従って割当てる．

例:

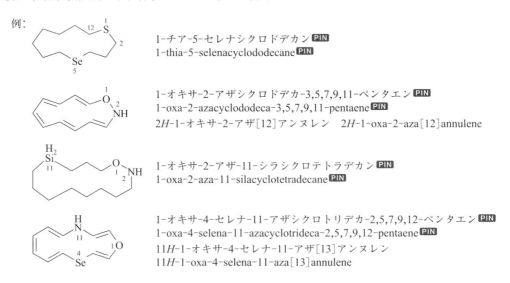

1-チア-5-セレナシクロドデカン **PIN**
1-thia-5-selenacyclododecane **PIN**

1-オキサ-2-アザシクロドデカ-3,5,7,9,11-ペンタエン **PIN**
1-oxa-2-azacyclododeca-3,5,7,9,11-pentaene **PIN**
2*H*-1-オキサ-2-アザ[12]アンヌレン　2*H*-1-oxa-2-aza[12]annulene

1-オキサ-2-アザ-11-シラシクロテトラデカン **PIN**
1-oxa-2-aza-11-silacyclotetradecane **PIN**

1-オキサ-4-セレナ-11-アザシクロトリデカ-2,5,7,9,12-ペンタエン **PIN**
1-oxa-4-selena-11-azacyclotrideca-2,5,7,9,12-pentaene **PIN**
11*H*-1-オキサ-4-セレナ-11-アザ[13]アンヌレン
11*H*-1-oxa-4-selena-11-aza[13]annulene

P-22.2.4　最多非集積二重結合をもつ十一以上の員数の複素単環
　この節では，十より多い員数の環をもつ複素単環の母体構成成分の名称について述べる．この名称は縮合環系の PIN をつくるために使う．また，複素単環の GIN として，複素単環の PIN であるシクロアルカポリエン方式

P-22 単環母体水素化物

の名称の代わりとしても使う.

十より多い員数の環で,最多非集積二重結合をもつ複素単環母体の構成成分は,飽和複素単環(P-22.2.3 参照)に対応する名称の語尾 ane を ine に変えて命名する.位置番号は対応する"ア"接頭語の表示順に名称の前に示す.必要に応じて指示水素原子も示す.有機金属の命名では,メタラサイクル母体水素化物をつくるために,改変した"ア"命名法をより小さい環に対して適用することができる(P-69.4 参照).

この種の複素単環構成成分を含む縮合環化合物の例については,P-25.2.2.4,P-25.3.6.1,P-25.3.7.1 を参照してほしい.

例:

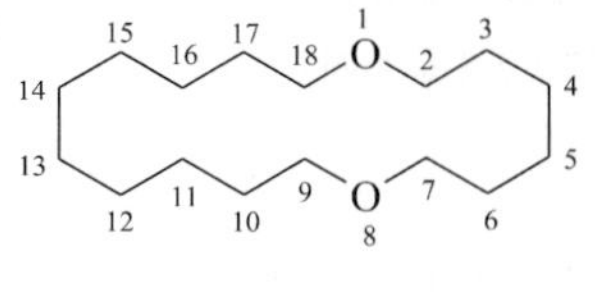

1,8-ジオキサシクロオクタデカン **PIN**　1,8-dioxacyclooctadecane **PIN**

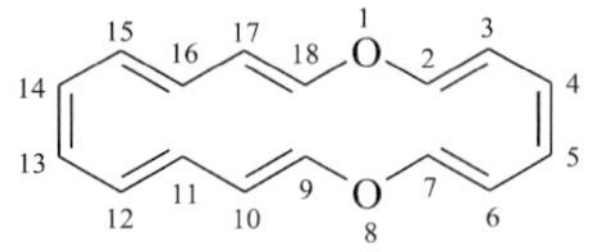

1,8-ジオキサシクロオクタデシン　1,8-dioxacyclooctadecine
1,8-ジオキサシクロオクタデカ-2,4,6,9,11,13,15,17-オクタエン **PIN**
1,8-dioxacyclooctadeca-2,4,6,9,11,13,15,17-octaene **PIN**

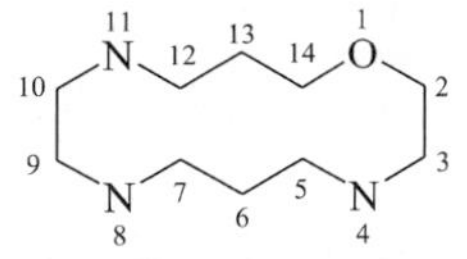

1-オキサ-4,8,11-トリアザシクロテトラデカン **PIN**
1-oxa-4,8,11-triazacyclotetradecane **PIN**

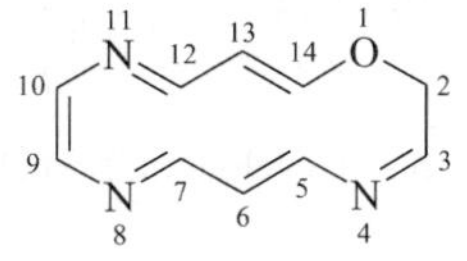

2*H*-1,4,8,11-オキサトリアザシクロテトラデシン
2*H*-1,4,8,11-oxatriazacyclotetradecine
1-オキサ-4,8,11-トリアザシクロテトラデカ-3,5,7,9,11,13-ヘキサエン **PIN**
1-oxa-4,8,11-triazacyclotetradeca-3,5,7,9,11,13-hexaene **PIN**

P-22.2.5　水素化ホウ素以外の均一単環母体水素化物

同種のヘテロ原子から構成された飽和複素単環は,同じ数の同種原子をもち,飽和で枝分かれのない鎖の名称に,接頭語の シクロ cyclo を付けて命名する.これに代わる命名法としては,三から十員環について P-22.2.2 で述べた拡大 Hantzsch-Widman 体系,あるいは P-22.2.3 で述べた"ア"命名法を参照してほしい.予備選択名(P-12.2 参照)であっても,有機誘導体が PIN をつくるために使われる名称については,P-52.1.5 を参照してほしい.

例:

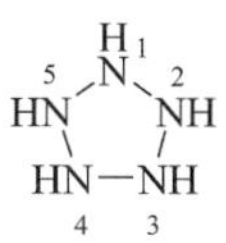

シクロペンタアザン　cyclopentaazane
ペンタゾリジン 予備名　pentazolidine 予備名　(P-22.2.2.1.5 参照)
ペンタゾラン　pentazolane

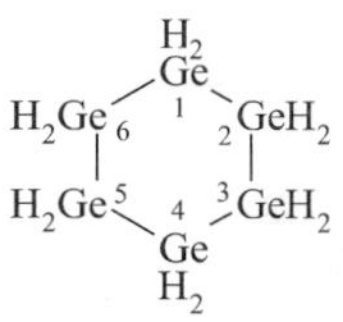

シクロヘキサゲルマン　cyclohexagermane
ヘキサゲルミナン 予備名　hexagerminane 予備名　(P-12.2 参照)

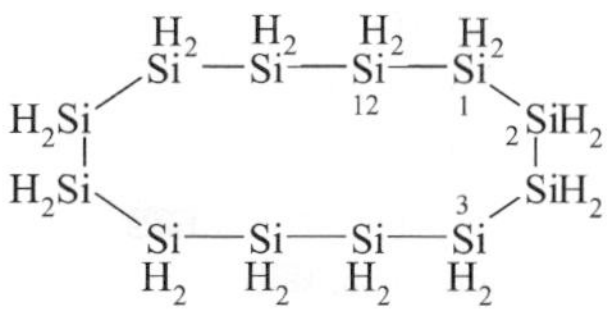

シクロドデカシラン　cyclododecasilane
ドデカシラシクロドデカン 予備名　dodecasilacyclododecane 予備名
(P-12.2 参照)

P-22.2.6 繰返し単位からなる複素単環母体水素化物〔(ab)ₙ環状水素化物〕

この種の化合物の名称は、まず接頭語の シクロ cyclo、ついで環中の各元素の数を示す倍数接頭語(di, tri, tetra など)、さらに Tl＞In＞Ga＞Al＞B＞Pb＞Sn＞Ge＞Si＞Bi＞Sb＞As＞P＞N＞Te＞Se＞S＞O の順序に従って表示する繰返し単位中の原子の"ア"接頭語、そして最後に語尾の ane を付けることによりつくることができる．"ア"接頭語の末端文字は後に母音字が続く場合は省略(字訳でも)する．倍数接頭語の末端文字は"ア"接頭語が母音字から始まっても省略しない．番号付けは名称の最後に記す骨格原子の一つから出発し、連続して環をまわる．これに代わる命名法については、Hantzsch-Widman 名について述べた P-22.2.2 および十より多い員数の環をもつ単環について述べた P-22.2.3 を参照してほしい．このような複素単環水素化物から有機誘導体の PIN を作成するために使われる予備選択名(P-12.2 参照)については、P-52.1.5.2 を参照してほしい．

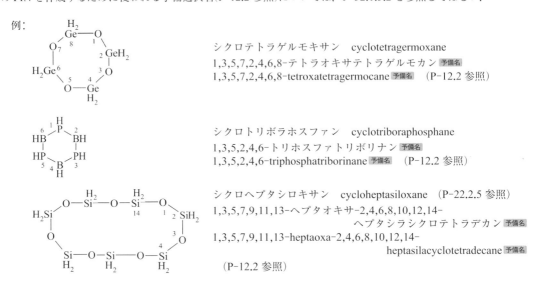

P-22.2.7 非標準結合数をもったヘテロ原子の複素単環母体水素化物

P-22.2.7.1 複素単環中の非標準結合数をもったヘテロ原子を表すにはλ-標記を使う(P-14.1 参照)．記号 λ^n (n は結合数を表す)を、非標準結合数をもったヘテロ原子の位置番号の直後に記す．指示水素の記号 H が必要ならば、飽和骨格原子を示す位置番号とともに完成した名称の前に示す．

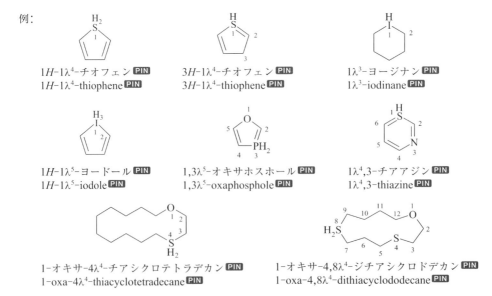

$1H$-$1\lambda^4$-チエピン **PIN**
$1H$-$1\lambda^4$-thiepine **PIN**

$1H$-$1\lambda^4,3\lambda^4$-ジチエピン **PIN**
$1H$-$1\lambda^4,3\lambda^4$-dithiepine **PIN**
(指示水素を含む $-SH_2-$ 基を，位置番号で優先する)

$1\lambda^6$-チオピラン **PIN**
$1\lambda^6$-thiopyran **PIN**
(この複素単環は最多数の二重結合をもち，すべての原子が二重結合をもつ．したがって指示水素を硫黄原子に指定しない)

P-22.2.7.2 結合数が異なる同種の骨格原子が複数ある場合は，結合数の値が大きなものほど，より小さな位置番号を割振るようにする．すなわち，λ^6 を λ^4 より優先する(P-21.2.4 も参照)．

例：

$1\lambda^4,3$-ジチオール **PIN**
$1\lambda^4,3$-dithiole **PIN**

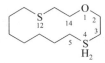
1-オキサ-$4\lambda^4,12$-ジチアシクロテトラデカン **PIN**
1-oxa-$4\lambda^4,12$-dithiacyclotetradecane **PIN**

P-23 ポリシクロ母体水素化物 (拡張された von Baeyer 系)　　"日本語名称のつくり方"も参照

P-23.0　はじめに	P-23.5　交互結合ヘテロ原子からなる不均一
P-23.1　定義と用語	複素環 von Baeyer 母体水素化物
P-23.2　von Baeyer 炭化水素の命名と番号付け	P-23.6　非標準結合数のヘテロ原子をもつ
P-23.3　不均一複素環 von Baeyer 母体水素化物	複素ポリシクロ母体水素化物
P-23.4　均一複素環 von Baeyer 母体水素化物	P-23.7　von Baeyer 母体水素化物の保存名

P-23.0　はじめに

　本節は，"ポリシクロ環状化合物(ビシクロ環化合物を含む)の命名における von Baeyer 体系の拡張と改定(IUPAC 1999 勧告)"(参考文献 7)に基づいている．これは，1979 規則(参考文献 1)の A-31, A-32, B-14, および 1993 規則(参考文献 2)の R-2.4.2 に代わるものである．上記の勧告に対する変更は，本節では行っていない．
　本節では，von Baeyer 体系により命名する飽和ポリシクロ環系のみを扱う．不飽和系については，P-31.1.4 を参照してほしい．ポリシクロ環系から誘導される置換基の命名については，P-29 を参照してほしい．

P-23.1　定義と用語

P-23.1.1 　橋頭 bridgehead とは，3 個以上の(水素原子を除く)骨格原子と結合し，環を構成するすべての骨格原子のことである．
P-23.1.2 　橋 bridge とは，二つの橋頭を結ぶ枝分かれのない原子鎖，原子，または結合そのもののことである．
P-23.1.3 　主環 main ring とは，ポリシクロ環の骨格原子をできる限り多く含む環(環構造)のことである．
P-23.1.4 　主橋 main bridge とは，ビシクロ環に含まれる橋を指し，最初に選択される橋のことである．
P-23.1.5 　2 個の橋頭を主橋頭 main bridgehead とよぶ．この 2 個の橋頭は主環に含まれ，主橋によって結ばれている．
P-23.1.6 　副橋 secondary bridge とは，主環または主橋に含まれないすべての橋のことである．

P-23.1.7 独立副橋 independent secondary bridge とは,主環または主橋の一部となっている橋頭間をつなぐものをいう.

P-23.1.8 従属副橋 dependent secondary bridge とは,少なくとも一つの橋頭が副橋の一部となっているものをいう.

P-23.1.9 ポリシクロ環系 polycyclic system とは,その系を鎖状骨格に変えるのに必要な最小の結合開裂数と,同じ数の環を含むものをいう.環の数は分離不可接頭語のビシクロ bicyclo(ジシクロ dicyclo ではない),トリシクロ tricyclo,テトラシクロ tetracyclo などを使って示す.

P-23.2　von Baeyer 炭化水素の命名と番号付け

von Baeyer 体系によって扱われるビシクロおよびポリシクロ炭化水素の名称は,以下の規則を順に適用して決定する.

P-23.2.1　主環の選択	P-23.2.4　主橋の選択
P-23.2.2　ビシクロ脂環式炭化水素の命名	P-23.2.5　トリシクロ脂環式炭化水素の命名と番号付け
P-23.2.3　ビシクロ脂環式炭化水素の番号付け	P-23.2.6　ポリシクロ脂環式炭化水素の命名と番号付け

P-23.2.1　主環の選択

ポリシクロ炭化水素環系の主環は,できる限り多数の構造骨格原子を含むように選ぶ.この章の P-23.2.1 から P-23.2.6 では主環を太い線で示す.

例:

六員主環　　　　七員主環

P-23.2.2　ビシクロ脂環式炭化水素の命名

2 個以上の原子を共有する均一な飽和ビシクロ炭化水素は,同じ総数の骨格原子をもつ鎖状炭化水素の名称の前に ビシクロ bicyclo を付けて命名する.主橋頭を結ぶ二つの部分それぞれの骨格原子数および主橋の骨格原子数をピリオドで区切りながら,大きな数から順にアラビア数字によって示し,さらに角括弧で囲む.

例:

 ビシクロ[3.2.1]オクタン[PIN]　bicyclo[3.2.1]octane[PIN]

P-23.2.3　ビシクロ脂環式炭化水素の番号付け

ビシクロ環系の骨格の番号付けは,橋頭の一つから出発し,最初に主環の長い方の部分に沿って 2 番目の橋頭まで進み,次に主環のまだ番号付けされていない部分に沿って最初の橋頭に戻る.さらに,主橋のうち最初の橋頭の隣の原子から残りの番号付けを行う.

例:

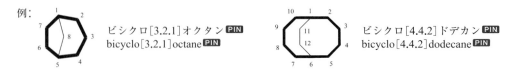

P-23.2.4 主橋の選択

ポリシクロ環系には主環や主橋の原子と結合する一つ以上の橋がある．下のトリシクロ環では，主環を太い実線で示し，点線で示した主橋は，主環に含まれない原子をできる限り多く含む橋である．主橋以外の橋は副橋とよばれ，下図では普通の実線で示してある．

例：

P-23.2.5 トリシクロ脂環式炭化水素の命名と番号付け

P-23.2.5.1 独立副橋をもつトリシクロ炭化水素は，P-23.2.2 で述べたビシクロ環系に準じて命名する．ビシクロ環系によって表されない環は，独立副橋の骨格原子数をアラビア数字で示し，さらに，独立副橋が主環と結合する二つの部位の位置番号を，一対の上付きアラビア数字(より小さい数を先に記す)で，コンマで区切って付け加える．

トリシクロ環系の名称は，以下の事項を順に記すことによってつくる．

(a) 接頭語トリシクロ tricyclo：ビシクロ bicyclo の代わりに，ポリシクロ環系に三つの環の存在を示す．
(b) 橋の長さを示す数：主環(下の構造で太線で示している)の二つの枝である主橋(下の構造で点線で示している)と副橋(主環への結合位置番号を，コンマで区切った上付き数字として付ける)のそれぞれの骨格原子数を，この順で書き，ピリオドで区切り，角括弧内に置く，たとえば，下の構造の場合は$[2.2.1.0^{2,6}]$となる．
(c) 鎖状炭化水素の名称：骨格原子の総数と同じ炭素数のものとする．

例：

トリシクロ$[2.2.1.0^{2,6}]$ヘプタン **PIN**
tricyclo$[2.2.1.0^{2,6}]$heptane **PIN**

P-23.2.5.2 副橋の番号付け 主環と主橋に番号付けした後，独立副橋に，主環のより大きな位置番号をもった橋頭から続けて番号付けをする．

例：

トリシクロ$[9.3.3.1^{1,11}]$オクタデカン **PIN**
tricyclo$[9.3.3.1^{1,11}]$octadecane **PIN**

トリシクロ$[4.2.2.2^{2,5}]$ドデカン **PIN**
tricyclo$[4.2.2.2^{2,5}]$dodecane **PIN**
〔副橋は，(2 より)大きな番号が付いた橋頭 5 から番号付けを開始する〕

P-23.2.6 ポリシクロ脂環式炭化水素の命名と番号付け

飽和ビシクロ環系および飽和トリシクロ環系(P-23.2.3 および P-23.2.5)のポリシクロ類縁体の命名は，以下の項で述べるように行う．ここでは，独立副橋および従属副橋が検討の対象となる．すべての副橋の番号付けの規則，ならびにすべてのポリシクロ環系の命名規則について述べる．規則の適用の仕方は，上の P-23.2.1 から P-23.2.4 で述べたビシクロ環系の命名および番号付けと同じである．ただし，主橋と副橋を選ぶのに追加の規則が必要となる．

P-23.2.6.1 ポリシクロ炭化水素の命名　上述のビシクロ環系(P-23.2.2)で表現できない環は，含まれる副橋の原子数をアラビア数字で示すことにより表現できる．各副橋が主環と結合する位置番号は，コンマで区切った一対の上付きアラビア数字(最初により小さいもの)を使って示す．独立副橋(ビシクロ環系構成原子間を結ぶ橋)は原子数の大きなものから順に記す．名称は以下の項で述べるようにしてつくる．

P-23.2.6.1.1　接頭語の トリシクロ tricyclo，テトラシクロ tetracyclo などを ビシクロ bicyclo の代わりに用いて，ポリシクロ環系における環数を示す．環数は，ポリシクロ環系の結合を切って鎖状骨格(枝分かれの有無に関係なく)に変えるのに必要な，結合の開裂数に等しい．

P-23.2.6.1.2　主橋の他に付加された橋，すなわち副橋のそれぞれの原子数は，P-23.2.6.1.3 に該当する場合を除き，ピリオドによって区切り，ビシクロ環系の表示の後に，アラビア数字で大きなものから順に記す．副橋の結合位置は，すでに番号付けしているビシクロ環構造のアラビア数字の位置番号によって示す．すなわち，長さ(原子数)を示すアラビア数字に，コンマで区切った上付き数字として記す．橋の長さを示すアラビア数字の集合は，上付き数字のあるものも含めて，一般に **von Baeyer 表示記号** とよび，角括弧で囲む．

P-23.2.6.1.3　独立副橋に関する数値は，従属副橋に関するものの前に記す．従属副橋を示す数字は，大きなものから順に記す(P-23.2.6.3 の 3 番目の例がこの記載順の説明となる)．

P-23.2.6.1.4　名称は，環原子の総数を表すアルカンの名称が最後にくる．総数は角括弧で囲まれたアラビア数字の合計に 2(2 個の主橋頭原子に相当)を加えたものと一致する．たとえば，次の構造の ビシクロ[2.2.1.0^{2,6}]ヘプタン bicyclo[2.2.1.0^{2,6}]heptane では，環原子の総数の 7 は，括弧内の数字の合計 [2+2+1+0]+2 に等しい．

P-23.2.6.2 主橋および副橋の選択　どれを主橋にし，どれを副橋にするか多くの選択肢がある場合がしばしばある．そのような場合には，決まるまで以下の基準を順に適用していく．

　　　　　注記：下に示す例の番号付けは，P-23.2.6.3 に示す規則に従っている．

P-23.2.6.2.1　主環は，主環に含まれない原子をできる限り多く含む主橋(P-23.2.4 参照)によって，できる限り対称的に分割しなければならない．

例：

正　　　　　　　　　　　　　　誤
トリシクロ[4.3.1.1^{2,5}]ウンデカン **PIN**　　　トリシクロ[5.2.1.1^{2,6}]ウンデカン
tricyclo[4.3.1.1^{2,5}]undecane **PIN**　　　tricyclo[5.2.1.1^{2,6}]undecane

説明：4 原子と 3 原子の二つの橋は 5 原子と 2 原子の二つの橋より，
　　　主環をより対称的に分割している．

P-23.2.6.2.2　独立副橋を選択する場合は，まずできる限り長いものを選び，さらに必要があれば，次に長いものから順に選んでいく．

例: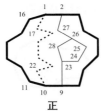

正	誤
テトラシクロ[8.6.6.5^{2,9}.1^{23,26}]オクタコサン PIN tetracyclo[8.6.6.5^{2,9}.1^{23,26}]octacosane PIN	テトラシクロ[8.6.6.4^{2,9}.2^{23,25}]オクタコサン tetracyclo[8.6.6.4^{2,9}.2^{23,25}]octacosane

説明: 主環の2位と9位の間の5原子の独立副橋は，2位と9位の間の4原子の独立副橋より長い．

P-23.2.6.2.3 従属副橋の数は，最小限に抑える．

例: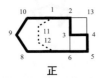

正	誤
テトラシクロ[5.3.2.1^{2,4}.0^{3,6}]トリデカン PIN tetracyclo[5.3.2.1^{2,4}.0^{3,6}]tridecane PIN	テトラシクロ[5.3.2.1^{2,4}.0^{6,13}]トリデカン tetracyclo[5.3.2.1^{2,4}.0^{6,13}]tridecane

説明: 正しい構造には従属副橋がない．誤った構造には6位と13位の間に従属副橋がある．

P-23.2.6.2.4 副橋の上付き位置番号は，小さなものから順に並べた可能な組合わせを比べたとき，最小の組を選ぶ(P-14.3.5 参照)．

例:

正	誤
テトラシクロ[5.3.2.1^{2,4}.0^{3,6}]トリデカン PIN tetracyclo[5.3.2.1^{2,4}.0^{3,6}]tridecane PIN	テトラシクロ[5.3.2.1^{4,6}.0^{2,5}]トリデカン tetracyclo[5.3.2.1^{4,6}.0^{2,5}]tridecane

説明: 位置番号の組合わせ 2,3,4,6 は 2,4,5,6 より小さい(P-14.3.5 参照)．

正	誤
トリシクロ[5.5.1.0^{3,11}]トリデカン PIN tricyclo[5.5.1.0^{3,11}]tridecane PIN	トリシクロ[5.5.1.0^{5,9}]トリデカン tricyclo[5.5.1.0^{5,9}]tridecane

説明: 位置番号の組合わせ 3,11 は 5,9 より小さい(P-14.3.5 参照)．

正	誤
トリシクロ[4.4.1.1^{1,5}]ドデカン PIN tricyclo[4.4.1.1^{1,5}]dodecane PIN	トリシクロ[4.4.1.1^{1,7}]ドデカン tricyclo[4.4.1.1^{1,7}]dodecane

説明: 位置番号の組合わせ 1,5 は 1,7 より小さい(P-14.3.5 参照)．

P-23.2.6.2.5 名称中の並び順で前にあるものに，できる限り小さな上付き位置番号が付くようにする．

例：

正
テトラシクロ[5.5.2.2^{2,6}.1^{8,12}]ヘプタデカン **PIN**
tetracyclo[5.5.2.2^{2,6}.1^{8,12}]heptadecane **PIN**

誤
テトラシクロ[5.5.2.2^{8,12}.1^{2,6}]ヘプタデカン
tetracyclo[5.5.2.2^{8,12}.1^{2,6}]heptadecane

説明：位置番号の配列 2,6,8,12 は 8,12,2,6 より小さい(P-14.3.5 参照)．

正
ペンタシクロ[3.3.0.0^{2,4}.0^{3,7}.0^{6,8}]オクタン **PIN**
pentacyclo[3.3.0.0^{2,4}.0^{3,7}.0^{6,8}]octane **PIN**

誤
ペンタシクロ[3.3.0.0^{2,8}.0^{3,7}.0^{4,6}]オクタン
pentacyclo[3.3.0.0^{2,8}.0^{3,7}.0^{4,6}]octane

説明：位置番号の配列 2,4,3,7,6,8 は 2,8,3,7,4,6 より小さい(P-14.3.5 参照)．

P-23.2.6.3 副橋の番号付け 主環と主橋に番号付けを行った後，独立副橋に番号付けをし，その後で従属副橋に番号付けをする．番号は，主環と主橋に付けた最大数に続く数になる．独立副橋の番号付けは，主環のなかで最大の位置番号を付けた橋頭原子と結合したものから始め，ついでその次に大きな位置番号を付けた橋頭原子と結合した独立副橋へ移り，以下同様にする．副橋構成原子の番号付けは，より大きな番号が付いた橋頭原子の隣から始める．

注記：1979 規則(参考文献 1)の規則 A-32.23 および 1993 規則(参考文献 2)の規則 R-2.4.2.2 は，本規則に変更した．

例：

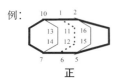

正

テトラシクロ[4.4.2.2^{2,5}.2^{7,10}]ヘキサデカン **PIN**
tetracyclo[4.4.2.2^{2,5}.2^{7,10}]hexadecane **PIN**

誤

説明：最初に番号付けする副橋は橋頭 10 に結合しているものである．

正

テトラシクロ[5.4.2.2^{2,6}.1^{8,11}]ヘキサデカン **PIN**
tetracyclo[5.4.2.2^{2,6}.1^{8,11}]hexadecane **PIN**

誤

説明：最初に番号付けをする副橋は橋頭 11 に結合しているものである．

P-23 ポリシクロ母体水素化物

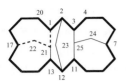

ヘキサシクロ[15.3.2.2^{3,7}.1^{2,12}.0^{13,21}.0^{11,25}]ペンタコサン
hexacyclo[15.3.2.2^{3,7}.1^{2,12}.0^{13,21}.0^{11,25}]pentacosane
(番号 11 と 25 を付けた原子間の従属副橋は最後に記す．
角括弧内の番号 15, 3, 2 は基本のビシクロ系を表している．
番号 2^{3,7}, 1^{2,12}, 0^{13,21} は，三つの独立副橋に相当する．
番号 0^{11,25} は従属副橋に相当する)

オクタデカヒドロ-6,13-メタノ-2,14：7,9-
　　　　　　　　　ジプロパノジシクロヘプタ[*a,e*][8]アンヌレン **PIN**
octadecahydro-6,13-methano-2,14：7,9-
　　　　　　　　　dipropanodicyclohepta[*a,e*][8]annulene **PIN**
(P-25.4.3.4.2 参照)
(octadecahydro-7,14-methano-4,6：8,10-
　　　　　　　　　dipropanodicyclohepta[*a,d*][8]annulene
ではない．正しい名称では，架橋された縮合環系のより多数の環が
水平に並ぶ，3 対 2．P-25.3.2.3.2(a)および P-44.2.2.2.3(b)参照)

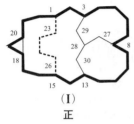 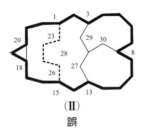

　　　(Ⅰ)　　　　　　　　　　　(Ⅱ)
　　　正　　　　　　　　　　　　誤

(Ⅰ) ペンタシクロ[13.7.4.3^{3,8}.0^{18,20}.1^{13,28}]トリアコンタン **PIN**
　　pentacyclo[13.7.4.3^{3,8}.0^{18,20}.1^{13,28}]triacontane **PIN**
(Ⅱ) ペンタシクロ[13.7.4.3^{3,13}.0^{18,20}.1^{8,28}]トリアコンタン
　　pentacyclo[13.7.4.3^{3,13}.0^{18,20}.1^{8,28}]triacontane

　　説明：正しい名称(Ⅰ)PIN では独立副橋が従属副橋より前に番号付けされている．位置番
　　号の配列 3, 8, 18, 20, 13, 28 は，3, 13, 18, 20, 8, 28 より小さい(P-14.3.5 参照)．

P-23.2.6.4 副橋の番号付けにおいて，さらに選択が必要となった場合，以下の基準を順に適用して決定する．

P-23.2.6.4.1 より小さな位置番号は，より大きな番号を付けた橋頭に結合している副橋の原子に付ける．

例：

テトラシクロ[6.3.3.2^{3,6}.1^{2,6}]ヘプタデカン **PIN**　　　テトラシクロ[6.3.3.2^{2,6}.1^{3,6}]ヘプタデカン **PIN**
tetracyclo[6.3.3.2^{3,6}.1^{2,6}]heptadecane **PIN**　　　tetracyclo[6.3.3.2^{2,6}.1^{3,6}]heptadecane **PIN**
(位置番号 15 と 16 は橋頭原子 2 ではなく　　　　(位置番号 15 は橋頭原子 2 ではなく 3 に
　3 に結合している副橋に割当てる)　　　　　　　　結合している副橋に割当てる)

P-23.2.6.4.2 2 個の橋頭を共有する副橋の番号付けでは，より長い橋が短い橋に優先する．

例：

テトラシクロ[7.4.3.2^{3,7}.1^{3,7}]ノナデカン **PIN**
tetracyclo[7.4.3.2^{3,7}.1^{3,7}]nonadecane **PIN**

説明：橋頭原子 3 と 7 との間の 2 原子構成の橋は，同じ橋頭原子間の 1 原子構成の橋より，番号付けで優
先する

P-23.3 不均一複素環 von Baeyer 母体水素化物

P-23.3.1 不均一な複素環 von Baeyer 系を命名する唯一の一般的な方法は"ア"命名法である．ヘテロ原子を示す"ア"接頭語を，P-23.2 に従って命名した対応する炭化水素の名称の前に置く．その順序は F＞Cl＞Br＞I＞O＞S＞Se＞Te＞N＞P＞As＞Sb＞Bi＞Si＞Ge＞Sn＞Pb＞B＞Al＞Ga＞In＞Tl に従う．番号付けは炭化水素固有の位置番号をそのまま使う．

例：

3-オキサビシクロ[3.2.1]オクタン **PIN**　　　2-セレナビシクロ[2.2.1]ヘプタン **PIN**
3-oxabicyclo[3.2.1]octane **PIN**　　　2-selenabicyclo[2.2.1]heptane **PIN**

P-23.3.2 番号付けは，必要な場合，以下の基準を順に適用して決める．

P-23.3.2.1 ヘテロ原子に割当てる位置番号の集合を組とし，数字の小さな方から順に比較して，最初の相違点で最小の値を示した組の番号付けを優先する．

例：

　　　　正　　　　　　　　　　　　　　　誤
3,6,8-トリオキサビシクロ[3.2.2]ノナン **PIN**　　3,7,9-トリオキサビシクロ[3.2.2]ノナン
3,6,8-trioxabicyclo[3.2.2]nonane **PIN**　　3,7,9-trioxabicyclo[3.2.2]nonane

説明：位置番号の組合わせ 3,6,8 は 3,7,9 より小さい(P-14.3.5 参照)．

P-23.3.2.2 それでも決まらない場合は，小さい位置番号をヘテロ原子の優先順位 O＞S＞Se＞Te＞N＞P＞As＞Sb＞Bi＞Si＞Ge＞Sn＞Pb＞B＞Al＞Ga＞In＞Tl に従って割当てる．

例： 2-オキサ-4-チアビシクロ[3.2.1]オクタン **PIN**
　　　　　　　　2-oxa-4-thiabicyclo[3.2.1]octane **PIN**

P-23.4 均一複素環 von Baeyer 母体水素化物

完全に同種のヘテロ原子からなる複素環 von Baeyer 系は，

(a) 同じ総数の骨格原子をもつ鎖状母体水素化物の名称を使って，P-23.2 でビシクロおよびポリシクロ炭化水素について述べたように，あるいは，
(b) "ア"命名法により，ヘテロ原子の総数を数詞によって示す P-22.2.5 で述べた"ア"接頭語を用いて命名する．

いずれの方法でも，すべての位置が同種のヘテロ原子によって占められているので，ヘテロ原子の位置を示す必要はない．有機誘導体の PIN をつくるために使用する予備選択名(P-12.2 参照)については，P-52.1.5 を参照してほしい．

例：

(a) ビシクロ[4.2.1]ノナシラン 予備名
　　bicyclo[4.2.1]nonasilane 予備名
　　(P-12.2 参照)
(b) ノナシラビシクロ[4.2.1]ノナン
　　nonasilabicyclo[4.2.1]nonane

P-23 ポリシクロ母体水素化物

(a) トリシクロ[5.3.1.1²,⁶]ドデカシラン 予備名
 tricyclo[5.3.1.1²,⁶]dodecasilane 予備名
 (P-12.2 参照)
(b) ドデカシラトリシクロ[5.3.1.1²,⁶]ドデカン
 dodecasilatricyclo[5.3.1.1²,⁶]dodecane

P-23.5 交互結合ヘテロ原子からなる不均一複素環 von Baeyer 母体水素化物

P-23.5.1 交互結合ヘテロ原子からなる不均一複素環 von Baeyer 系化合物は，二つの方法で命名することができる．

(a) 角括弧で囲んだ von Baeyer 表示記号(P-23.2.2，P-23.2.5，P-23.2.6 参照)の前に，分離不可接頭語のビシクロ bicyclo，トリシクロ tricyclo などを置き，つづいて，
  （ⅰ）"ア"接頭語として最初に記すヘテロ原子の数を示す倍数接頭語，di，tri などを記し，
  （ⅱ）"ア"接頭語で推奨される優先順位で下位になるヘテロ原子(たとえば，O より前に Si，P-23.3.1 参照)を示す"ア"接頭語を記し，
  （ⅲ）最後に，語尾の ane を付ける．
  番号付けは，対応する炭化水素と同様である(P-23.2.3 および P-23.2.6.3 参照)．
(b) 通常の"ア"命名法を対応する炭化水素に適用する．

有機誘導体の PIN を作成するために使う予備選択名(P-12.2 参照)については，P-52.1.6.2 を参照してほしい．

例：

(a) ビシクロ[3.3.1]テトラシロキサン 予備名
 bicyclo[3.3.1]tetrasiloxane 予備名 (P-12.2 参照)
(b) 2,4,6,8,9-ペンタオキサ-1,3,5,7-テトラシラビシクロ[3.3.1]ノナン
 2,4,6,8,9-pentaoxa-1,3,5,7-tetrasilabicyclo[3.3.1]nonane

(a) トリシクロ[5.1.1.1³,⁵]テトラシラチアン 予備名
 tricyclo[5.1.1.1³,⁵]tetrasilathiane 予備名 (P-12.2 参照)
(b) 2,4,6,8,9,10-ヘキサチア-1,3,5,7-テトラシラトリシクロ[5.1.1.1³,⁵]デカン
 2,4,6,8,9,10-hexathia-1,3,5,7-tetrasilatricyclo[5.1.1.1³,⁵]decane

(a) トリシクロ[3.3.1.1³,⁷]テトラシロキサン 予備名
 tricyclo[3.3.1.1³,⁷]tetrasiloxane 予備名 (P-12.2 参照)
(b) 2,4,6,8,9,10-ヘキサオキサ-1,3,5,7-テトラシラトリシクロ[3.3.1.1³,⁷]デカン
 2,4,6,8,9,10-hexaoxa-1,3,5,7-tetrasilatricyclo[3.3.1.1³,⁷]decane

P-23.5.2 接頭語の Si- または N- の前にイタリック体の番号 *1* が付く場合は，その原子が位置番号1をもつ橋頭であることを示す．名称は P-23.5.1 で述べた二つの方法，(a)と(b)に従う．

例：

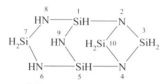

(a) *1N*-トリシクロ[3.3.1.1^{2,4}]ペンタシラザン 予備名
    1N-tricyclo[3.3.1.1^{2,4}]pentasilazane 予備名 （P-12.2 参照）
(b) 1,3,5,7,10-ペンタアザ-2,4,6,8,9-ペンタシラトリシクロ[3.3.1.1^{2,4}]デカン
    1,3,5,7,10-pentaaza-2,4,6,8,9-pentasilatricyclo[3.3.1.1^{2,4}]decane

(a) *1Si*-トリシクロ[3.3.1.1^{2,4}]ペンタシラザン 予備名
    1Si-tricyclo[3.3.1.1^{2,4}]pentasilazane 予備名 （P-12.2 参照）
(b) 2,4,6,8,9-ペンタアザ-1,3,5,7,10-ペンタシラトリシクロ[3.3.1.1^{2,4}]デカン
    2,4,6,8,9-pentaaza-1,3,5,7,10-pentasilatricyclo[3.3.1.1^{2,4}]decane

P-23.5.3 シラセスキオキサン，シラセスキチアンなど

各ケイ素原子が3個の酸素原子と結合し，また各酸素原子が2個のケイ素原子と結合している化合物を，総称して **シラセスキオキサン** silasesquioxane とよぶ．同様に，酸素原子を，S, Se, Te, N 原子などによって置換した場合，その化合物を，総称して **シラセスキチアン** silasesquithiane, **シラセスキアザン** silasesquiazane などとよぶ．これらの化合物は，P-23.5.1(a)で述べた方法によって命名する．シラセスキオキサンの一般式は $Si_{2n}H_{2n}O_{3n}$ である．テトラシラセスキオキサン($n = 2$)，ヘキサシラセスキオキサン($n = 3$)などの名称は，E = O の場合の $Si_{2n}H_{2n}E_{3n}$ を示す種類名であり，E = S, Se, Te, N の場合も同様である．シラセスキアザンの一般的式は $Si_{2n}H_{5n}N_{3n}$ である．

例：

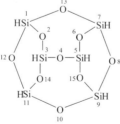

テトラシクロ[5.5.1.1^{3,11}.1^{5,9}]ヘキサシロキサン 予備名
tetracyclo[5.5.1.1^{3,11}.1^{5,9}]hexasiloxane 予備名
（ヘキサシラセスキオキサン hexasilasesquioxane の一つ）
2,4,6,8,10,12,13,14,15-ノナオキサ-1,3,5,7,9,11-ヘキサシラテトラシクロ[5.5.1.1^{3,11}.1^{5,9}]ペンタデカン
2,4,6,8,10,12,13,14,15-nonaoxa-1,3,5,7,9,11-hexasilatetracyclo[5.5.1.1^{3,11}.1^{5,9}]pentadecane
（P-12.2 参照）

P-23.6 非標準結合数のヘテロ原子をもつ複素ポリシクロ母体水素化物

P-23.6.1 非標準結合数をもつヘテロ原子を表すには，n により結合数を表す記号 λ^n を使う λ-標記による

(P-14.1 参照)．この記号は該当する"ア"接頭語の前に置く．

例:  3λ⁴-チアビシクロ[3.2.1]オクタン **PIN**
3λ⁴-thiabicyclo[3.2.1]octane **PIN**

P-23.6.2 番号付けは，記号 λⁿ により表される非標準結合数をもつヘテロ原子，そのうちでもより結合数の大きなものに，より小さな位置番号を割当てる．下図のヒ素の例では，λ⁵ のヒ素原子により小さな位置番号を付ける．

例:  2λ⁵,3-ジアルサビシクロ[2.2.1]ヘプタン **PIN**
2λ⁵,3-diarsabicyclo[2.2.1]heptane **PIN**

P-23.7 von Baeyer 母体水素化物の保存名

保存名の アダマンタン adamantane と クバン cubane は，GIN としても PIN としても使うことができる．名称 キヌクリジン quinuclidine は，GIN としてのみ使える保存名である(表 2·6 参照)．名称 プリスマン prismane は廃止した．

表 2·6 von Baeyer 母体水素化物の保存名

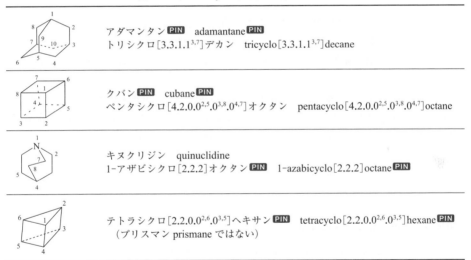

P-24 スピロ環   "日本語名称のつくり方"も参照

P-24.0 はじめに
P-24.1 定　　義
P-24.2 単環成分のみからなるスピロ環
P-24.3 2個の同じ多環成分からなるモノスピロ環
P-24.4 3個の同じ多環成分が互いにスピロ結合したジスピロ環
P-24.5 少なくとも1個の多環系を含む異種成分からなるモノスピロ環
P-24.6 1個の多環系を含む異種成分からなる枝分かれのないポリスピロ環
P-24.7 枝分かれのあるポリスピロ環
P-24.8 非標準結合数をもつ原子を含むスピロ環系

P-24.0 はじめに

本節は"スピロ化合物の命名法の拡張と改定，IUPAC 1999 勧告"(参考文献 8)をもとにしている．内容は，1979 規則(参考文献 1)の規則 A-41, A-43, B-10, B-12 および 1993 規則(参考文献 2)の規則 R-2.4.3 を改定したものである．1979 規則(参考文献 1)の規則 A-42 と B-11 に示した命名法の別法は廃止した．

P-24.5.2 は，上記の 1999 勧告(参考文献 8)の SP-4.1 に加えた変更を含んでいる．1999 勧告(参考文献 8)に対して，それ以外の変更は行っていない．

本節で述べる単環のみからなるスピロ環は飽和環である．不飽和系については P-31.1.5.1 を参照してほしい．

置換基の命名については，P-29 および P-32.1.3 を参照してほしい．

P-24.1 定　義

スピロ結合とは 2 個の環が 1 個の原子を共有して連結したものである．自由スピロ結合とは，2 環が共有原子のみを通して直接結合する連結をいう．

　　自由スピロ結合　　　　　非自由スピロ結合

共有原子を**スピロ原子**とよぶ．化合物に含まれるスピロ原子の数によって，モノスピロ環，ジスピロ環，トリスピロ環などとよぶ．以下に述べる事項は自由スピロ結合を含む母体水素化物の命名にのみ適用する．非自由スピロ結合をもつスピロ化合物の命名については，縮合環系の命名法を参照してほしい(P-25 および参考文献 8 参照)．

スピロ縮合とは，2 個の環から 1 個の，しかも唯一の共通の原子をつくり出すことである．あるいは 2 個の環が 1 個の，しかも唯一の原子をスピロ環系に提供することともいえる．これは，最多非集積二重結合環の間に共通の結合をつくり出すオルト縮合またはオルト-ペリ縮合に類似している．慣用的に，オルト縮合またはオルト-ペリ縮合は，縮合の特徴に関係なく単に縮合とよんでいる．曖昧さを避けるため，スピロという語が縮合に付け加えられている場合は，スピロを省略してはならない．

P-24.2 単環成分のみからなるスピロ環

P-24.2.0　はじめに
P-24.2.1　モノスピロ脂環式環
P-24.2.2　線状のポリスピロ脂環式環
P-24.2.3　枝分かれのあるポリスピロ脂環式環
P-24.2.4　複素スピロ環

P-24.2.0 はじめに

本節では，単環のみからなる飽和スピロ環系だけについて述べる．不飽和脂環式スピロ環については，P-31.1.5 を参照してほしい．

P-24.2.1 モノスピロ脂環式環

2 個の飽和シクロアルカン環からなるモノスピロ母体水素化物は，分離不可接頭語のスピロ spiro を，同じ総数の骨格原子をもつ直鎖炭化水素の名称の前に置いて命名する．各環のスピロ原子に結合している骨格原子の数を，ピリオドによって区切り，小さなものから順にアラビア数字で記して角括弧で囲む．この表示記号(本勧告で

は **von Baeyer スピロ表示記号**とよぶ)は，スピロ接頭語と鎖状アルカンの名称との間に置く．骨格原子の番号付けは，より小さな環があれば，その環のスピロ原子の隣の環原子から開始し，最初にその環をまわり，つづいてスピロ原子を通って二番目の環をまわる．

例：

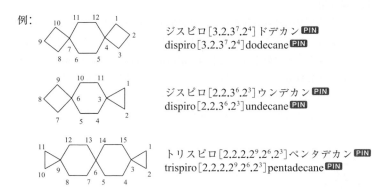

P-24.2.2　線状のポリスピロ脂環式環

3個以上の飽和シクロアルカン環が枝分かれせずに連結した集合体からなるポリスピロ母体水素化物は，スピロ原子の数に対応した分離不可接頭語の ジスピロ dispiro，トリスピロ trispiro などを，骨格原子の総数に相当する鎖状炭化水素の名称の前に記す．von Baeyer スピロ表示記号は，スピロ原子を連結する炭素原子の数をアラビア数字によって示すが，その順序は，末端環により小さなものがある場合は，その末端環から開始し，常に最短の距離で，各スピロ原子を通ってもう一方の末端環まで進み，つづいて最初のスピロ原子に戻る．数字はピリオドで区切り，角括弧で囲む．化合物の番号付けは，スピロ原子も含めて，von Baeyer スピロ表示記号の数が記されている順に従って行う．番号付けが進んで，2回目にスピロ原子に到達するごとに，すでに割当てられているその位置番号を，先行する連結原子の数に上付きの数字で記す．

例：

ジスピロ[3.2.3^7.2^4]ドデカン **PIN**
dispiro[3.2.3^7.2^4]dodecane **PIN**

ジスピロ[2.2.3^6.2^3]ウンデカン **PIN**
dispiro[2.2.3^6.2^3]undecane **PIN**

トリスピロ[2.2.2.2^9.2^6.2^3]ペンタデカン **PIN**
trispiro[2.2.2.2^9.2^6.2^3]pentadecane **PIN**

上付き数字の使用は，"スピロ化合物の命名法の拡張と改訂，IUPAC 1999 勧告"(参考文献 8)において導入された．これは，ジスピロ化合物では不要であるが，枝分かれのあるスピロ系では，誤解を生じない名称とするために不可欠である．したがって，特に PIN が必要な場合は，すべてのポリスピロ化合物の命名に上付き数字の使用を推奨する．

P-24.2.2.1　スピロ表示記号の番号は，より小さな位置番号をスピロ原子に割当てるようにする．

例：

正
ジスピロ[4.1.4^7.2^5]トリデカン **PIN**
dispiro[4.1.4^7.2^5]tridecane **PIN**

誤
ジスピロ[4.2.4^8.1^5]トリデカン
dispiro[4.2.4^8.1^5]tridecane

説明：正しい名称では番号の組合わせ 4,1 は 4,2 より小さく，スピロ原子の位置番号の組合わせ 5,7 は 5,8 より小さい．

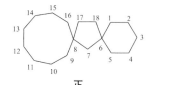 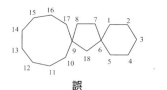

正　　　　　　　　　　　　　　　　　誤
ジスピロ[5.1.8⁸.2⁶]オクタデカン **PIN**　　　ジスピロ[5.2.8⁹.1⁶]オクタデカン
dispiro[5.1.8⁸.2⁶]octadecane **PIN**　　　dispiro[5.2.8⁹.1⁶]octadecane

説明：正しい名称では番号の組合わせ 5,1 は 5,2 より小さく，スピロ原子の位置番号の組合わせ 6,8 は 6,9 より小さい．

P-24.2.2.2　　それでもなお番号付けに選択の余地がある場合は，von Baeyer スピロ表示記号の番号の記載順を比較する．名称は最初の相違点でより小さい番号を示すものにする．

例：

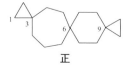 

正　　　　　　　　　　　　　　　　　誤
トリスピロ[2.2.2.2⁹.2⁶.3³]ヘキサデカン **PIN**　　トリスピロ[2.2.2.2⁹.3⁶.2³]ヘキサデカン
trispiro[2.2.2.2⁹.2⁶.3³]hexadecane **PIN**　　trispiro[2.2.2.2⁹.3⁶.2³]hexadecane

説明：正しい名称では番号の組合わせ 2,2,2,2⁹,2⁶,3³ は 2,2,2,2⁹,3⁶,2³ より小さい．

P-24.2.3　枝分かれのあるポリスピロ脂環式環

シクロアルカンのみからなる枝分かれのあるポリスピロ炭化水素は，骨格原子の総数に対応する鎖状炭化水素の名称の前に，ジスピロ，トリスピロなどを置いて命名する．von Baeyer スピロ表示記号は，スピロ原子を連結する骨格原子の数をアラビア数字によって示すが，その順序は，最小の環がある場合はその環から開始し，常に最短距離で各スピロ原子を通って，最初のスピロ原子に戻る．数字はピリオドで区切り，角括弧で囲む．化合物の番号付けは，スピロ原子も含めて，von Baeyer スピロ表示記号の数が記されている順に行う．番号付けが進んで，2 回目にスピロ原子に到達するごとに，すでに割当てたその位置番号を，先行する連結原子の数に上付きの数字で記す．

例：

トリスピロ[2.2.2⁶.2.2¹¹.2³]ペンタデカン **PIN**　　trispiro[2.2.2⁶.2.2¹¹.2³]pentadecane **PIN**
（上付き数字の重要性が，この例と P-24.2.2 の 3 番目の例で説明できる．上付き数字がなければ，この二つの異なる化合物は同じ名称をもつことになる）

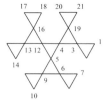

ノナスピロ[2.0.0.0.2⁶.0.2⁹.0⁵.0.0.2¹³.0.2¹⁶.0¹².0⁴.0.2¹⁹.0³]ヘンイコサン **PIN**
nonaspiro[2.0.0.0.2⁶.0.2⁹.0⁵.0.0.2¹³.0.2¹⁶.0¹².0⁴.0.2¹⁹.0³]henicosane **PIN**

P-24.2.3.1　　番号付けに選択の余地がある場合は，より小さな位置番号をスピロ原子に割当てるようにする．

例:

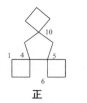

正　　　　　　　　　　　　　　　　　　　誤
トリスピロ[3.0.3⁵.1.3¹⁰.1⁴]テトラデカン **PIN**　　　トリスピロ[3.1.3⁶.0.3¹⁰.1⁴]テトラデカン
trispiro[3.0.3⁵.1.3¹⁰.1⁴]tetradecane **PIN**　　　trispiro[3.1.3⁶.0.3¹⁰.1⁴]tetradecane

説明: 正しい名称では，表示の番号の組み合わせ 3, 0 は 3, 1 より小さく，
スピロ原子の位置番号の組み合わせ 4, 5, 10 は 4, 6, 10 より小さい．

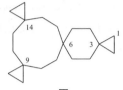

テトラスピロ[2.2.2.2⁹.2.2¹⁴.2⁶.2³]イコサン **PIN**
tetraspiro[2.2.2.2⁹.2.2¹⁴.2⁶.2³]icosane **PIN**

正

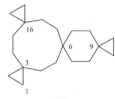

テトラスピロ[2.2.2.2⁹.2⁶.2.2¹⁶.2³]イコサン
tetraspiro[2.2.2.2⁹.2⁶.2.2¹⁶.2³]icosane

誤

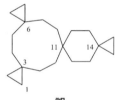

テトラスピロ[2.2.2⁶.2.2.2¹⁴.2¹¹.2³]イコサン
tetraspiro[2.2.2⁶.2.2.2¹⁴.2¹¹.2³]icosane

誤

説明: 正しい名称では，スピロ原子の位置番号の組み合わせ 3, 6, 9, 14 は
3, 6, 9, 16 または 3, 6, 11, 14 より小さい．

P-24.2.3.2 それでもなお番号付けに選択の余地がある場合は，von Baeyer スピロ表示記号の番号の記載順
を比較する．名称には最初の相違点でより小さな番号を示すものを採用する．

例:

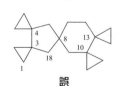

正
ペンタスピロ[2.0.2⁴.1.1.2¹⁰.0.2¹³.1⁸.2³]オクタデカン **PIN**
pentaspiro[2.0.2⁴.1.1.2¹⁰.0.2¹³.1⁸.2³]octadecane **PIN**

誤
ペンタスピロ[2.0.2⁴.1.1.2¹⁰.0.2¹³.2⁸.1³]オクタデカン
pentaspiro[2.0.2⁴.1.1.2¹⁰.0.2¹³.2⁸.1³]octadecane

説明: 正しい名称では，PIN の表示の番号配列 2, 0, 2, 1, 1, 2, 0, 2, 1, 2 は，誤った名称の番号配列 2, 0, 2,
1, 1, 2, 0, 2, 2, 1 より小さい．9 番目の位置で番号 1 は 2 より小さい．

P-24.2.4　複素スピロ環

P-24.2.4.1 "ア"命名法によって命名する複素スピロ環
P-24.2.4.2 単環構成成分のみをもつ均一複素スピロ環
P-24.2.4.3 交互ヘテロ原子からなる単環構成成分のみをもつ複素スピロ環

P-24.2.4.1　"ア"命名法によって命名する複素スピロ環

P-24.2.4.1.1　単環のみからなるスピロ環系にヘテロ原子が存在する場合，複素環の命名には"ア"命名法を使う．まず，対応する炭化水素環の名称を P-24.2.2.1～P-24.2.2.3 のようにつくり，"ア"命名法の一般原則を使ってヘテロ原子を導入する．スピロ炭化水素環の番号付けはそのままで，ヘテロ原子を導入しても変更はないが，選択の余地がある場合は，小さな位置番号をヘテロ原子に割当てるようにする．

例:

6-オキサスピロ[4.5]デカン **PIN**　6-oxaspiro[4.5]decane **PIN**
（10-オキサスピロ[4.5]デカン　10-oxaspiro[4.5]decane ではない）

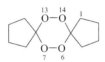

6,7,13,14-テトラオキサジスピロ[4.2.4^8.2^5]テトラデカン **PIN**
6,7,13,14-tetraoxadispiro[4.2.4^8.2^5]tetradecane **PIN**

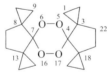

5,6,16,17-テトラオキサヘキサスピロ[2.0.2.0.2^8.2.2^{13}.0^7.2^4.0.2^{18}.2^3]ドコサン **PIN**
5,6,16,17-tetraoxahexaspiro[2.0.2.0.2^8.2.2^{13}.0^7.2^4.0.2^{18}.2^3]docosane **PIN**

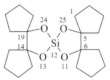

11,13,24,25-テトラオキサ-12-シラペンタスピロ[4.0.4^6.1.1.4^{14}.0.4^{19}.1^{12}.1^5]ペンタコサン **PIN**
11,13,24,25-tetraoxa-12-silapentaspiro[4.0.4^6.1.1.4^{14}.0.4^{19}.1^{12}.1^5]pentacosane **PIN**

P-24.2.4.1.2　ヘテロ原子の存在により名称または番号付けに選択の余地がある場合は，以下の基準を順に適用して決定する．

(a) ヘテロ原子の種類に関係なく，小さな位置番号の組合わせをヘテロ原子に割当てる．

例: 9-オキサ-6-アザスピロ[4.5]デカン **PIN**
9-oxa-6-azaspiro[4.5]decane **PIN**

(b) それでもなお決まらない場合は，小さな位置番号を次に示すヘテロ原子の優先順位: F＞Cl＞Br＞I＞

P-24 スピロ環

O＞S＞Se＞Te＞N＞P＞As＞Sb＞Bi＞Si＞Ge＞Sn＞Pb＞B＞Al＞Ga＞In＞Tl に従って割当てる．

例：

7-チア-9-アザスピロ[4.5]デカン **PIN**
7-thia-9-azaspiro[4.5]decane **PIN**

P-24.2.4.2 単環構成成分のみをもつ均一複素スピロ環　単環構成成分のみをもち，完全に同じヘテロ原子からなる複素スピロ環系は，骨格ヘテロ原子の総数と同じ数をもつ同種のヘテロ鎖の名称を用いて，上で述べたように命名する．この方法は，ヘテロ原子の総数を数詞によって示す P-24.2.4.1 で述べた"ア"命名法より優先する．すべての位置を同じヘテロ原子が占めているので，どちらの方法でもヘテロ原子の位置を示す必要はない．有機誘導体の PIN をつくるために使う予備選択名(P-12.2 参照)については，P-52.1.5 を参照してほしい．

例：

スピロ[4.5]デカシラン **予備名**　spiro[4.5]decasilane **予備名**　(P-12.2 参照)
デカシラスピロ[4.5]デカン　decasilaspiro[4.5]decane

P-24.2.4.3 交互ヘテロ原子からなる単環構成成分のみをもつ複素スピロ環　単環のみからなり，交互骨格ヘテロ原子をもつ複素スピロ環は，次の二つの方法によって命名する．

(1) 角括弧で囲んだ von Baeyer スピロ表示記号の前にスピロ，ジスピロなどのような接頭語を記し，それに続いて

　(a) 最初に記す"ア"接頭語の前に，対応するヘテロ原子の数を示す倍数接頭語(di, tri など)を記し，
　(b) "ア"接頭語の優先順位で下位になるヘテロ原子の"ア"接頭語(P-21.2.3.1 参照，たとえば，O より前に Si)を記し，
　(c) 最後に，語尾の ane を記す．複素スピロ環系の番号付けは，対応する炭化水素と同様である．

(2) P-24.2.4.1 に述べた"ア"命名法による．

有機誘導体の PIN をつくるために使われる予備選択名(P-12.2)については，P-52.1.6.2 を参照してほしい．

例：

スピロ[5.5]ペンタシロキサン **予備名**　spiro[5.5]pentasiloxane **予備名**　(P-12.2 参照)
1,3,5,7,9,11-ヘキサオキサ-2,4,6,8,10-ペンタシラスピロ[5.5]ウンデカン
1,3,5,7,9,11-hexaoxa-2,4,6,8,10-pentasilaspiro[5.5]undecane

P-24.3　2 個の同じ多環成分からなるモノスピロ環

P-24.3.1　2 個の同じポリシクロ環構成成分を含むモノスピロ環系は，分離不可接頭語のスピロビ spirobi を，角括弧で囲んだ構成成分の環名の前に置いて命名する．ポリシクロ環構成成分固有の番号付け方式はそのまま使う．ただし，片方の環の位置番号にはプライム記号を付ける．スピロ原子の位置番号は，名称の前に二つの位置番号(プライムが付かないものが前)により示す．

例：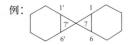
7,7′-スピロビ[ビシクロ[4.1.0]ヘプタン] **PIN**
7,7′-spirobi[bicyclo[4.1.0]heptane] **PIN**

P-24.3.2 適当と判断した場合には，化合物の骨格を完成した後，最多非集積二重結合をもった環系にする．各構成成分の指示水素(P-14.7)は記載しない(参考文献 8)．スピロ系に指示水素が存在しない場合は問題ないが，指示水素の記載が必要な場合はスピロ原子の位置番号の前に記す．

> 注記: 指示水素のこの記載方式は，スピロ化合物の命名法に関する 1999 勧告(参考文献 8)において導入された．

例:

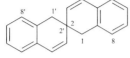

1H,1′H-2,2′-スピロビ[ナフタレン] PIN
1H,1′H-2,2′-spirobi[naphthalene] PIN

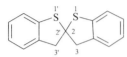

3H,3′H-2,2′-スピロビ[[1]ベンゾチオフェン] PIN
3H,3′H-2,2′-spirobi[[1]benzothiophene] PIN

> 注記: この名称中の二重の角括弧は，スピロ名が角括弧必要とし，さらに構成成分名に属する位置番号を囲むために使っている(P-16.5.2.2 参照)．

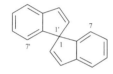

1,1′-スピロビ[インデン] PIN
1,1′-spirobi[indene] PIN

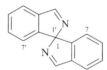

1,1′-スピロビ[イソインドール] PIN
1,1′-spirobi[isoindole] PIN

P-24.3.3 いずれの環の位置番号にプライムを付けるか選択の余地がある場合は，スピロ原子の番号の大きな方に付ける．

例:

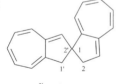

1′H,2H-1,2′-スピロビ[アズレン] PIN
1′H,2H-1,2′-spirobi[azulene] PIN

2′H,4H-2,4′-スピロビ[[1,3]ジオキソロ[4,5-c]ピラン] PIN
2′H,4H-2,4′-spirobi[[1,3]dioxolo[4,5-c]pyran] PIN

> 注記: この名称中の二重の角括弧は，スピロ名が角括弧を必要とし，さらに構成成分名に属する位置番号を囲むために使っている(P-16.5.2.2 参照)．

2′H,3H-2,3′-スピロビ[[1]ベンゾチオフェン] PIN
2′H,3H-2,3′-spirobi[[1]benzothiophene] PIN

> 注記 1: 2′位の指示水素は，GIN では省略してもよいが PIN では記されなければならない．
> 注記 2: この名称中の二重の角括弧は，スピロ名が角括弧を必要とし，さらに構成成分名に属する位置番号を囲むために使っている(P-16.5.2.2 参照)．

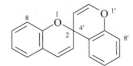
2,4′-スピロビ[[1]ベンゾピラン] PIN　2,4′-spirobi[[1]benzopyran] PIN
2,4′-スピロビ[クロメン]　2,4′-spirobi[chromene]

P-24.3.4　"ア"命名法によって命名する複素ポリシクロ環からなるスピロビ環

スピロビ化合物の環構成成分を von Baeyer 命名法によって命名する場合，ヘテロ原子は"ア"命名法によって示す．スピロビ環系の命名は，飽和ビシクロ環またはポリシクロ炭化水素の名称を使い，ヘテロ原子は"ア"接頭語によって完成されたスピロビ炭化水素名の前に示す．選択の余地がある場合，P-24.2.4.1 で述べたように，小さな位置番号をまずスピロ原子に付け，次にヘテロ原子に付ける．

注記："ア"命名法のこの方式は，スピロ化合物の命名法に関する 1999 勧告（参考文献 8）において導入された．

例：

(I) 5,6′-ジチア-2,2′-スピロビ[ビシクロ[2.2.2]オクタン] PIN
　　5,6′-dithia-2,2′-spirobi[bicyclo[2.2.2]octane] PIN
〔(II)の 6,8′-dithia-2,2′-spirobi[bicyclo[2.2.2]octane ではない．
(I)における位置番号の組合わせ 5,6′は，(II)における 6,8′より小さい〕

6,6′-ジオキサ-3,3′-スピロビ[ビシクロ[3.2.1]オクタン] PIN
6,6′-dioxa-3,3′-spirobi[bicyclo[3.2.1]octane] PIN

6-シラ-2,2′-スピロビ[ビシクロ[2.2.1]ヘプタン] PIN
6-sila-2,2′-spirobi[bicyclo[2.2.1]heptane] PIN

6-オキサ-6′-チア-2,2′-スピロビ[ビシクロ[2.2.1]ヘプタン] PIN
6-oxa-6′-thia-2,2′-spirobi[bicyclo[2.2.1]heptane] PIN

2-シラ-2,3′-スピロビ[ビシクロ[3.2.1]オクタン] PIN
2-sila-2,3′-spirobi[bicyclo[3.2.1]octane] PIN

P-24.4　3個の同じ多環成分が互いにスピロ結合したジスピロ環

P-24.4.1　三つの同じ多環構成成分をもつジスピロ環は，分離不可接頭語のジスピロテル dispiroter を角括弧で囲んだ構成成分の環名の前に置いて命名する．倍数接頭語のテル ter（P-14.2.3 参照）は，同じ環構成成分が繰り返し結合していることを示す．中央の環構成成分の位置番号にはプライムを，3番目の構成成分の位置番号には二重のプライムを付ける．スピロ原子はコロンで区切った二組の位置番号を使って名称の前に示す．指示水素は，必要ならば，スピロ原子の位置番号の前に記す．

例:

3,3′:6′,6″-ジスピロテル[ビシクロ[3.1.0]ヘキサン] **PIN**
3,3′:6′,6″-dispiroter[bicyclo[3.1.0]hexane] **PIN**

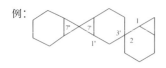

1H,1′H,1″H,3′H-2,2′:7′,2″-ジスピロテル[ナフタレン] **PIN**
1H,1′H,1″H,3′H-2,2′:7′,2″-dispiroter[naphthalene] **PIN**

P-24.4.2 位置番号の選択に余地がある場合は，全スピロ原子の位置番号を小さなものから並べた組合わせで最小のものを，それでも決まらない場合は，名称中での記載順で比較して決める．

例:

2,3′:7′,7″-ジスピロテル[ビシクロ[4.1.0]ヘプタン] **PIN**
2,3′:7′,7″-dispiroter[bicyclo[4.1.0]heptane] **PIN**

(I) 1″H,2H,5′H,7′H-1,6′:1′,2″-ジスピロテル[ナフタレン] **PIN**
  1″H,2H,5′H,7′H-1,6′:1′,2″-dispiroter[naphthalene] **PIN**

〔(II)の 1′H,1″H,2H,3′H-1,2′:5′,2″-ジスピロテル[ナフタレン]
  1′H,1″H,2H,3′H-1,2′:5′,2″-dispiroter[naphthalene]ではない〕

〔(III)の 1H,2″H,5′H,7′H-2,1′:6′,1″-ジスピロテル[ナフタレン]
  1H,2″H,5′H,7′H-2,1′:6′,1″-dispiroter[naphthalene]でもない〕

説明: (I)における位置番号の組合わせ 1,1′,2″,6′ は，(II)の 1,2′,2″,5′，あるいは(III)の 1′,1″,2,6′ より小さい．

P-24.4.3 互いにスピロ縮合した3個の同じ複素環構成成分

3個の同じ複素環構成成分をもつジスピロ化合物は，以下のようにして命名する．

(a) スピロテル炭化水素における方法(P-24.4.1 参照)と同様に，複素単環または最多非集積二重結合をもった多環構成成分を用いる．番号付けは複素環構成成分の固有の位置番号を使う．

(b) 環状構成成分がポリシクロ環である場合は"ア"命名法による．スピロテルポリシクロ環の固有の番号付けはそのままで変わらない．

例:

1′H,2H,3″H,4′aH-3,7′:2′,7″-ジスピロテル[キノリン] **PIN**
1′H,2H,3″H,4′aH-3,7′:2′,7″-dispiroter[quinoline] **PIN**

正

1′H,2″H,3H,4′aH-7,2′:7′,3″-ジスピロテル[キノリン]
1′H,2″H,3H,4′aH-7,2′:7′,3″-dispiroter[quinoline]

説明: PINの正しい名称中の位置番号の組合わせ 2′,3,7′,7″ は，誤りの名称中の位置番号の組合わせ 2′,3″,7,7′ より小さい．

誤

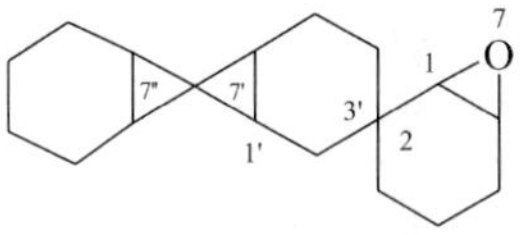

P-24 ス ピ ロ 環

7-オキサ-2,3′:7′,7″-ジスピロテル[ビシクロ[4.1.0]ヘプタン] PIN
7-oxa-2,3′:7′,7″-dispiroter[bicyclo[4.1.0]heptane] PIN

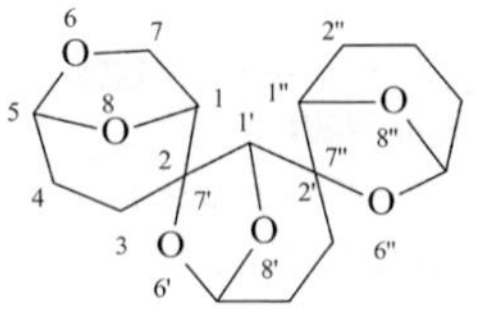

6,6′,6″,8,8′,8″-ヘキサオキサ-2,7′:2′,7″-ジスピロテル[ビシクロ[3.2.1]オクタン] PIN
6,6′,6″,8,8′,8″-hexaoxa-2,7′:2′,7″-dispiroter[bicyclo[3.2.1]octane] PIN

P-24.5 少なくとも 1 個の多環系を含む異種成分からなるモノスピロ環

P-24.5.1 異なる環構成成分をもつモノスピロ環で，少なくともその一つが "ア" 命名法を適用しない多環系である場合は，環構成成分名を英数字順に角括弧内に置くことによって名称をつくる．スピロ原子の位置は，コンマで区切り，2 個の環構成成分の間に置く．2 番目の環構成成分の位置番号にはプライムを付ける．したがって，命名に必要な位置番号はすべて角括弧内に入る．指示水素(P-14.7 参照)があれば完成した名称の前に置く (P-24.3.2).

> **注記**: 異なる環構成成分から構成された多環スピロ環の命名では，記載する最初の環は，環の優先順ではなく英数字順によって決める．

例:

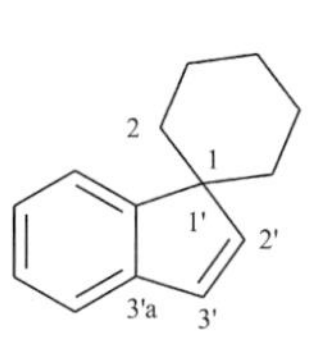

スピロ[シクロヘキサン-1,1′-インデン] PIN
spiro[cyclohexane-1,1′-indene] PIN
　(指示水素を示す必要はない．P-24.3.2 参照)

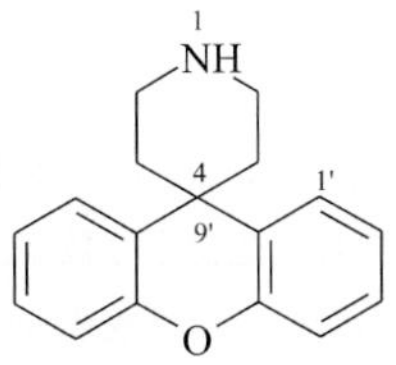

スピロ[ピペリジン-4,9′-キサンテン] PIN
spiro[piperidine-4,9′-xanthene] PIN
　(指示水素を示す必要はない．P-24.3.2 参照)

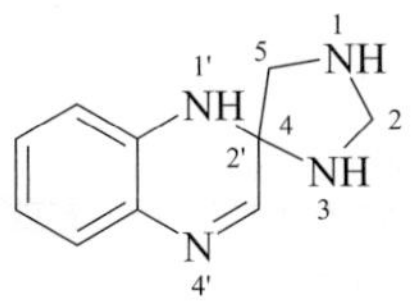

1′H-スピロ[イミダゾリジン-4,2′-キノキサリン] PIN
1′H-spiro[imidazolidine-4,2′-quinoxaline] PIN

P-24.5.2 モノスピロ環で，互いに異なる構成成分の少なくとも一つがポリシクロ環であり，また，少なくとも一つの構成成分が "ア" 命名法による命名を必要とする場合は，まず P-24.5.1 で述べた手順で名称をつくった後，"ア" 接頭語を導入して接頭語スピロ spiro の前に記す．

> **注記**: "ア" 命名法のこの方式は，スピロ化合物の命名法に関する 1999 勧告(参考文献 8) において導入された．

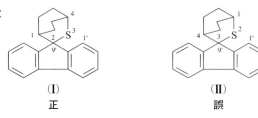

(I) 正   (II) 誤

(I) 3-チアスピロ[ビシクロ[2.2.2]オクタン-2,9'-フルオレン] **PIN**
3-thiaspiro[bicyclo[2.2.2]octane-2,9'-fluorene] **PIN**
〔(II)の 2-チアスピロ[ビシクロ[2.2.2]オクタン-3,9'-フルオレン
2-thiaspiro[bicyclo[2.2.2]octane-3,9'-fluorene ではない〕

説明：(I)の位置番号の組合わせ 2,9'は，(II)の 3,9'より小さい．
注記：参考文献 8 の SP-4.1 に正しい名称として示されている．
スピロ[フルオレン-9,2'-[3]チアビシクロ[2.2.2]オクタン]
spiro[fluorene-9,2'-[3]thiabicyclo[2.2.2]octane]
は廃止する．

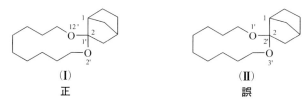

(I) 正   (II) 誤

(I) 2',12'-ジオキサスピロ[ビシクロ[2.2.1]ヘプタン-2,1'-シクロドデカン] **PIN**
2',12'-dioxaspiro[bicyclo[2.2.1]heptane-2,1'-cyclododecane] **PIN**
〔(II)の 1',3'-ジオキサスピロ[ビシクロ[2.2.1]ヘプタン-2,2'-シクロドデカン
1',3'-dioxaspiro[bicyclo[2.2.1]heptane-2,2'-cyclododecane ではない〕

説明：単環炭化水素構成成分のスピロ原子には，小さな位置番号を割当てる．
注記：参考文献 8 の SP-4.1 に正しい名称として示されている．
スピロ[ビシクロ[2.2.1]ヘプタン-2,1'-[2,12]ジオキサシクロドデカン]
spiro[bicyclo[2.2.1]heptane-2,1'-[2,12]dioxacyclododecane]
は廃止する．

P-24.5.3　必要に応じて，P-14.5 および P-14.6 で述べた英数字順による順位を使う．アルファベット順に並べた二つの環構成成分を，ローマン体の部分で区別できない場合は，イタリック体の縮合関連文字と数字，ヘテロ原子の位置番号，von Baeyer 表示記号中の数字などを判断基準として使う．ベンゾ縮合の二環構成成分におけるヘテロ原子の位置番号がスピロ環の番号付けと一致する場合，構成成分の名称の直前に記す．スピロ環系の番号と一致しない場合は，角括弧で囲む（下の 3 番目と 4 番目の例参照）．

例：

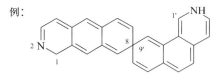

1H,2'H-スピロ[ベンゾ[g]イソキノリン-8,9'-
　　　　　　　　　　　　ベンゾ[h]イソキノリン] **PIN**
1H,2'H-spiro[benzo[g]isoquinoline-8,9'-
　　　　　　　　benzo[h]isoquinoline] **PIN**
（benzo[g]…は benzo[h]…より前）

2'H,5H-スピロ[チエノ[2,3-b]フラン-4,3'-チエノ[3,2-b]フラン] **PIN**
2'H,5H-spiro[thieno[2,3-b]furan-4,3'-thieno[3,2-b]furan] **PIN**
（…[2,3-b]…は …[3,2-b]…より前）

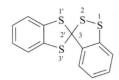 スピロ[[1,2]ベンゾジチオール-3,2′-[1,3]ベンゾジチオール] **PIN**
spiro[[1,2]benzodithiole-3,2′-[1,3]benzodithiole] **PIN**
(1,2-benzo… は 1,3-benzo… より前)

注記：この名称中の二重の角括弧は，スピロ名が角括弧を必要とし，もう一つの角括弧は，環構成成分名に属する位置番号を囲むために使っている(P-16.5.2.2 参照).

 スピロ[[3,1]ベンゾオキサジン-7,6′-[2,3]ベンゾオキサアジン] **PIN**
spiro[[3,1]benzoxazine-7,6′-[2,3]benzoxazine] **PIN**
(3,1-benzoxazine は 2,3-benzoxazine より前)

注記：この名称中の二重の角括弧は，スピロ名が角括弧を必要とし，もう一つの角括弧は，環構成成分名に属する位置番号を囲むために使っている(P-16.5.2.2 参照).

P-24.5.4 "ア"命名法によって環系を修飾する場合は，まず P-24.5.1 と P-24.5.3 を適用して命名し(下の最初の例)，ついで P-24.5.2 によって"ア"命名法を適用する(下の 2 番目の例)．"ア"命名法によりスピロ原子を無視して修飾した環構成成分名を使用してはならない．必要な場合は P-24.5.3 を適用する．

例： スピロ[ビシクロ[2.2.2]オクタン-2,3′-ビシクロ[3.2.1]オクタン] **PIN**
spiro[bicyclo[2.2.2]octane-2,3′-bicyclo[3.2.1]octane] **PIN**
[bicyclo[2.2.2]octane は bicyclo[3.2.1]octane より前]

説明：表示記号の数字の組合わせ 2.2.2 は，3.2.1 より小さい(P-14.3.5 参照).

(Ⅰ) 正　　　　　　　　(Ⅱ) 誤

(Ⅰ) 3,3′-ジオキサスピロ[ビシクロ[2.2.2]オクタン-2,6′-ビシクロ[3.2.1]オクタン] **PIN**
3,3′-dioxaspiro[bicyclo[2.2.2]octane-2,6′-bicyclo[3.2.1]octane] **PIN**
[(Ⅱ)の 2,3′-ジオキサスピロ[ビシクロ[2.2.2]オクタン-3,6′-ビシクロ[3.2.1]オクタン
2,3′-dioxaspiro[bicyclo[2.2.2]octane-3,6′-bicyclo[3.2.1]octane ではない]

説明：小さな位置番号の選択では，スピロ原子が"ア"接頭語より優先する．PIN(Ⅰ)の位置番号の組合わせ 2,6′は，(Ⅱ) の 3,6′より小さい．

P-24.6　1個の多環系を含む異種成分からなる枝分かれのないポリスピロ環

少なくとも二つの異なる環構成成分からなる(そのうちの少なくとも一つは多環系)枝分かれのないポリスピロ環の名称は，末端環構成成分のうちアルファベット順で前にあるものから始めて，構造の出現順にその名称を角括弧内に並べる．スピロ原子の数を示す分離不可接頭語(ジスピロ，トリスピロなど)はその括弧の前に置く．最初に現れる構成成分の位置番号にはプライムを付けないが，続く成分にはプライムを付け，その数を増やして行く．それに応じて，二番目以降の構成成分の名称に伴って必要となる位置番号も角括弧に入る．スピロ原子の位置は，成分名称の各組の間に一組の位置番号としてコンマで区切って示す．指示水素は，必要ならば，ジスピロ，トリスピロなどの接頭語の前に置く．両方の末端成分が同じ場合は，どちらを最初にするかは，構造の端から 2番目の構成成分を比較して決める(これ以上の説明は，参考文献 8 の SP-5 を参照してほしい)．

例：

ジスピロ［フルオレン-9,1′-シクロヘキサン-4′,1″-インデン］ **PIN**
dispiro[fluorene-9,1′-cyclohexane-4′,1″-indene] **PIN**

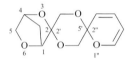

2″H,4″H-トリスピロ［シクロヘキサン-1,1′-シクロペンタン-
  3′,3″-シクロペンタ［b］ピラン-6″,1‴-シクロヘキサン］ **PIN**
2″H,4″H-trispiro[cyclohexane-1,1′-cyclopentane-3′,3″-cyclopenta[b]pyran-6″,1‴-cyclohexane] **PIN**

7′-アザジスピロ［フルオレン-9,2′-ビシクロ［2.2.1］ヘプタン-5′,1″-インデン］ **PIN**
7′-azadispiro[fluorene-9,2′-bicyclo[2.2.1]heptane-5′,1″-indene] **PIN**

3,6-ジオキサジスピロ［ビシクロ［2.2.1］ヘプタン-2,2′-［1,4］ジオキサン-5′,2″-ピラン］ **PIN**
3,6-dioxadispiro[bicyclo[2.2.1]heptane-2,2′-[1,4]dioxane-5′,2″-pyran] **PIN**

P-24.6.1　位置番号に選択の余地がある場合は，全スピロ原子の位置番号を小さなものから順に並べた組合わせを比較して最小の組を選ぶ．それでもなお決まらない場合は，名称中の出現順で比較して決める．

例：

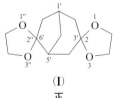
（Ⅰ）
正

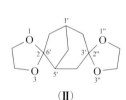
（Ⅱ）
誤

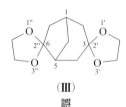
（Ⅲ）
誤

（Ⅰ）ジスピロ［［1,3］ジオキソラン-2,3′-ビシクロ［3.2.1］オクタン-6′,2″-［1,3］ジオキソラン］ **PIN**
　　　dispiro[[1,3]dioxolane-2,3′-bicyclo[3.2.1]octane-6′,2″-[1,3]dioxolane] **PIN**

　　〔（Ⅱ）の ジスピロ［［1,3］ジオキソラン-2,6′-ビシクロ［3.2.1］オクタン-3′,2″-［1,3］ジオキソラン］
　　　dispiro[[1,3]dioxolane-2,6′-bicyclo[3.2.1]octane-3′,2″-[1,3]dioxolane]ではない．
　　　位置番号の組合わせ 2,2″,3′,6′ は同一であるが，PIN(Ⅰ)の名称中における記載順の 2,3′,6′,2″ は(Ⅱ)における 2,6′,3′,2″ より小さい〕

　　〔（Ⅲ）の ジスピロ［ビシクロ［3.2.1］オクタン-3,2′:6,2″-ビス（［1,3］ジオキソラン）］
　　　dispiro[bicyclo[3.2.1]octane-3,2′:6,2″-bis([1,3]dioxolane)]でもない（P-24.7.1 参照）〕．

注記：この名称中の二重の角括弧は，スピロ名が角括弧を必要とし，もう一つの角括弧は，環構成成分名に属する位置番号などを囲むために使っている（P-16.5.2.2 参照）．

P-24.7 枝分かれのあるポリスピロ環

3個以上の構成成分が，別の1個の構成成分とスピロ縮合している場合，その系を枝分かれしたスピロ縮合系とよぶ．末端構成成分は，ただ1個のスピロ原子をもつ．

P-24.7.1 中央の環構成成分が3個以上の同じ末端環構成成分とスピロ縮合している場合，中央の環構成成分の名称を最初に記し，その位置番号にはプライムを付けない．末端の環構成成分は，該当する倍数接頭語（トリスtris, テトラキスtetrakis など）とともに記し，その位置番号には，共有する中央環構成要素のスピロ原子の位置番号が小さなものから順に，プライム，二重プライムなどを付ける．スピロ原子はコロンで区切った位置番号の組によって示す．必要ならば指示水素はスピロ接頭語の前に記す．

例：

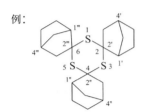

トリスピロ[1,3,5-トリチアン-2,2':4,2":6,2'''-
　　　　　　　トリス(ビシクロ[2.2.1]ヘプタン)] **PIN**
trispiro[1,3,5-trithiane-2,2':4,2":6,2'''-tris(bicyclo[2.2.1]heptane)] **PIN**

P-24.7.2 2個以上の異なる末端環構成成分が中央環構成成分にスピロ縮合している場合は，アルファベット順で先頭にくるものを該当する倍数接頭語とともに最初に記し，それに続いて中央環構成成分，さらに残りの末端環構成成分をアルファベット順に記す．最初に記す環構成成分（複数あるときはその一つ）は，中央環構成成分の最小番号のスピロ原子とスピロ縮合する．次に，アルファベット順に従って，残りの末端環構成成分（最初に記した構成成分が複数あれば，残りのものも含めて）に，スピロ原子の番号を割当てる．

例：

(1)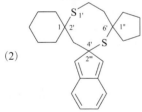

トリスピロ[[1,3]ベンゾジオキソール-2,1'-シクロヘキサン-2',2":4',2'''-ビス([1,3]ジオキソラン)] **PIN**
trispiro[[1,3]benzodioxole-2,1'-cyclohexane-2',2":4',2'''-bis([1,3]dioxolane)] **PIN**

注記：この名称中の二重の角括弧は，スピロ名が角括弧を必要とし，もう一つの角括弧は，環構成成分名に属する位置番号などを囲むために使っている(P-16.5.2.2 参照)．

(2)

トリスピロ[シクロヘキサン-1,2'-[1,5]ジチオカン-6',1"-シクロペンタン-4',2'''-インデン] **PIN**
trispiro[cyclohexane-1,2'-[1,5]dithiocane-6',1"-cyclopentane-4',2'''-indene] **PIN**
　　（中央環構成成分ジチオカンとシクロヘキサン環とのスピロ縮合位置は2位でなければならない）

(3)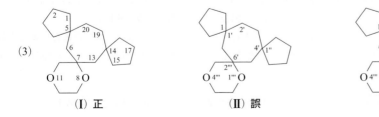

　　（Ⅰ）正　　　　　　（Ⅱ）誤　　　　　　（Ⅲ）誤

(前ページ例 つづき)

(I) 8,11-ジオキサトリスピロ[4.1.5⁷.1.4¹⁴.2⁵]イコサン **PIN**
8,11-dioxatrispiro[4.1.5⁷.1.4¹⁴.2⁵]icosane **PIN**

〔(II) のトリスピロ[ビス(シクロペンタン)-1,1′:4′,1″-シクロヘプタン-6′,2‴-[1,4]ジオキサン]
trispiro[bis(cyclopentane)-1,1′:4′,1″-cycloheptane-6′,2‴-[1,4]dioxane]ではない.
(III) のトリスピロ[ビス(シクロペンタン)-1,1′:5′,1″-シクロヘプタン-3′,2‴-[1,4]ジオキサン]
trispiro[bis(cyclopentane)-1,1′:5′,1″-cycloheptane-3′,2‴-[1,4]dioxane]でもない〕

(4)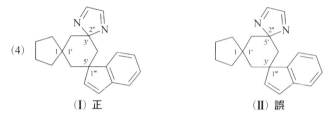

(I) 正   (II) 誤

(I) トリスピロ[シクロペンタン-1,1′-シクロヘキサン-3′,2″-イミダゾール-5′,1‴-インデン] **PIN**
trispiro[cyclopentane-1,1′-cyclohexane-3′,2″-imidazole-5′,1‴-indene] **PIN**

〔(II) のトリスピロ[シクロペンタン-1,1′-シクロヘキサン-5′,2″-イミダゾール-3′,1‴-インデン]
trispiro[cyclopentane-1,1′-cyclohexane-5′,2″-imidazole-3′,1‴-indene]ではない〕

説明：中央環構成成分に続いて，次に記す環構成成分について，(I) の位置番号 3′ は (II) の 5′ より小さい．

P-24.7.3 P-24.7.2 によっても名称が決まらない場合，また位置番号の選択に余地がある場合は，スピロ原子の位置番号の組合わせが最小のものにする．それでも決まらない場合は，名称中での記載順による．それでもなお決まらない場合は，ヘテロ原子と指示水素に判断基準を求める．

例：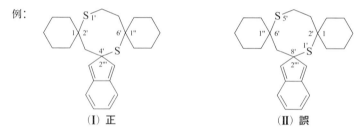

(I) 正   (II) 誤

(I) トリスピロ[ビス(シクロヘキサン)-1,2′:6′,1″-[1,5]ジチオカン-4′,2‴-インデン] **PIN**
trispiro[bis(cyclohexane)-1,2′:6′,1″-[1,5]dithiocane-4′,2‴-indene] **PIN**

〔(II) のトリスピロ[ビス(シクロヘキサン)-1,2′:6′,1″-[1,5]ジチオカン-8′,2‴-インデン]
trispiro[bis(cyclohexane)-1,2′:6′,1″-[1,5]dithiocane-8′,2‴-indene]ではない．
位置番号の組合わせ 1,1″,2′2‴,4′,6′ は 1,1″,2′,2‴,6′,8′ より小さい〕

P-24.7.4 P-24.7.1 から P-24.7.3 で述べたような枝分かれのあるポリスピロ化合物に，さらに構成成分がスピロ縮合して加わった場合は，以下の基準を順番に適用する．

(a) 互いにスピロ縮合しているすべての単環構成成分は，"ア"接頭語があればそれも含めて，最大数の単環構成成分を含む一つの単位として命名する (P-24.2)．この単位は，さらなるスピロ縮合の構成成分として使うことができる (P-24.6 参照)．名称の複合性を示すために，最初のポリスピロ接頭語の後に波括弧 (角括弧ではなく) を使って，少なくとも一つはすでにスピロ縮合されている構成成分を囲む．

(b) 単環構成成分のポリスピロ系がない場合，あるいは系がこれまでに述べた通常のスピロ縮合によって命名できない場合は，最大のスピロ系を命名し，それをさらなるスピロ縮合の単位とする．この単位のプライム付けは，名称の残りの部分に受け継がれる．

P-24.7.4.1 スピロ縮合構成成分を特定した後，残りの構成要成分とともに通常の方法で命名する．

トリスピロ{ビス(シクロヘキサン)-1,4′:1″,6′-フロ[3,4-d][1,3]オキサチオール-2′,14‴-
[7]オキサジスピロ[5.1.5⁸.2⁶]ペンタデカン} **PIN**
trispiro{bis(cyclohexane)-1,4′:1″,6′-furo[3,4-d][1,3]oxathiole-2′,14‴-
[7]oxadispiro[5.1.5⁸.2⁶]pentadecane} **PIN**

ペンタスピロ[テトラシクロヘキサン-1,2′(5′H):1‴,5′:1″″,4″(6″H):1″″″,6″-フラン-3′(4′H),2″-
フロ[3,4-d][1,3]オキサチオール]
pentaspiro[tetracyclohexane-1,2′(5′H):1‴,5′:1″″,4″(6″H):1″″″,6″-furan-3′(4′H),2″-
furo[3,4-d][1,3]oxathiole]　(CAS 索引名．プライム記号は3個ごとに分離されていない)

1λ⁵,3λ⁵,5λ⁵,7λ⁵-テトラスピロ[テトラスピロ[2,4,6,8,9,10-ヘキサチア-1,3,5,7-
テトラホスファアダマンタン-1,2′:3,2″:5,2‴:7,2″″-テトラキス([1,3,2]オキサチアホスフェタン)-
4′,7″″:4″,7″″″:4‴,7″″″″:4″″,7″″″″″-テトラキス(ピラノ[2,3-c]アクリジン)] **PIN**
1λ⁵,3λ⁵,5λ⁵,7λ⁵-tetraspiro[tetraspiro[2,4,6,8,9,10-hexathia-1,3,5,7-tetraphosphaadamantane-
1,2′:3,2″:5,2‴:7,2″″-tetrakis([1,3,2]oxathiaphosphetane)-4′,7″″:4″,7″″″:4‴,7″″″″:4″″,7″″″″″-
tetrakis(pyrano[2,3-c]acridine)] **PIN**　(参考文献8のSP-6.4.1 参照)

オクタスピロ{2,4,6,8,9,10-ヘキサチア-1,3,5,7-テトラホスファトリシクロ[3.3.1.1³,⁷]デカン-
1,2′λ⁵:3,2″λ⁵:5,2‴λ⁵:7,2″″λ⁵-テトラキス[1,3,2]オキサチアホスフェタン-
4′,7″″:4″,7″″″:4‴,7″″″″:4″″,7″″″″″-テトラキス[7H]ピラノ[2,3-c]アクリジン}
octaspiro{2,4,6,8,9,10-hexathia-1,3,5,7-tetraphosphatricyclo[3.3.1.1³,⁷]decane-
1,2′λ⁵:3,2″λ⁵:5,2‴λ⁵:7,2″″λ⁵-tetrakis[1,3,2]oxathiaphosphetane-
4′,7″″:4″,7″″″:4‴,7″″″″:4″″,7″″″″″-tetrakis[7H]pyrano[2,3-c]acridine}

(CAS 索引名．プライム記号は3個ごとに分離されていない)

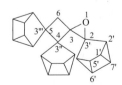

トリスピロ{1-オキサスピロ[2.3]ヘキサン-2,3′:4,3″:5,3‴-トリ(テトラシクロ[3.2.0.0²,⁷.0⁴,⁶]ヘプタン)} **PIN**
trispiro{1-oxaspiro[2.3]hexane-2,3′:4,3″:5,3‴-tri(tetracyclo[3.2.0.0²,⁷.0⁴,⁶]heptane)} **PIN**

P-24.8　非標準結合数をもつ原子を含むスピロ環系

記号 λ^n を用いる λ–標記は，非標準結合数をもつヘテロ原子を表示するために使う(P-14.1 参照)．この記号は完成した名称の前または該当する原子の"ア"接頭語の前に置く．

P-24.8.1	単環構成成分のみをもつスピロ環	P-24.8.5	異なる環成分をもつ枝分かれのないポリスピロ環で，少なくともそのうちの1個が，少なくとも1個の非標準スピロ原子をもつもの
P-24.8.2	2個の同じ多環構成成分をもつモノスピロ環		
P-24.8.3	3個の同じ構成成分と1個の非標準スピロ原子をもつスピロ環		
P-24.8.4	異なる環成分をもつモノスピロ環で，少なくともそのうちの1個が非標準スピロ原子をもつ多環成分であるもの	P-24.8.6	少なくとも1個の多環構成成分をもつ枝分かれのあるスピロ環

P-24.8.1　単環構成成分のみをもつスピロ環

P-24.8.1.1　　非標準結合数をもつヘテロ原子には，対応するスピロ環の番号付けを保ったまま，できるだけ小さな位置番号をつける．

例：

7λ^5-ホスファスピロ[3.5]ノナン **PIN**
7λ^5-phosphaspiro[3.5]nonane **PIN**

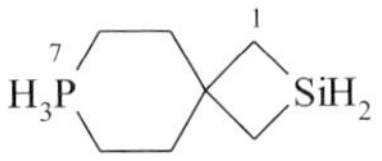

7λ^5-ホスファ-2-シラスピロ[3.5]ノナン **PIN**
7λ^5-phospha-2-silaspiro[3.5]nonane **PIN**

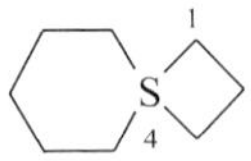

4λ^4-チアスピロ[3.5]ノナン **PIN**
4λ^4-thiaspiro[3.5]nonane **PIN**

P-24.8.1.2　　選択の余地がある場合は，より小さな位置番号をより大きな結合数をもつヘテロ原子に割当てる．たとえば，より小さな番号を λ^4 ヘテロ原子ではなく λ^6 ヘテロ原子に割当てる．

例：

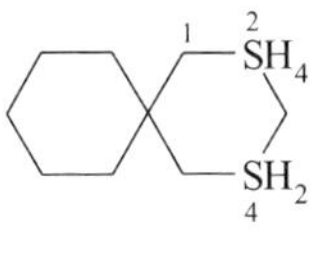

2λ^6,4λ^4-ジチアスピロ[5.5]ウンデカン **PIN**
2λ^6,4λ^4-dithiaspiro[5.5]undecane **PIN**

P-24.8.1.3　　3個の単環だけからなり，非標準スピロ原子を1個だけ含むスピロ環は，P-24.2 に示したスピロ環の命名規則を援用して命名する．

P-24.8.1.3.1　　3個の単環と1個の非標準スピロ原子(たとえば，λ^6 スピロ原子)を含む環は，そのスピロ環の骨格原子数と総数が同じ脂環式環に対応する名称の前に接頭語のスピロを置いて命名する．ヘテロ原子は"ア"接頭語によって示し，λ–標記(P-14.1 参照)を使う．von Baeyer スピロ表示記号では，位置番号をたどってスピロ原子に出会うごとに，その位置番号を上付き数字として示す．

例：

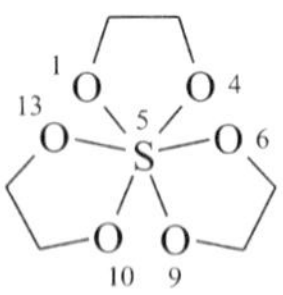

1,4,6,9,10,13-ヘキサオキサ-5λ^6-チアスピロ[$4.4^5.4^5$]トリデカン **PIN**
1,4,6,9,10,13-hexaoxa-5λ^6-thiaspiro[$4.4^5.4^5$]tridecane **PIN**

P-24.8.1.3.2 番号付けに選択の余地がある場合は，小さな環を大きな環より先に番号付けする．

例：

3λ⁶-チアスピロ[2.4³.5³]ドデカン **PIN**
3λ⁶-thiaspiro[2.4³.5³]dodecane **PIN**

P-24.8.1.4 少なくとも3個の脂環式単環と1個の非標準ヘテロスピロ原子を含み，さらに別のスピロ縮合があるポリスピロ環は，P-24.2〜P-24.7に示したスピロ環系の命名規則を援用して命名する．この命名法は，ポリスピロ環を命名する方法と非標準結合数をもつヘテロ原子を示す方法を組合わせたものである．番号付けに選択の余地がある場合は，以下の基準を順番に検討して決定する．

(a) 小さな番号をスピロ原子に割当てる．

例：

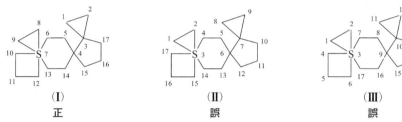

(I) 7λ⁶-チアトリスピロ[2.0.2.2⁷.3⁷.2⁴.3³]ヘプタデカン **PIN**
7λ⁶-thiatrispiro[2.0.2.2⁷.3⁷.2⁴.3³]heptadecane **PIN**

〔(II)の 3λ⁶-チアトリスピロ[2.2.0.2⁷.3⁶.2³.3³]ヘプタデカン
3λ⁶-thiatrispiro[2.2.0.2⁷.3⁶.2³.3³]heptadecane ではない〕

〔(III)の 3λ⁶-チアトリスピロ[2.3.2.0.2¹⁰.3⁹.2³]ヘプタデカン
3λ⁶-thiatrispiro[2.3.2.0.2¹⁰.3⁹.2³]heptadecane でもない〕

説明：(I)におけるスピロ原子の位置番号の組合わせ 3, 4, 7 は，(II)の 3, 6, 7 および (III)の 3, 9, 10 より小さい．

(b) 3個の環を連結するスピロ原子に小さな番号を割当てる．

例：

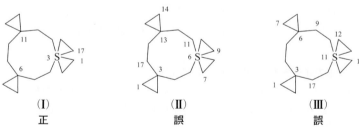

(I) 3λ⁶-チアトリスピロ[2.2.2⁶.2.2¹¹.2³.2³]ヘプタデカン **PIN**
3λ⁶-thiatrispiro[2.2.2⁶.2.2¹¹.2³.2³]heptadecane **PIN**

〔(II)の 6λ⁶-チアトリスピロ[2.2.2⁶.2⁶.2.2¹³.2³]ヘプタデカン
6λ⁶-thiatrispiro[2.2.2⁶.2⁶.2.2¹³.2³]heptadecane ではない〕

〔(III)の 11λ⁶-チアトリスピロ[2.2.2⁶.2.2¹¹.2¹¹.2³]ヘプタデカン
11λ⁶-thiatrispiro[2.2.2⁶.2.2¹¹.2¹¹.2³]heptadecane でもない〕

説明：(I)における3個の環を連結するスピロ原子の位置番号 3 は，(II)の 6, および (III)の 11 より小さい．

(c) von Baeyer スピロ表示記号において，記載順でより小さな番号を示すものを選ぶ．

(I) 5λ⁶-チアトリスピロ[2.1.1.2⁷.1⁵.2⁵.2³]テトラデカン **PIN**
5λ⁶-thiatrispiro[2.1.1.2⁷.1⁵.2⁵.2³]tetradecane **PIN**
〔(II) の 5λ⁶-チアトリスピロ[2.1.1.2⁷.2⁵.2⁵.1³]テトラデカン
5λ⁶-thiatrispiro[2.1.1.2⁷.2⁵.2⁵.1³]tetradecane ではない〕

説明: (I)のスピロ表示記号の 2, 1, 1, 2, 1, 2, 2 は，(II)の 2, 1, 1, 2, 2, 2, 1 より小さい．

P-24.8.2　2 個の同じ多環構成成分をもつモノスピロ環

記号 λⁿ は，ヘテロ原子を含む同じ環成分 2 個の名称からつくった完成名の前に置く．スピロ原子を示す最小の位置番号は，記号 λⁿ より前になる．指示水素原子が必要な場合は記号 λ の前に示す．選択の余地がある場合は，最初に記す構成成分の位置番号を指示水素に使用する．

> **注記**: λⁿ スピロ原子を特定する基準は最小の位置番号で，参考文献 8 の SP-7 において示した最小のプライム記号の付いた位置番号ではない．

例: 2λ⁴,2′-スピロビ[[1,3,2]ベンゾジオキサチオール] **PIN**
2λ⁴,2′-spirobi[[1,3,2]benzodioxathiole] **PIN**

注記: この名称中の二重の角括弧は，スピロ名が角括弧を必要とし，もう一つの角括弧は，環構成成分名に属する位置番号などを囲むために使っている(P-16.5.2.2 参照).

1H-2λ⁵,2′-スピロビ[[1,3,2]ベンゾジアザホスフィニン] **PIN**
1H-2λ⁵,2′-spirobi[[1,3,2]benzodiazaphosphinine] **PIN**

注記: この名称中の二重の角括弧は，スピロ名が角括弧を必要とし，もう一つの角括弧は，環構成成分名に属する位置番号などを囲むために使っている(P-16.5.2.2 参照).

P-24.8.3　3 個の同じ構成成分と 1 個の非標準スピロ原子をもつスピロ環

3 個の同じ多環構成成分と 1 個のスピロ原子のみからなる環系は，接頭語のスピロテルを角括弧で囲んだ多環構成成分の名称の前に置いて命名する．三つのスピロ位置番号は名称の前に記し，スピロ原子を示す三つの位置番号のうち最小のものの後に記号 λ を付ける．

例: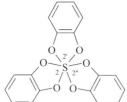 2λ⁶,2′,2″-スピロテル[[1,3,2]ベンゾジオキサチオール] **PIN**
2λ⁶,2′,2″-spiroter[[1,3,2]benzodioxathiole] **PIN**

注記: この名称中の二重の角括弧は，スピロ名が角括弧を必要とし，もう一つの角括弧は，環構成成分名に属する位置番号などを囲むために使っている(P-16.5.2.2 参照).

P-24.8.4　異なる環成分をもつモノスピロ環で,少なくともそのうちの1個が非標準スピロ原子をもつ多環成分であるもの

P-24.8.4.1　2個の異なる環で構成され,スピロ原子に非標準結合数をもつヘテロ原子からなるモノスピロ環は,該当するスピロの位置番号とともにアルファベット順に記した構成成分名の前に接頭語のスピロを置いて命名する.最小の位置番号(プライムの付かない)をスピロ縮合の表示に使い,記号λは名称の前に置く.必要があれば,指示水素をλ記号の前に付け加える.スピロ原子以外の非標準結合数をもつすべてのヘテロ原子は,複素環の名称の一部として扱う.記号λはスピロ原子を示す最小の位置番号とともに記す.

例：

$3H$-$2\lambda^5$-スピロ[[1,3,2]ベンゾオキサアザホスホール-2,2′-
　　　　　　　　　　　　　　　[1,3,5,2]トリアザホスフィニン] **PIN**
$3H$-$2\lambda^5$-spiro[[1,3,2]benzoxazaphosphole-2,2′-[1,3,5,2]triazaphosphinine] **PIN**

注記：この名称中の二重の角括弧は,スピロ名が角括弧を必要とし,もう一つの角括弧は,環構成成分名に属する位置番号などを囲むために使っている(P-16.5.2.2参照).

$3H$-$1′\lambda^5$-スピロ[[1,4,2]オキサアザホスホール-2,1′-[2,8,9]トリオキサ[1]ホスファアダマンタン] **PIN**
$3H$-$1′\lambda^5$-spiro[[1,4,2]oxazaphosphole-2,1′-[2,8,9]trioxa[1]phosphaadamantane] **PIN**
$3H$-$1′\lambda^5$-スピロ[[1,4,2]オキサアザホスホール-2,1′-
　　　　　　　　[2,8,9]トリオキサ[1]ホスファトリシクロ[3.3.1.1^{3,7}]デカン]
$3H$-$1′\lambda^5$-spiro[[1,4,2]oxazaphosphole-2,1′-[2,8,9]trioxa[1]phosphatricyclo[3.3.1.1^{3,7}]decane]

注記1：保存名のアダマンタン adamantane は,体系名である von Baeyer 名より優先する.
注記2：この名称中の二重の角括弧は,スピロ名が角括弧を必要とし,もう一つの角括弧は,環構成成分名に属する位置番号などを囲むために使っている(P-16.5.2.2参照).

$3H$-$2\lambda^5,5′\lambda^5$-スピロ[[1,3,2]ベンゾオキサアザホスホール-2,2′-[1,3,2,5]ジアザジホスフィニン] **PIN**
$3H$-$2\lambda^5,5′\lambda^5$-spiro[[1,3,2]benzoxazaphosphole-2,2′-[1,3,2,5]diazadiphosphinine] **PIN**

注記：この名称中の二重の角括弧は,スピロ名が角括弧を必要とし,もう一つの角括弧は,環構成成分名に属する位置番号などを囲むために使っている(P-16.5.2.2参照).

P-24.8.4.2　3個の環構成成分がすべて異なる環の場合,この特殊な状態を明示するために,2番目に記す構成成分名を丸括弧で囲む.記号λ″は名称の前に置き,スピロ原子を示す最小の位置番号をその前に付ける.

例：

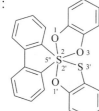

$2\lambda^6$-スピロ[[1,3,2]ベンゾジオキサチオール-2,2′-
　　　　　　　　　　([1,2,3]ベンゾオキサジチオール)-2″,5″-ジベンゾ[b,d]チオフェン] **PIN**
$2\lambda^6$-spiro[[1,3,2]benzodioxathiole-2,2′-
　　　　　　　　　　([1,2,3]benzoxadithiole)-2″,5″-dibenzo[b,d]thiophene] **PIN**

注記：この名称中の二重の角括弧は,スピロ名が角括弧を必要とし,もう一つの角括弧は,環構成成分名に属する位置番号などを囲むために使っている(P-16.5.2.2参照).

P-24.8.4.3 2個の環構成成分が同じ場合は，接頭語のbisを付けて示す．記号 λ'' を名称の前に記し，スピロ原子を示す最小の位置番号をその前に付ける．

例：

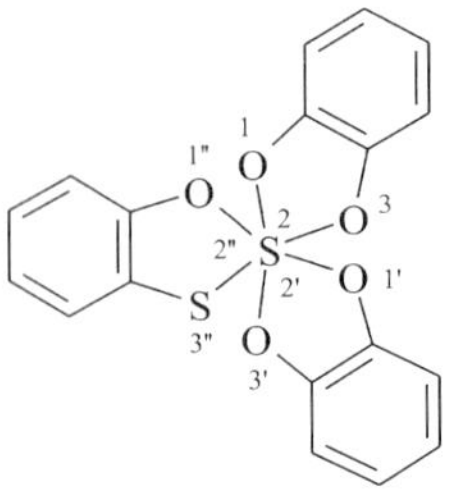

2λ^6-スピロ[ビス([1,3,2]ベンゾジオキサチオール)-2,2″：2′,2″-[1,2,3]ベンゾオキサジチオール] **PIN**
2λ^6-spiro[bis([1,3,2]benzodioxathiole)-2,2″：2′,2″-[1,2,3]benzoxadithiole] **PIN**

注記：この名称中の二重の角括弧は，スピロ名が角括弧を必要とし，もう一つの角括弧は，環構成成分名に属する位置番号などを囲むために使っている(P-16.5.2.2 参照).

P-24.8.5 異なる環成分をもつ枝分かれのないポリスピロ環で，
少なくともそのうちの1個が，少なくとも1個の非標準スピロ原子をもつもの

異なる環成分をもつ枝分かれのないポリスピロ環で，少なくともそのうちの1個が，少なくとも1個の非標準スピロ原子をもつものは，P-24.6で述べた方法を使って命名する．スピロ原子に伴う記号 λ は，最小の位置番号とともに名称の前に置く．必要があれば指示水素をその前に置く．

例：

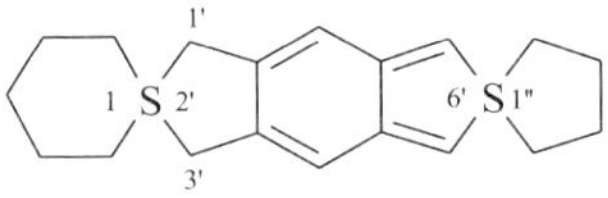

1′H,3′H-1λ^4,1″λ^4-ジスピロ[チアン-1,2′-ベンゾ[1,2-c：4,5-c']ジチオフェン-6′,1″-チオラン] **PIN**
1′H,3′H-1λ^4,1″λ^4-dispiro[thiane-1,2′-benzo[1,2-c：4,5-c']dithiophene-6′,1″-thiolane] **PIN**

P-24.8.6 少なくとも1個の多環構成成分をもつ枝分かれのあるスピロ環

2個以上の異なる末端環構成成分が中央の環構成成分にスピロ縮合している場合，アルファベット順で先頭のものを倍数接頭語とともに最初に記し，その後に中央環構成成分，続いてアルファベット順に残りの末端環構成成分を記す．記号 λ は完成した名称の前に置き，最小のスピロ位置番号をその前に置く．必要があれば，指示水素をその前に置く．

例：

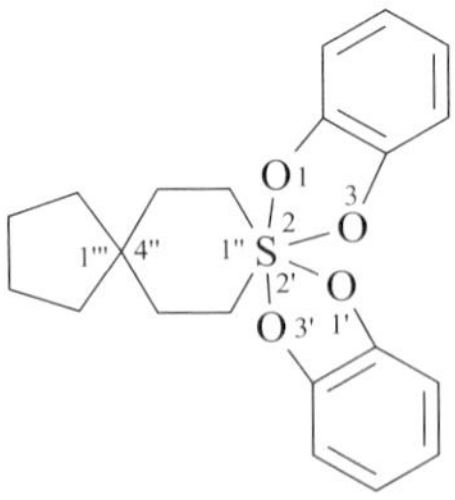

1″λ^6-ジスピロ[ビス([1,3,2]ベンゾジオキサチオール)-2,1″：2′,1‴-チオピラン-4″,1‴-シクロペンタン] **PIN**
1″λ^6-dispiro[bis([1,3,2]benzodioxathiole)-2,1″：2′,1‴-thiopyran-4″,1‴-cyclopentane] **PIN**

注記：この名称中の二重の角括弧は，スピロ名が角括弧を必要とし，もう一つの角括弧は，環構成成分名に属する位置番号などを囲むために使っている(P-16.5.2.2 参照).

位置番号の選択に余地がある場合は，すべてのスピロ原子の位置番号を数値の小さい方から順に並べた組を比較し，それで結論が出ない場合は名称中に現れる順に従って比較して決める．それでもなお決まらない場合は，

ヘテロ原子と指示水素に関する基準を採用する(参考文献 8 の SP-3.2，SP-1.8 参照)

（Ⅰ）正　　　　（Ⅱ）誤　　　　（Ⅲ）誤

(Ⅰ) 1′λ⁴-トリスピロ[シクロペンタン-1,5′-[1,4]ジチアン-2′,2″-インデン-1′,1‴-チオフェン] **PIN**
1′λ⁴-trispiro[cyclopentane-1,5′-[1,4]dithiane-2′,2″-indene-1′,1‴-thiophene] **PIN**
〔(Ⅱ)の 4′λ⁴-トリスピロ[シクロペンタン-1,2′-[1,4]ジチアン-5′,2″-インデン-4′,1‴-チオフェン]
4′λ⁴-trispiro[cyclopentane-1,2′-[1,4]dithiane-5′,2″-indene-4′,1‴-thiophene]ではない〕
〔(Ⅲ)の 1′λ⁴-トリスピロ[シクロペンタン-1,3′-[1,4]ジチアン-6′,2″-インデン-1′,1‴-チオフェン]
1′λ⁴-trispiro[cyclopentane-1,3′-[1,4]dithiane-6′,2″-indene-1′,1‴-thiophene]でもない〕
説明：(Ⅰ)の位置番号の組合わせ 1, 1′, 1‴, 2′, 2″, 5′ は，(Ⅱ)の 1, 1‴, 2′, 2″, 4′, 5′ あるいは
(Ⅲ)の 1, 1′, 1‴, 2″, 3′, 6′ より小さい．

P-25　縮合環および橋かけ縮合環系　　"日本語名称のつくり方"も参照

> P-25.0　はじめに
> P-25.1　母体炭化水素環成分の名称
> P-25.2　母体複素環成分の名称
> P-25.3　縮合環名のつくり方
> P-25.4　橋かけ縮合環系
> P-25.5　縮合環命名法の限界：三つの成分が一緒にオルト-ペリ縮合している場合
> P-25.6　非標準結合数の骨格原子をもつ縮合環
> P-25.7　二重結合，指示水素，δ-標記
> P-25.8　母体成分の優先順位（順位リストの一部）

P-25.0　はじめに

本節は"縮合環および橋かけ縮合環系の命名法，IUPAC 1998 勧告"(参考文献 4)に基づいている．

命名法において，**縮合** fusion とは，二つの環がそれぞれ一つの結合とその結合に直接付いている二つの原子を共有して，共通の結合をつくる操作を指す．このタイプの縮合をオルト縮合とよび，隣接する二つの結合を含む場合をオルト-ペリ縮合とよぶ．これらの縮合において，外縁原子(P-25.3.1.1.4 参照)が占める位置以外の外縁部分を**外縁縮合位** angular position とよぶ．縮合という用語は二つあるいはそれ以上の環が一つの原子を共有する場合にも用いる．このタイプの縮合を**スピロ縮合** spirofusion とよぶ(P-24.1 参照)．従来オルト縮合およびオルト-ペリ縮合を単に縮合とよび，それによって生じる多環系を縮合環系あるいは縮合環化合物とよんだ．スピロ縮合という用語は命名法では新規であり，曖昧さを避けるため，スピロ縮合を意味する場合は単に縮合とせず必ずスピロを付ける．

ベンゼン **PIN** ＋ ベンゼン **PIN** → ナフタレン **PIN**
benzene **PIN** 　　benzene **PIN** 　　naphthalene **PIN**

説明：ナフタレンは二つのベンゼン環が縮合(オルト縮合)したものである(一つの結合と 2 個の原子を共有).

144 　　　　　　　　P-2　母体水素化物

ナフタレン **PIN** 　　　　ベンゼン **PIN** 　　　　1*H*-フェナレン **PIN**
naphthalene **PIN** 　　　benzene **PIN** 　　　　1*H*-phenalene **PIN**

説明：1*H*-フェナレンはナフタレン環とベンゼン環が縮合(オルト-ペリ縮合)したものである(二つの結合と 3 個の原子を共有).

1*H*-インデン **PIN** 　　　1*H*-インデン **PIN** 　　　1,1′-スピロビ[インデン] **PIN**
1*H*-indene **PIN** 　　　1*H*-indene **PIN** 　　　1,1′-spirobi[indene] **PIN**

説明：スピロビ[インデン]は二つのインデン環がスピロ縮合したものである(一つの原子を共有).

　この節では縮合(オルト縮合およびオルト-ペリ縮合)環系および橋かけ縮合(オルト縮合およびオルト-ペリ縮合)環系を扱う．スピロ縮合は P-24 で述べた．本節の意図は"縮合環および橋かけ縮合環系の命名法"(参考文献 4)で論じられている膨大な縮合環命名法への序論となることである．ここでは簡単な例で原則を説明する．もっと複雑な環系については，上述の文書あるいは CAS から出版されている"環系ハンドブック *Ring Systems Handbook*"(参考文献 22)を参照してほしい．本書では，従来の規則からの変更点は強調表示してある．

P-25.1 　母体炭化水素環成分の名称

> P-25.1.1 　母体環成分および付随成分となる炭化水素の保存名
> P-25.1.2 　母体炭化水素環成分の体系名

P-25.1.1 　母体環成分および付随成分となる炭化水素の保存名
　多環炭化水素の保存名(慣用名ともいう)を表 2·7 に示す．縮合環命名法において母体成分として選ぶときに優先順位の高いものから順に並べてある．それらの番号付けは，P-25.3.3 で述べる縮合環系の番号付けで用いる固有の基準を適用したものである．

P-25.1.2 　母体炭化水素環成分の体系名
　最多非集積二重結合をもちマンキュード系の五員環以上の環を少なくとも 2 個もつ縮合環炭化水素母体成分の名称は，接頭語と接尾語あるいは構成環の性質と並び方を示す用語を使って系統的につくることができる．番号付けの規則は P-25.3.3 で述べる．

> P-25.1.2.1 　ポリアセン　　　　　P-25.1.2.5 　ポリナフチレン
> P-25.1.2.2 　ポリアフェン　　　　P-25.1.2.6 　ポリヘリセン
> P-25.1.2.3 　ポリアレン　　　　　P-25.1.2.7 　アセ…イレン
> P-25.1.2.4 　ポリフェニレン

P-25.1.2.1 　　ポリアセン polyacene. オルト縮合したベンゼン環 4 個あるいはそれ以上が直線的に配列した

P-25 縮合環および橋かけ縮合環系

表 2·7 母体炭化水素環成分の保存名の優先順位
(化合物名の前の数字が優先順位を表す．小さい数字ほど優先順位が高い)

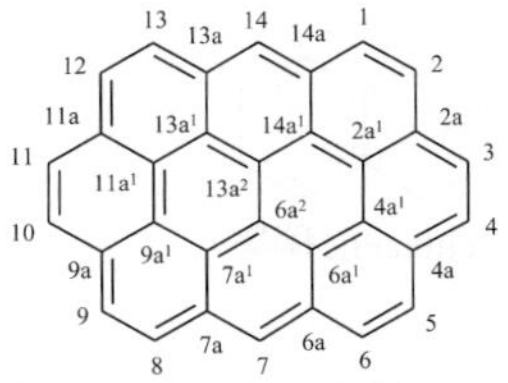

(1) オバレン PIN
ovalene PIN

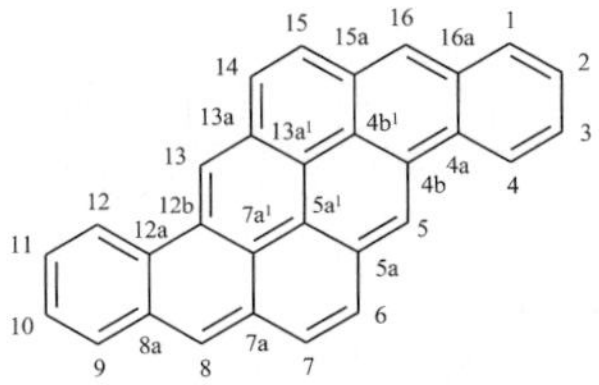

(2) ピラントレン PIN
pyranthrene PIN

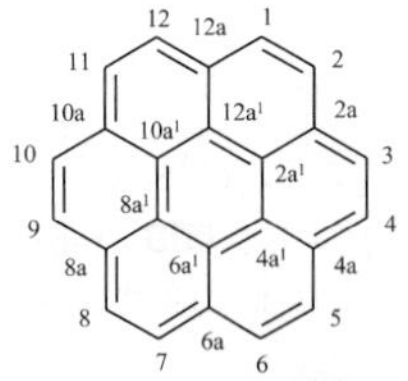

(3) コロネン PIN
coronene PIN

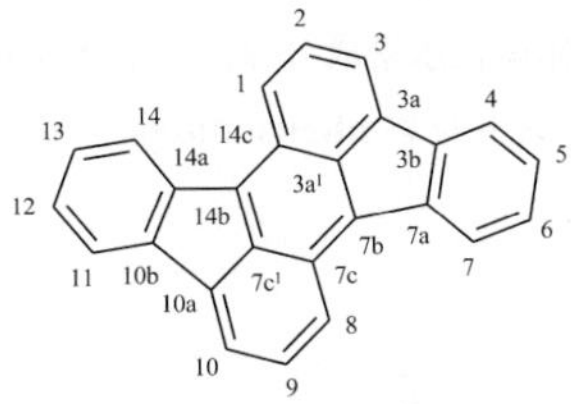

(4) ルビセン PIN
rubicene PIN

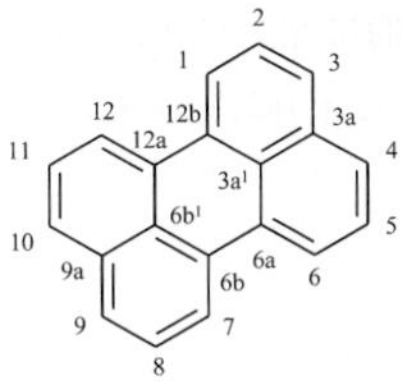

(5) ペリレン PIN
perylene PIN

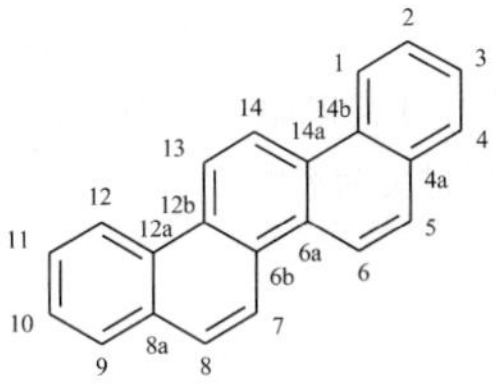

(6) ピセン PIN
picene PIN

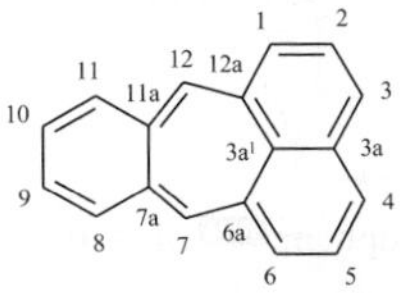

(7) プレイアデン PIN
pleiadene PIN

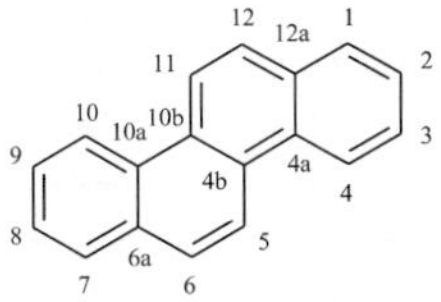

(8) クリセン PIN
chrysene PIN

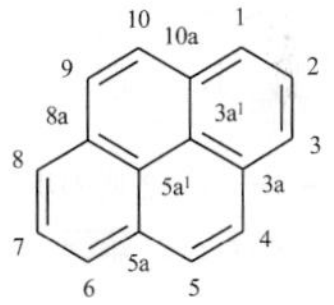

(9) ピレン PIN
pyrene PIN

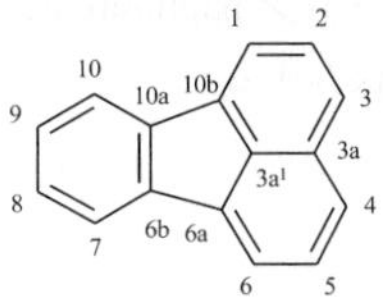

(10) フルオランテン PIN
fluoranthene PIN

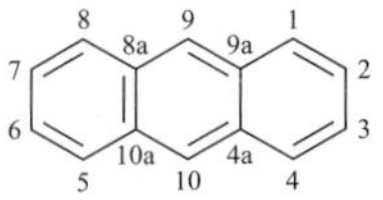

(11) アントラセン PIN
anthracene PIN
(特別な番号付け)

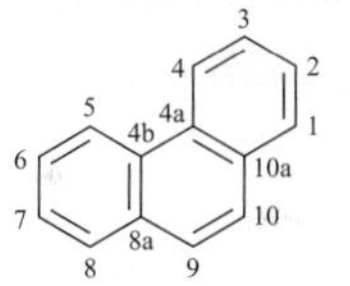

(12) フェナントレン PIN
phenanthrene PIN
(特別な番号付け)

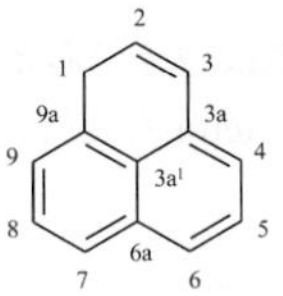

(13) フェナレン phenalene
(1H-異性体を示す．PIN は
1H-フェナレン 1H-phenalene)

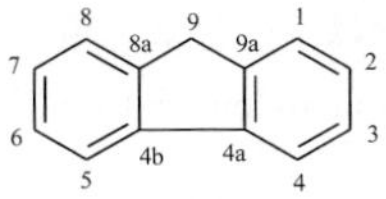

(14) フルオレン fluorene
(9H-異性体を示す．PIN は
9H-フルオレン 9H-fluorene)

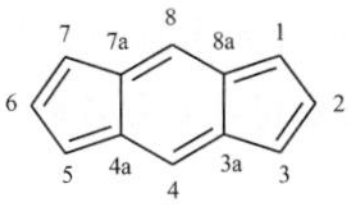

(15) s-インダセン PIN
s-indacene PIN

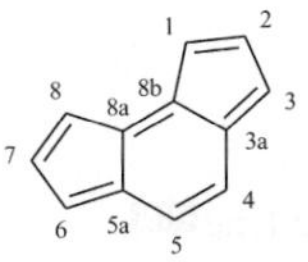

(16) as-インダセン PIN
as-indacene PIN

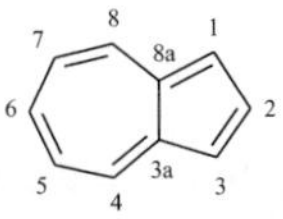

(17) アズレン PIN
azulene PIN

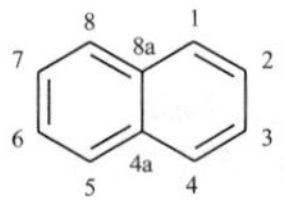

(18) ナフタレン PIN
naphthalene PIN

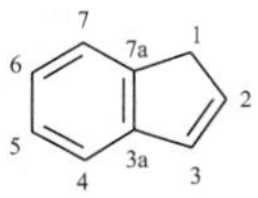

(19) インデン indene
(1H-異性体を示す．
PIN は 1H-インデン
1H-indene)

母体炭化水素成分は，環の数を示す接頭語(テトラ tetra，ペンタ penta など)に語尾 アセン acene(保存名 アントラセン anthracene に由来する)を付けて命名する．この場合 a を 1 文字省く．

例：

テトラセン **PIN**　tetracene **PIN**
（これまでは ナフタセン naphthacene）

ペンタセン **PIN**　pentacene **PIN**

P-25.1.2.2　　ポリアフェン polyaphene．n 個($n>3$)のオルト縮合したベンゼン環からなり，$(n+1)/2$ 個(n が奇数の場合)のベンゼン環の直線的配列 2 組，あるいは $n/2$ 個と $(n/2)+1$ 個(n が偶数の場合)のベンゼン環の直線的配列が 1 個のベンゼン環を共有して形式的に互いに 120°をなしている母体炭化水素成分は，ベンゼン環の総数を示す接頭語(テトラ tetra，ペンタ penta など)に語尾フェン phene(フェナントレン **phen**anthrene に由来する)を付けて命名する．

例：

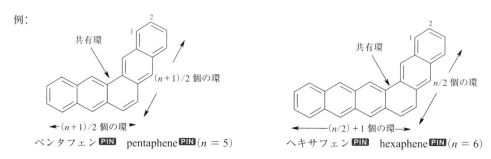

ペンタフェン **PIN**　pentaphene **PIN** ($n=5$)

ヘキサフェン **PIN**　hexaphene **PIN** ($n=6$)

P-25.1.2.3　　ポリアレン polyalene．二つの同じ単環炭化水素がオルト縮合した母体炭化水素成分は，各環の炭素原子数を示す接頭語(テトラ tetra，ペンタ penta など)に語尾 アレン alene(ナフタレン naphth**alene** に由来する)を付けて命名する．この場合 a を 1 文字省く．ナフタレン naphthalene の名称は保存する．

例：

ペンタレン **PIN**　pentalene **PIN**

オクタレン **PIN**　octalene **PIN**

P-25.1.2.4　　ポリフェニレン polyphenylene．偶数個の炭素原子をもつ単環炭化水素の一つおきの結合にベンゼン環がオルト縮合した母体炭化水素成分は，ベンゼン環の数を表す接頭語(tri, tetra など)に フェニレン phenylene を付けて命名する．ビフェニレン biphenylene という慣用名は保存する．

例：

ビフェニレン **PIN**　biphenylene **PIN**
（ジフェニレン diphenylene ではない）

トリフェニレン **PIN**　triphenylene **PIN**

P-25.1.2.5　　ポリナフチレン polynaphthylene．偶数個の炭素原子をもつ単環炭化水素の一つおきの結合にナフタレン環が 2,3 位でオルト縮合した母体炭化水素成分は，ナフタレン環の数を表す接頭語(トリ tri, テトラ tetra など)に ナフチレン naphthylene を付けて命名する．このシリーズはナフタレン環 3 個をもつ トリナフチレ

ン trinaphthylene から始まる. ナフタレン環 2 個の化合物は ジナフチレン dinaphthylene とよべそうであるが，これは ジベンゾ[*b,h*]ビフェニレン dibenzo[*b,h*]biphenylene と命名し，母体成分とは考えない.

例：

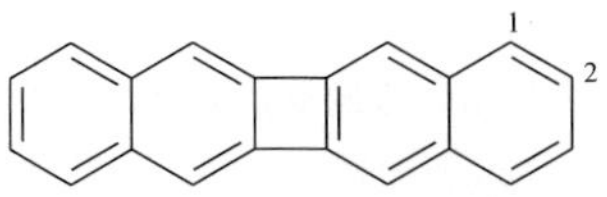

ジベンゾ[*b,h*]ビフェニレン **PIN**
dibenzo[*b,h*]biphenylene **PIN**
（ジナフチレン dinaphthylene ではない）

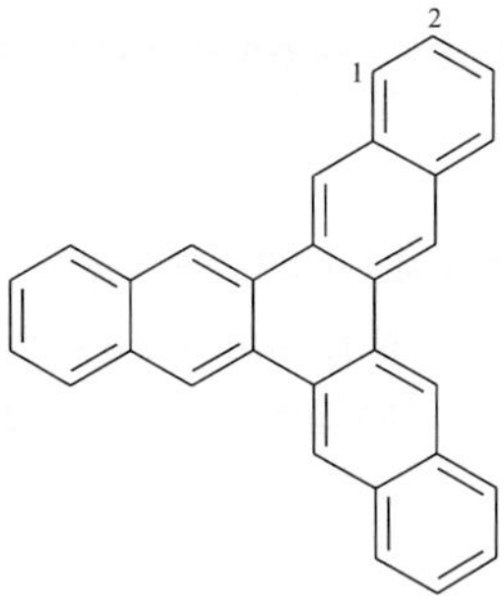

トリナフチレン **PIN**
trinaphthylene **PIN**

P-25.1.2.6 ポリヘリセン polyhelicene. フェナントレン環の 3, 4 位にベンゼン環がオルト縮合し，さらに複数のベンゼン環が同様に縮合した，6 個以上のベンゼン環からなる母体炭化水素成分は，らせん状に並んだベンゼン環の総数を示す接頭語(ヘキサ hexa，ヘプタ hepta など)に ヘリセン helicene を付けて命名する.

> **注記**：ポリヘリセンの定義，置き方，番号付けは，縮合環命名法を総合的に記した "縮合環および橋かけ縮合環系の命名法"(参考文献 4)とは異なっている. 1993 規則(参考文献 2 の R-2.4.1.3.6)および "化合物種類の用語集"(参考文献 23)ではこのシリーズは五環系から始まるとしていたが，六環系から始まる. 新しい置き方と番号付けは，P-25.3.3.1.1 で述べる.

例：

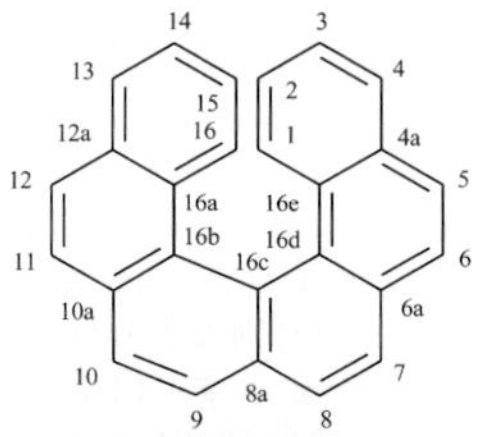

ヘキサヘリセン **PIN** hexahelicene **PIN**
（新しい置き方と番号付け）

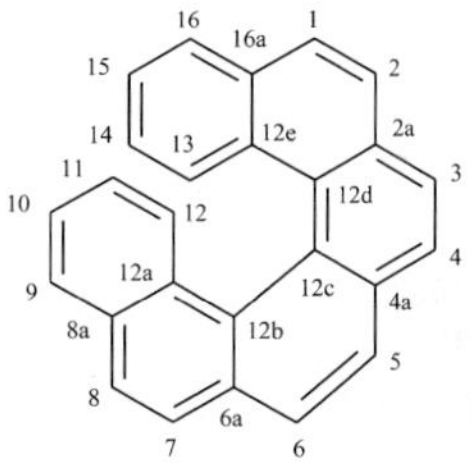

注記：この置き方と番号付けは使用しない.
CAS ではフェナントロ[3,4-*c*]フェナントレン phenanthro[3,4-*c*]phenanthrene の名称で現在も使用されている(参考文献 22).

P-25.1.2.7 アセ…イレン ace…ylene. ナフタレン，アントラセン，フェナントレンに五員環がオルト-ペリ縮合した母体炭化水素成分は，これらの慣用名に接頭語 アセ ace を付け，語尾の アレン alene，アセン acene，あるいは エン ene を イレン ylene に変えて命名する.

例：

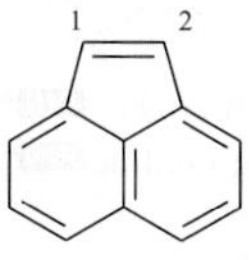

アセナフチレン **PIN**
acenaphthylene **PIN**

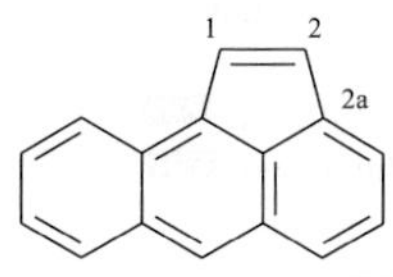

アセアントリレン **PIN**
aceanthrylene **PIN**

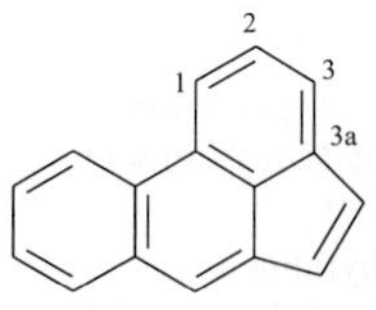

アセフェナントリレン **PIN**
acephenanthrylene **PIN**

P-25.2 母体複素環成分の名称

> P-25.2.1 母体成分と付随成分に用いる保存名
> P-25.2.2 複素環成分の体系名

P-25.2.1 母体成分と付随成分に用いる保存名 母体成分と付随成分に用いる最多非集積二重結合をもつ(マンキュード系の)複素環の保存名(慣用名ともいう)を表2·8に示す.

環は P-25.3.2.4 で述べる優先順位に合わせて優先順位が高いものから並べてあり,P-25.8.1 に例示してある.

表 2·8 母体複素環成分の保存名の優先順位
(名称の前の数字が優先順位を表す.数字が小さいほど優先順位が高い.
* を付した名称はさらに表2·9に示すように変えられる)

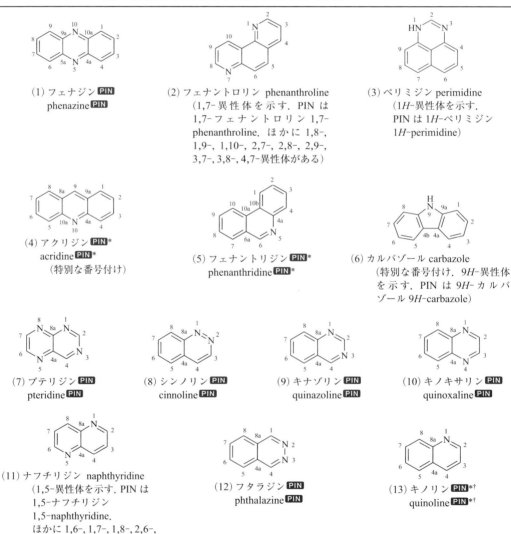

P-25 縮合環および橋かけ縮合環系

表 2·8 （つづき）

(14) イソキノリン **PIN** *†
isoquinoline **PIN** *†

(15) キノリジン *†
quinolizine *†
(4H-異性体を示す．
PIN は
4H-キノリジン
4H-quinolizine）

(16) プリン　purine
（特別な番号付け，
7H-異性体を示す．
PIN は 7H-プリン
7H-purine）

(17) インダゾール
indazole
（1H-異性体を示す．
PIN は
1H-インダゾール
1H-indazole）

(18) インドール*　indole*
（1H-異性体を示す．
PIN は
1H-インドール
1H-indole）

(19) イソインドール*
isoindole*
（2H-異性体を示す．
PIN は
2H-イソインドール
2H-isoindole）

(20) インドリジン **PIN** *
indolizine **PIN** *

(21) ピロリジン
pyrrolizine
（1H-異性体を示す．
PIN は
1H-ピロリジン
1H-pyrrolizine）

(22) キサンテン　xanthene
（特別な番号付け．9H-異性体
を示す．PIN は 9H-キサンテ
ン 9H-xanthene）
チオキサンテン thioxanthene
（O の代わりに S）
（特別な番号付け．9H-異性体
を示す．PIN は 9H-チオキサ
ンテン 9H-thioxanthene）
セレノキサンテン
selenoxanthene
（O の代わりに Se）
（特別な番号付け．9H-異性体
を示す．PIN は 9H-セレノキ
サンテン 9H-selenoxanthene）
テルロキサンテン
telluroxanthene
（O の代わりに Te）
（特別な番号付け．9H-異性体
を示す．PIN は 9H-テルロキ
サンテン 9H-telluroxanthene）

(23) クロメン　chromene
（2H-異性体を示す）
1-ベンゾピラン 1-benzopyran
（2H-異性体を示す．PIN は
2H-1-ベンゾピラン
2H-1-benzopyran）
チオクロメン thiochromene
（O の代わりに S）
（2H-異性体を示す）
1-ベンゾチオピラン
1-benzothiopyran
（O の代わりに S）
（2H-異性体を示す．PIN は
2H-1-ベンゾチオピラン
2H-1-benzothiopyran）
セレノクロメン selenochromene
（O の代わりに Se）
（2H-異性体を示す）
1-ベンゾセレノピラン
1-benzoselenopyran
（O の代わりに Se）
（2H-異性体を示す．PIN は
2H-1-ベンゾセレノピラン
2H-1-benzoselenopyran）
テルロクロメン tellurochromene
（O の代わりに Te）
（2H-異性体を示す）
1-ベンゾテルロピラン
1-benzotelluropyran
（O の代わりに Te）
（2H-異性体を示す．PIN は
2H-1-ベンゾテルロピラン
2H-1-benzotelluropyran）

(24) イソクロメン　isochromene
（1H-異性体を示す）
2-ベンゾピラン 2-benzopyran
（1H-異性体を示す．PIN は
1H-2-ベンゾピラン
1H-2-benzopyran）
イソチオクロメン
isothiochromene
（O の代わりに S）
（1H-異性体を示す）
2-ベンゾチオピラン
2-benzothiopyran
（O の代わりに S）
（1H-異性体を示す．PIN は
1H-2-ベンゾチオピラン
1H-2-benzothiopyran）
イソセレノクロメン
isoselenochromene
（O の代わりに Se）
（1H-異性体を示す）
2-ベンゾセレノピラン
2-benzoselenopyran
（O の代わりに Se）
（1H-異性体を示す．PIN は
1H-2-ベンゾセレノピラン
1H-2-benzoselenopyran）
イソテルロクロメン
isotellurochromene
（O の代わりに Te）
（1H-異性体を示す）
2-ベンゾテルロピラン
2-benzotelluropyran
（O の代わりに Te）
（1H-異性体を示す．PIN は
1H-2-ベンゾテルロピラン
1H-2-benzotelluropyran）

† CAS 索引命名法ではキノリジンはキノリンおよびイソキノリンに優先する．

"ア"命名法(P-15.4 参照)は，P-15.5.3.1 で述べたようにクロメン chromene (1-ベンゾピラン **PIN** 1-benzo-pyran **PIN**)，イソクロメン isochromene (2-ベンゾピラン **PIN** 2-benzopyran **PIN**)，キサンテン **PIN** xanthene **PIN** の O を S, Se, Te で置き換えてこれらの環系のカルコゲン類縁体をつくるために使う(表 2·8 参照)．表 2·8 に載せた含窒素化合物の名称のいくつかは N を As あるいは P で置き換えた化合物の名称に変えることができる．そのような変更が可能な化合物には表 2·8 で ＊ を付し，変更した名称を表 2·9 に示す．番号付けの規則は P-25.3.3 で述べる．

表 2·9 窒素母体成分およびそのリンとヒ素置換体の名称
(リンおよびヒ素環系の優先順位については P-25.3.2.4 および P-25.8.1 を参照)
以下の名称は窒素をヒ素あるいはリンで置き換えた化合物の名称である．

窒素環系	ヒ素環系	リン環系
アクリジン **PIN** acridine **PIN**	アクリドアルシン **PIN** [†1] acridarsine **PIN** [†1]	アクリドホスフィン **PIN** [†1] acridophosphine **PIN** [†1]
インドール **PIN** indole **PIN**	アルシンドール **PIN** arsindole **PIN**	ホスフィンドール **PIN** phosphindole **PIN**
インドリジン **PIN** indolizine **PIN**	アルシンドリジン **PIN** arsindolizine **PIN**	ホスフィンドリジン **PIN** phosphindolizine **PIN**
イソインドール **PIN** isoindole **PIN**	イソアルシンドール **PIN** isoarsindole **PIN**	イソホスフィンドール **PIN** isophosphindole **PIN**
イソキノリン **PIN** [†2] isoquinoline **PIN** [†2]	イソアルシノリン **PIN** isoarsinoline **PIN**	イソホスフィノリン **PIN** isophosphinoline **PIN**
フェナントリジン **PIN** phenanthridine **PIN**	アルサントリジン **PIN** arsanthridine **PIN**	ホスファントリジン **PIN** phosphanthridine **PIN**
キノリン **PIN** [†2] quinoline **PIN** [†2]	アルシノリン **PIN** arsinoline **PIN**	ホスフィノリン **PIN** phosphinoline **PIN**
キノリジン **PIN** [†2] quinolizine **PIN** [†2]	アルシノリジン **PIN** arsinolizine **PIN**	ホスフィノリジン **PIN** phosphinolizine **PIN**

[†1] アクリジンと異なり番号付けは体系的．
[†2] CAS 索引命名法ではキノリジンはキノリンおよびイソキノリンに優先する．

P-25.2.2 複素環成分の体系名

P-25.2.2.1 複素単環母体成分	P-25.2.2.3 フェノ…イン成分
P-25.2.2.2 ヘテラントレン成分	P-25.2.2.4 ベンゼン環が縮合した複素単環成分

P-25.2.2.1 複素単環母体成分

P-25.2.2.1.1 環の員数が三から十までの最多非集積二重結合をもつ(マンキュード系の)複素単環系は母体成分としても付随成分としても用いることができる．保存名を表 2·2 に記載する．Hantzsch-Widman 名は P-22.2.2 で述べる．

P-25.2.2.1.2 この項では，縮合環命名法で用いる，環の員数が十一以上の複素単環母体成分の名称について述べる．これらの名称は縮合環命名法でのみ用いる(P-22.2.4 も参照)．そのような環の優先 IUPAC 名はポリエン名である(P-22.2.4 参照)．

員数が十一以上で最多非集積二重結合をもつ(マンキュード系の)複素単環母体成分は，対応する飽和複素単環化合物(P-22.2.3 参照)の語尾 アン ane を イン ine に変えて命名する．指示水素がある場合はそれを先頭に置き，続いてヘテロ原子の位置番号を"ア"接頭語の表示順に名称の前に記す．

このタイプの複素単環母体成分を含む縮合環化合物の例は P-25.2.2.4 参照．

P-25 縮合環および橋かけ縮合環系　　　　　　　　151

例：

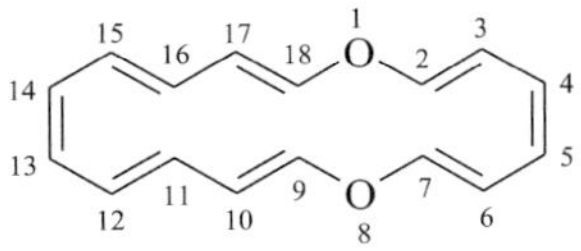

1,8-ジオキサシクロオクタデシン　1,8-dioxacyclooctadecine
1,8-ジオキサシクロオクタデカ-2,4,6,9,11,13,15,17-オクタエン PIN
1,8-dioxacyclooctadeca-2,4,6,9,11,13,15,17-octaene PIN

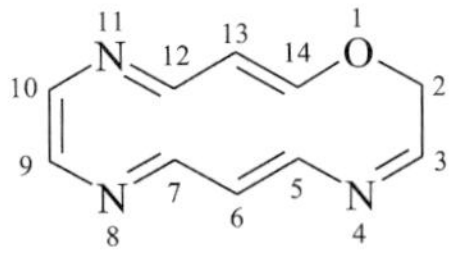

2H-1,4,8,11-オキサトリアザシクロテトラデシン
2H-1,4,8,11-oxatriazacyclotetradecine
1-オキサ-4,8,11-トリアザシクロテトラデカ-3,5,7,9,11,13-ヘキサエン PIN
1-oxa-4,8,11-triazacyclotetradeca-3,5,7,9,11,13-hexaene PIN

P-25.2.2.2　ヘテラントレン成分

同じヘテロ原子からなる 1,4-ジヘテラベンゼンに 2 個のベンゼン環が縮合した複素三環系母体成分は，アントレン anthrene(アントラセン anthracene に由来する)の a a を省き，その前に該当する "ア" 接頭語を置いて命名する．許容されるヘテロ原子は O, S, Se, Te, P, As, Si, B である．ヘテロ原子が N の場合は フェナジン phenazine(保存名)と命名する．番号付けは例に示すように規則どおりである．番号付けの規則は P-25.3.3 で述べる．

例：

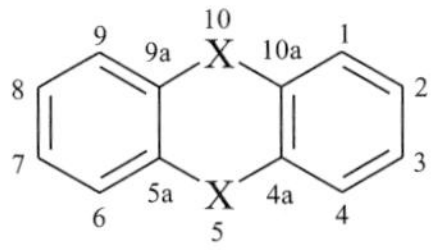

X = O	オキサントレン PIN	oxanthrene PIN	X = N	フェナジン PIN	phenazine PIN

X = O　オキサントレン PIN　oxanthrene PIN
　　　ジベンゾ[1,4]ジオキシン
　　　dibenzo[1,4]dioxine
X = S　チアントレン PIN　thianthrene PIN
X = Se　セレナントレン PIN　selenanthrene PIN
X = Te　テルラントレン PIN　telluranthrene PIN
X = SiH　シラントレン PIN　silanthrene PIN

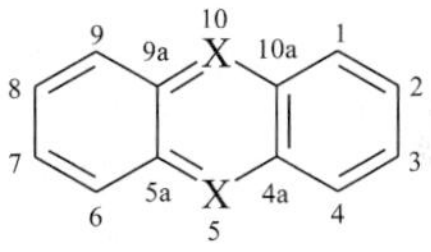

X = N　フェナジン PIN　phenazine PIN
　　　（保存名）
X = P　ホスファントレン PIN
　　　phosphanthrene PIN
X = As　アルサントレン PIN　arsanthrene PIN
X = B　ボラントレン PIN　boranthrene PIN

P-25.2.2.3　フェノ…イン成分

異なるヘテロ原子からなる 1,4-ジヘテラベンゼンに 2 個のベンゼン環が縮合した複素三環系母体成分は，該当する Hantzsch-Widman 名(P-22.2.2 参照)に接頭語フェノ pheno（フェナントレン **phen**anthrene に由来する）を付けて命名する（母音が続くときは o を省く）．番号付けはヘテロ原子の性質に依存するが規則どおりである．番号付けの規則は P-25.3.3 で述べる．

例：

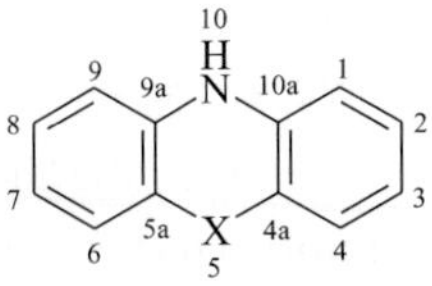

X = O　フェノキサジン　phenoxazine
　　　　（10H-異性体を示す．PIN は 10H-フェノキサジン　10H-phenoxazine となる）
X = S　フェノチアジン　phenothiazine
　　　　（10H-異性体を示す．PIN は 10H-フェノチアアジン　10H-phenothiazine となる）
X = Se　フェノセレナジン　phenoselenazine
　　　　（10H-異性体を示す．PIN は 10H-フェノセレナアジン　10H-phenoselenazine となる）
X = Te　フェノテルラジン　phenotellurazine
　　　　（10H-異性体を示す．PIN は 10H-フェノテルラアジン　10H-phenotellurazine となる）

[構造図: フェナジン類似骨格、位置番号 1, 2, 3, 4, 4a, 5(N), 5a, 6, 7, 8, 9, 9a, 10(X), 10a]

X = P   フェナザホスフィニン **PIN**   phenazaphosphinine **PIN**
        フェノホスファジン   phenophosphazine   (参考文献 2, 4 を参照)

X = As フェナザアルシニン **PIN**   phenazarsinine **PIN**
        フェナルサジン   phenarsazine   (参考文献 2, 4 を参照)

[構造図: フェノキサジン類似骨格、位置番号 1, 2, 3, 4, 4a, 5(O), 5a, 6, 7, 8, 9, 9a, 10(X), 10a]

X = S   フェノキサチイン **PIN**   phenoxathiine **PIN**

X = Se フェノキサセレニン **PIN**   phenoxaselenine **PIN**

X = Te フェノキサテルリン **PIN**   phenoxatellurine **PIN**

X = PH フェノキサホスフィニン **PIN**   phenoxaphosphinine **PIN**
        (10H-異性体を示す)
        フェノキサホスフィン   phenoxaphosphine
        (10H-異性体を示す)

X = AsH フェノキサアルシニン **PIN**   phenoxarsinine **PIN**
        (10H-異性体を示す)
        フェノキサルシン   phenoxarsine
        (10H-異性体を示す)

X = SbH フェノキサスチビニン **PIN**   phenoxastibinine **PIN**
        (10H-異性体を示す)
        フェノキサンチモニン   phenoxantimonine
        (10H-異性体を示す)

X = AsH, O の代わりに S：フェノチアアルシニン **PIN**   phenothiarsinine **PIN**
        (10H-異性体を示す)
        フェノチアルシン   phenothiarsine
        (10H-異性体を示す)

P-25.2.2.4 ベンゼン環が縮合した複素単環成分　キノリン quinoline やシンノリン cinnoline のように表2·8 に保存名として掲載されているもの以外で，員数が五以上の複素単環にベンゼン環が縮合した化合物(ベンゾ複素環)は，ヘテロ原子の位置を示す番号を最初に置き，次に縮合接頭語ベンゾ benzo を置き，最後に保存名，あるいは Hantzsch-Widman 名，あるいは P-25.2.2.1.2 で述べた"ア"命名法でつくった名称を付けて命名する．位置番号は二環構造全体に対して付ける．Hantzsch-Widman 名と同様に，位置番号は複素環成分中のヘテロ原子の表記の順に対応して並べる．位置番号 1 は常に複素単環成分の縮合原子の隣の原子に割当てる．種類に関係なくヘテロ原子の位置番号の組合わせが最も小さくなるように番号付けをする．一つに決まらない場合は，"ア"接頭語の優先順(表 2·4 参照)に従って最小位置番号を割当てる．GIN では曖昧さがなければ位置番号を省略してもよいが，PIN では必ず入れなければならない．ベンゾ benzo の o は次に母音が来るとき PIN では省く．指示水素は必要ならば名称の先頭に置く．

　ベンゾ命名法はいくつかの利点がある．縮合形式を示す記号を必要としないという点で簡単である．しかし一番の利点は縮合環名の成分として使えることにある．ベンゾ名を使うことで構造のより大きな部分を含めることができ，より大きな複素縮合環系の名称をつくる際に一定のレベルの位置番号を省くことができる．

例： 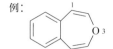   3-ベンゾオキセピン **PIN**　3-benzoxepine **PIN**
　　　　　　　　　　ベンゾ[d]オキセピン　benzo[d]oxepine
　　　　　　　　　　3-ベンゾオキセピン　3-benzooxepine

P-25 縮合環および橋かけ縮合環系

4H-3,1-ベンゾオキサアジン PIN   4H-3,1-benzoxazine PIN
4H-ベンゾ[d][1,3]オキサジン   4H-benzo[d][1,3]oxazine
4H-3,1-ベンゾオキサジン   4H-3,1-benzooxazine

1-ベンゾフラン PIN   1-benzofuran PIN
ベンゾフラン   benzofuran

2-ベンゾフラン PIN   2-benzofuran PIN
イソベンゾフラン   isobenzofuran
ベンゾ[c]フラン   benzo[c]furan

5,12-ベンゾジオキサシクロオクタデシン PIN
5,12-benzodioxacyclooctadecine PIN
ベンゾ[m][1,8]ジオキサシクロオクタデシン
benzo[m][1,8]dioxacyclooctadecine

1H-3-ベンゾアザシクロウンデシン PIN
1H-3-benzazacycloundecine PIN
1H-ベンゾ[h][1]アザシクロウンデシン
1H-benzo[h][1]azacycloundecine
1H-3-ベンゾアザシクロウンデシン
1H-3-benzoazacycloundecine

9,2,5-ベンゾオキサチアアザシクロドデシン PIN
9,2,5-benzoxathiaazacyclododecine PIN
（2,9,6-ベンゾオキサチアアザシクロドデシン
2,9,6-benzoxathiaazacyclododecine ではない.
位置番号の組合わせ 2, 5, 9 は 2, 6, 9 より小さい）
ベンゾ[j][1,8,5]オキサチアアザシクロドデシン
benzo[j][1,8,5]oxathiaazacyclododecine

P-25.3 縮合環名のつくり方

P-25.3.1 定義, 用語および一般的原則	P-25.3.5 ベンゼン環が縮合した複素単環
P-25.3.2 二成分縮合環の命名法	P-25.3.6 同一の付随成分
P-25.3.3 縮合環の番号付け	P-25.3.7 多重母体環系
P-25.3.4 多成分縮合環の命名法	P-25.3.8 縮合環表示における位置番号の省略

P-25.3.1 定義, 用語および一般的原則
P-25.3.1.1 定　義
P-25.3.1.1.1 オルト縮合 *ortho*-fusion. 二つの環が原子 2 個と結合一つだけを共有しているとき, これをオルト縮合しているという.

例: ナフタレン骨格の二つのベンゼン環は, オルト縮合している.

P-25.3.1.1.2 オルト-ペリ縮合 *ortho-* and *peri-*fusion. 多環化合物において，オルト縮合している二つの環の二つの辺でさらにもう一つの環がオルト縮合しているとき(すなわち最初の二つの環と3番目の環が3個の原子を共有しているとき)，3番目の環は他の二つの環にオルト-ペリ縮合しているという．

例： フェナレン骨格は，それぞれが別の二つのベンゼン環とオルト-ペリ縮合している三つのベンゼン環からなる．

P-25.3.1.1.3 縮合原子 fusion atom. 縮合環系で二つ以上の環が共有している原子．
P-25.3.1.1.4 外縁原子 peripheral atom. 縮合環系の外縁部を形成する原子のうち縮合原子でないもの．
P-25.3.1.1.5 内部原子 interior atom. 縮合原子のうち外縁部にないもの．

P-25.3.1.2 用　語

P-25.3.1.2.1 縮合環の成分 component. 縮合環成分は最多非集積二重結合をもっているか，あるいは縮合環命名法の原則を用いることなく命名できる環である．そのような名称をもたない縮合環は適当な縮合環成分の名称を組合わせて命名する．

P-25.3.1.2.2 母体成分 parent component. 1998 勧告(参考文献 4) による母体成分〔1979 規則(参考文献 1)では**基本成分** base component，1993 規則(参考文献 2)では**主成分** principal component とよばれた〕は，P-25.3.2.4 の基準に従った優先順位が最も高い成分である．母体成分は単環の場合も多環の場合もあるが，最多非集積二重結合をもったものでなければならない．その名称は変更することなく，縮合環の名称の最後に置く．

P-25.3.1.2.3 付随成分 attached component. 縮合環を構成する成分のうち母体成分に含まれないものを付随成分という．母体成分から縮合箇所を越えて最初に到達する付随成分，2番目に到達する付随成分などを一次付随成分，二次付随成分のようにいう．付随成分は単環の場合も多環の場合もあるが，最多非集積二重結合をもったものでなければならない．以下の例では縮合箇所を太線で示してある．

例：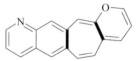

説明：図左端の二環系成分が母体成分であり，この母体成分に縮合している七員環が一次付随成分である．この一次付随成分に縮合している六員環が二次付随成分である．

P-25.3.1.2.4 母体間成分 interparent component. 同一付随成分に二つ(あるいはそれ以上)の母体成分がオルト縮合あるいはオルト-ペリ縮合している系において，その付随成分を母体間成分という．同様に三つ以上の付随成分に二つ以上の母体成分がオルト縮合あるいはオルト-ペリ縮合している系においては，一次母体間成分が二つ，二次母体間成分が一つあることになる．さらに複雑な系では四次，五次などの母体間成分もありうる．

例：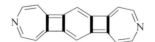

説明：二つの七員環が母体成分である．二つの四員環は一次母体間成分であり，六員環は二次母体間成分である．

P-25.3.1.3 一 般 的 原 則

最多非集積二重結合をもち P-25.1 および P-25.2 で述べた保存名または体系名をもたないオルト縮合あるいはオルト-ペリ縮合多環系は，母体成分の名称の前に付随成分の名称を置くことによって命名する．縮合環におけ

る PIN については P-52.2.4 を見てほしい.

　母体成分は P-25.3.2.4 で述べる優先順位の基準に従って選ぶ. 縮合環名における母体成分の名称はその成分自身の名称である. 付随成分の名称はその成分自身の名称の末尾の e を o に変える(たとえば インデン indene はインデノ indeno に変える). 末尾に e がなければ o を付け加える(たとえば ピラン pyran は ピラノ pyrano とする)か, あるいは P-25.3.2.2 で述べる別の方法でつくる. 母音の前でも o や a は省かない(参考文献 4 の規則FR-4.7 参照).

　成分の構造上の特徴, たとえばヘテロ原子の位置を表す番号は, その成分の名称の前に角括弧に入れて示す.

> **注記**: PIN では アセナフト acenaphtho, ベンゾ benzo, ナフト naphtho, ペリロ perylo の
> 末尾の o および シクロプロパ cyclopropa, シクロブタ cyclobuta などの単環接頭語の末尾
> の a は 1998 規則(参考文献 4)の FR-4.7 に示されたように省かないことになっている. し
> たがって ベンズ[g]イソキノリン benz[g]isoquinoline ではなく ベンゾ[g]イソキノリン
> benzo[g]isoquinoline とする. しかし GIN では 1979 規則(規則 A-21.4, 参考文献 1)で述
> べているように省いてもよいことになっている.

　異性体は, 母体成分の外縁の各辺(2a, 3a のように文字の付いた位置番号で表される辺も含む)に順にアルファベット記号を付けることによって区別する. アルファベット記号は位置番号 1, 2 の辺を *a*, 位置番号 2, 3 の辺を*b* というように *a, b, c* 順に振り, イタリック体で表す. 縮合位置を示す最も早いアルファベットを選び, その前に必要ならば付随成分の縮合位置を示す番号を置く. その番号は付随成分自体の位置番号に従って最も小さくなるように選び, 番号を並べる順序は母体成分の文字記号の向きと一致させる. 本書ではこれらの記号や番号を構造式中に示す.

例:

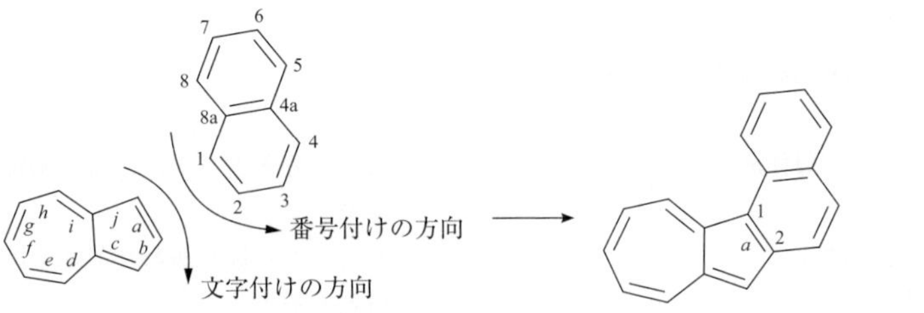

アズレン **PIN**　　　　＋　　ナフタレン **PIN**　　　　　⟶　　ナフト[1,2-*a*]アズレン **PIN**
azulene **PIN**　　　　　　　naphthalene **PIN**　　　　　　　　naphtho[1,2-*a*]azulene **PIN**
　（母体成分）　　　　　　　（付随成分）

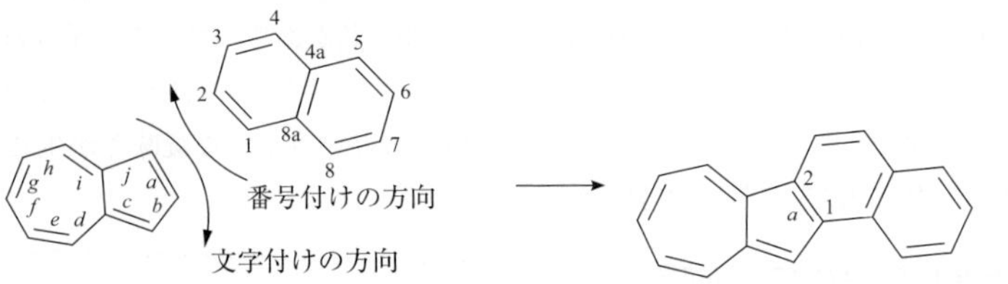

アズレン **PIN**　　　　＋　　ナフタレン **PIN**　　　　　⟶　　ナフト[2,1-*a*]アズレン **PIN**
azulene **PIN**　　　　　　　naphthalene **PIN**　　　　　　　　naphtho[2,1-*a*]azulene **PIN**
　（母体成分）　　　　　　　（付随成分）

　番号と記号は必要に応じてコンマで区切り, 角括弧に入れて付随成分を表す部分の直後に置く. 角括弧の前後にはスペースやハイフンを入れない. 縮合表示記号の二つの部分, すなわち番号とイタリック体の記号の間にハイフンを置く. これで成分間の縮合の形式が決まる. 指示水素の記号は必要ならば, 縮合環系に固有の位置番号とともに名称の先頭に置く.

例:

セレノフェノ[2,3-*b*]セレノフェン PIN　　セレノフェノ[3,4-*b*]セレノフェン PIN
selenopheno[2,3-*b*]selenophene PIN　　selenopheno[3,4-*b*]selenophene PIN

セレノフェノ[3,2-*b*]セレノフェン PIN
selenopheno[3,2-*b*]selenophene PIN

オルト-ペリ縮合環系では，縮合に関わるすべての結合を示す縮合表示記号が必要である．母体成分の縮合部位を示すアルファベット記号はすべて表示し，付随成分については縮合に関わる原子すべての位置番号を示すが，外縁縮合原子の位置番号は除く．文字記号はコンマで区切らない．

例: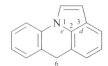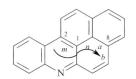

6*H*-ピロロ[3,2,1-*de*]アクリジン PIN　　ナフト[2,1,8-*mna*]アクリジン PIN
6*H*-pyrrolo[3,2,1-*de*]acridine PIN　　naphtho[2,1,8-*mna*]acridine PIN

P-25.3.2 二成分縮合環の命名法

各成分は単環でも多環でもよい．体系的な命名は次に示すように段階的に行う．

P-25.3.2.1 縮合環命名法における母体成分の選択および命名	P-25.3.2.4 母体成分を選ぶための優先順位の基準
P-25.3.2.2 付随成分を表す接頭語	P-25.3.2.5 各成分の名称をあわせて縮合環を命名する
P-25.3.2.3 縮合環系の配列	

P-25.3.2.1 縮合環命名法における母体成分の選択および命名

P-25.3.2.1.1 単環炭化水素（アンヌレン）　　単環母体成分は [*n*]アンヌレン[*n*]annulene と命名する．ここで *n* は炭素原子の数である．*n* = 6 の化合物にはベンゼン benzene という保存名があるので，この系列は *n* = 7 から始まる．縮合環命名法におけるアンヌレン名の使用は，1,3,5-シクロヘプタトリエン 1,3,5-cycloheptatriene を指すときにシクロヘプテン cycloheptene という簡略化した慣用名を用いるというような曖昧さが生じるのを避けるため，1993 規則(参考文献 2 の R-2.3.1.2 参照)で推奨された．

例: 　　1*H*-[7]アンヌレン　1*H*-[7]annulene
　　　　（縮合環の成分としてはシクロヘプテン cycloheptene ではない）
　　　　シクロヘプタ-1,3,5-トリエン PIN　　cyclohepta-1,3,5-triene PIN

　　　　[10]アンヌレン　[10]annulene
　　　　（縮合環の成分としてはシクロデセン cyclodecene ではない）
　　　　シクロデカ-1,3,5,7,9-ペンタエン PIN　　cyclodeca-1,3,5,7,9-pentaene PIN

P-25.3.2.1.2 複素単環　　表 2·2 でイソチアゾール isothiazole，イソオキサゾール isoxazole，チアゾール thiazole，オキサゾール oxazole を除いた保存名，および不飽和複素単環の Hantzsch-Widman 名(P-22.2.2 参照)

は縮合環命名法における母体成分の名称に用いることができる．イソチアゾール，イソオキサゾール，チアゾール，オキサゾールは GIN では使えるが，PIN では成分名として使えない．Hantzsch-Widman 名である 1,2-チアアゾール 1,2-thiazole，1,2-オキサアゾール 1,2-oxazole，1,3-チアアゾール 1,3-thiazole，1,3-オキサアゾール 1,3-oxazole を使わなければならない．完成した縮合環名では位置番号は角括弧で囲む．

員数が十一以上で最多非集積二重結合をもつ複素単環で，P-25.2.2.1.2 で述べたように語尾がイン ine である名称は PIN で母体成分として使うことができる．

例：

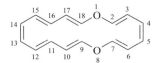

1,8-ジオキサシクロオクタデシン　1,8-dioxacyclooctadecine
1,8-ジオキサシクロオクタデカ-2,4,6,9,11,13,15,17-オクタエン [PIN]
1,8-dioxacyclooctadeca-2,4,6,9,11,13,15,17-octaene [PIN]

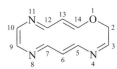

2H-1,4,8,11-オキサトリアザシクロテトラデシン
2H-1,4,8,11-oxatriazacyclotetradecine
1-オキサ-4,8,11-トリアザシクロテトラデカ-3,5,7,9,11,13-ヘキサエン [PIN]
1-oxa-4,8,11-triazacyclotetradeca-3,5,7,9,11,13-hexaene [PIN]

P-25.3.2.1.3　P-25.1.2 および P-25.2.2 で述べた炭化水素および複素環の名称，および表 2・2，表 2・7，表 2・8 に載せた保存名は，PIN 縮合環名の母体成分として使うことができる．

P-25.3.2.2　付随成分を表す接頭語

P-25.3.2.2.1　付随成分として用いる単環炭化水素接頭語は，ベンゾ benzo を除いて相当する飽和炭化水素名の語尾の ne を省いてつくる．これらの名称は最多非集積二重結合をもつ構造を表している．この基準に員数の上限はない．

例：　△　　シクロプロパ[優先接頭]　cyclopropa[優先接頭]
　　　　　（PIN の シクロプロパン cyclopropane から）

　　　□　　シクロブタ[優先接頭]　cyclobuta[優先接頭]
　　　　　（PIN の シクロブタン cyclobutane から）

　　　⬠　　シクロペンタ[優先接頭]　cyclopenta[優先接頭]
　　　　　（PIN の シクロペンタン cyclopentane から）

　　　⬡　　シクロヘプタ[優先接頭]　cyclohepta[優先接頭]
　　　　　（PIN の シクロヘプタン cycloheptane から）
　　　　　（[7]アンヌレノ [7]annuleno ではない）

　　　⬢　　シクロオクタ[優先接頭]　cycloocta[優先接頭]
　　　　　（PIN の シクロオクタン cyclooctane から）
　　　　　（[8]アンヌレノ [8]annuleno ではない）

P-25.3.2.2.2　P-25.3.2.1.2 および P-25.3.2.1.3 で述べた母体成分の名称から誘導される付随成分を表す接頭語は，語尾の e を o に変えるか，語尾の e がない場合は o を付加してつくる．

例: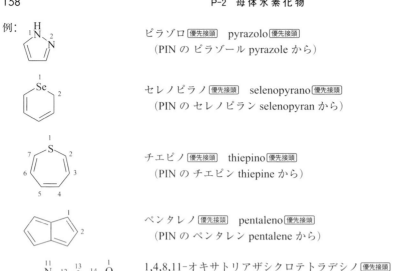

ピラゾロ 優先接頭　pyrazolo 優先接頭
（PIN の ピラゾール pyrazole から）

セレノピラノ 優先接頭　selenopyrano 優先接頭
（PIN の セレノピラン selenopyran から）

チエピノ 優先接頭　thiepino 優先接頭
（PIN の チエピン thiepine から）

ペンタレノ 優先接頭　pentaleno 優先接頭
（PIN の ペンタレン pentalene から）

1,4,8,11-オキサトリアザシクロテトラデシノ 優先接頭
1,4,8,11-oxatriazacyclotetradecino 優先接頭
（PIN の 1,4,8,11-オキサトリアザシクロテトラデシン
1,4,8,11-oxatriazacyclotetradecine から）

P-25.3.2.2.3 保存接頭語　次に示す短縮接頭語のみを優先接頭語として保存する．

アセナフト acenaphtho，ペリロ perylo，イソキノ isoquino，キノ quino は保存するが GIN でのみ使う．

アントラ 優先接頭　anthra 優先接頭
（PIN の アントラセン
anthracene から）

ナフト 優先接頭　naphtho 優先接頭
（PIN の ナフタレン
naphthalene から）

ベンゾ 優先接頭　benzo 優先接頭
（PIN の ベンゼン benzene から）

フェナントロ 優先接頭　phenanthro 優先接頭
（PIN の フェナントレン
phenanthrene から）

フロ 優先接頭　furo 優先接頭
（PIN の フラン furan から）

イミダゾ 優先接頭　imidazo 優先接頭
（PIN の イミダゾール
imidazole から）

ピリド 優先接頭　pyrido 優先接頭
（PIN の ピリジン pyridine から）

ピリミド 優先接頭　pyrimido 優先接頭
（PIN の ピリミジン pyrimidine から）

チエノ 優先接頭　thieno 優先接頭
（PIN の チオフェン
thiophene から）

P-25.3.2.3 縮合環系の配列

P-25.3.2.3.1 環構造の描き方　母体成分を選択する目的で，また縮合環系に番号付けをする目的で，縮合環化合物の構造式は，一つに決まるまで一連の基準を順次適用しながら特定の方法で描かなければならない．オルト縮合あるいはオルト-ペリ縮合した炭化水素環系の個々の環は，できるだけ多くの環が水平に並ぶように描く．この並び方は，各環をほぼ半分に分ける水平軸を基準とする．三員環から八員環までの環に認められるかたちは次のとおりである．

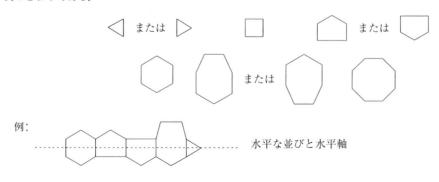

例:　　　　　　　　　　　　　　　　　　　　　水平な並びと水平軸

P-25.3.2.3.2 優先する配列の選び方　　縮合多環系の配列は，一つに決まるまで以上の基準を順次適用する．

(a) できるだけ多くの環が水平に並ぶようにする．
　　縮合環は最大数のオルト縮合環が共有する結合を縦にして水平に並ぶように描く．縦になる結合は互いに最も離れるようにする．正しい配列が直ちに分かりにくい場合は，水平な並びを水平軸で2分割し，さらに縦の軸で4分割する．水平軸で分割されない環は主列には含まれず，主列にある環を数える際に考慮しない．

例：

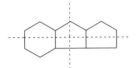
水平な並びに3個の環がある

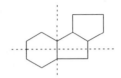
水平な並びに2個の環がある

したがってポリアセン類はそれと同数の環をもつポリアフェン類より優先し，アントラセンはフェナントレンより優先する．

(b) できるだけ多くの環が右上の区画にあるようにする．
　　優先配列において最大数の環が水平軸の上側の右寄りに(右上の区画に)あるようにする．このために，主列の環が偶数の場合は，共有する結合のうち中央にある結合を水平な並びの中心と定義し，奇数の場合は中央の環の中心を水平な並びの中心と定義する．区画中の環の数を数える際に，1本の軸で2分割された環は，1/2の環が二つと数え，両方の軸で分割された環は1/4の環が四つ(それぞれの区画に1つずつ)と数える．水平軸で2分割されるが主列と直接オルト縮合していない環は，水平な並びにある環には含めない．

例：

正しい配列
水平な並びに2個の環
右上の区画に2個の環

誤った配列
水平な並びに2個の環
右上の区画に1個の環

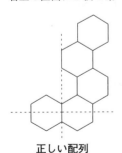
正しい配列
水平な並びに2個の環
右上の区画に3½個の環

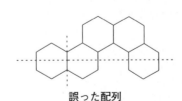
誤った配列
水平な並びに2個(3個ではない)の環
右上の区画に3個の環

したがって，フェナントレン(右上の区画に1½個の環がある)はフェナレン〔右上の区画に1個(½個の環が二つ)の環がある〕に優先する．

(c) できるだけ少ない数の環が左下の区画にあるようにする．

例：

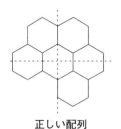 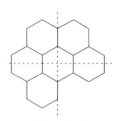

正しい配列

水平な並びに 3 個の環
右上の区画に 1¾ 個の環
左下の区画に ¾ 個の環

誤った配列

水平な並びに 3 個の環
右上の区画に 1¾ 個の環
左下の区画に 1¾ 個の環

(d) できるだけ多くの環が水平な並びの上側にあるようにする．

例：

 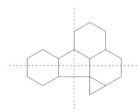 

正しい配列

水平な並びに 3 個の環
右上の区画に 1¾ 個の環
左下の区画に ¾ 個の環
水平な並びの上側に 3½ 個の環

誤った配列

水平な並びに 3 個の環
右上の区画に 1¾ 個の環
左下の区画に ¾ 個の環
水平な並びの上側に 2½ 個の環

誤った配列

水平な並びに 3 個の環
右上の区画に 1¾ 個の環
左下の区画に ¾ 個の環
水平な並びの上側に 2½ 個の環

P-25.3.2.4 母体成分を選ぶための優先順位の基準　縮合環の成分は P-25.3.2.1 および P-25.3.2.2 に従って選択し命名する．指示水素や非標準結合数をもつ原子のような命名法上の特性を示す必要がある場合は，別の位置番号のシステム，すなわち完成した縮合環の位置番号を用いなければならない．本書では表 2・2，表 2・7，表 2・8 の保存名に示したように，そのような位置番号は構造の外側に書いてある．このシステムについては P-25.3.3 で詳述し例示する．

母体成分を選ぶ必要がある場合は，次に述べる基準を決まるまで順次適用する．

(a) 次に示す順序で少なくとも 1 個のヘテロ原子を含む成分： N＞F＞Cl＞Br＞I＞O＞S＞Se＞Te＞P＞As＞Sb＞Bi＞Si＞Ge＞Sn＞Pb＞B＞Al＞Ga＞In＞Tl

例：

アズレノ[6,5-*b*]ピリジン **PIN**
azuleno[6,5-*b*]pyridine **PIN**
〔ピリジン(複素環)はアズレン(炭素環)に優先する〕

1*H*,18*H*-ナフト[1,8-*rs*][1,4,7,10,13,16]ヘキサオキサシクロヘンイコシン **PIN**
1*H*,18*H*-naphtho[1,8-*rs*][1,4,7,10,13,16]hexaoxacyclohenicosine **PIN**
〔1,4,7,10,13,16-ヘキサオキサシクロヘンイコシン(複素環)はナフタレン(炭素環)に優先する〕

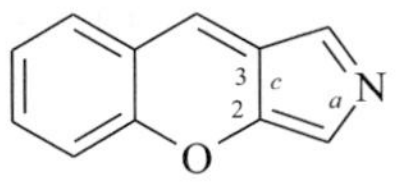

P-25 縮合環および橋かけ縮合環系

[1]ベンゾピラノ[2,3-c]ピロール **PIN**
[1]benzopyrano[2,3-c]pyrrole **PIN**
（ピロールは1-ベンゾピランに優先
する．N＞O）

クロメノ[2,3-c]ピロール
chromeno[2,3-c]pyrrole

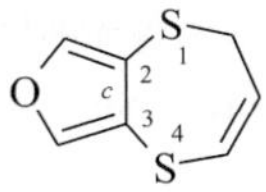

2H-[1,4]ジチエピノ[2,3-c]フラン **PIN**
2H-[1,4]dithiepino[2,3-c]furan **PIN**
（フランはジチエピンに優先する．
O＞S）

(b) より多くの環をもつ成分

例：

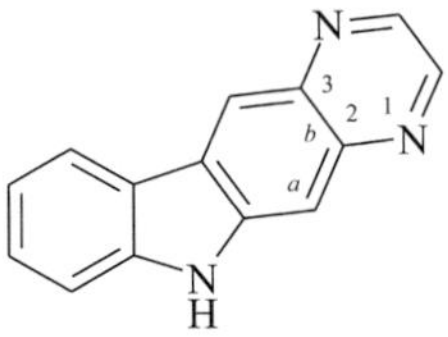

6H-ピラジノ[2,3-b]カルバゾール **PIN**
6H-pyrazino[2,3-b]carbazole **PIN**
〔カルバゾール(3個の環)は キノキサリン(2個の環)に優先する〕

(c) 環の員数が減少する順に比較するとき最初の相違点でより大きな環をもつ成分

例：

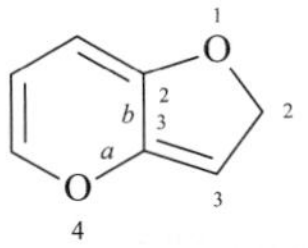

2H-フロ[3,2-b]ピラン **PIN**
2H-furo[3,2-b]pyran **PIN**
〔ピラン(六員環)はフラン(五員環)
に優先する〕

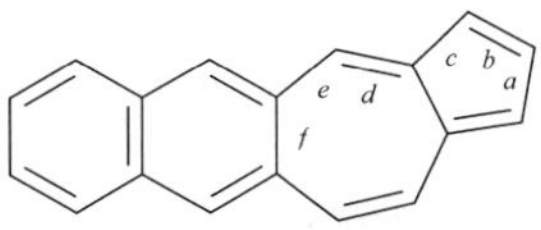

ナフト[2,3-f]アズレン **PIN**
naphtho[2,3-f]azulene **PIN**
〔アズレン(七員環と五員環)はナフタレン
(六員環と六員環)に優先する〕

(d) 種類に関係なく，より多くのヘテロ原子をもつ成分

例：

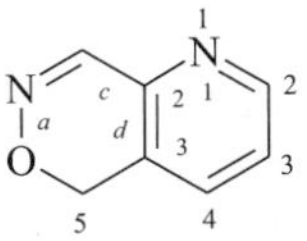

5H-ピリド[2,3-d][1,2]オキサアジン **PIN**
5H-pyrido[2,3-d][1,2]oxazine **PIN**
〔オキサアジン(ヘテロ原子2個)は
ピリジン(ヘテロ原子1個)に優先する〕

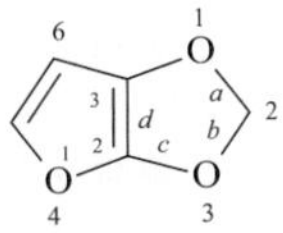

2H-フロ[2,3-d][1,3]ジオキソール **PIN**
2H-furo[2,3-d][1,3]dioxole **PIN**
〔ジオキソール(ヘテロ原子2個)は
フラン(ヘテロ原子1個)に優先する〕

(e) ヘテロ原子の種類がより多い成分

例：

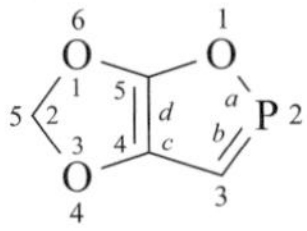

5H-[1,3]ジオキソロ[4,5-d][1,2]オキサホスホール **PIN**
5H-[1,3]dioxolo[4,5-d][1,2]oxaphosphole **PIN**

[1,3]ジオキソロ[d][1,2]オキサホスホール
[1,3]dioxolo[d][1,2]oxaphosphole
（O原子とP原子1個ずつはO原子2個に優先する）

(f) 次の順序で考えたときに最も優先順位の高いヘテロ原子をより多く含む成分：F＞Cl＞Br＞I＞O＞S＞Se＞Te＞P＞As＞Sb＞Bi＞Si＞Ge＞Sn＞Pb＞B＞Al＞Ga＞In＞Tl

例：
[1,3]セレナアゾロ[5,4-*d*][1,3]チアアゾール **PIN**
[1,3]selenazolo[5,4-*d*][1,3]thiazole **PIN**
（S, N は Se, N に優先する）

[1,4]オキサセレニノ[2,3-*b*][1,4]オキサチイン **PIN**
[1,4]oxaselenino[2,3-*b*][1,4]oxathiine **PIN**
（O, S は O, Se に優先する）

(g) P-25.3.2.3 で述べた優先配列で描いた時に，水平な並びにより多数の環をもつ成分

例：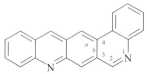

キノリノ[4,3-*b*]アクリジン **PIN**
quinolino[4,3-*b*]acridine **PIN**
〔アクリジン(水平な並びに3個の環)はフェナントリジン(水平な並びに2個の環)に優先する〕

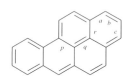

ベンゾ[*pqr*]テトラフェン **PIN**
benzo[*pqr*]tetraphene **PIN**
〔テトラフェン(水平な並びに3個の環)はクリセンあるいはピレン(水平な並びに2個の環)に優先する〕

(h) ヘテロ原子の位置番号がより小さい成分

例： 　ピラジノ[2,3-*d*]ピリダジン **PIN**　pyrazino[2,3-*d*]pyridazine **PIN**
（ヘテロ原子の位置番号が1,2であるピリダジンは1,4のピラジンに優先する）

(i) 次の順序で考えたときヘテロ原子の位置番号がより小さい成分：F＞Cl＞Br＞I＞O＞S＞Se＞Te＞N＞P＞As＞Sb＞Bi＞Si＞Ge＞Sn＞Pb＞B＞Al＞Ga＞In＞Tl

例：
3*H*,5*H*-[1,3,2]オキサチアアゾロ[4,5-*d*][1,2,3]オキサチアアゾール **PIN**
3*H*,5*H*-[1,3,2]oxathiazolo[4,5-*d*][1,2,3]oxathiazole **PIN**
（位置番号1, 2, 3 は 1, 3, 2 より小さい）

(j) 外縁縮合炭素原子の位置番号がより小さい成分(縮合炭素原子の番号付けは P-25.3.3.1 参照)

例：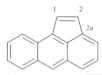
ジシクロペンタ[*de*,*no*]テトラフェン **PIN**
dicyclopenta[*de*,*no*]tetraphene **PIN**　（上の(c)参照）
〔インデノ[1,7-*kl*]アセアントリレン indeno[1,7-*kl*]aceanthrylene ではない（アセアントリレンの位置番号2aはアセフェナントリレンの3aより小さい．下の構造式参照)〕

アセアントリレン **PIN**
aceanthrylene **PIN**

アセフェナントリレン **PIN**
acephenanthrylene **PIN**

P-25.3.2.5 各成分の名称をあわせて縮合環を命名する

各成分の名称をあわせて縮合環を命名する時には以下の基準も考慮しなければならない．

P-25.3.2.5.1
二つの成分に共有されているヘテロ原子は，各成分の名称中にも含まれていなければならない．

例：   イミダゾ[2,1-b][1,3]チアアゾール **PIN**
imidazo[2,1-b][1,3]thiazole **PIN**

P-25.3.2.5.2
非標準結合数をもつ原子はλ-標記を用いて示す(P-14.1.3 参照)．非標準結合数 n は λ^5 のように上付き数字で示す．縮合環全体の番号付けによる非標準結合数をもつ原子の位置番号の後にこの標記を付け，これらを縮合環の名称の前に置く．

例：

$5\lambda^5$-ホスフィニノ[2,1-d]ホスフィノリジン **PIN**
$5\lambda^5$-phosphinino[2,1-d]phosphinolizine **PIN**

P-25.3.2.5.3
指示水素は名称の先頭に置き，縮合環全体の番号付けに基づく位置番号をその前に置く．

例：

6H-ピラジノ[2,3-b]カルバゾール **PIN**
6H-pyrazino[2,3-b]carbazole **PIN**

P-25.3.3 縮合環の番号付け

保存名，体系名，縮合環名をもつ縮合環は，いずれも同じ方法で番号を付ける．アントラセン anthracene，フェナントレン phenanthrene，アクリジン acridine，カルバゾール carbazole，キサンテン xanthene およびそのカルコゲン類縁体，プリン purine，シクロペンタ[a]フェナントレン cyclopenta[a]phenanthrene は例外で，従来の番号付けを保存する．2 種類の番号付けの方法を考えることにする．

> P-25.3.3.1 外縁骨格原子の番号付け
> P-25.3.3.2 内部ヘテロ原子の番号付け
> P-25.3.3.3 内部炭素原子の番号付け

P-25.3.3.1 外縁骨格原子の番号付け

P-25.3.3.1.1
優先する配列をした構造式について，外縁原子の番号付けは最も上側の環から出発する．最も上側の環が複数ある場合は最も右側の環を選ぶ．選択した環の反時計回りの端にある非縮合原子から始めて，環系を時計回りに順次番号を付ける．このとき縮合ヘテロ原子は含めるが縮合炭素原子は含めない．各縮合炭素原子にはその直前の非縮合骨格原子と同じ番号を付け，それに a, b, c, d などのローマン体の文字を付け加える．

例：

ジピリド[1,2-a:2′,1′-c]ピラジン **PIN**
dipyrido[1,2-a:2′,1′-c]pyrazine **PIN**

テトラセン **PIN**
tetracene **PIN**

最も上側の環が非縮合原子をもたない場合，環系を時計回りに進んで次の環から番号を付ける．

例：  シクロプロパ[*de*]アントラセン **PIN**
cyclopropa[*de*]anthracene **PIN**

参考文献4のFR-5.3，FR-5.4，FR-5.5ではさらに複雑な構造の番号付けについて述べている．

特に，ヘリセン類の配列と番号付けは以前と変わった．ヘキサヘリセンについて新しい番号付けと以前の番号付けとを次に示す．高次のヘリセン類もこの方法に従う．ヘリセンの末端の環が右上の区画にあるように配列し，この環から番号を付ける．

ヘキサヘリセン **PIN**
hexahelicene **PIN**
（新しい配列と番号付け）

注記：この配列と番号付けは廃止する．しかしCASではフェナントロ[3,4-*c*]フェナントレン phenanthro[3,4-*c*]phenanthrene の名称でこの配列と番号付けを用いている（参考文献22）

P-25.3.3.1.2 P-25.3.3.1.1を適用しても複数の番号付けが可能な場合（ヘテロ原子の位置に複数の可能性がある場合も含む），一つに決まるまで以下の基準を順次適用する．

(a) ヘテロ原子の種類に関係なく，ヘテロ原子の位置番号の組合わせが小さくなるようにする．

例：

シクロペンタ[*b*]ピラン **PIN**　　2*H*,4*H*-[1,3]オキサチオロ[5,4-*b*]ピロール **PIN**
cyclopenta[*b*]pyran **PIN**　　　2*H*,4*H*-[1,3]oxathiolo[5,4-*b*]pyrrole **PIN**

(b) 次の優先順位に従って，ヘテロ原子がなるべく小さな番号になるようにする：F＞Cl＞Br＞I＞O＞S＞Se＞Te＞N＞P＞As＞Sb＞Bi＞Si＞Ge＞Sn＞Pb＞B＞Al＞Ga＞In＞Tl

例：

チエノ[2,3-*b*]フラン **PIN**　　　1*H*-チエノ[2,3-*d*]イミダゾール **PIN**
thieno[2,3-*b*]furan **PIN**　　　1*H*-thieno[2,3-*d*]imidazole **PIN**

(c) 縮合炭素原子がなるべく小さな番号になるようにする．

P-25 縮合環および橋かけ縮合環系

例:

アズレン PIN　azulene PIN

説明: 位置番号 3a,8a は 5a,8a より小さい.

イミダゾ[1,2-*b*][1,2,4]トリアジン PIN　imidazo[1,2-*b*][1,2,4]triazine PIN

説明: 位置番号 4a は 8a より小さい.

(d) 同じ元素では，縮合ヘテロ原子が非縮合ヘテロ原子より小さな番号になるようにする.

例:

[1,3]ジアゼト[1,2-*a*:3,4-*a*′]ジベンゾイミダゾール PIN
[1,3]diazeto[1,2-*a*:3,4-*a*′]dibenzimidazole PIN

説明: 位置番号 5 は 6 より小さい.

(e) 内部ヘテロ原子には，最も番号の小さな外縁縮合原子の近くに(すなわち隔てる結合の数が少なく)なるように番号をつける(内部原子の番号付けは P-25.3.3.2 参照).

例:

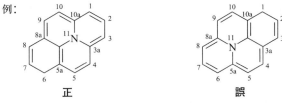

6*H*-キノリジノ[3,4,5,6-*ija*]キノリン PIN
6*H*-quinolizino[3,4,5,6-*ija*]quinoline PIN

説明: 窒素原子の隣の位置番号は 3a が 5a より小さい.

(f) 指示水素の位置番号が小さくなるようにする(明示していなくても).

例:

1*H*-シクロペンタ[*l*]フェナントレン PIN
1*H*-cyclopenta[*l*]phenanthrene PIN

正　　　　　　　　　　　　　　　　　　　誤

2H,4H-[1,3]ジオキソロ[4,5-d]イミダゾール **PIN**　　　2H,6H-[1,3]ジオキソロ[4,5-d]イミダゾール
2H,4H-[1,3]dioxolo[4,5-d]imidazole **PIN**　　　　2H,6H-[1,3]dioxolo[4,5-d]imidazole

説明：指示水素の位置番号の組合わせは 2, 4 が 2, 6 より小さい．

P-25.3.3.2　内部ヘテロ原子の番号付け

P-25.3.3.2.1　"ア"命名法では表示しない内部ヘテロ原子は，通常の番号付けによる外縁原子の番号付けに続けて番号を付ける〔P-25.3.3.1.2(e)も参照〕．内部炭素原子の番号付けと比較してほしい(P-25.3.3.3 参照)．

例：

1H-[1,4]オキサアジノ[3,4,5-cd]ピロリジン **PIN**
1H-[1,4]oxazino[3,4,5-cd]pyrrolizine **PIN**

P-25.3.3.2.2　複数の番号付けが可能な場合は，各ヘテロ原子から外縁までの最短距離(最少の結合数)を求める．最短距離にある外縁原子の位置番号がより小さいヘテロ原子に，より小さい位置番号をつける．

例：

ピラジノ[2,1,6-cd:3,4,5-c'd']ジピロリジン **PIN**
pyrazino[2,1,6-cd:3,4,5-c'd']dipyrrolizine **PIN**

説明：位置番号 9 のヘテロ原子は 4b より小さな 2a から結合一つ隔てた位置にある．

P-25.3.3.2.3　異なる種類のヘテロ原子の中から選ぶ場合は，次の優先順位に従って小さな位置番号をつける：F > Cl > Br > I > O > S > Se > Te > N > P > As > Sb > Bi > Si > Ge > Sn > Pb > B > Al > Ga > In > Tl

例：

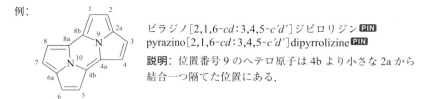

ホスフィノリジノ[4′,5′,6′:3,4,5][1,4]アザホスフィニノ[2,1,6-de]キノリジン **PIN**
phosphinolizino[4′,5′,6′:3,4,5][1,4]azaphosphinino[2,1,6-de]quinolizine **PIN**

説明：リン原子よりも窒素原子に小さい番号をつける．

P-25.3.3.3　内部炭素原子の番号付け

P-25.3.3.3.1　内部炭素原子から最短距離(最少の結合数)にある外縁原子をさがす．内部原子の位置番号は，その外縁原子の位置番号に，その外縁原子までの結合の数を肩付き数字としてつけて表す．以前の規則(参考文献 1 の規則 A-22.2)は，CAS 索引命名法で現在も使われているが，最大の外縁位置番号に続けてローマ体のアルファベットを順次つけ加えて表す．

P-25 縮合環および橋かけ縮合環系   167

> これは縮合環命名法についての 1998 勧告(参考文献 4 の FR-5.2.2 参照)で決められた
> 内部炭素原子の番号付け規則からの大きな変更である.

例:

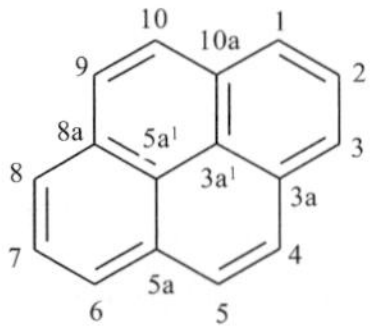

正
ピレン PIN   pyrene PIN
(新しい番号付け)

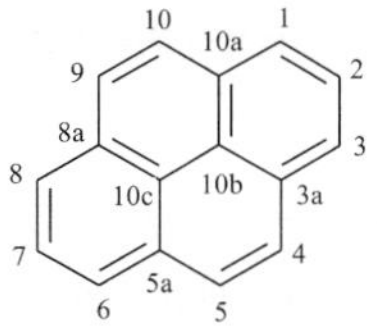

誤
注記: 以前の番号付け. 廃止したが CAS 索引命名法では現在も使われている.

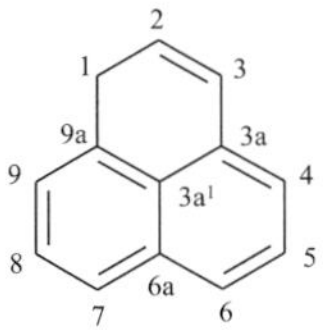

正
1H-フェナレン PIN   1H-phenalene PIN
(新しい番号付け)

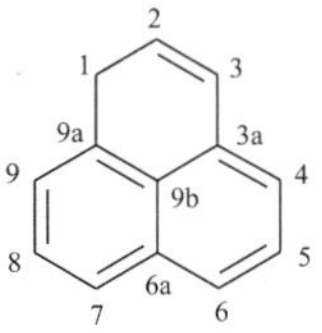

誤
注記: 以前の番号付け. 廃止したが CAS 索引命名法では現在も使われている.

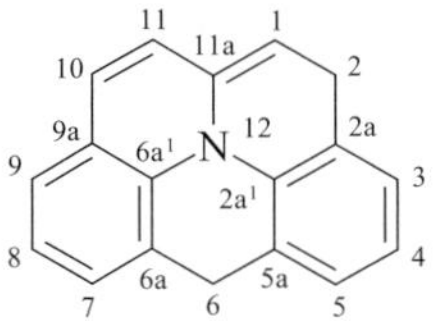

正
2H,6H-キノリジノ[3,4,5,6,7-defg]アクリジン PIN
2H,6H-quinolizino[3,4,5,6,7-defg]acridine PIN
(新しい番号付け)

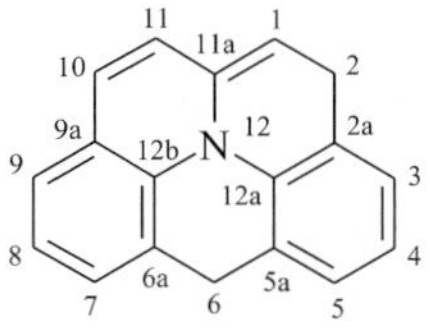

誤
注記: 以前の番号付け. 廃止したが CAS 索引命名法では現在も使われている.

P-25.3.3.3.2 内部炭素原子に複数の位置番号が可能な場合は，より小さな番号を選ぶ.

例:

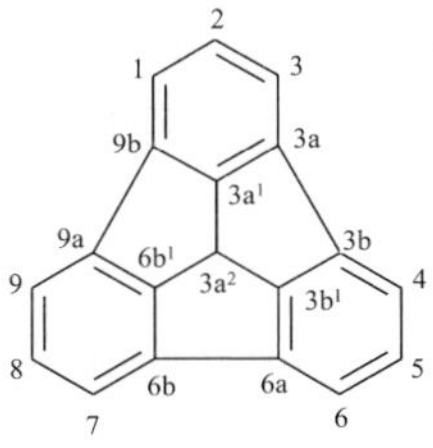

正
$3a^2H$-ベンゾ[3,4]ペンタレノ[2,1,6,5-jklm]フルオレン PIN
$3a^2H$-benzo[3,4]pentaleno[2,1,6,5-jklm]fluorene PIN
(新しい番号付け)

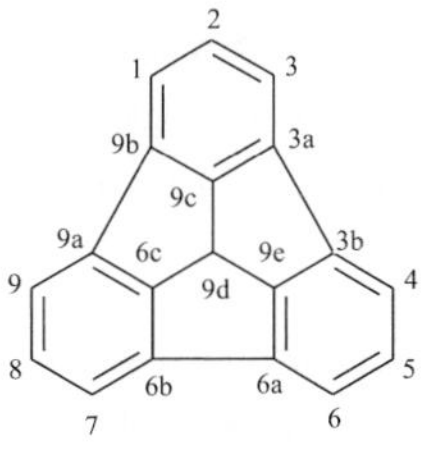

誤
注記: 以前の番号付け. 廃止したが CAS 索引命名法では現在も使われている.

P-25.3.4 多成分縮合環の命名法

複数の同一ではない成分がある場合，そのうちの一つだけが母体成分となる. 他の成分はすべて付随成分である. 母体成分に直接縮合している成分を一次付随成分といい，一次付随成分に縮合している成分を二次付随成分，以下同様である. 母体成分と一次付随成分は二成分系について述べたのと同様に命名する(P-25.3.2 参照).

P-25.3.4.1 本規則では3種類の縮合環名を考える．

> P-25.3.4.1.1 一次および高次付随成分からなる縮合環名
> P-25.3.4.1.2 同一の付随成分
> P-25.3.4.1.3 多重母体名

P-25.3.4.1.1 一次および高次付随成分からなる縮合環名 一次付随成分と高次付随成分に共有される結合を表示する方法は，母体成分と一次付随成分の共有部分を表示する方法をほぼ踏襲するが，**違うのは文字の代わりに数字を用いる**ことで，2組の数字はコロンで区切る．二次付随成分の位置番号は一次付随成分の位置番号と区別するためにプライム（′）をつける．三次付随成分の位置番号は二重プライム（″）をつける．以下同様である．

例：

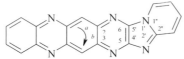

ピリド[1″,2″:1′,2′]イミダゾ[4′,5′:5,6]ピラジノ[2,3-*b*]フェナジン **PIN**
pyrido[1″,2″:1′,2′]imidazo[4′,5′:5,6]pyrazino[2,3-*b*]phenazine **PIN**

P-25.3.4.1.2 同一の付随成分 同一の成分がいずれも一つの母体成分あるいは付随成分に縮合しているとき，その成分の多重度はdi, triなど（あるいはbis, trisなど）の接頭語で表す．これらの倍数接頭語は付随成分をアルファベット順に並べるときは考慮に入れない（P-25.3.4.2.3参照）．位置番号の組はコロンで区切るが，文字だけの時はコンマで区切る．

例：

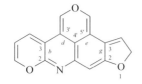

ジフロ[3,2-*b*:2′,3′-*e*]ピリジン **PIN**
difuro[3,2-*b*:2′,3′-*e*]pyridine **PIN**

5*H*-フロ[3,2-*g*]ジピラノ[2,3-*b*:3′,4′,5′-*de*]キノリン **PIN**
5*H*-furo[3,2-*g*]dipyrano[2,3-*b*:3′,4′,5′-*de*]quinoline **PIN**
（フロfuroがジピラノdipyraoの前にくる）

P-25.3.4.1.3 多重母体名 多重母体系における母体成分の多重度はdi, triなど，あるいはbis, trisなどの倍数接頭語で表す．複数の母体成分を区別するために，2番目の母体成分の位置番号にはプライム，3番目には二重プライムをつける．以下同様である．

> 母体成分が多重であることを示すbis, trisなどの後の母体成分名を括弧に入れるのは，縮合環命名法に関する1998規則（参考文献4）とは異なっている．

例：

シクロペンタ[1,2-*b*:1,5-*b*′]ビス（[1,4]オキサチイン） **PIN**
cyclopenta[1,2-*b*:1,5-*b*′]bis([1,4]oxathiine) **PIN**

ベンゾ[1,2-*c*:3,4-*c*′]ビス（[1,2,5]オキサジアゾール） **PIN**
benzo[1,2-*c*:3,4-*c*′]bis([1,2,5]oxadiazole) **PIN**

P-25.3.4.2 多成分縮合環の命名法　多成分縮合環は特定の優先順位と規則によって命名する．そのやり方は次の手順に従う．

> P-25.3.4.2.1　母体成分を選択するための
> 　　　　　　　優先順位
> P-25.3.4.2.2　付随成分を選択するための
> 　　　　　　　優先順位
> P-25.3.4.2.3　縮合接頭語を並べる順序
> P-25.3.4.2.4　位置番号（文字と数字）の
> 　　　　　　　優先順位

P-25.3.4.2.1　母体成分を選択するための優先順位　縮合環系の母体成分として二つ以上の可能性がある場合，一つに決まるまで次の基準を順次適用する．以下の例では優先する選び方を実線の矩形で，それ以外の選び方を破線の矩形で示す．優先する選び方は，

(a) 全体の環系を縮合環命名法で命名できるように選ぶ．したがって橋かけ縮合環の名称は避ける．

例：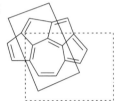　シクロペンタ[*ij*]ペンタレノ[2,1,6-*cde*]アズレン **PIN**
　　cyclopenta[*ij*]pentaleno[2,1,6-*cde*]azulene **PIN**
　　　（1,9-メテノペンタレノ[1,6-*ef*]アズレン
　　　1,9-methenopentaleno[1,6-*ef*]azulene ではなく，
　　　1,9-メテノジシクロペンタ[*cd,f*]アズレン
　　　1,9-methenodicyclopenta[*cd,f*]azulene でもない．
　　　接頭語 メテノ metheno を含む名称は橋かけ縮合環名である）

(b) 二次以上の付随成分を含む名称にならないように選ぶ．下の誤った例では見やすくするため，二次以上の付随成分を太字で示す．

例：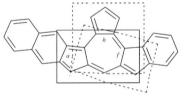

　　シクロペンタ[*h*]インデノ[2,1-*f*]ナフト[2,3-*a*]アズレン **PIN**
　　cyclopenta[*h*]indeno[2,1-*f*]naphtho[2,3-*a*]azulene **PIN**
　　　（ベンゾ[*a*]**ベンゾ**[5,6]インデノ[2,1-*f*]シクロペンタ[*h*]アズレン
　　　benzo[*a*]**benzo**[5,6]indeno[2,1-*f*]cyclopenta[*h*]azulene ではなく，
　　　ベンゾ[5,6]インデノ[1,2-*e*]インデノ[2,1-*h*]アズレン
　　　benzo[5,6]indeno[1,2-*e*]indeno[2,1-*h*]azulene でもない．正しい名称には二次成分がない）

(c) 一次付随成分，二次付随成分などの数が最大になるように選ぶ．この基準に従えば高次付随成分の数は最少になり，プライムの付いた位置番号はより少なくなる．

例：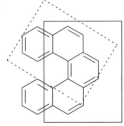　ジベンゾ[*c,g*]フェナントレン **PIN**　dibenzo[*c,g*]phenanthrene **PIN**
　　　（ナフト[2,1-*c*]フェナントレン naphtho[2,1-*c*]phenanthrene ではない．
　　　付随成分2個は1個に優先する）

(d) 倍数接頭語を用いて表す同一の付随成分ができるだけ多くなるように選ぶ．

例：

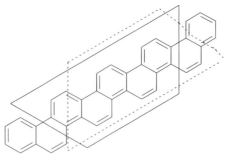

ジナフト[1,2-*c*:2',1'-*m*]ピセン **PIN**　dinaphtho[1,2-*c*:2',1'-*m*]picene **PIN**
(ベンゾ[*c*]フェナントレノ[2,1-*m*]ピセン　benzo[*c*]phenanthreno[2,1-*m*]picene ではない)

(e) 優先順位の高い成分が母体間成分になるように選ぶ．

例：

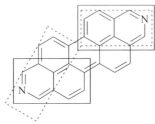

アントラ[2,1,9-*def*:6,5,10-*d'e'f'*]ジイソキノリン **PIN**
anthra[2,1,9-*def*:6,5,10-*d'e'f'*]diisoquinoline **PIN**
(フェナントロ[2,1,10-*def*:7,8,9-*d'e'f'*]ジイソキノリン
phenanthro[2,1,10-*def*:7,8,9-*d'e'f'*]diisoquinoline ではない．
アントラセンはフェナントレンに優先する)

(f) 一次，二次…などの順に優先付随成分となるように選ぶ．この基準は原文献に例示説明されている(参考文献 4 の FR-3.3.1 参照)．

P-25.3.4.2.2 付随成分を選択するための優先順位　母体成分(多重母体名の場合は母体成分と母体間成分)を選択した後(P-25.3.2.4 参照)，残りの環はできる限り付随成分として同定する．複数の可能性がある場合はまず一次付随成分，ついで二次付随成分，という順で考慮する．一つに決まるまで，次の基準を順次適用する．

注記：以下の例では優先付随成分を実線の矩形で，その他を破線の矩形で示す．

(a) 一次付随成分となる可能性が複数ある場合は，優先する環あるいは環系を選ぶ．同じ手順を二次付随成分以下にも適用する．

例：

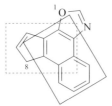

8*H*-シクロペンタ[3,4]ナフト[1,2-*d*][1,3]オキサアゾール **PIN**
8*H*-cyclopenta[3,4]naphtho[1,2-*d*][1,3]oxazole **PIN**
(8*H*-ベンゾ[6,7]インデノ[5,4-*d*][1,3]オキサアゾール　8*H*-benzo[6,7]indeno[5,4-*d*][1,3]oxazole
ではない．ナフタレンはインデンに優先する)

(b) 一次付随成分の母体成分への縮合位置を示す番号が，組合わせとして最小になるように選ぶ．

例：

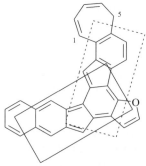

5H-ベンゾ[6,7]シクロヘプタ[4′,5′]インデノ[1′,2′:3,4]フルオレノ[2,1-b]フラン **PIN**
5H-benzo[6,7]cyclohepta[4′,5′]indeno[1′,2′:3,4]fluoreno[2,1-b]furan **PIN**
　(5H-ベンゾ[5′,6′]インデノ[1′,2′:1,2]シクロヘプタ[7,8]フルオレノ[4,3-b]フラン
　5H-benzo[5′,6′]indeno[1′,2′:1,2]cyclohepta[7,8]fluoreno[4,3-b]furan ではない．
　フルオレノ付随成分の位置番号は 1, 2 が 3, 4 より小さい)

(c) 母体成分への縮合位置を示す番号を並べたときに，その順が最小になるように選ぶ．

例：

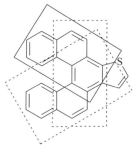

ナフト[2′,1′:3,4]フェナントロ[1,2-b]チオフェン **PIN**
naphtho[2′,1′:3,4]phenanthro[1,2-b]thiophene **PIN**
　(ナフト[2′,1′:3,4]フェナントロ[2,1-b]チオフェン
　naphtho[2′,1′:3,4]phenanthro[2,1-b]thiophene ではなく
　ジベンゾ[3,4:5,6]フェナントロ[9,10-b]チオフェン
　dibenzo[3,4:5,6]phenanthro[9,10-b]thiophene でもない．
　フェナントロ付随成分の位置番号 1, 2 は並べた順として 2, 1 や 9, 10 より小さい)

この手順は二次付随成分の優先順位を決めるときにも用いる．

例：

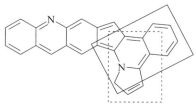

7H-ピロロ[2″,1″:1′,2′]イソキノリノ[4′,3′:4,5]シクロペンタ[1,2-b]アクリジン **PIN**
7H-pyrrolo[2″,1″:1′,2′]isoquinolino[4′,3′:4,5]cyclopenta[1,2-b]acridine **PIN**
　(7H-ベンゾ[7′,8′]インドリジノ[6′,5′:4,5]シクロペンタ[1,2-b]アクリジン
　7H-benzo[7′,8′]indolizino[6′,5′:4,5]cyclopenta[1,2-b]acridine ではない．
　イソキノリンは インドリジンに優先する)

P-25.3.4.2.3　縮合接頭語を並べる順序

P-25.3.4.2.3.1　二つの付随成分間の縮合は P-25.3.2 で述べた方法で表す．すべての付随成分を母体成分の

前に並べる．各二次付随成分はそれが縮合している一次付随成分の前に並べる．さらに高次の付随成分も同様に並べる．二つ以上の異なる成分あるいは成分の組がそれより次数の低い成分に縮合している場合はアルファベット順に並べる．

例：

フロ[3,2-*b*]チエノ[2,3-*e*]ピリジン **PIN**
furo[3,2-*b*]thieno[2,3-*e*]pyridine **PIN**
（furo が thieno の前にくる）

フロ[2′,3′:4,5]ピロロ[2,3-*b*]イミダゾ[4,5-*e*]ピラジン **PIN**
furo[2′,3′:4,5]pyrrolo[2,3-*b*]imidazo[4,5-*e*]pyrazine **PIN**
（furo…pyrrolo が imidazo の前にくる）

注記：インダセン類の場合，違いが *as*-インダセン *as*-indacene と *s*-インダセン *s*-indacene だけならばイタリック体の文字で判断する．それ以外の場合は，インダセン indacene として扱ってアルファベット順に並べる．成分の優先順位としては *s*-インダセンが *as*-インダセンに優先することに注意．

例：

as-インダセノ[2,3-*b*]-*s*-インダセノ[1,2-*e*]ピリジン **PIN**
as-indaceno[2,3-*b*]-*s*-indaceno[1,2-*e*]pyridine **PIN**

P-25.3.4.2.3.2 二つ以上の同一の成分がもう一つの成分に縮合している場合，倍数接頭語(di, tri など，あるいは bis, tris など)を用いてまとめて並べる．異なる成分については，置換命名法における普通の倍数接頭語の扱いと同様に，その名称のアルファベット順に並べる．

倍数接頭語は，それが多成分縮合環接頭語における不可欠な部分である時にのみ考慮する(3番目の例)．

例：

ジフロ[3,2-*b*:3′,4′-*e*]ピリジン **PIN**
difuro[3,2-*b*:3′,4′-*e*]pyridine **PIN**

5*H*-フロ[3,2-*g*]ジピラノ[2,3-*b*:3′,4′,5′-*de*]キノリン **PIN**
5*H*-furo[3,2-*g*]dipyrano[2,3-*b*:3′,4′,5′-*de*]quinoline **PIN**
（furo は pyrano の前にくる）

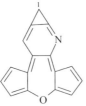

1*H*-シクロプロパ[*b*]ジシクロペンタ[2,3:6,7]オキセピノ[4,5-*e*]ピリジン **PIN**
1*H*-cyclopropa[*b*]dicyclopenta[2,3:6,7]oxepino[4,5-*e*]pyridine **PIN**
（1*H*-ジシクロペンタ[2,3:6,7]オキセピノ[4,5-*b*]シクロプロパ[*e*]ピリジン
1*H*-dicyclopenta[2,3:6,7]oxepino[4,5-*b*]cyclopropa[*e*]pyridine ではない．
dicyclopentaoxepino は一つの成分として扱うので cyclopropa はその前にくる）

P-25.3.4.2.3.3 二つ以上のグループの成分があり，グループ内での縮合位置を示す番号だけが異なっている場合，接頭語として並べる順序はその位置番号で決める．位置番号の組合わせが小さいものを前に置く．

P-25 縮合環および橋かけ縮合環系   173

例：

[構造式]

4H,16H,20H,26H-シクロペンタ[4,5]オキセピノ[3,2-a]ビス(シクロペンタ[5,6]オキセピノ)[3',2'-c:2",3"-h]シクロペンタ[6''',7''']オキセピノ[2''',3'''-j]フェナジン **PIN**
4H,16H,20H,26H-cyclopenta[4,5]oxepino[3,2-a]bis(cyclopenta[5,6]oxepino)[3',2'-c:2",3"-h]cyclopenta[6''',7''']oxepino[2''',3'''-j]phenazine **PIN**

P-25.3.4.2.3.4　ヘテロ原子の位置番号だけが異なる二つ以上の成分がある場合，その位置番号で優先順位を決める．小さい位置番号の組を前に並べる．

例：

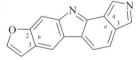

2H-[1,2]オキサアゾロ[5,4-c][1,3]オキサアゾロ[3,2-a]ピリジン **PIN**
2H-[1,2]oxazolo[5,4-c][1,3]oxazolo[3,2-a]pyridine **PIN**

P-25.3.4.2.4　位置番号（文字と数字）の優先順位　文字あるいは数字の位置番号（成分の番号付けと矛盾しない）に複数の可能性がある場合，一つに決まるまで以下の基準を順次適用して，優位の文字あるいは数字を選ぶ．

(a) 母体成分の縮合位置を表す文字の組合わせ

例： フロ[3,2-h]ピロロ[3,4-a]カルバゾール **PIN**
furo[3,2-h]pyrrolo[3,4-a]carbazole **PIN**
（フロ[2,3-b]ピロロ[3,4-i]カルバゾール
furo[2,3-b]pyrrolo[3,4-i]carbazole ではない．
a, h は b, i より優位である）

(b) 母体成分の縮合位置を表す文字の並び順

例： 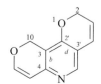 フロ[3,4-b]チエノ[2,3-e]ピラジン **PIN**
furo[3,4-b]thieno[2,3-e]pyrazine **PIN**
（フロ[3,4-e]チエノ[2,3-b]ピラジン
furo[3,4-e]thieno[2,3-b]pyrazine ではない．
b, e は e, b より優位である）

2H,10H-ジピラノ[4,3-b:2',3'-d]ピリジン **PIN**
2H,10H-dipyrano[4,3-b:2',3'-d]pyridine **PIN**
（2H,10H-ジピラノ[2,3-d:4',3'-b]ピリジン
2H,10H-dipyrano[2,3-d:4',3'-b]pyridine ではない．
b, d は d, b より優位である）

174   P-2 母体水素化物

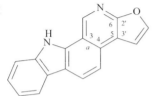

ジインデノ[1,2-*i*:6′,7′,1′-*mna*]アントラセン **PIN**
diindeno[1,2-*i*:6′,7′,1′-*mna*]anthracene **PIN**
（ジインデノ[6,7,1-*mna*:1′,2′-*i*]アントラセン
diindeno[6,7,1-*mna*:1′,2′-*i*]anthracene ではない．
i, mna は *mna, i* より優位である）

(c) 母体成分に縮合する一次付随成分の位置番号の組合わせ

例：

10*H*-フロ[3′,2′:5,6]ピリド[3,4-*a*]カルバゾール **PIN**
10*H*-furo[3′,2′:5,6]pyrido[3,4-*a*]carbazole **PIN**
（10*H*-フロ[2′,3′:2,3]ピリド[5,4-*a*]カルバゾール
10*H*-furo[2′,3′:2,3]pyrido[5,4-*a*]carbazole ではない．
カルバゾールに縮合しているピリドの位置番号の組合わせ 3,4 は 4,5 より小さい）

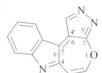

シクロペンタ[1,2-*b*:5,1-*b*′]ジフラン **PIN**
cyclopenta[1,2-*b*:5,1-*b*′]difuran **PIN** （多重母体名）
（シクロペンタ[1,2-*b*:2,3-*b*′]ジフラン cyclopenta[1,2-*b*:2,3-*b*′]difuran ではない．
位置番号の組合わせ 1,1,2,5 は 1,2,2,3 より小さい）

(d) 母体成分に縮合する一次付随成分の位置番号の並び順

例：

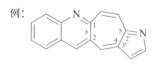

ピラゾロ[4′,3′:6,7]オキセピノ[4,5-*b*]インドール **PIN**
pyrazolo[4′,3′:6,7]oxepino[4,5-*b*]indole **PIN**
（ピラゾロ[3′,4′:2,3]オキセピノ[5,4-*b*]インドール
pyrazolo[3′,4′:2,3]oxepino[5,4-*b*]indole ではない．
位置番号の組合わせ 4,5 は 5,4 より小さい）

(e) 高次付随成分に縮合する低次付随成分の位置番号の組合わせ

例：

ピラノ[3′,2′:4,5]シクロヘプタ[1,2-*d*]オキセピン **PIN**
pyrano[3′,2′:4,5]cyclohepta[1,2-*d*]oxepine **PIN**
（ピラノ[2′,3′:5,6]シクロヘプタ[1,2-*d*]オキセピン
pyrano[2′,3′:5,6]cyclohepta[1,2-*d*]oxepine ではない．
位置番号の組合わせ 4,5 は 5,6 より小さい）

(f) 低次付随成分の高次付随成分への縮合位置番号の並び順

例：

ピロロ[3′,2′:4,5]シクロヘプタ[1,2-*b*]キノリン **PIN**
pyrrolo[3′,2′:4,5]cyclohepta[1,2-*b*]quinoline **PIN**
（ピロロ[2′,3′:5,4]シクロヘプタ[1,2-*b*]キノリン
pyrrolo[2′,3′:5,4]cyclohepta[1,2-*b*]quinoline ではない．
位置番号の組合わせ 4,5 は 5,4 より小さい）

(g) 低次付随成分に縮合する高次付随成分の位置番号の組合わせ

P-25 縮合環および橋かけ縮合環系　　　　　　　　　　　　175

例：
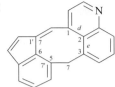
7H-インデノ[7′,1′:5,6,7]シクロオクタ[1,2,3-de]キノリン PIN
7H-indeno[7′,1′:5,6,7]cycloocta[1,2,3-de]quinoline PIN
(7H-インデノ[3′,4′:5,6,7]シクロオクタ[1,2,3-de]キノリン
7H-indeno[3′,4′:5,6,7]cycloocta[1,2,3-de]quinoline ではない．
位置番号の組合わせ 1′, 7′ は 3′, 4′ より小さい)

(h) 低次成分に縮合する高次成分の位置番号の並び順

例：

ピラノ[2″,3″:6′,7′]チエピノ[4′,5′:4,5]フロ[3,2-c]ピラゾール PIN
pyrano[2″,3″:6′,7′]thiepino[4′,5′:4,5]furo[3,2-c]pyrazole PIN
(ピラノ[3″,2″:2′,3′]チエピノ[5′,4′:4,5]フロ[3,2-c]ピラゾール
pyrano[3″,2″:2′,3′]thiepino[5′,4′:4,5]furo[3,2-c]pyrazole ではない．
位置番号の組合わせ 4′, 5′ は 5′, 4′ より小さい)

P-25.3.5　ベンゼン環が縮合した複素単環

キノリンあるいはナフタレンのような保存名をもつ系の一部とはなっていないベンゼン環が複素単環に縮合した複素二環化合物は，単一の成分単位(すなわちベンゾ複素環，P-25.2.2.4 参照)として扱う．これらの化合物は P-25.3.2.4 で述べた優先順位に応じて母体成分とも付随成分ともなりうる．しかしこの命名法は，多重母体系 (P-25.3.5.3 参照)や倍数接頭語の使用(P-25.3.6.1 参照)を妨害する場合には使えない．

P-25.3.5.1　母体成分としてのベンゾ複素環

例：
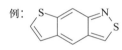
チエノ[3,2-f][2,1]ベンゾチアアゾール PIN　thieno[3,2-f][2,1]benzothiazole PIN
(2,1-ベンゾチアアゾール 2,1-benzothiazole は 1-ベンゾチオフェン
1-benzothiophene に優先する)

P-25.3.5.2　母体成分としてより優位な成分

例：
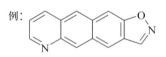
[1,2]ベンゾオキサアゾロ[6,5-g]キノリン PIN
[1,2]benzoxazolo[6,5-g]quinoline PIN
(キノリン quinoline は 1,2-ベンゾオキサアゾール
1,2-benzoxazole に優先する)

P-25.3.5.3　選択の余地がある場合，多重母体名が縮合環名より優先する．

例：
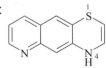
ベンゾ[1,2-b:4,5-c′]ジフラン PIN　benzo[1,2-b:4,5-c′]difuran PIN
(フロ[3,4-f][1]ベンゾフラン furo[3,4-f][1]benzofuran ではない．
多重母体名が二成分縮合環名より優先する)

P-25.3.5.4　保存名がヘテロ複素環名より優先する．

例：

4H-[1,4]チアアジノ[2,3-g]キノリン PIN
4H-[1,4]thiazino[2,3-g]quinoline PIN
(保存名であるキノリン quinoline を使わなければならない)

10H-フロ[3′,2′:4,5]インデノ[2,1-b]ピリジン PIN
10H-furo[3′,2′:4,5]indeno[2,1-b]pyridine PIN
(10H-[1]ベンゾフロ[5′,4′:3,4]シクロペンタ[1,2-b]ピリジン
10H-[1]benzofuro[5′,4′:3,4]cyclopenta[1,2-b]pyridine ではない．
ピリジン pyridine は フラン furan に優先する．
保存名である インデン indene を使わなければならない)

6H-ジベンゾ[b,d]ピラン **PIN**　6H-dibenzo[b,d]pyran **PIN**
(6H-ベンゾ[c][1]ベンゾピラン 6H-benzo[c][1]benzopyran ではなく，
6H-ベンゾ[b][2]ベンゾピラン 6H-benzo[b][2]benzopyran でもない)
6H-ベンゾ[c]クロメン　6H-benzo[c]chromene

P-25.3.6 同一の付随成分

P-25.3.6.1　同一の2個以上の付随成分がともに一つの母体成分に縮合している場合，倍数接頭語(di, tri などあるいは bis, tris など)を用いて表す．母体成分に縮合している一次付随成分に対して，位置番号の完全な組合わせを用いる場合は，コロンで区切ってひとまとめにする．位置番号の簡略化した組合わせを用いる場合は，文字をコンマで区切る．一次付随成分に縮合している二次付随成分に対して，位置番号の完全な組合わせを用いる場合は，位置番号をセミコロンで区切ってひとまとめに並べる．簡略化した組合わせを用いる場合は，それらをコロンで区切る．同じ次数の複数の成分を区別するには，2番目の成分にはプライムをつける(1番目にすでにプライムが付いている場合は二重プライムをつける)．3番目の成分には二重プライムをつける．以下同様である．

例：

ジフロ[3,2-b:3′,4′-e]ピリジン **PIN**
difuro[3,2-b:3′,4′-e]pyridine **PIN**

ジベンゾ[c,e]オキセピン **PIN**
dibenzo[c,e]oxepine **PIN**

9H-ジベンゾ[g,p][1,3,6,9,12,15,18]ヘプタオキサシクロイコシン **PIN**
9H-dibenzo[g,p][1,3,6,9,12,15,18]heptaoxacycloicosine **PIN**

ジベンゾ[4,5:6,7]シクロオクタ[1,2-c]フラン **PIN**
dibenzo[4,5:6,7]cycloocta[1,2-c]furan **PIN**

ジチエノ[2′,3′:3,4;2″,3″:6,7]シクロヘプタ[1,2-d]イミダゾール **PIN**
dithieno[2′,3′:3,4;2″,3″:6,7]cyclohepta[1,2-d]imidazole **PIN**

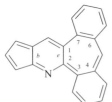

シクロペンタ[b]ジベンゾ[3,4:6,7]シクロヘプタ[1,2-e]ピリジン **PIN**
cyclopenta[b]dibenzo[3,4:6,7]cyclohepta[1,2-e]pyridine **PIN**

P-25　縮合環および橋かけ縮合環系　　177

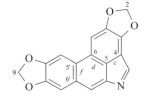

2*H*,9*H*-ビス([1,3]ベンゾジオキソロ)[4,5,6-*cd*:5',6'-*f*]インドール **PIN**
2*H*,9*H*-bis([1,3]benzodioxolo)[4,5,6-*cd*:5',6'-*f*]indole **PIN**

P-25.3.6.2　倍数接頭語をもつ系にさらに縮合する成分　　倍数接頭語を使って命名した系に高次付随成分が縮合する場合，各付随成分を別々に表示する．

例：

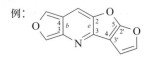

フロ[3,4-*b*]フロ[3',2':4,5]フロ[2,3-*e*]ピリジン **PIN**
furo[3,4-*b*]furo[3',2':4,5]furo[2,3-*e*]pyridine **PIN**

P-25.3.6.3　同一の縮合位置番号をもつ同一の成分　　2 組以上の同一成分(しかも成分中の縮合位置番号も同じ)が他の成分に縮合している場合，倍数接頭語 bis, tris などを用い，成分の組を括弧に入れて表す．

例：

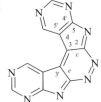

ビス(ピリミド[5',4':4,5]ピロロ)[2,3-*c*:3',2'-*e*]ピリダジン **PIN**
bis(pyrimido[5',4':4,5]pyrrolo)[2,3-*c*:3',2'-*e*]pyridazine **PIN**

P-25.3.7　多重母体環系

多重母体環での母体成分の多重度は倍数接頭語 di, tri などあるいは bis, tris などを用いて表す．複数の母体成分を区別するため，2 番目の母体成分にはプライムをつけ，3 番目には二重プライムをつける．以下同様にする．

同一の一次母体間成分にオルト縮合あるいはオルト-ペリ縮合している複数の母体成分が重なることなく結合している場合は多重母体環系として扱い，多重母体環名をつける．同様に，3 個，5 個，7 個などの母体間成分をもつ系は，多重母体環を拡大して扱う．二次以上の母体間成分はそれぞれ同じでなければならない．

P-25.3.7.1　母体間成分を 1 個もつ多重母体系　　多重母体環系での母体成分の多重度は倍数接頭語(di, tri などあるいは bis, tris など)を用いて表す．複数の母体成分を区別するため，2 番目の母体成分にはプライムをつけ，3 番目には二重プライムをつけるなどとし，位置番号の組をコロンで区切る．

> 母体成分の多重度を表す際，bis, tris などの後に母体成分名を括弧に入れるという本勧告の規則は，縮合環命名法に関する 1998 勧告(参考文献 4)を変更したものである．

例：

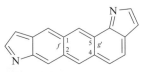

ベンゾ[1,2-*f*:4,5-*g*']ジインドール **PIN**
benzo[1,2-*f*:4,5-*g*']diindole **PIN**

ベンゾ[1,2:4,5]ジ[7]アンヌレン **PIN**
benzo[1,2:4,5]di[7]annulene **PIN**

1*H*-ベンゾ[1,2:3,4:5,6]トリ[7]アンヌレン **PIN**
1*H*-benzo[1,2:3,4:5,6]tri[7]annulene **PIN**

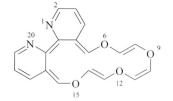
[1,4,7,10]テトラオキサシクロヘキサデシノ[13,12-*b*:14,15-*b*′]ジピリジン **PIN**
[1,4,7,10]tetraoxacyclohexadecino[13,12-*b*:14,15-*b*′]dipyridine **PIN**

シクロペンタ[1,2-*b*:5,1-*b*′]ビス([1,4]オキサチイン) **PIN**
cyclopenta[1,2-*b*:5,1-*b*′]bis([1,4]oxathiine) **PIN**

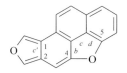
フェナントロ[4,5-*bcd*:1,2-*c*′]ジフラン **PIN**
phenanthro[4,5-*bcd*:1,2-*c*′]difuran **PIN**

シクロペンタ[1,2-*b*:1,5-*b*′]ビス([1,4]オキサチイン) **PIN**
cyclopenta[1,2-*b*:1,5-*b*′]bis([1,4]oxathiine) **PIN**

ベンゾ[1,2-*c*:3,4-*c*′]ビス([1,2,5]オキサジアゾール) **PIN**
benzo[1,2-*c*:3,4-*c*′]bis([1,2,5]oxadiazole) **PIN**

フロ[3,2-*b*:4,5-*b*′]ジフラン **PIN**
furo[3,2-*b*:4,5-*b*′]difuran **PIN** （多重母体名）
〔ジフロ[3,2-*b*:2′,3′-*d*]フラン difuro[3,2-*b*:2′,3′-*d*]furan（倍数接頭語名）ではない．最大数の母体成分が最大数の付随成分より優先するという原則に従って，3個の同一の環がある場合は多重母体名を用いる．〕

P-25.3.7.2 さらに付随成分がある場合 多重母体環系の成分のいずれかにさらに成分が縮合することもありうる．P-25.3.4.2.4 で述べた位置番号の選び方で一つに決まらない場合は，プライムの付いていない成分が優先し，縮合位置を表す文字には，これにつながっている成分への縮合位置を示すより優位の文字をあてる．プライムや二重プライムなどの使い方には，曖昧さが残らないよう十分注意する必要がある．したがって，母体間成分にさらに縮合している成分は母体間成分を表す接頭語の前に置く．

例:

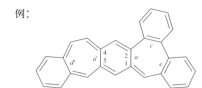
トリベンゾ[*c*,*d*′,*e*]ベンゾ[1,2-*a*:4,5-*a*′]ジ[7]アンヌレン **PIN**
tribenzo[*c*,*d*′,*e*]benzo[1,2-*a*:4,5-*a*′]di[7]annulene **PIN**

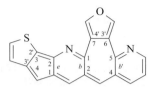

チエノ[2′,3′:3,4]シクロペンタ[1,2-*e*]フロ[3′,4′:6,7]シクロヘプタ[1,2-*b*:5,4-*b*′]ジピリジン **PIN**
thieno[2′,3′:3,4]cyclopenta[1,2-*e*]furo[3′,4′:6,7]cyclohepta[1,2-*b*:5,4-*b*′]dipyridine **PIN**
（フラン環は母体間成分に縮合しているので，アルファベット順に並べる規則は適用しない）

P-25.3.7.3　3 個以上の母体間成分をもつ多重母体環系　二つ（あるいはそれ以上）の母体成分が奇数個の母体間成分で隔てられており，それらが成分環ごとに対称的に並んでいる（必ずしも縮合位置番号を伴わなくてもよい）場合，系全体を多重母体環系として取扱う．命名は以下の 2 通りの方法で P-25.3.7.1 を拡張して行う．

(a) 二次以上の母体間成分は倍数接頭語 di, tri などあるいは bis, tris などを用いて表す．母体間成分にはしかるべき位置番号，一次母体成分にはプライムをつけないかプライムをつけ，二次母体成分には二重プライムを，三次母体成分には三重プライムをつけ，以下同様にする．
(b) 対称性から母体間成分と母体成分をグループ化できる場合は，グループ化して倍数接頭語 bis, tris などを用い括弧で囲んで表す．グループ内ではプライムをつけない位置番号だけを用いる．

PIN をつくるときに使う方法については P-52.2.4.3 を参照してほしい．

例：

(a)の名称に用いる番号付け　　(b)の名称に用いる番号付け

(a) ベンゾ[1″,2″:3,4;4″,5″:3′,4′]ジシクロブタ[1,2-*b*:1′,2′-*c*′]ジフラン **PIN**
benzo[1″,2″:3,4;4″,5″:3′,4′]dicyclobuta[1,2-*b*:1′,2′-*c*′]difuran **PIN**
(b) ベンゾ[1″,2″:3,4;4″,5″:3′,4′]ビス(シクロブタ[1,2-*c*]フラン) **PIN**
benzo[1″,2″:3,4;4″,5″:3′,4′]bis(cyclobuta[1,2-*c*]furan) **PIN**

P-25.3.8　縮合環表示における位置番号の省略
P-25.3.8.1　PIN および GIN において，一次単環炭化水素付随成分であるベンゾおよび P-25.3.2.2.1 で述べた成分だけをもつ縮合環系では，数字あるいは文字の位置番号を省略する．縮合環系が二つの単環炭化水素からなる場合も省略する．

例：

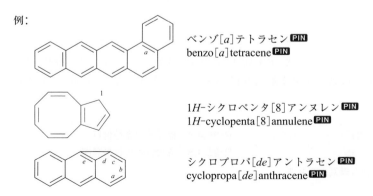

ベンゾ[*a*]テトラセン **PIN**
benzo[*a*]tetracene **PIN**

1*H*-シクロペンタ[8]アンヌレン **PIN**
1*H*-cyclopenta[8]annulene **PIN**

シクロプロパ[*de*]アントラセン **PIN**
cyclopropa[*de*]anthracene **PIN**

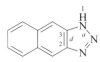

ベンゾ[g]キノリン **PIN**
benzo[g]quinoline **PIN**

1H-ナフト[2,3-d][1,2,3]トリアゾール **PIN**
1H-naphtho[2,3-d][1,2,3]triazole **PIN**
（1H-ナフト[2,3][1,2,3]トリアゾール
1H-naphtho[2,3][1,2,3]triazole ではない）

P-25.3.8.2 末端の単環炭化水素付随成分の縮合位置番号も省略する．

例：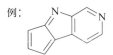

シクロペンタ[4,5]ピロロ[2,3-c]ピリジン **PIN**
cyclopenta[4,5]pyrrolo[2,3-c]pyridine **PIN**

P-25.3.8.3 二次あるいはさらに高次の成分の縮合位置番号が必要な場合は，結合しているすべての成分の位置番号を記載しなければならない．

例：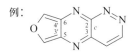

フロ[3′,4′:5,6]ピラジノ[2,3-c]ピリダジン **PIN**
furo[3′,4′:5,6]pyrazino[2,3-c]pyridazine **PIN**

P-25.3.8.4 オルト縮合およびオルト-ペリ縮合をあわせもつ環系では，成分の外縁縮合炭素原子の位置番号は省略する．

例：

ナフト[2,1,8-def]キノリン **PIN**
naphtho[2,1,8-def]quinoline **PIN**
（8a を省略）

キノリジノ[4,5,6-bc]キナゾリン **PIN**
quinolizino[4,5,6-bc]quinazoline **PIN**
（5 を省略しない）

オルト縮合の場合は，一つが縮合原子であっても，両方の末端縮合原子の位置番号を表示しなければならない．

例：

ナフト[1,8a-b]アジリン **PIN**
naphtho[1,8a-b]azirine **PIN**

P-25.4 橋かけ縮合環系

この節は"縮合環および橋かけ縮合環系の命名法，IUPAC 1998 勧告"（参考文献 4）に基づく．P-25.4.2.1.2, P-25.4.2.1.4 および P-25.4.2.2.1 は 1998 勧告（参考文献 4）の FR-8.3 に対する修正を含んでいる．それ以外は 1998 勧告のとおりである．

P-25.4.1 定義と用語	P-25.4.4 橋原子の番号付け
P-25.4.2 橋の名称	P-25.4.5 橋の番号付けの順序
P-25.4.3 橋かけ縮合環系の命名法	

P-25.4.1 定義と用語

P-25.4.1.1 橋かけ縮合環系 bridged fused ring system. 環のいくつかは縮合環(P-25.0 から P-25.3 参照)を構成しており，残りの環は一つ以上の橋でつくられている．

P-25.4.1.2 橋 bridge. 以下の基準の一つ以上を満たしている原子あるいは原子団を橋として接頭語で命名する．

(a) 縮合環の同一の環の隣接していない二つ以上の位置を結んでいる場合
(b) 縮合環の二つ以上の異なる環を結んでいるが，それによって新たなオルト-ペリ縮合を形成しない場合
(c) 縮合環の一つの環を既存の橋と結んでいるが，その橋の一部には含まれない場合
(d) 縮合環系の二つの環に共有される結合の両端の原子を結んでいる場合
(e) オルト縮合あるいはオルト-ペリ縮合だけをもつが，縮合環規則では完全に命名できない系を記述するために使う場合

例(橋を太線で示す):

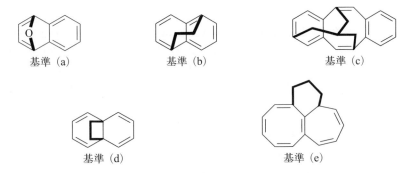

P-25.4.1.3 橋頭原子 bridgehead atom. 縮合環系で橋が結合している原子．

P-25.4.1.4 単純橋 simple bridge. 原子あるいは一つの単位として表現できる原子団からなる橋．たとえば，エピオキシ epoxy，ブタノ butano，ベンゼノ benzeno．

P-25.4.1.5 複合橋 composite bridge. 単純橋をつなぎあわせることでのみ表現できる原子団．たとえば，エピオキシメタノ epoxymethano ＝ エピオキシ epoxy ＋ メタノ methano ＝ $-O-CH_2-$

P-25.4.1.6 二価橋 divalent bridge. 縮合環あるいは橋かけ縮合環の異なる二つの位置に単結合で結合している橋．P-25.4.2.1 で述べる橋はすべて二価橋である．

P-25.4.1.7 多価橋 polyvalent bridge. 縮合環系に 3 個以上の単結合あるいはその多重結合等価体で結合している橋．多価橋は二つの単純な二価橋が結合したものと記述されることがよくある．多価橋は，その橋が縮合環系の 2 箇所，3 箇所などに結合しているとき，さらに二脚性，三脚性などに分類される．

例：

三脚性三価橋

二脚性三価橋

P-25.4.1.8 独立橋 independent bridge. 縮合環上の 2 箇所以上の位置にのみ結合している橋(P-25.4.1.9 の従属橋参照)．

P-25.4.1.9 従属橋 dependent bridge. 縮合環の一つ以上の位置と単純独立橋あるいは複合独立橋とを結ぶ橋で，より大きな複合橋の一部として表現できない橋．

182　　　　　　　　　　　　　　　　　　P-2　母体水素化物

例：

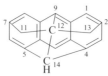

4,5,12-エピメタントリイル-2,9,7-エピプロパン[1,2,3]トリイルアントラセン PIN
4,5,12-epimethanetriyl-2,9,7-epipropane[1,2,3]triylanthracene PIN
（エピメタントリイル橋 C14 は従属橋であり，エピプロパン[1,2,3]トリイル橋
C11～C13 は独立橋である．付随位置番号については P-25.4.3.2 参照）

P-25.4.2　橋の名称

本勧告では，縮合環および橋かけ縮合環の命名法についての 1998 勧告（参考文献 4）に記された橋の名称の膨大なリストを完全に見直して更新した．変更の多くは鎖状ヘテロ原子橋の名称であり，それについては P-25.4.2.1.4 および P-25.4.2.2.1 を参照されたい．橋の命名における "ア" 命名法の使用については P-25.5.1.2 を参照されたい．

P-25.4.2.1　二　価　橋

P-25.4.2.1.1　二価鎖状炭化水素橋は，対応する直鎖炭化水素名の末尾の e を o に換えて接頭語として命名する．二重結合がある場合は，その位置番号を炭化水素接頭語と語尾のエノ eno の間に角括弧に入れて示す．この位置番号は最終的な橋かけ縮合環の番号付けに使う位置番号とは異なる（P-25.4.4 参照）．複数の可能性がある場合は，小さい位置番号を優先する（たとえば，プロパ[1]エノ prop[1]eno はプロパ[2]エノ prop[2]eno に優先する）．

例：　–CH₂–　　　　　　　　メタノ 優先接頭　　methano 優先接頭
　　　–CH₂-CH₂–　　　　　　エタノ 優先接頭　　ethano 優先接頭
　　　–CH₂-CH₂-CH₂–　　　　プロパノ 優先接頭　propano 優先接頭
　　　–CH=CH–　　　　　　エテノ 優先接頭　　etheno 優先接頭
　　　　 1 2 3
　　　–CH=CH-CH₂–　　　　　プロパ[1]エノ 優先接頭　　prop[1]eno 優先接頭
　　　　 1 2 3 4
　　　–CH=CH-CH₂-CH₂–　　　ブタ[1]エノ 優先接頭　　but[1]eno 優先接頭
　　　　 1 2 3 4
　　　–CH₂-CH=CH-CH₂–　　　ブタ[2]エノ 優先接頭　　but[2]eno 優先接頭
　　　　 1 2 3 4
　　　–CH=CH-CH=CH–　　　ブタ[1,3]ジエノ 優先接頭　buta[1,3]dieno 優先接頭

P-25.4.2.1.2　ベンゼン以外の二価単環炭化水素橋は縮合接頭語（P-25.3.2.2）として用いられるものと同じ接頭語で命名する．この二つを区別するために，橋の接頭語として用いる場合にはエピ epi を先頭につける．その後にくる語が i または o で始まるときは epi の i を省く．（CAS ではイタリック体の接頭語 endo を用いる）．橋は縮合環あるいは他の橋に結合するとして矛盾しない最多非集積二重結合をもつものとする．橋の遊離原子価の位置番号は角括弧に入れてその名称の直前に置く．これらの位置番号は最終構造における橋原子の位置番号ではない．これについては P-25.4.4 を参照．指示水素がある場合，その位置番号は最終構造におけるものであって完成した名称の先頭に置く（P-25.4.3.4.1 参照）．

例：

[1,3]エピシクロプロパ 優先接頭　　　　　　　　　　[1,2]エピシクロペンタ 優先接頭
[1,3]epicyclopropa 優先接頭　　　　　　　　　　　[1,2]epicyclopenta 優先接頭
（参考文献 4，FR-8.3.1(b)のエビシクロプロパ）

P-25 縮合環および橋かけ縮合環系　　　　　　183

P-25.4.2.1.3　　P-25.4.2.1.2 で命名できない二価環状炭化水素橋は，対応する炭化水素名から末尾の e を o に変えた接頭語として命名する．橋の名称が縮合環接頭語の名称と同じになる場合は，橋の名称に接頭語エピ epi をつけて区別する．（CAS ではイタリック体の接頭語 *endo* を用いる．）その後にくる語が母音で始まる場合は i を省く．橋の遊離原子価の位置番号および指示水素を示す位置番号は P-25.4.2.1.2 で述べたのと同様に並べる．

例：

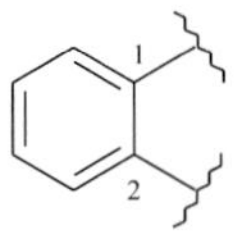

[1,2]ベンゼノ 優先接頭　　[1,2]benzeno 優先接頭
（[1,2]エピベンゾ [1,2]epibenzo ではない．
ベンゾは縮合環接頭語の名称である）

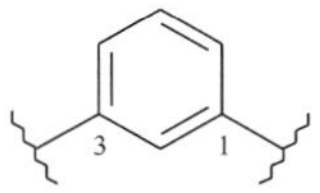

[1,3]ベンゼノ 優先接頭　　[1,3]benzeno 優先接頭
（[1,3]エピベンゾ [1,3]epibenzo ではない．
ベンゾは縮合環接頭語の名称である）

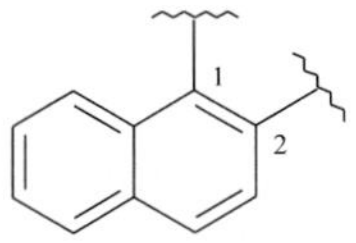

[1,2]ナフタレノ 優先接頭　　[1,2]naphthaleno 優先接頭
（[1,2]エピナフト [1,2]epinaphtho ではない．
ナフトは縮合環接頭語の名称である）

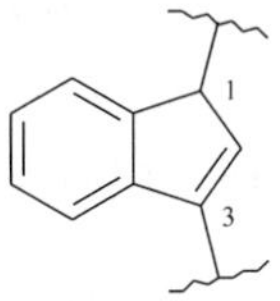

[1,3]エピインデノ 優先接頭　　[1,3]epindeno 優先接頭
（[1,3]インデノ [1,3]indeno ではない．
インデノは縮合環接頭語の名称である）

P-25.4.2.1.4　　二価鎖状均一ヘテロ原子橋は，置換基接頭語に基づく接頭語あるいは対応する母体水素化物の名称に基づく接頭語によって命名する．置換基接頭語に基づく橋接頭語は，現在使用されているか以前推奨されたかによらず，接頭語 epi(その後にくる語が i あるいは o で始まる場合は ep)をつけて区別する．母体水素化物の名称に基づく橋接頭語は，鎖状炭化水素橋の接頭語(P-25.4.2.1.1 参照)と同様に命名する．非標準結合数をもつヘテロ原子は λ-標記で示す(P-14.1 参照)．

> 次の名称は予備選択(P-12.2 参照)橋接頭語として推奨する：スルファノ sulfano −S−，ジスルファノ disulfano −SS−，セラノ selano −Se−，テラノ tellano −Te−，アザノ azano −NH−，ジアゼノ diazeno −N=N−，エピトリアザノ epitriazano −NH-NH-NH−，エピトリアザ[1]エノ epitriaz[1]eno −NH-N=N−．橋接頭語エピチオ epithio，エピジチオ epidithio，エピセレノ episeleno，エピテルロ epitelluro，エピイミノ epimino〔参考文献 4，FR-8.3.1(d)〕は以下の例で示すように GIN では使うことができる．

例：−O−　　　　　エピオキシ 予備接頭　　epoxy 予備接頭
　　　　　　　　　（エピオキシダノ epoxidano ではない）

　　−O-O−　　　　エピジオキシ 予備接頭　　epidioxy 予備接頭
　　　　　　　　　（エピペルオキシ epiperoxy ではない）

　　−O-O-O−　　　エピトリオキシ 予備接頭　　epiperoxy 予備接頭
　　　　　　　　　〔参考文献 4，FR-8.3.1(d)参照〕
　　　　　　　　　エピトリオキシダンジイル　epitrioxidanediyl

　　−S−　　　　　スルファノ 予備接頭　　sulfano 予備接頭
　　　　　　　　　エピチオ　epithio 〔参考文献 4，FR-8.3.1(d)参照〕

　　−SH₂−　　　　λ⁴-スルファノ 予備接頭　　λ⁴-sulfano 予備接頭

　　−SS−　　　　　ジスルファノ 予備接頭　　disulfano 予備接頭
　　　　　　　　　エピジチオ　epidithio 〔参考文献 4，FR-8.3.1(d)参照〕

–Se–	セラノ 予備接頭	selano 予備接頭
	エピセレノ episeleno	〔参考文献 4, FR-8.3.1(d)参照〕
–Te–	テラノ 予備接頭	tellano 予備接頭
	エピテルロ epitelluro	〔参考文献 4, FR-8.3.1(d)参照〕
–SiH₂–	シラノ 予備接頭	silano 予備接頭
–SnH₂–	スタンナノ 予備接頭	stannano 予備接頭
–NH–	アザノ 予備接頭	azano 予備接頭
	エピイミノ epimino	〔参考文献 4, FR-8.3.1(d)参照〕
	(参考文献 1 の C-815.2 にあるイミノ imino ではない)	
–NH-NH–	ジアザノ 予備接頭	diazano 予備接頭
	ビイミノ biimino	〔参考文献 2, B-15.1 参照〕
–N=N–	ジアゼノ 予備接頭	diazeno 予備接頭 〔参考文献 4, FR-8.3.1(d)参照〕
	アゾ azo	〔参考文献 1, B-15.1 参照〕
–NH-NH-NH–	エピトリアザノ 予備接頭	epitriazano 予備接頭
	〔トリアザノ triazano ではない．これはこれまで H₂N-NH-NH– に対して 使われてきたが(参考文献 1, C-942.3 参照)，本勧告では トリアザン-1-イル triazan-1-yl(P-68.3.1.4.1 参照)とよぶ〕	
$\overset{3}{-}$NH-$\overset{2}{N}$=$\overset{1}{N}$–	エピトリアザ[1]エノ 予備接頭	epitriaz[1]eno 予備接頭
	〔トリアザ[1]エノ triaz[1]eno ではない．これはこれまで H₂N-N=N– に対して 使われてきたが(参考文献 1, C-942.3 参照)，本勧告では トリアザ-1-エン-1-イル triaz-1-en-1-yl(P-68.3.1.4.1 参照)とよぶ〕	
	アザイミノ azimino	〔参考文献 1, B-15.1 参照〕
–PH–	ホスファノ 予備接頭	phosphano 予備接頭
–BH–	ボラノ 予備接頭	borano 予備接頭

P-25.4.2.1.5 二価複素環橋は相当する複素環化合物名に o をつけて(末尾に e があればそれを除いて)接頭語として命名する．複素環が位置番号を必要とする場合は，それを角括弧に入れ接頭語の名称の前に置く．橋の名称が縮合環接頭語と同じ場合は接頭語エピ epi(次にくる語が i あるいは o で始まる場合は ep)をつけて区別する．(CAS ではイタリック体の接頭語 endo を用いている)．橋の成分に指示水素が必要な場合は橋自身の名称の前ではなく完成した橋かけ縮合環の名称の前に置く(P-25.4.3.4.1 参照)．橋の番号付けは P-25.4.4 参照．

例:

エピオキシレノ 優先接頭
epoxireno 優先接頭

[2,3]フラノ 優先接頭　[2,3]furano 優先接頭
([2,3]エピフラノ [2,3]epifurano ではなく
[2,3]エピフロ [2,3]epifuro でもない)

[2,3]エピピラノ 優先接頭
[2,3]epipyrano 優先接頭

[3,4]エピ[1,2,4]トリアゾロ 優先接頭
[3,4]epi[1,2,4]triazolo 優先接頭

[2,5]エピピロロ 優先接頭
[2,5]epipyrrolo 優先接頭

P-25 縮合環および橋かけ縮合環系　　　　　　　185

P-25.4.2.2　多　価　橋

P-25.4.2.2.1　　（水素以外の)1 原子からなる多価橋は，P-25.4.2.1.4 で述べた接頭語 epi をつけた置換基接頭語に基づいて接頭語として命名するか，あるいは P-25.4.2.1.4 で述べた二価単原子橋の名称の語尾 ano を eno に変えて(たとえば メタノ methano を メテノ metheno に変えて)接頭語として命名する．橋かけ縮合環では多価橋は括弧に入れる．注意を喚起するために，以下の例では，橋の名称自体を括弧に入れて示す．複数の可能性がある場合，単結合での結合(たとえば yl)を母体環の位置番号の小さな原子につける．epi については P-25.4.2.1.4 参照．

例：–CH=　（メテノ）優先接頭　（metheno）優先接頭
　　　　　（エピメタニルイリデン）　（epimethanylylidene）

|
–CH–　　（エピメタントリイル）優先接頭　（epimethanetriyl）優先接頭
　　　　（メチノ）　（methyno）

|
–C=　　（エピメタンジイルイリデン）優先接頭
　　　　（epimethanediylylidene）優先接頭

–N=　　（アゼノ）予備接頭　（azeno）予備接頭
　　　　（エピアザニルイリデン）　（epiazanylylidene）
　　　　　（ニトリロ nitrilo ではない．参考文献 2，R-9.2.2 参照）

|
–Si–　　（エピシランテトライル）予備接頭
|　　　　（episilanetetrayl）予備接頭

|
–N–　　（エピニトリロ）予備接頭　（epinitrilo）予備接頭
　　　　（エピアザントリイル）　（epiazanetriyl）
　　　　　〔参考文献 4，FR-8.3.2(a)．ニトリロ nitrilo ではない〕

–P=　　（ホスフェノ）予備接頭　（phospheno）予備接頭
　　　　（エピホスファニルイリデン）　（epiphosphanylylidene）
　　　　　〔参考文献 4，FR-8.3.2(a)〕

|
–P–　　（エピホスファントリイル）予備接頭　（epiphosphanetriyl）予備接頭
　　　　〔ホスファントリイル phosphanetriyl ではない(参考文献 4，FR-8.3.2(a))．
　　　　ホスフィニジン phosphinidyne でもない〕

P-25.4.2.2.2　　多価多原子橋は多価置換基として命名し，括弧に入れる(注意を喚起するため，以下の例では橋自体の名称全体を括弧に入れて示す)．必要なら遊離原子価の位置をしかるべき位置番号で表し語尾の直前に置く．接尾語 ylidene は橋と縮合環系の間に二重結合がある場合に限定する．橋の番号付けに複数の可能性がある場合は，優先順位は (a)接尾語 yl，(b)接尾語 ylidene，(c)二重結合の順とする．epi については P-25.4.2.1.4 参照．

例：–CH₂-CH=　　　　　（エピエタニルイリデン）優先接頭
　　　　　　　　　　　（epiethanylylidene）優先接頭

|
–CH-CH₂–　　　　　（エピエタン[1,1,2]トリイル）優先接頭
　1　　2　　　　　　（epiethane[1,1,2]triyl）優先接頭

|
–C=CH–　　　　　　（エピエテン[1,1,2]トリイル）優先接頭
　1　　2　　　　　　（epiethene[1,1,2]triyl）優先接頭

|
–C=CH-CH=CH–　　（エピブタ[1,3]ジエン[1,1,4]トリイル）優先接頭
　1　2　3　4　　　　（epibuta[1,3]diene[1,1,4]triyl）優先接頭

|　|
–CH-CH-CH=CH–　（エピブタ[3]エン[1,1,2,4]テトライル）優先接頭
　1　2　3　4　　　　（epibut[3]ene[1,1,2,4]tetrayl）優先接頭

=N-N=　　　　　（エピジアザンジイリデン）予備接頭
　　　　　　　　（epidiazanediylidene）予備接頭

（エピベンゼン［1,2,3,4］テトライル）優先接頭
（epibenzene［1,2,3,4］tetrayl）優先接頭

P-25.4.2.3　複　合　橋

P-25.4.2.3.1　複合橋の名称は二つ以上の単純橋の名称をつなげてつくる．最初に置かれたもの以外は接頭語 epi(次にくる語が i あるいは o で始まる場合は ep)を省く．接頭語は一つに決まるまで以下の基準を順次適用して，優先順位の高いものからそのまま語尾を省かずに順に並べる．

(a) ヘテロ原子を含む単純橋．次の優先順位に従う：O＞S＞Se＞Te＞N＞P＞As＞Sb＞Bi＞Si＞Ge＞Sn＞Pb＞B＞Al＞Ga＞In＞Tl
(b) 優先順位の高い環を含む単純橋
(c) 最も長い直鎖を含む単純橋
(d) 英数字順で前にくる単純橋

P-25.4.2.3.2　橋かけ縮合環化合物の名称中では，複合橋は括弧に入れる(注意を喚起するため，以下の例では橋自体の名称全体を括弧に入れて示す)．複合環の環状成分で必要となる指示水素の位置番号は，橋自体の名称の前ではなく完成した橋かけ縮合環系の名称の前に置く(P-25.7.1 参照)．橋の番号付けは P-25.4.4 参照．橋の鎖状成分が内部番号を必要とする場合は，橋の名称が示す向きに番号をつける．

例：　–O-CH₂–　　　　　（エポキシメタノ）優先接頭
　　　　　　　　　　　　　（epoxymethano）優先接頭

　　–NH-CH₂-CH₂–　　　（アザノエタノ）優先接頭
　　　　　　　　　　　　　（azanoethano）優先接頭

　　–O-S-O–　　　　　　（エピオキシスルファノオキシ）予備接頭
　　　　　　　　　　　　　（epoxysulfanooxy）予備接頭

　　–O-CH-CH₂–　　　　（エピオキシエタン［1,1,2］トリイル）優先接頭
　　　　　　　　　　　　　（epoxyethane［1,1,2］triyl）優先接頭

　　–O-CH₂-CH＜　　　　（エピオキシエタン［1,2,2］トリイル）優先接頭
　　　　　　　　　　　　　（epoxyethane［1,2,2］triyl）優先接頭

　　　　　　　　　　　　　（［1,4］ベンゼノメタノ）優先接頭　　（［1,4］benzenomethano）優先接頭

　　　　　　　　　　　　　（エピオキシ［1,4］ベンゼノ）優先接頭　　（epoxy［1,4］benzeno）優先接頭

　　　　　　　　　　　　　（［2,3］フラノメタノ）優先接頭　　（［2,3］furanomethano）優先接頭

　　　　　　　　　　　　　（［3,2］フラノメタノ）優先接頭　　（［3,2］furanomethano）優先接頭

—CH₂-CH₂- ... —CH₂ ［エタノ(［2,5］エピピロロ)メタノ］ 優先接頭
[ethano([2,5]epipyrrolo)methano] 優先接頭

–CH₂-O-CH= (メタノオキシメテノ) 優先接頭 (methanooxymetheno) 優先接頭

P-25.4.3 橋かけ縮合環系の命名法

| P-25.4.3.1 橋の並べ方 | P-25.4.3.3 結合位置番号の選び方 |
| P-25.4.3.2 結合位置番号 | P-25.4.3.4 橋の選び方 |

P-25.4.3.1 橋の並べ方 二つ以上の橋があるとき，従属橋がある場合を除いて，それらはアルファベット順に並べる．従属橋がある場合は，独立橋をすべての従属橋の前に置く．二つ以上の同じ橋がある場合，それらが単純橋(P-25.4.1.4)であれば倍数接頭語 di, tri などで，複合橋(P-25.4.1.5)であれば倍数接頭語 bis, tris などで示す．また di, tri などでは曖昧な場合 bis, tris などを用いる．同種の橋の位置番号(複数の組)はコロンで区切る．

P-25.4.3.2 結合位置番号 橋かけする縮合環は通常の方法で番号をつける．橋かけする縮合環の選び方は P-25.4.3.4.2 参照．

P-25.4.3.2.1 二価の対称な橋 二価の対称な橋が縮合環に結合する位置の番号は，それぞれの橋の名称の前に数字順につける．

例：

9,10-エタノアントラセン PIN
9,10-ethanoanthracene PIN

1,4:6,9-ジメタノオキサントレン PIN
1,4:6,9-dimethanooxanthrene PIN
1,4:6,9-ジメタノジベンゾ[b,e][1,4]ジオキシン
1,4:6,9-dimethanodibenzo[b,e][1,4]dioxin

6,9-エピオキシ-1,4-メタノベンゾ[8]アンヌレン PIN
6,9-epoxy-1,4-methanobenzo[8]annulene PIN
6,9-エピオキシ-1,4-メタノベンゾシクロオクテン
6,9-epoxy-1,4-methanobenzocyclooctene

1H-1,4-エタノチオキサンテン PIN
1H-1,4-ethanothioxanthene PIN

5,12:6,11-ジ[1,2]ベンゼノジベンゾ[a,e][8]アンヌレン PIN
5,12:6,11-di[1,2]benzenodibenzo[a,e][8]annulene PIN

P-25.4.3.2.2 多価橋および複合橋 多価橋あるいは複合橋が縮合環系に結合する位置の番号は，橋の名称に示される順につける．橋の遊離原子価の位置番号の帰属方法は P-25.4.2 で述べた．特殊な位置番号がない場合は，単一の遊離原子価(yl)に二重遊離原子価(ylidene)より小さい位置番号を割当てる．複数の可能性がある場

合は，位置番号は数字の順につける．指示水素原子は橋自体の名称の前ではなく，完成した橋かけ縮合環名の前に置く(P-25.7.1)．

例： 2*H*-3,5-(エピオキシメタノ)フロ[3,4-*b*]ピラン **PIN**
2*H*-3,5-(epoxymethano)furo[3,4-*b*]pyran **PIN**
(7*H*-3,5-(エピオキシメタノ)フロ[2,3-*c*]ピラン
7*H*-3,5-(epoxymethano)furo[2,3-*c*]pyran ではない)

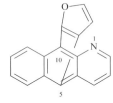 7*H*-5,3-(エピオキシメタノ)フロ[2,3-*c*]ピラン **PIN**
7*H*-5,3-(epoxymethano)furo[2,3-*c*]pyran **PIN**

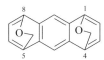 10,5-[2,3]フラノベンゾ[*g*]キノリン **PIN**
10,5-[2,3]furanobenzo[*g*]quinoline **PIN**

 1,4:8,5-ビス(エピオキシメタノ)アントラセン **PIN**
1,4:8,5-bis(epoxymethano)anthracene **PIN**

P-25.4.3.3 結合位置番号の選び方 P-25.4.3.2 を適用しても，結合位置番号に複数の可能性がある場合，以下の順序で優先順位を決める．

(a) 橋の結合位置のすべてをまとめて考慮して位置番号の組合わせが最小になるようにする．

例：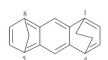

1,4-エピオキシナフタレン **PIN**   5,8-エピオキシ-1,3-メタノアントラセン **PIN**
1,4-epoxynaphthalene **PIN**   5,8-epoxy-1,3-methanoanthracene **PIN**
 (5,8-エピオキシナフタレン   (1,4-エピオキシ-5,7-メタノアントラセン
  5,8-epoxynaphthalene ではない)   1,4-epoxy-5,7-methanoanthracene ではない．
                                            位置番号の組合わせ 1,3,5,8 は 1,4,5,7 より小さい)

(b) 名称中の橋の並ぶ順序に対応して，位置番号が最も小さくなるようにする．

例：

1,4-エタノ-5,8-メタノアントラセン **PIN**   1,4-エピオキシ-5,8-メタノナフタレン **PIN**
1,4-ethano-5,8-methanoanthracene **PIN**   1,4-epoxy-5,8-methanonaphthalene **PIN**

P-25.4.3.4 橋の選び方 多環系が縮合環として完全に命名できない場合，可能な方法として橋かけ縮合環として命名することを考える．P-25.1 から P-25.3 で述べた推奨縮合環が母体縮合環となるように橋を選ぶ．

P-25.4.3.4.1 オルト縮合系およびオルト-ペリ縮合系の命名法 橋を取除いた残りの環を P-25.1 から P-25.3 に従って命名する．橋を挿入した後，縮合環系の非集積二重結合の最大数を決める．したがって，橋の結合を考慮すると，非集積二重結合の数あるいは指示水素の必要性が母体環とは違ってくる場合もある．異性体を指定するために必要に応じて指示水素を用いるが，それは完成した橋かけ縮合環名の先頭に置く(P-25.7.1.3.2 参照)．

例:

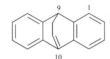

4a,8a-エタノナフタレン **PIN**
4a,8a-ethanonaphthalene **PIN**

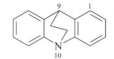

9*H*-9,10-エタノアクリジン **PIN**
9*H*-9,10-ethanoacridine **PIN**

1,5-メタノインドール **PIN**
1,5-methanoindole **PIN**

9*H*-9,10-(エピエタニルイリデン)アントラセン **PIN**
9*H*-9,10-(epiethanylylidene)anthracene **PIN**
〔9*H*-10,9-(エピエタニルイリデン)アントラセン
9*H*-10,9-(epiethanylylidene)anthracene ではない．
環系への結合位置番号のより小さいものを接尾語
yl に与える(P-25.4.3.2.2 参照)〕

P-25.4.3.4.2 橋かけする縮合環の選び方 橋かけする縮合環の選び方に選択の余地がある場合，一つに決まるまで以下の基準を順次適用する．P-25.4.3.4.1 で述べたように，二重結合の配置が異なる二つの構造が対象となることもある．縮合環の橋かけ位置の番号を橋の名称の前に，橋の遊離原子価の位置番号と同じ順に置く(P-25.4.3.2.2 参照)．橋かけをする前の縮合環はつぎの基準を満たさなければならない．

(a) 最大数の環を含む．

例:

(I) 正　　　　　(II) 誤

(I) 1*H*-1,3-プロパノシクロブタ[*a*]インデン **PIN**
1*H*-1,3-propanocyclobuta[*a*]indene **PIN**
〔(II)の 8,10,1-(エピエタン[1,1,2]トリイル)ベンゾ[8]アンヌレン
8,10,1-(epiethane[1,1,2]triyl)benzo[8]annulene ではない．
(環への結合位置番号の並べ方については P-25.4.3.2.2 参照)〕

説明: 正しい名称は縮合環に 3 個の環をもつ．誤った名称は縮合環に 2 個の環しかもたない．

(b) 最大数の骨格原子を含まなければならない．

例:

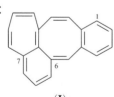 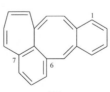 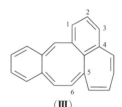

(I)　　　　　(II)　　　　　(III)

(I) 6,7-(エピプロパ[1]エン[1]イル[3]イリデン)ベンゾ[*a*]シクロヘプタ[*e*][8]アンヌレン **PIN**
6,7-(epiprop[1]en[1]yl[3]ylidene)benzo[*a*]cyclohepta[*e*][8]annulene **PIN**
〔(II)の 7,6-(エピプロパ[1]エン[1]イル[3]イリデン)ベンゾ[*a*]シクロヘプタ[*e*][8]アンヌレン
7,6-(epiprop[1]en[1]yl[3]ylidene)benzo[*a*]cyclohepta[*e*][8]annulene ではない．
接尾語 yl は環系への結合位置番号がより小さくなるようにする(P-25.4.3.2.2 参照)〕
〔(III)の 4,5-ブタ[1,3]ジエノジベンゾ[*a*,*d*][8]アンヌレン
4,5-buta[1,3]dienodibenzo[*a*,*d*][8]annulene ではない．
縮合環ベンゾ[*a*]シクロヘプタ[*e*][8]アンヌレンは 17 個の原子をもつのに対して
ジベンゾ[*a*,*d*][8]アンヌレンは 16 個の原子しかもたない〕

(c) 橋かけする前の縮合環がより少ないヘテロ原子をもつ．

例：

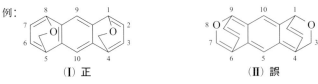

(I) 1,4:8,5-ビス(エピオキシメタノ)アントラセン🅿 1,4:8,5-bis(epoxymethano)anthracene🅿
〔(II)の 1*H*,3*H*-1,4:6,9-ビスエテノベンゾ[1,2-*c*:5,4-*c'*]ジピラン
1*H*,3*H*-1,4:6,9-bisethenobenzo[1,2-*c*:5,4-*c'*]dipyran ではない〕

(d) 母体縮合環に優先順位を適用したとき，最優先の環でできている(P-44.2 参照)．

例：

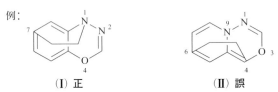

(I) 1,7-エタノ[4,1,2]ベンゾオキサジアジン🅿 1,7-ethano[4,1,2]benzoxadiazine🅿
〔(II)の 4,6-エタノピリド[1,2-*d*][1,3,4]オキサジアジン 4,6-ethanopyrido[1,2-*d*][1,3,4]oxadiazine ではない．(I)のヘテロ原子の位置番号の組合わせ 1, 2, 4 は(II)の位置番号の組合わせ 1, 3, 9 より小さい (P-14.3.5 参照)〕

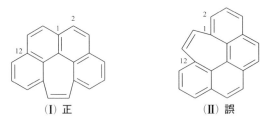

(I) 1,12-エテノベンゾ[4,5]シクロヘプタ[1,2,3-*de*]ナフタレン🅿
1,12-ethenobenzo[4,5]cyclohepta[1,2,3-*de*]naphthalene🅿
〔(II)の 1,12-エテノベンゾ[*c*]フェナントレン 1,12-ethenobenzo[*c*]phenanthrene ではない．
(I)の環の大きさの組合わせ 7, 6, 6, 6 は(II)の環の大きさの組合わせ 6, 6, 6, 6 に優先する
(P-25.3.2.4(c)および P-44.2.2.2.3(a)参照)〕

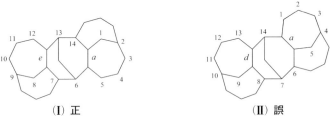

(I) オクタデカヒドロ-6,13-メタノ-2,14:7,9-ジプロパノジシクロヘプタ[*a*,*e*][8]アンヌレン🅿
octadecahydro-6,13-methano-2,14:7,9-dipropanodicyclohepta[*a*,*e*][8]annulene🅿
〔(II)の オクタデカヒドロ-7,14-メタノ-4,6:8,10-ジプロパノジシクロヘプタ[*a*,*d*][8]アンヌレン
octadecahydro-7,14-methano-4,6:8,10-dipropanodicyclohepta[*a*,*d*][8]annulene ではない．
正しい名称では，橋かけ前の縮合環の最大数の環が水平の並びにならなければならない，すなわち 2 ではなく 3 (P-25.3.2.3.2(a)および P-44.2.2.2.3(b)参照)〕

ヘキサシクロ[15.3.2.2^{3,7}.1^{2,12}.0^{13,21}.0^{11,25}]ペンタコサン
hexacyclo[15.3.2.2^{3,7}.1^{2,12}.0^{13,21}.0^{11,25}]pentacosane (P-23.2.6.3 参照)

(e) 最小数の多価橋をもつ.

例:

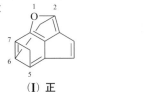

(I) 正   (II) 誤

(I) 2,6:5,7-ジメタノインデノ[7,1-*bc*]フラン **PIN**　2,6:5,7-dimethanoindeno[7,1-*bc*]furan **PIN**
  (環の結合位置番号については，P-25.4.3.2.2 を参照のこと)

〔(II)の 5,7,2-(エピエタン[1,1,2]トリイル)インデノ[7,1-*bc*]フラン
5,7,2-(epiethane[1,1,2]triyl)indeno[7,1-*bc*]furan ではない．PIN(I)は多価橋をもたないが，誤った名称(II)は多価橋を一つもつ〕

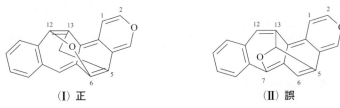

(I) 正   (II) 誤

(I) 6,12-エピオキシ-5,13-メタノベンゾ[4,5]シクロヘプタ[1,2-*f*][2]ベンゾピラン **PIN**
  6,12-epoxy-5,13-methanobenzo[4,5]cyclohepta[1,2-*f*][2]benzopyran **PIN**
  6,12-エポキシ-5,13-メタノベンゾ[4,5]シクロヘプタ[1,2-*f*]イソクロメン
  6,12-epoxy-5,13-methanobenzo[4,5]cyclohepta[1,2-*f*]isochromene
  (環の結合位置番号については，P-25.4.3.2.2 参照)

〔(II)の 7,5,13-(エピオキシエピメタントリイル)ベンゾ[4,5]シクロヘプタ[1,2-*f*][2]ベンゾピラン
7,5,13-(epoxyepimethanetriyl)benzo[4,5]cyclohepta[1,2-*f*][2]benzopyran ではない．
PIN(I)は多価橋をもたないが，誤った名称(II)は多価橋を一つもつ〕

(f) 最小数の従属橋をもつ.

例:

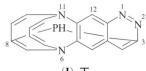

(I) 正   (II) 誤

(I) 6,11-ブタ[1,3]ジエノ-3,8-ホスファノ[1,4]ジアゾシノ[2,3-*g*]シンノリン **PIN**
  6,11-buta[1,3]dieno-3,8-phosphano[1,4]diazocino[2,3-*g*]cinnoline **PIN**

〔(II)の 3,15-ホスファノ-6,11-ブタ[1,3]ジエノ[1,4]ジアゾシノ[2,3-*g*]シンノリン
3,15-phosphano-6,11-buta[1,3]dieno[1,4]diazocino[2,3-*g*]cinnoline ではない．
PIN(I)は従属橋をもたないが，誤った名称(II)は従属橋を一つもつ〕

(g) 従属橋に最小数の原子をもつ.

例:

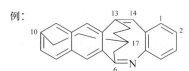

6,17-メタノ-10,13-ペンタノナフト[2,3-*c*][1]ベンゾアゾシン **PIN**
6,17-methano-10,13-pentanonaphtho[2,3-*c*][1]benzazocine **PIN**

〔13,17-エタノ-6,10-ブタノナフト[2,3-*c*][1]ベンゾアゾシン
13,17-ethano-6,10-butanonaphtho[2,3-*c*][1]benzazocine ではなく，
10,17-エタノ-6,13-ブタノナフト[2,3-*c*][1]ベンゾアゾシン
10,17-ethano-6,13-butanonaphtho[2,3-*c*][1]benzazocine でもない．
PIN では従属橋の原子は 1 個だけである〕

(h) 最大数の二価橋をもつ．したがって ジイル diyl は イルイリデン ylylidene, トリイル triyl, ジイリデン diylidene, ジイルイリデン diylylidene あるいは テトライル tetrayl などに優先する．同様にして，イルイリデン ylylidene は トリイル triyl などに優先する．

例:

(Ⅰ) 正　　　　　(Ⅱ) 誤

(Ⅰ) 8,7-(アゼノエピエテノ)シクロヘプタ[4,5]シクロオクタ[1,2-*b*]ピリジン **PIN**
　　8,7-(azenoepietheno)cyclohepta[4,5]cycloocta[1,2-*b*]pyridine **PIN**
〔(Ⅱ)の 8,7-(アゼノエピエタンジイリデン)シクロヘプタ[4,5]シクロオクタ[1,2-*b*]ピリジン
　　8,7-(azenoepiethanediylidene)cyclohepta[4,5]cycloocta[1,2-*b*]pyridine ではない．
PIN は三価橋と二価橋からなる複合橋をもつが，誤った名称は三価橋と四価橋からなる複合橋をもつ〕

(i) 独立橋，従属橋の順で橋の位置番号が最小になる．

例:

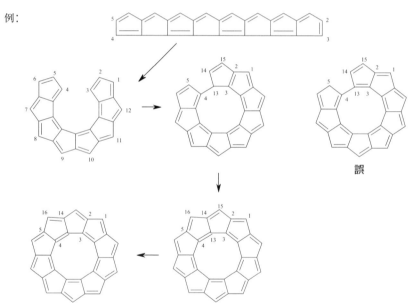

5,14-(メテノ)-2,3,4-
(エピプロパ[2]エン[1,3]ジイル[1]イリデン)ジシクロペンタ[*f,f′*]ペンタレノ[1,2-*a*：6,5-*a′*]ジペンタレン **PIN**
5,14-(metheno)-2,3,4-(epiprop[2]ene[1,3]diyl[1]ylidene)dicyclopenta[*f,f′*]pentaleno[1,2-*a*：6,5-*a′*]dipentalene **PIN**
〔メテノ基の単結合が環系の小さい位置番号の箇所に結合する(P-25.4.3.2.2 参照)〕
〔5,14-(メテノ)-2,4,3-
(エピプロパ[2]エン[1,3]ジイル[1]イリデン)ジシクロペンタ[*f,f′*]ペンタレノ[1,2-*a*：6,5-*a′*]ジペンタレン
5,14-(metheno)-2,4,3-(epiprop[2]ene[1,3]diyl[1]ylidene)dicyclopenta[*f,f′*]pentaleno[1,2-*a*：6,5-*a′*]dipentalene ではない．独立橋の位置番号 2,3,4 は 2,4,3 より小さい〕
〔14,5-(メテノ)2,3,4-
(エピプロパ[2]エン[1,3]ジイル[1]イリデン)ジシクロペンタ[*f,f′*]ペンタレノ[1,2-*a*：6,5-*a′*]ジペンタレン
14,5-(metheno)-2,3,4-(epiprop[2]ene[1,3]diyl[1]ylidene)dicyclopenta[*f,f′*]pentaleno[1,2-*a*：6,5-*a′*]dipentalene ではない．独立橋の位置番号 5, 14 は 14, 5 より小さい〕

(j) 母体環系が最多の非集積二重結合をもつ．

例: 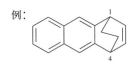 1,4-ジヒドロ-1,4-エタノアントラセン PIN
1,4-dihydro-1,4-ethanoanthracene PIN
(1,2,3,4-テトラヒドロ-1,4-エテノアントラセン
1,2,3,4-tetrahydro-1,4-ethenoanthracene ではない)

P-25.4.4 橋原子の番号付け

橋原子は縮合環の最大の位置番号に続けて番号を付ける．橋に2個以上の原子(水素を除く)がある場合は，縮合環の最大の位置番号をもつ橋頭に結合している鎖あるいは環の末端の原子から順に番号を付ける．複合橋では一つの成分に完全に番号を付けてからつぎの成分に進む．縮合環を含む橋の縮合原子は P-25.3.3.1.1 に従って番号を付ける．

例: 1,4-エタノナフタレン PIN
1,4-ethanonaphthalene PIN

P-25.4.4.1 番号付けに複数の可能性がある場合は，一つに決まるまでつぎの基準を順次適用して最も小さな番号を決める．

(a) ヘテロ原子に小さな番号を付ける．
(b) 橋の中の橋頭原子に小さな番号を付ける．

つぎに残りの原子(水素を除く)を順に番号付けする．

例:

9,10-[1,2]ベンゼノアントラセン PIN
9,10-[1,2]benzenoanthracene PIN

10,5-[2,3]フラノベンゾ[g]キノリン PIN
10,5-[2,3]furanobenzo[g]quinoline PIN

12H-5,10-[2,5]エピピラノベンゾ[g]キノリン PIN
12H-5,10-[2,5]epipyranobenzo[g]quinoline PIN

6,13-(メタノ[1,2]ベンゼノメタノ)ペンタセン PIN
6,13-(methano[1,2]benzenomethano)pentacene PIN

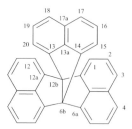

6b,12b-[1,8]ナフタレノアセナフチレノ[1,2-*a*]アセナフチレン **PIN**
6b,12b-[1,8]naphthalenoacenaphthyleno[1,2-*a*]acenaphthylene **PIN**

注記：位置番号 13a および 17a は，橋かけしていない縮合環の縮合位置番号と同様の方法で付ける．P-25.3.3.1.1 参照．

P-25.4.5 橋の番号付けの順序

P-25.4.5.1 独立橋は従属橋より先に番号をつける．

例：

13,16-エピオキシ-1,4:5,8-ジエピオキシ-9,10-[1,2]ベンゼノアントラセン **PIN**
13,16-epoxy-1,4:5,8-diepoxy-9,10-[1,2]benzenoanthracene **PIN**

注記：名称では従属橋は独立橋より前に並べるが，番号は後になる．P-25.4.3.1 参照．

P-25.4.5.2 同じタイプの橋が（独立橋でも従属橋でも）二つ以上ある場合は，違いが生じる最初の点でより大きな位置番号をもつ橋頭に結合している橋が優先する．

例：

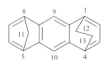

1,4-エタノ-5,8-メタノアントラセン **PIN**
1,4-ethano-5,8-methanoanthracene **PIN**

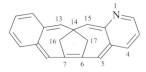

6,14:7,14-ジメタノベンゾ[7,8]シクロウンデカ[1,2-*b*]ピリジン **PIN**
6,14:7,14-dimethanobenzo[7,8]cycloundeca[1,2-*b*]pyridine **PIN**

P-25.4.5.3 二つの橋が同じ橋頭原子に結合している場合，名称中で並ぶ順に番号をつける．

例：

6,13-エタノ-6,13-メタノジベンゾ[*b,g*][1,6]ジアゼシン **PIN**
6,13-ethano-6,13-methanodibenzo[*b,g*][1,6]diazecine **PIN**

P-25　縮合環および橋かけ縮合環系　　195

P-25.5　縮合環命名法の限界：三つの成分が一緒にオルト-ペリ縮合している場合

　P-25.1 から P-25.3 で述べた縮合環の原則は，成分の対同士でのみ適用する．互いにオルト縮合あるいはオルト-ペリ縮合している二つの成分に，さらに第三の成分がオルト-ペリ縮合する系を命名するのには，これらの原則を適用することはできない．ベンゾ複素環を一つの成分と考えることを思い出せば，他の方法では不可能な名称をつくることができる．

例：

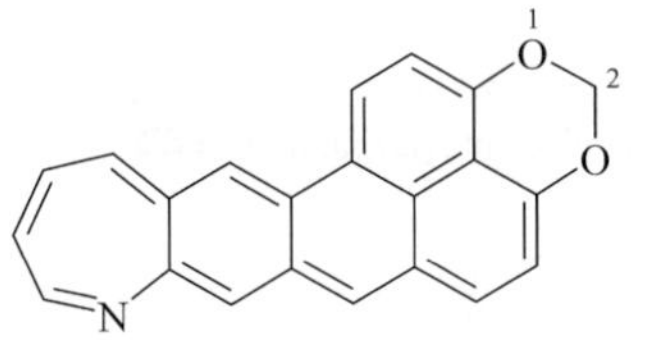

2*H*-[1,3]ベンゾジオキシノ[6′,5′,4′:10,5,6]アントラ[2,3-*b*]アゼピン **PIN**
2*H*-[1,3]benzodioxino[6′,5′,4′:10,5,6]anthra[2,3-*b*]azepine **PIN**

注記：アゼピン azepine，アントラセン anthracene，1,3-ジオキシン 1,3-dioxine，ベンゼン benzene の四つの成分を独立に扱うと，通常の縮合環命名法では命名できない．したがってベンゾ名をもつ成分を用いることが必要となる．1-ベンゾアゼピン 1-benzazepine は母体環にはなれない，なぜなら保存名である アントラ anthra をもつ付随成分を分断しなければならず，それは許されないからである．P-25.3.5 参照．

　互いにオルト縮合あるいはオルト-ペリ縮合している二つの成分に第三の成分がオルト-ペリ縮合している場合は，一つに決まるまで以下の手順を順次適用する．

P-25.5.1　"ア" 命 名 法

　P-25.5.1.1　　対応する炭化水素縮合環が縮合環命名法の原則で命名できるか，あるいは保存名である場合，ヘテロ原子は該当する "ア" 接頭語を用いて "ア" 命名法で指定する（P-22.2.3 参照）．縮合炭化水素固有の番号付けは "ア" 接頭語によって変化しない．

　P-25.1 から P-25.3 で述べた縮合環の原則が適用できる場合は "ア" 命名法は使えない．この手順は P-25.5 で述べる場合にのみ適用できる．

例：

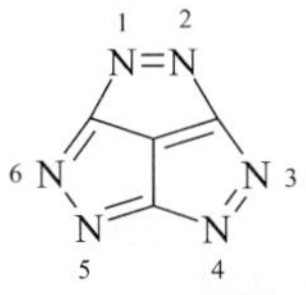

1,2,3,4,5,6-ヘキサアザシクロペンタ[*cd*]ペンタレン **PIN**
1,2,3,4,5,6-hexaazacyclopenta[*cd*]pentalene **PIN**

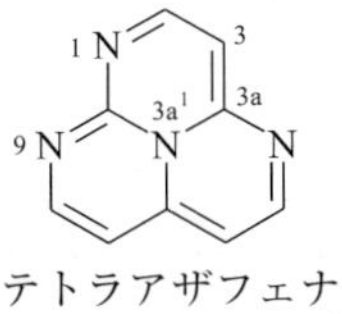

1,3a¹,4,9-テトラアザフェナレン **PIN**
1,3a¹,4,9-tetraazaphenalene **PIN**

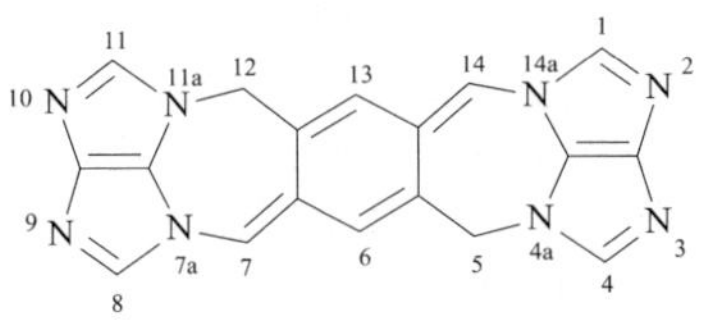

5*H*,12*H*-2,3,4a,7a,9,10,11a,14a-オクタアザジシクロペンタ[*ij*:*i′j′*]ベンゾ[1,2-*f*:4,5-*f′*]ジアズレン **PIN**
5*H*,12*H*-2,3,4a,7a,9,10,11a,14a-octaazadicyclopenta[*ij*:*i′j′*]benzo[1,2-*f*:4,5-*f′*]diazulene **PIN**

P-25.5.1.2 縮合環が"ア"命名法でのみ命名できる場合は，橋内のヘテロ原子もすべて"ア"命名法で命名しなければならない．"ア"接頭語は対応する炭化水素橋かけ縮合環の前に置く．

例：

2,3,9-トリオキサ-5,8-メタノシクロペンタ[cd]アズレン **PIN**
2,3,9-trioxa-5,8-methanocyclopenta[cd]azulene **PIN**

1H-3,10-ジオキサ-2a¹,5-エタノシクロオクタ[cd]ペンタレン **PIN**
1H-3,10-dioxa-2a¹,5-ethanocycloocta[cd]pentalene **PIN**

2H,5H-4,6,11-トリオキサ-1-チア-5,8b-[1,2]エピシクロペンタシクロペンタ[cd]-s-インダセン **PIN**
2H,5H-4,6,11-trioxa-1-thia-5,8b-[1,2]epicyclopentacyclopenta[cd]-s-indacene **PIN**

P-25.5.2 優先順位の低い炭化水素母体成分の選び方

縮合環名を可能とするため，優先順位の低い炭化水素母体成分を選ぶ．2番目，3番目として選ぶ母体成分は，優先母体成分を選ぶ際の優先順位に従う（P-25.3.2.4 参照）．

例：

シクロブタ[1,7]インデノ[5,6-b]ナフタレン **PIN**
cyclobuta[1,7]indeno[5,6-b]naphthalene **PIN**
（アントラセン anthracene は最上位の母体構成成分として選ぶことはできない．
母体構成成分として優先順位で次にくるのはインデン indene ではなくナフタレン naphthalene である）

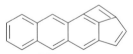

10-アザシクロブタ[1,7]インデノ[5,6-b]アントラセン **PIN**
10-azacyclobuta[1,7]indeno[5,6-b]anthracene **PIN**
（キノリン quinoline とピリジン pyridine は，それぞれに対応するナフタレン naphthalene とアントラセン anthracene が優先する付随成分として使えないため，どちらも，優先母体成分として使えない．したがって，"ア"命名法を使うことになる（P-25.5.1 参照），また優先する炭化水素のテトラセン tetracene が，"ア"代置を適用する母体炭化水素として使えないため（P-52.2.4.4.2 参照），次に優先順位の高いアントラセン anthracene を母体炭化水素の成分として使う）

P-25 縮合環および橋かけ縮合環系

P-25.5.3　橋かけ命名法の使用

通常の縮合環命名法で命名できない構造の名称をつくるには，橋かけ縮合環(P-25.4 参照)を使う．まず縮合環を考え，これに付加する環を橋を使ってつくる．

12,19：13,18-ジ(メテノ)ジナフト[2,3-a：2′,3′-o]ペンタフェン `PIN`
12,19：13,18-di(metheno)dinaphtho[2,3-a：2′,3′-o]pentaphene `PIN`

1-オキサ-5,9,2-(エピエタン[1,1,2]トリイル)シクロオクタ[cd]ペンタレン `PIN`
1-oxa-5,9,2-(epiethane[1,1,2]triyl)cycloocta[cd]pentalene `PIN`

P-25.6　非標準結合数の骨格原子をもつ縮合環

縮合環中の非標準結合数(P-14.1, 参考文献 13 参照)をもつ原子を記述するには λ-標記を用いる．原子の結合数が n のとき λ^n という記号を使い，非標準結合数をもつ原子の位置番号の直後に置く．指示水素原子がある場合は H に該当する位置番号をつけて完成した名称の先頭に置く．

λ-標記は，保存名，縮合環名，ビシクロ環およびポリシクロ環，さらに P-25.5.1 で述べた"ア"命名法による複素環を含む，この節で述べるあらゆる環系で用いることができる．縮合環中の非標準結合数をもつ原子は，成分の環の中ではなく完成した縮合環の中で表示する．名称や番号付けは変わらないが，本来等価な二つの原子の間で選ばなければならない場合は，大きな結合数をもつ原子に小さい位置番号を割当てる(たとえば λ^4 より λ^6 が優先する)．

例：

$7\lambda^4$-[1,2]ジチオロ[1,5-b][1,2]ジチオール `PIN`
$7\lambda^4$-[1,2]dithiolo[1,5-b][1,2]dithiole `PIN`

$2H$-$5\lambda^5$-ホスフィニノ[3,2-b]ピラン `PIN`
$2H$-$5\lambda^5$-phosphinino[3,2-b]pyran `PIN`

$1\lambda^4$,5-ベンゾジチエピン `PIN`
$1\lambda^4$,5-benzodithiepine `PIN`

最多数の非集積二重結合を配置した後で，隣接する環原子と単結合だけで結合し，1 個以上の水素をもち，3 以上の結合数をもつ環原子は指示水素記号 H で表示する．そのような環原子にはなるべく小さい位置番号を割当てる．

例:

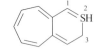

2H-5λ⁴-ジベンゾ[b,d]チオフェン **PIN**
2H-5λ⁴-dibenzo[b,d]thiophene **PIN**

3H-3λ³,2,4-ベンゾヨーダジオキセピン **PIN**
3H-3λ³,2,4-benziodadioxepine **PIN**

 3H-2λ⁴-シクロヘプタ[c]チオピラン **PIN**
3H-2λ⁴-cyclohepta[c]thiopyran **PIN**

P-25.7 二重結合，指示水素，δ-標記

縮合環命名法では二重結合の取扱いは明確に決まっている．縮合環および橋かけ縮合環には最多数の非集積二重結合が存在しなければならない．特定の位置に過剰の水素が存在する場合は，指示水素によって名称中にそれらを明示しなければならない．しかし形式的な集積二重結合が存在することもありうる．そのような特徴はδ-標記で表現する(参考文献 24)．縮合環および橋かけ縮合環におけるこの 2 点についてこの節で述べる．

P-25.7.1 指 示 水 素

P-25.7.1.1 最多非集積二重結合　多環縮合環の名称は，骨格原子の結合数と矛盾しない最多非集積二重結合をもつ構造に対応していると考える．名称を完成させるためには，まず成分を互いに縮合させて，できた縮合環に非集積二重結合を導入する．二重結合を形成する原子に付いている水素原子以外の水素原子は指示水素原子として表示する．

例:

ピロロ[3,2-b]ピロール **PIN**
pyrrolo[3,2-b]pyrrole **PIN**

2H-1,3-ベンゾオキサチオール **PIN**
2H-1,3-benzoxathiole **PIN**

非標準結合数の原子がある場合は，それらをλ-標記で(そして必要ならばδ-標記で)表示しなければならない．非集積二重結合を配置する際には，λ-標記で示した結合数を用いる．

例:

3λ⁴-ピリド[3,2-d][1,3]チアジン **PIN**
3λ⁴-pyrido[3,2-d][1,3]thiazine **PIN**

橋かけ縮合環では，橋と縮合環間の結合を考慮して，母体縮合環に非集積二重結合を配置する．橋の一部となっている環は，橋の遊離原子価を考慮した後に別個に取扱う．

例:

 1,4-エピオキシ-4a,8a-エタノナフタレン **PIN**
1,4-epoxy-4a,8a-ethanonaphthalene **PIN**

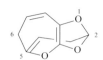 2H,6H-2,5-(エピエタニルイリデン)[1,3]ジオキソロ[4,5-b]オキセピン **PIN**
2H,6H-2,5-(epiethanylylidene)[1,3]dioxolo[4,5-b]oxepine **PIN**

2H-2λ⁵-2,6-(エピエタニルイリデン)イソホスフィノリン **PIN**
2H-2λ⁵-2,6-(epiethanylylidene)isophosphinoline **PIN**

9H,13H-9,10-[3,4]エピピロロアクリジン **PIN**
9H,13H-9,10-[3,4]epipyrroloacridine **PIN**

P-25.7.1.2 局在二重結合 局在二重結合の位置だけが異なる異性体を区別する必要がある場合，ギリシャ文字 Δ を用いて表示する．示される位置番号は局在二重結合の最初の位置番号に相当する．

例：

1,6-ジメチル-Δ¹-ヘプタレン **PIN**
1,6-dimethyl-Δ¹-heptalene **PIN**

1,6-ジメチル-Δ¹⁽¹⁰ª⁾-ヘプタレン **PIN**
1,6-dimethyl-Δ¹⁽¹⁰ª⁾-heptalene **PIN**

P-25.7.1.3 指示水素の表示

P-25.7.1.3.1 一つの名称が最多非集積二重結合をもつ複数の異性体に同等に当てはまり，その構造中の1個以上の水素原子の位置を示すことでその名称を特定できる場合，そのような水素原子のそれぞれについてイタリック体の H を名称に加え，その前に位置番号を表示する．

PIN においては，その名称が縮合環命名法の原則に従ってつくられた場合は，すべての指示水素を表示しなければならない．

GIN においては，いくつかの母体縮合環で置換基がない場合は指示水素を省略することができる．たとえば 1H-インデン 1H-indene ではなく，インデン indene とすることができるが，1H-インデン-3-カルボン酸 1H-indene-3-carboxylic acid では省略できない．GIN では次の環名で指示水素を省略することができる．

フルオレン fluorene	9H
インデン indene	1H
フェナレン phenalene	1H
インダゾール indazole	1H
インドール indole	1H
イソクロメン isochromene （およびカルコゲン類縁体）	1H
イソインドール isoindole	2H
ペリミジン perimidine	1H
プリン purine	7H
ピロール pyrrole	1H
キサンテン xanthene	9H

また GIN では曖昧さがない場合は指示水素を省略することができる．たとえば 2H-1,3-ベンゾジオキソール 2H-1,3-benzodioxole ではなく 1,3-ベンゾジオキソール 1,3-benzodioxole とすることができる．

P-25.7.1.3.2 オルト縮合環およびオルト-ペリ縮合環での指示水素　指示水素はその位置番号をつけて全名称(置換語があればそれを含めて)の先頭に置く.

例:

1*H*-ピロロ[3,2-*b*]ピリジン **PIN**
1*H*-pyrrolo[3,2-*b*]pyridine **PIN**

6*H*-1,7-ジオキサシクロペンタ[*cd*]インデン **PIN**
6*H*-1,7-dioxacyclopenta[*cd*]indene **PIN**

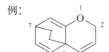
1*H*,3*H*-チエノ[3,4-*c*]チオフェン **PIN**
1*H*,3*H*-thieno[3,4-*c*]thiophene **PIN**

P-25.7.1.3.3 橋かけ縮合環の指示水素　すべての指示水素原子を完成した名称の先頭に置く.

注記: 橋かけ縮合環におけるこのような指示水素の表示は, スピロ原子(P-24.3.2 参照)や環集合(P-28.2.3 参照)の表示法と完全に一致している.

例:

2*H*,7*H*-4a,7-エタノ-1-ベンゾピラン **PIN**
2*H*,7*H*-4a,7-ethano-1-benzopyran **PIN**
2*H*,7*H*-4a,7-エタノクロメン
2*H*,7*H*-4a,7-ethanochromene

1*H*-3a,7-エタノアズレン **PIN**
1*H*-3a,7-ethanoazulene **PIN**

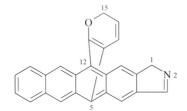
1*H*,15*H*-12,5-[2,3]エピピラノアントラ[2,3-*f*]イソインドール **PIN**
1*H*,15*H*-12,5-[2,3]epipyranoanthra[2,3-*f*]isoindole **PIN**

P-25.7.2 δ-標記

通常, 最多集積二重結合を表す名称をもつ環状母体水素化物中の骨格原子に形式的二重結合が隣接して存在する場合, $δ^c$ という記号で表示する. ここで c はその原子に直接結合している二重結合の数である(参考文献 24). 化合物の名称中で $δ^c$ の記号は, その骨格原子の位置番号の直後に置き, $λ^n$ がある場合はその後に置く.

例:

8$δ^2$-ベンゾ[9]アンヌレン **PIN**
8$δ^2$-benzo[9]annulene **PIN**

2$λ^4δ^2$,5$λ^4δ^2$-チエノ[3,4-*c*]チオフェン **PIN**
2$λ^4δ^2$,5$λ^4δ^2$-thieno[3,4-*c*]thiophene **PIN**

$2\lambda^4\delta^2$-チエノ[3,4-*c*]チオフェン PIN
$2\lambda^4\delta^2$-thieno[3,4-*c*]thiophene PIN

$2\lambda^5\delta^2$-6,2-(エピエタニルイリデン)イソホスフィノリン PIN
$2\lambda^5\delta^2$-6,2-(epiethanylylidene)isophosphinoline PIN

P-25.8 母体成分の優先順位（順位リストの一部）

この項では，環および環系を母体成分として選ぶ場合の優先順位を上位から順に並べてある．最初のリストは複素環母体成分を，2番目のリストは炭化水素母体成分を示す．

P-25.8.1 複素環母体成分の優先順位の部分的リスト

つぎのリストでは，母体複素環を縮合環名の母体成分として選ぶ際の優先順位を上位のものから順に並べてある．参考文献4で示したHgを含む環は本勧告には含んでいない．母体複素環は環の数と環の大きさが減少する順に，そしてヘテロ原子 N, O, S, Se の優先順位に従って並べてある．

注記1： この種のリストには指示水素原子は示していない．
注記2： 以下に示す優先順位は縮合環命名法における母体成分の選択に用いる．
注記3： CASで使われている優先順位では，キノリジン quinolizine はキノリン quinoline，イソキノリン isoquinoline に優先し，インドリジン indolizine はインドール indole およびイソインドール isoindole に優先し，インダセン類 indacene はビフェニレン biphenylene に優先する．

フェノオキサアジン phenoxazine	C_4NO-C_6-C_6
フェノチアアジン phenothiazine	C_4NS-C_6-C_6
フェノセレナアジン phenoselenazine	C_4NSe-C_6-C_6
フェノテルラアジン phenotellurazine	C_4NTe-C_6-C_6
フェナザホスフィニン phenazaphosphinine	C_4NP-C_6-C_6
フェナザアルシニン phenazarsinine	C_4NAs-C_6-C_6
フェナジン phenazine	C_4N_2-C_6-C_6
フェナントロリン phenanthroline	C_5N-C_5N-C_6（窒素原子の位置に応じて．優先順位は次の順に低下．1,7, 1,8, 1,9, 1,10, 2,7, 2,8, 2,9, 3,7, 3,8, 4,7）
ペリミジン perimidine	C_4N_2-C_6-C_6
アクリジン acridine	C_5N-C_6-C_6
フェナントリジン phenanthridine	C_5N-C_6-C_6
カルバゾール carbazole	C_4N-C_6-C_6
プテリジン pteridine	C_4N_2-C_4N_2
シンノリン cinnoline	C_4N_2-C_6

キナゾリン quinazoline		C_4N_2-C_6
キノキサリン quinoxaline		C_4N_2-C_6
1,5-ナフチリジン 1,5-naphthyridine		C_5N-C_5N
1,6-ナフチリジン 1,6-naphthyridine		C_5N-C_5N
1,7-ナフチリジン 1,7-naphthyridine		C_5N-C_5N
1,8-ナフチリジン 1,8-naphthyridine		C_5N-C_5N
フタラジン phthalazine		C_4N_2-C_6
2,6-ナフチリジン 2,6-naphthyridine		C_5N-C_5N
2,7-ナフチリジン 2,7-naphthyridine		C_5N-C_5N
キノリン quinoline		C_5N-C_6
イソキノリン isoquinoline		C_5N-C_6
キノリジン quinolizine		C_5N-C_5N
プリン purine		C_3N_2-C_4N_2
インダゾール indazole		C_3N_2-C_6
インドール indole		C_4N-C_6
イソインドール isoindole		C_4N-C_6
インドリジン indolizine		C_4N-C_5N
ピロリジン pyrrolizine		C_4N-C_4N

少なくとも1個の窒素原子をもつ七員以上の複素環，たとえば アゼピン azepine

少なくとも1個の窒素原子を含み少なくとも3個のヘテロ原子をもつ複素六員環，
　　たとえば 1,3,5-オキサジアジン 1,3,5-oxadiazine

少なくとも1個の窒素原子と，それと異なるヘテロ原子をもつ複素六員環，
　　たとえば 1,2-チアアジン 1,2-thiazine

ピリダジン pyridazine		C_4N_2
ピリミジン pyrimidine		C_4N_2
ピラジン pyrazine		C_4N_2
ピリジン pyridine		C_5N

少なくとも1個の窒素原子を含み少なくとも3個のヘテロ原子をもつ複素五員環，
　　たとえば 1,2,5-オキサジアゾール 1,2,5-oxadiazole（以前は フラザン furazan とよばれた）

1個の窒素原子と，1個のそれと異なるヘテロ原子をもつ複素五員環，
　　たとえば 1,2-オキサアゾール 1,2-oxazole

ピラゾール pyrazole		C_3N_2
イミダゾール imidazole		C_3N_2
ピロール pyrrole		C_4N

少なくとも1個の窒素原子をもつ複素四員環または三員環，たとえば アジレン azirene

窒素原子はもたないがハロゲン原子をもつ複素環，たとえば $1\lambda^3$-1,2-ヨーダオキソール $1\lambda^3$-1,2-iodoxole

フェノキサチイン phenoxathiine		C_4OS-C_6-C_6
フェノキサセレニン phenoxaselenine		C_4OSe-C_6-C_6

P-25　縮合環および橋かけ縮合環系

フェノキサテルリン phenoxatellurine	$C_4OTe\text{-}C_6\text{-}C_6$
フェノキサホスフィニン phenoxaphosphinine	$C_4OP\text{-}C_6\text{-}C_6$
フェノキサアルシニン phenoxarsinine	$C_4OAs\text{-}C_6\text{-}C_6$
フェノキサスチビニン phenoxastibinine	$C_4OSb\text{-}C_6\text{-}C_6$
オキサントレン oxanthrene	$C_4O_2\text{-}C_6\text{-}C_6$
キサンテン xanthene	$C_5O\text{-}C_6\text{-}C_6$
1-ベンゾピラン 1-benzopyran	$C_5O\text{-}C_6$
2-ベンゾピラン 2-benzopyran	$C_5O\text{-}C_6$

少なくとも 1 個の酸素原子をもつ(窒素原子のない)七員以上の複素環,
　　たとえばオキセピン oxepine

少なくとも 1 個が酸素原子である 2 個以上のヘテロ原子をもつ複素六員環,
　　たとえば 1,4-ジオキシン 1,4-dioxine

ピラン pyran	C_5O

1 個が酸素原子である(窒素原子のない)2 個以上のヘテロ原子をもつ複素五員環,
　　たとえば 1,3-ジオキソール 1,3-dioxole

フラン furan	C_4O

少なくとも 1 個の酸素原子をもつ(窒素原子のない)複素四員環または複素三員環,
　　たとえばオキシレン oxirene

フェノチアアルシニン phenothiarsinine	$C_4SAs\text{-}C_6\text{-}C_6$
チアントレン thianthrene	$C_4S_2\text{-}C_6\text{-}C_6$
チオキサンテン thioxanthene	$C_5S\text{-}C_6\text{-}C_6$
1-ベンゾチオピラン 1-benzothiopyran	$C_5S\text{-}C_6$
2-ベンゾチオピラン 2-benzothiopyran	$C_5S\text{-}C_6$

少なくとも 1 個の硫黄原子をもつ(N 原子や O 原子のない)複素単環,
　　たとえば チオピラン thiopyran, C_5S

チオフェン thiophene	C_4S
セラントレン selanthrene	$C_4Se_2\text{-}C_6\text{-}C_6$
セレノキサンテン selenoxanthene	$C_5Se\text{-}C_6\text{-}C_6$
1-ベンゾセレノピラン 1-benzoselenopyran	$C_5Se\text{-}C_6$
2-ベンゾセレノピラン 2-benzoselenopyran	$C_5Se\text{-}C_6$

少なくとも 1 個のセレン原子をもつ(N 原子, O 原子や S 原子のない)複素単環,
　　たとえば セレノピラン selenopyran, C_5Se

セレノフェン selenophene	C_4Se
テルラントレン telluranthrene	$C_4Te_2\text{-}C_6\text{-}C_6$
テルロキサンテン telluroxanthene	$C_5Te\text{-}C_6\text{-}C_6$
1-ベンゾテルロピラン 1-benzotelluropyran	$C_5Te\text{-}C_6$
2-ベンゾテルロピラン 2-benzotelluropyran	$C_5Te\text{-}C_6$

少なくとも1個のテルル原子をもつ(N原子, O原子, S原子やSe原子のない)複素単環,
たとえば テルロピラン telluropyran, C_5Te

テルロフェン tellurophene	C_4Te
ホスファントレン phosphanthrene	$C_4P_2-C_6-C_6$
アクリドホスフィン acridophosphine	$C_5P-C_6-C_6$
ホスファントリジン phosphanthridine	$C_5P-C_6-C_6$
ホスフィノリン phosphinoline	C_5P-C_6
イソホスフィノリン isophosphinoline	C_5P-C_6
ホスフィノリジン phosphinolizine	C_5P-C_5P
ホスフィンドール phosphindole	C_4P-C_6
イソホスフィンドール isophosphindole	C_4P-C_6
ホスフィンドリジン phosphindolizine	C_4P-C_5P

少なくとも1個のリン原子をもつ(N原子, O原子, S原子, Se原子やTe原子のない)複素単環

アルサントレン arsanthrene	$C_4As_2-C_6-C_6$
アクリドアルシン acridarsine	$C_5As-C_6-C_6$
アルサントリジン arsanthridine	$C_5As-C_6-C_6$
アルシノリン arsinoline	C_5As-C_6
イソアルシノリン isoarsinoline	C_5As-C_6
アルシノリジン arsinolizine	C_5As-C_5As
アルシンドール arsindole	C_4As-C_6
イソアルシンドール isoarsindole	C_4As-C_6
アルシンドリジン arsindolizine	C_4As-C_5As

少なくとも1個のヒ素原子および可能性のあるヘテロ原子として, Sb, Bi, Si, Ge, Sn, Pb, B, Al, Ga, In および Tl をもつ複素単環

シラントレン silanthrene	$C_4Si_2-C_6-C_6$
ボラントレン boranthrene	$C_4B_2-C_6-C_6$

P-25.8.2　炭化水素母体成分の優先順位の部分的リスト（上位のものほど優位）

母体成分はつぎの順に並べる.

　　(1) 環の数が少なくなる順
　　(2) 環の大きさが小さくなる順
　　(3) 優先する向きが少なくなる順
　　(4) アセアントリレンおよびアセフェナントリレンについては, 縮合原子の位置番号が大きくなる順

オバレン ovalene	$C_6C_6C_6C_6C_6C_6C_6C_6C_6C_6$
オクタフェニレン octaphenylene	$C_{16}C_6C_6C_6C_6C_6C_6C_6C_6$
テトラナフチレン tetranaphthylene	$C_8C_6C_6C_6C_6C_6C_6C_6C_6$
ノナセン nonacene	$C_6C_6C_6C_6C_6C_6C_6C_6C_6$
ノナフェン nonaphene	$C_6C_6C_6C_6C_6C_6C_6C_6C_6$

P-25 縮合環および橋かけ縮合環系

ノナヘリセン nonahelicene	$C_6C_6C_6C_6C_6C_6C_6C_6C_6$	
オクタセン octacene	$C_6C_6C_6C_6C_6C_6C_6C_6$	
オクタフェン octaphene	$C_6C_6C_6C_6C_6C_6C_6C_6$	
ピラントレン pyranthrene	$C_6C_6C_6C_6C_6C_6C_6C_6$	
オクタヘリセン octahelicene	$C_6C_6C_6C_6C_6C_6C_6C_6$	
ヘキサフェニレン hexaphenylene	$C_{12}C_6C_6C_6C_6C_6C_6$	
ヘプタセン heptacene	$C_6C_6C_6C_6C_6C_6C_6$	
ヘプタフェン heptaphene	$C_6C_6C_6C_6C_6C_6C_6$	
トリナフチレン trinaphthylene	$C_6C_6C_6C_6C_6C_6C_6$	
コロネン coronene	$C_6C_6C_6C_6C_6C_6C_6$	
ヘプタヘリセン heptahelicene	$C_6C_6C_6C_6C_6C_6C_6$	
ルビセン rubicene	$C_6C_6C_6C_6C_6C_5C_5$	
ヘキサセン hexacene	$C_6C_6C_6C_6C_6C_6$	
ヘキサフェン hexaphene	$C_6C_6C_6C_6C_6C_6$	
ヘキサヘリセン hexahelicene	$C_6C_6C_6C_6C_6C_6$	
テトラフェニレン tetraphenylene	$C_8C_6C_6C_6C_6$	
ペンタセン pentacene	$C_6C_6C_6C_6C_6$	
ペンタフェン pentaphene	$C_6C_6C_6C_6C_6$	
ペリレン perylene	$C_6C_6C_6C_6C_6$	
ピセン picene	$C_6C_6C_6C_6C_6$	
プレイアデン pleiadene	$C_7C_6C_6C_6$	
テトラセン tetracene	$C_6C_6C_6C_6$	
テトラフェン tetraphene	$C_6C_6C_6C_6$	
クリセン chrysene	$C_6C_6C_6C_6$	
ピレン pyrene	$C_6C_6C_6C_6$	
トリフェニレン triphenylene	$C_6C_6C_6C_6$	
アセアントリレン aceanthrylene	$C_6C_6C_6C_5$	
アセフェナントリレン acephenanthrylene	$C_6C_6C_6C_5$	
フルオランテン fluoranthene	$C_6C_6C_6C_5$	
アントラセン anthracene	$C_6C_6C_6$	
フェナントレン phenanthrene	$C_6C_6C_6$	
フェナレン phenalene	$C_6C_6C_6$	
フルオレン fluorene	$C_6C_6C_5$	
アセナフチレン acenaphthylene	$C_6C_6C_5$	
ビフェニレン biphenylene	$C_6C_6C_4$	
s-インダセン s-indacene	$C_6C_5C_5$	
as-インダセン as-indacene	$C_6C_5C_5$	
ヘプタレン heptalene	C_7C_7	
アズレン azulene	C_7C_5	
ナフタレン naphthalene	C_6C_6	
インデン indene	C_6C_5	
ペンタレン pentalene	C_5C_5	

単環炭化水素(アンヌレン annulene および ベンゼン benzene, 大きさの減少順)

P-26 ファン命名法 "日本語名称のつくり方"も参照

P-26.0	はじめに	P-26.4	ファン母体水素化物の番号付け
P-26.1	考え方と用語	P-26.5	ファン命名法における"ア"命名法
P-26.2	ファン母体名の成分	P-26.6	ファン命名法のその他の事項
P-26.3	スーパー原子位置番号および再現環連結位置番号		

P-26.0 はじめに

この節は"ファン命名法 第一部 ファン母体名"(参考文献 5)に基づいており，新たな修正や変更は含まれていない．

ファン命名法は，互いに直接結合しているか原子や鎖を介して結合している環からなる環状あるいは鎖状化合物に限定されている．

シクロファン類は一つの化合物群として認識されている(参考文献 19, 23)．この用語は，もともと二つの 1,4-フェニレン基が面を重ねるように −[CH$_2$]$_n$− で結ばれた化合物に用いた(参考文献 23)．現在では次のような化合物を指している．

(a) 飽和した環かあるいはマンキュード環(最多非集積二重結合をもつ環)をもつか，あるいはそれらの集合体をもっており，
(b) 大きな環に代わる成分として原子あるいは飽和ないし不飽和の鎖をもっている．

ファン命名法はシクロファン類を命名するために使われ，鎖状の化合物にも拡張されてきた(PIN 作成におけるファン命名法の使用については P-52.2.5 参照)．

P-26.1 考え方と用語

ファン名をつくる際に出会うであろう用語の定義を以下に示す．これらの用語は操作の種類，ファン名の成分，操作に含まれる構造の細部に関するものである．

P-26.1.1 簡略化と再現化

ファン命名法の基本操作を図 2・1 に示す．左から右に進む操作を**簡略化** simplification とよび，右から左に進む操作を**再現化** amplification あるいは**ファンの置き換え** phane replacement とよぶ．

簡略化の操作は，ファン名作成の最初の段階を示している．すなわち複雑な環状構造の重要な部分を原子のように一つの記号で表示する．この記号を**スーパー原子**とよぶ．これによって簡単に命名できる簡略化された骨格ができる．ファン母体水素化物名は簡略骨格の名称とスーパー原子へと簡略化された環状成分(**再現環** amplificant とよぶ)の名称からつくられる．再現環に属する結合と異なり，図 2・1 で矢印をつけた結合は簡略化や再現化の操作で消滅することはない．

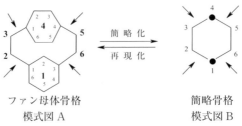

ファン母体骨格　　　　簡略骨格
模式図 A　　　　　　模式図 B

図 2・1 ファン命名法変換図

P-26.1.2　ファン母体水素化物の簡略骨格，簡略ファン母体模式図，簡略骨格名，骨格位置番号

　簡略化の終点であり再現化の出発点である図 2・1 の模式図 B を，ファン母体水素化物の簡略化された骨格あるいは単に**簡略骨格** simplified skeleton とよび，簡略ファン母体模式図によって表示する．その名称を簡略骨格名という．簡略骨格名は特定の骨格番号付けを含み，その位置番号を**骨格位置番号** skeletal locant という．これがファン母体水素化物の主位置番号となる．図 2・1 では，骨格位置番号を大きな数字で示している．この番号は簡略骨格でもファン母体骨格でも同じである．

P-26.1.3　スーパー原子とスーパー原子位置番号

　図 2・1 の模式図 B で簡略骨格の 1 および 4 の位置に ● の記号で示されている"原子"は，簡略化によって現れ，再現化によって消失するもので，**スーパー原子** superatom という．その位置番号をスーパー原子位置番号という．

P-26.1.4　再現環，再現環接頭語，再現環位置番号

　再現化操作でスーパー原子と置き換わる多原子構造単位(環あるいは環系)を**再現環** amplificant とよぶ．模式図 A の中の六員環は再現環であり，ファン母体名では再現環接頭語によって表す．そのような接頭語は，それぞれその再現環に固有の番号付けをもっている．その位置番号は再現環位置番号といい，模式図 A では小さな数字で示してある．

P-26.1.5　連結原子と連結位置番号

　図 2・1 において矢印で示した結合が結合している再現環上の原子を**連結原子** attachment atom といい，その位置番号を**連結位置番号** attachment locant という．図 2・1 の模式図 A において上側の環の連結位置番号は再現環の位置番号 1 と 4 であり，下側の環の連結位置番号は再現環の位置番号 1 と 3 である．

P-26.1.6　ファン母体骨格，ファン母体名，ファン母体水素化物

　簡略化操作の出発点であり，再現化操作の結果生じる骨格模式図をファン母体骨格という．簡略骨格名，再現環接頭語，および該当するスーパー原子位置番号と連結位置番号をつなげたものをファン母体名という．母体とは，有機化学の系統的な命名法操作で誘導される他の成分，たとえば置換接頭語，水素化接頭語と語尾，特性基接尾語などの名称とつなげることができることを意味する．そのような余分な成分がない場合，その化合物はファン母体水素化物であり，その名称は骨格母体のすべての結合の次数(原子価)を，したがって各骨格原子に結合している水素原子の数を含んでいることを意味する．

P-26.2　ファン母体名の成分

P-26.2.1　簡略骨格名	P-26.2.3　複数の同一再現環
P-26.2.2　再現環接頭語	

P-26.2.1　簡 略 骨 格 名

　簡略骨格名は簡略骨格の構造を示す接頭語の後にファン phane を付ける．この名称は再現化の母体であるが，他の操作に関わる母体ではない．簡略化操作は，再現環が再現環接頭語で表現できるように行わなければならない(P-26.2.2 参照)．

　簡略骨格名で表されるすべての結合について結合次数 1 を仮定する．スーパー原子に含まれない原子は，有機化合物の命名法の原則に従って，結合数(原子価)4 の炭素原子を表す．

　簡略骨格名のスーパー原子には，それが属する骨格の種類の番号付けに矛盾しないように，最小の位置番号あ

るいは位置番号の組合わせを割当てる．最小の位置番号の組合わせとは，その組合わせを数値が大きくなる順に並べて比較するとき，違いが現れる最初の点で最小の数値をもつ位置番号の組合わせである(P-14.3.5 参照)．

四つのタイプの簡略骨格構造，すなわち，非分枝鎖型(P-26.2.1.1)，単環型(P-26.2.1.2)，ポリシクロ型(P-26.2.1.3)，スピロ型(P-26.2.1.4)について以下に述べる．

簡略骨格の名称は次の順序で構成する：構造のタイプを表す接頭語(シクロ，ビシクロ，スピロなど)，骨格要素の数を表す(スーパー原子を指示するものも含む) di，tri，tetra などの倍数接頭語，そしてファンである．直線型ファンを命名するときは構造のタイプを表す接頭語は使わない．

P-2 で示したそれぞれのタイプが推奨する番号付けに従って，骨格要素に番号をつける．スーパー原子には可能な限り最も小さな位置番号を付ける．

P-26.2.1.1　非分枝鎖型簡略骨格構造

例：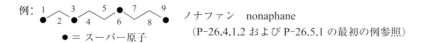　ノナファン　nonaphane
　　　　　　　　　　　　（P-26.4.1.2 および P-26.5.1 の最初の例参照）
● = スーパー原子

P-26.2.1.2　単環型簡略骨格構造

例：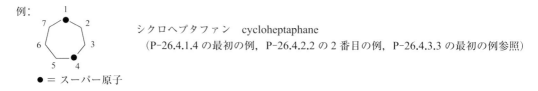　シクロヘプタファン　cycloheptaphane
　　　　　　　　　　　　（P-26.4.1.4 の最初の例，P-26.4.2.2 の 2 番目の例，P-26.4.3.3 の最初の例参照）
● = スーパー原子

P-26.2.1.3　ポリシクロ型簡略骨格構造

例：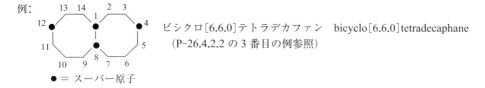　ビシクロ[6.6.0]テトラデカファン　bicyclo[6.6.0]tetradecaphane
　　　　　　　　　　　　（P-26.4.2.2 の 3 番目の例参照）
● = スーパー原子

P-26.2.1.4　スピロ型簡略骨格構造

例：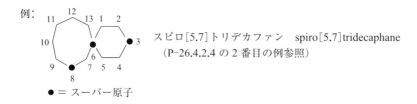　スピロ[5.7]トリデカファン　spiro[5.7]tridecaphane
　　　　　　　　　　　　（P-26.4.2.4 の 2 番目の例参照）
● = スーパー原子

P-26.2.2　再現環接頭語

P-26.2.2.1　再現環接頭語の命名法　再現環接頭語の名称は，許容される環(P-26.2.2.2.1 参照)の名称の末尾の e を a に変えるか，あるいは末尾に e がない場合は a を加えたものである．

例：ピロール PIN　　pyrrole PIN　　　　ピロラ 優先接頭　　pyrrola 優先接頭
　　ピラン PIN　　　pyran PIN　　　　　ピラナ 優先接頭　　pyrana 優先接頭
　　フラン PIN　　　furan PIN　　　　　フラナ 優先接頭　　furana 優先接頭
　　ナフタレン PIN　naphthalene PIN　　ナフタレナ 優先接頭　naphthalena 優先接頭
　　アントラセン PIN　anthracene PIN　　アントラセナ 優先接頭　anthracena 優先接頭

P-26　ファン命名法　　209

P-26.2.2.2　再現環接頭語を導くための母体水素化物名

P-26.2.2.2.1　許容される母体水素化物　　再現環接頭語は，最多非集積二重結合をもつ単環および多環，橋かけ縮合環，飽和単環，飽和ビシクロアルカンおよび飽和ポリシクロアルカン(von Baeyer 炭化水素)，およびスピロ型アルカンから導かれる．さらに ゴナン gonane，モルフィナン morphinan のような立体母体化合物(P-10 参照)も認められる．母体の番号付けは変わらない．

P-26.2.2.2.2　母体水素化物として認められない名称

(a) 次の母体水素化物名は認められない．

　(1) 1,1′-スピロビ[インデン] PIN　1,1′-spirobi[indene] PIN のようなスピロビ名

　(2) スピロ[1,3-ジオキソラン-2,1′-インデン] PIN　spiro[1,3-dioxolane-2,1′-indene] PIN や スピロ[ビシクロ[2.2.2]オクタン-2,1′-シクロヘキサン] PIN　spiro[bicyclo[2.2.2]octane-2,1′-cyclohexane] PIN のような，少なくとも一つの縮合環あるいはポリシクロアルカン環をもつスピロ環名

　(3) 1,1′-ビフェニル PIN　1,1′-biphenyl PIN のような環集合名

(b) 修飾された母体水素化物名(そのような修飾はファン母体水素化物が完全に構築された後に行う規則になっている)

　(1) 9,10-ジヒドロアントラセン PIN　9,10-dihydroanthracene PIN のように接頭語 ヒドロ hydro による修飾

　(2) シクロヘキセン PIN　cyclohexene PIN のように エン ene や イン yne の語尾による修飾

　(3) 1-アザビシクロ[3.2.1]オクタン PIN　1-azabicyclo[3.2.1]octane PIN のように "ア" 接頭語による修飾

　(4) シクロヘキサンカルボン酸 PIN　cyclohexanecarboxylic acid PIN や シクロヘキサノン PIN　cyclohexanone PIN のように接尾語による修飾

　(5) エチルベンゼン PIN　ethylbenzene PIN のように置換接頭語による修飾

(c) 安息香酸 PIN　benzoic acid PIN や アニリン PIN　aniline PIN のように保存名をもつ官能性母体構造

(d) 塩化ベンジル benzyl chloride のように官能種類命名法で生成する環状化合物名

(e) インダン indane や クロマン chromane のように保存名をもつ部分的に水素化された母体水素化物名

P-26.2.2.3　再現環接頭語を並べる順序

再現環接頭語は，環の優先順位の上位から順に並べる(P-44.2 参照)．

P-26.2.3　複数の同一再現環

母体ファン骨格に 2 回以上現れる再現環は該当する倍数接頭語(di, tri などあるいは bis, tris など)を使って表す．同じ再現環接頭語が，必ずしも同一の位置番号である必要はない．

P-26.2.3.1　　倍数接頭語 di, tri, tetra などは，ジベンゼナ dibenzena，トリピリジナ tripyridina のように単純な再現環接頭語の前で用いる．

P-26.2.3.2　　倍数接頭語 bis, tris, tetrakis などは，ビシクロ[2.2.1]ヘプタン PIN　bicyclo[2.2.1]heptane PIN や 1,3-ジオキソール PIN　1,3-dioxole PIN のように倍数接頭語で始まる環の再現環接頭語，あるいは 1,4-オキサアジン PIN　1,4-oxazine PIN，2-ベンゾオキセピン PIN　2-benzoxepine PIN，1,4-メタノナフタレン PIN　1,4-methanonaphthalene PIN のように，複数の成分を含む接頭語が先頭に付いている名称成分で始まる環の再現環接頭語の前で用いる．

P-26.3　スーパー原子位置番号および再現環連結位置番号

簡略骨格名と再現環接頭語名が決まった後，スーパー原子位置番号と連結位置番号を加えることによってファン母体水素化物名が完成する．これらの位置番号は再現環接頭語の前に置く．スーパー原子位置番号を最初に置き，その後に連結位置番号を丸括弧に入れて示す．

P-26.3.1 スーパー原子位置番号

スーパー原子位置番号には，その簡略骨格が属する骨格タイプの番号付けと矛盾しない最小の位置番号を割当てる．複数の存在を示す倍数接頭語が付いている再現環接頭語には，相当する数のスーパー原子位置番号を示す必要があり，それらは数字が大きくなる順に並べる．

同じ再現環が共通の連結位置番号をもつときは，連結位置番号は最初に現れるスーパー原子の側に小さな番号がくるように並べる．

P-26.3.2 連結位置番号

ファン母体水素化物名の中で丸括弧に入っている位置番号は再現環の連結位置番号であり，ファン母体骨格中における再現環の位置は，その番号の前に記したスーパー原子の位置番号である．その連結位置番号の組合わせ順序は，各再現環がファン母体骨格の中で，他の部分とどの位置で結合しているかを正確に示すものである．再現環については，もととなる環状母体水素化物の固有の位置番号は変わらない．

P-26.3.2.1　複数の同じ再現環が共通の連結位置番号であるときは，名称中では 1 度だけ記す．その位置は最後のスーパー原子位置番号の後に置く．

例： 1,4(1,4)-ジベンゼナシクロヘキサファン **PIN**　1,4(1,4)-dibenzenacyclohexaphane **PIN**
〔1(1,4),4(1,4)-ジベンゼナシクロヘキサファン 1(1,4),4(1,4)-dibenzenacyclohexaphane ではない．
P-26.4.1.4 の 2 番目の例参照〕

P-26.3.2.2　連結位置番号の組合わせ位置番号は，二つのうち最初の位置番号が，ファン母体骨格における隣接する位置番号のなかで，小さい側に来るように並べる．

例： 1(1,3),4(1,4)-ジベンゼナシクロヘプタファン **PIN**　1(1,3),4(1,4)-dibenzenacycloheptaphane **PIN**
〔1(1,3)-ベンゼナ-4(4,1)-ベンゼナシクロヘプタファン 1(1,3)-benzena-4(4,1)-benzenacycloheptaphane
ではない．P-26.4.2.2 の 2 番目の例参照〕

P-26.4　ファン母体水素化物の番号付け

以下の規則を使ってファン母体水素化物に番号付けをする．これらの規則は階層構造になっており，どの規則も，その前の規則で一つに決まらなかったときにのみ適用する．

P-26.4.1　ファン母体骨格および再現環の番号付け

P-26.4.1.1　ファン母体骨格の番号付けは，それが属する骨格のタイプを支配する規則によってまず決める．骨格の対称性のために一つに決まらない場合は，スーパー原子が最小の位置番号の組合わせになる番号付けを選ぶ．最小の位置番号組合わせとは，P-14.3.5 で定義したように，複数の組合わせを数字が大きくなる順に 1 字 1 字比較していったとき，違いが生じる最初の点で最も小さい数値をもつ組合わせである．

P-26.4.1.2　再現環の番号付けは，その再現環接頭語のもととなる母体名に適用される番号付けでまず決める．一つに決まらないときは直上の規則で述べたように，最小の位置番号の一般的規則を使う．
P-26.4.1.1 と P-26.4.1.2 の二つの規則の例を次に示す．

（前ページ例 つづき）

1(4)-ピリミジナ-3,6(5,2),9(3)-トリピリジナノナファン **PIN**
1(4)-pyrimidina-3,6(5,2),9(3)-tripyridinanonaphane **PIN**

〔9(4)-ピリミジナ-1(3),4,7(2,5)-トリピリジナノナファン
9(4)-pyrimidina-1(3),4,7(2,5)-tripyridinanonaphane ではない．
PIN のスーパー原子の位置番号の組合わせ 1, 3, 6, 9 は 1, 4, 7, 9 より小さい．
P-26.2.1.1 および P-26.4.1.1 参照〕

〔1(4)-ピリミジナ-3,6(2,5),9(3)-トリピリジナノナファン
1(4)-pyrimidina-3,6(2,5),9(3)-tripyridinanonaphane ではない．
ピリジンの連結位置番号の組合わせ(2,5)の最初の位置番号は
簡略骨格のより小さい位置番号に隣接する位置番号ではない．
P-26.3.2.2 参照〕

〔1(4)-ピリミジナ-3(5,2),6(5,2),9(3)-トリピリジナノナファン
1(4)-pyrimidina-3(5,2),6(5,2),9(3)-tripyridinanonaphane ではない．
同一の連結位置番号の組合わせ(5,2)が 3,6(5,2)のように短縮されていない．
P-26.3.2.1 参照〕

〔1(4)-ピリミジナ-3,6(3,6),9(3)-トリピリジナノナファン
1(4)-pyrimidina-3,6(3,6),9(3)-tripyridinanonaphane ではない．
PIN のピリジン再現環の連結位置番号(5,2)は比較のために数字が大きくなる順に
並べ替えると(2,5)となり(3,6)より小さい．P-26.4.1.2 参照〕

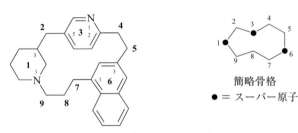

簡略骨格
● = スーパー原子

3(5,2)-ピリジナ-1(3,1)-ピペリジナ-6(3,1)-ナフタレナシクロノナファン **PIN**
3(5,2)-pyridina-1(3,1)-piperidina-6(3,1)-naphthalenacyclononaphane **PIN**

〔1(5,2)-ピリジナ-3(3,1)-ピペリジナ-7(3,1)-ナフタレナシクロノナファン
1(5,2)-pyridina-3(3,1)-piperidina-7(3,1)-naphthalenacyclononaphane ではなく，
7(5,2)-ピリジナ-5(1,3)-ピペリジナ-1(3,1)-ナフタレナシクロノナファン
7(5,2)-pyridina-5(1,3)-piperidina-1(3,1)-naphthalenacyclononaphane でもない．
PIN のスーパー原子の位置番号の組合わせ 1, 3, 6 は誤った名称中の位置番号
の組合わせ 1, 3, 7 や 1, 5, 7 よりも小さい．P-26.4.1.1 参照〕

〔3(2,5)-ピリジナ-1(1,3)-ピペリジナ-6(1,3)-ナフタレナシクロノナファン
3(2,5)-pyridina-1(1,3)-piperidina-6(1,3)-naphthalenacyclononaphane ではない．
ピリジン，ピペリジン，ナフタレン再現環に対する連結位置番号の組合わせ
(2,5), (1,3), (1,3)の最初の位置番号は簡略母体骨格のより小さな位置番号に
隣接した位置番号ではない．P-26.3.2.2 参照〕

P-26.4.1.3 異なる再現環を表す少なくとも二つのスーパー原子をもつ対称的な構造をもった簡略ファン骨格を再現化すると，対称性を失い複数の番号付けの可能性がでてくる．そのような場合，スーパー原子位置番号のうち，小さいものを環の優先順位が上位の再現環に割当てる(P-44.2 参照)．この手順を適用するには次のような手続きを踏む．まず，最も小さいスーパー原子位置番号を優先順位の最も高い再現環に割当てる．次に，同様の手順を繰返して，残りのスーパー原子位置番号を残りの再現環に割当てる．

212   P-2　母体水素化物

例:

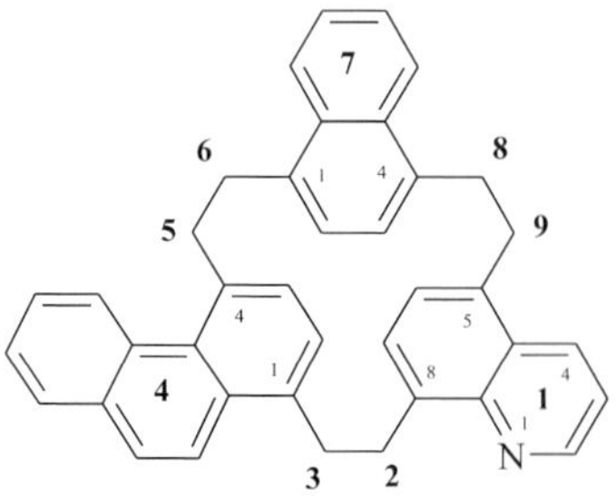

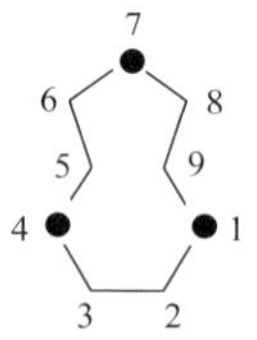

1(8,5)-キノリナ-4(1,4)-フェナントレナ-7(1,4)-ナフタレナシクロノナファン **PIN**
1(8,5)-quinolina-4(1,4)-phenanthrena-7(1,4)-naphthalenacyclononaphane **PIN**

　〔1(8,5)-キノリナ-4(1,4)-ナフタレナ-7(4,1)-フェナントレナシクロノナファン

　1(8,5)-quinolina-4(1,4)-naphthalena-7(4,1)-phenanthrenacyclononaphane ではない.

　優先する再現環はキノリンであり(P-44.2 参照), これが最小のスーパー原子位置番号 1 をもたなければ
　ならない. フェナントレン再現環は 2 番目に優先する(P-44.2 参照)ので 2 番目に小さいスーパー原子
　位置番号 4 をもたなければならない, P-26.2.2.3 参照〕

　〔1(8,5)-キノリナ-4(4,1)-フェナントレナ-7(1,4)-ナフタレナシクロノナファン

　1(8,5)-quinolina-4(4,1)-phenanthrena-7(1,4)-naphthalenacyclononaphane ではない. フェナントレン再
　現環の連結位置番号(4,1)が正しく記されていない. 連結位置番号の組合わせの最初の位置番号は, 簡略
　母体骨格のより小さい位置番号 3 に隣接した位置番号でなければならない, P-26.3.2.2 参照〕

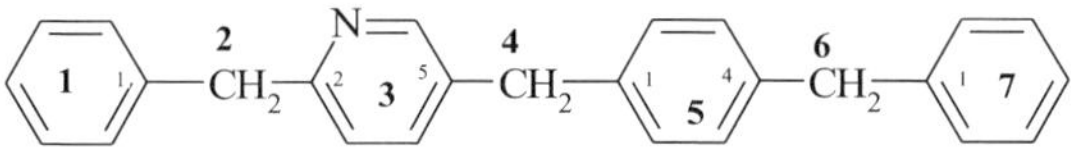

3(2,5)-ピリジナ-1,7(1),5(1,4)-トリベンゼナヘプタファン **PIN**
3(2,5)-pyridina-1,7(1),5(1,4)-tribenzenaheptaphane **PIN**

　〔5(5,2)-ピリジナ-1,7(1),3(1,4)-トリベンゼナヘプタファン

　5(5,2)-pyridina-1,7(1),3(1,4)-tribenzenaheptaphane ではない.

　PIN におけるピリジン再現環位置番号 3 は 5 より小さい, P-26.3.1 参照〕

P-26.4.1.4　　　　対称性のために上述の規則で一つに決まらない場合, より小さい連結位置番号がファン母体骨
格のより小さい位置番号に隣接するように再現環に番号を付ける.

例:

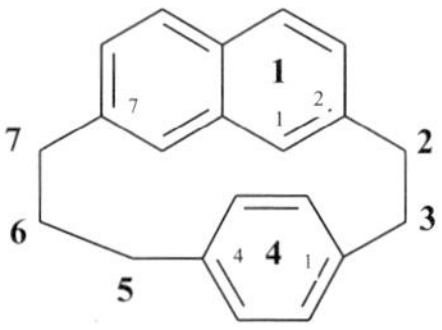

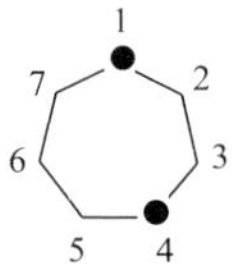

1(2,7)-ナフタレナ-4(1,4)-ベンゼナシクロヘプタファン **PIN**
1(2,7)-naphthalena-4(1,4)-benzenacycloheptaphane **PIN**

　〔PIN ではファン母体骨格中のスーパー原子のより小さい位置番号の組合わせは 1,4 である.
　したがって優先再現環であるナフタレン(P-44.2 参照)がスーパー原子位置番号 1 となる,
　P-26.4.1.2 および P-26.4.1.1 参照〕

　〔1(2,7)-ナフタレナ-4(4,1)-ベンゼナシクロヘプタファン
　1(2,7)-naphthalena-4(4,1)-benzenacycloheptaphane や
　1(7,2)-ナフタレナ-4(4,1)-ベンゼナシクロヘプタファン
　1(7,2)-naphthalena-4(4,1)-benzenacycloheptaphane ではない.
　PIN での正しい連結位置番号の組合わせ, つまりベンゼンに対して(1,4),
　ナフタレン再現環に対して(2,7)によって, 簡略母体骨格のより小さい位
　置番号の隣により小さい連結位置番号がくる(P-26.3.2.2 参照)〕

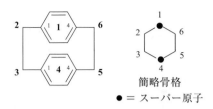

1,4(1,4)-ジベンゼナシクロヘキサファン **PIN**
1,4(1,4)-dibenzenacyclohexaphane **PIN**

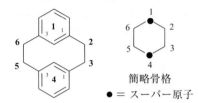

1,4(1,3)-ジベンゼナシクロヘキサファン **PIN**
1,4(1,3)-dibenzenacyclohexaphane **PIN**

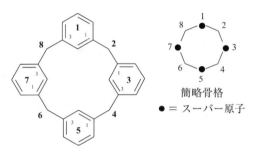

1,3,5,7(1,3)-テトラベンゼナシクロオクタファン **PIN**
1,3,5,7(1,3)-tetrabenzenacyclooctaphane **PIN**

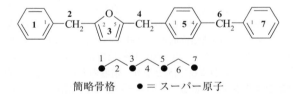

3(2,5)-フラナ-1,7(1),5(1,4)-トリベンゼナヘプタファン **PIN**
3(2,5)-furana-1,7(1),5(1,4)-tribenzenaheptaphane **PIN**

〔3(5,2)-フラナ-1,7(1),5(1,4)-トリベンゼナヘプタファン
3(5,2)-furana-1,7(1),5(1,4)-tribenzenaheptaphane ではない.
PIN では，スーパー原子 3 のより小さい連結位置番号 2 が
簡略骨格のより小さい位置番号 2 に隣接する〕

P-26.4.2 再現環の番号付けと関連する簡略ファン骨格の番号付け

単一の非対称な再現環による再現化あるいは異なる連結位置番号をもつ同一の再現環による再現化によって対称性が崩れる場合，複数の番号付けがありうる．そのどれを選ぶかは以下の規則によって決まる．

P-26.4.2.1 単一の再現環が非対称である場合，ファン母体骨格のより小さい位置番号が再現環のより小さい連結位置番号の隣になければならない．

例：

 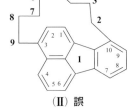

(Ⅰ) 正　　　　　簡略骨格　　　　(Ⅱ) 誤
　　　　　　　●＝スーパー原子

(Ⅰ) 1(3,10)-フルオランテナシクロノナファン**PIN**　　1(3,10)-fluoranthenacyclononaphane **PIN**
　〔(Ⅱ)の 1(10,3)-フルオランテナシクロノナファン 1(10,3)-fluoranthenacyclononaphane ではない.
　再現環のより小さな位置番号3がより小さな簡略骨格位置番号2の隣になければならない〕

P-26.4.2.2　　二つのスーパー原子位置番号のうち，小さい番号を二つの再現環に与えることができる場合，連結位置番号のより小さい組合わせをもつ再現環を表すスーパー原子に，より小さい位置番号を割当てる．必要ならば，この手順は，二つ以上の同一の再現環が異なる連結位置番号をもつようになるまで，他の再現環にも優先順位に従って適用する(最後の例参照).

例：

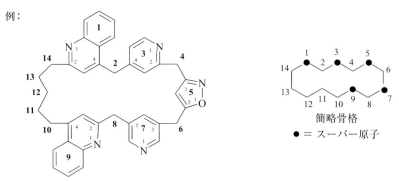

簡略骨格
●＝スーパー原子

1(4,2),9(2,4)-ジキノリナ-3(4,2),7(3,5)-ジピリジナ-5(3,5)-[1,2]オキサアゾラシクロテトラデカファン**PIN**
1(4,2),9(2,4)-diquinolina-3(4,2),7(3,5)-dipyridina-5(3,5)-[1,2]oxazolacyclotetradecaphane**PIN**
　〔1(2,4),9(4,2)-ジキノリナ-3(3,5),7(2,4)-ジピリジナ-5(5,3)-[1,2]オキサアゾラシクロテトラデカファン
　1(2,4),9(4,2)-diquinolina-3(3,5),7(2,4)-dipyridina-5(5,3)-[1,2]oxazolacyclotetradecaphane ではない.
　優先順位の高いキノリン再現環の連結位置番号の組合わせ4,2および2,4は，数字が大きくなる順に並べて比較すると同じになるが，ピリジン再現環の連結位置番号の組合わせ(4,2)と(3,5)は，数字が大きくなる順に並べて比較すると(2,4)および(3,5)となり，前者の方が小さく，したがって PIN では連結位置番号の組合わせ(4,2)をより小さい位置番号3のスーパー原子に割振る(P-26.3.2.2 参照)〕

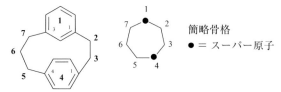

簡略骨格
●＝スーパー原子

1(1,3),4(1,4)-ジベンゼナシクロヘプタファン**PIN**　　1(1,3),4(1,4)-dibenzenacycloheptaphane**PIN**
　〔1(1,4),4(1,3)-ジベンゼナシクロヘプタファン 1(1,4),4(1,3)-dibenzenacycloheptaphane ではない.
　より小さい連結位置番号の組合わせである(1,3)を，より小さい位置番号をもつスーパー原子に割当てていない〕

　〔1(1,3),4(4,1)-ジベンゼナシクロヘプタファン 1(1,3),4(4,1)-dibenzenacycloheptaphane ではない.
　連結位置番号の組合わせ(4,1)で，最初の位置番号が簡略母体骨格のより小さい位置番号に隣接していない．P-26.3.2.2 参照〕

P-26 ファン命名法　　　　　　　　　　　　　　　　215

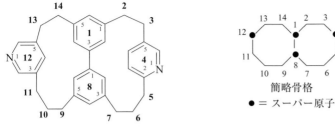

4(5,2),12(3,5)-ジピリジナ-1,8(1,3,5)-ジベンゼナビシクロ[6.6.0]テトラデカファン **PIN**
4(5,2),12(3,5)-dipyridina-1,8(1,3,5)-dibenzenabicyclo[6.6.0]tetradecaphane **PIN**

〔4(3,5),12(2,5)-ジピリジナ-1,8(1,3,5)-ジベンゼナビシクロ[6.6.0]テトラデカファン
　4(3,5),12(2,5)-dipyridina-1,8(1,3,5)dibenzenabicyclo[6.6.0]tetradecaphane ではない．
ピリジン再現環の連結位置番号の組合わせ(5,2)は数字が大きくなる順に並べ替えると(2,5)となり，(3,5)より小さい．したがって PIN では位置番号の組合わせ(5,2)をもつピリジン再現環により小さいスーパー原子位置番号 4 を割当てる〕

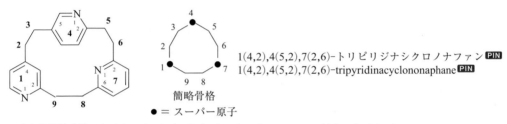

1(4,2),4(5,2),7(2,6)-トリピリジナシクロノナファン **PIN**
1(4,2),4(5,2),7(2,6)-tripyridinacyclononaphane **PIN**

〔連結位置番号の組合わせ(2,4), (2,5), (2,6)はそれぞれ 1, 4, 7 に割当てなければならない．各組合わせにおける位置番号の並べ方は P-26.3.2.2 に従う〕

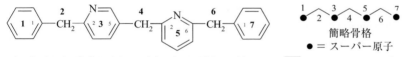

3(2,5),5(2,6)-ジピリジナ-1,7(1)-ジベンゼナヘプタファン **PIN**
3(2,5),5(2,6)-dipyridina-1,7(1)-dibenzenaheptaphane **PIN**

〔3(6,2),5(5,2)-ジピリジナ-1,7(1)-ジベンゼナヘプタファン
　3(6,2),5(5,2)-dipyridina-1,7(1)-dibenzenaheptaphane ではない．
ピリジン再現環の連結位置番号 2,5 および 2,6 はそれぞれスーパー原子 3 および 5 に割当てなければならない(P-26.3.2.2 参照)〕

P-26.4.2.3　　P-26.4.2.2 を適用してもまだ選択の余地があり，非対称な再現環が一つ残る場合は，その非対称な再現環に P-26.4.2.1 を適用する．

例：

3(2,5),7(2,6)-ジピリジナ-5(2,5)-フラナ-1,9(1)-ジベンゼナノナファン **PIN**
3(2,5),7(2,6)-dipyridina-5(2,5)-furana-1,9(1)-dibenzenanonaphane **PIN**

〔3(2,5),7(2,6)-ジピリジナ-5(5,2)-フラナ-1,9(1)-ジベンゼナノナファン
　3(2,5),7(2,6)-dipyridina-5(5,2)-furana-1,9(1)-dibenzenanonaphane ではない．
連結位置番号の組合わせ 5,2 の最初の位置番号は簡略母体骨格のより小さい位置番号 4 に隣接する位置番号ではない(P-26.3.2.2 参照)〕

(I) 1(4,2),9(2,4)-ジキノリナ-3,7(4,2)-ジピリジナ-5(3,5)-[1,2]オキサアゾラシクロテトラデカファン **PIN**
1(4,2),9(2,4)-diquinolina-3,7(4,2)-dipyridina-5(3,5)-[1,2]oxazolacyclotetradecaphane **PIN**

[(II)の 1(2,4),9(4,2)-ジキノリナ-
3,7(2,4)-ジピリジナ-5(5,3)-[1,2]オキサアゾラシクロテトラデカファン
1(2,4),9(4,2)-diquinolina-3,7(2,4)-dipyridina-5(5,3)-[1,2]oxazolacyclotetradecaphane ではない.
キノリナとピリジナ再現環の同一対はいずれも同じ連結位置番号の組合わせ(2,4)と(2,4)をもつ.
ただ一つの非対称再現環である 1,2-オキサアゾラが残るので, これに対して P-26.4.2.1 を適用する.
より小さい連結位置番号 3 が簡略母体骨格のより小さい位置番号 4 の隣になければならない]

P-26.4.2.4 簡略ファン骨格にいぜん 2 通りの番号付けが可能な場合, 名称に現れるすべての再現環の連結位置番号を, 対応するスーパー原子の位置番号が増大する順に比較したとき, 最も小さな位置番号の組合わせを示す番号付けを選ぶ.

例:

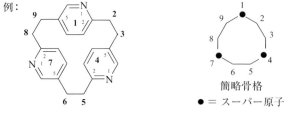

1(2,5),4,7(5,2)-トリピリジナシクロノナファン **PIN**
1(2,5),4,7(5,2)-tripyridinacyclononaphane **PIN**

 [1(5,2),4,7(2,5)-トリピリジナシクロノナファン
1(5,2),4,7(2,5)-tripyridinacyclononaphane ではない.
対応するスーパー原子の値が増大する順に比較すると PIN の再現環位置番号の
組合わせ(2,5)(5,2)(5,2)は(5,2)(2,5)(2,5)より小さい]

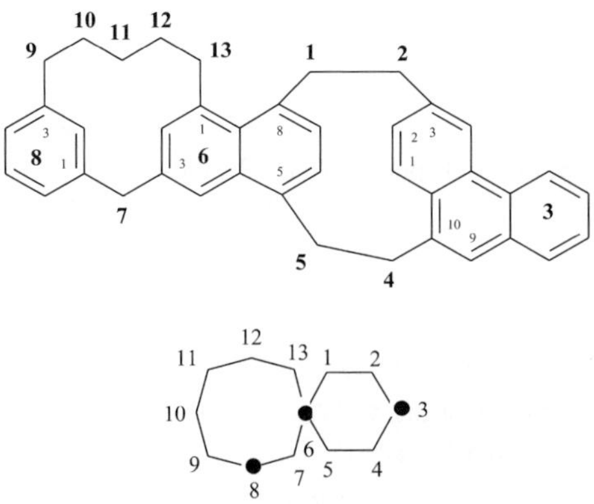

（Ⅰ）正 　簡略骨格　●＝スーパー原子

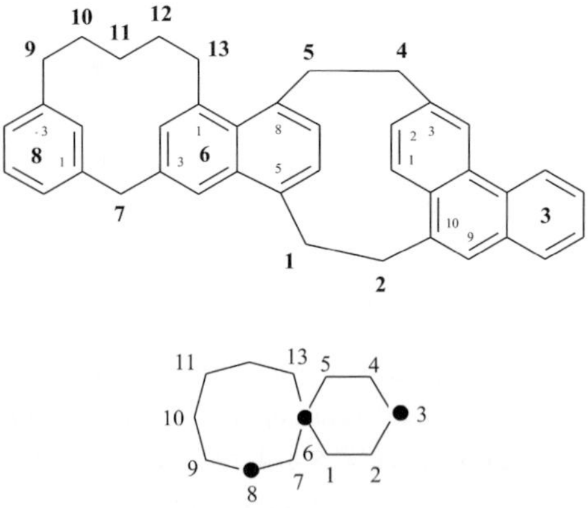

（Ⅱ）誤 　簡略骨格　●＝スーパー原子

（Ⅰ）3(3,10)-フェナントレナ-6(8,5,3,1)-ナフタレナ-8(1,3)-ベンゼナスピロ[5.7]トリデカファン **PIN**
　　　3(3,10)-phenanthrena-6(8,5,3,1)-naphthalena-8(1,3)-benzenaspiro[5.7]tridecaphane **PIN**
　〔（Ⅱ）の 3(10,3)-フェナントレナ-6(5,8,3,1)-ナフタレナ-8(1,3)-ベンゼナスピロ[5.7]トリデカファン
　　　3(10,3)-phenanthrena-6(5,8,3,1)-naphthalena-8(1,3)-benzenaspiro[5.7]tridecaphane ではない,
　　　PIN の連結位置番号の組合わせ(3,10)(8,5,3,1)(1,3)は，対応するスーパー原子の位置番号が増
　　　大する順に比較すると，(10,3)(5,8,3,1)(1,3)より小さい〕

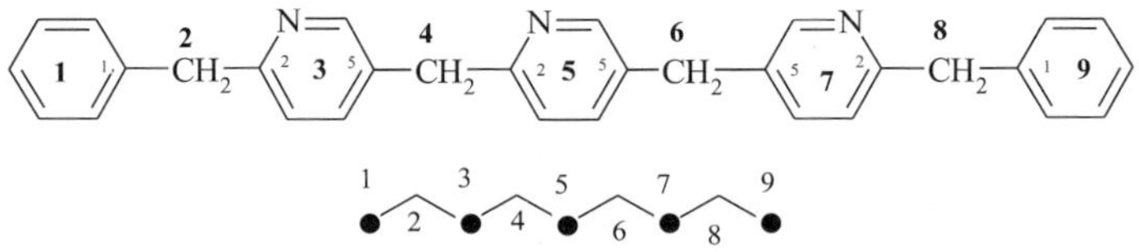

簡略骨格　●＝スーパー原子

3,5(2,5),7(5,2)-トリピリジナ-1,9(1)-ジベンゼナノナファン **PIN**
3,5(2,5),7(5,2)-tripyridina-1,9(1)-dibenzenanonaphane **PIN**
　〔3(2,5),5,7(5,2)-トリピリジナ-1,9(1)-ジベンゼナノナファン
　　3(2,5),5,7(5,2)-tripyridina-1,9(1)-dibenzenanonaphaneではない.
　　PIN の連結位置番号の組合わせ(2,5)(2,5)(5,2)は対応するスーパー原子位置番号が
　　増大する順に比較すると，(2,5)(5,2)(5,2)より小さい〕

P-26.4.3　ファン母体水素化物の番号付け

P-26.4.3.1　　ファン母体水素化物において，再現環に属さない原子の位置番号は簡略骨格の位置番号を割当てる．しかし，再現環内の原子の位置番号は簡略骨格のアラビア数字の位置番号とは区別しなければならない．そこで再現環原子の位置番号は，簡略骨格でその再現環を表すスーパー原子の位置番号にその再現環の実際の位置番号を上付き数字で付けることにより表現する（**複式位置番号 composite locant**）.

P-26.4.3.2　　置換されたファン母体水素化物名では，スーパー原子位置番号に基づく一連の複式位置番号を短縮してはならない．分離可能接頭語の前に位置番号を置くときの規則と同様に，接頭語の前に di, tri などの倍数接頭語に対応する数の位置番号がなければならない．

P-26.4.3.3　　複式位置番号の優先順位は，まずその主位置番号すなわちファン母体骨格の位置番号に基づいて決め，もしその位置番号が同じならば，完全な複式位置番号すなわち主位置番号とその上付き数字の順に従って決める．

例：

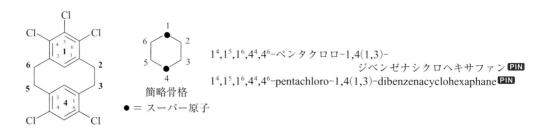

$1^4,1^5,1^6,3,3,4^2,4^3$-ヘプタクロロ-1(1,3),4(1,4)-
　　　　　　　　　　ジベンゼナシクロヘプタファン **PIN**
$1^4,1^5,1^6,3,3,4^2,4^3$-heptachloro-1(1,3),4(1,4)-
　　　　　　　　　　dibenzenacycloheptaphane **PIN**

簡略骨格
● = スーパー原子

〔$1^{4,5,6},3,3,4^{2,3}$-ヘプタクロロ-1(1,3),4(1,4)-ジベンゼナシクロヘプタファン
$1^{4,5,6},3,3,4^{2,3}$-heptachloro-1(1,3),4(1,4)-dibenzenacycloheptaphane ではない．
再現環上の位置を示す上付き位置番号は短縮しない（P-26.4.3.2 参照）〕

〔$1^2,1^3,2,2,4^4,4^5,4^6$-ヘプタクロロ-1(1,4),4(1,3)-ジベンゼナシクロヘプタファン
$1^2,1^3,2,2,4^4,4^5,4^6$-heptachloro-1(1,4),4(1,3)-dibenzenacycloheptaphane ではない．
より小さな連結位置番号の組合わせをもつ再現環が最も小さな位置番号をもつ
スーパー原子となっていない〕

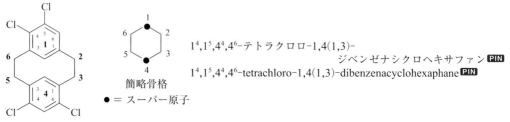

$1^4,1^5,1^6,4^4,4^6$-ペンタクロロ-1,4(1,3)-
　　　　　　　　　　ジベンゼナシクロヘキサファン **PIN**
$1^4,1^5,1^6,4^4,4^6$-pentachloro-1,4(1,3)-dibenzenacyclohexaphane **PIN**

簡略骨格
● = スーパー原子

〔$1^4,1^6,4^4,4^5,4^6$-ペンタクロロ-1,4(1,3)-ジベンゼナシクロヘキサファン
$1^4,1^6,4^4,4^5,4^6$-pentachloro-1,4(1,3)-dibenzenacyclohexaphane ではない．
主位置番号の組合わせ 1,1,1,4,4 は 1,1,4,4,4 より小さい〕

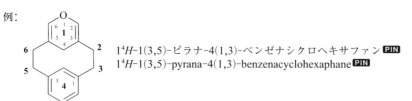

$1^4,1^5,4^4,4^6$-テトラクロロ-1,4(1,3)-
　　　　　　　　　　ジベンゼナシクロヘキサファン **PIN**
$1^4,1^5,4^4,4^6$-tetrachloro-1,4(1,3)-dibenzenacyclohexaphane **PIN**

簡略骨格
● = スーパー原子

〔$1^4,1^6,4^4,4^5$-テトラクロロ-1,4(1,3)-ジベンゼナシクロヘキサファン
$1^4,1^6,4^4,4^5$-tetrachloro-1,4(1,3)-dibenzenacyclohexaphane ではない．
主位置番号の組合わせ 1,1,4,4 は同じであるが，複式位置番号の組
合わせは PIN の $1^4,1^5,4^4,4^6$ が $1^4,1^6,4^4,4^5$ より小さい〕

P-26.4.3.4　再現環に指示水素がある場合，記号 *H* をファン母体水素化物名の前に置き，その前に該当する
複式位置番号を付ける．

例：

1^4H-1(3,5)-ピラナ-4(1,3)-ベンゼナシクロヘキサファン **PIN**
1^4H-1(3,5)-pyrana-4(1,3)-benzenacyclohexaphane **PIN**

P-26.5 ファン命名法における"ア"命名法

ファン命名法での"ア"命名法の適用には二つの場合がある．
(1) 簡略母体骨格にヘテロ原子をもつ，すなわち再現環接頭語名にはヘテロ原子のないファン母体水素化物を命名する．
(2) それ自身が"ア"命名法で命名されているために再現環接頭語として使うことのできない名称をもつ複素再現環，たとえば十一員環以上の複素単環やポリシクロ環中のヘテロ原子を示す．

P-15.4 で述べた"ア"命名法の一般的原則，慣用，規則はファン母体水素化物に完全に適用できる．

P-26.5.1 簡略ファン名に対する"ア"命名法による命名は 2 段階で行う．まず，母体ファン炭化水素を命名し，次にその名称の前に付けた分離不可"ア"接頭語によってヘテロ原子を表示する．ヘテロ原子の位置番号は簡略母体骨格の番号付けに従って付ける．

例：

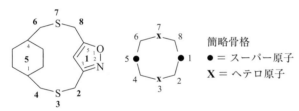

ステップ1： 1,7(1),3,5(1,4)-テトラベンゼナヘプタファン
1,7(1),3,5(1,4)-tetrabenzenaheptaphane

ステップ2： 2,4,6-トリチア-1,7(1),3,5(1,4)-テトラベンゼナヘプタファン **PIN**
2,4,6-trithia-1,7(1),3,5(1,4)-tetrabenzenaheptaphane **PIN**

ステップ1： 1(3,5)-[1,2]オキサアゾラ-5(1,4)-シクロヘキサナシクロオクタファン
1(3,5)-[1,2]oxazola-5(1,4)-cyclohexanacyclooctaphane

ステップ2： 3,7-ジチア-1(3,5)-[1,2]オキサアゾラ-5(1,4)-シクロヘキサナシクロオクタファン **PIN**
3,7-dithia-1(3,5)-[1,2]oxazola-5(1,4)-cyclohexanacyclooctaphane **PIN**

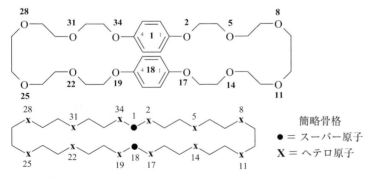

ステップ1： 1,18(1,4)-ジベンゼナシクロテトラトリアコンタファン
1,18(1,4)-dibenzenacyclotetratriacontaphane

ステップ2： 2,5,8,11,14,17,19,22,25,28,31,34-ドデカオキサ-1,18(1,4)-ジベンゼナシクロテトラトリアコンタファン **PIN**
2,5,8,11,14,17,19,22,25,28,31,34-dodecaoxa-1,18(1,4)-dibenzenacyclotetratriacontaphane **PIN**

P-26.5.2 再現環における"ア"命名法

再現環中のヘテロ原子の位置番号は簡略骨格の番号付けに従って割当てる．再現環中のヘテロ原子の位置は，置換基の位置番号に関する P-26.4 の指示に従って割当てる．したがって，再現環中のヘテロ原子の位置は複式位置番号で表示する．

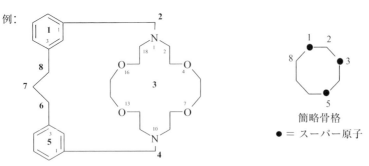

例：

ステップ 1： 3(1,10)-シクロオクタデカナ-1,5(1,3)-ジベンゼナシクロオクタファン
3(1,10)-cyclooctadecana-1,5(1,3)-dibenzenacyclooctaphane

ステップ 2： $3^4,3^7,3^{13},3^{16}$-テトラオキサ-$3^1,3^{10}$-ジアザ-3(1,10)-シクロオクタデカナ-1,5(1,3)-ジベンゼナシクロオクタファン **PIN**
$3^4,3^7,3^{13},3^{16}$-tetraoxa-$3^1,3^{10}$-diaza-3(1,10)-cyclooctadecana-1,5(1,3)-dibenzenacyclooctaphane **PIN**

注記：複素再現環内の番号付けは対応する炭化水素再現環の位置番号によって決まるので，ヘテロ原子の番号付けは対応する複素単環本来の番号付けとは一致しないことがある．

P-26.5.3 簡略骨格名と再現環への同時骨格代置

簡略骨格と再現環の両方に骨格代置が起こる場合は P-26.5.1 と P-26.5.2 の両方を適用する．

例：

ステップ 1： 1(1,4)-ビシクロ[2.2.1]ヘプタナ-11(1,4)-ベンゼナシクロイコサファン
1(1,4)-bicyclo[2.2.1]heptana-11(1,4)-benzenacycloicosaphane

ステップ 2： 1^7,3,6,9,13,16,19-ヘプタオキサ-1(1,4)-ビシクロ[2.2.1]ヘプタナ-11(1,4)-ベンゼナシクロイコサファン **PIN**
1^7,3,6,9,13,16,19-heptaoxa-1(1,4)-bicyclo[2.2.1]heptana-11(1,4)-benzenacycloicosaphane **PIN**

P-26.5.4 ヘテロ原子と関連する複素ファン母体水素化物の番号付け

"ア"命名法で命名した複素再現環の番号付けあるいは骨格代置が起こっている簡略ファン骨格の番号付けに選択の余地がある場合，決まるまで以下の基準をこの順に適用する．

P-26.5.4.1 ヘテロ原子の種類に関係なく，まずヘテロ原子の主位置番号の組合わせ，すなわち(上付き数字を含まない)簡略骨格の位置番号を考慮し，次に，それらの位置番号が同じならば主位置番号と上付き数字を含む完全なヘテロ原子位置番号の組合わせを考慮して，可能な限り最も小さな位置番号をヘテロ原子に割当てる．

例: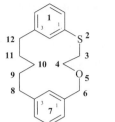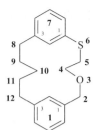

(I) 正　　　　　　　　　　　　　　(II) 誤

ステップ 1: (I)および(II) 1,7(1,3)-ジベンゼナシクロドデカファン
1,7(1,3)-dibenzenacyclododecaphane

ステップ 2: (I) 5-オキサ-2-チア-1,7(1,3)-ジベンゼナシクロドデカファン **PIN**
5-oxa-2-thia-1,7(1,3)-dibenzenacyclododecaphane **PIN**

〔(II)の 3-オキサ-6-チア-1,7(1,3)-ジベンゼナシクロドデカファン
3-oxa-6-thia-1,7(1,3)-dibenzenacyclododecaphane ではない．
(I)におけるヘテロ原子の位置番号の組合わせ 2, 5 は，
(II)における位置番号の組合わせ 3, 6 より小さい〕

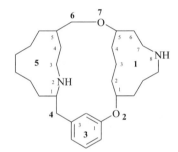

ステップ 1: 1,5(1,5)-ジシクロウンデカナ-3(1,3)-ベンゼナシクロヘプタファン
1,5(1,5)-dicycloundecana-3(1,3)-benzenacycloheptaphane

ステップ 2: 2,7-ジオキサ-1^8,5^2-ジアザ-1,5(1,5)-ジシクロウンデカナ-3(1,3)-
ベンゼナシクロヘプタファン **PIN**
2,7-dioxa-1^8,5^2-diaza-1,5(1,5)-dicycloundecana-3(1,3)-benzenacycloheptaphane **PIN**

〔4,6-ジオキサ-1^2,5^8-ジアザ-1,5(1,5)-ジシクロウンデカナ-3(1,3)-ベンゼナシクロヘプタファン
4,6-dioxa-1^2,5^8-diaza-1,5(1,5)-dicycloundecana-3(1,3)-benzenacycloheptaphane ではない．
PIN でのヘテロ原子の主位置番号の組合わせは，比較のために大きくなる順に並べ替えると
1, 2, 5, 7 となり，位置番号の組合わせ 1, 4, 5, 6 より小さい〕

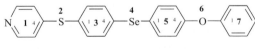

簡略骨格
● = スーパー原子
X = ヘテロ原子

6-オキサ-2-チア-4-セレナ-1(4)-ピリジナ-3,5(1,4),7(1)-トリベンゼナヘプタファン **PIN**
6-oxa-2-thia-4-selena-1(4)-pyridina-3,5(1,4),7(1)-tribenzenaheptaphane **PIN**

〔2-オキサ-6-チア-4-セレナ-7(4)-ピリジナ-1(1),3,5(1,4)-トリベンゼナヘプタファン
2-oxa-6-thia-4-selena-7(4)-pyridina-1(1),3,5(1,4)-tribenzenaheptaphane ではない．
優先順位の高い再現環ピリジナが可能な限り最小の位置番号にならなければならない〕

P-26.5.4.2 まず，ヘテロ原子の主位置番号，すなわち(上付き数字を含まない)簡略骨格の位置番号を考慮し，次に，位置番号が同じになる場合は，主位置番号と上付き数字を含む完全なヘテロ原子位置番号の組合わせを考慮して(P-26.4.3.3 参照)，以下に示す優先順位に従ってヘテロ原子に最も小さい位置番号を割当てる：O＞S＞Se＞Te＞N＞P＞As＞Sb＞Bi＞Si＞Ge＞Sn＞Pb＞B＞Al＞Ga＞In＞Tl　(P-15.4 参照)

例：

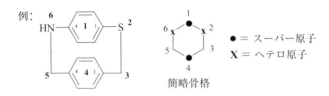

ステップ1：1,4(1,4)-ジベンゼナシクロヘキサファン　1,4(1,4)-dibenzenacyclohexaphane
ステップ2：2-チア-6-アザ-1,4(1,4)-ジベンゼナシクロヘキサファン **PIN**
　　　　　2-thia-6-aza-1,4(1,4)-dibenzenacyclohexaphane **PIN**
〔6-チア-2-アザ-1,4(1,4)-ジベンゼナシクロヘキサファン
6-thia-2-aza-1,4(1,4)-dibenzenacyclohexaphane ではない．
"ア"命名法において"ア"接頭語 チア thia はアザ aza に優先する(P-15.4 参照)ので，チアにより小さな位置番号を与えなければならない〕

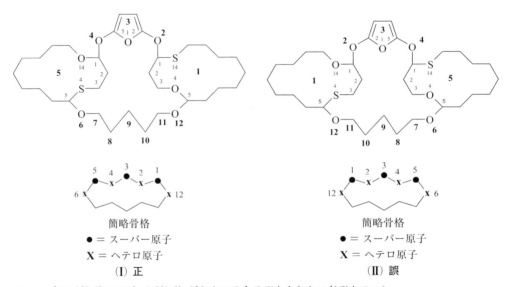

ステップ1：3(2,5)-フラナ-1,5(1,5)-ジシクロテトラデカナシクロドデカファン
　　　　　3(2,5)-furana-1,5(1,5)-dicyclotetradecanacyclododecaphane
ステップ2：(I)　$1^4,2,4,5^{14},6,12$-ヘキサオキサ-$1^{14},5^4$-ジチア-3(2,5)-フラナ-1,5(1,5)-
　　　　　　　　　　　　　　　　　　　　　　　　　ジシクロテトラデカナシクロドデカファン **PIN**
　　　　　　$1^4,2,4,5^{14},6,12$-hexaoxa-$1^{14},5^4$-dithia-3(2,5)-furana-
　　　　　　　　　　　　　　　　　1,5(1,5)-dicyclotetra-decanacyclododecaphane **PIN**

〔(II)の $1^{14},2,4,5^4,6,12$-ヘキサオキサ-$1^4,5^{14}$-ジチア-3(2,5)-フラナ-1,5(1,5)-
　　　　　　　　　　　　　　　　　　　　　　　　　　ジシクロテトラデカナシクロドデカファン
$1^{14},2,4,5^4,6,12$-hexaoxa-$1^4,5^{14}$-dithia-3(2,5)-furana-1,5(1,5)-dicyclotetradecanacyclododecaphane
ではない．P-26.5.4.1 を適用すると，主位置番号の組合わせ 1, 1, 2, 4, 5, 5, 6, 12 も，ヘテロ原子の種類によらないヘテロ原子の複式位置番号を含む主位置番号の組合わせ $1^4, 1^{14}, 2, 4, 5^4, 5^{14}, 6, 12$ も二つの名称で同じである．優先する接頭語オキサ oxa の主位置番号の組合わせ 1, 2, 4, 5, 6, 12 も二つの名称で同じであるが，複式位置番号を含む位置番号の組合わせは，PIN である(I)のオキサに対する位置番号の組合わせ $1^4, 2, 4, 5^{14}, 6, 12$ は(II)のオキサに対する位置番号の組合わせ $1^{14}, 2, 4, 5^4, 6, 12$ より小さい〕

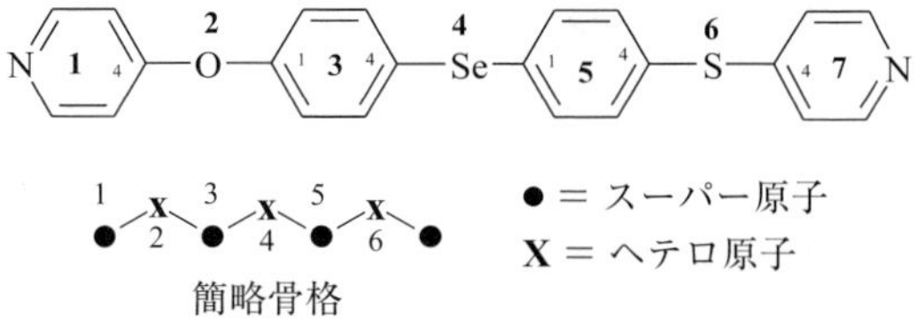

P-27 フラーレン   223

$\bullet$ = スーパー原子
X = ヘテロ原子

簡略骨格

2-オキサ-6-チア-4-セレナ-1,7(4)-ジピリジナ-3,5(1,4)-ジベンゼナヘプタファン **PIN**
2-oxa-6-thia-4-selena-1,7(4)-dipyridina-3,5(1,4)-dibenzenaheptaphane **PIN**

〔6-オキサ-2-チア-4-セレナ-1,7(4)-ジピリジナ-3,5(1,4)-ジベンゼナヘプタファン
6-oxa-2-thia-4-selena-1,7(4)-dipyridina-3,5(1,4)-dibenzenaheptaphane ではない.
優先"ア"接頭語オキサ oxa が最小位置番号をもたなければならない〕

P-26.6 ファン命名法のその他の事項

ファン命名法の第 II 部(参考文献 6)は,(1) 接尾語で表される特性基で置換されたファン母体水素化物について述べている.アミンについては P-62.2.5.3 で,ヒドロキシ化合物については P-63.1.2 で,ケトンについては P-64.2.2.3 に例を示す.さらに (2) 水素化の段階の修飾について述べている.この問題については P-31.1.6 および P-31.2.3.3.4 でさらに詳しく述べる.

P-27 フ ラ ー レ ン   "日本語名称のつくり方"も参照

P-27.0 は じ め に

この節は "C_{60}-I_h および C_{70}-$D_{5h(6)}$ フラーレンの命名法"(参考文献 10)に基づいており,本書はその勧告への修正ないし変更は含んでいない.

フラーレンの命名法および専門用語についての IUPAC の予備的な概説は 1997 年に出版された(参考文献 25).本節は,2 種のフラーレン,すなわち最もよく知られている 60 個の炭素原子をもつフラーレンおよびその C_{70} 同族体の一つを詳しく取上げた IUPAC 2002 勧告(参考文献 10, 11)に基づいている.

本節は母体水素化物だけを取上げる(参考文献 10).誘導体については P-6 で述べ,ラジカルやイオンについては P-7 で述べる.P-9 では立体配置の表記についての議論のなかでフラーレンについて簡単に取上げる.

P-27.1 定 義	P-27.5 骨格原子の代置
P-27.2 フラーレンの名称	P-27.6 フラーレンへの環の付加
P-27.3 フラーレンの番号付け	P-27.7 その他,フラーレンの命名について
P-27.4 構造を修飾されたフラーレン	

P-27.1 定 義

P-27.1.1 フラーレン

フラーレン fullerene は偶数個の炭素原子だけからなり,12 個の五員環と残りは六員環からなるカゴ状縮合多環系を形成している化合物である(参考文献 10 参照).その典型例は[60]フラーレン [60]fullerene であり,その原子と結合は切頭二十面体を形成する.この用語は,3 配位の炭素原子だけからなるどのような閉じたカゴ構造も含むように拡張されている.

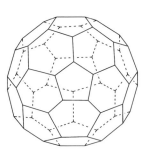
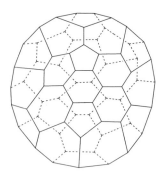

$(C_{60}\text{-}I_h)[5,6]$フラーレン **PIN**
$(C_{60}\text{-}I_h)[5,6]$fullerene **PIN**

$(C_{70}\text{-}D_{5h(6)})[5,6]$フラーレン **PIN**
$(C_{70}\text{-}D_{5h(6)})[5,6]$fullerene **PIN**

P-27.1.2 フラーラン

フラーラン fullerane は完全に飽和したフラーレン，たとえば $C_{60}H_{60}$ である．

P-27.1.3 フラーロイド

複素フラーレン，ノルフラーレン，ホモフラーレン，セコフラーレンは構造がフラーレンに似ているが，上で述べたフラーレンの定義に合致しないのでフラーロイド fulleroid (フラーレン類) とよばれてきた．本書でもフラーロイドとよび，修飾フラーレンとして命名する．

P-27.2 フラーレンの名称

P-27.2.1 体系名

フラーレンの推奨体系名は炭素原子の数，点群記号，環の員数，環の相対配置，およびフラーレン fullerene の語を合わせて名称とする．本節で述べる二つのフラーレンの PIN については $(C_{60}\text{-}I_h)[5,6]$フラーレン **PIN** $(C_{60}\text{-}I_h)[5,6]$fullerene **PIN** および $(C_{70}\text{-}D_{5h(6)})[5,6]$フラーレン **PIN** $(C_{70}\text{-}D_{5h(6)})[5,6]$fullerene **PIN** となる．丸括弧に入れた接頭語は炭素数と点群記号を表し，角括弧に入れた数字は構成環の員数を示す．後者は五員環と六員環以外の環をもつフラーレンにおいて重要である．上記の二つ目のフラーレンの名称で点群記号 D_{5h} の後にある下付き数字(6)は 5 回対称軸上にある五員環が六員環に囲まれていることを指す．これは 5 回対称軸上にある五員環が五員環に囲まれているような異性体と区別している．後者の名称は $(C_{70}\text{-}D_{5h(5)})[5,6]$フラーレン **PIN** となる．

本書で推奨する名称は Chemical Abstracts(CAS)で使われている名称とは形式が違うが同じ情報を含んでいる．相当する CAS の名称はそれぞれ $[5,6]$フラーレン-C_{60}-I_h および $[5,6]$フラーレン-C_{70}-$D_{5h(6)}$ である(参考文献 10 参照)．

P-27.2.2 慣用名

IUPAC の予備的な概説(参考文献 25)に出てくる $[60\text{-}I_h]$フラーレンおよび $[70\text{-}D_{5h}]$フラーレン($[60]$フラーレンおよび $[70\text{-}D_{5h}]$フラーレンと略称する)は，$(C_{60}\text{-}I_h)[5,6]\cdots$ および $(C_{70}\text{-}D_{5h(6)})[5,6]\cdots$ フラーレンについての文献で最初に導入された．これらの名称は五員環および六員環に限った限定的な定義に基づいている．これらの名称には重要な情報が欠けているので，このような特定の化合物だけの慣用名と考える．

P-27.2.3 優先 IUPAC 名（PIN）

IUPAC 体系名は CAS 名や慣用名に優先する．これらの名称の互換性は完全ではない．それぞれの名称は誘導体の名称をつくる独自の方式によっている．しかし最も重要なのは，それらが異なる番号付けの方法に従っていることであり，一つは IUPAC 体系名と CAS 名で，他は慣用名で使われている(P-27.3 参照)．フラーレンおよびフラーレン誘導体の PIN は，選択の余地があれば，優先構成要素を用いて命名する(P-52.2.6 参照)．

P-27.3 フラーレンの番号付け

フラーレン類の命名法では，体系的番号付けはまだ完全には解決していない．目標はすべてのタイプのフラーレンについて連続した番号付けができるようにすること，および明確に定義された出発点を定めることである．$(C_{60}\text{-}I_h)[5,6]$フラーレン**PIN** および$(C_{70}\text{-}D_{5h(6)})[5,6]$フラーレン**PIN** の番号付けの基準は IUPAC 勧告(参考文献 10)で論じている．IUPAC 体系名で用いられている体系的番号付けは Chemical Abstracts が開発した体系に由来しており，この二つのフラーレンについては二つの体系は同じであることに留意してほしい．慣用名における番号付けはこれとは違い，"最も反応性の高い結合"のような原則に基づいている．この 2 通りの番号付け体系を以下の三次元表示および Schlegel 表示で示す．

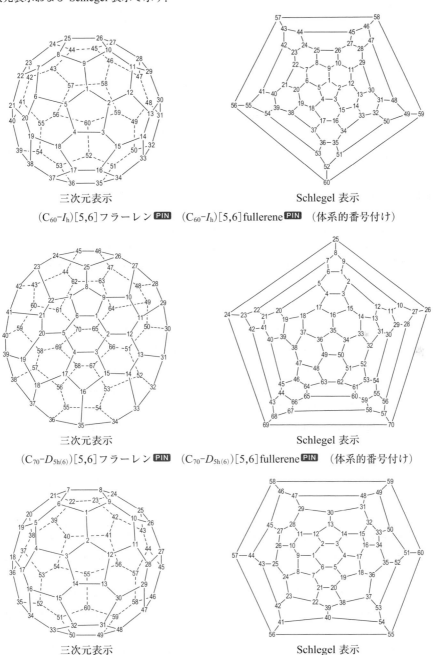

三次元表示　　　　　　　　　　Schlegel 表示
$(C_{60}\text{-}I_h)[5,6]$フラーレン**PIN**　$(C_{60}\text{-}I_h)[5,6]$fullerene**PIN**　(体系的番号付け)

三次元表示　　　　　　　　　　Schlegel 表示
$(C_{70}\text{-}D_{5h(6)})[5,6]$フラーレン**PIN**　$(C_{70}\text{-}D_{5h(6)})[5,6]$fullerene**PIN**　(体系的番号付け)

三次元表示　　　　　　　　　　Schlegel 表示
[60]フラーレン　　[60]fullerene　(慣用的番号付け)

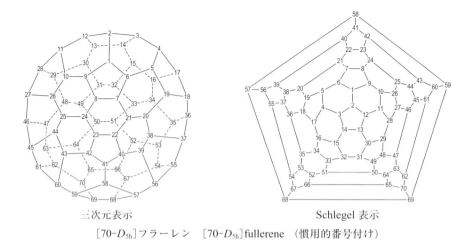

[70-D_{5h}]フラーレン　[70-D_{5h}]fullerene　(慣用的番号付け)

回転対称軸をもつ他の多くのフラーレン(体系的原則に従うと不連続な番号付け経路となるものを含めて)や C_s 点群および C_1 点群の対称性をもつフラーレンの特殊な番号付けも公表されている(参考文献 11).

P-27.4　構造を修飾されたフラーレン

P-27.4.0　はじめに	P-27.4.3　セコフラーレン
P-27.4.1　ホモフラーレン	P-27.4.4　シクロフラーレン
P-27.4.2　ノルフラーレン	P-27.4.5　構造修飾操作の組合わせ

P-27.4.0　はじめに

任意のフラーレンにおいて炭素原子を付加あるいは除去してできる新たなフラーレン系は,新しく炭素数や点群記号で表示するのではなく,もとのフラーレンの名称を分離不可接頭語 ホモ homo あるいは ノル nor を用いて修飾することによって表す.つまり,天然物の命名法(P-10 参照)で用いる基本構造のように,フラーレンが母体構造となる.同様に特定の位置での結合の切断や新しい結合の生成は,天然物命名法でも用いられている分離不可接頭語 セコ seco や シクロ cyclo をそれぞれ用いて表す.天然物命名法では接頭語ホモ,ノル,セコ,シクロを明確な制限のもとに使用するのに対して,フラーレン命名法ではそのような明確な制限はない.

P-27.4.1　ホモフラーレン

フラーレンの炭素－炭素結合のメチレン基 $-CH_2-$ による置換は,母体フラーレンの名称に分離不可接頭語 ホモ homo を付けることによって記述する.母体フラーレンのもとの位置番号は変わらない.ホモ操作の位置は,天然物命名法において基本構造の結合連結部へのメチレン基の挿入に対して考案された方法(P-101.3.2 参照)に従って生じる複合位置番号で表される.二つ以上のメチレン基の付加は,接頭語 homo の前に倍数接頭語 di, tri などを置くことで示す.複合位置番号は,フラーレンの番号付けと矛盾しない最小の位置番号の対に a (二つ以上のメチレン基が結合と置き換わる場合は b, c など)を付け加え,より大きな番号を括弧にいれる.たとえば 1(9)a となる.そのような複合位置番号を母体化合物の名称中の位置番号として用いなければならないが,曖昧さがなければ最小位置番号に a を付けるだけの簡単な位置番号(上の例では 1a)を構造式での表記や置換基の記載の際に用いることができる.メチレン基の付加を示す位置番号は天然物の命名法とは使い方が異なる(P-101.3.2 参照).CAS で使う位置番号もまた異なっており,フラーレン類の PIN でメチレン基による置換を記述するのに用いてはならない(参考文献 10 の Fu-4.1 参照).

例：

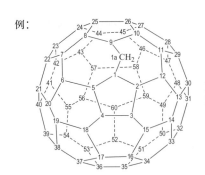

1(9)a*H*-1(9)a-ホモ(C_{60}-I_h)[5,6]フラーレン **PIN**
1(9)a*H*-1(9)a-homo(C_{60}-I_h)[5,6]fullerene **PIN**

P-27.4.2 ノルフラーレン

分離不可接頭語 ノル nor はフラーレン構造から炭素原子 1 個を除去することを表す．しかし天然物命名法の場合と異なり，除去した原子への結合は再結合させない(P-101.3.1.1 参照)．その場合，残った原子の結合数が 3 から 2 に減少する場合があり，結果として水素原子の存在が必要となる．水素原子が偶数個ならば名称そのものに変更はない．奇数個の場合は，1 個の炭素が sp^2 から sp^3 混成に変わるので，1 個の水素は指示水素として表示する．結合数が 3 ならば窒素やホウ素のようなヘテロ原子で，また結合数が 2 ならば酸素や硫黄のようなヘテロ原子で満たすことができる．このようなヘテロ原子は別個の操作で導入する．そのような原子の位置番号はできる限り小さくなるようにする．2 個以上の原子の除去は，接頭語ノルの前に倍数接頭語 di, tri などを置くことによって示す．

PIN をつくるのに，ノル操作によって除去できる炭素原子の正確な数を定めることは有用ではないであろう．結局は，ポリノルフラーレン名より体系的環命名法による方がわかりやすい名称になることもある．実際的な形態は，炭素原子のかたまりを除去するのか，ばらばらの炭素原子を除去するのかにも大きく依存する．PIN フラーレン名の生成におけるノルの使い方は P-52.2.6.2 参照．

天然物命名法でのノル接頭語の使い方はフラーレン命名法とは異なるので，フラーレンの命名に適用してはならない．

例：

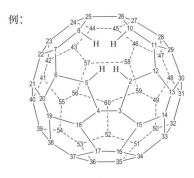

1,9-ジノル(C_{60}-I_h)[5,6]フラーレン **PIN**
1,9-dinor(C_{60}-I_h)[5,6]fullerene **PIN**

P-27.4.3 セコフラーレン

分離不可接頭語 セコ seco は，フラーレンの結合 1 個の切断を表す．母体フラーレンの番号付けは変わらない．選択の余地がある場合は，可能な最小の位置番号を用いてセコ操作を表す．セコ操作で生じる結合数 2 の炭素原子の原子価は二重結合の再配列の後で水素原子で補う．水素原子が付加してもセコフラーレンの名称に変更はない．二つ以上の結合の切断は接頭語 seco の前に倍数接頭語 di, tri などを置いて示す．

PIN をつくるのにセコ操作で切断されうる結合の正確な数を定めるのは有用ではないであろう．結果として，体系的環命名法の方がポリセコフラーレン名よりわかりやすい名称になる場合もある．実際の方法は母体フラーレンのどの結合が切断されるかに大きく依存する．PIN セコフラーレン名のつくり方については P-52.2.6.3 参照．

天然物命名法でのセコ接頭語の使い方はフラーレン命名法とは異なるので，フラーレンの命名に適用してはならない．

例：

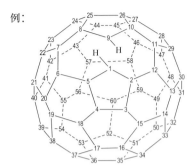

1,9-セコ(C_{60}-I_h)[5,6]フラーレン **PIN**
1,9-seco(C_{60}-I_h)[5,6]fullerene **PIN**

P-27.4.4 シクロフラーレン

分離不可接頭語 シクロ cyclo は修飾フラーレンあるいは多重フラーレン構造の二つの原子間での結合の生成を表す．これは，ほぼ常に一つ以上のホモ，ノル，セコなどの構造修飾接頭語とともに用いる．二つ以上の結合の生成は接頭語シクロの前に倍数接頭語 di, tri などを置いて表す．シクロだけを用いるフラーレンはまだ一つも知られていない．P-27.4.5 以降の例参照．

P-27.4.5 構造修飾操作の組合わせ

フラーレン構造に二つ以上の操作を行った場合，それらの操作を示す接頭語をシクロ，セコ，ホモ，ノルの順でフラーレンの名称の前に置く．この順序は最小の位置番号を割当てる際の接頭語が示す操作の順序とは逆である．最小の位置番号を決めるには，最初にノル接頭語を考慮する．ホモ位置番号はセコ操作やシクロ操作に必要であるからホモ接頭語はセコやシクロより優先する．セコ接頭語やシクロ接頭語の位置番号は，まず最も小さい位置番号の組合わせによって，ついで名称の中での位置番号の並び順によって決める．

PIN をつくるのに，母体フラーレンに対して行いうる操作の正確な数を定めるのは有用ではないであろう．結果として，体系的環命名法の方がポリセコフラーレン名よりわかりやすい名称になることがありうる．実際の数は使う操作のタイプに依存する．PIN フラーレン名作成における構造修飾接頭語の使い方については P-52.2.6 参照．

天然物命名法で使われる構造修飾接頭語の組合わせについての規則はフラーレン命名法とは異なるので，フラーレンの命名に適用してはならない．

例：

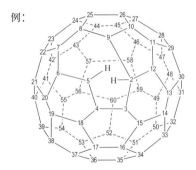

2H-2,9-シクロ-1-ノル(C_{60}-I_h)[5,6]フラーレン **PIN**
2H-2,9-cyclo-1-nor(C_{60}-I_h)[5,6]fullerene **PIN**

P-27.5 骨格原子の代置

P-27.5.1 1個以上の炭素原子がヘテロ原子で代置されたフラーレンを **複素フラーレン** heterofullerene という．炭素原子を代置命名法の"ア"接頭語(P-15.4 参照)に従った標準的結合数をもつヘテロ原子あるいはλ-標記(P-14.1 参照)で示される結合数をもつヘテロ原子で代置したフラーレンは"ア"命名法を用いて命名する．母体

P-27 フラーレン

フラーレンに二重結合が存在するかあるいは可能な場合は母体名はフラーレンである．二重結合が可能ではない場合，母体名は**フラーラン** fullerane である．ヘテロ原子には金属および半金属を含む 3 配位が可能なすべての元素を含む．すべての炭素原子を同じあるいは異なるヘテロ原子で代置したフラーレンの代置名は予備選択名である(P-12.2 参照)．炭素原子を三価のヘテロ原子で代置すると指示水素が必要となり，それには可能な限り最も小さな位置番号を割当てる．

例：

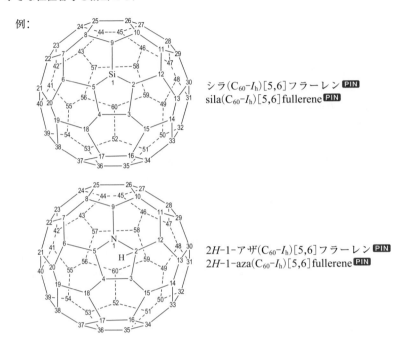

シラ(C_{60}-I_h)[5,6]フラーレン **PIN**
sila(C_{60}-I_h)[5,6]fullerene **PIN**

$2H$-1-アザ(C_{60}-I_h)[5,6]フラーレン **PIN**
$2H$-1-aza(C_{60}-I_h)[5,6]fullerene **PIN**

P-27.5.2 ホモ，ノル，セコ，シクロ接頭語とオキサやアザのような"ア"接頭語の両方がある場合，名称の中で構造修飾接頭語の前に"ア"接頭語を優先順位に従って並べる．構造修飾接頭語には"ア"接頭語より優先して小さな位置番号を割当てる．

例：

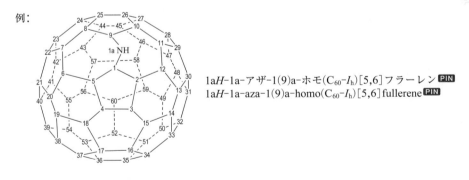

1aH-1a-アザ-1(9)a-ホモ(C_{60}-I_h)[5,6]フラーレン **PIN**
1aH-1a-aza-1(9)a-homo(C_{60}-I_h)[5,6]fullerene **PIN**

P-27.6 フラーレンへの環の付加

フラーレンへの環の付加は，本章で以前に述べたオルト縮合操作，橋かけ操作，あるいはスピロ縮合操作として表現する．

P-27.6.1 有機環系にオルト縮合したフラーレンおよび修飾フラーレン	P-27.6.2 橋かけフラーレン
	P-27.6.3 スピロフラーレン

P-27.6.1 有機環系にオルト縮合したフラーレンおよび修飾フラーレン

隣接する2個の原子を有機環系と共有するフラーレンあるいは修飾フラーレンは、P-25で述べた縮合環命名法の原則を適用して命名する。通常の有機縮合環系の場合と同様に、フラーレンあるいは修飾フラーレンと有機環系に共有される原子対は、両方の成分の一部とみなす。しかし、通常の縮合環系とは異なり、各成分はそれ自身の結合様式と番号付けを変えない。フラーレンにおける結合の性質のために、縮合に関わる結合は常に単結合であり、縮合原子は環外の二重結合を受け入れることはできない。ビシクロ環あるいはポリシクロ環を除く非フラーレン成分は、縮合後も最多非集積二重結合をもっており、必要に応じて指示水素を表示する。

単環およびスピロ環以外のすべての多環系を含む有機環は、母体成分であるフラーレンあるいは修飾フラーレンの名称に常に接頭語として表示する。各系はそれ自身の名称と番号付けを変えずに、縮合位置および置換位置番号を示す。フラーレンあるいは修飾フラーレンの位置番号は、常にプライムを付けずに示し、縮合する有機環には下に述べる順序でプライムを付ける。有機環のプライム付きの位置番号とフラーレンあるいは修飾フラーレンのプライムのない位置番号を、この順序でコロンで区切って角括弧に入れて記すことによって縮合を示す。単環炭化水素の位置番号はPINでは省く。

フラーレンの縮合誘導体の命名に用いる方式は、天然物の命名法における縮合した基本構造の命名においても用いる(P-101.5 参照)。注意すべきことは、IUPAC名を作成する際に述べたように、この方法を包括的に適用しなければならないということである。CAS名はこれとは違い、優位の環が母体成分となる通常の縮合操作の方法に近く、この方法を使う必要のある場合には、フラーレンあるいは修飾フラーレンについてもCAS名を使わなければならない。縮合操作を橋かけ操作で置き換えることも可能で、たとえば環成分がシクロプロパンやオキシレン環である場合は、メタノ methano あるいは エピオキシ epoxy のような橋かけ接頭語(P-25.4 参照)を用いる橋かけ操作が重要な代替法となる。この方法はIUPACの予備的な概説(参考文献25参照)で推奨され、GINで用いることができる。

例：

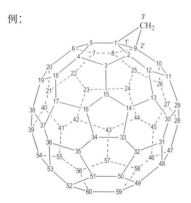

3′H-シクロプロパ[1,9](C_{60}-I_h)[5,6]フラーレン **PIN**
3′H-cyclopropa[1,9](C_{60}-I_h)[5,6]fullerene **PIN**
1,9-メタノ(C_{60}-I_h)[5,6]フラーレン
1,9-methano(C_{60}-I_h)[5,6]fullerene （P-27.6.2 参照）

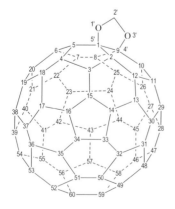

[1,3]ジオキソロ[4′,5′:1,9](C_{60}-I_h)[5,6]フラーレン **PIN**
[1,3]dioxolo[4′,5′:1,9](C_{60}-I_h)[5,6]fullerene **PIN**
1,9-(オキシメチレンオキシ)(C_{60}-I_h)[5,6]フラーレン
1,9-(oxymethyleneoxy)(C_{60}-I_h)[5,6]fullerene （P-27.6.2 参照）

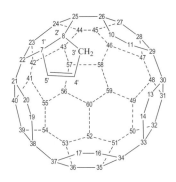

3′H-シクロペンタ[7,8]-1,2,3,4,5,6,9,12,15,18-デカノル(C_{60}-I_h)[5,6]フラーレン **PIN**

3′H-cyclopenta[7,8]-1,2,3,4,5,6,9,12,15,18-decanor(C_{60}-I_h)[5,6]fullerene **PIN**

7,8-(プロパ-1-エン-1,3-ジイル)-1,2,3,4,5,6,9,12,15,18-デカノル(C_{60}-I_h)[5,6]フラーレン

7,8-(prop-1-en-1,3-diyl)-1,2,3,4,5,6,9,12,15,18-decanor(C_{60}-I_h)[5,6]fullerene　（P-27.6.2 参照）

フラーレンに二つ以上の同一の非フラーレン成分が縮合している場合，フラーレンの縮合位置番号の小さい方から順にプライムの数を増やす．フラーレンに異なる非フラーレン成分が縮合している場合は，アルファベット順にプライムの数を増やす．その際上述の同一非フラーレン成分が複数ある場合の基準に従う．この方式は修飾フラーレンに縮合する環にも適用する．

例：

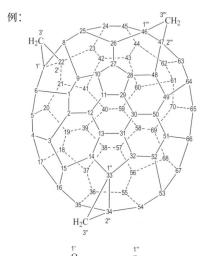

3′H,3″H,3‴H-トリシクロプロパ[7,22:33,34:46,47](C_{70}-$D_{5h(6)}$)[5,6]フラーレン **PIN**

3′H,3″H,3‴H-tricyclopropa[7,22:33,34:46,47](C_{70}-$D_{5h(6)}$)[5,6]fullerene **PIN**

7,22:33,34:46,47-トリス(メチレン)(C_{70}-$D_{5h(6)}$)[5,6]フラーレン

7,22:33,34:46,47-tris(methylene)(C_{70}-$D_{5h(6)}$)[5,6]fullerene
（P-27.6.2 参照）

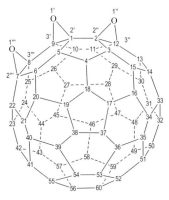

トリス(オキシレノ)[2′,3′:1,9;2″,3″:2,12;2‴,3‴:7,8](C_{60}-I_h)[5,6]フラーレン **PIN**

tris(oxireno)[2′,3′:1,9;2″,3″:2,12;2‴,3‴:7,8](C_{60}-I_h)[5,6]fullerene **PIN**

1,9:2,12:7,8-トリス(オキシ)(C_{60}-I_h)[5,6]フラーレン

1,9:2,12:7,8-tris(oxy)(C_{60}-I_h)[5,6]fullerene　（P-27.6.2 参照）

P-27.6.2　橋かけフラーレン

フラーレンあるいは修飾フラーレンの隣り合っていない原子間の橋は，橋かけ縮合環系に対して確立された原則と規則(P-25.4 参照)に従って命名し番号を付ける．橋かけ原子の番号付けは，フラーレンの最大位置番号の次の番号から始まり，より大きな位置番号をもつフラーレン原子と結合した原子から始める．母体フラーレンとそれに縮合する環の間の橋，同じフラーレンに縮合した異なる環の間の橋，あるいは縮合環によって結びつけられた二つ以上のフラーレン間の橋は確立された橋かけ接頭語名を使って命名するが，橋原子の番号付けは最もプライムの数の少ない縮合成分に隣接する原子から始めて順に付けていく．

例:

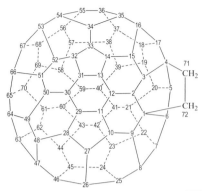

1,4-エタノ(C_{70}-$D_{5h(6)}$)[5,6]フラーレン **PIN**
1,4-ethano(C_{70}-$D_{5h(6)}$)[5,6]fullerene **PIN**

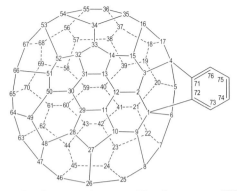

1,4-[1,2]ベンゼノ(C_{70}-$D_{5h(6)}$)[5,6]フラーレン **PIN**
1,4-[1,2]benzeno(C_{70}-$D_{5h(6)}$)[5,6]fullerene **PIN**

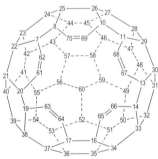

7,20:8,10:11,13:14,16:17,19-ペンタエテノ-1,2,3,4,5,6,9,12,15,18-デカノル(C_{60}-I_h)[5,6]フラーレン **PIN**
7,20:8,10:11,13:14,16:17,19-pentaetheno-1,2,3,4,5,6,9,12,15,18-decanor(C_{60}-I_h)[5,6]fullerene **PIN**

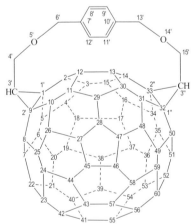

3′*H*,3″*H*-3′,3″-(メタノオキシメタノ[1,4]ベンゼノメタノオキシメタノ)ジシクロプロパ[1,9:32,33](C_{60}-I_h)[5,6]フラーレン **PIN**
3′*H*,3″*H*-3′,3″-(methanooxymethano[1,4]benzenomethanooxymethano)dicyclopropa[1,9:32,33](C_{60}-I_h)[5,6]fullerene **PIN**

1,9:32,33-(エタン-1,2,2-トリイルオキシメチレン-1,4-
 　　　　　　フェニレンメチレンオキシエタン-1,2,2-トリイル)(C_{60}-I_h)[5,6]フラーレン
1,9:32,33-(ethane-1,2,2-triyloxymethylene-1,4-
 　　　　　　phenylenemethyleneoxyethane-1,2,2-triyl)(C_{60}-I_h)[5,6]fullerene

P-27.6.3 スピロフラーレン

フラーレン自身はその特殊な結合様式のために直接フラーレン間でスピロ化合物を形成することはできず，以前にも述べたようにスピロ環をフラーレンが形成することもない．

ホモフラーレンおよび有機環と縮合したフラーレンから生成するスピロフラーレンは，P-24.5 で述べたような少なくとも 1 個の多環系を含む有機スピロ系を命名する通常のやり方に従う．この種のスピロ化合物の命名には，英数字順を使うので，スピロフラーレンの母体水素化物の位置番号は必ずしもプライムの付く数字でなくてもよい．

例:

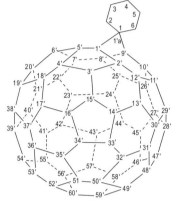

スピロ［シクロヘキサン-1,1′a-［1(9)a］-ホモ(C_{60}-I_h)［5,6］フラーレン］ **PIN**
spiro［cyclohexane-1,1′a-［1(9)a］-homo(C_{60}-I_h)［5,6］fullerene］ **PIN**

P-27.7 その他，フラーレンの命名について

フラーレン命名法第 II 部（参考文献 11）は広範なフラーレン構造の番号付けの規則について述べている:
(1) 少なくとも 1 個の対称軸（C_n, $n>1$）と連続的らせん状番号付け経路をもつフラーレン
(2) 少なくとも 1 個の対称軸（C_n, $n>1$）をもつが連続的らせん状番号付け経路をもたないフラーレン
(3) C_s 点群に属しており，連続的らせん状番号付け経路をもつフラーレン
(4) C_i あるいは C_1 点群に属しており，連続的らせん状番号付け経路をもつフラーレン

P-28 環集合   "日本語名称のつくり方"も参照

P-28.0 はじめに	P-28.4 "ア"命名法で命名された同じ環からなる環集合
P-28.1 定　義	
P-28.2 2 個の同じ環の環集合	P-28.5 7 個以上の同じ環の環集合
P-28.3 3 個から 6 個の同じ環からなる枝分かれのない環集合	P-28.6 同じ環からなる枝分かれした環集合
	P-28.7 異なる環からなる環の集合体

P-28.0 はじめに

本節では環状母体水素化物が単結合あるいは二重結合で連結した集合体について述べる．集合体中の環の数を表すのに，いわゆるラテン倍数接頭語とよばれるビ bi，テル ter，クアテル quater などを用いて命名する．

P-29 でもさらに詳しく述べるが，置換基の名称はこの節でも使う．

P-28.1 定義

単結合あるいは二重結合で互いに直接結合した二つ以上の環(単環，縮合環，ポリシクロ環，スピロ環，ファン系，フラーレン)を**環集合** ring assembly とよび，環をつなぐ結合の数は含まれる環の数より一つ少ない．

環集合   縮合環

環集合は同一の環からなる．異なる環の集合体は有機命名法の対象としては環集合とはよばない．たとえば，

三つの同じ環（環集合）   二つの異なる環

P-28.2 2個の同じ環の環集合

P-28.2.1 単結合で結合した環集合

単結合で結合した二つの同じ環の集合体は次の2通りの方法で命名する．

(1) 対応する母体水素化物の名称を必要ならば括弧に入れ，その前に接頭語 ビ bi (P-14.2.3 参照)を置く．括弧は von Baeyer 名と混同するのを避けるために用いる．
(2) 対応する置換基の名称を必要ならば括弧に入れ，その前に接頭語 ビ bi (P-14.2.3 参照)を置く(置換基の名称については P-29 参照)．

方法(1)による名称が PIN となる(P-52.2.7)．ただし，ビフェニル biphenyl の PIN は 1,1′-ビフェニル 1,1′-biphenyl である(P-28.3.2 参照)．

各環は通常の方法で番号付けをし，一方はプライムなしの位置番号を，他方はプライム付きの位置番号を付ける．可能な最も小さな位置番号を結合位置に付ける．PIN ではこれらの位置番号を明示しなければならない．GIN では曖昧さがなければ省いてもよい．

例：

(1) 1,1′-ビ(シクロプロパン) **PIN**
1,1′-bi(cyclopropane) **PIN**
(2) 1,1′-ビ(シクロプロピル)
1,1′-bi(cyclopropyl)

(1) 1,1′-ビフェニル **PIN**
1,1′-biphenyl **PIN**
ビフェニル biphenyl

(1) 2,2′-ビピリジン **PIN**
2,2′-bipyridine **PIN**
(2) 2,2′-ビピリジル
2,2′-bipyridyl

(1) 1,2′-ビナフタレン **PIN** 1,2′-binaphthalene **PIN**
(2) 1,2′-ビナフチル 1,2′-binaphthyl

(1) 2,3′-ビフラン **PIN** 2,3′-bifuran **PIN**
(2) 2,3′-ビフリル 2,3′-bifuryl

P-28.2.2 二重結合で結合した環集合

2個の環が二重結合で結合している場合，P-28.2.1 で述べた方法(2)が唯一の方法となる．二重結合の存在をギリシャ文字のΔで示し，環の結合位置を上付きの位置番号数字で表す場合にも，これまでは方法(2)が使われてきた．この方法は本勧告では引継がない．したがって3個以上の同じ環が二重結合で結ばれている場合は，別の方

法で命名しなければならない(P-31.1.7 参照).

例: 1,1′-ビ(シクロペンチリデン) **PIN**
1,1′-bi(cyclopentylidene) **PIN**
(Δ$^{1,1'}$-ビシクロペンチリデン
Δ$^{1,1'}$-bicyclopentylidene ではない)

2,2′-ビ(ビシクロ[2.2.1]ヘプタン-2-イリデン) **PIN**
2,2′-bi(bicyclo[2.2.1]heptan-2-ylidene) **PIN**
(Δ$^{2,2'}$-ビシクロ[2.2.1]ヘプタニリデン
Δ$^{2,2'}$-bicyclo[2.2.1]heptanylidene ではない)

P-28.2.3　2 成分環集合における成分中の指示水素は，P-58.2.1 に従って命名と番号付けをし，成分環の指示水素原子は無視する．次に結合位置を考慮しながら最多非集積二重結合を配置する．飽和の環位置が残っていれば指示水素として表し，該当する位置番号とともに集合体の名称の前に置く．

> 必要な指示水素を環集合の名称の前に置く方法は，2,2′-ビ-2H-ピランのように各環の名称に付随して指示水素を示すという従来の方法からの変更である．

注記：指示水素を環集合の名称の前に置く方式は，橋かけ縮合環系(P-25.7.1.3.3 参照)およびスピロ環系(P-24.3.2 参照)で採用することになった方式に従っている．この方式によって 1H,2′H-2,4′-ビインデン 1H,2′H-2,4′-biindene のように，さらに多くの環の集合体を環集合として扱うことができる．ケトンのような二価置換基接尾語を必要とする誘導体を命名する際に，この方法の利点がより明らかになる．

例：

6H,6′H-2,2′-ビピラン **PIN**
6H,6′H-2,2′-bipyran **PIN**
(2,2′-ビ-6H-ピラン
2,2′-bi-6H-pyran ではない)

1,1′-ビピロール **PIN**
1,1′-bipyrrole **PIN**　（指示水素は必要ない）
(1,1′-ビ-1H-ピロール
1,1′-bi-1H-pyrrole ではない)

1H,1′H-1,1′-ビインデン **PIN**
1H,1′H-1,1′-biindene **PIN**
(1,1′-ビ-1H-インデン
1,1′-bi-1H-indene ではない)

3a,3′a-ビインデン **PIN**
3a,3′a-biindene **PIN**　（指示水素は必要ない）
(3a,3′a-ビ-3aH-インデン
3a,3′a-bi-3aH-indene ではない)

2′H-1,2′-ビインドール **PIN**
2′H-1,2′-biindole **PIN**

1H,3′H-4,4′-ビアゼピン **PIN**
1H,3′H-4,4′-biazepine **PIN**

2H-1,2′-ビイソインドール **PIN**
2H-1,2′-biisoindole **PIN**

2′H-1,4′a-ビナフタレン **PIN**
2′H-1,4′a-binaphthalene **PIN**

2H-1,2′-ビピリジン **PIN**
2H-1,2′-bipyridine **PIN**

2′H,3H-2,3′-ビフラニリデン **PIN**
2′H,3H-2,3′-bifuranylidene **PIN**

P-28.3　3個から6個の同じ環からなる枝分かれのない環集合

P-28.3.1　3個以上の同じ環からなる枝分かれのない環集合は，繰返し単位に対応する母体水素化物の名称の前にラテン語起源(P-14.2.3 参照)の テル ter，クアテル quater，キンクエ quinque などの接頭語を置くことにより命名する．指示水素は2成分環集合体について述べた方法(P-28.2.3)を適用する．

　例外的に，3個以上のベンゼン環からなる環集合は フェニル phenyl を使って命名する．集合体の各環は順に番号を付け，各環はその環固有の番号を用いる．集合体における環の位置を示す位置番号に，各環内の位置を示す番号を上付きで示すことにより複式位置番号(P-14.3.1)をつくる．連結位置を示す位置番号は集合体の名称の前に小さいものから順に並べる．連結を示す位置番号はコンマで区切り，連結位置番号の組はコロンで区切る．

> これは3個以上の環からなる環集合の新しい番号付けの方法である．主位置番号とそれに付く上付き位置番号からなる複式位置番号を使うこの新しい方法を PIN として推奨する．従来の規則(参考文献 1, 2)で用いた位置番号に，順にプライムをつける方法は GIN では使うことができる．

注記: PIN でプライムの付いた位置番号を避けるのは，構造と名称の関係をわかりやすくするためである．PIN の新しい番号付け方法はファン命名法(P-26.4.3 参照)で推奨されたものと同様である．たとえば，1,1′:2′,1″-テルシクロプロパンと $1^1,2^1:2^2,3^1$-テルシクロプロパンを比べると，後者では主位置番号 1, 2, 3 は集合体の三つの環に対応しており，上付きの位置番号は三つの環の結合位置の番号を表している．

例:

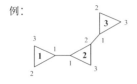

$1^1,2^1:2^2,3^1$-テルシクロプロパン **PIN**
$1^1,2^1:2^2,3^1$-tercyclopropane **PIN**
1,1′:2′,1″-テルシクロプロパン
1,1′:2′,1″-tercyclopropane

P-28 環集合

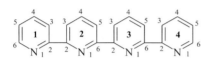

正　　　　　　　　　　　　　誤

$1^1,2^1:2^2,3^1:3^3,4^1$-クアテルシクロブタン [PIN]　$1^1,2^1:2^2,3^1:3^3,4^1$-quatercyclobutane [PIN]
　($1^1,2^1:2^3,3^1:3^2,4^1$-クアテルシクロブタン　$1^1,2^1:2^3,3^1:3^2,4^1$-quatercyclobutane ではない.
　位置番号の組合わせ $1^1,2^1:2^2,3^1:3^3,4^1$ は $1^1,2^1:2^3,3^1:3^2,4^1$ より小さい)

$1,1':2',1'':3'',1'''$-クアテルシクロブタン　$1,1':2',1'':3'',1'''$-quatercyclobutane
　($1,1':3',1'':2'',1'''$-クアテルシクロブタン　$1,1':3',1'':2'',1'''$-quatercyclobutane ではない.
　位置番号の組合わせ $1,1':2',1'':3'',1'''$ は $1,1':3',1'':2'',1'''$ より小さい)

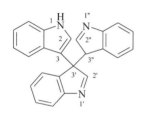

$1^2,2^2:2^6,3^2:3^6,4^2$-クアテルピリジン [PIN]
$1^2,2^2:2^6,3^2:3^6,4^2$-quaterpyridine [PIN]
$2,2':6',2'':6'',2'''$-クアテルピリジン
$2,2':6',2'':6'',2'''$-quaterpyridine

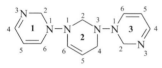

$1^1H,3^3H$-$1^3,2^3:2^3,3^3$-テルインドール [PIN]
$1^1H,3^3H$-$1^3,2^3:2^3,3^3$-terindole [PIN]
$1H,3''H$-$3,3':3',3''$-テルインドール
$1H,3''H$-$3,3':3',3''$-terindole

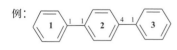

$1^2H,2^2H,2^4H,3^2H$-$1^1,2^1:2^3,3^1$-テルピリミジン [PIN]
$1^2H,2^2H,2^4H,3^2H$-$1^1,2^1:2^3,3^1$-terpyrimidine [PIN]
$2H,2'H,2''H,4'H$-$1,1':3',1''$-テルピリミジン
$2H,2'H,2''H,4'H$-$1,1':3',1''$-terpyrimidine

P-28.3.2　母体水素化物名を用いることの例外として，3 個から 6 個のベンゼン環の環集合体は P-28.2.1 の方法(2)によって命名し，テルフェニル terphenyl，クアテルフェニル quaterphenyl などの名称になる.

例：

$1^1,2^1:2^4,3^1$-テルフェニル [PIN]
$1^1,2^1:2^4,3^1$-terphenyl [PIN]
$1,1':4',1''$-テルフェニル
$1,1':4',1''$-terphenyl
　(p-テルフェニル p-terphenyl ではない)

$1^1,2^1:2^3,3^1:3^3,4^1$-クアテルフェニル [PIN]
$1^1,2^1:2^3,3^1:3^3,4^1$-quaterphenyl [PIN]
$1,1':3',1'':3'',1'''$-クアテルフェニル
$1,1':3',1'':3'',1'''$-quaterphenyl
　(m-クアテルフェニル m-quaterphenyl ではない)

P-28.4　"ア"命名法で命名された同じ環からなる環集合

P-28.4.1　同じ複素環化合物からなる集合体は母体水素化物名を用いて命名するが，ポリシクロ型の複素環化合物および十一員環以上の単環複素環化合物の場合は"ア"命名法を用いて命名する．後者では"ア"接頭語は炭化水素環集合の名称の前に置く．

例：

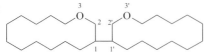

3,3′-ジオキサ-1,1′-ビ(シクロテトラデカン) **PIN**
3,3′-dioxa-1,1′-bi(cyclotetradecane) **PIN**

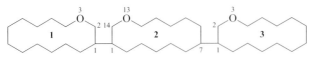

1³,2¹³,3³-トリオキサ-1¹,2¹:2⁷,3¹-テルシクロテトラデカン **PIN**
1³,2¹³,3³-trioxa-1¹,2¹:2⁷,3¹-tercyclotetradecane **PIN**
3,3″,13′-トリオキサ-1,1′:7′,1″-テルシクロテトラデカン
3,3″,13′-trioxa-1,1′:7′,1″-tercyclotetradecane

5,6′-ジアザ-2,2′-ビ(ビシクロ[2.2.2]オクタン) **PIN**
5,6′-diaza-2,2′-bi(bicyclo[2.2.2]octane) **PIN**

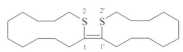

2,2′-ジチア-1,1′-ビ(シクロドデシリデン) **PIN**
2,2′-dithia-1,1′-bi(cyclododecylidene) **PIN**

P-28.4.2 炭化水素環集合が"ア"命名法の適用できる母体構造であるから，ヘテロ原子は同じであったり同数である必要はない．異なる元素のヘテロ原子が存在する場合，通常の"ア"命名法を用いて複素環を命名する．ヘテロ原子を一つの組として小さい位置番号を割当て，次に以下の順で割当てる：O＞S＞Se＞Te＞N＞P＞As＞Sb＞Bi＞Si＞Ge＞Sn＞Pb＞B＞Al＞Ga＞In＞Tl．

例：

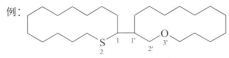

3′-オキサ-2-チア-1,1′-ビ(シクロテトラデカン) **PIN**
3′-oxa-2-thia-1,1′-bi(cyclotetradecane) **PIN**
〔3-オキサ-2′-チア-1,1′-ビ(シクロテトラデカン)
3-oxa-2′-thia-1,1′-bi(cyclotetradecane)ではない．
位置番号の組合わせ 2,3′ は 2′,3 より小さい〕

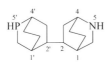

5-アザ-5′-ホスファ-2,2′-ビ(ビシクロ[2.2.2]オクタン) **PIN**
5-aza-5′-phospha-2,2′-bi(bicyclo[2.2.2]octane) **PIN**
〔5′-アザ-5-ホスファ-2,2′-ビ(ビシクロ[2.2.2]オクタン)
5′-aza-5-phospha-2,2′-bi(bicyclo[2.2.2]octane)ではない．
位置番号 5 は 5′ より小さく，接頭語アザにより小さい位置番号を割当てる〕

P-28.5　7個以上の同じ環の環集合

7個以上の同じ環の環集合のPINはファン命名法(P-26 参照)の規則を用いて作成する．上に述べた方法(P-28.2.1, P-28.3.1, P-28.3.2 参照)は適切であればいずれもGINで使うことができる．

例：

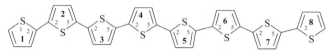

1,7(1),2,3,4,5,6(1,4)-ヘプタベンゼナヘプタファン **PIN**
1,7(1),2,3,4,5,6(1,4)-heptabenzenaheptaphane **PIN**
$1^1,2^1:2^4,3^1:3^4,4^1:4^4,5^1:5^4,6^1:6^4,7^1$-セプチフェニル
$1^1,2^1:2^4,3^1:3^4,4^1:4^4,5^1:5^4,6^1:6^4,7^1$-septiphenyl
$1,1':4',1'':4'',1''':4''',1'''':4'''',1''''':4''''',1''''''$-セプチフェニル
$1,1':4',1'':4'',1''':4''',1'''':4'''',1''''':4''''',1''''''$-septiphenyl

1,8(2),2,3,4,5,6,7(2,5)-オクタチオフェナオクタファン **PIN**
1,8(2),2,3,4,5,6,7(2,5)-octathiophenaoctaphane **PIN**
$1^2,2^2:2^5,3^2:3^5,4^2:4^5,5^2:5^5,6^2:6^5,7^2:7^5,8^2$-オクチチオフェン
$1^2,2^2:2^5,3^2:3^5,4^2:4^5,5^2:5^5,6^2:6^5,7^2:7^5,8^2$-octithiophene
$2,2':5',2'':5'',2''':5''',2'''':5'''',2''''':5''''',2''''''$-オクチチオフェン
$2,2':5',2'':5'',2''':5''',2'''':5'''',2''''':5''''',2''''''$-octithiophene

$1^1H,2^1H,3^1H,4^1H,5^1H,6^1H,7^1H$-1,7(2),2,3,4,5,6(2,5)-ヘプタピロラヘプタファン **PIN**
$1^1H,2^1H,3^1H,4^1H,5^1H,6^1H,7^1H$-1,7(2),2,3,4,5,6(2,5)-heptapyrrolaheptaphane **PIN**
$1^1H,2^1H,3^1H,4^1H,5^1H,6^1H,7^1H$-$1^2,2^2:2^5,3^2:3^5,4^2:4^5,5^2:5^5,6^2:6^5,7^2$-セプチピロール
$1^1H,2^1H,3^1H,4^1H,5^1H,6^1H,7^1H$-$1^2,2^2:2^5,3^2:3^5,4^2:4^5,5^2:5^5,6^2:6^5,7^2$-septipyrrole
$1H,1'H,1''H,1'''H,1''''H,1'''''H,1''''''H$-$2,2':5',2'':5'',2''':5''',2'''':5'''',2''''':5''''',2''''''$-セプチピロール
$1H,1'H,1''H,1'''H,1''''H,1'''''H,1''''''H$-$2,2':5',2'':5'',2''':5''',2'''':5'''',2''''':5''''',2''''''$-septipyrrole

P-28.6　同じ環からなる枝分かれした環集合

PINは最も長い枝分かれのない集合体に置換基を導入して作成する．置換基の名称はP-29.3.5で述べる方法に従ってつくる．必要ならば主鎖を選択する基準，すなわち最も長い鎖，最大数の置換基，置換基全体として最も小さい位置番号，ついで英数字順を適用する．

例：

2^5-フェニル-$1^1,2^1:2^3,3^1$-テルフェニル **PIN**　　2^5-phenyl-$1^1,2^1:2^3,3^1$-terphenyl **PIN**
$5'$-フェニル-$1,1':3',1''$-テルフェニル　　$5'$-phenyl-$1,1':3',1''$-terphenyl

3^5-([1,1′-ビフェニル]-3-イル)-1^1,2^1:2^3,3^1:3^3,4^1:4^3,5^1-キンクエフェニル **PIN**
3^5-([1,1′-biphenyl]-3-yl)-1^1,2^1:2^3,3^1:3^3,4^1:4^3,5^1-quinquephenyl **PIN**
5″-([1,1′-ビフェニル]-3-イル)-1,1′:3′,1″:3″,1‴:3‴,1⁗-キンクエフェニル
5″-([1,1′-biphenyl]-3-yl)-1,1′:3′,1″:3″,1‴:3‴,1⁗-quinquephenyl

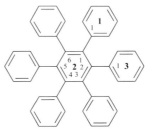

2^3,2^4,2^5,2^6-テトラフェニル-1^1,2^1:2^2,3^1-テルフェニル **PIN**
2^3,2^4,2^5,2^6-tetraphenyl-1^1,2^1:2^2,3^1-terphenyl **PIN**

(2^2,2^3,2^5,2^6-テトラフェニル-1^1,2^1:2^4,3^1-テルフェニル
2^2,2^3,2^5,2^6-tetraphenyl-1^1,2^1:2^4,3^1-terphenyl でも,
2^2,2^4,2^5,2^6-テトラフェニル-1^1,2^1:2^3,3^1-テルフェニル
2^2,2^4,2^5,2^6-tetraphenyl-1^1,2^1:2^3,3^1-terphenyl でもない.
位置番号の組合わせ 1^1,2^1:2^2,3^1 は 1^1,2^1:2^4,3^1 や 1^1,2^1:2^3,3^1 より小さい)

3′,4′,5′,6′-テトラフェニル-1,1′:2′,1″-テルフェニル
3′,4′,5′,6′-tetraphenyl-1,1′:2′,1″-terphenyl

(2′,3′,5′,6′-テトラフェニル-1,1′:4′,1″-テルフェニル 2′,3′,5′,6′-tetraphenyl-1,1′:4′,1″-terphenyl でも,
2′,4′,5′,6′-テトラフェニル-1,1′:3′,1″-テルフェニル 2′,4′,5′,6′-tetraphenyl-1,1′:3′,1″-terphenyl でもない.
位置番号の組合わせ 1,1′:2′,1″ は 1,1′:4′,1″ や 1,1′:3′,1″ より小さい)

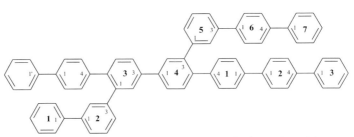

3^6-([1,1′-ビフェニル]-4-イル)-4^4-([1^1,2^1:2^4,3^1-テルフェニル]-1^4-イル)-1,7(1),2,3,4,5(1,3),6(1,4)-
　　　　　　　　　　　　　　　　　　　　　　　　　　　　　　　ヘプタベンゼナヘプタファン **PIN**
3^6-([1,1′-biphenyl]-4-yl)-4^4-([1^1,2^1:2^4,3^1-terphenyl]-1^4-yl)-1,7(1),2,3,4,5(1,3),6(1,4)-
　　　　　　　　　　　　　　　　　　　　　　　　　　　　　　　heptabenzenaheptaphane **PIN**

[3^2-([1,1′-ビフェニル]-3-イル)-4^3-([1^1,2^1:2^4,3^1-テルフェニル]-1^3-イル)-1,7(1),2,3,4,5,6(1,4)-
　　　　　　　　　　　　　　　　　　　　　　　　　　　　　　　ヘプタベンゼナヘプタファン
3^2-([1,1′-biphenyl]-3-yl)-4^3-([1^1,2^1:2^4,3^1-terphenyl]-1^3-yl)-1,7(1),2,3,4,5,6(1,4)-
　　　　　　　　　　　　　　　　　　　　　　　　　　　　　　　heptabenzenaheptaphane ではない.
スーパー原子の位置番号 2,3,4,5 に対する結合位置番号の組合わせ(1,3)(1,3)(1,3)(1,3)は
(1,4)(1,4)(1,4)(1,4)より小さい]

P-29 母体水素化物に由来する置換基を示す接頭語　　　　241

P-28.7　異なる環からなる環の集合体

　上で述べた環集合(P-28.2 および P-28.3)として取扱えない環の集合体は，単に異なる環の集合体として扱う．そのような環状の炭化水素の集合については P-61.2.2 で述べる．Si, N, B などのヘテロ原子を含む異なる環の集合体は P-68 で扱う．同一のあるいは異なる環からなる環の集合体の命名に，ファン命名法(P-26 参照)が適用できる場合はこれを使う．

　部分的に不飽和であったり部分的に飽和である同一の環からなる環の集合体は，語尾エン ene あるいはイン yne を用いる(飽和系への多重結合の導入)か，あるいはマンキュード系ではヒドロ，デヒドロ接頭語を用いることによって修飾することができる．特にベンゼン環の集合体のような場合には，このような操作で異なる環の集合体をつくることができる．

P-29　母体水素化物に由来する置換基を示す接頭語　　　"日本語名称のつくり方"も参照

> P-29.0　は じ め に　　　　　　　　　P-29.4　複合置換基
> P-29.1　定　　義　　　　　　　　　　P-29.5　重複合置換基
> P-29.2　置換基を命名する一般則　　　P-29.6　P-2 に記載した母体水素化
> P-29.3　飽和母体水素化物に由来する単　　　　　　物に由来する単純置換基接
> 　　　　純置換基接頭語の体系的名称　　　　　　　頭語の保存名

P-29.0　は じ め に

　この節では P-21 から P-28 で述べた母体水素化物に由来し，置換命名法で接頭語として用いる置換基の名称を扱う．体系的接頭語のつくり方をこの節で詳細に述べ，優先接頭語および予備選択接頭語を明確にする．

P-29.1　定　　義

　母体水素化物に由来する置換基は有機化合物の命名法においてさまざまに用いられ，単純置換基，複合置換基，重複合置換基に分類される．

> 以下で述べる母体水素化物に由来する置換基の定義は，従来の規則(参考文献 1 の A-2.3 および参考文献 2 の R-4.1)における定義とは異なる．

P-29.1.1　　単純置換基 simple substituent group は，一つ以上の遊離原子価をもつ単位と考えられる原子あるいは原子団である．そのような基の命名法は P-29.2 で述べる．複合置換基あるいは重複合置換基中に 2 個以上の同じ単純置換基が存在する場合，基本倍数接頭語の di, tri, tetra などを用いる．bis, tris, tetrakis などの倍数接頭語の使用については P-29.1.2 および P-29.1.3 を参照してほしい．

P-29.1.2　　複合置換基 compound substituent group は，単純置換基(母体置換基)に 1 個以上の単純置換基が結合したものである．複合置換基名は 2 個以上の単純置換基の名称を組合わせてつくる．それには三つの方法がある．

　(1) 置換操作
　(2) 付加操作
　(3) 置換操作と付加操作の組合わせ

複合置換基は，単純母体置換基が置換を受けられない場合，すなわち置換できる水素原子をもたない場合以外は付加操作ではなく置換操作でつくる．置換で生成した複合置換基はしばしば**置換基接頭語** substituent prefix とよばれる接頭語として名称中に示す．付加操作で生成した複合置換基は**連結接頭語** concatenated prefix とよばれる接頭語として名称中に示す．倍数接頭語の bis, tris, tetrakis などは複合接頭語の倍数を示すとき，あるいは基本倍数接頭語がすでに置換基の名称の一部になっている場合，曖昧さを避けるときに用いる(P-16.3 参照)．

例：   –CH₂-Cl   –CO-Cl
       クロロメチル 優先接頭   クロロカルボニル 優先接頭
       chloromethyl 優先接頭   chlorocarbonyl 優先接頭
       （置換基接頭語，P-13.1 参照）   （連結接頭語，P-13.3.4 参照）

混合連結置換基は置換により生成し，一つ以上の成分に置換基を導入する．

例：   Cl
       | （クロロアザンジイル）ビス（メチレン）優先接頭
     –CH₂-N-CH₂–   (chloroazanediyl)bis(methylene) 優先接頭

P-29.1.3　　**重複合置換基** complex substituent group は，母体置換基に少なくとも 1 個の複合置換基が，置換あるいは連結によって結合しているものである．重複合置換基において，成分複合置換基の母体置換基を**副母体置換基** subsidiary parent substituent group とよぶ．倍数命名法(P-15.3 参照)の中核をなす倍数接頭語は付加操作でつくり，これらが三つ以上の部分からなる場合は**重複合連結接頭語** complex concatenated prefix とみなす．倍数接頭語の bis, tris, tetakis などは重複合接頭語の倍数を示すとき，あるいは基本倍数接頭語がすでに置換基の名称の一部になっていて，曖昧さを避けるときに用いる(P-16.3 参照)．

例：   CH₂-Br
             |
      –CH₂-C-CH₂-CH₃   >N-CH₂-O-CH₂-N<
             |
             Br
    2-ブロモ-2-(ブロモメチル)ブチル 優先接頭   オキシビス(メチレンニトリロ) 優先接頭
    2-bromo-2-(bromomethyl)butyl 優先接頭   oxybis(methylenenitrilo) 優先接頭
       （重複合置換基接頭語）   （重複合連結接頭語）

連結と置換は置換連結重複合置換基を生成するために組合わせることができる．

例：–CHCl-O-CH₂-CH₂-O-CHCl–　　エタン-1,2-ジイルビス［オキシ（クロロメチレン）］優先接頭
　　　　　　　　　　　　　　　　ethane-1,2-diylbis[oxy(chloromethylene)] 優先接頭

P-29.2　置換基を命名する一般則

形式的に母体水素化物から 1 個以上の水素原子を取除くことによって生成する遊離原子価の存在は，接尾語イル yl，イリデン ylidene およびイリジン ylidyne を遊離原子価の数を示す倍数接頭語とともに用いて表す．すべての遊離原子価を一組として最小の位置番号を割当て，次に yl, ylidene, ylidyne の順で記す．接尾語 ylidene および ylidyne は，置換基が母体水素化物あるいは母体置換基にそれぞれ二重結合および三重結合で結合することを示すためにのみ用いる．

一価	二価	三価	四価など
イル yl	ジイル diyl	トリイル triyl	テトライル tetrayl など
	イリデン ylidene	イリジン ylidyne	イルイリジン ylylidyne など
		イルイリデン ylylidene	ジイリデン diylidene など
			ジイルイリデン diylylidene など

体系名は次の二つの方法に従って接尾語 yl, ylidene, ylidyne を用いてつくる．母体水素化物名の末尾に e があ

P-29　母体水素化物に由来する置換基を示す接頭語　　　243

る場合は e を省く.

(1) 母体水素化物名の末尾のアン ane を接尾語 yl, ylidene, ylidyne で置き換える. 遊離原子価をもつ原子は鎖の末端にあり, その位置番号は常に 1 であるが, 名称からは省く. この方法は基本的に飽和鎖状および単環炭化水素置換基, ケイ素, ゲルマニウム, スズ, 鉛の単核水素化物で用いる. この方法でつくる置換基は**アルキル型置換基** alkyl-type substituent とよぶ.

(2) 母体水素化物名に接尾語 yl, ylidene, ylidyne を付け加える. 母体水素化物名の末尾が e で終わり, それが直接 y に続くときは, e を省く. 遊離原子価をもつ原子の位置番号は, 母体水素化物の番号付けと矛盾しない最小の数値とする. また単核母体水素化物あるいは接尾語 ylidyne の場合を除いて, 位置番号 1 は省略しない. この方法は遊離原子価が位置番号 1 以外の位置にある単純置換基である**アルカニル型置換基** alkanyl-type substituent をつくるときに用いる.

> 方法(1)は, 現在ではホウ素接頭語には適用できない.

PIN 生成におけるこれらの方法の適用については P-57.1.1.1 を見よ.

例：CH₃－　　　　　　　メチル 優先接頭　methyl 優先接頭
　　　　　　　　　　　メタニル　methanyl

SiH_3-　　　　　　　シリル 予備接頭　silyl 予備接頭

CH₂=　　　　　　　　メチリデン 優先接頭　methylidene 優先接頭
　　　　　　　　　　　メタニリデン　methanylidene

CH₃-C≡　　　　　　　エチリジン 優先接頭　ethylidyne 優先接頭
　　　　　　　　　　　エタニリジン　ethanylidyne

$\overset{3}{H_3Si}-\overset{2}{SiH_2}-\overset{1}{SiH_2}-$　　トリシラン-1-イル 予備接頭　trisilan-1-yl 予備接頭

$\overset{3}{CH_3}-\underset{2}{\overset{|}{CH}}-\overset{1}{CH_3}$　　プロパン-2-イル 優先接頭　propan-2-yl 優先接頭
　　　　　　　　　　　1-メチルエチル　1-methylethyl

シクロヘキシル 優先接頭　cyclohexyl 優先接頭

ビシクロ[2.2.1]ヘプタン-2-イル 優先接頭　bicyclo[2.2.1]heptan-2-yl 優先接頭
ビシクロ[2.2.1]ヘプタ-2-イル　bicyclo[2.2.1]hept-2-yl

スピロ[4.4]ノナン-2-イリデン 優先接頭　spiro[4.4]nonan-2-ylidene 優先接頭
スピロ[4.4]ノナ-2-イリデン　spiro[4.4]non-2-ylidene

P-29.3　飽和母体水素化物に由来する単純置換基接頭語の体系的名称

P-29.3.1　単核母体水素化物に由来する置換基接頭語	P-29.3.4　マンキュード母体水素化物に由来する置換基接頭語
P-29.3.2　鎖状母体水素化物に由来する置換基接頭語	P-29.3.5　環集合に由来する置換基接頭語
P-29.3.3　飽和環状母体水素化物に由来する置換基接頭語	P-29.3.6　ファン系に由来する置換基接頭語

P-29.3.1 単核母体水素化物に由来する置換基接頭語

炭素，ケイ素，ゲルマニウム，スズ，鉛(ホウ素は本勧告には含まなくなった)の単核母体水素化物に由来する単純置換基はこれまで慣用的に P-29.2 の方法(1)で命名してきたので，それを継承する．これ以外の単核母体水素化物，すなわち F, Cl, Br, I, O, S, Se, Te, N, P, As, Sb, Bi, B, Al, Ga, In, Tl の単核母体水素化物は P-29.2 の方法(2)で命名する．接頭語アミノ amino は $-NH_2$ の予備選択接頭語として保存し，ホスフィノ phosphino, アルシノ arsino, スチビノ stibino は GIN では用いてよい．λ-標記で修飾された単核母体水素化物に由来する置換基については，15 族元素は P-68.3.2 で，16 族元素は P-68.4.3 で，17 族元素は P-68.5.1 で述べる．

> 今後はボラン borane に由来する接頭語はボラニル boranyl, ボラニリデン boranylidene, ボラニリジン boranylidyne のように P-29.2 の方法(2)で命名する．

例：

CH_3-
メチル 優先接頭 methyl 優先接頭
メタニル methanyl
（P-29.2(2)参照）

GeH_3-
ゲルミル 予備接頭
germyl 予備接頭

BH_2-
ボラニル 予備接頭
boranyl 予備接頭
（ボリル boryl ではない）

$CH_2=$
メチリデン 優先接頭
methylidene 優先接頭
メタニリデン methanylidene
（P-29.2(2)参照）

$SnH_2=$
スタンニリデン 予備接頭
stannylidene 予備接頭

$BH=$
ボラニリデン 予備接頭
boranylidene 予備接頭
（ボリリデン borylidene
ではない）

$HS-$
スルファニル 予備接頭
sulfanyl 予備接頭
（メルカプト mercapto
ではない）

H_2P-
ホスファニル 予備接頭
phosphanyl 予備接頭
ホスフィノ phosphino

$HAs=$
アルサニリデン 予備接頭
arsanylidene 予備接頭
（アルシニジン arsinidine
ではない）

H_2Al-
アルマニル
alumanyl

$HAl=$
アルマニリデン
alumanylidene

$S=$
スルファニリデン 予備接頭
sulfanylidene 予備接頭
チオキソ thioxo

$HSi\equiv$
シリリジン 予備接頭
silylidyne 予備接頭

$P\equiv$
ホスファニリジン 予備接頭
phosphanylidyne 予備接頭
（ホスフィニジン phosphinidyne ではない）

P-29.3.2 鎖状母体水素化物に由来する置換基接頭語

鎖状母体水素化物の名称に由来する単純置換基の名称は P-29.2 で述べた二つの方法でつくる．

P-29.3.2.1 鎖状炭化水素に由来し長鎖の末端に一つの遊離原子価をもつ単純置換基の名称は，慣用的に P-29.2 の方法(1)に従ってつくる．これらは一般にアルキル置換基，アルキリデン置換基およびアルキリジン置換基と総称される．遊離原子価をもつ原子を位置番号 1 とするが名称中では省く．

例：

$\overset{2}{C}H_3-\overset{1}{C}H_2-$ エチル 優先接頭 ethyl 優先接頭

$\overset{3}{C}H_3-\overset{2}{C}H_2-\overset{1}{C}H_2-$ プロピル 優先接頭 propyl 優先接頭

$\overset{4}{C}H_3-\overset{3}{C}H_2-\overset{2}{C}H_2-\overset{1}{C}H_2-$ ブチル 優先接頭 butyl 優先接頭

$\overset{3}{C}H_3-\overset{2}{C}H_2-\overset{1}{C}H=$ プロピリデン 優先接頭 propylidene 優先接頭

P-29 母体水素化物に由来する置換基を示す接頭語 245

CH₃-CH₂-CH₂-C≡ (4 3 2 1)　　ブチリジン 優先接頭　butylidyne 優先接頭

P-29.3.2.2　　P-29.3.2.1 で述べたもの以外の単純置換基は P-29.2 の方法(2)に従って命名する．炭化水素基については，これらの置換基はアルカニル置換基，アルカニリデン置換基，アルカニリジン置換基，アルカンジイル置換基，アルカニルイリデン置換基などと総称される．遊離原子価の位置番号は，鎖の番号付けに従い，番号の組合わせとして最小になるように付ける．選択の余地がある場合は接尾語 yl，ylidene，ylidyne の順に小さい位置番号を割当てる．名称中では，接尾語は yl，ylidene，ylidyne の順に記す．

例：$\overset{3}{C}H_3\text{-}\overset{2}{C}H_2\text{-}\overset{1}{C}H_2-$　　プロパン-1-イル　propan-1-yl
　　　　　　　　　　　　　　プロピル 優先接頭　propyl 優先接頭

$\overset{3}{C}H_3\text{-}\overset{1}{C}H\text{-}CH_3$（2）　　プロパン-2-イル 優先接頭　propan-2-yl 優先接頭
　　　　　　　　　　　　（プロパ-2-イル prop-2-yl ではない）

$\overset{4}{C}H_3\text{-}\overset{3}{C}H_2\text{-}\overset{2}{C}H\text{-}\overset{1}{C}H_3$　　ブタン-2-イル 優先接頭　butan-2-yl 優先接頭
　　　　　　　　　　　　（ブタ-2-イル but-2-yl ではない）

$\overset{4}{C}H_3\text{-}\overset{3}{C}H_2\text{-}\overset{2}{C}H_2\text{-}\overset{1}{C}\equiv$　　ブタニリジン　butanylidyne
　　　　　　　　　　　　ブチリジン 優先接頭　butylidyne 優先接頭

$\overset{3}{C}H_3\text{-}\overset{2}{C}\text{-}\overset{1}{C}H_3$　　プロパン-2-イリデン 優先接頭　propan-2-ylidene 優先接頭

$\overset{5}{C}H_3\text{-}\overset{4}{C}H_2\text{-}\overset{3}{C}\text{-}\overset{2}{C}H_2\text{-}\overset{1}{C}H_3$　　ペンタン-3-イリデン 優先接頭　pentan-3-ylidene 優先接頭

$-\overset{3}{C}H_2\text{-}\overset{2}{C}H_2\text{-}\overset{1}{C}H_2-$　　プロパン-1,3-ジイル 優先接頭　propane-1,3-diyl 優先接頭
　　　　　　　　　　　　（トリメチレン trimethylene ではない）

$\overset{2}{C}H_3\text{-}\overset{1}{C}H<$　　エタン-1,1-ジイル 優先接頭　ethane-1,1-diyl 優先接頭
　　　　　　　　　　　　（エチリデン ethylidene ではない）

$-\overset{1}{C}H_2\text{-}\overset{2}{C}H_2\text{-}\overset{3}{C}H\text{-}\overset{4}{C}H_3$　　ブタン-1,3-ジイル 優先接頭　butane-1,3-diyl 優先接頭
　　　　　　　　　　　　1-メチルプロパン-1,3-ジイル　1-methylpropane-1,3-diyl

$-\overset{1}{C}H_2\text{-}\overset{2}{C}H=$　　エタン-1-イル-2-イリデン 優先接頭　ethan-1-yl-2-ylidene 優先接頭

$\overset{3}{C}H_3\text{-}\overset{2}{C}H_2\text{-}\overset{1}{C}=$　　プロパン-1-イル-1-イリデン 優先接頭　propan-1-yl-1-ylidene 優先接頭

$\overset{4}{C}H_3\text{-}\overset{3}{C}H\text{-}\overset{2}{C}H_2\text{-}\overset{1}{C}H=$　　ブタン-3-イル-1-イリデン 優先接頭　butan-3-yl-1-ylidene 優先接頭

$\overset{1}{C}H_3\text{-}\overset{2}{C}H\text{-}\overset{3}{C}\text{-}\overset{4}{C}H_3$　　ブタン-2-イル-3-イリデン 優先接頭　butan-2-yl-3-ylidene 優先接頭

AsH₂-AsH−　　ジアルサニル 予備接頭　diarsanyl 予備接頭

SiH₃-SiH₂−　　ジシラニル 予備接頭　disilanyl 予備接頭

NH₂-NH-NH−　　トリアザン-1-イル 予備接頭　triazan-1-yl 予備接頭

$\overset{3}{S}iH_3\text{-}\overset{2}{S}iH\text{-}\overset{1}{S}iH_3$　　トリシラン-2-イル 予備接頭　trisilan-2-yl 予備接頭

$\overset{3}{Si}H_3\text{-}O\text{-}\overset{2}{Si}H_2\text{-}^{1}$　　　　ジシロキサニル 予備接頭　　disiloxanyl 予備接頭

$SiH_3\text{-}NH\text{-}SiH_2–$　　　（シリルアミノ）シリル 予備接頭　　(silylamino)silyl 予備接頭
　　　　　　　　　　　　　（ジシラザン-1-イル disilazan-1-yl ではない．ジシラザンは
　　　　　　　　　　　　　母体水素化物として認められない．P-21.2.3.1 を見よ）

$(SiH_3)_2N–$　　　　ジシリルアミノ 予備接頭　　disilylamino 予備接頭
　　　　　　　　　（ジシラザン-2-イル disilazan-2-yl ではない．ジシラザンは
　　　　　　　　　母体水素化物として認められない．P-21.2.3.1 参照）

$\overset{5}{Si}H_3\text{-}\overset{4}{N}H\text{-}\overset{|\,\,2\quad\,\,1}{SiH}\text{-}NH\text{-}SiH_3$　　ビス（シリルアミノ）シリル 予備接頭　　bis(silylamino)silyl 予備接頭
　　　　　　$\overset{3}{}$　　　　　　（トリシラザン-3-イル trisilazan-3-yl ではない．トリシラザンは
　　　　　　　　　　　　　母体水素化物として認められない．P-21.2.3.1 参照）

$H_2N\text{-}NH–$　　　　ヒドラジニル 予備接頭　　hydrazinyl 予備接頭
　　　　　　　　　　ジアザニル　diazanyl

$H_2N\text{-}N=$　　　　ヒドラジニリデン 予備接頭　　hydrazinylidene 予備接頭
　　　　　　　　　ジアザニリデン diazanylidene

$\overset{1}{C}H_3\text{-}\overset{2}{O}\text{-}\overset{3}{C}H_2\text{-}\overset{4}{C}H_2\text{-}\overset{5}{O}\text{-}\overset{6}{C}H_2\text{-}\overset{7}{C}H_2\text{-}\overset{8}{O}\text{-}\overset{9}{C}H_2\text{-}\overset{10}{C}H_2\text{-}\overset{11}{O}\text{-}\overset{12}{C}H_2\text{-}\overset{13}{C}H_2\text{-}\overset{14}{C}H_2–$
　　　　　　　　2,5,8,11-テトラオキサテトラデカン-14-イル 優先接頭
　　　　　　　　2,5,8,11-tetraoxatetradecan-14-yl 優先接頭

P-29.3.3　飽和環状母体水素化物に由来する置換基接頭語

シクロアルカンに由来する一価の置換基は慣用的に P-29.2 の方法(1)で命名する．飽和環状母体水素化物に由来するこれ以外の置換基はすべて P-29.2 の方法(2)で命名する．遊離原子価 yl, ylidene, ylidyne に対して，その母体水素化物の番号付けに従って小さい位置番号を割当てる．選択の余地がある場合は，この順に小さい位置番号を割当てる．接尾語は yl, ylidene, ylidyne の順に記す．優先名については P-57.1.5.1 を参照のこと．

例：

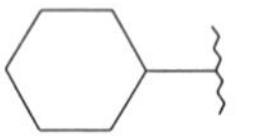

シクロヘキシル 優先接頭　cyclohexyl 優先接頭　　　　シクロペンチリデン 優先接頭　cyclopentylidene 優先接頭
シクロヘキサニル　cyclohexanyl　　　　　　　　　　　シクロペンタニリデン　cyclopentanylidene

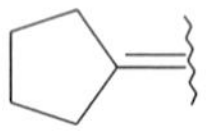

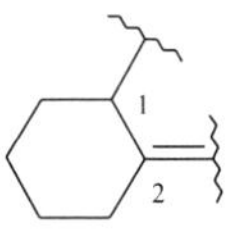

シクロヘキサン-1-イル-2-イリデン 優先接頭　　　　シクロペンタン-1,3-ジイル 優先接頭
cyclohexan-1-yl-2-ylidene 優先接頭　　　　　　　　cyclopentane-1,3-diyl 優先接頭

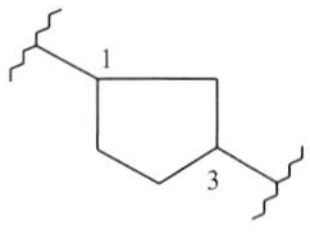

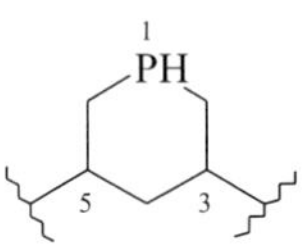

ホスフィナン-3,5-ジイル 優先接頭　　　　　　　　オキソラン-3-イル-4-イリデン 優先接頭
phosphinane-3,5-diyl 優先接頭　　　　　　　　　oxolan-3-yl-4-ylidene 優先接頭

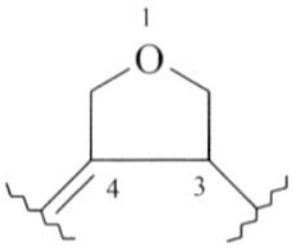

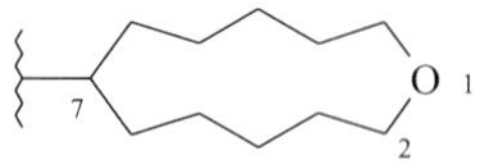

1-オキサシクロドデカン-7-イル 優先接頭
1-oxacyclododecan-7-yl 優先接頭

2-チアビシクロ[2.2.2]オクタン-3-イル 優先接頭
2-thiabicyclo[2.2.2]octan-3-yl 優先接頭

2-ホスファスピロ[4.5]デカン-8-イル 優先接頭
2-phosphaspiro[4.5]decan-8-yl 優先接頭

P-29.3.4 マンキュード母体水素化物に由来する置換基接頭語

P-29.3.4.1 すべてのマンキュード環は P-29.2 の方法(2)によって命名する．水素原子が 1 個あれば一価置換基をつくるのは簡単である．水素原子がないか，イリデン型の置換基が必要な場合は，付加指示水素(P-14.7 参照)を用いる必要がある．この方法は，形式的に，置換基を導入する原子に水素原子 1 個を付加し，もう 1 個の水素原子をその環あるいは環系のどれかの原子に付加する．この付加指示水素原子は記号 *H* で表し，その前に位置を示す位置番号を置く．

例：

ナフタレン-2-イル 優先接頭
naphthalen-2-yl 優先接頭

ピリジン-2-イル 優先接頭
pyridin-2-yl 優先接頭

ピリジン-1(4*H*)-イル 優先接頭
pyridin-1(4*H*)-yl 優先接頭

イミダゾ[1,2-*b*][1,2,4]トリアジン-1(2*H*)-イル 優先接頭
imidazo[1,2-*b*][1,2,4]triazin-1(2*H*)-yl 優先接頭

アズレン-2(1*H*)-イリデン 優先接頭
azulen-2(1*H*)-ylidene 優先接頭

ナフタレン-1(2*H*)-イリデン 優先接頭
naphthalen-1(2*H*)-ylidene 優先接頭

(C$_{60}$-*I*$_h$)[5,6]フラーレン-1(9*H*)-イル 優先接頭
(C$_{60}$-*I*$_h$)[5,6]fulleren-1(9*H*)-yl 優先接頭

P-29.3.4.2 マンキュード化合物において，2 個の水素原子を遊離原子価に変え，必要に応じて二重結合をキノイド構造へ変えて生成するジイリデン型置換基は，母体水素化物に二つのイリデン接尾語，すなわちジイリデンを加えて命名する．この場合は付加指示水素は必要ない．また，ジイル型置換基が生成する場合でも遊離原子価が縮合原子にある場合は付加指示水素は必要ない．

248 　　　　　　　　　　　　　　P-2　母体水素化物

例：

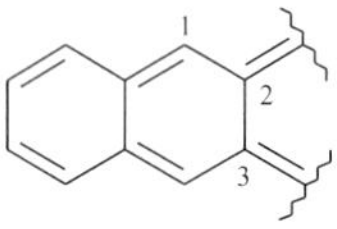

ナフタレン-2,3-ジイリデン 優先接頭
naphthalene-2,3-diylidene 優先接頭

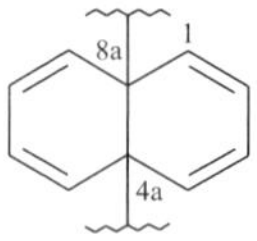

ナフタレン-4a,8a-ジイル 優先接頭
naphthalene-4a,8a-diyl 優先接頭

遊離原子価を導入してキノイド構造にならない場合は，付加指示水素原子を名称中に表示しなければならない．付加指示水素には可能な最も小さい位置番号を付ける．イル型の 1 個の遊離原子価が縮合原子にある場合も，付加指示水素原子を名称中に表示しなければならない．

例：

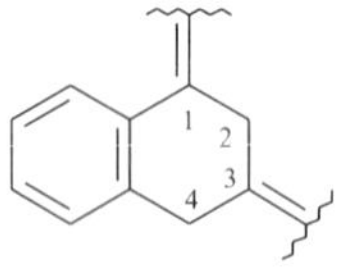

ナフタレン-1,3(2H,4H)-ジイリデン 優先接頭
naphthalene-1,3(2H,4H)-diylidene 優先接頭

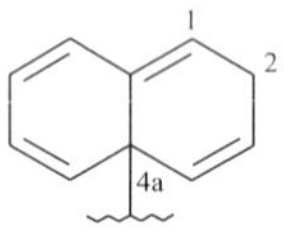

ナフタレン-4a(2H)-イル 優先接頭
naphthalen-4a(2H)-yl 優先接頭

P-29.3.5　環集合に由来する置換基接頭語

2 個の同じ環からなる環集合は P-28.2 で述べた方法で命名し，3 個から 6 個の同じ環からなる環集合は P-28.3 で述べた方法で命名する．7 個以上の環からなる環集合は P-28.5 で述べたファン命名法で命名する．環の結合部分，ついで遊離原子価に小さな位置番号を割当てる．

環集合に由来する置換基の名称の書き方には 2 通りある．

(1) ビフェニル biphenyl という名称には接尾語イル yl を付け加える．
(2) 位置番号で始まる名称は角括弧に入れる．母体水素化物名の末尾の e を除いて接尾語 yl および ylidene を付け加える．

例：

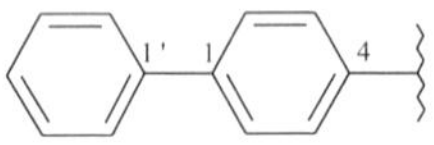

[1,1′-ビフェニル]-4-イル 優先接頭
[1,1′-biphenyl]-4-yl 優先接頭

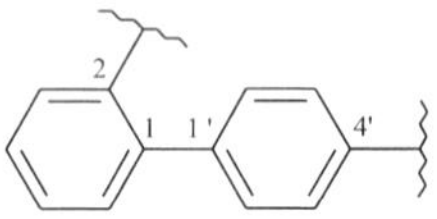

[1,1′-ビフェニル]-2,4′-ジイル 優先接頭
[1,1′-biphenyl]-2,4′-diyl 優先接頭

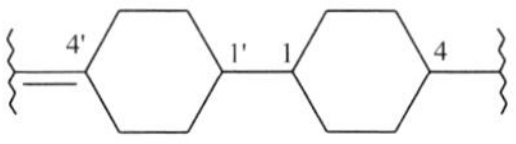

[1,1′-ビ(シクロヘキサン)]-4-イル-4′-イリデン 優先接頭
[1,1′-bi(cyclohexan)]-4-yl-4′-ylidene 優先接頭
[1,1′-ビ(シクロヘキシル)]-4-イル-4′-イリデン
[1,1′-bi(cyclohexyl)]-4-yl-4′-ylidene

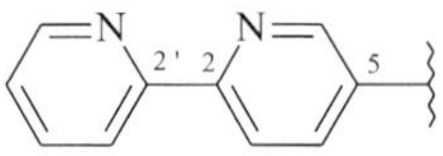

[2,2′-ビピリジン]-5-イル 優先接頭
[2,2′-bipyridin]-5-yl 優先接頭
[2,2′-ビピリジル]-5-イル
[2,2′-bipyridyl]-5-yl

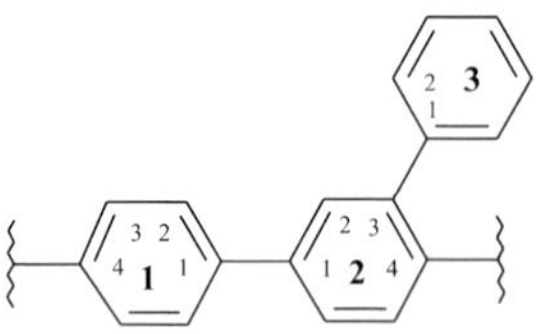

[1^1,2^1:2^3,3^1-テルフェニル]-1^4,2^4-ジイル 優先接頭
[1^1,2^1:2^3,3^1-terphenyl]-1^4,2^4-diyl 優先接頭
[1,1′:3′,1″-テルフェニル]-4,4′-ジイル
[1,1′:3′,1″-terphenyl]-4,4′-diyl

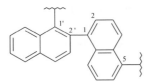

[1¹,2¹:2⁴,3¹-テルフェニル]-1⁴,2³-ジイル 優先接頭
[1¹,2¹:2⁴,3¹-terphenyl]-1⁴,2³-diyl 優先接頭
[1,1′:4′,1″-テルフェニル]-3′,4-ジイル
[1,1′:4′,1″-terphenyl]-3′,4-diyl

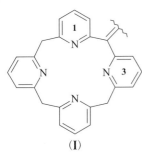

[1,2′-ビナフタレン]-1′,5-ジイル 優先接頭
[1,2′-binaphthalene]-1′,5-diyl 優先接頭
[1,2′-ビナフチル]-1′,5-ジイル
[1,2′-binaphthyl]-1′,5-diyl

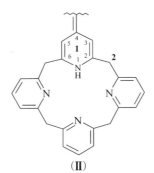

[1,2′-ビナフタレン]-4(1H)-イリデン 優先接頭
[1,2′-binaphthalen]-4(1H)-ylidene 優先接頭
[1,2′-ビナフチル]-4(1H)-イリデン
[1,2′-binaphthyl]-4(1H)-ylidene

P-29.3.6 ファン系に由来する置換基接頭語

シクロファンに由来する置換基接頭語は上に述べた原則に従って命名する.

例:

(I)　1,3,5,7(2,6)-テトラピリジナシクロオクタファン-2-イリデン 優先接頭
　　1,3,5,7(2,6)-tetrapyridinacyclooctaphan-2-ylidene 優先接頭
(II)　1,3,5,7(2,6)-テトラピリジナシクロオクタファン-1⁴(1¹H)-イリデン 優先接頭
　　1,3,5,7(2,6)-tetrapyridinacyclooctaphan-1⁴(1¹H)-ylidene 優先接頭

P-29.4 複合置換基

P-29.4.1 置換で生成する複合置換基

　置換で生成する複合置換基は1個以上の単純置換基が主鎖と考えられる別の単純置換基に置換することによって生じる．主鎖の選択についてはP-44.3で詳しく述べる．最初に適用する基準は最も長い鎖が主鎖になるということであり，以下の鎖状複合置換基の例に適用する．

　均一鎖に由来する一価，二価，多価の置換基は，可能な最も長い鎖をもつ枝分かれのない置換基の名称の前に，側鎖の名称を接頭語として置くことによって命名する．選択の余地がある場合は，側鎖に最小の位置番号が付くようにする．複数の同じ単純置換基が存在する場合は，該当する倍数接頭語 di, tri, tetra などによって示す．

　置換基の名称は P-29.3 に従ってつくる．複合置換基の置換基は，P-5 で述べるように優先接頭語で命名するかあるいは予備選択名でなければならない．

例:

$$CH_3-CH_2-CH_2-\underset{1}{\overset{4\ \ \ 3\ \ \ 2}{CH}}-\overset{CH_3}{|}$$

1-メチルブチル　1-methylbutyl
ペンタン-2-イル 優先接頭　pentan-2-yl 優先接頭
〔P-29.2(2)参照〕

$$\underset{2}{\overset{4\ \ \ 3\ \ \ \ \ \ 1}{CH_3-CH_2-CH-CH_2-}}\overset{CH_3}{|}$$

2-メチルブチル 優先接頭
2-methylbutyl 優先接頭

$$\underset{1}{\overset{4\ \ \ \ 3\ \ \ \ 2}{SiH_3-SiH-SiH_2-SiH_2-}}\overset{SiH_3}{|}$$

3-シリルテトラシラン-1-イル 予備接頭
3-silyltetrasilan-1-yl 予備接頭

$$\underset{1}{\overset{\ \ \ \ \ \ \ \ \ \ \ \ \ 2}{SiH_3-SiH_2-SiH_2-SiH-}}\overset{CH_3}{|}$$

1-メチルテトラシラン-1-イル 優先接頭
1-methyltetrasilan-1-yl 優先接頭

$$\underset{1}{CH_3-C}=CH_3$$ (二重結合)

1-メチルエチリデン
1-methylethylidene
プロパン-2-イリデン 優先接頭
propan-2-ylidene 優先接頭

$$\underset{CH_3}{\overset{2\ |\ 1}{H_3C-C-CH_3}}$$

1,1-ジメチルエチル
1,1-dimethylethyl
（番号付けを示す）
2-メチルプロパン-2-イル
2-methylpropan-2-yl
tert-ブチル 優先接頭
tert-butyl 優先接頭　（P-29.6 参照）

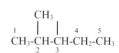

2-メチルペンタン-3-イル 優先接頭
2-methylpentan-3-yl 優先接頭
（4-メチルペンタン-3-イル
4-methylpentan-3-yl ではない.
位置番号 2 は 4 より小さい）

$$\underset{1}{\overset{\ \ \ \ \ \ 2\ \ \ 3\ \ \ 4}{CH_3-CH-CH_2-CH_2-CH_2-}}|$$

1-メチルブタン-1,4-ジイル
1-methylbutane-1,4-diyl
ペンタン-1,4-ジイル 優先接頭
pentane-1,4-diyl 優先接頭

2-エチルエタン-1,1,2-トリイル
2-ethylethane-1,1,2-triyl
ブタン-1,1,2-トリイル 優先接頭
butane-1,1,2-triyl 優先接頭

2-メチルシクロペンチル 優先接頭
2-methylcyclopentyl 優先接頭

2,6-ジ(ブタン-2-イル)シクロヘキシル 優先接頭
2,6-di(butan-2-yl)cyclohexyl 優先接頭

7-メチルナフタレン-2-イル 優先接頭
7-methylnaphthalen-2-yl 優先接頭

6-ジシロキサニルピリジン-2-イル 優先接頭
6-disiloxanylpyridin-2-yl 優先接頭

P-29.4.2　連結で生成する複合置換基

　連結で生成する複合置換基は倍数命名法(P-15.3 参照)でのみ用いる．倍数命名法で述べたように(P-15.3 参照)，二価あるいは多価の置換基を互いに連結すること，すなわち中心置換基の名称に周辺置換基の名称を付け加えるという特殊な方法により命名する．付加成分への置換は置換基全体の対称性が保たれている場合に認められる．

P-29 母体水素化物に由来する置換基を示す接頭語　　　　251

例:
−CH₂-CH₂-SiH₂-CH₂-CH₂−　(with locants 2 1 above)

シランジイルジ(エタン-2,1-ジイル) 優先接頭
silanediyldi(ethane-2,1-diyl) 優先接頭
シランジイルジエチレン
silanediyldiethylene

−SiH₂-SiH₂-CH₂-SiH₂-SiH₂−　(with locants 2 1 above)

メチレンビス(ジシラン-2,1-ジイル) 優先接頭
methylenebis(disilane-2,1-diyl) 優先接頭

{−CH₂—[ring 4 1]—CH₂−}

1,4-フェニレンビス(メチレン) 優先接頭
1,4-phenylenebis(methylene) 優先接頭
(1,4-フェニレン 1,4-phenylene およびメチレン methylene
は保存優先接頭語. P-29.6.1 参照)

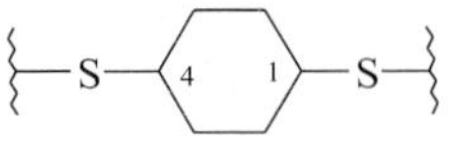

{−S—[ring 4 1]—S−}

シクロヘキサン-1,4-ジイルビス(スルファンジイル) 優先接頭
cyclohexane-1,4-diylbis(sulfanediyl) 優先接頭
シクロヘキサン-1,4-ジイルビス(チオ)
cyclohexane-1,4-diylbis(thio)

−CHF-CH₂-SiH₂-CH₂-CHF−　(with locants 2 1 above)

シランジイルビス(1-フルオロエタン-2,1-ジイル) 優先接頭
silanediylbis(1-fluoroethane-2,1-diyl) 優先接頭
シランジイルビス(1-フルオロエチレン)
silanediylbis(1-fluoroethylene)

P-29.5　重複合置換基

P-29.5.1　置換で生成する重複合置換基

　置換で生成する重複合置換基は，鎖および環の優先順位(P-44)に従って鎖状複合置換基を鎖状あるいは環状置換基に置換することによってつくる.

例:

CH₃
|
CH₂-CH₂-CH-CH₃
|
−CH₂-CH₂-CH₂-CH₂-CH₂-CH-CH₂-CH₂-CH₂-CH₃　(with locants 1, 6, 11)

6-(3-メチルブチル)ウンデシル 優先接頭
6-(3-methylbutyl)undecyl 優先接頭

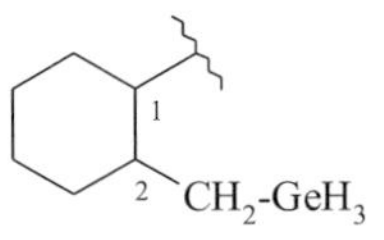

[cyclohexane ring with locants 1, 2 and CH₂-GeH₃ substituent]

2-(ゲルミルメチル)シクロヘキシル 優先接頭
2-(germylmethyl)cyclohexyl 優先接頭

P-29.5.2　連結で生成する重複合置換基

　連結で生成する置換基は 3 個以上の成分からなる場合，重複合連結置換基である. 置換はその基の対称性が保たれていれば認められる.

例: −O-CH₂-S-CH₂-O−

スルファンジイルビス(メチレンオキシ) 優先接頭
sulfanediylbis(methyleneoxy) 優先接頭

CH₃
|
−CH₂-CH₂-O-P-O-CH₂-CH₂−

(メチルホスファンジイル)ビス(オキシエタン-2,1-ジイル) 優先接頭
(methylphosphanediyl)bis(oxyethane-2,1-diyl) 優先接頭

P-29.6　P-2 に記載した母体水素化物に由来する単純置換基接頭語の保存名

　保存名をもつ母体水素化物に由来する単純置換基について，命名法における使用上の三つの注意点をこの節で述べる.

| P-29.6.1　優先接頭語である保存接頭語 | P-29.6.3　接頭語としては認められず、 |
| P-29.6.2　優先接頭語ではない保存接頭語 | 廃止となった保存接頭語 |

P-29.6.1　優先接頭語である保存接頭語

慣用接頭語の ベンジル benzyl, ベンジリデン benzylidene, ベンジリジン benzylidyne は保存優先接頭語であるが，置換体は認めない(P-29.6.2 参照).

> 1993 規則(参考文献 2)では，ベンジル benzyl, ベンジリデン benzylidene, ベンジリジン benzylidyne は環上への置換は認めた．本勧告では優先接頭語としては環上でも側鎖上でも置換は認めないが，GIN としては条件付きの置換は認める(P-29.6.2 参照).

例：

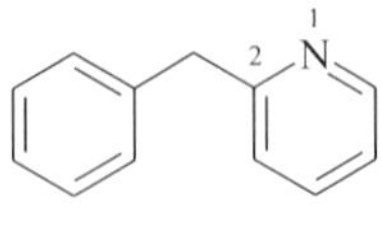

2-ベンジルピリジン **PIN**
2-benzylpyridine **PIN**
2-(フェニルメチル)ピリジン
2-(phenylmethyl)pyridine

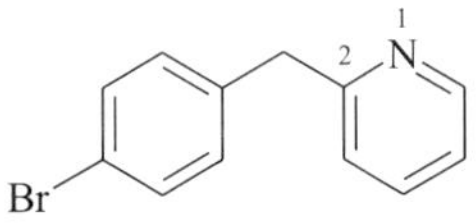

2-(4-ブロモベンジル)ピリジン
2-(4-bromobenzyl)pyridine
2-[(4-ブロモフェニル)メチル]ピリジン **PIN**
2-[(4-bromophenyl)methyl]pyridine **PIN**

保存名 *tert*-ブチル *tert*-butyl の置換は認められていなかったが，これは本勧告でも同様である．この名称には位置番号は付いていない．メチレン methylene および 1,2-フェニレン 1,2-phenylene の代わりに，それぞれ メタンジイル methanediyl およびベンゼン-1,2-ジイル benzene-1,2-diyl を使うことは認めない．トリメチレン trimethylene, テトラメチレン tetramethylene などの名称も認めない.

例：

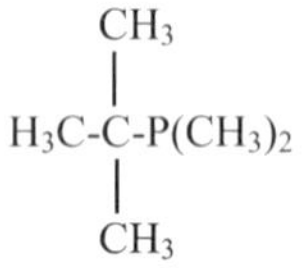

tert-ブチル(ジメチル)ホスファン **PIN**
tert-butyl(dimethyl)phosphane **PIN**
ジメチル(1,1-ジメチルエチル)ホスファン
dimethyl(1,1-dimethylethyl)phosphane

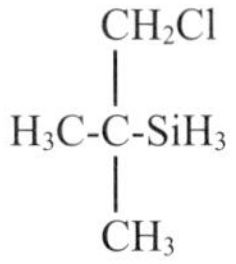

(1-クロロ-2-メチルプロパン-2-イル)シラン **PIN**
(1-chloro-2-methylpropan-2-yl)silane **PIN**
(2-クロロ-1,1-ジメチルエチル)シラン
(2-chloro-1,1-dimethylethyl)silane

保存接頭語 メチレン methylene, フェニル phenyl および 1,2-, 1,3-, 1,4-フェニレン 1,2-, 1,3-, 1,4-phenylene は完全に置換できる置換基として用いてきた．この条件は本勧告でも単純，複合および重複置換基中の使用において変わらない.

例：–CHBr–　ブロモメチレン 優先接頭　bromomethylene 優先接頭

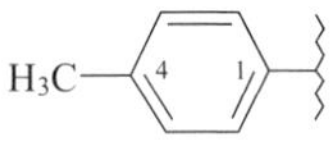

4-メチルフェニル 優先接頭　4-methylphenyl 優先接頭

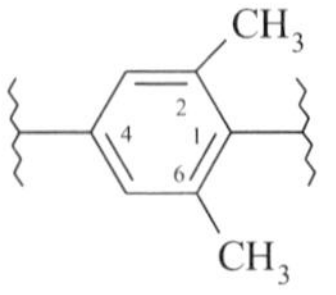

2,6-ジメチル-1,4-フェニレン 優先接頭　2,6-dimethyl-1,4-phenylene 優先接頭

P-29　母体水素化物に由来する置換基を示す接頭語　　　253

P-29.6.2　優先接頭語ではない保存接頭語

P-29.6.2.1　　接頭語 ベンジル benzyl，ベンジリデン benzylidene，ベンジリジン benzylidyne は置換されていない場合のみ優先接頭語である．また，次のように置換されている場合は，これらの接頭語は GIN で使うことができる．

(1) 環に置換が起こっている場合(数に制限なし)

(2) α 位に強制置換基(表 5・1 参照)である特性原子あるいは特性基が置換しているか，鎖をのばさない置換基が置換している場合

例：

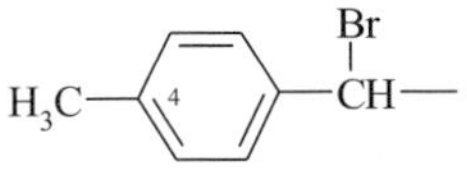

ブロモ(4-メチルフェニル)メチル 優先接頭
bromo(4-methylphenyl)methyl 優先接頭
α-ブロモ-4-メチルベンジル
α-bromo-4-methylbenzyl

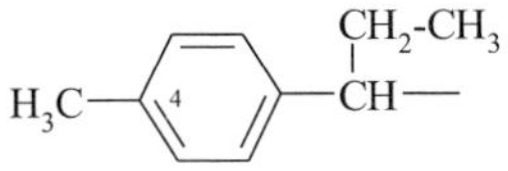

1-(4-メチルフェニル)プロピル 優先接頭
1-(4-methylphenyl)propyl 優先接頭
　(α-エチル-4-メチルベンジル
　α-ethyl-4-methylbenzyl ではない)

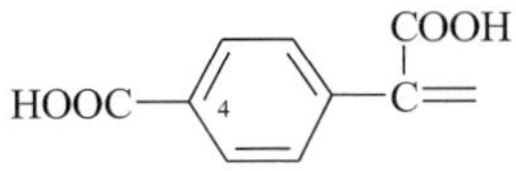

α,4-ジカルボキシベンジリデン
α,4-dicarboxybenzylidene
カルボキシ(4-カルボキシフェニル)メチリデン 優先接頭
carboxy(4-carboxyphenyl)methylidene 優先接頭

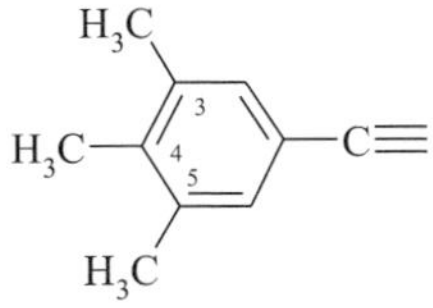

3,4,5-トリメチルベンジリジン
3,4,5-trimethylbenzylidyne
(3,4,5-トリメチルフェニル)メチリジン 優先接頭
(3,4,5-trimethylphenyl)methylidyne 優先接頭

P-29.6.2.2　　接頭語 イソプロピル isopropyl，イソプロピリデン isopropylidene およびトリチル trityl は GIN では使用できるが，いかなる置換も認められない．

例：

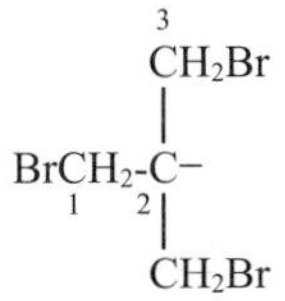

1,3-ジブロモ-2-(ブロモメチル)プロパン-2-イル 優先接頭
1,3-dibromo-2-(bromomethyl)propan-2-yl 優先接頭
2-ブロモ-1,1-ビス(ブロモメチル)エチル
2-bromo-1,1-bis(bromomethyl)ethyl

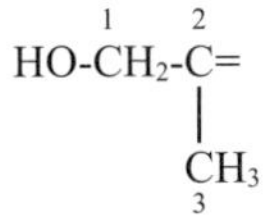

1-ヒドロキシプロパン-2-イリデン 優先接頭
1-hydroxypropan-2-ylidene 優先接頭
2-ヒドロキシ-1-メチルエチリデン
2-hydroxy-1-methylethylidene

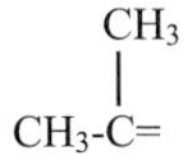

プロパン-2-イリデン 優先接頭　propan-2-ylidene 優先接頭
1-メチルエチリデン　1-methylethylidene
イソプロピリデン　isopropylidene　(置換は不可)

トリチル　trityl　(置換は不可)
トリフェニルメチル 優先接頭　triphenylmethyl 優先接頭

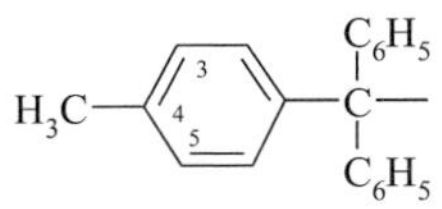

(4-メチルフェニル)ジフェニルメチル 優先接頭
(4-methylphenyl)diphenylmethyl 優先接頭

P-29.6.2.3 接頭語エチレン ethylene ならびに環置換基に対する以下の慣用接頭語は保持するが，使用は GIN のみに限る．完全に置換が可能である．

例： –CH₂-CH₂–   エチレン　ethylene
　　　　　　　　　エタン-1,2-ジイル 優先接頭
　　　　　　　　　ethane-1,2-diyl 優先接頭

–CHCl-CHCl–   1,2-ジクロロエチレン　1,2-dichloroethylene
　　　　　　　　　1,2-ジクロロエタン-1,2-ジイル 優先接頭
　　　　　　　　　1,2-dichloroethane-1,2-diyl 優先接頭

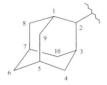
2-アダマンチル　2-adamantyl　（1-異性体も）
アダマンタン-2-イル 優先接頭　adamantan-2-yl 優先接頭
　（1-異性体も）
トリシクロ[3.3.1.1³,⁷]デカン-2-イル　tricyclo[3.3.1.1³,⁷]decan-2-yl
　（1-異性体も）

2-アントリル　2-anthryl
　（1- および 9-異性体も）
アントラセン-2-イル 優先接頭　anthracen-2-yl 優先接頭
　（1- および 9-異性体も）

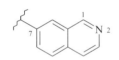
3-フリル　3-furyl　（2-異性体も）
フラン-3-イル 優先接頭　furan-3-yl 優先接頭　（2-異性体も）

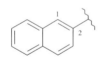
7-イソキノリル　7-isoquinolyl
　（1-, 3-, 4-, 5-, 6-, 8-異性体も）
イソキノリン-7-イル 優先接頭　isoquinolin-7-yl 優先接頭
　（1-, 3-, 4-, 5-, 6-, 8-異性体も）

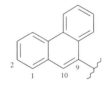
2-ナフチル　2-naphthyl　（1-異性体も）
ナフタレン-2-イル 優先接頭　naphthalen-2-yl 優先接頭
　（1-異性体も）

9-フェナントリル　9-phenanthryl
　（1-, 2-, 3-, 4-異性体も）
フェナントレン-9-イル 優先接頭　phenanthren-9-yl 優先接頭
　（1-, 2-, 3-, 4-異性体も）

2-ピペリジル　2-piperidyl
　（1-, 3-, 4-異性体も）
ピペリジン-2-イル 優先接頭　piperidin-2-yl 優先接頭
　（1-, 3-, 4-異性体も）
ピペリジノ　piperidino
　（ピペリジン-1-イル piperidin-1-yl の場合のみ）

2-ピリジル　2-pyridyl
　（3-, 4-異性体も）
ピリジン-2-イル 優先接頭　pyridin-2-yl 優先接頭
　（3-, 4-異性体も）

P-29 母体水素化物に由来する置換基を示す接頭語　　255

2-キノリル　2-quinolyl
　　（3-, 4-, 5-, 6-, 7-, 8-異性体も）
キノリン-2-イル 優先接頭　quinolin-2-yl 優先接頭
　　（3-, 4-, 5-, 6-, 7-, 8-異性体も）

2-チエニル　2-thienyl
　　（3-異性体も）
チオフェン-2-イル 優先接頭　thiophen-2-yl 優先接頭
　　（3-異性体も）

o-トリル　o-tolyl
　　（m-, p-異性体も．置換は認められない）
2-メチルフェニル 優先接頭　2-methylphenyl 優先接頭
　　（3-, 4-異性体も）

P-29.6.3　接頭語としては認められず，廃止となった保存接頭語

慣用名は有機命名法において常に重要な部分であった．しかし系統的な命名法が発展し広く使われるようになると，慣用接頭語の多くは使われなくなった．したがって，IUPAC 勧告でもこれらの慣用名は徐々に少なくなっている．本勧告も例外ではない．以下の接頭語は 1993 規則(参考文献 2)では残っていたが，本勧告では認められない．これらに代わる体系的接頭語を優先接頭語として示す．

$C_6H_5\text{-}CH_2\text{-}CH_2\text{-}$　　フェネチル　phenethyl
　　　　　　　　　　　　2-フェニルエチル 優先接頭　2-phenylethyl 優先接頭

$(C_6H_5)_2CH\text{-}$　　ベンズヒドリル　benzhydryl
　　　　　　　　　　　　ジフェニルメチル 優先接頭　diphenylmethyl 優先接頭

$(CH_3)_2CH\text{-}CH_2\text{-}$　　イソブチル　isobutyl
　　　　　　　　　　　　2-メチルプロピル 優先接頭　2-methylpropyl 優先接頭

$CH_3\text{-}CH_2\text{-}CH(CH_3)\text{-}$　　sec-ブチル　sec-butyl
　　　　　　　　　　　　ブタン-2-イル 優先接頭　butan-2-yl 優先接頭
　　　　　　　　　　　　1-メチルプロピル　1-methylpropyl

$(CH_3)_2CH\text{-}CH_2\text{-}CH_2\text{-}$　　イソペンチル　isopentyl
　　　　　　　　　　　　3-メチルブチル 優先接頭　3-methylbutyl 優先接頭

$CH_3\text{-}CH_2\text{-}C(CH_3)_2\text{-}$　　tert-ペンチル　tert-pentyl
　　　　　　　　　　　　2-メチルブタン-2-イル 優先接頭　2-methylbutan-2-yl 優先接頭
　　　　　　　　　　　　1,1-ジメチルプロピル　1,1-dimethylpropyl

$(CH_3)_3C\text{-}CH_2\text{-}$　　ネオペンチル　neopentyl
　　　　　　　　　　　　2,2-ジメチルプロピル 優先接頭　2,2-dimethylpropyl 優先接頭

フルフリル　furfuryl　（2-異性体のみ）
（フラン-2-イル)メチル 優先接頭　(furan-2-yl)methyl 優先接頭

テニル　thenyl　（2-異性体のみ）
（チオフェン-2-イル)メチル 優先接頭　(thiophen-2-yl)methyl 優先接頭
2-チエニルメチル　2-thienylmethyl

P-3　特性基（官能基）と置換基

> P-30　序　　言
> P-31　母体水素化物の水素化段階の表現
> P-32　水素化段階の異なる母体水素化物に
> 　　　由来する置換基の接頭語
>
> P-33　接　尾　語
> P-34　官能性母体化合物
> P-35　特性基を表す接頭語

P-30　序　　言

　母体名につく接頭語と接尾語は特定の分子構造を規定するもので，通常母体水素化物あるいは母体構造の水素原子と置き換わる多様な**置換基** substituent を表す．置換基と母体の間の結合が −OH，=O，−NH₂ のように炭素−炭素結合ではない場合（ただし −COOH や −CN のような例外もあるが），そのような置換基は**特性基** characteristic group（あるいは**官能基** functional group）とみなしてきた．一般に**官能性** functionality はヘテロ原子の存在を示唆すると心得ておいてよいが，この用語の適用限界を厳密に定めようと試みるのは無意味であろう．

　IUPAC では，鎖状および脂環式化合物における炭素−炭素結合の不飽和性を官能性の特殊例とみなして，P-2（母体水素化物）ではなく，ここ P-3 で扱う．鎖状および脂環式母体水素化物の不飽和性を語尾で表すことと最多非集積二重結合をもつ母体水素化物（マンキュード母体水素化物）の飽和化をヒドロ，デヒドロ接頭語で表すこととは本質的に等価であるので，不飽和性およびマンキュード母体水素化物の水素化を本章で扱うのは命名法として理にかなっている．

　本章ではまた**官能性母体化合物** functional parent compound，すなわち置換しうる水素原子をもつが通常，官能性に関わる特徴をもつ母体構造とみなされる構造，たとえば酢酸 acetic acid CH₃-COOH や ホスホン酸 phosphonic acid HP(O)(OH)₂ も扱う．官能性母体化合物は母体水素化物に体系的に語尾を付けて表す特性基をもつ化合物，たとえばブタン酸 butanoic acid やエタノール ethanol とは区別しなければならない．後者の化合物を**官能化母体水素化物** functionalized parent hydride とよぶ．厳密にいえば**イオン**や**ラジカル**は上に述べた官能性の概念に当てはまらないが，イオン中心やラジカル中心は官能基として扱い，特性基と同様に接頭語や接尾語で表す．この取扱いは本章および P-7 で述べる．

　どのような基も名称中では接頭語あるいは接尾語として表現する．P-29.3 で述べた母体水素化物に由来する接頭語と同様に，これらの基は接頭語として分離可能である（アルファベット順に並べる）．

P-31　母体水素化物の水素化段階の表現　　　"日本語名称のつくり方"も参照

> P-31.0　はじめに
> P-31.1　語尾 ene あるいは yne
>
> P-31.2　接頭語ヒドロおよびデヒドロ

P-31.0　はじめに

　母体水素化物を完全に飽和しているか，完全に不飽和かのいずれかに分ける．完全に不飽和な環状母体水素化物は慣例として最多非集積二重結合をもつものと定義し，マンキュード化合物（mancude: maximum number of noncumulated double bond の略語）とよぶ．したがって，これら二つの群とは異なる水素化段階は，水素原子の付加あるいは除去に相当する付加操作あるいは除去操作で表現することになる．シクロファンやスピロ化合物など，飽和部分と不飽和部分とをもつ化合物には独自の規則が定められている．

　母体水素化物の水素化の状態は，2 通りの方法で表現する．すなわち，(1) 語尾 エン ene や イン yne あるいは

接頭語 デヒドロ dehydro で表す除去操作(2 個以上の水素原子の除去)，(2) 接頭語 ヒドロ hydro で表す付加操作(2 個以上の水素原子の付加)である．

> 本勧告ではヒドロおよびデヒドロ接頭語は分離可能であるが，アルファベット順に並べる分離可能接頭語には含まれない(P-14.4 参照，また P-15.1.5.2, P-31.2, P-58.2 参照)．これは従来の規則(参考文献 1, 2)からの変更である．これらの接頭語を母体水素化物の修飾に語尾 ene および yne とともに用いた場合，最小位置番号の原則に従う．つまり母体水素化物の番号付けに従い，番号付けの一般原則(P-14.4)に従って優先順位は指示水素，付加指示水素，接尾語，最後にヒドロ，デヒドロとなる．

P-31.1　語尾 ene あるいは yne

P-31.1.1　一　般　則

P-31.1.1.1　　飽和母体水素化物〔Hantzsch-Widman 名(P-31.1.1.3 参照)をもつ母体あるいは後述(P-31.1.1.3)するように部分的水素化を表す保存名を除く〕に 1 個以上の二重結合あるいは三重結合が存在する場合，飽和母体水素化物の語尾 アン ane を エン ene あるいは イン yne に代えて表す．多重結合を一つの組としてできる限り小さい位置番号を割当てる．語尾 yne が語尾 ene より小さい位置番号になることもある．選択の余地がある場合は，二重結合に小さな位置番号を与える．名称中では ene を常に yne より前に置き，両者が連続するときは ene の語尾の e を省く．多重結合に関わる二つの位置番号の差が 1 の場合は，より小さい位置番号だけを記述する，二つの位置番号の差が 2 以上の場合はより大きな位置番号を丸括弧に入れて付け加える．

　例外的に，スピロ化合物(参考文献 8 の SP-2.4 参照)，ファン命名法(参考文献 6 の PhII-5.3.1)および環集合(本書 P-31.1.7 参照)では，語尾 ene や yne を語尾 ane に付け加えることができる．

例：
$$\overset{1}{C}H_2=\overset{2}{C}H-\overset{3}{C}H_2-\overset{4}{C}H_3$$　　ブタ-1-エン **PIN**　but-1-ene **PIN**

$$H\overset{1}{C}\equiv\overset{2}{C}-\overset{3}{C}H_3$$　　プロパ-1-イン **PIN**　prop-1-yne **PIN**

$$\overset{1}{C}H\equiv\overset{2}{C}-\overset{3}{C}H-\overset{4}{C}H-\overset{5}{C}H_3$$　　ペンタ-3-エン-1-イン **PIN**　pent-3-en-1-yne **PIN**

$$\overset{1}{C}H_2=\overset{2}{C}H-\overset{3}{C}H_2-\overset{4}{C}\equiv\overset{5}{C}H$$　　ペンタ-1-エン-4-イン **PIN**　pent-1-en-4-yne **PIN**

4-アザビシクロ[8.5.1]ヘキサデカ-1(15)-エン **PIN**
4-azabicyclo[8.5.1]hexadec-1(15)-ene **PIN**

P-31.1.1.2　　それぞれの種類の多重結合の数を示すために，必要に応じて倍数接頭語 di, tri などを該当する語尾の前に置く(たとえば ジエン diene，トリイン triyne など)．発音上の理由で，語尾 ene や yne の前に倍数接頭語を置いた場合は a を挿入する．ene や yne の前の倍数接頭語の末尾の a は省かない(たとえば テトラエン tetraene，ペンタイン pentayne など)．

例：
$$\overset{1}{C}H_2=\overset{2}{C}H-\overset{3}{C}H=CH_2$$
ブタ-1,3-ジエン **PIN**
buta-1,3-diene **PIN**

$$\overset{1}{C}H_2=\overset{2}{C}H-\overset{3}{C}H=\overset{4}{C}H-\overset{5}{C}H=\overset{6}{C}-\overset{7}{C}H=\overset{8}{C}H-\overset{9}{C}H_3$$
ノナ-1,3,5,7-テトラエン **PIN**
nona-1,3,5,7-tetraene **PIN**

P-31.1.1.3　　P-31.1.1 の方法は次の飽和炭化水素母体水素化物および P-2 で述べた"ア"命名法で修飾した水素化物に適用する．

P-31　母体水素化物の水素化段階の表現　　　259

P-31.1.2　鎖状母体水素化物	P-31.1.5　スピロ化合物
P-31.1.3　単環母体水素化物	P-31.1.6　ファン母体水素化物
P-31.1.4　ビシクロ環およびポリシクロ環 von Baeyer 型母体水素化物	P-31.1.7　不飽和化合物の環集合

　この方法は Hantzsch-Widman 名をもつ飽和複素環化合物，あるいは保存名をもち完全にあるいは部分的に水素化されたマンキュード化合物，たとえば，イミダゾリジン imidazolidine，モルホリン morpholine，ピペラジン piperazine，ピペリジン piperidine，ピラゾリジン pyrazolidine，ピロリジン pyrrolidine(表 2·3 参照)，キヌクリジン quinuclidine (表 2·6 参照)，またインダン indane，クロマン chromane，イソクロマン isochromane，それらのカルコゲン類縁体，インドリン indoline，イソインドリン isoindoline (表 3·1 参照)などを修飾するのに使うことはできない．もし必要ならば下の P-31.2 に示すように対応するマンキュード化合物を接頭語ヒドロやデヒドロを用いて修飾する．

P-31.1.2　鎖状母体水素化物

P-31.1.2.1　保存名　　化合物 HC≡CH に対して アセチレン acetylene を保存する．これは PIN であるが，どのような置換も認められない．GIN では，たとえば フルオロアセチレン fluoroacetylene (PIN はフルオロエチン fluoroethyne)のような置換は認められるが，炭素鎖をのばすようなアルキル基による置換や接尾語で表される特性基による置換は認められない．

　$CH_2=C=CH_2$ に対する アレン allene の名称は GIN でのみ保存される．置換は認められるが，炭素鎖をのばすようなアルキル基による置換や接尾語で表される特性基による置換は認められない．体系名プロパ-1,2-ジエン propa-1,2-diene が PIN である．

　$CH_2=C(CH_3)-CH=CH_2$ に対する イソプレン isoprene の名称は GIN でのみ保存名である．どのようなタイプの置換も認められない．体系名 2-メチルブタ-1,3-ジエン 2-methylbuta-1,3-diene が PIN である．

　$\overset{1}{H}N=\overset{2}{N}-\overset{3}{C}H=\overset{4}{N}-\overset{5}{N}H_2$ に対する ホルマザン formazan の名称は保存し，接尾語や接頭語で完全に置換できる PIN である．

　HN=C=NH に対する カルボジイミド carbodiimide の名称は GIN でのみ保存される．どのような置換も認められない．体系名 メタンジイミン methanediimine が PIN である．

P-31.1.2.2　体 系 名

P-31.1.2.2.1　　均一鎖状母体水素化物および交互ヘテロ原子で構成される母体水素化物は P-31.1.1 の一般原則で修飾する．

例：

$\overset{1}{C}H_3-\overset{2}{C}H=\overset{3}{C}H-\overset{4}{C}H_2-\overset{5}{C}H_2-\overset{6}{C}H_3$　　　ヘキサ-2-エン **PIN**　hex-2-ene **PIN**

$\overset{1}{C}H_3-\overset{2}{C}≡\overset{3}{C}-\overset{4}{C}H_3$　　　ブタ-2-イン **PIN**　but-2-yne **PIN**
　　　　　　　　　　　　　　　（ジメチルアセチレン dimethylacetylene ではない）

$\overset{1}{C}H_3-\overset{2}{C}H=\overset{3}{C}=\overset{4}{C}H-\overset{5}{C}H_2-\overset{6}{C}H_3$　　　ヘキサ-2,3-ジエン **PIN**　hexa-2,3-diene **PIN**
　　　　　　　　　　　　　　　（1-エチル-3-メチルアレン 1-ethyl-3-methylallene ではない）

$\overset{1}{C}H_2=\overset{2}{C}H-\overset{3}{C}H=\overset{4}{C}H-\overset{5}{C}≡\overset{6}{C}H$　　　ヘキサ-1,3-ジエン-5-イン **PIN**　hexa-1,3-dien-5-yne **PIN**

$\overset{1}{H}_2N-\overset{2}{N}=\overset{3}{N}-\overset{4}{N}H-\overset{5}{N}H_2$　　　ペンタアザ-2-エン **予備名**　pentaaz-2-ene **予備名**　（P-12.2 参照）

$\overset{1}{S}iH_3-\overset{2}{S}iH=\overset{3}{S}iH-\overset{4}{S}iH_2-\overset{5}{S}iH_2-\overset{6}{S}iH_3$　　　ヘキサシラ-2-エン **予備名**　hexasil-2-ene **予備名**　（P-12.2 参照）

260   P-3 特性基(官能基)と置換基

　　　　　¹ ²　　　　　　　　ジシリン 予備名
　　　　HSi≡SiH　　　　　　disilyne 予備名　（P-12.2 参照）

　　　　　　¹ ² ³ ⁴ ⁵　　　　トリスタンナホスファ-1,3-ジエン 予備名
　　　H₂Sn=P-SnH=P-SnH₃　　tristannaphospha-1,3-diene 予備名　（P-12.2 参照）

　　　　　　 N ¹　　　　　　N-ホスファニリデン-1-(ホスファニルイミノ)ホスファンアミン 予備名
　　　　HP=N-P=N-PH₂　　　N-phosphanylidene-1-(phosphanylimino)phosphanamine 予備名
　　　　　　　　　　　　　　（P-12.2 参照）

P-31.1.2.2.2　"ア"命名法で表現する鎖状母体水素化物　　鎖中の不飽和部分にはヘテロ鎖の番号付けで決まる位置番号を割当てる．選択の余地がある場合は，不飽和部分に最小の位置番号を割当てる．

例：　¹　 ²　 ³　 ⁴　 ⁵　 ⁶　 ⁷　 ⁸　 ⁹　¹⁰　¹¹　¹²　¹³　¹⁴
　　　CH₃-O-CH₂-CH₂-O-CH₂-CH₂-O-CH₂-CH₂-O-CH₂-CH=CH₂
　　　　2,5,8,11-テトラオキサテトラデカ-13-エン **PIN**
　　　　2,5,8,11-tetraoxatetradec-13-ene **PIN**

　　　¹²　¹¹　¹⁰　 ⁹　 ⁸　 ⁷　 ⁶　 ⁵　 ⁴　 ³　 ² 　¹
　　　CH₃-O-CH₂-CH₂-O-CH₂-CH₂-O-CH₂-CH=CH-O-CH₃
　　　　2,5,8,11-テトラオキサドデカ-3-エン **PIN**
　　　　2,5,8,11-tetraoxadodec-3-ene **PIN**

P-31.1.3　単環母体水素化物
　P-31.1.3.1　単環均一不飽和化合物においては，二重結合あるいは三重結合の一つが位置番号1となる．多重結合が1個の場合は，位置番号は名称から省く．

例：

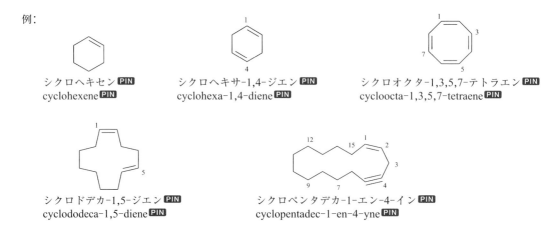

P-31.1.3.2　"ア"命名法で表現された環においては，まずヘテロ原子に，ついで不飽和部分に小さい位置番号を割当てる．

例：

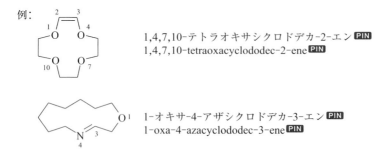

1,11-ジシラシクロイコサ-5,7-ジエン-3-イン **PIN**
1,11-disilacycloicosa-5,7-dien-3-yne **PIN**
（1,11-ジシラシクロイコサ-4,6-ジエン-8-イン
1,11-disilacycloicosa-4,6-dien-8-yne ではない.
位置番号の組合わせ 3,5,7 は 4,6,8 より小さい）

1,10-ジシラシクロイコサ-12,14,16-トリエン-18-イン **PIN**
1,10-disilacycloicosa-12,14,16-trien-18-yne **PIN**

1-アザシクロトリデカ-2,4,6,8,10,12-ヘキサエン **PIN**
1-azacyclotrideca-2,4,6,8,10,12-hexaene **PIN**
1*H*-1-アザ[13]アンヌレン　1*H*-1-aza[13]annulene

1,3-ジアザシクロテトラデカ-1,3,5,7,9,11,13-ヘプタエン **PIN**
1,3-diazacyclotetradeca-1,3,5,7,9,11,13-heptaene **PIN**
1,3-ジアザ[14]アンヌレン　1,3-diaza[14]annulene

P-31.1.3.3　環状クムレン　環状クムレンは同じ原子でも異なる原子でもよいが，すべての原子が二重結合でつながっている．均一環状クムレンについては PIN ではすべての位置番号を省く(P-14.3.4.5 参照).

例：

シクロウンデカウンデカエン **PIN**
cycloundecaundecaene **PIN**

$1\lambda^4,2\lambda^4$-ジチアシクロウンデカウンデカエン **PIN**
$1\lambda^4,2\lambda^4$-dithiacycloundecaundecaene **PIN**

P-31.1.3.4　保存名　単環系で側鎖が不飽和な母体水素化物としては，スチレン styrene，スチルベン stilbene，フルベン fulvene のみが保存される．これらはすべて GIN でのみ使える．P-61.2.3 に述べるように，スチレンとスチルベンは環での置換のみが認められる．フルベンはどのような置換も認められない．

スチレン　styrene　（環での置換のみ）
エテニルベンゼン **PIN**
ethenylbenzene **PIN**
ビニルベンゼン　vinylbenzene

スチルベン　stilbene　（環での置換のみ）
1,1′-(エテン-1,2-ジイル)ジベンゼン **PIN**
1,1′-(ethene-1,2-diyl)dibenzene **PIN**

フルベン　fulvene　（置換は不可）
5-メチリデンシクロペンタ-1,3-ジエン **PIN**
5-methylidenecyclopenta-1,3-diene **PIN**

P-31.1.4 ビシクロ環およびポリシクロ環 von Baeyer 型母体水素化物

ビシクロ環およびポリシクロ環 von Baeyer 型母体水素化物のなかには，ファン名が PIN となるものがあることに注意しなければならない(P-52.2.5 参照).

P-31.1.4.1 その環の番号付けに従った最小の位置番号を割当てる．二重結合に関与する位置番号が連続している場合は，小さい位置番号のみを示す．

例：

ビシクロ[3.2.1]オクタ-2-エン **PIN**
bicyclo[3.2.1]oct-2-ene **PIN**

ビシクロ[2.2.2]オクタ-2,5-ジエン **PIN**
bicyclo[2.2.2]octa-2,5-diene **PIN**

P-31.1.4.2 名称と番号付けに選択の余地がある場合は，一つに決まるまで，つぎの基準を順次適用する．

(1) 複合位置番号が最も少ない．複合位置番号は二重結合の両端の位置番号が 2 以上違う場合に用いる．複合位置番号が必要な場合は，より大きな位置番号を丸括弧に入れて記す．ベンゼン環はケクレ構造に対応するシクロヘキサトリエンとして表示し記す．その他の芳香環も必要に応じて同様に取扱う．

> 注記：単独位置番号が複合位置番号に優先するという規則は 1989 年にステロイドの番号付け〔参考文献 16 の S3-2.5(2)参照〕で確立され，von Baeyer 命名法に関する 1999 勧告(参考文献 7 の VB-8.3.1 参照)で von Baeyer 系に拡張された．

例：

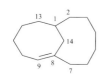

ビシクロ[4.2.0]オクタ-6-エン **PIN**
bicyclo[4.2.0]oct-6-ene **PIN**
 〔ビシクロ[4.2.0]オクタ-1(8)-エン
  bicyclo[4.2.0]oct-1(8)-ene ではない〕

ビシクロ[6.5.1]テトラデカ-8-エン **PIN**
bicyclo[6.5.1]tetradec-8-ene **PIN**
 〔ビシクロ[6.5.1]テトラデカ-1(13)-エン
  bicyclo[6.5.1]tetradec-1(13)-ene ではない〕

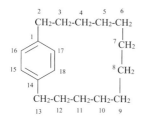

ビシクロ[12.2.2]オクタデカ-1(16),14,17-トリエン
bicyclo[12.2.2]octadeca-1(16),14,17-triene
 〔ビシクロ[12.2.2]オクタデカ-1(17),14(18),15-トリエン
  bicyclo[12.2.2]octadeca-1(17),14(18),15-triene ではない〕
1(1,4)-ベンゼナシクロトリデカファン **PIN**
1(1,4)-benzenacyclotridecaphane **PIN** （P-52.2.5 参照）

ビシクロ[4.1.0]ヘプタ-1,3,5-トリエン **PIN**
bicyclo[4.1.0]hepta-1,3,5-triene **PIN**
 〔ビシクロ[4.1.0]ヘプタ-1(6),2,4-トリエン
  bicyclo[4.1.0]hepta-1(6),2,4-triene ではない〕

(2) 複合位置番号を含む二重結合位置番号を比較する場合，括弧内の数字は無視する．

P-31 母体水素化物の水素化段階の表現

例：

（I）正　　（II）誤

（III）誤　　（IV）誤

(I) トリシクロ[9.3.1.1⁴,⁸]ヘキサデカ-1(15),11,13-トリエン
tricyclo[9.3.1.1⁴,⁸]hexadeca-1(15),11,13-triene

〔(II)の トリシクロ[9.3.1.1⁴,⁸]ヘキサデカ-4(16),5,7-トリエン
tricyclo[9.3.1.1⁴,⁸]hexadeca-4(16),5,7-triene ではなく，

(III)の トリシクロ[9.3.1.1⁴,⁸]ヘキサデカ-1(14),11(15),12-トリエン
tricyclo[9.3.1.1⁴,⁸]hexadeca-1(14),11(15),12-triene でもなく，

(IV)の トリシクロ[9.3.1.1⁴,⁸]ヘキサデカ-4,6,8(16)-トリエン
tricyclo[9.3.1.1⁴,⁸]hexadeca-4,6,8(16)-triene でもない．

(I)の位置番号の組合わせ 1, 11, 13 は(II)の 4, 5, 7 や(IV)の 4, 6, 8 より小さい．

(III)は二つの複合位置番号をもつのに対して(I)は一つしかもたない〕

1(1,3)-ベンゼナ-4(1,3)-シクロヘキサナシクロヘキサファン **PIN**
1(1,3)-benzena-4(1,3)-cyclohexanacyclohexaphane **PIN** （P-52.2.5 参照）

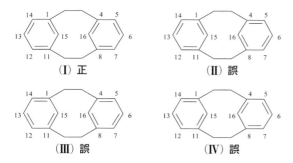

（I）正　　（II）誤

（III）誤　　（IV）誤

(I) トリシクロ[9.3.1.1⁴,⁸]ヘキサデカ-1(15),4(16),5,7,11,13-ヘキサエン
tricyclo[9.3.1.1⁴,⁸]hexadeca-1(15),4(16),5,7,11,13-hexaene

〔(II)の トリシクロ[9.3.1.1⁴,⁸]ヘキサデカ-1(15),4,6,8(16),11,13-ヘキサエン
tricyclo[9.3.1.1⁴,⁸]hexadeca-1(15),4,6,8(16),11,13-hexaene ではなく，

(III)の トリシクロ[9.3.1.1⁴,⁸]ヘキサデカ-1(14),4,6,8(16),11(15),12-ヘキサエン
tricyclo[9.3.1.1⁴,⁸]hexadeca-1(14),4,6,8(16),11(15),12-hexaene でもなく，

(IV)の トリシクロ[9.3.1.1⁴,⁸]ヘキサデカ-1(14),4(16),5,7,11(15),12-ヘキサエン
tricyclo[9.3.1.1⁴,⁸]hexadeca-1(14),4(16)5,7,11(15),12-hexaene でもない．

(I)の位置番号の組合わせ 1, 4, 5, 7, 11, 13 は(II)の 1, 4, 6, 8, 11, 13 より小さい．
また(I)は 2 個の複合位置番号をもつが，(III)や(IV)は 3 個の複合位置番号をもつ〕

1,4(1,3)-ジベンゼナシクロヘキサファン **PIN**
1,4(1,3)-dibenzenacyclohexaphane **PIN** （P-52.2.5 参照）

(3) それでも選択の余地がある場合は，すべての位置番号の組合わせ(括弧内にあるものも含めて)を考慮して最小の位置番号を選ぶ．

例: 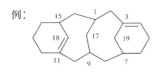 テトラシクロ[7.7.1.1³,⁷.1¹¹,¹⁵]ノナデカ-3,11(18)-ジエン **PIN**
tetracyclo[7.7.1.1³,⁷.1¹¹,¹⁵]nonadeca-3,11(18)-diene **PIN**
〔テトラシクロ[7.7.1.1³,⁷.1¹¹,¹⁵]ノナデカ-3(19),11-ジエン
tetracyclo[7.7.1.1³,⁷.1¹¹,¹⁵]nonadeca-3(19),11-diene ではない.
位置番号の組合わせ 3,11(18) は 3(19),11 より小さい〕

P-31.1.4.3   二重結合と三重結合の両方をもつビシクロ環およびポリシクロ環 von Baeyer 構造

二重結合と三重結合が共存する場合，一つに決まるまで，次の番号付けの基準をこの順に適用する.
(1) 多重結合を一組として，できるだけ小さい位置番号を割当てる.

例: 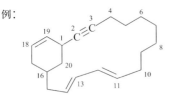 ビシクロ[14.3.1]イコサ-11,13,18-トリエン-2-イン **PIN**
bicyclo[14.3.1]icosa-11,13,18-trien-2-yne **PIN**
(ビシクロ[14.3.1]イコサ-3,5,17-トリエン-14-イン
bicyclo[14.3.1]icosa-3,5,17-trien-14-yne ではない.
位置番号の組合わせ 2, 11, 13, 18 は 3, 5, 14, 17 より小さい)

(2) 二重結合により小さい位置番号を割当てる.

例: 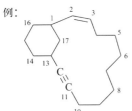 ビシクロ[11.3.1]ヘプタデカ-2-エン-11-イン **PIN**
bicyclo[11.3.1]heptadec-2-en-11-yne **PIN**
(ビシクロ[11.3.1]ヘプタデカ-11-エン-2-イン
bicyclo[11.3.1]heptadec-11-en-2-yne ではない)

(3) 複合位置番号の数は最も少なくなるようにする.

例:  ビシクロ[8.3.1]テトラデカ-4,6,10-トリエン-2-イン **PIN**
bicyclo[8.3.1]tetradeca-4,6,10-trien-2-yne **PIN**
(ビシクロ[8.3.1]テトラデカ-1(13),4,6-トリエン-8-イン
bicyclo[8.3.1]tetradeca-1(13),4,6-trien-8-yne ではない)

P-31.1.4.4   "ア"命名法で命名されたビシクロ環およびポリシクロ環 von Baeyer 型複素環

"ア"命名法を用いて命名した複素環化合物では，その系固有の番号付けに従ってまずヘテロ原子に，ついで不飽和部分に小さい位置番号を割当てる.

例: 2-チアビシクロ[2.2.2]オクタ-5-エン **PIN**
2-thiabicyclo[2.2.2]oct-5-ene **PIN**

 2-オキサビシクロ[2.2.1]ヘプタ-5-エン **PIN**
2-oxabicyclo[2.2.1]hept-5-ene **PIN**

 3-アザビシクロ[3.2.2]ノナ-6-エン **PIN**
3-azabicyclo[3.2.2]non-6-ene **PIN**

P-31　母体水素化物の水素化段階の表現　　　　265

P-31.1.5　スピロ化合物

P-31.1.5.1　不飽和環で構成されるスピロ化合物

P-31.1.5.1.1　スピロ化合物に固有の番号付けに従って二重結合に小さな位置番号を割当てる.

例：

スピロ[4.5]デカ-6-エン **PIN**
spiro[4.5]dec-6-ene **PIN**

スピロ[5.5]ウンデカ-1,8-ジエン **PIN**
spiro[5.5]undeca-1,8-diene **PIN**

P-31.1.5.1.2　二重結合と三重結合がある場合は，一つに決まるまでつぎの基準を順次適用する.

(1) 多重結合をひとまとめにして，できるだけ小さい位置番号を割当てる.

例：

スピロ[4.10]ペンタデカ-10-エン-8-イン **PIN**
spiro[4.10]pentadec-10-en-8-yne **PIN**

(2) 選択の余地がある場合は，二重結合に小さい位置番号を割当てる.

例：

スピロ[4.10]ペンタデカ-6-エン-14-イン **PIN**
spiro[4.10]pentadec-6-en-14-yne **PIN**

P-31.1.5.1.3　単環で構成され，"ア"命名法が使われているスピロ化合物中のヘテロ原子には優先的に小さい位置番号を割当てる.

例：

1-アザスピロ[5.5]デカ-3-エン **PIN**
1-azaspiro[5.5]dec-3-ene **PIN**

1,4,7-トリチアスピロ[4.5]デカ-9-エン **PIN**
1,4,7-trithiaspiro[4.5]dec-9-ene **PIN**

3-シラスピロ[5.5]ウンデカ-7-エン **PIN**
3-silaspiro[5.5]undec-7-ene **PIN**

P-31.1.5.2　飽和ポリシクロ環 von Baeyer 型成分からなるスピロ化合物

P-31.1.5.2.1　von Baeyer 系名称の成分をもつ飽和スピロ環系中の二重結合は語尾 ene で示し，必要ならば倍数接頭語 di, tri などを用いる. 語尾 ene はスピロ名の最後の角括弧の後に置く. 飽和炭化水素名の末尾の e は次に母音がくる場合は省く. 選択の余地がある場合はスピロ結合，ヘテロ原子，二重結合の順に小さい位置番号を割当てる(参考文献 8 の SP-2.4 参照).

　　　　注記：母体スピロ名の閉じ角括弧の後に語尾 ene を置くことはスピロ化合物の命名法についての勧告(参考文献 8 の SP-2.4 参照)で確定した.

例：

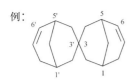
3,3′-スピロビ[ビシクロ[3.3.1]ノナン]-6,6′-ジエン **PIN**
3,3′-spirobi[bicyclo[3.3.1]nonane]-6,6′-diene **PIN**

2,2′-スピロビ[ビシクロ[2.2.1]ヘプタン]-5-エン **PIN**
2,2′-spirobi[bicyclo[2.2.1]heptan]-5-ene **PIN**

5,6′-ジオキサ-2,2′-スピロビ[ビシクロ[2.2.2]オクタン]-7,7′-ジエン **PIN**
5,6′-dioxa-2,2′-spirobi[bicyclo[2.2.2]octane]-7,7′-diene **PIN**

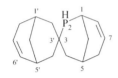
2-ホスファ-3,3′-スピロビ[ビシクロ[3.3.1]ノナン]-6′,7-ジエン **PIN**
2-phospha-3,3′-spirobi[bicyclo[3.3.1]nonane]-6′,7-diene **PIN**

3,3′:6′,6″-ジスピロテル[ビシクロ[3.1.0]ヘキサン]-2″-エン **PIN**
3,3′:6′,6″-dispiroter[bicyclo[3.1.0]hexan]-2″-ene **PIN**

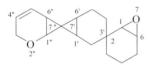
2″,7-ジオキサ-2,3′:7′,7″-ジスピロテル[ビシクロ[4.1.0]ヘキサン]-4″-エン **PIN**
2″,7-dioxa-2,3′:7′,7″-dispiroter[bicyclo[4.1.0]hexan]-4″-ene **PIN**
〔5″,7-ジオキサ-2,3′:7′,7″-ジスピロテル[ビシクロ[4.1.0]ヘキサン]-2″-エン
5″,7-dioxa-2,3′:7′,7″-dispiroter[bicyclo[4.1.0]hexan]-2″-ene ではない．
接頭語 oxa に対する位置番号の組合わせ 2″,7 は 5″,7 より小さい〕

P-31.1.6 ファン母体水素化物

P-31.1.6.1 再現環および簡略ファン骨格の二重結合 本来飽和のファン母体水素化物中に 1 個以上の二重結合あるいは三重結合が入った場合は，Hantzsch-Widman 名をもつ再現環を除いて，ファン母体水素化物名の末尾の e を ene あるいは yne に変え，それぞれの結合の数を表す倍数接頭語とともに表示する（参考文献 6, PhII-5.3）．

ファン母体水素化物および"ア"命名法で修飾したファン母体水素化物について定められた番号付けに従って，二重結合あるいは三重結合に小さい位置番号を割当てる．ファン母体水素化物に由来する化合物を正確に示すために 3 種類の位置番号を用いる．

(1) 主位置番号，すなわちファン母体骨格の原子やスーパー原子を示すアラビア数字の位置番号
(2) 複式位置番号，すなわち主位置番号に再現環内の位置を示すアラビア数字の位置番号を上付きで付けたもの（P-26.4.3 参照）
(3) 複合位置番号，すなわち主位置番号あるいは複式位置番号の後にもう一つの位置番号を丸括弧に入れて示すことにより，二重結合があるのは連続した位置番号の間ではないことを表すもの

ファン命名法では，二重結合および三重結合の位置を示す方法が二つある．

P-31 母体水素化物の水素化段階の表現　　267

(1) 二つの連続する位置番号が次の場合，二重結合あるいは三重結合に最小位置番号を割当てる．
　(a) 主位置番号
　(b) どちらも主位置番号に隣接していない複式位置番号
(2) 一つの位置番号が主位置番号に隣接する複式位置番号である場合は複合位置番号で表示する．

例：

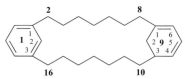

1(1,3)-ベンゼナ-9(1,3)-シクロヘキサナシクロヘキサデカファン-9¹(9⁶), 9⁴-ジエン **PIN**
1(1,3)-benzena-9(1,3)-cyclohexanacyclohexadecaphane-9¹(9⁶), 9⁴-diene **PIN**

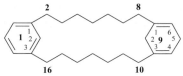

1(1,3)-ベンゼナ-9(1,3)-シクロヘキサナシクロヘキサデカファン-9¹(9⁶), 9³(9⁴)-ジエン **PIN**
1(1,3)-benzena-9(1,3)-cyclohexanacyclohexadecaphane-9¹(9⁶), 9³(9⁴)-diene **PIN**

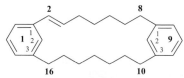

1,9(1,3)-ジベンゼナシクロヘキサデカファン-2-エン **PIN**
1,9(1,3)-dibenzenacyclohexadecaphan-2-ene **PIN**

P-31.1.6.2　二重結合と三重結合の両方をもつファン構造　　ファン構造中の二重結合と三重結合は P-31.1.4.3 の方法で記す．二重結合と三重結合をひとまとめにして考えて，できるだけ小さな位置番号を割当て，選択の余地がある場合は，二重結合に小さい位置番号を割当てる．

例：

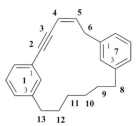

1,7(1,3)-ジベンゼナシクロトリデカファン-4-エン-2-イン **PIN**
1,7(1,3)-dibenzenacyclotridecaphan-4-en-2-yne **PIN**

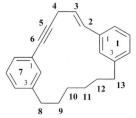

1,7(1,3)-ジベンゼナシクロトリデカファン-2-エン-5-イン **PIN**
1,7(1,3)-dibenzenacyclotridecaphan-2-en-5-yne **PIN**

1(1,4)-シクロオクタナ-4(1,4)-ベンゼナシクロヘキサファン-1¹(1⁸),1²,1⁴,1⁶-テトラエン **PIN**
1(1,4)-cyclooctana-4(1,4)-benzenacyclohexaphane-1¹(1⁸),1²,1⁴,1⁶-tetraene **PIN**

P-31.1.7 不飽和化合物の環集合

P-31.1.7.1 単環あるいは多環の飽和成分からなる環集合における不飽和結合は，語尾 ene や yne などおよび倍数接頭語 di, tri などで表す．これらの語尾は環集合名の閉じ角括弧の後に記述する．飽和炭化水素名の末尾のeは次に母音がくる場合は省く．選択の余地がある場合は環集合の結合部，ヘテロ原子，多重結合の順に小さい位置番号を割当てる(P-31.1.5.2 も参照).

> 環集合名の閉じ角括弧の後に ene, yne などを置くという規則は 1979 規則および1993 規則(参考文献 1, 2)とは異なっているが，スピロ化合物の命名法について 1999勧告(参考文献 8)に定めた方法とは完全に一致している．

例：

[1,1´-ビ(シクロヘキサン)]-1,2´-ジエン **PIN**
[1,1´-bi(cyclohexane)]-1,2´-diene **PIN**

[2,2´-ビ(ビシクロ[2.2.2]オクタン)]-5,5´-ジエン **PIN**
[2,2´-bi(bicyclo[2.2.2]octane)]-5,5´-diene **PIN**

[1¹,2¹:2⁴,3¹-テルシクロヘキサン]-1²,2¹-ジエン **PIN**
[1¹,2¹:2⁴,3¹-tercyclohexane]-1²,2¹-diene **PIN**

[1,1´:4´,1´´-テルシクロヘキサン]-1´,2-ジエン
[1,1´:4´,1´´-tercyclohexane]-1´,2-diene

[1¹,2¹:2⁴,3¹-テルビシクロ[2.2.2]オクタン]-1²,2²,3²-トリエン **PIN**
[1¹,2¹:2⁴,3¹-terbicyclo[2.2.2]octane]-1²,2²,3²-triene **PIN**

[1,1´:4´,1´´-テルビシクロ[2.2.2]オクタン]-2,2´,2´´-トリエン
[1,1´:4´,1´´-terbicyclo[2.2.2]octane]-2,2´,2´´-triene

P-31.1.7.2 2個の環をつないでいる二重結合は，3個以上の飽和化合物からなる環集合と同じ方法で命名する．そのような結合の他端の位置番号は括弧に入れる(複合位置番号となる).

例：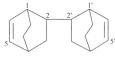

[1¹,2¹:2⁴,3¹-テルシクロヘキサン]-1¹(2¹)-エン **PIN**
[1¹,2¹:2⁴,3¹-tercyclohexan]-1¹(2¹)-ene **PIN**

[1,1´:4´,1´´-テルシクロヘキサン]-1(1´)-エン
[1,1´:4´,1´´-tercyclohexan]-1(1´)-ene

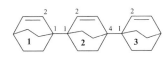

[1¹,2¹:2⁴,3¹-テルシクロヘキサン]-1¹(2¹), 2⁴(3¹)-ジエン **PIN**
[1¹,2¹:2⁴,3¹-tercyclohexane]-1¹(2¹), 2⁴(3¹)-diene **PIN**

[1,1´:4´,1´´-テルシクロヘキサン]-1(1´), 4´(1´´)-ジエン
[1,1´:4´,1´´-tercyclohexane]-1(1´), 4´(1´´)-diene

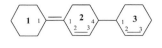

[1¹,2¹:2⁴,3¹-テルシクロヘキサン]-1¹(2¹), 2²,3²-トリエン **PIN**
[1¹,2¹:2⁴,3¹-tercyclohexane]-1¹(2¹), 2²,3²-triene **PIN**
[1,1′:4′,1″-テルシクロヘキサン]-1(1′),2′,2″-トリエン
[1,1′:4′,1″-tercyclohexane]-1(1′),2′,2″-triene

P-31.1.7.3　単環，二環，多環の成分からなる複素環集合が"ア"命名法で命名されている場合，環結合部，ヘテロ原子，不飽和部分の順に小さい位置番号を割当てる．

例：

1²,2³,3³-トリチア[1¹,2¹:2⁴,3¹-テルビシクロ[2.2.2]オクタン]-1⁵,2⁵,3⁵-トリエン **PIN**
1²,2³,3³-trithia[1¹,2¹:2⁴,3¹-terbicyclo[2.2.2]octane]-1⁵,2⁵,3⁵-triene **PIN**
2,3′,3″-トリチア[1,1′:4′,1″-テルビシクロ[2.2.2]オクタン]-5,5′,5″-トリエン
2,3′,3″-trithia[1,1′:4′,1″-terbicyclo[2.2.2]octane]-5,5′,5″-triene

P-31.2　接頭語ヒドロおよびデヒドロ

P-31.2.1　接頭語 ヒドロ hydro およびデヒドロ dehydro はそれぞれマンキュード化合物への水素原子の付加あるいはマンキュード化合物からの水素原子の除去を表す．ヒドロとデヒドロは分離可能な接頭語であるが，英数字順に並べる接頭語には含めない．したがって名称中では母体水素化物の名称の直前，アルファベット順に並べる接頭語の後，分離不可接頭語の前に置く．

> これは従来の勧告からの変更である．本勧告ではヒドロとデヒドロは分離可能な接頭語であるが，他の置換接頭語と一緒にアルファベット順に並べることはできない．名称中で，母体水素化物の名称の直前の，アルファベット順に並べた接頭語の後，分離不可接頭語の前に置く．

化合物の番号付けの出発点と向きは，置換名の作成について P-14.4 で述べた方法に従って，まずナフタレンやキノリンのような多環系に対して決められた番号付けを優先し，次に複素環におけるヘテロ原子，次にもしあれば指示水素に最小の位置番号が付くように選ぶ．

P-31.2.2　一　般　則

ヒドロおよびデヒドロ接頭語は，それぞれ二重結合の水素化および脱水素と関連して，二重結合の飽和化を示すには di, tetra などの偶数の倍数接頭語を用いる（たとえば ジヒドロ dihydro, テトラヒドロ tetrahydro）．また二重（あるいは三重）結合生成は ジデヒドロ didehydro のようになる．名称中では，母体水素化物の名称の直前，分離不可接頭語の前に置く．指示水素にはヒドロ接頭語に優先して小さい位置番号を割当てる．名称中に指示水素がある場合ヒドロ接頭語はその前に置く．

例：

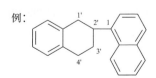

1′,2′,3′,4′-テトラヒドロ-1,2′-ビナフタレン **PIN**
1′,2′,3′,4′-tetrahydro-1,2′-binaphthalene **PIN**

4,5-ジヒドロ-3*H*-アゼピン **PIN**
4,5-dihydro-3*H*-azepine **PIN**

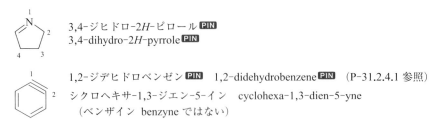

P-31.2.3 ヒドロ接頭語

P-31.2.3.1 ヒドロ接頭語は保存名あるいは体系名をもつ単環マンキュード化合物の水素化段階を示すために使う．ただしベンゼンのヒドロ誘導体は例外で，慣用名 シクロヘキセン cyclohexene およびシクロヘキサジエン cyclohexadiene が PIN である．

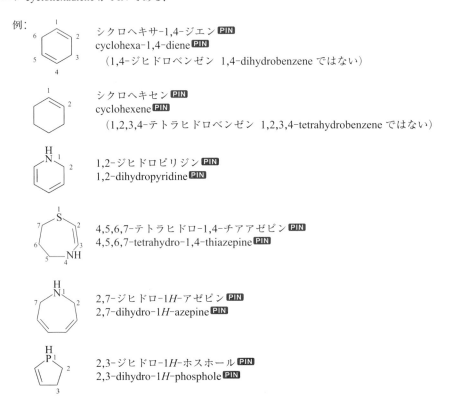

P-31.2.3.2 飽和複素単環化合物の名称 飽和複素単環化合物の PIN は P-22.2.2.1.1 で述べた Hantzsch-Widman 名か，あるいは表 2·3 に示した保存名のいずれかである．Hantzsch-Widman 名からヒドロ接頭語で誘導された飽和環，最大数のヒドロ接頭語で修飾された保存名，あるいは P-22.2.5 で述べたシクロ名は PIN ではないが，GIN では使うことができる．

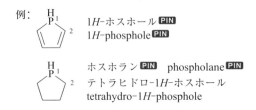

P-31 母体水素化物の水素化段階の表現

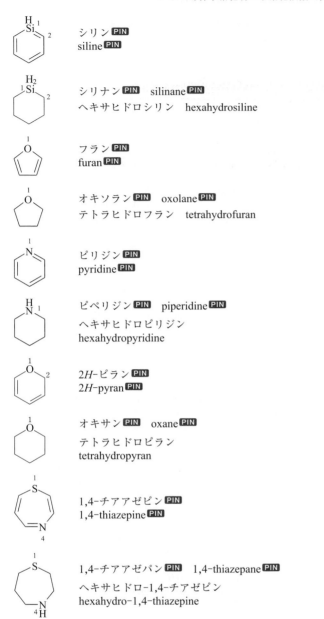

シリン PIN
siline PIN

シリナン PIN silinane PIN
ヘキサヒドロシリン hexahydrosiline

フラン PIN
furan PIN

オキソラン PIN oxolane PIN
テトラヒドロフラン tetrahydrofuran

ピリジン PIN
pyridine PIN

ピペリジン PIN piperidine PIN
ヘキサヒドロピリジン
hexahydropyridine

2H-ピラン PIN
2H-pyran PIN

オキサン PIN oxane PIN
テトラヒドロピラン
tetrahydropyran

1,4-チアアゼピン PIN
1,4-thiazepine PIN

1,4-チアアゼパン PIN 1,4-thiazepane PIN
ヘキサヒドロ-1,4-チアゼピン
hexahydro-1,4-thiazepine

シクロペンタアザン cyclopentaazane
ペンタアゾリジン 予備名 pentazolidine 予備名 （P-12.2, P-22.2.2.1.5 参照）
ペンタアゾラン pentazolane

P-31.2.3.3 多環マンキュード化合物での二重結合の飽和化

P-31.2.3.3.1 部分的に飽和したマンキュード化合物の保存名	P-31.2.3.3.3 スピロ化合物
	P-31.2.3.3.4 ファン化合物
P-31.2.3.3.2 多環マンキュード化合物	P-31.2.3.3.5 環集合

P-31.2.3.3.1 部分的に飽和したマンキュード化合物の保存名　表3・1に掲げた名称は PIN としては使われ

表 3·1　部分的に飽和した多環母体水素化物の保存名

インダン　indane
（以前はインダン　indan）
2,3-ジヒドロ-1*H*-インデン **PIN**
2,3-dihydro-1*H*-indene **PIN**

1*H*-インドリン　1*H*-indoline
2,3-ジヒドロ-1*H*-インドール **PIN**
2,3-dihydro-1*H*-indole **PIN**

2*H*-イソインドリン
2*H*-isoindoline
2,3-ジヒドロ-1*H*-イソインドール **PIN**
2,3-dihydro-1*H*-isoindole **PIN**

クロマン　chromane
3,4-ジヒドロ-2*H*-1-ベンゾピラン **PIN**
3,4-dihydro-2*H*-1-benzopyran **PIN**
3,4-ジヒドロ-2*H*-クロメン
3,4-dihydro-2*H*-chromene

イソクロマン　isochromane
3,4-ジヒドロ-1*H*-2-ベンゾピラン **PIN**
3,4-dihydro-1*H*-2-benzopyran **PIN**
3,4-ジヒドロ-1*H*-イソクロメン
3,4-dihydro-1*H*-isochromene

（O の代わりに S）
チオクロマン　thiochromane
3,4-ジヒドロ-2*H*-1-ベンゾチオピラン **PIN**
3,4-dihydro-2*H*-1-benzothiopyran **PIN**
3,4-ジヒドロ-2*H*-チオクロメン
3,4-dihydro-2*H*-thiochromene

（O の代わりに S）
イソチオクロマン　isothiochromane
3,4-ジヒドロ-1*H*-2-ベンゾチオピラン **PIN**
3,4-dihydro-1*H*-2-benzothiopyran **PIN**
3,4-ジヒドロ-1*H*-イソチオクロメン
3,4-dihydro-1*H*-isothiochromene

（O の代わりに Se）
セレノクロマン　selenochromane
3,4-ジヒドロ-2*H*-1-ベンゾセレノピラン **PIN**
3,4-dihydro-2*H*-1-benzoselenopyran **PIN**
3,4-ジヒドロ-2*H*-セレノクロメン
3,4-dihydro-2*H*-selenochromene

（O の代わりに Se）
イソセレノクロマン　isoselenochromane
3,4-ジヒドロ-1*H*-2-ベンゾセレノピラン **PIN**
3,4-dihydro-1*H*-2-benzoselenopyran **PIN**
3,4-ジヒドロ-1*H*-イソセレノクロメン
3,4-dihydro-1*H*-isoselenochromene

（O の代わりに Te）
テルロクロマン　tellurochromane
3,4-ジヒドロ-2*H*-1-ベンゾテルロピラン **PIN**
3,4-dihydro-2*H*-1-benzotelluropyran **PIN**
3,4-ジヒドロ-2*H*-テルロクロメン
3,4-dihydro-2*H*-tellurochromene

（O の代わりに Te）
イソテルロクロマン　isotellurochromane
3,4-ジヒドロ-1*H*-2-ベンゾテルロピラン **PIN**
3,4-dihydro-1*H*-2-benzotelluropyran **PIN**
3,4-ジヒドロ-1*H*-イソテルロクロメン
3,4-dihydro-1*H*-isotellurochromene

P-31.2.3.3.2　多環マンキュード化合物　部分的にあるいは完全に飽和した炭素環あるいは複素環マンキュード環系の水素化段階は，P-31.2.2 で述べた一般則に従ってヒドロ接頭語で表す．完全な水素化は結合する水素原子の総数を示す倍数接頭語で表すが，位置番号は省く（P-14.3.4.5 参照）．

例：

1,4-ジヒドロナフタレン **PIN**
1,4-dihydronaphthalene **PIN**

6,7-ジヒドロ-5*H*-ベンゾ[7]アンヌレン **PIN**
6,7-dihydro-5*H*-benzo[7]annulene **PIN**

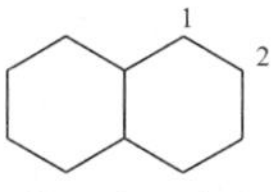

P-31 母体水素化物の水素化段階の表現　　　273

デカヒドロナフタレン PIN
decahydronaphthalene PIN

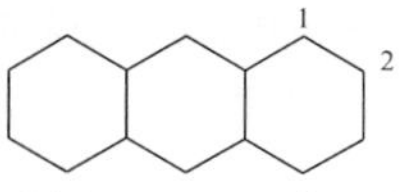

テトラデカヒドロアントラセン PIN
tetradecahydroanthracene PIN

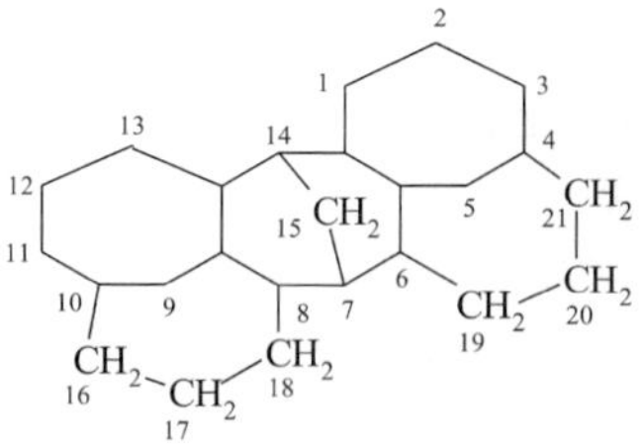

オクタデカヒドロ-7,14-メタノ-4,6:8,10-
　　ジプロパノジシクロヘプタ[*a,d*][8]アンヌレン PIN
octadecahydro-7,14-methano-4,6:8,10-
　　dipropanodicyclohepta[*a,d*][8]annulene PIN

ヘキサシクロ[15.3.2.2^{3,7}.1^{2,12}.0^{13,21}.0^{11,25}]ペンタコサン
hexacyclo[15.3.2.2^{3,7}.1^{2,12}.0^{13,21}.0^{11,25}]pentacosane
　(P-23.2.6.3 参照)

P-31.2.3.3.3　スピロ化合物　マンキュード成分を含むスピロ化合物は，P-31.2.2 で述べた一般則で記す．

例：

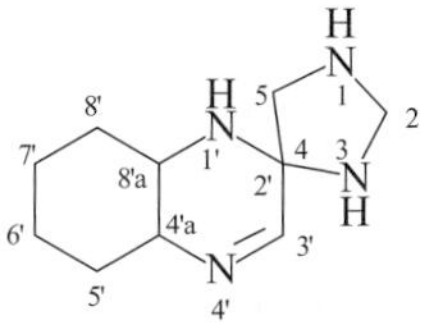

4′a,5′,6′,7′,8′,8′a-ヘキサヒドロ-1′*H*-
　　　　スピロ[イミダゾリジン-4,2′-キノキサリン] PIN
4′a,5′,6′,7′,8′,8′a-hexahydro-1′*H*-spiro[imidazolidine-4,2′-quinoxaline] PIN

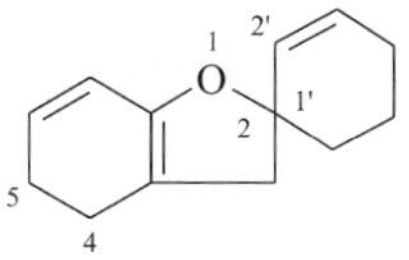

4,5-ジヒドロ-3*H*-スピロ[1-ベンゾフラン-2,1′-シクロヘキサン]-2′-エン PIN
4,5-dihydro-3*H*-spiro[1-benzofuran-2,1′-cyclohexan]-2′-ene PIN

P-31.2.3.3.4　ファン化合物　再現環の名称が最多非集積二重結合の存在を示している場合は，その他の水素化状態は接頭語ヒドロを用いて示す．この方法は次のように適用する(参考文献 6, PhII-5.1 および PhII-5.2 参照)．

(1) 保存名をもつか，あるいは拡張 Hantzsch-Widman 系に従って命名されたマンキュード複素単環はヒドロ接頭語で修飾する．しかし，保存名または Hantzsch-Widman 名をもつ完全に飽和した複素単環の名称はヒドロ接頭語で表される名称に優先する．たとえば オキソラン oxolane および ピペリジン piperidine は，それぞれ テトラヒドロフラン tetrahydrofuran および ヘキサヒドロピリジン hexahydropyridine に優先する．

(2) ベンゼン以外の炭素環および複素環マンキュード母体水素化物の不飽和の程度を表すにはヒドロ接頭語を用いる．インダン indane やクロマン chromane のような部分的に水素化された母体水素化物の保存名 (P-31.2.3.3.1 参照)は，ファン命名法において再現環には使えない．

例：

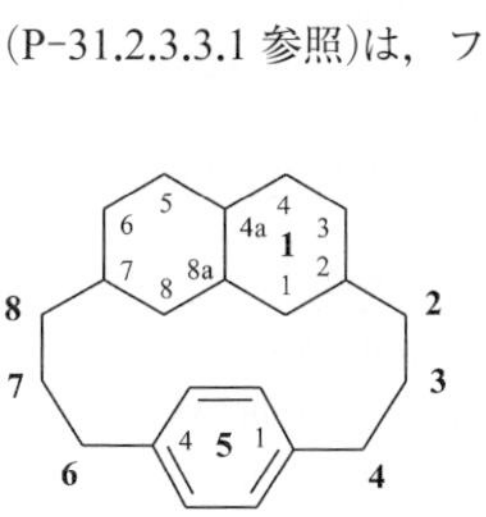

1^1,1^2,1^3,1^4,1^{4a},1^5,1^6,1^7,1^8,1^{8a}-デカヒドロ-1(2,7)-ナフタレナ-
　　　　5(1,4)-ベンゼナシクロオクタファン PIN
1^1,1^2,1^3,1^4,1^{4a},1^5,1^6,1^7,1^8,1^{8a}-decahydro-1(2,7)-naphthalena-
　　　　5(1,4)-benzenacyclooctaphane PIN

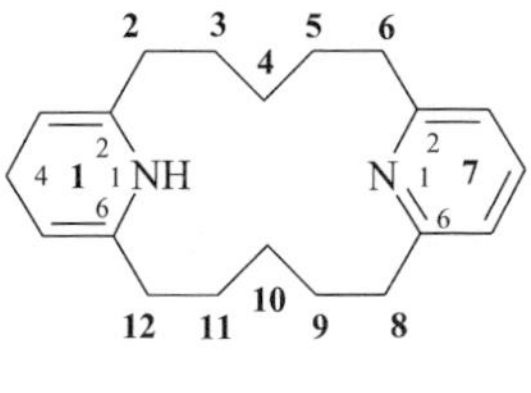

1^1,1^4-ジヒドロ-1,7(2,6)-ジピリジナシクロドデカファン PIN
1^1,1^4-dihydro-1,7(2,6)-dipyridinacyclododecaphane PIN

P-31.2.3.3.5 環集合　マンキュード成分からなる環集合の水素化段階は P-31.2.2 で述べた一般則に従ってヒドロ接頭語で表す．環集合は母体水素化物と考えられるので，異なる成分の水素化の段階を，個々の成分には認められない方法である程度は表すことができる．これはマンキュード環と飽和環とでは名称が異なる単環成分からなる集合体の場合である．したがって，単環成分からなる環集合と多環化合物からなる環集合では扱い方が異なる．

> P-31.2.3.3.5.1　単環成分によって構成される環集合
> P-31.2.3.3.5.2　多環化合物からなる環集合

P-31.2.3.3.5.1　単環成分によって構成される環集合

(a) マンキュード単環および飽和炭化水素からなる環集合．各集合について決められた番号付けに従ってヒドロ接頭語に小さい位置番号を割当てる．ビフェニルおよびポリフェニル集合では，ベンゼン環 1 個は集合中に残っていなければならない．さもなければ，命名の出発点となる母体水素化物は飽和集合となり，語尾 ene を用いて不飽和を表すことになる(P-31.1.7 参照)．さらに，ベンゼン環 1 個とシクロヘキサン環 1 個からなる二環の環集合の場合は，置換命名法が優先する(P-54.3 参照)．

例：

2,3-ジヒドロ-1,1′-ビフェニル **PIN**　2,3-dihydro-1,1′-biphenyl **PIN**
（番号付けを示す）
（シクロヘキサ-1,3-ジエン-1-イル)ベンゼン　(cyclohexa-1,3-dien-1-yl)benzene

シクロヘキシルベンゼン **PIN**　cyclohexylbenzene **PIN**
1,2,3,4,5,6-ヘキサヒドロ-1,1′-ビフェニル
1,2,3,4,5,6-hexahydro-1,1′-biphenyl　（番号付けを示す）

$1^2,1^5,2^2,2^3$-テトラヒドロ-$1^1,2^1:2^4,3^1$-テルフェニル **PIN**
$1^2,1^5,2^2,2^3$-tetrahydro-$1^1,2^1:2^4,3^1$-terphenyl **PIN**
2,2′,3′,5-テトラヒドロ-1,1′:4′,1″-テルフェニル　2,2′,3′,5-tetrahydro-1,1′:4′,1″-terphenyl
[4-(シクロヘキサ-1,4-ジエン-1-イル)シクロヘキサ-1,3-ジエン-1-イル]ベンゼン
[4-(cyclohexa-1,4-dien-1-yl)cyclohexa-1,3-dien-1-yl]benzene　（置換名）

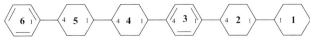

$1^1,1^2,1^3,1^4,1^5,1^6,2^1,2^2,2^3,2^4,2^5,2^6,4^1,4^2,4^3,4^4,4^5,4^6,5^1,5^2,5^3,5^4,5^5,5^6$-テトラコサヒドロ-
$1^1,2^1:2^4,3^1:3^4,4^1:4^4,5^1:5^4,6^1$-セキシフェニル **PIN**
$1^1,1^2,1^3,1^4,1^5,1^6,2^1,2^2,2^3,2^4,2^5,2^6,4^1,4^2,4^3,4^4,4^5,4^6,5^1,5^2,5^3,5^4,5^5,5^6$-tetracosahydro-
$1^1,2^1:2^4,3^1:3^4,4^1:4^4,5^1:5^4,6^1$-sexiphenyl **PIN**
1,1′,1″,1‴,1⁗,1′″″,2,2′,2″,2‴,2⁗,2′″″,4,4′,4″,4‴,4⁗,4′″″,5,5′,5″,5‴,5⁗,5′″″-テトラコサヒドロ-
1,1′:4′,1″:4″,1‴:4‴,1⁗:4⁗,1′″″-セキシフェニル
1,1′,1″,1‴,1⁗,1′″″,2,2′,2″,2‴,2⁗,2′″″,4,4′,4″,4‴,4⁗,4′″″,5,5′,5″,5‴,5⁗,5′″″-tetracosahydro-
1,1′:4′,1″:4″,1‴:4‴,1⁗:4⁗,1′″″-sexiphenyl
4-[4-([1,1′-ビ(シクロヘキサン)]-4-イル)フェニル]-4′-フェニル-1,1′-ビ(シクロヘキサン)
4-[4-([1,1′-bi(cyclohexan)]-4-yl)phenyl]-4′-phenyl-1,1′-bi(cyclohexane)　（置換名）
[1-($1^1,1^2,1^3,1^4,1^5,1^6,2^1,2^2,2^3,2^4,2^5,2^6$-ドデカヒドロ[$1^1,2^1:2^4,3^1$-テルフェニル]-$1^4$-イル)-4-
[$1^1,2^1$-ビ(シクロヘキサン)-1^4-イル]ベンゼン
1-($1^1,1^2,1^3,1^4,1^5,1^6,2^1,2^2,2^3,2^4,2^5,2^6$-dodecahydro[$1^1,2^1:2^4,3^1$-terphenyl]-$1^4$-yl)-4-
[$1^1,2^1$-bi(cyclohexan)-1^4-yl]benzene（置換名）ではない]

注記：P-52.2.5.1 に従えば，ファン名には 7 個の節が必要である．

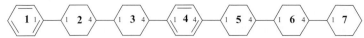

1(1),4(1,4)-ジベンゼナ-2,3,5,6(1,4),7(1)-ペンタシクロヘキサナヘプタファン **PIN**
1(1),4(1,4)-dibenzena-2,3,5,6(1,4),7(1)-pentacyclohexanaheptaphane **PIN**　　（番号付けを示す）

1^4-[4-(4′-フェニル[1,1′-ビ(シクロヘキサン)]-4-イル)フェニル]-$1^1,2^1:2^4,3^1$-テルシクロヘキサン
1^4-[4-(4′-phenyl[1,1′-bi(cyclohexan)]-4-yl)phenyl]-$1^1,2^1:2^4,3^1$-tercyclohexane　　（置換名）

4-[4-(4′-フェニル[1,1′-ビ(シクロヘキサン)]-4-イル)フェニル]-1,1′:4′,1″-テルシクロヘキサン
4-[4-(4′-phenyl[1,1′-bi(cyclohexan)]-4-yl)phenyl]-1,1′:4′,1″-tercyclohexane　　（置換名）

(b) 複素単環からなる環集合．まず環の結合部，ついで指示水素，最後にヒドロ接頭語の順に小さい位置番号を割当てる．

例：

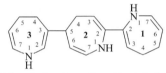

$1^1,1^6,2^4,2^5,3^2,3^5$-ヘキサヒドロ-$1^2,2^3:2^6,3^4$-テルピリジン **PIN**
$1^1,1^6,2^4,2^5,3^2,3^5$-hexahydro-$1^2,2^3:2^6,3^4$-terpyridine **PIN**

1,2″,4′,5′,5″,6-ヘキサヒドロ-2,3′:6′,4″-テルピリジン
1,2″,4′,5′,5″,6-hexahydro-2,3′:6′,4″-terpyridine

$1^4,1^5,2^4,2^5,3^4,3^5$-ヘキサヒドロ-$1^1H,2^1H,3^1H$-$1^2,2^2:2^5,3^3$-テルアゼピン **PIN**
$1^4,1^5,2^4,2^5,3^4,3^5$-hexahydro-$1^1H,2^1H,3^1H$-$1^2,2^2:2^5,3^3$-terazepine **PIN**

4,4′,4″,5,5′,5″-ヘキサヒドロ-1H,1′H,1″H-2,2′:5′,3″-テルアゼピン
4,4′,4″,5,5′,5″-hexahydro-1H,1′H,1″H-2,2′:5′,3″-terazepine

P-31.2.3.3.5.2　多環化合物からなる環集合

まず成分の結合部，ついで指示水素，最後にヒドロ接頭語の順に小さい位置番号を割当てる．

例：

1,2′,3′,4-テトラヒドロ-2,2′-ビナフタレン **PIN**
1,2′,3′,4-tetrahydro-2,2′-binaphthalene **PIN**

$1^7,1^8,2^7,2^8,3^7,3^8$-ヘキサヒドロ-$1^2,2^7:2^2,3^7$-テルキノリン **PIN**
$1^7,1^8,2^7,2^8,3^7,3^8$-hexahydro-$1^2,2^7:2^2,3^7$-terquinoline **PIN**

7,7′,7″,8,8′,8″-ヘキサヒドロ-2,7′:2′,7″-テルキノリン
7,7′,7″,8,8′,8″-hexahydro-2,7′:2′,7″-terquinoline

3a,3′a,4,4′,5,5′,6,6′,7,7′,7a,7′a-ドデカヒドロ-1H,1′H-2,2′-ビインドール **PIN**
3a,3′a,4,4′,5,5′,6,6′,7,7′,7a,7′a-dodecahydro-1H,1′H-2,2′-biindole **PIN**

P-31.2.4 デヒドロ接頭語

P-31.2.4.1 除去接頭語 デヒドロ dehydro は水素原子の除去と多重結合の導入を表すために用いる．有機化合物の体系的命名法においてその使用は非常に制限されている．ベンゼンに適用すると，1,2-ジデヒドロベンゼン 1,2-didehydrobenzene となり，これが従来使われていた ベンザイン benzyne に代わって PIN となる．アンヌレンに適用すると，ジデヒドロ[n]アンヌレン didehydro[n]annulene となり，これは PIN では使えないが GIN では認められる．

例：

1,2-ジデヒドロベンゼン **PIN**
1,2-didehydrobenzene **PIN**
シクロヘキサ-1,3-ジエン-5-イン
cyclohexa-1,3-dien-5-yne
（以前はベンザイン benzyne とよばれた）

1,2-ジデヒドロ[12]アンヌレン
1,2-didehydro[12]annulene
シクロドデカ-1,3,5,7,9-ペンタエン-11-イン **PIN**
cyclododeca-1,3,5,7,9-pentaen-11-yne **PIN**

P-31.2.4.2 デヒドロ接頭語は，天然物命名法で立体母体化合物の半体系名をそのまま使用するためにより広く用いられる(P-101.6 参照)．また炭水化物の命名法においても用いられる(参考文献 27)．

P-31.2.4.3 デヒドロ接頭語は Hantzsch-Widman 名をもつ複素環において，二重結合による不飽和を表す目的で用いることはできない．その場合は次の例に示すようにヒドロ接頭語を用いる．

例：

正　　　　　　　　　　　　　　　　　　誤
2,3,4,5-テトラヒドロアゾシン **PIN**　　　1,2,3,4-テトラデヒドロアゾカン
2,3,4,5-tetrahydroazocine **PIN**　　　　1,2,3,4-tetradehydroazocane ではない

P-32　水素化段階の異なる母体水素化物に由来する置換基の接頭語　　"日本語名称のつくり方"も参照

P-32.0　はじめに
P-32.1　語尾 ene あるいは yne をもつ母体水素化物に由来する置換基
P-32.2　ヒドロ接頭語をもつ母体水素化物に由来する置換基
P-32.3　不飽和鎖状母体水素化物に由来する置換基の保存名
P-32.4　一部飽和した多環母体水素化物に由来する置換基の保存名

P-32.0　はじめに

P-31 で述べた不飽和化合物の名称に由来する置換基の名称は，P-29 で置換基接頭語の作成について述べたように，該当する接尾語 yl, ylidene, ylidyne を用いてつくる．これらの置換基名は，マンキュード化合物の場合は語尾 ene や yne あるいは接頭語ヒドロやデヒドロを含んでいてもよい．

P-32.1　語尾 ene あるいは yne をもつ母体水素化物に由来する置換基

P-32.1.1 不飽和鎖状化合物に由来する置換基は 2 通りの方法で命名する．

P-32　水素化段階の異なる母体水素化物に由来する置換基の接頭語　　　277

(1) 接尾語には優先して小さい位置番号を付けるので，多重結合には遊離原子価の位置番号に応じて小さい位置番号を割当てなければならない．遊離原子価は修飾母体構造のどの位置にあってもよい．したがって，鎖状母体構造の場合は，遊離原子価のすべての位置番号を 1 も含めて示さなければならない．

(2) P-29 で述べた飽和接頭語の場合と同様に，より大きな置換基に単純置換基を置換することによってつくることもできる．

不飽和鎖状化合物に由来する置換基の命名について，本勧告では大きな変更を採用している．母体鎖として，多重結合の数や種類に優先して，最も長い鎖を選ぶ．

PIN をつくるのに用いられる方法については P-57.1 参照．

例：

$\overset{4}{C}H_2=\overset{3}{C}H-\overset{2}{C}H_2-CH_2-$

(1) ブタ-3-エン-1-イル [優先接頭]
　　but-3-en-1-yl [優先接頭]

$\overset{3}{C}H_2=\overset{2}{C}H-\overset{1}{C}H_2-$

(1) プロパ-2-エン-1-イル [優先接頭]
　　prop-2-en-1-yl [優先接頭]

$\overset{4}{C}H_2=\overset{3}{C}H-\overset{2}{\underset{2}{C}}H-\overset{1}{C}H_3$

(1) ブタ-3-エン-2-イル [優先接頭]
　　but-3-en-2-yl [優先接頭]

$\overset{3}{C}H_2=\overset{2}{\underset{1}{C}}H-\overset{1}{C}H-CH_3$

(2) 1-メチルプロパ-2-エン-1-イル
　　1-methylprop-2-en-1-yl

$\overset{1}{C}H_2=\overset{2}{\underset{2}{C}}-\overset{3}{C}H_3$

(1) プロパ-1-エン-2-イル [優先接頭]
　　prop-1-en-2-yl [優先接頭]
　　イソプロペニル　isopropenyl
　　（保存名，置換は不可，P-32.3 参照）

$\overset{2}{C}H_2=\overset{1}{\underset{1}{C}}-CH_3$

(2) 1-メチルエテン-1-イル
　　1-methylethen-1-yl

$\overset{1}{C}H_2=\overset{2}{C}H-\overset{3}{C}H_2-\overset{4}{C}H-[\overset{5-7}{C}H_2]_3-\overset{8}{C}H_2-\overset{9}{C}H_3$

(1) ノナ-1-エン-4-イル [優先接頭]
　　non-1-en-4-yl [優先接頭]

$CH_2=CH-CH_2-\overset{1}{C}H-[\overset{2-4}{C}H_2]_3-\overset{5}{C}H_2-\overset{6}{C}H_3$

(2) 1-(プロパ-2-エン-1-イル)ヘキシル
　　1-(prop-2-en-1-yl)hexyl
　　（1-ペンチルブタ-3-エン-1-イル
　　1-pentylbut-3-en-1-yl ではない）

$\overset{1}{C}H_3-\overset{2}{C}H=\overset{3}{C}H-\overset{4}{\underset{4}{C}}H-\overset{5}{C}H_2-\overset{6}{C}H_2-\overset{7}{C}H_3$

(1) ヘプタ-2-エン-4-イル [優先接頭]
　　hept-2-en-4-yl [優先接頭]

$\overset{4}{C}H_3-\overset{3}{C}H=\overset{2}{C}H-\overset{1}{\underset{1}{C}}H-CH_2-CH_2-CH_3$

(2) 1-プロピルブタ-2-エン-1-イル
　　1-propylbut-2-en-1-yl

$\overset{1}{C}H_2=\overset{2}{C}H-\overset{3}{\underset{3}{C}}H-\overset{4}{C}H_2-\overset{5}{\underset{5}{C}}H-\overset{6}{C}H=\overset{7}{C}H_2$

(1) ヘプタ-1,6-ジエン-3,5-ジイル [優先接頭]
　　hepta-1,6-diene-3,5-diyl [優先接頭]

$CH_2=CH-\overset{1}{C}H-CH_2-\overset{3}{C}H-CH=CH_2$

(2) 1,3-ジエテニルプロパン-1,3-ジイル
　　1,3-diethenylpropane-1,3-diyl

$\overset{4}{C}H\equiv\overset{3}{C}-\overset{2}{C}H_2-\overset{1}{C}H_2-$

(1) ブタ-3-イン-1-イル [優先接頭]
　　but-3-yn-1-yl [優先接頭]

$\overset{8}{C}H_3-\overset{7}{C}\equiv\overset{6}{C}-\overset{5}{C}H_2-\overset{4}{\underset{4}{C}}-\overset{3}{C}H_2-\overset{2}{C}H=\overset{1}{C}H_2$

(1) オクタ-1-エン-6-イン-4-イリデン [優先接頭]
　　oct-1-en-6-yn-4-ylidene [優先接頭]

$\overset{5}{C}H_3-\overset{4}{C}\equiv\overset{3}{C}-\overset{2}{C}H_2-\overset{1}{C}-CH_2-CH=CH_2$

(2) 1-(プロパ-2-エン-1-イル)ペンタ-3-イン-1-イリデン
　　1-(prop-2-en-1-yl)pent-3-yn-1-ylidene

278   P-3 特性基(官能基)と置換基

$$\overset{6}{CH}\equiv\overset{5}{C}-\overset{4}{CH_2}-\overset{3}{CH}-\overset{2}{CH_2}-\overset{1}{CH}=CH_2$$ $$\overset{}{CH}\equiv\overset{}{C}-\overset{}{CH_2}-\overset{}{CH}-\overset{}{CH_2}-\overset{}{CH}=CH_2$$

(1) ヘプタ-1-エン-6-イン-4-イル 優先接頭　　(2) 1-(プロパ-2-イン-1-イル)ブタ-3-エン-1-イル
    hept-1-en-6-yn-4-yl 優先接頭　　　　　　　1-(prop-2-yn-1-yl)but-3-en-1-yl

　　注記：(1)では二重結合に小さい位置番号を割当てる．(2)では主鎖に二重結合がある．

$\overset{2}{H}N=\overset{1}{N}-$　　(1) ジアゼニル 予備接頭　　diazenyl 予備接頭
　　　　　　　　(P-12.2 参照)

$-N=N-$　　(1) ジアゼンジイル 予備接頭　　diazenediyl 予備接頭
　　　　　　　　(P-12.2 参照)

$\overset{3}{H}N=\overset{2}{N}-\overset{1}{N}H-$　　(1) トリアザ-2-エン-1-イル 予備接頭　　triaz-2-en-1-yl 予備接頭
　　　　　　　　(P-12.2 参照)

$\overset{2}{H}Sb=\overset{1}{Sb}-$　　(1) ジスチベニル 予備接頭　　distibenyl 予備接頭
　　　　　　　　(P-12.2 参照)

P-32.1.2　単環置換基

単環置換基の命名は P-32.1.1 で述べた方法(1)を用いる．

例：

シクロヘキサ-1-エン-1-イル 優先接頭　　シクロペンタ-3-エン-1,2-ジイル 優先接頭
cyclohex-1-en-1-yl 優先接頭　　　　　　cyclopent-3-ene-1,2-diyl 優先接頭

P-32.1.3　固有の番号付けをもつ母体水素化物に由来する置換基

母体水素化物固有の番号付けに従って，まず遊離原子価に可能な限り小さな位置番号，ついで不飽和部位に小さい位置番号を割当てる．

例：

ビシクロ[2.2.2]オクタ-5-エン-2-イル 優先接頭　　スピロ[4.5]デカ-1,9-ジエン-6-イリデン 優先接頭
bicyclo[2.2.2]oct-5-en-2-yl 優先接頭　　　　　　spiro[4.5]deca-1,9-dien-6-ylidene 優先接頭

$$\overset{1}{CH_3}-O-\overset{2}{CH_2}-\overset{3}{CH_2}-O-\overset{4}{CH_2}-\overset{5}{CH_2}-O-\overset{7}{CH_2}-\overset{8}{CH_2}-O-\overset{9}{CH_2}-\overset{10}{CH_2}-O-\overset{12}{CH}=\overset{13}{CH}-$$

2,5,8,11-テトラオキサトリデカ-12-エン-13-イル 優先接頭　2,5,8,11-tetraoxatridec-12-en-13-yl 優先接頭
　　(3,6,9,12-テトラオキサトリデカ-1-エン-1-イル　3,6,9,12-tetraoxatridec-1-en-1-yl ではない．接尾語
　　yl は母体水素化物名 2,5,8,11-テトラオキサトリデカン　2,5,8,11-tetraoxatridecane に付ける)

P-32.2　ヒドロ接頭語をもつ母体水素化物に由来する置換基

マンキュード化合物に由来する部分的に不飽和になった置換基の名称は，ヒドロ接頭語を用いてつくる．選択の余地がある場合は，命名法上の条件に応じて，可能な限り最小の位置番号を割当てるため，優先順位(P-44.2 および P-59.1.10 参照)に従って小さい位置番号を割当てる．指示水素および付加水素は名称中に記されなければならない．

P-32.2.1　複素単環母体水素化物については，選択の余地がある場合，まずヘテロ原子，次に指示水素，遊離原子価接尾語，最後にヒドロ接頭語の順に小さい位置番号を割当てる．

P-32 水素化段階の異なる母体水素化物に由来する置換基の接頭語　279

例:

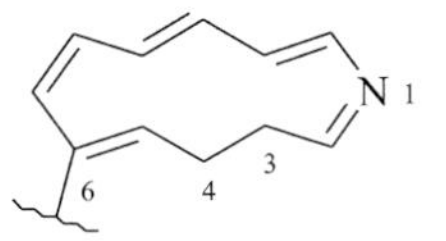

3,4-ジヒドロ-1-アザ[12]アンヌレン-6-イル
3,4-dihydro-1-aza[12]annulen-6-yl

1-アザシクロドデカ-1,5,7,9,11-ペンタエン-6-イル 優先接頭
1-azacyclododeca-1,5,7,9,11-pentaen-6-yl 優先接頭

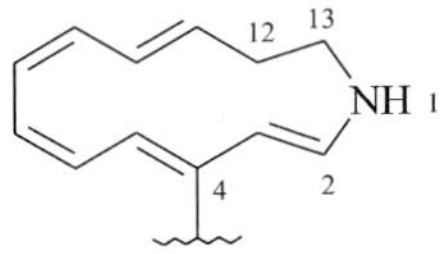

12,13-ジヒドロ-1H-1-アザ[13]アンヌレン-4-イル
12,13-dihydro-1H-1-aza[13]annulen-4-yl

1-アザシクロトリデカ-2,4,6,8,10-ペンタエン-4-イル 優先接頭
1-azacyclotrideca-2,4,6,8,10-pentaen-4-yl 優先接頭

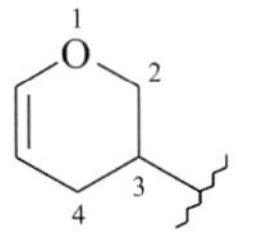

3,4-ジヒドロ-2H-ピラン-3-イル 優先接頭
3,4-dihydro-2H-pyran-3-yl 優先接頭

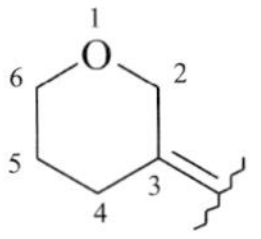

5,6-ジヒドロ-2H-ピラン-3(4H)-イリデン
5,6-dihydro-2H-pyran-3(4H)-ylidene

オキサン-3-イリデン 優先接頭
oxan-3-ylidene 優先接頭

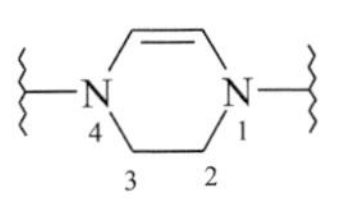

2,3-ジヒドロピラジン-1,4-ジイル 優先接頭
2,3-dihydropyrazine-1,4-diyl 優先接頭

P-32.2.2 マンキュード多環化合物については，選択の余地がある場合，その系固有の番号付けに，ついで指示水素，遊離原子価接尾語，最後にヒドロ接頭語の順に小さい位置番号を割当てる．

例:

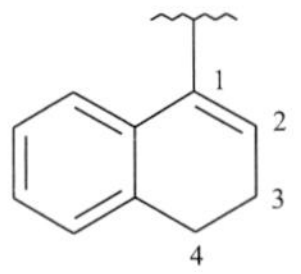

3,4-ジヒドロナフタレン-1-イル 優先接頭
3,4-dihydronaphthalen-1-yl 優先接頭

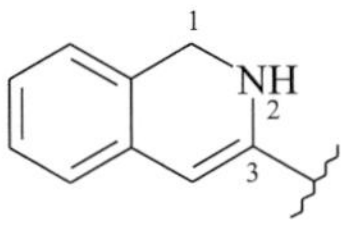

1,2-ジヒドロイソキノリン-3-イル 優先接頭
1,2-dihydroisoquinolin-3-yl 優先接頭

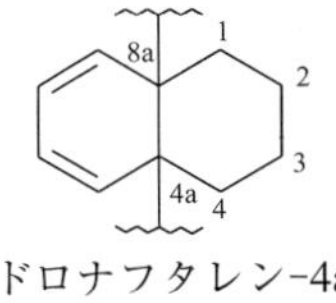

1,2,3,4-テトラヒドロナフタレン-4a,8a-ジイル 優先接頭
1,2,3,4-tetrahydronaphthalene-4a,8a-diyl 優先接頭

P-32.2.3 付加指示水素の方法(P-58.2.2 参照)が使われて選択の余地がある場合，その固有の番号付けに，ついで指示水素，遊離原子価接尾語，付加指示水素，最後にヒドロ接頭語の順に小さい位置番号を割当てる(P-14.4 参照)．

例:

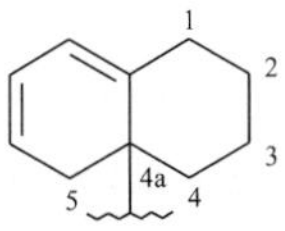

1,3,4,5-テトラヒドロナフタレン-4a(2H)-イル 優先接頭
1,3,4,5-tetrahydronaphthalen-4a(2H)-yl 優先接頭

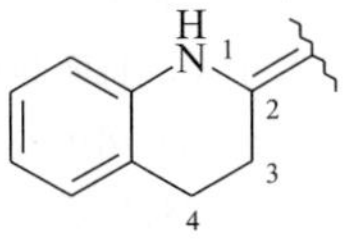

3,4-ジヒドロキノリン-2(1H)-イリデン 優先接頭
3,4-dihydroquinolin-2(1H)-ylidene 優先接頭

5,6,7,8-テトラヒドロナフタレン-2(4aH)-イリデン [優先接頭]
5,6,7,8-tetrahydronaphthalen-2(4aH)-ylidene [優先接頭]

3a,4-ジヒドロ-1H-イソインドール-2(3H)-イル-1-イリデン [優先接頭]
3a,4-dihydro-1H-isoindol-2(3H)-yl-1-ylidene [優先接頭]

P-32.3 不飽和鎖状母体水素化物に由来する置換基の保存名

$CH_2=CH-$ のビニル vinyl, $CH_2=C=$ のビニリデン vinylidene, $CH_2=CH-CH_2-$ のアリル allyl, $CH_2=CH-CH=$ のアリリデン allylidene, $CH_2=CH-C\equiv$ のアリリジン allylidyne の名称は GIN でのみ保存される．置換は認められるが，アルキル基やその他の炭素鎖をのばすような置換基，あるいは語尾で示される特性基による置換は認められない．体系名である エテニル ethenyl, エテニリデン ethenylidene, プロパ-2-エン-1-イル prop-2-en-1-yl, プロパ-2-エン-1-イリデン prop-2-en-1-ylidene, プロパ-2-エン-1-イリジン prop-2-en-1-ylidyne が優先接頭語である．

$CH_2=C(CH_3)-$ のイソプロペニル isopropenyl は保存接頭語名で，GIN では使えるが，PIN では使えない．また，置換は認められない．優先接頭語は プロパ-1-エン-2-イル prop-1-en-2-yl である．

$C_6H_5-CH=CH-$ のスチリル styryl は GIN でのみ使える保存接頭語名で，環上の置換のみが認められる．優先接頭語は 2-フェニルエテン-1-イル 2-phenylethen-1-yl である．

P-32.4 一部飽和した多環母体水素化物に由来する置換基の保存名

表 3·2 の接頭語は保存するが，GIN でのみ使用でき，完全に置換可能である．優先接頭語は体系的につくる．

P-33 接尾語　　"日本語名称のつくり方"も参照

P-33.0 はじめに	P-33.2 官能基接尾語
P-33.1 定義	P-33.3 集積接尾語

P-33.0 はじめに

本節では接尾語で表す特性基の置換基としての名称を扱う．これらの特性基は本来カルコゲン原子(O, S, Se, Te)や窒素上に遊離原子価をもつ置換基である．この考え方はハロゲン，カルコゲン，窒素に結合する炭素原子，たとえば $-CO\text{-}Cl$, $-CO\text{-}OH$, $-CS\text{-}SH$, $-CHO$, $-CN$ にも拡張される．ラジカルやイオンは特性基には分類されないが，置換命名法では接尾語で表す．

P-33.1 定義

接尾語は特性基を表す官能基接尾語とラジカルやイオンを表すために用いる集積接尾語に分けられる．官能基接尾語(P-32.2)は特性基を表すために用いられる．官能基接尾語は主たる特性基あるいは機能を表すために，一つだけを名称の末尾に置き，複数を置くことはできない．これに対してラジカルやイオンを表す接尾語は，それら同士を一緒に用いるほか，官能基接尾語とともにも用いることができる(P-7 参照)．名称中で，官能基接尾語は語尾 ene や yne の有無に関係なく，常に母体水素化物の名称に付ける．集積接尾語は ene や yne 語尾の有無に関係なく，母体水素化物の名称に直接付けることができるが，官能基接尾語がある場合はこれに付ける．

表 3・2　一部飽和した多環母体水素化物に由来する置換基の保存名

インダン-2-イル　indan-2-yl
（1-，4-，5-異性体も）
2,3-ジヒドロ-1*H*-インデン-2-イル　優先接頭
2,3-dihydro-1*H*-inden-2-yl　優先接頭
（1-，4-，5-異性体も）

インドリン-2-イル　indolin-2-yl
（1-，3-，4-，5-，6-，7-異性体も）
2,3-ジヒドロ-1*H*-インドール-2-イル　優先接頭
2,3-dihydro-1*H*-indol-2-yl　優先接頭
（1-，3-，4-，5-，6-，7-異性体も）

イソインドリン-2-イル　isoindolin-2-yl
（1-，4-，5-異性体も）
2,3-ジヒドロ-1*H*-イソインドール-2-イル　優先接頭
2,3-dihydro-1*H*-isoindol-2-yl　優先接頭
（1-，4-，5-異性体も）

クロマン-2-イル
chroman-2-yl
（3-，4-，5-，6-，7-，8-異性体も）
3,4-ジヒドロ-2*H*-クロメン-2-イル
3,4-dihydro-2*H*-chromen-2-yl
（3-，4-，5-，6-，7-，8-異性体も）
3,4-ジヒドロ-2*H*-1-ベンゾピラン-2-イル　優先接頭
3,4-dihydro-2*H*-1-benzopyran-2-yl　優先接頭
（3-，4-，5-，6-，7-，8-異性体も）

イソクロマン-3-イル
isochroman-3-yl
（1-，4-，5-，6-，7-，8-異性体も）
3,4-ジヒドロ-1*H*-イソクロメン-3-イル
3,4-dihydro-1*H*-isochromen-3-yl
（1-，4-，5-，6-，7-，8-異性体も）
3,4-ジヒドロ-1*H*-2-ベンゾピラン-3-イル　優先接頭
3,4-dihydro-1*H*-2-benzopyran-3-yl　優先接頭
（1-，4-，5-，6-，7-，8-異性体も）

チオクロマン-2-イル
thiochroman-2-yl
（O の代わりに S．3-，4-，5-，6-，7-，8-異性体も）
3,4-ジヒドロ-2*H*-チオクロメン-2-イル
3,4-dihydro-2*H*-thiochromen-2-yl
（3-，4-，5-，6-，7-，8-異性体も）
3,4-ジヒドロ-2*H*-1-ベンゾチオピラン-2-イル　優先接頭
3,4-dihydro-2*H*-1-benzothiopyran-2-yl　優先接頭
（3-，4-，5-，6-，7-，8-異性体も）

イソチオクロマン-3-イル
isothiochroman-3-yl
（O の代わりに S．1-，4-，5-，6-，7-，8-異性体も）
3,4-ジヒドロ-1*H*-イソチオクロメン-3-イル
3,4-dihydro-1*H*-isothiochromen-3-yl
（1-，4-，5-，6-，7-，8-異性体も）
3,4-ジヒドロ-1*H*-2-ベンゾチオピラン-3-イル　優先接頭
3,4-dihydro-1*H*-2-benzothiopyran-3-yl　優先接頭
（1-，4-，5-，6-，7-，8-異性体も）

セレノクロマン-2-イル
selenochroman-2-yl
（O の代わりに Se．3-，4-，5-，6-，7-，8-異性体も）
3,4-ジヒドロ-2*H*-セレノクロメン-2-イル
3,4-dihydro-2*H*-selenochromen-2-yl
（3-，4-，5-，6-，7-，8-異性体も）
3,4-ジヒドロ-2*H*-1-ベンゾセレノピラン-2-イル　優先接頭
3,4-dihydro-2*H*-1-benzoselenopyran-2-yl　優先接頭
（3-，4-，5-，6-，7-，8-異性体も）

イソセレノクロマン-3-イル
isoselenochroman-3-yl
（O の代わりに Se．1-，4-，5-，6-，7-，8-異性体も）
3,4-ジヒドロ-1*H*-イソセレノクロメン-3-イル
3,4-dihydro-1*H*-isoselenochromen-3-yl
（1-，4-，5-，6-，7-，8-異性体も）
3,4-ジヒドロ-1*H*-2-ベンゾセレノピラン-3-イル　優先接頭
3,4-dihydro-1*H*-2-benzoselenopyran-3-yl　優先接頭
（1-，4-，5-，6-，7-，8-異性体も）

テルロクロマン-2-イル
tellurochroman-2-yl
（O の代わりに Te．3-，4-，5-，6-，7-，8-異性体も）
3,4-ジヒドロ-2*H*-テルロクロメン-2-イル
3,4-dihydro-2*H*-tellurochromen-2-yl
（3-，4-，5-，6-，7-，8-異性体も）
3,4-ジヒドロ-2*H*-1-ベンゾテルロピラン-2-イル　優先接頭
3,4-dihydro-2*H*-1-benzotelluropyran-2-yl　優先接頭
（3-，4-，5-，6-，7-，8-異性体も）

イソテルロクロマン-3-イル
isotellurochroman-3-yl
（O の代わりに Te．1-，4-，5-，6-，7-，8-異性体も）
3,4-ジヒドロ-1*H*-イソテルロクロメン-3-イル
3,4-dihydro-1*H*-isotellurochromen-3-yl
（1-，4-，5-，6-，7-，8-異性体も）
3,4-ジヒドロ-1*H*-2-ベンゾテルロピラン-3-イル　優先接頭
3,4-dihydro-1*H*-2-benzotelluropyran-3-yl　優先接頭
（1-，4-，5-，6-，7-，8-異性体も）

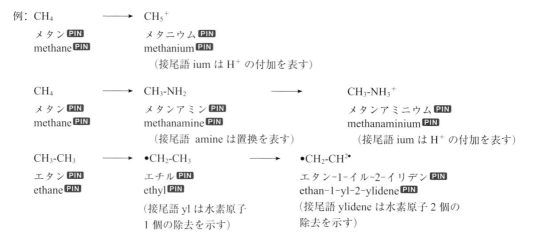

P-33.2 官能基接尾語

P-33.2.1 基本官能基接尾語

基本接尾語は，カルボン酸，アミド，ニトリル，アルデヒドの例のように，酸素，窒素のみで構成されており，炭素を伴う場合と伴わない場合がある．また，基本接尾語には硫黄との組合わせでスルホン酸およびスルフィン酸を示すものがあり，それらに対応するアミドおよびヒドラジドなどがある．その一覧を表3·3に示す．

表3·3 基本優先接尾語および予備選択接尾語を主特性基として記述する際の優先順位が高いものから順に並べた一覧表
(優先接尾語は炭素原子を含む接尾語である)

	化学式	基本接尾語
(1)	−CO-OH	カルボン酸 優先接尾　carboxylic acid 優先接尾
(2)	−(C)O-OH	酸 優先接尾　oic acid 優先接尾
(3)	−SO₂-OH	スルホン酸 予備接尾　sulfonic acid 予備接尾
(4)	−SO-OH	スルフィン酸 予備接尾　sulfinic acid 予備接尾
(5)	−CO-NH₂	カルボキシアミド 優先接尾　carboxamide 優先接尾
(6)	−(C)O-NH₂	アミド 優先接尾　amide 優先接尾
(7)	−CO-NHNH₂	カルボヒドラジド 優先接尾　carbohydrazide 優先接尾
(8)	−(C)O-NHNH₂	ヒドラジド 優先接尾　hydrazide 優先接尾
(9)	−CN	カルボニトリル 優先接尾　carbonitrile 優先接尾
(10)	−(C)N	ニトリル 優先接尾　nitrile 優先接尾
(11)	−CHO	カルボアルデヒド 優先接尾　carbaldehyde 優先接尾
(12)	−(C)HO	アール 優先接尾　al 優先接尾
(13)	=O	オン 予備接尾　one 予備接尾
(14)	−OH	オール 予備接尾　ol 予備接尾
(15)	−OOH	ペルオキソール 予備接尾　peroxol 予備接尾
(16)	−NH₂	アミン 予備接尾　amine 予備接尾
(17)	=NH	イミン 予備接尾　imine 予備接尾

> −OOHを表す接尾語ペルオキソールperoxolが基本接尾語に加わった．この接尾語からは官能基代置により−OSHを表す−OS-チオペルオキソール−OS-thioperoxol，−SOHを表す−SO-チオペルオキソール−SO-thioperoxolができる．−SOHを表す接尾語スルフェン酸sulfenic acidは1993規則で廃止となった．

P-33 接 尾 語　　　　283

P-33.2.2　派生優先接尾語および派生予備選択接尾語

　派生接尾語は表3・3に掲げた基本接尾語をさまざまに修飾してつくる. 官能基代置接頭語や挿入語の末尾のo を母音の前で省くかどうかについて一般則はない. imidic acid や thioic acid の例のように慣例に従って省いたり 省かなかったりする. 優先接尾語には以下のものがある.

(1) 炭素原子を含む基本接尾語は, P-15.5 で述べたように, 酸素原子を −OO−, −S−, =S, −Se−, =Se, −Te−, =Te, =NH, =NNH$_2$ で代置することを表す挿入語を用い, 官能基代置によって修飾する. carboxylic の x は母音の前で残すこと, およびアミド amide の前では o を省かないことに注意を要する.

例：　−CO-OH　　　　　　　カルボン酸 優先接尾　carboxylic acid 優先接尾

　　　−C(O)-OOH　　　　　　カルボペルオキソ酸 優先接尾　carboperoxoic acid 優先接尾

　　　−C(O)-SH　　　　　　　カルボチオ *S*-酸 優先接尾　carbothioic *S*-acid 優先接尾

　　　−C(Se)-OH　　　　　　カルボセレノ *O*-酸 優先接尾　carboselenoic *O*-acid 優先接尾

　　　−C(=NH)-OH　　　　　カルボキシイミド酸 優先接尾　carboximidic acid 優先接尾

　　　−C(=NNH$_2$)-OH　　　カルボヒドラゾン酸 優先接尾　carbohydrazonic acid 優先接尾

　　　−C(=NH)-SH　　　　　カルボキシイミドチオ酸 優先接尾　carboximidothioic acid 優先接尾

　　　−CO-NH$_2$　　　　　　カルボキシアミド 優先接尾　carboxamide 優先接尾

　　　−C(Te)-NH$_2$　　　　　カルボテルロアミド 優先接尾　carbotelluroamide 優先接尾

　　　−CO-NHNH$_2$　　　　カルボヒドラジド 優先接尾　carbohydrazide 優先接尾

　　　−C(S)-NHNH$_2$　　　カルボチオヒドラジド 優先接尾　carbothiohydrazide 優先接尾

　　　−CHO　　　　　　　　カルボアルデヒド 優先接尾　carbaldehyde 優先接尾

　　　−CHS　　　　　　　　カルボチオアルデヒド 優先接尾　carbothialdehyde 優先接尾

(2) 表に現れない炭素原子を含む基本接尾語は, P-15.5 で述べたように酸素原子を −OO−, −S−, =S, −Se−, =Se, −Te−, =Te, =NH, =NNH$_2$ で代置することを表す挿入語を用い, 官能基代置によって修飾する. アミドの前では o を省かないことおよび oic の前の imido の o を発音上の理由で省くことに注意を要する.

例：　−(C)O-OH　　　　　　酸 優先接尾　oic acid 優先接尾

　　　−(C)O-OOH　　　　　ペルオキソ酸 優先接尾　peroxoic acid 優先接尾

　　　−(C)O-SH　　　　　　チオ *S*-酸 優先接尾　thioic *S*-acid 優先接尾

　　　−(C)Te-OH　　　　　テルロ *O*-酸 優先接尾　telluroic *O*-acid 優先接尾

　　　−(C)(=NH)-OH　　　イミド酸 優先接尾　imidic acid 優先接尾
　　　　　　　　　　　　　（英語名は imidoic acid としない）

　　　−(C)(=NNH$_2$)-OH　ヒドラゾン酸 優先接尾　hydrazonic acid 優先接尾

　　　−(C)(=NH)-SeH　　イミドセレノ酸 優先接尾　imidoselenoic acid 優先接尾

　　　−(C)O-NH$_2$　　　　　アミド 優先接尾　amide 優先接尾

　　　−(C)S-NH$_2$　　　　　チオアミド 優先接尾　thioamide 優先接尾

　　　−(C)O-NHNH$_2$　　　ヒドラジド 優先接尾　hydrazide 優先接尾

–(C)S-NHNH₂	チオヒドラジド 優先接尾	thiohydrazide 優先接尾	

$-(C)S\text{-}NHNH_2$　チオヒドラジド 優先接尾　thiohydrazide 優先接尾

$-(C)HO$　アール 優先接尾　al 優先接尾

$-(C)HSe$　セレナール 優先接尾　selenal 優先接尾

(3) 炭素原子を含まない基本接尾語は，酸素原子以外のカルコゲンによる代置を示す接頭語を用いて官能基代置命名法で修飾する．

例：　$=O$　　　オン 予備接尾　one 予備接尾

　　　$=S$　　　チオン 予備接尾　thione 予備接尾

　　　$=Se$　　セロン 予備接尾　selone 予備接尾
　　　　　　　（セレノン selenone ではない）

　　　$=Te$　　テロン 予備接尾　tellone 予備接尾
　　　　　　　（テルロン tellurone ではない）

　　　$-OH$　　オール 予備接尾　ol 予備接尾

　　　$-SH$　　チオール 予備接尾　thiol 予備接尾

　　　$-OOH$　ペルオキソール 予備接尾　peroxol 予備接尾

　　　$-OSH$　OS-チオペルオキソール 予備接尾　OS-thioperoxol 予備接尾

(4) スルホン酸とスルフィン酸のセレンおよびテルル類縁体をつくるには，語幹 sulf を selen および tellur で代置する．

例：　$-SO_2\text{-}OH$　　スルホン酸 予備接尾　sulfonic acid 予備接尾

　　　$-SO\text{-}OH$　　　スルフィン酸 予備接尾　sulfinic acid 予備接尾

　　　$-SeO_2\text{-}OH$　セレノン酸 予備接尾　selenonic acid 予備接尾

　　　$-TeO\text{-}OH$　　テルリン酸 予備接尾　tellurinic acid 予備接尾

(5) スルホン酸とその類縁体の接尾語は，P-15.5 で述べたように，酸素原子を $-OO-$，$-S-$，$=S$，$-Se-$，$=Se$，$-Te-$，$=Te$，$-NH$，$=NNH_2$ で代置することを表す挿入語を用い，官能基代置によって修飾する．

例：　$-SO_2\text{-}OH$　　　　　スルホン酸 予備接尾　sulfonic acid 予備接尾

　　　$-SO_2\text{-}OOH$　　　　スルホノペルオキソ酸 予備接尾　sulfonoperoxoic acid 予備接尾

　　　$-S(=NNH)_2\text{-}OH$　スルホノジヒドラゾン酸 予備接尾　sulfonodihydrazonic acid 予備接尾

　　　$-SeO\text{-}OH$　　　　　セレニン酸 予備接尾　seleninic acid 予備接尾

　　　$-SeO\text{-}SH$　　　　　セレニノチオ S-酸 予備接尾　seleninothioic S-acid 予備接尾

　　　$-TeO_2\text{-}OH$　　　　テルロン酸 予備接尾　telluronic acid 予備接尾

　　　$-Te(O)(=NH)\text{-}OH$　テルロンイミド酸 予備接尾　telluronimidic acid 予備接尾

　　　$-SO\text{-}OH$　　　　　　スルフィン酸 予備接尾　sulfinic acid 予備接尾

　　　$-S(=NNH_2)\text{-}OH$　スルフィノヒドラゾン酸 予備接尾　sulfinohydrazonic acid 予備接尾

(6) アミドやヒドラジドの名称は，接尾語中の語尾 ic acid をそれぞれ amide あるいは hydrazide で代置することによりつくる．必要に応じて発音しやすくするための o を加える．

例： -(C)(=NH)-OH　　　イミド酸 優先接尾　imidic acid 優先接尾

-(C)(=NH)-NH₂　　　イミドアミド 優先接尾　imidamide 優先接尾

-C(=NH)-OH　　　カルボキシイミド酸 優先接尾　carboximidic acid 優先接尾

-C(=NH)-NH₂　　　カルボキシイミドアミド 優先接尾　carboximidamide 優先接尾

-(C)(=NNH₂)-OH　　　ヒドラゾン酸 優先接尾　hydrazonic acid 優先接尾

-(C)(=NNH₂)-NHNH₂　　　ヒドラゾノヒドラジド 優先接尾　hydrazonohydrazide 優先接尾

-SO₂-OH　　　スルホン酸 予備接尾　sulfonic acid 予備接尾

-SO₂-NH₂　　　スルホンアミド 予備接尾　sulfonamide 予備接尾

-SeO-OH　　　セレニン酸 予備接尾　seleninic acid 予備接尾

-SeO-NHNH₂　　　セレニノヒドラジド 予備接尾　seleninohydrazide 予備接尾

(7) −OH 基でさらに置換された −NH₂ 基および =NH 基をもつ語尾は，PIN ではカルボヒドロキサム酸 carbohydroxamic acid およびカルボヒドロキシム酸 carbohydroximic acid を使って命名することはできない．PIN はアミドやイミド酸の *N*-ヒドロキシ誘導体として命名する．

例： CH₃-CH₂-CO-NH₂　　　プロパンアミド **PIN**　propanamide **PIN**

CH₃-CH₂-CO-NH-OH　　　*N*-ヒドロキシプロパンアミド **PIN**　*N*-hydroxypropanamide **PIN**
　　　　　　　　　　　　プロパンヒドロキサム酸　propanehydroxamic acid

CH₃-CH₂-C(=NH)-OH　　　プロパンイミド酸 **PIN**　propanimidic acid **PIN**

CH₃-CH₂-C(=N-OH)-OH　　　*N*-ヒドロキシプロパンイミド酸 **PIN**　*N*-hydroxypropanimidic acid **PIN**
　　　　　　　　　　　　プロパンヒドロキシム酸　propanehydroximic acid

P-33.3 集積接尾語

母体構造中のラジカル中心とイオン中心を表すために用いる接頭語を表 3・4 に示す．これらは優先順位が低下する順，ラジカル＞アニオン＞カチオンに分類されている．接尾語は通常の方法で母体水素化物の名称に付加するか，あるいは他のかたちのラジカルやイオンを表す接尾語や特性基を表す接尾語に付加する．ラジカルの名称は置換基と同様の方法でつくる(P-29.2 参照)．異なる点は 1 個の原子上に二価および三価のラジカルがあ

表 3・4　母体構造中のラジカル中心とイオン中心を表す接尾語および語尾

	操　作	接尾語	語　尾
ラジカル	H• の除去	イル yl	
	2H• の除去		
	一つの原子から	イリデン ylidene	
	異なる原子から	ジイル diyl	
	3H• の除去		
	一つの原子から	イリジン ylidyne	
	異なる原子から	トリイル triyl	
		イルイリデン ylylidene など	
アニオン	H⁺ の除去	イド ide	アト ate, イト ite
	H⁻ の付加	ウイド uide	
カチオン	H⁻ の除去	イリウム ylium	
	H⁺ の付加	イウム ium	

る場合は，diyl および triyl ではなく，ylidene および ylidyne とすることである.

> 注記: ene や yne は接尾語ではなく語尾として扱う. これらは集積語尾である.

例:

CH₃-CH₃
エタン **PIN**
ethane **PIN**

CH₃-CH₂·
エチル **PIN**
ethyl **PIN**

⁻CH₂-CH₂·
（2　1）
エタン-2-イド-1-イル **PIN**
ethan-2-id-1-yl **PIN**

CH₃-NH₂
メタンアミン **PIN**
methanamine **PIN**

CH₃-NH₃⁺
メタンアミニウム **PIN**
methanaminium **PIN**

CH₃-NH₂⁺⁻
メタンアミニウムイル 優先接頭
methanaminiumyl 優先接頭

CH₃-NH·
メタンアミニル **PIN**
methanaminyl **PIN**

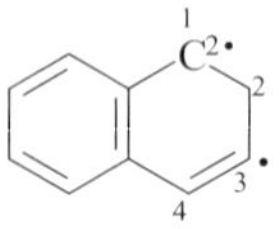

ナフタレン-3-イル-1(2*H*)-イリデン **PIN**
naphthalen-3-yl-1(2*H*)-ylidene **PIN**

P-34　官能性母体化合物　　　"日本語名称のつくり方"も参照

> P-34.0　は じ め に
> P-34.1　官能性母体化合物の
> 　　　　保存名
>
> P-34.2　官能性母体化合物に
> 　　　　関連する置換基

P-34.0　は じ め に

有機化学では多くの慣用名や半体系名が使われてきた. 体系名が推奨されるようになって，1979 規則(参考文献 1)やさらに 1993 規則(参考文献 2)では保存名(慣用名と半体系名)の数は次第に少なくなってきた. 官能性母体化合物については，置換命名法を扱った P-15.1.2 で定義し論じた. 本節では，PIN に分類するか，あるいは GIN または別種の命名法による名称として分類するかについて，1993 年に確定した官能性母体化合物のリストを 2005 年に集大成した内容について述べる.

PIN として推奨する名称については P-34.1.1，P-34.1.2 で述べる. GIN および別種の命名法で推奨する名称については，異なる種類の化合物に対して推奨する体系的置換基名とともに P-34.1.3，P-6，P-10 で述べる.

P-34.1　官能性母体化合物の保存名

次の官能性母体化合物の保存名は PIN としても GIN あるいは別種の命名法でも用いる. P-34.1.1 および P-34.1.2 のリストは PIN を網羅している. GIN あるいは別種の命名法で用いるその他の官能性母体化合物の保存名については P-34.1.3 を参照してほしい. 各化合物についての置換様式(認められるかどうかにかかわらず)を，P-15.1.8 で述べた一般的方法に従って明記してある.

無機の官能性母体化合物は，予備選択された保存名で示される酸および関連化合物である(P-12.2 参照). これらについては P-34.1.4 で述べる.

> P-34.1.1　有機官能性母体化合物
> 　　　　　(特性基の種類順)
> P-34.1.2　有機官能性母体化合物
> 　　　　　(アルファベット順)
>
> P-34.1.3　GIN と別種の命名法で用いる
> 　　　　　有機官能性母体化合物
> P-34.1.4　無機官能性母体化合物

P-34.1.1　有機官能性母体化合物（特性基の種類順）

P-34.1.1.1　酸

CH₃-COOH　　酢酸 **PIN**　　acetic acid **PIN**
　　　　　　　　（置換可能，P-65.1.1.1 参照）
　　　　　　　エタン酸　ethanoic acid

　　　　　　　　安息香酸 **PIN**　benzoic acid **PIN**
　　　　　　　　（置換可能，P-65.1.1.1 参照）
　　　　　　　ベンゼンカルボン酸　benzenecarboxylic acid

H₂N-COOH　　カルバミン酸 **PIN**　carbamic acid **PIN**
　　　　　　　　（置換可能，P-65.2.1.1 参照）
　　　　　　　カルボンアミド酸　carbonamidic acid

HO-CO-OH　　炭酸 **PIN**　carbonic acid **PIN**
　　　　　　　　（P-65.2 参照）

NC-OH　　　　シアン酸 **PIN**　cyanic acid **PIN**
　　　　　　　カルボノニトリド酸　carbononitridic acid
　　　　　　　　（P-65.2.2 参照）

H-COOH　　　ギ酸 **PIN**　formic acid **PIN**
　　　　　　　　（置換は限定されている，P-65.1.8 参照）
　　　　　　　メタン酸　methanoic acid

HOOC-COOH　シュウ酸 **PIN**　oxalic acid **PIN**
　　　　　　　　（P-65.1.1.1 参照）
　　　　　　　エタン二酸　ethanedioic acid

H₂N-CO-COOH　オキサム酸 **PIN**　oxamic acid **PIN**
　　　　　　　　（置換可能，P-65.1.6.1 参照）
　　　　　　　アミノ(オキソ)酢酸　amino(oxo)acetic acid

H₂N-C(=NH)-OH　カルバモイミド酸 **PIN**　carbamimidic acid **PIN**　（P-65.2.1.3 参照）
　　　　　　　カルボンアミドイミド酸　carbonamidimidic acid

P-34.1.1.2　カルボニル化合物

OHC-CHO　　オキサルアルデヒド **PIN**　oxalaldehyde **PIN**　（P-66.6.1.2 参照）
　　　　　　　エタンジアール　ethanedial
　　　　　　　グリオキサール　glyoxal　（P-66.6.1.2 参照）

P-34.1.1.3　ヒドロキシ化合物

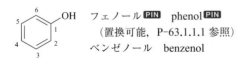　フェノール **PIN**　phenol **PIN**
　　　　　　　　（置換可能，P-63.1.1.1 参照）
　　　　　　　ベンゼノール　benzenol

P-34.1.1.4　エーテル

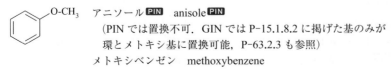　アニソール **PIN**　anisole **PIN**
　　　　　　　　（PIN では置換不可．GIN では P-15.1.8.2 に掲げた基のみが
　　　　　　　　環とメトキシ基に置換可能，P-63.2.3 も参照）
　　　　　　　メトキシベンゼン　methoxybenzene

P-34.1.1.5 窒素化合物

$\overset{N}{\underset{}{NH_2}}$ (benzene ring with positions 1-6)

アニリン **PIN** aniline **PIN**
　（完全に置換可能，P-62.2.1.1.1 参照）
ベンゼンアミン benzenamine

$\overset{5\ \ 4\ \ 3\ \ 2\ \ 1}{H_2N-N=CH-N=NH}$

ホルマザン **PIN** formazan **PIN** （P-68.3.1.3.5 参照）
（ヒドラジニリデンメチル）ジアゼン （hydrazinylidenemethyl)diazene

$\overset{3}{H_2N-C}\overset{2}{(=NH)}-\overset{1}{NH_2}$

グアニジン **PIN** guanidine **PIN**
　（置換可能，P-66.4.1.2.1 参照）
カルボノイミド酸ジアミド carbonimidic diamide

H_2N-OH

ヒドロキシルアミン 予備名 hydroxylamine 予備名
　（P-68.3.1.1.1 参照）

$\overset{N'}{H_2N}-\overset{2}{CO}-\overset{1}{CO}-\overset{N}{NH_2}$

オキサミド **PIN** oxamide **PIN**
　（置換可能，P-66.1.1.1.2.1 参照）
シュウ酸ジアミド oxalic diamide

$\overset{3}{H_2N}-\overset{2}{CO}-\overset{1}{NH_2}$

尿素 **PIN** urea **PIN**
　（置換可能，P-66.1.6.1.1 参照）
炭酸ジアミド carbonic diamide

P-34.1.2 **有機官能性母体化合物**（アルファベット順）

保存名（PIN および予備選択名）	代替名
酢酸 acetic acid（置換可能，P-65.1.1.1 参照）	エタン酸 ethanoic acid
アニリン aniline（置換可能，P-62.2.1.1.1 参照）	ベンゼンアミン benzenamine
アニソール anisole（PIN では置換不可．GIN では環上の置換および P-15.1.8.2 に掲げた基の α-メトキシ基上の置換が認められる，P-63.2.3 も見よ）	メトキシベンゼン methoxybenzene
安息香酸 benzoic acid（置換可能，P-65.1.1.1 参照）	ベンゼンカルボン酸 benzenecarboxylic acid
カルバミン酸 carbamic acid（置換可能，P-65.2.1.1 参照）	カルボンアミド酸 carbonamidic acid
カルバモイミド酸 carbamimidic acid（置換可能，P-65.2.1.3 参照）	
炭酸 carbonic acid（P-65.2.1 参照）	
シアン酸 cyanic acid（P-65.2.2 参照）	カルボノニトリド酸 carbononitridic acid
ホルマザン formazan（置換可能，P-68.3.1.3.5 参照）	（ヒドラジニリデンメチル）ジアゼン （hydrazinylidenemethyl)diazene
ギ酸 formic acid（限定置換可能，P-65.1.8 参照）	メタン酸 methanoic acid
グアニジン guanidine（置換可能，P-66.4.1.2.1 参照）	カルボノイミド酸ジアミド carbonimidic diamide
ヒドロキシルアミン 予備名 hydroxylamine 予備名（特殊置換，P-68.3.1.1.1 参照）	
オキサルアルデヒド oxalaldehyde（置換不可，P-66.6.1.2 参照）	エタンジアール ethanedial グリオキサール glyoxal（P-66.6.1.2 参照）
オキサミド oxamide（置換可能，P-66.1.1.1.2.1 参照）	シュウ酸ジアミド oxalic diamide
オキサム酸 oxamic acid（置換可能，P-65.1.6.1 参照）	

P-34 官能性母体化合物 289

<table>
<tr><td colspan="2">保存名（つづき）</td><td colspan="2">代替名（つづき）</td></tr>
<tr><td colspan="2">シュウ酸 oxalic acid（P-65.1.1.1 参照）</td><td colspan="2">エタン二酸 ethanedioic acid</td></tr>
<tr><td colspan="2">フェノール phenol（置換可能，P-63.1.1.1 参照）</td><td colspan="2">ベンゼノール benzenol</td></tr>
<tr><td colspan="2">尿素 urea（置換可能，P-66.1.6.1.1 参照）</td><td colspan="2">炭酸ジアミド carbonic diamide</td></tr>
</table>

P-34.1.3　GIN と別種の命名法で用いる有機官能性母体化合物

1979 規則(参考文献 1)および 1993 規則(参考文献 2)で推奨された官能性母体化合物は GIN で使うことができる．また生化学命名法，高分子命名法，天然物命名法でも使うことができる．それらの化学式と名称については P-6 および P-10 で述べる．それらの種類はヒドロキシ化合物とエーテル(P-63 参照)，カルボニル化合物(P-64 参照)，カルボン酸(P-65 参照)，アミン(P-62 参照)，硫黄化合物(P-66.1.1.4.2 参照)，スルファミン酸(P-67.1.2.4.1.1 参照)，鎖状多窒素化合物(P-66.1.6, P-68.3.1.3 参照)，ハロゲン化合物(P-68.5 参照)である．

アルカロイド，ステロイド，テルペンおよび類似化合物の構造は付録 3 に示す．

P-34.1.4　無機官能性母体化合物

これらの化合物については P-67.1.1 および P-67.2.1 で述べる．

P-34.2　官能性母体化合物に関連する置換基

P-34.2.1　有機置換基（分類順）

P-34.2.1.1　アシル基

$CH_3\text{-}CO–$　アセチル [優先接頭]　acetyl [優先接頭]
（炭素鎖をのばす置換基以外は完全に置換可能，P-65.1.7.2.1 参照）
エタノイル　ethanoyl
1-オキソエチル　1-oxoethyl

ベンゾイル [優先接頭]　benzoyl [優先接頭]
（完全に置換可能，P-65.1.7.2.1 参照）
ベンゼンカルボニル　benzenecarbonyl
フェニルカルボニル　phenylcarbonyl

$H_2N\text{-}C(=NH)–$　カルバモイミドイル [優先接頭]　carbamimidoyl [優先接頭]
（完全に置換可能，P-65.2.1.5 参照）
アミノカルボノイミドイル　aminocarbonimidoyl

$H_2N\text{-}CO–$　カルバモイル [優先接頭]　carbamoyl [優先接頭]
（完全に置換可能，P-65.2.1.5 参照）
アミノカルボニル　aminocarbonyl

$–CO–$　カルボニル [優先接頭]　carbonyl [優先接頭]
（P-65.2.1.5 参照）

$H_2N\text{-}CO\text{-}CO–$　オキサモイル [優先接頭]　oxamoyl [優先接頭]
（完全に置換可能，P-66.1.1.4.1.2 参照）

$H\text{-}CO–$　ホルミル [優先接頭]　formyl [優先接頭]
（置換は限定されている，P-65.1.7.2.1 参照）
オキソメチル　oxomethyl

$–CO\text{-}CO–$　オキサリル [優先接頭]　oxalyl [優先接頭]
（P-65.1.7.2.1 参照）
エタンジオイル　ethanedioyl
ジオキソエタンジイル　dioxoethanediyl

P-34.2.1.2　ヒドロキシ化合物に由来する置換基

フェノキシ 優先接頭　phenoxy 優先接頭
（完全に置換可能，P-63.2.2.2 参照）
フェニルオキシ　phenyloxy

P-34.2.1.3　窒素置換基名

アニリノ 優先接頭　anilino 優先接頭
（完全に置換可能，P-62.2.1.1.1 参照）
フェニルアミノ　phenylamino

$H_2N-N=CH-N=N-$

ホルマザン-1-イル 優先接頭　formazan-1-yl 優先接頭
（完全に置換可能，P-68.3.1.3.5.2 参照）
（ヒドラジニリデンメチル）ジアゼニル　(hydrazinylidenemethyl)diazenyl

$H_2N-N=C-N=NH$

ホルマザン-3-イル 優先接頭　formazan-3-yl 優先接頭
（完全に置換可能，P-68.3.1.3.5.2 参照）
ジアゼニル(ヒドラジニリデン)メチル　diazenyl(hydrazinylidene)methyl

$HN=N-CH=N-NH-$

ホルマザン-5-イル 優先接頭　formazan-5-yl 優先接頭
（完全に置換可能，P-68.3.1.3.5.2 参照）
（ジアゼニルメチリデン）ヒドラジニル　(diazenylmethylidene)hydrazinyl

$-HN-N=CH-N=N-$

ホルマザン-1,5-ジイル 優先接頭　formazan-1,5-diyl 優先接頭
（完全に置換可能可能，P-68.3.1.3.5.2 参照）

$HN=N-C=N-NH-$

ホルマザン-3,5-ジイル 優先接頭　formazan-3,5-diyl 優先接頭
（完全に置換可能，P-68.3.1.3.5.2 参照）

$=N-N=CH-N=N-$

ホルマザン-1-イル-5-イリデン 優先接頭　formazan-1-yl-5-ylidene 優先接頭
（完全に置換可能，P-68.3.1.3.5.2 参照）

$=N-N=C-N=NH$

ホルマザン-3-イル-5-イリデン 優先接頭　formazan-3-yl-5-ylidene 優先接頭
（完全に置換可能，P-68.3.1.3.5.2 参照）

$-HN-N=C-N=N-$

ホルマザン-1,3,5-トリイル 優先接頭　formazan-1,3,5-triyl 優先接頭
（完全に置換可能，P-68.3.1.3.5.2 参照）

$H_2N-C(=NH)-NH-$

カルバモイミドイルアミノ 優先接頭　carbamimidoylamino 優先接頭
（P-66.4.1.2.1.3 参照．グアニジノ guanidino ではない）

$(NH_2)_2C=N-$

（ジアミノメチリデン）アミノ 優先接頭　(diaminomethylidene)amino 優先接頭
（P-66.4.1.2.1.3 参照）

$H_2N-CO-CO-NH-$

オキサモイルアミノ 優先接頭　oxamoylamino 優先接頭
（P-66.1.1.4.5.1 参照）

$-HN-CO-CO-NH-$

オキサリルビス(アザンジイル) 優先接頭　oxalylbis(azanediyl) 優先接頭
（P-66.1.1.4.5.2 参照）

$H_2N-CO-NH-$

カルバモイルアミノ 優先接頭　carbamoylamino 優先接頭
（P-66.1.6.1.1.3 参照．ウレイド ureido ではない）

$-HN-CO-NH-$

カルボニルビス(アザンジイル) 優先接頭　carbonylbis(azanediyl) 優先接頭
（P-66.1.6.1.1.3 参照）

P-34.2.2　有機置換基（アルファベット順）

優先接頭語	代替名
アセチル acetyl（炭素鎖をのばす置換基以外は置換可能，P-65.1.7.2.1 参照）	エタノイル ethanoyl
アニリノ anilino（完全に置換可能，P-62.2.1.1.1 参照）	フェニルアミノ phenylamino
ベンゾイル benzoyl（置換可能，P-65.1.7.2.1 参照）	ベンゼンカルボニル benzenecarbonyl フェニルカルボニル phenylcarbonyl
カルバモイミドイル carbamimidoyl（置換可能，P-65.2.1.5）	アミノカルボノイミドイル aminocarbonimidoyl
カルバモイミドイルアミノ carbamimidoylamino（P-66.4.1.2.1.3 参照）	
カルバモイル carbamoyl（置換可能，P-65.2.1.5 参照）	アミノカルボニル aminocarbonyl
カルバモイルアミノ carbamoylamino（P-66.1.6.1.1.3 参照）	
カルボニル carbonyl（P-65.2.1.5 参照）	
カルボニルビス(アザンジイル) carbonylbis(azanediyl)（P-66.1.6.1.1.3 参照）	
(ジアミノメチリデン)アミノ (diaminomethylidene)amino（P-66.4.1.2.1.3 参照）	
ホルマザン-1,5-ジイル formazan-1,5-diyl（置換可能，P-68.3.1.3.5.2 参照）	
ホルマザン-3,5-ジイル formazan-3,5-diyl（置換可能，P-68.3.1.3.5.2 参照）	
ホルマザン-1,3,5-トリイル formazan-1,3,5-triyl（置換可能，P-68.3.1.3.5.2 参照）	
ホルマザン-1-イル formazan-1-yl（置換可能，P-68.3.1.3.5.2 参照）	(ヒドラジニリデンメチル)ジアゼニル (hydrazinylidenemethyl)diazenyl
ホルマザン-3-イル formazan-3-yl（置換可能，P-68.3.1.3.5.2 参照）	ジアゼニル(ヒドラジニリデン)メチル diazenyl(hydrazinylidene)methyl
ホルマザン-5-イル formazan-5-yl（置換可能，P-68.3.1.3.5.2 参照）	(ジアゼニルメチリデン)ヒドラジニル (diazenylmethylidene)hydrazinyl
ホルマザン-1-イル-5-イリデン formazan-1-yl-5-ylidene（置換可能，P-68.3.1.3.5.2 参照）	
ホルマザン-3-イル-5-イリデン formazan-3-yl-5-ylidene（置換可能，P-68.3.1.3.5.2 参照）	
ホルミル formyl（限定置換可能，P-65.1.7.2.1 参照）	メタノイル methanoyl オキソメチル oxomethyl
オキサモイルアミノ oxamoylamino（P-66.1.1.4.5.1 参照）	
オキサリルビス(アザンジイル) oxalylbis(azanediyl)（P-66.1.1.4.5.2 参照）	
オキサモイル oxamoyl（置換可能，P-66.1.1.4.1.2 参照）	
オキサリル oxalyl（P-65.1.7.2.1 参照）	エタンジオイル ethanedioyl
フェノキシ phenoxy（置換可能，P-63.2.2.2 参照）	フェニルオキシ phenyloxy

P-34.2.3 GIN および別種の命名法で用いる有機化合物に由来する置換基名

これらについては P-6 および P-10 で述べる.

P-34.2.4 予備選択置換基名

例: –NH-OH　ヒドロキシアミノ [予備接頭]
　　　　　　hydroxyamino [予備接頭]　（P-68.3.1.1.1.5 参照）

　　　>N-OH　ヒドロキシアザンジイル [予備接頭]
　　　　　　hydroxyazanediyl [予備接頭]　（P-68.3.1.1.1.5 参照）

　　　–O-NH₂　アミノオキシ [予備接頭]
　　　　　　aminooxy [予備接頭]　（P-68.3.1.1.1.5 参照）

P-35　特性基を表す接頭語　　　"日本語名称のつくり方"も参照

P-35.0　は じ め に	P-35.3　複合接頭語
P-35.1　一　般　則	P-35.4　重複合接頭語
P-35.2　特性基を示す単純接頭語	P-35.5　混成接頭語

P-35.0　は じ め に

　置換命名法において特性基を示すため用いられる接頭語は，遊離原子価が 17 族原子(F, Cl, Br, I)，16 族原子(O, S, Se, Te)，あるいは窒素にある接頭語である．それらは保存名をもつか，あるいは母体水素化物に由来する置換基について述べた方法(P-29 参照)で体系的につくる．酸素原子および窒素原子は –CO-OH，–CO-NH₂，–CO-CH₂-CH₃ のように炭素原子に結合していても，–S(O₂)-OH，–Se(O₂)-OHのようにカルコゲン原子に結合していてもよい．これらの接頭語は P-33 に掲げてある接尾語と対応しており，たとえば –OH を示す接頭語 hydroxy は同じ基を表す接尾語 ol と対応している．接頭語はまた P-34 および P-15.1.2 で定義された官能性母体からも導かれる．特に acetic acid に由来し –CO-CH₃ を表すアセチル acetyl，–PO< を表すホスホリル phosphoryl などのアシル基はその例である.

　接頭語は保存名と体系名の両方をもつことがあるが，PIN になるのはどちらか一つである．PIN の選択を容易にするために，P-6 でそれぞれの化合物群に対して，明確な指示を示してある．また付録 2 には，アルファベット順に，それらが優先接頭語であるかどうかや，置換命名法における使い方および官能基代置換接頭語としての使い方が示してある.

　本節では，置換命名法および倍数命名法で使う種々の接頭語について述べる.

P-35.1　一　般　則

　特性基および官能性母体化合物に対応する置換接頭語は，単純接頭語(P-29.1.1 参照)，複合接頭語(P-29.1.2 参照)，重複合接頭語(P-29.1.3 参照)に分類される．混成置換基は置換操作と付加操作の組合わせで生じる重複合置換基である.

　単純置換基が複数あるときは，状況により，単純倍数接頭語の di, tri などを使う場合と，派生倍数接頭語の bis, tris, tetrakis などを使う場合がある．これは，複数の単純置換基名と基本数詞を含んだ置換基名とを区別するためで，たとえば単純接頭語のスルファニル –SH が 2 個の ビス(スルファニル) bis(sulfanyl) と ジスルファニル disulfanyl –SSH のような場合である．複合接頭語と混成接頭語は，置換命名法では複数存在することを示すために派生倍数接頭語 bis, tris, tetrakis などを必要とする.

　単純接頭語は保存名を用いるかあるいは次のようにして体系的につくる.

(1) −SH を表す スルファニル sulfanyl や −SeSeH を表す ジセラニル diselanyl のように母体水素化物から水素原子を除去する(P-29 で母体水素化物に由来する置換基として述べた). CH$_3$-CO-CH$_2$− を表す アセトニル acetonyl のように官能性母体化合物から水素原子を除去する. CH$_3$-O− を表す メトキシ methoxy のように短縮名からつくる.

(2) アシル基は, アセチル acetyl CH$_3$-CO− および カルボニル carbonyl >C=O のように, オキソ酸からすべての −OH 基を除去してつくる.

P-35.2 特性基を示す単純接頭語
P-35.2.1 保存される慣用接頭語

−F　　　　フルオロ 予備接頭　　fluoro 予備接頭

−Cl　　　　クロロ 予備接頭　　chloro 予備接頭

−Br　　　　ブロモ 予備接頭　　bromo 予備接頭

−I　　　　ヨード 予備接頭　　iodo 予備接頭

−OH　　　ヒドロキシ 予備接頭　　hydroxy 予備接頭

=O　　　　オキソ 予備接頭　　oxo 予備接頭

−O−　　　オキシ 予備接頭　　oxy 予備接頭

−COOH　　カルボキシ 優先接頭　　carboxy 優先接頭

−SO$_2$-OH　スルホ 予備接頭　　sulfo 予備接頭
　　　　　　セレノノ 予備接頭　　selenono 予備接頭　（S の代わりに Se）
　　　　　　テルロノ 予備接頭　　tellurono 予備接頭　（S の代わりに Te）

−SO-OH　　スルフィノ 予備接頭　　sulfino 予備接頭
　　　　　　セレニノ 予備接頭　　selenino 予備接頭　（S の代わりに Se）
　　　　　　テルリノ 予備接頭　　tellurino 予備接頭　（S の代わりに Te）

−NH$_2$　　　アミノ 予備接頭　　amino 予備接頭

−N$_3$　　　　アジド 予備接頭　　azido 予備接頭

=NH　　　　イミノ 予備接頭　　imino 予備接頭　（同じ原子に結合）

−N<　　　　ニトリロ 予備接頭　　nitrilo 予備接頭　（異なる原子に結合）

　　　注記: HN= と −NH−(ともに慣用名は イミノ imino)および −N< と −N=(ともに慣用名は ニトリロ nitrilo)を区別するため, 各組の後者に対して母体水素化物 アザン azane に基づく体系名の使用を推奨する(P-35.2.2 参照).

=N$_2$　　　　ジアゾ 予備接頭　　diazo 予備接頭

−CN　　　　シアノ 優先接頭　　cyano 優先接頭

−NC　　　　イソシアノ 優先接頭　　isocyano 優先接頭

−NCO　　　イソシアナト 優先接頭　　isocyanato 優先接頭
　　　　　　イソチオシアナト 優先接頭　　isothiocyanato 優先接頭　（O の代わりに S）
　　　　　　イソセレノシアナト 優先接頭　　isoselenocyanato 優先接頭　（O の代わりに Se）
　　　　　　イソテルロシアナト 優先接頭　　isotellurocyanato 優先接頭　（O の代わりに Te）

294   P-3　特性基（官能基）と置換基

P-35.2.2　単核および二核母体水素化物（P-21.1，P-21.2 参照）から

1個以上の水素原子を除去してつくる置換基

体系名は P-29.3.1 で述べた一般則によってつくる．

例：　−SH　　　　スルファニル 予備接頭　　sulfanyl 予備接頭
　　　　　　　　　（メルカプト mercapto ではない）

　　　−S−　　　　スルファンジイル 予備接頭　　sulfanediyl 予備接頭
　　　　　　　　　チオ　thio

　　　＝S　　　　スルファニリデン 予備接頭　　sulfanylidene 予備接頭
　　　　　　　　　チオキソ　thioxo

　　　−SS−　　　ジスルファンジイル 予備接頭　　disulfanediyl 予備接頭
　　　　　　　　　ジチオ　dithio

　　　−SeH　　　セラニル 予備接頭　　selanyl 予備接頭
　　　　　　　　　（セレニル selenyl ではない）

　　　−Se−　　　セランジイル 予備接頭　　selanediyl 予備接頭
　　　　　　　　　セレノ　seleno

　　　＝Se　　　　セラニリデン 予備接頭　　selanylidene 予備接頭
　　　　　　　　　セレノキソ　selenoxo

　　　−SeSe−　　ジセランジイル 予備接頭　　diselanediyl 予備接頭
　　　　　　　　　ジセレノ　diseleno

　　　−TeH　　　テラニル 予備接頭　　tellanyl 予備接頭

　　　−Te−　　　テランジイル 予備接頭　　tellanediyl 予備接頭
　　　　　　　　　テルロ　telluro

　　　＝Te　　　　テラニリデン 予備接頭　　tellanylidene 予備接頭
　　　　　　　　　テルロキソ　telluroxo

　　　−TeTe−　　ジテランジイル 予備接頭　　ditellanediyl 予備接頭
　　　　　　　　　ジテルロ　ditelluro

　　　H_2N-NH−　ヒドラジニル 予備接頭　　hydrazinyl 予備接頭
　　　　　　　　　ジアザニル　diazanyl

　　　HN＝N−　　ジアゼニル 予備接頭　　diazenyl 予備接頭

　　　−HN−　　　アザンジイル 予備接頭　　azanediyl 予備接頭
　　　　　　　　　（異なる原子に結合）

> ともに慣用名がイミノ imino である HN＝ と −HN− を区別するために，−HN− に対
> して母体水素化物に由来する体系名を推奨する．

　　　−N＝　アザニルイリデン 予備接頭　　azanylylidene 予備接頭
　　　　　　　（異なる原子に結合）

　　　≡N　アザニリジン 予備接頭　　azanylidyne 予備接頭
　　　　　　　（同じ原子に結合）

P-35　特性基を表す接頭語　　　　295

> ともに慣用名がニトリロ nitrilo である −N< と −N= を区別するために，−N= に対して母体水素化物に由来する体系名を推奨する.

P-35.2.3　官能性母体水素化物に由来する単純接頭語

いくつかの単純接頭語は P-34 および P-67 で述べる官能性母体水素化物に由来する.

例：　−CO−　　　　　カルボニル 優先接頭　carbonyl 優先接頭　（P-65.2.1.5 参照）

　　　−PO<　　　　　ホスホリル 予備接頭　phosphoryl 予備接頭　（P-67.1.4.1.2 参照）

　　　−SO$_2$−　　　　スルホニル 予備接頭　sulfonyl 予備接頭　（P-65.3.2.3 参照）
　　　　　　　　　　　スルフリル　sulfuryl

　　　−SO−　　　　　スルフィニル 予備接頭　sulfinyl 予備接頭　（P-65.3.2.3 参照）
　　　　　　　　　　　チオニル　thionyl

　　　−SeO$_2$−　　　セレノニル 予備接頭　selenonyl 予備接頭　（P-65.3.2.3 参照）

　　　−SeO−　　　　セレニニル 予備接頭　seleninyl 予備接頭　（P-65.3.2.3 参照）

　　　−TeO$_2$−　　　テルロニル 予備接頭　telluronyl 予備接頭　（P-65.3.2.3 参照）

　　　−TeO−　　　　テルリニル 予備接頭　tellurinyl 予備接頭　（P-65.3.2.3 参照）

　　　CH$_3$-CO−　　　アセチル 優先接頭　acetyl 優先接頭　（P-65.1.7.2.1 参照）

　　　C$_6$H$_5$-CO−　　ベンゾイル 優先接頭　benzoyl 優先接頭　（P-65.1.7.2.1 参照）

P-35.3　複合接頭語

P-35.3.1　　接尾語あるいは官能性母体化合物に由来する複合接頭語の名称は，単純接頭語を別の単純接頭語で置換してつくる. 選択の余地がある場合は，P-57.4 の規則で優先する複合接頭語を選ぶ.

例：　−SSeH　　　　セラニルスルファニル 予備接頭　selanylsulfanyl 予備接頭

　　　−NH-Cl　　　　クロロアミノ 予備接頭　chloroamino 予備接頭

　　　−NH-CH$_3$　　　メチルアミノ 優先接頭　methylamino 優先接頭

　　　−PH-Cl　　　　クロロホスファニル 予備接頭　chlorophosphanyl 予備接頭

P-35.3.2　　接尾語あるいは官能性母体化合物に由来する複合接頭語の名称は，連結(P-13.3.4 参照)とよばれる付加操作によってつくることができる. これは単純な一価，二価，三価，四価の接頭語を集めるために用いる. 炭化水素二価置換基は特性基を表す接頭語に結合することができる. この方法は置換する水素原子がない場合(P-15.1 参照)や，倍数命名法で置換基をつくるためにも用いる(P-15.3.1.2.2 参照).

例：　−O-CH$_2$-CH$_2$-CH$_2$-CH$_2$-CH$_3$　　ペンチルオキシ 優先接頭　pentyloxy 優先接頭

　　　−O-CH$_2$-C$_6$H$_5$　　　　　　ベンジルオキシ 優先接頭　benzyloxy 優先接頭

　　　−CO-Cl　　　　　　　　　　カルボノクロリドイル 優先接頭　carbonochloridoyl 優先接頭
　　　　　　　　　　　　　　　　　クロロカルボニル　chlorocarbonyl

　　　−C(=NH)-OH　　　　　　　*C*-ヒドロキシカルボノイミドイル 優先接頭
　　　　　　　　　　　　　　　　　C-hydroxycarbonimidoyl 優先接頭
　　　　　　　　　　　　　　　　　ヒドロキシ(イミノ)メチル
　　　　　　　　　　　　　　　　　hydroxy(imino)methyl

$-C(=N-NH_2)-OH$	C-ヒドロキシカルボノヒドラゾノイル 〔優先接頭〕
	C-hydroxycarbonohydrazonoyl 〔優先接頭〕
	ヒドラジニリデン(ヒドロキシ)メチル
	hydrazinylidene(hydroxy)methyl
$-O-CH_2-CH_2-O-$	エタン-1,2-ジイルビス(オキシ) 〔優先接頭〕
	ethane-1,2-diylbis(oxy) 〔優先接頭〕
$>N-CH_2-N<$	メチレンジニトリロ 〔優先接頭〕　methylenedinitrilo 〔優先接頭〕
$>P(S)-CH_2-P(S)<$	メチレンビス(ホスホロチオイル) 〔優先接頭〕
	methylenebis(phosphorothioyl) 〔優先接頭〕

P-35.4　重 複 合 接 頭 語

P-35.4.1　重複合接頭語の名称は単純接頭語あるいは複合接頭語を別の複合接頭語に導入することによりつくる. 選択の余地がある場合は，P-57.4 の規則で優先する重複合接頭語を選ぶ.

例：$-NH-S-SeH$　　　（セラニルスルファニル）アミノ 〔予備接頭〕
　　　　　　　　　　　（selanylsulfanyl)amino 〔予備接頭〕

　　　$-NH-CH_2Cl$　　　（クロロメチル）アミノ 〔優先接頭〕
　　　　　　　　　　　（chloromethyl)amino 〔優先接頭〕

$-CH_2-O-$　　　（4-クロロフェニル）メトキシ 〔優先接頭〕
　　　　　　　　　　　（4-chlorophenyl)methoxy 〔優先接頭〕

　　　$-PH-NH-OCH_3$　　（メトキシアミノ）ホスファニル 〔優先接頭〕
　　　　　　　　　　　（methoxyamino)phosphanyl 〔優先接頭〕

P-35.4.2　　　重複合接頭語の名称は連結とよばれる操作で単純接頭語あるいは複合接頭語を別の複合接頭語に付加することによってつくることができる.

例：$-CO-O-CH_2-C_6H_5$　（ベンジルオキシ）カルボニル 〔優先接頭〕
　　　　　　　　　　　（benzyloxy)carbonyl 〔優先接頭〕

　　　$-O-CS-OCH_3$　　　（メトキシカルボノチオイル）オキシ 〔優先接頭〕
　　　　　　　　　　　（methoxycarbonothioyl)oxy 〔優先接頭〕

　　　$-CS-O-P(O)(OCH_3)_2$　［（ジメトキシホスホリル）オキシ］カルボノチオイル 〔優先接頭〕
　　　　　　　　　　　［(dimethoxyphosphoryl)oxy]carbonothioyl 〔優先接頭〕

P-35.5　混 成 接 頭 語

P-35.5.1　　　混成接頭語の名称は置換操作と付加操作を組合わせてつくる.

例：$CH_3-CH_2-O-SO-NH-$　（エトキシスルフィニル）アミノ 〔優先接頭〕
　　　　　　　　　　　（ethoxysulfinyl)amino 〔優先接頭〕

　　　$CH_3-CO-S-CO-$　　（アセチルスルファニル）カルボニル 〔優先接頭〕
　　　　　　　　　　　（acetylsulfanyl)carbonyl 〔優先接頭〕

　　　$CH_3-CO-O-NH-SO-O-$　｛［（アセチルオキシ）アミノ］スルフィニル｝オキシ 〔優先接頭〕
　　　　　　　　　　　｛［(acetyloxy)amino]sulfinyl｝oxy 〔優先接頭〕

　　　$(HS)_2(O)P-NH-$　　［ビス（スルファニル）ホスホリル］アミノ 〔予備接頭〕
　　　　　　　　　　　［bis(sulfanyl)phosphoryl]amino 〔予備接頭〕

P-4　名称をつくるための規則

> P-40　序　　言　　　　　　　　　P-44　母体構造の優先順位
> P-41　化合物種類の優先順位　　　　P-45　優先 IUPAC 名の選択
> P-42　酸の優先順位　　　　　　　　P-46　置換基のなかの主鎖
> P-43　接尾語の優先順位

P-40　序　　言

　本章では名称構築のための原則を述べる. 化学の議論のなかでは, 議論の内容にふさわしい名称を使って要点を明確にするために, 厳密な規則から逸脱した方が便利なことがよくある. しかしそのような逸脱は十分な理由なしにはすべきではない. また, そのような逸脱した名称を論文中で使うことは推奨しない.

　本章で述べる原則や規則を適用することで優先 IUPAC 名(PIN)が作成される. PIN は, 同僚と普段の分かりやすい言葉で会話しようとする実務的な化学者の目的には必ずしも沿わないかもしれないが, 法律文書や国際貿易で化学名を記述する必要がある人々, あるいは索引, データベース, 検索システムのプログラム作成に関わる人々には適切なものであろう.

　本章では置換命名法で用い, 必要ならば他の命名法でも用いる一般則と優先順位について述べる.

P-41　化合物種類の優先順位　　　　"日本語名称のつくり方"も参照

　化合物種類の優先順位を表 4·1 に掲げる. 接尾語で表される種類(種類 1 から種類 20 まで)と化合物中の優先原子に基づく種類(種類 21 から種類 43 まで)を順位付けしている.

表 4·1　優先順位を上位から順に並べた一般的な化合物の種類[†]

1　ラジカル
2　ラジカルアニオン
3　ラジカルカチオン
4　アニオン
5　両性イオン
6　カチオン
7　酸
　　7a　　接尾語で表す酸で, カルボン酸(炭酸, ポリ炭酸は含まない. これらは種類 7b に属する), スルホン酸, スルフィン酸, セレノン酸, セレニン酸, テルロン酸, テルリン酸の順になり, それぞれ対応するペルオキシ酸, イミド酸, ヒドラゾン酸が続く. カルコゲン類縁体は対応する酸素酸の次に位置し, 優先カルコゲン原子(O＞S＞Se＞Te)の数が多いものが優先し, まず −OOH 基, ついで必要ならば −OH 基を考慮する. (酸の優先順位のリストは P-42 を, 官能基代置によって修飾された接尾語は P-43 を, これらすべての接尾語の完全なリストは表 4·4 参照).
　　7b　　置換できる水素原子をもたない炭素酸. 優先順位は多核炭酸(三炭酸, 二炭酸), 炭酸, シアン酸.
　　7c　　中心原子に結合する置換可能な水素原子をもつオキソ酸とその酸性誘導体. 優先順位はアゾン酸, アジン酸, ホスホン酸, ホスフィン酸, 亜ホスホン酸, 亜ホスフィン酸などの順(完全なリストは P-42 参照).
　　7d　　単核および多核オキソ酸で, 中心原子に置換可能な水素原子をもたない炭素酸(上の 7b 参照)以外のもの. これらは官能基化されることもあり, 官能基代置により置換可能な水素原子をもつ誘導体をつくることもある.
　　7e　　官能性母体化合物として用いられるその他の一塩基オキソ酸.
8　無水物〔環状無水物については置換命名法を用いて複素環として命名する(下の種類 16 参照). 鎖状無水物およびいくつかの保存名をもつ酸に対応する環状無水物については官能種類名を用いる. 官能種類名を用いるときは環状無水物が鎖状無水物に優先する〕
9　エステル(鎖状エステルには官能種類名を用いる. ラクトンおよび他の環状エステルは複素環として命名する. 下の種類 16 参照)

P-4 名称をつくるための規則

表 4·1 （つづき）

10 酸ハロゲン化物と酸擬ハロゲン化物〔まず上述の対応する酸の順，ついでハロゲン原子の順（−F＞−Cl＞−Br＞−I），ついで次の擬ハロゲン基の順（−N₃＞−CN＞−NC＞−NCO＞−NCS＞−NCSe＞−NCTe＞−CNO）〕

11 アミド〔対応する酸の順．環状アミドは複素環として命名する（下の種類 16 参照）〕

12 ヒドラジド（対応する酸の順）

13 イミド（保存名をもつ二塩基酸および多塩基酸に由来する環状イミドだけを含む）

14 ニトリル

15 アルデヒドとそのカルコゲン類縁体

16 ケトン（−C-CO-C− 型），擬ケトン（−C-CO-X，X-CO-X，−CO-X-CO− 型で X が C，ハロゲン，擬ハロゲン，NH₂ではないもの，P-64.1.2 参照）およびヘテロン（P-64.4 参照）．ラクトン，ラクタム，無水物，イミドについては種類 8, 9, 11, 13 参照

17 ヒドロキシ化合物とそのカルコゲン類縁体（アルコールとフェノールを含む．この二つは，本勧告では独立の分類にはならない）

18 ヒドロペルオキシド（ペルオキソール）すなわち −OOH

19 アミン（NR₃のように窒素原子に 3 本の共有単結合で結合しているものと定義される）

20 イミン，R=NH あるいは R=N−R′

ヘテラン命名法における優先原子で表される化合物種類

21 窒素化合物: 複素環，ポリアザン，ヒドラジン（ヒドラジドは除く），ジアゼン，ヒドロキシルアミン，アザン（アミド，アミン，イミンを除く）

22 リン化合物: 複素環，ポリホスファン，ホスファン

23 ヒ素化合物: 複素環，ポリアルサン，アルサン

24 アンチモン化合物: 複素環，ポリスチバン，スチバン

25 ビスマス化合物: 複素環，ポリビスムタン，ビスムタン

26 ケイ素化合物: 複素環，ポリシラン，シラン

27 ゲルマニウム化合物: 複素環，ポリゲルマン，ゲルマン

28 スズ化合物: 複素環，ポリスタンナン，スタンナン

29 鉛化合物: 複素環，ポリプルンバン，プルンバン

30 ホウ素化合物: 複素環，ポリボラン，ボラン

31 アルミニウム化合物: 複素環，ポリアルマン，アルマン

32 ガリウム化合物: 複素環，ポリガラン，ガラン

33 インジウム化合物: 複素環，ポリインジガン，インジガン

34 タリウム化合物: 複素環，ポリタラン，タラン

35 酸素化合物: 複素環，ポリオキシダン（トリオキシダンは含むがペルオキシドとエーテルは含まない）

36 硫黄化合物: 複素環，ポリスルファン（トリスルファン，λ⁶ および λ⁴ モノスルファン，ジスルファンは含むがジスルフィドとスルフィドは含まない）

37 セレン化合物: 複素環，ポリセラン（トリセランは含むがジセレニド，セレニドは含まない）

38 テルル化合物: 複素環，ポリテラン（トリテランは含むがジテルリド，テルリドは含まない）

39 λ⁷,λ⁵,λ³ ハロゲン化合物，F＞Cl＞Br＞I の順

40 炭素化合物: 環，鎖

41 エーテル，ついでスルフィド，スルホキシド，スルホン，ついでセレニド，セレノキシドなど

42 ペルオキシド，ついで優先カルコゲン原子の数が多い順．優先順位は O＞S＞Se＞Te

43 λ¹ ハロゲン化合物，F＞Cl＞Br＞I の順

† 表中，記号＞は優先順位を表す．

例: HOOC-CH₂-CH₂−　　　2-カルボキシエチル 優先接頭　2-carboxyethyl 優先接頭
　　　　　　　　　　　　　（遊離原子価 ＝ ラジカル＞カルボン酸）

　　(CH₃)₃N⁺-CH₂-COO⁻　　（トリメチルアザニウムイル）アセタート PIN　（trimethylazaniumyl)acetate PIN
　　　　　　　　　　　　　（アニオン＞カチオン）

　　HO-CH₂-CH₂-CONH₂　　3-ヒドロキシプロパンアミド PIN　3-hydroxypropanamide PIN
　　　　　　　　　　　　　（アミド＞アルコール）

　　OHC-CH₂-CH₂-CN　　　4-オキソブタンニトリル PIN　4-oxobutanenitrile PIN
　　　　　　　　　　　　　（ニトリル＞アルデヒド）

HSSS-SiH₃	(トリスルファニル)シラン 予備名　(trisulfanyl)silane 予備名 (P-12.2 参照．Si＞S)	

$HSSS-SiH_3$　(トリスルファニル)シラン 予備名　(trisulfanyl)silane 予備名
（P-12.2 参照．Si＞S）

BH_2-PH_2　ボラニルホスファン 予備名　boranylphosphane 予備名
（P-12.2 参照．P＞B）

$(CH_3)_4Si$　テトラメチルシラン PIN　tetramethylsilane PIN　（Si＞C）

$(C_6H_5)_3P$　トリフェニルホスファン PIN　triphenylphosphane PIN　（P＞C）

$CH_3-O-CH_2-S-CH_3$　メトキシ(メチルスルファニル)メタン PIN
methoxy(methylsulfanyl)methane PIN
（C＞エーテルおよびスルフィド）

$CH_3-SeSe-CH_2-S-CH_3$　(メチルジセラニル)(メチルスルファニル)メタン PIN
(methyldiselanyl)(methylsulfanyl)methane PIN
（C＞ジセレニドおよびスルフィド）

$CH_3-S-CH_2-CH_2-SO-CH_3$　1-(メタンスルフィニル)-2-(メチルスルファニル)エタン PIN
1-(methanesulfinyl)-2-(methylsulfanyl)ethane PIN
（C＞スルフィドおよびスルホキシド）

P-42　酸の優先順位　　"日本語名称のつくり方"も参照

　化合物種類の順で種類7(表4·1 参照)の酸はさらに複数の族に分類される．これらは接尾語で表される酸と官能性母体としての酸に対応している(P-34 参照)．以下の項で，上述の種類7の簡単な記述を補って完全なものにする．酸は優先順が上のものから順に述べる．

P-42.1　7a 族．接尾語で表される酸（炭酸とポリ炭酸を除く）	P-42.4　7d 族．置換可能な水素原子をもつ誘導体を生じうる非炭素酸
P-42.2　7b 族．置換可能な水素原子をもたない炭素酸	P-42.5　7e 族．官能性母体化合物として用いられるその他の一塩基オキソ酸
P-42.3　7c 族．中心原子に置換可能な水素原子をもつ非炭素酸	

P-42.1　7a 族．接尾語で表される酸（炭酸とポリ炭酸を除く）

酸名		接尾語
カルボン酸	－COOH	カルボン酸　carboxylic acid
	－(C)O-OH	酸　oic acid
スルホン酸	－SO₂-OH	スルホン酸　sulfonic acid
スルフィン酸	－SO-OH	スルフィン酸　sulfinic acid
セレノン酸	－SeO₂-OH	セレノン酸　selenonic acid
セレニン酸	－SeO-OH	セレニン酸　seleninic acid
テルロン酸	－TeO₂-OH	テルロン酸　telluronic acid
テルリン酸	－TeO-OH	テルリン酸　tellurinic acid

P-42.2　7b 族．置換可能な水素原子をもたない炭素酸

ポリ炭酸　polycarbonic acid

二炭酸　dicarbonic acid

炭酸　carbonic acid

シアン酸 cyanic acid

P-42.3　7c 族．中心原子に置換可能な水素原子をもつ非炭素酸

これらの名称はすべて予備選択名である．この族では優先順位は以下の順に低くなる．

(a) 順位リスト N＞P＞As＞Sb＞B で先に出てくる中心原子

(b) 中心原子の数が最大

(c) ホモポリ酸（イソポリ酸）（参考文献 12 参照）

(d) 連続した中心原子をもつ

(e) 酸性基(−OH)の数が最大

(f) 中心原子の酸化数が最高

多核オキソ酸名の整合性のために，二核の '次' 酸の命名には倍数挿入語 di を常に用いる．たとえば次亜リン酸 hypophosphorous acid ではなく次二亜リン酸 hypodiphosphorous acid となる．

アゾン酸　azonic acid　　　　　　　　　　　　$NH(O)(OH)_2$

アジン酸　azinic acid　　　　　　　　　　　　$NH_2(O)(OH)$

ポリホスホン酸　polyphosphonic acid　　　　$(HO)PH(O)-O-[PH(O)-O-]_nPH(O)(OH)$

ジホスホン酸　diphosphonic acid　　　　　　$(HO)PH(O)-O-PH(O)(OH)$

次ジホスホン酸　hypodiphosphonic acid　　　$(HO)(O)HP-PH(O)(OH)$
　（接頭語 hypodi については P-67.2.1 参照）

ホスホン酸　phosphonic acid　　　　　　　　$PH(O)(OH)_2$

ポリ亜ホスホン酸　polyphosphonous acid　　$(HO)PH-O-[PH-O-]_nPH(OH)$

ジ亜ホスホン酸　diphosphonous acid　　　　$(HO)PH-O-PH(OH)$

次ジ亜ホスホン酸　hypodiphosphonous acid　$(HO)HP-PH(OH)$
　（接頭語 hypodi については P-67.2.1 参照）

亜ホスホン酸　phosphonous acid　　　　　　$PH(OH)_2$

ホスフィン酸　phosphinic acid　　　　　　　$PH_2(O)(OH)$

亜ホスフィン酸　phosphinous acid　　　　　$PH_2(OH)$

ポリアルソン酸 polyarsonic acid＞ジアルソン酸 diarsonic acid＞次ジアルソン酸 hypodiarsonic acid
　（接頭語 hypodi については P-67.2.1 参照）

アルソン酸　arsonic acid　　　　　　　　　　$AsH(O)(OH)_2$

ポリ亜アルソン酸 polyarsonous acid＞ジ亜アルソン酸 diarsonous acid＞次ジ亜アルソン酸 hypodiarsonous
　acid　（接頭語 hypodi については P-67.2.1 参照）

亜アルソン酸　arsonous acid　　　　　　　　$AsH(OH)_2$

アルシン酸　arsinic acid　　　　　　　　　　$AsH_2(O)(OH)$

亜アルシン酸　arsinous acid　　　　　　　　$AsH_2(OH)$

ポリスチボン酸 polystibonic acid＞ジスチボン酸 distibonic acid＞次ジスチボン酸 hypodistibonic acid
　（接頭語 hypodi については P-67.2.1 参照）

スチボン酸　stibonic acid　　　　　　　　　　$SbH(O)(OH)_2$

ポリ亜スチボン酸 polystibonous acid＞ジ亜スチボン酸 distibonous acid＞次ジ亜スチボン酸 hypodistibonous
　acid　（接頭語 hypodi については P-67.2.1 参照）

P-42　酸の優先順位　　　　　　　　　　　　　　　　　　　　301

亜スチボン酸　stibonous acid	$SbH(OH)_2$
スチビン酸　stibinic acid	$SbH_2(O)(OH)$
亜スチビン酸　stibinous acid	$SbH_2(OH)$
ジボロン酸　diboronic acid	$(HO)BH\text{-}O\text{-}BH(OH)$
次ジボロン酸　hypodiboronic acid	$(HO)HB\text{-}BH(OH)$

　（接頭語 hypodi については P-67.2.1 参照）

| ボロン酸　boronic acid | $BH(OH)_2$ |
| ボリン酸　borinic acid | $BH_2(OH)$ |

P-42.4　7d 族．置換可能な水素原子をもつ誘導体を生じうる非炭素酸

これらの名称はすべて予備選択名である．

この族では，優先順位は次の順に低下する．

(a) 順位リスト P＞As＞Sb＞Si＞B＞S＞Se＞Te で先に出てくる中心原子

(b) 最大数の中心原子

(c) ホモポリ酸（イソポリ酸）（参考文献 12 参照）

(d) 連続した中心原子をもつポリ酸

(e) 酸性基(−OH)の数が最大

(f) 中心原子の酸化数が最高

ポリリン酸　polyphosphoric acid	$(HO)_2P(O)\text{-}O\text{-}[PO(OH)\text{-}O\text{-}]_nP(O)(OH)_2$
ポリ亜リン酸　polyphosphorous acid	$(HO)_2P\text{-}O\text{-}[P(OH)\text{-}O]_n\text{-}P(OH)_2$
四リン酸　tetraphosphoric acid	$(HO)_2P(O)\text{-}O\text{-}P(O)(OH)\text{-}O\text{-}P(O)(OH)\text{-}O\text{-}P(O)(OH)_2$
三リン酸　triphosphoric acid	$(HO)_2P(O)\text{-}O\text{-}P(O)(OH)\text{-}O\text{-}P(O)(OH)_2$
二リン酸　diphosphoric acid	$(HO)_2P(O)\text{-}O\text{-}P(O)(OH)_2$
二亜リン酸　diphosphorous acid	$(HO)_2P\text{-}O\text{-}P(OH)_2$
次二リン酸　hypodiphosphoric acid	$(HO)_2(O)P\text{-}P(O)(OH)_2$

　（接頭語 hypodi については P-67.2.1 参照）

| 次二亜リン酸　hypodiphosphorous acid | $(HO)_2P\text{-}P(OH)_2$ |

　（接頭語 hypodi については P-67.2.1 参照）

| リン酸　phosphoric acid | $P(O)(OH)_3$ |
| 亜リン酸　phosphorous acid | $P(OH)_3$ |

ポリアルソル酸 polyarsoric acid＞ポリ亜アルソル酸 polyarsorous acid＞二アルソル酸 diarsoric acid＞二亜ア
　ルソル酸 diarsorous acid＞次二アルソル酸 hypodiarsoric acid＞次二亜アルソル酸 hypodiarsorous acid
　（接頭語 hypodi については P-67.2.1 参照）

| アルソル酸　arsoric acid | $As(O)(OH)_3$ |
| 亜アルソル酸　arsorous acid | $As(OH)_3$ |

ポリスチボル酸 polystiboric acid＞ポリ亜スチボル酸 polystiborous acid＞ジスチボル酸 distiboric acid＞ジ亜
　スチボル酸 distiborous acid＞次ジスチボル酸 hypodistiboric acid＞次ジ亜スチボル酸 hypodistiborous acid
　（接頭語 hypodi については P-67.2.1 参照）

スチボル酸　stiboric acid	$Sb(O)(OH)_3$
亜スチボル酸　stiborous acid	$Sb(OH)_3$
ケイ酸　silicic acid	$Si(OH)_4$

　（以前はオルトケイ酸 orthosilicic acid，P-67.1.1.1，P-67.1.2.2，参考文献 12 の表 IR-8.1 参照）

| 二ホウ酸　diboric acid | $(HO)_2B\text{-}O\text{-}B(OH)_2$ |

次二ホウ酸 hypodiboric acid		$(HO)_2B-B(OH)_2$

（接頭語 hypodi については P-67.2.1 参照）

ホウ酸 boric acid		$B(OH)_3$
ポリ硫酸 polysulfuric acid		$(HO)SO_2-O-[SO_2-O-]_nSO_2(OH)$
ポリ亜硫酸 polysulfurous acid		$(HO)SO-O-[SO-O-]_nSO(OH)$
二硫酸 disulfuric acid		$(HO)SO_2-O-SO_2(OH)$
二亜硫酸 disulfurous acid		$(HO)S(O)-O-S(O)(OH)$
ジチオン酸 dithionic acid（次二硫酸 hypodisulfuric acid）		$(HO)O_2S-SO_2(OH)$

（接頭語 hypodi については P-67.2.1 参照）

亜ジチオン酸 dithionous acid（次二亜硫酸 hypodisulfurous acid）		$(HO)(O)S-S(O)(OH)$
硫酸 sulfuric acid		$S(O)_2(OH)_2$
亜硫酸 sulfurous acid		$S(O)(OH)_2$

ポリセレン酸 polyselenic acid＞ポリ亜セレン酸 polyselenous acid＞ジセレン酸 diselenic acid＞ジ亜セレン酸 diselenous acid＞次ジセレン酸 hypodiselenic acid＞次ジ亜セレン酸 hypodiselenous acid

（接頭語 hypodi については P-67.2.1 参照）

セレン酸 selenic acid		$Se(O)_2(OH)_2$
亜セレン酸 selenous acid		$Se(O)(OH)_2$

ポリテルル酸 polytelluric acid＞ポリ亜テルル酸 polytellurous acid＞ジテルル酸 ditelluric acid＞ジ亜テルル酸 ditellurous acid＞次ジテルル酸 hypoditelluric acid＞次ジ亜テルル酸 hypoditellurous acid

（接頭語 hypodi については P-67.2.1 参照）

テルル酸 telluric acid		$Te(O)_2(OH)_2$
亜テルル酸 tellurous acid		$Te(O)(OH)_2$

P-42.5 7e 族．官能性母体化合物として用いられるその他の一塩基オキソ酸

これらすべての名称は予備選択名である．この族では，優先順位は次の順に低下する．

(a) 順位リスト N＞F＞Cl＞Br＞I で先に出てくる中心原子

(b) 中心原子の酸化数が最高

硝酸 nitric acid		$HO-NO_2$
亜硝酸 nitrous acid		$HO-NO$
過フッ素酸 perfluoric acid		$F(O)_3OH$
フッ素酸 fluoric acid		$F(O)_2OH$
亜フッ素酸 fluorous acid		$F(O)OH$
次亜フッ素酸 hypofluorous acid		FOH
過塩素酸 perchloric acid		$Cl(O)_3OH$
塩素酸 chloric acid		$Cl(O)_2OH$
亜塩素酸 chlorous acid		$Cl(O)OH$
次亜塩素酸 hypochlorous acid		$ClOH$
過臭素酸 perbromic acid		$Br(O)_3OH$
臭素酸 bromic acid		$Br(O)_2OH$
亜臭素酸 bromous acid		$Br(O)OH$
次亜臭素酸 hypobromous acid		$BrOH$
過ヨウ素酸 periodic acid		$I(O)_3OH$
ヨウ素酸 iodic acid		$I(O)_2OH$

| 亜ヨウ素酸 | iodous acid | I(O)OH |
| 次亜ヨウ素酸 | hypoiodous acid | IOH |

P-43 接尾語の優先順位　　　"日本語名称のつくり方"も参照

> P-43.0　は じ め に
> P-43.1　官能基代置の一般則

P-43.0　は じ め に

接尾語の修飾は，酸については表4·3に，すべての置換基接尾語については表4·4に示すように行う．接尾語の優先順位については本節で述べる．それは，表4·1に示した化合物種類7から20までの優先順位に基づいており，官能基代置によって修飾された接尾語を含んでいる．

P-43.1　官能基代置の一般則

接尾語の修飾は，酸については表4·3に，酸およびその他の化合物種類について表4·4に示すように行う．接頭語と挿入語は表4·2に示すものを用いる．接頭語は thiol や thial のように ol や al のような接尾語を修飾するために用いる．carboxylic acid, sulfonic acid や関連する carboperoxoic acid, sulfonothioic acid のような接尾語を修飾するためには挿入語を用いることを推奨する．

表 4·2　PIN の接尾語を官能基代置により作成するために用いる接頭語と挿入語
（優先順位が低下する順）

接頭語	挿入語	被置換原子	置換原子
ペルオキシ peroxy	ペルオキソ peroxo	−O−	−OO−
チオペルオキシ thioperoxy	（チオペルオキソ） (thioperoxo)	−O−	−OS− または −SO−
ジチオペルオキシ dithioperoxy	（ジチオペルオキソ） (dithioperoxo)	−O−	−SS−
チオ thio	チオ thio	−O− または =O	−S− または =S
セレノ seleno	セレノ seleno	−O− または =O	−Se− または =Se
テルロ telluro	テルロ telluro	−O− または =O	−Te− または =Te
イミド imido	イミド imido	=O または −O−	=NH または −NH−
ヒドラゾノ hydrazono	ヒドラゾノ hydrazono	=O	=NNH$_2$

複数の酸素原子が代置可能な場合は，一つに決まるまで以下の基準をこの順に適用する．

(a) 最大数の酸素原子，ついで S, Se, Te 原子，=NH および =NNH$_2$ 基

(b) −OO− 基中の最大数の酸素原子，ついで S, Se, Te 原子

(c) −(O)OH 基および −OH 基中の酸素原子，ついで S, Se, Te 原子

カルボン酸，スルホン酸，スルフィン酸の場合は，修飾された接尾語名の後に代置操作に用いられた原子の数と種類を示すことによって優先順位を表す（表4·3参照）．

表4·3にはカルボン酸とスルホン酸について，接尾語と官能基代置で修飾された接尾語の優先順位を，上位から順に記載している．スルフィン酸の接尾語はスルホン酸と同様である．セレンおよびテルルを含む酸名は sulf を selen あるいは tellur で代置してつくる．

表 4·3 官能基代置で生成する PIN のためのカルボン酸およびスルホン酸接尾語

1 カルボン酸

−COOH	カルボン酸　carboxylic acid	
−CO-OOH	カルボペルオキソ酸　carboperoxoic acid	(3O)
−CS-OOH	カルボペルオキソチオ *OO*-酸　carboperoxothioic *OO*-acid	(2O, 1S; OO)
−CSe-OOH	カルボペルオキソセレノ酸　carboperoxoselenoic *OO*-acid	(2O, 1Se; OO)
−CO-SOH	カルボ(チオペルオキソ)*SO*-酸　carbo(thioperoxoic) *SO*-acid	(2O, 1S; OS; OH)
−CO-OSH	カルボ(チオペルオキソ)*OS*-酸　carbo(thioperoxoic) *OS*-acid	(2O, 1S; OS; SH)
−CO-SeOH	カルボ(セレノペルオキソ)*SeO*-酸　carbo(selenoperoxoic) *SeO*-acid	(2O, 1Se; OSe; OH)
−CO-OSeH	カルボ(セレノペルオキソ)*OSe*-酸　carbo(selenoperoxoic) *OSe*-acid	(2O, 1Se; OSe; SeH)
−CS-SOH	カルボチオ(チオペルオキソ)*SO*-酸　carbothio(thioperoxoic) *SO*-acid	(1O, 2S; OS; OH)
−CS-OSH	カルボチオ(チオペルオキソ)*OS*-酸　carbothio(thioperoxoic) *OS*-acid	(1O, 2S; OS; SH)
−CSe-OSH	カルボセレノ(チオペルオキソ)*OS*-酸　carboseleno(thioperoxoic) *OS*-acid	(1O, 1S, 1Se; OS; SH)
−CS-SeOH	カルボ(セレノペルオキソ)チオ *SeO*-酸　carbo(selenoperoxo)thioic *SeO*-acid	(1O, 1S, 1Se; OSe; OH)
−CS-OSeH	カルボ(セレノペルオキソ)チオ *OSe*-酸　carbo(selenoperoxo)thioic *OSe*-acid	(1O, 1S, 1Se; OSe; SeH)
−CS-SSH	カルボ(ジチオペルオキソ)チオ酸　carbo(dithioperoxo)thioic acid	(3S)
−CSe-SeSeH	カルボ(ジセレノペルオキソ)セレノ酸　carbo(diselenoperoxo)selenoic acid	(3Se)
−CTe-TeTeH	カルボ(ジテルロペルオキソ)テルロ酸　carbo(ditelluroperoxo)telluroic acid	(3Te)
−CS-OH	カルボチオ *O*-酸　carbothioic *O*-acid	(1O, 1S; OH)
−CO-SH	カルボチオ *S*-酸　carbothioic *S*-acid	(1O, 1S; SH)
−CS-SH	カルボジチオ酸　carbodithioic acid	(2S)
−CSe-SH	カルボセレノチオ *S*-酸　carboselenothioic *S*-acid	(1S, 1Se; SH)
−CS-SeH	カルボセレノチオ *Se*-酸　carboselenothioic *Se*-acid	(1S, 1Se; SeH)
−CSe-SeH	カルボジセレノ酸　carbodiselenoic acid	(2Se)
−CTe-SeH	カルボセレノテルロ *Se*-酸　carboselenotelluroic *Se*-acid	(1Se, 1Te; SeH)
−CTe-TeH	カルボジテルロ酸　carboditelluroic acid	(2Te)
−C(=NH)-OH	カルボキシイミド酸　carboximidic acid	
−C(=NH)-OOH	カルボキシイミドペルオキソ酸　carboximidoperoxoic acid	(2O, 1N; OO)
−C(=NH)-SOH	カルボキシイミド(チオペルオキソ)*SO*-酸　carboximido(thioperoxoic) *SO*-acid	(1O, 1S, 1N; OS; OH)
−C(=NH)-OSH	カルボキシイミド(チオペルオキソ)*OS*-酸　carboximido(thioperoxoic) *OS*-acid	(1O, 1S, 1N; OS; SH)
−C(=NH)-SSH	カルボ(ジチオペルオキソ)イミド酸　carbo(dithioperox)imidic acid	(2S, 1N; SS)
−C(=NH)-SeSH	カルボキシイミド(セレノチオペルオキソ)*SeS*-酸　carboximido(selenothioperoxoic) *SeS*-acid	(1S, 1Se, 1N; SSe; SH)
−C(=NH)-SH	カルボキシイミドチオ酸　carboximidothioic acid	(1S, 1N)
−C(=NH)-SeH	カルボキシイミドセレノ酸　carboximidoselenoic acid	(1Se, 1N)
−C(=NH)-TeH	カルボキシイミドテルロ酸　carboximidotelluroic acid	(1Te, 1N)
−C(=NNH$_2$)-OH	カルボヒドラゾン酸　carbohydrazonic acid	
−C(=NNH$_2$)-OOH	カルボヒドラゾノペルオキソ酸　carbohydrazonoperoxoic acid	(2O, 1NN; OO)
−C(=NNH$_2$)-SOH	カルボヒドラゾノ(チオペルオキソ)*SO*-酸　carbohydrazono(thioperoxoic) *SO*-acid	(1O, 1S, 1NN; OS; OH)
−C(=NNH$_2$)-OSH	カルボヒドラゾノ(チオペルオキソ)*OS*-酸　carbohydrazono(thioperoxoic) *OS*-acid	(1O, 1S, 1NN; OS; SH)
−C(=NNH$_2$)-TeTeH	カルボ(ジテルロペルオキソ)ヒドラゾン酸　carbo(ditelluroperoxo)hydrazonic acid	(2Te, 1NN; TeTe)

P-43 接尾語の優先順位

表 4·3 （つづき）

2 スルホン酸

−SO₂-OH	スルホン酸　sulfonic acid	
−SO₂-OOH	スルホノペルオキソ酸　sulfonoperoxoic acid	(4O)
−S(O)(S)-OOH	スルホノペルオキソチオ *OO*-酸　sulfonoperoxothioic *OO*-acid	(3O, 1S; OO)
−S(O)(Se)-OOH	スルホノペルオキソセレノ *OO*-酸 sulfonoperoxoselenoic *OO*-acid	(3O, 1Se; OO)
−SO₂-SOH	スルホノ(チオペルオキソ)*SO*-酸 sulfono(thioperoxoic) *SO*-acid	(3O, 1S; OS; OH)
−SO₂-OSH	スルホノ(チオペルオキソ)*OS*-酸 sulfono(thioperoxoic) *OS*-acid	(3O, 1S; OS; SH)
−SS₂-OOH	スルホノペルオキソジチオ *OO*-酸 sulfonoperoxodithioic *OO*-acid	(2O, 2S; OO)
−S(O)(S)-SOH	スルホノチオ(チオペルオキソ)*SO*-酸 sulfonothio(thioperoxoic) *SO*-acid	(2O, 2S; OS; OH)
−S(S)(Se)-OOH	スルホノペルオキソセレノチオ *OO*-酸 sulfonoperoxoselenothioic *OO*-acid	(2O, 1S, 1Se; OO)
−SSeSe-SSH	スルホノ(ジチオペルオキソ)ジセレノ酸 sulfono(dithioperoxo)diselenoic acid	(2S, 2Se; SS)
−SS₂-SeSeH	スルホノ(ジセレノペルオキソ)ジチオ酸 sulfono(diselenoperoxo)dithioic acid	(2S, 2Se; SeSe)
−STe₂-TeTeH	スルホノ(ジテルロペルオキソ)ジテルロ酸 sulfono(ditelluroperoxo)ditelluroic acid	(4Te)
−S(O)(S)-OH	スルホノチオ *O*-酸　sulfonothioic *O*-acid	(2O, 1S; OH)
−SO₂-SH	スルホノチオ *S*-酸　sulfonothioic *S*-acid	(2O, 1S; SH)
−SO₂-SeH	スルホノセレノ *Se*-酸　sulfonoselenoic *Se*-acid	(2O, 1Se; SeH)
−SS₂-OH	スルホノジチオ *O*-酸　sulfonodithioic *O*-acid	(1O, 2S; OH)
−S(O)(S)-SH	スルホノジチオ *S*-酸　sulfonodithioic *S*-acid	(1O, 2S; SH)
−S(Se)(Te)-OH	スルホノセレノテルロ *O*-酸　sulfonoselenotelluroic *O*-acid	(1O, 1Se, 1Te; OH)
−S(O)(Te)-SeH	スルホノセレノテルロ *Se*-酸　sulfonoselenotelluroic *Se*-acid	(1O, 1Se, 1Te; SeH)
−S(O)(Se)-TeH	スルホノセレノテルロ *Te*-酸　sulfonoselenotelluroic *Te*-acid	(1O, 1Se, 1Te; TeH)
−S(S₂)-SH	スルホノトリチオ酸　sulfonotrithioic acid	(3S)
−S(O)(=NH)-OH	スルホンイミド酸　sulfonimidic acid	
−S(O)(=NH)-OOH	スルホンイミドペルオキソ酸　sulfonimidoperoxoic acid	(3O, 1N; OO)
−S(S)(=NH)-OOH	スルホンイミドペルオキソチオ *OO*-酸 sulfonimidoperoxothioic *OO*-acid	(2O, 1S, 1N; OO; OH)
−S(O)(=NH)-SOH	スルホンイミド(チオペルオキソ)*SO*-酸 sulfonimido(thioperoxoic) *SO*-acid	(2O, 1S, 1N; OS; OH)
−S(O)(=NH)-OSH	スルホンイミド(チオペルオキソ)*OS*-酸 sulfonimido(thioperoxoic) *OS*-acid	(2O, 1S, 1N; OS; SH)
−S(S)(=NH)-OH	スルホンイミドチオ *O*-酸　sulfonimidothioic *O*-acid	(1O, 1S; OH)
−S(O)(=NH)-SH	スルホンイミドチオ *S*-酸　sulfonimidothioic *S*-acid	(1O, 1S; SH)
−S(S)(=NH)-SH	スルホンイミドジチオ酸　sulfonimidodithioic acid	(2S)
−S(Se)(=NH)-SH	スルホンイミドセレノチオ *S*-酸 sulfonimidoselenothioic *S*-acid	(1S, 1Se; SH)
−S(S)(=NH)-SeH	スルホンイミドセレノチオ *Se*-酸 sulfonimidoselenothioic *Se*-acid	(1S, 1Se; SeH)
−S(Te)(=NH)-TeH	スルホンイミドジテルロ酸　sulfonimidoditelluroic acid	(2Te)
−S(=NH)₂-OH	スルホノジイミド酸　sulfonodiimidic acid	
−S(=NH)₂-OOH	スルホノジイミドペルオキソ酸　sulfonodiimidoperoxoic acid	(2O, 2N; OO)
−S(=NH)₂-SOH	スルホノジイミド(チオペルオキソ)*SO*-酸 sulfonodiimido(thioperoxoic) *SO*-acid	(1O, 1S, 2N; OS; OH)
−S(=NH)₂-OSH	スルホノジイミド(チオペルオキソ)*OS*-酸 sulfonodiimido(thioperoxoic) *OS*-acid	(1O, 1S, 2N; OS; SH)
−S(=NH)₂-SeH	スルホノジイミドセレノ酸　sulfonodiimidoselenoic acid	(1Se, 2N)
−S(=NH)₂-TeH	スルホノジイミドテルロ酸　sulfonodiimidotelluroic acid	(1Te, 2N)
−S(O)(=NNH₂)-OH	スルホノヒドラゾン酸　sulfonohydrazonic acid	

表 4·3 （つづき）

−S(O)(=NNH₂)-OOH	スルホノヒドラゾノペルオキソ酸 sulfonohydrazonoperoxoic acid	(3O, 1NN；OO)
−S(S)(=NNH₂)-OOH	スルホノヒドラゾノペルオキソチオ酸 sulfonohydrazonoperoxothioic acid	(2O, 1S, 1NN；OO)
−S(S)(=NNH₂)-OH	スルホノヒドラゾノチオ *O*-酸　sulfonohydrazonothioic *O*-acid	(1O, 1S, 1NN；OH)
−S(O)(=NNH₂)-SH	スルホノヒドラゾノチオ *S*-酸　sulfonohydrazonothioic *S*-acid	(1O, 1S, 1NN；SH)
−S(=NNH₂)₂-OH	スルホノジヒドラゾン酸　sulfonodihydrazonic acid	
−S(=NNH₂)₂-OOH	スルホノジヒドラゾノペルオキソ酸 sulfonodihydrazonoperoxoic acid	(2O, 2NN；OO)
−S(=NNH₂)₂-SOH	スルホノジヒドラゾノ（チオペルオキソ）*SO*-酸 sulfonodihydrazono(thioperoxoic) *SO*-acid	(1O, 1S, 2NN；SO, OH)
−S(=NNH₂)₂-SH	スルホノジヒドラゾノチオ酸　sulfonodihydrazonothioic acid	(1S, 2NN)

表 4·4　PIN のための接尾語と官能基代置類縁体の完全なリスト（優先性が低下する順）

1.　カルボン酸

	−COOH	カルボン酸　carboxylic acid
	−(C)OOH	酸　oic acid
カルボペルオキソ酸	−CO-OOH	カルボペルオキソ酸　carboperoxoic acid
	−(C)O-OOH	ペルオキソ酸　peroxoic acid

S, Se, Te との代置により修飾されたカルボペルオキソ酸

−CS-OOH	カルボペルオキソチオ酸　carboperoxothioic acid	
−(C)S-OOH	ペルオキソチオ酸　peroxothioic acid	
−CSe-OOH	カルボペルオキソセレノ酸　carboperoxoselenoic acid	
−(C)Se-OOH	ペルオキソセレノ酸　peroxoselenoic acid	
−CO-SOH	カルボ（チオペルオキソ）*SO*-酸　carbo(thioperoxoic) *SO*-acid	
−(C)O-SOH	（チオペルオキソ）*SO*-酸　(thioperoxoic) *SO*-acid	
−CO-OSH	カルボ（チオペルオキソ）*OS*-酸　carbo(thioperoxoic) *OS*-acid	
−(C)O-OSH	（チオペルオキソ）*OS*-酸　(thioperoxoic) *OS*-acid	

S, Se, Te との代置により修飾されたカルボン酸

−CS-OH	カルボチオ *O*-酸　carbothioic *O*-acid	
−(C)S-OH	チオ *O*-酸　thioic *O*-acid	
−CO-SH	カルボチオ *S*-酸　carbothioic *S*-acid	
−(C)O-SH	チオ *S*-酸　thioic *S*-acid	
−CO-SeH	カルボセレノ *Se*-酸　carboselenoic *Se*-acid	
−(C)O-SeH	セレノ *Se*-酸　selenoic *Se*-acid	
−CS-SH	カルボジチオ酸　carbodithioic acid	
−(C)S-SH	ジチオ酸　dithioic acid	

2.　カルボキシイミド酸

	−C(=NH)-OH	カルボキシイミド酸　carboximidic acid
	−(C)(=NH)-OH	イミド酸　imidic acid
カルボキシイミドペルオキソ酸	−C(=NH)-OOH	カルボキシイミドペルオキソ酸 carboximidoperoxoic acid
	−(C)(=NH)-OOH	イミドペルオキソ酸　imidoperoxoic acid

S, Se, Te との代置により修飾されたカルボキシイミドペルオキソ酸

−C(=NH)-SOH	カルボキシイミド（チオペルオキソ）*SO*-酸　carboximido(thioperoxoic) *SO*-acid
−(C)(=NH)-SOH	イミド（チオペルオキソ）*SO*-酸　imido(thioperoxoic) *SO*-acid
−C(=NH)-OSH	カルボキシイミド（チオペルオキソ）*OS*-酸　carboximido(thioperoxoic) *OS*-acid
−(C)(=NH)-OSH	イミド（チオペルオキソ）*OS*-酸　imido(thioperoxoic) *OS*-acid
−C(=NH)-SSH	カルボ（ジチオペルオキソ）イミド酸　carbo(dithioperox)imidic acid
−(C)(=NH)-SSH	（ジチオペルオキソ）イミド酸　(dithioperox)imidic acid
−C(=NH)-SeSH	カルボキシイミド（セレノチオペルオキソ）*SeS*-酸 carboximido(selenothioperoxoic) *SeS*-acid
−(C)(=NH)-SeSH	イミド（セレノチオペルオキソ）*SeS*-酸　imido(selenothioperoxoic) *SeS*-acid

P-43 接尾語の優先順位

表 4·4 （つづき）

S, Se, Te との代置により修飾されたカルボキシイミド酸

−C(=NH)-SH	カルボキシイミドチオ酸	carboximidothioic acid
−(C)(=NH)-SH	イミドチオ酸	imidothioic acid

3. カルボヒドラゾン酸 −C(=NNH$_2$)-OH カルボヒドラゾン酸 carbohydrazonic acid

−(C)(=NNH$_2$)-OH ヒドラゾン酸 hydrazonic acid

カルボヒドラゾノペルオキソ酸 −C(=NNH$_2$)-OOH カルボヒドラゾノペルオキソ酸 carbohydrazonoperoxoic acid

−(C)(=NNH$_2$)-OOH ヒドラゾノペルオキソ酸 hydrazonoperoxoic acid

S, Se, Te との代置により修飾されたカルボヒドラゾノペルオキソ酸

−C(=NNH$_2$)-SOH	カルボヒドラゾノ(チオペルオキソ)*SO*-酸	carbohydrazono(thioperoxoic) *SO*-acid
−(C)(=NNH$_2$)-SOH	ヒドラゾノ(チオペルオキソ)*SO*-酸	hydrazono(thioperoxoic) *SO*-acid
−C(=NNH$_2$)-OSH	カルボヒドラゾノ(チオペルオキソ)*OS*-酸	carbohydrazono(thioperoxoic) *OS*-acid
−(C)(=NNH$_2$)-OSH	ヒドラゾノ(チオペルオキソ)*OS*-酸	hydrazono(thioperoxoic) *OS*-acid
−C(=NNH$_2$)-TeTeH	カルボ(ジテルロペルオキソ)ヒドラゾン酸	carbo(ditelluroperoxo)hydrazonic acid
−(C)(=NNH$_2$)-TeTeH	(ジテルロペルオキソ)ヒドラゾン酸	(ditelluroperoxo)hydrazonic acid

S, Se, Te との代置により修飾されたカルボヒドラゾン酸

−C(=NHNH$_2$)-SH	カルボヒドラゾノチオ酸	carbohydrazonothioic acid
−(C)(=NHNH$_2$)-SH	ヒドラゾノチオ酸	hydrazonothioic acid

4. スルホン酸 −SO$_2$-OH スルホン酸 sulfonic acid

スルホノペルオキソ酸 −SO$_2$-OOH スルホノペルオキソ酸 sulfonoperoxoic acid

S, Se, Te との代置により修飾されたスルホノペルオキソ酸

−S(O)(S)-OOH	スルホノペルオキソチオ酸	sulfonoperoxothioic acid
−SO$_2$-SOH	スルホノ(チオペルオキソ)*SO*-酸	sulfono(thioperoxoic) *SO*-acid
−SO$_2$-OSH	スルホノ(チオペルオキソ)*OS*-酸	sulfono(thioperoxoic) *OS*-acid
−SS$_2$-OOH	スルホノペルオキソジチオ酸	sulfonoperoxodithioic acid

S, Se, Te との代置により修飾されたスルホン酸

−SO$_2$-SH	スルホノチオ*S*-酸	sulfonothioic *S*-acid
−S(O)(S)-OH	スルホノチオ*O*-酸	sulfonothioic *O*-acid
−S(S)(S)-SH	スルホノトリチオ酸	sulfonotrithioic acid

5. スルホンイミド酸 −S(O)(=NH)-OH スルホンイミド酸 sulfonimidic acid

スルホンイミドペルオキソ酸 −S(O)(=NH)-OOH スルホンイミドペルオキソ酸 sulfonimidoperoxoic acid

S, Se, Te との代置により修飾されたスルホンイミドペルオキソ酸

−S(O)(=NH)-SOH	スルホンイミド(チオペルオキソ)*SO*-酸	sulfonimido(thioperoxoic) *SO*-acid
−S(O)(=NH)-OSH	スルホンイミド(チオペルオキソ)*OS*-酸	sulfonimido(thioperoxoic) *OS*-acid

S, Se, Te との代置により修飾されたスルホンイミド酸

−S(O)(=NH)-SH	スルホンイミドチオ*S*-酸	sulfonimidothioic *S*-acid

6. スルホノジイミド酸 −S(=NH)$_2$-OH スルホノジイミド酸 sulfonodiimidic acid

スルホノジイミドペルオキソ酸 −S(=NH)$_2$-OOH スルホノジイミドペルオキソ酸 sulfonodiimidoperoxoic acid

S, Se, Te との代置により修飾されたスルホノジイミドペルオキソ酸

−S(=NH)$_2$-SOH	スルホノジイミド(チオペルオキソ)*SO*-酸	sulfonodiimido(thioperoxoic) *SO*-acid
−S(=NH)$_2$-OSH	スルホノジイミド(チオペルオキソ)*OS*-酸	sulfonodiimido(thioperoxoic) *OS*-acid

S, Se, Te との代置により修飾されたスルホノジイミド酸

−S(=NH)$_2$-SeH	スルホノジイミドセレノ酸	sulfonodiimidoselenoic acid

7. スルホノヒドラゾン酸 −S(O)(=NNH$_2$)-OH スルホノヒドラゾン酸 sulfonohydrazonic acid

スルホノヒドラゾノペルオキソ酸 −S(O)(=NNH$_2$)-OOH スルホノヒドラゾノペルオキソ酸 sulfonohydrazonoperoxoic acid

S, Se, Te との代置により修飾されたスルホノヒドラゾノペルオキソ酸

−S(S)(=NNH$_2$)-OOH	スルホノヒドラゾノペルオキソチオ酸	sulfonohydrazonoperoxothioic acid

表 4·4 （つづき）

S, Se, Te との代置により修飾されたスルホノヒドラゾン酸

−S(S)(=NNH₂)-OH スルホノヒドラゾノチオ *O*-酸 sulfonohydrazonothioic *O*-acid
−S(O)(=NNH₂)-SH スルホノヒドラゾノチオ *S*-酸 sulfonohydrazonothioic *S*-acid

8. スルホノジヒドラゾン酸 −S(=NNH₂)₂-OH スルホノジヒドラゾン酸
sulfonodihydrazonic acid

スルホノジヒドラゾノペルオキソ酸 −S(=NNH₂)₂-OOH スルホノジヒドラゾノペルオキソ酸
sulfonodihydrazonoperoxoic acid

S, Se, Te との代置により修飾されたスルホノジヒドラゾノペルオキソ酸

−S(=NNH₂)₂-SOH スルホノジヒドラゾノ(チオペルオキソ)*SO*-酸
sulfonodihydrazono(thioperoxoic) *SO*-acid

S, Se, Te との代置により修飾されたスルホノジヒドラゾン酸

−S(=NNH₂)₂-SH スルホノジヒドラゾノチオ酸 sulfonodihydrazonothioic acid

9. スルフィン酸 −SO-OH スルフィン酸 sulfinic acid

スルフィノペルオキソ酸 −SO-OOH スルフィノペルオキソ酸 sulfinoperoxoic acid

S, Se, Te との代置により修飾されたスルフィノペルオキソ酸

−S(S)-OOH スルフィノペルオキソチオ酸 sulfinoperoxothioic acid
−SO-SOH スルフィノ(チオペルオキソ)*SO*-酸 sulfino(thioperoxoic) *SO*-acid
−SO-OSH スルフィノ(チオペルオキソ)*OS*-酸 sulfino(thioperoxoic) *OS*-acid

S, Se, Te との代置により修飾されたスルフィン酸

−SS-OH スルフィノチオ *O*-酸 sulfinothioic *O*-acid
−SO-SeH スルフィノセレノ *Se*-酸 sulfinoselenoic *Se*-acid

10. スルフィンイミド酸 −S(=NH)-OH スルフィンイミド酸 sulfinimidic acid

スルフィンイミドペルオキソ酸 −S(=NH)-OOH スルフィンイミドペルオキソ酸
sulfinimidoperoxoic acid

S, Se, Te との代置により修飾されたスルフィンイミドペルオキソ酸

−S(=NH)-OSH スルフィンイミド(チオペルオキソ)*OS*-酸 sulfinimido(thioperoxoic) *OS*-acid

S, Se, Te との代置により修飾されたスルフィンイミド酸

−S(=NH)-SH スルフィンイミドチオ酸 sulfinimidothioic acid

11. スルフィノヒドラゾン酸 −S(=NNH₂)-OH スルフィノヒドラゾン酸
sulfinohydrazonic acid

スルフィノヒドラゾノペルオキソ酸 −S(=NNH₂)-OOH スルフィノヒドラゾノペルオキソ酸
sulfinohydrazonoperoxoic acid

S, Se, Te との代置により修飾されたスルフィノヒドラゾノペルオキソ酸

−S(=NNH₂)-SSeH スルフィノヒドラゾノ(セレノチオペルオキソ)*SSe*-酸
sulfinohydrazono(selenothioperoxoic) *SSe*-acid

S, Se, Te との代置により修飾されたスルフィノヒドラゾン酸

−S(=NNH₂)-TeH スルフィノヒドラゾノテルロ酸 sulfinohydrazonotelluroic acid

12. セレノン酸 −SeO₂-OH セレノン酸 selenonic acid
（スルホン酸 sulfonic acid と同様）

13. セレニン酸 −SeO-OH セレニン酸 seleninic acid
（スルフィン酸 sulfinic acid と同様）

14. テルロン酸 −TeO₂-OH テルロン酸 telluronic acid
（スルホン酸 sulfonic acid と同様）

15. テルリン酸 −TeO-OH テルリン酸 tellurinic acid
（スルフィン酸 sulfinic acid と同様）

16. カルボキシアミド −CO-NH₂ カルボキシアミド carboxamide
−(C)O-NH₂ アミド amide

S, Se, Te との代置により修飾されたカルボキシアミド

−CS-NH₂ カルボチオアミド carbothioamide
−(C)S-NH₂ チオアミド thioamide

表 4·4 （つづき）

17.	カルボキシイミドアミド	$-C(=NH)-NH_2$	カルボキシイミドアミド	carboximidamide
		$-(C)(=NH)-NH_2$	イミドアミド	imidamide
18.	カルボヒドラゾノアミド	$-C(=NNH_2)-NH_2$	カルボヒドラゾノアミド	carbohydrazonamide
		$-(C)(=NNH_2)-NH_2$	ヒドラゾノアミド	hydrazonamide
19.	スルホンアミド	$-SO_2-NH_2$	スルホンアミド	sulfonamide

S, Se, Te との置換によって修飾されたスルホンアミド

$-S(O)(S)-NH_2$	スルホノチオアミド	sulfonothioamide	
$-S(S)(Se)-NH_2$	スルホノセレノチオアミド	sulfonoselenothioamide	

20.	スルホンイミドアミド	$-S(O)(=NH)-NH_2$	スルホンイミドアミド	sulfonimidamide

S, Se, Te との代置により修飾されたスルホンイミドアミド

$-S(S)(=NH)-NH_2$	スルホンイミドチオアミド	sulfonimidothioamide

21.	スルホノジイミドアミド	$-S(=NH)_2-NH_2$	スルホノジイミドアミド	sulfonodiimidamide
22.	スルホノヒドラゾノアミド	$-S(O)(=NNH_2)-NH_2$	スルホノヒドラゾノアミド	sulfonohydrazonamide

S, Se, Te との置換によって修飾されたスルホノヒドラゾノアミド

$-S(S)(=NNH_2)-NH_2$	スルホノヒドラゾノチオアミド	sulfonohydrazonothioamide

23.	スルホノジヒドラゾノアミド	$-S(=NNH_2)_2-NH_2$	スルホノジヒドラゾノアミド sulfonodihydrazonamide	
24.	スルフィンアミド	$-SO-NH_2$	スルフィンアミド	sulfinamide

S, Se, Te との代置により修飾されたスルフィンアミド

$-S(Se)-NH_2$	スルフィノセレノアミド	sulfinoselenoamide

25.	スルフィンイミドアミド	$-S(=NH)-NH_2$	スルフィンイミドアミド	sulfinimidamide
26.	スルフィノヒドラゾノアミド	$-S(=NNH_2)-NH_2$	スルフィノヒドラゾノアミド	sulfinohydrazonamide
27.	セレノンアミド	$-SeO_2-NH_2$	セレノンアミド selenonamide （スルホンアミド sulfonamide と同様）	
28.	セレニンアミド	$-SeO-NH_2$	セレニンアミド seleninamide （スルフィンアミド sulfinamide と同様）	
29.	テルロンアミド	$-TeO_2-NH_2$	テルロンアミド telluronamide （スルホンアミド sulfonamide と同様）	
30.	テルリンアミド	$-TeO-NH_2$	テルリンアミド tellurinamide （スルフィンアミド sulfinamide と同様）	
31.	カルボヒドラジド	$-CO-NHNH_2$	カルボヒドラジド	carbohydrazide
		$-(C)O-NHNH_2$	ヒドラジド	hydrazide

S, Se, Te との代置により修飾されたカルボヒドラジド

$-CS-NHNH_2$	カルボチオヒドラジド	carbothiohydrazide

32.	カルボキシイミドヒドラジド	$-C(=NH)-NHNH_2$	カルボキシイミドヒドラジド carboximidohydrazide	
		$-(C)(=NH)-NHNH_2$	イミドヒドラジド	imidohydrazide
33.	カルボヒドラゾノヒドラジド	$-C(=NNH_2)-NHNH_2$	カルボヒドラゾノヒドラジド carbohydrazonohydrazide	
		$-(C)(=NNH_2)-NHNH_2$	ヒドラゾノヒドラジド	hydrazonohydrazide
34.	スルホノヒドラジド	$-SO_2-NHNH_2$	スルホノヒドラジド	sulfonohydrazide

S, Se, Te との代置により修飾されたスルホノヒドラジド

$-S(O)(S)-NHNH_2$	スルホノチオヒドラジド	sulfonothiohydrazide

35.	スルホンイミドヒドラジド	$-S(O)(=NH)-NHNH_2$	スルホンイミドヒドラジド sulfonimidohydrazide	

S, Se, Te との置換によって修飾されたスルホンイミドヒドラジド

$-S(Se)(=NH)-NHNH_2$	スルホンイミドセレノヒドラジド	sulfonimidoselenohydrazide

310 　　　　　　　　　　P-4　名称をつくるための規則

表 4·4　（つづき）

36.　スルホンジイミドヒドラジド　　　−S(=NH)$_2$-NHNH$_2$　　　　　スルホンジイミドヒドラジド
　　　　　　　　　　　　　　　　　　　　　　　　　　　　　　　　　　sulfonodiimidohydrazide

37.　スルホノヒドラゾノヒドラジド　　　−S(O)(=NNH$_2$)-NHNH$_2$　　　スルホノヒドラゾノヒドラジド
　　　　　　　　　　　　　　　　　　　　　　　　　　　　　　　　　　sulfonohydrazonohydrazide

　　S, Se, Te との代置により修飾されたスルホノヒドラゾノヒドラジド
　　　−S(Te)(=NNH$_2$)-NHNH$_2$　　　スルホノヒドラゾノテルロヒドラジド　　sulfonohydrazonotellurohydrazide

38.　スルホノジヒドラゾノヒドラジド　　−S(=NNH$_2$)$_2$-NHNH$_2$　　　スルホノジヒドラゾノヒドラジド
　　　　　　　　　　　　　　　　　　　　　　　　　　　　　　　　　　sulfonodihydrazonohydrazide

39.　スルフィノヒドラジド　　　　　　　−S(O)-NHNH$_2$　　　　　　　スルフィノヒドラジド　　sulfinohydrazide

　　S, Se, Te との代置により修飾されたスルフィノヒドラジド
　　　−S(Se)-NHNH$_2$　　　スルフィノセレノヒドラジド　　sulfinoselenohydrazide

40.　スルフィンイミドヒドラジド　　　　−S(=NH)-NHNH$_2$　　　　　スルフィンイミドヒドラジド
　　　　　　　　　　　　　　　　　　　　　　　　　　　　　　　　　　sulfinimidohydrazide

41.　スルフィノヒドラゾノヒドラジド　　−S(=NNH$_2$)-NHNH$_2$　　　スルフィノヒドラゾノヒドラジド
　　　　　　　　　　　　　　　　　　　　　　　　　　　　　　　　　　sulfinohydrazonohydrazide

42.　セレノノヒドラジド　　　　　　　　−SeO$_2$-NHNH$_2$　　　　　　セレノノヒドラジド　　selenonohydrazide
　　　　　　　　　　　　　　　　　　　　　　　　　　　　　　　（スルホノヒドラジド sulfonohydrazide と同様）

43.　セレニノヒドラジド　　　　　　　　−Se(O)-NHNH$_2$　　　　　　セレニノヒドラジド　　seleninohydrazide
　　　　　　　　　　　　　　　　　　　　　　　　　　　　　　　（スルフィノヒドラジド sulfinohydrazide と同様）

44.　テルロノヒドラジド　　　　　　　　−TeO$_2$-NHNH$_2$　　　　　　テルロノヒドラジド　　telluronohydrazide
　　　　　　　　　　　　　　　　　　　　　　　　　　　　　　　（スルホノヒドラジド sulfonohydrazide と同様）

45.　テルリノヒドラジド　　　　　　　　−Te(O)-NHNH$_2$　　　　　　テルリノヒドラジド　　tellurinohydrazide
　　　　　　　　　　　　　　　　　　　　　　　　　　　　　　　（スルフィノヒドラジド sulfinohydrazide と同様）

46.　ニトリル　　　　　　　　　　　　　−CN　　　　　　　　　　　　カルボニトリル　　carbonitrile
　　　　　　　　　　　　　　　　　　　−(C)N　　　　　　　　　　　ニトリル　　nitrile

47.　アルデヒド　　　　　　　　　　　　−CHO　　　　　　　　　　　カルボアルデヒド　　carbaldehyde
　　　　　　　　　　　　　　　　　　　−(C)HO　　　　　　　　　　アール　　al

　　S, Se, Te との代置により修飾されたアルデヒド
　　　−CHS　　　　　　　　カルボチオアルデヒド　　carbothialdehyde
　　　−(C)HS　　　　　　　チアール　　thial
　　　−CHSe　　　　　　　カルボセレノアルデヒド　　carboselenaldehyde
　　　−(C)HSe　　　　　　セレナール　　selenal
　　　−CHTe　　　　　　　カルボテルロアルデヒド　　carbotelluraldehyde
　　　−(C)HTe　　　　　　テルラール　　tellural

48.　ケトン, 擬ケトンおよびヘテロン類　　>(C)=O　　　　　　　　オン　　one
　　S, Se, Te との代置により修飾されたケトン, 擬ケトンおよびヘテロン類
　　　>(C)=S　　　　　　　チオン　　thione
　　　>(C)=Se　　　　　　セロン　　selone　（セレノン selenone ではない）
　　　>(C)=Te　　　　　　テロン　　tellone　（テルロン tellurone ではない）

49.　ヒドロキシ化合物　　　　　　　　　−OH　　　　　　　　　　　オール　　ol
　　S, Se, Te との代置により修飾されたヒドロキシ化合物
　　　−SH　　　　　　　　チオール　　thiol
　　　−SeH　　　　　　　セレノール　　selenol
　　　−TeH　　　　　　　テルロール　　tellurol

50.　ヒドロペルオキシド　　　　　　　　　−OOH　　　　　　　　　　ペルオキソール　　peroxol
　　S, Se, Te との代置により修飾されたヒドロペルオキシド類
　　　−OSH　　　　　　　*OS*-チオペルオキソール　　*OS*-thioperoxol
　　　−SOH　　　　　　　*SO*-チオペルオキソール　　*SO*-thioperoxol　（スルフェン酸 sulfenic acid ではない）

51.　アミン　　　　　　　　　　　　　　−NH$_2$　　　　　　　　　　アミン　　amine
52.　イミン　　　　　　　　　　　　　　=NH　　　　　　　　　　　イミン　　imine

P-44 母体構造の優先順位　　　311

P-44　母体構造の優先順位　　　"日本語名称のつくり方"も参照

　母体構造は、母体水素化物(たとえばメタン methane)，官能化母体水素化物(たとえばシクロヘキサノール cyclohexanol)，あるいは官能性母体化合物(たとえば酢酸 acetic acid)，として定義される(P-15.1)．優先母体構造に基づく PIN の選択については，P-45 を参照してほしい．

P-44.0　は じ め に	P-44.3　鎖の優先順位(主鎖の選択)
P-44.1　母体構造の優先順位	P-44.4　環または鎖の優先順位を決
P-44.2　環のみに関する優先順位	める基準

P-44.0　は じ め に

　優先母体構造の選択は化合物の種類の優先順位(P-41 参照)に基づいており，まず接尾語で表される特性基を対象とし，さらに異なる種類がある場合は母体水素化物の優先順位を対象とする．P-44.1 では，異なる化合物の種類が含まれる場合の優先母体構造の選択，ならびに同じ種類の中での環と鎖の間の選択について述べる．環状母体水素化物の間で選択する場合，環優先順位(P-44.2 参照)に従って優先する環を選ぶ．鎖状母体水素化物の間で選択を行う場合は，主鎖を選ばなくてはならない(P-44.3 参照)．化合物の種類，環，主鎖の三つの優先順位を，優先順位全体の中で'母体構造の優先順位'とよぶ．P-44.4 では環，鎖のいずれにも適用できる優先母体構造を選ぶ基準について述べる．

　化合物の種類の優先順位，環の優先順位および主鎖選択の優先順位の大幅な改定と拡張が，優先名の観点から必要であった．この改定は 1979 規則(参考文献 1)および 1993 規則(参考文献 2)にある以前の規則からの大きな変更を含む．

> 鎖状母体構造における不飽和性と鎖の長さの間の優先順位は以前の勧告とは逆になっている．したがって，母体鎖を選ぶ際の最初の基準は鎖の長さであり，不飽和性は 2 番目の基準である．

　注記 1：優先母体構造は化合物中でいく通りも生じうるので，いくつものもっともらしい名称ができる可能性がある．PIN を選ぶのに必要な基準を P-45 で述べる．したがって置換基に関連する従来の基準は本節には含まれない．

　注記 2：非標準結合数についての基準は，環あるいは鎖のいずれにも適用できる基準の中に含まれる(P-44.4)ので，階層的には不飽和性(二重結合)に関連する基準の後，指示水素に関連する基準の前にくる．

P-44.1　母体構造の優先順位

　選択の余地がある場合，優先母体構造が一つに決まるまで，以下の基準をこの順に適用する．これらの基準は常に環に適用する基準(P-44.2 参照)および鎖に適用する基準(P-44.3)より前に適用しなければならない．ついで P-44.4 に述べる鎖および環の両方に適用する基準を考慮する．

P-44.1.1　　優先母体構造は，化合物の種類の優先順位(P-41)および接尾語の優先順位(P-43)と一致する主特性基(接尾語)に相当する置換基あるいは優先母体水素化物を最も多くもつのである．

例：　　　　$\overset{3}{C}H_2\text{-}\overset{2}{C}H_2\text{-}\overset{1}{C}OOH$　　　　3-シクロヘキシルプロパン酸 **PIN**
3-cyclohexylpropanoic acid **PIN**
シクロヘキサンプロパン酸
cyclohexanepropanoic acid　(P-15.6 参照)

312 P-4　名称をつくるための規則

CH₃-CH₂-CH₂-③...①-COOH

（構造式：3-プロピルベンゼンにCOOH）

3-プロピル安息香酸 **PIN**
3-propylbenzoic acid **PIN**

Cl-CH₂-CH₂-CH₂-CH₂-CH-CH₂-CH₂-OH
　　　　　　　　　　|
　　　　　　　　CH₃-CH-OH

3-(4-クロロブチル)ペンタン-1,4-ジオール **PIN**
3-(4-chlorobutyl)pentane-1,4-diol **PIN**
　〔7-クロロ-3-(1-ヒドロキシエチル)ヘプタン-1-オール
　7-chloro-3-(1-hydroxyethyl)heptan-1-ol ではない．PIN に
　は主特性基が 2 個あるが，この名称には 1 個しかない〕
　〔3-(4-クロロブチル)ペンタン-2,5-ジオール
　3-(4-chlorobutyl)pentane-2,5-diol ではない．
　主特性基の位置番号の組合わせ 1,4 は 2,5 より小さい〕

H₂N-NH-COOH

ヒドラジンカルボン酸 **PIN**　hydrazinecarboxylic acid **PIN**

H₃Si-CH₂-CH₂-COOH

3-シリルプロパン酸 **PIN**　3-silylpropanoic acid **PIN**

HOOC-SiH₂-CH₂-CH₃

エチルシランカルボン酸 **PIN**　ethylsilanecarboxylic acid **PIN**

CH₂-CH₂-S-CH₂-CH₂-S-CH₂-COOH
（8　　　10　　　13　　15）
　　　　　　　　|
HOOC-CH₂-S-CH₂-CH₂-C(CH₂-O-CH₂-CH₂-O-CH₂-CH₂-CH₂-CH₃)₂
（1　　　　　6　　7）

7,7-ビス[(2-ブトキシエトキシ)メチル]-3,6,10,13-テトラチアペンタデカン-1,15-二酸 **PIN**
7,7-bis[(2-butoxyethoxy)methyl]-3,6,10,13-tetrathiapentadecane-1,15-dioic acid **PIN**
　〔9-[(2-ブトキシエトキシ)メチル]-9-({2-[(カルボキシメチル)スルファニル]エチル}スルファニル)-
　　　　　　　　　　　　　　　　11,14-ジオキサ-3,6-ジチアオクタデカン-1-酸
　9-[(2-butoxyethoxy)methyl]-9-({2-[(carboxymethyl)sulfanyl]ethyl}sulfanyl)-11,14-dioxa-3,6-
　　　　　　　　　　　　　　　　dithiaoctadecan-1-oic acid ではない．
　7-[(2-ブトキシエトキシ)メチル]-7-[2-({2-[(カルボキシメチル)スルファニル]エチル}スルファニル)
　　　　　　　　　　　　　　　　エチル]-9,12-ジオキサ-3,6-ジチアヘキサデカン-1-酸
　7-[(2-butoxyethoxy)methyl]-7-[2-({2-[(carboxymethyl)sulfanyl]ethyl}sulfanyl)ethyl]-9,12-dioxa-3,6-
　dithiahexadecan-1-oic acid でもない．PIN には主特性基が 2 個あるが，他の名称には 1 個しかない〕

H₃Si-CH₂-CH₂-SiH₂-CH₂-CH₂-SiH₃

[シランジイルジ(エタン-2,1-ジイル)]ビス(シラン) **PIN**
[silanediyldi(ethane-2,1-diyl)]bis(silane) **PIN**
　〔Si は C に優先する，P-44.1.2 参照，ビス(2-シリルエチル)シラ
　ン bis(2-silylethyl)silane ではない．倍数優先名では母体水素化
　物のシランが 2 回出てくるが，置換名では 1 回だけである〕

4-{4-[(ピリジン-4-イル)メチル]フェニル}-1,7(1),3(1,3),5(1,4)-テトラベンゼナヘプタファン-
　　　　　　　　　　　　　　　　　　　　　　　　1⁴,7⁴-ジカルボン酸 **PIN**
4-{4-[(pyridin-4-yl)methyl]phenyl}-1,7(1),3(1,3),5(1,4)-tetrabenzenaheptaphane-
　　　　　　　　　　　　　　　　　　　　　　　　1⁴,7⁴-dicarboxylic acid **PIN**
　〔4-{[3-(4-カルボキシフェニル)メチル]フェニル}-1(4)-ピリジナ-7(1),3(1,4),5(1,4)-
　　　　　　　　　　　　　　　トリベンゼナヘプタファン-7⁴-カルボン酸
　4-{[3-(4-carboxyphenyl)methyl]phenyl}-1(4)-pyridina-7(1),3(1,4),5(1,4)-tribenzenaheptaphane-
　7⁴-carboxylic acid ではない．PIN には主特性基が 2 個あるが，この名称では 1 個しかない〕

P-44 母体構造の優先順位　　313

P-44.1.2　　優先母体構造は環状，鎖状によらず，元素についての化合物種類における以下の優先順位(P-41 参照)と一致する優先原子をもつものである：N＞P＞As＞Sb＞Bi＞Si＞Ge＞Sn＞Pb＞B＞Al＞Ga＞In＞Tl＞O＞S＞Se＞Te＞C．この順位は母体中の優先原子を選択する場合や，環と鎖のいずれかを選択するときに適用する．この基準は環同士で選択を行うときや"ア"命名法で修飾された主鎖を選ぶときには使わない．最優先の化合物種類が"ア"命名法で修飾される環あるいは鎖の場合は，優先母体は上記の基準によらず，P-44.2, P-44.3 に記載の環，鎖の優先順位に従って，すべての環あるいは鎖の中から選択する．

　P-44.1.2.1　　化合物中に異なる種類を示す 2 個以上の原子があり，母体化合物の選択にこれらの原子が関わる場合，上に掲げた種類の優先順位で最初に表示される種類に属するものを母体化合物とする．母体水素化物の優先順位を決めるには優先原子が 1 個あればよい．

> この規則はヘテロ原子が互いに直接結合している化合物について述べた 1979 規則
> (参考文献 1)の規則 D-1.34 より一般的である．

例： $Si(CH_3)_4$

テトラメチルシラン **PIN**　tetramethylsilane **PIN**　（Si は C に優先する）

$Al(CH_2\text{-}CH_3)_3$

トリエチルアルマン　triethylalumane　（Al は C に優先する）

$CH_3\text{-}PH\text{-}SiH_3$

メチル(シリル)ホスファン **PIN**　methyl(silyl)phosphane **PIN**
（P は Si や C に優先する）

$HS\text{-}S\text{-}S\text{-}S\text{-}SiH_2\text{-}SiH_2\text{-}SiH_3$

1-ペンタスルファニルトリシラン 予備名　1-pentasulfanyltrisilane 予備名
（Si は S に優先する）
注記：硫黄鎖の末端にある HS− 基は接尾語で示さない，P-21.2.2 参照．

$H_3Si\text{-}SiH_2\text{-}CH_2\text{-}CH_2\text{-}PH_2$

(2-ジシラニルエチル)ホスファン **PIN**　(2-disilanylethyl)phosphane **PIN**
（P は Si に優先する）

$H_2Sb\text{-}CH_2\text{-}AsH_2$

(スチバニルメチル)アルサン **PIN**　(stibanylmethyl)arsane **PIN**
（As は Sb に優先する）

$\overset{11}{CH_3\text{-}CH_2\text{-}O}\text{-}[CH_2\text{-}CH_2\text{-}O]_3\text{-}CH_2$ (環)SiH_3

［3-(2,5,8,11-テトラオキサトリデカン-1-イル)シクロヘキシル］シラン **PIN**
［3-(2,5,8,11-tetraoxatridecan-1-yl)cyclohexyl]silane **PIN**
（Si は O に優先し，Si, O はともに C に優先する）

tert-ブチル(ジメチル)［(オキシラン-2-イル)メトキシ］シラン **PIN**
tert-butyl(dimethyl)[(oxiran-2-yl)methoxy]silane **PIN**
（Si は O に優先する）

$HOOC\text{-}\overset{1}{SiH_2}\text{-}\overset{2}{SiH_2}\text{-}CH_2\text{-}CH_2\text{-}COOH$

2-(2-カルボキシエチル)ジシラン-1-カルボン酸 **PIN**
2-(2-carboxyethyl)disilane-1-carboxylic acid **PIN**
（Si は C に優先する）

(1-ベンゾフラン-2-イル)ホスファン **PIN**
(1-benzofuran-2-yl)phosphane **PIN**
（P は O に優先する）

1-(トリメチルシリル)-1H-イミダゾール **PIN**
1-(trimethylsilyl)-1H-imidazole **PIN**
（N は Si に優先する）

314   P-4　名称をつくるための規則

4-(2-シアノホスフィニン-4-イル)オキサン-2-カルボニトリル **PIN**
4-(2-cyanophosphinin-4-yl)oxane-2-carbonitrile **PIN**
　　〔O＞P（P-44.2 参照）．複素環どうしでの優先母体は P-44.1.2 では選べない〕

2-[(ホスフィニン-2-イル)ホスファニル]フラン **PIN**
2-[(phosphinin-2-yl)phosphanyl]furan **PIN**
　　（P-環は P-鎖に優先する．O-環は P-環に優先する）

1-(2H-ピラン-3-イル)-2-(シロラン-2-イル)ヒドラジン **PIN**
1-(2H-pyran-3-yl)-2-(silolan-2-yl)hydrazine **PIN**
　　（N＞Si＞O）

トリメチル[1²H-1(6)-ピラナ-3,5(1,4),7(1)-トリベンゼナヘプタファン-7⁴-イル]シラン **PIN**
trimethyl[1²H-1(6)-pyrana-3,5(1,4),7(1)-tribenzenaheptaphan-7⁴-yl]silane **PIN**
　　（Si は O に優先する）

$$\overset{9}{H_3C}\text{-O-}\overset{8}{CH_2}\text{-O-}\overset{7}{CH_2}\text{-O-}\overset{6}{CH_2}\text{-O-}\overset{5}{CH_2}\text{-NH-}\overset{4}{CH_2}\text{-S-}\overset{3}{CH_2}\text{-S-}\overset{2}{CH_2}\text{-S-}\overset{1}{CH_2}\text{-S-}\overset{}{CH_3}$$

N-(2,4,6,8-テトラチアノナン-1-イル)-2,4,6,8-テトラオキサノナン-1-アミン **PIN**
N-(2,4,6,8-tetrathianonan-1-yl)-2,4,6,8-tetraoxanonan-1-amine **PIN**
　　〔O＞S（P-44.3 参照）．優先母体は P-44.1.2 では選べない〕

1-[5-(2,4,6,8-テトラシラノナン-1-イル)オキサン-3-イル]-2,4,6,8-テトラオキサノナン **PIN**
1-[5-(2,4,6,8-tetrasilanonan-1-yl)oxan-3-yl]-2,4,6,8-tetraoxanonane **PIN**
　　〔O-鎖＞Si-鎖（P-44.3 参照）．優先母体は P-44.1.2 では選べない〕

P-44.1.2.2　環と鎖からなる系（直線状ファンを除く）　環と鎖からなる系（直線状ファンを除く）の命名には 2 通りの方法がある．

(1) 同じ化合物種類の中では環が鎖に優先する．環と鎖が同じ優先元素をもつときは環を母体として選ぶ．環や鎖はその水素化の程度に関係なく選ぶ．その結果，この方式により，環状および鎖状炭化水素からなる系では環を鎖に優先して選ぶ．

(2) 事情によって，環あるいは鎖を強調してもよい．その結果，たとえば，置換基を同等に扱う，不飽和の鎖状構造を強調する，あるいは環や主鎖の中でより多くの骨格原子をもつものを対象とする，というような名称ができる．そのような名称は GIN としては認められる．

以下の例では，選択が可能な場合は両方の方法で生じる名称を示す．PIN の選択については P-52.2.8 参照．

例:　　CH₂-CH₂-CH₂-CH₂-CH₂-CH₂-CH₃　(1) ヘプチルベンゼン **PIN**　heptylbenzene **PIN**
　　　　　　　　　　　　　　　　　　　　　　（環は鎖に優先する）
　　　　　　　　　　　　　　　　　　(2) 1-フェニルヘプタン　1-phenylheptane
　　　　　　　　　　　　　　　　　　　　　　（鎖がより多くの骨格原子をもつ）

　　CH=CH₂　(1) エテニルシクロヘキサン **PIN**　ethenylcyclohexane **PIN**
　　　　　　　　　　（環は鎖に優先する）
　　　　　　　　(2) シクロヘキシルエテン　cyclohexylethene　（不飽和を強調）

P-44 母体構造の優先順位   315

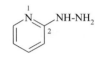

(1) 1,1′-メチレンジベンゼン [PIN]
　　1,1′-methylenedibenzene [PIN]
　　（環は鎖に優先する）

(2) ジフェニルメタン　diphenylmethane
　　（フェニル基を置換基のように取扱う）

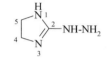

(1) 1,1′-(エテン-1,2-ジイル)ジシクロヘキサン [PIN]
　　1,1′-(ethene-1,2-diyl)dicyclohexane [PIN]
　　（環は鎖に優先する）

(2) 1,2-ジシクロヘキシルエテン　1,2-dicyclohexylethene
　　（不飽和を強調）

(1) 2-ヒドラジニルピリジン [PIN]　2-hydrazinylpyridine [PIN]
　　（環は鎖に優先する）

(2) (ピリジン-2-イル)ヒドラジン　(pyridin-2-yl)hydrazine
　　(ピリジン-2-イル)ジアザン　(pyridin-2-yl)diazane

(1) 2-ヒドラジニル-4,5-ジヒドロ-1H-イミダゾール [PIN]
　　2-hydrazinyl-4,5-dihydro-1H-imidazole [PIN]
　　2-ヒドラジノ-4,5-ジヒドロ-1H-イミダゾール
　　2-hydrazino-4,5-dihydro-1H-imidazole
　　（環は鎖に優先する）

(2) (4,5-ジヒドロ-1H-イミダゾール-2-イル)ヒドラジン
　　(4,5-dihydro-1H-imidazol-2-yl)hydrazine

P-44.1.3　環のみの優先順位．母体構造の選択を二つ以上の環の間で行う場合にのみ適用される基準は P-44.2 で述べる．

P-44.1.4　鎖(主鎖)間の優先順位．母体構造に関する選択を 2 個以上の鎖の間で行う場合のみに成り立つ基準は P-44.3 に示す．

P-44.1.5　不飽和性，異なる結合数をもつ骨格原子の存在，同位体修飾化合物，立体配置などを環や鎖に適用する基準は P-44.4 で述べる．

P-44.2　環のみに関する優先順位

> P-44.2.1　環全般に適用する基準
> P-44.2.2　個別のタイプの環系に適用する環の優先順位を決める基準

P-44.2.1　**環全般に適用する基準**（環状および鎖状のファンについては P-44.2.2.2.2 および P-44.2.2.2.6 で述べるので省略する）　P-44.1 を適用しても決まらない場合は，以下に示す環の優先順位を決める一般的基準を，他の可能性がなくなるまで順次適用する．これらの基準をまず一覧で示し，次に P-44.2.1.2 から P-44.2.1.8 で個別に例を示す．

優先する環は，

(a) 複素環である．
(b) 少なくとも 1 個の窒素原子をもつ．
(c) (窒素がない場合)少なくとも 1 個のヘテロ原子が次の順で先に現れる：F＞Cl＞Br＞I＞O＞S＞Se＞Te＞P＞As＞Sb＞Bi＞Si＞Ge＞Sn＞Pb＞B＞Al＞Ga＞In＞Tl．
(d) より多くの環をもつ．

316 P-4 名称をつくるための規則

(e) より多くの骨格原子をもつ.

(f) 種類によらずより多くのヘテロ原子をもつ.

(g) 上の(c)で示した順序で先にあるヘテロ原子をより多くもつ.

P-44.2.1.1 一般則 P-44.1 で結論が得られず P-44.2 を適用する場合は，化合物中に特性基がないか，比較するすべての環構造に同数の特性基がなければならない．以下の例では，P-44.2 のすべての例でそうであるが，優先順位は＞で表し，前者が後者に優先することを意味する.

例(＞は優先順位を表す):

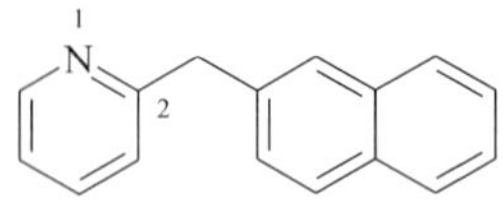

2-［(ナフタレン-2-イル)メチル］ピリジン **PIN**   2-［(naphthalen-2-yl)methyl］pyridine **PIN**
(ピリジン＞ナフタレン)

説明: この化合物には接尾語で表す特性基がない．一方の環を母体水素化物となる優先環として選択しなければならない．他方の環は母体水素化物の接頭語として表す．P-44.2.1 の基準を(a)から順に一つに決まるまで適用しなければならない．この場合，最初の基準(a)を適用して結論が得られる．窒素原子をもつ環を母体水素化物に選び，ナフタレン環は置換基として表示する.

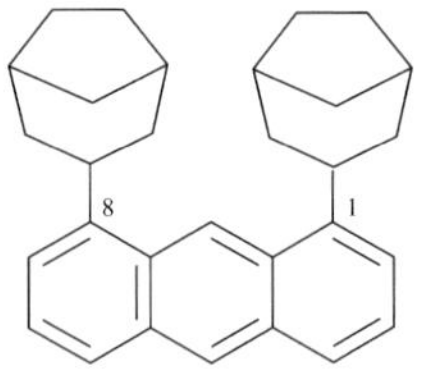

1,8-ジ(ビシクロ［3.2.1］オクタン-3-イル)アントラセン **PIN**
1,8-di(bicyclo［3.2.1］octan-3-yl)anthracene **PIN**

説明: この化合物には接尾語で表す特性基がない．一方の環を母体水素化物となる優先環として選択しなければならない．他方の環は母体水素化物の接頭語として表す．P-44.2.1 の基準を(a)から順に一つに決まるまで適用しなければならない．この場合，基準(d)を適用して結論が得られる．アントラセンはより多くの環をもつので母体構造となる．ビシクロ環は置換基として表示する.

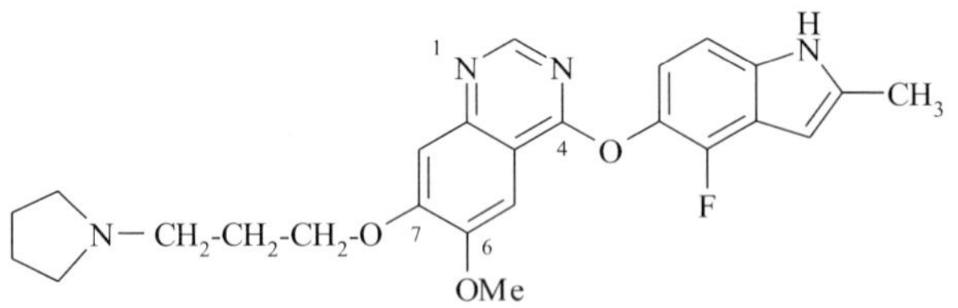

4-［(4-フルオロ-2-メチル-1*H*-インドール-5-イル)オキシ］-6-メトキシ-7-
［3-(ピロリジン-1-イル)プロポキシ］キナゾリン **PIN**
4-［(4-fluoro-2-methyl-1*H*-indol-5-yl)oxy］-6-methoxy-7-
［3-(pyrrolidin-1-yl)propoxy］quinazoline **PIN**
(キナゾリン＞インドール＞ピロリジン)

説明: この化合物には環系 2 個と環 1 個がある．接尾語で表される特性基はない．優先する環を選ぶ段階では接頭語として表される特性基は無視する．P-44.2.1 の基準(a),(b),(d)を適用した段階で，キナゾリン環とインドール環が母体水素化物の候補となる．そして最後に基準(e)で優劣が決まる．キナゾリンが母体水素化物であり，インドールとピロリジンは接頭語として表す置換基に含まれる.

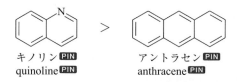

4-(6-{2-[(3-メチルフェニル)メチリデン]ヒドラジン-1-イル}-2-
[2-(ピリジン-2-イル)エトキシ]ピリミジン-4-イル)モルホリン **PIN**
4-(6-{2-[(3-methylphenyl)methylidene]hydrazin-1-yl}-2-
[2-(pyridin-2-yl)ethoxy]pyrimidin-4-yl)morpholine **PIN**
(モルホリン＞ピリミジン＞ピリジン＞ベンゼン)

説明：この化合物では，P-44.2.1の基準(f)，(g)で初めて優先する環が決まり，モルホリンが母体水素化物となる．ベンゼン，ピリジン，ピリミジン環は置換基接頭語の中で表示する．

P-44.2.1.2 優先する環は複素環である〔P-44.2.1の基準(a)〕.

例(＞は優先順位を表す)：

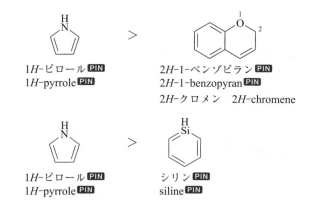

P-44.2.1.3 優先する環あるいは環系は少なくとも1個の窒素原子を環内にもつ〔P-44.2.1の基準(b)〕.

例(＞は優先順位を表す)：

1H-ピロール **PIN**　　＞　　2H-1-ベンゾピラン **PIN**
1H-pyrrole **PIN**　　　　　2H-1-benzopyran **PIN**
　　　　　　　　　　　　　　2H-クロメン　2H-chromene

1H-ピロール **PIN**　　＞　　シリン **PIN**
1H-pyrrole **PIN**　　　　　siline **PIN**

P-44.2.1.4 優先する環は(窒素がない場合)次の順で先にくるヘテロ原子を少なくとも1個もつ：F＞Cl＞Br＞I＞O＞S＞Se＞Te＞P＞As＞Sb＞Bi＞Si＞Ge＞Sn＞Pb＞B＞Al＞Ga＞In＞Tl〔P-44.2.1の基準(c)〕.

例(＞は優先順位を表す)：

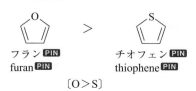

〔O＞S〕

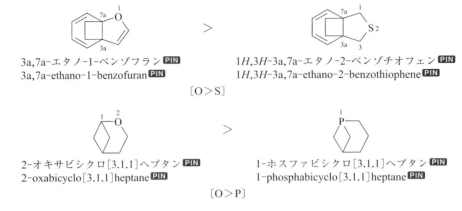

P-44.2.1.5 優先する環はより多くの環をもつ〔P-44.2.1 の基準(d)〕.

例（＞は優先順位を表す）:

〔環 2 個＞環 1 個〕

P-44.2.1.6 優先する環はより多くの骨格原子をもつ〔P-44.2.1 の基準(e)〕.

例（＞は優先順位を表す）:

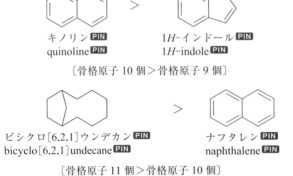

〔骨格原子 11 個＞骨格原子 10 個〕

注記：これらの基準の階層性のため，骨格原子の数に関するこの基準は縮合環が橋かけ縮合環より優先するという P-44.2.2.2 に取って代わる．

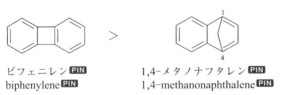

〔骨格原子 12 個＞骨格原子 11 個〕

注記：これらの基準の階層性のため，骨格原子の数に関するこの基準は縮合環が橋かけ縮合環より優先するという P-44.2.2.2 に取って代わる．

P-44.2.1.7 優先する環は種類によらずより多くのヘテロ原子をもつ〔P-44.2.1 の基準(f)〕.

例（＞は優先順位を表す）：

(1)

2,5,7-トリオキサビシクロ[4.1.1]オクタン **PIN**　　　2-オキサビシクロ[4.1.1]オクタン **PIN**
2,5,7-trioxabicyclo[4.1.1]octane **PIN**　　　2-oxabicyclo[4.1.1]octane **PIN**

〔ヘテロ原子 3 個＞ヘテロ原子 1 個〕

(2)

シンノリン **PIN**　　　シクロペンタ[*c*]アゼピン **PIN**
cinnoline **PIN**　　　cyclopenta[*c*]azepine **PIN**

〔ヘテロ原子 2 個＞ヘテロ原子 1 個〕

(3)

5,6,11,12-テトラオキサジスピロ[3.2.3⁷.2⁴]ドデカン **PIN**　　　11-オキサジスピロ[3.1.3⁶.3⁴]ドデカン **PIN**
5,6,11,12-tetraoxadispiro[3.2.3^7.2^4]dodecane **PIN**　　　11-oxadispiro[3.1.3^6.3^4]dodecane **PIN**

〔ヘテロ原子 4 個＞ヘテロ原子 1 個〕

(4)

シロロ[3,4-*c*]シロール **PIN**　　　シクロペンタ[*c*]シロール **PIN**
silolo[3,4-*c*]silole **PIN**　　　cyclopenta[*c*]silole **PIN**

〔ヘテロ原子 2 個＞ヘテロ原子 1 個〕

(5)

2*H*-6,8a-メタノフロ[2,3-*b*]オキセピン **PIN**　　　1*H*-3a,6-エピオキシアズレン **PIN**
2*H*-6,8a-methanofuro[2,3-*b*]oxepine **PIN**　　　1*H*-3a,6-epoxyazulene **PIN**

〔ヘテロ原子 2 個＞ヘテロ原子 1 個眼〕

P-44.2.1.8 優先する環は，次の順で先に現れるヘテロ原子をより多くもつ：F＞Cl＞Br＞I＞O＞S＞Se＞Te＞P＞As＞Sb＞Bi＞Si＞Ge＞Sn＞Pb＞B＞Al＞Ga＞In＞Tl〔P-44.2.1 の基準(g)〕.

例（＞は優先順位を表す）：

(1)

ピラノ[3,2-*e*][1,4]ジオキセピン **PIN**　　　3,1,5-ベンゾオキサジホスフェピン **PIN**
pyrano[3,2-*e*][1,4]dioxepine **PIN**　　　3,1,5-benzoxadiphosphepine **PIN**

〔ヘテロ原子 3 個＝ヘテロ原子 3 個，酸素原子 3 個＞酸素原子 1 個〕

(2) 2,6,8-トリオキサ-7-スタンナスピロ[3.5]ノナン **PIN**
2,6,8-trioxa-7-stannaspiro[3.5]nonane **PIN**

2-オキサ-6,7,8-トリチアスピロ[3.5]ノナン **PIN**
2-oxa-6,7,8-trithiaspiro[3.5]nonane **PIN**

〔ヘテロ原子 4 個＝ヘテロ原子 4 個，酸素原子 3 個＞酸素原子 1 個〕

(3) 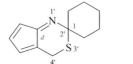 は

スピロ[[3,1]ベンゾオキサアジン-4,1′-シクロペンタン] **PIN**
spiro[[3,1]benzoxazine-4,1′-cyclopentane] **PIN**

に優先する

4′H-スピロ[シクロヘキサン-1,2′-シクロペンタ[d][1,3]チアアジン] **PIN**
4′H-spiro[cyclohexane-1,2′-cyclopenta[d][1,3]thiazine] **PIN**

〔ヘテロ原子 2 個 = ヘテロ原子 2 個〕
〔窒素原子 1 個, 酸素原子 1 個 ＞ 窒素原子 1 個, 硫黄原子 1 個〕

P-44.2.2 個別のタイプの環系に適用する環の優先順位を決める基準

P-44.2.2.1 単環 P-44.2.1 で決まらない場合に，単環(P-22 参照)に適用される基準は P-44.4 で述べる．

P-44.2.2.2 多環系．以下の多環系の(a)〜(g)の順に優先多環系とする．

> 同数の同一ヘテロ原子，同数の環，同数の骨格原子をもつ母体水素化物間の優先順位は従来と異なる．多環系の優先順位は環系の階層順により判別が容易になっている．この階層順は環状および鎖状のファンを含み，本勧告ではすべての環系を順位付けしている．

(a) スピロ環系(P-24 参照)
(b) 環状ファン系(P-26 参照)
(c) 縮合環系(P-25 参照)
(d) 橋かけ縮合環系(P-25 参照)
(e) ポリシクロ環系(von Baeyer 環系．P-23 参照)
(f) 直線状ファン系(P-26 参照)
(g) 環集合(P-28 参照)

各タイプ内での選択は P-44.2.2.2.1 から P-44.2.2.2.7 で例を示す．多環系に適用するこれ以外の基準は P-44.4 に示す．

例:

(1)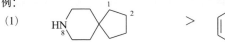

8-アザスピロ[4.5]デカン PIN   キノリン PIN
8-azaspiro[4.5]decane PIN   quinoline PIN

〔スピロ環系(a)＞縮合環系(c)〕

(2)

1,4(1,4)-ジベンゼナシクロヘキサファン PIN   ジベンゾ[*a,e*][8]アンヌレン PIN
1,4(1,4)-dibenzenacyclohexaphane PIN   dibenzo[*a,e*][8]annulene PIN

〔環状ファン環系(b)＞縮合環系(c)〕

(3)

ナフタレン PIN   ビシクロ[4.2.2]デカン PIN
naphthalene PIN   bicyclo[4.2.2]decane PIN

〔縮合環系(c)＞ポリシクロ環系(e)〕

(4)

ベンゾ[8]アンヌレン PIN   1,1′-ビフェニル PIN
benzo[8]annulene PIN   1,1′-biphenyl PIN

〔縮合環系(c)＞環集合(g)〕

P-44.2.2.2.1 スピロ環系　　スピロ環系の優先順位は，以下の基準を他の可能性がなくなるまで順次適用して決める．これらの基準は P-44.2.2.2.1.1 から P-44.2.2.2.1.3 に例示する．

優先スピロ系は，

(a) スピロ縮合の数がより多い．
(b) 飽和単環をもつ．
(c) 異なる成分だけからなる．

スピロ環系に適用する他の基準は P-44.4 に示す．

P-44.2.2.2.1.1　　優先スピロ系はスピロ縮合の数がより多い〔P-44.2.2.2.1 の基準(a)〕．

例:

6-アザジスピロ[4.2.4^8.2^5]テトラデカン PIN   2′*H*-スピロ[シクロペンタン-1,1′-イソキノリン] PIN
6-azadispiro[4.2.4^8.2^5]tetradecane PIN   2′*H*-spiro[cyclopentane-1,1′-isoquinoline] PIN

〔スピロ縮合2箇所＞スピロ縮合1箇所〕

P-44.2.2.2.1.2　優先スピロ系は飽和単環だけからなり〔P-44.2.2.2.1 の基準(b)〕, スピロ原子が小さい位置番号をもつ.

例：

8,10-ジアザジスピロ[3.1.5⁶.1⁴]ドデカン **PIN**
8,10-diazadispiro[3.1.5⁶.1⁴]dodecane **PIN**

は

5,11-ジアザジスピロ[3.2.3⁷.2⁴]ドデカン **PIN**
5,11-diazadispiro[3.2.3⁷.2⁴]dodecane **PIN**

に優先する

〔飽和単環はいずれも 2 個のスピロ縮合をもつ. スピロ縮合の位置番号の組合わせ 4,6 は 4,7 より小さい〕

P-44.2.2.2.1.3　優先スピロ系は異なる成分だけからなり〔P-44.2.2.2.1 の基準(c)〕, さらに,

(a) 成分をその優先順位で比較したとき, 比較の対象となる環が P-44.2.1 で述べた基準に照らして上位である.

例：

2′H-スピロ[シクロペンタン-1,1′-イソキノリン] **PIN**
2′H-spiro[cyclopentane-1,1′-isoquinoline] **PIN**

スピロ[インデン-1,4′-ピペリジン] **PIN**
spiro[indene-1,4′-piperidine] **PIN**

〔上位成分の環　イソキノリン＞ピペリジン(P-44.2.1(e)参照)〕

(b) 成分を名称中に示された順に比較したとき, 比較の対象となる環が P-44.2.1 で述べた基準に照らして上位である.

例：

(Ⅰ)　1′-アザジスピロ[[1,3]ジオキソラン-2,2′-ビシクロ[2.2.2]オクタン-5′,2″-オキソラン] **PIN**
　　　1′-azadispiro[[1,3]dioxolane-2,2′-bicyclo[2.2.2]octane-5′,2″-oxolane] **PIN**

は

(Ⅱ)　4-アザジスピロ[ビシクロ[2.2.2]オクタン-2,2′-オキソラン-3′,2″-[1,3]ジオキソラン] **PIN**
　　　4-azadispiro[bicyclo[2.2.2]octane-2,2′-oxolane-3′,2″-[1,3]dioxolane] **PIN**

に優先する

〔最初に記載の成分　ジオキソラン＞ビシクロ[2.2.2]オクタン P-44.2.1(a)参照〕

(c) 名称中に示された順で, スピロ原子が小さい位置番号をもつ.

例:

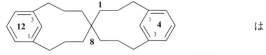

(I) 1'H-スピロ[シクロペンタン-1,2'-キノリン] **PIN**
　　1'H-spiro[cyclopentane-1,2'-quinoline] **PIN**
　　　　　　　　は
(II) 2'H-スピロ[シクロペンタン-1,3'-キノリン] **PIN**
　　2'H-spiro[cyclopentane-1,3'-quinoline] **PIN**
　　　　　　　に優先する
〔(I)のスピロ縮合位置番号の組合わせ1,2'は(II)の1,3'より小さい〕

P-44.2.2.2.2 環状ファン系 環状ファン系の優先順位は以下に示す基準を他の可能性がなくなるまで順次適用して決める．これらの基準はP-44.2.2.2.2.1からP-44.2.2.2.2.8に例示する．
優先環状ファン系は，

(a) 次のうち先に出てくる基本ファン骨格環系である：スピロ型＞ポリシクロ型＞単環型．
(b) P-44.2.1.2からP-44.2.1.8で定義する優先順位の高い再現環をもつ．
(c) すべての再現環について，スーパー原子位置番号の組合わせを，まず数値が増加する順に，ついで名称中の記載順に1字ずつ比較したとき，より小さいスーパー原子位置番号をもつ．
(d) 優先再現環が小さい位置番号をもつ．
(e) 連結位置番号の組合わせが，数値が増加する順に並べて1字ずつ比べたときより小さい．
(f) 連結位置番号の組合わせが，名称中に記載の順に並べて1字ずつ比べたときより小さい．
(g) "ア"命名法で導入したヘテロ原子の位置番号がその種類によらずより小さい．
(h) "ア"命名法で導入したヘテロ原子で，次の順で先に記載されたヘテロ原子の位置番号がより小さい：
　　F＞Cl＞Br＞I＞O＞S＞Se＞Te＞N＞P＞As＞Sb＞Bi＞Si＞Ge＞Sn＞Pb＞B＞Al＞Ga＞In＞Tl．

環状ファン系に適用する他の基準はP-44.4に示す．

P-44.2.2.2.2.1 優先環状ファン系は，次の基本ファン骨格環系の順序で先に現れるものである：スピロ型＞ポリシクロ型(von Baeyer型)＞単環型．

例(P-44.2.2.2.2の基準に従って優先順位が低下する順)：

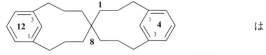

4,12(1,3)-ジベンゼナスピロ[7.7]ペンタデカファン **PIN**
4,12(1,3)-dibenzenaspiro[7.7]pentadecaphane **PIN**
（スピロ型ファン骨格系）

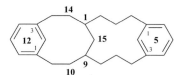

に優先し，これは

5,12(1,3)-ジベンゼナビシクロ[7.5.1]ペンタデカファン **PIN**
5,12(1,3)-dibenzenabicyclo[7.5.1]pentadecaphane **PIN**
（ポリシクロ型ファン骨格系）

324   P-4 名称をつくるための規則

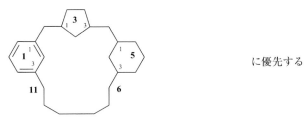

1(1,3)-ベンゼナ-5(1,3)-シクロヘキサナ-3(1,3)-
    シクロペンタナシクロウンデカファン **PIN**
1(1,3)-benzena-5(1,3)-cyclohexana-3(1,3)-
    cyclopentanacycloundecaphane **PIN**
(単環型ファン骨格系)

P-44.2.2.2.2.2　優先環状ファン系は P-44.2.1.2 から P-44.2.1.8 で定義する優先再現環をもつ〔P-44.2.2.2.2 の基準(b)〕.

例：

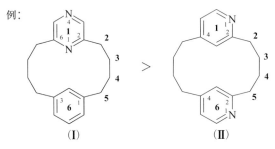

(I)　1(2,6)-ピラジナ-6(1,3)-ベンゼナシクロデカファン **PIN**
    1(2,6)-pyrazina-6(1,3)-benzenacyclodecaphane **PIN**
            は
(II) 1,6(2,4)-ジピリジナシクロデカファン **PIN**
    1,6(2,4)-dipyridinacyclodecaphane **PIN**
            に優先する

〔ピラジン＞ピリジン〕

P-44.2.2.2.2.3　優先環状ファン系は，スーパー原子位置番号の組合わせをまず数値が増加する順に，ついで名称中の記載順に 1 字ずつ比較したとき，すべての再現環で小さい位置番号をもつ〔P-44.2.2.2.2 の基準(c)〕.

例：

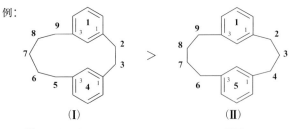

(I)　1,4(1,3)-ジベンゼナシクロノナファン **PIN**
    1,4(1,3)-dibenzenacyclononaphane **PIN**
            は
(II) 1,5(1,3)-ジベンゼナシクロノナファン **PIN**
    1,5(1,3)-dibenzenacyclononaphane **PIN**
            に優先する

〔(I)のスーパー原子位置番号の組合わせ 1,4 は(II)の 1,5 より小さい〕

P-44.2.2.2.2.4　優先環状ファン系は，優先再現環が小さい位置番号をもつ〔P-44.2.2.2.2 の基準(d)〕.

例：

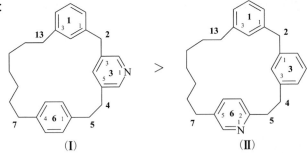

(I) 3(3,5)-ピリジナ-1(1,3),6(1,4)-ジベンゼナシクロトリデカファン PIN
　　3(3,5)-pyridina-1(1,3),6(1,4)-dibenzenacyclotridecaphane PIN
　　　　　　　　　　　　は
(II) 6(2,5)-ピリジナ-1,3(1,3)-ジベンゼナシクロトリデカファン PIN
　　6(2,5)-pyridina-1,3(1,3)-dibenzenacyclotridecaphane PIN
　　　　　　　　　　　に優先する

〔優先再現環であるピリジンのスーパー原子位置番号 3 は 6 より小さい〕

P-44.2.2.2.2.5 優先環状ファン系は，連結位置番号の組合わせを数値が増加する順に 1 字ずつ比較したとき，より小さい連結位置番号の組合わせをもつ〔P-44.2.2.2.2 の基準(e)〕．

例：

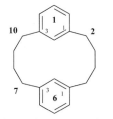　　　＞　　　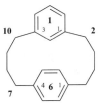

1,6(1,3)-ジベンゼナシクロデカファン PIN　　　1(1,3),6(1,4)-ジベンゼナシクロデカファン PIN
1,6(1,3)-dibenzenacyclodecaphane PIN　　　　1(1,3),6(1,4)-dibenzenacyclodecaphane PIN

〔連結位置番号の組合わせ(1,3)(1,3)は(1,3)(1,4)より小さい〕

P-44.2.2.2.2.6 優先環状ファン系は，連結位置番号の組合わせを名称中の記載順に 1 字ずつ比較したとき，より小さい連結位置番号の組合わせをもつ〔P-44.2.2.2.2 の基準(f)〕．

例：

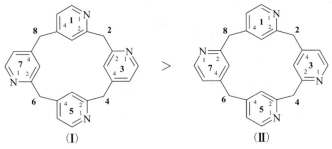

(I) 1,3,5,7(2,4)-テトラピリジナシクロオクタファン PIN
　　1,3,5,7(2,4)-tetrapyridinacyclooctaphane PIN
　　　　　　　　　　　は
(II) 1,5(2,4),3,7(4,2)-テトラピリジナシクロオクタファン PIN
　　1,5(2,4),3,7(4,2)-tetrapyridinacyclooctaphane PIN
　　　　　　　　　　　に優先する

〔連結位置番号の組合わせ(2,4)(2,4)(2,4)(2,4)は(2,4)(2,4)(4,2)(4,2)より小さい〕

P-44.2.2.2.2.7　優先環状ファン系は，その種類によらず"ア"接頭語で特定したヘテロ原子がより小さい位置番号をもつ〔P-44.2.2.2 の基準(g)〕.

例：

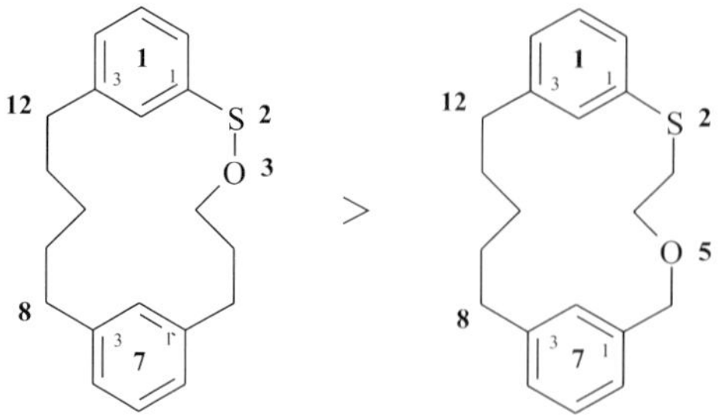

(Ⅰ)　3-オキサ-2-チア-1,7(1,3)-ジベンゼナシクロドデカファン **PIN**
　　　3-oxa-2-thia-1,7(1,3)-dibenzenacyclododecaphane **PIN**
　　　　　　　　　　　　　　　は
(Ⅱ)　5-オキサ-2-チア-1,7(1,3)-ジベンゼナシクロドデカファン **PIN**
　　　5-oxa-2-thia-1,7(1,3)-dibenzenacyclododecaphane **PIN**
　　　　　　　　　　　　　に優先する
〔ヘテロ原子位置番号の組合わせ 2,3 は 2,5 より小さい〕

P-44.2.2.2.2.8　優先環状ファン系は，"ア"接頭語で特定されたヘテロ原子で，次の順で先に記載されるヘテロ原子がより小さい位置番号をもつ: F＞Cl＞Br＞I＞O＞S＞Se＞Te＞N＞P＞As＞Sb＞Bi＞Si＞Ge＞Sn＞Pb＞B＞Al＞Ga＞In＞Tl〔P-44.2.2.2 の基準(h)〕.

例：

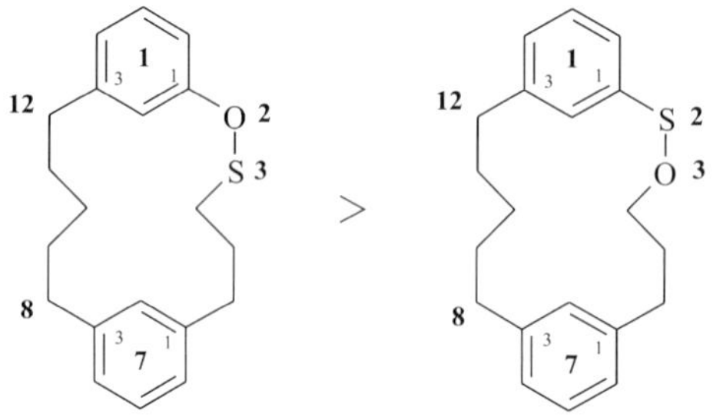

(Ⅰ)　2-オキサ-3-チア-1,7(1,3)-ジベンゼナシクロドデカファン **PIN**
　　　2-oxa-3-thia-1,7(1,3)-dibenzenacyclododecaphane **PIN**
　　　　　　　　　　　　　　　は
(Ⅱ)　3-オキサ 2-チア-1,7(1,3)-ジベンゼナシクロドデカファン **PIN**
　　　3-oxa-2-thia-1,7(1,3)-dibenzenacyclododecaphane **PIN**
　　　　　　　　　　　　　に優先する
〔優先ヘテロ原子 O の位置番号 2 は 3 より小さい〕

P-44.2.2.2.3　縮合環系　縮合環系の優先順位は，以下に示す基準を他の可能性がなくなるまで順次適用する．これらの基準を P-44.2.2.2.3.1 から P-44.2.2.2.3.5 で例示する．
　優先縮合環系は，

(a) 環の大きさを減少する順に比較したとき，最初に差が現れる点でより大きな環成分をもつ．
(b) 水平な並びにより多くの環をもつ．

P-44 母体構造の優先順位   327

(c) 組合わせで比較したとき，縮合表示記号がアルファベット順で先に現れる文字をもつ．名称では省略される文字もこの基準を適用するときには考慮する．
(d) 名称中の表示順で縮合表示記号がより小さな数字をもつ．名称では省略される位置番号もこの基準を適用するときには考慮する．
(e) 成分を優先順位が低下する順に比較したとき，P-25.8 に従って優先する環系成分をもつ．

縮合環系に適用される他の基準は P-44.4 に示す．

P-44.2.2.2.3.1　優先縮合環系は，環の大きさを減少する順に比較したとき，最初に差が現れる点でより大きな環成分をもつ〔P-44.2.2.2.3 の基準(a)〕．

例：

アズレン **PIN**　　　　ナフタレン **PIN**
azulene **PIN**　　　　naphthalene **PIN**

〔環の組合わせ 7, 5 の環の七員環は組合わせ 6, 6 の環の六員環より大きい〕

P-44.2.2.2.3.2　優先縮合環系は水平な並びにより多くの環をもつ〔P-44.2.2.2.3 の基準(b)〕．

例：

(1)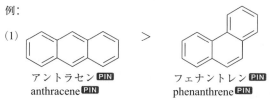

アントラセン **PIN**　　　　フェナントレン **PIN**
anthracene **PIN**　　　　phenanthrene **PIN**

〔水平な並びに環 3 個は環 2 個より大きい〕

(2)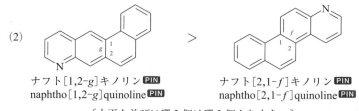

ナフト[1,2-*g*]キノリン **PIN**　　　　ナフト[2,1-*f*]キノリン **PIN**
naphtho[1,2-*g*]quinoline **PIN**　　　　naphtho[2,1-*f*]quinoline **PIN**

〔水平な並びに環 3 個は環 2 個より大きい〕

P-44.2.2.2.3.3　優先縮合環系は，縮合表示記号の組合わせを比較したとき，アルファベット順でより先に現れる文字をもつ．名称中で省略される文字もこの基準を適用する時は考慮する〔P-44.2.2.2.3 の基準(c)〕．

例：

5*H*-[1,3]ジオキソロ[4,5-*c*][1,2]オキサホスホール **PIN**
5*H*-[1,3]dioxolo[4,5-*c*][1,2]oxaphosphole **PIN**

は

5*H*-[1,3]ジオキソロ[4,5-*d*][1,2]オキサホスホール **PIN**
5*H*-[1,3]dioxolo[4,5-*d*][1,2]oxaphosphole **PIN**

に優先する

〔縮合表示記号の文字 c はアルファベット順で d より小さい〕

P-44.2.2.2.3.4 優先縮合環系は名称中の表示順で，縮合表示記号の数字の組合わせが小さい．名称中で省略された位置番号も，この基準を適用する際には考慮する〔P-44.2.2.2.3 の基準(d)〕．

例：

ナフト[1,2-*f*]キノリン **PIN**　　　　　ナフト[2,1-*f*]キノリン **PIN**
naphtho[1,2-*f*]quinoline **PIN**　　　naphtho[2,1-*f*]quinoline **PIN**

〔縮合表示記号の位置番号の組合わせ 1,2 は 2,1 より小さい〕

P-44.2.2.2.3.5 優先縮合環系は成分を優先順位が低下する順に比較したとき，P-25.8 に従って優先する環系成分をもつ〔P-44.2.2.2.3 の基準(e)〕．

例：

ナフト[2,3-*f*]キノリン **PIN**　　　　　ナフト[2,3-*f*]イソキノリン **PIN**
naphtho[2,3-*f*]quinoline **PIN**　　　naphtho[2,3-*f*]isoquinoline **PIN**

〔優先環系キノリンはイソキノリンに優先する(P-25.2.1 の表 2・8 参照)〕

P-44.2.2.2.4　橋かけ縮合環系　　橋かけ縮合環系の優先順位は，以下に示す基準を他の可能性がなくなるまで順次適用する．これらの基準を P-44.2.2.2.4.1 から P-44.2.2.2.4.14 に例示する．

優先橋かけ縮合環系は，

(a) 橋かけをする前に，より多数の環をもつ橋かけ環系である．
(b) 橋かけをする前に，より多数の環原子をもつ橋かけ環系である．
(c) 橋かけをする前の縮合環系に，より少数のヘテロ原子をもつ橋かけ縮合環系である．
(d) 橋かけをする前に，P-44.2.2.2.3 に従った優先縮合環系をもつ橋かけ縮合環系である．
(e) 橋かけの連結部位の位置番号の組合わせが小さい．
(f) 種類によらず橋にあるヘテロ原子の位置番号が小さい．
(g) 橋にあるヘテロ原子の位置番号が次の順で小さい：F＞Cl＞Br＞I＞O＞S＞Se＞Te＞N＞P＞As＞Sb＞Bi＞Si＞Ge＞Sn＞Pb＞B＞Al＞Ga＞In＞Tl．
(h) 複合橋がより少ない．
(i) 従属橋がより少ない．
(j) 従属橋の原子がより少ない．
(k) より多数の二価橋をもつ．
(l) 独立橋の連結部位の位置番号の組合わせがより小さい．
(m) 従属橋の連結部位の位置番号の組合わせがより小さい．
(n) 橋かけをする前に最多非集積二重結合をもつ縮合環系をもつ．

橋かけ縮合環系に適用する他の基準は P-44.4 で述べる．

P-44.2.2.2.4.1　　優先橋かけ縮合環系は，橋かけをする前により多数の環をもつ橋かけ環系である〔P-44.2.2.2.4 の基準(a)〕．

P-44 母体構造の優先順位　　　　329

例:

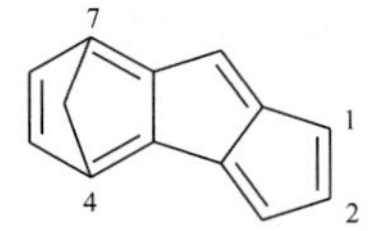

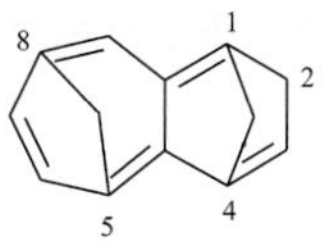

4,7-メタノシクロペンタ[a]インデン **PIN**
4,7-methanocyclopenta[a]indene **PIN**

>

2H-1,4:5,8-ジメタノベンゾ[7]アンヌレン **PIN**
2H-1,4:5,8-dimethanobenzo[7]annulene **PIN**

〔橋かけする前の環系で，環 3 個は環 2 個より多い〕

P-44.2.2.2.4.2　　優先橋かけ縮合環系は，橋かけをする前により多数の環原子をもつ橋かけ環系である〔P-44.2.2.2.4 の基準(b)〕.

例:

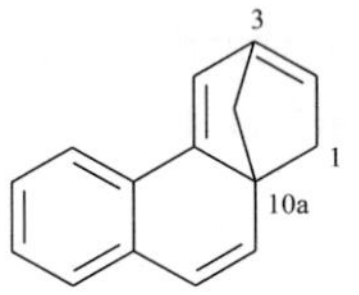

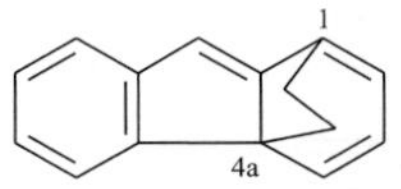

1H-3,10a-メタノフェナントレン **PIN**
1H-3,10a-methanophenanthrene **PIN**

>

1,4a-エタノフルオレン **PIN**
1,4a-ethanofluorene **PIN**

〔橋かけする前の環系で，環原子 14 個は 13 個より多い〕

P-44.2.2.2.4.3　　優先橋かけ縮合環系は，橋かけをする前の縮合環系がより少ないヘテロ原子をもつ橋かけ環系である〔P-44.2.2.2.4 の基準(c)〕.

例:

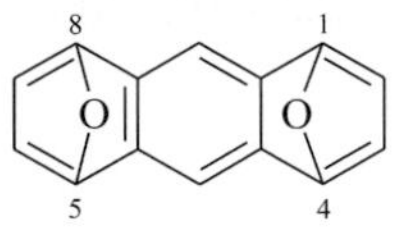

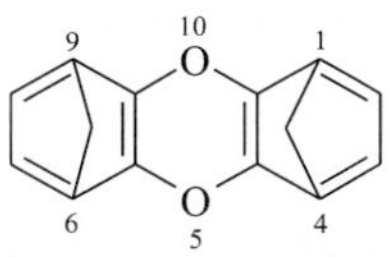

1,4:5,8-ジエピオキシアントラセン **PIN**
1,4:5,8-diepoxyanthracene **PIN**

>

1,4:6,9-ジメタノオキサアントレン **PIN**
1,4:6,9-dimethanooxanthrene **PIN**

〔橋かけする前の縮合環系で，ヘテロ原子 0 個は 2 個より少ない〕

P-44.2.2.2.4.4　　優先橋かけ縮合環系は，橋かけをする前の縮合環系が P-44.2.2.2.3 に従った優先縮合環系である〔P-44.2.2.2.4 の基準(d)〕.

例:

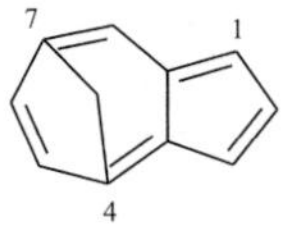

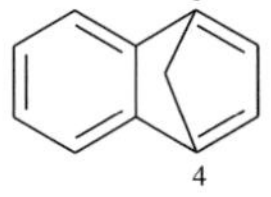

4,7-メタノアズレン **PIN**
4,7-methanoazulene **PIN**

>

1,4-メタノナフタレン **PIN**
1,4-methanonaphthalene **PIN**

〔アズレンはナフタレンより優先する，P-44.2.1 参照〕

P-44.2.2.2.4.5　　優先橋かけ縮合環系は，橋の連結部位の位置番号の組合わせがより小さい〔P-44.2.2.2.4 の基準(e)〕.

例:

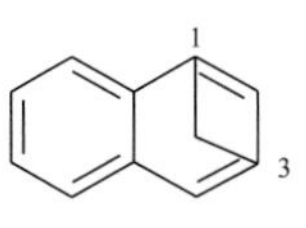

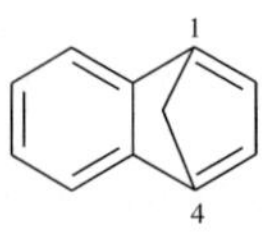

1,3-メタノナフタレン **PIN**
1,3-methanonaphthalene **PIN**

>

1,4-メタノナフタレン **PIN**
1,4-methanonaphthalene **PIN**

〔橋の連結部の位置番号の組合わせ 1,3 は 1,4 より小さい〕

P-44.2.2.2.4.6 優先橋かけ縮合環系は，橋のヘテロ原子が種類によらずより小さい位置番号をもつ〔P-44.2.2.2.4 の基準(f)〕．

例：

5,1-(エピオキシエタノ)オクタレン **PIN**　　　　1,5-(メタノオキシメタノ)オクタレン **PIN**
5,1-(epoxyethano)octalene **PIN**　　　　　1,5-(methanooxymethano)octalene **PIN**

〔橋の酸素原子の位置番号 13 は 14 より小さい〕

P-44.2.2.2.4.7 優先橋かけ縮合環系は，橋のヘテロ原子が次の順で小さい位置番号をもつ：F＞Cl＞Br＞I＞O＞S＞Se＞Te＞N＞P＞As＞Sb＞Bi＞Si＞Ge＞Sn＞Pb＞B＞Al＞Ga＞In＞Tl〔P-44.2.2.2.4 の基準(g)〕．

例：

5,1-(エピオキシメタノスルファノ)オクタレン **PIN**　　1,5-(エピオキシメタノスルファノ)オクタレン **PIN**
5,1-(epoxymethanosulfano)octalene **PIN**　　　1,5-(epoxymethanosulfano)octalene **PIN**

〔橋内で優先する酸素原子の位置番号 13 は 15 より小さい〕

P-44.2.2.2.4.8 優先橋かけ縮合環系は，より少ない複合橋をもつ〔P-44.2.2.2.4 の基準(h)〕．

例：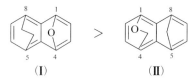
　　　　　（I）　　　　　　（II）

（I） 1,4-エピオキシ-5,8-エタノナフタレン **PIN**
　　 1,4-epoxy-5,8-ethanonaphthalene **PIN**
　　　　　　　は
（II） 1,4-(エピオキシメタノ)-5,8-メタノナフタレン **PIN**
　　 1,4-(epoxymethano)-5,8-methanonaphthalene **PIN**
　　　　　　　に優先する

〔複合橋 0 個は 1 個より少ない〕

P-44.2.2.2.4.9 優先橋かけ縮合環系は，より少ない従属橋をもつ〔P-44.2.2.2.4 の基準(i)〕．

例：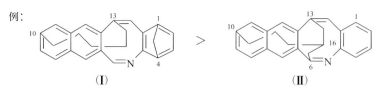
　　　　　（I）　　　　　　（II）

（I） 1,4-メタノ-10,13-ペンタノナフト[2,3-*c*][1]ベンゾアゾシン **PIN**
　　 1,4-methano-10,13-pentanonaphtho[2,3-*c*][1]benzazocine **PIN**
　　　　　　　は
（II） 6,16-メタノ-10,13-ペンタノナフト[2,3-*c*][1]ベンゾアゾシン **PIN**
　　 6,16-methano-10,13-pentanonaphtho[2,3-*c*][1]benzazocine **PIN**
　　　　　　　に優先する

〔従属橋 0 個は 1 個より少ない〕

P-44 母体構造の優先順位　　　　331

P-44.2.2.2.4.10　　優先橋かけ縮合環系は，従属橋の原子数がより少ない〔P-44.2.2.2.4 の基準(j)〕.

例:

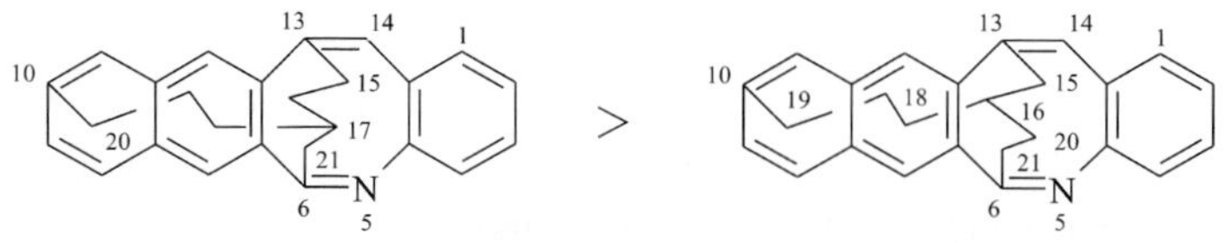

(I)　6,17-メタノ-10,13-ヘキサノナフト[2,3-*c*][1]ベンゾアゾシン `PIN`
　　　6,17-methano-10,13-hexanonaphtho[2,3-*c*][1]benzazocine `PIN`
　　　　　　　　　　は
(II)　6,16-エタノ-10,13-ペンタノナフト[2,3-*c*][1]ベンゾアゾシン `PIN`
　　　6,16-ethano-10,13-pentanonaphtho[2,3-*c*][1]benzazocine `PIN`
　　　　　　　　　に優先する

〔(I)では従属橋は原子 1 個(位置番号 21)で，(II)の原子 2 個
(位置番号 20 および 21)より少ない〕

P-44.2.2.2.4.11　　優先橋かけ縮合環系は，より多くの二価橋をもつ〔P-44.2.2.2.4 の基準(k)〕.

例:

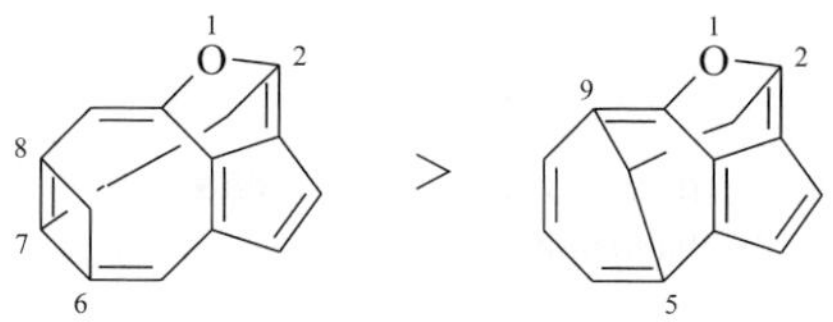

(I)　1-オキサ-2,7:6,8-ジメタノシクロオクタ[1,2,3-*cd*]ペンタレン `PIN`
　　　1-oxa-2,7:6,8-dimethanocycloocta[1,2,3-*cd*]pentalene `PIN`
　　　　　　　　　　は
(II)　1-オキサ-5,9,2-(エタン[1,1,2]トリイル)シクロオクタ[1,2,3-*cd*]ペンタレン `PIN`
　　　1-oxa-5,9,2-(ethane[1,1,2]triyl)cycloocta[1,2,3-*cd*]pentalene `PIN`
　　　　　　　　　に優先する
〔(I)の二価橋 2 個が(II)の三価橋 1 個より優先する〕

P-44.2.2.2.4.12　　優先橋かけ縮合環系は，独立橋の連結部位の位置番号の組合わせがより小さい
〔P-44.2.2.2.4 の基準(l)〕.

例:

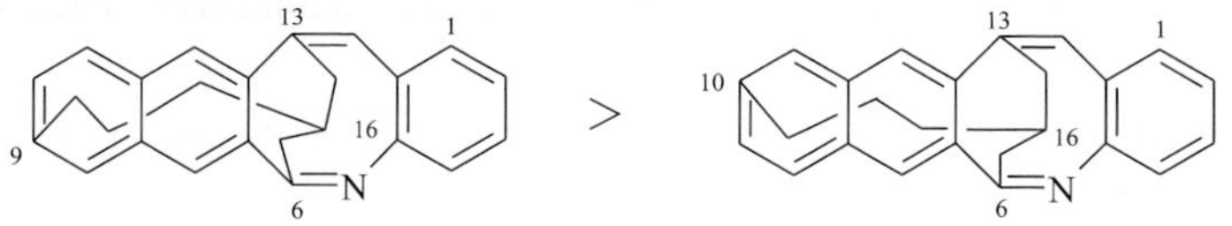

(I)　6,16-メタノ-9,13-ペンタノナフト[2,3-*c*][1]ベンゾアゾシン `PIN`
　　　6,16-methano-9,13-pentanonaphtho[2,3-*c*][1]benzazocine `PIN`
　　　　　　　　　　は
(II)　6,16-メタノ-10,13-ペンタノナフト[2,3-*c*][1]ベンゾアゾシン `PIN`
　　　6,16-methano-10,13-pentanonaphtho[2,3-*c*][1]benzazocine `PIN`
　　　　　　　　　に優先する

〔(I)の独立橋の位置番号の組合わせ 9,13 は(II)の位置番号の組合わせ 10,13 より小さい〕

P-44.2.2.2.4.13　　優先橋かけ縮合環系は，従属橋の連結部位の位置番号の組合わせがより小さい
〔P-44.2.2.2.4 の基準(m)〕.

332　　　　　　　　　　　　　　　　　　　　P-4　名称をつくるための規則

例：

(Ⅰ)　6,15-エタノ-10,13-ペンタノナフト[2,3-c][1]ベンゾアゾシン PIN
　　　6,15-ethano-10,13-pentanonaphtho[2,3-c][1]benzazocine PIN
　　　　　　　　　　　　　は
(Ⅱ)　6,16-エタノ-10,13-ペンタノナフト[2,3-c][1]ベンゾアゾシン PIN
　　　6,16-ethano-10,13-pentanonaphtho[2,3-c][1]benzazocine PIN
　　　　　　　　　　　　　に優先する

〔(Ⅰ)の従属橋の位置番号の組合わせ 6,15 は(Ⅱ)の位置番号の組合わせ 6,16 より小さい〕

P-44.2.2.2.4.14　優先橋かけ縮合環系は，橋かけ前の縮合環系がより多くの非集積二重結合をもつ〔P-44.2.2.2.4 の基準(n)〕．

例：

(Ⅰ)　1,2,3,4,4a,9,9a,10-オクタヒドロ-9,10-エタノアントラセン PIN
　　　1,2,3,4,4a,9,9a,10-octahydro-9,10-ethanoanthracene PIN
　　　　　　　　　　　　　は
(Ⅱ)　1,2,3,4,4a,8a,9,9a,10,10a-デカヒドロ-9,10-エテノアントラセン PIN
　　　1,2,3,4,4a,8a,9,9a,10,10a-decahydro-9,10-ethenoanthracene PIN
　　　　　　　　　　　　　に優先する

〔(Ⅰ)では非集積二重結合が 3 個で(Ⅱ)の 2 個より多い〕

P-44.2.2.2.5　ポリシクロ環系　ポリシクロ環系(von Baeyer 環系)の優先順位は，以下に示す基準を，他の可能性がなくなるまで順次適用する．これらの基準を P-44.2.2.2.5.1 から P-44.2.2.2.5.3 に例示する．
優先ポリシクロ環系は，

(a) 名称中の記載順で考えたとき，環の大きさを示す表示記号(von Baeyer 表示記号)の組合わせで最初に違いが現れる点で，より小さい数字をもつ．
(b) 数字が増大する順に 1 字ずつ比較したとき，最初に違いが現れる点で，橋の橋頭位置番号(上付きの位置番号)の組合わせがより小さい．
(c) 名称中に記載の順に 1 字ずつ比較したとき，最初に違いが現れる点で橋の橋頭位置番号(上付きの位置番号)の組合わせがより小さい．

ポリシクロ環系に適用する他の基準は P-44.4 で示す．

P-44.2.2.2.5.1　優先ポリシクロ環系は，名称中の記載順で考えたとき，環の大きさを表す表示記号の組合わせで，最初に違いが現れる点でより小さい数字をもつ〔P-44.2.2.2.5 の基準(a)〕．

例：

ビシクロ[2.2.2]オクタン PIN　　　ビシクロ[3.2.1]オクタン PIN
bicyclo[2.2.2]octane PIN　　　bicyclo[3.2.1]octane PIN

〔環の表示記号の組合わせ 2,2,2 は 3,2,1 より小さい〕

P-44.2.2.2.5.2 優先ポリシクロ環系は，数字が増大する順に1字ずつ比較したとき最初に違いが現れる点で橋の橋頭位置番号（上付きの位置番号）の組合わせがより小さい〔P-44.2.2.2.5の基準(b)〕．

例：

トリシクロ[5.2.1.1^{1,4}]ウンデカン **PIN**　　　　　トリシクロ[5.2.1.1^{2,5}]ウンデカン **PIN**
tricyclo[5.2.1.1^{1,4}]undecane **PIN**　　　　　tricyclo[5.2.1.1^{2,5}]undecane **PIN**

〔橋の連結位置番号の組合わせ1,4は2,5より小さい〕

P-44.2.2.2.5.3 優先ポリシクロ環系は，名称中の表示順に1字ずつ比較したとき最初に違いが現れる点で橋の橋頭位置番号（上付きの位置番号）の組合わせがより小さい〔P-44.2.2.2.5の基準(c)〕．

例：

テトラシクロ[5.5.2.2^{2,5}.1^{8,12}]ヘプタデカン **PIN**　　　テトラシクロ[5.5.2.2^{2,6}.1^{8,12}]ヘプタデカン **PIN**
tetracyclo[5.5.2.2^{2,5}.1^{8,12}]heptadecane **PIN**　　　tetracyclo[5.5.2.2^{2,6}.1^{8,12}]heptadecane **PIN**

〔橋の橋頭位置番号の組合わせ2,5,8,12は2,6,8,12より小さい〕

P-44.2.2.2.6　直線状（鎖状）ファン　　直線状ファン系は，再現環がヘテロ原子であり，それらをつなぐ原子や鎖が炭素原子であるヘテロ鎖と見ることもできるが，鎖状ファンの優先順位は，環状ファン系に使った基準（P-44.2.2.2.2参照）に従う．したがって，以下に示す鎖状ファン系に対する優先順位の基準を，他の可能性がなくなるまで順次適用する．これらの基準をP-44.2.2.2.6.1からP-44.2.2.2.6.10に例示する．

優先直線状ファン系は，

(a) P-44.2.1.2からP-44.2.1.8で定義された優先再現環をもつ．
(b) P-44.2.1.2からP-44.2.1.8で定義された優先順位のより高い再現環を多くもつ．
(c) 最多の骨格構成要素をもつ．
(d) 優先再現環がより小さいスーパー原子位置番号をもつ．
(e) すべての再現環のスーパー原子位置番号の組合わせをまず数値が増大する順に，それで決まらなければ名称中の表示順に1字ずつ比較したとき，数値が最小になる．
(f) スーパー原子位置番号を名称中の表示順に比較したとき，より小さい位置番号をもつ．
(g) 連結位置番号の組合わせを数値が増大する順に1字ずつ比較したとき，より小さい組合わせをもつ．
(h) 連結位置番号の組合わせを名称中の表示順に1字ずつ比較したとき，より小さい組合わせをもつ．
(i) 種類によらず"ア"命名法で導入されたヘテロ原子をより多くもつ．
(j) "ア"命名法で導入されたヘテロ原子で，次の順で最初に表示されるヘテロ原子がより多い：F＞Cl＞Br＞I＞O＞S＞Se＞Te＞N＞P＞As＞Sb＞Bi＞Si＞Ge＞Sn＞Pb＞B＞Al＞Ga＞In＞Tl．

鎖状ファンに適用される他の基準はP-44.4で述べる．

P-44.2.2.2.6.1　　優先直線状ファン系は，P-44.2.1.2からP-44.2.1.8で定義された優先再現環をもつ〔P-44.2.2.2.6の基準(a)〕．

334　　　　　　　　　P-4　名称をつくるための規則

例:

(1) 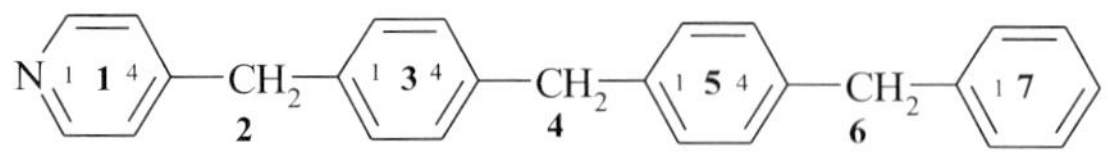 　　　は

　1(4)-ピリジナ-3,5(1,4),7(1)-トリベンゼナヘプタファン PIN
　1(4)-pyridina-3,5(1,4),7(1)-tribenzenaheptaphane PIN

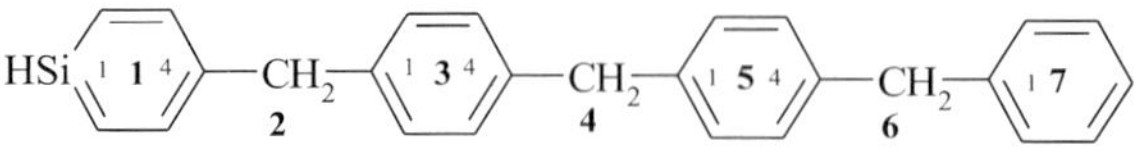

　　　に優先する

　1(4)-シリナ-3,5(1,4),7(1)-トリベンゼナヘプタファン PIN
　1(4)-silina-3,5(1,4),7(1)-tribenzenaheptaphane PIN

〔再現環ピリジナは再現環シリナに優先する〕

(2) 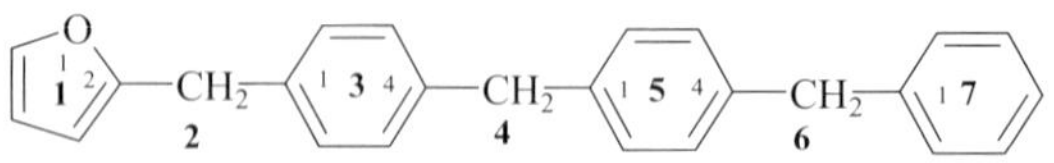 　　　は

　1(2)-フラナ-3,5(1,4),7(1)-トリベンゼナヘプタファン PIN
　1(2)-furana-3,5(1,4),7(1)-tribenzenaheptaphane PIN

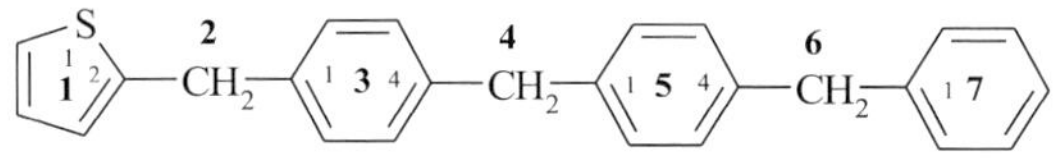

　　　に優先する

　1(2)-チオフェナ-3,5(1,4),7(1)-トリベンゼナヘプタファン PIN
　1(2)-thiophena-3,5(1,4),7(1)-tribenzenaheptaphane PIN

〔再現環フラナは再現環チオフェナに優先する〕

(3) 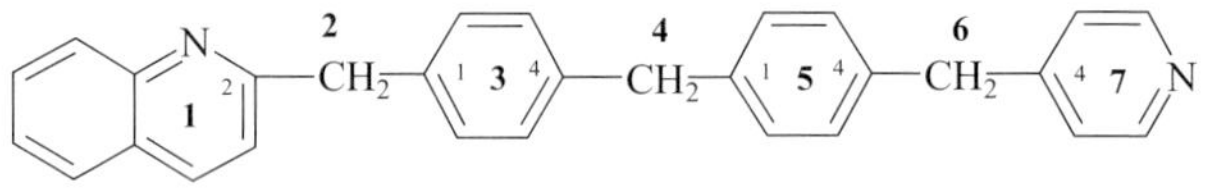 　　　は

　1(2)-キノリナ-7(4)-ピリジナ-3,5(1,4)-ジベンゼナヘプタファン PIN
　1(2)-quinolina-7(4)-pyridina-3,5(1,4)-dibenzenaheptaphane PIN

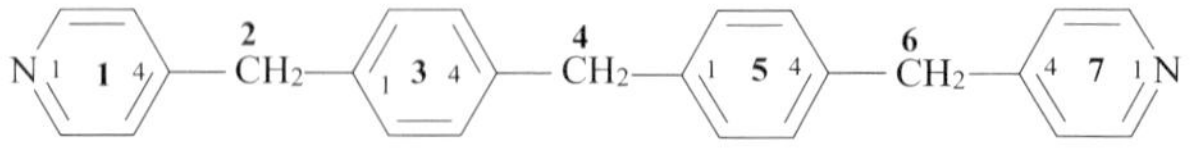

　　　に優先する

　1,7(4)-ジピリジナ-3,5(1,4)-ジベンゼナヘプタファン PIN
　1,7(4)-dipyridina-3,5(1,4)-dibenzenaheptaphane PIN

〔再現環キノリナは再現環ピリジナに優先する〕

(4) 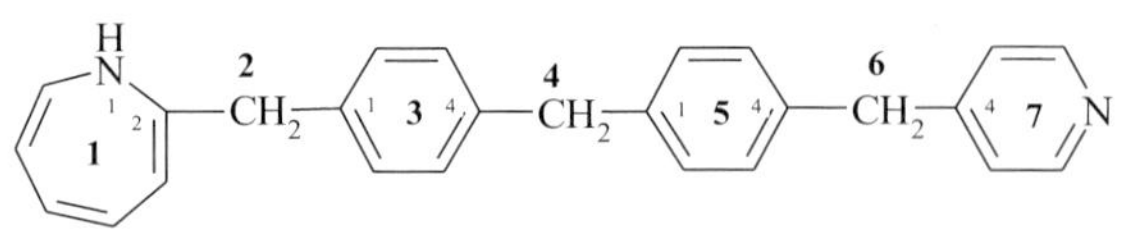 　　　は

　1^1H-1(2)-アゼピナ-7(4)-ピリジナ-3,5(1,4)-ジベンゼナヘプタファン PIN
　1^1H-1(2)-azepina-7(4)-pyridina-3,5(1,4)-dibenzenaheptaphane PIN

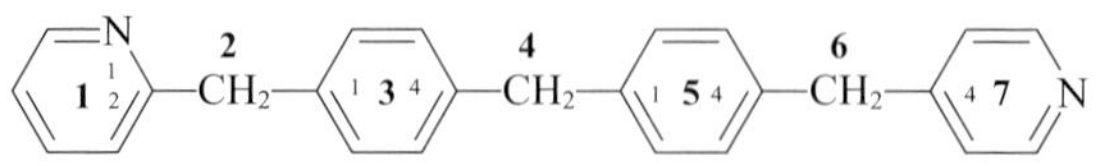

　　　に優先する

　1(2),7(4)-ジピリジナ-3,5(1,4)-ジベンゼナヘプタファン PIN
　1(2),7(4)-dipyridina-3,5(1,4)-dibenzenaheptaphane PIN

〔再現環アゼピナは再現環ピリジナに優先する〕

P-44.2.2.2.6.2　　優先直線状ファン系は，P-44.2.1.2 から P-44.2.1.8 で定義された優先順位のより高い再現環を多くもつ〔P-44.2.2.2.6 の基準(b)〕.

P-44 母体構造の優先順位 335

例:

(1) 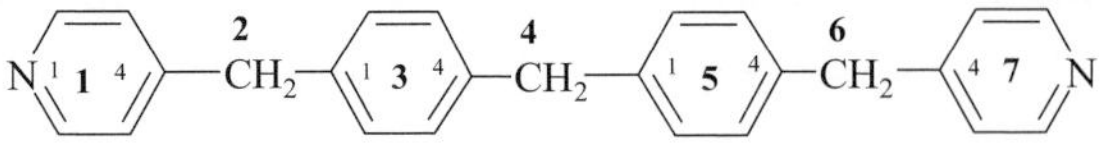 は

1,7(4)-ジピリジナ-3,5(1,4)-ジベンゼナヘプタファン **PIN**
1,7(4)-dipyridina-3,5(1,4)-dibenzenaheptaphane **PIN**

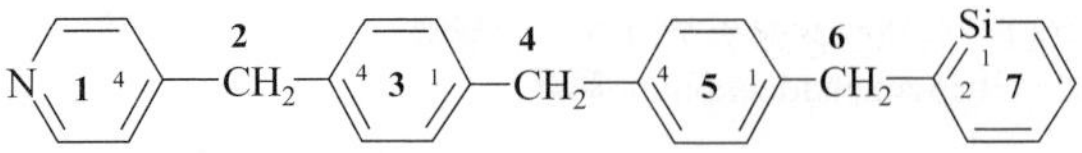

に優先する

1(4)-ピリジナ-7(2)-シリナ-3,5(1,4)-ジベンゼナヘプタファン **PIN**
1(4)-pyridina-7(2)-silina-3,5(1,4)-dibenzenaheptaphane **PIN**

〔再現環ピリジナ/ピリジナは再現環ピリジナ/シリナに優先する〕

(2) 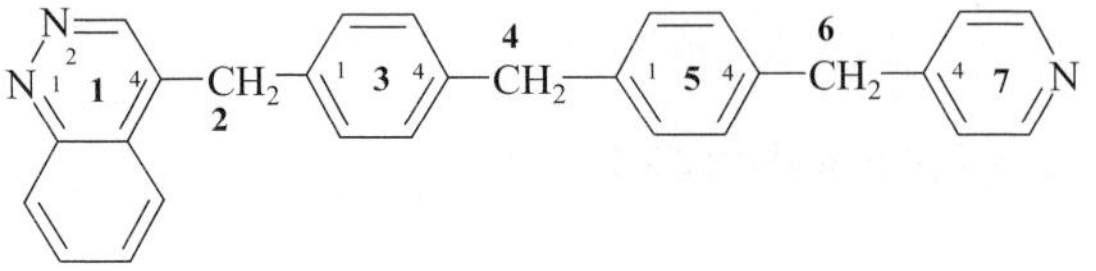 は

1(4)-シンノリナ-7(4)-ピリジナ-3,5(1,4)-ジベンゼナヘプタファン **PIN**
1(4)-cinnolina-7(4)-pyridina-3,5(1,4)-dibenzenaheptaphane **PIN**

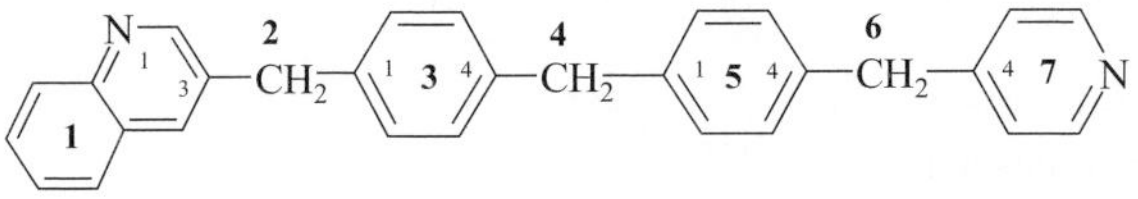

に優先する

1(3)-キノリナ-7(4)-ピリジナ-3,5(1,4)-ジベンゼナヘプタファン **PIN**
1(3)-quinolina-7(4)-pyridina-3,5(1,4)-dibenzenaheptaphane **PIN**

〔再現環シンノリナ/ピリジナは再現環キノリナ/ピリジナに優先する〕

(3) 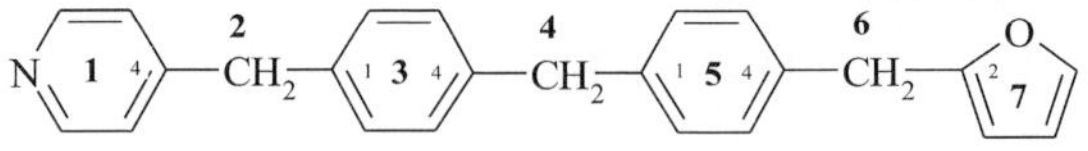 は

1(4)-ピリジナ-7(2)-フラナ-3,5(1,4)-ジベンゼナヘプタファン **PIN**
1(4)-pyridina-7(2)-furana-3,5(1,4)-dibenzenaheptaphane **PIN**

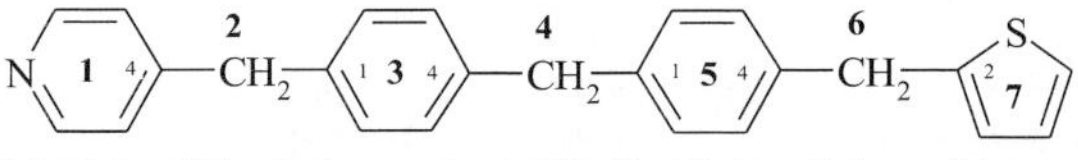

に優先する

1(4)-ピリジナ-7(2)-チオフェナ-3,5(1,4)-ジベンゼナヘプタファン **PIN**
1(4)-pyridina-7(2)-thiophena-3,5(1,4)-dibenzenaheptaphane **PIN**

〔再現環ピリジナ/フラナは再現環ピリジナ/チオフェナに優先する〕

P-44.2.2.2.6.3　優先直線状ファン系は，最大数の骨格構成要素をもつ〔P-44.2.2.2.6 の基準(c)〕.

例: は

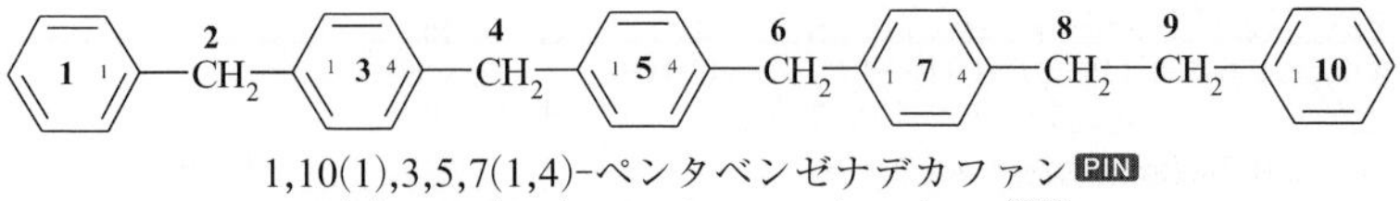

1,10(1),3,5,7(1,4)-ペンタベンゼナデカファン **PIN**
1,10(1),3,5,7(1,4)-pentabenzenadecaphane **PIN**

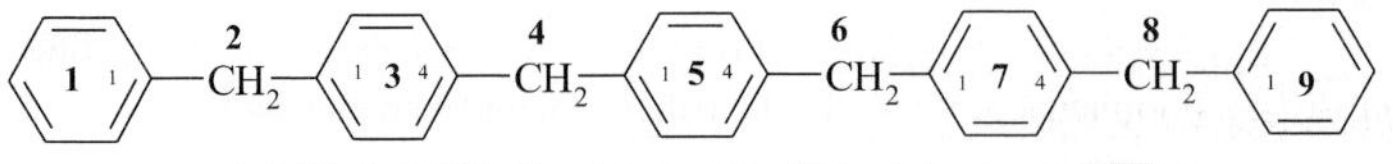

に優先する

1,9(1),3,5,7(1,4)-ペンタベンゼナノナファン **PIN**
1,9(1),3,5,7(1,4)-pentabenzenanonaphane **PIN**

〔デカファンはノナファンより多くの骨格構成要素をもつ〕

P-44.2.2.2.6.4　優先直線状ファン系は，優先再現環がより小さいスーパー原子位置番号をもつ〔P-44.2.2.2.6 の基準(d)〕.

例：

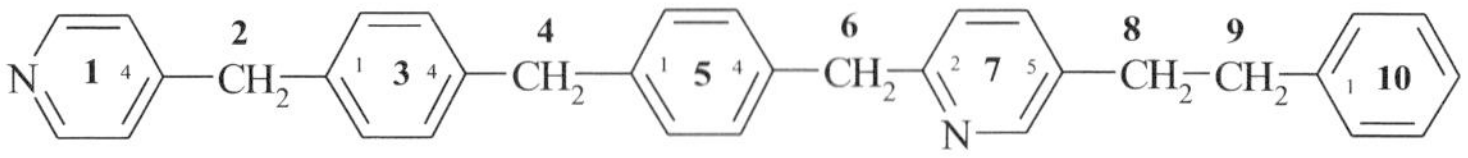

1(4),7(2,5)-ジピリジナ-3,5(1,4),10(1)-トリベンゼナデカファン PIN
1(4),7(2,5)-dipyridina-3,5(1,4),10(1)-tribenzenadecaphane PIN

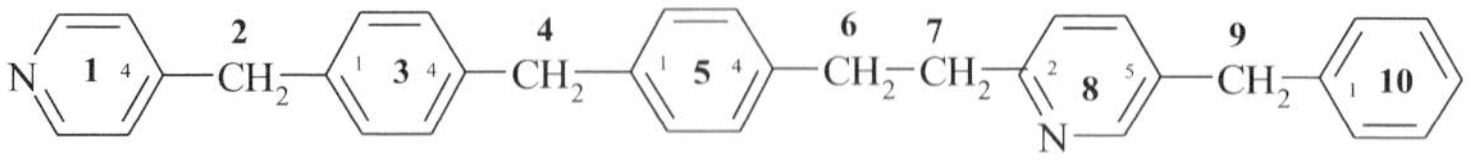

は

1(4),8(2,5)-ジピリジナ-3,5(1,4),10(1)-トリベンゼナデカファン PIN
1(4),8(2,5)-dipyridina-3,5(1,4),10(1)-tribenzenadecaphane PIN

に優先する

〔ピリジン再現環の位置番号の組合わせ 1,7 は 1,8 より小さい〕

P-44.2.2.2.6.5　優先直線状ファン系は，すべての再現環のスーパー原子位置番号の組合わせがより小さい〔P-44.2.2.2.6 の基準(e)〕.

例：

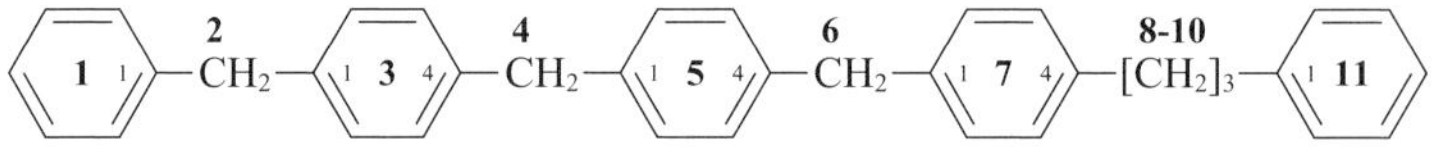

1,11(1),3,5,7(1,4)-ペンタベンゼナウンデカファン PIN
1,11(1),3,5,7(1,4)-pentabenzenaundecaphane PIN

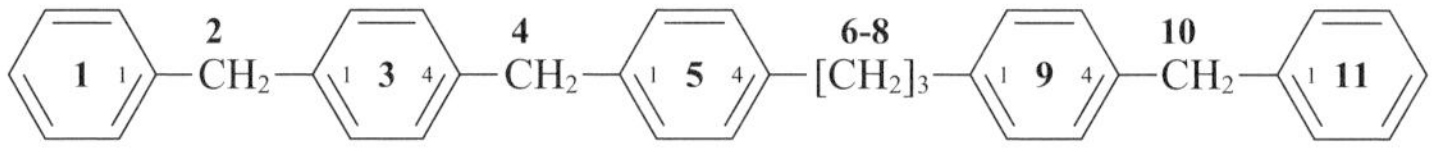

は

1,11(1),3,5,9(1,4)-ペンタベンゼナウンデカファン PIN
1,11(1),3,5,9(1,4)-pentabenzenaundecaphane PIN

に優先する

〔再現環の位置番号の組合わせ 1,3,5,7,11 は 1,3,5,9,11 より小さい〕

P-44.2.2.2.6.6　優先直線状ファン系は，名称中の表示順で比較したとき，すべての再現環のスーパー原子位置番号の組合わせがより小さい〔P-44.2.2.2.6 の基準(f)〕.

例：

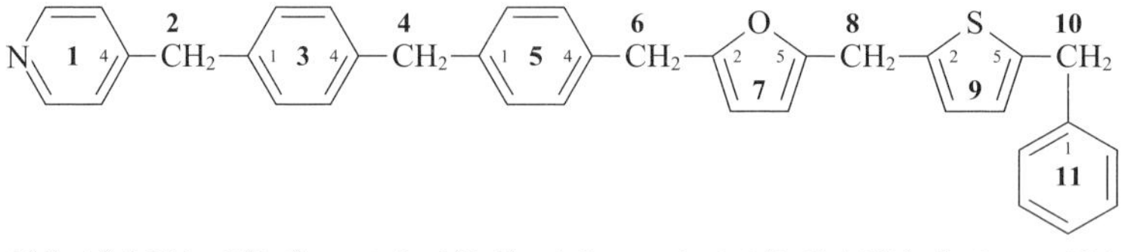

1(4)-ピリジナ-7(2,5)-フラナ-9(2,5)-チオフェナ-3,5(1,4),11(1)-トリベンゼナウンデカファン PIN
1(4)-pyridina-7(2,5)-furana-9(2,5)-thiophena-3,5(1,4),11(1)-tribenzenaundecaphane PIN

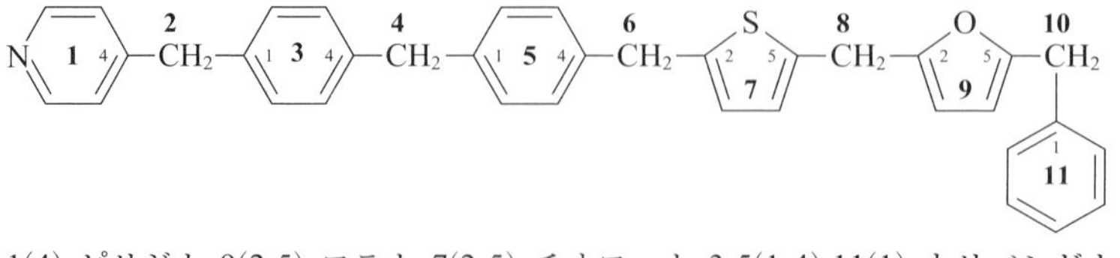

は

1(4)-ピリジナ-9(2,5)-フラナ-7(2,5)-チオフェナ-3,5(1,4),11(1)-トリベンゼナウンデカファン PIN
1(4)-pyridina-9(2,5)-furana-7(2,5)-thiophena-3,5(1,4),11(1)-tribenzenaundecaphane PIN

に優先する

〔名称中に記載の順で再現環の位置番号の組合わせ 1,7,9,3,5 は 1,9,7,3,5 より小さい〕

P-44.2.2.2.6.7　優先直線状ファン系は，連結位置番号を数値が増大する順に 1 字ずつ比較したとき，その組合

P-44 母体構造の優先順位 337

わせがより小さい〔P-44.2.2.2.6 の基準(g)〕.

例:

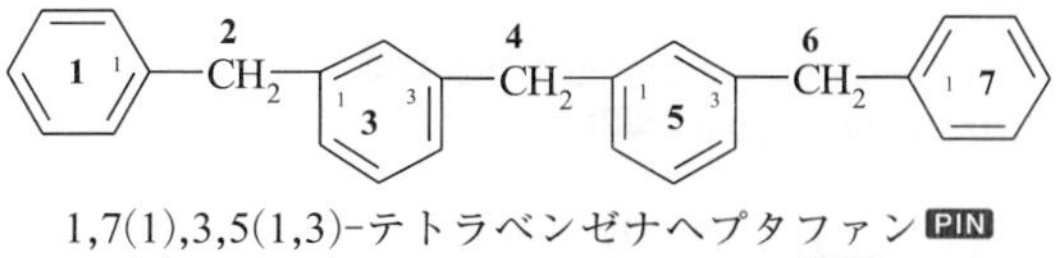

1,7(1),3,5(1,3)-テトラベンゼナヘプタファン **PIN**
1,7(1),3,5(1,3)-tetrabenzenaheptaphane **PIN**

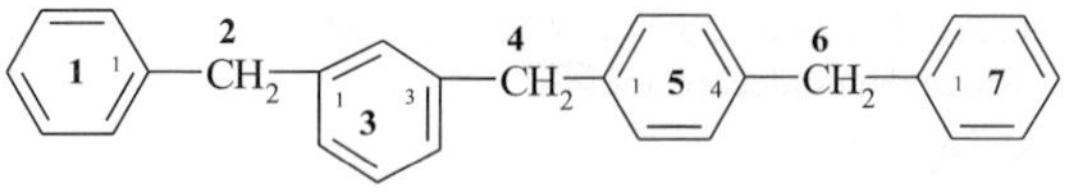

1,7(1),3(1,3),5(1,4)テトラベンゼナヘプタファン **PIN**
1,7(1),3(1,3),5(1,4)-tetrabenzenaheptaphane **PIN**

に優先する

〔再現環の連結位置番号の組合わせを数値が増大する順に並べると,
1,1,1,1,3,3 は 1,1,1,1,3,4 より小さい〕

P-44.2.2.2.6.8　優先直線状ファン系は, 連結位置番号を名称中の表示順に 1 字ずつ比較したとき, その組合わせがより小さい〔P-44.2.2.2.6 の基準(h)〕.

例:

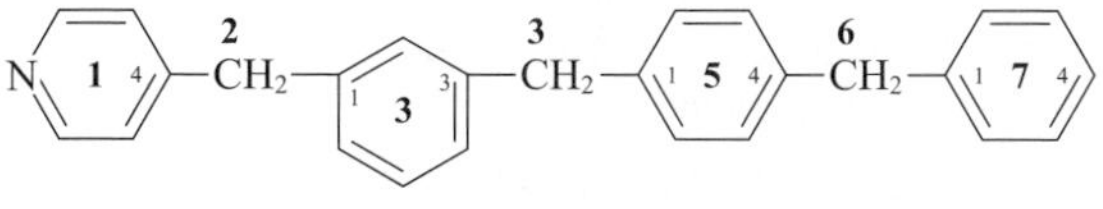

1(4)-ピリジナ-3(1,3),5(1,4),7(1)-トリベンゼナヘプタファン **PIN**
1(4)-pyridina-3(1,3),5(1,4),7(1)-tribenzenaheptaphane **PIN**

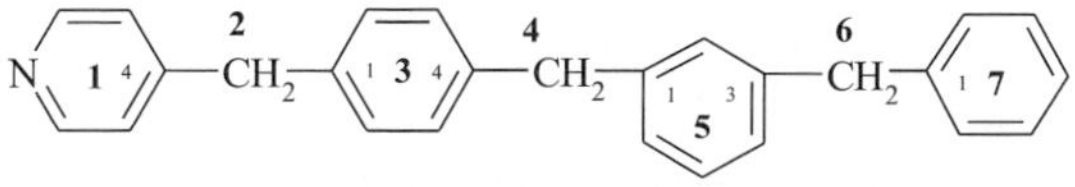

に優先する

1(4)-ピリジナ-3(1,4),5(1,3),7(1)-トリベンゼナヘプタファン **PIN**
1(4)-pyridina-3(1,4),5(1,3),7(1)-tribenzenaheptaphane **PIN**

〔再現環の位置番号の組合わせを名称中に記載の順に並べると 4,1,3,1,4,1 は 4,1,4,1,3,1 より小さい〕

P-44.2.2.2.6.9　優先直線状ファン系は, 種類によらず"ア"命名法で導入されたヘテロ原子がより多い〔P-44.2.2.2.6 の基準(i)〕.

例:

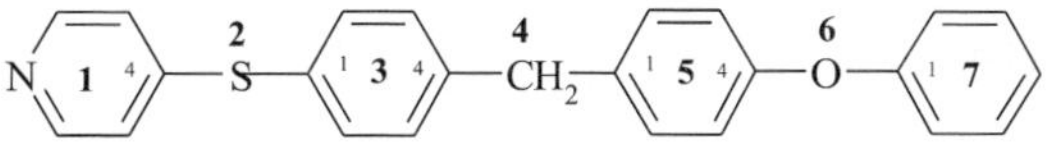

6-オキサ-2-チア-1(4)-ピリジナ-3,5(1,4),7(1)-トリベンゼナヘプタファン **PIN**
6-oxa-2-thia-1(4)-pyridina-3,5(1,4),7(1)-tribenzenaheptaphane **PIN**

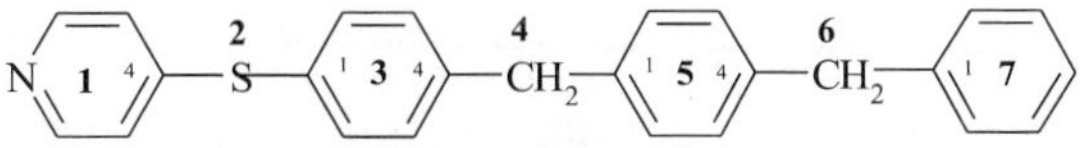

に優先する

2-チア-1(4)-ピリジナ-3,5(1,4),7(1)-トリベンゼナヘプタファン **PIN**
2-thia-1(4)-pyridina-3,5(1,4),7(1)-tribenzenaheptaphane **PIN**

〔"ア"命名法で導入されたヘテロ原子 2 個は 1 個に優先する〕

P-44.2.2.2.6.10　優先直線状ファン系は, "ア"命名法で導入されたヘテロ原子で次の順で最初に表示されるヘテロ原子がより多い: F＞Cl＞Br＞I＞O＞S＞Se＞Te＞N＞P＞As＞Sb＞Bi＞Si＞Ge＞Sn＞Pb＞B＞Al＞Ga＞In＞Tl〔P-44.2.2.2.6 の基準(j)〕.

例:
2,10-ジオキサ-1,11(4)-ジピリジナ-3,5,9(1,4)-トリベンゼナウンデカファン **PIN**
2,10-dioxa-1,11(4)-dipyridina-3,5,9(1,4)-tribenzenaundecaphane **PIN**

は

2-オキサ-10-チア-1,11(4)-ジピリジナ-3,5,9(1,4)-トリベンゼナウンデカファン **PIN**
2-oxa-10-thia-1,11(4)-dipyridina-3,5,9(1,4)-tribenzenaundecaphane **PIN**

に優先する

〔酸素原子2個は酸素原子1個と硫黄原子1個に優先する〕

P-44.2.2.2.7　環集合　環集合の優先順位の基準は，P-44.2.1 で述べた環に対する基準を基礎にしている．二つの環集合が原子あるいは鎖で結ばれて少なくとも7個の構成要素をもち，両端がともに環である系の場合はファン命名法を用いる．

例: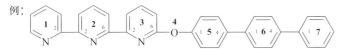

4-オキサ-1(2),2,3(2,6)-トリピリジナ-5,6(1,4),7(1)-トリベンゼナヘプタファン **PIN**
4-oxa-1(2),2,3(2,6)-tripyridina-5,6(1,4),7(1)-tribenzenaheptaphane **PIN**
1^6-([$1^1,2^1$:$2^4,3^1$-テルフェニル]-1^4-イルオキシ)-$1^2,2^2$:$2^6,3^2$-テルピリジン
1^6-([$1^1,2^1$:$2^4,3^1$-terphenyl]-1^4-yloxy)-$1^2,2^2$:$2^6,3^2$-terpyridine

〔上記の PIN はファン命名法の基準(P-52.2.5 参照)に合致している〕

環集合の優先順位についての以下の規則を，他の可能性がなくなるまで順次適用する．

(a) ヘテロ原子を含む環をもつ．
(b) 窒素を含む環をもつ．
(c) 窒素がない場合は，以下の順で最初に表示されるヘテロ原子を少なくとも1個含む環をもつ: F＞Cl＞Br＞I＞O＞S＞Se＞Te＞P＞As＞Sb＞Bi＞Si＞Ge＞Sn＞Pb＞B＞Al＞Ga＞In＞Tl．
(d) より多くの環をもつ．
(e) より多くの原子をもつ．
(f) 種類によらずより多くのヘテロ原子をもつ．
(g) 以下の順で最初に表示されたヘテロ原子をより多くもつ: F＞Cl＞Br＞I＞O＞S＞Se＞Te＞P＞As＞Sb＞Bi＞Si＞Ge＞Sn＞Pb＞B＞Al＞Ga＞In＞Tl．

環集合に適用するその他の基準は P-44.4 に示す．

P-44.2.2.2.7.1　優先環集合は，ヘテロ原子を含む環からなる〔P-44.2.2.2.7 の基準(a)〕．

例: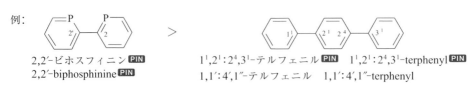

2,2′-ビホスフィニン **PIN**　　　　　$1^1,2^1$:$2^4,3^1$-テルフェニル **PIN**　$1^1,2^1$:$2^4,3^1$-terphenyl **PIN**
2,2′-biphosphinine **PIN**　　　　　1,1′:4′,1″-テルフェニル　1,1′:4′,1″-terphenyl

P-44.2.2.2.7.2　優先環集合は，窒素を含む環からなる〔P-44.2.2.2.7 の基準(b)〕．

例:

2,2′-ビピリジン **PIN**　　　2H,2′H-2,2′-ビピラン **PIN**
2,2′-bipyridine **PIN**　　　2H,2′H-2,2′-bipyran **PIN**

P-44.2.2.2.7.3　窒素がない場合は，優先環集合は以下の順で最初に表示されるヘテロ原子を少なくとも1個含む環からなる：F＞Cl＞Br＞I＞O＞S＞Se＞Te＞P＞As＞Sb＞Bi＞Si＞Ge＞Sn＞Pb＞B＞Al＞Ga＞In＞Tl〔P-44.2.2.2.7 の基準(c)〕.

例：

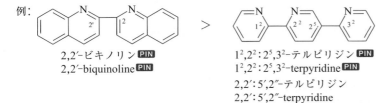

2H,2'H-2,2'-ビピラン **PIN**　　　　　　　2H,2'H-2,2'-ビチオピラン **PIN**
2H,2'H-2,2'-bipyran **PIN**　　　　　　　2H,2'H-2,2'-bithiopyran **PIN**

〔1個の環に酸素原子1個は硫黄原子1個に優先する〕

P-44.2.2.2.7.4　優先環集合は，構成成分のより多い環からなる〔P-44.2.2.2.7 の基準(d)〕.

例：

2,2'-ビキノリン **PIN**　　　　　　　1²,2²:2⁵,3²-テルピリジン **PIN**
2,2'-biquinoline **PIN**　　　　　　　1²,2²:2⁵,3²-terpyridine **PIN**
　　　　　　　　　　　　　　　　　　2,2':5',2''-テルピリジン
　　　　　　　　　　　　　　　　　　2,2':5',2''-terpyridine

〔2個の環からなる環系は1個の環からなる環系に優先する〕

P-44.2.2.2.7.5　優先環集合は，より多くの原子をもつ〔P-44.2.2.2.7 の基準(e)〕.

例：

1H,1'H-2,2'-ビアゼピン **PIN**　　　　　　　2,4'-ビピリジン **PIN**
1H,1'H-2,2'-biazepine **PIN**　　　　　　　2,4'-bipyridine **PIN**

〔環1個に7原子は6原子に優先する〕

P-44.2.2.2.7.6　優先環集合は，種類によらずより多くのヘテロ原子をもつ〔P-44.2.2.2.7 の基準(f)〕.

例：

3,3'-ビピリダジン **PIN**　　　　　　　2,3'-ビピリジン **PIN**
3,3'-bipyridazine **PIN**　　　　　　　2,3'-bipyridine **PIN**

〔環1個にヘテロ原子2個はヘテロ原子1個に優先する〕

P-44.2.2.2.7.7　優先環集合は，以下の順で最初に表示されたヘテロ原子をより多くもつ：F＞Cl＞Br＞I＞O＞S＞Se＞Te＞P＞As＞Sb＞Bi＞Si＞Ge＞Sn＞Pb＞B＞Al＞Ga＞In＞Tl〔P-44.2.2.2.7 の基準(g)〕.

例：

3,3'-ビピラノ[3,2-e][1,4]ジオキセピン **PIN**　　　　　　　2,2'-ビ-3,1,5-ベンゾオキサジアルセピン **PIN**
3,3'-bipyrano[3,2-e][1,4]dioxepine **PIN**　　　　　　　2,2'-bi-3,1,5-benzoxadiarsepine **PIN**

〔環1個に酸素原子3個は，酸素原子1個に優先する〕

P-44.3 鎖の優先順位（主鎖の選択）

同一あるいは異なる原子を骨格とする鎖状化合物において，命名と番号付けの基礎となる鎖を**主鎖** principal chain という．主鎖に選択の余地がある場合は一つに決まるまで以下の基準を上から順に適用する．

主鎖は，

(a) 種類によらずより多くのヘテロ原子をもつ．

(b) より多くの骨格原子をもつ．

(c) 以下の順で最優先のヘテロ原子をより多くもつ： O＞S＞Se＞Te＞N＞P＞As＞Sb＞Bi＞Si＞Ge＞Sn＞Pb＞B＞Al＞Ga＞In＞Tl.

これらの基準を P-44.3.1 から P-44.3.3 で例示する．

鎖に適用する他の基準については P-44.4 で述べる．

P-44.3.1　主鎖は種類によらず，より多くのヘテロ原子をもつ〔P-44.3 の基準(a)〕.

例：

(1) $\overset{1}{C}H_3-O-\overset{2}{C}H_2-CH_2-O-\overset{5}{C}H_2-CH_2-O-\overset{8}{C}H_2-\overset{11}{C}H-O-\overset{14}{C}H_2-CH_2-O-\overset{16}{C}H_2-CH_3$

2,5,8,11,14-ペンタオキサヘキサデカン **PIN**
2,5,8,11,14-pentaoxahexadecane **PIN**

は

$\overset{1}{C}H_3-\overset{2}{C}H_2-\overset{3}{O}-CH_2-CH_2-\overset{6}{O}-CH_2-CH_2-\overset{9}{O}-CH_2-\overset{12}{C}H-O-CH_2-CH_2-CH_2-CH_3$

3,6,9,12-テトラオキサヘプタデカン **PIN**
3,6,9,12-tetraoxaheptadecane **PIN**

に優先する

〔ヘテロ原子 5 個は 4 個より多い〕

(2) $\overset{1}{C}H_3-\overset{2}{S}iH_2-\overset{3}{C}H_2-CH_2-\overset{5}{S}iH_2-CH_2-CH_2-\overset{8}{S}iH_2-CH_2-CH_2-\overset{11}{S}iH_2-CH_2-CH_2-\overset{14}{S}iH_2-\overset{15}{C}H_3$

2,5,8,11,14-ペンタシラペンタデカン **PIN**
2,5,8,11,14-pentasilapentadecane **PIN**

は

$\overset{1}{C}H_3-\overset{2}{C}H_2-\overset{3}{O}-CH_2-CH_2-\overset{6}{S}-CH_2-CH_2-\overset{9}{S}-CH_2-CH_2-\overset{12}{O}-CH_2-CH_2-CH_2-\overset{17}{C}H_3$

3,12-ジオキサ-6,9-ジチアペンタデカン **PIN**
3,12-dioxa-6,9-dithiaheptadecane **PIN**

に優先する

〔ヘテロ原子 5 個は 4 個より多い〕

P-44.3.2　主鎖はより多くの骨格原子をもつ〔P-44.3 の基準(b)〕.

> 鎖状母体構造では不飽和と鎖の長さの優先順位が以前の勧告とは逆になる．したがって，優先母体鎖を選択する際に最初に考慮する基準は鎖の長さであり，不飽和はその次の基準となる．

例： (1) $\overset{5}{C}H_3-\overset{4}{C}H_2-\overset{3}{C}H_2-\overset{2}{C}H_2-\overset{1}{C}H_3$ ＞ $\overset{4}{C}H_3-\overset{3}{C}H_2-\overset{2}{C}H_2-\overset{1}{C}H_3$

ペンタン **PIN**　pentane **PIN**　　　ブタン **PIN**　butane **PIN**

〔骨格原子 5 個は 4 個より多い〕

P-44 母体構造の優先順位　　　　　　　　　　341

(2) $\overset{5}{SiH_3}-\overset{4}{SiH_2}-\overset{3}{SiH_2}-\overset{2}{SiH_2}-\overset{1}{SiH_3}$ 　　>　　 $\overset{4}{SiH_3}-\overset{3}{SiH_2}-\overset{2}{SiH_2}-\overset{1}{SiH_3}$

ペンタシラン 予備名 　　　　　　　　　　　　　　テトラシラン 予備名
pentasilane 予備名 （P-12.2 参照）　　　　　tetrasilane 予備名 （P-12.2 参照）

〔骨格原子5個は4個より多い〕

(3) $\overset{8}{CH_3}-\overset{7}{CH_2}-\overset{6}{CH_2}-\overset{5}{CH_2}-\overset{4}{CH_2}-\overset{3}{CH_2}-\overset{2}{CH_2}-\overset{1}{CH_3}$ 　　は

オクタン PIN 　octane PIN

$\overset{7}{CH_3}-\overset{6}{CH_2}-\overset{5}{CH_2}-\overset{4}{CH_2}-\overset{3}{CH_2}-\overset{2}{CH}=\overset{1}{CH_2}$ 　　に優先する

ヘプタ-1-エン PIN 　hept-1-ene PIN

〔骨格原子8個は7個より多い〕

(4) $\overset{13}{CH_3}-\overset{12}{CH_2}-\overset{11}{CH_2}-\overset{10}{CH_2}-\overset{9}{CH_2}-\overset{8}{CH_2}-\overset{7}{CH_2}-\overset{6}{CH_2}-\overset{5}{CH_2}-\overset{4}{CH}=\overset{3}{CH}-\overset{2}{CH}=\overset{1}{CH_2}$ 　　は

トリデカ-1,3-ジエン PIN 　trideca-1,3-diene PIN

$\overset{8}{CH_3}-\overset{7}{CH}=\overset{6}{C}=\overset{5}{CH}-\overset{4}{CH}=\overset{3}{CH}-\overset{2}{CH}=\overset{1}{CH_2}$ 　　に優先する

オクタ-1,3,5,6-テトラエン PIN 　octa-1,3,5,6-tetraene PIN

〔骨格原子13個は8個より多い〕

(5) $\overset{1}{CH_3}-\overset{}{CH_2}-O-\overset{3}{CH_2}-\overset{}{CH_2}-O-\overset{6}{CH_2}-\overset{}{CH_2}-O-\overset{9}{CH_2}-\overset{}{CH_2}-O-\overset{12}{CH_2}-\overset{}{CH_2}-CH_3$ 　　は

3,6,9,12-テトラオキサペンタデカン PIN
3,6,9,12-tetraoxapentadecane PIN

$\overset{1}{CH_3}-\overset{}{CH_2}-O-\overset{3}{CH_2}-\overset{}{CH_2}-O-\overset{6}{CH_2}-\overset{}{CH_2}-O-\overset{9}{CH_2}-\overset{}{CH_2}-O-\overset{12}{CH_2}-\overset{14}{CH_3}$ 　　に優先する

3,6,9,12-テトラオキサテトラデカン PIN
3,6,9,12-tetraoxatetradecane PIN

〔どちらの鎖もヘテロ原子4個であるが，骨格原子15個は14個より多い〕

(6) $\overset{1}{CH_3}-\overset{2}{SiH_2}-CH_2-CH_2-\overset{5}{SiH_2}-CH_2-CH_2-\overset{8}{SiH_2}-CH_2-CH_2-\overset{11}{SiH_2}-CH_2-\overset{13}{CH_3}$ 　　は

2,5,8,11-テトラシラトリデカン PIN
2,5,8,11-tetrasilatridecane PIN

$SiH_3-SiH_2-SiH_2-SiH_3$ 　　に優先する

テトラシラン 予備名
tetrasilane 予備名 （P-12.2 参照）

〔どちらの鎖もヘテロ原子4個であるが，骨格原子13個は4個より多い〕

(7) $\overset{1}{CH_3}-\overset{2}{SiH_2}-CH_2-CH_2-\overset{5}{SiH_2}-CH_2-CH_2-\overset{8}{SiH_2}-CH_2-CH_2-\overset{11}{SiH_2}-CH_2-CH_2-\overset{14}{SiH_2}-CH_3$ 　　は

2,5,8,11,14-ペンタシラペンタデカン PIN
2,5,8,11,14-pentasilapentadecane PIN

$SiH_3-O-SiH_2-O-SiH_3$ 　　に優先する

トリシロキサン 予備名
trisiloxane 予備名 （P-12.2 参照）

〔どちらの鎖もヘテロ原子5個であるが，骨格原子16個は5個より多い〕

P-44.3.3 主鎖は以下の順で，最優先のヘテロ原子をより多くもつ: O＞S＞Se＞Te＞N＞P＞As＞Sb＞Bi＞Si＞Ge＞Sn＞Pb＞B＞Al＞Ga＞In＞Tl〔P-44.3 の基準(c)〕.

342   P-4 名称をつくるための規則

例：(1) $\overset{1}{C}H_3-O-\overset{2}{C}H_2-\overset{}{C}H_2-O-\overset{5}{C}H_2-\overset{}{C}H_2-O-\overset{8}{C}H_2-\overset{9}{C}H_2-O-\overset{11}{C}H_2-\overset{}{C}H_2-O-\overset{13}{C}H_2-CH_3$ は

　　　　　　　　　2,5,8,11-テトラオキサトリデカン **PIN**
　　　　　　　　　2,5,8,11-tetraoxatridecane **PIN**

　　　　$\overset{1}{C}H_3-O-\overset{2}{C}H_2-\overset{}{C}H_2-O-\overset{5}{C}H_2-\overset{}{C}H_2-O-\overset{8}{C}H_2-\overset{9}{C}H_2-\overset{11}{C}H_2-S-\overset{13}{C}H_2-CH_3$ に優先する

　　　　　　　　　2,5,8-トリオキサ-11-チアトリデカン **PIN**
　　　　　　　　　2,5,8-trioxa-11-thiatridecane **PIN**

　　　　　　　　　〔酸素原子 4 個は 3 個より多い〕

(2)　　　　　　$SiH_3-O-SiH_3$　　　　　＞　　　　　$SiH_3-S-SiH_3$
　　　　ジシロキサン 予備名　　　　　　　　　　　ジシラチアン 予備名
　　　　disiloxane 予備名 （P-12.2 参照）　　　　disilathiane 予備名 （P-12.2 参照）

　　　　　　　　　　　〔酸素は硫黄に優先する〕

(3)　　　　　　$SiH_3-O-SiH_3$　　　　　＞　　　　　$SiH_3-SiH_2-SiH_3$
　　　　ジシロキサン 予備名　　　　　　　　　　　トリシラン 予備名
　　　　disiloxane 予備名 （P-12.2 参照）　　　　trisilane 予備名 （P-12.2 参照）

　　　　　　　　　　　〔酸素はケイ素に優先する〕

P-44.4 環または鎖の優先順位を決める基準

P-44.4.1　　　P-44.1 から P-44.3 の基準を適用しても，優先母体構造が決まらなかった場合，以下の基準を他の可能性がなくなるまで順次適用する．これらの基準を P-44.4.1.1 から P-44.4.1.12 で例示する．

　優先する環あるいは主鎖は，

(a) より多くの多重結合をもつ(P-44.4.1.1).

(b) より多くの二重結合をもつ(P-44.4.1.2).

(c) 非標準結合数をもつ原子を 1 個以上もつ(P-44.4.1.3).

(d) 指示水素がより小さな位置番号をもつ(P-44.4.1.4).

(e) "ア"命名法で導入されたヘテロ原子の位置番号の組合わせがより小さい(P-44.4.1.5).

(f) "ア"命名法で導入されたヘテロ原子が，次の順で小さい位置番号をもつ：F＞Cl＞Br＞I＞O＞S＞Se＞Te＞N＞P＞As＞Sb＞Bi＞Si＞Ge＞Sn＞Pb＞B＞Al＞Ga＞In＞Tl (P-44.4.1.6).

(g) 縮合部位の炭素原子がより小さい位置番号をもつ(P-44.4.1.7).

(h) 接尾語で表される特性基がより小さい位置番号をもつ(P-44.4.1.8).

(i) 連結点がより小さい位置番号をもつ(P-44.4.1.9).

(j) 水素化の程度の変化を示す語尾や接頭語，たとえば語尾 ene や yne およびヒドロ，デヒドロ接頭語がより小さい位置番号をもつ(P-44.4.1.10).

(k) 1 個以上の同位体修飾原子をもつ(P-44.4.1.11).

(l) 1 個以上のステレオジェン中心をもつ(P-44.4.1.12).

P-44.4.1.1　　　優先する環あるいは主鎖はより多くの多重結合をもつ．

例：

(1)

ベンゼン **PIN**　　＞　　シクロヘキセン **PIN**　　＞　　シクロヘキサン **PIN**
benzene **PIN**　　　　　cyclohexene **PIN**　　　　　cyclohexane **PIN**

　　　〔二重結合 3 個は 1 個より多く，1 個は 0 個より多い〕

(2) H₃C-CH=CH-C≡CH   >   H₃C-CH₂-CH=CH-CH₃
       5 4 3 2 1   5   4   3 2 1
    ペンタ-3-エン-1-イン PIN   ペンタ-2-エン PIN
    pent-3-en-1-yne PIN   pent-2-ene PIN

〔多重結合2個は1個より多い〕

(3) CH₃-CH₂-O-CH₂-CH₂-O-CH₂-CH₂-O-CH₂-CH₂-O-CH=CH₂   は
      14   12   9   3   1
    3,6,9,12-テトラオキサテトラデカ-1-エン PIN
    3,6,9,12-tetraoxatetradec-1-ene PIN

    CH₃-CH₂-O-CH₂-CH₂-O-CH₂-CH₂-O-CH₂-CH₂-O-CH₂-CH₃   に優先する
      14   12   9   6   3   1
    3,6,9,12-テトラオキサテトラデカン PIN
    3,6,9,12-tetraoxatetradecane PIN

〔二重結合1個は0個に優先する〕

(4) 〔環1〕-CH=CH-〔環4〕-CH₂-CH₂-〔環7〕-C≡C-〔環10〕   は
         2 3   5   6   8 9
    1,10(1),4,7(1,4)-テトラベンゼナデカファン-2-エン-8-イン PIN
    1,10(1),4,7(1,4)-tetrabenzenadecaphan-2-en-8-yne PIN

    〔環1〕-CH=CH-〔環4〕-CH₂-CH₂-〔環7〕-CH₂-CH₂-〔環10〕   あるいは
         2 3   5   6   8   9
    1,10(1),4,7(1,4)-テトラベンゼナデカファン-2-エン PIN
    1,10(1),4,7(1,4)-tetrabenzenadecaphan-2-ene PIN
〔多重結合2個は1個より多い〕

    〔環1〕-C≡C-〔環4〕-CH₂-CH₂-〔環7〕-CH₂-CH₂-〔環10〕   に優先する
         2 3   5   6   8   9
    1,10(1),4,7(1,4)-テトラベンゼナデカファン-2-イン PIN
    1,10(1),4,7(1,4)-tetrabenzenadecaphan-2-yne PIN
〔二重結合1個は三重結合1個に優先する〕

P-44.4.1.2 優先する環あるいは主鎖は，より多くの二重結合をもつ〔P-44.4.1の基準(b)〕．

例：

(1)

シクロイコセン PIN   シクロイコシン PIN
cycloicosene PIN   cycloicosyne PIN
〔二重結合1個は三重結合1個に優先する〕

(2)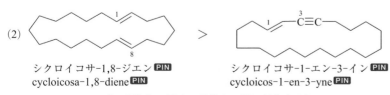

シクロイコサ-1,8-ジエン PIN   シクロイコサ-1-エン-3-イン PIN
cycloicosa-1,8-diene PIN   cycloicos-1-en-3-yne PIN
〔二重結合2個は二重結合1個に優先する〕

344   P-4 名称をつくるための規則

(3)

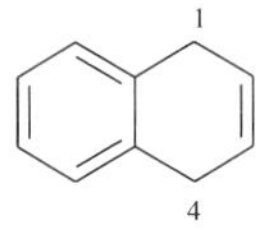

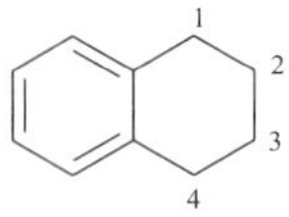

1,4-ジヒドロナフタレン **PIN**   1,2,3,4-テトラヒドロナフタレン **PIN**
1,4-dihydronaphthalene **PIN**   1,2,3,4-tetrahydronaphthalene **PIN**

〔二重結合 4 個は 3 個より多い〕

(4)

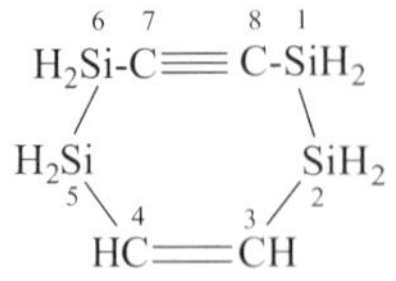

$$H_2Si-C \equiv C-SiH_2$$

は

1,2,5,6-テトラシラシクロオクタ-3-エン-7-イン **PIN**
1,2,5,6-tetrasilacyclooct-3-en-7-yne **PIN**

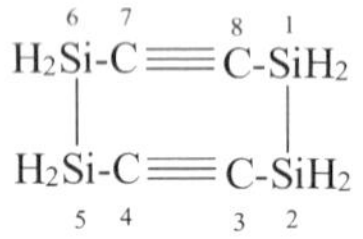

$$H_2Si-C \equiv C-SiH_2$$
$$H_2Si-C \equiv C-SiH_2$$

に優先する

1,2,5,6-テトラシラシクロオクタ-3,7-ジイン **PIN**
1,2,5,6-tetrasilacycloocta-3,7-diyne **PIN**

〔二重結合は三重結合に優先するので，二重結合 1 個と三重結合 1 個は三重結合 2 個に優先する〕

(5) $H_2C=CH-CH_2-CH_2-CH_2-CH=CH_2$ > $H_2C=CH-CH_2-CH_2-CH_2-C\equiv CH$
       ヘプタ-1,6-ジエン **PIN**   ヘプタ-1-エン-6-イン **PIN**
       hepta-1,6-diene **PIN**   hept-1-en-6-yne **PIN**

〔二重結合は三重結合に優先するので，二重結合 2 個は二重結合 1 個と三重結合 1 個に優先する〕

(6)

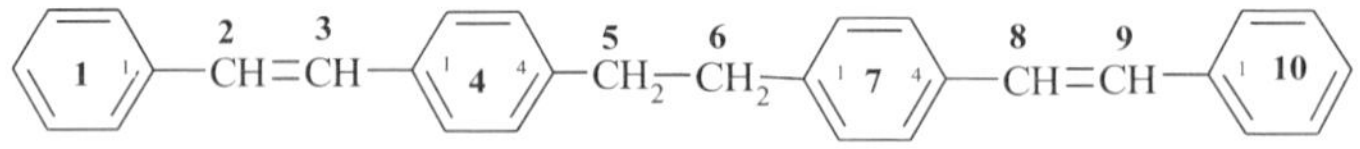

は

1,10(1),4,7(1,4)-テトラベンゼナデカファン-2,8-ジエン **PIN**
1,10(1),4,7(1,4)-tetrabenzenadecaphane-2,8-diene **PIN**

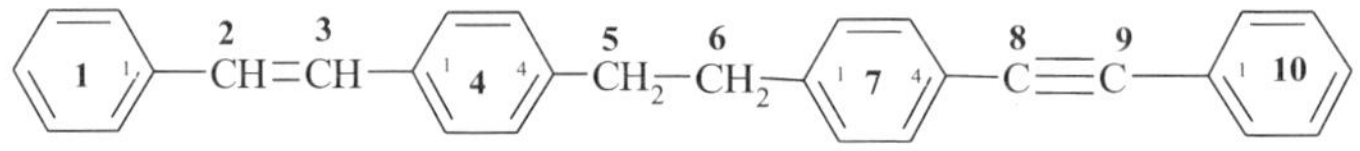

に優先する

1,10(1),4,7(1,4)-テトラベンゼナデカファン-2-エン-8-イン **PIN**
1,10(1),4,7(1,4)-tetrabenzenadecaphan-2-en-8-yne **PIN**

〔二重結合は三重結合に優先するので，二重結合 2 個は二重結合 1 個と三重結合 1 個に優先する〕

P-44.4.1.3   優先する環あるいは主鎖は，非標準結合数をもつ原子を 1 個以上もつ〔P-44.4.1 の基準(c)〕．選択の余地がある場合は，一つに決まるまで以下の基準を順次適用する．

P-44.4.1.3.1   非標準結合数をもつ原子をもつ二つの鎖あるいは二つの環の間で選択が必要な場合，非標準結合数をもつ原子が最も多いものを，主鎖あるいは優先環として選ぶ．異なる非標準結合数をもつ同一骨格原子の間でさらに選択が必要な場合は，結合数が大きなものが優先する．たとえば λ^6 は λ^4 に優先する．

例:

(1)

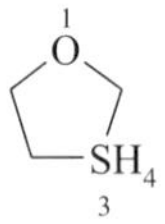

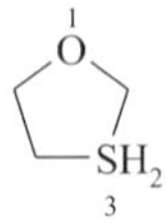

>

1,3λ^6-チアオキソラン **PIN**   1,3λ^4-チアオキソラン **PIN**
1,3λ^6-thioxolane **PIN**   1,3λ^4-thioxolane **PIN**

〔非標準結合数 λ^6 は λ^4 に優先する〕

(2)

1λ⁴,3λ⁵-チアホスホラン **PIN**　　　　　1λ⁴,3-チアホスホラン **PIN**
1λ⁴,3λ⁵-thiaphospholane **PIN**　　　　1λ⁴,3-thiaphospholane **PIN**

〔非標準結合数をもつ原子2個は1個より多い〕

(3) 　　　$\overset{1}{\text{SiH}_3}\text{-}\overset{2}{\text{SH}_4}\text{-}\overset{3}{\text{SiH}_3}$ 　　　>　　　$\overset{1}{\text{SiH}_3}\text{-}\overset{2}{\text{S}}\text{-}\overset{3}{\text{SiH}_3}$

2λ⁶-ジシラチアン 予備名　　　　　　　ジシラチアン 予備名
2λ⁶-disilathiane 予備名 （P-12.2 参照）　　disilathiane 予備名 （P-12.2 参照）

〔非標準結合数 λ⁶ は λ² に優先する〕

(4) 　　　$\overset{2}{\text{PH}_2}\text{-}\overset{1}{\text{PH}_4}$ 　　　>　　　$\overset{1}{\text{PH}_2}\text{-}\overset{2}{\text{PH}_2}$

1λ⁵-ジホスファン 予備名　　　　　　ジホスファン 予備名
1λ⁵-diphosphane 予備名 （P-12.2 参照）　diphosphane 予備名 （P-12.2 参照）

〔非標準結合数 λ⁵ は λ³ に優先する〕

P-44.4.1.3.2 非標準結合数をもつ骨格原子のある二つの鎖あるいは環の間で選択が必要な場合，非標準結合数をもつ原子がより小さい位置番号となるものを主鎖あるいは優先する環とする．さらに選択が必要な場合は，より大きな結合数をもつ原子がより小さな位置番号をもつものを選ぶ．

例：

(1) 　　　$\overset{1}{\text{H}_3\text{S}}\text{-}\overset{2}{\text{S}}\text{-}\overset{3}{\text{SH}}$ 　　　>　　　$\overset{1}{\text{HS}}\text{-}\overset{2}{\text{SH}_2}\text{-}\overset{3}{\text{SH}}$

1λ⁴-トリスルファン 予備名　　　　　2λ⁴-トリスルファン 予備名
1λ⁴-trisulfane 予備名 （P-12.2 参照）　2λ⁴-trisulfane 予備名 （P-12.2 参照）

〔非標準結合数をもつ原子の位置番号1は2より小さい〕

(2) （環構造）

1λ⁴,2,3-トリチアン **PIN**　　　　　1,2λ⁴,3-トリチアン **PIN**
1λ⁴,2,3-trithiane **PIN**　　　　　　1,2λ⁴,3-trithiane **PIN**

〔非標準結合数をもつ原子の位置番号1は2より小さい〕

(3) （環構造）

1λ⁶,2λ⁴,3-トリチアン **PIN**　　　　　1λ⁴,2λ⁶,3-トリチアン **PIN**
1λ⁶,2λ⁴,3-trithiane **PIN**　　　　　　1λ⁴,2λ⁶,3-trithiane **PIN**

〔非標準結合数をもつ原子の位置番号の組合わせ1,2は同じであるが，実際の非標準結合状態を示す上付きのアラビア数字の組合わせを比較すると，6,4が4,6に優先する〕

P-44.4.1.4 優先する環あるいは主鎖は，指示水素がより小さい位置番号をもつ〔P-44.4.1 の基準(d)〕．

例：

(1)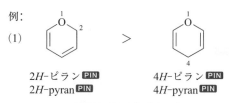

2H-ピラン **PIN**　　　　4H-ピラン **PIN**
2H-pyran **PIN**　　　　4H-pyran **PIN**

〔2H は 4H より小さい〕

346   P-4 名称をつくるための規則

(2)

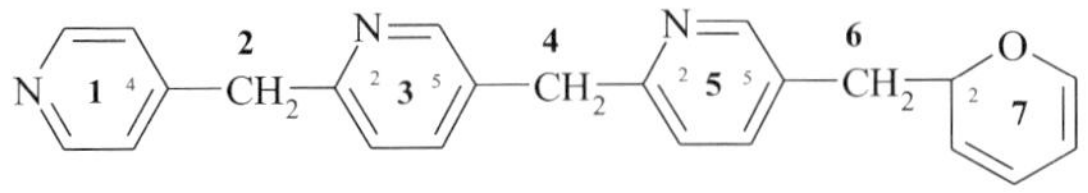

7^2H-1(4),3,5(2,5)-トリピリジナ-7(2)-ピラナヘプタファン **PIN**
7^2H-1(4),3,5(2,5)-tripyridina-7(2)-pyranaheptaphane **PIN**

は

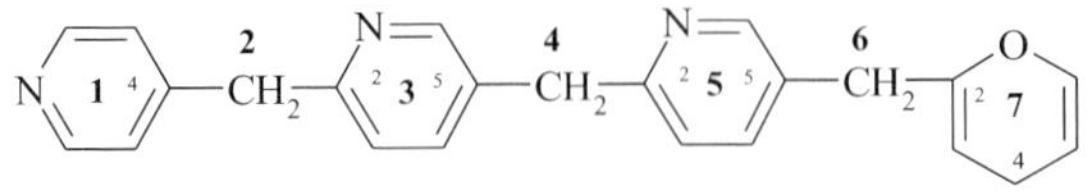

7^4H-1(4),3,5(2,5)-トリピリジナ-7(2)-ピラナヘプタファン **PIN**
7^4H-1(4),3,5(2,5)-tripyridina-7(2)-pyranaheptaphane **PIN**

に優先する

〔7^2H は 7^4H より小さい〕

P-44.4.1.5　優先する環あるいは主鎖は，"ア"命名法で導入されたヘテロ原子の位置番号の組合わせがより小さい〔P-44.4.1 の基準(e)〕．

例：

(1)

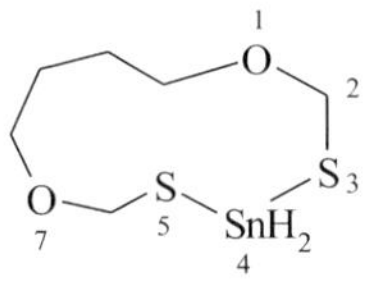

1,7-ジオキサ-3,5-ジチア-4-スタンナシクロウンデカン **PIN**
1,7-dioxa-3,5-dithia-4-stannacycloundecane **PIN**

は

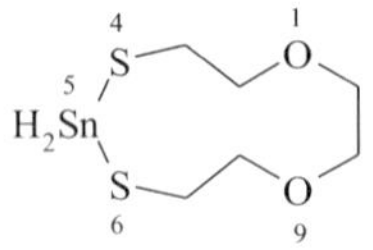

1,9-ジオキサ-4,6-ジチア-5-スタンナシクロウンデカン **PIN**
1,9-dioxa-4,6-dithia-5-stannacycloundecane **PIN**

に優先する

〔ヘテロ原子の位置番号の組合わせ 1,3,4,5,7 は 1,4,5,6,9 より小さい〕

(2)

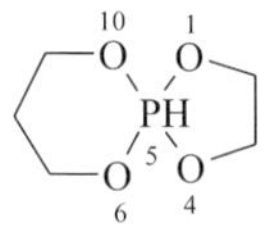

1,4,6,10-テトラオキサ-5λ^5-ホスファスピロ[4.5]デカン **PIN**
1,4,6,10-tetraoxa-5λ^5-phosphaspiro[4.5]decane **PIN**

は

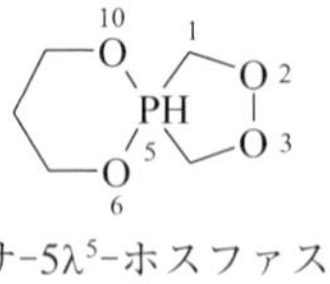

2,3,6,10-テトラオキサ-5λ^5-ホスファスピロ[4.5]デカン **PIN**
2,3,6,10-tetraoxa-5λ^5-phosphaspiro[4.5]decane **PIN**

に優先する

〔ヘテロ原子の位置番号の組合わせ 1,4,5,6,10 は 2,3,5,6,10 より小さい〕

(3)

2-オキサ-5-チア-1,8(1),3,6(1,4)-テトラベンゼナオクタファン **PIN**
2-oxa-5-thia-1,8(1),3,6(1,4)-tetrabenzenaoctaphane **PIN**

は

2-オキサ-7-チア-1,8(1),3,6(1,4)-テトラベンゼナオクタファン **PIN**
2-oxa-7-thia-1,8(1),3,6(1,4)-tetrabenzenaoctaphane **PIN**

に優先する

〔ヘテロ原子の位置番号の組合わせ 2,5 は 2,7 より小さい〕

(4)

1H-2,1,3-ベンゾオキサジシリン **PIN**   1H-2,1,4-ベンゾオキサジシリン **PIN**
1H-2,1,3-benzoxadisiline **PIN**   1H-2,1,4-benzoxadisiline **PIN**

〔ヘテロ原子の位置番号の組合わせ 1,2,3 は 1,2,4 より小さい〕

(5)

3,13-ジオキサビシクロ[8.2.1]トリデカン **PIN**   4,13-ジオキサビシクロ[8.2.1]トリデカン **PIN**
3,13-dioxabicyclo[8.2.1]tridecane **PIN**   4,13-dioxabicyclo[8.2.1]tridecane **PIN**

〔ヘテロ原子の位置番号の組合わせ 3,13 は 4,13 より小さい〕

P-44.4.1.6 優先する環あるいは主鎖は，"ア"命名法で導入されたヘテロ原子が次の順で小さい位置番号をもつ： F＞Cl＞Br＞I＞O＞S＞Se＞Te＞N＞P＞As＞Sb＞Bi＞Si＞Ge＞Sn＞Pb＞B＞Al＞Ga＞In＞Tl〔P-44.4.1 の基準(f)〕．

例：

(1)

1,2,3,4,5,7,6,8-   1,2,3,4,6,7,5,8-
　ヘキサチアセレナテルロカン **予備名**   ヘキサチアセレナテルロカン **予備名**
1,2,3,4,5,7,6,8-hexathiaselenatellurocane **予備名**   1,2,3,4,6,7,5,8-hexathiaselenatellurocane **予備名**
（P-12.2 参照）   （P-12.2 参照）

〔ヘテロ原子の位置番号の組合わせ 1,2,3,4,5,7 は 1,2,3,4,6,7 より小さい〕

(2)

1,7,9-トリオキサ-2-アザスピロ[4.5]デカン **PIN**   2,7,9-トリオキサ-1-アザスピロ[4.5]デカン **PIN**
1,7,9-trioxa-2-azaspiro[4.5]decane **PIN**   2,7,9-trioxa-1-azaspiro[4.5]decane **PIN**

〔ヘテロ原子の位置番号の組合わせ 1,7,9,2 は，名称中に表示の順で比べると 2,7,9,1 より小さい〕

(3)

4H,5H-ピラノ[4,3-d][1,3,2]ジオキサチイン **PIN**
4H,5H-pyrano[4,3-d][1,3,2]dioxathiine **PIN**

は

4H,5H-ピラノ[4,3-d][1,2,3]ジオキサチイン **PIN**
4H,5H-pyrano[4,3-d][1,2,3]dioxathiine **PIN**

に優先する

〔優先順位の高い酸素原子の位置番号の組合わせ 1,3,6 は 2,3,6 より小さい〕

(4)

2-チア-4,6-ジアザビシクロ[3.2.0]ヘプタン **PIN**
2-thia-4,6-diazabicyclo[3.2.0]heptane **PIN**

は

4-チア-2,6-ジアザビシクロ[3.2.0]ヘプタン **PIN**
4-thia-2,6-diazabicyclo[3.2.0]heptane **PIN**

に優先する

〔優先順位の高い硫黄原子の位置番号 2 は 4 より小さい〕

(5)

2-オキサ-5-チア-7-セレナ-1,8(1),3,6(1,4)-テトラベンゼナオクタファン **PIN**
2-oxa-5-thia-7-selena-1,8(1),3,6(1,4)-tetrabenzenaoctaphane **PIN**

は

2-オキサ-7-チア-5-セレナ-1,8(1),3,6(1,4)-テトラベンゼナオクタファン **PIN**
2-oxa-7-thia-5-selena-1,8(1),3,6(1,4)-tetrabenzenaoctaphane **PIN**

に優先する

〔Se より優先する S の位置番号 5 は 7 に優先する〕

P-44.4.1.7 優先する縮合環系は縮合部位にある炭素原子の位置番号がより小さい〔P-44.4.1 の基準(g)〕.

例:

(1)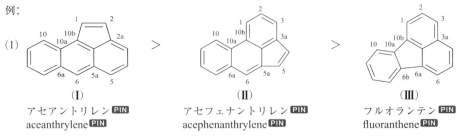

アセアントリレン **PIN**　　アセフェナントリレン **PIN**　　フルオランテン **PIN**
aceanthrylene **PIN**　　acephenanthrylene **PIN**　　fluoranthene **PIN**

〔(I)の縮合部位の位置番号 2a は(II)の 3a より小さく，(II)の縮合部位の位置番号の組合わせ 3a,5a は(III)の 3a,6a より小さい〕

(2)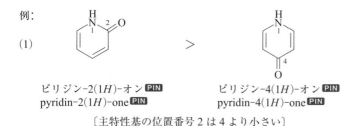

クリセン **PIN**　　　　トリフェニレン **PIN**
chrysene **PIN**　　　triphenylene **PIN**

〔縮合部位の位置番号の組合わせ 4a,4b,6a は 4a,4b,8a より小さい〕

P-44.4.1.8　優先する環あるいは主鎖は，接尾語として記載される特性基の位置番号がより小さい〔P-44.4.1 の基準(h)〕．

例：

(1) ピリジン-2(1*H*)-オン **PIN**　　　ピリジン-4(1*H*)-オン **PIN**
pyridin-2(1*H*)-one **PIN**　　　pyridin-4(1*H*)-one **PIN**

〔主特性基の位置番号 2 は 4 より小さい〕

(2) $\overset{8}{CH_3}-\overset{7}{CH}(OH)-\overset{6}{CH_2}-\overset{5}{CH_2}-\overset{4}{CH_2}-\overset{3}{CH_2}-\overset{2}{CH_2}-\overset{1}{CH_2}-OH$　は

オクタン-1,7-ジオール **PIN**　octane-1,7-diol **PIN**

$HO-\overset{1}{CH_2}-\overset{2}{CH_2}-\overset{3}{CH_2}-\overset{4}{CH_2}-\overset{5}{CH_2}-\overset{6}{CH_2}-\overset{7}{CH_2}-\overset{8}{CH_2}-OH$　に優先する

オクタン-1,8-ジオール **PIN**　octane-1,8-diol **PIN**

〔主特性基の位置番号の組合わせ 1,7 は 1,8 より小さい〕

(3) $\overset{10}{CH_3}-\overset{9}{CH}(OH)-\overset{8}{SiH_2}-\overset{7}{CH_2}-\overset{6}{SiH_2}-\overset{5}{CH_2}-\overset{4}{SiH_2}-\overset{3}{CH_2}-\overset{2}{SiH_2}-\overset{1}{CH_2}-OH$　は

2,4,6,8-テトラシラデカン-1,9-ジオール **PIN**
2,4,6,8-tetrasiladecane-1,9-diol **PIN**

$HO-\overset{10}{CH_2}-\overset{9}{CH_2}-\overset{8}{SiH_2}-\overset{7}{CH_2}-\overset{6}{SiH_2}-\overset{5}{CH_2}-\overset{4}{SiH_2}-\overset{3}{CH_2}-\overset{2}{SiH_2}-\overset{1}{CH_2}-OH$　に優先する

2,4,6,8-テトラシラデカン-1,10-ジオール **PIN**
2,4,6,8-tetrasiladecane-1,10-diol **PIN**

〔主特性基の位置番号の組合わせ 1,9 は 1,10 より小さい〕

(4) HO–[1⁴ 1 1¹]–²O–[1¹ 3 1⁴]–⁴O–[1¹ 5 1⁴]–⁶CH₂–[1¹ 7 1²]–OH　は

2,4-ジオキサ-1,7(1),3,5(1,4)-テトラベンゼナヘプタファン-1⁴,7²-ジオール **PIN**
2,4-dioxa-1,7(1),3,5(1,4)-tetrabenzenaheptaphane-1⁴,7²-diol **PIN**

HO–[1⁴ 1 1¹]–²O–[1¹ 3 1⁴]–⁴O–[1¹ 5 1⁴]–⁶CH₂–[1¹ 7 1⁴]–OH　に優先する

2,4-ジオキサ-1,7(1),3,5(1,4)-テトラベンゼナヘプタファン-1⁴,7⁴-ジオール **PIN**
2,4-dioxa-1,7(1),3,5(1,4)-tetrabenzenaheptaphane-1⁴,7⁴-diol **PIN**

〔主特性基の位置番号 7² は 7⁴ より小さい〕

P-44.4.1.9 優先する環は連結点(置換基として)の位置番号がより小さい〔P-44.4.1 の基準(i)〕.

例:

ピリジン-2-イル 優先接頭
pyridin-2-yl 優先接頭

ピリジン-3-イル 優先接頭
pyridin-3-yl 優先接頭

〔連結点の位置番号 2 は 3 より小さい〕

P-44.4.1.10 優先する環あるいは主鎖は,水素化段階の変化を示す語尾や接頭語,たとえば語尾 ene, yne やヒドロ,デヒドロ接頭語がより小さい位置番号をもつ〔P-44.4.1 の基準(j)〕.

> ヒドロ,デヒドロ接頭語は付加操作あるいは除去操作で名称に導入する.したがってこれらはアルファベット順に並べる置換を表す分離可能接頭語(P-15.1.3)の分類には入らず,名称中では分離不可接頭語とアルファベット順に並べる分離可能接頭語の間の位置を占める.接頭語ヒドロあるいはデヒドロは,最多非集積二重結合をもつ(マンキュード構造)環の水素化の程度を表し,番号付けに関して同じ機能をもつ語尾 ene や yne と同様に扱う.名称中でこの二つの接頭語が共存する場合は,デヒドロ接頭語がヒドロ接頭語の前にくる.単純倍数語 di, tetra などをヒドロやデヒドロとともに用いる.

P-44.4.1.10.1 語尾 ene および yne については,まず種類によらず語尾の組合わせとしてより小さい位置番号を割当て,選択の余地があれば,語尾 ene により小さい位置番号を割当てる.

例:
(1)

シクロイコサ-1,3-ジエン-5-イン PIN
cycloicosa-1,3-dien-5-yne PIN

シクロイコサ-1,7-ジエン-3-イン PIN
cycloicosa-1,7-dien-3-yne PIN

〔語尾 ene および yne の位置番号の組合わせ 1,3,5 は 1,3,7 より小さい〕

(2)

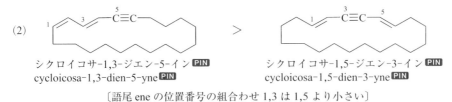

シクロイコサ-1,3-ジエン-5-イン PIN
cycloicosa-1,3-dien-5-yne PIN

シクロイコサ-1,5-ジエン-3-イン PIN
cycloicosa-1,5-dien-3-yne PIN

〔語尾 ene の位置番号の組合わせ 1,3 は 1,5 より小さい〕

(3) $\overset{11}{C}H_3-\overset{10}{C}H_2-\overset{9}{C}H_2-\overset{8}{C}\equiv\overset{7}{C}-\overset{6}{C}H_2-\overset{5}{C}H=\overset{4}{C}H-\overset{3}{C}H=\overset{2}{C}H-\overset{1}{C}H_3$ は
ウンデカ-2,4-ジエン-7-イン PIN
undeca-2,4-dien-7-yne PIN

$\overset{11}{C}H_3-\overset{10}{C}H_2-\overset{9}{C}\equiv\overset{8}{C}-\overset{7}{C}H_2-\overset{6}{C}H_2-\overset{5}{C}H=\overset{4}{C}H-\overset{3}{C}H=\overset{2}{C}H-\overset{1}{C}H_3$ に優先する
ウンデカ-2,4-ジエン-8-イン PIN
undeca-2,4-dien-8-yne PIN

〔語尾 ene および yne の位置番号の組合わせ 2,4,7 は 2,4,8 より小さい〕

P-44 母体構造の優先順位 351

(4)
$$\overset{1}{H_2C}=\overset{2}{CH}-\overset{3}{CH_2}-\overset{4}{CH}=\overset{5}{CH}-\overset{6}{CH_3} \quad > \quad \overset{1}{H_2C}=\overset{2}{CH}-\overset{3}{CH_2}-\overset{4}{CH_2}-\overset{5}{CH}=\overset{6}{CH_2}$$

ヘキサ-1,4-ジエン **PIN**　　　　　　　　ヘキサ-1,5-ジエン **PIN**
hexa-1,4-diene **PIN**　　　　　　　　hexa-1,5-diene **PIN**

〔語尾 ene の位置番号の組合わせ 1,4 は 1,5 より小さい〕

(5)
$$\overset{11}{HO}-\overset{}{CH_2}-\overset{10}{C}\equiv\overset{9}{C}-\overset{8}{CH}=\overset{7}{CH}-\overset{6}{CH_2}-\overset{5}{CH}=\overset{4}{CH}-\overset{3}{CH}=\overset{2}{CH}-\overset{1}{CH_2}-OH \quad は$$

ウンデカ-2,4,7-トリエン-9-イン-1,11-ジオール **PIN**
undeca-2,4,7-trien-9-yne-1,11-diol **PIN**

$$\overset{11}{HO}-CH_2-\overset{10}{CH}=\overset{9}{CH}-\overset{8}{C}\equiv\overset{7}{C}-\overset{6}{CH_2}-\overset{5}{CH}=\overset{4}{CH}-\overset{3}{CH}=\overset{2}{CH}-\overset{1}{CH_2}-OH \quad に優先する$$

ウンデカ-2,4,9-トリエン-7-イン-1,11-ジオール **PIN**
undeca-2,4,9-trien-7-yne-1,11-diol **PIN**

〔語尾 ene の位置番号の組合わせ 2,4,7 は 2,4,9 より小さい〕

(6)
$$\overset{1}{H_3C}-CH_2-\overset{3}{S}-CH_2-CH_2-\overset{6}{S}-CH_2-CH_2-CH_2-\overset{10}{S}-CH_2-CH_2-\overset{13}{S}-\overset{14}{CH}=\overset{16}{CH}-CH_3 \quad は$$

3,6,10,13-テトラチアヘキサデカ-14-エン **PIN**
3,6,10,13-tetrathiahexadec-14-ene **PIN**

$$\overset{1}{H_3C}-CH_2-\overset{3}{S}-CH_2-CH_2-\overset{6}{S}-CH_2-CH_2-CH_2-\overset{10}{S}-CH_2-CH_2-\overset{13}{S}-\overset{15}{CH_2}-\overset{16}{CH}=CH_2 \quad に優先する$$

3,6,10,13-テトラチアヘキサデカ-15-エン **PIN**
3,6,10,13-tetrathiahexadec-15-ene **PIN**

〔語尾 ene の位置番号 14 は 15 より小さい〕

(7)

1,13(1),3,6,10(1,4)-ペンタベンゼナトリデカファン-4-エン-8-イン **PIN**
1,13(1),3,6,10(1,4)-pentabenzenatridecaphan-4-en-8-yne **PIN**

1,13(1),3,6,10(1,4)-ペンタベンゼナトリデカファン-4-エン-11-イン **PIN**
1,13(1),3,6,10(1,4)-pentabenzenatridecaphan-4-en-11-yne **PIN**

〔語尾 ene および yne の位置番号の組合わせ 4,8 は 4,11 より小さい〕

(8)

1,13(1),3(1,2),6,10(1,4)-ペンタベンゼナトリデカファン-4,8-ジエン-11-イン **PIN**
1,13(1),3(1,2),6,10(1,4)-pentabenzenatridecaphane-4,8-dien-11-yne **PIN**

1,13(1),3(1,2),6,10(1,4)-ペンタベンゼナトリデカファン-4,11-ジエン-8-イン **PIN**
1,13(1),3(1,2),6,10(1,4)-pentabenzenatridecaphane-4,11-dien-8-yne **PIN**

〔語尾 ene の位置番号の組合わせ 4,8 は 4,11 より小さい〕

P-44.4.1.10.2 接頭語ヒドロ,デヒドロについては,P-31.2 で述べたようにより小さい位置番号を割当てる.

例:
(1)

1,2-ジヒドロナフタレン **PIN** 　　　1,4-ジヒドロナフタレン **PIN**
1,2-dihydronaphthalene **PIN** 　　　1,4-dihydronaphthalene **PIN**
〔ヒドロ接頭語の位置番号の組合わせ 1,2 は 1,4 より小さい〕

(2)  は

$1^1,1^2$-ジヒドロ-1(2)-キノリナ-3,5(1,4),7(1)-トリベンゼナヘプタファン **PIN**
$1^1,1^2$-dihydro-1(2)-quinolina-3,5(1,4),7(1)-tribenzenaheptaphane **PIN**

 に優先する

$1^1,1^4$-ジヒドロ-1(2)-キノリナ-3,5(1,4),7(1)-トリベンゼナヘプタファン **PIN**
$1^1,1^4$-dihydro-1(2)-quinolina-3,5(1,4),7(1)-tribenzenaheptaphane **PIN**
〔ヒドロ接頭語の位置番号の組合わせ $1^1,1^2$ は $1^1,1^4$ より小さい〕

(3)

1,2-ジヒドロホスフィニン **PIN** 　　　1,4-ジヒドロホスフィニン **PIN**
1,2-dihydrophosphinine **PIN** 　　　1,4-dihydrophosphinine **PIN**
〔ヒドロ接頭語の位置番号の組合わせ 1,2 は 1,4 より小さい〕

(4)

1,2,3,4-テトラヒドロホスフィニン **PIN** 　　　2,3,4,5-テトラヒドロホスフィニン **PIN**
1,2,3,4-tetrahydrophosphinine **PIN** 　　　2,3,4,5-tetrahydrophosphinine **PIN**
〔ヒドロ接頭語の位置番号の組合わせ 1,2,3,4 は 2,3,4,5 より小さい〕

(5)

2,3-ジデヒドロピリジン **PIN** 　　　3,4-ジデヒドロピリジン **PIN**
2,3-didehydropyridine **PIN** 　　　3,4-didehydropyridine **PIN**
〔デヒドロ接頭語の位置番号の組合わせ 2,3 は 3,4 より小さい〕

P-44 で述べた優先母体構造に基づく PIN の選択の基準は P-45 で述べる.

P-44.4.1.11 優先する環あるいは主鎖は,1個以上の同位体修飾原子をもつ〔P-44.4.1 の基準(k)〕.同位体で修飾された原子とされていない原子の間で,あるいは同位体で修飾された原子同士で優先母体構造の選択が必

要な場合(P-8 参照), 優先母体構造が一つに決まるまで以下の基準を順次適用する. 構造式および名称中では, 丸括弧に入れた核種記号で同位体置換を表し, 角括弧に入れた核種記号で同位体標識を表す(P-8 参照).

P-44.4.1.11.1 優先母体構造は，より多くの同位体で修飾された原子あるいは原子団をもつ.

例:

$$\overset{5}{CH_3}-\overset{4}{CH_2}-\overset{3}{CH_2}-\overset{2}{CH_2}-\overset{1}{CH_2{}^2H} \quad > \quad CH_3-CH_2-CH_2-CH_2-CH_3$$

$(1-{}^2H_1)$ペンタン **PIN** $\qquad\qquad\qquad$ ペンタン **PIN**
$(1-{}^2H_1)$pentane **PIN** $\qquad\qquad\qquad$ pentane **PIN**

〔同位体修飾原子 1 個は 0 個に優先する〕

$(1,1-{}^2H_2)$シクロヘキサン **PIN** $\qquad$ $({}^{14}C_1)$シクロヘキサン **PIN**
$(1,1-{}^2H_2)$cyclohexane **PIN** $\qquad$ $({}^{14}C_1)$cyclohexane **PIN**

〔${}^2H$ 原子 2 個は ${}^{14}C$ 原子 1 個に優先する〕

P-44.4.1.11.2 優先母体構造は，修飾された原子あるいは原子団が原子番号の大きな核種をより多くもつ.

例:

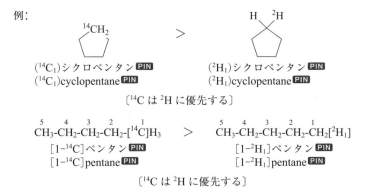

$({}^{14}C_1)$シクロペンタン **PIN** $\qquad$ $({}^2H_1)$シクロペンタン **PIN**
$({}^{14}C_1)$cyclopentane **PIN** $\qquad$ $({}^2H_1)$cyclopentane **PIN**

〔${}^{14}C$ は ${}^2H$ に優先する〕

$$\overset{5}{CH_3}-\overset{4}{CH_2}-\overset{3}{CH_2}-\overset{2}{CH_2}-\overset{1}{[{}^{14}C]H_3} \quad > \quad \overset{5}{CH_3}-\overset{4}{CH_2}-\overset{3}{CH_2}-\overset{2}{CH_2}-\overset{1}{CH_2[{}^2H_1]}$$

$[1-{}^{14}C]$ペンタン **PIN** $\qquad\qquad$ $[1-{}^2H_1]$ペンタン **PIN**
$[1-{}^{14}C]$pentane **PIN** $\qquad\qquad$ $[1-{}^2H_1]$pentane **PIN**

〔${}^{14}C$ は ${}^2H$ に優先する〕

P-44.4.1.11.3 優先母体構造は，修飾された原子あるいは原子団が質量数の大きな核種をより多くもつ.

例:

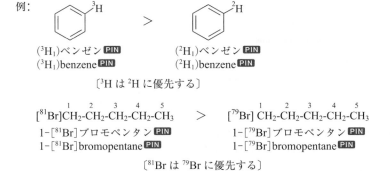

$({}^3H_1)$ベンゼン **PIN** $\qquad$ $({}^2H_1)$ベンゼン **PIN**
$({}^3H_1)$benzene **PIN** $\qquad$ $({}^2H_1)$benzene **PIN**

〔${}^3H$ は ${}^2H$ に優先する〕

$$[{}^{81}Br]\overset{1}{CH_2}-\overset{2}{CH_2}-\overset{3}{CH_2}-\overset{4}{CH_2}-\overset{5}{CH_3} \quad > \quad [{}^{79}Br]\overset{1}{CH_2}-\overset{2}{CH_2}-\overset{3}{CH_2}-\overset{4}{CH_2}-\overset{5}{CH_3}$$

1-$[{}^{81}Br]$ブロモペンタン **PIN** $\qquad$ 1-$[{}^{79}Br]$ブロモペンタン **PIN**
1-$[{}^{81}Br]$bromopentane **PIN** $\qquad$ 1-$[{}^{79}Br]$bromopentane **PIN**

〔${}^{81}Br$ は ${}^{79}Br$ に優先する〕

P-44.4.1.11.4 優先母体構造は，修飾された原子あるいは原子団が最小の位置番号をもつ.

例:

$$HOOC-\overset{1}{}-\overset{2}{CH_2}-\overset{3}{CH_2}-\overset{4}{CH[{}^2H]}-\overset{5}{CH_3} \quad > \quad HOOC-\overset{1}{}-\overset{2}{CH_2}-\overset{3}{CH_2}-\overset{4}{CH_2}-\overset{5}{CH_2[{}^2H]}$$

$[4-{}^2H_1]$ペンタン酸 **PIN** $\qquad$ $[5-{}^2H_1]$ペンタン酸 **PIN**
$[4-{}^2H_1]$pentanoic acid **PIN** $\qquad$ $[5-{}^2H_1]$pentanoic acid **PIN**

〔4-${}^2H$ は 5-${}^2H$ に優先する〕

354   P-4 名称をつくるための規則

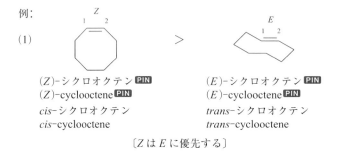

(2-²H)ピリジン **PIN**　　　　(3-²H)ピリジン **PIN**
(2-²H)pyridine **PIN**　　　(3-²H)pyridine **PIN**

〔2-²H は 3-²H に優先する〕

P-44.4.1.11.5　優先母体構造は，修飾された原子あるいは原子団の原子番号の大きな核種がより小さい位置番号をもつ．

例：
$$\overset{1}{\text{HOOC}}-\overset{2}{\text{CH}_2}-\overset{3}{\text{CH}_2}-[\overset{4}{^{13}\text{C}}]\text{H}_2-\overset{5}{\text{CH}[^2\text{H}]} \quad > \quad \overset{1}{\text{HOOC}}-\overset{2}{\text{CH}_2}-\overset{3}{\text{CH}_2}-\overset{4}{\text{CH}[^2\text{H}]}-[\overset{5}{^{13}\text{C}}]\text{H}_3$$

[4-¹³C,5-²H₁]ペンタン酸 **PIN**　　　　[5-¹³C,4-²H₁]ペンタン酸 **PIN**
[4-¹³C,5-²H₁]pentanoic acid **PIN**　　[5-¹³C,4-²H₁]pentanoic acid **PIN**

〔4-¹³C は 5-¹³C に優先する〕

P-44.4.1.11.6　優先母体構造は，修飾された原子あるいは基の質量数の大きな核種がより小さい位置番号をもつ．

例：
$$\overset{1}{\text{HO}}-\overset{2}{\text{CH}_2}-\overset{3}{\text{CH}_2}-[\overset{}{^{14}\text{C}}]\text{H}_2-[\overset{4}{^{13}\text{C}}]\text{H}_3 \quad > \quad \overset{1}{\text{HO}}-\overset{2}{\text{CH}_2}-\overset{3}{\text{CH}_2}-[\overset{}{^{13}\text{C}}]\text{H}_2-[\overset{4}{^{14}\text{C}}]\text{H}_3$$

[4-¹³C,3-¹⁴C]ブタン-1-オール **PIN**　　　[3-¹³C,4-¹⁴C]ブタン-1-オール **PIN**
[4-¹³C,3-¹⁴C]butan-1-ol **PIN**　　　　　 [3-¹³C,4-¹⁴C]butan-1-ol **PIN**

〔3-¹⁴C は 4-¹⁴C に優先する〕

P-44.4.1.12　優先母体構造は，一つ以上のステレオジェン中心をもつ〔P-44.4.1 の基準(1)〕．

P-44.4.1.12.1　シス-トランス異性，E/Z 表示法　E- および Z- 配置だけが違う母体構造の間で選択する場合，優先母体構造は Z-配置の二重結合をより多くもつ．さらに選択が必要な場合，優先母体構造は Z-配置の二重結合の位置番号の組合わせがより小さい．Z と E の意味については P-9 を参照．

例：

(1)　(Z)-シクロオクテン **PIN**　　　　(E)-シクロオクテン **PIN**
　　 (Z)-cyclooctene **PIN**　　　　　(E)-cyclooctene **PIN**
　　 cis-シクロオクテン　　　　　　*trans*-シクロオクテン
　　 cis-cyclooctene　　　　　　　*trans*-cyclooctene

〔Z は E に優先する〕

(2)　(2Z)-ブタ-2-エン酸 **PIN**　　　　(2E)-ブタ-2-エン酸 **PIN**
　　 (2Z)-but-2-enoic acid **PIN**　　(2E)-but-2-enoic acid **PIN**

〔Z は E に優先する〕

(3)　(4Z)-ヘキサ-4-エンニトリル **PIN**　　(4E)-ヘキサ-4-エンニトリル **PIN**
　　 (4Z)-hex-4-enenitrile **PIN**　　　　(4E)-hex-4-enenitrile **PIN**

〔Z は E に優先する〕

(4) (4Z,6E)-オクタ-4,6-ジエン酸 **PIN**
(4Z,6E)-octa-4,6-dienoic acid **PIN**

> (4E,6E)-オクタ-4,6-ジエン酸 **PIN**
(4E,6E)-octa-4,6-dienoic acid **PIN**

〔Z,E は E,E に優先する〕

(5) (4Z,7E)-ノナ-4,7-ジエン酸 **PIN**
(4Z,7E)-nona-4,7-dienoic acid **PIN**

> (4E,7Z)-ノナ-4,7-ジエン酸 **PIN**
(4E,7Z)-nona-4,7-dienoic acid **PIN**

〔4Z,7E は 4E,7Z に優先する〕

P-44.4.1.12.2 鏡像異性，R および S 立体表示記号 キラリティー中心の立体配置だけが異なる母体構造の間で選択する場合，主鎖あるいは優先環系は CIP 順位則 4 および 5 をこの順で適用して選択する．RR, SS のような like 表示記号は RS, SR のような unlike 表示記号より優先し (l は u より優先する)，r は s より優先し，さらに R は S より優先する．CIP 順位則は P-9 で述べる．

例：

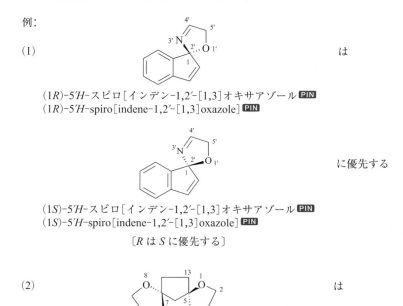

(1) (1R)-5′H-スピロ[インデン-1,2′-[1,3]オキサアゾール] **PIN**
(1R)-5′H-spiro[indene-1,2′-[1,3]oxazole] **PIN**

は

(1S)-5′H-スピロ[インデン-1,2′-[1,3]オキサアゾール] **PIN**
(1S)-5′H-spiro[indene-1,2′-[1,3]oxazole] **PIN**

に優先する

〔R は S に優先する〕

(2) (5R,7R)-1,8-ジオキサジスピロ[4.1.4^7.2^5]トリデカン **PIN**
(5R,7R)-1,8-dioxadispiro[4.1.4^7.2^5]tridecane **PIN**

は

(5R,7S)-1,8-ジオキサジスピロ[4.1.4^7.2^5]トリデカン **PIN**
(5R,7S)-1,8-dioxadispiro[4.1.4^7.2^5]tridecane **PIN**

に優先する

〔R,R は R,S に優先する〕

356   P-4 名称をつくるための規則

P-45 優先 IUPAC 名 の 選 択   "日本語名称のつくり方"も参照
P-45.0 は じ め に

　異なる置換様式のために，あるいは同じ優先母体構造が複数存在するために，P-44 に従って選択した同じ優先
母体構造に基づいた名称が二つ以上できることがある．母体構造には，ベンゼンのような母体水素化物，シクロ
ヘキサノールのような官能化母体水素化物，あるいは酢酸のような官能性母体化合物がある(P-15.1)．本節で述
べる基準を適用することによって優先 IUPAC 名(PIN)をつくる．

P-45.1 同一構造の優先母体構造の倍数表現	P-45.4 同位体標識に関連する基準
P-45.2 置換基の数と位置番号に関する基準	P-45.5 名称の英数字順に関する基準
P-45.3 非標準結合数をもった原子を含む置換基がある場合の基準	P-45.6 立体配置にのみ関連する基準

P-45.1 同一構造の優先母体構造の倍数表現

P-45.1.1　　優先 IUPAC 名(PIN)生成の際に，母体構造の名称中に同一母体構造が複数回現れることを表現する
ためには，倍数命名法を置換命名法に優先して適用する(P-51.3.1 参照)．多くの場合，倍数名は通常の置換名よ
り短い．次の基準が満たされる場合は，倍数命名法によって PIN をつくる(P-51.3 参照)．

　　(1) 倍数基の中心置換基とそれに続くすべての構造単位をつなぐ結合(単結合あるいは多重結合)が同じである．
　　(2) 中心倍数基を除いて，他の倍数基は対称的に置換している．
　　(3) 同一母体構造上のすべての置換基が接尾語で表される基を含めて同じ位置番号をもつ．

　これらの条件が満たされない場合には PIN は置換命名法でつくる．

　例：

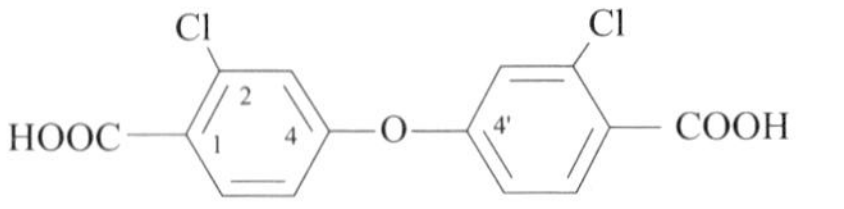

4,4′-オキシビス(2-クロロ安息香酸)**PIN**
4,4′-oxybis(2-chlorobenzoic acid)**PIN**　(倍数名)

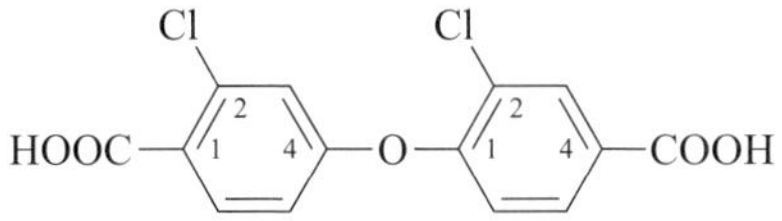

4-(4-カルボキシ-2-クロロフェノキシ)-2-クロロ安息香酸**PIN**
4-(4-carboxy-2-chlorophenoxy)-2-chlorobenzoic acid**PIN**　(置換名)

P-45.1.2　　二つ以上の母体構造(環あるいは鎖)が倍数命名法の条件を満たす場合(P-15.3 参照)，母体構造とし
ては倍数表現できる数の多い構造を選択する．

　例：

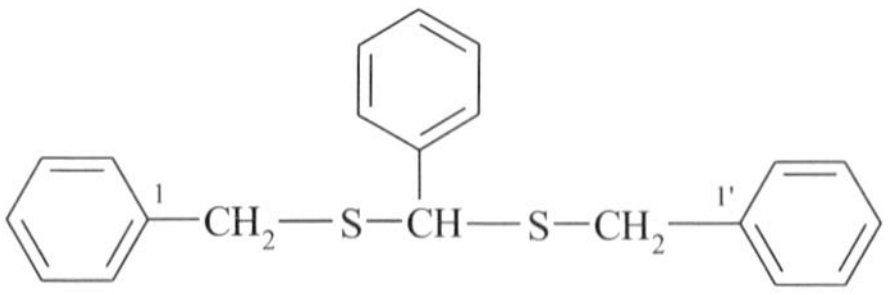

1,1′-[(フェニルメチレン)ビス(スルファンジイルメチレン)]ジベンゼン**PIN**
1,1′-[(phenylmethylene)bis(sulfanediylmethylene)]dibenzene**PIN**
　(3 個のベンゼン環を倍数表現することはできない)

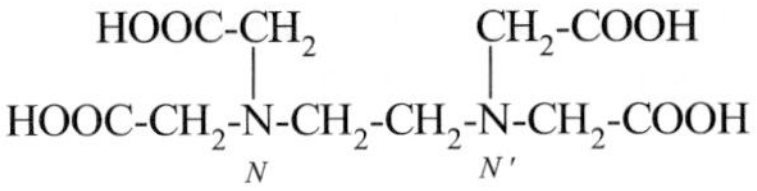

P-45　優先 IUPAC 名の選択　　　　357

HOOC-CH₂　　　CH₂-COOH
HOOC-CH₂-N-CH₂-CH₂-N-CH₂-COOH
　　　　　　　N　　　　　　　　N′

2,2′,2″,2‴-(エタン-1,2-ジイルジニトリロ)四酢酸
2,2′,2″,2‴-(ethane-1,2-diyldinitrilo)tetraacetic acid
N,N′-エタン-1,2-ジイルビス[N-(カルボキシメチル)グリシン]
N,N′-ethane-1,2-diylbis[N-(carboxymethyl)glycine]

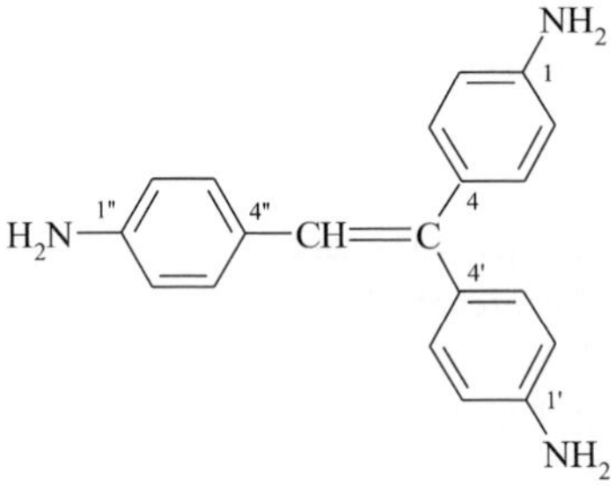

4,4′,4″-(エテン-1,1,2-トリイル)トリアニリン PIN
4,4′,4″-(ethene-1,1,2-triyl)trianiline PIN
　〔4,4′-[2-(4-アミノフェニル)エテン-1,1′-ジイル]ジアニリン
　4,4′-[2-(4-aminophenyl)ethene-1,1′-diyl]dianiline ではない.
　PIN は 3 個の母体構造が倍数表現されているが，2 番目の名
　称は 2 個だけである〕

CH₂-P(O)(OH)₂
(HO)₂P(O)-CH₂-P—CH₂-P(O)(OH)₂

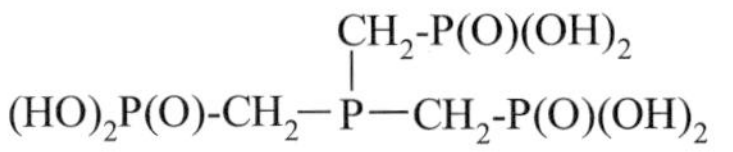

［ホスファントリイルトリス(メチレン)］トリス(ホスホン酸) PIN
[phosphanetriyltris(methylene)]tris(phosphonic acid) PIN

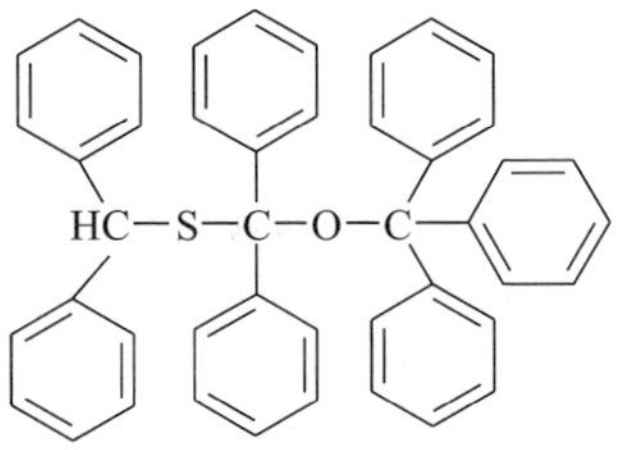

HC—S—C—O—C

1,1′,1″-({[(ジフェニルメチル)スルファニル]ジフェニルメトキシ}メタントリイル)トリベンゼン PIN
1,1′,1″-({[(diphenylmethyl)sulfanyl]diphenylmethoxy}methanetriyl)tribenzene PIN
　〔1,1′-({[ジフェニル(トリフェニルメトキシ)メチル]スルファニル}メチレン)ジベンゼン
　1,1′-({[diphenyl(triphenylmethoxy)methyl]sulfanyl}methylene)dibenzene ではない.
　PIN は 3 個の母体構造が倍数表現されているが，2 番目の名称は 2 個だけである〕

P-45.2　置換基の数と位置番号に関する基準

　一つに決まるまで，つぎの基準を順次適用する．PIN はつぎの基準を満たす優先母体構造に基づく名称である．

> P-45.2.1　接頭語として表示される置換基を最大数もつ
> P-45.2.2　接頭語として表示される置換基の位置番号の組合わせがより小さい
> P-45.2.3　名称中の置換基が，表示順でより小さい位置番号の組合わせをもつ

P-45.2.1　　PIN は母体構造に接頭語で表示される置換基(ヒドロ，デヒドロ以外)を最大数もつ優先母体構造をもとにする．

例：

(1) CH₃-O—　4　1　—NH—

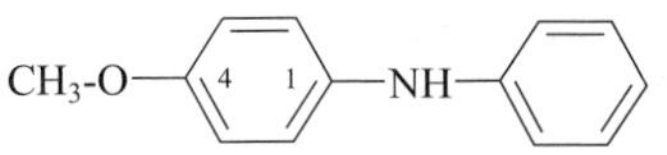

4-メトキシ-N-フェニルアニリン PIN
4-methoxy-N-phenylaniline PIN
　〔N-(4-メトキシフェニル)アニリン
　N-(4-methoxyphenyl)aniline ではない.
　PIN の母体構造はより多くの置換基をもつ．
　複合置換基 1 個に対して単純置換基 2 個が優先〕

358 P-4 名称をつくるための規則

(2)

4-クロロ-2-[(3-シアノフェニル)メチル]ベンゾニトリル **PIN**
4-chloro-2-[(3-cyanophenyl)methyl]benzonitrile **PIN**
〔3-[(5-クロロ-2-シアノフェニル)メチル]ベンゾニトリル
3-[(5-chloro-2-cyanophenyl)methyl]benzonitrile ではない.
PIN の母体構造はより多くの置換基をもつ.
置換基 2 個(単純置換基 1 個と重複合置換基 1 個)に対して
重複合置換基 1 個〕

(3)

1-メチル-4-(フェノキシメチル)ベンゼン **PIN**
1-methyl-4-(phenoxymethyl)benzene **PIN**
〔[(4-メチルフェニル)メトキシ]ベンゼン
[(4-methylphenyl)methoxy]benzene ではない.
PIN の母体構造はより多くの置換基をもつ. 置換基 2 個(単純置換
基 1 個と複合置換基 1 個)に対して重複合置換基 1 個〕

(4)

N,N,2-トリメチル-3-{4-メチル-3-[2-メチル-3-(メチルアミノ)-
　　　　　　　　　　　　　　　3-オキソプロピル]フェニル}プロパンアミド **PIN**
N,N,2-trimethyl-3-{4-methyl-3-[2-methyl-3-(methylamino)-3-oxopropyl]phenyl}propanamide **PIN**
〔3-{5-[(3-ジメチルアミノ)-2-メチル-3-オキソプロピル]-
　　　　　　　　　　　　2-メチルフェニル}-N,2-ジメチルプロパンアミド
3-{5-[(3-dimethylamino)-2-methyl-3-oxopropyl]-2-methylphenyl}-N,2-dimethylpropanamide
ではない. PIN の母体構造はより多くの置換基をもつ. 置換基 4 個(単純置換置
換基 3 個と重複合置換基 1 個)に対して置換基 3 個(単純置換基 2 個と重複合置換基 1 個)〕

(5)

1³-クロロ-2-(ナフタレン-2-イル)-1(2)-ナフタレナ-3,5(1,4),7(1)-トリベンゼナヘプタファン **PIN**
1³-chloro-2-(naphthalen-2-yl)-1(2)-naphthalena-3,5(1,4),7(1)-tribenzenaheptaphane **PIN**
〔2-(3-クロロナフタレン-2-イル)-1(2)-ナフタレナ-3,5(1,4),7(1)-トリベンゼナヘプタファン
2-(3-chloronaphthalen-2-yl)-1(2)-naphthalena-3,5(1,4),7(1)-tribenzenaheptaphane ではない.
PIN の母体構造はより多くの置換基をもつ. 単純置換基 2 個に対して複合置換基 1 個〕

(6)

1,1-ジメチル-3-{[(1λ⁴-チアン-3-イル)スルファニル]メチル}-1λ⁴-チアン **PIN**
1,1-dimethyl-3-{[(1λ⁴-thian-3-yl)sulfanyl]methyl}-1λ⁴-thiane **PIN**
〔3-{[(1,1-ジメチル-1λ⁴-チアン-3-イル)メチル]スルファニル}-1λ⁴-チアン
3-{[(1,1-dimethyl-1λ⁴-thian-3-yl)methyl]sulfanyl}-1λ⁴-thiane ではない.
PIN の母体構造はより多くの置換基をもつ.
置換基 3 個(単純置換基 2 個と重複合置換基 1 個に対して重複合置換基 1 個)〕

P-45 優先 IUPAC 名の選択   359

(7)

$$\underset{2}{CH_3}\text{-}CH\text{-}\underset{1}{CH_3}$$
$$\underset{6}{H_3C}\text{-}\underset{5}{CH_2}\text{-}\underset{4}{CH_2}\text{-}\underset{3}{CH}\text{-}CH_2\text{-}CH_3$$

3-エチル-2-メチルヘキサン **PIN**
3-ethyl-2-methylhexane **PIN**
〔3-イソプロピルヘキサン 3-isopropylhexane や
3-(プロパン-2-イル)ヘキサン 3-(propan-2-yl)hexane ではない.
PIN の母体構造はより多くの置換基をもつ.
単純置換基 2 個に対して単純置換基 1 個〕

(8)

$$\underset{1}{CH_3}\text{-}\underset{2}{CH_2}\text{-}\underset{3}{CH}\text{-}\underset{4}{CH_2}\text{-}\underset{5}{CH}\text{-}\underset{6}{CH}\text{-}\underset{7}{CH_2}\text{-}\underset{8}{CH}\text{-}\underset{9}{CH_2}\text{-}\underset{10}{CH_3}$$

CH₃ (上) 3位 CH₂-CH₂-CH₃ (上)
CH₃-CH₂-CH₂-CH₂ (下) CH₂-CH₃ (下)

5-ブチル-8-エチル-3-メチル-6-プロピルデカン **PIN**
5-butyl-8-ethyl-3-methyl-6-propyldecane **PIN**
〔3-エチル-6-(2-メチルブチル)-5-プロピルデカン
3-ethyl-6-(2-methylbutyl)-5-propyldecane ではない.
PIN の母体構造はより多くの置換基をもつ. 単純置換
基 4 個に対して置換基 3 個(単純置換基 2 個と複合置
換基 1 個)〕

(9)

$$\underset{7}{CH_3}\text{-}\underset{6}{CH}\text{-}\underset{5}{CH_2}\text{-}\underset{4}{CH}\text{-}\underset{3}{CH_2}\text{-}\underset{2}{CH_2}\text{-}\underset{1}{COOH}$$

CH₃ (5位上) CH₂-CH₂-CH₃ (4位上)

6-メチル-4-プロピルヘプタン酸 **PIN**
6-methyl-4-propylheptanoic acid **PIN**
〔4-(2-メチルプロピル)ヘプタン酸
4-(2-methylpropyl)heptanoic acid ではない.
主鎖はより多くの置換基をもつ. 単純置換基 2 個に対
して複合置換基 1 個〕

(10)

OH   CH₃   CH₃   OH
$$\underset{1}{CH_3}\text{-}\underset{2}{CH}\text{-}\underset{3}{CH}\text{-}\underset{4}{CH}\text{-}\underset{5}{CH}\text{-}\underset{6}{CH}\text{-}\underset{7}{CH_2}\text{-}\underset{8}{CH}\text{-}\underset{9}{CH_3}$$
Cl (2位下) CH₂-CH₂-CH-CH₃ (6位下)
                          OH

3-クロロ-5-(3-ヒドロキシブチル)-4,6-ジメチルノナン-2,8-ジオール **PIN**
3-chloro-5-(3-hydroxybutyl)-4,6-dimethylnonane-2,8-diol **PIN**
〔3-クロロ-5-(4-ヒドロキシペンタン-2-イル)-4-メチルノナン-2,8-ジオール
3-chloro-5-(4-hydroxypentan-2-yl)-4-methylnonane-2,8-diol ではない.
PIN の母体鎖はより多くの置換基をもつ. 置換基 4 個(単純置換基 3 個と複合
置換基 1 個)に対して置換基 3 個(単純置換基 2 個と複合置換基 1 個)〕

(11)

CH₃   COOH   CH₂Br
$$\underset{6}{CH_3}\text{-}\underset{5}{CH_2}\text{-}\underset{4}{C}\text{-}\underset{3}{C}\text{-}\underset{2}{CH}\text{-}C\text{-}CH\text{-}CH_2\text{-}CH_3$$
Br   CH₂   CH₂

4-ブロモ-2-[3-(ブロモメチル)ペンタ-1-エン-2-イル]-4-メチル-3-メチリデンヘキサン酸 **PIN**
4-bromo-2-[3-(bromomethyl)pent-1-en-2-yl]-4-methyl-3-methylidenehexanoic acid **PIN**
〔4-(ブロモメチル)-2-(3-ブロモ-3-メチルペンタ-1-エン-2-イル)-3-メチリデンヘキサン酸
4-(bromomethyl)-2-(3-bromo-3-methylpent-1-en-2-yl)-3-methylidenehexanoic acid ではない.
PIN の母体鎖はより多くの置換基をもつ. 置換基 4 個(単純置換基 3 個と重複合置換基 1 個)
に対して置換基 3 個(単純置換基 1 個と複合置換基 2 個)〕

4-ブロモ-2-[2-(ブロモメチル)-1-メチリデンブチル]-4-メチル-3-メチリデンヘキサン酸
4-bromo-2-[2-(bromomethyl)-1-methylidenebutyl]-4-methyl-3-methylidenehexanoic acid

(12) $(CH_3)_3\underset{1}{Si}\text{-}\underset{2}{SiH_2}\text{-}S\text{-}S\text{-}SiH_2\text{-}SiH_3$

2-(ジシラニルジスルファニル)-1,1,1-トリメチルジシラン **PIN**
2-(disilanyldisulfanyl)-1,1,1-trimethyldisilane **PIN**
〔[2-(2,2,2-トリメチルジシラニル)ジスルファン-1-イル]ジシラン
[2-(2,2,2-trimethyldisilanyl)disulfan-1-yl]disilane ではない.
PIN の母体構造はより多くの置換基をもつ. 置換基 4 個(単純置換基 3
個と複合置換基 1 個)に対して重複合置換基 1 個〕

360 P-4 名称をつくるための規則

(13)

$$H_3Si \quad SiH_2\text{-}SiH_3$$
$$\underset{1}{SiH_3}\text{-}\underset{2}{SiH}\text{-}\underset{3}{SiH}\text{-}\underset{4}{SiH_2}\text{-}\underset{5}{SiH_2}\text{-}\underset{6}{SiH_3}$$

3-ジシラニル-2-シリルヘキサシラン 予備名
3-disilanyl-2-silylhexasilane 予備名 (P-12.2 参照)
〔3-(トリシラン-2-イル)ヘキサシラン
3-(trisilan-2-yl)hexasilane あるいは
3-(1-シリルジシラニル)ヘキサシラン
3-(1-silyldisilanyl)hexasilane ではない.
PIN の母体鎖はより多くの置換基をもつ.
単純置換基 2 個に対して単純置換基あるいは複合置換基 1 個〕

(14)

4-[4-カルボキシ-3-(λ^6-スルファニル)フェノキシ]-2-ホスファニル-3-(λ^6-スルファニル)安息香酸 PIN
4-[4-carboxy-3-(λ^6-sulfanyl)phenoxy]-2-phosphanyl-3-(λ^6-sulfanyl)benzoic acid PIN
〔4-[4-カルボキシ-3-ホスファニル-2-(λ^6-スルファニル)フェノキシ]-2-(λ^6-スルファニル)安息香酸
4-[4-carboxy-3-phosphanyl-2-(λ^6-sulfanyl)phenoxy]-2-(λ^6-sulfanyl)benzoic acid ではない.
PIN の母体構造はより多くの置換基をもつ. 置換基 3 個(単純置換基 2 個と重複合置換基 1 個)に
対して置換基 2 個(単純置換基 1 個と重複合置換基 1 個)〕

(15)

$$\overset{81}{}Br \quad CH_3$$
$$\underset{5}{CH_3}\text{-}\underset{}{CH}\text{-}\underset{4}{CH}\text{-}\underset{3}{CH}\text{-}\underset{2}{CH_2}\text{-}\underset{1}{COOH}$$
$$^{81}Br\text{-}CH\text{-}CH_2\text{-}CH_3$$

5-(^{81}Br)ブロモ-3-[1-(^{81}Br)ブロモプロピル]-4-メチルヘキサン酸 PIN
5-(^{81}Br)bromo-3-[1-(^{81}Br)bromopropyl]-4-methylhexanoic acid PIN
〔4-(^{81}Br)ブロモ-3-[3-(^{81}Br)ブロモブタン-2-イル]ヘキサン酸
4-(^{81}Br)bromo-3-[3-(^{81}Br)bromobutan-2-yl]hexanoic acid ではない.
PIN の母体鎖はより多くの置換基をもつ. 置換基 3 個(単純置換基 2 個と
複合置換基 1 個)に対して置換基 2 個(単純置換基 1 個と複合置換基 1 個)〕

P-45.2.2 PIN は母体構造に接頭語として記載される置換基(ヒドロ, デヒドロは除く)の位置番号あるいはその組合わせがより小さい優先母体構造に基づく.

例:

(1)

2-(2-アミノ-4-メチルフェノキシ)-N-メチルアニリン PIN
2-(2-amino-4-methylphenoxy)-N-methylaniline PIN
〔5-メチル-2-[2-(メチルアミノ)フェノキシ]アニリン
5-methyl-2-[2-(methylamino)phenoxy]aniline ではない.
PIN における位置番号の組合わせ N,2 は 2,5 より小さい〕

(2)

1-ブロモ-3-クロロ-6-ニトロ-2-[2-(1,3,7-トリフルオロナフタレン-2-イル)エチル]ナフタレン PIN
1-bromo-3-chloro-6-nitro-2-[2-(1,3,7-trifluoronaphthalen-2-yl)ethyl]naphthalene PIN
〔2-[2-(1-ブロモ-3-クロロ-6-ニトロナフタレン-2-イル)エチル]-1,3,7-トリフルオロナフタレン
2-[2-(1-bromo-3-chloro-6-nitronaphthalen-2-yl)ethyl]-1,3,7-trifluoronaphthalene ではない.
PIN における位置番号の組合わせ 1,2,3,6 は 1,2,3,7 より小さい〕

P-45 優先 IUPAC 名の選択 361

(3)

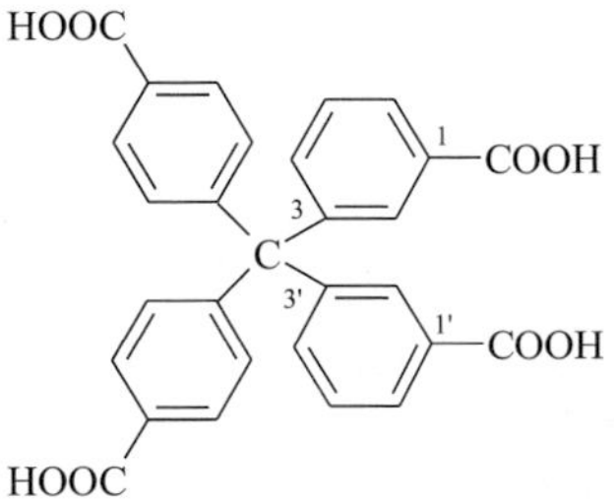

3,3′-[ビス(4-カルボキシフェニル)メチレン]二安息香酸 PIN
3,3′-[bis(4-carboxyphenyl)methylene]dibenzoic acid PIN
〔4,4′-[ビス(3-カルボキシフェニル)メチレン]二安息香酸
4,4′-[bis(3-carboxyphenyl)methylene]dibenzoic acid ではない.
PIN における位置番号の組合わせ 3,3′ は 4,4′ より小さい〕

(4)

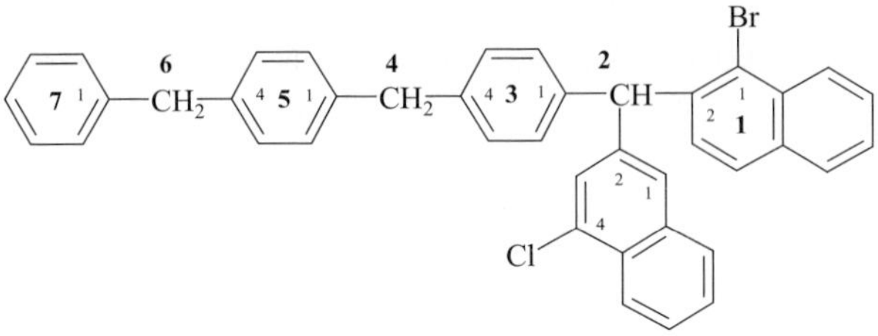

1¹-ブロモ-2-(4-クロロナフタレン-2-イル)-1(2)-ナフタレナ-3,5(1,4),7(1)-
トリベンゼナヘプタファン PIN
1¹-bromo-2-(4-chloronaphthalen-2-yl)-1(2)-naphthalena-3,5(1,4),7(1)-tribenzenaheptaphane PIN
〔2-(1-ブロモナフタレン-2-イル)-1⁴-クロロ-1(2)-ナフタレナ-3,5(1,4),7(1)-トリベンゼナヘプタファン
2-(1-bromonaphthalen-2-yl)-1⁴-chloro-1(2)-naphthalena-3,5(1,4),7(1)-tribenzenaheptaphane ではない.
PIN における位置番号の組合わせ 1¹,2 は 1⁴,2 より小さい〕

(5)

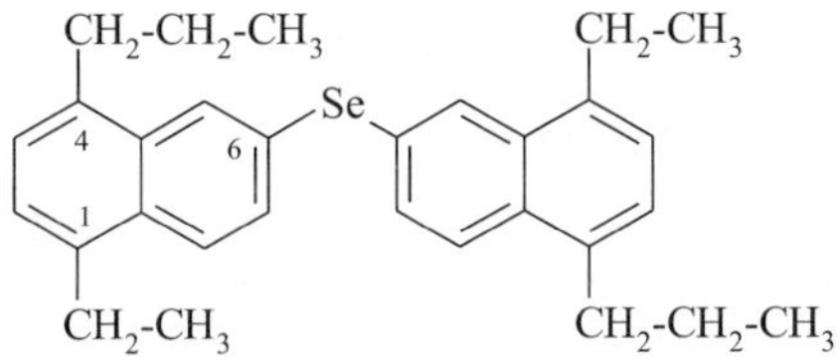

1-エチル-6-[(8-エチル-5-プロピルナフタレン-2-イル)セラニル]-4-プロピルナフタレン PIN
1-ethyl-6-[(8-ethyl-5-propylnaphthalen-2-yl)selanyl]-4-propylnaphthalene PIN
〔1-エチル-7-[(5-エチル-8-プロピルナフタレン-2-イル)セラニル]-4-プロピルナフタレン
1-ethyl-7-[(5-ethyl-8-propylnaphthalen-2-yl)selanyl]-4-propylnaphthalene ではない.
PIN における位置番号の組合わせ 1,4,6 は 1,4,7 より小さい〕

(6)

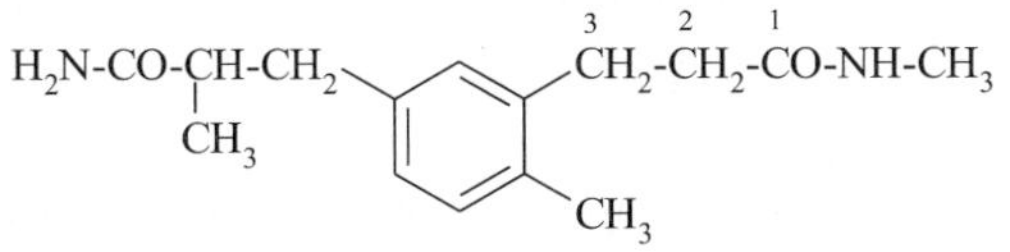

3-[5-(3-アミノ-2-メチル-3-オキソプロピル)-2-メチルフェニル]-N-メチルプロパンアミド PIN
3-[5-(3-amino-2-methyl-3-oxopropyl)-2-methylphenyl]-N-methylpropanamide PIN
〔2-メチル-3-{4-メチル-3-[3-(メチルアミノ)-3-オキソプロピル]フェニル}プロパンアミド
2-methyl-3-{4-methyl-3-[3-(methylamino)-3-oxopropyl]phenyl}propanamide ではない.
PIN における位置番号の組合わせ N,3 は 2,3 より小さい〕

(7)

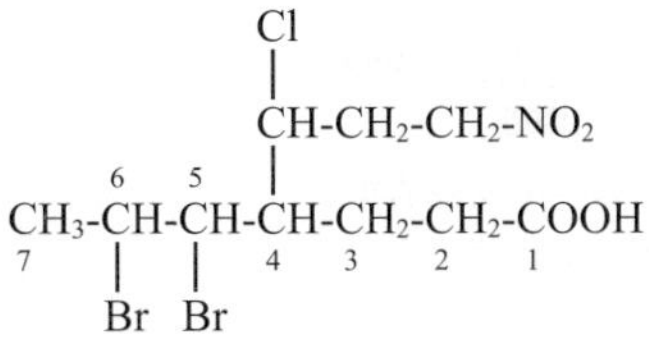

5,6-ジブロモ-4-(1-クロロ-3-ニトロプロピル)ヘプタン酸 PIN
5,6-dibromo-4-(1-chloro-3-nitropropyl)heptanoic acid PIN
〔5-クロロ-4-(1,2-ジブロモプロピル)-7-ニトロヘプタン酸
5-chloro-4-(1,2-dibromopropyl)-7-nitroheptanoic acid ではない.
PIN における位置番号の組合わせ 4,5,6 は 4,5,7 より小さい〕

P-4 名称をつくるための規則

(8)

$$NH_2 \qquad\qquad CH_3$$
$$\overset{1}{HO}-\overset{}{CH_2}-\overset{}{CH}-\overset{3}{CH_2}-\overset{4}{CH_2}-\overset{5}{CH}-\overset{}{CH}-\overset{7}{CH_2}-\overset{8}{CH_2}-\overset{9}{CH_2}-OH$$

$$CH_2-CH-CH_2-CH_2-OH$$
$$\underset{Cl}{|}$$

2-アミノ-5-(2-クロロ-4-ヒドロキシブチル)-6-メチルノナン-1,9-ジオール **PIN**
2-amino-5-(2-chloro-4-hydroxybutyl)-6-methylnonane-1,9-diol **PIN**

〔2-アミノ-7-クロロ-5-(5-ヒドロキシペンタン-2-イル)ノナン-1,9-ジオール
2-amino-7-chloro-5-(5-hydroxypentan-2-yl)nonane-1,9-diol ではない.
5-(3-アミノ-4-ヒドロキシブチル)-3-クロロ-6-メチルノナン-1,9-ジオール
5-(3-amino-4-hydroxybutyl)-3-chloro-6-methylnonane-1,9-diol でもない.
PIN における位置番号の組合わせ 2,5,6 は 2,5,7 や 3,5,6 より小さい〕

(9)

$$CH_3$$
$$\overset{1}{CH_2}=\overset{2}{CH}-\overset{3}{CH_2}-\overset{4}{C}-\overset{}{CH}=\overset{6}{CH}-\overset{7}{CH_3}$$

$$CH=C-CH_3$$
$$\underset{CH_3}{|}$$

5-メチル-4-(2-メチルプロパ-1-エン-1-イル)ヘプタ-1,5-ジエン **PIN**
5-methyl-4-(2-methylprop-1-en-1-yl)hepta-1,5-diene **PIN**

〔4-(ブタ-2-エン-2-イル)-6-メチルヘプタ-1,5-ジエン
4-(but-2-en-2-yl)-6-methylhepta-1,5-diene ではない.
PIN における位置番号の組合わせ 4,5 は 4,6 より小さい〕

(10)

$$\overset{4}{BrCH_2}-\overset{3}{CHI}-\overset{2}{CH}-\overset{}{CH_2}-\overset{}{CH_2}-\overset{1}{CHBrCl}$$

$$\underset{5}{CHBr}-\underset{6}{CH_2Cl}$$

1,5-ジブロモ-4-(2-ブロモ-1-ヨードエチル)-1,6-ジクロロヘキサン **PIN**
1,5-dibromo-4-(2-bromo-1-iodoethyl)-1,6-dichlorohexane **PIN**

〔1,6-ジブロモ-3-(1-ブロモ-2-クロロエチル)-6-クロロ-2-ヨードヘキサン
1,6-dibromo-3-(1-bromo-2-chloroethyl)-6-chloro-2-iodohexane ではない.
PIN における位置番号の組合わせ 1,1,4,5,6 は 1,2,3,6,6 より小さい〕

(11)

$$PH_4$$
$$Br \qquad CH-CH_2-CH_2-NO_2$$
$$\overset{}{CH_3}-\overset{}{CH}-\overset{4}{CH}-\overset{}{CH}-\overset{}{CH_2}-COOH$$
$$\underset{6}{} \; \underset{5}{} \quad \underset{PH_4}{|} \quad \underset{3}{} \; \underset{2}{} \; \underset{1}{}$$

5-ブロモ-3-[3-ニトロ-1-(λ^5-ホスファニル)プロピル]-4-(λ^5-ホスファニル)ヘキサン酸 **PIN**
5-bromo-3-[3-nitro-1-(λ^5-phosphanyl)propyl]-4-(λ^5-phosphanyl)hexanoic acid **PIN**

〔3-[2-ブロモ-1-(λ^5-ホスファニル)プロピル]-6-ニトロ-4-(λ^5-ホスファニル)ヘキサン酸
3-[2-bromo-1-(λ^5-phosphanyl)propyl]-6-nitro-4-(λ^5-phosphanyl)hexanoic acid ではない.
PIN における位置番号の組合わせ 3,4,5 は 3,4,6 より小さい〕

(12)

$$H_4P \qquad\qquad H_2P$$

$$HOOC-\underset{1}{\overset{2}{\bigcirc}}_4-O-\underset{1}{\overset{2}{\bigcirc}}_{4'}-COOH$$

4-(4-カルボキシ-2-ホスファニルフェノキシ)-2-(λ^5-ホスファニル)安息香酸 **PIN**
4-(4-carboxy-2-phosphanylphenoxy)-2-(λ^5-phosphanyl)benzoic acid **PIN**

〔4-[4-カルボキシ-3-(λ^5-ホスファニル)フェノキシ]-3-ホスファニル安息香酸
4-[4-carboxy-3-(λ^5-phosphanyl)phenoxy]-3-phosphanylbenzoic acid ではない.
PIN における位置番号の組合わせ 2,4 は 3,4 より小さい〕

P-45 優先 IUPAC 名の選択　　　　363

(13)

H_5S ... H_3S

HOOC — [ring 2,1,4] — O — [ring 2,4] — COOH

4-[4-カルボキシ-2-(λ^4-スルファニル)フェノキシ]-2-(λ^6-スルファニル)安息香酸 **PIN**
4-[4-carboxy-2-(λ^4-sulfanyl)phenoxy]-2-(λ^6-sulfanyl)benzoic acid **PIN**
　〔4-[4-カルボキシ-3-(λ^6-スルファニル)フェノキシ]-3-(λ^4-スルファニル)安息香酸
　4-[4-carboxy-3-(λ^6-sulfanyl)phenoxy]-3-(λ^4-sulfanyl)benzoic acid ではない.
　PIN における位置番号の組合わせ 2,4 は 3,4 より小さい〕

(14)

SH$_5$ ... H_2P

HOOC — [ring 2,1,4] — O — [ring 2,4] — COOH

4-(4-カルボキシ-2-ホスファニルフェノキシ)-2-(λ^6-スルファニル)安息香酸 **PIN**
4-(4-carboxy-2-phosphanylphenoxy)-2-(λ^6-sulfanyl)benzoic acid **PIN**
　〔4-[4-カルボキシ-3-(λ^6-スルファニル)フェノキシ]-3-ホスファニル安息香酸
　4-[4-carboxy-3-(λ^6-sulfanyl)phenoxy]-3-phosphanylbenzoic acid ではない.
　PIN における位置番号の組合わせ 2,4 は 3,4 より小さい〕

(15)

N^2H_2 ... N^2H_2
CH$_3$ ... CH$_3$
S

3-{[3-($^2H_2$)アミノ-5-メチルシクロヘキサ-1,5-ジエン-1-イル]スルファニル}-
　　　　　　2-メチルシクロヘキサ-2,4-ジエン-1-($^2H_2$)アミン **PIN**
3-{[3-($^2H_2$)amino-5-methylcyclohexa-1,5-dien-1-yl]sulfanyl}-
　　　　　　2-methylcyclohexa-2,4-dien-1-($^2H_2$)amine **PIN**
　〔3-{[3-($^2H_2$)アミノ-2-メチルシクロヘキサ-1,5-ジエン-1-イル]スルファニル}-
　　　　　　5-メチルシクロヘキサ-2,4-ジエン-1-($^2H_2$)アミン
　3-{[3-($^2H_2$)amino-2-methylcyclohexa-1,5-dien-1-yl]sulfanyl}-
　　　　　　5-methylcyclohexa-2,4-dien-1-($^2H_2$)amine
ではない.　PIN における位置番号の組合わせ 2,3 は 3,5 より小さい〕

(16)

^{81}Br
CH$_2$-CH-CH$_3$
CH$_3$-CH$_2$-CH-CH-CH$_2$-COOH
6　5　4　3　2　1
^{81}Br

4-(^{81}Br)ブロモ-3-[2-(^{81}Br)ブロモプロピル]ヘキサン酸 **PIN**
4-(^{81}Br)bromo-3-[2-(^{81}Br)bromopropyl]hexanoic acid **PIN**
　〔5-(^{81}Br)ブロモ-3-[1-(^{81}Br)ブロモプロピル]ヘキサン酸
　5-(^{81}Br)bromo-3-[1-(^{81}Br)bromopropyl]hexanoic acid ではない.
　PIN における位置番号の組合わせ 3,4 は 3,5 より小さい〕

P-45.2.3　　PIN は母体構造への接頭語として表示される置換基(ヒドロ, デヒドロを除く)の位置番号あるいはその組合わせが, 名称中に表示される順でより小さい優先母体構造に基づく.

364   P-4　名称をつくるための規則

例：

(1)

　　3-クロロ-7-[(4-クロロ-3-ニトロキノリン-7-イル)スルファニル]-4-ニトロキノリン **PIN**
　　3-chloro-7-[(4-chloro-3-nitroquinolin-7-yl)sulfanyl]-4-nitroquinoline **PIN**
　　　〔4-クロロ-7-[(3-クロロ-4-ニトロキノリン-7-イル)スルファニル]-3-ニトロキノリン
　　　4-chloro-7-[(3-chloro-4-nitroquinolin-7-yl)sulfanyl]-3-nitroquinoline ではない.
　　　位置番号の組合わせは両方の名称で同じ 3,4,7 であるが，名称中に現れる順では
　　　PIN の 3,7,4 が 4,7,3 より小さい〕

(2)

　　2-ブロモ-N-(4-ブロモ-2-クロロフェニル)-4-クロロアニリン **PIN**
　　2-bromo-N-(4-bromo-2-chlorophenyl)-4-chloroaniline **PIN**
　　　〔4-ブロモ-N-(2-ブロモ-4-クロロフェニル)-2-クロロアニリン
　　　4-bromo-N-(2-bromo-4-chlorophenyl)-2-chloroaniline ではない.
　　　位置番号の組合わせは両方の名称で同じ N,2,4 であるが，名称中
　　　に現れる順では PIN の 2,N,4 が 4,N,2 より小さい〕

(3)

　　1-エチル-7-[(7-エチル-8-プロピルナフタレン-2-イル)オキシ]-2-プロピルナフタレン **PIN**
　　1-ethyl-7-[(7-ethyl-8-propylnaphthalen-2-yl)oxy]-2-propylnaphthalene **PIN**
　　　〔2-エチル-7-[(8-エチル-7-プロピルナフタレン-2-イル)オキシ]-1-プロピルナフタレン
　　　2-ethyl-7-[(8-ethyl-7-propylnaphthalen-2-yl)oxy]-1-propylnaphthalene ではない.
　　　位置番号の組合わせは両方の名称で同じ 1,2,7 であるが，名称中に現れる順では
　　　PIN の 1,7,2 が 2,7,1 より小さい〕

(4)

　　5-ブロモ-4-(2-ブロモ-1-フルオロプロピル)-6-
　　　　　　　　　　　　　　　フルオロヘプタン酸 **PIN**
　　5-bromo-4-(2-bromo-1-fluoropropyl)-6-fluoroheptanoic acid **PIN**
　　　〔6-ブロモ-4-(1-ブロモ-2-フルオロプロピル)-5-
　　　　　　　　　　　　　フルオロヘプタン酸
　　　6-bromo-4-(1-bromo-2-fluoropropyl)-5-fluoroheptanoic acid
　　　ではない．位置番号の組合わせは両方の名称で同じ 4,5,6 である
　　　が，名称中に現れる順では PIN の 5,4,6 が 6,4,5 より小さい〕

(5)

　　3-ブロモ-2-(2-ブロモ-1-ヒドロキシエチル)-4-ヒドロキシブタン酸 **PIN**
　　3-bromo-2-(2-bromo-1-hydroxyethyl)-4-hydroxybutanoic acid **PIN**
　　　〔4-ブロモ-2-(1-ブロモ-2-ヒドロキシエチル)-3-ヒドロキシブタン酸
　　　4-bromo-2-(1-bromo-2-hydroxyethyl)-3-hydroxybutanoic acid ではない.
　　　位置番号の組合わせは両方の名称で同じ 2,3,4 であるが，名称中に現れる
　　　順では PIN の 3,2,4 が 4,2,3 より小さい〕

P-45 優先 IUPAC 名の選択　　　　　365

(6)

H₃C-H₂C　CH₃

　　　　　9　　10　　　　　13　14
　　　　CH₂-CH₂-CH-CH-CH=CH₂
　　　　　　　　　　11　12

1　　2　　3　　4　　5　　6　　7
CH₂=CH-CH=CH-CH₂-CH₂-CH₂-CH-CH₂-CH₂-CH-CH-CH=CH₂
　　　　　　　　　　　　　　8

H₃C　CH₂-CH₃

(I)

H₃C-H₂C　CH₃

　　　　　　　　　　CH₂-CH₂-CH-CH-CH=CH₂

1　　2　　3　　4　　5　　6　　7　　　9　　10　11　12　13　14
CH₂=CH-CH=CH-CH₂-CH₂-CH₂-CH-CH₂-CH₂-CH-CH-CH=CH₂
　　　　　　　　　　　　　　8

H₃C　CH₂-CH₃

(II)

(I) 11-エチル-8-(4-エチル-3-メチルヘキサ-5-エン-1-イル)-12-メチルテトラデカ-1,3,13-トリエン `PIN`
　　11-ethyl-8-(4-ethyl-3-methylhex-5-en-1-yl)-12-methyltetradeca-1,3,13-triene `PIN`

　　〔(II)の 12-エチル-8-
　　　　(3-エチル-4-メチルヘキサ-5-エン-1-イル)-11-メチルテトラデカ-1,3,13-トリエン
　　　12-ethyl-8-(3-ethyl-4-methylhex-5-en-1-yl)-11-methyltetradeca-1,3,13-triene ではない.
　　　位置番号の組合わせは両方の名称で同じ 8,11,12 であるが，名称中に現れる順では
　　　PIN の 11,8,12 が 12,8,11 より小さい〕

(7)

　　　　　1
　　　CH₂-OH
　　　　│　　3　　4
Br-CH₂-CH₂-CH-CH₂-CH₂-Cl
　　　　　　2

であり

2-(2-ブロモエチル)-4-クロロブタン-1-オール `PIN`
2-(2-bromoethyl)-4-chlorobutan-1-ol `PIN`

　　　　　1
　　　CH₂-OH
　　　　│
Br-CH₂-CH₂-CH-CH₂-CH₂-Cl
　4　　3　　　2

ではない

4-ブロモ-2-(2-クロロエチル)ブタン-1-オール
4-bromo-2-(2-chloroethyl)butan-1-ol

　　説明: 位置番号の組合わせは両方の名称で同じ 2,4 であるが，名称中に現れる順では PIN
　　の 2,4 が 4,2 より小さい.

(8)

　　　5　　4　　3　　2　　1
Br-CH₂-CH-CH₂-CH₂-CH₂-CHClBr
　　　│
　　CH₂-Cl
　　　6

であり

1-ブロモ-5-(ブロモメチル)-1,6-ジクロロヘキサン `PIN`
1-bromo-5-(bromomethyl)-1,6-dichlorohexane `PIN`

　　　6　　5　　4　　3　　2　　1
Br-CH₂-CH-CH₂-CH₂-CH₂-CHClBr
　　　│
　　CH₂-Cl

ではない

1,6-ジブロモ-1-クロロ-5-(クロロメチル)ヘキサン
1,6-dibromo-1-chloro-5-(chloromethyl)hexane

　　説明: 位置番号の組合わせは両方の名称で同じ 1,1,5,6 であるが，名称中に現れる順では
　　PIN の 1,5,1,6 が 1,6,1,5 より小さい.

　　注記: 1979 規則(参考文献 1)の規則[C-13.11(j)]では誤った方の名称になる.

366   P-4　名称をつくるための規則

(9)

$$CH_2=CH-CH=CH-CH_2-CH-CH-CH-CH=CH_2$$

であり

7-エチル-6-(3-エチルペンタ-4-エン-2-イル)-8-メチルデカ-1,3,9-トリエン **PIN**
7-ethyl-6-(3-ethylpent-4-en-2-yl)-8-methyldeca-1,3,9-triene **PIN**

ではない

8-エチル-7-メチル-6-(4-メチルヘキサ-5-エン-3-イル)デカ-1,3,9-トリエン
8-ethyl-7-methyl-6-(4-methylhex-5-en-3-yl)deca-1,3,9-triene ではない

　　説明: 位置番号の組合わせは両方の名称で同じ 6,7,8 であるが，名称中に現れる順では
　　PIN の 7,6,8 が 8,7,6 より小さい.

(10)

$$CH_3-NH-CO-CH_2-CH_2-\quad CH_2-CH_2-CO-NH-CH_2-CH_2-CH_3$$

N-メチル-3-{4-メチル-3-[3-オキソ-3-(プロピルアミノ)プロピル]フェニル}プロパンアミド **PIN**
N-methyl-3-{4-methyl-3-[3-oxo-3-(propylamino)propyl]phenyl}propanamide **PIN**

　　〔3-{2-メチル-5-[3-(メチルアミノ)-3-オキソプロピル]フェニル}-N-プロピルプロパンアミド
　　3-{2-methyl-5-[3-(methylamino)-3-oxopropyl]phenyl}-N-propylpropanamide ではない.
　　位置番号の組合わせは両方の名称で同じ N,3 であるが，名称中に現れる順では PIN の N,3 が 3,N
　　より小さい〕

(11)

$$CH_3-CH-CH-CH-CH_2-COOH$$

3-[2-ブロモ-1-(λ^5-ホスファニル)プロピル]-5-クロロ-4-(λ^5-ホスファニル)]ヘキサン酸 **PIN**
3-[2-bromo-1-(λ^5-phosphanyl)propyl]-5-chloro-4-(λ^5-phosphanyl)]hexanoic acid **PIN**

　　〔5-ブロモ-3-[2-クロロ-1-(λ^5-ホスファニル)プロピル]-4-(λ^5-ホスファニル)ヘキサン酸
　　5-bromo-3-[2-chloro-1-(λ^5-phosphanyl)propyl]-4-(λ^5-phosphanyl)hexanoic acid ではない.
　　位置番号の組合わせは両方の名称で同じ 3,4,5 であるが，名称中に現れる順では PIN の 3,5,4 が
　　5,3,4 より小さい〕

(12)

$$CH_3-CH-CH-CH-CH_2-COOH$$

4-(^{81}Br)ブロモ-3-[1-(^{81}Br)ブロモ-2-ブロモプロピル]-5-クロロヘキサン酸 **PIN**
4-(^{81}Br)bromo-3-[1-(^{81}Br)bromo-2-bromopropyl]-5-chlorohexanoic acid **PIN**

　　〔4-(^{81}Br)ブロモ-5-ブロモ-3-[1-(^{81}Br)ブロモ-2-クロロプロピル]ヘキサン酸
　　4-(^{81}Br)bromo-5-bromo-3-[1-(^{81}Br)bromo-2-chloropropyl]hexanoic acid ではない.
　　位置番号の組合わせは両方の名称で同じ 3,4,5 であるが，名称中に現れる順では
　　PIN の 4,3,5 が 4,5,3 より小さい〕

P-45 優先 IUPAC 名の選択   367

P-45.3　非標準結合数をもった原子を含む置換基がある場合の基準

　以下の基準は，これまでの基準が満たされているときに，非標準結合数をもつ置換基に対してのみ一つに決まるまで順次適用する.

> P-45.3.1　接頭語として表示する，結合数のより大きな置換基が最も多い
> P-45.3.2　接頭語として表示する，結合数のより大きな置換基がより小さい位置番号の組合わせをもつ

P-45.3.1　　PIN は接頭語として表示する結合数のより大きな置換基が最も多い優先母体構造に基づく.

例:

$$\overset{3}{H_4P-CH_2}\overset{2}{-CH}\overset{1}{-COOH}$$
$$|$$
$$CH_2-PH_2$$

3-(λ^5-ホスファニル)-2-(ホスファニルメチル)プロパン酸 **PIN**
3-(λ^5-phosphanyl)-2-(phosphanylmethyl)propanoic acid **PIN**
〔3-ホスファニル-2-(λ^5-ホスファニルメチル)プロパン酸
3-phosphanyl-2-(λ^5-phosphanylmethyl)propanoic acid ではない.
PIN の母体構造は結合数の最も大きな置換基を含む，$\lambda^5 > \lambda^3$〕

$$H_2P-PH-CH_2-CH_2-\overset{2}{CH}-\overset{1}{CN}$$
$$|$$
$$\overset{3}{CH_2}-\overset{4}{CH_2}-PH-PH_4$$

4-($2\lambda^5$-ジホスファン-1-イル)-2-[2-(ジホスファン-1-イル)エチル]ブタンニトリル **PIN**
4-($2\lambda^5$-diphosphan-1-yl)-2-[2-(diphosphan-1-yl)ethyl]butanenitrile **PIN**
〔4-(ジホスファン-1-イル)-2-[2-($2\lambda^5$-ジホスファン-1-イル)エチル]ブタンニトリル
4-(diphosphan-1-yl)-2-[2-($2\lambda^5$-diphosphan-1-yl)ethyl]butanenitrile ではない.
PIN の母体構造は結合数の最も大きな置換基を含む，$\lambda^5 > \lambda^3$〕

$$\overset{3}{H_5S-CH_2}-\overset{2}{CH}-\overset{1}{COOH}$$
$$|$$
$$CH_2-SH_3$$

3-(λ^6-スルファニル)-2-(λ^4-スルファニルメチル)プロパン酸 **PIN**
3-(λ^6-sulfanyl)-2-(λ^4-sulfanylmethyl)propanoic acid **PIN**
〔3-(λ^4-スルファニル)-2-(λ^6-スルファニルメチル)プロパン酸
3-(λ^4-sulfanyl)-2-(λ^6-sulfanylmethyl)propanoic acid ではない.
PIN の母体構造は結合数の最も大きな置換基を含む，$\lambda^6 > \lambda^4$〕

P-45.3.2　　PIN は，接頭語として表示する結合数のより大きな置換基がより小さい位置番号の組合わせをもつ.

例:

$$H_4P-PH\underset{3}{\diagdown}\quad\underset{1}{\diagup}\overset{1}{PH_3}-\overset{2}{PH_2}$$

1-[3-($2\lambda^5$-ジホスファン-1-イル)フェニル]-1λ^5-ジホスファン **PIN**
1-[3-($2\lambda^5$-diphosphan-1-yl)phenyl]-1λ^5-diphosphane **PIN**
〔2-[3-($1\lambda^5$-ジホスファン-1-イル)フェニル]-1λ^5-ジホスファン
2-[3-($1\lambda^5$-diphosphan-1-yl)phenyl]-1λ^5-diphosphan ではない.〕

> **説明**: PIN における非標準結合数をもつ置換基の位置番号 1 は，誤った名称における非標準結合数をもつ置換基の位置番号 2 より小さい.

368   P-4 名称をつくるための規則

$$
\overset{5}{H_2P}-CH_2-\overset{4}{CH}-CH_2-\overset{3}{CH}-CH_2-\overset{2}{CH}-CH_2-PH_4
$$

|PH_4   COOH   PH_2

$H_2P-CH_2-\overset{5}{CH}-CH_2-\overset{4}{CH}-CH_2-\overset{2}{CH}-CH_2-PH_4$ with PH_4, COOH(1), PH_2 substituents

4-(λ⁵-ホスファニル)-5-ホスファニル-2-[3-(λ⁵-ホスファニル)-2-ホスファニルプロピル]ペンタン酸 **PIN**
4-(λ⁵-phosphanyl)-5-phosphanyl-2-[3-(λ⁵-phosphanyl)-2-phosphanylpropyl]pentanoic acid **PIN**
　〔5-(λ⁵-ホスファニル)-4-ホスファニル-2-[2-(λ⁵-ホスファニル)-3-ホスファニルプロピル]ペンタン酸
　5-(λ⁵-phosphanyl)-4-phosphanyl-2-[2-(λ⁵-phosphanyl)-3-phosphanylpropyl]pentanoic acid ではない.

  説明：PIN における非標準結合数をもつ置換基の位置番号 4 は，誤った名称における非標
  準結合数をもつ置換基の位置番号 5 より小さい〕

P-45.4 同位体標識に関連する基準

以下の基準は，これまでの基準が満たされているときに，同位体修飾された置換基に対してのみ一つに決まる
まで順次適用する.

P-45.4.1   PIN は同位体修飾された置換基をより多くもつ優先母体構造に基づく.

例：

$$
CH_3-CH_2-\overset{4}{CH}-\overset{3}{CH}-\overset{2}{CH_2}-\overset{1}{COOH}
$$

4-(⁸¹Br)ブロモ-3-(1-ブロモプロピル)ヘキサン酸 **PIN**
4-(⁸¹Br)bromo-3-(1-bromopropyl)hexanoic acid **PIN**
〔4-ブロモ-3-[1-(⁸¹Br)ブロモプロピル]ヘキサン酸
4-bromo-3-[1-(⁸¹Br)bromopropyl]hexanoic acid ではない.　いずれの名
称も 2 個の置換基をもち，同じ位置番号の組合わせ 3,4 をもつが，PIN
の母体構造は同位体修飾された置換基(⁸¹Br)に結合している〕

P-45.4.2   PIN はより大きな原子番号をもつ核種をより多くもつ優先母体構造に基づく.

例：

$$
{}^{14}CH_3-CH_2-CH_2-\overset{4}{CH}-CH_2-COOH
$$
（側鎖 CH_2-CH_2-CH_2²H）

3-(3-²H₁)プロピル(6-¹⁴C)ヘキサン酸 **PIN**   3-(3-²H₁)propyl(6-¹⁴C)hexanoic acid **PIN**
〔3-(3-¹⁴C)プロピル(6-²H₁)ヘキサン酸 3-(3-¹⁴C)propyl(6-²H₁)hexanoic acid ではない.
いずれの名称も 1 個の置換基をもち，同じ位置番号 3 をもつが，PIN の母体構造はより
大きな原子番号をもつ核種を含む，(¹⁴C)＞(²H)〕

P-45.4.3   PIN はより大きな質量数をもつ核種をより多くもつ優先母体構造に基づく.

例：

$$
CH_2{}^3H-CH_2-CH_2-\overset{3}{CH}-CH_2-COOH
$$
（側鎖 CH_2-CH_2-CH_2²H）

3-(3-²H₁)プロピル(6-³H₁)ヘキサン酸 **PIN**   3-(3-²H₁)propyl(6-³H₁)hexanoic acid **PIN**
〔3-(3-³H₁)プロピル(6-²H₁)ヘキサン酸 3-(3-³H₁)propyl(6-²H₁)hexanoic acid ではない.
いずれの名称も 1 個の置換基をもち，同じ位置番号 3 をもつが，PIN の母体構造はより大きな
質量数をもつ核種を含む，(³H)＞(²H)〕

P-45.4.4   PIN は同位体修飾された置換基がより小さい位置番号をもつ優先母体構造に基づく.

例：

$$
CH_3-CH_2-\overset{4}{CH}-\overset{3}{CH}-CH_2-COOH
$$
（4位に⁸¹Br，側鎖 CH_2-CH-CH_3 に⁸¹Br）

4-(⁸¹Br)ブロモ-3-[2-(⁸¹Br)ブロモプロピル]ヘキサン酸 **PIN**
4-(⁸¹Br)bromo-3-[2-(⁸¹Br)bromopropyl]hexanoic acid **PIN**
〔5-(⁸¹Br)ブロモ-3-[1-(⁸¹Br)ブロモプロピル]ヘキサン酸
5-(⁸¹Br)bromo-3-[1-(⁸¹Br)bromopropyl]hexanoic acid ではない.
PIN の母体構造は同位体修飾された置換基が最も小さい位置番号をも
つ，4-(⁸¹Br)ブロモ＞5-(⁸¹Br)ブロモ〕

P-45　優先 IUPAC 名の選択　　　369

P-45.4.5　PIN はより大きな原子番号をもつ核種が最小の位置番号をもつ優先母体構造に基づく.

例：

$$^{81}Br$$
$$|$$
$$CH_2\text{-}CH\text{-}CH_2{}^2H$$
$$CH_3\text{-}CH\,{}^2H\text{-}\underset{4}{CH}\text{-}CH\text{-}CH_2\text{-}COOH$$
$$\underset{6}{}\ \underset{5}{}\qquad\underset{3}{}\ \underset{2}{}\ \underset{1}{}$$
$$^{81}Br$$

　4-(^{81}Br)ブロモ-3-[2-(^{81}Br)ブロモ(3-^{2}H$_1$)プロピル](5-^{2}H$_1$)ヘキサン酸 **PIN**
　4-(^{81}Br)bromo-3-[2-(^{81}Br)bromo(3-^{2}H$_1$)propyl](5-^{2}H$_1$)hexanoic acid **PIN**
　〔5-(^{81}Br)ブロモ-3-[1-(^{81}Br)ブロモ(2-^{2}H$_1$)プロピル](6-^{2}H$_1$)ヘキサン酸
　5-(^{81}Br)bromo-3-[1-(^{81}Br)bromo(2-^{2}H$_1$)propyl](6-^{2}H$_1$)hexanoic acid ではない.
　PIN の母体構造はより大きな原子番号をもつ核種が最小の位置番号をもつ,
　4-(^{81}Br)ブロモ＞5-(^{81}Br)ブロモ〕

P-45.4.6　PIN はより大きな質量数をもつ核種が最小の位置番号をもつ母体構造に基づく(P-45.5.2 も参照).

例：

$$^{79}Br\ ^{81}Br$$
$$|\quad\ |$$
$$CH\text{-}CH\text{-}CH_3$$
$$\underset{6}{CH_3}\text{-}\underset{5}{CH}\text{-}\underset{4}{CH}\text{-}\underset{3}{CH}\text{-}\underset{2}{CH_2}\text{-}\underset{1}{COOH}$$
$$^{79}Br\ ^{81}Br$$

　5-(^{79}Br)ブロモ-4-(^{81}Br)ブロモ-3-[1-(^{79}Br)ブロモ-2-(^{81}Br)ブロモプロピル]ヘキサン酸 **PIN**
　5-(^{79}Br)bromo-4-(^{81}Br)bromo-3-[1-(^{79}Br)bromo-2-(^{81}Br)bromopropyl]hexanoic acid **PIN**
　〔4-(^{79}Br)ブロモ-5-(^{81}Br)ブロモ-3-[2-(^{79}Br)ブロモ-1-(^{81}Br)ブロモプロピル]ヘキサン酸
　4-(^{79}Br)bromo-5-(^{81}Br)bromo-3-[2-(^{79}Br)bromo-1-(^{81}Br)bromopropyl]hexanoic acid ではない.
　PIN の母体構造はより大きな質量数をもつ核種が最小の位置番号をもつ.
　4-(^{81}Br)ブロモ＞5-(^{81}Br)ブロモ〕

P-45.5　名称の英数字順に関する基準

P-45.5.1　P-45.2 から P-45.4 の基準で結論が出ないときは, 英数字順で比較検討して(P-14.5 参照), 先に現れる名称を PIN とする. ローマン体の文字はイタリック体の文字より先に考慮する. ただしイタリック体の文字が位置番号としてあるいは複合位置番号や複式位置番号の一部として用いられている場合, たとえば N や 4a は除外する. 下の例では, 数字の位置番号と比較して, このことを示す.

例：

(1)

　1-ブロモ-4-クロロ-2-{2-[(1,4-ジブロモナフタレン-2-イル)メトキシ]エチル}ナフタレン **PIN**
　1-bromo-4-chloro-2-{2-[(1,4-dibromonaphthalen-2-yl)methoxy]ethyl}naphthalene **PIN**
　〔1,4-ジブロモ-2-{[2-(1-ブロモ-4-クロロナフタレン-2-イル)エトキシ]メチル}ナフタレン
　1,4-dibromo-2-{[2-(1-bromo-4-chloronaphthalen-2-yl)ethoxy]methyl}naphthalene ではない.
　どちらの名称でも位置番号の組合わせは 1,2,4 であり, 名称中に現れる順も同じ 1,4,2 なので, P-45.2.2 あるいは P-45.2.3 では決まらない. しかし, PIN の bromo は dibromo よりアルファベット順で前にある〕

P-4 名称をつくるための規則

(2)

$$\text{2-[(1-ヒドロキシ-4-ニトロナフタレン-2-イル)メチル]-4-プロピルナフタレン-1-オール}$$ **PIN**
2-[(1-hydroxy-4-nitronaphthalen-2-yl)methyl]-4-propylnaphthalen-1-ol **PIN**

〔2-[(1-ヒドロキシ-4-プロピルナフタレン-2-イル)メチル]-4-ニトロナフタレン-1-オール
2-[(1-hydroxy-4-propylnaphthalen-2-yl)methyl]-4-nitronaphthalen-1-ol ではない.
どちらの名称でも, 最小位置番号の組合わせは 1,2,4 であり, 現れる順も同じ 2,4,1 なので,
P-45.2.2 あるいは P-45.2.3 では決まらない. しかし, PIN の nitronaphthalen はアルファベット順
で propylnaphthalen より前にある〕

(3)

$$\text{5-ブトキシ-2-[(5-ブトキシ-1-カルボキシ-7-エチルナフタレン-2-イル)メチル]-}$$
$$\text{7-メチルナフタレン-1-カルボン酸}$$ **PIN**
5-butoxy-2-[(5-butoxy-1-carboxy-7-ethylnaphthalen-2-yl)methyl]-
7-methylnaphthalene-1-carboxylic acid **PIN**

〔5-ブトキシ-2-[(5-ブトキシ-1-カルボキシ-
7-メチルナフタレン-2-イル)メチル]-7-エチルナフタレン-1-カルボン酸
5-butoxy-2-[(5-butoxy-1-carboxy-
7-methylnaphthalen-2-yl)methyl]-7-ethylnaphthalene-1-carboxylic acid ではない.
どちらの名称でも, 最小位置番号の組合わせは 1,2,5,7 であり, 現れる順も同じ 5,2,7,1 なので,
P-45.2.2 あるいは P-45.2.3 では決まらない. しかし, PIN の ethylnaphthalen は methylnaphthalen
よりアルファベット順で前にある〕

(4)

4-(1,2-ジフルオロプロピル)-5,6-ジニトロヘプタン酸 **PIN**
4-(1,2-difluoropropyl)-5,6-dinitroheptanoic acid **PIN**

〔4-(1,2-ジニトロプロピル)-5,6-ジフルオロヘプタン酸
4-(1,2-dinitropropyl)-5,6-difluoroheptanoic acid ではない.
どちらの名称でも, 最小位置番号の組合わせは 4,5,6 であり,
現れる順も同じ 4,5,6 なので, P-45.2.2 あるいは P-45.2.3 で
は決まらない. しかし, PIN の difluoropropyl は dinitropropyl
よりアルファベット順で前にある〕

(5)

$$\text{5-エトキシ-3-[2-エトキシ-3-フルオロ-1-(}\lambda^5\text{-ホスファニル)プロピル]-6-ヨード-4-}$$
$$\text{(}\lambda^5\text{-ホスファニル)ヘキサン酸}$$ **PIN**
5-ethoxy-3-[2-ethoxy-3-fluoro-1-(λ^5-phosphanyl)propyl]-6-iodo-4-(λ^5-phosphanyl)hexanoic acid **PIN**

〔5-エトキシ-3-[2-エトキシ-3-ヨード-
1-(λ^5-ホスファニル)プロピル]-6-フルオロ-4-(λ^5-ホスファニル)ヘキサン酸
5-ethoxy-3-[2-ethoxy-3-iodo-1-(λ^5-phosphanyl)propyl]-6-fluoro-4-(λ^5-phosphanyl)hexanoic acid
ではない. どちらの名称でも, 最小位置番号の組合わせは 3,4,5,6 であり, 現れる順も同じ 5,3,6,4 なの
で, P-45.2.2 あるいは P-45.2.3 では決まらない. しかし, PIN の fluoro は iodo よりアルファベット順
で前にある〕

(6)
$$\begin{array}{c}{}^{81}\text{Br}\\|\\\text{H}_3\text{C-CH-CH-CH}_3\\\overset{6}{\text{CH}_3}\text{-}\overset{5}{\text{CH}}\text{-}\overset{4}{\text{CH}}\text{-}\overset{3}{\text{CH}}\text{-}\overset{2}{\text{CH}}_2\text{-}\overset{1}{\text{COOH}}\\|\quad|\\{}^{81}\text{Br}\quad\text{NO}_2\end{array}$$

5-(^{81}Br)ブロモ-3-[3-(^{81}Br)ブロモブタン-2-イル]-4-ニトロヘキサン酸 **PIN**
5-(^{81}Br)bromo-3-[3-(^{81}Br)bromobutan-2-yl]-4-nitrohexanoic acid **PIN**
〔5-(^{81}Br)ブロモ-3-[2-(^{81}Br)ブロモ-1-ニトロプロピル]-4-メチルヘキサン酸
5-(^{81}Br)bromo-3-[2-(^{81}Br)bromo-1-nitropropyl]-4-methylhexanoic acid ではない．
どちらの名称でも，最小位置番号の組合わせは 3,4,5 であり，現れる順も同じ 5,3,4 なので，P-45.2.2 あるいは P-45.2.3 では決まらない．しかし，PIN の bromo…bromobutanyl は bromo…bromo…nitro よりアルファベット順で前にある〕

注記：元素記号 Br の B はアルファベット順を考慮する際の対象にならない．

P-45.5.2 英数字順(同位体記号や立体表示記号を除く)に基づく名称が同一の場合，まず同位体の元素記号をアルファベット順に考慮し，ついで質量数を数字順に考慮して選択する．

例：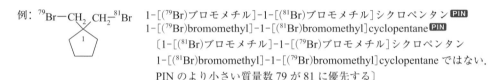

1-[(^{79}Br)ブロモメチル]-1-[(^{81}Br)ブロモメチル]シクロペンタン **PIN**
1-[(^{79}Br)bromomethyl]-1-[(^{81}Br)bromomethyl]cyclopentane **PIN**
〔1-[(^{81}Br)ブロモメチル]-1-[(^{79}Br)ブロモメチル]シクロペンタン
1-[(^{81}Br)bromomethyl]-1-[(^{79}Br)bromomethyl]cyclopentane ではない．
PIN のより小さい質量数 79 が 81 に優先する〕

P-45.6　立体配置にのみ関連する基準

P-45.6.1　はじめに

本節は，有機化合物の名称における立体配置の特定に関するおもな原則についてのみ述べる．有機化合物の三次元構造は，もともと立体配置を含まない名称に一つ以上の挿入語を加えることによって体系的に示す．そのような挿入語を立体表示記号という．この操作によって，その作成の過程で選択の余地が生じない限り，本勧告の他の箇所で述べる命名法の原則(P-44 および P-45 参照)によって決まる優先 IUPAC 名(PIN)は，変更を受けることはない．選択の余地がある場合は，PIN は主鎖や優先する環を選択する規則や立体表示記号の優先順位と矛盾しないようにつくらなければならない．したがって，鏡像異性体やシス–トランス異性体のような立体異性体は，立体表示記号だけが違う置換名あるいは倍数名をもつ．PIN に関係する立体表示記号は，すべて E, Z, R, S, r, s など P-9 で議論し例示する Cahn-Ingold-Prelog CIP 順位則に基づく記号である．

P-45.6.2　一般則．
多重結合や二重結合の数と位置に基づく母体構造の選択(P-44.4.1.1，P-44.4.1.2 および P-44.4.1.10 参照)は立体配置に依存しない．たとえば，P-31.1 に基づいて命名する下記のアルケンの二重結合の立体配置には，Z あるいは E の 2 通りがあるが，その名称ブテン butene は立体表示記号があってもなくても変わらない．立体配置を含む PIN は，該当する立体表示記号をこのアルケンの PIN に付けてつくる．

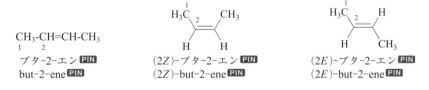

これに対して，倍数名(P-45.1 および P-15.3 参照)は以下の例で述べるように立体配置に依存する．二つの異なる手順が必要である．すなわち，同じ構造単位が同じ立体配置をもつ場合(E か Z のいずれか，あるいは R か S

のいずれか)は倍数名を，異なる立体配置をもつ場合(E および Z，あるいは R および S)は置換名を用いる．

例 1: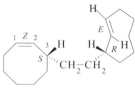
(1E,1'E)-1,1'-スルファンジイルジ(シクロオクタ-1-エン) **PIN**
(1E,1'E)-1,1'-sulfanediyldi(cyclooct-1-ene) **PIN** （倍数名）

(1Z,3S)-3-{2-[(1R,2E)-シクロオクタ-2-エン-1-イル]エチル}シクロオクタ-1-エン **PIN**
(1Z,3S)-3-{2-[(1R,2E)-cyclooct-2-en-1-yl]ethyl}cyclooct-1-ene **PIN**
(1-cis,3S)-3-{2-[(1R,2-trans)-シクロオクタ-2-エン-1-イル]エチル}シクロオクタ-1-エン
(1-cis,3S)-3-{2-[(1R,2-trans)-cyclooct-2-en-1-yl]ethyl}cyclooct-1-ene
（置換名．優先順位 Z＞E＞R＞S については P-92 参照）

例 2:

1,1'-スルファンジイルビス{4-[(2R)-ブタン-2-イル]ベンゼン} **PIN**
1,1'-sulfanediylbis{4-[(2R)-butan-2-yl]benzene} **PIN** （倍数名）

1-[(2R)-ブタン-2-イル]-4-({4-[(2S)-ブタン-2-イル]フェニル}スルファニル)ベンゼン **PIN**
1-[(2R)-butan-2-yl]-4-({4-[(2S)-butan-2-yl]phenyl}sulfanyl)benzene **PIN**
（置換名．倍数名は認められない）
〔1-[(2S)-ブタン-2-イル]-4-({4-[(2R)-ブタン-2-イル]フェニル}スルファニル)ベンゼン
1-[(2S)-butan-2-yl]-4-({4-[(2R)-butan-2-yl]phenyl}sulfanyl)benzene ではない．
これも上と同様の置換名ではあるが，（立体表示記号を除く）英数字や位置番号は同じなので，表示記号を比べると，R が S に優先する〕

例 3:

1,1'-オキシビス[3,4-ビス(1-クロロエチル)ベンゼン] **PIN**
1,1'-oxybis[3,4-bis(1-chloroethyl)benzene] **PIN**

4-{3,4-ビス[(1R)-1-クロロエチル]フェノキシ}-1,2-ビス[(1S)-1-クロロエチル]ベンゼン **PIN**
4-{3,4-bis[(1R)-1-chloroethyl]phenoxy}-1,2-bis[(1S)-1-chloroethyl]benzene **PIN**
〔4-{3,4-ビス[(1S)-1-クロロエチル]フェノキシ}-1,2-ビス[(1R)-1-クロロエチル]ベンゼン
4-{3,4-bis[(1S)-1-chloroethyl]phenoxy}-1,2-bis[(1R)-1-chloroethyl]benzene ではない．
R が S に優先する〕

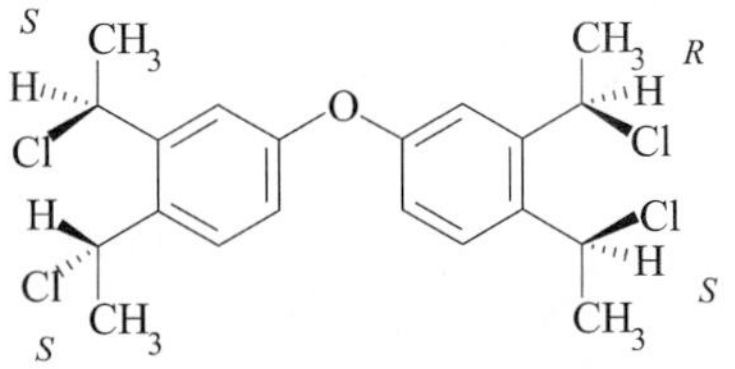

P-45 優先 IUPAC 名の選択　　　　　　　　　　　　373

1,2-ビス［(1*S*)-1-クロロエチル］-4-{3-［(1*R*)-1-クロロエチル］-4-
[(1*S*)-1-クロロエチル］フェノキシ}ベンゼン **PIN**

1,2-bis[(1*S*)-1-chloroethyl]-4-{3-[(1*R*)-1-chloroethyl]-4-[(1*S*)-1-chloroethyl]phenoxy}benzene **PIN**

（置換名．倍数名は許されない）

〔4-{3,4-ビス［(1*S*)-1-クロロエチル］フェノキシ}-2-［(1*R*)-1-クロロエチル］-1-
[(1*S*)-1-クロロエチル］ベンゼン

4-{3,4-bis[(1*S*)-1-chloroethyl]phenoxy}-2-[(1*R*)-1-chloroethyl]-1-[(1*S*)-1-chloroethyl]benzene

ではない．bis—chloroethyl—chloroethyl は bis—chloroethylphenoxy よりアルファベット順で前にある〕

P-45.6.3　英数字順および同位体記号に基づく名称が同一である場合は，CIP 順位則に従い，*R*＞*S* を適用する．

例：　　1-［(1*R*)-1-ブロモエチル］-1-［(1*S*)-1-ブロモエチル］シクロペンタン **PIN**

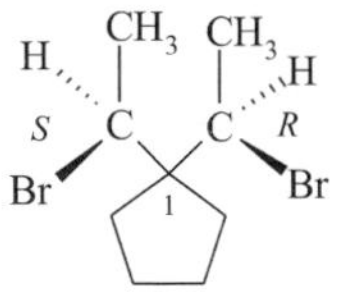

1-[(1*R*)-1-bromoethyl]-1-[(1*S*)-1-bromoethyl]cyclopentane **PIN**

〔1-［(1*S*)-1-ブロモエチル］-1-［(1*R*)-1-ブロモエチル］シクロペンタン

1-[(1*S*)-1-bromoethyl]-1-[(1*R*)-1-bromoethyl]cyclopentane ではない．

R が *S* に優先する〕

P-45.6.4　複数のキラリティー中心の立体配置だけが異なる母体構造の間で選択する場合は，主鎖あるいは優先環系は CIP 順位則 4 および 5 を次の順で適用して選択する．*RR, SS* のような *like* 表示記号は *RS, SR* のような *unlike* 表示記号より優先する（*l* は *u* に優先する），*r* は *s* に優先する，ついで *R* は *S* に優先する．CIP 順位則については P-9 で述べる．

例：

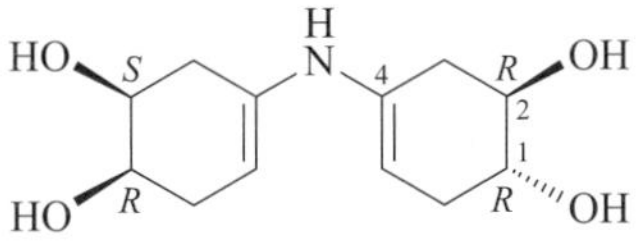

(1*R*,2*R*)-4-{[(4*R*,5*S*)-4,5-ジヒドロキシシクロヘキサ-1-エン-1-イル］アミノ}シクロヘキサ-
4-エン-1,2-ジオール **PIN**

(1*R*,2*R*)-4-{[(4*R*,5*S*)-4,5-dihydroxycyclohex-1-en-1-yl]amino}cyclohex-4-ene-1,2-diol **PIN**

〔(1*R*,2*S*)-4-{[(4*R*,5*R*)-4,5-ジヒドロキシシクロヘキサ-1-エン-1-イル］アミノ}シクロヘキサ-
4-エン-1,2-ジオール

(1*R*,2*S*)-4-{[(4*R*,5*R*)-4,5-dihydroxycyclohex-1-en-1-yl]amino}cyclohex-4-ene-1,2-diol

ではない．*like* 対である *RR* が *unlike* 対である *RS* に優先する〕

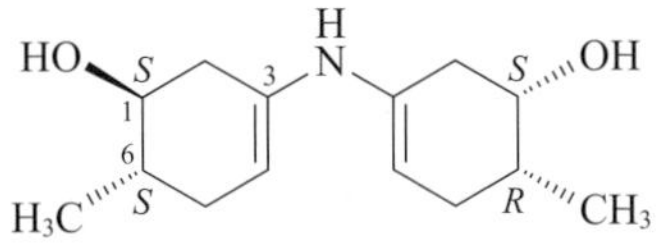

(1*S*,6*S*)-3-{[(4*R*,5*S*)-5-ヒドロキシ-4-メチルシクロヘキサ-1-エン-1-イル］アミノ}-6-
メチルシクロヘキサ-3-エン-1-オール **PIN**

(1*S*,6*S*)-3-{[(4*R*,5*S*)-5-hydroxy-4-methylcyclohex-1-en-1-yl]amino}-6-methylcyclohex-3-en-1-ol **PIN**

〔(1*S*,6*R*)-3-{[(4*S*,5*S*)-5-ヒドロキシ-4-メチルシクロヘキサ-1-エン-1-イル］アミノ}-6-
メチルシクロヘキサ-3-エン-1-オール

(1*S*,6*R*)-3-{[(4*S*,5*S*)-5-hydroxy-4-methylcyclohex-1-en-1-yl]amino}-6-methylcyclohex-3-en-1-ol

ではない．*like* 対である *SS* が *unlike* 対である *RS* に優先する〕

374   P-4 名称をつくるための規則

(2R,3R,5R)-2-[(1R,3S)-1,3-ジフルオロペンチル]-3,5-ジフルオロヘプタン酸 **PIN**
(2R,3R,5R)-2-[(1R,3S)-1,3-difluoropentyl]-3,5-difluoroheptanoic acid **PIN**
〔(2R,3R,5S)-2-[(1R,3R)-1,3-ジフルオロペンチル]-3,5-ジフルオロヘプタン酸
(2R,3R,5S)-2-[(1R,3R)-1,3-difluoropentyl]-3,5-difluoroheptanoic acid ではない.
like 対である *RR* が *unlike* 対である *RS* に優先する.
各キラリティー中心における立体配置の決定については P-92.5.2.1 参照〕

(2S,3S,5S)-2-[(1R,3S)-1,3-ジフルオロペンチル]-3,5-ジフルオロヘプタン酸 **PIN**
(2S,3S,5S)-2-[(1R,3S)-1,3-difluoropentyl]-3,5-difluoroheptanoic acid **PIN**
〔(2S,3R,5S)-2-[(1S,3S)-1,3-ジフルオロペンチル]-3,5-ジフルオロヘプタン酸
(2S,3R,5S)-2-[(1S,3S)-1,3-difluoropentyl]-3,5-difluoroheptanoic acid ではない.
like 対である *SS* が *unlike* 対である *RS* に優先する.
各キラリティー中心における立体配置の決定については P-92.5.2.1 参照〕

P-46　置換基のなかの主鎖　　"日本語名称のつくり方"も参照

P-46.0　は じ め に	P-46.3　ステレオジェン中心をもつ化合物
P-46.1　母体置換基	における母体置換基
P-46.2　同位体標識された化合物に	
おける母体置換基	

P-46.0　は じ め に

複合鎖状置換基すなわち置換された鎖状置換基は，主鎖と一つ以上の鎖状置換基からなる. 主鎖に結合する置換基がさらに鎖状置換基をもつ場合は，それ自身が複合置換基であり. 置換基全体を重複合置換基という. 重複合置換基は以下に述べる複合置換基に対する方法を拡張して命名する.

複合置換基の命名には 2 通りの方法がある.

(1) アルキル型置換基を用いる方法〔P-29.2(1)参照〕
(2) アルカニル型置換基を用いる方法〔P-29.2(2)参照〕

アルキルおよびアルカニル型置換基は P-29 で定義した. 単純アルキル型置換基は接尾語 yl, ylidene, ylidyne

で表される遊離原子価を 1 位だけにもつ．単純アルカニル型置換基は接尾語 yl あるいは ylidene で表される遊離原子価を鎖の 1 位以外のどの位置にももつことができる．アルキル型，アルカニル型置換基のいずれも複合置換基を形成することができる．たとえば CH₃-C(CH₃)₂- は方法(1)によれば 1,1-ジメチルエチル 1,1-dimethylethyl という複合アルキル型置換基であり，方法(2)によれば 2-メチルプロパン-2-イル 2-methylpropan-2-yl という複合アルカニル型置換基である．

　場合によっては，主鎖をアルキルあるいはアルカニル型置換基で置換して生成する複合置換基が，構造は同じでも，単純アルカニル型置換基に相当する名称をもったものであることがある．たとえば CH₃-CH₂-CH₂-CH₂-CH(CH₃)- は方法(1)では 1-メチルペンチル 1-methylpentyl であり，方法(2)ではヘキサン-2-イル hexan-2-yl である．

P-46.1　母体置換基

　複合置換基の母体置換基の選択は，一つに決まるまで以下の基準を順次適用して行う．それらの基準を以下に列挙し，P-46.1.1 から P-46.1.13 で例示する．

　母体置換基は，

(a) より多くのヘテロ原子をもつ．この基準は P-46.0 の方法(2)でのみ用いる．
(b) より多くの骨格原子をもつ．すなわち最も長い鎖である．

> 鎖状置換基では，不飽和と鎖長の間の優先順位が以前の勧告とは逆になっている．したがって，優先鎖状置換基を選択する際の最初の基準は鎖の長さである．不飽和は下位の基準である〔(d)参照〕．

(c) 次の順でより多くのヘテロ原子をもつ：O＞S＞Se＞Te＞N＞P＞As＞Sb＞Bi＞Si＞Ge＞Sn＞Pb＞B＞Al＞Ga＞In＞Tl．
(d) 種類によらずより多くの多重結合をもち，次により多くの二重結合をもつ．
(e) 非標準結合数の原子を 1 個以上もつ．
(f) ヘテロ原子が最小の位置番号をもつ．この基準は P-46.0 の方法(2)でのみ用いる．
(g) 次の順で最初に現れるヘテロ原子が最小の位置番号をもつ：O＞S＞Se＞Te＞N＞P＞As＞Sb＞Bi＞Si＞Ge＞Sn＞Pb＞B＞Al＞Ga＞In＞Tl．
(h) 種類によらず遊離原子価(yl，ylidene，ylidyne)が最小の位置番号をもつ．
(i) 多重結合が種類によらず最小の位置番号をもち，ついで二重結合がより小さい位置番号をもつ．
(j) 非標準結合数をもつ原子が最小の位置番号をもつ．
(k) 種類によらず最多の置換基をもつ．この基準は P-46.0 の方法(1)と(2)のいずれにも適用される．
(l) 置換基が最小の位置番号をもつ．この基準は P-46.0 の方法(1)と(2)のいずれにも適用される．
(m) 英数字順で先に表示する置換基が最小の位置番号をもつ．この基準は P-46.0 の方法(1)と(2)のいずれにも適用される．

P-46.1.1　母体置換基は，より多くのヘテロ原子をもつ〔P-46.1 の基準(a)〕．この基準は P-46.0 の方法(2)でのみ用いる．

例：

```
      9   8   7    6    5    4    3    2    1
      CH₃-SiH₂-CH-SiH₂-CH₂-SiH₂-CH₂-SiH₂-CH₂-
                |
              CH₂-CH₂-CH₃
```

7-プロピル-2,4,6,8-テトラシラノナン-1-イル 優先接頭
7-propyl-2,4,6,8-tetrasilanonan-1-yl 優先接頭
〔7-(メチルシリル)-2,4,6-トリシラデカン-1-イル
7-(methylsilyl)-2,4,6-trisiladecan-1-yl ではない〕

P-46.1.2 母体置換基はより多くの骨格原子をもつ，すなわち最も長い鎖である〔P-46.1 の基準(b)〕．この基準は P-46.0 の方法(1)と(2)のいずれでも用いる．いずれの方法でも単純置換基と複合置換基が生成する．

例：

$$\overset{\parallel}{\underset{1\ \ 2\ \ 3\ \ 4\ \ 5}{CH_3\text{-}C\text{-}CH_2\text{-}CH_2\text{-}CH_3}}$$

(2) ペンタン-2-イリデン 優先接頭
pentan-2-ylidene 優先接頭
（単純置換基）

$$\overset{\parallel}{\underset{1\ \ 2\ \ 3\ \ 4\ \ 5}{CH_3\text{-}C\text{-}CH_2\text{-}CH_2\text{-}CH_3}}$$

(1) 1-メチルブチリデン
1-methylbutylidene
（複合置換基）

$$\overset{\mid}{\underset{4\ \ \ 3\ \ \ 2\ \ 1}{CH_3\text{-}CH_2\text{-}C\text{=}CH_2}}$$

(2) ブタ-1-エン-2-イル 優先接頭
but-1-en-2-yl 優先接頭
（単純置換基）

$$\overset{\mid}{\underset{3\ \ \ 2\ \ \ 1}{CH_3\text{-}CH_2\text{-}C\text{=}CH_2}}$$

(1) 1-メチリデンプロピル
1-methylidenepropyl
（複合置換基）

$$\underset{6\ \ \ \ 5\ \ \ \ \ 4\ \ \ \ 3\ \ \ \ \ 1}{CH_3\text{-}CH_2\text{-}\underset{\underset{CH_3}{\mid}}{CH}\text{-}CH_2\text{-}\overset{\mid}{CH}\text{-}CH_3}$$

(2) 4-メチルヘキサン-2-イル 優先接頭
4-methylhexan-2-yl 優先接頭
（複合置換基）

$$\underset{5\ \ \ \ 4\ \ \ \ \ 3\ \ \ \ 2\ \ \ \ \ 1}{CH_3\text{-}CH_2\text{-}\underset{\underset{CH_3}{\mid}}{CH}\text{-}CH_2\text{-}\overset{\mid}{CH}\text{-}CH_3}$$

(1) 1,3-ジメチルペンチル
1,3-dimethylpentyl
（複合置換基）

P-46.1.3 母体置換基は次の順でより多くのヘテロ原子をもつ：O＞S＞Se＞Te＞N＞P＞As＞Sb＞Bi＞Si＞Ge＞Sn＞Pb＞B＞Al＞Ga＞In＞Tl〔P-46.1 の基準(c)〕．

例：

$$\underset{3\ \ \ 2\ \ \ \ 1}{SiH_3\text{-}O\text{-}\overset{\mid}{SiH}\text{-}}\quad\underset{S\text{-}SiH_3}{}$$

1-(シリルスルファニル)ジシロキサニル 予備接頭　1-(silylsulfanyl)disiloxanyl 予備接頭
〔1-(シリルオキシ)ジシラチアニル 1-(silyloxy)disilathianyl ではない．O＞S〕

$$\underset{5\ \ \ \ \ \ 4\ \ \ \ \ 3\ \ \ \ \ \ 2\ 1}{CH_3\text{-}CH_2\text{-}SiH_2\text{-}CH_2\text{-}SiH_2\text{-}\overset{\mid}{CH}\text{-}SiH_2\text{-}CH_2\text{-}O\text{-}CH_2\text{-}}$$
$$\underset{10\ \ \ \ \ 9\ \ \ \ \ 8\ \ \ \ 7\ \ \ \ 6}{CH_3\text{-}SiH_2\text{-}CH_2\text{-}CH_2\text{-}O}$$

5-{[(エチルシリル)メチル]シリル}-2,6-ジオキサ-4,9-ジシラデカン-1-イル 優先接頭
5-{[(ethylsilyl)methyl]silyl}-2,6-dioxa-4,9-disiladecan-1-yl 優先接頭
〔5-[2-(メチルシリル)エトキシ]-2-オキサ-4,6,8-トリシラデカン-1-イル
5-[2-(methylsilyl)ethoxy]-2-oxa-4,6,8-trisiladecan-1-yl ではない．
酸素 2 個は酸素 1 個に優先する〕

P-46.1.4 母体置換基は種類によらずより多くの多重結合をもち，ついでより多くの二重結合をもつ〔P-46.1 の基準(d)〕．この基準は P-46.0 の方法(1)と(2)のいずれでも用いる．いずれの方法でも単純置換基と複合置換基が生じる．

例：

$$\underset{1\ \ \ \ 2\ \ \ \ 3\ \ \ \overset{\parallel}{4}\ \ 5\ \ \ 6\ \ \ 7}{CH_2\text{=}CH\text{-}CH_2\text{-}C\text{-}CH_2\text{-}CH_2\text{-}CH_3}$$

(2) ヘプタ-1-エン-4-イリデン 優先接頭
hept-1-en-4-ylidene 優先接頭
（単純置換基）

$$\underset{4\ \ \ \ 3\ \ \ \ 2\ \ \ \overset{\parallel}{}\ \ \ }{CH_2\text{=}CH\text{-}CH_2\text{-}C\text{-}CH_2\text{-}CH_2\text{-}CH_3}$$

(1) 1-プロピルブタ-3-エン-1-イリデン
1-propylbut-3-en-1-ylidene
（複合置換基）

P-46　置換基のなかの主鎖　　　377

$$CH_2=CH-CH-C=CH-CH_3$$

（構造式：上部に CH₂-CH₃ 基、番号 1 2 3 5 6）

(2) 4-エチルヘキサ-1,4-ジエン-3-イル 優先接頭
　　4-ethylhexa-1,4-dien-3-yl 優先接頭
　　（複合置換基）

$$CH_2=CH-CH-C=CH-CH_3$$

（構造式：上部に CH₂-CH₃ 基、番号 1 2 3 4）

(1) 1-エテニル-2-エチルブタ-2-エン-1-イル
　　1-ethenyl-2-ethylbut-2-en-1-yl
　　（複合置換基）

P-46.1.5　　母体置換基は，非標準結合数の原子を一つ以上もつ〔P-46.1 の基準(e)〕．非標準結合数の骨格原子をもつ二つの置換基の間で選択が必要な場合は，非標準結合数の原子を最大数もつ置換基を母体置換基として選ぶ．異なる非標準結合数をもつ同じ骨格原子の間でさらに選択が必要な場合は，母体置換基は結合数の数値が大きなものから順に選ぶ．たとえば，λ^6 は λ^4 に優先する．

例：

$$CH_3-O-CH_2-SH_2-CH_2-CH-O-CH_2-S-CH_2-$$

（構造式：上部に CH₂-S-CH₂-O-CH₃ 基、番号 10 9 8 7 6 5 4 3 2 1）

5-{[（メトキシメチル）スルファニル]メチル}-4,9-ジオキサ-2,7λ^4-ジチアデカン-1-イル 優先接頭
5-{[(methoxymethyl)sulfanyl]methyl}-4,9-dioxa-2,7λ^4-dithiadecan-1-yl 優先接頭
〔5-{[（メトキシメチル）-λ^4-スルファニル]メチル}-4,9-ジオキサ-2,7-ジチアデカン-1-イル
5-{[(methoxymethyl)-λ^4-sulfanyl]methyl}-4,9-dioxa-2,7-dithiadecan-1-yl ではない．
非標準結合原子 1 個に対して 0 個〕

$$CH_3-SH_2-CH_2-SH_2-CH_2-CH-O-CH_2-SH_2-CH_2-$$

（構造式：上部に CH₂-SH₄-CH₂-S-CH₃ 基、番号 10 9 8 7 6 5 4 3 2 1）

5-({[（メチルスルファニル)メチル]-λ^6-スルファニル}メチル)-4-オキサ-2λ^4,7λ^4,9λ^4-
トリチアデカン-1-イル 優先接頭
5-({[(methylsulfanyl)methyl]-λ^6-sulfanyl}methyl)-4-oxa-2λ^4,7λ^4,9λ^4-trithiadecan-1-yl 優先接頭
〔5-({[（メチル-λ^4-スルファニル)メチル]-λ^4-スルファニル}メチル)-4-オキサ-2λ^4,7λ^6,9-
トリチアデカン-1-イル
5-({[(methyl-λ^4-sulfanyl)methyl]-λ^4-sulfanyl}methyl)-4-oxa-2λ^4,7λ^6,9-trithiadecan-1-yl ではない．
非標準結合原子 3 個に対して 2 個〕

$$CH_3-SH_4-CH_2-SH_4-CH_2-CH-O-CH_2-SH_2-CH_2-$$

（構造式：上部に CH₂-SH₂-CH₂-SH₄-CH₃ 基、番号 10 9 8 7 6 5 4 3 2 1）

5-({[（メチル-λ^6-スルファニル)メチル]-λ^4-スルファニル}メチル)-4-オキサ-2λ^4,7λ^6,9λ^6-
トリチアデカン-1-イル 優先接頭
5-({[(methyl-λ^6-sulfanyl)methyl]-λ^4-sulfanyl}methyl)-4-oxa-2λ^4,7λ^6,9λ^6-trithiadecan-1-yl 優先接頭
〔5-({[（メチル-λ^6-スルファニル)メチル]-λ^6-スルファニル}メチル)-4-オキサ-2λ^4,7λ^4,9λ^6-
トリチアデカン-1-イル
5-({[(methyl-λ^6-sulfanyl)methyl]-λ^6-sulfanyl}methyl)-4-oxa-2λ^4,7λ^4,9λ^6-trithiadecan-1-yl ではない．
λ^6 非標準結合原子 2 個と λ^4 非標準結合原子 1 個に対して λ^4 非標準結合原子 2 個と λ^6 非標準結合原子 1 個〕

P-46.1.6　　母体置換基は，ヘテロ原子が最小の位置番号をもつ〔P-46.1 の基準(f)〕．この基準は P-46.0 の方法(2)でのみ用いる．

これは変更である．鎖中のヘテロ原子は母体水素化物の一部とみなされるので，番号付けにおいては接尾語より優先する(P-14.4 参照．また P-15.4.3 も参照)．この変更により"ア"接頭語は鎖および環中の骨格代置において分離不可となる．

378 P-4 名称をつくるための規則

例：

$$\overset{1}{CH_3}-\overset{2}{SiH_2}-\overset{3}{CH_2}-\overset{4}{CH_2}-\overset{5}{SiH_2}-\overset{6}{CH_2}-\overset{7}{SiH_2}-\overset{8}{CH_2}-\overset{9}{SiH_2}-\overset{10}{CH}-\overset{11}{CH_2}-$$

$$CH_3-CH_2-SiH_2-CH_2-SiH_2-CH_2-SiH_2-CH_2-SiH_2$$

10-(1,3,5,7-テトラシラノナン-1-イル)-2,5,7,9-テトラシラウンデカン-11-イル 優先接頭

10-(1,3,5,7-tetrasilanonan-1-yl)-2,5,7,9-tetrasilaundecan-11-yl 優先接頭

〔10-(1,3,5,8-テトラシラノナン-1-イル)-3,5,7,9-テトラシラウンデカン-11-イル

10-(1,3,5,8-tetrasilanonan-1-yl)-3,5,7,9-tetrasilaundecan-11-yl ではない.

母体置換基中の位置番号の組合わせ 2,5,7,9 は 3,5,7,9 より小さい〕

P-46.1.7　母体置換基は，次の順で最初に現れるヘテロ原子が最小の位置番号をもつ: O＞S＞Se＞Te＞N＞P＞As＞Sb＞Bi＞Si＞Ge＞Sn＞Pb＞B＞Al＞Ga＞In＞Tl〔P-46.1 の基準(g)〕. この基準は P-46.0 の方法(2)でのみ用いる.

例：

$$CH_3-CH_2-CH_2-CH_2-SiH_2-CH_2-SiH_2-CH_2-O-CH_2-S$$

$$\overset{13}{CH_3}-\overset{12}{CH_2}-\overset{11}{CH_2}-\overset{10}{CH_2}-\overset{9}{SiH_2}-\overset{8}{CH_2}-\overset{7}{SiH_2}-\overset{6}{CH_2}-\overset{5}{S}-\overset{4}{CH_2}-\overset{3}{O}-\overset{2}{CH}-\overset{1}{CH_2}-$$

2-{[({[(ブチルシリル)メチル]シリル}メトキシ)メチル]スルファニル}-3-オキサ-5-チア-7,9-
ジシラトリデカン-1-イル 優先接頭

2-{[({[(butylsilyl)methyl]silyl}methoxy)methyl]sulfanyl}-3-oxa-5-thia-7,9-disilatridecan-1-yl 優先接頭

〔2-{[({[(ブチルシリル)メチル]シリル}メチル)スルファニル]メトキシ}-5-オキサ-3-チア-7,9-
ジシラトリデカン-1-イル

2-{[({[(butylsilyl)methyl]silyl}methyl)sulfanyl]methoxy}-5-oxa-3-thia-7,9-disilatridecan-1-yl
ではない. 3-オキサ は 5-オキサ に優先する〕

P-46.1.8　母体置換基は, 種類によらず遊離原子価が yl＞ylidene＞ylidyne の順で最小の位置番号をもつ〔P-46.1 の基準(h)〕.

例：

$$SiH_2-CH-SiH_2-CH_3$$

$$\overset{14}{CH_3}-\overset{13}{CH}-\overset{12}{CH_2}-\overset{11}{CH_2}-\overset{10}{SiH_2}-\overset{9}{CH_2}-\overset{8}{SiH_2}-\overset{7}{CH_2}-\overset{6}{SiH_2}-\overset{5}{CH}-\overset{4}{SiH_2}-\overset{3}{CH_2}-\overset{2}{SiH_2}-\overset{1}{CH}=$$

5-{[(メチルシリル)イロメチル]シリル}-2,4,6,8,10-ペンタシラテトラデカン-13-イル-1-イリデン 優先接頭

5-{[(methylsilyl)ylomethyl]silyl}-2,4,6,8,10-pentasilatetradecan-13-yl-1-ylidene 優先接頭

$$\overset{4}{SiH_2}-\overset{3}{CH_2}-\overset{2}{SiH_2}-\overset{1}{CH_2}-$$

$$\overset{14}{CH_3}-\overset{13}{CH}-\overset{12}{CH_2}-\overset{11}{CH_2}-\overset{10}{SiH_2}-\overset{9}{CH_2}-\overset{8}{SiH_2}-\overset{7}{CH_2}-\overset{6}{SiH_2}-\overset{5}{CH}-\overset{4}{SiH_2}-\overset{3}{CH_2}-\overset{2}{SiH_2}-\overset{1}{CH}=$$

5-{[(ジイロメチルシリル)メチル]シリル}-2,4,6,8,10-ペンタシラテトラデカン-1,13-ジイル 優先接頭

5-{[(diylomethylsilyl)methyl]silyl}-2,4,6,8,10-pentasilatetradecane-1,13-diyl 優先接頭

（接頭語としてのイロ ylo については P-70.3.1, P-71.5 参照）

P-46.1.9　母体置換基は, 種類によらず多重結合の組が最小の位置番号をもち, ついで二重結合がより小さい位置番号をもつ〔P-46.1 の基準(i)〕. この基準は P-46.0 の方法(1)と(2)のいずれでも用いる. いずれの方法でも単純置換基と複合置換基が生じる.

例：

$$\overset{1}{CH_2}=\overset{2}{CH}-\overset{3}{CH_2}-\overset{4}{CH}-\overset{5}{CH}=\overset{6}{CH}-\overset{7}{CH_3}$$

(2) ヘプタ-1,5-ジエン-4-イル 優先接頭
hepta-1,5-dien-4-yl 優先接頭
（単純置換基）

$$CH_2=CH-CH_2-\overset{1}{CH}-\overset{2}{CH}=\overset{3}{CH}-\overset{4}{CH_3}$$

(1) 1-(プロパ-2-エン-1-イル)ブタ-2-エン-1-イル
1-(prop-2-en-1-yl)but-2-en-1-yl
（複合置換基）

CH₂=CH-CH-CH₂-CH-CH=CH-CH₃ の上に番号 1 2 | 4 5 6 7 8、3 は分岐点、下に CH₂-CH=CH₂

$CH_2=CH-CH-CH_2-CH-CH=CH-CH_3$

(2) 5-(プロパ-2-エン-1-イル)オクタ-1,6-ジエン-3-イル 優先接頭
   5-(prop-2-en-1-yl)octa-1,6-dien-3-yl 優先接頭
   （複合置換基）

$CH_2=CH-CH-CH_2-CH-CH=CH-CH_3$

(1) 1-エテニル-3-(プロパ-2-エン-1-イル)ヘキサ-4-エン-1-イル
   1-ethenyl-3-(prop-2-en-1-yl)hex-4-en-1-yl
   （複合置換基）

P-46.1.10 母体置換基は，非標準結合数をもつ原子が最小の位置番号をもつ〔P-46.1 の基準(j)〕．さらに選択が必要な場合は，母体置換基はより高い結合数の原子が最小の位置番号をもつ．

例：

$$CH_2-S-CH_2-CH_2-SH_4-CH_3$$

$CH_3-S-CH_2-CH_2-SH_2-CH_2-CH-O-CH_2-SH_2-CH_2-$

（番号 11 10 9 8 7 6 | 4 3 2 1、5 は分岐点）

5-({[2-(メチル-λ⁶-スルファニル)エチル]スルファニル}メチル)-4-オキサ-2λ⁴,7λ⁴,10-
   トリチアウンデカン-1-イル 優先接頭
5-({[2-(methyl-λ^6-sulfanyl)ethyl]sulfanyl}methyl)-4-oxa-2λ^4,7λ^4,10-trithiaundecan-1-yl 優先接頭
   〔5-({[[(メチルスルファニル)エチル]-
        λ⁴-スルファニル}メチル)-4-オキサ-2λ⁴,7,10λ⁶-トリチアウンデカン-1-イル
   5-({[(methylsulfanyl)ethyl]-λ^4-sulfanyl}methyl)-4-oxa-2λ^4,7,10λ^6-trithiaundecan-1-yl ではない．
   非標準結合原子の位置番号の組合わせ 2,7 は 2,10 より小さい〕

$$CH_2-SH_2-CH_2-SH_4-CH_3$$

$CH_3-SH_2-CH_2-SH_4-CH_2-CH-O-CH_2-SH_2-CH_2-$

（番号 10 9 8 7 6 | 4 3 2 1、5 は分岐点）

5-({[(メチル-λ⁶-スルファニル)メチル]-λ⁴-スルファニル}メチル)-4-オキサ-2λ⁴,7λ⁶,9λ⁴-
   トリチアデカン-1-イル 優先接頭
5-({[(methyl-λ^6-sulfanyl)methyl]-λ^4-sulfanyl}methyl)-4-oxa-2λ^4,7λ^6,9λ^4-trithiadecan-1-yl 優先接頭
   〔5-({[(メチル-λ⁴-スルファニル)メチル]-
        λ⁶-スルファニル}メチル)-4-オキサ-2λ⁴,7λ⁴,9λ⁶-トリチアデカン-1-イル
   5-({[(methyl-λ^4-sulfanyl)methyl]-λ^6-sulfanyl}methyl)-4-oxa-2λ^4,7λ^4,9λ^6-trithiadecan-1-yl ではない．
   PIN では λ⁶ 非標準結合原子が 7 位にあり 9 位より小さい〕

P-46.1.11 母体置換基は，種類によらず最多の置換基をもつ〔P-46.1 の基準(k)〕．この基準は P-46.0 の方法(1)と(2)のいずれにも適用される．いずれの方法でも複合置換基と重複合置換基が生じる．

適用できるときは，母体置換基は最大の結合数をもつ置換基を最大数もつ．方法(2)を適用する場合，最大の結合数をもつ原子がある置換基に小さい位置番号を割当てる〔P-14.4(h)〕．

例：

$CH_3-CH-CH_2-OH$ （番号 3 | 1、2 は分岐点）

(2) 1-ヒドロキシプロパン-2-イル 優先接頭
   1-hydroxypropan-2-yl 優先接頭
   （複合置換基）

$CH_3-CH-CH_2-OH$ （番号 1、2 は分岐点）

(1) 2-ヒドロキシ-1-メチルエチル
   2-hydroxy-1-methylethyl （複合置換基）
   〔1-(ヒドロキシメチル)エチル 1-(hydroxymethyl)ethyl ではない〕

$CH_3-CHCl-CHCl-CH-CH_2-CH_2-CH-CH_3$
$CH_3-CHCl-CH_2$
（番号 8 7 6 5 4 3 | 1、2 は分岐点）

(2) 6,7-ジクロロ-5-(2-クロロプロピル)オクタン-2-イル 優先接頭
   6,7-dichloro-5-(2-chloropropyl)octan-2-yl 優先接頭
   〔7-クロロ-5-(1,2-ジクロロプロピル)オクタン-2-イル
   7-chloro-5-(1,2-dichloropropyl)octan-2-yl ではない
   （重複合置換基）〕

$CH_3-CHCl-CHCl-CH-CH_2-CH_2-CH-CH_3$
$CH_3-CHCl-CH_2$
（番号 7 6 5 4 3 2 | 、1 は分岐点）

(1) 5,6-ジクロロ-4-(2-クロロプロピル)-1-メチルヘプチル
   5,6-dichloro-4-(2-chloropropyl)-1-methylheptyl
   （重複合置換基）

380 P-4 名称をつくるための規則

```
    PH₂         PH₄
     |           |
CH₃-CH-CH₂-CH-CH₂-CH-CH₃
 7   6   5   4   3   2  1
```
(2) 2-(λ⁵-ホスファニル)-6-ホスファニルヘプタン-4-イル 優先接頭
    2-(λ⁵-phosphanyl)-6-phosphanylheptan-4-yl 優先接頭
    （複合置換基）

```
    PH₂         PH₄
     |           |
CH₃-CH-CH₂-CH-CH₂-CH-CH₃
             1   2   3   4
```
(1) 3-(λ⁵-ホスファニル)-1-(2-ホスファニルプロピル)ブチル
    3-(λ⁵-phosphanyl)-1-(2-phosphanylpropyl)butyl
    （重複合置換基）

```
      PH₂     PH₂
       |   3   |  5
CH₃-CH-CH-CH-CH-CH₂-CH₃
 1   2   |   4   |   6   7
        PH₂     PH₄
```
(2) 5-(λ⁵-ホスファニル)-2,3-ビス(ホスファニル)ヘプタン-4-イル 優先接頭
    5-(λ⁵-phosphanyl)-2,3-bis(phosphanyl)heptan-4-yl 優先接頭
    （複合置換基）

```
       PH₂     PH₂
    4   |   2   |
CH₃-CH-CH-CH-CH-CH₂-CH₃
        3   |   1   |
           PH₂     PH₄
```
(1) 2,3-ビス(ホスファニル)-1-[1-(λ⁵-ホスファニル)プロピル]ブチル
    2,3-bis(phosphanyl)-1-[1-(λ⁵-phosphanyl)propyl]butyl
    （重複合置換基）

P-46.1.12 母体置換基は，置換基が最小の位置番号をもつ[P-46.1 の基準(1)]．この基準は P-46.0 の方法(1)と(2)のいずれにも適用される．どちらの方法でも複合置換基と重複合置換基が生じる．

可能ならば，母体置換基は最大の結合数原子のある置換基を最大数もつものにする．方法(2)を適用する場合，最大の結合数をもつ原子のある置換基に小さい位置番号を割当てる[P-14.4(h)]．

例：
```
              OH
       1   2   |   |  5
HO-CH₂-CH₂-CH-CH-CH₃
             3   4
```
(2) 1,4-ジヒドロキシペンタン-3-イル 優先接頭
    1,4-dihydroxypentan-3-yl 優先接頭
    （複合置換基）

```
          OH
           |   |  3
HO-CH₂-CH₂-CH-CH-CH₃
          1   2
```
(1) 2-ヒドロキシ-1-(2-ヒドロキシエチル)プロピル
    2-hydroxy-1-(2-hydroxyethyl)propyl
    （重複合置換基）
    [3-ヒドロキシ-1-(1-ヒドロキシエチル)プロピル
    3-hydroxy-1-(1-hydroxyethyl)propyl ではない．
    位置番号の組合わせ 1,2 は 1,3 より小さい]

```
              CH₃
       1   2   |   |  5
Br-CH₂-CH₂-CH-CH-CH₃
             3   4
```
(2) 1-ブロモ-4-メチルペンタン-3-イル 優先接頭
    1-bromo-4-methylpentan-3-yl 優先接頭
    （複合置換基）

```
          CH₃
           |
Br-CH₂-CH₂-CH-CH-CH₃
          1   2
```
(1) 1-(2-ブロモエチル)-2-メチルプロピル
    1-(2-bromoethyl)-2-methylpropyl
    （重複合置換基）

```
      OH
   5   |  3     |  1
CH₃-CH-CH-CH-CH₃
       4   |   2
          HO-CH₂-CH₂
```
(2) 4-ヒドロキシ-3-(2-ヒドロキシエチル)ペンタン-2-イル 優先接頭
    4-hydroxy-3-(2-hydroxyethyl)pentan-2-yl 優先接頭
    （重複合置換基）

```
      OH
   4   |  2   |
CH₃-CH-CH-CH-CH₃
       3   |   1
          HO-CH₂-CH₂
```
(1) 3-ヒドロキシ-2-(2-ヒドロキシエチル)-1-メチルブチル
    3-hydroxy-2-(2-hydroxyethyl)-1-methylbutyl
    （重複合置換基）

P-46 置換基のなかの主鎖

```
       PH₂        PH₄
        |    3    |
CH₃-CH-CH-CH-CH-CH-CH₃
 7   6  5  4  3  2  1
           |     |
          PH₄   PH₂
```

(2) 2,5-ビス(λ⁵-ホスファニル)-3,6-
ビス(ホスファニル)ヘプタン-4-イル 優先接頭
2,5-bis(λ⁵-phosphanyl)-3,6-bis(phosphanyl)-heptan-4-yl 優先接頭
〔3,6-ビス(λ⁵-ホスファニル)-2,5-ビス(ホスファニル)ヘプタン-4-イル
3,6-bis(λ⁵-phosphanyl)-2,5-bis(phosphanyl)heptan-4-yl ではない．
位置番号の組合わせ 2,5 は 3,6 より小さい〕

```
    PH₂        PH₄
     |    2    |
CH₃-CH-CH-CH-CH-CH₃
 4   3  1
        |     |
       PH₄   PH₂
```

(1) 2-(λ⁵-ホスファニル)-3-ホスファニル-1-[2-(λ⁵-ホスファニル)-1-
ホスファニルプロピル]ブチル
2-(λ⁵-phosphanyl)-3-phosphanyl-1-[2-(λ⁵-phosphanyl)-
1-phosphanylpropyl]butyl

P-46.1.13 母体置換基はアルファベット順で先に表示された置換基が最小の位置番号をもつ〔P-46.1 の基準 (m)〕．この基準は P-46.0 の方法(1)と(2)のいずれにも適用される．いずれの方法でも複合置換基と重複合置換基が生じる．

例：

```
         5   4   2   1
    CH₃-CHCl-CH-CHBr-CH₃
              |
              3
```

(2) 2-ブロモ-4-クロロペンタン-3-イル 優先接頭
2-bromo-4-chloropentan-3-yl 優先接頭
（複合置換基）
〔4-ブロモ-2-クロロペンタン-3-イル
4-bromo-2-chloropentan-3-yl ではない．
2-bromo が 4-bromo に優先する〕

```
              2   3
    CH₃-CHCl-CH-CHBr-CH₃
         |
         1
```

(1) 2-ブロモ-1-(1-クロロエチル)プロピル
2-bromo-1-(1-chloroethyl)propyl
（重複合置換基）
〔1-(ブロモエチル)-2-クロロプロピル
1-(bromoethyl)-2-chloropropyl ではない．
bromo…chloro は bromoethyl に優先する〕

```
         CH₃    CH₂-CH₃
          |      |
          6      4
CH₃-CH₂-CH-CH₂-CH-CH₂-CH-CH₂-CH₃
 9   8         7    5    3   2   1
```

(2) 5-エチル-7-メチルノナン-3-イル 優先接頭
5-ethyl-7-methylnonan-3-yl 優先接頭
（複合置換基）

```
         CH₃    CH₂-CH₃
          |      |
CH₃-CH₂-CH-CH₂-CH-CH₂-CH-CH₂-CH₃
 7   6    5    4    3   2   1
                            |
                            2
```

(1) 1,3-ジエチル-5-メチルヘプチル
1,3-diethyl-5-methylheptyl
（複合置換基）

P-46.2 同位体標識された化合物における母体置換基

P-46.2.1 母体置換基は，より多くの同位体修飾された原子をもつ．

例：
```
              CH₃
               |
               2
   CH₂[²H]-CH-CH₂-CH₂-
    4            1
              3
```
(1) 3-メチル[4-²H₁]ブチル 優先接頭   3-methyl[4-²H₁]butyl 優先接頭

```
H¹⁸O- CH₂-CH-CH₂-OH
       1   2   3
           |
```
(2) 1-(¹⁸O)ヒドロキシ-3-
ヒドロキシプロパン-2-イル 優先接頭
1-(¹⁸O)hydroxy-3-hydroxypropan-2-yl 優先接頭

```
H¹⁸O- CH₂-CH-CH₂-OH
           |
```
(1) 2-(¹⁸O)ヒドロキシ-1-
(ヒドロキシメチル)エチル
2-(¹⁸O)hydroxy-1-(hydroxymethyl)ethyl

P-46.2.2 母体置換基は，質量数のより大きな核種，あるいは同位体修飾された置換原子，あるいは置換基をより多くもつ．

例：
```
        CH₂[²H]
         |
         2
[¹⁴C]H₃-CH-CH₂-CH₂-
  4           1
       3
```
(1) 3-[²H₁]メチル[4-¹⁴C]ブチル 優先接頭
3-[²H₁]methyl[4-¹⁴C]butyl 優先接頭

P-46.3　ステレオジェン中心をもつ化合物における母体置換基

P-46.3.1　母体置換基は(Z)-二重結合をより多くもつ.

例:

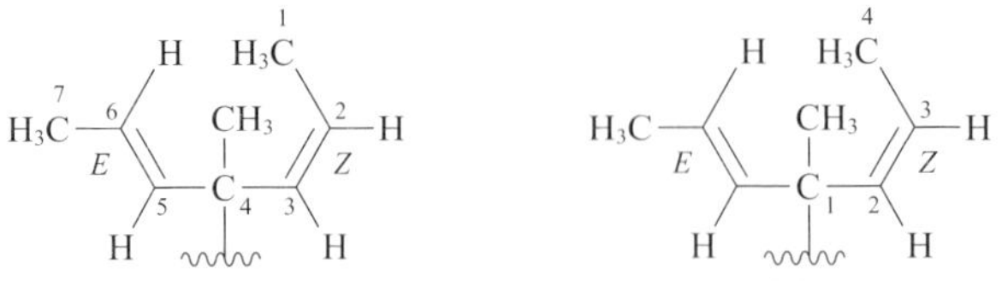

　　　　　　　　　　　　　　　　　　(2)　　　　　　　　　　　　　　　　　　(1)

(2) (2Z,5E)-4-メチルヘプタ-2,5-ジエン-4-イル 優先接頭
　　(2Z,5E)-4-methylhepta-2,5-dien-4-yl 優先接頭

(1) (2Z)-1-[(1E)-プロパ-1-エン-1-イル]-1-メチルブタ-2-エン-1-イル
　　(2Z)-1-[(1E)-prop-1-en-1-yl]-1-methylbut-2-en-1-yl

　　注記: C4(方法2)あるいはC1(方法1)の立体配置はこれに結合する置換基が不明なので
　　決まらない. 次の例では母体水素化物シリン silineへ置換することでC4(方法2)あるい
　　はC1(方法1)がキラリティー中心となり, これらの位置がR配置となる.

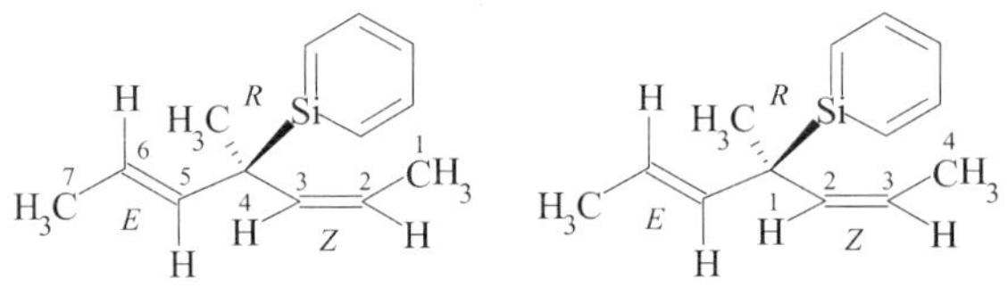

P-46.3.2　母体置換基は(R)-キラリティー中心をより多くもつ.

例:

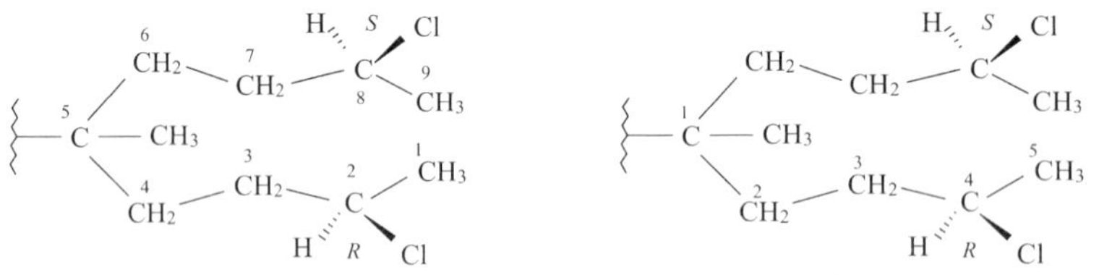

　　　　　　　　　　　　　　　　　　(2)　　　　　　　　　　　　　　　　　　(1)

(2) (2R,8S)-2,8-ジクロロ-5-メチルノナン-5-イル 優先接頭
　　(2R,8S)-2,8-dichloro-5-methylnonan-5-yl 優先接頭

(1) (4R)-4-クロロ-1-[(3S)-3-クロロブチル]-1-メチルペンチル
　　(4R)-4-chloro-1-[(3S)-3-chlorobutyl]-1-methylpentyl

　　注記: C5(方法2)あるいはC1(方法1)の立体配置はこれに結合する置換基が不明なので決
　　まらない. 次の例ではトリメチルシラン trimethylsilaneへ置換することでC5(方法2)ある
　　いはC1(方法1)がステレオジェン中心となり, これらの位置はs-配置となる.

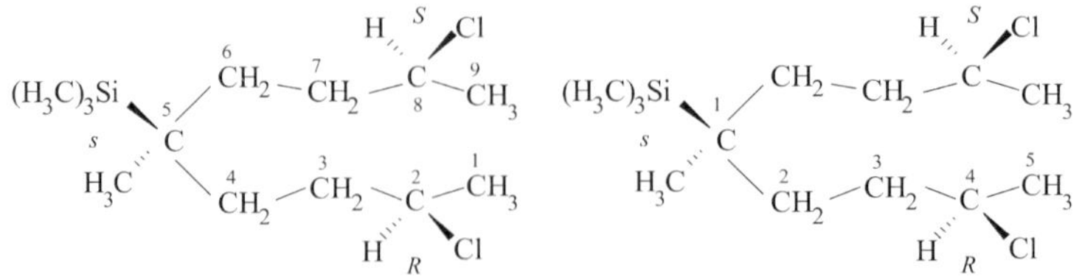

P-5 優先 IUPAC 名の選択と
有機化合物の名称の作成

P-50	序　言	P-55	官能性母体化合物に対する優先保存名の選択
P-51	IUPAC 命名法の中で優先する方法の選択	P-56	主特性基の優先接尾語の選択
P-52	優先 IUPAC 名と母体水素化物の予備選択名の選択	P-57	置換基としての優先接頭語および予備選択接頭語の選択
P-53	母体水素化物の優先保存名の選択	P-58	PIN の選択
P-54	優先名としての水素化段階表現方法の選択	P-59	名称の作成

P-50 序　言

　多くの化合物は名称を付ける際に，IUPAC の推奨するいくつかの命名法により複数の名称をもつ可能性があり，本書では，その一つを優先 IUPAC 名(PIN)として推奨している．本章では，P-1 から P-4 で取上げた化合物，ならびに P-6 から P-10 において取上げる化合物について，PIN の作成における優先名の選択規則をまとめて示す．置換命名法は，有機化合物の主流となる命名法である．しかし，置換命名法が化合物種類によっては，まったく歓迎されなかったり，置換名が長く扱いにくくなるのに，他の命名法では単純化して表現できることから，別の命名法が推奨されることがある．

　P-1 ではいくつかの命名法について述べた．そのすべてが PIN あるいは一般的な名称(GIN)をつくりだす．官能種類命名法(P-51.2 参照)は，酸ハロゲン化物やエステルのような明確に定義された化合物種類の名称をつくるために使う．倍数命名法(P-51.3 参照)は，特定の制限された条件下でのみ認められる命名法ではあるが，1 個の分子中に，複数個存在する同じ母体構造を一つの母体構造にまとめて表現できる．なお，このような条件が満たされない場合は，置換命名法を推奨している．"ア"命名法(P-51.4 参照)は，通常，複雑な括弧の使用を省くことによって，ヘテロ原子を含む鎖状化合物の置換名を単純化するために用いる．これは，十一員環以上の飽和複素環化合物やポリシクロ複素環系およびスピロ環系の命名において必須の方法である．

　P-2 で述べたほとんどの規則は，規則自体から環状および鎖状化合物の PIN が生まれるので明確であった．環が相互にあるいは鎖により連結した成分から構成されている環状あるいは鎖状化合物の場合は，PIN にはファン命名法を推奨する．このような場合の名称の選択は，P-52.2.5 で述べる．環集合の PIN の選択については，P-52.2.7 で述べる．PIN の選択では，P-2 で述べた母体水素化物に由来する置換基についての選択規則も必要である．

　P-3 では，接頭語のヒドロ，デヒドロあるいは ene，yne 語尾によって表す飽和段階を検討した．接頭語として表示する特性基と官能性母体化合物の場合には，PIN の選択は保存名と体系名に属する名称との間で行う．

　P-4 において述べたさまざまな優先順位は明確であるが，母体構造が置換されている場合は，PIN としての条件をよく検討する必要がある．P-44 では，優先母体構造の選択について包括的な規則を示した．IUPAC 命名法の新しい概念については，"PIN の選択"と題した P-45 において述べた．PIN の選択は，優先順位に基づいた階層的な規則に基づく．この優先順位は，P-44 で述べた優先母体構造を基にして，唯一の優先母体名を決定するためのもので，この問題については P-58 で論じる．

384   P-5   優先 IUPAC 名の選択と有機化合物の名称の作成

P-51   IUPAC 命名法の中で優先する方法の選択   "日本語名称のつくり方"も参照

> P-51.0 はじめに   P-51.3 倍数命名法
> P-51.1 優先する命名法の選択   P-51.4 "ア"命名法
> P-51.2 官能種類命名法   P-51.5 接合命名法と置換命名法

P-51.0   はじめに

いくつかの IUPAC 命名法の間で選択が必要な場合は，次の選択規則を適用しなければならない．P-51.1 から P-51.4 には，各命名法における特有の規則と例を示す．

P-51.1   優先する命名法の選択

2 種類の命名法の間で選択を行う場合，優先する命名法は次の規則に従って選択する．

P-51.1.1   置換命名法は，置換名が定められていない P-51.2 に示した化合物種類を除き，官能種類命名法に優先して適用する．

例: $(CH_3)_2C=N-N=C(CH_3)_2$ アセトンアジン
                    acetone azine （P-68.3.1.2.3 参照）
                    1,2-ジ(プロパン-2-イリデン)ヒドラジン **PIN**
                    1,2-di(propan-2-ylidene)hydrazine **PIN**

P-51.1.2   置換命名法は，接合命名法に優先する．

例: 2,3-ナフタレン二酢酸
       2,3-naphthalenediacetic acid （接合名）
       2,2′-(ナフタレン-2,3-ジイル)二酢酸 **PIN**
       2,2′-(naphthalene-2,3-diyl)diacetic acid **PIN**
       （置換名．P-15.6.1.4 参照）

P-51.1.3   "ア"命名法は，ヘテロ原子が鎖中に存在し(P-51.4.1 参照)，使用基準が満たされる場合，置換命名法に優先する．

例: $\overset{8}{C}H_3\text{-}\overset{7}{Si}H_2\text{-}\overset{6}{C}H_2\text{-}\overset{5}{Si}H_2\text{-}\overset{4}{C}H_2\text{-}\overset{3}{P}H\text{-}\overset{2}{Si}H_2\text{-}\overset{1}{C}H_3$
       3-ホスファ-2,5,7-トリシラオクタン **PIN**
       3-phospha-2,5,7-trisilaoctane **PIN** （"ア"名）
       (メチルシリル)({[(メチルシリル)メチル]シリル}メチル)ホスファン
       (methylsilyl)({[(methylsilyl)methyl]silyl}methyl)phosphane （置換名）

P-51.1.4   "ア"命名法は，使用基準が満たされる場合(P-51.4.1 参照)，倍数命名法に優先する．

例: $\overset{1}{C}H_3\text{-}\overset{2}{Si}H_2\text{-}\overset{3}{C}H_2\text{-}\overset{4}{Si}H_2\text{-}\overset{5}{C}H_2\text{-}\overset{6}{Si}H_2\text{-}\overset{7}{C}H_2\text{-}\overset{8}{S}\text{-}\overset{9}{C}H_2\text{-}\overset{10}{C}H_3$
       8-チア-2,4,6-トリシラデカン **PIN**
       8-thia-2,4,6-trisiladecane **PIN** （"ア"名）
       1-[(エチルスルファニル)メチル]-1′-メチル-1,1′-[シランジイルビス(メチレン)]ビス(シラン)
       1-[(ethylsulfanyl)methyl]-1′-methyl-1,1′-[silanediylbis(methylene)]bis(silane) （倍数名）

P-51.1.5   倍数命名法(P-15.3, P-51.3)は，置換命名法の一種として，その使用基準が満たされる場合，単純な置換命名法より優先する．これは，複数個存在する主特性基や化合物種類をまとめて扱うことが可能となるからである．

P-51 IUPAC 命名法の中で優先する方法の選択   385

例：
$$\overset{2}{\text{HOOC-CH}_2\text{-O-CH}_2\text{-CH}_2\text{-O-CH}_2\text{-COOH}}$$

2,2′-[エタン-1,2-ジイルビス(オキシ)]二酢酸 **PIN**
2,2′-[ethane-1,2-diylbis(oxy)]diacetic acid **PIN** （倍数名）
2-[2-(カルボキシメトキシ)エトキシ]酢酸
2-[2-(carboxymethoxy)ethoxy]acetic acid （置換名）

P-51.2 官能種類命名法

多くの場合，官能種類命名法と置換命名法は，たとえば，$CH_3\text{-Br}$ に対する官能種類名の 臭化メチル methyl bromide と置換名の ブロモメタン bromomethane のように，二つの名称を一つの化合物に与えることができる．現在，多くの官能種類名は置換名に置き換わっているが，すべてではない．PIN に関連して，この 2 種類の命名法を正しく使用することは必須である．P-51.2.1 には PIN である官能種類名を示してある．P-51.2.2 では GIN として使用してもよい官能種類名について述べ，例を示してある．これらの官能種類名に対応する置換名である PIN については，P-15.2 を参照してほしい．

P-51.2.1   官能種類命名法を，以下の特性基の PIN をつくるために適用する．

アミンオキシド $(CH_3)_3NO$
                                 N,N-ジメチルメタンアミン=*N*-オキシド **PIN**
                                 N,N-dimethylmethanamine *N*-oxide **PIN** （P-62.5）
                                 (トリメチルアザニウムイル)オキシダニド
                                 (trimethylazaniumyl)oxidanide

イミンオキシド $CH_2=N(O)Cl$
                                 N-クロロメタンイミン=*N*-オキシド **PIN**
                                 N-chloromethanimine *N*-oxide **PIN** （P-62.5）
                                 [クロロ(メチリデン)アザニウムイル]オキシダニド
                                 [chloro(methylidene)azaniumyl]oxidanide

ハロゲン化アシル $CH_3\text{-CO-Cl}$
                                 アセチル=クロリド **PIN**
                                 acetyl chloride **PIN** （P-65.5.1.1）

アジ化アシル $CH_3\text{-CH}_2\text{-CH}_2\text{-CO-N}_3$
                                 ブタノイル=アジド **PIN**   butanoyl azide **PIN** （P-65.5.2.1）

シアン化アシル $CH_3\text{-CH}_2\text{-CO-CN}$
                                 プロパノイル=シアニド **PIN**
                                 propanoyl cyanide **PIN** （P-65.5.2.1）

イソシアン化アシル $C_6H_5\text{-CO-NC}$
                                 ベンゾイル=イソシアニド **PIN**
                                 benzoyl isocyanide **PIN** （P-65.5.2.1）

イソシアン酸アシル $CH_3\text{-CO-NCO}$
  （S, Se, Te においても同様）   アセチル=イソシアナート **PIN**
                                 acetyl isocyanate **PIN** （P-65.5.2.1）

エステル $CH_3\text{-CO-O-CH}_3$
                                 酢酸メチル **PIN**   methyl acetate **PIN** （P-65.6.3.2.1）

無水物 $CH_3\text{-CO-O-CO-CH}_2\text{-CH}_3$
                                 酢酸=プロパン酸=無水物 **PIN**
                                 acetic propanoic anhydride **PIN** （P-65.7.1）

酸ハロゲン化物，擬ハロゲン化物 $CH_3\text{-N(O)Cl}_2$
  [7(d)類の酸由来]   メチルアゾン酸=ジクロリド **PIN**
                                 methylazonic dichloride **PIN** （P-67.1.2.5）

酸アミド類 [7(d)類の酸由来]	$CH_3\text{-}NH\text{-}SO\text{-}NH_2$ *N*-メチル亜硫酸=ジアミド **PIN** *N*-methylsulfurous diamide **PIN** （P-67.1.2.6）
酸ヒドラジド類 [7(d)類の酸由来]	$(CH_3)_2P\text{-}NH\text{-}NH_2$ ジメチル亜ホスフィン酸=ヒドラジド **PIN** dimethylphosphinous hydrazide **PIN** （P-67.1.2.6）

グリコシド類

メチル=α-D-グロフラノシド
methyl α-D-gulofuranoside （P-102.5.6.2.2）

P-51.2.2　一般命名法における官能種類命名法

官能種類命名法を適用して，GIN をつくることのできる化合物種類もいぜんとしてある．このことについては，P-15.2 で述べた．このような化合物種類では，PIN は置換名である．

例：
$CH_3\text{-}CH_2\text{-}CN$	シアン化エチル　ethyl cyanide プロパンニトリル **PIN**　propanenitrile **PIN**
$C_6H_5\text{-}NC$	イソシアン化フェニル　phenyl isocyanide イソシアノベンゼン **PIN**　isocyanobenzene **PIN**
$(CH_3)_2C\text{=}N\text{-}N\text{=}C(CH_3)_2$	アセトンアジン　acetone azine　（P-68.3.1.2.3 参照） 1,2-ジ(プロパン-2-イリデン)ヒドラジン **PIN** 1,2-di(propan-2-ylidene)hydrazine **PIN**
$CH_3\text{-}CH_2\text{-}CH\text{=}N\text{-}OH$	プロパナールオキシム　propanal oxime *N*-プロピリデンヒドロキシルアミン **PIN** *N*-propylidenehydroxylamine **PIN**
$(CH_3)_2C\text{=}N\text{-}NH\text{-}CO\text{-}NH_2$	アセトンセミカルバゾン　acetone semicarbazone 2-(プロパン-2-イリデン)ヒドラジンカルボキシアミド **PIN** 2-(propan-2-ylidene)hydrazinecarboxamide **PIN**

P-51.3　倍数命名法

倍数命名法は，P-15.3.2 に従って組立てた二価または多価の基に結合する，同一単位の集合体を命名するために使う．本項では，P-15.3 で述べた原則と規則に従った優先 IUPAC 倍数名の組立て方について述べる．置換命名法は，倍数名をつくるための条件が満たされない場合に使う．さらに，倍数名が複雑で扱いにくくなる場合，そして"ア"命名法(P-15.4 参照)ならびにファン命名法(P-26 参照)の使用条件が満たされるときは，名称を単純化するために倍数命名法ではなく，これらの命名法を使う．

> 本勧告では，同一母体構造について，従来の規則で倍数名をつくるための必要条件とした主特性基をもつ必要はない．

P-51.3.1　PIN となる倍数名

PIN となる倍数名では，一定の制限条件を満たす必要がある．倍数命名法は，以下の場合，アルカン以外の複数の同一母体構造の存在を表すために，PIN の作成において置換命名法より優先して適用する．

(1) 倍数置換基の中心となる置換基とそれに続くすべての構造単位の間の連結(単結合または多重結合)が同一である．

(2) 中心となる倍数置換基以外の倍数置換基が対称的に配置されている．

(3) 接尾語となる基を含め，同一母体構造上のすべての置換基の位置番号が同じである．

本勧告では，倍数名をつくるためには，主特性基を含むすべての置換基が同一であり，同じ位置番号をもっていなければならない．これは，このような位置番号が同一である必要がなかった従来の規則からの変更である．

最初の二つの特定条件は，連結している二価または多価の基に関連している．それらについては，P-15.3.1.2 で定義し，例示した．単純基および連結基は，P-15.3.1.2.1 および P-15.3.1.2.2 で示した条件が満たされる場合に使用する．

例：

$\overset{1}{\text{HOOC}}\text{-}\overset{2}{\text{CH}_2}\text{-S-}\overset{2'}{\text{CH}_2}\text{-COOH}$

2,2′-スルファンジイル二酢酸 **PIN**
2,2′-sulfanediyldiacetic acid **PIN**　(倍数名)
[(カルボキシメチル)スルファニル]酢酸
[(carboxymethyl)sulfanyl]acetic acid　(置換名)

4,4′-オキシジ(シクロヘキサン-1-カルボン酸) **PIN**
4,4′-oxydi(cyclohexane-1-carboxylic acid) **PIN**　(倍数名)
4-[(4-カルボキシシクロヘキシル)オキシ]シクロヘキサン-1-カルボン酸
4-[(4-carboxycyclohexyl)oxy]cyclohexane-1-carboxylic acid　(置換名)

$\overset{1}{\text{HO}}\text{-}\overset{}{\text{CH}_2}\text{-}\overset{2}{\text{CH}_2}\text{-}\overset{3}{\text{CH}_2}\text{-O-}\overset{\overset{\text{Cl}}{|}}{\text{CH}}\text{-CH}_2\text{-O-CH}_2\text{-}\overset{\overset{\text{Cl}}{|}}{\text{CH}}\text{-O-}\overset{3'}{\text{CH}_2}\text{-}\overset{2'}{\text{CH}_2}\text{-}\overset{1'}{\text{CH}_2}\text{-OH}$

3,3′-{オキシビス[(1-クロロエタン-2,1-ジイル)オキシ]}ジ(プロパン-1-オール) **PIN**
3,3′-{oxybis[(1-chloroethane-2,1-diyl)oxy]}di(propan-1-ol) **PIN**　(倍数名)
3-{2-[2-クロロ-2-(3-ヒドロキシプロポキシ)エトキシ]-1-クロロエトキシ}プロパン-1-オール
3-{2-[2-chloro-2-(3-hydroxypropoxy)ethoxy]-1-chloroethoxy}propan-1-ol　(置換名)

$\text{HOOC-}\overset{2}{\text{CH}_2}\text{—}\overset{}{\underset{|}{\overset{\overset{2'}{\text{CH}_2}\text{-COOH}}{}}}\text{P}\text{—}\overset{2''}{\text{CH}_2}\text{-COOH}$

2,2′,2″-ホスファントリイル三酢酸 **PIN**
2,2′,2″-phosphanetriyltriacetic acid **PIN**　(倍数名)
[ビス(カルボキシメチル)ホスファニル]酢酸
[bis(carboxymethyl)phosphanyl]acetic acid　(置換名)

$\text{HOOC-}\overset{2}{\text{CH}_2}\text{-O-CH}_2\text{-CH}_2\text{-O-}\overset{2'}{\text{CH}_2}\text{-COOH}$

2,2′-[エタン-1,2-ジイルビス(オキシ)]二酢酸 **PIN**
2,2′-[ethane-1,2-diylbis(oxy)]diacetic acid **PIN**　(倍数名)
[2-(カルボキシメトキシ)エトキシ]酢酸
[2-(carboxymethoxy)ethoxy]acetic acid　(置換名)

HOOC-CH$_2$-O-CH$_2$-CH$_2$-O-CH$_2$-CH$_2$-O-CH$_2$-COOH

上付き 2 と 2′

  2,2′-[オキシビス(エタン-2,1-ジイルオキシ)]二酢酸 **PIN**
  2,2′-[oxybis(ethane-2,1-diyloxy)]diacetic acid **PIN** (倍数名)
  {2-[2-(カルボキシメトキシ)エトキシ]エトキシ}酢酸
  {2-[2-(carboxymethoxy)ethoxy]ethoxy}acetic acid (置換名)

HOOC-CH$_2$-O-CH$_2$-CH$_2$-O-CH$_2$-CH$_2$-O-CH$_2$-CH$_2$-O-CH$_2$-COOH

番号 1 2 3 4 5 6 7 8 9 10 11 12 13 14

  3,6,9,12-テトラオキサテトラデカン-1,14-二酸 **PIN**
  3,6,9,12-tetraoxatetradecane-1,14-dioic acid **PIN** ("ア"名)
  2,2′-[エタン-1,2-ジイルビス(オキシエタン-2,1-ジイルオキシ)]二酢酸
  2,2′-[ethane-1,2-diylbis(oxyethane-2,1-diyloxy)]diacetic acid (倍数名)
  (2-{2-[2-(カルボキシメトキシ)エトキシ]エトキシ}エトキシ)酢酸
  (2-{2-[2-(carboxymethoxy)ethoxy]ethoxy}ethoxy)acetic acid (置換名)

HOOC—[環 1,4]—O-CH$_2$-CH$_2$-O—[環 4′,1′]—COOH

  4,4′-[エタン-1,2-ジイルビス(オキシ)]二安息香酸 **PIN**
  4,4′-[ethane-1,2-diylbis(oxy)]dibenzoic acid **PIN** (倍数名)
  4-[2-(4-カルボキシフェノキシ)エトキシ]安息香酸
  4-[2-(4-carboxyphenoxy)ethoxy]benzoic acid (置換名)

HOOC—[環 1,4]—O-CH$_2$-CH$_2$-O-CH$_2$-CH$_2$-O—[環 4′,1′]—COOH

  4,4′-[オキシビス(エタン-2,1-ジイルオキシ)]二安息香酸 **PIN**
  4,4′-[oxybis(ethane-2,1-diyloxy)]dibenzoic acid **PIN** (倍数名)
  4-{2-[2-(4-カルボキシフェノキシ)エトキシ]エトキシ}安息香酸
  4-{2-[2-(4-carboxyphenoxy)ethoxy]ethoxy}benzoic acid (置換名)

COOH—[環 1,2]—CH$_2$-CH$_2$-O-CH$_2$-CH$_2$-O-CH$_2$-CH$_2$-O-CH$_2$-CH$_2$—[環 2′,1′]—HOOC

  2,2′-[オキシビス(エタン-2,1-ジイルオキシエタン-2,1-ジイル)]二安息香酸 **PIN**
  2,2′-[oxybis(ethane-2,1-diyloxyethane-2,1-diyl)]dibenzoic acid **PIN** (倍数名)
  2-[2-(2-{2-[2-(2-カルボキシフェニル)エトキシ]エトキシ}エトキシ)エチル]安息香酸
  2-[2-(2-{2-[2-(2-carboxyphenyl)ethoxy]ethoxy}ethoxy)ethyl]benzoic acid (置換名)

COOH—[環 1,2]—CH$_2$CH$_2$-O-CH$_2$-CH$_2$-O-CH$_2$-CH$_2$-O-CH$_2$-CH$_2$-O-CH$_2$-CH$_2$—[環 2′,1′]—HOOC

  2,2′-(3,6,9,12-テトラオキサテトラデカン-1,14-ジイル)二安息香酸 **PIN**
  2,2′-(3,6,9,12-tetraoxatetradecane-1,14-diyl)dibenzoic acid **PIN**
  (倍数置換基として,"ア"名を用いた倍数名)
  2,2′-[エタン-1,2-ジイルビス(オキシエタン-2,1-ジイルオキシエタン-2,1-ジイル)]二安息香酸
  2,2′-[ethane-1,2-diylbis(oxyethane-2,1-diyloxyethane-2,1-diyl)]dibenzoic acid
  (単純な置換命名法を用いた倍数名)
  2-{2-[2-(2-{2-[2-(2-カルボキシフェニル)エトキシ]エトキシ}エトキシ)エトキシ]エチル}安息香酸
  2-{2-[2-(2-{2-[2-(2-carboxyphenyl)ethoxy]ethoxy}ethoxy)ethoxy]ethyl}benzoic acid (置換名)

P-51.3.2   複数の同一母体構造が存在する場合,PIN を選択する際は次の規則に従う.最低 7 個の骨格要素を含む系であり,両端を占める 2 個を含む 4 個以上の環が存在する場合,PIN は,ファン命名法によりつくる〔P-52.2.5.1(2)参照〕."ア"命名法は,使用条件が満たされる場合には使う(P-15.4.3, P-44.4 および P-51.4 参照).

P-51　IUPAC 命名法の中で優先する方法の選択　　　389

P-51.3.2.1　　同一母体構造は，最大数を倍数表現によって表す.

例：

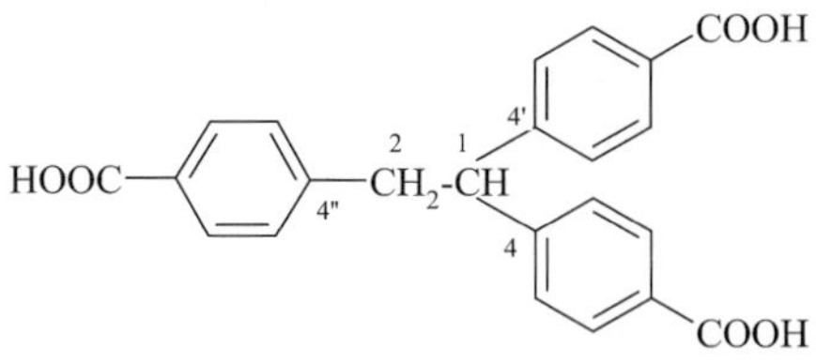

4,4′,4″-(エタン-1,1,2-トリイル)三安息香酸 PIN
4,4′,4″-(ethane-1,1,2-triyl)tribenzoic acid PIN
　　〔4,4′-[2-(4-カルボキシフェニル)エタン-
　　　　　　　　　　　　　　　　　1,1-ジイル]二安息香酸
4,4′-[2-(4-carboxyphenyl)ethane-1,1-diyl]dibenzoic acid
ではない．PIN は，2 個より多い 3 個の同一母体構造を
倍数表現で含む．P-15.3.3.2.1 参照〕

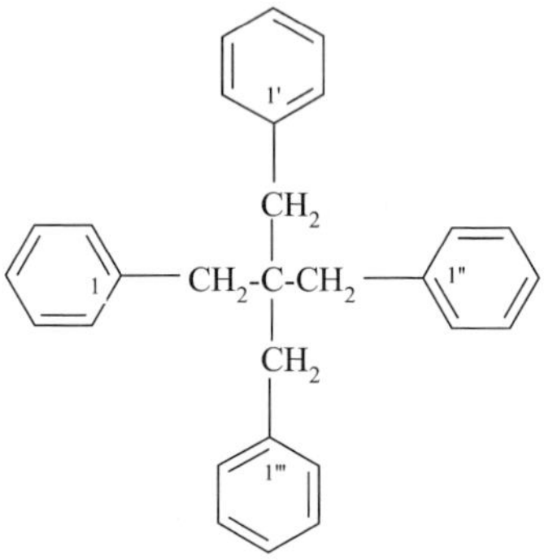

1,1′-(2,2-ジベンジルプロパン-1,3-ジイル)ジベンゼン PIN
1,1′-(2,2-dibenzylpropane-1,3-diyl)dibenzene PIN
　　(倍数名．ネオペンタンテトライル neopentanetetriyl のような
　　倍数接頭語は，認められていない)
(2,2-ジベンジル-3-フェニルプロピル)ベンゼン
(2,2-dibenzyl-3-phenylpropyl)benzene　　(置換名)

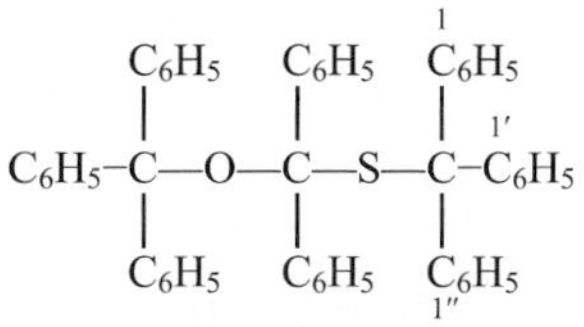

1,1′,1″-({[ジフェニル(トリフェニルメトキシ)メチル]スルファニル}メタントリイル)トリベンゼン PIN
1,1′,1″-({[diphenyl(triphenylmethoxy)methyl]sulfanyl}methanetriyl)tribenzene PIN

　〔1,1′-{(トリフェニルメトキシ)[(トリフェニルメチル)スルファニル]メタンジイル}ジベンゼン

　1,1′-{(triphenylmethoxy)[(triphenylmethyl)sulfanyl]methanediyl}dibenzene ではない．

　この名称は，2 個の同一母体構造しか倍数表現をしていない〕

　〔1,1′,1″-({ジフェニル[(トリフェニルメチル)スルファニル]メトキシ}メタントリイル)トリベンゼン

　1,1′,1″-({diphenyl[(triphenylmethyl)sulfanyl]methoxy}methanetriyl)tribenzene ではない．

　PIN の diphenyltriphenylmethoxy はアルファベット順で diphenyltriphenylmethyl より前にくる〕

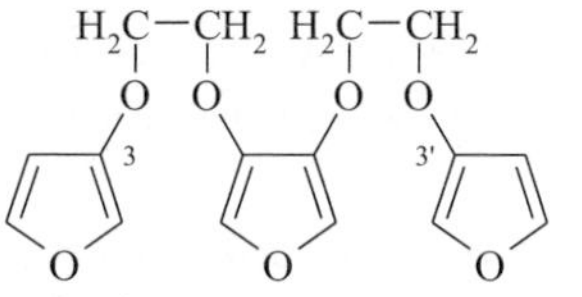

3,3′-[フラン-3,4-ジイルビス(オキシエタン-2,1-ジイルオキシ)]ジフラン PIN
3,3′-[furan-3,4-diylbis(oxyethane-2,1-diyloxy)]difuran PIN　　(倍数名)
3,4-ビス[2-(フラン-3-イルオキシ)エトキシ]フラン
3,4-bis[2-(furan-3-yloxy)ethoxy]furan　　(置換名)

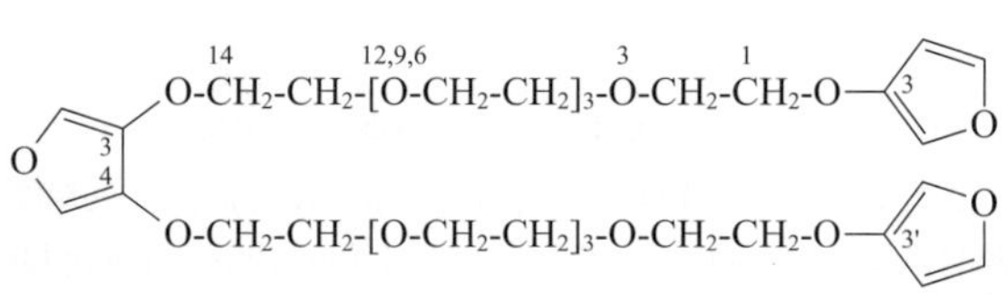

3,3′-{フラン-3,4-ジイルビス[オキシ(3,6,9,12-テトラオキサテトラデカン-14,1-ジイル)オキシ]}ジフラン PIN
3,3′-{furan-3,4-diylbis[oxy(3,6,9,12-tetraoxatetradecane-14,1-diyl)oxy]}difuran PIN

P-51.3.2.2 同一の母体構造が 4 個以上存在し，そのすべてが必ずしも 1 個の倍数置換基に結合していない場合，倍数表現を受ける母体構造は，倍数置換基の中心単位に近いものだけに限る．その他の母体構造は，倍数接頭語を付した置換基として表す．化合物が "ア" 命名法またはファン命名法の使用条件を満たしている場合，PIN はこれらの方法によってつくる(それぞれ，P-51.4 および P-52.2.5.1 参照).

例：

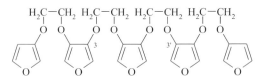

1,1′-オキシビス(3-フェノキシベンゼン)
1,1′-oxybis(3-phenoxybenzene) （倍数名）
　〔1,1′-オキシビス(3,1-フェニレンオキシ)ジベンゼン
　1,1′-oxybis(3,1-phenyleneoxy)dibenzene (倍数名)ではない〕
2,4,6-トリオキサ-1,7(1),3,5(1,3)-テトラベンゼナヘプタファン **PIN**
2,4,6-trioxa-1,7(1),3,5(1,3)-tetrabenzenaheptaphane **PIN** （ファン名，P-52.2.5 参照）

3,3′-[エタン-1,2-ジイルビス(オキシ)]ビス{4-[2-(フラン-3-イルオキシ)エトキシ]フラン}
3,3′-[ethane-1,2-diylbis(oxy)]bis{4-[2-(furan-3-yloxy)ethoxy]furan} （倍数名）
　〔3,3′-[エタン-1,2-ジイルビス(オキシフラン-4,3-ジイルオキシエタン-2,1-ジイルオキシ)]ジフラン
　3,3′-[ethane-1,2-diylbis(oxyfuran-4,3-diyloxyethane-2,1-diyloxy)]difuran (倍数名)ではない〕
2,5,7,10,12,15-ヘキサオキサ-1,16(3),6,11(3,4)-テトラフラナヘキサデカファン **PIN**
2,5,7,10,12,15-hexaoxa-1,16(3),6,11(3,4)-tetrafuranahexadecaphane **PIN** （ファン名．P-52.2.5 参照）

3,3′-[フラン-3,4-ジイルビス(オキシエタン-2,1-ジイルオキシ)]ビス{4-[2-(フラン-3-イルオキシ)
　　　　　　　　　　　　　　　　　　　　　　　　　　　　　　　　　　エトキシ]フラン}
3,3′-[furan-3,4-diylbis(oxyethane-2,1-diyloxy)]bis{4-[2-(furan-3-yloxy)ethoxy]furan} （倍数名）
　〔3,4-ビス[2-({4-[2-(フラン-3-イルオキシ)エトキシ]フラン-3-イル}オキシ)エトキシ]フラン
　3,4-bis[2-({4-[2-(furan-3-yloxy)ethoxy]furan-3-yl}oxy)ethoxy]furan (置換名)ではない〕
　〔3,3′-[フラン-3,4-ジイルビス(オキシエタン-
　　　　　　2,1-ジイルオキシフラン-4,3-ジイルオキシエタン-2,1-ジイルオキシ)ジフラン
　3,3′-[furan-3,4-diylbis(oxyethane-2,1-diyloxyfuran-4,3-diyloxyethane-2,1-diyloxy)]difuran
　　(倍数名)ではない〕
2,5,7,10,12,15,17,20-オクタオキサ-1,21(3),6,11,16(3,4)-ペンタフラナヘンイコサファン **PIN**
2,5,7,10,12,15,17,20-octaoxa-1,21(3),6,11,16(3,4)-pentafuranahenicosaphane **PIN**
　(ファン名．P-52.2.5 参照)

P-51.3.2.3 母体構造と倍数置換基の構成成分との間で選択が必要になる場合は，化合物種類の優先順位(P-41 参照)を使う．

例：
$$\overset{2\ \ \ 1\ \ \ 1'}{C_6H_5\text{-}N\text{=}N\text{-}CO\text{-}N\text{=}N\text{-}C_6H_5}$$

ビス(フェニルジアゼニル)メタノン **PIN**　bis(phenyldiazenyl)methanone **PIN**
　〔1,1′-カルボニルビス(2-フェニルジアゼン)　1,1′-carbonylbis(2-phenyldiazene)でも，
　1,1′-[カルボニルビス(ジアゼニル)]ジベンゼン　1,1′-[carbonylbis(diazenediyl)]dibenzene でもない．
　methanone は，diazene および炭素環のいずれよりも優先する．P-41 参照〕

P-51　IUPAC 命名法の中で優先する方法の選択　　　　391

P-51.3.3　　P-51.3.1 で示した条件 (1), (2), (3) が満たされない場合，PIN は置換命名法によってつくる.

例:

$$HOOC-\overset{1'}{\bigcirc}\overset{4'}{}-CH_2-\overset{2}{\bigcirc}\overset{1}{}COOH$$

　　2,4′-メチレンジ(シクロヘキサン-1-カルボン酸)
　　2,4′-methylenedi(cyclohexane-1-carboxylic acid)　(倍数名)
　　2-[(4-カルボキシシクロヘキシル)メチル]シクロヘキサン-1-カルボン酸 **PIN**
　　2-[(4-carboxycyclohexyl)methyl]cyclohexane-1-carboxylic acid **PIN**　(置換名. P-45.2.2 参照)
　　　[4-[(2-カルボキシシクロヘキシル)メチル]シクロヘキサン-1-カルボン酸
　　　4-[(2-carboxycyclohexyl)methyl]cyclohexane-1-carboxylic acid ではない.
　　　置換基の位置番号の 2 は 4 より小さい(P-45.2.2 参照)]

$$H_3Si-SiH_2-CH_2-OO-SiH_2-SiH_3$$

　　[(ジシラニルメチル)ペルオキシ]ジシラン **PIN**　　[(disilanylmethyl)peroxy]disilane **PIN**　(置換名)
　　　[[(ジシラニルペルオキシ)メチル]ジシラン　[(disilanylperoxy)methyl]disilane ではない.
　　　disilanylmethylperoxy は，英数字順で disilanylperoxymethyl より前になる(P-45.5 参照)]

　　他の例を P-15.3, P-44, P-45, P-46 に示してある.

P-51.4　"ア" 命 名 法

　　"ア"命名法は，4 個以上のヘテロ単位が鎖に存在する場合，PIN をつくるために，置換命名法や倍数命名法の代わりに使う(P-51.1 を参照). 環状化合物によっては，"ア"命名法が推奨できる唯一の命名法となる.

> 本勧告では，単純多価名称をもつ原子団は一つの単位とみなすので，ヘテロ単位という言葉は，ヘテロ原子もヘテロ原子団のいずれをも含む. 従来の規則では，ヘテロ原子団は独立したヘテロ単位とはみなさなかった.

P-51.4.1　鎖状化合物における "ア" 命名法

　　P-51.4.1.1　　少なくとも 1 個の炭素原子を含む枝分かれのない鎖に 4 個以上のヘテロ単位が存在し，そのヘテロ原子が化合物のもつ主特性基の全体または一部を構成していない場合は，その鎖状化合物の PIN は置換名称または倍数名称ではなく，"ア"命名法によってつくらなければならない.

　　ヘテロ単位とは，−SS− ジスルファンジイル disulfanediyl，−SiH₂-O-SiH₂− ジシロキサン-1,3-ジイル disiloxane-1,3-diyl，−SOS− ジチオキサンジイル dithioxanediyl(この二つは，−OSiH₂O− オキシシランジイルオキシ oxysilanediyloxy や −OSO− オキシスルファンジイルオキシ oxysulfanediyloxy のような，三つの連続した単位からなる構造ではない)のような固有の名称をもつ一連のヘテロ原子団のことである. 炭酸あるいはリン，ヒ素，アンチモンの酸のような酸類が，母体化合物または主基となる場合は，ヘテロ単位とはみなさない. 接尾語として示される上位の特性基がある場合は，−O-P(O)(OCH₃)-O− 基は，三つの単位からなるとみなす(P-51.4.1.2 の 6 番目の例を参照).

　　P-51.4.1.2　　"ア"命名法でつくり出される新しい鎖状母体水素化物は，複素環と同様に，固有の位置番号をもつ. 接尾語，語尾，接頭語などを付加するときは，この固有の番号付けに従う.

392 　　　　　P-5　優先 IUPAC 名の選択と有機化合物の名称の作成

> "ア"命名法によって命名されるヘテロ鎖状母体構造に固有の番号付けは，主特性基および遊離原子価がヘテロ原子より優先して小さい位置番号をもつとした規則 C-0.6.
> (参考文献 1)に対する主要な変更である．

例：

$$\overset{8}{\text{CH}_3}\text{-}\overset{7}{\text{SiH}_2}\text{-}\overset{6}{\text{CH}_2}\text{-}\overset{5}{\text{SiH}_2}\text{-}\overset{4}{\text{CH}_2}\text{-}\overset{3}{\text{PH}}\text{-}\overset{2}{\text{SiH}_2}\text{-}\overset{1}{\text{CH}_3}$$

3-ホスファ-2,5,7-トリシラオクタン `PIN`

3-phospha-2,5,7-trisilaoctane `PIN` （"ア"名）

(メチルシリル)({[(メチルシリル)メチル]シリル}メチル)ホスファン

(methylsilyl)({[(methylsilyl)methyl]silyl}methyl)phosphane （置換名）

$$\overset{1}{\text{CH}_3}\text{-}\overset{2}{\text{SiH}_2}\text{-}\overset{3}{\text{CH}_2}\text{-}\overset{4}{\text{SiH}_2}\text{-}\overset{5}{\text{CH}_2}\text{-}\overset{6}{\text{SiH}_2}\text{-}\overset{7}{\text{CH}_2}\text{-}\overset{8}{\text{S}}\text{-}\overset{9}{\text{CH}_2}\text{-}\overset{10}{\text{CH}_3}$$

8-チア-2,4,6-トリシラデカン `PIN`

8-thia-2,4,6-trisiladecane `PIN` （"ア"名）

1-[(エチルスルファニル)メチル]-1′-メチル-1,1′-[シランジイルビス(メチレン)]ビス(シラン)

1-[(ethylsulfanyl)methyl]-1′-methyl-1,1′-[silanediylbis(methylene)]bis(silane) （倍数名）

({[(エチルスルファニル)メチル]シリル}メチル)[(メチルシリル)メチル]シラン

({[(ethylsulfanyl)methyl]silyl}methyl)[(methylsilyl)methyl]silane （置換名）

$$\overset{1}{\text{HOOC}}\text{-}\overset{2}{\text{CH}_2}\text{-}\overset{3}{\text{O}}\text{-}\overset{4}{\text{CH}_2}\text{-}\overset{5}{\text{CH}_2}\text{-}\overset{6}{\text{O}}\text{-}\overset{7}{\text{CH}_2}\text{-}\overset{8}{\text{CH}_2}\text{-}\overset{9}{\text{O}}\text{-}\overset{10}{\text{CH}_2}\text{-}\overset{11}{\text{CH}_2}\text{-}\overset{12}{\text{O}}\text{-}\overset{13}{\text{CH}_2}\text{-}\overset{14}{\text{COOH}}$$

3,6,9,12-テトラオキサテトラデカン-1,14-二酸 `PIN`

3,6,9,12-tetraoxatetradecane-1,14-dioic acid `PIN` （"ア"名）

2,2′-[エタン-1,2-ジイルビス(オキシエタン-2,1-ジイルオキシ)]二酢酸

2,2′-[ethane-1,2-diylbis(oxyethane-2,1-diyloxy)]diacetic acid （倍数名）

2-(2-{2-[2-(カルボキシメトキシ)エトキシ]エトキシ}エトキシ)酢酸

2-(2-{2-[2-(carboxymethoxy)ethoxy]ethoxy}ethoxy)acetic acid （置換名）

$$\overset{1}{\text{H}_2\text{N}}\text{-}\overset{}{\text{CH}_2}\text{-}\overset{}{\text{CH}_2}\text{-}\overset{3}{\text{NH}}\text{-}\overset{}{\text{CH}_2}\text{-}\overset{}{\text{CH}_2}\text{-}\overset{6}{\text{NH}}\text{-}\overset{}{\text{CH}_2}\text{-}\overset{}{\text{CH}_2}\text{-}\overset{9}{\text{NH}}\text{-}\overset{}{\text{CH}_2}\text{-}\overset{}{\underset{11}{\text{CH}}}\text{-}\overset{}{\text{CH}_2}\text{-}\overset{}{\text{O}}\text{-}\overset{13}{[\text{CH}_2]_7}\text{-}\overset{21}{\text{CH}_3}$$
（OH は 11位に結合）

1-アミノ-13-オキサ-3,6,9-トリアザヘンイコサン-11-オール `PIN`

1-amino-13-oxa-3,6,9-triazahenicosan-11-ol `PIN` （"ア"名）

1-{[2-({2-[(2-アミノエチル)アミノ]エチル}アミノ)エチル]アミノ}-3-(オクチルオキシ)プロパン-2-オール

1-{[2-({2-[(2-aminoethyl)amino]ethyl}amino)ethyl]amino}-3-(octyloxy)propan-2-ol （置換名）

$$\overset{1}{\text{F}}\text{-}\overset{2}{\text{CO}}\text{-}\overset{3}{\text{NH}}\text{-}\overset{4}{\text{S}}\text{-}\overset{}{\text{NH}}\text{-}\overset{}{\text{CH}_2}\text{-}\overset{}{\text{O}}\text{-}\overset{7}{\text{N}}\text{=}\overset{}{\text{CH}}\text{-}\overset{}{\text{CH}}\text{=}\overset{9}{\text{N}}\text{-}\overset{}{\text{O}}\text{-}\overset{}{\text{CH}_2}\text{-}\overset{}{\text{NH}}\text{-}\overset{}{\text{S}}\text{-}\overset{}{\text{NH}}\text{-}\overset{}{\text{CO}}\text{-}\overset{16}{\text{F}}$$

6,11-ジオキサ-3,14-ジチア-2,4,7,10,13,15-ヘキサアザヘキサデカ-7,9-ジエンジオイル=ジフルオリド `PIN`

6,11-dioxa-3,14-dithia-2,4,7,10,13,15-hexaazahexadeca-7,9-dienedioyl difluoride) `PIN` （"ア"名）

　（鎖状の dioyl fluoride は，倍数命名法による表現の carbamoyl fluoride に優先する）

$$\overset{1}{\text{CH}_3}\text{-}\overset{2}{\text{CH}_2}\text{-}\overset{3}{\text{O}}\text{-}\overset{4}{\text{P}}\text{-}\overset{5}{\text{O}}\text{-}\overset{6}{\text{CH}_2}\text{-}\overset{7}{\text{CH}_2}\text{-}\overset{8}{\text{O}}\text{-}\overset{9}{\text{CH}_2}\text{-}\overset{10}{\text{CH}_2}\text{-}\overset{+}{\text{N}}(\text{CH}_3)_3$$
$$\text{O}\text{-}\text{CH}_2\text{-}\text{CH}_3$$

4-エトキシ-N,N,N-トリメチル-3,5,8-トリオキサ-4-ホスファデカン-10-アミニウム `PIN`

4-ethoxy-N,N,N-trimethyl-3,5,8-trioxa-4-phosphadecan-10-aminium `PIN`

$$\overset{}{\text{H}_3\text{C}}\quad\overset{}{\text{O}}\quad\overset{}{\text{CN}}$$
$$\overset{1}{\text{CH}_3}\text{-}\overset{2}{\text{O}}\text{-}\overset{3}{\text{N}}\text{-}\overset{4}{\text{C}}\text{-}\overset{5}{\text{O}}\text{-}\overset{6}{\text{N}}\text{=}\overset{7}{\text{C}}\text{-}\overset{8}{\text{CO}}\text{-}\text{NH}_2$$

7-シアノ-3-メチル-4-オキソ-2,5-ジオキサ-3,6-ジアザオクタ-6-エン-8-アミド `PIN`

7-cyano-3-methyl-4-oxo-2,5-dioxa-3,6-diazaoct-6-en-8-amide `PIN`

P-51　IUPAC 命名法の中で優先する方法の選択

$$\overset{3}{CH_3}\text{-}S\text{-}S\text{-}S\text{-}\overset{1}{CH_2}\text{-}CH_2\text{-}S\text{-}S\text{-}S\text{-}\overset{1'}{CH_3}$$

1,1′-(エタン-1,2-ジイル)ビス(3-メチルトリスルファン)**PIN**
1,1′-(ethane-1,2-diyl)bis(3-methyltrisulfane) **PIN**

　(2,3,4,7,8,9-ヘキサチアデカン　2,3,4,7,8,9-hexathiadecane ではない.
　トリスルファン HS-S-SH は母体水素化物であり，ヘテロ単位とは認められない)

$$(CH_3)_3C\text{-}OO\text{-}Si(CH_3)_2\text{-}O\text{-}CO\text{-}CH_2\text{-}CH_3$$

プロパン酸(*tert*-ブチルペルオキシ)ジメチルシリル **PIN**
(*tert*-butylperoxy)dimethylsilyl propanoate **PIN**

　(2,2,5,5-テトラメチル-3,4,6-トリオキサ-5-シラノナン-7-オン
　2,2,5,5-tetramethyl-3,4,6-trioxa-5-silanonan-7-one ではない.
　二つのヘテロ単位，−OO− と −Si− しか存在しない.
　主特性基はエステルであり，−O− はその一部である)

$$CH_3\text{-}O\text{-}PH(O)\text{-}O\text{-}CH_2\text{-}O\text{-}CH_3$$

ホスホン酸=メトキシメチル=メチル **PIN**　methoxymethyl methyl phosphonate **PIN**

　〔2,4,6-トリオキサ-3λ^5-ホスファヘプタ-3-オン　2,4,6-trioxa-3λ^5-phosphaheptan-3-one ではない.
　3 個のヘテロ原子 −O-P-O− は，エステルの一部であり，主特性基として表示されている.
　したがって，ヘテロ単位は −O− 一つだけが残り，PIN として"ア"命名法は使えない〕

$$CH_3\text{-}O\text{-}P(O)(OCH_3)\text{-}O\text{-}\overset{1}{CH_2}\text{-}SiH_2\text{-}\overset{2}{CH_2}\text{-}SiH_2\text{-}\overset{4}{CH_2}\text{-}SiH_2\text{-}\overset{6}{CH_2}\text{-}SiH_2\text{-}\overset{8}{CH_2}\text{-}CH_3$$

リン酸=ジメチル=2,4,6,8-テトラシラノナン-1-イル **PIN**
dimethyl 2,4,6,8-tetrasilanonan-1-yl phosphate **PIN**

　(3 個のヘテロ原子 −O-P-O− は，主特性基として表示するエステルの一部である.
　ただし，エステルの有機基の一つに 4 個のケイ素原子があり，"ア"命名法をこの
　有機基を命名するために使用する)

P-51.4.1.3　置換名において接尾語として表示される特性基がある場合は，"ア"名称においても同数の特性基がなければならない.

例：

$$H_2N\text{-}\overset{1}{C}(=NH)\text{-}\overset{2}{NH}\text{-}CH_2\text{-}CH_2\text{-}CH_2\text{-}CH_2\text{-}\overset{8}{CH_2}\text{-}NH$$
$$\overset{9}{C}=NH$$
$$H_2N\text{-}\overset{17}{C}(=NH)\text{-}\overset{16}{NH}\text{-}CH_2\text{-}CH_2\text{-}CH_2\text{-}CH_2\text{-}CH_2\text{-}\underset{10}{NH}$$

9-イミノ-2,8,10,16-テトラアザヘプタデカンジイミドアミド **PIN**
9-imino-2,8,10,16-tetraazaheptadecanediimidamide **PIN**

　(主特性基として表示する ジイミドアミド diimidamide は，
　カルボノイミド酸ジアミド carbonimidic diamide に優先する)

$$H_2N\text{-}\overset{16}{CH_2}\text{-}CH_2\text{-}\overset{14}{NH}\text{-}CH_2\text{-}CH_2\text{-}\overset{11}{NH}\text{-}CH_2\text{-}CH_2\text{-}\overset{8}{NH}\text{-}CH_2\text{-}CH_2\text{-}\overset{5}{NH}\text{-}CH_2\text{-}CH_2\text{-}\overset{2}{NH}\text{-}\overset{1}{CO}\text{-}NH$$
$$H_2N\text{-}CH_2\text{-}CH_2\text{-}NH\text{-}CH_2\text{-}CH_2\text{-}NH\text{-}CH_2\text{-}CH_2\text{-}NH\text{-}CH_2\text{-}CH_2\text{-}NH\text{-}CH_2\text{-}CH_2$$

16-アミノ-*N*-(14-アミノ-3,6,9,12-テトラアザテトラデカン-1-イル)-2,5,8,11,14-
ペンタアザヘキサデカンアミド **PIN**
16-amino-*N*-(14-amino-3,6,9,12-tetraazatetradecan-1-yl)-2,5,8,11,14-pentaazahexadecanamide **PIN**

　(主特性基として表示する amide は，urea，carbonic diamide および主特性基として表示する amine
　に優先する. 4 個のヘテロ原子が *N*-置換基にも存在するため，この部分は"ア"命名法によって命
　名しなければならない)

394   P-5 優先 IUPAC 名の選択と有機化合物の名称の作成

```
                13         11          8          5         2
         H2N-CH2-CH2-NH-CH2-CH2-NH-CH2-CH2-NH-CH2-CH2-NH
                                                          |
                                                        1 C=O
                                                          |
         H2N-CH2-CH2-NH-CH2-CH2-NH-CH2-CH2-NH-CH2-CH2-NH
```

13-アミノ-N-(2-{[2-({2-[(2-アミノエチル)アミノ]エチル}アミノ)エチル]アミノ}エチル)-
2,5,8,11-テトラアザトリデカンアミド **PIN**

13-amino-N-(2-{[2-({2-[(2-aminoethyl)amino]ethyl}amino)ethyl]amino}ethyl)-
2,5,8,11-tetraazatridecanamide **PIN**

(主特性基として表示する amide は，urea，carbonic diamide および特性基として表示する amine に優先する．N-置換基にはヘテロ原子が 3 個しかないため，この部分は置換命名法によらなければならない)

```
          O    H3C-CO-NH     O   CH3-CO-NH    O
          ||       |        ||       |       ||
       CH3-C-NH-[CH2]3-CH-CH2-C-NH-[CH2]3-CH-CH2-C-NH-[CH2]3-CH-NH-CO-CH3
        1    2            7    9              14   16                  |
                                                                      CH2
                                                                       |
                       30         28                                  C=O
                  CH3-O-CO-CH2-CH-[CH2]3-NH-C=O
                                                                     23
                             NH-CO-CH3
```

7,14,21,28-テトラアセトアミド-2,9,16,23-テトラオキソ-3,10,17,24-
テトラアザトリアコンタン-30-酸メチル **PIN**

methyl 7,14,21,28-tetraacetamido-2,9,16,23-tetraoxo-3,10,17,24-tetraazatriacontan-30-oate **PIN**

(エステルはアミドまたはケトンに優先する)

P-51.4.1.4 鎖は，C または次のヘテロ原子 P, As, Sb, Bi, Si, Ge, Sn, Pb, B, Al, Ga, In, Tl の一つが末端とならなければならない．

> 本勧告では，ヘテロ鎖は炭素原子だけでなく，指定したヘテロ原子が末端となってもよい．従来の規則では，ヘテロ鎖の末端は炭素原子でなければならなかった．

例：
```
     1   2      4   5
   H3Si-O-CH2-S-SiH3
```
2-オキサ-4-チア-1,5-ジシラペンタン **PIN**
2-oxa-4-thia-1,5-disilapentane **PIN**

P-51.4.2 環状化合物の"ア"命名法

複素環化合物によっては，"ア"命名法が PIN をつくるのに推奨できる唯一の方法である．

P-51.4.2.1 "ア"命名法は，十一員環より大きな複素単環化合物の PIN をつくるために使用する(P-22.2.3 参照)．

"ア"命名法は，"ア"接頭語が P-69.4 で指定されている金属を表す場合は，十員環以下の小さな環にも適用できる．

> Hantzsch-Widman 系の原則を 1～12 族の元素に適用し，またその"ア"接頭語を使うことは，従来の規則からの主要な変更である．ただし，現時点では，このような元素を含む化合物の名称は PIN とはならない．

例： 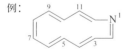 1-アザシクロドデカ-1,3,5,7,9,11-ヘキサエン **PIN**
1-azacyclododeca-1,3,5,7,9,11-hexaene **PIN**

1,1-ジクロリド-2,3,4,5-テトラメチルプラチノール
1,1-dichlorido-2,3,4,5-tetramethylplatinole
　(Hantzsch-Widman 名)
1,1-ジクロリド-2,3,4,5-テトラメチル-1-プラチナシクロペンタ-2,4-ジエン
1,1-dichlorido-2,3,4,5-tetramethyl-1-platinacyclopenta-2,4-diene
　("ア"名．P-69.4 参照)

> Hantzsch-Widman 系に 13 族から 16 族の金属に加えて金属元素およびその"ア"接頭語を含めるという追加規則(P-69.4 参照)は，Hantzsch-Widman 系に関する従来の規則からの主要な変更である．

P-51.4.2.2　"ア"命名法は，ポリシクロ複素環系の PIN をつくるために使用する(P-23.3.1 参照)．

例：

2,6-ジオキサビシクロ[3.3.2]デカン **PIN**
2,6-dioxabicyclo[3.3.2]decane **PIN**

P-51.4.2.3　"ア"命名法は，2 個以上の飽和単環からなる複素スピロ母体水素化物の PIN をつくるために使用する(P-24.2.4.1.1 参照)．

例：

1-チア-7-アザスピロ[4.5]デカン **PIN**
1-thia-7-azaspiro[4.5]decane **PIN**

P-51.4.2.4　"ア"命名法は，複素母体環に基づく縮合命名法が適用できない複素多環系の PIN をつくるために使用する(P-25.5.1 参照)．

例：

1,3a^1,4,9-テトラアザフェナレン **PIN**
1,3a^1,4,9-tetraazaphenalene **PIN**

P-51.4.2.5　"ア"命名法は，ヘテロファン環系(P-26.5 参照)およびヘテロフラーレン(P-27.5 を参照)の PIN をつくるために使用する．

P-51.4.2.6　複素環母体構造の PIN の選択は，"ア"接頭語を挿入する前に行う．これは，同一のポリシクロ複素環化合物や十一員環以上の大きな単環状化合物からなる環集合(P-28.4 参照)の場合が該当する．

例：

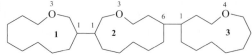

$1^3,2^3,3^4$-トリオキサ-$1^1,2^1$:$2^6,3^1$-テルシクロウンデカン **PIN**
$1^3,2^3,3^4$-trioxa-$1^1,2^1$:$2^6,3^1$-tercycloundecane **PIN**　(P-28.4.1 参照)

3,3′,4″-トリオキサ-1,1′:6′,1″-テルシクロウンデカン
3,3′,4″-trioxa-1,1′:6′,1″-tercycloundecane

　($1^3,2^3$:$2^9,3^4$-テル-1-オキサシクロウンデカン
　$1^3,2^3$:$2^9,3^4$-ter-1-oxacycloundecane ではない)

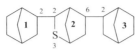

2³-チア-1²,2²:2⁶,3²-テルビシクロ[2.2.1]ヘプタン **PIN**
2³-thia-1²,2²:2⁶,3²-terbicyclo[2.2.1]heptane **PIN** （P-28.3.1 参照）
 ［2,6-ビス(ビシクロ[2.2.1]ヘプタン-2-イル)-3-チアビシクロ[2.2.1]ヘプタン
 2,6-bis(bicyclo[2.2.1]heptan-2-yl)-3-thiabicyclo[2.2.1]heptane ではない］

3′-チア-2,2′:6′,2″-テルビシクロ[2.2.1]ヘプタン
3′-thia-2,2′:6′,2″-terbicyclo[2.2.1]heptane

P-51.4.2.7　規則に合った複数の名称の中から PIN を選ぶ場合は，命名法の種類によって決まることがある．このことは，P-52.2.3 で述べるように，不飽和複素単環化合物の場合に当てはまり，三つの名称が可能である．

例：

1-アザシクロトリデカ-2,4,6,8,10,12-ヘキサエン **PIN**
1-azacyclotrideca-2,4,6,8,10,12-hexaene **PIN**（"ア"名）
1-アザシクロトリデシン　1-azacyclotridecine
（縮合命名法で使用するための"ア"名）
1*H*-1-アザ[13]アンヌレン　1*H*-1-aza[13]annulene

P-51.5　接合命名法と置換命名法

接合命名法と置換命名法のいずれかを選択する場合，PIN は置換命名法(倍数命名法と"ア"命名法の使用の条件が満たされる場合はそれらを含む)によってつくる(P-51 参照)．

例：

ナフタレン-2,3-二酢酸
naphthalene-2,3-diacetic acid
2,2′-(ナフタレン-2,3-ジイル)二酢酸 **PIN**
2,2′-(naphthalene-2,3-diyl)diacetic acid **PIN**

ベンゼン-1,3,5-三酢酸
benzene-1,3,5-triacetic acid
2,2′,2″-(ベンゼン-1,3,5-トリイル)三酢酸 **PIN**
2,2′,2″-(benzene-1,3,5-triyl)triacetic acid **PIN**

2-(3-ヒドロキシプロピル)キノリン-3-酢酸
2-(3-hydroxypropyl)quinoline-3-acetic acid
［2-(3-ヒドロキシプロピル)キノリン-3-イル］酢酸 **PIN**
[2-(3-hydroxypropyl)quinolin-3-yl]acetic acid **PIN**
（カルボン酸はアルコールに優先する）

1-(2-カルボキシエチル)ナフタレン-2,3-二酢酸
1-(2-carboxyethyl)naphthalene-2,3-diacetic acid
3-[2,3-ビス(カルボキシメチル)ナフタレン-1-イル]プロパン酸 **PIN**
3-[2,3-bis(carboxymethyl)naphthalen-1-yl]propanoic acid **PIN**

P-52　優先 IUPAC 名と母体水素化物の予備選択名の選択　　"日本語名称のつくり方"も参照

P-2 で述べた母体水素化物の命名では，推奨する方法が一つしかない場合は，その結果得られる単独の名称が当然，PIN となる．複数の方法が母体水素化物の名称をつくるために推奨されている場合は，PIN あるいは場合

によっては予備選択名(P-12.2 参照)を選び出さなければならない．保存名の中には，PIN として使われる名称も，GIN として使われるものもある．

> P-52.1 予備選択名の選択
> P-52.2 PIN の選択

P-52.1 予 備 選 択 名 の 選 択

P-52.1.1 単核母体水素化物名を P-21.1.1 に表示した．ホスファン phosphane PH_3，アルサン arsane AsH_3，スチバン stibane SbH_3，ビスムタン bismuthane BiH_3 は，予備選択名である．対応する ホスフィン phosphine，アルシン arsine，スチビン stibine，ビスムチン bismuthine の名称は，GIN として使うことのできる保存名である．

P-52.1.2 均一な鎖状多核母体水素化物の予備選択名については，P-21.2.2 で述べた．NH_2-NH_2 の予備選択名は，保存名の hydrazine である．体系名の diazane は GIN として使うことができる．

P-52.1.3 交互に結合する ab 原子団からなり，"b" が炭素でも窒素でもない不均一な鎖状母体水素化物〔すなわち a(ba)$_n$ 型母体水素化物〕の予備選択名については，P-21.2.3.1 で述べた．

> 本勧告では，特性基アミン amine は，a(ba)$_n$ 母体水素化物においても特性基として認める．これは，認められていなかった従来の規則からの変更である．さらに，b に相当する元素として炭素が除外されていなかったので，ヘテランの優先順位において矛盾をひき起こすことがあった．

例： SnH_3-O-SnH_2-O -SnH_3 トリスタンノキサン 予備名 tristannoxane 予備名
〔ビス(スタンニルオキシ)スタンナン bis(stannyloxy)stannane ではない〕

HSe-S-Se-S-SeH   トリセレナチアン 予備名 triselenathiane 予備名

CH_3-NH-CH_3 N-メチルメタンアミン PIN N-methylmethanamine PIN
（ジカルバザン dicarbazane ではない）

SiH_3-NH-SiH_2-NH-SiH_3 N,N'-ジシリルシランジアミン 予備名 N,N'-disilylsilanediamine 予備名
（トリシラザン trisilazane ではない）

P-52.1.4 非標準結合数をもつ母体水素化物の予備選択名については，P-21.1.2.1 で述べた．

例： PH_5 λ^5-ホスファン 予備名 λ^5-phosphane 予備名
ホスホラン phosphorane

AsH_5 λ^5-アルサン 予備名 λ^5-arsane 予備名
アルソラン arsorane

SH_4 λ^4-スルファン 予備名 λ^4-sulfane 予備名
（スルフラン sulfurane ではない）

SH_6 λ^6-スルファン 予備名 λ^6-sulfane 予備名
（ペルスルフラン persulfurane ではない）

IH_3 λ^3-ヨーダン 予備名 λ^3-iodane 予備名
（ヨージナン iodinane ではない）

398   P-5 優先 IUPAC 名の選択と有機化合物の名称の作成

IH₅　　　λ⁵-ヨーダン 予備名　λ⁵-iodane 予備名
　　　　　（ペルヨージナン periodinane ではない）

SbH₅　　λ⁵-スチバン 予備名　λ⁵-stibane 予備名
　　　　スチボラン　stiborane

¹SH-²SH₂-³SH　　2λ⁴-トリスルファン 予備名　2λ⁴-trisulfane 予備名

P-52.1.5 複素非炭素単環 Hantzsch-Widman 母体水素化物

> Hantzsch-Widman 名の語尾の e は，PIN においては省略しない．しかし，GIN ではいぜんとして任意である．1979 規則(参考文献 1)では，Hantzsch-Widman 名の語尾の e は，環に窒素がない場合は省略した．1993 規則(参考文献 2)ではこの省略は任意とした．

P-52.1.5.1 十員環以下の均一な複素単環母体水素化物の予備選択名は，Hantzsch-Widman 名である(P-22.1.2 参照)．"ア"名称は，十一員環以上の均一な複素単環母体水素化物の予備選択名である(P-22.2.3 参照)．それに代わる名称として，接頭語のシクロ cyclo を用いたもの(P-22.2.5)は，GIN としては使用できる．

例:

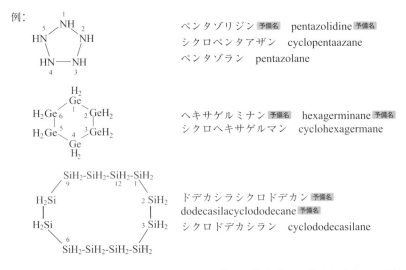

ペンタゾリジン 予備名　pentazolidine 予備名
シクロペンタアザン　cyclopentaazane
ペンタゾラン　pentazolane

ヘキサゲルミナン 予備名　hexagerminane 予備名
シクロヘキサゲルマン　cyclohexagermane

ドデカシラシクロドデカン 予備名
dodecasilacyclododecane 予備名
シクロドデカシラン　cyclododecasilane

P-52.1.5.2 交互結合ヘテロ原子からなる不均一な複素単環母体水素化物　十員環以下で，交互結合のヘテロ原子，すなわち [ab]ₙ からなる不均一な複素環母体水素化物の予備選択名は，Hantzsch-Widman 名である(P-22.2.2 参照)．"ア"名(P-22.2.3 参照)は，十一員環以上の交互結合ヘテロ原子をもつ不均一な複素単環母体水素化物の予備選択名である．代わりの名称である接頭語の cyclo を用いた名称(P-52.1.5.1 参照)は GIN としてのみ使用できる．

例:

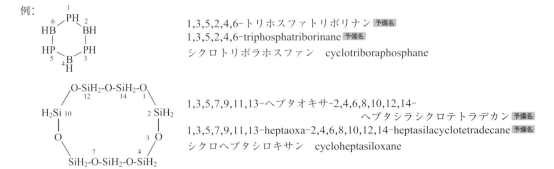

1,3,5,2,4,6-トリホスファトリボリナン 予備名
1,3,5,2,4,6-triphosphatriborinane 予備名
シクロトリボラホスファン　cyclotriboraphosphane

1,3,5,7,9,11,13-ヘプタオキサ-2,4,6,8,10,12,14-
　　　ヘプタシラシクロテトラデカン 予備名
1,3,5,7,9,11,13-heptaoxa-2,4,6,8,10,12,14-heptasilacyclotetradecane 予備名
シクロヘプタシロキサン　cycloheptasiloxane

P-52.1.6 複素非炭素環系ポリシクロ化合物およびスピロ環化合物

P-52.1.6.1 単環構成成分からなり，完全に同じ種類のヘテロ原子からなるポリシクロ化合物およびスピロ環化合物の予備選択名は，bicyclo, spiro などの該当する接頭語，角括弧内の表示記号，ヘテロ原子の総数を示す倍数接頭語および単核母体水素化物の名称を組合わせてつくる名称である．代わりに，"ア"命名法によってつくる名称は GIN として使うことができる(P-23.4 および P-24.2.4.2 参照)．

例：

ビシクロ[4.2.1]ノナシラン 予備名
bicyclo[4.2.1]nonasilane 予備名
ノナシラビシクロ[4.2.1]ノナン
nonasilabicyclo[4.2.1]nonane

トリシクロ[5.3.1.1^{2,6}]ドデカシラン 予備名
tricyclo[5.3.1.1^{2,6}]dodecasilane 予備名
ドデカシラトリシクロ[5.3.1.1^{2,6}]ドデカン
dodecasilatricyclo[5.3.1.1^{2,6}]dodecane

P-52.1.6.2 単環構成成分のみをもち，交互結合ヘテロ原子，すなわち $[ab]_n$ からなるポリシクロ化合物およびスピロ環化合物の予備選択名は，bicyclo, spiro などの該当する接頭語，角括弧内の表示記号，"ア"ヘテロ原子の数，a, b ヘテロ原子の骨格代置名を順に記すことによってつくられる(P-24.2.4.3 参照)．GIN として使える代替名称は，"ア"命名法によってつくる．

例：

スピロ[5.5]ペンタシロキサン 予備名
spiro[5.5]pentasiloxane 予備名
1,3,5,7,9,11-ヘキサオキサ-2,4,6,8,10-ペンタシラスピロ[5.5]ウンデカン
1,3,5,7,9,11-hexaoxa-2,4,6,8,10-pentasilaspiro[5.5]undecane

トリシクロ[3.3.1.1^{3,7}]テトラシロキサン 予備名
tricyclo[3.3.1.1^{3,7}]tetrasiloxane 予備名
2,4,6,8,9,10-ヘキサオキサ-1,3,5,7-テトラシラアダマンタン
2,4,6,8,9,10-hexaoxa-1,3,5,7-tetrasilaadamantane
2,4,6,8,9,10-ヘキサオキサ-1,3,5,7-テトラシラトリシクロ[3.3.1.1^{3,7}]デカン
2,4,6,8,9,10-hexaoxa-1,3,5,7-tetrasilatricyclo[3.3.1.1^{3,7}]decane

P-52.1.7 均一および不均一な複素二環縮合環および複素多環縮合環の予備選択名は，縮合環命名法の規則によってつくる(P-25.3.2.4 参照)．GIN で使用できる代替名称は，該当する"ア"接頭語を炭化水素縮合環の名称の前に置くことによってつくる．

例：

1*H*,5*H*-ペンタアルソロペンタアルソール 予備名
1*H*,5*H*-pentarsolopentarsole 予備名
1*H*,5*H*-オクタアルサペンタレン
1*H*,5*H*-octaarsapentalene

[1,3,5,2,4,6]トリアザトリボリニノ[1,2-*a*][1,3,5,2,4,6]トリアザトリボリニン 予備名
[1,3,5,2,4,6]triazatriborinino[1,2-*a*][1,3,5,2,4,6]triazatriborinine 予備名
1,3,4a,6,8-ペンタアザ-2,4,5,7,8a-ペンタボラナフタレン
1,3,4a,6,8-pentaaza-2,4,5,7,8a-pentaboranaphthalene

P-52.2　PINの選択

P-52.2.1　鎖状炭化水素および単環炭化水素	P-52.2.6　ノルまたはセコ接頭語によって修飾された
P-52.2.2　ヘテロ鎖および複素単環	(C_{60}-I_h)[5,6]フラーレンおよび(C_{70}-$D_{5h(6)}$)
P-52.2.3　十一員環以上の不飽和複素単環化	[5,6]フラーレンにおけるPINの選択
合物	P-52.2.7　環集合のPINおよび番号付け
P-52.2.4　縮合命名法におけるPIN	P-52.2.8　母体水素化物としての環と鎖との間の選択
P-52.2.5　ファン命名法におけるPIN	

P-52.2.1　鎖状炭化水素および単環炭化水素

P-52.2.1.1　メタン methane，エタン ethane，プロパン propane およびブタン butane の名称は，それぞれ，CH_4，CH_3-CH_3，CH_3-CH_2-CH_3 および CH_3-CH_2-CH_2-CH_3 の PIN として使用する．アセチレン acetylene は，HC≡CH の PIN であるが，置換体名には認められない．GIN では，制限付きで置換体名が認められる（P-15.1.8.2.2 参照）．

P-52.2.1.2　[n]アンヌレン [n]annulene の名称は，縮合命名法において，母体の構成成分として PIN に使う（P-25.3.2.1.1 参照）．単環自体の名称は，GIN としては使用してもよい．シクロアルケンおよびシクロアルカポリエンの PIN は，対応するシクロアルカン名からつくる（P-31.1.3.1 参照）．

例：

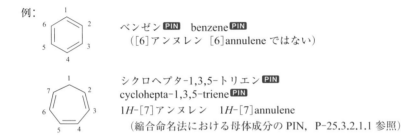

ベンゼン **PIN**　benzene **PIN**
　　（[6]アンヌレン　[6]annulene ではない）

シクロヘプタ-1,3,5-トリエン **PIN**
cyclohepta-1,3,5-triene **PIN**
1H-[7]アンヌレン　1H-[7]annulene
　　（縮合命名法における母体成分の PIN，P-25.3.2.1.1 参照）

P-52.2.2　ヘテロ鎖および複素単環

P-52.2.2.1　ホルマザン formazan は，HN=N-CH=N-NH_2 の保存名で，また PIN でもある．ヒドラジン hydrazine は，H_2N-NH_2 の予備選択名である．

P-52.2.2.2　十員環以下の複素単環の PIN は Hantzsch-Widman 名であり，下記の保存名をもつ化合物とその類縁体については，位置番号の 1,2 および 1,3 を付したものが PIN である．保存名のオキサゾール oxazole，イソオキサゾール isoxazole，チアゾール thiazole およびイソチアゾール isothiazole は，GIN としては認められる．

> Hantzsch-Widman 名の語尾の e は，PIN においては省略しない．しかし，GIN ではいぜんとして任意である．1979 規則（参考文献 1）では，Hantzsch-Widman 名の語尾の e は，環に窒素がない場合は省略した．1993 規則（参考文献 2）ではこの省略は任意とした．

例：

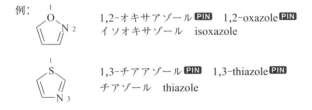

1,2-オキサアゾール **PIN**　1,2-oxazole **PIN**
イソオキサゾール　isoxazole

1,3-チアアゾール **PIN**　1,3-thiazole **PIN**
チアゾール　thiazole

P-52.2.3　十一員環以上の不飽和複素単環化合物

　十一員環以上の不飽和単環化合物の PIN は，シクロアルカンをもとにし，"ア"命名法によって修飾された名称の語尾の ane を ene, adiene などに変えることによってつくる(P-31.1.1 参照)．[*n*]annulene 名は，複素単環自体の名称として，GIN では使用してもよい(P-31.1.3.2 参照)．しかし，アンヌレンの名称は，縮合環命名法における構成成分として，対応する複素環化合物を表すためには使うことはできない．

例：

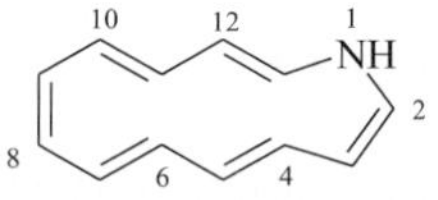

1-アザシクロトリデカ-2,4,6,8,10,12-ヘキサエン **PIN**
1-azacyclotrideca-2,4,6,8,10,12-hexaene **PIN**
1-アザシクロトリデシン　1-azacyclotridecine
　〔PIN となる縮合名において母体成分として(P-25.2.2.1.2 参照)，
　また 1-アザシクロトリデシノ 1-azacyclotridecino として PIN に
　おける付随成分として使える(P-25.3.2.2.2 参照)〕
1*H*-1-アザ[13]アンヌレン　1*H*-1-aza[13]annulene

P-52.2.4　縮合命名法における PIN

P-52.2.4.1　五員環という制約
縮合命名法による PIN は，少なくとも 2 個の五員環をもつ化合物が対象となる．この条件は GIN には適用されないので，シクロプロパベンゼン cyclopropabenzene やシクロブタベンゼン cyclobutabenzene のような名称を使うことができる．縮合名が認められない場合は，不飽和のポリシクロ環名が PIN となる(P-31.1.4.2 参照)．

> これは，縮合環に使用可能な 2 個の環の大きさに対し，制限が設定されていない縮合命名法に関する 1998 勧告(参考文献 4 の FR-0 参照)および 1993 規則(参考文献 2)からの変更である．PIN においては，縮合名称は，五員環以上の大きさの環が少なくとも 2 個存在する場合にのみ使うことができる．これは，1979 規則(参考文献 1)と一致する．GIN には，縮合環系における環の大きさに対する制限はない．

例：

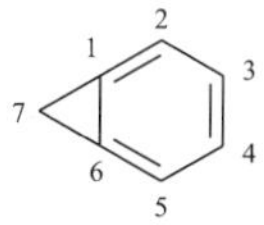

ビシクロ[4.1.0]ヘプタ-1,3,5-トリエン **PIN**
bicyclo[4.1.0]hepta-1,3,5-triene **PIN**
1*H*-シクロプロパベンゼン
1*H*-cyclopropabenzene

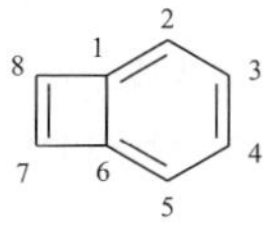

ビシクロ[4.2.0]オクタ-1,3,5,7-テトラエン **PIN**
bicyclo[4.2.0]octa-1,3,5,7-tetraene **PIN**
シクロブタベンゼン
cyclobutabenzene

P-52.2.4.2　縮合名称における構成成分としての複素単環
十一員環以上で最多非集積二重結合をもつ複素単環名称は，P-22.2.4 で述べたように語尾 ine をもち，縮合環 PIN をつくる場合には，母体成分としても付随成分としても使う．"ア"命名法によって修飾したアンヌレン名(P-52.2.3 参照)は，複素環縮合化合物の作成には使えない．

例：

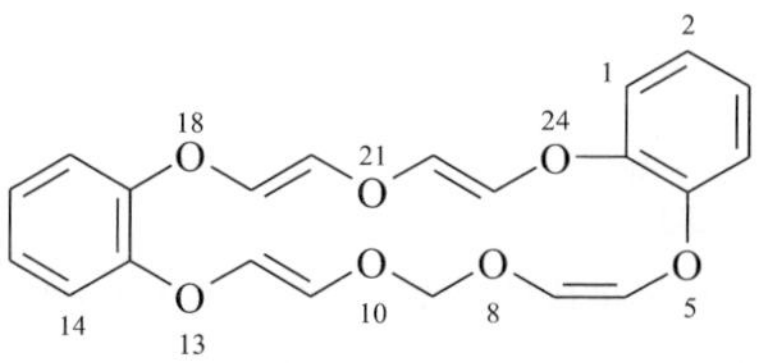

9*H*-ジベンゾ[*g,p*][1,3,6,9,12,15,18]ヘプタオキサシクロイコシン **PIN**
9*H*-dibenzo[*g,p*][1,3,6,9,12,15,18]heptaoxacycloicosine **PIN**　(P-25.3.6.1 参照)

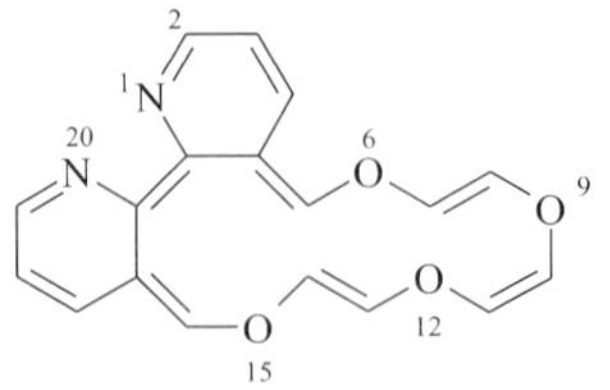

402　　P-5　優先 IUPAC 名の選択と有機化合物の名称の作成

[1,4,7,10]テトラオキサシクロヘキサデシノ[13,12-*b*：14,15-*b′*]ジピリジン **PIN**
[1,4,7,10]tetraoxacyclohexadecino[13,12-*b*：14,15-*b′*]dipyridine **PIN**　（P-25.3.7.1 参照）

P-52.2.4.3　3 個以上の母体間成分をもつ多重母体縮合環系　　2 個(またはそれ以上)の母体成分が奇数個の内部母体間成分によって隔てられ，しかも成分環が対称的に配列されている場合(ただし，縮合位置番号に関しては必ずしも対称的でなくてもよい)，系全体を多重母体系として扱う．P-25.3.7.3 では，二次以上の母体母体成分は，倍数接頭語の di, tri または bis, tris などを使って命名する．適当な位置番号を母体間成分に割当て，一次の母体間成分にはプライム記号を付けたものと付けないものを用い，二次の成分には二重のプライム記号を，三次の成分には三重のプライム記号を付け，以下同様にする．

例：

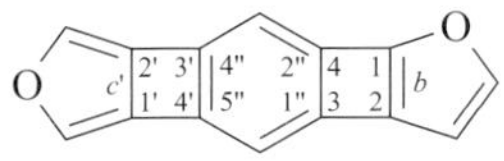

ベンゾ[1″,2″：3,4；4″,5″：3′,4′]ジシクロブタ[1,2-*b*：1′,2′-*c′*]ジフラン **PIN**
benzo[1″,2″：3,4；4″,5″：3′,4′]dicyclobuta[1,2-*b*：1′,2′-*c′*]difuran **PIN**

対称性を利用して母体間成分と母体成分にグループ分けができる場合，このようなグループを明示するため，丸括弧で括り，接頭語の bis, tris などを付けて表示することができる．このようなグループ内では，プライム記号のない位置番号のみを使う．この方式は，GIN をつくる方法としてしばしば使うことがある．

例：

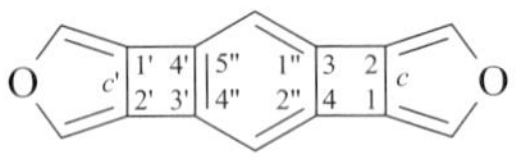

ベンゾ[1″,2″：3,4；4″,5″：3′,4′]ジシクロブタ[1,2-*c*：1′,2′-*c′*]ジフラン **PIN**
benzo[1″,2″：3,4；4″,5″：3′,4′]dicyclobuta[1,2-*c*：1′,2′-*c′*]difuran **PIN**
ベンゾ[1″,2″：3,4；4″,5″：3′,4′]ビス(シクロブタ[1,2-*c*]フラン)
benzo[1″,2″：3,4；4″,5″：3′,4′]bis(cyclobuta[1,2-*c*]furan)

P-52.2.4.4　縮合命名法の制限　　P-25.1 から P-25.3 で述べた縮合の原則を構成成分の組合わせに適用する．二つの構成成分自体が互いにオルト縮合またはオルト-ペリ縮合している成分に，さらに三次構成成分がオルト-ペリ縮合している系をこの原則によって命名することはできない．したがって，このような場合は，PIN をつくるには次のような方法をとる．

P-52.2.4.4.1　優先性の低い母体環の選択

P-52.2.4.4.1.1　　縮合名を可能にするため，低い優先順位の母体成分を選択する．二番目，三番目の構成成分の選択は，縮合環系を命名するための優先順位に従って選択してもよい(P-25.3.2.4 を参照)．

例：

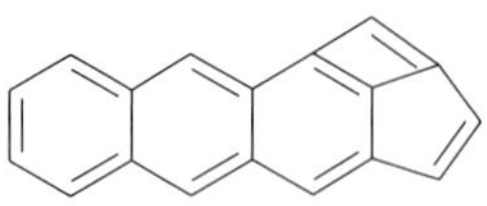

シクロブタ[1,7]インデノ[5,6-*b*]ナフタレン **PIN**
cyclobuta[1,7]indeno[5,6-*b*]naphthalene **PIN**

説明：アントラセン anthracene は，最上位の母体構成成分として選ぶことはできない．母体の構成成分としての優先順位で次にくるのはインデン indene ではなく，ナフタレン naphthalene である(P-25.5.2 参照)．

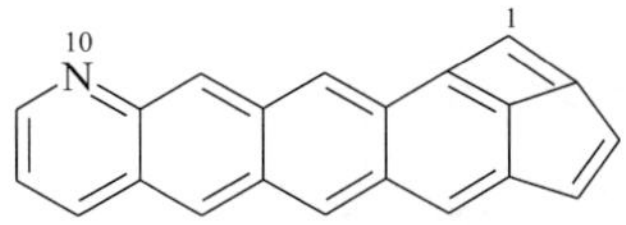

P-52　優先 IUPAC 名と母体水素化物の予備選択名の選択　　　403

10-アザシクロブタ[1,7]インデノ[5,6-*b*]アントラセン **PIN**
10-azacyclobuta[1,7]indeno[5,6-*b*]anthracene **PIN**

説明: キノリン quinoline と ピリジン pyridine は，それぞれに対応する ナフタレン naphthalene と アントラセン anthracene が優先する付随成分として使えないため，どちらも，優先母体成分として使えない．したがって，"ア"命名法を使うことになる（P-25.5.1 参照）．また，優先する炭化水素の テトラセン tetracene が，"ア"代置を適用する母体炭化水素として使えないため（P-52.2.4.4.2 参照），次に優先順位の高いアントラセン anthracene を母体炭化水素の成分として使う（P-25.5.2 参照）．

P-52.2.4.4.1.2　　　ベンゾ複素環は一つの構成成分とみなされるので，このことがなければ，縮合の原則によって命名することのできない環系の縮合名称をつくることができることに注意してほしい．

例：

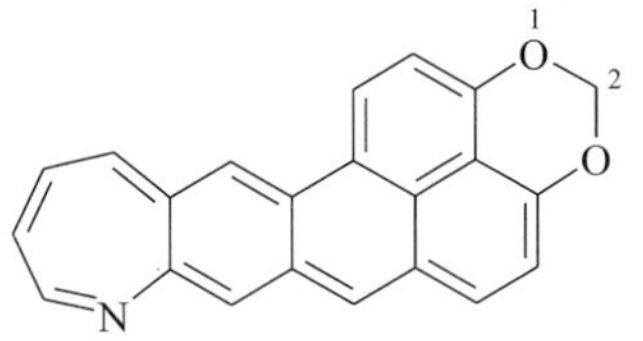

2*H*-[1,3]ベンゾジオキシノ[6′,5′,4′:10,5,6]アントラ[2,3-*b*]アゼピン **PIN**
2*H*-[1,3]benzodioxino[6′,5′,4′:10,5,6]anthra[2,3-*b*]azepine **PIN**

説明: 四つの構成成分の アゼピン azepine, アントラセン anthracene, 1,3-ジオキシン 1,3-dioxine, ベンゼン benzene を別々に扱うと，通常の縮合名はつくれない．したがって，ベンゾ名の構成成分の使用が必要となる．1-ベンゾアゼピン 1-benzazepine を使うと，保存名の アントラ anthra をもつ付随成分を分割することになるが，これは認められないので，母体成分にはならない．（P-25.3.5 参照）．

P-52.2.4.4.2　"ア"命名法　　　P-25.1 から P-25.3 で述べた縮合の原則を適用する場合，"ア"名称は使用できない．この命名法は，この P-52.2.4.4.2.1 で述べる事例においてのみ有効である．

P-52.2.4.4.2.1　　　炭化水素縮合環が縮合の原則に従って命名可能かまたは保存名をもつ場合，対応する複素環は該当する"ア"接頭語を用いて"ア"命名法により命名する（P-22.2.3 参照）．縮合炭化水素系における番号付けは，"ア"接頭語が加わっても変更しない．

例：

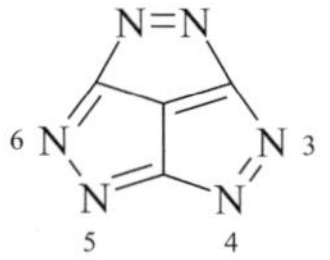

1,2,3,4,5,6-ヘキサアザシクロペンタ[*cd*]ペンタレン **PIN**
1,2,3,4,5,6-hexaazacyclopenta[*cd*]pentalene **PIN**

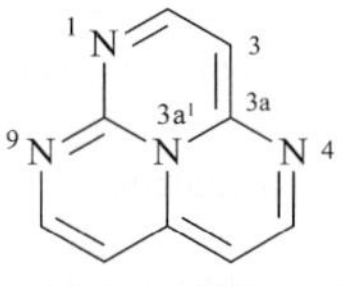

1,3a¹,4,9-テトラアザフェナレン **PIN**
1,3a¹,4,9-tetraazaphenalene **PIN**

5H,12H-2,3,4a,7a,9,10,11a,14a-オクタアザジシクロペンタ[*ij*:*i′j′*]ベンゾ[1,2-*f*:4,5-*f″*]ジアズレン **PIN**
5H,12H-2,3,4a,7a,9,10,11a,14a-octaazadicyclopenta[*ij*:*i′j′*]benzo[1,2-*f*:4,5-*f″*]diazulene **PIN**

P-52.2.4.4.2.2 縮合環が"ア"命名法によってのみ命名可能な場合，橋に含まれるすべてのヘテロ原子も"ア"命名法により命名する．"ア"接頭語は対応する橋かけ縮合炭化水素環の前に表示する．別の命名法として，ヘテロ原子の橋を，該当する複合橋かけまたは重複合橋かけ接頭語を使って命名してもよい．

例：

2,3,9-トリオキサ-5,8-メタノシクロペンタ[*cd*]アズレン **PIN**
2,3,9-trioxa-5,8-methanocyclopenta[*cd*]azulene **PIN**
5,8-エポキシ-2,3-ジオキサシクロペンタ[*cd*]アズレン
5,8-epoxy-2,3-dioxacyclopenta[*cd*]azulene

1H-3,10-ジオキサ-2a¹,5-エタノシクロオクタ[*cd*]ペンタレン **PIN**
1H-3,10-dioxa-2a¹,5-ethanocycloocta[*cd*]pentalene **PIN**
4H-9,2b-(エポキシメタノ)-2-オキサシクロオクタ[*cd*]ペンタレン
4H-9,2b-(epoxymethano)-2-oxacycloocta[*cd*]pentalene

1-オキサ-5,9,2-(エピエタン[1,1,2]トリイル)シクロオクタ[*cd*]ペンタレン **PIN**
1-oxa-5,9,2-(epiethane[1,1,2]triyl)cycloocta[*cd*]pentalene **PIN**
5,9,2-(エピエタン[1,1,2]トリイル)-1-オキサシクロオクタ[*cd*]ペンタレン
5,9,2-(epiethane[1,1,2]triyl)-1-oxacycloocta[*cd*]pentalene

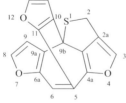

2H-4,7,12-トリオキサ-1-チア-5,9b-
 [1,2]エピシクロペンタシクロペンタ[2′,3′:6,7]シクロヘプタ[*cd*]ペンタレン **PIN**
2H-4,7,12-trioxa-1-thia-5,9b-[1,2]epicyclopentacyclopenta[2′,3′:6,7]cyclohepta[*cd*]pentalene **PIN**
2H-5,9b-[2,3]フラノ-4,7-ジオキサ-1-チアシクロペンタ[2′,3′:6,7]シクロヘプタ[*cd*]ペンタレン
2H-5,9b-[2,3]furano-4,7-dioxa-1-thiacyclopenta[2′,3′:6,7]cyclohepta[*cd*]pentalene

P-52.2.4.4.3 橋かけ縮合環の命名方式(P-25.4 参照)は，通常の縮合命名法では命名できない構造の名称をつくるために使う．まず正しく構成した縮合名称をつくり，つづいて橋を付加して環をつくり出す．

P-52 優先 IUPAC 名と母体水素化物の予備選択名の選択　　　　405

例：

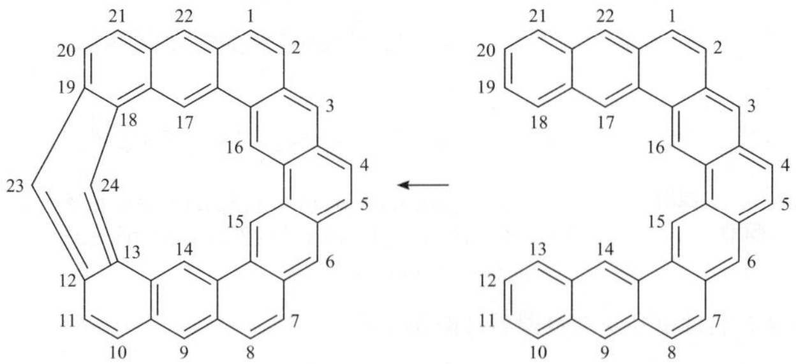

12,19：13,18-ジ(メテノ)ジナフト[2,3-*a*：2′,3′-*o*]ペンタフェン **PIN**
12,19：13,18-di(metheno)dinaphtho[2,3-*a*：2′,3′-*o*]pentaphene **PIN**

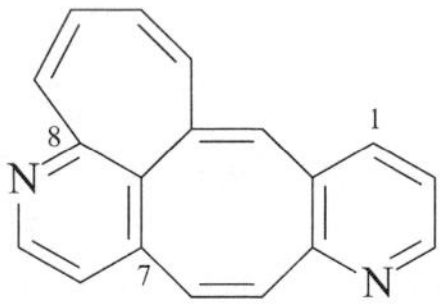

8,7-(アゼノエテノ)シクロヘプタ[4,5]シクロオクタ[1,2-*b*]ピリジン **PIN**
8,7-(azenoetheno)cyclohepta[4,5]cycloocta[1,2-*b*]pyridine **PIN**
(6,7-ブタ[1,3]ジエノシクロオクタ[1,2-*b*：5,6-*c*′]ジピリジン
6,7-buta[1,3]dienocycloocta[1,2-*b*：5,6-*c*′]dipyridine ではない.
縮合環部分は，最大数の原子をもつ)

P-52.2.5　ファン命名法における PIN

P-52.2.5.1　　　環状および鎖状のファン構造については P-26 で述べた．PIN を選択する場合，環状と鎖状ファン構造は次のように定義する.

(1)　シクロファン(環状ファン構造)は，少なくとも 1 個以上の環をもち，少なくともそのうちの 1 個はマンキュード環で，隣接する原子または鎖と結合する環の位置は隣り合っていないものである.

(2)　鎖状のファンは，4 個以上の環からなり，そのうちの 2 個は末端でなければならない．さらに鎖は少なくとも 7 個の骨格要素からなる必要がある.

P-52.2.5.2　　　環状ファン構造において P-52.2.5.1 に示した条件が満たされない場合は，縮合環系，橋かけ縮合環系またはポリシクロ環系の名称が PIN である．以下にこのような状況を説明する.

P-52.2.5.2.1　脂肪族大型環の隣接原子に結合したマンキュード系　　脂肪族環の隣接原子に結合したマンキュード系は，縮合環系または橋かけ縮合環系のいずれかである．P-25.0 から P-25.3 で述べた縮合環名または P-25.4 で述べた橋かけ縮合環名が PIN である.

例：

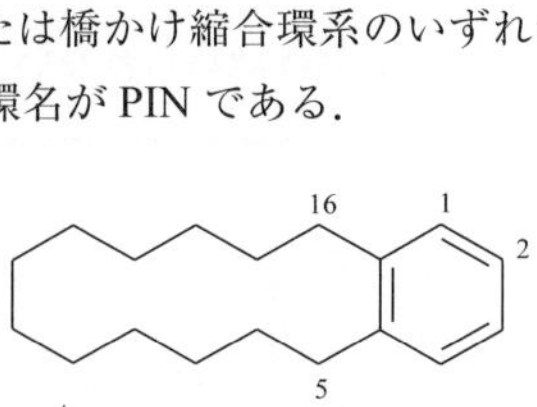

5,6,7,8,9,10,11,12,13,14,15,16-ドデカヒドロベンゾ[14]アンヌレン **PIN**
5,6,7,8,9,10,11,12,13,14,15,16-dodecahydrobenzo[14]annulene **PIN**

説明：シクロファン名は認められない.

該当する多環系の P-44.2.2.2 で述べた優先順位は，次の通りである．環状ファン系＞縮合環系＞橋かけ縮合環系＞ポリシクロ環系．PIN をつくる際の優先順位の適用を以下の例で説明する.

例:

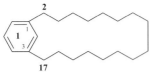

1(1,3)-ベンゼナシクロヘプタデカファン PIN
1(1,3)-benzenacycloheptadecaphane PIN
（ファン名）

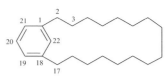

ビシクロ[16.3.1]ドコサ-1(22),18,20-トリエン
bicyclo[16.3.1]docosa-1(22),18,20-triene
（ポリシクロ環名）

説明: 縮合名は不可能である．ファン名はポリシクロ環名に優先する．

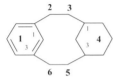

1(1,3)-ベンゼナ-4(1,3)-
シクロヘキサナシクロヘキサファン PIN
1(1,3)-benzena-4(1,3)-
cyclohexanacyclohexaphane PIN
（ファン名）

トリシクロ[9.3.1.1^{4,8}]ヘキサデカ 1(15),11,13-
トリエン
tricyclo[9.3.1.1^{4,8}]hexadeca-1(15),11,13-triene
（ポリシクロ環名）

説明: 縮合名は不可能である．ファン名はポリシクロ環名に優先する．

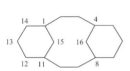

トリシクロ[9.3.1.1^{4,8}]ヘキサデカン PIN
tricyclo[9.3.1.1^{4,8}]hexadecane PIN
（ポリシクロ環名）

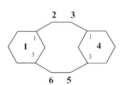

1,4(1,3)-ジシクロヘキサナシクロヘキサファン
1,4(1,3)-dicyclohexanacyclohexaphane
（ファン名）

説明: 縮合名は不可能である．マンキュード環が存在しないのでファン名は認められない．したがって，ポリシクロ環名が PIN である．

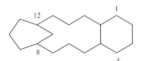

ヘキサデカヒドロ-1H-8,12-
メタノベンゾ[13]アンヌレン PIN
hexadecahydro-1H-8,12-
methanobenzo[13]annulene PIN
（橋かけ縮合環名）

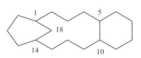

トリシクロ[12.3.1.0^{5,10}]オクタデカン
tricyclo[12.3.1.0^{5,10}]octadecane
（ポリシクロ環名）

説明: マンキュード環がない．したがって，ファン名は認められない．橋かけ縮合環名がポリシクロ環名に優先する．

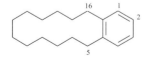

5,6,7,8,9,10,11,12,13,14,15,16-
ドデカヒドロベンゾ[14]アンヌレン PIN
5,6,7,8,9,10,11,12,13,14,15,16-
dodecahydrobenzo[14]annulene PIN
（縮合環名）

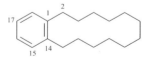

ビシクロ[12.4.0]オクタデカ-
1(14),15,17-トリエン
bicyclo[12.4.0]octadeca-
1(14),15,17-triene
（ポリシクロ環名）

説明: ファン名は認められない(P-52.2.5.1 参照)．縮合環名はポリシクロ環名に優先する．

P-52 優先IUPAC名と母体水素化物の予備選択名の選択　　　　　407

(Ⅰ)　3,7-ジチア-1(1,7),5(7,1)-ジナフタレナシクロオクタファン **PIN**
　　　3,7-dithia-1(1,7),5(7,1)-dinaphthalenacyclooctaphane **PIN**　（ファン名）
(Ⅱ)　5,7,14,16-テトラヒドロ-1,17:8,10-ジエテノジベンゾ[*c,j*][1,8]ジチアシクロテトラデシン
　　　5,7,14,16-tetrahydro-1,17:8,10-diethenodibenzo[*c,j*][1,8]dithiacyclotetradecine
　　　（橋かけ縮合環名）
　　　説明：ファン名は橋かけ縮合環名に優先する．

P-52.2.5.3　環集合，鎖状ファン名およびその他の直鎖型化合物　　ファン命名法は，たとえ置換命名法または倍数命名法によって命名が可能であっても，両末端を占める2個を含み少なくとも4個の環を含み，最低限7個の骨格要素を含む環集合や直線型の鎖状化合物に対しては，PINをつくるために使われる．

> 今回，新しい番号付けの方式が3個以上の環をもつ環集合のPINに推奨されている．それはたとえば，1^2のような複式位置番号である．以前に3個以上の環をもつ環集合に使われた連続的にプライム記号を付けた位置番号を用いる方式(参考文献1および2)は，GINでは使用してもよい(P-28.3 参照)．

例1：

3,5-ジフェニルピリジン **PIN**
3,5-diphenylpyridine **PIN**　（置換名）

3,5-ジ([1,1'-ビフェニル]-3-イル)ピリジン **PIN**
3,5-di([1,1'-biphenyl]-3-yl)pyridine **PIN**　（置換名）

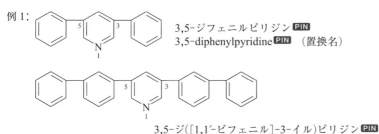

4(3,5)-ピリジナ-1,7(1),2,3,5,6(1,3)-ヘキサベンゼナヘプタファン **PIN**
4(3,5)-pyridina-1,7(1),2,3,5,6(1,3)-hexabenzenaheptaphane **PIN**　（ファン名）
3,5-ジ([$1^1,2^1$:$2^3,3^1$-テルフェニル]-1^3-イル)ピリジン
3,5-di([$1^1,2^1$:$2^3,3^1$-terphenyl]-1^3-yl)pyridine　（置換名，P-28.3.1 参照）
3,5-ジ([1,1':3',1''-テルフェニル]-3-イル)ピリジン
3,5-di([1,1':3',1''-terphenyl]-3-yl)pyridine　（置換名）

例2：
1,1'-オキシジベンゼン **PIN**
1,1'-oxydibenzene **PIN**　（倍数名）
フェノキシベンゼン
phenoxybenzene　（置換名）
ジフェニルエーテル
diphenyl ether　（官能種類名）

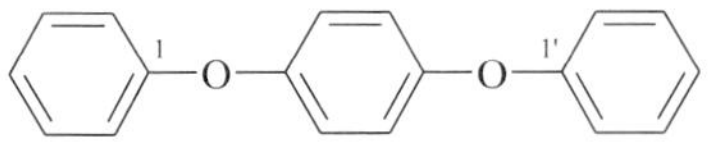

1,1′-[1,4-フェニレンビス(オキシ)]ジベンゼン **PIN**
1,1′-[1,4-phenylenebis(oxy)]dibenzene **PIN** （倍数名）
1,4-ジフェノキシベンゼン
1,4-diphenoxybenzene （置換名）

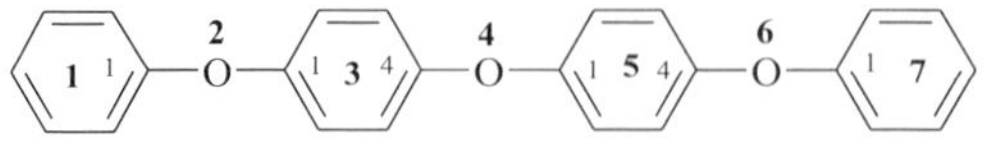

2,4,6-トリオキサ-1,7(1),3,5(1,4)-テトラベンゼナヘプタファン **PIN**
2,4,6-trioxa-1,7(1),3,5(1,4)-tetrabenzenaheptaphane **PIN** （ファン名）
1,1′-オキシビス(4-フェノキシベンゼン)
1,1′-oxybis(4-phenoxybenzene) （倍数名）
1-フェノキシ-4-(4-フェノキシフェノキシ)ベンゼン
1-phenoxy-4-(4-phenoxyphenoxy)benzene （置換名）

例3:

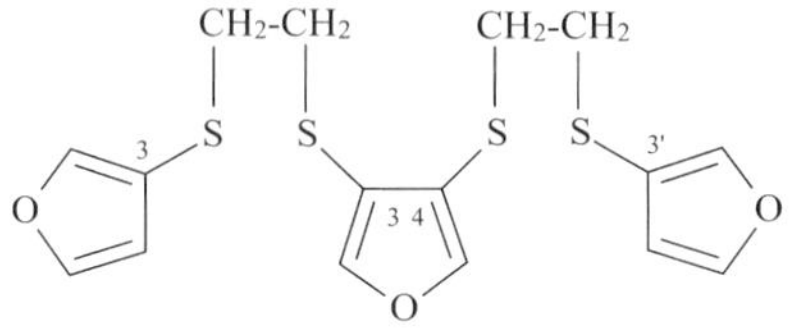

3,3′-[フラン-3,4-ジイルビス(スルファンジイルエタン-2,1-ジイルスルファンジイル)]ジフラン **PIN**
3,3′-[furan-3,4-diylbis(sulfanediylethane-2,1-diylsulfanediyl)]difuran **PIN** （倍数名）
3,4-ビス{[2-(フラン-3-イルスルファニル)エチル]スルファニル}フラン
3,4-bis{[2-(furan-3-ylsulfanyl)ethyl]sulfanyl}furan （置換名）

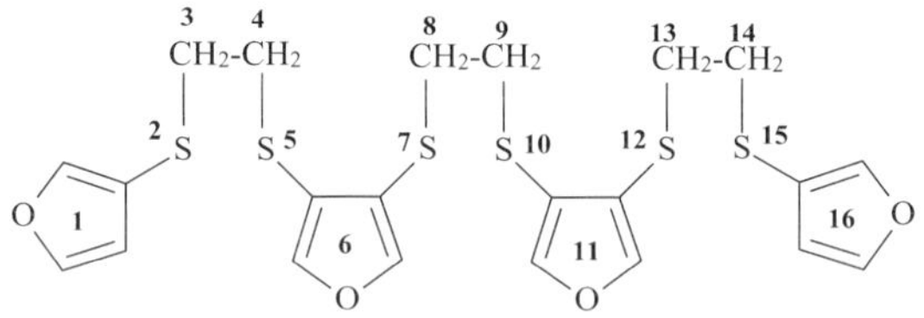

2,5,7,10,12,15-ヘキサチア-1,16(3),6,11(3,4)-テトラフラナヘキサデカファン **PIN**
2,5,7,10,12,15-hexathia-1,16(3),6,11(3,4)-tetrafuranahexadecaphane **PIN** （ファン名）
3,3′-[エタン-1,2-ジイルビス(スルファンジイル)]ビス(4-{[2-(フラン-3-
　　　　　　　　　　　　　　イルスルファニル)エチル]スルファニル}フラン)
3,3′-[ethane-1,2-diylbis(sulfanediyl)]bis(4-{[2-(furan-3-ylsulfanyl)ethyl]sulfanyl}furan) （倍数名）
3-{[2-(フラン-3-イルスルファニル)エチル]スルファニル}-4-({2-[(4-{[2-(フラン-3-
　　　イルスルファニル)エチル]スルファニル}フラン-3-イル)スルファニル]エチル}スルファニル)フラン
3-{[2-(furan-3-ylsulfanyl)ethyl]sulfanyl}-4-({2-[(4-{[2-(furan-3-
　　　　　　　　ylsulfanyl)ethyl]sulfanyl}furan-3-yl)sulfanyl]ethyl}sulfanyl)furan （置換名）

P-52.2.6　ノルまたはセコ接頭語によって修飾された

$(C_{60}-I_h)[5,6]$フラーレンおよび$(C_{70}-D_{5h(6)})[5,6]$フラーレンにおける PIN の選択

P-52.2.6.1　ノル操作による炭素原子と環の除去，あるいはセコ操作による結合の切断によって環を除去した非修飾フラーレンに由来する構造に対して，体系的な縮合環名または橋かけ縮合環名をつくることは難しいうえに，その名称を解読することはさらに難しいことが多い．したがって，フラーレンの部分構造を命名する際に目指すべき重要なことは，名称の基礎となる非修飾のフラーレン構造をできるだけ多く残しておくことである．修飾されたフラーレン名を得るためには，おおまかに言って，非修飾のフラーレン中の炭素原子数の二分の一以上，ならびに非修飾のフラーレン中の環数の三分の一以上が残っている程度の部分構造が好ましい．この二つの条件が満たされる場合は，PIN は修飾されたフラーレン名となる．また，これらの条件の少なくとも一つが満たされない場合は，PIN は縮合環名または橋かけ縮合環名となる．

　炭素原子の除去または結合の開裂によって得られる$(C_{60}-I_h)[5,6]$フラーレン $(C_{60}-I_h)[5,6]$fullerene または$(C_{70}-D_{5h(6)})[5,6]$フラーレン $(C_{70}-D_{5h(6)})[5,6]$fullerene の部分構造は，次の二つの条件がともに満たされる場合，

ノルフラーレン，セコフラーレンまたはセコノルフラーレンとして命名する．

(1) フラーレンの部分構造は，非修飾のフラーレン中に存在した炭素原子の二分の一より多い炭素原子，すなわち，(C_{60}-I_h)[5,6]フラーレンおよび(C_{70}-$D_{5h(6)}$)[5,6]フラーレンにおいて，それぞれ，少なくとも31個および36個の炭素原子を含む．

(2) フラーレン部分構造は，非修飾のフラーレン中に存在した五員環および六員環の少なくとも三分の一，すなわち，(C_{60}-I_h)[5,6]フラーレンおよび(C_{70}-$D_{5h(6)}$)[5,6]フラーレンにおいて，それぞれ，11個および13個の環からなる必要がある．

P-52.2.6.2 ノル(C_{60}-I_h)[5,6]フラーレン類およびノル(C_{70}-$D_{5h(6)}$)[5,6]フラーレン類

例1：$C_{30}H_{10}$

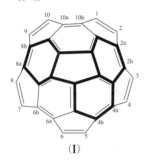 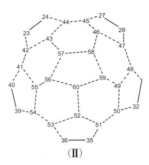

(I)　シクロペンタ[*cd*]ジ-*as*-インダセノ[3,4,5,6-*fghij*：3′4′5′6′-*lmnoa*]フルオランテン **PIN**
cyclopenta[*cd*]di-*as*-indaceno[3,4,5,6-*fghij*：3′4′5′6′-*lmnoa*]fluoranthene **PIN**

〔(II) の 1,2,3,4,5,6,7,8,9,10,11,12,13,14,15,16,17,18,19,20,21,22,25,26,29,30,33,34,37,38-
トリアコンタノル(C_{60}-I_h)[5,6]フラーレン
1,2,3,4,5,6,7,8,9,10,11,12,13,14,15,16,17,18,19,20,21,22,25,26,29,30,33,34,37,38-
triacontanor(C_{60}-I_h)[5,6]fullerene ではない〕

　説明：このフラーレン部分構造は，30個の炭素原子しか含まないため，PINは体系的な縮合環名である．

例2：$C_{34}H_{10}$

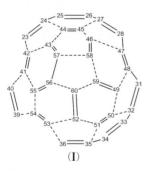 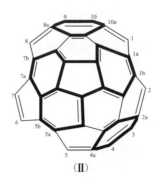

(I)　1,2,3,4,5,6,7,8,9,10,11,12,13,14,15,16,17,18,19,20,21,22,29,30,37,38-
ヘキサコサノル(C_{60}-I_h)[5,6]フラーレン **PIN**
1,2,3,4,5,6,7,8,9,10,11,12,13,14,15,16,17,18,19,20,21,22,29,30,37,38-
hexacosanor(C_{60}-I_h)[5,6]fullerene **PIN**

〔(II) のビス(ベンゾ[1,8]-*as*-インダセノ[3,4,5,6-*fghij*：3′4′5′6′-
lmnoa])シクロペンタ[*cd*]フルオランテン
bis(benzo[1,8]-*as*-indaceno[3,4,5,6-*fghij*：3′4′5′6′-*lmnoa*])cyclopenta[*cd*]fluoranthene ではない〕

　説明：このフラーレン部分構造は，34個の炭素原子と13個の環を含むため，PINはノルフラーレン名である．

例 3：$C_{36}H_{22}$

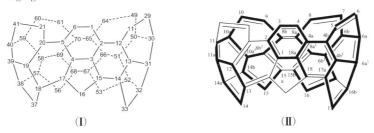

(I) 3,10-[2,7]エピフェナントロピセン **PIN**
3,10-[2,7]epiphenanthropicene **PIN**

〔(II) の 7,8,9,10,16,22,23,24,25,26,27,28,32,33,34,35,36,37,38,42,43,44,45,46,47,48,
52,53,54,55,56,57,67,68-テトラトリアコンタノル(C_{70}-$D_{5h(6)}$)[5,6]フラーレン
7,8,9,10,16,22,23,24,25,26,27,28,32,33,34,35,36,37,38,42,43,44,45,46,47,48,
52,53,54,55,56,57,67,68-tetratriacontanor(C_{70}-$D_{5h(6)}$)[5,6]fullerene ではない〕

説明：このフラーレン部分構造は，8 個の環しか含まないため，PIN は体系的な橋かけ縮合環名である．

例 4：$C_{45}H_{15}$

(I) 7,8,9,10,22,23,24,25,26,27,28,34,35,36,42,43,44,45,46,47,48,54,55,62,63-
ペンタコサノル(C_{70}-$D_{5h(6)}$)[5,6]フラーレン **PIN**
7,8,9,10,22,23,24,25,26,27,28,34,35,36,42,43,44,45,46,47,48,54,55,62,63-
pentacosanor(C_{70}-$D_{5h(6)}$)[5,6]fullerene **PIN**

〔(II) の 16H-1,13,18-(エピエテン[1,2]ジイル[1]イリデン)-2,11,12-
エピプロプ[1]エン[1,3]ジイル[3]イリデン)アセフェナントリレノ[4,3-
bc]トリシクロペンタ[n,pqr,tuv]ピセン
16H-1,13,18-(epiethene[1,2]diyl[1]ylidene)-2,11,12-
epiprop[1]ene[1,3]diyl[3]ylidene)acephenanthryleno[4,3-
bc]tricyclopenta[n,pqr,tuv]picene ではない〕

説明：このフラーレン部分構造は，45 個の炭素原子および 15 個の環をもつため，PIN はノルフラーレン名である．

例 5：$C_{54}H_{12}$

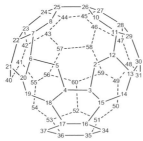

1,9,32,33,38,39-ヘキサノル(C_{60}-I_h)[5,6]フラーレン **PIN**
1,9,32,33,38,39-hexanor(C_{60}-I_h)[5,6]fullerene **PIN**

説明：このフラーレン部分構造は，54 個の原子および 20 個の環をもつため，PIN はノルフラーレン名である．

P-52.2.6.3　セコ(C_{60}-I_h)[5,6]フラーレン類およびセコ(C_{70}-$D_{5h(6)}$)[5,6]フラーレン類

例1：$C_{70}H_{16}$

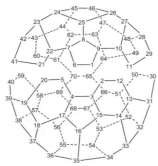

1,2:5,6:11,12:20,21:29,30:40,41:49,50:59,60-オクタセコ(C_{70}-$D_{5h(6)}$)[5,6]フラーレン **PIN**
1,2:5,6:11,12:20,21:29,30:40,41:49,50:59,60-octaseco(C_{70}-$D_{5h(6)}$)[5,6]fullerene **PIN**

説明：このフラーレン部分構造は，70 個の炭素原子および 28 個の環をもつため，PIN はセコフラーレン名である．

例2：$C_{60}H_{16}$

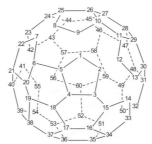

1,9:2,12:7,8:13,14:22,23:32,33:41,42:50,51:55,56-ノナセコ(C_{60}-I_h)[5,6]フラーレン **PIN**
1,9:2,12:7,8:13,14:22,23:32,33:41,42:50,51:55,56-nonaseco(C_{60}-I_h)[5,6]fullerene **PIN**

説明：このフラーレン部分構造は，60 個の炭素原子および 21 個の環をもつため，PIN はセコフラーレン名である．

P-52.2.6.4　セコノルフラーレン類

例1：$C_{54}H_{10}$

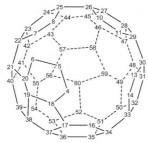

6,7-セコ-1,2,3,9,12,15-ヘキサノル(C_{60}-I_h)[5,6]フラーレン **PIN**
6,7-seco-1,2,3,9,12,15-hexanor(C_{60}-I_h)[5,6]fullerene **PIN**

説明：このフラーレン部分構造は，54 個の炭素原子および 22 個の環をもつため，PIN はセコノルフラーレン名である．

例2: $C_{30}H_{14}$

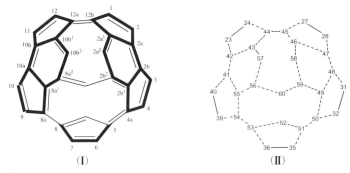

(I) $2b^2,8a^2:5,8$-ジメテノシクロヘキサデカ[1,2,3,4,5,6-*cdefg*:7,8,9,10,11,12-
 $c'd'e'f'g'$]ジ-*as*-インダセン **PIN**
 $2b^2,8a^2:5,8$-dimethenocyclohexadeca[1,2,3,4,5,6-*cdefg*:7,8,9,10,11,12-
 $c'd'e'f'g'$]di-*as*-indacene **PIN**

〔(II) の 57,58:52,60-ジセコ-1,2,3,4,5,6,7,8,9,10,11,12,13,14,15,16,17,18,19,20,21,22,
 25,26,29,30,33,34,37,38-トリアコンタノル(C_{60}-I_h)[5,6]フラーレン
 57,58:52,60-diseco-1,2,3,4,5,6,7,8,9,10,11,12,13,14,15,16,17,18,19,20,21,22,
 25,26,29,30,33,34,37,38-triacontanor(C_{60}-I_h)[5,6]fullerene ではない〕

説明: このフラーレン部分構造は, 30個の炭素原子しかもたないため, PIN は体系的な橋かけ縮合環名である.

例3: $C_{40}H_{20}$

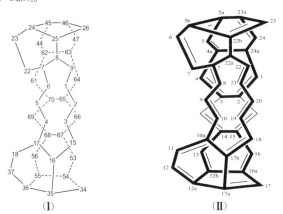

(I) 2,15:3,14-ジメテノベンゾ[*h*]シクロドデカ[1,2-*a*:6,7-*a'*]ジフルオレン **PIN**
 2,15:3,14-dimethenobenzo[*h*]cyclododeca[1,2-*a*:6,7-*a'*]difluorene **PIN**

〔(II) の 1,6:3,4-ジセコ-10,11,12,13,14,19,20,21,27,28,29,30,31,32,33,38,39,40,41,42,43,48,49,50,
 51,52,57,58,59,60-トリアコンタノル(C_{70}-$D_{5h(6)}$)[5,6]フラーレン
 1,6:3,4-diseco-10,11,12,13,14,19,20,21,27,28,29,30,31,32,33,38,39,40,41,42,43,48,49,50,51,52,
 57,58,59,60-triacontanor(C_{70}-$D_{5h(6)}$)[5,6]fullerene ではない〕

説明: このフラーレン構造部分は, 40個の炭素原子を含むが, 五員環と六員環を 8個しか含まないため, PIN は体系的な縮合環である.

P-52.2.7 環集合の PIN および番号付け

P-52.2.7.1 単結合で結合した 2個以上の同一環からなる集合体の PIN は, 置換基の名称ではなく, 母体水素化物の名称を使用してつくる. ただし, ビフェニル biphenyl およびポリフェニル polyphenyl 集合は例外で,

benzene の名称を使わない．構成要素が 2 個の集合では，片方の環の位置番号にはプライム記号を付けず，もう一方の環の位置番号にプライム記号を付ける．位置番号の 1 および 1′ を含む位置番号は，環の結合部位を示すために，PIN において必要である(P-28.2.1 参照)．

例： 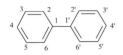 　　1,1′-ビ(シクロプロパン) **PIN**
1,1′-bi(cyclopropane) **PIN**
1,1′-ビ(シクロプロピル)
1,1′-bi(cyclopropyl)

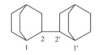 　　2,2′-ビピリジン **PIN**
2,2′-bipyridine **PIN**
2,2′-ビピリジル
2,2′-bipyridyl

 　　1,1′-ビフェニル **PIN**
1,1′-biphenyl **PIN**
ビフェニル
biphenyl

 　　2,2′-ビ(ビシクロ[2.2.2]オクタン) **PIN**
2,2′-bi(bicyclo[2.2.2]octane) **PIN**
2,2′-ビ(ビシクロ[2.2.2]オクタン-2-イル)
2,2′-bi(bicyclo[2.2.2]octan-2-yl)

P-52.2.7.2 3 個以上の同一の環から構成された環集合の番号付けには，プライム記号を付けた位置番号ではなく，複式位置番号を推奨する(P-28.3.1 参照)．

> 今回の新しい番号付けの方式は，3 個以上の環をもつ環集合の PIN に対して推奨する．これは，たとえば，1^2 のような複式位置番号からなる．3 個以上の環をもつ環集合に以前使われていた，順次プライム記号数が増加する位置番号を用いる方式(参考文献 1 および 2)は，GIN では使ってもよい．

例：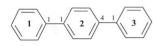

$1^1,2^1:2^2,3^1$-テルシクロプロパン **PIN**
$1^1,2^1:2^2,3^1$-tercyclopropane **PIN**

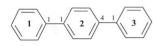

1,1′:2′,1″-テルシクロプロパン
1,1′:2′,1″-tercyclopropane

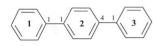

$1^1,2^1:2^4,3^1$-テルフェニル **PIN**
$1^1,2^1:2^4,3^1$-terphenyl **PIN**
1,1′:4′,1″-テルフェニル
1,1′:4′,1″-terphenyl
(p-テルフェニル p-terphenyl ではない)

P-52.2.7.3 7 個以上の環を含む環集合の PIN　　7 個以上の環が存在する場合，環集合名ではなく，ファン名が PIN である．

例:

1,7(1),2,3,4,5,6(1,4)-ヘプタベンゼナヘプタファン **PIN**
1,7(1),2,3,4,5,6(1,4)-heptabenzenaheptaphane **PIN**
$1^1,2^1:2^4,3^1:3^4,4^1:4^4,5^1:5^4,6^1:6^4,7^1$-セプチフェニル
$1^1,2^1:2^4,3^1:3^4,4^1:4^4,5^1:5^4,6^1:6^4,7^1$-septiphenyl
1,1′:4′,1″:4″,1‴:4‴,1⁗:4⁗,1‴″:4‴″,1⁗″-セプチフェニル
1,1′:4′,1″:4″,1‴:4‴,1⁗:4⁗,1‴″:4‴″,1⁗″-septiphenyl

1,8(2),2,3,4,5,6,7(2,5)-オクタチオフェナオクタファン **PIN**
1,8(2),2,3,4,5,6,7(2,5)-octathiophenaoctaphane **PIN**
$1^2,2^2:2^5,3^2:3^5,4^2:4^5,5^2:5^5,6^2:6^5,7^2,7^5,8^2$-オクチチオフェン
$1^2,2^2:2^5,3^2:3^5,4^2:4^5,5^2:5^5,6^2:6^5,7^2,7^5,8^2$-octithiophene
2,2′:5′,2″:5″,2‴:5‴,2⁗:5⁗,2‴″:5‴″,2⁗″-オクチチオフェン
2,2′:5′,2″:5″,2‴:5‴,2⁗:5⁗,2‴″:5‴″,2⁗″-octithiophene

P-52.2.8 母体水素化物としての環と鎖との間の選択

同じ化合物種類において，また主特性基である特性基が同数ある場合には，PIN をつくるための母体水素化物としては常に環を選ぶ．GIN では，環でも鎖でも母体水素化物になることができる(P-44.1.2.2 参照)．

例:
- ヘプチルベンゼン **PIN**　heptylbenzene **PIN**
  （環は，鎖に優先する）
- 1-フェニルヘプタン　1-phenylheptane
  （鎖は，より多い数の骨格原子をもつ）

- エテニルシクロヘキサン **PIN**　ethenylcyclohexane **PIN**
  （環は，鎖に優先する）
- シクロヘキシルエテン　cyclohexylethene
  （不飽和を強調する）

- 1,2-ジ(トリデシル)ベンゼン **PIN**　1,2-di(tridecyl)benzene **PIN**
  （環は，鎖に優先する）
  〔1,1′-(1,2-フェニレン)ジ(トリデカン)
  1,1′-(1,2-phenylene)di(tridecane)ではない．
  鎖状炭化水素の倍数化は認められない〕

P-53 母体水素化物の優先保存名の選択　"日本語名称のつくり方"も参照

母体水素化物の保存名には，いぜんとして推奨するものがある．methane, ethane, propane, butane の名称は，体系的命名法が始まって以来，使用されてきた．環状マンキュード化合物の名称は，縮合命名法の構成成分として保存名である．これらの名称は，PIN として誘導体を命名するためにも，また GIN としても使用する．

このような保存名の重要な点は，置換可能なことである．母体化合物として，制限を受けずに接尾語および接頭語として表示される置換基を受け入れる．置換基の受け入れが制限されるものも，少数ではあるが存在する．置換されたベンゼンのトルエン toluene, キシレン xylene, メシチレン mesitylene などである．保存名には，たとえばクメン cumene やシメン cymene のように，もはや推奨しないものもある．

母体水素化物の保存 PIN については，鎖状母体水素化物については P-21.1 および P-21.2 を，単環母体水素化物については P-22.1 および P-22.2，多環母体水素化物については P-25.1 および P-25.2 を参照してほしい．

P-54 優先名としての水素化段階表現方法の選択   "日本語名称のつくり方"も参照

P-54.1 母体水素化物の水素化の段階を修飾するための方法

母体水素化物の水素化の段階を修飾するためには三つの方法がある.

(1) 鎖状母体水素化物の語尾 ane を ene および yne に変更する方法
(2) マンキュード化合物の一つ以上の二重結合を飽和させるために，ヒドロ接頭語を用いる方法
(3) マンキュード化合物において三重結合を導入するために，デヒドロ接頭語を用いる方法(P-54.4 参照)

PIN を生成する際に，母体水素化物の体系名と保存名は，同じ方法によっても異なった方法によっても修飾してよい.

P-54.2 不飽和単環

単独炭素環の水素化の段階を修飾するには，二つの方法がある.

(1) 語尾の ene および yne を用いる方法
(2) 母体名のアンヌレンを用いる方法

方法(1)の方法で PIN ができる.

例：

シクロオクタ-1,3,5,7-テトラエン **PIN**
cycloocta-1,3,5,7-tetraene **PIN**
[8]アンヌレン
[8]annulene

シクロドデカ-1,3,5,7,9-ペンタエン-11-イン **PIN**
cyclododeca-1,3,5,7,9-pentaen-11-yne **PIN**
1,2-ジデヒドロ[12]アンヌレン
1,2-didehydro[12]annulene

P-54.3 単独マンキュード環と飽和環からなる環集合における不飽和度

環集合がマンキュード環と，飽和であること以外は同一である環の両方を含む場合，1個のベンゼン環と1個のシクロヘキサン環からなる環集合の場合を除き，ヒドロ接頭語の使用を優先して命名する．しかし，ファン名をつくるのに必要な条件が満たされている場合(P-52.2.5.1 参照)は，ファン名が PIN である.

例：

シクロヘキシルベンゼン **PIN**
cyclohexylbenzene **PIN**
1,2,3,4,5,6-ヘキサヒドロ-1,1′-ビフェニル
1,2,3,4,5,6-hexahydro-1,1′-biphenyl

1,2,3,4,5,6-ヘキサヒドロ-2,2′-ビピリジン **PIN**
1,2,3,4,5,6-hexahydro-2,2′-bipyridine **PIN**
2-(ピペリジン-2-イル)ピリジン
2-(piperidin-2-yl)pyridine

1(1),4(1,4)-ジベンゼナ-2,3,5,6(1,4),7(1)-ペンタシクロヘキサナヘプタファン **PIN**
1(1),4(1,4)-dibenzena-2,3,5,6(1,4),7(1)-pentacyclohexanaheptaphane **PIN**
4-[4-(4′-フェニル[1,1′-ビ(シクロヘキサン)]-4-イル)フェニル]-1^1,2^1:2^4,3^1-テルシクロヘキサン
4-[4-(4′-phenyl[1,1′-bi(cyclohexan)]-4-yl)phenyl]-1^1,2^1:2^4,3^1-tercyclohexane

P-54.4 ヒドロ接頭語およびデヒドロ接頭語によって修飾される名称

> 本勧告では，接頭語のヒドロおよびデヒドロは分離可能であるが，アルファベット順の分離可能接頭語の分類には含めない(P-14.4 参照，P-15.1.5.2，P-31.2，P-58.2 も参照)．これは，この二つを置換接頭語とともにアルファベット順に表示するとした従来の規則(参考文献 1, 2)からの変更である．語尾の ene および yne とともに母体水素化物を修飾するために使用する場合，この二つは，母体水素化物の番号付けに従い，番号付けの一般規則(P-14.4)に定められているように，指示水素，付加指示水素および接尾語が存在する場合，それらの優先性を認めたうえで，最小の位置番号の原則によって番号を割当てる．

P-54.4.1 Hantzsch-Widman 複素環

Hantzsch-Widman 環の PIN は，完全不飽和化合物または完全飽和化合物名のいずれかである(P-22.2.2.1.1 参照)．完全不飽和 Hantzsch-Widman 環の名称にヒドロ接頭語を付加すると，部分的に不飽和な環の PIN となる．デヒドロ接頭語を含む名称は，GIN としてのみ認められる．

> Hantzsch-Widman 名の語尾の 'e' は，PIN においては省略しない．しかし，GIN ではいぜんとして任意である．1979 規則(参考文献 1)では，Hantzsch-Widman 名の語尾の e は，環に窒素がない場合は省略した．1993 規則(参考文献 2)ではこの省略は任意とした．

例：

1H-ホスホール **PIN**
1H-phosphole **PIN**

2,3-ジヒドロ-1H-ホスホール **PIN**
2,3-dihydro-1H-phosphole **PIN**
2,3-ジデヒドロホスホラン
2,3-didehydrophospholane

ホスホラン **PIN**
phospholane **PIN**

P-54.4.2 飽和複素単環化合物

飽和複素環化合物の PIN は，P-22.2.2.1.1 で述べた Hantzsch-Widman 名または表 2·3 に示した保存名のいずれかである．Hantzsch-Widman 名にヒドロ接頭語を用いて得られる飽和環名(P-54.4.1 参照)，最大限のヒドロ接頭語を付けた保存名，あるいは P-22.2.5 で述べたシクロ名は，PIN ではないが，GIN としては使用してもよい．

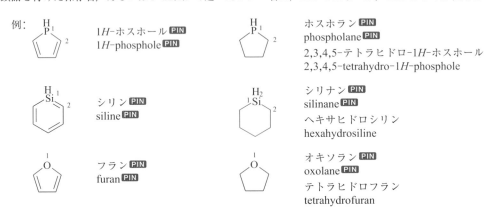

例：

1H-ホスホール **PIN**
1H-phosphole **PIN**

ホスホラン **PIN**
phospholane **PIN**
2,3,4,5-テトラヒドロ-1H-ホスホール
2,3,4,5-tetrahydro-1H-phosphole

シリン **PIN**
siline **PIN**

シリナン **PIN**
silinane **PIN**
ヘキサヒドロシリン
hexahydrosiline

フラン **PIN**
furan **PIN**

オキソラン **PIN**
oxolane **PIN**
テトラヒドロフラン
tetrahydrofuran

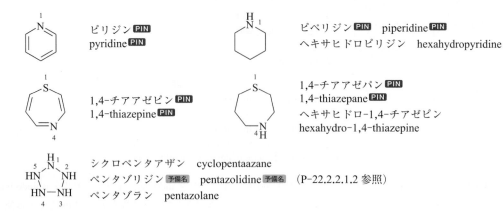

P-54.4.3 縮合環および縮合環からなるマンキュード環の環集合

P-54.4.3.1 保存縮合環名は，完全不飽和化合物(P-25 参照)として使われ，PIN である．部分的に飽和した化合物および完全に飽和した化合物の PIN はヒドロ接頭語を使ってつくる．部分的飽和環およびマンキュード環の環集合の PIN は，同じ方法でつくる．

> 本勧告では，接頭語のヒドロは分離可能であるが，アルファベット順の分離可能接頭語の分類には含めない(P-14.4 参照，P-15.1.5.2, P-31.2, P-58.2 も参照)．これは，ヒドロを置換接頭語とともにアルファベット順に表示するとした従来の規則(参考文献 1,2)からの変更である．語尾の ene および yne とともに母体水素化物を修飾するために使用する場合，ヒドロは母体水素化物の番号付けに従い，番号付けの一般規則(P-14.4)に定められているように，指示水素，付加指示水素および接尾語が存在する場合は，それらの優先性を認めたうえで，最小の位置番号の原則によって番号を割当てる．

例：

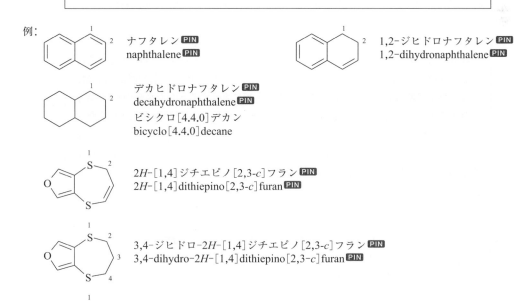

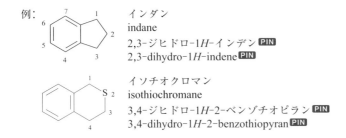

2,2′-ビナフタレン PIN
2,2′-binaphthalene PIN
2,2′-ビナフチル
2,2′-binaphthyl

1,2-ジヒドロ-2,2′-ビナフタレン PIN
1,2-dihydro-2,2′-binaphthalene PIN
1,2-ジヒドロ-2,2′-ビナフチル
1,2-dihydro-2,2′-binaphthyl
1,2-ジヒドロ-2-(ナフタレン-2-イル)ナフタレン
1,2-dihydro-2-(naphthalen-2-yl)naphthalene

P-54.4.3.2 部分的に飽和した複素環，インダン indane, インドリン indoline, イソインドリン isoindoline, クロマン chromane, イソクロマン isochromane およびそれらのカルコゲン類縁体の保存名は，PIN としては使わないが，GIN としての使用は認める(P-31.2.3.3.1 参照)．PIN は，ヒドロ接頭語によって修飾したマンキュード環保存名のインデン indene, 1*H*-インドール 1*H*-indole, 1*H*-イソインドール 1*H*-isoindole, 2*H*-1-ベンゾピラン 2*H*-1-benzopyran, 1*H*-2-ベンゾピラン 1*H*-2-benzopyran(およびそれらのカルコゲン誘導体)を母体構造としてつくる(P-54.4.3.1 参照)．

例：

インダン
indane
2,3-ジヒドロ-1*H*-インデン PIN
2,3-dihydro-1*H*-indene PIN

イソチオクロマン
isothiochromane
3,4-ジヒドロ-1*H*-2-ベンゾチオピラン PIN
3,4-dihydro-1*H*-2-benzothiopyran PIN

P-54.4.4 デヒドロ接頭語により修飾される名称 デヒドロ接頭語は，水素を除去されたマンキュード化合物の PIN をつくるために使う．この接頭語は，GIN において飽和母体水素化物に二重結合や三重結合を導入するために使用してもよい．

> 本勧告では，接頭語のデヒドロは分離可能であるが，アルファベット順の分離可能接頭語の分類には含めない(P-14.4 参照，P-15.1.5.2, P-31.2, P-58.2 も参照)．これは，デヒドロを置換接頭語とともにアルファベット順に表示するとした従来の規則(参考文献 1, 2)からの変更である．語尾の ene および yne とともに母体水素化物を修飾するために使用する場合，デヒドロは母体水素化物の番号付けに従い，番号付けの一般規則(P-14.4)に定められているように，指示水素，付加指示水素および接尾語が存在する場合は，それらの優先性を認めたうえで，最小の位置番号の原則によって番号を割当てる．

例：

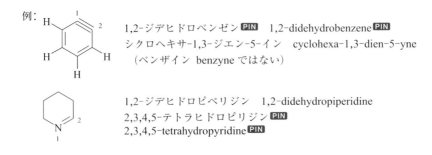

1,2-ジデヒドロベンゼン PIN　1,2-didehydrobenzene PIN
シクロヘキサ-1,3-ジエン-5-イン　cyclohexa-1,3-dien-5-yne
(ベンザイン benzyne ではない)

1,2-ジデヒドロピペリジン　1,2-didehydropiperidine
2,3,4,5-テトラヒドロピリジン PIN
2,3,4,5-tetrahydropyridine PIN

P-56 主特性基の優先接尾語の選択 　　　　419

P-55　官能性母体化合物に対する優先保存名の選択

　有機化合物の名称として保存された慣用名は，保存名として知られている．母体水素化物および官能性母体化合物には保存名をもつものがある．保存名をもつ母体水素化物の数は，長年ほとんど変化していない．おもな理由は，脂肪族化合物の慣用名の methane, ethane, propane および butane が，ジュネーブ条約以来，変わらず使用されてきているためである．環状母体水素化物のほとんどは，P-52 で述べた体系的な縮合命名法において，構成成分として使われている．官能性母体化合物に関する状況はそれとは異なり，その数は 1979 規則で激減し，1993 規則でさらに減少した．本勧告でも PIN としての使用は厳しく制限している．1993 規則で認めたすべての保存名は GIN でも，また別種の命名法でも使用することができる．したがって，次の 2 種類の保存名が存在する．

　　(1) PIN として使用される保存名
　　(2) GIN として推奨される保存名

　置換に関するさらに詳しい分類は，1993 規則において確立した．すなわち，保存名に対応する構造は，制限を受けずに置換が可能であるもの，制限があるが置換が可能であるもの，またはまったく置換ができないものである．この問題は，P-15.1.8 で述べた．

　PIN について言えば，PIN として推奨される保存名をもつほとんどの母体水素化物は完全に置換可能であり，PIN としても推奨される保存名をもつほとんどの官能性母体化合物は，特性基の存在や種類の優先性による制限はあるが置換可能である．例外的に，置換が認められないものもある．

　一般の命名法および特別な命名法向けに推奨される保存名は，従来通り使用しなければならない．対応する構造の置換についての規則はあまり厳しくなく，慣習的な IUPAC 命名法は，いぜんとしてその多様性と適応性を生かして使うことができる．本節では，PIN のみについて述べる．

　PIN として使用される保存名をもつ有機官能性母体化合物は，P-34.1 にすべて掲げてある．置換は，アニソールおよび，*tert*-ブトキシを除きすべての構造において認められ，ギ酸とホルミル基は条件付き(P-65.1.8 参照)で置換可能である．

　無機母体化合物については，P-67.1.2 および P-67.2.1 を参照してほしい．GIN となる有機官能性母体化合物については P-34.1.3 を参照してほしい．

P-56　主特性基の優先接尾語の選択　　　"日本語名称のつくり方"も参照

　接尾語は，名称をつくり上げる際に，最も独特な要素と常にみなされてきた．過去に，いくつかの接尾語が廃止され，新しいものに置き換えられてきた．以下の接尾語は，本勧告において導入または変更されている．

P-56.1　－OOH 接尾語のペルオキソール

　ヒドロペルオキシドの置換名をつくるために，今後，接尾語の ペルオキソール peroxol の使用を推奨する．この名称は，官能種類命名法によってつくられるものに優先する．

> 従来の規則で官能種類命名法によって命名されたヒドロペルオキシドの命名には，今後は －OOH の接尾語 ペルオキソール peroxol を採用する．

　例: $CH_3\text{-}CH_2\text{-}OOH$　エタンペルオキソール **PIN**　ethaneperoxol **PIN**
　　　　　　　　　　　　　エチルヒドロペルオキシド　ethyl hydroperoxide

P-56.2　接尾語の *SO*-チオペルオキソールとカルコゲン類縁体

　接尾語の スルフェン酸 sulfenic acid とそのカルコゲン類縁体は，1993 規則(参考文献 2)において廃止した．本勧告において，これらの接尾語は新しい接尾語の *SO*-チオペルオキソール *SO*-thioperoxol, *SeO*-セレノペルオキ

ソール *SeO*-selenoperoxol, *SS*-ジチオペルオキソール *SS*-dithioperoxol, *TeS*-テルロチオペルオキソール *TeS*-tellurothioperoxol, *SeSe*-ジセレノペルオキソール *SeSe*-diselenoperoxol, *SeTe*-セレノテルロペルオキソール *SeTe*-selenotelluroperoxol, および *TeSe*-テルロセレノペルオキソール *TeSe*-telluroselenoperoxol に置き換える(P-63.4.2.1 参照).

> 今後,接尾語の *SO*-thioperoxol とそのカルコゲン類縁体を,1993 規則において廃止した接尾語の sulfenic acid とそのカルコゲン類縁体と置き換えるために導入する.

例: CH₃-S-OH　　メタン-*SO*-チオペルオキソール **PIN**
　　　　　　　　methane-*SO*-thioperoxol **PIN**
　　　　　　　　　(メタンスルフェン酸 methanesulfenic acid ではない)

　　C₆H₅-SeSe-H　ベンゼンジセレノペルオキソール **PIN**
　　　　　　　　benzenediselenoperoxol **PIN**
　　　　　　　　　(ベンゼンセレノセレン酸 benzeneselenoselenic acid ではない)

P-56.3　接尾語のイミドアミドとカルボキシイミドアミド

−C(=NH)-NH₂ および −(C)(=NH)-NH₂ の接尾語 アミジン amidine および カルボキシアミジン carboxamidine は推奨しない.この二つは,PIN において新しい官能代置換接尾語の イミドアミド imidamide および カルボキシイミドアミド carboximidamide に置き換わる(P-66.4.1 参照).

例: CH₃-C(=NH)-NH₂　　エタンイミドアミド **PIN**
　　　　　　　　　　　ethanimidamide **PIN**
　　　　　　　　　　　(アセトアミジン acetamidine ではない)

　　C₆H₁₁-C(=NH)-NH₂　シクロヘキサンカルボキシイミドアミド **PIN**
　　　　　　　　　　　cyclohexanecarboximidamide **PIN**
　　　　　　　　　　　(シクロヘキサンカルボキシアミジン cyclohexanecarboxamidine ではない)

P-56.4　接尾語のジイル,イリデン,イレン

methylene, ethylene および phenylene を除き,遊離原子価が二重結合を形成しない,すなわち −E− または E＜の場合に,二価の置換基を表すために以前使用されていた接尾語の ylene は,1993 規則(参考文献 2)で廃止した.遊離原子価が二重結合を形成する,すなわち E＝ の場合の置換基は,接尾語の ylidene によって表した.今後,接尾語の ylene は,−E− または E＜型の結合を表現するための接尾語の diyl と E＝ のための ylidene によって置き換え,たとえば,−CH₂-CH₂− に対して エタン-1,2-ジイル ethane-1,2-diyl, H₃C-CH＝ に対してエチリデン ethylidene のように使い分ける.しかし,メチレン methylene の名称は,置換基の −CH₂− を表すために保存し,methanediyl ではなく,これを PIN において使う.CAS は,diyl および ylidene 型の結合に対して,特に −CH₂− および CH₂＝ を methylene と表すように,いぜんとして接尾語の ylene を用いている.

例: −CH₂−　　　メチレン 優先接頭　methylene 優先接頭
　　　　　　　　メタンジイル　methanediyl

　　H₂C＝　　　メチリデン 優先接頭　methylidene 優先接頭
　　　　　　　　(以前はメチレン methylene)

　　−CH₂-CH₂−　エタン-1,2-ジイル 優先接頭　ethane-1,2-diyl 優先接頭
　　　　　　　　エチレン　ethylene

　　CH₃-CH＝　　エチリデン 優先接頭　ethylidene 優先接頭

$-SiH_2-$	シランジイル 予備接頭　silanediyl 予備接頭
	（シリレン silylene ではない．いぜんとして CAS によって使用されている名称）

$H_2Ge=$	ゲルミリデン 予備接頭　germylidene 予備接頭
	（ゲルミレン germylene ではない．いぜんとして CAS によって使用されている名称）

$-BH-$	ボランジイル 予備接頭　boranediyl 予備接頭
	（ボリレン borylene ではない．いぜんとして CAS によって使用されている名称）

$HB=$	ボラニリデン 予備接頭　boranylidene 予備接頭
	（ボリレン borylene ではない．いぜんとして CAS によって使用されている名称）

$-SbH-$	スチバンジイル 予備接頭　stibanediyl 予備接頭
	スチビンジイル　stibinediyl
	（スチビレン stibylene ではない．いぜんとして CAS によって使用されている名称）

$HSb=$	スチバニリデン 予備接頭　stibanylidene 予備接頭
	スチビニリデン　stibinylidene
	（スチビレン stibylene ではない．いぜんとして CAS によって使用されている名称）

$-NH-CO-NH-$	カルボニルビス（アザンジイル） 優先接頭　carbonylbis(azanediyl) 優先接頭
	〔倍数命名法において使用される名称．（P-66.1.6.1.1.3 参照）〕
	（いぜんとして CAS によって使用されている
	カルボニルジイミノ carbonyldiimino ではない）
	（ウレイレン ureylene ではない）

P-57　置換基としての優先接頭語および予備選択接頭語の選択　　"日本語名称のつくり方"も参照

　置換基の優先接頭語について，ここでは，三つの節で検討する．包括的なリストが付録2に示してある．

　すべての置換基は，置換命名法を用いて体系的に命名する．保存名のものもあり，体系的な置換基名より優先するので重要である．

P-57.1　母体水素化物由来の置換基接頭語	P-57.4　構成要素が順に並んだ複合接頭語
P-57.2　特性基（官能基）に由来する接頭語	および重複合置換基接頭語の作成
P-57.3　有機官能性母体化合物に由来する接頭語	

P-57.1　母体水素化物由来の置換基接頭語

P-57.1.1　単核母体水素化物および鎖状母体水素化物由来の接頭語

P-57.1.1.1　　遊離原子価が単核水素化物の炭素，ケイ素，ゲルマニウム，スズ，鉛由来の置換基，ならびに鎖状炭化水素由来の置換基の1位にある場合，優先接頭語は P-29.2 で述べたように，アルキル alkyl 型になる．これ以外のすべての単核水素化物および遊離原子価が1位にない場合の飽和した置換基の優先接頭語は，アルカニル alkanyl 型になる．

例：
CH_3-	メチル 優先接頭　methyl 優先接頭
	メタニル　methanyl

PH_2-	ホスファニル 予備接頭　phosphanyl 予備接頭

SiH_3-	シリル 予備接頭　silyl 予備接頭
	シラニル　silanyl

$CH_3\text{-}CH_2\text{-}\overset{1}{CH}=$	プロピリデン 優先接頭　propylidene 優先接頭
	プロパン-1-イリデン　propan-1-ylidene

CH$_2$=	メチリデン 優先接頭	methylidene 優先接頭
	メタニリデン	methanylidene
CH$_3$-C≡	エチリジン 優先接頭	ethylidyne 優先接頭
	エタニリジン	ethanylidyne
$\overset{3}{C}H_3-\overset{|}{\underset{2}{C}}H-\overset{1}{C}H_3$	プロパン-2-イル 優先接頭	propan-2-yl 優先接頭
	1-メチルエチル	1-methylethyl
	イソプロピル	isopropyl
$\overset{3}{H_3}Si-\overset{2}{S}iH_2-\overset{1}{S}iH_2-$	トリシラン-1-イル 予備接頭	trisilan-1-yl 予備接頭

P-57.1.1.2 接頭語の methylene は，炭素鎖をつくり出す置換基を除き，制限なく置換が可能な優先接頭語として保存する．

P-57.1.2 以下の保存名は，置換が認められない優先接頭語として使う．

–C(CH$_3$)$_3$	*tert*-ブチル 優先接頭	*tert*-butyl 優先接頭
	1,1-ジメチルエチル	1,1-dimethylethyl
C$_6$H$_5$-CH$_2$–	ベンジル 優先接頭	benzyl 優先接頭
	フェニルメチル	phenylmethyl
C$_6$H$_5$-CH=	ベンジリデン 優先接頭	benzylidene 優先接頭
	フェニルメチリデン	phenylmethylidene
C$_6$H$_5$-C≡	ベンジリジン 優先接頭	benzylidyne 優先接頭
	フェニルメチリジン	phenylmethylidyne

> 優先接頭語としては，ベンジル benzyl，ベンジリデン benzylidene およびベンジリジン benzylidyne の置換体は使えない．以前，1993 規則(参考文献 2)では，ベンゼン環における置換に限って認めていた．ただし，GIN においては，制限はあるが置換が認められる(P-29.6.2.1 参照)．

P-57.1.3　GIN においてのみ推奨される保存接頭語

　−H$_2$C-CH$_2$− の接頭語のエチレン ethylene は，GIN においてのみ認められ，置換には制限がない(P-29.6.2.3)．(CH$_3$)$_2$CH− のイソプロピル isopropyl，(CH$_3$)$_2$C= のイソプロピリデン isopropylidene および(C$_6$H$_5$)$_3$C− のトリチル trityl は，GIN における接頭語として保存するが，どのような種類の置換も認められない(P-29.6.2.2 参照)．

P-57.1.4　廃止となった保存接頭語

C$_6$H$_5$-CH$_2$-CH$_2$−	フェネチル phenethyl （廃止）	
	2-フェニルエチル 優先接頭	2-phenylethyl 優先接頭
(C$_6$H$_5$)$_2$CH−	ベンズヒドリル benzhydryl （廃止）	
	ジフェニルメチル 優先接頭	diphenylmethyl 優先接頭
(CH$_3$)$_2$CH-CH$_2$−	イソブチル isobutyl （廃止）	
	2-メチルプロピル 優先接頭	2-methylpropyl 優先接頭
CH$_3$-CH$_2$-CH(CH$_3$)−	*sec*-ブチル *sec*-butyl （廃止）	
	ブタン-2-イル 優先接頭	butan-2-yl 優先接頭
	1-メチルプロピル	1-methylpropyl

P-57 置換基としての優先接頭語および予備選択接頭語の選択　　　423

(CH₃)₂CH-CH₂-CH₂－　　　イソペンチル　isopentyl　（廃止）
　　　　　　　　　　　　　3-メチルブチル 優先接頭　3-methylbutyl 優先接頭

CH₃-CH₂-C(CH₃)₂－　　　tert-ペンチル　tert-pentyl　（廃止）
　　　　　　　　　　　　　2-メチルブタン-2-イル 優先接頭　2-methylbutan-2-yl 優先接頭
　　　　　　　　　　　　　1,1-ジメチルプロピル　1,1-dimethylpropyl

(CH₃)₃C-CH₂－　　　　　ネオペンチル　neopentyl　（廃止）
　　　　　　　　　　　　　2,2-ジメチルプロピル 優先接頭　2,2-dimethylpropyl 優先接頭

P-57.1.5　環状母体水素化物由来の接頭語

　P-57.1.5.1　シクロアルカン由来の優先接頭語は，シクロアルキル cycloalkyl 型のものである(P-29.2 参照)．シクロアルカン以外の環状化合物由来の優先接頭語は，すべて，上の P-57.1.1.1 で述べた alkanyl 型のものである．

例：

　　　　シクロプロピル 優先接頭　cyclopropyl 優先接頭
　　　　シクロプロパニル　cyclopropanyl

　　　　シクロヘキシル 優先接頭　cyclohexyl 優先接頭
　　　　シクロヘキサニル　cyclohexanyl

　　　　シリン-4-イル 優先接頭　silin-4-yl 優先接頭

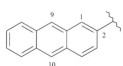
　　　　ビシクロ[2.2.2]オクタン-2-イル 優先接頭　bicyclo[2.2.2]octan-2-yl 優先接頭
　　　　ビシクロ[2.2.2]オクタ-2-イル　bicyclo[2.2.2]oct-2-yl

　P-57.1.5.2　優先接頭語として使用される保存接頭語　　次の二つの接頭語は，置換制限のない優先接頭語として保存される(P-29.6.1 参照)．

　　　　フェニル 優先接頭　phenyl 優先接頭

　　　　1,4-フェニレン 優先接頭　1,4-phenylene 優先接頭
　　　　（1,2-および 1,3-異性体も同様）

　P-57.1.5.3　GIN においてのみ使用が認められる保存接頭語　　次の保存接頭語は GIN においてのみ認められ，置換が認められないトリル tolyl を除き置換には制限がない(P-29.6.2.3 参照)．

　　　　2-アダマンチル　2-adamantyl
　　　　（1-異性体も同様）
　　　　アダマンタン-2-イル 優先接頭　adamantan-2-yl 優先接頭

　　　　2-アントリル　2-anthryl
　　　　（1-および 9-異性体も同様）
　　　　アントラセン-2-イル 優先接頭　anthracen-2-yl 優先接頭

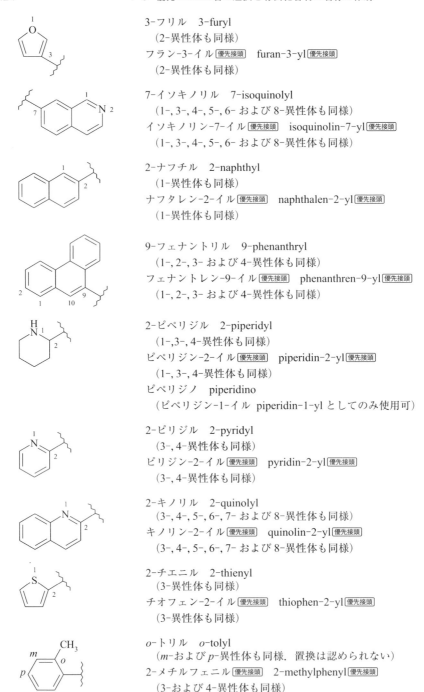

3-フリル　3-furyl
　（2-異性体も同様）
フラン-3-イル[優先接頭]　furan-3-yl[優先接頭]
　（2-異性体も同様）

7-イソキノリル　7-isoquinolyl
　（1-, 3-, 4-, 5-, 6- および 8-異性体も同様）
イソキノリン-7-イル[優先接頭]　isoquinolin-7-yl[優先接頭]
　（1-, 3-, 4-, 5-, 6- および 8-異性体も同様）

2-ナフチル　2-naphthyl
　（1-異性体も同様）
ナフタレン-2-イル[優先接頭]　naphthalen-2-yl[優先接頭]
　（1-異性体も同様）

9-フェナントリル　9-phenanthryl
　（1-, 2-, 3- および 4-異性体も同様）
フェナントレン-9-イル[優先接頭]　phenanthren-9-yl[優先接頭]
　（1-, 2-, 3- および 4-異性体も同様）

2-ピペリジル　2-piperidyl
　（1-, 3-, 4-異性体も同様）
ピペリジン-2-イル[優先接頭]　piperidin-2-yl[優先接頭]
　（1-, 3-, 4-異性体も同様）
ピペリジノ　piperidino
　（ピペリジン-1-イル piperidin-1-yl としてのみ使用可）

2-ピリジル　2-pyridyl
　（3-, 4-異性体も同様）
ピリジン-2-イル[優先接頭]　pyridin-2-yl[優先接頭]
　（3-, 4-異性体も同様）

2-キノリル　2-quinolyl
　（3-, 4-, 5-, 6-, 7- および 8-異性体も同様）
キノリン-2-イル[優先接頭]　quinolin-2-yl[優先接頭]
　（3-, 4-, 5-, 6-, 7- および 8-異性体も同様）

2-チエニル　2-thienyl
　（3-異性体も同様）
チオフェン-2-イル[優先接頭]　thiophen-2-yl[優先接頭]
　（3-異性体も同様）

o-トリル　*o*-tolyl
　（*m*- および *p*-異性体も同様．置換は認められない）
2-メチルフェニル[優先接頭]　2-methylphenyl[優先接頭]
　（3- および 4-異性体も同様）

P-57.1.5.4　廃止となった保存接頭語　保存接頭語のフルフリル furfuryl（2-異性体のみ）およびテニル thenyl（2-異性体のみ）は，廃止となった（P-29.6.3 参照）．

P-57.1.6　水素化の段階を修飾した母体水素化物由来の接頭語

P-57.1.6.1　水素化の段階を修飾した母体水素化物に由来するすべての優先接頭語は，P-32 で述べた規則に従い，名称を体系的につくることができる．遊離原子価が 1 位または鎖上の任意の場所にある場合，選択が必要

P-57 置換基としての優先接頭語および予備選択接頭語の選択 425

になる. 優先接頭語は, 置換がより少ない鎖がなる(下の例 3 および P-32.1.1 の多くの例参照).

例:

$\overset{4}{C}H_2=\overset{3}{C}H-\overset{2}{C}H_2-\overset{1}{C}H_2-$ ブタ-3-エン-1-イル 優先接頭 but-3-en-1-yl 優先接頭

$\overset{3}{C}H_2=\overset{2}{C}H-\overset{1}{C}H_2-$ プロパ-2-エン-1-イル 優先接頭 prop-2-en-1-yl 優先接頭

$\overset{4}{C}H_2=\overset{3}{C}H-\overset{2}{|}\overset{}{C}H-\overset{1}{C}H_3$ ブタ-3-エン-2-イル 優先接頭 but-3-en-2-yl 優先接頭
1-メチルプロパ-2-エン-1-イル 1-methylprop-2-en-1-yl

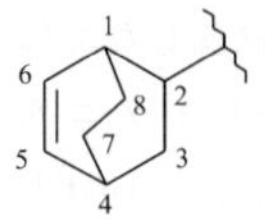

ビシクロ[2.2.2]オクタ-5-エン-2-イル 優先接頭
bicyclo[2.2.2]oct-5-en-2-yl 優先接頭

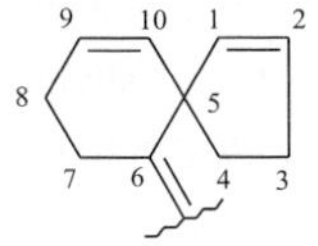

スピロ[4.5]デカ-1,9-ジエン-6-イリデン 優先接頭
spiro[4.5]deca-1,9-dien-6-ylidene 優先接頭

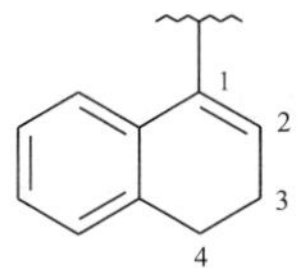

3,4-ジヒドロナフタレン-1-イル 優先接頭
3,4-dihydronaphthalen-1-yl 優先接頭

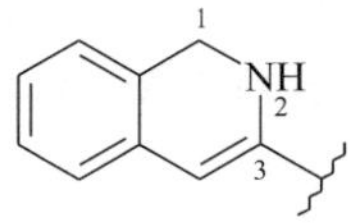

1,2-ジヒドロイソキノリン-3-イル 優先接頭
1,2-dihydroisoquinolin-3-yl 優先接頭

P-57.1.6.2　　水素化の程度を修飾した母体水素化物由来の接頭語について, 以前の勧告から二つの重要な変更が行われたことに留意してほしい.

(1) 鎖状接頭語では, 最長の鎖を主鎖として採用する.

> 本勧告では, 不飽和鎖状化合物由来の置換基の命名において, 多重結合の数や種類に関係なく, 母体鎖として最長の鎖を選択するという, 大きな変更を採用する.

例:

$\overset{1}{C}H_3-\overset{2}{C}H=\overset{3}{C}H-\overset{4}{C}H-\overset{5}{C}H_2-\overset{6}{C}H_2-\overset{7}{C}H_3$ ヘプタ-2-エン-4-イル 優先接頭
hept-2-en-4-yl 優先接頭
(alkanyl 型. P-29.2 の方法(2)参照)

$\overset{4}{C}H_3-\overset{3}{C}H=\overset{2}{C}H-\overset{1}{C}H-\overset{}{C}H_2-\overset{}{C}H_2-\overset{}{C}H_3$ 1-プロピルブタ-2-エン-1-イル
1-propylbut-2-en-1-yl
(alkyl 型. P-29.2 の方法(1)参照)

(2) "ア"命名法によって修飾されたアルカン由来の鎖状接頭語では, "ア"接頭語が yl および ylidene のような接尾語より優先順位が上である.

> "ア"命名法によって命名されたヘテロ鎖状母体構造が固有の番号付けをもつことは, 主特性基および遊離原子価がヘテロ原子より優先して小さい位置番号をもつとした 1979 規則 C-0.6.(参考文献 1)からの大きな変更である.

例：
$$\underset{\text{1}}{CH_3}\text{-O-}\underset{\text{2}}{CH_2}\text{-}\underset{\text{3}}{CH_2}\text{-O-}\underset{\text{4}}{CH_2}\text{-}\underset{\text{5}}{CH_2}\text{-O-}\underset{\text{6}}{CH_2}\text{-}\underset{\text{7}}{CH_2}\text{-O-}\underset{\text{8}}{CH_2}\text{-}\underset{\text{9}}{CH_2}\text{-O-}\underset{\text{10}}{CH_2}\text{-}\underset{\text{11}}{CH_2}\text{-O-}\underset{\text{12}}{CH}=\underset{\text{13}}{CH}-$$

2,5,8,11-テトラオキサトリデカ-12-エン-13-イル 優先接頭
2,5,8,11-tetraoxatridec-12-en-13-yl 優先接頭
　（3,6,9,12-テトラオキサトリデカ-1-エン-1-イル
　3,6,9,12-tetraoxatridec-1-en-1-yl ではない.
　接尾語の yl は，母体水素化物名の 2,5,8,11-tetraoxatridecane に付加する）

P-57.1.6.3　水素化の段階を修飾した母体水素化物由来の保存接頭語　水素化の段階を修飾した母体水素化物由来の保存接頭語に，優先接頭語はない．保存接頭語の CH_2=CH- のビニル vinyl（エテニル 優先接頭 ethenyl 優先接頭），CH_2=C= のビニリデン vinylidene（エテニリデン 優先接頭 ethenylidene 優先接頭），$\overset{3}{CH_2}$=$\overset{2}{CH}$-$\overset{1}{CH_2}$- のアリル allyl（プロパ-2-エン-1-イル 優先接頭 prop-2-en-1-yl 優先接頭），$\overset{3}{CH_2}$=$\overset{2}{CH}$-$\overset{1}{CH}$= のアリリデン allylidene（プロパ-2-エン-1-イリデン 優先接頭 prop-2-en-1-ylidene 優先接頭）および CH_2=CH-C≡ のアリリジン allylidyne（プロパ-2-エン-1-イリジン 優先接頭 prop-2-en-1-ylidyne 優先接頭）は保存するが，GIN においてのみである（P-32.3 参照）．置換は認められるが，アルキル基やその他の炭素鎖を延長する基による置換，接尾語によって表す特性基による置換は認められない．丸括弧内に示したのが優先接頭語である．

　CH_2=C(CH_3)- の接頭語のイソプロペニル isopropenyl（プロパ-1-エン-2-イル 優先接頭 prop-1-en-2-yl 優先接頭）は，保存接頭語であるが，優先接頭語としては使えない．GIN には使えるが置換は認められない．丸括弧内に示したのは優先接頭語である．

　接頭語のインダン-2-イル indan-2-yl，インドリン-2-イル indolin-2-yl，イソインドリン-2-イル isoindolin-2-yl，クロマン-2-イル chroman-2-yl，イソクロマン-2-イル isochroman-2-yl およびその他の異性体は，GIN においてのみ使用でき，置換には条件はない（表 3・2 参照）．

P-57.2　特性基（官能基）に由来する接頭語

　特性基に由来する接頭語の名称は，保存名か置換命名法によって体系的につくられたもののいずれかである．保存接頭語については，P-35.2.1 および P-35.2.3 で述べた．体系的な置換基接頭語は，母体水素化物由来の接頭語において述べた一般的な方式によってつくる（P-57.1.1 参照）．事実上は，特性基に由来する接頭語は，17 族，16 族の母体水素化物由来および 15 族の azane 由来のものである．これらは P-35.2.2 で論じた．

P-57.3　有機官能性母体化合物に由来する接頭語

　官能性母体化合物由来の接頭語の名称は，保存接頭語であるか，置換命名法によって体系的につくられるか，のいずれかである．官能性母体化合物に対応する保存接頭語で，優先接頭語として使われるものについては，P-34.2 で述べた．GIN でのみ使用することのできる官能性化合物由来の保存接頭語については，P-6 の個々の種類に関連する節で述べる．付録 2 には官能性母体水素化物由来のすべての接頭語を収めてある．

例：

アニリノ 優先接頭　anilino 優先接頭
（aniline 由来の保存単純接頭語．
完全な置換が認められる．P-34.2.1.3 参照）
フェニルアミノ　phenylamino

フェノキシ 優先接頭　phenoxy 優先接頭
（phenol 由来の保存単純接頭語．置換が認められる．P-63.2.2.2 参照）

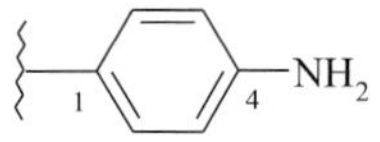

P-57　置換基としての優先接頭語および予備選択接頭語の選択　　　　427

4-アミノフェニル 優先接頭
4-aminophenyl 優先接頭
（体系的な複合接頭語）

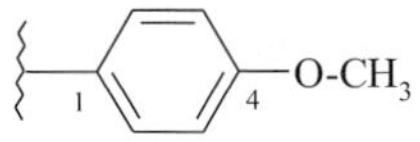

4-メトキシフェニル 優先接頭
4-methoxyphenyl 優先接頭
（体系的な複合接頭語）

H-CO–　　　　　　　　　ホルミル 優先接頭　　formyl 優先接頭
（P-65.1.7.2.1 参照）

CH$_3$-CO–　　　　　　　　アセチル 優先接頭　　acetyl 優先接頭
（P-65.1.7.2.1 参照）

P-57.4　構成要素が順に並んだ複合接頭語および重複合置換基接頭語の作成

　構成要素が順に並んだ複合および重複合接頭語は，遊離原子価の位置から，構成要素ごとに逆向きに順を追ってつくる．各段階で，選択の余地が生じた場合，命名法上意味のある最大の構成要素を選択する．

　メトキシ methoxy のような短縮接頭語は，その体系的な非短縮型，すなわち メチルオキシ methyloxy として検討する．

例：　　　　　　　　　　　　　　　　C$_6$H$_5$-CH$_2$-O–

ベンジルオキシ 優先接頭　　benzyloxy 優先接頭
フェニルメトキシ　　phenylmethoxy

説明：第一の構成要素は，いずれの接頭語においても oxy である（methoxy は，
methyl と oxy として扱う）．次の構成要素として，methyl と benzyl との間で選
択し，benzyl を選択する．benzyl は methyl より大きく，接頭語は benzyloxy
となる．

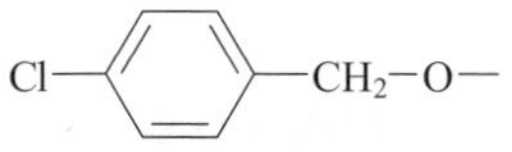

(4-クロロフェニル)メトキシ 優先接頭　　(4-chlorophenyl)methoxy 優先接頭
〔(4-クロロベンジル)オキシ　(4-chlorobenzyl)oxy ではない〕

説明：第一の構成要素は，いずれの接頭語においても oxy である（methoxy は，
methyl と oxy として扱う）．次の構成要素として methyl と置換された benzyl
との間で選択をする．benzyl は置換不可能であるので，もう一つの methyl が
優先する第二の構成要素となる．したがって (phenylmethyl)oxy となり，最終
的に (4-chlorophenyl)methoxy となる．

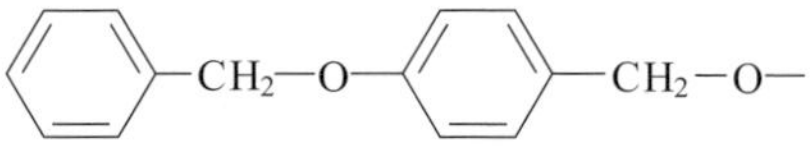

[4-(ベンジルオキシ)フェニル]メトキシ 優先接頭
[4-(benzyloxy)phenyl]methoxy 優先接頭

説明：第一の置換基は oxy である．その後の benzyl 基が置換されているため，
二番目の構成要素名は，上の二番目の例で示されている phenylmethoxy であ
る．三番目の構成要素は，上の最初の例で述べた benzyloxy であり，接頭語は
[(4-benzyloxy)phenyl]methoxy となる．

$$C_6H_5\text{-NH-CO-CH}_2-$$

2-アニリノ-2-オキソエチル 優先接頭　　2-anilino-2-oxoethyl 優先接頭

説明: 第一の構成要素として, methyl 基と(置換された)ethyl 基との選択が必要となり, 大きい方の ethyl 基を選ぶ. 次の二番目の構成要素の選択は, phenylamino と anilino であるが, phenylamino より保存接頭語として優先する anilino を選ぶ(P-62.2.1.1.1 参照). 接頭語は 2-anilino-2-oxoethyl となる.

[1,1′-ビフェニル]-4-イルオキシ 優先接頭　　[1,1′-biphenyl]-4-yloxy 優先接頭
(4-フェニルフェノキシ 4-phenylphenoxy ではない)

説明: 第一の構成要素は, oxy である(phenoxy は, phenyl と oxy として扱う). 次の構成要素は, phenyl より大きい優先保存名の 1,1′-biphenyl に由来する [1,1′-biphenyl]-4-yl であり(P-29.3.5 参照), 接頭語は[1,1′-biphenyl]-4-yloxy となる.

$$(CH_3)_2\text{N-CO-NH-N}=$$

(ジメチルカルバモイル)ヒドラジニリデン 優先接頭
(dimethylcarbamoyl)hydrazinylidene 優先接頭
〔[(ジメチルアミノ)カルボニル]ヒドラジニリデン
[(dimethylamino)carbonyl]hydrazinylidene ではない〕

説明: 第一の構成要素は, diazanylidene に優先する hydrazinylidene である (P-68.3.1.2.1 参照). 次の構成要素は, carbamoyl と carbonyl 間で選択が必要となる. carbamoyl は, より大きく, P-65.2.1.5 に従い優先する. したがって, 優先接頭語は, (dimethylcarbamoyl)hydrazinylidene である.

$$C_6H_{11}\text{-CO-S}-$$

(シクロヘキサンカルボニル)スルファニル 優先接頭　　(cyclohexanecarbonyl)sulfanyl 優先接頭
〔(シクロヘキシルカルボニル)スルファニル (cyclohexylcarbonyl)sulfanyl ではない〕

説明: 第一の構成要素は, いずれの接頭語においても sulfanyl である. 二番目の構成要素では, 選択の対象は cyclohexanecarbonyl と carbonyl である. cyclohexanecarbonyl は carbonyl より大きく, 二つの部分からなる接頭語の cyclohexylcarbonyl に優先する(P-65.1.7.4.2 参照). 優先接頭語は, (cyclohexanecarbonyl)sulfanyl となる.

P-58　PIN の選択　　　"日本語名称のつくり方"も参照

P-58.1　はじめに

　P-45 には, PIN を選択するための階層的な規則が含まれていて, 優先順位(P-44 参照)に基づいて, ただ一つの母体構造を決定する. PIN は, 母体構造の名称ならびに構成要素のすべてまたは一部が PIN であるという条件の

下につくられる．この条件が満たされず，構成要素の名称が GIN として認められる場合は，得られた名称は
GIN としてのみ認められる．

例：

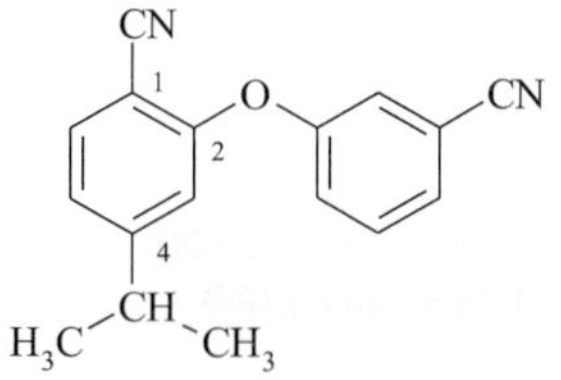

2-(3-シアノフェノキシ)-4-(プロパン-2-イル)ベンゾニトリル **PIN**
2-(3-cyanophenoxy)-4-(propan-2-yl)benzonitrile **PIN**
　〔3-[2-シアノ-5-(プロパン-2-イル)フェノキシ]ベンゾニトリル
　3-[2-cyano-5-(propan-2-yl)phenoxy]benzonitrile ではない．
　PIN はより多くの置換基をもつ環を母体とする(P-45.2.1 参照)〕

説明：2-(3-シアノフェノキシ)-4-イソプロピルベンゾニトリル
2-(3-cyanophenoxy)4-isopropylbenzonitrile の名称も，P-29.6.2.2
に従い GIN としては認められる．

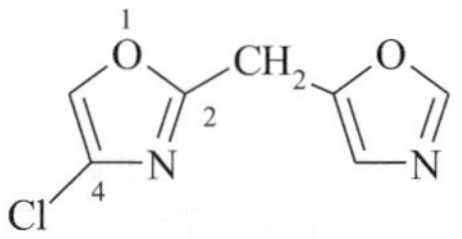

4-クロロ-2-[(1,3-オキサアゾール-5-イル)メチル]-1,3-オキサアゾール **PIN**
4-chloro-2-[(1,3-oxazol-5-yl)methyl]-1,3-oxazole **PIN**
　〔5-[(4-クロロ-1,3-オキサアゾール-2-イル)メチル]-1,3-オキサアゾール
　5-[(4-chloro-1,3-oxazol-2-yl)methyl]-1,3-oxazole ではない．
　PIN は，より多くの置換基をもつ環を母体とする(P-45.2.1 参照)〕
4-クロロ-2-(オキサゾール-5-イルメチル)オキサゾール
4-chloro-2-(oxazol-5-ylmethyl)oxazole　(P-22.2.1 参照)

P-58.2　指示水素，付加指示水素およびヒドロ接頭語

P-58.2.1　指示水素 (P-14.7.1 も参照)

> 指示水素を示す場合は，常にスピロ環系，橋かけ環系または環集合の名称の前に表示
> する．これは，以前の規則において，橋かけ環系と環集合では指示水素を環の名称と
> ともに個別に置くとした，位置についての変更である．

P-58.2.1.1　　多くのマンキュード環(P-22.2.2.1.4 参照)，縮合環(P-25.7.1.3 参照)，橋かけ縮合環(P-25.7.1.3.3
参照)，スピロ環(P-24.3 参照)または環集合(P-28.2.3 参照)において，置換命名法の原則によって特性基，遊離原
子価，またはイオンの位置を表示するため，つまり，特性基，遊離原子価またはイオンを受け入れるために，結
合した水素原子を特定することが必要である．このような位置にある水素原子は，該当する位置番号を前に付け
たイタリック体の大文字の *H* を名称の前に置いて表す．この表示記号を指示水素とよぶ．指示水素は，非常に
ありふれた異性体あるいは名称が曖昧でない場合は，省略することが多い．しかし，PIN では，対象となる構造
中に指示水素が存在する場合は，必ず表示しなければならない．

P-58.2.1.2　　母体水素化物において，指示水素は(P-14.7 参照)，P-25.7 に従い，最多数の非集積二重結合を

430 　　　　　P-5　優先 IUPAC 名の選択と有機化合物の名称の作成

もった環の縮合原子(P-25.0 参照)以外で最小位置番号をもった原子上に置く．不飽和の程度がヒドロ接頭語を使って修飾されている場合は，小さい位置番号は指示水素に割当てられる．

例：

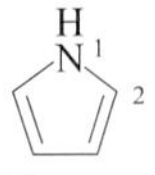

1*H*-ピロール PIN
1*H*-pyrrole PIN

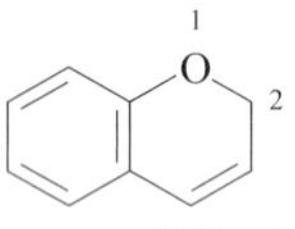

2*H*-1-ベンゾピラン PIN
2*H*-1-benzopyran PIN

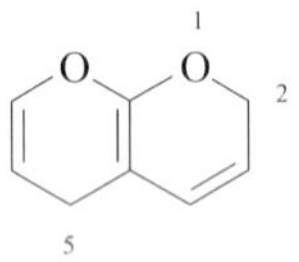

2*H*,5*H*-ピラノ[2,3-*b*]ピラン PIN
2*H*,5*H*-pyrano[2,3-*b*]pyran PIN

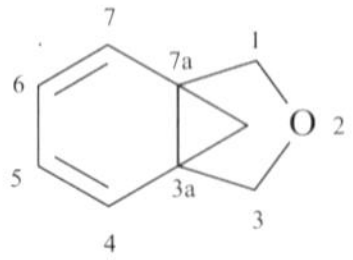

1*H*,3*H*-3a,7a-メタノ[2]ベンゾフラン PIN
1*H*,3*H*-3a,7a-methano[2]benzofuran PIN

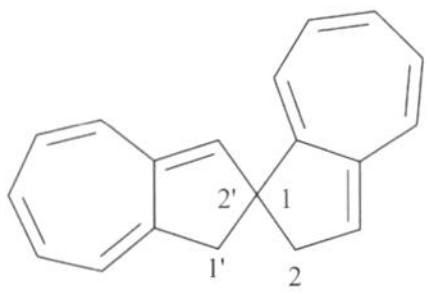

1′*H*,2*H*-1,2′-スピロビ[アズレン] PIN
1′*H*,2*H*-1,2′-spirobi[azulene] PIN

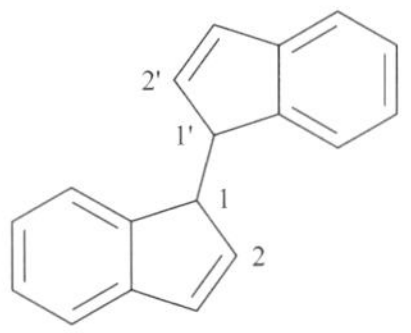

1*H*,1′*H*-1,1′-ビインデン PIN
1*H*,1′*H*-1,1′-biindene PIN

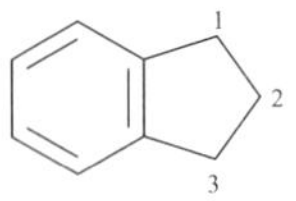

2,3-ジヒドロ-1*H*-インデン PIN
2,3-dihydro-1*H*-indene PIN
　（1,3-ジヒドロ-2*H*-インデン
　1,3-dihydro-2*H*-indene ではない．
　1,2-ジヒドロ-3*H*-インデン
　1,2-dihydro-3*H*-indene でもない）

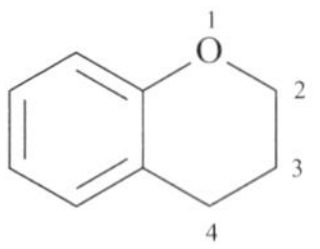

3,4-ジヒドロ-2*H*-1-ベンゾピラン PIN
3,4-dihydro-2*H*-1-benzopyran PIN
　（2,3-ジヒドロ-4*H*-1-ベンゾピラン
　2,3-dihydro-4*H*-1-benzopyran では
　ない．別の指示水素の組合わせが
　可能であるが，この組合わせがこの
　化合物において，構造的に認められ
　る最小の位置番号をもつ）

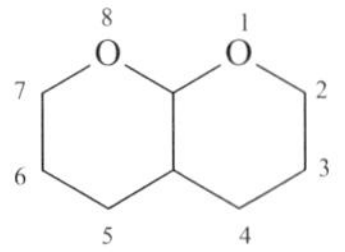

ヘキサヒドロ-2*H*,5*H*-ピラノ[2,3-*b*]ピラン PIN
hexahydro-2*H*,5*H*-pyrano[2,3-*b*]pyran PIN

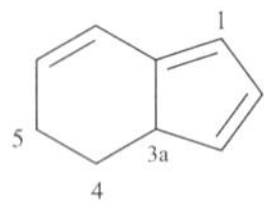

3a,5-ジヒドロ-4*H*-インデン PIN
3a,5-dihydro-4*H*-indene PIN
　（4,5-ジヒドロ-3a*H*-インデン
　4,5-dihydro-3a*H*-indene ではない）

P-58.2.2　付加指示水素

　第二の種類の指示水素は，構造に変化をもたらす接尾語が付加した結果として生じる，環に結合した水素原子を示す．この種の指示水素は，指示水素原子の有無に関係なく，母体水素化物に対する操作の結果として名称に付加するので，付加指示水素とよぶ．付加指示水素は，その原因となった構造特性の位置番号の後に *H* を丸括弧

で囲んで表示する．この表示方法は，PIN においては，分離不可ヒドロ接頭語(P-58.2.5)の使用より優先する．

注記：指示水素は，上の P-58.2.1 に述べたかたちで使用してきたが，主特性基の導入後の適用であった．そのため，付加指示水素を使う必要が著しく減少した．この方法は，Beilstein Institute で開発され，Springer Verlag の *Beilsteins Handbuch der Organischen Chemie* の 1909～1959 年に出版された版に見られる．これは，PIN の作成において使用することは推奨しないが，論文中の名称には見受けられる．

P-58.2.2.1 一般的な方法　十分な数の水素原子がないか不足しているマンキュード多環系へ，主特性基，遊離原子価，ラジカルまたはイオン中心などを導入した結果，環原子に結合する少なくとも 1 個の水素が必要となるとき，その位置に該当する環原子の位置番号の後に大文字のイタリック体の *H* を付加して表示する．この付加指示水素は，丸括弧で囲み，名称の中の主特性基，遊離原子価，ラジカルまたはイオン中心などの位置番号の直後に挿入する．

P-58.2.2.2　選択が必要な場合，付加指示水素の位置番号は，化合物の二重結合の配置と矛盾しない最小の位置番号をもつ外縁部を形成する原子(縮合，非縮合のどちらでもよい)に割当てる．不飽和の段階を修飾するために用いるヒドロ接頭語があっても，付加指示水素に小さい位置番号を割当てる．

例：

ナフタレン-1(2*H*)-オン **PIN**
naphthalen-1(2*H*)-one **PIN**

キノリン-1(2*H*)-カルボン酸 **PIN**
quinoline-1(2*H*)-carboxylic acid **PIN**

ピリジン-1(2*H*)-イル 優先接頭
pyridin-1(2*H*)-yl 優先接頭

ナフタレン-4a(8a*H*)-イリウム **PIN**
naphthalen-4a(8a*H*)-ylium **PIN**

ピリミジン-4,6(1*H*,5*H*)-ジオン **PIN**
pyrimidine-4,6(1*H*,5*H*)-dione **PIN**

アントラセン-9-イル-10(9*H*)-イリデン 優先接頭
anthracen-9-yl-10(9*H*)-ylidene 優先接頭

3,4-ジヒドロキノリン-2(1*H*)-イリデン 優先接頭
3,4-dihydroquinolin-2(1*H*)-ylidene 優先接頭

5,6,7,8-テトラヒドロナフタレン-2(4a*H*)-オン **PIN**
5,6,7,8-tetrahydronaphthalen-2(4a*H*)-one **PIN**

1,3,4,5-テトラヒドロナフタレン-4a(2*H*)-カルボン酸 **PIN**
1,3,4,5-tetrahydronaphthalene-4a(2*H*)-carboxylic acid **PIN**
〔4a(1*H*)-異性体は，マンキュード化合物の二重結合の配置と一致しない〕

P-58.2.2.3　付加指示水素原子は，一対の主特性基または遊離原子価を導入することが，母体環構造から二

重結合を単に取除く(直接にしろ二重結合の再配列後にしろ)かたちになる場合は，表示しない．

例：

ピラジン-2,3-ジオン **PIN**
pyrazine-2,3-dione **PIN**

アントラセン-9,10-ジオン **PIN**
anthracene-9,10-dione **PIN**

ナフタレン-4a,8a-ジイル 優先接頭
naphthalene-4a,8a-diyl 優先接頭

ナフタレン-4a,8a-ジオール **PIN**
naphthalene-4a,8a-diol **PIN**

1H-シクロペンタ[b]ナフタレン-1,5,8-トリオン **PIN**
1H-cyclopenta[b]naphthalene-1,5,8-trione **PIN**

アントラセン-1,9,10(2H)-トリオン **PIN**
anthracene-1,9,10(2H)-trione **PIN**

ピラジン-1,4-ジイル 優先接頭
pyrazine-1,4-diyl 優先接頭

P-58.2.3 指示水素，付加指示水素およびヒドロ接頭語に関連する独自の規則

P-58.2.3.1 接尾語として表現する主特性基または遊離原子価をすべて導入するために，同数またはそれ以上の数の指示水素が得られる場合は，指示水素は環における位置を選ばず表示できる．

P-58.2.3.1.1 指示水素と導入する主特性基または遊離原子価が同数の場合，指示水素は，主特性基または遊離原子価を導入することのできる縮合原子上，外縁原子上のどちらにも置くことができる．ヒドロ接頭語の位置番号は，飽和した位置のものになる．

例：

テトラヒドロ-4H-ピラン-4-オン **PIN**
tetrahydro-4H-pyran-4-one **PIN**

2-(1,3,4,5-テトラヒドロ-2H-2-ベンゾアゼピン-2-イル)エタノール **PIN**
2-(1,3,4,5-tetrahydro-2H-2-benzazepin-2-yl)ethanol **PIN**
1,3,4,5-テトラヒドロ-2H-2-ベンゾアゼピン-2-エタノール
1,3,4,5-tetrahydro-2H-2-benzazepine-2-ethanol

7H-1-ベンゾピラン-7-オン **PIN**
7H-1-benzopyran-7-one **PIN**

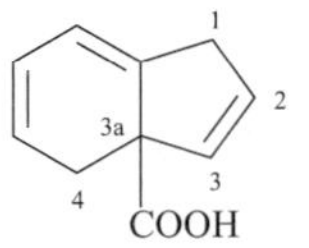

P-58 PIN の選択　　　　　　　　　　　　433

1,4-ジヒドロ-3a*H*-インデン-3a-カルボン酸 **PIN**
1,4-dihydro-3a*H*-indene-3a-carboxylic acid **PIN**

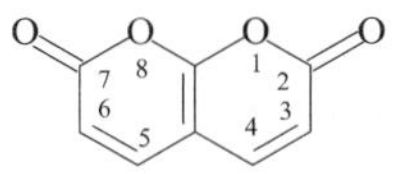

2*H*,7*H*-ピラノ[2,3-*b*]ピラン-2,7-ジオン **PIN**
2*H*,7*H*-pyrano[2,3-*b*]pyran-2,7-dione **PIN**

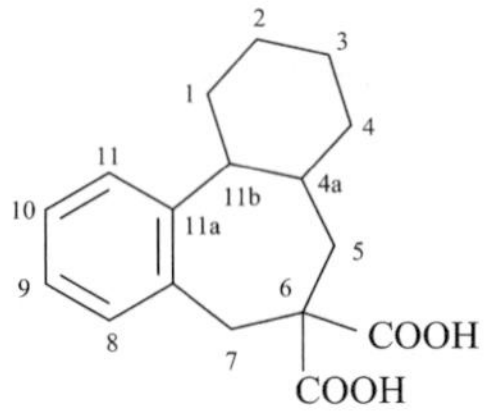

1,2,3,4,4a,5,7,11b-オクタヒドロ-6*H*-ジベンゾ[*a,c*][7]アンヌレン-
　　　　　　　　　　　　　　　　　　　　　6,6-ジカルボン酸 **PIN**
1,2,3,4,4a,5,7,11b-octahydro-6*H*-dibenzo[*a,c*][7]annulene-
　　　　　　　　　　　　　　　　　　　　　6,6-dicarboxylic acid **PIN**

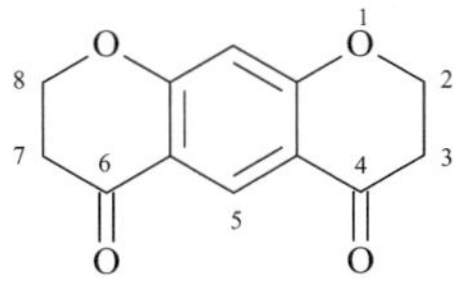

2,3,7,8-テトラヒドロ-
　　　　　4*H*,6*H*-ベンゾ[1,2-*b*:5,4-*b′*]ジピラン-4,6-ジオン **PIN**
2,3,7,8-tetrahydro-4*H*,6*H*-benzo[1,2-*b*:5,4-*b′*]dipyran-4,6-dione **PIN**

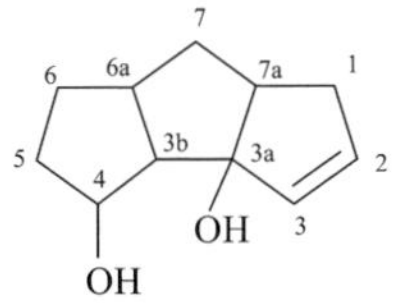

1,3b,4,5,6,6a,7,7a-オクタヒドロ-3a*H*-シクロペンタ[*a*]ペンタレン-
　　　　　　　　　　　　　　　　　　　　　3a,4-ジオール **PIN**
1,3b,4,5,6,6a,7,7a-octahydro-3a*H*-cyclopenta[*a*]pentalene-3a,4-diol **PIN**

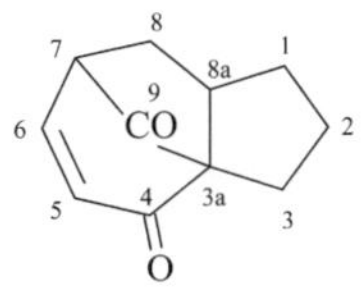

1,2,3,7,8,8a-ヘキサヒドロ-4*H*-3a,7-メタノアズレン-4,9-ジオン **PIN**
1,2,3,7,8,8a-hexahydro-4*H*-3a,7-methanoazulene-4,9-dione **PIN**

P-58.2.3.1.2　　　すべての主特性基または遊離原子価を導入するために使える数を超える多くの指示水素がある場合，残りの指示水素は，その化合物の二重結合の配置と矛盾しない最小の外縁原子上に置く．ヒドロ接頭語の位置番号は飽和した位置に置く．

例:

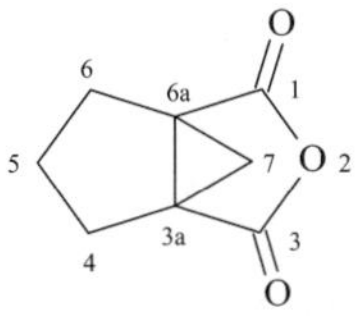

ジヒドロ-1*H*,3*H*,4*H*-3a,6a-メタノシクロペンタ[*c*]フラン-1,3-ジオン **PIN**
dihydro-1*H*,3*H*,4*H*-3a,6a-methanocyclopenta[*c*]furan-1,3-dione **PIN**

(ジヒドロ-1*H*,3*H*,6a-3a,6a-メタノシクロペンタ[*c*]フラン-1,3-ジオン
dihydro-1*H*,3*H*,6*H*-3a,6a-methanocyclopenta[*c*]furan-1,3-dione ではない．4*H* は 6*H* より小さい)
注記: 環がヒドロ接頭語を用いて完全に飽和されている場合，位置番号は必要ない
(P-14.3.4.5 参照).

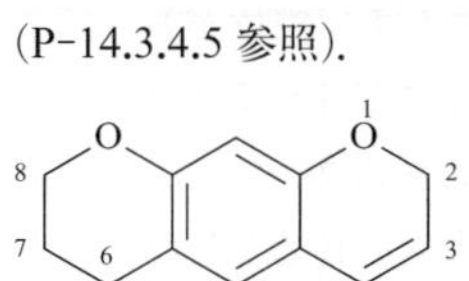

7,8-ジヒドロ-2*H*,6*H*-ベンゾ[1,2-*b*:5,4-*b′*]ジピラン-6-オン **PIN**
7,8-dihydro-2*H*,6*H*-benzo[1,2-*b*:5,4-*b′*]dipyran-6-one **PIN**

(2,3-ジヒドロ-4*H*,8*H*-benzo[1,2-*b*:5,4-*b′*]ジピラン-4-オン
2,3-dihydro-4*H*,8*H*-benzo[1,2-*b*:5,4-*b′*]dipyran-4-one ではない．2*H*,6*H* は 4*H*,8*H* より小さい)
(2*H*,8*H*-ベンゾ[1,2-*b*:5,4-*b′*]ジピラン-4(3*H*)-オン
2*H*,8*H*-benzo[1,2-*b*:5,4-*b′*]dipyran-4(3*H*)-one ではない．2*H*,6*H* は 2*H*,8*H* より小さい)

P-58.2.3.1.3 指示水素の数が特性基の数より少ない場合，次の規則を適用する．

(1) 少なくとも1個の指示水素は，P-58.2.1.2で定めた二重結合のマンキュード系と矛盾しない最小の位置番号をもつ外縁原子に割当てる．
(2) その他の指示水素は特性基または遊離原子価を導入する位置に割当てる．
(3) (1), (2)で述べた方法によって導入できない主特性基または遊離原子価は，付加指示水素原子を用いて導入する(P-58.2.2 参照)．
(4) 主特性基または遊離原子価の導入に使われない指示水素には，付加指示水素に優先してより小さい位置番号を割当てる．

例：

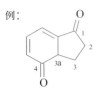

3,3a-ジヒドロ-1H-インデン-1,4(2H)-ジオン **PIN**
3,3a-dihydro-1H-indene-1,4(2H)-dione **PIN**

1H-シクロペンタ[a]ナフタレン-1,2(3H)-ジオン **PIN**
1H-cyclopenta[a]naphthalene-1,2(3H)-dione **PIN**

(3H-シクロペンタ[a]ナフタレン-1,2-ジオン
3H-cyclopenta[a]naphthalene-1,2-dione ではない)

説明：指示水素原子は1個のみであるが，導入される主特性基が二つある．したがって，指示水素は母体環の二重結合の配置と一致する最小の位置に置く．

9,10,12,13,14,21,22,23,24,25,26,27,32,33,34,34a-ヘキサデカヒドロ-3H-23,27-
エポキシピリド[2,1-c][1,4]オキサアザシクロヘントリアコンチン-
1,5,11,28,29(4H,6H,31H)-ペンタオン **PIN**
9,10,12,13,14,21,22,23,24,25,26,27,32,33,34,34a-hexadecahydro-3H-23,27-
epoxypyrido[2,1-c][1,4]oxaazacyclohentriacontine-1,5,11,28,29(4H,6H,31H)-pentone **PIN**

説明：環系は，1個だけ指示水素を必要とするが，主特性基の5個のケトン部位がある．したがって，指示水素原子は，化合物の二重結合の配置と一致する最小位置の3位に割当てる(1位は，縮合ピリド環のため，不可能である)．ケトンのある28位と29位は，縮合環由来の二重結合を単に取除いただけなので，付加指示水素を必要としない．ケトンがある1,5および11位は，主特性基の導入位置である．上に述べたように，縮合ピリド環のために，付加指示水素が縮合ピリド環上になければならず，それは最小位置番号の31位になる．最後に，5位と11位のケトンのために，付加指示水素原子を，化合物の二重結合の配置と一致する最小の位置に挿入し，さらに適切な数のヒドロ接頭語を付け加える．

P-58 PIN の選択　　　　　　　　　　　　　435

P-58.2.3.1.4　　　母体構造の指示水素原子が，構造のすべての主特性基を導入するために使用できない場合は，P-58.2.3.1.3 で述べられている規則が適用される.

例：

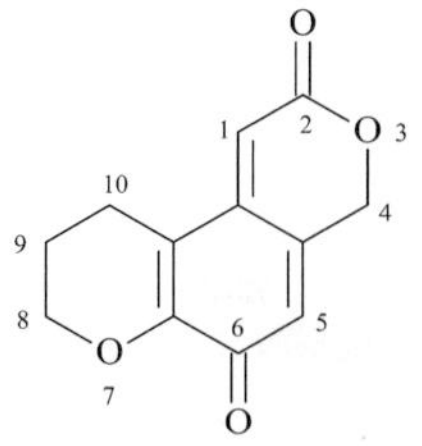

9,10-ジヒドロ-2*H*,4*H*-ベンゾ[1,2-*b*:4,3-*c*′]ジピラン-2,6(8*H*)-ジオン PIN
9,10-dihydro-2*H*,4*H*-benzo[1,2-*b*:4,3-*c*′]dipyran-2,6(8*H*)-dione PIN

説明：指示水素原子は，両方の主特性基 one の受け入れ位置ではない(2*H*,6*H*-benzo[1,2-*b*:4,3-*c*′]dipyran はマンキュード構造ではない). したがって，指示水素原子および必要となる付加指示水素を，化合物の二重結合の配置と矛盾しない最小の位置番号の位置に置く.

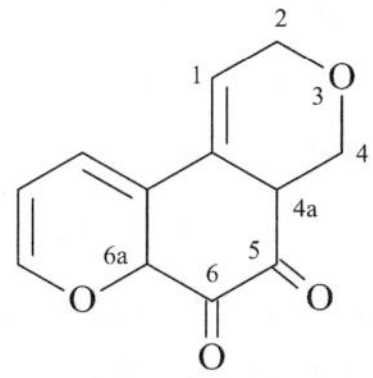

4,4a-ジヒドロ-2*H*,5*H*-ベンゾ[1,2-*b*:4,3-*c*′]ジピラン-5,6(6a*H*)-ジオン PIN
4,4a-dihydro-2*H*,5*H*-benzo[1,2-*b*:4,3-*c*′]dipyran-5,6(6a*H*)-dione PIN

　〔4,4a-ジヒドロ-2*H*,4*H*-ベンゾ[1,2-*b*:4,3-*c*′]ジピラン-5,6(4a*H*,6a*H*)-ジオン
　4,4a-dihydro-2*H*,4*H*-benzo[1,2-*b*:4,3-*c*′]dipyran-5,6(4a*H*,6a*H*)-dione ではない〕

説明：指示水素原子は，両方の主特性基 one の受け入れ位置ではない. したがって，1 個の指示水素原子を最小の位置番号の位置に割当てる. 2 番目の指示水素原子は，主特性基 one の一つを受け入れるために，5 位に割当てる.

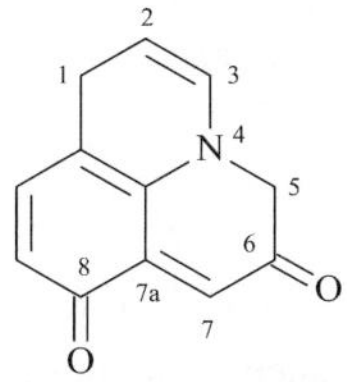

1*H*,5*H*-ピリド[3,2,1-*ij*]キノリン-6,8-ジオン PIN
1*H*,5*H*-pyrido[3,2,1-*ij*]quinoline-6,8-dione PIN

説明：指示水素原子は，主特性基 one の位置のどちらにも受け入れることができない. 6*H*,8*H*-pyrido[3,2,1-*ij*]quinoline はマンキュード環ではない. したがって，指示水素原子を化合物の二重結合の配置と矛盾しない最小の位置番号の位置に置く. 二つの特性基 one が，母体構造から一つの二重結合を取除くかたちになるため，付加指示水素は必要ではない.

P-58.2.4　接頭語を使う命名法

　指示水素原子および付加指示水素を導入した後，接尾語として表示されないすべての置換基を接頭語として表示する.

例:

1,3-ジオキソ-1,3-ジヒドロ-2H-イソインドール-2,5-ジイル 優先接頭
1,3-dioxo-1,3-dihydro-2H-isoindole-2,5-diyl 優先接頭

4-イミノナフタレン-1(4H)-オン PIN
4-iminonaphthalen-1(4H)-one PIN

P-58.2.5 分離不可ヒドロ接頭語と指示水素

置換命名法の基本的な原則に基づく操作を行うのに十分な数の水素原子が存在しないマンキュード母体水素化物の位置に，主特性基，遊離原子価，ラジカル，イオン中心などを導入するための付加指示水素を使う方式に代わる方法は，母体環系を適宜に水素化した誘導体を使うことである．

1979 規則(参考文献 1)の規則 C-16.11 では，ヒドロ接頭語は，1) 分離不可，すなわち，接頭語は完全不飽和母体構造の名称の直前に常に表示しなければならず，そのため，完全不飽和類縁体とは別の独立した母体水素化物を生じる方式，2) 分離可能，すなわち，完全不飽和母体構造の名称の前に接頭語として表示するが，同時に存在する置換接頭語と一緒にアルファベット順に並べて表示する方式，のいずれも認めていた．1993 規則(参考文献 2)では分離不可の方法を正式とした．本勧告では，分離不可ヒドロ接頭語は，PIN では使用しないが，GIN では使用してもよいとする．この方式によると，しばしば母体構造の番号付けに相違が生じる(以下の 4 番目の例参照)．

例:

1,4-ジヒドロナフタレン-1-オン
1,4-dihydronaphthalen-1-one
ナフタレン-1(4H)-オン PIN
naphthalen-1(4H)-one PIN

1,4-ジヒドロナフタレン-1,4-ジイリデン
1,4-dihydronaphthalene-1,4-diylidene
ナフタレン-1,4-ジイリデン 優先接頭
naphthalene-1,4-diylidene 優先接頭
(P-58.2.2.3 参照)

1,2,3,4-テトラヒドロナフタレン-1,4-ジオン
1,2,3,4-tetrahydronaphthalene-1,4-dione
2,3-ジヒドロナフタレン-1,4-ジオン PIN
2,3-dihydronaphthalene-1,4-dione PIN
(P-58.2.2.3 参照)

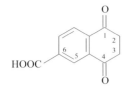

1,4-ジオキソ-1,2,3,4-テトラヒドロナフタレン-6-カルボン酸
1,4-dioxo-1,2,3,4-tetrahydronaphthalene-6-carboxylic acid
(番号付けを示してある．分離不可ヒドロ接頭語は，母体水素化物の部分であり，小さい番号付けにおいて，主特性基より優先する)

5,8-ジオキソ-5,6,7,8-テトラヒドロナフタレン-2-カルボン酸 PIN
5,8-dioxo-5,6,7,8-tetrahydronaphthalene-2-carboxylic acid PIN
(分離可能であるが，アルファベット順にしないヒドロ接頭語は，小さい番号付けにおいて，主特性基に優先しないが，その他の分離可能接頭語には優先する)

P-58 PINの選択   437

P-58.3 均一なヘテロ鎖および官能基

P-58.3.1   水素化ホウ素以外の枝分かれのない均一なヘテロ鎖状母体水素化物の予備選択名については，P-21.2.2 で述べた．同じヘテロ原子の母体鎖に結合した −NH₂，−SH または OH のような原子団が末端にある場合は，官能基とみなすこともできるが，無視して単に鎖がのびたものとする．ホウ素鎖については P-68.1 を，カルコゲン原子を含む鎖については P-68.4 を参照してほしい．

P-58.3.2   鎖状の均一ヘテロ鎖に含まれる 1 個以上の原子を，主特性基，官能性母体化合物または強制接頭語によって表現できる場合は，主特性基または強制接頭語で表示する．したがって，鎖状の均一ヘテロ鎖の名称は，主特性基，官能性母体化合物または強制接頭語を優先順位が上位の官能基として示すために，構造を分けて表示することがある．

例： HS-SO₂-S-S-S-SO₂-SH

トリスルファンジスルホノチオ *S*-酸 予備名
trisulfanedisulfonothioic *S*-acid 予備名
（ヘプタスルファン-2,2,6,6-テトラオン
heptasulfane-2,2,6,6-tetrone ではない）

H₂N-NH-NH-NH-CO-C₆H₅

N-(トリアザン-1-イル)ベンズアミド PIN
N-(triazan-1-yl)benzamide PIN
〔フェニル(テトラアザン-1-イル)メタノン
phenyl(tetraazan-1-yl)methanone ではない．
1-ベンゾイルテトラアザン 1-benzoyltetraazane でもない〕

H₂N-NH-NH-NH-COOH

テトラアザン-1-カルボン酸 PIN
tetraazane-1-carboxylic acid PIN
〔トリアザン-1-イルカルバミン酸 triazan-1-ylcarbamic acid ではない．carboxylic acid は，carbonic acid 誘導体に優先する）

CH₃-NH-N(COOH)-NH-CH₃

1,3-ジメチルトリアザン-2-カルボン酸 PIN
1,3-dimethyltriazane-2-carboxylic acid PIN
〔ビス(メチルアミノ)カルバミン酸
bis(methylamino)carbamic acid ではない．
carboxylic acid は，carbonic acid 誘導体に優先する〕

(CH₃)₂P-P(OH)-P(CH₃)₂

ビス(ジメチルホスファニル)亜ホスフィン酸 PIN
bis(dimethylphosphanyl)phosphinous acid PIN
〔1,1,3,3-テトラメチルトリホスファン-2-オール
1,1,3,3-tetramethyltriphosphan-2-ol ではない〕

H₂N-NO

亜硝酸アミド 予備名
nitrous amide 予備名
〔ヒドラジノン hydrazinone ではない．P-61.6 参照〕

H₂N-NH-NH-NCO

1-イソシアナトトリアザン PIN
1-isocyanatotriazane PIN
〔1-(オキソメチリデン)テトラアザン
1-(oxomethylidene)tetraazane ではない〕

C₆H₅-CO-NH-NH-NH-NH-CO-C₆H₅

N,N′-(ヒドラジン-1,2-ジイル)ジベンズアミド PIN
N,N′-(hydrazine-1,2-diyl)dibenzamide PIN

OCN-NH-NO₂

N-イソシアナトニトロアミド PIN
N-isocyanatonitramide PIN

438   P-5　優先 IUPAC 名の選択と有機化合物の名称の作成

HS-S-S-S-CO-C$_6$H$_5$　　フェニル(テトラスルファニル)メタノン **PIN**
　　　　　　　　　　　phenyl(tetrasulfanyl)methanone **PIN**
　　　　　　　　　　　〔ベンゼンカルボチオ酸トリスルファニル
　　　　　　　　　　　trisulfanyl benzenecarbothioate ではない.
　　　　　　　　　　　擬エステルは，アルコール構成要素がカルコゲン原子である場
　　　　　　　　　　　合，認められない(P-65.6.3.4.2 および P-68.4.2.4 参照)〕

P-59　名称の作成 　　"日本語名称のつくり方"も参照

> P-59.0　は じ め に　　　　　P-59.2　一般的方法の解説例
> P-59.1　一般的方法

P-59.0　は じ め に

　本節では，有機化合物における PIN の体系的なつくり方の手順について述べる．この手順は，GIN の作成においても使うことができる.

P-59.1　一 般 的 方 法

　有機化合物に対して優先的な体系名をつくり出す手順について概説するが，この手順はこの節を含む以下の節で述べるように，多くの段階を含み，以下に示す手順に従って適用する.

P-59.1.1　　化合物の特性から，用いる命名法の種類(P-15 参照)と操作(P-13 参照)を決定する．置換命名法(P-15.1 参照)が，PIN の作成においても GIN の作成において優先する命名法であるが，特定の種類の化合物に適応する独自の規則がある場合は，その命名法を使わなければならない.

　　(1) エステルおよび酸ハロゲン化物のような化合物における官能種類命名法(PIN および GIN については，
　　　　P-15.2 および P-51.2 参照)
　　(2) 倍数命名法(PIN および GIN については，P-15.3 および P-51.3 参照)
　　(3) "ア"命名法(PIN および GIN については，P-15.4 および P-51.4 参照)

立体配置を構造中に表示する場合は，それらを考慮した P-93 に従い，命名法の種類として，置換命名法または倍数命名法を選択する.

P-59.1.2　　化合物が属する種類と特性基を決定する．その特性基は P-41 で示した種類の優先順位に従い，P-33 で示した接尾語または官能種類名(P-15.2 参照)として表示する．特性基のうち，ただ 1 種(主基となる)のみを接尾語または官能種類名として表示する.

　P-33 に示した接尾語は，PIN および GIN における名称のいずれを作成するためにも使用する．P-43 で論じた接尾語の優先順位は，PIN および GIN の作成において守らなければならない．この条件に合わないすべての原子および原子団は，置換接頭語の分類に入る.

　ラジカルとイオンは，独自の接尾語を用いて命名するが，その接尾語の特徴は，接尾語同士でも，また特性基を表すある種の接尾語とも組合わせて使うことができるという集積性にある(PIN の生成および GIN において使われるラジカルとイオンの優先順位については，P-7 参照).

P-59 名称の作成   439

P-59.1.3　母体水素化物あるいは官能性母体化合物かを選択する．母体水素化物は，PIN の選択に関して，P-2 と P-52 で述べたように，該当する分離不可接頭語を含めて選ぶ．官能性母体化合物は，PIN については P-34 で説明した．また種々の化合物種類(アミン，アルコールなど)については P-6 で述べるように選ぶ．P-6 では置換命名法における官能性母体化合物の用法に関する二つの側面，すなわち，PIN または GIN としての用法とそれらの置換可能性についてまとめて述べる．主特性基を表す接尾語がある場合とない場合に応じて優先する母体構造を決定する．非標準結合数や同位体修飾などを表すために必要なすべての表示記号をこの段階で導入しなければならない．

P-59.1.4　母体水素化物の名称は P-59.1.3 で述べたように，特性基は P-33 により，また，官能性母体化合物の名称は P-34 と P-6 によって決めるが，官能基の修飾を考慮する際には P-43 に示した規則を用いる．ケトンとイミンについては，PIN および GIN の作成について P-58.2 で述べた規則を使う．

P-59.1.5　P-15.5，P-57，P-6 および付録 2 に従い，適切な倍数接頭語(P-14.2 参照)とともに接尾語と接頭語を決定し，さらにできる限り一般規則の P-14.4 を用いて母体構造の番号付けを行う．

P-59.1.6　置換基ならびに特性基のうち主特性基ではなく接頭語(アルファベット順の接頭語)として命名するものの名称を決める．このことについて P-34 には，置換命名法における官能性母体化合物の用法，すなわち，PIN または GIN における用法を要約してある．また置換の条件については P-15.1.8 に，PIN および GIN として認められる名称については P-56 で述べた．必要があれば P-14.4 で示したように，番号付けの規則に従って構造の番号付けを完成する．

P-59.1.7　P-14 で述べた位置番号，番号付け，英数字順，指示水素と付加指示水素などに関する一般規則を適用し，さらに P-16 で述べた句読点，括弧記号，イタリック体，母音の省略と補足，プライム記号などの名称表示に付属する事項を付け加えて，完成した名称とする．

P-59.1.8　P-9 で述べる規則に従い，立体化学の特性に必要な立体表示記号を付け加えて名称を完成する．

P-59.1.9 特 性 基

　置換命名法では，特性基には，接尾語としても接頭語としても表示できる(P-33 および P-35 参照)ものもあるが，接頭語としてしか表示できないものもある(表 5・1 参照)．官能種類名は，官能種類の名称を表す別の単語(または言語によっては接尾語)が，構造を暗に表す置換基名と結びついている点で異なる．

　置換命名法において接尾語として表示が可能な特性基は，官能種類名をつくる場合に，該当する官能種類の名称が表す原子団の構造と必ずしも同一ではない．(たとえば，ブタノン butanone とエチルメチルケトン ethyl methyl ketone では，オン one は $=O$ を示し，ケトン ketone は $-CO-$ を示す)

　表 5・1 にまとめた特性基は，P-2 で述べた母体構造の名称に対し，常に接頭語として表示する．倍数接頭語(P-14.2 参照)と位置番号を必要に応じて付加する(P-14.3 参照)．

例:
$$\overset{1}{Cl}-CH_2-\overset{2}{CH_2}-\overset{3}{CH_2}-Cl$$
　　　　　1,3-ジクロロプロパン **PIN**
　　　　　1,3-dichloropropane **PIN**

C_6H_5-NO
　　　　　ニトロソベンゼン **PIN**
　　　　　nitrosobenzene **PIN**

440　　　　　　　　P-5　優先 IUPAC 名の選択と有機化合物の名称の作成

表 5·1　置換命名法において，常に接頭語として表示する特性基

特性基	接頭語	特性基	接頭語
—Br	ブロモ bromo	—IO[†1]	ヨードシル iodosyl
—BrO[†1]	ブロモシル bromosyl	—IO$_2$[†1]	ヨージル iodyl
—BrO$_2$[†1]	ブロミル bromyl	—IO$_3$[†1]	ペルヨージル periodyl
—BrO$_3$[†1]	ペルブロミル perbromyl	—O-R[†2, †3]	アルコキシ alkoxy
—Cl	クロロ chloro	—O-O-R[†2, †4]	アルキルペルオキシ alkylperoxy
—ClO[†1]	クロロシル chlorosyl	=N$_2$	ジアゾ diazo
—ClO$_2$[†1]	クロリル chloryl	—N$_3$	アジド azido
—ClO$_3$[†1]	ペルクロリル perchloryl	—NCO[†5]	イソシアナト isocyanato
—F	フルオロ fluoro	—NC	イソシアノ isocyano
—FO[†1]	フルオロシル fluorosyl	—NO[†1]	ニトロソ nitroso
—FO$_2$[†1]	フルオリル fluoryl	—NO$_2$[†1]	ニトロ nitro
—FO$_3$[†1]	ペルフルオリル perfluoryl	—S(O)-R[†2, †6]	アルカンスルフィニル alkanesulfinyl
—I	ヨード iodo	—S(O$_2$)-R[†2, †6]	アルカンスルホニル alkanesulfonyl

†1　さらに，カルコゲン類縁体，たとえば チオクロロシル thiochlorosyl，セレノクロリル selenochloryl，ジチオクロリル dithiochloryl，チオニトロソ thionitroso も同様である.

†2　R は有機の置換基を示し，メトキシ methoxy，ペンチルオキシ pentyloxy，フェニルペルオキシ phenylperoxy，メタンスルホニル methanesulfonyl または メチルスルフィニル methylsulfinyl およびベンゼンスルホニル benzenesulfonyl または フェニルスルホニル phenylsulfonyl のようになる.

†3　同様に，アルキルスルファニル alkylsulfanyl または アリールスルファニル arylsulfanyl，アルキルセラニル alkylselanyl または アリールセラニル arylselanyl，アルキルテラニル alkyltellanyl または アリールテラニル aryltellanyl のようなカルコゲン類縁体を含む.

†4　同様に，メトキシスルファニル methoxysulfanyl，メチルスルファニルオキシ methylsulfanyloxy，メチルジスルファニル methyldisulfanyl のようなカルコゲン類縁体を含む.

†5　同様に，イソチオシアナト isothiocyanato，イソセレノシアナト isoselenocyanato のようなカルコゲン類縁体を含む.

†6　メタンスルフィノチオイル methanesulfinothioyl，ベンゼンセレノテルロニル benzeneselenotelluronyl のようなセレンおよびテルルの類縁体とすべてのカルコゲン類縁体を含む.

表 5·1 に示したもの以外の特性基は，母体水素化物の名称に対し，接尾語としても接頭語としても表示してよい.

表 5·1 に示したもの以外に特性基が存在する場合，ラジカルとイオン以外の化合物種類では，そのうちのただ一つの特性基を接尾語(主特性基)として表示しなければならない.

表 5·1 に示されていない特性基を 1 種類でも含む化合物の場合，主特性基は，種類の優先順位で最初に現れる種類(すなわち，最上位)のものである(P-41 参照．必要ならば P-42 と P-43 も参照)．その他のすべての特性基は，接頭語として表示する.

完全な接尾語(すなわち，接尾語に倍数接頭語を加えたもの)が母音字から始まる場合は，その場合に限り，母体水素化物名の末端文字が e であれば e を省略する．たとえば，ethanol (ethaneol ではない)のようにする．末端文字の e の省略または保持は，たとえば，propan-2-ol (propane-2-ol ではない)のように，e と次に続く文字との間の数字の有無とは別の問題である.

置換基それ自体が置換されている(複合置換基，P-29.4，P-35，P-46 参照)場合，すべての副置換基は，接頭語として命名する．副置換基をもつ置換基は，(母体水素化物と類似した)母体置換基とみなす．置換基全体の命名法は，次の二つを例外として，化合物で採用するすべての手順に従う.

(a) 接尾語となる特性基はない(代わりに，yl，ylidene などのような接尾語を使う).

(b) 置換基の結合位置は，可能な限り最小の位置番号になる.

P-59.1.10　命名法における番号付けの特徴

母体水素化物(母体鎖，母体環)，主基および置換基を選択しその名称が決まると，次に完成した化合物の番号付

P-59 名称の作成　　　441

けを，最小の位置番号の規則を適用して行う．位置番号および番号付けの一般的な規則については P-14.4 で述べた．この操作は，置換命名法や官能種類命名法のみならず，すべての命名法において，名称を作成するごとに毎回必ず行う．

> 最小の位置番号を付けるための構造特性の優先順位は，鎖における"ア"命名法の"ア"接頭語の位置番号の変更と，ヒドロ，デヒドロ接頭語を分離可能接頭語として特別な扱いをすることによって改善されている．

これまでの規則が選択の余地を残す場合，番号付けの出発点と方向を，最小の位置番号が以下の構造特性に割当てられるよう，示した順序で検討して決定するまで行う．

(a) ナフタレン naphthalene，ビシクロ[2.2.2]オクタン bicyclo[2.2.2]octane などについては，固定された番号付け
(b) 複素環および鎖状母体構造におけるヘテロ原子
(c) 指示水素〔非置換化合物の場合の順番．しかし，別の位置に置換基が入るとその構造特性に基づく接尾語(d)によっては，より大きな位置番号が必要になることがある〕
(d) 接尾語として命名される主基
(e) 付加指示水素(化合物の構造と矛盾なく，かつさらに置換が行えるように割当てる)
(f) 飽和(ヒドロ，デヒドロ接頭語)または不飽和(ene，yne 語尾)
(g) 接頭語として命名する置換基(小さい位置番号を，種類に関係なく置換基に割当て，続いて，必要に応じて名称中の表示順に割当てる)

P-59.2　一般的方法の解説例

P-59.2.1　母体水素化物の選択	P-59.2.4　語尾 ene と yne およびヒ
P-59.2.2　ヘテロ原子は接尾語より	ドロ接頭語の優位性は分離
優位性が高い	可能接頭語より高い
P-59.2.3　接尾語は不飽和語尾より	P-59.2.5　分離可能接頭語の取扱い
優位性が高い	

P-59.2.1　母体水素化物の選択

主特性基を選択し名称を決めた後，母体水素化物または官能性母体化合物を次のいずれかの方法によって選択する．番号付けの詳細については，さまざまな母体水素化物の番号付けについて述べた P-2 および P-14.3 で体系化した最小位置番号の一般規則を参照してほしい．接頭語の配置については，P-14.5 で述べた英数字順に関する一般規則を参照してほしい．

P-59.2.1.1　化合物が完全に鎖状の場合，主鎖を P-44 で述べた方法によって母体水素化物として選択する．

例：

$$
\underset{6}{\text{HO-CH}_2}\text{-}\underset{5}{\text{CH}}\text{-}\underset{4}{\text{CH}}\text{=}\underset{3}{\text{C}}\text{-}\underset{2}{\text{C}}\text{-}\underset{1}{\text{CH}_3}
$$

（CH₃ は5位に，Cl と O は3・2位付近に付く構造式）

解析：

主特性基：	>C=O	オン one
母体水素化物：	CH₃-CH₂-CH₂-CH₂-CH₂-CH₃	ヘキサン hexane

442　　　　　P-5　優先 IUPAC 名の選択と有機化合物の名称の作成

（前ページ例 つづき）

官能化母体 水素化物:	CH₃-CH₂-CH₂-CH₂-CO-CH₃	ヘキサン-2-オン hexan-2-one
除去修飾:	CH₂-CH₂-CH=CH-CO-CH₃	ヘキサ-3-エン-2-オン hex-3-en-2-one
置換基:	−Cl	クロロ chloro
	−OH	ヒドロキシ hydroxy
	−CH₃	メチル methyl

その他の規則と合わせ，この解析から次の PIN が得られる．

3-クロロ-6-ヒドロキシ-5-メチルヘキサ-3-エン-2-オン **PIN**
3-chloro-6-hydroxy-5-methylhex-3-en-2-one **PIN**

　　説明: 接尾語の one には，最小の位置番号の 2 を付け，これにより鎖の番号付けの方向が決まる．二つの hexane 鎖が可能である．主鎖は，主鎖の選択基準に従い，最も置換されている(二つよりも，三つの置換基がある)ものになる．不飽和は，語尾の ene により示す．三つの置換接頭語を英数字順に配置して名称が完成する．

P-59.2.1.2　　主特性基が，環状置換基をもつ鎖にのみ存在する場合，化合物は鎖状化合物として命名し，構成要素の環は置換接頭語によって表現する．

例:

$$H_3C \quad \overset{6}{CH_2OH}$$
$$\underset{5}{C}\text{-}\underset{4}{CH}\text{=}\overset{3}{C}\text{-}\underset{2}{CH_2}\text{-}\underset{1}{COOH}$$
Cl

解析:

主特性基:	−(C)OOH	酸 oic acid
母体水素化物:	CH₃-CH₂-CH₂-CH₂-CH₂-CH₃	ヘキサン hexane
官能化母体 水素化物:	CH₃-CH₂-CH₂-CH₂-CH₂-COOH	ヘキサン酸 hexanoic acid
除去修飾:	CH₃-CH₂-CH=CH-CH₂-COOH	ヘキサ-3-エン酸 hex-3-enoic acid
置換接頭語:	Cl−	クロロ chloro
	C₆H₁₁−	シクロヘキシル cyclohexyl
	HO−	ヒドロキシ hydroxy
	CH₃−	メチル methyl

その他の規則と合わせ，この解析から次の PIN が得られる．

3-クロロ-5-シクロヘキシル-6-ヒドロキシ-5-メチルヘキサ-3-エン酸 **PIN**
3-chloro-5-cyclohexyl-6-hydroxy-5-methylhex-3-enoic acid **PIN**

　　説明: 鎖の末端の carboxylic acid の存在が，番号付けの方向を決定する．ene 語尾と英数字順の置換接頭語の位置番号は，ここで決まった番号付けに従う．

P-59.2.1.3　　主特性基が互いに結合していない複数の炭素鎖(すなわち，連続したり枝分かれした鎖ではないが，たとえば，環またはヘテロ原子によって分離されている)が存在し，しかも倍数命名法が不可能な場合は，母体水素化物には，最大数の主特性基をもつ鎖を選択する．複数の鎖に含まれる主基の数が同じ場合は，主鎖の選択の原則によって選ぶ．

P-59 名 称 の 作 成　　　　　443

例 1:

$$HO\text{-}CH_2\text{-}CH_2\text{-}CH_2\text{-} \bigcirc \overset{OH}{\underset{1}{\underset{|}{CH}}}\text{-}\underset{2}{CH_2}\text{-}OH$$

解析:

主特性基:	—OH	ジオール diol
母体水素化物:	$CH_3\text{-}CH_3$	エタン ethane
官能化母体 水素化物:	$HO\text{-}CH_2\text{-}CH_2\text{-}OH$	エタンジオール ethanediol

置換基:

$$HO\text{-}CH_2\text{-}CH_2\text{-}CH_2\text{-}\bigcirc\text{-}\sim$$

置換構成要素:	—OH	ヒドロキシ hydroxy
	$-CH_2\text{-}CH_2\text{-}CH_3$	プロピル propyl
	$-C_6H_5$	フェニル phenyl
置換接頭語:	4-(3-ヒドロキシプロピル)フェニル 4-(3-hydroxypropyl)phenyl	

その他の規則と合わせ,この解析から次の PIN が得られる.

1-[4-(3-ヒドロキシプロピル)フェニル]エタン-1,2-ジオール **PIN**
1-[4-(3-hydroxypropyl)phenyl]ethane-1,2-diol **PIN**

例 2: 次の例では,主鎖の選択基準に従い,最長の鎖を母体水素化物として選ぶ.

$$HO\text{-}\underset{1}{CH_2}\text{-}\underset{2}{CH_2}\text{-}\underset{3}{CH_2}\text{-}\bigcirc\text{-}CH_2\text{-}CH_2\text{-}OH$$

解析:

主特性基:	—OH	オール ol
母体水素化物:	$CH_3\text{-}CH_2\text{-}CH_3$	プロパン propane
官能化母体 水素化物:	$CH_3\text{-}CH_2\text{-}CH_2\text{-}OH$	プロパン-1-オール propan-1-ol

置換基:

$$\sim\text{-}\bigcirc\text{-}CH_2\text{-}CH_2\text{-}OH$$

置換構成要素:	—OH	ヒドロキシ hydroxy
	$-CH_2\text{-}CH_3$	エチル ethyl
	$-C_6H_5$	フェニル phenyl
置換接頭語:	4-(2-ヒドロキシエチル)フェニル 4-(2-hydroxyethyl)phenyl	

その他の規則と合わせ,この解析から次の PIN が得られる.

3-[4-(2-ヒドロキシエチル)フェニル]プロパン-1-オール **PIN**
3-[4-(2-hydroxyethyl)phenyl]propan-1-ol **PIN**

例 3:

$$HO\text{-}CH_2\text{-}CH_2\text{-}\overset{3'}{CH_2}\text{-}\bigcirc\text{-}\overset{3}{CH_2}\text{-}CH_2\text{-}\overset{1}{CH_2}\text{-}OH$$

解析:

主特性基:	—OH	オール ol
母体水素化物:	$CH_3\text{-}CH_2\text{-}CH_3$	プロパン propane
官能化母体 水素化物:	$\overset{3}{CH_3}\text{-}\overset{2}{CH_2}\text{-}\overset{1}{CH_2}\text{-}OH$	プロパン-1-オール propan-1-ol

444　　　　　P-5　優先 IUPAC 名の選択と有機化合物の名称の作成

(前ページ例 3 つづき)

倍数連結基:　　　　−C₆H₄−　　　　　　1,4-フェニレン
　　　　　　　　　　　　　　　　　　　　1,4-phenylene

その他の規則と合わせ，この解析から次の PIN が得られる.

3,3′-(1,4-フェニレン)ジ(プロパン-1-オール)PIN
3,3′-(1,4-phenylene)di(propan-1-ol)PIN

説明: 倍数名は，同一の母体構造が，中心となる構成要素に対称的に結合している場
合に作成する(PIN においては，母体構造が対称的に置換されていなければならない).
特性基を含む母体構造内の番号付けは，倍数化しても保存される.

P-59.2.1.4　　主特性基が単独の環にのみ存在する場合，命名にはその環を母体水素化物として選ぶ.

例:

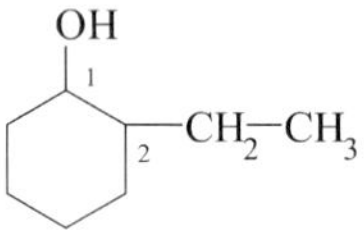

解析:

　主特性基:　　　　　　−OH　　　　　　　　オール　ol
　母体水素化物:　　　　C₆H₁₂　　　　　　　シクロヘキサン　cyclohexane
　官能化母体　　　　　　C₆H₁₁-OH　　　　　シクロヘキサノール
　　水素化物:　　　　　　　　　　　　　　　cyclohexanol
　置換基:　　　　　　　−CH₂-CH₃　　　　　エチル　ethyl

その他の規則と合わせ，この解析から次の PIN が得られる.

2-エチルシクロヘキサン-1-オール PIN
2-ethylcyclohexan-1-ol PIN

P-59.2.1.5　　主特性基が複数の環に存在する場合，命名のための母体水素化物となる環は，環の優先順位に
従って選ぶ.

例:

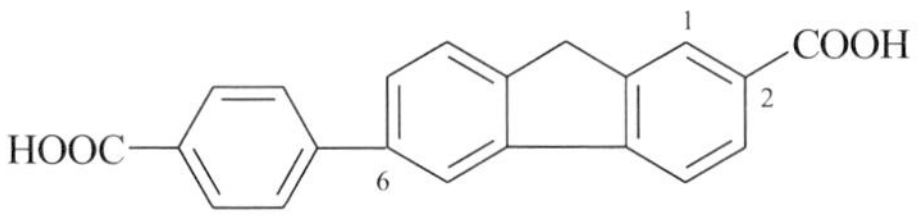

解析:

　主特性基:　　　　　　−COOH　　　　　　　　　　　カルボン酸　carboxylic acid
　母体水素化物:　　　　　　　　　　　　　　　　　　9H-フルオレン
　　　　　　　　　　　　　　　　　　　　　　　　　　9H-fluorene

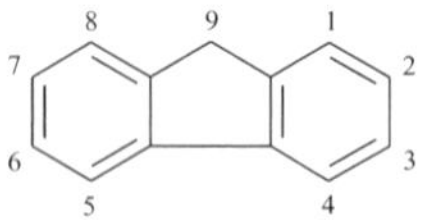

　官能化母体　　　　　　　　　　　　　　　　　　　　9H-フルオレン-2-カルボン酸
　　水素化物:　　　　　　　　　　　　　　　　　　　　9H-fluorene-2-carboxylic acid

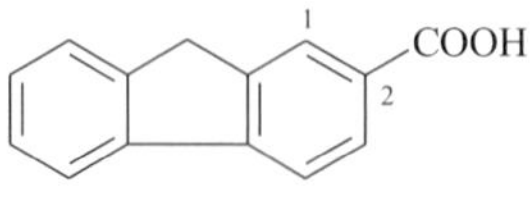

　置換基:　　　　　　　−C₆H₅　　　　　　　　　　　フェニル　phenyl
　　　　　　　　　　　　−COOH　　　　　　　　　　　カルボキシ　carboxy

その他の規則と合わせ，この解析から次の PIN が得られる.

6-(4-カルボキシフェニル)-9H-フルオレン-2-カルボン酸 PIN
6-(4-carboxyphenyl)-9H-fluorene-2-carboxylic acid PIN

P-59　名 称 の 作 成　　　　　445

P-59.2.1.6　　　主特性基が鎖と環の両方に存在する場合，命名法における母体水素化物は，主特性基がより多く存在する部分である．主特性基の数が同じで複数の箇所に存在する場合は，命名には環を母体水素化物として選ぶ．

例1：

$$HO-\bigcirc\!\!-\!\!\underset{1}{CH}(OH)-\underset{2}{CH_2}-\underset{3}{CH_2}-\underset{4}{CH_2}-\underset{5}{CH_2}-\underset{6}{CH_2}-OH$$

解析：

主特性基：	−OH	ジオール diol
母体水素化物：	$CH_3\text{-}CH_2\text{-}CH_2\text{-}CH_2\text{-}CH_2\text{-}CH_3$	ヘキサン hexane
官能化母体 　水素化物：	$HO\text{-}\underset{1}{CH_2}\text{-}\underset{2}{CH_2}\text{-}\underset{3}{CH_2}\text{-}\underset{4}{CH_2}\text{-}\underset{5}{CH_2}\text{-}\underset{6}{CH_2}\text{-}OH$	ヘキサン-1,6-ジオール hexane-1,6-diol
置換構成要素：	$-C_6H_{11}$	シクロヘキシル cyclohexyl
	−OH	ヒドロキシ hydroxy
置換基接頭語：	4-ヒドロキシシクロヘキシル 4-hydroxycyclohexyl	

その他の規則と合わせ，この解析から次の PIN が得られる．

1-(4-ヒドロキシシクロヘキシル)ヘキサン-1,6-ジオール **PIN**
1-(4-hydroxycyclohexyl)hexane-1,6-diol **PIN**

例2：

$$O=\!\!\underset{2}{\bigcirc}\!\!\underset{1}{=}\!O\;\;\underset{4}{-}CH_2-\overset{\overset{\displaystyle O}{\|}}{C}-CH_2-CH_3$$

解析：

主特性基：	(C)=O	ジオン dione
母体水素化物：	シクロペンタン cyclopentane	
官能化母体 　水素化物：		シクロペンタン-1,2-ジオン cyclopentane-1,2-dione
置換基：	=O	オキソ oxo
	$CH_3\text{-}CH_2\text{-}CH_2\text{-}CH_2\text{-}$	ブチル butyl
置換基接頭語：	2-オキソブチル 2-oxobutyl	

その他の規則と合わせ，この解析から次の PIN が得られる．

4-(2-オキソブチル)シクロペンタン-1,2-ジオン **PIN**
4-(2-oxobutyl)cyclopentane-1,2-dione **PIN**

P-59.2.1.7　　　化合物の命名法上重要な複数の構造部分に同数の主特性基がある場合，PIN は上位の構造部分を母体水素化物として作成する．

例：

$$OHC-\underset{1}{\bigcirc}\underset{3}{-}CH_2-CH_2-CH_2-CH_2-CH_2-CH_2-CHO$$

解析：

主特性基：	−CHO	カルボアルデヒド carbaldehyde

446 P-5 優先 IUPAC 名の選択と有機化合物の名称の作成

（前ページ例 つづき）

母体水素化物:　　　　　　　　　　　　　　シクロヘキサン
　　　　　　　　　　　　　　　　　　　　　cyclohexane

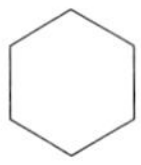

官能化母体　　　　　　　　　　　　CHO　　シクロヘキサンカルボアルデヒド
　水素化物:　　　　　　　　　　　　　　　　cyclohexanecarbaldehyde

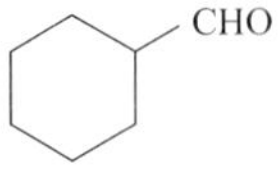

置換基:　　　　　−CH₂-[CH₂]₅-CHO　　　　7-オキソヘプチル　7-oxoheptyl

その他の規則と合わせ，この解析から次の PIN が得られる．

3-(7-オキソヘプチル)シクロヘキサン-1-カルボアルデヒド **PIN**
3-(7-oxoheptyl)cyclohexane-1-carbaldehyde **PIN**

GIN としては，特定の部分を重視して，鎖を母体水素化物として選んでもよく（規則 P-44.1.2.2），次の名称も認められる．

7-(3-ホルミルシクロヘキシル)ヘプタナール
7-(3-formylcyclohexyl)heptanal

P-59.2.1.8　　　置換基がそれ自体置換されている場合，すべての副置換基は，接頭語として命名する．副置換基をもつ置換基は，（母体水素化物と類似した）母体置換基とみなされる．置換基全体の名称は，化合物において採用されるすべての手順(たとえば，主鎖の選択)に従う．ただし，次の二つの例外があり，(a) 接尾語は使用しないこと，(b) アルキルまたはアルカニル型の命名法に対応して，置換基の結合位置はできるだけ小さい位置番号をもつことである．

例:

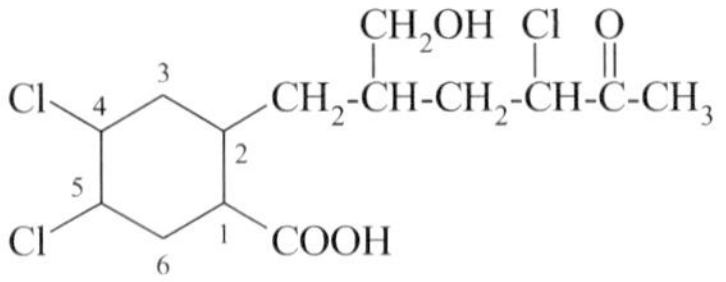

　　　　　　　　　　　　　　　　　CH₂OH Cl O
　　　　　　　　　　　3　　CH₂-CH-CH₂-CH-C-CH₃
　　　Cl 4　　　　　2
　　　　　5　　　　　　1
　　　Cl　　　6　　　COOH

解析:

主特性基:　　　　−COOH　　　　　　　　カルボン酸
　　　　　　　　　　　　　　　　　　　　carboxylic acid

母体水素化物:　　　　　　　　　　　　　　シクロヘキサン
　　　　　　　　　　　　　　　　　　　　cyclohexane

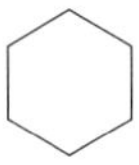

官能化母体　　　　　　　　　　　COOH　　シクロヘキサンカルボン酸
　水素化物:　　　　　　　　　　　　　　　cyclohexanecarboxylic acid

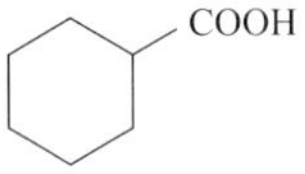

主置換基:　　　　−Cl　　　　　　　　　　クロロ　chloro
　　　　　　　　　−CH₂-CH₂-CH₂-CH₂-CH₂-CH₃　　ヘキシル　hexyl

副置換基:　　　　−Cl　　　　　　　　　　クロロ　chloro
　　　　　　　　　=O　　　　　　　　　　オキソ　oxo
　　　　　　　　　−CH₂-OH　　　　　　　ヒドロキシメチル　hydroxymethyl

置換された　　　　4-クロロ-2-(ヒドロキシメチル)-5-オキソヘキシル
　置換基:　　　　4-chloro-2-(hydroxymethyl)-5-oxohexyl

その他の規則と合わせ，この解析から次の PIN が得られる．

4,5-ジクロロ-2-[4-クロロ-2-(ヒドロキシメチル)-5-オキソヘキシル]シクロヘキサン-1-カルボン酸 **PIN**
4,5-dichloro-2-[4-chloro-2-(hydroxymethyl)-5-oxohexyl]cyclohexane-1-carboxylic acid **PIN**

P-59.2.2　ヘテロ原子は接尾語より優位性が高い

"ア"命名法によって修飾された複素環状化合物および鎖の扱いは，同じように固有の位置番号をもつ母体化合物とみなす．その結果，小さい位置番号の割当てにおいてはヘテロ原子を優先し，接尾語には次に可能な最小位置番号を割当てる．

> "ア"命名法によって命名したヘテロ鎖状母体構造が固有の位置番号をもつことは，小さい位置番号の割当てにおいて，主特性基および遊離原子価がヘテロ原子より優先した規則 C-0.6.(参考文献 1)に対する大きな変更である．

P-59.2.2.1
代置操作を適用した鎖状母体炭化水素は，固有の位置番号をもつ新しい母体水素化物を生じるため，接尾語には，この位置番号に従って可能な最小の位置番号を付ける．

例：
$$\overset{1}{CH_3}-CH_2-O-\overset{3}{CH_2}-CH_2-O-\overset{6}{CH_2}-CH_2-O-\overset{9}{CH_2}-CH_2-O-\overset{12}{CH_2}-CH_2-O-\overset{15}{CH_2}-CH_2-COOH$$

解析：

主特性基：	—(C)OOH	酸　oic acid
母体炭化水素：	$CH_3-[CH_2]_{13}-CH_3$	ペンタデカン pentadecane
"ア"接頭語：	—O—	オキサ oxa

ヘテロ鎖状母体水素化物：

$$\overset{1}{CH_3}-CH_2-O-\overset{3}{CH_2}-CH_2-O-\overset{6}{CH_2}-CH_2-O-\overset{9}{CH_2}-CH_2-O-\overset{12}{CH_2}-CH_2-O-\overset{15}{CH_2}-CH_2-CH_3$$

3,6,9,12-テトラオキサペンタデカン
3,6,9,12-tetraoxapentadecane

官能化ヘテロ鎖状母体水素化物：

$$\overset{1}{CH_3}-CH_2-O-\overset{3}{CH_2}-CH_2-O-\overset{6}{CH_2}-CH_2-O-\overset{9}{CH_2}-CH_2-O-\overset{12}{CH_2}-CH_2-O-\overset{15}{CH_2}-CH_2-COOH$$

3,6,9,12-テトラオキサペンタデカン-15-酸
3,6,9,12-tetraoxapentadecan-15-oic acid

その他の規則と合わせ，この解析から次の PIN が得られる．

3,6,9,12-テトラオキサペンタデカン-15-酸 **PIN**
3,6,9,12-tetraoxapentadecan-15-oic acid **PIN**

P-59.2.2.2
保存名または体系名をもつ複素環化合物は，母体水素化物とみなす．したがって，接尾語を付加し，可能な最小の位置番号を複素環固有の位置番号に従って割当てる．付加指示水素には，次に最小の位置番号を割当てる．

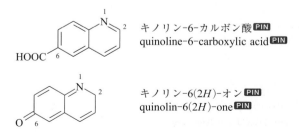

キノリン-6-カルボン酸 **PIN**
quinoline-6-carboxylic acid **PIN**

キノリン-6(2*H*)-オン **PIN**
quinolin-6(2*H*)-one **PIN**

P-5　優先 IUPAC 名の選択と有機化合物の名称の作成

例：

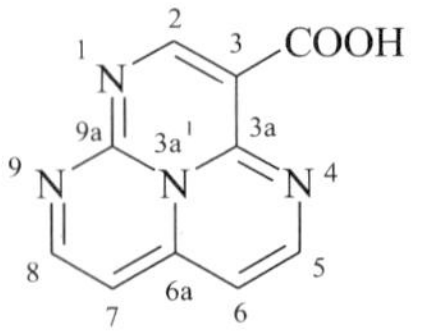

解析：

主特性基：　　　　　　　−COOH　　　　　　　　　カルボン酸
　　　　　　　　　　　　　　　　　　　　　　　　　carboxylic acid

母体炭化水素：　　　　　　　　　　　　　　　　　3a^{1}H-フェナレン
　　　　　　　　　　　　　　　　　　　　　　　　　3a^{1}H-phenalene

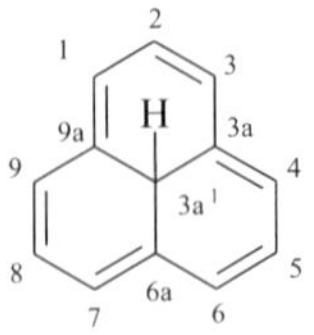

　　　　　　　　　　　　　　　　　　　　　　　　　（縮合系における内部原子の新しい番号付け方式により，
　　　　　　　　　　　　　　　　　　　　　　　　　9b でなく 3a^1 となることに注意．P-25.3.3.3 参照）

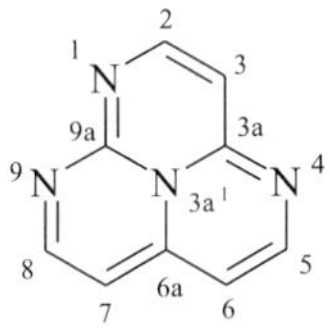

"ア"接頭語：　　　　　　−N<　　　　　　　　　　アザ aza

複素環母体　　　　　　　　　　　　　　　　　　　1,3a^1,4,9-テトラアザフェナレン
　水素化物：　　　　　　　　　　　　　　　　　　　1,3a^1,4,9-tetraazaphenalene

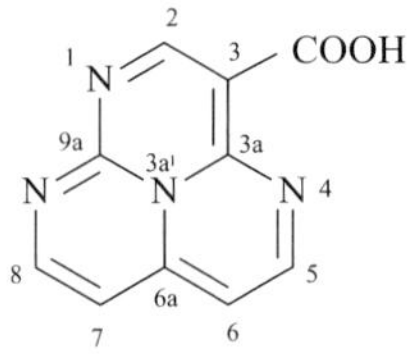

官能化複素環　　　　　　　　　　　　　　　　　　1,3a^1,4,9-テトラアザフェナレン-3-カルボン酸
　母体水素化物：　　　　　　　　　　　　　　　　　1,3a^1,4,9-tetraazaphenalene-3-carboxylic acid

その他の規則と合わせ，この解析から次の PIN が得られる．

1,3a^1,4,9-テトラアザフェナレン-3-カルボン酸 **PIN**
1,3a^1,4,9-tetraazaphenalene-3-carboxylic acid **PIN**

P-59.2.3　接尾語は不飽和語尾より優位性が高い

P-59.2.3.1　　　接尾語の位置番号を定めた後，小さい位置番号を ene および yne 語尾に割当て，続いて分離可能接頭語に割当てる．

例：
$$\overset{1}{CH_2}=\overset{2}{CH}-\overset{3}{CH_2}-\overset{4}{\underset{4}{C}}(=O)-\overset{5}{CH_2}-\overset{6}{CH_2}-\overset{7}{CF_3}$$

解析：

主特性基：　　　　　　=O　　　　　　　　　　　　オン one

母体水素化物：　　　　CH$_3$-[CH$_2$]$_5$-CH$_3$　　　　　　ヘプタン heptane

官能化母体　　　　　　CH$_3$-[CH$_2$]$_2$-CO-[CH$_2$]$_2$-CH$_3$　　ヘプタン-4-オン
　水素化物：　　　　　　　　　　　　　　　　　　　　heptan-4-one

除去修飾：　　　　　　>C=C<　　　　　　　　　　エン ene

置換基接頭語：　　　　−F　　　　　　　　　　　　フルオロ fluoro

その他の規則と合わせ，この解析から次の PIN が得られる．

7,7,7-トリフルオロヘプタ-1-エン-4-オン **PIN**
7,7,7-trifluorohept-1-en-4-one **PIN**

P-59 名称の作成　　　　449

P-59.2.3.2　　　ヒドロおよびデヒドロ接頭語は，母体水素化物の水素化の段階を表すために使う．本勧告では，この二つの接頭語は分離可能であるとみなすが，それは番号付けに関連する場合のみで，分離可能置換接頭語の中には含めない．名称においては，この二つは母体化合物の名称の直前，英数字順に並べた分離可能置換接頭語の名称の後に表示する．

> 本勧告では，接頭語のヒドロおよびデヒドロは，分離可能であるが，アルファベット順の分離可能接頭語の分類には含めない(P-14.4 参照．P-15.1.5.2, P-31.2, P-58.2 参照)．これは従来の規則(参考文献 1, 2)からの変更である．語尾の ene および yne とともにこの二つを母体水素化物を修飾するために使用する場合は，母体水素化物の番号付けに従い，番号付けの一般規則(P-14.4)に定められているように，指示水素，付加指示水素および接尾語が存在する場合は，それらの優先性を認めたうえで，最小の位置番号の原則によって番号を割当てる．

例：

解析：

主特性基：	−COOH	カルボン酸 carboxylic acid
母体水素化物：		アズレン azulene
官能化母体 水素化物：		アズレン-2-カルボン酸 azulene-2-carboxylic acid
飽和接頭語：	−H	ジヒドロ dihydro
置換基：	−Br	ブロモ bromo

その他の規則と合わせ，この解析から次の PIN が得られる．

7-ブロモ-5,6-ジヒドロアズレン-2-カルボン酸 **PIN**
7-bromo-5,6-dihydroazulene-2-carboxylic acid **PIN**

P-59.2.3.3　　　マンキュード環ケトン，イミン，その他の特性基および ylidene のような遊離原子価は，付加指示水素を使う方式によって命名する．選択が必要な場合，指示水素原子が小さい位置番号の割当てで優先し，続いて接尾語，付加指示水素，最後にヒドロ接頭語の順になる．

例1：

解析：

主特性基：	=O	オン one
母体水素化物：		ナフタレン naphthalene

450   P-5   優先 IUPAC 名の選択と有機化合物の名称の作成

（前ページ例 1 つづき）

官能化母体 水素化物:		ナフタレン-2(4a*H*)-オン naphthalen-2(4a*H*)-one
飽和接頭語:	−H	テトラヒドロ tetrahydro

その他の規則と合わせ，この解析から次の PIN が得られる．

5,6,7,8-テトラヒドロナフタレン-2(4a*H*)-オン `PIN`
5,6,7,8-tetrahydronaphthalen-2(4a*H*)-one `PIN`

例 2:

解析:

遊離原子価:	R=	イリデン ylidene
母体水素化物:		キノリン quinoline
遊離原子価をもつ 母体水素化物:		キノリン-2(1*H*)-イリデン quinolin-2(1*H*)-ylidene

その他の規則と合わせ，この解析から次の優先接頭語が得られる．

3,4-ジヒドロキノリン-2(1*H*)-イリデン `優先接頭`
3,4-dihydroquinolin-2(1*H*)-ylidene `優先接頭`

例 3:

解析:

主特性基:	=O	ジオン dione
母体水素化物:		1*H*-インデン 1*H*-indene
官能化母体 水素化物:		1*H*-インデン-1,4(2*H*)-ジオン 1*H*-indene-1,4(2*H*)-dione
飽和接頭語:	−H	ジヒドロ dihydro

その他の規則と合わせ，この解析から次の PIN が得られる．

3,3a-ジヒドロ-1*H*-インデン-1,4(2*H*)-ジオン `PIN`
3,3a-dihydro-1*H*-indene-1,4(2*H*)-dione `PIN`

P-59 名称の作成 451

例 4:

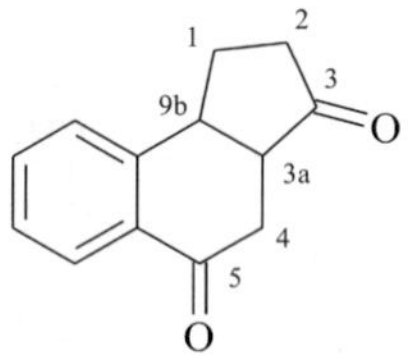

解析:

主特性基:	O=	ジオン dione

母体水素化物:

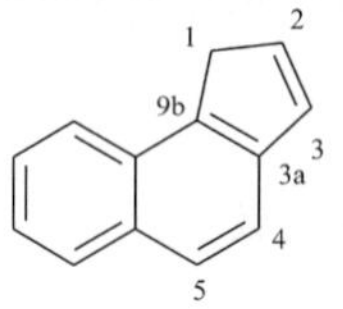

1*H*-シクロペンタ[*a*]ナフタレン
1*H*-cyclopenta[*a*]naphthalene

官能化母体
水素化物:

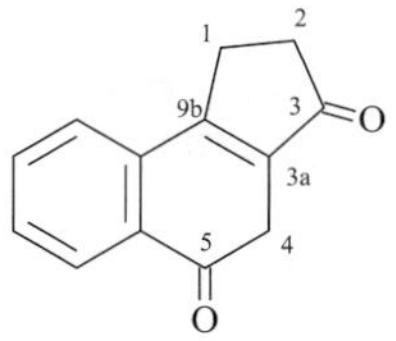

1*H*-シクロペンタ[*a*]ナフタレン-3,5(2*H*,4*H*)-ジオン
1*H*-cyclopenta[*a*]naphthalene-3,5(2*H*,4*H*)-dione

（P-58.2.5 参照）

飽和接頭語:	−H	ジヒドロ dihydro

その他の規則と合わせ，この解析から次の PIN が得られる.

3a,9b-ジヒドロ-1*H*-シクロペンタ[*a*]ナフタレン-3,5(2*H*,4*H*)-ジオン **PIN**
3a,9b-dihydro-1*H*-cyclopenta[*a*]naphthalene-3,5(2*H*,4*H*)-dione **PIN**

例 5:

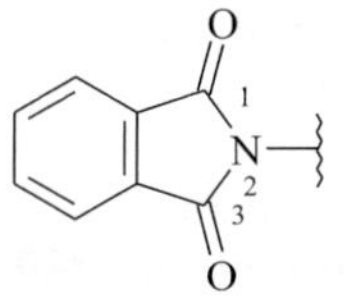

解析:

遊離原子価:	R−	イル yl

母体水素化物:

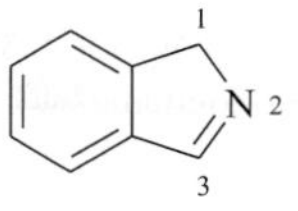

1*H*-イソインドール
1*H*-isoindole

遊離原子価をもつ
母体水素化物:

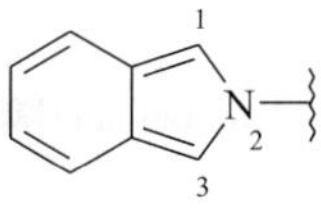

2*H*-イソインドール-2-イル
2*H*-isoindol-2-yl

飽和接頭語:	−H	ジヒドロ dihydro
置換基:	=O	ジオキソ dioxo

その他の規則と合わせ，この解析から次の優先接頭語が得られる.

1,3-ジオキソ-1,3-ジヒドロ-2*H*-イソインドール-2-イル **優先接頭**
1,3-dioxo-1,3-dihydro-2*H*-isoindol-2-yl **優先接頭**

P-59.2.4 語尾 ene と yne およびヒドロ接頭語の優位性は分離可能接頭語より高い

選択が必要な場合，小さい位置番号をまず語尾 ene と yne およびヒドロ，デヒドロ接頭語に割当て，次に分離

452   P-5 優先 IUPAC 名の選択と有機化合物の名称の作成

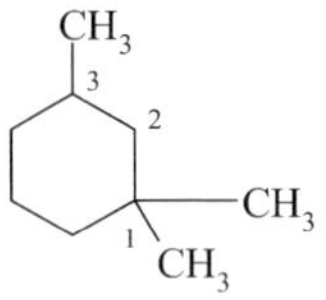

可能なアルファベット順の接頭語に割当てる.

例:

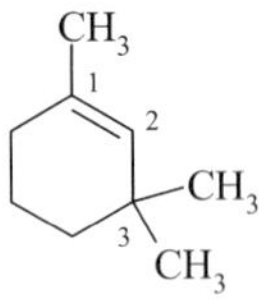

1,3,3-トリメチルシクロヘキサ-1-エン **PIN**
1,3,3-trimethylcyclohex-1-ene **PIN**

を比較

1,1,3-トリメチルシクロヘキサン **PIN**
1,1,3-trimethylcyclohexane **PIN**

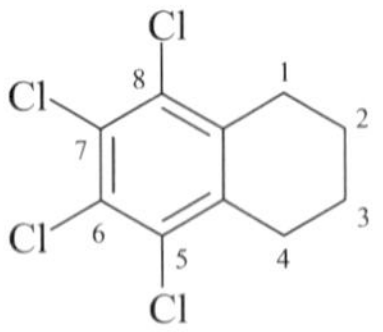

と

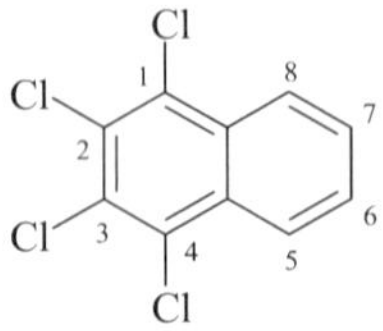

を比較

5,6,7,8-テトラクロロ-1,2,3,4-
テトラヒドロナフタレン **PIN**
5,6,7,8-tetrachloro-1,2,3,4-
tetrahydronaphthalene **PIN**

1,2,3,4-テトラクロロナフタレン **PIN**
1,2,3,4-tetrachloronaphthalene **PIN**

P-59.2.5 分離可能接頭語の取扱い

選択が必要な場合,分離可能接頭語をひとまとめにして小さい位置番号を割当て,さらに必要な場合は,英数字順に割当てる.

例:

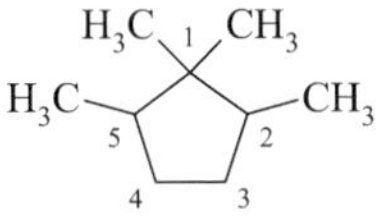

1,1,2,5-テトラメチルシクロペンタン **PIN**
1,1,2,5-tetramethylcyclopentane **PIN**
（1,2,2,3-テトラメチルシクロペンタン
1,2,2,3-tetramethylcyclopentane ではない.
位置番号の組合わせ 1,1,2,5 は 1,2,2,3 より小さい）

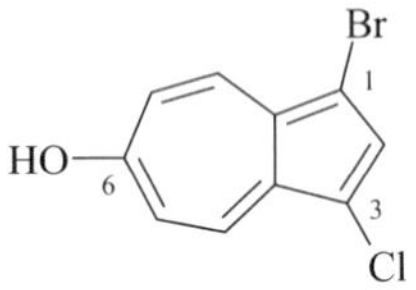

1-ブロモ-3-クロロアズレン-6-オール **PIN**
1-bromo-3-chloroazulen-6-ol **PIN**

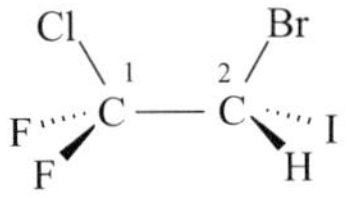

(2R)-2-ブロモ-1-クロロ-1,1-ジフルオロ-2-ヨードエタン **PIN**
(2R)-2-bromo-1-chloro-1,1-difluoro-2-iodoethane **PIN**

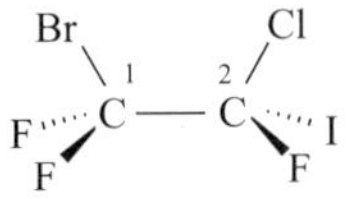

(2S)-1-ブロモ-2-クロロ-1,1,2-トリフルオロ-2-ヨードエタン **PIN**
(2S)-1-bromo-2-chloro-1,1,2-trifluoro-2-iodoethane **PIN**

P-6 個々の化合物種類に対する適用

P-60	序 言	P-66	アミド，イミド，ヒドラジド，ニトリルおよびアルデヒド
P-61	置換命名法：接頭語方式		
P-62	アミンとイミン	P-67	有機化合物の命名に用いる官能性母体としての単核および多核非炭素酸類とそれらの官能基代置類縁体
P-63	ヒドロキシ化合物，エーテル，ペルオキソール，過酸化物およびカルコゲン類縁体		
P-64	ケトン，擬ケトン，ヘテロンおよびカルコゲン類縁体	P-68	P-62 から P-67 までに含まれない 13,14,15,16,17 族元素の有機化合物の命名法
P-65	酸，酸ハロゲン化物，酸擬ハロゲン化物，塩，エステルおよび酸無水物	P-69	有機金属化合物の命名法

P-60 序 言

この章では，一般的な原則と先の章で述べた特定の規則を，個々の化合物に対しどのように適用するかについて説明する．

P-60.1 各節の概要

P-61 では，接頭語を使って置換形式でのみ命名する炭化水素について述べる．他の母体水素化物に由来する置換基で置換された化合物や，炭化水素に置換する際には常に接頭語として使う特性基によって置換された母体水素化物を例として示す．

P-62 から P-66 では，置換命名法により接尾語と接頭語を使う方式あるいは他の方式で命名する化合物を対象として，酸からイミンにいたる慣用的な化合物種類について述べる(P-41 参照)．

P-67 では，非炭素酸とその官能基代置類縁体の有機誘導体の命名法について述べる．

P-68 では，P-62 から P-67 には含まれていない 13, 14, 15, 16, 17 族の元素の有機化合物の命名法について述べる．

P-69 では，有機金属化合物の命名法について述べる．

P-60.2 名 称 の 紹 介

この章で取上げる名称は系統的に示してある．PIN を作成するために推奨する一般的な方法については，(a)〜(e)の詳しい説明を参照してもらうことにして，すべて簡単なかたちで述べる．

(a) 接尾語を使った置換による名称は，P-15.1 で述べた一般的な方法に従って作成する．置換名は，al, ol, yl, carbaldehyde, carboxylic acid などの接尾語を母体水素化物の名称に付ける．その際，接尾語が a, i, o, u, y で始まる場合は，母体水素化物の最後の文字 e を省略する．

(b) 接頭語を使った置換による名称は一般的な方法に従ってつくる．置換名は，母体水素化物あるいは母体化合物の名称に対してアミノ，ヒドロキシなどの接頭語を付加することによりつくる．形式上同一であることを保つために，付加した接頭語の最後の文字は省略しない．

(c) 官能種類命名法による名称は，P-15.2 に述べた一般的な方法に従ってつくる．官能種類名は，アルファベット順に並べた置換基の名称を先に記し，つぎにアルコール，オキシド，ケトンなどの種類名を，英語ではスペースをあけて表示する．

454 P-6 個々の化合物種類に対する適用

(d) "ア" 名は，P-15.4 に述べた "ア" 命名法により作成する．

(e) 官能性母体名は，PIN および GIN として使用できる名称に関連して述べる．

　優先 IUPAC 名(PIN)を示す方法は，'この方法で PIN ができる'，'方法(1)により PIN が得られる'，'略語 PIN を優先 IUPAC 名の後ろに示す' というような言い回しで表現する．過去に推奨されたがこの勧告に含まれない名称は，'もはや推奨しない(廃止した)' という言い回しで，挿入句的に表現する．たとえば，接頭語 メチレン methylene は，＝CH₂ 基を示す用語としては，IUPAC 命名法では 'もはや推奨しない(廃止した)' のようにする．

　'ではない' がついた名称は，この章で述べる規則に従ってつくられていない名称である．すなわち，'間違った' 名称であり，PIN に代わるものではないので使ってはならない．たとえば，エタノールアミン ethanolamine はいまだに広く使用されているが，二つの接尾語が存在するので誤った名称であり，PIN の 2-アミノエタン-1-オール 2-aminoethan-1-ol の別名とはならない．

P-61　置換命名法: 接頭語方式　　"日本語名称のつくり方" も参照

P-61.0　はじめに	P-61.7　アジド
P-61.1　一般的な方法	P-61.8　イソシアナート (イソシアン酸エステル)
P-61.2　炭化水素基と対応する二価と多価の基	
P-61.3　ハロゲン化合物	P-61.9　イソシアニド (イソシアン化物)
P-61.4　ジアゾ化合物	P-61.10　雷酸エステルとイソ雷酸エステル
P-61.5　ニトロおよびニトロソ化合物	P-61.11　多官能基化合物
P-61.6　ヘテロン	

P-61.0　はじめに

　この節では，置換基と特性基を示す接頭語のみを使い，置換命名法によりつくった化合物の名称について述べる．このような接頭語は分離可能で，名称には英数字順に表示する．

　この節には炭化水素基と対応する多価の基(母体炭化水素に由来する置換基)が含まれている．これらの基は化合物種類の優先順位(P-41 参照)において最後から 4 番目の位置を占めるため，より優先順位の高い種類が存在するときは接頭語として扱う．同様の状況が，優先順位が 1 番下にある(P-41 参照)標準の結合数をもったハロゲンの化合物にも当てはまる．

　ジアゾ化合物，ニトロとニトロソ化合物，アジド，イソシアナート，イソシアニド，雷酸誘導体，イソ雷酸 (HCNO)誘導体もこの節に含まれる．エーテル，過酸化物およびアセタールはこの節では対象としないが，ヒドロキシ化合物とアルデヒドと関連して詳しく述べる(それぞれ P-63.2，P-63.3 および P-66.6.5 を参照)．

　ここで扱う特性基(表 5・1 参照)は，置換命名法において接頭語としてのみ表示する特性基である(参考文献 2，R-4.1 参照)．このことは，特性基は常に接頭語として使用しなければならないという意味ではない．置換命名法は化合物種類を基にした優先順位によっていて，順位の高い種類を必ず最初に決める(たとえば P-33，P-41 参照)ので，特性基が接尾語となることもある．

P-61.1　一般的な方法

　置換命名法は，母体水素化物または母体化合物の 1 個以上の水素原子を，他の原子または原子団に交換するという置換操作をもととしている．この操作を，導入する原子(団)を示す接頭語もしくは接尾語により表現する．水素原子が存在しないときは，置換は不可能である．しかし，もし水素原子を付加操作により構造に加えれば(た

P-61 置換命名法：接頭語方式

とえば二重結合に対するように)置換は可能となる．水素原子の形式的な付加は置換操作に先立って行う．接頭語により表示する原子(団)があるときは，付加する水素はアルファベット順の接頭語の後に表示する．

> これは従来の規則の変更である．今回の勧告では，ヒドロ接頭語は分離可能であるが，他の置換接頭語のようにアルファベット順には並べない．名称における表示位置は，母体水素化物の名前の直前，アルファベット順に並べた接頭語の後，そして分離不可接頭語の前である．

例：

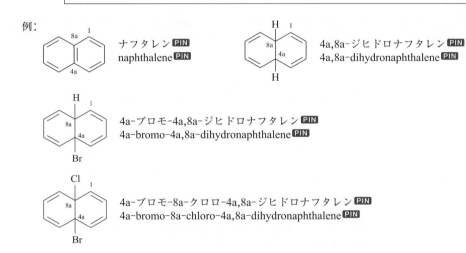

母体構造，主鎖，優先環の優先順位は規則 P-44 で述べた規則に従って選ぶ．

番号付けのための選択が必要なとき，P-14.4 で述べた一般的な規則を適用する．化合物の番号付けの出発点と方向は，最も小さい位置番号が以下に示した構造の特徴に応じて割当てられるよう，決まるまで検討して選ぶ．

(a) ナフタレン naphthalene，ビシクロ[2.2.2]オクタン bicyclo[2.2.2]octane などに対する固有の番号付け
(b) 複素環と鎖状の母体構造におけるヘテロ原子

> これは鎖状の母体構造に対する変更である．今回の勧告では，鎖におけるヘテロ原子は母体水素化物の一部で，番号付けでは接尾語よりも優先する．

(c) 指示水素〔非置換化合物の場合の順番．しかし，別の位置に置換基が入るとその構造特性に基づく接尾語(d)によっては，より大きな位置番号が必要になることがある〕
(d) 接尾語として表示する主基
(e) 指示付加水素(化合物の構造と矛盾なく，かつさらに置換が行えるように割当てる)
(f) 飽和，不飽和(ヒドロ，デヒドロ接頭語)もしくは不飽和語尾(ene, yne)

> 鎖状の母体構造について，従来の規則で示した不飽和結合と鎖長の優先順位が逆になった．優先母体鎖の選択で考えるべき第一の基準は鎖の長さであり，今回の勧告では不飽和結合は2番目の基準となった．

(g) 接頭語として表示する置換基(小さい位置番号を置換基の種類にかかわらず割当てる．必要があれば，表示順とする)

P-61.2 炭化水素基と対応する二価と多価の基

ここでは置換炭化水素のみについて述べる．他の母体水素化物の置換について，13族についてはP-68.1を，14族についてはP-68.2を，15族についてはP-68.3を，16族についてはP-68.4を，17族についてはP-68.5を参照してほしい．

母体水素化物名としては使えない置換を受けた炭化水素(P-2参照)には，母体水素化物名と，他の母体水素化物に由来する該当する置換接頭語を組合わせた名称を使う．

P-61.2.1 鎖状炭化水素

置換された鎖状炭化水素の名称は，P-44の規則に従って主鎖を選択し，置換操作によって作成することで得られる．この規則は従来の規則を変更したもので，優先順位は不飽和結合の有無よりも鎖の長さを上位とする(P-44.3参照).

> 従来の規則からの変更で，不飽和結合と鎖の長さの優先順位が以前とは逆になった．優先母体鎖の選択で考えるべき第一の基準は鎖の長さであり，今回の勧告では不飽和結合は2番目の基準となった．

イソプレン isoprene は保存されるが，置換は認められない(P-31.1.2.1参照)．イソブタン isobutane，イソペンタン isopentane，ネオペンタン neopentane は廃止した．

例：

CH₃-CH(CH₃)-CH₃　　2-メチルプロパン **PIN**　2-methylpropane **PIN**
（イソブタン isobutane ではない）

CH₃-CH₂-CH(CH₃)-CH₃　　2-メチルブタン **PIN**　2-methylbutane **PIN**
（イソペンタン isopentane ではない）

CH₃-C(CH₃)₂-CH₃　　2,2-ジメチルプロパン **PIN**　2,2-dimethylpropane **PIN**
（ネオペンタン neopentane ではない）

CH₃-CH₂-CH₂-C(=CH₂)-CH₂-CH₃　　3-メチリデンヘキサン **PIN**　3-methylidenehexane **PIN**
（2-エチルペンタ-1-エン 2-ethylpent-1-ene ではない．
長い鎖は短い不飽和鎖より優先する．P-44.3参照）

P-61.2.2 環状炭化水素

環により置換を受けた環の名称は環の優先順位を考慮して作成する(P-44.2.1 と P-44.4.1 参照).

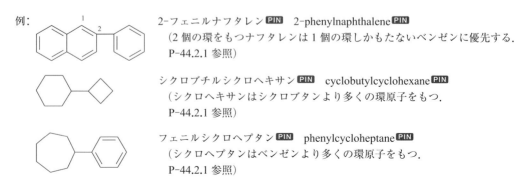

例：

2-フェニルナフタレン **PIN**　2-phenylnaphthalene **PIN**
（2個の環をもつナフタレンは1個の環しかもたないベンゼンに優先する．
P-44.2.1参照）

シクロブチルシクロヘキサン **PIN**　cyclobutylcyclohexane **PIN**
（シクロヘキサンはシクロブタンより多くの環原子をもつ．
P-44.2.1参照）

フェニルシクロヘプタン **PIN**　phenylcycloheptane **PIN**
（シクロヘプタンはベンゼンより多くの環原子をもつ．
P-44.2.1参照）

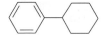
シクロヘキシルベンゼン [PIN]　cyclohexylbenzene [PIN]
（ベンゼンはシクロヘキサンより多くの多重結合をもつ．
P-44.4.1 参照）

P-61.2.3　環と鎖で構成する炭化水素

鎖により置換された環状炭化水素の名称は，環に飽和もしくは不飽和の鎖を置換することにより作成する（P-44.1.2.2 参照）．この規則は PIN においては厳密に適用しなければならない．トルエン toluene は置換が認められない PIN として保存されるが，置換は GIN では一定の制限（P-22.1.3 参照）のもとに環と側鎖の両方に対して認められる．キシレン xylene は PIN だが置換はできない．また メシチレン mesitylene は GIN としてのみ使用でき，置換はできない．

スチレン styrene，スチルベン stilbene およびフルベン fulvene は GIN としてのみ保存する．スチレンとスチルベンは，P-31.1.3.4 で述べたように，環に置換することができる．フルベンについては，置換は認められない（P-31.1.3.4 参照）．

> 1993 規則（参考文献 2）では，これらの母体水素化物名は保存されていたが，限定された置換のみが認められていた．

例：

1,2-キシレン [PIN]　1,2-xylene [PIN]
1,2-ジメチルベンゼン　1,2-dimethylbenzene
　（o-メチルトルエン o-methyltoluene ではない，
　メチル基によるトルエンへの置換は認められない．
　P-22.1.3 参照）

1,4-ジエテニルベンゼン [PIN]　1,4-diethenylbenzene [PIN]
1,4-ジビニルベンゼン　1,4-divinylbenzene

デシルシクロヘキサン [PIN]　decylcyclohexane [PIN]
　（環は鎖に優先する．P-52.2.8 参照）
1-シクロヘキシルデカン　1-cyclohexyldecane

（プロパ-2-エン-1-イル）シクロヘキサン [PIN]
(prop-2-en-1-yl)cyclohexane [PIN]
　（環は鎖に優先する．P-52.2.8 参照）
3-シクロヘキシルプロパ-1-エン
3-cyclohexylprop-1-ene
アリルシクロヘキサン　allylcyclohexane

1,3,5-トリ(デシル)シクロヘキサン [PIN]
1,3,5-tri(decyl)cyclohexane [PIN]
　〔1,3,5-トリス(デシル)シクロヘキサン
　1,3,5-tris(decyl)cyclohexane ではない〕

1,2-ジ-tert-ブチルベンゼン [PIN]
1,2-di-tert-butylbenzene [PIN]

1,4-ジ(プロパン-2-イル)シクロヘキサン [PIN]
1,4-di(propan-2-yl)cyclohexane [PIN]

(5-メチル-2,3-ジメチリデンヘキシル)シクロヘキサン **PIN**
(5-methyl-2,3-dimethylidenehexyl)cyclohexane **PIN**
〔[2-メチリデン-3-
 (2-メチルプロピル)ブタ-3-エン-1-イル]シクロヘキサン
[2-methylidene-3-(2-methylpropyl)but-3-en-1-yl]cyclohexane
ではない．長鎖が短い不飽和鎖より優先する．P-44.3 参照〕

[4-(4-メチルシクロヘキサ-3-エン-1-イル)ブタ-3-エン-
 2-イル]ベンゼン **PIN**
[4-(4-methylcyclohex-3-en-1-yl)but-3-en-2-yl]benzene **PIN**
(P-44.3 参照)
〔[1-メチル-3-(4-メチルシクロヘキサ-3-エン-1-イル)プロパ-
 2-エン-1-イル]ベンゼン
[1-methyl-3-(4-methylcyclohex-3-en-1-yl)prop-2-en-1-yl]benzene
ではない．最長の鎖が短い鎖に優先する〕

1,1′,1″-[ベンゼン-1,2,4-トリイルトリ(プロパン-3,1-
 ジイル)]トリス(4-メチルベンゼン) **PIN**
1,1′,1″-[benzene-1,2,4-triyltri(propane-3,1-
 diyl)]tris(4-methylbenzene) **PIN**
(倍数名．番号付けを示してある．P-51.3 参照)
1,2,4-トリス[3-(4-メチルフェニル)プロピル]ベンゼン
1,2,4-tris[3-(4-methylphenyl)propyl]benzene
1,2,4-トリス(3-*p*-トリルプロピル)ベンゼン
1,2,4-tris(3-*p*-tolylpropyl)benzene

3-メチル-1*H*-インデン **PIN**
3-methyl-1*H*-indene **PIN**

5-メチル-1,2-ジヒドロナフタレン **PIN**
5-methyl-1,2-dihydronaphthalene **PIN**

2-[4-(プロパン-2-イル)シクロヘキシル]ナフタレン **PIN**
2-[4-(propan-2-yl)cyclohexyl]naphthalene **PIN**
2-(4-イソプロピルシクロヘキシル)ナフタレン
2-(4-isopropylcyclohexyl)naphthalene

2,3,7,8-テトラ(ナフタレン-2-イル)アントラセン **PIN**
2,3,7,8-tetra(naphthalen-2-yl)anthracene **PIN**

P-61.2.4 複素環を含む構造

鎖または環で置換した複素環の名称は，優先順位で環が鎖より上位であること(P-44.1.2.2 参照)と環の間の優先順位(P-44.2 参照)に従い作成する．

P-61　置換命名法：接頭語方式　　　　　　　　　459

例：

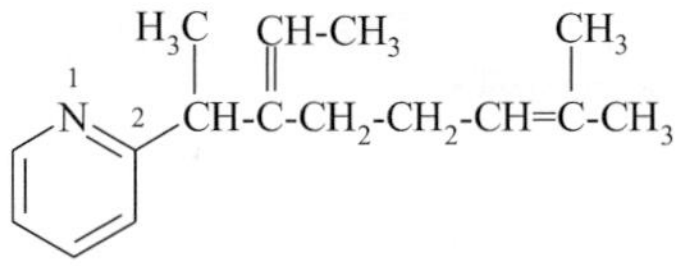

2-(3-エチリデン-7-メチルオクタ-6-エン-2-イル)ピリジン [PIN]
2-(3-ethylidene-7-methyloct-6-en-2-yl)pyridine [PIN]
　（P-46.1 参照）
2-(2-エチリデン-1,6-ジメチルヘプタ-5-エン-1-イル)ピリジン
2-(2-ethylidene-1,6-dimethylhept-5-en-1-yl)pyridine

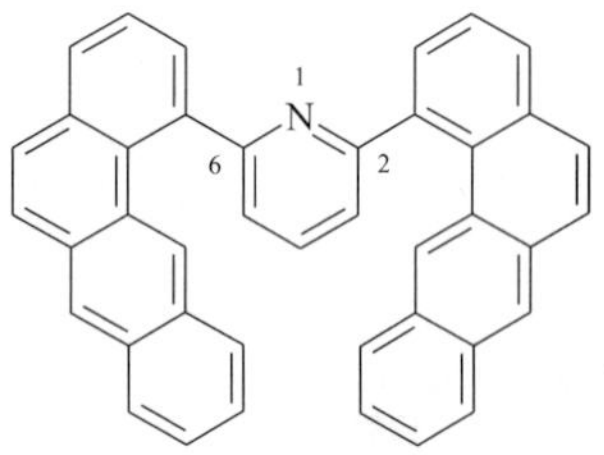

2,6-ビス(ベンゾ[*a*]アントラセン-1-イル)ピリジン
2,6-bis(benzo[*a*]anthracen-1-yl)pyridine
2,6-ジ(テトラフェン-1-イル)ピリジン [PIN]
2,6-di(tetraphen-1-yl)pyridine [PIN]

P-61.3　ハロゲン化合物　　　"日本語名称のつくり方"も参照

　標準結合数のハロゲン原子をもったハロゲン化合物は，置換命名法によりハロゲンを常に接頭語として命名し，また主特性基としてあるいは官能種類命名法により命名する場合は，英語では別の単語として表示する．

P-61.3.1　　ハロゲン原子が標準結合数をもつときは，ハロゲン化合物は次の二つの方法で命名する．

(1) 接頭語 ブロモ bromo，クロロ chloro，フルオロ fluoro，ヨード iodo と該当する倍数接頭語を使う置換命名法による．

(2) 官能種類命名法による．この方法は，有機基名に続いて種類名 フルオリド fluoride，クロリド chloride，ブロミド bromide，ヨージド iodide を英語では別の単語として記し，必要なら倍数接頭語を前に置くことで名称を作成する．官能種類名は通常，1種類のハロゲンをもつ単純な構造を示すのに使い，複雑な構造を命名するためには使わない．二臭化スチルベン stilbene dibromide のような付加を示す名称は推奨しない．

方法(1)により PIN が得られる(P-51.1.1 参照)．

例：CH₃-I

ヨードメタン [PIN]　iodomethane [PIN]
ヨウ化メチル または メチルヨージド　methyl iodide

C₆H₅-CH₂-Br

(ブロモメチル)ベンゼン [PIN]　(bromomethyl)benzene [PIN]
　（トルエンには置換は認められない）
α-ブロモトルエン　α-bromotoluene
　（GIN におけるトルエンに対する置換規則．P-22.1.3 参照）
臭化ベンジル または ベンジルブロミド　benzyl bromide

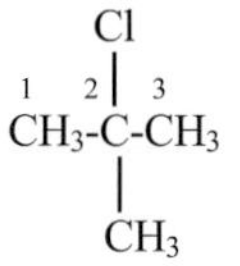

2-クロロ-2-メチルプロパン [PIN]　2-chloro-2-methylpropane [PIN]
塩化 *tert*-ブチル または *tert*-ブチルクロリド
tert-butyl chloride

Br-CH₂-CH₂-Br

1,2-ジブロモエタン [PIN]　1,2-dibromoethane [PIN]
二臭化エチレン または エチレンジブロミド
ethylene dibromide

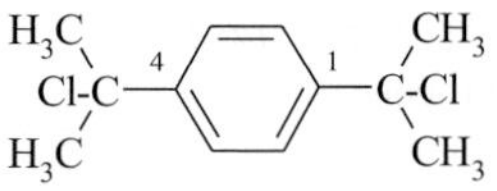

1,4-ビス(2-クロロプロパン-2-イル)ベンゼン [PIN]
1,4-bis(2-chloropropan-2-yl)benzene [PIN]
1,4-ビス(1-クロロ-1-メチルエチル)ベンゼン
1,4-bis(1-chloro-1-methylethyl)benzene

C_6H_5-CHBr-CHBr-C_6H_5

（左上に 1, 2 の番号）

1,1´-(1,2-ジブロモエタン-1,2-ジイル)ジベンゼン **PIN**
1,1´-(1,2-dibromoethane-1,2-diyl)dibenzene **PIN**
（倍数名，P-51.3 参照）
1,2-ジブロモ-1,2-ジフェニルエタン
1,2-dibromo-1,2-diphenylethane （置換名）
（二臭化スチルベン stilbene dibromide ではない）

$$CH_3$$
$$CF_3\text{-}C\text{-}CF_3$$
$$CF_3\text{-}CF_2\text{-}CF_2\text{-}CF_2\text{-}CF_2\text{-}CF_2\text{-}CF\text{-}CF_2\text{-}CF_2\text{-}CF_2\text{-}CF_2\text{-}CF_3$$

（左端に 1, C の下に 7, 右端に 12 の番号）

1,1,1,2,2,3,3,4,4,5,5,6,6,7,8,8,9,9,10,10,11,11,12,12,12-ペンタコサフルオロ-7-
　　(1,1,1,3,3,3-ヘキサフルオロ-2-メチルプロパン-2-イル)ドデカン **PIN**
1,1,1,2,2,3,3,4,4,5,5,6,6,7,8,8,9,9,10,10,11,11,12,12,12-pentacosafluoro-7-
　　(1,1,1,3,3,3-hexafluoro-2-methylpropan-2-yl)dodecane **PIN**

1,1,1,2,2,3,3,4,4,5,5,6,6,7,8,8,9,9,10,10,11,11,12,12,12-ペンタコサフルオロ-
　　7-[2,2,2-トリフルオロ-1-メチル-1-(トリフルオロメチル)エチル]ドデカン
1,1,1,2,2,3,3,4,4,5,5,6,6,7,8,8,9,9,10,10,11,11,12,12,12-pentacosafluoro-7-
　　[2,2,2-trifluoro-1-methyl-1-(trifluoromethyl)ethyl]dodecane

4a,8a-ジクロロ-4a,8a-ジヒドロナフタレン **PIN**
4a,8a-dichloro-4a,8a-dihydronaphthalene **PIN**

1-クロロ-4-(クロロメチル)ベンゼン **PIN**
1-chloro-4-(chloromethyl)benzene **PIN**
α,4-ジクロロトルエン　α,4-dichlorotoluene
　（GIN としてのトルエンに対する置換規則．P-22.1.3 参照）

1,2-ビス(ブロモメチル)ベンゼン **PIN**
1,2-bis(bromomethyl)benzene **PIN**
α-ブロモ-2-(ブロモメチル)トルエン
α-bromo-2-(bromomethyl)toluene
　（GIN としてのトルエンに対する置換規則．P-22.1.3 参照）
　（α,α´-ジブロモ-*o*-キシレン　α,α´-dibromo-*o*-xylene ではない．
　　キシレンには置換体は認められない．P-22.1.3 参照）

CH_3-CH_2-CH_2-CH_2-CHCl-CH_3

（上に 6 5 4 3 2 1 の番号）

2-クロロヘキサン **PIN**　2-chlorohexane **PIN**
塩化ヘキサン-2-イル　または　ヘキサン-2-イルクロリド
hexan-2-yl chloride
塩化 1-メチルペンチル　または　1-メチルペンチルクロリド
1-methylpentyl chloride

F_2N-CO-NF_2

テトラフルオロ尿素 **PIN**　tetrafluorourea **PIN**
テトラフルオロ炭酸ジアミド　tetrafluorocarbonic diamide

$$CH_3$$
$$\text{C=CH-CH}_2\text{-CH}_2\text{-Br}$$

(5-ブロモペンタ-2-エン-2-イル)シクロプロパン **PIN**
(5-bromopent-2-en-2-yl)cyclopropane **PIN**
　（環は鎖に優先する，P-44.1.2.2 参照．優先接頭語，P-46.1 参照）
(4-ブロモ-1-メチルブタ-1-エン-1-イル)シクロプロパン
(4-bromo-1-methylbut-1-en-1-yl)cyclopropane
5-ブロモ-2-シクロプロピルペンタ-2-エン
5-bromo-2-cyclopropylpent-2-ene

P-61 置換命名法：接頭語方式

3-フルオロ-1-オキサシクロテトラデカン **PIN**
3-fluoro-1-oxacyclotetradecane **PIN**

フッ化 1-オキサシクロテトラデカン-3-イル または
1-オキサシクロテトラデカン-3-イルフルオリド
1-oxacyclotetradecan-3-yl fluoride

$$\underset{7}{CH_3}-\underset{6}{\overset{Br}{\underset{|}{CH}}}-\underset{5}{CH_2}-\underset{4}{CH_2}-\underset{3}{CH_2}-\underset{2}{\overset{CH_2-Br}{\underset{|}{C}}}=\underset{1}{CH_2}$$

6-ブロモ-2-(ブロモメチル)ヘプタ-1-エン **PIN**
6-bromo-2-(bromomethyl)hept-1-ene **PIN**

二臭化 2-メチリデンヘプタン-1,6-ジイル または
2-メチリデンヘプタン-1,6-ジイルジブロミド
2-methylideneheptane-1,6-diyl dibromide

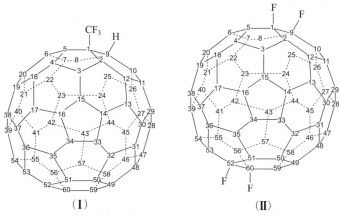

(Ⅰ) (Ⅱ)

(Ⅰ) 1-(トリフルオロメチル)-1,9-ジヒドロ(C_{60}-I_h)[5,6]フラーレン **PIN**
1-(trifluoromethyl)-1,9-dihydro(C_{60}-I_h)[5,6]fullerene **PIN**

(Ⅱ) 1,9,52,60-テトラフルオロ-1,9,52,60-テトラヒドロ(C_{60}-I_h)[5,6]フラーレン **PIN**
1,9,52,60-tetrafluoro-1,9,52,60-tetrahydro(C_{60}-I_h)[5,6]fullerene **PIN**

四フッ化(C_{60}-I_h)[5,6]フラーレン-1,9,52,60-テトライル または
(C_{60}-I_h)[5,6]フラーレン-1,9,52,60-テトライルテトラフルオリド
(C_{60}-I_h)[5,6]fullerene-1,9,52,60-tetrayl tetrafluoride

$$\underset{1}{CH_3}-\underset{2}{SiH_2}-\underset{}{CH_2}-\underset{4}{SiH_2}-\underset{}{CH_2}-\underset{6}{SiH_2}-\underset{}{CH_2}-\underset{8}{SiH_2}-\underset{}{CH_2}-\underset{10}{CH_2}-Cl$$

10-クロロ-2,4,6,8-テトラシラデカン **PIN**   10-chloro-2,4,6,8-tetrasiladecane **PIN**
塩化 2,4,6,8-テトラシラデカン-10-イル または 2,4,6,8-テトラシラデカン-10-イルクロリド
2,4,6,8-tetrasiladecan-10-yl chloride

$$\underset{1}{CH_2}=CH-CH_2-CH_2-\underset{5}{CH_2}-I$$

5-ヨードペンタ-1-エン **PIN**   5-iodopent-1-ene **PIN**
ヨウ化ペンタ-4-エン-1-イル または ペンタ-4-エン-1-イルヨージド
pent-4-en-1-yl iodide

$$Br-\underset{1}{CH_2}-CH_2-\underset{3}{CH}=CH-CH_2-\underset{6}{CH_3}$$

1-ブロモヘキサ-3-エン **PIN**   1-bromohex-3-ene **PIN**
臭化ヘキサ-3-エン-1-イル または ヘキサ-3-エン-1-イルブロミド
hex-3-en-1-yl bromide

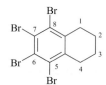

5,6,7,8-テトラブロモ-1,2,3,4-テトラヒドロナフタレン **PIN**
5,6,7,8-tetrabromo-1,2,3,4-tetrahydronaphthalene **PIN**

四臭化 5,6,7,8-テトラヒドロナフタレン-1,2,3,4-テトライル または
5,6,7,8-テトラヒドロナフタレン-1,2,3,4-テトライルテトラブロミド
5,6,7,8-tetrahydronaphthalene-1,2,3,4-tetrayl tetrabromide

(PIN におけるヒドロ接頭語の位置番号については P-31.2.1 参照)

462　　　　　　　　　　　　P-6　個々の化合物種類に対する適用

P-61.3.2　ヘテロ原子に結合するハロゲン原子

P-61.3.2.1　　P-61.3.1 では，標準結合数をもつハロゲン原子が炭素原子と結合していた．ハロゲン原子はヘテロ原子とも結合することができる．接頭語 bromo，chloro，fluoro および iodo は，ハロゲン原子が B, Al, In, Ga, Tl, Si, Ge, Sn, Pb, Bi に結合しているときは名称の作成に使用できる．

例：$Cl\text{-}B(CH_3)_2$　　クロロ(ジメチル)ボラン **PIN**　chloro(dimethyl)borane **PIN**
　　　　　　　　　（borane は予備選択名．P-12.2 参照）
　　　　　　　　　塩化ジメチルボラニル または ジメチルボラニルクロリド
　　　　　　　　　dimethylboranyl chloride

　　　$Cl_3Si\text{-}CH_2I$　　トリクロロ(ヨードメチル)シラン **PIN**　trichloro(iodomethyl)silane **PIN**
　　　　　　　　　（silane は予備選択名．P-12.2 参照）

　　　$F_2Ge{=}CH_2$　　ジフルオロ(メチリデン)ゲルマン **PIN**　difluoro(methylidene)germane **PIN**
　　　　　　　　　（germane は予備選択名．P-12.2 参照）

　　　$H_2P\text{-}PH\text{-}Cl$　　クロロジホスファン 予備名　chlorodiphosphane 予備名
　　　　　　　　　（diphosphane は予備選択名．P-12.2 参照）

P-61.3.2.2　　どのような化合物を命名する場合でも，その種類と優先順位を P-41 に示した順位に従って決定しなければならない．窒素原子と結合したハロゲン原子は，無機酸のアミドを生じ，その順位は P-61.3.1 と P-61.3.2.1 で述べたハロゲン化合物より上位になる．同様に，ハロゲン原子がリンまたはカルコゲン原子に結合すると，無機酸の酸ハロゲン化物またはエステルが生じる．名称は化合物種類の優先順位に基づいてつくらなければならない．過去の規則で推奨された名称には，現在でも GIN としては使うことのできるものもある．

例：$CH_3\text{-}NH\text{-}Cl$　　*N*-メチル次亜塩素酸アミド **PIN**　*N*-methylhypochlorous amide **PIN**　（P-68.5.3 参照）
　　　　　　　　　N-クロロメタンアミン　*N*-chloromethanamine

　　　$CH_3\text{-}PH\text{-}Cl$　　メチル亜ホスフィン酸=クロリド **PIN**　methylphosphinous chloride **PIN**　（P-67.1.2.5 参照）
　　　　　　　　　クロロ(メチル)ホスファン　chloro(methyl)phosphane

　　　$CH_3\text{-}S\text{-}Cl$　　チオ次亜塩素酸メチル **PIN**　methyl thiohypochlorite **PIN**　（P-67.1.3 参照）

P-61.3.2.3　　$-XO$，$-XO_2$ または $-XO_3$（X = ハロゲン）基を含む化合物は，置換命名法による場合は以下の強制接頭語を使う．

　$-XO$　　クロロシル chlorosyl（クロロソ chloroso は廃止する），ブロモシル bromosyl，ヨードシル iodosyl，
　　　　　フルオロシル fluorosyl

　$-XO_2$　　クロリル chloryl（クロロキシ chloroxy は廃止する），ブロミル bromyl，ヨージル iodyl，
　　　　　フルオリル fluoryl

　$-XO_3$　　ペルクロリル perchloryl，ペルブロミル perbromyl，ペルヨージル periodyl，ペルフルオリル perfluoryl

　例：$C_6H_5\text{-}ClO_3$　　ペルクロリルベンゼン **PIN**　perchlorylbenzene **PIN**

　　　$C_6H_5\text{-}IO$　　ヨードシルベンゼン **PIN**　iodosylbenzene **PIN**

P-61.3.3　　$-I(OH)_2$ または類似の基を含む化合物は，予備選択の母体水素化物名 λ^3-ヨーダン λ^3-iodane に基づく接頭語を置換基として使って命名する（P-21.1.2.1 と P-68.5.1 参照）．

P-61.3.4　保存名

　$HCBr_3$ に対する保存名 ブロモホルム bromoform，$HCCl_3$ に対する保存名 クロロホルム chloroform，および HCI_3 に対する保存名 ヨードホルム iodoform は GIN としては認める．PIN は置換名である．

P-61　置換命名法：接頭語方式　　　　　　463

例：HCBr$_3$　　ブロモホルム　bromoform
　　　　　　　　トリブロモメタン **PIN**　tribromomethane **PIN**

P-61.4　ジアゾ化合物

　一個の炭素原子に結合する ＝N$_2$ 基を含む化合物は，接頭語ジアゾ diazo を母体水素化物または官能性母体水素化物に付加して命名する(P-74.2.2.2.3 も参照).

例：CH$_2$N$_2$　　　　　　　　ジアゾメタン **PIN**　diazomethane **PIN**

　　N$_2$CH-CO-O-C$_2$H$_5$　　ジアゾ酢酸エチル **PIN**　ethyl diazoacetate **PIN**

$$\underset{H_3C-CO-\underset{1}{C}-SiMe_3}{\overset{N_2}{\overset{\|}{}}}$$

　　　　　　　　　　　　　1-ジアゾ-1-(トリメチルシリル)プロパン-2-オン **PIN**
　　　　　　　　　　　　　1-diazo-1-(trimethylsilyl)propan-2-one **PIN**
　　　　　　　　　　　　　1-ジアゾ-1-(トリメチルシリル)アセトン
　　　　　　　　　　　　　1-diazo-1-(trimethylsilyl)acetone

P-61.5　ニトロおよびニトロソ化合物

P-61.5.1　ニトロおよびニトロソ化合物

　－NO$_2$ または －NO 基を含む化合物は，接頭語ニトロ nitro またはニトロソ nitroso を用いて命名する．ただし，この基が硝酸 NO$_2$-OH および亜硝酸 NO-OH を母体構造として命名できる場合，あるいはこれらの酸のエステル，酸無水物，アミド，ヒドラジドなどの場合は除く．硝酸および亜硝酸の誘導体については P-67 で述べる．酸ハロゲン化物と擬ハロゲン化物については P-67.1.2.5 で，アミドとヒドラジドについては P-67.1.2.6 で，塩，エステル，酸無水物については P-67.1.3 で述べる．

例：CH$_3$-NO$_2$　　　　　　　ニトロメタン **PIN**　nitromethane **PIN**

　　　　　　　　　　　　　2-ニトロナフタレン **PIN**　2-nitronaphthalene **PIN**

　　　　　　　　　　　　　1,4-ジニトロソベンゼン **PIN**　1,4-dinitrosobenzene **PIN**

　　　　　　　　　　　　　2-メチル-1,3,5-トリニトロベンゼン **PIN**　2-methyl-1,3,5-trinitrobenzene **PIN**
　　　　　　　　　　　　　2,4,6-トリニトロトルエン　2,4,6-trinitrotoluene
　　　　　　　　　　　　　　（GIN としてのトルエンの置換規則については，P-22.1.3 参照）

　　　　　　　　　　　　　1-(クロロメチル)-4-ニトロベンゼン **PIN**　1-(chloromethyl)-4-nitrobenzene **PIN**
　　　　　　　　　　　　　α-クロロ-4-ニトロトルエン　α-chloro-4-nitrotoluene
　　　　　　　　　　　　　　（GIN としてのトルエンの置換規則については，P-22.1.3 参照）
　　　　　　　　　　　　　塩化4-ニトロベンジル または 4-ニトロベンジルクロリド
　　　　　　　　　　　　　4-nitrobenzyl chloride

　　CH$_3$-BH-NO$_2$　　　　メチル(ニトロ)ボラン **PIN**　methyl(nitro)borane **PIN**

　　(CH$_3$)$_3$Si-NO$_2$　　　トリメチル(ニトロ)シラン **PIN**　trimethyl(nitro)silane **PIN**

　　CH$_3$-PH-PH-NO　　　1-メチル-2-ニトロソジホスファン **PIN**　1-methyl-2-nitrosodiphosphane **PIN**

P-61.5.2　優先順位が高く，接尾語または母体構造として命名すべき特性基が存在するとき，ニトロおよびニ

464　　　　　　　　　　　　P-6　個々の化合物種類に対する適用

トロソ基はどのような原子にも付加できる．他の窒素原子と結合している場合も，窒素鎖をのばしているとは考えない．

例：O₂N-O N-C(CH₃)₃
$$\overset{4}{}\overset{3}{}\overset{}{\|}\overset{}{\|}\overset{1}{}$$
CH₃-C-C-COOH　　　　2-(*tert*-ブチルイミノ)-3-メチル-3-(ニトロオキシ)ブタン酸 **PIN**
　　　│　　　　　　　　　2-(*tert*-butylimino)-3-methyl-3-(nitrooxy)butanoic acid **PIN** 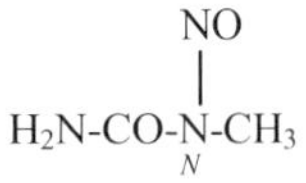
　　　CH₃
　　　2

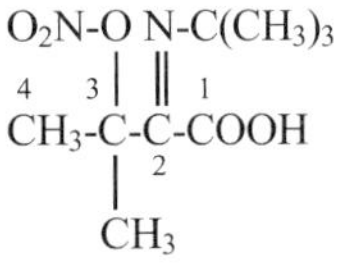

　　　　　NO
　　　　　│　　　　　　　*N*-メチル-*N*-ニトロソ尿素 **PIN**
　　H₂N-CO-N-CH₃　　　　*N*-methyl-*N*-nitrosourea **PIN**
　　　　　N

P-61.5.3　*aci*-ニトロ化合物

=N(O)OH 基を含む化合物は，予備選択名である アジン酸 予備名 azinic acid 予備名 H₂N(O)-OH の誘導体として命名し，接尾語で表示する優先順位の高い特性基があるときは，接頭語名 ヒドロキシ(オキソ)-λ⁵-アザニリデン hydroxy(oxo)-λ⁵-azanylidene を使って命名する．接頭語 *aci*-ニトロ は GIN では使ってもよい(P-67.1.6 参照).

　　例：CH₃-CH=N(O)-OH　　エチリデンアジン酸 **PIN**　ethylideneazinic acid **PIN**
　　　　　　　　　　　　　　aci-ニトロエタン　　*aci*-nitroethane

P-61.6　ヘテロン

−PO，−PO₂，−AsO および −AsO₂ を含む化合物をヘテロンとよぶ(P-64.1.2.2，P-64.4 参照)．より優先順位の高い特性基がある場合は複合接頭語 オキソホスファニル oxophosphanyl，ジオキソ-λ⁵-ホスファニル dioxo-λ⁵-phosphanyl，オキソアルサニル oxoarsanyl，およびジオキソ-λ⁵-アルサニル dioxo-λ⁵-arsanyl を使う．

> 注記：1937 年以来，−PO₂ 基の接頭語として ホスホ phospho が使われてきた．しかし，生化学命名法ではヘテロ原子に結合した −P(O)(OH)₂ 基を表す目的で，ホスホコリン phosphocholine や 6-ホスホ-D-グルコース 6-phospho-D-glucose のような用法があり，あるいはリン酸のジエステルを示す挿入語として グリセロホスホコリン glycerophosphocholine のような使用例があり，ホスホノ phosphono の代わりに用語 ホスホ phospho が広く使われている．そのため，今回の勧告では用語 ホスホ phospho，ホスホロソ phosphoroso，アルソ arso，アルセノソ arsenoso は廃止した．これらの用語は CAS 索引命名法ではいまだに使われている．

例：

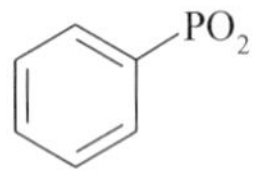

フェニル-λ⁵-ホスファンジオン **PIN**　phenyl-λ⁵-phosphanedione **PIN**
ジオキソ(フェニル)-λ⁵-ホスファン　dioxo(phenyl)-λ⁵-phosphane
(ホスホベンゼン phosphobenzene ではない)

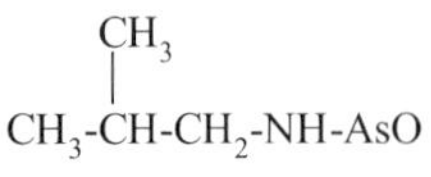

　　　CH₃
　　　│
CH₃-CH-CH₂-NH-AsO

[(2-メチルプロピル)アミノ]アルサノン **PIN**
[(2-methylpropyl)amino]arsanone **PIN**
N-(2-メチルプロピル)-1-オキソアルサンアミン
N-(2-methylpropyl)-1-oxoarsanamine
(*N*-アルセノソ-2-メチルプロパンアミン
N-arsenoso-2-methylpropanamine ではない)

P-61.7　アジド

母体水素化物に結合した −N₃(−N=N⁺=N⁻) 基を含む化合物は，置換命名法により，接頭語 アジド azido を

P-61 置換命名法：接頭語方式　　　　465

使って命名する．官能種類命名法における種類名アジ化物 azide ではなく，この名称が PIN となる(P-74.2.2.2.2 も参照).

例：

CH₂-CH₂-N₃

(2-アジドエチル)ベンゼン **PIN** (2-azidoethyl)benzene **PIN**
アジ化 2-フェニルエチル または 2-フェニルエチルアジド
2-phenylethyl azide
　(アジ化フェネチル phenethyl azide ではない)

3-アジドナフタレン-2-スルホン酸 **PIN**
3-azidonaphthalene-2-sulfonic acid **PIN**

P-61.8 イソシアナート（イソシアン酸エステル）

> 従来の規則からの変更である．PIN は母体水素化物に接頭語 イソシアナト isocyanato を直接付加する置換命名法を使って作成する．以前は，この化合物種類に対しては官能種類名を推奨していた．

　母体水素化物に結合する −N=C=O 基を含む化合物は，置換命名法により接頭語 イソシアナト isocyanato を使って命名する．この方法で PIN が得られる．官能種類命名法による官能種類名 イソシアナート（イソシアン酸エステル）isocyanate は GIN である．カルコゲン類縁体は，イソシアナート isocyanate または イソシアナト isocyanato の イソ iso の直後に官能基代置挿入語である チオ thio, セレノ seleno, テルロ telluro を挿入して命名する．

例：C₆H₁₁-NCO　イソシアナトシクロヘキサン **PIN** isocyanatocyclohexane **PIN**
　　　　　　　イソシアン酸シクロヘキシル　cyclohexyl isocyanate

　　C₆H₅-NCS　イソチオシアナトベンゼン **PIN** isothiocyanatobenzene **PIN**
　　　　　　　イソチオシアン酸フェニル　phenyl isothiocyanate

OCN—$\boxed{}$—SO₂-Cl　4-イソシアナトベンゼン-1-スルホニル=クロリド **PIN**
　　　　　　　　　　　　　4-isocyanatobenzene-1-sulfonyl chloride **PIN**

5-イソシアナト-1-(イソシアナトメチル)-1,3,3-トリメチルシクロヘキサン **PIN**
5-isocyanato-1-(isocyanatomethyl)-1,3,3-trimethylcyclohexane **PIN**
イソシアン酸 3-(イソシアナトメチル)-3,5,5-トリメチルシクロヘキシル
3-(isocyanatomethyl)-3,5,5-trimethylcyclohexyl isocyanate

H₃Si-NCS　イソチオシアナトシラン **PIN** isothiocyanatosilane **PIN**
　　　　　（silane は予備選択名である．P-12.2 参照）

H₂B-NCO　イソシアナトボラン **PIN** isocyanatoborane **PIN**
　　　　　（borane は予備選択名である．P-12.2 参照）

　　注記：化合物種類の優先順位に従い，イソシアナト基とそのカルコゲン類縁体は，無機酸の中心原子 P, As, Sb に結合したときには酸擬ハロゲン化物を生じる(P-67.1.2.5 参照)．これらの酸擬ハロゲン化物は，それらの中心原子への置換で生成するイソシアナートおよびそのカルコゲン類縁体より優先順位が上である．P-64.3 の擬ケトンも参照．

P-61.9 イソシアニド（イソシアン化物）

> 今回の勧告による変更点である．PIN は母体水素化物に接頭語 イソシアノ isocyano を直接付加して，置換命名法により作成する．これまでは，この化合物種類には官能種類名を推奨していた．

母体水素化物に結合する −NC 基を含む化合物は，置換命名法により接頭語 イソシアノ isocyano を使って命名する．この方法により PIN が得られる．官能種類命名法や官能種類名 イソシアン化物 isocyanide に基づく名称は GIN となる．

例：C$_6$H$_5$-NC　　　イソシアノベンゼン **PIN**　isocyanobenzene **PIN**
　　　　　　　　　　　イソシアン化フェニル または フェニルイソシアニド
　　　　　　　　　　　phenyl isocyanide

CN—〔ベンゼン環 4,1〕—COOH　　4-イソシアノ安息香酸 **PIN**
　　　　　　　　　　　　　　　　4-isocyanobenzoic acid **PIN**

P-61.10 雷酸エステルとイソ雷酸エステル

雷酸の構造は 1979 規則(参考文献 1，C-833.1)と 1993 規則(参考文献 2，R-5.7.9.2)で HO-N=C とし，その誘導体は種類名 雷酸エステル fulminate と接頭語 フルミナト fulminato で示した．擬ハロゲン化物であるシアン酸エステルと矛盾しないが，この酸は文献では HCNO とされている．したがって，名称 雷酸とその置換基名 フルミナト fulminato は適当でないので廃止する．また名称 イソ雷酸(イソフルミン酸)isofulminic acid およびイソ雷酸エステル isofulminate も廃止する．構造 HCNO に対する PIN はホルモニトリル＝オキシド formonitrile oxide(P-66.5.4.1 参照)であり，その異性体 HO-N=C: の PIN はヒドロキシルアミンをもとにしてつくる(P-68.3.1.1.1 参照).

> これは，これまでの勧告において，曖昧であった名称 fulminate および fulminato に対する体系的置換名称の変更である．

例：H-C≡NO　　ホルモニトリル＝オキシド **PIN**　formonitrile oxide **PIN**

　　−C≡N=O　　(オキソ-λ^5-アザニリジン)メチル 優先接頭　(oxo-λ^5-azanylidyne)methyl 優先接頭
　　　　　　　　(イソフルミナト isofulminato ではない)

　　HO-N=C　　λ^2-メチリデンヒドロキシルアミン **PIN**　λ^2-methylidenehydroxylamine **PIN**

　　−O-N=C　　(λ^2-メチリデンアミノ)オキシ 優先接頭　(λ^2-methylidenamino)oxy 優先接頭
　　　　　　　　(フルミナト fulminato ではない)

P-61.11 多官能基化合物

置換名で，分離可能接頭語(ヒドロ，デヒドロ接頭語を除く)は英数字順に表示する．小さい位置番号は以下のように割当てる．

> これは従来の勧告からの変更である．今回の勧告では，接頭語ヒドロとデヒドロは分離可能であるが，他の接頭語のようにアルファベット順には並べない．名称を表示する際は，母体水素化物の直前，アルファベット順に並べた接頭語の後で，分離不可接頭語の前に置く．

P-62 アミンとイミン   467

(1) 接頭語の位置番号はひとまとめにしたセットとする.

選択が可能な場合,

(2) 名称中で最初に表示する接頭語に割当てる.

官能種類命名法では，名称は化合物種類の優先順位(P-41 参照)に従って，また主特性基を選ぶ場合はハロゲン化物と擬ハロゲン化物(P-41 と P-65.5.2.1 参照)の優先順位に従って作成する．PIN は官能種類名称ではなく，置換命名法で作成した名称である．

P-61.11.1   小さい位置番号は置換基の種類に関係なく，ひとまとめにして割当てる.

例:

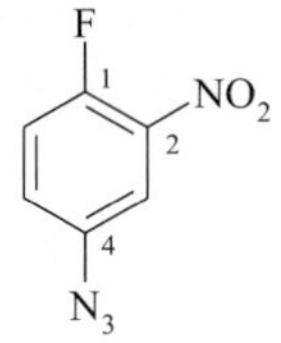

4-アジド-1-フルオロ-2-ニトロベンゼン **PIN**
4-azido-1-fluoro-2-nitrobenzene **PIN**
フッ化 4-アジド-2-ニトロフェニル または
4-アジド-2-ニトロフェニルフルオリド
4-azido-2-nitrophenyl fluoride

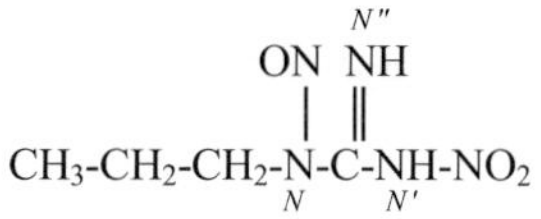

$CH_3-CH_2-CH_2-N-C-NH-NO_2$

N'-ニトロ-N-ニトロソ-N-プロピルグアニジン **PIN**
N'-nitro-N-nitroso-N-propylguanidine **PIN**

P-61.11.2   小さい位置番号は名称の中で最初に示した接頭語に割当てる.

例: $\overset{1}{Cl_3}Si-\overset{2}{SiH_2}-\overset{3}{SiH_2}-\overset{4}{SiH_2}-\overset{5}{Si}(CH_3)_3$

1,1,1-トリクロロ-5,5,5-トリメチルペンタシラン **PIN**
1,1,1-trichloro-5,5,5-trimethylpentasilane **PIN**
（ペンタシラン pentasilane は予備選択名である．P-12.2 参照）

$Br-\overset{1}{CH_2}-\overset{2}{CH_2}-Cl$

1-ブロモ-2-クロロエタン **PIN**
1-bromo-2-chloroethane **PIN**

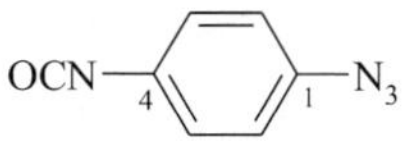

OCN—◯—N_3

1-アジド-4-イソシアナトベンゼン **PIN**
1-azido-4-isocyanatobenzene **PIN**
アジ化 4-イソシアナトフェニル または イソシアナトフェニルアジド
4-isocyanatophenyl azide

P-62 アミンとイミン   "日本語名称のつくり方"も参照

P-62.0 はじめに	P-62.5 アミンオキシド, イミン
P-62.1 一般的方法	オキシドおよびカルコゲ
P-62.2 アミン	ン類縁体
P-62.3 イミン	P-62.6 アミンとイミンの塩
P-62.4 ヘテロ原子によるアミンと	
イミンの N-置換	

P-62.0 はじめに

アミンとイミンの命名法には慣用が多く，名称を作成するためさまざまな方式が使われてきた(参考文献 1, 2 参照)．PIN を決定するために必要な理由付けを行うことは，アミンとイミンの適切な名称を確立し，個々の化合

468   P-6　個々の化合物種類に対する適用

物に対して適切な母体構造を選び，命名する明確な方法を維持していくための絶好の機会である．

1979 規則(参考文献 1)の規則 C-11.4 と C-811～C-815 も，1993 規則(参考文献 2)の R-5.4.1～R-5.4.3 も，ともに新規則に置き換わった．

P-62.1　一般的方法

一般的方法は以下の原則に基づいている．

(a) "構造に基づく化合物種類の用語"(参考文献 23)で示した定義により，アミンとイミンは明確に以下のように分類する．

　　(1) モノアミンは，アンモニア NH_3 の 1 から 3 個の水素原子を，単結合を保ったまま 1 から 3 個の炭化水素基に置換することにより得られる化合物で，一般構造 $R-NH_2$(第一級アミン)，R_2NH(第二級アミン)，R_3N(第三級アミン)のものがある．

　　(2) イミンは構造 $R-N=CR_2$(R ＝ H または炭化水素基)で，アルドイミン $RCH=NR'$ またはケトイミン $RR'C=NR''$ に相当する．

(b) アミンは化合物種類の優先順位でイミンに優先する．

(c) アミンとイミンの命名方法は最小限にしぼり，接尾語アミンとイミンを使う置換命名法を優先する．

(d) ごく少数の慣用名を保存する．

(e) ポリアミンはさらに以下のように分類する．

　　(1) 単純ポリアミンはすべてのアミノ基が同じ母体水素化物に結合した化合物である．

　　(2) 複合ポリアミンは複数の母体水素化物のいずれを主とするか選択しなければならない化合物である．

P-62.2　ア　ミ　ン

P-62.2.1　第一級アミン

P-62.2.1.1　保　存　名

P-62.2.1.1.1　　$C_6H_5-NH_2$ の名称 アニリン aniline は第一級アミンのなかで PIN として唯一保存される名称で，環と窒素原子に対してすべての置換が認められる．これはタイプ 2a の保存名である(置換規則については P-15.1.8.2 参照)．置換は，官能性母体化合物名に明確に表現されるか暗示される官能基の優先順に従い，接頭語で表す置換基に限定する．ベンゼンアミンは GIN としては使うことができる．

接頭語 アニリノ anilino は，C_6H_5-NH- に対するどのような置換も認められる優先接頭語として保存されている．名称 フェニルアミノ phenylamino は GIN では使うことができる．

例：

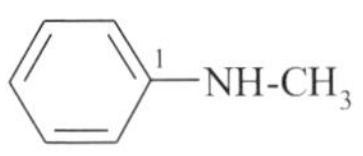

　　　　N-メチルアニリン **PIN**　　N-methylaniline **PIN**
　　　　N-メチルベンゼンアミン　　N-methylbenzenamine

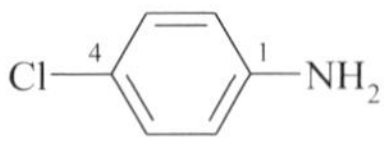

　　　　4-クロロアニリン **PIN**　　4-chloroaniline **PIN**
　　　　4-クロロベンゼンアミン　　4-chlorobenzenamine

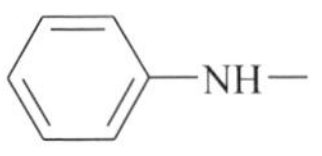

　　　　アニリノ **優先接頭**　　anilino **優先接頭**
　　　　フェニルアミノ　　phenylamino

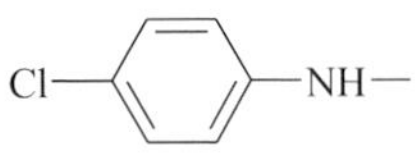

　　　　4-クロロアニリノ **優先接頭**　　4-chloroanilino **優先接頭**
　　　　(4-クロロフェニル)アミノ　　(4-chlorophenyl)amino

P-62.2.1.1.2　　　　トルイジン toluidine，アニシジン anisidine，フェネチジン phenetidine などでは，異性体を区別するためにオルト o-，メタ m-，パラ p- の記号が使われてきた．またキシリジン xylidine では 2,3- のような数字の位置番号が使われてきたが，これらの名称は廃止した．同様に，対応する接頭語のトルイジノ toluidino,

P-62 アミンとイミン   469

アニシジノ anisidino, フェネチジノ phenetidino, キシリジノ xylidino も廃止した.

例：

H_3C —(4環)— $^1NH_2$

4-メチルアニリン **PIN**   4-methylaniline **PIN**
4-メチルベンゼンアミン   4-methylbenzenamine
（p-トルイジン p-toluidine ではない）

H_3C —(4環)— ^1NH—

4-メチルアニリノ 優先接頭   4-methylanilino 優先接頭
（4-メチルフェニル）アミノ   (4-methylphenyl)amino
（p-トルイジノ p-toluidino ではない）

P-62.2.1.2   第一級アミン R-NH$_2$ は以下の方法で体系的に命名する.

(1) 接尾語 アミン amine を母体水素化物の名称に加える.
(2) 置換基 R− の名称を母体水素化物 アザン azane に加える.
(3) 置換基 R− の名称を，NH$_3$ の予備選択母体水素化物名として用いている アミン amine に加える. この方法はモノアミンにのみ使う.

> **注記**：アミンは真の予備選択母体水素化物ではない. 今回の勧告では，アミンは'擬似'母体水素化物と考える. その根拠は，この命名方式が化合物種類名のアミンをもとにした官能種類名（たとえば ethyl amine）が変化して生まれたことにある. 官能種類名にもともとあったスペースが取去られて，現在の名称 ethylamine となった.

方法(1)により PIN が得られる.

例： $^1CH_3-^N NH_2$

(1) メタンアミン **PIN**   methanamine **PIN**
(2) メチルアザン   methylazane
(3) メチルアミン   methylamine

CH_3 (上)
$^3CH_3-^2CH-^1CH_2-^N NH_2$

(1) 2-メチルプロパン-1-アミン **PIN**   2-methylpropan-1-amine **PIN**
(2) （2-メチルプロピル）アザン   (2-methylpropyl)azane
(3) （2-メチルプロピル）アミン   (2-methylpropyl)amine

ベンゾフラン環-NH_2

1-ベンゾフラン-2-アミン **PIN**   1-benzofuran-2-amine **PIN**
（1-ベンゾフラン-2-イル）アザン   (1-benzofuran-2-yl)azane
（1-ベンゾフラン-2-イル）アミン   (1-benzofuran-2-yl)amine

キノリン環-NH_2

キノリン-4-アミン **PIN**   quinolin-4-amine **PIN**
（キノリン-4-イル）アザン   (quinolin-4-yl)azane
（キノリン-4-イル）アミン   (quinolin-4-yl)amine
4-キノリルアミン   4-quinolylamine

インデン環-NH_2

1H-インデン-3-アミン **PIN**   1H-inden-3-amine **PIN**
（1H-インデン-3-イル）アザン   (1H-inden-3-yl)azane
（1H-インデン-3-イル）アミン   (1H-inden-3-yl)amine

チアシクロトリデカン環-NH_2

1-チアシクロトリデカン-3-アミン **PIN**   1-thiacyclotridecan-3-amine **PIN**
（1-チアシクロトリデカン-3-イル）アザン   (1-thiacyclotridecan-3-yl)azane
（1-チアシクロトリデカン-3-イル）アミン   (1-thiacyclotridecan-3-yl)amine

$^1CH_3-S-^2CH_2-^4SiH_2-CH_2-^6S-CH_2-^8SiH_2-CH_2-^{10}CH_2-NH_2$

2,6-ジチア-4,8-ジシラデカン-10-アミン **PIN**   2,6-dithia-4,8-disiladecan-10-amine **PIN**
（2,6-ジチア-4,8-ジシラデカン-10-イル）アザン   (2,6-dithia-4,8-disiladecan-10-yl)azane
（2,6-ジチア-4,8-ジシラデカン-10-イル）アミン   (2,6-dithia-4,8-disiladecan-10-yl)amine

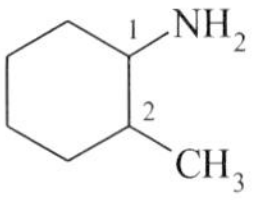

470　　　　　　　　　　　P-6　個々の化合物種類に対する適用

2-メチルシクロヘキサン-1-アミン **PIN**　2-methylcyclohexan-1-amine **PIN**
(2-メチルシクロヘキシル)アザン　(2-methylcyclohexyl)azane
(2-メチルシクロヘキシル)アミン　(2-methylcyclohexyl)amine

$Cl-CH_2-CH_2-NH_2$

2-クロロエタン-1-アミン **PIN**　2-chloroethan-1-amine **PIN**
(2-クロロエチル)アザン　(2-chloroethyl)azane
(2-クロロエチル)アミン　(2-chloroethyl)amine

P-62.2.1.3　ヘテロ原子に結合したアミノ基 −NH₂　ヘテロ原子に結合したとき，アミノ基が主特性基となる場合は，接尾語として表示する.

例:

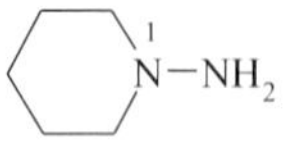

ピペリジン-1-アミン **PIN**　piperidin-1-amine **PIN**
(ピペリジン-1-イル)アザン　(piperidin-1-yl)azane
(ピペリジン-1-イル)アミン　(piperidin-1-yl)amine

$(CH_3)_3Si-NH_2$

1,1,1-トリメチルシランアミン **PIN**　1,1,1-trimethylsilanamine **PIN**
(トリメチルシリル)アザン　(trimethylsilyl)azane
(トリメチルシリル)アミン　(trimethylsilyl)amine

P-62.2.2　第二級および第三級アミン

P-62.2.2.1　　　対称であれ非対称であれ，第二級および第三級アミンは P-62.2.1.2 に述べる方法によってのみ命名する.

(1) 置換体として，保存名のアニリンまたは接尾語アミンと母体水素化物名にさらに N-置換する.
(2) 置換体として，母体水素化物名 アザンに，置換基 R, R′ または R″ 置換基名を接頭語としてアルファベット順に並べて付ける. 混同を避けるため，第二級アミンの2番目の接頭語，および第三級アミンの2番目と3番目の接頭語は，接頭語が単純な構造であるときは丸括弧で囲まなければならない.
(3) 置換体として，母体水素化物名アミンに，置換基 R, R′ または R″ 置換基名を接頭語としてアルファベット順に並べて付ける. 混同を避けるため，第二級アミンの2番目の接頭語，および第三級アミンの2番目と3番目の接頭語は，接頭語が単純な構造であるときは丸括弧で囲まなければならない.

　方法(1)により PIN が得られる. ジエチルアミン diethylamine およびトリエチルアミン triethylamine のような官能性母体名は認めない. 方法(3)で生じる第二級および第三級アミンの名称に由来する接頭語は，このような認められない名称と区別するために丸括弧で囲む.

例:
$C_6H_5-NH-C_6H_5$ (N)

(1) N-フェニルアニリン **PIN**　N-phenylaniline **PIN**
(2) ジフェニルアザン　diphenylazane
(3) (ジフェニル)アミン　(diphenyl)amine
　　(アザンジイルジベンゼン azanediyldibenzene ではない.
　　保存名アニリンはそのすべての N-誘導体に対して使わなければならない)

$(CH_3-CH_2)_2N-CH_2-CH_3$

(1) N,N-ジエチルエタンアミン **PIN**　N,N-diethylethanamine **PIN**
(2) トリエチルアザン　triethylazane
(3) (トリエチル)アミン　(triethyl)amine

$Cl-CH_2-CH_2-NH-CH_2-CH_2-Cl$

2-クロロ-N-(2-クロロエチル)エタン-1-アミン **PIN**
2-chloro-N-(2-chloroethyl)ethan-1-amine **PIN**
ビス(2-クロロエチル)アザン　bis(2-chloroethyl)azane
ビス(2-クロロエチル)アミン　bis(2-chloroethyl)amine
　　(2,2′-ジクロロジエチルアミン 2,2′-dichlorodiethylamine ではない)

P-62　アミンとイミン　　　　　　　　　　　　　471

³   ²   ¹   ^N
$CH_3\text{-}CH_2\text{-}CH_2\text{-}NH\text{-}CH_2\text{-}CH_2\text{-}Cl$

(1) N-(2-クロロエチル)プロパン-1-アミン **PIN**
N-(2-chloroethyl)propan-1-amine **PIN**
(2) (2-クロロエチル)(プロピル)アザン　(2-chloroethyl)(propyl)azane
(3) (2-クロロエチル)(プロピル)アミン　(2-chloroethyl)(propyl)amine
　　〔N-(2-クロロエチル)プロピルアミン
　　N-(2-chloroethyl)propylamine ではない〕

　　　　　　　　　　$CH_2\text{-}CH_2\text{-}CH_3$
⁴ ³ ² ¹ |
$CH_3\text{-}CH_2\text{-}CH_2\text{-}CH_2\text{-}N\text{-}CH_2\text{-}CH_3$
　　　　　　　　　　　　　_N

(1) N-エチル-N-プロピルブタン-1-アミン **PIN**
N-ethyl-N-propylbutan-1-amine **PIN**
(2) ブチル(エチル)(プロピル)アザン　butyl(ethyl)(propyl)azane
(3) ブチル(エチル)(プロピル)アミン　butyl(ethyl)(propyl)amine
　　(N-エチル-N-プロピルブチルアミン
　　N-ethyl-N-propylbutylamine ではない)

$H_3Si\text{-}NH\text{-}SiH_3$

(1) N-シリルシランアミン **予備名**　N-silylsilanamine **予備名**
(2) ジシリルアザン　disilylazane
(3) (ジシリル)アミン　(disilyl)amine
　　(ジシラザン disilazane ではない．P-21.2.3.1 参照)

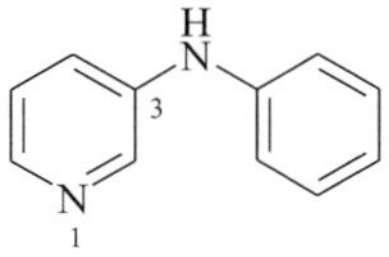

(1) 3-アニリノピリジン **PIN**　3-anilinopyridine **PIN**
　　N-フェニルピリジン-3-アミン　N-phenylpyridin-3-amine
(2) フェニル(ピリジン-3-イル)アザン　phenyl(pyridin-3-yl)azane
(3) フェニル(ピリジン-3-イル)アミン　phenyl(pyridin-3-yl)amine
　　〔N-(ピリジン-3-イル)アニリン　N-(pyridin-3-yl)aniline ではない〕

P-62.2.2.2　**第二級または第三級アミンにおける主鎖または優先環の選択**　　保存名 アニリン aniline または接尾語 アミン amine を使って置換命名法で作成するアミンの名称は，主鎖と優先環(P-44.1 参照)を基礎構造とする．母体水素化物の選択が環と鎖の間で可能なときは，環が優先する．母体水素化物としてアミン名を使う名称では，接頭語となる置換基は英数字順で表示する．アミンの直前の接頭語は丸括弧で囲む.

例:

　　　　　　　　　CH_3
　　　　⁵ | ³ ² ¹ ^N
$CH_2{=}C\text{-}C{\equiv}C\text{-}CH_2\text{-}N(CH_2\text{-}CH_2\text{-}CH_3)_2$
　　　　　　₄

(1) 4-メチル-N,N-ジプロピルペンタ-4-エン-2-イン-1-アミン **PIN**
4-methyl-N,N-dipropylpent-4-en-2-yn-1-amine **PIN**
(2) (4-メチルペンタ-4-エン-2-イン-1-イル)(ジプロピル)アザン
(4-methylpent-4-en-2-yn-1-yl)(dipropyl)azane
(3) (4-メチルペンタ-4-エン-2-イン-1-イル)(ジプロピル)アミン
(4-methylpent-4-en-2-yn-1-yl)(dipropyl)amine

　　　　　^N
　　　　$N(CH_3)_2$
　¹ | ³ ⁴
$CH_3\text{-}CH\text{-}CH{=}CH$—〈環〉—$CH_3$
　　　　₂

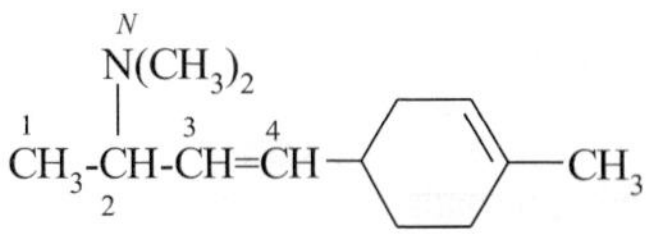

N,N-ジメチル-4-(4-メチルシクロヘキサ-3-エン-1-イル)ブタ-3-エン-2-アミン **PIN**
N,N-dimethyl-4-(4-methylcyclohex-3-en-1-yl)but-3-en-2-amine **PIN**
ジメチル[4-(4-メチルシクロヘキサ-3-エン-1-イル)ブタ-3-エン-2-イル]アザン
dimethyl[4-(4-methylcyclohex-3-en-1-yl)but-3-en-2-yl]azane
ジメチル[4-(4-メチルシクロヘキサ-3-エン-1-イル)ブタ-3-エン-2-イル]アミン
dimethyl[4-(4-methylcyclohex-3-en-1-yl)but-3-en-2-yl]amine

　　　　　^N
　　　　$N(CH_3)_2$
⁵ ⁴ | ² ¹
$CH_3\text{-}CH_2\text{-}CH\text{-}C{\equiv}CH$
　　　　　　₃

N,N-ジメチルペンタ-1-イン-3-アミン **PIN**　N,N-dimethylpent-1-yn-3-amine **PIN**
ジメチル(ペンタ-1-イン-3-イル)アザン　dimethyl(pent-1-yn-3-yl)azane
ジメチル(ペンタ-1-イン-3-イル)アミン　dimethyl(pent-1-yn-3-yl)amine

472　　　　　　　　　　　　　　P-6　個々の化合物種類に対する適用

$\overset{4}{C}H_3-\overset{3}{C}H_2-\overset{2}{C}H_2-\overset{1}{C}H_2-\overset{N}{N}H-CH=CH_2$　　　*N*-エテニルブタン-1-アミン **PIN**　　*N*-ethenylbutan-1-amine **PIN**
　　　　　　　　　　　　　　　　　　　　　　　　　ブチル(エテニル)アザン　　butyl(ethenyl)azane
　　　　　　　　　　　　　　　　　　　　　　　　　ブチル(エテニル)アミン　　butyl(ethenyl)amine

$$CH_2=C(CH_3)-CH_2-\overset{N}{N}(CH_2-C(CH_3)=CH_2)-CH_2-C(CH_3)_2-CH_3$$

N-(2,2-ジメチルプロピル)-2-メチル-*N*-(2-メチルプロパ-2-エン-1-イル)プロパ-2-エン-1-アミン **PIN**
N-(2,2-dimethylpropyl)-2-methyl-*N*-(2-methylprop-2-en-1-yl)prop-2-en-1-amine **PIN**
(2,2-ジメチルプロピル)ビス(2-メチルプロパ-2-エン-1-イル)アザン
(2,2-dimethylpropyl)bis(2-methylprop-2-en-1-yl)azane
(2,2-ジメチルプロピル)ビス(2-メチルプロパ-2-エン-1-イル)アミン
(2,2-dimethylpropyl)bis(2-methylprop-2-en-1-yl)amine
　〔2,2′-ジメチル-*N*-(2,2-ジメチルプロピル)ジ(プロパ-2-エン-1-アミン)
　2,2′-dimethyl-*N*-(2,2-dimethylpropyl)di(prop-2-en-1-amine)ではない〕

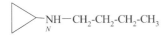　　*N*-シクロヘキシルアニリン **PIN**　　*N*-cyclohexylaniline **PIN**
　　　　　　　　　　　　シクロヘキシル(フェニル)アザン　　cyclohexyl(phenyl)azane
　　　　　　　　　　　　シクロヘキシル(フェニル)アミン　　cyclohexyl(phenyl)amine

　　　　　　　　　　　　N-(フラン-2-イル)-1*H*-ピロール-2-アミン **PIN**
　　　　　　　　　　　　N-(furan-2-yl)-1*H*-pyrrol-2-amine **PIN**
　　　　　　　　　　　　(フラン-2-イル)(1*H*-ピロール-2-イル)アザン
　　　　　　　　　　　　(furan-2-yl)(1*H*-pyrrol-2-yl)azane
　　　　　　　　　　　　2-フリル(ピロール-2-イル)アザン
　　　　　　　　　　　　2-furyl(pyrrol-2-yl)azane
　　　　　　　　　　　　(フラン-2-イル)(1*H*-ピロール-2-イル)アミン
　　　　　　　　　　　　(furan-2-yl)(1*H*-pyrrol-2-yl)amine
　　　　　　　　　　　　2-フリル(ピロール-2-イル)アミン
　　　　　　　　　　　　2-furyl(pyrrol-2-yl)amine

　　　　　　　　　　　　N-ブチルシクロプロパンアミン **PIN**　　*N*-butylcyclopropanamine **PIN**
　　　　　　　　　　　　ブチル(シクロプロピル)アザン　　butyl(cyclopropyl)azane
　　　　　　　　　　　　N-シクロプロピルブタン-1-アミン　　*N*-cyclopropylbutan-1-amine
　　　　　　　　　　　　ブチル(シクロプロピル)アミン　　butyl(cyclopropyl)amine

N-(5,6,7,8-テトラヒドロナフタレン-2-イル)ナフタレン-2-アミン **PIN**
N-(5,6,7,8-tetrahydronaphthalen-2-yl)naphthalen-2-amine **PIN**
2-ナフチル(5,6,7,8-テトラヒドロ-2-ナフチル)アザン
2-naphthyl(5,6,7,8-tetrahydro-2-naphthyl)azane
2-ナフチル(5,6,7,8-テトラヒドロ-2-ナフチル)アミン
2-naphthyl(5,6,7,8-tetrahydro-2-naphthyl)amine
　(5,6,7,8-テトラヒドロジ-2-ナフチルアミン　5,6,7,8-tetrahydrodi-2-naphthylamine ではない)

P-62.2.3　　すべてのアミノ基を接尾語として表示できないとき，または −NH₂ 基が主特性基でないとき，PIN では接頭語 アミノ amino を使う．接頭語 アザニル azanyl は GIN では使うことができる．置換接頭語名 アニリノ anilino は優先接頭語で置換体も認められる(P-62.2.1.1.1 参照)．

P-62 アミンとイミン　　　　　　　　473

例:

$$CH_2\text{-}NH_2$$
$$H_2N\text{-}CH_2\text{-}\overset{3}{C}H\text{-}\overset{1}{C}H_2\text{-}NH_2$$

2-(アミノメチル)プロパン-1,3-ジアミン PIN
2-(aminomethyl)propane-1,3-diamine PIN
2-(アザニルメチル)プロパン-1,3-ジアミン
2-(azanylmethyl)propane-1,3-diamine

$$\overset{3}{H_2N}\text{-}CH_2\text{-}\overset{2}{C}H_2\text{-}\overset{1}{C}OOH$$

3-アミノプロパン酸 PIN　3-aminopropanoic acid PIN
3-アザニルプロパン酸　3-azanylpropanoic acid

HOOC-...-NH-...

3-アニリノ安息香酸 PIN　3-anilinobenzoic acid PIN
3-(フェニルアミノ)安息香酸　3-(phenylamino)benzoic acid

HO-...-N(CH₃)-...

3-(N-メチルアニリノ)フェノール PIN
3-(N-methylanilino)phenol PIN
3-[メチル(フェニル)アミノ]フェノール
3-[methyl(phenyl)amino]phenol

（構造式：NH₂, O=, S, チアゾリジノン環）

3-アミノ-2-スルファニリデン-1,3-チアゾリジン-4-オン PIN
3-amino-2-sulfanylidene-1,3-thiazolidin-4-one PIN
3-アミノ-2-チオキソ-1,3-チアゾリジン-4-オン
3-amino-2-thioxo-1,3-thiazolidin-4-one　（P-64.6.1 も参照）

　−NHR，−NRR′，または −NR₂ に対応する優先接頭語は，接頭語 アミノ に R および R′ 基の名称を付けることにより作成する．たとえば −NH-CH₃ に対しては メチルアミノ methylamino である．アザニル azanyl，アザニリデン azanylidene のような接頭語は GIN では使うことができる．

例:
$$(CH_3\text{-}NH)_2\overset{4}{C}H\text{-}\overset{3}{C}H_2\text{-}\overset{2}{C}H_2\text{-}\overset{1}{C}OOH$$

4,4-ビス(メチルアミノ)ブタン酸 PIN
4,4-bis(methylamino)butanoic acid PIN
4,4-ビス(メチルアザニル)ブタン酸
4,4-bis(methylazanyl)butanoic acid

$$(H_3Si)_2N\text{-}CH_2\text{-}COOH$$

N,N-ジシリルグリシン　N,N-disilylglycine
(ジシリルアミノ)酢酸　(disilylamino)acetic acid
(ジシリルアザニル)酢酸　(disilylazanyl)acetic acid
　（ジシラザン-2-イル酢酸 disilazan-2-ylacetic acid ではない）

$$H_3Si\text{-}HN\text{-}SiH_2-$$

(シリルアミノ)シリル 優先接頭　(silylamino)silyl 優先接頭
(シリルアザニル)シリル　(silylazanyl)silyl
　（ジシラザン-1-イル disilazan-1-yl ではない）

P-62.2.4　ポリアミン

P-62.2.4.1　単純ポリアミンはすべてのアミノ基が同じ母体水素化物に結合している化合物である．

P-62.2.4.1.1　PIN として使える保存名のポリアミンはない．しかし，GIN としてはベンジジン benzidine を使うことができる．この名称は 4,4′-異性体のみを指し，タイプ2保存名について P-15.1.8.2 で述べたように，置換体も認められる．接頭語 ベンジジノ benzidino も保存され，どのような置換も可能である．

$$H_2N\text{-}...\text{-}NH_2$$

ベンジジン　benzidine
[1,1′-ビフェニル]-4,4′-ジアミン PIN
[1,1′-biphenyl]-4,4′-diamine PIN

$$H_2N\text{-}...\text{-}NH-$$

ベンジジノ　benzidino
(4′-アミノ[1,1′-ビフェニル]-4-イル)アミノ 優先接頭
(4′-amino[1,1′-biphenyl]-4-yl)amino 優先接頭

474 P-6 個々の化合物種類に対する適用

例：

H_2N-（芳香環 4'）...（4）-NH_2
H_3C（3'） （3）CH_3

3,3′-ジメチルベンジジン　3,3′-dimethylbenzidine
3,3′-ジメチル[1,1′-ビフェニル]-4,4′-ジアミン **PIN**
3,3′-dimethyl[1,1′-biphenyl]-4,4′-diamine **PIN**

　ジおよびトリアミンはモノアミンと同様に命名する．母体水素化物に結合する窒素原子の位置番号は，文字位置番号 N に上付き数字を添えて示す．たとえば N^2, N^5 のようにする．

P-62.2.4.1.2　同じ母体水素化物に結合する複数のアミノ基は該当する倍数接頭語 di, tri, tetra などで示す．倍数接頭語の最後の文字 a は接尾語アミンの前では省略する，たとえば tetramine（日本語名はテトラアミン）となり tetraamine とはしない．単核の母体水素化物の誘導体であるアミンの場合は，位置番号 1 は母体水素化物の原子上の置換を示すのに使い，方法(1)で命名したアミンの窒素原子上の置換基には位置番号 N を使う．方法(2)はモノアミンに対してのみ使う．

例：

$\overset{2}{}H_2N\text{-}CH_2\text{-}\overset{1}{}CH_2\text{-}NH_2$

エタン-1,2-ジアミン **PIN**　ethane-1,2-diamine **PIN**
エチレンジアミン　ethylenediamine

H_2N（3'）　（3）NH_2
H_2N（4'）（1'）（1）（4）NH_2

[1,1′-ビフェニル]-3,3′,4,4′-テトラアミン **PIN**
[1,1′-biphenyl]-3,3′,4,4′-tetramine **PIN**
　（tetramine では tetra の a が省略されていることに注意）

$\overset{N^3}{}CH_3\text{-}NH\text{-}\overset{3}{}CH_2\text{-}\overset{2}{}CH_2\text{-}\overset{1}{}CH_2\text{-}NH\text{-}\overset{N^1}{}CH_2\text{-}CH_3$

N^1-エチル-N^3-メチルプロパン-1,3-ジアミン **PIN**
N^1-ethyl-N^3-methylpropane-1,3-diamine **PIN**

$\overset{N'^3}{}H_3C\text{-}HN$　　$\overset{N^3}{}NH\text{-}CH_2\text{-}CH_3$
$\underset{1}{}CH_3\text{-}\underset{2}{}CH_2\text{-}\underset{3}{}C\text{-}\underset{4}{}CH_2\text{-}\underset{5}{}CH_2\text{-}\underset{6}{}CH_3$

N^3-エチル-N'^3-メチルヘキサン-3,3-ジアミン **PIN**
N^3-ethyl-N'^3-methylhexane-3,3-diamine **PIN**

$\overset{N'^3}{}H_3C\text{-}HN$　　$\overset{N^3}{}NH\text{-}CH_2\text{-}CH_3$
$H_3C\text{-}\underset{N^1}{}HN\text{-}\underset{1}{}CH_2\text{-}\underset{2}{}CH_2\text{-}\underset{3}{}C\text{-}\underset{4}{}CH_2\text{-}\underset{5}{}CH_2\text{-}\underset{6}{}CH_2\text{-}NH_2$

N^3-エチル-N^1,N'^3-ジメチルヘキサン-1,3,3,6-テトラアミン **PIN**
N^3-ethyl-N^1,N'^3-dimethylhexane-1,3,3,6-tetramine **PIN**

$CH_3\text{-}NH$　$\overset{N^4}{}NH_2$　CH_3
$\underset{5}{}CH_3\text{-}\underset{4}{}CH\text{-}\underset{3}{}CH_2\text{-}\underset{2}{}C\text{-}\underset{1}{}CH_3$

N^4,2-ジメチルペンタン-2,4-ジアミン **PIN**
N^4,2-dimethylpentane-2,4-diamine **PIN**

$\overset{N^2}{}NH\text{-}R''$
$\overset{N^5}{}R\text{-}NH\text{-}\underset{5}{}CH_2\text{-}\underset{4}{}CH_2\text{-}\underset{3}{}CH_2\text{-}\underset{1}{}CH\text{-}\underset{2}{}CH_2\text{-}\overset{N^1}{}NH\text{-}R'$

R = R′ = R″ = H	ペンタン-1,2,5-トリアミン **PIN**
	pentane-1,2,5-triamine **PIN**
R = R′ = H,	N^2-メチルペンタン-1,2,5-トリアミン **PIN**
R″ = CH₃	N^2-methylpentane-1,2,5-triamine **PIN**
R = H, R′ = CH₃,	N^2-エチル-N^1-メチルペンタン-1,2,5-トリアミン **PIN**
R″ = CH₂-CH₃	N^2-ethyl-N^1-methylpentane-1,2,5-triamine **PIN**

P-62.2.4.1.3　複合ポリアミン，すなわち複数の母体水素化物のなかから選択が必要な化合物は，複数の第二級，第三級アミンから構成される構造である．

　重複合ポリアミンでは，優先母体アミンとなる構造を，P-44 で述べたように主鎖あるいは優先環の選択規則に従うか，あるいは P-45 に従って PIN を選ばなければならない．必要に応じて英数字順を適用する．倍数命名

P-62　アミンとイミン　　　　　　　　　　　　　　475

法，"ア"命名法，ファン命名法などは必要な条件が満たされているときには使う．

例：

$$\overset{N^1}{}\ \overset{2}{}\ \overset{1}{}\ \ \ \ \ H_2N\text{-}CH_2\text{-}CH_2\text{-}NH\text{-}CH_2\text{-}NH_2$$

N^1-(アミノメチル)エタン-1,2-ジアミン **PIN**
N^1-(aminomethyl)ethane-1,2-diamine **PIN**
　(通常の置換命名法．最長の炭素鎖をもつジアミンを母体構造として選ぶ．P-44.3 参照)

$$\overset{CH_3}{|}$$
$$\overset{N^2}{}\ \overset{2}{}\ \ \ \ \overset{1}{}\ \ \ \ \ (CH_3)_2N\text{-}CH_2\text{-}CH_2\text{-}N\text{-}CH_2\text{-}CH_2\text{-}NH_2$$
$$\underset{N^1}{}$$

N^1-(2-アミノエチル)-N^1,N^2,N^2-トリメチルエタン-1,2-ジアミン **PIN**
N^1-(2-aminoethyl)-N^1,N^2,N^2-trimethylethane-1,2-diamine **PIN**　(位置番号が示してある)
　(置換基が最も多いジアミンを母体構造として選ぶ．P-45.2.1 参照)
　〔N^1,N^1-ジメチル-2,2′-(メチルアザンジイル)ジ(エタン-1-アミン)
　N^1,N^1-dimethyl-2,2′-(methylazanediyl)di(ethan-1-amine)ではない．GIN でも母体名は
　ジアミンでなければならない．ethanamine はモノアミンである〕

$$\overset{N^2}{}\ \ \ \ \ \ \ \overset{N^1}{}\ \overset{1}{}\ \overset{2}{}\ \ \ \ \ \ \ \ \overset{2}{}\ \overset{1}{}\ \overset{N^{1'}}{}\ \ \ \ \ \ \ \overset{N^{2'}}{}$$
$$H_2N\text{-}CH_2\text{-}CH_2\text{-}NH\text{-}CH_2\text{-}CH_2\text{-}NH\text{-}CH_2\text{-}CH_2\text{-}NH\text{-}CH_2\text{-}CH_2\text{-}NH_2$$

N^1,$N^{1'}$-[アザンジイルジ(エタン-2,1-ジイル)]ジ(エタン-1,2-ジアミン) **PIN**
N^1,$N^{1'}$-[azanediyldi(ethane-2,1-diyl)]di(ethane-1,2-diamine) **PIN**
　〔母体構造はジアミンで，倍数命名法(P-15.3，P-51.3，P-62.2.5 参照)により四つのアミン特性基が
　名称に織り込まれる．位置番号を示してある〕
N^1-(2-アミノエチル)-N^2-{2-[(2-アミノエチル)アミノ]エチル}エタン-1,2-ジアミン
N^1-(2-aminoethyl)-N^2-{2-[(2-aminoethyl)amino]ethyl}ethane-1,2-diamine　(置換名)
　〔2,2′-アザンジイルビス[N-(2-アミノエチル)エタン-1-アミン]
　2,2′-azanediylbis[N-(2-aminoethyl)ethan-1-amine]ではない．置換名．〕
　(GIN でも母体構造はジアミンでなければならない．ethanamine はモノアミンである)

$$\overset{N^2}{}\ \ \ \ \ \ \ \ \ \ \ \ \overset{N^1}{}$$
$$H_2N\text{-}CH_2\text{-}NH\text{-}CH_2\text{-}CH_2\text{-}NH\text{-}CH_2\text{-}CH_2\text{-}NH\text{-}CH_2\text{-}CH_2\text{-}NH_2$$

N^1-{2-[(2-アミノエチル)アミノ]エチル}-N^2-(アミノメチル)エタン-1,2-ジアミン **PIN**
N^1-{2-[(2-aminoethyl)amino]ethyl}-N^2-(aminomethyl)ethane-1,2-diamine **PIN**
　〔N^1-(アミノメチル)-N^2-{2-[(2-アミノエチル)アミノ]エチル}エタン-1,2-ジアミン
　N^1-(aminomethyl)-N^2-{2-[(2-aminoethyl)amino]ethyl}ethane-1,2-diamine ではない．
　aminoethyl は英数字順で aminomethyl に優先する．P-14.5 参照〕
　〔N^1-(2-アミノエチル)-N^2-(アミノメチル)-2,2′-アザジイルジ(エタン-1-アミン)
　N^1-(2-aminoethyl)-N^2-(aminomethyl)-2,2′-azanediyldi(ethan-1-amine)ではない．
　PIN はジアミンでなければならない〕

$$\overset{14}{}\ \ \ \ \ \ \ \overset{12}{}\ \ \ \ \ \ \ \overset{9}{}\ \ \ \ \ \ \ \overset{6}{}\ \ \ \ \ \ \ \overset{3}{}\ \ \ \ \overset{1}{}$$
$$H_2N\text{-}CH_2\text{-}CH_2\text{-}NH\text{-}CH_2\text{-}CH_2\text{-}NH\text{-}CH_2\text{-}CH_2\text{-}NH\text{-}CH_2\text{-}CH_2\text{-}NH\text{-}CH_2\text{-}CH_2\text{-}NH_2$$

3,6,9,12-テトラアザテトラデカン-1,14-ジアミン **PIN**
3,6,9,12-tetraazatetradecane-1,14-diamine **PIN**　("ア"名．P-15.4 参照)
N^1,N^2-ビス{2-[(2-アミノエチル)アミノ]エチル}エタン-1,2-ジアミン
N^1,N^2-bis{2-[(2-aminoethyl)amino]ethyl}ethane-1,2-diamine　(置換名)

$$\overset{N^{1'}}{}\ \overset{N^1}{}$$
$$H_2N\text{-}CH_2\text{-}CH_2\text{-}CH_2\text{-}NH\text{-}CH_2\text{-}CH_2\text{—}\underset{4}{\bigcirc}\text{—}CH_2\text{-}CH_2\text{-}NH\text{-}CH_2\text{-}CH_2\text{-}CH_2\text{-}NH_2$$

N^1,$N^{1'}$-[1,4-フェニレンジ(エタン-2,1-ジイル)]ジ(プロパン-1,3-ジアミン) **PIN**
N^1,$N^{1'}$-[1,4-phenylenedi(ethane-2,1-diyl)]di(propane-1,3-diamine) **PIN**
　〔倍数名．(P-15.3，P-51.3，P-62.2.5 参照)により四つのアミン特性基が名称に織り込まれる〕

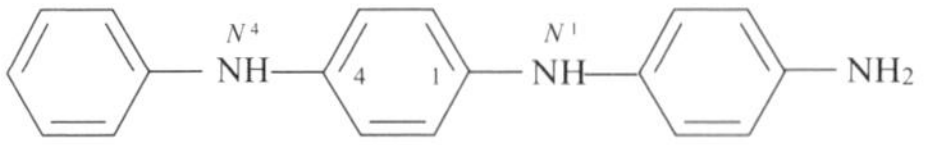

476   P-6　個々の化合物種類に対する適用

N^1-(4-アミノフェニル)-N^4-フェニルベンゼン-1,4-ジアミン PIN
N^1-(4-aminophenyl)-N^4-phenylbenzene-1,4-diamine PIN
　　（接頭語として最大数の置換基を表示する．P-45.2.1 参照）
　　〔N^1-(4-アニリノフェニル)ベンゼン-1,4-ジアミン
　　　N^1-(4-anilinophenyl)benzene-1,4-diamine ではない〕

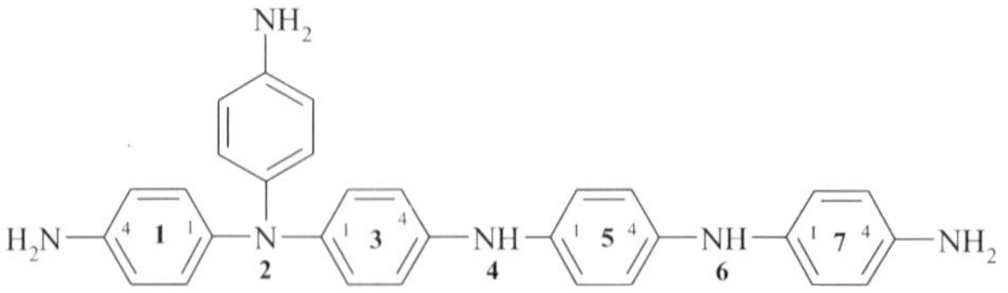

2-(4-アミノフェニル)-2,4,6-トリアザ-1,7(1),3,5(1,4)-テトラベンゼナヘプタファン-1^4,7^4-ジアミン PIN
2-(4-aminophenyl)-2,4,6-triaza-1,7(1),3,5(1,4)-tetrabenzenaheptaphane-1^4,7^4-diamine PIN
　　（4 個のベンゼン環と合計 7 個の構成要素でファン名が可能となる．P-52.2.5 参照）

N^1,N^1-ビス(4-アミノフェニル)-N^4-{4-[(4-アミノフェニル)アミノ]フェニル}ベンゼン-1,4-ジアミン
N^1,N^1-bis(4-aminophenyl)-N^4-{4-[(4-aminophenyl)amino]phenyl}benzene-1,4-diamine
　　（置換名．置換基接頭語の数が最大である）

N^1-(4-アミノフェニル)-N^1,$N^{1'}$-(アザンジイル-4,1-フェニレン)ジ(ベンゼン-1,4-ジアミン)
N^1-(4-aminophenyl)-N^1,$N^{1'}$-(azanediyldi-4,1-phenylene)di(benzene-1,4-diamine)
　　（倍数名．GIN としてのみ使える）

P-62.2.5　倍数命名法

P-62.2.5.1　　倍数命名法では −N< に対する接頭語 ニトリロ nitrilo および −NH−（HN< とも書く）に対する接頭語 アザンジイル azanediyl の使用を推奨する（P-15.3 参照）．接頭語 イミノ imino は二価の置換基 =NH を示すためのものである．倍数名称は倍数命名法の適用条件をすべて満たすときは，置換命名法で作成する名称に優先する（P-51.3 参照）．

例：

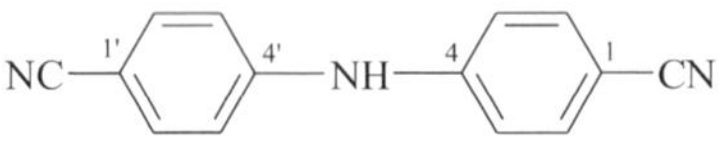

4,4′-アザンジイルジベンゾニトリル PIN
4,4′-azanediyldibenzonitrile PIN
4-[(4-シアノフェニル)アミノ]ベンゾニトリル
4-[(4-cyanophenyl)amino]benzonitrile

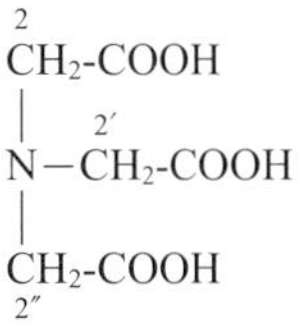

2,2′,2″-ニトリロ三酢酸
2,2′,2″-nitrilotriacetic acid
N,N-ビス(カルボキシメチル)グリシン
N,N-bis(carboxymethyl)glycine

P-62.2.5.2　同一母体構造中の窒素原子の位置番号　　同一母体構造に含まれる窒素原子同士を区別するのに，イタリック体 N にプライムをつける際は，倍数置換基と同一母体構造が窒素原子を通して結合していることを表すため，特別な方法が必要となる．

(1) 1 個の窒素原子を含む倍数化を受ける母体構造．中心置換基に結合する窒素原子は，記号 N, N', N''' などで示す．

例：
CH_3-CH_2-NH-CH_2-NH-CH_2-CH_3

N,N'-ジエチルメタンジアミン PIN　　N,N'-diethylmethanediamine PIN
N,N'-メチレンジ(エタン-1-アミン)
N,N'-methylenedi(ethan-1-amine)

(2) 2 個の窒素原子を含む倍数表示を受ける母体構造

P-62 アミンとイミン 477

(i) 記号 N,N' をプライムをつけない側の母体構造に使い, N'',N''' をプライムをつけた側の母体構造に使う.

例:
$$\text{CH}_3\text{-CO-NH-NH-CH}_2\text{-NH-NH-CO-CH}_3$$
(上に N'' N''' ... N' N)

N',N'''-メチレンジアセトヒドラジド **PIN**
N',N'''-methylenediacetohydrazide **PIN**

(ii) プライムを付ける数字とプライムを付けない数字に文字の位置番号を必要に応じて組合わせて使う (P-16.9.3 参照). 母体構造上の窒素原子の数字位置番号は文字の位置番号 N への上付き文字で示し, たとえば N^1,N^V のようになる. 2 番目の同じ母体構造にはプライムを付けた位置番号 1′, 2′ などを割当てるので, 窒素の位置番号は $N^{1'}$ のようになる.

例:
$$\overset{N^{2'}}{\text{H}_2\text{N}}\text{-}\overset{2'}{\text{CH}_2}\text{-}\overset{1'}{\text{CH}_2}\text{-}\overset{N^{1'}}{\text{NH}}\text{-CH}_2\text{-}\overset{N^1}{\text{NH}}\text{-}\overset{1}{\text{CH}_2}\text{-}\overset{2}{\text{CH}_2}\text{-}\overset{N^2}{\text{NH}_2}$$

$N^1,N^{1'}$-メチレンジ(エタン-1,2-ジアミン) **PIN**
$N^1,N^{1'}$-methylenedi(ethane-1,2-diamine) **PIN**

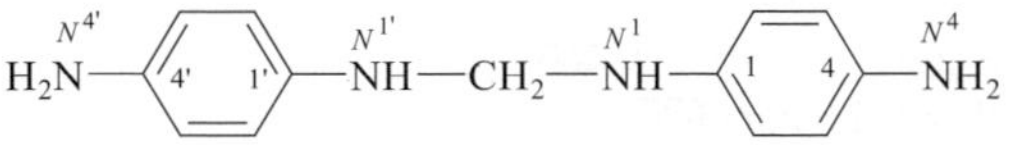

$N^1,N^{1'}$-メチレンジ(ベンゼン-1,4-ジアミン) **PIN**
$N^1,N^{1'}$-methylenedi(benzene-1,4-diamine) **PIN**

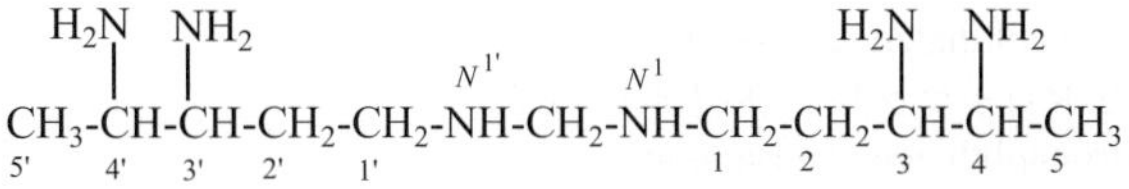

$N^1,N^{1'}$-メチレンジ(ペンタン-1,3,4-トリアミン) **PIN**
$N^1,N^{1'}$-methylenedi(pentane-1,3,4-triamine) **PIN**

P-62.2.5.3 ジ di またはトリカルボキシイミドアミド tricarboximidamide (P-66.4 参照)およびシクロファンアミン cyclophanamine のような複数の窒素原子をもつ母体構造に対しては, プライムを付けた文字の位置番号に上付き数字を添えるか, あるいは上付き数字にさらに上付き数字を添えるような, より複雑な位置番号が必要となる.

例:

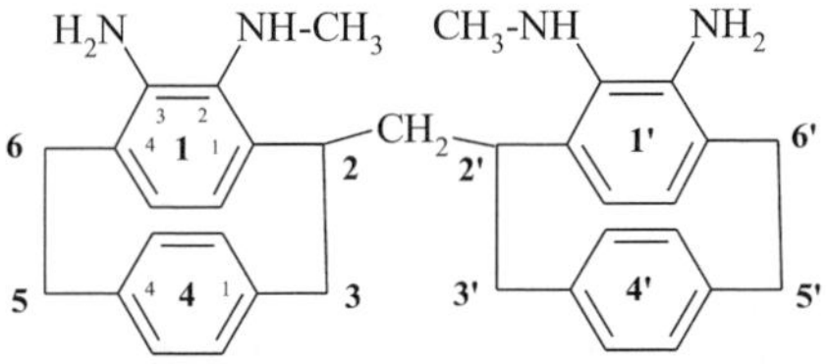

2,2′-メチレンビス[N^{12}-メチル-1,4(1,4)ジベンゼナシクロヘキサファン-1^2,1^3-ジアミン] **PIN**
2,2′-methylenebis[N^{12}-methyl-1,4(1,4)dibenzenacyclohexaphane-1^2,1^3-diamine] **PIN**

P-62.2.6 アミンの飽和, 不飽和段階の修飾

P-62.2.6.1 一般的方法 番号付けに選択の余地がある場合, 番号付けの出発点と方向は, 構造的特徴について以下に示した順番で結果が出るまで検討して, 最も小さい位置番号を割当てるように選ぶ(P-14.4 も参照).

(a) 固有の番号付け(naphthalene, bicyclo[2.2.2]octane など)

(b) 複素環と鎖状母体構造中のヘテロ原子

(c) 指示水素〔非置換化合物の場合の順番. しかし, 別の位置に置換基が入るとその構造特性に基づく接尾語(d)によっては, より大きな位置番号が必要になることがある〕

(d) 接尾語として表示する主官能基

(e) 付加指示水素(化合物の構造と矛盾なく, かつさらに置換が行えるように割当てる)

(f) 飽和, 不飽和(ヒドロ, デヒドロ接頭語)または不飽和語尾(ene, yne)

(g) 接頭語として表示する置換基(小さい位置番号を置換基の種類にかかわらず割当てる. 必要があれば表示順とする)

P-62.2.6.2　第一級アミンの飽和，不飽和段階の修飾　　一般的方法(P-62.2.6.1 参照)で述べた基準(d)，(e)およ
び(f)を使う．

例：　$\overset{3}{C}H_2=\overset{2}{C}H-\overset{1}{C}H_2-NH_2$

プロパ-2-エン-1-アミン **PIN**　prop-2-en-1-amine **PIN**
(プロパ-2-エン-1-イル)アザン　(prop-2-en-1-yl)azane
アリルアミン　allylamine

1,2,3,4-テトラヒドロナフタレン-1-アミン **PIN**
1,2,3,4-tetrahydronaphthalen-1-amine **PIN**
(1,2,3,4-テトラヒドロナフタレン-1-イル)アザン
(1,2,3,4-tetrahydronaphthalen-1-yl)azane
(1,2,3,4-テトラヒドロナフタレン-1-イル)アミン
(1,2,3,4-tetrahydronaphthalen-1-yl)amine

5,6,7,8-テトラヒドロナフタレン-2-アミン **PIN**
5,6,7,8-tetrahydronaphthalen-2-amine **PIN**
(5,6,7,8-テトラヒドロナフタレン-2-イル)アザン
(5,6,7,8-tetrahydronaphthalen-2-yl)azane
(5,6,7,8-テトラヒドロナフタレン-2-イル)アミン
(5,6,7,8-tetrahydronaphthalen-2-yl)amine

ナフタレン-4a(2H)-アミン **PIN**　naphthalen-4a(2H)-amine **PIN**
(ナフタレン-4a(2H)-イル)アザン　(naphthalen-4a(2H)-yl)azane
(ナフタレン-4a(2H)-イル)アミン　(naphthalen-4a(2H)-yl)amine

ナフタレン-2,4a(2H)-ジアミン **PIN**　naphthalene-2,4a(2H)-diamine **PIN**
2,4a-ジヒドロナフタレン-2,4a-ジアザン　2,4a-dihydronaphthalene-2,4a-diazane
　(P-58.2 参照)
2,4a-ジヒドロナフタレン-2,4a-ジアミン　2,4a-dihydronaphthalene-2,4a-diamine
　(P-58.2 参照)

P-62.3　イ　ミ　ン

　イミンは炭素原子と窒素原子間の二重結合に特徴がある．したがって，N-置換イミン，R-CH=N-R′ または
R(R′)C=N-R″ は，炭素原子と窒素原子間に単結合があるにもかかわらず，アミンではなくイミンとして分類しな
ければならない．アミンは炭素原子に結合する三つの単結合をもたなければならない(P-62.1 参照)．イミンは炭
素と窒素原子間に二重結合をもたなければならない．一般に R-CH=N-R′ および R(R′)C=N-R″ で表される構造
をもつ化合物はそれぞれ アルドイミン aldimine および ケトイミン ketimine とよばれる．

P-62.3.1　イミンの置換名称

P-62.3.1.1　　　すべてのイミンは接尾語 イミン imine を用いて置換命名法で命名する．複数のイミン特性基が
あることは倍数接頭語 di, tri などで示す．番号付けに選択の余地がある場合は，アミンに対して P-62.2.4 で述
べた方式を，PIN を作成する方法として推奨する．

例：　$\overset{6}{C}H_3-\overset{5}{C}H_2-\overset{4}{C}H_2-\overset{3}{C}H_2-\overset{2}{C}H_2-\overset{1}{C}H=\overset{N}{N}H$　ヘキサン-1-イミン **PIN**　hexan-1-imine **PIN**

$CH_3-CH=\overset{N}{N}-CH_3$

N-メチルエタンイミン **PIN**　N-methylethanimine **PIN**
〔N-エチリデンメタンアミン N-ethylidenemethanamine ではない．
N-エチリデン(メチル)アミン N-ethylidene(methyl)amine でもない〕

P-62 アミンとイミン

N,1-ビス(4-クロロフェニル)メタン-1-イミン **PIN**
N,1-bis(4-chlorophenyl)methan-1-imine **PIN** （次の例を参照）

4-{[(4-クロロフェニル)メチリデン]アミノ}アニリン **PIN**
4-{[(4-chlorophenyl)methylidene]amino}aniline **PIN**

チオラン-2-イミン **PIN**
thiolan-2-imine **PIN**

ナフタレン-2(1H)-イミン **PIN**
naphthalen-2(1H)-imine **PIN**
1,2-ジヒドロナフタレン-2-イミン
1,2-dihydronaphthalen-2-imine （P-58.2.3 参照）

N^1,N^4-ジメチルナフタレン-1,4-ジイミン **PIN**
N^1,N^4-dimethylnaphthalene-1,4-diimine **PIN** （P-16.9.2 も参照）
N,N'-ジメチルナフタレン-1,4-ジイミン
N,N'-dimethylnaphthalene-1,4-diimine （P-58.2.2.3 も参照）
N,N'-ジメチル-1,4-ジヒドロナフタレン-1,4-ジイミン
N,N'-dimethyl-1,4-dihydronaphthalene-1,4-diimine
 〔N,N'-ジメチル-1,4-ナフトキノンジイミン
 N,N'-dimethyl-1,4-naphthoquinone diimine ではない．
 異なる 2 種類の接尾語は共存できない〕
 〔N,N'-(ナフタレン-1,4-ジイリデン)ビス(メタンアミン)
 N,N'-(naphthalene-1,4-diylidene)bis(methanamine)ではない〕
 〔N,N'-(ナフタレン-1,4-ジイリデン)ビス(メチルアミン)
 N,N'-(naphthalene-1,4-diylidene)bis(methylamine)ではない〕
 〔ジメチル(ナフタレン-1,4-ジイリデン)ビス(アミン)
 dimethyl(naphthalene-1,4-diylidene)bis(amine)ではない〕

P-62.3.1.2　=NH に対する接頭語 イミノ imino は，イミンより優先順位が上の特性基の存在下で使う．倍数命名法では，−N= に対して接頭語 アザニルイリデン azanylylidene を使う．R-(C=NH)− 型の置換基(R− が環または鎖)が環，鎖あるいはヘテロ原子に結合したものは，アシル基の仲間として命名する(イミド酸 imidic acid については P-65.1.3.1，アシル基については P-65.1.7 参照).

例：

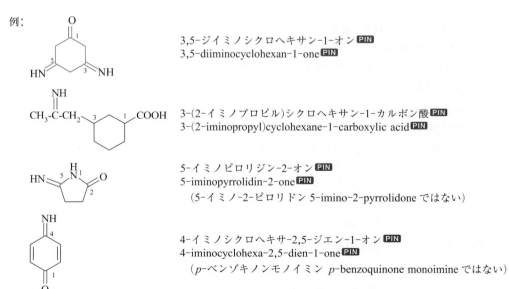

3,5-ジイミノシクロヘキサン-1-オン **PIN**
3,5-diiminocyclohexan-1-one **PIN**

3-(2-イミノプロピル)シクロヘキサン-1-カルボン酸 **PIN**
3-(2-iminopropyl)cyclohexane-1-carboxylic acid **PIN**

5-イミノピロリジン-2-オン **PIN**
5-iminopyrrolidin-2-one **PIN**
 （5-イミノ-2-ピロリドン 5-imino-2-pyrrolidone ではない）

4-イミノシクロヘキサ-2,5-ジエン-1-オン **PIN**
4-iminocyclohexa-2,5-dien-1-one **PIN**
 （p-ベンゾキノンモノイミン p-benzoquinone monoimine ではない）

$$\overset{3}{HOOC\text{-}CH_2\text{-}CH}=N\text{-}CH_2\text{-}CH_2\text{-}N=\overset{3'}{CH}\text{-}CH_2\text{-}COOH$$

3,3′-[エタン-1,2-ジイルビス(アザニルイリデン)]ジプロパン酸 **PIN**
3,3′-[ethane-1,2-diylbis(azanylylidene)]dipropanoic acid **PIN**

2,2′-[エタン-1,2-ジイルビス(アザニルイリデンメタニルイリデン)]ジフェノール **PIN**
2,2′-[ethane-1,2-diylbis(azanylylidenemethanylylidene)]diphenol **PIN**

P-62.3.1.3　ヘテロ原子に結合するイミノ基（ヘテロイミン）　X がヘテロ原子で，=NH 基が主特性基である場合，X=NH 基を含む化合物はイミンと命名する．別の特性基がイミンより優先するときは，=NH 基は接頭語イミノを使って表す．

例：CH₃-P=NH　　　　　　　　1-メチルホスファンイミン **PIN**　1-methylphosphanimine **PIN**

(CH₃)₂Si=N-C₆H₅　　　　　　1,1-ジメチル-N-フェニルシランイミン **PIN**
　　　　　　　　　　　　　　1,1-dimethyl-N-phenylsilanimine **PIN**
　　　　　　　　　　　　　　（シランは予備選択名である．P-12.2 参照）

CH₃-N=SiH-CH₂-CO-O-CH₃　［(メチルイミノ)シリル]酢酸メチル **PIN**
　　　　　　　　　　　　　　methyl ［(methylimino)silyl]acetate **PIN**
　　　　　　　　　　　　　　（silyl は予備選択接頭語である．P-12.2 参照）

P-62.3.1.4　カルボジイミド　仮想化合物 HN=C=NH は命名法の体系に従って メタンジイミン methanediimine と命名する．その誘導体はこの化合物の置換生成物として命名する．そのような名称は保存名 カルボジイミド carbodiimide をもとにした名称よりも優先する．カルボジイミドは現在では化合物種類名としてのみ使う．

例：C₆H₁₁-N=C=N-C₆H₁₁　　ジシクロヘキシルメタンジイミン **PIN**
　　　　　　　　　　　　　　dicyclohexylmethanediimine **PIN**
　　　　　　　　　　　　　　（以前はジシクロヘキシルカルボジイミド dicyclohexylcarbodiimide）

P-62.4　ヘテロ原子によるアミンとイミンの N-置換

慣用として，アミンとイミンの窒素原子への置換は，接頭語として表示できるすべての特性基に対して認められてきた（表 5・1 参照）．化合物種類の優先順に従って命名を変えなければならないような高い順位の種類が生じなければ，この方式は今回の勧告でも変わらない（P-41 参照）．

この新しい規則は，塩素と他のハロゲン原子，−BrO と他のアシル類似基，−NO，−NO₂，−OR，−SO₂-R，−SO-R，そして −OH 基とカルコゲン類縁体のような置換体にも適用する．

> これは変更事項である．種類の優先順に従い（P-41 参照），R-NH-Cl，R-NH-NO および R-NH-NO₂ のような化合物は，今回の勧告ではアミドの誘導体として命名する（P-67.1.2.6 参照）．また R-NH-OH のような化合物は，上位であるアミン R-NH₂ のヒドロキシ置換体として命名する（P-68.3.1.1.1.1 参照）．これらの化合物をヒドロキシルアミンの N-置換体とする名称は PIN ではない．

R がアルキルまたはアリール基の −OR，−SR，−SeR，−TeR 基によるアミンの置換は認める．

例：CH₃-CH₂-NH-O-CH₃　　N-メトキシエタンアミン **PIN**　N-methoxyethanamine **PIN**
　　　　　　　　　　　　　　（P-68.3.1.1.1.3 参照）

P-62　アミンとイミン　　　　　　　　　　　　　　　　　　　481

CH₃-CH₂-NH-OH　　　　　*N*-ヒドロキシエタンアミン **PIN**　　*N*-hydroxyethanamine **PIN**
　　　　　　　　　　　　　N-エチルヒドロキシルアミン　　*N*-ethylhydroxylamine

$\overset{N}{\text{CH}_3\text{-CH}_2\text{-NH-Cl}}$　　　*N*-エチル次亜塩素酸アミド **PIN**　　*N*-ethylhypochlorous amide **PIN**
　　　　　　　　　　　　　N-クロロエタンアミン　　*N*-chloroethanamine

$\overset{N}{\text{CH}_3\text{-NH-NO}}$　　　*N*-メチル亜硝酸アミド **PIN**　　*N*-methylnitrous amide **PIN**
　　　　　　　　　　　　　N-ニトロソメタンアミン　　*N*-nitrosomethanamine

CH₃-N(NO₂)₂　　　　　　*N*-メチル-*N*-ニトロ硝酸アミド **PIN**　　*N*-methyl-*N*-nitronitramide **PIN**
　　　　　　　　　　　　　N,N-ジニトロメタンアミン　　*N,N*-dinitromethanamine

CH₃-NH-BrO　　　　　　*N*-メチル亜臭素酸アミド **PIN**　　*N*-methylbromous amide **PIN**
　　　　　　　　　　　　　N-ブロモシルメタンアミン　　*N*-bromosylmethanamine

P-62.5　アミンオキシド，イミンオキシドおよびカルコゲン類縁体

アミンオキシド，イミンオキシドおよびそのカルコゲン類縁体は以下のように命名する．

(1) 種類名 オキシド oxide, スルフィド sulfide, セレニド selenide および テルリド telluride を使って，官能種類命名法により命名する．また必要な時は，上付き数字を添えた位置番号 *N* を使って明確に示す．
(2) 母体構造名 λ⁵-azane から誘導される接頭語を使う．
(3) 両性イオンとして(P-74.2.1.2 参照)命名する．

方法(1)は，1 個のアミンまたはイミンのオキシドがあるときに使う．窒素酸化物は両性イオンの性質をもつので，アミンおよびイミンのオキシドは化合物種類では両性イオンの位置にある(P-41 参照)．そのため，アミンとイミンのオキシドは方法(1)で命名し，もし他にアミノ基があれば，すべて置換基として接頭語アミノを使って命名する．方法(2)はオキシドが置換基の窒素原子上にあるときに使う．名称中に位置番号があるときは，位置番号 *N* はオキシドの前に置く．

方法(1)または(2)は適切であれば，以下に例示するように PIN が得られる．両性イオンの名称については P-74.2.1.2 で述べる．

例: (CH₃)₃NO　または　(CH₃)₃N⁺-O⁻　(1) *N,N*-ジメチルメタンアミン=*N*-オキシド **PIN**
　　　　　　　　　　　　　　　　　　　N,N-dimethylmethanamine *N*-oxide **PIN**
　　　　　　　　　　　　　　　　　　　(トリメチル)アミンオキシド
　　　　　　　　　　　　　　　　　　　(trimethyl)amine oxide
　　　　　　　　　　　　　　　　　(3) (トリメチルアザニウムイル)オキシダニド
　　　　　　　　　　　　　　　　　　　(trimethylazaniumyl)oxidanide　(P-74.2.1.2 参照)

CH₂=N(O)Cl　(1) *N*-クロロメタンイミン=*N*-オキシド **PIN**
　　　　　　　　　　N-chloromethanimine *N*-oxide **PIN**
　　　　　　　　(3) [クロロ(メチリデン)アザニウムイル]オキシダニド
　　　　　　　　　　[chloro(methylidene)azaniumyl]oxidanide　(P-74.2.1.2 参照)

$$\underset{5}{(\text{CH}_3)_2\text{N-CH}_2\text{-CH}_2\text{-}}\overset{\displaystyle (\text{CH}_3)_2\text{NO}}{\underset{3}{\overset{|}{\text{CH}}}}\text{-CH}_2\text{-}\underset{1}{\text{CH}_2}\text{-N(CH}_3)_2$$

　　　　　　　1,5-ビス(ジメチルアミノ)-*N,N*-ジメチルペンタン-3-アミン=*N*-オキシド **PIN**
　　　　　　　1,5-bis(dimethylamino)-*N,N*-dimethylpentan-3-amine *N*-oxide **PIN**
　　　　　　　(N^1,N^1,N^3,N^3,N^5,N^5-ヘキサメチルペンタン-1,3,5-トリアミン N^3-オキシド
　　　　　　　N^1,N^1,N^3,N^3,N^5,N^5-hexamethylpentane-1,3,5-triamine N^3-oxide ではない．
　　　　　　　N-オキシドは両性イオンに分類され，主特性基である)

$$\text{(H}_3\text{C)}_2\text{N-CH}_2\text{-CH}_2\text{-CH-CH}_2\text{-CH}_2\text{-N(O)(CH}_3)_2$$
$$\underset{5}{}\underset{3}{}\underset{1}{}$$
with N(CH₃)₂ branch at position 3

 3,5-ビス(ジメチルアミノ)-*N*,*N*-ジメチルペンタン-1-アミン=*N*-オキシド **PIN**
 3,5-bis(dimethylamino)-*N*,*N*-dimethylpentan-1-amine *N*-oxide **PIN**
  (N^1,N^1,N^3,N^3,N^5,N^5-ヘキサメチルペンタン-1,3,5-トリアミン N^1-オキシド
  N^1,N^1,N^3,N^3,N^5,N^5-hexamethylpentane-1,3,5-triamine N^1-oxide ではない．
  N-オキシドは両性イオンに分類され，主特性基である)

$$\text{(CH}_3)_2\text{N-CH}_2\text{-CH}_2\text{-CH}_2\text{-CH}_2\text{-CH}_2\text{-N(O)(CH}_3)_2$$

 5-(ジメチルアミノ)-*N*,*N*-ジメチルペンタン-1-アミン=*N*-オキシド **PIN**
 5-(dimethylamino)-*N*,*N*-dimethylpentane-1-amine *N*-oxide **PIN**
  (N^1,N^1,N^5,N^5-テトラメチルペンタン-1,5-ジアミン N^1-オキシド
  N^1,N^1,N^5,N^5-tetramethylpentane-1,5-diamine N^1-oxide ではない．
  N-オキシドは両性イオンに分類され，主特性基である)

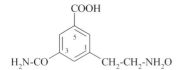

 (1) 2-(3-カルバモイル-5-カルボキシフェニル)エタン-1-アミン=*N*-オキシド **PIN**
  2-(3-carbamoyl-5-carboxyphenyl)ethan-1-amine *N*-oxide **PIN**
  3-(2-アミノエチル)-5-カルバモイル安息香酸 N^3-オキシド
  3-(2-aminoethyl)-5-carbamoylbenzoic acid N^3-oxide
  〔{[2-(3-カルバモイル-5-カルボキシフェニル)エチル]アザニウムイル}オキシダニド
  {[2-(3-carbamoyl-5-carboxyphenyl)ethyl]azaniumyl}oxidanide ではない
  (P-74.2.1.2 も参照)〕

•CH₂-CH₂-NH₂O (2) 2-(オキソ-λ⁵-アザニル)エチル **PIN** 2-(oxo-λ⁵-azanyl)ethyl **PIN**
      (3) 2-(オキシドアザニウムイル)エチル 2-(oxidoazaniumyl)ethyl

$$\text{(CH}_3)_2\text{N(O)-CH}_2\underset{3}{}\underset{1}{}\text{CH}_2\text{-CH}_2\text{-N(O)(CH}_3)_2$$
(with phenyl ring between positions 3 and 1)

 (2) 2-{3-[(ジメチルオキソ-λ⁵-アザニル)メチル]フェニル}-
       N,*N*-ジメチルエタン-1-アミン=*N*-オキシド **PIN**
  2-{3-[(dimethyloxo-λ⁵-azanyl)methyl]phenyl}-*N*,*N*-dimethylethan-1-amine *N*-oxide **PIN**
  2-{3-[(ジメチルアミノ)メチル]フェニル}-*N*,*N*-ジメチルエタン-1-アミン N^1,N^3-ジオキシド
  2-{3-[(dimethylamino)methyl]phenyl}-*N*,*N*-dimethylethan-1-amine N^1,N^3-dioxide
 (3) 2-(3-{[ジメチル(オキシド)アザニウムイル]メチル}フェニル)-
       N,*N*-ジメチルエタン-1-アミン *N*-オキシド
  2-(3-{[dimethyl(oxido)azaniumyl]methyl}phenyl)-*N*,*N*-dimethylethan-1-amine *N*-oxide
  (P-74.2.1.2 も参照)

(CH₃-CH₂)₃NS (1) *N*,*N*-ジエチルエタンアミン=*N*-スルフィド **PIN**
     N,*N*-diethylethanamine *N*-sulfide **PIN**
    (トリエチル)アミンスルフィド (triethyl)amine sulfide
    (3) (トリエチルアザニウムイル)スルファニド (triethylazaniumyl)sulfanide
     (P-74.2.1.2 も参照)

P-62.6 アミンとイミンの塩
P-62.6.1 カチオンとアニオンの名称

 四価の窒素塩 R₄N⁺X⁻（一つの R 基はアミンまたはイミンの母体水素化物を表し，他の基は水素原子または置

P-62 アミンとイミン 483

換基である)は以下に示すいずれかの方法で命名する.

(1) 接尾語 ium をアミンまたはイミンの名称に加える．ここで語尾に文字 e がもしあれば省略する．置換基は
接頭語として表示し，アニオン名は英語では別の単語として示す.
(2) 母体水素化物 アザニウム azanium NH_4^+ の置換体とする.
(3) 第四級塩についてのみ，母体水素化物 アンモニウム ammonium NH_4^+ の置換体とする.

方法(1)により PIN が得られる.

例: $CH_3-\overset{+}{N}H_3\ Cl^-$

(1) メタンアミニウム＝クロリド **PIN**
methanaminium chloride **PIN**
(2) 塩化メチルアザニウム または
メチルアザニウムクロリド
methylazanium chloride

$CH_3-CH_2-\overset{+}{N}H_2-CH_3\ Br^-$

(1) *N*-メチルエタンアミニウム＝ブロミド **PIN**
N-methylethanaminium bromide **PIN**
(3) 臭化エチル(メチル)アザニウム または
エチル(メチル)アザニウムブロミド
ethyl(methyl)azanium bromide

$CH_3-CH_2-\overset{+}{N}H(CH_3)_2\ I^-$

(1) *N*,*N*-ジメチルエタンアミニウム＝ヨージド **PIN**
N,*N*-dimethylethanaminium iodide **PIN**
(2) ヨウ化エチルジメチルアザニウム または
エチルジメチルアザニウムヨージド
ethyldimethylazanium iodide

$(CH_3)_4\overset{+}{N}\ I^-$

(1) *N*,*N*,*N*-トリメチルメタンアミニウム＝ヨージド **PIN**
N,*N*,*N*-trimethylmethanaminium iodide **PIN**
(2) ヨウ化テトラメチルアザニウム または
テトラメチルアザニウムヨージド
tetramethylazanium iodide
(3) ヨウ化テトラメチルアンモニウム または
テトラメチルアンモニウムヨージド
tetramethylammonium iodide

$\overset{+}{N}H_2-CH_3\ Br^-$

(1) *N*-メチルアニリニウム＝ブロミド **PIN**
N-methylanilinium bromide **PIN**
臭化 *N*-メチルベンゼンアミニウム または
N-メチルベンゼンアミニウムブロミド
N-methylbenzenaminium bromide
(2) 臭化メチル(フェニル)アザニウム または
メチル(フェニル)アザニウムブロミド
methyl(phenyl)azanium bromide

（チアゾール環 Cl^-, $\overset{+}{N}-CH_3$, S）

(1) 3-メチル-1,3-チアゾール-3-イウム＝クロリド **PIN**
3-methyl-1,3-thiazol-3-ium chloride **PIN**

$CH_3-CH=\overset{+}{N}H-CH_3\ Cl^-$

(1) *N*-メチルエタンイミニウム＝クロリド **PIN**
N-methylethaniminium chloride **PIN**
(2) 塩化エチリデン(メチル)アザニウム または
エチリデン(メチル)アザニウムクロリド
ethylidene(methyl)azanium chloride

484　　　　　　　　　　　　P-6　個々の化合物種類に対する適用

(1) N-フェニルエタンイミニウム＝ブロミド **PIN**
　　N-phenylethaniminium bromide **PIN**

(2) 臭化エチリデン(フェニル)アザニウム　または
　　エチリデン(フェニル)アザニウムブロミド
　　ethylidene(phenyl)azanium bromide

P-62.6.2　不確定な構造の塩（付加物）

　構造が確定しないため上記の規則が適用できないときは，アミンとイミンの塩は有機-無機混合付加物として命名する(P-14.8.2 参照)．このような付加物の構造式は P-14.8 に表示したように書く．名称は構造式に書かれている順で構成する．無機酸を含む塩は，無機物質の優先 IUPAC 名を選ぶ規則が未完成なので，PIN を作成することができない．

例：

2-エチルベンゼン-1,4-ジアミン―塩化水素 （1/1）
2-ethylbenzene-1,4-diamine—hydrogen chloride (1/1)

N,N-ジメチル-1,3-チアゾリジン-2-アミン―硫酸 (2/1)
N,N-dimethyl-1,3-thiazolidin-2-amine—sulfuric acid (2/1)

メタンスルホン酸―シクロペンタン-1,3-ジアミン （1/1）**PIN**
methanesulfonic acid—cyclopentane-1,3-diamine (1/1) **PIN**

P-63　ヒドロキシ化合物，エーテル，ペルオキソール，過酸化物およびカルコゲン類縁体　　　"日本語名称のつくり方"も参照

P-63.0　はじめに	P-63.5　環状エーテル，スルフィド，セレニドおよびテルリド
P-63.1　ヒドロキシ化合物とカルコゲン類縁体	
P-63.2　エーテルとカルコゲン類縁体	P-63.6　スルホキシドとスルホン
P-63.3　過酸化物とカルコゲン類縁体	P-63.7　多官能基化合物
P-63.4　ヒドロペルオキシド(ペルオキソール)とカルコゲン類縁体	P-63.8　ヒドロキシ化合物，ヒドロペルオキシ化合物およびカルコゲン類縁体の塩

P-63.0　はじめに

　慣用として，ヒドロキシ化合物は 1 個以上のヒドロキシ基が炭素原子に結合した化合物のことである．アルコール，フェノール，エノール enol およびイノール ynol はヒドロキシ化合物に属する重要な種類であると考えられている．対象とする化合物が化合物種類として優先する酸に分類されなければ，この種類の範囲は，1 個以上のヒドロキシ基が炭素以外の原子に結合した場合をも含むように拡張できる．たとえば，$H_2Si\text{-}OH$ はヒドロキシ化合物，シラノールに分類し命名するが，$Si(OH)_4$ は酸の仲間でケイ酸と命名する．

P-63　ヒドロキシ化合物，エーテル，ペルオキソール，過酸化物およびカルコゲン類縁体　　485

> 今回の勧告で −OOH 基を命名するために接尾語 ペルオキソール peroxol を導入した．従来は官能種類命名法で ヒドロペルオキシド hydroperoxide と命名していた．カルコゲン類縁体は チオペルオキソール thioperoxol，ジチオペルオキソール dithioperoxol，セレノペルオキソール selenoperoxol，セレノチオペルオキソール selenothioperoxol のような接尾語を付けることで作成する．

1979 規則(参考文献 1)の規則 C-201 から C-218 および 1993 規則(参考文献 2)の規則 R-5.5 で述べた，ヒドロキシ化合物(アルコールとフェノール)，エーテル，ヒドロペルオキシド，過酸化物およびそれらのカルコゲン類縁体に関する規則は，対応する本節 P-63 で述べる規則に変更する．

P-63.1　ヒドロキシ化合物とカルコゲン類縁体

官能種類名または保存名ではなく置換命名法で作成した名称が，PIN である．保存名のフェノールは例外的に PIN であり，完全に置換が認められる．アルコール R-OH で，R 基を単純な脂肪族または飽和炭素環の基に限った官能種類名は，現在では慣用名である．

P-63.1.1　保　存　名	P-63.1.4　置換命名法，接頭語形式
P-63.1.2　アルコール，フェノール，エノール，イノールの体系的名称	P-63.1.5　ヒドロキシ化合物の硫黄，セレン，テルル類縁体
P-63.1.3　ヘテロール	

P-63.1.1　保　存　名

P-63.1.1.1　保存名はただ一つフェノール C_6H_5-OH だけである．この名称は PIN でも GIN としても使える．またその構造のどの位置にも置換ができる．位置番号の表示には 2, 3, 4 を推奨し，*o, m, p* は認めない．

例：

フェノール **PIN**　phenol **PIN**　（保存名）

2-ブロモフェノール **PIN**　2-bromophenol **PIN**
（*o*-ブロモフェノール *o*-bromophenol ではない）

P-63.1.1.2　以下の名称は保存名であるが，非置換体のみが GIN として使える．

HO-CH₂-CH₂-OH

エチレングリコール　ethylene glycol
エタン-1,2-ジオール **PIN**　ethane-1,2-diol **PIN**

グリセリン　glycerol
プロパン-1,2,3-トリオール **PIN**　propane-1,2,3-triol **PIN**

ペンタエリトリトール　pentaerythritol
2,2-ビス(ヒドロキシメチル)プロパン-1,3-ジオール **PIN**
2,2-bis(hydroxymethyl)propane-1,3-diol **PIN**

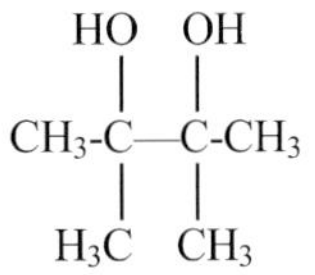

486 　　　　　　P-6　個々の化合物種類に対する適用

ピナコール　pinacol
2,3-ジメチルブタン-2,3-ジオール **PIN**　2,3-dimethylbutane-2,3-diol **PIN**

クレゾール　cresol
（*p*-異性体を示す．他に *o*- と *m*-異性体もある．P-29.6.2.3，P-22.1.3 参照）
4-メチルフェノール **PIN**　4-methylphenol **PIN**

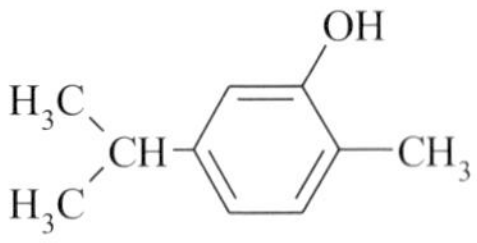

カルバクロール　carvacrol
2-メチル-5-(プロパン-2-イル)フェノール **PIN**
2-methyl-5-(propan-2-yl)phenol **PIN**

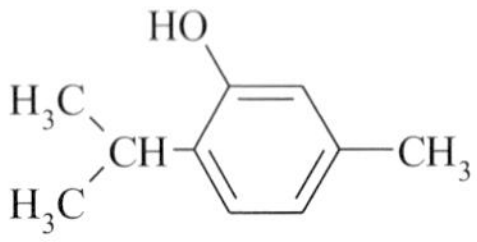

チモール　thymol
5-メチル-2-(プロパン-2-イル)フェノール **PIN**
5-methyl-2-(propan-2-yl)phenol **PIN**

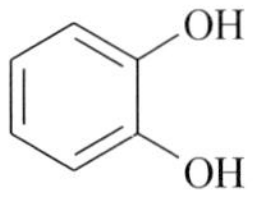

ピロカテコール　pyrocatechol
ベンゼン-1,2-ジオール **PIN**　benzene-1,2-diol **PIN**

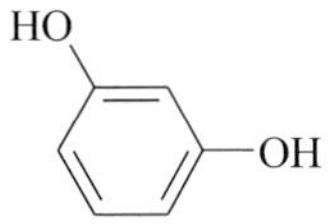

レソルシノール　resorcinol
ベンゼン-1,3-ジオール **PIN**　benzene-1,3-diol **PIN**

ヒドロキノン　hydroquinone
ベンゼン-1,4-ジオール **PIN**　benzene-1,4-diol **PIN**

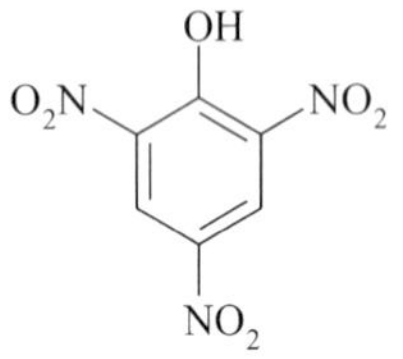

ピクリン酸　picric acid
2,4,6-トリニトロフェノール **PIN**　2,4,6-trinitrophenol **PIN**

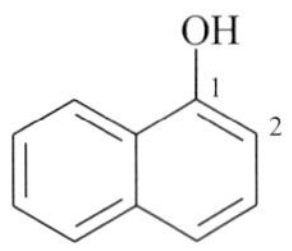

1-ナフトール　1-naphthol
ナフタレン-1-オール **PIN**　naphthalen-1-ol **PIN**
（2-異性体もある）

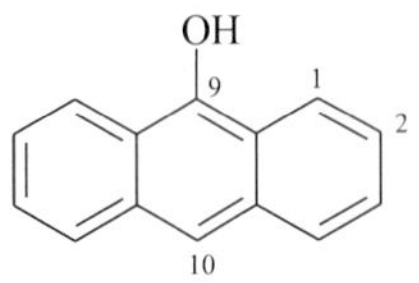

9-アントロール　9-anthrol
アントラセン-9-オール **PIN**　anthracen-9-ol **PIN**

P-63.1.2　アルコール，フェノール，エノール，イノールの体系的名称

ヒドロキシ化合物は以下の三つの方法で命名する．

(1) 接尾語 オール ol と接頭語 ヒドロキシ hydroxy を使って置換命名法による．複数の特性基がある場合は倍数接頭語 di，tri などで示す．倍数接頭語の最後の文字 a は接尾語 オール ol の前では省略する．主鎖または優先環を選ばなければならないときは，規則 P-44 を適用する．番号付けに選択の余地がある場合は，接尾語 オール ol に対する位置番号が最も小さくなるように，番号付けの出発点と方向を選ぶ．

P-63 ヒドロキシ化合物，エーテル，ペルオキソール，過酸化物およびカルコゲン類縁体　　　487

(2) 官能種類命名法および種類名アルコールによる．

(3) 使用条件が満たされている場合は，同一構造単位の集合をまとめて倍数命名法による(P-51.3 参照)．

　　方法(1)により PIN が得られる．同一構造単位の集合を使う方法(3)による倍数名は，単純に置換命名法でつくる名称より優先する(P-51.1.5)．

例：

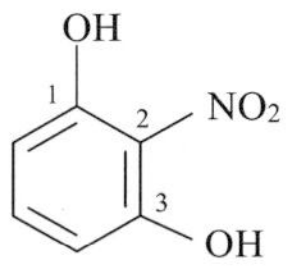

(1) 2-ニトロベンゼン-1,3-ジオール PIN
2-nitrobenzene-1,3-diol PIN
（2-ニトロレソルシノール 2-nitroresorcinol ではない）

CH₃-OH

(1) メタノール PIN　methanol PIN
(2) メチルアルコール　methyl alcohol

(CH₃)₃C-OH

(1) 2-メチルプロパン-2-オール PIN　2-methylpropan-2-ol PIN
(2) tert-ブチルアルコール　tert-butyl alcohol

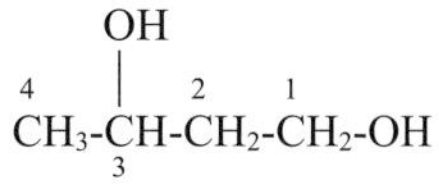

(1) ブタン-1,3-ジオール PIN
butane-1,3-diol PIN

HO-CH₂-CH₂-CH=CH-CH₂-OH

(1) ペンタ-2-エン-1,5-ジオール PIN
pent-2-ene-1,5-diol PIN

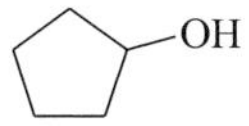

(1) シクロペンタノール PIN
cyclopentanol PIN

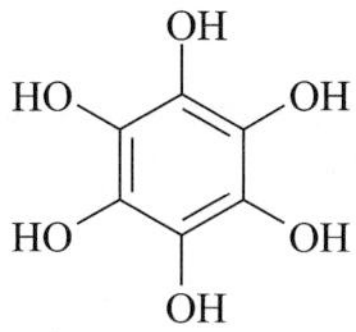

(1) ベンゼンヘキサオール PIN
benzenehexol PIN

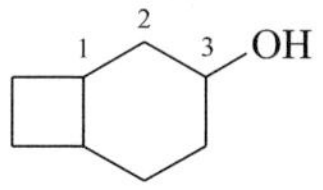

(1) ビシクロ[4.2.0]オクタン-3-オール PIN
bicyclo[4.2.0]octan-3-ol PIN

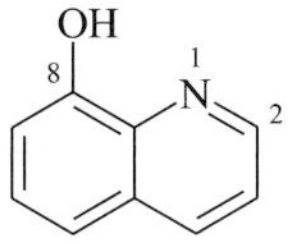

(1) キノリン-8-オール PIN
quinolin-8-ol PIN

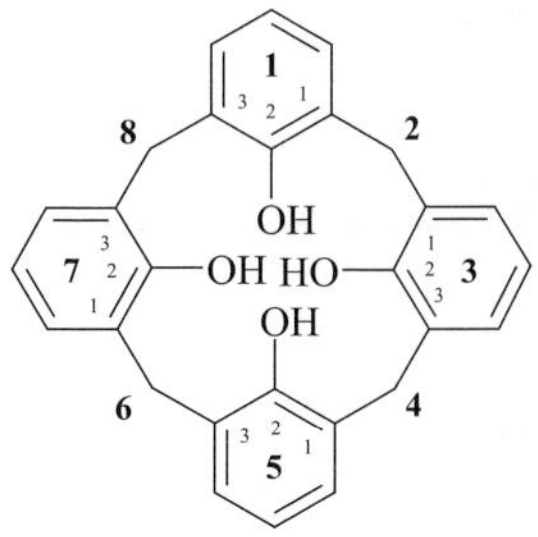

1,3,5,7(1,3)-テトラベンゼナシクロオクタファン-1²,3²,5²,7²-テトラオール PIN
1,3,5,7(1,3)-tetrabenzenacyclooctaphane-1²,3²,5²,7²-tetrol PIN

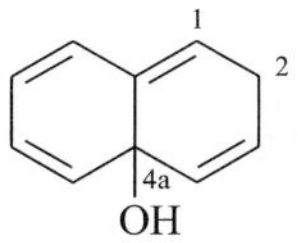

(1) ナフタレン-4a(2H)-オール PIN
naphthalen-4a(2H)-ol PIN
2,4a-ジヒドロナフタレン-4a-オール
2,4a-dihydronaphthalen-4a-ol
　（P-58.2 参照）

(1) ナフタレン-4a,8a-ジオール **PIN**
naphthalene-4a,8a-diol **PIN**
4a,8a-ジヒドロナフタレン-4a,8a-ジオール
4a,8a-dihydronaphthalene-4a,8a-diol
（P-58.2 参照）

$(C_{60}\text{-}I_h)[5,6]$フラーレン-1(9H)-オール **PIN**
$(C_{60}\text{-}I_h)[5,6]$fulleren-1(9H)-ol **PIN**
1,9-ジヒドロ$(C_{60}\text{-}I_h)[5,6]$フラーレン-1-オール
1,9-dihydro$(C_{60}\text{-}I_h)[5,6]$fulleren-1-ol
（P-58.2 参照）

(3) 4,4′-メチレンジフェノール **PIN**
4,4′-methylenediphenol **PIN**
(1) 4-[(4-ヒドロキシフェニル)メチル]フェノール
4-[(4-hydroxyphenyl)methyl]phenol

(3) 2,2′-[エタン-1,2-ジイルビス(アザニルイリデンメタニルイリデン)]ビス(6-フルオロフェノール) **PIN**
2,2′-[ethane-1,2-diylbis(azanylylidenemethanylylidene)]bis(6-fluorophenol) **PIN**
(1) 2-フルオロ-6-{[(2-{[(3-フルオロ-2-
ヒドロキシフェニル)メチリデン]アミノ}エチル)イミノ]メチル}フェノール
2-fluoro-6-{[(2-{[(3-fluoro-2-hydroxyphenyl)methylidene]amino}ethyl)imino]methyl}phenol

(1) 3,4-ジヒドロナフタレン-1-オール **PIN**
3,4-dihydronaphthalen-1-ol **PIN**

(1) 5,6,7,8-テトラヒドロナフタレン-2-オール **PIN**
5,6,7,8-tetrahydronaphthalen-2-ol **PIN**

(1) 2-メチリデンペンタン-1-オール **PIN**
2-methylidenepentan-1-ol **PIN**

(1) 4-メチリデンヘキサン-3-オール **PIN**
4-methylidenehexan-3-ol **PIN**

(1) 4-(2-ヒドロキシエチル)-3-(ヒドロキシメチル)-
2-メチリデンシクロペンタン-1-オール **PIN**
4-(2-hydroxyethyl)-3-(hydroxymethyl)-
2-methylidenecyclopentan-1-ol **PIN**

(1) [1,1′-ビフェニル]-2,4,4′,6-テトラオール **PIN**
    [1,1′-biphenyl]-2,4,4′,6-tetrol **PIN**
    ビフェニル-2,4,4′,6-テトラオール
    biphenyl-2,4,4′,6-tetrol

(1) [1¹,2¹:2⁴,3¹-テルフェニル]-1²,1⁶,2³,2⁵-テトラオール **PIN**
    [1¹,2¹:2⁴,3¹-terphenyl]-1²,1⁶,2³,2⁵-tetrol **PIN**
    (PIN にある環集合名は，接尾語があるときは位置番号を含めて
    角括弧で囲む．番号付けについては P-28.3 参照)
    [1,1′:4′,1″-テルフェニル]-2,3′,5′,6-テトラオール
    [1,1′:4′,1″-terphenyl]-2,3′,5′,6-tetrol （P-28.3 参照）

(1) [1¹,2¹:2⁴,3¹-テルフェニル]-2²-オール **PIN**
    [1¹,2¹:2⁴,3¹-terphenyl]-2²-ol **PIN** （P-28.3 参照）
    [1,1′:4′,1″-テルフェニル]-2′-オール
    [1,1′:4′,1″-terphenyl]-2′-ol （P-28.3 参照）

(1) [1,1′-ビフェニル]-2,2′-ジオール **PIN**
    [1,1′-biphenyl]-2,2′-diol **PIN**
    2,2′-ビフェノール
    2,2′-biphenol

(1) [2,2′-ビナフタレン]-1,1′-ジオール **PIN**
    [2,2′-binaphthalene]-1,1′-diol **PIN**
    2,2′-ビ-1-ナフトール
    2,2′-bi-1-naphthol

(1) [2,2′-ビナフタレン]-4,8′-ジオール **PIN**
    [2,2′-binaphthalene]-4,8′-diol **PIN**
    3,7′-ビ-1-ナフトール
    3,7′-bi-1-naphthol

P-63.1.3 ヘテロール

ヒドロキシ基が炭素以外の原子に結合しているとき，そのヒドロキシ化合物はヘテロールとよぶ化合物種類に属する．この化合物種類はヒドロキシ化合物として分類し，酸として分類されるか保存名でない限り接尾語 オール ol を用いて命名する．接尾語を使ってつくった名称は，接頭語ヒドロキシ hydroxy を使ってつくった名称より優先する．

例： (CH₃)₃Si-OH　　トリメチルシラノール **PIN**　　trimethylsilanol **PIN**
　　　　　　　　　　　ヒドロキシ(トリメチル)シラン　　hydroxy(trimethyl)silane
　　　　　　　　　　　　（silane は予備選択名である．P-12.2 参照）

(CH₃-CH₂)₂Al-OH　　ジエチルアルマノール　　diethylalumanol
　　　　　　　　　　　ジエチル(ヒドロキシ)アルマン　　diethyl(hydroxy)alumane
　　　　　　　　　　　　〔alumane は予備選択名ではない(P-12.1，P-12.2 参照)〕

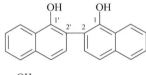

ピペリジン-1-オール **PIN**　piperidin-1-ol **PIN**
1-ヒドロキシピペリジン　1-hydroxypiperidine
N-ヒドロキシピペリジン　N-hydroxypiperidine

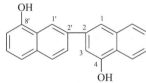

ピロリジン-1,2-ジオール **PIN**　pyrrolidine-1,2-diol **PIN**
1-ヒドロキシピロリジン-2-オール　1-hydroxypyrrolidin-2-ol
N-ヒドロキシピロリジン-2-オール　N-hydroxypyrrolidin-2-ol

$P(OH)_3$	亜リン酸 phosphorous acid （保存予備選択名） （ホスファントリオール phosphanetriol ではない）
$H_2As\text{-}OH$	亜アルシン酸 arsinous acid （保存予備選択名） （アルサノール arsanol ではない）

P-63.1.4 置換命名法，接頭語形式

ヒドロキシ基は以下の場合は接頭語 ヒドロキシ hydroxy で示す．

(1) 優先順位が上の主特性基が存在するとき
(2) ヒドロキシ基を接尾語で示すことができないとき

例：

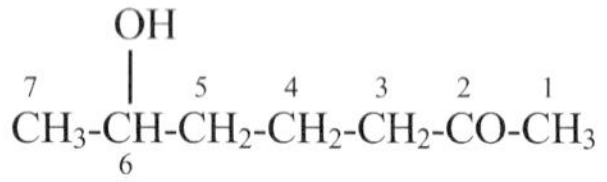

(1) 6-ヒドロキシヘプタン-2-オン PIN
6-hydroxyheptan-2-one PIN

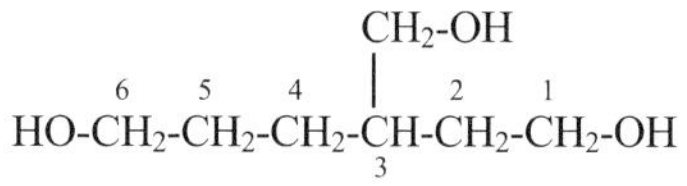

(2) 3-(ヒドロキシメチル)ヘキサン-1,6-ジオール PIN
3-(hydroxymethyl)hexane-1,6-diol PIN

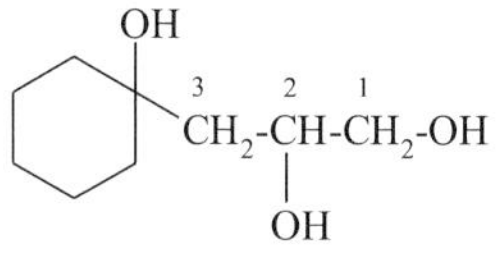

(2) 3-(1-ヒドロキシシクロヘキシル)プロパン-1,2-ジオール PIN
3-(1-hydroxycyclohexyl)propane-1,2-diol PIN

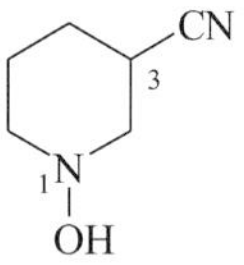

(1) 1-ヒドロキシピペリジン-3-カルボニトリル PIN
1-hydroxypiperidine-3-carbonitrile PIN

$\overset{3}{}\ \overset{2}{}\ \overset{1}{}$ $HO\text{-}PH\text{-}CH_2\text{-}CH_2\text{-}COOH$

(1) 3-(ヒドロキシホスファニル)プロパン酸 PIN
3-(hydroxyphosphanyl)propanoic acid PIN

P-63.1.5 ヒドロキシ化合物の硫黄，セレン，テルル類縁体

ヒドロキシ化合物の硫黄，セレン，テルル類縁体は，それぞれ接尾語 チオール thiol，セレノール selenol，テルロール tellurol と接頭語 スルファニル sulfanyl，セラニル selanyl，テラニル tellanyl を使って置換命名法により命名する．同じオール型特性基が複数存在するときは倍数接頭語 di，tri などを使う．接頭語 メルカプト mercapto −SH および ヒドロセレノ hydroseleno，セレニル selenyl −SeH などは廃止した．

官能種類命名法は使わない．

同一構造単位の集合を表す倍数名は，P-15.3 と P-51.3 で述べた方法で作成する．二価の接頭語の名称については P-63.2.5.1 で述べる．倍数命名法の名称はその作成条件が満たされている場合は，置換名より優先する (P-51.1.5)．

ヒドロキシ化合物の硫黄，セレン，テルル類縁体の優先順位は，O > S > Se > Te である．

例：

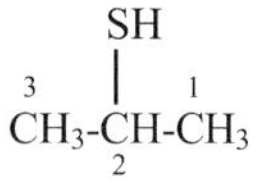

プロパン-2-チオール PIN propane-2-thiol PIN

$CH_3\text{-}CH_2\text{-}SeH$ エタンセレノール PIN ethaneselenol PIN

$HS\text{-}\overset{4}{C}H_2\text{-}\overset{3}{C}H_2\text{-}\overset{2}{C}H_2\text{-}\overset{1}{C}H_2\text{-}SH$ ブタン-1,4-ジチオール PIN butane-1,4-dithiol PIN

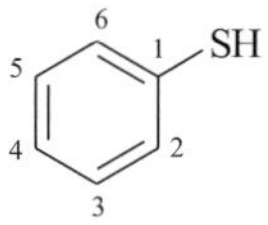

P-63 ヒドロキシ化合物，エーテル，ペルオキソール，過酸化物およびカルコゲン類縁体　　491

ベンゼンチオール **PIN**　　benzenethiol **PIN**
（チオフェノール thiophenol ではない）

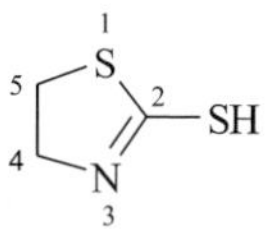

4,5-ジヒドロ-1,3-チアアゾール-2-チオール **PIN**
4,5-dihydro-1,3-thiazole-2-thiol **PIN**

HS-CH₂-CH₂-COOH

3-スルファニルプロパン酸 **PIN**
3-sulfanylpropanoic acid **PIN**

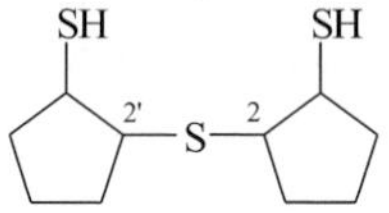

2,2′-スルファンジイルジ(シクロペンタン-1-チオール) **PIN**
2,2′-sulfanediyldi(cyclopentane-1-thiol) **PIN**

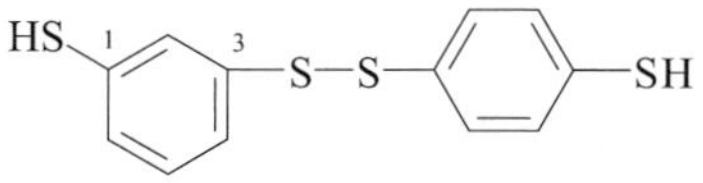

3-[(4-スルファニルフェニル)ジスルファニル]ベンゼン-1-
　　　　　　　　　　　　　　　　　　　チオール **PIN**
3-[(4-sulfanylphenyl)disulfanyl]benzene-1-thiol **PIN**
3,4′-ジスルファンジイルジ(ベンゼン-1-チオール)
3,4′-disulfanediyldi(benzene-1-thiol)

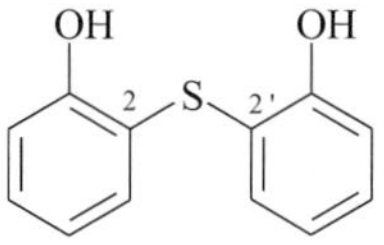

2,2′-スルファンジイルジフェノール **PIN**
2,2′-sulfanediyldiphenol **PIN**
2-[(2-ヒドロキシフェニル)スルファニル]フェノール
2-[(2-hydroxyphenyl)sulfanyl]phenol

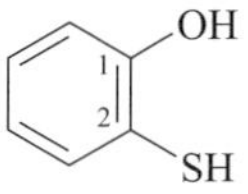

2-スルファニルフェノール **PIN**
2-sulfanylphenol **PIN**

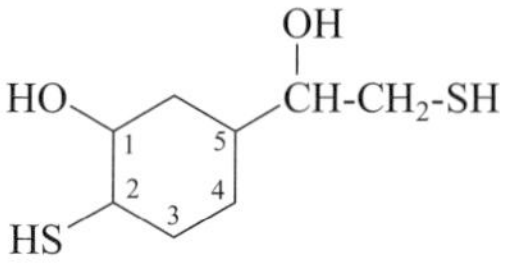

5-(1-ヒドロキシ-2-スルファニルエチル)-2-
　　　　　　スルファニルシクロヘキサン-1-オール **PIN**
5-(1-hydroxy-2-sulfanylethyl)-2-sulfanylcyclohexan-1-ol **PIN**
（環は直鎖に優先する，P-52.2.8 参照）
1-(3-ヒドロキシ-4-スルファニルシクロヘキシル)-2-
　　　　　　スルファニルエタン-1-オール
1-(3-hydroxy-4-sulfanylcyclohexyl)-2-sulfanylethan-1-ol

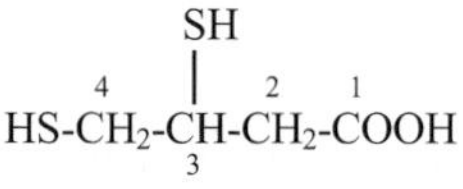

HS-CH₂-CH-CH₂-COOH

3,4-ビス(スルファニル)ブタン酸 **PIN**
3,4-bis(sulfanyl)butanoic acid **PIN**

P-63.2　エーテルとカルコゲン類縁体

P-63.2.1　定義と一般的方法	P-63.2.4　エーテルの体系名
P-63.2.2　置換基 R′-O-, R′-S-, R′-Se-, R′-Te- の名称	P-63.2.5　エーテルのカルコゲン類縁体の名称，スルフィド，セレニドおよびテルリド
P-63.2.3　エーテルの保存名	

P-63.2.1　定義と一般的方法

　エーテルは一般構造式 R-O-R′ をもつ．ここで R＝R′ または R≠R′ である．R と R′ はいかなる置換基, 脂肪族または環状化合物でも，P-29 で述べた母体水素化物から誘導される有機基(炭素原子上に遊離原子価をもっ

た基)または有機ヘテロ原子基(ヘテロ原子上に遊離原子価をもった基)のいずれでも可能である.

例: CH₃-O-CH₃　　　　(CH₃)₃Si-O-CH₃　　　　H₃Ge-O-GeH₃

　カルコゲン類縁体は，一般にスルフィド sulfide R-S-R′，セレニド selenide R-Se-R′，テルリド telluride R-Te-R′ とよぶ.

　エーテルとそのカルコゲン類縁体の名称は置換命名法，倍数命名法，"ア"命名法，ファン命名法，官能種類命名法などの原則に従い，さまざまな方法で作成する.しかし，ある種のエーテルとカルコゲン類縁体には，母体水素化物として分類するものがある.たとえば H₃Ge-O-GeH₃ はジゲルモキサン digermoxane のように命名する.P-21.2.3.1 で述べた化合物も同様の扱いをする.したがって，このような化合物はこの節で述べる方法では命名しない.なぜなら，それらの名称は，含まれるヘテロ原子の選択規則に関連するからである.

　置換命名法では，R が R′ と異なるとき，RH を母体水素化物として選び，R′-O— をその置換基として命名する.置換基の名称は P-63.2.2 で述べる.官能種類命名法では R および R′ の置換基名を用いる.

P-63.2.2　置換基 R′-O—，R′-S—，R′-Se—，R′-Te— の名称

P-63.2.2.1　体系的名称

P-63.2.2.1.1　　R′-O— 基の置換接頭語名は連結法により作成する，すなわち接頭語 オキシ oxy を R′ の置換基名に加える.これらの複合接頭語は，複数を示すときは bis，tris などの倍数接頭語を使う.

例: CH₃-CH₂-CH₂-CH₂-CH₂-O—　　ペンチルオキシ 優先接頭　　pentyloxy 優先接頭

ブタン-2-イルオキシ 優先接頭　　butan-2-yloxy 優先接頭
1-メチルプロポキシ　　1-methylpropoxy

ピリジン-2-イルオキシ 優先接頭　　pyridin-2-yloxy 優先接頭
2-ピリジルオキシ　　2-pyridyloxy

ピペリジン-1-イルオキシ 優先接頭　　piperidin-1-yloxy 優先接頭
(ピペリジノオキシ piperidinooxy ではない)

2-(ブタン-2-イルオキシ)エチル 優先接頭　　2-(butan-2-yloxy)ethyl 優先接頭

H₃Si-O—　　シリルオキシ 予備接頭　　silyloxy 予備接頭
(シロキシ siloxy ではない)

P-63.2.2.1.2　　置換基 R′S—，R′Se—，R′Te— を表す接頭語は，スルファニル sulfanyl HS—，セラニル selanyl HSe—，テラニル tellanyl HTe— 基の置換により作成する.複数ある場合の倍数接頭語は bis，tris などである.従来の名称 チオ thio —S—，セレノ seleno —Se—，テルロ telluro —Te— は GIN で連結接頭語として使うことができる.

例: CH₃-S—　　メチルスルファニル 優先接頭　　methylsulfanyl 優先接頭
　　　　　　　　メチルチオ　　methylthio

C₆H₅-Se—　　フェニルセラニル 優先接頭　　phenylselanyl 優先接頭
　　　　　　　　フェニルセレノ　　phenylseleno

P-63　ヒドロキシ化合物，エーテル，ペルオキソール，過酸化物およびカルコゲン類縁体　　　493

P-63.2.2.1.3　　−O-Y-O−，または −S-Y-S− のような二価の基は，接頭語 オキシ oxy，スルファンジイル sulfanediyl を二価の基 Y の名称に付け加える(連結する)ことで命名する．優先名では複数を示す場合に，曖昧さを避けるために接頭語 bis を di の代わりに使う．さらに，単純な接頭語でも丸括弧で囲んで，倍数接頭語 bis, tris などの後に置く．

例：　−O-CH₂-O−　　メチレンビス(オキシ)[優先接頭]　methylenebis(oxy)[優先接頭]
　　　　　　　　　　　　（メチレンジオキシ methylenedioxy ではない）

　　　−S-CH₂-S−　　メチレンビス(スルファンジイル)[優先接頭]
　　　　　　　　　　methylenebis(sulfanediyl)[優先接頭]
　　　　　　　　　　メチレンビス(チオ)　methylenebis(thio)

　　　−CH₂-S-CH₂−　スルファンジイルビス(メチレン)[優先接頭]
　　　　　　　　　　sulfanediylbis(methylene)[優先接頭]
　　　　　　　　　　（スルファンジイルジメチレン sulfanediyldimethylene ではない）

P-63.2.2.2　保存名　　R-O− 置換基には短縮名が保存されているものがあり，PIN でも GIN でも使うことができる．それらの基は完全に置換でき(*tert*-butoxy は例外)，倍数接頭語は di, tri などを使う単純な接頭語の扱いをする．以下に保存名を示す．

　　　CH₃-O−　　　　メトキシ[優先接頭]　methoxy[優先接頭]

　　　CH₃-CH₂-O−　　エトキシ[優先接頭]　ethoxy[優先接頭]

　　　CH₃-[CH₂]₂-O−　プロポキシ[優先接頭]　propoxy[優先接頭]

　　　CH₃-[CH₂]₃-O−　ブトキシ[優先接頭]　butoxy[優先接頭]

　　　C₆H₅-O−　　　　フェノキシ[優先接頭]　phenoxy[優先接頭]

　　　(CH₃)₃C-O−　　*tert*-ブトキシ[優先接頭]　*tert*-butoxy[優先接頭]　（非置換体のみ）

以下の接頭語は GIN での使用に限った保存名で，使えるのは非置換体のみである．

　　　(CH₃)₂CH-O−　イソプロポキシ　isopropoxy
　　　　　　　　　　1-メチルエトキシ　1-methylethoxy
　　　　　　　　　　プロパン-2-イルオキシ[優先接頭]　propan-2-yloxy[優先接頭]

接頭語 *sec*-ブトキシ *sec*-butoxy およびイソブトキシ isobutoxy は廃止した．

　　　CH₃-CH₂-CH(CH₃)-O−　ブタン-2-イルオキシ[優先接頭]　butan-2-yloxy[優先接頭]
　　　　　　　　　　　　　　1-メチルプロポキシ　1-methylpropoxy
　　　　　　　　　　　　　　（*sec*-ブトキシ *sec*-butoxy ではない）

　　　(CH₃)₂CH-CH₂-O−　　2-メチルプロポキシ[優先接頭]　2-methylpropoxy[優先接頭]
　　　　　　　　　　　　　　（イソブトキシ isobutoxy ではない）

P-63.2.3　エーテルの保存名

アニソール anisole，C₆H₅-O-CH₃ はエーテルの中で唯一の保存名で，PIN と GIN の両方で使うことができる．PIN では置換体は認めない．GIN では一定の条件下で環および側鎖への置換が認められている(P-34.1.1.4 参照)．

例：　　　　　　　　　　　1-クロロ-4-メトキシベンゼン[PIN]　1-chloro-4-methoxybenzene[PIN]
　　　　　　　　　　　　　（PIN ではアニソール上に置換できない）
　　　　　　　　　　　　　4-クロロアニソール　4-chloroanisole

494 P-6 個々の化合物種類に対する適用

1-(クロロメチル)-4-メトキシベンゼン **PIN**
1-(chloromethyl)-4-methoxybenzene **PIN**
　（PIN ではアニソール上に置換できない）
4-(クロロメチル)アニソール　4-(chloromethyl)anisole
塩化 4-メトキシベンジル または 4-メトキシベンジルクロリド
4-methoxybenzyl chloride
　（ベンジルに対する置換規則は P-29.6.2.1 参照）

1,2-ジメトキシベンゼン **PIN**　1,2-dimethoxybenzene **PIN**
　（PIN ではアニソール上に置換できない）
　（2-メトキシアニソール 2-methoxyanisole ではない．
　アニソールの置換規則については P-34.1.1.4, P-15.1.8.2 参照）

1-(クロロメトキシ)-4-ニトロベンゼン **PIN**
1-(chloromethoxy)-4-nitrobenzene **PIN**
　（PIN ではアニソール上に置換できない）
α-クロロ-4-ニトロアニソール　α-chloro-4-nitroanisole
　（アニソールの置換規則については P-34.1.1.4, P-15.1.8.2 参照）

1,1′-[メチレンビス(オキシ)]ジベンゼン **PIN**
1,1′-[methylenebis(oxy)]dibenzene **PIN**
α-フェノキシアニソール　α-phenoxyanisole

1-(クロロメトキシ)-2-メトキシベンゼン **PIN**
1-(chloromethoxy)-2-methoxybenzene **PIN**
　（PIN ではアニソール上に置換できない）
α-クロロ-2-メトキシアニソール　α-chloro-2-methoxyanisole
　〔2-(クロロメトキシ)アニソール　2-(chloromethoxy)anisole ではない〕

4-メトキシ-1,1′-ビフェニル **PIN**　4-methoxy-1,1′-biphenyl **PIN**
　（4-フェニルアニソール 4-phenylanisole ではない．
　PIN ではアニソール上に置換できない）
　（1-メトキシ-4-フェニルベンゼン 1-methoxy-4-phenylbenzene
　ではない．ビフェニル環は 1 個のベンゼン環より優先する）

P-63.2.4　エーテルの体系名

　一般構造 R-O-R′（R ＝ R′ または R ≠ R′）をもつエーテルは種類名エーテルをもち，以下の五つの方法のうちのいずれかで命名する．

(1) 母体水素化物 RH に R′-O− 基を接頭語として置換することによる．
(2) 官能種類命名法により，エーテルを用い，二つの置換基(異なるとき)を英数字順で表示する．
(3) R と R′ が同一の環成分であるときは，倍数命名法による．
(4) "ア"命名法による．
(5) ファン命名法による．

種類名 オキシド oxide をもとにした官能種類名は廃止した．

　P-63.2.4.1　エーテルの名称は，R と R′ がともに脂肪族であるか，一方が環状であるときは，方法(1),(2)または(4)で作成する．方法(1)または(4)により PIN が得られる．

　例：CH₃-O-CH₃　　(1) メトキシメタン **PIN**　methoxymethane **PIN**
　　　　　　　　　　(2) ジメチルエーテル　dimethyl ether

P-63 ヒドロキシ化合物，エーテル，ペルオキソール，過酸化物およびカルコゲン類縁体　　　495

CH₃-CH₂-O-CH₃

(1) メトキシエタン **PIN**　methoxyethane **PIN**
(2) エチルメチルエーテル　ethyl methyl ether

O-CH₃

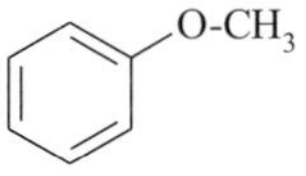

(1) アニソール **PIN**　anisole **PIN**　（保存名）
　　メトキシベンゼン　methoxybenzene
(2) メチルフェニルエーテル　methyl phenyl ether

O-CH₃

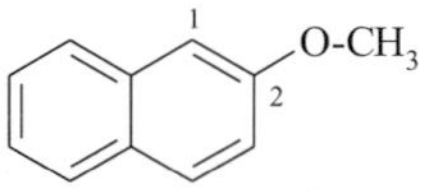

(1) 2-メトキシナフタレン **PIN**　2-methoxynaphthalene **PIN**
(2) メチルナフタレン-2-イルエーテル
　　methyl naphthalen-2-yl ether
　　メチル 2-ナフチルエーテル　methyl 2-naphthyl ether

Cl-CH₂-CH₂-O-CH₂-CH₃

(1) 1-クロロ-2-エトキシエタン **PIN**
　　1-chloro-2-ethoxyethane **PIN**
(2) 2-クロロエチルエチルエーテル
　　2-chloroethyl ethyl ether
　　　（2-クロロエチルエチルオキシド
　　　2-chloroethyl ethyl oxide ではない）

CH₃-O-CH₂-CH₂-O-CH₃

(1) 1,2-ジメトキシエタン **PIN**　1,2-dimethoxyethane **PIN**
(2) エタン-1,2-ジイルジメチルエーテル
　　ethane-1,2-diyl dimethyl ether

CH₃-O-CH₂-CH₂-O-CH₂-CH₂-O-CH₃

(1) 1-メトキシ-2-(2-メトキシエトキシ)エタン **PIN**
　　1-methoxy-2-(2-methoxyethoxy)ethane **PIN**

　"ア"命名法〔方法(4)〕による名称は，化合物がこの命名法の条件に適合するとき PIN となる(P-15.4 参照)．条件が合わない場合は置換命名法を用いなければならない．

例：

$\overset{1}{\text{CH}_3}$-O-$\overset{2}{\text{CH}_2}$-$\overset{3}{\text{CH}_2}$-O-$\overset{4}{\text{CH}_2}$-$\overset{5}{\text{CH}_2}$-O-$\overset{6}{\text{CH}_2}$-$\overset{7}{\text{CH}_2}$-O-$\overset{8}{\text{CH}_2}$-$\overset{9}{\text{CH}_2}$-O-$\overset{10}{\text{CH}_2}$-$\overset{11}{\text{CH}_2}$-O-$\overset{12}{\text{CH}_3}$

(4) 2,5,8,11-テトラオキサドデカン **PIN**　2,5,8,11-tetraoxadodecane **PIN**
(1) 1-メトキシ-2-[2-(2-メトキシエトキシ)エトキシ]エタン
　　1-methoxy-2-[2-(2-methoxyethoxy)ethoxy]ethane

P-63.2.4.2　R と R′ 基が環状であるとき，エーテルの名称は方法(1),(2),(3)または(5)で作成する．方法(1),(3)または(5)により PIN が得られる．

　方法(1)の置換命名法を使う場合は，優先順位が上の環を母体水素化物として選ばなければならない(P-44 参照)．

例：

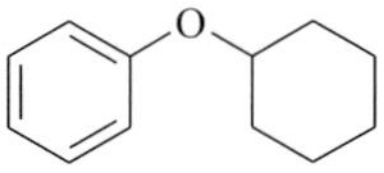

(1) (シクロヘキシルオキシ)ベンゼン **PIN**　(cyclohexyloxy)benzene **PIN**
(2) シクロヘキシルフェニルエーテル　cyclohexyl phenyl ether

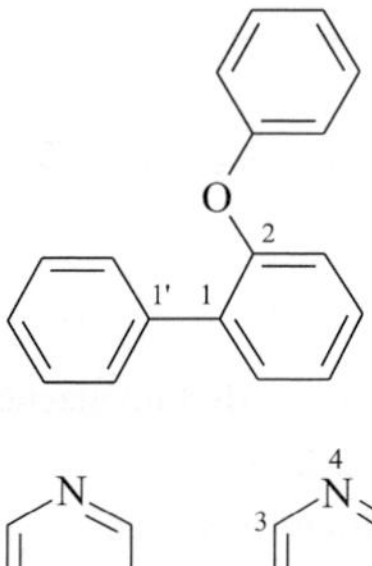

(1) 2-フェノキシ-1,1′-ビフェニル **PIN**　2-phenoxy-1,1′-biphenyl **PIN**
(2) ビフェニル-2-イルフェニルエーテル　biphenyl-2-yl phenyl ether

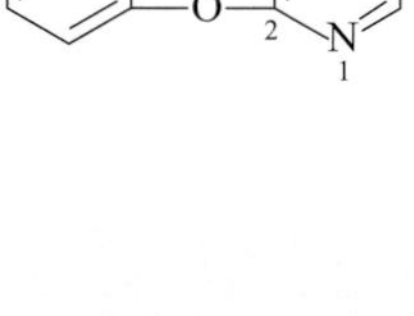

(1) 2-(ピリジン-3-イルオキシ)ピラジン **PIN**
　　2-(pyridin-3-yloxy)pyrazine **PIN**
(2) ピラジン-2-イル 3-ピリジルエーテル
　　pyrazin-2-yl 3-pyridyl ether

(3) 1,1′-オキシジベンゼン **PIN**　1,1′-oxydibenzene **PIN**
(1) フェノキシベンゼン　　phenoxybenzene
(2) ジフェニルエーテル　　diphenyl ether

(1) 1-クロロ-2-(4-クロロフェノキシ)ベンゼン **PIN**
　　1-chloro-2-(4-chlorophenoxy)benzene **PIN**
(3) 2,4′-ジクロロ-1,1′-オキシジベンゼン
　　2,4′-dichloro-1,1′-oxydibenzene
　　（位置番号が示してある）
(2) 2-クロロフェニル 4-クロロフェニルエーテル
　　2-chlorophenyl 4-chlorophenyl ether

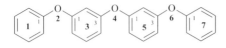

(5) 2,4,6-トリオキサ-1,7(1),3,5(1,3)-
　　　　　　　　　　テトラベンゼナヘプタファン **PIN**
　　2,4,6-trioxa-1,7(1),3,5(1,3)-tetrabenzenaheptaphane **PIN**
(3) 1,1′-オキシビス(3-フェノキシベンゼン)
　　1,1′-oxybis(3-phenoxybenzene)

P-63.2.5　エーテルのカルコゲン類縁体の名称，スルフィド，セレニドおよびテルリド

P-63.2.5.1　一般的方法　スルフィド sulfide R-S-R′，セレニド selenide R-Se-R′，テルリド telluride R-Te-R′ は以下の方法で命名する．

(1) 置換基 R′-S-，R′-Se-，R′-Te- の接頭語，R′-スルファニル R′-sulfanyl，R′-セラニル R′-selanyl，R′-テラニル R′-tellanyl を母体水素化物 RH の名称に付ける．接頭語 R′-チオ R′-thio，R′-セレノ R′-seleno，R′-テルロ R′-telluro は GIN では使うことができる．接頭語 R′-スルファニル，R′-セラニル，R′-テラニルは強制接頭語で，どの母体水素化物にも，どの元素にも結合させることができる．
(2) 官能種類命名法により，スルフィド sulfide，セレニド selenide，テルリド telluride をそれぞれ -S-，-Se-，および -Te- に対して使う．
(3) 環状母体水素化物では倍数命名法により，それぞれ接頭語 スルファンジイル sulfanediyl -S-（thio ではない），セランジイル selanediyl -Se-（seleno ではない），テランジイル tellanediyl -Te-（telluro ではない）を使うことによる．
(4) "ア"命名法による．
(5) ファン命名法による．

母体水素化物 オキシダン oxidane，スルファン sulfane，セラン selane，テラン tellane，H₂O，H₂S，H₂Se，H₂Te をそれぞれ該当する置換基で置換して生じる名称は認めない．

保存名アニソールの官能基代置命名法により生じる名称は認めない．チオオキシド thiooxide のような種類名は認めない．

方法(1)の置換命名法で PIN が得られる．方法(3)，(4)または(5)は，その使用条件が満たされる場合は PIN が得られる．

例：CH₃-S-CH₃
(1) (メチルスルファニル)メタン **PIN**　(methylsulfanyl)methane **PIN**
　　(メチルチオ)メタン　(methylthio)methane
(2) ジメチルスルフィド　dimethyl sulfide

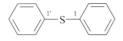

(3) 1,1′-スルファンジイルジベンゼン **PIN**　1,1′-sulfanediyldibenzene **PIN**
　　(1,1′-チオジベンゼン 1,1′-thiodibenzene ではない)
(1) (フェニルスルファニル)ベンゼン　(phenylsulfanyl)benzene
　　(フェニルチオ)ベンゼン　(phenylthio)benzene
(2) ジフェニルスルフィド　diphenyl sulfide

P-63 ヒドロキシ化合物，エーテル，ペルオキソール，過酸化物およびカルコゲン類縁体   497

(1) 4-(フェニルスルファニル)ピペリジン **PIN**
    4-(phenylsulfanyl)piperidine **PIN**
    4-(フェニルチオ)ピペリジン
    4-(phenylthio)piperidine
(2) フェニルピペリジン-4-イルスルフィド
    phenyl piperidin-4-yl sulfide

(1) (シクロペンチルセラニル)ベンゼン **PIN**
    (cyclopentylselanyl)benzene **PIN**
    (シクロペンチルセレノ)ベンゼン
    (cyclopentylseleno)benzene
(2) シクロペンチルフェニルセレニド　cyclopentyl phenyl selenide

(1) [(ペンタ-1,4-ジエン-3-イル)スルファニル]シクロブタン **PIN**
    [(penta-1,4-dien-3-yl)sulfanyl]cyclobutane **PIN**
    [(ペンタ-1,4-ジエン-3-イル)チオ]シクロブタン
    [(penta-1,4-dien-3-yl)thio]cyclobutane
      （環は鎖に優先する，P-52.2.8 参照）
(2) シクロブチルペンタ-1,4-ジエン-3-イルスルフィド
    cyclobutyl penta-1,4-dien-3-yl sulfide
    シクロブチル 1-エテニルプロパ-2-エン-1-イルスルフィド
    cyclobutyl 1-ethenylprop-2-en-1-yl sulfide

```
 1    2    3    4    5    6    7   8       9   10  11  12
CH₃-S-CH₂-S-CH₂-S-CH₂-CH(CH₃)-S-CH₂-S-CH₃
```

(4) 8-メチル-2,4,6,9,11-ペンタチアドデカン **PIN**
    8-methyl-2,4,6,9,11-pentathiadodecane **PIN** （"ア"名）
(1) 2-{[(メチルスルファニル)メチル]スルファニル}-
       1-[({[(メチルスルファニル)メチル]スルファニル}メチル)スルファニル]プロパン
    2-{[(methylsulfanyl)methyl]sulfanyl}-
       1-[({[(methylsulfanyl)methyl]sulfanyl}methyl)sulfanyl]propane
    2-{[(メチルチオ)メチル]チオ}-1-[({[(メチルチオ)メチル]チオ}メチル)チオ]プロパン
    2-{[(methylthio)methyl]thio}-1-[({[(methylthio)methyl]thio}methyl)thio]propane　（置換名）

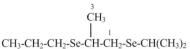

(1) 1-(プロパン-2-イルセラニル)-2-(プロピルセラニル)プロパン **PIN**
    1-(propan-2-ylselanyl)-2-(propylselanyl)propane **PIN**
    1-(プロパン-2-イルセレノ)-2-(プロピルセレノ)プロパン
    1-(propan-2-ylseleno)-2-(propylseleno)propane
(2,5-ジメチル-3,6-ジセレナノナン 2,5-dimethyl-3,6-diselenanonane ではない．
 "ア"命名法には 4 個のヘテロ単位が必要．P-51.4 参照)

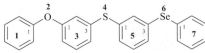

(5) 2-オキサ-4-チア-6-セレナ-1,7(1),3,5(1,3)-テトラベンゼナヘプタファン **PIN**
    2-oxa-4-thia-6-selena-1,7(1),3,5(1,3)-tetrabenzenaheptaphane **PIN**　（ファン名）
    1-フェノキシ-3-{[3-(フェニルセラニル)フェニル]スルファニル}ベンゼン
    1-phenoxy-3-{[3-(phenylselanyl)phenyl]sulfanyl}benzene　（置換名）
    3-[3-(フェノキシフェニル)スルファニル]-1-(フェニルセラニル)ベンゼン
    3-[3-(phenoxyphenyl)sulfanyl]-1-(phenylselanyl)benzene　（置換名）
    （置換名では前者が優先する．なぜなら phenoxy-phenylselanyl は
    phenoxyphenyl-sulfanyl よりアルファベット順で前にある）

498   P-6　個々の化合物種類に対する適用

　　　　　　　　　　　　　(1) (メチルスルファニル)ベンゼン **PIN**
　　　⬡–S-CH₃　　　　　　　(methylsulfanyl)benzene **PIN**
　　　　　　　　　　　　　　　(チオアニソール thioanisole ではない)

　Cl–⬡–Se-CH₂-Cl　　　(1) 1-クロロ-4-[(クロロメチル)セラニル]ベンゼン **PIN**
　　　　　　　　　　　　　　1-chloro-4-[(chloromethyl)selanyl]benzene **PIN**
　　　　　　　　　　　　　　　(α,4-ジクロロセレノアニソール
　　　　　　　　　　　　　　　 α,4-dichloroselenoanisole ではない)

P-63.3　過酸化物とカルコゲン類縁体

P-63.3.1　過酸化物，ジスルフィド，ジセレニドおよびジテルリド

一般構造 R-OO-R′，R-SS-R′，R-SeSe-R′，R-TeTe-R′ の化合物は以下の方法で命名する．

(1) 置換命名法により，R′ の接頭語名に付加的にペルオキシ peroxy を組合わせた接頭語 R′-ペルオキシ R′-peroxy (R′-ジオキシ R′-dioxy ではない)，R′-ジスルファニル R′-disulfanyl，R′-ジセラニル R′-diselanyl，R′-ジテラニル R′-ditellanyl を R に対応する母体水素化物の名称に置換する．

(2) R および R′ 基の名称を表示する官能種類命名法による．もし二つの基が異なる場合は英数字順で，種類名ペルオキシド peroxide，ジスルフィド disulfide，ジセレニド diselenide，ジテルリド ditelluride を，英語名では別の単語として表示する(ジチオペルオキシド dithioperoxide のような種類名は廃止した)．

(3) 倍数命名法では，それぞれ優先接頭語 ペルオキシ peroxy −OO−，ジスルファンジイル disulfanediyl −SS−，ジセランジイル diselanediyl −SeSe−，ジテランジイル ditellanediyl −TeTe− を使用する．ジチオ dithio，ジセレノ diseleno，ジテルロ ditelluro は GIN では使うことができる．

(4) "ア" 命名法による．

(5) ファン命名法による．

母体水素化物の ジオキシダン dioxidane，ジスルファン disulfane，ジセラン diselane，ジテラン ditellane (それぞれ HOOH, HSSH, HSeSeH, HTeTeH) を置換基で置換して作成する名称は認めない．

方法(1)の置換命名法により PIN が得られる．方法(3),(4)または(5)はその使用条件が満たされる場合は PIN となる．

例：CH₃-CH₂-OO-CH₃　　　　(1) (メチルペルオキシ)エタン **PIN**　(methylperoxy)ethane **PIN**
　　　　　　　　　　　　　　(2) エチルメチルペルオキシド　ethyl methyl peroxide

　　　　　3
　　　　CH₃
　　　　│　　　　　　　　　(1) 2-(メチルペルオキシ)プロパン **PIN**
　　1 CH₃-CH-OO-CH₃　　　　　2-(methylperoxy)propane **PIN**
　　　　　2　　　　　　　　(2) イソプロピルメチルペルオキシド
　　　　　　　　　　　　　　　isopropyl methyl peroxide
　　　　　　　　　　　　　　　メチル 1-メチルエチルペルオキシド
　　　　　　　　　　　　　　　methyl 1-methylethyl peroxide

　　CH₃-SS-CH₃　　　　　　(1) (メチルジスルファニル)メタン **PIN**
　　　　　　　　　　　　　　　(methyldisulfanyl)methane **PIN**
　　　　　　　　　　　　　　(2) ジメチルジスルフィド　dimethyl disulfide

　　　　CH₃
　　　　│　　　　1　2　3　(1) 1-(プロパン-2-イルジセラニル)プロパン **PIN**
　　CH₃-CH-SeSe-CH₂-CH₂-CH₃　　　1-(propan-2-yldiselanyl)propane **PIN**
　　　　　　　　　　　　　　(2) イソプロピルプロピルジセレニド
　　　　　　　　　　　　　　　isopropyl propyl diselenide
　　　　　　　　　　　　　　　1-メチルエチルプロピルジセレニド
　　　　　　　　　　　　　　　1-methylethyl propyl diselenide

P-63 ヒドロキシ化合物，エーテル，ペルオキソール，過酸化物およびカルコゲン類縁体   499

CH₃-CH₂-OO-⌬
 (1) (エチルペルオキシ)ベンゼン **PIN**
   (ethylperoxy)benzene **PIN**
 (2) エチルフェニルペルオキシド
   ethyl phenyl peroxide

CH₃-SS-CH₂-CH₂-SeSe-CH₃
   2   1
 (1) 1-(メチルジセラニル)-2-(メチルジスルファニル)エタン **PIN**
   1-(methyldiselanyl)-2-(methyldisulfanyl)ethane **PIN**
   1-(メチルジセレノ)-2-(メチルジチオ)エタン
   1-(methyldiseleno)-2-(methyldithio)ethane

CH₃-SeSe-SiH₂-SiH₂-TeTe-CH₃
    1 2
 (1) 1-(メチルジセラニル)-2-(メチルジテラニル)ジシラン **PIN**
   1-(methyldiselanyl)-2-(methylditellanyl)disilane **PIN**
   (disilane は予備選択名である．P-12.2 参照)
   1-(メチルジセレノ)-2-(メチルジテルロ)ジシラン
   1-(methyldiseleno)-2-(methylditelluro)disilane

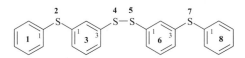

(3) 4,4′-ペルオキシ二安息香酸 **PIN** 4,4′-peroxydibenzoic acid **PIN**
 4-[(4-カルボキシフェニル)ペルオキシ]安息香酸 4-[(4-carboxyphenyl)peroxy]benzoic acid

HO-⌬-S-S-⌬-OH
  1′ 4′ 4 1

(3) 4,4′-ジスルファンジイルジフェノール **PIN** 4,4′-disulfanediyldiphenol **PIN**
 4,4′-ジチオジフェノール 4,4′-dithiodiphenol

      1 2 3 4 5 6 7 8 9 10 11 12
      CH₃-S-CH₂-S-S-CH₂-CH₂-S-CH₂-CH₂-S-CH₃

(4) 2,4,5,8,11-ペンタチアドデカン **PIN** 2,4,5,8,11-pentathiadodecane **PIN**
  [(2-{[2-
  (メチルスルファニル)エチル]スルファニル}エチル)[(メチルスルファニル)メチル]ジスルファン
  (2-{[2-(methylsulfanyl)ethyl]sulfanyl}ethyl)[(methylsulfanyl)methyl]disulfane ではない]

⌬-S-⌬-S-S-⌬-S-⌬
1 2 3 4 5 6 7 8

(5) 2,4,5,7-テトラチア-1,8(1),3,6(1,3)-テトラベンゼナオクタファン **PIN**
  2,4,5,7-tetrathia-1,8(1),3,6(1,3)-tetrabenzenaoctaphane **PIN**
  [ビス[3-(フェニルスルファニル)フェニル]ジスルファン
  bis[3-(phenylsulfanyl)phenyl]disulfane ではない]

P-63.3.2 過酸化物の混合カルコゲン類縁体

 X と Y が O, S, Se または Te 原子である R-XY-R′ または R-YX-R′ のような混合カルコゲン構造は以下の三つの方法で命名する．

(1) 置換基 R′-O-，R′-S-，R′-Se-，R′-Te- の接頭語名，すなわち R′-オキシ，R′-スルファニル，R′-セラニル，R′-テラニルをオキシ，スルファニル，セラニル，テラニルの前に置き，その後に該当する母体水素化物名を置く．接頭語 R′-sulfanyl，R′-selanyl，R′-tellanyl は強制接頭語で，母体水素化物のどの原子にも結合できる．条件が満たされるときは倍数命名法も使う．

(2) R および R′ の接頭語名を英数字順に並べ，その後に該当する種類名 チオペルオキシド thioperoxide，ジセ

レノペルオキシド diselenoperoxide, セレノチオペルオキシド selenothioperoxide などを表示する．接頭語 R および R′ の前には，必要ならばイタリック体の大文字で結合原子を示す．

(3) 使用条件が満たされるとき，"ア"命名法あるいはファン命名法を使う．

方法(1)および(3)により PIN が得られる．

例：CH₃-CH₂-OS-CH₃
  (1) [(メチルスルファニル)オキシ]エタン **PIN**
    [(methylsulfanyl)oxy]ethane **PIN**
  (2) *O*-エチル *S*-メチルチオペルオキシド
    O-ethyl *S*-methyl thioperoxide
    〔メタンスルフェン酸エチル ethyl methanesulfenate ではない〕

  (1) (メトキシスルファニル)シクロヘキサン **PIN**
    (methoxysulfanyl)cyclohexane **PIN**
  (2) *S*-シクロヘキシル *O*-メチルチオペルオキシド
    S-cyclohexyl *O*-methyl thioperoxide
    （シクロヘキサンスルフェン酸メチル
    methyl cyclohexanesulfenate ではない）

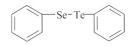
  (1) [(フェニルセラニル)テラニル]ベンゼン **PIN**
    [(phenylselanyl)tellanyl]benzene **PIN**
    〔[(フェニルテラニル)セラニル]ベンゼン
    [(phenyltellanyl)selanyl]benzene ではない．
    phenylselan… は phenyltellan… よりアルファベット順が前である
    (P-14.5 参照)〕
  (2) ジフェニルセレノテルロペルオキシド
    diphenyl selenotelluroperoxide
    （ジフェニルテルロセレノペルオキシド
    diphenyl telluroselenoperoxide ではない．
    ベンゼンテルロセレネン酸フェニル
    phenyl benzenetelluroselenate でもない）

$$\overset{1}{CH_3}\text{-}\overset{2}{S}\text{-}\overset{3}{CH_2}\text{-}\overset{4}{S}\text{-}\overset{5}{S}\text{-}\overset{6}{CH_2}\text{-}\overset{7}{CH_2}\text{-}\overset{8}{S}\text{-}\overset{9}{CH_2}\text{-}\overset{10}{CH_2}\text{-}\overset{11}{Se}\text{-}\overset{12}{CH_3}$$

(3) 2,4,5,8-テトラチア-11-セレナドデカン **PIN**
  2,4,5,8-tetrathia-11-selenadodecane **PIN**
  〔{[2-(メチルセラニル)エチル]スルファニル}エチル[(メチルスルファニル)メチル]ジスルファン
  {[2-(methylselanyl)ethyl]sulfanyl}ethyl[(methylsulfanyl)methyl]disulfane ではない．
  2-{[2-(メチルセラニル)エチル]スルファニル}エタンスルフェノチオ酸(メチルスルファニル)メチル
  (methylsulfanyl)methyl 2-{[2-(methylselanyl)ethyl]sulfanyl}ethanesulfenothioate でもない〕

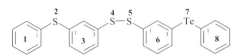

(2) 2,4,5-トリチア-7-テルラ-1,8(1),3,6(1,3)-テトラベンゼナオクタファン **PIN**
  2,4,5-trithia-7-tellura-1,8(1),3,6(1,3)-tetrabenzenaoctaphane **PIN**
  〔3-(フェニルスルファニル)フェニル[3-(フェニルテラニル)フェニル]ジスルファン
  3-(phenylsulfanyl)phenyl[3-(phenyltellanyl)phenyl]disulfane ではない．
  3-(フェニルテラニル)ベンゼンスルフェノチオ酸 3-(フェニルスルファニル)フェニル
  3-(phenylsulfanyl)phenyl 3-(phenyltellanyl)benzenesulfenothioate でもない〕

P-63　ヒドロキシ化合物，エーテル，ペルオキソール，過酸化物およびカルコゲン類縁体　　501

P-63.4　ヒドロペルオキシド（ペルオキソール）とカルコゲン類縁体

P-63.4.1　ヒドロペルオキシド

> 接尾語 ペルオキソール peroxol は今回の勧告で −OOH 基を命名するために導入した．従来は官能種類命名法で ヒドロペルオキシド hydroperoxide と命名していた．カルコゲン類縁体は，チオペルオキソール thioperoxol，ジチオペルオキソール dithioperoxol，セレノペルオキソール selenoperoxol，セレノチオペルオキソール selenothioperoxol のような接尾語を使う名称となる．

　一般構造 R-OOH をもつ化合物を ヒドロペルオキシド hydroperoxide とよぶ．化合物種類名 ペルオキソール peroxol とした方がより適当かもしれない．このような化合物は −OOH 基が主特性基であるとき，次の二つの方法で命名する．

(1) 接尾語 ペルオキソール peroxol を用いて置換命名法による．
(2) 種類名 ヒドロペルオキシド hydroperoxide を用いる官能種類命名法による．

　接頭語 ペルオキシ peroxy（ジオキシ dioxy ではない），は −OO− 基の名称として保存する（P-63.3.1 参照）．接頭語 ヒドロペルオキシ hydroperoxy は，より優先順位の高い特性基が接尾語にあり，−OOH 基が置換基となる場合，ヒドロと連結してできたものである．
　方法(1)により PIN が得られる．

例：

(1) 1,2,3,4-テトラヒドロナフタレン-1-ペルオキソール **PIN**
　　1,2,3,4-tetrahydronaphthalene-1-peroxol **PIN**
(2) 1,2,3,4-テトラヒドロナフタレン-1-イルヒドロペルオキシド
　　1,2,3,4-tetrahydronaphthalen-1-yl hydroperoxide

$HOO-CH_2-CO-C_6H_5$

2-ヒドロペルオキシ-1-フェニルエタン-1-オン **PIN**
2-hydroperoxy-1-phenylethan-1-one **PIN**

$(CH_3)_2N-CH_2-CH_2-C-OOH$

(1) 4-(ジメチルアミノ)-2-メチルブタン-2-ペルオキソール **PIN**
　　4-(dimethylamino)-2-methylbutane-2-peroxol **PIN**
(2) 4-(ジメチルアミノ)-2-メチルブタン-2-イルヒドロペルオキシド
　　4-(dimethylamino)-2-methylbutan-2-yl hydroperoxide
　　3-(ジメチルアミノ)-1,1-ジメチルプロピルヒドロペルオキシド
　　3-(dimethylamino)-1,1-dimethylpropyl hydroperoxide

(1) ピロリジン-1-ペルオキソール **PIN**
　　pyrrolidine-1-peroxol **PIN**
(2) ピロリジン-1-イルヒドロペルオキシド
　　pyrrolidin-1-yl hydroperoxide

P-63.4.2　ヒドロペルオキシドのカルコゲン類縁体

P-63.4.2.1　一般構造 R-SOH または R-OSH をもつ化合物を一般に チオペルオキソール thioperoxol またはチオヒドロペルオキシド thiohydroperoxide とよぶ．同様に，化合物 R-SeOH と R-OSeH，および R-TeOH と R-OTeH をそれぞれ セレノペルオキソール selenoperoxol と セレノヒドロペルオキシド selenohydroperoxide，およびテルロペルオキソール telluroperoxol と テルロヒドロペルオキシド tellurohydroperoxide とよぶ．主官能基となるとき，次の二つの方法で命名する．

(1) 主官能基となるときは，置換命名法により該当する接尾語を使う．接尾語は官能基代置により作成し，表6・1 に示してある．

表 6·1 官能基代置換命名法により修飾されるペルオキソール（ヒドロペルオキシド）を示す接尾語（主官能基としての優先順位が低くなる順）

−S-OH	*SO*-チオペルオキソール *SO*-thioperoxol	−Te-SH	*TeS*-テルロチオペルオキソール *TeS*-tellurothioperoxol
−Se-OH	*SeO*-セレノペルオキソール *SeO*-selenoperoxol	−S-SeH	*SSe*-セレノチオペルオキソール *SSe*-selenothioperoxol
−Te-OH	*TeO*-テルロペルオキソール *TeO*-telluroperoxol	−S-TeH	*STe*-テルロチオペルオキソール *STe*-tellurothioperoxol
−O-SH	*OS*-チオペルオキソール *OS*-thioperoxol	−Se-SeH	ジセレノペルオキソール diselenoperoxol
−O-SeH	*OSe*-セレノペルオキソール *OSe*-selenoperoxol	−Te-SeH	*TeSe*-セレノテルロペルオキソール *TeSe*-selenotelluroperoxol
−O-TeH	*OTe*-テルロペルオキソール *OTe*-telluroperoxol	−Se-TeH	*SeTe*-セレノテルロペルオキソール *SeTe*-selenotelluroperoxol
−S-SH	ジチオペルオキソール dithioperoxol	−Te-TeH	ジテルロペルオキソール ditelluroperoxol
−Se-SH	*SeS*-セレノチオペルオキソール *SeS*-selenothioperoxol		

(2) 種類名 チオヒドロペルオキシド, セレノヒドロペルオキシド, テルロヒドロペルオキシドを使う官能種類命名法による. 必要なときは接頭語 thio, seleno, telluro をアルファベット順に並べ, たとえば セレノチオヒドロペルオキシドとする. *O, S, Se, Te* などの記号を R− 基の結合対象を明示するために使用する. 同種の原子が 2 個あるときは, 種類名としてジスルフィド disulfide, ジセレニド diselenide, ジテルリド ditelluride を使う.

> 従来は, R-SOH, R-SeOH および R-TeOH 型の化合物とそのカルコゲン類縁体を, スルフェン酸 sulfenic acid, セレネン酸 selenenic acid, テルレン酸 tellurenic acid とよび, 接尾語もスルフェン酸, セレネン酸, テルレン酸として命名してきたが, 今回の勧告で, これらの名称は廃止した.

方法(1)により PIN が得られる.

例: CH$_3$-SOH
    (1) メタン-*SO*-チオペルオキソール **PIN**　methane-*SO*-thioperoxol **PIN**
    (2) *S*-メチルチオヒドロペルオキシド　*S*-methyl thiohydroperoxide
       （メタンスルフェン酸 methanesulfenic acid ではない）

$\overset{3}{C}H_3$-$\overset{2}{C}H_2$-$\overset{1}{C}H_2$-OSH
    (1) プロパン-1-*OS*-チオペルオキソール **PIN**　propane-1-*OS*-thioperoxol **PIN**
    (2) *O*-プロピルチオヒドロペルオキシド　*O*-propyl thiohydroperoxide

CH$_3$-CH$_2$-SSH
    (1) エタンジチオペルオキソール **PIN**　ethanedithioperoxol **PIN**
    (2) エチルヒドロジスルフィド　ethyl hydrodisulfide
       エチルジチオヒドロペルオキシド　ethyl dithiohydroperoxide

CH$_3$-SSeH
    (1) メタン-*SSe*-セレノチオペルオキソール **PIN**　methane-*SSe*-selenothioperoxol **PIN**
    (2) *S*-メチルセレノチオヒドロペルオキシド　*S*-methyl selenothiohydroperoxide

P-63.4.2.2　　P-63.4.2.1 で述べた接尾語に対応する接頭語は次の二つの方法で得られる.

(1) ヒドロペルオキシ hydroperoxy −OOH, ジスルファニル disulfanyl −SSH のような接頭語により, または単純な接頭語ヒドロキシ hydroxy −OH, オキシ oxy −O−, スルファニル sulfanyl −SH などを組合わせる.

P-63 ヒドロキシ化合物，エーテル，ペルオキソール，過酸化物およびカルコゲン類縁体   503

(2) ジチオヒドロペルオキシ dithiohydroperoxy －SSH，*SO*-チオヒドロペルオキシ *SO*-thiohydroperoxy －OSH，*SeS*-セレノチオヒドロペルオキシ *SeS*-selenothiohydroperoxy －SSeH などのような接頭語を使う．

方法(1)により PIN が得られる．

例： HOO-CH₂-CH₂-OH   2-ヒドロペルオキシエタン-1-オール **PIN**
                                   2-hydroperoxyethan-1-ol **PIN**

    HSS-CH₂-COOH   (1) ジスルファニル酢酸 **PIN**　disulfanylacetic acid **PIN**
                                   (2) (ジチオヒドロペルオキシ)酢酸　(dithiohydroperoxy)acetic acid

                                   (1) 3,4-ビス(ジスルファニル)ベンズアミド **PIN**
                                   3,4-bis(disulfanyl)benzamide **PIN**
                                   (2) 3,4-ビス(ジチオヒドロペルオキシ)ベンズアミド
                                   3,4-bis(dithiohydroperoxy)benzamide

    HS-O-CH₂-CH₂-CN   (1) 3-(スルファニルオキシ)プロパンニトリル **PIN**
                                   3-(sulfanyloxy)propanenitrile **PIN**
                                   (2) 3-(*SO*-チオヒドロペルオキシ)プロパンニトリル
                                   3-(*SO*-thiohydroperoxy)propanenitrile

                                   (1) 4-[(ヒドロキシセラニル)メチル]安息香酸 **PIN**
                                   4-[(hydroxyselanyl)methyl]benzoic acid **PIN**
                                   (2) 4-[(*OSe*-セレノヒドロペルオキシ)メチル]安息香酸
                                   4-[(*OSe*-selenohydroperoxy)methyl]benzoic acid

P-63.5 環状エーテル，スルフィド，セレニドおよびテルリド

環状エーテル，スルフィド，セレニドおよびテルリドは以下の方法で命名する．

(1) P-22.2.1 で述べた優先保存名を使うことによる(最優先の選択)．
(2) 単環に対しては拡張 Hantzsch-Widman 系(P-22.2.2 参照)，また十一員環以上の単環に対しては"ア"命名法(P-22.2.3 参照)による．
(3) 橋かけ縮合環命名法による(P-25.4 参照)．
(4) 置換命名法で，分離可能接頭語 エポキシ epoxy，エピチオ epithio，エピセレノ episeleno，エピテルロ epitelluro を用いることによる．この方法はおもに天然物の命名法で使う(P-101.5.2 参照)が，GIN でも使うことができる．
(5) 用語 オキシド，スルフィド，セレニド，テルリドを不飽和化合物名に付加する付加名称を使うことによる．

複素環化合物の名称は PIN である．

例：

(1) チオフェン **PIN**　　　(1)テルロフェン **PIN**　　　(2) オキソラン **PIN**　oxolane **PIN**
    thiophene **PIN**　　　 tellurophene **PIN**　　　テトラヒドロフラン　tetrahydrofuran

(2) チオカン **PIN**　　　　(2) オキサシクロトリデカン **PIN**
    thiocane **PIN**　　　　 oxacyclotridecane **PIN**

(3) 1,4-ジヒドロ-1,4-スルファノナフタレン **PIN**
1,4-dihydro-1,4-sulfanonaphthalene **PIN**

(2) 2-エチル-2-メチルオキシラン **PIN**
2-ethyl-2-methyloxirane **PIN**

(4) 1,2-エポキシ-2-メチルブタン
1,2-epoxy-2-methylbutane

(2) オキシラン **PIN**
oxirane **PIN**

(2) 1,2-ジオキサン **PIN**
1,2-dioxane **PIN**

(2) 1,2-オキサチオラン **PIN**
1,2-oxathiolane **PIN**

(5) エテンオキシド
ethene oxide

P-63.6 スルホキシドとスルホン

一般構造 R-SO-R′ および R-SO₂-R′ をもつ化合物は，R と R′ が炭化水素基であるとき，それぞれ スルホキシド sulfoxide および スルホン sulfone とよぶ．この二つは以下に示す三つの方法で命名する．

(1) R に対応する母体水素化物に，P-65.3.2.2.2 で述べるようなアシル基 R′-SO— または R′-SO₂— の名称を接頭語として付ける置換命名法による．
(2) 化合物種類名 スルホキシド sulfoxide および スルホン sulfone を使う官能種類命名法による．
(3) R と R′ がアルキル基でない場合，使用条件が満たされるときは倍数命名法による．

方法(1)と(3)により PIN が得られる．

セレン類縁体とテルル類縁体は，対応する セレニン酸 seleninic acid, セレノン酸 selenonic acid, テルリン酸 tellurinic acid, テルロン酸 telluronic acid から誘導されるアシル基および種類名 セレノキシド selenoxide, セレノン selenone, テルロキシド telluroxide, テルロン tellurone を使って同様の方法で命名する．アルキルスルフィニル alkylsulfinyl, アリールスルホニル arylsulfonyl のような接頭語は GIN には使用できる．

ジスルホンおよびポリスルホンについては P-68.4.3.2 で述べる．

例：

(1) 1-(エタンスルフィニル)ブタン **PIN**　1-(ethanesulfinyl)butane **PIN**
　　1-(エチルスルフィニル)ブタン　1-(ethylsulfinyl)butane
(2) ブチルエチルスルホキシド　butyl ethyl sulfoxide

C₆H₅-Se-CH₂-CH₃ (with O double bond)

(1) (エタンセレニニル)ベンゼン **PIN**　(ethaneseleninyl)benzene **PIN**
　　(エチルセレニニル)ベンゼン　(ethylseleninyl)benzene
(2) エチルフェニルセレノキシド　ethyl phenyl selenoxide

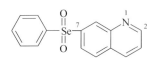

(1) 7-(ベンゼンセレノニル)キノリン **PIN**
　　7-(benzeneselenonyl)quinoline **PIN**
　　7-(フェニルセレノニル)キノリン　7-(phenylselenonyl)quinoline
(2) フェニルキノリン-7-イルセレノン　phenyl quinolin-7-yl selenone
　　フェニル 7-キノリルセレノン　phenyl 7-quinolyl selenone

C₆H₅-S-C₆H₅ (with O double bond)

(3) 1,1′-スルフィニルジベンゼン **PIN**　1,1′-sulfinyldibenzene **PIN**
(2) ジフェニルスルホキシド　diphenyl sulfoxide
(1) (ベンゼンスルフィニル)ベンゼン　(benzenesulfinyl)benzene
　　(フェニルスルフィニル)ベンゼン　(phenylsulfinyl)benzene

P-63 ヒドロキシ化合物，エーテル，ペルオキソール，過酸化物およびカルコゲン類縁体　　505

$$C_6H_5\overset{\displaystyle O}{\underset{\displaystyle O}{-Se-}}C_6H_5$$

(3) 1,1′-セレノニルジベンゼン **PIN** 1,1′-selenonyldibenzene **PIN**
(2) ジフェニルセレノン diphenyl selenone
(1) （ベンゼンセレノニル）ベンゼン (benzeneselenonyl)benzene
　　（フェニルセレノニル）ベンゼン (phenylselenonyl)benzene

$$CH_3\text{-}CH_2\overset{\displaystyle O}{\underset{\displaystyle O}{-S-}}CH_2\text{-}CH_3$$

(1) （エタンスルホニル）エタン **PIN** (ethanesulfonyl)ethane **PIN**
　　（エチルスルホニル）エタン (ethylsulfonyl)ethane
(2) ジエチルスルホン diethyl sulfone

注記： 鎖状炭化水素の倍数命名は認められない．

P-63.7 多官能基化合物

化合物種類の優先順で，ヒドロキシ化合物とヒドロペルオキシドはこの順で，アルデヒドとケトンより下位であるが，アミンとイミンよりは上位である．それらのカルコゲン類縁体は，各種類の中で O, S, Se, Te の原子数の順に従い，優先順位が下がる．順位が上のものから順に並べると以下のようになる．

(1) ヒドロキシ化合物 −OH，ついでそのカルコゲン類縁体 −SH＞−SeH＞−TeH
(2) ヒドロペルオキシド −OOH，ついでそのカルコゲン類縁体 −SOH＞−SeOH＞−TeOH など（表6・1 参照）
(3) アミン＞イミン
(4) エーテル −O−，ついでそのカルコゲン類縁体 −S−＞−Se−＞−Te−
(5) ペルオキシド −OO−，ついでそのカルコゲン類縁体 −OS−＞−OSe−＞−OTe−＞−SS−＞−SSe−＞−STe−＞−SeSe−＞−SeTe−＞−TeTe−

フェノールとヒドロキシ化合物の間の優先順位に差はない．母体水素化物の選択は接尾語として表示するヒドロキシ基の最大数によって決まる．さらに選択の余地がある場合，環は鎖に優先する（P-52.2.8 参照）．

例：

$$HS\text{-}CH_2\overset{\overset{\displaystyle CH_3}{|}}{\underset{\underset{\displaystyle CH_3}{|}}{\overset{2}{C}}}\text{-}OSH$$

2-メチル-2-（スルファニルオキシ）プロパン-1-チオール **PIN**
2-methyl-2-(sulfanyloxy)propane-1-thiol **PIN**

2-（2-ヒドロキシエチル）フェノール **PIN** 2-(2-hydroxyethyl)phenol **PIN**
2-（2-ヒドロキシフェニル）エタン-1-オール 2-(2-hydroxyphenyl)ethan-1-ol
　　（PIN では環は鎖に優先する．P-52.2.8 参照）

1-（2-ヒドロキシフェニル）エタン-1,2-ジオール **PIN**
1-(2-hydroxyphenyl)ethane-1,2-diol **PIN**
　〔2-（1,2-ジヒドロキシエチル）フェノール 2-(1,2-dihydroxyethyl)phenol
　　ではない．2 個の主官能基は 1 個に優先する〕

HOO-CH₂-CH₂-OSeH　2-（セラニルオキシ）エタン-1-ペルオキソール **PIN**
2-(selanyloxy)ethane-1-peroxol **PIN**

$$H_2N\text{-}CH_2\overset{\overset{\displaystyle CH_3}{|}}{\underset{\underset{\displaystyle CH_3}{|}}{\overset{2}{C}}}\text{-}OOH$$

1-アミノ-2-メチルプロパン-2-ペルオキソール **PIN**
1-amino-2-methylpropane-2-peroxol **PIN**

CH₃-SO₂-CH₂-CH₂OH　2-（メタンスルホニル）エタン-1-オール **PIN** 2-(methanesulfonyl)ethan-1-ol **PIN**
2-（メチルスルホニル）エタン-1-オール 2-(methylsulfonyl)ethan-1-ol

P-6 個々の化合物種類に対する適用

2-[(2-ヒドロペルオキシ-1-
　　ヒドロキシシクロヘキシル)ペルオキシ]シクロヘキサン-1-オン **PIN**
2-[(2-hydroperoxy-1-hydroxycyclohexyl)peroxy]cyclohexan-1-one **PIN**
（ケトンはアルコールとペルオキソールに優先する）

H$_2$N-CH$_2$-CH$_2$-OH

2-アミノエタン-1-オール **PIN**　2-aminoethan-1-ol **PIN**
（エタノールアミン ethanolamine ではない）

CH$_3$-O-CH$_2$-CH$_2$-OO-CH$_2$-CH$_3$

1-(エチルペルオキシ)-2-メトキシエタン **PIN**
1-(ethylperoxy)-2-methoxyethane **PIN**
〔[(2-メトキシエチル)ペルオキシ]エタン
[(2-methoxyethyl)peroxy]ethane ではない.
PIN はより多くの置換基をもつ〕

CH$_3$-O-CH$_2$-CH$_2$-CH$_2$-S-CH$_3$

1-メトキシ-3-(メチルスルファニル)プロパン **PIN**
1-methoxy-3-(methylsulfanyl)propane **PIN**
1-メトキシ-3-(メチルチオ)プロパン
1-methoxy-3-(methylthio)propane

CH$_3$-S-S-C=CH-CH$_2$-CH$_2$-CH$_3$ (S-CH$_3$)

1-(メチルジスルファニル)-1-(メチルスルファニル)ペンタ-1-エン **PIN**
1-(methyldisulfanyl)-1-(methylsulfanyl)pent-1-ene **PIN**
〔メチル 1-(メチルスルファニル)ペンタ-1-エン-1-イルジスルフィド
methyl 1-(methylsulfanyl)pent-1-en-1-yl disulfide ではなく,
メチル[1-(メチルスルファニル)ペンタ-1-エン-1-イル]ジスルファン
methyl[1-(methylsulfanyl)pent-1-en-1-yl]disulfane でもない.
P-41 参照〕

HS-CH$_2$-CH$_2$-CH$_2$-Si(O-CH$_3$)$_3$

3-(トリメトキシシリル)プロパン-1-チオール **PIN**
3-(trimethoxysilyl)propane-1-thiol **PIN**
〔トリメトキシ(3-スルファニルプロピル)シラン
trimethoxy(3-sulfanylpropyl)silane ではない.
接尾語 thiol は silane に優先する〕

1-{[2-(エチルスルファニル)-1-(プロピル
　　スルファニル)エテン-1-イル]スルファニル}プロパン **PIN**
1-{[2-(ethylsulfanyl)-1-(propylsulfanyl)ethen-
　　　　　　　　　　　　1-yl]sulfanyl}propane **PIN**
（鎖状炭化水素の倍数名は認められない）

2-[ジ(ブタン-2-イル)アミノ]ブタン-2-オール **PIN**
2-[di(butan-2-yl)amino]butan-2-ol **PIN**
2-[ビス(1-メチルプロピル)アミノ]ブタン-2-オール
2-[bis(1-methylpropyl)amino]butan-2-ol
〔2-(ジ-sec-ブチルアミノ)ブタン-2-オール
2-(di-sec-butylamino)butan-2-ol ではない〕

3-[アミノ(メチル)シリル]-3-
　　　　　[(アミノメチル)シリル]シクロペンタン-1-オール **PIN**
3-[amino(methyl)silyl]-3-[(aminomethyl)silyl]cyclopentan-1-ol **PIN**
〔3-[(アミノメチル)シリル]-3-
　　　　　　[アミノ(メチル)シリル]シクロペンタン-1-オール
3-[(aminomethyl)silyl]-3-[amino(methyl)silyl]cyclopentan-1-ol
ではない. 英数字の並び順は同じであるが, 名称の 4 番目の文字で,
文字 a が丸括弧に優先する(P-14.6 参照)〕

P-63 ヒドロキシ化合物，エーテル，ペルオキソール，過酸化物およびカルコゲン類縁体　　507

P-63.8　ヒドロキシ化合物，ヒドロペルオキシ化合物およびカルコゲン類縁体の塩

P-63.8.1　ヒドロキシ化合物とそのカルコゲン類縁体およびペルオキシ化合物の中性塩は，カチオンの後にアニオンの名称を，英語では分離した単語として付けることにより命名する．

P-72.2.2.2.2 に従い，ヒドロキシ化合物，ペルオキシ化合物，それらのカルコゲン類縁体のカルコゲン原子から水素原子を除くことで生成するアニオンには，オール ol，チオール thiol，ペルオキソール peroxol などのような接尾語の終わりにアート ate を加えて，オラート olate，チオラート thiolate，ペルオキソラート peroxolate などのように変えた接尾語を使うことにより命名する．曖昧さを避けるため，倍数接頭語は bis, tris などをこのような接尾語の前に付ける．

$CH_3\text{-}O^-$，$C_2H_5\text{-}O^-$，$C_3H_7\text{-}O^-$，$C_4H_9\text{-}O^-$，$C_6H_5\text{-}O^-$ および $H_2N\text{-}O^-$ を表す慣用名 メトキシド methoxide，エトキシド ethoxide，プロポキシド propoxide，ブトキシド butoxide，フェノキシド phenoxide，アミンオキシド aminoxide は PIN として保存し，置換も可能である．$(CH_3)_3C\text{-}O^-$ に対する慣用名 *tert*-ブトキシド *tert*-butoxide も PIN として保存するが，置換はできない．イソプロポキシド isopropoxide $(CH_3)_2CH\text{-}O^-$ は GIN としては保存するが置換はできない．

例： $CH_3\text{-}O^-\ Na^+$　　　　ナトリウムメタノラート　　sodium methanolate
　　　　　　　　　　　　　　　ナトリウムメトキシド PIN　　sodium methoxide PIN

　　　$CH_3\text{-}CH_2\text{-}CH_2\text{-}O^-\ Na^+$　　ナトリウムプロパン-1-オラート　　sodium propan-1-olate
　　　　　　　　　　　　　　　ナトリウムプロポキシド PIN　　sodium propoxide PIN

　　　$(CH_3)_2CH\text{-}O^-\ K^+$　　カリウムプロパン-2-オラート PIN　　potassium propan-2-olate PIN
　　　　　　　　　　　　　　　カリウムイソプロポキシド　　potassium isopropoxide

　　　$C_6H_5\text{-}O^-\ Li^+$　　　　リチウムフェノラート　　lithium phenolate
　　　　　　　　　　　　　　　リチウムフェノキシド PIN　　lithium phenoxide PIN

　　　二ナトリウムベンゼン-1,2-ビス(オラート) PIN
　　　disodium benzene-1,2-bis(olate) PIN

　　　二ナトリウムベンゼン-1,2-ビス(チオラート) PIN
　　　disodium benzene-1,2-bis(thiolate) PIN

　　　$(C_6H_5\text{-}O^-)_4\,Pb$　　　　鉛テトラフェノキシド PIN　　lead tetraphenoxide PIN

P-63.8.2　環状塩は複素環として命名する．

例：　　　　　　　　　　　　　　2,2′-スピロビ[[1,3,2]ベンゾジオキサゲルモール] PIN
　　　　　　　　　　　　　　　2,2′-spirobi[[1,3,2]benzodioxagermole] PIN

P-63.8.3　ポリオールとそのカルコゲン類縁体の部分塩は相当するアニオンを主基として置換命名法で命名する．

例： $HO\text{-}CH_3\text{-}CH_2\text{-}CH_2\text{-}O^-\ Na^+$　ナトリウム 3-ヒドロキシプロパン-1-オラート PIN
　　　　　　　　　　　　　　　sodium 3-hydroxypropan-1-olate PIN

508 　　　　　　　　P-6　個々の化合物種類に対する適用

ナトリウム 2-スルファニルベンゼン-1-チオラート **PIN**
sodium 2-sulfanylbenzene-1-thiolate **PIN**

P-64　ケトン，擬ケトン，ヘテロンおよびカルコゲン類縁体　　"日本語名称のつくり方"も参照

P-64.0　は じ め に	P-64.6　ケトン，擬ケトンおよびヘテ
P-64.1　定　　義	ロンのカルコゲン類縁体
P-64.2　ケ ト ン	P-64.7　多官能性のケトン，擬ケトン
P-64.3　擬 ケ ト ン	およびヘテロン
P-64.4　ヘ テ ロ ン	P-64.8　アシロイン
P-64.5　接頭語としてのカルボ	
ニル基	

P-64.0　は じ め に

　ケトンの置換命名法は十分に確立されている．主特性基を示すには接尾語 オン one を用い，より優先順位の高い特性基があるときには接頭語 オキソ oxo を用いる．これまでは，ケトン以外のいくつかの化合物種類を命名する際に，接尾語 オン one と接頭語 オキソ oxo を明確に区別せず用いていたが，本節では，主特性基 =O を表すためには接尾語 オン one を厳密に適用することを基本とする体系化を推奨する．

　これまでの慣用では，ケトンとアルデヒドの命名法は一緒に記述されてきたが，本勧告では，命名法におけるカルボン酸とアルデヒドの間の類似性を強調するため，別々に述べている（アルデヒドについては P-66.6 参照）．また，細分化を避けるため，アセタールとケタールの命名法はアルデヒドの命名法とともに P-66.6 で述べる．

　1979 規則（参考文献 1）の C-311～C-318 および 1993 規則（参考文献 2）の R-5.6.2 で記述したケトンとそのカルコゲン類縁体の規則は，本節 P-64 に記載する規則に改める．

P-64.1　定　　義

P-64.1.1　　　ケトンは古典的にはカルボニル基が 2 個の炭素原子に結合した化合物 R_2CO（どちらの R も水素ではない）と定義される（参考文献 23 参照）．

例：

$$CH_3\text{-}CH_2\text{-}\overset{O}{\overset{\|}{\underset{2}{C}}}\text{-}CH_3$$

（4 3 1 の位置番号，C の下に 2）

ブタン-2-オン **PIN**
butan-2-one **PIN**

P-64.1.2　擬ケトンとヘテロン

　表題の二つの新しい分類を通常の分類であるケトンの下位に加えると，主特性基を示す接尾語を常に優先する置換命名法における接尾語と接頭語の一般的使用法が明確になる．

　P-64.1.2.1　擬ケトン　　　擬ケトン pseudoketone は次の二つのタイプからなる．

(a) 環内のカルボニル基が 1 個または 2 個の骨格ヘテロ原子に結合している環状化合物

(b) 鎖状カルボニル基が 1 個または 2 個の鎖状骨格ヘテロ原子（窒素，ハロゲン，擬ハロゲン原子は除く）または環のヘテロ原子に結合している化合物．環のヘテロ原子が窒素原子である化合物は '表現されない アミド unexpressed amide' または '隠れたアミド hidden amide' とよばれてきた．

P-64 ケトン，擬ケトン，ヘテロンおよびカルコゲン類縁体　　509

例：

(a) ピペリジン-2-オン **PIN**
piperidin-2-one **PIN**

(a) 1,3-ジオキサン-2-オン **PIN**
1,3-dioxan-2-one **PIN**

(b) 1-(ピペリジン-1-イル)エタン-1-オン **PIN**
1-(piperidin-1-yl)ethan-1-one **PIN**
1-アセチルピペリジン　1-acetylpiperidine　（隠れたアミド）

H₃Si-CO-CH₃
    1   2

(b) 1-シリルエタン-1-オン **PIN**　1-silylethan-1-one **PIN**
アセチルシラン　acetylsilane

H₂P-CO-CH₂-CH₃
   1   2   3

(b) 1-ホスファニルプロパン-1-オン **PIN**　1-phosphanylpropan-1-one **PIN**
プロパノイルホスファン　propanoylphosphane

CH₃-CO-SS-O-CH₃
  2   1

(b) 1-(メトキシジスルファニル)エタン-1-オン **PIN**
1-(methoxydisulfanyl)ethan-1-one **PIN**　（P-68.4.2 も参照）

CH₃-CH₃-CO-O-S-O-CH₃
  3   2   1

(b) 1-[(メトキシスルファニル)オキシ]プロパン-1-オン **PIN**
1-[(methoxysulfanyl)oxy]propan-1-one **PIN**　（P-68.4.2 も参照）

P-64.1.2.2　ヘテロン　　ヘテロン heterone は，ヘテロ原子に形式的に二重結合で結合している酸素原子をもつ化合物である（P-61.6，P-64.4 参照．P-68 も参照）．スルホニルのように強制接頭語（表 5・1 と P-59.1.9 参照）で表現される場合を除いて，それらはケトンと同じ方法で命名する．

例：　CH₃-PO₂　　メチル-λ⁵-ホスファンジオン **PIN**　methyl-λ⁵-phosphanedione **PIN**
　　　　　　　　　メチル(ジオキソ)-λ⁵-ホスファン　methyl(dioxo)-λ⁵-phosphane
　　　　　　　　　（ホスホメタン phosphomethane ではない）

　　　CH₃SiH=O　メチルシラノン **PIN**　methylsilanone **PIN**
　　　　　　　　　メチル(オキソ)シラン　methyl(oxo)silane

　　　C₆H₅-P=O　フェニルホスファノン **PIN**　phenylphosphanone **PIN**
　　　　　　　　　オキソ(フェニル)ホスファン　oxo(phenyl)phosphane
　　　　　　　　　（ホスホロソベンゼン phosphorosobenzene ではない）

P-64.2　ケトン
P-64.2.1　保　存　名

P-64.2.1.1　　カルコン chalcone の名称は PIN における唯一の保存名で，ケトンより下位の特性基による環置換のみが可能である．カルコンは trans- すなわち (E)-立体異性体をさす．

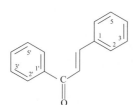

カルコン **PIN**　chalcone **PIN**
(2E)-1,3-ジフェニルプロパ-2-エン-1-オン
(2E)-1,3-diphenylprop-2-en-1-one

510 P-6 個々の化合物種類に対する適用

例:

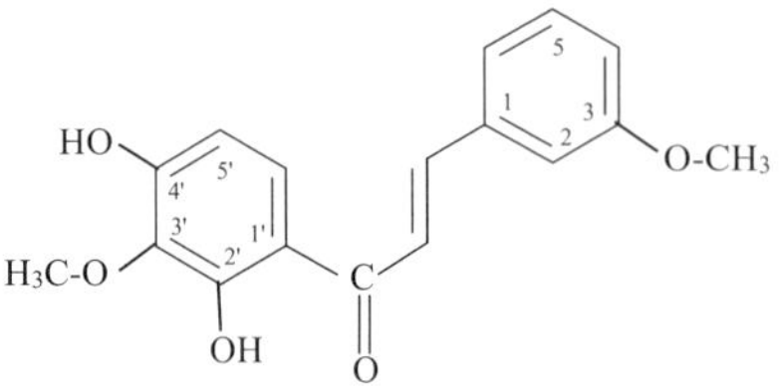

2′,4′-ジヒドロキシ-3,3′-ジメトキシカルコン **PIN**
2′,4′-dihydroxy-3,3′-dimethoxychalcone **PIN**
(2*E*)-1-(2,4-ジヒドロキシ-3-メトキシフェニル)-
　3-(3-メトキシフェニル)プロパ-2-エン-1-オン
(2*E*)-1-(2,4-dihydroxy-3-methoxyphenyl)-
　　　　3-(3-methoxyphenyl)prop-2-en-1-one

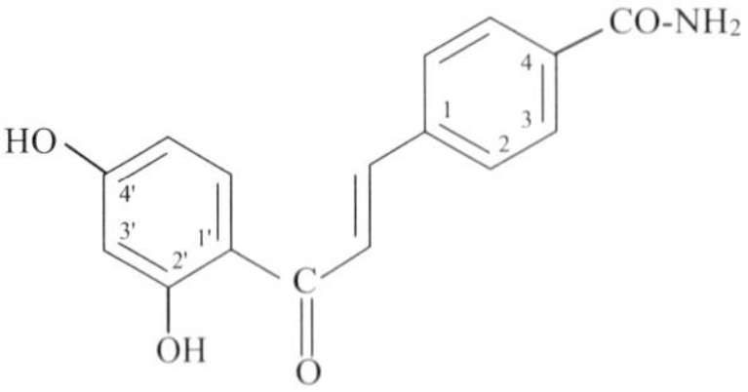

4-[(1*E*)-3-(2,4-ジヒドロキシフェニル)-3-
　オキソプロパ-1-エン-1-イル]ベンズアミド **PIN**
4-[(1*E*)-3-(2,4-dihydroxyphenyl)-3-
　　　　oxoprop-1-en-1-yl]benzamide **PIN**
(2′,4′-ジヒドロキシカルコン-4-カルボキシアミド
2′,4′-dihydroxychalcone-4-carboxamide ではない)

P-64.2.1.2　　GIN では アセトン acetone, 1,4-ベンゾキノン 1,4-benzoquinone, ナフトキノン naphthoquinone
および アントラキノン anthraquinone の名称のみが保存され，置換も認められる．ケテン ketene の名称は GIN
で保存されるが，置換は P-15.1.8.2.1 に示す接頭語に限られる．アセトフェノン acetophenone およびベンゾ
フェノン benzophenone の名称は GIN でのみ保存されるが，置換は認めない．ケトンの PIN は，体系的につくっ
た置換命名法による名称である(P-64.2.2 参照)．

例: H₃C-CO-CH₃　　　　アセトン　acetone
　　　　　　　　　　　プロパン-2-オン **PIN**　propan-2-one **PIN**

O=C=CH₂　　　　　　ケテン　ketene
　　　　　　　　　　　エテノン **PIN**　ethenone **PIN**

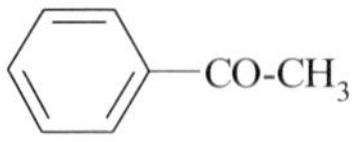

　　　　　-CO-CH₃　　アセトフェノン　acetophenone
　　　　　　　　　　　1-フェニルエタン-1-オン **PIN**　1-phenylethan-1-one **PIN**

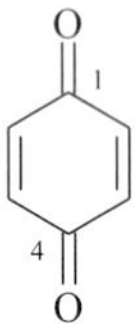

　　　　　　　　　　　1,4-ベンゾキノン　1,4-benzoquinone
　　　　　　　　　　　シクロヘキサ-2,5-ジエン-1,4-ジオン **PIN**
　　　　　　　　　　　cyclohexa-2,5-diene-1,4-dione **PIN**

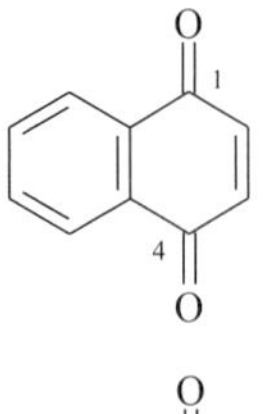

　　　　　　　　　　　1,4-ナフトキノン　1,4-naphthoquinone
　　　　　　　　　　　　(1,4-異性体を示す)
　　　　　　　　　　　ナフタレン-1,4-ジオン **PIN**　naphthalene-1,4-dione **PIN**

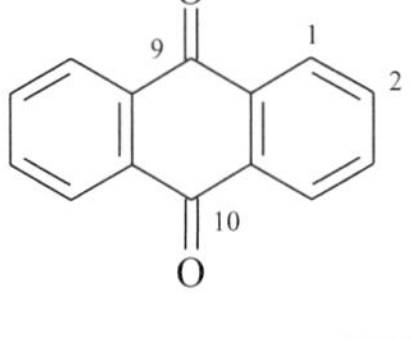

　　　　　　　　　　　9,10-アントラキノン　9,10-anthraquinone
　　　　　　　　　　　アントラセン-9,10-ジオン **PIN**　anthracene-9,10-dione **PIN**

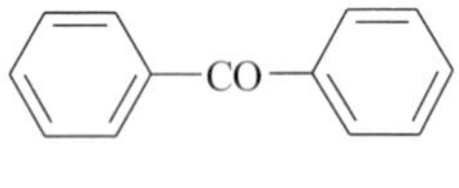

　　　　　　　　　　　ベンゾフェノン　benzophenone
　　　　　　　　　　　ジフェニルメタノン **PIN**　diphenylmethanone **PIN**
　　　　　　　　　　　(1,1′-カルボニルジベンゼン　1,1′-carbonyldibenzene ではない)

P-64.2.1.3　　以前の勧告で用いられてきたケトンに対する以下の慣用名は，今後は GIN でも認めない．

P-64 ケトン，擬ケトン，ヘテロンおよびカルコゲン類縁体　　　　511

　　　アセナフトキノン　acenaphthoquinone
　　　アセナフチレン-1,2-ジオン PIN　acenaphthylene-1,2-dione PIN

　　　イソキノロン　isoquinolone
　　　　（1-異性体を示す）
　　　イソキノリン-1(2*H*)-オン PIN　isoquinolin-1(2*H*)-one PIN

　　　キノロン　quinolone
　　　　（2-異性体を示す）
　　　キノリン-2(1*H*)-オン PIN　quinolin-2(1*H*)-one PIN

　　　ピロリドン　pyrrolidone
　　　　（2-異性体を示す）
　　　ピロリジン-2-オン PIN　pyrrolidin-2-one PIN

C$_6$H$_5$-CO-CO-C$_6$H$_5$　　ベンザル　benzal
　　　1,2-ジフェニルエタン-1,2-ジオン PIN
　　　1,2-diphenylethane-1,2-dione PIN

CH$_3$-CO-CO-CH$_3$　　ビアセチル　biacetyl
　　　ブタン-2,3-ジオン PIN　butane-2,3-dione PIN

C$_6$H$_5$-CO-CH$_2$-CH$_3$　　プロピオフェノン　propiophenone
　　　1-フェニルプロパン-1-オン PIN　1-phenylpropan-1-one PIN

P-64.2.2　ケトンの名称の体系的なつくり方

P-64.2.2.1　鎖状ケトン　置換されていない鎖状ケトンは，次の二つの方法で体系的に命名する．

(1) 置換命名法により，接尾語 オン one と接頭語 オキソ oxo を用いて命名する．いくつかの特性基 one がある場合は，倍数接頭語 di, tri などで示す．倍数接頭語の最後の文字 a は接尾語 one の前では省く．たとえば tetrone（字訳はテトラオン）となる．
(2) 化合物種類名ケトン，ジケトンなどを用いる官能種類命名法で命名する．置換基は別語としてアルファベット順に種類名の前に置く．

方法(1)による名称が PIN となる．

例：　$\overset{3}{CH_3}$-$\overset{2}{CO}$-$\overset{1}{CH_3}$　　プロパン-2-オン PIN　propan-2-one PIN
　　　ジメチルケトン　dimethyl ketone
　　　アセトン　acetone

　　　$\overset{4}{CH_3}$-$\overset{3}{CH_2}$-$\overset{2}{CO}$-$\overset{1}{CH_3}$　　ブタン-2-オン PIN　butan-2-one PIN
　　　エチルメチルケトン　ethyl methyl ketone
　　　（メチルエチルケトン methyl ethyl ketone ではない．
　　　　基はアルファベット順で記載しなければならない）

　　　$\overset{7}{CH_3}$-$\overset{6}{CH_2}$-$\overset{5}{CH_2}$-$\overset{4}{CH_2}$-$\overset{3}{CO}$-$\overset{2}{CH_2}$-$\overset{1}{CH_3}$　　ヘプタン-3-オン PIN　heptan-3-one PIN
　　　ブチルエチルケトン　butyl ethyl ketone

　　　$\overset{25}{CH_3}$-[CH$_2$]$_5$-$\overset{19}{CO}$-CH$_2$-$\overset{17}{CO}$-[CH$_2$]$_7$-$\overset{9}{CO}$-CH$_2$-$\overset{7}{CO}$-[CH$_2$]$_5$-$\overset{1}{CH_3}$　　ペンタコサン-7,9,17,19-テトラオン PIN
　　　pentacosane-7,9,17,19-tetrone PIN

$\overset{6}{C}H_3\text{-}\overset{5}{C}H(CH_3)\text{-}\overset{4}{C}H_2\text{-}\overset{3}{C}H_2\text{-}\overset{2}{C}O\text{-}\overset{1}{C}H_3$

5-メチルヘキサン-2-オン **PIN**　5-methylhexan-2-one **PIN**
メチル 3-メチルブチルケトン　methyl 3-methylbutyl ketone
（イソペンチルメチルケトン　isopentyl methyl ketone ではない）

$C_6H_5\text{-}\overset{1}{C}H_2\text{-}\overset{2}{C}O\text{-}\overset{3}{C}H_3$

1-フェニルプロパン-2-オン **PIN**　1-phenylpropan-2-one **PIN**
ベンジルメチルケトン　benzyl methyl ketone

$C_6H_5\text{-}\overset{1}{C}O\text{-}\overset{2}{C}H_3$

1-フェニルエタン-1-オン **PIN**　1-phenylethan-1-one **PIN**
アセトフェノン　acetophenone　（非置換のときのみ使用可）

3-chlorophenyl-CO-CH₃ structure

1-(3-クロロフェニル)エタン-1-オン **PIN**
1-(3-chlorophenyl)ethan-1-one **PIN**
（3′-クロロアセトフェノン　3′-chloroacetophenone ではない．
アセトフェノンの置換は認められない）

4-chlorophenyl-CO-CH₂Br structure

2-ブロモ-1-(4-クロロフェニル)エタン-1-オン **PIN**
2-bromo-1-(4-chlorophenyl)ethan-1-one **PIN**
（4-クロロフェナシルブロミド
4-chlorophenacyl bromide ではない．
2-ブロモ-4′-クロロアセトフェノン
2-bromo-4′-chloroacetophenone ではない．
アセトフェノンの置換は認められない）

diphenyl CO structure

ジフェニルメタノン **PIN**　diphenylmethanone **PIN**
ベンゾフェノン　benzophenone
ジフェニルケトン　diphenyl ketone

di(naphthalen-2-yl)ethanedione structure

1,2-ジ(ナフタレン-2-イル)エタン-1,2-ジオン **PIN**
1,2-di(naphthalen-2-yl)ethane-1,2-dione **PIN**
ジ(2-ナフチル)エタンジオン　di(2-naphthyl)ethanedione
ジ(2-ナフチル)ジケトン　di(2-naphthyl) diketone

furyl-CO-CO-CO-pyrrolyl structure

1-(フラン-2-イル)-3-(1H-ピロール-2-イル)プロパン-1,2,3-トリオン **PIN**
1-(furan-2-yl)-3-(1H-pyrrol-2-yl)propane-1,2,3-trione **PIN**
1-(2-フリル)-3-(ピロール-2-イル)プロパントリオン
1-(2-furyl)-3-(pyrrol-2-yl)propanetrione
2-フリル(ピロール-2-イル)トリケトン
2-furyl pyrrol-2-yl triketone

P-64.2.2.2　環状ケトン　環状ケトンの名称は，接尾語 オン one を用いて置換命名法によりつくる．ケトンはメチレン基 ＞CH₂ を ＞C=O 基に変えることより得られるので，接尾語 one と該当する位置番号をこの基をもつ母体水素化物の名称に加えることができる．メチレン基は，飽和環および指示水素原子をもつマンキュード化合物で生じる．

指示水素原子がしかるべき場所にない化合物や =CH− 基のみにより構成される化合物は，＞CH₂ 基をつくるために水素化が必要になる．水素化の操作が ＞C=O による置換と同時に起こると，それは付加指示水素とよばれる（P-14.7 と P-58.2.2 参照）．付加指示水素法でつくる名称は PIN である．

P-64.2.2.2.1　脂環状ケトン　＞CH₂ 基の置換で得られるケトンは，主特性基を示すための接尾語 オン one を用いて置換命名法により命名する．

例：

cyclopentanone structure　シクロペンタノン **PIN**
　　　　　　　　　　　　　cyclopentanone **PIN**

　ビシクロ[3.2.1]オクタン-2-オン **PIN**
　　　　　　　　　　　　bicyclo[3.2.1]octan-2-one **PIN**

スピロ[4.5]デカン-1,7-ジオン PIN
spiro[4.5]decane-1,7-dione PIN

 ピペリジン-4-オン PIN
piperidin-4-one PIN

P-64.2.2.2.2 マンキュード母体水素化物に由来するケトン 指示水素原子をもつマンキュード母体水素化物に由来するケトンは，P-64.2.2.2.1 で述べたように ＞CH₂ 基を直接置換することにより命名する．指示水素がない場合は，付加指示水素の方法を適用する(P-14.7 と P-58.2.2 参照)．

例：   4H-ピラン-4-オン PIN   4H-pyran-4-one PIN
ピラン-4-オン   pyran-4-one

1H-インデン-1-オン PIN   1H-inden-1-one PIN
インデン-1-オン   inden-1-one

ナフタレン-1(2H)-オン PIN   naphthalen-1(2H)-one PIN
1,2-ジヒドロナフタレン-1-オン   1,2-dihydronaphthalen-1-one
（P-58.2 参照）

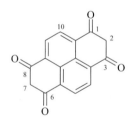 ピレン-1,3,6,8(2H,7H)-テトラオン PIN   pyrene-1,3,6,8(2H,7H)-tetrone PIN
1,2,3,6,7,8-ヘキサヒドロピレン-1,3,6,8-テトラオン
1,2,3,6,7,8-hexahydropyrene-1,3,6,8-tetrone （P-58.2 参照）

P-64.2.2.2.3 キノン PIN として使用できるキノンの保存名はない．1,4-ベンゾキノン 1,4-benzoquinone, ナフトキノン naphthoquinone および アントラキノン anthraquinone は GIN において保存されており，置換もできる．他のすべてのキノンは，P-64.2.2.2.2 に従い置換命名法を用いて体系的に命名する．二重結合を移動してキノイド構造とするとともに，2 個または 4 個の ＝CH- 基を ＞C=O 基に変換して指示水素原子のないマンキュード化合物から誘導されるジケトンは，体系的に命名する(P-64.2.2.2.2 参照)．

例： シクロヘキサ-3,5-ジエン-1,2-ジオン PIN
cyclohexa-3,5-diene-1,2-dione PIN
（1,2-ベンゾキノン 1,2-benzoquinone ではない．
o-ベンゾキノン o-benzoquinone でもない）

 2-クロロシクロヘキサ-2,5-ジエン-1,4-ジオン PIN
2-chlorocyclohexa-2,5-diene-1,4-dione PIN
2-クロロ-1,4-ベンゾキノン
2-chloro-1,4-benzoquinone
（2-クロロ-p-ベンゾキノン 2-chloro-p-benzoquinone ではない）

514   P-6　個々の化合物種類に対する適用

ナフタレン-1,2-ジオン PIN　naphthalene-1,2-dione PIN
1,2-ナフトキノン　1,2-naphthoquinone

2-クロロ-3-(ピロリジン-1-イル)ナフタレン-1,4-ジオン PIN
2-chloro-3-(pyrrolidin-1-yl)naphthalene-1,4-dione PIN
2-クロロ-3-(ピロリジン-1-イル)-1,4-ナフトキノン
2-chloro-3-(pyrrolidin-1-yl)-1,4-naphthoquinone

アントラセン-1,2-ジオン PIN　anthracene-1,2-dione PIN
1,2-アントラキノン　1,2-anthraquinone

2-メチルアントラセン-9,10-ジオン PIN
2-methylanthracene-9,10-dione PIN
2-メチル-9,10-アントラキノン
2-methyl-9,10-anthraquinone

キノリン-5,8-ジオン PIN　quinoline-5,8-dione PIN
（キノリン-5,8-キノン quinoline-5,8-quinone ではない）

クリセン-6,12-ジオン PIN　chrysene-6,12-dione PIN
（クリセン-6,12-キノン chrysene-6,12-quinone ではない）

アセナフチレン-1,2-ジオン PIN　acenaphthylene-1,2-dione PIN
（アセナフトキノン acenaphthoquinone ではない）

P-64.2.2.3　番号付けの優先順位　番号付けに選択の余地のある場合は，化合物の番号付けの開始点と方向は，P-14.4 にまとめて記した構造的特徴を考慮して最小位置番号を与えるように選ぶ．主鎖と優先環系の間で選択が必要なときは，P-52.2.8 の規則を適用する．

例：

2,3-ジヒドロ-1H-インデン-1-オン PIN
2,3-dihydro-1H-inden-1-one PIN　（P-58.2 参照）
インダン-1-オン　indan-1-one

P-64 ケトン，擬ケトン，ヘテロンおよびカルコゲン類縁体

1-セレナシクロトリデカン-3-オン **PIN**
1-selenacyclotridecan-3-one **PIN**

$\overset{1}{CH_3}-\overset{2}{SiH_2}-\overset{}{CH_2}-\overset{4}{SiH_2}-\overset{}{CH_2}-\overset{6}{SiH_2}-\overset{}{CH_2}-\overset{8}{SiH_2}-\overset{}{CH_2}-\overset{10}{CO}-\overset{11}{CH_3}$

2,4,6,8-テトラシラウンデカン-10-オン **PIN**
2,4,6,8-tetrasilaundecan-10-one **PIN**

$\overset{4}{CH_2}=\overset{3}{CH}-\overset{2}{CO}-\overset{1}{CH_3}$

ブタ-3-エン-2-オン **PIN**
but-3-en-2-one **PIN**

$\overset{5}{CH_3}-\overset{4}{C}\equiv\overset{3}{C}-\overset{2}{CO}-\overset{1}{CH_3}$

ペンタ-3-イン-2-オン **PIN**
pent-3-yn-2-one **PIN**

$\overset{1}{CH_2}=\overset{2}{CH}-\overset{3}{CO}-\overset{4}{C}\equiv\overset{5}{CH}$

ペンタ-1-エン-4-イン-3-オン **PIN**
pent-1-en-4-yn-3-one **PIN**

$\overset{6}{CH_3}-CH_2-CH_2-\overset{3}{\underset{\underset{CH_2}{\|}}{C}}-\overset{2}{CO}-\overset{1}{CH_3}$

3-メチリデンヘキサン-2-オン **PIN**
3-methylidenehexan-2-one **PIN**

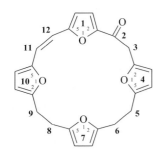

1,4,7,10(2,5)-テトラフラナシクロドデカファン-11-エン-2-オン **PIN**
1,4,7,10(2,5)-tetrafuranacyclododecaphan-11-en-2-one **PIN**

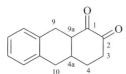

3,4,4a,9,9a,10-ヘキサヒドロアントラセン-1,2-ジオン **PIN**
3,4,4a,9,9a,10-hexahydroanthracene-1,2-dione **PIN**
3,4,4a,9,9a,10-ヘキサヒドロ-1,2-アントラキノン
3,4,4a,9,9a,10-hexahydro-1,2-anthraquinone
1,2,3,4,4a,9,9a,10-オクタヒドロアントラセン-1,2-ジオン
1,2,3,4,4a,9,9a,10-octahydroanthracene-1,2-dione （P-58.2 参照）

3,4-ジヒドロナフタレン-1(2H)-オン **PIN**
3,4-dihydronaphthalen-1(2H)-one **PIN**
1,2,3,4-テトラヒドロナフタレン-1-オン
1,2,3,4-tetrahydronaphthalen-1-one （P-58.2 参照）

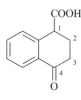

4-オキソ-1,2,3,4-テトラヒドロナフタレン-1-カルボン酸 **PIN**
4-oxo-1,2,3,4-tetrahydronaphthalene-1-carboxylic acid **PIN**

5-オキソ-1,3,4,5-テトラヒドロナフタレン-4a(2H)-カルボン酸 **PIN**
5-oxo-1,3,4,5-tetrahydronaphthalene-4a(2H)-carboxylic acid **PIN**

5-オキソ-2,5-ジヒドロフラン-2-カルボン酸 PIN
5-oxo-2,5-dihydrofuran-2-carboxylic acid PIN

5-オキソ-4,5-ジヒドロフラン-2-カルボン酸 PIN
5-oxo-4,5-dihydrofuran-2-carboxylic acid PIN

P-64.2.2.4 ケテン ケテンは，H₂C=C=O およびその誘導体の化合物種類名である．ケテンの名称は，GIN において，置換基のない場合と強制接頭語（表 5・1 参照）を用いて誘導体を命名する場合に使用できる．他の誘導体はケトンの命名規則を用いて命名する．

例：

CH₃-CH₂-CH₂-CH₂
        |
CH₃-CH₂-CH₂-CH₂-C=C=O

2-ブチルヘキサ-1-エン-1-オン PIN   2-butylhex-1-en-1-one PIN
（ジブチルケテン dibutylketene ではない）

シクロヘキシリデンメタノン PIN   cyclohexylidenemethanone PIN

Br₂C=C=O

ジブロモエテン-1-オン PIN   dibromoethen-1-one PIN
ジブロモケテン   dibromoketene

P-64.3 擬ケトン

擬ケトンは，炭素原子と 1 個のヘテロ原子に結合しているカルボニル基をもつ化合物 −C-CO-X−，あるいは 2 個のヘテロ原子に結合しているカルボニル基をもつ化合物 −X-CO-X−，である（X は F, Cl, Br, I, 擬ハロゲン，鎖状 N であってはならない）．これらの化合物は，ケトンを表すための規則により接尾語 オン one を用いて置換命名法で命名する．

P-64.3.1 環状の無水物，エステルおよびアミドは擬ケトンとして命名する．得られる名称は PIN である．

例：

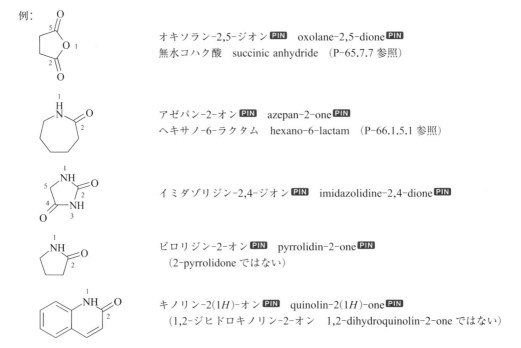

オキソラン-2,5-ジオン PIN   oxolane-2,5-dione PIN
無水コハク酸   succinic anhydride   （P-65.7.7 参照）

アゼパン-2-オン PIN   azepan-2-one PIN
ヘキサノ-6-ラクタム   hexano-6-lactam   （P-66.1.5.1 参照）

イミダゾリジン-2,4-ジオン PIN   imidazolidine-2,4-dione PIN

ピロリジン-2-オン PIN   pyrrolidin-2-one PIN
（2-pyrrolidone ではない）

キノリン-2(1H)-オン PIN   quinolin-2(1H)-one PIN
（1,2-ジヒドロキノリン-2-オン   1,2-dihydroquinolin-2-one ではない）

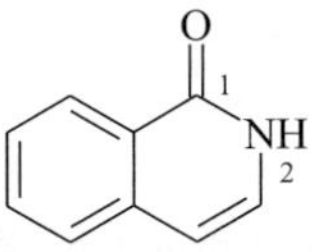

P-64　ケトン，擬ケトン，ヘテロンおよびカルコゲン類縁体　　517

イソキノリン-1(2*H*)-オン **PIN**　isoquinolin-1(2*H*)-one **PIN**
（1,2-ジヒドロイソキノリン-1-オン　1,2-dihydroisoquinolin-1-one ではない）

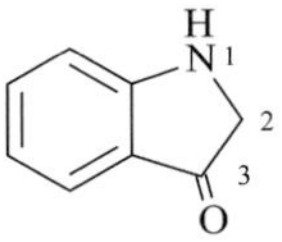

1,2-ジヒドロ-3*H*-インドール-3-オン **PIN**　1,2-dihydro-3*H*-indol-3-one **PIN**
（1*H*-インドール-3(2*H*)-オン　1*H*-indol-3(2*H*)-one ではない．P-58.2 参照）

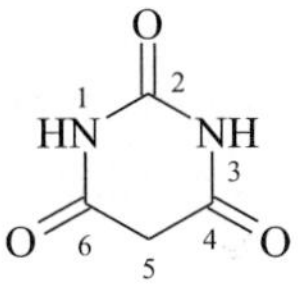

1,3-ジアジナン-2,4,6-トリオン **PIN**　1,3-diazinane-2,4,6-trione **PIN**
ピリミジン-2,4,6(1*H*,3*H*,5*H*)-トリオン　pyrimidine-2,4,6(1*H*,3*H*,5*H*)-trione

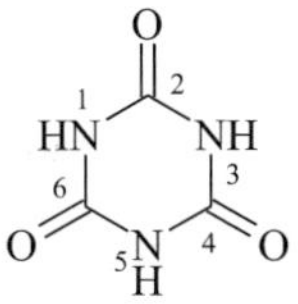

1,3,5-トリアジナン-2,4,6-トリオン **PIN**
1,3,5-triazinane-2,4,6-trione **PIN**
1,3,5-トリアジン-2,4,6(1*H*,3*H*,5*H*)-トリオン
1,3,5-triazine-2,4,6(1*H*,3*H*,5*H*)-trione

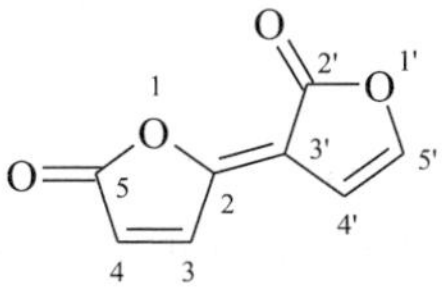

2′*H*,5*H*-[2,3′-ビフラニリデン]-2′,5-ジオン **PIN**
2′*H*,5*H*-[2,3′-bifuranylidene]-2′,5-dione **PIN**

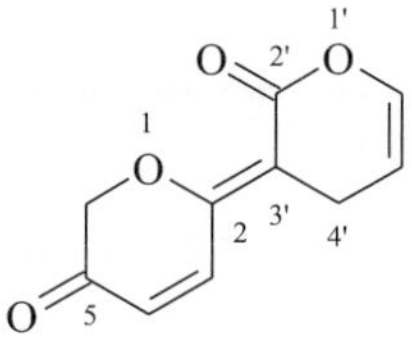

2′*H*,4′*H*-[2,3′-ビピラニリデン]-2′,5(6*H*)-ジオン **PIN**
2′*H*,4′*H*-[2,3′-bipyranylidene]-2′,5(6*H*)-dione **PIN**

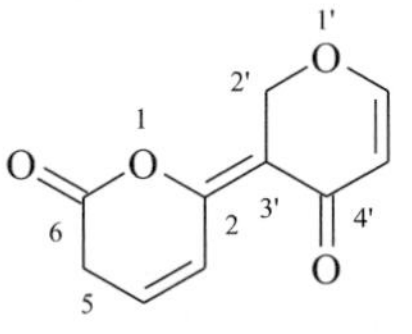

2′*H*,4′*H*-[2,3′-ビピラニリデン]-4′,6(5*H*)-ジオン **PIN**
2′*H*,4′*H*-[2,3′-bipyranylidene]-4′,6(5*H*)-dione **PIN**

P-64.3.2　鎖状擬ケトンは，主官能基を示すために接尾語 オン one を用いて置換命名法により命名する．カルボニル基が複素環のヘテロ原子に結合しているもの，たとえば隠れたアミドも鎖状擬ケトンに含まれる．この方法は，−CO-R 基を示すためにアシル基を用いる方法に優先する．

例：

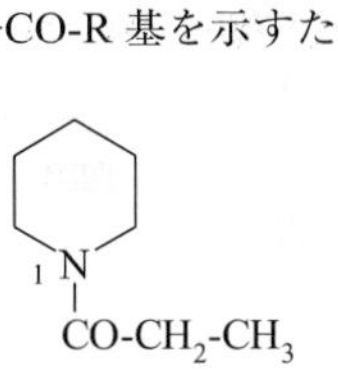

1-(ピペリジン-1-イル)プロパン-1-オン **PIN**
1-(piperidin-1-yl)propan-1-one **PIN**
1-プロパノイルピペリジン　1-propanoylpiperidine
1-(1-オキソプロピル)ピペリジン　1-(1-oxopropyl)piperidine
（隠れたアミド）

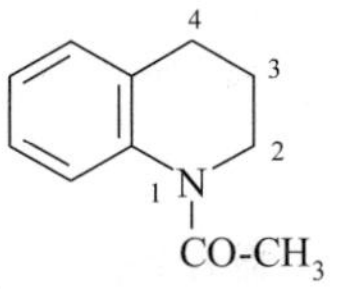

1-(3,4-ジヒドロキノリン-1(2*H*)-イル)エタン-1-オン **PIN**
1-(3,4-dihydroquinolin-1(2*H*)-yl)ethan-1-one **PIN**
1-アセチル-1,2,3,4-テトラヒドロキノリン
1-acetyl-1,2,3,4-tetrahydroquinoline
（隠れたアミド）

$$\overset{3}{C}H_3\text{-}\overset{2}{C}H_2\text{-}\overset{1}{C}O\text{-}OO\text{-}S\text{-}CH_3$$

1-[(メチルスルファニル)ペルオキシ]プロパン-1-オン **PIN**
1-[(methylsulfanyl)peroxy]propan-1-one **PIN**
　　(P-68.4.2.4 も参照)

$$(CH_3)_3Si\text{-}\overset{1}{C}O\text{-}\overset{2}{C}H_3$$

1-(トリメチルシリル)エタン-1-オン **PIN**　1-(trimethylsilyl)ethan-1-one **PIN**
アセチル(トリメチル)シラン　acetyl(trimethyl)silane

P-64.4　ヘ テ ロ ン

ヘテロン heterone は，ヘテロ原子に形式的に二重結合で結合している酸素原子をもつ化合物である．ヘテロールについては P-63.1.3，ヘテロイミンについては P-62.3.1.3 を参照されたい．また，P-68.3.2.3.1，P-68.4.3.2，P-68 も参照されたい．スルホニルのように強制接頭語として表現される場合を除き，このような化合物はケトンと同様の方法で命名する(表 5·1 と P-59.1.9 参照).

> P-64.4.1　鎖状ヘテロン
> P-64.4.2　チオケトンとチオアルデヒドのオキシド

P-64.4.1　鎖状ヘテロン　　鎖状ヘテロンは，二重結合によりヘテロ原子に結合する酸素原子をもつ化合物である．それらは次の二つの方法により命名できる.

(1) 接尾語 オン one により命名する.
(2) 酸素原子が S, Se, Te, P, As, Sb, Bi 原子に結合しているときは，化合物種類名 オキシド oxide を用いる官能種類命名法により命名する.

方法(1)による名称が PIN となる．スルホン，スルホキシドおよびその関連カルコゲン化合物は例外である(P-63.6 参照).

ヘテロ原子に結合する酸素原子をもつ化合物の命名では，ケトン C-CO-C と アルデヒド C-CHO の区別はしない.

例：HP=O
(1) ホスファノン 予備名　phosphanone 予備名
　　(P-74.2.1.4 参照)
(2) ホスファンオキシド　phosphane oxide
　　ホスフィンオキシド　phosphine oxide

$(CH_3)_2Si=O$
(1) ジメチルシラノン **PIN**　dimethylsilanone **PIN**

$(C_6H_5)_3PO$
(1) トリフェニル-λ^5-ホスファノン **PIN**　triphenyl-λ^5-phosphanone **PIN**
　　(P-74.2.1.4 参照)
(2) トリフェニルホスファンオキシド　triphenylphosphane oxide
　　トリフェニルホスフィンオキシド　triphenylphosphine oxide

(1) 1-メチル-2-フェニル-1λ^6,2λ^6-ジスルファン-1,1,2,2-テトラオン **PIN**
1-methyl-2-phenyl-1λ^6,2λ^6-disulfane-1,1,2,2-tetrone **PIN**
(2) メチルフェニルジスルホン　methyl phenyl disulfone

P-64.4.2　チオケトンとチオアルデヒドのオキシド

チオケトンとチオアルデヒドのオキシドは次の三つの方法により命名する.

(1) ヘテロンとして，λ-標記と接尾語 オン one を用い置換命名法により命名する.
(2) 化合物種類名 オキシド oxide および ジオキシド dioxide を用い官能種類命名法により命名する.

P-64　ケトン，擬ケトン，ヘテロンおよびカルコゲン類縁体　　　　　519

(3) 優先母体構造をもとにして置換命名法により命名する.

方法(1)による名称が PIN となる.

例: CH₃-CH₂-CH=S=O　(1) プロピリデン-λ⁴-スルファノン **PIN**　propylidene-λ⁴-sulfanone **PIN**
　　　　　　　　　　　(2) プロパンチアールオキシド　propanethial oxide
　　　　　　　　　　　(3) 1-(オキソスルファニリデン)プロパン　1-(oxosulfanylidene)propane

　−SO−，−SO₂− 基が環系の一部であるとき，酸素原子は硫黄原子が λ⁴, λ⁶ 原子(P-14.1.3 参照)として表されている複素環の名称に接尾語 one を加えることにより，置換命名法で表現する. この方法は，化合物種類名 oxide を複素環名の後に付ける官能種類名法に基づく方法(2)や非標準結合カルコゲン原子をもつ母体構造を用いた置換命名法に基づく方法(3)に優先し，PIN を与える.

例:

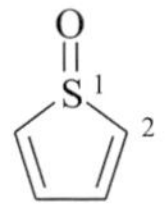

(1) 1H-1λ⁴-チオフェン-1-オン **PIN**　1H-1λ⁴-thiophen-1-one **PIN**
(2) チオフェンオキシド　thiophene oxide
(3) 1-オキソ-1H-1λ⁴-チオフェン　1-oxo-1H-1λ⁴-thiophene

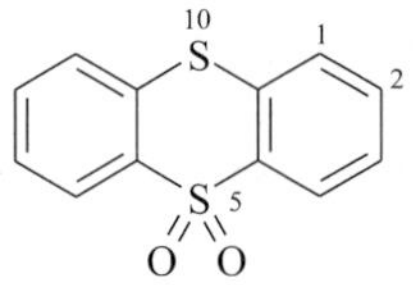

(1) 5H-5λ⁶-チアントレン-5,5-ジオン **PIN**　5H-5λ⁶-thianthrene-5,5-dione **PIN**
(2) チアントレン 5,5-ジオキシド　thianthrene 5,5-dioxide
(3) 5,5-ジオキソ-5H-5λ⁶-チアントレン　5,5-dioxo-5H-5λ⁶-thianthrene

P-64.5　接頭語としてのカルボニル基

　カルボニル基が接尾語として表せる主特性基ではないときは，接頭語として示す. CH₃-CO-CH₂− に対する慣用基名である アセトニル acetonyl は GIN でのみ保存する. アセトニリデン acetonylidene，アセトニリジン acetonylidyne の名称は GIN でも廃止した. PIN をつくるためには，次の三つのタイプの接頭語を用いる.

(1) 二重結合で結合している酸素原子(ケトン，擬ケトン，ヘテロン)が側鎖の 1 位にないときは，接頭語 オキソ oxo を用いる. 可能な最小位置番号をまず接尾語に，次に接頭語に割当てる.
(2) 側鎖の 1 位にあるカルボニル基 −CO-R は，該当するアシル基名で記述する(アシル基名については P-65.1.7, P-65.4 参照).
(3) −CO− 基は，アシル基である カルボニル carbonyl として置換命名法により命名する. =C=O 基は オキソメチリデン oxomethylidene として，−CHO 基はアシル基である ホルミル formyl として，置換命名法により命名する.

P-64.5.1　ケ ト ン

接頭語 オキソ oxo，アシル接頭語は，カルボニル基を示すため以下のときに用いる.

(a) すべてのカルボニルまたはオキソ基を接尾語として記載できないとき
(b) 接尾語として記載すべき上位の特性基があるとき

例:

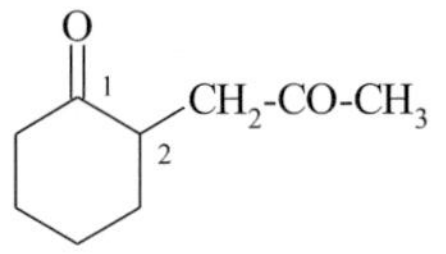

2-(2-オキソプロピル)シクロヘキサン-1-オン **PIN**
2-(2-oxopropyl)cyclohexan-1-one **PIN**
　(環は直鎖に優先する. P-52.2.8 参照)
2-アセトニルシクロヘキサン-1-オン
2-acetonylcyclohexan-1-one
1-(2-オキソシクロヘキシル)プロパン-2-オン
1-(2-oxocyclohexyl)propan-2-one

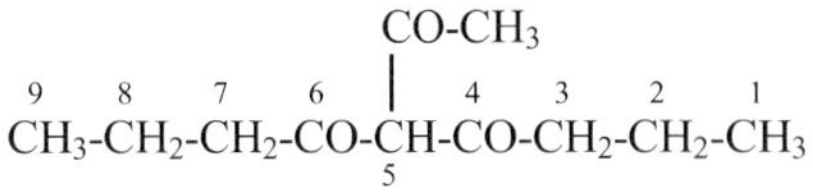

520   P-6　個々の化合物種類に対する適用

$$\underset{9}{CH_3}-\underset{8}{CH_2}-\underset{7}{CH_2}-\underset{6}{CO}-\underset{5}{\overset{\overset{CO-CH_3}{|}}{CH}}-\underset{4}{CO}-\underset{3}{CH_2}-\underset{2}{CH_2}-\underset{1}{CH_3}$$

5-アセチルノナン-4,6-ジオン **PIN**
5-acetylnonane-4,6-dione **PIN**
〔[5-(1-オキソエチル)ノナン-4,6-ジオン
5-(1-oxoethyl)nonane-4,6-dione ではない]

$$\underset{4}{CH_3}-\underset{3}{CO}-\underset{2}{CH_2}-\underset{1}{COOH}$$

3-オキソブタン酸 **PIN**　3-oxobutanoic acid **PIN**
（アセチル酢酸 acetylacetic acid ではない）

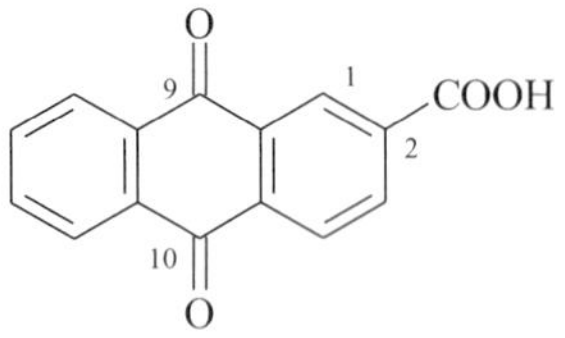

9,10-ジオキソ-9,10-ジヒドロアントラセン-2-カルボン酸 **PIN**
9,10-dioxo-9,10-dihydroanthracene-2-carboxylic acid **PIN**
　(9,10-アントラキノン-2-カルボン酸
　9,10-anthraquinone-2-carboxylic acid ではない)

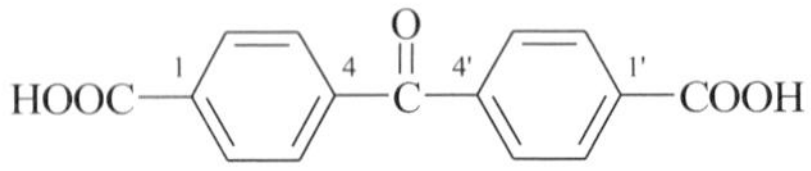

4,4′-カルボニル二安息香酸 **PIN**
4,4′-carbonyldibenzoic acid **PIN**　（倍数名）
4,4′-(オキソメチレン)二安息香酸
4,4′-(oxomethylene)dibenzoic acid　（倍数名）
4-(4-カルボキシベンゾイル)安息香酸
4-(4-carboxybenzoyl)benzoic acid　（置換名）

P-64.5.2　擬 ケ ト ン

P-64.5.2.1　環状擬ケトンでは，以下の場合，カルボニル基を示すためにオキソまたはアシル接頭語が用いられる．

（a）すべてのカルボニル基が接尾語で記載できないとき
（b）接尾語で記載すべき上位の特性基があるとき

　アシル接頭語は，窒素原子が環または環系の一部である R-CO-N< の構造をもつ擬ケトン(隠れたアミド)の命名に使える．しかし，この方法は GIN でのみ推奨され，PIN は体系的につくる(P-64.2.2 参照)．

例：

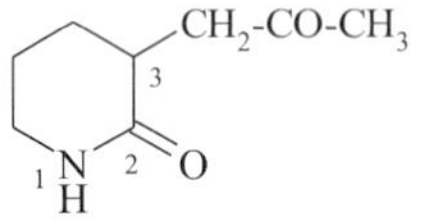

3-(2-オキソプロピル)ピペリジン-2-オン **PIN**
3-(2-oxopropyl)piperidin-2-one **PIN**
　(環は鎖に優先する，P-52.2.8 参照)
3-アセトニルピペリジン-2-オン
3-acetonylpiperidin-2-one
1-(2-オキソピペリジン-3-イル)プロパン-2-オン
1-(2-oxopiperidin-3-yl)propan-2-one

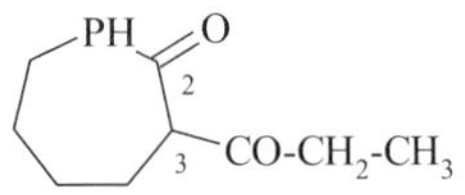

3-プロパノイルホスフェパン-2-オン **PIN**
3-propanoylphosphepan-2-one **PIN**
3-プロピオニルホスフェパン-2-オン
3-propionylphosphepan-2-one

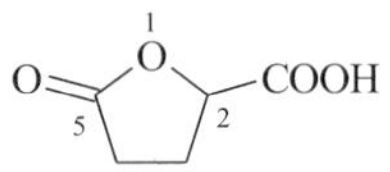

5-オキソオキソラン-2-カルボン酸 **PIN**
5-oxooxolane-2-carboxylic acid **PIN**

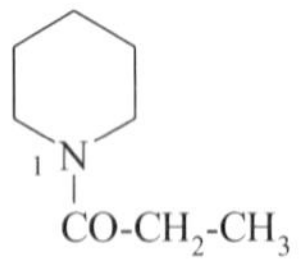

1-(ピペリジン-1-イル)プロパン-1-オン **PIN**
1-(piperidin-1-yl)propan-1-one **PIN**
1-プロパノイルピペリジン　1-propanoylpiperidine
1-プロピオニルピペリジン　1-propionylpiperidine
　(隠れたアミド)

P-64 ケトン，擬ケトン，ヘテロンおよびカルコゲン類縁体　　　　521

1-(3,4-ジヒドロキノリン-1(2*H*)-イル)エタン-1-オン PIN
1-(3,4-dihydroquinolin-1(2*H*)-yl)ethan-1-one PIN
1-アセチル-1,2,3,4-テトラヒドロキノリン
1-acetyl-1,2,3,4-tetrahydroquinoline
（隠れたアミド）

P-64.5.2.2　　鎖状擬ケトンは同様の方法で命名する．これらは従来アシル基を用いて命名されてきた．

例：$H_2P\text{-}CO\text{-}CH_2\text{-}CH_2\text{-}CH_3$　　　1-ホスファニルブタン-1-オン PIN　　1-phosphanylbutan-1-one PIN
　　　　　　　　　　　　　　　　　　ブタノイルホスファン　　butanoylphosphane

$\overset{4}{H_3}Si\text{-}\overset{3}{CO}\text{-}\overset{2}{CH_2}\text{-}\overset{1}{CH_2}\text{-}COOH$　　　4-オキソ-4-シリルブタン酸 PIN　　4-oxo-4-silylbutanoic acid PIN
　　　　　　　　　　　　　　　　　　3-(シランカルボニル)プロパン酸　　3-(silanecarbonyl)propanoic acid
　　　　　　　　　　　　　　　　　　3-(シリルカルボニル)プロパン酸　　3-(silylcarbonyl)propanoic acid

P-64.6　ケトン，擬ケトンおよびヘテロンのカルコゲン類縁体

P-64.6.1　　　ケトン，擬ケトンおよびヘテロンのカルコゲン類縁体は，以下の接尾語と接頭語を用いて命名する．

　　=S　　チオン thione および スルファニリデン sulfanylidene（チオキソ thioxo に優先する）
　　=Se　　セロン selone および セラニリデン selanylidene（セレノキソ selenoxo に優先する）
　　=Te　　テロン tellone および テラニリデン tellanylidene（テルロキソ telluroxo に優先する）

アシル接頭語は，O を S, Se, Te で官能基代置し，挿入語を用いて命名する(P-65.1.7 参照)．官能基代置接頭語 チオ thio または セレノ seleno を保存名と組合わせて用いる方法は廃止された．すべての PIN は体系的につくる．

=S, =Se, =Te に対する接頭語 スルファニリデン sulfanylidene, セラニリデン selanylidene, テラニリデン tellanylidene の使用は，PIN におけるオキソ接頭語のカルコゲン類縁体の記載法に関する変更である．官能基代置命名法に由来する接頭語 チオキソ thioxo, セレノキソ selenoxo, テルロキソ telluroxo は GIN では使用できる．

例：$\overset{4}{CH_3}\text{-}\overset{3}{CH_2}\text{-}\overset{2}{CS}\text{-}\overset{1}{CH_3}$　　　　　　ブタン-2-チオン PIN
　　　　　　　　　　　　　　　　　　butane-2-thione PIN

$\overset{1}{CH_3}\text{-}\overset{2}{CH_2}\text{-}\overset{3}{CSe}\text{-}\overset{4}{CH_2}\text{-}\overset{5}{CH_2}\text{-}\overset{6}{CH_3}$　　ヘキサン-3-セロン PIN
　　　　　　　　　　　　　　　　　　hexane-3-selone PIN

$\overset{5}{CH_3}\text{-}\overset{4}{CS}\text{-}\overset{3}{CH_2}\text{-}\overset{2}{CS}\text{-}\overset{1}{CH_3}$　　　ペンタン-2,4-ジチオン PIN
　　　　　　　　　　　　　　　　　　pentane-2,4-dithione PIN

$\overset{3}{CH_3}\text{-}\overset{2}{CS}\text{-}\overset{1}{CH_3}$　　　　　　プロパン-2-チオン PIN　propane-2-thione PIN
　　　　　　　　　　　　　　　　　　（チオアセトン thioacetone ではない）

$\begin{array}{c} CS\text{-}CH_3 \\ | \\ \overset{5}{CH_3}\text{-}\overset{4}{CS}\text{-}\underset{3}{\overset{2}{CH}}\text{-}\overset{2}{CS}\text{-}\overset{1}{CH_3} \end{array}$　　3-(エタンチオイル)ペンタン-2,4-ジチオン PIN
　　　　　　　　　　　　　　　　　　3-(ethanethioyl)pentane-2,4-dithione PIN
　　　　　　　　　　　　　　　　　　3-(チオアセチル)ペンタン-2,4-ジチオン
　　　　　　　　　　　　　　　　　　3-(thioacetyl)pentane-2,4-dithione
　　　　　　　　　　　　　　　　　　3-(1-スルファニリデンエチル)ペンタン-2,4-ジチオン
　　　　　　　　　　　　　　　　　　3-(1-sulfanylideneethyl)pentane-2,4-dithione

522   P-6　個々の化合物種類に対する適用

CSe-CH₂-CH₃

$$\overset{7}{C}H_3-\overset{6}{C}S-\overset{5}{C}H_2-\overset{4}{C}H-\overset{3}{C}H_2-\overset{2}{C}S-\overset{1}{C}H_3$$

4-(プロパンセレノイル)ヘプタン-2,6-ジチオン **PIN**
4-(propaneselenoyl)heptane-2,6-dithione **PIN**
4-(1-セラニリデンプロピル)ヘプタン-2,6-ジチオン
4-(1-selanylidenepropyl)heptane-2,6-dithione

アントラセン-1,9,10(2H)-トリチオン **PIN**
anthracene-1,9,10(2H)-trithione **PIN**

ジ(1H-イミダゾール-1-イル)メタンチオン **PIN**
di(1H-imidazol-1-yl)methanethione **PIN**

1,3-チアゾリジン-2,4-ジチオン **PIN**
1,3-thiazolidine-2,4-dithione **PIN**

アゼパン-2-チオン **PIN**　　azepane-2-thione **PIN**

$$\overset{4}{C}H_3-\overset{3}{C}S-\overset{2}{C}H_2-\overset{1}{C}OOH$$

3-スルファニリデンブタン酸 **PIN**　　3-sulfanylidenebutanoic acid **PIN**
3-チオキソブタン酸　　3-thioxobutanoic acid

$$CH_3-\overset{Se}{\underset{\|}{C}}-CH_2-CH_2-\overset{4}{}\overset{1}{}-COOH$$

4-(3-セラニリデンブチル)安息香酸 **PIN**
4-(3-selanylidenebutyl)benzoic acid **PIN**
4-(3-セレノキソブチル)安息香酸
4-(3-selenoxobutyl)benzoic acid

P-64.6.2　接尾語の優先順位

ケトン性の接尾語の優先順位は C=O＞C=S＞C=Se＞C=Te である．最小位置番号はこの順位に従い割当てる．

例：$\overset{5}{C}H_3-\overset{4}{C}S-\overset{3}{C}H_2-\overset{2}{C}O-\overset{1}{C}H_3$

4-スルファニリデンペンタン-2-オン **PIN**　　4-sulfanylidenepentan-2-one **PIN**
4-チオキソペンタン-2-オン　　4-thioxopentan-2-one

2-スルファニリデン-1,3-チアゾリジン-4-オン **PIN**
2-sulfanylidene-1,3-thiazolidin-4-one **PIN**
2-チオキソ-1,3-チアゾリジン-4-オン
2-thioxo-1,3-thiazolidin-4-one

1,1′-カルボノチオイルジ(ピリジン-2(1H)-オン) **PIN**
1,1′-carbonothioyldi(pyridin-2(1H)-one) **PIN**
1,1′-チオカルボニルジ(ピリジン-2(1H)-オン)
1,1′-thiocarbonyldi(pyridin-2(1H)-one)

P-64.7　多官能性のケトン，擬ケトンおよびヘテロン

P-64.7.1　　ケトン，擬ケトン，ヘテロンおよびそれらのカルコゲン類縁体は，化合物種類の優先順位において，＝O＞＝S＞＝Se＞＝Te の順であり，ヒドロキシ化合物とそのカルコゲン類縁体，アミン，イミンに優先する．P-64.5 と P-64.6 に記した接尾語より上位の特性基のあるときは，それらは接頭語として記載する(P-41 参照)．

P-64 ケトン，擬ケトン，ヘテロンおよびカルコゲン類縁体 523

例：

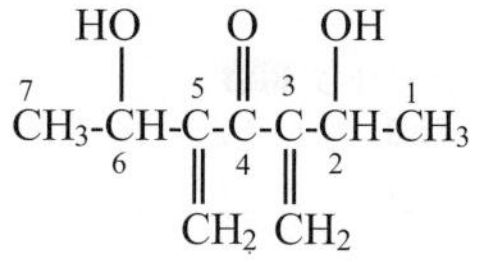

2,6-ジヒドロキシ-3,5-ジメチリデンヘプタン-4-オン **PIN**
2,6-dihydroxy-3,5-dimethylideneheptan-4-one **PIN**

$CH_3-CO-CH_2-COOH$

3-オキソブタン酸 **PIN**
3-oxobutanoic acid **PIN**

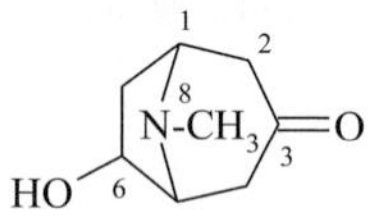

6-ヒドロキシ-8-メチル-8-アザビシクロ[3.2.1]オクタン-3-オン
6-hydroxy-8-methyl-8-azabicyclo[3.2.1]octan-3-one
6-ヒドロキシ-8-メチルトロパン-3-オン
6-hydroxy-8-methyltropan-3-one

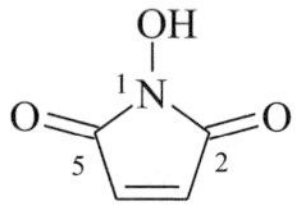

1-ヒドロキシ-1H-ピロール-2,5-ジオン **PIN**
1-hydroxy-1H-pyrrole-2,5-dione **PIN**

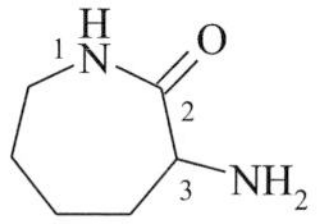

3-アミノアゼパン-2-オン **PIN**
3-aminoazepan-2-one **PIN**

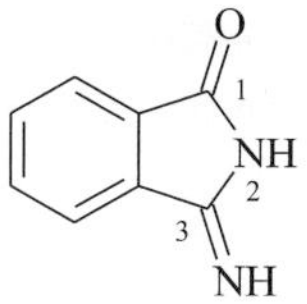

3-イミノ-2,3-ジヒドロ-1H-イソインドール-1-オン **PIN**
3-imino-2,3-dihydro-1H-isoindol-1-one **PIN**

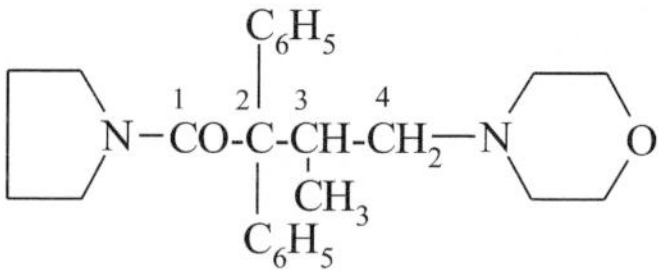

3-メチル-4-(モルホリン-4-イル)-2,2-ジフェニル-1-(ピロリジン-1-イル)ブタン-1-オン **PIN**
3-methyl-4-(morpholin-4-yl)-2,2-diphenyl-1-(pyrrolidin-1-yl)butan-1-one **PIN**

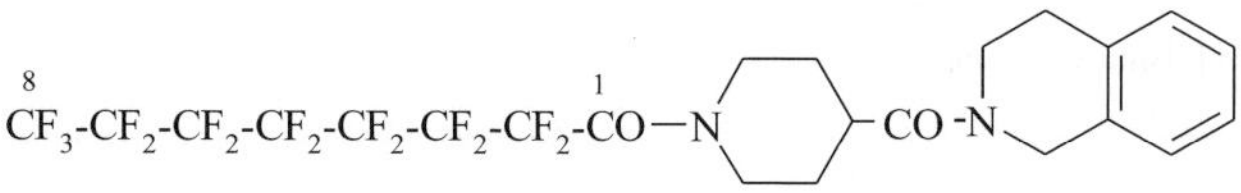

$CF_3-CF_2-CF_2-CF_2-CF_2-CF_2-CF_2-CO$

1-[4-(3,4-ジヒドロイソキノリン-2(1H)-カルボニル)ピペリジン-1-イル]-
　　2,2,3,3,4,4,5,5,6,6,7,7,8,8,8-ペンタデカフルオロオクタン-1-オン **PIN**
1-[4-(3,4-dihydroisoquinoline-2(1H)-carbonyl)piperidin-1-yl]-
　　2,2,3,3,4,4,5,5,6,6,7,7,8,8,8-pentadecafluorooctan-1-one **PIN**
（フッ素置換基の位置番号が必要である．P-14.3.4.5 参照）

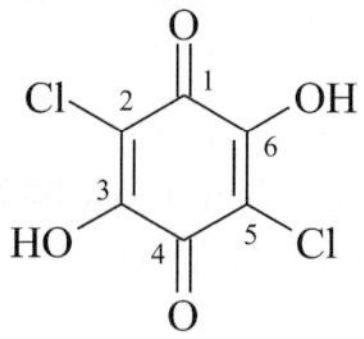

2,5-ジクロロ-3,6-ジヒドロキシシクロヘキサ-2,5-ジエン-1,4-ジオン **PIN**
2,5-dichloro-3,6-dihydroxycyclohexa-2,5-diene-1,4-dione **PIN**
2,5-ジクロロ-3,6-ジヒドロキシ-1,4-ベンゾキノン
2,5-dichloro-3,6-dihydroxy-1,4-benzoquinone

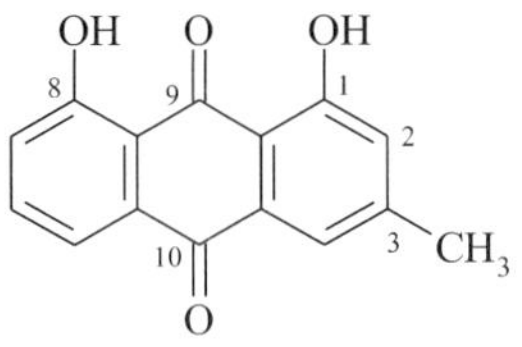

524   P-6 個々の化合物種類に対する適用

1,8-ジヒドロキシ-3-メチルアントラセン-9,10-ジオン **PIN**
1,8-dihydroxy-3-methylanthracene-9,10-dione **PIN**
1,8-ジヒドロキシ-3-メチル-9,10-アントラキノン
1,8-dihydroxy-3-methyl-9,10-anthraquinone

P-64.7.2   ケトンと擬ケトンの間に優先順位の違いはない．必要なら，カルボニル基または二重結合している酸素原子の最大数，鎖と環の間および環と環系の間の優先順位を適宜考慮する．

例：

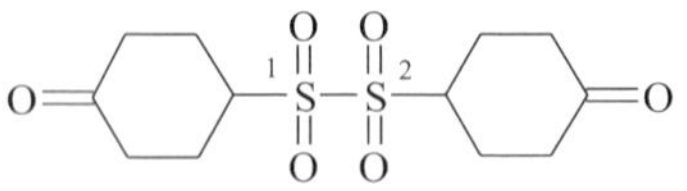

1,2-ビス(4-オキソシクロヘキシル)-1λ^6,2λ^6-ジスルファン-1,1,2,2-テトラオン **PIN**
1,2-bis(4-oxocyclohexyl)-1λ^6,2λ^6-disulfane-1,1,2,2-tetrone **PIN**
〔4個の二重結合している酸素原子をもつヘテロンが1個のカルボニル基しかもたないシクロヘキサノンに優先する(P-44.1.1 参照)〕

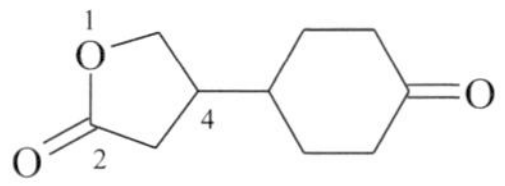

4-(4-オキソシクロヘキシル)オキソラン-2-オン **PIN**   4-(4-oxocyclohexyl)oxolan-2-one **PIN**
〔4-(2-オキソオキソラン-4-イル)シクロヘキサノン   4-(2-oxooxolan-4-yl)cyclohexanone
ではない．複素環は炭素環に優先する．P-44.2.1 参照〕

P-64.7.3   ケトン，擬ケトン，ヘテロンの酸素原子が硫黄，セレンまたはテルル原子で置換されたとき，接尾語としての表現の優先順位はO＞S＞Se＞Teである．

例：   CH$_3$-CH$_2$-CS-CH$_2$ $\overset{1}{\text{CH}_2}$-$\overset{2}{\text{CO}}$-$\overset{3}{\text{CH}_2}$-$\overset{4}{\text{CH}_3}$

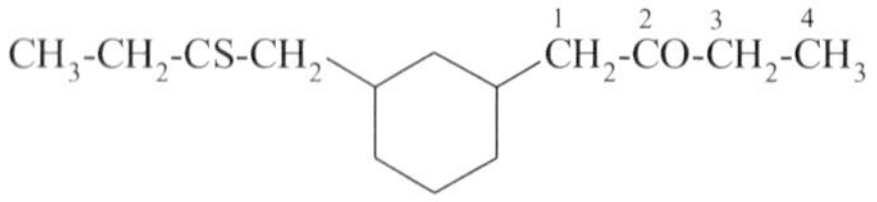

1-[3-(2-スルファニリデンブチル)シクロヘキシル]ブタン-2-オン **PIN**
1-[3-(2-sulfanylidenebutyl)cyclohexyl]butan-2-one **PIN**
1-[3-(2-チオキソブチル)シクロヘキシル]ブタン-2-オン
1-[3-(2-thioxobutyl)cyclohexyl]butan-2-one

P-64.8 アシロイン

Rがアルキル基，アリール基，または複素環基であるα-ヒドロキシケトン RCH(OH)-CO-R は，アシロイン acyloin の化合物種類名をもち，優先順位ケトン＞ヒドロキシ化合物(P-41 参照)に従い置換命名法により置換ケトンとして命名する．オイン oin で終わる名称は推奨しない．

例：$\overset{4}{\text{CH}_3}$-$\overset{3}{\text{CH}}$(OH)-$\overset{2}{\text{CO}}$-$\overset{1}{\text{CH}_3}$ 3-ヒドロキシブタン-2-オン **PIN**   3-hydroxybutan-2-one **PIN**
    (アセトイン acetoin ではない)

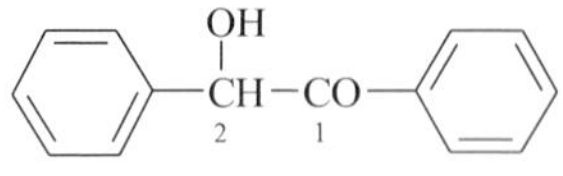

2-ヒドロキシ-1,2-ジフェニルエタン-1-オン **PIN**
2-hydroxy-1,2-diphenylethan-1-one **PIN**
    (ベンゾイン benzoin ではない)

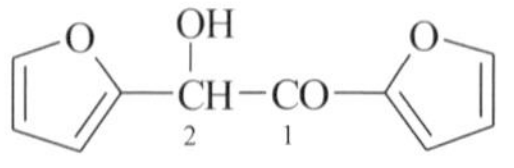

1,2-ジ(フラン-2-イル)-2-ヒドロキシエタン-1-オン **PIN**
1,2-di(furan-2-yl)-2-hydroxyethan-1-one **PIN**
1,2-ジ(2-フリル)-2-ヒドロキシエタン-1-オン
1,2-di(2-furyl)-2-hydroxyethan-1-one

P-65　酸，酸ハロゲン化物，酸擬ハロゲン化物，塩，エステルおよび酸無水物　　　525

P-65　酸，酸ハロゲン化物，酸擬ハロゲン化物，
塩，エステルおよび酸無水物　　"日本語名称のつくり方"も参照

P-65.0　はじめに	P-65.4　置換基としてのアシル基
P-65.1　カルボン酸および官能基代置類縁体	P-65.5　酸ハロゲン化物および酸擬ハロゲン化物
P-65.2　炭酸，シアン酸，二炭酸およびポリ炭酸	P-65.6　塩およびエステル
P-65.3　母体水素化物に直接結合するカルコゲン原子をもつ硫黄酸，セレン酸およびテルル酸	P-65.7　酸無水物およびその類縁体

P-65.0　はじめに

　この節には，接尾語により置換命名法で命名される酸，すなわちカルボン酸，スルホン酸，スルフィン酸ならびに類縁体のセレンとテルルの酸が含まれている．エステル，酸ハロゲン化物および酸無水物などの誘導体も含まれる．アニオンは形式的には P-7 で取扱われるべきではあるが，塩はこの節に含めてある．置換命名法で命名されない炭素酸，すなわち炭酸，シアン酸，二核炭酸および多核炭酸もここに含まれる．有機誘導体の母体構造として使用される単核および多核の無機酸(非炭素酸)は，P-67 で説明する．

　酸基の水素原子は，置換命名法の命名方式にかなった置換体とすることはできない．特定の原子または基による酸基水素原子の置き換えは，たとえばエステルなどのような他の化合物種類が生じるので'官能基化'とよばれる．

　構造中で酸基以外の水素原子が他の原子または基と交換した場合は，たとえば'クロロ酢酸'の名称が示すように，置換体となる．

P-65.1　カルボン酸および官能基代置類縁体

　カルボン酸 carboxylic acid は R-C(=O)-OH の構造をもつ(R は水素原子でもよい)．窒素類縁体は，=O を =NH，=NNH$_2$，=N-OH で置き換えたカルボン酸，または −OH を −NH-OH で置き換えたカルボン酸である．カルコゲン類縁体は，1 個または 2 個の酸素原子を硫黄原子，セレン原子またはテルル原子で置き換えたカルボン酸である．

　α-アミノ酸や炭水化物に由来するカルボン酸の名称は，この章では広くは取上げていない．慣用名が専門分野の文献(参考文献 18, 27)において推奨され，保存されている．それらは天然物を扱う P-10 にまとめて示す．

P-65.1.1　保存名	P-65.1.5　カルボン酸のカルコゲン類縁体
P-65.1.2　体系名	P-65.1.6　アミド酸，アニリド酸およびアルデヒド酸
P-65.1.3　カルボキシイミド酸，カルボヒドラゾン酸，カルボヒドロキシム酸およびカルボヒドロキサム酸	P-65.1.7　カルボン酸および関連酸に由来するアシル基
P-65.1.4　ペルオキシカルボン酸	P-65.1.8　ギ酸

P-65.1.1　保存名

　天然資源に由来するカルボン酸は，動物または植物起源を想起させる慣用名を与えられることが多い．これら慣用名は 1979 規則と 1993 規則の 2 回にわたり大幅に縮小され，体系名が推奨されている．

P-65.1.1.1　PIN としての保存名　　以下の五つの保存名のみが PIN である．いずれも官能基化が可能であるが，酢酸，安息香酸およびオキサミド酸のみが P-15.1.8.2.1 に準じて置換することができる(ギ酸に関する置換の

規則については P-65.1.8 参照）．官能基代置により修飾される酸をつくるためには，体系的置換名を用いる．

HCOOH	ギ酸 **PIN** formic acid **PIN**	
	メタン酸 methanoic acid	
CH₃-COOH	酢酸 **PIN** acetic acid **PIN**	
	エタン酸 ethanoic acid	
C₆H₅-COOH	安息香酸 **PIN** benzoic acid **PIN**	
	ベンゼンカルボン酸 benzenecarboxylic acid	
HOOC-COOH	シュウ酸 **PIN** oxalic acid **PIN**	
	エタン二酸 ethanedioic acid	
H₂N-CO-COOH	オキサミド酸 **PIN** oxamic acid **PIN**	
	アミノ(オキソ)酢酸 amino(oxo)acetic acid	

P-65.1.1.2 GIN においてのみ使用できる保存名

P-65.1.1.2.1 以下の名称は保存するが，GIN でのみ使用できる．P-15.1.8.2.1 に準ずる置換は認められる（P-34 も参照）．

2-フロ酸 2-furoic acid （3-異性体も）
フラン-2-カルボン酸 **PIN** furan-2-carboxylic acid **PIN**

イソフタル酸 isophthalic acid
ベンゼン-1,3-ジカルボン酸 **PIN** benzene-1,3-dicarboxylic acid **PIN**

フタル酸 phthalic acid
ベンゼン-1,2-ジカルボン酸 **PIN** benzene-1,2-dicarboxylic acid **PIN**

テレフタル酸 terephthalic acid
ベンゼン-1,4-ジカルボン酸 **PIN** benzene-1,4-dicarboxylic acid **PIN**

P-65.1.1.2.2 以下の名称は，GIN において保存され官能基化も認められるが，置換は認められない．官能基化により酸無水物，塩およびエステルを生じる．たとえば，エステルの生成で酪酸メチル methyl butyrate のような名称ができる．

CH₂=CH-COOH	アクリル酸 acrylic acid	
	プロパ-2-エン酸 **PIN** prop-2-enoic acid **PIN**	
HOOC-[CH₂]₄-COOH	アジピン酸 adipic acid	
	ヘキサン二酸 **PIN** hexanedioic acid **PIN**	
CH₃-CH₂-CH₂-COOH	酪酸 butyric acid	
	ブタン酸 **PIN** butanoic acid **PIN**	
C₆H₅-CH=CH-COOH	ケイ皮酸 cinnamic acid （*E*-配置を指す）	
	3-フェニルプロパ-2-エン酸 **PIN**	
	3-phenylprop-2-enoic acid **PIN**	
	（*E*- および *Z*-異性体）	

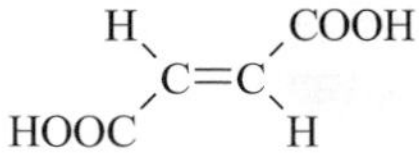

P-65 酸，酸ハロゲン化物，酸擬ハロゲン化物，塩，エステルおよび酸無水物　　　　527

フマル酸　fumaric acid
(2E)-ブタ-2-エン二酸 PIN　　(2E)-but-2-enedioic acid PIN

HOOC-[CH₂]₃-COOH

グルタル酸　glutaric acid
ペンタン二酸 PIN　pentanedioic acid PIN

HOOC-CH₂-COOH

マロン酸　malonic acid
プロパン二酸 PIN　propanedioic acid PIN

CH₂=C(CH₃)-COOH

メタクリル酸　methacrylic acid
2-メチルプロパ-2-エン酸 PIN　2-methylprop-2-enoic acid PIN

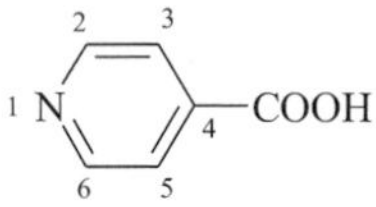

イソニコチン酸　isonicotinic acid
ピリジン-4-カルボン酸 PIN　pyridine-4-carboxylic acid PIN

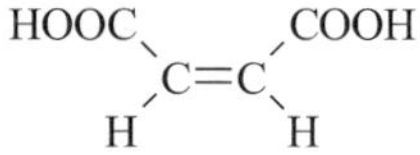

マレイン酸　maleic acid
(2Z)-ブタ-2-エン二酸 PIN　(2Z)-but-2-enedioic acid PIN

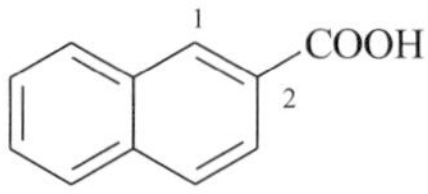

2-ナフトエ酸　2-naphthoic acid　（1-異性体も）
ナフタレン-2-カルボン酸 PIN　naphthalene-2-carboxylic acid PIN

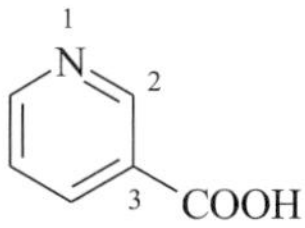

ニコチン酸　nicotinic acid
ピリジン-3-カルボン酸 PIN　pyridine-3-carboxylic acid PIN

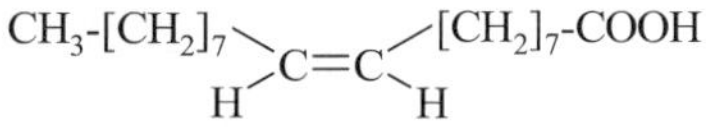

CH₃-[CH₂]₇   [CH₂]₇-COOH

オレイン酸　oleic acid
(9Z)-オクタデカ-9-エン酸 PIN　(9Z)-octadec-9-enoic acid PIN

CH₃-[CH₂]₁₄-COOH

パルミチン酸　palmitic acid
ヘキサデカン酸 PIN　hexadecanoic acid PIN

CH₃-CH₂-COOH

プロピオン酸　propionic acid
プロパン酸 PIN　propanoic acid PIN

CH₃-[CH₂]₁₆-COOH

ステアリン酸　stearic acid
オクタデカン酸 PIN　octadecanoic acid PIN

HOOC-CH₂-CH₂-COOH

コハク酸　succinic acid
ブタン二酸 PIN　butanedioic acid PIN

P-65.1.1.2.3　　天然物に関連する名称であるクエン酸，乳酸，グリセリン酸，ピルビン酸および酒石酸も保存
される．置換はできないが，塩とエステルの生成は認められる．

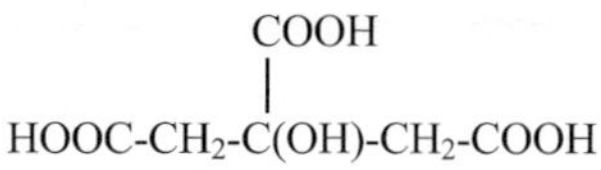

COOH
|
HOOC-CH₂-C(OH)-CH₂-COOH

クエン酸　citric acid
2-ヒドロキシプロパン-1,2,3-トリカルボン酸 PIN
2-hydroxypropane-1,2,3-tricarboxylic acid PIN

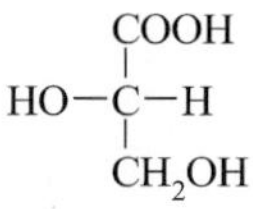

COOH
|
HO-C-H
|
CH₂OH

グリセリン酸　glyceric acid
2,3-ジヒドロキシプロパン酸 PIN　2,3-dihydroxypropanoic acid PIN

OH
|
CH₃-CH-COOH

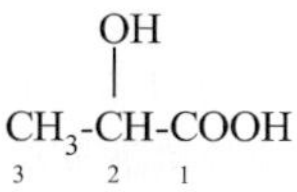

乳酸　lactic acid
2-ヒドロキシプロパン酸 PIN　2-hydroxypropanoic acid PIN

CH₃-CO-COOH	ピルビン酸　pyruvic acid
	2-オキソプロパン酸 **PIN**　2-oxopropanoic acid **PIN**
HOOC-[CH(OH)]₂-COOH	酒石酸　tartaric acid
	2,3-ジヒドロキシブタン二酸 **PIN**　2,3-dihydroxybutanedioic acid **PIN**
	（立体配置の表記については，P-102.5.6.6.5 を参照）

ペプチドおよびタンパク質に関連するα-アミノ酸の名称も保存される(P-103 参照)．いくつかの名称，たとえば H₂N-CH₂-COOH に対する グリシン glycine は，置換命名法による体系名をつくるために使われる(P-103.2 参照)．炭水化物の保存名に由来するカルボン酸の名称も，置換命名法による体系名をつくるために使用される(P-102.5.6.6 参照)．

P-65.1.1.2.4　以下の慣用名は，廃止された．

HC≡C-COOH	プロピオール酸　propiolic acid
	プロパ-2-イン酸 **PIN**　prop-2-ynoic acid **PIN**
(CH₃)₂CH-COOH	イソ酪酸　isobutyric acid
	2-メチルプロパン酸 **PIN**　2-methylpropanoic acid **PIN**

$$\underset{4\quad 3\quad 2\quad 1}{CH_3-\overset{\overset{\displaystyle O}{\|}}{C}-CH_2-COOH}$$

アセト酢酸　acetoacetic acid
3-オキソブタン酸 **PIN**　3-oxobutanoic acid **PIN**

アントラニル酸　anthranilic acid
（1,2-異性体のみ）
2-アミノ安息香酸 **PIN**　2-aminobenzoic acid **PIN**

(C₆H₅)₂C(OH)-COOH	ベンジル酸　benzilic acid
	ヒドロキシ(ジフェニル)酢酸 **PIN**　hydroxy(diphenyl)acetic acid **PIN**
(HOOC-CH₂)₂N-CH₂-CH₂-N(CH₂-COOH)₂	
	エチレンジアミン四酢酸　ethylenediaminetetraacetic acid
	N,N′-エタン-1,2-ジイルビス[*N*-(カルボキシメチル)グリシン]
	N,N′-ethane-1,2-diylbis[*N*-(carboxymethyl)glycine]
	2,2′,2″,2‴-(エタン-1,2-ジイルジニトリロ)四酢酸
	2,2′,2″,2‴-(ethane-1,2-diyldinitrilo)tetraacetic acid
HO-CH₂-COOH	グリコール酸　glycolic acid
	ヒドロキシ酢酸 **PIN**　hydroxyacetic acid **PIN**
OHC-COOH	グリオキシル酸　glyoxylic acid
	オキソ酢酸 **PIN**　oxoacetic acid **PIN**
CH₃-CO-OOH	過酢酸　peracetic acid
	エタンペルオキソ酸 **PIN**　ethaneperoxoic acid **PIN**
C₆H₅-CO-OOH	過安息香酸　perbenzoic acid
	ベンゼンカルボペルオキソ酸 **PIN**　benzenecarboperoxoic acid **PIN**
HCO-OOH	過ギ酸　performic acid
	メタンペルオキソ酸 **PIN**　methaneperoxoic acid **PIN**

P-65.1.2　体　系　名

カルボン酸は，接尾語 酸 oic acid，カルボン酸 carboxylic acid を用いて置換命名法により命名する．主特性基に含められないカルボキシ基やより上位の特性基が存在する場合は，カルボキシ基を表す接頭語 カルボキシ

P-65　酸，酸ハロゲン化物，酸擬ハロゲン化物，塩，エステルおよび酸無水物　　　　529

carboxy を用いて命名する.

P-65.1.2.1　　　メタンや枝分かれのない炭化水素鎖の末端の CH_3 基を形式的に COOH 基で置き換えてできる
カルボン酸は，相当する炭化水素名の末尾の e を，接尾語 酸 oic acid で置き換えることにより命名する．炭化水
素鎖中でのカルボキシ基の位置を示す位置番号は不要であるが，炭化水素鎖が"ア"接頭語によって修飾され
る場合には，P-15.4.3.2.3 に示されているように位置番号を用いる．ギ酸，酢酸，シュウ酸，オキサミド酸
（P-65.1.1.1 参照）を除き，体系的につくる名称が PIN である．P-65.1.1.2 に示した名称は，GIN において使用で
きる保存名である．

例：
$$\overset{4}{CH_3}-\overset{3}{CH_2}-\overset{2}{CH_2}-\overset{1}{COOH}$$
ブタン酸 PIN　butanoic acid PIN
酪酸　butyric acid

$$\overset{10}{CH_3}-[CH_2]_8-\overset{1}{COOH}$$
デカン酸 PIN　decanoic acid PIN

$$\overset{12}{HOOC}-[CH_2]_{10}-\overset{1}{COOH}$$
ドデカン二酸 PIN　dodecanedioic acid PIN

$$\overset{15}{CH_3}-CH_2-CH_2-O-\overset{12}{CH_2}-CH_2-O-\overset{9}{CH_2}-CH_2-O-\overset{6}{CH_2}-CH_2-O-CH_2-\overset{1}{COOH}$$
3,6,9,12-テトラオキサペンタデカン-1-酸 PIN
3,6,9,12-tetraoxapentadecan-1-oic acid PIN

$$\overset{15}{HOOC}-CH_2-S-\overset{13}{CH_2}-CH_2-S-\overset{10}{CH_2}-CH_2-CH_2-S-\overset{6}{CH_2}-CH_2-S-\overset{3}{CH_2}-\overset{1}{COOH}$$
3,6,10,13-テトラチアペンタデカン-1,15-二酸 PIN
3,6,10,13-tetrathiapentadecane-1,15-dioic acid PIN

$$\overset{15}{HOOC}-CH_2-CH_2-O-\overset{12}{CH_2}-CH_2-O-\overset{9}{CH_2}-CH_2-O-\overset{6}{CH_2}-CH_2-O-\overset{3}{CH_2}-CH_3$$
3,6,9,12-テトラオキサペンタデカン-15-酸 PIN
3,6,9,12-tetraoxapentadecan-15-oic acid PIN

P-65.1.2.2　接尾語 カルボン酸 carboxylic acid は，P-65.1.2.1 で取扱えないすべてのカルボン酸（保存名であ
る安息香酸を除く．P-65.1.1.1 参照）に用いる．カルボキシ基は，すべての母体水素化物のどの原子（炭素原子か
ヘテロ原子かを問わない）にも結合できる．P-65.1.2.3 に例示するマンキュード母体水素化物の場合には，適切な
方法を用いる必要がある．

P-65.1.2.2.1　　枝分かれのない鎖に 3 個以上のカルボキシ基が結合している場合は，すべてのカルボキシ基
の前に該当する倍数接頭語（tri, tetra など）と該当する位置番号をつけた接尾語 carboxylic acid を用い，母体水素
化物から置換命名法により命名する．

例：
$$\overset{5}{HOOC}-\overset{4}{CH_2}-CH_2-\underset{3}{\overset{|}{\overset{COOH}{CH}}}-\overset{2}{CH_2}-\overset{1}{CH_2}-COOH$$
ペンタン-1,3,5-トリカルボン酸 PIN
pentane-1,3,5-tricarboxylic acid PIN

$$(HOOC)_2\overset{1}{CH}-\overset{2}{CH}(COOH)_2$$
エタン-1,1,2,2-テトラカルボン酸 PIN
ethane-1,1,2,2-tetracarboxylic acid PIN

P-65.1.2.2.2　環状母体水素化物と鎖状ヘテロ母体水素化物に結合するカルボキシ基は必ず接尾語 carboxylic
acid を用いて命名する．

例：
シクロペンタンカルボン酸 PIN
cyclopentanecarboxylic acid PIN

ピリジン-3-カルボン酸 PIN　pyridine-3-carboxylic acid PIN
ニコチン酸　nicotinic acid

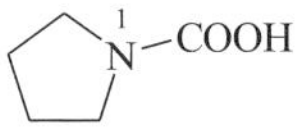

530   P-6 個々の化合物種類に対する適用

ピロリジン-1-カルボン酸 **PIN**
pyrrolidine-1-carboxylic acid **PIN**

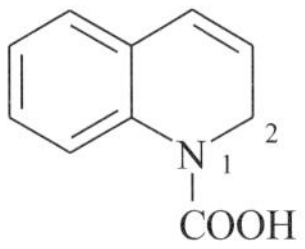

キノリン-1(2H)-カルボン酸 **PIN**
quinoline-1(2H)-carboxylic acid **PIN**

H$_3$Si-O-SiH$_2$-COOH   ジシロキサンカルボン酸 **PIN**   disiloxanecarboxylic acid **PIN**

H$_2$N-NH-COOH   ヒドラジンカルボン酸 **PIN**   hydrazinecarboxylic acid **PIN**
                     カルボノヒドラジド酸   carbonohydrazidic acid   （P-65.2.1.4 参照）
                     （カルバジン酸 carbazic acid ではない）

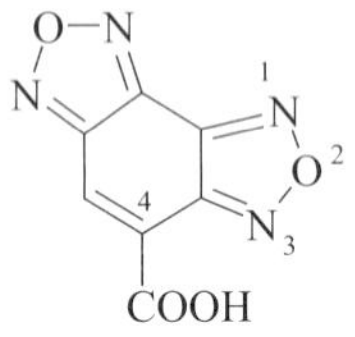

［ベンゾ［1,2-c:3,4-c′］ビス（［1,2,5］オキサジアゾール）］-4-カルボン酸 **PIN**
［benzo［1,2-c:3,4-c′］bis（［1,2,5］oxadiazole）］-4-carboxylic acid **PIN**

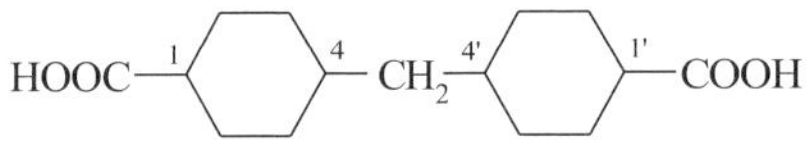

4,4′-メチレンジ（シクロヘキサン-1-カルボン酸）**PIN**
4,4′-methylenedi(cyclohexane-1-carboxylic acid) **PIN**

P-65.1.2.2.3　接頭語カルボキシおよびオキサロ　　接尾語として記載すべき上位の基（たとえば遊離原子価）
が別に存在する場合，またはすべてのカルボキシ基を一つの接尾語によって表すことができない場合は，カルボ
キシ基 −COOH を優先接頭語 カルボキシ carboxy により示す（GIN でも使用する）．接頭語 オキサロ oxalo は，
−CO-CO-OH に対する優先接頭語として推奨するが，炭素鎖を伸長するために使うことはできない．GIN にお
いては，複合接頭語 カルボキシカルボニル carboxycarbonyl を用いてもよいが，複合接頭語 カルボキシホルミル
carboxyformyl は廃止した．

例：

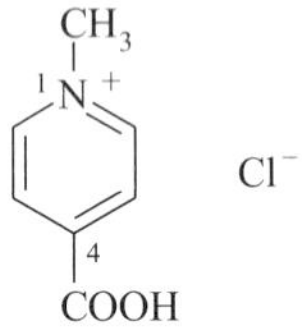

4-カルボキシ-1-メチルピリジン-1-イウム＝クロリド **PIN**
4-carboxy-1-methylpyridin-1-ium chloride **PIN**

−CH$_2$-CH$_2$-COOH   2-カルボキシエチル 優先接頭   2-carboxyethyl 優先接頭

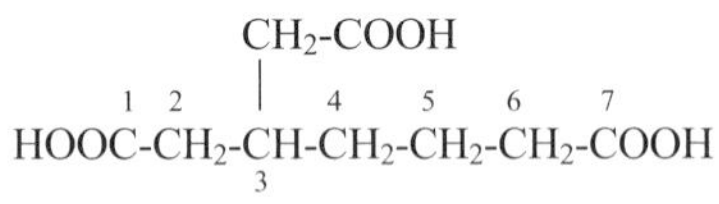

3-（カルボキシメチル）ヘプタン二酸 **PIN**
3-(carboxymethyl)heptanedioic acid **PIN**

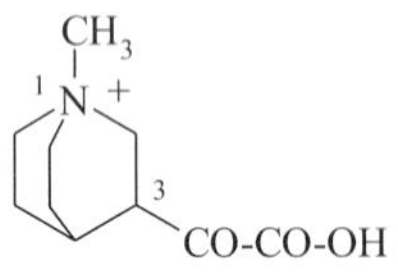

1-メチル-3-オキサロ-1-アザビシクロ［2.2.2］オクタン-1-イウム **PIN**
1-methyl-3-oxalo-1-azabicyclo［2.2.2］octan-1-ium **PIN**

−CH$_2$-CH$_2$-CO-COOH   3-カルボキシ-3-オキソプロピル 優先接頭   3-carboxy-3-oxopropyl 優先接頭
                              （2-オキサロエチル 2-oxaloethyl ではない）

P-65.1.2.3　番号付けの優先順位　　番号付けは必要に応じ，P-14.4 に示す優先順位に基づいて行う．

例：

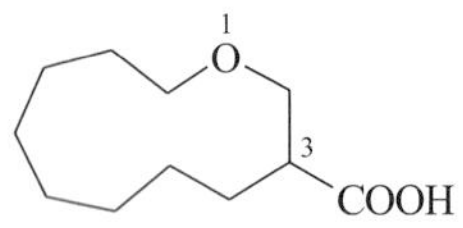

1-オキサシクロウンデカン-3-カルボン酸 **PIN**
1-oxacycloundecane-3-carboxylic acid **PIN**

P-65 酸，酸ハロゲン化物，酸擬ハロゲン化物，塩，エステルおよび酸無水物　　　531

$$\overset{1}{C}H_3\text{-}O\text{-}\overset{2}{C}H_2\text{-}CH_2\text{-}O\text{-}\overset{5}{C}H_2\text{-}CH_2\text{-}O\text{-}\overset{8}{C}H_2\text{-}CH_2\text{-}S\text{-}\overset{11}{C}H_2\text{-}CH_2\text{-}\overset{14}{C}OOH$$

2,5,8-トリオキサ-11-チアテトラデカン-14-酸 [PIN]
2,5,8-trioxa-11-thiatetradecan-14-oic acid [PIN]

> 鎖中のヘテロ原子は，現在では母体水素化物の構成成分とみなされており，番号付け
> において接尾語に優先する(P-14.4 参照．P-15.4 も参照)．

$$CH\text{-}CH_3$$
$$\overset{8}{C}H_3\text{-}\overset{7}{C}H_2\text{-}\overset{6}{C}H_2\text{-}\overset{5}{C}H_2\text{-}\overset{4}{C}H_2\text{-}\overset{3}{C}H_2\text{-}\overset{1}{C}\text{-}COOH$$

2-エチリデンオクタン酸 [PIN]　2-ethylideneoctanoic acid [PIN]
〔2-ヘキシルブタ-2-エン酸 2-hexylbut-2-enoic acid ではない．P-44.3, 規準(b)参照〕

ナフタレン-4a,8a-ジカルボン酸 [PIN]
naphthalene-4a,8a-dicarboxylic acid [PIN]　(P-58.2 参照)
4a,8a-ジヒドロナフタレン-4a,8a-ジカルボン酸
4a,8a-dihydronaphthalene-4a,8a-dicarboxylic acid

ナフタレン-4a(2H)-カルボン酸 [PIN]
naphthalene-4a(2H)-carboxylic acid [PIN]　(P-58.2 参照)
2,4a-ジヒドロナフタレン-4a-カルボン酸
2,4a-dihydronaphthalene-4a-carboxylic acid

P-65.1.2.4　多官能性カルボン酸　置換しているカルボン酸の体系名は，オキソ oxo，ヒドロキシ hydroxy，アミノ amino，イミノ imino，ハロ halo，ニトロ nitro などの該当する接頭語を酸の名称に付けてつくる．接頭語は，官能基としての順位づけはせずに，名称中にアルファベット順(ヒドロ hydro，デヒドロ dehydro を除く)で記載する．この順は，最小位置番号を必要に応じて割当てるためにも用いる．

例：
$$\overset{6}{C}H_3\text{-}\overset{5}{C}O\text{-}\overset{4}{C}H_2\text{-}\overset{3}{C}H_2\text{-}\overset{2}{C}H_2\text{-}\overset{1}{C}OOH$$

5-オキソヘキサン酸 [PIN]
5-oxohexanoic acid [PIN]

$$H_2N\text{-}\overset{5}{C}H_2\text{-}\overset{4}{C}H_2\text{-}\overset{3}{C}H_2\text{-}\overset{2}{C}H_2\text{-}\overset{1}{C}OOH$$

5-アミノペンタン酸 [PIN]
5-aminopentanoic acid [PIN]

3,5-ジブロモ-4-ヒドロキシ安息香酸 [PIN]
3,5-dibromo-4-hydroxybenzoic acid [PIN]

2-アミノ-5-ニトロ安息香酸 [PIN]　2-amino-5-nitrobenzoic acid [PIN]
(5-ニトロアントラニル酸 5-nitroanthranilic acid ではない．
アントラニル酸は保存名ではない)

$$HOOC\text{-}\overset{1}{C}H\text{-}\overset{2}{C}H\text{-}\overset{3}{C}O\text{-}COOH$$
(HO, COOH 上)

1-ヒドロキシ-3-オキソプロパン-1,2,3-トリカルボン酸 [PIN]
1-hydroxy-3-oxopropane-1,2,3-tricarboxylic acid [PIN]
〔3-ヒドロキシ-1-オキソプロパン-1,2,3-トリカルボン酸
3-hydroxy-1-oxopropane-1,2,3-tricarboxylic acid ではない．
最小位置番号は，最初に記載する接頭語につける．P-14.4(g)参照〕

$$(HO\text{-}CH_2\text{-}CH_2\text{-}O)_2CH\text{-}COOH$$

ビス(2-ヒドロキシエトキシ)酢酸 [PIN]
bis(2-hydroxyethoxy)acetic acid [PIN]

H₃C-S-CH₂-CH₂-CO-COOH

positions: 4 3 2 1

4-(メチルスルファニル)-2-オキソブタン酸 **PIN**
4-(methylsulfanyl)-2-oxobutanoic acid **PIN**
　〔4-(メチルチオ)-2-オキソ酪酸
　4-(methylthio)-2-oxobutyric acid ではない〕

HO-S-CH₂—⟨benzene ring⟩—COOH (positions 4 and 1)

4-[(ヒドロキシスルファニル)メチル]安息香酸 **PIN**
4-[(hydroxysulfanyl)methyl]benzoic acid **PIN**
　〔4-(スルフェノメチル)安息香酸
　4-(sulfenomethyl)benzoic acid ではない〕

5,6,7,8-テトラブロモ-1,2,3,4-テトラヒドロアントラセン-9-カルボン酸 **PIN**
5,6,7,8-tetrabromo-1,2,3,4-tetrahydroanthracene-9-carboxylic acid **PIN**
　(1,2,3,4-テトラブロモ-5,6,7,8-テトラヒドロアントラセン-9-カルボン酸
　1,2,3,4-tetrabromo-5,6,7,8-tetrahydroanthracene-9-carboxylic acid ではない.
　接頭語ヒドロ, デヒドロには, 他の分離可能接頭語に優先して, 可能な最小位置番号を与える.
　P-14.4 参照)

1-(2-カルボキシ-2-オキソエチル)-4-ヒドロキシシクロヘキサ-2,5-ジエン-1-カルボン酸 **PIN**
1-(2-carboxy-2-oxoethyl)-4-hydroxycyclohexa-2,5-diene-1-carboxylic acid **PIN**
1-カルボキシ-4-ヒドロキシ-α-オキソシクロヘキサ-2,5-ジエンプロパン酸
1-carboxy-4-hydroxy-α-oxocyclohexa-2,5-dienepropanoic acid　(接合名, P-15.6 参照)

HOOC-CH=CH-C=CH-C-CH₂-COOH (positions 1 2 3 4 5 6 7 8, OH on C4, O on C6)

4-ヒドロキシ-6-オキソオクタ-2,4-ジエン二酸 **PIN**
4-hydroxy-6-oxoocta-2,4-dienedioic acid **PIN**
　(5-ヒドロキシ-3-オキソオクタ-4,6-ジエン二酸
　5-hydroxy-3-oxoocta-4,6-dienedioic acid ではない.
　番号付けにおいて, 不飽和は分離可能接頭語に優先する)

HOOC-CH₂ (2')　　CH₂-COOH (2‴)
HOOC-CH₂-N-CH₂-CH₂-N-CH₂-COOH (2 and 2″)

2,2′,2″,2‴-(エタン-1,2-ジイルジニトリロ)四酢酸
2,2′,2″,2‴-(ethane-1,2-diyldinitrilo)tetraacetic acid
　(P-15.3.2.1 参照)
N,N′-エタン-1,2-ジイルビス[N-(カルボキシメチル)グリシン]
N,N′-ethane-1,2-diylbis[N-(carboxymethyl)glycine]

HO-CH₂-CH₂　　　CH₂-COOH
HOOC-CH₂-N-CH₂-CH₂-N-CH₂-COOH (N′)

N-(カルボキシメチル)-N′-(2-ヒドロキシエチル)-N,N′-エタン-1,2-ジイルジグリシン
N-(carboxymethyl)-N′-(2-hydroxyethyl)-N,N′-ethane-1,2-diyldiglycine
2,2′-({2-[(カルボキシメチル)(2-ヒドロキシエチル)アミノ]エチル}アザンジイル)二酢酸
2,2′-({2-[(carboxymethyl)(2-hydroxyethyl)amino]ethyl}azanediyl)diacetic acid

P-65　酸，酸ハロゲン化物，酸擬ハロゲン化物，塩，エステルおよび酸無水物　　　　533

P-65.1.3　カルボキシイミド酸，カルボヒドラゾン酸，カルボヒドロキシム酸およびカルボヒドロキサム酸

P-65.1.3.1　カルボキシイミド酸

P-65.1.3.1.1　置換命名法，接尾語方式　　カルボキシ基のカルボニル酸素原子が =NH によって置き換えられた酸の名称は，官能基置換命名法を用い，保存名をもつ酸の語尾 ic acid または oic acid を挿入語 イミド imid(o) により修飾してつくる．体系名をもつ酸については，その接尾語 酸 oic acid または カルボン酸 carboxylic acid をイミド酸 imidic acid または カルボキシイミド酸 carboximidic acid にかえることによりつくる．

イミド酸の優先名は，置換命名法により体系的に命名したカルボン酸の PIN に由来する名称である．

> ギ酸，酢酸，安息香酸およびシュウ酸のイミド酸について置換命名法による体系名を用いることとなったのは，本勧告における変更である．

例：　HC(=NH)-OH

メタンイミド酸 **PIN**　methanimidic acid **PIN**
ホルムイミド酸　formimidic acid

CH₃-C(=NH)-OH

エタンイミド酸 **PIN**　ethanimidic acid **PIN**
アセトイミド酸　acetimidic acid

C₆H₅-C(=NH)-OH

ベンゼンカルボキシイミド酸 **PIN**　benzenecarboximidic acid **PIN**
ベンズイミド酸　benzimidic acid

$\overset{4}{\text{CH}_3}\text{-}\overset{3}{\text{CH}_2}\text{-}\overset{2}{\text{CH}_2}\text{-}\overset{1}{\text{C}}\text{(=NH)-OH}$

ブタンイミド酸 **PIN**　butanimidic acid **PIN**
ブチルイミド酸　butyrimidic acid

$\text{HO-}\overset{4}{\text{C}}\text{(=NH)-}\overset{3}{\text{CH}_2}\text{-}\overset{2}{\text{CH}_2}\text{-}\overset{1}{\text{C}}\text{(=NH)-OH}$

ブタンジイミド酸 **PIN**　butanediimidic acid **PIN**
スクシンイミド酸　succinimidic acid

HO-C(=NH)-C(=NH)-OH

エタンジイミド酸 **PIN**　ethanediimidic acid **PIN**
オキサルイミド酸　oxalimidic acid

シクロヘキサンカルボキシイミド酸 **PIN**
cyclohexanecarboximidic acid **PIN**

ベンゼン-1,2-ジカルボキシイミド酸 **PIN**
benzene-1,2-dicarboximidic acid **PIN**
フタルイミド酸　phthalimidic acid

P-65.1.3.1.2　置換命名法，接頭語方式　　主基としての記載すべき上位の基が別に存在する場合は，以下の接頭語を用いる．

(1) アシル基 −C(=NH)-OH を示すために用いる複合接頭語 *C*-ヒドロキシカルボノイミドイル *C*-hydroxy-carbonimidoyl は，カルボノイミド酸 carbonimidic acid に由来する単純な接頭語である カルボノイミドイル carbonimidoyl −C(=NH)− に基づき連結法によりつくる(P-65.2.1.5 参照)．

(2) 炭素鎖の末端にある場合，PIN では複合接頭語 *C*-ヒドロキシカルボノイミドイル *C*-hydroxycarbonimidoyl は用いず，単純な接頭語 ヒドロキシ hydroxy と イミノ imino を組合わせて用いる．

　　　　注記 1：イタリック体文字 *C* は，*N*-ヒドロキシ置換との混同を避けるために使用する．
　　　　注記 2：−C(=NH)-OH に対する名称 カルボノヒドロキシモイル carbonohydroximoyl は，PIN をつくるためには使わない．

534   P-6 個々の化合物種類に対する適用

例：

COOH
（シクロペンタン環に1位のCOOH、2位のC(=NH)-OH）

(1) 2-(*C*-ヒドロキシカルボノイミドイル)シクロペンタン-1-カルボン酸 **PIN**
2-(*C*-hydroxycarbonimidoyl)cyclopentane-1-carboxylic acid **PIN**

HOOC-（ベンゼン環 1位、4位）-C(=NH)-OH

(1) 4-(*C*-ヒドロキシカルボノイミドイル)安息香酸 **PIN**
4-(*C*-hydroxycarbonimidoyl)benzoic acid **PIN**

$\overset{4}{HO}$-C(=NH)-$\overset{3}{CH_2}$-$\overset{2}{CH_2}$-$\overset{1}{COOH}$

(2) 4-ヒドロキシ-4-イミノブタン酸 **PIN**
4-hydroxy-4-iminobutanoic acid **PIN**

(1) 3-(*C*-ヒドロキシカルボノイミドイル)プロパン酸
3-(*C*-hydroxycarbonimidoyl)propanoic acid

$\overset{SH}{|}$
CH₃C=N-O-NH-CH₂-S-NH-CH₂-CHO

N-{[({[(2-オキソエチル)アミノ]スルファニル}メチル)アミノ]オキシ}エタンイミドチオ酸 **PIN**
N-{[({[(2-oxoethyl)amino]sulfanyl}methyl)amino]oxy}ethanimidothioic acid **PIN**
（P-65.1.5.2 参照）

P-65.1.3.2 カルボヒドラゾン酸

P-65.1.3.2.1 置換命名法, 接尾語方式　カルボキシ基のカルボニル酸素原子が =NNH₂ によって置き換えられた酸の名称は，保存名をもつ酸については，官能基代置換命名法を用いてその語尾 ic acid または oic acid を挿入語 ヒドラゾノ hydrazon(o) により修飾してつくる．体系名をもつ酸については，その接尾語 酸 oic acid または カルボン酸 carboxylic acid を ヒドラゾン酸 hydrazonic acid または カルボヒドラゾン酸 carbohydrazonic acid に変更することによりつくる．

ヒドラゾン酸の優先名は，置換命名法により体系的に命名したカルボン酸の PIN に由来する名称である．

> ギ酸，酢酸，安息香酸およびシュウ酸のヒドラゾン酸について，体系的な置換命名法による名称を用いることとなったのは，本勧告における変更である．

例：HC(=N-NH₂)-OH

メタンヒドラゾン酸 **PIN** methanehydrazonic acid **PIN**
ホルモヒドラゾン酸　formohydrazonic acid

CH₃-C(=N-NH₂)-OH

エタンヒドラゾン酸 **PIN** ethanehydrazonic acid **PIN**
アセトヒドラゾン酸　acetohydrazonic acid

C₆H₅-C(=N-NH₂)-OH

ベンゼンカルボヒドラゾン酸 **PIN**
benzenecarbohydrazonic acid **PIN**
ベンゾヒドラゾン酸　benzohydrazonic acid

$\overset{4}{CH_3}$-$\overset{3}{CH_2}$-$\overset{2}{CH_2}$-$\overset{1}{C}$(=N-NH₂)-OH

ブタンヒドラゾン酸 **PIN** butanehydrazonic acid **PIN**
ブチロヒドラゾン酸　butyrohydrazonic acid

$\overset{4}{HO}$-C(=N-NH₂)-$\overset{3}{CH_2}$-$\overset{2}{CH_2}$-$\overset{1}{C}$(=N-NH₂)-OH

ブタンジヒドラゾン酸 **PIN** butanedihydrazonic acid **PIN**
スクシノヒドラゾン酸　succinohydrazonic acid

HO-C(=N-NH₂)-C(=N-NH₂)-OH

エタンジヒドラゾン酸 **PIN** ethanedihydrazonic acid **PIN**
オキサロヒドラゾン酸　oxalohydrazonic acid

（シクロヘキサン環に C(=N-NH₂)-OH 置換基）

シクロヘキサンカルボヒドラゾン酸 **PIN**
cyclohexanecarbohydrazonic acid **PIN**

P-65 酸，酸ハロゲン化物，酸擬ハロゲン化物，塩，エステルおよび酸無水物　　　535

$C(=NNH_2)-OH$ (position 1)
$C(=NNH_2)-OH$ (position 2)

ベンゼン-1,2-ジカルボヒドラゾン酸 **PIN**
benzene-1,2-dicarbohydrazonic acid **PIN**
フタロヒドラゾン酸　phthalohydrazonic acid

P-65.1.3.2.2　置換命名法，接頭語方式　　　主基としての記載すべき上位の基が別に存在する場合は，以下の接頭語を用いる．

(1) アシル基 −$C(=N-NH_2)$-OH を示すために用いる複合接頭語 *C*-ヒドロキシカルボノヒドラゾノイル *C*-hydroxycarbonohydrazonoyl は，カルボノヒドラゾン酸 carbonohydrazonic acid に由来する単純な接頭語である カルボノヒドラゾノイル carbonohydrazonoyl −$C(=N-NH_2)$− に基づき連結法によりつくる（P-65.2.1.5 参照）．置換名 ヒドラジニリデン(ヒドロキシ)メチル hydrazinylidene(hydroxy)methyl は，GIN においては使用してもよい．

(2) 炭素鎖の末端にある場合，PIN では，複合接頭語 *C*-ヒドロキシカルボノヒドラゾノイル *C*-hydroxycarbonohydrazonoyl または ヒドラジニリデン(ヒドロキシ)メチル hydrazinylidene(hydroxy)methyl は用いず，単純な接頭語 ヒドロキシ hydroxy と ヒドラジニリデン hydrazinylidene を組合わせて用いる．

　　　注記：イタリック体文字 *C* は，*N*-ヒドロキシ置換との混同を避けるために使用する．

例：

COOH (position 1)
$C(=N-NH_2)$-OH (position 2)

(1) 2-(*C*-ヒドロキシカルボノヒドラゾノイル)シクロペンタン-1-カルボン酸 **PIN**
2-(*C*-hydroxycarbonohydrazonoyl)cyclopentane-1-carboxylic acid **PIN**

HOOC (position 1) — (position 4) $C(=N-NH_2)$-OH

(1) 4-(*C*-ヒドロキシカルボノヒドラゾノイル)安息香酸 **PIN**
4-(*C*-hydroxycarbonohydrazonoyl)benzoic acid **PIN**

$\overset{5}{\text{HO}}-C(=N-NH_2)-\overset{4}{\text{CH}_2}-\overset{3}{\text{CH}_2}-\overset{2}{\text{CH}_2}-\overset{1}{\text{COOH}}$

(2) 5-ヒドラジニリデン-5-ヒドロキシペンタン酸 **PIN**
5-hydrazinylidene-5-hydroxypentanoic acid **PIN**

(1) 4-(*C*-ヒドロキシカルボノヒドラゾノイル)ブタン酸
4-(*C*-hydroxycarbonohydrazonoyl)butanoic acid

P-65.1.3.3　カルボヒドロキシム酸

P-65.1.3.3.1　置換命名法，接尾語方式　　　カルボキシ基のカルボニル酸素原子が =N-OH で置き換えられた酸は，P-65.1.3.1 で述べたように命名されるイミド酸の *N*-ヒドロキシ誘導体として命名する．この方法は，PIN をつくるために用いる．

　　注記：以下に示す従来の方法は，PIN をつくるためには使用できない．

(1) 酸の保存名の語尾 ic acid または oic acid を ヒドロキシム酸 hydroximic acid に換えてつくる．発音上の理由で h と先行する子音の間には文字 o を加える．

(2) 母体水素化物名に ヒドロキシム酸 hydroximic acid または カルボヒドロキシム酸 carbohydroximic acid を付けてつくる．

536 P-6 個々の化合物種類に対する適用

GIN においては，このような以前の方法をまだ用いてもよい.

例: CH₃-C(=N-OH)-OH

N-ヒドロキシエタンイミド酸 PIN
N-hydroxyethanimidic acid PIN
アセトヒドロキシム酸　acetohydroximic acid

C₆H₅-C(=N-OH)-OH

N-ヒドロキシベンゼンカルボキシイミド酸 PIN
N-hydroxybenzenecarboximidic acid PIN
ベンゾヒドロキシム酸　benzohydroximic acid

$\overset{4}{\text{CH}_3}$-$\overset{3}{\text{CH}_2}$-$\overset{2}{\text{CH}_2}$-$\overset{1}{\text{C}}$(=N-OH)-OH

N-ヒドロキシブタンイミド酸 PIN
N-hydroxybutanimidic acid PIN
ブチロヒドロキシム酸　butyrohydroximic acid
ブタンヒドロキシム酸　butanehydroximic acid

$\overset{4}{\text{HO}}$-C(=$\overset{N^4}{\text{N}}$-OH)-$\overset{3}{\text{CH}_2}$-$\overset{2}{\text{CH}_2}$-$\overset{1}{\text{C}}$(=$\overset{N^1}{\text{N}}$-OH)-OH

N^1,N^4-ジヒドロキシブタンジイミド酸 PIN
N^1,N^4-dihydroxybutanediimidic acid PIN
スクシノヒドロキシム酸　succinohydroximic acid
ブタンジヒドロキシム酸　butanedihydroximic acid

N^2-ヒドロキシ-1H-ピロール-2-カルボキシイミド酸 PIN
N^2-hydroxy-1H-pyrrole-2-carboximidic acid PIN
ピロール-2-カルボヒドロキシム酸
pyrrole-2-carbohydroximic acid

N^1,N^4-ジヒドロキシベンゼン-1,4-ジカルボキシイミド酸 PIN
N^1,N^4-dihydroxybenzene-1,4-dicarboximidic acid PIN
テレフタロヒドロキシム酸　terephthalohydroximic acid

P-65.1.3.3.2　置換命名法，接頭語方式　　主基としての記載すべき上位の基が別に存在する場合は，以下の接頭語を用いる.

(1) 基 −C(=N-OH)-OH を示すための C,N-ジヒドロキシカルボノイミドイル C,N-dihydroxycarbonimidoyl を用いる.

(2) 炭素鎖の末端にある場合，PIN では，接頭語 ジヒドロキシカルボノイミドイル dihydroxycarbonimidoyl は用いず，接頭語 ヒドロキシ hydroxy と ヒドロキシイミノ hydroxyimino を組合わせて用いる.

例:

(1) 2-(C,N-ジヒドロキシカルボノイミドイル)シクロペンタン-1-カルボン酸 PIN
2-(C,N-dihydroxycarbonimidoyl)cyclopentane-1-carboxylic acid PIN

HOOC-$\overset{1}{\bigcirc}$-$\overset{4}{}$-C(=N-OH)-OH

(1) 4-(C,N-ジヒドロキシカルボノイミドイル)安息香酸 PIN
4-(C,N-dihydroxycarbonimidoyl)benzoic acid PIN

$\overset{5}{\text{HO}}$-C(=N-OH)-$\overset{4}{\text{CH}_2}$-$\overset{3}{\text{CH}_2}$-$\overset{2}{\text{CH}_2}$-$\overset{1}{\text{COOH}}$

(2) 5-ヒドロキシ-5-(ヒドロキシイミノ)ペンタン酸 PIN
5-hydroxy-5-(hydroxyimino)pentanoic acid PIN
(1) 4-(C,N-ジヒドロキシカルボノイミドイル)ブタン酸
4-(C,N-dihydroxycarbonimidoyl)butanoic acid

P-65　酸，酸ハロゲン化物，酸擬ハロゲン化物，塩，エステルおよび酸無水物　　　537

P-65.1.3.4　ヒドロキサム酸 hydroxamic acid は，一般構造 R-CO-NH-OH をもち N-ヒドロキシアミドと命名する（P-66.1.1.3.2 参照）．接尾語 ヒドロキサム酸 hydroxamic acid と カルボヒドロキサム酸 carbohydroxamic acid は，PIN には用いることができないが，GIN においてはひき続き用いてもよい．

例：
CH₃-CO-$\overset{N}{\text{N}}$H-OH
　　N-ヒドロキシアセトアミド **PIN**　　N-hydroxyacetamide **PIN**
　　アセトヒドロキサム酸　acetohydroxamic acid

CO-$\overset{N}{\text{N}}$H-OH（シクロヘキサン環）
　　N-ヒドロキシシクロヘキサンカルボキシアミド **PIN**
　　N-hydroxycyclohexanecarboxamide **PIN**
　　シクロヘキサンカルボヒドロキサム酸　cyclohexanecarbohydroxamic acid

P-65.1.4　ペルオキシカルボン酸

接尾語で表現される酸を官能基代置命名法によって修飾する一般的な方法は，修飾された接尾語を非修飾酸と同様の方法で用いることである．本勧告では接尾語は必ず挿入語で修飾するという大幅な変更と簡略化を推奨している．

P-65.1.4.1　ペルオキシカルボン酸 peroxycarboxylic acid は，以下の接尾語を用い体系的に命名する．

－(C)O-OOH　　ペルオキソ酸　peroxoic acid
－CO-OOH　　カルボペルオキソ酸　carboperoxoic acid

カルボン酸の保存名は，接頭語 ペルオキシ peroxy により修飾する．PIN は，カルボン酸の体系名の官能基代置によりつくる．

> ギ酸，酢酸，安息香酸，シュウ酸およびオキサミド酸のペルオキシカルボン酸について，体系的な置換命名法による名称を用いることとなったのは，本勧告における変更である．

例：HCO-OOH
　　メタンペルオキソ酸 **PIN**　methaneperoxoic acid **PIN**
　　ペルオキシギ酸　peroxyformic acid
　　（過ギ酸　performic acid ではない）

CH₃-CO-OOH
　　エタンペルオキソ酸 **PIN**　ethaneperoxoic acid **PIN**
　　ペルオキシ酢酸　peroxyacetic acid
　　（過酢酸　peracetic acid ではない）

$\overset{6}{\text{CH}_3}$-[CH₂]₄-$\overset{1}{\text{CO}}$-OOH　ヘキサンペルオキソ酸 **PIN**　hexaneperoxoic acid **PIN**

C₆H₅-CO-OOH
　　ベンゼンカルボペルオキソ酸 **PIN**　benzenecarboperoxoic acid **PIN**
　　ペルオキシ安息香酸　peroxybenzoic acid
　　（過安息香酸　perbenzoic acid ではない）

H₂N-CO-CO-OOH
　　アミノ(オキソ)エタンペルオキソ酸 **PIN**　amino(oxo)ethaneperoxoic acid **PIN**
　　ペルオキシオキサミド酸　peroxyoxamic acid

CO-OOH（シクロヘキサン環）
　　シクロヘキサンカルボペルオキソ酸 **PIN**　cyclohexanecarboperoxoic acid **PIN**

HOO-CO-CO-OOH
　　エタンジペルオキソ酸 **PIN**　ethanediperoxoic acid **PIN**
　　ジペルオキシシュウ酸　diperoxyoxalic acid

P-65.1.4.2　接尾語として記載すべき上位の基（化合物種類の優先順位については P-41 を参照）が別に存在

538   P-6 個々の化合物種類に対する適用

する場合は，以下の接頭語を使う．

(1) 置換基としてのアシル基 −C(O)-OOH は，単純な官能基代置接頭語 カルボノペルオキソイル carbono-peroxoyl または連結法を用い単純な アシル基 carbonyl，>C=O(P-65.2.1.5 参照)からつくった複合接頭語 ヒドロペルオキシカルボニル hydroperoxycarbonyl を用いて表す．下の(2)に記す場合を除き，PIN においては，接頭語 carbonoperoxoyl を用いる．

(2) 炭素鎖の末端にある場合は，PIN では，接頭語 ヒドロペルオキシカルボニル hydroperoxycarbonyl や カルボノペルオキソイル carbonoperoxoyl ではなく，単純な接頭語 ヒドロペルオキシ hydroperoxy と オキソ oxo を組合わせて用いる．

例：$\overset{6}{HOO-CO}-[CH_2]_4-\overset{1}{COOH}$

(2) 6-ヒドロペルオキシ-6-オキソヘキサン酸 **PIN**
6-hydroperoxy-6-oxohexanoic acid **PIN**

(1) 5-カルボノペルオキソイルペンタン酸
5-carbonoperoxoylpentanoic acid
5-(ヒドロペルオキシカルボニル)ペンタン酸
5-(hydroperoxycarbonyl)pentanoic acid

(1) 2-カルボノペルオキソイル安息香酸 **PIN**
2-carbonoperoxoylbenzoic acid **PIN**

(2) 2-(ヒドロペルオキシカルボニル)安息香酸
2-(hydroperoxycarbonyl)benzoic acid
モノペルオキシフタル酸　monoperoxyphthalic acid　(P-65.1.4.1 参照)

(1) 3-カルボノペルオキソイルピリジン-1-イウム=クロリド **PIN**
3-carbonoperoxoylpyridin-1-ium chloride **PIN**
3-(ヒドロペルオキシカルボニル)ピリジン-1-イウムクロリド
3-(hydroperoxycarbonyl)pyridin-1-ium chloride

P-65.1.5　カルボン酸のカルコゲン類縁体　　"日本語名称のつくり方"も参照

P-65.1.5.1　カルボン酸の体系名における官能基代置　　カルボキシ基の酸素原子を他のカルコゲン原子により置き換える場合は，接辞 チオ thio，セレノ seleno，テルロ telluro を用いて示す．これらの名称は，混合カルコゲン酸の互変異性体を区別していない．そのような非特異性は，以下のような構造で示すことができる．

$$-C\begin{bmatrix}O\\S\end{bmatrix}H \quad \text{または} \quad -C\{O/S\}H$$

名称においては，混合カルコゲンカルボン酸中の互変異性基(−CO-SH と −CS-OH，−S(O)-SH と −S(S)-OH など)は，それぞれ O または S のようなイタリック体元素記号を 酸 acid の語の前に置くことにより区別する．たとえば，−(C)O-SH に対しては チオ S-酸 thioic S-acid，−CS-OH に対しては カルボチオ O-酸 carbothioic O-acid とする．カルコゲン原子の正確な位置は酸においては未知であるか重要ではないので，通常，これらのイタリック体元素記号は省略する．そのようなイタリック体元素記号は，おもにエステルの命名に使う．

カルコゲン原子の位置が確定されない場合は，修飾されていない酸に対する接頭語，すなわち −COOH に対する カルボキシ carboxy を用い，−C{O/S}H に対する チオカルボキシ thiocarboxy のように官能基代置により接頭語を使って修飾する．さらに，あいまいとなる可能性を避けるためにこれを丸括弧に入れる．これらの接尾語の優先順位は，P-43 で詳しく記述している．

カルコゲン原子の位置が既知の場合には，鎖状化合物では，ヒドロキシ hydroxy および スルファニリデン sulfanylidene，または スルファニル sulfanyl と オキソ oxo などの接頭語を組合わせたものを用いる．環状化合物では，必要に応じて，[ヒドロキシ(カルボノチオイル)] [hydroxy(carbonothioyl)] および (スルファニルカルボニル) (sulfanylcarbonyl)などの複合接頭語を用いる(P-65.2.1.6 参照)．それらの複合接頭語は，炭酸に由来する

単純なアシル接頭語(P-65.2.1.5 参照)を用いて連結法によりつくる.

酸と官能基置換で修飾された酸の間の優先順位は，P-43 で説明し，表 4·3 に示した．接尾語として記載すべき未修飾の酸の存在下では，修飾された酸は接頭語として記載する.

例： CH₃-CH₂-CH₂-CH₂-CH₂-CS-OH   ヘキサンチオ O-酸 [PIN]   hexanethioic O-acid [PIN]

CH₃-CH₂-CH₂-CH₂-CH₂-C{S/Se}H   ヘキサンセレノチオ酸 [PIN]   hexaneselenothioic acid [PIN]

CH₃-CH₂-CH₂-CH₂-CH₂-CSe-SH   ヘキサンセレノチオ S-酸 [PIN]   hexaneselenothioic S-acid [PIN]

H{S,O}C-CH₂-CH₂-CH₂-CH₂-C{O/S}H   ヘキサンビス(チオ酸) [PIN]   hexanebis(thioic acid) [PIN]

HSSC-CH₂-CH₂-CH₂-CH₂-CS-SH   ヘキサンビス(ジチオ酸) [PIN]   hexanebis(dithioic acid) [PIN]

CH₃-CH₂-CH₂-CH₂-CH₂-C{O/Se}H   ヘキサンセレノ酸 [PIN]   hexaneselenoic acid [PIN]

H{S/O}C-CH₂-CH₂-C{O/S}H   ブタンビス(チオ酸) [PIN]   butanebis(thioic acid) [PIN]

ピペリジン-1-カルボジチオ酸 [PIN]
piperidine-1-carbodithioic acid [PIN]

シクロヘキサンカルボセレノチオ Se-酸 [PIN]
cyclohexanecarboselenothioic Se-acid [PIN]

H₃C-CS——COOH   4-(エタンチオイル)安息香酸 [PIN]
4-(ethanethioyl)benzoic acid [PIN]
4-(チオアセチル)安息香酸
4-(thioacetyl)benzoic acid

H{S/O}C-CH₂-CH₂-CH₂-CH₂-COOH   5-(チオカルボキシ)ペンタン酸 [PIN]
5-(thiocarboxy)pentanoic acid [PIN]

HS-CO-CH₂-CH₂-COOH   4-オキソ-4-スルファニルブタン酸 [PIN]
4-oxo-4-sulfanylbutanoic acid [PIN]
3-(スルファニルカルボニル)プロパン酸
3-(sulfanylcarbonyl)propanoic acid

HO-CS-CH₂-CH₂-COOH   4-ヒドロキシ-4-スルファニリデンブタン酸 [PIN]
4-hydroxy-4-sulfanylidenebutanoic acid [PIN]

HS-CO-COOH   オキソ(スルファニル)酢酸 [PIN]   oxo(sulfanyl)acetic acid [PIN]

4-(ヒドロキシカルボノチオイル)ピリジン-2-カルボン酸 [PIN]
4-(hydroxycarbonothioyl)pyridine-2-carboxylic acid [PIN]

4-(スルファニルカルボニル)ピリジン-2-カルボン酸 [PIN]
4-(sulfanylcarbonyl)pyridine-2-carboxylic acid [PIN]

CH₃-CH₂-C(=NH)-SH   プロパンイミドチオ酸 [PIN]   propanimidothioic acid [PIN]

CH₃-CH₂-CH₂-C(=NNH₂)-SeH   ブタンヒドラゾノセレノ酸 [PIN]
butanehydrazonoselenoic acid [PIN]

N-スルファニルシクロペンタンカルボキシイミド酸 [PIN]
N-sulfanylcyclopentanecarboximidic acid [PIN]

540 　　　　　　　　　　　P-6　個々の化合物種類に対する適用

$$CH_3\text{-}CH_2\text{-}S\text{-}C\text{=}CH\text{-}CS\text{-}SH$$ (with N-OH, C-SeH on cyclohexane)

N-ヒドロキシシクロヘキサンカルボキシイミドセレノ酸 [PIN]
N-hydroxycyclohexanecarboximidoselenoic acid [PIN]

$$\underset{3}{CH_3}\text{-}CH_2\text{-}S\text{-}\underset{}{\overset{NH_2}{\underset{}{C}}}\text{=}\underset{2}{CH}\text{-}\underset{1}{CS}\text{-}SH$$

3-アミノ-3-(エチルスルファニル)プロパ-2-エン(ジチオ酸) [PIN]
3-amino-3-(ethylsulfanyl)prop-2-ene(dithioic acid) [PIN]

P-65.1.5.2　カルボン酸の保存名における官能基代置　モノカルボン酸のカルコゲン類縁体の優先名は，ギ酸，酢酸，安息香酸の場合であっても，該当する母体水素化物名と接尾語 チオ酸 thioic acid，セレノ酸 selenoic acid，テルロ酸 telluroic acid または カルボチオ酸 carbothioic acid，カルボセレノ酸 carboselenoic acid，カルボテルロ酸 carbotelluroic acid を用いてつくる．

> モノカルボン酸であるギ酸，酢酸，安息香酸，シュウ酸およびオキサミド酸のカルコゲン類縁体について，体系的な置換命名法による名称を用いることとなったのは，本勧告における変更である．

　保存名をもつモノカルボン酸のカルコゲン類縁体は，酸の名称の前に接頭語 チオ thio，セレノ seleno またはテルロ telluro を置くことによっても命名できる．この名称は GIN である．
　モノカルボン酸のカルコゲン類縁体は体系的に命名する．ジカルボン酸の保存名はカルコゲン類縁体の命名には使えない．
　記号 *O, S, Se* および *Te* は，P-65.1.5.1 に示したように，酸の構造を特定するために用いる("日本語名称のつくり方"も参照)．

例：CH₃-CS-OH
　　　エタンチオ *O*-酸 [PIN]　ethanethioic *O*-acid [PIN]
　　　O-チオ酢酸　thioacetic *O*-acid

C₆H₅-C{O/Se}H
　　　ベンゼンカルボセレノ酸 [PIN]　benzenecarboselenoic acid [PIN]
　　　セレノ安息香酸　selenobenzoic acid

HCO-SH
　　　メタンチオ *S*-酸 [PIN]　methanethioic *S*-acid [PIN]
　　　S-チオギ酸　thioformic *S*-acid

H₂N-CO-CO-C{S/O}H
　　　3-アミノ-2,3-ジオキソプロパンチオ酸 [PIN]
　　　3-amino-2,3-dioxopropanethioic acid [PIN]

$$\underset{4}{H}\{S/O\}C\text{-}CH_2\text{-}\underset{3}{CH_2}\text{-}\underset{2}{CH_2}\text{-}\underset{1}{COOH}$$
　　　4-(チオカルボキシ)ブタン酸 [PIN]　4-(thiocarboxy)butanoic acid [PIN]
　　　（チオグルタル酸 thioglutaric acid ではない）

$$\underset{4}{HS}\text{-}CO\text{-}\underset{3}{CH_2}\text{-}\underset{2}{CH_2}\text{-}\underset{1}{COOH}$$
　　　4-オキソ-4-スルファニルブタン酸 [PIN]
　　　4-oxo-4-sulfanylbutanoic acid [PIN]
　　　（チオコハク酸 thiosuccinic acid ではない）

H{S/O}C-COOH
　　　(チオカルボキシ)ギ酸 [PIN]　(thiocarboxy)formic acid [PIN]
　　　（P-65.1.8.2 参照）

HO-CS-COOH
　　　ヒドロキシ(スルファニリデン)酢酸 [PIN]
　　　hydroxy(sulfanylidene)acetic acid [PIN]

(benzene ring with 1-C{O/S}H and 2-C{O/S}H substituents)
　　　ベンゼン-1,2-ジカルボチオ酸 [PIN]
　　　benzene-1,2-dicarbothioic acid [PIN]
　　　（1,2-ジチオフタル酸 1,2-dithiophthalic acid ではない）

P-65 酸，酸ハロゲン化物，酸擬ハロゲン化物，塩，エステルおよび酸無水物　　541

2-(チオカルボキシ)ベンゼン-1-カルボチオ S-酸 [PIN]
2-(thiocarboxy)benzene-1-carbothioic S-acid [PIN]
　　(1,2-ジチオフタル S-酸　1,2-dithiophthalic S-acid ではない)

4-(セラニルカルボニル)安息香酸 [PIN]
4-(selanylcarbonyl)benzoic acid [PIN]
　　(セレノテレフタル Se-酸　selenoterephthalic Se-acid ではない)

ベンゼン-1,2-ジカルボジチオ酸 [PIN]
benzene-1,2-dicarbodithioic acid [PIN]
　　(テトラチオフタル酸　tetrathiophthalic acid ではない)

エタンビス(ジチオ酸) [PIN]　ethanebis(dithioic acid) [PIN]
　　(テトラチオシュウ酸　tetrathiooxalic acid ではない)

P-65.1.5.3　ペルオキシカルボン酸における官能基代置　　ペルオキシ酸の接尾語は，官能基代置命名法を用いて，S, Se, Te により修飾することができる．構造上の特性を示すため，必要に応じ，イタリック体位置記号を acid の語の前に付ける(より多くの官能基代置により修飾された接尾語とその優先順位については，表4・3を参照のこと)．ギ酸，酢酸，安息香酸の誘導体の場合も含め，優先名はいずれも適切な接尾語と母体水素化物を用いて組立てる．

> ギ酸，酢酸，安息香酸およびシュウ酸のペルオキシカルボン酸のカルコゲン類縁体について，体系的な置換命名法による名称を用いることとなったのは，本勧告における変更である．

例：　−(C)O-OSH　　(チオペルオキソ)OS-酸 [優先接尾]
　　　　　　　　　　(thioperoxoic) OS-acid [優先接尾]

　　　−(C)Se-SSH　(ジチオペルオキソ)セレノ酸 [優先接尾]
　　　　　　　　　　(dithioperoxo)selenoic acid [優先接尾]

　　　−CO-SOH　　カルボ(チオペルオキソ)SO-酸 [優先接尾]
　　　　　　　　　　carbo(thioperoxoic) SO-acid [優先接尾]

　　　−CS-OOH　　カルボペルオキソチオ酸 [優先接尾]
　　　　　　　　　　carboperoxothioic acid [優先接尾]

　　　−COS₂H　　　ジチオカルボペルオキソ酸 [優先接尾]
　　　　　　　　　　dithiocarboperoxoic acid [優先接尾]
　　　　　　　　　(硫黄原子の位置は未詳)

推奨接尾語およびその優先順位は，P-43 に詳述している．

例：　CH₃-CO-OSH　　エタン(チオペルオキソ)OS-酸 [PIN]　ethane(thioperoxoic) OS-acid [PIN]
　　　　　　　　　　(OS-ペルオキシチオ酢酸　peroxythioacetic OS-acid ではない)

　　　C₆H₅-CO-SOH　ベンゼンカルボ(チオペルオキソ)SO-酸 [PIN]
　　　　　　　　　　benzenecarbo(thioperoxoic) SO-acid [PIN]
　　　　　　　　　　(SO-ペルオキソチオ安息香酸　peroxothiobenzoic SO-acid ではない)

ナフタレン-2-カルボペルオキソチオ酸 [PIN]
naphthalene-2-carboperoxothioic acid [PIN]
　　(ペルオキシチオ-2-ナフトエ酸　peroxythio-2-naphthoic acid ではない)

鎖状母体水素化物の末端では，スルファニルオキシ sulfanyloxy とオキソ oxo，ヒドロキシスルファニル hydroxysulfanyl とスルファニリデン sulfanylidene などの複合接頭語を用いて PIN をつくる．

542 　　　　　　　　P-6 　個々の化合物種類に対する適用

炭酸とその関連酸に由来する単純なアシル基(P-65.2.1.5 参照)をもとに連結法でつくった該当する接頭語も，PIN において用いる．チオペルオキシ thioperoxy 基の構造を特定するために *SO*, *OS* などの文字位置番号が必要である(P-63.4.2.2 も参照).

官能基代置換命名法に由来する接頭語は，チオペルオキシ thioperoxy 基の正確な構造を明確に記述する認められている方法がないため，用途は限られている.

例:
$\overset{4}{\text{HS}}\text{-O-}\overset{3}{\text{CS}}\text{-}\overset{2}{\text{CH}_2}\text{-}\overset{1}{\text{CH}_2}\text{-COOH}$

4-スルファニリデン-4-(スルファニルオキシ)ブタン酸 **PIN**
4-sulfanylidene-4-(sulfanyloxy)butanoic acid **PIN**
3-[(*SO*-チオヒドロペルオキシ)カルボノチオイル]プロパン酸
3-[(*SO*-thiohydroperoxy)carbonothioyl]propanoic acid 　(P-63.4.2.2 参照)
〔3-カルボノ(チオペルオキソ)チオイルプロパン酸
3-carbono(thioperoxo)thioylpropanoic acid ではない.
曖昧な名称である.〕

$\text{HOS}_2\overset{3}{\text{C}}\text{-}\overset{2}{\text{CH}_2}\text{-}\overset{1}{\text{CH}_2}\text{-COOH}$

3-(ジチオカルボノペルオキソイル)プロパン酸 **PIN**
3-(dithiocarbonoperoxoyl)propanoic acid **PIN**
　(硫黄原子の位置は未詳)

$\text{HOS}_2\text{C-COOH}$

(ジチオカルボノペルオキソイル)ギ酸 **PIN**
(dithiocarbonoperoxoyl)formic acid **PIN**
　(硫黄原子の位置は未詳)

HOS-CO-COOH

(ヒドロキシスルファニル)オキソ酢酸 **PIN**
(hydroxysulfanyl)oxoacetic acid **PIN**

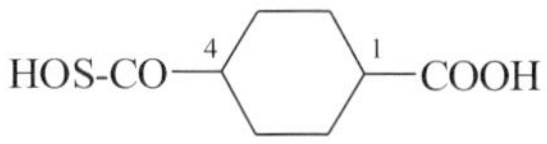

$\text{HOS-CO-}\overset{4}{}\bigcirc\overset{1}{}\text{-COOH}$

4-[(ヒドロキシスルファニル)カルボニル]シクロヘキサン-
　　　　　　　　　　　　　　　　　　　　1-カルボン酸 **PIN**
4-[(hydroxysulfanyl)carbonyl]cyclohexane-1-carboxylic acid **PIN**
4-[(*OS*-チオヒドロペルオキシ)カルボニル]シクロヘキサンカルボン酸
4-[(*OS*-thiohydroperoxy)carbonyl]cyclohexanecarboxylic acid

P-65.1.6 　アミド酸，アニリド酸およびアルデヒド酸

アミド酸 amic acid は，カルボキシ基 −COOH とカルボキシアミド基 −CONH₂ の両方をもつ化合物である．同様に，アニリド酸 anilic acid およびアルデヒド酸 aldehydic acid は，それぞれカルボキシ基に加えてカルボキシアニリド基 −CO-NH-C₆H₅ またはホルミル基 −CHO をもっている．語尾 アミド酸 amic acid，アニリド酸 anilic acid，アルデヒド酸 aldehydic acid は，保存名をもつ修飾されたジカルボン酸を GIN で命名するためにのみ使うことができる．PIN はいずれも，酸の優先名と該当する接頭語を用いて，体系的に組立てる.

P-65.1.6.1 　アミド酸 　ジカルボン酸が保存名(P-65.1.1 参照)をもち，そのカルボキシ基の一つがカルボキシアミド基 −CO-NH₂ によって置き換えられているとき，その構造はアミド酸とよばれ，GIN においては，ジカルボン酸名の語尾 ic acid を語尾 amic acid で置き換えて命名できる．シュウ酸の場合は特別である．シュウ酸自身には置換は許されないが，誘導体であるオキサミド酸には認められる．ただし，位置番号 *N* は不要である．名称 オキサミド酸 oxamic acid(オキサルアミド酸 oxalamic acid の略称)は，H₂N-CO-COOH に対する保存名であり，PIN である.

アミド酸を体系的に命名するときは，接頭語 カルバモイル carbamoyl がアミノカルボニル aminocarbonyl に優先する．PIN において鎖状母体水素化物の末端の −CO-NH₂ を表すときは，接頭語 アミノ amino とオキソ oxo の組合わせを用いる.

例:

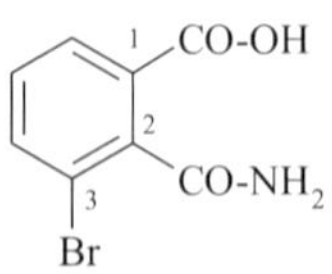

3-ブロモ-2-カルバモイル安息香酸 **PIN**
3-bromo-2-carbamoylbenzoic acid **PIN**
2-(アミノカルボニル)-3-ブロモ安息香酸
2-(aminocarbonyl)-3-bromobenzoic acid

P-65 酸，酸ハロゲン化物，酸擬ハロゲン化物，塩，エステルおよび酸無水物 543

$$HOOC-\overset{1}{\bigcirc}-\overset{4}{\underset{}{}}CO-\overset{N}{N}(CH_3)_2$$

　　　4-(ジメチルカルバモイル)安息香酸 **PIN**　4-(dimethylcarbamoyl)benzoic acid **PIN**
　　　4-[(ジメチルアミノ)カルボニル]安息香酸　4-[(dimethylamino)carbonyl]benzoic acid
　　　N,N-ジメチルテレフタルアミド酸　*N,N*-dimethylterephthalamic acid

$$H_2\overset{4}{N}-CO-\overset{3}{C}H_2-\overset{2}{C}H_2-\overset{1}{C}OOH$$

　　　4-アミノ-4-オキソブタン酸 **PIN**　4-amino-4-oxobutanoic acid **PIN**
　　　3-カルバモイルプロパン酸　3-carbamoylpropanoic acid
　　　3-(アミノカルボニル)プロパン酸　3-(aminocarbonyl)propanoic acid
　　　スクシンアミド酸　succinamic acid

$$H_2N-CO-COOH$$

　　　オキサミド酸 **PIN**　oxamic acid **PIN**　（保存名）
　　　（オキサルアミド酸 oxalamic acid ではない）

P-65.1.6.2　アニリド酸　　アミド酸の *N*-フェニル誘導体はアニリド酸とよばれ，GIN においては，語尾 アミド酸 amic acid をアニリド酸 anilic acid にかえることにより命名する．母体酸では置換がまったく認められない場合でも，窒素原子上の置換は位置番号 *N* で示すことができる．アニリド酸は *N*-置換アミド酸としても命名できる．*N*-フェニル環上の置換に関する位置番号は，プライム付きの数字で示す．

　鎖状母体水素化物の末端にある −CO-NH-C$_6$H$_5$ を表すためには，接頭語 アニリノ anilino と オキソ oxo の組合わせを用い，この操作でできる名称は PIN である．

例：$$C_6H_5-\overset{5}{N}H-\overset{4}{C}O-\overset{3}{C}H_2-\overset{2}{C}H_2-\overset{1}{C}H_2-COOH$$

　　　5-アニリノ-5-オキソペンタン酸 **PIN**　5-anilino-5-oxopentanoic acid **PIN**
　　　5-オキソ-5-(フェニルアミノ)ペンタン酸　5-oxo-5-(phenylamino)pentanoic acid
　　　4-(フェニルカルバモイル)ブタン酸　4-(phenylcarbamoyl)butanoic acid
　　　N-フェニルグルタルアミド酸　*N*-phenylglutaramic acid
　　　グルタルアニリド酸　glutaranilic acid

$$C_6H_5-NH-CO-COOH$$

　　　アニリノ(オキソ)酢酸 **PIN**　anilino(oxo)acetic acid **PIN**
　　　オキサルアニリド酸　oxalanilic acid

$$\underset{2}{\overset{1}{\bigcirc}}\overset{CO-OH}{\underset{CO-\overset{N}{N}H-\bigcirc-NO_2}{}}$$

　　　2-[(4-ニトロフェニル)カルバモイル]安息香酸 **PIN**
　　　2-[(4-nitrophenyl)carbamoyl]benzoic acid **PIN**
　　　N-(4-ニトロフェニル)フタルアミド酸　*N*-(4-nitrophenyl)phthalamic acid
　　　4′-ニトロフタルアニリド酸　4′-nitrophthalanilic acid

P-65.1.6.3　アルデヒド酸　　保存名(P-65.1.1 参照)をもつジカルボン酸のカルボキシ基の一つをホルミル基(P-65.1.7.2.1 参照)により置き換えて得られる構造はアルデヒド酸 aldehydic acid とよばれ，GIN においては，ジカルボン酸名の語尾 ic acid を語尾 aldehydic acid で置き換えることにより命名できる．すべてのジカルボン酸に由来するアルデヒド酸の PIN は，体系的につくる．鎖状母体水素化物の末端の −CHO 基は接頭語 オキソ oxo で表すが，それ以外の PIN では，接頭語 ホルミル formyl を用いる．

544 P-6 個々の化合物種類に対する適用

例:

HOOC—⟨benzene ring with positions 1 and 4⟩—CHO

4-ホルミル安息香酸 **PIN** 4-formylbenzoic acid **PIN**
テレフタルアルデヒド酸 terephthalaldehydic acid

$\overset{4}{O}HC-\overset{3}{C}H_2-\overset{2}{C}H_2-\overset{1}{C}OOH$

4-オキソブタン酸 **PIN** 4-oxobutanoic acid **PIN**
3-ホルミルプロパン酸 3-formylpropanoic acid
スクシンアルデヒド酸 succinaldehydic acid

OCH-CO-OH

オキソ酢酸 **PIN** oxoacetic acid **PIN**
オキサルアルデヒド酸 oxalaldehydic acid
(グリオキシル酸 glyoxylic acid ではない)

P-65.1.7 カルボン酸および関連酸に由来するアシル基

P-65.1.7.1 定義と名称のつくり方	P-65.1.7.4 体系的に命名するカルボン酸
P-65.1.7.2 PIN の保存名をもつカルボン酸	に由来するアシル基
に由来するアシル基	P-65.1.7.5 混合アシル基
P-65.1.7.3 GIN においてのみ保存名となる	
カルボン酸に由来するアシル基	

P-65.1.7.1 定義と名称のつくり方 カルボアシル carboacyl 基は，R-CO−，−OC-R-CO− または −OC-R-[R′-CO−]$_x$-R″-CO− 基(R，R′，R″は鎖または環)およびその官能基代置類縁体である．カルボン酸から各カルボキシ基のヒドロキシ基を除去することにより得られ，x は 1，2，3 などである．

カルボアシル基およびその官能基代置類縁体に対する体系名は，以下の項に示す．CH$_3$-CH$_2$-CO− に対する 1-オキソプロピル 1-oxopropyl，および CH$_3$-C(=NH)− に対する 1-イミノエチル 1-iminoethyl などの鎖状アシル基の複合置換名は，GIN では使用できる．

P-65.1.7.2 PIN の保存名をもつカルボン酸に由来するアシル基(カルボアシル基) 接尾語 oic acid または ic acid により示されるカルボン酸，あるいは慣用名をもつカルボン酸(P-65.1.1.1 参照)とその官能基代置類縁体から，−OH 基を除去することによって得られる一価または二価のカルボアシル基の名称は，相当する酸の名称の語尾 oic acid または ic acid を oyl または yl にかえることにより得られる．かなり以前に提案された，すべてのアシル基接頭語の語尾を oyl にするという一般規則は，あまりよく守られてきていない．本勧告では，この規則をしっかりと守ってはいるが，いくつかの伝統的な例外は残している．

接尾語 carboxylic acid を用いて命名される酸に由来するカルボアシル基は，接尾語 carboxylic acid を carbonyl にかえることにより命名する．官能基代置類縁体に由来するアシル基は，接尾語 カルボチオ酸 carbothioic acid を カルボチオイル carbothioyl にかえることにより命名する(セレン類縁体，テルル類縁体についても同様である)．カルボキシイミド酸 carboximidic acid は カルボキシイミドイル carboximidoyl に，カルボヒドラゾン酸 carbohydrazonic acid は カルボヒドラゾノイル carbohydrazonoyl に，カルボヒドロキシム酸 carbohydroximic acid は カルボヒドロキシモイル carbohydroximoyl にかえる．

P-65.1.7.2.1 PIN の保存名(P-65.1.1.1 参照)をもつカルボン酸に由来するアシル基.

例: CH$_3$-CO− アセチル 優先接頭 acetyl 優先接頭
エタノイル ethanoyl
1-オキソエチル 1-oxoethyl

HCO− ホルミル 優先接頭 formyl 優先接頭
メタノイル methanoyl
オキソメチル oxomethyl

P-65　酸，酸ハロゲン化物，酸擬ハロゲン化物，塩，エステルおよび酸無水物　　　545

C₆H₅-CO–　　　ベンゾイル 優先接頭　benzoyl 優先接頭
　　　　　　　　ベンゼンカルボニル　benzenecarbonyl
　　　　　　　　オキソ(フェニル)メチル　oxo(phenyl)methyl

–CO-CO–　　　　オキサリル 優先接頭　oxalyl 優先接頭
　　　　　　　　エタンジオイル　ethanedioyl
　　　　　　　　ジオキソエタンジイル　dioxoethanediyl

HO-CO-CO–　　　オキサロ 優先接頭　oxalo 優先接頭
　　　　　　　　カルボキシカルボニル　carboxycarbonyl
　　　　　　　　〔カルボキシホルミル　carboxyformyl ではない．
　　　　　　　　ヒドロキシ(オキソ)アセチル　hydroxy(oxo)acetyl ではない〕

P-65.1.7.2.2　　　P-65.1.3 で述べたカルボキシイミド酸，カルボヒドラゾン酸，カルボヒドロキシム酸およびカルボヒドロキサム酸に対応するアシル基．

> ギ酸，酢酸，安息香酸およびシュウ酸のイミド酸，ヒドラゾン酸，ヒドロキシム酸およびヒドロキサム酸について，体系的に誘導されるアシル基を用いることとなったのは，本勧告における変更である．

例：CH₃-C(=NH)–　　　エタンイミドイル 優先接頭　ethanimidoyl 優先接頭
　　　　　　　　　　アセトイミドイル　acetimidoyl
　　　　　　　　　　1-イミノエチル　1-iminoethyl

　　HC(=NH)–　　　　メタンイミドイル 優先接頭　methanimidoyl 優先接頭
　　　　　　　　　　ホルムイミドイル　formimidoyl
　　　　　　　　　　イミノメチル　iminomethyl

　　C₆H₅-C(=NH)–　　ベンゼンカルボキシイミドイル 優先接頭　benzenecarboximidoyl 優先接頭
　　　　　　　　　　ベンズイミドイル　benzimidoyl
　　　　　　　　　　イミノ(フェニル)メチル　imino(phenyl)methyl

　　–C(=NH)-C(=NH)–　エタンジイミドイル 優先接頭　ethanediimidoyl 優先接頭
　　　　　　　　　　オキサルイミドイル　oxalimidoyl
　　　　　　　　　　ジイミノエタンジイル　diiminoethanediyl

　　HC(=NNH₂)–　　　メタンヒドラゾノイル 優先接頭　methanehydrazonoyl 優先接頭
　　　　　　　　　　ホルモヒドラゾノイル　formohydrazonoyl
　　　　　　　　　　ヒドラジニリデンメチル　hydrazinylidenemethyl

　　CH₃-C(=NNH₂)–　エタンヒドラゾノイル 優先接頭　ethanehydrazonoyl 優先接頭
　　　　　　　　　　アセトヒドラゾノイル　acetohydrazonoyl
　　　　　　　　　　1-ヒドラジニリデンエチル　1-hydrazinylideneethyl

　　C₆H₅-C(=N-OH)–　N-ヒドロキシベンゼンカルボキシイミドイル 優先接頭
　　　　　　　　　　N-hydroxybenzenecarboximidoyl 優先接頭
　　　　　　　　　　N-ヒドロキシベンズイミドイル　N-hydroxybenzimidoyl
　　　　　　　　　　ベンゼンカルボヒドロキシモイル　benzenecarbohydroximoyl

P-65.1.7.2.3　　　PIN の保存名をもつカルボン酸に対応するアシル基のカルコゲン類縁体は，官能基置換命名法の挿入語を体系的に用いて命名する．このようにして得られた名称は PIN である．

546　　　　　　　　　　P-6　個々の化合物種類に対する適用

> ギ酸，酢酸，安息香酸およびシュウ酸について，カルボン酸のカルコゲン類縁体から
> 体系的に得られるアシル基を用いることとなったのは，本勧告における変更である．

例：CH₃-CSe–　　　エタンセレノイル 優先接頭　ethaneselenoyl 優先接頭
　　　　　　　　　セレノアセチル　selenoacetyl
　　　　　　　　　1-セラニリデンエチル　1-selanylideneethyl

　　　HCS–　　　　メタンチオイル 優先接頭　methanethioyl 優先接頭
　　　　　　　　　チオホルミル　thioformyl
　　　　　　　　　スルファニリデンメチル　sulfanylidenemethyl

　　　C₆H₅-CS–　　ベンゼンカルボチオイル 優先接頭　benzenecarbothioyl 優先接頭
　　　　　　　　　チオベンゾイル　thiobenzoyl
　　　　　　　　　フェニル(スルファニリデン)メチル　phenyl(sulfanylidene)methyl
　　　　　　　　　フェニル(チオキソ)メチル　phenyl(thioxo)methyl

　　　–CS-CS–　　エタンビス(チオイル) 優先接頭　ethanebis(thioyl) 優先接頭
　　　　　　　　　ジチオオキサリル　dithiooxalyl
　　　　　　　　　ビス(スルファニリデン)エタンジイル　bis(sulfanylidene)ethanediyl

P-65.1.7.2.4　　シュウ酸に由来するアシル基および置換基．

例：OCH-CO–　　オキソアセチル 優先接頭　oxoacetyl 優先接頭
　　　　　　　　　（オキソ酢酸 oxoacetic acid に由来する，P-65.1.6.3）
　　　　　　　　　オキサルアルデヒドイル　oxalaldehydoyl

　　　Cl-CO-CO–　　クロロ(オキソ)アセチル 優先接頭　chloro(oxo)acetyl 優先接頭
　　　　　　　　　クロロオキサリル　chlorooxalyl

　　　HO-CO-CS–　　カルボキシメタンチオイル 優先接頭　carboxymethanethioyl 優先接頭

　　　HO-CS-CO–　　ヒドロキシ(スルファニリデン)アセチル 優先接頭　hydroxy(sulfanylidene)acetyl 優先接頭
　　　　　　　　　（2-チオオキサロ 2-thiooxalo,
　　　　　　　　　　2-ヒドロキシ-2-チオオキサリル 2-hydroxy-2-thiooxalyl ではない）

　　　HO-CS-CS–　　ヒドロキシ(スルファニリデン)エタンチオイル 優先接頭
　　　　　　　　　hydroxy(sulfanylidene)ethanethioyl 優先接頭
　　　　　　　　　ヒドロキシビス(スルファニリデン)エチル　hydroxybis(sulfanylidene)ethyl
　　　　　　　　　（1,2-ジチオオキサロ 1,2-dithiooxalo ではない）

　　　HS-CS-CS–　　スルファニル(スルファニリデン)エタンチオイル 優先接頭
　　　　　　　　　sulfanyl(sulfanylidene)ethanethioyl 優先接頭
　　　　　　　　　2-スルファニル-1,2-ビス(スルファニリデン)エチル
　　　　　　　　　2-sulfanyl-1,2-bis(sulfanylidene)ethyl
　　　　　　　　　トリチオオキサロ　trithiooxalo

　　　HO-CO-CO-O–　　オキサロオキシ 優先接頭　oxalooxy 優先接頭
　　　　　　　　　（カルボキシカルボニル)オキシ　(carboxycarbonyl)oxy

　　　HO-CO-CO-NH–　オキサロアミノ 優先接頭　oxaloamino 優先接頭
　　　　　　　　　（カルボキシカルボニル)アミノ　(carboxycarbonyl)amino

　　　HO-CO-CO-S–　オキサロスルファニル 優先接頭　oxalosulfanyl 優先接頭
　　　　　　　　　（カルボキシカルボニル)スルファニル　(carboxycarbonyl)sulfanyl

P-65 酸，酸ハロゲン化物，酸擬ハロゲン化物，塩，エステルおよび酸無水物　　　　547

HO-CO-CS-S–　　　（カルボキシメタンチオイル）スルファニル 優先接頭
　　　　　　　　　（carboxymethanethioyl)sulfanyl 優先接頭

P-65.1.7.3　GIN においてのみ保存名となるカルボン酸に由来するアシル基

P-65.1.7.3.1　　GIN としてのみ保存名が使える酸(P-65.1.1.2 参照)に由来するアシル基については，慣用名が維持されている．アシル基上で認められる置換の方法は，酸の場合と同じである．アシル基は oyl で終わらせるという規則が適用されるが，一部 yl で終わる例外がある．しかし，以下のように例外は限られている．PIN は置換命名法による体系名である．

例：CH₃-CH₂-CH₂-CO–　　　ブチリル　butyryl
　　　　　　　　　　　　　　ブタノイル 優先接頭　butanoyl 優先接頭
　　　　　　　　　　　　　　1-オキソブチル　1-oxobutyl

　　　CH₃-CH₂-CO–　　　　　プロピオニル　propionyl
　　　　　　　　　　　　　　プロパノイル 優先接頭　propanoyl 優先接頭
　　　　　　　　　　　　　　1-オキソプロピル　1-oxopropyl

　　　–OC-CH₂-CO–　　　　　マロニル　malonyl
　　　　　　　　　　　　　　プロパンジオイル 優先接頭　propanedioyl 優先接頭
　　　　　　　　　　　　　　1,3-ジオキソプロパン-1,3-ジイル　1,3-dioxopropane-1,3-diyl

　　　–CO-CH₂-CH₂-CO–　　　スクシニル　succinyl
　　　　　　　　　　　　　　ブタンジオイル 優先接頭　butanedioyl 優先接頭
　　　　　　　　　　　　　　1,4-ジオキソブタン-1,4-ジイル　1,4-dioxobutane-1,4-diyl

　　　–OC-[CH₂]₃-CO–　　　　グルタリル　glutaryl
　　　　　　　　　　　　　　ペンタンジオイル 優先接頭　pentanedioyl 優先接頭
　　　　　　　　　　　　　　1,5-ジオキソペンタン-1,5-ジイル　1,5-dioxopentane-1,5-diyl

　　　CH₂=CH-CO–　　　　　アクリロイル　acryloyl
　　　　　　　　　　　　　　プロパ-2-エノイル 優先接頭　prop-2-enoyl 優先接頭
　　　　　　　　　　　　　　1-オキソプロパ-2-エン-1-イル　1-oxoprop-2-en-1-yl

　　　CH₂=C(CH₃)-CO–　　　メタクリロイル　methacryloyl
　　　　　　　　　　　　　　2-メチルプロパ-2-エノイル 優先接頭　2-methylprop-2-enoyl 優先接頭
　　　　　　　　　　　　　　2-メチル-1-オキソプロパ-2-エン-1-イル　2-methyl-1-oxoprop-2-en-1-yl

　　　（ベンゼン環）CO—　　フタロイル　phthaloyl
　　　　　　　　　　　　　　ベンゼン-1,2-ジカルボニル 優先接頭　benzene-1,2-dicarbonyl 優先接頭
　　　　　　　　　　CO—　1,2-フェニレンビス(オキソメチレン)　1,2-phenylenebis(oxomethylene)

P-65.1.7.3.2　　GIN においてのみ用いられる保存名をもつイミド酸，ヒドラゾン酸およびヒドロキサム酸に由来するアシル基は，P-65.1.3 に述べた名称の語尾 ic acid を oyl にかえることにより命名する．

例：CH₃-CH₂-C(=NH)–　　　　　プロピオンイミドイル　propionimidoyl
　　　　　　　　　　　　　　　プロパンイミドイル 優先接頭　propanimidoyl 優先接頭
　　　　　　　　　　　　　　　1-イミノプロピル　1-iminopropyl

　　　CH₂=CH-C(=NNH₂)–　　　アクリロヒドラゾノイル　acrylohydrazonoyl
　　　　　　　　　　　　　　　プロパ-2-エンヒドラゾノイル 優先接頭　prop-2-enehydrazonoyl 優先接頭
　　　　　　　　　　　　　　　1-ヒドラジニリデンプロパ-2-エン-1-イル
　　　　　　　　　　　　　　　1-hydrazinylideneprop-2-en-1-yl

　　　–(HN=)C-CH₂-CH₂-C(=NH)–　スクシンイミドイル　succinimidoyl
　　　　　　　　　　　　　　　ブタンジイミドイル 優先接頭　butanediimidoyl 優先接頭
　　　　　　　　　　　　　　　1,4-ジイミノブタン-1,4-ジイル　1,4-diiminobutane-1,4-diyl

548 P-6 個々の化合物種類に対する適用

テレフタルイミドイル　terephthalimidoyl
ベンゼン-1,4-ジカルボキシイミドイル　優先接頭
benzene-1,4-dicarboximidoyl　優先接頭
1,4-フェニレンビス(イミノメチレン)
1,4-phenylenebis(iminomethylene)

P-65.1.7.3.3　GIN においてのみ使用される保存名をもつ酸に由来するアシル基のカルコゲン類縁体は，官能基代置を表す接頭語を用いて命名する.

モノカルボン酸に由来するアシル基の名称は，=S, =Se, =Te による官能基代置を表す接頭語を用いて修飾する. ジカルボン酸に対応するアシル基の接頭語は，P-65.1.7.4 の規則に従って体系的につくる.

例：CH$_3$-CH$_2$-CS–　チオプロピオニル　thiopropionyl
プロパンチオイル　優先接頭　propanethioyl　優先接頭
1-スルファニリデンプロピル　1-sulfanylidenepropyl

CH$_2$=CH-CSe–　セレノアクリロイル　selenoacryloyl
プロパ-2-エンセレノイル　優先接頭
prop-2-eneselenoyl　優先接頭
1-セラニリデンプロパ-2-エン-1-イル
1-selanylideneprop-2-en-1-yl

HS-CS-CS–　スルファニル(スルファニリデン)エタンチオイル　優先接頭
sulfanyl(sulfanylidene)ethanethioyl　優先接頭
2-スルファニル-1,2-ビス(スルファニリデン)エチル
2-sulfanyl-1,2-bis(sulfanylidene)ethyl
トリチオオキサロ　trithiooxalo

P-65.1.7.4　体系的に命名するカルボン酸に由来するアシル基

P-65.1.7.4.1　接尾語 oic acid により表されるカルボン酸の各カルボキシ基から −OH 基を除去することにより生じる一価または二価のアシル基の名称は，対応する酸の名称の語尾 oic acid を oyl にかえることにより得られる. 官能基代置により修飾されるカルボン酸に由来するアシル基の名称は，いずれも語尾 oyl で示される. オキソ oxo, イミノ imino, スルファニリデン sulfanylidene, チオキソ thioxo, ヒドラジニリデン hydrazinylidene などの接頭語と炭化水素の接頭語を組合わせる方法は，GIN で用いることができる.

例：　$\overset{3}{C}H_3-\overset{2}{C}H_2-\overset{1}{C}O–$　プロパノイル　優先接頭　propanoyl　優先接頭
プロピオニル　propionyl
1-オキソプロピル　1-oxopropyl

$–\overset{10}{O}C-[CH_2]_8-\overset{1}{C}O–$　デカンジオイル　優先接頭　decanedioyl　優先接頭
1,10-ジオキソデカン-1,10-ジイル　1,10-dioxodecane-1,10-diyl

$\overset{4}{C}H_3-\overset{3}{C}H_2-\overset{2}{C}H_2-\overset{1}{C}(=NH)–$　ブタンイミドイル　優先接頭　butanimidoyl　優先接頭
ブチルイミドイル　butyrimidoyl
1-イミノブチル　1-iminobutyl

$–\overset{3}{C}(=NH)-\overset{2}{C}H_2-\overset{1}{C}(=NH)–$　プロパンジイミドイル　優先接頭　propanediimidoyl　優先接頭
マロンイミドイル　malonimidoyl
1,3-ジイミノプロパン-1,3-ジイル　1,3-diiminopropane-1,3-diyl

CH$_3$-CH$_2$-CS–　プロパンチオイル　優先接頭　propanethioyl　優先接頭
チオプロピオニル　thiopropionyl
1-スルファニリデンプロピル　1-sulfanylidenepropyl
1-チオキソプロピル　1-thioxopropyl

P-65 酸，酸ハロゲン化物，酸擬ハロゲン化物，塩，エステルおよび酸無水物　　　　549

−CS-CH₂-CH₂-CS−　　　　ブタンビス(チオイル) 優先接頭 　butanebis(thioyl) 優先接頭
　　　　　　　　　　　　　1,4−ビス(スルファニリデン)ブタン−1,4−ジイル
　　　　　　　　　　　　　1,4-bis(sulfanylidene)butane-1,4-diyl
　　　　　　　　　　　　　1,4−ジチオキソブタン−1,4−ジイル　1,4-dithioxobutane-1,4-diyl
　　　　　　　　　　　　　(ジチオスクシニル dithiosuccinyl ではない)

P-65.1.7.4.2　　接尾語 カルボン酸 carboxylic acid により命名される酸に由来するアシル基は，接尾語 carboxylic acid を接頭語 carbonyl にかえることにより命名する．同様に，接尾語 カルボチオ酸 carbothioic acid は カルボチオイル carbothioyl に，接尾語 カルボセレノ酸 carboselenoic acid は カルボセレノイル carboselenoyl に，接尾語 カルボテルロ酸 carbotelluroic acid は カルボテルロイル carbotelluroyl に，接尾語 カルボキシイミド酸 carboximidic acid は カルボキシイミドイル carboximidoyl に，接尾語 カルボヒドラゾン酸 carbohydrazonic acid は カルボヒドラゾノイル carbohydrazonoyl にかえる．

例：　　　　　　　　　シクロヘキサンカルボニル 優先接頭 　cyclohexanecarbonyl 優先接頭
　　　　　　　　　　　シクロヘキシルカルボニル　cyclohexylcarbonyl
　　　　　　　　　　　シクロヘキシル(オキソ)メチル　cyclohexyl(oxo)methyl

　　　　　　　　　　　シクロペンタンカルボキシイミドイル 優先接頭
　　　　　　　　　　　cyclopentanecarboximidoyl 優先接頭
　　　　　　　　　　　シクロペンチルカルボノイミドイル　cyclopentylcarbonimidoyl
　　　　　　　　　　　シクロペンチル(イミノ)メチル　cyclopentyl(imino)methyl

　　　　　　　　　　　シクロヘキサン−1,2−ジカルボチオイル 優先接頭
　　　　　　　　　　　cyclohexane-1,2-dicarbothioyl 優先接頭

　　　　　　　　　　　1−メチルシクロペンタン−1−カルボヒドラゾノイル 優先接頭
　　　　　　　　　　　1-methylcyclopentane-1-carbohydrazonoyl 優先接頭
　　　　　　　　　　　ヒドラジニリデン(1−メチルシクロペンチル)メチル
　　　　　　　　　　　hydrazinylidene(1-methylcyclopentyl)methyl

　　　　　　　　　　　ヘキサン−2,3,5−トリカルボニル 優先接頭 　hexane-2,3,5-tricarbonyl 優先接頭
　　　　　　　　　　　ヘキサン−2,3,5−トリイルトリス(オキソメチレン)
　　　　　　　　　　　hexane-2,3,5-triyltris(oxomethylene)

　　　　　　　　　　　ヘキサン−2,3,5−トリカルボチオイル 優先接頭
　　　　　　　　　　　hexane-2,3,5-tricarbothioyl 優先接頭
　　　　　　　　　　　ヘキサン−2,3,5−トリイルトリス(スルファニリデンメチレン)
　　　　　　　　　　　hexane-2,3,5-triyltris(sulfanylidenemethylene)
　　　　　　　　　　　ヘキサン−2,3,5−トリイルトリス(チオキソメチレン)
　　　　　　　　　　　hexane-2,3,5-triyltris(thioxomethylene)

P-65.1.7.4.3　　官能基代置を用い =S，=Se，=Te により修飾される保存名をもつジカルボン酸に由来するアシル基は，P-65.1.7.4.2 に述べたようにして体系的につくる．

例：　　⁴　³　²　¹
　　−CS-CH₂-CH₂-CS−　　ブタンビス(チオイル) 優先接頭 　butanebis(thioyl) 優先接頭
　　　　　　　　　　　　(ジチオスクシニル dithiosuccinyl ではない)
　　　　　　　　　　　　1,4−ビス(スルファニリデン)ブタン−1,4−ジイル
　　　　　　　　　　　　1,4-bis(sulfanylidene)butane-1,4-diyl

　　　　　　　　　　　　ベンゼン−1,2−ジカルボチオイル 優先接頭 　benzene-1,2-dicarbothioyl 優先接頭
　　　　　　　　　　　　(ジチオフタロイル dithiophthaloyl ではない)
　　　　　　　　　　　　(1,2−フェニレン)ビス(スルファニリデンメチレン)
　　　　　　　　　　　　(1,2-phenylene)bis(sulfanylidenemethylene)
　　　　　　　　　　　　(1,2−フェニレン)ビス(チオキソメチレン)
　　　　　　　　　　　　(1,2-phenylene)bis(thioxomethylene)

550　　　　　　　　　　　　　　P-6　個々の化合物種類に対する適用

P-65.1.7.5　混合アシル基　　−(C=X)-[CH₂]ₓ-(C=Y)− 型の混合アシル基は，アルカンジイル置換基を置換することにより命名する.

例：$\overset{1}{\text{–CO}}\text{-}\overset{2}{\text{CH}_2}\text{-}\overset{3}{\text{CH}_2}\text{-}\overset{4}{\text{CS}}\text{–}$　1-オキソ-4-スルファニリデンブタン-1,4-ジイル 優先接頭
1-oxo-4-sulfanylidenebutane-1,4-diyl 優先接頭

$\overset{1}{\text{–C(=NH)}}\text{-}\overset{2}{\text{CSe}}\text{–}$　1-イミノ-2-セラニリデンエタン-1,2-ジイル 優先接頭
1-imino-2-selanylideneethane-1,2-diyl 優先接頭

P-65.1.8　ギ　酸

　有機化合物命名法の目的では，ギ酸はモノカルボン酸とみなす(P-65.1 参照). ギ酸は酢酸と同様に扱われる保存名であり，官能基化されて塩，エステル，無水物を生成することができ，また置換基として用いられるアシル基をつくる. 官能基代置類縁体は，たとえば メタンチオ酸 methanethioic acid や メタンイミド酸 methanimidic acid のように体系的に命名する. 炭素に結合する水素原子は，P-65.1.8.1，P-65.1.8.2 および P-65.1.8.3 に述べる特定の条件下では置換できる.

　P-65.1.8.1　　以下の原子または基によるギ酸の水素原子の置換は，認められない.

　−OOH，−SH，−SeH，−TeH，−F，−Cl，−Br，−I，−N₃，−NC，−CN，−NCO，
　−NCS，−NCSe，−NCTe，−NH₂，−NH-NH₂

そのような構造に対する名称は，炭酸から官能基代置命名法により誘導され(P-65.2.1.4 参照)，PIN であるとともに GIN においても使用できる.

　　　　注記：−NH-NH₂ によりギ酸の水素原子を置換すると，母体水素化物であるヒドラジンに
　　　　接尾語 carboxylic acid をつなげて命名できる構造となる(P-68.3.1.2 参照). このようにし
　　　　て接尾語により命名されるカルボン酸は，官能基代置によりつくられる炭酸の誘導体より
　　　　上位である(P-41 参照).

例：H₂N-NH-COOH　ヒドラジンカルボン酸 PIN　hydrazinecarboxylic acid PIN
　　　　　　　　　　　カルボノヒドラジド酸　carbonohydrazidic acid　(P-65.2.1.4 参照)
　　　　　　　　　　　(カルバジン酸 carbazic acid ではない)

　　　Cl-COOH　　　カルボノクロリド酸 PIN　carbonochloridic acid PIN
　　　　　　　　　　　(クロロギ酸 chloroformic acid ではない)

　　　HS-COOH　　　カルボノチオ *S*-酸 PIN　carbonothioic *S*-acid PIN
　　　　　　　　　　　(スルファニルギ酸 sulfanylformic acid ではない)

　P-65.1.8.2　ギ酸の水素原子の置換は，P-65.1.8.1 に記載された置換基以外の場合は認められる.

例：O₂N-COOH　　　　　ニトロギ酸 PIN　nitroformic acid PIN

　　H{S/O}C-COOH　　(チオカルボキシ)ギ酸 PIN　(thiocarboxy)formic acid PIN　(P-65.1.5.2 参照)

　P-65.1.8.3　ギ酸に由来するアシル基は，P-65.1.7.2 に述べたようにつくり，複合接頭語は置換基の構造に従って組立てる. ホルミル基に存在する水素原子は，ギ酸について P-65.1.8.2 に述べたのと同じ条件下で置換できる.

例：Cl-CO–　　カルボノクロリドイル 優先接頭　carbonochloridoyl 優先接頭
　　　　　　　　(クロロホルミル chloroformyl ではない)

　　Br-CS–　　カルボノブロミドチオイル 優先接頭　carbonobromidothioyl 優先接頭
　　　　　　　　〔ブロモ(チオホルミル) bromo(thioformyl)ではない〕

P-65　酸，酸ハロゲン化物，酸擬ハロゲン化物，塩，エステルおよび酸無水物　　　　551

HCO-O–　　ホルミルオキシ 優先接頭　　formyloxy 優先接頭

HCO-S–　　ホルミルスルファニル 優先接頭　　formylsulfanyl 優先接頭

P-65.2　炭酸，シアン酸，二炭酸およびポリ炭酸

炭酸，シアン酸，二炭酸およびポリ炭酸は，カルボン酸とは異なる官能性母体化合物である．これらの酸は，置換命名法で使える水素原子はもたない．

以下の酸は，単核炭素酸に分類され，PIN である保存名をもつ．

炭酸 PIN　　　　carbonic acid PIN　　　HO-CO-OH

シアン酸 PIN　　cyanic acid PIN　　　　HO-CN

以下の二核炭素酸または多核炭素酸は，PIN である保存名をもつ．

二炭酸 PIN　　　　　　　　　　　HO-CO-O-CO-OH
dicarbonic acid PIN

三炭酸 PIN　　　　　　　　　　　HO-CO-O-CO-O-CO-OH
tricarbonic acid PIN

四炭酸 PIN　　　　　　　　　　　HO-CO-O-CO-O-CO-O-CO-OH
tetracarbonic acid PIN

ポリ炭酸　　　　　　　　　　　　HO-[CO-O]$_n$-H　　$n = 5,6$ およびそれ以上
polycarbonic acid

同族体は"ア"命名法により命名する．

例：　　　　$\overset{1}{\text{HO}}$-$\overset{2}{\text{CO}}$-$\overset{3}{\text{O}}$-$\overset{4}{\text{CO}}$-$\overset{5}{\text{O}}$-$\overset{6}{\text{CO}}$-$\overset{7}{\text{O}}$-$\overset{8}{\text{CO}}$-$\overset{9}{\text{OH}}$　　2,4,6,8-テトラオキサ-3,5,7-トリオキソノナン二酸 PIN
　　　　　　　　　　　　　　　　　　　　　　　　　2,4,6,8-tetraoxa-3,5,7-trioxononanedioic acid PIN

P-41 に示したように，これらの炭素酸の優先順位は，ポリ炭酸＞四炭酸＞三炭酸＞二炭酸＞炭酸＞シアン酸である．

P-65.2.1　炭　　酸	P-65.2.3　二炭酸，三炭酸，四炭酸
P-65.2.2　シ ア ン 酸	およびポリ炭酸

P-65.2.1　炭　　酸

炭酸のカルコゲン類縁体および誘導体の命名法は，—OH 基または二重結合をしている酸素原子 =O の酸素原子 1 個の官能基代置に基づいており，挿入語により示す．これらの名称をギ酸の置換によりつくることは認められない．

P-65.2.1.1　H$_2$N-CO-OH に対する短縮名 カルバミン酸 carbamic acid（カルボノアミド酸 carbonamidic acid より）および H$_2$N-C(=NH)-OH に対する短縮名 カルバモイミド酸 carbamimidic acid（カルボノアミドイミド酸 carbonamidimidic acid より）は保存され，PIN である．

例：(CH$_3$)$_2$N-COOH　　　　　　　　　　　　　ジメチルカルバミン酸 PIN　　dimethylcarbamic acid PIN

　　　　　　CH$_3$
　　　　　　|
　　CH$_3$-CH$_2$-$\underset{N}{\text{N}}$-C(=$\underset{N'}{\text{NH}}$)-OH　　　　　　*N*-エチル-*N*-メチルカルバモイミド酸 PIN
　　　　　　　　　　　　　　　　　　　　　　　N-ethyl-*N*-methylcarbamimidic acid PIN

　　H$_2$N-CH$_2$-CH$_2$-$\overset{N}{\text{NH}}$-CO-O-CH$_2$-$\overset{2}{\text{CH}}$(OH)-CH$_3$　　（2-アミノエチル）カルバミン酸 2-ヒドロキシプロピル PIN
　　　　　　　　　　　　　　　　　　　　　　　　　　　2-hydroxypropyl (2-aminoethyl)carbamate PIN

552　　　　　　　　　　　　　P-6　個々の化合物種類に対する適用

P-65.2.1.2　　炭酸およびカルバミン酸の名称における −OO−, −S−, −Se−, −Te− による官能基代置は，それぞれ挿入語 ペルオキソ peroxo, チオ thio, セレノ seleno, テルロ telluro により表現する．HO-CO-SH, HO-CS-OH のような混合カルコゲン炭酸の互変異性体は，それぞれ S または O などのイタリック体の元素記号を acid の語の前に置いて区別する．ペルオキシ酸には，イタリック体の記号 OS および SO を用いる．

P-65.1.3〜P-65.1.5 の規則とは逆に，官能基代置命名法は体系名 カルボノアミド酸 carbonamidic acid に適用するのではなく，保存名 カルバミン酸 carbamic acid に適用する．

例：H₂N-CS-OH　　　　カルバモチオ O-酸 **PIN**　　carbamothioic O-acid **PIN**

　　H₂N-CO-SeH　　　カルバモセレノ Se-酸 **PIN**　　carbamoselenoic Se-acid **PIN**

　　HO-CO-SH　　　　カルボノチオ S-酸 **PIN**　　carbonothioic S-acid **PIN**
　　　　　　　　　　　（スルファニルギ酸 sulfanylformic acid ではない）

　　HSe-CO-SeH　　　カルボノジセレノ Se,Se-酸 **PIN**　　carbonodiselenoic Se,Se-acid **PIN**

　　HS-CS-SH　　　　カルボノトリチオ酸 **PIN**　　carbonotrithioic acid **PIN**

　　H₂N-CO-OOH　　カルバモペルオキソ酸 **PIN**　　carbamoperoxoic acid **PIN**

　　HO-CO-OOH　　カルボノペルオキソ酸 **PIN**　　carbonoperoxoic acid **PIN**

　　HOO-CO-OOH　　カルボノジペルオキソ酸 **PIN**　　carbonodiperoxoic acid **PIN**

　　HO-CO-OSH　　　カルボノ(チオペルオキソ)OS-酸 **PIN**　　carbono(thioperoxoic) OS-acid **PIN**

　　HOS-CO-OSH　　カルボノビス(チオペルオキソ)OS,SO-酸 **PIN**
　　　　　　　　　　carbonobis(thioperoxoic) OS,SO-acid **PIN**

P-65.2.1.3　　炭酸 carbonic acid および カルバミン酸 carbamic acid 中の =O を =NH および =N-NH₂ により官能基代置するときは，挿入語 イミド imido および ヒドラゾノ hydrazono により表し，それにより生じる酸の −OH 基の酸素をカルコゲン原子で官能基代置するときは，P-65.2.1.2 のように挿入語により表す．P-65.2.1.1 に述べたように，H₂N-C(=NH)-OH には，名称 カルバモイミド酸 carbamimidic acid（体系名 carbonamidimidic acid に代わり）が保存され，PIN として用いる．その名称は，官能基代置命名法において，carbamic acid と同じ方法でカルコゲン原子により修飾する．

窒素原子上の置換を示すためにイタリック体の文字位置番号 N,N' などを用いる．

例：HO-C(=NH)-OH　　　　カルボノイミド酸 **PIN**　　carbonimidic acid **PIN**

　　H₂N-C(=NH)-OH　　　カルバモイミド酸 **PIN**　　carbamimidic acid **PIN**　（保存名）

　　HO-C(=N-NH₂)-OH　　カルボノヒドラゾン酸 **PIN**　　carbonohydrazonic acid **PIN**

　　HS-C(=NH)-OH　　　　カルボノイミドチオ酸 **PIN**　　carbonimidothioic acid **PIN**

　　H₂N-C(=NH)-SH　　　カルバモイミドチオ酸 **PIN**　　carbamimidothioic acid **PIN**

　　HSe-C(=N-NH₂)-SeH　カルボノヒドラゾノジセレノ酸 **PIN**　　carbonohydrazonodiselenoic acid **PIN**

　　H₂N-C(=NH)-OSH　　カルバモイミド(チオペルオキソ)OS-酸 **PIN**
　　　　　　　　　　　　carbamimido(thioperoxoic) OS-acid **PIN**

P-65.2.1.4　　炭酸の −OH 基の一つを種々の原子または基により官能基代置するときには，次の挿入語を用いて表現する．−F はフルオリド fluorido, −Cl はクロリド chlorido, −Br はブロミド bromido, −I はヨージド iodido, −N₃ はアジド azido, −NH₂ はアミド amido, −CN はシアニド cyanido, −NC はイソシアニド isocyanido, −NCO はイソシアナチド isocyanatido, −NCS はイソチオシアナチド isothiocyanatido, −NCSe はイソセレノシ

アナチド isoselenocyanatido，−NCTe はイソテルロシアナチド isotellurocyanatido(P-67.1.2.3.2 参照)．

イタリック体の文字位置番号 *N*, *N*′ などを窒素原子上の置換を示すのに用いる．

−NHNH₂ 基による置換は，ヒドラジンカルボン酸とその関連誘導体を生じる(P-68.3.1.2 参照)．

例： H₂N-CO-OH　　　　カルバミン酸 PIN　carbamic acid PIN　（保存名）
　　　　　　　　　　　（カルボノアミド酸 carbonamidic acid ではない）

　　H₂N-C(=NH)-OH　　カルバモイミド酸 PIN　carbamimidic acid PIN　（保存名）
　　　　　　　　　　　（カルボノアミドイミド酸 carbonamidimidic acid ではない）

　　H₂N-CO-SH　　　　カルバモチオ *S*-酸 PIN　carbamothioic *S*-acid PIN

　　H₂N-C(=NH)-SeH　カルバモイミドセレノ酸 PIN　carbamimidoselenoic acid PIN

　　Cl-CO-OH　　　　　カルボノクロリド酸 PIN　carbonochloridic acid PIN

　　NC-CO-OH　　　　　カルボノシアニド酸 PIN　carbonocyanidic acid PIN

　　N₃-CO-OH　　　　　カルボノアジド酸 PIN　carbonazidic acid PIN

　　SCN-CO-OH　　　　カルボノイソチオシアナチド酸 PIN　carbonisothiocyanatidic acid PIN

　　H₂N-NH-CO-OH　　ヒドラジンカルボン酸 PIN　hydrazinecarboxylic acid PIN
　　　　　　　　　　　カルボノヒドラジド酸　carbonohydrazidic acid
　　　　　　　　　　　（接尾語により表されるカルボン酸は炭酸類縁体に優先する．
　　　　　　　　　　　P-41 および P-68.3.1.2.1 を参照）

P-65.2.1.5　炭酸および関連酸に由来するアシル基　　官能基代置類縁体を含む炭酸とその関連酸から，酸のヒドロキシ基の一つまたは二つを除去して得られるアシル基は，P-65.1.7.2 に述べた方法により命名する．名称は，次の二つの方法でつくる．

(1) 名称は，酸の名称の語尾 ic または oic acid を，それぞれ yl または oyl にかえてつくることができる．yl で終わるアシル基名は，一般則の例外である(P-65.1.7.2 参照)．この方法は，炭酸とその類縁体から二つのヒドロキシ基を除去するという慣用的方法であるが，現在では，酸にヒドロキシ基が一つしか存在しない場合にもこの方法を用いるように推奨されている．さらに，カルボニル carbonyl のような二価のアシル基は，二つの遊離原子価が異なる方向を向いているジイル diyl 型(記号 CO< または −CO−)の置換基接頭語のみを表すように推奨されている．いずれの遊離原子価も同じ原子に結合するような置換基接頭語は，置換命名法により命名する．たとえば，=CO はオキソメチリデン oxomethylidene と命名する(P-65.2.1.8 参照)．

(2) 名称は，方法(1)でつくった二価のアシル基 カルボニル carbonyl，カルボノチオイル carbonothioyl，カルボノイミドイル carbonimidoyl などに，該当する一価の置換基を付け加える連結操作を用いてつくることもできる．

方法(1)による名称が PIN となる．それらの名称は，挿入語でなく接頭語を用いたり，連結法を用いたりしてつくられた名称も含め，他の方法によるアシル基の名称に優先する．

例：　　HO-CO-OH　　　　　　　　　　−CO−
　　　　炭酸 PIN　　　　　　　　　　　　カルボニル 優先接頭
　　　　carbonic acid PIN　　　　　　　carbonyl 優先接頭

　　　　HO-CS-OH　　　　　　　　　　−CS−
　　　　カルボノチオ *O,O*-酸 PIN　　　　カルボノチオイル 優先接頭
　　　　carbonothioic *O,O*-acid PIN　　carbonothioyl 優先接頭
　　　　　　　　　　　　　　　　　　チオカルボニル　thiocarbonyl

554 P-6 個々の化合物種類に対する適用

HO-C(=NH)-OH
カルボノイミド炭酸 PIN
carbonimidic acid PIN

–C(=NH)–
カルボノイミドイル 優先接頭
carbonimidoyl 優先接頭

HO-C(=NNH₂)-OH
カルボノヒドラゾン酸 PIN
carbonohydrazonic acid PIN

–C(=N-NH₂)–
カルボノヒドラゾノイル 優先接頭
carbonohydrazonoyl 優先接頭

H₂N-CO-OH
カルバミン酸 PIN
carbamic acid PIN

H₂N-CO–
カルバモイル 優先接頭
carbamoyl 優先接頭 （保存名）
アミノカルボニル
aminocarbonyl

H₂N-CS-OH
カルバモチオ O-acid PIN
carbamothioic O-acid PIN

H₂N-CS–
カルバモチオイル 優先接頭
carbamothioyl 優先接頭 （保存名）
アミノカルボノチオイル
aminocarbonothioyl

H₂N-C(=NH)-OH
カルバモイミド酸 PIN
carbamimidic acid PIN

H₂N-C(=NH)–
カルバモイミドイル 優先接頭
carbamimidoyl 優先接頭 （保存名₁）
アミノカルボノイミドイル
aminocarbonimidoyl

Cl-CO-OH
カルボノクロリド酸 PIN
carbonochloridic acid PIN

Cl-CO–
カルボノクロリドイル 優先接頭
carbonochloridoyl 優先接頭
クロロカルボニル
chlorocarbonyl

NC-CO-OH
カルボノシアニド酸 PIN
carbonocyanidic acid PIN

NC-CO–
カルボノシアニドイル 優先接頭
carbonocyanidoyl 優先接頭
カルボノニトリドイルカルボニル
carbononitridoylcarbonyl
シアノカルボニル
cyanocarbonyl

Br-CS-OH
カルボノブロミドチオ O-酸 PIN
carbonobromidothioic O-acid PIN

Br-CS–
カルボノブロミドチオイル 優先接頭
carbonobromidothioyl 優先接頭
ブロモカルボノチオイル
bromocarbonothioyl

Cl-C(=NH)-OH
カルボノクロリドイミド酸 PIN
carbonochloridimidic acid PIN

Cl-C(=NH)–
カルボノクロリドイミドイル 優先接頭
carbonochloridimidoyl 優先接頭
C-クロロカルボノイミドイル
C-chlorocarbonimidoyl

HOO-CO-OH
カルボノペルオキソ酸 PIN
carbonoperoxoic acid PIN

HOO-CO–
カルボノペルオキソイル 優先接頭
carbonoperoxoyl 優先接頭
ヒドロペルオキシカルボニル
hydroperoxycarbonyl

P-65.2.1.6 カルボキシ接頭語およびそのカルコゲン類縁体のための接頭語　　–COOH のための接頭語 カル

P-65 酸，酸ハロゲン化物，酸擬ハロゲン化物，塩，エステルおよび酸無水物　　555

ボキシ carboxy は，保存接頭語である．カルコゲン類縁体は，カルコゲン原子の位置を特定する必要がない場合は，官能基代置換命名法により命名する．カルコゲン原子の特定は，連結法でつくる複合接頭語により行う．

例：−COSH
　　または　　　チオカルボキシ 優先接頭　thiocarboxy 優先接頭
　　−CSOH

　　HS-CO–　　　スルファニルカルボニル 優先接頭　sulfanylcarbonyl 優先接頭

　　HS-CS–　　　ジチオカルボキシ 優先接頭　dithiocarboxy 優先接頭
　　　　　　　　スルファニルカルボノチオイル　sulfanylcarbonothioyl

　　HO-CS–　　　ヒドロキシカルボノチオイル 優先接頭　hydroxycarbonothioyl 優先接頭

　　HOOC-O–　　カルボキシオキシ 優先接頭　carboxyoxy 優先接頭

　　HOOC-S–　　カルボキシスルファニル 優先接頭　carboxysulfanyl 優先接頭

　　HOOC-NH–　カルボキシアミノ 優先接頭　carboxyamino 優先接頭

　　HS-CO-O–　　（スルファニルカルボニル）オキシ 優先接頭　(sulfanylcarbonyl)oxy 優先接頭

P-65.2.1.7　接頭語 カルボノペルオキソイル carbonoperoxoyl −CO-OOH のカルコゲン類縁体は，次の三つの方法により命名する．

(1) カルコゲン原子の位置が未詳の場合は挿入語を用いる．
(2) 連結法でつくる複合接頭語を用いる．
(3) 接頭語 チオヒドロペルオキシ thiohydroperoxy を用いる．必要に応じて，イタリック体の位置記号 *SO*-または *OS*-を使う．Se, Te 類縁体も同様である．

方法(1)または(2)による名称が PIN となる．

例：HOS-CSe–　　(2) （ヒドロキシスルファニル）カルボノセレノイル 優先接頭
　　　　　　　　　　　(hydroxysulfanyl)carbonoselenoyl 優先接頭
　　　　　　　　　(3) （*OS*-チオヒドロペルオキシ）カルボノセレノイル
　　　　　　　　　　　(*OS*-thiohydroperoxy)carbonoselenoyl

　　HOS-CO–
　　または　　　(1) カルボノ（チオペルオキソイル）優先接頭
　　　　　　　　　　　carbono(thioperoxoyl) 優先接頭
　　HSO-CO–　　　(3) （チオヒドロペルオキシ）カルボニル
　　　　　　　　　　　(thiohydroperoxy)carbonyl

　　HS-O-CO-O–　(2) ［（スルファニルオキシ）カルボニル］オキシ 優先接頭
　　　　　　　　　　　[(sulfanyloxy)carbonyl]oxy 優先接頭
　　　　　　　　　(3) ［（*SO*-チオヒドロペルオキシ）カルボニル］オキシ
　　　　　　　　　　　[(*SO*-thiohydroperoxy)carbonyl]oxy

　　HSS-CO-O–　　(2) （ジスルファニルカルボニル）オキシ 優先接頭
　　　　　　　　　　　(disulfanylcarbonyl)oxy 優先接頭
　　　　　　　　　(3) ［（ジチオヒドロペルオキシ）カルボニル］オキシ
　　　　　　　　　　　[(dithiohydroperoxy)carbonyl]oxy

P-65.2.1.8　炭酸に由来する非アシル置換基の名称　　炭酸および官能基代置により修飾された炭酸に由来するアシル基は，CO<のようなジイル diyl 型に属する二つの遊離原子価をもつ二価の基である．二つの遊離原子価がイリデン ylidene 型 ＝C＝O である場合は，アシル基の名称はそのような基を表すのに使えず，代わりに体系的な置換命名法による名称を用いる．

556   P-6　個々の化合物種類に対する適用

例：　=C=O　　　オキソメチリデン [優先接頭]　　oxomethylidene [優先接頭]

　　　=C=S　　　スルファニリデンメチリデン [優先接頭]　　sulfanylidenemethylidene [優先接頭]
　　　　　　　　チオキソメチリデン　　thioxomethylidene

　　　=C=NH　　イミノメチリデン [優先接頭]　　iminomethylidene [優先接頭]

　　　=C=N-NH₂　ヒドラジニリデンメチリデン [優先接頭]　　hydrazinylidenemethylidene [優先接頭]
　　　　　　　　ジアザニリデンメチリデン　　diazanylidenemethylidene

P-65.2.2　シアン酸

　シアン酸 cyanic acid は，NC-OH の保存名である．炭酸に基づく官能基代置名は，カルボノニトリド酸 car-bononitridic acid となるのであろうが，この名称は使われたことがなく，体系名ではあるが GIN においてのみ推奨する．シアン酸は酸に分類され，したがって無水物(P-65.7.2 参照)とエステル(P-65.6.3.2 参照)をつくる．

　シアン酸に由来する優先接頭語は，−CN には シアノ cyano，−O-CN には シアナト cyanato，−S-CN には チオシアナト thiocyanato，−Se-CN には セレノシアナト selenocyanato，−Te-CN には テルロシアナト tellurocyanato である．−OO−，−S−，−Se−，−Te− による官能基代置は，該当する官能基代置接頭語により表す．この接頭語を用いる方法は，単核無機酸(P-67 参照)に官能基代置命名法を適用するときは挿入語を使用するという規則の例外となってしまうが，すでに慣用名として十分に定着しているこれらの名称や関連するイソシアナート類 isocyanate(イソチオシアナート isothiocyanate など)の名称を維持するために必要となる．曖昧さを避けるため，カルコゲン接頭語を囲むために丸括弧を用いる．

例：

NC-SH	NC-S–
チオシアン酸 [PIN]　thiocyanic acid [PIN]	チオシアナト [優先接頭]　thiocyanato [優先接頭]
カルボノニトリドチオ酸	カルボノニトリドイルスルファニル
carbononitridothioic acid	carbononitridoylsulfanyl
	カルボノニトリドイルチオ
	carbononitridoylthio

NC-OOH	NC-OO–
ペルオキシシアン酸 [PIN]	シアノペルオキシ [優先接頭]
peroxycyanic acid [PIN]	cyanoperoxy [優先接頭]
カルボノニトリドペルオキソ酸	カルボノニトリドイルペルオキシ
carbononitridoperoxoic acid	carbononitridoylperoxy

NC-SS-H	NC-SS–
ジチオペルオキシシアン酸 [PIN]	シアノジスルファニル [優先接頭]
dithioperoxycyanic acid [PIN]	cyanodisulfanyl [優先接頭]
カルボノニトリド(ジチオペルオキソ)酸	カルボノニトリドイルジスルファニル
carbononitrido(dithioperoxoic) acid	carbononitridoyldisulfanyl
	カルボノニトリドイルジチオ
	carbononitridoyldithio

NC-CH₂-COOH	NC-S-CH₂-CH₂-COOH
シアノ酢酸 [PIN]	3-(チオシアナト)プロパン酸 [PIN]
cyanoacetic acid [PIN]	3-(thiocyanato)propanoic acid [PIN]
カルボニトリドイル酢酸	3-カルボニトリドチオイルプロパン酸
carbonitridoylacetic acid	3-carbonitridothioylpropanoic acid

P-65.2.3　二炭酸，三炭酸，四炭酸およびポリ炭酸

　二炭酸，三炭酸，四炭酸およびポリ炭酸は，中心原子が炭素である均一多核酸の系に属している．その一般構造式は HO-[CO-O]ₙ-H であり(n は 2, 3, 4 など)，炭素原子の数に相当する倍数接頭語を炭酸 carbonic acid または官能基代置誘導体の名称に付けて命名する．構造には，一方の端の炭素原子から始めて他端の炭素原子に向か

P-65 酸，酸ハロゲン化物，酸擬ハロゲン化物，塩，エステルおよび酸無水物　　　557

い，順次番号を付ける．

例：

$\overset{1}{\text{HO}}\text{-}\overset{2}{\text{CO}}\text{-O-}\overset{3}{\text{CO}}\text{-OH}$　　　二炭酸 **PIN**　　dicarbonic acid **PIN**

$\overset{1}{\text{HO}}\text{-}\overset{2}{\text{CO}}\text{-O-}\overset{3}{\text{CO}}\text{-O-}\overset{4}{\text{CO}}\text{-}\overset{5}{\text{OH}}$　　　三炭酸 **PIN**　　tricarbonic acid **PIN**

P-65.2.3.1　二炭酸，三炭酸，四炭酸およびポリ炭酸に対する官能基代置

P-65.2.3.1.1　一般的な方法	P-65.2.3.1.4　NH_2 基および $NHNH_2$ 基による置き換え
P-65.2.3.1.2　$-OO-$, $-S-$, $=S$, $-Se-$, $=Se$, $-Te-$, $=Te$, $-NH-$, $=NH$, $=NHNH_2$ による置き換え	P-65.2.3.1.5　二炭酸，三炭酸，四炭酸およびポリ炭酸に由来する置換基
P-65.2.3.1.3　ハロゲン化物および擬ハロゲン化物による置き換え	

P-65.2.3.1.1　一般的な方法　　二炭酸，三炭酸，四炭酸およびポリ炭酸の官能基類縁体の命名法は，多核無機オキソ酸の命名における原則に従う（P-67 参照）．官能基代置を示すために接頭語を用い，鎖には一方の端の炭素原子から他端の炭素原子に向かい順次番号を付ける．これらの接頭語は表 4·2 にまとめて示されており，ポリ炭酸の保存名の前に，必要に応じ該当する位置番号をつけて，アルファベット順に記載する．

P-65.2.3.1.2　$-OO-$, $-S-$, $=S$, $-Se-$, $=Se$, $-Te-$, $=Te$, $-NH-$, $=NH$, $=NHNH_2$ による置き換え　　酸素原子 $-OH$, $=O$, $-O-$ の官能基代置は接頭語により示す．すなわち，$-OO-$ には ペルオキシ peroxy，$-S-$, $=S$ には チオ thio，$-Se-$, $=Se$ には セレノ seleno，$-Te-$, $=Te$ には テルロ telluro，$-NH-$, $=NH$ には イミド imido，$=NHNH_2$ には ヒドラゾノ hydrazono である．それぞれの代置される酸素原子の位置は，該当する数字位置番号により示す．

P-65.2.3.1.2.1　　上付きイタリック体の文字位置番号 N^2, N^3 などを，鎖の一部となるアミド結合以外の窒素原子上の置換を示すのに用いる．母体鎖では，アラビア数字による位置番号を用いる．

> これは変更である．これまで，窒素原子の位置番号は，鎖に含まれるアミド結合についてはアラビア数字で示し，それ以外はプライム付き文字位置番号 N', N'', N''' などで示していた．

例：

$\overset{1}{\text{HO}}\text{-}\overset{2}{\text{CO}}\text{-S-}\overset{3}{\text{CO}}\text{-OH}$　　　2-チオ二炭酸 **PIN**　　2-thiodicarbonic acid **PIN**

$\overset{1}{\text{HO}}\text{-}\overset{2}{\text{CO}}\text{-NH-}\overset{3}{\text{CO}}\text{-OH}$　　　2-イミド二炭酸 **PIN**　　2-imidodicarbonic acid **PIN**

$\overset{1}{\text{HO}}\text{-}\overset{2}{\text{CO}}\text{-OO-}\overset{3}{\text{CO}}\text{-OH}$　　　2-ペルオキシ二炭酸 **PIN**　　2-peroxydicarbonic acid **PIN**

$\overset{N}{\text{NH}}$
$\parallel$
$\overset{1}{\text{HO}}\text{-C-O-}\overset{3}{\text{C(O)}}\text{-OH}$
　　　1-イミド二炭酸 **PIN**　　1-imidodicarbonic acid **PIN**

$\overset{N^1}{\text{NH}}$　$\overset{N^3}{\text{NH}}$
$\parallel$　　$\parallel$
$\overset{1}{\text{HO}}\text{-C-O-C-OH}$
　　　1,3-ジイミド二炭酸 **PIN**　　1,3-diimidodicarbonic acid **PIN**

558 P-6 個々の化合物種類に対する適用

$$\overset{N^1}{\underset{1}{\text{NH}}}\quad \overset{N^3}{\underset{3}{\text{NH}}}\quad \overset{N^5}{\underset{5}{\text{NH}}}$$
$$\underset{1}{\text{HO-C-NH-C-NH-C-OH}}$$
(番号 2, 4)

1,2,3,4,5-ペンタイミド三炭酸 [PIN]
1,2,3,4,5-pentaimidotricarbonic acid [PIN]

$$\overset{N^1}{\text{NH}}\quad \overset{N^3}{\text{NH}}\quad \overset{N^5}{\text{NH}}\quad \overset{N^7}{\text{NH}}$$
$$\text{HO-C-NH-C-NH-C-NH-C-OH}$$

1,2,3,4,5,6,7-ヘプタイミド四炭酸 [PIN]
1,2,3,4,5,6,7-heptaimidotetracarbonic acid [PIN]

$$\overset{3\ \ 2\ \ 1}{\text{HO-CO-O-CO-OOH}}$$

1-ペルオキシ二炭酸 [PIN]
1-peroxydicarbonic acid [PIN]

$$\overset{1\ \ 2\ \ 3}{\text{HOO-CO-O-CO-OOH}}$$

1,3-ジペルオキシ二炭酸 [PIN]
1,3-diperoxydicarbonic acid [PIN]

P-65.2.3.1.2.2 必要なときは，文字位置記号 *O, S, Se, Te* を −OH，=O の酸素を置き換えるカルコゲン原子の位置を示すために用いる．また，*O^x, S^x, Se^x, Te^x* のような上付きの文字位置記号を必要に応じて acid の語の前に置く．

> 上付きの文字位置記号の使用は，参考文献1の規則 C-213.1 に記載の *1-O, 3-O* のように数字位置番号を文字位置記号の前に置いた以前の方法からの変更である．

例：
$$\overset{3\ \ 2\ \ 1}{\text{HS-CS-O-CS-SH}}$$

1,1,3,3-テトラチオ二炭酸 [PIN]
1,1,3,3-tetrathiodicarbonic acid [PIN]

$$\overset{1\ \ 2\ \ 3}{\text{HS-CS-S-CS-SH}}$$

ペンタチオ二炭酸 [PIN]
pentathiodicarbonic acid [PIN]

$$H\begin{Bmatrix}O\\S\end{Bmatrix}\overset{1\ 2\ 3}{C\text{-}O\text{-}C}\begin{Bmatrix}O\\S\end{Bmatrix}H$$
または
$$\overset{1\ \ 2\ \ 3}{\text{H\{S/O\}C-O-C\{O/S\}H}}$$

1,3-ジチオ二炭酸 [PIN]
1,3-dithiodicarbonic acid [PIN]
（硫黄原子の位置未詳）

$$\overset{1\ \ 2\ \ 3}{\text{HS-CO-O-CO-SH}}$$

1,3-*S^1,S^3*-ジチオ二炭酸 [PIN]
1,3-dithiodicarbonic *S^1,S^3*-acid [PIN]

$$\overset{1\ \ 2\ \ 3}{\text{HO-CS-O-CS-OH}}$$

1,3-*O^1,O^3*-ジチオ二炭酸 [PIN]
1,3-dithiodicarbonic *O^1,O^3*-acid [PIN]

P-65.2.3.1.2.3 カルコゲン原子の位置が未詳である場合は，カルコゲン類縁体の命名には複合置換基を用いなくてはならない．

例：H{S/O}C-O-CO-SH　[(チオカルボキシ)オキシ]メタンチオ *S*-酸 [PIN]
[(thiocarboxy)oxy]methanethioic *S*-acid [PIN]

H{S/O}C-O-CS-OH　[(チオカルボキシ)オキシ]メタンチオ *O*-酸 [PIN]
[(thiocarboxy)oxy]methanethioic *O*-acid [PIN]

P-65.2.3.1.3　ハロゲン化物および擬ハロゲン化物による置き換え　官能基代置を示すために，−Br にはブロモ bromo，−Cl にはクロロ chloro，−F にはフルオロ fluoro，−I にはヨード iodo，−N₃ にはアジド azido，−NC にはイソシアノ isocyano，−NCO にはイソシアナト isocyanato（およびそのカルコゲン類縁体）などの接頭語を用いる．

P-65　酸，酸ハロゲン化物，酸擬ハロゲン化物，塩，エステルおよび酸無水物　　　559

例：　Cl-CO-O-CO-OH （1 2 3 上に付番）　　クロロ二炭酸 **PIN**
　　　　　　　　　　　　　　　　　chlorodicarbonic acid **PIN**

　　　OCN-CO-NH-CO-OH （1 2 3 上に付番）　　2-イミド-1-イソシアナト二炭酸 **PIN**
　　　　　　　　　　　　　　　　　2-imido-1-isocyanatodicarbonic acid **PIN**
　　　　　　　　　　　　　　　　（位置番号は曖昧さを避けるために使う）

P-65.2.3.1.4　NH₂ 基および NHNH₂ 基による置き換え　　接頭語 アミド amido と ヒドラジド hydrazido を，
それぞれ −NH₂ 基と −NHNH₂ 基による官能基代置を示すために用いる．イタリック体文字の位置番号，N, N' な
どは，数字位置番号が使われるアミド結合以外の窒素原子上の置換を示すために用いる．

例：　H₂N-CO-S-CO-OH （N 1 2 3 上に付番）　　1-アミド-2-チオ二炭酸 **PIN**　　1-amido-2-thiodicarbonic acid **PIN**

　　　H₂N-NH-CO-NH-CO-NH-CO-OH （N' N 1 2 3 4 5 上に付番）　　1-ヒドラジド-2,4-ジイミド三炭酸 **PIN**
　　　　　　　　　　　　　　　　　1-hydrazido-2,4-diimidotricarbonic acid **PIN**

P-65.2.3.1.5　二炭酸，三炭酸，四炭酸およびポリ炭酸に由来する置換基　　置換基の名称は，必要に応じて置
換または連結法によりつくる．

例：HOOC-O-CO–　　　（カルボキシオキシ）カルボニル **優先接頭**　　（carboxyoxy)carbonyl **優先接頭**
　　　　　　　　　　〔（カルボキシオキシ）ホルミル (carboxyoxy)formyl ではない〕

　　　HS-CS-S-CS–　　　［（ジチオカルボキシ）スルファニル］カルボノチオイル **優先接頭**
　　　　　　　　　　［(dithiocarboxy)sulfanyl]carbonothioyl **優先接頭**
　　　　　　　　　　［（スルファニルカルボノチオイル）スルファニル］カルボノチオイル
　　　　　　　　　　[(sulfanylcarbonothioyl)sulfanyl]carbonothioyl
　　　　　　　　　　［スルファニル（チオカルボニル）スルファニル］（チオカルボニル）
　　　　　　　　　　[sulfanyl(thiocarbonyl)sulfanyl](thiocarbonyl)
　　　　　　　　　　〔［（ジチオカルボキシ）スルファニル］チオホルミル
　　　　　　　　　　[(dithiocarboxy)sulfanyl]thioformyl ではない〕

　　　（構造式：ベンゼン環に COOH と CO-O-COOH が結合，1,2位）
　　　　　　　　　2-［（カルボキシオキシ）カルボニル］安息香酸 **PIN**
　　　　　　　　　2-[(carboxyoxy)carbonyl]benzoic acid **PIN**

P-65.3　母体水素化物に直接結合するカルコゲン原子をもつ硫黄酸，セレン酸およびテルル酸
P-65.3.0　はじめに
　この項には，以下の酸が含まれる．

R-SO₃H	スルホン酸 sulfonic acid	R-SO₂H	スルフィン酸 sulfinic acid
R-SeO₃H	セレノン酸 selenonic acid	R-SeO₂H	セレニン酸 seleninic acid
R-TeO₃H	テルロン酸 telluronic acid	R-TeO₂H	テルリン酸 tellurinic acid

P-65.3.1　スルホン酸，スルフィン酸などの酸の置換命名法，接尾語方式
　スルホン酸，スルフィン酸などの酸は，表 6・2 に示されている該当する接尾語を母体水素化物名に付けて，置
換命名法により命名する．倍数接頭語 di, tri, tetra などを接尾語の多重度を示すために用いる．スルファニル酸
sulfanilic acid の名称は廃止した．

560   P-6 個々の化合物種類に対する適用

表 6·2 母体水素化物に直接結合するカルコゲン原子をもつ硫黄酸，セレン酸およびテルル酸を示すために用いる接尾語と接頭語

基	予備選択接尾語	予備選択接頭語
$-SO_2-OH$	スルホン酸 予備接尾 sulfonic acid 予備接尾	スルホ 予備接頭 sulfo 予備接頭
$-SO-OH$	スルフィン酸 予備接尾 sulfinic acid 予備接尾	スルフィノ 予備接頭 sulfino 予備接頭
$-SeO_2-OH$	セレノン酸 予備接尾 selenonic acid 予備接尾	セレノノ 予備接頭 selenono 予備接頭
$-SeO-OH$	セレニン酸 予備接尾 seleninic acid 予備接尾	セレニノ 予備接頭 selenino 予備接頭
$-TeO_2-OH$	テルロン酸 予備接尾 telluronic acid 予備接尾	テルロノ 予備接頭 tellurono 予備接頭
$-TeO-OH$	テルリン酸 予備接尾 tellurinic acid 予備接尾	テルリノ 予備接頭 tellurino 予備接頭

例： $C_6H_5-SO_2-OH$ ベンゼンスルホン酸 PIN   benzenesulfonic acid PIN

$$\underset{4\ \ \ 3\ \ \ 2\ \ \ 1}{CH_3-CH_2-\underset{|}{CH}-CH_3} \quad \overset{SO-OH}{}$$
ブタン-2-スルフィン酸 PIN   butane-2-sulfinic acid PIN

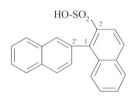

4-メチルベンゼン-1,3-ジスルホン酸 PIN
4-methylbenzene-1,3-disulfonic acid PIN
（トルエン-2,4-ジスルホン酸 toluene-2,4-disulfonic acid ではない）

[1,2′-ビナフタレン]-2-スルホン酸 PIN
[1,2′-binaphthalene]-2-sulfonic acid PIN

4-アミノベンゼン-1-スルホン酸 PIN   4-aminobenzene-1-sulfonic acid PIN
（スルファニル酸 sulfanilic acid ではない．この名称は廃止した）

P-65.3.1.1 官能基代置による修飾　接尾語で示される酸の酸素原子は，官能基代置命名法を用いて，$-OO-$ とその他のカルコゲン類縁体，$-S-$, $=S$, $-Se-$, $=Se$, $-Te-$, $=Te$, $=NH$, $=N-NH_2$ で置き換えることができる．それらの修飾された化合物の名称は，体系的置換命名法によりつくるが，その際挿入語により修飾された接尾語を修飾前の接尾語に対して定められた方法で使用する．名称は，まず修飾を受けていない酸での優先順位，ついで $-OO->S>Se>Te$ の優先順位を考慮して組立てる．この優位順位は，P-43 に詳しく例示してある．

P-65.3.1.2 ペルオキシ酸 peroxy acid　置換命名法を使用する場合は，表 6·2 に示した接尾語を挿入語 ペルオキソ peroxo で修飾する．そのようにして得られる接尾語を以下に例示する．

$-SO_2-OOH$ スルホノペルオキソ酸 予備接尾   sulfonoperoxoic acid 予備接尾

$-SeO-OOH$ セレニノペルオキソ酸 予備接尾   seleninoperoxoic acid 予備接尾

例： CH_3-SO_2-OOH メタンスルホノペルオキソ酸 PIN   methanesulfonoperoxoic acid PIN

P-65 酸，酸ハロゲン化物，酸擬ハロゲン化物，塩，エステルおよび酸無水物　　561

C_6H_5-TeO-OOH　　ベンゼンテルリノペルオキソ酸 **PIN**　benzenetellurinoperoxoic acid **PIN**

P-65.3.1.3　他のカルコゲン原子による修飾　　接尾語は，−S− または =S の場合は チオ thio，−Se− または =Se の場合は セレノ seleno，−Te− または =Te の場合は テルロ telluro などの挿入語により修飾し，その形で用いる．互変異性体は，カルコゲン原子の位置が既知のとき，その位置を表すために acid の語の前に記号 *S*, *Se*, *Te* を置いて示す．ペルオキソ酸における官能基代置を示すには，挿入語 チオペルオキソ thioperoxo，セレノペルオキソ selenoperoxo などを用いる．

−SO_2-SH　　　　　スルホノチオ *S*-酸 予備接尾　sulfonothioic *S*-acid 予備接尾

−Se(=S)-OH　　　　セレニノチオ *O*-酸 予備接尾　seleninothioic *O*-acid 予備接尾

−SO_2-OSH　　　　スルホノ(チオペルオキソ)*OS*-酸 予備接尾　sulfono(thioperoxoic) *OS*-acid 予備接尾

−TeO-SeSH　　　　テルリノ(セレノチオペルオキソ)*SeS*-酸 予備接尾
　　　　　　　　　　tellurino(selenothioperoxoic) *SeS*-acid 予備接尾

例：CH_3-CH_2-CH_2-S{O,Se}H　プロパン-1-スルフィノセレノ酸 **PIN**　propane-1-sulfinoselenoic acid **PIN**

　　CH_3-CH_2-S(O)(S)-OH　　エタンスルホノチオ *O*-酸 **PIN**　ethanesulfonothioic *O*-acid **PIN**

　　CH_3-CH_2-Se(=S)-OH　　エタンセレニノチオ *O*-酸 **PIN**　ethaneseleninothioic *O*-acid **PIN**

P-65.3.1.4　スルホン酸，スルフィン酸などの酸に由来するイミド酸およびヒドラゾン酸　　スルホン酸，スルフィン酸などの酸に由来するイミド酸およびヒドラゾン酸は，−S(=NH)-OH には スルフィンイミド酸 sulfinimidic acid，−S(O)(=NNH_2)-OH には スルホノヒドラゾン酸 sulfonohydrazonic acid などの接尾語を用いて命名する．接頭語 di は，スルホン酸の酸素原子(=O) 2 個を置き換えることを示すために使う．たとえば，−S(=NH)$_2$-OH は スルホノジイミド酸 sulfonodiimidic acid である．接尾語は表 4·3 にまとめて示されている．

例：CH_3-CH_2-S(=NH)$_2$-OH　エタンスルホノジイミド酸 **PIN**　ethanesulfonodiimidic acid **PIN**

　　CH_3-S(=NH)-OH　　メタンスルフィンイミド酸 **PIN**　methanesulfinimidic acid **PIN**

　　C_6H_5-Se(=NH)$_2$-OH　ベンゼンセレノノジイミド酸 **PIN**　benzeneselenonodiimidic acid **PIN**

ベンゼンスルホノヒドラゾン酸 **PIN**
benzenesulfonohydrazonic acid **PIN**

ナフタレン-2-セレノノヒドラゾノイミドチオ酸 **PIN**
naphthalene-2-selenonohydrazonimidothioic acid **PIN**

P-65.3.1.5　スルホン酸，スルフィン酸などの酸に由来するヒドロキシム酸およびヒドロキサム酸　　スルホン酸，スルフィン酸などの酸に由来するヒドロキシム酸およびヒドロキサム酸は，それぞれ *N*-ヒドロキシスルホンイミド酸 *N*-hydroxysulfonimidic acid および *N*-ヒドロキシスルホンアミド *N*-hydroxysulfonamide などと命名する(P-65.1.3.3，P-65.1.3.4，P-66.1.1.3.2 参照).

例：CH_3-S(O)(=N-OH)-OH　　*N*-ヒドロキシメタンスルホンイミド酸 **PIN**
　　　　　　　　　　　　　　　N-hydroxymethanesulfonimidic acid **PIN**

　　CH_3-CH_2-CH_2-SO-NH-OH　*N*-ヒドロキシプロパン-1-スルフィンアミド **PIN**
　　　　　　　　　　　　　　　　　N-hydroxypropane-1-sulfinamide **PIN**

P-65.3.2　スルホン酸，スルフィン酸などの酸の置換命名法，接頭語方式

P-65.3.2.1　主基として記載すべき上位の基(P-41, P-42, P-43 参照)が別に存在する場合，またはすべての基を接尾語として表すことができない場合は，硫黄，セレン，テルルの有機オキソ酸は，母体化合物名に表 6·2 に示す該当する接頭語を付けて命名する．これらの接頭語は，カルコゲン原子の位置が未詳である場合，またはその位置を示すことが望ましくない場合は，カルコゲン原子を示す接頭語を用いて官能基代置命名法により修飾することができる．

例:

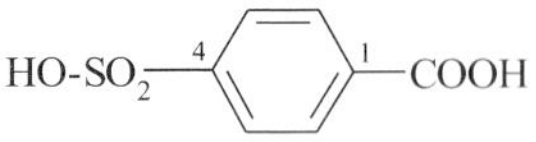

HO-SO₂——⟨benzene ring, positions 4 and 1⟩——COOH
- 4-スルホ安息香酸 **PIN**
- 4-sulfobenzoic acid **PIN**

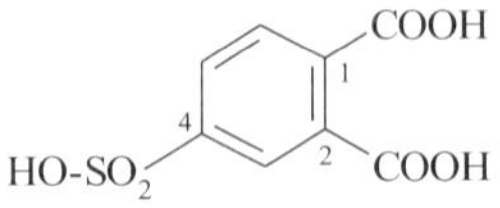

⟨benzene ring⟩ COOH (1), COOH (2), HO-SO₂ at 4
- 4-スルホベンゼン-1,2-ジカルボン酸 **PIN**
- 4-sulfobenzene-1,2-dicarboxylic acid **PIN**
- 4-スルホフタル酸　4-sulfophthalic acid

HO-SO₂-CH₂-CH₂-CH₂-CH₂-O-S-CH₂-O-CH₂-CH₂-CH₂-SO₂-OH
（1, 2, 3, 4 numbering）
- 4-({[(3-スルホプロポキシ)メチル]スルファニル}オキシ)ブタン-1-スルホン酸 **PIN**
- 4-({[(3-sulfopropoxy)methyl]sulfanyl}oxy)butane-1-sulfonic acid **PIN**

HO-SO-CH₂-COOH
- スルフィノ酢酸 **PIN**　sulfinoacetic acid **PIN**

HOOC-CH₂-CH₂-SeO₂-OH
（1, 2, 3 numbering）
- 3-セレノノプロパン酸 **PIN**　3-selenonopropanoic acid **PIN**

H{S/O}S-CH₂-CH₂-SO₂-OH
- 2-(チオスルフィノ)エタン-1-スルホン酸 **PIN**
- 2-(thiosulfino)ethane-1-sulfonic acid **PIN**

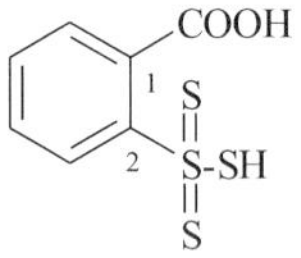

⟨benzene ring⟩ COOH, S=（1）, S-SH（2）, S
- 2-トリチオスルホ安息香酸 **PIN**
- 2-trithiosulfobenzoic acid **PIN**
- 2-(スルファニルスルホノジチオイル)安息香酸
- 2-(sulfanylsulfonodithioyl)benzoic acid

P-65.3.2.2　スルホン酸，スルフィン酸などの酸およびその官能基代置類縁体に由来するアシル基

P-65.3.2.2.1　スルホン酸，スルフィン酸，セレノン酸，セレニン酸，テルロン酸およびテルリン酸に由来するアシル基は，R-EOₓ-，-OₓE-R-EOₓ- または -OₓE-R-[R′-EOₓ-]-R″-EOₓ- (E = S, Se, Te, x = 1 または 2, R, R′, R″ は鎖または環)であり，該当する接尾語により主特性基として表されているスルホン酸基，スルフィン酸基，関連するセレン酸基またはテルル酸基から，ヒドロキシ基を除去して得られる基である．

P-65.3.2.2.2　スルホン酸，スルフィン酸およびそのセレン，テルル類縁体から，酸の -OH 基を除去して得られるアシル基の名称は，接尾語の語尾 ic acid を yl にかえてつくる．接尾語が官能基代置命名法によって修飾されるときは，対応するアシル基の語尾は oyl である．連結法によってつくるアシル基，たとえば フェニルスルホニル phenylsulfonyl は，GIN で使用できる．

> 慣用的に連結法でつくられていた フェニルスルホニル phenylsulfonyl のような名称の代わりに，本勧告では ベンゼンスルホニル benzenesulfonyl のような優先アシル置換接頭語をスルホン酸，スルフィン酸などの名称から直接つくることとなった．これは名称を単純化するための大きな変更である．名称の解釈をわかりやすくするため，この優先接頭語は単純接頭語であっても丸括弧に入れる(P-16.5.1.4, P-65.4.1 参照).

例: C₆H₅-SO₂-　　ベンゼンスルホニル 優先接頭　benzenesulfonyl 優先接頭
　　　　　　　　　フェニルスルホニル　phenylsulfonyl

P-65 酸，酸ハロゲン化物，酸擬ハロゲン化物，塩，エステルおよび酸無水物　　　563

CH_3-SeO- 　　メタンセレニニル [優先接頭] 　methaneseleninyl [優先接頭]

　　　　　　　　メチルセレニニル　methylseleninyl

$CH_3-CH_2-S(O)(S)-$ 　　エタンスルホノチオイル [優先接頭] 　ethanesulfonothioyl [優先接頭]

　　　　　　　　エチルスルホノチオイル　ethylsulfonothioyl

$C_6H_5-S(Se)-$ 　　ベンゼンスルフィノセレノイル [優先接頭] 　benzenesulfinoselenoyl [優先接頭]

　　　　　　　　フェニルスルフィノセレノイル　phenylsulfinoselenoyl

$CH_3-CH_2-S(=NH)-$ 　　エタンスルフィンイミドイル [優先接頭] 　ethanesulfinimidoyl [優先接頭]

　　　　　　　　S-エチルスルフィンイミドイル　S-ethylsulfinimidoyl

P-65.3.2.3　連結法によりつくる置換基　　アシル基の名称が，接尾語で表される酸の名称から直接得られない場合は，連結操作による方法を用いる．この方法においては，二価の単核アシル基の名称が必要となる．硫酸，亜硫酸とその類縁体であるセレン酸，テルル酸に相当するアシル基は，母体酸のすべての −OH 基を除去してつくる．有機化合物の命名法において用いられる名称は，以下のとおりである．

$-SO_2-$　スルホニル [予備接頭] 　　　　$-SO-$　スルフィニル [予備接頭]
　　　　　sulfonyl [予備接頭] 　　　　　　　　　　sulfinyl [予備接頭]
　　　　　スルフリル　sulfuryl 　　　　　　　　　チオニル　thionyl
$-SeO_2-$　セレノニル [予備接頭] 　　　　$-SeO-$　セレニニル [予備接頭]
　　　　　selenonyl [予備接頭] 　　　　　　　　　seleninyl [予備接頭]
$-TeO_2-$　テルロニル [予備接頭] 　　　　$-TeO-$　テルリニル [予備接頭]
　　　　　telluronyl [予備接頭] 　　　　　　　　　tellurinyl [予備接頭]

　これらのアシル基は，$=S$，$=Se$，$=Te$，$=NH$，$=N-NH_2$ での置き換えを示す官能基代置命名法における挿入語により修飾する．

例：$-S(=O)(=S)-$　　　スルホノチオイル [予備接頭]
　　　　　　　　　　　sulfonothioyl [予備接頭]

　　　$-S(=S)(=S)-$　　　スルホノジチオイル [予備接頭]
　　　　　　　　　　　sulfonodithioyl [予備接頭]

　　　$-S(=NH)-$　　　スルフィンイミドイル [予備接頭]
　　　　　　　　　　　sulfinimidoyl [予備接頭]

　　　$-Se(=O)(=NNH_2)-$　セレノノヒドラゾノイル [予備接頭]
　　　　　　　　　　　selenonohydrazonoyl [予備接頭]

　　　$-Se(=S)(=NH)-$　セレノンイミドチオイル [予備接頭]
　　　　　　　　　　　selenonimidothioyl [予備接頭]

　特性基を示す接頭語は，これらの二価アシル基の名称に付け加えることができる．H に対する接頭語ヒドロ hydro も使用できる．この慣用的方法により PIN ができる．硫酸，亜硫酸，およびそのセレン，テルル類縁体の名称から直接得られるアシル基の名称は，曖昧で不完全なため，適切ではない(P-67.1.4.4.1 参照)．H_2N-SO_2- の名称である スルファモイル sulfamoyl は，PIN の作成にも用いられる保存名である．

例：CH_3O-SO_2-　　　メトキシスルホニル [優先接頭] 　methoxysulfonyl [優先接頭]

　　　$Cl-S(O)-$　　　クロロスルフィニル [予備接頭] 　chlorosulfinyl [予備接頭]

　　　H_2N-SO_2-　　　スルファモイル [予備接頭] 　sulfamoyl [予備接頭]
　　　　　　　　　　アミノスルホニル　aminosulfonyl
　　　　　　　　　　スルフロアミドイル　sulfuramidoyl

　　　$H-SO-$　　　ヒドロスルフィニル [予備接頭] 　hydrosulfinyl [予備接頭]

　　　$CH_3-CO-O-SO_2-$　（アセチルオキシ）スルホニル [優先接頭] 　(acetyloxy)sulfonyl [優先接頭]

CH₃-O-S(=NH)–	S-メトキシスルフィンイミドイル 優先接頭	S-methoxysulfinimidoyl 優先接頭	
HO-SO₂-O–	スルホオキシ 予備接頭	sulfooxy 予備接頭	
H-SeO₂–	ヒドロセレノニル 予備接頭	hydroselenonyl 予備接頭	
–S-SO₂-S–	スルホニルビス(スルファンジイル) 予備接頭	sulfonylbis(sulfanediyl) 予備接頭	
–O-SO-O–	スルフィニルビス(オキシ) 予備接頭	sulfinylbis(oxy) 予備接頭	

P-65.3.3 多官能性化合物

多官能性化合物は，P-41 および P-43 に述べた接尾語の優先順位の一般的な順序に従って命名する．必要な場合，番号付けは P-61.1 に述べた優先順位に基づいて行う．

例：

4-アミノナフタレン-1-スルホン酸 PIN
4-aminonaphthalene-1-sulfonic acid PIN

8-エトキシキノリン-5-スルホン酸 PIN
8-ethoxyquinoline-5-sulfonic acid PIN

8-ヒドロキシ-5,7-ジニトロナフタレン-2-スルホン酸 PIN
8-hydroxy-5,7-dinitronaphthalene-2-sulfonic acid PIN

7-アミノナフタレン-1,3-ジスルホン酸 PIN
7-aminonaphthalene-1,3-disulfonic acid PIN

2-(トリチオスルホ)ベンゼン-1-スルホノチオ S-酸 PIN
2-(trithiosulfo)benzene-1-sulfonothioic S-acid PIN

P-65.4 置換基としてのアシル基

P-65.4.1 一般的方法

これまでの節で述べてきたアシル基の名称は，そのまま置換基を表すために使用できる．したがって，鎖状カルボン酸に由来するアシル基を，ケトン，擬ケトンおよびヘテロンの命名に用いる慣用的方法に変わりはない（他の例は P-65.1.7 を参照されたい）．

例：

2-アセチル安息香酸 PIN
2-acetylbenzoic acid PIN

2-(メタンスルホニル)安息香酸 PIN
2-(methanesulfonyl)benzoic acid PIN
2-(メチルスルホニル)安息香酸
2-(methylsulfonyl)benzoic acid

P-65 酸，酸ハロゲン化物，酸擬ハロゲン化物，塩，エステルおよび酸無水物   565

2-(シクロヘキサンカルボニル)ナフタレン-1-カルボン酸 `PIN`
2-(cyclohexanecarbonyl)naphthalene-1-carboxylic acid `PIN`
2-(シクロヘキシルカルボニル)ナフタレン-1-カルボン酸
2-(cyclohexylcarbonyl)naphthalene-1-carboxylic acid

[1-(4-クロロベンゾイル)-5-メトキシ-2-
                メチル-1H-インデン-3-イル]酢酸 `PIN`
[1-(4-chlorobenzoyl)-5-methoxy-2-
             methyl-1H-inden-3-yl]acetic acid `PIN`

4-(シクロヘキサンスルフィニル)モルホリン-2-カルボン酸 `PIN`
4-(cyclohexanesulfinyl)morpholine-2-carboxylic acid `PIN`
4-(シクロヘキシルスルフィニル)モルホリン-2-カルボン酸
4-(cyclohexylsulfinyl)morpholine-2-carboxylic acid

(プロパン-1-スルホニル)ベンゼン `PIN`
(propane-1-sulfonyl)benzene `PIN`
(プロピルスルホニル)ベンゼン
(propylsulfonyl)benzene

[2,3-ジクロロ-4-
      (2-メチリデンブタノイル)フェノキシ]酢酸 `PIN`
[2,3-dichloro-4-
      (2-methylidenebutanoyl)phenoxy]acetic acid `PIN`

P-65.5 酸ハロゲン化物および酸擬ハロゲン化物

P-65.5.1 接尾語で表される酸に由来する 酸ハロゲン化物	P-65.5.3 炭酸，シアン酸，ポリ炭酸に由来する酸ハ ロゲン化物および酸擬ハロゲン化物
P-65.5.2 接尾語で表される酸に由来する 酸擬ハロゲン化物	P-65.5.4 置換基としての酸ハロゲン化物および酸 擬ハロゲン化物

P-65.5.1 接尾語で表される酸に由来する酸ハロゲン化物

P-65.5.1.1 主特性基(カルボン酸，スルホン酸，スルフィン酸，セレノン酸など)を示す接尾語として表されたすべての酸基中のヒドロキシ基をハロゲン原子(F, Cl, Br, I)で置き換えた酸ハロゲン化物は，アシル基の名称(P-65.1.7 参照)をまず書き，その後に特定の化合物種類の名称(表 6·3 参照)を別の語としてアルファベット順に書いて命名する．必要に応じて，それぞれの名称の前に倍数接頭語を置く．

名称 ホルミル formyl，アセチル acetyl，ベンゾイル benzoyl，オキサリル oxalyl および オキサモイル oxamoyl は，優先接頭語として保存する．

例：$\overset{2}{C}H_3\text{-}\overset{1}{C}O\text{-}Cl$ アセチル＝クロリド `PIN`   acetyl chloride `PIN`

HCO-Br   ホルミル＝ブロミド `PIN`   formyl bromide `PIN`

$\overset{6}{C}H_3\text{-}\overset{5}{C}H_2\text{-}\overset{4}{C}H_2\text{-}\overset{3}{C}H_2\text{-}\overset{2}{C}H_2\text{-}\overset{1}{C}O\text{-}F$ ヘキサノイル＝フルオリド `PIN`   hexanoyl fluoride `PIN`

シクロヘキサンカルボキシイミドイル＝クロリド `PIN`
cyclohexanecarboximidoyl chloride `PIN`

566   P-6　個々の化合物種類に対する適用

表 6·3　酸ハロゲン化物および酸擬ハロゲン化物の化合物種類

	ハロゲン化物	接頭語		擬ハロゲン化物	接頭語
−F	フルオリド fluoride	フルオロ fluoro	−N₃	アジド azide	アジド azido
−Cl	クロリド chloride	クロロ chloro	−CN	シアニド cyanide	シアノ cyano
−Br	ブロミド bromide	ブロモ bromo	−NC	イソシアニド isocyanide	イソシアノ isocyano
−I	ヨージド iodide	ヨード iodo	−NCO	イソシアナート isocyanate	イソシアナト isocyanato
			−NCS	イソチオシアナート isothiocyanate	イソチオシアナト isothiocyanato
			−NCSe	イソセレノシアナート isoselenocyanate	イソセレノシアナト isoselenocyanato
			−NCTe	イソテルロシアナート isotellurocyanate	イソテルロシアナト isotellurocyanato

ベンゼンスルフィニル=クロリド **PIN**
benzenesulfinyl chloride **PIN**

シクロヘキサンカルボチオイル=クロリド **PIN**
cyclohexanecarbothioyl chloride **PIN**

ベンゼンセレニニル=クロリド **PIN**
benzeneseleninyl chloride **PIN**

Cl-CO-CH₂-CO-Cl
プロパンジオイル=ジクロリド **PIN**　propanedioyl dichloride **PIN**
二塩化マロニル または マロニルジクロリド
malonyl dichloride

Cl-CO-CO-Cl
オキサリル=ジクロリド **PIN**　oxalyl dichloride **PIN**
二塩化エタンジオイル または エタンジオイルジクロリド
ethanedioyl dichloride

ベンゼン-1,4-ジカルボニル=ジクロリド **PIN**
benzene-1,4-dicarbonyl dichloride **PIN**
二塩化テレフタロイル または テレフタロイルジクロリド
terephthaloyl dichloride

Br-O₂S-CH₂-CH₂-SO₂-Br
エタン-1,2-ジスルホニル=ジブロミド **PIN**
ethane-1,2-disulfonyl dibromide **PIN**

Br-CO-CH₂-CH₂-CO-Cl
ブタンジオイル=ブロミド=クロリド **PIN**
butanedioyl bromide chloride **PIN**
臭化塩化スクシニル または スクシニルブロミドクロリド
succinyl bromide chloride

H₂N-CO-CO-Br
オキサモイル=ブロミド **PIN**　oxamoyl bromide **PIN**

P-65.5.2　接尾語で表される酸に由来する酸擬ハロゲン化物

　　P-65.5.2.1　　主特性基(カルボン酸, スルホン酸, スルフィン酸, セレノン酸など)を示す接尾語として表され

P-65　酸，酸ハロゲン化物，酸擬ハロゲン化物，塩，エステルおよび酸無水物　　　567

たすべての酸基中のヒドロキシ基を擬ハロゲン基(N_3, CN, NC, NCO, NCS, NCSe, NCTe)で置き換えた酸擬ハロゲン化物は，アシル基の名称(P-65.1.7 参照)をまず書き，その後に化合物種類の名称(一つまたは複数)を別の語として書いて命名する．必要に応じて倍数接頭語を前に付ける．選択の余地のある場合は，上位の擬ハロゲン基を N_3＞CN＞NC＞NCO＞NCS＞NCSe＞NCTe の優先順位に従って選ぶ．ハロゲン原子は，擬ハロゲン基に優先する．

　　名称 ホルミル formyl，アセチル acetyl，ベンゾイル benzoyl，オキサリル oxalyl および オキサモイル oxamoyl は，PIN をつくるために保存する．

例：
$\overset{4}{H_3C}-\overset{3}{CH_2}-\overset{2}{CH_2}-\overset{1}{CO}-CN$
　　　　ブタノイル＝シアニド **PIN**　butanoyl cyanide **PIN**
　　　　シアン化ブチリル または ブチリルシアニド　butyryl cyanide

SCN-CO-CO-NCS
　　　　オキサリル＝ジイソチオシアナート **PIN**　oxalyl diisothiocyanate **PIN**

$\overset{1}{CN}-\overset{2}{CO}-\overset{3}{CH_2}-\overset{}{CH_2}-\overset{4}{CO}-NCS$
　　　　ブタンジオイル＝イソシアニド＝イソチオシアナート **PIN**
　　　　butanedioyl isocyanide isothiocyanate **PIN**

P-65.5.3　炭酸，シアン酸，ポリ炭酸に由来する酸ハロゲン化物および酸擬ハロゲン化物

P-65.5.3.1　　炭酸，カルバミン酸および関連酸に由来するアシル基(炭酸由来のカルボニル carbonyl，カルバミン酸由来のカルバモイル carbamoyl，カルバモイミド酸由来のカルバモイミドイル carbamimidoyl など)は，対応する酸ハロゲン化物の名称をつくる際に用いる．

例：Cl-CO-Cl　　　カルボニル＝ジクロリド **PIN**　carbonyl dichloride **PIN**

Br-CO-Cl　　　カルボニル＝ブロミド＝クロリド **PIN**　carbonyl bromide chloride **PIN**
　　　　　　　　（カルボノブロミド酸クロリド carbonobromidic chloride ではない）

$\overset{N-CH_3}{\underset{N_3-C-F}{\|}}$
　　　　N-メチルカルボノアジドイミドイル＝フルオリド **PIN**
　　　　N-methylcarbonazidimidoyl fluoride **PIN**

NC-CO-Cl　　　カルボノシアニドイル＝クロリド **PIN**　carbonocyanidoyl chloride **PIN**

H_2N-CO-NCO　　　カルバモイル＝イソシアナート **PIN**　carbamoyl isocyanate **PIN**

P-65.5.3.2　　二炭酸およびポリ炭酸に由来するアシル基は存在しないため，これらの酸から得られる酸ハロゲン化物の名称は，酸の名称の後にハロゲン化物の名称を書いてつくる(無機のポリ酸に適用する同じ方法については，P-67.2.3 を参照).

例：Cl-CO-O-CO-Cl　　　　　二炭酸＝ジクロリド **PIN**　dicarbonic dichloride **PIN**

Cl-CO-O-CO-Br　　　　　二炭酸＝ブロミド＝クロリド **PIN**　dicarbonic bromide chloride **PIN**

$\overset{1}{Cl-CO}-\overset{2}{NH}-\overset{3}{CO}-Cl$　　　　2-イミド二炭酸＝ジクロリド **PIN**　2-imidodicarbonic dichloride **PIN**

OCN-CO-O-CO-NCO　　　　二炭酸＝ジイソシアナート **PIN**　dicarbonic diisocyanate **PIN**

$\overset{1}{Cl-C}(=\overset{N}{NH})-\overset{2}{NH}-\overset{3}{CO}-\overset{4}{S}-\overset{5}{C}(S)-Br$
　　　　1,2-ジイミド-4,5-ジチオ三炭酸=5-ブロミド=1-クロリド **PIN**
　　　　1,2-diimido-4,5-dithiotricarbonic 5-bromide 1-chloride **PIN**

P-65.5.3.3　　シアン酸に由来する酸ハロゲン化物および酸擬ハロゲン化物は，次の二つの方法でつくる．

(1) カルボノニトリド酸 carbononitridic acid の酸ハロゲン化物または酸擬ハロゲン化物として命名する．
(2) 酸の名称の後にハロゲン化物または擬ハロゲン化物の名称を記載することにより命名する．

568 P-6　個々の化合物種類に対する適用

方法(1)による名称が PIN となる.

例：NC-Cl　カルボノニトリド酸=クロリド **PIN**　carbononitridic chloride **PIN**
　　　　　シアン酸クロリド　cyanic chloride

　　　NC-N₃　カルボノニトリド酸=アジド **PIN**　carbononitridic azide **PIN**
　　　　　シアン酸アジド　cyanic azide

P-65.5.4　置換基としての酸ハロゲン化物および酸擬ハロゲン化物

主基として記載すべき上位の他の基が存在するとき，または他の置換基に結合するとき，酸ハロゲン化物および酸擬ハロゲン化物は次の方法で表す.

(1) 酸の名称からつくる接頭語，たとえば カルボノクロリドイル carbonochloridoyl を用いる.
(2) ハロゲン接頭語と スルホニル sulfonyl のような該当する二価のアシル基からなる複合接頭語，たとえば フルオロスルホニル fluorosulfonyl を用いる.
(3) 鎖状炭素鎖の末端においては，ハロゲン基，擬ハロゲン基を示す接頭語と接頭語 オキソ oxo またはそのカルコゲン類縁体接頭語 スルファニリデン sulfanylidene などを用いる.

方法(1)による名称は，接尾語 カルボン酸 carboxylic acid を用いて相当する酸の命名をしている場合，PIN となる. 方法(3)による名称は，鎖状炭素鎖での PIN となる.
　番号付けの優先順位は，酸の番号付け(P-65.1.2.3 参照)に従う. ハロゲン化物と擬ハロゲン化物の優先順位については，P-65.5.2.1 を参照されたい.

例：　
$\overset{3}{Cl}-CO-\overset{2}{CH_2}-\overset{1}{COOH}$

(3) 3-クロロ-3-オキソプロパン酸 **PIN**
　　3-chloro-3-oxopropanoic acid **PIN**
(1) (カルボノクロリドイル)酢酸
　　(carbonochloridoyl)acetic acid

(1) 2-(カルボノクロリドイル)安息香酸 **PIN**
　　2-(carbonochloridoyl)benzoic acid **PIN**
(2) 2-クロロカルボニル安息香酸
　　2-chlorocarbonylbenzoic acid

(1) 2-(シアノスルホニル)シクロヘキサン-1-カルボン酸 **PIN**
　　2-(cyanosulfonyl)cyclohexane-1-carboxylic acid **PIN**
(2) 2-スルフロシアニドイルシクロヘキサン-1-カルボン酸
　　2-sulfurocyanidoylcyclohexane-1-carboxylic acid

(1) 2-(カルボノシアニドチオイル)ベンゾイル=クロリド **PIN**
　　2-(carbonocyanidothioyl)benzoyl chloride **PIN**
(2) 2-(シアノカルボノチオイル)ベンゾイルクロリド
　　2-(cyanocarbonothioyl)benzoyl chloride

$OCN-CO-\overset{2}{CH_2}$—〔ベンゼン環〕—$\overset{1}{CS}-CN$

[4-(カルボノシアニドチオイル)フェニル]アセチル=イソシアナート **PIN**
[4-(carbonocyanidothioyl)phenyl]acetyl isocyanate **PIN**

2-(カルボノシアニドイル)-5-メチルベンゾイル=クロリド **PIN**
2-(carbonocyanidoyl)-5-methylbenzoyl chloride **PIN**
塩化 2-(シアノカルボニル)-5-メチルベンゾイル
2-(シアノカルボニル)-5-メチルベンゾイルクロリド
2-(cyanocarbonyl)-5-methylbenzoyl chloride

P-65　酸，酸ハロゲン化物，酸擬ハロゲン化物，塩，エステルおよび酸無水物　　　　569

Br-CO-CO-CH₂-COOH　　　(3) 4-ブロモ-3,4-ジオキソブタン酸 **PIN**
　　　　　　　　　　　　　　　4-bromo-3,4-dioxobutanoic acid **PIN**

Br-CO-O-CO-CH₂-COOH　　(1) 3-[(カルボノブロミドイル)オキシ]-3-オキソプロパン酸 **PIN**
　　　　　　　　　　　　　　　3-[(carbonobromidoyl)oxy]-3-oxopropanoic acid **PIN**

P-65.6　塩およびエステル　　"日本語名称のつくり方"も参照

> P-65.6.1　一般的方法　　　　P-65.6.3　エステル，ラクトン
> P-65.6.2　塩　　　　　　　　および関連化合物

P-65.6.1　一 般 的 方 法

中性の塩およびエステルは，いずれも酸の名称に由来するアニオンの名称を用いて命名する．アニオンの名称は，酸の名称の語尾 ic acid を ate に，ous acid を ite にかえてつくる．次に，塩では，アニオン名の前に別の語として記載するカチオンの名称を用い，エステルでは，アニオン名の前に別の語として記載する有機基の名称を用いて命名する．

P-65.6.2　塩

P-65.6.2.1　　酸の中性塩は，カチオン名を別の語としてアニオン名(P-72.2.2.2 参照)の前に記載することにより命名する．異なるカチオンはアルファベット順に記載する．塩の生成は官能基化であり，置換ではない．したがって，すべての保存名は，PIN でも GIN でのみ使用する名称でも，制限なく使うことができる．この規則は，接尾語で表される酸にも，炭酸，シアン酸，シュウ酸，ポリ炭酸にも同じように適用できる．

例：CH₃-CH₂-CH₂-COO⁻ K⁺　　ブタン酸カリウム **PIN**
　　　　　　　　　　　　　　　potassium butanoate **PIN**

CH₃-CH₂-CS-S⁻ Na⁺　　　　　プロパン(ジチオ酸)ナトリウム **PIN**
　　　　　　　　　　　　　　　sodium propane(dithioate) **PIN**

(CH₃-COO⁻)₂ Ca²⁺　　　　　　二酢酸カルシウム **PIN**
　　　　　　　　　　　　　　　calcium diacetate **PIN**

C₆H₅-SO-O⁻ Na⁺　　　　　　　ベンゼンスルフィン酸ナトリウム **PIN**
　　　　　　　　　　　　　　　sodium benzenesulfinate **PIN**

K⁺ ⁻OOC-CH₂-CH₂-COO⁻ Na⁺　　　ブタン二酸=カリウム=ナトリウム **PIN**
　　　　　　　　　　　　　　　　　potassium sodium butanedioate **PIN**
　　　　　　　　　　　　　　　　　コハク酸カリウムナトリウム
　　　　　　　　　　　　　　　　　potassium sodium succinate

NH₄⁺ ⁻OOC-CH₂-CH₂-CH₂-CH₂-COO⁻ K⁺　　ヘキサン二酸=アンモニウム=カリウム **PIN**
　　　　　　　　　　　　　　　　　ammonium potassium hexanedioate **PIN**
　　　　　　　　　　　　　　　　　アジピン酸アンモニウムカリウム
　　　　　　　　　　　　　　　　　ammonium potassium adipate

C(O)O₂²⁻ 2Na⁺　　　　　　　　炭酸二ナトリウム **PIN**
　　　　　　　　　　　　　　　disodium carbonate **PIN**

(CH₃-COO⁻)₄ Ge⁴⁺　　　　　　四酢酸ゲルマニウム **PIN**
　　　　　　　　　　　　　　　germanium tetraacetate **PIN**

P-65.6.2.2 環状の塩は複素環として命名する.

例：

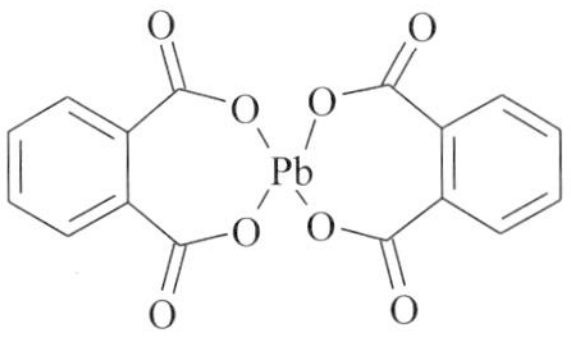

3,3′-スピロビ[[2,4,3]ベンゾジオキサプルンベピン]-
1,1′,5,5′-テトラオン **PIN**
3,3′-spirobi[[2,4,3]benzodioxaplumbepine]-1,1′,5,5′-tetrone **PIN**

P-65.6.2.3　酸　性　塩

P-65.6.2.3.1　　多塩基性有機酸の酸性塩は，次の二つの方法で命名する.

(1) 遊離の酸をアニオン名の接頭語として記載する置換命名法により命名する.

(2) 中性塩と同じ方法で命名する. 残存する酸の水素原子は，カチオン名とアニオン名の間に 水素 hydrogen を別の語として挿入することにより示す. 必要な場合は，カチオンは名称中にアルファベット順で記載する.

酸性塩の構造が未詳の場合を除き，方法(1)による名称が PIN となる. $-COO^-$, $-SO_3^-$, $-SO_2^-$ のようなアニオン性置換基は，それぞれ接頭語名 カルボキシラト carboxylato，スルホナト sulfonato，スルフィナト sulfinato により記述する. 対応するセレン酸およびテルル酸についても同様である.

例：$HOOC-[CH_2]_5-COO^-\ K^+$

　　(1) 6-カルボキシヘキサン酸カリウム **PIN**
　　　　potassium 6-carboxyhexanoate **PIN**
　　(2) ヘプタン二酸水素カリウム
　　　　potassium hydrogen heptanedioate

$HOOC-CH_2-CH_2-COO^-\ NH_4^+$

　　(1) 3-カルボキシプロパン酸アンモニウム **PIN**
　　　　ammonium 3-carboxypropanoate **PIN**
　　(2) ブタン二酸水素アンモニウム　ammonium hydrogen butanedioate
　　　　コハク酸水素アンモニウム　ammonium hydrogen succinate

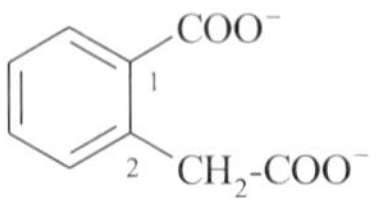

$Na^+\ \ H^+$

　　(2) 2-(カルボキシラトメチル)安息香酸=水素=ナトリウム **PIN**
　　　　sodium hydrogen 2-(carboxylatomethyl)benzoate **PIN**

$Na^+\ \ K^+\ \ H^+$

　　(2) プロパン-1,2,3-トリカルボン酸=水素=カリウム=ナトリウム **PIN**
　　　　potassium sodium hydrogen propane-1,2,3-tricarboxylate **PIN**

$(HOOC-CH_2-CH_2-COO^-)_3\ Sb^{3+}$

　　(1) トリス(3-カルボキシプロパン酸)アンチモン **PIN**
　　　　antimony tris(3-carboxypropanoate) **PIN**
　　(2) トリス(ブタン二酸水素)アンチモン
　　　　antimony tris(hydrogen butanedioate)

P-65.6.2.3.2　　多塩基性無機オキソ酸(炭酸を含む)の酸性塩の PIN は，方法(2)により命名する.

例：$HO-CO-O^-\ Na^+$　　　炭酸=水素=ナトリウム **PIN**
　　　　　　　　　　　　　　sodium hydrogen carbonate **PIN**

$CH_3-P(O)(O^-)_2\ K^+\ H^+$　　メチルホスホン酸=水素=カリウム **PIN**
　　　　　　　　　　　　　　potassium hydrogen methylphosphonate **PIN**

　　　　注記：無機化学の命名法(参考文献 12, IR-8.4)においては，hydrogen の語は，それがアニオンの一部であることを示すために，アニオン名の直前にスペースをあけずに記載する.

P-65　酸，酸ハロゲン化物，酸擬ハロゲン化物，塩，エステルおよび酸無水物　　　571

例：P(O)(O⁻)₃　Na⁺　2 H⁺　　リン酸二水素ナトリウム　　sodium dihydrogenphosphate

P-65.6.3　エステル，ラクトンおよび関連化合物

P-65.6.3.1　定　　義	P-65.6.3.4　擬エステル
P-65.6.3.2　一般的方法	P-65.6.3.5　環状エステル
P-65.6.3.3　エステルの優先 IUPAC 名	P-65.6.3.6　アシラール

P-65.6.3.1　定　　義

P-65.6.3.1.1　　有機オキソ酸のエステル ester R-C(O)-O-R′(R は H でもよい)，R-S(O)$_x$-O-R′(R ≠ H)とその
カルコゲン類縁体は，有機オキソ酸 R-C(O)-OH(R は H でもよい)，R-S(O)$_x$-OH(R ≠ H)とアルコール，フェノー
ル，ヘテロール，またはエノールの各ヒドロキシ基から形式的に水を除去して得られる．それらはアルコールな
どのアシル誘導体であるともいえる．この中には，有機オキソ酸のカルコゲン類縁体とアルコール(チオール，セ
レノール，テルロール)，フェノール，エノールのカルコゲン類縁体から生成するエステル，すなわちアルコール
(チオール，セレノール，テルロール)，フェノール，ヘテロール，エノールのカルコゲン類縁体のアシル誘導体も
含まれる．

無機オキソ酸に由来するエステルについては，P-67 を参照されたい．

P-65.6.3.1.2　　擬エステルは，一般式 R-E(=O)$_x$(OZ)をもつ化合物およびそのカルコゲン類縁体であり，ここ
で x は 1 または 2，Z は炭素でなく B, Al, In, Ga, Tl, Si, Ge, Sn, Pb, N (環状)，P, As, Sb, Bi などの元素である．擬
エステルは，化合物種類の優先順位においてはエステルに分類する(P-41 参照)．

例：CH₃-CO-O-Si(CH₃)₃　　　　　　酢酸トリメチルシリル **PIN**　trimethylsilyl acetate **PIN**

　　CH₃-CH₂-SO₂-S-Ge(CH₃)₃　　　エタンスルホノチオ酸 S-(トリメチルゲルミル) **PIN**
　　　　　　　　　　　　　　　　　S-(trimethylgermyl) ethanesulfonothioate **PIN**

P-65.6.3.2　一 般 的 方 法

P-65.6.3.2.1　　エステルの PIN は，すべて官能種類命名法により命名する．

例：CH₃-CO-O-CH₂-CH₃　　　　　　　酢酸エチル **PIN**　ethyl acetate **PIN**

　　CH₃-O-CO-CH₂-CH₂-CO-O-CH₂-CH₃　ブタン二酸=エチル=メチル **PIN**　ethyl methyl butanedioate **PIN**

　　⬡-CO-O-CH₃　　　　　　　　シクロヘキサンカルボン酸メチル **PIN**
　　　　　　　　　　　　　　　　methyl cyclohexanecarboxylate **PIN**

　　H₃C-CH₂-⌬(4...1)-SO₂-O-CH₃　　4-エチルベンゼン-1-スルホン酸メチル **PIN**
　　　　　　　　　　　　　　　　methyl 4-ethylbenzene-1-sulfonate **PIN**

P-65.6.3.2.2　エステルの倍数官能種類名　　エステルの官能種類命名法において，二価または多価のヒドロ
キシ成分により連結される同じ母体アニオン部分の集合体を命名するために，倍数操作(P-13.6.2)を用いる．

> エステルに適用する倍数操作に，以前の勧告からの変更がある．二価または多価の官
> 能種類名(アルカンジイル alkanediyl，アリーレン arylene などの有機基)は，以前の勧
> 告のように他の一価の有機基とともにアルファベット順に記載するのではなく，酸由
> 来のアニオン名(P-72.2.2.2.1 参照)で示される酸成分の名称の直前に記載する．

例： ₁ CH₂-O-CO-CH₃
　　 ₂ CH-O-CO-CH₃
　　 ₃ CH₂-O-CO-CH₃

三酢酸プロパン-1,2,3-トリイル **PIN**
propane-1,2,3-triyl triacetate **PIN**

CH₃-O-CO-CH₂-CO-O-（1,4-フェニレン環）4-O-CO-CH₂-CO-O-CH₃

ジプロパン二酸＝ジメチル＝1,4-フェニレン **PIN**
dimethyl 1,4-phenylene dipropanedioate **PIN**
ビス(プロパン二酸メチル)1,4-フェニレン
1,4-phenylene bis(methyl propanedioate)

CH₃-O-CO-CH₂-CO-O-（4,1-フェニレン環）1-O-CO-CH₂-CO-O-CH₂-CH₃

ジプロパン二酸＝エチル＝メチル＝1,4-フェニレン **PIN**
ethyl methyl 1,4-phenylene dipropanedioate **PIN**

P-65.6.3.2.3　接頭語として記載するエステル　　R-CO-O-R′，R-S(O)ₓ-O-R′ の一般構造をもつエステルにおいて，主基として記載すべき上位の基が別に存在するとき，またはすべてのエステル基がエステル命名について定められた方法により表すことができないとき，エステル基は，接頭語を用いて，R-CO-O— 基を表す アシルオキシ acyloxy として示すか，—CO-OR′ 基を表す アルコキシ…オキソ alkoxy…oxo，（アルキルオキシ）…オキソ (alkyloxy)…oxo，（アルカニルオキシ）…オキソ (alkanyloxy)…oxo，または アルコキシカルボニル alkoxy-carbonyl，（アルキルオキシ）カルボニル (alkyloxy)carbonyl，（アルカニルオキシ）カルボニル (alkanyloxy)carbonyl として示す.

　体系名 アセチルオキシ acetyloxy は短縮名 アセトキシ acetoxy に優先する．後者は GIN では使用できる.

　番号付けの優先順位は，酸における優先順位に従う(P-65.1.2.3 参照).

例：

$$[CH_3\text{-}CH_2\text{-}O\text{-}CO\text{-}\overset{3}{C}H_2\text{-}\overset{2}{C}H_2\text{-}\overset{1}{N}^+(CH_3)_3]\ Br^-$$

3-エトキシ-*N,N,N*-トリメチル-3-オキソプロパン-1-アミニウム＝ブロミド **PIN**
3-ethoxy-*N,N,N*-trimethyl-3-oxopropan-1-aminium bromide **PIN**

臭化[2-(エトキシカルボニル)エチル](トリメチル)アンモニウム　または
[2-(エトキシカルボニル)エチル](トリメチル)アンモニウムブロミド
[2-(ethoxycarbonyl)ethyl](trimethyl)ammonium bromide

臭化(3-エトキシ-3-オキソプロピル)(トリメチル)アザニウム　または
(3-エトキシ-3-オキソプロピル)(トリメチル)アザニウムブロミド
(3-ethoxy-3-oxopropyl)(trimethyl)azanium bromide

C₆H₅-CO-O-$\overset{3}{C}$H₂-$\overset{2}{C}$H₂-$\overset{1}{C}$OOH

3-(ベンゾイルオキシ)プロパン酸 **PIN**
3-(benzoyloxy)propanoic acid **PIN**
3-[(フェニルカルボニル)オキシ]プロパン酸
3-[(phenylcarbonyl)oxy]propanoic acid

CH₃-CO-O-$\overset{2}{C}$H₂-$\overset{1}{C}$H₂-S(O)₂-OH

2-(アセチルオキシ)エタン-1-スルホン酸 **PIN**
2-(acetyloxy)ethane-1-sulfonic acid **PIN**
2-アセトキシエタンスルホン酸
2-acetoxyethanesulfonic acid

4-(フェノキシスルフィノチオイル)ナフタレン-1-カルボン酸メチル **PIN**
methyl 4-(phenoxysulfinothioyl)naphthalene-1-carboxylate **PIN**

P-65 酸，酸ハロゲン化物，酸擬ハロゲン化物，塩，エステルおよび酸無水物　　　573

CO-O-CH₃

4-[(フェニルスルファニル)スルホニル]ナフタレン-1-カルボン酸メチル `PIN`
methyl 4-[(phenylsulfanyl)sulfonyl]naphthalene-1-carboxylate `PIN`

SO₂-S-C₆H₅

$$\underset{H_3C}{\overset{H_3C\quad O\quad O\text{-}CO\text{-}O\text{-}CH_2\text{-}CH_3}{\underset{5\quad 4\quad}{CH_3\text{-}C\text{-}C\text{-}CH\text{-}CO\text{-}O\text{-}CH_2\text{-}CH_3}}}$$

2-[(エトキシカルボニル)オキシ]-4,4-ジメチル-3-オキソペンタン酸エチル `PIN`
ethyl 2-[(ethoxycarbonyl)oxy]-4,4-dimethyl-3-oxopentanoate `PIN`

CO-O-CH₂-CH₂-COOH

3-[(ピリジン-3-カルボニル)オキシ]プロパン酸 `PIN`
3-[(pyridine-3-carbonyl)oxy]propanoic acid `PIN`
3-(ニコチノイルオキシ)プロパン酸
3-(nicotinoyloxy)propanoic acid

CO-O-CH₂-COOH

[(キノリン-2-カルボニル)オキシ]酢酸 `PIN`
[(quinoline-2-carbonyl)oxy]acetic acid `PIN`
[(キノリン-2-イルカルボニル)オキシ]酢酸
[(quinolin-2-ylcarbonyl)oxy]acetic acid
（酸由来のアシル基の命名については P-65.4.1 を参照）

P-65.6.3.3　エステルの優先 IUPAC 名

P-65.6.3.3.1　モノエステル	P-65.6.3.3.5　多塩基酸と塩に由来する部分エステル
P-65.6.3.3.2　単一の酸成分に由来するポリエステル	
P-65.6.3.3.3　単一のアルコール成分から生成するポリエステル	P-65.6.3.3.6　エステルの PIN においては，置換命名法が官能種類命名法に優先
P-65.6.3.3.4　複数の酸成分と複数のアルコール成分に由来するポリエステル	P-65.6.3.3.7　官能基代置換命名法により修飾される酸のエステル

P-65.6.3.3.1　モノエステル　　一塩基酸と一つのヒドロキシ基をもつ成分から生成するモノエステルは，有機基(アルキル，アリールなど)で示されるヒドロキシ基成分を，該当する酸に由来するアニオンを表す酸成分名称(P-72.2.2.2.1 参照)の前に置くことにより，体系的に命名する.

例： CH₃CO-O-CH₂-CH₃　　　　　　　　酢酸エチル `PIN`　ethyl acetate `PIN`

CH₃-[CH₂]₆-CO-O-C(CH₃)₃　　　　　オクタン酸 *tert*-ブチル `PIN`　*tert*-butyl octanoate `PIN`
　　　　　　　　　　　　　　　　　　オクタン酸 1,1-ジメチルエチル　1,1-dimethylethyl octanoate

CO-O-CH₃　　　　　　　　　　シクロヘキサンカルボン酸メチル `PIN`
　　　　　　　　　　　　　　　methyl cyclohexanecarboxylate `PIN`

H₃C-CH₂-⁴〈benzene〉¹-SO₂-O-CH₃　　4-エチルベンゼン-1-スルホン酸メチル `PIN`
　　　　　　　　　　　　　　　　　　methyl 4-ethylbenzene-1-sulfonate `PIN`

574 P-6 個々の化合物種類に対する適用

$$\text{cyclohexane}-\overset{3}{\text{SO-S-CH}_2}\text{-}\overset{1}{\text{CH}_2}\text{-CN}$$

シクロヘキサンスルフィノチオ酸 S-(2-シアノエチル) **PIN**
S-(2-cyanoethyl) cyclohexanesulfinothioate **PIN**
〔3-[(シクロヘキサンスルフィニル)スルファニル]プロパンニトリル
3-[(cyclohexanesulfinyl)sulfanyl]propanenitrile ではない.
3-[(シクロヘキシルスルフィニル)スルファニル]プロパンニトリル
3-[(cyclohexylsulfinyl)sulfanyl]propanenitrile でもない.
酸由来のアシル基の命名については P-65.4.1 を参照〕

P-65.6.3.3.2 単一の酸成分に由来するポリエステル

P-65.6.3.3.2.1 単一の酸に由来する完全にエステル化された酸は，有機基(アルキル，アリールなど)で示されるヒドロキシ基成分を，該当する酸に由来するアニオン(P-72.2.2.2.1 参照)を表す酸成分名称の前に別の語として置くことにより，体系的に命名する．異なる有機基はアルファベット順で記載する(P-14.5 参照)．必要な場合は，位置番号を有機基の前に記載する．

この規則は，カルボン酸，スルホン酸，スルフィン酸などのいずれの酸にも同じように適用する．

例:
$$\text{CH}_3\text{-O-CO-}\overset{1}{\text{CH}_2}\text{-}\overset{2}{\text{CH}_2}\text{-}\overset{3}{\text{CO}}\text{-O-CH}_3$$

ブタン二酸ジメチル **PIN**
dimethyl butanedioate **PIN**
コハク酸ジメチル
dimethyl succinate

$$\text{CH}_3\text{-O-CO-CH}_2\text{-CO-O-CH}_2\text{-CH}_3$$

プロパン二酸=エチル=メチル **PIN**
ethyl methyl propanedioate **PIN**
マロン酸エチルメチル
ethyl methyl malonate

$$\text{CH}_3\text{-CH}_2\text{-O-CO-}\overset{1}{\text{CH}_2}\text{-}\overset{2}{\text{CH}_2}\text{-}\overset{3}{\text{CO}}\text{-O-CH}_3$$

ブタン二酸=エチル=メチル **PIN**
ethyl methyl butanedioate **PIN**

$$\overset{4}{\text{CH}_3}\text{-}\overset{3}{\text{CH}}(\text{CO-O-CH}_3)\text{-}\overset{2}{\text{CH}_2}\text{-}\overset{1}{\text{CH}}(\text{CO-O-CH}_3)_2$$

ブタン-1,1,3-トリカルボン酸トリメチル **PIN**
trimethyl butane-1,1,3-tricarboxylate **PIN**

$$\overset{4}{\text{CH}_3}\text{-}\overset{3}{\text{CH}}(\text{CO-O-CH}_3)\text{-}\overset{2}{\text{CH}_2}\text{-}\overset{1}{\text{CH}}(\text{CO-O-CH}_2\text{-CH}_3)_2$$

ブタン-1,1,3-トリカルボン酸=1,1-ジエチル=3-メチル **PIN**
1,1-diethyl 3-methyl butane-1,1,3-tricarboxylate **PIN**

2,6-ジメチル-4-(2-ニトロフェニル)-1,4-ジヒドロピリジン-3,5-ジカルボン酸ジメチル **PIN**
dimethyl 2,6-dimethyl-4-(2-nitrophenyl)-1,4-dihydropyridine-3,5-dicarboxylate **PIN**

$$\text{CH}_3\text{-CH}_2\text{-O-}\overset{3}{\text{CO}}\text{-}\overset{2}{\text{CH}_2}\text{-}\overset{1}{\text{CO}}\text{-O-}\overset{4}{\bigcirc}\overset{1}{}\text{-O-}\overset{4}{\text{CO}}\text{-CH}_2\text{-CH}_2\text{-}\overset{1}{\text{CO}}\text{-O-CH}_3$$

ブタン二酸=4-[(3-エトキシ-3-オキソプロパノイル)オキシ]フェニル=メチル **PIN**
4-[(3-ethoxy-3-oxopropanoyl)oxy]phenyl methyl butanedioate **PIN**
〔プロパン二酸=エチル4-[(4-メトキシ-4-オキソブタノイル)オキシ]フェニル
ethyl 4-[(4-methoxy-4-oxobutanoyl)oxy]phenyl propanedioate ではない.
ブタン二酸 butanedioic acid は プロパン二酸 propanedioic acid に優先する〕

P-65　酸，酸ハロゲン化物，酸擬ハロゲン化物，塩，エステルおよび酸無水物　　　575

P-65.6.3.3.2.2　倍数命名法により生成するポリエステル名

P-65.6.3.3.2.2.1　　　酸成分の PIN が倍数命名法により得られるエステルは，次の二つの方法により命名する．

(1) ヒドロキシ基成分を表すすべての有機成分を，倍数化される酸成分の名称の前に記載する．

(2) ヒドロキシ基成分を表す有機成分が両方とも完全に同一であるエステルは，倍数接頭語 bis, tris などを前に付けた酸成分を用いて記載する．

方法(1)による名称が PIN となる．

例：（構造式）

(1) 3,3′-オキシ二安息香酸ジメチル **PIN**
dimethyl 3,3′-oxydibenzoate **PIN**

(2) 3,3′-オキシジ(安息香酸メチル)
3,3′-oxydi(methyl benzoate)

（構造式）

(1) 3,3′-オキシ二安息香酸=エチル=メチル **PIN**
ethyl methyl 3,3′-oxydibenzoate **PIN**

（構造式）

(1) ジブタン二酸=ジメチル=ブタンジオイルビス(オキシ-2,1-フェニレン) **PIN**
dimethyl butanedioylbis(oxy-2,1-phenylene) dibutanedioate **PIN**
　　〔ブタン二酸ビス{2-[(4-メトキシ-4-オキソブタノイル)オキシ]フェニル}
　　bis{2-[(4-methoxy-4-oxobutanoyl)oxy]phenyl} butanedioate ではない．
　　PIN では二つの母体のジカルボン酸が表現されている〕

(2) ジ(ブタン二酸メチル)ブタンジオイルビス(オキシ-2,1-フェニレン)
butanedioylbis(oxy-2,1-phenylene) di(methyl butanedioate)

P-65.6.3.3.2.2.2　　　上記の倍数名の条件に合わないエステルはモノエステルとして命名し，他のエステル成分は置換命名法により接頭語として表す．しかし，GIN では，倍数名が使用できることもある〔P-15.3.2 および P-51.3.3 参照〕．

例：（構造式）

2-クロロ-5-[3-(エトキシカルボニル)フェノキシ]安息香酸メチル **PIN**
methyl 2-chloro-5-[3-(ethoxycarbonyl)phenoxy]benzoate **PIN**
　　〔3-[4-クロロ-3-(メトキシカルボニル)フェノキシ]安息香酸エチル
　　ethyl 3-[4-chloro-3-(methoxycarbonyl)phenoxy]benzoate ではない．
　　PIN の母体構造はより多くの置換基をもっている〕
6-クロロ-3,3′-オキシ二安息香酸 1′-エチル 1-メチル
1′-ethyl 1-methyl 6-chloro-3,3′-oxydibenzoate
　　（この倍数名は，GIN でのみ認められる）

P-65.6.3.3.3　単一のアルコール成分から生成するポリエステル　　　単一のポリヒドロキシ成分に由来するエステルは，多価有機基(アルキル，アリールなど)で示されるポリヒドロキシ成分を，該当する酸に由来するアニオンを表す酸成分名(P-72.2.2.2.1 参照)の前に置くことにより命名する．

P-65.6.3.3.3.1　　　アニオンが同一である場合は，官能種類倍数命名法を用いる．名称は多価の基，倍数接頭語および倍数化されたアニオン成分の名称を記載してつくる．アニオンが置換されていない場合は倍数接頭語 di, tri などを，置換されている場合は接頭語 bis, tris などを用いる．

576   P-6　個々の化合物種類に対する適用

例： CH₃-CO-O-CH₂-CH₂-O-CO-CH₃   二酢酸エタン-1,2-ジイル **PIN**　ethane-1,2-diyl diacetate **PIN**
　　　　　　　²　　¹

　　ClCH₂-CO-O-CH₂-CH₂-CH₂-O-CO-CH₂Cl   ビス(クロロ酢酸)プロパン-1,3-ジイル **PIN**
                                            propane-1,3-diyl bis(chloroacetate) **PIN**

　　¹ CH₂-O-CO-CH₃
　　　　|
　　² CH-O-CO-CH₃   三酢酸プロパン-1,2,3-トリイル **PIN**
　　　　| propane-1,2,3-triyl triacetate **PIN**
　　³ CH₂-O-CO-CH₃

　　　　　　　　CH₂-CH₂-CH₂-O-CO-CH₃
                                            二酢酸 3,3′-(1,2-フェニレン)ジ(プロパン-3,1-ジイル) **PIN**
　　　　　　　　　¹   3,3′-(1,2-phenylene)di(propane-3,1-diyl) diacetate **PIN**
　　　　　　　　　　²   〔P-15.3.0(2), P-51.3.1 参照〕
　　　　　　　　CH₂-CH₂-CH₂-O-CO-CH₃

P-65.6.3.3.3.2　アニオンが異なる場合は，次の二つの方法を用いる．

(1) アニオンの名称を英数字順に記載する．必要な場合は位置番号を前に置く．同一のアニオン成分の多重
　　性を示すために，倍数接頭語を用いる．

(2) 一つのアニオンを主基アニオンとして選び，その他すべてのエステル基は有機基の名称中に接頭語とし
　　て表す．アニオンの優先順位は，酸の優先順位に対応している(酸の優先順位についてはP-41 を参照さ
　　れたい)．

方法(1)による名称がPIN となるが，方法(2)を用いてつくる名称は，GIN では認められる．

例：HCO-O-CH₂-O-CO-CH₃   (1) 酢酸=ギ酸=メチレン **PIN**　methylene acetate formate **PIN**
                                            (2) 酢酸(ホルミルオキシ)メチル　(formyloxy)methyl acetate

　　CH₃-CO-O─◯─O-CO-CHCl₂   (1) 酢酸=ジクロロ酢酸=1,4-フェニレン **PIN**
　　　　　　　¹　　⁴   1,4-phenylene acetate dichloroacetate **PIN**
                                            (2) ジクロロ酢酸 4-(アセチルオキシ)フェニル
                                            4-(acetyloxy)phenyl dichloroacetate

　　¹CH₂-O-CO-CH₃
　　　|
　　²CH-O-CO-CH₃   (1) 1,2-二酢酸=3-プロパン酸=プロパン-1,2,3-トリイル **PIN**
　　　| propane-1,2,3-triyl 1,2-diacetate 3-propanoate **PIN**
　　³CH₂-O-CO-CH₂-CH₃   (2) プロパン酸 2,3-ビス(アセチルオキシ)プロピル
                                            2,3-bis(acetyloxy)propyl propanoate

　　CH₂-O-CO-C₁₅H₃₁
　　　|
　　CH-O-CO-CH₃
　　　|　¹　　　　　⁹　¹⁰　　　　¹⁸
　　CH₂-O-CO-[CH₂]₇-CH=CH-[CH₂]₇-CH₃
　　　　　　　　　　　Z

(1) 2-酢酸=1-ヘキサデカン酸=3-[(9Z)-オクタデカ-9-エン酸]=プロパン-1,2,3-トリイル **PIN**
　　propane-1,2,3-triyl 2-acetate 1-hexadecanoate 3-[(9Z)-octadec-9-enoate] **PIN**
(2) (9Z)-オクタデカ-9-エン酸 2-(アセチルオキシ)-3-(ヘキサデカノイルオキシ)プロピル
　　2-(acetyloxy)-3-(hexadecanoyloxy)propyl (9Z)-octadec-9-enoate

P-65.6.3.3.4　**複数の酸成分と複数のアルコール成分に由来するポリエステル**　　使用の条件が満たされてい
る場合は，倍数命名法，"ア"命名法，またはファン命名法を用いる．

P-65.6.3.3.4.1　**官能種類倍数命名法を用いてつくるポリエステル名**　　対称エステルは，倍数化されるアニオ
ン成分の名称中に有機部分を含めることにより命名する．この条件が満たされない非対称エステルにおいては，
有機部分は名称の最初に英数字順で記載する．

P-65 酸，酸ハロゲン化物，酸擬ハロゲン化物，塩，エステルおよび酸無水物　　　577

例：　　　　　　　　　$CH_3-O-CO-CH_2-CH_2-CO-O-CH_2-CH_2-O-CO-CH_2-CH_2-CO-O-CH_3$

　　　ジブタン二酸＝ジメチル＝エタン-1,2-ジイル **PIN**　　dimethyl ethane-1,2-diyl dibutanedioate **PIN**
　　　ビス(ブタン二酸メチル)エタン-1,2-ジイル　ethane-1,2-diyl bis(methyl butanedioate)
　　　(官能種類倍数命名法による名称)

P-65.6.3.3.4.2　置換命名法，倍数命名法および官能種類命名法を用いてつくるポリエステル名　　上記の官能
種類倍数命名法では命名できないポリエステルは，有機置換基名とアニオン名を置換命名法により作成し，命名
する．必要な場合は，エステルの官能種類名のアルコール成分の作成に際し，環，鎖，置換基の数，位置番号お
よび英数字の優先順を適用する(P-41～P-45 参照).

例：　$\overset{1}{CH_3}-O-\overset{2}{CO}-\overset{3}{CH_2}-\overset{4}{CH_2}-\overset{1}{CO}-O-\overset{2}{CH_2}-CH_2-O-CO-CH_3$

　　　ブタン二酸＝2-(アセチルオキシ)エチル＝メチル **PIN**
　　　2-(acetyloxy)ethyl methyl butanedioate **PIN**
　　　ブタン二酸 2-アセトキシエチルメチル
　　　2-acetoxyethyl methyl butanedioate

　　　$CH_3-O-\overset{3-2}{CO}-[CH_2]_2-\overset{1}{CO}-O-[CH_2]_2-O-\overset{1}{CO}-[CH_2]_2-\overset{2-3}{CO}-O-[CH_2]_2-O-\overset{4}{CO}-CH_3$

　　　ジブタン二酸＝2-(アセチルオキシ)エチル＝メチル＝エタン-1,2-ジイル **PIN**
　　　2-(acetyloxy)ethyl methyl ethane-1,2-diyl dibutanedioate **PIN**

　　　$CH_3-CO-O-\overset{1}{CH_2}-\overset{2}{CH_2}-O-CO-CH_2-CO-O-\overset{2}{CH_2}-\overset{1}{CH_2}-O-CO-CH_3$

　　　プロパン二酸ビス[2-(アセチルオキシ)エチル] **PIN**
　　　bis[2-(acetyloxy)ethyl] propanedioate **PIN**
　　　二酢酸プロパンジオイルビス(オキシエタン-2,1-ジイル)
　　　propanedioylbis(oxyethane-2,1-diyl) diacetate
　　　(位置番号が示してある)

　　　$CH_3-CO-O-\overset{1}{CH_2}-\overset{2}{CH_2}-O-\overset{1}{CO}-\overset{2}{CH_2}-\overset{3}{CH_2}-\overset{4}{CO}-O-\overset{2}{CH_2}-\overset{1}{CH_2}-O-CO-CH_2-CH_3$

　　　ブタン二酸＝2-(アセチルオキシ)エチル＝2-(プロパノイルオキシ)エチル **PIN**
　　　2-(acetyloxy)ethyl 2-(propanoyloxy)ethyl butanedioate **PIN**
　　　酢酸プロパン酸ブタンジオイルビス(オキシエタン-2,1-ジイル)
　　　butanedioylbis(oxyethane-2,1-diyl) acetate propanoate
　　　(位置番号が示してある)

　　　3-(ベンゾイルオキシ)安息香酸フェニル **PIN**
　　　phenyl 3-(benzoyloxy)benzoate **PIN**
　　　〔安息香酸 3-(フェノキシカルボニル)フェニル
　　　3-(phenoxycarbonyl)phenyl benzoate ではない.
　　　置換安息香酸は，非置換体に優先する．P-45.2.1 参照〕

　　　二酢酸 3,3′-{2-[3-(ホルミルオキシ)プロピル]シクロヘキサン-1,1-ジイル}ジプロピル **PIN**
　　　3,3′-{2-[3-(formyloxy)propyl]cyclohexane-1,1-diyl}dipropyl diacetate **PIN**

P-6 個々の化合物種類に対する適用

CH₃-CH₂-O-CO-CH₂-CO-O ... O-CO-CH₂-CH₂-CO-O-CH₃

$CH_3\text{-}CH_2\text{-}O\text{-}CO\text{-}CH_2\text{-}CO\text{-}O$ 4 ... $O\text{-}CO\text{-}CH_2\text{-}CH_2\text{-}CO\text{-}O\text{-}CH_3$

ブタン二酸=4-[(3-エトキシ-3-オキソプロパノイル)オキシ]フェニル=メチル **PIN**
4-[(3-ethoxy-3-oxopropanoyl)oxy]phenyl methyl butanedioate **PIN**
　〔プロパン二酸=エチル=4-[(4-メトキシ-4-オキソブタノイル)オキシ]フェニル
　ethyl 4-[(4-methoxy-4-oxobutanoyl)oxy]phenyl propanedioate ではない.
　ブタン二酸 butanedioic acid はプロパン二酸 propanedioic acid に優先する〕

$CH_3\text{-}O\text{-}CO\text{-}CH_2\text{-}O\text{-}CO\text{-}CH_2\text{-}CH_2\text{-}CO\text{-}O$ ... $CO\text{-}O\text{-}CH_3$

ブタン二酸=3-(メトキシカルボニル)フェニル=2-メトキシ-2-オキソエチル **PIN**
3-(methoxycarbonyl)phenyl 2-methoxy-2-oxoethyl butanedioate **PIN**
　〔ブタン二酸=2-メトキシ-2-オキソエチル=3-(メトキシカルボニル)フェニル
　2-methoxy-2-oxoethyl 3-(methoxycarbonyl)phenyl butanedioate ではない.
　PIN の有機基は,英数字順位で優先する.P-14.5 参照〕

$CH_3\text{-}O\text{-}CO$ ... $O\text{-}CO\text{-}CH_2\text{-}CH_2\text{-}CO\text{-}O$ ... $CO\text{-}O\text{-}CH_3$

ブタン二酸ビス[3-(メトキシカルボニル)フェニル] **PIN**
bis[3-(methoxycarbonyl)phenyl] butanedioate **PIN**
　〔3,3′-[ブタンジオイルビス(オキシ)]二安息香酸ジメチル
　dimethyl 3,3′-[butanedioylbis(oxy)]dibenzoate ではない.
　ジカルボン酸はモノカルボン酸二つに優先する〕

O-CHO
|
CH-CH₂-O-CO-CH₃

CH-CH₂-O-CO-CH₂-CH₃
|
O-CO-CH₂-CH₂-CH₃

ブタン酸 1-{2-[2-(アセチルオキシ)-
　　　　1-(ホルミルオキシ)エチル]シクロヘキシル}-2-(プロパノイルオキシ)エチル **PIN**
1-{2-[2-(acetyloxy)-1-(formyloxy)ethyl]cyclohexyl}-2-(propanoyloxy)ethyl butanoate **PIN**

CH₃-CO-O ... O-CO-CH₃

酢酸 6-[4-(アセチルオキシ)フェニル]ピリジン-3-イル **PIN**
6-[4-(acetyloxy)phenyl]pyridin-3-yl acetate **PIN**
　〔酢酸 4-[5-(アセチルオキシ)ピリジン-2-イル]フェニル
　4-[5-(acetyloxy)pyridin-2-yl]phenyl acetate ではない.
　窒素環は炭素環に優先する〕

O-CO-CH₃

CH₂-CH₂-O-CO-CH₃

酢酸 2-[2-(アセチルオキシ)エチル]フェニル **PIN**
2-[2-(acetyloxy)ethyl]phenyl acetate **PIN**
　〔酢酸 2-[2-(アセチルオキシ)フェニル]エチル
　2-[2-(acetyloxy)phenyl]ethyl acetate ではない.環は鎖に優先する〕

P-65 酸, 酸ハロゲン化物, 酸擬ハロゲン化物, 塩, エステルおよび酸無水物　　　579

$$\underset{2}{\overset{1}{\text{C}_6\text{H}_4}}\begin{cases}\text{CH}_2\text{-CH}_2\text{-O-CO-CH}_3\\\text{CH}_2\text{-O-CO-CH}_3\end{cases}$$

酢酸 2-{2-[(アセチルオキシ)メチル]フェニル}エチル **PIN**
2-{2-[(acetyloxy)methyl]phenyl}ethyl acetate **PIN**
　　　〔酢酸 {2-[(2-アセチルオキシ)エチル]フェニル}メチル
　　　{2-[(2-acetyloxy)ethyl]phenyl}methyl acetate ではない.
　　　エチル鎖はメチル鎖に優先する〕

P-65.6.3.3.4.3　官能種類命名法と"ア"命名法により生成するポリエステル名

例：

$$\overset{1}{\text{CH}_3}\text{-O-}\overset{}{\text{CO}}\text{-}\overset{}{\text{CH}_2}\text{-}\overset{3}{\text{CO}}\text{-}\overset{4}{\text{O}}\text{-}\overset{}{\text{CH}_2}\text{-}\overset{}{\text{CH}_2}\text{-}\overset{7}{\text{O}}\text{-}\overset{8}{\text{CO}}\text{-}\overset{}{\text{CH}_2}\text{-}\overset{10}{\text{CO}}\text{-}\overset{11}{\text{O}}\text{-}\overset{}{\text{CH}_2}\text{-}\overset{}{\text{CH}_2}\text{-}\overset{14}{\text{O}}\text{-}\overset{15}{\text{CO}}\text{-}\overset{}{\text{CH}_2}\text{-}\overset{17}{\text{CO}}\text{-O-CH}_3$$

3,8,10,15-テトラオキソ-4,7,11,14-テトラオキサヘプタデカン-1,17-二酸ジメチル **PIN**
dimethyl 3,8,10,15-tetraoxo-4,7,11,14-tetraoxaheptadecane-1,17-dioate **PIN**
　　（アニオン部分を"ア"命名法により命名した官能種類名）
ジプロパン二酸=ジメチル=メチレンビス(カルボニルオキシエタン-2,1-ジイル)
dimethyl methylenebis(carbonyloxyethane-2,1-diyl) dipropanedioate
　　（官能種類倍数名）

$$\overset{1}{\text{CH}_3\text{O}}\text{-}\overset{}{\text{CO}}\text{-}\overset{2\text{-}3}{[\text{CH}_2]_2}\text{-}\overset{4}{\text{CO}}\text{-}\overset{5}{\text{O}}\text{-}\overset{6\text{-}7}{[\text{CH}_2]_2}\text{-}\overset{8}{\text{O}}\text{-}\overset{9}{\text{CO}}\text{-}\overset{10\text{-}11}{[\text{CH}_2]_2}\text{-}\overset{12}{\text{CO}}\text{-}\overset{13}{\text{O}}\text{-}\overset{14\text{-}15}{[\text{CH}_2]_2}\text{-}\overset{16}{\text{O}}\text{-}\overset{17}{\text{CO}}\text{-}\overset{18\text{-}19}{[\text{CH}_2]_2}\text{-}\overset{20}{\text{CO}}\text{-O-CH}_3$$

4,9,12,17-テトラオキソ-5,8,13,16-テトラオキサイコサン-1,20-二酸ジメチル **PIN**
dimethyl 4,9,12,17-tetraoxo-5,8,13,16-tetraoxaicosane-1,20-dioate **PIN**
　　（アニオン部分を"ア"命名法により命名した官能種類名）
ジブタン二酸=ジメチル=エタン-1,2-ジイルビス(カルボニルオキシエタン-2,1-ジイル)
dimethyl ethane-1,2-diylbis(carbonyloxyethane-2,1-diyl) dibutanedioate
　　（官能種類倍数名）

$$\overset{1}{\text{CO}}\text{-}\overset{2}{\text{CH}_2}\text{-}\overset{3}{\text{CO}}\text{-}\overset{4}{\text{O}}\text{-}\overset{5}{\text{CH}_2}\text{-}\overset{6}{\text{O}}\text{-}\overset{7\text{-}8}{[\text{CH}_2]_2}\text{-}\overset{9}{\text{O}}\text{-}\overset{10}{\text{CO}}\text{-}\overset{11}{\text{CH}_2}\text{-}\overset{12}{\text{CO}}\text{-}\overset{13}{\text{O}}\text{-}\overset{14\text{-}15}{[\text{CH}_2]_2}\text{-}\overset{16}{\text{O}}\text{-}\overset{17}{\text{CH}_2}\text{-}\overset{18}{\text{O}}\text{-}\overset{19}{\text{CO}}\text{-}\overset{20}{\text{CH}_2}\text{-}\overset{21}{\text{CO}}$$
$$\text{O-CH}_3 \qquad\qquad\qquad\qquad\qquad\qquad\qquad\qquad\qquad\qquad \text{CH}_3\text{-O}$$

3,10,12,19-テトラオキソ-4,6,9,13,16,18-ヘキサオキサヘンイコサン-1,21-二酸ジメチル **PIN**
dimethyl 3,10,12,19-tetraoxo-4,6,9,13,16,18-hexaoxahenicosane-1,21-dioate **PIN**
　　（アニオン部分を"ア"命名法により命名した官能種類名）
ジプロパン二酸=ジメチル=6,8-ジオキソ-2,5,9,12-テトラオキサトリデカン-1,13-ジイル
dimethyl 6,8-dioxo-2,5,9,12-tetraoxatridecane-1,13-diyl dipropanedioate
　　（倍数化する部分を"ア"命名法により命名した官能種類名）
ジプロパン二酸=ジメチル=プロパンジオイルビス(オキシエタン-2,1-ジイルオキシメチレン)
dimethyl propanedioylbis(oxyethane-2,1-diyloxymethylene) dipropanedioate
　　（官能種類倍数名）

$$\overset{22}{\text{CH}_2}\text{-}\overset{21}{\text{CO}}\text{-}\overset{20}{\text{O}}\text{-}\overset{19}{\text{CH}_2}\text{-}\overset{18}{\text{CH}_2}\text{-}\overset{17}{\text{O}}\text{-}\overset{16}{\text{CO}}\text{-}\overset{14\text{-}15}{[\text{CH}_2]_2}\text{-}\overset{13}{\text{CO}}\text{-}\overset{12}{\text{O}}\text{-}\overset{11}{\text{CH}_2}\text{-}\overset{10}{\text{O}}\text{-}\overset{9}{\text{CO}}\text{-}\overset{8}{\text{CH}_2}\text{-}\overset{7}{\text{CO}}\text{-}\overset{6}{\text{O}}\text{-}\overset{5}{\text{CH}_2}\text{-}\overset{4}{\text{O}}\text{-}\overset{3}{\text{CO}}\text{-}\overset{2}{\text{CH}_2}$$
$$\underset{23}{\text{CO-O-CH}_3} \qquad\qquad\qquad\qquad\qquad\qquad\qquad\qquad\qquad \text{H}_3\text{C-O-CO}$$

3,7,9,13,16,21-ヘキサオキソ-4,6,10,12,17,20-ヘキサオキサトリコサン-
　　　　　　　　　　　　　　　　　　　　　　　　1,23-二酸ジメチル **PIN**
dimethyl 3,7,9,13,16,21-hexaoxo-4,6,10,12,17,20-hexaoxatricosane-1,23-dioate **PIN**
　　（アニオン部分を"ア"命名法により命名した官能種類名）
ブタン二酸=2-{[(メトキシカルボニル)アセチル]オキシ}エチル=3,5,9,11-テトラオキソ-
　　　　　　　　　　　　　　　　　　　　　　　　2,6,8,12-テトラオキサトリデカン-1-イル
2-{[(methoxycarbonyl)acetyl]oxy}ethyl 3,5,9,11-tetraoxo-
　　　　　　　　　　　　　　　　　　　　　　　　2,6,8,12-tetraoxatridecan-1-yl butanedioate
　　（アルコール部分を"ア"命名法により命名した官能種類名）

580 　　　　　　　　　　P-6　個々の化合物種類に対する適用

P-65.6.3.3.4.4　官能種類命名法とファン命名法により生成するポリエステル名

例：

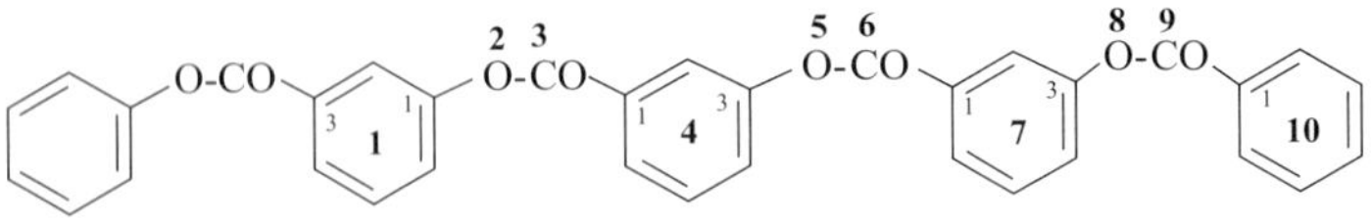

3,6,9-トリオキソ-2,5,8-トリオキサ-1,10(1),4,7(1,3)-テトラベンゼナデカファン-1³-
カルボン酸フェニル **PIN**
phenyl 3,6,9-trioxo-2,5,8-trioxa-1,10(1),4,7(1,3)-tetrabenzenadecaphane-1³-carboxylate **PIN**

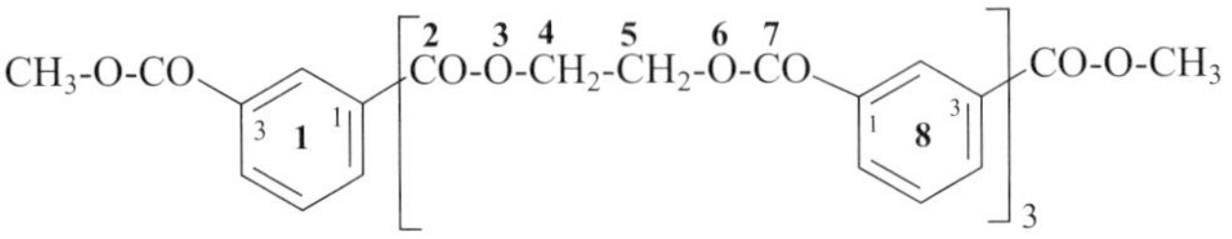

2,7,9,14,16,21-ヘキサオキソ-3,6,10,13,17,20-ヘキサオキサ-1,22(1),8,15(1,3)-
テトラベンゼナドコサファン-1³,22³-ジカルボン酸ジメチル **PIN**
dimethyl 2,7,9,14,16,21-hexaoxo-3,6,10,13,17,20-hexaoxa-1,22(1),8,15(1,3)-
tetrabenzenadocosaphane-1³,22³-dicarboxylate **PIN**

P-65.6.3.3.5　多塩基酸と塩に由来する部分エステル　　　多塩基酸とその塩の部分エステルは，次の二つの方法により命名する．

(1) アニオンをもとにして置換命名法により命名する．遊離の酸基とエステル基は接頭語として記載する．
(2) 中性エステルと酸性塩に対する方法を組合わせて命名する．存在する成分は，カチオン，炭化水素基，水素，アニオンの順に記載する．数字位置番号とイタリック体の元素記号(P-65.1.5.1 参照)は，構造の特性を示すために必要に応じて付ける．水素法を保存名に適用する場合には，多塩基酸の番号付けを保存する．

方法(1)による名称が PIN となる．

例：$CH_3\text{-}CH_2\text{-}O\text{-}CO\text{-}CH_2\text{-}CH_2\text{-}COO^-$ Na^+
　　(1) 4-エトキシ-4-オキソブタン酸ナトリウム **PIN**
　　　　sodium 4-ethoxy-4-oxobutanoate **PIN**
　　(2) コハク酸エチルナトリウム　sodium ethyl succinate

$CH_3\text{-}CH_2\text{-}S\text{-}CO\text{-}CH_2\text{-}CH_2\text{-}C\{O/S\}^-$ Li^+

　　(1) 4-(エチルスルファニル)-4-オキソブタンチオ酸リチウム **PIN**
　　　　lithium 4-(ethylsulfanyl)-4-oxobutanethioate **PIN**
　　(2) ブタンビス(チオ酸)S-エチルリチウム　lithium S-ethyl butanebis(thioate)

$\begin{bmatrix} \overset{1}{COO^-} \\ | \\ CH_3\text{-}CH_2\text{-}O\text{-}CO\text{-}CH_2\text{-}C(OH)\text{-}CH_2\text{-}COO^- \end{bmatrix}$ K^+ H^+

　　(1) 2-(2-エトキシ-2-オキソエチル)-2-ヒドロキシブタン二酸=水素=カリウム **PIN**
　　　　potassium hydrogen 2-(2-ethoxy-2-oxoethyl)-2-hydroxybutanedioate **PIN**
　　　　（アニオン基 ⁻OOC⁻ はエステル基 CH₃-O-CO⁻ に優先する）
　　(2) 2-ヒドロキシプロパン-1,2,3-トリカルボン酸水素 3-エチルカリウム
　　　　potassium 3-ethyl hydrogen 2-hydroxypropane-1,2,3-ticarboxylate
　　(2) クエン酸水素 5-エチルカリウム
　　　　potassium 5-ethyl hydrogen citrate

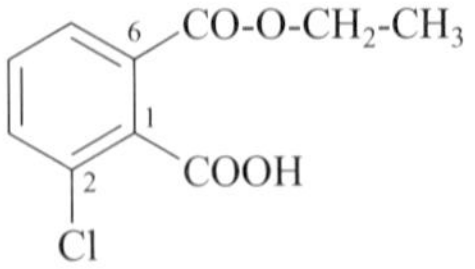

　　(1) 2-クロロ-6-(エトキシカルボニル)安息香酸 **PIN**
　　　　2-chloro-6-(ethoxycarbonyl)benzoic acid **PIN**
　　(2) 3-クロロベンゼン-1,2-ジカルボン酸水素 1-エチル
　　　　1-ethyl hydrogen 3-chlorobenzene-1,2-dicarboxylate
　　(2) 3-クロロフタル酸水素 1-エチル
　　　　1-ethyl hydrogen 3-chlorophthalate

P-65 酸，酸ハロゲン化物，酸擬ハロゲン化物，塩，エステルおよび酸無水物　　　581

$COOH$位置の構造式：ベンゼン環に1位COOH、2位CO-O-CH$_2$-CH$_3$、3位Cl

(1) 3-クロロ-2-(エトキシカルボニル)安息香酸 **PIN**
3-chloro-2-(ethoxycarbonyl)benzoic acid **PIN**

(2) 3-クロロベンゼン-1,2-ジカルボン酸水素 2-エチル
2-ethyl hydrogen 3-chlorobenzene-1,2-dicarboxylate

(2) 3-クロロフタル酸水素 2-エチル
2-ethyl hydrogen 3-chlorophthalate

$$CH_3\text{-}[CH_2]_3\text{-}O\text{-}CO\text{-}\overset{5}{CH_2}\text{-}\overset{4}{CH_2}\text{-}\overset{3}{CH_2}\text{-}\overset{2}{CH}(CH_3)\text{-}\overset{1}{COOH}$$

(1) 5-ブトキシ-2-メチル-5-オキソペンタン酸 **PIN**
5-butoxy-2-methyl-5-oxopentanoic acid **PIN**

(2) 2-メチルペンタン二酸水素 5-ブチル
5-butyl hydrogen 2-methylpentanedioate

$$CH_3\text{-}CH_2\text{-}CH_2\text{-}CH_2\text{-}O\text{-}CO\text{-}\overset{5}{CH_2}\text{-}\overset{4}{CH_2}\text{-}\overset{3}{C}\text{-}\overset{2}{\underset{|}{\overset{|}{C}}}\text{-}\overset{1}{COOH}$$
（CH$_3$ が2位に、O-CO-CH$_3$ が下方向に結合）

(1) 2-(アセチルオキシ)-5-ブトキシ-2-メチル-5-オキソペンタン酸 **PIN**
2-(acetyloxy)-5-butoxy-2-methyl-5-oxopentanoic acid **PIN**

(2) 2-(アセチルオキシ)-2-メチルペンタン二酸水素 5-ブチル
5-butyl hydrogen 2-(acetyloxy)-2-methylpentanedioate

P-65.6.3.3.6　エステルの PIN においては，置換命名法が官能種類命名法に優先する．

例：CH$_3$-CO-O位置4のベンゼン環1位COOH

4-(アセチルオキシ)安息香酸 **PIN**
4-(acetyloxy)benzoic acid **PIN**
4-ヒドロキシ安息香酸アセタート
4-hydroxybenzoic acid acetate

二酢酸 5α-コレスタン-3β,6α-ジイル
5α-cholestane-3β,6α-diyl diacetate
5α-コレスタン-3β,6α-ジオールジアセタート
5α-cholestane-3β,6α-diol diacetate

P-65.6.3.3.7　官能基代置命名法により修飾される酸のエステル

P-65.6.3.3.7.1　　P-65.6.3.3.7.2 に述べるポリ炭酸やシアン酸などの保存名は例外であるが，エステルの名称はすべて官能基代置によって修飾された酸から誘導する．それらの酸の置換命名法による名称は，P-65.1.3～P-65.1.7 に示したように体系的につくる．

チオカルボン酸，セレノカルボン酸，テルロカルボン酸，チオスルホン酸，セレノスルホン酸，テルロスルホン酸，チオスルフィン酸，セレノスルフィン酸，テルロスルフィン酸とそのペルオキシ類縁体のエステルの構造の特定は，有機基の名称の前に置く *S, O, SO* などの該当するイタリック体の元素記号により行う．

例：CH$_3$-[CH$_2$]$_4$-CO-S-CH$_2$-CH$_3$　　ヘキサンチオ酸 *S*-エチル **PIN**　　*S*-ethyl hexanethioate **PIN**

　　CH$_3$-[CH$_2$]$_4$-CSe-O-CH$_2$-CH$_3$　　ヘキサンセレノ酸 *O*-エチル **PIN**　　*O*-ethyl hexaneselenoate **PIN**

　　CH$_3$-C(=NH)-O-CH$_3$　　エタンイミド酸メチル **PIN**　　methyl ethanimidate **PIN**
　　　　　　　　　　　　　　　　アセトイミド酸メチル　methyl acetimidate

　　CH$_3$-CH$_2$-C(=N-NH$_2$)-O-C$_2$H$_5$　　プロパンヒドラゾン酸エチル **PIN**　　ethyl propanehydrazonate **PIN**
　　　　　　　　　　　　　　　　　　　　プロピオノヒドラゾン酸エチル　ethyl propionohydrazonate

582   P-6　個々の化合物種類に対する適用

C₆H₅-C(=NH)-S-CH₃

ベンゼンカルボキシイミドチオ酸メチル **PIN**
methyl benzenecarboximidothioate **PIN**

C₆H₅-C(=N-SH)-S-CH₂-CH₃

N-スルファニルベンゼンカルボキシイミドチオ酸エチル **PIN**
ethyl *N*-sulfanylbenzenecarboximidothioate **PIN**

C₆H₅-CO-S-O-CH₃

ベンゼン(カルボチオペルオキソ酸)*SO*-メチル **PIN**
SO-methyl benzene(carbothioperoxoate) **PIN**

CH₃-CH₂-SO₂-O-S-C₂H₅

エタンスルホノ(チオペルオキソ酸)*OS*-エチル **PIN**
OS-ethyl ethanesulfono(thioperoxoate) **PIN**

CH₃-S-CO-CO-S-CH₃

エタンビス(チオ酸)*S,S*-ジメチル **PIN**
S,S-dimethyl ethanebis(thioate) **PIN**

　接尾語として記載すべき上位の特性基があるときは，エステル基を置換基のつき方に合わせて優先接頭語を用いて示す．たとえば，−S-CO-R 基については アシルスルファニル acylsulfanyl，−CS-SR 基については（アルキルスルファニル）カルボノチオイル (alkylsulfanyl)carbonothioyl または（アルキルスルファニル）… スルファニリデン (alkylsulfanyl) … sulfanylidene である．

例：CH₃-S-C(=S)-CH₂-CH₂-CO-SH

4-(メチルスルファニル)-4-スルファニリデンブタンチオ *S*-酸 **PIN**
4-(methylsulfanyl)-4-sulfanylidenebutanethioic *S*-acid **PIN**

2-[(プロパンイミドイル)セラニル]ベンゼン-1-カルボキシイミド酸 **PIN**
2-[(propanimidoyl)selanyl]benzene-1-carboximidic acid **PIN**

2-[(メチルスルファニル)カルボノチオイル]ベンゼン-1-カルボキシイミド酸 **PIN**
2-[(methylsulfanyl)carbonothioyl]benzene-1-carboximidic acid **PIN**

CH₃-O-CS-C(=NH)-S-CH₂-CH₃

(エチルスルファニル)(イミノ)エタンチオ酸 *O*-メチル **PIN**
O-methyl (ethylsulfanyl)(imino)ethanethioate **PIN**

CH₃-S-CO-CS-S-CH₂-CH₃

(エチルスルファニル)(スルファニリデン)エタンチオ酸 *S*-メチル **PIN**
S-methyl (ethylsulfanyl)(sulfanylidene)ethanethioate **PIN**

CH₃-O-CO-CS-O-⟨benzene⟩-O-CO-CS-O-CH₃

メトキシ(スルファニリデン)酢酸 4-{[メトキシ(オキソ)エタンチオイル]オキシ}フェニル **PIN**
4-{[methoxy(oxo)ethanethioyl]oxy}phenyl methoxy(sulfanylidene)acetate **PIN**
[4-{[メトキシ(スルファニリデン)アセチル]オキシ}フェノキシ(スルファニリデン)酢酸メチル
methyl 4-{[methoxy(sulfanylidene)acetyl]oxy}phenoxy(sulfanylidene)acetate
ではない．PIN はアルファベット順で前にある]
[(4-{[メトキシ(オキソ)エタンチオイル]オキシ}フェノキシ)(オキソ)エタンチオ酸 *O*-メチル
O-methyl (4-{[methoxy(oxo)ethanethioyl]oxy}phenoxy)(oxo)ethanethioacetate
ではない．カルボン酸はチオカルボン酸より上位である]

P-65.6.3.3.7.2　官能基代置により修飾された炭酸，シアン酸およびポリ炭酸のエステル

P-65.6.3.3.7.2.1　　官能基代置により修飾された酸の名称は，相当するエステルの PIN をつくるのに用いる．元素記号 *O, S* などや位置番号は，有機基の位置を示すのに用いる．

例：CH₃-S-CO-O-CO-O-CH₂-CH₃

1-チオ二炭酸=3-エチル=1-*S*-メチル **PIN**
3-ethyl 1-*S*-methyl 1-thiodicarbonate **PIN**

CH₃-S-CS-O-CH₃

カルボノジチオ酸 *O,S*-ジメチル **PIN**　　*O,S*-dimethyl carbonodithioate **PIN**

P-65 酸，酸ハロゲン化物，酸擬ハロゲン化物，塩，エステルおよび酸無水物 583

(CH₃)₂CH-S-CN　チオシアン酸プロパン-2-イル **PIN**　propan-2-yl thiocyanate **PIN**

P-65.6.3.3.7.2.2　接尾語として記載すべき上位の特性基があるときは，エステル基を置換基のつき方に合わせて該当する接頭語を用いて示す．

例：CH₃-S-CS-CO-O-CH₂-CS-SH
　　　{[(メチルスルファニル)(スルファニリデン)アセチル]オキシ}エタン(ジチオ酸) **PIN**
　　　{[(methylsulfanyl)(sulfanylidene)acetyl]oxy}ethane(dithioic acid) **PIN**

　　NC-S-CH₂-CH₂-CO-S-CH₂-CH₃
　　　3-(チオシアナト)プロパンチオ酸 S-エチル **PIN**
　　　S-ethyl 3-(thiocyanato)propanethioate **PIN**

　　HS-CO-O-CS-O-CH₂-CH₂-COOH
　　　3-({[(スルファニルカルボニル)オキシ]カルボノチオイル}オキシ)プロパン酸 **PIN**
　　　3-({[(sulfanylcarbonyl)oxy]carbonothioyl}oxy)propanoic acid **PIN**

P-65.6.3.4　擬エステル　擬エステルに属するのは一般式 R-CO-O-E をもつ化合物(E は炭素原子でもアシル基でもない)である(P-65.6.3.1.2 参照)．官能種類名は，エステルと同じ方法でつくる．

P-65.6.3.4.1　R-CO-O-E の E が B, Al, In, Ga, Tl, Si, Ge, Sn, Pb, N (環状), P, As, Sb, Bi の元素のときは，化合物種類の優先順位(塩＞酸＞無水物＞エステル)のために他の名称を選ぶ必要のある場合を除き，擬エステルは慣用的なエステルとして命名する．無水物については，P-65.7 を参照されたい．

例：CH₃-CO-O-Si(CH₃)₃　　　酢酸トリメチルシリル **PIN**　trimethylsilyl acetate **PIN**

　　CH₃-CH₂-SO₂-S-Ge(CH₃)₃　エタンスルホノチオ酸 S-(トリメチルゲルミル) **PIN**
　　　　　　　　　　　　　　S-(trimethylgermyl) ethanesulfonothioate **PIN**

　　⬡ B-O-CO-CH₃　　　　　酢酸ボリナン-1-イル **PIN**
　　　　　　　　　　　　　　borinan-1-yl acetate **PIN**

　　⬡ P-O-CO-C₆H₅　　　　　安息香酸ホスフィナン-1-イル **PIN**
　　　　　　　　　　　　　　phosphinan-1-yl benzoate **PIN**

　　(CH₃-CO-O)₃B　　　　　三酢酸=ホウ酸=三無水物 **PIN**　triacetic boric trianhydride **PIN**

　　H₂P-O-CO-CH₃　　　　　酢酸=亜ホスフィン酸=無水物 **PIN**　acetic phosphinous anhydride **PIN**

　　(CH₃)₂N-O-CO-CH₃　　　O-アセチル-N,N-ジメチルヒドロキシルアミン **PIN**
　　　　　　　　　　　　　　O-acetyl-N,N-dimethylhydroxylamine **PIN**
　　　　　　　　　　　　　　(ヒドロキシルアミンは予備選択名である．P-68.3.1.1.1 参照)

　　CH₃-CO-O-P(CH₃)₂　　　酢酸=ジメチル亜ホスフィン酸=無水物 **PIN**
　　　　　　　　　　　　　　acetic dimethylphosphinous anhydride **PIN**　(P-67.1.3.3 参照)

P-65.6.3.4.2　E が 16 族に属する元素であるときは，擬エステルは擬ケトンとして命名する(P-68.4.2.4 参照)．

例：CH₃-CH₂-CH₂-CO-S-OO-CH₃　1-[(メチルペルオキシ)スルファニル]ブタン-1-オン **PIN**
　　　　　　　　　　　　　　　　1-[(methylperoxy)sulfanyl]butan-1-one **PIN**
　　　　　　　　　　　　　　　　(ブタンチオ酸 S-メチルペルオキシル
　　　　　　　　　　　　　　　　S-methylperoxyl butanethioate ではない)

P-65.6.3.5　環状エステル　ヒドロキシカルボン酸またはヒドロキシスルホン酸の分子内脱水に由来するとみなせる化合物は，それぞれ ラクトン lactone，スルトン sultone と分類する．これらの化合物においては，複素環名が PIN である．相当するヒドロキシ酸に由来する名称は推奨しないが，GIN では使用できる．

P-65.6.3.5.1 ラクトン　ヒドロキシカルボン酸の分子内エステルはラクトンであり，次の三つの方法により命名する．

(1) 接尾語 オン one，ジオン dione，チオン thione などと該当する倍数接頭語を複素環母体水素化物名に付けることにより，複素環の擬ケトンとして命名する．
(2) ヒドロキシ基を導入していない母体酸の体系的な oic acid 名の語尾を，ic acid から ラクトン lactone にかえ，o と lactone の間にヒドロキシ基の位置を示す位置番号を挿入することにより命名する．
(3) 該当する母体水素化物名，カルボニル基と酸素原子の結合位置を表す位置番号の組，環にある －O-CO－ 基を示す カルボラクトン carbolactone の語を，この順に記載することにより命名する．カルボニル基の位置番号を最初に記載し，選択肢がある場合はより小さい位置番号とする．複数のカルボラクトン環を示すには，倍数接頭語とコロンで区切った位置番号の組を用いる．

方法(1)による名称が PIN となる．

例：

オキソラン-2-オン **PIN**　oxolan-2-one **PIN**
テトラヒドロフラン-2-オン　tetrahydrofuran-2-one
ブタノ-4-ラクトン　butano-4-lactone
　（γ-ブチロラクトン γ-butyrolactone ではない）

1-オキサシクロドデカン-2-オン **PIN**　1-oxacyclododecan-2-one **PIN**
ウンデカノ-11-ラクトン　undecano-11-lactone

オキソラン-2-チオン **PIN**
oxolane-2-thione **PIN**

フェナントロ[1,10-*bc*:9,8-*b'c'*]ジフラン-2,10-ジオン **PIN**
phenanthro[1,10-*bc*:9,8-*b'c'*]difuran-2,10-dione **PIN**
フェナントレン-1,10:9,8-ジカルボラクトン
phenanthrene-1,10:9,8-dicarbolactone

ラクトンは，擬ケトンとして酸またはエステルよりも化合物種類の優先順位は低いが，アルコール，アミン，イミンより高い．

例：

8-オキソ-7-オキサビシクロ[4.2.0]オクタン-4,5-ジカルボン酸 **PIN**
8-oxo-7-oxabicyclo[4.2.0]octane-4,5-dicarboxylic acid **PIN**
2-オキソヘキサヒドロ-2*H*-ベンゾオキセト-5,6-ジカルボン酸
2-oxohexahydro-2*H*-benzoxete-5,6-dicarboxylic acid
　（優先環縮合名は一つの縮合箇所と少なくとも二つの五員環をもたなくてはならない．P-52.2.4.1 を参照）

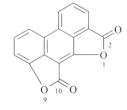

3-(2-オキソオキサン-3-イル)プロパン酸エチル **PIN**
ethyl 3-(2-oxooxan-3-yl)propanoate **PIN**
3-(2-オキソ-3,4,5,6-テトラヒドロ-2*H*-ピラン-3-イル)プロパン酸エチル
ethyl 3-(2-oxo-3,4,5,6-tetrahydro-2*H*-pyran-3-yl)propanoate
　（飽和の Hantzsch-Widman 名は，水素化された保存名に優先する．P-54.4.2 参照）

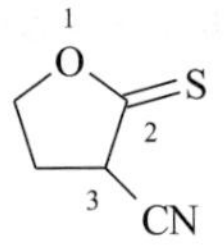

P-65　酸，酸ハロゲン化物，酸擬ハロゲン化物，塩，エステルおよび酸無水物　　　585

2-スルファニリデンオキソラン-3-カルボニトリル **PIN**
2-sulfanylideneoxolane-3-carbonitrile **PIN**

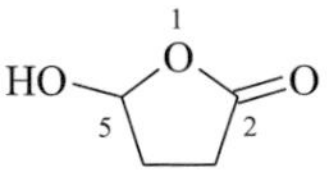

5-ヒドロキシオキソラン-2-オン **PIN**
5-hydroxyoxolan-2-one **PIN**

P-65.6.3.5.2　　スルトン sultone およびスルチン sultine は，それぞれスルホン酸およびスルフィン酸の分子内エステルであり，次の三つの方法により命名できる．

(1) 接尾語 one，dione，thione などと該当する倍数接頭語を複素環母体水素化物の名称に付けることにより，複素環のヘテロンとして命名する．

(2) 該当する母体水素化物名，スルホニル基またはスルフィニル基と酸素原子の結合位置を表す位置番号の組，環にある −O-SO$_2$− 基，−O-SO− 基を示すスルトン sultone，スルチン sultine の語を，この順に記載することにより命名する．スルホニル基またはスルフィニル基の位置番号を最初に記載し，選択肢がある場合はより小さい位置番号とする．複数のスルトンとスルチン環を示すには，倍数接頭語とコロンで区切った位置番号の組を用いる．

(3) 化合物種類名 oxide を用いる官能種類名に従い，複素環として命名する．

方法(1)よる名称が PIN となる．

例：

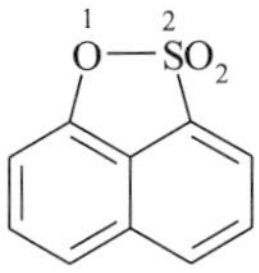

2H-2λ^6-ナフト[1,8-cd][1,2]オキサチオール-2,2-ジオン **PIN**
2H-2λ^6-naphtho[1,8-cd][1,2]oxathiole-2,2-dione **PIN**
ナフタレン-1,8-スルトン　naphthalene-1,8-sultone
ナフト[1,8-cd][1,2]オキサチオール 2,2-ジオキシド
naphtho[1,8-cd][1,2]oxathiole 2,2-dioxide

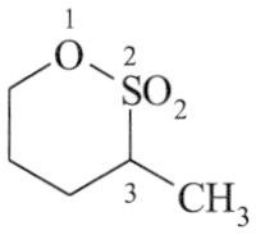

3-メチル-1,2λ^6-オキサチアン-2,2-ジオン **PIN**　3-methyl-1,2λ^6-oxathiane-2,2-dione **PIN**
3-メチル-1,2-オキサチアン 2,2-ジオキシド　3-methyl-1,2-oxathiane 2,2-dioxide
ペンタン-2,5-スルトン　pentane-2,5-sultone

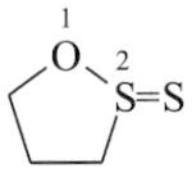

1,2λ^4-オキサチオラン-2-チオン **PIN**　1,2λ^4-oxathiolane-2-thione **PIN**
1,2-オキサチオラン 2-チオオキシド　1,2-oxathiolane 2-thiooxide

P-65.6.3.5.3　　ラクチド lactide は，二つ以上のヒドロキシ酸分子の間の複数エステル化により得られる環状エステルであり，複素環化合物として命名する．

例：

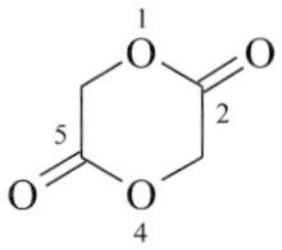

1,4-ジオキサン-2,5-ジオン **PIN**
1,4-dioxane-2,5-dione **PIN**

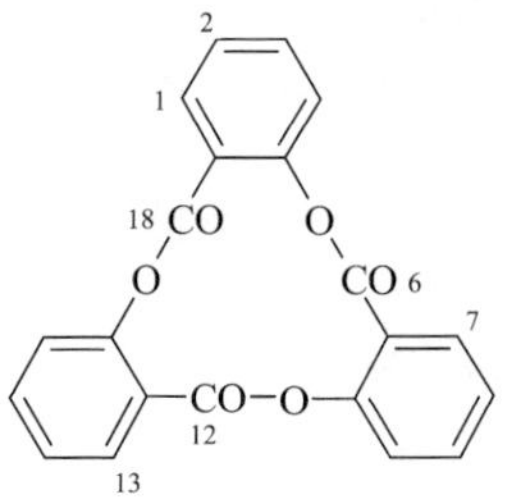

6H,12H,18H-トリベンゾ[b,f,j][1,5,9]トリオキサシクロドデシン-6,12,18-トリオン **PIN**
6H,12H,18H-tribenzo[b,f,j][1,5,9]trioxacyclododecine-6,12,18-trione **PIN**
（トリサリチリド trisalicylide ではない）

P-65.6.3.5.4 異なるヒドロキシ酸や多塩基酸とポリヒドロキシ化合物に由来する他の環状エステルは，複素環として命名する.

例：

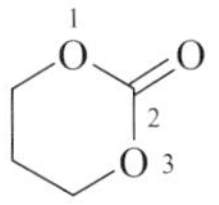

1,3-ジオキサン-2-オン `PIN`
1,3-dioxan-2-one `PIN`

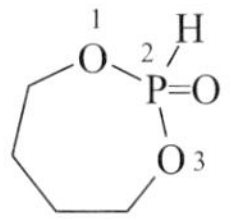

1,3,2λ^5-ジオキサホスフェパン-2-オン `PIN`
1,3,2λ^5-dioxaphosphepan-2-one `PIN`

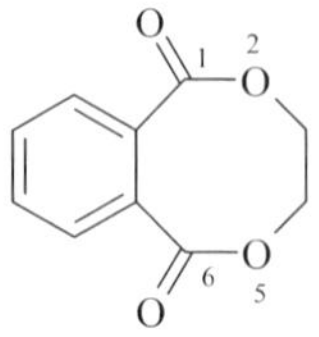

3,4-ジヒドロ-2,5-ベンゾジオキソシン-1,6-ジオン `PIN`
3,4-dihydro-2,5-benzodioxocine-1,6-dione `PIN`
（3,4-ジヒドロベンゾ[f]ジオキソシン-1,6-ジオン
3,4-dihydrobenzo[f]dioxocine-1,6-dione ではない）

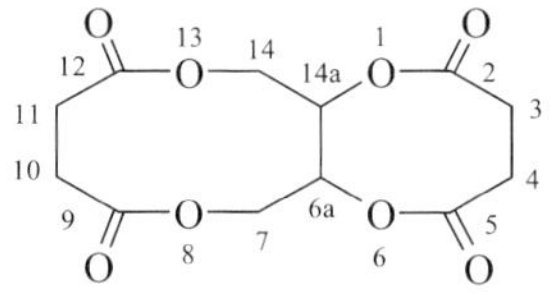

オクタヒドロ[1,4]ジオキソシノ[2,3-c][1,6]ジオキセシン-2,5,9,12-テトラオン `PIN`
octahydro[1,4]dioxocino[2,3-c][1,6]dioxecine-2,5,9,12-tetrone `PIN`

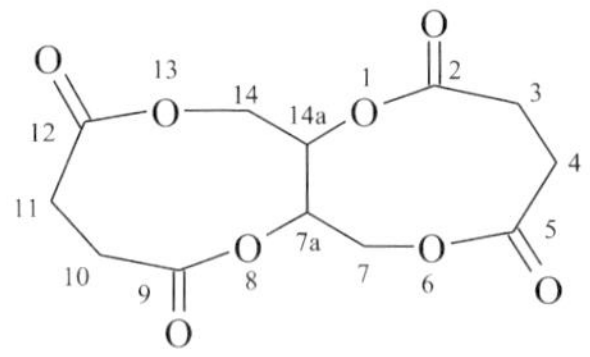

オクタヒドロ[1,5]ジオキソニノ[3,2-b][1,5]ジオキソニン-2,5,9,12-テトラオン `PIN`
octahydro[1,5]dioxonino[3,2-b][1,5]dioxonine-2,5,9,12-tetrone `PIN`

P-65.6.3.6 アシラール　アシラール acylal は，R-CH(O-CO-R′)$_2$，RR′C(OCOR″)$_2$ などの一般構造をもつ化合物種類である．個々の化合物は，エステルとして命名する.

例：

$\overset{2}{\text{CH}_3}\text{-}\overset{1}{\text{CH}}(\text{O-CO-CH}_2\text{-CH}_2\text{-CH}_3)_2$　ジブタン酸エタン-1,1-ジイル `PIN`　ethane-1,1-diyl dibutanoate `PIN`
（慣用名は ジブタン酸エチリデン　ethylidene dibutanoate）

P-65.7　酸無水物およびその類縁体　　"日本語名称のつくり方"も参照

P-65.7.0	はじめに	P-65.7.5	トリオキシダンのジアシル誘導体およびカルコゲン類縁体
P-65.7.1	対称無水物		
P-65.7.2	混合無水物		
P-65.7.3	チオ無水物および他のカルコゲン類縁体	P-65.7.6	二無水物およびポリ無水物
		P-65.7.7	環状無水物
P-65.7.4	ペルオキシ無水物およびそのカルコゲン類縁体	P-65.7.8	多官能性無水物

P-65　酸，酸ハロゲン化物，酸擬ハロゲン化物，塩，エステルおよび酸無水物　　587

P-65.7.0　は じ め に

無水物は，同一の酸素原子に結合する二つのアシル基からなる化合物，すなわちアシル-O-アシル acyl-O-acyl である．対称無水物および混合無水物は，それぞれ同一のアシル基および異なるアシル基をもつ．中心酸素原子は，カルコゲン原子，ペルオキシ基やそのカルコゲン類縁体により置き換えることができる．

ポリ無水物および多官能性無水物についても，この節で述べる．

P-65.7.1　対 称 無 水 物

一塩基酸の対称無水物は，置換されていても置換されていなくても，酸の名称の acid の語を種類名 anhydride で置き換えることにより命名する．

例：　CH$_3$-CO-O-CO-CH$_3$

無水酢酸 [PIN]　acetic anhydride [PIN]

C$_6$H$_5$-CS-O-CS-C$_6$H$_5$

ベンゼンカルボチオ酸無水物 [PIN]　benzenecarbothioic anhydride [PIN]
チオ安息香酸無水物　thiobenzoic anhydride

(CH$_3$-CH$_2$-CH$_2$-CH$_2$-CH$_2$-CO)$_2$O

ヘキサン酸無水物 [PIN]　hexanoic anhydride [PIN]

CH$_3$-CH$_2$-CS-O-CS-CH$_2$-CH$_3$

プロパンチオ酸無水物 [PIN]　propanethioic anhydride [PIN]

〈—CO-O-CO—〉

シクロヘキサンカルボン酸無水物 [PIN]
cyclohexanecarboxylic anhydride [PIN]

C$_6$H$_5$-SO$_2$-O-SO$_2$-C$_6$H$_5$

ベンゼンスルホン酸無水物 [PIN]　benzenesulfonic anhydride [PIN]

(Cl-CH$_2$-CO-O)$_2$O

クロロ酢酸無水物 [PIN]　chloroacetic anhydride [PIN]

(Cl-$\overset{2}{C}$H$_2$-$\overset{1}{C}$H$_2$-SO)$_2$O

2-クロロエタン-1-スルフィン酸無水物 [PIN]
2-chloroethane-1-sulfinic anhydride [PIN]

P-65.7.2　混 合 無 水 物

異なる一塩基酸に由来する無水物は，英語では，acid を省いて二つの酸の名称をアルファベット順に書き，その後に種類名 anhydride を別の語として記載することにより命名する．

例：　CH$_3$-CO-O-CO-CH$_2$-CH$_3$

酢酸＝プロパン酸＝無水物 [PIN]　acetic propanoic anhydride [PIN]

C$_6$H$_5$-SO-O-SO$_2$-CH$_2$-CH$_3$

ベンゼンスルフィン酸＝エタンスルホン酸＝無水物 [PIN]
benzenesulfinic ethanesulfonic anhydride [PIN]

C$_6$H$_5$-CO-O-CS-CH$_3$

安息香酸＝エタンチオ酸＝無水物 [PIN]
benzoic ehtanethioic anhydride [PIN]
安息香酸チオ酢酸無水物
benzoic thioacetic anhydride

CH$_3$-CO-O-CO-CH$_2$-Cl

酢酸＝クロロ酢酸＝無水物 [PIN]　acetic chloroacetic anhydride [PIN]

O$_2$N—〈4　1〉—SO$_2$-O-CO-CH$_2$-Cl

クロロ酢酸＝4-ニトロベンゼン-1-スルホン酸＝無水物 [PIN]
chloroacetic 4-nitrobenzene-1-sulfonic anhydride [PIN]

炭酸，シアン酸および無機酸との混合無水物は，無水物として命名する．二塩基酸，三塩基酸，四塩基酸では，無水物結合の数を特定するために，一無水物 monoanhydride のような語を用いる．

例：　CH$_3$-CO-O-CN

酢酸＝シアン酸＝無水物 [PIN]　acetic cyanic anhydride [PIN]

C$_6$H$_5$-CO-O-PH$_2$

安息香酸＝亜ホスフィン酸＝無水物 [PIN]　benzoic phosphinous anhydride [PIN]

(HO)$_2$B-O-CO-CH$_3$

酢酸＝ホウ酸＝一無水物 [PIN]　acetic boric monoanhydride [PIN]

P-65.7.3　チオ無水物および他のカルコゲン類縁体

一般構造 −CO-X-CO−，−CO-X-CS−，−CS-X-CS− をもつ無水物のカルコゲン類縁体(X は −S−，−Se−，−Te−)は，それぞれ種類名 チオ無水物 thioanhydride，セレノ無水物 selenoanhydride，テルロ無水物 telluro-anhydride を用いて命名する.

例：C_6H_5-CO-S-CO-C_6H_5　　　　　安息香酸チオ無水物 **PIN**　benzoic thioanhydride **PIN**

CH_3-CH_2-SO_2-S-CS-C_6H_5　　　　ベンゼンカルボチオ酸=エタンスルホン酸=チオ無水物 **PIN**
benzenecarbothioic ethanesulfonic thioanhydride **PIN**
エタンスルホン酸チオ安息香酸チオ無水物
ethanesulfonic thiobenzoic thioanhydride

4-クロロシクロヘキサン-1-カルボチオ酸チオ無水物 **PIN**
4-chlorocyclohexane-1-carbothioic thioanhydride **PIN**

CH_3-CO-Se-CO-CH_3　　　　　　酢酸セレノ無水物 **PIN**　acetic selenoanhydride **PIN**

酢酸プロパン酸無水物に由来する S, Se を含む種々の非対称無水物は，以下のように命名する.

CH_3-CO-O-CO-CH_2-CH_3　　酢酸=プロパン酸=無水物 **PIN**　acetic propanoic anhydride **PIN**
酢酸プロピオン酸無水物　acetic propionic anhydride

CH_3-CO-O-CS-CH_2-CH_3　　酢酸=プロパンチオ酸=無水物 **PIN**　acetic propanethioic anhydride **PIN**
酢酸チオプロピオン酸無水物　acetic thiopropionic anhydride

CH_3-CO-S-CO-CH_2-CH_3　　酢酸=プロパン酸=チオ無水物 **PIN**　acetic propanoic thioanhydride **PIN**
酢酸プロピオン酸チオ無水物　acetic propionic thioanhydride

CH_3-CS-O-CO-CH_2-CH_3　　エタンチオ酸=プロパン酸=無水物 **PIN**　ethanethioic propanoic anhydride **PIN**
プロピオン酸チオ酢酸無水物　propionic thioacetic anhydride

CH_3-CS-O-CS-CH_2-CH_3　　エタンチオ酸=プロパンチオ酸=無水物 **PIN**
ethanethioic propanethioic anhydride **PIN**
チオ酢酸チオプロピオン酸無水物　thioacetic thiopropionic anhydride

CH_3-CS-S-CS-CH_2-CH_3　　エタンチオ酸=プロパンチオ酸=チオ無水物 **PIN**
ethanethioic propanethioic thioanhydride **PIN**
チオ酢酸チオプロピオン酸チオ無水物　thioacetic thiopropionic thioanhydride

CH_3-CH_2-CS-Se-CO-CH_3　　酢酸=プロパンチオ酸=セレノ無水物 **PIN**
acetic propanethioic selenoanhydride **PIN**
酢酸チオプロピオン酸セレノ無水物　acetic thiopropionic selenoanhydride

CH_3-CS-S-CO-CH_2-CH_3　　エタンチオ酸=プロパン酸=チオ無水物 **PIN**
ethanethioic propanoic thioanhydride **PIN**
プロピオン酸チオ酢酸チオ無水物　propionic thioacetic thioanhydride

P-65.7.4　ペルオキシ無水物およびそのカルコゲン類縁体　　ペルオキシ無水物 peroxyanhydride R-CO-OO-CO-R または R-CO-OO-COR′ は，一つの酸または異なる二つの酸の acid の語を種類名ペルオキシ無水物 peroxy-anhydride に置き換えることにより命名する.

例：CH_3-CO-OO-CO-CH_3　酢酸ペルオキシ無水物 **PIN**　acetic peroxyanhydride **PIN**

二つのアシル基間の結合が −SS−，−OS−，−SSe−などのタイプの関連無水物は，ジチオペルオキシ無水物

P-65 酸，酸ハロゲン化物，酸擬ハロゲン化物，塩，エステルおよび酸無水物　　　589

dithioperoxyanhydride，チオペルオキシ無水物 thioperoxyanhydride，セレノチオペルオキシ無水物 selenothio-peroxyanhydride などとして命名する．二つの非対称置換のアシル基，または異なる二つのアシル基の間のカルコゲン原子の位置を特定することが必要な場合は，酸基名(日本語では酸名)の前にその結合を示す該当するイタリック体大文字の元素記号を置く．

例：CH$_3$-CO-S-O-CO-CH$_3$　　　　　　酢酸チオペルオキシ無水物 **PIN**　acetic thioperoxyanhydride **PIN**

　　CH$_3$-CO-S-O-CO-CH$_2$-CH$_3$　　　*S*-酢酸=*O*-プロパン酸=チオペルオキシ無水物 **PIN**
　　　　　　　　　　　　　　　　　　　S-acetic *O*-propanoic thioperoxyanhydride **PIN**

　　CH$_3$-CO-SS-CO-CH$_3$　　　　　　　酢酸ジチオペルオキシ無水物 **PIN**　acetic dithioperoxyanhydride **PIN**

P-65.7.5　トリオキシダンのジアシル誘導体およびカルコゲン類縁体

P-65.7.5.1　　ペルオキシ酸およびそのカルコゲン類縁体に由来する無水物は，擬ケトンとして置換命名法により命名する(P-64.3 参照)．使用の条件を満たしている場合は，倍数名(P-15.3 参照)が優先する．

例：$\overset{1'}{\text{CH}_3}$-CO-OOO-$\overset{1}{\text{CO}}$-CH$_3$　　　　1,1′-(トリオキシダンジイル)ジ(エタン-1-オン) **PIN**
　　　　　　　　　　　　　　　　　　1,1′-(trioxidanediyl)di(ethan-1-one) **PIN**

　　CH$_3$-CO-$\overset{1}{\text{S}}$$\overset{2}{\text{S}}$$\overset{3}{\text{S}}$S-CO-CH$_2$-CH$_3$　　1-(アセチルテトラスルファニル)プロパン-1-オン **PIN**
　　　　　　　　　　　　　　　　　　1-(acetyltetrasulfanyl)propan-1-one **PIN**

　　CH$_3$-CO-S-O-S-CO-CH$_3$　　　　　1,1′-(ジチオキサンジイル)ジ(エタン-1-オン) **PIN**
　　　　　　　　　　　　　　　　　　1,1′-(dithioxanediyl)di(ethan-1-one) **PIN**

　　CH$_3$-CO-OO-S-CO-CH$_3$　　　　　1-[(アセチルペルオキシ)スルファニル]エタン-1-オン **PIN**
　　　　　　　　　　　　　　　　　　1-[(acetylperoxy)sulfanyl]ethan-1-one **PIN**
　　　　　　　　　　　　　　　　　　〔1-[[(アセチルスルファニル)ペルオキシ]エタン-1-オン
　　　　　　　　　　　　　　　　　　1-[(acetylsulfanyl)peroxy]ethan-1-one ではない．
　　　　　　　　　　　　　　　　　　PIN は英数字順で前である．〕

P-65.7.5.2　　多原子カルコゲン鎖のジアシル誘導体は，使用条件を満たす場合(P-15.4 および P-51.4 参照)，"ア"命名法により命名する．

例：$\overset{1}{\text{CH}_3}$-$\overset{2}{\text{CO}}$-$\overset{3}{\text{O}}$-$\overset{4}{\text{Te}}$-$\overset{5}{\text{Se}}$-$\overset{6}{\text{S}}$-$\overset{7}{\text{CO}}$-$\overset{8}{\text{CH}_3}$　　3-オキサ-6-チア-5-セレナ-4-テルラオクタン-2,7-ジオン **PIN**
　　　　　　　　　　　　　　　　　　3-oxa-6-thia-5-selena-4-telluraoctane-2,7-dione **PIN**

P-65.7.6　二無水物およびポリ無水物

二無水物およびポリ無水物は，それぞれ二つまたはそれ以上の -CO-O-CO- や -SO$_2$-O-SO$_2$- のような関連基をもっている．それらは，まず酸の名称を独立の語として書き，ついで種類名 dianhydride，trianhydride などを記載することにより命名する．

P-65.7.6.1　　二無水物は，アルファベット順位が前の方の末端酸基から始めて，構造中の酸基を出現順に書き，ついで種類を示す語 dianhydride を記載することにより命名する．PIN をつくるには，倍数接頭語 di を用いる．

例：HO-B(O-CO-CH$_3$)$_2$　　　　　　　　　ビス(アセチルオキシ)ボリン酸 **PIN**
　　　　　　　　　　　　　　　　　　　　bis(acetyloxy)borinic acid **PIN**
　　　　　　　　　　　　　　　　　　　　酢酸=ホウ酸=二無水物
　　　　　　　　　　　　　　　　　　　　acetic boric dianhydride

　　CH$_3$-CO-O-CO-CH$_2$-CH$_2$-CO-O-CO-CH$_3$　　二酢酸=ブタン二酸=二無水物 **PIN**
　　　　　　　　　　　　　　　　　　　　　　　diacetic butanedioic dianhydride **PIN**

　　CH$_3$-CO-O-SO$_2$-CH$_2$-SO$_2$-O-CO-CH$_2$-CH$_3$　　酢酸=メタンジスルホン酸=プロパン酸=二無水物 **PIN**
　　　　　　　　　　　　　　　　　　　　　　　　acetic methanedisulfonic propanoic dianhydride **PIN**

590   P-6 個々の化合物種類に対する適用

CH₃-CH₂-CO-O-CO-CH₂-CH₂-CO-O-CO-CH₂-CH₂-CH₃

ブタン酸=ブタン二酸=プロパン酸=二無水物 PIN
butanoic butanedioic propanoic dianhydride PIN

$$CH_3$$
$$|$$
CH₃-CO-O-CO-CH-CH₂-CO-O-CO-CH₃

二酢酸=2-メチルブタン二酸=二無水物 PIN
diacetic 2-methylbutanedioic dianhydride PIN

P-65.7.6.2   分岐のないポリ無水物は，次の方法のいずれかにより命名する.

(1) 優先ジカルボン酸を選び，隣接する酸基を記載することにより命名する．隣接酸基の一つは置換命名法を用いて置換されているものを用いる.

(2) アルファベット順位が前の方の末端酸基から始めて，その他の酸基を構造中に出現する順に書き，ついで種類を示す dianhydride, trianhydride の語を記載することにより命名する.

選択肢がある場合は，二番目の酸基はアルファベット順位がより前の酸基となる.
方法(1)による名称が PIN となる.

例：CH₃-CO-O-CO-CH₂-CH₂-CO-O-CO-CH₂-CH₂-CO-O-CO-CH₂-CH₃

    (1) 酢酸=ブタン二酸=4-(プロパノイルオキシ)-4-オキソブタン酸=二無水物 PIN
         acetic butanedioic 4-(propanoyloxy)-4-oxobutanoic dianhydride PIN

    (2) 酢酸ジブタン二酸プロパン酸三無水物
         acetic dibutanedioic propanoic trianhydride

CH₃-CO-O-CO-CH₂-CO-O-CO-CH₂-CH₂-CO-O-CO-CH₃

    (1) 酢酸=3-(アセチルオキシ)-3-オキソプロパン酸=ブタン二酸=二無水物 PIN
         acetic 3-(acetyloxy)-3-oxopropanoic butanedioic dianhydride PIN

    (2) 酢酸ブタン二酸プロパン二酸酢酸三無水物
         acetic butanedioic propanedioic acetic trianhydride

二塩基酸が置換されている場合は，末端の酸基の位置を示すのに位置番号を用いる.

例：
$$CH_3$$
$$|$$
CH₃-CO-O-CO-CH₂-CH₂-CO-O-CO-CH₂-CH-CO-O-CO-CH₂-CH₃
       ⁴ ³ ² ¹   ⁴ ³   ² ¹

         4-(アセチルオキシ)-4-オキソブタン酸=2-メチルブタン二酸=1-プロパン酸=二無水物 PIN
         4-(acetyloxy)-4-oxobutanoic 2-methylbutanedioic 1-propanoic dianhydride PIN
         酢酸ブタン二酸2-メチルブタン二酸1-プロパン酸三無水物
         acetic butanedioic 2-methylbutanedioic 1-propanoic trianhydride

CH₃-CO-O-CO-CH₂-CH₂-CO-O-SO₂-CH₂-SO₂-O-CO-CH₃
         ¹   ⁴

         酢酸=ブタン二酸=[(アセチルオキシ)スルホニル]メタンスルホン酸=二無水物 PIN
         acetic butanedioic [(acetyloxy)sulfonyl]methanesulfonic dianhydride PIN
         酢酸ブタン二酸メタンジスルホン酸酢酸三無水物
         acetic butanedioic methanedisulfonic acetic trianhydride

P-65.7.6.3   多塩基酸残基およびそれと等価の数の一塩基酸残基からなるポリ無水物は，一塩基酸基(さらに無水物結合が置換してもよい)をアルファベット順に書き，その後に多塩基酸残基名と種類名 anhydride を置き，該当する倍数接頭語とともに記載することにより命名する．位置番号を無水物結合の位置を特定するのに用いてもよい.

例：
$$O\text{-}CO\text{-}CH_3$$
$$|$$
CH₃-CO-O-PO-O-CO-CH₃

三酢酸=リン酸=三無水物 PIN
triacetic phosphoric trianhydride PIN

P-65 酸，酸ハロゲン化物，酸擬ハロゲン化物，塩，エステルおよび酸無水物　　591

3,6-二酢酸=2-プロパン酸=ナフタレン-2,3,6-トリカルボン酸=三無水物 **PIN**
3,6-diacetic 2-propanoic naphthalene-2,3,6-tricarboxylic trianhydride **PIN**

6-酢酸=3-[4-(アセチルオキシ)-2-メチル-4-オキソブタン酸]=2-プロパン酸=ナフタレン-
　　　　　　　　　　　　　　　　　　　　2,3,6-トリカルボン酸=三無水物 **PIN**
6-acetic 3-[4-(acetyloxy)-2-methyl-4-oxobutanoic] 2-propanoic naphthalene-
　　　　　　　　　　　　　　　　　　　2,3,6-tricarboxylic trianhydride **PIN**

P,P'-二酢酸=P,P'-ジプロパン酸=エタン-1,2-ジイルビス(ホスホン酸)=四無水物 **PIN**
P,P'-diacetic P,P'-dipropanoic ethane-1,2-diylbis(phosphonic) tetraanhydride **PIN**

3,6-二酢酸=2-プロパン酸=8-[2-(アセチルオキシ)-2-オキソエチル]ナフタレン-
　　　　　　　　　　　　　　　　　　　　2,3,6-トリカルボン酸=三無水物 **PIN**
3,6-diacetic 2-propanoic 8-[2-(acetyloxy)-2-oxoethyl]naphthalene-
　　　　　　　　　　　　　　　　　　　2,3,6-tricarboxylic trianhydride **PIN**

5-(アセチルオキシ)-5-オキソペンタン酸=6-(ブタノイルオキシ)-6-オキソヘキサン酸=4-オキソ-
　　　　　　　　　　　　　　　　　　4-(プロパノイルオキシ)ブタン酸=リン酸=三無水物 **PIN**
5-(acetyloxy)-5-oxopentanoic 6-(butanoyloxy)-6-oxohexanoic 4-oxo-
　　　　　　　　　　　　　　4-(propanoyloxy)butanoic phosphoric trianhydride **PIN**

P-65.7.6.4　二無水物およびポリ無水物のカルコゲン類縁体　　カルコゲン原子が二無水物およびポリ無水物中に存在するとき，その名称は異なる方法でつくる．

P-65.7.6.4.1　　すべての無水物結合が −CO-S-CO− のように同一の場合，名称は チオ無水物 thioanhydride のような種類名の前に倍数接頭語 bis, tris などを付けてつくる．

例：CH₃-CO-S-CO-CH₂-CH₂-CO-S-CO-CH₃　　二酢酸=ブタン二酸=ビス(チオ無水物) **PIN**
　　　　　　　　　　　　　　　　　　　　diacetic butanedioic bis(thioanhydride) **PIN**

　　CH₃-CO-S-SO₂-CH₂-SO₂-S-CO-CH₃　　二酢酸=メタンジスルホン酸=ビス(チオ無水物) **PIN**
　　　　　　　　　　　　　　　　　　　　diacetic methanedisulfonic bis(thioanhydride) **PIN**

P-65.7.6.4.2　　異なるカルコゲン原子が無水物結合に存在するときは，カルコゲン原子について定められている通常の優先順位(O＞S＞Se＞Te)を，上位の無水物を選ぶために用いる．名称の基礎として選ばれた上位の無水物は，一無水物(P-65.7.1～P-65.7.5 参照)，二無水物，ポリ無水物のいずれになることもできる．他の無水物

592 P-6 個々の化合物種類に対する適用

結合は，置換命名法で命名する.

例： CH₃-CO-O-CO-CH₂-CH₂-CH₂-CO-S-CO-CH₃

酢酸=5-(アセチルスルファニル)-5-オキソペンタン酸=無水物 **PIN**
acetic 5-(acetylsulfanyl)-5-oxopentanoic anhydride **PIN**

3,6-二酢酸=2-プロパン酸=ナフタレン-2,3,6-トリカルボン酸=トリス(チオ無水物) **PIN**
3,6-diacetic 2-propanoic naphthalene-2,3,6-tricarboxylic tris(thioanhydride) **PIN**

酢酸=3-[(アセチルスルファニル)カルボニル]ナフタレン-2-カルボン酸=無水物 **PIN**
acetic 3-[(acetylsulfanyl)carbonyl]naphthalene-2-carboxylic anhydride **PIN**

酢酸=1-[3-(アセチルスルファニル)-3-オキソプロピル]ナフタレン-2-カルボン酸=無水物 **PIN**
acetic 1-[3-(acetylsulfanyl)-3-oxopropyl]naphthalene-2-carboxylic anhydride **PIN**

P-65.7.6.4.3　カルコゲン原子がカルボニル基の酸素原子を置き換える場合，すなわち >C=S となる場合は，チオカルボン酸とチオアシル基を無水物とポリ無水物について述べたような方法で用いて命名する.

例： CH₃-CS-O-CO-CH₂-CH₂-CO-O-CO-CH₃　　酢酸=ブタン二酸=エタンチオ酸=二無水物 **PIN**
　　　　　　　　　　　　　　　　　　　　acetic butanedioic ethanethioic dianhydride **PIN**

CH₃-CO-O-CS-CH₂-CH₂-CS-O-CO-CH₃　　　二酢酸=ブタンビス(チオ酸)=二無水物 **PIN**
　　　　　　　　　　　　　　　　　　　diacetic butanebis(thioic) dianhydride **PIN**

CH₃-CO-O-CS-CH₂-CH₂-CS-S-CS-CH₃

酢酸=4-[(エタンチオイル)スルファニル]-4-スルファニリデンブタンチオ酸=無水物 **PIN**
acetic 4-[(ethanethioyl)sulfanyl]-4-sulfanylidenebutanethioic anhydride **PIN**

CH₃-CO-O-CO-CH₂-CH₂-CO-O-CO-CH₂-CH₂-CO-S-CO-CH₂-CH₃

酢酸=ブタン二酸=4-オキソ-4-(プロパノイルスルファニル)ブタン酸=二無水物 **PIN**
acetic butanedioic 4-oxo-4-(propanoylsulfanyl)butanoic dianhydride **PIN**

P-65.7.7　環 状 無 水 物

P-65.7.7.1　同一の母体水素化物の構造に結合する二つの酸基から生成する環状無水物は，次の二つの方法で命名する.

(1) 複素環の擬ケトンとして命名する.

(2) 二塩基酸の体系名または保存名において，種類名 acid を anhydride にかえることにより命名する.

方法(1)による名称が PIN となる.

例：　　　オキソラン-2,5-ジオン, **PIN**　oxolane-2,5-dione **PIN**
　　　　　3,4-ジヒドロフラン-2,5-ジオン　3,4-dihydrofuran-2,5-dione
　　　　　ブタン二酸無水物　butanedioic anhydride
　　　　　無水コハク酸　succinic anhydride

P-65 酸，酸ハロゲン化物，酸擬ハロゲン化物，塩，エステルおよび酸無水物　　　593

3-メチルオキソラン-2,5-ジオン PIN　3-methyloxolane-2,5-dione PIN
3-メチル-3,4-ジヒドロフラン-2,5-ジオン
3-methyl-3,4-dihydrofuran-2,5-dione
2-メチルブタン二酸無水物　2-methylbutanedioic anhydride
メチルコハク酸無水物　methylsuccinic anhydride

フラン-2,5-ジオン PIN　furan-2,5-dione PIN
無水マレイン酸　maleic anhydride

3-ブロモフラン-2,5-ジオン PIN　3-bromofuran-2,5-dione PIN
ブロモマレイン酸無水物　bromomaleic anhydride

2-ベンゾフラン-1,3-ジオン PIN　2-benzofuran-1,3-dione PIN
イソベンゾフラン-1,3-ジオン　isobenzofuran-1,3-dione
無水フタル酸　phthalic anhydride

5-ニトロ-2-ベンゾフラン-1,3-ジオン PIN　5-nitro-2-benzofuran-1,3-dione PIN
5-ニトロイソベンゾフラン-1,3-ジオン　5-nitroisobenzofuran-1,3-dione
4-ニトロフタル酸無水物　4-nitrophthalic anhydride

1H,3H-ベンゾ[de][2]ベンゾピラン-1,3-ジオン PIN
1H,3H-benzo[de][2]benzopyran-1,3-dione PIN
1H,3H-ベンゾ[de]イソクロメン-1,3-ジオン
1H,3H-benzo[de]isochromene-1,3-dione
ナフタレン-1,8-ジカルボン酸無水物
naphthalene-1,8-dicarboxylic anhydride

1,8,8-トリメチル-3-オキサビシクロ[3.2.1]オクタン-2,4-ジオン PIN
1,8,8-trimethyl-3-oxabicyclo[3.2.1]octane-2,4-dione PIN
（ショウノウ酸無水物としても知られる）

1,3-ジオキソオクタヒドロ-2-ベンゾフラン-4,5-ジカルボン酸 PIN
1,3-dioxooctahydro-2-benzofuran-4,5-dicarboxylic acid PIN
1,3-ジオキソオクタヒドロイソベンゾフラン-4,5-ジカルボン酸
1,3-dioxooctahydroisobenzofuran-4,5-dicarboxylic acid
シクロヘキサン-1,2,3,4-テトラカルボン酸 3,4-無水物
cyclohexane-1,2,3,4-tetracarboxylic acid 3,4-anhydride

P-65.7.7.2　　母体水素化物の構造に結合する四つの酸基から生成する環状二無水物は，次の二つの方法で命名する．

（1）複素環の擬ケトンとして命名する．

(2) 四塩基酸の体系名または保存名において，化合物種類 acid の語を dianhydride にかえることにより命名する．酸基の位置番号の組の間に，コロンを置く．

方法(1)による名称が PIN となる．

例：

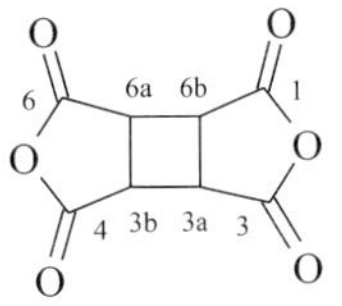

テトラヒドロシクロブタ[1,2-*c*:3,4-*c*′]ジフラン-1,3,4,6-テトラオン **PIN**
tetrahydrocyclobuta[1,2-*c*:3,4-*c*′]difuran-1,3,4,6-tetrone **PIN**
シクロブタン-1,2,3,4-テトラカルボン酸 1,2:3,4-二無水物
cyclobutane-1,2,3,4-tetracarboxylic 1,2:3,4-dianhydride

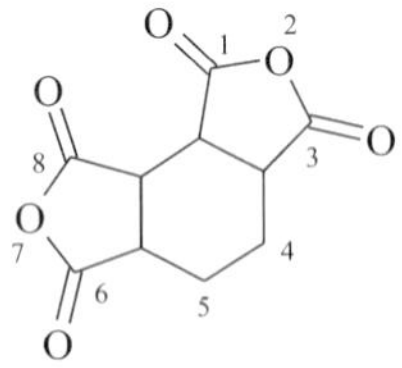

ヘキサヒドロベンゾ[1,2-*c*:3,4-*c*′]ジフラン-1,3,6,8-テトラオン **PIN**
hexahydrobenzo[1,2-*c*:3,4-*c*′]difuran-1,3,6,8-tetrone **PIN**
シクロヘキサン-1,2,3,4-テトラカルボン酸 1,2:3,4-二無水物
cyclohexane-1,2,3,4-tetracarboxylic 1,2:3,4-dianhydride

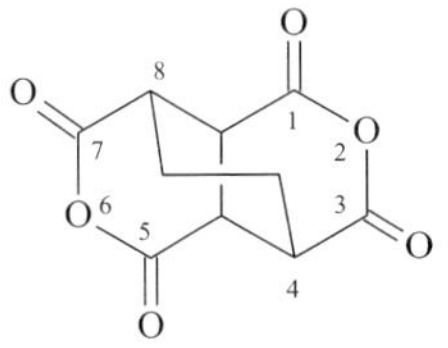

(Ⅰ) 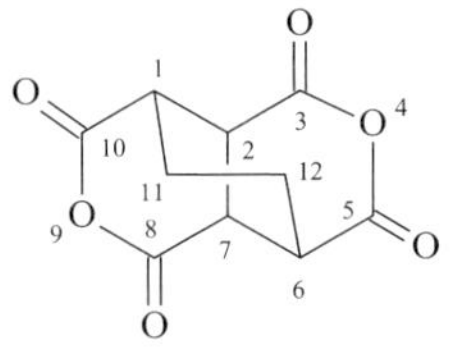　(Ⅱ) 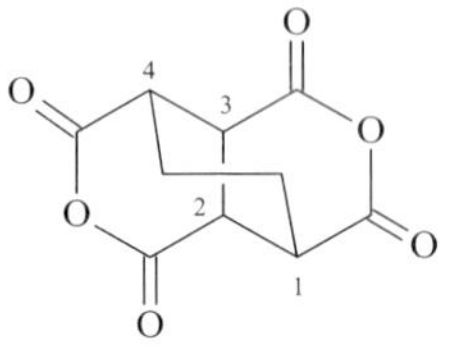　(Ⅲ)

(Ⅰ) テトラヒドロ-4,8-エタノピラノ[4,3-*c*]ピラン-1,3,5,7-テトラオン **PIN**
　　 tetrahydro-4,8-ethanopyrano[4,3-*c*]pyran-1,3,5,7-tetrone **PIN**　〔番号付けは(Ⅰ)に示す〕
　〔(Ⅱ)の 4,9-ジオキサトリシクロ[4.4.2.0^{2,7}]ドデカン-3,5,8,10-テトラオン
　　 4,9-dioxatricyclo[4.4.2.0^{2,7}]dodecane-3,5,8,10-tetrone ではない　番号付けは(Ⅱ)に示す〕
　　シクロヘキサン-1,2,3,4-テトラカルボン酸 1,3:2,4-二無水物
　　cyclohexane-1,2,3,4-tetracarboxylic 1,3:2,4-dianhydride　〔番号付けは(Ⅲ)に示す〕

P-65.7.7.3　環状無水物のカルコゲン類縁体は，次のように命名する．

(1) 複素環の擬ケトンとして命名する．
(2) 二塩基酸または四塩基酸の体系名あるいは保存名において，種類名 acid の語を 二無水物 dianhydride または チオ無水物 thioanhydride，ビス(チオ無水物) bis(thioanhydride) などにかえることにより命名する．

方法(1)による名称が PIN となる．

例：

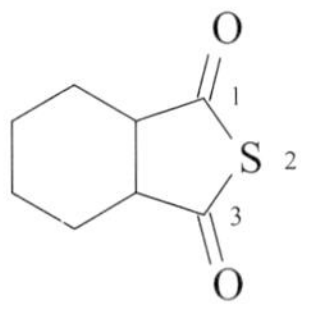

(1) ヘキサヒドロ-2-ベンゾチオフェン-1,3-ジオン **PIN**
　　hexahydro-2-benzothiophene-1,3-dione **PIN**
　　ヘキサヒドロベンゾ[*c*]チオフェン-1,3-ジオン
　　hexahydrobenzo[*c*]thiophene-1,3-dione
(2) シクロヘキサン-1,2-ジカルボン酸チオ無水物
　　cyclohexane-1,2-dicarboxylic thioanhydride
　　ヘキサヒドロフタル酸チオ無水物
　　hexahydrophthalic thioanhydride

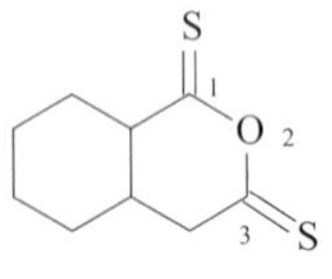

(1) ヘキサヒドロ-1*H*-2-ベンゾピラン-1,3(4*H*)-ジチオン **PIN**
　　hexahydro-1*H*-2-benzopyran-1,3(4*H*)-dithione **PIN**

P-65 酸，酸ハロゲン化物，酸擬ハロゲン化物，塩，エステルおよび酸無水物　　　595

（1）3-スルファニリデン-2-ベンゾチオフェン-1(3H)-オン **PIN**
　　3-sulfanylidene-2-benzothiophen-1(3H)-one **PIN**
　　3-スルファニリデンベンゾ[c]チオフェン-1(3H)-オン
　　3-sulfanylidenebenzo[c]thiophen-1(3H)-one

（1）5,7-ジスルファニリデン-5,7-ジヒドロ-1H,3H-チエノ[3,4-f][2]ベンゾフラン-1,3-ジオン **PIN**
　　5,7-disulfanylidene-5,7-dihydro-1H,3H-thieno[3,4-f][2]benzofuran-1,3-dione **PIN**
　　5,7-ジチオキソ-5,7-ジヒドロ-1H,3H-チエノ[3,4-f]イソベンゾフラン-1,3-ジオン
　　5,7-dithioxo-5,7-dihydro-1H,3H-thieno[3,4-f]isobenzofuran-1,3-dione
（2）1,3-ジスルファニリデン-1,3-ジヒドロ-2-ベンゾチオフェン-5,6-ジカルボン酸無水物
　　1,3-disulfanylidene-1,3-dihydro-2-benzothiophene-5,6-dicarboxylic anhydride
　　1,3-ジスルファニリデン-1,3-ジヒドロイソベンゾチオフェン-5,6-ジカルボン酸無水物
　　1,3-disulfanylidene-1,3-dihydroisobenzothiophene-5,6-dicarboxylic anhydride

（1）3b,6a,7,7a-テトラヒドロ-1H-シクロペンタ[1,2-c:3,4-c']ジチオフェン-
　　　　　　　　　　　　　　　　　　　　1,3,4,6(3aH)-テトラオン **PIN**
　　3b,6a,7,7a-tetrahydro-1H-cyclopenta[1,2-c:3,4-c']dithiophene-1,3,4,6(3aH)-tetrone **PIN**
（2）シクロペンタン-1,2,3,4-テトラカルボン酸 1,2:3,4-ビス(チオ無水物)
　　cyclopentane-1,2,3,4-tetracarboxylic 1,2:3,4-bis(thioanhydride)

P-65.7.8　多官能性無水物

P-65.7.8.1　　置換したモノカルボン酸またはモノスルホン酸の無水物は，対称的に置換している場合は，酸の名称の前に bis を置き，acid の語を anhydride に置き換えることにより命名する．接頭語 bis は，GIN においては省略してもよい．

例：(Cl-CH₂-CH₂-SO)₂O　　ビス(2-クロロエタンスルフィン酸)無水物 **PIN**
　　　　　　　　　　　　　　bis(2-chloroethanesulfinic) anhydride **PIN**

　　(Cl-CH₂-CO)₂O　　　　ビス(クロロ酢酸)無水物 **PIN**　bis(chloroacetic) anhydride **PIN**

　　(H₂N-[CH₂]₅-CO)₂O　　ビス(6-アミノヘキサン酸)無水物 **PIN**　bis(6-aminohexanoic) anhydride **PIN**

P-65.7.8.2　　カルボン酸またはスルホン酸の無水物は，対称的に置換していない場合は，P-65.7.2 で述べたように混合無水物として命名する．

例：Cl-CH₂-CH₂-CO-O-CO-CHCl-CH₃　2-クロロプロパン酸=3-クロロプロパン酸=無水物 **PIN**
　　　　　　　　　　　　　　　　　　　　2-chloropropanoic 3-chloropropanoic anhydride **PIN**

　　Cl-CH₂-CO-O-CS-CH₂-Cl　　　　　クロロ酢酸=クロロエタンチオ酸=無水物 **PIN**
　　　　　　　　　　　　　　　　　　　　chloroacetic chloroethanethioic anhydride **PIN**

596   P-6 個々の化合物種類に対する適用

P-66 アミド，イミド，ヒドラジド，ニトリルおよびアルデヒド　　　"日本語名称のつくり方"も参照

P-66.0　は じ め に	P-66.4　アミジン，アミドラゾン，ヒドラジジン
P-66.1　ア　ミ　ド	およびアミドキシム(アミドオキシム)
P-66.2　イ　ミ　ド	P-66.5　ニ ト リ ル
P-66.3　ヒドラジド	P-66.6　アルデヒド

P-66.0　は じ め に

　この節で扱う化合物の種類は，酸の名称から語尾 ic acid を種類名(たとえば アミド amide，ヒドラジド hydrazide，ニトリル nitrile，アルデヒド aldehyde)にかえることにより保存名が得られるという点で共通している．それらの体系名は，二つのタイプの接尾語のどちらかを使う接尾語方式により，置換命名法を用いてつくる．一つのタイプは，たとえば −CN に対する carbonitrile のように炭素原子を含み，もう一方のタイプは，たとえば −(C)N に対する nitrile のように炭素原子を含まない．アミジン amidine はアミドとして，ヒドラジジン hydrazidine はヒドラジドとして，アミドラゾン amidrazone はアミドまたはヒドラジドとして命名する．

P-66.1　ア　ミ　ド

P-66.1.0　は じ め に	P-66.1.5　ラクタム，ラクチム，スルタム
P-66.1.1　第一級アミド	およびスルチム
P-66.1.2　第二級アミドおよび第三級アミド	P-66.1.6　炭酸，シアン酸，二炭酸および
P-66.1.3　隠れたアミド	ポリ炭酸に由来するアミド
P-66.1.4　アミドのカルコゲン類縁体	P-66.1.7　多官能性アミド

P-66.1.0　は じ め に

　アミド amide は，すべてのヒドロキシ基がアミノ基または置換アミノ基により置き換えられた有機オキソ酸の誘導体である．カルコゲン代置類縁体は，チオアミド，セレノアミドおよびテルロアミドとよばれる．一般的には，一つの窒素原子上に 1 個，2 個または 3 個のアシル基をもつ化合物があり，それぞれ第一級アミド，第二級アミド，第三級アミドとよばれることがある．

P-66.1.1　第 一 級 ア ミ ド

P-66.1.1.1　カルボキシアミド	P-66.1.1.3　第一級アミドの置換
P-66.1.1.2　スルホンアミド，スルフィンアミドおよび	P-66.1.1.4　接頭語として示すアミド
関連するセレンとテルルのアミド	

P-66.1.1.1　カルボキシアミド　　　カルボキシアミド carboxamide の名称は，次の二つの方法により命名する．

P-66.1.1.1.1　置換命名法によりつくるアミド名
P-66.1.1.1.2　酸の保存名を修飾することによりつくるアミドの名称

P-66 アミド，イミド，ヒドラジド，ニトリルおよびアルデヒド　　597

P-66.1.1.1.1　置換命名法によりつくるアミド名

P-66.1.1.1.1.1　　鎖状のモノアミドおよびジアミドは，接尾語 アミド amide を該当する母体水素化物名に付けて，置換命名法により命名する．母体水素化物名の末尾の文字 e は a の前では省略する．ジアミドの命名には倍数接頭語 di を用いる．

例：CH₃-[CH₂]₄-CO-NH₂　　　　ヘキサンアミド **PIN**　hexanamide **PIN**

H₂N-OC-CH₂-CH₂-CH₂-CO-NH₂　ペンタンジアミド **PIN**　pentanediamide **PIN**

P-66.1.1.1.1.2　　枝分かれのない鎖が 3 個以上の -CO-NH₂ 基に直接結合しているとき，これら基は，母体水素化物をもとにし，置換命名法により接尾語 カルボキシアミド carboxamide を用いて命名する．

例：N^3　　$_3$　$_2$　N^2　$_1$　　N^1　　プロパン-1,2,3-トリカルボキシアミド
　　H₂N-CO-CH₂-CH(CO-NH₂)-CH₂-CO-NH₂　propane-1,2,3-tricarboxamide **PIN**

P-66.1.1.1.1.3　　環または鎖状ヘテロ母体に結合する -CO-NH₂ 基をもつアミドの命名には，必ず接尾語 carboxamide を用いる．

例：H₂P-CO-NH₂　　　　ホスファンカルボキシアミド **PIN**　phosphanecarboxamide **PIN**

H₂N-NH-CO-NH₂　　　ヒドラジンカルボキシアミド **PIN**　hydrazinecarboxamide **PIN**

チオフェン-2-カルボキシアミド **PIN**
thiophene-2-carboxamide **PIN**

ピペリジン-1-カルボキシアミド **PIN**
piperidine-1-carboxamide **PIN**

P-66.1.1.1.2　酸の保存名を修飾することによりつくるアミドの名称　　P-65.1.1 にまとめて示されているカルボン酸に由来するアミドの名称は，カルボン酸の保存名の語尾 ic acid または oic acid を amide に変更することによりつくる．この方法でつくられるアミドの名称は，相当する酸について定められた規定により，PIN か GIN の名称のいずれかとなる．構造は，相当する酸と同じ方法で置換が可能である(P-65.1.1 参照)．

P-66.1.1.1.2.1　　以下の四つの保存名のみが PIN であり，置換可能である．名称 オキサミド oxamide はオキサルアミド oxalamide の短縮名であり，窒素原子上の置換が認められる．

CH₃-CO-NH₂　　　　アセトアミド **PIN**　acetamide **PIN**

C₆H₅-CO-NH₂　　　　ベンズアミド **PIN**　benzamide **PIN**

H₂N-CO-CO-NH₂　　オキサミド **PIN**　oxamide **PIN**

NC-NH₂　　　　　　シアナミド **PIN**　cyanamide **PIN**　(P-66.1.6.2 参照)

P-66.1.1.1.2.2　　慣用名 ホルムアミド formamide は HCO-NH₂ に対して保存され，PIN である．置換は，-NH₂ 基上において認められる．アルデヒドの水素の置換は制限を受ける(P-65.1.8 参照)．

例：HCO-NH₂　　ホルムアミド **PIN**　formamide **PIN**

Cl-CO-NH₂　　カルボノクロリド酸アミド **PIN**　carbonochloridic amide **PIN**
　　　　　　　(1-クロロホルムアミド 1-chloroformamide ではない)

P-66.1.1.1.2.3　　フランアミド furanamide，フタルアミド phthalamide，イソフタルアミド isophthalamide およびテレフタルアミド terephthalamide は GIN においてのみ保存され，置換が認められる(P-65.1.1.2.1 参照)．P-65.1.2 に従ってつくる体系名が PIN である．

598 　　　　　　　　　　　P-6　個々の化合物種類に対する適用

例：

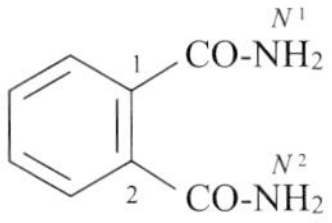

$CO-NH_2$ (N^1), $CO-NH_2$ (N^2) ベンゼン-1,2-ジカルボキシアミド **PIN**　benzene-1,2-dicarboxamide **PIN**
フタルアミド　phthalamide

H_2N-CO (N^4)—4—1—$CO-NH_2$ (N^1)　ベンゼン-1,4-ジカルボキシアミド **PIN**　benzene-1,4-dicarboxamide **PIN**
テレフタルアミド　terephthalamide

P-66.1.1.1.2.4　　P-65.1.1.2 にある酸の保存名に由来するアミドは，GIN においてのみ使用できる．置換はアミドの窒素原子上であっても認められない．PIN は，P-65.1.2 に示されているような体系名の酸を用いた名称である．

例：
$\overset{3}{C}H_2=\overset{2}{C}H-\overset{1}{C}O-NH_2$　プロパ-2-エンアミド **PIN**　prop-2-enamide **PIN**
アクリルアミド　acrylamide

$\overset{3}{C}H_2=\overset{2}{C}H-\overset{1}{C}O-NH-CH_3$　N-メチルプロパ-2-エンアミド **PIN**　N-methylprop-2-enamide **PIN**
（N-メチルアクリルアミド　N-methylacrylamide ではない．
アクリルアミド上の置換は認められない）

$\overset{3}{C}H_3-\overset{2}{C}H(OH)-\overset{1}{C}O-NH_2$　2-ヒドロキシプロパンアミド **PIN**　2-hydroxypropanamide **PIN**
乳酸アミド　lactamide

$\overset{3}{C}H_3-\overset{2}{C}H(OH)-\overset{1}{C}O-NH-CH_3$　2-ヒドロキシ-N-メチルプロパンアミド **PIN**
2-hydroxy-N-methylpropanamide **PIN**
（N-メチル乳酸アミド　N-methyllactamide ではない）

P-66.1.1.1.2.5　　炭水化物酸および α-アミノ酸に由来するアミドの名称は，それぞれ P-102.5.6.6.2.1，P-102.5.6.6.5 および P-103.2.7 において論じる．

例：

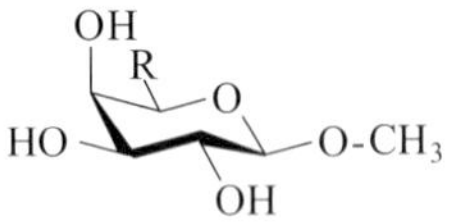

$R = -CO-NH_2$
メチル=β-D-ガラクトピラノシドウロンアミド
methyl β-D-galactopyranosiduronamide

$H_2N-\overset{2}{C}H_2-CO-\overset{N}{N}H_2$　2-アミノアセトアミド　2-aminoacetamide
グリシンアミド　glycinamide

P-66.1.1.2　スルホンアミド，スルフィンアミドおよび関連するセレンとテルルのアミド　　スルホンアミド，スルフィンアミドおよびその類縁体のセレンとテルルのアミドは，以下の接尾語を用いて置換命名法により命名する．

　　$-SO_2-NH_2$　スルホンアミド 予備接尾　sulfonamide 予備接尾
　　$-SO-NH_2$　スルフィンアミド 予備接尾　sulfinamide 予備接尾
　　$-SeO_2-NH_2$　セレノンアミド 予備接尾　selenonamide 予備接尾
　　$-SeO-NH_2$　セレニンアミド 予備接尾　seleninamide 予備接尾
　　$-TeO_2-NH_2$　テルロンアミド 予備接尾　telluronamide 予備接尾
　　$-TeO-NH_2$　テルリンアミド 予備接尾　tellurinamide 予備接尾

これらの接尾語は，母体水素化物のどの位置に付けてもよい．

例：$CH_3-SO_2-NH_2$　　メタンスルホンアミド **PIN**　methanesulfonamide **PIN**

$\overset{SO-NH_2}{\underset{4\ 3\ 2\ 1}{CH_3-CH_2-CH-CH_3}}$　ブタン-2-スルフィンアミド **PIN**　butane-2-sulfinamide **PIN**

P-66　アミド，イミド，ヒドラジド，ニトリルおよびアルデヒド

$\begin{array}{c}O\\ \end{array}$—SeO-NH$_2$　フラン-2-セレニンアミド **PIN**　furan-2-seleninamide **PIN**

N—SO$_2$-NH$_2$　ピロリジン-1-スルホンアミド **PIN**　pyrrolidine-1-sulfonamide **PIN**

P-66.1.1.3　第一級アミドの置換

P-66.1.1.3.1　*N*-置　換	P-66.1.1.3.4　ア ニ リ ド
P-66.1.1.3.2　ヒドロキサム酸	P-66.1.1.3.5　アミドの一般的置換
P-66.1.1.3.3　ア ミ ド 酸	

P-66.1.1.3.1　*N*-置　換

P-66.1.1.3.1.1　　一般構造 R-CO-NHR′，R-CO-NR′R″ をもつ置換第一級アミドとカルコゲン酸由来の対応するアミドは，アミド基が 1 個存在する場合，位置番号 *N* を前に付けた置換基 R′, R″ を接頭語として記載することにより命名する．ジェミナルジアミドを除くジアミドおよびポリアミドでは，窒素原子を区別するために，たとえば N^1, N^3 などのように，母体構造の位置番号を示す上付きアラビア数字の付いた位置番号 *N* を用いる（P-62.2.4.1.2 も参照）．ジェミナルジアミドに推奨される位置番号 *N* については，P-66.1.1.3.1.2 で述べる．

> 本勧告では，ジアミドの窒素原子の区別には上付きのアラビア数字を用いる．以前は，プライム(′)，二重プライム(″)，三重プライム(‴)などが使われていた．

第一級アミドの *N*-置換は，保存名をもつアミドが置換不可と定められている場合には認められない．

例：$\overset{N}{\text{HCO-N(CH}_3)_2}$

　　　　　　N,*N*-ジメチルホルムアミド **PIN**　*N*,*N*-dimethylformamide **PIN**
　　　　　　ジメチルホルムアミド　dimethylformamide

$\text{H}_3\text{C-CO-}\overset{N}{\text{NH}}\text{-CH(CH}_3)_2$

　　　　　　N-(プロパン-2-イル)アセトアミド **PIN**
　　　　　　N-(propan-2-yl)acetamide **PIN**

$\text{H}_3\text{C-CH}_2\text{-CO-}\overset{N}{\text{N(CH}_3)_2}$

　　　　　　N,*N*-ジメチルプロパンアミド **PIN**
　　　　　　N,*N*-dimethylpropanamide **PIN**
　　　　　　　（*N*,*N*-ジメチルプロピオンアミド
　　　　　　　N,*N*-dimethylpropionamide ではない．
　　　　　　　プロピオンアミド上の置換は認められない）

—CO-NH-CH$_3$

　　　　　　N-メチルベンズアミド **PIN**
　　　　　　N-methylbenzamide **PIN**

$\begin{array}{c}O\\ \end{array}$—CO-N(CH$_2$-CH$_3$)$_2$

　　　　　　N,*N*-ジエチルフラン-2-カルボキシアミド **PIN**
　　　　　　N,*N*-diethylfuran-2-carboxamide **PIN**
　　　　　　N,*N*-ジエチル-2-フルアミド
　　　　　　N,*N*-diethyl-2-furamide

$\overset{N^1}{\text{CH}_3}\text{-NH-CO-}\overset{2}{\text{CH}_2}\text{-}\overset{3}{\text{CH}_2}\text{-}\overset{4}{\text{CO}}\text{-NH}_2$

　　　　　　N^1-メチルブタンジアミド **PIN**
　　　　　　N^1-methylbutanediamide **PIN**

$\overset{N^5}{\text{CH}_3}\text{-NH-}\overset{5}{\text{CO}}\text{-}\overset{4}{\text{CH}_2}\text{-}\overset{3}{\text{CH}_2}\text{-}\overset{2}{\text{CH}_2}\text{-}\overset{1}{\text{CO}}\text{-NH-}\overset{N^1}{\text{CH}_3}$

　　　　　　N^1,N^5-ジメチルペンタンジアミド **PIN**
　　　　　　N^1,N^5-dimethylpentanediamide **PIN**

600   P-6 個々の化合物種類に対する適用

N^3-エチル-N^1-メチルナフタレン-1,3-ジスルホンアミド **PIN**
N^3-ethyl-N^1-methylnaphthalene-1,3-disulfonamide **PIN**

P-66.1.1.3.1.2　ジェミナルカルボキシアミド基の位置番号　ジェミナルカルボキシアミド基が存在すると
き，位置番号 N, N′などを鎖や環における基の位置を示す数字位置番号と組合わせて用いる．最小の位置番号は，
置換の程度が最も高い基に割当てる．選択肢がある場合は，最小の位置番号は最初に記載される N-置換基に割
当てる．

例：

$$CH_3\text{-}NH\text{-}CO\text{-}CH_2\text{-}CH_2\text{-}CH\text{-}CO\text{-}N(CH_3)_2$$
（上に CO-NH-CH$_2$-CH$_3$ が結合）

N'^1-エチル-N^1,N^1,N^3-トリメチルプロパン-1,1,3-トリカルボキシアミド **PIN**
N'^1-ethyl-N^1,N^1,N^3-trimethylpropane-1,1,3-tricarboxamide **PIN**

$$CH_3\text{-}NH\text{-}CO\text{-}CH_2\text{-}CH_2\text{-}CH\text{-}CO\text{-}NH\text{-}CH_3$$
（上に CO-NH-CH$_2$-CH$_3$ が結合）

N^1-エチル-N'^1,N^3-ジメチルプロパン-1,1,3-トリカルボキシアミド **PIN**
N^1-ethyl-N'^1,N^3-dimethylpropane-1,1,3-tricarboxamide **PIN**

P-66.1.1.3.2　ヒドロキサム酸　ヒドロキサム酸 hydroxamic acid は，一般構造 R-CO-NH-OH をもち，N-ヒ
ドロキシアミドとして命名する(P-65.1.3.4 参照)．接尾語 hydroxamic acid および carbohydroxamic acid は廃止
した．

例：CH$_3$-CH$_2$-CO-NH-OH N-ヒドロキシプロパンアミド **PIN** N-hydroxypropanamide **PIN**
        （プロパンヒドロキサム酸　propanehydroxamic acid ではない）

N-ヒドロキシシクロヘキサンカルボキシアミド **PIN**
N-hydroxycyclohexanecarboxamide **PIN**
（シクロヘキサンカルボヒドロキサム酸
cyclohexanecarbohydroxamic acid ではない）

P-66.1.1.3.3　アミド酸　アミド酸 amic acid は，保存名をもつジカルボン酸の誘導体で，一つのカルボキシ
基がカルボキシアミド基にかえられたものである．アミド酸の PIN は，P-66.1.1.4.1.1 の方法(1)によりつくる．
さらに，P-66.1.1.4.1.1 の方法(2)と(3)でも，また保存名の語尾 ic acid を amic acid に置き換えることによっても
命名できる(P-65.1.6.1 参照)．

例：H$_2$N-CO-[CH$_2$]$_8$-COOH
(1) 10-アミノ-10-オキソデカン酸 **PIN**　10-amino-10-oxodecanoic acid **PIN**
(2) 9-カルバモイルノナン酸　9-carbamoylnonanoic acid
(3) 9-(アミノカルボニル)ノナン酸　9-(aminocarbonyl)nonanoic acid

H$_2$N-CO-CH$_2$-COOH
(1) 3-アミノ-3-オキソプロパン酸 **PIN**　3-amino-3-oxopropanoic acid **PIN**
(2) カルバモイル酢酸　carbamoylacetic acid
(3) (アミノカルボニル)酢酸　(aminocarbonyl)acetic acid
 マロンアミド酸　malonamic acid　(P-65.1.6.1 参照)

P-66.1.1.3.4　アニリド　第一級アミドの N-フェニル誘導体はアニリド anilide とよばれ，アミドの体系名
または保存名中の amide の語の代わりに anilide を用いて命名できる．アニリドの N-フェニル環にある置換基の
位置番号にはプライム付きの数字を使う．しかし，PIN は，フェニル基による N-置換を表現した名称である．

P-66 アミド，イミド，ヒドラジド，ニトリルおよびアルデヒド   601

例： HCO-NH-C₆H₅   *N*-フェニルホルムアミド [PIN]   *N*-phenylformamide [PIN]
                          ホルムアニリド   formanilide

     CH₃-CO-NH-C₆H₅   *N*-フェニルアセトアミド [PIN]   *N*-phenylacetamide [PIN]
                          アセトアニリド   acetanilide

     CH₃-[CH₂]₄-CO-NH-C₆H₅ *N*-フェニルヘキサンアミド [PIN]   *N*-phenylhexanamide [PIN]
                          ヘキサンアニリド   hexananilide

     C₆H₅-CO-N(CH₃)-C₆H₅   *N*-メチル-*N*-フェニルベンズアミド [PIN]
                          N-methyl-*N*-phenylbenzamide [PIN]
                          N-メチルベンズアニリド   *N*-methylbenzanilide

     [structure]   *N*,4-ジメチル-*N*-(3-メチルフェニル)ベンズアミド [PIN]
                          N,4-dimethyl-*N*-(3-methylphenyl)benzamide [PIN]
                          N,3′,4-トリメチルベンズアニリド
                          N,3′,4-trimethylbenzanilide

     [structure]   3-クロロ-*N*-(2-クロロフェニル)ナフタレン-2-スルホンアミド [PIN]
                          3-chloro-*N*-(2-chlorophenyl)naphthalene-2-sulfonamide [PIN]
                          2′,3-ジクロロナフタレン-2-スルホンアニリド
                          2′,3-dichloronaphthalene-2-sulfonanilide

P-66.1.1.3.5 アミドの一般的置換　アミドの置換は接頭語により表し，必要に応じて，数字，*N*, *N*′ の位置番号を用いる．アミドの *N*-置換は，P-65.1.2 に述べたカルボン酸の置換の規則に従う．

例：
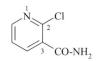
Cl-CH₂-CH₂-CO-NH₂   3-クロロプロパンアミド [PIN]   3-chloropropanamide [PIN]
                          (3-クロロプロピオンアミド 3-chloropropionamide ではない．
                          プロピオンアミド上では置換が認められない)

Cl-CH₂-CH₂-CH₂-CO-N(CH₃)₂ 4-クロロ-*N*,*N*-ジメチルブタンアミド [PIN]
                          4-chloro-*N*,*N*-dimethylbutanamide [PIN]
                          (4-クロロ-*N*,*N*-ジメチルブチルアミド
                          4-chloro-*N*,*N*-dimethylbutyramide ではない．
                          ブチルアミド上では置換が認められない)

     [structure]   4-(ピリジン-4-イル)ベンズアミド [PIN]   4-(pyridin-4-yl)benzamide [PIN]
                          4-(4-ピリジル)ベンズアミド   4-(4-pyridyl)benzamide

     [structure]   2-クロロピリジン-3-カルボキシアミド [PIN]
                          2-chloropyridine-3-carboxamide [PIN]
                          (2-クロロニコチンアミド 2-chloronicotinamide ではない)

     [structure]   4-メチルベンゼン-1,2-ジカルボキシアミド [PIN]
                          4-methylbenzene-1,2-dicarboxamide [PIN]
                          4-メチルフタルアミド   4-methylphthalamide

     [structure]   2-ヒドロキシベンズアミド [PIN]   2-hydroxybenzamide [PIN]
                          (サリチルアミド salicylamide ではない)

     [structure]   3,5-ジアミノ-6-クロロピラジン-2-カルボキシアミド [PIN]
                          3,5-diamino-6-chloropyrazine-2-carboxamide [PIN]

602   P-6 個々の化合物種類に対する適用

2,2′-[エタン-1,2-ジイルビス(アザンジイル)]ジ(シクロヘキサン-
1-カルボキシアミド) **PIN**
2,2′-[ethane-1,2-diylbis(azanediyl)]di(cyclohexane-
1-carboxamide) **PIN**

P-66.1.1.4　接頭語として示すアミド　　アミドからは二つの異なる置換基が誘導でき，接尾語としての記載すべき上位の特性基の存在下では接頭語として用いる．

P-66.1.1.4.1　−CO-NH₂ および −CO-CO-NH₂ 型の置換基	P-66.1.1.4.4　R-CO-N<，R-CO-N= または R-SO₂-N<，R-SO₂-N= 型の置換基（およびセレン，テルル類縁体）
P-66.1.1.4.2　−SO₂-NH₂，−SO-NH₂ 型の置換基およびそのセレン，テルル類縁体	P-66.1.1.4.5　オキサミド H₂N-CO-CO-NH₂ に由来する置換基
P-66.1.1.4.3　−NH-CO-R および −NH-SO₂-R 型の置換基	

P-66.1.1.4.1　−CO-NH₂ および −CO-CO-NH₂ 型の置換基

P-66.1.1.4.1.1　　接尾語として記載すべき上位の特性基が存在する場合，あるいはすべてのカルバモイル基を接尾語に含めることができない場合は，−CO-NH₂ 基は次の三つの方法より命名する．

(1) 2 個以上の炭素原子をもつ炭素鎖の末端原子上にある場合には，二つの接頭語 アミノ amino と オキソ oxo を用いて命名する．

(2) アシル基名 カルバモイル carbamoyl (P-65.1.6.1，P-65.2.1.5)を用いて命名する．

(3) 接頭語 アミノカルボニル aminocarbonyl を用いて命名する．

PIN をつくるには，鎖においては方法(1)，環，ヘテロ鎖，炭素鎖の非末端原子上においては方法(2)を選ぶ．カルバモイル基およびアミノ基は，通常の方法で置換できる．

例：

$CO-N(CH_3)_2$
$HOOC-CH_2-CH-CH_2-COOH$

(2) 3-(ジメチルカルバモイル)ペンタン二酸 **PIN**
3-(dimethylcarbamoyl)pentanedioic acid **PIN**
(3) 3-[(ジメチルアミノ)カルボニル]ペンタン二酸
3-[(dimethylamino)carbonyl]pentanedioic acid

$H_2N-CO-CH_2$—O—$COOH$

(1) 5-(2-アミノ-2-オキソエチル)フラン-2-カルボン酸 **PIN**
5-(2-amino-2-oxoethyl)furan-2-carboxylic acid **PIN**
(2) 5-(カルバモイルメチル)フラン-2-カルボン酸
5-(carbamoylmethyl)furan-2-carboxylic acid
(3) 5-[(アミノカルボニル)メチル]フラン-2-カルボン酸
5-[(aminocarbonyl)methyl]furan-2-carboxylic acid

(2) 3-カルバモイルナフタレン-2-カルボン酸 **PIN**
3-carbamoylnaphthalene-2-carboxylic acid **PIN**
3-カルバモイル-2-ナフトエ酸
3-carbamoyl-2-naphthoic acid
(3) 3-(アミノカルボニル)ナフタレン-2-カルボン酸
3-(aminocarbonyl)naphthalene-2-carboxylic acid
3-(アミノカルボニル)-2-ナフトエ酸
3-(aminocarbonyl)-2-naphthoic acid

(2) 2-カルバモイル安息香酸 **PIN**　　2-carbamoylbenzoic acid **PIN**
(3) 2-(アミノカルボニル)安息香酸　2-(aminocarbonyl)benzoic acid
フタルアミド酸　phthalamic acid
（P-65.1.6.1 参照）

P-66　アミド，イミド，ヒドラジド，ニトリルおよびアルデヒド　　　603

(2) 6-カルバモイルナフタレン-2-スルホン酸 PIN
6-carbamoylnaphthalene-2-sulfonic acid PIN
(3) 6-(アミノカルボニル)ナフタレン-2-スルホン酸
6-(aminocarbonyl)naphthalene-2-sulfonic acid

(2) 5-メチル-2-[メチル(フェニル)カルバモイル]安息香酸 PIN
5-methyl-2-[methyl(phenyl)carbamoyl]benzoic acid PIN
(3) 5-メチル-2-[(N-メチルアニリノ)カルボニル]安息香酸
5-methyl-2-[(N-methylanilino)carbonyl]benzoic acid
5-メチル-2-{[メチル(フェニル)アミノ]カルボニル}安息香酸
5-methyl-2-{[methyl(phenyl)amino]carbonyl}benzoic acid

P-66.1.1.4.1.2　　同様にして，−CO-CO-NH$_2$ 基は，P-66.1.1.4.1.1 の方法(1)のように接頭語 アミノ amino とオキソ oxo を用いて，方法(2)のように名称 オキサモイル oxamoyl を用いて，方法(3)のように接頭語アミノオキサリル aminooxalyl を用いて命名する.

例：H$_2$N-CO-CO-CH$_2$-COOH
(1) 4-アミノ-3,4-ジオキソブタン酸 PIN　4-amino-3,4-dioxobutanoic acid PIN
(2) オキサモイル酢酸　oxamoylacetic acid
(3) (アミノオキサリル)酢酸　(aminooxalyl)acetic acid

(2) 2-オキサモイルピリジン-3-カルボン酸 PIN
2-oxamoylpyridine-3-carboxylic acid PIN
(3) 2-(アミノオキサリル)ピリジン-3-カルボン酸
2-(aminooxalyl)pyridine-3-carboxylic acid

P-66.1.1.4.2　　**−SO$_2$-NH$_2$，−SO-NH$_2$ 型の置換基およびそのセレン，テルル類縁体**　　接尾語として記載すべき上位の特性基の存在下では，−SO$_2$-NH$_2$ 基，−SO-NH$_2$ 基および関連するセレン基，テルル基は，上記のP-66.1.1.4.1 における −CO-NH$_2$ についての方法(2)および(3)に相当する次の二つの方法により命名する.

(2) アシル基 スルファモイル sulfamoyl（スルホンアミドについてのみ）を用いることにより命名する（P-65.3.2.3 参照）.
(3) 接頭語 amino…sulfonyl, amino…sulfinyl, amino…selenonyl, amino…seleninyl, amino…telluronyl または amino…tellurinyl を用いることにより命名する.

−SO$_2$-NH$_2$ については，方法(2)による名称が PIN となる. その他のすべての基については，方法(3)が PIN をつくるための唯一の方法である.

例：
(2) 2-(ジメチルスルファモイル)ベンゼン-1-スルホン酸 PIN
2-(dimethylsulfamoyl)benzene-1-sulfonic acid PIN
(3) 2-[(ジメチルアミノ)スルホニル]ベンゼン-1-スルホン酸
2-[(dimethylamino)sulfonyl]benzene-1-sulfonic acid

C$_6$H$_5$-NH-SO$_2$-CH$_2$-CH$_2$-CO-O-CH$_3$
(2) 3-(フェニルスルファモイル)プロパン酸メチル PIN
methyl 3-(phenylsulfamoyl)propanoate PIN
(3) 3-[(フェニルアミノ)スルホニル]プロパン酸メチル
methyl 3-[(phenylamino)sulfonyl]propanoate
3-(アニリノスルホニル)プロパン酸メチル
methyl 3-(anilinosulfonyl)propanoate

(3) 6-[(メチルアミノ)スルフィニル]ナフタレン-2-カルボン酸 PIN
6-[(methylamino)sulfinyl]naphthalene-2-carboxylic acid PIN
(3) 6-[(メチルアミノ)スルフィニル]-2-ナフトエ酸
6-[(methylamino)sulfinyl]-2-naphthoic acid

P-66.1.1.4.3　　**−NH-CO-R および −NH-SO$_2$-R 型の置換基**　　主特性基として記載すべき上位の基が存在するとき，N-置換アミドの R-CO-NH− 基，R-SO$_2$-NH− 基（およびセレンとテルルの類縁体）は，次の二つの方法に

より命名する.

(1) 完成しているアミド名の末尾の文字 e を o にかえ，接尾語 amide および carboxamide をそれぞれ amido および carboxamido にかえることによりつくられる接頭語を用いて，置換命名法により命名する．同様に，diamide を diamido に，sulfonamide を sulfonamido などにする．

(2) アシル基の名称に置換基 amino を付けてつくられる接頭語 acylamino を用いて，置換命名法により命名する．

方法(1)による名称が PIN となる.

例：

HCO-NH—[4]—[1]—COOH

(1) 4-ホルムアミド安息香酸 **PIN**　4-formamidobenzoic acid **PIN**
(2) 4-(ホルミルアミノ)安息香酸　4-(formylamino)benzoic acid

CH₃-CO-NH—[4]—[3(H₃C),2]—[1]—As(O)(OH)₂

(1) (4-アセトアミド-3-メチルフェニル)アルソン酸 **PIN**
　　(4-acetamido-3-methylphenyl)arsonic acid **PIN**
(2) [4-(アセチルアミノ)-3-メチルフェニル]アルソン酸
　　[4-(acetylamino)-3-methylphenyl]arsonic acid

C₆H₅-CO-NH—[4]—[1]—SO₂-OH

(1) 4-ベンズアミドベンゼン-1-スルホン酸 **PIN**
　　4-benzamidobenzene-1-sulfonic acid **PIN**
(2) 4-(ベンゾイルアミノ)ベンゼン-1-スルホン酸
　　4-(benzoylamino)benzene-1-sulfonic acid

CH₃-SO₂-NH-CH₂-CH₂-COOH（3, 2, 1）

(1) 3-(メタンスルホンアミド)プロパン酸 **PIN**
　　3-(methanesulfonamido)propanoic acid **PIN**
(2) 3-[(メタンスルホニル)アミノ]プロパン酸
　　3-[(methanesulfonyl)amino]propanoic acid

⬡—CH₂-SO₂-NH-CH₂-COOH

　　N-(シクロヘキシルメタンスルホニル)グリシン
　　N-(cyclohexylmethanesulfonyl)glycine
(1) (1-シクロヘキシルメタンスルホンアミド)酢酸
　　(1-cyclohexylmethanesulfonamido)acetic acid
(2) {[(シクロヘキシルメチル)スルホニル]アミノ}酢酸
　　{[(cyclohexylmethyl)sulfonyl]amino}acetic acid

△—CH₃-SO₂-N-CH₂-COOH

　　N-シクロプロピル-N-(メタンスルホニル)グリシン
　　N-cyclopropyl-N-(methanesulfonyl)glycine
(1) (N-シクロプロピルメタンスルホンアミド)酢酸
　　(N-cyclopropylmethanesulfonamido)acetic acid
(2) [シクロプロピル(メタンスルホニル)アミノ]酢酸
　　[cyclopropyl(methanesulfonyl)amino]acetic acid

HOOC—[5, S1, 2, N3]—NH-SO₂—⬡—NH₂

(1) 2-(4-アミノベンゼン-1-スルホンアミド)-1,3-チアゾール-5-カルボン酸 **PIN**
　　2-(4-aminobenzene-1-sulfonamido)-1,3-thiazole-5-carboxylic acid **PIN**
　　(2-スルファニルアミドチアゾール-5-カルボン酸 2-sulfanilamidothiazole-5-carboxylic acid
　　ではない．スルファニル酸 sulfanilic acid は保存名ではない)
(2) 2-{[(4-アミノフェニル)スルホニル]アミノ}-1,3-チアゾール-5-カルボン酸
　　2-{[(4-aminophenyl)sulfonyl]amino}-1,3-thiazole-5-carboxylic acid

⬡[SO₃H(1), N(2)]—CO-CH₂-CH₃ / CH₃

(1) 2-(N-メチルプロパンアミド)ベンゼン-1-スルホン酸 **PIN**
　　2-(N-methylpropanamido)benzene-1-sulfonic acid **PIN**
(2) 2-[メチル(プロパノイル)アミノ]ベンゼン-1-スルホン酸
　　2-[methyl(propanoyl)amino]benzene-1-sulfonic acid

P-66　アミド，イミド，ヒドラジド，ニトリルおよびアルデヒド　　　605

HOOC-[1,4-phenylene(4)]-NH-CO-CH$_2$-CH$_2$-CO-NH-[(4')(1')phenylene]-COOH

　　　（1）4,4′-ブタンジアミド二安息香酸 **PIN**
　　　　　4,4′-butanediamidodibenzoic acid **PIN**
　　　（2）4,4′-[ブタンジオイルビス(アザンジイル)]二安息香酸
　　　　　4,4′-[butanedioylbis(azanediyl)]dibenzoic acid
　　　　　4,4′-[1,4-ジオキソブタン-1,4-ジイルビス(アザンジイル)]二安息香酸
　　　　　4,4′-[1,4-dioxobutane-1,4-diylbis(azanediyl)]dibenzoic acid

N-メチル-*N*-(キノリン-4-イル)アセトアミド **PIN**
N-methyl-*N*-(quinolin-4-yl)acetamide **PIN**
　〔4-(*N*-メチルアセトアミド)キノリン
　4-(*N*-methylacetamido)quinoline ではない．
　4-[アセチル(メチル)アミノ]キノリン
　4-[acetyl(methyl)amino]quinoline でもない〕

N-(ジベンゾ[*b*,*d*]フラン-1-イル)アセトアミド **PIN**
N-(dibenzo[*b*,*d*]furan-1-yl)acetamide **PIN**
　〔1-アセトアミドジベンゾフラン 1-acetamidodibenzofuran ではない．
　1-(アセチルアミノ)ジベンゾフラン
　1-(acetylamino)dibenzofuran でもない〕

アミドが主官能基である場合は，アミドとして命名しなければならない．1993 勧告
(参考文献 2)に述べられているアミドを多環系上での置換基とみなす方法は，GIN で
あっても避けるべきである(P-66.1.3 参照)．

P-66.1.1.4.4　R-CO-N＜，R-CO-N＝ または R-SO$_2$-N＜，R-SO$_2$-N＝ 型の置換基（およびセレン，テルル類縁体）　主特性基として記載すべき上位の基が存在するとき，*N*-置換アミドである R-CO-N＜ 基，R-CO-N＝ 基または R-SO$_2$-N＜ 基，R-SO$_2$-N＝ 基(およびセレン，テルル類縁体)は，アシル基の名称とそれぞれ該当する窒素置換基，azanediyl と imino とを組合わせて命名する．

例：

4,4′-(アセチルアザンジイル)二安息香酸 **PIN**
4,4′-(acetylazanediyl)dibenzoic acid **PIN**

4-[(メタンスルホニル)イミノ]シクロヘキサン-
　1-カルボン酸メチル **PIN**
methyl 4-[(methanesulfonyl)imino]cyclohexane-
　　　　　　　　　　　　1-carboxylate **PIN**

P-66.1.1.4.5　オキサミド H$_2$N-CO-CO-NH$_2$ に由来する置換基

P-66.1.1.4.5.1　　　H$_2$N-CO-CO-NH- 基に対する接頭語は，オキサモイルアミノ **優先接頭** oxamoylamino **優先接頭**
または アミノ(オキソ)アセトアミド amino(oxo)acetamido である．H$_2$N-CO-CO-N＝ 基の優先接頭語は オキサモイルイミノ oxamoylimino である．

例：H$_2$N-CO-CO-N=CH-CH$_2$-COOH　　3-(オキサモイルイミノ)プロパン酸 **PIN**
　　　　　　　　　　　　　　　　　　　3-(oxamoylimino)propanoic acid **PIN**
　　　　　　　　　　　　　　　　　　　3-{[アミノ(オキソ)アセチル]イミノ}プロパン酸
　　　　　　　　　　　　　　　　　　　3-{[amino(oxo)acetyl]imino}propanoic acid

P-66.1.1.4.5.2　倍数命名法で使用するオキサミド由来の接頭語　　　-HN-CO-CO-NH- 基，＞N-CO-CO-N＜

基, =N-CO-CO-N= 基に対する連結優先接頭語は，それぞれ オキサリルビス(アザンジイル) oxalylbis(azanediyl)，オキサリルジニトリロ oxalyldinitrilo，オキサリルビス(アザニルイリデン) oxalylbis(azanylylidene)である．H$_2$N-CO-CO-N< 基に対する優先接頭語は オキサモイルアザンジイル oxamoylazanediyl である．

例：NC-CH$_2$-NH-CO-CO-NH-CH$_2$-CN　　　N^1,N^2-ビス(シアノメチル)オキサミド PIN
　　　　　　　　　　　　　　　　　　　　　N^1,N^2-bis(cyanomethyl)oxamide PIN
　　　　　　　　　　　　　　　　　　　　　〔2,2′-[エタンジオイルビス(アザンジイル)]ジアセトニトリル
　　　　　　　　　　　　　　　　　　　　　2,2′-[ethanedioylbis(azanediyl)]diacetonitrile でも
　　　　　　　　　　　　　　　　　　　　　2,2′-[オキサリルビス(アザンジイル)]ジアセトニトリル
　　　　　　　　　　　　　　　　　　　　　2,2′-[oxalylbis(azanediyl)]diacetonitrile でもない〕

P-66.1.2 第二級アミドおよび第三級アミド

P-66.1.2.1　一般式 (R-CO)$_2$NH，(R-SO$_2$)$_2$NH など，および (R-CO)$_3$N，(R-SO$_2$)$_3$N などは，それぞれ上位の第一級アミドまたは優先接頭語の N-アシル誘導体として命名する．1993 勧告(参考文献 2)において推奨されたような，母体水素化物 アザン azane や見かけの母体水素化物 アミン amine のアシル基による置換に基づく名称(たとえば，ジアセチルアザン diacetylazane や ジアセチルアミン diacetylamine)は，本勧告には含まれておらず，また ジアセトアミド diacetamide，トリアセトアミド triacetamide，ジベンズアミド dibenzamide，トリベンズアミド tribenzamide などの慣用名も PIN としては認められない．

例：HCO-NH-CHO　　　　　　　　N-ホルミルホルムアミド PIN　　N-formylformamide PIN
　　　　　　　　　　　　　　　　（ジホルミルアザン　diformylazane，
　　　　　　　　　　　　　　　　ジホルミルアミン　diformylamine，
　　　　　　　　　　　　　　　　ジホルムアミド　diformamide ではない）

　　　(CH$_3$-CO)$_2$N—　　　　　　　N-アセチルアセトアミド 優先接頭　N-acetylacetamido 優先接頭
　　　　　　　　　　　　　　　　ジアセチルアミノ　diacetylamino
　　　　　　　　　　　　　　　　（ジアセチルアザニル　diacetylazanyl，
　　　　　　　　　　　　　　　　ジアセチルアミド　diacetamido ではない）

　　　C$_6$H$_5$-CO-NH-CO-CH$_3$　　　N-アセチルベンズアミド PIN　N-acetylbenzamide PIN
　　　　　　　　　　　　　　　　〔アセチル(ベンゾイル)アザン　acetyl(benzoyl)azane，
　　　　　　　　　　　　　　　　アセチル(ベンゾイル)アミン　acetyl(benzoyl)amine ではない〕

　　　　　　　　　　　　　　　　N-(フラン-2-カルボニル)フラン-2-カルボキシアミド PIN
　　　　　　　　　　　　　　　　N-(furan-2-carbonyl)furan-2-carboxamide PIN
　　　　　　　　　　　　　　　　〔ジ(フラン-2-カルボニル)アザン　di(furan-2-carbonyl)azane，
　　　　　　　　　　　　　　　　ジ(フラン-2-カルボニル)アミン　di(furan-2-carbonyl)amine
　　　　　　　　　　　　　　　　ではない〕

　　　　　　　　　　　　　　　　N,N-ジ(シクロヘキサンカルボニル)
　　　　　　　　　　　　　　　　　　　　　シクロヘキサンカルボキシアミド PIN
　　　　　　　　　　　　　　　　N,N-di(cyclohexanecarbonyl)cyclohexanecarboxamide PIN
　　　　　　　　　　　　　　　　〔トリ(シクロヘキサンカルボニル)アザン
　　　　　　　　　　　　　　　　tri(cyclohexanecarbonyl)azane，
　　　　　　　　　　　　　　　　トリ(シクロヘキサンカルボニル)アミン
　　　　　　　　　　　　　　　　tri(cyclohexanecarbonyl)amine ではない〕

　　　CO-CH$_3$
　　　│
　　　C$_6$H$_5$-CO-N-CO-CH$_2$-CH$_2$-Cl
　　　　　　　　　　　　　　　　N-アセチル-N-(3-クロロプロパノイル)ベンズアミド PIN
　　　　　　　　　　　　　　　　N-acetyl-N-(3-chloropropanoyl)benzamide PIN
　　　　　　　　　　　　　　　　〔アセチル(ベンゾイル)(3-クロロプロパノイル)アザン
　　　　　　　　　　　　　　　　acetyl(benzoyl)(3-chloropropanoyl)azane，
　　　　　　　　　　　　　　　　アセチル(ベンゾイル)(3-クロロプロパノイル)アミン
　　　　　　　　　　　　　　　　acetyl(benzoyl)(3-chloropropanoyl)amine ではない〕

P-66 アミド, イミド, ヒドラジド, ニトリルおよびアルデヒド　　　　607

N(CO-CH₃)₂　　　　*N*-アセチル-*N*-シクロペンチルアセトアミド **PIN**
　　　　　　　　　　N-acetyl-*N*-cyclopentylacetamide **PIN**
　　　　　　　　　　　〔ジアセチル(シクロペンチル)アザン diacetyl(cyclopentyl)azane,
　　　　　　　　　　　ジアセチル(シクロペンチル)アミン diacetyl(cyclopentyl)amine
　　　　　　　　　　　ではない〕

CO-CH₃
　N-CO-C₆H₅　　　*N*-アセチル-*N*-(ナフタレン-2-イル)ベンズアミド **PIN**
　　　　　　　　　　N-acetyl-*N*-(naphthalen-2-yl)benzamide **PIN**
　　　　　　　　　　　〔アセチル(ベンゾイル)(ナフタレン-2-イル)アザン
　　　　　　　　　　　acetyl(benzoyl)(naphthalen-2-yl)azane,
　　　　　　　　　　　アセチル(ベンゾイル)(ナフタレン-2-イル)アミン
　　　　　　　　　　　acetyl(benzoyl)(naphthalen-2-yl)amine ではない〕

P-66.1.3　隠れたアミド

　複素環系の窒素原子に結合する *N*-アシル基は, これまで**隠れたアミド** hidden amide, つまり, 許容されている置換命名法ではアミドとしては命名できないアミドとよばれてきた. そのような化合物を, アシル基を用い複素環系の窒素原子上の置換基として命名する慣用法は, GIN に限り認められている. 本勧告では, そのような化合物は擬ケトン(P-64.3 参照)とみなし, PIN はそれに対応した名称とする.

> 本勧告では, 複素環系の窒素原子に結合する *N*-アシル基は, 以前の勧告のように窒素上のアシル置換基として命名するのではなく, 擬ケトン(P-64.1.2.1, P-64.3 参照)として命名することを優先する. 前者の方法は GIN では使用できる.

例:　　N—CO-CH₃　　1-(ピペリジン-1-イル)エタン-1-オン **PIN**
　　　　　　　　　　　1-(piperidin-1-yl)ethan-1-one **PIN**
　　　　　　　　　　　1-アセチルピペリジン　1-acetylpiperidine

CO-CH₂-CH₃　　1-(3,4-ジヒドロキノリン-1(2*H*)-イル)プロパン-1-オン **PIN**
　　　　　　　　　1-(3,4-dihydroquinolin-1(2*H*)-yl)propan-1-one **PIN**
　　　　　　　　　1-プロパノイル-1,2,3,4-テトラヒドロキノリン
　　　　　　　　　1-propanoyl-1,2,3,4-tetrahydroquinoline
　　　　　　　　　1-プロピオニル-1,2,3,4-テトラヒドロキノリン
　　　　　　　　　1-propionyl-1,2,3,4-tetrahydroquinoline

P-66.1.4　アミドのカルコゲン類縁体

　アミドのカルコゲン類縁体は, 体系的に命名する. 保存名を thio のような接頭語で修飾する名称は, 優先名としては推奨しない.

P-66.1.4.1　第一級アミドのカルコゲン類縁体の名称

P-66.1.4.1.1　　名称は, 接頭語と挿入語を用いて官能基代置命名法で修飾した接尾語を使用してつくる.

例:　−(C)S-NH₂　　　チオアミド **優先接尾**　thioamide **優先接尾**
　　　−CS-NH₂　　　カルボチオアミド **優先接尾**　carbothioamide **優先接尾**
　　　−S(O)(S)-NH₂　スルホノチオアミド **予備接尾**　sulfonothioamide **予備接尾**
　　　−S(S)(S)-NH₂　スルホノジチオアミド **予備接尾**　sulfonodithioamide **予備接尾**
　　　−S(S)-NH₂　　　スルフィノチオアミド **予備接尾**　sulfinothioamide **予備接尾**

より広範なリストについては, 表4·4を参照されたい.

608　　　　　　　　　　　　P-6　個々の化合物種類に対する適用

例：HCS-NH₂

メタンチオアミド **PIN**　methanethioamide **PIN**
チオホルムアミド　thioformamide

CH₃-CS-NH₂

エタンチオアミド **PIN**　ethanethioamide **PIN**
チオアセトアミド　thioacetamide

C₆H₅-CS-NH₂

ベンゼンカルボチオアミド **PIN**　benzenecarbothioamide **PIN**
チオベンズアミド　thiobenzamide

H₂N-CS-CH₂-CH₂-CS-NH₂

ブタンジチオアミド **PIN**　butanedithioamide **PIN**

CH₃-[CH₂]₄-CS-NH₂

ヘキサンチオアミド **PIN**　hexanethioamide **PIN**

CH₃-CH₂-CS-NH₂

プロパンチオアミド **PIN**　propanethioamide **PIN**
（チオプロピオンアミド　thiopropionamide ではない）

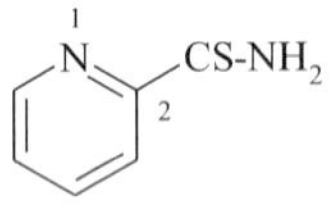

ピリジン-2-カルボチオアミド **PIN**
pyridine-2-carbothioamide **PIN**

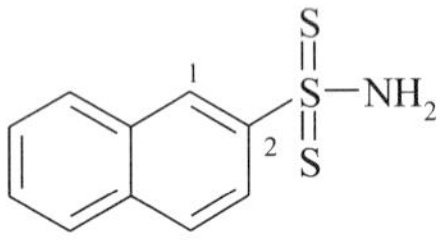

ナフタレン-2-スルホノジチオアミド **PIN**
naphthalene-2-sulfonodithioamide **PIN**

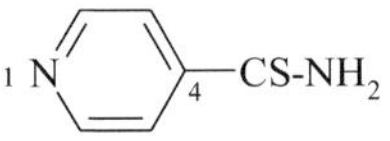

ピリジン-4-カルボチオアミド **PIN**　pyridine-4-carbothioamide **PIN**
（チオイソニコチンアミド　thioisonicotinamide ではない）

P-66.1.4.2　第二級アミドおよび第三級アミドのカルコゲン類縁体の名称　　名称は，P-66.1.2.1 に述べたような名称に該当する接頭語を付けることによりつくる．

例：CH₃-CS-NH-CS-CH₃

N-(エタンチオイル)エタンチオアミド **PIN**
N-(ethanethioyl)ethanethioamide **PIN**
N-(チオアセチル)チオアセトアミド　*N*-(thioacetyl)thioacetamide

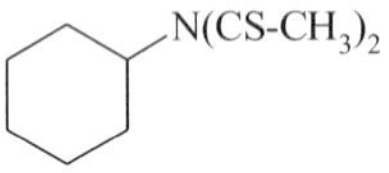

N-シクロヘキシル-*N*-(エタンチオイル)エタンチオアミド **PIN**
N-cyclohexyl-*N*-(ethanethioyl)ethanethioamide **PIN**
N-シクロヘキシル-*N*-(チオアセチル)チオアセトアミド
N-cyclohexyl-*N*-(thioacetyl)thioacetamide

CH₃-CH₂-CS-NH-CO-CH₃　*N*-(プロパンチオイル)アセトアミド **PIN**　*N*-(propanethioyl)acetamide **PIN**

P-66.1.4.3　隠れたアミドのカルコゲン誘導体の名称　　擬ケトンのカルコゲン誘導体の名称は，P-64.6.1 に述べたようにつくる．

例：

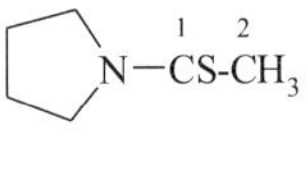

1-(ピロリジン-1-イル)エタン-1-チオン **PIN**
1-(pyrrolidin-1-yl)ethane-1-thione **PIN**
〔1-(エタンチオイル)ピロリジン
1-(ethanethioyl)pyrrolidine ではない〕

P-66.1.4.4　アミドのカルコゲン誘導体に由来する置換基の名称　　接尾語として記載すべき上位の官能基の存在下では，アミド官能基は次の二つの方法で表す．

(1) アミド名の末尾の文字 e を o にかえてつくる接頭語により表す．

(2) amino のような該当する接頭語を sulfanylidene や thioxo とつなげたり，−CS− に対する カルボノチオイル carbonothioyl(チオカルボニル thiocarbonyl ではない)，−CS-NH₂ に対する カルバモチオイル

P-66 アミド, イミド, ヒドラジド, ニトリルおよびアルデヒド

carbamothioyl(チオカルバモイル thiocarbamoyl ではない)を用いたりして表す.

例：H₂N-CS-CH₂-COOH (位置 3 2 1)
3-アミノ-3-スルファニリデンプロパン酸 **PIN**
3-amino-3-sulfanylidenepropanoic acid **PIN**
3-アミノ-3-チオキソプロパン酸　3-amino-3-thioxopropanoic acid
カルバモチオイル酢酸　carbamothioylacetic acid
(アミノカルボノチオイル)酢酸　(aminocarbonothioyl)acetic acid

CH₃-CS-NH-[4-phenyl-1]-CO-NH₂
4-(エタンチオアミド)ベンズアミド **PIN**
4-(ethanethioamido)benzamide **PIN**
4-[(エタンチオイル)アミノ]ベンズアミド
4-[(ethanethioyl)amino]benzamide
4-(チオアセトアミド)ベンズアミド
4-(thioacetamido)benzamide

CH₃-S(S)-NH-CH₂-COOH
(メタンスルフィノチオアミド)酢酸 **PIN**
(methanesulfinothioamido)acetic acid **PIN**

[ベンゼン環 1-COOH, 2-CS-CS-NH₂]
2-[アミノ(スルファニリデン)エタンチオイル]安息香酸 **PIN**
2-[amino(sulfanylidene)ethanethioyl]benzoic acid **PIN**

P-66.1.5　ラクタム, ラクチム, スルタムおよびスルチム

P-66.1.5.1　ラクタムおよびラクチム　アミノカルボン酸の分子内アミド −CO-NH− はラクタム lactam, その互変異性体 −C(OH)=N− はラクチム lactim とよばれる. ラクタムは次の二つの方法により命名する.

(1) 複素環の擬ケトンとして命名する.
(2) アミノ置換基を持たない母体酸の体系名の oic acid の語尾 ic acid を lactam に置き換え, アミノ基の位置を示す位置番号を o と lactam の間に挿入することにより命名する. ラクチム lactim は, lactam の代わりに lactim を用いて同じ方法で命名する.

方法(1)による名称が PIN となる.

例：

ピロリジン-2-オン **PIN**　pyrrolidin-2-one **PIN**
ブタノ-4-ラクタム　butano-4-lactam

[大環状構造 NH, C=O]
1-アザシクロトリデカン-2-オン **PIN**　1-azacyclotridecan-2-one **PIN**
ドデカノ-12-ラクタム　dodecano-12-lactam

[6員環 N=C-OH]
3,4,5,6-テトラヒドロピリジン-2-オール **PIN**　3,4,5,6-tetrahydropyridin-2-ol **PIN**
ペンタノ-5-ラクチム　pentano-5-lactim

[8員環 N=C-OH]
3,4,5,6,7,8-ヘキサヒドロアゾシン-2-オール **PIN**
3,4,5,6,7,8-hexahydroazocin-2-ol **PIN**
1,2-ジデヒドロアゾカン-2-オール　1,2-didehydroazocan-2-ol
ヘプタノ-7-ラクチム　heptano-7-lactim

P-66.1.5.2　スルタム, スルチムおよびスルフィン酸の分子内アミド

P-66.1.5.2.1　アミノスルホン酸の分子内アミドは, スルタム sultam とよばれ, 次の三つの方法により命名できる.

（1）複素環のヘテロンとして命名する.

（2）環状の −NH-SO₂− 基を示す スルタム sultam の語を，スルホニル基と窒素原子の結合点を表す一組の位置番号を前に付け，該当する母体水素化物の名称の後に記載することにより命名する．スルホニル基の位置番号を最初に書き，選択肢がある場合は，より小さい位置番号とする．複数のスルタム環を示すためには，倍数接頭語とコロンで区切った位置番号の組を用いる.

（3）官能種類命名法に従い，化合物種類を示す語 オキシド oxide を用いて複素環として命名する.

方法(1)による名称が PIN となる.

例：

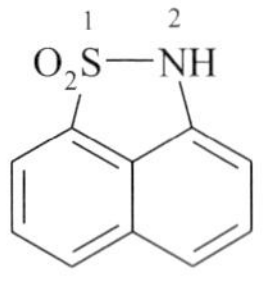

（1）1λ⁶-ナフト[1,8-cd][1,2]チアアゾール-1,1(2H)-ジオン **PIN**　1λ⁶-naphtho[1,8-cd][1,2]thiazole-1,1(2H)-dione **PIN**
（3）2H-ナフト[1,8-cd][1,2]チアゾール 1,1-ジオキシド　2H-naphtho[1,8-cd][1,2]thiazole 1,1-dioxide
（2）ナフタレン-1,8-スルタム　naphthalene-1,8-sultam

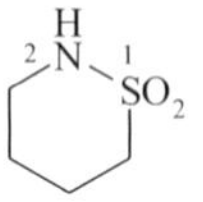

（1）1λ⁶,2-チアアジナン-1,1-ジオン **PIN**　1λ⁶,2-thiazinane-1,1-dione **PIN**
（3）1,2-チアジナン 1,1-ジオキシド　1,2-thiazinane 1,1-dioxide
（2）ブタン-1,4-スルタム　butane-1,4-sultam

P-66.1.5.2.2　スルチム sultim はスルタム sultam の互変異性体であり，sultam の語の代わりに sultim を用い，P-66.1.5.2.1 でスルタムについて述べたようにして命名する.

例：

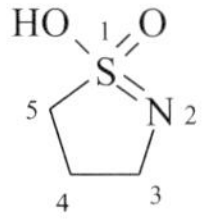

（1）1-ヒドロキシ-4,5-ジヒドロ-3H-1λ⁶,2-チアアゾール-1-オン **PIN**　1-hydroxy-4,5-dihydro-3H-1λ⁶,2-thiazol-1-one **PIN**
（3）1-ヒドロキシ-4,5-ジヒドロ-3H-1λ⁴,2-チアゾール 1-オキシド　1-hydroxy-4,5-dihydro-3H-1λ⁴,2-thiazole 1-oxide
（2）プロパン-1,3-スルチム　propane-1,3-sultim

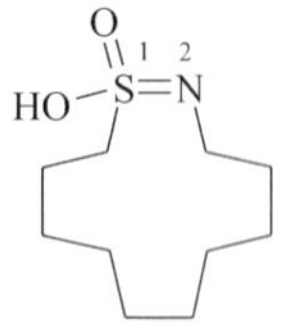

（1）1-ヒドロキシ-1λ⁶-チア-2-アザシクロドデカ-1-エン-1-オン **PIN**　1-hydroxy-1λ⁶-thia-2-azacyclododec-1-en-1-one **PIN**
（3）1-ヒドロキシ-1λ⁴-チア-2-アザシクロドデカ-1-エン 1-オキシド　1-hydroxy-1λ⁴-thia-2-azacyclododec-1-ene 1-oxide
（2）デカン-1,10-スルチム　decane-1,10-sultim

P-66.1.5.2.3　アミノスルフィン酸の分子内アミド　アミノスルフィン酸の環状アミドおよびその互変異性体は，複素環化合物として命名する.

例：

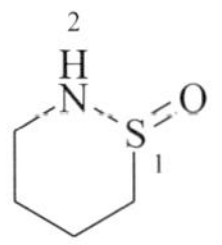

1λ⁴,2-チアアジナン-1-オン **PIN**　1λ⁴,2-thiazinan-1-one **PIN**
1,2-チアジナン 1-オキシド　1,2-thiazinane 1-oxide

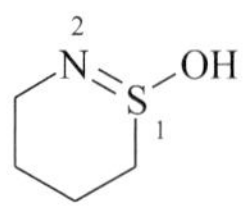

3,4,5,6-テトラヒドロ-1λ⁴,2-チアアジン-1-オール **PIN**
3,4,5,6-tetrahydro-1λ⁴,2-thiazin-1-ol **PIN**

P-66.1.6　炭酸，シアン酸，二炭酸およびポリ炭酸に由来するアミド
P-66.1.6.1　炭酸および関連化合物に由来するアミド

P-66.1.6.1.1　尿素およびその置換誘導体　　P-66.1.6.1.3　尿素およびイソ尿素のカルコゲン類縁体
P-66.1.6.1.2　イ ソ 尿 素　　　　　　　　　P-66.1.6.1.4　縮 合 尿 素

P-66 アミド，イミド，ヒドラジド，ニトリルおよびアルデヒド　　　611

P-66.1.6.1.1　尿素およびその置換誘導体

P-66.1.6.1.1.1　化合物 $H_2N\text{-}CO\text{-}NH_2$ の保存名は 尿素 urea である．尿素は PIN であり，下の構造式の上方に示す位置番号 N および N' をもつ．体系名は 炭酸ジアミド carbonic diamide である．以前は位置番号 $1, 2, 3$ が使用されており，GIN では今も使用できる．

$$\overset{N}{H_2N}\text{-}CO\text{-}\overset{N'}{NH_2}\qquad 尿素\ \boxed{PIN}\qquad urea\ \boxed{PIN}$$

$$\underset{1}{\overset{N}{H_2N}}\text{-}\underset{2}{CO}\text{-}\underset{3}{\overset{N'}{NH_2}}\qquad 炭酸ジアミド\quad carbonic\ diamide$$

> 本勧告においては，尿素に対する数字位置番号を PIN では用いない．

P-66.1.6.1.1.2　窒素原子上の置換により生成する尿素の誘導体は，炭酸のアミドの順位をもつ尿素の優先順位に従い，置換生成物として命名する．シアン酸，二炭酸，ポリ炭酸のアミドは，相当する酸と同じ優先順位に従う（P-42.2 参照）．

例：
$$\underset{3}{CH_3}\text{-}\underset{2}{NH}\text{-}CO\text{-}\underset{1}{NH}\text{-}CH_3$$
N,N'-ジメチル尿素 $\boxed{PIN}$　N,N'-dimethylurea $\boxed{PIN}$
N,N'-ジメチル炭酸ジアミド　N,N'-dimethylcarbonic diamide

$$H_2N\text{-}CO\text{-}\overset{N}{N}\text{=}C(CH_3)_2$$
N-(プロパン-2-イリデン)尿素 $\boxed{PIN}$
N-(propan-2-ylidene)urea $\boxed{PIN}$
イソプロピリデン尿素
isopropylideneurea
N-(プロパン-2-イリデン)炭酸ジアミド
N-(propan-2-ylidene)carbonic diamide

$$\underset{3}{CH_3}\text{-}\overset{N'}{NH}\text{-}CO\text{-}\underset{1}{\overset{N}{NH}}\text{-}\overset{\overset{\displaystyle CN}{|}}{CH}\text{-}CH_2\text{-}CH_2\text{-}S\text{-}CH_3$$

N-[1-シアノ-3-(メチルスルファニル)プロピル]-N'-メチル尿素 $\boxed{PIN}$
N-[1-cyano-3-(methylsulfanyl)propyl]-N'-methylurea $\boxed{PIN}$
N-[1-シアノ-3-(メチルスルファニル)プロピル]-N'-メチル炭酸ジアミド
N-[1-cyano-3-(methylsulfanyl)propyl]-N'-methylcarbonic diamide

P-66.1.6.1.1.3　尿素に由来する置換基のための接頭語は体系的につくる．接頭語 ウレイド ureido およびウレイレン ureylene は廃止した．

> 本勧告では，接頭語 ウレイド ureido およびウレイレン ureylene は，IUPAC 命名法において認めない．PIN，GIN のいずれにおいても，それぞれ接頭語 カルバモイルアミノ carbamoylamino および カルボニルビス(アザンジイル) carbonylbis(azanediyl)を推奨する．

$H_2N\text{-}CO\text{-}NH\text{-}$　カルバモイルアミノ $\boxed{優先接頭}$　carbamoylamino $\boxed{優先接頭}$
　　　　　　　　　(アミノカルボニル)アミノ　(aminocarbonyl)amino
　　　　　　　　　(ウレイド ureido ではない)

$-HN\text{-}CO\text{-}NH\text{-}$　カルボニルビス(アザンジイル) $\boxed{優先接頭}$
　　　　　　　　　carbonylbis(azanediyl) $\boxed{優先接頭}$
　　　　　　　　　(倍数命名法において使用)
　　　　　　　　　(ウレイレン ureylene ではない)

612 P-6 個々の化合物種類に対する適用

例：

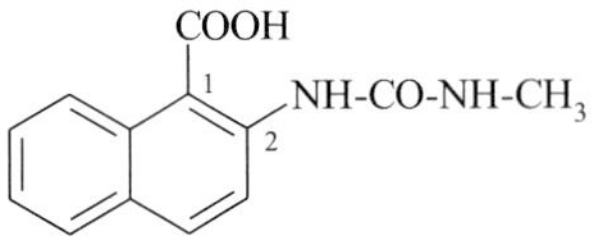

2-[(メチルカルバモイル)アミノ]ナフタレン-1-カルボン酸 **PIN**
2-[(methylcarbamoyl)amino]naphthalene-1-carboxylic acid **PIN**
2-{[(メチルアミノ)カルボニル]アミノ}-1-ナフトエ酸
2-{[(methylamino)carbonyl]amino}-1-naphthoic acid
〔2-(3-メチルウレイド)ナフタレン-1-カルボン酸
2-(3-methylureido)naphthalene-1-carboxylic acid ではない〕

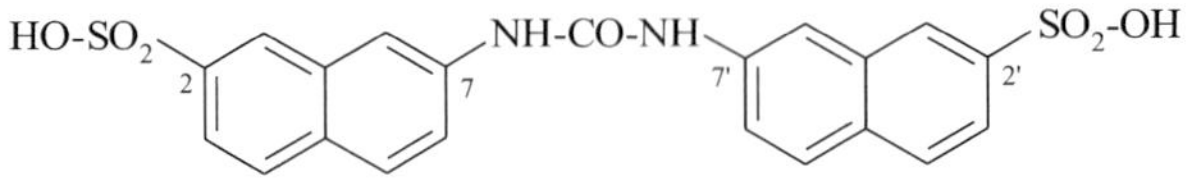

7,7′-[カルボニルビス(アザンジイル)]ジ(ナフタレン-2-スルホン酸) **PIN**
7,7′-[carbonylbis(azanediyl)]di(naphthalene-2-sulfonic acid) **PIN**
〔7,7′-ウレイレンジ(ナフタレン-2-スルホン酸)
7,7′-ureylenedi(naphthalene-2-sulfonic acid)ではない〕

$\overset{N}{C_6H_5\text{-CO-NH-CO-NH}_2}$

N-カルバモイルベンズアミド **PIN**　　N-carbamoylbenzamide **PIN**
N-(アミノカルボニル)ベンズアミド　　N-(aminocarbonyl)benzamide

$\overset{N}{C_6H_5\text{-SO}_2\text{-NH-CO-NH}_2}$

N-カルバモイルベンゼンスルホンアミド **PIN**
N-carbamoylbenzenesulfonamide **PIN**
N-(アミノカルボニル)ベンゼンスルホンアミド
N-(aminocarbonyl)benzenesulfonamide

$\overset{N\ \ \ \ 1\ \ \ \ 2}{H_2N\text{-CO-NH-CO-CH}_2\text{-C}_6H_5}$

N-カルバモイル-2-フェニルアセトアミド **PIN**
N-carbamoyl-2-phenylacetamide **PIN**
N-(アミノカルボニル)-2-フェニルアセトアミド
N-(aminocarbonyl)-2-phenylacetamide

P-66.1.6.1.1.4　尿素のカルボン酸誘導体　　尿素に関連したカルボン酸は二つある．アロファン酸 allophanic acid H_2N-CO-NH-COOH およびヒダントイン酸 hydantoic acid H_2N-CO-NH-CH$_2$-COOH である．これら名称は廃止した．これら二つの酸およびその誘導体の PIN は体系的につくる．

例：H_2N-CO-NH-COOH　　カルバモイルカルバミン酸 **PIN**　　carbamoylcarbamic acid **PIN**
　　　　　　　　　　　　　(アミノカルボニル)カルバミン酸　　(aminocarbonyl)carbamic acid

　　H_2N-CO-NH-CO–　　カルバモイルカルバモイル 優先接頭　　carbamoylcarbamoyl 優先接頭
　　　　　　　　　　　　　[(アミノカルボニル)アミノ]カルボニル　　[(aminocarbonyl)amino]carbonyl

　　H_2N-CO-NH-CH$_2$-COOH　　N-カルバモイルグリシン　　N-carbamoylglycine
　　　　　　　　　　　　　(カルバモイルアミノ)酢酸　　(carbamoylamino)acetic acid

P-66.1.6.1.1.5　アミドにおける尿素の優先順位　　アミドは相当する酸と同じ方法で順位づけをする(P-42 参照)．したがって，置換命名法において，カルボン酸由来のアミドは，ホルムアミドを含め，尿素に優先する．

例：$\overset{N}{H_2N\text{-CO-NH-CH}_2\text{-CH}_2\text{-NH-CO-CH}_3}$

N-[2-(カルバモイルアミノ)エチル]アセトアミド **PIN**
N-[2-(carbamoylamino)ethyl]acetamide **PIN**
N-{2-[(アミノカルボニル)アミノ]エチル}アセトアミド
N-{2-[(aminocarbonyl)amino]ethyl}acetamide

H_2N-CO-NH-CH$_2$-CH$_2$-CH$_2$-HN-CHO
N-[3-(カルバモイルアミノ)プロピル]ホルムアミド **PIN**
N-[3-(carbamoylamino)propyl]formamide **PIN**
〔1-(3-ホルムアミドプロピル)尿素 1-(3-formamidopropyl)urea でも
1-[(3-ホルミルアミノ)プロピル]尿素 1-[3-(formylamino)propyl]urea でもない．
ホルムアミドは尿素に優先する．P-41 参照〕

P-66 アミド, イミド, ヒドラジド, ニトリルおよびアルデヒド 613

P-66.1.6.1.2 イ ソ 尿 素

P-66.1.6.1.2.1 尿素のイミド酸互変異性体 $H_2N\text{-}C(OH)=NH$ は, 体系的官能基代置名 カルボノアミドイミド酸 carbonamidimidic acid の短縮名である カルバモイミド酸 carbamimidic acid と命名する. イソ尿素 isourea の名称は廃止するが, 化合物種類の名称としては保存する. PIN では, カルバモイミド酸の誘導体は, 位置番号 N と N' を用いて命名する. イソ尿素の名称が廃止されたため, GIN であっても, 以前の勧告で使われた数字位置番号は不要である. 二重結合の位置が未詳の場合は, 位置番号 N のみを用いる.

N'
NH
N ‖
$H_2N\text{-}C\text{-}OH$

カルバモイミド酸 PIN　carbamimidic acid PIN
（イソ尿素 isourea ではない）

例:

N'
N-CH₃
N ‖
$(C_6H_5)_2N\text{-}C\text{-}O\text{-}CH_2\text{-}CH_3$

N'-メチル-N,N-ジフェニルカルバモイミド酸エチル PIN
ethyl N'-methyl-N,N-diphenylcarbamimidate PIN
（O-エチル-N'-メチル-N,N-ジフェニルイソ尿素
O-ethyl-N'-methyl-N,N-diphenylisourea ではない）

N'
NH
N ‖
$(C_6H_5)_2N\text{-}C\text{-}O\text{-}CH_2\text{-}CH_3$

N,N-ジフェニルカルバモイミド酸エチル PIN
ethyl N,N-diphenylcarbamimidate PIN
（O-エチル-N,N-ジフェニルイソ尿素
O-ethyl-N,N-diphenylisourea ではない）

N'　　　　　　　　　　N'
NH　　　　　　　　　　N-C₆H₅
N ‖　　　　　　　　　N ‖
$C_6H_5\text{-}NH\text{-}C\text{-}O\text{-}CH_2\text{-}CH_3$　⇄　$H_2N\text{-}C\text{-}O\text{-}CH_2\text{-}CH_3$

N-フェニルカルバモイミド酸エチル PIN　ethyl N-phenylcarbamimidate PIN
（O-エチル-N-フェニルイソ尿素　O-ethyl-N-phenylisourea ではない）

P-66.1.6.1.2.2 イソ尿素に由来する $HN=C(OH)\text{-}NH-$ 基および $H_2N\text{-}C(OH)=N-$ 基は, それぞれ(C-ヒドロキシカルボノイミドイル)アミノ 優先接頭 (C-hydroxycarbonimidoyl)amino 優先接頭 または ［ヒドロキシ(イミノ)メチル］アミノ ［hydroxy(imino)methyl]amino および ［アミノ(ヒドロキシ)メチリデン］アミノ 優先接頭 ［amino-(hydroxy)methylidene]amino 優先接頭 と命名する. 優先接頭語でのイタリック体文字の位置番号 C は, N-置換との混同を避けるために用い, hydroxy を囲む括弧は, hydroxy が amino により置換されているわけでないことを強調するために使う.

接頭語 1-イソウレイド 1-isoureido および 3-イソウレイド 3-isoureido は, 廃止した.

例:

O-CH₂-CH₃
HOOC- (naphthalene ring, positions 1, 2, 7) -N=C-N(CH₃)₂

7-{［(ジメチルアミノ)エトキシメチリデン］アミノ}ナフタレン-2-カルボン酸 PIN
7-{［(dimethylamino)ethoxymethylidene]amino}naphthalene-2-carboxylic acid PIN
［7-(2-エチル-1,1-ジメチル-3-イソウレイド)ナフタレン-2-カルボン酸
7-(2-ethyl-1,1-dimethyl-3-isoureido)naphthalene-2-carboxylic acid ではない］

P-66.1.6.1.3 尿素およびイソ尿素のカルコゲン類縁体

P-66.1.6.1.3.1 尿素のカルコゲン類縁体は, 官能基置換命名法により, 接頭語 チオ thio, セレノ seleno およびテルロ telluro を用いて命名する. PIN は, 文字位置番号 N と N' を用いる. 数字位置番号は, GIN でチオ尿素 thiourea に対して使用できる.

614   P-6　個々の化合物種類に対する適用

$$\underset{\text{H}_2\text{N-C-NH}_2}{\overset{\displaystyle\text{S}}{\overset{\|}{\underset{N\quad\ N'}{}}}}$$

$$\underset{\underset{2}{\text{H}_2\text{N-C-NH}_2}}{\overset{\displaystyle\text{S}}{\overset{\|}{\underset{1\quad\ 3}{}}}}$$

チオ尿素 [PIN]　　　　　　　カルボノチオ酸ジアミド
thiourea [PIN]　　　　　　　carbonothioic diamide

本勧告では，PIN であるチオ尿素 thiourea に対し数字位置番号を使用しない．

例：　　　Se
$$\underset{\text{H}_2\text{N-C-NH-CH(CH}_3\text{)-CH}_2\text{-CH}_3}{\overset{\|}{\underset{N'\qquad\quad N\quad\ 2\qquad\ 3\quad\ 4}{}}}$$

N-(ブタン-2-イル)セレノ尿素 [PIN]　　*N*-(butan-2-yl)selenourea [PIN]
N-(1-メチルプロピル)セレノ尿素　　*N*-(1-methylpropyl)selenourea
N-(ブタン-2-イル)カルボノセレノ酸ジアミド
N-(butan-2-yl)carbonoselenoic diamide

P-66.1.6.1.3.2　　イソ尿素のカルコゲン類縁体は，該当するカルコゲン挿入語を用い，官能基代置命名法により，たとえばカルバモイミドチオ酸 carbamimidothioic acid と命名する（イソチオ尿素 isothiourea ではない）．PIN に対しては，イタリック体の位置番号 *N* と *N'* を用いる．二重結合の位置が未詳の場合は，該当する原子に置換基を割当てるために，位置番号 *S, Se, Te, N* を用いる．

$$\underset{\text{H}_2\text{N-C-SH}}{\overset{\overset{N'}{\text{NH}}}{\overset{\|}{\underset{N}{}}}}$$

カルバモイミドチオ酸 [PIN]　carbamimidothioic acid [PIN]
　（イソチオ尿素 isothiourea ではない）

例：　　S-CH₂CH₃
$$\underset{\text{HN=C-N(CH}_3\text{)}_2}{\underset{N'\quad\ N}{|}}$$

N,N-ジメチルカルバモイミドチオ酸エチル [PIN]
ethyl *N,N*-dimethylcarbamimidothioate [PIN]
　（*S*-エチル-*N,N*-ジメチルイソチオ尿素
　S-ethyl-*N,N*-dimethylisothiourea ではない）

　　　　S-CH₂CH₃
$$\underset{\text{H}_2\text{N-C=N-CH}_3}{\underset{N\quad\ N'}{|}}$$

N'-メチルカルバモイミドチオ酸エチル [PIN]
ethyl *N'*-methylcarbamimidothioate [PIN]
　（*S*-エチル-*N'*-メチルイソチオ尿素
　S-ethyl-*N'*-methylisothiourea ではない）

上記の例において，二重結合の位置が未詳のとき，名称は以下のようになる．

N-メチルカルバモイミドチオ酸エチル [PIN]　ethyl *N*-methylcarbamimidothioate [PIN]
　（*S*-エチル-*N*-メチルイソチオ尿素　*S*-ethyl-*N*-methylisothiourea ではない）

P-66.1.6.1.3.3　尿素およびイソ尿素のカルコゲン類縁体に由来する置換基の接頭語は，以下のとおりである．

H₂N-CS-NH–　　　カルバモチオイルアミノ [優先接頭]　carbamothioylamino [優先接頭]
　　　　　　　　　[アミノ(スルファニリデン)メチル]アミノ　[amino(sulfanylidene)methyl]amino

HN=C(SH)-NH–　　（*C*-スルファニルカルボノイミドイル)アミノ [優先接頭]
　　　　　　　　　(*C*-sulfanylcarbonimidoyl)amino [優先接頭]
　　　　　　　　　[イミノ(スルファニル)メチル]アミノ　[imino(sulfanyl)methyl]amino

H₂N-C(SH)=N–　　[アミノ(スルファニル)メチリデン]アミノ [優先接頭]
　　　　　　　　　[amino(sulfanyl)methylidene]amino [優先接頭]

例：　　　　　3　2　1
　H₂N-CS-NH-CH₂-CH₂-COOH

3-(カルバモチオイルアミノ)プロパン酸 [PIN]
3-(carbamothioylamino)propanoic acid [PIN]
3-{[アミノ(スルファニリデン)メチル]アミノ}プロパン酸
3-{[amino(sulfanylidene)methyl]amino}propanoic acid

P-66 アミド, イミド, ヒドラジド, ニトリルおよびアルデヒド　　　615

P-66.1.6.1.4　縮合尿素　　縮合尿素 $H_2N\text{-}[CO\text{-}NH]_n\text{-}H\,(n = 2, 3, 4)$ は, 相当する二炭酸またはポリ炭酸に由来する官能基代置名 イミド二炭酸 imidodicarbonic acid, ジイミド三炭酸 diimidotricarbonic acid, トリイミド四炭酸 triimidotetracarbonic acid などのジアミドとして, 体系的に命名する. ビウレット biuret, トリウレット triuret などの名称は, PIN としては使用できなくなった. カルコゲン類縁体は, アルファベット順の官能基代置接頭語と imido の語を相当する二炭酸またはポリ炭酸の前に置くことにより表す. 置換基と官能基代置接頭語の位置を示す必要のあるときは, 下に示した構造式の上に書かれている位置番号を使う. イミドポリ炭酸 imidopolycarbonic acid のアミドについても同様に定められている(P-66.4.1.2.2 参照). これらの位置番号は, PIN において用いる. 以前に使用されていた, 下に示した構造式の下に書いてあるすべてを数字で示す番号付けの方式は, GIN では使用できる.

$\overset{N^1\;\;1\;\;\;2\;\;\;3\;\;\;N^3}{\underset{1\;\;\;2\;\;\;3\;\;\;4\;\;\;5}{H_2N\text{-}CO\text{-}NH\text{-}CO\text{-}NH_2}}$　　　2-イミド二炭酸ジアミド **PIN**　　2-imidodicarbonic diamide **PIN**
ビウレット　biuret

$\overset{N^1\;\;1\;\;\;2\;\;\;3\;\;\;4\;\;\;5\;\;\;N^5}{\underset{1\;\;\;2\;\;\;3\;\;\;4\;\;\;5\;\;\;6\;\;\;7}{H_2N\text{-}CO\text{-}NH\text{-}CO\text{-}NH\text{-}CO\text{-}NH_2}}$　2,4-ジイミド三炭酸ジアミド **PIN**　2,4-diimidotricarbonic diamide **PIN**
トリウレット　triuret

> 縮合尿素に対する数字位置番号は, PIN では使用できなくなった.

例：　$\overset{N^1\;\;1\;\;\;2\;\;\;3\;\;\;N^3}{\underset{1}{CH_3\text{-}NH\text{-}CO\text{-}NH\text{-}CO\text{-}NH_2}}$　　N^1-メチル-2-イミド二炭酸ジアミド **PIN**
N^1-methyl-2-imidodicarbonic diamide **PIN**
1-メチルビウレット　1-methylbiuret

$\overset{N^1\;\;1\;\;\;2\;\;\;3\;\;\;N^3}{\underset{1\;\;\;2}{CH_3\text{-}NH\text{-}CS\text{-}NH\text{-}CO\text{-}NH_2}}$　　N^1-メチル-2-イミド-1-チオ二炭酸ジアミド **PIN**
N^1-methyl-2-imido-1-thiodicarbonic diamide **PIN**
1-メチル-2-チオビウレット　1-methyl-2-thiobiuret

$\overset{N^1\;\;1\;\;\;2\;\;\;3\;\;\;4\;\;\;5\;\;\;N^5}{\underset{1\;\;\;\;\;\;\;\;\;\;\;\;\;\;\;4}{CH_3\text{-}NH\text{-}CO\text{-}NH\text{-}CS\text{-}NH\text{-}CO\text{-}NH_2}}$　N^1-メチル-2,4-ジイミド-3-チオ三炭酸ジアミド **PIN**
N^1-methyl-2,4-diimido-3-thiotricarbonic diamide **PIN**
1-メチル-4-チオトリウレット　1-methyl-4-thiotriuret

ポリウレット polyuret ($n = 5$ およびそれ以上)においては, "ア"命名法による名称が PIN となる.

例：　$\overset{1\;\;\;2\;\;\;3\;\;\;4\;\;\;5\;\;\;6\;\;\;7\;\;\;8\;\;\;9}{H_2N\text{-}CO\text{-}NH\text{-}CO\text{-}NH\text{-}CO\text{-}NH\text{-}CO\text{-}NH_2}}$　　3,5,7-トリオキソ-2,4,6,8-テトラアザノナン-1,9-ジアミド **PIN**
3,5,7-trioxo-2,4,6,8-tetraazanonane-1,9-diamide **PIN**
ペンタウレット　pentauret

P-66.1.6.2　シアン酸に由来するアミド　　慣用名の シアナミド cyanamide は $NC\text{-}NH_2$ に対して保存され, また PIN である. 置換は, $-NH_2$ 基上では認められる. 体系的な官能基代置名は, カルボノニトリド酸アミド carbononitridic amide である.

例：$NC\text{-}NH\text{-}CH(CH_3)_2$　（プロパン-2-イル)シアナミド **PIN**　(propan-2-yl)cyanamide **PIN**
（プロパン-2-イル)カルボノニトリド酸アミド　(propan-2-yl)carbononitridic amide

$NC\text{-}N(CH_2\text{-}CH_3)_2$　ジエチルシアナミド **PIN**　diethylcyanamide **PIN**
ジエチルカルボノニトリド酸アミド　diethylcarbononitridic amide

P-66.1.6.3　二炭酸およびポリ炭酸のアミド　　ポリ炭酸のアミドの体系名は, 相当する酸の名称に官能種類名 アミド amide を付け, その前に二つの $-NH_2$ 基の存在を示す数詞接頭語 di を置いてつくる. カルコゲン類縁体は, 官能種類接頭語により表す. 構造の番号付けには, 数字および文字位置番号を用いる.

$\overset{N^1\;\;1\;\;\;2\;\;3\;\;\;N^3}{H_2N\text{-}CO\text{-}O\text{-}CO\text{-}NH_2}$　　　二炭酸ジアミド **PIN**　dicarbonic diamide **PIN**

N^1 1 2 3 4 5 N^5
H₂N-CO-O-CO-O-CO-NH₂   三炭酸ジアミド **PIN**   tricarbonic diamide **PIN**

例: N^1 1 2 3 N^3
(CH₃)₂CH-NH-CO-O-CO-NH₂   *N*-(プロパン-2-イル)二炭酸ジアミド **PIN**
                         N-(propan-2-yl)dicarbonic diamide **PIN**
                         N-イソプロピル二炭酸ジアミド   *N*-isopropyldicarbonic diamide

N^1 1 2 3 4 5 N^5
CH₃-NH-CO-S-CO-O-CO-NH₂ N^1-メチル-2-チオ三炭酸ジアミド **PIN**
                         N^1-methyl-2-thiotricarbonic diamide **PIN**

N^1 1 2 3 N^3
H₂N-CS-S-CS-NH₂   1,2,3-トリチオ二炭酸ジアミド **PIN**   1,2,3-trithiodicarbonic diamide **PIN**
                         (チウラムモノスルフィド thiuram monosulfide ではない)

N^1 1 2 3 N^3
H₂N-CS-S-S-CS-NH₂   2-ジチオペルオキシ-1,3-ジチオ二炭酸ジアミド **PIN**
                         2-dithioperoxy-1,3-dithiodicarbonic diamide **PIN**
                         (チウラムジスルフィド thiuram disulfide ではない)

P-66.1.7 多官能性アミド

アミドは，接尾語で表す化合物種類の優先順位において，酸，無水物，エステル，酸ハロゲン化物の後に続く（P-41 参照）．アミド類の中での優先順位は，相当する酸の優先順位と同じである．多官能性アミドの番号付けでの優先順位は，酸について述べた順位（P-65.1.2.3 参照）に従う．

例: CH(NO₂)₂
                 |
    H₂N-CO-NH-N-CO-NH₂   1-(ジニトロメチル)ヒドラジン-1,2-ジカルボキシアミド **PIN**
              2 1   1-(dinitromethyl)hydrazine-1,2-dicarboxamide **PIN**

                              NO₂ NO₂
                               | |
3   2   1
CH₂=CH-CO-NH-CH₂-N-CH₂-N-CH₂-NH-CO-CH₃

N-{[{[(アセトアミドメチル)(ニトロ)アミノ]メチル}(ニトロ)アミノ]メチル}プロパ-2-エンアミド **PIN**
N-{[{[(acetamidomethyl)(nitro)amino]methyl}(nitro)amino]methyl}prop-2-enamide **PIN**
N-{[({[(アセチルアミノ)メチル](ニトロ)アミノ}メチル)(ニトロ)アミノ]メチル}プロパ-2-エンアミド
N-{[({[(acetylamino)methyl](nitro)amino}methyl)(nitro)amino]methyl}prop-2-enamide

        CH₃
        | 2 1
H₂N-CH₂-C=N-NH-CO-NH₂

2-(1-アミノプロパン-2-イリデン)ヒドラジン-1-カルボキシアミド **PIN**
2-(1-aminopropan-2-ylidene)hydrazine-1-carboxamide **PIN**

                    4 3 2 1
HO-CH₂-CH₂-NH-CH₂-CH₂-CH₂-CO-NH-CH₂-CH₂-NH-CH₂-CH₂-OH

4-[(2-ヒドロキシエチル)アミノ]-*N*-{2-[(2-ヒドロキシエチル)アミノ]エチル}ブタンアミド **PIN**
4-[(2-hydroxyethyl)amino]-*N*-{2-[(2-hydroxyethyl)amino]ethyl}butanamide **PIN**

           CH₃
   2   1 |
H₂N-CH₂-CO-N-CH₂-CHOH-CH₂OH

2-アミノ-*N*-(2,3-ジヒドロキシプロピル)-*N*-メチルアセトアミド **PIN**
2-amino-*N*-(2,3-dihydroxypropyl)-*N*-methylacetamide **PIN**

P-66.2 イ ミ ド

P-66.2.1   イミドは，-CO-NH-CO- の構造をもつ化合物である．鎖状イミドは，第一級アミドの *N*-アシル誘導体として命名する（P-66.1.2.1 参照）．環状イミドは，複素環の擬ケトンとして命名しなければならない．また，相当する二塩基酸の接尾語 dioic acid，dicarboxylic acid あるいは二塩基酸の保存名の接尾語 ic acid を，imide ま

たは dicarboximide に置き換えることによっても命名できる．

例：

ピロリジン-2,5-ジオン PIN　pyrrolidine-2,5-dione PIN
スクシンイミド　succinimide

1H-ピロール-2,5-ジオン PIN　1H-pyrrole-2,5-dione PIN
ピロール-2,5-ジオン　pyrrole-2,5-dione

1-ブロモピロリジン-2,5-ジオン PIN　1-bromopyrrolidine-2,5-dione PIN
(N-ブロモスクシンイミド N-bromosuccinimide ではない．
スクシンイミド上では置換が認められない)

ヘキサヒドロ-1H-イソインドール-1,3(2H)-ジオン PIN
hexahydro-1H-isoindole-1,3(2H)-dione PIN
ヘキサヒドロ-2H-イソインドール-1,3-ジオン
hexahydro-2H-isoindole-1,3-dione
シクロヘキサン-1,2-ジカルボキシイミド　cyclohexane-1,2-dicarboximide

2-フェニル-1H-イソインドール-1,3(2H)-ジオン PIN
2-phenyl-1H-isoindole-1,3(2H)-dione PIN
2-フェニル-2H-イソインドール-1,3-ジオン
2-phenyl-2H-isoindole-1,3-dione
N-フェニルフタルイミド　N-phenylphthalimide

1,3-オキサアゼチジン-2,4-ジオン PIN
1,3-oxazetidine-2,4-dione PIN

P-66.2.2　イミドから，イミドの窒素原子に結合する水素を除去することで得られる接頭語は，体系的に命名するとそれが優先接頭語となる．しかし，GIN では，相当するイミドの名称の語尾 imide を imido にかえてつくってもよい．

スクシンイミド　succinimido
2,5-ジオキソピロリジン-1-イル 優先接頭　2,5-dioxopyrrolidin-1-yl 優先接頭

例：

7-フタルイミド-1-ナフトエ酸
7-phthalimido-1-naphthoic acid
7-(1,3-ジオキソ-1,3-ジヒドロ-2H-イソインドール-2-イル)
ナフタレン-1-カルボン酸 PIN
7-(1,3-dioxo-1,3-dihydro-2H-isoindol-2-yl)naphthalene-1-
carboxylic acid PIN

P-66.3　ヒドラジド

P-66.3.0　定　義	P-66.3.4　ヒドラジドのカルコゲン類縁体
P-66.3.1　体　系　名	P-66.3.5　炭酸，シアン酸，二炭酸および
P-66.3.2　ヒドラジドに由来する置換基	ポリ炭酸に由来するヒドラジド
P-66.3.3　置換ヒドラジド	P-66.3.6　セミオキサマゾン

618   P-6 個々の化合物種類に対する適用

P-66.3.0 定　義

ヒドラジドは，−COOH，−SO₂-OH，−SO-OH などの接尾語により示される有機オキソ酸から，その −OH 基を −NH-NH₂ 基で置き換えることにより得られる化合物である．

P-66.3.1 体 系 名

R-CO-NH-NH₂ 型のヒドラジドは，次の二つの方法により命名する．

(1) 置換命名法により命名する．
(2) カルボン酸の保存名の修飾により命名する．

P-66.3.1.1 置換命名法　　ヒドラジドは，以下の接尾語を用いて置換命名法により命名する（表 4・4 参照）．ヒドラジドをヒドラジンのアシル誘導体として命名する方法は廃止した．

　　　−(C)O-NH-NH₂　　ヒドラジド [優先接尾]　　hydrazide [優先接尾]

　　　−CO-NH-NH₂　　カルボヒドラジド [優先接尾]　　carbohydrazide [優先接尾]

　　　−SO₂-NH-NH₂　　スルホノヒドラジド [予備接尾]　　sulfonohydrazide [予備接尾]
　　　　　　　　　　（および相当するセレン，テルル類縁体）

　　　−SO-NH-NH₂　　スルフィノヒドラジド [予備接尾]　　sulfinohydrazide [予備接尾]
　　　　　　　　　　（および相当するセレン，テルル類縁体）

> 鎖状ヒドラジドの命名においては，接尾語は母体水素化物名に付けるという一般用法に従い，接尾語 オヒドラジド ohydrazide に代わり接尾語 ヒドラジド hydrazide を推奨する．たとえば，CH₃-CH₂-CH₂-CH₂-CO-NH-NH₂ はペンタンヒドラジド pentanehydrazide であり，ペンタノヒドラジド pentano-hydrazide ではない．

鎖状化合物の命名には，接尾語 hydrazide を用いる．接尾語 carbohydrazide は，環状化合物に結合する −CO-NH-NH₂ 特性基を表す場合，−CO-NH-NH₂ 特性基を三つ以上もつ鎖の場合，あるいはその基が複素環または母体化合物のヘテロ原子に結合する場合に用いる．

倍数命名法は，対称条件を満たせば使用できる．ヒドラジン自身は数字位置番号 1, 2 を用いて H₂N¹-N²H₂ と番号付けするが，ヒドラジドの窒素原子は，位置番号 N と N′ により −CO-NʰH-N′H₂ のように区別する．二つのヒドラジド接尾語が鎖状アルカンに結合する場合，位置 1 の接尾語は N¹, N′¹，もう一つの記載すべき位置 x の接尾語は Nˣ, N′ˣ と表示する（P-16.9 参照）．

例：　⁵CH₃-⁴CH₂-³CH₂-²CH₂-¹CO-ᴺNH-ᴺ′NH₂　　ペンタンヒドラジド [PIN]　pentanehydrazide [PIN]
　　　　　　　　　　　　　　　　　　　　　　　（ペンタノイルヒドラジン pentanoylhydrazine ではない）

　　　ᴺ′⁴H₂N-ᴺ⁴NH-CO-⁴CH₂-³CH₂-²CH₂-¹CO-ᴺ¹NH-ᴺ′¹NH₂　ブタンジヒドラジド [PIN]　butanedihydrazide [PIN]
　　　　　　　　　　　　　　　　　　　　　　　スクシノヒドラジド　succinohydrazide（P-66.3.1.2 参照）
　　　　　　　　　　　　　　　　　　　　　　　〔(エタン-1,2-ジイルジカルボニル)ジヒドラジン
　　　　　　　　　　　　　　　　　　　　　　　(ethane-1,2-diyldicarbonyl)dihydrazine,
　　　　　　　　　　　　　　　　　　　　　　　スクシニルジヒドラジン　succinyldihydrazine ではない〕

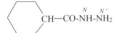
　　　　　　　　　　　　　　　　　　　　　　　シクロヘキサンカルボヒドラジド [PIN]
　　　　　　　　　　　　　　　　　　　　　　　cyclohexanecarbohydrazide [PIN]
　　　　　　　　　　　　　　　　　　　　　　　〔(シクロヘキサンカルボニル)ヒドラジン
　　　　　　　　　　　　　　　　　　　　　　　(cyclohexanecarbonyl)hydrazine ではない〕

P-66　アミド，イミド，ヒドラジド，ニトリルおよびアルデヒド　　　　　619

$$N-CO-NH-NH_2$$

ピペリジン-1-カルボヒドラジド **PIN**
piperidine-1-carbohydrazide **PIN**
〔(ピペリジン-1-カルボニル)ヒドラジン
(piperidine-1-carbonyl)hydrazine ではない〕

$$CH_3-SO_2-NH-NH_2$$

メタンスルホノヒドラジド **PIN**　methanesulfonohydrazide **PIN**
〔(メタンスルホニル)ヒドラジン
(methanesulfonyl)hydrazine ではない〕

$$CH_3-C-CO-NH-NH_2$$ (with CO-NH-NH$_2$ groups)

エタン-1,1,1-トリカルボヒドラジド **PIN**
ethane-1,1,1-tricarbohydrazide **PIN**

P-66.3.1.2　カルボン酸の保存名を修飾してつくる名称　　ヒドラジドの名称は，カルボン酸の保存名の語尾 ic acid または oic acid を ohydrazide にかえてつくる(窒素の位置番号については，P-66.3.3 を参照されたい).

P-66.3.1.2.1　　以下の五つの名称のみが PIN であり，相当するアミドと同様の方法で置換できる(P-66.1.1.1.2 参照). 体系的な置換名は，官能基代置により修飾された酸をつくるために用いる.

$$NC-NH-NH_2$$

シアノヒドラジド **PIN**　cyanohydrazide **PIN**
ヒドラジンカルボニトリル　hydrazinecarbonitrile　(P-66.5.1.1.3 参照)

$$HCO-NH-NH_2$$

ホルモヒドラジド **PIN**　formohydrazide **PIN**
ヒドラジンカルボアルデヒド　hydrazinecarbaldehyde
(P-66.6.1.1.3 参照)

$$CH_3-CO-NH-NH_2$$

アセトヒドラジド **PIN**　acetohydrazide **PIN**

$$C_6H_5-CO-NH-NH_2$$

ベンゾヒドラジド **PIN**　benzohydrazide **PIN**

$$H_2N-NH-CO-CO-NH-NH_2$$

オキサロヒドラジド **PIN**　oxalohydrazide **PIN**

これらの酸のイミド酸およびヒドラゾン酸類縁体のヒドラジドは，体系的に命名する.

例: $CH_3-C(=NH)-NH-NH_2$　エタンイミドヒドラジド **PIN**　ethanimidohydrazide **PIN**
　　　　　　　(アセトイミドヒドラジド acetimidohydrazide ではない)

P-66.3.1.2.2　　GIN では，名称 フロヒドラジド furohydrazide, フタロヒドラジド phthalohydrazide, イソフタロヒドラジド isophthalohydrazide, テレフタロヒドラジド terephthalohydrazide のみが保存名であり，制限はあるが置換が認められる(P-65.1.1.2 参照). 対応する体系名が PIN である(P-66.3.1.1 参照). 複数の カルボヒドラジド接尾語が存在する場合，窒素の位置番号は，母体構造の位置番号を示す該当する上付き数字位置番号を付けた N と N' である.

例:

(ベンゼン環に CO-NH-NH$_2$ 基が 1,2 位)

ベンゼン-1,2-ジカルボヒドラジド **PIN**
benzene-1,2-dicarbohydrazide **PIN**
フタロヒドラジド　phthalohydrazide

(ベンゼン環に H$_2$N-NH-CO- と -CO-NH-NH$_2$ 基が 1,4 位)

ベンゼン-1,4-ジカルボヒドラジド **PIN**
benzene-1,4-dicarbohydrazide **PIN**
テレフタロヒドラジド　terephthalohydrazide

P-66.3.1.2.3　　GIN でのみ使用できるカルボン酸の保存名(P-65.1.1.2.2 参照)におけるヒドラジドの生成は上記 P-66.3.1.2.1 の規則に従うが，置換はヒドラジド特性基の窒素原子上の置換を含め認められない. 体系名が

PIN である(P-66.3.1.1 参照).

例: $\overset{N}{}\overset{N'}{}$
$CH_3\text{-}CH_2\text{-}CH_2\text{-}CO\text{-}NH\text{-}NH_2$　ブタンヒドラジド **PIN**　butanehydrazide **PIN**
　　　　　　　　　　　　　ブチロヒドラジド　butyrohydrazide　(置換は認められない)

P-66.3.1.2.4　　炭水化物酸および α-アミノ酸に由来するヒドラジドについては，それぞれ P-102.5.6.6.2.1 および P-103.2.7 で述べる.

例:
$$\overset{1}{CO}\text{-}\overset{N}{NH}\text{-}\overset{N'}{NH_2}$$
$$|$$
$$H\text{-}C\text{-}OH$$
$$|$$
$$HO\text{-}C\text{-}H$$
$$|$$
$$H\text{-}C\text{-}OH$$
$$|$$
$$H\text{-}C\text{-}OH$$
$$|$$
$$CH_2\text{-}OH$$

D-グルコノヒドラジド　D-gluconohydrazide

$\overset{2}{NH_2}\text{-}CH_2\text{-}\overset{N}{CO}\text{-}\overset{N}{NH}\text{-}\overset{N'}{NH_2}$　2-アミノアセトヒドラジド　2-aminoacetohydrazide
　　　　　　　　　　　　　　　　グリシノヒドラジド　glycinohydrazide

P-66.3.2　ヒドラジドに由来する置換基

ヒドラジドに相当する置換基には，二つの型がある．$-CO\text{-}NH\text{-}NH_2$，$-SO_2\text{-}NH\text{-}NH_2$ などと $-NH\text{-}NH\text{-}CO\text{-}R$，$-NH\text{-}NH\text{-}SO_2\text{-}R$ などである．

P-66.3.2.1　　$-CO\text{-}NH\text{-}NH_2$，$-SO_2\text{-}NH\text{-}NH_2$ などの型の置換基は，$-CO\text{-}NH\text{-}NH_2$ 基が炭素鎖の末端である場合を除き，次の三つの方法により命名できる．

(1) 相当する酸に由来するアシル基として命名する．
(2) 該当するアシル基である接頭語 カルボノヒドラジドイル carbonohydrazidoyl を使って命名する．
(3) 接頭語 ヒドラジニル hydrazinyl を用い，カルボニル carbonyl と連結させることにより命名する．

例:
$\overset{2}{H_2N}\text{-}\overset{}{NH}\text{-}\overset{1}{COOH}$
ヒドラジンカルボン酸 **PIN**
hydrazinecarboxylic acid **PIN**
カルボノヒドラジド酸
carbonohydrazidic acid

$\overset{2}{H_2N}\text{-}\overset{}{NH}\text{-}\overset{1}{CO}\text{-}$
(1) ヒドラジンカルボニル 優先接頭　hydrazinecarbonyl 優先接頭
(2) カルボノヒドラジドイル　carbonohydrazidoyl
　　(P-65.2.1.4 参照)
(3) ヒドラジニルカルボニル　hydrazinylcarbonyl

$\overset{2}{H_2N}\text{-}\overset{}{NH}\text{-}\overset{1}{SO_2}OH$
ヒドラジンスルホン酸 **PIN**
hydrazinesulfonic acid **PIN**

$\overset{2}{H_2N}\text{-}\overset{}{NH}\text{-}\overset{1}{SO_2}\text{-}$
(1) ヒドラジンスルホニル 予備接頭　hydrazinesulfonyl 予備接頭
　　(P-65.3.2.2.2 参照)
(3) ヒドラジニルスルホニル　hydrazinylsulfonyl

$\overset{2}{H_2N}\text{-}\overset{}{NH}\text{-}\overset{1}{SO}\text{-}OH$
ヒドラジンスルフィン酸 **PIN**
hydrazinesulfinic acid **PIN**

$\overset{2}{H_2N}\text{-}\overset{}{NH}\text{-}\overset{1}{SO}\text{-}$
(1) ヒドラジンスルフィニル 予備接頭　hydrazinesulfinyl 予備接頭
　　(P-65.3.2.2.2 参照)
(3) ヒドラジニルスルフィニル　hydrazinylsulfinyl

方法(1)による名称が優先接頭語または予備選択接頭語となる．

例: $\overset{2}{H_2N}\text{-}\overset{}{NH}\text{-}\overset{1}{SO_2}\text{-}CH_2\text{-}COOH$
(ヒドラジンスルホニル)酢酸 **PIN**　(hydrazinesulfonyl)acetic acid **PIN**
(ヒドラジニルスルホニル)酢酸　(hydrazinylsulfonyl)acetic acid

P-66 アミド，イミド，ヒドラジド，ニトリルおよびアルデヒド　　　　　　　　621

3-(ヒドラジンスルフィニル)ナフタレン-2-カルボン酸 PIN
3-(hydrazinesulfinyl)naphthalene-2-carboxylic acid PIN
3-(ヒドラジニルスルフィニル)ナフタレン-2-カルボン酸
3-(hydrazinylsulfinyl)naphthalene-2-carboxylic acid

P-66.3.2.2　－CO-NHNH$_2$ 基が鎖の末端にある場合，接頭語 hydrazinyl および oxo を用いると PIN ができる．

例：H$_2$N-NH-CO-CH$_2$-COOH

3-ヒドラジニル-3-オキソプロパン酸 PIN
3-hydrazinyl-3-oxopropanoic acid PIN
(ヒドラジンカルボニル)酢酸　(hydrazinecarbonyl)acetic acid
カルボノヒドラジドイル酢酸　carbonohydrazidoylacetic acid

2-(ヒドラジンカルボニル)ベンゼン-1-スルホン酸 PIN
2-(hydrazinecarbonyl)benzene-1-sulfonic acid PIN
2-カルボノヒドラジドイルベンゼン-1-スルホン酸
2-carbonohydrazidoylbenzene-1-sulfonic acid

P-66.3.2.3　　主特性基として記載すべき上位の基が存在するとき，R-CO-NH-NH－ 型または R-SO$_2$-NH-NH－ 型のヒドラジド基(およびセレン，テルルの類縁基)は，

(1) 名称末尾の文字 e を o で置き換えて相当するヒドラジドを接頭語として表すことにより命名する．たとえば，アセトヒドラジド acetohydrazido，プロパンヒドラジド propanehydrazido，ベンゼンカルボヒドラジド benzenecarbohydrazido となる．位置番号 N により －CO－ 基に隣接する窒素原子を示す．

(2) 置換基 アシルヒドラジニル acylhydrazinyl として命名する．ヒドラジニル基は，数字位置番号 1 と 2 を用いて番号付けする．位置番号 1 は遊離原子価に隣接する窒素原子である．

方法(1)による名称が PIN となる．

例：CH$_3$-CO-NH-NH—〈4〉—〈1〉COOH

(1) 4-(アセトヒドラジド)安息香酸 PIN
　　4-(acetohydrazido)benzoic acid PIN
(2) 4-(2-アセチルヒドラジン-1-イル)安息香酸
　　4-(2-acetylhydrazin-1-yl)benzoic acid

CH$_3$-CO＼
　　　　　N-NH—〈4〉—〈1〉SO$_2$-OH
CH$_3$-CH$_2$／

(1) 4-(N-エチルアセトヒドラジド)ベンゼン-1-スルホン酸 PIN
　　4-(N-ethylacetohydrazido)benzene-1-sulfonic acid PIN
(2) (2-アセチル-2-エチルヒドラジン-1-イル)ベンゼン-
　　　　　　　　　　　　　　　　　1-スルホン酸
　　(2-acetyl-2-ethylhydrazin-1-yl)benzene-1-sulfonic acid

R-CO-N(NH$_2$)－ 基，R-SO$_2$N(NH$_2$)－ 基などは，数字位置番号を付け，ヒドラジニル基の置換誘導体として命名する．この方法による名称が優先接頭語となる．

例：CH$_3$-CO＼
　　　　　　N—〈4〉—〈1〉COOH
CH$_3$-CH$_2$-NH／

4-(1-アセチル-2-エチルヒドラジン-1-イル)安息香酸 PIN
4-(1-acetyl-2-ethylhydrazin-1-yl)benzoic acid PIN

P-66.3.3　置換ヒドラジド

P-66.3.3.1　　ヒドラジドの窒素原子上のアルキル，アリール，シクロアルキルなどの置換基は，該当する接頭語名と －NH－ に対して位置番号 N，－NH$_2$ に対して位置番号 N' を用いて，下の例に示すように表す．以前は，ヒドラジン誘導体としてのヒドラジドの命名に位置番号 1 と 2 が用いられていたが，これらの位置番号は廃止した．PIN はヒドラジド名であり，位置番号 N と N' を用いる．

$$\overset{\;N\quad\;N'}{\text{CH}_3\text{-CH}_2\text{-CO-NH-NH}_2}$$

622　　　　　　　　　　　　P-6　個々の化合物種類に対する適用

例：

$$CH_3\text{-CO-}\underset{N}{N}\text{-}\underset{N'}{NH_2}$$
（CH$_3$ on N）

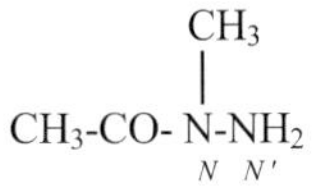

N-メチルアセトヒドラジド **PIN**　　N-methylacetohydrazide **PIN**
　　（1-アセチル-1-メチルヒドラジン　1-acetyl-1-methylhydrazine ではない）

$$\underset{2}{CH_3}\text{-}\underset{3}{\overset{Cl}{\underset{|}{CH}}}\text{-}\underset{1}{CO}\text{-}\underset{N}{N}\text{-}\underset{N'}{N}\underset{|}{\overset{CH_3}{}}(CH_3)_2$$

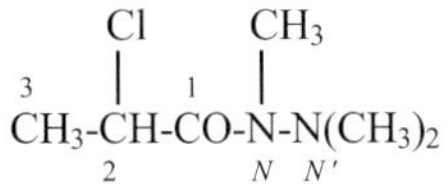

2-クロロ-N,N',N'-トリメチルプロパンヒドラジド **PIN**
2-chloro-N,N',N'-trimethylpropanehydrazide **PIN**
〔1-(2-クロロプロパノイル)-1,2,2-トリメチルヒドラジン
1-(2-chloropropanoyl)-1,2,2-trimethylhydrazine ではない〕

P-66.3.3.2　　ヒドラジド基が 2 個存在するときは，それぞれの基について位置番号 N と N' で特定する．四つの窒素原子を区別するためには，窒素原子が結合する母体構造上の位置を示す数字位置番号を文字位置番号 N または N' の上付き文字として，たとえば N^1, N'^1 のように記載する（P-62.2.4.1.2 も参照）．

例：

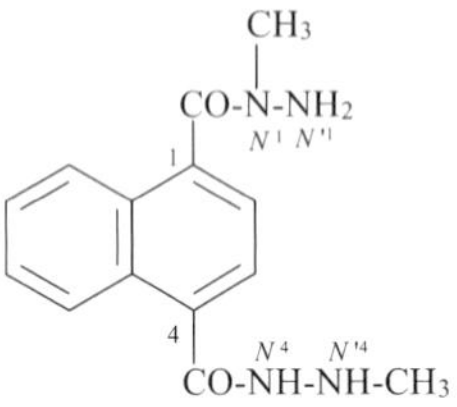

N^1,N'^4-ジメチルナフタレン-1,4-ジカルボヒドラジド **PIN**
N^1,N'^4-dimethylnaphthalene-1,4-dicarbohydrazide **PIN**
　（番号付けは，位置番号のより小さい組に基づく．N^1 は N'^1 より小さいので，N^1, N'^4 の組は N'^1, N^4 より小さい）

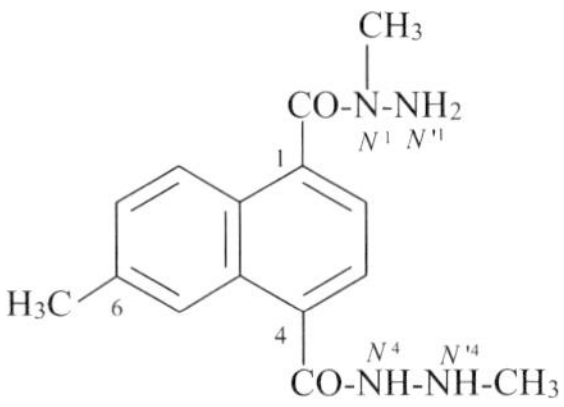

$N^1,N'^4,6$-トリメチルナフタレン-1,4-ジカルボヒドラジド **PIN**
$N^1,N'^4,6$-trimethylnaphthalene-1,4-dicarbohydrazide **PIN**
　（番号付けは，三つの置換基の位置番号の最小の組に基づく．1,4,6 は 1,4,7 より小さい）

$$CH_3\text{-CO-}\underset{N''}{NH}\text{-}\underset{N'''}{NH}\text{-}CH_2\text{-}\underset{N'}{NH}\text{-}\underset{N}{NH}\text{-CO-}CH_3$$

N',N'''-メチレンジアセトヒドラジド **PIN**
N',N'''-methylenediacetohydrazide **PIN**　（倍数名）

P-66.3.3.3　　ヒドラジドのアシル，ジアシルおよびトリアシル誘導体は，上位のヒドラジドを該当するアシル基により置換して命名する．上位のヒドラジドは，上位の酸に由来するヒドラジドである．母体水素化物であるヒドラジンの置換に基づく名称は，GIN においても使用できなくなった．PIN では，保存名のヒドラジンがジアザン diazane に優先する．

例：
$$C_6H_5\text{-CO-}\underset{1}{NH}\text{-}\underset{2}{\overset{N}{}}\overset{N'}{NH}\text{-CO-}C_6H_5$$

N'-ベンゾイルベンゾヒドラジド **PIN**　　N'-benzoylbenzohydrazide **PIN**
　（1,2-ジベンゾイルヒドラジン　1,2-dibenzoylhydrazine ではない）

$$CH_3\text{-}CH_2\text{-CO-}\underset{|}{\overset{H_3C}{N}}\text{-}\underset{|}{\overset{CH_2CH_3}{N}}\text{-CO-}CH_3$$

N'-アセチル-N'-エチル-N-メチルプロパンヒドラジド **PIN**
N'-acetyl-N'-ethyl-N-methylpropanehydrazide **PIN**
　（1-アセチル-1-エチル-2-メチル-2-プロパノイルヒドラジン
1-acetyl-1-ethyl-2-methyl-2-propanoylhydrazine ではない）

P-66.3.4　ヒドラジドのカルコゲン類縁体

ヒドラジドのカルコゲン類縁体は，官能基代置によりつくる接尾語を用いて，置換命名法によりに命名する．すなわち，P-33.2.2 および表 4・4 に記したように，チオヒドラジド thiohydrazide，カルボチオヒドラジド carbothiohydrazide，スルホノチオヒドラジド sulfonothiohydrazide などとなる．

以下の方法は使用できなくなった．

（a）該当する修飾されたアシル基を用いたヒドラジンの置換

（b）接頭語 チオ thio，セレノ seleno，テルロ telluro による保存名の修飾

P-66 アミド，イミド，ヒドラジド，ニトリルおよびアルデヒド 623

例：
$$\text{CH}_3\text{-CH}_2\overset{N}{\text{-CS-NH}}\overset{N'}{\text{-NH}_2}$$
プロパンチオヒドラジド **PIN** propanethiohydrazide **PIN**
〔(プロパンチオイル)ヒドラジン (propanethioyl)hydrazine でも，
(チオプロピオニル)ヒドラジン (thiopropionyl)hydrazine でもない〕

$$\text{C}_6\text{H}_5\overset{N}{\text{-CS-NH}}\overset{N'}{\text{-NH}_2}$$
ベンゼンカルボチオヒドラジド **PIN** benzenecarbothiohydrazide **PIN**
〔(ベンゼンカルボチオイル)ヒドラジン (benzenecarbothioyl)hydrazine
でも，(チオベンゾイル)ヒドラジン (thiobenzoyl)hydrazine でもない〕

$$\overset{N'}{\text{H}_2\text{N}}\overset{N}{\text{-NH}}\overset{1}{\text{-CO}}\overset{2}{\text{-CS-NH-NH}_2}$$
2-ヒドラジニル-2-スルファニリデンアセトヒドラジド **PIN**
2-hydrazinyl-2-sulfanylideneacetohydrazide **PIN**
(チオシュウ酸ジヒドラジド thiooxalic dihydrazide ではない)

P-66.3.5　炭酸，シアン酸，二炭酸およびポリ炭酸に由来するヒドラジド

P-66.3.5.1　　炭酸およびシアン酸に由来するヒドラジドの PIN は，化合物種類の優先順位に従って選ぶ．

例：
$$\overset{2}{\text{H}_2\text{N}}\overset{1}{\text{-NH}}\text{-CN}$$
シアノヒドラジド **PIN** cyanohydrazide **PIN**
〔シアン酸は保存名である(P-65.2.2 参照)〕
カルボノニトリド酸ヒドラジド　carbononitridic hydrazide
ヒドラジンカルボニトリル　hydrazinecarbonitrile

$$\overset{2}{\text{H}_2\text{N}}\overset{1}{\text{-NH}}\text{-COOH}$$
ヒドラジンカルボン酸 **PIN** hydrazinecarboxylic acid **PIN**
カルボノヒドラジド酸　carbonohydrazidic acid

$$\overset{2}{\text{H}_2\text{N}}\overset{1}{\text{-NH}}\text{-CO}\overset{N}{\text{-NH}}\overset{N'}{\text{-NH}_2}$$
ヒドラジンカルボヒドラジド **PIN** hydrazinecarbohydrazide **PIN**
炭酸ジヒドラジド　carbonic dihydrazide

P-66.3.5.2　　　二炭酸およびポリ炭酸に由来するヒドラジドの名称は，官能種類名 ヒドラジド hydrazide を相当する酸の名称に付け，必要に応じてヒドラジド基の多重性を表す数詞接頭語 di を前に置くことによりつくる．カルコゲンその他の代置類縁体は，該当する官能基代置接頭語により表す．

例：
$$\overset{N'^1}{\text{H}_2\text{N}}\overset{N^1}{\text{-NH}}\overset{1}{\text{-CO}}\overset{2}{\text{-O}}\overset{3}{\text{-CO}}\overset{N^3}{\text{-NH}}\overset{N'^3}{\text{-NH}_2}$$
二炭酸ジヒドラジド **PIN** dicarbonic dihydrazide **PIN**
[(ヒドラジンカルボニル)オキシ]ホルモヒドラジド
[(hydrazinecarbonyl)oxy]formohydrazide

$$\overset{N'^1}{\text{H}_2\text{N}}\overset{N^1}{\text{-NH}}\overset{1}{\text{-CO}}\overset{2}{\text{-NH}}\overset{3}{\text{-CO}}\overset{N^3}{\text{-NH}}\overset{N'^3}{\text{-NH}_2}$$
2-イミド二炭酸ジヒドラジド **PIN** 2-imidodicarbonic dihydrazide **PIN**
[(ヒドラジンカルボニル)アミノ]ホルモヒドラジド
[(hydrazinecarbonyl)amino]formohydrazide

P-66.3.5.3　対応する置換基　　ヒドラジド基は，主特性基としての記載すべき上位の基が存在するとき，

(1) アシルヒドラジニル化合物として命名する．ヒドラジニル基には，数字位置番号 1 と 2 により番号を付ける．
(2) 相当するヒドラジドを，その名称の末尾の文字 e を o に置き換えて接頭語として表現し，置換命名法により命名する．

方法(2)による名称が PIN となる．

例：
$$\text{HCO-NH-NH}\overset{3}{\text{-CH}_2}\overset{2}{\text{-CH}_2}\overset{1}{\text{-COOH}}$$
3-(ホルモヒドラジド)プロパン酸 **PIN**
3-(formohydrazido)propanoic acid **PIN**
3-(2-ホルミルヒドラジン-1-イル)プロパン酸
3-(2-formylhydrazin-1-yl)propanoic acid

624　　　　　　　　　　　P-6　個々の化合物種類に対する適用

H₂N-NH-CO-O-CO-NH-NH-CH₂-CH₂-CH₂-COOH の上に 4 と 1 の番号

$$H_2N\text{-}NH\text{-}CO\text{-}O\text{-}CO\text{-}NH\text{-}NH\text{-}CH_2\text{-}CH_2\text{-}CH_2\text{-}COOH$$

　　　　4-{[(ヒドラジンカルボニル)オキシ]ホルモヒドラジド}ブタン酸 **PIN**
　　　　4-{[(hydrazinecarbonyl)oxy]formohydrazido}butanoic acid **PIN**
　　　　4-(2-{[(ヒドラジンカルボニル)オキシ]カルボニル}ヒドラジン-1-イル)ブタン酸
　　　　4-(2-{[(hydrazinecarbonyl)oxy]carbonyl}hydrazin-1-yl)butanoic acid

$$H_2N\text{-}NH\text{-}CO\text{-}NH\text{-}NH\text{-}CH_2\text{-}COOH$$

　　　　(ヒドラジンカルボヒドラジド)酢酸 **PIN**
　　　　(hydrazinecarbohydrazido)acetic acid **PIN**
　　　　[2-(ヒドラジンカルボニル)ヒドラジン-1-イル]酢酸
　　　　[2-(hydrazinecarbonyl)hydrazin-1-yl]acetic acid
　　　　[2-(ヒドラジニルカルボニル)ヒドラジン-1-イル]酢酸
　　　　[2-(hydrazinylcarbonyl)hydrazin-1-yl]acetic acid

P-66.3.6　セミオキサマゾン

　セミオキサマゾン semioxamazone は，一般構造 R=N-NH-CO-CO-NH₂ をもち，オキサミド酸のヒドラジドの誘導体である．その PIN は，母体名 アセトアミド acetamide に基づくが，オキサミド酸ヒドラジドの誘導体として命名してもよい．

　　例：C₆H₅-CH=N-NH-COCO-NH₂　　2-(ベンジリデンヒドラジニル)-2-オキソアセトアミド **PIN**
　　　　　　　　　　　　　　　　　2-(benzylidenehydrazinyl)-2-oxoacetamide **PIN**
　　　　　　　　　　　　　　　　　N'-ベンジリデンオキサミド酸ヒドラジド
　　　　　　　　　　　　　　　　　N'-benzylideneoxamic hydrazide

P-66.4　アミジン，アミドラゾン，ヒドラジジンおよびアミドキシム（アミドオキシム）

P-66.4.1　アミジン	P-66.4.4　アミドキシム（アミドオキシム）
P-66.4.2　アミドラゾン	
P-66.4.3　ヒドラジジン	

P-66.4.1　アミジン

　一般構造 R-C(=NH)-NH₂ をもつ化合物は，カルボキシアミジン carboxamidine として，一般構造 R-S(=NH)-NH₂ をもつ化合物は スルフィンアミジン sulfinamidine として，一般に知られている．下記の構造をもつ化合物は，アミジンとしてではなく，単に スルホンイミドアミド sulfonimidamide として知られている．

$$\underset{\underset{NH}{\|}}{\overset{\overset{O}{\|}}{R\text{-}S\text{-}NH_2}} \quad または \quad \underset{\underset{NH}{\|}}{\overset{\overset{NH}{\|}}{R\text{-}S\text{-}NH_2}}$$

P-66.4.1.1　アミジンに対する接尾語	P-66.4.1.4　置換アミジン
P-66.4.1.2　炭酸，二炭酸およびポリ炭酸のアミジン	P-66.4.1.5　ホルムアミジンジスルフィド
	P-66.4.1.6　ジアミジド
P-66.4.1.3　アミジン特性基に対する接頭語	

P-66.4.1.1　アミジンに対する接尾語　　アミジンは，=O 原子を =NH 基で置き換えたアミドとして，官能基

代置命名法により命名する．アミジンは，主特性基としては接尾語 イミドアミド imidamide および カルボキシイミドアミド carboximidamide により表す．NH₂ 基に対する位置番号は N であり，イミノ基に対しては N' である．接尾語 アミジン amidine および カルボキシアミジン carboxamidine は廃止した．

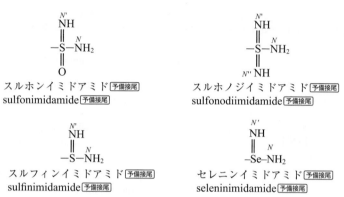

スルホン酸類縁体，スルフィン酸類縁体およびそのセレン，テルル類縁体に対する接尾語は，同様に命名する．スルホノジイミドアミド sulfonodiimidamide および類縁体については，二番目のイミド基に対する位置番号は N'' である．

sulfonimidamide 接尾語における O の代わりに S, Se, Te を有する基の接尾語は，官能基代置により命名する．たとえば，

接尾語 イミドアミド imidamide は，末端にアミジン特性基を 1 個もつ鎖状アミジンを示すために用いる．鎖状母体水素化物上の 2 個の末端アミジン特性基は，接尾語 ジイミドアミド diimidamide により示す．すべての他の接尾語は，鎖状ポリアミジンおよび環状母体水素化物または鎖状ヘテロ母体水素化物のヘテロ原子に付く接尾語をもつすべてのアミジンの命名に用いる．

保存名をもつ酸のアミジンは，アミド名の語尾 amide を imidamide で置き換えてつくるが，これらは PIN ではない．PIN は体系的につくる．その他の点では，アミドの命名法での特性はアミジンにひきつがれる．したがって，アミジンの名称はアミドの優先名に対応する．置換不可のアミド名からは，置換不可のアミジン名ができる．

例： $\overset{1}{\text{CH}_3}\text{-[CH}_2]_4\text{-}\overset{N'\ N}{\text{C}(=\text{NH})\text{-NH}_2}$　ヘキサンイミドアミド **PIN**　hexanimidamide **PIN**
　　　　　　　　　　　　　　　（ヘキサンアミジン hexanamidine ではない）

$\text{C}_6\text{H}_{11}\text{-}\overset{N'\ N}{\text{C}(=\text{NH})\text{-NH}_2}$　シクロヘキサンカルボキシイミドアミド **PIN**
　　　　　　　　cyclohexanecarboximidamide **PIN**
　　　　　　　　（シクロヘキサンカルボキシアミジン cyclohexanecarboxamidine ではない）

$\overset{2}{\text{CH}_3}\text{-}\overset{1\ \ N'\ N}{\text{C}(=\text{NH})\text{-NH}_2}$　エタンイミドアミド **PIN**　ethanimidamide **PIN**
　　　　　　　　アセトイミドアミド　acetimidamide
　　　　　　　　（アセトアミジン acetamidine ではない）

626   P-6 個々の化合物種類に対する適用

$\overset{1}{CH_3}-S(=\overset{N'}{NH})-\overset{N}{NH_2}$ メタンスルフィンイミドアミド PIN   methanesulfinimidamide PIN
(メタンスルフィンアミジン methanesulfinamidine ではない)

$\overset{1}{HC}(=\overset{N'}{NH})-\overset{N}{NH_2}$ メタンイミドアミド PIN   methanimidamide PIN
ホルムイミドアミド   formimidamide
(ホルムアミジン formamidine ではない)

上付き数字のついた文字位置番号 N, N' などは,ジイミドアミド diimidamide の異なる窒素原子を区別するために用いる.

例: $\overset{N^5\ 5}{H_2N}-C(=\overset{N'^5}{NH})-\overset{4}{CH_2}-\overset{3}{CH_2}-\overset{2}{CH_2}-\overset{1}{C}(=\overset{N'^1}{NH})-\overset{N^1}{NH_2}$ ペンタンジイミドアミド PIN   pentanediimidamide PIN
(ペンタンジアミジン pentanediamidine ではない)

$\overset{N^2}{H_2N}-C(=\overset{N'^2}{NH})-\overset{2}{SiH_2}-\overset{1}{SiH_2}-C(=\overset{N'^1}{NH})-\overset{N^1}{NH_2}$ ジシラン-1,2-ジカルボキシイミドアミド PIN
disilane-1,2-dicarboximidamide PIN
(ジシラン-1,2-ジカルボキシアミジン
disilane-1,2-dicarboxamidine ではない)

$\overset{N^4\ 4}{H_2N}-C(=\overset{N'^4}{NH})-\overset{3}{CH_2}-\overset{2}{CH_2}-\overset{1}{C}(=\overset{N'^1}{NH})-\overset{N^1}{NH_2}$ ブタンジイミドアミド PIN   butanediimidamide PIN
スクシンイミドアミド   succinimidamide

$\overset{N^2\ 2}{H_2N}-C(=\overset{N'^2}{NH})-\overset{1}{C}(=\overset{N'^1}{NH})-\overset{N^1}{NH_2}$ エタンジイミドアミド PIN   ethanediimidamide PIN
オキサルイミドアミド   oxalimidamide

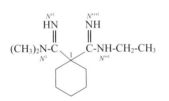

ベンゼン-1,2-ジカルボキシイミドアミド PIN
benzene-1,2-dicarboximidamide PIN
フタルイミドアミド   phthalimidamide

ベンゼン-1,4-ジカルボキシイミドアミド PIN
benzene-1,4-dicarboximidamide PIN
テレフタルイミドアミド   terephthalimidamide
(ベンゼン-1,4-ジカルボキシアミジン
benzene-1,4-dicarboxamidine ではない)

N''^1-エチル-N^1,N^1-ジメチルシクロヘキサン-1,1-
ジカルボキシイミドアミド PIN
N''^1-ethyl-N^1,N^1-dimethylcyclohexane-1,1-
dicarboximidamide PIN

P-66.4.1.2 炭酸,二炭酸およびポリ炭酸のアミジン
P-66.4.1.2.1 グアニジンおよびその誘導体
P-66.4.1.2.1.1 炭酸に関連するアミジン $H_2N-C(=NH)-NH_2$ の PIN は,保存名の グアニジン guanidine である.PIN においては,位置番号 N, N' および N'' を用いる.位置番号 1, 2, 3 がこれまで用いられてきたが,本勧告では GIN においても使用できない.

$\overset{N}{H_2N}-\overset{N''}{C(=NH)}-\overset{N'}{NH_2}$
$\ \ \ 1\ \ \ \ \ \ 3\ \ \ \ \ \ 2$

体系的な官能基代置換名 カルボノイミド酸ジアミド carbonimidic diamide は,GIN では用いてもよい.

P-66.4.1.2.1.2 炭化水素誘導体は,置換グアニジンとして命名する.二重結合の位置が未詳のとき,PIN はできるだけ少数のプライムを用いる.

P-66　アミド，イミド，ヒドラジド，ニトリルおよびアルデヒド　　　　　　　627

例：$(CH_3)_2N-C(=N-C_6H_5)-N(CH_3)_2$
（N，N''，N' 上に記号）

　　　　　　　　　　　　N,N,N',N'-テトラメチル-N''-フェニルグアニジン PIN
　　　　　　　　　　　　N,N,N',N'-tetramethyl-N''-phenylguanidine PIN
　　　　　　　　　　　　N,N,N',N'-テトラメチル-N''-フェニルカルボノイミド酸ジアミド
　　　　　　　　　　　　N,N,N',N'-tetramethyl-N''-phenylcarbonimidic diamide

$CH_3-NH-C(=NH)-N(CH_3)_2$
（N'，N'''，N 上に記号）

　　　　　　　　　　　　N,N,N'-トリメチルグアニジン PIN　　N,N,N'-trimethylguanidine PIN
　　　　　　　　　　　　N,N,N'-トリメチルカルボノイミド酸ジアミド
　　　　　　　　　　　　N,N,N'-trimethylcarbonimidic diamide

$CH_3-NH-C(=NH)-NH-CH_3$
（N'，N''，N 上に記号）
　　　　　　　または
$CH_3-NH-C(=N-CH_3)-NH_2$
（N'，N''，N 上に記号）

　　　　　　　　　　　　N,N'-ジメチルグアニジン PIN　　N,N'-dimethylguanidine PIN
　　　　　　　　　　　　（N,N''-ジメチルグアニジン　N,N''-dimethylguanidine ではない）
　　　　　　　　　　　　N,N'-ジメチルカルボノイミド酸ジアミド
　　　　　　　　　　　　N,N'-dimethylcarbonimidic diamide

P-66.4.1.2.1.3　　　グアニジンより上位の特性基(P-41 参照)の存在下では，以下の接頭語を用いる．接頭語 グアニジノ guanidino は廃止した．

> 接頭語 グアニジノ guanidino は，現在では IUPAC 命名法において認められない．
> PIN では カルバモイミドイルアミノ carbamimidoylamino に置き換える．

$H_2N-C(=NH)-NH-$
（N'，N''，NH 上に記号）

　　　　カルバモイミドイルアミノ 優先接頭　carbamimidoylamino 優先接頭
　　　　カルバモイミドアミド　carbamimidamido
　　　　［アミノ(イミノ)メチル］アミノ　　[amino(imino)methyl]amino
　　　　　（グアニジノ　guanidino ではない）

$(H_2N)_2C=N-$

　　　　（ジアミノメチリデン）アミノ 優先接頭　(diaminomethylidene)amino 優先接頭

例：$(H_2N)_2C=N-CH_2-COOH$

　　　　　　　　　　　　N-(ジアミノメチリデン)グリシン
　　　　　　　　　　　　N-(diaminomethylidene)glycine
　　　　　　　　　　　　［(ジアミノメチリデン)アミノ]酢酸
　　　　　　　　　　　　[(diaminomethylidene)amino]acetic acid

$(H_2N)_2C=N-CH_2-CH_2-CH_2-COOH$
（4，1 の位置番号付き）

　　　　　　　　　　　　4-[(ジアミノメチリデン)アミノ]ブタン酸 PIN
　　　　　　　　　　　　4-[(diaminomethylidene)amino]butanoic acid PIN

4-[メチル(N-メチル-N-フェニルカルバモイミドイル)アミノ]安息香酸 PIN
4-[methyl(N-methyl-N-phenylcarbamimidoyl)amino]benzoic acid PIN
4-({イミノ[メチル(フェニル)アミノ]メチル}メチルアミノ)安息香酸
4-({imino[methyl(phenyl)amino]methyl}methylamino)benzoic acid
4-(N,N'-ジメチル-N'-フェニルカルバモイミドアミド)安息香酸
4-(N,N'-dimethyl-N'-phenylcarbamimidamido)benzoic acid

$H_2N-C(=NH)-NH-CHO$

　　　　　　　　　　　　N-カルバモイミドイルホルムアミド PIN
　　　　　　　　　　　　N-carbamimidoylformamide PIN
　　　　　　　　　　　　N-［アミノ(イミノ)メチル]ホルムアミド
　　　　　　　　　　　　N-[amino(imino)methyl]formamide
　　　　　　　　　　　　（N-ホルミルグアニジン　N-formylguanidine ではない）

$H_2N-C(=NH)-NH-CO-NH_2$　カルバモイミドイル尿素 PIN　carbamimidoylurea PIN
　　　　　　　　　　　　N-［アミノ(イミノ)メチル]尿素　N-[amino(imino)methyl]urea
　　　　　　　　　　　　（N-カルバモイルグアニジン　N-carbamoylguanidine ではない）

$\overset{N}{H_2N}$-C(=NH)-NH-$\overset{1}{CO}$-$\overset{2}{CH_3}$ N-カルバモイミドイルアセトアミド [PIN]
N-carbamimidoylacetamide [PIN]
N-(C-アミノカルボノイミドイル)アセトアミド
N-(C-aminocarbonimidoyl)acetamide
N-[アミノ(イミノ)メチル]アセトアミド
N-[amino(imino)methyl]acetamide
（N-アセチルグアニジン N-acetylguanidine ではない）

P-66.4.1.2.2 縮合グアニジン　　ビグアニド biguanide, トリグアニド triguanide などの名称は廃止した．縮合グアニジン H_2N-[C(=NH)-NH]$_n$-H ($n = 2, 3, 4$)は，イミドジカルボノイミド酸 imidodicarbonimidic acid, ジイミドトリカルボノイミド酸 diimidotricarbonimidic acid, トリイミドテトラカルボノイミド酸 triimidotetra-carbonimidic acid のジアミドとして体系的に命名する．置換基の位置を表すためには，下に示すような位置番号を用いる．

$\overset{N^1\ 1}{H_2N}$-$\overset{N'^1}{C}$(=NH)-$\overset{2\ \ \ 3}{NH}$-$\overset{N''^3\ N^3}{C}$(=NH)-NH$_2$ イミドジカルボノイミド酸ジアミド [PIN]
imidodicarbonimidic diamide [PIN]

$\overset{N^1\ 1}{H_2N}$-$\overset{N'^1}{C}$(=NH)-$\overset{2\ \ \ 3}{NH}$-C(=NH)-$\overset{4\ \ \ 5}{NH}$-$\overset{N'^5\ N^5}{C}$(=NH)-NH$_2$ ジイミドトリカルボノイミド酸ジアミド [PIN]
diimidotricarbonimidic diamide [PIN]

例：$\overset{N^3\ 3}{H_2N}$-$\overset{N'^3}{C}$(=NH)-$\overset{2}{NH}$-$\overset{1}{C}$(=N-CH_2-CH_3)-$\overset{N'^1}{N}$($\overset{N^1}{C_6H_5}$)$_2$

N'^1-エチル-N^1,N^1-ジフェニルイミドジカルボノイミド酸ジアミド [PIN]
N'^1-ethyl-N^1,N^1-diphenylimidodicarbonimidic diamide [PIN]

ポリグアニド($n = 5$ またはそれ以上)については，"ア"命名法による名称が PIN となる．

例：$\overset{1}{H_2N}$-C(=NH)-$\overset{2\ \ \ 3}{NH}$-C(=NH)-$\overset{4\ \ \ 5}{NH}$-C(=NH)-$\overset{6\ \ \ 7}{NH}$-C(=NH)-$\overset{8\ \ \ 9}{NH}$-C(=NH)-NH$_2$

3,5,7-トリイミノ-2,4,6,8-テトラアザノナン-1,9-ジイミドアミド [PIN]
3,5,7-triimino-2,4,6,8-tetraazanonane-1,9-diimidamide [PIN]

P-66.4.1.3　アミジン特性基に対する接頭語

P-66.4.1.3.1　　−C(=NH)-NH$_2$ 基に対する体系名は カルバモイミドイル carbamimidoyl である．それはカルバモイミド酸 HO-C(=NH)-NH$_2$ に由来するアシル基の名称であり，優先接頭語である．接頭語 アミジノ amidino は廃止した．アシル基での位置番号は，−NH$_2$ 基については N，=NH 基については N' により示す．

> 接頭語 アミジノ amidino は，優先 IUPAC 命名法においては認められなくなった．本勧告では，PIN, GIN のいずれにおいても カルバモイミドイル carbamimidoyl を推奨する．

例：H_2N-C(=NH)—$\overset{4}{}$⬡$\overset{1}{}$—COOH　　4-カルバモイミドイル安息香酸 [PIN]
4-carbamimidoylbenzoic acid [PIN]
4-[アミノ(イミノ)メチル]安息香酸
4-[amino(imino)methyl]benzoic acid
（4-アミジノ安息香酸 4-amidinobenzoic acid ではない）

$(CH_3)_2\overset{N}{N}$-C(=$\overset{N'}{N}$-CH_2-CH_3)—⬡—COOH　　4-(N'-エチル-N,N-ジメチルカルバモイミドイル)安息香酸 [PIN]
4-(N'-ethyl-N,N-dimethylcarbamimidoyl)benzoic acid [PIN]
4-[(ジメチルアミノ)(エチルイミノ)メチル]安息香酸
4-[(dimethylamino)(ethylimino) methyl]benzoic acid
[4-(N'-エチル-N,N-ジメチルアミジノ)安息香酸
4-(N'-ethyl-N,N-dimethylamidino)benzoic acid ではない]

P-66　アミド，イミド，ヒドラジド，ニトリルおよびアルデヒド　　629

P-66.4.1.3.2　　H$_2$N-C(=NH)− 基の炭素原子が鎖の末端にあるとき，−NH$_2$ 基および =NH 基は，それぞれ接頭語 アミノ amino および イミノ imino により表す．

例：
$$\overset{4}{(CH_3)_2N}-C(=N-CH_2-CH_3)-\overset{3}{CH_2}-\overset{2}{CH_2}-\overset{1}{CO}-O-CH_3$$

4-(ジメチルアミノ)-4-(エチルイミノ)ブタン酸メチル **PIN**
methyl 4-(dimethylamino)-4-(ethylimino)butanoate **PIN**
　〔3-[C-(ジメチルアミノ)-N-エチルカルボノイミドイル]プロパン酸メチル
　methyl 3-[C-(dimethylamino)-N-ethylcarbonimidoyl]propanoate ではない．
　3-(N²-エチル-N¹,N¹-ジメチルアミジノ)プロピオン酸メチル
　methyl 3-(N²-ethyl-N¹,N¹-dimethylamidino)propionate でもない〕

P-66.4.1.3.3　　置換基 HN=CH-NH− は，メタンイミドアミド methanimidamido と命名するが，複合置換接頭語として ホルムイミドイルアミノ formimidoylamino または重複合置換接頭語として (イミノメチル)アミノ (iminomethyl)amino と命名することもできる．メタンイミドアミド methanimidamido が優先接頭語である．置換基 H$_2$N-CH=N− は，重複合置換基 (アミノメチリデン)アミノ (aminomethylidene)amino としてのみ命名できる．

例：
$$HN=CH-NH-\overset{4}{\underset{1}{\bigcirc}}-COOH$$

4-メタンイミドアミド安息香酸 **PIN**　　4-methanimidamidobenzoic acid **PIN**
4-[(イミノメチル)アミノ]安息香酸　　4-[(iminomethyl)amino]benzoic acid
4-(ホルムイミドイルアミノ)安息香酸　　4-(formimidoylamino)benzoic acid

P-66.4.1.3.4　　接尾語 スルホンイミドアミド sulfonimidamide，スルフィンイミドアミド sulfinimidamide および関連するセレン，テルルの接尾語に対応する置換接頭語は，接頭語 アミノ amino と該当するアシル基の名称を用いる連結法により体系的につくる．

−S(O)(=NH)-NH$_2$　　S-アミノスルホンイミドイル 予備接頭　　S-aminosulfonimidoyl 予備接頭

−S(=NH)$_2$-NH$_2$　　S-アミノスルホノジイミドイル 予備接頭　　S-aminosulfonodiimidoyl 予備接頭

−S(=NH)-NH$_2$　　S-アミノスルフィンイミドイル 予備接頭　　S-aminosulfinimidoyl 予備接頭

　　注記：イタリック体文字の位置番号 S は，イミド imido の窒素原子上での置換との曖昧さ
　　を避けるために用いる．

例：
$$H_2N-S(=NH)-\overset{3}{CH_2}-\overset{2}{CH_2}-\overset{1}{COOH}$$
3-(S-アミノスルフィンイミドイル)プロパン酸 **PIN**
3-(S-aminosulfinimidoyl)propanoic acid **PIN**

P-66.4.1.3.5　　接尾語として記載すべき特性基の存在下では，R-C(=NH)NH− 基，R-S(O)(=NH)NH− 基およびそのセレン，テルル類縁体は，次の二つの方法により命名する．

(1) アミドの完全な名称の末尾の文字 e を o にかえて，すなわち接尾語 イミドアミド imidamide，カルボキシイミドアミド carboximidamide をそれぞれ イミドアミド imidamido，カルボキシイミドアミド carboximidamido に，sulfonimidamide を sulfonimidamido (字訳はどちらもスルホンイミドアミド)にかえてつくる接頭語を用いて，置換命名法により命名する．

(2) アシル基の名称に置換基 アミノ amino を付けてつくる接頭語 アシルアミノ acylamino を用いて，置換命名法により命名する．

方法(1)による名称が優先接頭語となる．

例: CH₃-C(=NH)-NH-⟨4-C₆H₄-1⟩-COOH
4-エタンイミドアミド安息香酸 **PIN**
4-ethanimidamidobenzoic acid **PIN**
4-(アセトイミドイルアミノ)安息香酸
4-(acetimidoylamino)benzoic acid
4-アセトイミドアミド安息香酸
4-acetimidamidobenzoic acid

1-COOH, 2-NH-S(=NH)₂-CH₂-CH₃ (ベンゼン環上)
2-(エタンスルホノジイミドアミド)安息香酸 **PIN**
2-(ethanesulfonodiimidamido)benzoic acid **PIN**
2-(エタンスルホノジイミドイルアミノ)安息香酸
2-(ethanesulfonodiimidoylamino)benzoic acid

P-66.4.1.4　置換アミジン

P-66.4.1.4.1　*N*-置換アミジンは，該当する置換基の名称を非置換の イミドアミド imidamide の名称の前に置くことにより命名する．接尾語 imidamide が1個しかない場合は，位置番号として *N* と *N*′ を用いる．位置番号 *N* はアミノ基を，*N*′ はイミノ基を指す．複数の接尾語 imidamide がある場合には，上付き数字を付けた位置番号 *N* と *N*′，たとえば *N*¹, *N*′² などを用いる．互変異性があることから，位置番号 *N*, *N*′ などは，各イミドアミド基上に存在する置換基が一つの場合にのみ用いる．

> アミジンの NH₂ 基と NH 基に対しては，1979 規則(参考文献1)で用いられた位置番号 *N*¹ と *N*² に代わり，位置番号 *N* と *N*′ をそれぞれ使用する．

例: C₆H₅-C(=N-CH₃)-N(C₆H₅)₂　　(N′=N-CH₃, N=N(C₆H₅)₂)
N′-メチル-*N*,*N*-ジフェニルベンゼンカルボキシイミドアミド **PIN**
N′-methyl-*N*,*N*-diphenylbenzenecarboximidamide **PIN**
　(*N*′-メチル-*N*,*N*-ジフェニルベンゼンカルボキシアミジン
　N′-methyl-*N*,*N*-diphenylbenzenecarboxamidine ではない)

C₆H₅-C(=N-CH₂-CH₃)-NH-CH₃
N′-エチル-*N*-メチルベンゼンカルボキシイミドアミド **PIN**
N′-ethyl-*N*-methylbenzenecarboximidamide **PIN**
　(*N*′-エチル-*N*-メチルベンゼンカルボキシアミジン
　N′-ethyl-*N*-methylbenzenecarboxamidine ではない)

C₆H₅-C(=NH)-NH-C₆H₅
N-フェニルベンゼンカルボキシイミドアミド **PIN**
N-phenylbenzenecarboximidamide **PIN**
　(*N*-フェニルベンゼンカルボキシアミジン
　N-phenylbenzenecarboxamidine でも
　ベンズイミドアニリド benzimidanilide でもない)

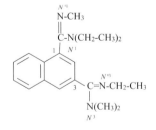

*N*¹,*N*¹,*N*′³-トリエチル-*N*′¹,*N*³,*N*³-トリメチルナフタレン-
　1,3-ジカルボキシイミドアミド **PIN**
*N*¹,*N*¹,*N*′³-triethyl-*N*′¹,*N*³,*N*³-trimethylnaphthalene-
　1,3-dicarboximidamide **PIN**

P-66.4.1.4.2　ジェミナルカルボキシアミジン基　ジェミナルカルボキシアミジン基が存在するときは，位置番号 *N*, *N*′, *N*″, *N*‴ を用いる．最小の位置番号は，最も置換された基に割当てる．選択肢があるとき，最小の位置番号は，最初に記載される *N*-置換基に割当てる．少なくとも一組のジェミナルアミジン基をもつポリアミジンにおいては，鎖または環上のアミジン基の位置を示す上付き数字位置番号を用いる．上付き数字位置番号を伴う *N*-位置番号のこの方式は，二置換アミン(P-62.2.4.1.2 参照)および二置換アミド(P-66.1.1.3.1.2 参照)の命名に

P-66 アミド, イミド, ヒドラジド, ニトリルおよびアルデヒド　　　　　631

おいても推奨されている.

例:

（構造式）

N''''^1-エチル-N^1,N^1-ジメチルシクロヘキサン-1,1-ジカルボキシイミドアミド **PIN**
N''''^1-ethyl-N^1,N^1-dimethylcyclohexane-1,1-dicarboximidamide **PIN**

（構造式）

N''^1-エチル-N^1,N^1,N^3,N^3-テトラメチルシクロヘキサン-1,1,3-トリカルボキシイミドアミド **PIN**
N''^1-ethyl-N^1,N^1,N^3,N^3-tetramethylcyclohexane-1,1,3-tricarboximidamide **PIN**

P-66.4.1.5　ホルムアミジンジスルフィド　　　化合物 H_2N-C(=NH)-S-S-C(=NH)-NH_2 およびその誘導体は, 以前は母体構造 ホルムアミジンジスルフィド formamidine disulfide をもとに命名されてきた. 本勧告では母体化合物 二炭酸 dicarbonic acid に基づいて命名するか, または PIN である ジチオペルオキシ無水物 dithioperoxy-anhydride として命名する.

例:　　　　　CH$_3$-CH$_2$-NH-C(=NH)-S-S-C(=NH)-NH-CH$_3$

N-エチルカルバモイミド酸=N-メチルカルバモイミド酸=ジチオペルオキシ無水物 **PIN**
N-ethylcarbamimidic N-methylcarbamimidic dithioperoxyanhydride **PIN**
〔N^1-エチル-N^2-メチルジスルファンジカルボキシイミドアミド
N^1-ethyl-N^2-methyldisulfanedicarboximidamide でも(番号付けを表示),
N-エチル-N''-メチル(ジチオペルオキシ)ジカルボノイミド酸ジアミド
N-ethyl-N''-methyl(dithioperoxy)dicarbonimidic diamide でも,
N^1-エチル-N^2-メチル-α,α'-ジチオビスホルムアミジン
N^1-ethyl-N^2-methyl-α,α'-dithiobisformamidine でもない
(参考文献 1 の C-951.5 参照)〕

　　　　　注記: 無水物の方が, 優先順位においてより高い化合物種類である(P-41 参照).

P-66.4.1.6　ジアミジド　　　ジアミジド diamidide は, 鎖状カルボン酸無水物の類縁体であり, =O 原子が =NR 基に, 無水物の酸素原子が -NR- により置き換えられており, 一般式は R-C(=NR')-N(R'')-C(=NR''')-R''' である. PIN は, N-イミドイルイミドアミド N-imidoylimidamide として体系的につくる.

例:　　　　　CH$_3$-C(=NH)-NH-C(=NH)-CH$_3$

N-エタンイミドイルエタンイミドアミド **PIN**　　N-ethanimidoylethanimidamide **PIN**
N-アセトイミドイルアセトイミドアミド　　N-acetimidoylacetimidamide
N-(1-イミノエチル)エタンイミドアミド　　N-(1-iminoethyl)ethanimidamide

P-66.4.2　アミドラゾン

P-66.4.2.1　アミドラゾンの接尾語　　　一般構造 R-C(NH$_2$)=N-NH$_2$ またはその互変異性体構造である

R-C(=NH)-NH-NH$_2$ をもつ化合物の種類名は アミドラゾン amidrazone であり，前者の構造は接尾語 ヒドラゾノアミド hydrazonamide または カルボヒドラゾノアミド carbohydrazonamide を，後者の構造は イミドヒドラジド imidohydrazide または カルボキシイミドヒドラジド carboximidohydrazide を用いて置換命名法により命名する．二重結合の位置が既知のとき，N-置換は以下の位置番号で表す．

カルボヒドラゾノアミド carbohydrazonamide については R-C(=N-NH$_2$)-NH$_2$ (N', N)

カルボキシイミドヒドラジド carboximidohydrazide については R-C(=NH)-NH-NH$_2$ (N'', N, N')

PIN は，上記のような位置番号 N, N', N'' を用いる．アミドラゾンを，アミドヒドラゾン amide hydrazone かヒドラジドイミド hydrazide imide として，あるいは，構造が未知の場合にアミドラゾン amidrazone として命名する以前の方法は廃止した．

二重結合の位置が未詳のとき，この互変異性構造を表すには，上位の特性基であるカルボヒドラゾノアミド carbohydrazonamide を選び，置換は該当する位置番号 N と N' で示す．置換接尾語の位置を名称中に示さなければならない場合は，該当する N-位置番号に接尾語の位置を表す位置番号を上付きで付けて記載する．

保存名をもつ酸のアミドラゾンは，アミドの名称語尾 amide を ohydrazonamide で置き換えてつくり，GIN においてのみ用いる．アミドラゾンの PIN は，体系的につくる．その他の点では，アミドの命名法での特性はアミドラゾンにひきつがれる．したがって，アミドラゾンの優先名はアミドの優先名に対応する．置換不可のアミド名からは，置換不可のアミドラゾン名ができる．

例：

CH$_3$-C(=N-NH$_2$)-NH$_2$ (N', N)

エタンヒドラゾノアミド **PIN**
ethanehydrazonamide **PIN**

C$_6$H$_5$-C(=N-NH$_2$)-NH$_2$ (N', N)

ベンゼンカルボヒドラゾノアミド **PIN**
benzenecarbohydrazonamide **PIN**

H-C(=NH)-NH-NH$_2$ (N'', N, N')

メタンイミドヒドラジド **PIN**
methanimidohydrazide **PIN**

C$_6$H$_{11}$-C(=NH)-NH-NH$_2$ (N'', N, N')

シクロヘキサンカルボキシイミドヒドラジド **PIN**
cyclohexanecarboximidohydrazide **PIN**

N-N=C(CH$_3$)$_2$ (N')
‖ (N)
HC-N(CH$_3$)$_2$

N,N-ジメチル-N'-（プロパン-2-イリデン）メタンヒドラゾノアミド **PIN**
N,N-dimethyl-N'-(propan-2-ylidene)methanehydrazonamide **PIN**
N,N-ジメチル-N'-イソプロピリデンホルモヒドラゾノアミド
N,N-dimethyl-N'-isopropylideneformohydrazonamide
（N,N-ジメチルホルムアミドイソプロピリデンヒドラゾン
N,N-dimethylformamide isopropylidenehydrazone ではない）

C$_6$H$_5$
|
CH$_3$-CH$_2$-N=C-N(CH$_3$)-NH-C$_6$H$_5$ (N'', N, N')

N''-エチル-N-メチル-N'-フェニルベンゼンカルボキシイミドヒドラジド **PIN**
N''-ethyl-N-methyl-N'-phenylbenzenecarboximidohydrazide **PIN**
N''-エチル-N-メチル-N'-フェニルベンズイミドヒドラジド
N''-ethyl-N-methyl-N'-phenylbenzimidohydrazide
（N^1-メチル-N^2-フェニルベンゾヒドラジドエチルイミド
N^1-methyl-N^2-phenylbenzohydrazide ethylimide ではない）

H$_2$N-NH-C(=NH)-C(=NH)-NH-NH$_2$ (N'^1, N^1, N''^2, N''^2, N^2, N'^2)

エタンジイミドヒドラジド **PIN**
ethanediimidohydrazide **PIN**

H$_2$N-C(=N-NH$_2$)-C(=N-NH$_2$)-NH$_2$ (N^1, N'^1, N'^2, N^2)

エタンジヒドラゾノアミド **PIN**
ethanedihydrazonamide **PIN**

H$_2$N-NH-C(=NH)-C(=N-NH$_2$)-NH$_2$ (2, 1)

2-ヒドラジニル-2-イミノエタンヒドラゾノアミド **PIN**
2-hydrazinyl-2-iminoethanehydrazonamide **PIN**

P-66 アミド，イミド，ヒドラジド，ニトリルおよびアルデヒド   633

$$\overset{1}{H_2N}-\overset{}{C}(=NH)-\overset{2}{NH}-\overset{3}{NH}-\overset{4}{N}=\overset{1}{N}-\overset{}{C}(=NH)-\overset{2}{NH}-NH-NO$$

4-(2-ニトロソヒドラジン-1-カルボノイミドイル)テトラアザ-3-エン-1-カルボキシイミドアミド **PIN**
4-(2-nitrosohydrazine-1-carbonimidoyl)tetraaz-3-ene-1-carboximidamide **PIN**

〔イミドアミド imidamide（アミジン amidine）は，イミドヒドラジド imidohydrazide
（アミドラゾン amidrazone）に優先する〕

N^3,N^3-ジエチル-N^1,N^1-ジメチルナフタレン-1,3-ジカルボヒドラゾノアミド **PIN**
N^3,N^3-diethyl-N^1,N^1-dimethylnaphthalene-1,3-dicarbohydrazonamide **PIN**

N'^1,N'^1-ジエチル-N''''^1,N''''^1-ジメチルシクロヘキサン-1,1-ジカルボキシイミドヒドラジド **PIN**
N'^1,N'^1-diethyl-N''''^1,N''''^1-dimethylcyclohexane-1,1-dicarboximidohydrazide **PIN**

注記： 数字位置番号を伴う位置番号 $N,\ N'$ などについては，P-16.9.2, P-62.2.4.1.2,
P-66.4.1.4.2 を参照されたい．

スルホン酸，スルフィン酸と関連酸に由来するアミドラゾンは，同様の原則に従って命名する．

例：$C_6H_5-S(=NNH_2)-NH_2$ ベンゼンスルフィノヒドラゾノアミド **PIN**
                                     benzenesulfinohydrazonamide **PIN**

P-66.4.2.2 炭酸，二炭酸およびポリ炭酸のアミドラゾン   炭酸，二炭酸およびポリ炭酸に由来するアミド
ラゾンの名称をつくるには，P-65.2 において述べた一般的な方法論を適用する．

例：$\overset{2}{H_2N}-\overset{1}{NH}-\overset{N''}{C}(=\overset{N}{NH})-\overset{N'}{NH}-NH_2$ ヒドラジンカルボキシイミドヒドラジド **PIN**
                                     hydrazinecarboximidohydrazide **PIN**
                                     カルボノイミド酸ジヒドラジド
                                     carbonimidic dihydrazide

$\overset{N}{H_2N}-\overset{}{C}(=\overset{N''}{N}-\overset{N'}{NH_2})-NH_2$ カルボノヒドラゾン酸ジアミド **PIN**
                                     carbonohydrazonic diamide **PIN**

$\overset{N'^1}{H_2N}-\overset{N^1}{NH}-\overset{1}{C}(=\overset{N''^1}{NH})-\overset{2}{O}-\overset{3}{C}(=\overset{N''^3}{NH})-\overset{N^3}{NH}-\overset{N'^3}{NH_2}$ ジカルボノイミド酸ジヒドラジド **PIN**
                                     dicarbonimidic dihydrazide **PIN**
                                     (P-65.2.3.1 参照)
                                     (1,3-ジイミド二炭酸ジヒドラジド
                                     1,3-diimidodicarbonic dihydrazide ではない)

$\overset{N^1}{H_2N}-\overset{1}{C}(=\overset{N'^1}{N}-NH_2)-\overset{2}{O}-\overset{3}{C}(=\overset{N'^3}{N}-NH_2)-\overset{N^3}{NH_2}$ ジカルボノヒドラゾン酸ジアミド **PIN**
                                     dicarbonohydrazonic diamide **PIN**
                                     (P-65.2.3.1 参照)
                                     (1,3-ジヒドラゾノ二炭酸ジアミド
                                     1,3-dihydrazonodicarbonic diamide ではない)

$$\text{H}_2\text{N-NH-C(=NH)-O-C(=N-NH}_2\text{)-NH}_2$$

（上に N' と N のラベル）

[(ヒドラジンカルボキシイミドイル)オキシ]メタンヒドラゾノアミド **PIN**
[(hydrazinecarboximidoyl)oxy]methanehydrazonamide **PIN**
[(カルバモヒドラゾノイル)オキシ]メタンイミドヒドラジド
[(carbamohydrazonoyl)oxy]methanimidohydrazide
　〔[[(ヒドラジンカルボキシイミドイル)オキシ]ホルモヒドラゾノアミド
　[(hydrazinecarboximidoyl)oxy]formohydrazonamide ではない〕

P-66.4.2.3 アミドラゾンの接頭語

P-66.4.2.3.1 −C(=NH)-NHNH$_2$ 基の接頭語は，ヒドラジンカルボキシイミド酸 hydrazinecarboximidic acid に由来する ヒドラジンカルボキシイミドイル **優先接頭** hydrazinecarboximidoyl **優先接頭** および カルボノヒドラジドイミド酸 carbonohydrazidimidic acid に由来する カルボノヒドラジドイミドイル carbonohydrazidimidoyl である．この基が炭素鎖の末端に位置するときは，母体鎖が切れるのを避けるために，PIN では，接頭語 イミノ imino および ヒドラジニル hydrazinyl を用いる．

例：
$$\underset{3}{\text{H}_2\text{N-NH-(HN=})}\underset{2}{\text{C-CH}_2}\underset{1}{\text{-COOH}}$$

3-ヒドラジニル-3-イミノプロパン酸 **PIN**
3-hydrazinyl-3-iminopropanoic acid **PIN**
(ヒドラジンカルボキシイミドイル)酢酸
(hydrazinecarboximidoyl)acetic acid
カルボノヒドラジドイミドイル酢酸
carbonohydrazidimidoylacetic acid

$$\underset{1}{\text{HOOC}} \diagup\!\!\!\bigcirc\!\!\!\diagdown \underset{3}{}\text{C(=NH)-NH-NH}_2$$

3-(ヒドラジンカルボキシイミドイル)安息香酸 **PIN**
3-(hydrazinecarboximidoyl)benzoic acid **PIN**
3-カルボノヒドラジドイミドイル安息香酸
3-carbonohydrazidimidoylbenzoic acid
3-[ヒドラジニル(イミノ)メチル]安息香酸
3-[hydrazinyl(imino)methyl]benzoic acid

P-66.4.2.3.2 −C(=N-NH$_2$)-NH$_2$ 基の優先接頭語は カルバモヒドラゾノイル carbamohydrazonoyl である．この基が炭素鎖の末端に位置するときは，母体鎖が切れるのを避けるために，PIN では，接頭語 アミノ amino および ヒドラジニリデン hydrazinylidene を用いる．

例：
$$\underset{3}{\text{H}_2\text{N-C(=N-NH}_2\text{)-}}\underset{2}{\text{CH}_2}\underset{1}{\text{-COOH}}$$

3-アミノ-3-ヒドラジニリデンプロパン酸 **PIN**
3-amino-3-hydrazinylidenepropanoic acid **PIN**
カルバモヒドラゾノイル酢酸
carbamohydrazonoylacetic acid

$$\underset{1}{\text{HOOC}} \diagup\!\!\!\bigcirc\!\!\!\diagdown \underset{3}{}\text{C(=N-NH}_2\text{)-NH}_2$$

3-カルバモヒドラゾノイル安息香酸 **PIN**
3-carbamohydrazonoylbenzoic acid **PIN**
3-[アミノ(ヒドラジニリデン)メチル]安息香酸
3-[amino(hydrazinylidene)methyl]benzoic acid

P-66.4.2.3.3 −NH-CH=N-NH$_2$ 基に対する接頭語は，メタンヒドラゾノアミド **優先接頭** methanehydrazonamido **優先接頭**，(ヒドラジニリデンメチル)アミノ (hydrazinylidenemethyl)amino および メタンヒドラゾノイルアミノ methanehydrazonoylamino である．−N=CH-NH-NH$_2$ に対する優先接頭語は (ヒドラジニルメチリデン)アミノ (hydrazinylmethylidene)amino である．

例：
$$\text{H}_2\text{N-NH-CH=N-}\underset{4}{}\diagup\!\!\!\bigcirc\!\!\!\diagdown\underset{1}{}\text{-COOH}$$

4-[(ヒドラジニルメチリデン)アミノ]安息香酸 **PIN**
4-[(hydrazinylmethylidene)amino]benzoic acid **PIN**

P-66 アミド，イミド，ヒドラジド，ニトリルおよびアルデヒド　　　　635

H₂N-N=CH-NH-CH₂-CH₂-CN　　　　*N*-(2-シアノエチル)メタンヒドラゾノアミド PIN
　　　　　　　　　　　　　　　N-(2-cyanoethyl)methanehydrazonamide PIN
　　　　　　　　　　　　　　　〔3-[(メタンヒドラゾノイル)アミノ]プロパンニトリル
　　　　　　　　　　　　　　　3-[(methanehydrazonoyl)amino]propanenitrile でも，
　　　　　　　　　　　　　　　3-[(ヒドラジニリデンメチル)アミノ]プロパンニトリル
　　　　　　　　　　　　　　　3-[(hydrazinylidenemethyl)amino]propanenitrile でもない〕

P-66.4.2.3.4　　H₂N-CH=N-NH- 基に対する接頭語は 2-(アミノメチリデン)ヒドラジン-1-イル 優先接頭
2-(aminomethylidene)hydrazin-1-yl 優先接頭 である．HN=CH-NH-NH- 基に対する接頭語は，メタンイミドヒドラ
ジド 優先接頭 methanimidohydrazido 優先接頭，2-メタンイミドイルヒドラジン-1-イル 2-methanimidoylhydrazin-
1-yl および 2-(イミノメチル)ヒドラジン-1-イル 2-(iminomethyl)hydrazin-1-yl である．HC(=NNH₂)-NH- 基に
対する接頭語は，メタンヒドラゾノアミド 優先接頭 methanehydrazonamido 優先接頭 およびメタンヒドラゾノイルア
ミノ methanehydrazonoylamino である．

例：　　　　　　　　　　　　　　　3-[2-(アミノメチリデン)ヒドラジン-1-イル]プロパン酸 PIN
　　H₂N-CH=NH-NH-CH₂-CH₂-COOH　3-[2-(aminomethylidene)hydrazin-1-yl]propanoic acid PIN
　　　　　　³　　²　　¹

P-66.4.2.3.5　　主特性基として記載すべき上位の基が存在するとき，R-C(=N-NH₂)-NH- 基と R-S(O)
(=N-NH₂)-NH- 基(およびセレンおよびテル類縁体)は，次の二つの方法により命名する．

(1) アミドの完全な名称の末尾の文字 e を o にかえてつくる接頭語を用いて，置換命名法により命名する．
(2) アシル基の名称に置換基アミノを付けてつくる接頭語であるアシルアミノを用いて，置換命名法により命
　　名する．

方法(1)による名称が優先接頭語となる．

例：CH₃-C(=N-NH₂)-NH-CH₂-CH₂-COOH　　3-(エタンヒドラゾノアミド)プロパン酸 PIN
　　　　　　　　　　　　　　　　　　　　3-(ethanehydrazonamido)propanoic acid PIN
　　　　　　　　　　　　　　　　　　　　3-[(エタンヒドラゾノイル)アミノ]プロパン酸
　　　　　　　　　　　　　　　　　　　　3-[(ethanehydrazonoyl)amino]propanoic acid

C₆H₅-S(=N-NH₂)-NH——⁴〈　〉¹—COOH　4-(ベンゼンスルフィノヒドラゾノアミド)安息香酸 PIN
　　　　　　　　　　　　　　　　　　　　4-(benzenesulfinohydrazonamido)benzoic acid PIN
　　　　　　　　　　　　　　　　　　　　4-[(ベンゼンスルフィノヒドラゾノイル)アミノ]安息香酸
　　　　　　　　　　　　　　　　　　　　4-[(benzenesulfinohydrazonoyl)amino]benzoic acid

P-66.4.2.3.6　　主特性基として記載すべき上位の基が存在するとき，R-C(=NH)-NHNH- 型，R-S(=NH)₂-
NHNH- 型(またはセレン，テルの類縁基)のヒドラジド基は，

(1) 対応するヒドラジドの名称の末尾の文字 e を o に置き換えて，接頭語として表すことにより命名する．
(2) 接頭語アシルヒドラジニルとして命名する．ヒドラジニル基は，位置番号 1 および 2 を用いて番号付けす
　　る．

方法(1)による名称が優先接頭語となる．

例：HN=CH-NH-NH-CH₂-CH₂-COOH　　　　3-(メタンイミドヒドラジド)プロパン酸 PIN
　　　　　　　　　　　　　　　　　　　　3-(methanimidohydrazido)propanoic acid PIN
　　　　　　　　　　　　　　　　　　　　3-[2-(メタンイミドイル)ヒドラジン-1-イル]プロパン酸
　　　　　　　　　　　　　　　　　　　　3-[2-(methanimidoyl)hydrazin-1-yl]propanoic acid

　　CH₃-C(=NH)-NH-NH-CH₂-CH₂-CO-O-CH₃　(エタンイミドヒドラジド)プロパン酸=メチル PIN
　　　　　　　　　　　　　　　　　　　　methyl (ethanimidohydrazido)propanoate PIN
　　　　　　　　　　　　　　　　　　　　[2-(エタンイミドイル)ヒドラジン-1-イル]プロパン酸メチル
　　　　　　　　　　　　　　　　　　　　methyl [2-(ethanimidoyl)hydrazin-1-yl]propanoate

636 P-6 個々の化合物種類に対する適用

$C_6H_5\text{-}C(=NH)\text{-}NH\text{-}NH\text{-}$〔4-benzene ring-1〕-COOH

(1) 4-(ベンゼンカルボキシイミドヒドラジド)安息香酸 **PIN**
4-(benzenecarboximidohydrazido)benzoic acid **PIN**
(2) 4-[2-(ベンゼンカルボキシイミドイル)ヒドラジン-1-
イル]安息香酸
4-[2-(benzenecarboximidoyl)hydrazin-1-yl]benzoic acid

P-66.4.3　ヒドラジジン

P-66.4.3.1　ヒドラジジンの接尾語　　一般構造 $R\text{-}C(=N\text{-}NH_2)\text{-}NH\text{-}NH_2$ の化合物種類名はヒドラジジン hydrazidine であり，ヒドラジドについて定めたように，接尾語 ヒドラゾノヒドラジド hydrazonohydrazide および カルボヒドラゾノヒドラジド carbohydrazonohydrazide を用いて，置換命名法により命名する．ヒドラジジンを対応するヒドラジドのヒドラゾンとして命名する以前の方法(参考文献 1 の C-954.2 参照)は廃止した．

> 本勧告においては，ヒドラジジンは，1979 規則のように対応するヒドラジドのヒドラゾンとしてではなく，体系的に命名する．

窒素原子の位置番号は，以下のように付ける．

$$R\text{-}C(=\overset{N''}{N}\text{-}NH_2)\text{-}\overset{N}{N}H\text{-}\overset{N'}{N}H_2$$

　必要な場合は，ヒドラジジン特性基の母体構造上の位置を示す位置番号を，上付きのアラビア数字として該当する位置番号 N に付ける．

　保存名をもつカルボン酸から形式的に誘導されるヒドラジジンの名称は，ヒドラジド名の語尾 ohydrazide を hydrazonohydrazide に置き換えてつくれるが，その名称は GIN では用いてもよい．PIN は体系的につくる．その他の点では，ヒドラジドの命名法における特性はヒドラジジンにひきつがれる．したがって，ヒドラジジンの優先名はヒドラジドの優先名に対応する．置換不可のヒドラジドからは，置換不可のヒドラジジンができる．

例：
$HC(=\overset{N''}{N}\text{-}NH_2)\text{-}\overset{N}{N}H\text{-}\overset{N'}{N}H_2$

メタンヒドラゾノヒドラジド **PIN**
methanehydrazonohydrazide **PIN**

$CH_3\text{-}CH_2\text{-}CH_2\text{-}C(=\overset{N''}{N}\text{-}NH_2)\text{-}\overset{N}{N}H\overset{N'}{N}H_2$

ブタンヒドラゾノヒドラジド **PIN**
butanehydrazonohydrazide **PIN**

$\overset{N'^1}{H_2N}\text{-}\overset{N^1}{N}H\text{-}\overset{1}{C}(=\overset{N''^1}{N}\text{-}NH_2)\text{-}\overset{2}{C}(=\overset{N''^2}{N}\text{-}NH_2)\text{-}\overset{N^2}{N}H\text{-}\overset{N'^2}{N}H_2$

エタンジヒドラゾノヒドラジド **PIN**
ethanedihydrazonohydrazide **PIN**

N',N''-ジメチルチオフェン-2-カルボヒドラゾノヒドラジド **PIN**
N',N''-dimethylthiophene-2-carbohydrazonohydrazide **PIN**

N',N''-ジベンジリデン-1,3-チアゾール-
4-カルボヒドラゾノヒドラジド **PIN**
N',N''-dibenzylidene-1,3-thiazole-4-carbohydrazonohydrazide **PIN**

$N'^2,N'^2,N^6,1$-テトラメチルナフタレン-
2,6-ジカルボヒドラゾノヒドラジド **PIN**
$N'^2,N'^2,N^6,1$-tetramethylnaphthalene-
2,6-dicarbohydrazonohydrazide **PIN**

P-66 アミド，イミド，ヒドラジド，ニトリルおよびアルデヒド

N'^1,N'^1-ジエチル-N''''^1,N''''^1-ジメチルシクロヘキサン-1,1-ジカルボヒドラゾノヒドラジド [PIN]
N'^1,N'^1-diethyl-N''''^1,N''''^1-dimethylcyclohexane-1,1-dicarbohydrazonohydrazide [PIN]

N'^1,N'^1-ジエチル-N''''^1,N''''^1,N^3-トリメチルシクロヘキサン-1,1,3-トリカルボヒドラゾノヒドラジド [PIN]
N'^1,N'^1-diethyl-N''''^1,N''''^1,N^3-trimethylcyclohexane-1,1,3-tricarbohydrazonohydrazide [PIN]

（数字位置番号を伴う位置番号 N, N' などについては，P-16.9，P-62.2.4.1.2，P-66.4.1.4，P-66.3.1.2，P-66.3.3，P-66.4.1.1，P-66.4.2.1 を参照されたい）

P-66.4.3.2　スルホン酸，スルフィン酸および類似のセレン酸，テルル酸に由来するヒドラジジンは，同じ原則に従って命名する.

例：
$C_6H_5\text{-}S(=N\text{-}NH_2)\text{-}NH\text{-}NH_2$　（N'' N N'）　　ベンゼンスルフィノヒドラゾノヒドラジド [PIN]
benzenesulfinohydrazonohydrazide [PIN]

P-66.4.3.3　炭酸，二炭酸およびポリ炭酸に由来するヒドラジジンは，上述した対応するヒドラジドの手順（P-66.3.5 参照）に従って命名する.

例：
$H_2N\text{-}NH\text{-}C(=N\text{-}NH_2)\text{-}NH\text{-}NH_2$　（2 1 N'' N N'）
ヒドラジンカルボヒドラゾノヒドラジド [PIN]
hydrazinecarbohydrazonohydrazide [PIN]
カルボノヒドラゾン酸ジヒドラジド
carbonohydrazonic dihydrazide　（P-65.2.1.5）

$H_2N\text{-}NH\text{-}C(=N\text{-}NH_2)\text{-}O\text{-}C(=N\text{-}NH_2)\text{-}NH\text{-}NH_2$　（N'^1 N'^1 1　N''^1 2 3　N''^3 N^3 N'^3）
ジカルボノヒドラゾン酸ジヒドラジド [PIN]
dicarbonohydrazonic dihydrazide [PIN]　（P-65.2.1.5）
（ジヒドラゾノ二炭酸ジヒドラジド
dihydrazonodicarbonic dihydrazide ではない）

P-66.4.3.4　ヒドラジジンの接頭語

P-66.4.3.4.1　上位の特性基の存在下では，$-C(=N\text{-}NH_2)\text{-}NH\text{-}NH_2$ 基に対する接頭語は ヒドラジンカルボヒドラゾノイル [優先接頭] hydrazinecarbohydrazonoyl [優先接頭] または C-ヒドラジニルカルボノヒドラゾノイル C-hydrazinylcarbonohydrazonoyl である．この基が炭素鎖の末端に位置するときは，鎖を切るのを避けるために，接頭語 ヒドラジニル hydrazinyl および ヒドラジニリデン hydrazinylidene を優先して用いる.

例：
$H_2N\text{-}NH\text{-}(H_2N\text{-}N=)C\text{-}CH_2\text{-}COOH$　（3 2 1）
3-ヒドラジニル-3-ヒドラジニリデンプロパン酸 [PIN]
3-hydrazinyl-3-hydrazinylidenepropanoic acid [PIN]
（ヒドラジンカルボヒドラゾノイル)酢酸
(hydrazinecarbohydrazonoyl)acetic acid
（C-ヒドラジニルカルボノヒドラゾノイル)酢酸
(C-hydrazinylcarbonohydrazonoyl)acetic acid

638 　　　　　　　　P-6　個々の化合物種類に対する適用

HOOC—[環]—C(=N-NH₂)-NH-NH₂

（環の位置番号 1 と 3）

3-(ヒドラジンカルボヒドラゾノイル)安息香酸 **PIN**
3-(hydrazinecarbohydrazonoyl)benzoic acid **PIN**
3-(*C*-ヒドラジニルカルボノヒドラゾノイル)安息香酸
3-(*C*-hydrazinylcarbonohydrazonoyl)benzoic acid
3-[ヒドラジニル(ヒドラジニリデン)メチル]安息香酸
3-[hydrazinyl(hydrazinylidene)methyl]benzoic acid

H₂N-C(=NH)-O-C(=NH)-NH-NH—[環]—COOH

（環の位置番号 4 と 1）

4-[*C*-(カルバモイミドイルオキシ)メタンイミドヒドラジド]安息香酸 **PIN**
4-[*C*-(carbamimidoyloxy)methanimidohydrazido]benzoic acid **PIN**
4-{2-[*C*-(カルバモイミドイルオキシ)メタンイミドイル]ヒドラジン-1-イル}安息香酸
4-{2-[*C*-(carbamimidoyloxy)methanimidoyl]hydrazin-1-yl}benzoic acid

P-66.4.3.4.2　　　上位の特性基の存在下では，−NH-NH-CH=N-NH₂ 基に対する名称は 2-(ヒドラジニリデンメチル)ヒドラジン-1-イル 2-(hydrazinylidenemethyl)hydrazin-1-yl または メタンヒドラゾノヒドラジド **優先接頭** methanehydrazonohydrazido **優先接頭** であり，−NH-N=CH-NH-NH₂ 基の名称は （ヒドラジニルメチリデン）ヒドラジニル **優先接頭** (hydrazinylmethylidene)hydrazinyl **優先接頭** である．

例：　H₂N-NH-CH=N-NH-CH₂-COOH　　［(ヒドラジニルメチリデン)ヒドラジニル］酢酸 **PIN**
（位置番号 2, 1）　　　　　　　　　　［(hydrazinylmethylidene)hydrazinyl]acetic acid **PIN**

P-66.4.4　アミドキシム（アミドオキシム）

アミドキシム amidoxime（アミドオキシム amide oxime）は，形式的にはカルボキシアミドのオキシム，すなわち一般構造 R-C(=N-OH)-NH₂ をもつ化合物およびその置換誘導体である．PIN は，カルボキシイミドアミド carboximidamide（アミジン amidine）の *N′*-ヒドロキシまたは *N′*-(アルキルオキシ)誘導体である．アミドキシム amide oxime，カルボキシアミドオキシム carboxamide oxime などの接尾語は廃止した．

例：　CH₃-C(=N-OH)-NH-CH₃　　*N′*-ヒドロキシ-*N*-メチルエタンイミドアミド **PIN**
（位置番号 *N′*, *N*）　　　　　　*N′*-hydroxy-*N*-methylethanimidamide **PIN**
　　　　　　　　　　　　　　　N′-ヒドロキシ-*N*-メチルアセトイミダミド
　　　　　　　　　　　　　　　N′-hydroxy-*N*-methylacetimidamide
　　　　　　　　　　　　　　　（*N*-メチルアセトアミドオキシム *N*-methylacetamide oxime ではない）

　　　［イミダゾール環 C(2)=N-O-CH₂CH₃, NH₂ 置換］
　　　　　　　　　　　　　　　N′-エトキシ-1*H*-イミダゾール-2-カルボキシイミドアミド **PIN**
　　　　　　　　　　　　　　　N′-ethoxy-1*H*-imidazole-2-carboximidamide **PIN**
　　　　　　　　　　　　　　　（イミダゾール-2-カルボキシアミド *O*-エチルオキシム
　　　　　　　　　　　　　　　imidazole-2-carboxamide *O*-ethyloxime ではない）

P-66.5　ニ ト リ ル

P-66.5.0　は じ め に	P-66.5.3　炭酸およびポリ炭酸に対応する
P-66.5.1　ニトリルの優先名をつくるため	ニトリル，シアン化物
の命名法	P-66.5.4　ニトリルオキシドおよびそのカ
P-66.5.2　置換ニトリル	ルコゲン類縁体

P-66　アミド，イミド，ヒドラジド，ニトリルおよびアルデヒド　　　639

P-66.5.0　は じ め に

一般構造 R-C≡N をもつ化合物は，ニトリルまたはシアン化物とよばれる．ニトリルおよびシアン化物は，HC≡N から誘導される．−C≡N 基と R との結合点が炭素原子またはヘテロ原子である場合は，これら化合物はニトリルとなり，ニトリルとして置換命名法により命名する．官能種類命名法に従って，シアン化物として命名してもよい．HC≡N の名称 ホルモニトリル formonitrile は PIN である．

この節では，これら二つの型の命名法を詳しく述べる．

P-66.5.1　ニトリルの優先名をつくるための命名法

一般構造 R-C≡N の化合物は，ニトリル nitrile の化合物種類名をもち，つぎの三つの方法で命名する．

(1) −(C)N に対しては接尾語 ニトリル nitrile，−CN に対しては カルボニトリル carbonitrile を用いて置換命名法で命名する．
(2) カルボン酸の保存名の語尾 ic acid または oic acid を オニトリル onitrile にかえて命名する．酸の命名法における特性はニトリルにひきつがれる．それゆえ，ニトリルの優先名はカルボン酸の優先名に対応している(P-65.1.1.1 参照)．置換不可のカルボン酸からは，置換不可のニトリルができる(P-65.1.1.2 参照)．
(3) 官能種類命名法により，化合物種類名の シアニド(シアン化物) cyanide を用いて命名する．

P-66.5.1.1　ニトリルの置換名および官能種類名

P-66.5.1.1.1　鎖状モノニトリルおよびジニトリルは，以下の二つの方法で命名する．

(1) 接尾語 ニトリル nitrile を用いて，置換命名法により命名する．
(2) 官能種類命名法により，化合物種類名 シアニド(シアン化物) cyanide を用いて命名する．

方法(1)よる名称が PIN となる．

例：
$\overset{6}{C}H_3\text{-}[CH_2]_4\text{-}\overset{1}{C}N$
　　　　　　　ヘキサンニトリル **PIN**　hexanenitrile **PIN**
　　　　　　　シアン化ペンチル または ペンチルシアニド
　　　　　　　pentyl cyanide

　　　　　　　$\overset{5}{N}C\text{-}\overset{4}{C}H_2\text{-}\overset{3}{C}H_2\text{-}\overset{2}{C}H_2\text{-}\overset{1}{C}N$
ペンタンジニトリル **PIN**　pentanedinitrile **PIN**
二シアン化プロパン-1,3-ジイル または プロパン-1,3-ジイルジシアニド
propane-1,3-diyl dicyanide

P-66.5.1.1.2　枝分かれのないアルカンが，三つ以上の末端シアノ基に結合する場合，すべてのシアノ基は該当する倍数接頭語と位置番号を前につけた置換接尾語 カルボニトリル carbonitrile により母体水素化物から命名する．

例：
$\overset{4}{C}H_3\text{-}[CH_2]_2\text{-}\overset{1}{C}(CN)_3$
　　　　　　　ブタン-1,1,1-トリカルボニトリル **PIN**
　　　　　　　butane-1,1,1-tricarbonitrile **PIN**

P-66.5.1.1.3　環あるいは鎖状ヘテロ原子についている −CN 基をもつニトリルを命名する場合は，必ず接尾語 carbonitrile を用いる．

例：$H_3Si\text{-}CN$　シランカルボニトリル **PIN**　silanecarbonitrile **PIN**
　　　　　　　シアン化シリル または シリルシアニド
　　　　　　　silyl cyanide

H₂N-NH-CN

ヒドラジンカルボニトリル　hydrazinecarbonitrile
シアノヒドラジド **PIN**　cyanohydrazide **PIN**　（P-66.3.1.2.1 参照）
シアン化ヒドラジニル　または　ヒドラジニルシアニド
hydrazinyl cyanide　（P-66.5.1.3 参照）

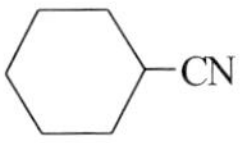

シクロヘキサンカルボニトリル **PIN**　cyclohexanecarbonitrile **PIN**
シアン化シクロヘキシル　または　シクロヘキシルシアニド
cyclohexyl cyanide

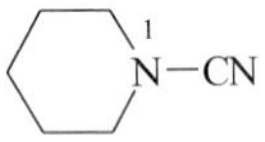

ピペリジン-1-カルボニトリル **PIN**
piperidine-1-carbonitrile **PIN**

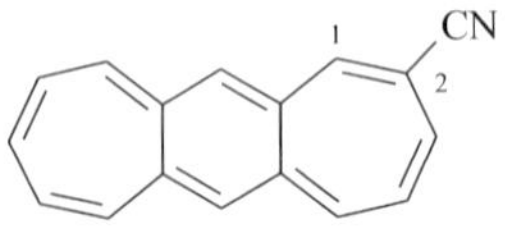

（ベンゾ[1,2:4,5]ジ[7]アンヌレン）-2-カルボニトリル **PIN**
(benzo[1,2:4,5]di[7]annulene)-2-carbonitrile **PIN**
（ベンゾ[1,2:4,5]ジシクロヘプテン）-2-カルボニトリル
(benzo[1,2:4,5]dicycloheptene)-2-carbonitrile

P-66.5.1.1.4　　主特性基として上位の基が存在するとき，またはすべての −CN 基を主特性基として表すことができないときは，−CN 基は優先接頭語 シアノ cyano により示す．−CN 基が鎖の末端に位置する場合でも，接頭語 cyano を用いなければならない．

例：

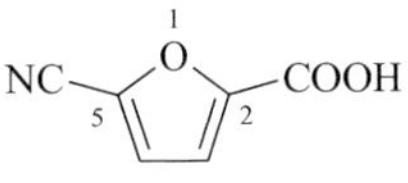

5-シアノフラン-2-カルボン酸 **PIN**
5-cyanofuran-2-carboxylic acid **PIN**
5-シアノ-2-フロ酸
5-cyano-2-furoic acid

NC-CH₂-CH₂-COOH

3-シアノプロパン酸 **PIN**
3-cyanopropanoic acid **PIN**

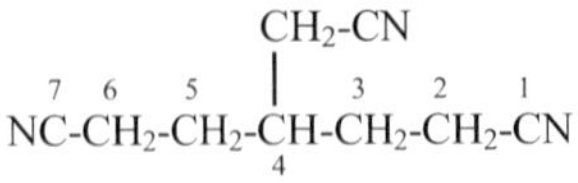

4-(シアノメチル)ヘプタンジニトリル **PIN**
4-(cyanomethyl)heptanedinitrile **PIN**

P-66.5.1.2　カルボン酸の保存名に由来するニトリル

P-66.5.1.2.1　　ギ酸(P-65.1.8 参照)と置換の規則が同じ ホルモニトリル formonitrile および明らかに置換不可能な オキサロニトリル oxalonitrile を除き，以下の名称は制限なく置換可能な PIN である．

HCN　　　ホルモニトリル **PIN**　formonitrile **PIN**
　　　　　メタンニトリル　methanenitrile
　　　　　シアン化水素　hydrogen cyanide

CH₃-CN　　アセトニトリル **PIN**　acetonitrile **PIN**
　　　　　エタンニトリル　ethanenitrile

C₆H₅-CN　ベンゾニトリル **PIN**　benzonitrile **PIN**
　　　　　ベンゼンカルボニトリル　benzenecarbonitrile

NC-CN　　オキサロニトリル **PIN**　oxalonitrile **PIN**
　　　　　エタンジニトリル　ethanedinitrile

P-66.5.1.2.2　　GIN においては，名称 フロニトリル furonitrile，フタロニトリル phthalonitrile，イソフタロニトリル isophthalonitrile，テレフタロニトリル terephthalonitrile のみが保存名であり，完全な置換が許される（P-65.1.1.2.1 参照）．PIN は体系名(P-65.1.2 参照)である．

P-66 アミド，イミド，ヒドラジド，ニトリルおよびアルデヒド　　　　641

例：

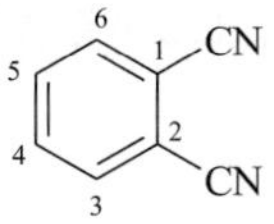

フタロニトリル　phthalonitrile
ベンゼン-1,2-ジカルボニトリル **PIN**
benzene-1,2-dicarbonitrile **PIN**

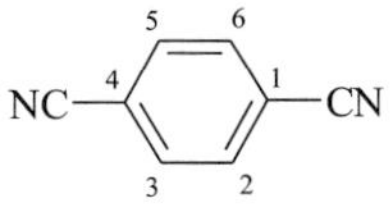

テレフタロニトリル　terephthalonitrile
ベンゼン-1,4-ジカルボニトリル **PIN**
benzene-1,4-dicarbonitrile **PIN**

P-66.5.1.2.3　　P-65.1.1.2.2 に示した酸の保存名に由来するニトリルは，GIN でのみ使用できる．置換は許されない．PIN は体系名である(P-66.5.1.1 参照)．

例：CH₃-CH₂-CN　　　プロピオノニトリル　propiononitrile
　　　　　　　　　　プロパンニトリル **PIN**　propanenitrile **PIN**

　　　NC-CH₂-CH₂-CN　スクシノニトリル　succinonitrile
　　　　　　　　　　ブタンジニトリル **PIN**　butanedinitrile **PIN**

P-66.5.1.2.4　　炭水化物酸とアミノ酸に由来するニトリルの名称は，それぞれ P-102.5.6.6.2.1 と P-103.2.8 で説明する．

例：

L-キシロノニトリル　L-xylononitrile
　(P-102.5.6.6.2.1 参照)

　　　H₂N-CH₂-CN　アミノアセトニトリル　aminoacetonitrile　(P-103.2.8 参照)
　　　　　　　　　グリシノニトリル　glycinonitrile

P-66.5.1.3　シアン化物の PIN をつくるための官能種類命名法　　官能種類命名法は，化合物種類の優先順位に従う化合物の命名および置換命名法で命名できない化合物，たとえばスルホン酸，スルフィン酸，それらのセレン，テルル類縁体，炭酸，シアン酸，無機酸に対応するシアン化物の命名のために使用する．

P-66.5.1.3.1　α-オキソ基をもつニトリル　　R-CO-CN 型の化合物は，酸ハロゲン化物と同様の方法でアシルシアニドとして命名できる．アシルシアニドはニトリルより官能基種類の順位が高いので，優先順位に従って命名するためには官能種類命名法を用いなければならない．

例：HCO-CN　　　　　　ホルミル=シアニド **PIN**　formyl cyanide **PIN**
　　　　　　　　　　　オキソアセトニトリル　oxoacetonitrile

　　　CH₃-CO-CN　　　　アセチル=シアニド **PIN**　acetyl cyanide **PIN**
　　　　　　　　　　　2-オキソプロパンニトリル　2-oxopropanenitrile

　　　CH₃-[CH₂]₅-CO-CN　ヘプタノイル=シアニド **PIN**　heptanoyl cyanide **PIN**
　　　　　　　　　　　2-オキソオクタンニトリル　2-oxooctanenitrile

　　　NC-CO-CO-CN　　　オキサリル=ジシアニド **PIN**　oxalyl dicyanide **PIN**
　　　　　　　　　　　2,3-ジオキソブタンジニトリル　2,3-dioxobutanedinitrile

P-66.5.1.3.2　硫黄酸，セレン酸およびテルル酸に対応するシアン化物　　スルホン酸，スルフィン酸および類

642   P-6　個々の化合物種類に対する適用

似のセレン酸，テルル酸の −OH 基を置換して形式的にできるシアン化物は，官能種類命名法により命名する.

例： CH₃-SO₂-CN　　メタンスルホニル＝シアニド **PIN**
　　　　　　　　　　　methanesulfonyl cyanide **PIN**

　　　C₆H₅-SeO-CN　　ベンゼンセレニニル＝シアニド **PIN**
　　　　　　　　　　　benzeneseleninyl cyanide **PIN**

P-66.5.2　置換ニトリル

　母体水素化物上での置換は，接頭語として示す. ニトリルは，化合物種類の優先順位においてケトン，擬ケトン，ヘテロン，ヒドロキシ化合物，アミン，イミンより上位である. ニトリル基の存在下では，これらの種類は接頭語として記載しなければならない. 多官能性ニトリルの番号付けでの優先順位は，酸での場合と同様である（P-65.1.2.3 参照）.

例：$\overset{6}{CH_3}$-CO-[CH₂]₃-$\overset{1}{CN}$　　　　5-オキソヘキサンニトリル **PIN**　5-oxohexanenitrile **PIN**

　　　HO-$\overset{4}{CH_2}$-$\overset{3}{CH_2}$-$\overset{2}{CH_2}$-$\overset{1}{CN}$　　　4-ヒドロキシブタンニトリル **PIN**　4-hydroxybutanenitrile **PIN**
　　　　　　　　　　　　　　　　　（4-ヒドロキシブチロニトリル 4-hydroxybutyronitrile
　　　　　　　　　　　　　　　　　ではない. 保存名ブチロニトリルには置換が許されない.
　　　　　　　　　　　　　　　　　P-65.1.1.2.2 参照）

3-アミノ-1H-ピラゾール-4-カルボニトリル **PIN**
3-amino-1H-pyrazole-4-carbonitrile **PIN**

（3-ブロモフェニル）アセトニトリル **PIN**
(3-bromophenyl)acetonitrile **PIN**

3,5-ビス（2-アミノエチル）ベンゾニトリル **PIN**
3,5-bis(2-aminoethyl)benzonitrile **PIN**

NC-CH₂-CH₂-NH-CH₂-CH₂-CN　3,3′-アザンジイルジプロパンニトリル **PIN**
　　　　　　　　　　　　　　3,3′-azanediyldipropanenitrile **PIN**
　　　　　　　　　　　　　　　（3,3′-アザンジイルプロピオニトリル
　　　　　　　　　　　　　　　3,3′-azanediyldipropionitrile ではない.
　　　　　　　　　　　　　　　プロピオニトリル上での置換は許されない. P-65.1.1.2.2 参照）

2-クロロ-6-ニトロベンゾニトリル **PIN**
2-chloro-6-nitrobenzonitrile **PIN**

2-メトキシベンゾニトリル **PIN**
2-methoxybenzonitrile **PIN**

$\overset{3}{Cl}$-CH₂-$\overset{2}{CH_2}$-$\overset{1}{CO}$-CN　　　3-クロロプロパノイル＝シアニド **PIN**　3-chloropropanoyl cyanide **PIN**
　　　　　　　　　　　　4-クロロ-2-オキソブタンニトリル　4-chloro-2-oxobutanenitrile
　　　　　　　　　　　　　（3-クロロプロピオニルシアニド 3-chloropropionyl cyanide ではない）

P-66　アミド，イミド，ヒドラジド，ニトリルおよびアルデヒド　　　643

P-66.5.3　炭酸およびポリ炭酸に対応するニトリル，シアン化物

P-66.5.3.1　炭酸，二炭酸およびポリ炭酸に対応するニトリルは，官能種類命名法により命名する．

例：　NC-CO-CN　　　　カルボニル＝ジシアニド **PIN**　　carbonyl dicyanide **PIN**
　　　　　　　　　　　　2-オキソプロパンジニトリル　2-oxopropanedinitrile
　　　　　　　　　　　　（オキソマロノニトリル oxomalononitrile ではない．
　　　　　　　　　　　　マロノニトリル上での置換は許されない）

　　　NC-CO-CO-CN　　　オキサリル＝ジシアニド **PIN**　oxalyl dicyanide **PIN**
　　　　　　　　　　　　2,3-ジオキソブタンジニトリル　2,3-dioxobutanedinitrile

　　　NC-C(=NH)-CN　　　カルボノイミドイル＝ジシアニド **PIN**　carbonimidoyl dicyanide **PIN**
　　　　　　　　　　　　（2-イミノプロパンジニトリル　2-iminopropanedinitrile ではない）

　　　NC-C(=NNH₂)-CN　　カルボノヒドラゾノイル＝ジシアニド **PIN**　carbonohydrazonoyl dicyanide **PIN**
　　　　　　　　　　　　（2-ヒドラゾノプロパンジニトリル　2-hydrazonopropanedinitrile ではない）

　　　H₂N-CO-CN　　　　カルバモイル＝シアニド **PIN**　　carbamoyl cyanide **PIN**

　　　NC-CO-O-CO-CN　　二炭酸＝ジシアニド **PIN**　　dicarbonic dicyanide **PIN**
　　　　　　　　　　　　（P-65.5.3.2 参照）

P-66.5.4　ニトリルオキシドおよびそのカルコゲン類縁体

P-66.5.4.1　一般構造 R-C≡NO の化合物の総称は，ニトリルオキシド nitrile oxide である．nitrile oxide は両性イオンとみなせるため，化合物種類の順序においては両性イオンと分類され，つぎの三つの方法で命名する．

(1) オキシド oxide，スルフィド sulfide，セレニド selenide，テルリド telluride の語をニトリルの名称につけて命名する（P-74.2.2.2.1.2 参照）．
(2) λ-標記と窒素原子へのオキソ置換を使うことにより命名する（P-14.1 参照）．
(3) 両性イオンとして命名する（P-74.2.2.2.1.2 参照）．

方法(1)による名称が PIN となる．

例：　C₆H₅-C≡N⁺-O⁻　(1) ベンゾニトリル＝オキシド **PIN**　benzonitrile oxide **PIN**
　　　　　　　　　　　(2) ベンジリジン(オキソ)-λ⁵-アザン　benzylidyne(oxo)-λ⁵-azane
　　　　　　　　　　　(3) (ベンジリジンアザニウムイル)オキシダニド　(benzylidyneazaniumyl)oxidanide

　　　HC≡N⁺-O⁻　　　(1) ホルモニトリル＝オキシド **PIN**　formonitrile oxide **PIN**
　　　　　　　　　　　(2) メチリジン(オキソ)-λ⁵-アザン　methylidyne(oxo)-λ⁵-azane
　　　　　　　　　　　(3) (メチリジンアザニウムイル)オキシダニド　(methylidyneazaniumyl)oxidanide

P-66.5.4.2　-C≡NO 基を置換接頭語として記載する必要がある場合は，上記の方法(2)が適用される．

例：
ONC-[1〜4-環]-CO-OCH₃

　　　4-(メトキシカルボニル)ベンゾニトリル＝オキシド **PIN**
　　　4-(methoxycarbonyl)benzonitrile oxide **PIN**
　　　（4-[(オキソ-λ⁵-アザニリジン)メチル]安息香酸メチル
　　　methyl 4-[(oxo-λ⁵-azanylidyne)methyl]benzoate ではない）
　　　（4-イソフルミナト安息香酸メチル
　　　methyl 4-isofulminatobenzoate は廃止した）

ONC-[4〜1-環]-COO⁻ Na⁺

　　　4-[(オキソ-λ⁵-アザニリジン)メチル]安息香酸ナトリウム **PIN**
　　　sodium 4-[(oxo-λ⁵-azanylidyne)methyl]benzoate **PIN**
　　　（4-イソフルミナト安息香酸ナトリウム
　　　sodium 4-isofulminatobenzoate は廃止した）

P-66.6 アルデヒド

> P-66.6.0 はじめに
> P-66.6.1 アルデヒドの体系名
> P-66.6.2 二炭酸およびポリ炭酸に由来するアルデヒド
> P-66.6.3 アルデヒドのカルコゲン類縁体
> P-66.6.4 多官能性アルデヒド
> P-66.6.5 アセタール，ケタール，ヘミアセタール，ヘミケタールおよびそのカルコゲン類縁体

P-66.6.0 はじめに

化合物種類名 アルデヒド aldehyde は，慣用的には炭素原子につく −CH=O 基をもつ化合物を指している．しかし，アルデヒドの命名法はヘテロ原子につく −CHO 基も表すように拡張されてきている．

P-66.6.1 アルデヒドの体系名

アルデヒドは，つぎの三つの方法で体系的に命名する．

(1) −(C)HO については接尾語 アール al を，−CHO については カルボアルデヒド carbaldehyde を用いて，置換命名法で命名する．

(2) カルボン酸の保存名の語尾 ic acid または oic acid を aldehyde にかえることにより命名する．酸の命名法での特性はアルデヒドにひきつがれる．つまり，アルデヒドの優先名は酸の優先名に対応し，置換不可のカルボン酸は置換不可のアルデヒドをつくる．

(3) =O を示す接頭語 オキソ oxo あるいは置換基 −CHO を示す接頭語 ホルミル formyl を用いて命名する．

P-66.6.1.1 接尾語に基づく名称

P-66.6.1.1.1 アルカンに由来するモノアルデヒドおよびジアルデヒドは，母体水素化物名に接尾語 al をつけ，a の前では母体水素化物名の末尾の文字 e は省いて，置換命名法で命名する．

例： $CH_3\text{-}CH_2\text{-}CH_2\text{-}CH_2\text{-}CHO$ 　　ペンタナール **PIN** 　pentanal **PIN**

　　　$OHC\text{-}CH_2\text{-}CH_2\text{-}CH_2\text{-}CHO$ 　　ペンタンジアール **PIN** 　pentanedial **PIN**

P-66.6.1.1.2 アルカンに三つ以上の −CHO 基が結合するときは，接尾語 カルボアルデヒド carbaldehyde を用いる．

例：

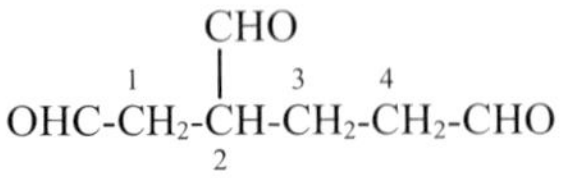

$$\underset{2}{OHC\text{-}CH_2\text{-}\underset{|}{\underset{3}{CH}}\text{-}CH_2\text{-}CH_2\text{-}CHO}$$

（CHO が 2 位に結合）　ブタン-1,2,4-トリカルボアルデヒド **PIN**
butane-1,2,4-tricarbaldehyde **PIN**

P-66.6.1.1.3 −CHO 基がヘテロ原子または環の炭素原子につくときは，接尾語 carbaldehyde を用いる．

例：

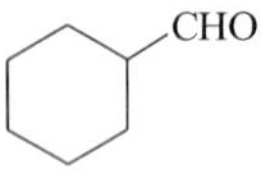

シクロヘキサンカルボアルデヒド **PIN**
cyclohexanecarbaldehyde **PIN**

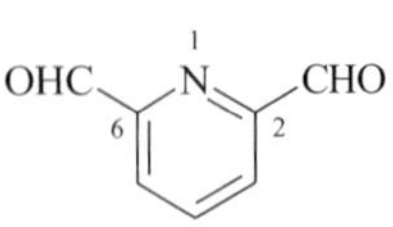

ピリジン-2,6-ジカルボアルデヒド **PIN**
pyridine-2,6-dicarbaldehyde **PIN**

$H_2P\text{-}CHO$ 　　ホスファンカルボアルデヒド **PIN** 　phosphanecarbaldehyde **PIN**

P-66 アミド，イミド，ヒドラジド，ニトリルおよびアルデヒド　　　645

H$_2$NNH-CHO　　　　　　　　ヒドラジンカルボアルデヒド　hydrazinecarbaldehyde
　　　　　　　　　　　　　　　ホルモヒドラジド **PIN**　formohydrazide **PIN**
　　　　　　　　　　　　　　　（ヒドラジドはアルデヒドより上位）

　　　　　　　　CH$_3$
　　　　　　　4　3　2　|
（CH$_3$)$_2$N-N=N-N-CHO　　1,4,4-トリメチルテトラアザ-2-エン-1-カルボアルデヒド **PIN**
　　　　　　　　　　　　1　　1,4,4-trimethyltetraaz-2-ene-1-carbaldehyde **PIN**

P-66.6.1.2　カルボン酸の保存名に由来するアルデヒドの名称　　保存名に由来するアルデヒドの名称は，カルボン酸の保存名の語尾 ic acid または oic acid を aldehyde にかえてつくる．アルデヒドの置換は対応するカルボン酸の置換と同様である(P-65.1.1.2 参照)．

P-66.6.1.2.1　　以下の名称は PIN であり，アセトアルデヒドとベンズアルデヒドでは置換が許される．ホルムアルデヒドに対する置換規則はギ酸の場合と同じである(P-65.1.8 参照)．

HCHO　　　　ホルムアルデヒド **PIN**　formaldehyde **PIN**
　　　　　　　メタナール　methanal

CH$_3$-CHO　　アセトアルデヒド **PIN**　acetaldehyde **PIN**
　　　　　　　エタナール　ethanal

C$_6$H$_5$-CHO　　ベンズアルデヒド **PIN**　benzaldehyde **PIN**
　　　　　　　ベンゼンカルボアルデヒド　benzenecarbaldehyde

OHC-CHO　　オキサルアルデヒド **PIN**　oxalaldehyde **PIN**
　　　　　　　エタンジアール　ethanedial
　　　　　　　グリオキサール　glyoxal

P-66.6.1.2.2　　GIN では，名称 フロアルデヒド furaldehyde，フタルアルデヒド phthalaldehyde，イソフタルアルデヒド isophthalaldehyde，テレフタルアルデヒド terephthalaldehyde のみが，置換の許される保存名である(P-34 参照)．PIN は体系名(P-66.6.1.1)である．

例：　　　　　　　　　フタルアルデヒド　phthalaldehyde
　　　　　　　　　　　ベンゼン-1,2-ジカルボアルデヒド **PIN**
　　　　　　　　　　　benzene-1,2-dicarbaldehyde **PIN**

　　　　　　　　　　　テレフタルアルデヒド　terephthalaldehyde
　　　　　　　　　　　ベンゼン-1,4-ジカルボアルデヒド **PIN**
　　　　　　　　　　　benzene-1,4-dicarbaldehyde **PIN**

P-66.6.1.2.3　　P-65.1.1.2 に示す酸の保存名に由来するアルデヒドは，GIN においてのみ用いる．置換は許されない．PIN は体系名である(P-66.6.1.1 参照)．

例：CH$_3$-CH$_2$-CHO　　プロピオンアルデヒド　propionaldehyde
　　　　　　　　　　　　プロパナール **PIN**　propanal **PIN**

OHC-CH$_2$-CH$_2$-CHO　　スクシンアルデヒド　succinaldehyde
　　　　　　　　　　　　ブタンジアール **PIN**　butanedial **PIN**

P-66.6.1.3　　接尾語としての上位の特性基が存在する場合，または側鎖上に存在する場合，−CHO 基は炭素鎖末端に位置すれば優先接頭語 オキソ oxo により，そうでなければ優先接頭語 ホルミル formyl により表す．

例：　4　3　2　1　　　　　4-オキソブタン酸 **PIN**　4-oxobutanoic acid **PIN**
　　OCH-CH$_2$-CH$_2$-COOH　　3-ホルミルプロパン酸　3-formylpropanoic acid

646 P-6 個々の化合物種類に対する適用

OCH-〔4環1〕-COOH　4-ホルミルシクロヘキサン-1-カルボン酸 **PIN**
4-formylcyclohexane-1-carboxylic acid **PIN**

〔シクロペンタン環 2-CH₂-CH₂-CH₂-CH₂-CH₂-CH₂-CHO / 1-CHO〕
2-(7-オキソヘプチル)シクロペンタン-1-
　　　　　　　　　カルボアルデヒド **PIN**
2-(7-oxoheptyl)cyclopentane-1-carbaldehyde **PIN**
7-(2-ホルミルシクロペンチル)ヘプタンアルデヒド
7-(2-formylcyclopentyl)heptanaldehyde
（環は鎖に優先.　P-44.1.2.2 参照）

P-66.6.2　二炭酸およびポリ炭酸に由来するアルデヒド

二炭酸およびポリ炭酸に由来するアルデヒドは，より上位の化合物種類をもとに命名する．ホルムアルデヒドに基づく倍数名称を使うことができる（P-15.3.2.1 参照）.

例：O=CH-O-CH=O　　ギ酸無水物 **PIN**　formic anhydride **PIN**
　　　　　　　　　　　（無水物はアルデヒドに優先.　P-41 参照）
　　　　　　　　　　　オキシジホルムアルデヒド　oxydiformaldehyde

O=CH-O-CO-O-CH=O　炭酸=二ギ酸=二無水物 **PIN**　carbonic diformic dianhydride **PIN**
　　　　　　　　　　　（無水物はエステルに優先.　P-41 参照）
　　　　　　　　　　　炭酸ビス(オキソメチル)　bis(oxomethyl) carbonate
　　　　　　　　　　　［カルボニルビス(オキシ)］ジホルムアルデヒド
　　　　　　　　　　　［carbonylbis(oxy)］diformaldehyde

P-66.6.3　アルデヒドのカルコゲン類縁体

アルデヒドのカルコゲン類縁体は，表 6・4 にある接尾語と接頭語を用いて命名する．化合物種類の優先順位において，アルデヒドはケトン，ヒドロキシ化合物，アミン，イミンに優先する．保存名をもつアルデヒドに対応するカルコゲン類縁体の名称は，すべて体系的につくる.

表 6・4　アルデヒドのカルコゲン類縁体に対する接尾語および接頭語

基	接尾語	接頭語
—(C)HS	チアール　thial	スルファニリデン 優先接頭 sulfanylidene 優先接頭 チオキソ　thioxo
—(C)HSe	セレナール　selenal	セラニリデン 優先接頭 selanylidene 優先接頭 セレノキソ　selenoxo
—(C)HTe	テラナール　tellanal	テラニリデン 優先接頭 tellanylidene 優先接頭 テルロキソ　telluroxo
—CHS	カルボチオアルデヒド carbothialdehyde	メタンチオイル 優先接頭 methanethioyl 優先接頭 チオホルミル　thioformyl
—CHSe	カルボセレノアルデヒド carboselenaldehyde	メタンセレノイル 優先接頭 methaneselenoyl 優先接頭 セレノホルミル　selenoformyl
—CHTe	カルボテルロアルデヒド carbotelluraldehyde	メタンテルロイル 優先接頭 methanetelluroyl 優先接頭 テルロホルミル　telluroformyl

例：CH₃-CHS〔2 1〕　エタンチアール **PIN**　ethanethial **PIN**
　　　　　　　　　　チオアセトアルデヒド　thioacetaldehyde

P-66 アミド，イミド，ヒドラジド，ニトリルおよびアルデヒド   647

C₆H₅-CHS

ベンゼンカルボチオアルデヒド **PIN** benzenecarbothialdehyde **PIN**
チオベンズアルデヒド thiobenzaldehyde

$\overset{6}{\text{CH}_3}\text{-[CH}_2\text{]}_4\overset{1}{\text{-CHSe}}$

ヘキサンセレナール **PIN** hexaneselenal **PIN**

$\overset{5}{\text{SHC}}\overset{4}{\text{-CH}_2}\overset{3}{\text{-CH}_2}\overset{2}{\text{-CH}_2}\overset{1}{\text{-CHS}}$

ペンタンジチアール **PIN** pentanedithial **PIN**

HOOC—①〈 〉④—CHS

4-(メタンチオイル)安息香酸 **PIN**
4-(methanethioyl)benzoic acid **PIN**
4-(チオホルミル)安息香酸
4-(thioformyl)benzoic acid

HOOC—①〈 〉④—CHSe

4-(メタンセレノイル)シクロヘキサン-1-カルボン酸 **PIN**
4-(methaneselenoyl)cyclohexane-1-carboxylic acid **PIN**
4-(セレノホルミル)シクロヘキサン-1-カルボン酸
4-(selenoformyl)cyclohexane-1-carboxylic acid

S=④〈 〉①—CHSe

4-スルファニリデンシクロヘキサン-1-カルボセレノアルデヒド **PIN**
4-sulfanylidenecyclohexane-1-carboselenaldehyde **PIN**
4-チオキソシクロヘキサン-1-カルボセレノアルデヒド
4-thioxocyclohexane-1-carboselenaldehyde

P-66.6.4 多官能性アルデヒド

アルデヒド基の存在下では，ケトン，擬ケトン，ヘテロン，ヒドロキシ化合物，アミンおよびイミンは，接頭語により表す．多官能性アルデヒドの番号付けに際しての優先順位は，酸について述べたもの(P-65.1.2.3 参照)と同じである．

例：$\overset{4}{\text{CH}_3}\text{-}\overset{3}{\text{CO}}\text{-}\overset{2}{\text{CH}_2}\text{-}\overset{1}{\text{CHO}}$

3-オキソブタナール **PIN** 3-oxobutanal **PIN**
〔3-オキソブチルアルデヒド 3-oxobutyraldehyde ではない．
ブチルアルデヒドに置換は許されない(P-66.6.1.2.3 参照)〕

$\overset{6}{\text{CH}_3}\text{-}\overset{5}{\text{CH}_2}\text{-}\overset{4}{\text{CH}_2}\text{-}\overset{3}{\text{CH}_2}\text{-}\overset{2}{\text{C}}\text{-}\overset{1}{\text{CHO}}$
（C の上に ‖ CH₂）

2-メチリデンヘキサナール **PIN** 2-methylidenehexanal **PIN**
〔2-ブチルプロパ-2-エナール 2-butylprop-2-enal ではない．
最長鎖が主鎖である(P-44.3 参照)〕

〈 〉①—CHO / ②—OH

2-ヒドロキシベンズアルデヒド **PIN** 2-hydroxybenzaldehyde **PIN**
(サリチルアルデヒド salicylaldehyde ではない)

HO-CH₂—⑤〈O⟩②—CHO

5-(ヒドロキシメチル)フラン-2-カルボアルデヒド **PIN**
5-(hydroxymethyl)furan-2-carbaldehyde **PIN**
5-(ヒドロキシメチル)-2-フロアルデヒド
5-(hydroxymethyl)-2-furaldehyde
〔5-(ヒドロキシメチル)フルフラール
5-(hydroxymethyl)furfural ではない〕

〈 〉—O-CH₂-CHO

フェノキシアセトアルデヒド **PIN**
phenoxyacetaldehyde **PIN**

CHO / ①〈 〉②—CH₃ / ③—F

3-フルオロ-2-メチルベンズアルデヒド **PIN**
3-fluoro-2-methylbenzaldehyde **PIN**

648 P-6 個々の化合物種類に対する適用

P-66.6.5 アセタール，ケタール，ヘミアセタール，ヘミケタールおよびそのカルコゲン類縁体

P-66.6.5.1 アセタールおよびケタール　　　　　P-66.6.5.4 ヘミアセタールおよびヘミケタール
P-66.6.5.2 ヘミアセタールおよびヘミケタール　　　　のカルコゲン類縁体
P-66.6.5.3 アセタールおよびケタールのカルコ
　　　　　ゲン類縁体

P-66.6.5.1 アセタールおよびケタール

P-66.6.5.1.1　　　一般構造 RR′C(O-R″)(O-R‴) をもつ化合物(R と R′のみは水素であってもよい)の化合物種類名は アセタール acetal である．ケタール ketal はアセタールに属しており，R と R′のどちらも水素であってはならない．アセタール(ケタール)はつぎの二つの方法で命名する．

(1) 該当する母体水素化物または官能性母体化合物のアルコキシ alkoxy，アルキルオキシ alkyloxy，アリールオキシ aryloxy などの誘導体として，置換命名法により命名する．

(2) アルデヒドまたはケトンの名称，*O*-置換基名(英数字順)，化合物種類名アセタールまたはケタールをこの順に書いて，官能種類命名法により命名する．

置換命名法による方法(1)の名称が PIN となる．

例：
$\overset{3}{C}H_3\text{-}\overset{2}{C}H_2\text{-}\overset{1}{C}H(OCH_2\text{-}CH_3)_2$

(1) 1,1-ジエトキシプロパン **PIN**　1,1-diethoxypropane **PIN**
(2) プロパナールジエチルアセタール　propanal diethyl acetal

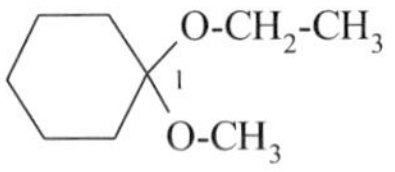

(1) 1-エトキシ-1-メトキシシクロヘキサン **PIN**
1-ethoxy-1-methoxycyclohexane **PIN**
(2) シクロヘキサノンエチルメチルケタール
cyclohexanone ethyl methyl ketal

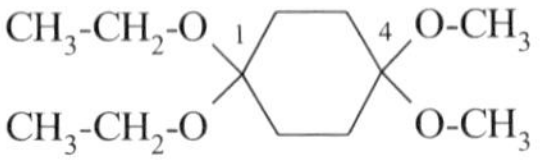

(1) 1,1-ジエトキシ-4,4-ジメトキシシクロヘキサン **PIN**
1,1-diethoxy-4,4-dimethoxycyclohexane **PIN**
(2) シクロヘキサン-1,4-ジオン 1,1-ジエチル 4,4-ジメチルジケタール
cyclohexane-1,4-dione 1,1-diethyl 4,4-dimethyl diketal

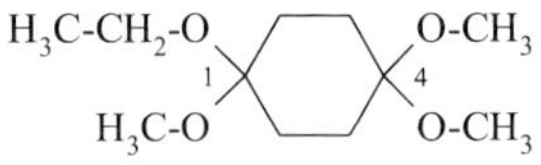

(1) 1-エトキシ-1,4,4-トリメトキシシクロヘキサン **PIN**
1-ethoxy-1,4,4-trimethoxycyclohexane **PIN**
(2) シクロヘキサン-1,4-ジオン 1-エチル 1,4,4-トリメチルジケタール
cyclohexane-1,4-dione 1-ethyl 1,4,4-trimethyl diketal

P-66.6.5.1.2 環状アセタールおよび環状ケタール　　　主官能基としての環状アセタールは複素環化合物として命名し，その名称は PIN である．環状ケタールは，P-24 に述べた規則に従って命名するスピロ化合物であり，その名称は PIN となる．

該当する二価の置換基の名称を用いる官能種類命名法は，GIN では使ってもよい．

例：

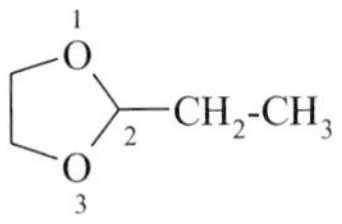

2-エチル-1,3-ジオキソラン **PIN**　2-ethyl-1,3-dioxolane **PIN**
プロパナールエチレンアセタール　propanal ethylene acetal

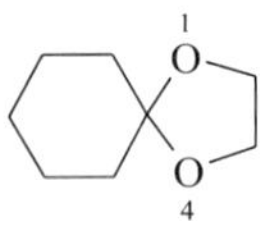

1,4-ジオキサスピロ[4.5]デカン **PIN**　1,4-dioxaspiro[4.5]decane **PIN**
シクロヘキサノンエチレンケタール　cyclohexanone ethylene ketal

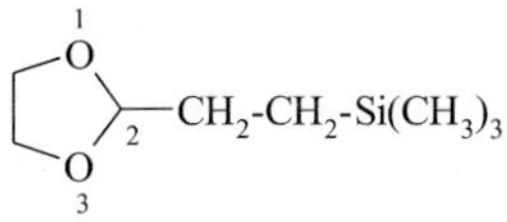

P-66 アミド, イミド, ヒドラジド, ニトリルおよびアルデヒド 649

[2-(1,3-ジオキソラン-2-イル)エチル]トリメチルシラン **PIN**
[2-(1,3-dioxolan-2-yl)ethyl]trimethylsilane **PIN**
3-(トリメチルシリル)プロパナールエチレンアセタール
3-(trimethylsilyl)propanal ethylene acetal

P-66.6.5.2 ヘミアセタールおよびヘミケタール　一般構造 RR′C(OH)(O-R″) の化合物の化合物種類名は
ヘミアセタール hemiacetal である. ヘミアセタールは, アルコールのような該当するヒドロキシ母体水素化物の
アルコキシ alkoxy, アルキルオキシ alkyloxy, アリールオキシ aryloxy 誘導体として置換命名法で命名する. そ
の名称は PIN である. 別の名称は, 官能種類命名法により化合物種類名 hemiacetal を用いてつくる. 同様にし
て, ケトンの誘導体は化合物種類名 ヘミケタール hemiketal で示す.

例:

1-エトキシブタン-1-オール **PIN**　1-ethoxybutan-1-ol **PIN**
ブタナールエチルヘミアセタール　butanal ethyl hemiacetal

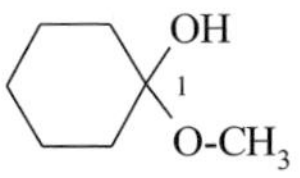

1-メトキシシクロヘキサン-1-オール **PIN**　1-methoxycyclohexan-1-ol **PIN**
シクロヘキサノンメチルヘミケタール　cyclohexanone methyl hemiketal

P-66.6.5.3 アセタールおよびケタールのカルコゲン類縁体　一般構造が RR′C(S-R″)(S-R‴), RR′C(S-
R″)(O-R‴) であるアセタールとケタールの硫黄類縁体の化合物種類名は, それぞれ ジチオアセタール dithioacetal,
モノチオアセタール monothioacetal である. これらの化合物は, 母体水素化物の アルキルスルファニル
alkylsulfanyl, アリールスルファニル arylsulfanyl, アルコキシ alkoxy, アリールオキシ aryloxy などの該当する誘
導体として, 置換命名法で命名する. 別の名称は, 官能種類命名法により, モノチオアセタール monothioacetal,
ジチオケタール dithioketal のような化合物種類名を用いてつくる. 構造的特性を示すために, イタリック体大文
字の位置番号を使う. セレン, テルルおよび混合カルコゲン類縁体は, 硫黄類縁体と同じ方法で取扱う.

例:
$CH_3\text{-}CH_2\text{-}CH_2\text{-}CH_2\text{-}CH(S\text{-}CH_3)_2$
1,1-ビス(メチルスルファニル)ペンタン **PIN**
1,1-bis(methylsulfanyl)pentane **PIN**
ペンタナールジメチルジチオアセタール
pentanal dimethyl dithioacetal

1-(エチルスルファニル)-1-メトキシプロパン **PIN**
1-(ethylsulfanyl)-1-methoxypropane **PIN**
プロパナール S-エチル O-メチルモノチオアセタール
propanal S-ethyl O-methyl monothioacetal

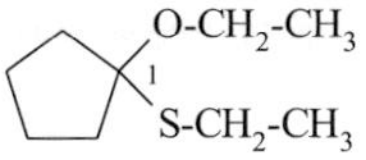

1-エトキシ-1-(エチルスルファニル)シクロペンタン **PIN**
1-ethoxy-1-(ethylsulfanyl)cyclopentane **PIN**
シクロペンタノンジエチルモノチオケタール
cyclopentanone diethyl monothioketal

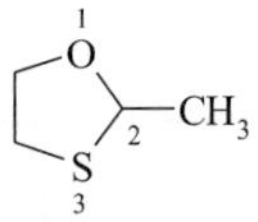

2-メチル-1,3-オキサチオラン **PIN**
2-methyl-1,3-oxathiolane **PIN**
アセトアルデヒドエチレンモノチオアセタール
acetaldehyde ethylene monothioacetal

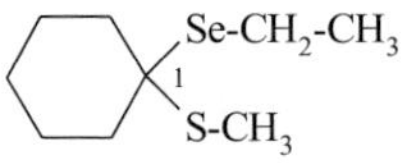

1-(エチルセラニル)-1-(メチルスルファニル)シクロヘキサン **PIN**
1-(ethylselanyl)-1-(methylsulfanyl)cyclohexane **PIN**
シクロヘキサノン Se-エチル S-メチルセレノチオケタール
cyclohexanone Se-ethyl S-methyl selenothioketal

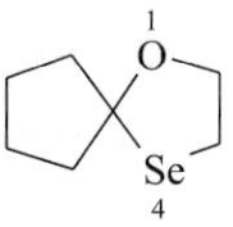

1-オキサ-4-セレナスピロ[4.4]ノナン **PIN**
1-oxa-4-selenaspiro[4.4]nonane **PIN**
シクロペンタノンエチレンモノセレノケタール
cyclopentanone ethylene monoselenoketal

P-66.6.5.4　ヘミアセタールおよびヘミケタールのカルコゲン類縁体　　一般構造が RR′C(SH)(S-R″), RR′C-(OH)(S-R″), RR′C(SH)(O-R″) であるヘミアセタール, ヘミケタールの硫黄類縁体の化合物種類名は, それぞれジチオヘミアセタール dithiohemiacetal, モノチオヘミアセタール monothiohemiacetal である. これら化合物は, ヒドロキシ母体水素化物の アルキルスルファニル alkylsulfanyl, アリールスルファニル arylsulfanyl, アルコキシ alkoxy, アリールオキシ aryloxy などの該当する誘導体として置換命名法で命名し, それらは PIN である. 別の名称は, 官能種類命名法でつくる. 構造的特性を示すためには, イタリック体大文字の位置番号を使う. セレン, テルルおよび混合カルコゲン類縁体は, 硫黄類縁体と同じ方法で取扱う. それらは, モノセレノヘミアセタール monoselenohemiacetal, ジテルロヘミアセタール ditellurohemiacetal, セレノチオヘミアセタール selenothiohemiacetal などと総称される.

例:

$$\underset{1}{\overset{S\text{-}CH_2\text{-}CH_3}{\overset{|}{CH_3\text{-}\underset{3}{CH_2}\text{-}\underset{2}{CH}\text{-}SH}}}$$

1-(エチルスルファニル)プロパン-1-チオール **PIN**
1-(ethylsulfanyl)propane-1-thiol **PIN**
プロパナールエチルジチオヘミアセタール
propanal ethyl dithiohemiacetal

$$\underset{1}{\overset{O\text{-}CH_2\text{-}CH_3}{\overset{|}{CH_3\text{-}\underset{3}{CH_2}\text{-}\underset{2}{CH}\text{-}SH}}}$$

1-エトキシプロパン-1-チオール **PIN**
1-ethoxypropane-1-thiol **PIN**
プロパナール O-エチルモノチオヘミアセタール
propanal O-ethyl monothiohemiacetal

1-(エチルスルファニル)シクロペンタン-1-セレノール **PIN**
1-(ethylsulfanyl)cyclopentane-1-selenol **PIN**
シクロペンタノン S-エチルセレノチオヘミケタール
cyclopentanone S-ethyl selenothiohemiketal

P-67　有機化合物の命名に用いる官能性母体としての単核および多核非炭素酸類とそれらの官能基代置類縁体　　"日本語名称のつくり方"も参照

P-67.0　は じ め に	P-67.2　二核および多核非炭素オキソ酸
P-67.1　単核非炭素オキソ酸	P-67.3　ポリ酸の置換名および官能種類名

P-67.0　は じ め に

　保存名をもつ単核, 二核, 多核非炭素オキソ酸およびそれらのカルコゲン類縁体は, 炭素を含む化合物の名称をつくるために母体構造として用いられる. 本勧告においては, これらの化合物の名称は予備選択名である (P-12.2 参照).

　非炭素オキソ酸のカルコゲン類縁体の名称は, 官能基代置命名法でつくる. この命名法は, たとえば, 酸ハロゲン化物, 酸擬ハロゲン化物, アミド, ヒドラジド, アミジンのような誘導体をつくるのにも用いられる. 官能基代置法については, 単核, 二核, 多核非炭素酸それぞれに適用の仕方が異なる. 単核オキソ酸の名称は, ケイ酸, 亜硝酸, 硝酸, ハロゲン酸を除き, 挿入語により修飾する. 二核, 多核非炭素オキソ酸の名称は, 接頭語により修飾する. エステル, 有機酸無水物, シアニドやイソシアナートのような炭素を含む擬ハロゲン化物およびアミド, イミド, ヒドラジドの有機誘導体の名称をつくるには官能種類命名法を用いる.

　はじめに単核非炭素オキソ酸について述べ, ついで無水物ではなく酸として命名される (HO)$_2$P-(O)-O-P(O)(OH)$_2$ 二リン酸 diphosphoric acid および (HO)$_2$P(O)-P(O)(OH)$_2$ 次二リン酸 hypodiphosphoric acid のような二核, 多核非炭素オキソ酸について述べる.

　無機化合物の命名法(参考文献 12)においては, 保存名の使用や保存名作成のため単核オキソ酸類の名称につける 'ヒポ hypo', 'オルト ortho', 'イソ iso' のような接頭語の使用が制限されているのを考慮して, 体系化を行った. しかし, 単核, 二核, 多核オキソ酸由来の有機化合物の慣用的命名法は残している.

P-67 単核および多核非炭素酸類とそれらの官能基代置類縁体　　651

炭酸，シアン酸，二核および多核炭酸については，P-65.2 を参照されたい．

P-67.1　単核非炭素オキソ酸

単核非炭素オキソ酸の保存名には，中心原子としての N, P, As, Sb, Si, B, S, Se, Te, F, Cl, Br, I などの元素が入っている．それらは，母体構造としても，優先順位の高い母体化合物があるときに使う接頭語をつくる場合にも使用する．これらの母体構造は，予備選択名として使う慣用的名称である保存名をもっている(P-12.2 参照)．それらが体系的な付加名や置換名をもつこともあるが，そのような名称は予備選択名をつくる場合には推奨しない(参考文献 12，IR-8 参照)．

はじめに官能基代置命名法，次に官能種類命名法を用いたエステル類，無水物の名称のつくり方，最後に接頭語を用いた置換命名法について述べる．P-42 で記述されているオキソ酸とその誘導体の優先順位の使い方についても述べる．本節の最後は，アジン酸 azinic acid の誘導体として命名される *aci*-ニトロ *aci*-nitro 化合物の命名法である．

P-67.1.1　単核非炭素オキソ酸および置換により生成するその誘導体の名称	P-67.1.4　単核非炭素オキソ酸に由来する置換基接頭語
P-67.1.2　単核非炭素オキソ酸に用いる官能基代置命名法	P-67.1.5　無機酸およびその誘導体の優先順位
P-67.1.3　単核非炭素オキソ酸の塩，エステルおよび無水物	P-67.1.6　*aci*-ニトロ化合物

P-67.1.1　単核非炭素オキソ酸および置換により生成するその誘導体の名称

P-67.1.1.1　単核非炭素オキソ酸の名称　　有機化合物の PIN と GIN をつくるために使用する単核非炭素オキソ酸の予備選択名(P-12.2 参照)の一覧を以下にアルファベット順で記す．

$H_2As(O)(OH)$　　アルシン酸 予備名　arsinic acid 予備名

$H_2As(OH)$　　亜アルシン酸 予備名　arsinous acid 予備名

$HAs(O)(OH)_2$　　アルソン酸 予備名　arsonic acid 予備名

$HAs(OH)_2$　　亜アルソン酸 予備名　arsonous acid 予備名

$As(O)(OH)_3$　　アルソル酸 予備名　arsoric acid 予備名
　　　　　　　　ヒ酸　arsenic acid
　　　　　　　　注記：arsoric acid は，名称 phosphoric acid との対応において明確であり，整合性があることから，予備選択名として arsenic acid に優先する．

$As(OH)_3$　　亜アルソル酸 予備名　arsorous acid 予備名
　　　　　　　　亜ヒ酸　arsen(i)ous acid（以前の名称）
　　　　　　　　注記：arsorous acid は，名称 phosphorous acid との対応において明確であり，整合性があることから，予備選択名として arsen(i)ous acid に優先する．

$H_2N(O)(OH)$　　アジン酸 予備名　azinic acid 予備名

H_2N-OH　　亜アジン酸　azinous acid
　　　　　　　　ヒドロキシルアミン 予備名　hydroxylamine 予備名
　　　　　　　　（これについては P-68.3.1.1.1 参照）

$HN(O)(OH)_2$　　アゾン酸 予備名　azonic acid 予備名

$HN(OH)_2$　　亜アゾン酸 予備名　azonous acid 予備名

$N(O)(OH)_3$　　ニトロル酸 予備名　nitroric acid 予備名

$N(OH)_3$	亜アゾル酸 [予備名]	azorous acid [予備名]
$B(OH)_3$	ホウ酸 [予備名]	boric acid [予備名]
$H_2B(OH)$	ボリン酸 [予備名]	borinic acid [予備名]
$HB(OH)_2$	ボロン酸 [予備名]	boronic acid [予備名]
$Br(O)_2(OH)$	臭素酸 [予備名]	bromic acid [予備名]
$Br(O)(OH)$	亜臭素酸 [予備名]	bromous acid [予備名]
$Cl(O)_2(OH)$	塩素酸 [予備名]	chloric acid [予備名]
$Cl(O)(OH)$	亜塩素酸 [予備名]	chlorous acid [予備名]
$Br(OH)$	次亜臭素酸 [予備名]	hypobromous acid [予備名]
$Cl(OH)$	次亜塩素酸 [予備名]	hypochlorous acid [予備名]
$F(OH)$	次亜フッ素酸 [予備名]	hypoflurous acid [予備名]
$I(OH)$	次亜ヨウ素酸 [予備名]	hypoiodous acid [予備名]
$I(O)_2(OH)$	ヨウ素酸 [予備名]	iodic acid [予備名]
$I(O)(OH)$	亜ヨウ素酸 [予備名]	iodous acid [予備名]
$HO\text{-}NO_2$	硝酸 [予備名]	nitric acid [予備名]
$HO\text{-}NO$	亜硝酸 [予備名]	nitrous acid [予備名]
$Br(O)_3(OH)$	過臭素酸 [予備名]	perbromic acid [予備名]
$Cl(O)_3(OH)$	過塩素酸 [予備名]	perchloric acid [予備名]
$F(O)_3(OH)$	過フッ素酸 [予備名]	perfluoric acid [予備名]
$I(O)_3(OH)$	過ヨウ素酸 [予備名]	periodic acid [予備名]
$H_2P(O)(OH)$	ホスフィン酸 [予備名]	phosphinic acid [予備名]
$H_2P(OH)$	亜ホスフィン酸 [予備名]	phosphinous acid [予備名]
$HP(O)(OH)_2$	ホスホン酸 [予備名]	phosphonic acid [予備名]
$HP(OH)_2$	亜ホスホン酸 [予備名]	phosphonous acid [予備名]
$P(O)(OH)_3$	リン酸 [予備名]	phosphoric acid [予備名]
$P(OH)_3$	亜リン酸 [予備名]	phosphorous acid [予備名]
$Se(O)_2(OH)_2$	セレン酸 [予備名]	selenic acid [予備名]
$Se(O)(OH)_2$	亜セレン酸 [予備名]	selenous acid [予備名]
$Si(OH)_4$	ケイ酸 [予備名]	silicic acid [予備名]
	（オルトケイ酸 orthosilicic acid ではない）	
$H_2Sb(O)(OH)$	スチビン酸 [予備名]	stibinic acid [予備名]
$H_2Sb(OH)$	亜スチビン酸 [予備名]	stibinous acid [予備名]
$HSb(O)(OH)_2$	スチボン酸 [予備名]	stibonic acid [予備名]
$HSb(OH)_2$	亜スチボン酸 [予備名]	stibonous acid [予備名]
$Sb(O)(OH)_3$	スチボル酸 [予備名]	stiboric acid [予備名]
	アンチモン酸	antimonic acid

注記：stiboric acid は，名称 stibonic, phosphoric, arsoric acid との対応において明確であり，整合性があることから，予備選択名として antimonic acid に優先する．

P-67　単核および多核非炭素酸類とそれらの官能基置換類縁体　　653

Sb(OH)$_3$	亜スチボル酸 予備名　stiborous acid 予備名	
	亜アンチモン酸　antimonous acid	

注記: stiborous acid は，stibonic, phosphorous, arsorous acid との対応において明確であり，整合性があることから，予備選択名として antimonous acid に優先する.

S(O)$_2$(OH)$_2$　　硫酸 予備名　sulfuric acid 予備名

S(O)(OH)$_2$　　亜硫酸 予備名　sulfurous acid 予備名

Te(O)$_2$(OH)$_2$　　テルル酸 予備名　telluric acid 予備名

Te(O)(OH)$_2$　　亜テルル酸 予備名　tellurous acid 予備名

P-67.1.1.2　中心原子上に水素原子（置換可能な水素）をもつ単核非炭素オキソ酸の置換　　中心原子上に水素原子をもつ酸は有機基により置換でき，PIN はこのような置換でつくる.

注記: 酸を接尾語として扱い，benzenephosphonic acid のような名称をつくる方法も提案されたが，この案では酸に置換可能な 2 個の水素原子がある場合は，文字位置番号をさらに追加しなければならず，不要に煩雑な名称となることから却下された.

例: C$_2$H$_5$-P(O)(OH)$_2$　　　エチルホスホン酸 PIN　ethylphosphonic acid PIN
　　　　　　　　　　　　　　　（エタンホスホン酸 ethanephosphonic acid ではない）

　　(C$_2$H$_5$)$_2$P(O)(OH)　　　ジエチルホスフィン酸 PIN　diethylphosphinic acid PIN
　　　　　　　　　　　　　　　（P-エチルエタンホスフィン酸
　　　　　　　　　　　　　　　P-ethylethanephosphinic acid ではない）

　　(C$_6$H$_5$)$_2$As(OH)　　　ジフェニル亜アルシン酸 PIN　diphenylarsinous acid PIN

　　C$_6$H$_5$Sb(OH)$_2$　　　フェニル亜スチボン酸 PIN　phenylstibonous acid PIN

（ナフタレン-2,6-ジイル）ビス（亜ホスホン酸）PIN
(naphthalene-2,6-diyl)bis(phosphonous acid) PIN

P-67.1.2　単核非炭素オキソ酸に用いる官能基置換命名法
単核非炭素オキソ酸は，官能基置換命名法においては挿入語または接頭語を用いて修飾する.

P-67.1.2.1	挿入語により修飾される単核非炭素オキソ酸	P-67.1.2.4	官能基置換により修飾された単核非炭素オキソ酸
P-67.1.2.2	接頭語により修飾される単核非炭素オキソ酸	P-67.1.2.5	酸ハロゲン化物および酸擬ハロゲン化物
P-67.1.2.3	挿入語を用いる官能基置換命名法の一般的方法	P-67.1.2.6	アミドとヒドラジド

P-67.1.2.1　挿入語により修飾される単核非炭素オキソ酸　　次の酸は，挿入語により修飾する. 以下，B, N, P, As, Sb, S, Se, Te の順にまとめてある.

　　B(OH)$_3$　　　ホウ酸　boric acid

　　HB(OH)$_2$　　　ボロン酸　boronic acid

　　H$_2$B(OH)　　　ボリン酸　borinic acid

$N(O)(OH)_3$	ニトロル酸	nitroric acid（仮想的）
$N(OH)_3$	亜アゾル酸	azorous acid（仮想的）
$HN(O)(OH)_2$	アゾン酸	azonic acid
$H_2N(O)(OH)$	アジン酸	azinic acid
$HN(OH)_2$	亜アゾン酸	azonous acid
$P(O)(OH)_3$	リン酸	phosphoric acid
$P(OH)_3$	亜リン酸	phosphorous acid
$HP(O)(OH)_2$	ホスホン酸	phosphonic acid
$HP(OH)_2$	亜ホスホン酸	phosphonous acid
$H_2P(O)(OH)$	ホスフィン酸	phosphinic acid
$H_2P(OH)$	亜ホスフィン酸	phosphinous acid
$As(O)(OH)_3$	アルソル酸	arsoric acid
	ヒ酸	arsenic acidd（以前の名称）
$As(OH)_3$	亜アルソル酸	arsorous acid
	亜ヒ酸	arsen(i)ous acid（以前の名称）
$HAs(O)(OH)_2$	アルソン酸	arsonic acid
$HAs(OH)_2$	亜アルソン酸	arsonous acid
$H_2As(O)(OH)$	アルシン酸	arsinic acid
$H_2As(OH)$	亜アルシン酸	arsinous acid
$Sb(O)(OH)_3$	スチボル酸	stiboric acid
	アンチモン酸	antimonic acid（以前の名称）
$Sb(OH)_3$	亜スチボル酸	stiborous acid
	亜アンチモン酸	antimonous acid（以前の名称）
$HSb(O)(OH)_2$	スチボン酸	stibonic acid
$HSb(OH)_2$	亜スチボン酸	stibonous acid
$H_2Sb(O)(OH)$	スチビン酸	stibinic acid
$H_2Sb(OH)$	亜スチビン酸	stibinous acid
$S(O)_2(OH)_2$	硫酸	sulfuric acid
$S(O)(OH)_2$	亜硫酸	sulfurous acid
$Se(O)_2(OH)_2$	セレン酸	selenic acid
$Se(O)(OH)_2$	亜セレン酸	selenous acid
$Te(O)_2(OH)_2$	テルル酸	telluric acid
$Te(O)(OH)_2$	亜テルル酸	tellurous acid

P-67.1.2.2　接頭語により修飾される単核非炭素オキソ酸　　次の酸は，接頭語により修飾される．Si, N, F, Cl, Br, I の順にまとめてある．

$Si(OH)_4$	ケイ酸	silicic acid
	オルトケイ酸	orthosilicic acid（以前の名称）
$HO\text{-}NO_2$	硝酸	nitric acid

HO-NO	亜硝酸	nitrous acid
$F(O)_3(OH)$	過フッ素酸	perfluoric acid
$F(O)_2(OH)$	フッ素酸	fluoric acid
$F(O)(OH)$	亜フッ素酸	fluorous acid
$F(OH)$	次亜フッ素酸	hypofluorous acid
$Cl(O)_3(OH)$	過塩素酸	perchloric acid
$Cl(O)_2(OH)$	塩素酸	chloric acid
$Cl(O)(OH)$	亜塩素酸	chlorous acid
$Cl(OH)$	次亜塩素酸	hypochlorous acid
$Br(O)_3(OH)$	過臭素酸	perbromic acid
$Br(O)_2(OH)$	臭素酸	bromic acid
$Br(O)(OH)$	亜臭素酸	bromous acid
$Br(OH)$	次亜臭素酸	hypobromous acid
$I(O)_3(OH)$	過ヨウ素酸	periodic acid
$I(O)_2(OH)$	ヨウ素酸	iodic acid
$I(O)(OH)$	亜ヨウ素酸	iodous acid
$I(OH)$	次亜ヨウ素酸	hypoiodous acid

P-67.1.2.3　挿入語を用いる官能基代置命名法の一般的方法　　酸ハロゲン化物，酸擬ハロゲン化物(アジド，シアニド，イソシアニド，イソシアナート)，アミド，ヒドラジド，イミド酸，ヒドラゾン酸，ニトリド酸の官能種類名は，挿入語を用いる官能基代置命名法(P-15.5 参照)によりつくる．カルコゲン類縁体も挿入語により表す．

> **注記**: PIN は，官能種類命名法により修飾された保存名である．挿入語の使用は，P-67.1.2.1 にまとめられている酸に限定され，それが PIN となる．PIN の作成の際には，P-67.1.2.2 にある酸についてのみ接頭語の使用が推奨されるが，GIN の作成の際には，すべての単核の酸について接頭語が使用できる．置換名および接頭語により修飾された名称は，特別な場合にのみ使う(P-67.1.4.1.1.6，P-67.3.1 参照).

例: $(C_6H_5)_2P\text{-}SH$　ジフェニル亜ホスフィノチオ酸 **PIN**　diphenylphosphinothious acid **PIN**
　　　　〔ジフェニルホスファンチオール diphenylphosphanethiol でも，
　　　　ジフェニル(スルファニル)ホスファン diphenyl(sulfanyl)phosphane でもない〕

P-67.1.2.3.1　　次の挿入語は，カルコゲン類縁体により =O，−OH を置き換えることを記述するために用いる(優先順位の減少順).

(1) −OO−　　　　　　　ペルオキソ　peroxo
(2) −OS− または −SO−　チオペルオキソ　thioperoxo
　　　　　　　　　　　　(同様に，セレノペルオキソ selenoperoxo，テルロペルオキソ telluroperoxo)
(3) −SS−　　　　　　　ジチオペルオキソ　dithioperoxo
　　　　　　　　　　　　(同様に，ジセレノペルオキソ diselenoperoxo，
　　　　　　　　　　　　ジテルロペルオキソ ditelluroperoxo)
(4) −SSe− または −SeS−　セレノチオペルオキソ　selenothioperoxo
　　　　　　　　　　　　(同様に，その他の混合カルコゲン)
(5) −S− または =S　　　チオ　thio

656   P-6　個々の化合物種類に対する適用

　　(6) −Se− または =Se　　　セレノ　seleno
　　(7) −Te− または =Te　　　テルロ　telluro

P-67.1.2.3.2　　化合物種類を示す挿入語(優先順位の減少順, ただしハロゲン化物と擬ハロゲン化物は同じランクの中ではアルファベット順に記載してある).

　　(1) −Br　　　　ブロミド　bromido
　　　　−Cl　　　　クロリド　chlorido
　　　　−F　　　　　フルオリド　fluorido
　　　　−I　　　　　ヨージド　iodido
　　(2) −N$_3$　　　アジド　azido
　　　　−CN　　　　シアニド　cyanido
　　　　−NC　　　　イソシアニド　isocyanido
　　　　−NCO　　　イソシアナチド　isocyanatido
　　　　−NCS　　　イソチオシアナチド　isothiocyanatido
　　　　−NCSe　　　イソセレノシアナチド　isoselenocyanatido
　　　　−NCTe　　　イソテルロシアナチド　isotellurocyanatido
　　(3) −NH$_2$　　アミド　amido
　　(4) −NH-NH$_2$　ヒドラジド　hydrazido
　　(5) ≡N　　　　ニトリド　nitrido
　　(6) =NH　　　　イミド　imido
　　(7) =NNH$_2$　　ヒドラゾノ　hydrazono

P-67.1.2.3.3　　酸素原子を代置することにより酸のカルコゲン類縁体を示す接頭語(優先順位の減少順).

　　(1) −OO−　　　　　　　ペルオキシ　peroxy
　　(2) −OS− または −SO−　チオペルオキシ　thioperoxy
　　　　　　　　　　　　　(同様に, セレノペルオキシ selenoperoxy, テルロペルオキシ telluroperoxy)
　　(3) −SS−　　　　　　　ジチオペルオキシ　dithioperoxy
　　　　　　　　　　　　　(同様に, ジセレノペルオキシ diselenoperoxy,
　　　　　　　　　　　　　ジテルロペルオキシ ditelluroperoxy)
　　(4) −SSe− または −SeS−　セレノチオペルオキシ　selenothioperoxy
　　　　　　　　　　　　　(その他の混合カルコゲンについても同じ)
　　(5) −S− または =S　　　チオ　thio
　　(6) −Se− または =Se　　セレノ　seleno
　　(7) −Te− または =Te　　テルロ　telluro

P-67.1.2.3.4　　化合物種類を示す接頭語(優先順位の減少順, ただしハロゲン化物と擬ハロゲン化物は同じランクの中ではアルファベット順に記載してある).

　　(1) −Br　　　　ブロモ　bromo
　　　　−Cl　　　　クロロ　chloro
　　　　−F　　　　　フルオロ　fluoro
　　　　−I　　　　　ヨード　iodo
　　(2) −N$_3$　　　アジド　azido
　　　　−CN　　　　シアノ　cyano
　　　　−NC　　　　イソシアノ　isocyano

P-67 単核および多核非炭素酸類とそれらの官能基代置類縁体　　　　657

−NCO	イソシアナト	isocyanato	
−NCS	イソチオシアナト	isothiocyanato	
−NCSe	イソセレノシアナト	isoselenocyanato	
−NCTe	イソテルロシアナト	isotellurocyanato	
(3) −NH$_2$	アミド	amido	
(4) −NH-NH$_2$	ヒドラジド	hydrazido	
(5) ≡N	ニトリド	nitrido	
(6) =NH	イミド	imido	
(7) =NNH$_2$	ヒドラゾノ	hydrazono	

P-67.1.2.3.5　該当する挿入語(複数の場合はアルファベット順)を母体名の語尾 ic acid または ous acid の前に，母音字の前の o は省略して示す．ただし，挿入語 チオ thio，セレノ seleno，テルロ telluro，ペルオキソ peroxo の場合は語尾 ic の前では o の文字を省略しない．また，発音上 o が必要な場合は付加してもよい．接頭語 di，tri が挿入語についてもアルファベット順は変わらない．

　該当する接頭語(複数の場合はアルファベット順)を酸の名称の前につける．このとき母音の省略をしてはならない．その接頭語に倍数接頭語 di，tri がついてもアルファベット順は変わらない．

P-67.1.2.4　官能基代置により修飾された単核非炭素オキソ酸　　有機化合物の PIN を誘導するには，P-67.1.2 で述べた予備選択名を用いる．保存名をもつオキソ酸に一つでも−OH 基が残されていれば，官能基代置により修飾されたその酸は酸として分類され，種類名 acid で示す．

P-67.1.2.4.1　　P-67.1.2 にまとめたオキソ酸の官能基代置は，挿入語または接頭語により表す．非酸性水素原子の置換は，接頭語によって示し，必要に応じて文字位置番号 B, N, P, As, Sb をそれにつける．互変異性体は，S, O のようなイタリック体の元素記号を acid の語の前につけることにより区別できる．たとえば チオペルオキソ thioperoxoic のようなカルコゲン接頭語により修飾される挿入語をくくるには丸括弧が必要である．P-67.1.2.4.1.3 で示されているような酸を修飾するには，P-67.1.2.3 にまとめられている挿入語および接頭語のほかに，−OCN のための接頭語 シアナト cyanato および挿入語 シアナチド cyanatido を使う．

P-67.1.2.4.1.1　　挿入語により修飾された単核非炭素オキソ酸の例

例：CH$_3$-B(OH)(SH)　　　　　　　メチルボロノチオ酸 **PIN**　methylboronothioic acid **PIN**

　　CH$_3$-B(NH-CH$_3$)(OH)　　　　*B,N*-ジメチルボロンアミド酸 **PIN**　*B,N*-dimethylboronamidic acid **PIN**

　　CH$_3$-N(OH)(SH)　　　　　　　メチル亜アゾノチオ酸 **PIN**　methylazonothious acid **PIN**

　　(C$_2$H$_5$)$_2$P(S)(SH)　　　　　　ジエチルホスフィノジチオ酸 **PIN**　diethylphosphinodithioic acid **PIN**

　　(CH$_3$)$_2$N-P(O)(OH)$_2$　　　　　*N,N*-ジメチルホスホロアミド酸 **PIN**　*N,N*-dimethylphosphoramidic acid **PIN**

　　(C$_6$H$_5$)$_2$P(=N-CH$_3$)(OH)　　*N*-メチル-*P,P*-ジフェニルホスフィンイミド酸 **PIN**
　　　　　　　　　　　　　　　　N-methyl-*P,P*-diphenylphosphinimidic acid **PIN**

　　C$_6$H$_5$-P(=N-C$_6$H$_5$)(Cl)(SH)　*N,P*-ジフェニルホスホノクロリドイミドチオ酸 **PIN**
　　　　　　　　　　　　　　　　N,P-diphenylphosphonochloridimidothioic acid **PIN**

　　C$_6$H$_5$-P(S)(NH-CH$_3$)(OH)　*N*-メチル-*P*-フェニルホスホンアミドチオ *O*-酸 **PIN**
　　　　　　　　　　　　　　　　N-methyl-*P*-phenylphosphonamidothioic *O*-acid **PIN**

　　(CH$_3$)$_2$N-P(O)(NCS)(SH)　　*N,N*-ジメチルホスホロアミド(イソチオシアナチド)チオ *S*-酸 **PIN**
　　　　　　　　　　　　　　　　N,N-dimethylphosphoramid(isothiocyanatido)thioic *S*-acid **PIN**

　　(CH$_3$)$_2$N-P(=N-C$_6$H$_5$)(SCN)(OH)
　　　　　　　　　　　　　　　　N,N-ジメチル-*N'*-フェニルホスホロアミドイミド(チオシアナチド)酸 **PIN**
　　　　　　　　　　　　　　　　N,N-dimethyl-*N'*-phenylphosphoramidimido(thiocyanatidic) acid **PIN**

$(C_6H_5)P(OH)(SH)$	フェニル亜ホスホノチオ酸 **PIN**	phenylphosphonothious acid **PIN**
$C_6H_5\text{-}P(\equiv N)(OH)$	フェニルホスホノニトリド酸 **PIN**	phenylphosphononitridic acid **PIN**
$C_6H_5\text{-}P(O)(Cl)(OH)$	フェニルホスホノクロリド酸 **PIN**	phenylphosphonochloridic acid **PIN**
$CH_3\text{-}CH_2\text{-}P(Se)(OH)_2$	エチルホスホノセレノ *O,O*-酸 **PIN**	ethylphosphonoselenoic *O,O*-acid **PIN**
$CH_3\text{-}CH_2\text{-}P(O)(OH)(SeH)$	エチルホスホノセレノ *Se*-酸 **PIN**	ethylphosphonoselenoic *Se*-acid **PIN**

$P(=NH)(NH\text{-}NH_2)(OH)_2$ ホスホロヒドラジドイミド酸   phosphorohydrazidimidic acid
   （予備選択名の リン酸 phosphoric acid に由来する名称）

$P(O)(OH)(SH)(SSH)$ ホスホロ(ジチオペルオキソ)チオ *S*-酸   phosphoro(dithioperoxo)thioic *S*-acid
   （予備選択名の リン酸 phosphoric acid に由来する名称）

$P(O)(OH)_2(OSH)$ ホスホロ(チオペルオキソ)*OS*-酸   phosphoro(thioperoxoic) *OS*-acid
   （予備選択名の リン酸 phosphoric acid に由来する名称）

$As(O)(OH)(SH)_2$
   または   アルソロジチオ酸   arsorodithioic acid
$As(S)(OH)_2(SH)$ （予備選択名の アルソル酸 arsoric acid に由来する名称）

$As(S)(OH)_3$ アルソロチオ *O,O,O*-酸   arsorothioic *O,O,O*-acid
   （予備選択名の アルソル酸 arsoric acid に由来する名称）

$(C_6H_5)_2As(SH)$ ジフェニル亜アルシノチオ酸 **PIN**   diphenylarsinothionous acid **PIN**

$HO\text{-}SO_2\text{-}SH$ スルフロチオ *S*-酸   sulfurothioic *S*-acid
   （予備選択名の 硫酸 sulfuric acid に由来する名称）

$H_2N\text{-}SO_2\text{-}OH$ スルファミン酸   sulfamic acid
   （予備選択名の 硫酸 sulfuric acid に由来する名称.
   スルフロアミド酸 sulfuramidic acid の短縮形）

$H_2S_2O_3$ スルフロチオ酸   sulfurothioic acid
   （予備選択名の 硫酸 sulfuric acid に由来する名称.
   硫黄原子の位置は未詳）

$HO\text{-}SO_2\text{-}NC$ スルフロイソシアニド酸 **PIN**   sulfurisocyanidic acid **PIN**

$HO\text{-}SO_2\text{-}NCS$ スルフロ(イソチオシアナチド)酸 **PIN**   sulfur(isothiocyanatidic) acid **PIN**

$HO\text{-}SO_2\text{-}CN$ スルフロシアニド酸 **PIN**   sulfurocyanidic acid **PIN**

$HS\text{-}SO_2\text{-}NH_2$ スルファモチオ *S*-酸   sulfamothioic *S*-acid
   （予備選択名の 硫酸 sulfuric acid に由来する名称.
   スルフロアミドチオ *S*-酸 sulfuramidothioic *S*-acid の短縮形）

$HS\text{-}TeO_2\text{-}NH_2$ テルロアミドチオ酸   telluramidothioic acid
   （予備選択名の テルロ酸 telluric acid に由来する名称）

P-67.1.2.4.1.2   接頭語により修飾される単核非炭素オキソ酸の例

$Si(OH)_3(SH)$ チオケイ酸   thiosilicic acid
   （予備選択名の ケイ酸 silicic acid に由来する名称）

$S=N\text{-}OH$ *O*-チオ亜硝酸   thionitrous *O*-acid
   （予備選択名の 亜硝酸 nitrous acid に由来する名称）

Cl(S)$_2$-OH O-ジチオ塩素酸   dithiochloric O-acid
（予備選択名の 塩素酸 chloric acid に由来する名称）

P-67.1.2.4.1.3　接頭語シアナトおよび挿入語シアナチドの特殊な使用法　　-OCN 基は，単核非炭素オキソ酸類の中心原子に結合すると無水物結合をつくることになる（P-67.1.3.3 参照）．しかし，酸は無水物より優先順位が高いので，化合物種類の優先順位を尊重し，命名に際しては，この基は酸の名称となるように使う．接頭語のシアナト cyanato，チオシアナト thiocyanato，セレノシアナト selenocyanato，テルロシアナト tellurocyanato については，P-65.2.2 を参照.

例：CH$_3$-P(O)(OCN)OH　メチルホスホノシアナチド酸 **PIN**　methylphosphonocyanatidic acid **PIN**

P(O)(OCN)$_2$OH　　ホスホロジシアナチド酸 **PIN**　phosphorodicyanatidic acid **PIN**

Si(OCN)(OH)$_3$　　シアナトケイ酸 **PIN**　cyanatosilicic acid **PIN**

P-67.1.2.4.2　官能基代置換命名法による名称作成のガイドライン　　亜ホスホン酸 phosphonous acid，亜ホスフィン酸 phosphinous acid，ホスホン酸 phosphonic acid，ホスフィン酸 phosphinic acid（ヒ素，アンチモン，窒素の酸も同様）の名称は，P, As または Sb が，水素原子，炭素原子または母体水素化物の N, As, Si のようなその他の原子に結合している場合にのみ，使用することができる．したがって，C$_6$H$_5$-P(O)Cl(OH) はフェニルホスホノクロリド酸 phenylphosphonochloridic acid であり，クロロフェニルホスフィン酸 chlorophenylphosphinic acid ではない．(C$_5$H$_{10}$N)-P(O)Cl(OH) は（ピペリジン-1-イル）ホスホノクロリド酸 (piperidin-1-yl)phosphonochloridic acid であり，クロロ（ピペリジン-1-イル）ホスフィン酸 chloro(piperidin-1-yl)phosphinic acid ではない．また，ClP(O)(OH)$_2$ は ホスホロクロリド酸 phosphorochloridic acid であり，クロロホスホン酸 chlorophosphonic acid ではない.

P-67.1.2.5　酸ハロゲン化物および酸擬ハロゲン化物

P-67.1.2.5.1　　ホウ素の酸とケイ酸を除き，酸ハロゲン化物および酸擬ハロゲン化物の PIN は，ハロゲン化物または擬ハロゲン化物の種類名をその酸の名称に付け加えてつくる．例外的に，慣用と無機化合物の命名法（参考文献 12）に従い，同じ原子や基がついているリン酸 phosphoric acid，硫酸 sulfuric acid，セレン酸 selenic acid，テルル酸 telluric acid に由来するハロゲン化物および擬ハロゲン化物では，種類名を酸自身の名称に付けるのではなく，アシル基名 ホスホリル phosphoryl，スルフリル sulfuryl，スルファモイル sulfamoyl，セレノニル selenonyl，テルロニル telluronyl に付けることにより命名する．名称は，ハロゲン化物と擬ハロゲン化物の優先順位に従い，P-67.1.2.1 で述べられている化合物種類の上位のものをもとにしてつくる.

ホウ素の酸とケイ酸に由来する酸ハロゲン化物，擬ハロゲン化物の PIN は，それぞれ母体水素化物名ボラン borane と シラン silane に基づいてつくる.

例：CH$_3$-N(O)Cl$_2$　　メチルアゾン酸=ジクロリド **PIN**　methylazonic dichloride **PIN**

P(O)(NCO)$_3$　　リン酸=トリイソシアナート **PIN**　phosphoryl triisocyanate **PIN**

(C$_6$H$_5$)$_2$P-Cl　　ジフェニル亜ホスフィン酸=クロリド **PIN**
diphenylphosphinous chloride **PIN**

(C$_6$H$_5$)$_2$Sb-NCO　　ジフェニル亜スチビン酸=イソシアナート **PIN**
diphenylstibinous isocyanate **PIN**

C$_6$H$_5$-PCl$_2$　　フェニル亜ホスホン酸=ジクロリド **PIN**
phenylphosphonous dichloride **PIN**

C$_6$H$_5$-PBrCl　　フェニル亜ホスホン酸=ブロミド=クロリド **PIN**
phenylphosphonous bromide chloride **PIN**
フェニル亜ホスホノブロミド酸クロリド
phenylphosphonobromidous chloride

$(C_6H_5)_2P(=N\text{-}C_6H_5)Cl$	*N,P,P*-トリフェニルホスフィンイミド酸=クロリド **PIN**	
	N,P,P-triphenylphosphinimidic chloride **PIN**	
$(CH_3\text{-}CH_2)_2P(S)Cl$	ジエチルホスフィノチオ酸=クロリド **PIN**	
	diethylphosphinothioic chloride **PIN**	
$C_6H_5\text{-}P(O)Cl_2$	フェニルホスホン酸=ジクロリド **PIN**	
	phenylphosphonic dichloride **PIN**	
$CH_3\text{-}CH_2\text{-}P(O)[N(CH_3)_2]Cl$	*P*-エチル-*N,N*-ジメチルホスホンアミド酸=クロリド **PIN**	
	P-ethyl-*N,N*-dimethylphosphonamidic chloride **PIN**	
$(CH_3)_2N\text{-}P(O)(NCO)Cl$	*N,N*-ジメチルホスホロアミドイソシアナチド酸=クロリド **PIN**	
	N,N-dimethylphosphoramidisocyanatidic chloride **PIN**	
$HP(O)(NCO)_2$	ホスホン酸=ジイソシアナート **PIN** phosphonic diisocyanate **PIN**	
$P(=NH)(NCS)_3$	ホスホロイミド酸=トリイソチオシアナート **PIN**	
	phosphorimidic triisothiocyanate **PIN**	
$(CH_3)_2PN_3$	ジメチル亜ホスフィン酸=アジド **PIN** dimethylphosphinous azide **PIN**	
$SO_2(NCO)_2$	スルホニル=ジイソシアナート **PIN** sulfonyl diisocyanate **PIN**	
$S(=N\text{-}CH_3)Cl_2$	*N*-メチル亜スルフロイミド酸=ジクロリド **PIN**	
	N-methylsulfurimidous dichloride **PIN**	
$F\text{-}SO_2\text{-}NCO$	スルフロイソシアナチド酸=フルオリド **PIN** sulfurisocyanatidic fluoride **PIN**	
$F\text{-}S(=NH)(NCO)$	亜スルフロイミドイソシアナチド酸=フルオリド **PIN**	
	sulfurimidisocyanatidous fluoride **PIN**	
$CH_3\text{-}NH\text{-}SO_2Cl$	*N*-メチルスルファモイル=クロリド **PIN** *N*-methylsulfamoyl chloride **PIN**	

P-67.1.2.5.2 ホウ素の酸およびケイ酸のハロゲン化物の PIN は，置換命名法による．

例： $C_6H_5\text{-}B(Cl)(Br)$ ブロモ(クロロ)フェニルボラン **PIN** bromo(chloro)phenylborane **PIN**
フェニルボロン酸ブロミドクロリド phenylboronic bromide chloride
フェニルボロノブロミド酸クロリド phenylboronobromidic chloride

$CH_3\text{-}SiCl_3$ トリクロロ(メチル)シラン **PIN** trichloro(methyl)silane **PIN**

$SiCl_4$ テトラクロロシラン 予備名 tetrachlorosilane 予備名

P-67.1.2.6 アミドとヒドラジド アミドとヒドラジドは，官能種類命名法により，対応する酸の名称中の酸 acid の語を アミド amide または ヒドラジド hydrazide で置き換えて命名する．硝酸と亜硝酸のアミド，ヒドラジドについては，P-67.1.2.6.3 で述べる．ホウ素の酸とケイ酸のアミド，ヒドラジドの PIN は例外である（P-67.1.2.6.2 参照）．同様に，ポリアザン類の名称となる 亜アゾール酸 azorous acid，亜アジン酸 azinous acid，亜アゾン酸 azonous acid のアミド，ヒドラジドの場合も例外である．

P-67.1.2.6.1 以下の場合は，アミドとヒドラジドの PIN は化合物種類名の amide または hydrazide を用いて表す．

（a）対応する酸のすべての −OH 基が −NH₂ または −NH-NH₂ 基により置き換えられている場合
（b）amide または hydrazide が，次の優先順位に従う主官能基である場合

Br, Cl, F, I, N₃, CN, NC, NCO, ONC, | NH₂ (amide), NHNH₂ (hydrazide) |

注記： この順序は，CAS により使用されている順序(amide がハロゲンの後で擬ハロゲンの前にくる)とまったく同一ではないが，P-41 における化合物種類の順序とは一致している．

P-67 単核および多核非炭素酸類とそれらの官能基代置類縁体　　　　661

　窒素原子上の置換基は，イタリック体 N の文字位置番号（必要に応じてプライム記号，二重プライム記号をつける）により示す．そのほか，イタリック体の文字位置番号 P, As, Sb も使う.

　ヒドラジドを示す位置番号は 1 と 2 であり，必要に応じてプライム記号と二重プライム記号をつける．

例：$[(CH_3)_2N]_3PO$　　ヘキサメチルリン酸トリアミド **PIN**　hexamethylphosphoric triamide **PIN**
　　　　　　　　　　　ヘキサメチルホスホロアミド　hexamethylphosphoramide
　　　　　　　　　　　〔リン酸トリス(ジメチルアミド) phosphoric tris(dimethylamide)ではない〕

$(CH_3)_2P(O)[N(CH_3)_2]$　　　　N,N,P,P-テトラメチルホスフィン酸アミド **PIN**
　　　　　　　　　　　　　　　　N,N,P,P-tetramethylphosphinic amide **PIN**
　　　　　　　　　　　　　　　　〔ジメチルホスフィン酸ジメチルアミド
　　　　　　　　　　　　　　　　dimethylphosphinic dimethylamide ではない〕

$C_6H_5\text{-}P(O)(NHCH_3)_2$　　　N,N'-ジメチル-P-フェニルホスホン酸ジアミド **PIN**
　　　　　　　　　　　　　　　　N,N'-dimethyl-P-phenylphosphonic diamide **PIN**
　　　　　　　　　　　　　　　　〔フェニルホスホン酸ビス(メチルアミド)
　　　　　　　　　　　　　　　　phenylphosphonic bis(methylamide)ではない〕

$C_6H_5\text{-}P(S)[N(CH_3)_2]_2$　　N,N,N',N'-テトラメチル-P-フェニルホスホノチオ酸ジアミド **PIN**
　　　　　　　　　　　　　　　　N,N,N',N'-tetramethyl-P-phenylphosphonothioic diamide **PIN**

$C_6H_5\text{-}Sb(S)[N(CH_3)_2][N(CH_2\text{-}CH_3)_2]$

　　　　　　　　　　　　　　　　N,N-ジエチル-N',N'-ジメチル-Sb-フェニルスチボノチオ酸ジアミド **PIN**
　　　　　　　　　　　　　　　　N,N-diethyl-N',N'-dimethyl-Sb-phenylstibonothioic diamide **PIN**

$(CH_3)_2N\text{-}P(O)Cl_2$　　　　N,N-ジメチルホスホロアミド酸=ジクロリド **PIN**
　　　　　　　　　　　　　　　　N,N-dimethylphosphoramidic dichloride **PIN**

$$\overset{\displaystyle S}{\underset{\displaystyle N(CH_2\text{-}CH_3)_2}{\overset{\parallel}{\underset{|}{C_6H_5\text{-}As\text{-}\overset{N'}{N(CH_3)_2}}}}}$$

　　　　　　　　　　　　　　　　N,N-ジエチル-N',N'-ジメチル-As-フェニルアルソノチオ酸ジアミド **PIN**
　　　　　　　　　　　　　　　　N,N-diethyl-N',N'-dimethyl-As-phenylarsonothioic diamide **PIN**

$\overset{1,1',1'' \quad 2,2',2''}{P(O)[N(CH_3)\text{-}NH_2]_3}$

　　　　　　　　　　　　　　　　1,1',1''-トリメチルリン酸トリヒドラジド **PIN**
　　　　　　　　　　　　　　　　1,1',1''-trimethylphosphoric trihydrazide **PIN**

$\overset{1,1',1'' \quad 2,2',2''}{P(S)[NH\text{-}N(CH_3)_2]_3}$

　　　　　　　　　　　　　　　　2,2,2',2',2'',2''-ヘキサメチルホスホロチオ酸トリヒドラジド **PIN**
　　　　　　　　　　　　　　　　2,2,2',2',2'',2''-hexamethylphosphorothioic trihydrazide **PIN**
　　　　　　　　　　　　　　　　〔ホスホロチオ酸トリス(2,2-ジメチルヒドラジド)
　　　　　　　　　　　　　　　　phosphorothioic tris(2,2-dimethylhydrazide)ではない〕

$CH_3\text{-}\overset{N}{N}H\text{-}SO\text{-}\overset{N'}{N}H_2$　　　N-メチル亜硫酸ジアミド **PIN**　　N-methylsulfurous diamide **PIN**

$(CH_3)_2\overset{N}{N}\text{-}SO_2\text{-}\overset{N'}{N}H_2$　　　N,N-ジメチル硫酸ジアミド **PIN**　　N,N-dimethylsulfuric diamide **PIN**
　　　　　　　　　　　　　　　　N,N-ジメチルスルファミド　N,N-dimethylsulfamide

$(CH_3)_2\overset{N}{N}\text{-}S(=\overset{N''}{N}CH_3)\text{-}\overset{N'}{N}(CH_3)_2$　　　ペンタメチル亜スルフロイミド酸ジアミド **PIN**
　　　　　　　　　　　　　　　　pentamethylsulfurimidous diamide **PIN**

$CH_3\text{-}NH\text{-}S(O)(=N\text{-}CH_3)\text{-}Br$　　　N,N'-ジメチルスルフロアミドイミド酸=ブロミド **PIN**
　　　　　　　　　　　　　　　　N,N'-dimethylsulfuramidimidic bromide **PIN**

$$\underset{\displaystyle O}{\overset{\displaystyle \overset{N''}{N}\text{-}C_6H_5}{(CH_3)_2\overset{N}{N}\text{-}\underset{\parallel}{\overset{\parallel}{S}}\text{-}\overset{N'}{N}(CH_3)_2}}$$

　　　　　　　　　　　　　　　　N,N,N',N'-テトラメチル-N''-フェニルスルフロイミド酸ジアミド **PIN**
　　　　　　　　　　　　　　　　N,N,N',N'-tetramethyl-N''-phenylsulfurimidic diamide **PIN**

P-67.1.2.6.2 ホウ素の酸とケイ酸のアミド，ヒドラジドの予備選択名は，予備選択母体水素化物名 ボラン borane とシラン silane に基づく置換名である．

例： $H_2B\text{-}NH_2$ ボランアミン　boranamine
（予備選択名 borane に由来する名称）
（ボリン酸アミド borinic amide ではない）

$B(NH_2)_3$ ボラントリアミン　boranetriamine
（予備選択名の borane に由来する名称）
（ホウ酸トリアミド boric triamide ではない）

$\overset{1,1',1''\ 2,2',2''}{B(NH\text{-}NH_2)_3}$ 1,1',1''-ボラントリイルトリヒドラジン　1,1',1''-boranetriyltrihydrazine
（予備選択名の borane に由来する名称）
（ホウ酸トリヒドラジド boric trihydrazide ではない）

$Si(NH_2)_4$ シランテトラアミン　silanetetramine
（予備選択名の silane に由来する名称）
（ケイ酸テトラアミド silicic tetramide ではない）

$Si(NH\text{-}NH_2)_4$ 1,1',1'',1'''-シランテトライルテトラヒドラジン　1,1',1'',1'''-silanetetrayltetrahydrazine
（予備選択名の silane に由来する名称）
（ケイ酸テトラヒドラジド silicic tetrahydrazide ではない）

P-67.1.2.6.3　硝酸と亜硝酸のアミド，ヒドラジド　　ニトロアミン nitramine は，硝酸 nitric acid のアミドである（参考文献 23 参照）．その化合物種類は，ニトロアミド nitramide（nitric amide の短縮形）$NO_2\text{-}NH_2$ であり，その誘導体の名称は置換によりつくる．ニトロソアミン nitrosamine は，亜硝酸 nitrous acid のアミド $NO\text{-}NH_2$（参考文献 23 参照）であり，その誘導体の名称は置換によりつくる．硝酸と亜硝酸は予備選択名である（P-12.2 参照）．

$$O_2N\text{-}\overset{N}{N}H\text{-}\overset{N'}{N}H_2 \qquad ON\text{-}\overset{N}{N}H\text{-}\overset{N'}{N}H_2$$
$$(\text{I}) \qquad\qquad\qquad (\text{II})$$

同様に，硝酸ヒドラジド nitric hydrazide（I）と亜硝酸ヒドラジド nitrous hydrazide（II）は，予備選択名であり，PIN をつくるための母体構造として用いる．

硝酸と亜硝酸のアミド，ヒドラジドの PIN は，本勧告では硝酸，亜硝酸のアミド，ヒドラジドとして体系的につくる．優先順位において酸より低いアミンをもとにしたニトロアミン nitro amine，ニトロソアミン nitroso amine のような名称ではない．後者の名称は，GIN としては使うことができる．

例： $ON\text{-}N(CH_2\text{-}CH_2\text{-}CH_3)_2$　　N,N-ジプロピル亜硝酸アミド **PIN**
N,N-dipropylnitrous amide **PIN**
N-ニトロソ-N-プロピルプロパン-1-アミン
N-nitroso-N-propylpropan-1-amine

$$\overset{\displaystyle CH_2\text{-}CH_3}{\overset{|}{ON\text{-}N\text{-}CH_2\text{-}CH_2\text{-}CH_2\text{-}CH_3}}$$

N-ブチル-N-エチル亜硝酸アミド **PIN**
N-butyl-N-ethylnitrous amide **PIN**
N-エチル-N-ニトロソブタン-1-アミン
N-ethyl-N-nitrosobutan-1-amine

$$\overset{\displaystyle CH_3}{\overset{|}{O_2N\text{-}N\text{-}CH_2\text{-}Cl}}$$

N-(クロロメチル)-N-メチル硝酸アミド **PIN**
N-(chloromethyl)-N-methylnitramide **PIN**
1-クロロ-N-メチル-N-ニトロメタンアミン
1-chloro-N-methyl-N-nitromethanamine

P-67　単核および多核非炭素酸類とそれらの官能基代置類縁体　　663

$\underset{\displaystyle \mid}{\text{NO}_2}$ $\text{O}_2\text{N-N-CH}_3$	N-メチル-N-ニトロ硝酸アミド **PIN** N-methyl-N-nitronitramide **PIN** N,N-ジニトロメタンアミン　N,N-dinitromethanamine
$\overset{N\quad\ N'}{\text{ON-NH-N}}\text{=CH-CH}_2\text{-CH}_2\text{-CH}_2\text{-CH}_2\text{-CH}_3$	N'-ヘキシリデン亜硝酸ヒドラジド **PIN** N'-hexylidenenitrous hydrazide **PIN**

P-67.1.3　単核非炭素オキソ酸の塩，エステルおよび無水物

本項で述べる方法は，保存名か挿入語・接頭語を用いた名称かを問わず，すべての単核オキソ酸に適用できる．

> P-67.1.3.1　単核非炭素オキソ酸の塩　　　　　P-67.1.3.3　単核非炭素オキソ酸の無水物
> P-67.1.3.2　単核非炭素オキソ酸のエステル

P-67.1.3.1　単核非炭素オキソ酸の塩　　単核非炭素オキソ酸の中性塩は，カチオン名の後に別の語としてアニオン名を記載して命名する．アニオン名は語尾 ic acid を ate に，語尾 ous acid を ite にかえてつくる．異なるカチオンはアルファベット順に書く．

例：Na$_2$(CH$_3$-PO$_2$)　　　メチル亜ホスホン酸二ナトリウム **PIN**
　　　　　　　　　　　　　disodium methylphosphonite **PIN**

　　　K[(CH$_3$)$_2$As(O)O]　ジメチルアルシン酸カリウム **PIN**
　　　　　　　　　　　　　potassium dimethylarsinate **PIN**

多塩基性単核非炭素オキソ酸の酸性塩は，中性塩と同様の方法で命名し，残る酸性水素原子は，カチオン名とアニオン名の間に 水素 hydrogen, 二水素 dihydrogen などの語を挿入し，アニオン名の前にスペースを入れて示す．

> 注記：“無機化学命名法”（参考文献 12, IR-8.4）では，hydrogen の語は，それがアニオンの
> 一部であることを示すために，スペースを入れずにアニオン名の直前に書く，としている．

例：Na$^+$ [B(OH)(OCN)(O$^-$)]　ボロシアナチド酸=水素=ナトリウム
　　　　　　　　　　　　　　　sodium hydrogen borocyanatidate

P-67.1.3.2　単核非炭素オキソ酸のエステル　　単核非炭素酸のエステルは，有機酸のエステルと同様の方法（P-65.6.3.2 参照）で命名する．アルキル基，アリール基などが複数ある場合は，アルファベット順に別々の語として書き，その後にアニオン名がくる．多塩基性酸の部分酸性エステルは，まずアルキル基，アリール基など（複数の場合は英数字順）を，次に 水素 hydrogen（必要に応じて倍数接頭語をつける）をそれぞれ別々の語として書き，最後にアニオン名を示して命名する．部分酸性エステルの塩は，有機基の名称の前にカチオン名を書いて命名し，残りの酸性基は，上で述べた hydrogen の語により示す．単核非炭素オキソ酸のカルコゲン類縁体のエステルにおける構造上の違いは，基の名称の前にイタリック体の元素記号 O, S, Se, Te を必要に応じて付けることで示す．

例：CH$_3$-CH$_2$-CH$_2$-CH$_2$-CH$_2$-O-NO　　　亜硝酸ペンチル **PIN**　pentyl nitrite **PIN**

　　　CH$_3$-S-NO$_2$　　　　　　　　　　　　　チオ硝酸 S-メチル **PIN**　S-methyl thionitrate **PIN**

　　　(C$_6$H$_5$)$_2$P-O-CH$_3$　　　　　　　　　ジフェニル亜ホスフィン酸メチル **PIN**
　　　　　　　　　　　　　　　　　　　　　methyl diphenylphosphinite **PIN**

　　　CH$_3$-P(Cl)(S-CH$_2$-CH$_3$)　　　　　　メチル亜ホスホノクロリドチオ酸エチル **PIN**
　　　　　　　　　　　　　　　　　　　　　ethyl methylphosphonochloridothioite **PIN**

　　　CH$_3$-P(NH-CH$_3$)(OCH$_3$)　　　　　　N,P-ジメチル亜ホスホノアミド酸メチル **PIN**
　　　　　　　　　　　　　　　　　　　　　methyl N,P-dimethylphosphonamidite **PIN**

P-6 個々の化合物種類に対する適用

$P(OCH_3)_3$ 亜リン酸トリメチル **PIN** trimethyl phosphite **PIN**

$P(Cl)[N(CH_3)_2](O-CH_3)$ *N*,*N*-ジメチル亜ホスホロアミドクロリド酸メチル **PIN**
methyl *N*,*N*-dimethylphosphoramidochloridite **PIN**

$P(O)(OCH_3)_3$ リン酸トリメチル **PIN** trimethyl phosphate **PIN**

$P(O)(O-C_2H_5)(O-CH_3)(O-C_6H_5)$ リン酸=エチル=メチル=フェニル **PIN**
ethyl methyl phenyl phosphate **PIN**

$P(O)(O-CH_3)(OH)_2$ リン酸=二水素=メチル **PIN** methyl dihydrogen phosphate **PIN**

$C_6H_5-HAs(S)(O-CH_3)$ フェニルアルシノチオ酸 *O*-メチル **PIN**
O-methyl phenylarsinothioate **PIN**

$CH_3-O-P(O)(OH)-O^-\ Na^+$ リン酸=水素=メチル=ナトリウム **PIN**
sodium methyl hydrogen phosphate **PIN**

$HP(O)(O-CH_3)_2$ ホスホン酸ジメチル **PIN** dimethyl phosphonate **PIN**

$(CH_3-CH_2)_2P(S)(S-CH_2-CH_3)$ ジエチルホスフィノジチオ酸エチル **PIN**
ethyl diethylphosphinodithioate **PIN**

$(CH_3)_2As(O)(S-CH_3)$ ジメチルアルシノチオ酸 *S*-メチル **PIN**
S-methyl dimethylarsinothioate **PIN**

$CH_3-P(O)(O-CH_2-CH_3)_2$ メチルホスホン酸ジエチル **PIN** diethyl methylphosphonate **PIN**

$C_6H_5-P(O)(O-CH_3)(S-CH_2-CH_3)$ フェニルホスホノチオ酸=*S*-エチル=*O*-メチル **PIN**
S-ethyl *O*-methyl phenylphosphonothioate **PIN**

$C_6H_5-P(O)(Cl)(O-CH_3)$ フェニルホスホノクロリド酸メチル **PIN**
methyl phenylphosphonochloridate **PIN**

$(CH_3)_2N-P(O)(O-CH_3)_2$ *N*,*N*-ジメチルホスホロアミド酸ジメチル **PIN**
dimethyl *N*,*N*-dimethylphosphoramidate **PIN**

$(CH_3-CH_2)_2N-P(O)(NCS)(O-CH_2-CH_3)$ *N*,*N*-ジエチルホスホロアミド(イソチオシアナチド)酸エチル **PIN**
ethyl *N*,*N*-diethylphosphoramid(isothiocyanatidate) **PIN**

$As(O)(F)(O-CH_3)_2$ アルソロフルオリド酸ジメチル **PIN** dimethyl arsorofluoridate **PIN**

$Sb(O)(F_2)(S-CH_3)$ スチボロジフルオリドチオ酸 *S*-メチル **PIN**
S-methyl stiborodifluoridothioate **PIN**

$(CH_3)_2B-O-C_6H_5$ ジメチルボリン酸フェニル **PIN** phenyl dimethylborinate **PIN**

CH_3-O-SO_2-OH 硫酸=水素=メチル **PIN** methyl hydrogen sulfate **PIN**

C_6H_5-O-F 次亜フッ素酸フェニル **PIN** phenyl hypofluorite **PIN**

CH_3-S-Cl チオ次亜塩素酸メチル **PIN** methyl thiohypochlorite **PIN**

$CH_3-CO-CH_2-CH_2-O-BrO_2$ 臭素酸 3-オキソブチル **PIN** 3-oxobutyl bromate **PIN**

$HO-CH_2-CH-CH_2-CH_3$
 |
$CH_3-O-B-CH-CH_2-CH_3$ ビス(1-ヒドロキシブタン-2-イル)ボリン酸メチル **PIN**
 | methyl bis(1-hydroxybutan-2-yl)borinate **PIN**
CH_2-OH

$Si(S-CH_3)_3(O-CH_2-CH_3)$ トリチオケイ酸=*O*-エチル=*S*,*S*,*S*-トリメチル **PIN**
O-ethyl *S*,*S*,*S*-trimethyl trithiosilicate **PIN**

P-67 単核および多核非炭素酸類とそれらの官能基代置類縁体 665

$$H_3C-O-\overset{\overset{\displaystyle O}{\|}}{\underset{\underset{\displaystyle S-CH_2-CH_3}{}}{P}}-CH_2-CH_2-\overset{\overset{\displaystyle O}{\|}}{\underset{\underset{\displaystyle S-CH_2-CH_3}{}}{P}}-O-CH_3$$

P,*P*′-(エタン-1,2-ジイル)ビス(ホスホノチオ酸)=*S*,*S*′-ジエチル=*O*,*O*′-ジメチル **PIN**
S,*S*′-diethyl *O*,*O*′-dimethyl *P*,*P*′-(ethane-1,2-diyl)bis(phosphonothioate) **PIN**

P-67.1.3.3　単核非炭素オキソ酸の無水物　　接尾語により命名される酸と P-67.1.1 で述べた単核非炭素オキソ酸からできる中性の無水物 anhydride は，接尾語により命名するカルボン酸，硫黄酸に由来する無水物と同様の方法(P-65.7 参照)で命名する．酸の名称はアルファベット順に書き，無水物結合の数を示す数詞(モノ mono は使わない)と化合物種類名 anhydride をその後に示す．この方法による名称が PIN となる．アート ate の語尾で修飾されたリン，ヒ素，アンチモンの単核オキソ酸をアシル基により置換する形でつくる名称は，GIN として使用できる．ハロゲンのオキソ酸類は，接尾語により表現されるカルボン酸，硫黄酸と無水物をつくる．
　　酸性の無水物は，P-67.3.1 で述べるように優先順位の高い酸を母体として命名するか，体系的な置換命名法を用いて命名する．

例：　(CH₃)₂B-O-CO-CH₃　　　　　　酢酸=ジメチルボリン酸=無水物 **PIN**　acetic dimethylborinic anhydride **PIN**

　　　CH₃-CO-O-As(O)(CH₃)₂　　　　酢酸=ジメチルアルシン酸=無水物 **PIN**　acetic dimethylarsinic anhydride **PIN**
　　　　　　　　　　　　　　　　　　ジメチルアルシン酸アセチル　acetyl dimethylarsinate

　　　B(O-CO-CH₃)₃　　　　　　　　酢酸=ホウ酸=三無水物 **PIN**　acetic boric trianhydride **PIN**

　　　[(CH₃)₂CH]₂Sb-S-C(S)-N(CH₂-CH₃)₂
　　　　　　　　　　　　　　　　　　ジエチルカルバモチオ酸=ジ(プロパン-2-イル)亜スチビン酸=チオ無水物 **PIN**
　　　　　　　　　　　　　　　　　　diethylcarbamothioic di(propan-2-yl)stibinous thioanhydride **PIN**

　　　C₆H₅-CO-O-I　　　　　　　　　安息香酸=次亜ヨウ素酸=無水物 **PIN**　benzoic hypoiodous anhydride **PIN**

　　　(CH₃)₂B-O-O-B(CH₃)₂　　　　　ジメチルボリン酸ペルオキシ無水物 **PIN**　dimethylborinic peroxyanhydride **PIN**

　　　B(OCN)₃　　　　　　　　　　　ホウ酸=シアン酸=三無水物 **PIN**　boric cyanic trianhydride **PIN**

　　　CH₃-HP(O)(OCN)　　　　　　　シアン酸=メチルホスフィン酸=無水物 **PIN**
　　　　　　　　　　　　　　　　　　cyanic methylphosphinic anhydride **PIN**

P-67.1.4　単核非炭素オキソ酸に由来する置換基接頭語

P-67.1.4.1　単核の窒素，リン，ヒ素，アンチモンの酸に由来する置換基	P-67.1.4.3　硝酸および亜硝酸に由来する置換基
	P-67.1.4.4　カルコゲン酸に由来する置換基
P-67.1.4.2　ホウ素の酸およびケイ酸に由来する置換基	P-67.1.4.5　ハロゲン酸に由来する置換基

P-67.1.4.1　単核の窒素，リン，ヒ素，アンチモンの酸に由来する置換基

P-67.1.4.1.1　予備選択接頭語	P-67.1.4.1.3　複合置換基および重複合置換基
P-67.1.4.1.2　GIN のための置換基	

P-67.1.4.1.1　予備選択接頭語　　単核非炭素オキソ酸に由来する置換基接頭語は，単純アシル基，複合アシル基に対応する保存名と体系名をもっている．予備選択接頭語は，決まるまで次の優先順位を順にあてはめてつくる．

P-67.1.4.1.1.1　単核非炭素オキソ酸に由来する置換基の保存名　　一価の酸基を表すいくつかの名称が保存されている．これらの名称は，置換されていない場合，あるいはカルコゲン類縁体では官能基代置により導入されたカルコゲン原子の位置が不明か位置を特定する必要がない場合，予備選択名である．カルコゲン原子は接頭語で表現する．

酸	誘導された予備選択接頭語	
$-N(O)(OH)_2$	アゾノ 予備接頭	azono 予備接頭
$-P(O)(OH)_2$	ホスホノ 予備接頭	phosphono 予備接頭
$-As(O)(OH)_2$	アルソノ 予備接頭	arsono 予備接頭
$-Sb(O)(OH)_2$	スチボノ 予備接頭	stibono 予備接頭
$-P(O)(OH)(SH)$ または $-P(S)(OH)_2$	チオホスホノ 予備接頭 thiophosphono 予備接頭	
$-P(S)(SH)_2$	トリチオホスホノ 予備接頭	trithiophosphono 予備接頭

P-67.1.4.1.1.2　単核非炭素オキソ酸由来の置換基をつくるために用いる基礎的なアシル基　　アシル接頭語の基は，$E(=O)(OH)_3$，$R\text{-}E(=O)(OH)_2$，$R,R'E(=O)OH$（R，R' は水素か有機基）の構造をもつ単核非炭素オキソ酸から，すべての $-OH$ 基を除去してつくる．酸（官能基代置で修飾してある場合もしてない場合も）あるいはそのカルコゲン類縁体の名称からすべてのヒドロキシ基を除去して誘導したアシル基の名称は，酸の名称中の語尾 ic acid を oyl にかえてつくる．ただし，$-N(O)<$ のニトロリル nitroryl，$-P(O)<$ のホスホリル phosphoryl，$-As(O)<$ のアルソリル arsoryl，$-Sb(O)<$ のスチボリル stiboryl は，例外である．この方法でつくる接頭語は，予備選択接頭語となる．たとえば，ホスホリル phosphoryl 基 $-P(O)<$ は，リン酸 phosphoric acid $P(O)(OH)_3$，ホスホロチオ S-酸 phosphorothioic S-acid $P(O)(OH)_2(SH)$，ホスホロジチオ S,S-酸 phosphorodithioic S,S-acid $P(O)(SH)_2(OH)$，ホスホロトリチオ S,S,S-酸 phosphorotrithioic S,S,S-acid $P(O)(SH)_3$ のいずれからも誘導される．

　仮想的な ニトロル酸 nitroric acid $N(O)(OH)_3$ から誘導されたアシル基 $-N(O)<$ の接頭語 ニトロリル nitroryl（アゾリル azoryl ではない）は，1993 年から推奨されている（参考文献 2，R-3.3 参照）．

例:	酸		誘導された予備選択接頭語	
$N(O)(OH)_3$	ニトロル酸 予備名 nitroric acid 予備名　（仮想的）		$-N(O)<$	ニトロリル 予備接頭 nitroryl 予備接頭
$P(O)(OH)_3$	リン酸 予備名 phosphoric acid 予備名		$-P(O)<$	ホスホリル 予備接頭 phosphoryl 予備接頭
$As(O)(OH)_3$	アルソル酸 予備名 arsoric acid 予備名　（ヒ酸 arsenic acid ではない）		$-As(O)<$	アルソリル 予備接頭 arsoryl 予備接頭　（アルセニル arsenyl ではない）
$Sb(O)(OH)_3$	スチボル酸 予備名 stiboric acid 予備名　（アンチモン酸 antimonic acid ではない）		$-Sb(O)<$	スチボリル 予備接頭 stiboryl 予備接頭　（アンチモニル antimonyl ではない）
$NH(O)(OH)_2$	アゾン酸 予備名 azonic acid 予備名		$NH(O)<$	アゾノイル 予備接頭 azonoyl 予備接頭
$NH_2(O)(OH)$	アジン酸 予備名 azinic acid 予備名		$NH_2(O)-$	アジノイル 予備接頭 azinoyl 予備接頭
$PH(O)(OH)_2$	ホスホン酸 予備名 phosphonic acid 予備名		$PH(O)<$	ホスホノイル 予備接頭 phosphonoyl 予備接頭

P-67　単核および多核非炭素酸類とそれらの官能基代置類縁体　　　667

$PH_2(O)(OH)$　ホスフィン酸 予備名 phosphinic acid 予備名	$PH_2(O)-$　ホスフィノイル 予備接頭 phosphinoyl 予備接頭 （ホスフィニル phosphinyl ではない）
$AsH(O)(OH)_2$　アルソン酸 予備名 arsonic acid 予備名	$AsH(O)<$　アルソノイル 予備接頭 arsonoyl 予備接頭
$AsH_2(O)OH$　アルシン酸 予備名 arsinic acid 予備名	$AsH_2(O)-$　アルシノイル 予備接頭 arsinoyl 予備接頭 （アルシニル arsinyl ではない）
$SbH(O)(OH)_2$　スチボン酸 予備名 stibonic acid 予備名	$SbH(O)<$　スチボノイル 予備接頭 stibonoyl 予備接頭
$SbH_2(O)OH$　スチビン酸 予備名 stibinic acid 予備名	$SbH_2(O)-$　スチビノイル 予備接頭 stibinoyl 予備接頭

P-67.1.4.1.1.3　単核非炭素オキソ酸に由来する置換された基礎的アシル基の名称　　置換された基礎的アシル基の名称は，P-67.1.4.1.1.2 で述べた方法によりつくった酸の名称から直接つくる．酸の PIN に由来する名称が，アシル基の優先接頭語となる．P-67.1.4.1.2 で述べる連結法によるアシル基への水素原子の付加は認められない．

例：　　　　酸	誘導された優先接頭語
$CH_3-P(O)(OH)_2$ メチルホスホン酸 PIN methylphosphonic acid PIN	$CH_3-P(O)<$ メチルホスホノイル 優先接頭 methylphosphonoyl 優先接頭
$CH_3-CH_2-SbH(O)OH$ エチルスチビン酸 PIN ethylstibinic acid PIN	$CH_3-CH_2-SbH(O)-$ エチルスチビノイル 優先接頭 ethylstibinoyl 優先接頭
$C_6H_5-As(CH_3)(O)OH$ メチル（フェニル）アルシン酸 PIN methyl(phenyl)arsinic acid PIN	$C_6H_5-As(CH_3)(O)-$ メチル（フェニル）アルシノイル 優先接頭 methyl(phenyl)arsinoyl 優先接頭

P-67.1.4.1.1.4　官能基代置命名法により修飾された単核非炭素オキソ酸に由来するアシル基の名称　　優先接頭語は，官能基代置命名法の挿入語と接頭語で修飾する P-65.2.1.5 に示した炭酸由来のアシル基と同じ方法でつくる．表 1·6 と P-67.1.2.3 に記載されているすべての挿入語と接頭語を使ってよい．B, N, P, As, Sb の単核非炭素オキソ酸へ適用するには，まず酸で官能基代置を行い，つぎに残りのすべての OH 基を取去る．予備選択名では，官能基代置を示すために挿入語を用いる．官能基代置を行うのに接頭語を用いる名称は，GIN としては使用してもよい．

例：　　　　酸	誘導された予備選択または優先接頭語
$P(S)(OH)_3$ ホスホロチオ *O,O,O*-酸 予備名 phosphorothioic *O,O,O*-acid 予備名 *O,O,O*-チオリン酸 thiophosphoric *O,O,O*-acid	$>P(S)-$ ホスホロチオイル 予備接頭 phosphorothioyl 予備接頭 チオホスホリル　thiophosphoryl
$As(=NH)(OH)_3$ アルソロイミド酸 予備名 arsorimidic acid 予備名 イミドアルソロ酸　imidoarsoric acid	$>As(=NH)-$ アルソロイミドイル 予備接頭 arsorimidoyl 予備接頭 イミドアルソリル　imidoarsoryl

Sb(=NNH$_2$)(OH)$_3$

スチボロヒドラゾン酸 予備名

stiborohydrazonic acid 予備名

ヒドラゾノスチボール酸

hydrazonostiboric acid

>Sb(=NNH$_2$)–

スチボロヒドラゾノイル 予備接頭

stiborohydrazonoyl 予備接頭

ヒドラゾノスチボリル

hydrazonostiboryl

NH(S)(OH)$_2$

アゾノチオ酸 予備名

azonothioic acid 予備名

チオアゾン酸　thioazonic acid

>NH(S)

アゾノチオイル 予備接頭

azonothioyl 予備接頭

チオアゾノイル　thioazonoyl

PH$_2$(=NH)(OH)

ホスフィンイミド酸 予備名

phosphinimidic acid 予備名

イミドホスフィン酸

imidophosphinic acid

–PH$_2$(=NH)

ホスフィンイミドイル 予備接頭

phosphinimidoyl 予備接頭

イミドホスフィノイル

imidophosphinoyl

(CH$_3$)$_2$P(Se)(OH)

ジメチルホスフィノセレン酸 PIN

dimethylphosphinoselenoic acid PIN

ジメチル(セレノホスフィン酸)

dimethyl(selenophosphinic acid)

(CH$_3$)$_2$P(Se)–

ジメチルホスフィノセレノイル 優先接頭

dimethylphosphinoselenoyl 優先接頭

ジメチル(セレノホスフィノイル)

dimethyl(selenophosphinoyl)

C$_6$H$_5$-P(O)Cl(OH)

フェニルホスホノクロリド酸 PIN

phenylphosphonochloridic acid PIN

フェニル(クロロホスホン酸)

phenyl(chlorophosphonic acid)

C$_6$H$_5$-P(O)(Cl)–

フェニルホスホノクロリドイル 優先接頭

phenylphosphonochloridoyl 優先接頭

フェニル(クロロホスホノイル)

phenyl(chlorophosphonoyl)

P(≡N)(OH)$_2$

ホスホロニトリド酸 予備名

phosphoronitridic acid 予備名

ニトリドリン酸

nitridophosphoric acid

>P(≡N)

ホスホロニトリドイル 予備接頭

phosphoronitridoyl 予備接頭

ニトリドホスホリル

nitridophosphoryl

P(=NH)(NHNH$_2$)(OH)$_2$

ホスホロヒドラジドイミド酸 予備名

phosphorohydrazidimidic acid 予備名

ヒドラジドイミドリン酸

hydrazidimidophosphoric acid

>P(=NH)(NHNH$_2$)

ホスホロヒドラジドイミドイル 予備接頭

phosphorohydrazidimidoyl 予備接頭

ヒドラジドイミドホスホリル

hydrazidimidophosphoryl

P(O)Cl$_2$(OH)

ホスホロジクロリド酸 予備名

phosphorodichloridic acid 予備名

ジクロロリン酸

dichlorophosphoric acid

P(O)(Cl)$_2$–

ホスホロジクロリドイル 予備接頭

phosphorodichloridoyl 予備接頭

ジクロロホスホリル

dichlorophosphoryl

(CH$_3$)$_2$N-P(O)(OH)$_2$

N,N-ジメチルホスホロアミド酸 PIN

N,N-dimethylphosphoramidic acid PIN

(ジメチルアミド)リン酸

(dimethylamido)phosphoric acid

(CH$_3$)$_2$N-P(O)<

N,N-ジメチルホスホロアミドイル 優先接頭

N,N-dimethylphosphoramidoyl 優先接頭

(ジメチルアミド)ホスホリル

(dimethylamido)phosphoryl

P(O)(OH)$_2$(OOH)

ホスホロペルオキソ酸 予備名

phosphoroperoxoic acid 予備名

ペルオキシリン酸

peroxyphosphoric acid

>P(O)(OOH)

ホスホロペルオキソイル 予備接頭

phosphoroperoxoyl 予備接頭

(ヒドロペルオキシ)ホスホリル

(hydroperoxy)phosphoryl

P-67　単核および多核非炭素酸類とそれらの官能基置換類縁体　　　669

P(O)(OH)$_2$(OSH)	>P(O)(OSH)
または	または
P(O)(OH)$_2$(SOH)	>P(O)(SOH)

ホスホロ(チオペルオキソ)酸 予備名
phosphoro(thioperoxoic) acid 予備名
(チオペルオキシ)リン酸
(thioperoxy)phosphoric acid

ホスホロ(チオペルオキソイル) 予備接頭
phosphoro(thioperoxoyl) 予備接頭
(チオヒドロペルオキシ)ホスホリル
(thiohydroperoxy)phosphoryl

P-67.1.4.1.1.5　ヒドロキシ基，そのカルコゲン類縁体およびペルオキシ類縁体により置換されたアシル基の優先接頭語，予備選択接頭語の名称　　置換基中の基やそのカルコゲン類縁体，官能基代置命名法において挿入語として扱われない −OR，−SR などのような基を基名に入れる方法としては連結法を推奨する．アシル基のみを用い，付加操作である連結法を守ることが重要である．P-67.1.4.1.1.2 で述べた基本的なアシル基，P-67.1.4.1.1.3 で述べた置換された基本的アシル基，P-67.1.4.1.1.4 で述べた官能基代置によって修飾されたアシル基を使うことができる．P-67.1.4.1.1.2 で述べた基本的アシル基の中心原子に結合している水素原子(置換可能な水素)を置換して命名する方法は，PIN としては認めない．

この方法は，上述の P-67.1.4.1.1.1 の接頭語をつくるためには推奨しない．

例：−NH(O)(OH)　　ヒドロキシアゾノイル 予備接頭　　hydroxyazonoyl 予備接頭

−P(Se)(OCH$_3$)$_2$　　ジメトキシホスホロセレノイル 優先接頭
dimethoxyphosphoroselenoyl 優先接頭
ジメトキシ(セレノホスホリル)
dimethoxy(selenophosphoryl)

−P(O)(OH)(SH)　　ヒドロキシ(スルファニル)ホスホリル 予備接頭
hydroxy(sulfanyl)phosphoryl 予備接頭

−P(O)(SH)$_2$　　ビス(スルファニル)ホスホリル 予備接頭
bis(sulfanyl)phosphoryl 予備接頭

−PH(O)(SeH)　　セラニルホスホノイル 予備接頭
selanylphosphonoyl 予備接頭

−PH(S)(SH)　　スルファニルホスホノチオイル 予備接頭
sulfanylphosphonothioyl 予備接頭
スルファニル(チオホスホノイル)
sulfanyl(thiophosphonoyl)

>P(O)(OSH)　　(スルファニルオキシ)ホスホリル 予備接頭
(sulfanyloxy)phosphoryl 予備接頭
(*SO*-チオヒドロペルオキシ)ホスホリル
(*SO*-thiohydroperoxy)phosphoryl

>P(S)(SOH)　　(ヒドロキシスルファニル)ホスホロチオイル 予備接頭
(hydroxysulfanyl)phosphorothioyl 予備接頭
(*OS*-チオヒドロペルオキシ)ホスホロチオイル
(*OS*-thiohydroperoxy)phosphorothioyl

CH$_3$-P(O)(OH)−　　ヒドロキシ(メチルホスホノイル) 優先接頭
hydroxy(methylphosphonoyl) 優先接頭

HOOC—⟨1　4⟩—P(O)(OH)—⟨4　1⟩—COOH
4,4′-(ヒドロキシホスホリル)二安息香酸 PIN
4,4′-(hydroxyphosphoryl)dibenzoic acid PIN

P-67.1.4.1.1.6　単核非炭素オキソ酸に由来する基の置換名　　アシル基名が P-67.1.4.1.1.1 から P-67.1.4.1.1.5 のいずれの方法でも，また対応するヒ素の酸とアンチモンの酸からもつくれない置換基名称は，母

体水素化物 BH_3, PH_3, AsH_3, SbH_3, PH_5, AsH_5, SbH_5 に基づく置換命名法を用いてつくる．これは，たとえば基準(b)および(d)の酸(表 4·1 参照)に由来する置換基で見られるジイル diyl やイリデン ylidene のような異なる形の遊離原子価を示すためにも使う．

例：−P(OH)₂   ジヒドロキシホスファニル 予備接頭   dihydroxyphosphanyl 予備接頭

−AsH(OH)   ヒドロキシアルサニル 予備接頭   hydroxyarsanyl 予備接頭

−AsHCl   クロロアルサニル 予備接頭   chloroarsanyl 予備接頭

−P(NH₂)₂   ジアミノホスファニル 予備接頭   diaminophosphanyl 予備接頭

>Sb(OH)   ヒドロキシスチバンジイル 予備接頭   hydroxystibanediyl 予備接頭

=P(OH)   ヒドロキシホスファニリデン 予備接頭   hydroxyphosphanylidene 予備接頭

=B(O-CH₃)   メトキシボラニリデン 優先接頭   methoxyboranylidene 優先接頭

−P(O-CH₃)₂   ジメトキシホスファニル 優先接頭   dimethoxyphosphanyl 優先接頭

=P(O)(OH)   ヒドロキシ(オキソ)-λ^5-ホスファニリデン 予備接頭
              hydroxy(oxo)-λ^5-phosphanylidene 予備接頭

=As(O)(OCH₃)   メトキシ(オキソ)-λ^5-アルサニリデン 優先接頭   methoxy(oxo)-λ^5-arsanylidene 優先接頭

=N(O)OH   ヒドロキシ(オキソ)-λ^5-アザニリデン 予備接頭   hydroxy(oxo)-λ^5-azanylidene 予備接頭
              aci-ニトロ   *aci*-nitro

例：

HO-N(O)=（シクロヘキサン環，4位と1位）=COOH

4-[ヒドロキシ(オキソ)-λ^5-アザニリデン]シクロヘキサン-1-カルボン酸 **PIN**
4-[hydroxy(oxo)-λ^5-azanylidene]cyclohexane-1-carboxylic acid **PIN**
4-*aci*-ニトロシクロヘキサン-1-カルボン酸
4-*aci*-nitrocyclohexane-1-carboxylic acid

−P=O   オキソホスファニル 予備接頭   oxophosphanyl 予備接頭

−P(O)₂   ジオキソ-λ^5-ホスファニル 予備接頭   dioxo-λ^5-phosphanyl 予備接頭

−Sb=O   オキソスチバニル 予備接頭   oxostibanyl 予備接頭

P-67.1.4.1.2 GIN のための置換基   接頭語ヒドロ hydro は，GIN 作成の場合にのみ，連結法により付加してもよい．

例：>PH(O)   ヒドロホスホリル   hydrophosphoryl
          ホスホノイル 予備接頭   phosphonoyl 予備接頭

     >PH(S)   ヒドロ(チオホスホリル)   hydro(thiophosphoryl)
          ホスホノチオイル 予備接頭   phosphonothioyl 予備接頭

P-67.1.4.1.3 複合置換基および重複合置換基   B, N, P, As, Sb を含む基が，酸素，その他のカルコゲン原子，窒素原子を介して，その基より高い優位順位をもつ別の基を主基として含む化合物に結合している場合には，それらの B, N, P, As, Sb を含む基は，上述の接頭語を用い，構成要素が化合物で現れる順に並べてつくった複合接頭語あるいは重複合接頭語により命名する．

例：$(HO)_2P(O)$-O-CH_2-COOH   (ホスホノオキシ)酢酸 **PIN**   (phosphonooxy)acetic acid **PIN**

$(CH_3O)_2P(O)$-S-CH_2-CH_2-COOH   3-[(ジメトキシホスホリル)スルファニル]プロパン酸 **PIN**
                                    3-[(dimethoxyphosphoryl)sulfanyl]propanoic acid **PIN**

P-67　単核および多核非炭素酸類とそれらの官能基代置類縁体　　671

(HO)(HS)P(S)-NH-CH₂-CH₂-COOH
3-{[ヒドロキシ(スルファニル)ホスホロチオイル]アミノ}プロパン酸 **PIN**
3-{[hydroxy(sulfanyl)phosphorothioyl]amino}propanoic acid **PIN**

P-67.1.4.2　ホウ素の酸およびケイ酸に由来する置換基　　ホウ素とケイ素の単核酸およびそれらの類縁体に由来する置換基は，母体水素化物名の ボラン borane および シラン silane を置換してつくる．−B(OH)₂ の名称ボロノ borono は保存されており，予備選択名である．

　ボリル boryl の名称が置換基 H₂B− に用いられてきたが，本勧告では ボラニル boranyl と命名し，予備選択名である．したがって，ホウ酸 boric acid から三つすべての −OH 基を除去して生じる接頭語名にボリルを用いるべきではない．

例：　−B(OH)₂　　　ボロノ 予備接頭　borono 予備接頭

　　　−BH₂　　　　　ボラニル 予備接頭　boranyl 予備接頭
　　　　　　　　　　　（ボリル boryl ではない）

　　　>BH　　　　　　ボランジイル 予備接頭　boranediyl 予備接頭
　　　　　　　　　　　（ボロノイル boronoyl ではない）

　　　−B<　　　　　　ボラントリイル 予備接頭　boranetriyl 予備接頭
　　　　　　　　　　　（ボリル boryl ではない）

　　　=BH　　　　　　ボラニリデン 予備接頭　boranylidene 予備接頭
　　　　　　　　　　　（ボロノイル boronoyl ではない）

　　　≡B　　　　　　　ボラニリジン 予備接頭　boranylidyne 予備接頭
　　　　　　　　　　　（ボリル boryl ではない）

　　　−B(NH₂)₂　　　ジアミノボラニル 予備接頭　diaminoboranyl 予備接頭
　　　　　　　　　　　（ボロジアミドイル borodiamidoyl ではない）

　　　−BH(O-CH₃)　　メトキシボラニル 優先接頭　methoxyboranyl 優先接頭
　　　　　　　　　　　（ヒドロメトキシボリル hydromethoxyboryl ではない）

　　　−Si(OH)₃　　　トリヒドロキシシリル 予備接頭　trihydroxysilyl 予備接頭

　　　−Si(OH)₂(SH)　ジヒドロキシ(スルファニル)シリル 予備接頭
　　　　　　　　　　　dihydroxy(sulfanyl)silyl 予備接頭

　　　−SiCl₂(NH₂)　　アミノジクロロシリル 予備接頭　aminodichlorosilyl 予備接頭

　　　−Si(O-CH₃)₃　　トリメトキシシリル 優先接頭　trimethoxysilyl 優先接頭

P-67.1.4.3　硝酸および亜硝酸に由来する置換基　　元素 C, P, As, Sb, Bi, Si, Ge, Sn, Pb, B, Al, Ga, In, Tl に結合した場合のアシル基としての −NO₂ ニトロ nitro および −NO ニトロソ nitroso は，P-61.5 で説明している．本項では，硝酸および亜硝酸のエステル，アミド，ヒドラジドに関連する置換基の命名の規則を述べる．

P-67.1.4.3.1　硝酸および亜硝酸のエステルに由来する置換基　　硝酸および亜硝酸のエステルは P-67.1.3.2 に述べてある．これらの化合物に由来する置換基は，アシル基である −NO₂ の ニトロ nitro および −NO の ニトロソ nitroso を接頭語の オキシ oxy につなげるか，あるいはこれらのアシル基を スルファニル sulfanyl，セラニル selanyl，テラニル tellanyl のような置換基に置換することにより命名する．

例：　−O-NO₂　　ニトロオキシ 予備接頭　nitrooxy 予備接頭

　　　−O-NO　　　ニトロソオキシ 予備接頭　nitrosooxy 予備接頭

–S-NO$_2$	ニトロスルファニル 予備接頭	nitrosulfanyl 予備接頭
–Se-NO	ニトロソセラニル 予備接頭	nitrososelanyl 予備接頭

P-67.1.4.3.2 硝酸および亜硝酸のアミドに由来する置換基　　硝酸のアミドである O$_2$N-NH$_2$ はニトロアミド nitramide と命名し，このアミドが 1 個の水素原子を失って生じる置換基は，アミドの命名の一般規則（P-66.1.1.4.3 参照）を適用し，アミド名の最後の文字 e を o にかえることにより，ニトロアミド nitramido とよぶ．その他の誘導体および亜硝酸アミド ON-NH$_2$ に由来する誘導体は，アシル基の nitro および nitroso を該当する置換基 amino，imino，azanetriyl に置換することによりつくる．–NO および –NO$_2$ 基に別の窒素原子がついても鎖の延長は起こらないことに注意しなければならない．

例：
–NH-NO	ニトロソアミノ 予備接頭	nitrosoamino 予備接頭
=N-NO$_2$	ニトロイミノ 予備接頭	nitroimino 予備接頭
>N-NO$_2$	ニトロアザンジイル 予備接頭	nitroazanediyl 予備接頭
–NH-NO$_2$	ニトロアミド 予備接頭	nitramido 予備接頭
–N=S	スルファニリデンアミノ 予備接頭	sulfanylideneamino 予備接頭
	チオキソアミノ　thioxoamino	
	チオニトロソ　thionitroso	
–O$_2$S-N=S	（スルファニリデンアミノ）スルホニル 予備接頭	（sulfanylideneamino)sulfonyl 予備接頭
	（チオキソアミノ）スルホニル　(thioxoamino)sulfonyl	
	（チオニトロソ）スルホニル　(thionitroso)sulfonyl	

P-67.1.4.3.3 硝酸および亜硝酸のヒドラジドに由来する置換基　　硝酸ヒドラジド nitric hydrazide O$_2$N-NH-NH$_2$ および亜硝酸ヒドラジド nitrous hydrazide ON-NH-NH$_2$ に由来する置換基は，アシル基の nitro または nitroso を該当する置換基 ヒドラジン-1-イル hydrazin-1-yl，ヒドラジン-1-イリデン hydrazin-1-ylidene などに置換することにより命名する．

例：
O$_2$N-NH-NH– (^{2} ^{1})	2-ニトロヒドラジン-1-イル 予備接頭	2-nitrohydrazin-1-yl 予備接頭
ON-NH-N= (^{2} ^{1})	ニトロソヒドラジニリデン 予備接頭	nitrosohydrazinylidene 予備接頭
H$_2$N-N(NO$_2$)– (^{2} ^{1})	1-ニトロヒドラジン-1-イル 予備接頭	1-nitrohydrazin-1-yl 予備接頭

P-67.1.4.4　カルコゲン酸に由来する置換基

P-67.1.4.4.1 アシル基　　置換基として用いるカルコゲン酸に由来するアシル基の名称は，二つの方法でつくる．

(1) P-65.3.2.3 で述べた方法，すなわち，–S–，–Se–，–Te–，=NH，=NNH$_2$ を示す挿入語による官能基代置とその他の原子，基についての連結法を用いる方法

(2) 炭酸の誘導体からアシル基を導くために P-65.2.1.5 で述べ，P-67.1.4.1.1.4 でリン酸 phosphoric acid，ホスホン酸 phosphonic acid，ホスフィン酸 phosphinic acid，それらのヒ素，アンチモン同族体に由来するアシル基に適用している一般的な方法を硫酸とその官能基代置類縁体に適用する方法

方法(1)による名称が予備選択接頭語となる．

例：
–SO$_2$–	スルホニル 予備接頭	sulfonyl 予備接頭
	スルフリル　sulfuryl	

P-67 単核および多核非炭素酸類とそれらの官能基代置類縁体　　　　673

–S(O)(S)–	スルホノチオイル 予備接頭　sulfonothioyl 予備接頭 スルフロチオイル　sulfurothioyl	
–S(S)$_2$–	スルホノジチオイル 予備接頭　sulfonodithioyl 予備接頭 スルフロジチオイル　sulfurodithioyl	
–S(O)(=NH)–	スルホンイミドイル 予備接頭　sulfonimidoyl 予備接頭 スルフロイミドイル　sulfurimidoyl	
–S(=NH)$_2$–	スルホノジイミドイル 予備接頭　sulfonodiimidoyl 予備接頭 スルフロジイミドイル　sulfurodiimidoyl	
–S(O)(=NNH$_2$)–	スルホノヒドラゾノイル 予備接頭　sulfonohydrazonoyl 予備接頭 スルフロヒドラゾノイル　sulfurohydrazonoyl	
–S(=NNH$_2$)$_2$–	スルホノジヒドラゾノイル 予備接頭　sulfonodihydrazonoyl 予備接頭 スルフロジヒドラゾノイル　sulfurodihydrazonoyl	
–SO$_2$-Cl	クロロスルホニル 予備接頭　chlorosulfonyl 予備接頭 スルフロクロリドイル　sulfurochloridoyl	
–SO$_2$-CN	シアノスルホニル 優先接頭　cyanosulfonyl 優先接頭 スルフロシアニドイル　sulfurocyanidoyl	
–SO$_2$-NCS	イソチオシアナトスルホニル 優先接頭　isothiocyanatosulfonyl 優先接頭 スルフロイソチオシアナチドイル　sulfurisothiocyanatidoyl	
–S(O)(S)-NCS	イソチオシアナトスルホノチオイル 優先接頭　isothiocyanatosulfonothioyl 優先接頭 スルフロ(イソチオシアナチド)チオイル　sulfur(isothiocyanatido)thioyl	
–SO$_2$-O-CH$_3$	メトキシスルホニル 優先接頭　methoxysulfonyl 優先接頭 メトキシスルフリル　methoxysulfuryl	
–S(=O)-Cl	クロロスルフィニル 予備接頭　chlorosulfinyl 予備接頭	

　方法(2)は不明確な名称が生じることがあるため，亜硫酸 sulfurous acid，セレン酸 selenic acid，亜セレン酸 selenous acid，テルル酸 telluric acid，亜テルル酸 tellurous acid には適用できない．

　P-67.1.4.4.2　硫黄含有基が，主基としてそれより高い優先順位をもつ別の置換基を含む化合物に酸素(カルコゲン)，窒素により結合している場合，その名称は，連結(P-65.3.2.2.2, P-67.1.4.4.1 参照)または置換(P-35.4 参照)の方法による接頭語を用いてつくる．

例：

HO-SO$_2$-O-$\overset{3}{C}$H$_2$-$\overset{2}{C}$H$_2$-$\overset{1}{C}$OOH　　　　3-(スルホオキシ)プロパン酸 PIN　3-(sulfooxy)propanoic acid PIN

CH$_3$O-SO-O-$\overset{3}{C}$H$_2$-$\overset{2}{C}$H$_2$-$\overset{1}{C}$OOH　　　3-[(メトキシスルフィニル)オキシ]プロパン酸 PIN
　　　　　　　　　　　　　　　　3-[(methoxysulfinyl)oxy]propanoic acid PIN

Cl-SO$_2$-O-$\overset{3}{C}$H$_2$-$\overset{2}{C}$H$_2$-$\overset{1}{C}$OOH　　　3-[(クロロスルホニル)オキシ]プロパン酸 PIN
　　　　　　　　　　　　　　　　3-[(chlorosulfonyl)oxy]propanoic acid PIN
　　　　　　　　　　　　　　　　3-(スルフロクロリドイルオキシ)プロパン酸
　　　　　　　　　　　　　　　　3-(sulfurochloridoyloxy)propanoic acid

H$_2$N-SO$_2$-O-$\overset{3}{C}$H$_2$-$\overset{2}{C}$H$_2$-$\overset{1}{C}$OOH　　3-(スルファモイルオキシ)プロパン酸 PIN
　　　　　　　　　　　　　　　　3-(sulfamoyloxy)propanoic acid PIN
　　　　　　　　　　　　　　　　3-(スルフロアミドイルオキシ)プロパン酸
　　　　　　　　　　　　　　　　3-(sulfuramidoyloxy)propanoic acid
　　　　　　　　　　　　　　　　　〔3-(スルホンアミドイルオキシ)プロパン酸
　　　　　　　　　　　　　　　　　3-(sulfonamidoyloxy)propanoic acid ではない．
　　　　　　　　　　　　　　　　　スルホンアミド酸 sulfonamidic acid は認められた名称ではない〕

674 P-6 個々の化合物種類に対する適用

$$H_2N-SO-O-\overset{3}{C}H_2-\overset{2}{C}H_2-\overset{1}{C}OOH$$
3-[(アミノスルフィニル)オキシ]プロパン酸 **PIN**
3-[(aminosulfinyl)oxy]propanoic acid **PIN**
〔3-(スルフィンアミドイルオキシ)プロパン酸
3-(sulfinamidoyloxy)propanoic acid ではない.
スルフィンアミド酸 sulfinamidic acid は認められた名称ではない〕

$$CH_3O-SO_2-NH-\overset{3}{C}H_2-\overset{2}{C}H_2-\overset{1}{C}OOH$$
3-[(メトキシスルホニル)アミノ]プロパン酸 **PIN**
3-[(methoxysulfonyl)amino]propanoic acid **PIN**

P-67.1.4.5 ハロゲン酸に由来する置換基　ハロゲン酸およびそのカルコゲン類縁体に由来する接頭語の名称は，置換命名法において強制接頭語として用いられる．それらの一覧は表5·1にあり，P-61.3.2.3 に記述されている．

例： OCl–　　クロロシル 予備接頭　chlorosyl 予備接頭

　　 SCl–　　チオクロロシル 予備接頭　thiochlorosyl 予備接頭

　　 O₂Cl–　　クロリル 予備接頭　chloryl 予備接頭

　　 O₃Cl–　　ペルクロリル 予備接頭　perchloryl 予備接頭

対応する Br, F, I の基は，同様の方法で命名する．

例： C₆H₅-BrO　　ブロモシルベンゼン **PIN**　bromosylbenzene **PIN**

P-67.1.5　無機酸およびその誘導体の優先順位

P-67.1.5.1　　主基として高い優先順位をもつ特性基が存在する場合は(化合物種類の優先順位についてはP-41，酸の優先順位についてはP-42参照)，無機酸を示すために保存名または体系名をもつ接頭語(P-67.1.4.1参照)を用いる．

例：
4-(ジヒドロキシアルサニル)安息香酸 **PIN**
4-(dihydroxyarsanyl)benzoic acid **PIN**
　〔–COOH は –As(OH)₂ より上位〕

(HO)₂P(O)-CH₂-COOH　　ホスホノ酢酸 **PIN**　phosphonoacetic acid **PIN**

[2-(メトキシスルホニル)フェニル]ホスホン酸 **PIN**
[2-(methoxysulfonyl)phenyl]phosphonic acid **PIN**
　(酸はエステルより上位)

$$(HO)_2As(O)-\overset{4}{C}H_2-\overset{3}{C}H_2-\overset{2}{C}H_2-\overset{1}{C}H_2-P(O)(OH)_2$$
(4-アルソノブチル)ホスホン酸 **PIN**
(4-arsonobutyl)phosphonic acid **PIN**
　(リンの酸はヒ素の酸より上位)

$$C_6H_5-SO_2-N=P(NH-C_6H_5)_3$$

N-(トリアニリノ-λ^5-ホスファニリデン)ベンゼンスルホンアミド **PIN**
N-(trianilino-λ^5-phosphanylidene)benzenesulfonamide **PIN**
N-(トリアニリノホスホラニリデン)ベンゼンスルホンアミド
N-(trianilinophosphoranylidene)benzenesulfonamide
　〔N,N',N''-トリフェニル-N'''-ベンゼンスルホニルホスホロイミド酸トリアミド
　N,N',N''-triphenyl-N'''-benzenesulfonylphosphorimidic triamide ではない.
　N'''-ベンゼンスルホニルホスホロイミド酸トリス(フェニルアミド)
　N'''-benzenesulfonylphosphorimidic tris(phenylamide)でもない〕

P-67.1.5.2　　単核酸の誘導体を官能種類命名法により命名するときの優先順位は，中心原子に結合した原子

の数がより多いこと，および次のリストでより先に現れることで決める：酸に関して O, OO, S, Se, Te ついで F, Cl, Br, I ついで擬ハロゲンに関して N₃, CN, NC, NCO, NCS, NCSe, NCTe ついでアミドおよびヒドラジド.

例： Br₂P(O)-CH₂-CH₂-P(O)Cl₂ 　(2-ホスホロジブロミドイルエチル)ホスホン酸=ジクロリド **PIN**
　　　　　　　　　　　　　　　　(2-phosphorodibromidoylethyl)phosphonic dichloride **PIN**
　　　　　　　　　　　　　　　　(Cl は化合物種類の優先順位において Br より上位)

　　　Br₂P(O)-CH₂-CH₂-P(S)Cl₂ 　(2-ホスホロジクロリドチオイルエチル)ホスホン酸=ジブロミド **PIN**
　　　　　　　　　　　　　　　　(2-phosphorodichloridothioylethyl)phosphonic dibromide **PIN**
　　　　　　　　　　　　　　　　(ホスホン酸ジブロミドはホスホノチオ酸ジクロリドより上位.
　　　　　　　　　　　　　　　　O＞S を Cl＞Br に優先して考慮する)

　　　Cl₂P(O)-O-CH₂-CH₂-O-P(O)Cl(NH₂)
　　　　　　　　　　　　　　　　ホスホロジクロリド酸 2-(ホスホロアミドクロリドイルオキシ)エチル **PIN**
　　　　　　　　　　　　　　　　2-(phosphoramidochloridoyloxy)ethyl phosphorodichloridate **PIN**
　　　　　　　　　　　　　　　　(ホスホロジクロリド酸がホスホロアミドクロリド酸に優先)

P-67.1.6　*aci*-ニトロ化合物

aci-ニトロ化合物は特別の記述を必要とする．それは一般構造 R₂C=N(O)OH をもつニトロ化合物の互変異性体であり，アジン酸 azinic acid H₂N(O)OH の誘導体として命名する.

例： CH₂=N(O)-OH 　メチリデンアジン酸 **PIN** 　methylideneazinic acid **PIN**
　　　　　　　　　　aci-ニトロメタン 　*aci*-nitromethane

必要な場合は，R₂N(O)- 基は ニトロリル nitroryl に優先する アジノイル azinoyl に由来する接頭語を用いて示す(P-67.1.4.1.1.2 参照)．=N(O)OH 基は，ヒドロキシ(オキソ)-λ⁵-アザニリデン hydroxy(oxo)-λ⁵-azanylidene と命名する．接頭語の *aci*-nitro は，GIN では使用してもよい.

> 本勧告では，二つの遊離原子価は正しく ylidene か diyl の形で表現しなければならない．したがって，1993 勧告(参考文献 2)で推奨された名称 ヒドロキシニトロリル hydroxynitroryl は認められず，ヒドロキシ(オキソ)-λ⁵-アザニリデン hydroxy(oxo)-λ⁵-azanylidene に変更された.

例： (CH₃)₂N(O)-CH₂-CN 　シアノ-*N*,*N*-ジメチルメタンアミン=*N*-オキシド **PIN**
　　　　　　　　　　　　　cyano-*N*,*N*-dimethylmethanamine *N*-oxide **PIN** 　(P-62.5 参照)
　　　　　　　　　　　　　(ジメチルアジノイル)アセトニトリル 　(dimethylazinoyl)acetonitrile
　　　　　　　　　　　　　〔(ジメチルニトロリル)アセトニトリル 　(dimethylnitroryl)acetonitrile ではない〕

HOOC-①〔　〕④=N(O)-OH

　　　4-[ヒドロキシ(オキソ)-λ⁵-アザニリデン]シクロヘキサン-1-カルボン酸 **PIN**
　　　4-[hydroxy(oxo)-λ⁵-azanylidene]cyclohexane-1-carboxylic acid **PIN**
　　　4-*aci*-ニトロシクロヘキサン-1-カルボン酸 　4-*aci*-nitrocyclohexane-1-carboxylic acid

P-67.2　二核および多核非炭素オキソ酸

多核酸は，単核酸と同様に予備選択名として使用される保存名をもっている．置換名や付加名は推奨しない．官能基代置操作に接頭語のみを使うことを除けば，母体として保存名を用いて単核酸と同様の方法で官能基代置により修飾する.

ここでは，中心原子が B, P, As, Sb, S, Se である二核および多核非炭素オキソ酸について述べる．それらは三

676 　　　　　　　　P-6　個々の化合物種類に対する適用

つの種類に分けられる．それぞれの中心原子について二核および三核酸の例を示す．いくつかの場合では，より高次の多核酸が知られている．　それらの名称は，中心原子の数を示すための該当する倍数接頭語を用いてつくる．二核および多核非炭素オキソ酸について P-67.2 と P-67.3 で述べる．

　ヒ素およびアンチモンの酸は，その構造が既知でリンの酸のものと一致する場合は，phosph の代わりに，それぞれ ars, stib を用いてリンの酸と同様の方法で命名する．同様に，テルルの酸は酸の名称中の selen を tellur にかえることにより，セレンの酸と同様の方法で命名する．

P-67.2.1　予備選択名	P-67.2.4　二核および多核非炭素オキソ酸の アミド，ヒドラジド
P-67.2.2　二核および多核非炭素オキソ酸の 官能基代置誘導体	P-67.2.5　二核および多核非炭素オキソ酸の 塩，エステル，無水物
P-67.2.3　二核および多核非炭素オキソ酸の 酸ハロゲン化物および酸擬ハロゲ ン化物	P-67.2.6　ポリ酸に由来する置換基

P-67.2.1　予 備 選 択 名

　次の慣用名は，予備選択名として保存されている（多核オキソ酸の名称に一貫性をもたせるため，二核の ヒポ酸 hypo acid の命名では数詞接頭語 di を共通して用いている）．メタ酸 meta acid は GIN でのみ使えるが，構造が未詳の場合はそれが PIN となる．

> 多核オキソ酸の名称に一貫性をもたせるため，二核のヒポ酸の命名においては数詞挿入語 di を共通して用いている．たとえば，次亜リン酸 hypophosphorous acid ではなく次二亜リン酸 hypodiphosphorous acid とする．

　　訳註：二核酸の日本語名において，翻訳名では漢数字の‘二’を，字訳名では‘ジ’を用いる（“日本語名称のつくり方”参照）．

$(HO)_2B-O-B(OH)_2$　　　　　　　　二ホウ酸 予備名　　diboric acid 予備名

$(HO)_2B-B(OH)_2$　　　　　　　　　次二ホウ酸 予備名　　hypodiboric acid 予備名

$(HO)_3Si-O-Si(OH)_3$　　　　　　　二ケイ酸 予備名　　disilicic acid 予備名

$(HO)HP(O)-O-HP(O)(OH)$　　　　　ジホスホン酸 予備名　　diphosphonic acid 予備名

$(HO)(O)HP-PH(O)(OH)$　　　　　　次ジホスホン酸 予備名　　hypodiphosphonic acid 予備名

$HO-PH-O-PH-OH$　　　　　　　　　ジ亜ホスホン酸 予備名　　diphosphonous acid 予備名

$(HO)HP-PH(OH)$　　　　　　　　　次ジ亜ホスホン酸 予備名　　hypodiphosphonous acid 予備名

$(HO)_2P(O)-O-P(O)(OH)_2$　　　　二リン酸 予備名　　diphosphoric acid 予備名

$(HO)_2(O)P-P(O)(OH)_2$　　　　　次二リン酸 予備名　　hypodiphosphoric acid 予備名

$(HO)_2P-O-P(OH)_2$　　　　　　　亜二リン酸 予備名　　diphosphorous acid 予備名

$(HO)_2P-P(OH)_2$　　　　　　　　次二亜リン酸 予備名　　hypodiphosphorous acid 予備名

$(HO)HAs(O)-O-HAs(O)(OH)$　　　ジアルソン酸 予備名　　diarsonic acid 予備名

$(HO)(O)HAs-HAs(O)(OH)$　　　　次ジアルソン酸 予備名　　hypodiarsonic acid 予備名

P-67　単核および多核非炭素酸類とそれらの官能基代置類縁体

HO-AsH-O-AsH-OH　　　　　　　ジ亜アルソン酸 予備名　diarsonous acid 予備名

(HO)HAs-AsH(OH)　　　　　　　次ジ亜アルソン酸 予備名　hypodiarsonous acid 予備名

$(HO)_2As(O)-O-As(O)(OH)_2$　　　ジアルソ酸 予備名　diarsoric acid 予備名
　　　　　　　　　　　　　　　二ヒ酸　diarsenic acid

$(HO)_2(O)As-As(O)(OH)_2$　　　　次ジアルソ酸 予備名　hypodiarsoric acid 予備名
　　　　　　　　　　　　　　　次二ヒ酸　hypodiarsenic acid

$(HO)_2As-O-As(OH)_2$　　　　　　ジ亜アルソ酸 予備名　diarsorous acid 予備名
　　　　　　　　　　　　　　　二亜ヒ酸　diarsenous acid

$(HO)_2As-As(OH)_2$　　　　　　　次ジ亜アルソ酸 予備名　hypodiarsorous acid 予備名
　　　　　　　　　　　　　　　次二亜ヒ酸　hypodiarsenous acid

$(HO)HSb(O)-O-HSb(O)(OH)$　　　ジスチボン酸 予備名　distibonic acid 予備名

$(HO)(O)HSb-HSb(O)(OH)$　　　　次ジスチボン酸 予備名　hypodistibonic acid 予備名

HO-SbH-O-SbH-OH　　　　　　　ジ亜スチボン酸 予備名　distibonous acid 予備名

(HO)HSb-SbH(OH)　　　　　　　次ジ亜スチボン酸 予備名　hypodistibonous acid 予備名

$(HO)_2Sb(O)-O-Sb(O)(OH)_2$　　　ジスチボル酸 予備名　distiboric acid 予備名

$(HO)_2(O)Sb-Sb(O)(OH)_2$　　　　次ジスチボル酸 予備名　hypodistiboric acid 予備名

$(HO)_2Sb-O-Sb(OH)_2$　　　　　　ジ亜スチボル酸 予備名　distiborous acid 予備名

$(HO)_2Sb-Sb(OH)_2$　　　　　　　次ジ亜スチボル酸 予備名　hypodistiborous acid 予備名

$HO-SO_2-O-SO_2-OH$　　　　　　二硫酸 予備名　disulfuric acid 予備名

$HO-SO_2-SO_2-OH$　　　　　　　ジチオン酸 予備名　dithionic acid 予備名
　　　　　　　　　　　　　　　次二硫酸　hypodisulfuric acid

HO-SO-SO-OH　　　　　　　　　亜ジチオン酸 予備名　dithionous acid 予備名
　　　　　　　　　　　　　　　次二亜硫酸　hypodisulfurous acid

$[HAsO_3]_n = (-As(O)(OH)O-)_n$　　メタアルソル酸　metaarsoric acid（GIN のみ）
　　　　　　　　　　　　　　　メタヒ酸　metaarsenic acid

$[HAsO_2]_n = (-As(OH)O-)_n$　　　メタ亜アルソル酸　metaarsorous acid（GIN のみ）
　　　　　　　　　　　　　　　メタ亜ヒ酸　metaarsenous acid

$[HBO]_n = (-B(OH)O-)_n$　　　　　メタホウ酸　metaboric acid（GIN のみ）

$[HPO_3]_n = (-P(O)(OH)O-)_n$　　メタリン酸　metaphosphoric acid（GIN のみ）

$[HPO_2]_n = (-P(OH)O-)_n$　　　　メタ亜リン酸　metaphosphorous acid（GIN のみ）

$[H_2SiO_3]_n = (-Si(OH)_2O-)_n$　　メタケイ酸　metasilicic acid（GIN のみ）

$[HSbO_3]_n = (-Sb(O)(OH)O-)_n$　メタスチボル酸　metastiboric acid（GIN のみ）

$[HSbO_2]_n = (-Sb(OH)O-)_n$　　　メタ亜スチボル酸　metastiborous acid（GIN のみ）

$(HO)HP(O)-O-HP(O)-O-HP(O)(OH)$　トリホスホン酸 予備名　triphosphonic acid 予備名

$(HO)_2P(O)-O-P(O)(OH)-O-P(O)(OH)_2$　三リン酸 予備名　triphosphoric acid 予備名

$HO-SO_2-O-SO_2-O-SO_2-OH$　　三硫酸 予備名　trisulfuric acid 予備名

P-67.2.2 二核および多核非炭素オキソ酸の官能基代置誘導体

> P-67.2.2.1 一般的な方法
> P-67.2.2.2 −OO−, −S−, =S, −Se−, =Se, −Te−, =Te, −NH−, =NH による代置

P-67.2.2.1 一般的な方法 多核非炭素オキソ酸の官能基代置を示すためには，P-67.1.2.3.3 および P-67.1.2.3.4 にあげた接頭語を用いる．接頭語はポリ酸の保存名の前にアルファベット順に名称と数を記載し，必要なら該当する位置番号を付ける．それぞれの酸は，中心原子から始まり中心原子で終わるように，端から端まで番号付けする．官能基代置操作を行う前に，主官能基を選び，それに最小の位置番号を付ける．官能基の順序が，酸(P-67.2.2.2 参照)，酸ハロゲン化物と酸擬ハロゲン化物(P-67.2.3 参照)，アミドとヒドラジド(P-67.2.4 を参照)となるように考慮する．

P-67.2.2.2 −OO−, −S−, =S, −Se−, =Se, −Te−, =Te, −NH−, =NH による代置 酸素原子の官能基代置は，接頭語で示す．すなわち，−OO− はペルオキシ peroxy，−S−, =S はチオ thio，−Se−, =Se はセレノ seleno，−Te−, =Te はテルロ telluro，−NH−, =NH はイミド imido により示す．鎖の一部としての位置番号が付かないイミド基上の置換を表すためには，上数字付きイタリック体の文字位置番号 N^1, N^2 を用いる．プライム記号に関する規則については，P-16.9 を参照されたい．

> 上付き記号を付けた N 位置番号を用いることとなったのは，たとえば N', N'' などのように連続して書くこととなっていた以前の規則からの変更である．以前の規則では，プライム記号は鎖のアラビア数字により決まり，プライム記号の数はアラビア数字の数値の増加とともに並行して増えている．

上付き数字をもつイタリック体文字は，たとえば S^3 のように，酸性基中のカルコゲン原子の位置を具体的に示すために使用する．

> これは，酸におけるカルコゲン原子の具体的な位置を元素記号の前に付けたアラビア数字により記述した以前の規則からの変更である．

例：

$$\underset{5\ \ 4\ \ 3\qquad\ 2\ \ 1}{(HO)_2P\text{-}O\text{-}P(SH)\text{-}O\text{-}P(OH)(SH)}$$

1,3-S^1,S^3-ジチオ三リン酸 予備名
1,3-dithiotriphosphoric S^1,S^3-acid 予備名
(予備選択名の三リン酸 triphosphoric acid に由来する名称)
(1,3-1-S,3-S-ジチオ三リン酸
1,3-dithiotriphosphoric 1-S,3-S-acid ではない)

$$\underset{3\ \ 2\ \ 1}{(HO)_2P\text{-}O\text{-}P(SH)(OH)}$$

1-S^1-チオ二リン酸 予備名　1-thiodiphosphoric S^1-acid 予備名
(予備選択名の二リン酸 diphosphoric acid に由来する名称，thio の代置が位置番号 1 を決める)

$$\underset{3\ \ \ 2\ \ \ 1}{HS\text{-}AsH\text{-}Se\text{-}AsH\text{-}SH}$$

2-セレノ-1,1,3-トリチオジアルソン S^1,S^3-酸 予備名
2-seleno-1,1,3-trithiodiarsonic S^1,S^3-acid
(予備選択名のジアルソン酸 diarsonic acid に由来する名称．一方の酸基でのジチオ dithio の代置が位置番号の 1 を決める)

$$\underset{3\qquad\ 2\ \ \ 1}{HS\text{-}PH(O)\text{-}O\text{-}PH(S)\text{-}OH}$$

1,3-ジチオジホスホン O^1,S^3-酸 予備名
1,3-dithiodiphosphonic O^1,S^3-acid 予備名
(予備選択名のジホスホン酸 diphosphonic acid に由来する名称．酸官能基の OH 基が，アルファベット順で SH 基より優先し，より小さい位置番号となる)

P-67 単核および多核非炭素酸類とそれらの官能基代置類縁体

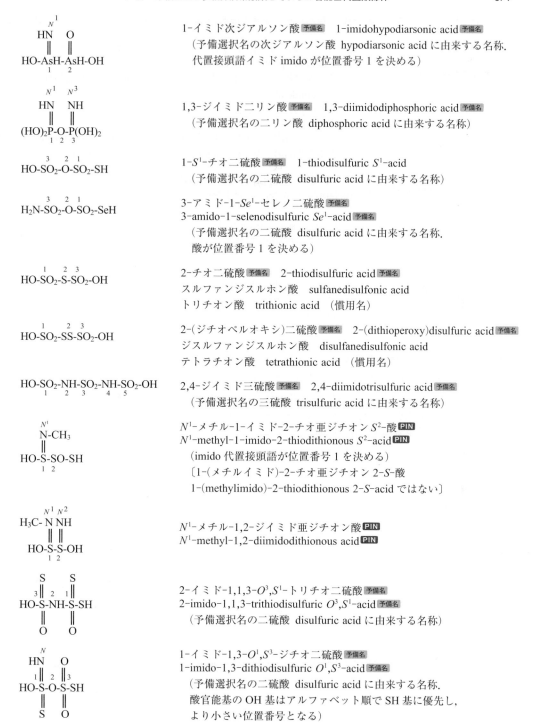

構造	名称
HN=As(OH)-As(OH)H (位置 N¹, 1, 2)	1-イミド次ジアルソン酸 予備名　1-imidohypodiarsonic acid 予備名 （予備選択名の次ジアルソン酸 hypodiarsonic acid に由来する名称．代置接頭語イミド imido が位置番号1を決める）
HN=P(OH)₂-O-P(OH)₂=NH (N¹, N³, 1,2,3)	1,3-ジイミド二リン酸 予備名　1,3-diimidodiphosphoric acid 予備名 （予備選択名の二リン酸 diphosphoric acid に由来する名称）
HO-SO₂-O-SO₂-SH (3 2 1)	1-S¹-チオ二硫酸 予備名　1-thiodisulfuric S¹-acid （予備選択名の二硫酸 disulfuric acid に由来する名称）
H₂N-SO₂-O-SO₂-SeH (3 2 1)	3-アミド-1-Se¹-セレノ二硫酸 予備名 3-amido-1-selenodisulfuric Se¹-acid 予備名 （予備選択名の二硫酸 disulfuric acid に由来する名称．酸が位置番号1を決める）
HO-SO₂-S-SO₂-OH (1 2 3)	2-チオ二硫酸 予備名　2-thiodisulfuric acid 予備名 スルファンジスルホン酸　sulfanedisulfonic acid トリチオン酸　trithionic acid　（慣用名）
HO-SO₂-SS-SO₂-OH (1 2 3)	2-(ジチオペルオキシ)二硫酸 予備名　2-(dithioperoxy)disulfuric acid 予備名 ジスルファンジスルホン酸　disulfanedisulfonic acid テトラチオン酸　tetrathionic acid　（慣用名）
HO-SO₂-NH-SO₂-NH-SO₂-OH (1 2 3 4 5)	2,4-ジイミド三硫酸 予備名　2,4-diimidotrisulfuric acid 予備名 （予備選択名の三硫酸 trisulfuric acid に由来する名称）
N¹=CH₃ ／ HO-S-SO-SH (1 2)	N¹-メチル-1-イミド-2-チオ亜ジチオン S²-酸 PIN N¹-methyl-1-imido-2-thiodithionous S²-acid PIN （imido 代置接頭語が位置番号1を決める） 〔1-(メチルイミド)-2-チオ亜ジチオン 2-S-酸 1-(methylimido)-2-thiodithionous 2-S-acid ではない〕
H₃C-N=, NH= / HO-S-S-OH (N¹, N², 1, 2)	N¹-メチル-1,2-ジイミド亜ジチオン酸 PIN N¹-methyl-1,2-diimidodithionous acid PIN
S=, S= / HO-S-NH-S-SH / O, O (3 2 1)	2-イミド-1,1,3-O³,S¹-トリチオ二硫酸 予備名 2-imido-1,1,3-trithiodisulfuric O³,S¹-acid 予備名 （予備選択名の二硫酸 disulfuric acid に由来する名称）
HN=, O= / HO-S-O-S-SH / S, O (1 2 3)	1-イミド-1,3-O¹,S³-ジチオ二硫酸 予備名 1-imido-1,3-dithiodisulfuric O¹,S³-acid 予備名 （予備選択名の二硫酸 disulfuric acid に由来する名称．酸官能基の OH 基はアルファベット順で SH 基に優先し，より小さい位置番号となる）

P-67.2.3　二核および多核非炭素オキソ酸の酸ハロゲン化物，酸擬ハロゲン化物

すべての OH 基がハロゲンまたは擬ハロゲンの原子または原子団によって置き換えられている酸ハロゲン化物および酸擬ハロゲン化物は，官能種類命名法を用いて acid の名称を該当するハロゲン化物または擬ハロゲン化物の名称で置き換えることにより命名する．酸ハロゲン化物および酸擬ハロゲン化物における優先順位は，ハ

ロゲン化物ではアルファベット順,ついで擬ハロゲン化物では N₃, CN, NC, NCO, NCS, NCSe, NCTe の順となる.

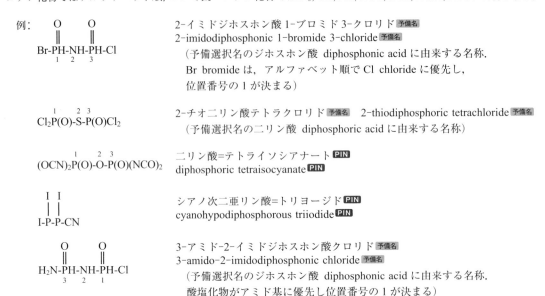

例:

Br-PH-NH-PH-Cl
 1   2   3

2-イミドジホスホン酸 1-ブロミド 3-クロリド 予備名
2-imidodiphosphonic 1-bromide 3-chloride 予備名
（予備選択名のジホスホン酸 diphosphonic acid に由来する名称.
Br bromide は,アルファベット順で Cl chloride に優先し,
位置番号の 1 が決まる）

Cl₂P(O)-S-P(O)Cl₂
 1   2   3

2-チオ二リン酸テトラクロリド 予備名 2-thiodiphosphoric tetrachloride 予備名
（予備選択名の二リン酸 diphosphoric acid に由来する名称）

(OCN)₂P(O)-O-P(O)(NCO)₂
   1   2   3

二リン酸=テトライソシアナート PIN
diphosphoric tetraisocyanate PIN

I-P-P-CN

シアノ次二亜リン酸=トリヨージド PIN
cyanohypodiphosphorous triiodide PIN

H₂N-PH-NH-PH-Cl
  3   2   1

3-アミド-2-イミドジホスホン酸クロリド 予備名
3-amido-2-imidodiphosphonic chloride 予備名
（予備選択名のジホスホン酸 diphosphonic acid に由来する名称.
酸塩化物がアミド基に優先し位置番号の 1 が決まる）

P-67.2.4 二核および多核非炭素オキソ酸のアミド,ヒドラジド　　すべての −OH 基が −NH₂ 基または −NHNH₂ 基により置き換えられている多核非炭素オキソ酸は,官能種類命名法により,それぞれアミドまたはヒドラジドとして命名する.アミドは,該当する倍数接頭語 di, tri などを前に付けた種類名 アミド amide により表現する.同様に,ヒドラジドは,種類名 ヒドラジド hydrazide により表現する.官能基代置は,接頭語を用いて種類名の前ではなく名称全体の前に記載する.イタリック体の文字位置番号 N, N' など,および上付き文字位置番号 N¹, N'¹ などは,鎖の一部として位置番号の数が付く中心原子間の結合以外の窒素原子上の置換を示すために用いる.選択が必要の場合は,ヒドラジドより上位のアミドにより小さい位置番号を付ける.

例:

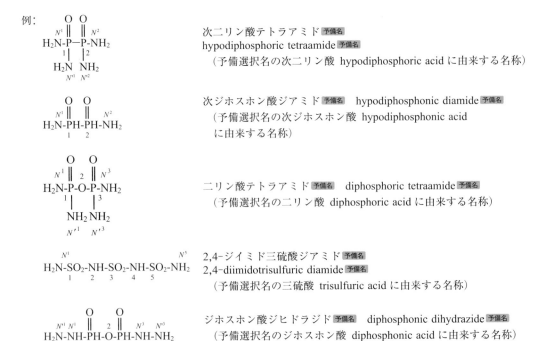

次二リン酸テトラアミド 予備名
hypodiphosphoric tetraamide 予備名
（予備選択名の次二リン酸 hypodiphosphoric acid に由来する名称）

次ジホスホン酸ジアミド 予備名 hypodiphosphonic diamide 予備名
（予備選択名の次ジホスホン酸 hypodiphosphonic acid
に由来する名称）

二リン酸テトラアミド 予備名 diphosphoric tetraamide 予備名
（予備選択名の二リン酸 diphosphoric acid に由来する名称）

2,4-ジイミド三硫酸ジアミド 予備名
2,4-diimidotrisulfuric diamide 予備名
（予備選択名の三硫酸 trisulfuric acid に由来する名称）

ジホスホン酸ジヒドラジド 予備名 diphosphonic dihydrazide 予備名
（予備選択名のジホスホン酸 diphosphonic acid に由来する名称）

P-67 単核および多核非炭素酸類とそれらの官能基代置類縁体

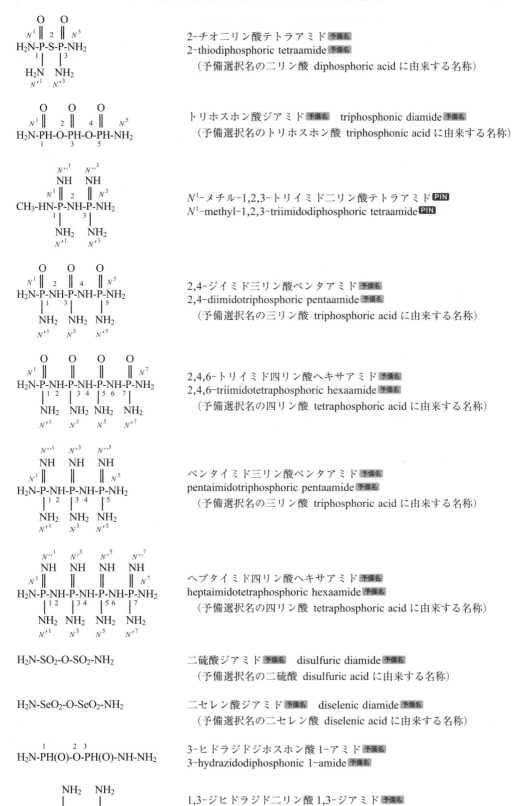

2-チオ二リン酸テトラアミド 予備名
2-thiodiphosphoric tetraamide 予備名
（予備選択名の二リン酸 diphosphoric acid に由来する名称）

トリホスホン酸ジアミド 予備名　triphosphonic diamide 予備名
（予備選択名のトリホスホン酸 triphosphonic acid に由来する名称）

N^1-メチル-1,2,3-トリイミド二リン酸テトラアミド PIN
N^1-methyl-1,2,3-triimidodiphosphoric tetraamide PIN

2,4-ジイミド三リン酸ペンタアミド 予備名
2,4-diimidotriphosphoric pentaamide 予備名
（予備選択名の三リン酸 triphosphoric acid に由来する名称）

2,4,6-トリイミド四リン酸ヘキサアミド 予備名
2,4,6-triimidotetraphosphoric hexaamide 予備名
（予備選択名の四リン酸 tetraphosphoric acid に由来する名称）

ペンタイミド三リン酸ペンタアミド 予備名
pentaimidotriphosphoric pentaamide 予備名
（予備選択名の三リン酸 triphosphoric acid に由来する名称）

ヘプタイミド四リン酸ヘキサアミド 予備名
heptaimidotetraphosphoric hexaamide 予備名
（予備選択名の四リン酸 tetraphosphoric acid に由来する名称）

二硫酸ジアミド 予備名　disulfuric diamide 予備名
（予備選択名の二硫酸 disulfuric acid に由来する名称）

二セレン酸ジアミド 予備名　diselenic diamide 予備名
（予備選択名の二セレン酸 diselenic acid に由来する名称）

3-ヒドラジドジホスホン酸 1-アミド 予備名
3-hydrazidodiphosphonic 1-amide 予備名

1,3-ジヒドラジド二リン酸 1,3-ジアミド 予備名
1,3-dihydrazidodiphosphoric 1,3-diamide 予備名

682   P-6　個々の化合物種類に対する適用

P-67.2.5　二核および多核非炭素オキソ酸の塩，エステル，無水物

> P-67.2.5.1　二核および多核非炭素　　　P-67.2.5.2　多核非炭素オキソ酸のエステル
> 　　　　　　オキソ酸の塩　　　　　　　　P-67.2.5.3　無　水　物

P-67.2.5.1　二核および多核非炭素オキソ酸の塩

P-67.2.5.1.1　　二核および多核非炭素オキソ酸の中性塩は，カチオン，アニオンの順に名称を別々の語として記載して命名する．日本語名では，逆にアニオン，カチオンの順になる．アニオンの名称は，語尾 ic acid を ate に，ous acid を ite にかえてつくる．異なるカチオンは，アルファベット順に書く．

例：
$$2\,Na^+ \; ^-O\text{-}\underset{1}{S}(=N\text{-}CH_3)\text{-}\underset{2}{S}(=NH)\text{-}O^-$$

N^1-メチル-1,2-ジイミド亜ジチオン酸二ナトリウム **PIN**
disodium N^1-methyl-1,2-diimidodithionite **PIN**

$$4\,Na^+ \; (^-O)_2P(=O)\text{-}O\text{-}P(=O)(O^-)_2$$

二リン酸四ナトリウム 予備名
tetrasodium diphosphate 予備名
　　（予備選択名の二リン酸 diphosphoric acid に由来する名称）

P-67.2.5.1.2　　二核および多核非炭素オキソ酸の酸性塩は，中性塩と同様の方法で命名し，残る酸性水素原子は 水素 hydrogen，二水素 dihydrogen などをカチオンとアニオンの名称の間に別語として挿入して示す．

例：$NaO\text{-}SO_2\text{-}SS\text{-}SO_2\text{-}OH$　　2-ジチオペルオキシ二硫酸水素ナトリウム 予備名
　　　　　　　　　　　　　　　　sodium hydrogen 2-dithioperoxydisulfate 予備名
　　　　　　　　　　　　　　　　（予備選択名の二硫酸 disulfuric acid に由来する名称）

P-67.2.5.2　多核非炭素オキソ酸のエステル　　完全にエステル化された多核非炭素オキソ酸は，カチオンの名称をアルキル基，アリール基などの名称（複数の場合は英数字順）で置き換える以外は中性塩と同様の方法で命名する．多塩基性非炭素オキソ酸およびそれらの塩の部分エステルは，酸性水素原子を示す 水素 hydrogen の名称（数を示す該当する倍数接頭語を付ける）をカチオンまたは有機基の名称とアニオンの名称との間に別語として挿入することにより示すほかは，中性エステルおよび酸性塩と同様の手順で命名する．

例：
$$\underset{1}{CH_3\text{-}S\text{-}P}H\text{-}\underset{2}{P}H\text{-}O\text{-}CH_3$$

チオ次ジ亜ホスホン酸ジメチル **PIN**
dimethyl thiohypodiphosphonite **PIN**

$$\underset{1}{HS\text{-}P}H\text{-}\underset{2}{P}H\text{-}S\text{-}CH_3$$

ジチオ次ジ亜ホスホン酸＝水素＝メチル **PIN**
methyl hydrogen dithiohypodiphosphonite **PIN**

$$CH_3\text{-}O\text{-}SO_2\text{-}O\text{-}SO_2\text{-}S\text{-}CH_2\text{-}CH_3$$

チオ二硫酸＝S-エチル＝O-メチル **PIN**
S-ethyl O-methyl thiodisulfate **PIN**

$$(CH_3)_2CH\text{-}O\text{-}SO\text{-}O\text{-}SO\text{-}O\text{-}CH(CH_3)_2$$

二亜硫酸ジ（プロパン-2-イル） **PIN**
di(propan-2-yl) disulfite **PIN**

$$CH_3\text{-}O\text{-}SO_2\text{-}S\text{-}SO_2\text{-}O\text{-}CH_3$$

チオ二硫酸 O^1,O^3-ジメチル **PIN**
O^1,O^3-dimethyl thiodisulfate **PIN**

P-67.2.5.3　無水物　　有機酸と予備選択名をもつ多核非炭素オキソ酸との間でできる無水物は，酸の名称をアルファベット順に書き，その後に化合物種類名の 無水物 anhydride を記載して命名する．無水物結合の数は倍数接頭語 di，tri などを用いて示す．
　　酸性無水物は，母体として上位の酸を用いるか P-67.3.1 で述べる体系的置換命名法を用いて命名する．

例：$(CH_3\text{-}CO\text{-}O)_2P(O)\text{-}P(O)(O\text{-}CO\text{-}CH_3)_2$　　四酢酸＝次二リン酸＝四無水物 **PIN**
　　　　　　　　　　　　　　　　　　　　　　tetraacetic hypodiphosphoric tetraanhydride **PIN**

P-67　単核および多核非炭素酸類とそれらの官能基代置類縁体　　　683

CH₃-CO-O-SO-SO-O-CO-CH₂-CH₃　　酢酸＝ジ亜チオン酸＝プロパン酸＝二無水物 **PIN**
acetic dithionous propanoic dianhydride **PIN**
酢酸次二亜硫酸プロパン酸二無水物
acetic hypodisulfurous propanoic dianhydride

P-67.2.6　ポリ酸に由来する置換基

　主基として上位の特性基が存在する場合は，多核非炭素オキソ酸を接頭語として記載する．この接頭語の名称は，以下の方法でつくる．

　（1）アシル基を組合わせる．
　（2）中心原子 P, As, Sb, S, Se, Te の最大数を含む基の名称をもとにする．
　（3）条件を満たすときは "ア" 命名法(P-15.4 と P-51.4 参照)を用いる．

　母体置換基に選択の余地があるときは，最大の大きさをもつ母体置換基を優先し，ついで必要があればアルファベット順とする．

例：　　　　　　　　　　　　(HO)₂P(O)-O-P(O)(OH)-O-CH₂-CH₂-COOH
　　　　　　　　　　　　　　　　　　　　　　　³　²　¹
　（2）3-[(1,3,3-トリヒドロキシ-1,3-ジオキソ-1λ⁵,3λ⁵-ジホスホキサン-1-イル)オキシ]プロパン酸 **PIN**
　　　　3-[(1,3,3-trihydroxy-1,3-dioxo-1λ⁵,3λ⁵-diphosphoxan-1-yl)oxy]propanoic acid **PIN**
　（1）3-{[ヒドロキシ(ホスホノオキシ)ホスホリル]オキシ}プロパン酸
　　　　3-{[hydroxy(phosphonooxy)phosphoryl]oxy}propanoic acid

　　　　　　　　　　　　　¹　　²　　　　　　　　　　　¹⁰
　　　　　　　　　　　　CH₃-O-S(O)-O-S(O)-O-S(O)-O-CH₂-COOH
　（3）3,5,7-トリオキソ-2,4,6,8-テトラオキサ-3λ⁴,5λ⁴,7λ⁴-トリチアデカン-10-酸 **PIN**
　　　　3,5,7-trioxo-2,4,6,8-tetraoxa-3λ⁴,5λ⁴,7λ⁴-trithiadecan-10-oic acid **PIN**
　（1）{[({[(メトキシスルフィニル)オキシ]スルフィニル}オキシ)スルフィニル]オキシ}酢酸
　　　　{[({[(methoxysulfinyl)oxy]sulfinyl}oxy)sulfinyl]oxy}acetic acid
　（2）[(5-メトキシ-1,3,5-トリオキソ-1λ⁴,3λ⁴,5λ⁴-トリスルホキサン-1-イル)オキシ]酢酸
　　　　[(5-methoxy-1,3,5-trioxo-1λ⁴,3λ⁴,5λ⁴-trisulfoxan-1-yl)oxy]acetic acid

　　　　　　　　　　　　¹　²　³　　⁴　⁵　⁶　　　　⁹
　　　　　　　　　　　CH₃-S-S(S)-S-S(S)-S-CH₂-CH₂-COOH
　（3）3,5-ジスルファニリデン-2,3λ⁴,4,5λ⁴,6-ペンタチアノナン-9-酸 **PIN**
　　　　3,5-disulfanylidene-2,3λ⁴,4,5λ⁴,6-pentathianonan-9-oic acid **PIN**
　（2）3-[5-メチル-2,4-ビス(スルファニリデン)-2λ⁴,4λ⁴-ペンタスルファニル]プロパン酸
　　　　3-[5-methyl-2,4-bis(sulfanylidene)-2λ⁴,4λ⁴-pentasulfanyl]propanoic acid
　（1）3-[({[(メチルスルファニル)スルフィノチオイル]スルファニル}スルフィノチオイル)スルファニル]
　　　　　　　　　　　　　　　　　　　　　　　　　　　　　　　　プロパン酸
　　　　3-[({[(methylsulfanyl)sulfinothioyl]sulfanyl}sulfinothioyl)sulfanyl]propanoic acid

P-67.3　ポリ酸の置換名および官能種類名

P-67.3.1　　基本的なオキソ酸をもとにしてつくれない多核非炭素オキソ酸の名称は，無水物のような化合物種類名または置換命名法を用いてつくる．無水物名が置換名に優先する．

　いくつかの名称は，その構造が二塩基酸または次二塩基酸が意味する名称に対応しないため，この節にも含めてある．後述するように，'二亜硫酸 disulfurous acid'のような名称がその例である．

　官能基置換によって直接つくれない酸の誘導体の名称は，ホスホン酸 phosphonic acid やホスフィン酸 phosphinic acid のような優先名をもつ酸の置換によってつくる名称か，あるいは無水物のような化合物種類名となる．母体は，以下の化合物種類の優先順位に従って選ぶ：酸，酸ハロゲン化物，アジド，アミド，ヒドラジド，シアニド，イソシアニド，イソシアナート(および O＞S＞Se＞Te の順のカルコゲン類縁体)，イミド，ニトリド，上位の化合物種類を表す基の最大数．

684 P-6 個々の化合物種類に対する適用

例:

$$HO-P(=O)-O-P(=O)(NH_2)$$ with H_2N on left P and OH below right P

（構造式）
HO O
| ‖
H₂N-P-O-P-NH₂
|
OH

{[アミノ(ヒドロキシ)ホスファニル]オキシ}ホスホンアミド酸 予備名
{[amino(hydroxy)phosphanyl]oxy}phosphonamidic acid 予備名
　（ホスホンアミド酸 phosphonamidic acid が
　亜ホスホンアミド酸 phosphonamidous acid に優先する）
ホスホロアミド酸亜ホスホロアミド酸一無水物
phosphoramidic phosphoramidous monoanhydride
　（酸 acid が化合物種類の優先順位において無水物 anhydride に優先する）

H₂N O
| ‖
H₂N-P-O-P-NH₂
|
N
NH₂
N'

ホスホロジアミド酸亜ホスホロジアミド酸無水物 予備名
phosphorodiamidic phosphorodiamidous anhydride 予備名
[(ジアミノホスファニル)オキシ]ホスホン酸ジアミド
[(diaminophosphanyl)oxy]phosphonic diamide
　（無水物 anhydride がアミド amide に優先する）

O O
‖ ‖
HO-P-S-As-OH
| |
HO OH

（アルソノスルファニル)ホスホン酸 予備名　（arsonosulfanyl)phosphonic acid 予備名
アルソール酸リン酸チオ一無水物　arsoric phosphoric thiomonoanhydride
　（酸 acid が無水物 anhydride に優先する．リンの酸がヒ素の酸に優先する）

N
(HO)HP(O)-NH-P(O)(OH)₂

N-(ヒドロキシホスホノイル)ホスホロアミド酸 予備名
N-(hydroxyphosphonoyl)phosphoramidic acid 予備名
　（この場合には，置換名のみが可能である）

(HO)₂P-HP(O)-OH

（ジヒドロキシホスファニル)ホスフィン酸 予備名
(dihydroxyphosphanyl)phosphinic acid 予備名

(CH₃-O)₂P(O)-O-HP(O)-O-CH₃

[(ジメトキシホスホリル)オキシ]ホスホン酸メチル PIN
methyl [(dimethoxyphosphoryl)oxy]phosphonate PIN
　（ホスホン酸 phosphonic acid がリン酸 phosphoric acid に優先する．
　P-42 参照）
　（以前の名称はイソ次リン酸トリメチル trimethyl isohypophosphate）

(CH₃)₂P-P(OH)-P(CH₃)₂

ビス(ジメチルホスファニル)亜ホスフィン酸 PIN
bis(dimethylphosphanyl)phosphinous acid PIN
　（1,1,3,3-テトラメチルトリホスファン-2-オール
　1,1,3,3-tetramethyltriphosphan-2-ol ではない．
　酸 acid がヘテロール heterol に優先する）

1　2
HO-SI₂-S-CN

1-ヒドロキシ-1,1-ジヨード-1λ⁴-ジスルファン-2-カルボニトリル PIN
1-hydroxy-1,1-diiodo-1λ⁴-disulfane-2-carbonitrile PIN
　〔以前の名称はジヨード(チオシアナチド)オルト亜硫酸
　diiodo(thiocyanatido)orthosulfurous acid.
　オルトスルフロジヨージド亜チオシアナチド酸
　orthosulfurodiiodidothiocyanatidous acid ではない〕

O OH
‖ |
CH₃-O-P-O-B-O-CH₂-CH₃
|
OH

{[エトキシ(ヒドロキシ)ボラニル]オキシ}ホスホン酸=水素=メチル PIN
methyl hydrogen {[ethoxy(hydroxy)boranyl]oxy}phosphonate PIN
（ホウ酸二水素エチル)(リン酸二水素メチル)無水物
(ethyl dihydrogen borate) (methyl dihydrogen phosphate) anhydride

CH₃-CO-O-P(O)(OH)₂

（アセチルオキシ)ホスホン酸 PIN　（acetyloxy)phosphonic acid PIN
酢酸リン酸一無水物　acetic phosphoric monoanhydride
リン酸モノアセチル　monoacetyl phosphate

HO-SeO₂-O-SO₂-OH

セレン酸硫酸無水物 予備名　selenic sulfuric anhydride 予備名
（セレノノオキシ)ヒドロキシ-λ⁶-スルファンジオン
(selenonooxy)hydroxy-λ⁶-sulfanedione

P-68　13, 14, 15, 16, 17 族元素の有機化合物の命名法　　　　685

CH$_3$-CH$_2$-CO-O-B(OH)$_2$　　（プロパノイルオキシ）ボロン酸 **PIN**　（propanoyloxy)boronic acid **PIN**
　　　　　　　　　　　　　　　ボロン酸プロパン酸一無水物　boric propanoic monoanhydride

CH$_3$-CO-O-CO-O-CO-OH　　{[（アセチルオキシ）カルボニル]オキシ}ギ酸 **PIN**
　　　　　　　　　　　　　　　{[(acetyloxy)carbonyl]oxy}formic acid **PIN**
　　　　　　　　　　　　　　　酢酸二炭酸一無水物　acetic dicarbonic monoanhydride

P-67.3.2　名称 disulfurous acid のジレンマ

　disulfurous acid の名称は，P-67.2 で与えた定義に従えば，対称な二塩基酸を意味する HO-SO-O-SO-OH の構造に対応すべきである．"無機化学命名法"（参考文献 12）に記された構造 HO-SO-SO$_2$-OH が disulfurous acid とよばれているため，HO-SO-O-SO-OH には異なる名称を付けなければならない．このような状況では，置換名を用いるのが適当である．

> "無機化学命名法"（参考文献 12）において，HO-SO-SO$_2$-OH に対し disulfurous acid の名称が用いられているため，体系的方法によるこの名称を HO-SO-O-SO-OH に使用することができない．したがって，後者の予備選択名は 1,3-ジヒドロキシ-1λ^4,3λ^4-ジチオキサン-1,3-ジオン 1,3-dihydroxy-1λ^4,3λ^4-dithioxane-1,3-dione である．

例：HO-SO-O-SO-OH　　　　　　1,3-ジヒドロキシ-1λ^4,3λ^4-ジチオキサン-1,3-ジオン **予備名**
　　　　　　　　　　　　　　　1,3-dihydroxy-1λ^4,3λ^4-dithioxane-1,3-dione **予備名**

CH$_3$-O-SO-O-SO-O-CH$_3$　　1,3-ジメトキシ-1λ^4,3λ^4-ジチオキサン-1,3-ジオン **PIN**
　　　　　　　　　　　　　　　1,3-dimethoxy-1λ^4,3λ^4-dithioxane-1,3-dione **PIN**

CH$_3$-O-S(=NH)-O-S(=NH)-O-CH$_3$　　1,3-ジメトキシ-1λ^4,3λ^4-ジチオキサン-1,3-ジイミン **PIN**
　　　　　　　　　　　　　　　1,3-dimethoxy-1λ^4,3λ^4-dithioxane-1,3-diimine **PIN**

P-68　P-62 から P-67 までに含まれない 13, 14, 15, 16, 17 族元素の
　　　有機化合物の命名法　　　"日本語名称のつくり方"も参照

P-68.0　は じ め に	P-68.3　15 族元素化合物の命名法	
P-68.1　13 族元素化合物の命名法	P-68.4　16 族元素化合物の命名法	
P-68.2　14 族元素化合物の命名法	P-68.5　17 族元素化合物の命名法	

P-68.0　は じ め に

　有機化合物の命名法の取扱いには二つの方法がある．一つは，いくつかのまれな例外を除き 13 族から 17 族に属する元素のすべての化合物に適用できる一般原則，規則および慣用を用いる方法であり，これについてはこれまでの章で記述し例をあげてきた．もう一つは，同じの族内の化合物は同じように取扱うことを基本とする方法である．本書でのこれまでの 13 族化合物の命名は，ホウ素元素の化合物に関するものであったが，それ以外の 13 族化合物の命名法は別のグループ（無機化合物命名法委員会）による将来の出版物に入ることになろう．一つの族のすべての化合物について同様な方法で記載し，必要に応じてその類似性を確認し例外を強調することは明らかに有益なことである．この方法は，確立された例との比較により，新たな化合物の命名を容易にするはずである．

　族ごとに記載する命名法の別の側面は，異なる族の一般的な特徴の把握が容易となることであろう．15 族の

命名法は多様であり，たとえば，窒素化合物は接尾語で表現され，リン，ヒ素の多くの誘導体の名称は単核酸および多核酸をもとにしてつくられ，アンチモンの多くの化合物とビスマス化合物は置換命名法で命名される．それに対し，14 族の化合物は基本的に置換命名法により命名される．したがって，化合物 C_6H_5-PH-OCH$_3$ は官能種類命名法によりエステルとして フェニル亜ホスフィン酸メチル methyl phenylphosphinite と命名されるが，化合物 C_6H_5-SnH(OCH$_3$)$_2$ は，見かけの構造は似ているが，ジメトキシ（フェニル）スタンナン dimethoxy(phenyl)-stannane と置換命名法により命名される．

13 族から 17 族に関するこの節には，もう一つの目的がある．この節では，化合物が炭素を含むときは，金属，半金属，非金属のいずれの化合物でも置換命名法においては同じ取扱いをしている．したがって，有機金属化合物命名法の多くの事項がこの取扱い方で解説されている．これは 13 族，14 族元素化合物の命名法で特に顕著であり，ホウ素と炭素の化合物に関する広範でよく知られた命名法が，その族の他の化合物を命名するためのモデルとして役立っている．

ホウ素および 14 族，15 族金属であるゲルマニウム，スズ，鉛，アンチモン，ビスマスについては，本勧告の他の節と同じ原理に従っている．つまり，化合物が炭素を含み，許容された母体水素化物名に基づいて本勧告で定められている置換命名法の原則により命名できれば，その化合物には PIN を付けることができる．しかし，炭素が存在しない場合，その名称は予備選択母体水素化物名となるか，あるいは予備選択母体水素化物や予備選択化合物に基づく名称となる．最後に，これらの元素をもつ多くの化合物の構造が置換命名法の原則に合わず，そのときにはそれらの化合物は無機命名法と配位命名法の原則（これについては，参考文献 12 参照）により命名されることを述べておく．

P-68.1　13 族元素化合物の命名法

多核ホウ素水素化物を除き，ホウ素化合物は慣用上有機化合物命名のための勧告に含まれてきた．しかし，多核ホウ素化合物の命名法を補完するためには，母体水素化物やその置換基，適切な操作などをもとにして，置換命名法が使われている．たとえば，"ア"命名法や倍数命名法によりつくられた名称，ホウ酸 B(OH)$_3$，ボロン酸 HB(OH)$_2$，ボリン酸 H$_2$B(OH)（これらは保存されている官能性母体化合物）に基づく名称などである．

本勧告における Al, Ga, In, Tl の化合物の命名法は，形式的な有機金属化合物も含め，ホウ素化合物の命名法を模してつくられており，GIN としてのみ使用するように勧告されている．これらの元素の大部分の化合物に関する PIN の勧告は，別のグループによる将来の出版物で示されるであろう．

P-68.1.1　母体水素化物	P-68.1.4　官能性母体化合物
P-68.1.2　母体水素化物に由来する置換基の名称	P-68.1.5　置換命名法
P-68.1.3　水素化の程度の修飾	P-68.1.6　付　加　物

P-68.1.1　母 体 水 素 化 物

P-68.1.1.1　単核水素化物	P-68.1.1.3　環状母体水素化物
P-68.1.1.2　鎖状多核水素化物	

P-68.1.1.1　単核水素化物　　単核水素化物の名称は表 2·1 にまとめられている．標準結合数は 3 であり，非標準結合数を示すためには λ-標記(P-14.1 参照)を用いる．これらの母体水素化物の名称のうち，ホウ素を含むものは予備選択名である(P-12.2 参照)．

例：BH$_3$　ボラン 予備名　borane 予備名　　　BH　λ^1-ボラン 予備名　λ^1-borane 予備名

　　AlH$_3$　アルマン　alumane　　　　　　　GaH$_3$　ガラン　gallane

　　InH$_3$　インジガン　indigane　　　　　　TlH$_3$　タラン　thallane

P-68.1.1.2 鎖状多核水素化物

P-68.1.1.2.1 鎖状二核および多核母体水素化物は，分子中の骨格原子の数を倍数接頭語 di, tri などとして単核母体水素化物の名称の前に記して命名する．分子中の水素原子の数は，丸括弧で囲んだアラビア数字により，上記のようにしてつくった名称の直後に示す．これらの数字は，曖昧さがないときや鎖状多核水素化物の名称では慣用により省略する．多環ポリボランの命名には特定の命名法を用いる．その名称は参考文献12のIR-6.2.3に記述されている．母体水素化物は予備選択名である．

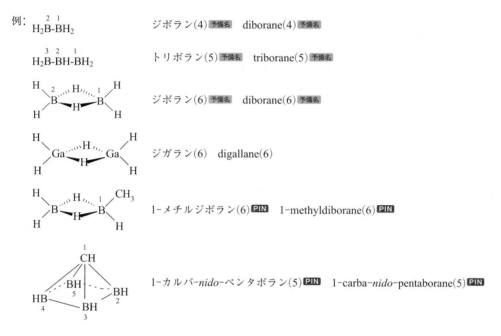

P-68.1.1.2.2 ヘテロ原子を交互に配置してできる化合物は，規則 P-21.2.3.1 に従って命名する．それらの化合物は予備選択名をもつ非官能性母体構造として考えるが，窒素原子が存在する場合は例外であり，アミンとして命名する(P-62.2 参照).

> 窒素原子が存在する場合の上記の例外は，1993 規則(参考文献 2)からの変更点である．1993 規則ではアミン特性基がより上位にあることを認めていなかった．

例：

$(CH_3)_2\overset{3}{B}-\overset{2}{O}-\overset{1}{B}(CH_3)_2$　　テトラメチルジボロキサン **PIN**　　tetramethyldiboroxane **PIN**

$\overset{5}{H_2Al}-\overset{4}{O}-\overset{3}{AlH}-\overset{2}{O}-\overset{1}{AlH_2}$　　トリアルミノキサン　　trialuminoxane

$\overset{1}{CH_3}-BH-\overset{N}{NH}-BH-CH_3$　　1-メチル-*N*-(メチルボラニル)ボランアミン **PIN**
1-methyl-*N*-(methylboranyl)boranamine **PIN**

P-68.1.1.2.3 "ア"命名法により命名される化合物(P-15.4 参照)

例：

$\overset{10}{CH_3}-\overset{9}{B}(CH_3)-\overset{8}{CH_2}-\overset{7}{O}-\overset{6}{CH_2}-\overset{5}{CH_2}-\overset{4}{O}-\overset{3}{CH_2}-\overset{2}{B}(CH_3)-\overset{1}{CH_3}$

2,9-ジメチル-4,7-ジオキサ-2,9-ジボラデカン **PIN**
2,9-dimethyl-4,7-dioxa-2,9-diboradecane **PIN**

[エタン-1,2-ジイルビス(オキシメチレン)]ビス(ジメチルボラン)
[ethane-1,2-diylbis(oxymethylene)]bis(dimethylborane)

$$\overset{9}{H_2B}-\overset{8}{CH_2}-\overset{7}{SiH_2}-\overset{6}{CH_2}-\overset{5}{SiH_2}-\overset{4}{CH_2}-\overset{3}{SiH_2}-\overset{2}{CH_2}-\overset{1}{BH_2}$$

3,5,7-トリシラ-1,9-ジボラノナン **PIN**
3,5,7-trisila-1,9-diboranonane **PIN**
［シランジイルビス(メチレン)］ビス［(ボラニルメチル)シラン］
［silanediylbis(methylene)］bis［(boranylmethyl)silane］
Si,Si'-ビス(ボラニルメチル)［シランジイルビス(メチレン)］ビス(シラン)
Si,Si'-bis(boranylmethyl)［silanediylbis(methylene)］bis(silane)

P-68.1.1.3 環状母体水素化物

P-68.1.1.3.1 多面体ポリボラン．多面体ポリボランの命名法は，特定の接頭語を特徴とする多様性に富んだ系で，参考文献 12 の IR-6.2.3 に記載，例示されており，本勧告には再録しない．

例：

  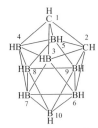

arachno-テトラボラン(10) 予備名　　*nido*-ペンタボラン(9) 予備名　　1,2-ジカルバ-*closo*-デカボラン(10) **PIN**
arachno-tetraborane(10) 予備名　　*nido*-pentaborane(9) 予備名　　1,2-dicarba-*closo*-decaborane(10) **PIN**

P-68.1.1.3.2 13 族原子を含む複素環母体水素化物は，P-2 に記載されているさまざまな種類の環や環系になる．PIN は種類ごとに定められた一般則に従って選ぶ．

例：
 1,3,6,2-トリオキサアルミノカン　1,3,6,2-trioxaluminocane
　　　　(1,3,6-トリオキサ-2-アルミナシクロオクタン
　　　　1,3,6-trioxa-2-aluminacyclooctane ではない)

 1*H*-ガロール　1*H*-gallole
　　　　(1-ガラシクロペンタ-2,4-ジエン
　　　　1-gallacyclopenta-2,4-diene ではない)

 1,3,2-ジオキサボレタン **PIN**　1,3,2-dioxaboretane **PIN**
　　　　(1,3-ジオキサ-2-ボラシクロブタン
　　　　1,3-dioxa-2-boracyclobutane ではない)

 1*H*-ボレピン **PIN**　1*H*-borepine **PIN**
　　　　(1*H*-1-ボラシクロヘプタ-2,4,6-トリエン
　　　　1*H*-1-boracyclohepta-2,4,6-triene ではない)

 テトラボレタン 予備名　tetraboretane 予備名
　　　　(P-12.2, P-22.2.5 参照)
　　　シクロテトラボラン(4)　cyclotetraborane(4)
　　　　(1,2,3,4-テトラボラシクロブタン　1,2,3,4-tetraboracyclobutane ではない)

1,3,2,4-ジチアジボレタン 予備名　1,3,2,4-dithiadiboretane 予備名
　　　　(P-12.2, P-22.2.6 参照)
　　　シクロジボラチアン　cyclodiborathiane
　　　　(1,3-ジチア-2,4-ジボラシクロブタン　1,3-dithia-2,4-diboracyclobutane ではない)

1,3,5,2,4,6-トリアザトリボリナン 予備名　1,3,5,2,4,6-triazatriborinane 予備名
ボラジン　borazine
シクロトリボラザン　cyclotriborazane
(1,3,5-トリアザ-2,4,6-トリボラシクロヘキサン
1,3,5-triaza-2,4,6-triboracyclohexane ではない)

1,3,5,2,4,6-トリオキサトリボリナン 予備名　1,3,5,2,4,6-trioxatriborinane 予備名
ボロキシン　boroxin
シクロトリボロキサン　cyclotriboroxane
(1,3,5-トリオキサ-2,4,6-トリボラシクロヘキサン
1,3,5-trioxa-2,4,6-triboracyclohexane ではない)

1,3,5,2,4,6-トリチアトリボリナン 予備名　1,3,5,2,4,6-trithiatriborinane 予備名
ボルチイン　borthiin
シクロトリボラチアン　cyclotriborathiane
(1,3,5-トリチア-2,4,6-トリボラシクロヘキサン
1,3,5-trithia-2,4,6-triboracyclohexane ではない)

P-68.1.1.3.3　ポリシクロ環化合物およびスピロ化合物(P-23，P-24 も参照)

例：

2,5,7,10,11,14-ヘキサオキサ-1,6-ジボラビシクロ[4.4.4]テトラデカン PIN
2,5,7,10,11,14-hexaoxa-1,6-diborabicyclo[4.4.4]tetradecane PIN

2,4,8,10-テトラオキサ-3,9-ジボラスピロ[5.5]ウンデカン PIN
2,4,8,10-tetraoxa-3,9-diboraspiro[5.5]undecane PIN

P-68.1.1.3.4　縮合環系(P-25 も参照)

例：

ボラントレン PIN　boranthrene PIN

2-フェニル-2*H*,4*H*-[1,3,2]ジオキサボロロ[4,5-*d*]イミダゾール PIN
2-phenyl-2*H*,4*H*-[1,3,2]dioxaborolo[4,5-*d*]imidazole PIN

5*H*-ジベンゾ[*b*,*d*]ボロール PIN
5*H*-dibenzo[*b*,*d*]borole PIN

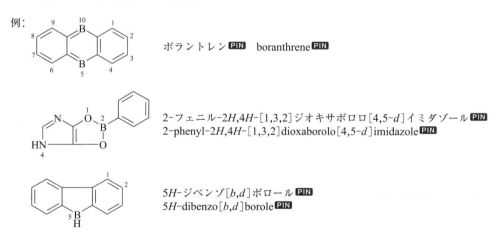

P-68.1.2　母体水素化物に由来する置換基の名称

ボランに由来する置換基 −BH₂ および =BH の名称は，P-29.2 に記載した方法(2)によりつくる．これらは予備選択接頭語である．

P-29.2 方法(1)によりボランから誘導される接頭語の名称は廃止した．

690   P-6　個々の化合物種類に対する適用

例：–BH₂　　　　　　　ボラニル 予備接頭　　boranyl 予備接頭
　　　　　　　　　　　（ボリル　boryl ではない）

　　＝BH　　　　　　　ボラニリデン 予備接頭　　boranylidene 予備接頭
　　　　　　　　　　　（ボリリデン　borylidene ではない）

　　＞BH　　　　　　　ボランジイル 予備接頭　　boranediyl 予備接頭
　　　　　　　　　　　（ボリリデン　borylidene ではない）
　　　　　　　　　　　（ボリレン　borylene ではない）

　　│
　　–B–　　　　　　　ボラントリイル 予備接頭　　boranetriyl 予備接頭
　　　　　　　　　　　（ボリリジン　borylidyne ではない）

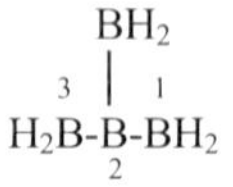

　　　　BH₂
　　　　│
　　3 │ 1
　H₂B-B-BH₂　　　　　2-ボラニルトリボラン(5) 予備名　　2-boranyltriborane(5) 予備名
　　　　2

　　1　2　3
　–BH-BH-BH₂　　　　トリボラン(5)-1-イル 予備接頭
　　　　　　　　　　　triboran(5)-1-yl 予備接頭

　–BH-O-BH₂　　　　ジボロキサニル 予備接頭
　　　　　　　　　　　diboroxanyl 予備接頭

　–BH-NH-BH₂　　　　(ボラニルアミノ)ボラニル 予備接頭
　　　　　　　　　　　(boranylamino)boranyl 予備接頭
　　　　　　　　　　　（ジボラザン-1-イル　diborazan-1-yl ではない）

　H₂Al–　　　　　　　アルマニル　　alumanyl

　H₂Ga–　　　　　　　ガラニル　　gallanyl

　H₂In–　　　　　　　インジガニル　　indiganyl

　H₂Tl–　　　　　　　タラニル　　thallanyl

　1　2　　　4　　　　6　　　　8　9
　CH₃-SiH₂-CH₂-SiH₂-CH₂-SiH₂-CH₂-BH-CH₂–　　2,4,6-トリシラ-8-ボラノナン-9-イル 優先接頭
　　　　　　　　　　　　　　　　　　　　　　　　2,4,6-trisila-8-boranonan-9-yl 優先接頭

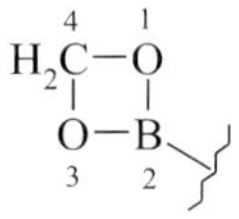

　H₂C—O　　　　　　　1,3,2-ジオキサボレタン-2-イル 優先接頭
　　　　　　　　　　　1,3,2-dioxaboretan-2-yl 優先接頭
　　O—B

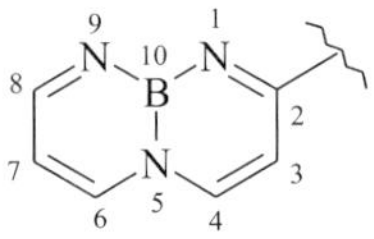

　　　　　　　　　　　[1,3,2]ジアザボリノ[1,2-a][1,3,2]ジアザボリン-2-イル 優先接頭
　　　　　　　　　　　[1,3,2]diazaborino[1,2-a][1,3,2]diazaborin-2-yl 優先接頭

P-68.1.3　水素化の程度の修飾

二重結合は P-31.1 に記載の語尾 ene を用いる方法により，最多非集積二重結合をもつ環系の飽和は P-31.2 に記載の接頭語 ヒドロ hydro を用いる方法により示す.

> 本勧告では，ヒドロ，デヒドロ接頭語は分離可能接頭語に分類されているが，アルファベット順に並べる分離可能接頭語の範疇には含まれない(P-14.4 を参照，P-15.1.5.2, P-31.2, P-58.2 も参照).

　　　　　1　2　3
例：HB＝B-BH₂　　　　トリボレン(5) 予備名　　triborene(5) 予備名

1-メチルデカヒドロ-1-ベンゾアルミニン
1-methyldecahydro-1-benzaluminine

P-68.1.4 官能性母体化合物

P-68.1.4.1 ホウ酸 boric acid, ボロン酸 boronic acid, ボリン酸 borinic acid は，それぞれ，化合物 B(OH)₃, HB(OH)₂, H₂B(OH) の保存された予備選択名であり(P-67.1.1 参照)，たとえば CH₃-B(OH)₂ がメチルボロン酸 methylboronic acid となるように，ホウ素原子に結合した水素原子を置換して誘導する塩，エステル，無水物の名称は PIN である．カルコゲン類縁体は，S, Se, Te が酸素を官能基代置したことを示す挿入語を用いて命名する．

このような酸名称は，該当する母体水素化物に基づき置換命名法により命名する他の 13 族元素には使用しない．CH₃-B(OH)₂ についての methaneboronic acid のような名称と methylboronic acid との比較については，P-67.1.1.2 を参照のこと．

例： CH₃-B(O⁻)₂ 2Na⁺   メチルボロン酸二ナトリウム PIN   disodium methylboronate PIN

CH₃-B(O⁻)(OH) Na⁺   メチルボロン酸=水素=ナトリウム PIN
sodium hydrogen methylboronate PIN

CH₃-B(OH)₂   メチルボロン酸 PIN   methylboronic acid PIN
（メチルボランジオール methylboranediol ではない）

(CH₃)₂B(SH)   ジメチルボリノチオ酸 PIN   dimethylborinothioic acid PIN
ジメチル(チオボリン)酸   dimethyl(thioborinic) acid
（ジメチルボランチオール dimethylboranethiol ではない）

B(S-CH₃)₃   ボロトリチオ酸トリメチル PIN   trimethyl borotrithioate PIN
トリチオホウ酸トリメチル   trimethyl trithioborate

```
        O-CH₃
         |
CH₃-CH₂-S-B-OH
```
ボロチオ酸=水素=S-エチル=O-メチル PIN
S-ethyl O-methyl hydrogen borothioate PIN
チオホウ酸水素 S-エチル O-メチル
S-ethyl O-methyl hydrogen thioborate

```
        Cl
         |
CH₃-CH₂-B-OH
```
エチルボロノクロリド酸 PIN   ethylboronochloridic acid PIN
エチルクロロボロン酸   ethylchloroboronic acid
（chloro が boronic acid の OH 基を置換）
クロロ(エチル)ボリン酸   chloro(ethyl)borinic acid
（chloro および ethyl が borinic acid の H 原子を置換）

```
        O-S-CH₃
         |
C₆H₅-B-O-CH₂-CH₃
```
フェニルボロノ(チオペルオキソ)酸=O-エチル=OS-メチル PIN
O-ethyl OS-methyl phenylborono(thioperoxoate) PIN
フェニル(チオペルオキシ)ボロン酸 O-エチル OS-メチル
O-ethyl OS-methyl phenyl(thioperoxy)boronate

(CH₃)₂Al-O⁻ Na⁺   ナトリウムジメチルアルマノラート   sodium dimethylalumanolate

(C₆H₅)₂B-NH-CH₂-CH₂-NH-B(C₆H₅)₂ (with N¹, N² labels)

N^1,N^2-ビス(ジフェニルボラニル)エタン-1,2-ジアミン PIN
N^1,N^2-bis(diphenylboranyl)ethane-1,2-diamine PIN
〔N,N'-(エタン-1,2-ジイル)ビス(ジフェニルボリン酸アミド)
N,N'-(ethane-1,2-diyl)bis(diphenylborinic amide),
N,N'-(エタン-1,2-ジイル)ビス(ジフェニルボランアミン)
N,N'-(ethane-1,2-diyl)bis(diphenylboranamine),
1,1,6,6-テトラフェニル-2,5-ジアザ-1,6-ジボラヘキサン
1,1,6,6-tetraphenyl-2,5-diaza-1,6-diborahexane
のいずれでもない〕

P-68.1.4.2 ホウ素の酸の置換基　　ホウ素の酸から誘導される置換基をつくるための一般的な方法は，P-67.1.4.2 に記載した．$(HO)_2B-$ の保存名 ボロノ borono を除き，その名称は母体水素化物 ボラン borane, BH_3 に基づき置換命名法でつくる．borono のカルコゲン類縁体は代置挿入語ではなく代置接頭語により命名する．

例：$(HO)_2B-$　　　ボロノ 予備接頭　borono 予備接頭
　　　　　　　　　ジヒドロキシボラニル　dihydroxyboranyl

　　$(HS)BH-$　　　スルファニルボラニル 予備接頭　sulfanylboranyl 予備接頭

　　$(HO)(HS)B-$　　チオボロノ 予備接頭　thioborono 予備接頭
　　　　　　　　　ヒドロキシ(スルファニル)ボラニル　hydroxy(sulfanyl)boranyl

　　$(HSe)_2B-$　　　ジセレノボロノ 予備接頭　diselenoborono 予備接頭
　　　　　　　　　ビス(セラニル)ボラニル　bis(selanyl)boranyl

　　$Cl-BH-$　　　　クロロボラニル 予備接頭　chloroboranyl 予備接頭
　　　　　　　　　（クロロボリル chloroboryl ではない）

　　$(H_2N)_2B-$　　ジアミノボラニル 予備接頭　diaminoboranyl 予備接頭

　　$(CH_3)_2B-O-$　　（ジメチルボラニル)オキシ 優先接頭　(dimethylboranyl)oxy 優先接頭

　　$CH_3-BH-NH-$　　（メチルボラニル)アミノ 優先接頭　(methylboranyl)amino 優先接頭

　　　　　OH
　　　　　│
　　　CH_3-B-　　　ヒドロキシ(メチル)ボラニル 優先接頭　hydroxy(methyl)boranyl 優先接頭

P-68.1.5　置換命名法

　ボラン BH_3 の誘導体は置換命名法により命名し，置換基は置換命名法の原則，規則，慣用に従い，接尾語と接頭語で示す．P-68.1.4 で説明した三つの酸は，予備選択名である保存名をもつ．

　誘導体は P-41 の一般規則に記述されている化合物種類の優先順位に基づいて命名する．したがって，保存名をもつ酸は他の接尾語に優先する．置換命名法で推奨されている場合は，P-43 に記載の一般規則に従い接尾語を用いる．有機化合物の命名のための優先順位をもつ接尾語が存在せず，母体水素化物の選択が可能な場合の優先順位は次のとおりである：N＞P＞As＞Sb＞Bi＞Si＞Ge＞Sn＞Pb＞B＞Al＞Ga＞In＞Tl＞O＞S＞Se＞Te＞C(置換基)．

> P-68.1.5.1　接尾語を使う命名法
> P-68.1.5.2　接頭語を使う命名法

P-68.1.5.1　接尾語を使う命名法　　接尾語が使える場合は，特性基を表すためにはそれを用い，接頭語は用いない．PIN は炭素原子を含む接尾語からつくる．

例：H_2B-CN　　　　ボランカルボニトリル PIN　boranecarbonitrile PIN

　　$(HO)_2B-B(OH)_2$　　次二ホウ酸 予備名　hypodiboric acid 予備名　（P-67.2.1 参照）
　　　　　　　　　ジボラン(4)テトラオール　diborane(4)tetrol
　　　　　　　　　〔テトラヒドロキシジボラン(4) tetrahydroxydiborane(4)ではない〕

　　$(CH_3)_2Tl-OH$　　ジメチルタラノール　dimethylthallanol
　　　　　　　　　ヒドロキシジメチルタラン　hydroxydimethylthallane

　　$(CH_3)_2Tl-O^-\ Na^+$　　ナトリウムジメチルタラノラート　sodium dimethylthallanolate

P-68 13, 14, 15, 16, 17族元素の有機化合物の命名法   693

$$HO-\overset{10}{\underset{9}{O}}\overset{1}{\underset{8}{B}}\overset{O}{\underset{O}{\overset{6}{\bigtriangleup}}}\overset{2}{\underset{4}{O}}\overset{3}{\underset{}{B}}-OH$$

2,4,8,10-テトラオキサ-3,9-ジボラスピロ[5.5]ウンデカン-3,9-ジオール **PIN**
2,4,8,10-tetraoxa-3,9-diboraspiro[5.5]undecane-3,9-diol **PIN**

P-68.1.5.2 接頭語を使う命名法

P-68.1.5.2.1 置換母体水素化物	P-68.1.5.2.3 上位の基をもつ化合物
P-68.1.5.2.2 橋かけ原子または橋かけ基をもつ化合物	

P-68.1.5.2.1 置換母体水素化物　　B, Al, In, Tl の母体水素化物につく置換基を表すためには通常の接頭語名を用いる.

例：B(CH$_3$)$_3$　　　　　　　　　トリメチルボラン **PIN**　trimethylborane **PIN**

Al(C$_2$H$_5$)$_3$　　　　　　　　　トリエチルアルマン　triethylalumane

$$\underset{HAl(CH_2-CH_2-\overset{|}{CH}-CH_3)_2}{\overset{CH_3}{}}$$
ビス(3-メチルブチル)アルマン　bis(3-methylbutyl)alumane

Al(O-CH$_2$-CH$_2$-CH$_2$-CH$_3$)$_3$　トリブトキシアルマン　tributoxyalumane

CH$_3$-CH$_2$-CH$_2$-CH$_2$-BH-$\overset{N'}{N}$H-BH-$\overset{N}{N}$H-BH-CH$_2$-CH$_2$-CH$_2$-CH$_3$
　　　　N,N'-ビス(ブチルボラニル)ボランジアミン **PIN**
　　　　N,N'-bis(butylboranyl)boranediamine **PIN**
　　　　　(1,5-ジブチルトリボラザン　1,5-dibutyltriborazane ではない)

$\overset{10}{}\overset{9}{}\overset{8}{}\overset{7}{}\overset{6}{}\overset{5}{}\overset{4}{}\overset{3}{}\overset{2}{}\overset{1}{}$
CH$_3$-B(CH$_3$)-CH$_2$-O-CH$_2$-CH$_2$-O-CH$_2$-B(CH$_3$)-CH$_3$
　　　　2,9-ジメチル-4,7-ジオキサ-2,9-ジボラデカン **PIN**
　　　　2,9-dimethyl-4,7-dioxa-2,9-diboradecane **PIN**
　　　　[エタン-1,2-ジイルビス(オキシメチレン)]ビス(ジメチルボラン)
　　　　[ethane-1,2-diylbis(oxymethylene)]bis(dimethylborane)

CH$_3$-CH$_2$-$\overset{N}{N}$-O-BH-$\overset{1}{C}$H$_2$-$\overset{2}{C}$H$_2$-BH-O-$\overset{N'}{N}$-CH$_2$-CH$_3$
　　　　　　$\overset{|}{C}$H$_2$-CH$_3$　　　　　　$\overset{|}{C}$H$_2$-CH$_3$
　　　　N,N'-[エタン-1,2-ジイルビス(ボランジイルオキシ)]ビス(N-エチルエタン-1-アミン) **PIN**
　　　　N,N'-[ethane-1,2-diylbis(boranediyloxy)]bis(N-ethylethan-1-amine) **PIN**
　　　　O,O'-[エタン-1,2-ジイルビス(ボランジイル)]ビス(N,N-ジエチルヒドロキシルアミン)
　　　　O,O'-[ethane-1,2-diylbis(boranediyl)]bis(N,N-diethylhydroxylamine)

$$\underset{}{\overset{1}{O}\overset{2}{B}-S-CH_3}\overset{3}{S}$$

2-(メチルスルファニル)-2H-1,3,2-オキサチアボレピン **PIN**
2-(methylsulfanyl)-2H-1,3,2-oxathiaborepine **PIN**

$$\begin{array}{c} H_3C \overset{2}{\underset{}{Si}} CH_3 \\ \overset{1}{O} \overset{}{-} \overset{}{Si} \overset{}{-} CH_3 \\ \overset{8}{} \quad \overset{3}{} \\ \overset{7}{} \quad \overset{4}{} CH_2\text{-}CH_3 \\ \overset{}{O} \overset{}{-} \overset{}{B} \overset{5}{} \\ \overset{6}{} \quad CH_2\text{-}CH_3 \end{array}$$

4,5-ジエチル-2,2,3-トリメチル-2,5,7,8-テトラヒドロ-1,6,2,5-ジオキサシラボロシン **PIN**
4,5-diethyl-2,2,3-trimethyl-2,5,7,8-tetrahydro-1,6,2,5-dioxasilaborocine **PIN**

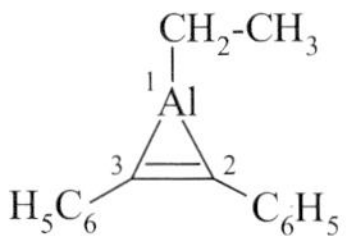

694 　　　　　　　　P-6　個々の化合物種類に対する適用

1-エチル-2,3-ジフェニル-1*H*-アルミニレン
1-ethyl-2,3-diphenyl-1*H*-aluminirene

P-68.1.5.2.2　橋かけ原子または橋かけ基をもつ化合物　　ジボラン，ポリボランおよび関連する Al, Ga, In, Tl 同族体のような 13 族元素のジヘテランとポリヘテランの誘導体は，置換命名法を用いて命名する．非橋かけ水素が置換されているときは，慣用的な方法で位置番号 1 を含む位置番号を用いる．橋かけ原子または橋かけ基は以下のように示す．

(a) 橋かけ置換基は，置換基の名称の直前にギリシャ文字 μ（ミュー）を付け，その接頭語名を名称の残りの部分からハイフンで分離して示す．

(b) 同じ種類の二つ以上の橋かけ置換基は，di-μ または bis-μ などによって示す．

(c) 橋かけ置換基は他の置換基とともに英数字順に列記する．

同じ置換基が橋かけ基および非橋かけ置換基として存在する場合は，橋かけ置換基をはじめに記載する．

例：

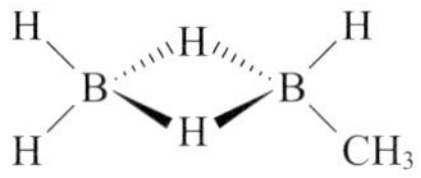

1-メチルジボラン(6) **PIN**
1-methyldiborane(6) **PIN**

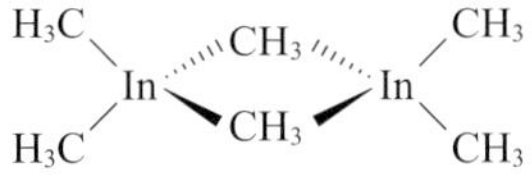

ジ-μ-メチル-テトラメチルジインジガン(6)
di-μ-methyl-tetramethyldiindigane(6)

ジ-μ-ヨード-1-ヨード-1,2,2-トリス（プロパ-2-エン-1-イル）ジインジガン(6)
di-μ-iodo-1-iodo-1,2,2-tris(prop-2-en-1-yl)diindigane(6)

記号 μ の適用例については，参考文献 12 の規則 IR-9.2.5.2 および IR-10.2.3.1 を参照されたい．

P-68.1.5.2.3　上位の基をもつ化合物　　優先順位上位の基が存在する場合，母体構造と接頭語は化合物種類の優先順位に従って選択する(P-41 参照)．

例：

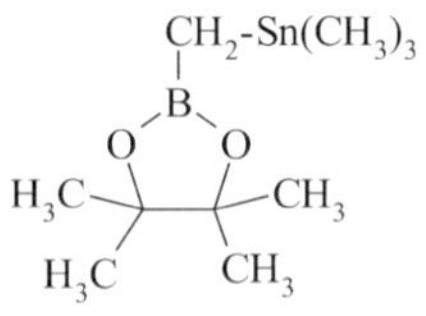

トリメチル［(4,4,5,5-テトラメチル-1,3,2-ジオキサボロラン-2-イル)メチル］スタンナン **PIN**
trimethyl［(4,4,5,5-tetramethyl-1,3,2-dioxaborolan-2-yl)methyl］stannane **PIN**
（Sn は B より上位）

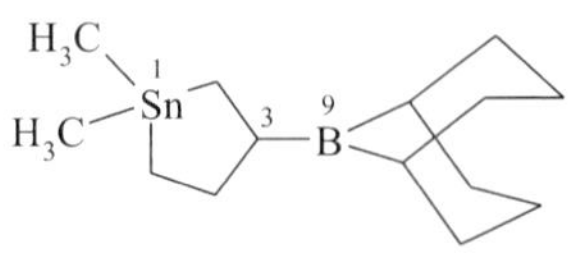

3-(9-ボラビシクロ［3.3.1］ノナン-9-イル)-1,1-ジメチルスタンノラン **PIN**
3-(9-borabicyclo［3.3.1］nonan-9-yl)-1,1-dimethylstannolane **PIN**

P-68 13, 14, 15, 16, 17 族元素の有機化合物の命名法 695

$(H_3C)_3Si$ $Si(CH_3)_3$

$(H_3C)_3Si\text{-}\underset{N'}{N}\text{-}BH\text{-}\underset{N}{N}\text{-}Si(CH_3)_3$

N,N,N',N'-テトラキス(トリメチルシリル)ボランジアミン **PIN**

N,N,N',N'-tetrakis(trimethylsilyl)boranediamine **PIN**

〔N,N'-ボランジイルビス[1,1,1-トリメチル-N-(トリメチルシリル)シランアミン]

N,N'-boranediylbis[1,1,1-trimethyl-N-(trimethylsilyl)silanamine]ではない.

Si は B より上位であるが，ジアミンはモノアミンより上位. P-44.1.1 参照〕

N-[クロロ(2,4,6-トリ-$tert$-ブチルフェニル)ガラニル]-1,1,1-トリメチル-
N-(トリメチルシリル)シランアミン

N-[chloro(2,4,6-tri-$tert$-butylphenyl)gallanyl]-1,1,1-trimethyl-N-(trimethylsilyl)silanamine

（Si は Ga より上位）

1-(2,4,6-トリ-$tert$-ブチルフェニル)-N,N,N',N'-テトラキス(トリメチルシリル)インジガンジアミン

1-(2,4,6-tri-$tert$-butylphenyl)-N,N,N',N'-tetrakis(trimethylsilyl)indiganediamine

〔N,N'-[(2,4,6-トリ-$tert$-ブチルフェニル)インジガンジイル]ビス[1,1,1-トリメチル-N-
(トリメチルシリル)シランアミン]

N,N'-[(2,4,6-tri-$tert$-butylphenyl)indiganediyl]bis[1,1,1-trimethyl-N-(trimethylsilyl)silanamine]

ではない. Si は In より上位であるが，ジアミンはモノアミンより上位. P-44.1.1 参照〕

$PH\text{-}C_6H_5$

$C_6H_5\text{-}Ga\text{-}PH\text{-}C_6H_5$

（フェニルガランジイル)ビス(フェニルホスファン)

(phenylgallanediyl)bis(phenylphosphane) （P は Ga より上位）

4,4′,4″-ボラントリイルトリアニリン **PIN**

4,4′,4″-boranetriyltrianiline **PIN** （倍数命名法による名称）

4,4′,4″-ボラントリイルトリス(ベンゼン-1-アミン)

4,4′,4″-boranetriyltris(benzen-1-amine)

$(CH_3)_2B$—〔4-フェニル-1-OH〕

4-(ジメチルボラニル)フェノール **PIN**

4-(dimethylboranyl)phenol **PIN**

4-ボロノ-2-ニトロ安息香酸 **PIN**

4-borono-2-nitrobenzoic acid **PIN**

$(CH_3)_3Si\text{-}BF_2$

（ジフルオロボラニル)トリメチルシラン **PIN**

(difluoroboranyl)trimethylsilane **PIN** （Si は B より上位）

〔(トリメチルシリル)ボロン酸ジフルオリド

(trimethylsilyl)boronic difluoride ではない. P-67.1.2.5.2 参照〕

$Ga(S\text{-}S\text{-}CH_2\text{-}CH_3)_3$

トリス(エチルジスルファニル)ガラン   tris(ethyldisulfanyl)gallane

トリス[エチル(ジチオペルオキシ)]ガラン   tris[ethyl(dithioperoxy)]gallane

Al(O-CO-[CH$_2$]$_{16}$-CH$_3$)$_3$ トリ(オクタデカン酸)アルマントリイル
                                  alumanetriyl tri(octadecanoate) （擬エステル）

P-68.1.6 付　加　物

　付加物 adduct は，二つの別の分子(A)と(B)が，結合の性質は変化しているがどちらの分子も原子の増減がないような形で直接結合(付加)することにより生じた新たな化学種(AB)である(参考文献 23 参照)．付加物は具体的には付加反応の生成物について使われる一般的な用語であり，適切に用いられている限り，よりあいまいな用語である‘錯体 complex’に優先して使用すべきである．1：1 以外の化学量論，たとえば，2：1 のビス付加物が可能である．A と B が同じ分子内に含まれる基である場合は分子内付加物ができる．

　この節では，ホウ素化合物を含むルイス付加物について，P-14.8 に記した有機付加物に関する一般原則に基づいて述べる．ルイス酸成分は，通常電子対受容体の有機ホウ素化合物である．ルイス塩基成分は常にではないが，有機窒素化合物であることが多い．

> 　有機化合物のみからなる付加物については，個々の成分は式中の化合物種類の優先順位(P-41 参照)の順に記載する．1979 規則(参考文献 1 の規則 D-1.55 参照)や“無機化学命名法”(参考文献 12)で推奨されているような付加物の化学種の数やアルファベット順とはしない．

P-68.1.6.1　ルイス付加物の構造　　これらの付加物は，分子レベルで混合されてできる別の化学種であってもよく，また確定できない方法で互いに結合しあっている化学種でもよい．そのような場合は，ドット記号を用いて構成要素を式中で互いに結びつける．結合が既知である場合，構成要素は用いる命名法の種類に応じてそれぞれに意味をもつ三つの異なる方法で示す．

　有機化学命名法の基本原則の一つは，描かれた構造に名称を付けることであり，実際の電子配置が何であるかを確認することではない．したがって，実際に描かれる可能性のある以下の構造のいずれも命名する用意が必要である．

(I)   (II)   (III)

　構造(I)は，参考文献 23 で以下のように定義されている‘供与’結合を用いて二つの構成要素の結びつきを示している．“配位結合は，生成する錯体で一方が共有電子対の供与体，他方が受容体として働く分子種間の相互作用に基づいてつくられる．たとえば H$_3$N → BH$_3$ における N → B 結合のような結合である．二つの隣接原子間で電子対が共有されることを意味する点で共有結合と配位結合は類似しているが，配位結合は顕著な極性，弱い結合強度，長い結合長をもつ点で異なっている．配位結合の明確な特徴は，気相中において最小エネルギーで開裂すること，不活性溶媒中においてヘテロリティックな結合開裂をすることである”．参考文献 23 の‘配位’の項では，結合電子の起源自身は生成する結合の性質には関係がなく，この用語は時代遅れであると記述されている．それにもかかわらず，矢印を用いると構成要素を別々の構造として扱うことがはっきりと示すことができ，有機化学の原則による付加物の命名法のために使える最も一般的な形式となる．したがって，本書ではルイス付加物を示すのにこの構造を用いる．

　構造(II)は，二つの電子からなる結合を電子の起源に関係なく記述するのに適した共有結合を用いた結びつきを示している(参考文献 23)．その構造の命名には配位の原則を用いた命名法が必要であり，そのような構造が示されていない場合でも，本書では配位名称をつくるのにそのような命名法を用いることになろう．厳密な共有結合を示す構造を命名するために有機化学の原則を使用すると，結合に関わる原子について中間的な結合数に用いるには大変不便な λ-標記の使用を必要とすることになるであろう．

P-68 13, 14, 15, 16, 17族元素の有機化合物の命名法 697

構造(III)は，構造(II)の別な形の表現であり，この構造の命名に有機化学の原則を用いるために必要となるであろう関連原子上の形式電荷を示している．

有機化学命名法の原則では両性イオン名(P-74 参照)が必要となろうが，有機化合物の命名では概して両性イオン名を避ける傾向にあり，この項では両性イオン名は記載していない．

ルイス付加物の式においては，一般に有機化合物であるルイス塩基を P-4 に示す環，環系，鎖の優先順に従って最初に書き，ついで無機化合物すなわち炭素を含まない化合物を数の増える順に，同数の場合は，化学式の最初の記号のアルファベット順に書く．その後，ルイス酸を同様の順番で書く．水を含む付加物は例外であり，水は常に最後に書く．

P-68.1.6.1.1 ルイス付加物命名のための一般的な有機化学的方法　中性ルイス塩基とルイス酸の間の付加物 adduct (付加化合物 addition compound)は，化学式で与えられる順に各構成要素の名称を書き長いダッシュ(全角ダッシュ，P-16.2.4.5 参照)で各構成要素の名称をつなぐか，あるいは接続元素記号を全角ダッシュでつなぎ丸括弧で囲った組を用いて命名する．各構成要素の分子数は，二つの方法で表す．

(1) 該当する倍数接頭語を用いる(ただし，mono は書かない)．
(2) 完全な名称のつぎにスペースをおき，その後に化学種の比を斜線(/)で区切ったアラビア数字として丸括弧内に入れて示す．水が存在する場合は名称の最後に書き，式単位当たりの水分子の数は丸括弧内の数字の最後に書く．

必要な場合，特に供与体や受容体原子が複数可能な場合は，付加している部分は，全角ダッシュ(P-16.2.4.5 参照)で結ばれたイタリック体元素記号を丸括弧に入れ，各構成要素の名称の間に記載することにより示す．元素記号はそれに最も近い構成要素を表している．構成要素の名称と元素記号を供与体-受容体の中に書き，必要に応じて構成要素の位置番号を該当する元素記号の前に付ける．

しかし，これらの'付加物名称'は PIN ではない．IUPAC による推奨名は，配位名称あるいは'無機'名称である(参考文献 12 参照)．したがって，本書ではこれらの付加物には PIN をつけない．PIN は，無機および配位化合物の PIN に関する今後の文書でつけられることになろう．

例：$BF_3 \cdot 2\,H_2O$　　　　トリフルオロボラン——水 (1/2)　trifluoroborane——water (1/2)
　　　　　　　　　　　　　　（予備選択母体化合物ボランより）
　　　　　　　　　　　　三フッ化ホウ素——二水　boron trifluoride——bis(water)
　　　　　　　　　　　　トリフルオリドホウ素二水和物　trifluoridoboron dihydrate

$(CH_3)_3N{\to}BCl_3$　　　*N*,*N*-ジメチルメタンアミン——トリクロロボラン (1/1)
　　　　　　　　　　　　N,*N*-dimethylmethanamine——trichloroborane (1/1)
　　　　　　　　　　　　トリクロリド(*N*,*N*-ジメチルメタンアミン-κ*N*)ホウ素
　　　　　　　　　　　　trichlorido(*N*,*N*-dimethylmethanamine-κ*N*)boron

$(CH_3\text{-}CH_2)_2S{\to}H_2B\text{-}CH_3$　　（エチルスルファニル)エタン——メチルボラン (1/1)
　　　　　　　　　　　　(ethylsulfanyl)ethane——methylborane (1/1)
　　　　　　　　　　　　[(エチルスルファニル-κ*S*)エタン]ジヒドリドメタニドホウ素
　　　　　　　　　　　　[(ethylsulfanyl-κ*S*)ethane]dihydridomethanidoboron

エタンアミン(*N*→*B²*)(*N*→*B⁴*)ペンタボラン(9) (2/1)
ethanamine(*N*→*B²*)(*N*→*B⁴*)pentaborane(9) (2/1)
2,4-ビス(エタンアミン-κ*N*)-2,3:2,5:3,4:4,5-テトラ-μ*H-nido*-ペンタボラン(9)
2,4-bis(ethanamine-κ*N*)-2,3:2,5:3,4:4,5-tetra-μ*H-nido*-pentaborane(9)

698   P-6 個々の化合物種類に対する適用

```
NH₂→BH₃     エタン-1,2-ジアミン――ボラン (1/2)
|          ethane-1,2-diamine――borane (1/2)
CH₂
|          エタン-1,2-ジアミン――ビス(ボラン)
CH₂        ethane-1,2-diamine――bis(borane)
|
NH₂→BH₃    μ-(エタン-1,2-ジアミン-1κN,2κN')-ビス(トリヒドリドホウ素)
           μ-(ethane-1,2-diamine-1κN,2κN')-bis(trihydridoboron)
```

(CH₃)₃N・(CH₃)₂S・B₁₂H₁₀

N,N-ジメチルメタンアミン――(メチルスルファニル)メタン――ドデカボラン(10) (1/1/1)
N,N-dimethylmethanamine――(methylsulfanyl)methane――dodecaborane(10) (1/1/1)
(トリメチル)アミン――(メチルスルファニル)メタン――ドデカボラン(10) (1/1/1)
(trimethyl)amine――(methylsulfanyl)methane――dodecaborane(10) (1/1/1)
(*N,N*-ジメチルメタンアミン)デカヒドリド[(メチルスルファニル)メタン]十二ホウ素
(*N,N*-dimethylmethanamine)decahydrido[(methylsulfanyl)methane]dodecaboron

H₃C-O-NH₂→BH₃   *O*-メチルヒドロキシルアミン(*N*――*B*)ボラン (1/1)
                 O-methylhydroxylamine(*N*――*B*)borane (1/1)
                 トリヒドリド(*O*-メチルヒドロキシルアミン-κ*N*)ホウ素
                 trihydrido(*O*-methylhydroxylamine-κ*N*)boron

(CH₃)₂NPF₂・B₄H₈ *N,N*-ジメチル亜ホスホロアミド酸ジフルオリド(*P*――*B*)テトラボラン(8) (1/1)
                 N,N-dimethylphosphoramidous difluoride(*P*――*B*)tetraborane(8) (1/1)
                 (*N,N*-ジメチル亜ホスホロアミド酸ジフルオリド-κ*P*)オクタヒドリド四ホウ素
                 (*N,N*-dimethylphosphoramidous difluoride-κ*P*)octahydridotetraboron

```
Ph-HN-CO-NH₂ → BH₃    N-フェニル尿素(N'――B)ボラン (1/1)
   N   N'             N-phenylurea(N'――B)borane (1/1)
                      トリヒドリド(N-フェニル尿素-κN')ホウ素
                      trihydrido(N-phenylurea-κN')boron
```

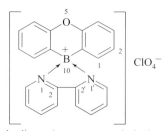

過塩素酸 2,2'-ビピリジン(*N*¹,*N*¹'――*B*)-10*H*-フェノキサボリン-10-イリウム
2,2'-bipyridine(*N*¹,*N*¹'――*B*)-10*H*-phenoxaborin-10-ylium perchlorate
過塩素酸(2,2'-ビピリジン-κ*N*¹,κ*N*¹')[2,2'-オキシビス(ベンゼン-1-イド-κ*C*¹)]ホウ素(1+)
(2,2'-bipyridine-κ*N*¹,κ*N*¹')[2,2'-oxybis(benzen-1-ido-κ*C*¹)]boron(1+) perchlorate

```
         N     N''
(CH₃)₂N-C=NH→GaH₃     N,N,N',N'-テトラメチルグアニジン(N''――Ga)ガラン (1/1)
         |            N,N,N',N'-tetramethylguanidine(N''――Ga)gallane (1/1)
        N(CH₃)₂       1,1,3,3-テトラメチルグアニジン(N²――Ga)ガラン (1/1)
         N'           1,1,3,3-tetramethylguanidine(N²――Ga)gallane (1/1)
                      トリヒドリド[1,1,3,3-テトラメチルグアニジン-κN²]ガリウム
                      trihydrido[1,1,3,3-tetramethylguanidine-κN²]gallium
```

P-68.1.6.1.2 分子内付加物　同一分子内でルイス塩基として機能する基とルイス酸として機能する別の基の間でできる分子内付加物は，規則 P-68.1.6.1 で述べたように，供与体-受容体の順に記した元素記号の組を括弧で囲み，化合物の名称の該当する部分の前に書いて表す．構成要素の比を示す記号は必要ない．

```
例：  H₂C-O                ジメチルボリン酸(N――B)-2-アミノエチル
      |   \B(CH₃)₂         (N――B)-2-aminoethyl dimethylborinate
      H₂C-N                (2-アミノ-κN-エタン-1-オラト-κO)ジメタニドホウ素
         H₂                (2-amino-κN-ethan-1-olato-κO)dimethanidoboron
```

P-68 13, 14, 15, 16, 17 族元素の有機化合物の命名法　　　　699

ボロジクロリド酸(*O*——*B*)-2-ニトロフェニル
(*O*——*B*)-2-nitrophenyl borodichloridate
(*O*——*B*)ジクロロ(2-ニトロフェノキシ)ボラン
(*O*——*B*)dichloro(2-nitrophenoxy)borane
ジクロリド(2-ニトロ-κ*O*-フェノラト-κ*O*)ホウ素
dichlorido(2-nitro-κ*O*-phenolato-κ*O*)boron

(*N*——*B*)-1-アザ-5-ボラビシクロ[3.3.3]ウンデカン
(*N*——*B*)-1-aza-5-borabicyclo[3.3.3]undecane　　（位置番号を構造式に示す）
[3,3′,3″-ニトリロ-κ*N*-トリス(プロパン-1-イル-κ*C*¹)]ホウ素
[3,3′,3″-nitrilo-κ*N*-tris(propan-1-yl-κ*C*¹)]boron
[3,3′,3″-ニトリロ-κ*N*-トリス(プロパン-1-イド-κ*C*¹)]ホウ素
[3,3′,3″-nitrilo-κ*N*-tris(propan-1-ido-κ*C*¹)]boron

注記: 構造が荷電をもつ系として示されている場合は，両性イオンとして命名する
(P-74.1.1 参照).

(*O*——*B*)-*N*-[(ジフルオロボラニル)オキシ]-*N*-ニトロソメタンアミン
(*O*——*B*)-*N*-[(difluoroboranyl)oxy]-*N*-nitrosomethanamine
ジフルオリド(*N*-ニトロソ-κ*O*-*N*-オキシド-κ*O*-メタンアミン)ホウ素
difluorido(*N*-nitroso-κ*O*-*N*-oxido-κ*O*-methanamine)boron

(*N*³——*B*)[2-(1*H*-ベンゾイミダゾール-2-イル)フェニル]ボロン酸
(*N*³——*B*)[2-(1*H*-benzimidazol-2-yl)phenyl]boronic acid
　[(*N*³——*B*)-2-[(ジヒドロキシボラニル)フェニル]ベンゾイミダゾール
　(*N*³——*B*)-2-[(dihydroxyboranyl)phenyl]benzimidazole ではない]
[2-(1*H*-ベンゾイミダゾール-
　　　　2-イル-κ*N*³)ベンゼン-1-イド-κ*C*¹]ジヒドロキシドホウ素
[2-(1*H*-benzimidazol-2-yl-κ*N*³)benzen-1-ido-κ*C*¹]dihydroxidoboron

[2(*O*——*B*)]ビス[(4-オキソペンタ-2-エン-2-イル)オキシ]ボラニリウムクロリド
[2(*O*——*B*)]bis[(4-oxopent-2-en-2-yl)oxy]boranylium chloride
ビス(4-オキソ-κ*O*-ペンタ-2-エン-2-オラト-κ*O*)ホウ素(1+)クロリド
bis(4-oxo-κ*O*-pent-2-en-2-olato-κ*O*)boron(1+) chloride

2,4-ジ-*tert*-ブチル-6-[({2-[({(*N*——*Ga*)-3,5-ジ-*tert*-ブチル-2-[(ジエチルガラニル)-
　　　　　　　　オキシ]フェニル}メチリデン)アミノ]エチル}イミノ)メチル]フェノール
2,4-di-*tert*-butyl-6-[({2-[({(*N*——*Ga*)-3,5-di-*tert*-butyl-2-[(diethylgallanyl)-
　　　　　　　　　　　oxy]phenyl}methylidene)amino]ethyl}imino)methyl]phenol
[2,4-ジ-*tert*-ブチル-6-{[(2-{[(3,5-ジ-*tert*-ブチル-2-ヒドロキシフェニル)メチリデン]アミノ}エチル)
　　　　　　　　イミノ-κ*N*]メチル}フェノラト-κ*O*]ジエタニドガリウム
[2,4-di-*tert*-butyl-6-{[(2-{[(3,5-di-*tert*-butyl-2-hydroxyphenyl)methylidene]amino}ethyl)imino-
　　　　　　　　κ*N*]methyl}phenolato-κ*O*]diethanidogallium

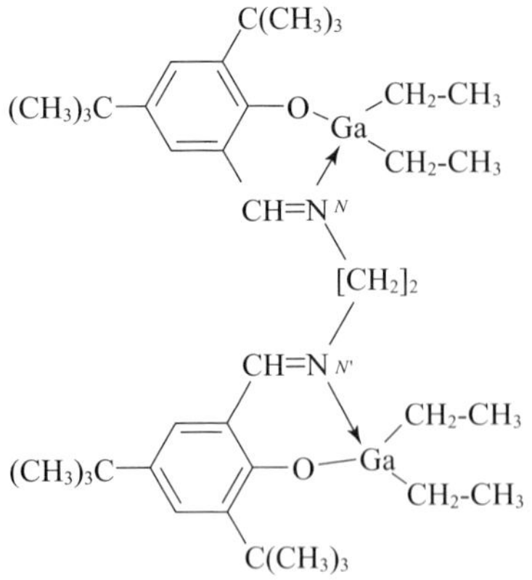

N,N'-ビス({3,5-ジ-*tert*-ブチル-2-[(ジエチルガラニル)オキシ]フェニル}メチリデン)-2(N——Ga)-エタン-1,2-ジアミン

N,N'-bis({3,5-di-*tert*-butyl-2-[(diethylgallanyl)oxy]phenyl}methylidene)-2(N——Ga)-ethane-1,2-diamine

(μ-{2,2′-[エタン-1,2-ジイルビス(アザニルイリデン-1κN:2κN'-メタニルイリデン)ビス(4,6-ジ-*tert*-ブチルフェノラト-1κO,2κO'})ビス[ジ(エタニド-1κ$^2C^1$,2κ$^2C^1$)ガリウム]

(μ-{2,2′-[ethane-1,2-diylbis(azanylylidene-1κN:2κN'-methanylylidene)bis(4,6-di-*tert*-butylphenolato-1κO:2κO'})bis[di(ethanido-1κ$^2C^1$, 2κ$^2C^1$)gallium]

P-68.2 14族元素化合物の命名法

P-68.2.0 はじめに

有機化合物の基礎としての炭素化合物の命名法はこれまでの章に記載されており，他の化合物との比較が必要なとき以外は，この項では例をあげない．

$Si(OH)_4$ のための保存名である ケイ酸 silicic acid（以前は オルトケイ酸 orthosilic acid）を除くすべてのケイ素化合物および大多数のゲルマニウム，スズ，鉛化合物は置換命名法の原則，規則，慣用に従って命名する．

炭素を含まないか本勧告で炭素化合物について定めた置換命名法の原則により命名できないゲルマニウム，スズ，鉛の化合物は，配位命名法の原則により命名する（参考文献 12 参照）．

> 本勧告では，ゲルマニウム，スズ，鉛の化合物の命名は，化合物種類の優先順位(P-41 参照)に従って接尾語を用いて行う．これは，これらの元素の化合物について接頭語のみを用いていた従来の方法からの変更である．

P-68.2.1 ケイ素，ゲルマニウム，スズ，鉛の母体水素化物	P-68.2.4 官能性母体化合物としてのケイ酸
	P-68.2.5 置換命名法：接尾語方式
P-68.2.2 母体水素化物に由来する置換基	P-68.2.6 置換命名法：接頭語方式
P-68.2.3 水素化の程度の修飾	

P-68.2.1 ケイ素，ゲルマニウム，スズ，鉛の母体水素化物

P-68.2.1.1 単核および鎖状母体水素化物
P-68.2.1.2 環状母体水素化物

P-68.2.1.1 単核および鎖状母体水素化物 鎖状母体水素化物の名称は，P-21 に記した一般規則に従ってつくる．それらは予備選択名である．

例：

$\overset{13}{H_3Sn}$-$[SnH_2]_{11}$-$\overset{1}{SnH_3}$ 　　トリデカスタンナン 予備名 　　tridecastannane 予備名

$\overset{5}{H_3Ge}$-$\overset{4}{Se}$-$\overset{3}{GeH_2}$-$\overset{2}{Se}$-$\overset{1}{GeH_3}$ 　　トリゲルマセレナン 予備名 　　trigermaselenane 予備名

P-68　13, 14, 15, 16, 17 族元素の有機化合物の命名法　　　　701

$\overset{4\,3}{H_3Si}\text{-}[O\text{-}SiH_2]_{20}\text{-}\overset{2}{O}\text{-}\overset{1}{SiH_3}$　　　ドコサシロキサン 予備名　docosasiloxane 予備名

$\overset{3}{H_3Pb}\text{-}\overset{2}{Te}\text{-}\overset{1}{PbH_3}$　　　ジプルンバテルラン 予備名　diplumbatellurane 予備名

$\overset{12}{CH_3}\text{-}\overset{11}{SiH_2}\text{-}\overset{10}{CH_2}\text{-}\overset{9}{CH_2}\text{-}\overset{8}{SiH_2}\text{-}\overset{7}{CH_2}\text{-}\overset{6}{CH_2}\text{-}\overset{5}{SiH_2}\text{-}\overset{4}{CH_2}\text{-}\overset{3}{CH_2}\text{-}\overset{2}{SiH_2}\text{-}\overset{1}{CH_3}$

2,5,8,11-テトラシラドデカン PIN　2,5,8,11-tetrasiladodecane PIN

エチレンビス[2-(メチルシリル)エチルシラン]　ethylenebis[2-(methylsilyl)ethylsilane]

P-68.2.1.2　環状母体水素化物

環状母体水素化物の名称と PIN は，P-22〜P-28 に記した規則に従ってつくる．炭素原子をもたない化合物の名称は予備選択名である．

例：$\begin{matrix} H_2Sn\text{-}SnH_2 \\ | \quad\quad | \\ H_2Sn\text{-}SnH_2 \end{matrix}$　　テトラスタンネタン 予備名　tetrastannetane 予備名

　　　　　　　　　　　（Hantzsch–Widman 名）

　　　　　　　　　　　シクロテトラスタンナン　cyclotetrastannane

　　　　　　　　　1,3,2-ジチアゲルモラン PIN
　　　　　　　　　1,3,2-dithiagermolane PIN

　　　　　　　　　1,3,5,7,2,4,6,8-テトラオキサテトラゲルモカン 予備名
　　　　　　　　　1,3,5,7,2,4,6,8-tetroxatetragermocane 予備名

　　　　　　　　　　　（Hantzsch–Widman 名）

　　　　　　　　　シクロテトラゲルモキサン　cyclotetragermoxane

　　　　　　　　　2,4,6,8,9,10-ヘキサチア-1,3,5,7-テトラシラアダマンタン 予備名
　　　　　　　　　2,4,6,8,9,10-hexathia-1,3,5,7-tetrasilaadamantane 予備名

　　　　　　　　　5-シラスピロ[4.5]デカン PIN
　　　　　　　　　5-silaspiro[4.5]decane PIN

P-68.2.2　母体水素化物に由来する置換基

単核母体水素化物に由来する置換基 $-XH_3$，$=XH_2$，$\equiv XH$（ここで X = Si, Ge, Sn, Pb）の名称は P-29.2 に記載された方法(1)を用いて命名する（X = B では異なる）．他のすべての置換基は，P-29.2 に記した一般的な方法(2)を用いて命名する．

例：$-SiH_3$　　　　シリル 予備接頭　silyl 予備接頭

　　$-GeH_3$　　　　ゲルミル 予備接頭　germyl 予備接頭

　　$-SnH_3$　　　　スタンニル 予備接頭　stannyl 予備接頭

　　$-PbH_3$　　　　プルンビル 予備接頭　plumbyl 予備接頭

　　$-SiH_2-$　　　シランジイル 予備接頭　silanediyl 予備接頭
　　　　　　　　　（シリレン silylene ではない）

　　$-GeH_2-$　　　ゲルマンジイル 予備接頭　germanediyl 予備接頭
　　　　　　　　　（ゲルミレン germylene ではない）

　　$-SnH_2-$　　　スタンナンジイル 予備接頭　stannanediyl 予備接頭
　　　　　　　　　（スタンニレン stannylene ではない）

–PbH₂–	プルンバンジイル 予備接頭	plumbanediyl 予備接頭
	（プルンビレン plumbylene ではない）	
=SiH₂	シリリデン 予備接頭	silylidene 予備接頭
	（シリレン silylene ではない）	
=PbH₂	プルンビリデン 予備接頭	plumbylidene 予備接頭
	（プルンビレン plumbylene ではない）	
≡GeH	ゲルミリジン 予備接頭	germylidyne 予備接頭
≡SnH	スタンニリジン 予備接頭	stannylidyne 予備接頭
≡SiH	シリリジン 予備接頭	silylidyne 予備接頭
–SiH=	シラニルイリデン 予備接頭	silanylylidene 予備接頭
–SnH<	スタンナントリイル 予備接頭	stannanetriyl 予備接頭
=Ge=	ゲルマンジイリデン 予備接頭	germanediylidene 予備接頭
>Pb<	プルンバンテトライル 予備接頭	plumbanetetrayl 予備接頭
H₃Si-SiH₂–	ジシラニル 予備接頭	disilanyl 予備接頭
	（ジシリル disilyl ではない）	
H₃³Ge-²GeH₂-¹GeH=	トリゲルマン-1-イリデン 予備接頭	trigerman-1-ylidene 予備接頭
–¹H₂Si-²SiH₂–	ジシラン-1,2-ジイル 予備接頭	disilane-1,2-diyl 予備接頭
²SiH₃-¹SiH<	ジシラン-1,1-ジイル 予備接頭	disilane-1,1-diyl 予備接頭

ヘキサシリナニル 予備接頭   hexasilinanyl 予備接頭
シクロヘキサシラニル   cyclohexasilanyl

2-ベンゾシリン-2-イル 優先接頭   2-benzosilin-2-yl 優先接頭

P-68.2.3 水素化の程度の修飾

二重結合は P-31.1 に記したように語尾 エン ene により，最多非集積二重結合構造の飽和は P-31.2 に記したように接頭語 ヒドロ hydro により示す．

> 本勧告では，接頭語 ヒドロ hydro およびデヒドロ dehydro は分離可能であるが，アルファベット順に並べる分離可能接頭語の範疇には含まれない(P-14.4 参照, P-15.1.5.2, P-31.2, P-58.2 も参照). これは，以前の勧告(参考文献 1,2)からの変更である．

例： H₂Ge=GeH₂   ジゲルメン 予備名   digermene 予備名

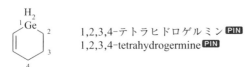

1,2,3,4-テトラヒドロゲルミン PIN
1,2,3,4-tetrahydrogermine PIN

P-68　13, 14, 15, 16, 17 族元素の有機化合物の命名法　703

P-68.2.4　官能性母体化合物としてのケイ酸

ケイ酸 silicic acid (以前は オルトケイ酸 orthosilicic acid)の命名法は，P-67.1.2 で説明した．ケイ酸のカルコゲン原子による官能基代置を示すには，接頭語のみで修飾する．他の原子や基の場合には官能基置は推奨しない．塩，エステル，酸無水物の名称は保存名ケイ酸から誘導する．ケイ酸のアミドはアミンに分類する．ケイ酸のヒドラジドはヒドラジンの誘導体と考える．

ケイ酸に由来する置換基の名称は，母体水素化物 シラン silane に基づいてつくる(P-67.1.4.2 参照)．

例：　(HO)$_3$Si–　　トリヒドロキシシリル 予備名　　trihydroxysilyl 予備名

　　　(HS)(HO)$_2$Si–　ジヒドロキシ(スルファニル)シリル 予備名
　　　　　　　　　　　dihydroxy(sulfanyl)silyl 予備名

　　　Si(NH$_2$)$_4$　　シランテトラアミン 予備名　　silanetetramine 予備名
　　　　　　　　　　　(ケイ酸テトラアミド silicic tetraamide ではない)

　　　Si(NH-NH$_2$)$_4$　1,1′,1″,1‴-シランテトライルテトラヒドラジン 予備名
　　　　　　　　　　　1,1′,1″,1‴-silanetetrayltetrahydrazine 予備名
　　　　　　　　　　　(ケイ酸テトラヒドラジド silicic tetrahydrazide ではない)

P-68.2.5　置換命名法：接尾語方式

慣用的には，ケイ素化合物は接尾語か接頭語により，ゲルマニウム，スズ，鉛化合物は接頭語のみにより表されてきた．接尾語の優先順位と接尾語が接頭語に優先することをふまえて，可能な限り接尾語を用いて優先名をつくるように完全に体系化すること推奨する．

例：　CH$_3$-Si(NH$_2$)$_3$　　　　　　1-メチルシラントリアミン PIN
　　　　　　　　　　　　　　　　1-methylsilanetriamine PIN

　　$\overset{N}{}$ $\overset{1}{}$ $\overset{N'}{}$
　　H$_3$Si-NH-SiH(CH$_3$)-NH-SiH$_3$　1-メチル-N,N′-ジシリルシランジアミン PIN
　　　　　　　　　　　　　　　　1-methyl-N,N′-disilylsilanediamine PIN
　　　　　　　　　　　　　　　　(3-メチルトリシラザン 3-methyltrisilazane ではない)

　　　(CH$_3$)$_2$Si(OH)$_2$　　　　　ジメチルシランジオール PIN
　　　　　　　　　　　　　　　　dimethylsilanediol PIN

　　　CH$_3$-NH-Si(OH)$_3$　　　　　(メチルアミノ)シラントリオール PIN
　　　　　　　　　　　　　　　　(methylamino)silanetriol PIN

　　　(CH$_3$)$_3$Si-COOH　　　　　トリメチルシランカルボン酸 PIN
　　　　　　　　　　　　　　　　trimethylsilanecarboxylic acid PIN

　　　CH$_3$-GeH$_2$-SH　　　　　　メチルゲルマンチオール PIN　　methylgermanethiol PIN
　　　　　　　　　　　　　　　　メチル(スルファニル)ゲルマン　　methyl(sulfanyl)germane

　　　　　　　　　　O
　　　　　　　　　　‖
　　$\overset{6}{}$　$\overset{5}{}$　$\overset{4}{}$　$\overset{3}{}$　$\overset{1}{}$
　CH$_3$-CH$_2$-CH-CH$_2$-C-CH$_3$　　4-(ジシリルメチル)ヘキサン-2-オン PIN
　　　　　　　　　　　　$\overset{}{}_2$　　4-(disilylmethyl)hexan-2-one PIN
　　　　　　CH(SiH$_3$)$_2$　　　　4-[ビス(シラニル)メチル]ヘキサン-2-オン
　　　　　　　　　　　　　　　　4-[bis(silanyl)methyl]hexan-2-one

　　　　　　　　　　　　　　　　1-ゲルマシクロテトラデカン-3-カルボニトリル PIN
　　　　　　　　　　　　　　　　1-germacyclotetradecane-3-carbonitrile PIN
　　　　　　　　　　　　　　　　3-シアノ-1-ゲルマシクロテトラデカン
　　　　　　　　　　　　　　　　3-cyano-1-germacyclotetradecane

　(H$_3$Si)$_2$N–〈　4　1　〉–CN　　4-(ジシリルアミノ)シクロヘキサン-1-カルボニトリル PIN
　　　　　　　　　　　　　　　　4-(disilylamino)cyclohexane-1-carbonitrile PIN
　　　　　　　　　　　　　　　　4-[ビス(シラニル)アミノ]シクロヘキサン-1-カルボニトリル
　　　　　　　　　　　　　　　　4-[bis(silanyl)amino]cyclohexane-1-carbonitrile

704 P-6 個々の化合物種類に対する適用

$$CH_3\text{-O-CO-CH}_2\text{-CH}_2\text{-CO-O-}\overset{\displaystyle CH_2\text{-CH}_2\text{-CH}_2\text{-CH}_3}{\underset{\displaystyle CH_2\text{-CH}_2\text{-CH}_2\text{-CH}_3}{|}}\overset{|}{Sn}\text{-O-CO-CH}_2\text{-CH}_2\text{-CO-O-CH}_3$$

ジブタン二酸=ジメチル=ジブチルスタンナンジイル **PIN**
dimethyl dibutylstannanediyl dibutanedioate **PIN** （P-65.6.3.3.4 参照）
ジブチルビス[(4-メトキシ-4-オキソブタノイル)オキシ]スタンナン
dibutylbis[(4-methoxy-4-oxobutanoyl)oxy]stannane

$[(CH_3)_3Si]_2CH\text{-SnH(OH)-CH}[Si(CH_3)_3]_2$

ビス[ビス(トリメチルシリル)メチル]スタンナノール **PIN**
bis[bis(trimethylsilyl)methyl]stannanol **PIN**
ヒドロキシビス[ビス(トリメチルシリル)メチル]スタンナン
hydroxybis[bis(trimethylsilyl)methyl]stannane

P-68.2.6 置換命名法: 接頭語方式

置換命名法について推奨される二つの方法により，接頭語が使える．

> P-68.2.6.1 置換母体水素化物
> P-68.2.6.2 14 族元素の優先順位

必要に応じ，母体構造と接頭語を化合物種類の優先順位に従って選ぶ(P-41 参照).

P-68.2.6.1 置換母体水素化物

例: $CH_3\text{-}[CH_2]_{11}\text{-SiH}_2\text{-}[CH_2]_{11}\text{-CH}_3$ ジ(ドデシル)シラン **PIN** di(dodecyl)silane **PIN**

1,1,2,2,3,3,4,4,5,5-デカメチル-6,6-ジフェニルヘキサシリナン **PIN**
1,1,2,2,3,3,4,4,5,5-decamethyl-6,6-diphenylhexasilinane **PIN**
（Hantzsch-Widman 名）
1,1,2,2,3,3,4,4,5,5-デカメチル-6,6-ジフェニルシクロヘキサシラン
1,1,2,2,3,3,4,4,5,5-decamethyl-6,6-diphenylcyclohexasilane

$CH_3\text{-CH}_2\text{-CH}_2\text{-CH}_2$ ／ $CH_2\text{-CH}_2\text{-CH}_2\text{-CH}_3$

1,1-ジブチル-1H-ゲルモール **PIN**
1,1-dibutyl-1H-germole **PIN**
（指示水素に注意）

1,1-ジメチル-3,4-ジ(プロパ-1-エン-2-イル)ゲルモラン **PIN**
1,1-dimethyl-3,4-di(prop-1-en-2-yl)germolane **PIN**
3,4-ジイソプロペニル-1,1-ジメチルゲルモラン
3,4-diisopropenyl-1,1-dimethylgermolane

ビス(4,5-ジヒドロチオフェン-2-イル)ジメチルゲルマン **PIN**
bis(4,5-dihydrothiophen-2-yl)dimethylgermane **PIN**
（Ge は S に優先する）

P-68.2.6.2 14 族元素の優先順位 より優先順位の高い基が存在する場合，母体構造と接頭語は優先順位 (P-41 と P-44 参照)および優先名の選択規則(P-45 参照)に従って選ぶ.

例：

$\overset{1'\,2'}{OHC\text{-}CH_2\text{-}[CH_2]_2\text{-}CH_2}\ \overset{5\quad 2\quad 1}{CH_2\text{-}[CH_2]_2\text{-}CH_2\text{-}CHO}$

$(CH_3)_2Ge\!-\!Ge(CH_3)_2$

5,5′-(1,1,2,2-テトラメチルジゲルマン-1,2-ジイル)ジ(ペンタナール) **PIN**
5,5′-(1,1,2,2-tetramethyldigermane-1,2-diyl)di(pentanal) **PIN**

$(CH_3\text{-}CH_2\text{-}O)_3Ge\text{-}\overset{3}{CH_2}\text{-}\overset{2}{CH_2}\text{-}\overset{1}{COO}\text{-}CH_3$

3-(トリエトキシゲルミル)プロパン酸メチル **PIN**
methyl 3-(triethoxygermyl)propanoate **PIN**

$CH_3\text{-}CH_2\text{-}CO\text{-}O\qquad O\text{-}CO\text{-}CH_2\text{-}CH_3$
$(CH_3)_2\overset{1}{Sn}\text{-}\overset{2}{O}\text{-}\overset{3}{Sn}(CH_3)_2$

ジプロパン酸1,1,3,3-テトラメチルジスタンノキサン-
1,3-ジイル **PIN**
1,1,3,3-tetramethyldistannoxane-1,3-diyl dipropanoate **PIN**

$H_3Pb\text{-}CH_2\text{-}PbH_2\text{-}CH_2\text{-}PbH_3$

［プルンバンジイルビス(メチレン)］ビス(プルンバン) **PIN**
[plumbanediylbis(methylene)]bis(plumbane) **PIN**
ビス(プルンビルメチル)プルンバン
bis(plumbylmethyl)plumbane

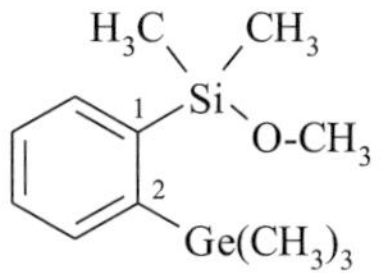

メトキシ(ジメチル)[2-(トリメチルゲルミル)フェニル]シラン **PIN**
methoxy(dimethyl)[2-(trimethylgermyl)phenyl]silane **PIN**
　(Si は Ge に優先する)

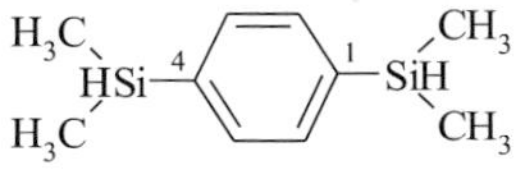

(1,4-フェニレン)ビス(ジメチルシラン) **PIN**
(1,4-phenylene)bis(dimethylsilane) **PIN**

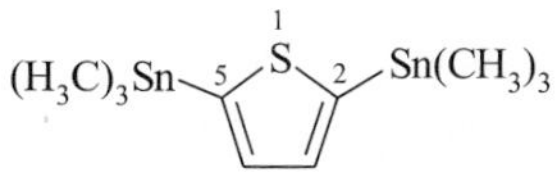

(チオフェン-2,5-ジイル)ビス(トリメチルスタンナン) **PIN**
(thiophene-2,5-diyl)bis(trimethylstannane) **PIN**
　(Sn は S に優先する．P-41 参照)

$[(CH_3)_3Si]_2CH\text{-}SnH(OH)\text{-}CH[Si(CH_3)_3]_2$

ビス［ビス(トリメチルシリル)メチル］スタンナノール **PIN**
bis[bis(trimethylsilyl)methyl]stannanol **PIN**
　(P-41 の表4・1の種類17により決定，種類26や種類28
　ではない)
ヒドロキシビス［ビス(トリメチルシリル)メチル］スタンナン
hydroxybis[bis(trimethylsilyl)methyl]stannane

P-68.3　15族元素化合物の命名法

命名法の観点では，15族元素化合物は次の三つの種類に分けられる．

(1) P-68.3.1　窒素化合物は，アミン，イミン(P-62 参照)，アミド，ヒドラジド，イミド，アミジン，アミド
ラゾン，ヒドラジジン，ニトリル，シアン化物(P-66 参照)として命名するか，ヒドラジン，トリアザンな
ど母体水素化物に基づいて置換命名法で命名するか，あるいはヒドロキシルアミンなどの官能性母体化
合物の誘導体として(P-68.3.1.1 参照)命名する．アゾン酸 azonic acid HN(OH)$_2$ とアジン酸 azinic acid
H$_2$N(OH) は，類似の P, As, Sb のオキソ酸とともに P-67 に記してある．

(2) P-68.3.2　リン，ヒ素，アンチモン化合物は，それらの酸を官能性母体として用いる官能種類命名法が重
要であるため，P-68.3.2 でまとめて議論する．酸以外の化合物は母体水素化物に基づいて置換命名法で
命名する．

(3) P-68.3.3　炭素を含み本勧告に記載の置換命名法の原則により命名できるビスマス化合物は，ビスムタ
ン bismuthane BiH$_3$ などの母体水素化物の置換により命名する(P-68.3.3 参照)．炭素を含まないか本勧
告で炭素化合物について定めた置換命名法の原則により命名できないビスマス化合物は，配位命名法の
原則により命名する(参考文献 12，IR-10 および P-69.2 も参照)．

706   P-6　個々の化合物種類に対する適用

P-68.3.1　窒 素 化 合 物

> P-68.3.1.0　は じ め に　　　　　P-68.3.1.2　ヒドラジンおよび関連化合物
> P-68.3.1.1　ヒドロキシルアミン，オキシム，　P-68.3.1.3　ジアゼンおよび関連化合物
> 　　　　　　ニトロル酸，ニトロソル酸　　　　P-68.3.1.4　ポリアザン

P-68.3.1.0　はじめに　　　多くの鎖状窒素化合物は保存名か官能種類名をもっている．これらの名称は GIN では使用できるが，ほとんどの鎖状窒素化合物の PIN は体系的命名法でつくる．ヒドロキシルアミンは予備選択名として，また尿素，グアニジン，ホルマザンは PIN として保存されている．他の保存名は体系的置換命名法の枠の中で用いられる．オキシムは官能種類名としてのみ保存されている．

P-68.3.1.1　ヒドロキシルアミン，オキシム，ニトロル酸，ニトロソル酸　　　この項では，一つの窒素原子をもつヒドロキシルアミン，オキシム，ニトロル酸，ニトロソル酸に属する化合物について示す．ニトロ化合物，ニトロソ化合物，イソシアナート，イソシアニドについては，P-61 で説明した．
　予備選択名である種類名ヒドロキシルアミンは，官能性母体化合物としても使用する．種類名オキシムは官能修飾語として使用する．ニトロル酸とニトロソル酸は擬ケトンのオキシムとして命名する．

> P-68.3.1.1.1　ヒドロキシルアミン　　P-68.3.1.1.3　ニトロル酸および
> P-68.3.1.1.2　オ キ シ ム　　　　　　　　　　　　　ニトロソル酸

P-68.3.1.1.1　ヒドロキシルアミン　　　保存名 ヒドロキシルアミン hydroxylamine は予備選択名であり，H_2N-OH の構造を指している．それは完全に置換可能な官能性母体化合物であり，例外的に酸素原子上でも置換できる．ヒドロキシルアミンの窒素または酸素原子上で置換が起こるとヒドロキシルアミンより上位の官能基が生まれる可能性があり，その場合の正しい名称は新しい官能基となる上位の化合物種類に基づく体系名である．

P-68.3.1.1.1.1　　　R-NH-OH または RR′N-OH の形の置換ヒドロキシルアミンは，より上位であるアミンの *N*-誘導体として命名する．

　例：CH_3-NH-OH　　*N*-ヒドロキシメタンアミン **PIN**　　*N*-hydroxymethanamine **PIN**
　　　　　　　　　　　N-メチルヒドロキシルアミン　　*N*-methylhydroxylamine

　　　$(CH_3)_2$N-OH　　*N*-ヒドロキシ-*N*-メチルメタンアミン **PIN**　　*N*-hydroxy-*N*-methylmethanamine **PIN**
　　　　　　　　　　　N,N-ジメチルヒドロキシルアミン　　*N,N*-dimethylhydroxylamine

　　　H_3Si-NH-OH　　*N*-ヒドロキシシランアミン 予備名　　*N*-hydroxysilanamine 予備名
　　　　　　　　　　　N-シリルヒドロキシルアミン　　*N*-silylhydroxylamine

　　　H_2B-NH-OH　　*N*-ヒドロキシボランアミン 予備名　　*N*-hydroxyboranamine 予備名
　　　　　　　　　　　N-ボラニルヒドロキシルアミン　　*N*-boranylhydroxylamine

アシル基でヒドロキシルアミンを *N*-置換すると ヒドロキサム酸 hydroxamic acid を生ずるが，本勧告ではこれを *N*-ヒドロキシアミド *N*-hydroxyamide と命名する（P-65.1.3.4 参照）．

　例：CH_3-CO-NH-OH　　　　*N*-ヒドロキシアセトアミド **PIN**　　*N*-hydroxyacetamide **PIN**
　　　　　　　　　　　　　　　（アセトヒドロキサム酸 acetohydroxamic acid ではない）

　　　CH_3-SO$_2$-NH-OH　　　　*N*-ヒドロキシメタンスルホンアミド **PIN**
　　　　　　　　　　　　　　　N-hydroxymethanesulfonamide **PIN**

P-68　13, 14, 15, 16, 17 族元素の有機化合物の命名法　　　　707

CH₃-CH₂-CO-NH-OH　　　N-ヒドロキシプロパンアミド **PIN**　　N-hydroxypropanamide **PIN**
　　　　　　　　　　　　　　（本勧告では，プロパノヒドロキサム酸 propanohydroxamic acid,
　　　　　　　　　　　　　　プロピオノヒドロキサム酸 propionohydroxamic acid
　　　　　　　　　　　　　　のいずれとも命名できない）

P-68.3.1.1.1.2　ヒドロキシルアミンの酸素原子上の置換　　ヒドロキシルアミンの酸素原子上での炭化水素
基またはアシル基による置換は O-置換として表現する．アルキルオキシアミン alkyloxyamine のような名称は
推奨しないし，ペルオキシアミド peroxyamide という種類も認めない．

　　例：H₂N-O-CH₃　　　　　　　　O-メチルヒドロキシルアミン **PIN**　　O-methylhydroxylamine **PIN**
　　　　　　　　　　　　　　　　　（メトキシアミン methoxyamine ではない）

　　　　H₂N-O-C₆H₅　　　　　　　O-フェニルヒドロキシルアミン **PIN**　　O-phenylhydroxylamine **PIN**
　　　　　　　　　　　　　　　　　（フェノキシアミン phenoxyamine ではない）

　　　　H₂N-O-CH₂-CH₂-O-NH₂　　O,O'-(エタン-1,2-ジイル)ビス(ヒドロキシルアミン)**PIN**
　　　　　　　　　　　　　　　　　O,O'-(ethane-1,2-diyl)bis(hydroxylamine)**PIN**

　　　　H₂N-O-CO-C₆H₅　　　　　O-ベンゾイルヒドロキシルアミン **PIN**　　O-benzoylhydroxylamine **PIN**
　　　　　　　　　　　　　　　　　（安息香酸アザニル azanyl benzoate ではない）

　　　　H₂N-O-SO-CH₃　　　　　　O-(メタンスルフィニル)ヒドロキシルアミン **PIN**
　　　　　　　　　　　　　　　　　O-(methanesulfinyl)hydroxylamine **PIN**
　　　　　　　　　　　　　　　　　（メタンスルフィン酸アザニル azanyl methanesulfinate ではない）

　-NHR または -NRR′ によりヒドロキシルアミンを O-置換すると，ジアゾキサン diazoxane の誘導体ではな
く，N-(アミノオキシ)アミン N-(aminooxy)amine を生じる．

　　例：$\overset{N}{H₂N}$-O-NH-CH₃　　N-(アミノオキシ)メタンアミン **PIN**　　N-(aminooxy)methanamine **PIN**
　　　　　　　　　　　　　　　　　（1-メチルジアゾキサン 1-methyldiazoxane ではない）

P-68.3.1.1.1.3　ヒドロキシルアミンの N,O-二置換　　窒素原子と酸素原子双方に置換したヒドロキシルアミ
ンは，RO 基の置換したアミンとして命名する．

　　例：CH₃-NH-O-CH₃　　　　　　N-メトキシメタンアミン **PIN**　　N-methoxymethanamine **PIN**
　　　　　　　　　　　　　　　　　N,O-ジメチルヒドロキシルアミン　　N,O-dimethylhydroxylamine

　　　　C₆H₅-NH-O-CH₂-CH₃　　N-エトキシアニリン **PIN**　　N-ethoxyaniline **PIN**
　　　　　　　　　　　　　　　　　O-エチル-N-フェニルヒドロキシルアミン　　O-ethyl-N-phenylhydroxylamine

$$CH_3\text{-}CH_2\text{-}\overset{N}{N}\text{-}O\text{-}\overset{1}{B}H\text{-}CH_2\text{-}CH_2\text{-}\overset{2}{B}H\text{-}O\text{-}\overset{N'}{N}\text{-}CH_2\text{-}CH_3$$
　　　　　　　　　　│　　　　　　　　　　│
　　　　　　　　　CH₂-CH₃　　　　　　　CH₂-CH₃

　　N,N'-[エタン-1,2-ジイルビス(ボランジイルオキシ)]ビス(N-エチルエタンアミン)**PIN**
　　N,N'-[ethane-1,2-diylbis(boranediyloxy)]bis(N-ethylethanamine)**PIN**
　　O,O'-[エタン-1,2-ジイルビス(ボランジイル)]ビス(N,N-ジエチルヒドロキシルアミン)
　　O,O'-[ethane-1,2-diylbis(boranediyl)]bis(N,N-diethylhydroxylamine)

　　　注記：アミンを主特性基とする化合物は "ア" 命名法では命名できない．また "ア" 鎖は酸素
　　　　　　原子で終わることができない．したがって，この化合物には "ア" 命名法を使用できない．

P-68.3.1.1.1.4　接尾語で通常表現される特性基によるヒドロキシルアミンの置換　　ヒドロキシルアミンは，
酸，アミドなどの特性基を表す接尾語が例外的に酸素原子に結合できる官能性母体である．名称では，文字位置
番号 O を接尾語の前に置く．
　窒素原子に特性基がつくと，一般的には上位の官能基をもつ化合物になる．

例：H₂N-O-SO₂-OH　ヒドロキシルアミン-*O*-スルホン酸 予備名　hydroxylamine-*O*-sulfonic acid 予備名
　　　　　　　　　　（硫酸水素アザニル azanyl hydrogen sulfate ではない）

　　　H₂N-O-COOH　ヒドロキシルアミン-*O*-カルボン酸 PIN　hydroxylamine-*O*-carboxylic acid PIN
　　　　　　　　　　（炭酸水素アザニル azanyl hydrogen carbonate ではない）

　　　H₂N-O-CO-NH₂　ヒドロキシルアミン-*O*-カルボキシアミド PIN　hydroxylamine-*O*-carboxamide PIN
　　　　　　　　　　（カルバミン酸アザニル azanyl carbamate ではない）

P-68.3.1.1.1.5　接頭語として表現されるヒドロキシルアミン　　接尾語として優先順位の高い特性基やより上位の母体水素化物がある場合は，該当する複合接頭語や重複合接頭語を用いる．

　　　−NH-OH　ヒドロキシアミノ 予備接頭　hydroxyamino 予備接頭

　　　>N-OH　ヒドロキシアザンジイル 予備接頭　hydroxyazanediyl 予備接頭

　　　−O-NH₂　アミノオキシ 予備接頭　aminooxy 予備接頭　（amino の最後の文字 o を省略しないことに注意）

例：

HO-NH—④〈benzene ring〉①—OH　　4-(ヒドロキシアミノ)フェノール PIN
　　　　　　　　　　　　　　　　4-(hydroxyamino)phenol PIN

H₂N-O-CH₂-CH₂-NH₂　②　①　　2-(アミノオキシ)エタン-1-アミン PIN
　　　　　　　　　　　　　　2-(aminooxy)ethan-1-amine PIN

H₂N-NH-CH₂-O-NH₂　　[(アミノオキシ)メチル]ヒドラジン PIN
　　　　　　　　　　　[(aminooxy)methyl]hydrazine PIN

HOOC〈benzene ring〉N(OH)〈benzene ring〉COOH　3,3′-(ヒドロキシアザンジイル)二安息香酸 PIN
　　　　　　　　　　　　　　　　　　　　　　3,3′-(hydroxyazanediyl)dibenzoic acid PIN

P-68.3.1.1.1.6　ヒドロキシルアミンのカルコゲン類縁体　　ヒドロキシルアミンのカルコゲン類縁体は，該当する官能基代置接頭語 チオ thio，セレノ seleno，テルロ telluro により示す．曖昧となる可能性を避けるために括弧が必要となる場合もある．置換は上記のヒドロキシルアミン誘導体に関する命名規則に従う．

例：H₂N-SH　　　チオヒドロキシルアミン 予備名　thiohydroxylamine 予備名

　　CH₃-NH-SH　　*N*-スルファニルメタンアミン PIN　*N*-sulfanylmethanamine PIN
　　　　　　　　　N-メチル(チオヒドロキシルアミン)　*N*-methyl(thiohydroxylamine)

　　CH₃-CO-NH-SH　*N*-スルファニルアセトアミド PIN　*N*-sulfanylacetamide PIN

　　H₂N-S-CH₃　　*S*-メチル(チオヒドロキシルアミン) PIN　*S*-methyl(thiohydroxylamine) PIN

P-68.3.1.1.2　オキシム　　一般構造 R-CH=N-OH または RR′C=N-OH の化合物の種類名はオキシムであり，さらにそれぞれ アルドキシム aldoxime と ケトキシム ketoxime とに分類されてきた．それらの GIN は，アルデヒドまたはケトンの名称の後に，別の語として種類名 オキシム oxime を置くことにより官能種類命名法の規則に従って命名する．PIN は，ヒドロキシルアミンの イリデン ylidene 誘導体として置換命名法でつくる．=N-OR 基を含む化合物は，アルコキシ置換イミンとして置換命名法で命名する．接尾語として優先順位の高い特性基がある場合，置換命名法ではオキシムを接頭語 ヒドロキシイミノ hydroxyimino で示す．

> 本勧告では，オキシムの PIN は，以前の規則で用いられていた官能種類命名法ではなく，置換命名法によりヒドロキシルアミンの イリデン ylidene 誘導体としてつくる．

P-68　13, 14, 15, 16, 17族元素の有機化合物の命名法

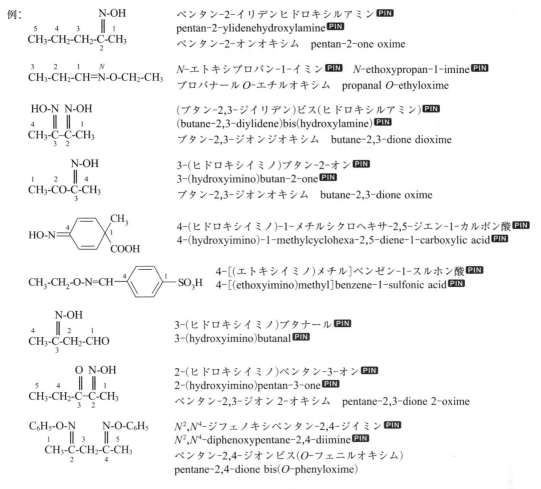

P-68.3.1.1.3　ニトロル酸およびニトロソル酸　　一般構造 R-C(=NOH)-NO₂, R-C(=NOH)-NO をもつ化合物は，それぞれ一般に ニトロル酸 nitrolic acid, ニトロソル酸 nitrosolic acid とよばれている．これらの GIN は置換命名法により擬ケトンのオキシムとして命名する．PIN はオキシムに関して上で述べたようにしてつくる (P-68.3.1.1.2 参照)．それらは，慣用的には，1位がニトロ基またはニトロソ基で置換されたアルデヒドのオキシムとして官能種類命名法により命名されていた．

例：　　　　　　　　　　N-(1-ニトロプロピリデン)ヒドロキシルアミン **PIN**
　　　³　　²　　¹　　N　　N-(1-nitropropylidene)hydroxylamine **PIN**
　CH₃-CH₂-C(=NOH)-NO₂　1-ニトロプロパナールオキシム　1-nitropropanal oxime
　　　　　　　　　　　　　1-ニトロプロパン-1-オンオキシム　1-nitropropan-1-one oxime

　　　²　　¹　　N　　　N-(1-ニトロソエチリデン)ヒドロキシルアミン **PIN**
　CH₃-C(=NOH)-NO　　N-(1-nitrosoethylidene)hydroxylamine **PIN**
　　　　　　　　　　　　1-ニトロソアセトアルデヒドオキシム　1-nitrosoacetaldehyde oxime
　　　　　　　　　　　　1-ニトロソエタン-1-オンオキシム　1-nitrosoethan-1-one oxime

P-68.3.1.2　ヒドラジンおよび関連化合物：ヒドラゾン，アジン，
　　　　　　　セミカルバジド，セミカルバゾンおよびカルボノヒドラジド

P-68.3.1.2.1　ヒドラジンと誘導体　　ヒドラジンは構造 H₂N-NH₂ を表す保存名である．予備選択名であり，体系的な ヘテラン heterane 名の ジアザン diazane に優先する．

710 　　　　　　　　　　P-6　個々の化合物種類に対する適用

ヒドラジンに由来する置換基は体系的に命名する.

> 予備選択母体水素化物ヒドラジン hydrazine から誘導される予備選択接頭語は，本勧告では，hydrazine から体系的につくる. $H_2N\text{-}NH-$ はヒドラジニル hydrazinyl, $H_2N\text{-}N=$ はヒドラジニリデン hydrazinylidene, $=N\text{-}N=$ はヒドラジンジイリデン hydrazinediylidene, $-NH\text{-}NH-$ はヒドラジン-1,2-ジイル hydrazine-1,2-diyl である. それぞれの対応する慣用名 ヒドラジノ hydrazino, ヒドラゾノ hydrazono, アジノ azino, ヒドラゾ hydrazo は，GIN としても廃止した.

$H_2N\text{-}NH-$　　　ヒドラジニル 予備接頭　hydrazinyl 予備接頭
　　　　　　　　　　ジアザニル　diazanyl
　　　　　　　　　　（ヒドラジノ hydrazino ではない）

$H_2N\text{-}N=$　　　　ヒドラジニリデン 予備接頭　hydrazinylidene 予備接頭
　　　　　　　　　　ジアザニリデン　diazanylidene
　　　　　　　　　　（ヒドラゾノ hydrazono ではない）

$=N\text{-}N=$　　　　ヒドラジンジイリデン 予備接頭　hydrazinediylidene 予備接頭
　　　　　　　　　　ジアザンジイリデン　diazanediylidene
　　　　　　　　　　（アジノ azino ではない）

$-NH\text{-}NH-$　　　ヒドラジン-1,2-ジイル 予備接頭　hydrazine-1,2-diyl 予備接頭
　　　　　　　　　　ジアザン-1,2-ジイル　diazane-1,2-diyl
　　　　　　　　　　（ヒドラゾ hydrazo ではない）

母体水素化物としてのヒドラジンの位置番号は，N と N' ではなく 1 と 2 を用いて付ける. ヒドラジンにつく炭化水素基は置換により，特性基は接尾語と接頭語により表現する.

例：
$(CH_3)_2\overset{1}{N}\text{-}\overset{2}{N}H_2$　　　　1,1-ジメチルヒドラジン PIN　1,1-dimethylhydrazine PIN

$C_6H_5\text{-}NH\text{-}NH_2$　　　フェニルヒドラジン PIN　phenylhydrazine PIN

$H_2N\text{-}NH\text{-}\overset{1}{C}H_2\text{-}\overset{N}{N}H_2$　　1-ヒドラジニルメタンアミン PIN　1-hydrazinylmethanamine PIN
　　　　　　　　　　（P-62.2.1.2 も参照）

$H_2N\text{-}NH\text{-}COOH$　　ヒドラジンカルボン酸 PIN　hydrazinecarboxylic acid PIN
　　　　　　　　　　（カルバジン酸 carbazic acid ではない）

$F_2N\text{-}NF_2$　　　　テトラフルオロヒドラジン　tetrafluorohydrazine
　　　　　　　　　　（予備選択名ヒドラジンに由来する）

$H_2N\text{-}NH\text{-}CH_2\text{-}CN$　　ヒドラジニルアセトニトリル PIN　hydrazinylacetonitrile PIN

$H_2N\text{-}CO\text{-}CH_2\text{-}\overset{3}{C}H_2\text{-}NH\text{-}NH\text{-}\overset{3'}{C}H_2\text{-}CH_2\text{-}CO\text{-}NH_2$　　3,3′-（ヒドラジン-1,2-ジイル）ジプロパンアミド PIN
　　　　　　　　　　　　　　　　　3,3′-(hydrazine-1,2-diyl)dipropanamide PIN
　　　　　　　　　　　　　　　　　（3,3′-ヒドラゾジプロパンアミド
　　　　　　　　　　　　　　　　　3,3′-hydrazodipropanamide ではない）

P-68.3.1.2.2　ヒドラゾン　　一般構造 RCH=N-NH$_2$ または RR′C=N-NH$_2$ をもつ化合物は ヒドラゾン hydrazone とよばれ，二つの方法により命名する.

(1) 母体水素化物 ヒドラジン hydrazine $H_2N\text{-}NH_2$ の誘導体として置換命名法により命名する.
(2) 化合物種類名 ヒドラゾン hydrazone を用いて官能種類命名法により命名する.

P-68 13, 14, 15, 16, 17族元素の有機化合物の命名法   711

方法(1)による名称が PIN となる.

> 本勧告では，ヒドラゾンの PIN は，以前の勧告のように官能種類命名法にはよらず，ヒドラジンの イリデン ylidene 誘導体としてつくる.

例:

$CH_3\text{-}CH_2\text{-}\overset{1}{CH}=\overset{2}{N}\text{-}NH_2$

プロピリデンヒドラジン **PIN**   propylidenehydrazine **PIN**
プロパナールヒドラゾン   propanal hydrazone

$(CH_3)_2N\text{-}N=C(CH_3)_2$

1,1-ジメチル-2-(プロパン-2-イリデン)ヒドラジン **PIN**
1,1-dimethyl-2-(propan-2-ylidene)hydrazine **PIN**
1,1-ジメチル-2-(1-メチルエチリデン)ヒドラジン
1,1-dimethyl-2-(1-methylethylidene)hydrazine
アセトンジメチルヒドラゾン   acetone dimethylhydrazone

$C_6H_5\text{-}NH\text{-}N=CH\text{-}CH=N\text{-}NH\text{-}C_6H_5$

1,1′-(エタン-1,2-ジイリデン)ビス(2-フェニルヒドラジン) **PIN**
1,1′-(ethane-1,2-diylidene)bis(2-phenylhydrazine) **PIN**
エタン-1,2-ジオンビス(フェニルヒドラゾン)
ethane-1,2-dione bis(phenylhydrazone)
オキサルアルデヒドビス(フェニルヒドラゾン)
oxalaldehyde bis(phenylhydrazone)

2-[(プロパン-2-イリデン)ヒドラジニル]安息香酸 **PIN**
2-[(propan-2-ylidene)hydrazinyl]benzoic acid **PIN**
2-[(1-メチルエチリデン)ヒドラジニル]安息香酸
2-[(1-methylethylidene)hydrazinyl]benzoic acid

$C_6H_5\text{-}NH\text{-}\overset{4}{N}=\overset{1}{}\text{-}COOH$

4-(フェニルヒドラジニリデン)シクロヘキサン-1-カルボン酸 **PIN**
4-(phenylhydrazinylidene)cyclohexane-1-carboxylic acid **PIN**

P-68.3.1.2.3 ア ジ ン

P-68.3.1.2.3.1   一般構造 R-CH=N-N=CH-R または RR′C=N-N=RR′ をもつ化合物は アジン azine とよばれ，二つの方法により命名する.

(1) ヒドラジンの誘導体として置換命名法により命名する.
(2) 化合物種類名アジン azine を用いて官能種類命名法により命名する.

方法(1)による名称が PIN となる.

> 本勧告では，アジンの PIN は，以前の勧告のように官能種類命名法にはよらず，ヒドラジンのイリデン ylidene 誘導体としてつくる.

例:

$(CH_3)_2C=\overset{1}{N}\text{-}\overset{2}{N}=C(CH_3)_2$

ジ(プロパン-2-イリデン)ヒドラジン **PIN**   di(propan-2-ylidene)hydrazine **PIN**
ビス(1-メチルエチリデン)ヒドラジン   bis(1-methylethylidene)hydrazine
アセトンアジン   acetone azine

P-68.3.1.2.3.2   アジンは，ヒドラジンの対称誘導体である．この条件が満たされていない場合，R-CH=N-N=CH-R′ または RRC=N-N=CR′R′ 構造をもつ化合物は二つの方法で命名する.

(1) ヒドラジンの非対称誘導体として命名する.
(2) 優先ケトンまたはアルデヒドの イリデンヒドラゾン ylidenehydrazone として命名する.

方法(1)による名称が PIN となる.

例：

$$CH_3$$
$$\underset{2\ 1}{=N-N=C}-CH_2-CH_3$$

（ブタン-2-イリデン）（シクロヘキシリデン）ヒドラジン **PIN**
(butan-2-ylidene)(cyclohexylidene)hydrazine **PIN**
シクロヘキシリデン(1-メチルプロピリデン)ヒドラジン
cyclohexylidene(1-methylpropylidene)hydrazine
シクロヘキサノンブタン-2-イリデンヒドラゾン
cyclohexanone butan-2-ylidenehydrazone

P-68.3.1.2.3.3 　　　上位の官能基が存在する場合は，接頭語 ヒドラジニリデン hydrazinylidene を置換基として用いる．倍数命名法では接頭語 ヒドラジンジイリデン hydrazinediylidene を使う.

例：

$$HOOC\overset{1}{-}\underset{4}{\bigcirc}=N-N=C(CH_3)_2$$

4-[(プロパン-2-イリデン)ヒドラジニリデン]シクロヘキサン-1-カルボン酸 **PIN**
4-[(propan-2-ylidene)hydrazinylidene]cyclohexane-1-carboxylic acid **PIN**
4-[(1-メチルエチリデン)ヒドラジニリデン]シクロヘキサン-1-カルボン酸
4-[(1-methylethylidene)hydrazinylidene]cyclohexane-1-carboxylic acid

$$HOOC\overset{1}{-}\underset{4}{\bigcirc}=N-N\overset{4'}{=}\underset{1'}{\bigcirc}-COOH$$

4,4′-ヒドラジンジイリデンジ(シクロヘキサン-1-カルボン酸) **PIN**
4,4′-hydrazinediylidenedi(cyclohexane-1-carboxylic acid) **PIN**

P-68.3.1.2.4　セミカルバジド　　　セミカルバジド semicarbazide は ヒドラジンカルボン酸 hydrazinecarboxylic acid のアミドである．接尾語で表される酸とアミドは官能基代置により修飾された酸とアミドに優先するので，これらの名称は カルボノヒドラジド酸 carbonohydrazidic acid および カルボノヒドラジド酸アミド carbonohydrazidic amide より上位である.

セミカルバジドは，体系名 ヒドラジンカルボキシアミド hydrazinecarboxamide をもつ化合物 $H_2N-NH-CO-NH_2$ の慣用名である．体系名が PIN である．体系名ではアミドについての通常の番号付けを推奨する．セミカルバジドの名称では特殊な番号付けが特徴となっている.

$$\underset{2\quad 1}{H_2N-NH}-CO-\overset{N}{NH_2}$$
ヒドラジンカルボキシアミド **PIN**
hydrazinecarboxamide **PIN**

$$\underset{1\quad 2}{H_2N-NH}-\overset{3}{CO}-\overset{4}{NH_2}$$
セミカルバジド
semicarbazide

> 母体セミカルバジドの PIN では数字による位置番号は廃止した.

例：
$$\underset{2\quad 1}{H_2N-NH}-CO-\overset{N}{NH}-C_6H_5$$
N-フェニルヒドラジンカルボキシアミド **PIN**
N-phenylhydrazinecarboxamide **PIN**
4-フェニルセミカルバジド　4-phenylsemicarbazide

$$\underset{2\quad 1}{H_2N-N}(CH_3)-CO-\overset{N}{NH}-CH_3$$
N,1-ジメチルヒドラジン-1-カルボキシアミド **PIN**
N,1-dimethylhydrazine-1-carboxamide **PIN**
2,4-ジメチルセミカルバジド　2,4-dimethylsemicarbazide

接頭語の $-HN-NH-CO-NH_2$ 基は，セミカルバジド semicarbazido, 2-カルバモイルヒドラジン-1-イル 優先接頭 2-carbamoylhydrazin-1-yl 優先接頭 , 2-(アミノカルボニル)ヒドラジン-1-イル 2-(aminocarbonyl)hydrazin-1-yl とよばれる.

例：
$$H_2N-CO-NH-NH-\overset{3}{CH_2}-\overset{2}{CH_2}-\overset{1}{COOH}$$
3-(2-カルバモイルヒドラジン-1-イル)プロパン酸 **PIN**
3-(2-carbamoylhydrazin-1-yl)propanoic acid **PIN**

P-68　13, 14, 15, 16, 17 族元素の有機化合物の命名法　　　　713

カルコゲン類縁体はアミドについて記載したように体系的に命名するか, 代置接頭語 チオ thio, セレノ seleno, テルロ telluro により修飾された化合物種類の用語 セミカルバジド semicarbazide, たとえば チオセミカルバジド thiosemicarbazide を用いて官能基代置命名法により体系的に命名する.

$$\overset{2}{H_2N}-\overset{1}{NH}-CSe-\overset{N}{NH_2}$$
ヒドラジンカルボセレノアミド PIN
hydrazinecarboselenoamide PIN

$$\overset{1}{H_2N}-\overset{2}{NH}-\overset{3}{CSe}-\overset{4}{NH_2}$$
セレノセミカルバジド
selenosemicarbazide

P-68.3.1.2.5　セミカルバゾン　　構造 R-CH=N-NH-CO-NR′R″ または RR′C=N-NH-CO-NR″R‴ をもつ化合物は, セミカルバゾン semicarbazone と総称される. これらの化合物は二つの方法により命名する.

(1) 官能性母体のヒドラジンカルボキシアミド hydrazinecarboxamide を用いて置換命名法により命名する.
(2) 対応するアルデヒドまたはケトンの名称の後に官能基種類修飾語 セミカルバゾン semicarbazone を置くことにより命名する.

方法(1)による名称が PIN となる.

> 官能種類名 セミカルバゾン semicarbazone の PIN では, 数字による位置番号は廃止した.

例:
$$\overset{2}{N}-\overset{1}{NH}-CO-\overset{N}{N}(C_6H_5)_2$$
$$\|$$
$$CH_3-CH_2-CH_2-C-CH_2-CH_3$$
2-(ヘキサン-3-イリデン)-*N,N*-ジフェニルヒドラジン-1-カルボキシアミド PIN
2-(hexan-3-ylidene)-*N,N*-diphenylhydrazine-1-carboxamide PIN
2-(1-エチルブチリデン)-*N,N*-ジフェニルヒドラジン-1-カルボキシアミド
2-(1-ethylbutylidene)-*N,N*-diphenylhydrazine-1-carboxamide
ヘキサン-3-オン 4,4-ジフェニルセミカルバゾン
hexan-3-one 4,4-diphenylsemicarbazone

接尾語としての上位の特性基が存在する場合は, 複合接頭語 カルバモイルヒドラジニリデン carbamoylhydrazinylidene を用いる. この接頭語は, 次のように番号付けする慣用名 セミカルバゾノ semicarbazono に優先する.

$$\overset{1}{=N}-\overset{2}{NH}-\overset{3}{CO}-\overset{4}{NH_2}$$

例:
$$N-NH-CO-N(CH_3)_2$$
$$\|$$
$$\overset{7}{CH_3}-\overset{6}{CH_2}-\overset{5}{CH_2}-\underset{4}{C}-\overset{3}{CH_2}-\overset{2}{CH_2}-\overset{1}{COOH}$$
4-[(ジメチルカルバモイル)ヒドラジニリデン]ヘプタン酸 PIN
4-[(dimethylcarbamoyl)hydrazinylidene]heptanoic acid PIN
4-(4,4-ジメチルセミカルバゾノ)ヘプタン酸
4-(4,4-dimethylsemicarbazono)heptanoic acid

カルコゲン類縁体は, アミドについて記載したように体系的に命名するか, 代置接頭語 チオ thio, セレノ seleno, テルロ telluro により修飾された化合物種類の用語 セミカルバゾン semicarbazone, たとえば, チオセミカルバゾン thiosemicarbazone を用いて官能基代置命名法により体系的に命名する. 接頭語 カルバモチオイルヒドラジニリデン carbamothioylhydrazinylidene は, 慣用接頭語 チオセミカルバゾノ thiosemicarbazono に優先する.

$$\overset{2}{H_2N}-\overset{1}{NH}-CS-\overset{N}{NH_2}$$
ヒドラジンカルボチオアミド PIN
hydrazinecarbothioamide PIN

$$\overset{1}{H_2N}-\overset{2}{NH}-\overset{3}{CS}-\overset{4}{NH_2}$$
チオセミカルバジド
thiosemicarbazide

714   P-6 個々の化合物種類に対する適用

例:

$$\overset{2}{N}\text{-}\overset{1}{NH}\text{-}CS\text{-}\overset{N}{N}(C_6H_5)_2$$
$$\|$$
$$CH_3\text{-}CH_2\text{-}CH_2\text{-}C\text{-}C_6H_5$$

N,N-ジフェニル-2-(1-フェニルブチリデン)ヒドラジン-1-カルボチオアミド **PIN**
N,N-diphenyl-2-(1-phenylbutylidene)hydrazine-1-carbothioamide **PIN**
1-フェニルブタン-1-オン 4,4-ジフェニルチオセミカルバゾン
1-phenylbutan-1-one 4,4-diphenylthiosemicarbazone

$$N\text{-}NH\text{-}CSe\text{-}N(CH_3)_2$$
$$\|$$
$$HOOC\text{-}\overset{7}{}\overset{6}{CH_2}\text{-}\overset{5}{CH_2}\text{-}\underset{4}{C}\text{-}\overset{3}{CH_2}\text{-}\overset{2}{CH_2}\text{-}\overset{1}{COOH}$$

4-[(ジメチルカルバモセレノイル)ヒドラジニリデン]ヘプタン二酸 **PIN**
4-[(dimethylcarbamoselenoyl)hydrazinylidene]heptanedioic acid **PIN**
4-[4,4-ジメチル(セレノセミカルバゾノ)]ヘプタン二酸
4-[4,4-dimethyl(selenosemicarbazono)]heptanedioic acid

P-68.3.1.2.6　ヒドラジンカルボヒドラジドおよび誘導体

化合物 $H_2N\text{-}NH\text{-}CO\text{-}NH\text{-}NH_2$ の PIN は ヒドラジンカルボヒドラジド hydrazinecarbohydrazide である．炭酸ジヒドラジド carbonic dihydrazide の名称も推奨するが GIN でのみ使える．カルボノヒドラジド carbonohydrazide, カルボヒドラジド carbohydrazide, カルバジド carbazide の名称は廃止した．体系名には体系的な番号付けをする．炭酸ジヒドラジド carbonic dihydrazide には，次のような特別な番号付けをする．

$$\overset{2}{H_2N}\text{-}\overset{1}{NH}\text{-}CO\text{-}\overset{N}{NH}\text{-}\overset{N'}{NH_2}$$
ヒドラジンカルボヒドラジド **PIN**
hydrazinecarbohydrazide **PIN**

$$\overset{N'''}{H_2N}\text{-}\overset{N''}{NH}\text{-}CO\text{-}\overset{N}{NH}\text{-}\overset{N'}{NH_2}$$
炭酸ジヒドラジド
carbonic dihydrazide

例:

$$CH_3$$
$$|\;2$$
$$C_6H_5\text{-}CH{=}\overset{N'}{N}\text{-}\overset{N}{NH}\text{-}CO\text{-}N\text{-}N{=}CH\text{-}CH_3$$

N'-ベンジリデン-2-エチリデン-1-メチルヒドラジン-1-カルボヒドラジド **PIN**
N'-benzylidene-2-ethylidene-1-methylhydrazine-1-carbohydrazide **PIN**
　（置換基を 2 個もった鎖が主鎖である）
N'''-ベンジリデン-N'-エチリデン-N-メチル炭酸ジヒドラジド
N'''-benzylidene-N'-ethylidene-N-methylcarbonic dihydrazide
　（N'-ベンジリデン-N'''-エチリデン-N''-メチル炭酸ジヒドラジド
　N'-benzylidene-N'''-ethylidene-N''-methylcarbonic dihydrazide ではない．
　位置番号の組 N,N',N''' は N',N'',N''' より小さい)

接頭語の $-NH\text{-}NH\text{-}CO\text{-}NH\text{-}NH_2$ 基および $=N\text{-}NH\text{-}CO\text{-}NH\text{-}NH_2$ 基は，それぞれ ヒドラジンカルボヒドラジド hydrazinecarbohydrazido, (ヒドラジンカルボニル)ヒドラジニリデン (hydrazinecarbonyl)hydrazinylidene とよばれる．これらの名称は優先接頭語である．

例:
$$H_2N\text{-}NH\text{-}CO\text{-}NH\text{-}NH\text{-}\overset{3}{CH_2}\text{-}CH_2\text{-}COOH$$
3-(ヒドラジンカルボヒドラジド)プロパン酸 **PIN**
3-(hydrazinecarbohydrazido)propanoic acid **PIN**

P-68.3.1.3　ジアゼンおよび関連化合物

P-68.3.1.3.1	ジアゼンの置換	P-68.3.1.3.5	ホルマザン $H_2N\text{-}N{=}CH\text{-}N{=}NH$
P-68.3.1.3.2	アゾ化合物 $R\text{-}N{=}N\text{-}R'$	P-68.3.1.3.6	カルボジアゾン〔ビス(ジアゼニル)
P-68.3.1.3.3	アゾキシ化合物 $R\text{-}N{=}N(O)\text{-}R'$		メタノン〕$HN{=}N\text{-}CO\text{-}N{=}NH$
P-68.3.1.3.4	ジアゼンカルボヒドラジド	P-68.3.1.3.7	イソジアゼン $R_2N^+{=}N^-$
	$HN{=}N\text{-}CO\text{-}NH\text{-}NH_2$		

P-68　13, 14, 15, 16, 17族元素の有機化合物の命名法　　　　　715

P-68.3.1.3.1　ジアゼンの置換　　ジアゼン diazene は母体水素化物 ジアザン diazane（P-68.3.1.2.1 参照）から誘導される修飾母体水素化物である．接頭語 ジアゼニル diazenyl は，予備選択接頭語である（P-32.1.1 参照）．

例：

OHC-N=N-CHO　（2, 1位表記）　　　ジアゼンジカルボアルデヒド **PIN**　diazenedicarbaldehyde **PIN**

C_6H_5-N=N-CN　（2, 1位表記）　　　フェニルジアゼンカルボニトリル **PIN**　phenyldiazenecarbonitrile **PIN**

CH_3-N=N-CH_2-COOH　　　　　（メチルジアゼニル）酢酸 **PIN**　（methyldiazenyl)acetic acid **PIN**

HN=N-CH_2-CH_2-COOH　　　　3-ジアゼニルプロパン酸 **PIN**　3-diazenylpropanoic acid **PIN**

（構造式：3位と4位にHN=N-基、1位にCOOHをもつベンゼン環）
3,4-ビス（ジアゼニル）安息香酸 **PIN**　3,4-bis(diazenyl)benzoic acid **PIN**

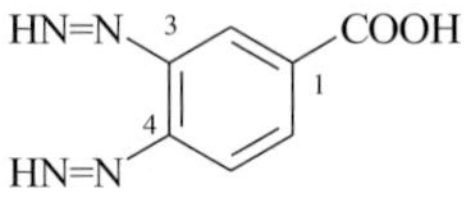

P-68.3.1.3.2　アゾ化合物 R-N=N-R′

　　注記：アゾ接頭語を用いたアゾ化合物の命名規則は，1979 規則（参考文献 1）では，非常に複雑であった．いわゆる‘古い方法’（規則 C-911）と CAS 索引命名法で 1972 年以前に使用されていた方法（規則 C-912）の二種の規則が推奨されていた．1979 規則（参考文献 1）で開発された基本的な規則に従っていない例がいくつかあるため（特に接尾語の扱いに関して），‘古い方法’（規則 C-911，参考文献 1）は完全に廃棄する必要がある．CAS が 1972 年に導入した母体水素化物名 ジアゼン diazene を使う新しい方法が，1993 年に採用された〔下記の方法(1)〕．これがこの分野に単純化と合理化をもたらしたので，本勧告では，PIN をつくるためにその方法を選択している．しかし，ここでは，GIN で使える別の名称として，1979 規則の規則 C-912 にある方法による名称も記述している．

　一般構造 R-N=N-R′（R と R′ は同一でも異なっていてもよい）をもつ化合物は，アゾ化合物の総称で知られている．これは二つの方法で命名する．

　(1) 母体ジアゼン diazene HN=NH を用いて置換命名法で命名する．
　(2) 慣用的な方法で接頭語 アゾ azo を用いて命名する（P-68.3.1.3.2.1）．

方法(1)による名称が PIN となる．

　アゾ化合物は，一つの −N=N− 基をもつモノアゾ化合物と二つの −N=N− 基をもつビス（アゾ）化合物などに分けられる．

P-68.3.1.3.2.1　　　対称のモノアゾ化合物 R-N=N-R は，以下のように命名する．

　(1) 該当する置換基により母体ジアゼン diazene HN=NH を置換する．
　(2) 母体水素化物 RH の名称にアゾ azo をつける．置換基は接頭語により通常の方法で示し，二つの RH 母体はプライムの付いた位置番号と付かない位置番号とで区別する．アゾ基には，できるだけ小さい位置番号を優先的に付ける．

方法(1)による名称が PIN となる．

例：CH_3-N=N-CH_3　　ジメチルジアゼン **PIN**　dimethyldiazene **PIN**
　　　　　　　　　　　アゾメタン　azomethane

　　C_6H_5-N=N-C_6H_5　　ジフェニルジアゼン **PIN**　diphenyldiazene **PIN**
　　　　　　　　　　　アゾベンゼン　azobenzene

716 P-6 個々の化合物種類に対する適用

(3-クロロフェニル)(4-クロロフェニル)ジアゼン **PIN**
(3-chlorophenyl)(4-chlorophenyl)diazene **PIN**
3,4′-ジクロロアゾベンゼン　3,4′-dichloroazobenzene
　（構造式に番号を示す）

(ナフタレン-1-イル)(ナフタレン-2-イル)ジアゼン **PIN**
(naphthalen-1-yl)(naphthalen-2-yl)diazene **PIN**
1,2′-アゾナフタレン　1,2′-azonaphthalene
　（構造式に番号を示す）

P-68.3.1.3.2.2　非対称モノアゾ化合物は二つの方法で命名する.

(1) 母体名称 ジアゼン diazene, HN=NH の前に該当する置換基名をアルファベット順に接頭語としておき, 置換命名法で命名する.

(2) 母体水素化物 RH と R′H の名称の間に アゾ azo を挿入する. 主鎖, 上位の環・環系を最初に書き, プライム記号なしの位置番号を付ける. もう一つの母体水素化物にはプライム付きの位置番号を付ける. 母体水素化物の結合する場所を示すため位置番号が必要な場合は, それぞれ接頭語 azo の直前または直後に置く.

方法(1)による名称が PIN となる.

例: CH₂=CH-N=N-CH₃

エテニル(メチル)ジアゼン **PIN**　ethenyl(methyl)diazene **PIN**
メチル(ビニル)ジアゼン　methyl(vinyl)diazene
エテンアゾメタン　etheneazomethane

(ナフタレン-2-イル)(フェニル)ジアゼン **PIN**
(naphthalen-2-yl)(phenyl)diazene **PIN**
ナフタレン-2-アゾベンゼン　naphthalene-2-azobenzene
　（構造式に番号を示す）

R に主特性基が置換している一般構造 R-N=N-R′ のモノアゾ化合物は, 有機ジアゼニル diazenyl 基, R′-N=N- により置換された母体水素化物 RH をもとに命名する. R と R′ の両方に同数の主特性基が置換している場合には, -N=N- の接頭語 ジアゼンジイル diazenediyl を用いる倍数命名法による名称が置換名に優先する.

例:

4-(フェニルジアゼニル)ベンゼン-1-スルホン酸 **PIN**
4-(phenyldiazenyl)benzene-1-sulfonic acid **PIN**

1-[(4-クロロ-2-メチルフェニル)ジアゼニル]ナフタレン-2-アミン **PIN**
1-[(4-chloro-2-methylphenyl)diazenyl]naphthalen-2-amine **PIN**
〔2-アミノナフタレン-1-アゾ-(4′-クロロ-2′-メチルベンゼン)
2-aminonaphthalene-1-azo-(4′-chloro-2′-methylbenzene)ではない
（参考文献 1, C-911.2 参照）, 主特性基であるアミンは接尾語で示さなければならない〕

4-[(2-ヒドロキシナフタレン-1-イル)ジアゼニル]ベンゼン-1-
　　　　　　　　　　　　　スルホン酸 **PIN**
4-[(2-hydroxynaphthalen-1-yl)diazenyl]benzene-1-sulfonic acid **PIN**
4-[(2-ヒドロキシ-1-ナフチル)アゾ]ベンゼン-1-スルホン酸
4-[(2-hydroxy-1-naphthyl)azo]benzene-1-sulfonic acid

4,4′-ジアゼンジイル二安息香酸 **PIN**
4,4′-diazenediyldibenzoic acid **PIN**
　（慣用名は 4,4′-アゾ安息香酸　4,4′-azobenzoic acid）

P-68.3.1.3.2.3 接尾語として記載すべき上位の特性基が存在しない場合は，ビス(アゾ)化合物およびそれより複雑な類縁体は，以下のように命名する.

(1) 上記 P-68.3.1.3.2.1 で述べたように ジアゼン diazene に基づき命名する. 最初に書く置換基は英数字順で選ぶ.

(2) P-68.3.1.3.2.1 で述べたように，接頭語 アゾ azo を用いて命名する.

(3) 接頭語 アゾ azo を用いて命名する. まず主母体水素化物を選び，ついで他の部分は有機アゾ基として置換する.

方法(1)による名称が PIN となる.

例:

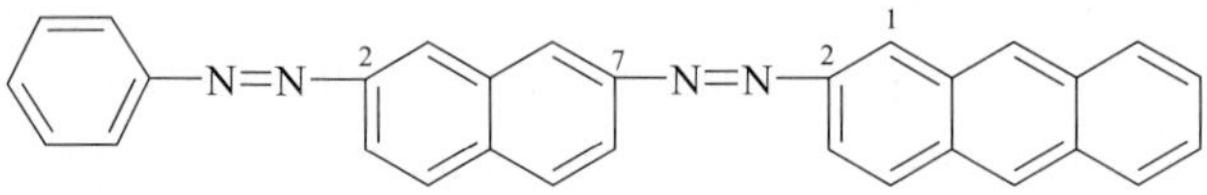

(1) [7-(アントラセン-2-イルジアゼニル)ナフタレン-2-イル]フェニルジアゼン **PIN**
　　[7-(anthracen-2-yldiazenyl)naphthalen-2-yl]phenyldiazene **PIN** (構造式に番号を示す)
　　〔((アントラセン-2-イル)[7-(フェニルジアゼニル)ナフタレン-2-イル]ジアゼン
　　(anthracen-2-yl)[7-(phenyldiazenyl)naphthalen-2-yl]diazene ではない.
　　それぞれの構成置換基には優先する位置番号がない(すなわち，同じ位置番号をもつ)ので，
　　アルファベット順で anthracenyldiazenyl が anthracenylphenyl に優先する.〕

(2) アントラセン-2-アゾ-2′-ナフタレン-7′-アゾベンゼン　anthracene-2-azo-2′-naphthalene-7′-azobenzene

(3) 2-{[7-(フェニルアゾ)ナフタレン-2-イル]アゾ}アントラセン
　　2-{[7-(phenylazo)naphthalen-2-yl]azo}anthracene

接尾語として上位の特性基が存在する場合は，接尾語の優先順位に基づき通常の置換操作を行う. PIN をつくるに際しては，接頭語 ジアゼニル diazenyl に基づく名称が アゾ azo を用いた名称に優先する.

例:

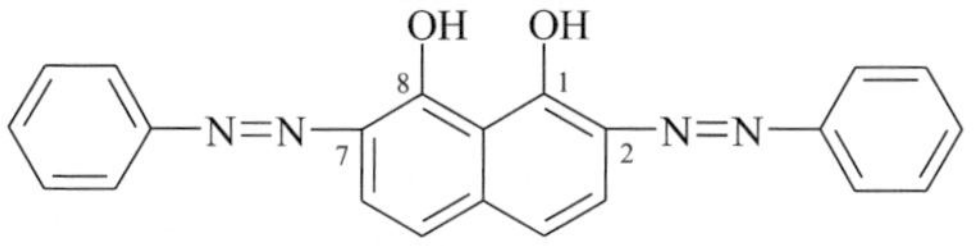

2,7-ビス(フェニルジアゼニル)ナフタレン-1,8-ジオール **PIN**
2,7-bis(phenyldiazenyl)naphthalene-1,8-diol **PIN**
2,7-ビス(フェニルアゾ)ナフタレン-1,8-ジオール
2,7-bis(phenylazo)naphthalene-1,8-diol

P-68.3.1.3.3　アゾキシ化合物 R-N=N(O)-R′

P-68.3.1.3.3.1　一般構造 R-N₂(O)-R′ (R ＝ R′ または R ≠ R′)をもつアゾ化合物の N-オキシドはアゾキシ化合物の総称で知られている. その命名法は 1993 年に改訂され(参考文献 2)，本勧告ではそれを用いている. アゾキシ化合物は，二つの異なる方法で命名する.

(1) 位置番号 1 または 2 を先に記したアゾ化合物の名称にオキシド oxide の語をつけて命名する.

(2) 接頭語 アゾ azo を アゾキシ azoxy で置き換え，＝N(O)基に関わる母体水素化物を示す位置番号 *NNO* と *ONN* を用いる慣用的方法により命名する. 一般構造 R-N(O)N-R′ において，記号 *NNO* は酸素原子が R′ 基に隣接する窒素原子に，記号 *ONN* は酸素原子が R 基に隣接する窒素原子に結合していることを示す. 結合位置が不明の場合には，記号 *NON* を用いる.

方法(1)による名称が PIN となる. アゾキシ化合物は，λ-標記を用いても，また両性イオンとしても命名できる.

例:　　　　　　　　　　　　　　　　　　$C_6H_5-N=N(O)-C_6H_5$

(1) ジフェニルジアゼン＝オキシド **PIN**　diphenyldiazene oxide **PIN**

(2) アゾキシベンゼン　azoxybenzene
　　1-オキソ-1,2-ジフェニル-1λ⁵-ジアゼン　1-oxo-1,2-diphenyl-1λ⁵-diazene　(P-74.2.2.1.4 参照)
　　(ジフェニルジアゼニウムイル)オキシダニド　(diphenyldiazeniumyl)oxidanide　(P-74.2.2.1.4 参照)

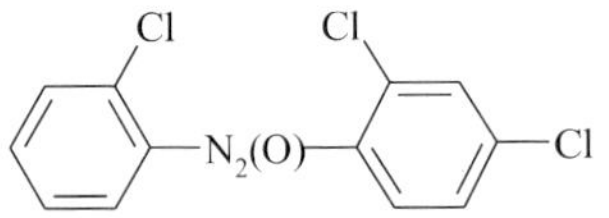

（2-クロロフェニル)(2,4-ジクロロフェニル)ジアゼン=オキシド **PIN**
(2-chlorophenyl)(2,4-dichlorophenyl)diazene oxide **PIN**
　（位置番号がないことは，結合位置が不明であることを示す）
2,2′,4-トリクロロアゾキシベンゼン　2,2′,4-trichloroazoxybenzene

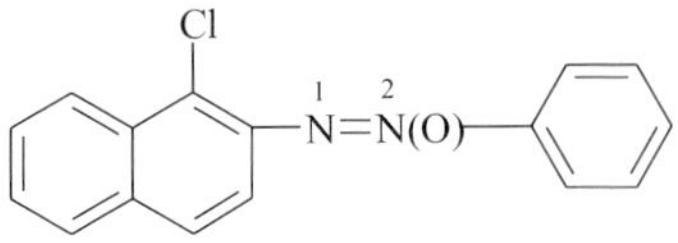

1-(1-クロロナフタレン-2-イル)-
　　　　　　　　2-フェニルジアゼン=2-オキシド **PIN**
1-(1-chloronaphthalen-2-yl)-2-phenyldiazene 2-oxide **PIN**
1-クロロ-2-(フェニル-*ONN*-アゾキシ)ナフタレン
1-chloro-2-(phenyl-*ONN*-azoxy)naphthalene

P-68.3.1.3.3.2　　　両性イオンが特性基を表す接尾語に優位するという一般的な優先順位により，ほかに優先するラジカルやイオン基がなければ，アゾキシ化合物は ジアゼンオキシド diazene oxide の誘導体として命名することが望ましい．GIN では，アゾキシ化合物を慣用的に命名する方法が保存されている．R が主特性基で置換された一般構造 R-N=N(O)-R′ または R′-N=N(O)-R のアゾキシ化合物は，母体水素化物 RH を R′-アゾキシ基で置換して命名し，酸素原子の位置は接頭語 *NNO*-，*ONN*-，*NON*- により示す．

例：

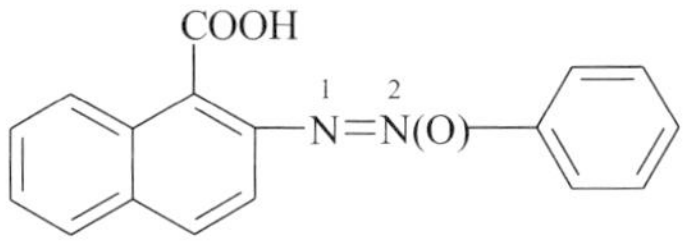

1-(1-カルボキシナフタレン-2-イル)-2-フェニルジアゼン=2-オキシド **PIN**
1-(1-carboxynaphthalen-2-yl)-2-phenyldiazene 2-oxide **PIN**
2-(フェニル-*ONN*-アゾキシ)ナフタレン-1-カルボン酸
2-(phenyl-*ONN*-azoxy)naphthalene-1-carboxylic acid
　〔2-(フェニル-*ONN*-アゾキシ)-1-ナフトエ酸 2-(phenyl-*ONN*-azoxy)-1-naphthoic acid ではない．
　ナフトエ酸上の置換は認められない〕

アゾキシ化合物を接頭語により表さなければならないときは，λ-標記を用いる置換命名法が優先する(P-14.1 参照).

例：

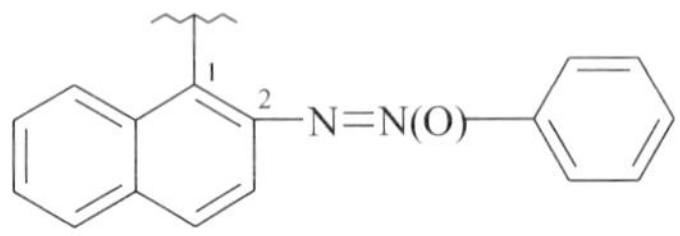

2-(2-フェニル-2-オキソ-2λ⁵-ジアゼニル)ナフタレン-1-イル 優先接頭
2-(2-phenyl-2-oxo-2λ⁵-diazenyl)naphthalen-1-yl 優先接頭
2-(2-オキシド-2-フェニルジアゼン-2-イウム-1-イル)ナフタレン-1-イル
2-(2-oxido-2-phenyldiazen-2-ium-1-yl)naphthalen-1-yl

P-68.3.1.3.4　ジアゼンカルボヒドラジド　HN=N-CO-NH-NH₂　　　ジアゼンカルボン酸 diazenecarboxylic acid の ヒドラジド HN=N-CO-NH-NH₂ は体系的に ジアゼンカルボヒドラジド diazenecarbohydrazide と命名され PIN である．カルバゾン carbazone の名称は廃止した．カルコゲン類縁体は挿入語と接頭語 チオ thio，セレノ seleno，テルロ telluro を用いて命名する．

$\overset{2}{H}N=\overset{1}{N}-CO-\overset{N}{N}H-\overset{N'}{N}H_2$　　ジアゼンカルボヒドラジド **PIN**　diazenecarbohydrazide **PIN**

$\overset{2}{H}N=\overset{1}{N}-CS-\overset{N}{N}H-\overset{N'}{N}H_2$　　ジアゼンカルボチオヒドラジド **PIN**　diazenecarbothiohydrazide **PIN**

　　注記：本勧告では廃止となっている名称 カルバゾン carbazone において用いられていた
　　位置番号は，PIN である ジアゼンカルボヒドラジド diazenecarbohydrazide では使わない．

例：
$C_6H_5-\overset{2}{N}=\overset{1}{N}-CO-\overset{N}{N}H-\overset{N'}{N}H-C_6H_5$　　*N*′,2-ジフェニルジアゼンカルボヒドラジド **PIN**
　　　　　　　　　　　　　　　　　　　　N′,2-diphenyldiazenecarbohydrazide **PIN**

$C_6H_5-\overset{2}{N}=\overset{1}{N}-CS-\overset{N}{N}H-\overset{N'}{N}H-C_6H_5$　　*N*′,2-ジフェニルジアゼンカルボチオヒドラジド **PIN**
　　　　　　　　　　　　　　　　　　　　N′,2-diphenyldiazenecarbothiohydrazide **PIN**

P-68　13, 14, 15, 16, 17族元素の有機化合物の命名法　　　　　　　　　719

接頭語の −HN-NH-CO-N=NH 基は 2-(ジアゼンカルボニル)ヒドラジン-1-イル 2-(diazenecarbonyl)hydrazin-1-yl または ジアゼンカルボヒドラジド 優先接頭 diazenecarbohydrazido 優先接頭 と命名する.

カルバゾノ carbazono の名称は廃止した. H₂N-NH-CO-N=N− 基は, (ヒドラジンカルボニル)ジアゼニル (hydrazinecarbonyl)diazenyl と命名する.

例:　　　　　HN=N-CO-NH-NH-CH₂-CH₂-COO-CH₂-CH₃
　　　　　3-(ジアゼンカルボヒドラジド)プロパン酸エチル PIN
　　　　　ethyl 3-(diazenecarbohydrazido)propanoate PIN
　　　　　3-[2-(ジアゼンカルボニル)ヒドラジン-1-イル]プロパン酸エチル
　　　　　ethyl 3-[2-(diazenecarbonyl)hydrazin-1-yl]propanoate

P-68.3.1.3.5　ホルマザン H₂N-N=CH-N=NH　　ジアゼンカルボアルデヒド diazenecarbaldehyde のヒドラゾン H₂N-N=CH-N=NH は, 保存名でも PIN でもある ホルマザン formazan の名称をもつ. これには特殊な方法で番号がついている. これは母体水素化物 ジアゼン diazene の誘導体として置換命名法でも命名できる. その誘導体も同様にして命名する.

$$\overset{5\ \ 4\ \ 3\ \ 2\ \ 1}{H_2N\text{-}N=CH\text{-}N=NH}\qquad\qquad \overset{\ \ \ \ \ \ \ \ \ \ 1\ \ 2}{H_2N\text{-}N=CH\text{-}N=NH}$$
　　　　　ホルマザン PIN　　　　　　　　(ヒドラジニリデンメチル)ジアゼン
　　　　　formazan PIN　　　　　　　　　(hydrazinylidenemethyl)diazene

P-68.3.1.3.5.1　ホルマザンの誘導体　　接頭語のみ存在している場合や主特性基がホルマザン構造に直接結合している場合は, PIN はホルマザンの誘導体として体系的につくる. それ以外の場合は, 名称作成に使う優先規則に従って官能基の付いたホルマザンの母体を表現する必要がある(P-4 参照).

例:　$\overset{5\ \ 4\ \ \ 3\ \ \ \ \ \ \ 2\ \ 1}{H_2N\text{-}N=C(C_6H_5)\text{-}N=N\text{-}C_6H_5}$
　　　　　1,3-ジフェニルホルマザン PIN　1,3-diphenylformazan PIN
　　　　　[ヒドラジニリデン(フェニル)メチル]フェニルジアゼン
　　　　　[hydrazinylidene(phenyl)methyl]phenyldiazene
　　　　　フェニル(フェニルジアゼニル)メタノンヒドラゾン
　　　　　phenyl(phenyldiazenyl)methanone hydrazone

　$\overset{5\ \ \ 4\ \ \ \ 3\ \ \ \ \ \ \ \ 2\ \ 1}{C_6H_5\text{-}NH\text{-}N=C(C_6H_5)\text{-}N=NH}$
　　　　　3,5-ジフェニルホルマザン PIN　3,5-diphenylformazan PIN
　　　　　[フェニル(フェニルヒドラジニリデン)メチル]ジアゼン
　　　　　[phenyl(phenylhydrazinylidene)methyl]diazene
　　　　　フェニル(ジアゼニル)メタノン 2-フェニルヒドラゾン
　　　　　phenyl(diazenyl)methanone 2-phenylhydrazone

　　　　　　　　COOH
　$\overset{5\ \ \ \ 4\ \ \ |\ \ \ \ 2\ \ 1}{C_6H_5\text{-}NH\text{-}N=C\text{-}N=N\text{-}C_6H_5}$
　　　　　　　　　　3
　　　　　1,5-ジフェニルホルマザン-3-カルボン酸 PIN
　　　　　1,5-diphenylformazan-3-carboxylic acid PIN
　　　　　(フェニルジアゼニル)(フェニルヒドラジニリデン)酢酸
　　　　　(phenyldiazenyl)(phenylhydrazinylidene)acetic acid

　　　　　　　$\overset{2\ \ \ \ 3}{CO\text{-}CH_3}$
　　　　　　　　|
　$\overset{\ 1}{C_6H_5\text{-}NH\text{-}N=C\text{-}N=N\text{-}C_6H_5}$
　　　　　1-(フェニルジアゼニル)-
　　　　　　　　　　　1-(フェニルヒドラジニリデン)プロパン-2-オン PIN
　　　　　1-(phenyldiazenyl)-1-(phenylhydrazinylidene)propan-2-one PIN
　　　　　3-アセチル-1,5-ジフェニルホルマザン　3-acetyl-1,5-diphenylformazan

　　　　　　　$\overset{1}{CO\text{-}C_6H_5}$
　　　　　　　　|
　$\overset{\ 2}{C_6H_5\text{-}NH\text{-}N=C\text{-}N=N\text{-}C_6H_5}$
　　　　　1-フェニル-2-(フェニルジアゼニル)-2-
　　　　　　　　　　　(フェニルヒドラジニリデン)エタン-1-オン PIN
　　　　　1-phenyl-2-(phenyldiazenyl)-2-(phenylhydrazinylidene)ethan-1-one PIN
　　　　　3-ベンゾイル-1,5-ジフェニルホルマザン
　　　　　3-benzoyl-1,5-diphenylformazan

　$\overset{\ \ \ \ \ \ \ \ \ \ \ N\ \ \ \ \ N'}{CH_3\text{-}CO\text{-}NH\text{-}N=CH\text{-}N=N\text{-}C_6H_5}$
　　　　　N'-[(フェニルジアゼニル)メチリデン]アセトヒドラジド PIN
　　　　　N'-[(phenyldiazenyl)methylidene]acetohydrazide PIN

P-68.3.1.3.5.2　ホルマザンに由来する置換命名法のための接頭語　ホルマザン formazan に由来する置換基は以下のとおりで，保存名が優先接頭語となる．

優先接頭語　　　　　　　　　　　　　　　　　　**体系的接頭語**

$\overset{5}{H_2N}-\overset{4}{N}=\overset{3}{CH}-\overset{2}{N}=\overset{1}{N}-$　ホルマザン-1-イル　　　　　　（ヒドラジニリデンメチル）ジアゼニル
formazan-1-yl　　　　　　　　　　（hydrazinylidenemethyl)diazenyl

$\overset{1}{HN}=\overset{2}{N}-\overset{3}{CH}=\overset{4}{N}-\overset{5}{NH}-$　ホルマザン-5-イル　　　　　　（ジアゼニルメチリデン）ヒドラジニル
formazan-5-yl　　　　　　　　　　（diazenylmethylidene)hydrazinyl

$\overset{5}{H_2N}-\overset{4}{N}=\overset{|}{\underset{3}{C}}-\overset{2}{N}=\overset{1}{NH}$　ホルマザン-3-イル　　　　　　ジアゼニル（ヒドラジニリデン）メチル
formazan-3-yl　　　　　　　　　　diazenyl(hydrazinylidene)methyl

$-\overset{5}{HN}-\overset{4}{N}=\overset{3}{CH}-\overset{2}{N}=\overset{1}{N}-$　ホルマザン-1,5-ジイル
formazan-1,5-diyl

$\overset{1}{HN}=\overset{2}{N}-\overset{|}{\underset{3}{C}}-\overset{4}{N}-\overset{5}{NH}-$　ホルマザン-3,5-ジイル
formazan-3,5-diyl

$=\overset{5}{N}-\overset{4}{N}=\overset{3}{CH}-\overset{2}{N}=\overset{1}{N}-$　ホルマザン-1-イル-5-イリデン
formazan-1-yl-5-ylidene

$=\overset{5}{N}-\overset{4}{N}=\overset{|}{\underset{3}{C}}-\overset{2}{N}=\overset{1}{NH}$　ホルマザン-3-イル-5-イリデン
formazan-3-yl-5-ylidene

$-\overset{5}{NH}-\overset{4}{N}=\overset{|}{\underset{3}{C}}-\overset{2}{N}=\overset{1}{N}-$　ホルマザン-1,3,5-トリイル
formazan-1,3,5-triyl

例:　　　　　$\overset{2}{CH_2}-\overset{1}{COOH}$　　　3-(フェニルジアゼニル)-3-(フェニルヒドラジニリデン)プロパン酸 **PIN**
　　　　　　　　　|　　　　　　　　　3-(phenyldiazenyl)-3-(phenylhydrazinylidene)propanoic acid **PIN**
　　$C_6H_5-NH-N=\underset{3}{C}-N=N-C_6H_5$　　（プロパン酸は酢酸より上位）
　　　　　　　　　　　　　　　　　　　（1,5-ジフェニルホルマザン-3-イル）酢酸
　　　　　　　　　　　　　　　　　　　(1,5-diphenylformazan-3-yl)acetic acid

3,3′-(3-シアノホルマザン-1,5-ジイル)ビス(4-ヒドロキシベンゼン-1-スルホン酸) **PIN**
3,3′-(3-cyanoformazan-1,5-diyl)bis(4-hydroxybenzene-1-sulfonic acid) **PIN**
3-(2-{シアノ[(2-ヒドロキシ-5-スルホフェニル)ジアゼニル]メチリデン}ヒドラジニル)-4-
　　　　　　　　　　　　　　　　　　ヒドロキシベンゼン-1-スルホン酸
3-(2-{cyano[(2-hydroxy-5-sulfophenyl)diazenyl]methylidene}hydrazinyl)-4-
　　　　　　　　　　　　　　　　　hydroxybenzene-1-sulfonic acid
〔3-({シアノ[(2-ヒドロキシ-5-スルホフェニル)ヒドラジニリデン]メチル}ジアゼニル)-4-
　　　　　　　　　　　　　　　　　　ヒドロキシベンゼン-1-スルホン酸
3-({cyano[(2-hydroxy-5-sulfophenyl)hydrazinylidene]methyl}diazenyl)-4-
　　　　　　　　　　　　　　　　　hydroxybenzene-1-sulfonic acid ではない
(cyanohydroxysulfophenyldiazenyl… は cyanohydroxysulfophenylhydrazinylidene…
よりもアルファベット順で前である)〕

P-68　13, 14, 15, 16, 17 族元素の有機化合物の命名法　　　　721

P-68.3.1.3.6　カルボジアゾン〔ビス(ジアゼニル)メタノン〕HN=N-CO-N=NH　　化合物 HN=N-CO-N=NH の体系名は ビス(ジアゼニル)メタノン bis(diazenyl)methanone であり，その炭化水素誘導体は置換命名法で命名する．そのようにして得た名称は PIN であり，保存名 カルボジアゾン carbodiazone で表される名称に優先する．カルボジアゾンは特殊な番号付けによりどのようにも置換でき，GIN で使用できる．単に接尾語 オン one で表されるケトンが母体構造 ジアザン diazane や ジアゼン diazene に優先するという理由で，ビス(ジアゼニル)メタノン bis(diazenyl)methanone の名称は 1,1′-カルボニルビス(ジアゼン) 1,1′-carbonylbis(diazene) に優先する(P-41 参照).

ビス(ジアゼニル)メタノン bis(diazenyl)methanone のカルコゲン類縁体も，体系的にそれぞれ ビス(ジアゼニル)メタンチオン bis(diazenyl)methanethione, セロン selone, テロン tellone と命名する．接頭語 チオ thio, セレノ seleno, テルロ telluro は GIN において名称 カルボジアゾン carbodiazone とともに用いる.

例:
HN=N-CO-N=NH
ビス(ジアゼニル)メタノン **PIN**
bis(diazenyl)methanone **PIN**
〔1,1′-カルボニルビス(ジアゼン)
1,1′-carbonylbis(diazene)ではない〕

$\overset{1}{H}N=\overset{2}{N}-\overset{3}{C}O-\overset{4}{N}=\overset{5}{N}H$
カルボジアゾン
carbodiazone

HN=N-CS-N=NH
ビス(ジアゼニル)メタンチオン **PIN**
bis(diazenyl)methanethione **PIN**
チオカルボジアゾン　thiocarbodiazone

HN=N-CO-N=N–
(ジアゼンカルボニル)ジアゼニル 優先接頭
(diazenecarbonyl)diazenyl 優先接頭

C₆H₅-N=N-CO-N=N-C₆H₅
ビス(フェニルジアゼニル)メタノン **PIN**
bis(phenyldiazenyl)methanone **PIN**
1,5-ジフェニルカルボジアゾン
1,5-diphenylcarbodiazone

P-68.3.1.3.7　イソジアゼン R₂N⁺=N⁻　　一般構造 R₂N-N: ↔ R₂N⁺=N⁻ をもつ化合物は イソジアゼン isodiazene と総称され，母体ラジカルである ヒドラジニリデン hydrazinylidene H₂N-N: に基づいて置換命名法で命名する．母体水素化物名イソジアゼンに基づく名称ではなく，この方法による名称が PIN となる.

例: (CH₃)₂N-N:　ジメチルヒドラジニリデン **PIN**　dimethylhydrazinylidene **PIN**
ジメチルイソジアゼン　dimethylisodiazene

P-68.3.1.4　ポリアザン

P-68.3.1.4.1　　鎖状 ポリアザン polyazane は，窒素原子の飽和した鎖である．ヒドラジンは保存名であり，ジアザン diazane H₂N-NH₂ の予備選択名である．名称は，単核母体水素化物名 アザン azane に該当する倍数接頭語を付けて，炭化水素と同じように番号付けする．母体水素化物は，予備選択名である(P-12.2 参照)．倍数接頭語の最後の a は azane の前でも省略しない.

例:
$CH_3-\overset{1}{N}H-\overset{2}{N}H-\overset{3}{N}H_2$
1-メチルトリアザン **PIN**
1-methyltriazane **PIN**

$CH_3-\overset{1}{N}H-\overset{2}{N}(CH_3)-\overset{3}{N}H-\overset{4}{N}H_2$
1,2-ジメチルテトラアザン **PIN**
1,2-dimethyltetraazane **PIN**

対応する接頭語は，P-29 に記した一般的方法に従って命名する．慣用名 トリアザノ triazano, トリアゼノ triazeno は，本勧告では エピトリアザノ epitriazano, エピトリアゼノ epitriazeno とよばれ(P-25.4.2.1.4 参照)，橋かけ縮合環名における橋の名称であり，置換基名として用いてはならない.

722   P-6 個々の化合物種類に対する適用

> トリアザノ triazano や テトラアザノ tetrazano など，以前橋かけ縮合環系の橋の命名
> に用いられていた名称自身は，本勧告で廃止となり，エピトリアザノ epitriazano など
> の名称で置き換えられた．しかし，P-29 に記載されているような体系的接頭語名，つ
> まり triazan-1-yl などがつくられたのは変更とみなすべきである(P-25.4.2.1.4 参照)．

H_2N-NH-NH– （3 2 1）   トリアザン-1-イル 予備接頭   triazan-1-yl 予備接頭
                        （トリアザノ triazano ではない）

HN=N-NH– （3 2 1）   トリアザ-2-エン-1-イル 予備接頭   triaz-2-en-1-yl 予備接頭
                      （トリアザ-2-エノ triaz-2-eno ではない）

例： NH=N-NH—〈benzene ring〉—COOH （4, 1）
    4-(トリアザ-2-エン-1-イル)安息香酸 PIN
    4-(triaz-2-en-1-yl)benzoic acid PIN
    〔4-(トリアザ-2-エノ)安息香酸 4-(triaz-2-eno)benzoic acid ではない〕

H_2N-NH-NH-NH-CH_2-CO-O-CH_2-CH_3 （4 3 2 1）
    (テトラアザン-1-イル)酢酸エチル PIN
    ethyl (tetraazan-1-yl)acetate PIN
    (テトラアザノ酢酸エチル ethyl tetrazanoacetate ではない)

P-68.3.1.4.2 ジアゾアミノ化合物   構造 R-N=N-NR_2 の化合物は，鎖の各末端に同一の置換基があるとき
はジアゾアミノ化合物として知られている．これらは，母体水素化物名 トリアゼン triazene に基づいて置換法で
命名する．−N=N-NH− 基に対する接頭語 ジアゾアミノ diazoamino は廃止した．

例： 〈phenyl〉—N=N-N(CH_3)—〈phenyl〉 （1 2 3）
    3-メチル-1,3-ジフェニルトリアザ-1-エン PIN
    3-methyl-1,3-diphenyltriaz-1-ene PIN
    （以前は N-メチルジアゾアミノベンゼン
    N-methyldiazoaminobenzene）

C_6H_5-N=N-NH-C_6H_5 （1 2 3）
    1,3-ジフェニルトリアザ-1-エン PIN
    1,3-diphenyltriaz-1-ene PIN
    （以前は ジアゾアミノベンゼン diazoaminobenzene）

〈naphthalen-2-yl〉—N=N-NH—〈naphthalen-2-yl〉 （1 2 3）
    1,3-ジ(ナフタレン-2-イル)トリアザ-1-エン PIN
    1,3-di(naphthalen-2-yl)triaz-1-ene PIN
    （以前は 2,2′-ジアゾアミノナフタレン
    2,2′-diazoaminonaphthalene）

P-68.3.2 リン，ヒ素およびアンチモン化合物

P-68.3.2.1 一般的な方法   鎖状リン，ヒ素，アンチモン化合物の優先名はリン酸 phosphoric acid H_3PO_4，
亜アルソン酸 arsonous acid $HAs(OH)_2$，スチビン酸 stibinic acid $H_2Sb(O)(OH)$，ジホスホン酸 diphosphonic acid
$HO-HP(O)-O-P(O)H-OH$ などの単核，多核酸から誘導される官能種類名(P-67 参照)であり，母体水素化物に基づ
く置換名ではない．

鎖状，環状化合物の他の優先名は，化合物種類の優先順位(P-41 参照)に従う置換名である．

この項では，官能種類命名法と置換命名法の説明を行う．

P-68.3.2.2 母体水素化物	P-68.3.2.3 置換命名法

P-68.3.2.2 母体水素化物   母体水素化物は，P-2 に記載の方法によりつくる．これらは，単核，鎖状多核，
環系であり，予備選択名である(P-12.2 参照)．五価のリンおよびヒ素原子を示すには λ-標記を用いる．GIN で
のみ使える保存名は ホスフィン phosphine，ホスホラン phosphorane，アルシン arsine，アルソラン arsorane，ス

チビン stibine，スチボラン stiborane である．

優先名は P-2 に示すように選ぶ．

例：PH₃ の位置：
PH_3

ホスファン 予備名 phosphane 予備名
ホスフィン phosphine

AsH_5

λ^5-アルサン 予備名 λ^5-arsane 予備名
アルソラン arsorane

$\overset{2}{H_2}P\text{-}\overset{1}{P}H_2$

ジホスファン 予備名 diphosphane 予備名
ジホスフィン diphosphine

$\overset{5}{H_2}As\text{-}\overset{4}{As}H\text{-}\overset{3}{As}H\text{-}\overset{2}{As}H\text{-}\overset{1}{As}H_2$

ペンタアルサン 予備名 pentaarsane 予備名

ペンタホスホラン 予備名 pentaphospholane 予備名
シクロペンタホスファン cyclopentaphosphane

1,3,5,2,4,6-トリアザトリホスフィニン 予備名
1,3,5,2,4,6-triazatriphosphinine 予備名
シクロトリホスファゼン cyclotriphosphazene

2,6-ジオキサ-7-アザ-1-ホスファビシクロ[2.2.2]オクタン PIN
2,6-dioxa-7-aza-1-phosphabicyclo[2.2.2]octane PIN

アルシノリン PIN
arsinoline PIN

$\overset{7}{CH_3}\text{-}\overset{6}{CH_2}\text{-}\overset{5}{O}\text{-}\overset{4}{P}H\text{-}\overset{3}{O}\text{-}\overset{2}{Si}H_2\text{-}\overset{1}{CH_3}$

亜ホスホン酸=エチル=メチルシリル PIN
ethyl methylsilyl phosphonite PIN
　　　　(3,5-ジオキサ-4-ホスファ-2-シラヘプタン
　　　　3,5-dioxa-4-phospha-2-silaheptane ではない)

注記："ア"名 3,5-ジオキサ-4-ホスファ-2-シラヘプタンは PIN として使用できない．
－O-P-O－ 基はエステルの一部で主特性基として表現されており，構造には一つのヘテロ
単位しか残らないからである(P-51.4.1 参照)．

1,1'-ビスチビナン PIN
1,1'-bistibinane PIN

P-68.3.2.3　置換命名法　　前項 P-68.3.2.2 により命名できない化合物は，特性基を表す接尾語と接頭語を用いることにより，鎖状および環状母体水素化物に基づき置換命名法で命名する．

P-68.3.2.3.1　置換命名法，接尾語方式　　P-67 に記載の保存名をもつ酸とその誘導体を除き，主基として存在する特性基を示すには接尾語を用いる．この方法でできる名称は PIN であり，母体水素化物名に化合物種類名オキシド oxide，スルフィド sulfide，セレニド selenide，テルリド telluride，イミド imide をつけて =O，=S，=Se，=Te，=NH を示す官能種類命名法による名称に優先する．

例：$H_2P\text{-}COOH$　　ホスファンカルボン酸 PIN　phosphanecarboxylic acid PIN

　　$H_2P\text{-}CO\text{-}NH_2$　　ホスファンカルボキシアミド PIN　phosphanecarboxamide PIN

724   P-6　個々の化合物種類に対する適用

$C_6H_5\text{-}P{=}O$　　フェニルホスファノン **PIN**　phenylphosphanone **PIN**
　　　　　　　　　　〔オキソ(フェニル)ホスファン oxo(phenyl)phosphane ではない〕

$(C_6H_5)_3P{=}O$　　トリフェニル–λ^5–ホスファノン **PIN**　triphenyl-λ^5-phosphanone **PIN**
　　　　　　　　　　トリフェニルホスファンオキシド　triphenylphosphane oxide
　　　　　　　　　　(オキソトリフェニル–λ^5–ホスファン oxotriphenyl-λ^5-phosphane ではない)

$HP{=}N\text{-}CH_3$　　N–メチルホスファンイミン **PIN**　N-methylphosphanimine **PIN**
　　　　　　　　　　〔(メチルイミノ)ホスファン (methylimino)phosphane ではない〕

$(CH_3)_3As{=}Te$　　トリメチル–λ^5–アルサンテロン **PIN**　trimethyl-λ^5-arsanetellone **PIN**
　　　　　　　　　　トリメチルアルサンテルリド　trimethylarsane telluride

$C_6H_5\text{-}As{=}S$　　フェニルアルサンチオン **PIN**　phenylarsanethione **PIN**
　　　　　　　　　　〔フェニル(スルファニリデン)アルサン phenyl(sulfanylidene)arsane ではない〕

$(CH_3)_3As{=}NH$　　トリメチル–λ^5–アルサンイミン **PIN**　trimethyl-λ^5-arsanimine **PIN**
　　　　　　　　　　トリメチルアルサンイミド　trimethylarsane imide

2,4,6-トリエトキシ-1,3,5,2λ^5,4λ^5,6λ^5-トリアザトリホスフィナン-2,4,6-トリオン **PIN**
2,4,6-triethoxy-1,3,5,2λ^5,4λ^5,6λ^5-triazatriphosphinane-2,4,6-trione **PIN**

P-68.3.2.3.2　置換命名法, 接頭語方式　　種類の優先順位は, 接尾語で表現される化合物種類, ついでヘテロ原子の種類での以下の順序, すなわち, N＞P＞As＞Sb＞Bi＞Si＞Ge＞Sn＞Pb＞B＞Al＞Ga＞In＞Tl＞O＞S＞Se＞Te を守らなければならない.

P-68.3.2.3.2.1　有機基によるホスファン, アルサンおよびスチバンの置換　　アルキル, アリールなどの基, O, S, Se, Te 原子を含む母体水素化物に由来する基は, 常に接頭語で示す. 保存名をもつ母体酸の官能基置換が優先するので, P, As, Sb 原子に直接結合しているハロゲン化物, 擬ハロゲン化物の命名では, それらを接頭語では表現しない(P-67.1.2.5.1 を参照).

例：$(C_6H_5)_3P$　　　　トリフェニルホスファン **PIN**　triphenylphosphane **PIN**
　　　　　　　　　　　トリフェニルホスフィン　triphenylphosphine

　　$CH_3\text{-}CH_2\text{-}AsH_2$　　エチルアルサン **PIN**　ethylarsane **PIN**
　　　　　　　　　　　　エチルアルシン　ethylarsine

　　$P(OCH_3)_5$　　　　ペンタメトキシ–λ^5–ホスファン **PIN**　pentamethoxy-λ^5-phosphane **PIN**

　　シクロヘキシルホスファン **PIN**　cyclohexylphosphane **PIN**
　　　　　　　　　　　　シクロヘキシルホスフィン　cyclohexylphosphine

　　(ナフタレン-2-イル)アルサン **PIN**　(naphthalen-2-yl)arsane **PIN**
　　　　　　　　　　　　(ナフタレン-2-イル)アルシン　(naphthalen-2-yl)arsine
　　　　　　　　　　　　2-ナフチルアルサン　2-naphthylarsane

$ClCH_2\text{-}CH_2\text{-}AsH\text{-}CHCl\text{-}CH_3$　　(1-クロロエチル)(2-クロロエチル)アルサン **PIN**
　　　　　　　　　　　　(1-chloroethyl)(2-chloroethyl)arsane **PIN**
　　　　　　　　　　　　(1-クロロエチル)(2-クロロエチル)アルシン
　　　　　　　　　　　　(1-chloroethyl)(2-chloroethyl)arsine

　　エチル(メチル)フェニルホスファン **PIN**　ethyl(methyl)phenylphosphane **PIN**
　　　　　　　　　　　　エチル(メチル)フェニルホスフィン　ethyl(methyl)phenylphosphine

P-68　13, 14, 15, 16, 17 族元素の有機化合物の命名法　　　　725

(1-ベンゾフラン-2-イル)ホスファン PIN
(1-benzofuran-2-yl)phosphane PIN
(1-ベンゾフラン-2-イル)ホスフィン
(1-benzofuran-2-yl)phosphine

(チオフェン-2-イル)ホスファン PIN　(thiophen-2-yl)phosphane PIN
(チオフェン-2-イル)ホスフィン　(thiophen-2-yl)phosphine

$(CH_3)_2P-CH_2-CH_2-P(CH_3)_2$

(エタン-1,2-ジイル)ビス(ジメチルホスファン) PIN
(ethane-1,2-diyl)bis(dimethylphosphane) PIN
(エタン-1,2-ジイル)ビス(ジメチルホスフィン)
(ethane-1,2-diyl)bis(dimethylphosphine)

PH_2
$H_2P-CH_2-CH-CH_2-CH_2-PH_2$

(ブタン-1,2,4-トリイル)トリス(ホスファン) PIN
(butane-1,2,4-triyl)tris(phosphane) PIN
(ブタン-1,2,4-トリイル)トリス(ホスフィン)
(butane-1,2,4-triyl)tris(phosphine)

(ジベンゾ[b,d]フラン-3,7-ジイル)ビス(ホスファン) PIN
(dibenzo[b,d]furan-3,7-diyl)bis(phosphane) PIN
(ジベンゾフラン-3,7-ジイル)ビス(ホスフィン)
(dibenzofuran-3,7-diyl)bis(phosphine)

(1,2-フェニレン)ビス(アルサン) PIN　(1,2-phenylene)bis(arsane) PIN
(1,2-フェニレン)ビス(アルシン)　(1,2-phenylene)bis(arsine)

P-68.3.2.3.2.2　置換基として表現するホスファン, アルサン, スチバン　　置換基は, 母体水素化物名の最後の文字 e を省略し, それに接尾語 yl, ylidene, ylidyne をつけるという P-29 に記した一般的方法によりつくる. 必要に応じて, 化合物種類の順序を P-41 に示してあるように使う. GIN では慣用名 ホスフィノ phosphino, アルシノ arsino, スチビノ stibino を使用できる.

$-PH_2$　　　ホスファニル 予備接頭　phosphanyl 予備接頭
　　　　　　　ホスフィノ　phosphino

$-As=$　　　アルサニルイリデン 予備接頭　arsanylylidene 予備接頭

$-HP-PH-$　ジホスファン-1,2-ジイル 予備接頭　diphosphane-1,2-diyl 予備接頭

$-As<$　　　アルサントリイル 予備接頭　arsanetriyl 予備接頭

$-AsH_2$　　アルサニル 予備接頭　arsanyl 予備接頭
　　　　　　　アルシノ　arsino

$-SbH_2$　　スチバニル 予備接頭　stibanyl 予備接頭
　　　　　　　スチビノ　stibino

$-SbH-SbH_2$　ジスチバニル 予備接頭　distibanyl 予備接頭

例: $\overset{2}{H_2P}-CH_2-\overset{1}{CH_2}-NH_2$
　　　　　　2-ホスファニルエタン-1-アミン PIN
　　　　　　2-phosphanylethan-1-amine PIN
　　　　　　2-ホスフィノエタン-1-アミン
　　　　　　2-phosphinoethan-1-amine

$H_2As-CH_2-P(C_6H_5)_2$
　　　　　　(アルサニルメチル)ジフェニルホスファン PIN
　　　　　　(arsanylmethyl)diphenylphosphane PIN
　　　　　　(アルシノメチル)ジフェニルホスファン
　　　　　　(arsinomethyl)diphenylphosphane

4-(ジメチルアルサニル)キノリン `PIN`
4-(dimethylarsanyl)quinoline `PIN`
4-(ジメチルアルシノ)キノリン
4-(dimethylarsino)quinoline

4-[エチル(メチル)ホスファニル]-1H-イミダゾール `PIN`
4-[ethyl(methyl)phosphanyl]-1H-imidazole `PIN`
4-[エチル(メチル)ホスフィノ]-1H-イミダゾール
4-[ethyl(methyl)phosphino]-1H-imidazole

$HOOC$ ─ PH ─ $COOH$
4,4′-ホスファンジイル二安息香酸 `PIN`
4,4′-phosphanediyldibenzoic acid `PIN`

HO ─ As=As ─ OH
4,4′-ジアルセンジイルジフェノール `PIN`
4,4′-diarsenediyldiphenol `PIN`

$As(CH_2\text{-}CH_2\text{-}COOH)_2$
$As(CH_2\text{-}CH_2\text{-}COOH)_2$
3,3′,3″,3‴-[1,2-
　　フェニレンビス(アルサントリイル)]テトラプロパン酸 `PIN`
3,3′,3″,3‴-[1,2-
　　　　phenylenebis(arsanetriyl)]tetrapropanoic acid `PIN`

$(HO)_2As(O)\text{-}CH_2\text{-}COOH$
アルソノ酢酸 `PIN`　arsonoacetic acid `PIN`

$HOOC$ ─ As(O)(OH) ─ $COOH$
4,4′-(ヒドロキシアルソリル)二安息香酸 `PIN`
4,4′-(hydroxyarsoryl)dibenzoic acid `PIN`
　(4,4′-アルシニコ二安息香酸
　4,4′-arsinicodibenzoic acid ではない)

$HOOC$ ─ P(O)(O-CH_3) ─ $COOH$
4,4′-(メトキシホスホリル)二安息香酸 `PIN`
4,4′-(methoxyphosphoryl)dibenzoic acid `PIN`

$Cl_2P(O)\text{-}CH_2\text{-}CO\text{-}Cl$
ホスホロジクロリドイルアセチル=クロリド `PIN`
phosphorodichloridoylacetyl chloride `PIN`
(ジクロロホスホリル)アセチルクロリド
(dichlorophosphoryl)acetyl chloride

$(CH_3O)_2P(=NH)\text{-}CH_2\text{-}CO\text{-}O\text{-}CH_3$
(P,P-ジメトキシホスホロイミドイル)酢酸メチル `PIN`
methyl (P,P-dimethoxyphosphorimidoyl)acetate `PIN`

$(CH_3)_2P(S)$ ─ $COOH$
4-(ジメチルホスフィノチオイル)安息香酸 `PIN`
4-(dimethylphosphinothioyl)benzoic acid `PIN`

$H_3C\text{-}O\text{-}P(=N)$ ─ SO_3H
4-(メトキシホスホロニトリドイル)ベンゼン-1-
　　　　　　　　　　　　　　　スルホン酸 `PIN`
4-(methoxyphosphoronitridoyl)benzene-1-sulfonic acid `PIN`

$(C_6H_5)_4P$ ─ $COOH$
4-(テトラフェニル-λ⁵-ホスファニル)安息香酸 `PIN`
4-(tetraphenyl-λ⁵-phosphanyl)benzoic acid `PIN`
4-(テトラフェニルホスホラニル)安息香酸
4-(tetraphenylphosphoranyl)benzoic acid

P-68　13, 14, 15, 16, 17 族元素の有機化合物の命名法　　　　　　　727

H_2Sb—(4)—(1)—AsH_2

(4-スチバニルフェニル)アルサン **PIN**
(4-stibanylphenyl)arsane **PIN**
(4-スチビノフェニル)アルシン
(4-stibinophenyl)arsine

P-68.3.3　ビスマス化合物

ビスマス化合物は，P-2 に記した規則により命名した母体水素化物を基に置換命名法で命名する．置換命名法で指示される接尾語と接頭語を用いる．官能種類命名法に従う保存名をもつ酸はない．酸化物，硫化物，セレン化物，テルル化物，イミドを表すときは，置換命名法が官能種類命名法に優先する．優先名と予備選択名は，P，As，Sb の母体や接頭語と同様にして選ぶ．

BiH_3　　　　ビスムタン 予備名　bismuthane 予備名
　　　　　　　ビスムチン　bismuthine

BiH_5　　　　λ^5-ビスムタン 予備名　λ^5-bismuthane 予備名
　　　　　　　ビスムトラン　bismuthorane

$H_2Bi\text{-}BiH_2$　ジビスムタン 予備名　dibismuthane 予備名

H_2Bi-　　　ビスムタニル 予備接頭　bismuthanyl 予備接頭
　　　　　　　ビスムチノ　bismuthino

$H_3Bi=$　　　λ^5-ビスムタニリデン 予備接頭　λ^5-bismuthanylidene 予備接頭

$-HBi\text{-}BiH-$　ジビスムタン-1,2-ジイル 予備接頭　dibismuthane-1,2-diyl 予備接頭

例：$Bi(CH=CH_2)_3$　　　　　　トリエテニルビスムタン **PIN**　triethenylbismuthane **PIN**
　　　　　　　　　　　　　　　　トリビニルビスムチン　trivinylbismuthine

　　$Bi(CH_3)_3$　　　　　　　　トリメチルビスムタン **PIN**　trimethylbismuthane **PIN**
　　　　　　　　　　　　　　　　トリメチルビスムチン　trimethylbismuthine

　　$(C_6H_5)_3Bi=O$　　　　　　トリフェニル-λ^5-ビスムタノン **PIN**　triphenyl-λ^5-bismuthanone **PIN**
　　　　　　　　　　　　　　　　トリフェニルビスムタンオキシド　triphenylbismuthane oxide

　　$(C_6H_5)_3Bi=NH$　　　　　トリフェニル-λ^5-ビスムタンイミン **PIN**　triphenyl-λ^5-bismuthanimine **PIN**
　　　　　　　　　　　　　　　　トリフェニルビスムタンイミド　triphenylbismuthane imide

　　$\overset{5\ \ 4\ \ 3\ \ 2\ \ 1}{O=Bi\text{-}O\text{-}CO\text{-}O\text{-}Bi=O}$　　炭酸ビス(オキソビスムタニル) **PIN**　bis(oxobismuthanyl) carbonate **PIN**
　　　　　　　　　　　　　　　　2,4-ジオキサ-1,5-ジビスマペンタン-1,3,5-トリオン
　　　　　　　　　　　　　　　　2,4-dioxa-1,5-dibismapentane-1,3,5-trione

2,7-ジヒドロキシ-2H-1,3,2-ベンゾジオキサビスモール-5-
　　　　　　　　　　　　　　　　　　　　　　　カルボン酸 **PIN**
2,7-dihydroxy-2H-1,3,2-benzodioxabismole-5-carboxylic acid **PIN**

　　$(C_6H_5)_3BiCl_2$　　　　　　ジクロロ(トリフェニル)-λ^5-ビスムタン **PIN**
　　　　　　　　　　　　　　　　dichloro(triphenyl)-λ^5-bismuthane **PIN**
　　　　　　　　　　　　　　　　ジクロロ(トリフェニル)ビスムトラン
　　　　　　　　　　　　　　　　dichloro(triphenyl)bismuthorane

2,2,2-トリフェニル-1,3,2λ^5-ジオキサビスメタン-4-オン **PIN**
2,2,2-triphenyl-1,3,2λ^5-dioxabismetan-4-one **PIN**

728 P-6 個々の化合物種類に対する適用

1-クロロ-1,1-ビス(4-メチルフェニル)-3,3-ビス(トリフルオロメチル)-
1,3-ジヒドロ-2,1λ⁵-ベンゾオキサビスモール **PIN**
1-chloro-1,1-bis(4-methylphenyl)-3,3-bis(trifluoromethyl)-
1,3-dihydro-2,1λ⁵-benzoxabismole **PIN**

P-68.4 16族元素化合物の命名法

P-68.4.0 は じ め に	P-68.4.2 3個以上の異種の連続したカルコゲン原子
P-68.4.1 3個以上の同種の連続した カルコゲン原子	P-68.4.3 非標準結合数をもつカルコゲン母体化合物

P-68.4.0 は じ め に

カルコゲン原子を含む化合物の命名は，存在するカルコゲン原子の数と種類に依存する．1個または連続する2個のカルコゲン原子が存在する場合は，以前の節で述べたように表現できるスルホンとジスルホンを除き，カルコゲン原子は母体水素化物としては使えない．ヒドロキシ化合物，エーテル，ペルオキソール，ペルオキシドおよびそのカルコゲン類縁体は P-63 に記載されている．しかし，3個以上の連続した同一のカルコゲン原子が存在するときは，通常の方法により，カルコゲン原子は常に母体水素化物として扱う．

スルホキシドとスルホンもこの形の命名法に含まれる（P-63.6 参照）．

P-68.4.1 3個以上の同種の連続したカルコゲン原子

P-68.4.1.1 3個以上の連続した同一のカルコゲン原子を有する化合物は，置換命名法において母体水素化物として扱う．

例：HO-O-OH　　　　　　　トリオキシダン **予備名**　trioxidane **予備名**

CH₃-S-S-SH　　　　　　　メチルトリスルファン **PIN**　methyltrisulfane **PIN**

CH₃-O-O-O-CH₃　　　　　ジメチルトリオキシダン **PIN**　dimethyltrioxidane **PIN**
　　　　　　　　　　　　　ジメチルトリオキシド　dimethyl trioxide

CH₃-S-S-S-CH₃　　　　　　ジメチルトリスルファン **PIN**　dimethyltrisulfane **PIN**
　　　　　　　　　　　　　ジメチルトリスルフィド　dimethyl trisulfide

C₆H₅-Se-Se-Se-CH₃　　　　メチル(フェニル)トリセラン **PIN**　methyl(phenyl)triselane **PIN**
　　　　　　　　　　　　　メチルフェニルトリセレニド　methyl phenyl triselenide

C₆H₅-Se-Se-Se-C₆H₅　　　ジフェニルトリセラン **PIN**　diphenyltriselane **PIN**
　　　　　　　　　　　　　ジフェニルトリセレニド　diphenyl triselenide
　　　　　　　　　　　　　（トリセランジイルジベンゼン　triselanediyldibenzene ではない）

$\overset{1}{}$ $\overset{2}{}$ $\overset{3}{}$
HO-SO₂-Te-Te-Te-SO₂-OH　トリテランジスルホン酸 **予備名**　tritellanedisulfonic acid **予備名**
　　　　　　　　　　　　　トリテルロペンタチオン酸　tritelluropentathionic acid　（慣用名）

HO-SO₂-S-S-S-SO₂-OH　　トリスルファンジスルホン酸 **予備名**　trisulfanedisulfonic acid **予備名**
　　　　　　　　　　　　　ペンタチオン酸　pentathionic acid　（慣用名）

P-68 　13, 14, 15, 16, 17 族元素の有機化合物の命名法　　　　　　　　　　　729

CH₃-SeSeSe-O-SH　　　メチルトリセラン-*OS*-チオペルオキソール **PIN**
　　　　　　　　　　　methyltriselane-*OS*-thioperoxol **PIN**
　　　　　　　　　　　O-(メチルトリセラニル)チオヒドロペルオキシド
　　　　　　　　　　　O-(methyltriselanyl) thiohydroperoxide

H-TeTeTe-SeSe-H　　　トリテラン(ジセレノペルオキソール)予備名　tritellane(diselenoperoxol) 予備名
　　　　　　　　　　　トリテルリルジセレノヒドロペルオキシド　tritelluryl diselenohydroperoxide

C₆H₅-SSS-OH　　　　　フェニルトリスルファノール **PIN**　phenyltrisulfanol **PIN**

CH₃-TeTeTeTe-SH　　　メチルテトラテランチオール **PIN**　methyltetratellanethiol **PIN**

P-68.4.1.2　　条件を満たせば，倍数命名法を用いる．中央の置換基は，二価置換基をつくるための一般的方法により誘導する(P-29.3.2.2 参照).

　　–O-O-O–　　　　　トリオキシダンジイル 予備接頭　trioxidanediyl 予備接頭
　　　　　　　　　　　トリオキシ　trioxy

　　–S-S-S––　　　　　トリスルファンジイル 予備接頭　trisulfanediyl 予備接頭
　　　　　　　　　　　トリチオ　trithio

　　–Se-Se-Se-Se–　　テトラセランジイル 予備接頭　tetraselanediyl 予備接頭
　　　　　　　　　　　テトラセレノ　tetraseleno

例: HS-S-S-CH₂-S-S-SH　　1,1′-メチレンビス(トリスルファン) **PIN**
　　　　　　　　　　　　　1,1′-methylenebis(trisulfane) **PIN**

HOOC—(1′)—(4′)—Se-Se-Se—(4)—(1)—COOH　　4,4′-トリセランジイル二安息香酸 **PIN**
　　　　　　　　　　　　　　　　　　　　　4,4′-triselanediyldibenzoic acid **PIN**
　　　　　　　　　　　　　　　　　　　　　4,4′-トリセレノ二安息香酸
　　　　　　　　　　　　　　　　　　　　　4,4′-triselenodibenzoic acid

P-68.4.1.3　　同一のカルコゲン原子鎖の末端に一つまたは二つのアシル基をもつ化合物は，カルボニル基の優先順位をもとに，擬ケトン(P-64.1.2.1, P-64.3, P-65.7.5.1 参照)として命名する．条件を満たせば，倍数命名法を使う.

例: CH₃-CH₂-CO-O-O-OH　　　　　　　　1-トリオキシダニルプロパン-1-オン **PIN**
　　　　　　　　　　　　　　　　　　　1-trioxidanylpropan-1-one **PIN**
　　　　　　　　　　　　　　　　　　　1-(ヒドロトリオキシ)プロパン-1-オン
　　　　　　　　　　　　　　　　　　　1-(hydrotrioxy)propan-1-one

CH₃-CH₂-CO-S-S-S-CO-CH₂-CH₃　　　1,1′-トリスルファンジイルジ(プロパン-1-オン) **PIN**
　　　　　　　　　　　　　　　　　　　1,1′-trisulfanediyldi(propan-1-one) **PIN**
　　　　　　　　　　　　　　　　　　　1,1′-トリチオジ(プロパン-1-オン)
　　　　　　　　　　　　　　　　　　　1,1′-trithiodi(propan-1-one)

CH₃-CH₂-CO-Se-Se-Se-CH₃　　　　　　1-(メチルトリセラニル)プロパン-1-オン **PIN**
　　　　　　　　　　　　　　　　　　　1-(methyltriselanyl)propan-1-one **PIN**　(擬ケトン)
　　　　　　　　　　　　　　　　　　　(擬エステルのプロパンセレン酸 *Se*-メチルジセラニル
　　　　　　　　　　　　　　　　　　　Se-methyldiselanyl propaneselenoate ではない.
　　　　　　　　　　　　　　　　　　　擬エステルをつくるにはセレン鎖を切らなければならない)
　　　　　　　　　　　　　　　　　　　1-(メチルトリセレノ)プロパン-1-オン
　　　　　　　　　　　　　　　　　　　1-(methyltriseleno)propan-1-one

CH₃-CH₂-CO-S-S-S-S-S-CO-CH₃　　　1-(アセチルペンタスルファニル)プロパン-1-オン **PIN**
　　　　　　　　　　　　　　　　　　　1-(acetylpentasulfanyl)propan-1-one **PIN**
　　　　　　　　　　　　　　　　　　　1-(アセチルペンタチオ)プロパン-1-オン
　　　　　　　　　　　　　　　　　　　1-(acetylpentathio)propan-1-one

P-68.4.2　3個以上の異種の連続したカルコゲン原子

P-68.4.2.1　　a(ba)$_n$ 型の化合物は母体水素化物であり，P-21.2.3.1 に記載されている.

例：　HS-O-SH　　　　　ジチオキサン 予備名　dithioxane 予備名

　　　CH₃-S-O-SH　　　メチルジチオキサン PIN　methyldithioxane PIN
　　　　　　　　　　　　（メチルスルファン-*OS*-チオペルオキソール
　　　　　　　　　　　　methylsulfane-*OS*-thioperoxol ではない）

　　　CH₃-S-O-S-CH₃　　ジメチルジチオキサン PIN　dimethyldithioxane PIN

　　　C₆H₅-S-O-S-CH₃　メチル(フェニル)ジチオキサン PIN　methyl(phenyl)dithioxane PIN

　　　HS-O-S-OH　　　　ジチオキサノール 予備名　dithioxanol 予備名
　　　　　　　　　　　　（スルファニルオキシ）スルファノール　(sulfanyloxy)sulfanol
　　　　　　　　　　　　（ヒドロキシスルファン-*OS*-チオペルオキソール
　　　　　　　　　　　　hydroxysulfane-*OS*-thioperoxol ではない）

　　　HO-S-O-S-OH　　　ジチオキサンジオール 予備名　dithioxanediol 予備名
　　　　　　　　　　　　（オキシジスルファノール　oxydisulfanol ではない）

P-68.4.2.2　　P-63 に記載されている方法ではアルコール，チオール，エーテル，硫化物，ヒドロペルオキシド，過酸化物またはそれらのカルコゲン類縁体として命名できない R-(カルコゲン)$_x$-H 型の化合物($x = 3, 4, \cdots$)は，単核母体水素化物 オキシダン oxidane (H₂O)，スルファン sulfane (H₂S)などや ジオキシダン dioxidane (HOOH)，ジスルファン disulfane (HSSH)などをもとに命名する.これらはまた，P-63.1.2 により ol (−OH)，thiol (−SH)などの接尾語を，P-63.4 により ペルオキソール peroxol (−OOH)，*SO*-チオペルオキソール *SO*-thioperoxol (−SOH)などの接尾語を用いて命名する.命名の際，2個または3個の連続する同一のカルコゲン原子の鎖は，切断してはならない.選択の余地がある場合，接尾語は −OH が −OOH に優先する優先順位に従って選ぶ(P-41 参照).

例：　HS-OH　　　　　　スルファノール 予備名　sulfanol 予備名
　　　　　　　　　　　　（オキシダンチオール　oxidanethiol ではない）

　　　CH₃-OO-SH　　　　メチルジオキシダンチオール PIN　methyldioxidanethiol PIN

　　　CH₃-SS-OH　　　　メチルジスルファノール PIN　methyldisulfanol PIN

　　　CH₃-OOO-SH　　　メチルトリオキシダンチオール PIN　methyltrioxidanethiol PIN

　　　CH₃-SSS-SeH　　　メチルトリスルファンセレノール PIN　methyltrisulfaneselenol PIN

　　　CH₃-O-SOH　　　　メチルオキシダン-*SO*-チオペルオキソール PIN　methyloxidane-*SO*-thioperoxol PIN

　　　CH₃-OO-SSH　　　メチルジオキシダンジチオペルオキソール PIN　methyldioxidanedithioperoxol PIN

　　　CH₃-SS-OOH　　　メチルジスルファンペルオキソール PIN　methyldisulfaneperoxol PIN

　　　CH₃-O-S-SeSeH　　メトキシスルファンジセレノペルオキソール PIN
　　　　　　　　　　　　methoxysulfanediselenoperoxol PIN

　　　CH₃-S-O-S-OH　　　［(メチルスルファニル)オキシ]スルファノール PIN
　　　　　　　　　　　　[(methylsulfanyl)oxy]sulfanol PIN
　　　　　　　　　　　　〔(メチルスルファニル)オキシダン-*SO*-チオペルオキソール
　　　　　　　　　　　　(methylsulfanyl)oxidane-*SO*-thioperoxol ではない〕

4,4′-ジセレノキサンジイルジフェノール PIN
4,4′-diselenoxanediyldiphenol PIN

P-68　13, 14, 15, 16, 17 族元素の有機化合物の命名法　　　　　　　　731

P-68.4.2.3　　オキシダン oxidane 自身を除き，水素原子で終わる隣接するカルコゲン原子をもつ化合物には，単核，二核および多核母体水素化物の名称を用いる.

例：HSe-Te-SeH　　テランジセレノール 予備名　tellanediselenol 予備名
　　　　　　　　　　（セラン-*TeSe*-セレノテルロペルオキソール
　　　　　　　　　　selane-*TeSe*-selenotelluroperoxol ではない）

　　　H-OO-S-OH　　（ヒドロペルオキシ）スルファノール 予備名　（hydroperoxy)sulfanol 予備名
　　　　　　　　　　（ジオキシダン-*SO*-ペルオキソール
　　　　　　　　　　dioxidane-*SO*-peroxol ではない）

　　　H-OO-SS-H　　ジスルファンペルオキソール 予備名　disulfaneperoxol 予備名
　　　　　　　　　　〔ジオキシダン（ジチオペルオキソール）
　　　　　　　　　　dioxidane(dithioperoxol)ではない〕

P-68.4.2.4　　異種カルコゲン原子鎖の一つまたは両端に有機基をもつ化合物は，優先有機基をもとに置換命名法で命名する. 置換基は，個々の単位からつくられることも，またトリオキシ trioxy やテトラオキシ tetraoxy などの置換基に基づく官能代置換命名法によりつくられることもある. 化合物が擬ケトンである場合は，後者の方法は使えない. 条件を満たすときは，倍数命名法や"ア"命名法を使う.

例：CH₃-O-S-O-CH₃　　　　　　　［（メトキシスルファニル）オキシ］メタン PIN
　　　　　　　　　　　　　　　　［(methoxysulfanyl)oxy]methane PIN
　　　　　　　　　　　　　　　　（メチル-*OSO*-チオトリオキシ）メタン
　　　　　　　　　　　　　　　　(methyl-*OSO*-thiotrioxy)methane
　　　　　　　　　　　　　　　　ジメトキシスルファン　dimethoxysulfane

　　　CH₃-OO-S-CH₃　　　　　　　［（メチルペルオキシ）スルファニル］メタン PIN
　　　　　　　　　　　　　　　　［(methylperoxy)sulfanyl]methane PIN
　　　　　　　　　　　　　　　　（メチル-*OOS*-チオトリオキシ）メタン
　　　　　　　　　　　　　　　　(methyl-*OOS*-thiotrioxy)methane

　　　CH₃-S-S-O-CH₂-CH₃　　　　［（メチルジスルファニル）オキシ］エタン PIN
　　　　　　　　　　　　　　　　［(methyldisulfanyl)oxy]ethane PIN
　　　　　　　　　　　　　　　　［メチル（ジチオペルオキシ）オキシ］エタン
　　　　　　　　　　　　　　　　[methyl(dithioperoxy)oxy]ethane
　　　　　　　　　　　　　　　　（メチル-*SSO*-ジチオトリオキシ）エタン
　　　　　　　　　　　　　　　　(methyl-*SSO*-dithiotrioxy)ethane

　　　C₆H₅-O-S-O-C₆H₅　　　　　1,1′-［スルファンジイルビス（オキシ）］ジベンゼン PIN
　　　　　　　　　　　　　　　　1,1′-［sulfanediylbis(oxy)]dibenzene PIN
　　　　　　　　　　　　　　　　OSO-チオトリオキシジベンゼン　*OSO*-thiotrioxydibenzene

　　　CH₃-O-S-Se-C₆H₅　　　　　［（メトキシスルファニル）セラニル］ベンゼン PIN
　　　　　　　　　　　　　　　　［(methoxysulfanyl)selanyl]benzene PIN
　　　　　　　　　　　　　　　　メチル-*OSSe*-セレノチオトリオキシベンゼン
　　　　　　　　　　　　　　　　methyl-*OSSe*-selenothiotrioxybenzene

　　　　　　　　　¹　²　³
　　　CH₃-S-O-Se-CO-CH₂-CH₃　1-{［（メチルスルファニル）オキシ］セラニル}プロパン-1-オン PIN
　　　　　　　　　　　　　　　　1-{［(methylsulfanyl)oxy]selanyl}propan-1-one PIN

　　　　　³　²　¹
　　　CH₃-CH₂-CO-O-O-S-CO-CH₃　1-［（アセチルスルファニル）ペルオキシ］プロパン-1-オン PIN
　　　　　　　　　　　　　　　　1-［(acetylsulfanyl)peroxy]propan-1-one PIN

　　　　　³　²　¹　　　　　１′
　　　CH₃-CH₂-CO-O-S-S-O-CO-CH₂-CH₃　1,1′-［ジスルファンジイルビス（オキシ）］ジ（プロパン-1-オン）PIN
　　　　　　　　　　　　　　　　1,1′-［disulfanediylbis(oxy)]di(propan-1-one) PIN
　　　　　　　　　　　　　　　　1,1′-ジチオペルオキシビス（オキシ）］ジ（プロパン-1-オン）
　　　　　　　　　　　　　　　　1,1′-［dithioperoxybis(oxy)]di(propan-1-one)

732   P-6 個々の化合物種類に対する適用

$\overset{1}{\text{CH}_3}-\overset{2}{\text{CH}_2}-\overset{3}{\text{O}}-\overset{4}{\text{Se}}-\overset{5}{\text{S}}-\overset{6}{\text{O}}-\overset{7}{\text{CO}}-\overset{8}{\text{CH}_2}-\overset{9}{\text{CH}_3}$ 3,6-ジオキサ-5-チア-4-セレナノナン-7-オン **PIN**
3,6-dioxa-5-thia-4-selenanonan-7-one **PIN**

$\overset{3}{\text{CH}_3}-\overset{2}{\text{CH}_2}-\overset{1}{\text{CSe}}-\text{Se}-\text{O}-\text{S}-\text{CH}_3$ 1-{[(メチルスルファニル)オキシ]セラニル}プロパン-1-セロン **PIN**
1-{[(methylsulfanyl)oxy]selanyl}propane-1-selone **PIN**

$\overset{3}{\text{CH}_3}-\overset{2}{\text{CH}_2}-\overset{1}{\text{CO}}-\text{OO}-\text{S}-\text{CH}_3$ 1-[(メチルスルファニル)ペルオキシ]プロパン-1-オン **PIN**
1-[(methylsulfanyl)peroxy]propan-1-one **PIN**

P-68.4.3 非標準結合数をもつカルコゲン母体化合物

多くのカルコゲン化合物は，その誘導体の命名のため母体構造として用いられる化合物種類名で示される．本勧告では，置換名を優先する原則に従うので，化合物種類名に基づいて命名された誘導体は，GIN でのみ保存される．

P-68.4.3.1 スルファン，セランおよびテラン	P-68.4.3.5 スルホンジイミン RS(=NH)₂R′ およびそのカルコゲン類縁体
P-68.4.3.2 ジおよびポリスルホキシド，ポリスルホン，そのセレン，テルル類縁体	P-68.4.3.6 スルホキシイミド R₂S(=O)=NR′ およびそのカルコゲン類縁体
P-68.4.3.3 スルフィミド H₂S=NH およびそのカルコゲン類縁体	P-68.4.3.7 硫黄ジイミド HN=S=NH およびそのカルコゲン類縁体
P-68.4.3.4 スルフィニルアミン RN=S=O, スルホニルアミン RN=S(=O)₂ およびそのカルコゲン類縁体	P-68.4.3.8 硫黄トリイミド S(=NH)₃ およびそのカルコゲン類縁体

P-68.4.3.1 スルファン，セランおよびテラン　非標準結合数をもつスルファン，セランおよびテランは，λ⁴-スルファン λ⁴-sulfane, λ⁶-スルファン λ⁶-sulfane, λ⁴-セラン λ⁴-selane などの母体水素化物に基づき λ-標記に従って命名する．

例：CH₂=S(CH₃)₂　ジメチル(メチリデン)-λ⁴-スルファン **PIN**
dimethyl(methylidene)-λ⁴-sulfane **PIN**

(CH₃-O)₄S　テトラメトキシ-λ⁴-スルファン **PIN**
tetramethoxy-λ⁴-sulfane **PIN**
[(トリメトキシ-λ⁴-スルファニル)オキシ]メタン
[(trimethoxy-λ⁴-sulfanyl)oxy]methane

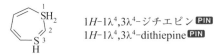

λ⁴-チアン **PIN**
λ⁴-thiane **PIN**

1H-1λ⁴,3λ⁴-ジチエピン **PIN**
1H-1λ⁴,3λ⁴-dithiepine **PIN**

P-68.4.3.2 ジおよびポリスルホキシド，ポリスルホン，そのセレン，テルル類縁体　一般構造 R-[SO]ₙ-R′ および R-[SO₂]ₙ-R′ ($n \geq 2$) の化合物は，種類名 ジスルホキシド disulfoxide, トリスルホキシド trisulfoxide, ジスルホン disulfone などをもつ．これら化合物とそのセレンおよびテルル類縁体は二つの方法で命名する．

(1) 該当する母体水素化物，λ⁴- または λ⁶-ジスルファン，ジセラン，ジテランなどの名称に接尾語 オン one を付けて置換命名法により命名する．

P-68 13, 14, 15, 16, 17族元素の有機化合物の命名法　　　　　　　　　　733

(2) ジスルホキシド disulfoxide, ジスルホン disulfone, ジセレノキシド diselenoxide, ジセレノン diselenone
などの化合物種類名を用いて官能種類命名法により命名する.

方法(1)による名称が PIN となり，混合スルホキシド−スルホンの命名にもこの方法を使う.

例:
$\overset{1}{\text{CH}_3}\text{-S(=O)-}\overset{2}{\text{S}}\text{(=O)-CH}_3$
　　　1,2−ジメチル−1λ⁴,2λ⁴−ジスルファン−1,2−ジオン **PIN**
　　　1,2-dimethyl-1λ⁴,2λ⁴-disulfane-1,2-dione **PIN**
　　　ジメチルジスルホキシド　dimethyl disulfoxide

$\text{CH}_3\text{-CH}_2\text{-}\overset{1}{\text{S}}\text{O}_2\text{-}\overset{2}{\text{S}}\text{O}_2\text{-CH}_3$
　　　1−エチル−2−メチル−1λ⁶,2λ⁶−ジスルファン−1,1,2,2−テトラオン **PIN**
　　　1-ethyl-2-methyl-1λ⁶,2λ⁶-disulfane-1,1,2,2-tetrone **PIN**
　　　エチルメチルジスルホン　ethyl methyl disulfone

（構造式：フェニル基−$\overset{1}{\text{Se}}\text{O}_2$−$\overset{2}{\text{Se}}\text{O}_2$−キノリン−7−イル）

　　　1−フェニル−2−(キノリン−7−イル)−1λ⁶,2λ⁶−ジセラン−1,1,2,2−テトラオン **PIN**
　　　1-phenyl-2-(quinolin-7-yl)-1λ⁶,2λ⁶-diselane-1,1,2,2-tetrone **PIN**
　　　フェニルキノリン−7−イルジセレノン　phenyl quinolin-7-yl diselenone

$\text{CH}_3\text{-CH}_2\text{-}\overset{1}{\text{Se}}\text{O}_2\text{-}\overset{2}{\text{Se}}\text{(O)-CH}_2\text{-CH}_3$
　　　ジエチル−1λ⁶,2λ⁴−ジセラン−1,1,2−トリオン **PIN**
　　　diethyl-1λ⁶,2λ⁴-diselane-1,1,2-trione **PIN**
　　　[(エタンセレニニル)セレノニル]エタン
　　　[(ethaneseleninyl)selenonyl]ethane
　　　[(エチルセレニニル)セレノニル]エタン
　　　[(ethylseleninyl)selenonyl]ethane

P-68.4.3.3　スルフィミド H₂S=NH およびそのカルコゲン類縁体　　一般構造 H₂S=NH をもつ化合物は，スルフィミド sulfimide とよばれる種類(CAS ではスルフィルイミン sulfilimine とよぶ)に属しており，二つの方法で命名する.

　(1) λ⁴−スルファン λ⁴-sulfane のような母体水素化物名に接尾語 イミン imine をつけて置換命名法で命名する.

　(2) 種類名 スルフィミド sulfimide を用いて置換命名法で命名する.

方法(1)による名称が PIN となる.

例:
$(\text{C}_2\text{H}_5)_2\overset{S}{\text{S}}=\overset{N}{\text{N}}\text{-C}_6\text{H}_5$
　　　S,S−ジエチル−*N*−フェニル−λ⁴−スルファンイミン **PIN**
　　　S,S-diethyl-*N*-phenyl-λ⁴-sulfanimine **PIN**
　　　S,S−ジエチル−*N*−フェニルスルフィミド　*S,S*-diethyl-*N*-phenylsulfimide

炭化水素基以外の基が *N* や *S* 上に置換すると，名称の基礎になる上位の母体構造ができることがある.

例:
$(\text{C}_6\text{H}_5)_2\text{S}=\overset{N}{\text{N}}\text{-SO}_2\text{-C}_6\text{H}_5$
　　　N−(ジフェニル−λ⁴−スルファニリデン)ベンゼンスルホンアミド **PIN**
　　　N-(diphenyl-λ⁴-sulfanylidene)benzenesulfonamide **PIN**
　　　S,S−ジフェニル−*N*−(ベンゼンスルホニル)スルフィミド
　　　S,S-diphenyl-*N*-(benzenesulfonyl)sulfimide

P-68.4.3.4　スルフィニルアミン RN=S=O, スルホニルアミン RN=S(=O)₂ およびそのカルコゲン類縁体
一般構造 R-N=S=O, R-N=S(=O)₂ の化合物の種類名は，それぞれスルフィニルアミン sulfinylamine, スルホニルアミン sulfonylamine である. これらは，母体水素化物 λ⁴−スルファン λ⁴-sulfane, または λ⁶−スルファン λ⁶-sulfane に基づいて置換命名法で命名する.

　例: $\text{C}_6\text{H}_5\text{-N=S=O}$　　　(フェニルイミノ)−λ⁴−スルファノン **PIN**　(phenylimino)-λ⁴-sulfanone **PIN**
　　　　　　　　　　　　　　　　　　(*N*−スルフィニルアニリン *N*-sulfinylaniline ではない)

734　　　　　　　　　　　　　P-6　個々の化合物種類に対する適用

CH₃-N=S(=O)₂　　　　（メチルイミノ）-λ⁶-スルファンジオン **PIN**　（methylimino)-λ⁶-sulfanedione **PIN**
　　　　　　　　　　　　（N-スルホニルメタンアミン　N-sulfonylmethanamine ではない）

(CH₃)₂S(O)=N-SO₂-C₆H₅　　N-［ジメチル（オキソ）-λ⁶-スルファニリデン］ベンゼンスルホンアミド **PIN**
　　　　　　　　　　　　N-［dimethyl(oxo)-λ⁶-sulfanylidene］benzenesulfonamide **PIN**
　　　　　　　　　　　　（ベンゼンスルホニルイミノ）ジメチル-λ⁶-スルファノン
　　　　　　　　　　　　(benzenesulfonylimino)dimethyl-λ⁶-sulfanone

P-68.4.3.5　スルホンジイミン RS(=NH)₂R′ およびそのカルコゲン類縁体　　　一般構造 RE(=NH)₂R′ をもつ
化合物の種類名は スルホンジイミン sulfonediimine である．PIN は，母体水素化物 λ⁶-スルファン λ⁶-sulfane に
基づいて置換命名法によりつくる．種類名 スルホンジイミン sulfonediimine に基づく名称は廃止した．

　　例：(C₆H₅)₂S(=NH)₂　　ジフェニル-λ⁶-スルファンジイミン **PIN**　diphenyl-λ⁶-sulfanediimine **PIN**
　　　　　　　　　　　　（ジフェニルスルホンジイミン　diphenyl sulfonediimine ではない）

P-68.4.3.6　スルホキシイミド R₂S(=O)=NR′ およびそのカルコゲン類縁体　　　一般構造 R₂E(=O)=NR′ の化
合物の種類名は スルホキシイミド sulfoximide である（CAS ではスルホキシイミン sulfoximine とよんでいる）．
PIN は，母体水素化物 λ⁶-スルファン λ⁶-sulfane に基づいて置換命名法によりつくる．置換名は官能性母体名ス
ルホキシイミドに基づいてつくってもよい．

　　例：(CH₃)₂S(=O)=N-C₆H₅　　ジメチル（フェニルイミノ）-λ⁶-スルファノン **PIN**
　　　　　　　　　　　　dimethyl(phenylimino)-λ⁶-sulfanone **PIN**
　　　　　　　　　　　　S,S-ジメチル-N-フェニルスルホキシイミド　S,S-dimethyl-N-phenylsulfoximide

P-68.4.3.7　硫黄ジイミド HN=S=NH およびそのカルコゲン類縁体　　　一般構造 HN=S=NH の化合物の種
類名は 硫黄ジイミド sulfur diimide である．PIN は，母体水素化物 λ⁴-スルファン λ⁴-sulfane に基づいて置換命
名法によりつくる．官能種類名は種類名 硫黄ジイミド sulfur diimide に基づいてつくる．

　　例：CH₃-N=S=N-CH₂-CH₃　　エチル（メチル）-λ⁴-スルファンジイミン **PIN**
　　　　　　　　　　　　ethyl(methyl)-λ⁴-sulfanediimine **PIN**
　　　　　　　　　　　　エチルメチル硫黄ジイミド　ethylmethylsulfur diimide

P-68.4.3.8　硫黄トリイミド S(=NH)₃ およびそのカルコゲン類縁体　　　一般構造 S(=NH)₃ をもつ化合物の種
類名は 硫黄トリイミド sulfur triimide である．PIN は，母体水素化物 λ⁶-スルファン λ⁶-sulfane に基づいて置換
命名法によりつくる．官能性種類名は，種類名 硫黄トリイミドに基づいてつくる．

　　例：　　　　　N-C₆H₅　　ジメチル（フェニル）-λ⁶-スルファントリイミン **PIN**
　　　　　　　　　∥　　　　dimethyl(phenyl)-λ⁶-sulfanetriimine **PIN**
　　　　CH₃-N=S=N-CH₃　　ジメチル（フェニル）硫黄トリイミド　dimethyl(phenyl)sulfur triimide

P-68.5　17 族元素化合物の命名法

P-68.5.0　置換命名法	P-68.5.2　ハロゲン酸の命名法
P-68.5.1　ハロゲン母体水素化物に基づく命名法	P-68.5.3　ハロゲン酸のアミド

P-68.5.0　置換命名法

　ハロゲン原子は，置換命名法では特定の接頭語により（P-61.3 参照），官能種類命名法ではその種類名により
（P-15.2 参照），官能基代置換命名法では接頭語と挿入語により（P-65.2.1.5，P-67.1.2.3 参照）示す．

P-68　13, 14, 15, 16, 17族元素の有機化合物の命名法

例：CH₃-Cl　　　　　　クロロメタン **PIN**　chloromethane **PIN**
　　　　　　　　　　　塩化メチル または メチルクロリド　methyl chloride

　C₆H₅-ClO　　　　　　クロロシルベンゼン **PIN**　chlorosylbenzene **PIN**

　CH₃-CH₂-CO-Br　　　プロパノイル＝ブロミド **PIN**　propanoyl bromide **PIN**
　　　　　　　　　　　臭化プロピオニル または プロピオニルブロミド　propionyl bromide

　CH₃-CH₂-SO₂-Cl　　　エタンスルホニル＝クロリド **PIN**　ethanesulfonyl chloride **PIN**

　C₆H₅-P(O)Cl₂　　　　フェニルホスホン酸＝ジクロリド **PIN**　phenylphosphonic dichloride **PIN**

　CH₃-BCl₂　　　　　　ジクロロ(メチル)ボラン **PIN**　dichloro(methyl)borane **PIN**

　CH₃P(Cl)(S-C₂H₅)　　メチル亜ホスホノクロリドチオ酸エチル **PIN**
　　　　　　　　　　　ethyl methylphosphonochloridothioite **PIN**
　　　　　　　　　　　（メタン亜ホスホノクロリドチオ酸エチル
　　　　　　　　　　　ethyl methanephosphonochloridothioite ではない）

P-68.5.1　ハロゲン母体水素化物に基づく命名法

環状および鎖状母体水素化物について，非標準結合数を示すためにλ-標記を用いる．

例：C₆H₅-I(OH)₂　　　フェニル-λ³-ヨーダンジオール **PIN**　phenyl-λ³-iodanediol **PIN**

　CH₃-ICl₂　　　　　　ジクロロ(メチル)-λ³-ヨーダン **PIN**　dichloro(methyl)-λ³-iodane **PIN**

　(CH₃-CO-O)₂I-　　　ビス(アセチルオキシ)-λ³-ヨーダニル 優先接頭　bis(acetyloxy)-λ³-iodanyl 優先接頭
　　　　　　　　　　　（ジアセトキシヨード diacetoxyiodo ではない）

　(HO)₂I-　　　　　　　ジヒドロキシ-λ³-ヨーダニル 予備名　dihydroxy-λ³-iodanyl 予備名
　　　　　　　　　　　（ジヒドロキシヨード dihydroxyiodo ではない）

1-メトキシ-1λ³,2-ベンゾヨーダオキソール-3(1H)-オン **PIN**
1-methoxy-1λ³,2-benziodoxol-3(1H)-one **PIN**

1H-1λ³-クロロール **PIN**
1H-1λ³-chlorole **PIN**

1λ³-ブロミラン **PIN**
1λ³-bromirane **PIN**

1H-1λ³-ベンゾヨードール **PIN**
1H-1λ³-benziodole **PIN**

P-68.5.2　ハロゲン酸の命名法

　ハロゲン酸である 次亜塩素酸 hypochlorous acid HO-Cl，亜塩素酸 chlorous acid HO-ClO，塩素酸 chloric acid HO-ClO₂，過塩素酸 perchloric acid HO-ClO₃ および Cl が Br, F, I に代わる同様の酸については，P-67.1.1 で説明した．それらは 亜塩素酸メチル **PIN** methyl chlorite **PIN** CH₃-O-ClO のようなエステル(P-67.1.3.2 参照)，安息香酸＝次亜塩素酸＝無水物 **PIN** benzoic hypochlorous anhydride **PIN** C₆H₅-CO-O-Cl のような無水物(P-67.1.3.3 参照)をつくる．

クロロシル chlorosyl −ClO，ブロミル bromyl −BrO$_2$，ペルヨージル periodyl −IO$_3$ などのハロゲン酸から誘導される置換基については，P-67.1.4.5 で説明し，P-61.3.2.3 に例を示した．

P-68.5.3 ハロゲン酸のアミド

ハロゲン酸のアミドの PIN をつくるには，化合物種類の優先順位を使う(P-41)．

例： CH$_3$-NH-BrO$_2$ *N*-メチル臭素酸アミド **PIN**   *N*-methylbromic amide **PIN**
                            N-ブロミルメタンアミン   *N*-bromylmethanamine

       CH$_3$-CH$_2$-NH-Cl   *N*-エチル次亜塩素酸アミド **PIN**
                            N-ethylhypochlorous amide **PIN** （P-62.4 参照）
                            N-クロロエタンアミン   *N*-chloroethanamine

P-69 有機金属化合物の命名法   "日本語名称のつくり方"も参照

P-69.0　はじめに	P-69.3　1 族および 2 族元素を含む
P-69.1　13 族から 16 族までの元素を含む	有機金属化合物
有機金属化合物	P-69.4　メタラサイクル
P-69.2　3 族から 12 族までの元素を含む	P-69.5　有機金属化合物についての
有機金属化合物	優先順位

P-69.0 はじめに

この節の目的は，これまでの章で確立された原則，規則，慣用を有機金属化合物の命名のために応用することであり，有機化合物と無機化合物の命名法を調整し，これら原則，規則，慣用の拡張を図ることである(参考文献 12 参照)．

有機金属化合物は，金属原子と炭素原子の間に少なくとも一つの結合をもつ化合物である．伝統的な金属のほかに，ホウ素，ヒ素，セレンなどの元素が炭素原子と結合した化合物も有機金属とみなすことがある．

本勧告における有機金属命名法は，つぎの三つに分けられる．

(1) 1 族および 2 族元素を含む有機金属化合物

(2) 3 族〜12 族元素(遷移金属)を含む有機金属化合物

(3) 13 族〜16 族元素を含む有機金属化合物

したがって，有機金属化合物の命名法の大部分は，有機化合物を扱う本書の範囲外である．それは"無機化学命名法"，特に参考文献 12 の IR-10 に記載されている無機化合物の命名法の原則，規則，慣用に従う．

すべての有機金属化合物は，便宜的に配位命名法とよばれる一種の付加命名法により命名できる．この方式では，化合物の名称は中心原子に配位子の名称を(二つ以上の場合はアルファベット順に)付加することによってつくる(参考文献 12 の IR-7, IR-9 参照)．しかし，13 族〜16 族の元素を含む有機金属化合物は，P-68 に示すように，置換命名法を用いても命名できる．

この節では，すべての有機金属化合物について考察するが，まず，置換命名法で命名する 13〜16 の元素化合物，ついで付加命名法で命名する遷移元素(3 族〜12 族)化合物および 1 族，2 族元素化合物を検討する．最後に，1 族〜12 族元素と 13〜16 族元素の双方の種類を含む化合物の命名に必要な優先順位規則を説明する．

14 族〜16 族の金属の関わる有機金属化合物については，PIN を示してある．しかし，遷移元素(3 族元素を含む)および 1 族，2 族元素を含む有機金属化合物については，オセン ocene 化合物を除き，PIN も予備選択名

P-69　有機金属化合物の命名法　　　　　　　　737

(P-12.2 参照)も記していない．名称についてのこの決定は，無機・有機金属化合物命名に関する担当グループによる検討を待つことになろう．

P-69.1　13 族から 16 族までの元素を含む有機金属化合物

13, 14, 15, 16 族元素の関わる有機金属化合物は，置換命名法により該当する置換基名を接頭語として母体水素化物名につけて命名する．それらは，13 族元素 Al, Ga, In, Tl を含むもの以外は PIN である．その命名のための原則，規則，慣用は，P-68 で説明している．

例：$Al(CH_2\text{-}CH_3)_3$　　トリエチルアルマン　triethylalumane　（置換名）

　　$Pb(CH_2\text{-}CH_3)_4$　　テトラエチルプルンバン **PIN**　tetraethylplumbane **PIN**　（置換名）

　　$BrSb(CH{=}CH_2)_2$　　ブロモジエテニルスチバン **PIN**　bromodiethenylstibane **PIN**　（置換名）

　　$HIn(CH_3)_2$　　ジメチルインジガン　dimethylindigane　（置換名）

P-69.2　3 族から 12 族までの元素を含む有機金属化合物

P-69.2.1　　配位命名法は，3 族から 12 族までの元素を含む有機金属化合物の命名に用いられる主要な命名法であり，"無機化学命名法"(参考文献 12, IR-10)に記載されている．この節では，この方法について簡単に説明し，例を示す．

P-69.2.2　用語の定義

以下の規則では，いくつかの用語をここに示す意味で用いている．**錯体** coordination entity は，他の原子(B)または基(C)が結合する原子(A)が存在する分子またはイオンを指す．原子(A)は，**中心原子** central atom であり，(A)に直接結合する他のすべての原子は**配位子** ligand とよばれる．各中心原子(A)は，それに直接結合する原子の数である**配位数** coordination number をもつ．複数の潜在的な配位原子を含む基は，**多座** multidentate 配位子とよばれ，潜在的な配位原子の数は**単座** monodentate，**二座** bidentate などの用語で示される．**キレート** chelate 配位子は，二つ以上の配位原子を介して中心原子に結合した基であり，**架橋基** bridging group は，複数の中心原子に結合している．**多核** polynuclear 錯体は，複数の中心原子を含むものであり，その数は**単核** mononuclear 分子，**二核** dinuclear 分子などの用語により示される．

直線化学式 linear formula は，中心原子の記号とそれに続く配位子(複数のときは，記載されている通りに，アルファベット順に書く)で構成される(参考文献 12, IR-4.4.3.2. これは 1990 年の無機化学命名法勧告に記載されたものからの変更である)．直線化学式では錯体は常に角括弧に入れるが，複雑な構造をもつ有機の式に基づくときは括弧が不要である．複雑な有機配位子を表すためには，式の中で略語が使用される(名称は使用すべきではない)．たとえば，Et ＝ エチル ethyl，ox ＝ エタンジオアト ethanedioato または オキサラト oxalato，および py ＝ ピリジン pyridine である(参考文献 12 の IR-4.4.3.2，付表Ⅶ，付表Ⅷ参照)．

配位化合物の名称では，中心原子の名称は配位子の名称(その数に関係なく，アルファベット順に列記)の後に置く．**複合配位子** compound ligand や**重複合配位子** complex ligand は，一つの単位として扱う．アニオン性配位子の名称は有機のものでも無機のものでも o で終わる．アニオン名が ate, ite, ide で終わる場合は，最後の文字 e を o に置き換え ato, ito, ido とする．

例：CH_3^-　　　メタニド　methanido　（接尾語イド ide については P-72.2.2.1 参照）

　　$C_6H_5^-$　　　ベンゼニド　benzenido

　　$(CH_3)_2As^-$　ジメチルアルサニド　dimethylarsanido

　　$CH_3\text{-}COO^-$　アセタト　acetato　（語尾アート ate については P-65.6.1 参照）

長い間に確立されてきた慣用により，P-29 で定義された置換基の名称も配位子名として使用できる．

738 P-6 個々の化合物種類に対する適用

例： CH$_3$–　　　　メチル　　methyl

C$_6$H$_5$–　　　　フェニル　　phenyl

(CH$_3$)$_3$Si–　　トリメチルシリル　　trimethylsilyl

配位した分子(中性配位子)や配位子としてのカチオンの名称は変えずに用いる.

例： (CH$_3$-CH$_2$)$_3$P　　トリエチルホスファン　　triethylphosphane

CH$_3$-NH$_2$　　　メタンアミン　　methanamine

例外として，H$_2$O，NH$_3$，CO，NO 分子は，配位子として用いる場合，アクア aqua，アンミン ammine，カルボニル carbonyl，ニトロシル nitrosyl と命名する.

P-69.2.3　少なくとも一つの金属-炭素単結合をもつ化合物

化合物は，水素原子を含めて配位子の名称を英数字順にあげ，その後に金属の名称を記載して命名する. 金属原子に結合する水素があれば，常に接頭語 ヒドリド hydrido で示さなければならない.

例： [Ti(CH$_3$)Cl$_3$]

トリクロリド(メタニド)チタン　trichlorido(methanido)titanium
トリクロリド(メチル)チタン　trichlorido(methyl)titanium

[Pt{C(O)-CH$_3$}(CH$_3$)(PEt$_3$)$_2$]

アセチル(メタニド)ビス(トリエチルホスファン)白金
acetyl(methanido)bis(triethylphosphane)platinum
アセチル(メチル)ビス(トリエチルホスファン)白金
acetyl(methyl)bis(triethylphosphane)platinum

[Os(CH$_2$-CH$_3$)(NH$_3$)$_5$]Cl

ペンタアンミン(エタニド)オスミウム(1＋)クロリド
pentaammine(ethanido)osmium(1＋) chloride
ペンタアンミン(エチル)オスミウム(1＋)クロリド
pentaammine(ethyl)osmium(1＋) chloride

ジヒドリド(ナフタレン-2-イド)レニウム
dihydrido(naphthalen-2-ido)rhenium
ジヒドリド(ナフタレン-2-イル)レニウム
dihydrido(naphthalen-2-yl)rhenium

(4-カルボキシベンゼニド)メタニド水銀
(4-carboxybenzenido)methanidomercury
(4-カルボキシフェニル)メチル水銀
(4-carboxyphenyl)methylmercury

P-69.2.4　炭素原子に多中心結合した有機金属基

炭素原子への多中心結合を示すためには，たとえば不飽和系において，配位子の名称の前に接頭語 η(イータ)をつける. 金属に連続して結合する原子の数(ハプト数 hapticity とよぶ)を示すために，右の上付き数字を記号 η につける. すべての不飽和部位が金属に結合しているわけではないことを示す必要のあるときは，数字位置番号を η の前につける. また，金属に直接結合している配位子中の一つの原子を示すことが必要なこともありうる. この場合には，金属に結合している具体的な位置を示す元素記号の前に記号 κ(カッパ)を書く. 付加命名法における記号 η と κ の使用に関する詳細な議論については，IR-10.2.5.1 と IR-10.2.3.3(参考文献12)を参照されたい.

例：

トリス(η^3-アリル)クロム
tris(η^3-allyl)chromium

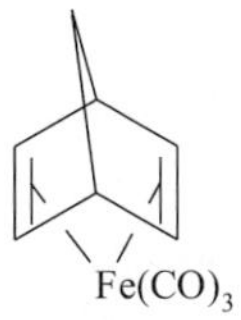

P-69　有機金属化合物の命名法

[(2,3,5,6-η^4)-ビシクロ[2.2.1]ヘプタ-2,5-ジエン]トリカルボニル鉄
[(2,3,5,6-η^4)-bicyclo[2.2.1]hepta-2,5-diene]tricarbonyliron

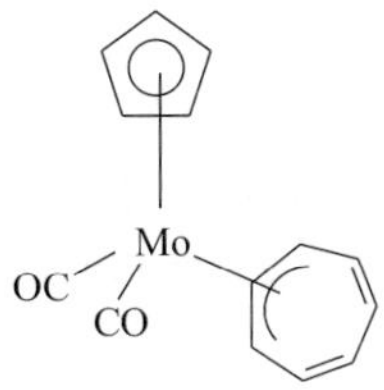

ジカルボニル[(1—3-η)-シクロヘプタ-2,4,6-トリエン-1-イド](η^5-
　　　　シクロペンタ-2,4-ジエン-1-イド)モリブデン
dicarbonyl[(1—3-η)-cyclohepta-2,4,6-trien-1-ido](η^5-
　　　　cyclopenta-2,4-dien-1-ido)molybdenum
ジカルボニル[(1—3-η)-シクロヘプタ-2,4,6-トリエン-1-イル](η^5-
　　　　シクロペンタ-2,4-ジエン-1-イル)モリブデン
dicarbonyl[(1—3-η)-cyclohepta-2,4,6-trien-1-yl](η^5-cyclopenta-
　　　　2,4-dien-1-yl)molybdenum
ジカルボニル[(1—3-η)-シクロヘプタ-2,4,6-トリエン-1-イド](η^5-
　　　　シクロペンタジエニド)モリブデン
dicarbonyl[(1—3-η)-cyclohepta-2,4,6-trien-1-ido](η^5-
　　　　cyclopentadienido)molybdenum

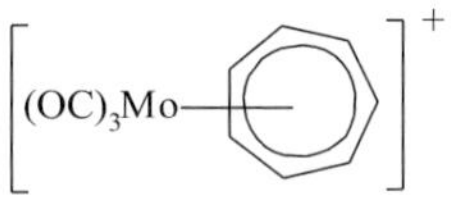

トリカルボニル(η^7-シクロヘプタトリエニリウム)モリブデン(1+)
tricarbonyl(η^7-cycloheptatrienylium)molybdenum(1+)
トリカルボニル(η^7-シクロヘプタ-2,4,6-トリエン-1-イリウム)モリブデン(1+)
tricarbonyl(η^7-cyclohepta-2,4,6-trien-1-ylium)molybdenum(1+)

P-69.2.5　炭素原子への多中心結合をもつ架橋有機金属基

　二つの金属原子間の架橋を示すために，架橋配位子の名称の前に接頭語μをつける(参考文献12，IR-10.2.3.1参照). η の位置のための位置番号は，コロンで区切り，架橋基名の後にはハイフンを付け加える. 金属原子間の直接結合は IR-10.2.3.5(参考文献12)に記載のように示す.

例:

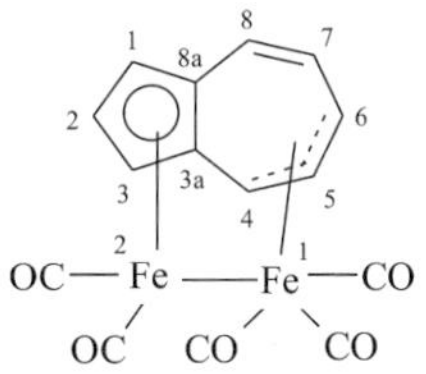

{μ-[2(1—3,3a,8a-η):1(4—6-η)]アズレン}-
　　(ペンタカルボニル-1κ^{3}C,2κ^{2}C)二鉄(*Fe——Fe*)
{μ-[2(1—3,3a,8a-η):1(4—6-η)]azulene}-
　　(pentacarbonyl-1κ^{3}C,2κ^{2}C)diiron(*Fe——Fe*)

P-69.2.6　不飽和分子と置換基をもつ有機金属化合物

　配位子として用いられる有機分子は，置換命名法の原則，規則，慣用に従って命名し，該当する η (ハプト)記号とともに有機金属化合物の名称中に記載する. この方法は，有機金属化合物の有機部分にある特性基を示すためのみに接頭語を用いる方法に優先する.

例:

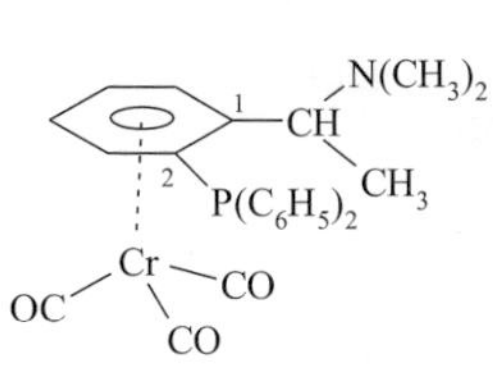

トリカルボニル{1-[2-(ジフェニルホスファニル)-η^6-フェニル]-
　　　　N,*N*-ジメチルエタン-1-アミン}クロム
tricarbonyl{1-[2-(diphenylphosphanyl)-η^6-phenyl]-
　　　　N,*N*-dimethylethan-1-amine}chromium

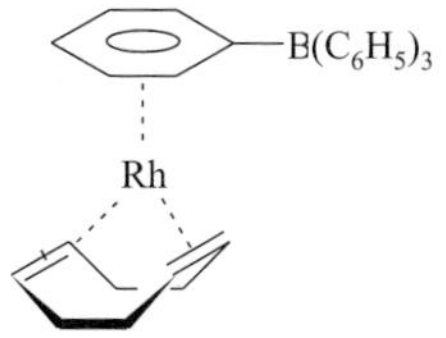

[(1,2,5,6-η)-シクロオクタ-1,5-ジエン](η^6-
　　　　フェニルトリフェニルボラヌイド)ロジウム
[(1,2,5,6-η)-cycloocta-1,5-diene](η^6-phenyltriphenylboranuido)rhodium
[(1,2,5,6-η)-シクロオクタ-1,5-ジエン](η^6-
　　　　フェニルトリフェニルボラト)ロジウム
[(1,2,5,6-η)-cycloocta-1,5-diene](η^6-phenyltriphenylborato)rhodium

740　　　　　　　　　　　　　P-6　個々の化合物種類に対する適用

P-69.2.7　オ　セ　ン

　オセン ocene は d ブロックの金属の ビス(η^5-シクロペンタ-2,4-ジエン-1-イド) bis(η^5-cyclopenta-2,4-dien-1-ido)，ビス(η^5-シクロペンタ-2,4-ジエン-1-イル) bis(η^5-cyclopenta-2,4-dien-1-yl) または ビス(η^5-シクロペンタジエニド) bis(η^5-cyclopentadienido) 錯体である．フェロセン ferrocene，ルテノセン ruthenocene，オスモセン osmocene，ニッケロセン nickelocene，クロモセン chromocene，コバルトセン cobaltocene およびバナドセン vanadocene は，ビス(η^5-シクロペンタ-2,4-ジエン-1-イル)金属 bis(η^5-cyclopenta-2,4-dien-1-yl)metal に対応する化合物（ここで金属原子は Fe, Ru, Os, Ni, Cr, Co, V）の名称である．オセンは複素環とみなし，優先順位は 12,11,10,9,8,7,6,5,4,3,2,1 族の複素環について拡張された優先順位リストに基づいている．たとえば nickelocene＞cobaltocene＞ferrocene である．これらの名称は，特性基を示すための接尾語または接頭語を用い，置換命名法の原則，規則，慣用に従って置換する．

例：

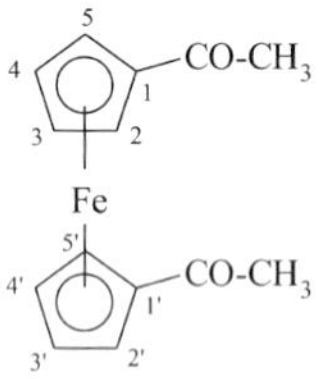

1,1′-(フェロセン-1,1′-ジイル)ジ(エタン-1-オン) **PIN**
1,1′-(ferrocene-1,1′-diyl)di(ethan-1-one) **PIN**
1,1′-ジアセチルフェロセン　1,1′-diacetylferrocene

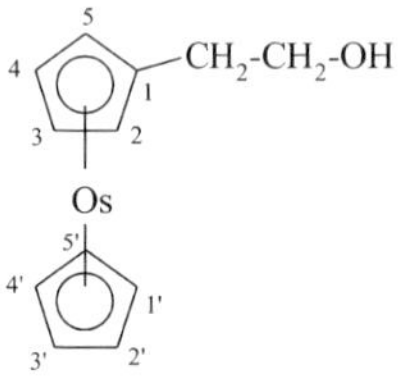

2-(オスモセン-1-イル)エタノール **PIN**
2-(osmocen-1-yl)ethanol **PIN**
1-(2-ヒドロキシエチル)オスモセン
1-(2-hydroxyethyl)osmocene

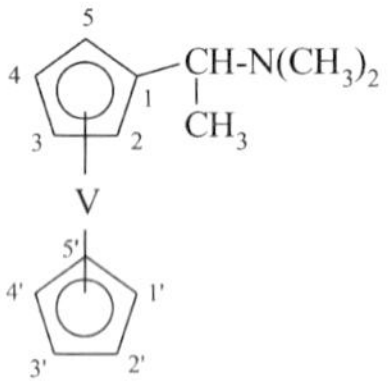

N,N-ジメチル-1-(バナドセン-1-イル)エタン-1-アミン **PIN**
N,N-dimethyl-1-(vanadocen-1-yl)ethan-1-amine **PIN**
1-[1-(ジメチルアミノ)エチル]バナドセン
1-[1-(dimethylamino)ethyl]vanadocene

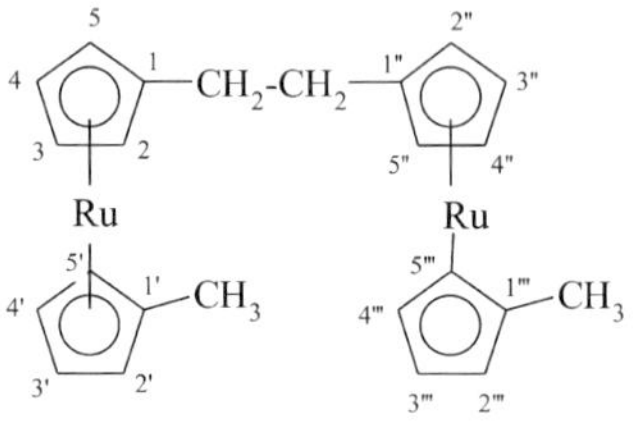

1,1″-(エタン-1,2-ジイル)ビス(1′-メチルルテノセン) **PIN**
1,1″-(ethane-1,2-diyl)bis(1′-methylruthenocene) **PIN**

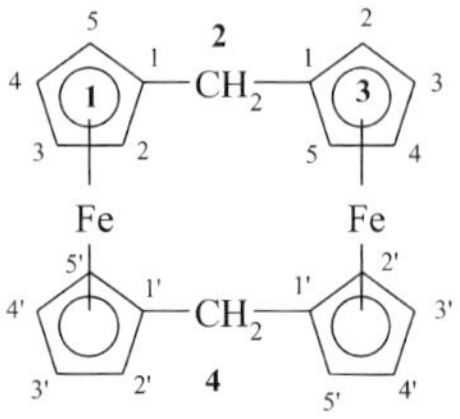

1,3(1,1′)-ジフェロセナシクロテトラファン **PIN**
1,3(1,1′)-diferrocenacyclotetraphane **PIN**

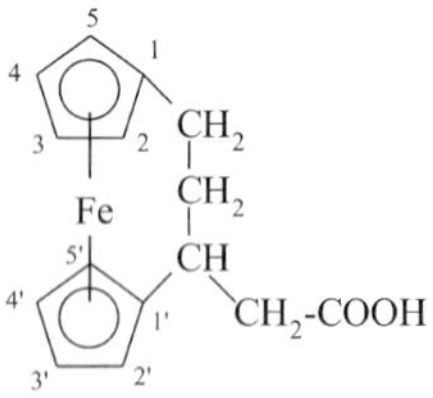

3,5-(フェロセン-1,1′-ジイル)ペンタン酸 **PIN**
3,5-(ferrocene-1,1′-diyl)pentanoic acid **PIN**
1,1′-(4-カルボキシブタン-1,3-ジイル)フェロセン
1,1′-(4-carboxybutane-1,3-diyl)ferrocene

P-69　有機金属化合物の命名法　　741

ベンゾフェロセン **PIN**　benzoferrocene **PIN**
(η⁵-シクロペンタ-2,4-ジエン-1-イド)[(1,2,3,3a,7a)-η⁵-1*H*-インデン-1-イド]鉄
(η⁵-cyclopenta-2,4-dien-1-ido)[(1,2,3,3a,7a)-η⁵-1*H*-inden-1-ido]iron
(η⁵-シクロペンタ-2,4-ジエン-1-イル)[(1,2,3,3a,7a)-η⁵-1*H*-インデン-1-イル]鉄
(η⁵-cyclopenta-2,4-dien-1-yl)[(1,2,3,3a,7a)-η⁵-1*H*-inden-1-yl]iron
(η⁵-シクロペンタジエニド)[(1,2,3,3a,7a)-η⁵-インデニド]鉄
(η⁵-cyclopentadienido)[(1,2,3,3a,7a)-η⁵-indenido]iron

P-69.3　1 族および 2 族元素を含む有機金属化合物

　1 族および 2 族元素の多くの有機金属化合物は，会合分子の形で存在し構造溶媒を含んでいるが，その名称は化合物の化学量論的な組成に基づいてつくり，溶媒は存在するとしても無視する．**付加名** additive name は，有機基を表す配位子と水素原子(もしあれば)を表す配位子 ヒドリド hydrido の名称を書き，その後に金属の名称を続けることによりつくる．

例：[BeEtH]　　　エチルヒドリドベリリウム　ethylhydridoberyllium
　　　　　　　　エタニドヒドリドベリリウム　ethanidohydridoberyllium

　　NaCH=CH₂　　エテニドナトリウム　ethenidosodium
　　または　　　　エテニルナトリウム　ethenylsodium
　　[Na(CH=CH₂)]　ビニルナトリウム　vinylsodium
　　　　　　　　(エテン化ナトリウム　sodium ethenide も許容される．
　　　　　　　　これは塩化ナトリウムと類似の組成名称である．
　　　　　　　　参考文献 12, IR-5 参照)

　　[LiMe]　　　　メタニドリチウム　methanidolithium
　　　　　　　　メチルリチウム　methyllithium

　　[(LiMe)₄]　　　テトラ-μ₃-メタニド-四リチウム　tetra-μ₃-methanido-tetralithium
　　　　　　　　テトラ-μ₃-メチル-テトラリチウム　tetra-μ₃-methyl-tetralithium

　　(LiMe)ₙ　　　ポリ(メチルリチウム)　poly(methyllithium)
　　　　　　　　ポリ(メタニドリチウム)　poly(methanidolithium)

　　LiMe　　　　メタン化リチウム　lithium methanide
　　　　　　　　(組成名称．参考文献 12, IR-5 参照)

　　[MgI(Me)]　　ヨージド(メタニド)マグネシウム　iodido(methanido)magnesium
　　　　　　　　(配位型の付加名)

　　[MgMe]I　　　メチルマグネシウムヨウ化物　methylmagnesium iodide
　　　　　　　　(組成名称．形式的に電気陽性な構成要素が付加命名法で命名されている)

　　[MgI(Me)]ₙ　　ポリ[ヨージド(メタニド)マグネシウム]　poly[iodido(methanido)magnesium]
　　　　　　　　ポリ[ヨード(メチル)マグネシウム]　poly[iodo(methyl)magnesium]

　　MgIMe　　　　ヨウ化メタン化マグネシウム　magnesium iodide methanide
　　　　　　　　(組成名称．参考文献 12, IR-5 参照)

P-69.4　メタラサイクル

　メタラサイクルは，環を構成する一つまたは複数のヘテロ原子が，通常の複素単環の命名系に含まれる金属とは異なった金属原子である有機複素環の名称である(P-22.2 参照)．それらは，次のいずれかの方法で命名できる：(1) 13〜16 族の金属以外にも金属元素を含むように Hantzsch-Widman 系を拡張し，標準価数 0 と表 2·5 にある語幹(たとえば，飽和，不飽和の六員複素環にそれぞれ ine, inane)を用いて命名する，(2) 母体炭化水素環を選

択し，一つ以上の炭素原子を分離可能な"ア"接頭語を用い 2 族〜12 族の金属原子で置き換えてメタラサイクル母体水素化物をつくることにより命名する．金属原子に結合した原子や原子団を表すために，分離可能な接頭語を用いて環上での置換をしたり適切な配位子名を付けたりして，名称が観察された構造式に合うように調整する．

> Hantzsch-Widman 系に 13 族〜16 族の金属以外の他の金属元素が含まれるようになったこと，および"ア"接頭語が使えるようになったことは，Hantzsch-Widman 系についての以前の勧告からの大きな変更である．

注記：遷移金属を含むメタラサイクルの命名法を検討するプロジェクトが立ち上げられている．

例：

1,1-ジクロリド-2,3,4,5-テトラメチルプラチノール
1,1-dichlorido-2,3,4,5-tetramethylplatinole
　　（Hantzsch-Widman 名）
1,1-ジクロリド-2,3,4,5-テトラメチル-1-プラチナシクロペンタ-2,4-ジエン
1,1-dichlorido-2,3,4,5-tetramethyl-1-platinacyclopenta-2,4-diene
　　（"ア"名）

2,2,2,2-テトラカルボニル-1,1-ジクロリド-1,2-シラフェロラン
2,2,2,2-tetracarbonyl-1,1-dichloro-1,2-silaferrolane
　　（Hantzsch-Widman 名）
2,2,2,2-テトラカルボニル-1,1-ジクロロ-1-シラ-2-フェラシクロペンタン
2,2,2,2-tetracarbonyl-1,1-dichloro-1-sila-2-ferracyclopentane
　　（"ア"名）

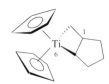

6,6-ジ(η^5-シクロペンタジエニル)-6-チタナビシクロ[3.2.0]ヘプタン
6,6-di(η^5-cyclopentadienyl)-6-titanabicyclo[3.2.0]heptane
　　（"ア"名）
6,6-ジ(η^5-シクロペンタジエニド)-6-チタナビシクロ[3.2.0]ヘプタン
6,6-di(η^5-cyclopentadienido)-6-titanabicyclo[3.2.0]heptane
　　（"ア"名）

1-カルボニル-3,5-ジメチル-1,1-ビス(トリエチルホスファン)イリジン
1-carbonyl-3,5-dimethyl-1,1-bis(triethylphosphane)iridine
　　（Hantzsch-Widman 名）
1-カルボニル-3,5-ジメチル-1,1-ビス(トリエチルホスファン)-1-イリダベンゼン
1-carbonyl-3,5-dimethyl-1,1-bis(triethylphosphane)-1-iridabenzene
　　（"ア"名）

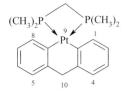

9,9-[メチレンビス(ジメチルホスファン)]-10H-9-プラチナアントラセン
9,9-[methylenebis(dimethylphosphane)]-10H-9-platinaanthracene
　　（"ア"名）

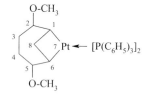

2,5-ジメトキシ-7,7-ビス(トリフェニルホスファン)-7-プラチナビシクロ[4.1.1]オクタン
2,5-dimethoxy-7,7-bis(triphenylphosphane)-7-platinabicyclo[4.1.1]octane
　　（"ア"名）

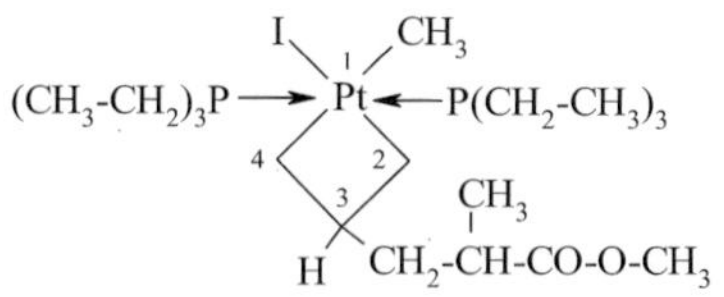

P-69 有機金属化合物の命名法

3-[1-ヨージド-1-メチル-1,1-ビス(トリエチルホスファン)プラチネタン-3-イル]-2-
メチルプロパン酸メチル
methyl 3-[1-iodido-1-methyl-1,1-bis(triethylphosphane)platinetan-3-yl]-2-methylpropanoate
(Hantzsch-Widman 名)

3-[1-ヨージド-1-メタニド-1,1-ビス(トリエチルホスファン)プラチネタン-3-イル]-2-
メチルプロパン酸メチル
methyl 3-[1-iodido-1-methanido-1,1-bis(triethylphosphane)platinetan-3-yl]-2-methylpropanoate
(Hantzsch-Widman 名)

3-[1-ヨージド-1-メチル-1,1-ビス(トリエチルホスファン)-1-プラチナシクロブタン-3-イル]-2-
メチルプロパン酸メチル
methyl 3-[1-iodido-1-methyl-1,1-bis(triethylphosphane)-1-platinacyclobutan-3-yl]-2-methylpropanoate
("ア"名)

P-69.5　有機金属化合物についての優先順位

二つの異なる金属が有機金属化合物中に存在するとき，その一つを命名の基礎として選択しなければならない．金属は以下のように分類される．

(1) 1～12 族の金属

(2) 13～16 族の金属

P-69.5.1　分類(1)に属する二つの同一または異なる金属原子をもつ化合物は，参考文献 12 の IR-9.2.5 に記載の方法と Zn に始まる元素の順位表の優先順位(参考文献 12 の付表Ⅵ参照)，すなわち，Zn＞Cd＞Hg＞…Li＞Na＞K＞Rb＞Cs＞Fr を用いて付加命名法により命名する．

例：

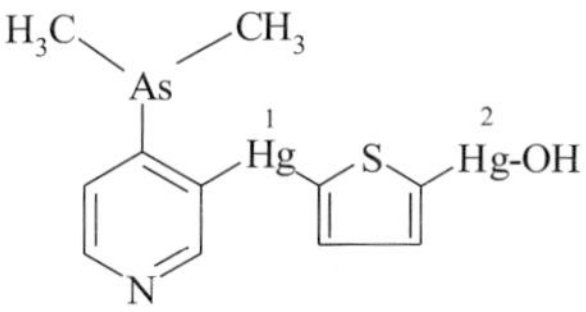

1-[4-(ジメチルアルサニル)ピリジン-3-イル]-2-ヒドロキシド-μ-
チオフェン-2,5-ジイル-二水銀
1-[4-(dimethylarsanyl)pyridin-3-yl]-2-hydroxido-μ-
thiophene-2,5-diyl-dimercury

P-69.5.2　分類(1)の一つの金属原子と分類(2)のもう一つの金属原子をもつ化合物は，中心原子として分類(1)の金属原子を用いて，P-69.5.1 にあるように付加命名法で命名する．残りの金属原子は置換命名法における置換基または中性配位子として命名する．

例：

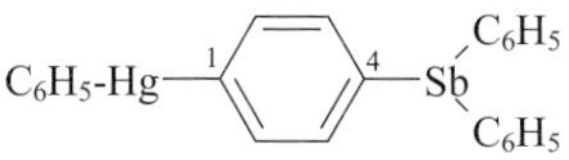

[4-(ジフェニルスチバニル)フェニル](フェニル)水銀
[4-(diphenylstibanyl)phenyl](phenyl)mercury

P-69.5.3　分類(2)に属する二つの金属原子をもつ有機金属化合物については，P-68 に記したように置換命名法を用いる．母体水素化物を選択するための優先順位は，P-41 に記載の以下の順である： Sb＞Bi＞Ge＞Sn＞Pb＞Al＞Ga＞In＞Tl.

例：$(C_6H_5)_2Bi\text{-}CH_2\text{-}CH_2\text{-}CH_2\text{-}Pb(C_2H_5)_3$　　ジフェニル[3-(トリエチルプルンビル)プロピル]ビスムタン **PIN**
diphenyl[3-(triethylplumbyl)propyl]bismuthane **PIN**

$H_2Bi\text{-}GeH_3$　　　　　　　　　　　　　ゲルミルビスムタン　germylbismuthane

$Pb(SnH_3)_4$　　　　　　　　　　　　　　プルンバンテトライルテトラキス(スタンナン)
plumbanetetrayltetrakis(stannane)

P-7　ラジカル，イオンおよび関連化学種

P-70　序　　言	P-74　両性イオン
P-71　ラ ジ カ ル	P-75　ラジカルイオン
P-72　ア ニ オ ン	P-76　非局在化したラジカルとイオン
P-73　カ チ オ ン	P-77　塩

P-70　序　　言　　"日本語名称のつくり方"も参照

P-70.1　一般的命名法	P-70.3　名称のつくり方
P-70.2　ラジカルおよびイオンの優先順位	P-70.4　優先名称を選ぶための一般則

P-70.1　一般的命名法

　本章ではラジカル，イオンおよび関連化学種の命名法について説明する．その規則は P-1～P-6 において定義されている有機化合物の規則と同じ原則に基づいており，命名法は 1993 年に改訂された(参考文献 3)．定義，記号，慣用については参考文献 14 および 28 を参照されたい．1979 規則(参考文献 1)においては，ラジカルは，同じくラジカルとよばれた置換基接頭語と区別するために**フリーラジカル**とよばれたが，その区別は 1993 規則(参考文献 2)および 1993 勧告(参考文献 3)においてなくなった．

P-70.2　ラジカルおよびイオンの優先順位

　ラジカルとイオンは，化合物の種類として酸などよりも上位であり，優先順位は以下のとおりである．

　(1) ラジカル
　(2) アニオン
　(3) カチオン

P-70.3　名称のつくり方

　ラジカル，イオンおよび関連化合物の名称は置換基名と官能種類名を用いて表す．適切な母体水素化物と母体化合物を選び，特定の接尾語(**集積接尾語** cumulative suffix とよぶ)と接頭語を用いて修飾する．酸および関連化合物に由来するアニオンは慣用的に用いられている語尾で表す(P-72.2.2.2 参照)．二価および三価のラジカルの命名法は，電子的構造やスピン多重度を示したり，意味したりするわけではない．

P-70.3.1　　置換命名法におけるラジカルとイオンの接尾語，接頭語および語尾の一覧を表 7・1 に示す．それらは表 3・4 にも記載されている．

P-70.3.2　　接尾語イル yl，イリデン ylidene，イリジン ylidyne，イド ide，ウイド uide，イウム ium および接頭語イロ ylo が複数あることを示すためには基礎的倍数接頭語(di，tri など)を用いる．接尾語イリウム ylium およびアミニウム aminium，オラート olate などのような複合接尾語の前では倍数接頭語 bis，tris などを用いる．

P-70.3.3　　名称のなかで，接尾語および語尾は以下に示す特定の順で記載する．

　P-70.3.3.1　　　名称中に二つ以上の集積接尾語が存在する場合，記載の順は，P-70.2 に示したラジカルおよびイオンの優先順位の順とは逆，すなわち ium，ylium，ide，uide，yl，ylidene，ylidyne の順である．

746   P-7　ラジカル，イオンおよび関連化学種

表 7・1　置換命名法におけるラジカルとイオンの接尾語
（または語尾）および接頭語

操　作	接尾語または語尾	接頭語
ラジカルの形成		
H• の除去による	イル yl	イロ ylo
2H• の除去による		
同一原子から	イリデン ylidene	
異なる原子から	ジイル diyl	
3H• の除去による		
同一原子から	イリジン ylidyne	
異なる原子から	トリイル triyl または	
	イルイリデン ylylidene	
H• の付加による	ヒドリル hydryl	
アニオンの形成		
H⁺ の除去による	イド ide	
	アート ate, イト ite（語尾）	
H⁻ の付加による	ウイド uide	
電子の付加による	エリド elide†	
カチオンの形成		
H⁻ の除去による	イリウム ylium	
H⁺ の付加による	イウム ium	
電子の除去による	エリウム elium†	

† 　電子 1 個の付加または電子 1 個の除去により母体水素化物を修飾した
　　ことを示すには，それぞれ接尾語 elide または elium を用いることを推
　　奨する.

例：　$\overset{\bullet}{\underset{3}{CH_3}}\text{-N}\overset{+}{=}\overset{-}{\underset{1}{N}}\text{-N-Si(CH}_3)_3$　　3-メチル-1-(トリメチルシリル)トリアザ-2-エン-2-イウム-1-イド-2-イル **PIN**
　　　　　　　　　　　　　3-methyl-1-(trimethylsilyl)triaz-2-en-2-ium-1-id-2-yl **PIN**

P-70.3.3.2　　官能基接尾語と集積接尾語が共存する場合には，記載の順は特定の規則で定める.

P-70.3.3.2.1　　集積接尾語は，複合接尾語をつくるために，官能基接尾語に付け加えることができる
（P-71.3.2 参照）.

例：　$CH_3\text{-}\overset{\bullet}{N}H$　　　　　メタンアミニル **PIN**　methanaminyl **PIN**
　　　　　　　　　　　メチルアザニル　methylazanyl

　　　$\underset{3}{CH_3}\text{-}\underset{2}{CH_2}\text{-}\underset{1}{CH}\text{=}\overset{\bullet}{N}$　　プロパン-1-イミニル **PIN**　propan-1-iminyl **PIN**
　　　　　　　　　　　プロピリデンアザニル　propylideneazanyl

P-70.3.3.2.2　　両性イオン化合物では，集積接尾語は官能基接尾語より先に書き，優先順位により最小の位置
番号がつく.

例：　$(CH_3)_3\overset{+}{\underset{1}{N}}\text{-}\underset{2}{NH}\text{-SO}_2\text{-O}^-$　　1,1,1-トリメチルヒドラジン-1-イウム-2-スルホナート **PIN**
　　　　　　　　　　　1,1,1-trimethylhydrazin-1-ium-2-sulfonate **PIN**

P-70.4　優先名称を選ぶための一般則

以下の原則に基づき，PIN の考え方をラジカルおよびイオンに適用する.

　(1) PIN をつくるには，カルバン命名法とヘテラン命名法に基づく置換命名法およびラジカルとイオンの名
　　　称を体系的につくるのに必要な正しい操作のために考案された一連の接尾語と接頭語を用いる. した
　　　がって，ラジカルの PIN は，必ずしも優先接頭語と同じにはならない.

　(2) いくつかの名称，特にメトキシド **PIN** methoxide **PIN**，エトキシド **PIN** ethoxide **PIN** などやメトキシ
　　　ル **PIN** methoxyl **PIN**，エトキシル **PIN** ethoxyl **PIN** などのようなアルコールおよび関連するヒドロキシ化
　　　合物に由来する置換基接頭語の略称は，PIN として保存する.

P-71 ラジカル

(3) いくつかの名称，たとえばアンモニウム ammonium およびスルホニウム sulfonium などのオニウムカチオン onium cation, カルベン carbene $CH_2^{2\bullet}$，アミド amide NH_2^-，ナイトレン nitrene $HN^{2\bullet}$ は，保存名であり，GIN で使うことができる．

(4) カチオン，アニオンなどの化合物種類名を用いる名称は，GIN には使用することができるが，PIN は体系的につくった名称または保存名である．たとえば，CH_3^+ の PIN は メチルカチオン methyl cation ではなくメチリウム **PIN** methylium **PIN**，$CH_3\text{-}C(O)^+$ の PIN は アセチルカチオン acetyl cation ではなくアセチリウム **PIN** acetylium **PIN** である．$CH_3\text{-}CH_2^-$ については エチルアニオン ethyl anion ではなくエタニド **PIN** ethanide **PIN**，$CH_4^{\bullet+}$ の場合は，メチルラジカルカチオン methyl radical cation ではなく メタニウムイル **PIN** methaniumyl **PIN** である．

P-71 ラ ジ カ ル　　"日本語名称のつくり方"も参照

P-71.1　一般的命名法	P-71.5　ラジカルを表す接頭語
P-71.2　母体水素化物から誘導されるラジカル	P-71.6　接尾語イル，イリデン，イリ
P-71.3　特性基上のラジカル中心	ジンの記載順序と優先順位
P-71.4　母体ラジカルの集合	P-71.7　母体ラジカルの選択

P-71.1　一 般 的 命 名 法

　ラジカルは，1 個以上の水素原子 H• の除去または付加操作を施したことを示すように母体水素化物名を修飾することにより命名する．一つの水素原子の付加操作による修飾の方法を今回初めて勧告する．これら二つの操作は，接尾語を用いて表現する．

　接尾語 イル yl (− H•)，イリデン ylidene (− 2H•)，イリジン ylidyne (− 3H•)は，水素原子の除去，つまり除去操作を示す．接尾語 ヒドリル hydryl は，付加操作，すなわち水素原子 1 個の付加を示す．接頭語 イロ ylo は，置換基からの H• の除去，すなわち除去操作を示すために使う．

P-71.2　母体水素化物から誘導されるラジカル
P-71.2.1　一 価 の ラ ジ カ ル

　P-71.2.1.1　　14 族元素の単核母体水素化物，枝分かれのない鎖状炭化水素の末端原子，または単環飽和炭化水素から水素原子 1 個を除去して生じるラジカルは，母体水素化物の体系名の語尾 ane を yl で置き換えて命名する．

例：•CH_3　　　　　　メチル **PIN**　methyl **PIN**

　　•$CH_2\text{-}CH_2\text{-}CH_3$　プロピル **PIN**　propyl **PIN**

　　•GeH_3　　　　　ゲルミル 予備名　germyl 予備名

　　　　　　　　　　シクロブチル **PIN**　cyclobutyl **PIN**

　P-71.2.1.2　　上記の P-71.2.1.1 に記載されている以外の母体水素化物(あるいはそれが修飾された化合物)から水素原子 1 個を除去して生じるラジカルは，母体水素化物名(末尾に e があれば省く)に接尾語 yl を付け加えて命名する．例外として，HO• の推奨名は ヒドロキシル hydroxyl であり，体系名 オキシダニル oxidanil に代わる

748   P-7 ラジカル，イオンおよび関連化学種

保存名である(参考文献 12，IR-6.4.7 参照)．さらに，HOO• の推奨名はヒドロペルオキシル hydroperoxyl であり，体系名 ジオキシダニル dioxidanyl に代わる保存名である．これらの保存名は，置換された場合には使ってはならない．たとえば CH_3-O• は，メトキシル **PIN** methoxyl **PIN** または メチルオキシダニル methyloxidanyl と命名し，メチルヒドロキシル methylhydroxyl とは命名しない(P-71.3.4 参照)．

例： HS•   スルファニル 予備名　sulfanyl 予備名

H_2N•   アザニル 予備名　azanyl 予備名
                      アミニル　aminyl

H_2B•   ボラニル 予備名　boranyl 予備名
                      （ボリル boryl ではない）

SiH_3-SiH-SiH_3 トリシラン-2-イル 予備名　trisilan-2-yl 予備名
  3   2   1

$(CH_3)_3$C-O-P$(C_6H_5)_3$ *tert*-ブトキシ(トリフェニル)-λ^5-ホスファニル **PIN**
                              tert-butoxy(triphenyl)-λ^5-phosphanyl **PIN**
                              [(2-メチルプロパン-2-イル)オキシ](トリフェニル)-λ^5-ホスファニル
                              [(2-methylpropan-2-yl)oxy](triphenyl)-λ^5-phosphanyl
                              (1,1-ジメチルエトキシ)(トリフェニル)-λ^5-ホスファニル
                              (1,1-dimethylethoxy)(triphenyl)-λ^5-phosphanyl

[norbornyl radical structure]   ビシクロ[2.2.1]ヘプタン-2-イル **PIN**　bicyclo[2.2.1]heptan-2-yl **PIN**

[spiro decane structure]   スピロ[4.5]デカン-8-イル **PIN**　spiro[4.5]decan-8-yl **PIN**

CH_3-ĊH-CH_3 プロパン-2-イル **PIN**　propan-2-yl **PIN**
  3   2   1   1-メチルエチル　1-methylethyl
                                 イソプロピル　isopropyl

       CH_3
        |
CH_3-C-CH_3 2-メチルプロパン-2-イル **PIN**　2-methylpropan-2-yl **PIN**
  3   2   1   1,1-ジメチルエチル　1,1-dimethylethyl
                                 tert-ブチル　*tert*-butyl 〔P-70.4(1)参照〕

[cyclopentadienyl structure]   シクロペンタ-2,4-ジエン-1-イル **PIN**　cyclopenta-2,4-dien-1-yl **PIN**
                                 シクロペンタジエニル　cyclopentadienyl　(P-76.1 参照)

[naphthalene structure]   ナフタレン-2-イル **PIN**　naphthalen-2-yl **PIN**

P-71.2.1.3 一つの水素原子 H• を付加して生じるラジカルは，水素原子の位置を特定しなくてはならない場合，接尾語ヒドリル hydryl によって示すことができる．

例：   アントラセン-9-ヒドリル **PIN**　anthracene-9-hydryl **PIN**
               アントラセン-9-イウムエリド　anthracen-9-iumelide　(P-70.3.1 参照)
               アントラセン-9-エリウムウイド　anthracen-9-eliumuide　(P-70.3.1 参照)
               2,9-ジヒドロアントラセン-2-イル　2,9-dihydroanthracen-2-yl

P-71 ラ ジ カ ル 749

P-71.2.2　二価および三価のラジカル

　二価および三価のラジカルの名称は，以下の 2 通りの方法により，接尾語 ylidene および ylidyne を用いてつくる.

(1) 14 族元素の単核母体水素化物，枝分かれのない鎖状炭化水素の末端原子，または単環飽和炭化水素の語尾 ane を，該当する接尾語に置き換える(P-71.2.1.1 参照).

(2) P-71.2.1.1 に記述される以外の母体水素化物名の末尾の e を省いて，該当する接尾語を付け加える (P-71.2.1.2 参照).

これらの体系名は，GIN で使える保存名に優先する.

P-71.2.2.1　特定の方法および保存名

14 族元素の単核母体水素化物の骨格原子，枝分かれのない鎖状炭化水素の末端骨格原子，または単環飽和炭化水素の一つの骨格原子から水素原子 2 個を除去して生じるラジカルは，母体水素化物の体系名の語尾 ane を，接尾語 ylidene または diyl で置き換えることにより命名する. 接尾語 ylidyne または triyl は，水素原子 3 個を 14 族元素の単核母体水素化物から，または枝分かれのない鎖状炭化水素の末端原子から除去することにより生じるラジカルを命名するために用いる.

　体系名が PIN である. 保存名 カルベン carbene または メチレン methylene，ナイトレン nitrene または アミニレン aminylene および カルビン carbyne は，GIN において使うことができ，置換可能である.

　体系名または保存名を用いる場合，それは特定の電子配置を示すわけではない. 必要な場合は，一重項あるいは三重項などの語や文章表現を用いて区別するのがよい. 構造中の 2 個の不対電子の配置は，無機化学命名法に $CH_2^{2\bullet}$ と記載された配置と同等である(参考文献 12, IR-6.4.7 参照).

例：　$H_2C^{2\bullet}$　　　　メチリデン **PIN**　methylidene **PIN**
　　　　　　　　　　　　カルベン　carbene
　　　　　　　　　　　　メチレン　methylene

　　　$H_2Si^{2\bullet}$　　　　シリリデン **予備名**　silylidene **予備名**
　　　　　　　　　　　　シランジイル　silanediyl
　　　　　　　　　　　（シリレン　silylene ではない）

　　　$HC^{3\bullet}$　　　　　メチリジン **PIN**　methylidyne **PIN**
　　　　　　　　　　　　メタントリイル　methanetriyl
　　　　　　　　　　　　カルビン　carbyne

　　　$(C_6H_5)_2C^{2\bullet}$　　ジフェニルメチリデン **PIN**　diphenylmethylidene **PIN**
　　　　　　　　　　　　ジフェニルメタンジイル　diphenylmethanediyl
　　　　　　　　　　　　ジフェニルカルベン　diphenylcarbene
　　　　　　　　　　　　ジフェニルメチレン　diphenylmethylene

　　　$C_6H_5\text{-}CH_2\text{-}SiH^{2\bullet}$　ベンジルシリリデン **PIN**　benzylsilylidene **PIN**
　　　　　　　　　　　　ベンジルシランジイル　benzylsilanediyl

　　　　C²•　　　　　シクロヘキシリデン **PIN**　cyclohexylidene **PIN**
　　　　　　　　　　　　シクロヘキサン-1,1-ジイル　cyclohexane-1,1-diyl

　　　$CH_3C^{3\bullet}$　　　　エチリジン **PIN**　ethylidyne **PIN**
　　　　　　　　　　　　エタン-1,1,1-トリイル　ethane-1,1,1-triyl
　　　　　　　　　　　（メチルカルビン　methylcarbyne ではない）

P-71.2.2.2　一般的方法

P-71.2.2.1 に記載のラジカルを除き，2 個または 3 個の水素原子を母体水素化物から除去して生じる二価および三価のラジカルの名称は，母体水素化物名に(末尾に e があれば省いて)接尾語 ylidene または diyl，ならびに ylidyne または triyl をそれぞれ付けてつくる. アザニリデン **予備名** azanylidene **予備名** が $HN^{2\bullet}$ の予備選択名であり，ナイトレン nitrene または アミニリデン aminylidene は，GIN で用いられる保存名

750 　　　　　　　　　　　　　P-7　ラジカル，イオンおよび関連化学種

である．

例：　$HN^{2\bullet}$ 　　アザニリデン 予備名　azanylidene 予備名
　　　　　　　　　アザンジイル　azanediyl
　　　　　　　　　アミニリデン　aminylidene
　　　　　　　　　アミニレン　aminylene
　　　　　　　　　ナイトレン　nitrene

　　　　$H_2P^{3\bullet}$ 　　λ^5-ホスファニリジン 予備名　λ^5-phosphanylidyne 予備名
　　　　　　　　　λ^5-ホスファントリイル　λ^5-phosphanetriyl
　　　　　　　　　ホスホラニリジン　phosphoranylidyne
　　　　　　　　　ホスホラントリイル　phosphoranetriyl

　　　　$H_2N\text{-}N^{2\bullet}$ 　　ヒドラジニリデン 予備名　hydrazinylidene 予備名
　　　　　　　　　ジアザニリデン　diazanylidene
　　　　　　　　　ヒドラジン-1,1-ジイル　hydrazine-1,1-diyl
　　　　　　　　　ジアザン-1,1-ジイル　diazane-1,1-diyl
　　　　　　　　　（アミノナイトレン　aminonitrene ではない）

　　　　$H_2P\text{-}P^{2\bullet}$ 　　ジホスファニリデン 予備名　diphosphanylidene 予備名
　　　　　　　　　ジホスファン-1,1-ジイル　diphosphane-1,1-diyl

　　　　（4H-チオピラン構造） 　　4H-チオピラン-4-イリデン PIN　4H-thiopyran-4-ylidene PIN
　　　　　　　　　4H-チオピラン-4,4-ジイル　4H-thiopyran-4,4-diyl

P-71.2.3　複数のラジカル中心（ポリラジカル）

　母体水素化物中の二つ以上の異なる骨格原子から，2 個以上の水素原子を除去して生じる 2 個以上のラジカル中心をもつポリラジカルは，一価のラジカル中心に対する接尾語 yl，二価のラジカル中心に対する ylidene，三価のラジカル中心に対する ylidyne，各種ラジカル中心の数を示す該当する倍数接頭語と組合わせて母体水素化物名に付け加えることにより命名する．母体水素化物名の末尾の e は y が後に続く場合は省く．特性基を含むすべての置換基は接頭語として記載する．この規則に基づく名称が PIN となる．

例：　$\bullet\overset{1}{C}H_2\text{-}\overset{}{C}H_2^{\bullet}$（2）　　エタン-1,2-ジイル PIN　ethane-1,2-diyl PIN

　　　$\overset{\bullet}{H}\overset{}{N}\text{-}\overset{\bullet}{N}H$（1 2）　　ヒドラジン-1,2-ジイル 予備名　hydrazine-1,2-diyl 予備名
　　　　　　　　　ジアザン-1,2-ジイル　diazane-1,2-diyl

　　　$CH_3\text{-}\overset{2\bullet}{C}\text{-}CH_2\text{-}\overset{2\bullet}{C}\text{-}CH_3$　　ペンタン-2,4-ジイリデン PIN
　　　　　　　　　pentane-2,4-diylidene PIN

　　　$\bullet\overset{1}{C}H_2\text{-}\overset{\bullet}{C}H\text{-}\overset{\bullet}{C}H_2$（2 3）　　プロパン-1,2,3-トリイル PIN
　　　　　　　　　propane-1,2,3-triyl PIN

　　　（ベンゼン構造 4,1）　　ベンゼン-1,4-ジイル PIN　benzene-1,4-diyl PIN
　　　　　　　　　〔慣用名：1,4-フェニレン　1,4-phenylene（P-70.4(1)参照）〕

　　　（シクロブタン構造 1,2,3,4）　　3,4-ジメチリデンシクロブタン-1,2-ジイル PIN
　　　H_2C　　　CH_2　　　3,4-dimethylidenecyclobutane-1,2-diyl PIN

P-71 ラジカル   751

$$\overset{\bullet}{C_6H_5\text{-}CH}\text{-}[CH_2]_{10}\text{-}\overset{\bullet}{CH_2}$$

1-フェニルドデカン-1,12-ジイル **PIN**
1-phenyldodecane-1,12-diyl **PIN**

P-71.2.4　鎖上の非末端位の 1 個以上の水素原子を除去して生じる鎖状ラジカルは，2 通りの方法で命名する．

(1) 鎖上の非末端位の位置番号を記す．
(2) 鎖の末端に遊離原子価をもつ母体ラジカルの置換体として命名する．

方法(1)による名称が PIN となる．必要な場合は，置換基について P-46 に記した方法により主鎖を選ぶ．

例：$\overset{3}{CH_3}\text{-}\overset{\bullet}{\underset{2}{CH}}\text{-}\overset{1}{CH_3}$

プロパン-2-イル **PIN**　propan-2-yl **PIN**
1-メチルエチル　1-methylethyl

P-71.2.5　λ(ラムダ)-標記

標準原子価状態にある同一骨格原子から 2 個または 3 個の水素原子を除去して生じる母体水素化物中の二価および三価のラジカル中心は，λ-標記を用いて表すこともできる(P-14.1 参照)．ラジカル中心の位置番号は，記号 λ^n の前に置く．ここで n は，骨格原子の結合数である(P-14.1 参照)．この方法は GIN にのみ使える．

例：$Cl_2C^{2\bullet}$

ジクロロ-λ^2-メタン　dichloro-λ^2-methane
ジクロロメチリデン **PIN**　dichloromethylidene **PIN**
ジクロロメタンジイル　dichloromethanediyl

$FC^{3\bullet}$

フルオロ-λ^1-メタン　fluoro-λ^1-methane
フルオロメチリジン **PIN**　fluoromethylidyne **PIN**
フルオロメタントリイル　fluoromethanetriyl

$C_6H_5\text{-}N^{2\bullet}$

フェニル-λ^1-アザン　phenyl-λ^1-azane
ベンゼンアミニリデン **PIN**　benzenaminylidene **PIN**
フェニルアザンジイル　phenylazanediyl

P-71.2.6　最多非集積二重結合環系ラジカルに用いる付加指示水素

十分な数の水素原子がないため，P-71.2.1 および P-71.2.2 に記した yl または ylidene を用いる方法が直接適用できない最多非集積二重結合をもつ母体水素化物にあるラジカル中心は，環状母体水素化物のジヒドロ誘導体をもとにつくる．そのようなラジカルは，付加指示水素の原則を適用することにより記述できる(P-14.7 および P-58.2 参照)．この方法では，ラジカルであるヒドロ誘導体は，ラジカル中心が形成された後に残るジヒドロ水素原子の一つを，イタリック体の大文字 *H* とその水素原子が結合する骨格原子の位置番号を一緒に丸括弧に入れ，ラジカル中心の位置番号のすぐ後に挿入することにより記述する．

付加指示水素法による名称は，ヒドロ接頭語を使用した名称に優先する(P-58.2.5 参照)．

例：

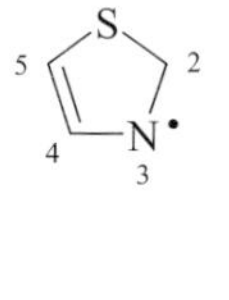

1,3-チアゾール-3(2*H*)-イル **PIN**
1,3-thiazol-3(2*H*)-yl **PIN**
2,3-ジヒドロ-1,3-チアゾール-3-イル
2,3-dihydro-1,3-thiazol-3-yl
　　(分離不可ヒドロ接頭語については，P-58.2.5 参照)

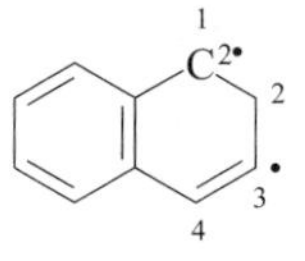

ナフタレン-3-イル-1(2*H*)-イリデン **PIN**
naphthalen-3-yl-1(2*H*)-ylidene **PIN**
1,2-ジヒドロナフタレン-3-イル-1-イリデン
1,2-dihydronaphthalen-3-yl-1-ylidene
　　(分離不可ヒドロ接頭語については，P-58.2.5 参照)

X = •, Y = H　ナフタレン-4a(8aH)-イル PIN
　　　　　　　naphthalen-4a(8aH)-yl PIN
　　　　　　　4a,8a-ジヒドロナフタレン-4a-イル
　　　　　　　4a,8a-dihydronaphthalen-4a-yl
　　　　　　　（分離不可ヒドロ接頭語については，P-58.2.5 参照）

X = •, Y = •　ナフタレン-4a,8a-ジイル PIN
　　　　　　　naphthalene-4a,8a-diyl PIN
　　　　　　　4a,8a-ジヒドロナフタレン-4a,8a-ジイル
　　　　　　　4a,8a-dihydronaphthalene-4a,8a-diyl
　　　　　　　（分離不可ヒドロ接頭語については，P-58.2.5 参照）

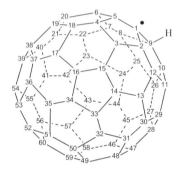

(C_{60}-I_h)[5,6]フラーレン-1(9H)-イル PIN
(C_{60}-I_h)[5,6]fulleren-1(9H)-yl PIN
1,9-ジヒドロ(C_{60}-I_h)[5,6]フラーレン-1-イル
1,9-dihydro(C_{60}-I_h)[5,6]fulleren-1-yl
（分離不可ヒドロ接頭語については，P-58.2.5 参照）

P-71.3　特性基上のラジカル中心
P-71.3.1　アシルラジカル

アシルラジカルは少なくとも1個のカルコゲンまたは窒素原子が二重結合によりラジカル中心に結合しているラジカルであり，形式的には酸特性基からヒドロキシ基を除去して生成する．その名称は酸の名称の語尾 ic acid または carboxylic acid をオイル oyl かイル yl，もしくはカルボニル carbonyl で置き換えることによりつくることができる(P-65.1.7 参照)．オキソ oxo，チオキソ thioxo，スルファニリデン sulfanylidene などの接頭語により示される置換基は，GIN では使うことができる．

> 鎖状母体水素化物と oxo, thioxo, sulfanylidene, imino などの置換接頭語から組立てられる複合アシルラジカルは，GIN において使用できる．このような名称は CAS 索引命名法において使用されている．

例：CH_3-[CH_2]$_4$-ĊO　　ヘキサノイル PIN　hexanoyl PIN
　　　　　　　　　　　　　1-オキソヘキシル　1-oxohexyl

(CH_3)$_2$ṖO　　ジメチルホスフィノイル PIN　dimethylphosphinoyl PIN
　　　　　　　　ジメチルオキソ-λ^5-ホスファニル　dimethyloxo-λ^5-phosphanyl

CH_3-ĊS　　エタンチオイル PIN　ethanethioyl PIN
　　　　　　1-スルファニリデンエチル　1-sulfanylideneethyl
　　　　　　1-チオキソエチル　1-thioxoethyl

CH_3-CH_2-CH_2-Ċ(=NH)　　ブタンイミドイル PIN　butanimidoyl PIN
　　　　　　　　　　　　　　1-イミノブチル　1-iminobutyl

Ph-ĊO　　ベンゾイル PIN　benzoyl PIN
　　　　　ベンゼンカルボニル　benzenecarbonyl

P-71 ラジカル 753

OṠ—⟨4—1⟩—ṠO
ベンゼン-1,4-ジスルフィニル **PIN** benzene-1,4-disulfinyl **PIN**
1,4-フェニレンビス(オキソ-λ⁴-スルファニル)
1,4-phenylenebis(oxo-λ⁴-sulfanyl)

⟨cyclohexane⟩—ĊO
シクロヘキサンカルボニル **PIN** cyclohexanecarbonyl **PIN**
シクロヘキシル(オキソ)メチル cyclohexyl(oxo)methyl

OĊ—⟨4—1⟩—ĊO
ベンゼン-1,4-ジカルボニル **PIN** benzene-1,4-dicarbonyl **PIN**
テレフタロイル terephthaloyl
1,4-フェニレンビス(オキソメチル) 1,4-phenylenebis(oxomethyl)

P-71.3.2 アミン，イミンまたはアミド特性基から形式的に水素原子を除去して生じるラジカルは，該当する集積接尾語 yl または ylidene を特性基の接尾語に付け加えて命名する．この方法はアザニル azanyl，ナイトレン nitrene などの母体を用いたり，官能種類命名法で官能修飾語 イミジル imidyl を用いたりする方法に優先する．

表 7·2 アミン，イミンおよびアミドラジカルのための接尾語

−NH₂	アミン 予備接尾 amine 予備接尾	−ṄH	アミニル 予備接尾 aminyl 予備接尾
		−N²•	アミニリデン 予備接尾 aminylidene 予備接尾
=NH	イミン 予備接尾 imine 予備接尾	=N•	イミニル 予備接尾 iminyl 予備接尾
−(C)O-NH₂	アミド 優先接尾 amide 優先接尾	−(C)O-ṄH	アミジル 優先接尾 amidyl 優先接尾
		−(C)O-N²•	アミジリデン 優先接尾 amidylidene 優先接尾
−CO-NH₂	カルボキシアミド 優先接尾 carboxamide 優先接尾	−CO-ṄH	カルボキシアミジル 優先接尾 carboxamidyl 優先接尾
		−CO-N²•	カルボキシアミジリデン 優先接尾 carboxamidylidene 優先接尾

例：
$\overset{1}{CH_3}\text{-}\overset{\bullet}{\underset{N}{N}H}$
メタンアミニル **PIN** methanaminyl **PIN**
メチルアザニル methylazanyl
メチルアミニル methylaminyl

$\overset{3}{CH_3}\text{-}\overset{2}{CH_2}\text{-}\overset{1}{CH}=N^\bullet$
プロパン-1-イミニル **PIN** propan-1-iminyl **PIN**
プロピリデンアザニル propylideneazanyl

$C_6H_5\text{-}\overset{\bullet}{N}H$
ベンゼンアミニル **PIN** benzenaminyl **PIN**
フェニルアミニル phenylaminyl
フェニルアザニル phenylazanyl
（アニリノ anilino ではない）

$(CH_3)_3P=N^\bullet$
トリメチル-λ⁵-ホスファンイミニル **PIN** trimethyl-λ⁵-phosphaniminyl **PIN**
トリメチルホスファンイミジル trimethylphosphane imidyl

$HCO\text{-}\overset{\bullet}{N}H$
ホルムアミジル **PIN** formamidyl **PIN**
ホルミルアザニル formylazanyl
ホルミルアミニル formylaminyl

$$\overset{N'}{N}\text{-S-CH}_3 \\ \| \\ C_6H_5\text{-C-}\overset{\bullet}{\underset{N}{N}}\text{-S-C}_6H_5$$

N′-(メチルスルファニル)-N-(フェニルスルファニル)ベンゼンカルボキシイミドアミジル **PIN**
N′-(methylsulfanyl)-N-(phenylsulfanyl)benzenecarboximidamidyl **PIN**

754   P-7 ラジカル，イオンおよび関連化学種

ピリジン-2-カルボキシアミジル **PIN**   pyridine-2-carboxamidyl **PIN**

2,5-ジオキソピロリジン-1-イル **PIN**   2,5-dioxopyrrolidin-1-yl **PIN**
スクシンイミジル   succinimidyl

$C_6H_5-N^{2\cdot}$ ベンゼンアミニリデン **PIN**   benzenaminylidene **PIN**
フェニルナイトレン   phenylnitrene
フェニルアミニレン   phenylaminylene

$CH_3-CO-N^{2\cdot}$ アセトアミジリデン **PIN**   acetamidylidene **PIN**
アセチルナイトレン   acetylnitrene
アセチルアミニレン   acetylaminylene

P-71.3.3   ポリアミン，ポリイミンおよびポリアミドラジカル

二つ以上のアミン，イミン，アミド特性基上に同種のラジカル中心をもつポリラジカルは，2 通りの方法で命名する.

(1) 各特性基から水素原子 1 個を除去することを示す接尾語(P-71.3.2 参照)と bis, tris などの倍数接頭語を用いる.

(2) 母体ラジカルである アザニル azanyl および アザニリデン azanylidene に基づく倍数命名法を用いる (P-15.3 参照).

混乱を避けるために，置換命名法においては アミニル aminyl の名称が接尾語として用意されている. 倍数命名法においては，母体ラジカルであるアザニル azanyl (アミニル aminyl ではない)を使う. P-71.3.2 に記した接尾語が使用できる場合には，方法(1)による名称が PIN となる.

例：
$\overset{\cdot}{H}N-\overset{1}{C}H_2-\overset{2}{C}H_2-N\overset{\cdot}{H}$

(1) エタン-1,2-ジイルビス(アミニル) **PIN**
    ethane-1,2-diylbis(aminyl) **PIN**
(2) エタン-1,2-ジイルビス(アザニル)
    ethane-1,2-diylbis(azanyl)

$\cdot N{=}C{=}N\cdot$

(1) メタンビス(イミニル) **PIN**   methanebis(iminyl) **PIN**
(2) メタンジイリデンビス(アザニル)   methanediylidenebis(azanyl)

(1) ベンゼン-1,2-ビス(カルボキシアミジル) **PIN**
    benzene-1,2-bis(carboxamidyl) **PIN**
(2) ベンゼン-1,2-ジカルボニルビス(アザニル)
    benzene-1,2-dicarbonylbis(azanyl)

$\overset{\cdot}{H}N-\overset{4}{C}O-\overset{3}{C}H_2-\overset{2}{C}H_2-\overset{1}{C}O-N\overset{\cdot}{H}$

(1) ブタンビス(アミジル) **PIN**   butanebis(amidyl) **PIN**
(2) ブタンジオイルビス(アザニル)   butanedioylbis(azanyl)

$\overset{2\cdot}{N}-CO-[CH_2]_4-CO-\overset{2\cdot}{N}$

(1) ヘキサンビス(アミジリデン) **PIN**   hexanebis(amidylidene) **PIN**
(2) ヘキサンジオイルビス(アザニリデン)   hexanedioylbis(azanylidene)
    ヘキサンジオイルビス(アミニリデン)   hexanedioylbis(aminylidene)
    ヘキサンジオイルビス(ナイトレン)   hexanedioylbis(nitrene)

P-71.3.4   酸やヒドロキシ特性基のヒドロキシ基(またはカルコゲン類縁体)の水素原子を除去して生じるラジカルは，2 通りの方法で命名する.

(1) オキシ oxy または ペルオキシ peroxy（ジオキシ dioxy ではない）に由来する オキシル oxyl または ペル

P-71 ラジカル   755

オキシル peroxyl を付け加える.
(2) HO• の場合は母体ラジカルの オキシダニル 予備名 oxidanyl 予備名 を，HOO• の場合は母体ラジカルの ジ
オキシダニル 予備名 dioxidanyl 予備名 を適切な置換基により置換する.

　methanyloxyl または methyloxyl の略称とみなせる名称 メトキシル PIN methoxyl PIN，エトキシル PIN
ethoxyl PIN，プロポキシル PIN propoxyl PIN，ブトキシル PIN butoxyl PIN，tert-ブトキシル PIN tert-
butoxyl PIN，フェノキシル PIN phenoxyl PIN およびアミノキシル PIN aminoxyl PIN は保存されており，PIN で
ある(methoxy, ethoxy などのような名称については，P-63.2.2.2 を参照).
　方法(1)による名称が PIN となる.

　例：CH₃-O•　　　　　　　　　(1) メトキシル PIN　methoxyl PIN
　　　　　　　　　　　　　　　　(2) メチルオキシダニル　methyloxidanyl

　　　ClCH₂-CO-O•　　　　　　(1) (クロロアセチル)オキシル PIN　(chloroacetyl)oxyl PIN
　　　　　　　　　　　　　　　　(2) クロロアセトキシル　chloroacetoxyl
　　　　　　　　　　　　　　　　　　(クロロアセチル)オキシダニル　(chloroacetyl)oxidanyl

　　　H₂N-O•　　　　　　　　　アミノキシル 予備名
　　　　　　　　　　　　　　　　aminoxyl 予備名　(aminooxyl の略)

　　　(ClCH₂)₂N-O•　　　　　　(1) ビス(クロロメチル)アミノキシル PIN　bis(chloromethyl)aminoxyl PIN
　　　　　　　　　　　　　　　　(2) ［ビス(クロロメチル)アミノ］オキシダニル
　　　　　　　　　　　　　　　　　　[bis(chloromethyl)amino]oxidanyl

　　　CH₃-[CH₂]₄-CO-O-O•　　(1) ヘキサノイルペルオキシル PIN　hexanoylperoxyl PIN
　　　　　　　　　　　　　　　　(2) ヘキサノイルジオキシダニル　hexanoyldioxidanyl

　　　CH₃-[CH₂]₃-O•　　　　　(1) ブトキシル PIN　butoxyl PIN
　　　　　　　　　　　　　　　　(2) ブチルオキシダニル　butyloxidanyl

　　　CH₃-[CH₂]₂-CO-O•　　　(1) ブタノイルオキシル PIN　butanoyloxyl PIN
　　　　　　　　　　　　　　　　(2) ブタノイルオキシダニル　butanoyloxidanyl

　カルコゲン類縁体は，スルファニル sulfanyl，セラニル selanyl，ジスルファニル disulfanyl のような予備選択母
体ラジカル名をもとに命名する.

　例：C₆H₅-S•　　　　　　　　フェニルスルファニル PIN　phenylsulfanyl PIN
　　　　　　　　　　　　　　　　(ベンゼンスルフェニル benzenesulfenyl ではない.
　　　　　　　　　　　　　　　　　スルフェン酸 sulfenic acid は廃止された．P-56.2 参照)

　　　CH₃-Se•　　　　　　　　メチルセラニル PIN
　　　　　　　　　　　　　　　　methylselanyl PIN

　　　CH₃-C(CH₃)₂-SS•　　　tert-ブチルジスルファニル PIN　tert-butyldisulfanyl PIN
　　　　　　　　　　　　　　　　(2-メチルプロパン-2-イル)ジスルファニル
　　　　　　　　　　　　　　　　(2-methylpropan-2-yl)disulfanyl

　　　ClCH₂-CS-S•　　　　　(クロロエタンチオイル)スルファニル PIN
　　　　　　　　　　　　　　　　(chloroethanethioyl)sulfanyl PIN

P-71.4　母体ラジカルの集合
　ラジカル中心が複数の同種の母体水素化物や特性基(P-71.3.1，P-71.3.3 にそれぞれ記載されている，ポリアシ
ルラジカル，ポリアミドラジカルを除く)上にあるが，それらラジカル中心が構造上の異なる部位に存在するポリ
ラジカルは，可能ならば，同じ構造単位を多価置換基に結合する方式の倍数命名法により命名する(P-15.3 参照).

756 　　　　　　　　　　P-7　ラジカル，イオンおよび関連化学種

例：

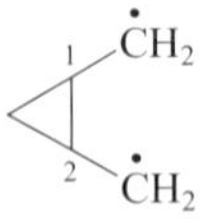

（シクロプロパン-1,2-ジイル）ジメチル **PIN**
(cyclopropane-1,2-diyl)dimethyl **PIN**

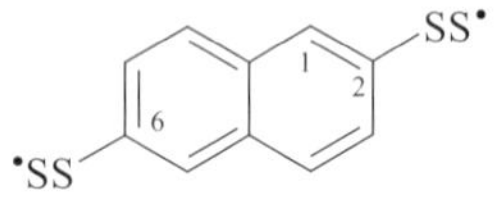

（ナフタレン-2,6-ジイル）ビス（ジスルファニル）**PIN**
(naphthalene-2,6-diyl)bis(disulfanyl) **PIN**

•O-C(CH₃)₂-CH₂-C(CH₃)₂-O•

(1) (2,4-ジメチルペンタン-2,4-ジイル)ビス（オキシル）**PIN**
(2,4-dimethylpentane-2,4-diyl)bis(oxyl) **PIN**
(1,1,3,3-テトラメチルプロパン-1,3-ジイル)ビス（オキシル）
(1,1,3,3-tetramethylpropane-1,3-diyl)bis(oxyl)

(2) (2,4-ジメチルペンタン-2,4-ジイル)ビス（オキシダニル）
(2,4-dimethylpentane-2,4-diyl)bis(oxidanyl)

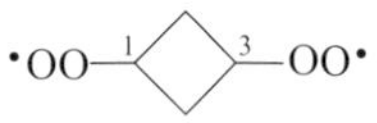

•OO— 1 　　 3 —OO•

(1) (シクロブタン-1,3-ジイル)ビス（ペルオキシル）**PIN**
(cyclobutane-1,3-diyl)bis(peroxyl) **PIN**

(2) (シクロブタン-1,3-ジイル)ビス（ジオキシダニル）
(cyclobutane-1,3-diyl)bis(dioxidanyl)

P-71.5　ラジカルを表す接頭語

接頭語として記載する置換基におけるラジカル中心の存在は，2 通りの方法で表現する．

(1) 置換基からの水素原子の除去を示す接頭語 イロ ylo を用いる．たとえば，−CH₂•
はイロメチル ylomethyl である．

(2) 接頭語を連結する．たとえば，−CO-O• は オキシルカルボニル oxylcarbonyl である．

この接頭語は，通常の方法によりつくられる母体置換接頭語に付く分離不可接頭語である．接頭語として記載する置換基における二つ以上のラジカル中心の存在や接頭語として記載する置換基からの二つ以上の水素原子の除去は，該当する倍数接頭語 di, tri などを用いて示す．

名称 オキシル oxyl は，−O• に対する予備選択接頭語として保存される．

例：−ĊH₂

イロメチル 優先接頭
ylomethyl 優先接頭

−O•

オキシル 予備接頭　oxyl 予備接頭
イロオキシダニル　ylooxidanyl
（イロヒドロキシ ylohydroxy ではない）

−Ċ=O

イロホルミル 優先接頭
yloformyl 優先接頭

−CO-O•

オキシルカルボニル 優先接頭　oxylcarbonyl 優先接頭
（イロオキシダニル）ホルミル　(ylooxidanyl)formyl

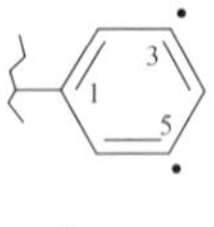

3,5-ジイロフェニル 優先接頭　3,5-diylophenyl 優先接頭

−ṄH

イロアミノ 予備接頭　yloamino 予備接頭
イロアザニル　yloazanyl

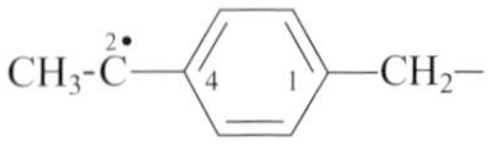

CH₃-Ċ— 2 —　— 4 　 1 —CH₂−

[4-(1,1-ジイロエチル)フェニル]メチル 優先接頭
[4-(1,1-diyloethyl)phenyl]methyl 優先接頭

P-71 ラジカル

P-71.6　接尾語イル，イリデン，イリジンの記載順序と優先順位

名称中では，まず最小の位置番号を組としてラジカルに割当て，ついで接尾語 yl, ylidene, ylidyne をこの順で記載する．記載の順は，置換基の命名の場合と同じである(P-29.3.2.2 参照)．

例：•CH$_2$-CH$^{2•}$　エタン-1-イル-2-イリデン **PIN**
　　　　　　　ethan-1-yl-2-ylidene **PIN**

P-71.7　母体ラジカルの選択

母体ラジカルの選択が必要な場合は，決まるまで以下の基準を提示の順に適用する．

(a) ラジカルの種類によらず，一つの母体構造中に最大数のラジカル中心をもつもの

例：　　　　　　　　　　　1-(4-イロシクロヘキシル)エタン-1,2-ジイル **PIN**
　　　　　　　　　　　　　1-(4-ylocyclohexyl)ethane-1,2-diyl **PIN**

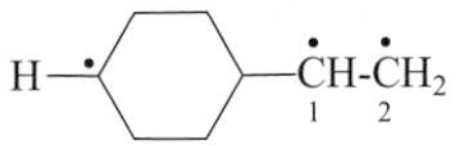

(b) 最大数の yl ラジカル中心，ついで ylidene ラジカル中心をもつもの

例：　　　　　　　　　　　2-[3-(1,1-ジイロエチル)フェニル]エチル **PIN**
　　　　　　　　　　　　　2-[3-(1,1-diyloethyl)phenyl]ethyl **PIN**

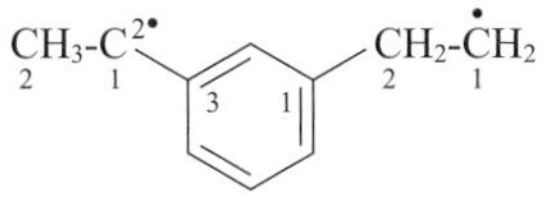

(c) 化合物種類の優先順位で定められた順序：N＞P＞As＞Sb＞Bi＞Si＞Ge＞Sn＞Pb＞B＞Al＞Ga＞In＞Tl＞O＞S＞Se＞Te＞C において(P-44.1.2 参照)，初めの方に記載されている原子上に最大数のラジカル中心をもつもの

> 本勧告では，ラジカルに関する優先順位は，参考文献 3 の RC-81.3.3.2 で用いられている"ア"接頭語の順ではなく化合物種類の優先順位の順である．

例：•CH$_2$-C(CH$_3$)$_2$-O•　　(2-メチル-1-イロプロパン-2-イル)オキシル **PIN**
　　　　　　　　　　　　　(2-methyl-1-ylopropan-2-yl)oxyl **PIN**
　　　　　　　　　　　　　(1,1-ジメチル-2-イロエチル)オキシダニル
　　　　　　　　　　　　　(1,1-dimethyl-2-yloethyl)oxidanyl

(d) さらに選択が必要な場合は，中性化合物について P-1〜P-6 に記載されている鎖と環のための一般的な基準を適用する．

　(1) ラジカル中心の最大数が同じであれば，接尾語の優先順位(P-33 参照)による．

例：•O　　　CO-O•　(3-オキシルベンゾイル)オキシル **PIN**
　　　　　　　　　　(3-oxylbenzoyl)oxyl **PIN**
　　　　　　　　　　[3-(イロオキシダニル)ベンゾイル]オキシダニル
　　　　　　　　　　[3-(ylooxidanyl)benzoyl]oxidanyl

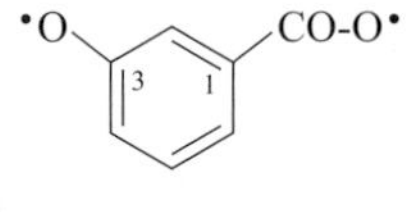

　(2) 環は鎖に優先する．

例：　　　　　　　　　　3-(1-イロエチル)シクロペンチル **PIN**
　　　　　　　　　　　　3-(1-yloethyl)cyclopentyl **PIN**

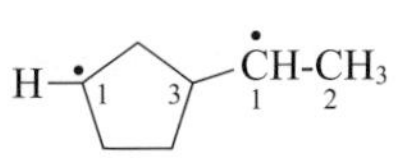

758   P-7　ラジカル，イオンおよび関連化学種

P-72　ア ニ オ ン　　"日本語名称のつくり方"も参照

> P-72.1　一般的命名法
> P-72.2　ヒドロンの除去により生じる
> 　　　　アニオン
> P-72.3　水素化物イオンの付加により
> 　　　　生じるアニオン
> P-72.4　"ア"命名法
>
> P-72.5　複数アニオン中心
> P-72.6　母体化合物および置換基の
> 　　　　双方におけるアニオン中心
> P-72.7　母体アニオンの選択
> P-72.8　接尾語イド，ウイドおよび
> 　　　　λ-標記

> 訳注: 有機化学の分野では，従来 H^+，H^- の日本語名としてそれぞれプロトン，ヒド
> リドイオンを使用してきたが，"無機化学命名法 ──IUPAC 2005 年勧告──"によ
> り，この名称をヒドロン，水素化物イオンとすることになったので，本書でもこれら
> の名称を用いる.

P-72.1　一 般 的 命 名 法

アニオンは 2 通りの方法で命名する.

　(1) 接尾語と語尾を使う.
　(2) 官能種類命名法を用いる.

方法(1)による名称が PIN となる. これまで用いられている名称および略称のいくつかは PIN や GIN での名称
として保存する.

　以下の接尾語を使用する.

　　イド ide（優先接尾語，ヒドロン H^+ の除去に対応する）
　　ウイド uide（優先接尾語，水素化物イオン H^- の付加に対応する）
　　エリド elide（優先接尾語，電子の付加に対応する）

　語尾アート ate およびイト ite は，酸およびヒドロキシ化合物の −OH 基からのヒドロン除去を示すために用い
られる.

　官能種類命名法による命名(2)は，対応するラジカルの名称と関連した化合物種類の名称アニオンをもとにし
て行う. したがって，対応する置換基の名称と同じになるとは限らない.

P-72.2　ヒドロンの除去により生じるアニオン

> P-72.2.1　官能種類命名法
> P-72.2.2　体系的命名法

P-72.2.1　官 能 種 類 命 名 法

　GIN においては，アニオン性の化合物の表記に官能種類命名法を使うことができる. ラジカルに電子を付加し
て生じる形のアニオンは，化合物種類の名称 アニオン anion を置換基名に付け加えて命名することもできる. 名
称は，対応するラジカル名(置換基名とはかぎらない)の後に anion の語を付け加えてつくることができる. 複数
のアニオンを示すためには，anion の前に倍数接頭語 di, tri などを付け加える. この形の命名法は，同じ構造中
にアニオン中心をもつアニオンに限定する. 体系名(P-72.2.2 参照)が PIN である.

P-72 アニオン

例： H₃C⁻   メチルアニオン   methyl anion
              メタニド **PIN**   methanide **PIN**

     O
     ‖
   CH₃-C⁻   アセチルアニオン   acetyl anion
              1-オキソエタン-1-イド **PIN**   1-oxoethan-1-ide **PIN**

     O
     ‖
   C₆H₅-S⁻   ベンゼンスルフィニルアニオン   benzenesulfinyl anion
              オキソ(フェニル)-λ⁴-スルファニド **PIN**
              oxo(phenyl)-λ⁴-sulfanide **PIN**

   CH₃-ṄH   メタンアミニルアニオン   methanaminyl anion
              メタンアミニド **PIN**   methanaminide **PIN**

   (C₆H₅)₂C²⁻ ジフェニルメチリデンジアニオン   diphenylmethylidene dianion
              ジフェニルメタンジイド **PIN**   diphenylmethanediide **PIN**

   [phenyl ring]-C⁻   フェニルアニオン   phenyl anion
              ベンゼニド **PIN**   benzenide **PIN**

   [cyclopentadienyl structure]
              シクロペンタ-2,4-ジエン-1-イルアニオン   cyclopenta-2,4-dien-1-yl anion
              シクロペンタ-2,4-ジエン-1-イド **PIN**   cyclopenta-2,4-dien-1-ide **PIN**
              シクロペンタジエニド   cyclopentadienide　（P-76.1 参照）

P-72.2.2　体系的命名法

P-72.2.2.1　母体水素化物およびその誘導体に由来するアニオン　　中性の母体水素化物から1個以上のヒドロンを除去して生じるアニオンの PIN は，接尾語 ide を用いて命名する．その際，母体水素化物の末尾にeがあればそれを省く．複数あることを示すには，倍数接頭語 di, tri などを使う．負電荷の場所は位置番号で示す．
　⁻C≡C⁻ に対する名称 アセチリド acetylide は，GIN でのみ保存する．

例： (NC)₃C⁻   トリシアノメタニド **PIN**   tricyanomethanide **PIN**

   (C₆H₅)₂C²⁻ ジフェニルメタンジイド **PIN**   diphenylmethanediide **PIN**

   (CH₃)₂P⁻   ジメチルホスファニド **PIN**   dimethylphosphanide **PIN**
              ジメチルホスフィニド   dimethylphosphinide

   HC≡Si⁻   メチリジンシラニド **PIN**   methylidynesilanide **PIN**

   ⁻C≡C⁻   エチンジイド **PIN**   ethynediide **PIN**
              アセチリド   acetylide

P-72.2.2.1.1　マンキュード環系のアニオンのための付加指示水素　　十分な数の水素原子がないため，P-72.2.2.1 に記した ide を用いる方法が直接適用できない最多非集積二重結合をもつ母体水素化物にあるアニオンは，環状母体水素化物のジヒドロ誘導体をもとにつくる．そのようなアニオンは，付加指示水素の原則を適用することにより記述できる(P-14.7 参照)．この方法では，アニオンであるヒドロ誘導体を次のように記述する．すなわち，アニオンがつくられた後に残るジヒドロ水素原子の一つを，イタリック体の大文字 *H* とその水素原子が結合する骨格原子の位置番号を一緒に丸括弧に入れ，アニオンの位置番号のすぐ後に挿入する．付加指示水素方式による名称がPIN である(P-58.2 参照)．

例：
   ピリジン-1(2*H*)-イド **PIN**   pyridin-1(2*H*)-ide **PIN**
   1,2-ジヒドロピリジン-1-イド   1,2-dihydropyridin-1-ide

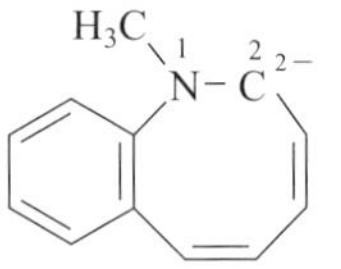

760　　　P-7　ラジカル，イオンおよび関連化学種

1-メチル-1-ベンゾアゾシン-2,2(1H)-ジイド PIN
1-methyl-1-benzazocine-2,2(1H)-diide PIN
1-メチル-1,2-ジヒドロ-1-ベンゾアゾシン-2,2-ジイド
1-methyl-1,2-dihydro-1-benzazocine-2,2-diide

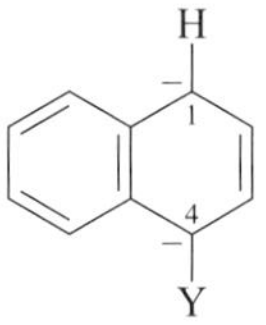

1,4-ジヒドロナフタレン-1,4-ジイド PIN
1,4-dihydronaphthalene-1,4-diide PIN

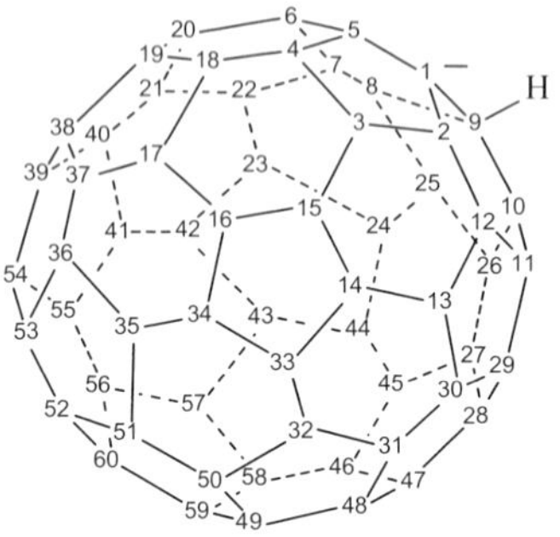

$(C_{60}$-$I_h)$[5,6]フラーレン-1(9H)-イド PIN
$(C_{60}$-$I_h)$[5,6]fulleren-1(9H)-ide PIN
1,9-ジヒドロ$(C_{60}$-$I_h)$[5,6]フラーレン-1-イド
1,9-dihydro$(C_{60}$-$I_h)$[5,6]fulleren-1-ide

P-72.2.2.2　　特性基に由来するアニオンの PIN は，保存名を用いる場合と以下の方法で決める場合とがある．

(1) 酸，アルコールおよびアミンについては，置換命名法で通常使用される名称を以下の方法で修正する．

　(a) 酸由来のアニオンの命名には，語尾アート ate またはイト ite を用いる．

　(b) アルコール由来のアニオンの命名には，語尾アート ate を用いる．

　(c) アミンに由来する窒素原子上に負電荷をもつアニオンの命名には，語尾 アミニド aminide を用いる（対応する amine 接尾語の末尾に e があれば省いて ide を付加する，すなわち amin(e)＋ide とする）．

(2) アザニド azanide NH_2^-，アザンジイド azanediide NH^{2-}，オキシダニド oxidanide HO^- のような特性基の場合には，該当する予備選択母体アニオンの名称を用いる．

(3) アミド，ヒドラジドおよびイミドは，アミンやイミンとは異なり方法(1)では命名しない．アミド amide，ヒドラジド hydrazide などのような名称の末尾に接尾語 ide を用いると，曖昧になる可能性があるからである．

方法(2)による名称が PIN となる．GIN において母体アニオン NH_2^- を示すために使われることのある名称 アミド amide も曖昧さが残りうる．一方，母体 アザニド azanide や アザンジイド azanediide を使えば曖昧さを最小限にできる．

P-72.2.2.2.1　酸に由来するアニオン	P-72.2.2.2.3　アミンおよびイミンに由来するア
P-72.2.2.2.2　ヒドロキシ化合物に由	ニオン
来するアニオン	P-72.2.2.2.4　その他の特性基上のアニオン中心

P-72.2.2.2.1　酸に由来するアニオン

P-72.2.2.2.1.1　酸およびペルオキシ酸　　これらの酸特性基もしくは官能性母体化合物のカルコゲン原子(O, S, Se, Te)からのヒドロンを除去して生じるアニオンの PIN は，酸の名称の語尾 ic acid または ous acid をそれぞ

P-72 アニオン   761

れ ate または ite で置き換えてつくる. 酸の名称は, P-65 と P-67 に記載してある.

> これは, ペルオキシ酸と官能基代置でできるそのカルコゲン類縁体を母体水素化物ア
> ニオンに基づいて命名する勧告 RC-83.1.6(参考文献 3)からの変更である.

例：CH_3-CO-O^- アセタート **PIN**   acetate **PIN**

$CH_3-CH_2-CO-O-O^-$ プロパンペルオキソアート **PIN**   propaneperoxoate **PIN**

$CH_3-CS-O-O^-$ エタンペルオキソチオアート **PIN**
ethaneperoxothioate **PIN**
(エタンチオイル)ジオキシダニド
(ethanethioyl)dioxidanide
(チオアセチル)ジオキシダニド
(thioacetyl)dioxidanide

$CH_3-CO-O-S^-$ エタン(*OS*-チオペルオキソアート) **PIN**
ethane(*OS*-thioperoxoate) **PIN**
(アセチルオキシ)スルファニド   (acetyloxy)sulfanide
(アセトキシスルファニド acetoxysulfanide ではない)

$CH_3-CH_2-CO-S^-$ ⟷ $CH_3-CH_2-CS-O^-$ プロパンチオアート **PIN**   propanethioate **PIN**

CH_3-CO-S^- ⟷ CH_3-CS-O^- エタンチオアート **PIN**   ethanethioate **PIN**

$C_6H_5-SO_2-O^-$ ベンゼンスルホナート **PIN**   benzenesulfonate **PIN**

$(C_6H_5-CH_2)_2P-O^-$ ジベンジルホスフィニット **PIN**   dibenzylphosphinite **PIN**

ピリジン-2,6-ジカルボキシラート **PIN**
pyridine-2,6-dicarboxylate **PIN**

1*H*-ピロール-2-カルボキシイミダート **PIN**
1*H*-pyrrole-2-carboximidate **PIN**

P-72.2.2.2.1.2 有機酸の酸性エステル   P-65 で述べた有機酸の酸性エステルの PIN は, '水素塩 hydrogen salt' の方法ではなく置換命名法でつくる(P-65.6.3.3.5 参照). P-67.1.3.2 で述べた無機酸の酸性エステルの PIN は, 水素塩の方法でつくる(P-65.6.2.3 および P-65.6.3.3.5 を参照).

例：$HOOC-[CH_2]_4-CO-O^-$ 5-カルボキシペンタノアート **PIN**   5-carboxypentanoate **PIN**
水素ヘキサンジオアート   hydrogen hexanedioate

$C_6H_5-P(O)(OH)-O^-$ 水素フェニルホスホナート **PIN**
hydrogen phenylphosphonate **PIN**
〔ヒドロキシ(フェニル)ホスフィナート
hydroxy(phenyl)phosphinate ではない.
ホスホン酸 phosphonic acid はホスフィン酸
phosphinic acid に優先する〕

$CH_3-CH_2-O-CO-CH_2-CH_2-CO-O^-$ 4-エトキシ-4-オキソブタノアート **PIN**
4-ethoxy-4-oxobutanoate **PIN**
エチルブタンジオアート   ethyl butanedioate
エチルスクシナート   ethyl succinate

$$OH$$
$$C_6H_5-O-P(O)-O^-$$

フェニル=水素=ホスファート **PIN**
phenyl hydrogen phosphate **PIN**

$$CH_2-CO-O-CH_2-CH_3$$
$$HO-C-CH_2-COOH$$
$$CO-O^-$$

2-(カルボキシメチル)-4-エトキシ-2-ヒドロキシ-4-オキソブタノアート **PIN**
2-(carboxymethyl)-4-ethoxy-2-hydroxy-4-oxobutanoate **PIN**
4-エチル 2-(カルボキシメチル)-2-ヒドロキシブタンジオアート
4-ethyl 2-(carboxymethyl)-2-hydroxybutanedioate
3-エチル 1-水素シトラート　3-ethyl 1-hydrogen citrate
4-水素 2-(2-エトキシ-2-オキソエチル)-2-ヒドロキシブタンジオアート
4-hydrogen 2-(2-ethoxy-2-oxoethyl)-2-hydroxybutanedioate

P-72.2.2.2.2　ヒドロキシ化合物に由来するアニオン　　オール ol, チオール thiol, ペルオキソール peroxol などの接尾語で示されるヒドロキシおよびそのカルコゲン類縁体特性基のカルコゲン原子からヒドロンを除去して得られるアニオンの PIN は, ol, thiol, peroxol などの接尾語に語尾の ate を付加してできる接尾語 オラート olate, チオラート thiolate, ペルオキソラート peroxolate などである. 曖昧さを避けるため, これらの接尾語の前では倍数接頭語 bis, tris などを使う.

HO^-, HOO^- の保存名である ヒドロキシド hydroxide, ヒドロペルオキシド hydroperoxide は予備選択名であるが置換はできないので, CH_3-O^- と CH_3-OO^- の名称は, それぞれ メトキシド methoxide, メタノラート methanolate, メチルオキシダニド methyloxidanide と メタンペルオキソラート methaneperoxolate, メチルジオキシダニド methyldioxidanide である.

CH_3-O^-, $C_2H_5-O^-$, $C_3H_7-O^-$, $C_4H_9-O^-$, $(CH_3)_3C-O^-$, $C_6H_5-O^-$, H_2N-O^- の慣用名である メトキシド **PIN** methoxide **PIN**, エトキシド **PIN** ethoxide **PIN**, プロポキシド **PIN** propoxide **PIN**, ブトキシド **PIN** butoxide **PIN**, *tert*-ブトキシド **PIN** *tert*-butoxide **PIN**, フェノキシド **PIN** phenoxide **PIN**, アミノキシド **PIN** aminoxide **PIN** は PIN として保存する. *tert*-ブトキシドは置換できない. イソプロポキシド $(CH_3)_2CH-O^-$ は GIN として保存されるが置換はできない.

例:　CH_3-O^-　　　メトキシド **PIN**　methoxide **PIN**
　　　　　　　　　　　メタノラート　methanolate

$$O^-$$
$$CH_3-CH-CH_3$$
$$123$$

プロパン-2-オラート **PIN**　propan-2-olate **PIN**
イソプロポキシド　isopropoxide

ベンゼン-1,2-ビス(オラート) **PIN**
benzene-1,2-bis(olate) **PIN**
　(ピロカテコラート　pyrocatecholate ではない)

ベンゼン-1,2-ビス(チオラート) **PIN**
benzene-1,2-bis(thiolate) **PIN**

$(CH_3)_2N-O^-$　ジメチルアミノキシド **PIN**　dimethylaminoxide **PIN**
　　　　　　　　　(ジメチルアミノ)オキシダニド　(dimethylamino)oxidanide

CH_3-O-O^-　メタンペルオキソラート **PIN**
　　　　　　　methaneperoxolate **PIN**
　　　　　　　メチルジオキシダニド
　　　　　　　methyldioxidanide

P-72 ア ニ オ ン

CH₃-CH₂-S-O⁻ の右:

エタン(*SO*-チオペルオキソラート) **PIN**　ethane(*SO*-thioperoxolate) **PIN**
(エチルスルファニル)オキシダニド　(ethylsulfanyl)oxidanide
(エタンスルフェナート ethanesulfenate ではない.
スルフェン酸 sulfenic acid は廃止された.　P-56.2 参照)

⁻O-O-CH₂-CH₂-O-O⁻ の右:

エタン-1,2-ビス(ペルオキソラート) **PIN**　ethane-1,2-bis(peroxolate) **PIN**
エタン-1,2-ジイルビス(ジオキシダニド)　ethane-1,2-diylbis(dioxidanide)

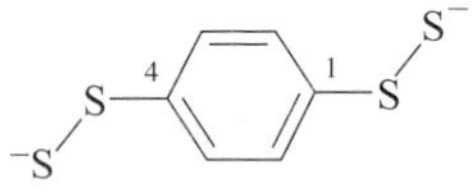

ベンゼン-1,4-ビス(ジチオペルオキソラート) **PIN**
benzene-1,4-bis(dithioperoxolate) **PIN**
1,4-フェニレンビス(ジスルファニド)　1,4-phenylenebis(disulfanide)

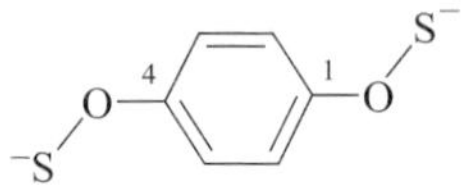

ベンゼン-1,4-ビス(*OS*-チオペルオキソラート) **PIN**
benzene-1,4-bis(*OS*-thioperoxolate) **PIN**
1,4-フェニレンビス(オキシ)ビス(スルファニド)
1,4-phenylenebis(oxy)bis(sulfanide)

P-72.2.2.2.3　アミンおよびイミンに由来するアニオン　一価の負電荷を窒素原子上にもつアミンおよびイミンは，それぞれ接尾語 アミン amine または イミン imine に接尾語 イド ide を付けて得られる接尾語 アミニド aminide および イミニド iminide を用いて命名する．二つの接尾語 aminide を示すためには接頭語 bis を使う．これにより得られる名称は PIN である．アミンの窒素原子上に二価の負電荷が存在する場合は，接尾語 アミンジイド aminediide を用いて PIN をつくる．アニオン H₂N⁻，HN²⁻ の保存名 アミド amide，イミド imide は，GIN において母体アニオンとして使用できる.

> 複合接尾語 aminide, iminide, aminediide の使用は，負電荷をもつアミンおよびイミンを表すために母体アニオン H₂N⁻ および HN²⁻ の保存名 amide, imide を用いた以前の方法からの変更である.

例：　CH₃-N̄H

メタンアミニド **PIN**　methanaminide **PIN**
メチルアミド　methylamide

C₆H₅-N̄H

ベンゼンアミニド **PIN**　benzenaminide **PIN**
フェニルアミド　phenylamide

H̄N-CH₂-CH₂-N̄H

エタン-1,2-ビス(アミニド) **PIN**　ethane-1,2-bis(aminide) **PIN**
エタン-1,2-ジイルビス(アミド)　ethane-1,2-diylbis(amide)

CH₃-CH₂-CH₂-CH=N⁻

ブタンイミニド **PIN**　butaniminide **PIN**

(CH₃)₃P=N⁻

トリメチル-λ⁵-ホスファンイミニド **PIN**
trimethyl-λ⁵-phosphaniminide **PIN**

CH₃-CH₂-N²⁻

エタンアミンジイド **PIN**　ethanaminediide **PIN**
エチルアザンジイド　ethylazanediide
エチルイミド　ethylimide

C₆H₅-N²⁻

ベンゼンアミンジイド **PIN**　benzenaminediide **PIN**
フェニルアザンジイド　phenylazanediide
フェニルイミド　phenylimide

P-72.2.2.2.4　その他の特性基上のアニオン中心　P-72.2.2.2.1, P-72.2.2.2.2, P-72.2.2.2.3 で述べた以外の特性基の原子からヒドロンを除去して得られるアニオン中心は，対応する母体水素化物アニオンに置換基を付けるかたちで命名する．アミジド amidide および カルボキシアミジド carboxamidide などの接尾語は使用できない.

764   P-7 ラジカル，イオンおよび関連化学種

例：$(CH_3)_3C-O-O-O^-$ *tert*-ブチルトリオキシダニド **PIN**   *tert*-butyltrioxidanide **PIN**
                              (2-メチルプロパン-2-イル)トリオキシダニド   (2-methylpropan-2-yl)trioxidanide
                              (1,1-ジメチルエチル)トリオキシダニド   (1,1-dimethylethyl)trioxidanide

         O
         ‖   ⁻   1-オキソエタン-1-イド **PIN**   1-oxoethan-1-ide **PIN**
    CH_3-C

$CH_3-CO-\bar{N}H$ アセチルアザニド **PIN**   acetylazanide **PIN**
                        アセチルアミド   acetylamide

$CH_3-CO-NH-N^{2-}_{\ \ 2\ \ \ 1}$ アセチルヒドラジン-1,1-ジイド **PIN**   acetylhydrazine-1,1-diide **PIN**
                        アセチルジアザン-1,1-ジイド   acetyldiazane-1,1-diide

$HO-\bar{N}H$ ヒドロキシアザニド 予備名   hydroxyazanide 予備名
                        ヒドロキシアミド   hydroxyamide

$HO-N^{2-}$ ヒドロキシアザンジイド 予備名   hydroxyazanediide 予備名
                        ヒドロキシイミド   hydroxyimide

1,3,5,7-テトラオキソ-5,7-ジヒドロベンゾ[1,2-*c*:4,5-*c′*]ジピロール-2,6(1*H*,3*H*)-ジイド **PIN**
1,3,5,7-tetraoxo-5,7-dihydrobenzo[1,2-*c*:4,5-*c′*]dipyrrole-2,6(1*H*,3*H*)-diide **PIN**
   (1,3,5,7-テトラオキソ-5,7-ジヒドロピロロ[3,4-*f*]イソインドール-2,6(1*H*,3*H*)-ジイド
   1,3,5,7-tetraoxo-5,7-dihydropyrrolo[3,4-*f*]isoindole-2,6(1*H*,3*H*)-diide ではない．
   二重に縮合している母体系が二つの構成要素の縮合した環系に優先する．P-25.3.5.3 参照）

P-72.3   水素化物イオンの付加により生じるアニオン

形式的な水素化物イオンH^-の付加で生じるアニオンを命名するには二つの方法がある．

(1) 形式的に水素化物イオンH^-をつけてできるアニオンの名称は，母体水素化物の名称に接尾語 ウイド uide を付けてつくる．複数の負電荷は倍数接頭語 di, tri など用いて表す．

(2) アニオン部位の結合数が標準結合数より高く，λ-標記で表されるアニオン化合物の名称は，母体水素化物の名称に接尾語 イド ide を付けてつくる．その正味の効果は，標準結合数をもつ母体水素化物へ水素化物イオンH^-を付加させたことに相当する(P-72.2.2.1 参照)．

以前の勧告(参考文献 1，D-7.63)では，環内にホウ素を含む化合物の命名において，"ア"接頭語ボラタ borata が水素化物イオンの付加を表すために使用されていた(本項の最後の 2 例および P-72.4 を参照)．

方法(1)による名称が PIN となる．

例：$CH_3-\bar{S}iH_4$ メチルシラヌイド **PIN**   methylsilanuide **PIN**

    $(CH_3)_4B^-$ テトラメチルボラヌイド **PIN**   tetramethylboranuide **PIN**

    $(CH_3)_4P^-$ テトラメチルホスファヌイド **PIN**   tetramethylphosphanuide **PIN**
                     テトラメチル-λ^5-ホスファニド   tetramethyl-λ^5-phosphanide
                     テトラメチルホスホラニド   tetramethylphosphoranide

P-72 アニオン

$C_6H_5\text{-}\bar{S}F_2$

ジフルオロ(フェニル)スルファヌイド **PIN**
difluoro(phenyl)sulfanuide **PIN**
ジフルオロ(フェニル)-λ^4-スルファニド
difluoro(phenyl)-λ^4-sulfanide

$\begin{array}{c} C_6H_5 \\ C_6H_5 \end{array}\!\!\!>\!\!I^-$

ジフェニルヨーダヌイド **PIN**   diphenyliodanuide **PIN**
ジフェニル-λ^3-ヨーダニド   diphenyl-λ^3-iodanide

F_6I^-

ヘキサフルオロ-λ^5-ヨーダヌイド 予備名
hexafluoro-λ^5-iodanuide 予備名
ヘキサフルオロ-λ^7-ヨーダニド
hexafluoro-λ^7-iodanide

F_8Te^{2-}

オクタフルオロ-λ^6-テランジウイド 予備名
octafluoro-λ^6-tellanediuide 予備名
オクタフルオロ-λ^{10}-テランジイド
octafluoro-λ^{10}-tellanediide

$Na^+\ (CH_3)_3\bar{B}H$

トリメチルボラヌイドナトリウム **PIN**
sodium trimethylboranuide **PIN**

$Li^+\ \left[\begin{array}{c} [(CH_3)_2CH\text{-}CH_2]_2\bar{A}lH \\ | \\ C(CH_3)_3 \end{array} \right]$

tert-ブチルビス(2-メチルプロピル)アルマヌイドリチウム
lithium *tert*-butylbis(2-methylpropyl)alumanuide

1,1-ジメチルボリナン-1-ウイド **PIN**
1,1-dimethylborinan-1-uide **PIN**
　(1,1-ジメチル-1-ボラタシクロヘキサン
　1,1-dimethyl-1-boratacyclohexane ではない)

1-メトキシ-1,3-ジメチル-1*H*-1-ベンゾボロール-1-ウイド **PIN**
1-methoxy-1,3-dimethyl-1*H*-1-benzoborol-1-uide **PIN**
　(1-メトキシ-1,3-ジメチル-1-ボラタインデン
　1-methoxy-1,3-dimethyl-1-borataindene ではない)

P-72.4 "ア"命 名 法

母体水素化物におけるアニオン中心は，P-15.4 で述べた"ア"命名法を用いた二つの方法により命名する.

(1) "ア"命名法で中性化合物の名称をつくり，それにアニオン中心を示すための接尾語 ide と uide を付ける.

(2) 接尾語 ida, uida を対応する単核母体水素化物名に付けてつくったアニオンを示す"ア"接頭語(水素化物名の末尾の e は省略)を付け加える．こうしてできた"ア"接頭語は，相当する中性単核母体水素化物の結合数よりも，それぞれ一つ少ないか一つ多い結合数をもつアニオン中心を表している.

方法(1)による名称が PIN となる．つまり，非標準結合状態にある骨格ヘテロ原子を λ-標記で示す必要のない名称が優先する(P-72.3 参照).

> ata で終わる"ア"命名法接頭語，たとえばボラタ borata は廃止した.

例:

$-\!\!-\overset{-}{P}\!-\!\!-$

ホスファニダ 予備名
phosphanida 予備名

$-\overset{|}{\underset{|}{\bar{B}}}\!-$

ボラヌイダ 予備名
boranuida 予備名
(ボラタ borata ではない)

$>\!\!\overset{-}{S}\!\!-$

スルファヌイダ 予備名
sulfanuida 予備名

2,2-ジメチル-2-ボラスピロ[4.5]デカン-2-ウイド **PIN**
2,2-dimethyl-2-boraspiro[4.5]decan-2-uide **PIN**
2,2-ジメチル-2-ボラヌイダスピロ[4.5]デカン
2,2-dimethyl-2-boranuidaspiro[4.5]decane
(2,2-ジメチル-2-ボラタスピロ[4.5]デカン
2,2-dimethyl-2-borataspiro[4.5]decane ではない)

6λ⁵-ホスファスピロ[5.5]ウンデカン-6-ウイド **PIN**
6λ⁵-phosphaspiro[5.5]undecan-6-uide **PIN**
6λ⁵-ホスファヌイダスピロ[5.5]ウンデカン
6λ⁵-phosphanuidaspiro[5.5]undecane
(6λ⁵-ホスファタスピロ[5.5]ウンデカン
6λ⁵-phosphataspiro[5.5]undecane ではない)

1-ホスファビシクロ[2.2.2]オクタン-1-ウイド **PIN**
1-phosphabicyclo[2.2.2]octan-1-uide **PIN**
1-ホスファヌイダビシクロ[2.2.2]オクタン
1-phosphanuidabicyclo[2.2.2]octane
1λ⁵-ホスファビシクロ[2.2.2]オクタン-1-イド
1λ⁵-phosphabicyclo[2.2.2]octan-1-ide
1λ⁵-ホスファニダビシクロ[2.2.2]オクタン
1λ⁵-phosphanidabicyclo[2.2.2]octane

P-72.5　複数アニオン中心

複数アニオン中心は，これまでの規則に従って，いくつかの方法で命名する．

P-72.5.1 母体アニオンの集合体	P-72.5.3 母体水素化物アニオンにある
P-72.5.2 同一の母体水素化物中のイド	アニオン特性基
およびウイド中心	

P-72.5.1　母体アニオンの集合体

P-72.5.1.1　母体アニオンに由来する集合体　同一の母体水素化物に由来するが構造上の異なる部位にアニオン中心をもつ化合物は，できるだけ倍数命名法(P-15.3 参照)で命名する．倍数接頭語には bis, tris などを用いる．

例：

1,4-フェニレンビス(ホスファニド) **PIN**
1,4-phenylenebis(phosphanide) **PIN**

[3-(ジシアノメチリデン)シクロプロパ-1-エン-1,2-ジイル]ビス(ジシアノメタニド) **PIN**
[3-(dicyanomethylidene)cycloprop-1-ene-1,2-diyl]bis(dicyanomethanide) **PIN**

⁻HN-CO-CH₂-CH₂-CO-NH⁻　　ブタンジオイルビス(アザニド) **PIN**　butanedioylbis(azanide) **PIN**
　　　　　　　　　　　　　　　ブタンジオイルビス(アミド)　butanedioylbis(amide)

P-72.5.2　同一の母体水素化物中のイドおよびウイド中心

少なくとも一つは骨格からのヒドロンの除去，もう一つは水素化物イオンの付加で形式的に生じるアニオン中心を同一の母体水素化物中に二つ以上もつアニオン化合物は，母体水素化物名に接尾語 イド ide と ウイド uide

P-72 アニオン   767

をこの順で付け加えて命名する．その際，母体水素化物名と接尾語 ide の末尾の文字 e を省略する．それぞれの接尾語には，必要に応じ該当する倍数接頭語を付ける．選択肢がある場合には，母体水素化物の位置番号は，種類に関係なくまずアニオン中心全体としてできるだけ小さくなるように付け，ついで uide アニオン中心にできるだけ小さいものを付ける．

例：

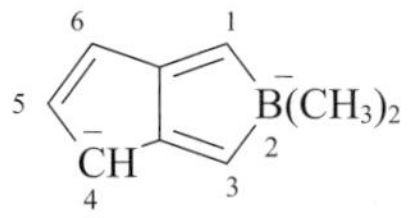

2,2-ジメチル-2,4-ジヒドロシクロペンタ[c]ボロール-4-イド-2-ウイド [PIN]
2,2-dimethyl-2,4-dihydrocyclopenta[c]borol-4-id-2-uide [PIN]

P-72.5.3 母体水素化物アニオンにあるアニオン特性基

構造の母体水素化物部分とアニオン接尾語として表される特性基上の両方にアニオン中心をもつポリアニオンは，規則 P-72.2.2.1，P-72.2.2.2 によりつくられた母体アニオン名に，アニオン接尾語を付け加えて命名する．選択肢がある場合には，小さい位置番号は母体骨格のアニオン原子に付ける．

例：

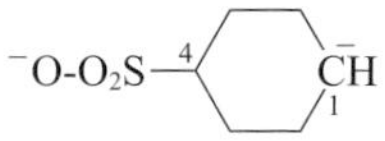

シクロヘキサン-1-イド-4-スルホナート [PIN]
cyclohexan-1-ide-4-sulfonate [PIN]

^-O-CO-CH$_2$-CH$_2$-C$\equiv$C$^-$ ペンタ-1-イン-1-イド-5-オアート [PIN]
pent-1-yn-1-id-5-oate [PIN]

P-72.6 母体化合物および置換基の双方におけるアニオン中心

アニオン中心が同一の母体構造中にない場合には，一つのアニオンを母体アニオンに選び，その他はアニオン置換基として表す必要がある．

P-72.6.1 酸特性基に由来するアニオン中心の接頭語	P-72.6.3 アニオン中心を含む体系的に
P-72.6.2 カルコゲンアニオンの接頭語	つくられた接頭語

P-72.6.1 酸特性基に由来するアニオン中心の接頭語

酸特性基にあるヒドロキシ基やそのカルコゲン類縁体からのヒドロンの除去で生じ，母体構造に単結合で結合するアニオン置換基は，アニオン接尾語名の語尾 アート ate を アト ato に変えてできる接頭語により命名する．

例：

$-CO$-O^- $-SO_2$-O^- $-P(O)(O^-)_2$ $-As(O)(O^-)_2$

カルボキシラト [優先接頭]   スルホナト [予備接頭]   ホスホナト [予備接頭]   アルソナト [予備接頭]
carboxylato [優先接頭]   sulfonato [予備接頭]   phosphonato [予備接頭]   arsonato [予備接頭]

P-72.6.2 カルコゲンアニオンの接頭語

これらの接頭語は，名称 オキシド oxide，スルフィド sulfide，セレニド selenide および テルリド telluride の末尾の e を o に代えてつくる．

例：

$-O^-$ $-S^-$

オキシド [予備接頭]   スルフィド [予備接頭]
oxido [予備接頭]   sulfido [予備接頭]

P-72.6.3 アニオン中心を含む体系的につくられた接頭語

これらの接頭語は，母体アニオン名に集積接尾語 yl または ylidene を付け加えてつくる．その際，母体アニオン名の末尾の文字 e は省略する．原子価が複数であることを示すためには倍数接頭語 di，tri などを用いる．選

768   P-7 ラジカル，イオンおよび関連化学種

択肢がある場合には，遊離原子価に小さい位置番号を付ける．

例：

—C̄H₂   —N̄H   —N²⁻
メタニドイル 優先接頭   アザニドイル 予備接頭   アザンジイドイル 予備接頭
methanidyl 優先接頭   azanidyl 予備接頭   azanediidyl 予備接頭
            アミジル　amidyl

—B̄H₃   =N̄   –S-S̄⁻
ボラヌイドイル 予備接頭   アザニドイリデン 予備接頭   ジスルファニドイル 予備接頭
boranuidyl 予備接頭   azanidylidene 予備接頭   disulfanidyl 予備接頭
            アミジリデン　amidylidene

    シクロペンタ-1,4-ジエン-3-イド-1,2-ジイル 優先接頭
cyclopenta-1,4-dien-3-ide-1,2-diyl 優先接頭

2H-2-ベンゾボロール-2-ウイド-2-イリデン 優先接頭
2H-2-benzoborol-2-uid-2-ylidene 優先接頭

P-72.7　母体アニオンの選択

母体アニオンの選択が必要な場合は，以下の基準を順次適用して決定する．

(a) アニオン接尾語を含め，すべての特性基上のアニオン中心の数が最多のもの

例：   1-(ボリナン-1-ウイド-4-イル)エタン-1,2-ビス(オラート) PIN
        1-(borinan-1-uid-4-yl)ethane-1,2-bis(olate) PIN

(b) アニオン中心 uide および ide の数が最多のもの

例：   1-(1,1-ジメチルボリナン-1-ウイド-4-イル)エタン-
                        1,2-ビス(ジチオペルオキソラート) PIN
        1-(1,1-dimethylborinan-1-uid-4-yl)ethane-1,2-bis(dithioperoxolate) PIN
        1-(1,1-ジメチルボリナン-1-ウイド-4-イル)エタン-1,2-ビス(ジスルファニド)
        1-(1,1-dimethylborinan-1-uid-4-yl)ethane-1,2-bis(disulfanide)

(c) uide 中心が最多のもの

例：   P̄H-CH₂-CH₂-ĀsH₃   (2-ホスファニドイルエチル)アルサヌイド PIN
        (2-phosphanidylethyl)arsanuide PIN

(d) 化合物種類の優先順位：N＞P＞As＞Sb＞Bi＞Si＞Ge＞Sn＞Pb＞B＞Al＞Ga＞In＞Tl＞O＞S＞Se＞Te＞C（P-44.1.2 参照）において先に記されているものにアニオン中心の数が最多であるもの

> 本勧告では，アニオンの優先順位は，RC-81.3.3.2(参考文献 3)で用いられていた "ア" 接頭語の順ではなく，化合物種類の優先順位の順である．

例：   S̄iH₂-CH₂-CH₂-P̄H   (2-シラニドイルエチル)ホスファニド PIN
        (2-silanidylethyl)phosphanide PIN

P-73 カチオン　　　769

(e) さらに選択が必要な場合は，接尾語の優先順位(表4·4参照)と化合物種類(P-41参照)，母体構造(P-44参照)の一般的な優先順位を用いる.

例：

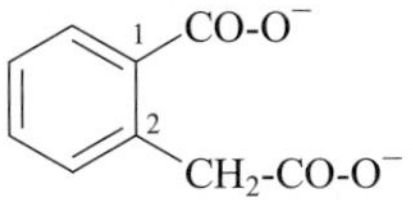

2-(カルボキシラトメチル)ベンゾアート **PIN**
2-(carboxylatomethyl)benzoate **PIN**
（環は鎖に優先）

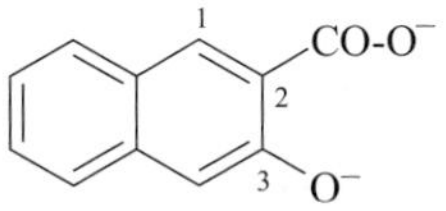

3-オキシドナフタレン-2-カルボキシラート **PIN**
3-oxidonaphthalene-2-carboxylate **PIN**

P-72.8　接尾語イドとウイドおよびλ-標記

P-72.8.1　　接尾語 ウイド uide は λ-標記を使って命名した母体水素化物に伴う接尾語 ide に優先する.

例：$CH_3\text{-}\overline{S}iH_4$　　メチルシラヌイド **PIN**　methylsilanuide **PIN**
　　　　　　　　　　メチル-λ^6-シラニド　methyl-λ^6-silanide

　　　F_6I^-　　ヘキサフルオロ-λ^5-ヨーダヌイド **予備名**　hexafluoro-λ^5-iodanuide **予備名**
　　　　　　　　ヘキサフルオロ-λ^7-ヨーダニド　hexafluoro-λ^7-iodanide

P-72.8.2　　接尾語 イド ide は λ-標記を伴う接尾語 uide に優先する. 接尾語 ide は，λ-標記が双方のアニオン中心に関わる場合にも uide に優先する.

例：H_3C^-　　　メタニド **PIN**　methanide **PIN**
　　　　　　　　λ^2-メタヌイド　λ^2-methanuide

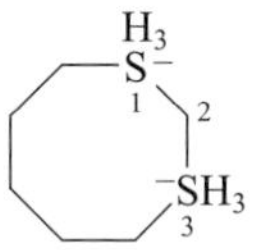

$1\lambda^6,3\lambda^6$-ジチオカン-1,3-ジイド **PIN**　$1\lambda^6,3\lambda^6$-dithiocane-1,3-diide **PIN**
$1\lambda^4,3\lambda^4$-ジチオカン-1,3-ジウイド　$1\lambda^4,3\lambda^4$-dithiocane-1,3-diuide
$1\lambda^4,3\lambda^6$-ジチオカン-3-イド-1-ウイド　$1\lambda^4,3\lambda^6$-dithiocan-3-id-1-uide

P-73　カ チ オ ン　　　"日本語名称のつくり方"も参照

P-73.0　は じ め に

　有機物命名法の観点では，カチオンとは，1個以上のヒドロンの付加，1個以上の水素化物イオンの除去，あるいは両者の組合わせにより，形式的に母体水素化物，母体化合物から誘導される少なくとも一つの正電荷をもつ分子である.

P-73.1　形式的にヒドロン付加で生じるカチオン中心をもつカチオン化合物	P-73.4　カチオンにおける"ア"命名法
	P-73.5　複数のカチオン中心をもつカチオン化合物
P-73.2　形式的に水素化物イオン除去で生じるカチオン中心をもつカチオン化合物	P-73.6　カチオン接頭語名
	P-73.7　母体カチオンの選択
P-73.3　接尾語イリウムを伴ったλ-標記	P-73.8　接尾語イウム，イリウムとλ-標記

P-73.1　形式的にヒドロン付加で生じるカチオン中心をもつカチオン化合物

P-73.1.1　母体水素化物におけるカチオン中心
P-73.1.2　特性基上のカチオン中心

P-73.1.1 母体水素化物におけるカチオン中心

P-73.1.1.1 GIN でのみ用いられる 15, 16, 17 族元素の単核母体モノカチオンのための保存名 標準結合数をもつ窒素，カルコゲン，ハロゲン族の単核母体水素化物に形式的にヒドロンを付加して生じる母体イオンは，表 7·3 に示すように元素の語幹にオニウム onium の語を付け加えて命名する.

表 7·3 15, 16, 17 族元素の単核母体カチオンに対する保存優先名

H_4N^+	アンモニウム ammonium	H_3O^+	オキソニウム oxonium	H_2F^+	フルオロニウム fluoronium
H_4P^+	ホスホニウム phosphonium	H_3S^+	スルホニウム sulfonium	H_2Cl^+	クロロニウム chloronium
H_4As^+	アルソニウム arsonium	H_3Se^+	セレノニウム selenonium	H_2Br^+	ブロモニウム bromonium
H_4Sb^+	スチボニウム stibonium	H_3Te^+	テルロニウム telluronium	H_2I^+	ヨードニウム iodonium
H_4Bi^+	ビスムトニウム bismuthonium				

例: $(CH_3)_4N^+$ テトラメチルアンモニウム   tetramethylammonium
テトラメチルアザニウム   tetramethylazanium
N,N,N-トリメチルメタンアミニウム 🔲PIN   *N,N,N*-trimethylmethanaminium 🔲PIN

$Cl(CH_3)_3P^+$ クロロ(トリメチル)ホスホニウム   chloro(trimethyl)phosphonium
クロロ(トリメチル)ホスファニウム 🔲PIN   chloro(trimethyl)phosphanium 🔲PIN

$(CH_3)_2\overset{+}{S}H$ ジメチルスルホニウム   dimethylsulfonium
ジメチルスルファニウム 🔲PIN   dimethylsulfanium 🔲PIN

$CH_3\text{-}C{\equiv}O^+$ エチリジンオキソニウム   ethylidyneoxonium
エチリジンオキシダニウム 🔲PIN   ethylidyneoxidanium 🔲PIN

$(C_6H_5)_2I^+$ ジフェニルヨードニウム   diphenyliodonium
ジフェニルヨーダニウム 🔲PIN   diphenyliodanium 🔲PIN

$CH_3\text{-}\overset{+}{F}\text{-}Cl$ クロロ(メチル)フルオロニウム   chloro(methyl)fluoronium
クロロ(メチル)フルオラニウム 🔲PIN   chloro(methyl)fluoranium 🔲PIN

P-73.1.1.2 母体水素化物のカチオン中心を体系的に命名するための一般則 中性母体水素化物(P-2 参照)のどこかに一つ以上のヒドロンが形式的に付加して生じるカチオンやその水素化の程度(P-31 参照)が変わったカチオンは，母体水素化物名の末尾の文字 e を接尾語 ium で置き換え，カチオン中心の数を示すための倍数接頭語 di, tri などをつけて命名する. 表 7·3 に示す名称ではなく，15, 16, 17 族の単核母体水素化物から生じる単核カチオンに対するこれらの名称が PIN となる. ヒドロンの位置が明確でない場合は，構造を角括弧で囲む.

例: $^+CH_5$ メタニウム 🔲PIN   methanium 🔲PIN

$[C_6H_7]^+$ ベンゼニウム 🔲PIN   benzenium 🔲PIN

H_4N^+ アザニウム 予備名   azanium 予備名
アンモニウム   ammonium

H_4P^+ ホスファニウム 予備名   phosphanium 予備名
ホスホニウム   phosphonium

H_3S^+ スルファニウム 予備名   sulfanium 予備名
スルホニウム   sulfonium

H_2Cl^+	クロラニウム 予備名　chloranium 予備名
	クロロニウム　chloronium
$CH_3\overset{+}{-}SF_4$	テトラフルオロ(メチル)-λ⁴-スルファニウム PIN
	tetrafluoro(methyl)-λ⁴-sulfanium PIN
	テトラフルオロ(メチル)-λ⁴-スルホニウム
	tetrafluoro(methyl)-λ⁴-sulfonium
$(CH_3)_2N\overset{+}{-}N(CH_3)_3$	ペンタメチルヒドラジニウム PIN　pentamethylhydrazinium PIN
	ペンタメチルジアザニウム　pentamethyldiazanium
$CH_3\text{-}S\overset{+}{-}S(CH_3)\text{-}S\text{-}CH_3$	1,2,3-トリメチルトリスルファン-2-イウム PIN
	1,2,3-trimethyltrisulfan-2-ium PIN
$Cl_2P\overset{+}{-}P(CH_3)_3$	2,2-ジクロロ-1,1,1-トリメチルジホスファン-1-イウム PIN
	2,2-dichloro-1,1,1-trimethyldiphosphan-1-ium PIN

1-メチルピリジン-1-イウム PIN
1-methylpyridin-1-ium PIN

1*H*-イミダゾール-3-イウム PIN
1*H*-imidazol-3-ium PIN

1,1,3,3-テトラフェニル-4,5-ジヒドロ-1*H*-
　1,2,3λ⁵-トリホスホール-1-イウム PIN
1,1,3,3-tetraphenyl-4,5-dihydro-1*H*-
　1,2,3λ⁵-triphosphol-1-ium PIN

$(CH_3)_2\overset{+}{N}=\overset{+}{N}(CH_3)_2$	テトラメチルジアゼン-1,2-ジイウム PIN
	tetramethyldiazene-1,2-diium PIN

1,4-ジオキサン-1,4-ジイウム PIN
1,4-dioxane-1,4-diium PIN

$(CH_3)_3Si\text{-}\overset{+}{N}H_2\text{-}SiH_2\text{-}\overset{+}{N}H_2\text{-}Si(CH_3)_3$	*N*,*N*′-ビス(トリメチルシリル)シランビス(アミニウム) PIN
	N,*N*′-bis(trimethylsilyl)silanebis(aminium) PIN

P-73.1.2　特性基上のカチオン中心

　特性基上のカチオン中心の命名の原則はできるだけ大きい中性母体化合物を用いることであり，その原則は，特に窒素を含む接尾語(下記および表7・4参照)で表される中性化合物の場合に適用される．その他の化合物種類では，最も大きいカチオン母体水素化物をもとに命名する．

P-73.1.2.1　　接尾語により表される中性化合物に由来するカチオン化合物は，2通りの方法で命名する．

(1) 接尾語 アミド amide，イミド imide，ニトリル nitrile，アミン amine，イミン imine を用いて命名する酸の名称に由来するカチオン接尾語は，表7・4に示す基本の接尾語に接尾語 ium を付け加えてつくり，複数であることを示すためには，倍数接頭語 bis, tris などを用いる．PIN，GIN とも(尿素 urea は例外，P-73.1.2.2参照)保存名は接尾語 ium を中性名称に付け加えてつくる．

(2) 窒素原子が存在しない場合は，P-73.1.1.2 に記されている母体水素化物カチオンに置換基を付けることにより命名する．

772   P-7　ラジカル，イオンおよび関連化学種

表 7·4　カチオン特性基の接尾語[†]

中性特性基の接尾語	カチオン特性基の接尾語
アミド　amide	アミジウム　amidium
カルボキシアミド　carboxamide	カルボキシアミジウム　carboxamidium
イミド　imide	イミジウム　imidium
カルボキシイミド　carboximide	カルボキシイミジウム　carboximidium
ニトリル　nitrile	ニトリリウム　nitrilium
カルボニトリル　carbonitrile	カルボニトリリウム　carbonitrilium
アミン　amine	アミニウム　aminium
イミン　imine	イミニウム　iminium

† GIN で用いられるアミド amide やニトリル nitrile の保存名から二つの特性基
の存在がわかる場合(たとえば，スクシノニトリル succinonitrile)，対応するカチ
オン接尾語は，どちらの特性基にもヒドロンが 1 個ずつ付加していることを示
している．

以下の例のように，方法(1)，(2)とも PIN をつくるために使える．

例：$(CH_3)_4N^+$

N,N,N-トリメチルメタンアミニウム [PIN]
N,N,N-trimethylmethanaminium [PIN]
テトラメチルアンモニウム　tetramethylammonium

$C_6H_5\text{-}CO\text{-}\overset{+}{N}(CH_3)_3$

N,N,N-トリメチルベンズアミジウム [PIN]
N,N,N-trimethylbenzamidium [PIN]
ベンゾイルトリメチルアンモニウム　benzoyltrimethylammonium

$C_6H_5\text{–}CO\text{-}NH\text{-}\underset{N'}{\overset{N\ +}{N}}(CH_3)_3$

N',N',N'-トリメチルベンゾヒドラジド-N'-イウム [PIN]
N',N',N'-trimethylbenzohydrazid-N'-ium [PIN]
2-ベンゾイル-1,1,1-トリメチルヒドラジニウム
2-benzoyl-1,1,1-trimethylhydrazinium
2-ベンゾイル-1,1,1-トリメチルジアザン-1-イウム
2-benzoyl-1,1,1-trimethyldiazan-1-ium

2,2-ジメチル-1,3-ジオキソ-2,3-ジヒドロ-1H-イソインドール-2-イウム [PIN]
2,2-dimethyl-1,3-dioxo-2,3-dihydro-1H-isoindol-2-ium [PIN]
N,N-ジメチルフタルイミジウム　N,N-dimethylphthalimidium

N,N,N-トリメチル-1,4-ジチアン-2-アミニウム [PIN]
N,N,N-trimethyl-1,4-dithian-2-aminium [PIN]
(1,4-ジチアン-2-イル)トリメチルアンモニウム
(1,4-dithian-2-yl)trimethylammonium

$C_6H_5\text{-}C\equiv\overset{+}{N}H$

ベンゾニトリリウム [PIN]　benzonitrilium [PIN]
ベンジリジンアンモニウム　benzylidyneammonium
ベンジリジンアザニウム　benzylidyneazanium

$-\overset{+}{N}(CH_3)_3$

N,N,N-トリメチルアニリニウム [PIN]　N,N,N-trimethylanilinium [PIN]
N,N,N-トリメチルベンゼンアミニウム　N,N,N-trimethylbenzenaminium
トリメチル(フェニル)アンモニウム　trimethyl(phenyl)ammonium

$\underset{H_2N\text{-}C\text{-}NH_2}{\overset{\overset{N''}{\overset{+}{N}}(CH_3)_2}{\underset{N}{\|}\,{}_{N'}}}$ ⟷ $\underset{\underset{N''}{H_2N\text{-}C=NH_2}}{\overset{\overset{N}{N}(CH_3)_2}{\underset{N'}{|}^+}}$

N,N-ジメチルグアニジニウム [PIN]　N,N-dimethylguanidinium [PIN]
　　(これらの共鳴構造で示すとき，位置番号 N,N は N',N' よりも小
　　さい)

P-73 カ チ オ ン

$CH_3-CH=\overset{+}{O}H$ エチリデンオキシダニウム [PIN]　ethylideneoxidanium [PIN]
エチリデンオキソニウム　ethylideneoxonium

$(CH_3)_2C=\overset{+}{O}-CH_2-CH_3$ エチル(プロパン-2-イリデン)オキシダニウム [PIN]
ethyl(propan-2-ylidene)oxidanium [PIN]
エチル(プロパン-2-イリデン)オキソニウム
ethyl(propan-2-ylidene)oxonium

$CH_3-CO-\overset{+}{O}H_2$ $\Longrightarrow$ $CH_3-\overset{\overset{+}{O}H}{\overset{||}{C}}-OH$

アセチルオキシダニウム [PIN]   (1-ヒドロキシエチリデン)オキシダニウム [PIN]
acetyloxidanium [PIN]   (1-hydroxyethylidene)oxidanium [PIN]

酢酸アシジウム　acetic acidium

注記: 用語 アシジウム acidium は，二つの互変異性構造を含めて表現している．個々の互変異性体は，オキシダニウムイオン oxidanium ion を用いて体系的に命名する．

$CH_3-\overset{\overset{+}{O}H}{\overset{||}{C}}-\overset{+}{O}H_2$ (1-オキシダニウムイルエチリデン)オキシダニウム [PIN]
(1-oxidaniumylethylidene)oxidanium [PIN]
酢酸アシドジイウム　acetic acidodiium

⬡$-CO-\overset{+}{O}(CH_3)_2$ (シクロヘキサンカルボニル)(ジメチル)オキシダニウム [PIN]
(cyclohexanecarbonyl)(dimethyl)oxidanium [PIN]
(シクロヘキサンカルボニル)ジメチルオキソニウム
(cyclohexanecarbonyl)dimethyloxonium
(*O,O*-ジメチルシクロヘキサンカルボン酸アシジウム
O,O-dimethylcyclohexanecarboxylic acidium ではない)

$CH_3-\overset{\overset{+}{N}(CH_3)_2}{\overset{||}{C}}-OH$ (1-ヒドロキシエチリデン)(ジメチル)アザニウム [PIN]
(1-hydroxyethylidene)(dimethyl)azanium [PIN]
(1-ヒドロキシエチリデン)(ジメチル)アンモニウム
(1-hydroxyethylidene)(dimethyl)ammonium
(*N,N*-ジメチルエタンイミド酸アシジウム
N,N-dimethylethanimidic acidium ではない)

$C_6H_5-CO-\overset{+}{S}(CH_3)_2$ ベンゾイル(ジメチル)スルファニウム [PIN]
benzoyl(dimethyl)sulfanium [PIN]
ベンゾイル(ジメチル)スルホニウム
benzoyl(dimethyl)sulfonium
(*S,S*-ジメチルベンゼンカルボチオ酸アシジウム
S,S-dimethylbenzenecarbothioic acidium ではない)

$C_6H_5-CO-O-\overset{+}{O}H_2$ 2-ベンゾイルジオキシダン-1-イウム [PIN]
2-benzoyldioxidan-1-ium [PIN]
(ペルオキシ安息香酸 *O,O*-アシジウム
peroxybenzoic *O,O*-acidium ではない)

$CH_3-CO-\overset{+}{Cl}-CH_3$ アセチル(メチル)クロラニウム [PIN]
acetyl(methyl)chloranium [PIN]

P-73.1.2.2　ウロニウムイオンおよびカルコゲン類縁体　　尿素(またはイソ尿素)に形式的にヒドロンを付加して生じるカチオンは，次の互変異性構造を示す母体カチオンのウロニウム uronium をもとに命名する．

$$\underset{1\ \ \ \ \ 2\ \ \ \ 3}{\overset{\overset{N}{+}}{H_3N}-CO-\overset{N'}{NH_2}} \ \Longrightarrow \ \underset{1\ \ \ \ \ 2\ \ \ \ 3}{\overset{\overset{N}{+}}{H_2N}=\overset{O}{C}(OH)-\overset{N'}{NH_2}}$$

774   P-7 ラジカル，イオンおよび関連化学種

> 母体カチオンであるウロニウムuroniumの数字の位置番号は，PINでは廃止した．

位置番号は，尿素やイソ尿素で用いられる位置番号を使う．カルコゲン類縁体は，チオウロニウム thiouronium などのような母体カチオンをもとに命名する．この方法による名称は PIN となる．

例：   CH₃-⁺NH=C(-O-C₆H₅)-NH-CH₃
           3   2   1

N,N′-ジメチル-O-フェニルウロニウム **PIN**　N,N′-dimethyl-O-phenyluronium **PIN**
1,3-ジメチル-2-フェニルウロニウム　1,3-dimethyl-2-phenyluronium
N-[(メチルアミノ)フェノキシメチリデン]メタンアミニウム
N-[(methylamino)phenoxymethylidene]methanaminium

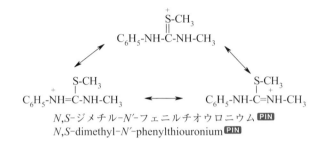

N,S-ジメチル-N′-フェニルチオウロニウム **PIN**
N,S-dimethyl-N′-phenylthiouronium **PIN**

P-73.2 形式的に水素化物イオン除去で生じるカチオン中心をもつカチオン化合物

> P-73.2.1 官能種類名　　　　　　　　　P-73.2.3 特性基上のカチオン中心
> P-73.2.2 母体水素化物におけるカチオン中心

P-73.2.1 官能種類名

対応するラジカルから形式的に電子を奪って生じるカチオン化合物は，ラジカル名の後に化合物種類名カチオン cation を別語として付け加えて命名できる．ポリカチオンは，倍数接頭語 di, tri などを必要に応じて化合物種類名に付け加えて示す．接尾語 ylium を用いてつくる体系名が PIN となる(P-73.2.2 参照)．電荷が局在化していないときは構造を角括弧で囲む．

例： CH₃⁺　　　メチルカチオン　　methyl cation
　　　　　　　メチリウム **PIN**　　methylium **PIN**

[C₆H₅]⁺　　　フェニルカチオン　　phenyl cation
　　　　　　　ベンゼニリウム **PIN**　benzenylium **PIN**
　　　　　　　フェニリウム　　phenylium

CH₃-C(=O)⁺　　アセチルカチオン　　acetyl cation
　　　　　　　アセチリウム **PIN**　acetylium **PIN**

⁺CH₂-CH₂⁺　　エタン-1,2-ジイルジカチオン　ethane-1,2-diyl dication
  2   1 　　エタン-1,2-ビス(イリウム) **PIN**　ethane-1,2-bis(ylium) **PIN**

P-73.2.2 母体水素化物におけるカチオン中心

以下の勧告は，ラジカルを命名するための勧告(P-71 参照)に厳密に従っている．

P-73 カ チ オ ン 775

P-73.2.2.1 母体水素化物におけるカチオン中心	P-73.2.2.3 ジアゾニウムイオン
P-73.2.2.2 付加指示水素	

P-73.2.2.1 母体水素化物におけるカチオン中心

P-73.2.2.1.1 特殊な方法 枝分かれのない鎖状飽和炭化水素，単核飽和炭化水素，14 族単核母体水素化物（メタン CH_4，シラン SiH_4，ゲルマン GeH_4，スタンナン SnH_4，プルンバン PbH_4）の末端原子から，形式的に水素化物イオン H^- を除去して生じるカチオンは，母体水素化物名の語尾 アン ane を接尾語 イリウム ylium で置き換えて命名する.

例： CH_3^+ メチリウム PIN methylium PIN

$(C_6H_5)_3Si^+$ トリフェニルシリリウム PIN triphenylsilylium PIN

$CH_3\text{-}CH_2\text{-}CH_2^+$ プロピリウム PIN propylium PIN

$\square CH^+$ シクロブチリウム PIN cyclobutylium PIN

P-73.2.2.1.2 一般的な方法 一般的な方法では，形式的に水素化物イオン H^- を母体水素化物から除去して生じるカチオンは，母体水素化物名（末尾に e があれば削除する）に接尾語 ylium を付け加えて命名する. 母体水素化物から形式的に二つ以上の水素化物イオンを除去して生じるジカチオン，ポリカチオンは，接尾語 ylium と倍数接頭語 bis, tris などを用いて命名する. 用いる母体水素化物の PIN は，P-2 および P-5 に記されている. 以下の例では，GIN において慣用名が使用されている場合には，PIN を示してある.

例： H_2N^+
アザニリウム 予備名 azanylium 予備名
アミニリウム aminylium
ナイトレニウム nitrenium

$C_6H_5\text{-}S^+$ フェニルスルファニリウム PIN phenylsulfanylium PIN

$CH_3\underset{3}{\text{-}}NH\underset{2}{\text{-}}N\underset{1}{=}N^+$
3-メチルトリアザ-1-エン-1-イリウム PIN
3-methyltriaz-1-en-1-ylium PIN

$(CH_3)_3\underset{3}{Si}\text{-}\underset{2}{Si}(CH_3)\text{-}\underset{1}{Si}(CH_3)_3^+$
ヘプタメチルトリシラン-2-イリウム PIN
heptamethyltrisilan-2-ylium PIN

フラン-2-イリウム PIN
furan-2-ylium PIN

スピロ[4.5]デカン-8-イリウム PIN
spiro[4.5]decan-8-ylium PIN

$\underset{3}{CH_2}\text{-}\underset{2}{CH_2}\text{-}\underset{1}{CH_2}^+$
プロパン-1,3-ビス(イリウム) PIN
propane-1,3-bis(ylium) PIN

$(CH_3)_2\underset{2}{N}\text{-}\underset{1}{N}^{2+}$
2,2-ジメチルヒドラジン-1,1-ビス(イリウム) PIN
2,2-dimethylhydrazine-1,1-bis(ylium) PIN
2,2-ジメチルジアザン-1,1-ビス(イリウム)
2,2-dimethyldiazane-1,1-bis(ylium)

$\underset{3}{CH_3}\text{-}\underset{2}{C}\text{-}\underset{1}{CH_3}^{2+}$
プロパン-2,2-ビス(イリウム) PIN propane-2,2-bis(ylium) PIN
1-メチルエタン-1,1-ビス(イリウム) 1-methylethane-1,1-bis(ylium)

776   P-7 ラジカル，イオンおよび関連化学種

シクロブタ-3-エン-1,2-ビス(イリウム) **PIN**
cyclobut-3-ene-1,2-bis(ylium) **PIN**

シクロペンタ-2,4-ジエン-1-イリウム **PIN**
cyclopenta-2,4-dien-1-ylium **PIN**
シクロペンタジエニリウム　cyclopentadienylium　（P-76.1 参照）

2,5-ジオキソピロリジン-1-イリウム **PIN**
2,5-dioxopyrrolidin-1-ylium **PIN**
スクシンイミジリウム　succinimidylium

P-73.2.2.2　付加指示水素　十分な数の水素原子がないために最多非集積二重結合をもつ母体水素化物中のカチオン中心の命名に P-73.2.2.1.2 で述べた ylium の使用に関する規則を直接適用できない場合は，形式的にその母体水素化物のジヒドロ体から名称を誘導する．また，そのようなカチオンは，付加指示水素(P-14.7 参照)を用いて記述することもできる．この方法では，1 組のジヒドロ水素のうちカチオン中心ができた後に残る水素原子をイタリック体の大文字 *H* とし，その水素原子が結合する位置番号を組にして丸括弧に入れ，カチオン中心の位置番号のすぐ後に挿入して特定することによりヒドロ体を記述する．付加指示水素法による名称が PIN となる(P-58.2 参照)．

例：

3,5-ジメチルピリジン-1(4*H*)-イリウム **PIN**
3,5-dimethylpyridin-1(4*H*)-ylium **PIN**
3,5-ジメチル-1,4-ジヒドロピリジン-1-イリウム
3,5-dimethyl-1,4-dihydropyridin-1-ylium

ナフタレン-4a(8a*H*)-イリウム **PIN**
naphthalen-4a(8a*H*)-ylium **PIN**
4a,8a-ジヒドロナフタレン-4a-イリウム
4a,8a-dihydronaphthalen-4a-ylium

(C$_{60}$-*I*$_h$)[5,6]フラーレン-1(9*H*)-イリウム **PIN**
(C$_{60}$-*I*$_h$)[5,6]fulleren-1(9*H*)-ylium **PIN**
1,9-ジヒドロ(C$_{60}$-*I*$_h$)[5,6]フラーレン-1-イリウム
1,9-dihydro(C$_{60}$-*I*$_h$)[5,6]fulleren-1-ylium

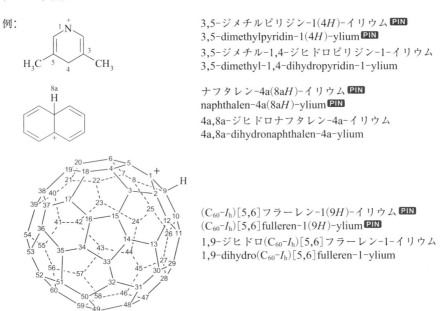

P-73.2.2.3　ジアゾニウムイオン　母体水素化物に結合する −N$_2^+$ 基をもつカチオンは，慣用的には置換命名法により，接尾語 ジアゾニウム diazonium と複数の存在を示す倍数接頭語 bis, tris などを用いて命名する．ジアゾニウムイオン diazonium ion は，母体カチオンの ジアゼニリウム diazenylium HN=N$^+$ を用いて命名することもできる．接尾語 diazonium を用いた名称が PIN となる．

例：CH$_3$-N$_2^+$

メタンジアゾニウム **PIN**　methanediazonium **PIN**
メチルジアゼニリウム　methyldiazenylium

CH$_3$-CO-CH-CO-CH$_3$
　5　　4　　3　2　　1
（3位に N$_2^+$）

2,4-ジオキソペンタン-3-ジアゾニウム **PIN**
2,4-dioxopentane-3-diazonium **PIN**
(2,4-ジオキソペンタン-3-イル)ジアゼニリウム
(2,4-dioxopentan-3-yl)diazenylium

P-73 カ チ オ ン   777

N_2^{+}——4——1——N_2^{+} ベンゼン-1,4-ビス(ジアゾニウム)**PIN** benzene-1,4-bis(diazonium)**PIN**
1,4-フェニレンビス(ジアゼニリウム) 1,4-phenylenebis(diazenylium)

P-73.2.3 特性基上のカチオン中心

P-73.2.3.1 アシリウムカチオン 体系名または保存名をもつ酸から，形式的にすべてのヒドロキシ基を水酸化物イオンとして除去して生じるカチオン(アシリウムカチオン acylium cation)は，中性アシル基を命名するための規則(P-65.1.7 参照)に従い，語尾 oic acid, ic acid を接尾語 オイリウム oylium, イリウム ylium で置き換えるか，語尾カルボン酸 carboxylic acid をカルボニリウム carbonylium で置き換えて命名する．これらの名称はPIN である.

例:
$CH_3\text{-}\overset{\overset{\displaystyle O}{\|}}{C}{}^{+}$ アセチリウム **PIN** acetylium **PIN**
アセチルカチオン acetyl cation

シクロヘキサンカルボニリウム **PIN** cyclohexanecarbonylium **PIN**
シクロヘキサンカルボニルカチオン cyclohexanecarbonyl cation

$CH_3\text{-}[CH_2]_3\text{-}\overset{\overset{\displaystyle S}{\|}}{C}{}^{+}$ ペンタンチオイリウム **PIN** pentanethioylium **PIN**

$CH_2\text{=}CH\text{-}\overset{\overset{\displaystyle O}{\|}}{S}{}^{+}$ エテンスルフィニリウム **PIN** ethenesulfinylium **PIN**

$(CH_3)_2\overset{\overset{\displaystyle O}{\|}}{P}{}^{+}$ ジメチルホスフィノイリウム **PIN** dimethylphosphinoylium **PIN**

$CH_3\text{-}\overset{\overset{\displaystyle O}{\|}}{P}{}^{2+}$ メチルホスホノイリウム **PIN** methylphosphonoylium **PIN**

P-73.2.3.2 アミド，アミン，イミン特性基の窒素原子から水素化物イオンを除去して生じるカチオンは，それらの中性特性基の接尾語の末尾の e を省き接尾語 ylium を付け加えて命名する．カチオンが複数の場合は，倍数接頭語 bis, tris などを用いる．イミドに由来するカチオンは，該当する複素環を用いて命名する(P-73.2.2.1.2 参照)．これらの名称は PIN であり，該当する母体カチオンの置換でつくる名称に優先する.

例: $CH_3\text{-CO-}\overset{+}{NH}$ アセトアミジリウム **PIN** acetamidylium **PIN**

$CH_3\text{-}CH_2\text{-}\overset{+}{NH}$ エタンアミニリウム **PIN** ethanaminylium **PIN**

$\overset{1}{NH}$——2——$CO\text{-}\overset{+}{NH}$ 1H-ピロール-2-カルボキシアミジリウム **PIN**
1H-pyrrole-2-carboxamidylium **PIN**

P-73.2.3.3 酸やヒドロキシ特性基のヒドロキシ基(またはカルコゲン類縁体)から形式的に水素化物イオンを除去して生じるカチオンは，以下のように命名する.

(1) 用語 オキシリウム oxylium または ペルオキシリウム peroxylium を付け加える.
(2) 母体カチオンの予備選択名 オキシダニリウム oxidanylium または ジオキシダニリウム dioxidanylium を該当する置換基で置換する.

メトキシリウム **PIN** methoxylium **PIN**, エトキシリウム **PIN** ethoxylium **PIN**, プロポキシリウム **PIN** propoxylium **PIN**, ブトキシリウム **PIN** butoxylium **PIN**, フェノキシリウム **PIN** phenoxylium **PIN**, アミノキシリウム **PIN**

778　　　　　　　　　　　P-7　ラジカル，イオンおよび関連化学種

aminoxylium **PIN** などの名称は PIN として保存される．これら以外の場合は，方法(1)による名称が PIN となる．

例：　CH$_3$-O$^+$
- メトキシリウム **PIN**　　methoxylium **PIN**
- メチルオキシダニリウム　　methyloxidanylium

(CH$_3$)$_3$C-O-O$^+$
- *tert*-ブチルペルオキシリウム **PIN**　　*tert*-butylperoxylium **PIN**
- *tert*-ブチルジオキシダニリウム　　*tert*-butyldioxidanylium

Cl-CH$_2$-CO-O$^+$
- (クロロアセチル)オキシリウム **PIN**　　(chloroacetyl)oxylium **PIN**
- クロロアセトキシリウム　　chloroacetoxylium
- (クロロアセチル)オキシダニリウム　　(chloroacetyl)oxidanylium

CH$_3$-CS-O$^+$
- (エタンチオイル)オキシリウム **PIN**　　(ethanethioyl)oxylium **PIN**
- (エタンチオイル)オキシダニリウム　　(ethanethioyl)oxidanylium

(CH$_3$)$_2$N-O$^+$
- ジメチルアミノキシリウム **PIN**　　dimethylaminoxylium **PIN**
- (ジメチルアミノ)オキシダニリウム　　(dimethylamino)oxidanylium

(フラン-2-カルボセレノイル)オキシリウム **PIN**　　(furan-2-carboselenoyl)oxylium **PIN**
(フラン-2-カルボセレノイル)オキシダニリウム　　(furan-2-carboselenoyl)oxidanylium

P-73.2.3.4　その他の特性基上のカチオン中心　　その他のすべてのカチオン中心は，該当する母体カチオンを置換して命名する．硫黄カチオン中心の場合，GIN では，用語 チオキシリウム thioxylium，ジチオペルオキシリウム dithioperoxylium を用いてもよいが，曖昧な チオペルオキシリウム thioperoxylium は用いない．チイリウム thiylium や ペルチイリウム perthiylium などの用語も用いてはならない．

例：　Cl$_2$CH-CH$_2$-S$^+$
- (2,2-ジクロロエチル)スルファニリウム **PIN**　　(2,2-dichloroethyl)sulfanylium **PIN**
- (2,2-ジクロロエチル)チオキシリウム　　(2,2-dichloroethyl)thioxylium
- 〔2,2-ジクロロ(エチルチイリウム) 2,2-dichloro(ethylthiylium)ではない〕

CH$_3$-CO-S$^+$
- アセチルスルファニリウム **PIN**　　acetylsulfanylium **PIN**
- アセチルチオキシリウム　　acetylthioxylium
- (アセチルチイリウム acetylthiylium ではない)

C$_6$H$_5$-S-S$^+$
- フェニルジスルファニリウム **PIN**　　phenyldisulfanylium **PIN**
- フェニルジチオペルオキシリウム　　phenyldithioperoxylium
- (フェニルペルチイリウム phenylperthiylium ではない)

CH$_3$-CH$_2$-S-O$^+$
- (エチルスルファニル)オキシリウム **PIN**　　(ethylsulfanyl)oxylium **PIN**
- (エチルスルファニル)オキシダニリウム　　(ethylsulfanyl)oxidanylium
- 〔(エチルスルファニル)チオペルオキシリウム
- (ethylsulfanyl)thioperoxylium ではない〕

CH$_3$-CH$_2$-N^{2+}
- エチルアザンビス(イリウム) **PIN**　　ethylazanebis(ylium) **PIN**
- 〔エタンアミンビス(イリウム) ethanaminebis(ylium)ではない〕

C$_6$H$_5$-CO-N^{2+}
- ベンゾイルアザンビス(イリウム) **PIN**　　benzoylazanebis(ylium) **PIN**
- 〔ベンズアミドビス(イリウム)　benzamidebis(ylium)ではない〕

C$_6$H$_5$-CO-NH-NH$^+$
- 2-ベンゾイルヒドラジン-1-イリウム **PIN**　　2-benzoylhydrazin-1-ylium **PIN**
- 2-ベンゾイルジアザン-1-イリウム　　2-benzoyldiazan-1-ylium
- (ベンゾヒドラジド-*N'*-イウム　benzohydrazid-*N'*-ium ではない)

CH$_3$-CH$_2$-O-Te$^+$
- エトキシテラニリウム **PIN**　　ethoxytellanylium **PIN**
- (エチルテルロペルオキシリウム　ethyltelluroperoxylium ではない)

P-73 カチオン 779

P-73.3　接尾語イリウムを伴った λ-標記

P-73.3.1　接尾語イリウムを伴った λ-標記の使い方

　対応する中性複素環より一つ多い骨格結合をもつヘテロ原子上にカチオン中心のある複素環カチオンは，そのヘテロ原子の非標準結合状態を λ-標記で表せ，かつそのヘテロ原子上に接尾語 イリウム ylium が使えるような水素原子をもつ中性母体水素化物名に，接尾語 ylium を付け加えて命名する．指示水素(P-14.7, P-58.2.1 参照)は必要に応じて用いる．

例：

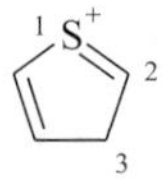

3*H*-1λ⁴-チオフェン-1-イリウム **PIN**　3*H*-1λ⁴-thiophen-1-ylium **PIN**
　(3*H*-チエニリウム　3*H*-thienylium ではない)

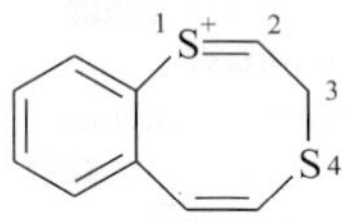

3*H*-1λ⁴,4-ベンゾジチオシン-1-イリウム **PIN**
3*H*-1λ⁴,4-benzodithiocin-1-ylium **PIN**

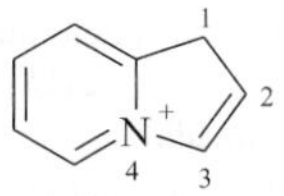

1*H*-4λ⁵-インドリジン-4-イリウム **PIN**
1*H*-4λ⁵-indolizin-4-ylium **PIN**

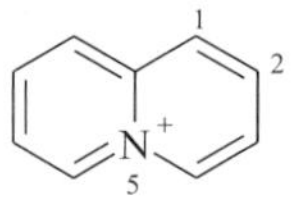

5λ⁵-キノリジン-5-イリウム **PIN**
5λ⁵-quinolizin-5-ylium **PIN**

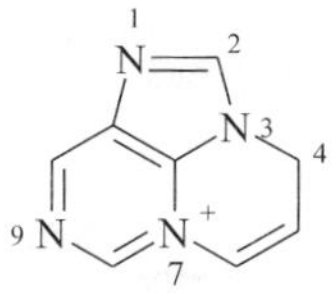

4*H*-7λ⁵-ピリミド[1,2,3-*cd*]プリン-7-イリウム **PIN**
4*H*-7λ⁵-pyrimido[1,2,3-*cd*]purin-7-ylium **PIN**

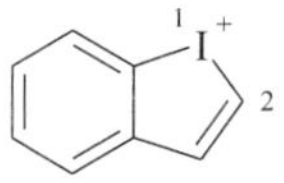

1λ³-ベンゾヨードール-1-イリウム **PIN**
1λ³-benzoiodol-1-ylium **PIN**

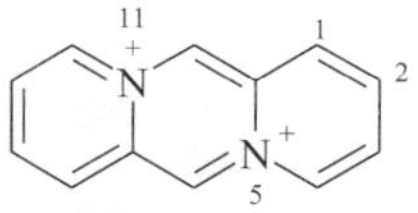

5λ⁵,11λ⁵-ジピリド[1,2-*a*:1′,2′-*d*]ピラジン-5,11-ビス(イリウム) **PIN**
5λ⁵,11λ⁵-dipyrido[1,2-*a*:1′,2′-*d*]pyrazine-5,11-bis(ylium) **PIN**

　この種の複素環カチオン，特に第二周期元素のヘテロ原子上にカチオン中心をもつ複素環については，"ア"命名法(P-73.4 参照)を用いるかヒドロンの付加で生じるカチオンから水素原子2個を除去し，接頭語 ジデヒドロ didehydro を用いて名称をつくる方が受入れられやすいかもしれない(たとえば キノリジニウム quinolizinium の慣用名でも知られるカチオンでは 4a-アゾニアナフタレン 4a-azonianaphthalene または 2,5-ジデヒドロ-2*H*-キノリジン-5-イウム 2,5-didehydro-2*H*-quinolizin-5-ium となる)．

例：

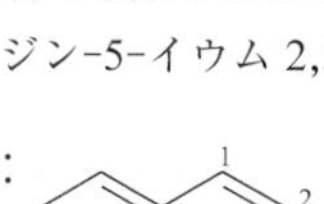

5λ⁵-キノリジン-5-イリウム **PIN**　5λ⁵-quinolizin-5-ylium **PIN**
4a-アゾニアナフタレン　4a-azonianaphthalene
　(azonia については P-73.4 を参照)
2,5-ジデヒドロ-2*H*-キノリジン-5-イウム　2,5-didehydro-2*H*-quinolizin-5-ium

　しかし，場合によっては，この dehydro を用いる方法は接頭語 hydro, dehydro がともに必要となるため，かなり複雑になることがある．

例：

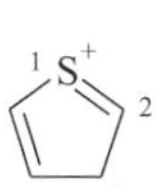

3*H*-1λ⁴-チオフェン-1-イリウム **PIN**　3*H*-1λ⁴-thiophen-1-ylium **PIN**
1,2-ジデヒドロ-2,3-ジヒドロチオフェン-1-イウム　1,2-didehydro-2,3-dihydrothiophen-1-ium
　(3*H*-チエニリウム　3*H*-thienylium ではない)

P-73.3.2 保存名

表7.5に示す略称および慣用名は保存されており，PIN や GIN に用いることができる．

表 7·5 イリウムカチオン母体化合物の保存名

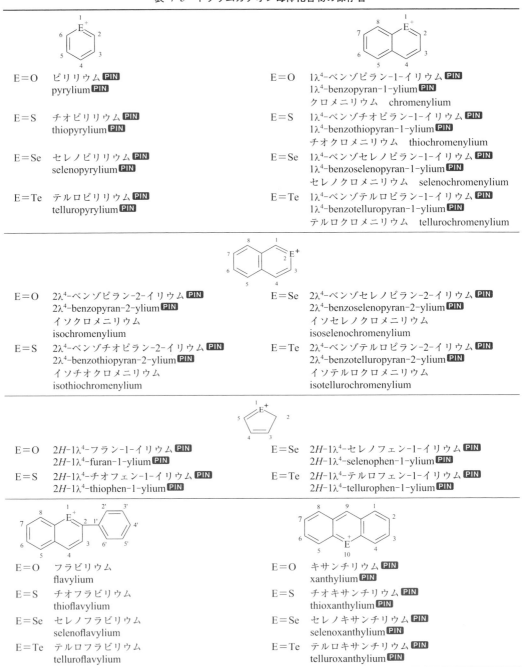

E=O	ピリリウム **PIN** pyrylium **PIN**		E=O	1λ⁴-ベンゾピラン-1-イリウム **PIN** 1λ⁴-benzopyran-1-ylium **PIN** クロメニリウム　chromenylium
E=S	チオピリリウム **PIN** thiopyrylium **PIN**		E=S	1λ⁴-ベンゾチオピラン-1-イリウム **PIN** 1λ⁴-benzothiopyran-1-ylium **PIN** チオクロメニリウム　thiochromenylium
E=Se	セレノピリリウム **PIN** selenopyrylium **PIN**		E=Se	1λ⁴-ベンゾセレノピラン-1-イリウム **PIN** 1λ⁴-benzoselenopyran-1-ylium **PIN** セレノクロメニリウム　selenochromenylium
E=Te	テルロピリリウム **PIN** telluropyrylium **PIN**		E=Te	1λ⁴-ベンゾテルロピラン-1-イリウム **PIN** 1λ⁴-benzotelluropyran-1-ylium **PIN** テルロクロメニリウム　tellurochromenylium

E=O	2λ⁴-ベンゾピラン-2-イリウム **PIN** 2λ⁴-benzopyran-2-ylium **PIN** イソクロメニリウム isochromenylium		E=Se	2λ⁴-ベンゾセレノピラン-2-イリウム **PIN** 2λ⁴-benzoselenopyran-2-ylium **PIN** イソセレノクロメニリウム isoselenochromenylium
E=S	2λ⁴-ベンゾチオピラン-2-イリウム **PIN** 2λ⁴-benzothiopyran-2-ylium **PIN** イソチオクロメニリウム isothiochromenylium		E=Te	2λ⁴-ベンゾテルロピラン-2-イリウム **PIN** 2λ⁴-benzotelluropyran-2-ylium **PIN** イソテルロクロメニリウム isotellurochromenylium

E=O	2H-1λ⁴-フラン-1-イリウム **PIN** 2H-1λ⁴-furan-1-ylium **PIN**		E=Se	2H-1λ⁴-セレノフェン-1-イリウム **PIN** 2H-1λ⁴-selenophen-1-ylium **PIN**
E=S	2H-1λ⁴-チオフェン-1-イリウム **PIN** 2H-1λ⁴-thiophen-1-ylium **PIN**		E=Te	2H-1λ⁴-テルロフェン-1-イリウム **PIN** 2H-1λ⁴-tellurophen-1-ylium **PIN**

E=O	フラビリウム flavylium		E=O	キサンチリウム **PIN** xanthylium **PIN**
E=S	チオフラビリウム thioflavylium		E=S	チオキサンチリウム **PIN** thioxanthylium **PIN**
E=Se	セレノフラビリウム selenoflavylium		E=Se	セレノキサンチリウム **PIN** selenoxanthylium **PIN**
E=Te	テルロフラビリウム telluroflavylium		E=Te	テルロキサンチリウム **PIN** telluroxanthylium **PIN**

P-73.4　カチオンにおける"ア"命名法

"ア"命名法によるカチオン中心の命名には二つの方法がある．

(1) 中性"ア"接頭語を用いて化合物を命名し，ついで接尾語 ium と ylium によりカチオン中心を示す．

P-73 カ チ オ ン 781

(2) カチオン"ア"接頭語を用いる.

中性単核水素化物(ビスマスを除く)の結合数より一つ多い結合数をもつカチオン中心を示すためのカチオン"ア"接頭語は,"ア"接頭語の語尾 a を オニア onia で置き換えてつくる. ビスムトニウム bismuthonium に対応するカチオン"ア"接頭語は, ビスムトニア bismuthonia である.

中性単核水素化物(炭素を除く)の結合数より一つ少ない結合数をもつカチオン中心を示すためのカチオン"ア"接頭語は, 基礎となる母体水素化物名の末尾の e を イリア ylia で置き換えてつくる.

カチオン"ア"接頭語は, 中性"ア"接頭語と同じ方法で用いる.

例:

$-\overset{|}{\underset{|}{N}}{}^{+}-$ または $=\overset{|}{N}{}^{+}-$

アゾニア 予備名
azonia 予備名

$-\overset{|}{S}{}^{+}-$ または $=\overset{|}{S}{}^{+}-$

チオニア 予備名
thionia 予備名

$-\overset{+}{I}-$

ヨードニア 予備名
iodonia 予備名

$-\overset{+}{N}-$

アザニリア 予備名
azanylia 予備名

$-\overset{+}{B}-$

ボラニリア 予備名
boranylia 予備名

方法(1)による名称が PIN となる. さらに, 非標準結合状態の骨格原子をλ-標記で表す必要のない名称が優先する(P-73.1, P-73.2 参照).

例:

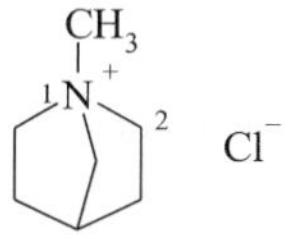

1-メチル-1-アザビシクロ[2.2.1]ヘプタン-1-イウム=クロリド **PIN**
1-methyl-1-azabicyclo[2.2.1]heptan-1-ium chloride **PIN**
1-メチル-1-アゾニアビシクロ[2.2.1]ヘプタンクロリド
1-methyl-1-azoniabicyclo[2.2.1]heptane chloride

$$\overset{14}{CH_3}-\overset{13}{CH_2}-\overset{12}{O}-[CH_2]_2-\overset{+}{\underset{9}{N}}(CH_3)_2-[CH_2]_2-\overset{+}{\underset{6}{S}}(CH_3)-[CH_2]_2-\overset{3}{O}-\overset{2}{CH_2}-\overset{1}{CH_3}$$

2-エトキシ-N-{2-[(2-エトキシエチル)メチルスルファニウムイル]エチル}-

N,N-ジメチルエタンアミニウム **PIN**

2-ethoxy-N-{2-[(2-ethoxyethyl)methylsulfaniumyl]ethyl}-N,N-dimethylethanaminium **PIN**

[6,9,9-トリメチル-3,12-ジオキサ-6-チア-9-アザテトラデカン-6,9-ジイウム
6,9,9-trimethyl-3,12-dioxa-6-thia-9-azatetradecane-6,9-diium でも,
6,9,9-トリメチル-3,12-ジオキサ-6-チオニア-9-アゾニアテトラデカン
6,9,9-trimethyl-3,12-dioxa-6-thionia-9-azoniatetradecane でもない.
P-73.7.1(c)の規則により, 名称は N 上にカチオン中心をもつ化合物として命名する必要がある.
2-エトキシ-N-{2-[(2-エトキシエチル)メチルスルファニル]エチル}-N-メチルエタンアミン
2-ethoxy-N-{2-[(2-ethoxyethyl)methylsulfanyl]ethyl}-N-methylethanamine は, アルファベット順で
N-(2-エトキシエチル)-2-[(2-エトキシエチル)メチルスルファニル]-N-メチルエタンアミン
N-(2-ethoxyethyl)-2-[(2-ethoxyethyl)methylsulfanyl]-N-methylethanamine に優先するので,
これに由来するカチオンに基づいて命名しなければならない. しかし, このアミンは母体骨格に
四つのヘテロ単位をもたないため, "ア"名を使う条件を満たしていない.]

$$\overset{1}{CH_3}-\overset{}{CH_2}-\overset{+}{\underset{3}{S}}(CH_3)-CH_2-\overset{6}{CH_2}-O-CH_2-\overset{9}{CH_2}-O-CH_2-\overset{+}{\underset{12}{S}}(CH_3)-\overset{14}{CH_2}-CH_3$$

3,12-ジメチル-6,9-ジオキサ-3,12-ジチアテトラデカン-3,12-ジイウム **PIN**
3,12-dimethyl-6,9-dioxa-3,12-dithiatetradecane-3,12-diium **PIN**
3,12-ジメチル-6,9-ジオキサ-3,12-ジチオニアテトラデカン
3,12-dimethyl-6,9-dioxa-3,12-dithioniatetradecane

$$\left[\underset{1}{CH_3}-\underset{2}{CH_2}-\underset{4}{O}-\overset{\overset{O}{\overset{\|}{P}}}{\underset{C_6H_{11}}{|}}-\underset{5}{O}-\underset{6}{CH_2}-\underset{7}{CH_2}-\overset{\overset{CH_3}{|}}{\overset{+}{S}}-\underset{8}{[CH_2]_5}-\underset{14}{CH_3} \right] \quad I^-$$

4-シクロヘキシル-8-メチル-4-オキソ-3,5-ジオキサ-8-チア-4λ⁵-ホスファテトラデカン-
                        8-イウム=ヨージド **PIN**
4-cyclohexyl-8-methyl-4-oxo-3,5-dioxa-8-thia-4λ⁵-phosphatetradecan-8-ium iodide **PIN**
4-シクロヘキシル-8-メチル-4-オキソ-3,5-ジオキサ-8-チオニア-4λ⁵-ホスファテトラデカンヨージド
4-cyclohexyl-8-methyl-4-oxo-3,5-dioxa-8-thionia-4λ⁵-phosphatetradecane iodide
(2-{[シクロヘキシル(エトキシ)ホスフィノイル]オキシ}エチル)ヘキシル(メチル)スルホニウムヨージド
(2-{[cyclohexyl(ethoxy)phosphinoyl]oxy}ethyl)hexyl(methyl)sulfonium iodode

   1-メチル-1,4-ジアザビシクロ[2.2.1]ヘプタン-1-イウム **PIN**
   1-methyl-1,4-diazabicyclo[2.2.1]heptan-1-ium **PIN**

   5λ⁵-アルサスピロ[4.4]ノナン-5-イリウム **PIN**
   5λ⁵-arsaspiro[4.4]nonan-5-ylium **PIN**
   5-アルソニアスピロ[4.4]ノナン 5-arsoniaspiro[4.4]nonane

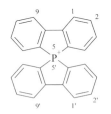
   5H-5λ⁵,5′-スピロビ[ベンゾ[b]ホスフィンドール]-5-イリウム **PIN**
   5H-5λ⁵,5′-spirobi[benzo[b]phosphindol]-5-ylium **PIN**
   9-ホスホニア-9,9′-スピロビ[フルオレン]
   9-phosphonia-9,9′-spirobi[fluorene]
   （対応する中性の非カチオン化合物名の命名については P-24.8.2 参照）

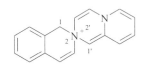
   1H-2λ⁵-スピロ[イソキノリン-2,2′-ピリド[1,2-a]ピラジン]-2-イリウム **PIN**
   1H-2λ⁵-spiro[isoquinoline-2,2′-pyrido[1,2-a]pyrazin]-2-ylium **PIN**

   2′H-3λ⁵-スピロ[3-アザビシクロ[3.2.2]ノナン-
      3,3′-[1,3]オキサゾール]-3-イリウム **PIN**
   2′H-3λ⁵-spiro[3-azabicyclo[3.2.2]nonane-3,3′-[1,3]oxazol]-3-ylium **PIN**

P-73.5 複数のカチオン中心をもつカチオン化合物

複数のカチオン中心をもつカチオン化合物には，これまでの規則のほかにもいくつかの命名の方法がある．

P-73.5.1 母体カチオンの集合	P-73.5.3 母体カチオン上のカチオン特性基
P-73.5.2 同一の母体水素化物における 　　　　　イウムおよびイリウム中心	

P-73.5.1 母体カチオンの集合

P-73.5.1.1 母体カチオンに由来する集合　同一の母体水素化物に由来するが構造上の異なる部位にカチオ

P-73 カ チ オ ン   783

ン中心をもつ化合物は，倍数命名法(P-15.3 参照)により倍数接頭語 bis, tris などを用いて命名する.

例:

1,4-フェニレンビス(ホスファニウム)**PIN**   1,4-phenylenebis(phosphanium)**PIN**
1,4-フェニレンビス(ホスホニウム)   1,4-phenylenebis(phosphonium)

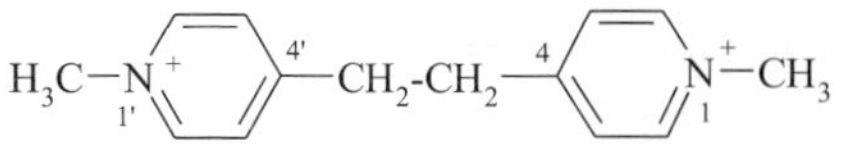

4,4′-(エタン-1,2-ジイル)ビス(1-メチルピリジン-1-イウム)**PIN**
4,4′-(ethane-1,2-diyl)bis(1-methylpyridin-1-ium)**PIN**

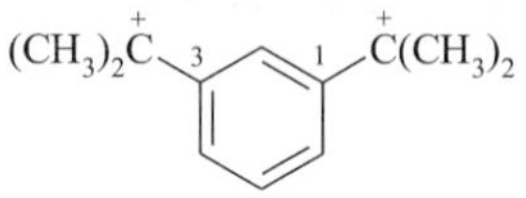

2,2′-(1,3-フェニレン)ジ(プロパン-2-イリウム)**PIN**
2,2′-(1,3-phenylene)di(propan-2-ylium)**PIN**
2,2′-ベンゼン-1,3-ジイルジ(プロパン-2-イリウム)
2,2′-benzene-1,3-diyldi(propan-2-ylium)

P-73.5.1.2　特性基上にカチオン中心をもつポリカチオン　　特性基上にカチオン中心をもつポリカチオン
は，置換命名法または倍数命名法により倍数接頭語 bis, tris などを用いて命名する.

例:

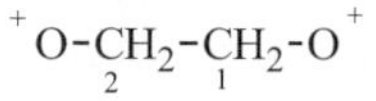

エタン-1,2-ジイルビス(オキシリウム)**PIN**
ethane-1,2-diylbis(oxylium)**PIN**
エタン-1,2-ジイルビス(オキシダニリウム)
ethane-1,2-diylbis(oxidanylium)

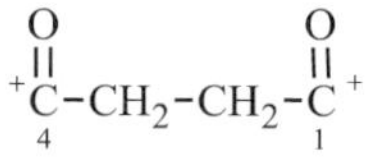

1,4-ジオキソブタン-1,4-ビス(イリウム)**PIN**
1,4-dioxobutane-1,4-bis(ylium)**PIN**

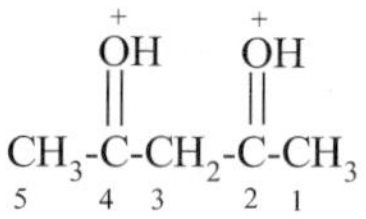

ペンタン-2,4-ジイリデンビス(オキシダニウム)**PIN**
pentane-2,4-diylidenebis(oxidanium)**PIN**
ペンタン-2,4-ジイリデンビス(オキソニウム)
pentane-2,4-diylidenebis(oxonium)

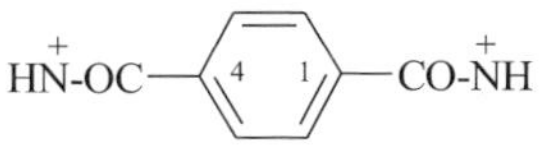

ベンゼン-1,4-ビス(カルボキシアミジリウム)**PIN**
benzene-1,4-bis(carboxamidylium)**PIN**
(1,4-フェニレンジカルボニル)ビス(アザニリウム)
(1,4-phenylenedicarbonyl)bis(azanylium)

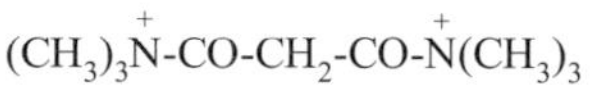

N^1,N^1,N^1,N^3,N^3,N^3-ヘキサメチルプロパンビス(アミジウム)**PIN**
N^1,N^1,N^1,N^3,N^3,N^3-hexamethylpropanebis(amidium)**PIN**
$N,N,N,N′,N′,N′$-ヘキサメチルマロンアミジウム
$N,N,N,N′,N′,N′$-hexamethylmalonamidium

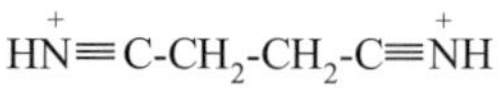

ブタンビス(ニトリリウム)**PIN**
butanebis(nitrilium)**PIN**
ブタンジイリジンビス(アンモニウム)
butanediylidynebis(ammonium)
ブタンジイリジンビス(アザニウム)
butanediylidynebis(azanium)

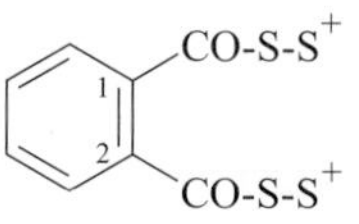

(ベンゼン-1,2-ジカルボニル)ビス(ジスルファニリウム)**PIN**
(benzene-1,2-dicarbonyl)bis(disulfanylium)**PIN**
(1,2-フェニレンジカルボニル)ビス(ジスルファニリウム)
(1,2-phenylenedicarbonyl)bis(disulfanylium)
(1,2-フェニレンジカルボニル)ビス(ジチオペルオキシリウム)
(1,2-phenylenedicarbonyl)bis(dithioperoxylium)

784   P-7　ラジカル，イオンおよび関連化学種

ピリジン-2,6-ジイルビス(スルファニリウム) **PIN**
pyridine-2,6-diylbis(sulfanylium) **PIN**
ピリジン-2,6-ジイルビス(チオキシリウム)
pyridine-2,6-diylbis(thioxylium)

1,4-フェニレンビス(ジオキソ-λ^6-スルファニリウム) **PIN**
1,4-phenylenebis(dioxo-λ^6-sulfanylium) **PIN**
ベンゼン-1,4-ビス(スルホニリウム)
benzene-1,4-bis(sulfonylium)

P-73.5.1.3　環状ジイミドおよびポリイミドに由来するポリカチオンはイミドの複素環構造をもとに命名する．

例：

2,2′,5,5′-テトラオキソ[3,3′-ビピロリジン]-1,1′-ジイウム **PIN**
2,2′,5,5′-tetraoxo[3,3′-bipyrrolidine]-1,1′-diium **PIN**

1,3,5,7-テトラオキソ-5,7-ジヒドロベンゾ[1,2-*c*:4,5-*c*′]ジピロール-
　　　　　　　　　　　　　　　　　2,6(1*H*,3*H*)-ビス(イリウム) **PIN**
1,3,5,7-tetraoxo-5,7-dihydrobenzo[1,2-*c*:4,5-*c*′]dipyrrole-
　　　　　　　　　　　　　　　　　2,6(1*H*,3*H*)-bis(ylium) **PIN**

P-73.5.2　同一の母体水素化物におけるイウムおよびイリウム中心

同一の母体水素化物中に二つ以上のカチオン中心をもち，そのうち少なくとも一つが接尾語 イウム ium で，ほかの一つが接尾語イリウム ylium で示される環状化合物は，母体水素化物名の前に該当する倍数接頭語，位置番号を記し，後に ium，ylium をその順に書いて命名する．

例：

1-メチル-5*H*-シクロヘプタ[*b*]ピリジン-1-イウム-5-イリウム **PIN**
1-methyl-5*H*-cyclohepta[*b*]pyridin-1-ium-5-ylium **PIN**
　〔1-メチル-5*H*-1-アゾニアベンゾ[7]アンヌレン-5-イリウム
　　1-methyl-5*H*-1-azoniabenzo[7]annulen-5-ylium ではない．
　　縮合名が可能な場合は，"ア"名は使えない(P-25.5.1，P-52.2.4.4 参照)〕

4,4-ジメチルピペラジン-4-イウム-1-イリウム **PIN**
4,4-dimethylpiperazin-4-ium-1-ylium **PIN**

P-73.5.3　母体カチオン上のカチオン特性基

P-73.5.3.1　母体水素化物部分のカチオン中心とカチオン接尾語として表される特性基上のカチオン中心の両方をもつカチオン化合物は，両方のカチオン中心を記載して命名する．はじめに母体水素化物のカチオン中心を，ついでカチオン接尾語を書く．

例：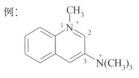

N,*N*,*N*,1-テトラメチルキノリン-1-イウム-3-アミニウム **PIN**
N,*N*,*N*,1-tetramethylquinolin-1-ium-3-aminium **PIN**

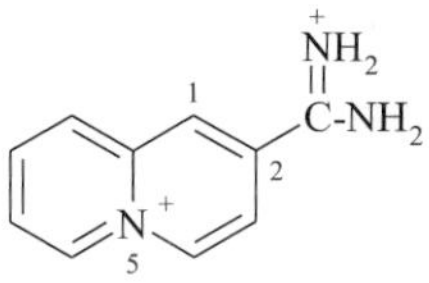

P-73 カ チ オ ン   785

5λ⁵-キノリジン-5-イリウム-2-カルボキシイミドアミジウム **PIN**
5λ⁵-quinolizin-5-ylium-2-carboximidamidium **PIN**

P-73.5.3.2　選択肢がある場合，カチオン接尾語より骨格カチオン中心に対し優先的に小さい位置番号を付ける．これは，対応する中性化合物への最小の位置番号の付け方と同じである(P-14.4 参照).

例：

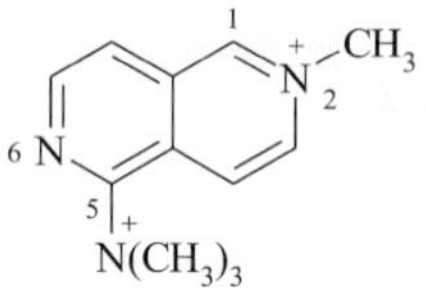

正 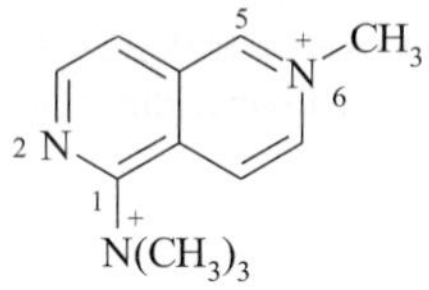　　　　　　　　　　　　　誤

N,*N*,*N*,2-テトラメチル-2,6-ナフチリジン-2-イウム-5-アミニウム **PIN**
N,*N*,*N*,2-tetramethyl-2,6-naphthyridin-2-ium-5-aminium **PIN**
　(*N*,*N*,*N*,6-テトラメチル-2,6-ナフチリジン-6-イウム-1-アミニウム
　N,*N*,*N*,6-tetramethyl-2,6-naphthyridin-6-ium-1-aminium ではない)

P-73.6　カチオン接頭語名

　すべてのカチオン中心が母体水素化物カチオンまたは母体化合物カチオンに含まれていないポリカチオンは，構造の一部を母体カチオンとし，その他の部分をカチオン置換接頭語として記載し命名する．母体カチオンの選択には，母体構造カチオンの選択のための基準を用いる．両性イオンやカチオンラジカルでは，アニオンとラジカルがカチオンより上位であるため，カチオン部分は必ずアニオンやラジカルを含む部分での置換基となる．

　カチオン中心をもつ置換基部分を命名するには，二つの方法を使う．

　(1) すべての接頭語名は，カチオン名に接尾語 yl, ylidene などを付け，必要なら該当する位置番号と倍数接頭語 di, tri などをその前に記載してつくる．番号付けについて選択肢があれば，遊離原子価にできるだけ小さい位置番号をつけ，接尾語 yl を ylidene に優先させる．

　(2) P-73.1.1 および表 7・3 に記した ium, onium により表される単核母体カチオン由来の一価置換基のための接頭語は，母体カチオンの語尾 onium を io または onio に変えてつくる．

方法(1)による名称が PIN となる．

例：

アザニウムイル 予備接頭　azaniumyl 予備接頭
アンモニウムイル　ammoniumyl
アンモニオ　ammonio

トリアザ-2-エン-1-イウム-1-イル 予備接頭
triaz-2-en-1-ium-1-yl 予備接頭
トリアザ-2-エン-1-イオ　triaz-2-en-1-io

エタン-1-イウム-1-イル 優先接頭
ethan-1-ium-1-yl 優先接頭

2-メチルプロパン-2-イリウム-1-イル 優先接頭
2-methylpropan-2-ylium-1-yl 優先接頭

セラニウムイル 予備接頭　selaniumyl 予備接頭
セレノニオ　selenonio
セレノニウムイル　selenoniumyl

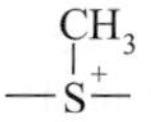

メチルスルファニウムジイル 優先接頭
methylsulfaniumdiyl 優先接頭
メチルスルホニウムジイル　methylsulfoniumdiyl

786 　　　　P-7　ラジカル，イオンおよび関連化学種

$-\overset{+}{N}\equiv N$

ジアジン-1-イウム-1-イル [予備接頭]
diazyn-1-ium-1-yl [予備接頭]
ジアゾニオ　diazonio

$=\overset{+}{N}(CH_3)_2$

ジメチルアザニウムイリデン [優先接頭]
dimethylazaniumylidene [優先接頭]
（ジメチルアンモニウムイリデン
　dimethylammoniumylidene ではない，
　ジメチルインモニオ dimethylimmonio でもない）

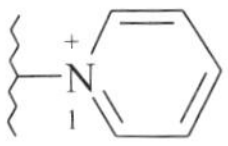

ピリジン-1-イウム-1-イル [優先接頭]
pyridin-1-ium-1-yl [優先接頭]
ピリジニオ　pyridinio

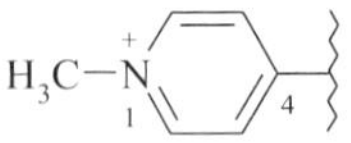

1-メチルピリジン-1-イウム-4-イル [優先接頭]
1-methylpyridin-1-ium-4-yl [優先接頭]

P-73.7　母体カチオンの選択

P-73.7.1　　母体カチオンは，明確に決まるまで，以下の基準を順に当てはめて選ぶ．

（a）カチオン接尾語基であるか特性基に由来する基であるかを問わず，カチオン中心を最も多くもつもの

例：

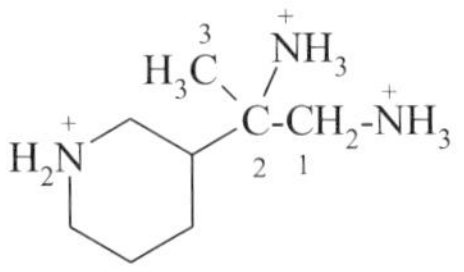

2-(ピペリジン-1-イウム-3-イル)プロパン-1,2-ビス(アミニウム) [PIN]
2-(piperidin-1-ium-3-yl)propane-1,2-bis(aminium) [PIN]

（b）λ-標記(P-73.8.2 参照)に基づく名称を除き，ylium カチオン中心を最も多くもつもの

例：

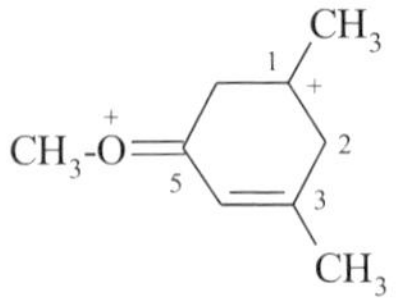

1,3-ジメチル-5-(メチルオキシダニウムイリデン)シクロヘキサ-3-エン-1-イリウム [PIN]
1,3-dimethyl-5-(methyloxidaniumylidene)cyclohex-3-en-1-ylium [PIN]

（c）化合物種類の優先順位：N＞P＞As＞Sb＞Bi＞Si＞Ge＞Sn＞Pb＞B＞Al＞Ga＞In＞Tl＞O＞S＞Se＞Te＞C(P-41 参照)において上位にくるカチオン中心を最も多くもつもの

> 本勧告では，カチオンの優先順位は，RC-81.3.3.2(参考文献 3)で用いられている "ア" 接頭語の順ではなく，化合物種類の優先順位の順である．

例：

$(CH_3)_3\overset{+}{P}-CH_2-[CH_2]_4-CH_2-\overset{+}{S}(CH_3)_2$

［6-(ジメチルスルファニウムイル)ヘキシル］(トリメチル)ホスファニウム [PIN]
［6-(dimethylsulfaniumyl)hexyl］(trimethyl)phosphanium [PIN]

$(CH_3)_3\overset{+}{N}-CH_2-[CH_2]_4-CH_2-\overset{+}{S}(CH_3)_2$

6-(ジメチルスルファニウムイル)-N,N,N-トリメチルヘキサン-1-アミニウム [PIN]
6-(dimethylsulfaniumyl)-N,N,N-trimethylhexan-1-aminium [PIN]

（d）さらに選択が必要ならば，P-1～P-6 に記述されている原則，規則，慣用に従って，一般的な基準を当てはめる．

例:

$$\underset{5}{H_3\overset{+}{N}}-CH_2-\underset{4}{CH_2}-\underset{3}{CH}-\underset{2}{CH_2}-\underset{1}{CH_2}-\overset{+}{N}H_3$$
$$\underset{}{|}$$
$$CH_2-\overset{+}{N}H_3$$

3-(アザニウムイルメチル)ペンタン-1,5-ビス(アミニウム) [PIN]
3-(azaniumylmethyl)pentane-1,5-bis(aminium) [PIN]

3-(3-アザニウムイルシクロペンチル)プロパンアミジウム [PIN]
3-(3-azaniumylcyclopentyl)propanamidium [PIN]

P-73.8 接尾語イウム，イリウムと λ-標記

P-73.8.1 接尾語 ylium は，λ-標記により修飾された母体水素化物につく接尾語 ium に優先する．

例: H_2N^+ アザニリウム [予備名] azanylium [予備名]
λ^1-アザニウム λ^1-azanium
アミニリウム aminylium
ナイトレニウム nitrenium

P-73.8.2 接尾語 ium は，λ-標記により修飾された母体水素化物につく接尾語 ylium に優先する．双方のカチオン中心を示すために λ-標記を使う必要がある場合も，接尾語 ium は ylium に優先する．

例: $\overset{+}{P}H_4$ ホスファニウム [予備名] phosphanium [予備名]
ホスホニウム phosphonium
λ^5-ホスファニリウム λ^5-phosphanylium

$1\lambda^4,3\lambda^4$-ジチオカン-1,3-ジイウム [PIN]　$1\lambda^4,3\lambda^4$-dithiocane-1,3-diium [PIN]
$1\lambda^6,3\lambda^6$-ジチオカン-1,3-ビス(イリウム)　$1\lambda^6,3\lambda^6$-dithiocane-1,3-bis(ylium)
($1\lambda^6,3\lambda^4$-ジチオカン-3-イウム-1-イリウム　$1\lambda^6,3\lambda^4$-dithiocan-3-ium-1-ylium ではない．可能なら，同じ基に対し一つの名称中で異なる方式による命名をしてはならない．)

P-74 両性イオン　　"日本語名称のつくり方"も参照

P-74.0 はじめに

両性イオン化合物 zwitterionic compound は，正，負の両イオン中心をもつ．その例のほとんどは，異符号の形式電荷を同数もつので本質的に中性であり，アミノ酸のイオン構造がそのよい例である．本節における構造は，中性構造で書かれているものもイオン性構造で書かれているものもあるが，すべて両性イオンである．

本節では，分子内塩と双極性化合物についても述べる．P-74.1 では，同一の母体水素化物上にイオン中心をもつ両性イオン化合物および異なる母体水素化物上にイオン中心をもつ両性イオン化合物について述べる．P-74.2 は，1,2- および 1,3-双極性化合物を取扱っている．

化合物種類の優先順位から，両性イオンにおけるアニオン中心はカチオン中心に優先する．したがって，両性イオン化合物においては，アニオン中心が優先的により小さい位置番号をもち，母体構造となる．CAS では，カチオン中心をアニオン中心より優先している．

P-74.1 接尾語として表すことができる特性基上のイオン中心も含め，
　　　　アニオン中心とカチオン中心が同一の母体化合物上にある両性イオン母体構造

P-74.1.1 同一母体構造におけるイオン中心

同一の母体構造に複数のイオン中心をもつ両性イオン化合物は，母体水素化物名の末尾に該当する集積接尾語

788   P-7　ラジカル，イオンおよび関連化学種

を，ium, ylium, ide, uide の順で組合わせて命名できる．この方法は，P-72.4 および P-73.4 に示したようなイオン代置接頭語を使う方法に優先する．いずれの場合も，名称中ではアニオン接尾語はカチオン接尾語の後に書き，優先的に小さい位置番号をつける．母体水素化物名，接尾語 ide, uide の末尾の文字 e は，文字 i または y の前や母音で始まる集積接尾語の前では省略する．イオン中心の数を示すために，接尾語の種類に合う倍数接頭語 di, tri, bis, tris などをつける．選択肢がある場合は，優先順位の高い以下の順，uide (uida), ide (ida), ylium (ylia), ium (onia) で小さい位置番号をイオン中心につける．

> 命名法の観点では，同一母体構造中にイオン中心をもつ両性化合物は中性化合物とはみなさない．これは RC-84.1.1(参考文献 3)に記された方法の変更であり，この項の最後にその例を示す．

例：

$(CH_3)_3\overset{+}{N}-\overset{-}{N}-CH_3$

1,2,2,2-テトラメチルヒドラジン-2-イウム-1-イド PIN
1,2,2,2-tetramethylhydrazin-2-ium-1-ide PIN

$5H$-11λ^5-インドロ[2,3-b]キノリジン-11-イリウム-5-イド PIN
$5H$-11λ^5-indolo[2,3-b]quinolizin-11-ylium-5-ide PIN

2,2-ジフェニル-4λ^5-[1,3,4,2]ジオキサアザボロロ[4,5-a]ピリジン-4-イリウム-2-ウイド PIN
2,2-diphenyl-4λ^5-[1,3,4,2]dioxazaborolo[4,5-a]pyridin-4-ylium-2-uide PIN

6,6-ジヒドロキシ-6,11-ジヒドロ-5λ^5-ベンゾイミダゾロ[1,2-b][2,1]ベンゾアザボロール-
　　　　　　　　　　　　　　　　　　　　　　　　　　　　　5-イリウム-6-ウイド PIN
6,6-dihydroxy-6,11-dihydro-5λ^5-benzimidazolo[1,2-b][2,1]benzazaborol-5-ylium-6-uide PIN

2-メチル-4-オキソ-3,4-ジヒドロ-1H-2-ベンゾセレノピラン-2-イウム-3-イド PIN
2-methyl-4-oxo-3,4-dihydro-1H-2-benzoselenopyran-2-ium-3-ide PIN
　　(2-メチル-3,4-ジヒドロ-1H-2-ベンゾセレノピラン-2-イウム-3-イド-4-オン
　　2-methyl-3,4-dihydro-1H-2-benzoselenopyran-2-ium-3-id-4-one ではない)
2-メチル-4-オキソ-3,4-ジヒドロ-1H-イソセレノクロメン-2-イウム-3-イド
2-methyl-4-oxo-3,4-dihydro-1H-isoselenochromen-2-ium-3-ide
　　(2-メチル-3,4-ジヒドロ-1H-イソセレノクロメン-2-イウム-3-イド-4-オン
　　2-methyl-3,4-dihydro-1H-isoselenochromen-2-ium-3-id-4-one ではない)

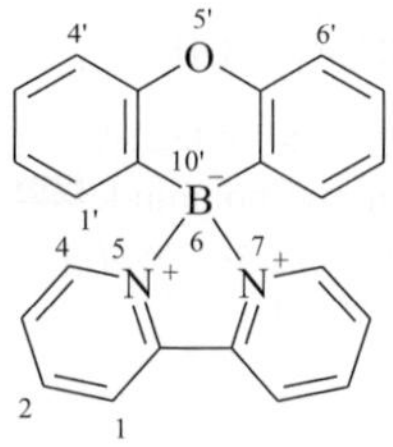

P-74 両性イオン

5λ⁵,7λ⁵-スピロ[[1,3,2]ジアザボロロ[3,4-*a*:5,1-*a′*]ジピリジン-6,10′-フェノキサボリニン]-
5,7-ビス(イリウム)-6-ウイド **PIN**
5λ⁵,7λ⁵-spiro[[1,3,2]diazaborolo[3,4-*a*:5,1-*a′*]dipyridine-6,10′-phenoxaborinine]-
5,7-bis(ylium)-6-uide **PIN**

注記: 分子内付加物として書かれた本構造の名称については, P-68.1.6.1.1 参照.

P-74.1.2 特性基上に少なくとも一つのイオン中心をもつ化合物

特性基上に少なくとも一つのイオン中心をもつ化合物は, 母体水素化物イオンの名称に該当するイオン接尾語を付けて命名する. 名称においては, カチオン接尾語をアニオン接尾語の前に書く. 母体水素化物の骨格原子上のイオン中心に, イオン接尾語で示される特性基よりも小さい位置番号をつける.

例: (CH₃)₃N⁺-NH-SO₂-O⁻

1,1,1-トリメチルヒドラジン-1-イウム-2-スルホナート **PIN**
1,1,1-trimethylhydrazin-1-ium-2-sulfonate **PIN**

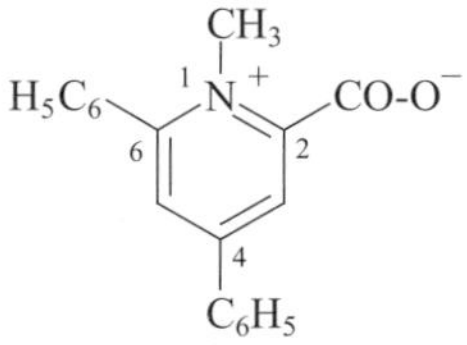

1-メチル-4,6-ジフェニルピリジン-1-イウム-2-カルボキシラート **PIN**
1-methyl-4,6-diphenylpyridin-1-ium-2-carboxylate **PIN**

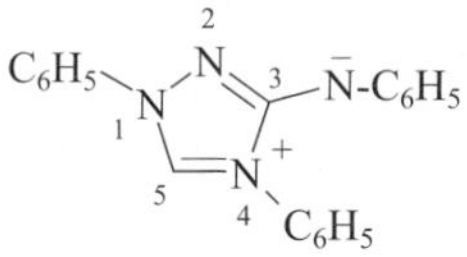

N,1,4-トリフェニル-1*H*-1,2,4-トリアゾール-4-イウム-3-アミニド **PIN**
N,1,4-triphenyl-1*H*-1,2,4-triazol-4-ium-3-aminide **PIN**
N-(1,4-ジフェニル-1*H*-1,2,4-トリアゾール-4-イウム-
3-イル)ベンゼンアミニド
N-(1,4-diphenyl-1*H*-1,2,4-triazol-4-ium-3-yl)benzenaminide

P-74.1.3 異なる母体構造上のアニオン中心およびカチオン中心

異なる母体構造上にアニオン中心とカチオン中心をもつ両性化合物は, アニオン母体構造の名称にカチオン中心あるいはカチオン中心を含む構造部分の名称を接頭語としてつけて命名できる.

例: (C₆H₅)₂P⁺(CH₃)-CH=CH-B⁻(CH₃)₃

トリメチル{2-[メチル(ジフェニル)ホスファニウムイル]エテン-1-イル}ボラヌイド **PIN**
trimethyl{2-[methyl(diphenyl)phosphaniumyl]ethen-1-yl}boranuide **PIN**
トリメチル{2-[メチル(ジフェニル)ホスホニウムイル]エテン-1-イル}ボラヌイド
trimethyl{2-[methyl(diphenyl)phosphoniumyl]ethen-1-yl}boranuide

(CH₃)₃N⁺-CH₂-CO-O⁻

(トリメチルアザニウムイル)アセタート **PIN**
(trimethylazaniumyl)acetate **PIN**
(トリメチルアンモニウムイル)アセタート
(trimethylammoniumyl)acetate

790   P-7　ラジカル，イオンおよび関連化学種

$$CH_3\overset{-}{\underset{N'}{BH_2}}\overset{+}{\underset{}{NH_2}}\overset{-}{BH_2}\overset{+}{\underset{N}{NH_2}}CH_3$$

メチル{[（メチルアザニウムイル）ボラヌイドイル］アザニウムイル}ボラヌイド **PIN**
methyl{[(methylazaniumyl)boranuidyl]azaniumyl}boranuide **PIN**

2,4-ジアザ-3,5-ジボラヘキサン-2,4-ジイウム-3,5-ジウイド
2,4-diaza-3,5-diborahexane-2,4-diium-3,5-diuide

3,5-ジアゾニア-2,4-ジボラヌイダヘキサン
3,5-diazonia-2,4-diboranuidahexane

　〔1-メチル-3-（メチルアザニウムイル）ジボラザン-2-イウム-1,3-ジウイド
　1-methyl-3-(methylazaniumyl)diborazan-2-ium-1,3-diuide ではない．
　ジボラザン diborazane のような名称は，本勧告では母体水素化物として
　使えない（P-21.2.3.1 参照）〕

P-74.2　双極性化合物

　双極性化合物 dipolar compound は，主要な共鳴構造のうち少なくとも一つで負電荷と正電荷をもつ電気的に中性な分子である．大部分の双極性化合物では電荷が非局在化しているが，そうでない場合にもこの用語は使える．1,2-双極性化合物は，隣接原子上に正負の電荷をもっている．1,3-双極性化合物という用語は，重要な共鳴構造が 3 個の原子の間での電荷の分離で表せる化合物に用いる．

P-74.2.1　1,2-双極性化合物	P-74.2.3　双極性置換基
P-74.2.2　1,3-双極性化合物	

P-74.2.1　1,2-双極性化合物

　P-74.2.1.1　イリド　　アニオン部位 Y^-（元来は炭素原子上のみであったが，現在はその他の原子でもよい）が形式的正電荷をもつヘテロ原子 X^+（通常は窒素，リン，硫黄，セレン，テルル）に直接結合している化合物は，$R_mX^+-Y^--R_n$ 型の 1,2-双極性化学種（**1,2-双極性化合物** 1,2-dipolar compound）である．X が周期表の第二周期元素の飽和原子である場合，**イリド** ylide は，一般に電荷分離構造で表す．X が第三あるいはそれ以上の周期の元素の場合は，通常，非荷電構造 $R_mX=YR$ で示す．

　これらのイリドはさらに，窒素イリド，リンイリド，酸素イリド，硫黄イリドなどに分類され，原子 X と Y の性質により，異なる方法で命名する．

（1）双極性化合物として命名する．

（2）X が P, As, Sb, Bi, S, Se, Te の場合は，λ-標記を用いて命名する．

（3）化合物種類の名称，オキシド oxide，スルフィド sulfide，イミド imide を用い，官能種類命名法により命名する．

方法(1)は，すべてのイリドに適用でき，その名称が PIN となる．

　P-74.2.1.1.1　窒素イリド　　窒素イリドは，一般構造 $R_3N^+-C^-R_2$ をもっている．

例：

$$(CH_3)_3N^+ - \overset{1}{\underset{2}{C}} \overset{CH_3}{\underset{3}{-}} CH_3$$

（1）2-（トリメチルアザニウムイル）プロパン-2-イド **PIN**
2-(trimethylazaniumyl)propan-2-ide **PIN**
2-（トリメチルアンモニウムイル）プロパン-2-イド
2-(trimethylammoniumyl)propan-2-ide

　P-74.2.1.1.2　リンイリド　　リンイリドは，一般構造 $R_3P^+-C^-R_2 \leftrightarrow R_3P=CR_2$ をもっている．

例：

$$(CH_3)_3\overset{+}{P}\underset{2}{-}\underset{3}{\overset{\overset{1}{CH_3}}{\underset{|}{\overset{|}{C}}}}\overset{-}{-}CH_3$$

(1) 2-(トリメチルホスファニウムイル)プロパン-2-イド **PIN**
   2-(trimethylphosphaniumyl)propan-2-ide **PIN**
   2-(トリメチルホスホニウムイル)プロパン-2-イド
   2-(trimethylphosphoniumyl)propan-2-ide
(2) トリメチル(プロパン-2-イリデン)-λ^5-ホスファン
   trimethyl(propan-2-ylidene)-λ^5-phosphane
   イソプロピリデン(トリメチル)ホスホラン
   isopropylidene(trimethyl)phosphorane

P-74.2.1.1.3　酸素イリド　酸素イリドは，一般構造　$R_2O^+-C^-R_2$ をもっている.

例：

$$(CH_3)_2\overset{+}{O}\underset{3}{-}\underset{4}{\overset{\overset{1}{CH_3}}{\underset{2}{\overset{|}{\overset{CH_2}{\underset{|}{\overset{-}{C}}}}}}}\underset{5}{-CH_2-CH_3}$$

(1) 3-(ジメチルオキシダニウムイル)ペンタン-3-イド **PIN**
   3-(dimethyloxidaniumyl)pentan-3-ide **PIN**
   3-(ジメチルオキソニウムイル)ペンタン-3-イド
   3-(dimethyloxoniumyl)pentan-3-ide

P-74.2.1.1.4　硫黄イリド　硫黄イリドは，一般構造 $R_2S^+-C^-R_2 \leftrightarrow R_2S=CR_2$ をもっている.

例：

$$(CH_3)_2\overset{+}{S}\underset{3}{-}\underset{4}{\overset{\overset{1}{CH_3}}{\underset{2}{\overset{|}{\overset{CH_2}{\underset{|}{\overset{-}{C}}}}}}}\underset{5}{-CH_2-CH_3}$$

(1) 3-(ジメチルスルファニウムイル)ペンタン-3-イド **PIN**
   3-(dimethylsulfaniumyl)pentan-3-ide **PIN**
   3-(ジメチルスルホニウムイル)ペンタン-3-イド
   3-(dimethylsulfoniumyl)pentan-3-ide
(2) ジメチル(ペンタン-3-イリデン)-λ^4-スルファン
   dimethyl(pentan-3-ylidene)-λ^4-sulfane

この方法は，セレンおよびテルルの類縁化合物にも適用できる.

P-74.2.1.2　アミンオキシド，イミンオキシドおよびそれらのカルコゲン類縁体　アミンオキシドおよびイミンオキシドは，それぞれ一般構造式 $R_3N^+-O^-$ および $R_2=N^+-O^-$ をもっている. カルコゲン類縁体は，アミンスルフィド amine sulfide, イミンセレニド imine selenide などである（O を S, Se, Te により置き換える）. その命名には，以下の方法を用いる.

(1) 両性イオン化合物として命名する.
(2) 官能種類名称 オキシド oxide, スルフィド sulfide, セレニド selenide, テルリド telluride を用いて官能種類名命法により命名する.

アミンオキシドが一つ存在する場合は，方法(2)による名称が PIN となる. アミンオキシドが二つ存在する場合は，PIN をつくるには一方のアミンオキシドを λ-標記を用いて表示する（P-62.5 参照）. したがって，方法(1)による両性イオン化合物としての名称は PIN とならない（P-62.5 参照）.

例： $(CH_3)_3\overset{+}{N}-O^-$
(2) *N*,*N*-ジメチルメタンアミン=*N*-オキシド **PIN**
   N,*N*-dimethylmethanamine *N*-oxide **PIN**
   (トリメチル)アミンオキシド　(trimethyl)amine oxide
(1) (トリメチルアザニウムイル)オキシダニド　(trimethylazaniumyl)oxidanide
   (トリメチルアンモニウムイル)オキシダニド　(trimethylammoniumyl)oxidanide

P-74.2.1.3　アミンイミド　アミンイミド amine imide（アミンイミン amine imine ではない）は，一般式 $R_3N^+-N^--R$ をもち，以下の二つの方法で命名する.

(1) ヒドラジンに基づく両性イオンとして命名する（窒素鎖を切断しないようにする）.
(2) 官能種類名命法を用い，アミンの名称の後に化合物種類名 イミド imide を記載して命名する.

方法(1)による名称が PIN となる.

例: $(CH_3)_2 \overset{+}{\underset{2}{N}}H-\overset{-}{\underset{1}{N}}-CH_3$

(1) 1,2,2-トリメチルヒドラジン-2-イウム-1-イド **PIN**
1,2,2-trimethylhydrazin-2-ium-1-ide **PIN**
1,2,2-トリメチルジアザン-2-イウム-1-イド
1,2,2-trimethyldiazan-2-ium-1-ide

(2) *N*-メチルメタンアミン *N*-メチルイミド
N-methylmethanamine *N*-methylimide
N,*N*′-ジメチルメタンアミンイミド
N,*N*′-dimethylmethanamine imide
(ジメチル)アミン *N*-メチルイミド
(dimethyl)amine *N*-methylimide

P-74.2.1.4　ホスフィンオキシドとそのカルコゲン類縁体　ホスフィンオキシド phosphine oxide は，一般式 $R_3P^+-O^- \leftrightarrow R_3P=O$ をもっている．カルコゲン類縁体は，ホスフィンスルフィド phosphine sulfide，ホスフィンセレニド phosphine selenide，ホスフィンテルリド phosphine telluride であり(O を S, Se, Te によりそれぞれ置き換える)，以下の三つの方法により命名できる．

(1) 両性化合物として命名する．
(2) 化合物種類名 オキシド oxide，スルフィド sulfide，セレニド selenide，テルリド telluride を用いて官能種類命名法により命名する．
(3) 接尾語 オン one と母体水素化物 λ^5-ホスファン λ^5-phosphane を用いて ヘテロン heterone とし，これに置換基を入れる形で命名する．

方法(3)による名称が PIN となる．

例: $(C_6H_5)_3P^+-O^-$

(3) トリフェニル-λ^5-ホスファノン **PIN**　triphenyl-λ^5-phosphanone **PIN**
(2) トリフェニルホスファンオキシド　triphenylphosphane oxide
(1) (トリフェニルホスファニウムイル)オキシダニド
(triphenylphosphaniumyl)oxidanide
(トリフェニルホスホニウムイル)オキシダニド
(triphenylphosphoniumyl)oxidanide

これらの方法は，アルシンオキシド arsine oxide，スチビンオキシド stibine oxide，アルシンスルフィド arsine sulfide，スチビンスルフィド stibine sulfide などにも適用できる．

P-74.2.1.5　ホスフィンイミド　ホスフィンイミド phosphine imide は，一般式　$R_3P^+-N^--R \leftrightarrow R_3P=N-R$ をもっており，以下の三つの方法で命名する．

(1) 両性化合物として命名する．
(2) 化合物種類名 イミドを用いて官能種類命名法により命名する．
(3) 接尾語 イミン imine と母体水素化物 λ^5-ホスファン λ^5-phosphane を用いて ヘテロイミン heterimine とし，これに置換基を入れる形で命名する．

方法(3)による名称が PIN となる．

例: $(C_6H_5)_3P^+-N^--CH_2-CH_3$

(3) *N*-エチル-*P*,*P*,*P*-トリフェニル-λ^5-ホスファンイミン **PIN**
N-ethyl-*P*,*P*,*P*-triphenyl-λ^5-phosphanimine **PIN**
(1) エチル(トリフェニルホスファニウムイル)アザニド
ethyl(triphenylphosphaniumyl)azanide
(2) トリフェニルホスファン *N*-エチルイミド
triphenylphosphane *N*-ethylimide
N-エチル-*P*,*P*,*P*-トリフェニルホスファンイミド
N-ethyl-*P*,*P*,*P*-triphenylphosphane imide
N-エチル-*P*,*P*,*P*-トリフェニルホスフィンイミド
N-ethyl-*P*,*P*,*P*-triphenylphosphine imide

P-74　両 性 イ オ ン　　　793

これらの方法は，アルシンイミド arsine imide およびスチビンイミド stibine imide にも適用できる．

P-74.2.2　1,3-双極性化合物

1,3-双極性化合物 1,3-dipolar compound は，主要な共鳴構造式で電荷が原子 3 個にわたって分布するような化合物であり，さらに以下のように分類される．

> P-74.2.2.1　アリル(プロペニル)型　　　　　　　　　　　P-74.2.2.3　カルベン型
> P-74.2.2.2　プロパルギル(プロパ-2-イン-1-イル)型

P-74.2.2.1　　アリル allyl (プロペニル propenyl)型化合物は，以下の共鳴構造(Y, Z は C, N, O のいずれか，X は N または O)をもっている．

$$Z=X^+\text{-}Y^- \ \leftrightarrow\ Z^-\text{-}X^+=Y \ \leftrightarrow\ Z^+\text{-}X\text{-}Y^- \ \leftrightarrow\ Z^-\text{-}X\text{-}Y^+$$

限界構造式はそれぞれ命名できるが，PIN は最初の限界構造式をもとにつくる．名称のつくり方には，四つの異なる方法がある．

(1) 母体水素化物を用いて両性イオンをつくる．
(2) 母体アニオンにカチオン置換基を置換する．
(3) 化合物種類名イミド，オキシドなどを用いた官能種類命名法による．
(4) λ-標記を用いる．

PIN は，化合物の両性イオン的性質を表現する名称である．しかし，次の三つの化合物の PIN のつくり方は例外である．

(1) アゾキシ化合物(P-74.2.2.1.4 参照)およびニトロン(P-74.2.2.1.9 参照)の名称をつくるときに用いるヘテロ原子オキシド heteroatom oxide としての命名
(2) ヘテロン S-オキシド heterone S-oxide (P-74.2.2.1.8 参照)の名称をつくるときに用いる λ-標記による命名

P-74.2.2.1.1　　アゾイミド azo imide はアゾキシ化合物の類縁体であり，以下の共鳴構造をもっている．

$$RN=N^+(R)-N^-\text{-}R \ \leftrightarrow\ RN^-\text{-}N^+(R)=NR$$

P-74.2.2.1 の方法(1)による名称が PIN となる．

例:

$$\begin{array}{c} \phantom{CH_3\text{-}N\text{-}}CH_3 \\ \phantom{CH_3\text{-}N}| \\ CH_3\text{-}\underset{1}{N}\text{-}\overset{-}{\underset{2}{N}}^+=\underset{3}{N}\text{-}CH_3 \end{array}$$

1,2,3-トリメチルトリアザ-2-エン-2-イウム-1-イド **PIN**
1,2,3-trimethyltriaz-2-en-2-ium-1-ide **PIN**
　(PIN は窒素鎖を切断しないようにしてつくる)
ジメチルジアゼンメチルイミド　dimethyldiazene methylimide
トリメチルジアゼンイミド　trimethyldiazene imide
[メチル(メチルイミノ)アンモニウムイル]メタンアミニド
[methyl(methylimino)ammoniumyl]methanaminide

P-74.2.2.1.2　　アゾメチンイミド azomethine imide は，以下の共鳴構造をもっている．

$$R\text{-}N^-\text{-}N^+(R)=CR_2 \ \leftrightarrow\ R\text{-}N=N^+(R)\text{-}C^-R_2$$

P-74.2.2.1 の方法(1)による名称が PIN となる．

794 P-7 ラジカル，イオンおよび関連化学種

例：

$$CH_3-\overset{-}{\underset{1}{N}}-\overset{CH_3}{\underset{2}{\overset{+}{N}}}=CH_2$$

1,2-ジメチル-2-メチリデンヒドラジン-2-イウム-1-イド **PIN**
1,2-dimethyl-2-methylidenehydrazin-2-ium-1-ide **PIN**
N-メチルメタンイミンメチルイミド　*N*-methylmethanimine methylimide

P-74.2.2.1.3　アゾメチンイリド azomethine ylide は，以下の共鳴構造をもっている．

$$R_2C^--N^+(R)=CR_2 \leftrightarrow R_2C=N^+(R)-C^-R_2$$

P-74.2.2.1 の方法(2)による名称が PIN となる．

例：

$$(CH_3)_2C=\overset{H_3C}{\underset{2}{\overset{+}{N}}}-\overset{\overset{1}{CH_3}}{\underset{3}{\overset{-}{C}}}-CH_3$$

2-[メチル(プロパン-2-イリデン)アザニウムイル]プロパン-2-イド **PIN**
2-[methyl(propan-2-ylidene)azaniumyl]propan-2-ide **PIN**
2-[メチル(プロパン-2-イリデン)アンモニウムイル]プロパン-2-イド
2-[methyl(propan-2-ylidene)ammoniumyl]propan-2-ide

P-74.2.2.1.4　アゾキシ化合物は，R-N=N⁺(O⁻)-R の一般構造をもっている（P-68.3.1.3.3.1 も参照）．
P-74.2.2.1 の方法(3)による名称が PIN となる．

例：

$$C_6H_5-N=\overset{O^-}{\overset{|}{\underset{}{N^+}}}-C_6H_5$$

ジフェニルジアゼン=オキシド **PIN**　diphenyldiazene oxide **PIN**
(ジフェニルジアゼニウムイル)オキシダニド　(diphenyldiazeniumyl)oxidanide
アゾキシベンゼン　azoxybenzene
1,2-ジフェニル-1λ⁵-ジアゼン-1-オン　1,2-diphenyl-1λ⁵-diazen-1-one

P-74.2.2.1.5　カルボニルイミド carbonyl imide は，以下の共鳴構造をもっている．

$$R_2C=O^+-N^--R \leftrightarrow R_2C^+-O-N^--R$$

P-74.2.2.1 の方法(2)による名称が PIN となる．

例：$(CH_3)_2C=O^+-N^--CH_3$

N-[(プロパン-2-イリデン)オキシダニウムイル]メタンアミニド **PIN**
N-[(propan-2-ylidene)oxidaniumyl]methanaminide **PIN**
N-[(プロパン-2-イリデン)オキソニウムイル]メタンアミニド
N-[(propan-2-ylidene)oxoniumyl]methanaminide
プロパン-2-オンメチルイミド　propan-2-one methylimide
N-メチルプロパン-2-オンイミド　*N*-methylpropan-2-one imide

P-74.2.2.1.6　カルボニルオキシド carbonyl oxide は，以下の共鳴構造をもっている．

$$R_2C^--O^+=O \leftrightarrow R_2C=O^+-O^-$$

P-74.2.2.1 の方法(1)による名称が PIN となる．

例：$(CH_3)_2C=\underset{2}{O^+}-\underset{1}{O^-}$

2-(プロパン-2-イリデン)ジオキシダン-2-イウム-1-イド **PIN**
2-(propan-2-ylidene)dioxidan-2-ium-1-ide **PIN**
プロパン-2-オンオキシド　propan-2-one oxide

P-74.2.2.1.7　カルボニルイリド carbonyl ylide は，以下の共鳴構造をもっている．

$$R_2C=O^+-C^-(R)_2 \leftrightarrow R_2C^+-O-C^-(R)_2$$

P-74.2.2.1 の方法(2)による名称が PIN となる．

例：

$$(CH_3)_2C=\underset{2}{O^+}-\overset{\overset{1}{CH_3}}{\underset{3}{C^-}}-CH_3$$

2-[(プロパン-2-イリデン)オキシダニウムイル]プロパン-2-イド **PIN**
2-[(propan-2-ylidene)oxidaniumyl]propan-2-ide **PIN**
2-[(プロパン-2-イリデン)オキソニウムイル]プロパン-2-イド
2-[(propan-2-ylidene)oxoniumyl]propan-2-ide

P-74 両性イオン   795

P-74.2.2.1.8   **チオアルデヒド S-オキシド** thioaldehyde S-oxide, **チオケトン S-オキシド** thioketone S-oxide および **ヘテロン S-オキシド** heterone S-oxide は，以下の共鳴構造をもっている.

$$RR'C=S^+-O^- \ \leftrightarrow \ RR'C=S=O$$
（R′は H またはアルキル，アリール）

P-74.2.2.1 の方法(4)による名称が PIN となる.

例：$CH_3-CH_2-CH=S^+-O^-$
プロピリデン-λ^4-スルファノン **PIN**   propylidene-λ^4-sulfanone **PIN**
プロパンチアールオキシド   propanethial oxide
（プロピリデンスルファニウムイル）オキシダニド
（propylidenesulfaniumyl)oxidanide
1-(オキソ-λ^4-スルファニリデン)プロパン
1-(oxo-λ^4-sulfanylidene)propane

1H-1λ^4-チオフェン-1-オン **PIN**   1H-1λ^4-thiophen-1-one **PIN**
チオフェンオキシド   thiophene oxide
（チオフェン-1-イウム-1-イル）オキシダニド   (thiophen-1-ium-1-yl)oxidanide
1-オキソ-1H-1λ^4-チオフェン   1-oxo-1H-1λ^4-thiophene

1H-1λ^4,2-チアアゾール-1-オン **PIN**   1H-1λ^4,2-thiazol-1-one **PIN**
1,2-チアゾール 1-オキシド   1,2-thiazole 1-oxide
1,2-チアゾール S-オキシド   1,2-thiazole S-oxide

P-74.2.2.1.9   **ニトロン** nitrone は，以下の共鳴構造をもっている.

$$R_2C=N^+(O^-)R' \ \leftrightarrow \ R_2C^+-N(O^-)R'$$
ここで R′ ≠ H（R′ ＝ H の化合物は，ニトロンに含めない）

P-74.2.2.1 の方法(3)による名称が PIN となる.

例：$(CH_3)_2C=N^+(O^-)-CH_3$
N-メチルプロパン-2-イミン=N-オキシド **PIN**
N-methylpropan-2-imine N-oxide **PIN**
［メチル(プロパン-2-イリデン)アザニウムイル］オキシダニド
[methyl(propan-2-ylidene)azaniumyl]oxidanide

P-74.2.2.1.10   **ニトロ化合物**は，慣用的に書かれる構造である R-NO$_2$ をもとに，強制接頭語 **ニトロ** nitro を用いて命名する(P-61.5.1 参照).

例：$CH_3-CH_2-N^+(O^-)=O \ \longleftrightarrow \ CH_3\text{-}CH_2\text{-}NO_2$
ニトロエタン **PIN**   nitroethane **PIN**

P-74.2.2.2   **プロパルギル** propargyl（**プロピニル** propynyl）型の 1,3-双極性化合物は，以下の共鳴構造のいずれかをもっている.

$$X\equiv N^+-Z^- \ \leftrightarrow \ ^-X=N^+=Z \ \leftrightarrow \ ^-X=N-Z^+$$
X ＝C, N または O; Z＝C, N または O

P-74.2.2.2.1   **ニトリルイミド** nitrile imide, **ニトリルオキシド** nitrile oxide とそのカルコゲン類縁体, **ニトリルイリド** nitrile ylide は，次の二つの方法で命名できる.

（1）ヘテロ原子の最長鎖を使って両性イオン化合物として命名する.

(2) 化合物種類名である イミド imide, オキシド oxide, スルフィド sulfide などを用い, 官能種類命名法により命名する.

P-74.2.2.2.1.1 ニトリルイミド　P-74.2.2.2.1 の方法(1)による名称(両性イオン名)が PIN となる.

例：CH₃-C≡N⁺-N⁻-CH₃
　　　　　　　2　1
2-エチリジン-1-メチルヒドラジン-2-イウム-1-イド **PIN**
2-ethylidyne-1-methylhydrazin-2-ium-1-ide **PIN**
アセトニトリルメチルイミド　acetonitrile methylimide

P-74.2.2.2.1.2 ニトリルオキシドおよびそのカルコゲン類縁体　P-74.2.2.2.1 の方法(2)による名称(官能種類名)が PIN となる(P-66.5.4.1 も参照).

例：CH₃-C≡N⁺-O⁻
アセトニトリル=オキシド **PIN**　acetonitrile oxide **PIN**
(エチリジンアザニウムイル)オキシダニド
(ethylidyneazaniumyl)oxidanide

CH₃-C≡N⁺-S⁻
アセトニトリル=スルフィド **PIN**　acetonitrile sulfide **PIN**
(エチリジンアザニウムイル)スルファニド
(ethylidyneazaniumyl)sulfanide

P-74.2.2.2.1.3 ニトリルイリド　P-74.2.2.2.1 の方法(1)による名称(両性イオン名)が PIN となる.

例：
　　　　　　１
　　　　　　CH₃
　　　　　　│
CH₃-C≡N⁺-C⁻-CH₃
　　　　２　３
2-(エチリジンアザニウムイル)プロパン-2-イド **PIN**
2-(ethylidyneazaniumyl)propan-2-ide **PIN**
2-(エチリジンアンモニウムイル)プロパン-2-イド
2-(ethylidyneammoniumyl)propan-2-ide

P-74.2.2.2.2　アジド azide は, 次の三つの方法により命名する.

(1) 強制接頭語 アジド azido を置換基として用いて命名する(P-61.7).
(2) 化合物種類名 アジド azide を用いて官能種類命名法により命名する.
(3) 両性イオンの母体水素化物 トリアザジエン-2-イウム-1-イド triazadien-2-ium-1-ide の誘導体として命名する.

方法(1)による名称が PIN となる(P-61.7 も参照).

例：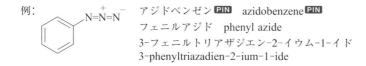
アジドベンゼン **PIN**　azidobenzene **PIN**
フェニルアジド　phenyl azide
3-フェニルトリアザジエン-2-イウム-1-イド
3-phenyltriazadien-2-ium-1-ide

P-74.2.2.2.3　ジアゾ化合物は, 次の二つの方法により命名する.

(1) 強制接頭語 ジアゾ diazo を置換基として用いて命名する(P-61.4).
(2) 両性イオンの母体水素化物 ジアゼン-2-イウム-1-イド diazen-2-ium-1-ide の誘導体として命名する.

方法(1)による名称が PIN となる(P-61.4 も参照).

例：H₂C=N⁺=N⁻
ジアゾメタン **PIN**　diazomethane **PIN**
メチリデンジアゼン-2-イウム-1-イド　methylidenediazen-2-ium-1-ide

P-74.2.2.3　カルベン型の 1,3-双極性化合物は, 以下の共鳴構造をもっている.

$$X^{2\bullet}\text{-}C=Z \leftrightarrow {}^+X=C\text{-}Z^-$$
X = C または N, Z = C, N または O

P-74　両性イオン　　　　　　　　　　　　　　　　　　　　　　　　　　797

P-74.2.2.3.1　　アシルカルベン acyl carbene は一般構造式 acyl-C$^{2•}$–R をもっている．有機化学においては，とくに明記していないアシルカルベンは通常カルボニルカルベンであり，ラジカルに関する置換命名法(P-71.2 参照)により最長の炭素鎖を用いて命名し，接尾語として記載するラジカルに高い優先順位を与える．

例：

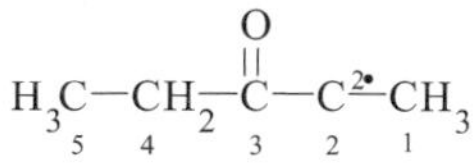

$$\underset{5}{H_3C}-\underset{4}{CH_2}-\underset{3}{\overset{\overset{O}{\parallel}}{C}}-\underset{2}{C^{2•}}-\underset{1}{CH_3}$$

3-オキソペンタン-2-イリデン **PIN**
3-oxopentan-2-ylidene **PIN**

P-74.2.2.3.2　イミドイルカルベン　　イミドイルカルベン imidoyl carbene は RC(=NH)C$^{2•}$–R の構造をもつ化合物である．イミドイル imidoyl は，カルボキシイミドイル carboximidoyl RC(=NH)– の短縮名であるが，不正確な用語である．このカルベンは，二つの方法で命名する．

(1) ラジカルに関する置換命名法により，最長の炭素鎖を用い，接尾語として記載するラジカルに小さい位置番号をつけるように命名する．
(2) カルベン母体構造に置換基をつけるかたちで命名する．

方法(1)による名称が PIN となる．

例：

$$\underset{4}{H_3C}-\underset{3}{\overset{\overset{N-CH_3}{\parallel}}{C}}-\underset{2}{C^{2•}}-\underset{1}{CH_3}$$

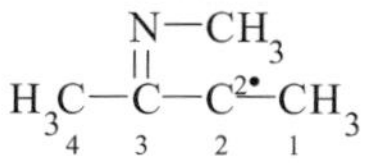

3-(メチルイミノ)ブタン-2-イリデン **PIN**
3-(methylimino)butan-2-ylidene **PIN**

P-74.2.2.3.3　　イミドイルナイトレン imidoyl nitrene は，以下の共鳴構造をもっており，母体名 アザニリデン azanylidene，ナイトレン nitrene，または アミニレン aminylene に置換基をつける形で命名できる．

$$RC(=N\text{-}R')N^{2•} \leftrightarrow RC(N^-\text{-}R')=N^+$$

azanylidene を用いた名称が PIN となる．

例：

$$H_3C-\overset{\overset{N-CH_3}{\parallel}}{C}-N^{2•}$$

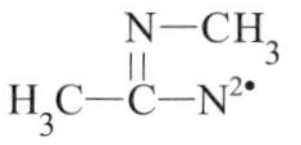

(*N*-メチルエタンイミドイル)アザニリデン **PIN**　　(*N*-methylethanimidoyl)azanylidene **PIN**
(*N*-メチルアセトイミドイル)ナイトレン　　(*N*-methylacetimidoyl)nitrene
(*N*-メチルアセトイミドイル)アミニレン　　(*N*-methylacetimidoyl)aminylene

P-74.2.2.3.4　　**ビニルカルベン** vinyl carbene(**エテニルカルベン** ethenyl carbene)カルベンは RR'C=CR''-C$^{2•}$-R''' の構造をもっている．PIN は，ラジカルに関する置換命名法により，最長の炭素鎖を用い，接尾語イリデン ylidene に小さい位置番号をつけるように命名する．

例：

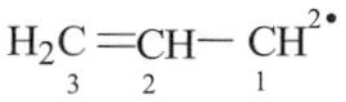

$$\underset{3}{H_2C}=\underset{2}{CH}-\underset{1}{CH^{2•}}$$

プロパ-2-エン-1-イリデン **PIN**
prop-2-en-1-ylidene **PIN**

P-74.2.3　双極性置換基

双極性置換基の名称は，置換基としてのイオンの名称と遊離原子価を示す接尾語 yl, ylidene, ylidyne を組合わせてつくる．

例：

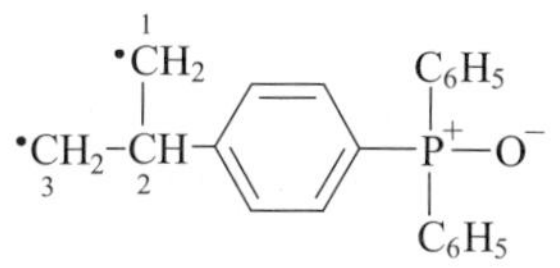

2-{4-[オキシド(ジフェニル)ホスファニウムイル]フェニル}プロパン-1,3-ジイル **PIN**
2-{4-[oxido(diphenyl)phosphaniumyl]phenyl}propane-1,3-diyl **PIN**
2-{4-[オキシド(ジフェニル)ホスホニウムイル]フェニル}プロパン-1,3-ジイル
2-{4-[oxido(diphenyl)phosphoniumyl]phenyl}propane-1,3-diyl

798   P-7 ラジカル，イオンおよび関連化学種

$$\overset{1}{\cdot CH_2}$$
$$\underset{3}{\cdot CH_2 -}\underset{2}{CH -}\quad\text{—}\quad CH_2 - C\equiv \overset{+}{N} - O^-$$

2-{4-[2-(オキシドアザニウムイリジン)エチル]フェニル}プロパン-1,3-ジイル **PIN**
2-{4-[2-(oxidoazaniumylidyne)ethyl]phenyl}propane-1,3-diyl **PIN**
2-{4-[2-(オキシドアンモニウムイリジン)エチル]フェニル}プロパン-1,3-ジイル
2-{4-[2-(oxidoammoniumylidyne)ethyl]phenyl}propane-1,3-diyl

P-75　ラジカルイオン　　　　"日本語名称のつくり方"も参照

　有機化学命名法の観点では，**ラジカルイオン** radical ion は，ラジカル中心とイオン中心をそれぞれ少なくとも一つもつ(母体構造の同一原子上でも異なる原子上でもよい)化学種である．ラジカルイオンは，以下の項で述べるように命名する．

P-75.1　電子の付加あるいは除去により生成する 　　　　ラジカルイオン	P-75.3　特性基上のラジカルイオン
P-75.2　母体水素化物に由来するラジカルイオン	P-75.4　異なった母体構造に分離した 　　　　イオン中心とラジカル中心

P-75.1　電子の付加あるいは除去により生成するラジカルイオン

　電子の付加または除去により生成するラジカルイオンは，次の二つの方法で命名する．

(1) 接尾語 エリド elide と エリウム elium を用いて置換命名法により命名する．つまり，中性の母体水素化物，母体化合物，またはそれらのヒドロ誘導体から電子の付加または除去により形式的に生成するラジカルイオンは，中性母体構造名にそれぞれ接尾語 elide または elium を付け加えて命名する．付加，除去する電子の数は，倍数接頭語 di, tri などで示す．

　　　注記: この新しい方法は，ラジカル中心やイオン中心の位置が不明であったり，不要であったり，位置を明示したくない場合に，全体構造を示すために用いることができる．接尾語 elide, elium は，他の接尾語があるときは使用できない．

(2) 官能種類命名法により命名する．つまり，中性の母体水素化物，母体化合物，またはそれらのヒドロ誘導体から電子の付加または除去により形式的に生成するラジカルイオンは，同じ分子式をもつ中性母体構造名に **ラジカルカチオン** radical cation または **ラジカルアニオン** radical anion を別の単語として付け加えて命名する．複数のラジカル中心やイオン中心を示すには倍数接頭語 di, tri などを使う．すぐ後に電荷の種類と数をつけて ラジカルイオン radical ion の用語を用いてもよい．

置換命名法を用いる方法(1)の名称が PIN となる．

　　例:　$[C_6H_5\text{-}C_6H_5]^{(2\bullet)(2-)}$　　[1,1′-ビフェニル]ジエリド **PIN**　[1,1′-biphenyl]dielide **PIN**
　　　　　　　　　　　　　　　　　ビフェニルジラジカルジアニオン　biphenyl diradical dianion
　　　　　　　　　　　　　　　　　ビフェニルジラジカルイオン(2−)　biphenyl diradical ion(2−)

　　　　　$[C_{10}H_8]^{\bullet+}$　　　　アズレネリウム **PIN**　azulenelium **PIN**
　　　　　　　　　　　　　　　アズレンラジカルカチオン　azulene radical cation
　　　　　　　　　　　　　　　アズレンラジカルイオン(1+)　azulene radical ion(1+)

P-75.2　母体水素化物に由来するラジカルイオン

　PIN には優先順位の順(ラジカル＞アニオン＞カチオン)を反映する．アニオン中心，カチオン中心の接尾語は，母体構造(母体水素化物，官能性母体水素化物または官能化母体水素化物)の名称のすぐ後に置き，ついでラジ

P-75 ラジカルイオン

カル中心の接尾語を置く.

母体水素化物イオン,両性母体水素化物イオンの一つまたは複数の骨格原子から,一つ以上の水素原子を形式的に除去して生じるラジカルイオンは,接尾語 yl, ylidene をその名称に付け加えて命名する.その際,該当する倍数接頭語を yl, ylidene の前につけ,母体水素化物イオン名の末尾の e を省く.ラジカル中心にはイオン中心に優先して小さい位置番号をつける.

P-75.2.1 ラジカルアニオンの例

例: HN$^{\bullet-}$
アミニドイル aminidyl
アザニドイル 予備名 azanidyl 予備名

$^-CH_2\text{-}\overset{\bullet}{C}H_2$
${}_2\phantom{CH_2\text{-}}{}_1$
エタン-2-イド-1-イル PIN ethan-2-id-1-yl PIN

$(CH_3)_3B^{\bullet-}$
トリメチルボラヌイドイル PIN trimethylboranuidyl PIN
トリメチル-1λ^5-ボラニドイル trimethyl-1λ^5-boranidyl

$\triangleright S^{\bullet-}$
1λ^4-チイラン-1-イド-1-イル PIN 1λ^4-thiiran-1-id-1-yl PIN

（フェニル）$\text{-}\overset{\bullet}{C}H\text{-}\overset{\bullet}{C}H\text{-}HC\text{-}$（フェニル）
${}_3{}_2{}_1$
1,3-ジフェニルプロパン-1,3-ジイド-2-イル PIN
1,3-diphenylpropane-1,3-diid-2-yl PIN

$CH_3\text{-}O\text{-}CO\text{-}C^{(2\bullet)-}$
（メトキシカルボニル）メタニドイリデン PIN
(methoxycarbonyl)methanidylidene PIN

P-75.2.2 ラジカルカチオンの例

例: $H_2C^{\bullet+}$
メチリウムイル PIN methyliumyl PIN

$H_4Si^{\bullet+}$
シラニウムイル 予備名 silaniumyl 予備名

$[CH_3\text{-}CH_2]^{\bullet(2+)}$
エタニウムイリウムイル PIN ethaniumyliumyl PIN
（ラジカル中心およびイオン中心の位置は不明）

$CH_3\text{-}H_2\overset{\bullet(2+)}{C}$
$\phantom{CH_3\text{-}H_2}{}_2{}_1$
エタン-1-イウム-1-イリウム-1-イル PIN ethan-1-ium-1-ylium-1-yl PIN
（ラジカル中心およびイオン中心の位置は位置番号で示されたとおり）

（ベンゼン環 · +）$^{\bullet+}$ または $[C_6H_6]^{\bullet+}$
ベンゼネリウム PIN benzenelium PIN
ベンゼニウムイル benzeniumyl

$F_3C \begin{smallmatrix} + \\ 5 \\ 4 \end{smallmatrix} \begin{smallmatrix} S \\ \\ \bullet \end{smallmatrix} \begin{smallmatrix} 1 \\ S \\ 3 \\ S \end{smallmatrix} \, F_3C$
4,5-ビス（トリフルオロメチル）-1,2,3-トリチオラン-5-イリウム-4-イル PIN
4,5-bis(trifluoromethyl)-1,2,3-trithiolan-5-ylium-4-yl PIN

P-75.2.3 両性ラジカルイオンの例

例: $(CH_3\text{-}CH_2)_3\overset{+}{N}\text{-}\overset{-}{\underset{\bullet}{B}}H_2$
（トリエチルアザニウムイル）ボラヌイドイル PIN
(triethylazaniumyl)boranuidyl PIN

$CH_3\text{-}N=\overset{+}{\underset{\bullet}{N}}\text{-}\overset{-}{N}\text{-}Si(CH_3)_3$
$\phantom{CH_3\text{-}N=N\text{-}N\text{-}Si(CH_3)}{}_3{}_1$
3-メチル-1-（トリメチルシリル）トリアザ-2-エン-2-イウム-1-イド-2-イル PIN
3-methyl-1-(trimethylsilyl)triaz-2-en-2-ium-1-id-2-yl PIN

P-75.2.4 付加指示水素

P-71.1, P-72.1, P-73.2 に示した yl, ylidene, ide, ylium の使い方に関する勧告を直接適用するのに十分な数

の水素原子がない最多非集積二重結合をもつ母体水素化物中にあるラジカル中心およびイオン中心は，形式的に環状母体水素化物のジヒドロ体から誘導する．ラジカルイオンは，付加指示水素の方法を用いて命名することもできる(P-14.7, P-58.2.2 参照)．この方法では，ラジカル中心をつくった後に残る水素原子の位置番号と大文字イタリックの H を丸括弧で囲い，その前にラジカル中心の位置番号を付けて名称中に書き入れることにより，ジヒドロ水素のうちの残る一つをもつヒドロ誘導体として書き，次にヒドロンを取去ってイオン中心をつくる．明確な名称とするため，付加水素を名称に入れる．この付加指示水素法による名称が PIN となる(P-58.2 参照)．

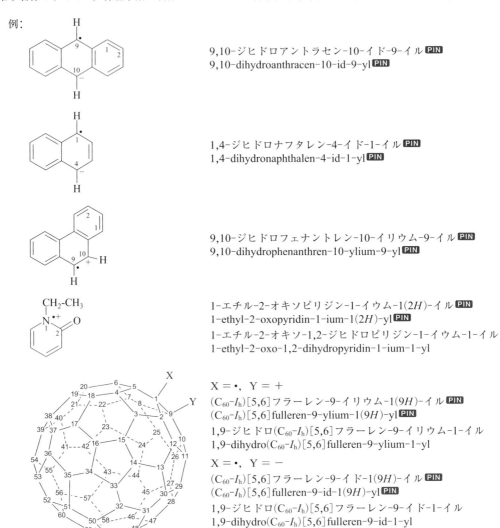

例：

9,10-ジヒドロアントラセン-10-イド-9-イル **PIN**
9,10-dihydroanthracen-10-id-9-yl **PIN**

1,4-ジヒドロナフタレン-4-イド-1-イル **PIN**
1,4-dihydronaphthalen-4-id-1-yl **PIN**

9,10-ジヒドロフェナントレン-10-イリウム-9-イル **PIN**
9,10-dihydrophenanthren-10-ylium-9-yl **PIN**

1-エチル-2-オキソピリジン-1-イウム-1(2H)-イル **PIN**
1-ethyl-2-oxopyridin-1-ium-1(2H)-yl **PIN**
1-エチル-2-オキソ-1,2-ジヒドロピリジン-1-イウム-1-イル
1-ethyl-2-oxo-1,2-dihydropyridin-1-ium-1-yl

X = •, Y = +
(C_{60}-I_h)[5,6]フラーレン-9-イリウム-1(9H)-イル **PIN**
(C_{60}-I_h)[5,6]fulleren-9-ylium-1(9H)-yl **PIN**
1,9-ジヒドロ(C_{60}-I_h)[5,6]フラーレン-9-イリウム-1-イル
1,9-dihydro(C_{60}-I_h)[5,6]fulleren-9-ylium-1-yl

X = •, Y = −
(C_{60}-I_h)[5,6]フラーレン-9-イド-1(9H)-イル **PIN**
(C_{60}-I_h)[5,6]fulleren-9-id-1(9H)-yl **PIN**
1,9-ジヒドロ(C_{60}-I_h)[5,6]フラーレン-9-イド-1-イル
1,9-dihydro(C_{60}-I_h)[5,6]fulleren-9-id-1-yl

P-75.3 特性基上のラジカルイオン
P-75.3.1 イオン接尾語上のラジカルイオン

修飾接尾語(P-73.1.2.1, P-72.2.2.2.3 参照)を用いてイオン名称がつくられている場合は，ラジカル中心を示す接尾語を母体水素化物カチオン名または母体水素化物アニオン名に付けて命名する．

例： C_6H_5-ṄH_2   ベンゼンアミニウムイル **PIN**   benzenaminiumyl **PIN**

CH_3-N•−   メタンアミニドイル **PIN**   methanaminidyl **PIN**

P-76 非局在化したラジカルとイオン

801

| CH₃-CO-N•⁺ | アセトアミジリウムイル **PIN** acetamidyliumyl **PIN** |
| C₆H₅-C≡N•⁺ | ベンゾニトリリウムイル **PIN** benzonitriliumyl **PIN** |

P-75.3.2 イオン接尾語を用いる以外の方法で命名されるラジカルイオン

例: CH₃-CO-O•⁺-CH₃	アセチル(メチル)オキシダニウムイル **PIN** acetyl(methyl)oxidaniumyl **PIN**
CH₃-CH₂-CH₂-O•⁺H	プロピルオキシダニウムイル **PIN** propyloxidaniumyl **PIN**
CH₃-CO-N•⁻	アセチルアザニドイル **PIN** acetylazanidyl **PIN**
C₆H₅-SO₂-NH-N•⁻ (2 1)	2-(ベンゼンスルホニル)ヒドラジン-1-イド-1-イル **PIN** 2-(benzenesulfonyl)hydrazin-1-id-1-yl **PIN** 2-(ベンゼンスルホニル)ジアザン-1-イド-1-イル 2-(benzenesulfonyl)diazan-1-id-1-yl

P-75.4 異なった母体構造に分離したイオン中心とラジカル中心

ラジカル中心がイオン中心に優先する．イオン中心とラジカル中心が同じ母体構造にないイオンや双極性イオンから一つ以上の水素原子を形式的に除去して生じるラジカルイオンは，イオン中心やイオン中心をもつ部分構造を母体水素化物名につく置換基接頭語として表すことにより命名する．

| 例: ⁺O≡C-C•H₂ | オキシダニウムイリジンエチル **PIN** oxidaniumylidyneethyl **PIN** |
| C₆H₅-C•-O-CH₂-CH₃ (O⁻上) | エトキシ(オキシド)(フェニル)メチル **PIN** ethoxy(oxido)(phenyl)methyl **PIN** α-エトキシ-α-オキシドベンジル α-ethoxy-α-oxidobenzyl |

1,5-ビス(3-エチル-1,3-ベンゾチアゾール-3-イウム-2-イル)ペンタ-1,4-ジエン-3-イル **PIN**
1,5-bis(3-ethyl-1,3-benzothiazol-3-ium-2-yl)penta-1,4-dien-3-yl **PIN**

P-76 非局在化したラジカルとイオン   "日本語名称のつくり方"も参照

P-76.1 例示と名称

共役二重結合構造中にあるラジカル中心やイオン中心の非局在化は，位置番号を付けず該当する接尾語だけを使うことで示す．

例:

X = • シクロペンタジエニル **PIN**
cyclopentadienyl **PIN**

X = ＋ シクロペンタジエニリウム **PIN**
cyclopentadienylium **PIN**

X = － シクロペンタジエニド **PIN**
cyclopentadienide **PIN**

ベンゾ[7]アンヌレニリウム **PIN**
benzo[7]annulenylium **PIN**

 ペンタジエニル **PIN** pentadienyl **PIN**

P-7 ラジカル，イオンおよび関連化学種

P-77 塩 　"日本語名称のつくり方"も参照

P-77.1 有機塩基の塩の PIN

P-77.1.1 有機塩基の塩の PIN は，カチオン名の後にアニオン名を記載する二成分名 binary name である．

例：$C_6H_5-\overset{+}{N}H_3 \; Cl^-$ 　　アニリニウム＝クロリド **PIN** 　anilinium chloride **PIN**
ベンゼンアミニウムクロリド　benzenaminium chloride

$(CH_3-\overset{+}{N}H_3)_2 \; SO_4{}^{2-}$ 　　硫酸ビス(メタンアミニウム) **PIN**
bis(methanaminium) sulfate **PIN**

$[(CH_3-CH_2)_3\overset{+}{N}H] \; [HSO_4]^-$ 　　硫酸＝水素＝N,N-ジエチルエタンアミニウム **PIN**
N,N-diethylethanaminium hydrogen sulfate **PIN**

P-77.1.2 ジアミン，ポリアミンの単塩の PIN は置換命名法を用いてつくる．GIN としては，付加物の名称 (P-77.1.3 参照)を使うこともできる．

例：$[H_2\overset{2}{N}-CH_2-CH_2-\overset{1}{\overset{+}{N}}H_3] \; Cl^-$ 　　2-アミノエタン-1-アミニウム＝クロリド **PIN**
2-aminoethan-1-aminium chloride **PIN**
エタン-1,2-ジアミン一塩酸塩　ethane-1,2-diamine monohydrochloride

P-77.1.3 P-77.1.2 が適用できない場合は，有機塩基の塩を命名するための次の三つの慣用的な方法を使う．

　(1) 付加物として命名する．塩基成分，酸成分がともに有機物であるときは，この方式による名称が PIN となる(P-14.8.2 参照).
　(2) 塩基名はそのまま用いて，その後にアニオン名を付ける．
　(3) ハロゲン化水素酸の塩のみに適用できる方法で，名称の後にフッ化水素酸塩 hydrofluoride，塩酸塩 hydrochloride，臭化水素酸塩 hydrobromide，ヨウ化水素酸塩 hydroiodide を付ける．

例：$2 \left[\begin{array}{c} \overset{1}{S} \\ \\ NH \end{array} \overset{}{N(CH_3)_2} \right] \cdot H_2SO_4$
　　(1) N,N-ジメチル-1,3-チアゾリジン-2-アミン——硫酸 (2/1)
　　　　N,N-dimethyl-1,3-thiazolidin-2-amine——sulfuric acid (2/1)
　　(2) ビス(N,N-ジメチル-1,3-チアゾリジン-2-アミン)硫酸塩
　　　　bis(N,N-dimethyl-1,3-thiazolidin-2-amine) sulfate

P-77.2 アルコール(フェノールを含む)，ペルオキソールおよびそのカルコゲン類縁体に由来する塩

P-77.2.1 PIN は，カチオン名，アニオン名を順に記載してつくる二成分名称である(P-72.2.2.2.2 参照).

例：$CH_3O^- \; Na^+$ 　　ナトリウムメタノラート
sodium methanolate
ナトリウムメトキシド **PIN**
sodium methoxide **PIN**

$H_3C-\!\!\!\bigcirc\!\!\!-S^- \; Na^+$ 　　ナトリウム 4-メチルベンゼン-1-チオラート **PIN**
sodium 4-methylbenzene-1-thiolate **PIN**

P-77.2.2 ポリヒドロキシ化合物の単塩の PIN は置換命名法でつくる．

例：$HO-CH_2-CH_2-O^- \; K^+$ 　　カリウム 2-ヒドロキシエタン-1-オラート **PIN**
potassium 2-hydroxyethan-1-olate **PIN**

P-77.3 有機酸に由来する塩

P-77.3.1 PIN は，カチオン名，アニオン名を順に記載してつくる二成分名称である(P-72.2.2.2.1 参照).

例：$H_3C-CO-O^- \; Na^+$ 　　酢酸ナトリウム **PIN** 　sodium acetate **PIN**

P-77.3.2 多塩基有機酸の酸性塩(P-65.6.2.3)の PIN は置換命名法によりつくる. GIN としては，水素塩法や説明句による方法に基づく名称を用いてもよい.

例: $\overset{3}{HOOC\text{-}CH_2}\text{-}\overset{2}{CH_2}\text{-}\overset{1}{CO}\text{-}O^- \ K^+$ 　　3-カルボキシプロパン酸カリウム **PIN**　potassium 3-carboxypropanoate **PIN**
ブタン二酸一カリウム塩　butanedioic acid monopotassium salt

P-8 同位体修飾化合物

P-80 序　言　　　　　　　P-83 同位体標識化合物
P-81 記号と定義　　　　　P-84 同位体修飾化合物の構造式と
P-82 同位体置換化合物　　　　　　名称の比較対照例

P-80 序　言

　本章では，同位体核種の組成(参考文献 12, 14, 23)が天然に存在するものとは異なる有機化合物の一般的な命名法について説明する("天然の組成"の意味の説明は参考文献 29 参照)．これらの規則に関する比較の例を表 8·1 に示す(次頁参照)．本章は 1979 規則の H の部(参考文献 1)と 1993 規則の R-8(参考文献 2)に基づく．本勧告は，1979 規則と 1993 規則の両方に置き換わるものである．一般的な生化学の慣用については，参考文献 30 に簡単に説明されている．

　同位体で修飾した化合物を表記するために用いるもう一つの方法がある．それは水素の同位体を含む化合物の表示法として Boughton によって提案された方式(参考文献 31 参照)を拡張したものに基づいており，おもに Chemical Abstracts Service の索引命名法において，同位体の標識ではなく同位体の置換を表示するために用いられる．

　これまでの勧告にまとめられた方法は，さまざまな種類の同位体で修飾した化合物に適用できるので，同位体置換化合物だけを扱う Boughton の原理に基づいた方式よりも優先して取上げた．

P-81 記号と定義　　　"日本語名称のつくり方"も参照

P-81.1 核種記号　　　　　P-81.4 同位体非修飾化合物
P-81.2 元素記号　　　　　P-81.5 同位体修飾化合物
P-81.3 水素原子とイオンの名称

P-81.1 核種記号

　同位体修飾化合物の化学式および名称中で核種を表示するためには，その元素の元素記号に核種の質量数を示す左上付きのアラビア数字を付けた記号を使う(参考文献 12，IR-3.2 参照)．

P-81.2 元素記号

　核種記号に使う元素記号は，"IUPAC 無機化学命名法"(参考文献 12 参照)に示されたものとする．イタリック体の元素記号は，P-14.3 で説明されているように，有機化合物の命名法では以前から位置番号に使われているので，核種記号中の元素記号はローマン体で表記する．

　水素の同位体であるプロチウム protium，ジュウテリウム deuterium，トリチウム tritium に対しては，それぞれ ^1H, ^2H, ^3H の核種記号を使う．^2H の代わりに D，^3H の代わりに T の記号を使ってもよいが，同位体表示記号の中の核種記号をアルファベット順に並べるのが難しくなることがあるので，修飾した他の核種があるときは使わない．Boughton 方式(参考文献 31 参照)に従って命名した名称では，^2H と ^3H の代わりにそれぞれ d と t の記号がこれまでも，また現在でも使われているが，これ以外に元素記号に小文字を使うことはない．したがって，Boughton 方式以外の化学命名法では d と t の記号の使用は廃止する．

806   P-8 同位体修飾化合物

P-81.3 水素原子とイオンの名称(参考文献 30, 33 参照)

表 8·1 水素原子とイオンの名称

		^1H	^2H	^3H	天然組成
原子	H	プロチウム protium	ジュウテリウム deuterium	トリチウム tritium	水素 hydrogen
アニオン	H^-	プロチウム化物イオン protide	ジュウテリウム化物イオン deuteride	トリチウム化物イオン tritide	水素化物イオン hydride
カチオン	H^+	プロトン proton	ジュウテロン deuteron	トリトン triton	ヒドロン hydron

P-81.4 同位体非修飾化合物

同位体非修飾化合物は，それを構成する核種が天然存在比で存在するものと巨視的に同じ組成をもつ．その化学式と名称は通常どおり書く．

例: CH_4 メタン methane

$CH_3\text{-}CH_2\text{-}OH$ エタノール ethanol

P-81.5 同位体修飾化合物

同位体修飾化合物は，少なくとも 1 元素について，核種の同位体比が天然に存在するものと測定できるほど巨視的に異なる組成をもつ．同位体修飾化合物は以下のように分類できる．

(1) 同位体置換化合物   または

(2) 同位体標識化合物

P-82 同位体置換化合物   "日本語名称のつくり方"も参照

P-82.0 はじめに	P-82.4 立体異性同位体置換化合物
P-82.1 構 造	P-82.5 番号付け
P-82.2 名 称	P-82.6 位置番号
P-82.3 核種記号の順番	

P-82.0 はじめに

同位体置換化合物は，実質的に化合物のすべての分子が，表示された位置に指示された核種だけをもつような組成をもつ．それ以外のすべての位置では，核種の指定がないことは，核種の組成が天然のものであることを意味する．

P-82.1 構 造

同位体置換化合物の構造は，該当する核種の記号を使う以外はふつうの方法で書く．同じ位置に同じ元素の異なる同位体があるときは，質量数の増加する順番に記号を書く．

例: $^{14}CH_4$ $^{12}CHCl_3$ $CH_3\text{-}CH^2H\text{-}OH$ ($CH_3\text{-}C^2HH\text{-}OH$ ではない)

P-82.2 名 称

P-82.2.1   同位体置換化合物の名称は，同位体で置換されている化合物の部分の前に，必要に応じて位置番号，文字および数字を前に付けた核種記号を丸括弧に入れたものを加えるか，または挿入することにより示す．丸括

弧の直後にはスペースもハイフンも入れない．ただし，直後の名称または名称の一部が位置番号で始まるときは，ハイフンを入れる．二つ以上の核種が名称の同じ位置に現れるときは，まずアルファベット順で並べ，必要であればつぎに質量数の順に並べる（P-82.3 参照）．

同じ位置に複数の置換が可能なときは，たとえ一置換であっても，置換原子数を元素記号の右下付き数字で必ず指定する．

同位体修飾および非修飾の原子や基の多置換については，P-82.2.2 を参照．ヒドロ接頭語のついた化合物については，P-82.2.3 を参照．

例： $^{14}CH_4$

(^{14}C)メタン PIN (^{14}C)methane PIN

$^{12}CHCl_3$

トリクロロ(^{12}C)メタン PIN trichloro(^{12}C)methane PIN
(^{12}C)クロロホルム (^{12}C)chloroform

$CH_3{}^2H$

($^2H_1$)メタン PIN ($^2H_1$)methane PIN

$C^2H_2Cl_2$

ジクロロ($^2H_2$)メタン PIN dichloro($^2H_2$)methane PIN

($^2H_3$)メトキシベンゼン PIN ($^2H_3$)methoxybenzene PIN
(α,α,α-$^2H_3$)アニソール (α,α,α-$^2H_3$)anisole

C_6H_5-^{13}CO-$^{13}CH_3$

1-フェニル(1,2-$^{13}C_2$)エタン-1-オン PIN
1-phenyl(1,2-$^{13}C_2$)ethan-1-one PIN
(1,2-$^{13}C_2$)アセトフェノン (1,2-$^{13}C_2$)acetophenone

1,2-ジ[(^{13}C)メチル]ベンゼン PIN
1,2-di[(^{13}C)methyl]benzene PIN
(α,α'-$^{13}C_2$)-1,2-キシレン (α,α'-$^{13}C_2$)-1,2-xylene
(α,α'-$^{13}C_2$)-o-キシレン (α,α'-$^{13}C_2$)-o-xylene

1-(^{13}C)メチル(2-^{13}C)ベンゼン PIN
1-(^{13}C)methyl(2-^{13}C)benzene PIN
($\alpha,2$-$^{13}C_2$)トルエン ($\alpha,2$-$^{13}C_2$)toluene

$CH_2{}^2H$-CH_2-OH

(2-$^2H_1$)エタン-1-オール PIN (2-$^2H_1$)ethan-1-ol PIN

$^{13}CH_3$-CH_2-OH

(2-^{13}C)エタン-1-オール PIN (2-^{13}C)ethan-1-ol PIN

1-[アミノ(^{14}C)メチル]シクロペンタン-1-オール PIN
1-[amino(^{14}C)methyl]cyclopentan-1-ol PIN

1-(アミノメチル)シクロペンタン-1-(^{18}O)オール PIN
1-(aminomethyl)cyclopentan-1-(^{18}O)ol PIN

N-[7-(^{131}I)ヨード-9H-フルオレン-2-イル]アセトアミド PIN
N-[7-(^{131}I)iodo-9H-fluoren-2-yl]acetamide PIN

CH_3-CH_2-O-CO-$^{14}CH_2$-$^{14}CH_2$-COO^- Na^+

4-エトキシ-4-オキソ(2,3-$^{14}C_2$)ブタン酸ナトリウム PIN
sodium 4-ethoxy-4-oxo(2,3-$^{14}C_2$)butanoate PIN
(2,3-$^{14}C_2$)ブタン二酸エチルナトリウム
sodium ethyl (2,3-$^{14}C_2$)butanedioate
(2,3-$^{14}C_2$)コハク酸エチルナトリウム
sodium ethyl (2,3-$^{14}C_2$)succinate

4-[(3-¹⁴C)チオラン-2-イル]ピリジン **PIN**
4-[(3-¹⁴C)thiolan-2-yl]pyridine **PIN**
4-[テトラヒドロ(3-¹⁴C)チオフェン-2-イル]ピリジン
4-[tetrahydro(3-¹⁴C)thiophen-2-yl]pyridine

2-(³⁵Cl)クロロ-3-(²H₃)メチル(1-²H₁)ペンタン **PIN**
2-(³⁵Cl)chloro-3-(²H₃)methyl(1-²H₁)pentane **PIN**

P-82.2.2 同位体置換化合物の名称は，等価な位置で同一に修飾されていない複数の同じ基があるとき，非修飾類縁体の名称と異なることがある．このような原子団は別々に表示する．

> 等価な位置で同一に修飾されていない同位体修飾された原子または原子団は，別々に表示する．これは，1979 規則の H の部(参考文献 1)および 1993 規則の R-8(参考文献 2)からの変更である．

P-82.2.2.1 同位体修飾だけが異なる同一置換基 2 個の置換基が異なる方法で同位体修飾をされて di, bis などの倍数語を用いて統合することができないとき，置換基名を別々に表示する．同位体修飾置換基は，アルファベット順では非修飾置換基に優先する．

例：

N-[7-(¹³¹I)ヨード-6-ヨード-9H-フルオレン-2-イル]アセトアミド **PIN**
N-[7-(¹³¹I)iodo-6-iodo-9H-fluoren-2-yl]acetamide **PIN**
〔N-[6,7-(7-¹³¹I)ジヨード-9H-フルオレン-2-イル]アセトアミド
N-[6,7-(7-¹³¹I)diiodo-9H-fluoren-2-yl]acetamide ではない〕

2-(¹³C)メチル-3-メチルピリジン **PIN**
2-(¹³C)methyl-3-methylpyridine **PIN**
〔2,3-(2-¹³C)ジメチルピリジン
2,3-(2-¹³C)dimethylpyridine ではない〕

2-(2,2-²H₂)エチル-3-エチルヘキサン-1-オール **PIN**
2-(2,2-²H₂)ethyl-3-ethylhexan-1-ol **PIN**

P-82.2.2.2 2 個の特性基が異なる方法で同位体修飾されて di, bis などの倍数語を用いて統合することができないとき，より多くの修飾をもつ同位体修飾された特性基を主特性基として選んで接尾語として示し，他方の特性基は接頭語として示す．もしさらに選択肢があるときは，より大きな原子番号の核種，続いてより大きな質量数の核種を主特性基として選んで接尾語として示す．

例： HO-O¹⁴C　¹⁴CO-OH

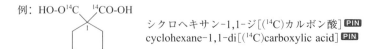

シクロヘキサン-1,1-ジ[(¹⁴C)カルボン酸] **PIN**
cyclohexane-1,1-di[(¹⁴C)carboxylic acid] **PIN**

1-カルボキシシクロヘキサン-1-(^{13}C,^{2}H)カルボン酸 PIN
1-carboxycyclohexane-1-(^{13}C,^{2}H)carboxylic acid PIN

1-(^{2}H)カルボキシシクロヘキサン-1-(^{13}C)カルボン酸 PIN
1-(^{2}H)carboxycyclohexane-1-(^{13}C)carboxylic acid PIN

1-(^{13}C)カルボキシシクロヘキサン-1-(^{14}C)カルボン酸 PIN
1-(^{13}C)carboxycyclohexane-1-(^{14}C)carboxylic acid PIN

P-82.2.3　ヒドロ接頭語の付加

同位体修飾された水素原子が存在するとき，それらを同位体修飾化合物の骨格に常に付属させる．P-82.2.2 によれば，ヒドロ接頭語は非修飾化合物でも同位体修飾化合物でも同一でなければならず，対として付加する．同位体修飾または非修飾ヒドロ接頭語は，母体水素化物の前に分離可能な置換基の接頭語として加える．

> 本勧告では，水素化されたマンキュード環系は P-82.2.2 で説明するように扱われ，これは従来の規則からの変更である．

例：

(^{15}N)-1H-インドール PIN
(^{15}N)-1H-indole PIN

2,3-ジヒドロ(^{15}N)-1H-インドール PIN
2,3-dihydro(^{15}N)-1H-indole PIN

2,3-ジヒドロ(2,3-^{2}H$_2$,^{15}N)-1H-インドール PIN
2,3-dihydro(2,3-^{2}H$_2$,^{15}N)-1H-indole PIN

2,3-ジ[(^{2}H)ヒドロ](2,3-^{2}H$_2$,^{15}N)-1H-インドール PIN
2,3-di[(^{2}H)hydro](2,3-^{2}H$_2$,^{15}N)-1H-indole PIN
〔(2,3-^{2}H$_2$)ジヒドロ(2,3-^{2}H$_2$,1-^{15}N)-1H-インドール
(2,3-^{2}H$_2$)dihydro(2,3-^{2}H$_2$,1-^{15}N)-1H-indole ではない〕

6-メチル-2,3-ジ[(^{2}H)ヒドロ]-1,4-ジヒドロ(2,3-^{2}H$_2$)ナフタレン-1-オール PIN
6-methyl-2,3-di[(^{2}H)hydro]-1,4-dihydro(2,3-^{2}H$_2$)naphthalen-1-ol PIN
〔6-メチル-1,4-ジヒドロ-2,3-ジ[(^{2}H)ヒドロ](2,3-^{2}H$_2$)ナフタレン-1-オール
6-methyl-1,4-dihydro-2,3-di[(^{2}H)hydro](2,3-^{2}H$_2$)naphthalen-1-ol ではない．
6-メチル[(2,3-^{2}H$_2$)-1,2,3,4-テトラヒドロ](2,3-^{2}H$_2$)ナフタレン-1-オール
6-methyl[(2,3-^{2}H$_2$)-1,2,3,4-tetrahydro](2,3-^{2}H$_2$)naphthalen-1-ol でもない．
これらの名称は P-82.2.2 に従っていない〕

P-82.2.4 2語以上からなる名称は，核種を含む該当する語(または部分)の前に同位体表示記号を置く．位置番号がついていて誤解のおそれのないときおよび位置番号が不要のときはこの限りではない．

> **訳注**：日本語では語の区分が明確ではないので，英語の名称が2語以上であっても，日本語では1語となることがある．このような場合は，英語の語に対応する日本語の字の前に同位体表示記号を置く．酢酸などの例を参照．

例：

$\overset{2}{C}H_2{}^2H\text{-}\overset{1}{C}OOH$ (2-$^2H_1$)酢酸 **PIN** (2-$^2H_1$)acetic acid **PIN**

$CH_3\text{-}COO^2H$ (O-^2H)酢酸 **PIN** (O-^2H)acetic acid **PIN**
酢(^2H)酸 acetic (^2H)acid

$CH_3\text{-}C^{18}O\text{-}O^2H$ (O-$^2H,^{18}O$)酢酸 **PIN** (O-$^2H,^{18}O$)acetic acid **PIN**

$CH_3\text{-}CO\text{-}^{18}O^2H$ (^{18}O-^2H)酢酸 **PIN** (^{18}O-^2H)acetic acid **PIN**

$\overset{5}{C}H_3\text{-}\overset{4}{C}H_2\text{-}\overset{3}{C}H_2\text{-}\overset{2}{C}H_2\text{-}^{14}\overset{1}{C}OO^3H$ (1-^{14}C)ペンタン(^3H)酸 **PIN** (1-^{14}C)pentan(^3H)oic acid **PIN**

$H^{14}COO^-\ Na^+$ (^{14}C)ギ酸ナトリウム **PIN** sodium (^{14}C)formate **PIN**

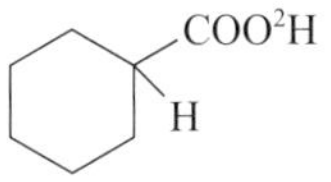

シクロヘキサン(^2H)カルボン酸 **PIN**
cyclohexane(^2H)carboxylic acid **PIN**

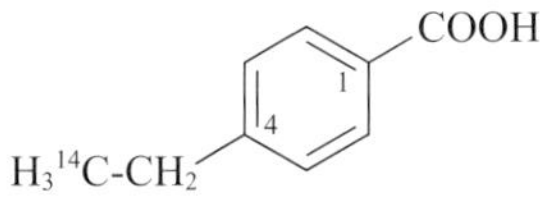

4-(2-^{14}C)エチル安息香酸 **PIN**
4-(2-^{14}C)ethylbenzoic acid **PIN**

$CH_3\text{-}CH_2\text{-}COO\text{-}^{14}\overset{1}{C}H_2\text{-}\overset{2}{C}H_3$ プロパン酸(1-^{14}C)エチル **PIN**
(1-^{14}C)ethyl propanoate **PIN**

$\overset{3}{C}H_3\text{-}^{14}\overset{2}{C}H_2\text{-}\overset{1}{C}OO\text{-}CH_2\text{-}CH_3$ (2-^{14}C)プロパン酸エチル **PIN**
ethyl (2-^{14}C)propanoate **PIN**

P-82.2.5 1語からなる名称では，同位体表示記号は該当する位置番号とともに名称の前に置く．この方法は，特性基を示す名称の前に表示記号を置く方法より優先する．

例：

$CH_3\text{-}CO\text{-}N\overset{N}{H}{}^2H$ (N-$^2H_1$)アセトアミド **PIN** (N-$^2H_1$)acetamide **PIN**
アセト($^2H_1$)アミド acet($^2H_1$)amide

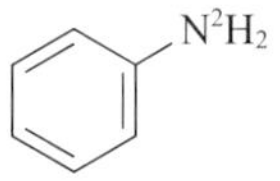

N^2H_2 (N-$^2H_2$)アニリン **PIN** (N-$^2H_2$)aniline **PIN**
(N-$^2H_2$)ベンゼンアミン (N-$^2H_2$)benzenamine

P-82.3 核種記号の順番

P-82.3.1 異なる元素の同位体が同位体置換化合物中の核種として存在するとき，それらの記号が名称中の同じ場所にあればアルファベット順に並べる．

例：$CH_3{}^{18}O^2H$ メタン($^2H,^{18}O$)オール **PIN** methan($^2H,^{18}O$)ol **PIN**

P-82.3.2 同じ元素のいくつかの同位体が同位体置換化合物中の核種として存在するとき，それらの記号を名称中の同じ場所に入れる場合は質量数の増加する順に並べる．

P-82 同位体置換化合物　　　811

例:　$CH_2{}^2H\text{-}CH^3H\text{-}OH$　（$2\text{-}^2H_1,1\text{-}^3H_1$）エタン-1-オール **PIN**
（$2\text{-}^2H_1,1\text{-}^3H_1$）ethan-1-ol **PIN**

P-82.4　立体異性同位体置換化合物

立体異性同位体置換化合物には次の2種類がある.

（1）同位体修飾によって立体異性が生じる化合物
（2）非修飾化合物自体が立体異性体である化合物

同位体置換化合物の立体異性体の命名は，P-9 で説明している一般的な方法に従う.
立体化学の規則に従い，立体表示記号は名称中の指定の場所に入れる. 名称中で立体表示記号を同位体表示記号と同じ場所に入れなければならないときは，立体表示記号を先に示す.

P-82.4.1　同位体置換により立体異性が生じる例

（$1R$）-（1-^2H_1）エタン-1-オール **PIN**
（$1R$）-（1-^2H_1）ethan-1-ol **PIN**

（$1E$）-（1-^2H_1）プロパ-1-エン **PIN**
（$1E$）-（1-^2H_1）prop-1-ene **PIN**

（$24R$）-5α-（24-^2H_1）コレスタン
（$24R$）-5α-（24-^2H_1）cholestane

P-82.4.2　同位体置換立体異性体の例

炭水化物，アミノ酸，ステロイドなどのような特別な種類の化合物では，P-10 で説明する規則に従い立体化学の接辞（たとえば D と L）を付ける. それらの接辞は，通常，属する化合物種類の母体化合物（すなわち非修飾化合物）を指している. これらの種類の化合物では，生化学の慣用に従い，同位体表示記号は立体表示記号のあとに付ける（参考文献 30）.

例:

5α-（17-^2H）プレグナン
5α-（17-^2H）pregnane

$CH_3\text{-}{}^{35}S\text{-}^{13}CH_2\text{-}CH_2\text{-}CH\text{-}COOH$

L-（$4\text{-}^{13}C,^{35}S$）メチオニン
L-（$4\text{-}^{13}C,^{35}S$）methionine

P-8 同位体修飾化合物

2-デオキシ-2-(^{18}F)フルオロ-β-D-グルコピラノース
2-deoxy-2-(^{18}F)fluoro-β-D-glucopyranose

(2S)-(2-^{2}H)ブタン-2-オール **PIN**
(2S)-(2-^{2}H)butan-2-ol **PIN**

(2E)-1-クロロ(2-^{2}H)ブタ-2-エン **PIN**
(2E)-1-chloro(2-^{2}H)but-2-ene **PIN**

(2R,3R)-3-クロロ(2-^{2}H)ブタン-2-オール **PIN**
(2R,3R)-3-chloro(2-^{2}H)butan-2-ol **PIN**

P-82.5 番号付け

P-82.5.1 非修飾化合物を基準にした番号付け

同位体置換化合物の番号付けは，同位体非修飾化合物の番号付けと同じ規則に従う．P-14.4 で示した番号付けについて順次考慮すべき化合物の構造的特徴のうち，核種の存在は同位体修飾により生じるキラリティーを除いて最後に考える．

例： $CF_3\text{-}CH_2{}^2H$
1,1,1-トリフルオロ(2-^{2}H$_1$)エタン **PIN**   1,1,1-trifluoro(2-^{2}H$_1$)ethane **PIN**

1-クロロ-3-フルオロ(2-^{2}H)ベンゼン **PIN**
1-chloro-3-fluoro(2-^{2}H)benzene **PIN**

2-メトキシ(3,4,5,6-^{3}H$_4$)フェノール **PIN**
2-methoxy(3,4,5,6-^{3}H$_4$)phenol **PIN**

P-82.5.2 同位体置換と同位体非置換の原子または基の優先

同位体非修飾化合物を同位体置換したときの番号付けが一通りでないとき，同位体置換の位置番号を増加する順に並べたものを比較して，修飾された原子または原子団に最小の位置番号が付くように，同位体置換化合物の出発点と番号付けの方向を選ぶ．それでも決まらない場合は，原子番号の大きい方の核種に最小の位置番号を優先的に付ける．同じ元素の異なる核種では，質量数の大きい方の核種を優先する．

例： $CH_3\text{-}{}^{14}CH_2\text{-}CH_2\text{-}CH_3$
(2-^{14}C)ブタン **PIN**   (2-^{14}C)butane **PIN**
〔(3-^{14}C)ブタン   (3-^{14}C)butane ではない〕

$CH_3\text{-}C^2H_2\text{-}{}^{14}CH_2\text{-}CH_3$
(3-^{14}C,2,2-^{2}H$_2$)ブタン **PIN**   (3-^{14}C,2,2-^{2}H$_2$)butane **PIN**
〔(2-^{14}C,3,3-^{2}H$_2$)ブタン   (2-^{14}C,3,3-^{2}H$_2$)butane ではない〕

$CH_3\text{-}{}^{14}CH_2\text{-}CH^2H\text{-}CH_3$
(2-^{14}C,3-^{2}H$_1$)ブタン **PIN**   (2-^{14}C,3-^{2}H$_1$)butane **PIN**
〔(3-^{14}C,2-^{2}H$_1$)ブタン   (3-^{14}C,2-^{2}H$_1$)butane ではない〕

P-82 同位体置換化合物　　　　　　　　　　　　　　　　　　　　813

　　　　　　　　　　　　　　　　(3-³H)フェノール PIN
　　　　　　　　　　　　　　　　(3-³H)phenol PIN

　　　　　　　　　　　　　　　　(2R)-(1-²H₁)プロパン-2-オール PIN
　　　　　　　　　　　　　　　　(2R)-(1-²H₁)propan-2-ol PIN

　　　　　　　　　　　　　　　　(2R)-1-(¹³¹I)ヨード-3-ヨードプロパン-2-オール PIN
　　　　　　　　　　　　　　　　(2R)-1-(¹³¹I)iodo-3-iodopropan-2-ol PIN

　　　　　　　　　　　　　　　　(2S,4R)-(4-²H₁,2-³H₁)ペンタン PIN
　　　　　　　　　　　　　　　　(2S,4R)-(4-²H₁,2-³H₁)pentane PIN

P-82.6　位置番号

P-82.6.1　位置番号の省略(P-14.3.4 参照)

P-82.6.1.1　PIN では，非修飾名称中に位置番号が必要でなければ，位置番号を省略する．しかし，同位体修飾の位置を明示するために位置番号が必要であるときは，すべての位置番号を示し，どれも省略しない．

例： C²H₃-CN　　　　　　　　　(²H₃)アセトニトリル PIN　　(²H₃)acetonitrile PIN
　　　　　　　　　　　　　　　（トリクロロアセトニトリルと同様に位置番号不要）

　　　CH₃-CH₂-O²H　　　　　　エタン(²H)オール PIN　　ethan(²H)ol PIN
　　　　　　　　　　　　　　　（エタノールと同様に位置番号不要）

　　　¹³CH₃-CH₂-OH　　　　　　(2-¹³C)エタン-1-オール PIN　　(2-¹³C)ethan-1-ol PIN
　　　　　　　　　　　　　　　〔(2-¹³C)エタノール　(2-¹³C)ethanol ではない〕

　　　CH₂²H-O-C²H₂-S-CH₂-OOH　{[(²H₁)メトキシ(²H₂)メチル]スルファニル}メタンペルオキソール PIN
　　　　　　　　　　　　　　　{[(²H₁)methoxy(²H₂)methyl]sulfanyl}methaneperoxol PIN

P-82.6.1.2　該当する元素が 1 個だけのとき位置番号を省略する．

例：　　　　　　　　　　　　　(2,4-²H₂,¹⁵N)ピリジン PIN
　　　　　　　　　　　　　　　(2,4-²H₂,¹⁵N)pyridine PIN

P-82.6.1.3　すべての位置が同じ方法で完全に同位体置換または修飾されている化合物または置換基では，位置番号を省略する．

例：

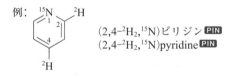

(²H₆)ベンゼン PIN
(²H₆)benzene PIN

P-82.6.1.4　異性体が可能性なときは，位置番号を省略してはならない．

814 P-8 同位体修飾化合物

例：

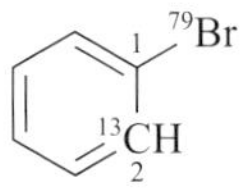

1-(⁷⁹Br)ブロモ(2-¹³C)ベンゼン **PIN**
1-(⁷⁹Br)bromo(2-¹³C)benzene **PIN**

P-82.6.2 文字と数字の位置番号

該当する括弧で指定された母体構造または構造の一部を示す位置番号が必要なときは，その母体構造または構造の一部にはすべて位置番号を示さなければならない．核種の指定位置は，同位体表示記号中で該当する位置番号，文字および数字を核種の記号の前に置くことによって示す．PIN では，すべての位置記号を重複している核種の前に置く．

例： $CH_3-CH^2H-O^2H$
$(1-^2H_1)$エタン-1-(^2H)オール **PIN** $(1-^2H_1)$ethan-1-(^2H)ol **PIN**

$C^2H_3-CO-C^2H_2-CH_2-CH_3$
$(1,1,1,3,3-^2H_5)$ペンタン-2-オン **PIN** $(1,1,1,3,3-^2H_5)$pentan-2-one **PIN**

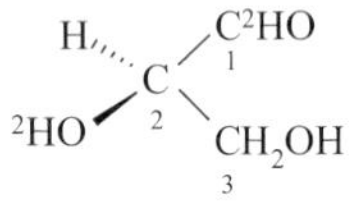

$(2R)$-2-(^2H)ヒドロキシ-3-ヒドロキシ$(1-^2H)$プロパナール **PIN**
$(2R)$-2-(^2H)hydroxy-3-hydroxy$(1-^2H)$propanal **PIN**
D-$(2-O,1-^2H_2)$グリセルアルデヒド D-$(2-O,1-^2H_2)$glyceraldehyde
D-(O^2-^2H)グリセル(^2H)アルデヒド D-(O^2-^2H)glycer(^2H)aldehyde

P-82.6.3 位置番号が通常示されない位置の核種の位置表示

P-82.6.3.1   核種が番号付けされていない位置にあるとき，その位置を示すためにイタリック体の接頭語またはギリシャ文字を使ってもよい．日本語名ではイタリック体としない．

例：

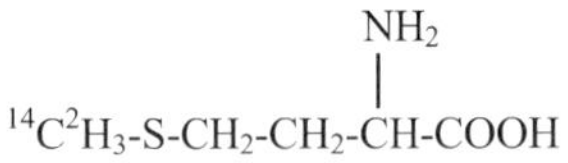

$^{14}C^2H_3-S-CH_2-CH_2-CH-COOH$
DL-［メチル-$(^{14}C,^2H_3)$］メチオニン
DL-［*methyl*-$(^{14}C,^2H_3)$］methionine

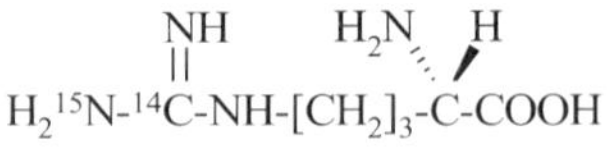

$H_2^{15}N-^{14}C-NH-[CH_2]_3-C-COOH$
L-(カルバモイミドイル-$^{14}C,N'-^{15}N$)アルギニン L-(*carbamimidoyl*-$^{14}C,N'-^{15}N$)arginine
L-(アミジノ-$^{14}C,N'-^{15}N$)アルギニン L-(*amidino*-$^{14}C,N'-^{15}N$)arginine
L-(グアニジノ-$^{14}C,N'-^{15}N$)アルギニン L-(*guanidino*-$^{14}C,N'-^{15}N$)arginine
（参考文献 1，規則 H-4.21 参照）

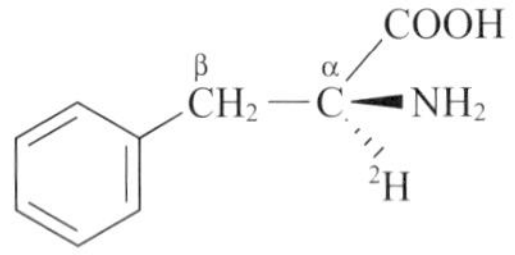

L-$(\alpha-^2H)$フェニルアラニン
L-$(\alpha-^2H)$phenylalanine

P-82.6.3.2   核種が番号付けされていない位置にあるとき，あるいは規則 P-82.6.3.1 に従って位置番号が容易に表示できない位置にあるとき，核種と構造の主要部分を連結する基の全記号の中に核種記号を含める．この規則は，多くの名称が位置番号なしで組立てられる GIN において有用である．

例：

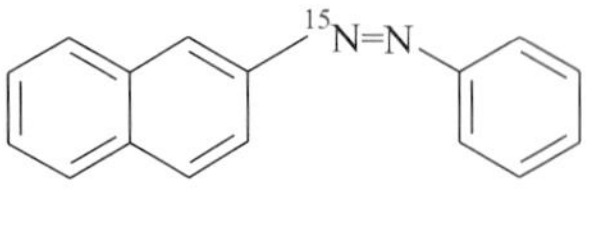

1-(ナフタレン-2-イル)-2-フェニル$(1-^{15}N)$ジアゼン **PIN**
1-(naphthalene-2-yl)-2-phenyl$(1-^{15}N)$diazene **PIN**
ナフタレン-2-$(^{15}N=N)$アゾベンゼン
naphthalene-2-$(^{15}N=N)$azobenzene

$CH_3-CH_2-CH=^{15}N-NH_2$
1-プロピリデン$(1-^{15}N)$ヒドラジン **PIN**
1-propylidene$(1-^{15}N)$hydrazine **PIN**
プロパナール$(^{15}N-NH_2)$ヒドラゾン
propanal $(^{15}N-NH_2)$hydrazone

P-83　同位体標識化合物　　　　　　　　　　　　　　　　　　　　815

CH₃-CH₂-S-³⁴S-S-CH₂-CH₂-COOH
（上に　3　2　1）

3-[エチル(2-³⁴S)トリスルファニル]プロパン酸 **PIN**
3-[ethyl(2-³⁴S)trisulfanyl]propanoic acid **PIN**
3-[エチル(S-³⁴S-S)トリチオ]プロピオン酸
3-[ethyl(S-³⁴S-S)trithio]propionic acid
（参考文献 1，規則 H-4.22 参照）

1-(1-クロロナフタレン-2-イル)-2-フェニル(1-¹⁵N)ジアゼン=2-オキシド **PIN**
1-(1-chloronaphthalen-2-yl)-2-phenyl(1-¹⁵N)diazene 2-oxide **PIN**
1-クロロ-2-(フェニル-*ON*¹⁵*N*-アゾキシ)ナフタレン
1-chloro-2-(phenyl-*ON*¹⁵*N*-azoxy)naphthalene

P-82.6.4　同じ元素で異なる核種を区別するために，イタリック体の核種記号とイタリック大文字の記号を使う.

例：CH₃-CH₂-CO-¹⁸O-CH₂-CH₃　　プロパン(¹⁸O₁)酸 ¹⁸*O*-エチル **PIN**　　¹⁸*O*-ethyl propan(¹⁸O₁)oate **PIN**

CH₃-CH₂-C¹⁸O-O-CH₂-CH₃　　プロパン(¹⁸O₁)酸 *O*-エチル **PIN**　　*O*-ethyl propan(¹⁸O₁)oate **PIN**

CH₃-O-CO-¹⁸O-CH₂-CH₃　　　(¹⁸O₁)炭酸=¹⁸*O*-エチル=*O*-メチル **PIN**
　　　　　　　　　　　　　　　¹⁸*O*-ethyl *O*-methyl (¹⁸O₁)carbonate **PIN**

CH₃-CH₂-O-C¹⁸O-¹⁸O-CH₃　　(¹⁸O₂)炭酸=*O*-エチル=¹⁸*O*-メチル **PIN**
　　　　　　　　　　　　　　　O-ethyl ¹⁸*O*-methyl (¹⁸O₂)carbonate **PIN**

$$CH_3-\overset{O}{\underset{\|}{C}}-{}^{18}O^2H$$
(¹⁸*O*-²H)酢酸 **PIN**　　(¹⁸*O*-²H)acetic acid **PIN**
　　(¹⁸*O*は同位体表示記号と位置番号の両方)

$$CH_3-\overset{{}^{18}O}{\underset{\|}{C}}-O^2H$$
(*O*-²H,¹⁸O)酢酸 **PIN**　　(*O*-²H,¹⁸O)acetic acid **PIN**
　　(¹⁸*O* は同位体表示記号，*O* は位置番号)

P-83　同位体標識化合物　　　　"日本語名称のつくり方"も参照

　同位体標識化合物とは，同位体非標識化合物と 1 種以上の同位体置換化合物の混合物である.
　化学的な同一性という観点からは(非修飾化合物の場合と同様に)，同位体標識化合物は本来混合物であるが，命名法の目的ではこのような混合物を"同位体標識"化合物とよぶ.

P-83.1　特定数標識化合物	P-83.4　同位体不足化合物
P-83.2　特定位置標識化合物	P-83.5　全般標識および均一標識
P-83.3　不特定標識化合物	

P-83.1　特定数標識化合物

　単一の同位体置換化合物を同位体非修飾化合物に形式的に加えた同位体標識化合物を，**特定数標識化合物** specifically labeled compound という．このような場合，核種の位置と数の両方を定義する.
　構造(P-83.1.1 参照)は，核種記号を角括弧で囲むことを除けば，P-82 で示した同位体置換化合物のものと同じである.

例：

同位体置換化合物	+	同位体非修飾化合物	=	特定数標識化合物
$^{13}CH_4$		CH_4		$[^{13}C]H_4$
$CH_2{}^2H_2$		CH_4		$CH_2[^2H_2]$

P-83.1.1 特定数標識化合物の構造

特定数標識化合物の構造式は，角括弧[ ]で囲んだ該当する核種記号と倍数を示す下付き数字をつけることを除けば，通常の方法で記す．構造式は同位体置換化合物の構造式と同じ方法で示す．

特定数標識化合物の構造式は，通常圧倒的に多量の同位体非修飾化合物を含む集合体の物質の組成を表してはいないが，主要な対象となっている化合物すなわち同位体置換化合物が存在することを示す．

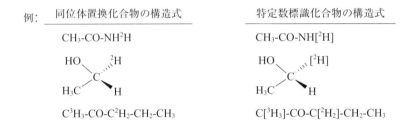

特定数標識化合物には以下の3種類がある．

(1) 同位体置換化合物が1個だけ同位体修飾原子をもつとき，**単独標識** singly labeled されているという．

   例：$CH_3\text{-}CH[^2H]\text{-}OH$

(2) 同位体置換化合物が同じ位置または異なる位置に2個以上の同じ元素の同位体修飾原子をもつとき，**複数標識** multiply labeled されているという．

   例：$CH_3\text{-}C[^2H_2]\text{-}OH$
   $CH_2[^2H]\text{-}CH[^2H]\text{-}OH$

(3) 同位体置換化合物が2種類以上の同位体修飾原子をもつとき，**混合標識** mixed labeled されているという．

   例：$CH_3\text{-}CH_2\text{-}[^{18}O][^2H]$

P-83.1.2 特定数標識化合物の名称

P-83.1.2.1 特定数標識化合物の名称は，化合物の同位体修飾されている部分の名称の前に，該当する位置番号を前につけた核種記号を角括弧[ ]に入れたものを加えることによりつくる．複数標識が可能なとき，たとえ標識が一つであっても，標識されている原子数を元素記号の下付き数字として表示する．これが必要であるのは，特定数標識化合物を特定位置標識化合物または不特定標識化合物と区別するためである．

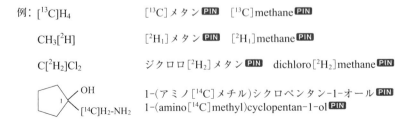

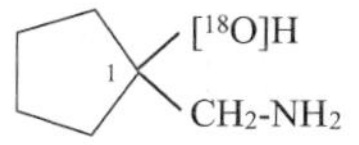

P-83 同位体標識化合物　　　　　　　817

1-(アミノメチル)シクロペンタン-1-[^{18}O]オール **PIN**
1-(aminomethyl)cyclopentan-1-[^{18}O]ol **PIN**

P-83.1.2.2　同位体置換化合物の名称をつけるための P-82 で示したすべての規則は，特定数標識化合物の名称をつけるために適用できる．ただし，同位体表示記号は角括弧の中に入れ，丸括弧は複合接頭語を囲むために用いる．ジェミナルジカルボン酸については，P-82.2.2.2 を参照されたい．

例：

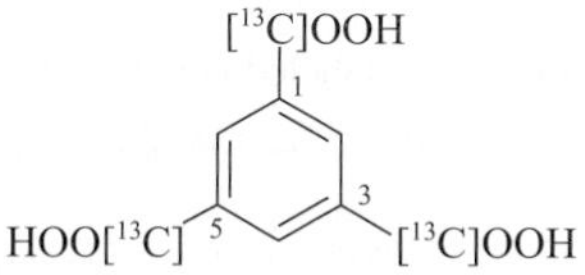

ベンゼン-1,3,5-トリ([^{13}C]カルボン酸) **PIN**
benzene-1,3,5-tri([^{13}C]carboxylic acid) **PIN**
（ベンゼン-1,3,5-[1,3,5-^{13}C$_3$]トリカルボン酸
benzene-1,3,5-[1,3,5-^{13}C$_3$]tricarboxylic acid としない）

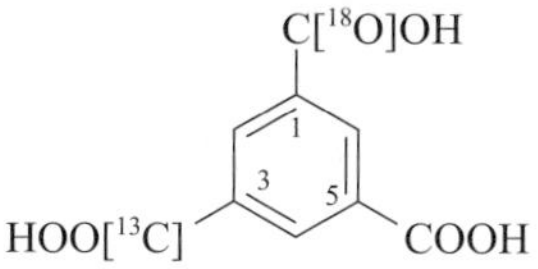

3-[^{13}C]カルボキシ-5-カルボキシベンゼン-1-[^{18}O]カルボン酸 **PIN**
3-[^{13}C]carboxy-5-carboxybenzene-1-[^{18}O]carboxylic acid **PIN**
（ベンゼン-1,3,5-[3-^{13}C,1-^{18}O]トリカルボン酸
benzene-1,3,5-[3-^{13}C,1-^{18}O]tricarboxylic acid ではない）

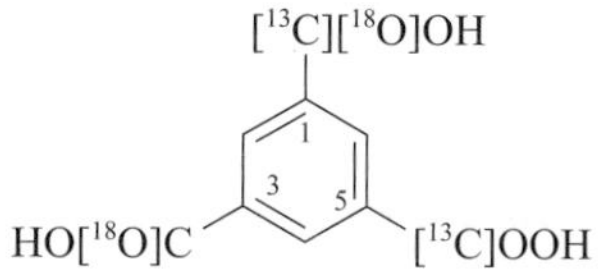

5-[^{13}C]カルボキシ-3-[^{18}O]カルボキシベンゼン-1-[^{13}C,^{18}O]カルボン酸 **PIN**
5-[^{13}C]carboxy-3-[^{18}O]carboxybenzene-1-[^{13}C,^{18}O]carboxylic acid **PIN**
（ベンゼン-1,3,5-[1,5-^{13}C$_2$,1,3-^{18}O$_2$]トリカルボン酸
benzene-1,3,5-[1,5-^{13}C$_2$,1,3-^{18}O$_2$]tricarboxylic acid ではない）

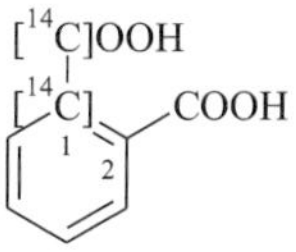

2-カルボキシ[1-^{14}C]ベンゼン-1-[^{14}C]カルボン酸 **PIN**
2-carboxy[1-^{14}C]benzene-1-[^{14}C]carboxylic acid **PIN**
（[1-^{14}C]ベンゼン-1,2-[1-^{14}C]ジカルボン酸
[1-^{14}C]benzene-1,2-[1-^{14}C]dicarboxylic acid ではない）
[1-^{14}C]フタル[1-^{14}C]酸　　[1-^{14}C]phthalic [1-^{14}C]acid

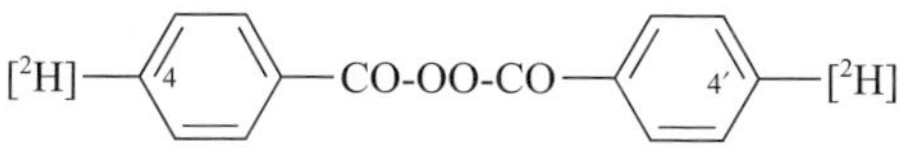

ジ([4-^{2}H]ベンゾイル)ペルオキシド
di([4-^{2}H]benzoyl) peroxide
[4-^{2}H]安息香酸ペルオキシ無水物 **PIN**
[4-^{2}H]benzoic peroxyanhydride **PIN**

CH_3-[^{14}C]OOH　　　　　　　　　　[1-^{14}C]酢酸 **PIN**　　[1-^{14}C]acetic acid **PIN**　　（P-82.2.4 参照）

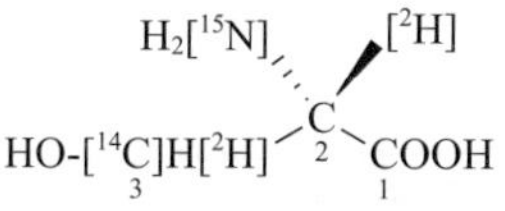

L-[3-^{14}C,2,3-^{2}H$_2$,^{15}N]セリン　　L-[3-^{14}C,2,3-^{2}H$_2$,^{15}N]serine
（P-82.4.2 参照）
$2S$-[^{15}N]アミノ-3-ヒドロキシ[2,3-^{2}H$_2$,3-^{14}C]プロパン酸
$2S$-[^{15}N]amino-3-hydroxy[2,3-^{2}H$_2$,3-^{14}C]propanoic acid

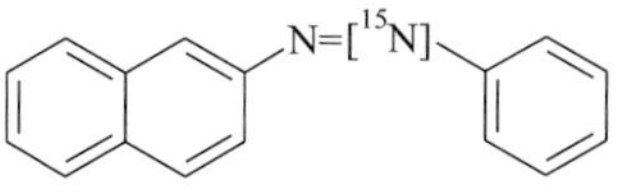

2-(ナフタレン-2-イル)-1-フェニル[1-^{15}N]ジアゼン **PIN**
2-(naphthalene-2-yl)-1-phenyl[1-^{15}N]diazene **PIN**
ナフタレン-2-[N=^{15}N]アゾベンゼン
naphthalene-2-[N=^{15}N]azobenzene　　（P-82.6.3.2 参照）

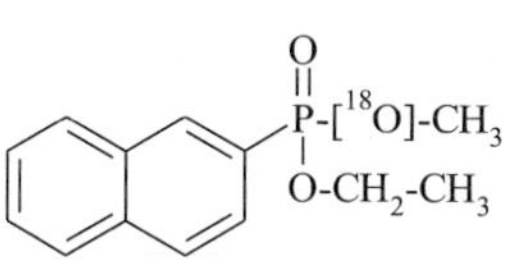

ナフタレン-2-イル[^{18}O]ホスホン酸=O-エチル=^{18}O-メチル **PIN**
O-ethyl ^{18}O-methyl naphthalen-2-yl[^{18}O]phosphonate **PIN**
（P-82.6.4 参照）

818   P-8 同位体修飾化合物

$$\begin{array}{c} \overset{7}{CH_3} \\ HN-\overset{5}{CH}-COOH \\ \end{array}$$

2-[(1-カルボキシエチル)アミノ][1-¹⁵N]ピラジン 1-オキシド
2-[(1-carboxyethyl)amino][1-¹⁵N]pyrazine 1-oxide
N-([1-¹⁵N]ピラジン-2-イル)アラニン ¹⁵*N*-オキシド
N-([1-¹⁵N]pyrazin-2-yl)alanine ¹⁵*N*-oxide (P-82.6.4 参照)

P-83.2 特定位置標識化合物

標識された各核種の位置は決まっているが数は必ずしも決まっていないような同位体置換化合物の混合物を，同位体非修飾化合物に形式的に加えた標識化合物を，**特定位置標識化合物** selectively labeled compound という．特定位置標識化合物は，特定数標識化合物の混合物とみなせる．特定位置標識化合物には以下の場合がある．

(a) 複数標識：非修飾化合物において，同位体修飾されている位置に同じ元素の 2 個以上の原子があるとき(たとえば CH_4 の H)，または同位体修飾されている異なる位置に同じ元素のいくつかの原子があるとき(たとえば C_4H_8O の C)

(b) 混合標識：化合物において 2 種類以上の標識核種があるとき(たとえば CH_3-CH_2-OH の C と O)

化合物中に修飾できる元素が 1 原子しかないときは，特定数標識だけである．

P-83.2.1 特定位置標識化合物の構造

P-83.2.1.1   特定位置標識化合物は単一の構造式では表せない．したがって，必要な位置番号(文字と数字)を前につけた核種記号を，倍数を示す下付き数字なしで角括弧 [ ] で囲んで，通常の構造式の前に直接，または必要があれば独立の番号付けをもつ式の一部の前に入れることにより表示する．異なる核種があるときは，核種記号はその記号のアルファベット順に並べるか，元素記号が同じであるときは質量数の増加する順に並べる．

例:

同位体置換化合物の混合物	+ 同位体非修飾化合物	= 特定位置標識化合物
$CH_3{}^2H$, $CH_2{}^2H_2$ CH^2H_3, C^2H_4 または上記のいずれかの二つ以上	CH_4	$[^2H]CH_4$
$\overset{4}{C}H_3-\overset{3}{C}H_2-\overset{2}{C}H^2H-\overset{1}{C}OOH$ $\overset{4}{C}H_3-\overset{3}{C}H_2-\overset{2}{C}^2H_2-\overset{1}{C}OOH$	$CH_3-CH_2-CH_2-COOH$	$[2^{-2}H]CH_3-CH_2-CH_2-COOH$
$\overset{4}{C}H_3-{}^{14}\overset{3}{C}H_2-{}^{14}\overset{2}{C}H_2-\overset{1}{C}OOH$ $\overset{4}{C}H_3-{}^{14}\overset{3}{C}H_2-\overset{2}{C}H_2-\overset{1}{C}OOH$ $\overset{4}{C}H_3-\overset{3}{C}H_2-{}^{14}\overset{2}{C}H_2-\overset{1}{C}OOH$ または上記のいずれかの二つ以上	$CH_3-CH_2-CH_2-COOH$	$[2,3^{-14}C]CH_3-CH_2-CH_2-COOH$
$\overset{2}{C}H_3-{}^{14}\overset{1}{C}H_2-OH$ $\overset{2}{C}H_3-\overset{1}{C}H_2-{}^{18}OH$ $\overset{2}{C}H_3-{}^{14}\overset{1}{C}H_2-{}^{18}OH$ または上記のいずれかの二つ以上	CH_3-CH_2-OH	$[1^{-14}C,{}^{18}O]CH_3-CH_2-OH$
${}^{14}\overset{3}{C}H_3-\overset{2}{C}H_2-\overset{1}{C}OO-CH_3$ ${}^{14}\overset{3}{C}H_3-\overset{2}{C}H_2-\overset{1}{C}OO-{}^{14}CH_3$ $\overset{3}{C}H_3-\overset{2}{C}H_2-\overset{1}{C}OO-{}^{14}CH_3$ または上記のいずれかの二つ以上	$CH_3-CH_2-COO-CH_3$	$[3^{-14}C]CH_3-CH_2-COO-[{}^{14}C]CH_3$

P-83.2.1.2　　いくつかの既知の同位体置換化合物を非修飾化合物と混合することにより形式的に生じる特定位置標識化合物では，各位置における標識核種の数または可能な数は，元素記号の下付き数字により示すことができる．同じ核種記号を示す二つ以上の下付き数字は，セミコロンによって区切る．複数標識または混合標識した特定位置標識化合物では，下付き数字は考慮するいくつかの同位体置換化合物と同じ順番で連続して書く．同位体置換化合物が指示した位置で修飾されていないことを示すためには，0 の下付き数字を使う．

例：

同位体置換化合物の混合物	+	同位体非修飾化合物	=	特定位置標識化合物
$\overset{2}{C}H_2{}^2H\text{-}\overset{1}{C}H_2\text{-}OH$ $\overset{2}{C}H^2H_2\text{-}\overset{1}{C}H_2\text{-}OH$		$CH_3\text{-}CH_2\text{-}OH$		$[2\text{-}{}^2H_{1;2}]CH_3\text{-}CH_2\text{-}OH$
$\overset{2}{C}H^2H_2\text{-}\overset{1}{C}H_2\text{-}OH$ $\overset{2}{C}H^2H_2\text{-}\overset{1}{C}H_2\text{-}{}^{18}OH$		$CH_3\text{-}CH_2\text{-}OH$		$[2\text{-}{}^2H_{2;2},{}^{18}O_{0;1}]CH_3\text{-}CH_2\text{-}OH$

P-83.2.2　特定位置標識化合物の名称

　特定位置標識化合物の名称は，元素記号の後に付ける倍数を示す下付き数字を一般的に省略することを除けば，特定数標識化合物の名称と同じ方法でつける．同じ元素に対応する同一の位置番号は繰返さない．特定位置標識化合物と相当する同位体置換化合物とで異なるのは，核種表示記号を囲むのは丸括弧ではなく角括弧[　]であること，反復する同一位置番号と倍数下付き数字を省略する点である．

例：

同位体置換化合物の混合物	+	同位体非修飾化合物	=	特定位置標識化合物
$CH_3{}^2H, CH_2{}^2H_2$ CH^2H_3, C^2H_4		CH_4		$[{}^2H]$メタン **PIN**　$[{}^2H]$methane **PIN** （$[{}^2H_4]$メタン　$[{}^2H_4]$methane ではない）
$\overset{2}{C}H_3\text{-}\overset{1}{C}H^2H\text{-}OH$ $\overset{2}{C}H_3\text{-}\overset{1}{C}^2H_2\text{-}OH$		$CH_3\text{-}CH_2\text{-}OH$		$[1\text{-}{}^2H]$エタン-1-オール **PIN** $[1\text{-}{}^2H]$ethan-1-ol **PIN** （$[1,1\text{-}{}^2H_2]$エタン-1-オール $[1,1\text{-}{}^2H_2]$ethan-1-ol ではない）
$\overset{3}{}^{14}CH_3\text{-}\overset{2}{C}H_2\text{-}COO\text{-}\overset{1}{C}H_2\text{-}CH_3$ $\overset{3}{C}H_3\text{-}\overset{2}{C}H_2\text{-}COO\text{-}\overset{1}{}^{14}CH_2\text{-}CH_3$		$CH_3\text{-}CH_2\text{-}COO\text{-}CH_2\text{-}CH_3$		$[3\text{-}{}^{14}C]$プロパン酸$[1\text{-}{}^{14}C]$エチル **PIN** $[1\text{-}{}^{14}C]$ethyl $[3\text{-}{}^{14}C]$propanoate **PIN**
$\overset{2}{C}H^2H\text{-}\overset{1}{C}H_2\text{-}OH$ $\overset{2}{C}H^2H_2\text{-}\overset{1}{C}H_2\text{-}OH$		$CH_3\text{-}CH_2\text{-}OH$		$[2\text{-}{}^2H_{1;2}]$エタン-1-オール **PIN** $[2\text{-}{}^2H_{1;2}]$ethan-1-ol **PIN**
$\overset{2}{C}H^2H_2\text{-}\overset{1}{C}H_2\text{-}OH$ $\overset{2}{C}H^2H_2\text{-}\overset{1}{C}H_2\text{-}{}^{18}OH$		$CH_3\text{-}CH_2\text{-}OH$		$[2\text{-}{}^2H_{2;2}]$エタン-1-$[{}^{18}O_{0;1}]$オール **PIN** $[2\text{-}{}^2H_{2;2}]$ethan-1-$[{}^{18}O_{0;1}]$ol **PIN**

P-83.3　不特定標識化合物

P-83.3.1　　標識核種の位置と数の両方が特定されていない同位体標識化合物は，**不特定標識化合物** nonselectively labeled compound とよばれる．

　修飾される元素の原子が化合物中で同じ位置だけにあるとき，特定数標識または特定位置標識だけが可能である．不特定標識は，修飾される元素が構造中の異なる位置にあることが条件である．たとえば，CH_4 や $CCl_3\text{-}CH_2\text{-}CCl_3$ を水素の同位体で標識するときは，特定数標識または特定位置標識しかない．

P-83.3.2 構　　造

不特定標識化合物は，位置番号や下付き文字なしの核種記号を角括弧で囲んだものを，直線式の直前に入れて示す．

例：$[^{13}C]CH_3\text{-}CH_2\text{-}CH_2\text{-}COOH$

P-83.3.3 名　　称

不特定標識化合物の名称は，核種記号には位置番号も下付き数字も付けないことを除けば，特定位置標識化合物の名称と同じ方法で付ける．

例：クロロ$[^2H]$ベンゼン **PIN**　chloro$[^2H]$benzene **PIN**
　　$[^{13}C]$プロパン-1,2,3-トリオール **PIN**　$[^{13}C]$propane-1,2,3-triol **PIN**
　　$[^{13}C]$グリセリン　$[^{13}C]$glycerol

P-83.4 同位体不足化合物

P-83.4.1　　一つ以上の元素の同位体組成が不足している，すなわち一つ以上の核種の存在比が天然存在比より少ないとき，同位体標識化合物は**同位体不足化合物** isotopically deficient compound とよぶ．

P-83.4.2 構　　造

同位体の不足は，該当する核種記号の直前にハイフンなしでイタリック体記号 *def* を加えた構造式で表示する．

例：$[def^{13}C]CHCl_3$

P-83.4.3 名　　称

同位体不足化合物の名称は，該当する核種記号の直前にハイフンなしでイタリック体記号 *def* をつけたものをまとめて角括弧で囲み，同位体修飾されている名称か名称の一部の前に加えることによりつくる．

例：トリクロロ$[def^{13}C]$メタン **PIN**　trichloro$[def^{13}C]$methane **PIN**
　　$[def^{13}C]$クロロホルム　$[def^{13}C]$chloroform

P-83.5 全般標識および均一標識

P-83.5.1　　指示された元素のすべての位置が標識された(必ずしも同じ同位体比でなくてもよい)特定位置標識化合物の名称では，位置番号の代わりに**全般標識** general labeling を示す記号 G を用いる．

例：1. 同位体置換化合物の混合物　（特定位置標識）

同位体置換化合物	+ 同位体非修飾化合物 =	全般標識化合物
$CH_3\text{-}CH_2\text{-}CH_2\text{-}^{14}COOH$ $CH_3\text{-}CH_2\text{-}^{14}CH_2\text{-}COOH$ $CH_3\text{-}^{14}CH_2\text{-}CH_2\text{-}COOH$ $^{14}CH_3\text{-}CH_2\text{-}CH_2\text{-}^{14}COOH$ など	$CH_3\text{-}CH_2\text{-}CH_2\text{-}COOH$	$[G\text{-}^{14}C]$ブタン酸 $[G\text{-}^{14}C]$butanoic acid

　　2. 六つのすべての位置が必ずしも均一ではないが ^{14}C で標識された D-グルコースは，以下のように表示する．
　　　D-$[G\text{-}^{14}C]$グルコース　D-$[G\text{-}^{14}C]$glucose

P-83.5.2 指示された元素のすべての位置が同じ同位体比で標識された特定位置標識化合物の名称では，位置番号の代わりに**均一標識** uniform labeling を示す記号 U を用いる．

例：1. 同位体置換化合物の混合物 （均一な特定位置標識）

同位体置換化合物	+	同位体非修飾化合物	=	均一標識化合物
$CH_3\text{-}CH_2\text{-}CH_2\text{-}^{14}COOH$				
$CH_3\text{-}CH_2\text{-}^{14}CH_2\text{-}COOH$		$CH_3\text{-}CH_2\text{-}CH_2\text{-}COOH$		$[U\text{-}^{14}C]$ブタン酸
$CH_3\text{-}^{14}CH_2\text{-}CH_2\text{-}COOH$				$[U\text{-}^{14}C]$butanoic acid
$^{14}CH_3\text{-}CH_2\text{-}CH_2\text{-}COOH$				
同量				

2. 六つのすべての位置が ^{14}C で均等に標識された D-グルコースは，以下のように表示する．

D-$[U\text{-}^{14}C]$グルコース　D-$[U\text{-}^{14}C]$glucose

注記：放射性核種の場合，同じ同位体比は同じ比放射能を意味する．

P-83.5.3 特定位置標識化合物の名称では，特定の位置で同じ同位体比で標識されることを示すために，記号 U（P-83.5.2 参照）とそれに続く該当する位置番号を同様に使う．

例：1, 3, 5 位に ^{14}C が均等に分布している D-グルコースは，

D-$[U\text{-}1,3,5\text{-}^{14}C]$グルコース　D-$[U\text{-}1,3,5\text{-}^{14}C]$glucose と表示する．

P-84　同位体修飾化合物の構造式と名称の比較対照例

化合物の種類	化学式	名　称
非修飾	$CH_3\text{-}CH_2\text{-}OH$	エタノール **PIN**　ethanol **PIN**
同位体置換	$\overset{2}{C}{}^2H_3\text{-}CH_2\text{-}\overset{1}{O}{}^2H$	$(2,2,2\text{-}^2H_3)$エタン-1-(^2H)オール **PIN**
		$(2,2,2\text{-}^2H_3)$ethan-1-(^2H)ol **PIN**
		$(O,2,2,2\text{-}^2H_4)$エタン-1-オール
		$(O,2,2,2\text{-}^2H_4)$ethan-1-ol
特定数標識	$\overset{2}{C}[^2H_3]\text{-}CH_2\text{-}\overset{1}{O}[^2H]$	$[2,2,2\text{-}^2H_3]$エタン-1-$[^2H]$オール **PIN**
		$[2,2,2\text{-}^2H_3]$ethan-1-$[^2H]$ol **PIN**
		$[O,2,2,2\text{-}^2H_4]$エタン-1-オール
		$[O,2,2,2\text{-}^2H_4]$ethan-1-ol
特定位置標識	$[O,2\text{-}^2H]\overset{2}{C}H_3\text{-}\overset{1}{C}H_2\text{-}OH$	$[2\text{-}^2H]$エタン-1-$[^2H]$オール **PIN**
		$[2\text{-}^2H]$ethan-1-$[^2H]$ol **PIN**
	$[2\text{-}^2H_{2:2},{}^{18}O_{0:1}]\overset{2}{C}H_3\text{-}\overset{1}{C}H_2\text{-}OH$	$[2\text{-}^2H_{2:2}]$エタン-1-$[^{18}O_{0:1}]$オール **PIN**
		$[2\text{-}^2H_{2:2}]$ethan-1-$[^{18}O_{0:1}]$ol **PIN**
不特定標識	$[^2H]CH_3\text{-}CH_2\text{-}OH$	$[^2H]$エタン-1-オール **PIN**
		$[^2H]$ethan-1-ol **PIN**
同位体不足	$[def^{13}C]CH_3\text{-}CH_2\text{-}OH$	$[def^{13}C]$エタノール **PIN**
		$[def^{13}C]$ethanol **PIN**

P-9 立体配置と立体配座の特定

P-90 序　　言	P-93 立体配置の特定
P-91 立体異性体の図示と名称	P-94 立体配座および立体配座の
P-92 Cahn-Ingold-Prelog（CIP）優先 順位方式と順位規則	立体表示

P-90 序　　言

　本章では，有機化合物の立体配置と立体配座を表すのに必要な主要な原理だけを述べる．有機化合物の構造
は，それ自身が立体配置や立体配座を規定していない名称に一つ以上の接辞を加えることにより系統的に示す．
このような接辞は，ふつう**立体表示記号** stereodescriptor とよばれる．すなわち，エナンチオマーのような立体異
性体は，用いる立体表示記号だけが異なる名称をもつ．対照的に，シス，トランス異性体は，命名法の種類に応
じて異なる立体表示記号や名称を使うため，異なる名称をもつことがある．たとえば，マレイン酸，コレステ
ロールや P-10 で説明する他の天然物のように，いくつかの保存名はそれ自身に立体表示記号を暗に含んでいる．
　立体異性体を明確に表示するために，Cahn, Ingold と Prelog（参考文献 34, 35）は炭素や他の原子に結合した配
位子（原子または原子団）の優先順位を推奨した．これは，一般的に CIP 優先順位方式とよばれる．この順位は，
順位規則に適用して成立する．この規則は P-92 で説明する．そのあとで，有機化学でよく出てくる一般的な化
合物を中心に，**ステレオジェン単位** stereogenic unit に対する応用を説明する．合成化合物については P-93 で，
天然物については P-10 で説明する．
　シスとトランス異性体，ジアステレオマーやエナンチオマーを表示するためにいくつかの立体表示記号が可能
な場合，そのうち一つを優先立体表示記号として推奨する．PIN では優先立体表示記号を用いる．当然のことな
がら，GIN では該当する記号のいずれを用いてもよい．

例：

$$H_3C \overset{4}{\underset{3}{}}\quad \overset{1}{\underset{2}{}}CH_3$$
$$C=C$$
$$H \qquad H$$

(2Z)-ブタ-2-エン **PIN**　(2Z)-but-2-ene **PIN**
cis-ブタ-2-エン　*cis*-but-2-ene

P-91 立体異性体の図示と名称　　　　　　"日本語名称のつくり方"も参照

P-91.1 立体異性体の図示	P-91.3 立体異性体の名称
P-91.2 立体表示記号	

P-91.1 立　体　異　性　体　の　図　示

　立体配置の構造式は十分に注意して書かなければならない．これを目的とした勧告が 1996 年に報告された
（参考文献 37）．現在では，新しい勧告として"立体配置の図示法 2006 勧告"が報告されている（参考文献 38）．
　一般に，ふつうの実線は図のほぼ平面内にある結合を示す．平面の手前にある原子への結合は実線のくさび
━◤ で示す（図の平面内の原子がくさびの細い末端にある）．実線のくさびの場合と同様な解釈で，平面の奥にあ
る原子への結合は破線のくさび……|||| で示す（図の平面内の原子がくさびの細い末端にある）．立体配置が不明な
場合は，同じ幅の波線 〜〜〜 によって明確に示すことができる．P-10 で炭水化物に対して明示した天然物の分野

824   P-9 立体配置と立体配座の特定

を除いて，本書ではこれらの結合を用いる．
　本章では，個々の図示がキラル分子の絶対配置を表示する．

P-91.2　立体表示記号

　有機化合物の立体配置は，それ自身は立体配置を規定していない名称に，一つ以上の接辞を加えることによっ
て系統的に示す．このような接辞を**立体表示記号**とよぶ．

> P-91.2.1　推奨される立体表示記号
> P-91.2.2　立体表示記号の省略

P-91.2.1　推奨される立体表示記号

　立体表示記号は以下の 2 種類に分類できる．

> P-91.2.1.1　Cahn-Ingold-Prelog（CIP）立体表示記号
> P-91.2.1.2　非 Cahn-Ingold-Prelog（CIP）立体表示記号

P-91.2.1.1　Cahn-Ingold-Prelog（CIP）立体表示記号　　Cahn-Ingold-Prelog（CIP）順位方式で示される立体
表示記号は **CIP 立体表示記号** CIP stereodescriptor ともよばれ，本章で説明・例示し，また P-1 から P-8 にすで
に適用してきたように，有機化合物の立体配置を特定するために推奨する．また，P-10 中の天然物の命名法でも
推奨する．以下の立体表示記号を優先立体表示記号として用いる（P-92.1.2 参照）．

（a）R と S は 4 配位のキラリティー中心の絶対配置を表示する．
（b）r と s は擬不斉中心の立体配置を表示する．
（c）M と P はらせん規則を用いて軸または面の構造要素の絶対配置を表示する．
（d）m と p はらせん規則を用いて擬不斉の構造要素の立体配置を表示する．
（e）*seqCis* と *seqTrans* はエナンチオマーの関係にある二重結合の立体配置を表示する．

　相対配置を表示するために，表示記号 *rel* を R または S につけたものを，立体表示記号 R^* または S^* に優先し
て用いる．ラセミ体は表示記号 *rac* により表示し，RS または SR の立体表示記号に優先する．
　以下の立体表示記号は GIN において推奨する．

R_a と S_a：軸性キラリティーをもつ分子の立体配置を表示
R_p と S_p：面性キラリティーをもつ分子の立体配置を表示
r_a と s_a：擬不斉ステレオジェン軸の立体配置を表示
r_p と s_p：擬不斉ステレオジェン面の立体配置を表示

　大文字の CIP 立体表示記号は鏡映により変化する（すなわち R は S に，S は R になる）．小文字の CIP 立体表示記
号は鏡映に不変である（すなわち r は r のまま，s は s のままである）．これらの立体表示記号は，英数字順に並
べる命名の第一段階では対象とならないことを示すためにイタリック体で書く（P-16.6 参照）．

P-91.2.1.2　非 Cahn-Ingold-Prelog（CIP）立体表示記号　　非 CIP 立体表示記号は，以下の 2 種類に分類さ
れる．

（1）置換命名法で用いられる立体表示記号
（2）P-10 で説明する天然物の命名法で用いられる立体表示記号

P-91　立体異性体の図示と名称　　　825

P-91.2.1.2.1　優先立体表示記号として使われる立体表示記号と GIN で使われる立体表示記号　　PIN の立体配置を表示するために系統的な置換命名法で使われる立体表示記号と GIN でのみ使われる立体表示記号がある.

(a) PIN で使われる立体表示記号

(i) E と Z は，ジアステレオマーの関係にあるアルケン $R^1R^2C=CR^3R^4$ ($R^1 \neq R^2$, $R^3 \neq R^4$, R^1 と R^2 のどちらも R^3 と R^4 と異なる必要はない)，クムレン $R^1R^2C[=C=]_nCR^3R^4$ および，たとえば $R^1R^2C=NOH$, $HON=C\{[CH_2]_n\}_2C=NOH$ のような関連構造の立体配置を表示する. アルケン，オキシムやクムレンなどの末端二重結合原子の一方の原子に結合した CIP 優先順位が高い基(すなわち R^1 または R^2)を，他方の原子に結合した順位が高い基(すなわち R^3 または R^4)と比較する. これらの基が，二重結合を通り基から二重結合原子への結合を含む面に垂直な基準面の同じ側にあるとき，立体異性体を Z (zusammen: ドイツ語で'一緒に'の意味)と表示する. もう一つの異性体は E (entgegen: '反対に'の意味)と表示する. この表示記号は，1 と 2 の間の端数の結合次数をもつ構造や炭素以外の元素を含む二重結合にも適用してもよい.

(ii) A と C は，5 配位(三方両錐または四角錐など)と 6 配位(八面体など)におけるステレオジェン中心の絶対配置を表示する.

(b) 以下の立体表示記号は GIN で推奨する.

(i) *cis*, *trans* と *r*, *c*, *t* はそれぞれジアステレオマーの関係にある二重結合の立体配置(P-93.4.2.1.1 参照)と脂環式化合物の相対配置(P-93.5.1.3 参照)を表示するために使う.

(ii) *endo*, *exo*, *syn*, *anti* は，ビシクロ系(P-93.5.2.2.1 参照)の相対配置を表示するために使う.

(c) 系統的な置換命名法では廃止するが，天然物の命名法(P-10)では使ってもよい立体表示記号

(i) 表示記号 D と L は，炭水化物(参考文献 27 と P-102)，アミノ酸とペプチド(参考文献 18 と P-103)とシクリトール(参考文献 39 と P-104)の立体配置を表示するために使われる.

(ii) 表示記号 *erythro* と *threo* は，*arabino* と *gluco* のような表示記号とともに，炭水化物の系統的命名法で使われる(参考文献 27 と P-102 参照).

(iii) 立体表示記号 α と β は，P-101 で説明するアルカロイド，テルペンとテルペノイド，ステロイドや他の化合物の絶対配置を表示するために天然物の命名法で使われる.

(iv) 立体表示記号 *cis*, *trans* と *all-E* と *all-trans* は，カロテノイドと同様な化合物の命名法で使われる(参考文献 40 と P-101.6 参照).

(v) 表示記号 *meso* は，対称的で光学不活性なアルジトールやアルダル酸のような化合物を表示するために，炭水化物の命名法で使われる(P-102.5.6.5，P-102.5.6.6.5 参照).

(vi) 立体表示記号 *ambo* は，キラル分子の非ステレオジェン中心での反応またはキラル化合物とラセミ化合物との反応により，ふつうは 50：50 の混合物にならないジアステレオマーが生成することを表示する. これを示すために，接頭語 *ambo* を使う(P-93.1.4 と P-103.3.4 参照).

PIN では，P-91.3 に示すように，立体表示記号は各ステレオジェン単位を特定するために位置番号の後につけなければならない. 立体配置が不明であるか，立体配置の均一性が不足しているため，不特定のままにしなければならないとき，イタリック体の記号 ξ または Ξ を必要な位置番号のあとにつける(P-91.3 参照). 記号 ξ (小文字のギリシア文字 xi グザイ)は，*r*, *s*, *m*, *p* のような大文字にしない CIP 立体表示記号の代わりに使う. 記号 Ξ (大文字のギリシア文字 xi グザイ)は，*R*, *S*, *M*, *P* のような大文字にする CIP 立体表示記号および非 CIP 立体表示記号である *E*, *Z*, *seqCis*, *seqTrans* の代わりに使う.

P-91.2.2　立体表示記号の省略

三員環から七員環の不飽和脂環化合物では，二重結合を表示する立体表示記号を省略することを推奨する. これらの環では，二重結合の立体配置は炭化水素の場合は Z に，それ以外の場合は二重結合に結合している配位子

の性質に従って Z または E に固定されている (P-93.5.1.4.1 参照). シクロヘキセン cyclohexene やシクロヘプタ-1,3,5-トリエン cyclohepta-1,3,5-triene のような名称は自明であるので，立体表示記号 Z により新たな情報が加わらない. 八員環の場合，位置番号とともに立体表示記号 Z または E が必要である. 二重結合が一つあるときは，PIN では (Z)-シクロオクテン (Z)-cyclooctene や (E)-シクロオクテン (E)-cyclooctene のようにする. しかし, 対応する di, tri または tetraene, たとえば 1,3,5,7-シクロオクタテトラエン 1,3,5,7-cyclooctatetraene では必要ない. 九員環およびそれより大きい環では，立体表示記号は必要である. ポリシクロ系(P-93.5.2.3)，スピロ化合物(P-93.5.3.3)，縮合環系(P-93.5.4)，シクロファン系(P-93.5.5.3)および同一環の環集合(P-93.5.7.3)でも，立体表示記号の省略を推奨する.

P-91.3 立体異性体の名称

立体表示記号は，P-59.1 で説明した PIN をつくるための手続きに従って組立てた名称に対して加える. 規則 E-0 (参考文献1) と R-7.0 (参考文献2) で述べた規則，すなわち'立体表示記号は，これらの規則で説明した命名法の原則，規則，慣用により確立した化合物の名称や番号付けに影響を及ぼさない'ことは現在でも有効で，特に PIN においてそうである. 囲み記号は，立体表示記号の接辞を導入する前につくり上げた囲みの組合わせに影響を与えることがある. この件については，P-16.5.4.1 および P-93.6 で例を挙げて説明してある.

PIN では，立体表示記号はそれが関係している名称の部分の直前に置く. 母体構造に関係するときは，立体表示記号は丸括弧で囲んでその後にハイフンをつけて完成名の前に置く. 置換基に関係するときは，立体表示記号は対応する接頭語の前につける. 一般的な番号付けの規則(P-14.4 参照)を適用してステレオジェン単位に位置記号があるとき，その位置を表示するために立体表示記号の前に数字または文字の位置記号をつける.

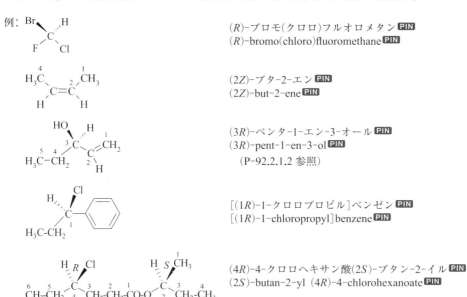

分子が複数のステレオジェン単位を含むとき，上記の手続きを各ステレオジェン単位に適用し，母体構造の立体配置を1組の記号として表示する. 化合物の名称では，記号は位置番号とともに丸括弧内にコンマで分け，あとにハイフンを付けて完成名か置換基の前に表記する. 複数の立体表示記号は，対応する位置番号が増加する順番に示す.

(2Z,6S)-6-クロロヘプタ-2-エン **PIN**
(2Z,6S)-6-chlorohept-2-ene **PIN**
（番号付けは P-14.4 参照）

(1E)-1-クロロシクロドデカ-1-エン **PIN**
(1E)-1-chlorocyclododec-1-ene **PIN**

(5Z)-4-[(1E)-プロパ-1-エン-1-イル]ヘプタ-1,5-ジエン **PIN**
(5Z)-4-[(1E)-prop-1-en-1-yl]hepta-1,5-diene **PIN**
注記：二重結合のみを示すために，C4 のキラリティー中心の立体表示記号は名称に含めていない．

P-92 Cahn-Ingold-Prelog（CIP）優先順位方式と順位規則

"日本語名称のつくり方"も参照

P-92.1	Cahn-Ingold-Prelog（CIP）方式：一般的方法	P-92.4	順 位 規 則 3
P-92.2	順 位 規 則 1	P-92.5	順 位 規 則 4
P-92.3	順 位 規 則 2	P-92.6	順 位 規 則 5

P-92.1 Cahn-Ingold-Prelog（CIP）方式：一般的方法

P-92.1.1	ステレオジェン単位	P-92.1.4	階層有向グラフ
P-92.1.2	立体配置の帰属のための規則	P-92.1.5	階層有向グラフの具体例
P-92.1.3	順 位 規 則	P-92.1.6	配位子の序列：順位の適用

P-92.1.1 ステレオジェン単位

ステレオジェン単位 stereogenic unit とは，分子にあって立体異性を生じる原因となると考えられる要素のことである．どのキラルな分子にも少なくとも一つのステレオジェン単位が存在するはずである．しかし，逆に，ステレオジェン単位が存在しても必ずしも相当する分子がキラルであるとは限らない．PIN では，P-91.2.2 に従って省略が認められていない限り，すべてのステレオジェン単位を明記しなければならない．

キラリティー chirality とは，物体あるいは分子がその鏡像と重ね合わすことができない性質である．もし物体（分子）が鏡像と重ね合わすことができれば，**アキラル** achiral であるという．本章で使う一般的な立体配置の用語は，参考文献 37 で定義されたものである．

4 以下の配位子をもつ原子を含む分子におけるステレオジェン単位の基本的な種類は以下のとおりである．

(a) キラリティー中心：中心原子 x を含み，どの二つの配位子を入れ替えても立体異性体が生じるような互いに区別できる配位子 a, b, c, d からなる原子の集合(P-93.5.3.2 も参照)．

例： キラリティー中心：順位が a＞b＞c＞d の場合 R になる

(b) キラリティー軸：鏡像と重ね合わせることができない空間的配置を生じるように，まわりに1組の配位子が保持されている軸．たとえば，アレン allene, abC=C=Cmn では，キラリティー軸は C=C=C 結合になり，オルト置換 1,1'-ビフェニルでは，原子 C1, C1', C4, C4' がキラリティー軸上にある．

例： 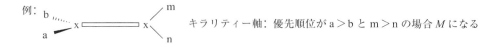　キラリティー軸：優先順位が a＞b と m＞n の場合 *M* になる

(c) キラリティー面：a-x-b の形成する面に対して構造の隣接部に面外に向く結合 y-z が連結し，これによって束縛されたねじれが生じて，対称面ではなくなった面の単位．

例： 　キラリティー面：順位が a＞b の場合 *M* になる

(d) 互いに異なる配位子 a, b, c, d をもち，これらのうち二つだけが互いに重ね合わすことのできない鏡像の関係（エナンチオマーの関係）であるとき，ステレオジェン単位は，(中心，軸または面)**擬不斉** pseudoasymmetric とよばれる．エナンチオマーの関係にある配位子は，Prelog と Helmchen が用いたように，Ｆ と ∃ で表示する(参考文献 36 参照)．擬不斉のステレオジェン単位を示す *r/s* と *m/p* の立体表示記号は，回映操作に不変である(たとえば *r* は *r* のまま，*s* は *s* のままである)．しかし，どの二つの配位子を交換しても入れ替わる(*r* は *s* に，*s* は *r* になる)．擬不斉のステレオジェン単位を表示するためには小文字を用いる．

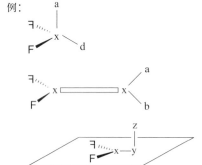

擬不斉ステレオジェン単位(中心)：順位が a＞Ｆ＞∃＞d の場合 *r* になる．
　(Ｆ と ∃ はエナンチオマーの関係にある配位子)

擬不斉ステレオジェン単位(軸)：順位が a＞b と Ｆ＞∃ の場合 *m* になる．
　(Ｆ と ∃ はエナンチオマーの関係にある配位子)

擬不斉ステレオジェン単位(面)：順位が Ｆ＞∃ の場合 *m* になる．(Ｆ と ∃ はエナンチオマーの関係にある配位子)

(e) 二重結合をもつシス/トランス異性体．シス，トランス異性を生じる異なる配位子をもつ二重結合からなる原子の集合．

例： 　二重結合：順位が a＞b と d＞c の場合 *E* になる．

(f) エナンチオマーの関係にある二重結合

例： 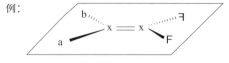　エナンチオマーの関係にある二重結合：順位が a＞b と Ｆ＞∃ の場合 *seqCis* になる．
　(Ｆ と ∃ はエナンチオマーの関係にある配位子)

P-92.1.2　立体配置の帰属のための規則

本節では，有機化合物おいて6までの結合数をもつすべての化合物を扱うために，またこれらの化合物のすべ

ての立体配置と立体配座を扱うために提案された CIP 順位規則方式について説明する(参考文献 34, 35, 36). ここでは，立体配置と立体配座を特定するための表示について説明する．

P-92.1.2.1　キラリティー則と立体表示記号 R, S, R_a, S_a, R_p, S_p　四つの異なる配位子をもつ四面体形のステレオジェン単位では，キラリティー則は，順位とよばれる優位性の順番でこれらの配位子(鎖や環も含む)を配列することに基づいている．説明においては，便宜上順番は a＞b＞c＞d のように一般化し，ここで＞は '～より順位が高い' または '～より上位である' ことを意味する．順位は以下に述べるように，階層有向グラフをつくり順位規則を適用することにより決まる．

キラリティー則は Prelog と Helmchen(参考文献 36, 5.1)によって以下のように説明されている．最上位の配位子から順にたどったとき，模型の決められた側，すなわち最下位の配位子の反対側から見て，経路が右回りか左回りかで，キラリティー単位を記号 R または S で，擬不斉であれば r または s で表示する．

この規則はステレオジェン中心，ステレオジェン軸，ステレオジェン面に適用する．

P-92.1.2.1.1　ステレオジェン中心　優先順位が a＞b＞c＞d のとき，以下に示すように，キラリティーの向きに応じて二つのエナンチオマーの関係にあるステレオジェン中心を R または S で表示する．

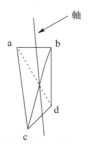

P-92.1.2.1.2　ステレオジェン軸　軸性キラリティーをもつ構造は，伸びた四面体とみなして軸に沿って見る．このとき，どちらの側から見るかが重要である(参考文献 36, 2.5.2)．軸性キラリティーは，キラリティー軸のまわりで対になった四つの基の非平面配置により生じる立体異性を示すために用いる．キラリティー軸は，鏡像と重ね合わせることができない空間的配置が生じるように，そのまわりに 1 組の原子または原子団が存在する軸のことである．たとえば，アレン abC=C=Ccd では，キラリティー軸は C=C=C 結合であり，2,2′,6,6′-四置換 1,1′-ビフェニルでは，1,1′,4,4′ 位の原子がキラリティー軸上にある．

ステレオジェン中心によりキラリティーが生じるキラルな化合物では，4 個の異なる原子または原子団 a, b, c, d をもつ必要がある．伸びた四面体では，対称性の低下のためこの条件はもはや必須ではない．必要な条件は，a が b と異なりかつ c が d と異なることだけである．すなわち，a が b と異なれば，2 組の配位子 a と b をもつ化合物もキラルである．

立体配置は表示記号 R_a と S_a によって特定し，次のように表示する．

830   P-9 立体配置と立体配座の特定

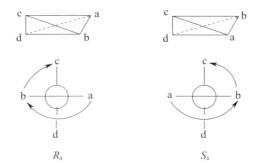

配位子(原子または原子団)を伸びた四面体構造に配置する．順位規則を用いて，各組から一つずつ，二つの順位の高い置換基を選ぶ．a＞bとc＞dの場合，dが奥にあるように見たときa, b, cの順に進む経路が時計回りであれば記号 R_a で表示する．経路が反時計回りであれば，キラリティーの記号は S_a である．

P-92.1.2.1.3 ステレオジェン面　面性キラリティーは，ある面(ステレオジェン面)に対する面外の基の配置から生じる立体異性のことを示すために使う用語である(参考文献 36, 2.5.2 参照)．その例となるのは一置換シクロファンのアトロプ異性 atropisomerism (単結合の束縛回転により別々の化学種として単離できる立体異性)であり，ここでステレオジェン面は置換基をもつ'ファン再現環'である(P-26 参照)．立体配置は立体表示記号 R_p と S_p によって表し，以下のように帰属する．

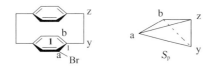

面内の基準原子aおよびbを原子yおよびzと結んで四面体(四面体形のステレオジェン単位)をつくる．キラリティーの向きは，順位a＞b＞c＞dすなわち上記のシクロファンではa＞b＞y＞zを定める従来の規則によって決める．表示記号 S_p を立体配置を表示するために使い，炭素原子 1¹ (P-26 参照)に割当てる．

P-92.1.2.2　ヘリシティー則: 立体表示記号 M と P　ヘリシティー helicity は，らせん形，プロペラ形またはスクリュー形分子のキラルな向きである(参考文献 37 参照)．ヘリシティー則は Prelog と Helmchen によって次のように表現された(参考文献 36, 5.1 参照)．すなわち，対象となるらせんが左回りか右回りかによって，それぞれマイナス(記号 M)，プラス(記号 P)で表す．

この方式を立体配座や立体配置の表示に適用するとき，結合で結ばれた原子に結合した二つの特定の(基準となる)原子団の間のねじれ角を考える．基準原子団間の小さい方のねじれ角の符号によって，キラリティーの向き(らせんの回転の向き)を定義する(ねじれ角については P-94.2 参照)．

P-92.1.2.2.1 ステレオジェン軸　ヘキサヘリセン hexahelicene のキラリティーは立体表示記号 P と M で表示する．

(*P*)-ヘキサヘリセン PIN
(*P*)-hexahelicene PIN

(*M*)-ヘキサヘリセン PIN
(*M*)-hexahelicene PIN

ヘリシティー則はアレンやビフェニルのステレオジェン軸にも適用できる．キラリティー軸に沿って見たとき，配位子は組になって配列している．近くの配位子の組で順位が高いものから遠くの配位子の組で順位が高いものへと進むとき，もし経路が反時計回りであればキラリティーは記号 M で，時計回りであれば P で表示する．PIN では，立体表示記号 M と P を用いる．軸上の最小の位置番号を立体表示記号の前につける．この方法に従うと，P-92.1.2.1.2 で R_a, S_a と表示された立体配置はそれぞれ M, P となる．

P-92.1.2.2.2 ステレオジェン面　　立体表示記号 M と P は以下のように表示する．

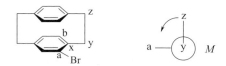

分子の基準面 a-x-b で a＞b であるとする．面内の x-y 軸に結合した面外の部分を z とする．z を b より順位の高い a の方向に面内へと回転するとき，ねじれ角は負である．上記の立体配置を表示するために，立体表示記号 M を用いる．基準面中の最小の位置番号を立体表示記号の前につける．

P-92.1.2.2.3　　R/S と M/P の表示記号の間には一般的な対応はない．実際に，上記で説明した立体配置の特定のための取決めを用いると，キラリティー軸については $M=R$ および $P=S$ となり，キラリティー面については逆の関係すなわち $M=S$ および $P=R$ となる．

P-92.1.3　順　位　規　則

以下の順位規則（参考文献 34, 35, 36）を用いて原子と基の優先順位を決定する．Mata, Lobo, Marshall と Johnson（参考文献 41）が提案した追加の規則に，Custer（参考文献 42）および Hirschmann と Hanson（参考文献 43）による修正を加えたものを，本章では用いる．

　これらの規則は，順位規則 **1** と **2** では配位子の性質，構成する原子およびトポロジー的な（連結性に関わる）性質，順位規則 **3** と **4** では幾何学的な性質，順位規則 **5** ではトポグラフィー的な（三次元的な形態に関わる）性質のように，階層の順番に基づいている．最初の四つの順位規則に関する性質は鏡映操作に不変であるが，5 番目の規則に関する性質は鏡映操作により変化する．

　P-92.2.1.3 に例を示すように，配位子は単座配位（一価，鎖状）でも n 座配位（環状）でもよい．

　順位規則は階層的であり，決定に至るまで各規則をこの順番に余すところなく適用する．

P-92.1.3.1　順位規則 1　　次の二つの部分からなる．
(a) 大きい原子番号は小さい原子番号に優先する．
(b) 有向グラフ（P-92.1.4 参照）において，もととなる被複製原子の節点（分枝点）自身が中心であるか中心により近い複製原子は，比較の対象となる複製原子の被複製原子の分枝点が中心からより遠いものより順位が高い．

P-92.1.3.2　順位規則 2　　　大きい質量数は小さい質量数に優先する.

P-92.1.3.3　順位規則 3　　　二重結合と平面 4 配位の原子を考えるとき，*seqcis* ＝ *Z* は *seqtrans* ＝ *E* に優先し，後者は非ステレオジェニックな二重結合に優先する.

P-92.1.3.4　順位規則 4　　　次の三つに分けて考えるのが最もよい.

(a) キラルなステレオジェン単位は擬不斉のステレオジェン単位に優先し，この二つは非ステレオジェン単位に優先する.

(b) 二つの配位子が異なる表示記号の組合わせであるとき，最初に選ばれた *like* の表示記号の組合わせをもつ配位子は，相当する *unlike* の表示記号の組合わせをもつ配位子に優先する(この規則の説明と例は P-92.5.2 参照).

　　(i) *like* の表示記号の組合わせ: *RR, SS, MM, PP, RM, SP, seqCis/seqCis, seqTrans/seqTrans, RseqCis, SseqTrans, MseqCis, PseqTrans* など

　　(ii) *unlike* の表示記号の組合わせ: *RS, MP, RP, SM, seqCis/seqTrans, RseqTrans, SseqCis, PseqCis, MseqTrans* など

(c) *r* は *s* に優先し，*m* は *p* に優先する.

P-92.1.3.5　順位規則 5　　　表示記号 *R, M* および *seqCis* をもつ原子または原子団は，そのエナンチオ形(鏡像関係の形態)である *S, P* および *seqTrans* をもつ原子または原子団に優先する.

P-92.1.4　階層有向グラフ

　ステレオジェン単位中の配位子の優先順位を決めるために，配位子を示すさまざまな枝(参考文献 36, 3 節参照)からなる**有向グラフ** digraph とよばれる階層図にステレオジェン単位中の原子を配列する. 分子中にいくつかのステレオジェン単位があるとき，有向グラフはステレオジェン単位ごとに考え，いくつかの有向グラフをつくらなければならない. 分子の各骨格原子に対して，有機化合物命名法が推奨する体系的な番号付けを用いるか，P-92.1.6 で説明するような配位子の序列付けの目的だけに任意の番号付けを用いるか，どちらかの方法で番号をつける. 鎖状分子，二重結合と三重結合，および環状分子にはそれぞれ独自の規則を適用する.

P-92.1.4.1　鎖状分子　　　6-クロロヘキサン-2,4-ジオール 6-chlorohexane-2,4-diol の有向グラフを図示する.

```
        OH   OH
      1  2 | 3 4 | 5    6
     CH3-C-CH2-C-CH2-CH2-Cl
         |     |
         H     H
```
6-クロロヘキサン-2,4-ジオール **PIN**
6-chlorohexane-2,4-diol **PIN**

　完全な有向グラフにはすべての単座配位子を示す. H を除くすべての原子を 4 配位にするために**仮想原子** phantom atom を示す. これらの原子の原子番号はゼロとし，記号 0 で示す. このような完全有向グラフは複雑な場合に役に立つが，単純な化合物では大部分の場合，配位子を序列付けするのに必要な関連性のある情報を示す簡略化された有向グラフで十分である. 以下に示す 2 種類の簡略有向グラフでは，骨格原子の記号を分子を表示するための位置番号に置き換え，水素原子と仮想原子は省略する. 矢印はないが表示するステレオジェン単位がわかりやすい右側の有向グラフを，本章を通して用いることにする.

P-92　**Cahn-Ingold-Prelog（CIP）優先順位方式と順位規則**　833

中心 4 に対する完全有向グラフ

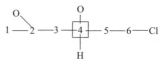

中心 4 に対する簡略有向グラフ

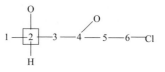

中心 2 に対する簡略有向グラフ

P-92.1.4.2　二重結合と三重結合　順位規則を使うことは，結合に沿って検討していくことである．結合の理論的な性質について考える必要がないので，いくつかの古典的な方式を用いる．二重結合と三重結合は，それぞれ二つと三つの結合に分割する．

$$>C=O \text{ 基は } \begin{array}{c} >C-O \\ | \quad | \\ (O)(C) \end{array} \text{ として扱い,}$$

ここで(O)と(C)は二重結合の他方の末端にある原子の複製を表す．

$$\text{同様に，} -C\equiv CH \text{ 基は } \begin{array}{c} (C)(C) \\ | \quad | \\ -C-C-H \\ | \quad | \\ (C)(C) \end{array} \text{ として扱い,}$$

ここで(C)は三重結合の他方の末端にある原子の複製を表す．

$$\text{そして，} -C\equiv N \text{ 基は } \begin{array}{c} (N)(C) \\ | \quad | \\ -C-N \\ | \quad | \\ (N)(C) \end{array} \text{ として扱い,}$$

ここで(C)と(N)は三重結合の他方の末端にある原子を複製して表したものである．

二重結合に結合した原子だけを複製し，それらに結合した原子や原子団は複製しない．したがって，**複製原子** duplicated atom は原子番号 0 の仮想原子(上記参照)を 3 個もつと考える．このことは，より複雑な場合に順位を決定するときに重要になることがある．

エチレン系のアルコールであるブタ-3-エン-2-オール **PIN** but-3-en-2-ol **PIN** に対応する簡略有向グラフは以下のとおりである．

複製原子を示す簡略有向グラフ

2-ヒドロキシプロパナール**PIN** 2-hydroxypropanal**PIN** に対応する有向グラフは以下のとおりである．

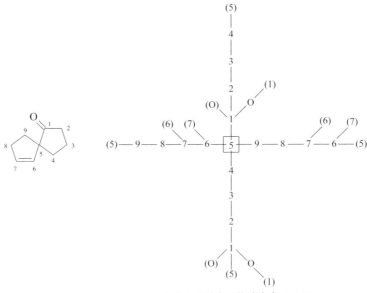

複製原子を示す簡略有向グラフ

P-92.1.4.3 飽和環と環系 環状分子の構造式を鎖状の有向グラフに変換する方法は，Prelog と Helmchen によって提案された(参考文献 36, 3.2 参照)．

ステレオジェン単位の鎖状の有向グラフを得るために，n 座配位子を n 個の単座配位の配位子に変換する．このとき，n 座配位子ごとに中心に結合した一つの結合をそのまま残し，残りの $n-1$ 本の結合を切る．このようにして得られた n 本の枝の各末端には，中心の複製原子をつける(P-92.1.4.2 で説明した多重結合の場合と同様)．

中心 5 に対する簡略有向グラフ

環を含むステレオジェン単位の配位子では，中心から各経路を外側へ進んだときに到達する最初の環原子の先で，一つの結合を残しもう一つの結合を切るように環を開く．このようにして得られた 2 本の枝の末端には，最初に到達した環原子の複製原子をつける．

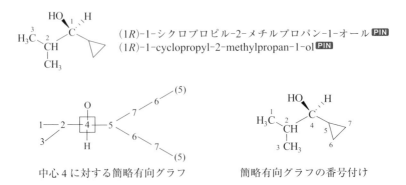

中心 4 に対する簡略有向グラフ　　簡略有向グラフの番号付け

P-92.1.4.4 マンキュード環と環系 マンキュード環，すなわち最多非集積二重結合をもつ環はケクレ構造

P-92 Cahn-Ingold-Prelog (CIP) 優先順位方式と順位規則

Kekulé structure として扱う．マンキュード複素環では，二重結合が可能な位置のそれぞれにあるとして，原子番号の平均値をとった原子番号をもつ複製原子をおく．マンキュード炭化水素では，二重結合を分割してもすべての場合同じ結果になるので，どのケクレ構造を使うかは重要ではない．

フェニル基の例のように，原子番号 6 は常に存在する．

窒素原子を含む例は以下のとおりである．

説明：C1 はどちらか一方の窒素原子と二重結合をつくり炭素とは結合していないので，原子番号 7(窒素原子の原子番号)の複製原子を加える．C3 は C4(原子番号 6)または N2(原子番号 7)のどちらかと二重結合をつくるので，原子番号 $6\frac{1}{2}$ をもつ複製原子を加える．C8 についても同様である．しかし，C4a は C4，C5 と N9 と二重結合をつくることができるので，原子番号 $6\frac{1}{3}$ の複製原子を加える．

例：

3-[(*S*)-(シクロペンタ-1,4-ジエン-1-イル)(ヒドロキシ)メチル]シクロペンタ-2,4-ジエン-1-イド **PIN**
3-[(*S*)-(cyclopenta-1,4-dien-1-yl)(hydroxy)methyl]cyclopenta-2,4-dien-1-ide **PIN**

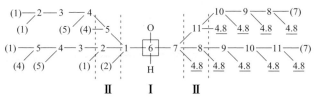

簡略有向グラフ：領域 II では C2 の原子番号 6 > 4.8 であるので，
C1 の枝が C7 の枝に優先し，C6 の立体配置は *S* となる．

説明：右側の配位子では環の各炭素に対して 5 個の異なるケクレ構造を考えなければならない．5 個のうち 4 個では，炭素は他の炭素原子と二重結合をつくる．5 番目の原子では，原子番号 0 の電子対を考慮しなければならない．したがって，4×6+0 = 24，24/5 = 4.8 となり，この数字が右側の配位子における各炭素原子の原子番号である．

P-92.1.5 階層有向グラフの具体例

有向グラフは,ステレオジェン単位(すなわち中心)の中心からのトポロジー的な距離すなわち結合数と,順位規則(参考文献 36, 3.2 参照)による比較に従って原子の順位付けを示すために組立てる.

(a) 原子は領域中にあり,ステレオジェン単位の中心から等しい距離の原子は同じ領域にある.図 9·1 に示すように,領域は I, II, III と IV と識別する.最初の領域には隣接の原子 p と p′ がある.領域 II の原子には 1, 2, 3 と 1′, 2′, 3′ と番号付けする.領域 III の原子には 11, 12, 13, 21, 22, 23, … 11′, 12′, 13′… と番号付けし,さらに遠い領域でも同様に番号付けする.ここに示した枝がすべての分子にあるわけではない.

(b) n 番目の領域中の原子は,$(n+1)$ 番目の領域中の原子に優先する(序列規則 **1**).

(c) n 番目の領域中の各原子の序列は,まず $(n-1)$ 番目の領域における同じ枝の原子の序列によって決まり,その次に順位規則を適用する.番号が小さいほど,相対的な序列が高い(序列規則 **2**).

(d) n 番目の領域中の原子のうち,それと同じ枝の中で $(n-1)$ 番目の領域中の原子と同じ序列にあるものは,順位規則を用いて序列をつける.まず,順位規則 **1** を全体に余すところなく適用し,それで決まらなければ順位規則 **2** を余すところなく適用していくなどである.

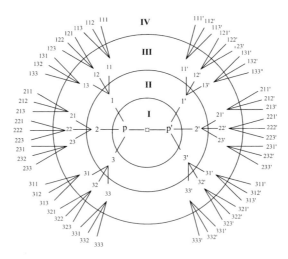

図 9·1 二つの配位子の序列順位

P-92.1.6 配位子の序列: 順位の適用

P-92.1.3 で説明した五つの順位規則を以下のように適用する.

(a) 各順位規則を階層有向グラフに従って適用する(P-92.1.4 参照).
(b) 各順位規則を比較しようとするすべての配位子に余すところなく適用する.
(c) 有向グラフにおいて最初に違いが生じるところで優先する(順位が高い)配位子は,その先で順位に違いが生じることがあっても,優先する(順位が高い).
(d) ある順位規則により原子団の中のある原子が優先する(順位が高い)ことが決まれば,その次の順位規則を適用する必要はない.

P-92.2 順位規則 1

細則 **1a** および **1b** からなる.

P-92.2.1 順位細則 1a

配位子は原子番号の大きなものから順に並べる.以下に示すすべての例では,配位子はステレオジェン単位に対して a>b>c>d と順位をつける.ただし,ステレオジェン軸と面に対して規定されている場合は除く.

P-92.2.1.1 飽和化合物
P-92.2.1.1.1 領域 I

例 1:

領域 I に対する有向グラフ

説明: 化合物 HCBrClF では，すべての原子が領域 I に含まれる．中心 1 に対して，順位 a＞b＞c＞d は Br＞Cl＞F＞H であり，時計回りの向きになる．PIN では，立体表示記号 R を用いて立体配置を表示する．

(R)-ブロモ(クロロ)フルオロメタン **PIN**　(R)-bromo(chloro)fluoromethane **PIN**

例 2: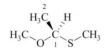

(1R)-1-メトキシ-1-(メチルスルファニル)エタン **PIN**
(1R)-1-methoxy-1-(methylsulfanyl)ethane **PIN**

領域 I に対する
簡略有向グラフ

例 3:

[(R)-ゲルミル(メトキシ)(メチルスルファニル)メチル]シラン **PIN**
[(R)-germyl(methoxy)(methylsulfanyl)methyl]silane **PIN**
（位置番号 1 は有向グラフの番号で，名称では必要ない）

領域 I に対する
簡略有向グラフ

P-92.2.1.1.2 領域 I と領域 II
ステレオジェン単位に結合した原子が同一であるとき，それらの原子に直接結合した原子によって順位を決める．分子がいくつかの原子と枝を含むとき，番号付けには命名法が推奨する番号付けを用いるか，または任意の方法で，有向グラフに現れるすべての分枝点を適切に識別できるよう番号付けを行うと便利である．

例 1:

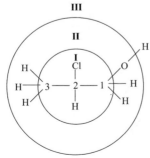

中心 2 に対する完全有向グラフ

簡略有向グラフ

838   P-9　立体配置と立体配座の特定

(前ページ例 1 つづき)

  説明: 上記の化合物 $H_3C\text{-}CHCl\text{-}CH_2OH$ では，$a>b>c>d$ の順位は $Cl>C=C>H$ となる．二つの隣接原子が同一のため，領域 I では決定できない．しかし，領域 II では C1 と C3 の二つの炭素原子に結合している原子はそれぞれ O, H, H と H, H, H であり，$O>H$ であるので順位は $C1>C3$ となる．したがって，$-CH_2OH$ 基が b，$-CH_3$ 基が c となり，PIN は以下のとおりになる．

(2R)-2-クロロプロパン-1-オール **PIN**

(2R)-2-chloropropan-1-ol **PIN**

例 2:

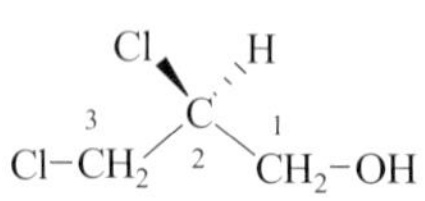

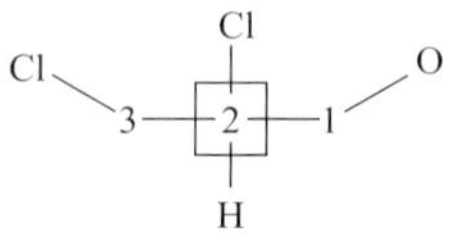

簡略有向グラフ

  説明: 上記の化合物では，$Cl>C=C>H$ であるので，領域 I を調べるだけでは決定できない．領域 II では，$Cl>O$ であるので決定できる．したがって，$-CH_2Cl$ 基が b，$-CH_2OH$ 基が c となり，PIN は以下のとおりになる．

(2S)-2,3-ジクロロプロパン-1-オール **PIN**

(2S)-2,3-dichloropropan-1-ol **PIN**

例 3:

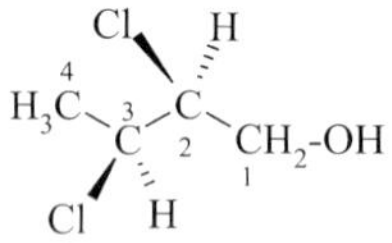

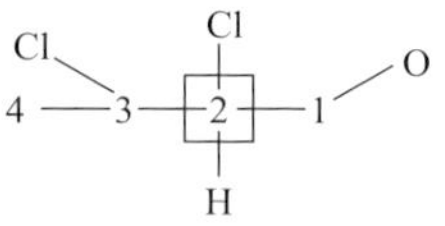

2 に対する簡略有向グラフ

  説明: 上記の例では，分子中に二つのステレオジェン中心が存在するので，ステレオジェン中心に一つずつ，二つの有向グラフが必要である．2 位のステレオジェン原子の有向グラフは $Cl>C3>C1>H$ の順位を示し，C2 の立体配置は S となる．3 位のステレオジェン原子の有向グラフは $Cl>C2>C4>H$ の順位を示し，C3 の立体配置は S となり，PIN は以下のとおりになる．

(2S,3S)-2,3-ジクロロブタン-1-オール **PIN**

(2S,3S)-2,3-dichlorobutan-1-ol **PIN**

  P-92.2.1.1.3　領域 I と II より外側の領域 領域 II を比較してもまだ決まらないとき，同じ方法でステレオジェン中心からさらに遠くへ調べていく手続きを続ける．

例 1:

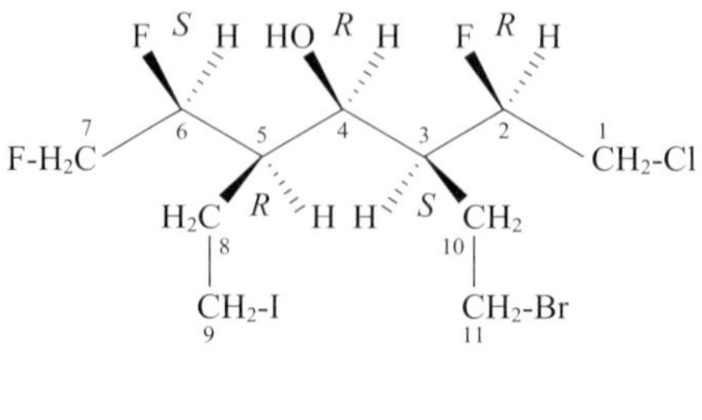

（前ページ例1 つづき）

(2*R*,3*S*,4*R*,5*R*,6*S*)-3-(2-ブロモエチル)-1-クロロ-2,6,7-トリフルオロ-5-(2-ヨードエチル)ヘプタン-4-オール **PIN**

(2*R*,3*S*,4*R*,5*R*,6*S*)-3-(2-bromoethyl)-1-chloro-2,6,7-trifluoro-5-(2-iodoethyl)heptan-4-ol **PIN**

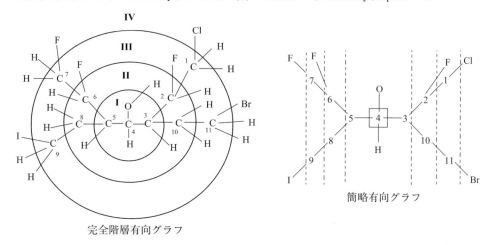

完全階層有向グラフ　　　　　簡略有向グラフ

説明：最初のレベルである領域Ⅰを調べるとO＞C3＝C5＞Hとなり，二つの炭素原子を決定することができない．領域Ⅰの炭素原子に結合した原子はどちらも同じC, C, Hの組合わせであるので，領域Ⅱでも決定することができない．領域Ⅲでは，左側の二つの枝の序列はF, C, H＞C, H, H，右側の二つの枝の序列はF, C, H＞C, H, Hとなり，まだ決定できない．しかし，さらにその先で比較するとF, C, HがC, H, Hに優先するので，二つの枝に序列をつけることができる．領域Ⅳでは，Cl, H, HがF, H, Hに優先するので，領域Ⅲで優先した二つの枝を調べることにより決定できる．したがって，右側の枝C3が順位bに，左側の枝C5が順位cになる．領域Ⅲで低い順位の枝には，ヨウ素原子と臭素原子があるが，すでに順位が決まっているので，ヨウ素が臭素に優先することは考慮しない．

　階層有向グラフはステレオジェン単位ごとにつくらなければならない．しかし，簡略有向グラフの作成と配位子の比較は並行した過程であり，配位子を序列付けするために部分的な有向グラフで十分なことが多い．キラル中心の立体配置を決定するためのC2とC3に対する部分有向グラフを以下に示す．同様な有向グラフを，C5とC6に対してつくらなければならない．

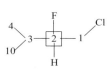　　　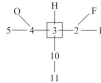

2に対する簡略有向グラフ　　　3に対する簡略有向グラフ

5に対する簡略有向グラフ　　　6に対する簡略有向グラフ

例2:

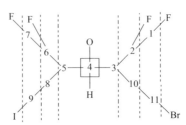

(2*R*,3*S*,4*S*,5*R*,6*S*)-3-(2-ブロモエチル)-1,2,6,7-テトラフルオロ-5-(2-ヨードエチル)ヘプタン-4-オール **PIN**
(2*R*,3*S*,4*S*,5*R*,6*S*)-3-(2-bromoethyl)-1,2,6,7-tetrafluoro-5-(2-iodoethyl)heptan-4-ol **PIN**

簡略有向グラフ

注記: このアルコールは上述の例1のアルコールに類似し，主鎖中の1位の塩素原子がフッ素原子に置き換わっている．この修飾により，以下で説明するようにC4の立体配置が反転する．

説明: C4では，順位 O＞C3＝C5＞H がまず決まる．二つの上位の枝C3, C2, C1とC5, C6, C7は区別することができない．下位の枝であるC3, C10, C11とC5, C8, C9では，I＞Brであるので決定できる．すなわち，O＞C5＞C3＞Hの順位が決まり，C4の立体配置は*S*となる．

P-92.2.1.2 二重結合と三重結合 P-92.1.4.2で説明した複製原子の分枝点を有向グラフ中に示す．

例1:

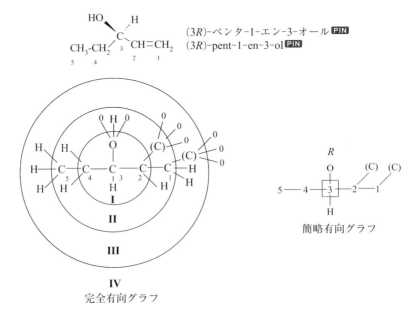

(3*R*)-ペンタ-1-エン-3-オール **PIN**
(3*R*)-pent-1-en-3-ol **PIN**

簡略有向グラフ

完全有向グラフ

説明: O＞C2＝C4＞Hであるので，領域Iでは決定できない．領域IIでは，(C)は複製原子であり，C, (C), HがC, H, Hに優先する．したがって，配位子の順位はC2＞C4であり，キラリティー中心の立体配置は*R*となる．

例2:

(2R)-2-ヒドロキシブタ-3-エナール PIN
(2R)-2-hydroxybut-3-enal PIN

説明: 領域Ⅰでは，順位規則1に従い順位はO＞C1＝C3＞Hとなる．領域Ⅱでは，－C＝O基のO, (O), Hは－CH＝CH₂基のC, (C), Hより優先するため，C1＞C3となる．最終的な順位はO＞C1＞C3＞Hと決まり，ステレオジェン中心の立体配置はRとなる．

例3:

(2R)-2-ヒドロキシブタ-3-エンニトリル PIN
(2R)-2-hydroxybut-3-enenitrile PIN

説明: 領域Ⅰでは，順位規則1に従い順位はO＞C1＝C3＞Hとなる．領域Ⅱでは，－C≡N基のN, (N), (N)は－CH＝CH₂基のC, (C), Hより優先するため，C1＞C3となる．最終的な順位はO＞C1＞C3＞Hと決まり，ステレオジェン中心の立体配置はRとなる．

例4:

(2R)-2,3-ジヒドロキシプロパナール PIN
(2R)-2,3-dihydroxypropanal PIN

説明: 領域Ⅰでは，順位規則1に従い順位はO＞C1＝C3＞Hとなる．領域Ⅱでは，－CH＝O基のO, (O), Hは－CH₂OH基のO, H, Hより優先するため，C1＞C3となる．最終的な順位はO＞C1＞C3＞Hと決まる．

P-92.2.1.3 飽和環と環系　有向グラフではP-92.1.4.3で説明した複製原子を用いる．

例1（例3と比較）:

(1R)-1-シクロプロピル-2-メチルプロパン-1-オール PIN
(1R)-1-cyclopropyl-2-methylpropan-1-ol PIN

(前ページ例 1 つづき)

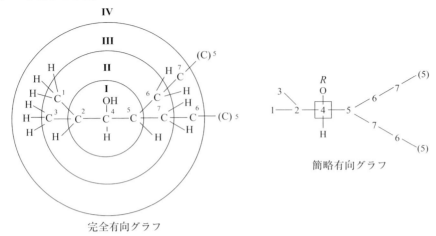

完全有向グラフ

簡略有向グラフ

説明：領域 **I** では，順位規則 **1** に従い順位は O＞C5＝C2＞H となる．C2(C1 と C3)と C5(C6 と C7)に結合している原子はともに C,C,H であるので，領域 **II** で順位は決まらない．しかし，領域 **III** では，C5 に結合している炭素(C6 と C7)は両方とも C,H,H をもつが，C2 に結合している炭素 (C1 と C3)は両方とも H,H,H をもつ．したがって，C5 の枝が C2 の枝より優先する．したがって，全体の順位は O＞C5＞C2＞H となり，ステレオジェン中心の立体配置は *R* となる．

例 2：

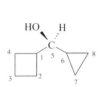

(*S*)-シクロブチル(シクロプロピル)メタノール **PIN**
(*S*)-cyclobutyl(cyclopropyl)methanol **PIN**
(右の簡略有向グラフに対応する任意の番号付け)

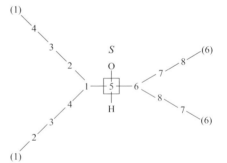

簡略有向グラフ

説明：領域 **I** では，順位規則 **1** に従い順位は O＞C1＝C6＞H となる．有向グラフで二つの枝が同一であるので，領域 **II** と **III** では順位は決まらない．領域 **IV** では，炭素原子の分枝点しかないので，決めることができない．しかし，右側の枝では複製原子だけしかないが，左側の枝は複製ではない原子をもつ．領域 **V** でこれらの原子に結合している原子を比較すると，複製原子には何も結合していないが，複製ではない原子には(C),H,H が結合している．(C),H,H は"配位子なし"より優先するので，C1 の枝が C6 の枝より優先する．したがって，全体の順位は O＞C1＞C6＞H となり，ステレオジェン中心の立体配置は *S* となる．

例 3：

(*S*)-シクロプロピル(ヒドロキシ)アセトアルデヒド **PIN**
(*S*)-cyclopropyl(hydroxy)acetaldehyde **PIN**
(有向グラフに対応する任意の番号付け)

簡略有向グラフ

P-92 Cahn-Ingold-Prelog（CIP）優先順位方式と順位規則 843

（前ページ例 3 つづき）

説明：領域Ⅰでは，順位規則 1 に従い順位は O＞C1＝C3＞H となる．ここで，領域Ⅱでは，C1 の枝の結合原子は O,(O),H であるが C3 の枝の結合原子は C, H, H である．したがって，全体の順位は O＞C1＞C3＞H となり，ステレオジェン中心の立体配置は S となる．

例 4（例 1 と比較）：

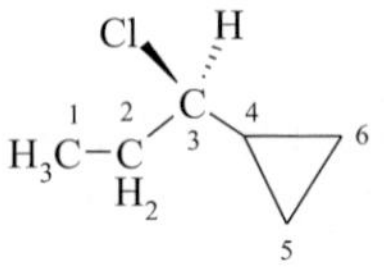

[(1R)-1-クロロプロピル]シクロプロパン **PIN**
[(1R)-1-chloropropyl]cyclopropane **PIN**
（有向グラフに対応する任意の番号付け）

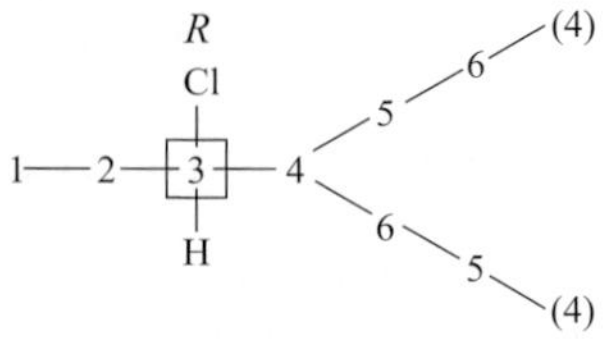

簡略有向グラフ

説明：領域Ⅰでは，順位規則 1 に従い順位は Cl＞C4＝C2＞H となる．ここで，領域Ⅱでは，C4 の枝の結合原子は C, C, H であるが C2 の枝の結合原子は C, H, H である．したがって，全体の順位は Cl＞C4＞C2＞H となり，ステレオジェン中心の立体配置は R となる．

例 5：

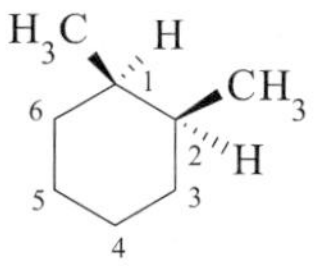

(1R,2S)-1,2-ジメチルシクロヘキサン **PIN**
(1R,2S)-1,2-dimethylcyclohexane **PIN**

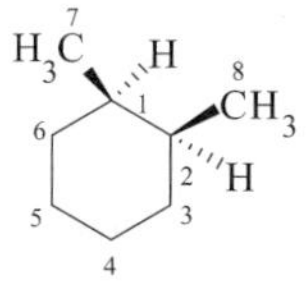

（簡略有向グラフに対応する任意の番号付け）

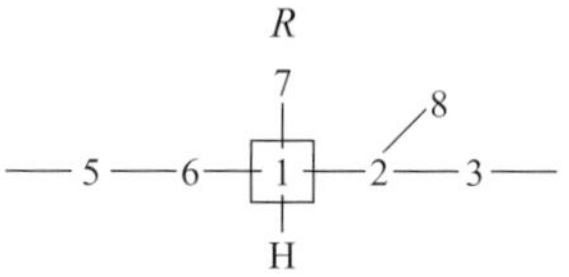

ステレオジェン原子 C1 に対する簡略有向グラフ

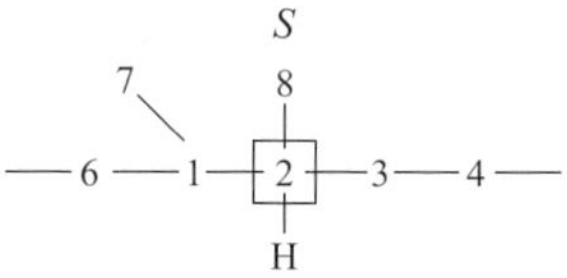

ステレオジェン原子 C2 に対する簡略有向グラフ

説明：C1 の立体配置を特定する手続きにおいて，領域Ⅰでは，順位規則 1 に従い順位は C2＝C6＝C7＞H となる．領域Ⅱでは，有向グラフが示すように C2 には 2 個の炭素原子と 1 個の水素原子すなわち C, C, H に結合している．また，有向グラフが示すように C6 には 1 個の炭素原子と 2 個の水素原子すなわち C, H, H に結合している．C7 には 3 個の水素原子が結合しているので H, H, H となる．したがって，C1 の立体配置を決定するための順位は C, C, H＞C, H, H＞H, H, H であり，全体の順位は C2＞C6＞C7＞H となり，ステレオジェン中心 C1 の立体配置は R となる．C2 の立体配置を決定するための手続きは同じであり，順位は C1＞C3＞C8＞H となり，ステレオジェン中心 C2 の立体配置は S となる．

P-92.2.2 順位細則 1b：複製原子による順位

Custer（参考文献 42）は，順位細則 1a に従うと同じ探索経路となる置換基間の優先順位を決めるために，順位細則 1a の修正を提案した．この細則は複製原子の使用に基づくもので，以下のように表現される．探索経路の出

発点に近い原子に対応する複製原子が，より遠くの原子に対応するものに優先する．より簡単にいえば，'近い複製原子の分枝点は遠い複製原子の分枝点より優先する'となる．以下の例によりこの細則を説明する．

例1:

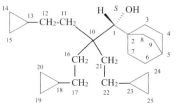

(1S)-1-(ビシクロ[2.2.2]オクタン-1-イル)-4-シクロプロピル-2,2-
ビス(2-シクロプロピルエチル)ブタン-1-オール PIN
(1S)-1-(bicyclo[2.2.2]octan-1-yl)-4-cyclopropyl-2,2-bis(2-cyclopropylethyl)butan-1-ol PIN
(以下の簡略有向グラフに対応する番号付けを示す)

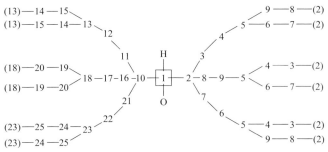

簡略有向グラフ

説明：C1 からの四つの配位子はすべて異なるが，有向グラフでは C2 と C10 の配位子は同一である．しかし，右側の複製原子は最初の領域の炭素原子(ビシクロ[2.2.2]オクタン-1-イルの C2)に対応する一方で，左側の複製原子は 4 番目の領域の原子(シクロプロピル基の C13, C18 と C23)に対応する．有向グラフの根元 C1 から近い複製原子の分枝点が遠い複製原子の分枝点より優先するので，順位は O＞C2＞C10＞H となり，ステレオジェン中心 C1 の立体配置は S となる．

例2:

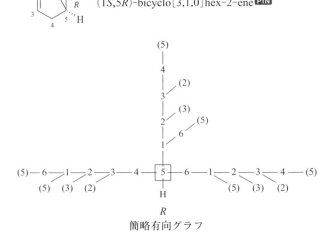

(1S,5R)-ビシクロ[3.1.0]ヘキサ-2-エン PIN
(1S,5R)-bicyclo[3.1.0]hex-2-ene PIN

R
簡略有向グラフ

(前ページ例2 つづき)

説明: C4 と C6 の配位子を比較すると似ているが，右側の(C1 に結合した)最初の複製原子はステレオジェン中心に相当する一方で，左側の(C3 に結合した)最初の複製原子は 3 番目の領域の原子(C2)である点が異なる．探索経路の出発点に近い原子に相当する複製原子が遠いものより優先するので，最終的な順位は C1＞C6＞C4＞H となり，ステレオジェン中心 C5 の立体配置は R となる．有向グラフから，配位子 C1 が最高順位で H が最低順位であることがわかる．

P-92.3 順位規則 2: 大きい質量数は小さい質量数に優先する

分子中に同位体が存在するとき，まず順位規則 **1** を，同位体を除いては同一の原子や原子団に，同位体の違いを無視して適用する．これで決定できないとき，同位体を考慮して原子質量の減少する順番に並べる．たとえば，$^3H＞^2H＞^1H$(または H) および $^{81}Br＞Br＞^{79}Br$ のようになる．

例 1:

$$\begin{array}{c} a \\ OH \\ c\ ^2H—C—CH_3\ b \\ H \\ d \end{array}$$

(1R)-(1-$^2H_1$)エタン-1-オール **PIN**
(1R)-(1-$^2H_1$)ethan-1-ol **PIN**

説明: 順位規則 **2** を適用すると，優先順位 a＞b＞c＞d は O＞C＞^2H＞H となり，ステレオジェン中心の立体配置は R となる(同位体置換化合物，P-82.4 参照)．

例 2:

$$\begin{array}{c} b \\ CH_2[^{131}I] \\ d\ H—C—OH\ a \\ CH_2I \\ c \end{array}$$

(2R)-1-[^{131}I]ヨード-3-ヨードプロパン-2-オール **PIN**
(2R)-1-[^{131}I]iodo-3-iodopropan-2-ol **PIN**

説明: 順位規則 **2** を適用すると，順位 a＞b＞c＞d は OH＞CH$_2$[^{131}I]＞CH$_2$I＞H となり，ステレオジェン中心の立体配置は R となる(同位体標識化合物，P-83.1.2.2 参照)．

P-92.4 順位規則 3

P-92.4.1 *seqcis* ＝ *Z* と *seqtrans* ＝ *E*

表示記号 *E* と *Z* は，ジアステレオマーの関係にある二重結合のシス/トランス異性体を表示するために用いられる．二重結合をつくる 1 組の原子の一方に結合している CIP 順位規則で上位の原子(団)を，他方の原子に結合している CIP 順位規則で上位の原子(団)と比較する．もし順位が高い原子(団)同士が基準面の同じ側にあれば，イタリック体の大文字 *Z* を立体表示記号として用いる．もし優先順位が高い原子(団)同士が基準面の反対側にあれば，イタリック体の大文字 *E* を用いる．これらの立体表示記号はドイツ語にちなんでつけられ，*Z* は zusammen (一緒に)，*E* は entgegen (反対に)に由来する．

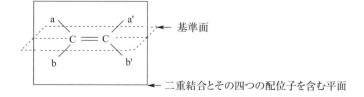

846 P-9 立体配置と立体配座の特定

P-91.2.1.2 では，E と Z の立体表示記号を非 CIP 立体表示記号に分類した．これは，表示記号が鏡映不変である幾何学的にジアステレオマーの関係にある二重結合(ふつうの二重結合)と立体表示記号が鏡映可変である幾何学的にエナンチオマーの関係にある二重結合を区別することができないからである．CIP 方式では，鏡映可変の表示記号は大文字(たとえば R と S に)，鏡映不変の表示記号は小文字(たとえば r と s)にする．E と Z が大文字であることは，これらが鏡映不変である状況に反する．Hirschman と Hanson (参考資料 43)は，表示記号 *seqcis*, *seqtrans*, *seqCis* と *seqTrans* を CIP 表示記号として使うことを提案した．

立体配置の帰属を議論するとき，*seqcis* $= Z$ および *seqtrans* $= E$ であるとして CIP 表示記号を用いる．名称では E と Z の立体表示記号を用いるが，ここで面倒なのは，ジアステレオマーの関係にある二重結合を含む化合物の番号付けにおいて，従来の *cis* が *trans* より優先するという関係を，アルファベット順を無視して，Z が E より優先すると置き換えることである．

例：

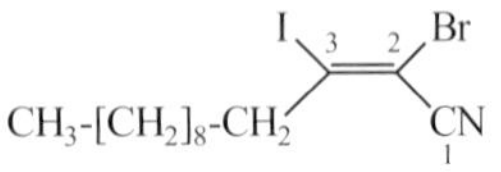

(2Z)-2-ブロモ-3-ヨードトリデカ-2-エンニトリル PIN
(2Z)-2-bromo-3-iodotridec-2-enenitrile PIN

説明：この化合物では，P-92.2.1 で説明した順位規則 **1** を適用すると 3 位では I は炭素鎖より優位であり，同様に 2 位では Br は CN 基の C より優位である．したがって，3 位の I と 2 位の Br を比較すると，二重結合の立体配置は Z となる．

P-92.4.2 順位規則 3

seqcis (Z) は *seqtrans* (E) に優先し，この順序は非ステレオジェン二重結合に優先する．

P-92.4.2.1 順位規則 **1** または **2** を直接適用しても決めることができないとき，順位規則 **3** を適用して 1 組のシスとトランスの二重結合を含む化合物の立体配置を特定する(参考文献 41 参照)．

例 1：

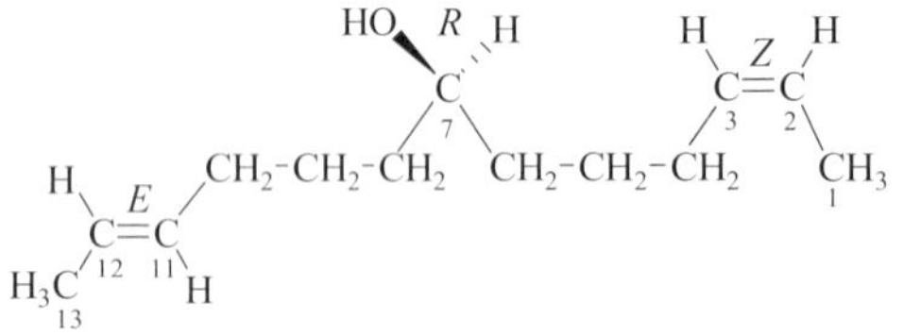

(2Z,7R,11E)-トリデカ-2,11-ジエン-7-オール PIN
(2Z,7R,11E)-trideca-2,11-dien-7-ol PIN

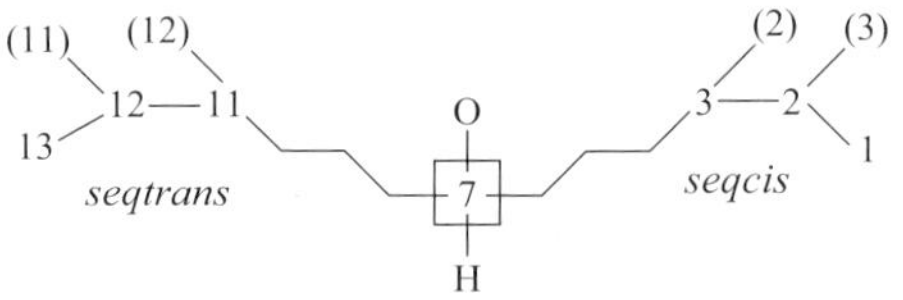

簡略有向グラフ：*seqcis* $= (Z) >$ *seqtrans* $= (E)$ で順位が決まり C7 の立体配置は R となる．

例 2：

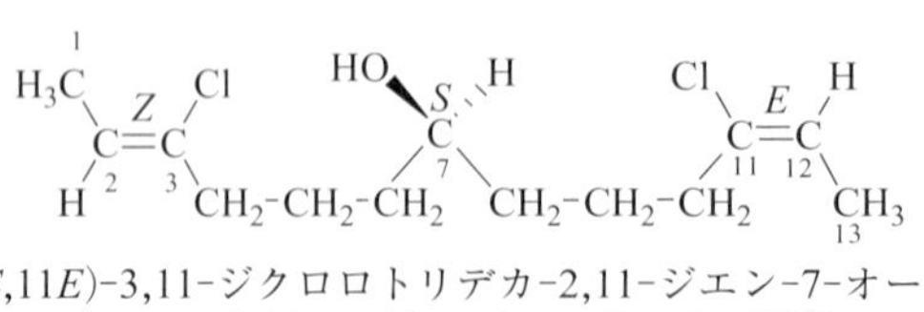

(2Z,7S,11E)-3,11-ジクロロトリデカ-2,11-ジエン-7-オール PIN
(2Z,7S,11E)-3,11-dichlorotrideca-2,11-dien-7-ol PIN

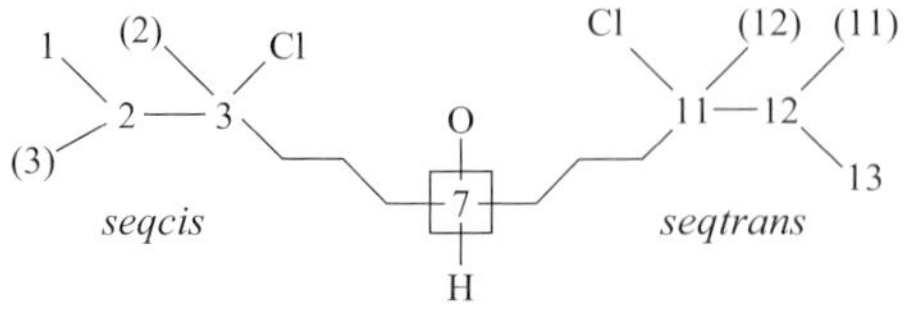

簡略有向グラフ：*seqcis* $= (Z) >$ *seqtrans* $= (E)$ で順位が決まり C7 の立体配置は S となる．

P-92 Cahn-Ingold-Prelog (CIP) 優先順位方式と順位規則　　　　　　　847

P-92.4.2.2　　二重結合の立体配置を直接帰属することができないとき，補助立体表示記号を用いる．下の例では，有向グラフをつくるために P-92.2.1.3 で述べたように四員環を開環する．したがって，一方は *seqcis*(*Z*)で他方は *seqtrans*(*E*)の立体配置をもつ二重結合を含む二つの枝をつくり，有向グラフ中に現れるように配位子を考慮する．これらの立体表示記号の帰属は一時的であるが，順位規則 **3** *seqcis* ＞ *seqtrans* を用いることによって，C3 にある残された二重結合に最終的な立体配置を帰属することが可能になる．したがって，最終的な立体表示記号は，1 位にあるエチリデン基は *E* で，3 位にあるエチリデン基も *E* となる．

例1:

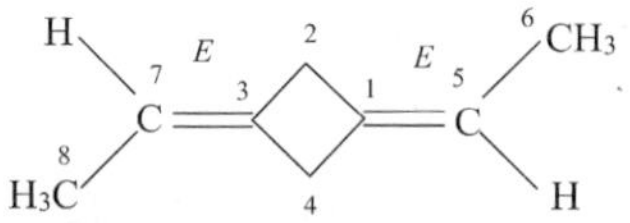

(1*E*,3*E*)-1,3-ジエチリデンシクロブタン **PIN**
(1*E*,3*E*)-1,3-diethylidenecyclobutane **PIN**

1,3-ジ[(1*E*)-エチリデン]シクロブタン
1,3-di[(1*E*)-ethylidene]cyclobutane

(*E*)-1,3-ジエチリデンシクロブタン
(*E*)-1,3-diethylidenecyclobutane

　　説明: 二重結合を特定するために，両方の二重結合原子の配位子に順位をつけなければならない．これは C5 と C7 の配位子については簡単である．しかし，C1 と C3 の配位子の順位付けは複雑な過程であり，補助表示記号を使う必要がある．指定した番号付けをした以下の有向グラフは，C3 の立体配置が *E* であることを示す．有向グラフは鎖状であるので，有向グラフに現れる配位子を用いて C1 の二重結合を特定することができる．C2 と C4 の枝で異なるのは補助表示記号であり，配位子の順位は C2 ＞ C4 となる．

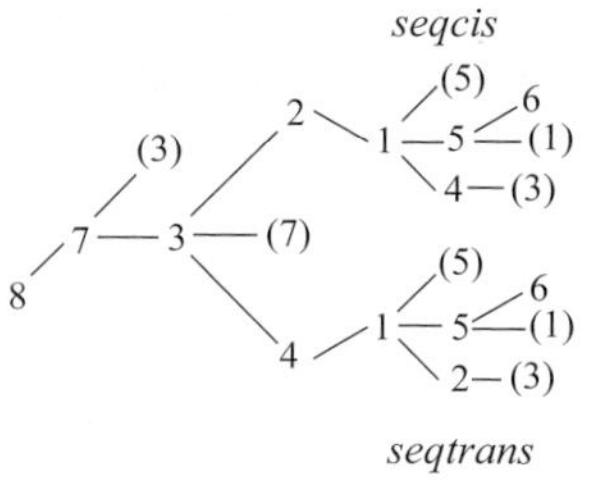

簡略有向グラフ

　名称では各二重結合を表示するために立体表示記号 *E* を用い，二つの立体表示記号は，丸括弧をつけて，環の二重結合の位置を示す番号をそれぞれ前につけて，名称の前に置く．この方法は PIN で使う．この方法は，二重結合を置換基とみなして必要な立体表示記号を置換基の前につける方法に優先する．3 番目の方法では，伸びた二重結合とみなして全体の分子を立体表示記号 *E* で表示する．

例2:

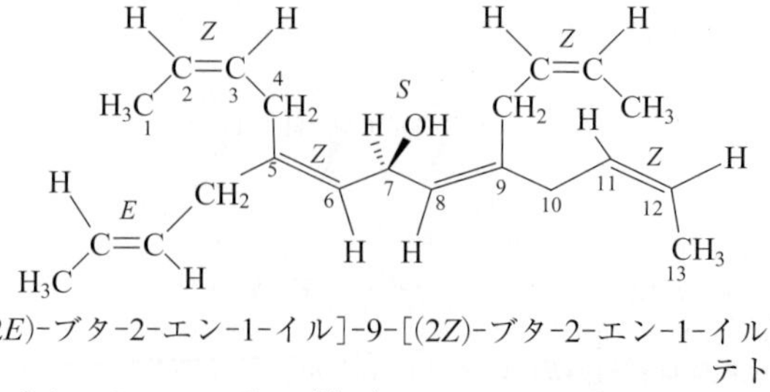

(2*Z*,5*Z*,7*S*,11*Z*)-5-[(2*E*)-ブタ-2-エン-1-イル]-9-[(2*Z*)-ブタ-2-エン-1-イル]トリデカ-2,5,8,11-テトラエン-7-オール **PIN**
(2*Z*,5*Z*,7*S*,11*Z*)-5-[(2*E*)-but-2-en-1-yl]-9-[(2*Z*)-but-2-en-1-yl]trideca-2,5,8,11-tetraen-7-ol **PIN**

(前ページ例2 つづき)

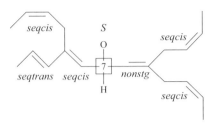

簡略有向グラフ：ステレオジェン単位(*seqcis* と *seqtrans*)
と非ステレオジェン単位(*nonstg*)を示す.

説明：二重結合を比較するとき，最初に比較する(有向グラフの中心から出発して)のは *seqcis* の C6 の二重結合と非ステレオジェン単位である C8 の二重結合である．*seqcis* は *nonstg* に優先するので，配位子の順位は OH＞C6＞C8＞H となり，キラリティー中心の立体配置は *S* となる．

P-92.5 順位規則 4

順位規則 **1, 2** および **3** を用いてもステレオジェン単位のすべての配位子の順位を決定することができないとき，ここで説明するように順位規則 **4** を適用する．本項の目的では，順位規則 **4** を簡略化し，有機化合物の命名でよく出てくる立体表示記号すなわち *R* と *S*, *r* と *s* についてのみ説明する．

すべてのステレオジェン単位を解析するためには，完全な有向グラフの必要性を認識していることは重要である．有向グラフ中に特定された表示記号は，最終的な表示記号であるかもしれないし，配位子を順位付けするためだけに使われ，最終的な表示記号として現れない一時的な(補助的な)表示記号であるかもしれない．

ステレオジェン中心のみを考慮して順位規則 **4** を簡単に述べると以下のとおりである．

(a) キラルなステレオジェン単位は擬不斉のステレオジェン中心に優先し，これらは非ステレオジェン単位に優先する．
(b) 二つの配位子が異なる表示記号の組合わせをもつとき，最初に選ばれた *like* 表示記号の組合わせは，対応する *unlike* 表示記号の組合わせに優先する．
　(i) *like* 表示記号の組合わせ：*RR*, *SS*
　(ii) *unlike* 表示記号の組合わせ：*RS*, *SR*
(c) *r* は *s* に優先する．

順位規則 **4** を以下の三つの細則に分割すると便利である．

P-92.5.1 順位細則 4a

キラルなステレオジェン単位は擬不斉のステレオジェン単位に優先し，これらは非ステレオジェン単位に優先する．

例：

(2*R*,3*s*,4*S*,6*R*)-2,6-ジクロロ-5-[(1*R*)-1-クロロエチル]-3-[(1*S*)-1-クロロエチル]ヘプタン-4-オール **PIN**
(2*R*,3*s*,4*S*,6*R*)-2,6-dichloro-5-[(1*R*)-1-chloroethyl]-3-[(1*S*)-1-chloroethyl]heptan-4-ol **PIN**

P-92 Cahn-Ingold-Prelog（CIP）優先順位方式と順位規則

（前ページ例 つづき）

注記: 主鎖の番号付けはステレオジェン中心に最も小さい位置番号を付けることに基づく．主鎖の立体表示記号の組合わせ $2R, 4S, 6R$ は，順位規則 **5**（P-92.6 参照）に従い $2S, 4S, 6R$ の組合わせに優先する．

説明: 有向グラフをつくる準備のため分子の番号を付け直す．P-92.1.4.1 に従い，すべてのステレオジェン中心の有向グラフをつくると，C2, C6, C8 と C10 の立体配置を特定することができる．C3 と C5 の立体配置を特定するためにも有向グラフをつくる．C2, C6 と C10 の立体配置は順位規則 **1** を適用することにより R と決定される．C8 の立体配置は同じ規則を適用して S となる．C3 の立体配置は，順位規則 **5**（以下参照，R は S に優先する）により配位子の二つを順位付けすることにより s と決まる．C5 は二つの同一の基（両方ともキラリティー中心は R）を置換基としてもつので，非ステレオジェン中心である．C4 を表示するために必要な簡略有向グラフを以下に示す．

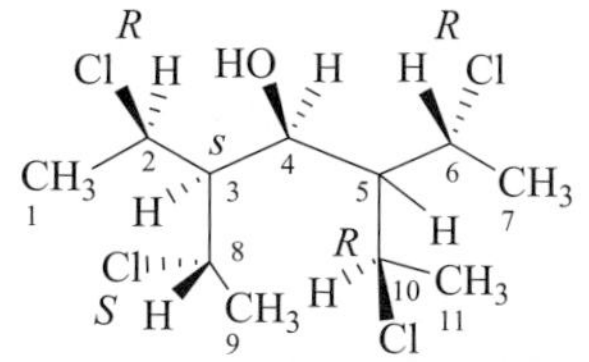

以下の簡略有向グラフのために任意に番号付けされた分子．

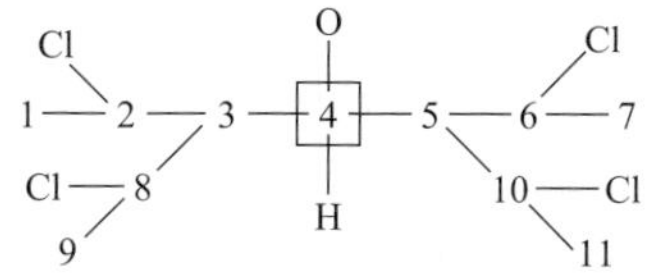

最初の簡略有向グラフ: 上記で決定した C2, C3, C6, C8 と C10 の立体配置を導入することにより修正．

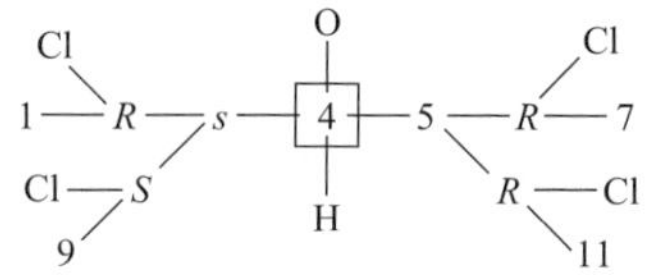

さらに簡略化されたグラフ: C4 の立体配置を決定するために必要な関連情報を表示．

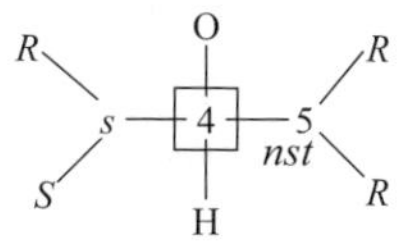

最後の簡略有向グラフ: ステレオジェン単位 C4 のまわりの四つの配位子が異なることを示す．順位は OH ＞擬不斉ステレオジェン単位＞非ステレオジェン単位（*nst*）＞H となる．したがって C4 の立体配置は S となる．

P-92.5.2　順位細則 4b

二つの配位子が異なる表示記号の組合わせをもつとき，最初に選ばれた *like* 表示記号の組は，対応する *unlike* 表示記号の組に優先する．

（i）*like* 表示記号の組: *RR, SS*

（ii）*unlike* 表示記号の組: *RS, SR*

P-92.5.2.1　配位子の組合わせ方

Prelog と Helmchen（参考文献 36, 5.4 参照）によって説明された方法に代わる新しい方法が，最近 Mata と Lobo

(参考文献41)により報告された．立体表示記号を組合わせる規則は以下のとおりである．各配位子に対してキラリティー中心の基準表示記号を選び，**R** または **S** で表示する(有向グラフのどの分枝点にも関連していない)．基準表示記号は以下のどれかに該当するものである．

(a) 配位子のキラリティー単位に対応する最も序列の高い分枝点に関連しているもの
(b) 等価な最も序列の高い分枝点の集合の中で最も頻繁に現れるもの
(c) もし等価な最も序列の高い分枝点の集合の中で同じ回数現れるならば，結果的には両方の表示記号(**R** と **S**)

(i) もし両方の配位子で基準表示記号の数が異なるならば，一つの基準表示記号をもつ配位子が二つの基準表示記号をもつ配位子に優先する．
(ii) もし両方の配位子が同じ数の基準表示記号をもつならば，有向グラフ中の連結性と階層に関して，基準表示記号をキラリティー単位に相当する分枝点に関連した **R** または **S** で表示された立体表示記号の一つずつと組にする．

P-92.5.2.2 P-92.5.2.1 の方法の適用例を以下に示す．P-92.5.2.1 の判定基準は(a), (b), (c), (i)および(ii)の順番に必要に応じて適用する．例1から4は判定基準(a)，例5は判定基準(b)，例6は(c)に続いて補助判定基準(i)に関連する．P-92.6 の例6は判定基準(c)を示す．

例1:

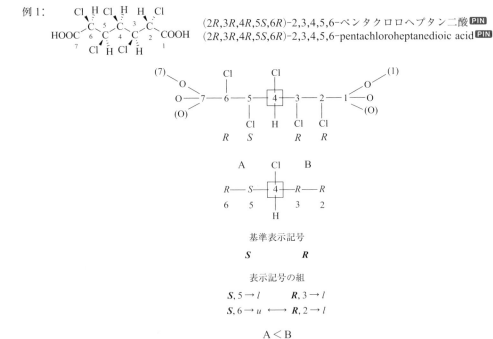

説明：この例では，C2, C3, C5 と C6 の立体配置は，順位規則**1**による配位子の順位付けにより決まる．それぞれの枝(配位子)A と B で，最高序列の分枝点を基準表示記号として選ぶと，右の枝では C3，左の枝では C5 である．したがって，C3 が **R** であるので右の枝では **R** を選び，C5 が **S** であるので左の枝では **S** を選ぶ．有向グラフの中心から始めて，基準表示記号と個々の表示記号(位置番号で示す)を組合わせることにより，表示記号の組をつくる．これらは *l* または *u* で表示し，*like* の組は **RR** または **SS** で，*unlike* の組は **RS** または **SR** である．階層の序列が高い方から低い方へ，枝の間で組を比較する．最初に異なる点(両頭の矢印)では，*like* の組は *unlike* の組より上位であるため，C4 の立体配置は *R* となる．

P-92 Cahn-Ingold-Prelog (CIP) 優先順位方式と順位規則   851

例 2:

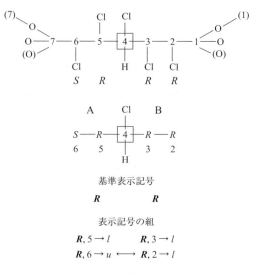

(2*R*,3*R*,4*R*,5*R*,6*S*)-2,3,4,5,6-ペンタクロロヘプタン二酸 [PIN]
(2*R*,3*R*,4*R*,5*R*,6*S*)-2,3,4,5,6-pentachloroheptanedioic acid [PIN]

基準表示記号

R　　　***R***

表示記号の組

R, 5 → *l*　　　***R***, 3 → *l*
R, 6 → *u* ⟷ ***R***, 2 → *l*

A ＜ B

説明：この例では，C2, C3, C5 と C6 の立体配置は，順位規則 **1** を適用すると決まる．有向グラフにおけるそれぞれの枝(配位子)A と B で，最高序列の分枝点を基準表示記号として選ぶと，二つの枝とも **R** となる．有向グラフの中心から始めて，基準表示記号と個々の表示記号(位置番号で示す)を組合わせることにより，表示記号の組をつくる．これらは *l* または *u* で表示され，*like* の組合わせは ***RR*** または ***SS*** で，*unlike* の組合わせは ***RS*** または ***SR*** である．階層の序列が高い方から低い方(中心に近いものから遠いもの)へ，枝の間で組を比較する．最初に異なる点では，*like* の組は *unlike* の組より上位であるため，C4 の立体配置は *R* となる．

例 3:

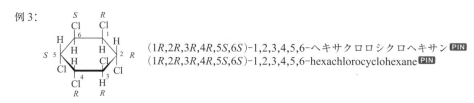

(1*R*,2*R*,3*R*,4*R*,5*S*,6*S*)-1,2,3,4,5,6-ヘキサクロロシクロヘキサン [PIN]
(1*R*,2*R*,3*R*,4*R*,5*S*,6*S*)-1,2,3,4,5,6-hexachlorocyclohexane [PIN]

上記の番号付けから C1 の立体配置を決めるための有向グラフ

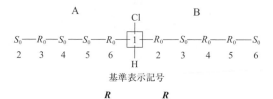

基準表示記号

R　　　***R***

852　　　　　　　　　　　　P-9　立体配置と立体配座の特定

（前ページ例 3 つづき）

表示記号の組

$R, 6 \rightarrow l$　　　　$R, 2 \rightarrow l$
$R, 5 \rightarrow u$　　　　$R, 3 \rightarrow u$
$R, 4 \rightarrow u \longleftrightarrow R, 4 \rightarrow l$
$R, 3 \rightarrow l$　　　　$R, 5 \rightarrow l$
$R, 2 \rightarrow u$　　　　$R, 6 \rightarrow u$

A ＜ B

説明: この例は基準表示記号の使い方と，Prelog と Helmchen(参考文献 36, 6.2.1 参照)
が提案した，一般的な表示記号 R と S の代わりに独自の補助表示記号の使い方を図示す
る．最初の段階では，補助表示記号(R_0 と S_0)を示す有向グラフをつくる．次に，Mata
と Lobo が提案した表示記号の組合わせ法を適用する．この例では，枝 A と B の最高
序列の分枝点を基準表示記号として選ぶと，両方とも基準表示記号は R である．表示記
号の組を分析すると，枝 B が枝 A より上位であることがわかり，C1 の立体配置は R と
なる．

例 4:

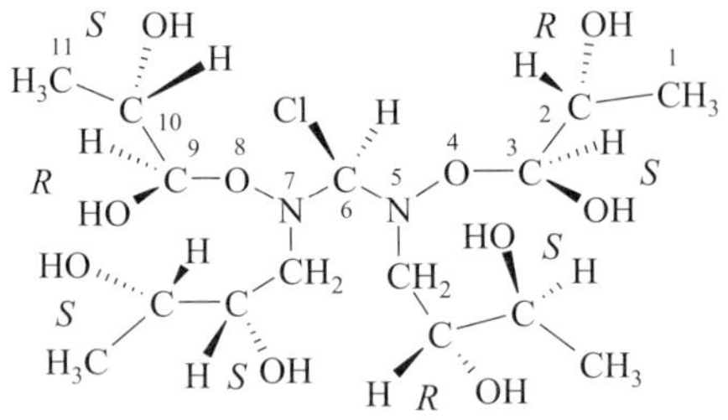

(2R,3S,6R,9R,10S)-6-クロロ-5-[(2R,3S)-2,3-ジヒドロキシブチル]-7-[(2S,3S)-2,3-
　　　　ジヒドロキシブチル]-4,8-ジオキサ-5,7-ジアザウンデカン-2,3,9,10-テトラオール PIN
(2R,3S,6R,9R,10S)-6-chloro-5-[(2R,3S)-2,3-dihydroxybutyl]-7-[(2S,3S)-2,3-
　　　　dioxa-5,7-diazaundecane-2,3,9,10-tetrol PIN
("ア"命名法によって命名された主鎖では立体表示記号の組は両方とも *unlike* であり，立体表示記号
R は，より小さい位置番号 2 に割当てる)

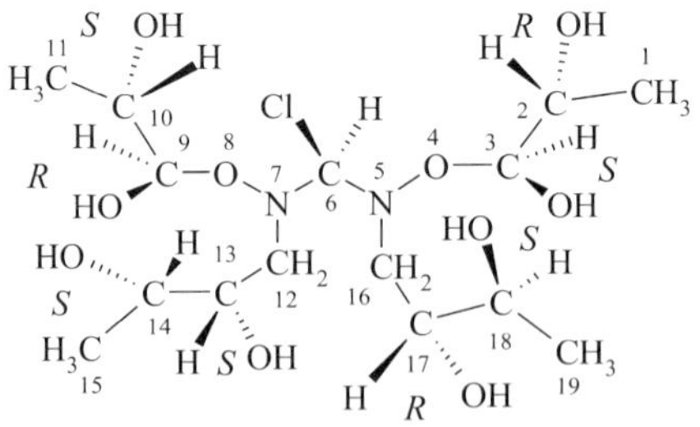

C6 の有向グラフをつくるための任意の番号付け

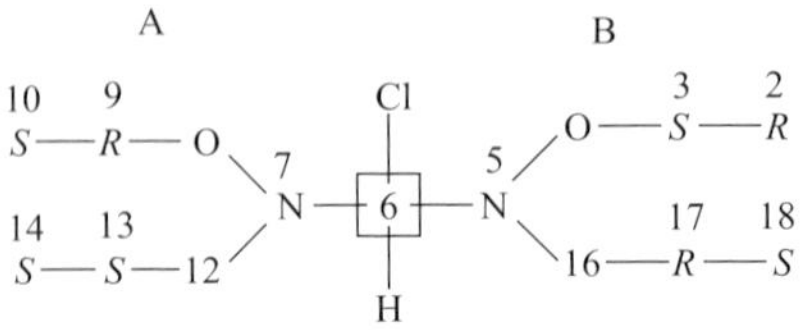

　　　　　　A　　　　　　　　　　　　　B

10　9　　　　　　　　Cl　　　　　　3　2
S—R—O　　　　　　　　　O—S—R
　　　　　7　　　　　5
14　13　　　　　N—6—N　　　17　18
S—S—12　　　　　　　　　16—R—S
　　　　　　　　　H

基準表示記号

R　　　　　　S

P-92 Cahn-Ingold-Prelog（CIP）優先順位方式と順位規則   853

（前ページ例 4 つづき）

表示記号の組

$R, 9 \rightarrow l$ 　　　$S, 3 \rightarrow l$
$R, 13 \rightarrow u$ 　　$S, 17 \rightarrow u$
$R, 10 \rightarrow u$ 　　$S, 2 \ \rightarrow u$
$R, 14 \rightarrow u \longleftrightarrow S, 18 \rightarrow l$

A ＜ B

B が A より上位であるので C6 の立体配置は R となる.

説明: まず上記のように構造に番号を付け直す. 次に, 順位規則 1 による配位子の順位付けにより, C2, C3, C9, C10, C13, C14, C17 と C18 の立体配置を決定する. しかし, 順位規則 1 ではキラリティー中心 C6 の二つの配位子の順位付けができないので, それらのキラリティー単位の表示記号の組を順位規則 4 に従って比較する. 順位規則 1 の適用によってすでに決めた C6 の両方の配位子におけるキラリティー中心の序列は, 枝 A では C9 ＞ C13 ＞ C10 ＞ C14, 枝 B では C3 ＞ C17 ＞ C2 ＞ C18 である. 次の段階では, それぞれの配位子中の最高序列のキラリティー単位における表示記号に基づいて, 基準表示記号 R または S を選ぶ. 基準表示記号は枝 A では R, 枝 B では S である. 最後に, 有向グラフの連結性と階層に従って表示記号の組の比較を行う. 最初に異なる点で, *like* の組は *unlike* の組に優位である. したがって, 枝 B は枝 A より上位であることが決まり, C6 の立体配置は R となる.

例 5: この例は P-92.5.2.1 で説明した規則の判定基準(b)の適用を示す.

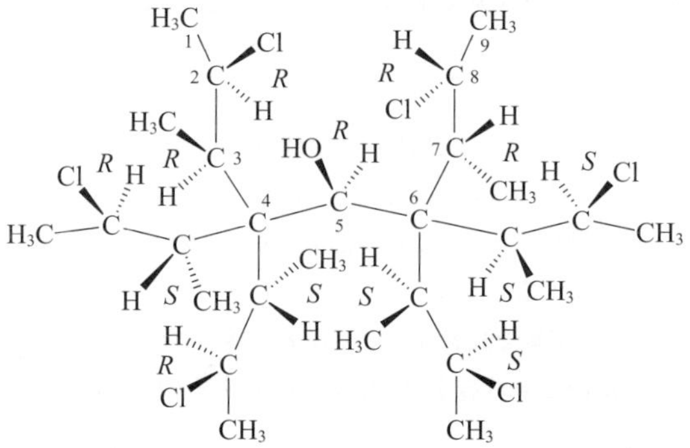

(2R,3R,5R,7R,8R)-2,8-ジクロロ-4,4-
　　ビス[(2S,3R)-3-クロロブタン-2-イル]-6,6-
　　ビス[(2S,3S)-3-クロロブタン-2-イル]-3,7-
　　ジメチルノナン-5-オール**PIN**
(2R,3R,5R,7R,8R)-2,8-dichloro-4,4-
　　bis[(2S,3R)-3-chlorobutan-2-yl]-6,6-
　　bis[(2S,3S)-3-chlorobutan-2-yl]-3,7-
　　dimethylnonan-5-ol**PIN**

（主鎖は 2 組の立体表示記号を含み, 一方は *like* で他方は *unlike* である. *like* の組を最小の位置番号とする.）

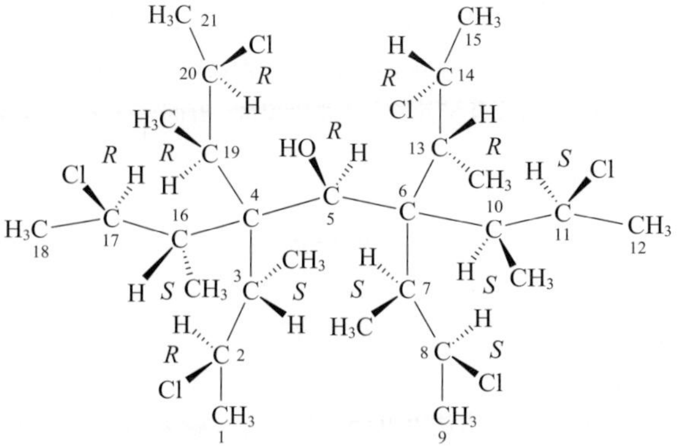

C5 の有向グラフをつくるための任意の番号付け

(前ページ例5 つづき)

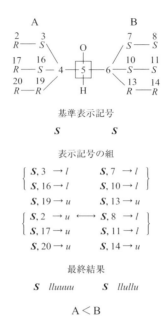

基準表示記号

S　　**S**

表示記号の組

$$\left\{\begin{array}{ll} \boldsymbol{S},3 \to l & \boldsymbol{S},7 \to l \\ \boldsymbol{S},16 \to l & \boldsymbol{S},10 \to l \end{array}\right\}$$
$$\boldsymbol{S},19 \to u \qquad \boldsymbol{S},13 \to u$$
$$\left\{\begin{array}{ll} \boldsymbol{S},2 \to u \longleftrightarrow \boldsymbol{S},8 \to l \\ \boldsymbol{S},17 \to u & \boldsymbol{S},11 \to l \end{array}\right\}$$
$$\boldsymbol{S},20 \to u \qquad \boldsymbol{S},14 \to u$$

最終結果

S *lluuuu*　　**S** *llullu*

A＜B

説明：まず上記のように構造に番号を付け直す．そして，C2, C3, C7, C8, C10, C11, C13, C14, C16, C17, C19 と C20 の立体配置は，順位規則 **1** を適用することにより決定する．C4 と C6 はキラリティー中心ではない．C5 の立体配置の決定は，この有向グラフに従って以下のように示される．次に基準表示記号を選ぶ．左の枝では，領域 II の分枝点は階層的に等価であり，分枝点のうち二つは S でもう一つは R である．したがって，基準表示記号は S であり，等価な最高序列の分枝点の組の中で最も多く出てくる記号である．同様に，右の枝では基準表示記号は S である．

表示記号の組の比較に用いられる階層は，以下のように決める．領域 II の三つの分枝点 (左の枝では C4 に結合した分枝点，右の枝では C6 に結合した分枝点) を並べ直すと，分枝点はもはや等価ではない．*like* の組をつくる分枝点は，*unlike* の組をつくる分枝点に優先する．同様に，枝 B の序列でも *like* の組が優先する．

有向グラフの解析から，最初に異なるところで組を比較すると，**S**, 8 と **S**, 11(*like* の組) は **S**, 2 と **S**, 17(*unlike* の組) に優先することが決まり，枝 B が枝 A に優先するので C5 の立体配置は R となる．

この順位規則を適用するときは常に有向グラフの並べ替えが必要である．順位規則 **4b** に従って比較する前ならば，以下の部分有向グラフ 1, 2 および 3(有向グラフの上の分枝点は有向グラフの下に近い分枝点と等価であるか序列が高い) は枝 A を示すグラフとしてすべて有効である．しかし，領域 II で比較したあとでは，有向グラフ 1 だけが分枝点の序列を示す．

$$1 \quad \begin{array}{l} R\!-\!S \\ R\!-\!S \\ R\!-\!R \end{array}\!\!\!\!> \qquad 2 \quad \begin{array}{l} R\!-\!R \\ R\!-\!S \\ R\!-\!S \end{array}\!\!\!\!> \qquad 3 \quad \begin{array}{l} R\!-\!S \\ R\!-\!R \\ R\!-\!S \end{array}\!\!\!\!>$$

例6：この例は Meta と Lobo が推奨した方法(P-92.5.2.1 参照)に基づく判定基準(i)を説明する．すなわち，もし両方の配位子で基準表示記号の数が異なるならば，一つの基準表示記号をもつ配位子が二つの基準表示記号を

P-92 Cahn-Ingold-Prelog (CIP) 優先順位方式と順位規則

もつ配位子に優先する.

(2R)-2-{ビス[(1R)-1-ヒドロキシエチル]アミノ}-2-{[(1R)-1-ヒドロキシエチル][(1S)-1-ヒドロキシエチル]アミノ}酢酸 **PIN**
(2R)-2-{bis[(1R)-1-hydroxyethyl]amino}-2-{[(1R)-1-hydroxyethyl][(1S)-1-hydroxyethyl]amino}acetic acid **PIN**

C2の立体配置を表示するための簡略有向グラフ

説明: 枝Aでは, 両方の表示記号(RとS)が基準表示記号として使われる. 枝Bでは基準表示記号は一つだけ(R)である. したがって配位子Bの順位が高くなり, C2の立体配置はRとなる.

P-92.5.3 順位規則 4c

rはsに優先する.

例:

(2R,3r,4R,5s,6R)-2,6-ジクロロ-3,5-ビス[(1S)-1-クロロエチル]ヘプタン-4-オール **PIN**
(2R,3r,4R,5s,6R)-2,6-dichloro-3,5-bis[(1S)-1-chloroethyl]heptan-4-ol **PIN**

説明: 順位規則 **4a** と P-92.5.2.1 の(b)に従い, 位置番号の組合わせ(2R,4R,6R)は(2R,4R,6S)に優先する. 主鎖では擬不斉中心rを小さい位置番号3とする.

C2とC6の立体配置は, 順位規則 **1** を適用するとRと決まる. 同じ規則により, C8とC10の立体配置はSとなる. C5の立体配置は順位規則 **5**(以下参照: RはSに優先)を適用するとsと決まる. 同じ規則によりC3の立体配置はrとなる. 上のP-92.5.2.1で述べた手続きにより, 以下の簡略有向グラフをつくる.

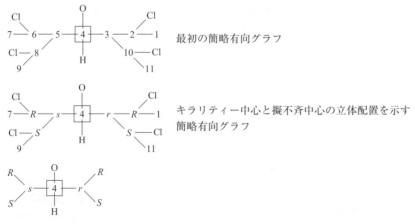

最初の簡略有向グラフ

キラリティー中心と擬不斉中心の立体配置を示す簡略有向グラフ

rがsに優先する規則を適用するとC4の立体配置はRとなる.

P-92.6 順位規則 5: *R* は *S* に優先し, *M* は *P* に優先し, *seqCis* は *seqTrans* に優先する

PIN では, 擬不斉中心を表示するために小文字の立体表示記号 *r* と *s* を, 軸または平面の擬不斉を表示するために *m* と *p* を使う. これらの立体表示記号は鏡映操作に不変である. 対照的に, 二重結合の同じ位置に立体配置が逆の二つのキラルな配位子があると, 立体表示記号 *seqCis* または *seqTrans* で表示する幾何学的にエナンチオマーの関係にある二重結合が生じる. このような立体配置は鏡映操作で変化する(以下の例 5 参照). *seqCis* が *seqTrans* に優先することは, P-93.5.1.4.2.2 の例 4 を参照してほしい.

例 1: (2*R*,3*r*,4*S*)-ペンタン-2,3,4-トリチオール **PIN**
(2*R*,3*r*,4*S*)-pentane-2,3,4-trithiol **PIN**

説明: C2 と C4 の立体配置は順位規則 **1** を適用することにより決める. C3 の立体配置が *r* であることは, S>C2>C4>H の順位から決まる.

例 2: (1*r*,3*r*)-シクロブタン-1,3-ジオール **PIN**
(1*r*,3*r*)-cyclobutane-1,3-diol **PIN**

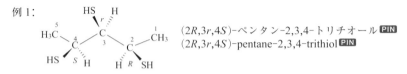

簡略有向グラフ

説明: *R* が *S* に優先する規則に従うと, 下側の有向グラフから C1 の立体配置は *r* に決まる. 同じ方法により, C3 の立体配置は *r* に決まる. 補助表示記号 R_0 と S_0 は, 順位規則 **1** の適用で決める通常の表示記号の代わりに使う(参考文献 36, 6.2.1 参照).

例 3: (3*R*,4*m*,5*S*)-4-(2-ブロモエテン-1-イリデン)ヘプタン-3,5-ジチオール **PIN**
(3*R*,4*m*,5*S*)-4-(2-bromoethen-1-ylidene)heptane-3,5-dithiol **PIN**
(3*R*,4*r*ₐ,5*S*)-4-(2-ブロモエテン-1-イリデン)ヘプタン-3,5-ジチオール
(3*R*,4*r*ₐ,5*S*)-4-(2-bromoethen-1-ylidene)heptane-3,5-dithiol

説明: C3 と C5 の立体配置は, 順位規則 **1** を適用することにより決める. C4 の立体表示記号 *m* または *r*ₐ は, P-92.1.2.1.2 および P-92.1.2.2.1 で説明した方法により決める (P-93.5.7.1 も参照).

例 4:

(1¹*m*)-1²-[(1*R*)-1-ブロモエチル]-1⁶-[(1*S*)-1-ブロモエチル]-1,4(1,4)-ジベンゼナシクロヘキサファン **PIN**
(1¹*m*)-1²-[(1*R*)-1-bromoethyl]-1⁶-[(1*S*)-1-bromoethyl]-1,4(1,4)-dibenzenacyclohexaphane **PIN**
(1¹*s*ₚ)-1²-[(1*R*)-1-ブロモエチル]-1⁶-[(1*S*)-1-ブロモエチル]-1,4(1,4)-ジベンゼナシクロヘキサファン
(1¹*s*ₚ)-1²-[(1*R*)-1-bromoethyl]-1⁶-[(1*S*)-1-bromoethyl]-1,4(1,4)-dibenzenacyclohexaphane

P-92　Cahn-Ingold-Prelog（CIP）優先順位方式と順位規則　　　857

（前ページ例 4 つづき）

説明：X と Y の立体配置は順位規則 **1** を適用することにより決める．C1^1 の立体配置 *m* また
は s_p は P-92.1.2.1.3 と P-92.1.2.2.2 で説明した方法により決める（P-93.5.5.1 も参照）．

例 5：

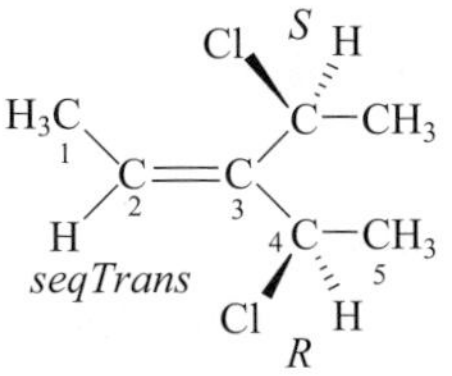

(2*seqTrans*,4*R*)-4-クロロ-3-[(1*S*)-1-クロロエチル]ペンタ-2-エン PIN
(2*seqTrans*,4*R*)-4-chloro-3-[(1*S*)-1-chloroethyl]pent-2-ene PIN

説明：側鎖の立体配置は，順位規則 **1** を適用することにより決める．*seqTrans* の立体配置
は，基準平面の同じ側で *R* が *S* に優先するという P-92.4.1 で説明した方法に従って決める．

例 6：

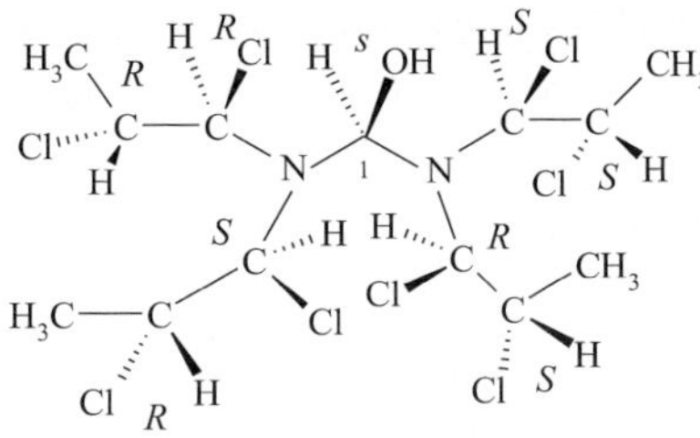

(1*s*)-1-{[(1*R*,2*R*)-1,2-ジクロロプロピル][(1*S*,2*R*)-1,2-ジクロロプロピル]アミノ}-1-{[(1*R*,2*S*)-
1,2-ジクロロプロピル][(1*S*,2*S*)-1,2-ジクロロプロピル]アミノ}メタン-1-オール PIN
(1*s*)-1-{[(1*R*,2*R*)-1,2-dichloropropyl][(1*S*,2*R*)-1,2-dichloropropyl]amino}-1-{[(1*R*,2*S*)-1,2-
dichloropropyl][(1*S*,2*S*)-1,2-dichloropropyl]amino}methan-1-ol PIN

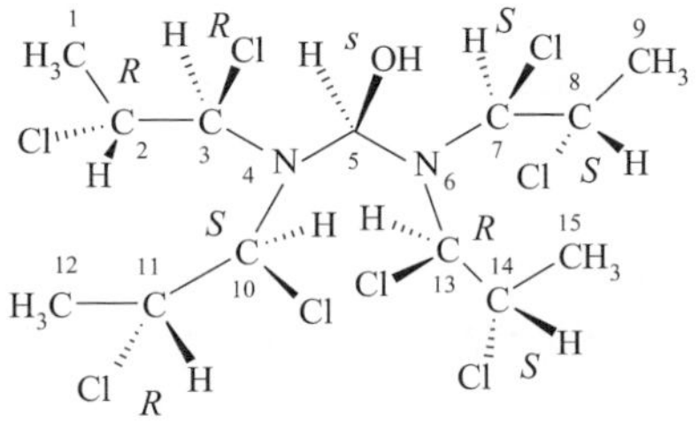

C5 の有向グラフをつくるための任意の番号付け

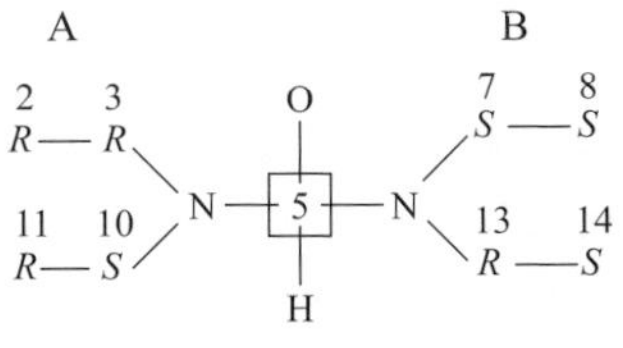

基準表示記号

R	*S*	*R*	*S*

表示記号の組合わせ

R, 3 →*l*	*S*, 10→*l*	*R*, 13→*l*	*S*, 7 →*l*
R, 10→*u*	*S*, 3 →*u*	*R*, 7 →*u*	*S*, 13→*u*
R, 2 →*l*	*S*, 11→*u*	*R*, 14→*u*	*S*, 8 →*l*
R, 11→*l*	*S*, 2 →*u*	*R*, 8 →*u*	*S*, 14→*l*

$$\begin{matrix} R & lull \\ S & luuu \end{matrix} = \begin{matrix} R & luuu \\ S & lull \end{matrix}$$

A＝B

858 　　　　　　　　　　　　　P-9　立体配置と立体配座の特定

(前ページ例 6 つづき)

　　　　説明: 最初に，上記のように分子に任意の番号を付け直す．次に，配位子に順位規則 **1** を
　　　　適用すると，八つのキラリティー中心 C2, C3, C7, C8, C10, C11, C13, C14 は上記のように
　　　　特定できる．C5 の立体配置を決めるために，その次に示す有向グラフと P-92.5.2.1 で説
　　　　明した方法に従って順位細則 **4b** を適用する．上記の分析の結果，枝 A ＝ 枝 B となり決
　　　　定することができない．そこで順位規則 **5** を適用する必要がある．

　　　　順位規則 **5** による配位子の順位付け: 同じ有向グラフを用いて順位規則 **5** を適用すると，
　　　　以下の分析から順位が決定できる．最高序列の分枝点の組の中には R と S の両方の表示
　　　　記号があるので，両方を基準表示記号として使わなければならない．

　　　　　順位規則 **5**，すなわち R は S に優先する規則を枝 A の最初の領域の表示記号(N に直接
　　　　結合したもの)に適用すると，分枝点 3 が分枝点 10 に優先する．枝 B では，分枝点 13 が
　　　　分枝点 7 に優先する．この段階では違いが認められない．表示記号 2 と 11 および 8 と
　　　　14 が位置する次の段階では，枝 A 中の最高序列の分枝点 2 は R で，枝 B 中の最高序列の
　　　　分枝点は S である．この違いにより初めて枝 A が枝 B に優先することがわかる．した
　　　　がって，C5 の立体配置は s となる．

　　　　　　　　　　　　　　　［枝 A］　　　［枝 B］
　　　　　　　　　　　　　　　3-*R*　　　　13-*R*
　　　　　　　　　　　　　　　10-*S*　　　7-*S*
　　　　　　　　　　　　　　　2-*R*　　　　8-*S*（最初に異なる点）
　　　　　　　　　　　　　　　11-*R*　　　14-*S*

　　　　　　　　　　　　　　　枝 A　　＞　　枝 B

P-93　立 体 配 置 の 特 定　　　　"日本語名称のつくり方"も参照

　　　P-93.0　は じ め に　　　　　　　　　　　　P-93.4　鎖状有機化合物の立体配置の特定
　　　P-93.1　立体配置に関する一般的事項　　　P-93.5　環状有機化合物の立体配置の特定
　　　P-93.2　炭素以外の元素の四面体立体配置　P-93.6　環と鎖からなる化合物
　　　P-93.3　四面体以外の立体配置

P-93.0　は じ め に

　鎖状化合物と環状化合物の立体配置を表示するためには異なる方法が用いられる．P-92 では，いろいろな種
類の立体配置に従って多様な CIP 立体表示記号について述べた．本節では，PIN において立体配置を表示するた
めのさまざまな方法と代表的な推奨表示記号について述べる．これらは母体構造が鎖状か環状かにより，GIN で
推奨される非 CIP 立体表示記号とともに用いられる．

P-93.1　立体配置に関する一般的事項

　立体化学において，**立体配置** configuration の用語は，立体異性体を区別する空間における分子内の原子の配
列，すなわち立体配座の違いに基づかない立体異性に限定して用いられる．**立体配座** conformation は，形式的な
単結合のまわりの回転により相互変換できる立体異性体を区別する単結合周辺の原子の空間的配列のことであ
る．立体配置は本節 P-93 で，立体配座は P-94 で説明する．

　　　　　　　　　P-93.1.1　絶 対 配 置　　　　P-93.1.3　ラ セ ミ 体
　　　　　　　　　P-93.1.2　相 対 配 置　　　　P-93.1.4　表示記号 *ambo*

P-93.1.1 絶対配置

絶対配置 absolute configuration は，キラルな分子における原子の空間的配列のことである．これは構造の表示に対応し，P-92 で示した立体表示記号 R, S, r, s, M, P によって表す．

例：

(2R)-ブタン-2-オール PIN
(2R)-butan-2-ol PIN

(2S,3S)-3-ブロモブタン-2-オール PIN
(2S,3S)-3-bromobutan-2-ol PIN

(1R,2R)-2-クロロシクロペンタン-1-カルボン酸 PIN
(1R,2R)-2-chlorocyclopentane-1-carboxylic acid PIN

P-93.1.2 相対配置

P-93.1.2.1 相対配置 relative configuration は，ステレオジェン単位が同じ分子種の中に含まれている他のステレオジェン単位に対してもつ立体配置のことである．ジアステレオマーを表示する相対配置は，立体配置の表示記号 R, S, M, P などを用いた一方のエナンチオマーの名称の前に接頭語 rel を付けて表わしてもよい．PIN では，接頭語 rel はふつうの立体表示記号に付け，星印を付けた立体表示記号 R*, S*, M*, P* などに優先して用いる．星印を付けた記号は GIN では用いてもよい．接頭語 rel は分子全体の立体配置を示すことに注意してほしい．一方のエナンチオマーの構造の後につける'またはエナンチオマー'という語句は，相対配置を表示するために使う．相対配置を表示するとき，最小の位置番号をもつステレオジェン中心が R または R* になるように立体表示記号を付ける．

例：

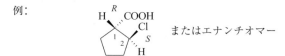

またはエナンチオマー

rel-(1R,2S)-2-クロロシクロペンタン-1-カルボン酸 PIN
rel-(1R,2S)-2-chlorocyclopentane-1-carboxylic acid PIN
(1R*,2S*)-2-クロロシクロペンタン-1-カルボン酸
(1R*,2S*)-2-chlorocyclopentane-1-carboxylic acid
trans-2-クロロシクロペンタン-1-カルボン酸
trans-2-chlorocyclopentane-1-carboxylic acid
（非 CIP 立体表示記号 trans の使用については P-93.5.1.2 参照）

〔rel-(1S,2R)-2-クロロシクロペンタン-1-カルボン酸
rel-(1S,2R)-2-chlorocyclopentane-1-carboxylic acid ではない〕
〔(1S*,2R*)-2-クロロシクロペンタン-1-カルボン酸
(1S*,2R*)-2-chlorocyclopentane-1-carboxylic acid ではない〕

またはエナンチオマー

rel-(2R,3R)-3-ブロモブタン-2-オール PIN
rel-(2R,3R)-3-bromobutan-2-ol PIN
(2R*,3R*)-3-ブロモブタン-2-オール
(2R*,3R*)-3-bromobutan-2-ol

rel-(2*R*)-ブタン-2-オール PIN
rel-(2*R*)-butan-2-ol PIN
(2*R**)-ブタン-2-オール
(2*R**)-butan-2-ol

P-93.1.2.2　既知の絶対配置をもつキラリティー中心と既知の相対配置をもつ立体化学的に関係していない組合わせのキラリティー中心をもつ化合物では，後者を表示するために *R** と *S** の表示記号を使わなければならない．接頭語 *rel* は全体の分子に適用するので，使うことはできない．

例：

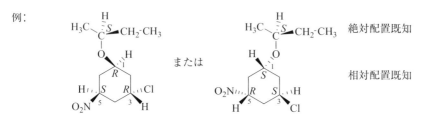

(1*R**,3*R**,5*S**)-1-{[(2*S*)-ブタン-2-イル]オキシ}-3-クロロ-5-ニトロシクロヘキサン PIN
(1*R**,3*R**,5*S**)-1-{[(2*S*)-butan-2-yl]oxy}-3-chloro-5-nitrocyclohexane PIN

P-93.1.3　ラセミ体

ラセミ体 racemate は，1組のエナンチオマーの等分子混合物である．ラセミ体は光学活性を示さない．ラセミ体は，立体配置の表示記号 *R*, *S*, *M*, *P* など用いた一方のエナンチオマーの名称の前に接頭語 *rac* をつけて表示できる．PIN では，ふつうの立体表示記号につける接頭語 *rac* を *RS*, *SR* のような立体表示記号より優先して用いる．後者の記号は GIN では用いてもよい．接頭語 *rac* は全体の分子の立体配置を示すことに注意する．

一方のエナンチオマーの構造の後に付ける'およびエナンチオマー'の語句は，ラセミ体を表すために使う．ラセミ体を表示するとき，最小の位置番号をもつキラリティー中心が *R* または *RS* になるように立体表示記号を付ける．

例：

rac-(1*R*,2*S*)-2-クロロシクロペンタン-1-カルボン酸 PIN
rac-(1*R*,2*S*)-2-chlorocyclopentane-1-carboxylic acid PIN
(1*RS*,2*SR*)-2-クロロシクロペンタン-1-カルボン酸
(1*RS*,2*SR*)-2-chlorocyclopentane-1-carboxylic acid

rac-(2*R*,3*R*)-3-ブロモブタン-2-オール PIN
rac-(2*R*,3*R*)-3-bromobutan-2-ol PIN
(2*RS*,3*RS*)-3-ブロモブタン-2-オール
(2*RS*,3*RS*)-3-bromobutan-2-ol

P-93 立体配置の特定 　　　　　　　　　　　　　　　　　　　　861

$$CH_3-CH_2 \underset{\underset{Br}{|}}{\overset{\overset{3}{}}{\underset{4}{C}}}\overset{2}{\underset{1}{-}}CH_3$$ およびエナンチオマー

rac-(2*R*)-2-ブロモブタン PIN　*rac*-(2*R*)-2-bromobutane PIN
(2*RS*)-2-ブロモブタン　(2*RS*)-2-bromobutane
(±)-2-ブロモブタン　(±)-2-bromobutane

P-93.1.4　表示記号 *ambo*

キラル分子の非ステレオジェン中心での反応またはキラル化合物とラセミ化合物との反応によりジアステレオマーが生成すると，一般に 50：50 の混合物にはならない．この状況を表すために，接頭語 *ambo* を使う（P-103.3.4 も参照）.

例：

に加えて，ある割合の C2 でのエピマー

2-*ambo*-(2*R*,4′*R*,8′*R*)-α-トコフェロール
2-*ambo*-(2*R*,4′*R*,8′*R*)-α-tocopherol　(参考文献 37 および 44 参照)
2-*ambo*-(2*R*)-2,5,7,8-テトラメチル-2-[(4*R*,8*R*)-4,8,12-トリメチルトリデシル]-
　　　　　　　　　　　　　　　　3,4-ジヒドロ-2*H*-1-ベンゾピラン-6-オール
2-*ambo*-(2*R*)-2,5,7,8-tetramethyl-2-[(4*R*,8*R*)-4,8,12-trimethyltridecyl]-
　　　　　　　　　　　　　　　　3,4-dihydro-2*H*-1-benzopyran-6-ol

P-93.2　炭素以外の元素の四面体立体配置

P-93.2.0　はじめに	P-93.2.3　アミンオキシドとホスファンオキシド
P-93.2.1　一般的方法	P-93.2.4　リン酸，ホスホン酸および関連化合物
P-93.2.2　アザニウム（アンモニウム）とホスファニウム（ホスホニウム）化合物	P-93.2.5　硫酸，スルホン酸および関連化合物
	P-93.2.6　14 族化合物（炭素化合物以外）

P-93.2.0　はじめに

ステレオジェン炭素中心に対して説明した CIP 優先順位方式を，四面体形に配置した四つの配位子をもつすべての原子に拡張する．本節では多くの例を示す.

P-93.2.1　一般的方法

四面体形に配置した四つの配位子をもつすべてのキラリティー中心の絶対配置は *R* と *S* の立体表示記号で，擬不斉中心の絶対配置は *r* と *s* の立体表示記号で表示する．これらの表示記号の付け方は，炭素化合物の場合と同じである．数字の位置記号は立体表示記号の前に付けるが，*N*, *O* または *S* のような文字の位置記号はつけない．PIN では，名称中の基準位置記号がないことによる不確かさを避けるために，中心原子が B, S, Se, Te, N, P, As, Sb, Bi であるステレオジェン単位を含む化合物の名称は，適切な囲み記号の中に書く．GIN では，位置番号と特定の囲み記号は省略できる．GIN では，中心原子が Al, Ge, In, Tl の場合もこの方式に従う.

P-93.2.2 アザニウム(アンモニウム)とホスファニウム(ホスホニウム)化合物

P-92.2 で述べた方法により、四つの異なる配位子について順位 a>b>c>d を考える。立体表示記号は P-91.2 で示したとおりである。

例:

(R)-[N-ベンジル-N-メチル-N-(プロパ-2-エン-1-イル)アニリニウム]=ブロミド **PIN**
(R)-[N-benzyl-N-methyl-N-(prop-2-en-1-yl)anilinium] bromide **PIN**
(R)-[N-ベンジル-N-メチル-N-(プロパ-2-エン-1-イル)ベンゼンアミニウム]ブロミド
(R)-[N-benzyl-N-methyl-N-(prop-2-en-1-yl)benzenaminium] bromide
(R)-[ベンジル(メチル)フェニル(プロパ-2-エン-1-イル)アザニウム]ブロミド
(R)-[benzyl(methyl)phenyl(prop-2-en-1-yl)azanium] bromide
(R)-[ベンジル(メチル)フェニル(プロパ-2-エン-1-イル)アンモニウム]ブロミド
(R)-[benzyl(methyl)phenyl(prop-2-en-1-yl)ammonium] bromide

(2S)-2-(4-ヒドロキシフェニル)-2-フェニル-1,2,3,4-テトラヒドロイソホスフィノリン-2-イウム=ブロミド **PIN**
(2S)-2-(4-hydroxyphenyl)-2-phenyl-1,2,3,4-tetrahydroisophosphinolin-2-ium bromide **PIN**

アルサニウム arsanium、スチバニウム stibanium、ビスムタニウム bismuthanium などの塩は、リン中心カチオンと同じ方法で取扱う。

P-93.2.3 アミンオキシドとホスファンオキシド

キラルなアミンオキシドとホスファンオキシドでは、酸素原子を4番目の配位子として扱う。この酸素原子への結合の性質とは無関係である。

例:

(S)-N-エチル-N-メチルアニリン=N-オキシド **PIN**
(S)-N-ethyl-N-methylaniline N-oxide **PIN** (P-74.2.1.2 参照)
(S)-(N-エチル-N-メチルアニリニウムイル)オキシダニド
(S)-(N-ethyl-N-methylaniliniumyl)oxidanide

(S)-メチル(フェニル)プロピル-λ^5-ホスファノン **PIN**
(S)-methyl(phenyl)propyl-λ^5-phosphanone **PIN** (P-74.2.1.4 参照)
(S)-メチル(フェニル)プロピルホスファンオキシド
(S)-methyl(phenyl)propylphosphane oxide

P-93.2.4　リン酸，ホスホン酸および関連化合物

　リン酸，ホスホン酸および関連化合物で慣用的に書かれる P=O 結合は，すでに四つの原子または基が四面体の立体配置にあるので単結合として考える．同様に，キラル分子の立体配置を決定するとき，電荷の形式的な配置は考えない．立体表示記号 R と S は塩あるいはエステルとしての構造全体を示すので，全体の立体配置を表示するために全名称を括弧内に置く．

例：

$$
\left[\begin{array}{c} C_6H_5-O \overset{b}{\underset{a}{}} \overset{c}{\underset{}{}} O-CH_3 \\ \underset{a}{S}\ P\ O^-\underset{d}{} \\ R \end{array} \longleftrightarrow \begin{array}{c} C_6H_5-O \overset{b}{} \overset{c}{} O-CH_3 \\ a-S\ P\ O\ d \\ R \end{array} \right] Na^+
$$

(R)-(ホスホロチオ酸=O-メチル=O-フェニル)ナトリウム **PIN**
sodium (R)-(O-methyl O-phenyl phosphorothioate) **PIN**

$$
\left[\begin{array}{c} \overset{a}{^-S}\ \overset{d}{CH_3} \\ P\quad CH_3 \\ ^-O\ O-CH \\ c\ R\ b\quad CH_3 \end{array} \longleftrightarrow \begin{array}{c} \overset{a}{S}\ \overset{d}{CH_3} \\ P\quad CH_3 \\ ^-O\ O-CH \\ c\ R\ b\quad CH_3 \end{array} \right] Na^+
$$

(R)-(メチルホスホノチオ酸 O-プロパン-2-イル)ナトリウム **PIN**
sodium (R)-(O-propan-2-yl methylphosphonothioate) **PIN**

(R)-[メチルホスホノチオ酸 O-(1-メチルエチル)]ナトリウム
sodium (R)-[O-(1-methylethyl) methylphosphonothioate]

$$
\begin{array}{c} CH_3-O \overset{a}{}\overset{S}{}\overset{d}{}CH_3 \\ P \\ O\ b \\ c \end{array}
$$

(S)-[メチル(フェニル)ホスフィン酸]メチル **PIN**
methyl (S)-[methyl(phenyl)phosphinate] **PIN**

$$
\left[\begin{array}{c} \overset{c}{^{17}O^-}\ \overset{a}{O}-CH_3 \\ P \\ O\ ^{18}O^- \\ d\ \underset{S}{}\ b \end{array} \right] 2H^+
$$

(S)-[($^{17}O_1$,$^{18}O_1$)リン酸 O-メチル]二水素 **PIN**
dihydrogen (S)-[O-methyl ($^{17}O_1$,$^{18}O_1$)phosphate] **PIN**
　(P-82.2.1, P-82.3.2 参照)

P-93.2.5　硫酸，スルホン酸および関連化合物

　硫酸，スルホン酸および関連するアニオンは，リン酸アニオンと同じ方法で扱う(P-93.2.4 参照)．セレン酸，セレノン酸，テルル酸，テルロン酸および関連化合物は硫酸，スルホン酸および関連化合物と同様に扱う．スホキシドは P-93.3.3.2 で説明する．

例：

$$
\begin{array}{c} \overset{a}{S}\ \overset{c}{O} \\ d\ S \\ O-CH_3 \\ b \end{array}
$$

(S)-(ベンゼンスルホノチオ酸)O-メチル **PIN**
O-methyl (S)-(benzenesulfonothioate) **PIN**

$$
\begin{array}{c} CH_3 \\ ^{18}O \overset{a}{}\ S \\ b\ O\ CH_2 \\ R\ d \end{array}
$$

1-メチル-4-{(R)-フェニル[($^{18}O_1$)メタンスルホニル]}ベンゼン **PIN**
1-methyl-4-{(R)-phenyl[($^{18}O_1$)methanesulfonyl]}benzene **PIN**

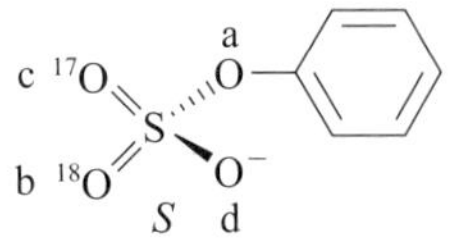

864　　　　　P-9　立体配置と立体配座の特定

(S)-[($^{17}O_1$,$^{18}O_1$)硫酸 O-フェニル]N,N,N-トリブチルブタン-1-アミニウム **PIN**

N,N,N-tributylbutan-1-aminium (S)-[O-phenyl ($^{17}O_1$,$^{18}O_1$)sulfate] **PIN**

　　（P-82.2.1，P-82.3.2 も参照）

(S)-[($^{17}O_1$,$^{18}O_1$)硫酸 O-フェニル]テトラブチルアンモニウム

tetrabutylammonium (S)-[O-phenyl ($^{17}O_1$,$^{18}O_1$)sulfate]

(S)-[($^{17}O_1$,$^{18}O_1$)硫酸 O-フェニル]テトラブチルアザニウム

tetrabutylazanium (S)-[O-phenyl ($^{17}O_1$,$^{18}O_1$)sulfate]

P-93.2.6　14 族化合物（炭素化合物以外）

キラルなシラン，ゲルマン，スタンナン，プルンバンは，炭素化合物と同じ方法で取扱う．

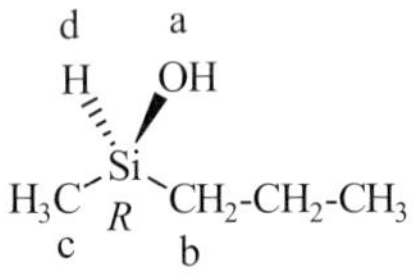

(R)-メチル(プロピル)シラノール **PIN**

(R)-methyl(propyl)silanol **PIN**

P-93.3　四面体以外の立体配置

P-93.3.1　一般的方法	P-93.3.3　配置指数と優先順位規則
P-93.3.2　多面体記号	P-93.3.4　キラリティー記号

P-93.3.1　一 般 的 方 法

　原子が 3, 4, 5 または 6 個の配位子(原子または原子団)に結合するとき，多数の幾何学的配置が可能である．一般に，関与する原子の違いにより，正多面体の理想的な幾何構造からいくらかひずんでいる．したがって，5 個の配位子が結合するとき三方両錐または正方錐，6 個の配位子が結合するとき八面体または三方柱(非常にまれ)に配置することができる．これらの系について以下に説明する表示法は，無機配位化合物命名法の IUPAC 規則に記述されているものである(参考文献 12, IR-9.3 参照)．配位数が 7 以上である系の幾何構造の詳細も，参考文献 12 に解説されている．

　非四面体の立体配置の立体表示記号は，三つの部分からなる．

(1) **多面体記号** polyhedral symbol とよばれる全体の幾何構造を示す記号．
(2) **配置指数** configurational index とよばれる中心原子のまわりの配位子の立体配置を示す記号．
(3) **キラリティー記号** chirality symbol とよばれる中心原子に伴う絶対配置を示す記号．

　三つの部分からなる立体表示記号はハイフンで互いに区切って全体を丸括弧で囲み，ハイフンを付けて名称の前におく．

P-93.3.2　多 面 体 記 号

　多角形記号は最も近い理想的幾何構造の短縮形(イタリック体の大文字)と，結合している配位子数を示す数字によって示す(参考文献 12, IR-9.3.2.1 参照)．表 9・1 は有機化合物の構造に関連したよく見かける正多面体の記号を示す．四面体中心をもつ分子の立体配置は上記の P-92 で説明した．

P-93　立体配置の特定　　　　　　　　　　　　　　　　　865

表 9·1　有機化合物で一般的に見かける多面体記号

理想的幾何構造	結合した原子 または原子団	多面体記号
三方錐 trigonal pyramid	3	*TPY*-3
T-型 T-shape	3	*TS*-3 （参考文献 12）
四面体 tetrahedron	4	*T*-4
平面四角形 square plane	4	*SP*-4
シーソー see-saw	4	*SS*-4 （参考文献 12）
三方両錐 trigonal bipyramid	5	*TBPY*-5
正方錐 square pyramid	5	*SPY*-5
八面体 octahedron	6	*OC*-6

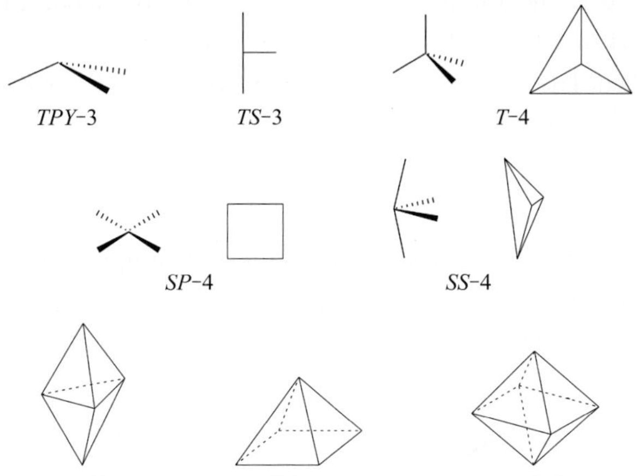

TPY-3　　　　*TS*-3　　　　　　　　*T*-4

SP-4　　　　　　　　　　　*SS*-4

TBPY-5　　　　*SPY*-5　　　　*OC*-6

もしこれ以上の情報が必要でなければ，理想的な多面体の省略記号と結合する原子または原子団の数をハイフンで区切り，全体を丸括弧で囲んで化合物の名称の前に付ける.

例：

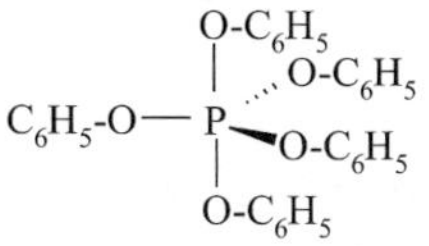

(*TBPY*-5)-ペンタフェノキシ-λ^5-ホスファン **PIN**
(*TBPY*-5)-pentaphenoxy-λ^5-phosphane **PIN**

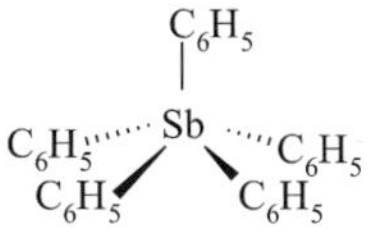

(*SPY*-5)-ペンタフェニル-λ^5-スチバン **PIN**
(*SPY*-5)-pentaphenyl-λ^5-stibane **PIN**

P-93.3.3　配置指数と優先順位規則

P-93.3.3.1　一般的方法	P-93.3.3.5　三 方 両 錐
P-93.3.3.2　三 方 錐	P-93.3.3.6　正 方 錐
P-93.3.3.3　T-型 系	P-93.3.3.7　八 面 体
P-93.3.3.4　シーソー系	

P-93.3.3.1　一般的方法　　配置指数は，各原子(団)がどこに位置するかを特定するための一連の数字である（参考文献 12, IR-9.3.3.2 参照）. これは結合している原子の CIP 優先順位(P-92 参照)に基づく. 最も順位が高い一つまたは複数の原子に**優先順位数** priority number '1' をつけ，次のものに優先順位数 '2' をつけ，以下同様とす

る．以下の例では，構造を位置番号で示し，さらに CIP 方式の適用で使われる優先順位数を丸囲みの数字で示す．標準的な CIP 順位規則 **1** と **2** に加えて，以下の追加規則が必要である．

(a) 優先順位のトランス最大差(参考文献 12, IR-9.3.3.3 参照)．
    同じ優先順位数をもつ原子の間では，最も小さい優先順位数をもつ原子に対してトランス(反対側)にある原子を優先する．以下の平面構造では，a と c (および b と d) がトランスである．

(b) プライム方式(参考文献 12, IR-9.3.5.3 参照)．二つ(または三つ)の同一の環が存在するとき，一方の優先順位数にプライムをつける(三番目の環には二重プライムをつける)．
(c) プライムのない優先順位数は，プライムのついた優先順位数に優先する．配位命名法では，環とは二座または多座の配位子のことである．

理想的な幾何構造ごとに，配置指数を帰属するための固有の規則をもつ．

P-93.3.3.2 三方錐　三方錐中心 *TPY*-3 を含む分子の立体配置は，P-92 で説明した四面体中心 *T*-4 と同様の方法で表示する(参考文献 12, IR-9.3.4.3 参照)．中心原子に三角錐の底面に対して垂直な方向に仮想原子(0)を加えると，四面体の立体配置になる．*TPY*-3 の記号では配置指数は使わない．優先順位数は 1＞2＞3＞4 である．

TPY-3　　　　　　*T*-4　仮想原子 0 を示す

慣例上，スルホキシドは中心原子，配位子そして非共有電子対(もしくは仮想原子)からなる四面体系として考えられてきた．多面体記号は使用しない．

例：　　　　　(メタンスルフィニル)メタン **PIN**　　(methanesulfinyl)methane **PIN**
　　　　　　　〔(*T*-4)-(メタンスルフィニル)メタン　(*T*-4)-(methanesulfinyl)methane としない．
　　　　　　　　記号(*T*-4)は有機化合物の名称では使わない〕

P-93.3.3.3 T-型系　T-型配置の配置指数は多面体記号 *TS*-3 の後につけ，T の縦棒の先にある(T の横棒ではない)原子または置換基の優先順位数である 1 桁の数字とする(参考文献 12, IR-9.3.3.7 参照)．

TS-3-2

例：

(*TS*-3-3)-1-メトキシ-1λ³,2-ベンゾヨーダオキソール-3(1*H*)-オン **PIN**
(*TS*-3-3)-1-methoxy-1λ³,2-benziodoxol-3(1*H*)-one **PIN**
〔(*TBPY*-3)-1-メトキシ-1λ³,2-ベンゾヨードキソール-3(1*H*)-オン
(*TBPY*-3)-1-methoxy-1λ³,2-benziodoxol-3(1*H*)-one としない．P-93.3.3.5.1 参照〕

P-93 立体配置の特定　　　　　　　867

P-93.3.3.4　シーソー系　　シーソー系の配置指数は，最大角をなす二つの原子(団)を示す優先順位数とする
(参考文献 12, IR-9.3.3.8 参照).

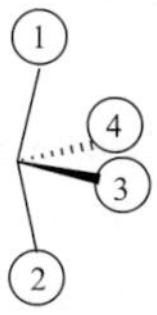

SS-4-12

例：

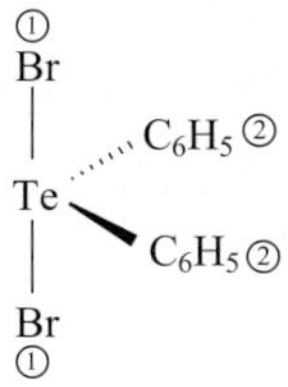

(*SS*-4-11)-ジブロモジフェニル-λ⁴-テルラン PIN
(*SS*-4-11)-dibromodiphenyl-λ⁴-tellurane PIN
〔*TBPY*-4-ジブロモジフェニル-λ⁴-テルラン
TBPY-4-dibromodiphenyl-λ⁴-tellurane としない
(P-93.3.3.5.1 参照)〕

P-93.3.3.5　三 方 両 錐

P-93.3.3.5.1　　　三方両錐の配置指数(参考文献 12, IR-9.3.3.6 参照)は二つのアピカル原子(もし異なれば小さい数字が先)とし，系の基準軸を示す．優先順位数は 1＞2＞3＞4＞5 である．

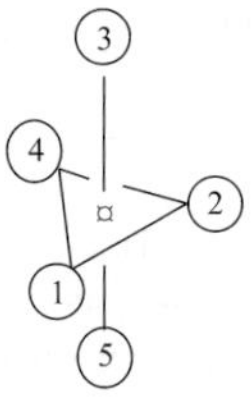

TBPY-5-35

これ以上の情報が必要なければ，多面体記号と配置指数はハイフンで区切り全体を丸括弧で囲んで，化合物の名称の前におく．

例：

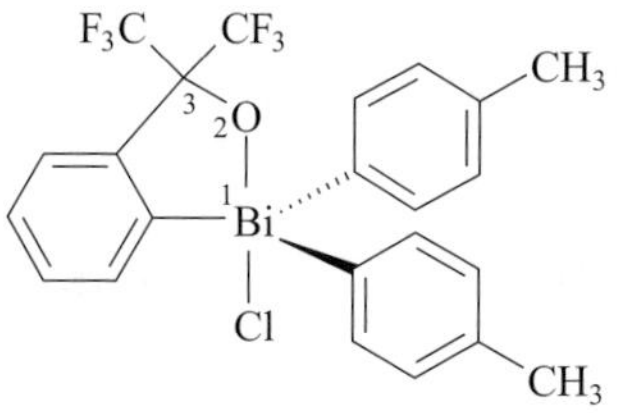

(*TBPY*-5-12)-1-クロロ-1,1-ビス(4-メチルフェニル)-3,3-ビス(トリフルオロメチル)-1,3-ジヒドロ-
2,1λ⁵-ベンゾオキサビスモール PIN
(*TBPY*-5-12)-1-chloro-1,1-bis(4-methylphenyl)-3,3-bis(trifluoromethyl)-1,3-dihydro-2,1λ⁵-
benzoxabismole PIN

説明：

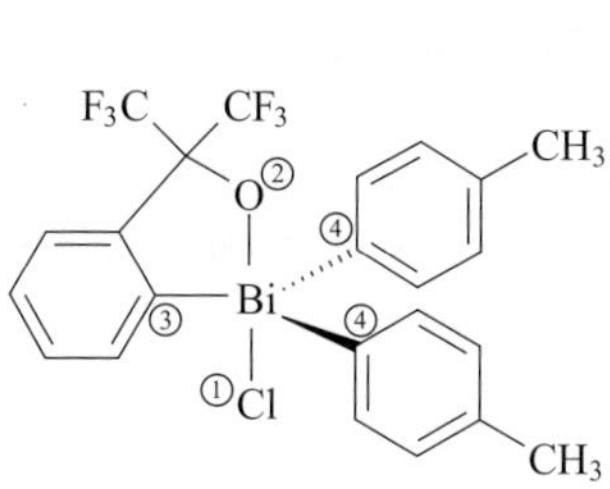

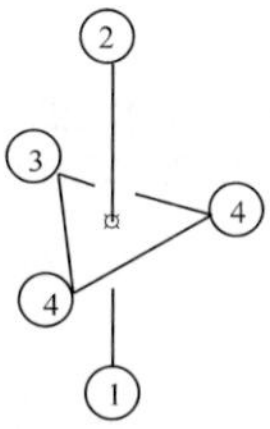

P-93.3.3.5.2　　　三方両錐系は，四つの配位子と一つの非共有電子対が置換する中心原子，および三つの配位子と二つの非共有電子対が置換する中心原子にも拡張され(参考文献 8, SP-9.2 参照)，非共有電子対が一つあると

きは多面体記号を *TBPY*-4，非共有電子対が二つあるときは *TBPY*-3 とすることとなっていたが，この方式は廃止することとなった．その代わりに PIN では，*TBPY*-4 にはシーソー系の多面体記号 *SS*-4 を(P-93.3.3.4 参照)，*TBPY*-3 には T-型系の多面体記号 *TS*-3 を使う(P-93.3.3.3 参照)．

P-93.3.3.6　正方錐　　正方錐の配置指数(参考文献 12, IR-9.3.3.5 参照)は二つの数字からなる．最初の数字はアピカル原子の優先順位数で，2 番目の数字は錐の底辺で最も高い順位(最小の優先順位数)をもつ原子を基準にしてトランス(反対側)にある原子の優先順位数である．もし必要であれば，'優先順位数のトランス最大差'の規則を適用する(参考文献 12, IR-9.3.3.3 および P-93.3.3.1(a)参照)．基準軸はアピカルの配位子への結合に相当する．これ以上の情報が必要ないとき，多面体記号と配置指数はハイフンで区切り全体を丸括弧で囲んで，化合物の名称の前におく．優先順位は 1＞2＞3＞4＞5 であり，以下の立体配置は配置指数 14 で表示する．

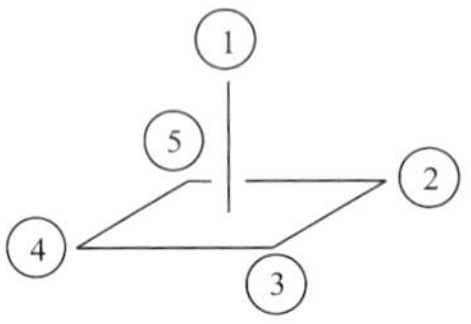

SPY-5-14

例 1：

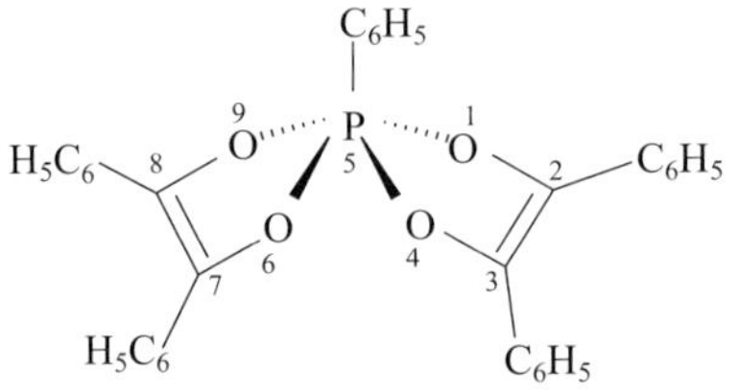

(*SPY*-5-21′)-2,3,5,7,8-ペンタフェニル-1,4,6,9-テトラオキサ-
5λ⁵-ホスファスピロ[4.4]ノナ-2,7-ジエン **PIN**
(*SPY*-5-21′)-2,3,5,7,8-pentaphenyl-1,4,6,9-tetraoxa-5λ⁵-phosphaspiro[4.4]nona-2,7-diene **PIN**

説明：

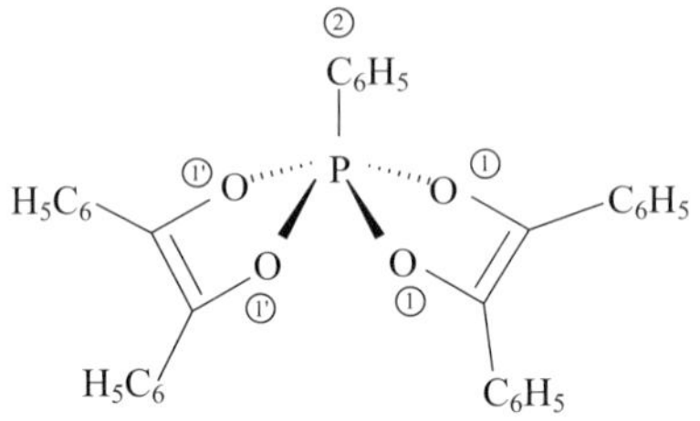

例 2：

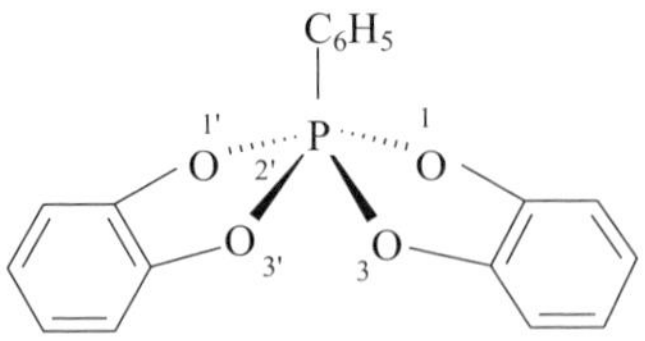

(*SPY*-5-21′)-2-フェニル-2*H*-2λ⁵,2′-スピロビ[[1,3,2]ベンゾジオキサホスホール] **PIN**
(*SPY*-5-21′)-2-phenyl-2*H*-2λ⁵,2′-spirobi[[1,3,2]benzodioxaphosphole] **PIN**

説明：

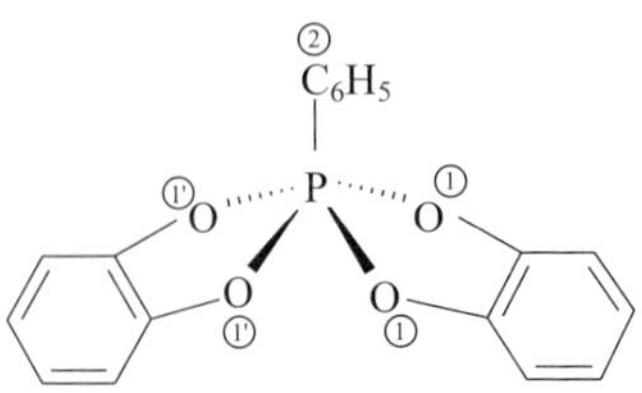

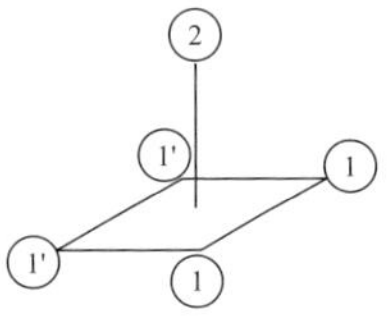

例 3:

(*SPY*-5-21′)-2-フェニル-2*H*-2,2′-スピロビ[ナフト[2,3-*d*][1,3,2]ジオキサシロール]-2-ウイド [PIN]
(*SPY*-5-21′)-2-phenyl-2*H*-2,2′-spirobi[naphtho[2,3-*d*][1,3,2]dioxasilol]-2-uide [PIN]

説明:

P-93.3.3.7 八面体 八面体の配置指数(参考文献 12, IR-9.3.3.4 参照)は二つの数字からなる．最初の数字は最も優先順位の高い(最小の優先順位数の)原子に対してトランス(反対側)の原子の優先順位数である．これが基準軸を規定する．2 番目の数字は，基準軸に垂直な平面内の最も優先順位の高い(最小の優先順位数の)原子に対してトランス(反対側)の原子の優先順位数である．もし必要であれば，'優先順位数のトランス最大差' の規則を適用する．それ以上の情報が必要ないとき，多面体記号と配置指数はハイフンで区切り全体を丸括弧で囲み，化合物の名称の前におく．優先順位は 1 > 2 > 3 > 4 > 5 > 6 であり，以下の図では配置指数 25 となる．

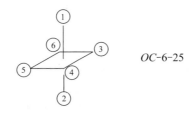

OC-6-25

例:

(*OC*-6-11′)-4,4′-ジ-*tert*-ブチル-2,2,2′,2′,6,6,6′,6′-オクタメチル-2*H*,2′*H*,6*H*,6′*H*-8λ⁶,8′-スピロビ[[1,2]オキサチオロ[4,3,2-*hi*][2,1]ベンゾオキサチオール] [PIN]
(*OC*-6-11′)-4,4′-di-*tert*-butyl-2,2,2′,2′,6,6,6′,6′-octamethyl-2*H*,2′*H*,6*H*,6′*H*-8λ⁶,8′-spirobi[[1,2]oxathiolo[4,3,2-*hi*][2,1]benzoxathiole] [PIN]

説明:

P-93.3.4 キラリティー記号

キラリティー記号 *A* と *C* は，多面体記号と配置指数で表示する化合物の絶対配置を示すために使用する．ただし，*R* と *S* の立体表示記号で表示する三方錐の多面体(P-93.3.4.1 参照)および P-92.1.1 で説明した四面体の立体配置は例外である．

P-93.3.4.1 キラリティー記号 *R/S*　　立体表示記号 *R* と *S*(P-92.2 で定義)は，P-93.3.3.2 で説明した(参考文献 12, IR-9.3.4.3 参照)三方錐系の絶対配置を示すために使用する．電子対ではなく低い優先順位の仮想原子を使って四面体配置をつくると，四面体のステレオジェン中心を表示する方法で *R/S* 立体表示記号の使用が可能になる．

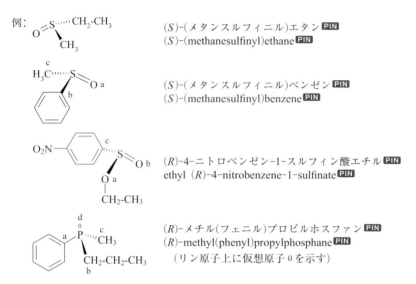

P-93.3.4.2 キラリティー記号 *A* と *C*

P-93.3.4.2.1　　基準軸に垂直な平面内の原子を，基準軸上の最も高い優先順位(最小の優先順位数)の原子または基の側から見る．もし平面内の最も高い優先順位(最小の優先数)の原子から次に高い優先順位の原子への方向が**時計回り** clockwise であれば，キラリティー記号は *C* で，もし**反時計回り** anticlockwise であれば *A* である．多面体記号，配置指数とキラリティー記号は，それぞれハイフンで区切り全体を丸括弧で囲み，化合物の名称の前におく(参考文献 12, IR-9.3.4.4 参照)．三方両錐，正方錐と八面体における優先順位 1＞2＞3＞4＞5＞6 を以下に示す．

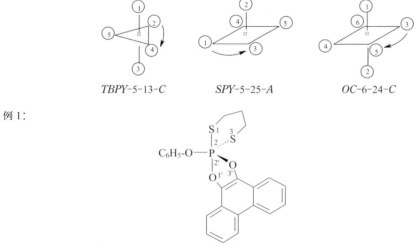

説明:

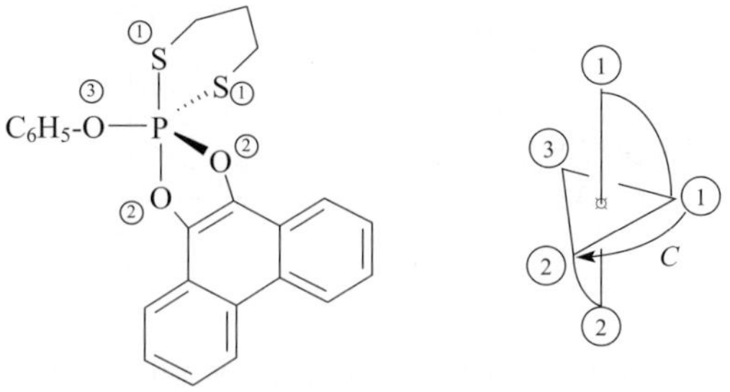

例 2:

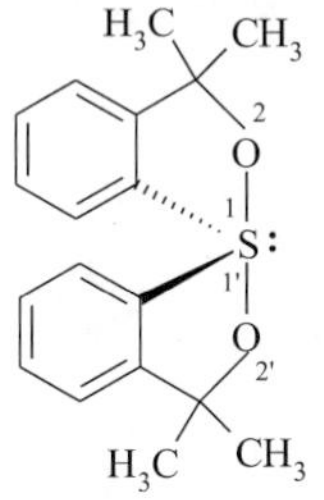

(*SS*-4-11′-*A*)-3,3,3′,3′-テトラメチル-3*H*,3′*H*-1λ^4,1′-スピロビ[[2,1]ベンゾオキサチオール] PIN
(*SS*-4-11′-*A*)-3,3,3′,3′-tetramethyl-3*H*,3′*H*-1λ^4,1′-spirobi[[2,1]benzoxathiole] PIN
〔(*TBPY*-4-11′-*A*)-3,3,3′,3′-テトラメチル-3*H*,3′*H*-1λ^4,1′-スピロビ[[2,1]ベンゾオキサチオール]
(*TBPY*-4-11′-*A*)-3,3,3′,3′-tetramethyl-3*H*,3′*H*-1λ^4,1′-spirobi[[2,1]benzoxathiole]としない〕

説明:

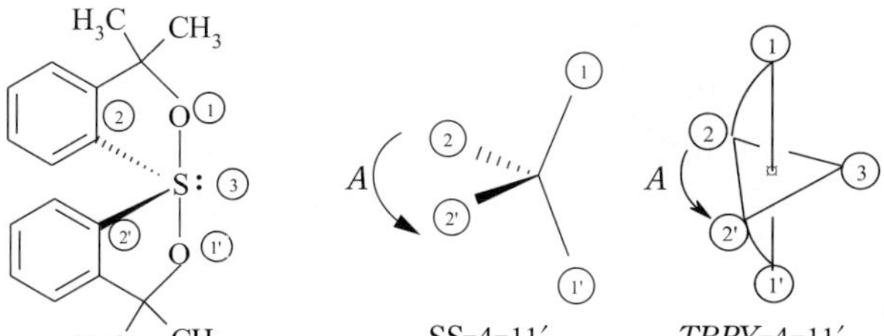

SS-4-11′ *TBPY*-4-11′

例 3:

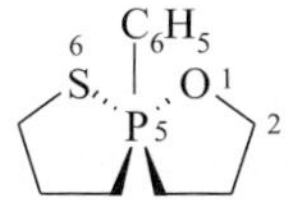

(*SPY*-5-35-*C*)-5-フェニル-1-オキサ-6-チア-5λ^5-ホスファスピロ[4.4]ノナン PIN
(*SPY*-5-35-*C*)-5-phenyl-1-oxa-6-thia-5λ^5-phosphaspiro[4.4]nonane PIN

説明:

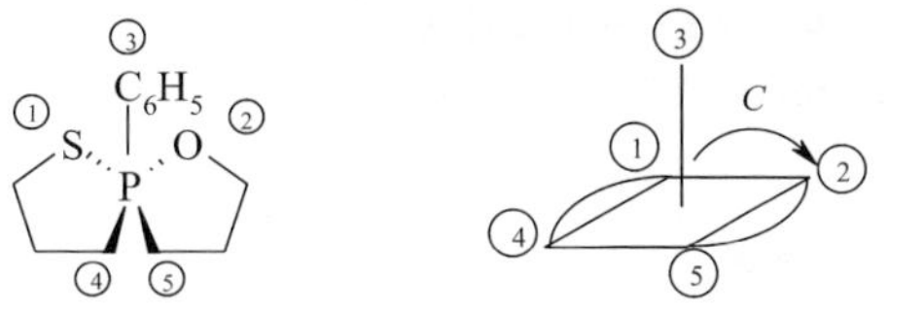

例 4:

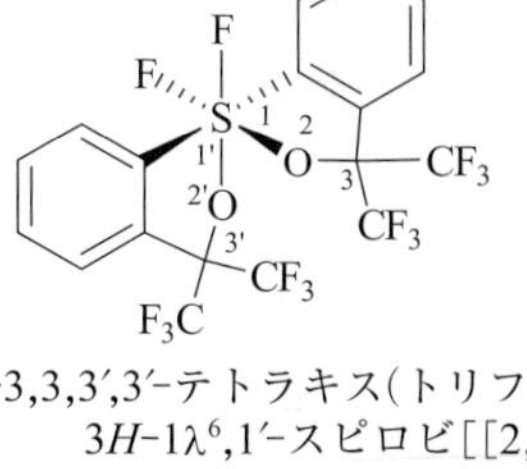

(*OC*-6-22′-*A*)-1,1-ジフルオロ-3,3,3′,3′-テトラキス(トリフルオロメチル)-1,3′-ジヒドロ-3*H*-1λ^6,1′-スピロビ[[2,1]ベンゾオキサチオール] PIN
(*OC*-6-22′-*A*)-1,1-difluoro-3,3,3′,3′-tetrakis(trifluoromethyl)-1,3′-dihydro-3*H*-1λ^6,1′-spirobi[[2,1]benzoxathiole] PIN

説明:

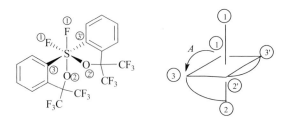

P-93.3.4.2.2 必要があれば，キラリティー中心の位置番号を多面体記号の前におき，他のキラリティー中心をP-91.3で示したように位置番号の値が増加する順番に示す．分子全体の幾何構造を示す完成した表示記号を角括弧で囲む．

例:

[2(*TBPY*-5-12),3*S*]-2-[(1,1,1,3,3,3-ヘキサフルオロプロパン-2-イル)オキシ]-3-メチル-2,2-ジフェニル-4,4-ビス(トリフルオロメチル)-1,2λ⁵-オキサホスフェタン **PIN**
[2(*TBPY*-5-12),3*S*]-2-[(1,1,1,3,3,3-hexafluoropropan-2-yl)oxy]-3-methyl-2,2-diphenyl-4,4-bis(trifluoromethyl)-1,2λ⁵-oxaphosphetane **PIN**

説明:

P-93.4 鎖状有機化合物の立体配置の特定

本節では，立体配置を特定する推奨方式としてCIP優先順位方式を示し，置換命名法で用いる他の方法を説明する．PINはP-1からP-8で解説した原理，規則および慣用に従ってつくる．化合物の番号付けはP-14.4で説明した規則を適用して決めるが，位置番号が最終的に立体表示記号で決まるときは特に注意を要する．立体表示記号はP-91.3で示したようなやり方で名称に加える．

> P-93.4.1 ステレオジェン中心の特定
> P-93.4.2 二重結合に対する立体配置の特定

P-93.4.1 ステレオジェン中心の特定

P-93.4.1.1 P-92.2で説明したように，ステレオジェン中心が一つあるときは，立体表示記号*R*と*S*で表示する．ステレオジェン中心に位置番号を示す必要があるとき，立体表示記号は位置番号の後におく．キラル化合物の名称に位置番号が必要でないとき，立体表示記号の前に位置番号は必要ない．GINでは記号(+)または(−)を用いてもよい．

例:

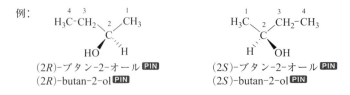

(2*R*)-ブタン-2-オール **PIN**
(2*R*)-butan-2-ol **PIN**

(2*S*)-ブタン-2-オール **PIN**
(2*S*)-butan-2-ol **PIN**

P-93 立体配置の特定 873

必要があれば，以下に示すように，順位規則 **1** だけか順位規則 **1** と **2** の両方を適用して同位体修飾化合物の立体配置を特定する(P-92.3 も参照)．名称に対して立体表示記号を同位体表示記号と同じ位置に入れる場合，立体表示記号を前におく．

例：

$$H_3C-\underset{\underset{OH}{\overset{|}{|}}}{\overset{\overset{3}{CH_2}\overset{4}{CH_3}}{\underset{|}{\overset{|}{C}}}}\quad ^2H$$

（2*S*）-(2-²H)ブタン-2-オール PIN
(2*S*)-(2-²H)butan-2-ol PIN

$$\underset{H_3C}{\overset{HO}{}}\overset{}{C}\cdots ^2H$$

（1*R*）-(1-²H₁)エタン-1-オール PIN
(1*R*)-(1-²H₁)ethan-1-ol PIN

$$H_3C\cdots C\cdots ^2H$$

［(1*S*)-(1-²H₁)エチル］ベンゼン PIN
［(1*S*)-(1-²H₁)ethyl］benzene PIN

P-93.4.1.2 母体構造において，単一の構造を表示するために二つ以上の立体表示記号 *R* および *S* が必要なとき，立体表示記号は丸括弧で囲みそのあとにハイフンをつけて名称の前におき，表示記号の種類にかかわらず対応する位置番号が大きくなる順に並べる．炭水化物(P-102.5.2.3 参照)，アミノ酸ペプチド(P-103.1.3 参照)，脂質(P-107.4.3 参照)の立体配置を特定するための多くの例を P-10 に示す．本節で取上げる例は，擬不斉のステレオジェン単位の立体表示記号の使用と非ステレオジェン単位の取扱いを説明するためのものである．

例：

（2*R*,3*S*）-3-クロロ-2-ヒドロキシブタン酸 PIN
(2*R*,3*S*)-3-chloro-2-hydroxybutanoic acid PIN

（2*S*,3*S*）-3-クロロ-2-ヒドロキシブタン酸 PIN
(2*S*,3*S*)-3-chloro-2-hydroxybutanoic acid PIN

（2*S*,4*S*）-2,3,4-トリクロロペンタン二酸 PIN
(2*S*,4*S*)-2,3,4-trichloropentanedioic acid PIN
　(非ステレオジェン炭素原子 C3 の立体表示記号は必要ない)

（2*R*,4*R*）-2,3,4-トリクロロペンタン二酸 PIN
(2*R*,4*R*)-2,3,4-trichloropentanedioic acid PIN
　(非ステレオジェン炭素原子 C3 の立体表示記号は必要ない)

（2*R*,3*s*,4*S*）-2,3,4-トリクロロペンタン二酸 PIN
(2*R*,3*s*,4*S*)-2,3,4-trichloropentanedioic acid PIN
　〔キラリティー中心 *R* を最小の位置番号にする(P-14.4(j)参照)，順位規則 **5** を適用すると C3 の立体表示記号は *s* となる〕

（2*R*,3*r*,4*S*）-2,3,4-トリクロロペンタン二酸 PIN
(2*R*,3*r*,4*S*)-2,3,4-trichloropentanedioic acid PIN
　〔キラリティー中心 *R* を最小の位置番号にする(P-14.4(j)参照)，順位規則 **5** を適用すると C3 の立体表示記号は *r* となる〕

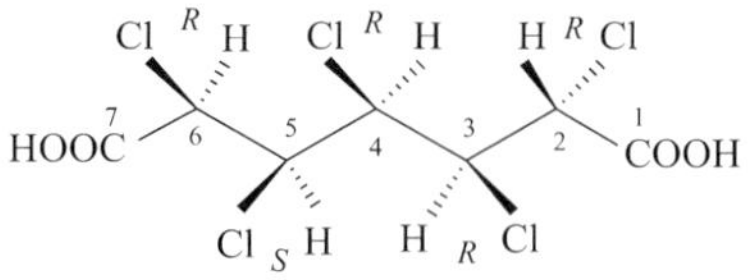

874 P-9 立体配置と立体配座の特定

(2R,3R,4R,5S,6R)-2,3,4,5,6-ペンタクロロヘプタン二酸 **PIN**
(2R,3R,4R,5S,6R)-2,3,4,5,6-pentachloroheptanedioic acid **PIN**

〔順位規則 **4** の適用(RR > SR)により C4 の立体表示記号は R となる〕

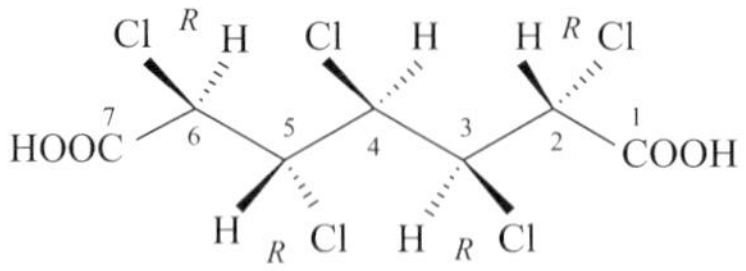

(2R,3R,5R,6R)-2,3,4,5,6-ペンタクロロヘプタン二酸 **PIN**
(2R,3R,5R,6R)-2,3,4,5,6-pentachloroheptanedioic acid **PIN**

(C4 の炭素原子は非ステレオジェン単位である)

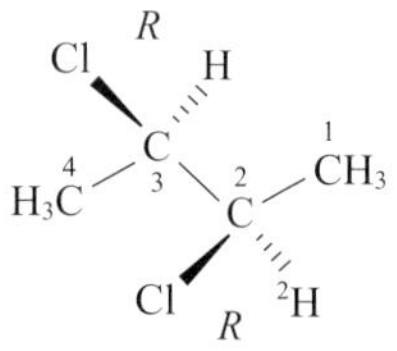

(2R,3R)-2,3-ジクロロ-(2-²H)ブタン **PIN**
(2R,3R)-2,3-dichloro-(2-²H)butane **PIN**

P-93.4.1.3 接頭語としてまたは官能種類名中で示された成分の絶対配置を表示する立体表示記号は,それぞれの成分の直前におく.

例:

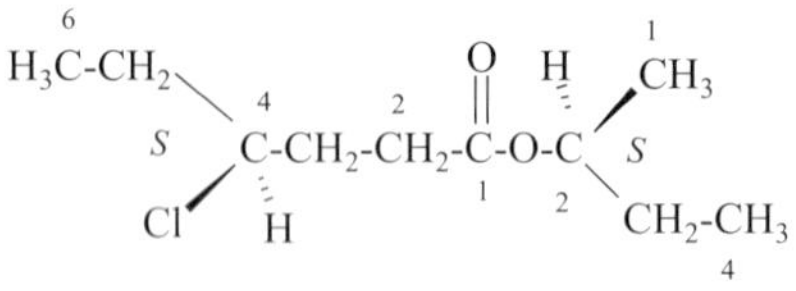

(4S)-4-クロロヘキサン酸(2S)-ブタン-2-イル **PIN**
(2S)-butan-2-yl (4S)-4-chlorohexanoate **PIN**

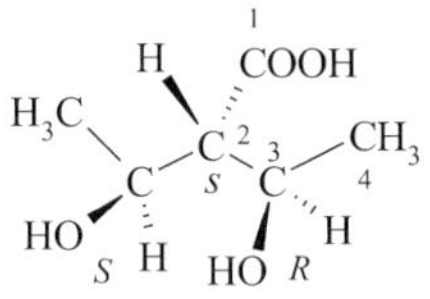

(2s,3R)-3-ヒドロキシ-2-[(1S)-1-ヒドロキシエチル]ブタン酸 **PIN**
(2s,3R)-3-hydroxy-2-[(1S)-1-hydroxyethyl]butanoic acid **PIN**

説明: 立体特異的名称を付けるために使う四つの段階

段階1: ヒドロキシ化されたステレオジェン中心の立体配置は R と S となる.

段階2: 擬不斉ステレオジェン中心の立体配置は s となる.

段階3: 主鎖は,最大数の立体配置 R をもつステレオジェン中心をもつ(P-45.6.4 参照).

段階4: 名称には,主鎖の前および置換基の前に立体表示記号をおく.

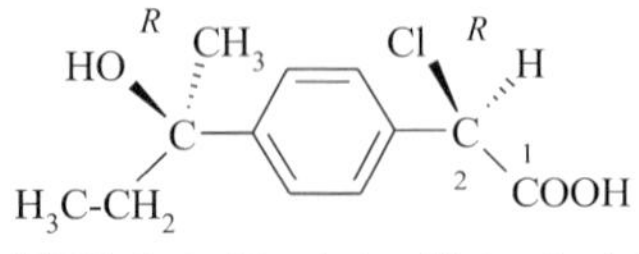

(2R)-2-クロロ-2-{4-[(2R)-2-ヒドロキシブタン-2-イル]フェニル}酢酸 **PIN**
(2R)-2-chloro-2-{4-[(2R)-2-hydroxybutan-2-yl]phenyl}acetic acid **PIN**

P-93.4.2 二重結合に対する立体配置の特定

P-93.4.2.1 二重結合の立体配置の特定
P-93.4.2.2 アレンと偶数の二重結合をもつクムレン
P-93.4.2.3 奇数の二重結合をもつクムレン
P-93.4.2.4 複数のステレオジェン単位をもつ化合物の立体配置の特定

P-93.4.2.1 二重結合の立体配置の特定

P-93.4.2.1.1 立体表示記号 *Z* と *E* および *cis* と *trans* P-92.4 で定義した立体表示記号 *Z* と *E* は，二重結合の立体配置を特定するために PIN において推奨する優先立体表示記号である．ここでは，命名法における使い方について述べる．これらの記号は，GIN やカロテノイドの命名で現在も推奨されている立体表示記号 *cis* と *trans* に置き換わるものである．

GIN では，立体表示記号 *cis* と *trans* は，各炭素原子に 1 個ずつあわせて 2 個の水素原子をもつ二重結合を表示する場合だけ使う．二重結合を表示するために必要な場合，相当する位置番号を立体表示記号 *Z* と *E* の前には付けるが，*cis* と *trans* の前には付けない．位置番号は立体表示記号の前におき，立体表示記号全体を丸括弧で囲み，つづいてハイフンで区切る．

例：

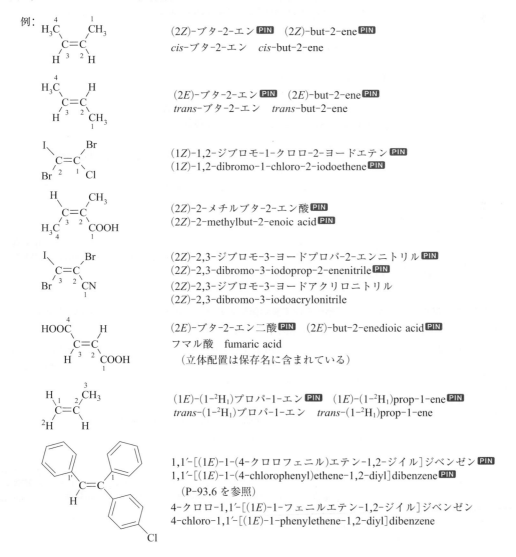

(2*Z*)-ブタ-2-エン **PIN** (2*Z*)-but-2-ene **PIN**
cis-ブタ-2-エン *cis*-but-2-ene

(2*E*)-ブタ-2-エン **PIN** (2*E*)-but-2-ene **PIN**
trans-ブタ-2-エン *trans*-but-2-ene

(1*Z*)-1,2-ジブロモ-1-クロロ-2-ヨードエテン **PIN**
(1*Z*)-1,2-dibromo-1-chloro-2-iodoethene **PIN**

(2*Z*)-2-メチルブタ-2-エン酸 **PIN**
(2*Z*)-2-methylbut-2-enoic acid **PIN**

(2*Z*)-2,3-ジブロモ-3-ヨードプロパ-2-エンニトリル **PIN**
(2*Z*)-2,3-dibromo-3-iodoprop-2-enenitrile **PIN**
(2*Z*)-2,3-ジブロモ-3-ヨードアクリロニトリル
(2*Z*)-2,3-dibromo-3-iodoacrylonitrile

(2*E*)-ブタ-2-エン二酸 **PIN** (2*E*)-but-2-enedioic acid **PIN**
フマル酸 fumaric acid
（立体配置は保存名に含まれている）

(1*E*)-(1-^{2}H$_1$)プロパ-1-エン **PIN** (1*E*)-(1-^{2}H$_1$)prop-1-ene **PIN**
trans-(1-^{2}H$_1$)プロパ-1-エン *trans*-(1-^{2}H$_1$)prop-1-ene

1,1′-[(1*E*)-1-(4-クロロフェニル)エテン-1,2-ジイル]ジベンゼン **PIN**
1,1′-[(1*E*)-1-(4-chlorophenyl)ethene-1,2-diyl]dibenzene **PIN**
（P-93.6 を参照）
4-クロロ-1,1′-[(1*E*)-1-フェニルエテン-1,2-ジイル]ジベンゼン
4-chloro-1,1′-[(1*E*)-1-phenylethene-1,2-diyl]dibenzene

P-93.4.2.1.2　二つ以上の二重結合をもつ化合物　　二つ以上の二重結合がある場合，母体構造に関連する立体表示記号 Z と E は，該当する位置番号をその前に付けて，化合物の全体の名称または該当する成分の名称の前におく．二重結合が鎖に対してエキソ *exo* であるとき，鎖の位置番号を使う（5 番目の例参照）．もし二つ以上の表示記号を使うときは，立体表示記号は該当する位置番号の増加する順に並べる．

　鎖または環系の番号付けに選択の余地があるときは，最初に異なる点での結合が *cis* になるように番号付けを選ぶ．*cis* の結合は立体表示記号 Z で表示することに注意してほしい．

　GIN では，立体表示記号 *cis* と *trans* は，各炭素原子に 1 個ずつあわせて 2 個の水素原子をもつ二重結合を表示するために用いてもよいが，PIN では立体表示記号 E と Z を用いる．立体表示記号 *cis* と *trans* は，該当する位置番号とそれに続くハイフンを前につけて，全体を丸括弧で囲んで名称の前におく．

例：

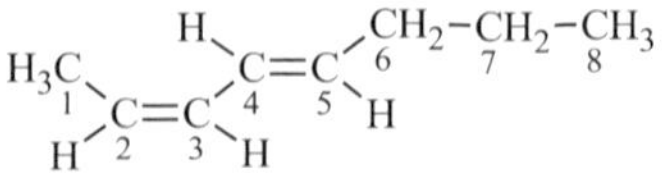

(2Z,4E)-オクタ-2,4-ジエン **PIN**　(2Z,4E)-octa-2,4-diene **PIN**
(2-*cis*,4-*trans*)-オクタ-2,4-ジエン　(2-*cis*,4-*trans*)-octa-2,4-diene

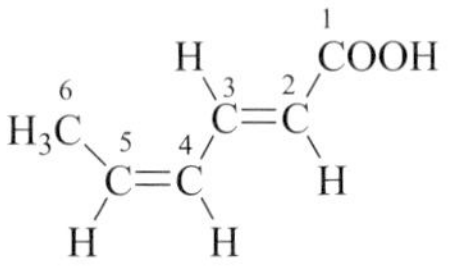

(2E,4Z)-ヘキサ-2,4-ジエン酸 **PIN**
(2E,4Z)-hexa-2,4-dienoic acid **PIN**
(2-*trans*,4-*cis*)-ヘキサ-2,4-ジエン酸
(2-*trans*,4-*cis*)-hexa-2,4-dienoic acid

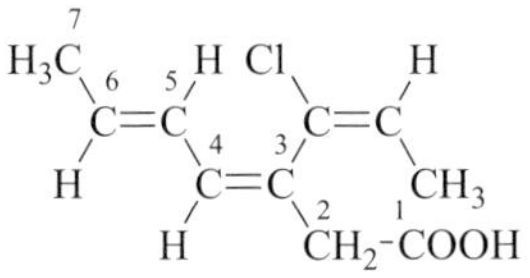

(3Z,5E)-3-[(1E)-1-クロロプロパ-1-エン-1-イル]ヘプタ-3,5-ジエン酸 **PIN**
(3Z,5E)-3-[(1E)-1-chloroprop-1-en-1-yl]hepta-3,5-dienoic acid **PIN**

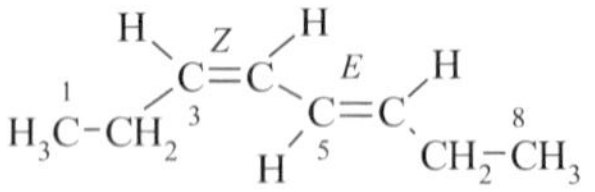

(3Z,5E)-オクタ-3,5-ジエン **PIN**　(3Z,5E)-octa-3,5-diene **PIN**
(3-*cis*,5-*trans*)-オクタ-3,5-ジエン　(3-*cis*,5-*trans*)-octa-3,5-diene
〔*cis* 配置の二重結合に最小の位置番号を付ける(P-14.4(j)を参照)〕

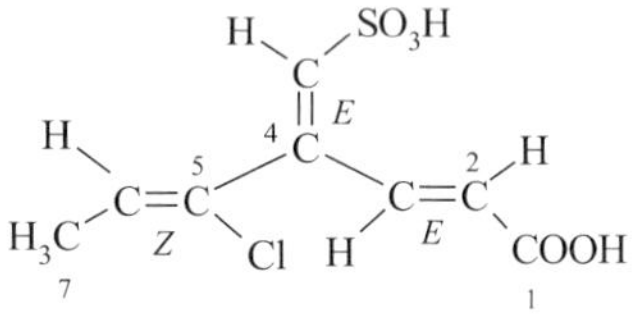

(2E,4E,5Z)-5-クロロ-4-(スルホメチリデン)ヘプタ-2,5-ジエン酸 **PIN**
(2E,4E,5Z)-5-chloro-4-(sulfomethylidene)hepta-2,5-dienoic acid **PIN**

P-93.4.2.1.3　ヘテロ原子に連結した二重結合を示す表示記号 E と Z　　立体表示記号 E と Z は，炭素以外の原子を含む二重結合の立体配置を表示するためにも使う．非共有電子対がある場合，原子番号 0（ゼロ）であると考える．このような構造の場合には，表示記号 *syn* と *anti* および *cis* と *trans* の使用は廃止する．名称中に位置番号がなければ，立体表示記号の前に位置番号を付ける必要はないが，P-93.2.1 で示したように名称全体を適切な括弧で囲む．

例：

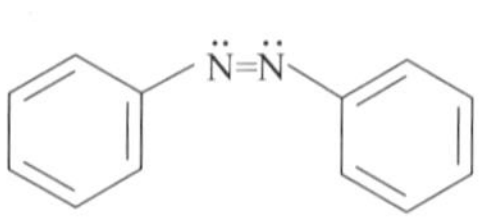

(Z)-ジフェニルジアゼン **PIN**　(Z)-diphenyldiazene **PIN**
(*cis*-ジフェニルジアゼン *cis*-diphenyldiazene としない)

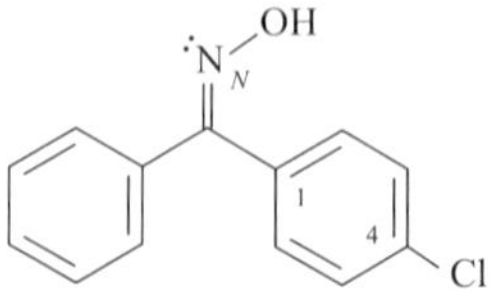

(Z)-{N-[(4-クロロフェニル)(フェニル)メチリデン]ヒドロキシルアミン} **PIN**
(Z)-{N-[(4-chlorophenyl)(phenyl)methylidene]hydroxylamine} **PIN**
(Z)-[(4-クロロフェニル)フェニルメタノンオキシム]
(Z)-[(4-chlorophenyl)phenylmethanone oxime]

P-93　立体配置の特定　　　877

(2E,3Z)-ペンタン-2,3-ジイリデンビス(ヒドロキシルアミン) **PIN**
(2E,3Z)-pentane-2,3-diylidenebis(hydroxylamine) **PIN**
(2E,3Z)-ペンタン-2,3-ジオンジオキシム
(2E,3Z)-pentane-2,3-dione dioxime

P-93.4.2.2　アレンと偶数の二重結合をもつクムレン　　置換の状態しだいで，アレンはキラリティー軸をもつキラルな化合物となる．したがって，P-92.1.2.1.2 と P-92.1.2.2.1 でそれぞれ述べたように，立体表示記号 R_a と S_a または M と P でキラリティーを表示する．PIN では，立体表示記号 M と P を R_a と S_a に優先して使う．クムレン系を表示する M と P は，一つずつ連続して増加する位置番号をもつ集積二重結合系の出発点を示す位置番号の後に付ける．複合位置番号は，P-93.5.2.3 で示すように位置番号が連続していないときだけ使う．

例：

(1M)-1,3-ジクロロプロパ-1,2-ジエン **PIN**
(1M)-1,3-dichloropropa-1,2-diene **PIN**
(1R_a)-1,3-ジクロロプロパ-1,2-ジエン
(1R_a)-1,3-dichloropropa-1,2-diene

(2P)-6-クロロヘキサ-2,3,4,5-テトラエン酸 **PIN**
(2P)-6-chlorohexa-2,3,4,5-tetraenoic acid **PIN**
(2S_a)-6-クロロヘキサ-2,3,4,5-テトラエン酸
(2S_a)-6-chlorohexa-2,3,4,5-tetraenoic acid

(1P,6Z)-オクタ-1,2,3,4,6-ペンタエン-1-オール **PIN**
(1P,6Z)-octa-1,2,3,4,6-pentaen-1-ol **PIN**
(1S_a,6Z)-オクタ-1,2,3,4,6-ペンタエン-1-オール
(1S_a,6Z)-octa-1,2,3,4,6-pentaen-1-ol

P-93.4.2.3　奇数の二重結合をもつクムレン　　奇数の二重結合をもつクムレンは，二重結合が 1 個の場合と同様に平面分子である．優先立体表示記号は E と Z である．立体表示記号 cis と trans は，GIN では使ってもよい．

　クムレン系を表示する立体表示記号 E または Z は，1 ずつ連続して増加する位置番号をもつ集積二重結合系の出発点にあたる位置番号の後に付ける．複合位置番号は，P-93.5.2.3 に示すように位置番号が連続していないときだけ使う．

例：

(2Z)-ヘキサ-2,3,4-トリエン **PIN**
(2Z)-hexa-2,3,4-triene **PIN**
cis-ヘキサ-2,3,4-トリエン
cis-hexa-2,3,4-triene

(2E,6E)-オクタ-2,3,4,6-テトラエン **PIN**
(2E,6E)-octa-2,3,4,6-tetraene **PIN**
(2-trans,6-trans)-オクタ-2,3,4,6-テトラエン
(2-trans,6-trans)-octa-2,3,4,6-tetraene

P-93.4.2.4　複数のステレオジェン単位をもつ化合物の立体配置の特定　　キラルな化合物が複数の二重結合 >C=C< をもつとき，立体表示記号は上述したように決める．立体表示記号は，名称の前か置換基または該当する部分の名称の前に，位置番号が増加する順に付ける．これらの不飽和化合物の命名法の説明については，P-92.4.2 を参照してほしい．

例：

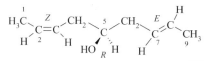

(5S,6Z,8E,10E,12R,14Z)-5,12-ジヒドロキシイコサ-6,8,10,14-テトラエン酸 **PIN**
(5S,6Z,8E,10E,12R,14Z)-5,12-dihydroxyicosa-6,8,10,14-tetraenoic acid **PIN**

(5S,6-*cis*,8-*trans*,10-*trans*,12R,14-*cis*)-5,12-ジヒドロキシイコサ-6,8,10,14-テトラエン酸
(5S,6-*cis*,8-*trans*,10-*trans*,12R,14-*cis*)-5,12-dihydroxyicosa-6,8,10,14-tetraenoic acid

ジ[(3E,5E)-ヘプタ-3,5-ジエン酸](2R)-3-ヒドロキシプロパン-1,2-ジイル **PIN**
(2R)-3-hydroxypropane-1,2-diyl di[(3E,5E)-hepta-3,5-dienoate] **PIN**

ジ[(3-*trans*,5-*trans*)-ヘプタ-3,5-ジエン酸](2R)-3-ヒドロキシプロパン-1,2-ジイル
(2R)-3-hydroxypropane-1,2-diyl di[(3-*trans*,5-*trans*)-hepta-3,5-dienoate]

(2Z,5R,7E)-ノナ-2,7-ジエン-5-オール **PIN**　　　　　　　　簡略有向グラフ
(2Z,5R,7E)-nona-2,7-dien-5-ol **PIN**

P-93.5 環状有機化合物の立体配置の特定

P-93.5.0　はじめに	P-93.5.4　縮合および橋かけ縮合環化合物
P-93.5.1　単環化合物	P-93.5.5　シクロファン
P-93.5.2　ポリシクロ環化合物	P-93.5.6　フラーレン
P-93.5.3　スピロ化合物	P-93.5.7　環集合

P-93.5.0　はじめに

本節では単環化合物に対する CIP 立体表示記号の適用について説明する．CIP 方式が確立する以前に使用されていた立体表示記号は，GIN ではこれまでどおり推奨され，P-10 で示すように天然物では必須である．

以下の非 CIP 立体表示記号は GIN の置換命名法において使用する：*cis*, *trans* (P-93.5.1.2 参照)，*r*, *c*, *t* (P-93.5.1.3 参照)，*endo*, *exo*, *syn*, *anti* (P-93.5.2.2.1 参照)．

P-93.5.1　単環化合物

P-93.5.1.1　ステレオジェン中心の特定：立体表示記号 R, S, r, s	P-93.5.1.3　相対配置：立体表示記号 r, c, t
P-93.5.1.2　相対配置：立体表示記号 *cis* と *trans*	P-93.5.1.4　不飽和脂環式化合物

P-93.5.1.1 ステレオジェン中心の特定: 立体表示記号 *R*, *S*, *r*, *s*

P-93.5.1.1.1 絶対配置　　置換単環化合物については，絶対配置は PIN では *R*, *S*, *r*, *s* のような CIP 立体表示記号により表す．

例:

(1*R*,2*S*,5*R*)-5-メチル-2-(プロパン-2-イル)シクロヘキサン-1-オール **PIN**
(1*R*,2*S*,5*R*)-5-methyl-2-(propan-2-yl)cyclohexan-1-ol **PIN**

(1*S*,3*R*)-3-アミノ-*N*-(3-アミノ-3-イミノプロピル)シクロペンタン-1-カルボキシアミド **PIN**
(1*S*,3*R*)-3-amino-*N*-(3-amino-3-iminopropyl)cyclopentane-1-carboxamide **PIN**
アミジノマイシン　amidinomycin

(1*R*,2*R*)-2-クロロシクロペンタン-1-カルボン酸 **PIN**
(1*R*,2*R*)-2-chlorocyclopentane-1-carboxylic acid **PIN**

(2*S*,3*S*,4*R*)-2,3,4-トリクロロシクロペンタン-1,1-ジカルボン酸 **PIN**
(2*S*,3*S*,4*R*)-2,3,4-trichlorocyclopentane-1,1-dicarboxylic acid **PIN**

(1*R*,2*S*,4*r*)-シクロペンタン-1,2,4-トリチオール **PIN**
(1*R*,2*S*,4*r*)-cyclopentane-1,2,4-trithiol **PIN**

(1*R*,2*R*)-1,2,4-トリメチルシクロペンタン **PIN**
(1*R*,2*R*)-1,2,4-trimethylcyclopentane **PIN**
　　(非ステレオジェン中心であるので C4 に立体表示記号はつけない)

P-93.5.1.1.2 アキラル環状化合物　　PIN では，アキラル環状分子の立体配置もまた CIP 立体表示記号によって表す．

(a) 擬不斉中心の立体配置，たとえば 1,4-二置換シクロヘキサンの C1 と C4 は P-92.6 の例 2 で説明した方法で表す．

例:

(1*s*,4*s*)-シクロヘキサン-1,4-ジオール **PIN**
(1*s*,4*s*)-cyclohexane-1,4-diol **PIN**
cis-シクロヘキサン-1,4-ジオール
cis-cyclohexane-1,4-diol

(1*r*,4*r*)-シクロヘキサン-1,4-ジオール **PIN**
(1*r*,4*r*)-cyclohexane-1,4-diol **PIN**
trans-シクロヘキサン-1,4-ジオール
trans-cyclohexane-1,4-diol

(1r,4r)-4-クロロ-4-メチルシクロヘキサン-1-オール **PIN**
(1r,4r)-4-chloro-4-methylcyclohexan-1-ol **PIN**
trans-4-クロロ-4-メチルシクロヘキサン-1-オール
trans-4-chloro-4-methylcyclohexan-1-ol

ビス[(1r,4r)-4-メチルシクロヘキシル]ホスファン **PIN**
bis[(1r,4r)-4-methylcyclohexyl]phosphane **PIN**
ビス(trans-4-メチルシクロヘキシル)ホスファン
bis(trans-4-methylcyclohexyl)phosphane

ビス[(1r,4r)-4-メチルシクロヘキシル]-(1s,4s)-4-メチルシクロヘキシルホスファン **PIN**
bis[(1r,4r)-4-methylcyclohexyl]-(1s,4s)-4-methylcyclohexylphosphane **PIN**
ビス(trans-4-メチルシクロヘキシル)-cis-4-メチルシクロヘキシルホスファン
bis(trans-4-methylcyclohexyl)-cis-4-methylcyclohexylphosphane

(b) 同一置換基による1,2,3,4,5,6-六置換シクロヘキサンのアキラル異性体を以下に示す．P-92.5で説明したように，キラルな異性体に対しては順位規則**4**を可能な限り適用して，その次に擬不斉ステレオジェン中心を表示するために順位規則**5**(P-92.6参照)を用いる．番号**1**から**7**の各ジアステレオマーについてCIP立体表示記号の組合わせを示す．立体表示記号は置換命名法による名称の前に入れ，一連の化合物のうち最初のエナンチオマーは以下のようになる．

(1R,2R,3S,4R,5S,6S)-1,2,3,4,5,6-ヘキサクロロシクロヘキサン

(1R,2R,3S,4R,5S,6S)-1,2,3,4,5,6-hexachlorocyclohexane

(PINである1,2,3,4,5,6-ヘキサクロロシクロヘキサンはP-93.5.1.3.2参照)．

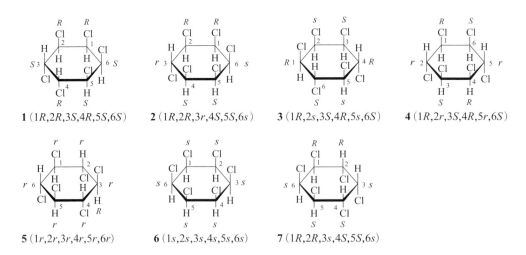

P-93.5.1.2 相対配置：立体表示記号 *cis* と *trans* 立体表示記号シス *cis* とトランス *trans* は，環に含まれる別の原子に結合した二つの配位子(原子または原子団)の間の関係を示すために使う．二つの配位子が平面の同じ側にあるとき，配位子は互いにシスに位置するという．配位子が反対側にあるとき，相対的な位置をトランスと

表示する.環(実在であれ仮想であれ,置換基をもつ二つの骨格原子が180°より大きい内角をもたない立体配座をとる環)の基準平面となるのは,環の平均平面である.これらの立体表示記号は相対配置を表す.絶対配置は*R*や*S*のようなCIP立体表示記号を使って表さなければならない.

以下の構造はシス/トランス異性体のように見えるが,実際は同じシス異性体の異なる立体配座である.左側の立体配座では,C1のステレオジェン中心は180°より大きい内角をもった原子である.

1個の配位子と1個の水素原子の組が単環の二つの位置に結合しているとき,2個の配位子の立体的な関係(相対配置)は *cis* または *trans* で表し,その後にハイフンをつけて,化合物の名称の前におく.立体表示記号の前に位置番号は必要ない.選択が可能な場合,名称中でシス配置の配位子がトランス配置の配位子の前になるようにする.相対配置を表示するため,*rel* の用語を前につけた立体表示記号 *R* と *S* を,*R** と *S** および *cis* と *trans* に優先して用いる(P-93.1.2 参照).

例:

cis-2-クロロシクロペンタン-1-カルボン酸
cis-2-chlorocyclopentane-1-carboxylic acid

rel-(1*R*,2*R*)-2-クロロシクロペンタン-1-カルボン酸 PIN
rel-(1*R*,2*R*)-2-chlorocyclopentane-1-carboxylic acid PIN

(1*R**,2*R**)-2-クロロシクロペンタン-1-カルボン酸
(1*R**,2*R**)-2-chlorocyclopentane-1-carboxylic acid

〔*rel*-(1*S*,2*S*)-2-クロロシクロペンタン-1-カルボン酸
rel-(1*S*,2*S*)-2-chlorocyclopentane-1-carboxylic acid としない〕

〔(1*S**,2*S**)-2-クロロシクロペンタン-1-カルボン酸
(1*S**,2*S**)-2-chlorocyclopentane-1-carboxylic acid としない〕

(I) 1-(*cis*-4-メチルシクロヘキシル)-2-(*trans*-4-メチルシクロヘキシル)エタン-1,1,2,2-テトラカルボニトリル
1-(*cis*-4-methylcyclohexyl)-2-(*trans*-4-methylcyclohexyl)ethane-1,1,2,2-tetracarbonitrile

(II) 1-[(1*r*,4*r*)-4-メチルシクロヘキシル]-2-[(1*s*,4*s*)-4-メチルシクロヘキシル]エタン-1,1,2,2-テトラカルボニトリル PIN
1-[(1*r*,4*r*)-4-methylcyclohexyl]-2-[(1*s*,4*s*)-4-methylcyclohexyl]ethane-1,1,2,2-tetracarbonitrile PIN
(CIP 立体表示記号を用いて PIN をつくる)

説明:位置番号1は,構造Iでは非CIP立体表示記号の *cis* となり,構造IIではCIP立体表示記号の *r* となる.名称中で,立体表示記号 *cis* は *trans* の前に,*r* は *s* の前になるようにする.

882   P-9 立体配置と立体配座の特定

P-93.5.1.3 相対配置：立体表示記号 *r*, *c*, *t*

P-93.5.1.3.1 1個の配位子と1個の水素原子の組が単環の三つ以上の位置に結合しているとき，配位子の立体的な関係は，これらの配位子の最小の位置番号にハイフンを付けたものを *r*（基準配位子）の前に，他の配位子の位置番号にハイフンをつけたものを *cis* のときは *c*, *trans* のときは *t* の前に加えて表示し，それにより基準配位子との関係を表す．GIN では相対配置をこれらの立体表示記号により表示してもよい．さらに，ラセミ体をこの方法で表示してもよい．PIN では，優先立体表示記号は，P-91 と P-92 で説明した CIP 順位規則で用いる立体表示記号すなわち絶対配置を表示する *R* と *S* および相対配置を表示する *rel*，あるいは P-93.1.3 で説明したラセミ体を表示する *rac* のような立体表示記号である．

r, *c*, *t* の前にハイフン付き位置番号を加える上記の表示法は 1993 規則（参考文献 2）で用いられていたが，本勧告では PIN としては使用できない．

例1：

1-*r*,2-*c*,4-*c*-トリブロモシクロヘキサン
1-*r*,2-*c*,4-*c*-tribromocyclohexane

rel-(1*R*,2*S*,4*S*)-1,2,4-トリブロモシクロヘキサン **PIN**
rel-(1*R*,2*S*,4*S*)-1,2,4-tribromocyclohexane **PIN**

またはエナンチオマー

例2：

2-*r*,3-*t*,4-*c*-トリクロロシクロペンタン-1,1-ジカルボン酸
2-*r*,3-*t*,4-*c*-trichlorocyclopentane-1,1-dicarboxylic acid

rel-(2*R*,3*R*,4*S*)-2,3,4-トリクロロシクロペンタン-1,1-ジカルボン酸 **PIN**
rel-(2*R*,3*R*,4*S*)-2,3,4-trichlorocyclopentane-1,1-dicarboxylic acid **PIN**

(2*R**,3*R**,4*S**)-2,3,4-トリクロロシクロペンタン-1,1-ジカルボン酸
(2*R**,3*R**,4*S**)-2,3,4-trichlorocyclopentane-1,1-dicarboxylic acid

またはエナンチオマー

〔*rel*-(2*S*,3*S*,4*R*)-2,3,4-トリクロロシクロペンタン-1,1-ジカルボン酸
rel-(2*S*,3*S*,4*R*)-2,3,4-trichlorocyclopentane-1,1-dicarboxylic acid としない．
最小の位置番号に立体表示記号 *R* を付ける〕

〔(2*S**,3*S**,4*R**)-2,3,4-トリクロロシクロペンタン-1,1-ジカルボン酸
(2*S**,3*S**,4*R**)-2,3,4-trichlorocyclopentane-1,1-dicarboxylic acid としない．
最小の位置番号に立体表示記号 *R** を付ける〕

P-93.5.1.3.2 二つの異なる配位子が単環の同じ位置に結合した場合，接尾語として名称を付ける最小番号の配位子を基準配位子として選ぶ．どの配位子も接尾語として名称をもっていない場合，最小の番号をもつ配位子のうち，順位規則で高い順位の配位子を基準配位子として選ぶ．隣接置換位置の基準配位子に対する関係は，必要に応じて *c* または *t* で表示する．

例1：

1,2-*t*-ジクロロシクロペンタン-1-*r*-カルボン酸
1,2-*t*-dichlorocyclopentane-1-*r*-carboxylic acid

rel-(1*R*,2*R*)-1,2-ジクロロシクロペンタン-1-カルボン酸 **PIN**
rel-(1*R*,2*R*)-1,2-dichlorocyclopentane-1-carboxylic acid **PIN**

またはエナンチオマー

例2：

1-*r*-ブロモ-1-クロロ-3-*t*-エチル-3-メチルシクロヘキサン
1-*r*-bromo-1-chloro-3-*t*-ethyl-3-methylcyclohexane

rel-(1*R*,3*R*)-1-ブロモ-1-クロロ-3-エチル-3-メチルシクロヘキサン **PIN**
rel-(1*R*,3*R*)-1-bromo-1-chloro-3-ethyl-3-methylcyclohexane **PIN**

(1*R**,3*R**)-1-ブロモ-1-クロロ-3-エチル-3-メチルシクロヘキサン
(1*R**,3*R**)-1-bromo-1-chloro-3-ethyl-3-methylcyclohexane

またはエナンチオマー

P-93 立体配置の特定　　　　　　　　　　　　　　　　　883

例3:

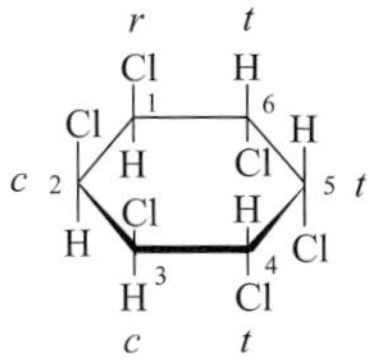

(1*R*,2*R*,3*s*,4*S*,5*S*,6*s*)-1,2,3,4,5,6-ヘキサクロロシクロヘキサン **PIN**
(1*R*,2*R*,3*s*,4*S*,5*S*,6*s*)-1,2,3,4,5,6-hexachlorocyclohexane **PIN**
1-*r*,2-*c*,3-*c*,4-*t*,5-*t*,6-*t*-ヘキサクロロシクロヘキサン
1-*r*,2-*c*,3-*c*,4-*t*,5-*t*,6-*t*-hexachlorocyclohexane

説明: この化合物では，最小位置番号を決めるときに，*R* の配位子を優先するか *cis* の配
置を優先するかによって異なる番号付けが必要である．〔この化合物は P-93.5.1.1.2(b) で
説明した **7** である．他の異性体は P-92.5.2.2 と P-93.5.1.1.2(b) に示す．〕

P-93.5.1.4　不飽和脂環式化合物

> P-93.5.1.4.1　環内二重結合の特定
> P-93.5.1.4.2　環外二重結合の特定

P-93.5.1.4.1　環内二重結合の特定　　三から七員環の単環では，環内の二重結合はシスの立体配置をもつの
で，環内二重結合(環に含まれる二重結合)の立体配置を示す立体表示記号 *Z* または *cis* はつねに省略する．八員
環あるいはそれ以上の単環では，環の二重結合はシスまたはトランスのどちらか一方になる．このような配置を
表すためには，PIN では立体表示記号 *Z* と *E* を使わなければならない．GIN では立体表示記号 *cis* と *trans* を用
いてもよい．

例:

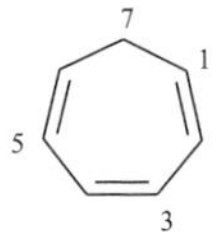

シクロヘプタ-1,3,5-トリエン **PIN**
cyclohepta-1,3,5-triene **PIN**

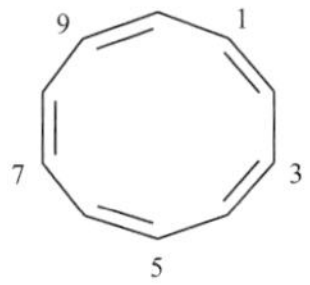

(1*Z*,3*Z*,5*Z*,7*Z*,9*Z*)-シクロデカ-1,3,5,7,9-ペンタエン **PIN**
(1*Z*,3*Z*,5*Z*,7*Z*,9*Z*)-cyclodeca-1,3,5,7,9-pentaene **PIN**

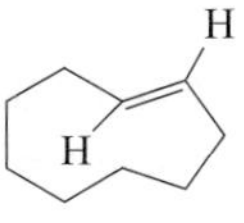

(*E*)-シクロノネン **PIN**
(*E*)-cyclononene **PIN**

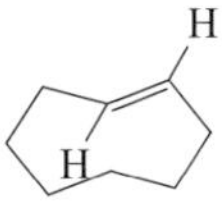

(*E*)-シクロオクテン **PIN**
(*E*)-cyclooctene **PIN**

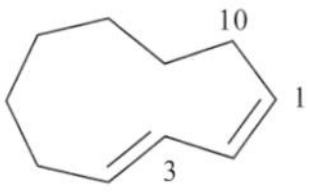

(1*Z*,3*E*)-シクロデカ-1,3-ジエン **PIN**　(1*Z*,3*E*)-cyclodeca-1,3-diene **PIN**
　〔*Z* の二重結合を最小の位置番号とする．P-14.4(j)参照〕
(1-*cis*,3-*trans*)-シクロデカ-1,3-ジエン　(1-*cis*,3-*trans*)-cyclodeca-1,3-diene

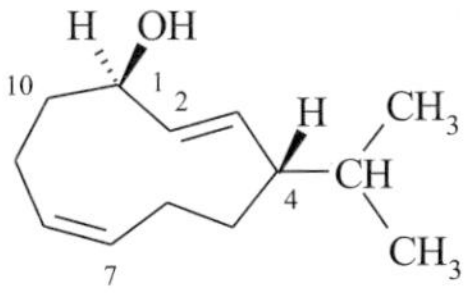

(1*R*,2*E*,4*S*,7*Z*)-4-(プロパン-2-イル)シクロデカ-2,7-ジエン-1-オール **PIN**
(1*R*,2*E*,4*S*,7*Z*)-4-(propan-2-yl)cyclodeca-2,7-dien-1-ol **PIN**
(1*R*,2-*trans*,4-*S*,7-*cis*)-4-(プロパン-2-イル)シクロデカ-2,7-ジエン-1-オール
(1*R*,2-*trans*,4-*S*,7-*cis*)-4-(propan-2-yl)cyclodeca-2,7-dien-1-ol

立体表示記号 M, P, R_p または S_p は，シクロアルケンの *E* キラル異性体の立体配置を表示するために使う．

PIN では立体表示記号 *M* と *P* を使う．

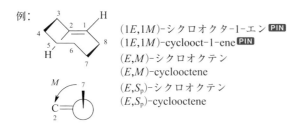

例：
(1*E*,1*M*)-シクロオクタ-1-エン [PIN]
(1*E*,1*M*)-cyclooct-1-ene [PIN]
(*E*,*M*)-シクロオクテン
(*E*,*M*)-cyclooctene
(*E*,*S*_p)-シクロオクテン
(*E*,*S*_p)-cyclooctene

P-93.5.1.4.2 環外二重結合の特定

P-93.5.1.4.2.1 立体表示記号 *E* と *Z* による特定　　立体表示記号 *E* と *Z* を，環外二重結合の立体配置を示すために使う．

(1) 二重結合が一つであるとき，名称を付けるために次の二つの方法を使う．
  (a) 二重結合を母体構造の一部と考える．立体表示記号を置換名の前におき，その後に母体構造への連結点を示す位置番号を付ける．
  (b) 二重結合をイリデン型の置換基の一部と考える．立体表示記号は置換基の名称の前に位置番号なしでおき，対応する接頭語の名称を丸括弧または場合に応じた囲み記号で囲む．

PIN では方法(a)を使う．

例：

(1*E*)-1-(ブタン-2-イリデン)-1*H*-インデン [PIN]
(1*E*)-1-(butan-2-ylidene)-1*H*-indene [PIN]
1-[(*E*)-ブタン-2-イリデン]-1*H*-インデン
1-[(*E*)-butan-2-ylidene]-1*H*-indene

(2*E*)-1-クロロ-2-エチリデン-2*H*-インデン [PIN]
(2*E*)-1-chloro-2-ethylidene-2*H*-indene [PIN]
1-クロロ-2-[(*E*)-エチリデン]-2*H*-インデン
1-chloro-2-[(*E*)-ethylidene]-2*H*-indene

(2) 二つの二重結合が同じ環に結合しているとき，(1)で説明した二つの方法を適用する．PIN では，方法(a)を用いて各二重結合を特定する．GIN では，環を形式的な二重結合とみなし，全体の系を奇数の二重結合をもつクムレンとみなす3番目の方法もある(P-93.4.2.3 参照)．この方法は二重結合と環が直線系をつくるときだけ有効である．直線でない系では方法(a)で表示する．

例1：
(1*Z*,3*E*)-1,3-ジエチリデンシクロペンタン [PIN]
(1*Z*,3*E*)-1,3-diethylidenecyclopentane [PIN]

例2：
(1*Z*,4*Z*)-1,4-ジエチリデンシクロヘキサン [PIN]
(1*Z*,4*Z*)-1,4-diethylidenecyclohexane [PIN]
　　(C1 と C4 の *Z* の立体配置を特定するには
　　P-92.4.2.2 の例 1 を参照)
cis-1,4-ジエチリデンシクロヘキサン
cis-1,4-diethylidenecyclohexane
1,4-ジ[(*Z*)-エチリデン]シクロヘキサン
1,4-di[(*Z*)-ethylidene]cyclohexane

例 3:

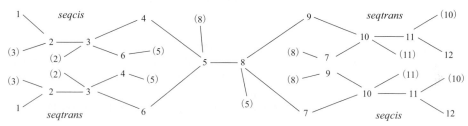

[1(1′)*E*,3*E*,3′*E*]-3,3′-ジエチリデン-1,1′-ビ(シクロブチリデン) PIN
[1(1′)*E*,3*E*,3′*E*]-3,3′-diethylidene-1,1′-bi(cyclobutylidene) PIN

trans-3,3′-ジエチリデン-1,1′-ビ(シクロブチリデン)
trans-3,3′-diethylidene-1,1′-bi(cyclobutylidene)

3,3′-ジ[(*E*)-エチリデン]-1,1′-ビ(シクロブチリデン)
3,3′-di[(*E*)-ethylidene]-1,1′-bi(cyclobutylidene)

説明:

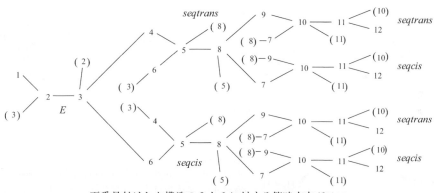

必要とする有向グラフをつくるための任意の番号付けをした構造

再番号付けした構造の 5 と 8 に対する簡略有向グラフ

再番号付けした構造の 2 と 3 に対する簡略有向グラフ

P-93.5.1.4.2.2　*E* と *Z* 以外の立体表示記号による環外二重結合の特定　置換基をもつ環と環外二重結合からなる化合物はアレン系とみなすことができ，以下の二つの方法で命名する．

(1) 個別のステレオジェン単位を区別して特定することにより命名する．
(2) 全体の分子を独自の系とみなし，それに基づいて命名する．

PIN は方法(1)に基づく．

例 1:　*N*-[(1*seqCis*,4*R*)-4-メチルシクロヘキシリデン]ヒドロキシルアミン PIN
　　　N-[(1*seqCis*,4*R*)-4-methylcyclohexylidene]hydroxylamine PIN
　　　〔*seqCis* については P-92.1.1(f)参照〕
　　　(*M*)-(4-メチルシクロヘキシリデン)ヒドロキシルアミン
　　　(*M*)-(4-methylcyclohexylidene)hydroxylamine
　　　(*R*_a)-4-メチルシクロヘキサノンオキシム
　　　(*R*_a)-4-methylcyclohexanone oxime

886   P-9 立体配置と立体配座の特定

(前ページ例1 つづき)

説明：以下の有向グラフを用いてC1とC4の立体配置を特定する．

C1　　　簡略有向グラフ　　　C4

例2：

(1*seqCis*,3*S*)-1-(ブロモメチリデン)-3-プロピルシクロブタン PIN
(1*seqCis*,3*S*)-1-(bromomethylidene)-3-propylcyclobutane PIN
(3*P*)-1-(ブロモメチリデン)-3-プロピルシクロブタン
(3*P*)-1-(bromomethylidene)-3-propylcyclobutane

例3：

(1*s*,4*p*)-1-エチル-4-(プロパ-1-エン-1-イリデン)シクロヘキサン PIN
(1*s*,4*p*)-1-ethyl-4-(prop-1-en-1-ylidene)cyclohexane PIN
(1*s*,4*s*_a)-1-エチル-4-(プロパ-1-エン-1-イリデン)シクロヘキサン
(1*s*,4*s*_a)-1-ethyl-4-(prop-1-en-1-ylidene)cyclohexane

説明：以下の有向グラフを用いてC1とC4の立体配置を特定する．

C4　　　簡略有向グラフ　　　C1

例4：

(4*s*,4′*s*)-4,4′-ジエチル-1,1′-ビ(シクロヘキシリデン) PIN
(4*s*,4′*s*)-4,4′-diethyl-1,1′-bi(cyclohexylidene) PIN
cis-4,4′-ジエチル-1,1′-ビ(シクロヘキシリデン)
cis-4,4′-diethyl-1,1′-bi(cyclohexylidene)

説明：以下の有向グラフを用いて，ステレオジェン二重結合とステレオジェン中心C4（以下に示す）の立体配置を特定する．置換基はシス配置である．CIP表示記号にはEが含まれるが，単独では構造の立体配置を表示するためには使えないことに注意してほしい．

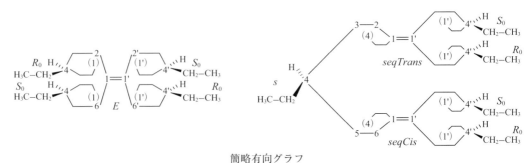

簡略有向グラフ

P-93　立体配置の特定　　　　　　　　　　　　　　　　　　　　887

（前ページ例 4 つづき）

説明: 二重結合 C1=C1′ の立体配置は以下のように決定する．それぞれの側の二重結合の補助立体表示記号は R_0 と S_0 であり，R_0 は S_0 より優先するので，2 と 6′ の配位子は E の立体配置となる．C4 の立体配置は以下のように決める．有向グラフ中で，各枝の立体配置が R_0 と S_0 であることから，C1=C1′ 二重結合の立体配置を立体表示記号 *seqCis* と *seq-Trans* と決めることができる．順位規則 **5** に従い *seqCis* が優先するので，配位子 C5 は配位子 C3 に優先し，順位規則 **5** に従い立体配置を *s* と決めることができる．

P-93.5.2　ポリシクロ環化合物

P-93.5.2.1　CIP 立体表示記号によるステレオジェン中心の特定	P-93.5.2.2　相 対 配 置
	P-93.5.2.3　二重結合の特定

P-93.5.2.1　CIP 立体表示記号によるステレオジェン中心の特定　　構造により決まる独自の番号付けをもつ絶対配置は，R や s などの CIP 立体表示記号で表す．

例:

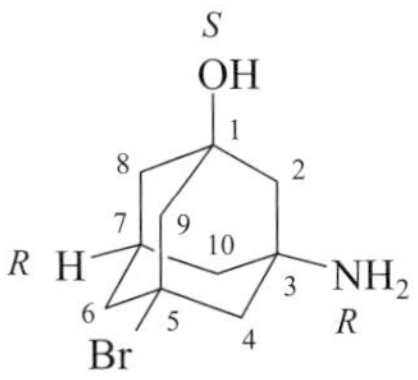

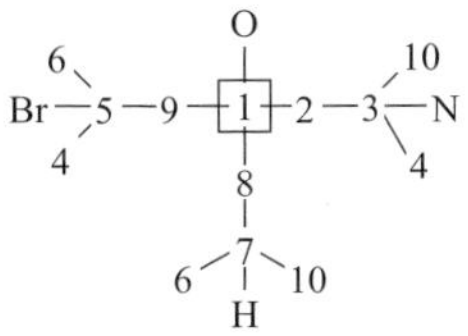

簡略有向グラフ

(1*S*,3*R*,5*R*,7*R*)-3-アミノ-5-ブロモアダマンタン-1-オール **PIN**
(1*S*,3*R*,5*R*,7*R*)-3-amino-5-bromoadamantan-1-ol **PIN**

(1*S*,3*R*,5*R*,7*R*)-3-アミノ-5-ブロモトリシクロ[3.3.1.1^{3,7}]デカン-1-オール
(1*S*,3*R*,5*R*,7*R*)-3-amino-5-bromotricyclo[3.3.1.1^{3,7}]decan-1-ol

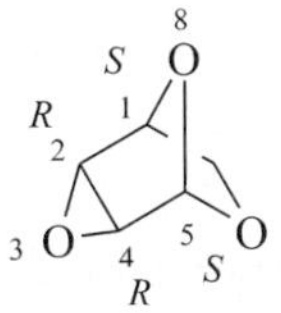

(1*S*,2*R*,4*R*,5*S*)-3,6,8-トリオキサトリシクロ[3.2.1.0^{2,4}]オクタン **PIN**
(1*S*,2*R*,4*R*,5*S*)-3,6,8-trioxatricyclo[3.2.1.0^{2,4}]octane **PIN**

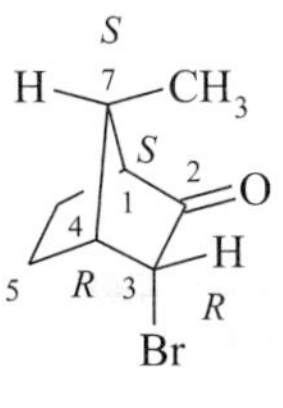

(1*S*,3*R*,4*R*,7*S*)-3-ブロモ-7-メチルビシクロ[2.2.1]ヘプタン-2-オン **PIN**
(1*S*,3*R*,4*R*,7*S*)-3-bromo-7-methylbicyclo[2.2.1]heptan-2-one **PIN**

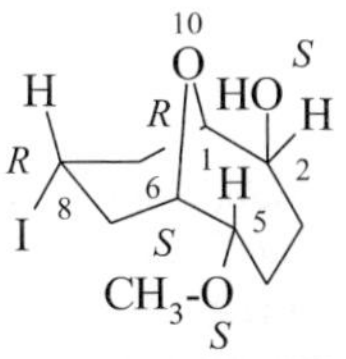

(1*R*,2*S*,5*S*,6*S*,8*R*)-8-ヨード-5-メトキシ-10-オキサビシクロ[4.3.1]デカン-2-オール **PIN**
(1*R*,2*S*,5*S*,6*S*,8*R*)-8-iodo-5-methoxy-10-oxabicyclo[4.3.1]decan-2-ol **PIN**

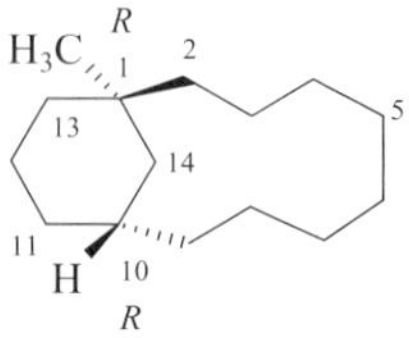

888   P-9 立体配置と立体配座の特定

(1*R*,10*R*)-1-メチルビシクロ[8.3.1]テトラデカン **PIN**
(1*R*,10*R*)-1-methylbicyclo[8.3.1]tetradecane **PIN**

P-93.5.2.2 相対配置   相対配置とラセミ体は，P-93.1.2 で説明したように，立体表示記号 *R* と *S* および接頭語 *rel* と *rac* を用いて特定する.

P-93.5.2.2.1 立体表示記号 *endo*, *exo*, *syn*, *anti*   これらの立体表示記号は，ビシクロ[*x.y.z*]アルカンの橋頭以外の原子に結合した基の相対的な配置を示すために使う. ここでは $x \geq y > z > 0$ であり，さらに二つの架橋 $x+y$ は 7 より小さくなければならないという条件がつく. 実際に，これらの立体表示記号はビシクロ[2.2.1]ヘプタン bicyclo[2.2.1]heptane，ビシクロ[3.2.1]オクタン bicyclo[3.2.1]octane およびビシクロ[3.3.1]ノナン bicyclo[3.3.1]nonane のようなビシクロ系およびトリシクロ系の相対配置を表示するために使う.

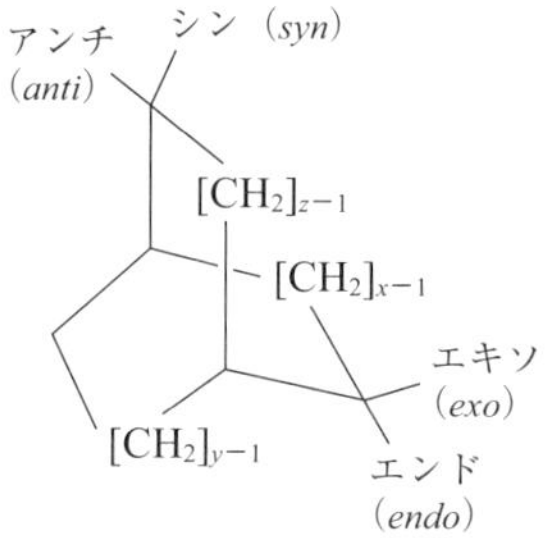

置換基が位置番号最大の橋(*z* の橋，すなわち下の例の C7)の方に向いていれば表示記号は *exo* となり，それが位置番号最大の橋の反対に向いていれば表示記号は *endo* となる. 置換基が位置番号最大の橋に結合し，最小の位置番号をもつ橋(*x* の橋，すなわち下の例の C2)の方に向いていれば表示記号は *syn* となり，置換基が最小の位置番号をもつ橋とは反対に向いていれば表示記号は *anti* となる. 名称では，立体表示記号はハイフンで区切って位置番号と置換基の間におく.

立体表示記号 *endo*, *exo*, *syn*, *anti* は相対配置のみを表示するので，単一のエナンチオマー(以下の最初の例)とラセミ体(以下の 2 番目の例)を区別することができない. これらの可能性を示すために，'またはエナンチオマー'あるいは'およびエナンチオマー'の表現を用いる. 絶対配置は *R* や *S* のような CIP 立体表示記号で表示しなければならない. これらの立体表示記号に *rel* や *rac* の接頭語を付けると，すべての異性体を完全に表示することが可能になる. GIN では(±)を用いてもよい.

例:

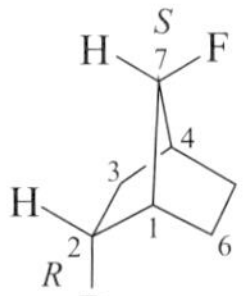

2-*endo*-ブロモ-7-*anti*-フルオロビシクロ[2.2.1]ヘプタン
2-*endo*-bromo-7-*anti*-fluorobicyclo[2.2.1]heptane
rel-(1*S*,2*R*,4*S*,7*S*)-2-ブロモ-7-フルオロビシクロ[2.2.1]ヘプタン **PIN**
rel-(1*S*,2*R*,4*S*,7*S*)-2-bromo-7-fluorobicyclo[2.2.1]heptane **PIN**

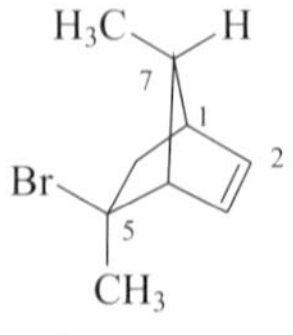

またはエナンチオマー

(±)-5-*exo*-ブロモ-5-*endo*,7-*anti*-ジメチルビシクロ[2.2.1]ヘプタ-2-エン
(±)-5-*exo*-bromo-5-*endo*,7-*anti*-dimethylbicyclo[2.2.1]hept-2-ene
rac-(1*R*,4*S*,5*S*,7*R*)-5-ブロモ-5,7-ジメチルビシクロ[2.2.1]ヘプタ-2-エン **PIN**
rac-(1*R*,4*S*,5*S*,7*R*)-5-bromo-5,7-dimethylbicyclo[2.2.1]hept-2-ene **PIN**

およびエナンチオマー

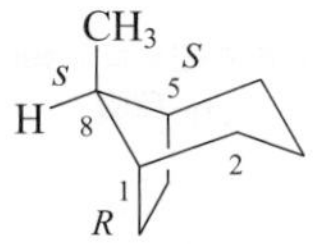

P-93 立体配置の特定   889

8-*syn*-メチルビシクロ[3.2.1]オクタン   8-*syn*-methylbicyclo[3.2.1]octane
(1*R*,5*S*,8*s*)-8-メチルビシクロ[3.2.1]オクタン **PIN**   (1*R*,5*S*,8*s*)-8-methylbicyclo[3.2.1]octane **PIN**

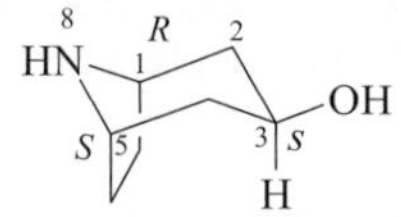

(1*R*,3*s*,5*S*)-8-アザビシクロ[3.2.1]オクタン-3-オール   (1*R*,3*s*,5*S*)-8-azabicyclo[3.2.1]octan-3-ol
(3*s*)-8-ノルトロパン-3-オール   (3*s*)-8-nortropan-3-ol
8-アザビシクロ[3.2.1]オクタン-3-*exo*-オール   8-azabicyclo[3.2.1]octan-3-*exo*-ol

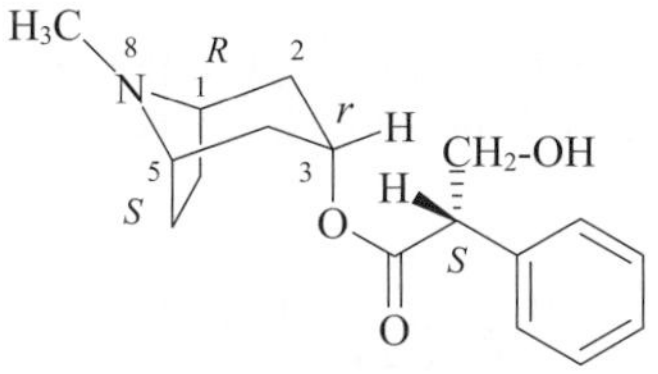

(2*S*)-3-ヒドロキシ-2-フェニルプロパン酸(1*R*,3*r*,5*S*)-8-メチル-8-アザビシクロ[3.2.1]オクタン-3-イル
(1*R*,3*r*,5*S*)-8-methyl-8-azabicyclo[3.2.1]octan-3-yl (2*S*)-3-hydroxy-2-phenylpropanoate

(2*S*)-3-ヒドロキシ-2-フェニルプロパン酸8-メチル-8-アザビシクロ[3.2.1]ヘプタン-3-*endo*-イル
8-methyl-8-azabicyclo[3.2.1]heptan-3-*endo*-yl (2*S*)-3-hydroxy-2-phenylpropanoate

(2*S*)-3-ヒドロキシ-2-フェニルプロパン酸トロパン-3α-イル
tropan-3α-yl (2*S*)-3-hydroxy-2-phenylpropanoate   (P-101.7.3 を参照)

P-93.5.2.2.2　立体表示記号 *cis* と *trans*   立体表示記号 *cis* と *trans* は，GIN において橋頭の配位子のシスまたはトランス配置を特定するときだけ使ってもよい．PIN では，CIP 立体表示記号の前に *rel* をつけなければならない．

例：

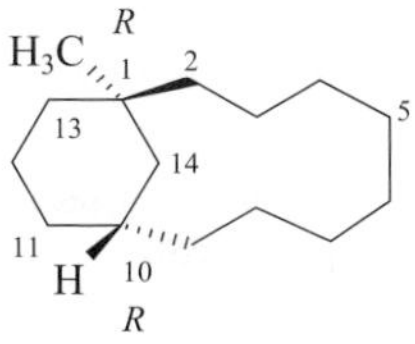

またはエナンチオマー

rel-(1*R*,10*R*)-1-メチルビシクロ[8.3.1]テトラデカン **PIN**
rel-(1*R*,10*R*)-1-methylbicyclo[8.3.1]tetradecane **PIN**
(1*R**,10*R**)-1-メチルビシクロ[8.3.1]テトラデカン
(1*R**,10*R**)-1-methylbicyclo[8.3.1]tetradecane
1-メチル-*trans*-ビシクロ[8.3.1]テトラデカン
1-methyl-*trans*-bicyclo[8.3.1]tetradecane

P-93.5.2.3　二重結合の特定   シクロアルケンにおいて説明したように(P-93.5.1.4.1 参照)，不飽和のビシクロ[3.3.3]ウンデカン bicyclo[3.3.3]undecane およびこれより小さい系では，二重結合の立体配置を *Z* と特定する必要はない．これより大きい系のすべての二重結合は，*Z* または *E* で表す必要がある．

890   P-9 立体配置と立体配座の特定

例：

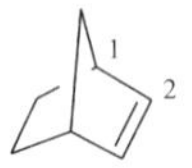

ビシクロ[2.2.1]ヘプタ-2-エン PIN
bicyclo[2.2.1]hept-2-ene PIN

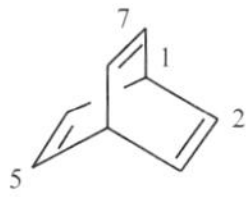

ビシクロ[2.2.2]オクタ-2,5,7-トリエン PIN
bicyclo[2.2.2]octa-2,5,7-triene PIN

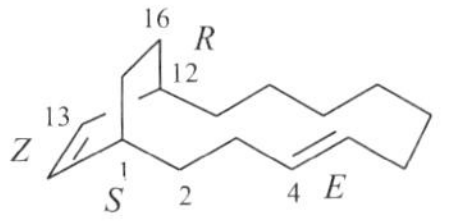

(1S,4E,12R,13Z)-ビシクロ[10.2.2]ヘキサデカ-4,13-ジエン PIN
(1S,4E,12R,13Z)-bicyclo[10.2.2]hexadeca-4,13-diene PIN

環系に含まれるクムレン系は P-93.4.2.2 と P-93.4.2.3 で説明したように取扱い，環系の番号付けに従って番号付けする．名称では，E/Z 系の最初の位置番号か，軸性ステレオジェン単位(M/P 系)の最初の位置番号を付ける．構成原子の位置番号が二つ以上異なる二重結合のときには，複合位置番号(P-31.1.1.1 と P-31.1.4.2 参照)を用いる．

例：

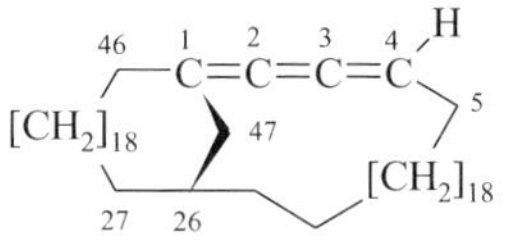

(1Z,26R)-ビシクロ[24.20.1]ヘプタテトラコンタ-1,2,3-トリエン PIN
(1Z,26R)-bicyclo[24.20.1]heptatetraconta-1,2,3-triene PIN

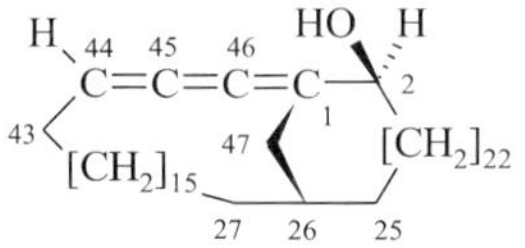

[1(44)E,2S,26R]-ビシクロ[24.20.1]ヘプタテトラコンタ-1(46),44,45-トリエン-2-オール PIN
[1(44)E,2S,26R]-bicyclo[24.20.1]heptatetraconta-1(46),44,45-trien-2-ol PIN

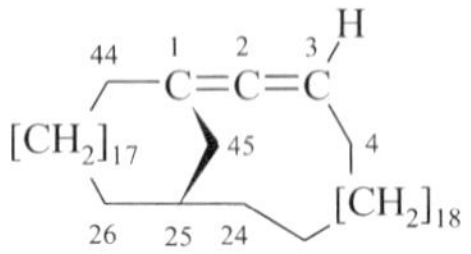

(1P,25R)-ビシクロ[23.19.1]ペンタテトラコンタ-1,2-ジエン PIN
(1P,25R)-bicyclo[23.19.1]pentatetraconta-1,2-diene PIN

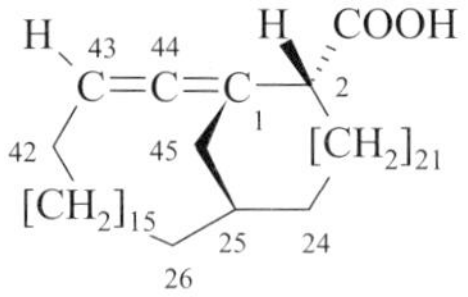

[1(43)P,2R,25R]-ビシクロ[23.19.1]ペンタテトラコンタ-1(44),43-ジエン-2-カルボン酸 PIN
[1(43)P,2R,25R]-bicyclo[23.19.1]pentatetraconta-1(44),43-diene-2-carboxylic acid PIN

P-93.5.3 スピロ化合物

P-93.5.3.1 Xabcd 型 (a＞b＞c＞d) のステレオジェンスピロ原子の特定	P-93.5.3.3 二重結合の特定
	P-93.5.3.4 非四面体のステレオジェン中心の特定
P-93.5.3.2 Xabab 型 (a＞b) のステレオジェンスピロ原子の特定	P-93.5.3.5 スピロ化合物の軸性キラリティー

P-93.5.3.1 Xabcd 型 (a＞b＞c＞d) のステレオジェンスピロ原子の特定   立体表示記号 R と S は，スピ

ロ原子 X が a＞b＞c＞d の順位をもつ四つの原子団に囲まれているときに使う．これらの立体表示記号は，ジスピロ化合物中の環の相対立体配置を表示することができる *cis* と *trans* に優先する．スピロ骨格に位置するどのようなキラリティー中心の立体配置も，通常の方法を用いて立体表示記号 *R* と *S* で表示する．

例 1:

(1*R*)-5′*H*-スピロ[インデン-1,2′-[1,3]オキサアゾール] PIN
(1*R*)-5′*H*-spiro[indene-1,2′-[1,3]oxazole] PIN

例 2:

(5*R*,7*S*)-1,8-ジオキサジスピロ[4.1.4⁷.2⁵]トリデカン PIN
(5*R*,7*S*)-1,8-dioxadispiro[4.1.4⁷.2⁵]tridecane PIN
cis-1,8-ジオキサジスピロ[4.1.4⁷.2⁵]トリデカン
cis-1,8-dioxadispiro[4.1.4⁷.2⁵]tridecane
  （ここで立体表示記号 *cis* と *trans* は P-93.5.1.2 で説明した二置換単環化合物と同様に用いる）

例 3:

(1*S*,5*R*,7*S*)-1,7-ジメチルスピロ[4.5]デカン PIN
(1*S*,5*R*,7*S*)-1,7-dimethylspiro[4.5]decane PIN

例 4:

命名のための番号付け　　簡略有向グラフのための番号付け

(6*R*,8*R*,9*S*)-8,9-ジヒドロキシ-5,5,9-トリメチルスピロ[5.5]ウンデカン-1-オン PIN
(6*R*,8*R*,9*S*)-8,9-dihydroxy-5,5,9-trimethylspiro[5.5]undecan-1-one PIN

説明:

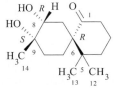

簡略有向グラフ

例 5:

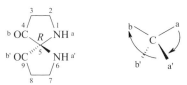

(1′R,5′aS,7′R,8′aS,9′aR)-1′-ヒドロキシ-1′,4,4,8′,8′,11′-ヘキサメチル-2′,3′,8′a,9,9′,10-ヘキサヒドロ-
1′H,4H,5′H,6′H,8′H-スピロ[[1,4]ジオキセピノ[2,3-g]インドール-8,7′-
[5a,9a](アザノメタノ)シクロペンタ[f]インドリジン]-10′-オン **PIN**
(1′R,5′aS,7′R,8′aS,9′aR)-1′-hydroxy-1′,4,4,8′,8′,11′-hexamethyl-2′,3′,8′a,9,9′,10-hexahydro-
1′H,4H,5′H,6′H,8′H-spiro[[1,4]dioxepino[2,3-g]indole-8,7′-
[5a,9a](azanomethano)cyclopenta[f]indolizin]-10′-one **PIN**

P-93.5.3.2 Xabab 型（a＞b）のステレオジェンスピロ原子の特定 このような系の中心の立体配置を特定するために使う一般的方法を以下に示す．

例 1:

(5R)-1,6-ジアザスピロ[4.4]ノナン-4,9-ジオン **PIN**
(5R)-1,6-diazaspiro[4.4]nonane-4,9-dione **PIN**

説明：この例において(参考文献 34, 2.5 参照)等価な組 a/a′ と b/b′ 間の配位子の順位を決定するための分析では，a＞b であるとき，番号 1 の窒素原子から始めて，次に番号 6 の窒素原子に進み，それぞれ a と a′ の順位をつける．次の配位子は b と b′ の間で選ばれなければならない．以下の有向グラフに示すように，最初に選んだ窒素原子を含む枝を次に選ぶ．すなわち a は a′ に優先する．これを選ぶことにより炭素原子は b＞b′ の順位になる．このようにして決めた順位 a＞a′＞b＞b′ を使うと，スピロ原子 C5 の立体配置は R となる．

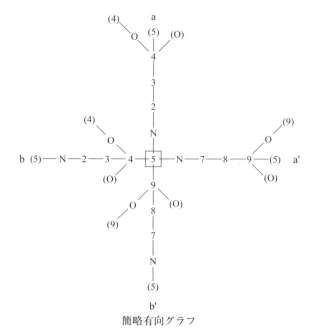

簡略有向グラフ

例 2:

(5*R*)-1,6-ジオキサスピロ[4.4]ノナン **PIN**　(5*R*)-1,6-dioxaspiro[4.4]nonane **PIN**

例 3:

(7*S*)-トリスピロ[4.1.1.4⁹.2⁷.2⁵]ヘプタデカン **PIN**
(7*S*)-trispiro[4.1.1.4⁹.2⁷.2⁵]heptadecane **PIN**

例 4:

(5*S*)-スピロ[4.4]ノナン-1,6-ジオン **PIN**
(5*S*)-spiro[4.4]nonane-1,6-dione **PIN**

例 5:

(3*R*,4*s*,7*S*,10*s*)-1,5,8,11-テトラオキサテトラスピロ[2.0.2⁴.0.2⁷.0.2¹⁰.0³]ドデカン **PIN**
(3*R*,4*s*,7*S*,10*s*)-1,5,8,11-tetraoxatetraspiro[2.0.2⁴.0.2⁷.0.2¹⁰.0³]dodecane **PIN**
1-*r*,5-*c*,8-*c*,11-*t*-テトラオキサテトラスピロ[2.0.2⁴.0.2⁷.0.2¹⁰.0³]ドデカン
1-*r*,5-*c*,8-*c*,11-*t*-tetraoxatetraspiro[2.0.2⁴.0.2⁷.0.2¹⁰.0³]dodecane

　　注記: この例では，ステレオジェン中心と擬不斉中心が存在する．順位規則 **4** と **5** の適用
　　が必要である．

説明: (a) 最初に異なる点で *cis* の連結になる番号付けを選ぶ．P-14.4(j)参照．したがって 1-*r*, 5-*t*, 8-*c*, 11-*c*
　　　　ではなく 1-*r*, 5-*c*, 8-*c*, 11-*t* である．
　　　(b) C3 と C7 の立体配置は，P-92.5 で説明した方法に従い，順位規則 **4** (b)，すなわち *like* は *unlike* に優
　　　　先する規則を用いて決定する．
　　　(c) C4 と C10 の立体配置は，P-92.6 で説明した方法に従い，順位規則 **5** で定めた *R* は *S* に優先する規
　　　　則を用いて決定する．

P-93.5.3.3　二重結合の特定　　七員環以下の環内にステレオジェン単位があるとき，二重結合を表示するための立体表示記号 *E* または *Z* は必要ない．それより大きな環があるときは，すべての該当する位置に立体表示記号を用いる．

例:

スピロ[4.5]デカ-2-エン **PIN**　　　　　(2*Z*,6*Z*)-スピロ[4.7]ドデカ-2,6-ジエン **PIN**
spiro[4.5]dec-2-ene **PIN**　　　　　　(2*Z*,6*Z*)-spiro[4.7]dodeca-2,6-diene **PIN**

P-93.5.3.4　非四面体のステレオジェン中心の特定　　P-93.3.4.2 で説明したように，錯体化学で使われる立体表示記号 *A* と *C* は，λ⁴, λ⁵ および λ⁶-ヘテロスピロ原子をもつスピロ化合物の相対配置および絶対配置を表示する．

例:

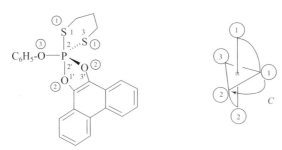

(*TBPY*-5-12-*C*)-2-フェノキシ-2*H*-2λ⁵-スピロ[[1,3,2]ジチアホスフィナン-
2,2′-フェナントロ[9,10-*d*][1,3,2]ジオキサホスホール] **PIN**
(*TBPY*-5-12-*C*)-2-phenoxy-2*H*-2λ⁵-spiro[[1,3,2]dithiaphosphinane-
2,2′-phenanthro[9,10-*d*][1,3,2]dioxaphosphole] **PIN**

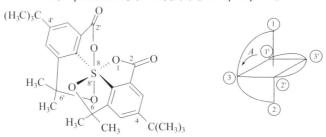

(*OC*-6-22′-*A*)-4,4′-ジ-*tert*-ブチル-6,6,6′,6′-テトラメチル-2*H*,2′*H*,6*H*,6′*H*-
8λ⁶,8′-スピロビ[[1,2]オキサチオロ[4,3,2-*hi*][2,1]ベンゾオキサチオール]-2,2′-ジオン **PIN**
(*OC*-6-22′-*A*)-4,4′-di-*tert*-butyl-6,6,6′,6′-tetramethyl-2*H*,2′*H*,6*H*,6′*H*-
8λ⁶,8′-spirobi[[1,2]oxathiolo[4,3,2-*hi*][2,1]benzoxathiole]-2,2′-dione **PIN** (P-93.3.3.7 参照)

P-93.5.3.5 スピロ化合物の軸性キラリティー 立体表示記号 *M* と *P* はスピロ化合物の軸性キラリティーを表示するために使う．存在するキラリティー中心を表示するために立体表示記号 *R* と *S* を使うこともできる．PIN では立体表示記号 *R* と *S* を使う．

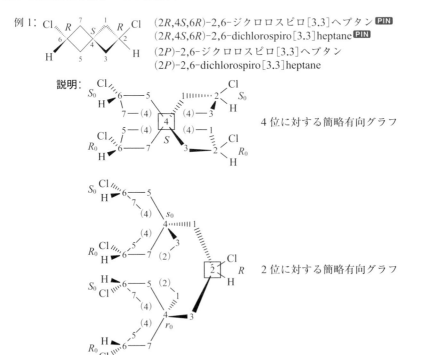

例 1: (2*R*,4*S*,6*R*)-2,6-ジクロロスピロ[3.3]ヘプタン **PIN**
(2*R*,4*S*,6*R*)-2,6-dichlorospiro[3.3]heptane **PIN**
(2*P*)-2,6-ジクロロスピロ[3.3]ヘプタン
(2*P*)-2,6-dichlorospiro[3.3]heptane

説明:

4 位に対する簡略有向グラフ

2 位に対する簡略有向グラフ

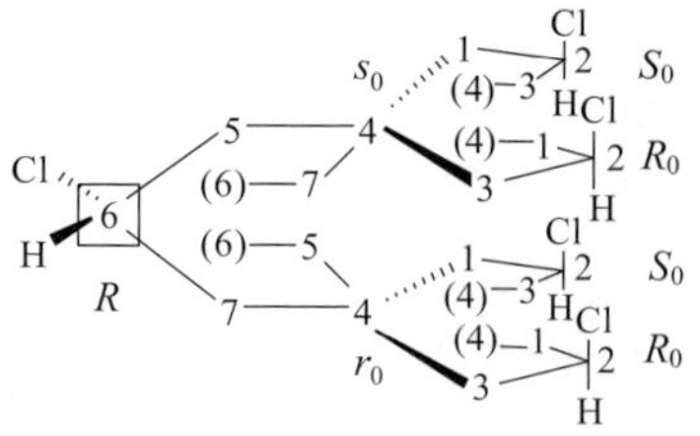

P-93 立体配置の特定 895

6 位に対する簡略有向グラフ

例2:

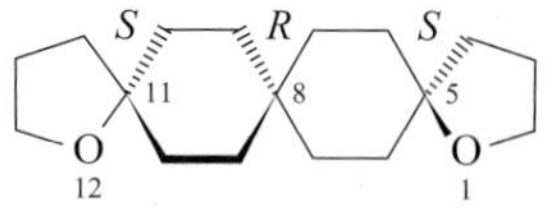

(5*S*,8*R*,11*S*)-1,12-ジオキサトリスピロ[4.2.2.4^{11}.2^8.2^5]ノナデカン **PIN**
(5*S*,8*R*,11*S*)-1,12-dioxatrispiro[4.2.2.4^{11}.2^8.2^5]nonadecane **PIN**
(5*M*)-1,12-ジオキサトリスピロ[4.2.2.4^{11}.2^8.2^5]ノナデカン
(5*M*)-1,12-dioxatrispiro[4.2.2.4^{11}.2^8.2^5]nonadecane

P-93.5.4 縮合および橋かけ縮合環化合物

> P-93.5.4.1 CIP 立体表示記号による立体配置の特定
> P-93.5.4.2 表示記号 *cisoid* と *transoid*

P-93.5.4.1 CIP 立体表示記号による立体配置の特定 非常に多様な縮合および橋かけ縮合炭素環および複素環化合物は，ステレジェン単位を *R*, *S*, *r*, *s*, *M*, *P* により特定して表示する．以下のいくつかの例では，炭素とヘテロ原子におけるキラリティーを示す．

例:

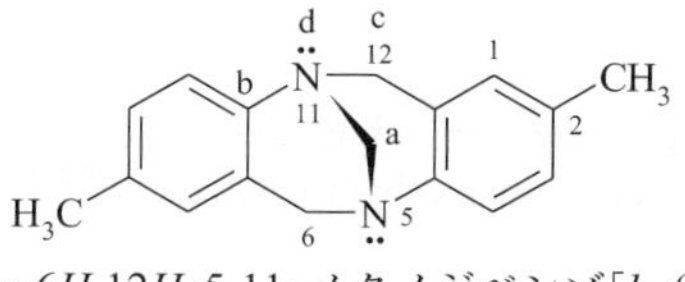

(5*S*,11*S*)-2,8-ジメチル-6*H*,12*H*-5,11-メタノジベンゾ[*b*,*f*][1,5]ジアゾシン **PIN**
(5*S*,11*S*)-2,8-dimethyl-6*H*,12*H*-5,11-methanodibenzo[*b*,*f*][1,5]diazocine **PIN**

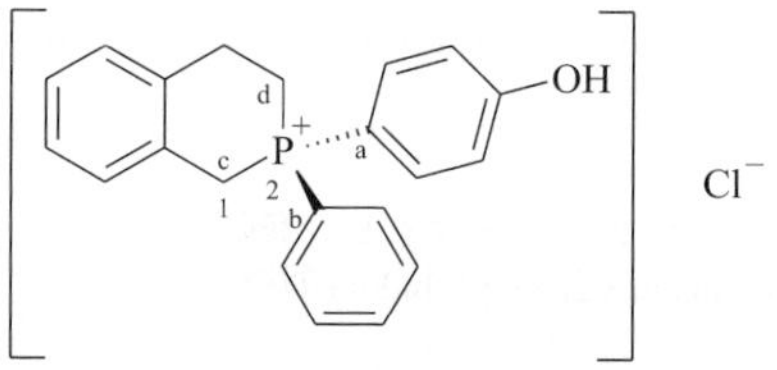

(2*S*)-2-(4-ヒドロキシフェニル)-2-フェニル-1,2,3,4-テトラヒドロイソホスフィノリン-2-イウム=クロリド **PIN**
(2*S*)-2-(4-hydroxyphenyl)-2-phenyl-1,2,3,4-tetrahydroisophosphinolin-2-ium chloride **PIN**

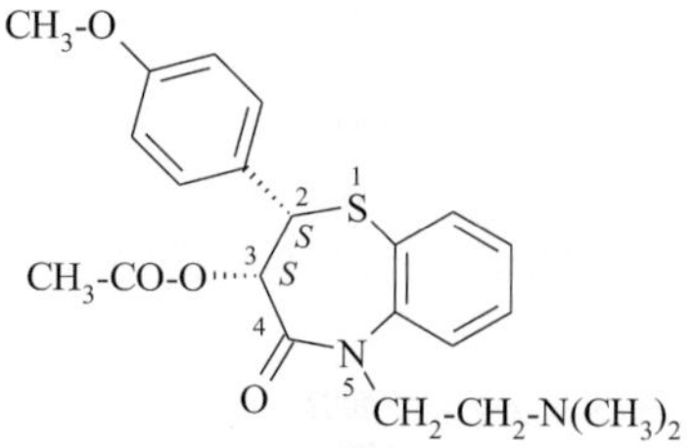

酢酸(2*S*,3*S*)-5-[2-(ジメチルアミノ)エチル]-2-(4-メトキシフェニル)-4-オキソ-2,3,4,5-テトラヒドロ-1,5-ベンゾチアアゼピン-3-イル **PIN**
(2*S*,3*S*)-5-[2-(dimethylamino)ethyl]-2-(4-methoxyphenyl)-4-oxo-2,3,4,5-tetrahydro-1,5-benzothiazepin-3-yl acetate **PIN**

896   P-9 立体配置と立体配座の特定

(1*R*,2*r*,3*S*,3a*R*,4*S*,7*R*,7a*S*)-1,2,3,4,5,6,7,8,8-ノナクロロ-2,3,3a,4,7,7a-ヘキサヒドロ-4,7-メタノ-1*H*-インデン **PIN**
(1*R*,2*r*,3*S*,3a*R*,4*S*,7*R*,7a*S*)-1,2,3,4,5,6,7,8,8-nonachloro-2,3,3a,4,7,7a-hexahydro-4,7-methano-1*H*-indene **PIN**

(11a*M*)-1,11-ジニトロ-5,7-ジヒドロジベンゾ[*a,c*][7]アンヌレン-6-オン **PIN**
(11a*M*)-1,11-dinitro-5,7-dihydrodibenzo[*a,c*][7]annulen-6-one **PIN**
(11*R*ₐ)-1,11-ジニトロ-5,7-ジヒドロジベンゾ[*a,c*][7]アンヌレン-6-オン
(11*R*ₐ)-1,11-dinitro-5,7-dihydrodibenzo[*a,c*][7]annulen-6-one

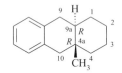

(3a*R*,7a*S*)-オクタヒドロ-1*H*-インドール **PIN**
(3a*R*,7a*S*)-octahydro-1*H*-indole **PIN**
trans-オクタヒドロインドール
trans-octahydroindole

(4a*R*,8a*R*,9a*S*,10a*S*)-テトラデカヒドロアントラセン **PIN**
(4a*R*,8a*R*,9a*S*,10a*S*)-tetradecahydroanthracene **PIN**

(4a*R*,9a*R*)-4a-メチル-1,2,3,4,4a,9,9a,10-オクタヒドロアントラセン **PIN**
(4a*R*,9a*R*)-4a-methyl-1,2,3,4,4a,9,9a,10-octahydroanthracene **PIN**

(4a*s*,8a*s*)-デカヒドロナフタレン **PIN**
(4a*s*,8a*s*)-decahydronaphthalene **PIN**
cis-デカヒドロナフタレン
cis-decahydronaphthalene

説明:

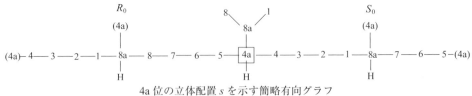

4a 位の立体配置 *s* を示す簡略有向グラフ

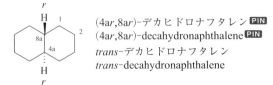

(4a*r*,8a*r*)-デカヒドロナフタレン **PIN**
(4a*r*,8a*r*)-decahydronaphthalene **PIN**
trans-デカヒドロナフタレン
trans-decahydronaphthalene

1,2-ジヒドロナフタレン PIN
1,2-dihydronaphthalene PIN
(C3 の二重結合は Z と特定しない．P-93.5.1.4.1 参照)

P-93.5.4.2 表示記号 *cisoid* と *transoid* 縮合系における 2 組以上の飽和縮合原子の立体的な関係は，*cis* と *trans* の後にハイフンを付けて表示する．必要があれば，さらに最小位置番号の縮合原子に該当する位置番号と 2 番目のハイフンを付け，全体を環系の名称の前におく．*cis* または *trans* 縮合の組合わせの最も近い原子間の立体的な関係は，表示記号 *cisoid* または *transoid* で表示する．各記号の後にハイフンを付け，必要があれば，それら原子の位置番号とハイフンをつけ，全体を該当するシスまたはトランス表示記号の間におく．'最も近い原子' とは，系の番号付けにかかわらず，最小数の原子で互いに連結する原子を意味する．最も近い原子に選択の余地があるときは，最小の位置番号の原子を含む組合わせを選ぶ．

表示記号 *cisoid* と *transoid* は省略形ではない．これらの表示記号の PIN での使用は廃止し代わりに，相対配置だけが既知のエナンチオマーを表示するためには，*R* と *S* の記号を表示記号 *rel* とともに用いる．

例：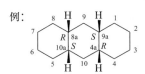

(4a*R*,8a*R*,9a*S*,10a*S*)-テトラデカヒドロアントラセン PIN
(4a*R*,8a*R*,9a*S*,10a*S*)-tetradecahydroanthracene PIN
cis-*cisoid*-*cis*-テトラデカヒドロアントラセン
cis-*cisoid*-*cis*-tetradecahydroanthracene
（この化合物はアキラルである）

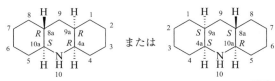

rel-(4a*R*,8a*R*,9a*R*,10a*S*)-テトラデカヒドロアクリジン PIN
rel-(4a*R*,8a*R*,9a*R*,10a*S*)-tetradecahydroacridine PIN
cis-4a-*cisoid*-4a,10a-*trans*-10a-テトラデカヒドロアクリジン
cis-4a-*cisoid*-4a,10a-*trans*-10a-tetradecahydroacridine

P-93.5.5 シクロファン

P-93.5.5.1 ステレオジェン面の特定	P-93.5.5.3 二重結合の特定
P-93.5.5.2 キラリティー中心の特定	

P-93.5.5.1 ステレオジェン面の特定 P-92.1.2.1.3 と P-92.1.2.2.2 で説明した方法に従い，ステレオジェン面を表示するためには，表示記号 P と M はそれぞれ R_p と S_p に優先する．キラリティーの向きを決定する配位子に選択の余地があるとき，CIP 順位規則で最高順位のものを基準として選ぶ．シクロファンでは，パイロット原子から見た環の複式位置番号を，ステレオジェン単位を表示する位置番号として選ぶ．位置番号は立体表示記号の前におく．

例：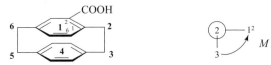

(1^1M)-1,4(1,4)-ジベンゼナシクロヘキサファン-1^2-カルボン酸 PIN
(1^1M)-1,4(1,4)-dibenzenacyclohexaphane-1^2-carboxylic acid PIN
(1^1S_p)-1,4(1,4)-ジベンゼナシクロヘキサファン-1^2-カルボン酸
(1^1S_p)-1,4(1,4)-dibenzenacyclohexaphane-1^2-carboxylic acid

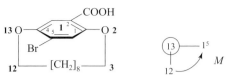

(1^4M)-1^5-ブロモ-2,13-ジオキサ-1(1,4)-ベンゼナシクロトリデカファン-1^2-カルボン酸 **PIN**
(1^4M)-1^5-bromo-2,13-dioxa-1(1,4)-benzenacyclotridecaphane-1^2-carboxylic acid **PIN**

(1^4S_p)-1^5-ブロモ-2,13-ジオキサ-1(1,4)-ベンゼナシクロトリデカファン-1^2-カルボン酸
(1^4S_p)-1^5-bromo-2,13-dioxa-1(1,4)-benzenacyclotridecaphane-1^2-carboxylic acid

($1^1M,4^4P$)-4^3-ブロモ-1,4(1,4)-ジベンゼナシクロヘキサファン-1^2-カルボン酸 **PIN**
($1^1M,4^4P$)-4^3-bromo-1,4(1,4)-dibenzenacyclohexaphane-1^2-carboxylic acid **PIN**

($1^1S_p,4^4R_p$)-4^3-ブロモ-1,4(1,4)-ジベンゼナシクロヘキサファン-1^2-カルボン酸
($1^1S_p,4^4R_p$)-4^3-bromo-1,4(1,4)-dibenzenacyclohexaphane-1^2-carboxylic acid

P-93.5.5.2 キラリティー中心の特定

例：

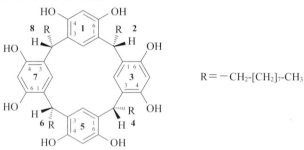

R＝－CH$_2$-[CH$_2$]$_7$-CH$_3$

($2s,4s,6s,8s$)-2,4,6,8-テトラノニル-1,3,5,7(1,3)-テトラベンゼナシクロオクタファン-
$1^4,1^6,3^4,3^6,5^4,5^6,7^4,7^6$-オクタオール **PIN**
($2s,4s,6s,8s$)-2,4,6,8-tetranonyl-1,3,5,7(1,3)-tetrabenzenacyclooctaphane-
$1^4,1^6,3^4,3^6,5^4,5^6,7^4,7^6$-octol **PIN**

2-r,4-c,6-c,8-c-テトラノニル-1,3,5,7(1,3)-テトラベンゼナシクロオクタファン-
$1^4,1^6,3^4,3^6,5^4,5^6,7^4,7^6$-オクタオール
2-r,4-c,6-c,8-c-tetranonyl-1,3,5,7(1,3)-tetrabenzenacyclooctaphane-
$1^4,1^6,3^4,3^6,5^4,5^6,7^4,7^6$-octol

P-93.5.5.3 二重結合の特定　シクロファンの二重結合の立体配置を示す立体表示記号 E と Z の省略は，系中の構成成分(P-26.2 参照)の総数に関係する．構成成分が 7 までは表示記号は必要ない．8 個以上の構成成分が存在するときは，すべての表示記号を付けなければならない(P-91.2.2 参照).

例： 1,4(1,4)-ジベンゼナシクロヘキサファン-2,5-ジエン **PIN**
1,4(1,4)-dibenzenacyclohexaphane-2,5-diene **PIN**

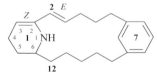

($2E$)-$1^1,1^4,1^5,1^6$-テトラヒドロ-1(2,6)-ピリジナ-7(1,3)-ベンゼナシクロドデカファン-2-エン **PIN**
($2E$)-$1^1,1^4,1^5,1^6$-tetrahydro-1(2,6)-pyridina-7(1,3)-benzenacyclododecaphan-2-ene **PIN**

P-93.5.6 フラーレン

P-93.5.6.1 定義と一般的方法　本節では，フラーレンの立体配置を表示するための一般的な原理だけについて，簡単に説明して例を示す．フラーレンの立体配置を表示することは，フラーレン分子の番号付けが体系的であるか慣用的であるか(ここでは，参考文献 10, 11 の体系的番号付けのみを使う)，フラーレン上の置換基の性質や配置，立体配置を完全に表示するために必要な立体表示記号の多様性のようなさまざまな要因のため，極端に複雑である．フラーレンの立体配置を表示するための完全な説明については，原著論文(参考文献 10, 17 節)を参照してほしい．

立体配置を表示する目的では，フラーレンとその誘導体をキラリティーの原因により以下の四つのタイプに分類する．

> P-93.5.6.2　タイプ 1: 本質的にキラルな母体フラーレン
> P-93.5.6.3　タイプ 2: 置換様式のために本質的にキラルな置換フラーレン
> P-93.5.6.4　タイプ 3: 置換様式のために非本質的にキラルな置換フラーレン
> P-93.5.6.5　タイプ 4: キラル置換基によるキラリティー
> P-93.5.6.6　フラーレン分子のステレオジェン単位の重ね合わせ

四つのタイプは，一つのフラーレンユニット中の置換基をアキラル試験置換基 T に代えて，置換基 T の存在により修飾されたフラーレンのキラリティーを確かめる，置換試験により分類する(図 9·2 参照)．

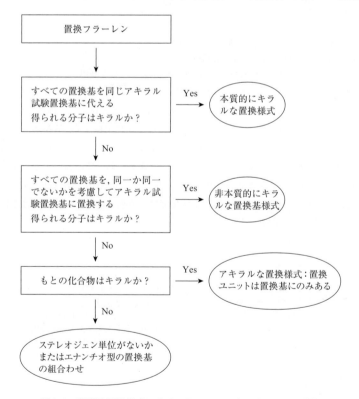

図 9·2　段階的置換様式によるフラーレンのキラリティーの分類

P-93.5.6.2　タイプ 1: 本質的にキラルな母体フラーレン　P-27 で説明した二つのフラーレン(C_{60}-I_h)[5,6]フラーレンと (C_{70}-$D_{5h(6)}$)[5,6]フラーレンはアキラルであり，本質的にキラルではない．対照的に，以下に示す

(C_{76}-D_2)[5,6]フラーレンは本質的にキラルである．本質的にキラルなフラーレンの番号付けをあるエナンチオマーに適用すると，もう一方のエナンチオマーの番号付けは，前者の番号付けの鏡像である．このような番号付けをした図に示されているキラリティーから，フラーレンの絶対配置を十分明確に特定できる．番号付けが始まる多角形をフラーレンの骨格の外側から見て，フラーレンの構造中では決して一直線にならないC1からC2, C3へとたどってみる．もしこの経路が時計回りの方向であれば，立体配置は立体表示記号 $^{f,x}C$ で示す．ここで上付きのfは表示記号がフラーレンのものであることを示し，上付きのxは体系的番号付けであればs，P-27.3で説明した慣用的番号付けであればtとする．もしC1からC2, C3への経路が反時計回りの方向であれば，立体表示記号は $^{f,x}A$ である．したがって，下記の右側のフラーレンは立体表示記号 $^{f,x}C$ で表示し，その名称は($^{f,s}C$)-(C_{76}-D_2)[5,6]フラーレン ($^{f,s}C$)-(C_{76}-D_2)[5,6]fullerene である．左側のフラーレンは($^{f,s}A$)-(C_{76}-D_2)[5,6]フラーレン ($^{f,s}A$)-(C_{76}-D_2)[5,6]fullerene である．これらのフラーレンの体系的番号付けは，Chemical Abstracts（参考文献22）により使われているものである．

例：

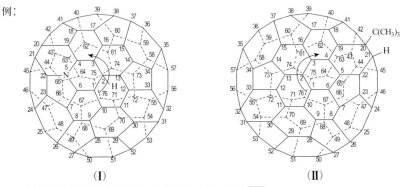

(I) ($^{f,s}A$)-2H-5-アザ-(C_{76}-D_2)[5,6]フラーレン **PIN**
($^{f,s}A$)-2H-5-aza-(C_{76}-D_2)[5,6]fullerene **PIN**

(II) ($^{f,s}C$)-20-*tert*-ブチル-20,21-ジヒドロ(C_{76}-D_2)[5,6]フラーレン **PIN**
($^{f,s}C$)-20-*tert*-butyl-20,21-dihydro(C_{76}-D_2)[5,6]fullerene **PIN**

P-93.5.6.3 タイプ2：置換様式のために本質的にキラルな置換フラーレン 母体フラーレン（アキラルでもキラルでも）の誘導体で，キラルかアキラルあるいは同じか異なるかに関係なく，置換基がフラーレン骨格に存在することでキラルな置換様式を生じるものは，本質的にキラルな置換様式をもつという．このタイプのフラーレン化合物は，すべて置換アキラルフラーレンである．もし，置換基が同一であるか否かにかかわらず，エナンチオマーの存在がフラーレン母体上の置換基の位置の幾何学的配置によるものであれば，フラーレン化合物は本質的にキラルな置換様式をもつ．これらのフラーレン誘導体では，置換基に最小の位置番号を付ける独自の方式がある．P-93.5.6.2と同様に立体表示記号は $^{f,x}C$ と $^{f,x}A$ である．

例：

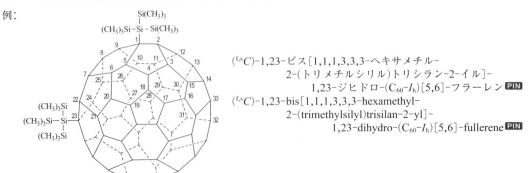

($^{f,s}C$)-1,23-ビス[1,1,1,3,3,3-ヘキサメチル-
2-(トリメチルシリル)トリシラン-2-イル]-
1,23-ジヒドロ-(C_{60}-I_h)[5,6]-フラーレン **PIN**

($^{f,s}C$)-1,23-bis[1,1,1,3,3,3-hexamethyl-
2-(trimethylsilyl)trisilan-2-yl]-
1,23-dihydro-(C_{60}-I_h)[5,6]-fullerene **PIN**

説明：時計回りの番号付けでは置換基の位置番号は1,23である．しかし，反時計回りの番号付けでは位置番号は1,29となる．1,23が1,29より小さいので最小の位置番号の原理（P-14.3.5参照）に従い，時計回りの番号付けが優先する．このエナンチオマーでは，反時

計回りの番号付けにより最小の小さい位置番号は 1,23 となり，表示記号は (^{f,s}A)- である．

P-93.5.6.4 タイプ3：置換様式のために非本質的にキラルな置換フラーレン　アキラルな母体フラーレンの誘導体で，フラーレン上のキラルな置換様式が置換基が同一でないことだけに由来するものは，非本質的にキラルな置換様式をもつ．

順位規則 **1** または **2**(P-92.2, P-92.3 参照)に従い，CIP 方式を用いて置換基を順位付けする．以下のエナンチオマーの関係にある二置換フラーレンでは，*tert*-ブチル基は 3,6-ジシクロプロピルシクロヘプタ-2,4,6-トリエン-1-イル 3,6-dicyclopropylcyclohepta-2,4,6-trien-1-yl 基より優位である．P-93.5.6.2 で示したように，C1 から C2，C3 への経路が時計回りであるか反時計回りであるかに従い，立体表示記号 ^{f,x}C と ^{f,x}A を用いて絶対配置を表示する．

例：

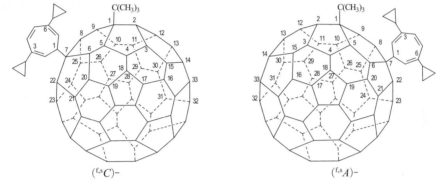

1-*tert*-ブチル-7-(3,6-ジシクロプロピルシクロヘプタ-2,4,6-トリエン-1-イル)-1,7-ジヒドロ-
$(C_{60}$-$I_h)[5,6]$フラーレン **PIN**
1-*tert*-butyl-7-(3,6-dicyclopropylcyclohepta-2,4,6-trien-1-yl)-1,7-dihydro-$(C_{60}$-$I_h)[5,6]$fullerene **PIN**

　　説明：この化合物がキラルであるのは，置換基の構造が異なることだけが原因である．母体のフラーレンはアキラルであり，両方の置換基を試験的に同じアキラルな置換基に置き換えるとアキラルな化合物になるので，本質的にキラルな置換様式をもたない．したがって，非本質的にキラルな置換様式をもつ．*tert*-ブチル基の CIP 順位は 3,6-ジシクロプロピルシクロヘプタ-2,4,6-トリエン-1-イル基より高いため，*tert*-ブチル基の結合位置番号を 1 とする．

P-93.5.6.5 タイプ4：キラル置換基によるキラリティー　アキラルな母体フラーレンの誘導体で，キラルな置換基の存在がキラル置換様式を生じないものは，ステレオジェン単位が置換基だけに位置する．このタイプの誘導体では，置換基にあるキラリティーは通常の CIP 立体表示記号で表現する．以下の例では，化合物の立体配置を表現するために必要な立体表示記号は，−CO-O-R 置換基中の炭化水素基 R における *S* の立体配置だけである．

例：

3′*H*,3″*H*-ジシクロプロパ[8,25:16,35]$(C_{70}$-$D_{5h(6)})[5,6]$フラーレン-
3′,3′,3″,3″-テトラカルボン酸テトラキス[(1*S*)-1-フェニルブチル] **PIN**

tetrakis[(1*S*)-1-phenylbutyl] 3′*H*,3″*H*-
dicyclopropa[8,25:16,35]$(C_{70}$-$D_{5h(6)})[5,6]$fullerene-
3′,3′,3″,3″-tetracarboxylate **PIN**

(前ページ例 つづき)

説明：(a) このフラーレン誘導体はキラルである．母体フラーレンはアキラルであり，誘導体はアキラルな置換様式をもつ．置換基の立体配置は，有機化合物命名法(P-91.3 参照)の通常の表示記号により表示できる．

(b) 上記の例における酸のエステルが異なっていたとしても，母体フラーレンとその置換様式はやはりアキラルである．すなわちこの化合物のキラリティーは置換基にあるステレオジェン中心に由来する．

P-93.5.6.6 フラーレン分子のステレオジェン単位の重ね合わせ　本質的または非本質的にキラルな置換様式をもつフラーレン誘導体がキラルな置換基をもつなら，ステレオジェン単位の両方の要素を表示しなければならない．二つの要素は互いに独立で，化合物を完全に表示するためには両方の立体配置を示さなければならない．

例：

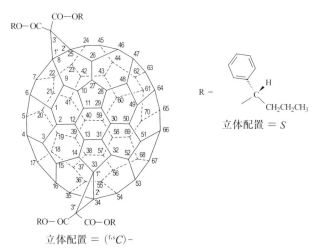

立体配置 = $(^{f,s}C)$-

$(^{f,s}C)$-3′H,3″H-ジシクロプロパ[8,25：33,34]-(C_{70}-$D_{5h(6)}$)[5,6]フラーレン-
　　　　　　　　3′,3′,3″,3″-テトラカルボン酸テトラキス[(1S)-1-フェニルブチル] **PIN**
tetrakis[(1S)-1-phenylbutyl] $(^{f,s}C)$-3′H,3″H-dicyclopropa[8,25：33,34]-(C_{70}-$D_{5h(6)}$)[5,6]fullerene-
　　　　　　　　3′,3′,3″,3″-tetracarboxylate **PIN**

説明：エステル中のステレオジェン中心のキラリティーは，本質的にキラルな置換様式をもつフラーレンの表示記号に合わせて用いる．このエナンチオマーの名称は以下のようになる．

$(^{f,s}A)$-3′H,3″H-ジシクロプロパ[8,25：33,34]-(C_{70}-$D_{5h(6)}$)[5,6]フラーレン-3′,3′,3″,3″-
　　　　　　　　テトラカルボン酸テトラキス[(1R)-1-フェニルブチル] **PIN**
tetrakis[(1R)-1-phenylbutyl] $(^{f,s}A)$-3′H,3″H-dicyclopropa[8,25：33,34]-(C_{70}-$D_{5h(6)}$)[5,6]fullerene-
　　　　　　　　3′,3′,3″,3″-tetracarboxylate **PIN**

さまざまなジアステレオマーも同様に名称を付ける．

P-93.5.7　環　集　合

P-93.5.7.1　ステレオジェン軸の特定	P-93.5.7.3　不飽和脂環式環集合の二重結合
P-93.5.7.2　ステレオジェン中心の特定	の特定

P-93.5.7.1 ステレオジェン軸の特定　P-92.1.2.1.2 と P-92.1.2.2.1 で説明した方法に従い，ステレオジェン軸を表示するために，表示記号 M と P はそれぞれ R_a と S_a に優先する．

例：

(1*M*)-6,6′-ジニトロ[1,1′-ビフェニル]-2,2′-ジカルボン酸 **PIN**
(1*M*)-6,6′-dinitro[1,1′-biphenyl]-2,2′-dicarboxylic acid **PIN**
(1*R*ₐ)-6,6′-ジニトロ[1,1′-ビフェニル]-2,2′-ジカルボン酸
(1*R*ₐ)-6,6′-dinitro[1,1′-biphenyl]-2,2′-dicarboxylic acid

(1*P*)-2′,5′-ジメトキシ-6-ニトロ[1,1′-ビフェニル]-2-カルボン酸 **PIN**
(1*P*)-2′,5′-dimethoxy-6-nitro[1,1′-biphenyl]-2-carboxylic acid **PIN**
(1*S*ₐ)-2′,5′-ジメトキシ-6-ニトロ[1,1′-ビフェニル]-2-カルボン酸
(1*S*ₐ)-2′,5′-dimethoxy-6-nitro[1,1′-biphenyl]-2-carboxylic acid

(1*M*)-2′,6-ジアミノ-6′-メトキシ[1,1′-ビフェニル]-2-カルボン酸 **PIN**
(1*M*)-2′,6-diamino-6′-methoxy[1,1′-biphenyl]-2-carboxylic acid **PIN**
(1*R*ₐ)-2′,6-ジアミノ-6′-メトキシ[1,1′-ビフェニル]-2-カルボン酸
(1*R*ₐ)-2′,6-diamino-6′-methoxy[1,1′-biphenyl]-2-carboxylic acid

(2*P*)-2-[2-(ヒドロキシメチル)ナフタレン-1-イル]-3,5-ジメチルフェノール **PIN**
(2*P*)-2-[2-(hydroxymethyl)naphthalen-1-yl]-3,5-dimethylphenol **PIN**
(2*S*ₐ)-2-[2-(ヒドロキシメチル)ナフタレン-1-イル]-3,5-ジメチルフェノール
(2*S*ₐ)-2-[2-(hydroxymethyl)naphthalen-1-yl]-3,5-dimethylphenol

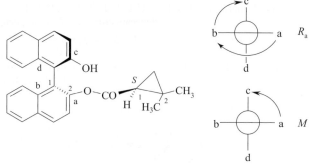

(1*S*)-2,2-ジメチルシクロプロパン-1-カルボン酸(1*M*)-2′-ヒドロキシ[1,1′-ビナフタレン]-2-イル **PIN**
(1*M*)-2′-hydroxy[1,1′-binaphthalen]-2-yl (1*S*)-2,2-dimethylcyclopropane-1-carboxylate **PIN**
(1*S*)-2,2-ジメチルシクロプロパン-1-カルボン酸(1*R*ₐ)-2′-ヒドロキシ[1,1′-ビナフタレン]-2-イル
(1*R*ₐ)-2′-hydroxy[1,1′-binaphthalen]-2-yl (1*S*)-2,2-dimethylcyclopropane-1-carboxylate

P-93.5.7.2 ステレオジェン中心の特定 PIN では，ステレオジェン中心は *R*, *S*, *r*, *s* のような立体表示記号で特定する．GIN では，P-93.5.1.2 で説明したように立体表示記号 *cis* と *trans* を用いてもよい．

例:

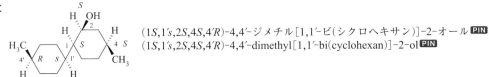

(1*S*,1′*s*,2*S*,4*S*,4′*R*)-4,4′-ジメチル[1,1′-ビ(シクロヘキサン)]-2-オール **PIN**
(1*S*,1′*s*,2*S*,4*S*,4′*R*)-4,4′-dimethyl[1,1′-bi(cyclohexan)]-2-ol **PIN**

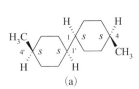 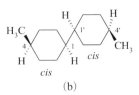

(a)   (b)

(a) (1*s*,1′*s*,4*s*,4′*s*)-4,4′-ジメチル-1,1′-ビ(シクロヘキサン) **PIN**
     (1*s*,1′*s*,4*s*,4′*s*)-4,4′-dimethyl-1,1′-bi(cyclohexane) **PIN**

(b) [1(4)-*cis*,1′(4′)-*cis*]-4,4′-ジメチル-1,1′-ビ(シクロヘキサン)
     [1(4)-*cis*,1′(4′)-*cis*]-4,4′-dimethyl-1,1′-bi(cyclohexane)

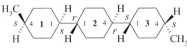

(1¹*s*,1⁴*s*,2¹*r*,2⁴*r*,3¹*s*,3⁴*s*)-1⁴,3⁴-ジメチル-1¹,2¹:2⁴,3¹-テルシクロヘキサン **PIN**
(1¹*s*,1⁴*s*,2¹*r*,2⁴*r*,3¹*s*,3⁴*s*)-1⁴,3⁴-dimethyl-1¹,2¹:2⁴,3¹-tercyclohexane **PIN**
[1¹(1⁴)-*cis*,2¹(2⁴)-*trans*,3¹(3⁴)-*cis*]-1⁴,3⁴-ジメチル-1¹,2¹:2⁴,3¹-テルシクロヘキサン
[1¹(1⁴)-*cis*,2¹(2⁴)-*trans*,3¹(3⁴)-*cis*]-1⁴,3⁴-dimethyl-1¹,2¹:2⁴,3¹-tercyclohexane

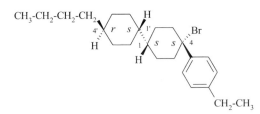

(1*s*,1′*s*,4*s*,4′*r*)-4-ブロモ-4′-ブチル-4-(4-エチルフェニル)-1,1′-ビ(シクロヘキサン)
(1*s*,1′*s*,4*s*,4′*r*)-4-bromo-4′-butyl-4-(4-ethylphenyl)-1,1′-bi(cyclohexane)

(1¹*s*,1⁴*r*,2¹*s*,2⁴*s*)-2⁴-ブロモ-1⁴-ブチル-3⁴-エチル-1¹,1²,1³,1⁴,1⁵,1⁶,2¹,2²,2³,2⁴,2⁵,2⁶-
                                         ドデカヒドロ-1¹,2¹:2⁴,3¹-テルフェニル **PIN**
(1¹*s*,1⁴*r*,2¹*s*,2⁴*s*)-2⁴-bromo-1⁴-butyl-3⁴-ethyl-1¹,1²,1³,1⁴,1⁵,1⁶,2¹,2²,2³,2⁴,2⁵,2⁶-
                                         dodecahydro-1¹,2¹:2⁴,3¹-terphenyl **PIN**

(1*s*,1′*s*,4*r*,4′*s*)-4′-ブロモ-4-ブチル-4″-エチル-1,1′,2,2′,3,3′,4,4′,5,5′,6,6′-ドデカヒドロ-
                                                        1,1′:4′,1″-テルフェニル
(1*s*,1′*s*,4*r*,4′*s*)-4′-bromo-4-butyl-4″-ethyl-1,1′,2,2′,3,3′,4,4′,5,5′,6,6′-dodecahydro-
                                                        1,1′:4′,1″-terphenyl

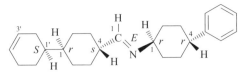

(1*E*)-1-{(1′*S*,1*r*,4*s*)-[1,1′-ビ(シクロヘキサン)]-3′-エン-4-イル}-
                                        N-[(1*r*,4*r*)-4-フェニルシクロヘキシル]メタン-1-イミン **PIN**
(1*E*)-1-{(1′*S*,1*r*,4*s*)-[1,1′-bi(cyclohexan)]-3′-en-4-yl}-
                                        N-[(1*r*,4*r*)-4-phenylcyclohexyl]methan-1-imine **PIN**
(1*E*)-1-[(1′*S*,1(4)-*trans*)-1,1′-ビ(シクロヘキサン)-3′-エン-4-イル]-
                                      N-(*trans*-4-フェニルシクロヘキシル)メタンイミン
(1*E*)-1-[(1′*S*,1(4)-*trans*)-1,1′-bi(cyclohexan)-3′-en-4-yl]-*N*-(*trans*-4-phenylcyclohexyl)methanimine

P-93　立体配置の特定　　　　　905

P-93.5.7.3　不飽和脂環式環集合の二重結合の特定　　P-91.2.2 で説明した一般的方法を，不飽和脂環式環集合に適用する．八員環では，1 個でも立体配置を示す必要があるときは，すべてのステレオジェン単位について示さなければならない．

例：

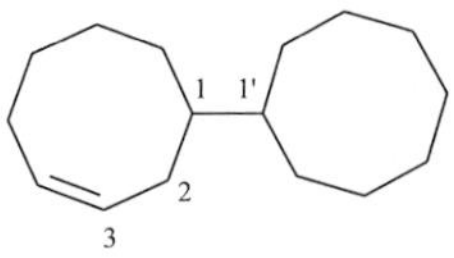

(3*Z*)-[1,1′-ビ(シクロオクタン)]-3-エン **PIN**
(3*Z*)-[1,1′-bi(cyclooctan)]-3-ene **PIN**

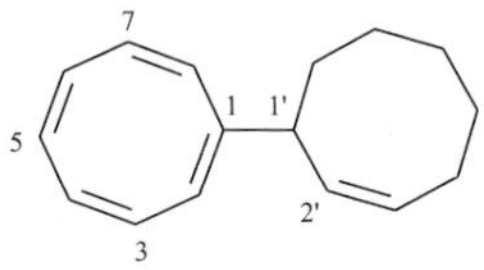

(1*Z*,2′*Z*,3*Z*,5*Z*,7*Z*)-[1,1′-ビ(シクロオクタン)]-1,2′,3,5,7-ペンタエン **PIN**
(1*Z*,2′*Z*,3*Z*,5*Z*,7*Z*)-[1,1′-bi(cyclooctane)]-1,2′,3,5,7-pentaene **PIN**

P-93.6　環と鎖からなる化合物

　有機化合物の名称を付けるとき，第一段階は P-1 から P-8 で説明した原理，規則や慣用に従い名称をつくる．第二段階では，P-9 で示した規則に従い立体表示記号を加える．置換命名法，ファン命名法，官能種類命名法，"ア"命名法のいずれにより付けられた名称でも，立体表示記号を番号付けに準じて加える限り，立体表示記号を加えても PIN に変更はない．立体表示記号も含めて対称性が重要な条件となる倍数命名法を用いるときは名称が PIN として認められるためには注意が必要である．

例1：

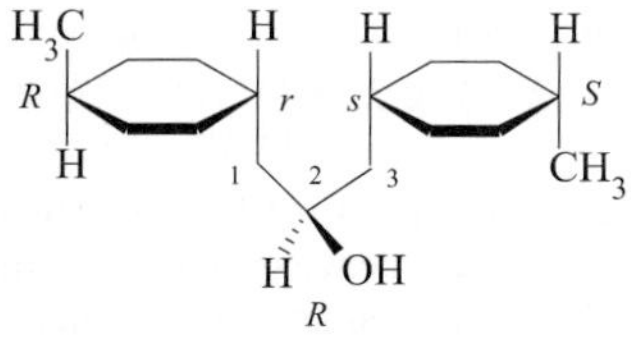

(2*R*)-1-[(1*r*,4*R*)-4-メチルシクロヘキシル]-3-
　　　　　[(1*s*,4*S*)-4-メチルシクロヘキシル]プロパン-2-オール **PIN**
(2*R*)-1-[(1*r*,4*R*)-4-methylcyclohexyl]-3-[(1*s*,4*S*)-4-methylcyclohexyl]propan-2-ol **PIN**

説明：

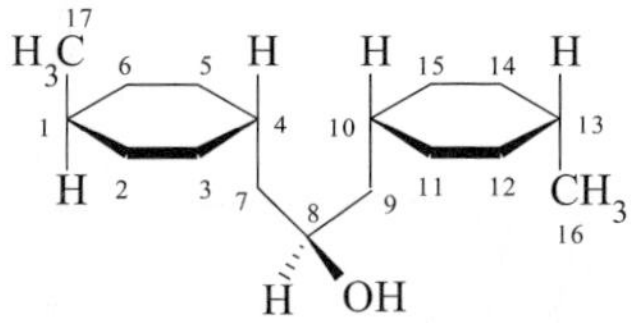

簡略有向グラフの任意の番号付け

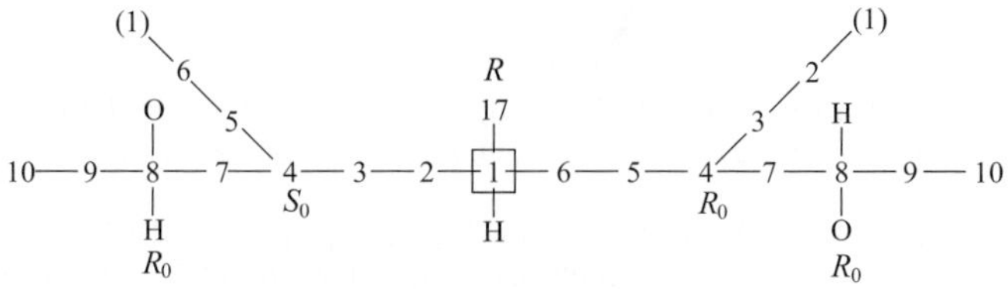

C1 の立体配置 *R* に対する簡略有向グラフ

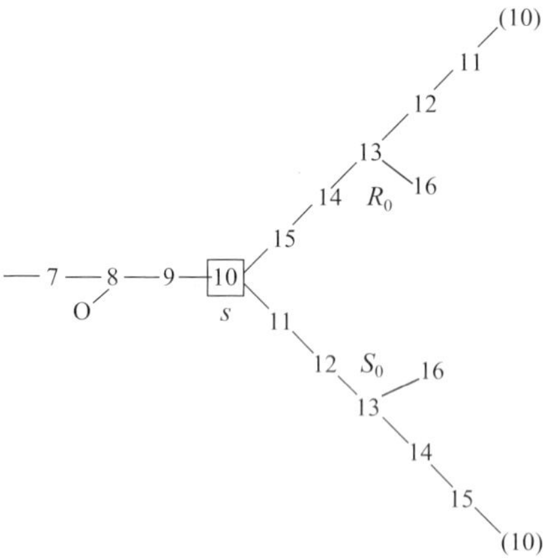

C10 の立体配置 *s* に対する
部分的な簡略有向グラフ

C8 の立体配置 *R* は順位規則 **4c**, すなわち *r* は *s* に優先する, を適用することにより決定する.

例2:

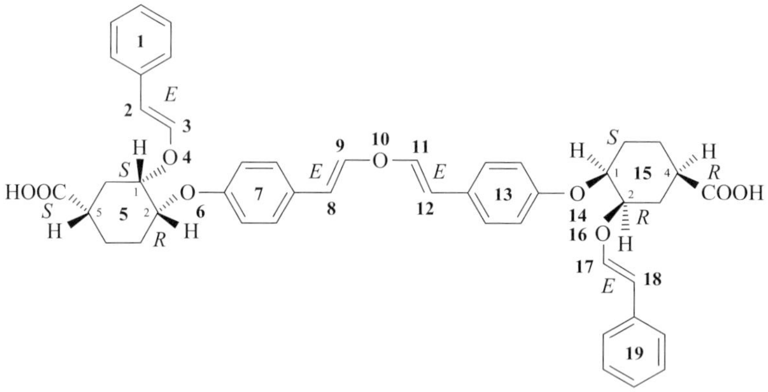

$(2E,5^1S,5^2R,5^5S,8E,11E,15^1S,15^2R,15^4R,17E)$-4,6,10,14,16-ペンタオキサ-1,19(1),7,13(1,4)-テトラベンゼナ-5,15(1,2)-ジシクロヘキサナノナデカファン-2,8,11,17-テトラエン-5^5,15^4-ジカルボン酸 **PIN**

$(2E,5^1S,5^2R,5^5S,8E,11E,15^1S,15^2R,15^4R,17E)$-4,6,10,14,16-pentaoxa-1,19(1),7,13(1,4)-tetrabenzena-5,15(1,2)-dicyclohexananonadecaphane-2,8,11,17-tetraene-5^5,15^4-dicarboxylic acid **PIN** （ファン名）

例3:

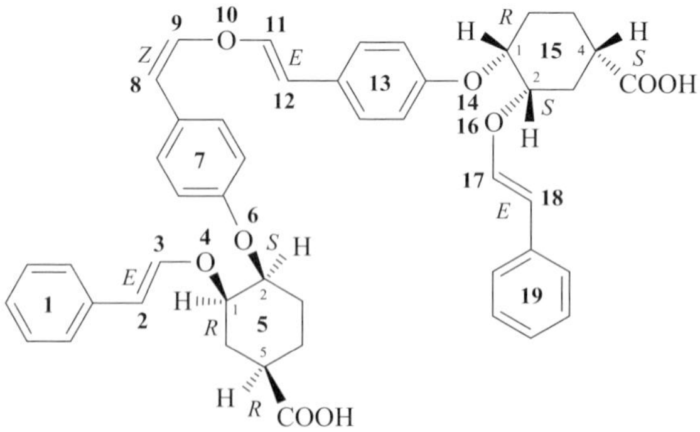

$(2E,5^1R,5^2S,5^5R,8Z,11E,15^1R,15^2S,15^4S,17E)$-4,6,10,14,16-ペンタオキサ-1,19(1),7,13(1,4)-テトラベンゼナ-5,15(1,2)-ジシクロヘキサナノナデカファン-2,8,11,17-テトラエン-5^5,15^4-ジカルボン酸 **PIN**

$(2E,5^1R,5^2S,5^5R,8Z,11E,15^1R,15^2S,15^4S,17E)$-4,6,10,14,16-pentaoxa-1,19(1),7,13(1,4)-tetrabenzena-5,15(1,2)-dicyclohexananonadecaphane-2,8,11,17-tetraene-5^5,15^4-dicarboxylic acid **PIN** （ファン名）

例 4:

(2S,2′S)-2,2′-{オキシビス[(1E)-エテン-2,1-ジイル-4,1-フェニレン]}ジプロパン酸 **PIN**
(2S,2′S)-2,2′-{oxybis[(1E)-ethene-2,1-diyl-4,1-phenylene]}dipropanoic acid **PIN**
（倍数命名法による名称が PIN である．対称性の条件が満たされている）

例 5:

(2R)-2-ブロモ-2-{4-[(1E)-2-{[(1E)-2-{4-[(1S)-1-
カルボキシエチル]フェニル}エテン-1-イル]オキシ}エテン-1-イル]フェニル}プロパン酸 **PIN**
(2R)-2-bromo-2-{4-[(1E)-2-{[(1E)-2-{4-[(1S)-1-
carboxyethyl]phenyl}ethen-1-yl]oxy}ethen-1-yl]phenyl}propanoic acid **PIN**
（立体表示記号が異なり，倍数化される母体構造が同一でないため，倍数命名法は PIN には使えない）

例 6:

(2S)-2-{4-[(1E)-2-{[(1Z)-2-{4-[(1S)-1-
カルボキシエチル]フェニル}エテン-1-イル]オキシ}エテン-1-イル]フェニル}プロパン酸 **PIN**
(2S)-2-{4-[(1E)-2-{[(1Z)-2-{4-[(1S)-1-
carboxyethyl]phenyl}ethen-1-yl]oxy}ethen-1-yl]phenyl}propanoic acid **PIN**
（中心置換基が同一の構成要素でないため，倍数命名法は PIN には使えない）

P-94 立体配座および立体配座の立体表示   "日本語名称のつくり方"も参照

本節は 1996 勧告 "立体化学の基本用語"（参考文献 37 参照）に基づく．

> P-94.1 定　　義　　　　　P-94.3 特定の立体表示
> P-94.2 ねじれ角

P-94.1 定　　義

立体配座は，図 9・3 の配座異性体 **A** と **B** の例で示すように，形式的な単結合のまわりの回転で相互変換できる立体異性体を区別するような原子の空間的な配置である．

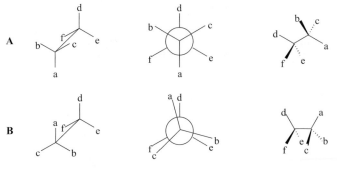

Ⅰ 木びき台投影図　　Ⅱ Newman 投影図　　Ⅲ ジグザグ投影図

図 9・3　二つの配座異性体 **A** と **B** の 3 種類の表示

P-94.2 ねじれ角

P-94.2.1 結合した原子 X-A-B-Y の集合において，X も Y も A および B と同一直線上にないとき，軸 A-B に沿って集合を見ることにより得られる平面投影図中で結合 X-A と Y-B がなす小さい角はねじれ角とよばれ，イタリック体の小文字のギリシャ文字 *θ*（シータ）で示す．手前の原子 X（または Y）への結合を奥の原子 Y（または X）への結合に重ね合わすために右（時計回り）に回転するか左（反時計回り）に回転するかによって，ねじれ角をそれぞれ正および負とみなす．A-B 結合以外の A または B から種々の原子への結合が多重結合であっても問題ない．互いに直接結合した 3 個以上の原子が同一直線上に並んで回転軸となるときも，ねじれ角は存在する．

立体配座は，ねじれ角が $0°$, $±60°$, $±120°$ および $±180°$ の角度から $±30°$ の範囲のねじれ角に対応して，それぞれ シンペリプラナー synperiplanar (*sp*)，シンクリナル synclinal (*sc*)，アンチクリナル anticlinal (*ac*) およびアンチペリプラナー antiperiplaner (*ap*) で表示する．丸括弧内の文字は対応した略語である．

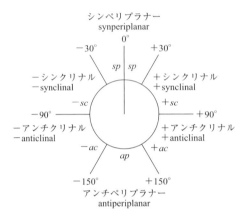

適切な立体表示記号を選ぶため，以下の基準に従い，ねじれ角を定義するために軸の両端のそれぞれの原子に結合している原子(団)を選ぶ．

(a) 1 組の原子(団)がすべて異なるとき，順位規則によりその中で最も優先する原子(団)
(b) 1 組の原子(団)のうち一つだけ異なるとき，その原子(団)
(c) 1 組の原子(団)がすべて同じであるとき，ねじれ角が最小になる原子(団)

例：

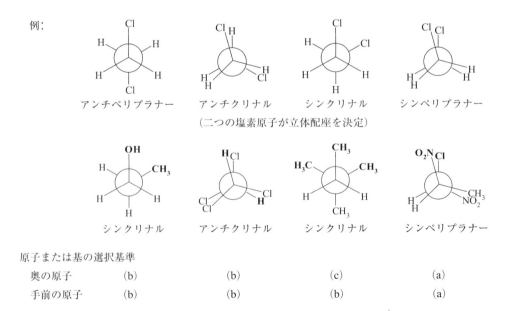

P-94.2.2

X-A-B-Y において A と B が三方中心であれば，立体配座の表示を決めるために二つのドットで表示される非共有電子対を考慮する．以下に，1,1-ジメチルヒドラジン 1,1-dimethylhydrazine $(CH_3)_2N-NH_2$ の立体配座の表示例を示す．非共有電子対は順位規則では仮想原子である．同様に，二重結合を含む三方中心は優先順位を決定するための複製原子を用いて解析する．

例：

	$(CH_3)_2N-NH_2$	$CH_3-CH_2-CO-Cl$	$(CH_3)_2CH-CO-NH_2$
	シンクリナル	アンチクリナル	アンチペリプラナー

原子(団)の選択基準

奥の原子	(b)	(b)	(b)
手前の原子	(b)	(a)	(a)

P-94.3 特定の立体表示

脂肪族化合物の鎖と環の両方において，特定の配座異性体を表示するために以下のような立体表示を用いる．

P-94.3.1 重なり形，ねじれ形およびゴーシュ(またはスキュー)配座

P-94.3.1.1 二つの隣接する原子に結合した二つの原子または基の間のねじれ角がゼロのとき，**重なり形** eclipsed とよぶ．それらが重なり形配座から可能な限り離れているとき，**ねじれ形** staggered とよぶ．**ゴーシュ** gauche または**スキュー** skew はシンクリナルと同意語であり，シンクリナルを優先して用いる．立体表示記号 *trans* または *anti* をアンチクリナルの代わりに使うことは廃止する．*cis* または *syn* もシンクリナルの代わりに使うことは廃止する．

例：

ねじれ形配座	重なり形配座	シンクリナル(優先用語)
(すべての結合した基はねじれ形)	(a-d, b-e および c-f の組合わせが重なり形)	ゴーシュまたはスキュー

P-94.3.1.2 $R_3C-C(Y)=X$ 基を含む構造(基 R は同じまたは異なる)において，X が基 R の一つとアンチペリプラナーで，Newman 投影図で二重結合が R-C-R の角を二分するような立体配座は，**二分形配座** bisecting conformation とよぶ．X が基 R の一つとシンペリプラナーであるもう一つの配座は，**重なり形配座** eclipsing conformation とよぶ．

CH_3-CH_2-CHO の投影図

二分形配座　　　重なり形配座

P-9 立体配置と立体配座の特定

P-94.3.1.3 **立体表示記号 s-cis と s-trans**　二つの共役二重結合の単結合のまわりの空間的配置は，もしシンペリプラナーであれば s-cis，もしアンチペリプラナーであれば s-trans と表示する．この表示記号は，N-アルキルアミドのような他の系(E/Z または sp/ap を使う)に適用してはいけない．

例：

P-94.3.2 **脂環式化合物の立体配座の表示**
P-94.3.2.1 **封筒形配座**　封筒形配座 envelope conformation は，四つの原子が同一平面内にあり一つの原子が面外に出ている五員環の立体配座である．

例：

P-94.3.2.2 **いす形，舟形およびねじれ形配座**　六員環の炭素原子1, 2, 4 と 5 が同一平面の位置にあり，炭素原子 3 と 6 がその平面の反対側にあるとき，この立体配座を**いす形** chair form とよぶ．炭素原子 3 と 6 がその平面の同じ側にあるとき，**舟形** boat form とよぶ．六員環の二つの舟形の相互変換の途中で通る立体配座を，**ねじれ形** twist form とよぶ．この用語はスキュー舟形，スキュー形または伸長形に優先して用いる．

炭水化物の立体化学では，ねじれの用語は五員環に対して使い，ねじれ配座はスキューであることをさす．

P-94.3.2.3 **半いす形配座**　不飽和結合が一つある六員環の分子では，直接二重結合に結合していない原子が平面の上下反対側にあるとき，**半いす形配座** half-chair conformation と表示する．

P-94.3.2.4 **王冠形配座**　環内に 8 個以上の偶数原子を含む飽和環状分子において，2 組の炭素原子が二つの平行な平面のどちらか一方に交互に位置し，対称的に等価である(シクロオクタンでは D_{4d}，シクロデカンでは D_{5d} など)とき，この立体配座を**王冠形配座** crown conformation とよぶ．

シクロオクタン　　　　　シクロデカン

P-94.3.2.5 **タブ形配座**　八員環において，環内で 4 個の原子が 1 組となって一つの平面内にあり，その反対側にある残りのすべての環原子がもう一つの平面上にある立体配座を，**タブ形配座** tub conformation とよぶ．

P-94.3.2.6 **イン-アウト異性**　イン-アウト異性 in-out isomerism は，橋頭の環外への結合または非共有電子対が構造の内側または外側に向くことができるような十分に長い橋をもつビシクロ環系で見られる．

P-94 立体配座および立体配座の立体表示　　　911

例1:

例2:

P-10 天然物および 関連化合物の母体構造

P-100 序 言
P-101 母体水素化物に基づく天然物
(アルカロイド, ステロイド,
テルペン, カロテン, コリノ
イド, テトラピロールおよび
類似化合物)の命名法
P-102 炭水化物の命名法

P-103 アミノ酸とペプチド
P-104 シクリトール
P-105 ヌクレオシド
P-106 ヌクレオチド
P-107 脂 質

P-100 序 言 "日本語名称のつくり方"も参照

　天然物の分野では，3種類の命名法が認められている．天然資源から単離された新規化合物には，慣用名が通常与えられる．一般に，このような慣用名は，当該物質の生物学的起源に関連付けられているが，合理的ではないことが多々ある．構造に関する詳細が，あまり入手できないからである．これらの慣用名は一時的なものと考えられており，化学的な目的のために，骨格，特性基，および有機置換基を表す名称に置き換えられる．

　全構造がわかると，本勧告のP-1〜P-9に記述された規則に従って，体系名がつくられるであろうが，科学論文の文章中に何度もこの体系名を記載するのは，長くて厄介な場合が多い．この難点を克服し，また，関連化合物との高い類似性を示すために，半体系名を組立てることができる．この章の化合物について，優先IUPAC名(PIN)は認定していない．半体系名と体系名のどちらを選択するかは，IUPAC-IUBMB Joint Commission on Biochemical Nomenclatureと協力して決める問題で，今後の出版物に記載されることになるであろう．

　半体系名は，通常立体配置も含んだ特定の母体構造に基づいており，その母体構造は，その後も体系的な命名法の規則を用いて，化合物の構造の完全な記述に使うことができる．天然物および関連化合物を命名するために使われる半体系的母体構造には，二つの一般的なタイプがある．

(a) 母体水素化物: 末端ヘテロ原子または官能基をもたず，したがって骨格原子および水素原子のみで構成される構造である．たとえばステロイド(参考文献16)，テルペン，カロテン(参考文献40)，コリノイド(参考文献45)，テトラピロール(参考文献17)，リグナンおよびネオリグナン(参考文献46)，およびアルカロイド命名法における母体水素化物である．このタイプの半体系的母体は，P-2に述べた母体と類似しており，それと同じ方法で完全な名称を作成する．

(b) 官能性母体: P-34に記された官能性母体と類似しており，アミノ酸およびペプチド(参考文献18)，炭水化物(参考文献27)，シクリトール(参考文献39)，ヌクレオシドおよびヌクレオチド(参考文献47)，および脂質(参考文献48)の命名法で使用されている．それらは，名称中に特性基の存在が示されていて，固有の規則や体系的命名法の方式によって修飾できる．

　P-101では，アルカロイド，ステロイド，テルペンおよびいくつかの関連化合物を命名するために，母体水素化物として使われる慣用名および半体系名をつくる規則と，その母体水素化物の骨格変換や官能基化に関連する規則を説明する．P-102では，炭水化物を命名するための規則を示し，P-103ではアミノ酸およびペプチドの命名法を取扱う．P-104ではシクリトールの命名法について述べ，P-105およびP-106ではヌクレオシドおよびヌクレオチドを扱い，最後にP-107では脂質の命名法について述べる．問題に遭遇した場合は，各節に示された詳細な出版物を参照することが必要となることもあろう．

914 P-10 天然物および関連化合物の母体構造

P-101 母体水素化物に基づく天然物（アルカロイド，ステロイド，テルペン，カロテン，コリノイド，テトラピロールおよび類似化合物）の命名法

"日本語名称のつくり方"も参照

この節は，"1999 勧告，改訂 F の部：天然物と関連化合物"および"訂正と変更 2004"(参考文献 9)に基づく．

P-101.1 生物学に由来する慣用名	P-101.5 環 の 付 加
P-101.2 天然物（立体母体水素化物）の半体系的命名法	P-101.6 母体構造の水素化段階の変更
P-101.3 母体構造の骨格修飾	P-101.7 母体構造の誘導体
P-101.4 骨格原子の代置	P-101.8 立体配置特定に関する追加事項

P-101.1 生物学に由来する慣用名

P-101.1.1　化合物が天然資源から単離され，慣用名が必要となる場合，その名称は可能なかぎり単離された生物材料の科，属，種名に基づくべきである．綱または目の名称も，適切な場合は，多くの関連する科に存在する化合物の名称として使用することがある．

P-101.1.2　語尾 une を，または発音上の理由から iune を，構造未知の化合物であることを示唆する慣用名の語尾として使う．

P-101.2 天然物（立体母体水素化物）の半体系的命名法

P-101.2.0 は じ め に	P-101.2.4 個別の環の特定
P-101.2.1 母体構造を選定するための一般的指針	P-101.2.5 連結結合，側鎖末端，核間結合
P-101.2.2 母体構造に許容される構造的特徴	P-101.2.6 母体構造の立体配置
P-101.2.3 母体構造の番号付け	P-101.2.7 推奨する母体構造の半体系的名称

P-101.2.0 は じ め に

多くの天然由来化合物は厳密に定義された構造群に属し，そのいずれの構造群も構造的に密接に関連する母体構造の集団によって特徴づけることができる．すなわち，いずれの化合物も，基本母体構造から，体系的置換命名法で使われている一つまたは複数の定められた操作(P-13 参照)によって得ることができる．

新規の天然物の構造が完全に決定された時点で，慣用名は放棄して，有機化合物の体系的命名法として P-1 から P-9 に定められた規則により作成した体系名に切替えるべきである．さらに複雑な構造については，P-101.2.7 に表示してある現存の半体系名を使い，完全な名称とする．既知の母体構造が見つからない場合は，新規の母体構造を組立て，さらに番号付けするためには，以下の項に述べる手順に従う．

P-101.2.1 母体構造を選定するための一般的指針

P-101.2.1.1　基本母体構造は，その種の化合物の大半に共通する基礎的骨格(非末端のヘテロ原子やヘテロ基を含む)を反映するように決める．

P-101.2.1.2　基本母体構造は，正しく定義された有機化合物命名法の操作と規則によって，できるだけ多くの天然物がその構造から得られるように選定する．

P-101.2.1.3　基本母体構造は，関連する天然物群に共通する立体配置をできるだけ多く含むものとする．そ

のような母体構造を**立体母体構造** stereoparent とよぶ.

P-101.2.2 母体構造に許容される構造的特徴

以下の規則は新規の母体構造に適用できる. これらの新規の規則に従わない場合, 現存する母体構造名は保存名とみなす(表 10·1 参照).

P-101.2.2.1 基本母体構造は, ラクトンや環状アセタールのような特性基が一部である環も例外的ではあるが含む.

P-101.2.2.2 基本母体構造は, 末端ヘテロ原子または末端特性基をもたない(P-101.2.1.1 参照).

P-101.2.2.3 基本母体構造には, 天然物類の化合物の大半に存在している鎖状炭化水素基を含む.

P-101.2.2.4 基本母体構造の環は, ほぼ完全に飽和しているか, あるいは最多非集積二重結合(マンキュード環)の観点から完全に不飽和であるべきである. しかしまた, 可能な限り多くの関連化合物の飽和段階(あるいは不飽和段階)を代表した構造であるとする.

P-101.2.2.5 基本母体構造の半体系名は, P-101 に従って付けられた慣用名に可能なかぎり近づける. une または iune の代わりに使われる語尾は, 以下のように割当てなければならない.

(a) 立体母体水素化物全体が完全に飽和している場合は, アン ane

(b) 環部分または鎖状部の主鎖が, 非集積二重結合を最多数有する場合は, エン ene

(c) 1 個または独立した複数のマンキュード環は存在するが, 他の部分は完全に飽和している母体構造の場合は, アラン arane

現存する母体構造名で, 語尾が上に示したものと異なるもの(たとえば モルフィナン morphinan および イボガミン ibogamine)は例外であり, 保存名として扱う.

P-101.2.2.6 指示水素は, P-14.7, P-54 および P-58.2 で定義したように, 基本母体構造の異性体を表すために使う.

P-101.2.3 母体構造の番号付け

P-101.2.3.1 構造的に関連のある天然物群において確立された番号付けの方式を, すべての骨格原子に番号付けをするという条件のもとで, 基本母体構造の骨格原子の番号付けに使う.

P-101.2.3.2 構造的に関連のある天然物の構成化合物群において番号付けの方式がまだ確立していない場合は, 基本母体構造は以下の指針に従って番号付けをする.

(a) P-44 に従って母体構造の骨格を検討し, 優先する環を確定する. 位置番号の 1 は優先する環の原子に割当てるが, その位置は, 確定した環における体系的番号付けに従った 1 位の原子となる.

(b) 優先する環のすべての骨格原子(縮合環系における縮合位置の原子を含む)に, 位置番号 1 から始めて, その環について定められている経路をたどって, アラビア数字を順に割当てる.

(c) 環成分の骨格原子に結合する鎖状置換基あるいは連結している鎖状構造(いずれも側鎖を含めた全体)に番号を付ける. この際, 位置番号は鎖が結合する骨格原子の側から始めて増加するように番号を付ける.

(d) 他の環と結合する鎖の骨格原子に, 優先環に隣接する原子から始めて, 上記の(b)に記したように他の環の骨格原子に続くように連続的に番号を付ける. その他の環に対して複数の鎖状結合が存在する場合は, 優先環の最小の位置番号の原子に隣接する鎖の原子に最初に番号を付ける. 次にそれに結合する環, 続いて優先環の 2 番目に小さな位置番号につく鎖という順番で番号付けを行う.

(e) ジェミナル(同位置二置換)基がある場合は, 含まれる骨格原子数の多い基を優先して最初の番号付けをする. 選択の余地がある場合は, 英数字順に従う(P-14.5 参照). さらに二つの基が完全に同一で, 明確に示された立体母体構造(付録 3 参照)に結合する場合は, 立体化学的に α 位(P-101.2.6 参照)の基に最初の番号を付ける. また, この二つの基が完全に同一で, 鎖の末端二重結合に結合する場合は, カロテノイドについ

916   P-10 天然物および関連化合物の母体構造

ての勧告(参考文献 40 の規則 12.4)に従い,主鎖に対してトランスの基に最初に番号を付ける.

P-101.2.4 個別の環の特定

P-101.3 に示すように,骨格修飾を表すには位置番号を用いるので,過去に使われていた文字 A, B, C などにより個別の環を指定する方法は,末端環の除去(P-101.3.6 参照)のような特別な場合を除いて廃止する.それでもなお,この方法を受け継いで環を指定するのに文字を用いる名称が付けられることがあるが,これも廃止する.

P-101.2.5 連結結合,側鎖末端,核間結合

基本母体構造を,連結結合,側鎖末端および核間結合とよばれる原子または原子団の特定の配列によって表すが,これらは基本母体構造を修飾する付加操作または除去操作に対応して考慮の対象となる.

連結結合は同種の骨格元素からなる均一な鎖で,橋頭あるいは環接合した原子,環および環系(すなわち環集合体),母体構造中の置換された骨格原子,またはヘテロ原子など,あらゆる組合わせをつなぐ.骨格構造の側鎖末端は,均一な骨格原子の鎖状部分で,構造上の特性により連結結合が途切れ,その一端のみが結合したものである.核間結合は橋頭あるいは環接合した原子,環および環系(すなわち環集合体),置換された骨格原子,またはヘテロ原子の,あらゆる組合わせをつなぐ結合である.下記の構造は,用語の連結結合,核間結合および側鎖末端を説明したものである.これらの用語の使用法は,接頭語 ノル nor によって示す骨格原子の除去との関連で P-101.3.1 においてさらに詳しく説明する.

例:

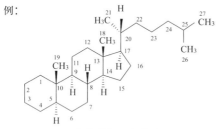

コレスタン　cholestane　　　エルゴリン　ergoline

連結結合:
コレスタンにおいて: 1-4, 6-7, 11-12, 15-16 および 22-24
エルゴリンにおいて: 2, 4, 7-9 および 12-14
側鎖末端:
コレスタンにおいて: 18, 19, 21, 26 および 27
エルゴリンにおいて: なし
核間結合:
コレスタンにおいて: 5-10, 8-9, 8-14, 9-10, 13-14, 13-17 および 17-20
エルゴリンにおいて: 1-15, 3-16, 5-6, 5-10, 10-11, 11-16 および 15-16

P-101.2.6 母体構造の立体配置

基本母体構造の名称は,特に記さなくても通常暗黙のうちに,すべてのキラリティー中心の絶対配置および二重結合の立体配置を含んでいる.しかし,たとえば,ステロイドにおける 5α 位は通常ははっきりと示していないので,推奨名では明確に示さなければならない.平面または擬平面の環を,本勧告のように投影図として示す場合,環に結合する原子または基は,紙面の下方に出ている場合は α,上方に出ている場合は β と表示する.この体系を使用するときは,各種の規則の説明に使う例や付録 3 で示す構造において,立体配置を明示する必要がある.下記の例に示す立体配置では,位置 8, 10 および 13 に結合する水素原子およびメチル基を β,位置 9 およ

P-101　母体水素化物に基づく天然物の命名法　　　917

び 14 に結合する水素原子を α と定義する．ここで，位置 5 における水素原子の立体配置は未詳であり，従って
その配向性は ξ (グザイ xi)であり，構造式中では波線で示す．明確なあるいは不明確な立体配置を記述するため
に使われる立体表示記号 α, β, ξ は，基本母体構造名の前に括弧を使わずに示す．

　α/β 記号体系は上に定義したように使用し，修飾した基本母体構造の配置の異なる部分を表現するため，以下
のように拡張して使う．

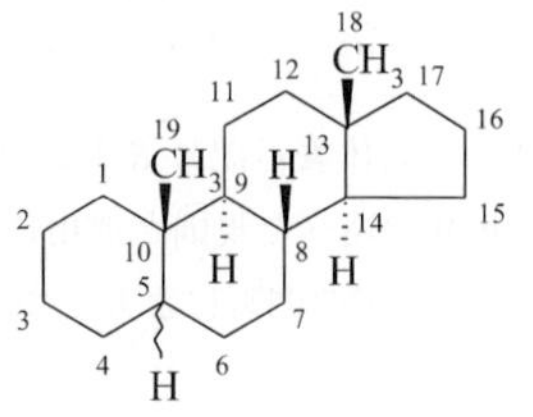

（構造式）

P-101.2.6.1　母体構造中とは異なる立体配置

　P-101.2.6.1.1　キラリティー中心については，ステロイドの命名法のための IUPAC-IUBMB 勧告(参考文献
16)で説明されているように α/β 体系を使う．各キラリティー中心は，特定すべき配置や反転した配置を示すた
めに，立体表示記号 α, β, ξ によって記す．記号 α, β, ξ は，基本母体構造名の先頭に，該当する位置番号に続いて
記す．以下の例では，C5 の立体配置を特定しなければならない．また，橋頭位の C9 および C10 の立体配置は，
基本母体構造の配置と比較して反転している．以上の方法は，P-101.2.6.1.2 に述べる他の選択肢に優先する．

例：

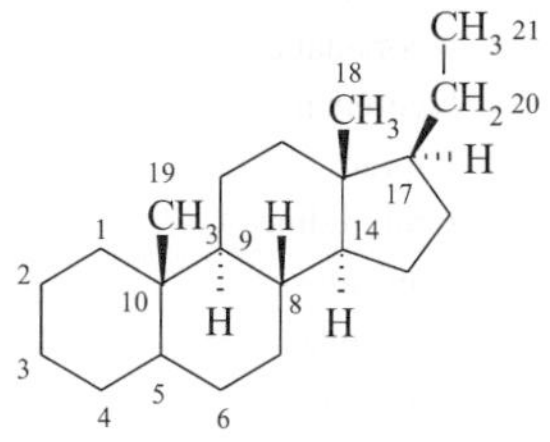

（構造式）

プレグナン　pregnane
（基本母体構造）

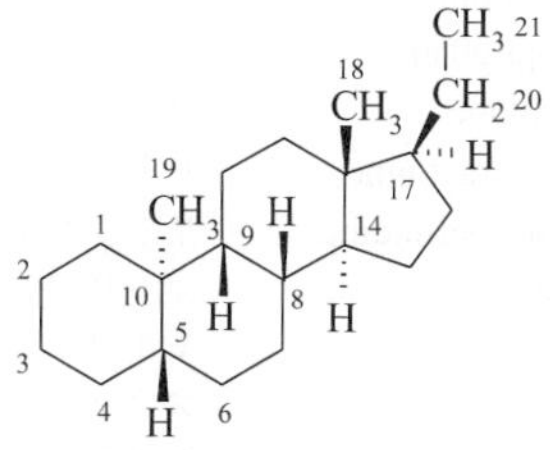

（構造式）

5β,9β,10α-プレグナン
5β,9β,10α-pregnane

　母体の一部をなす非橋頭位側鎖の立体配置の変更は，ステロイドの C17 のために定めた方法(参考文献 16,
3S-5.2 参照)により示す．α または β は側鎖に着目した表示であり，同じ位置の水素原子についてではない．

例：

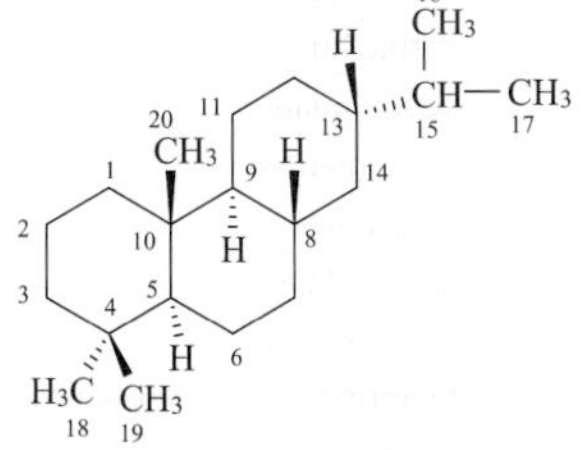

（構造式）

アビエタン　abietane
（基本母体構造）

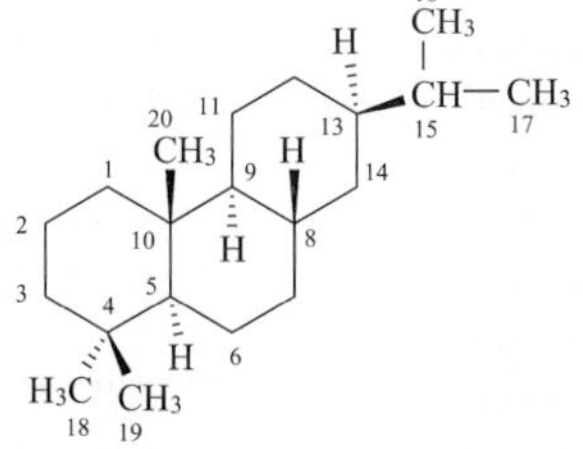

（構造式）

13β-アビエタン
13β-abietane

　P-101.2.6.1.2　基本母体構造名に立体配置が暗示あるいは明示されているステレオジェン中心の一つの立体配
置が反転した場合は，イタリック体の接頭語 *epi* (epimer に由来する)により示し，母体構造名の前に置き，反転
が生じた原子の位置番号に続いて示す．

　先の P-101.2.6.1.1 で述べた 13β-アビエタン 13β-abietane という名称は，13-*epi*-アビエタン 13-*epi*-abietane
とすることもできる．

918　　P-10　天然物および関連化合物の母体構造

例：

エブルナメニン　eburnamenine
（基本母体構造）

3-*epi*-エブルナメニン　3-*epi*-eburnamenine
3α-エブルナメニン　3α-eburnamenine

P-101.2.6.1.3　立体表示記号 *R* および *S*　　立体表示記号 *R* および *S* は，上記の α/β 体系では特定されていない絶対配置を表すために，CIP 順位則と P-9 で述べた規則と慣用に従って使う．立体表示記号 *R* および *S* は，P-101.8.4 でビタミン D について述べるように，環の開裂により二つのキラリティー中心が生じ，一方の環が回転できる場合にも使う．

P-101.2.7　推奨する母体構造の半体系的名称

名称を表 10·1 に一覧表示し，構造を付録 3 に示す．

表 10·1　基本立体母体構造の名称（主要例，アルファベット順）

(a) アルカロイド類			
アコニタン	aconitane	イボガミン	ibogamine
アジュマラン	ajmalan	コプサン	kopsan
アクアンミラン	akuammilan	ルナリン	lunarine
アルストフィラン	alstophyllan	リコポダン	lycopodane
アポルフィン	aporphine	リコレナン	lycorenan
アスピドフラクチニン	aspidofractinine	リトラン	lythran
アスピドスペルミジン	aspidospermidine	リトラニジン	lythranidine
アチダン	atidane	マトリジン	matridine
アチシン	atisine	モルフィナン	morphinan
ベルバマン	berbaman	ヌファリジン	nupharidine
ベルビン	berbine	オルモサニン	ormosanine
セファロタキシン	cephalotaxine	18-オキサヨヒンバン	18-oxayohimban
セバン	cevane	オキシアカンタン	oxyacanthan
ケリドニン	chelidonine	パンクラシン	pancracine
シンコナン	cinchonan	レアダン	rheadan
コナニン	conanine	ロジアシン	rodiasine
コリナン	corynan	サマンダリン	samandarine
コリノキサン	corynoxan	サルパガン	sarpagan
クリナン	crinan	セネシオナン	senecionan
クラン	curan	ソラニダン	solanidane
ダフナン	daphnane	スパルテイン	sparteine
デンドロバン	dendrobane	スピロソラン	spirosolane
エブルナメニン	eburnamenine	ストリキニダン	strychnidane
エメタン	emetan	タゼッチン	tazettine
エルゴリン	ergoline	トロパン	tropane
エルゴタマン	ergotaman	ツボクララン	tubocuraran
エリトリナン	erythrinan	ツブロサン	tubulosan
エボニミン	evonimine	ベラトラマン	veratraman
エボニン	evonine	ビンカロイコブラスチン	vincaleukoblastine
ホルモサナン	formosanan	ビンカン	vincane
ガランタミン	galanthamine	ボバサン	vobasan
ガランタン	galanthan	ボブツシン	vobtusine
ハスバナン	hasubanan	ヨヒンバン	yohimban
ヘチサン	hetisan		

P-101 母体水素化物に基づく天然物の命名法

表 10·1 （つづき）

(b) ステロイド類

アンドロスタン	androstane	フロスタン	furostan
ブファノリド	bufanolide	ゴナン	gonane
カンペスタン	campestane	ゴルゴスタン	gorgostane
カルダノリド	cardanolide	ポリフェラスタン	poriferastane
コラン	cholane	プレグナン	pregnane
コレスタン	cholestane	スピロスタン	spirostan
エルゴスタン	ergostane	スチグマスタン	stigmastane
エストラン	estrane		

(c) テルペン類（レチナール retinal を除き，すべて母体水素化物である）

アビエタン	abietane	グラヤノトキサン	grayanotoxane
アンブロサン	ambrosane	グアイアン	guaiane
アリストラン	aristolane	ヒマカラン	himachalane
アチサン	atisane	ホパン	hopane
ベイエラン	beyerane	フムラン	humulane
ビサボラン	bisabolane	カウラン	kaurane
ボルナン	bornane	ラブダン	labdane
カジナン	cadinane	ラノスタン	lanostane
カラン	carane	ルパン	lupane
β,φ-カロテン†	β,φ-carotene†	メンタン(p-異性体)	menthane (p-isomer)
β,ψ-カロテン†	β,ψ-carotene†	オレアナン	oleanane
ε,κ-カロテン†	ε,κ-carotene†	オフィオボラン	ophiobolane
ε,χ-カロテン†	ε,χ-carotene†	ピクラサン	picrasane
カリオフィラン	caryophyllane	ピマラン	pimarane
セドラン	cedrane	ピナン	pinane
ダンマラン	dammarane	ポドカルパン	podocarpane
ドリマン	drimane	プロトスタン	protostane
エレモフィラン	eremophilane	レチナール	retinal
オイデスマン	eudesmane	ロサン	rosane
フェンカン	fenchane	タキサン	taxane
ガンマセラン	gammacerane	ツジャン	thujane
ゲルマクラン	germacrane	トリコテカン	trichothecane
ジバン	gibbane	ウルサン	ursane

(d) その他（セファム cepham およびペナム penam を除き，すべて母体水素化物である）

21H-ビリン	21H-biline	ネオフラバン	neoflavan
セファム	cepham	ネオリグナン	neolignane
コリン	corrin	ペナム	penam
フラバン	flavan	ポルフィリン	porphyrin
イソフラバン	isoflavan	プロスタン	prostane
リグナン	lignane	トロンボキサン	thromboxane

† 異なる4種のカロテンを例示する．以下の7末端基のすべての順列から得られるカロテン母体構造は28個ある．

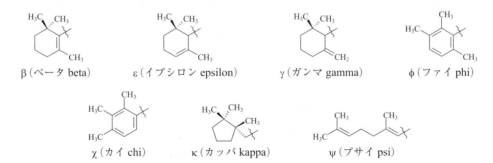

β (ベータ beta)　　ε (イプシロン epsilon)　　γ (ガンマ gamma)　　φ (ファイ phi)

χ (カイ chi)　　κ (カッパ kappa)　　ψ (プサイ psi)

P-101.3 母体構造の骨格修飾

P-101.3.0 はじめに	P-101.3.4 結合開裂
P-101.3.1 環の数に影響しない骨格原子の除去	P-101.3.5 結合転位
	P-101.3.6 末端環の除去
P-101.3.2 環の数に影響しない骨格原子の付加	P-101.3.7 接頭語シクロ, セコ, アポ, ホモ, ノルの組合わせ
P-101.3.3 結合生成	

P-101.3.0 はじめに

母体構造骨格は, 多くの方法(P-13 に述べる操作を使用して縮小, 拡大または転位など)で修飾することができる. これらの操作は, 母体構造名に付加する特定の分離不可接頭語によって示す. 立体配置に影響する変更は, P-101.2.6 に述べたように示さなければならない. 天然物の命名法では, 操作の数に制限はない.

> この節は, 1979 規則(参考文献 1)に規定されたテルペン炭化水素に関連する F の部の規則(参考文献 9)および規則 A-71～A-75 の節にとって代わるものである.

P-101.3.1 環の数に影響しない骨格原子の除去

P-101.3.1.1 飽和, 不飽和を問わず, 環から置換されていない骨格原子を除去した場合, あるいは, 基本母体構造の飽和鎖状部分から, 結合する水素原子とともに置換されていない骨格原子を除去した場合は, 分離不可接頭語 ノル nor を使って表す. 複数の骨格原子がなくなる場合は, 倍数接頭語の di, tri などを nor の前に付けて表示する.

除去した骨格原子の位置は, いずれの場合も, 基本母体構造の番号付けに従った位置番号によって示す. 除去した各骨格原子の位置番号を表示するので, どの骨格原子(炭素原子でもヘテロ原子でも)を除去しても曖昧さのない名称を付けることができるが, 骨格構造の環状部分の連結結合のうち可能な限り最大の位置番号をもつ骨格原子を除去することが慣用となっている. 例外として, カロテノイドにおいては, nor につく位置番号は, 可能な限り最小としている(参考文献 40, カロテノイド規則 5.1 参照).

例:

プレグナン pregnane
(基本母体構造)

4-ノル-5β-プレグナン
4-nor-5β-pregnane

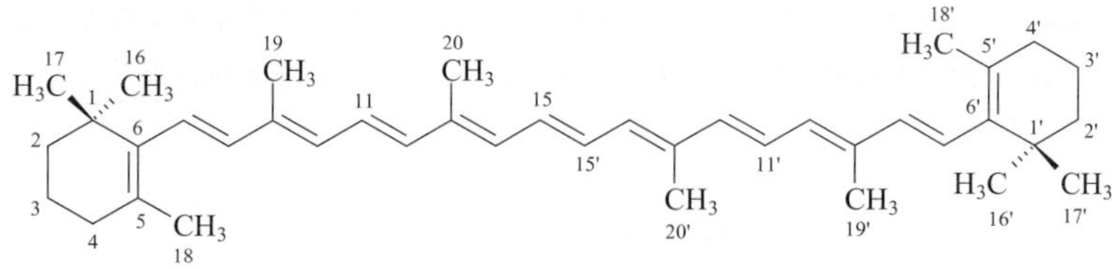

P-101　母体水素化物に基づく天然物の命名法　　　　921

β,β-カロテン　β,β-carotene　（基本母体構造）

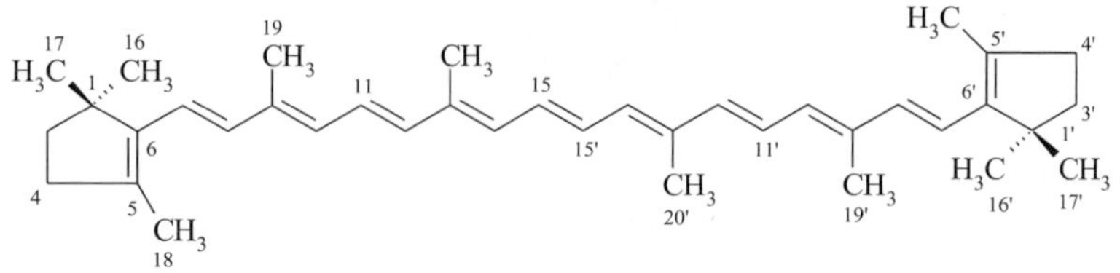

2,2′-ジノル-β,β-カロテン　2,2′-dinor-β,β-carotene

　骨格構造の鎖状部位において，優先的に除去される骨格原子は，鎖状連結結合，あるいは側鎖末端に属する鎖状部位の開放端に最も近いものである（これは，その化合物およびそれに由来する化合物の構造特性の番号付けを可能な限り保つためである）.

例：

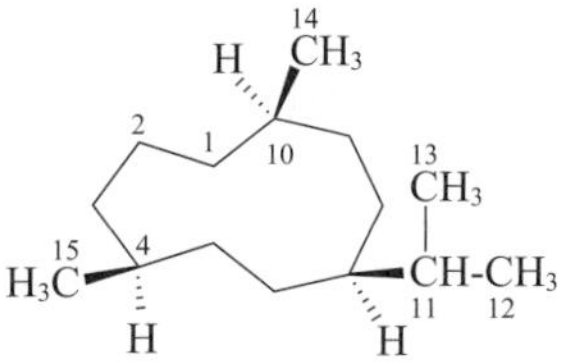

ゲルマクラン　germacrane
（基本母体構造）

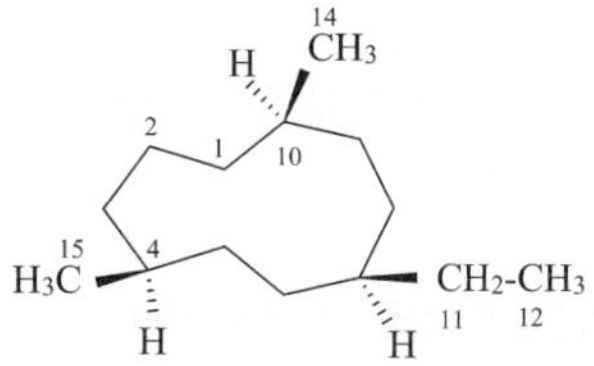

13-ノルゲルマクラン　13-norgermacrane
(1R,4s,7S)-4-エチル-1,7-ジメチルシクロデカン
(1R,4s,7S)-4-ethyl-1,7-dimethylcyclodecane

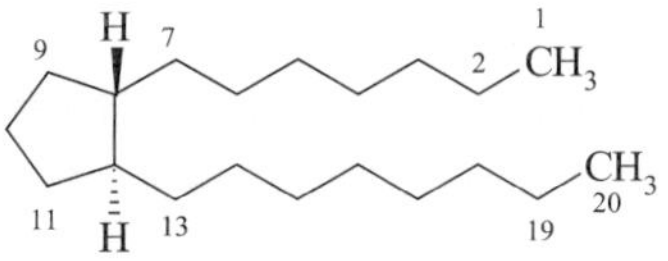

プロスタン　prostane
（基本母体構造）

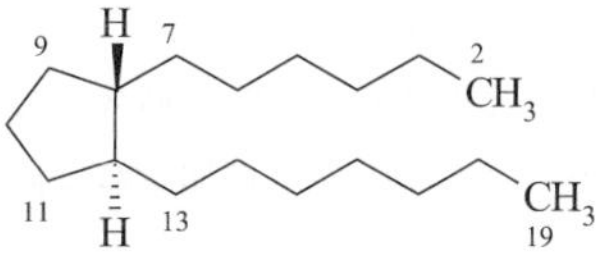

1,20-ジノルプロスタン　1,20-dinorprostane
(1S,2S)-1-ヘプチル-2-ヘキシルシクロペンタン
(1S,2S)-1-heptyl-2-hexylcyclopentane

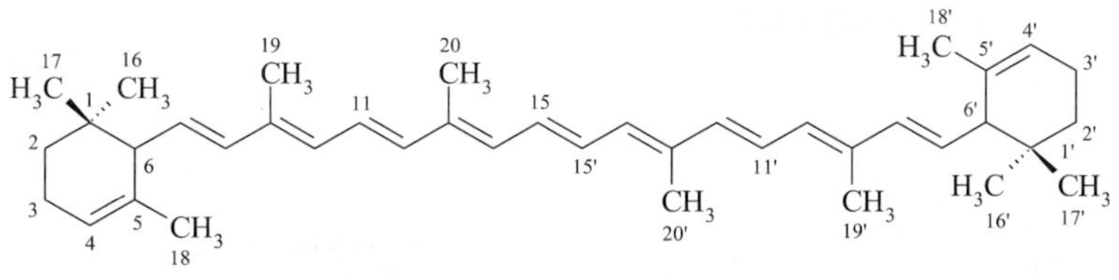

ε,ε-カロテン　ε,ε-carotene　（基本母体構造）

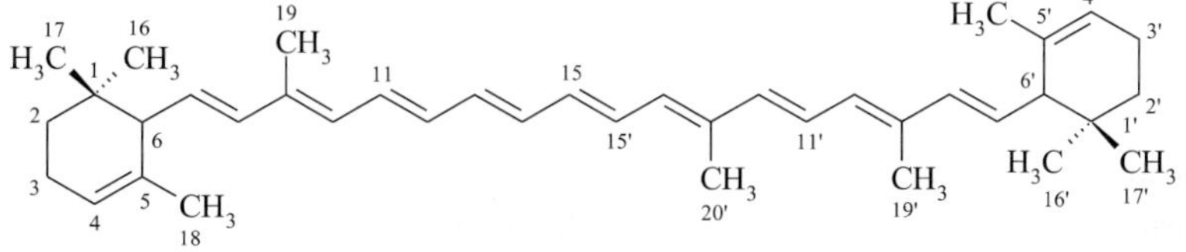

20-ノル-ε,ε-カロテン　20-nor-ε,ε-carotene
（プライムなしおよびプライム付きの位置番号の使用については P-16.9 を参照）

P-101.3.1.2 基本母体構造中のマンキュード環から不飽和結合をもった骨格原子を除去することにより飽和原子が生成する場合，その部位は指示水素(P-14.7 参照)により示す．名称中，該当する位置番号により示す記号 *H* は，分離不可接頭語によって修飾された名称の先頭に置く．

例：

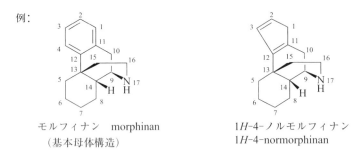

モルフィナン morphinan
（基本母体構造）

1*H*-4-ノルモルフィナン
1*H*-4-normorphinan

P-101.3.2 環の数に影響しない骨格原子の付加

P-101.3.2.1 基本母体構造の 2 個の骨格原子間へのメチレン基 $-CH_2-$ の挿入は，分離不可接頭語 ホモ homo により示す．2 個以上のメチレン基の挿入は，倍数接頭語(di, tri など)によって示す．修飾された基本母体構造における挿入メチレン基の位置は，接頭語ホモの前に表示するメチレン基の位置番号によって(必要な場合は倍数接頭語を前に置いて)示す．

挿入されたメチレン基への位置番号の割当ては，それを連結結合または末端鎖状部位に挿入するか，核間結合に挿入するかによって決まる．

P-101.3.2.2 付加的な骨格原子の番号付け

P-101.3.2.2.1 連結結合または側鎖末端へ挿入したメチレン基は，連結結合または末端部位中で最大番号をもつ骨格原子の位置番号に，文字 a, b などを付けて示す．この際，構造中に残る二重結合の位置と矛盾しないようにする．同等の連結結合がある場合は，最大の番号をもつ連結結合を選択し，メチレン基はその連結結合中で最大の番号をもつ骨格原子の後に挿入する．

側鎖の生成あるいは立体母体水素化物に結合している既存の側鎖を伸長することになる場合は，置換命名法の原則によって命名することもできる．付加された置換基は上に述べたホモ原子と同じように番号付けをする．

例：

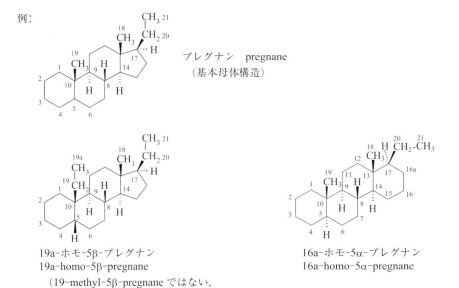

プレグナン pregnane
（基本母体構造）

19a-ホモ-5β-プレグナン
19a-homo-5β-pregnane
（19-methyl-5β-pregnane ではない．
側鎖の伸長は認められない）

16a-ホモ-5α-プレグナン
16a-homo-5α-pregnane

P-101 母体水素化物に基づく天然物の命名法 923

P-101.3.2.2.2 核間結合中に挿入されたメチレン基は，核間結合の末端と結合する骨格原子の両方の位置番号によって示し，2番目の位置番号を丸括弧で囲み，その後にメチレン基の数に従って文字 a, b などを記す.

例：

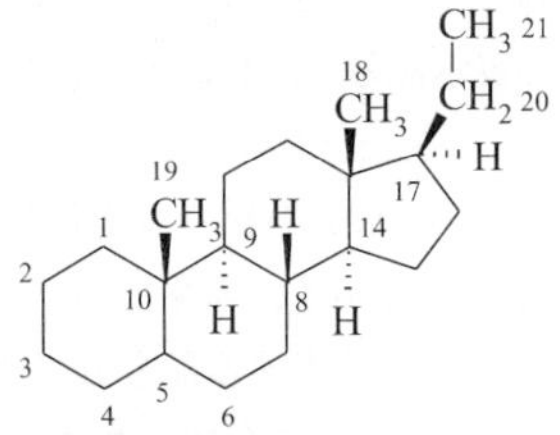

プレグナン pregnane
（基本母体構造）

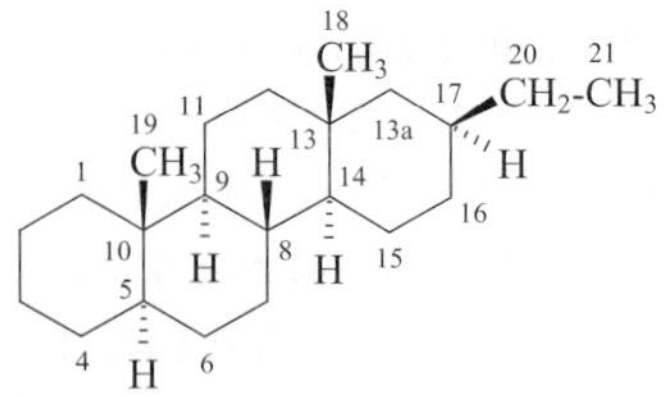

13(17)a-ホモ-5α-プレグナン
13(17)a-homo-5α-pregnane

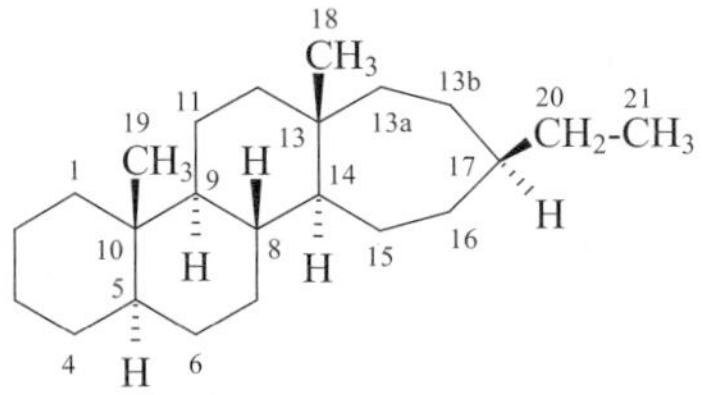

13(17)a,13(17)b-ジホモ-5α-プレグナン
13(17)a,13(17)b-dihomo-5α-pregnane
〔これまでは D(17a,17b)dihomo-5α-pregnane
と記した．参考文献 16，2S-7.3 参照〕

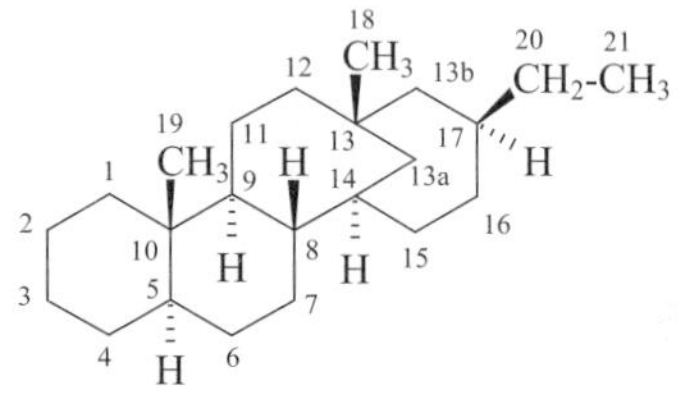

13(14)a,13(17)b-ジホモ-5α-プレグナン
13(14)a,13(17)b-dihomo-5α-pregnane

P-101.3.2.2.3 マンキュード環または共役二重結合系に，メチレン基を挿入すると，指示水素(P-14.7 および P-58.2 参照)によって示される飽和環位置を生じることがある．挿入したメチレン基の位置は P-101.3.2.2.2 によって決めるが，指示水素に対応する飽和位置は，不飽和環系の中では別の位置となるかもしれない．これは，ホモポルフィリン homoporphyrin の名称に関する変更である(参考文献 17，TP-5.1 参照)．(**A**)と(**B**)の二つの互変異性体を以下に示したが，具体的に番号付けして命名してある.

例：

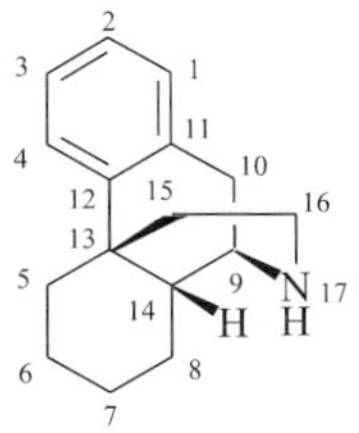

モルフィナン morphinan
（基本母体構造）

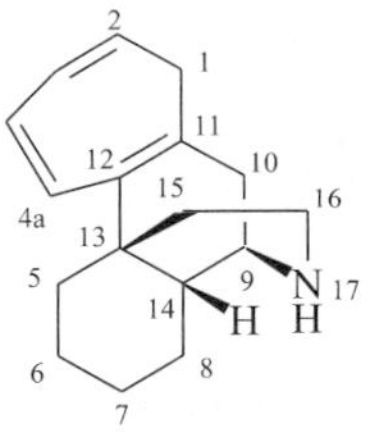

1*H*-4a-ホモモルフィナン
1*H*-4a-homomorphinan

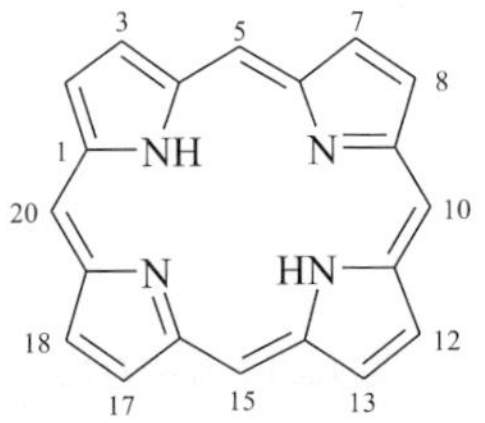

ポルフィリン porphyrin
（基本母体構造）

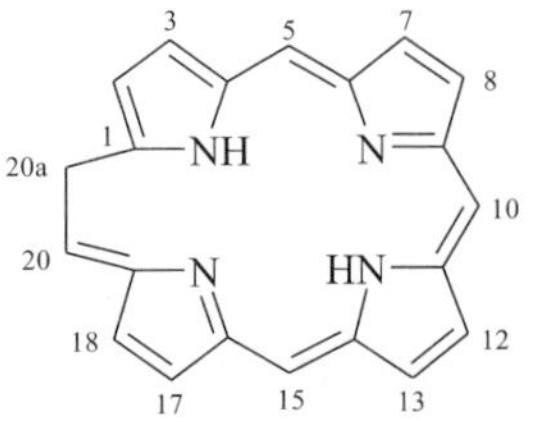

(**A**) 20a*H*-20a-ホモポルフィリン
20a*H*-20a-homoporphyrin

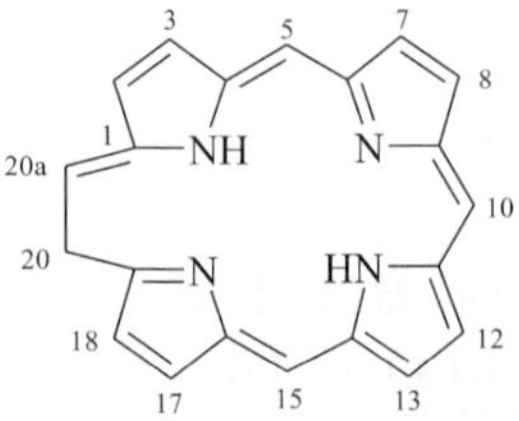

(**B**) 20*H*-20a-ホモポルフィリン
20*H*-20a-homoporphyrin

P-101.3.3 結合生成

母体構造のいずれか2個の原子間で直接結合を形成する接合操作(P-13.5.3 参照)による新たな環の生成は，連結された骨格原子の位置番号の後に分離不可接頭語 シクロ cyclo (イタリック体ではない)を置くことによって表す．必要があれば，新たな結合により生成した立体配置は，P-101.2.6 に従って表示記号 α，β または ξ により示すか，P-101.2.6.1.3 に従って水素原子の立体配置を記すことによって示す．

基本母体構造の立体配置は変わらない．いぜんとして残る水素原子1個をもつ環原子の新たな立体配置は，P-101.2.6 に記したように立体表示記号 α/β により，あるいは順位規則(R/S)を用いて示す．環平面の下方 α または上方 β に突き出している水素原子は，構造中の環原子の位置番号に続いて，該当する記号 α/β とイタリック体の大文字 H によって示す．これらはすべて丸括弧に入れ，該当する接頭語，この場合はシクロ cyclo の前に記す(接頭語 アベオ abeo については P-101.3.5.1 を参照)．この表示方法は，ステロイド規則(参考文献 16, 3S-7.5)において使用している方法とは異なる．

例：

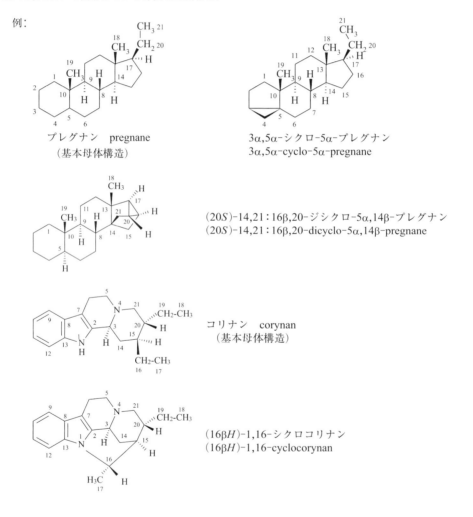

プレグナン　pregnane
（基本母体構造）

3α,5α-シクロ-5α-プレグナン
3α,5α-cyclo-5α-pregnane

(20S)-14,21：16β,20-ジシクロ-5α,14β-プレグナン
(20S)-14,21：16β,20-dicyclo-5α,14β-pregnane

コリナン　corynan
（基本母体構造）

(16βH)-1,16-シクロコリナン
(16βH)-1,16-cyclocorynan

P-101.3.4 結合開裂

P-101.3.4.1 環結合(飽和，不飽和を問わず)の開裂は，その結果生成する新しい末端基のそれぞれに適切な数の水素原子の付加を伴い，接頭語 セコ seco (イタリック体ではない)と開裂した結合の位置番号によって示す．もとの母体構造の位置番号は変わらない．

例：

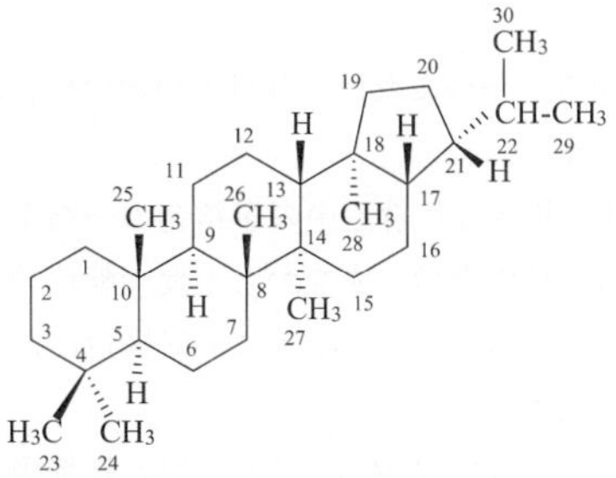

ホパン　hopane
（基本母体構造）

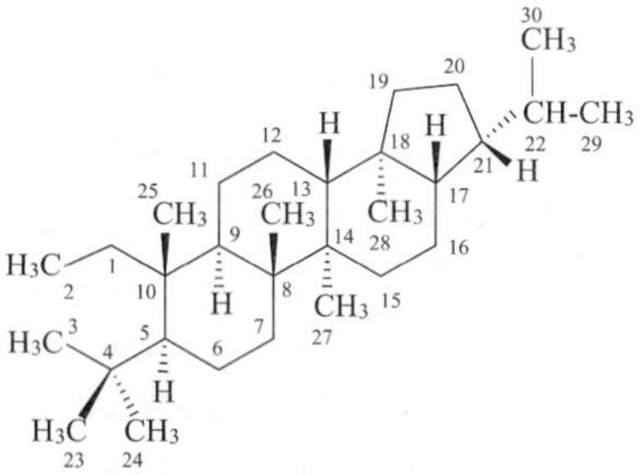

2,3-セコホパン　2,3-secohopane

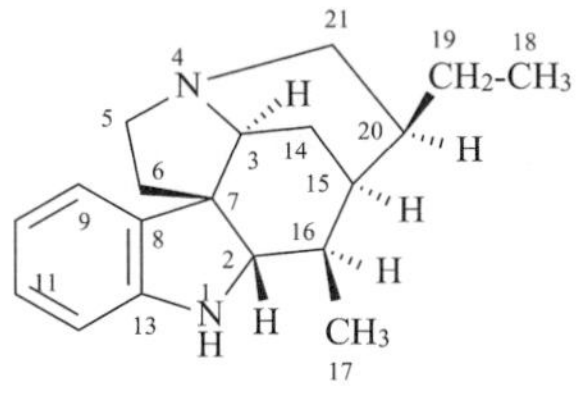

クラン　curan
（基本母体構造）

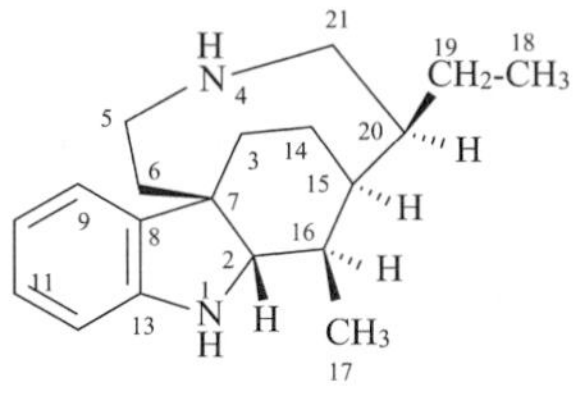

3,4-セコクラン　3,4-secocuran

P-101.3.4.2　接頭語アポ apo　　位置番号の後に置く非イタリック体の接頭語 アポ apo は，基本母体構造において，その位置番号の骨格原子より先の全側鎖の除去を示すために使う．複数の側鎖の除去は，該当する位置番号の後に接頭語 ジアポ diapo，トリアポ triapo などを置いて示す．基本母体構造の骨格原子の位置番号は，切断によって生じる残部に付ける．

　以下に述べる手順は，カロテノイド命名法(参考文献 40，カロテノイド規則 10 を参照)においてのみ用いるものである．非イタリック体の接頭語 apo は位置番号の後に置き，該当する炭素原子の位置番号より先の分子全体が水素原子に置き換わったことを示す．側鎖のメチル基の場合は，結合している炭素原子自身でその先はないとする．分子の両端からの構造部分の除去は，二つの位置番号の後に置く倍数接頭語に di を使って示す．母体構造における骨格原子の位置番号は，生成する末端に残ることになる．

　接頭語およびその位置番号は，接頭語 apo に関連する位置番号が 5 以下の場合は，母体の名称のすぐ前に置く．この場合は，分子の末端を示すギリシャ文字の末端表示記号は必要ない．

例：

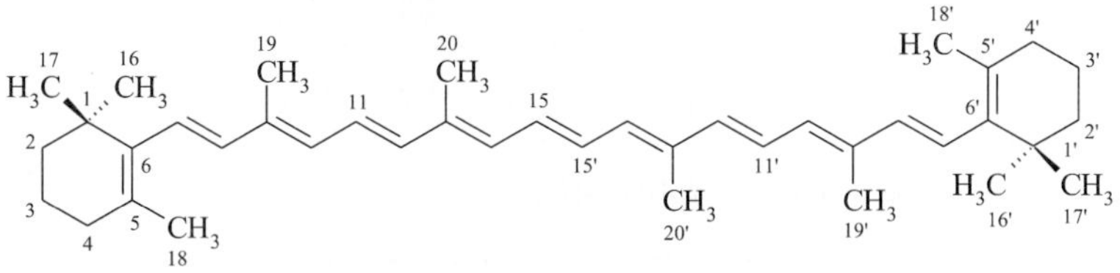

β,β-カロテン　β,β-carotene　（基本母体構造）

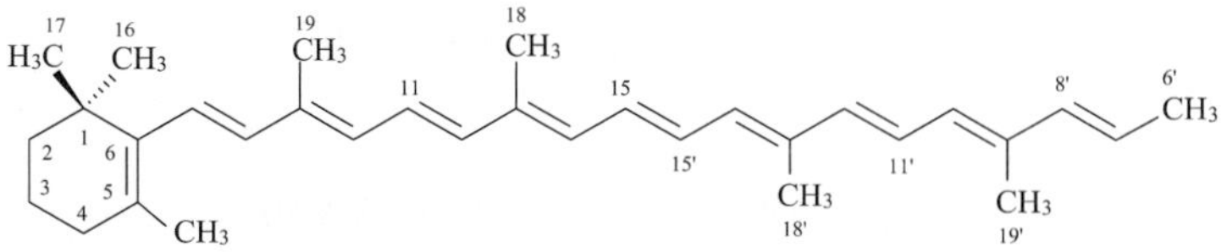

6′-アポ-β-カロテン　6′-apo-β-carotene
（プライムなしおよびプライム付き位置番号の
使用については P-16.9 を参照）

926 P-10 天然物および関連化合物の母体構造

P-101.3.5 結 合 転 位

認められた基本母体の単純な誘導体ではないが，そのような母体から，一つまたはそれ以上の数の結合の転位によって生じると思われる母体構造は，以下の方法により命名してもよい.

P-101.3.5.1 分離不可接頭語 $x(y \rightarrow z)$-アベオ $x(y \rightarrow z)$-abeo は，基本母体構造中の単結合の一端が，もとの位置 y から別の位置 z へ転位したことを示す. 接頭語のうち，x は構造固有の，すなわち不変の転位結合端の位置番号である. y は母体構造のなかで転位する結合の転位端を示す位置番号である. z は最終構造において転位端の移動先の位置番号である. はじめの基本母体構造の位置番号は変わらない.

以前は，接頭語 abeo はイタリック体であった(参考文献 1, F-4.9. 参考文献 2, R-1.2.7.1). 他の修飾接頭語との一貫性を保つために，現在では標準のローマン体を使うことを推奨する. この規則で述べる abeo 命名法は，許容される性質のものではあるが，強制的なものではない. 反応機構および生合成における議論に使用するのが最も適している.

例:

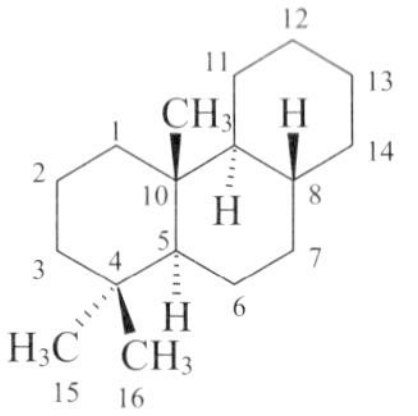

ポドカルパン
podocarpane
（基本母体構造）

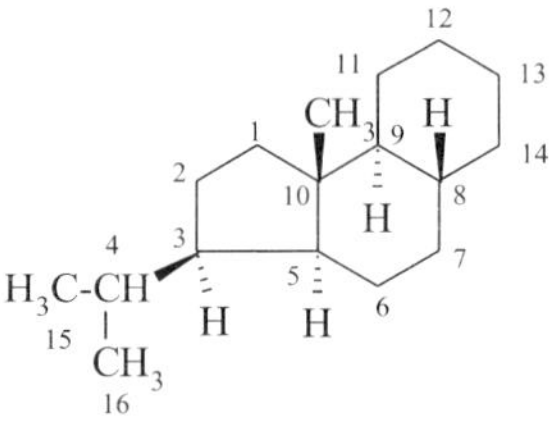

$(3\alpha H)$-5$(4 \rightarrow 3)$-アベオ-ポドカルパン
$(3\alpha H)$-5$(4 \rightarrow 3)$-abeo-podocarpane
3,5-シクロ-4,5-セコ-3β-ポドカルパン
3,5-cyclo-4,5-seco-3β-podocarpane

P-101.3.5.2 一対の位置番号の後に置くイタリック体の接頭語 レトロ *retro* は，1 組の位置番号によって表される共役ポリエン系のすべての単結合および二重結合の位置が 1 原子ずつ移動したことを示すために使う. 最多非集積二重結合環系は，共役ポリエン系の一部とはなりえない.

最初の位置番号は，この変化で水素原子を喪失した骨格原子であり，2 番目の位置番号は水素原子を獲得した骨格原子である.

表示記号 *retro* は，カロテノイド命名法(参考文献 9, カロテノイド規則参照)においてのみこのような使い方をする.

例:

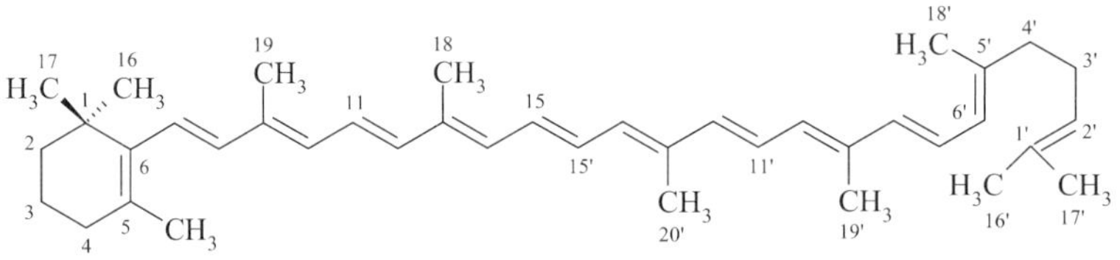

β,ψ-カロテン β,ψ-carotene （基本母体構造）

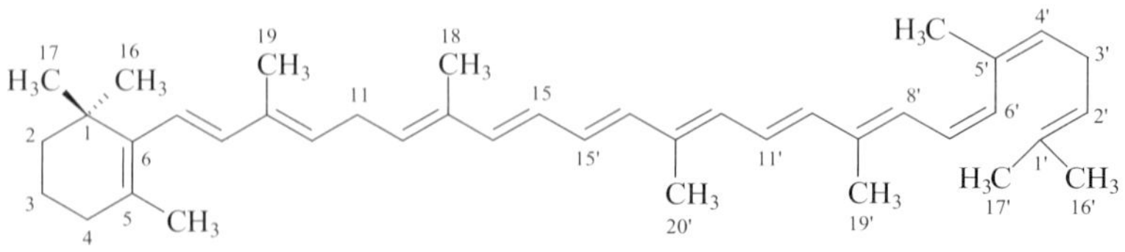

4′,11-*retro*-β,ψ-カロテン 4′,11-*retro*-β,ψ-carotene
（プライム付きおよびプライムなしの位置番号の使用については，P-16.9 を参照）

P-101.3.6 末端環の除去

母体構造から末端環を除去すると，縮合相手の隣接環に相当する数の水素原子を補うことになるが，環の除去

は，除去した環を表すイタリック体大文字の前に分離不可接頭語 デス des を置いて示す(ペプチド命名法における des の使用については，P-103.3.5.4 を参照)．これは，大文字が母体構造中の環を特定するのに現在使われる唯一の場合である．立体母体構造名に含まれる立体化学的特徴は，他の方法で指定されない限り同じである．母体構造の骨格原子の番号付けは，修飾された構造においても変わらない．このような des の使用は，ステロイドに限る．

例：

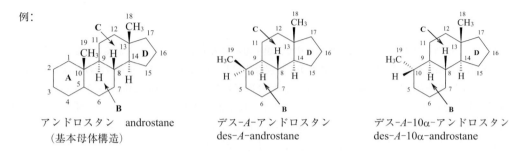

アンドロスタン　androstane
（基本母体構造）

デス-A-アンドロスタン
des-A-androstane

デス-A-10α-アンドロスタン
des-A-10α-androstane

P-101.3.7　接頭語シクロ，セコ，アポ，ホモ，ノルの組合わせ

これまでに述べた勧告(P-101.3.1〜P-101.3.4)において接頭語によって示した基本母体構造への修飾は，組合わせてより大きな構造変化をもたらすことができる．各接頭語 シクロ cyclo，セコ seco，アポ apo，ホモ homo，ノル nor で示す操作は，'後向きに前進'するように，すなわち，基本母体構造名からみて右から左へと順を追って基本母体構造に適用する．

P-101.3.7.1　接頭語 cyclo, seco, apo, homo, nor の組合わせを変えても，基本母体構造に対して同じ変化をもたらすことができる場合，選択すべき組合わせは，最小回数の操作の組合わせでなければならない．分離可能接頭語(たとえばアルキル)および分離不可接頭語(たとえばホモまたはノル)はいずれも修飾とみなすが，分離可能接頭語の方が優先する．dihomo, dinor などは，それぞれ 2 回の修飾と数える(参考文献 16，3S-6.3 参照)．操作の数が同じ場合は，homo/nor の組合わせが cyclo/seco に優先する．同じ数の操作の組合わせでは，接頭語のアルファベット順に従う．

例：

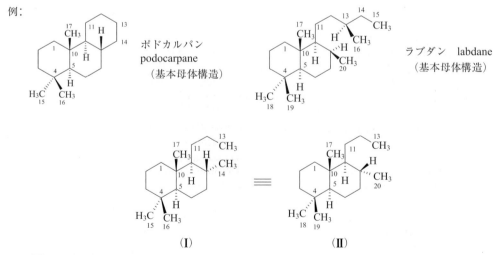

（Ⅰ）13,14-セコポドカルパン　13,14-secopodocarpane
（Ⅱ）8α-14,15,16-トリノルラブダン　8α-14,15,16-trinorlabdane ではない

　　説明：podcarpane から，1 回の操作によりセコ化合物が形成できる．同じ化合物が
　　labdane からも得られるが，それには 3 回の操作を要する．

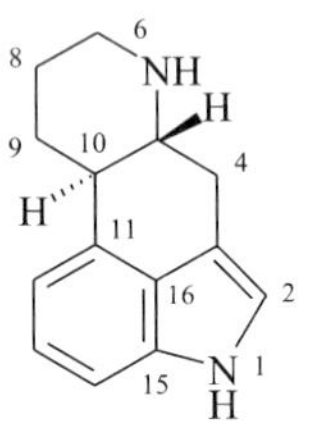

928 P-10 天然物および関連化合物の母体構造

エルゴリン　ergoline
（基本母体構造）

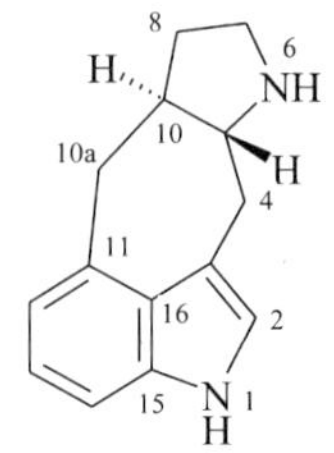

10(11)a-ホモ-9-ノルエルゴリン
10(11)a-homo-9-norergoline
5,9-シクロ-5,10-セコエルゴリン
5,9-cyclo-5,10-secoergoline
(9H)-5(10→9)-アベオエルゴリン
(9H)-5(10→9)-abeoergoline

P-101.3.7.2　構造を修飾する接頭語の組合わせで，順を追って表示する際に，上に定義した接頭語を誤って用いたり，対応する操作を指示どおりに行うことが不可能な状況となったりすることを避けなければならない．

P-101.3.7.1 および P-101.3.7.2 を満たしたうえで，結合再配列を示す分離不可接頭語(シクロ cyclo とセコ seco)をまず示し，その後に骨格原子の付加または除去を示す接頭語(ホモ homo とノル nor)を示す．これらの操作のうち，いずれかが複数回必要な場合，それらは基本母体構造名の前にアルファベット順で表示する．同種の操作を複数回行うことを示す倍数接頭語は，アルファベット順に影響しない．

推奨半体系的名称は，接頭語 cyclo, seco, homo, nor のうちの二つだけの操作による修飾で生じる．一般命名法においては，3回以上の数の操作も認められる．名称は，結合の生成/切断の接頭語 cyclo と seco を最初に，左から右にこの順で(母体構造から最も離れて)置き，続いて除去/付加の接頭語 homo と nor を左から右にこの順で置いて，母体構造名の前に表示して組立てる．図式で示すと，この順は以下のとおりである．

結合の生成/切断	骨格原子の除去/付加	
シクロ cyclo, セコ seco	アポ apo, ホモ homo, ノル nor	母体構造名

推奨名中での操作に関する接頭語と母体構造名の順序

接頭語の順が cyclo/seco/apo/homo/nor に従った名称は，apo/cyclo/homo/nor/seco のようなアルファベット順に並べた接頭語によって示される名称に優先する．

例：

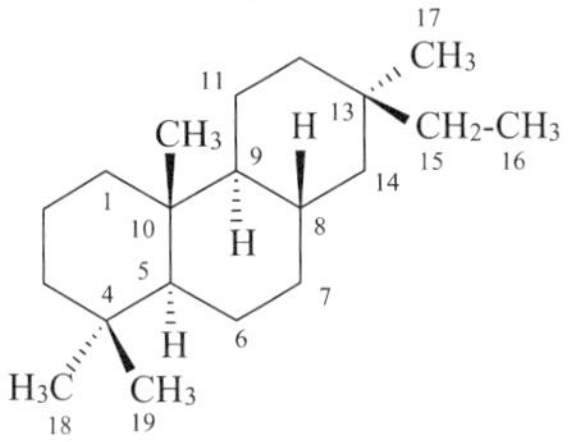

ピマラン　pimarane
（基本母体構造）

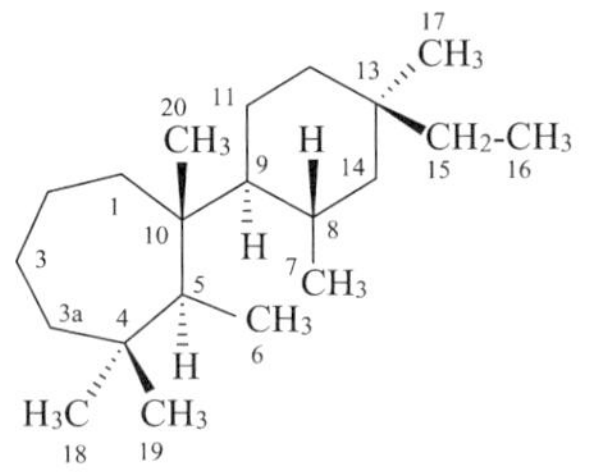

6,7-セコ-3a-ホモピマラン
6,7-seco-3a-homopimarane　（推奨名）
3a-ホモ-6,7-セコピマラン
3a-homo-6,7-secopimarane

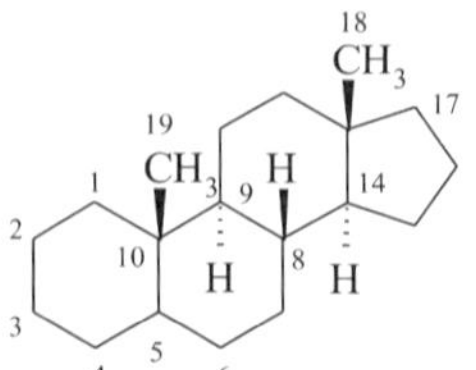

アンドロスタン　androstane
（基本母体構造）

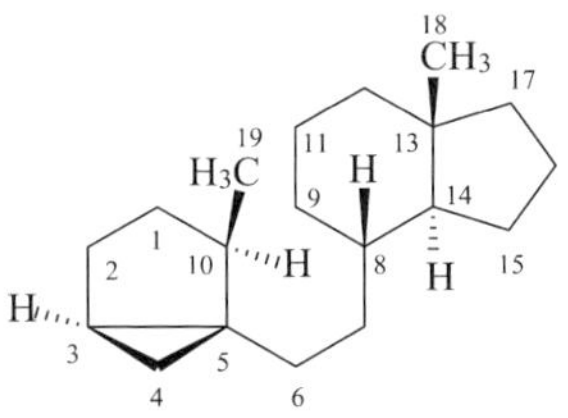

3α,5α-シクロ-9,10-セコ-5α-アンドロスタン
3α,5α-cyclo-9,10-seco-5α-androstane

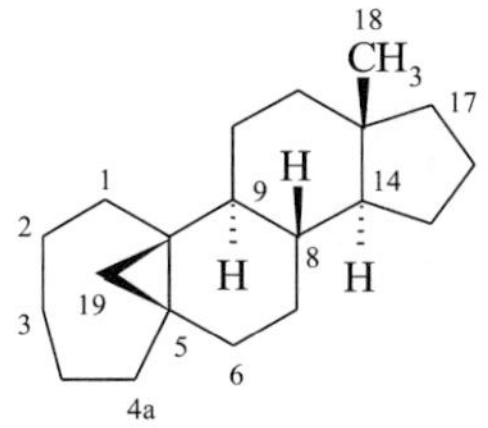

P-101 母体水素化物に基づく天然物の命名法　　929

5β,19-シクロ-4a-ホモ-5β-アンドロスタン
5β,19-cyclo-4a-homo-5β-androstane

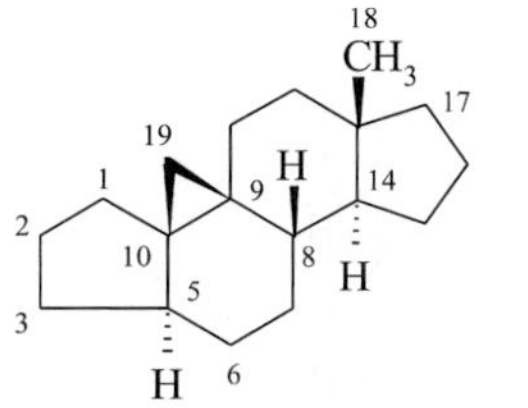

9β,19-シクロ-4-ノル-5α,9β-アンドロスタン
9β,19-cyclo-4-nor-5α,9β-androstane

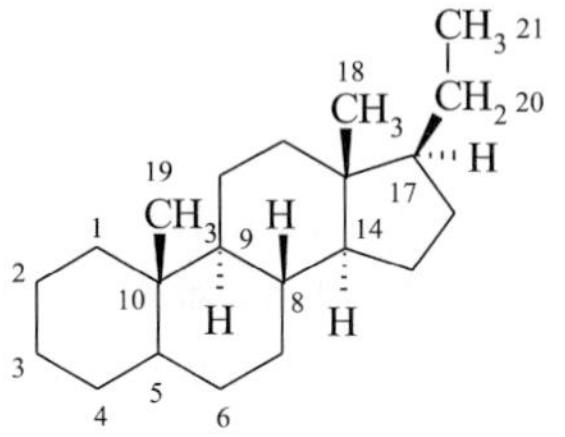

プレグナン　　pregnane
（基本母体構造）

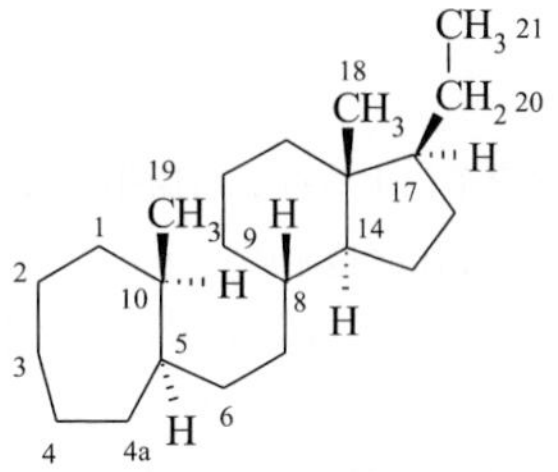

9,10-セコ-4a-ホモ-5α-プレグナン
9,10-seco-4a-homo-5α-pregnane

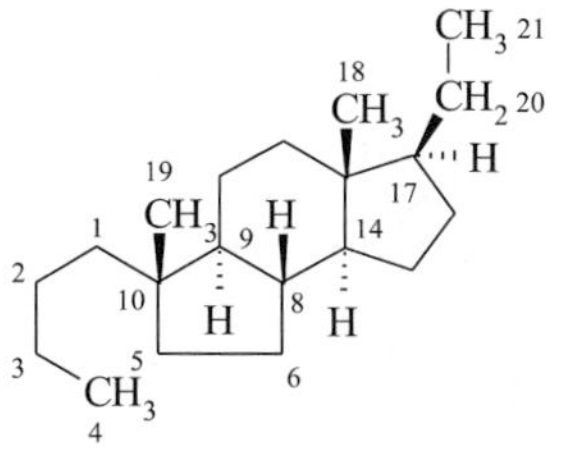

4,5-セコ-7-ノルプレグナン
4,5-seco-7-norpregnane

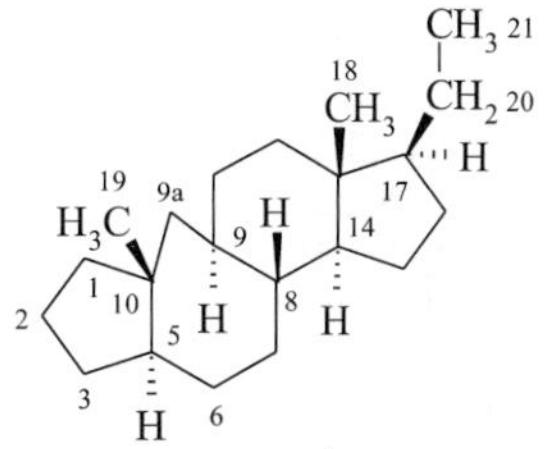

9a-ホモ-4-ノル-5α-プレグナン
9a-homo-4-nor-5α-pregnane

P-101.4　骨格原子の代置

P-101.4.1　一般的方法	P-101.4.4　他のヘテロ原子によるヘテロ原子
P-101.4.2　ヘテロ原子による炭素原子の骨格代置	の骨格代置
P-101.4.3　炭素原子によるヘテロ原子の骨格代置	P-101.4.5　指 示 水 素

P-101.4.1　一 般 的 方 法

母体構造を修飾するための"ア"命名法の原則については，P-15.4 および P-51.4 で述べたが，骨格炭素原子を O, S, N などのヘテロ原子によって置き換えるために適用する．改訂版 F の部（参考文献 9）では名称中の表示にアルファベット順を推奨したが，それとは異なって P-15.4 で推奨する"ア"接頭語の優先順位を適用する．体系名を作成する方法に加えて，母体構造中のヘテロ原子を炭素原子または他のヘテロ原子によって置き換える方法としても"ア"命名法を使う．

P-101.4.2　ヘテロ原子による炭素原子の骨格代置

代置するヘテロ原子は"ア"接頭語を該当する位置番号とともに，基本母体構造における骨格修飾を表す分離不可接頭語の前に置いて示す．母体構造の固定された位置番号は変わらない．"ア"命名法を適用する名称は，骨格修飾を加えた名称である．

例：

3-アザアンブロサン
3-azaambrosane

3-テルラ-4a-ホモ-5α-アンドロスタン
3-tellura-4a-homo-5α-androstane

P-101.4.3 炭素原子によるヘテロ原子の骨格代置

炭素原子による母体構造中のヘテロ原子の置換は，"ア"接頭語 カルバ carba により示す．もとの番号付けは変わらない．ヘテロ原子に位置番号がない場合，代置炭素原子は，すぐ隣のより小さい番号をもつ骨格原子の位置番号に文字 a を添えることにより示す．すぐ隣のより小さい番号の骨格原子がホモ原子である場合は，文字 b, c などを必要に応じて使用する．新たな炭素骨格原子の立体配置は，配置を特定するための方法を用いて追加する(P-101.2.6.1 参照)．

例：

スピロスタン　spirostan
（基本母体構造）

16a,22a-ジカルバ-5β-スピロスタン
16a,22a-dicarba-5β-spirostan

P-101.4.4 他のヘテロ原子によるヘテロ原子の骨格代置

立体母体水素化物においてヘテロ原子を他のヘテロ原子により置き換えた場合は，該当する"ア"接頭語と位置番号により示す．

例：

エルゴリン　ergoline
（基本母体構造）

1-チアエルゴリン
1-thiaergoline

P-101.4.5 指示水素

母体構造の一部であるマンキュード環系または伸長した共役二重結合系において，骨格原子の置き換えにより飽和した骨格位置が生じた場合，その位置は指示水素の記号を使って示す(P-14.7, P-58.2 参照)．

例：

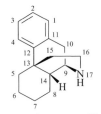

モルフィナン　morphinan
（基本母体構造）

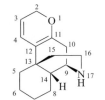

2H-1-オキサモルフィナン
2H-1-oxamorphinan

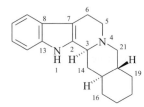

ヨヒンバン　yohimban
（基本母体構造）

(4βH)-4-カルバヨヒンバン
(4βH)-4-carbayohimban

P-101.5　環 の 付 加

三つのタイプの環を，母体構造に組込むことができる．

> P-101.5.1　縮合環命名法により組込まれるマンキュード環
> P-101.5.2　橋かけ縮合環命名法により組込まれる環
> P-101.5.3　スピロ命名法により組込まれる環

体系名の作成に使用し，先に P-1～P-8 で述べた方法を適用するが，場合により母体構造にあわせて修正することもある．

P-101.5.1　縮合環命名法により組込まれるマンキュード環

成分としての基本母体構造は，通常の水素化状態のまま縮合命名法に使用する．したがって，付随成分が最多非集積二重結合を含むという理由だけでは，縮合部位に二重結合があることをわざわざ記さない．さらに，P-25 で定めた規則とは異なって，基本母体が必ず母体成分となり，マンキュード環が付随成分とならなくてはならない．

P-101.5.1.1　P-2 で定めた規則に従って，母体構造に縮合するマンキュード母体水素化物とみなす環は，炭素環でも複素環でも，その縮合接頭語名(P-25 参照)を基本母体構造名の前に置く．縮合に関わる母体構造の骨格原子は，プライムのない位置番号によって区別し，イタリック体の文字 a, b などは使わない．縮合に関わるマンキュード成分の骨格原子は，プライム付きの位置番号によって区別する．縮合の位置は，2組の位置番号を含む縮合表示記号によって示す．最初に記す組は付随成分の位置番号，2番目の組は母体成分である基本母体構造に関するものである．二つの組は，コロンで区切り，角括弧で囲んで2成分の間に記す．選択の余地がある場合は，マンキュード環付随成分の位置番号は可能な限り小さく，母体構造の番号付けと同じ向きに記す．

接頭語名の末尾の母音 o または a は，P-25.3.1.3 で通常の縮合環命名法で定めているように，母音の前にある

932 　　　　P-10　天然物および関連化合物の母体構造

場合でも省略しない.

> 母音を省略しないことは，以前の勧告からの変更である.

例：

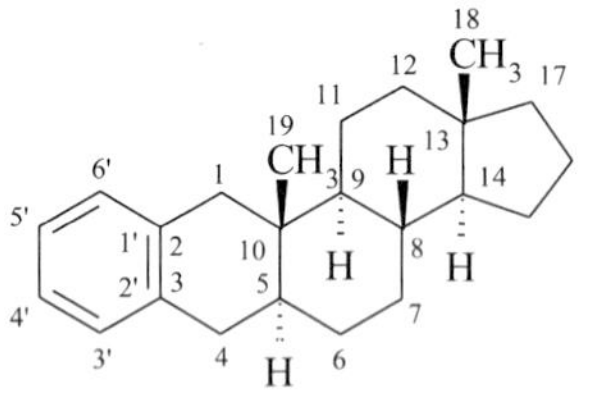

ベンゾ[2,3]-5α-アンドロスタン
benzo[2,3]-5α-androstane

（位置番号 1′, 2′ は削除される）

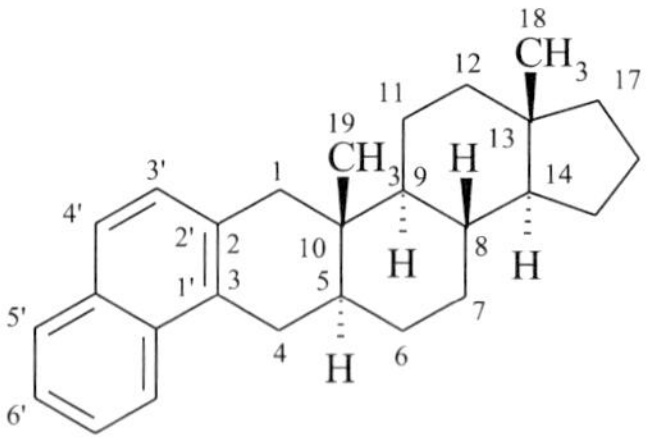

ナフト[2′,1′:2,3]-5α-アンドロスタン
naphtho[2′,1′:2,3]-5α-androstane

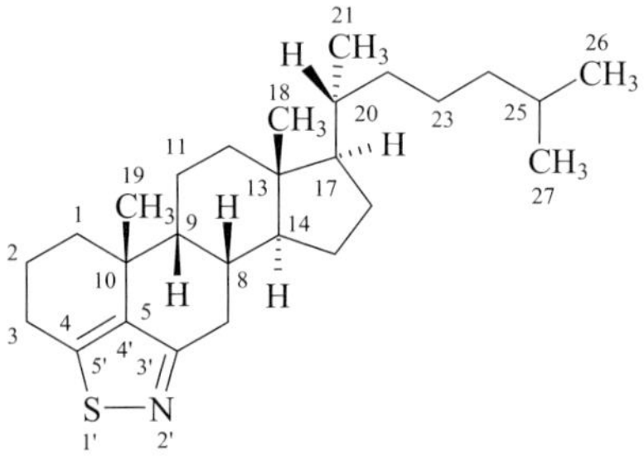

[1,2]チアゾロ[5′,4′,3′:4,5,6]コレスタン
[1,2]thiazolo[5′,4′,3′:4,5,6]cholestane

　（isothiazolo[5′,4′,3′:4,5,6]cholestane ではない.
　名称 イソチアゾール isothiazole は縮合成分としては使用できない.
　P-25.3.2.1.2 参照）

P-101.5.1.2　　母体構造に縮合する付随成分は，マンキュード化合物である．縮合部位を含め，少なくとも 1 個の水素原子をもつ飽和位置があるときは，指示水素により示す．指示水素は位置番号，ついで立体配置表示記号 α または β，最後に指示水素記号 *H*（P-14.7 参照）の全体を丸括弧で囲んだ表示記号として，立体表示記号と同様に名称の前に置いて示す．指示水素の位置を示すのに付随成分の位置番号は使えるが，プライム付きとプライムなしの位置番号のいずれも選べる場合は，立体母体水素化物のプライムなしの位置番号を使う.

例：

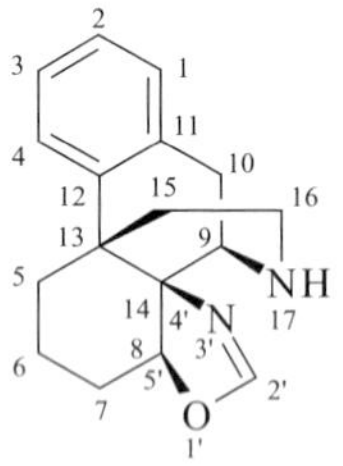

(8α*H*)-[1,3]オキサゾロ[5′,4′:8,14]モルフィナン
(8α*H*)-[1,3]oxazolo[5′,4′:8,14]morphinan

　〔8α*H*-oxazolo[5′,4′:8,14]morphinan ではない．ヘテロ原子の位置番号を伴わない名称 oxazole は，縮合成分としては使用できない．名称を完成させるには，表示記号(8α*H*)により示す指示水素原子が必要である〕

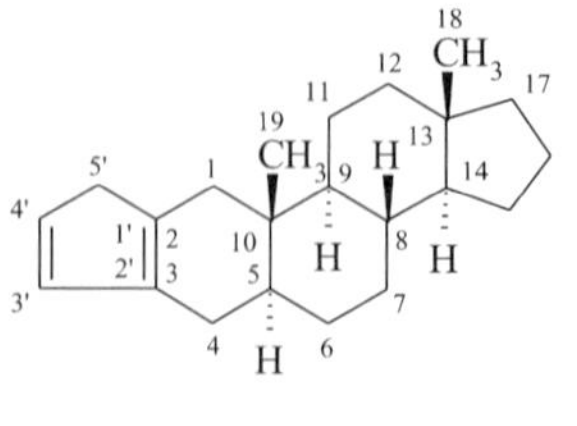

5′*H*-シクロペンタ[2,3]-5α-アンドロスタン
5′*H*-cyclopenta[2,3]-5α-androstane

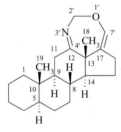

ビス[1,2]オキサゾロ[4′,3′:6,7;5″,4″:16,17]-5α-アンドロスタン
bis[1,2]oxazolo[4′,3′:6,7;5″,4″:16,17]-5α-androstane

1′H-ピロロ[3′,4′:18,19][1,2]チアゾロ[4″,5″:16,17]ヨヒンバン
1′H-pyrrolo[3′,4′:18,19][1,2]thiazolo[4″,5″:16,17]yohimban

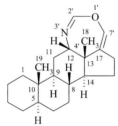

2′H-[1,3]オキサゼピノ[4′,5′,6′:12,13,17]-5α-アンドロスタン
2′H-[1,3]oxazepino[4′,5′,6′:12,13,17]-5α-androstane

(12βH)-12H-[1,3]オキサゼピノ[4′,5′,6′:12,13,17]-
　　　　　　　　　　　　　　　　　　5α-アンドロスタン
(12βH)-12H-[1,3]oxazepino[4′,5′,6′:12,13,17]-5α-androstane

P-101.5.2　橋かけ縮合環命名法により組込まれる環

　基本母体構造に付加した橋は，橋かけ縮合環系を縮合命名法で命名するときに用いる方法により表すことができる．橋の名称は，P-25.4で定めた名称である．この方法は，しばしばヘテロ原子を含む橋とともに使う．実際，この方法は基本母体構造に縮合したある種の複素環を表す際に，P-101.5.1で述べた環縮合の操作よりも有用であることが多い．たとえば，付随成分として縮合した環を示すのに，オキシレノ oxireno よりむしろ橋を示すエポキシ epoxy の方が有用である．基本母体構造における二つの非隣接原子をつなぐには，橋の使用は縮合命名法に優先する．橋を示す接頭語は分離不可接頭語であり，骨格修飾を表現する接頭語の前，該当する位置番号の後に表示する．

例：

4,5α-エポキシモルフィナン　4,5α-epoxymorphinan
(5βH)-5,13-ジヒドロフロ[2′,3′,4′,5′:4,12,13,5]モルフィナン
(5βH)-5,13-dihydrofuro[2′,3′,4′,5′:4,12,13,5]morphinan

3α,8-エピジオキシ-5α,8α-アンドロスタン
3α,8-epidioxy-5α,8α-androstane

(16βH)-チイレノ[2′,3′:16,17]-5α-プレグナン
(16βH)-thiireno[2′,3′:16,17]-5α-pregnane （縮合名）
16α,17-エピチオ-5α-プレグナン
16α,17-epithio-5α-pregnane

11α,18-エタノ-5α,13α-プレグナン
11α,18-ethano-5α,13α-pregnane
11α,13-プロパノ-18-ノル-5α,13α-プレグナン
11α,13-propano-18-nor-5α,13α-pregnane
11β,18-シクロ-12a,12b-ジホモ-5α-プレグナン
11β,18-cyclo-12a,12b-dihomo-5α-pregnane
11α,18b-シクロ-18a,18b-ジホモ-5α,13α-プレグナン
11α,18b-cyclo-18a,18b-dihomo-5α,13α-pregnane

説明: C13 における立体配置の反転は，分子骨格を変えていないため，操作としては数えない．

8,9′-ネオリグナン　8,9′-neolignane　（基本母体構造）
1,1′-(2-メチルペンタン-1,5-ジイル)ジベンゼン
1,1′-(2-methylpentane-1,5-diyl)dibenzene

(7α,8α,8′β,9′α)-7,9a′:8′,9-ジエポキシ-7′-オキサ-9a′-ホモ-8,9′-ネオリグナン
(7α,8α,8′β,9′α)-7,9a′:8′,9-diepoxy-7′-oxa-9a′-homo-8,9′-neolignane
(1S,3aR,4S,6aR)-1-フェノキシ-4-フェニルテトラヒドロ-1H,3H-フロ[3,4-c]フラン
(1S,3aR,4S,6aR)-1-phenoxy-4-phenyltetrahydro-1H,3H-furo[3,4-c]furan

有機化合物の体系的命名法に対する勧告とは異なって，カロテノイド命名法(参考文献 40 参照)では，エポキシ epoxy と名づけられた橋は分離可能とみなし，ヒドロ，デヒドロ接頭語は分離不可とみなす．下記の橋かけされた β,β-カロテン β,β-carotene は，カロテノイド命名法の規則(参考文献 40，カロテノイド規則 7.3)に従った名称であるが，規則 14.4.4 とは合っていない．

P-101 母体水素化物に基づく天然物の命名法

例：

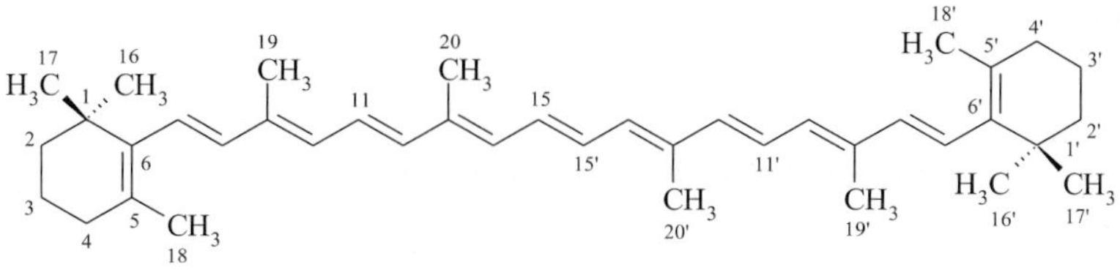

β,β-カロテン　β,β-carotene　（基本母体構造）

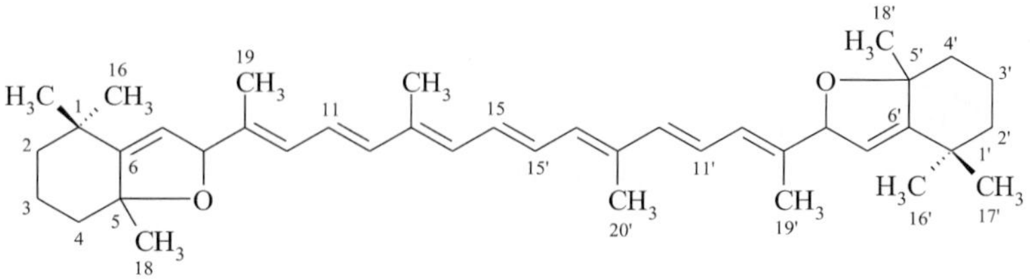

5,8:5′,8′-ジエポキシ-5,8,5′,8′-テトラヒドロ-β,β-カロテン
5,8:5′,8′-diepoxy-5,8,5′,8′-tetrahydro-β,β-carotene
（プライムなしとプライム付き位置番号については P-14.3.1，P-16.9 を参照）

P-101.5.3　スピロ命名法により組込まれる環

少なくとも一つの多環成分をもつモノスピロ化合物においては，スピロ化合物は P-24.5 で定めるように命名する．

例：

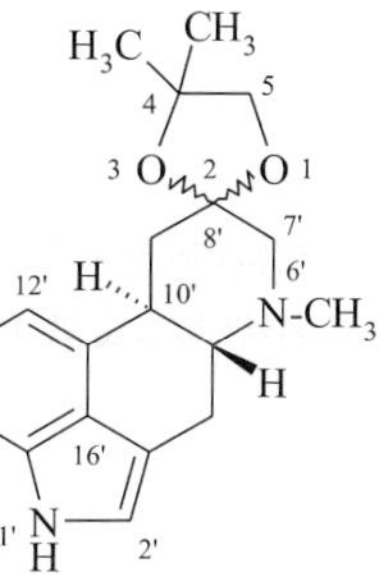

(2ξ)-4,4,6′-トリメチルスピロ[1,3-ジオキソラン-2,8′-エルゴリン]
(2ξ)-4,4,6′-trimethylspiro[1,3-dioxolane-2,8′-ergoline]

P-101.6　母体構造の水素化段階の変更

P-31 に定める母体水素化物の水素化段階を変更するための一般的な原則および規則を，母体構造にも適用する．必要となる除去操作または付加操作に応じて，語尾 ene と yne（P-31.1 参照），ヒドロ，デヒドロ接頭語（P-31.2 参照）を使用する．母体水素化物に対する二重結合の導入には制限がない．マンキュード構造が生じなければ，ヒドロ，デヒドロ接頭語は，必要に応じていくつでも使うことができる．

P-101.6.1　　母体構造が完全に飽和している化合物に不飽和結合がある場合，あるいは完全に飽和している母体構造の一部に不飽和結合がある場合で，名称が an, ane または anine で終わるものは，P-31.1.1.1 に定めるように，an または ane を ene または yne に，anine を enine または ynine に変え，必要な倍数接頭語を付けて示す．位置番号は関連する語尾の直前に置く．

例：

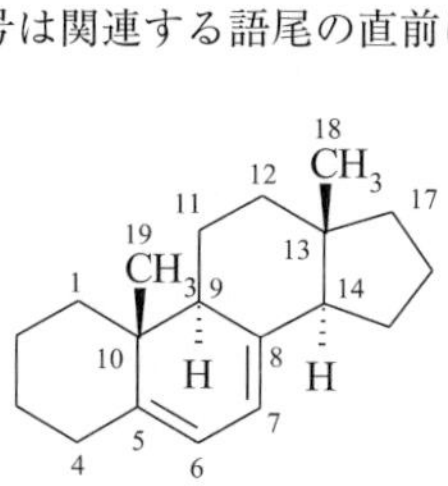

アンドロスタ-5,7-ジエン　androsta-5,7-diene

935

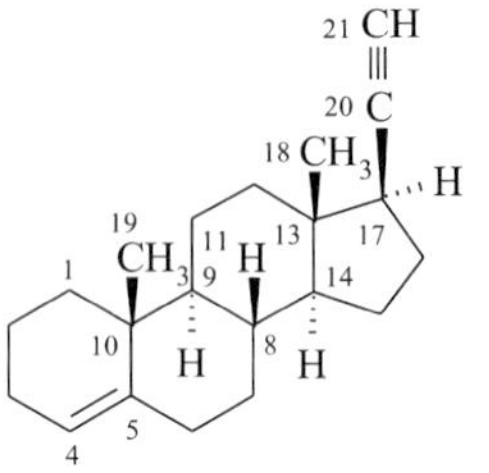

936 P-10 天然物および関連化合物の母体構造

プレグナ-4-エン-20-イン   pregn-4-en-20-yne

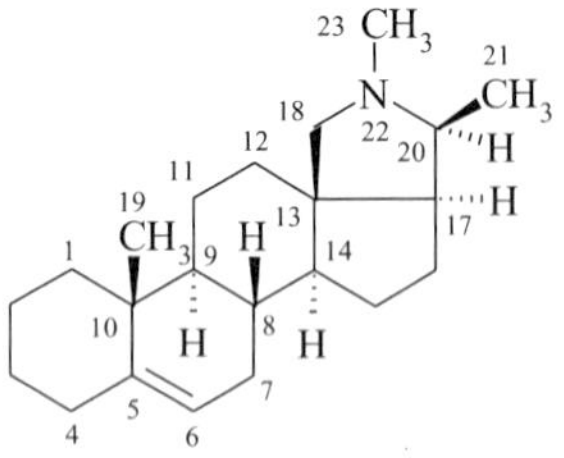

コナ-5-エニン   con-5-enine

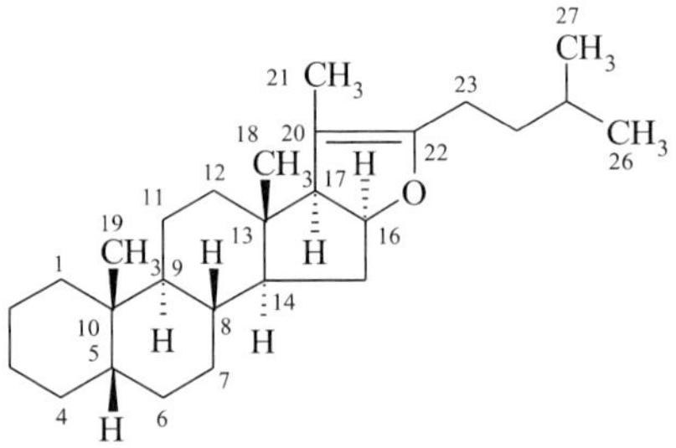

5β-フロスタ-20(22)-エン
5β-furost-20(22)-ene

P-101.6.2   位置番号の後に置く立体表示記号 *E* と *Z* は，二重結合に対して追加の立体配置を示すために使う．立体表示記号 *cis* と *trans* は，カロテノイド命名法(参考文献40)およびレチノイド命名法(参考文献49)において用いる．

例：

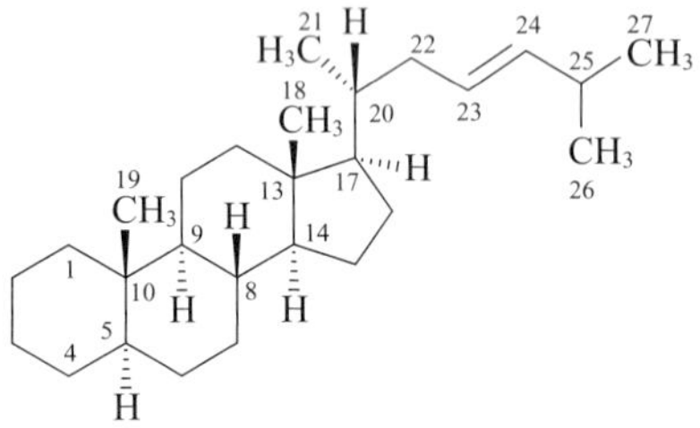

(23*E*)-5α-コレスタ-23-エン
(23*E*)-5α-cholest-23-ene

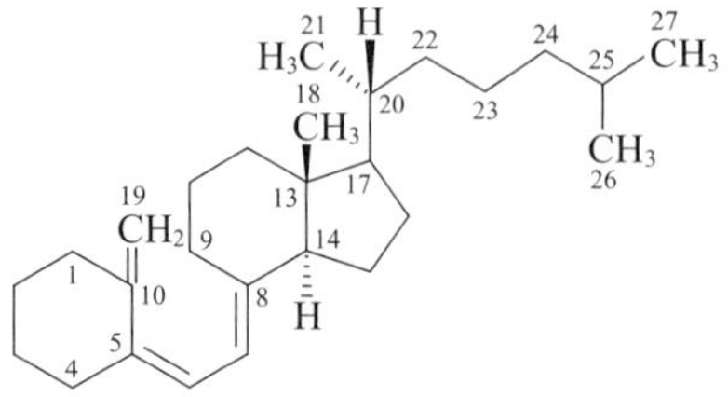

(5*Z*,7*E*)-9,10-セココレスタ-5,7,10(19)-トリエン
(5*Z*,7*E*)-9,10-secocholesta-5,7,10(19)-triene

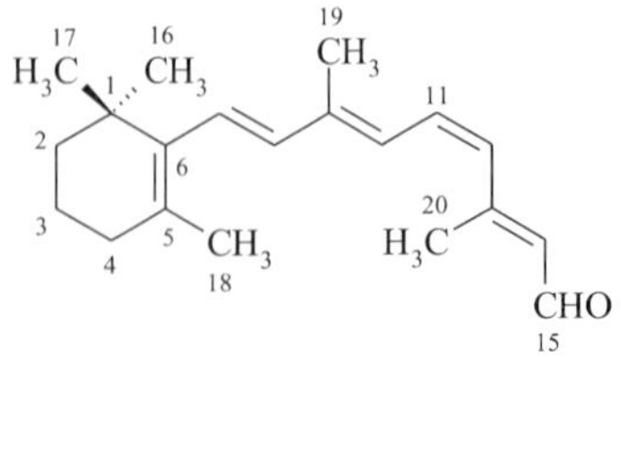

11-*cis*-レチナール
11-*cis*-retinal

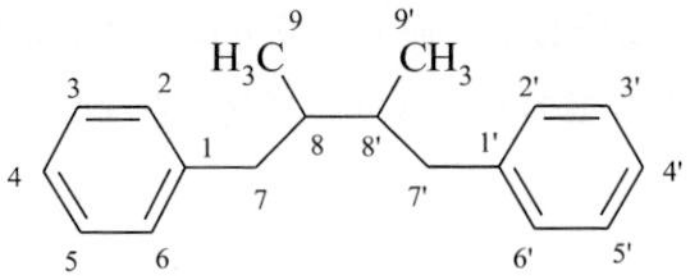

P-101 母体水素化物に基づく天然物の命名法　　　　937

リグナン　lignane
（基本母体構造）

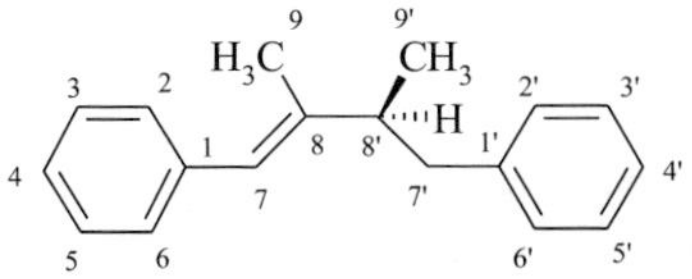

(7*E*,8'*S*)-リグナ-7-エン　(7*E*,8'*S*)-lign-7-ene
[(1*E*,3*S*)-2,3-ジメチル-4-フェニルブタ-1-エン-1-イル]ベンゼン
[(1*E*,3*S*)-2,3-dimethyl-4-phenylbut-1-en-1-yl]benzene
1,1'-[(1*E*,3*S*)-(2,3-ジメチルブタ-1-エン-1,4-ジイル)]ジベンゼン
1,1'-[(1*E*,3*S*)-(2,3-dimethylbut-1-ene-1,4-diyl)]dibenzene

P-101.6.3　接頭語 *all* は，すべての配置が同一であることを示すために立体表示記号の前に置いて使う．この接頭語は，天然物の命名法においてのみ使用する．たとえば *all-trans* は，レチナール retinal においてすべての二重結合がトランスであることを示すために使う．

例：

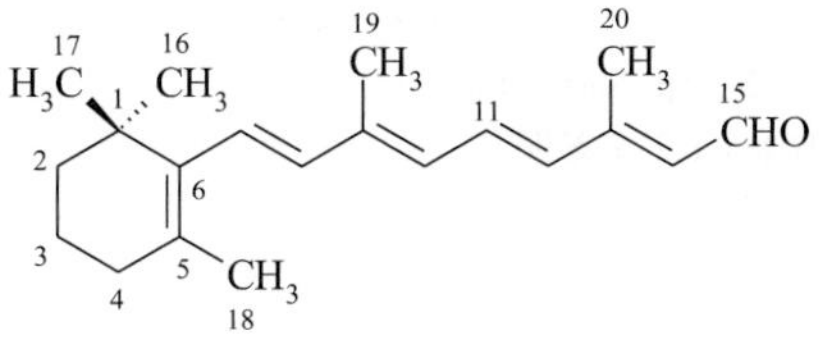

(*all-trans*)-レチナール
(*all-trans*)-retinal

P-101.6.4　母体構造の名称が暗に孤立二重結合や共役二重結合系の存在を示す場合，二重結合の飽和は，接頭語ヒドロ hydro の前に飽和位置番号を添えて表す．接頭語ヒドロは分離可能接頭語であり，必ず基本母体構造の直前に記載する（P-31.2 参照）．

例：

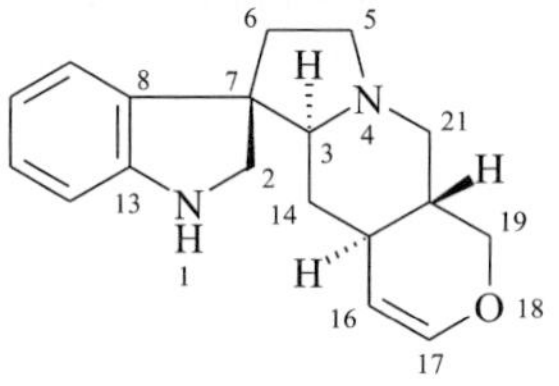

ホルモサナン　formosanan
（基本母体構造）

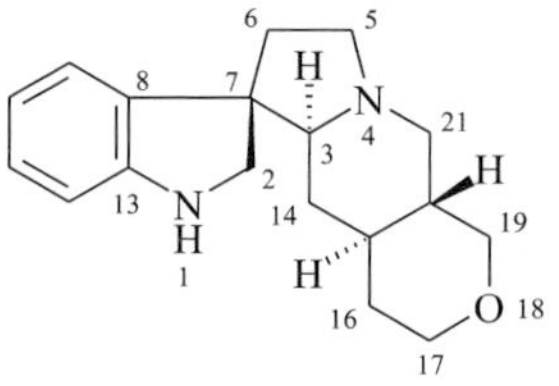

16,17-ジヒドロホルモサナン
16,17-dihydroformosanan

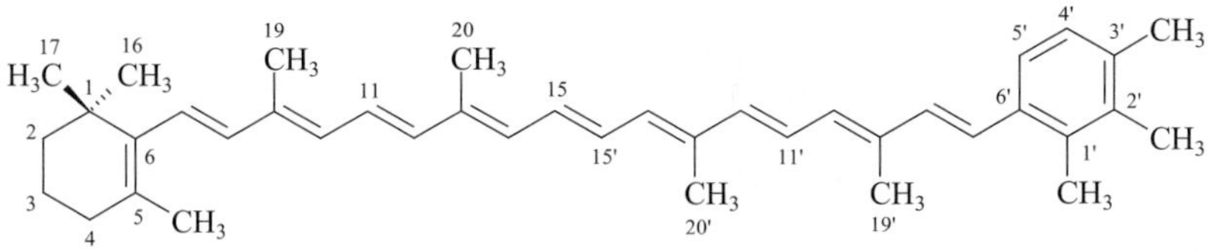

β,χ-カロテン　β,χ-carotene

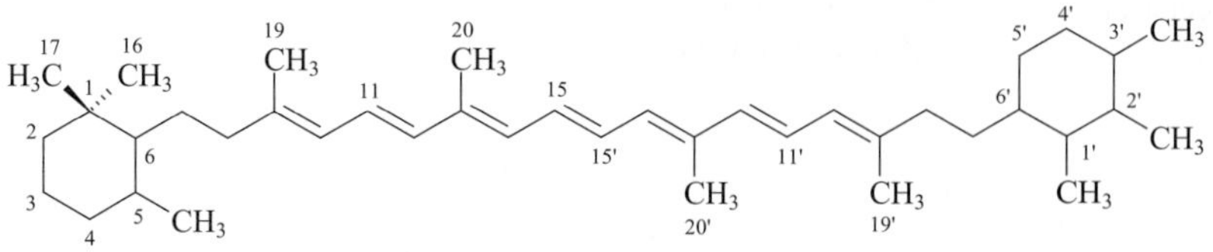

5,6,7,8,1',2',3',4',5',6',7',8'-ドデカヒドロ-β,χ-カロテン
5,6,7,8,1',2',3',4',5',6',7',8'-dodecahydro-β,χ-carotene
　（プライムなしおよびプライム付き位置番号の使用については，
　P-14.3.1，P-16.9 を参照）

P-101.6.5 母体構造に縮合した飽和または部分的に飽和した炭素環成分および複素環成分は，ヒドロ接頭語を使用して命名する．位置番号にプライム付きとプライムなしのどちらも選べる場合は，プライムなしの位置番号を使う．

例：

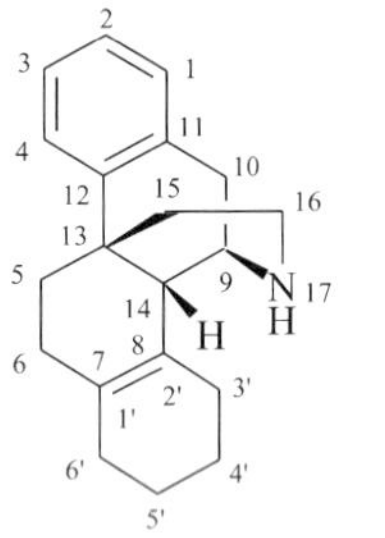

3′,4′,5′,6′-テトラヒドロベンゾ[7,8]モルフィナン
3′,4′,5′,6′-tetrahydrobenzo[7,8]morphinan

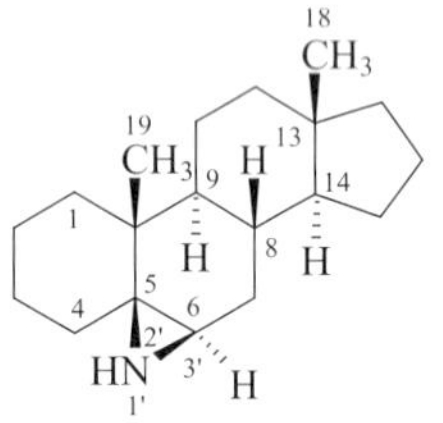

(6αH)-1′,6-ジヒドロアジリノ[2′,3′:5,6]-5β-アンドロスタン
(6αH)-1′,6-dihydroazirino[2′,3′:5,6]-5β-androstane
〔記号(6αH) については，P-101.5.1.2 を参照〕

P-101.6.6 名称が an, ane または anine で終わらない母体構造に既存の不飽和結合に加え，さらに不飽和結合を導入する場合，母体構造に含まれる二重結合を三重結合へ転換する場合，母体構造に含まれる二重結合の転位に伴いさらに二重結合が増加する場合は，接頭語デヒドロ dehydro を使い除去した水素原子の数に相当する倍数接頭語と位置番号をその前に置いて表す．接頭語デヒドロは分離可能で，必ず，基本母体構造の前，アルファベット順に並べた分離可能接頭語の後に記す．

例：

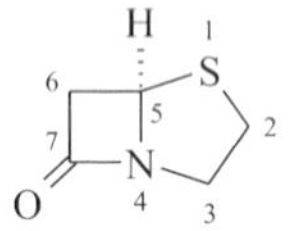

ペナム　penam　（基本母体構造）
（新規の番号付けに留意すること）

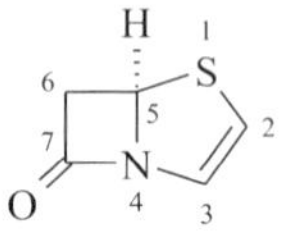

2,3-ジデヒドロペナム
2,3-didehydropenam

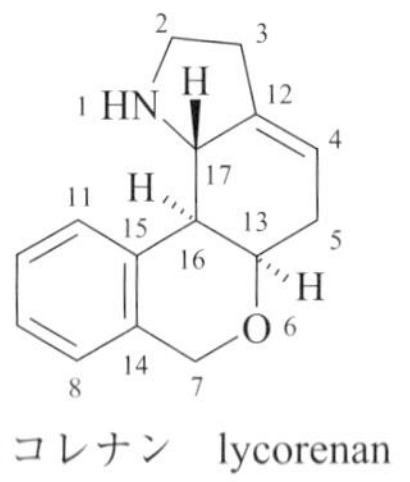

リコレナン　lycorenan
（基本母体構造）

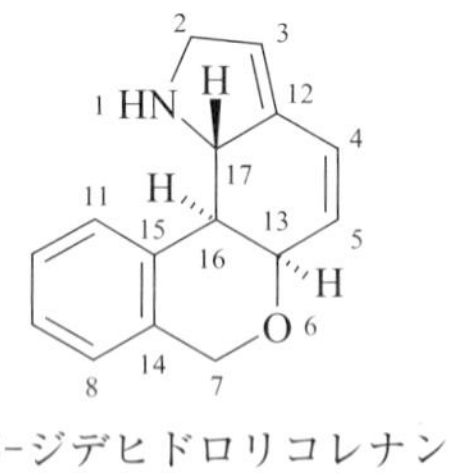

3,5-ジデヒドロリコレナン
3,5-didehydrolycorenan

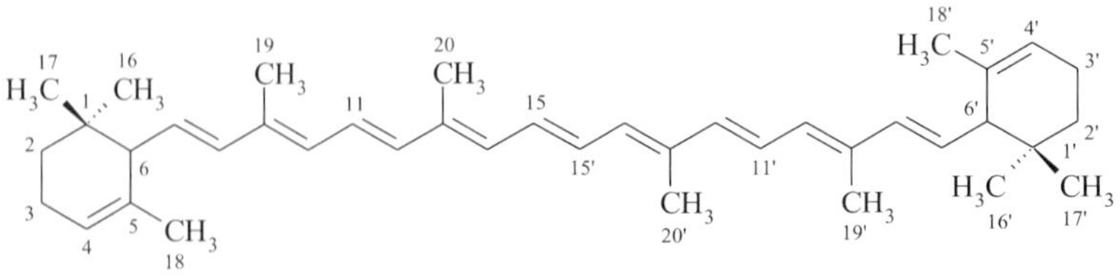

ε,ε-カロテン　ε,ε-carotene　（基本母体構造）

P-101 母体水素化物に基づく天然物の命名法

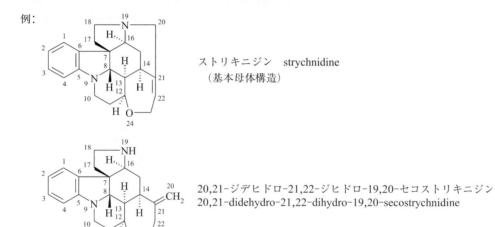

7,8-ジデヒドロ-ε,ε-カロテン　7,8-didehydro-ε,ε-carotene
（プライムなしおよびプライム付きの位置番号については，
規則 P-14.3.1，P-16.9 を参照）

P-101.6.7 二重結合の転位は，接頭語ヒドロ hydro とデヒドロ dehydro の組合わせによって示す．アルファベット順に従って，デヒドロ接頭語はヒドロ接頭語の前に表示する．

例：

ストリキニジン　strychnidine
（基本母体構造）

20,21-ジデヒドロ-21,22-ジヒドロ-19,20-セコストリキニジン
20,21-didehydro-21,22-dihydro-19,20-secostrychnidine

P-101.7 母体構造の誘導体

母体構造の誘導体は，P-1～P-9 で述べた原則，規則，慣用に従って命名する．

P-101.7.1 有機化合物の命名法の接尾語と接頭語は，母体構造の水素原子を置換すると考えられる原子(団)を命名するために定めた方法に従い使用する．立体表示記号 α, β, ξ は，立体配置を記述するのに使う．この記号は，接頭語または接尾語の前に表示し，該当する位置番号の後に置く．そのようにして作成した置換名は，いくつかの環状の官能基種類を除き，官能種類命名法によって作成した名称に優先する．

環上への置換および末端上への置換は，別個に考慮する．

P-101.7.1.1 アルキル基による置換

P-101.7.1.1.1 アリール基およびアルキル基のような有機基は，置換命名法により導入する．

例：

8α-エチルオイデスマン
8α-ethyleudesmane

P-101.7.1.1.2 アンドロスタン androstane の 17β 位にメチル基を導入するためには，置換操作を行う．分離不可接頭語ノル nor を用いて プレグナン pregnane からメチレン基を除去するという方法は推奨しない (P-101.3.7.1 参照).

例：

17β-メチル-5α-アンドロスタン
17β-methyl-5α-androstane
（21-nor-5α-pregnane ではない）

P-101.7.1.1.3 参考文献 16 の規則 3S-2.7 は，母体炭素環の一部として，側鎖と C17 のアルキル置換基とを含むステロイド類を命名するための方法を述べている．規則 3S-2.7 はさらに，C17 に二つのアルキル置換基を伴うステロイド類を命名するための方法も示している．この方法は，P-101 で述べるあらゆる基本母体構造にも適用が可能である．上付き文字の付いた位置番号は，新たな置換に対する位置番号としてではなく，たとえば ^{13}C-NMR の帰属のような原子を特定することを意図している．

例：

17-メチル-5α-カンペスタン　17-methyl-5α-campestane
（17 位に付加したメチル基は，17^1 と番号を付ける．
　その他の原子は，通常どおりに番号を付ける）

17,17-ジメチル-5α-アンドロスタン
17,17-dimethyl-5α-androstane
（二つの追加したメチル基には，いずれも 17^1 と番号を付ける．β-メチル基にはプライムを付ける）

P-101.7.1.1.4 基本母体構造に導入したアルキル置換基上に，接尾語として表示する特性基が存在する場合は，置換命名法の原則，規則，慣用を適用する．

例：

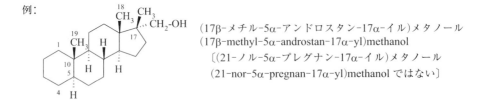

(17β-メチル-5α-アンドロスタン-17α-イル)メタノール
(17β-methyl-5α-androstan-17α-yl)methanol
〔(21-ノル-5α-プレグナン-17α-イル)メタノール
(21-nor-5α-pregnan-17α-yl)methanol ではない〕

P-101.7.1.2 環上への置換　母体水素化物の環としての性質を考慮しながら，接尾語の優先順位に従って接尾語を使う．分離可能接頭語は英数字順に表示する．語尾 ene および yne は，通常の方法で表示する．ヒドロ，デヒドロ接頭語は分離可能であるが，分離可能接頭語の中では最後に表示する．

P-101 母体水素化物に基づく天然物の命名法　　　941

例:

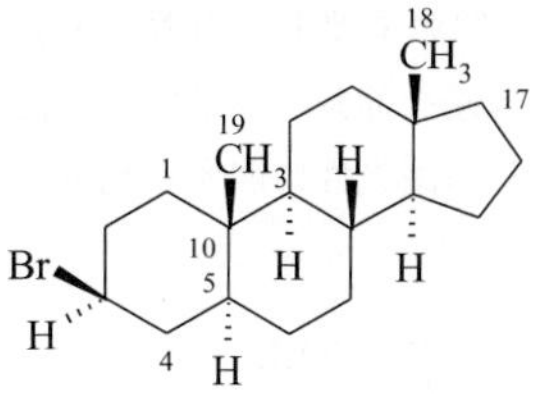

3β-ブロモ-5α-アンドロスタン
3β-bromo-5α-androstane
5α-アンドロスタン-3β-イルブロミド
5α-androstan-3β-yl bromide

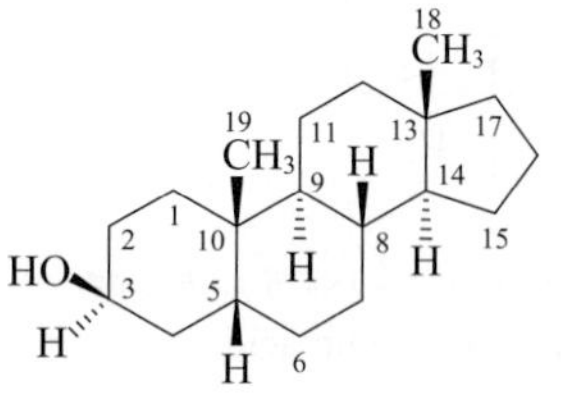

5β-アンドロスタン-3β-オール
5β-androstan-3β-ol

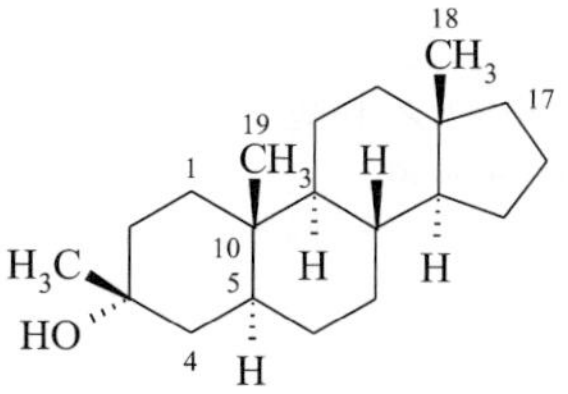

3β-メチル-5α-アンドロスタン-3α-オール
3β-methyl-5α-androstan-3α-ol

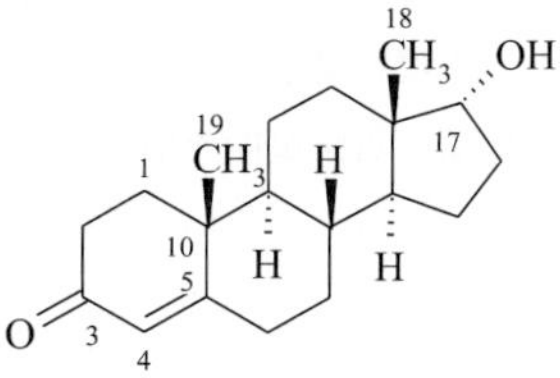

17α-ヒドロキシアンドロスタ-4-エン-3-オン
17α-hydroxyandrost-4-en-3-one

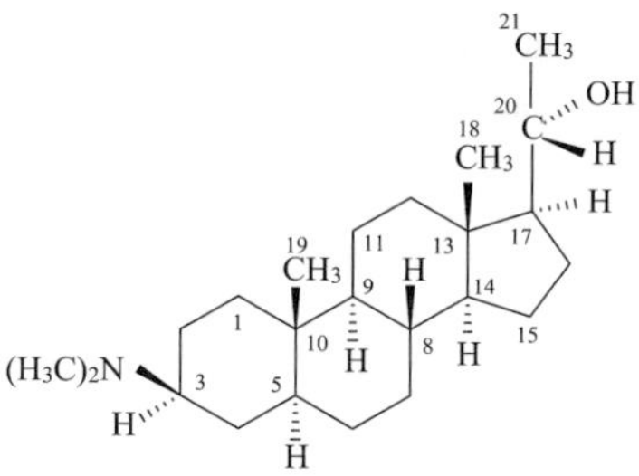

(20S)-3β-(ジメチルアミノ)-5α-プレグナン-20-オール
(20S)-3β-(dimethylamino)-5α-pregnan-20-ol

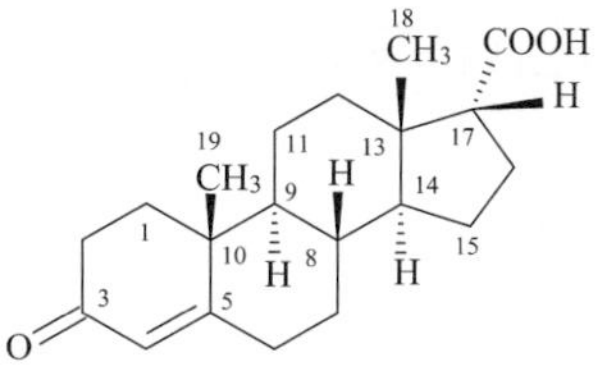

3-オキソアンドロスタ-4-エン-17α-カルボン酸
3-oxoandrost-4-ene-17α-carboxylic acid
〔21-nor-5α-pregnan-20-oic acid ではない.
正しい名称は，操作の数が最も少ない(P-101.3.7.1 参照)〕

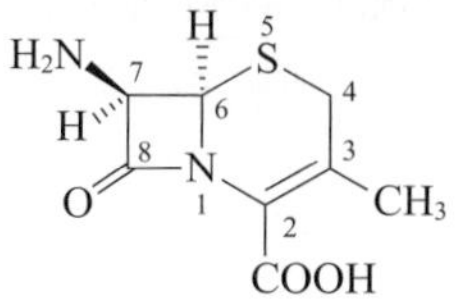

(6R,7R)-7-アミノ-3-メチル-8-オキソ-5-チア-1-アザビシクロ[4.2.0]オクタ-2-エン-2-カルボン酸
(6R,7R)-7-amino-3-methyl-8-oxo-5-thia-1-azabicyclo[4.2.0]oct-2-en-2-carboxylic acid
7β-アミノ-3-メチル-2,3-ジデヒドロセファム-2-カルボン酸
7β-amino-3-methyl-2,3-didehydrocepham-2-carboxylic acid
（セファム cepham に対する新しい番号付けに注意．参考文献 9 で報告されたものとは異なる）

P-101.7.1.3 側鎖末端上の置換 特性基を表す接頭語および接尾語により側鎖末端上への置換を表すことは，特性基が炭素原子を含む場合にも推奨する．2個のメチレン基により側鎖末端を伸長することも可能で，接頭語ジホモ dihomo を用いて示す．さらに伸長することも可能であるが，最長鎖の優先性に関する規則の例外として，アルキル基名を使わなければならない．

例：

3-オキソアンドロスタ-4-エン-18-酸
3-oxoandrost-4-en-18-oic acid

3-オキソアンドロスタ-4-エン-18-カルボン酸
3-oxoandrost-4-ene-18-carboxylic acid

11α-ヒドロキシ-9-オキソプロスタン-1-酸
11α-hydroxy-9-oxoprostan-1-oic acid

P-101.7.2 エステル(P-65.6.3.2 参照)，アセタール(P-66.6.5 参照)などのような主要な特性基の修飾は，P-6 で説明した通常の方法によって命名する．ラクトン，環状アセタールなどのような環状構造を伴う修飾は，官能種類名となってもよいので，縮合環系またはスピロ環系としてではなく，官能種類命名法を優先的に用いて命名する(P-101.7.4 も参照)．

例：

5β-アンドロスタン-17β-カルボン酸メチル
methyl 5β-androstane-17β-carboxylate

(1R,5S)-3,3-ビス(エチルスルファニル)-8-メチル-8-アザビシクロ[3.2.1]オクタン
(1R,5S)-3,3-bis(ethylsulfanyl)-8-methyl-8-azabicyclo[3.2.1]octane
3,3-ビス(エチルスルファニル)トロパン　3,3-bis(ethylsulfanyl)tropane
トロパン-3-オンジエチルジチオケタール　tropan-3-one diethyl dithioketal

P-101.7.3 母体構造に由来する置換基の名称は，必要に応じて接尾語 yl，ylidene または ylidyne を母体名に付加する(文字 y の前では，母体名末尾の文字 e を省略する)ことにより，P-29 に述べた一般的な方法で作成する．

例：

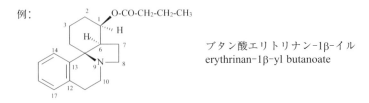

ブタン酸エリトリナン-1β-イル
erythrinan-1β-yl butanoate

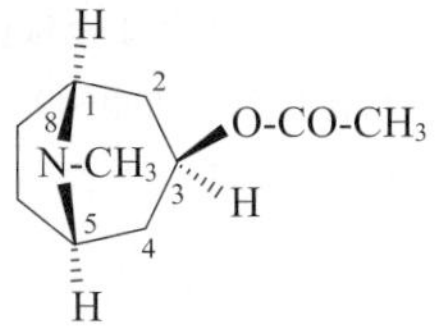

P-101 母体水素化物に基づく天然物の命名法 943

酢酸トロパン-3β-イル　tropan-3β-yl acetate
酢酸(1R,3s,5S)-8-メチル-8-アザビシクロ[3.2.1]オクタン-3-イル
(1R,3s,5S)-8-methyl-8-azabicyclo[3.2.1]octan-3-yl acetate
　（P-93.5.2.2.1 参照）

P-101.7.4　官能基を含む環の付加

　官能基を含む環は，体系名を作成するために述べた従来の方法を優先して命名する．環状エステルおよびラクトンは，エステルを命名する一般的方法により命名する(P-65.6.3.5 参照)．アセタールの名称は，P-101.5 で述べた縮合命名法ではなく，官能種類命名法の原則(P-66.6.5 参照)を用いて作成する．選択が可能な場合は縮合名を優先する．

例：

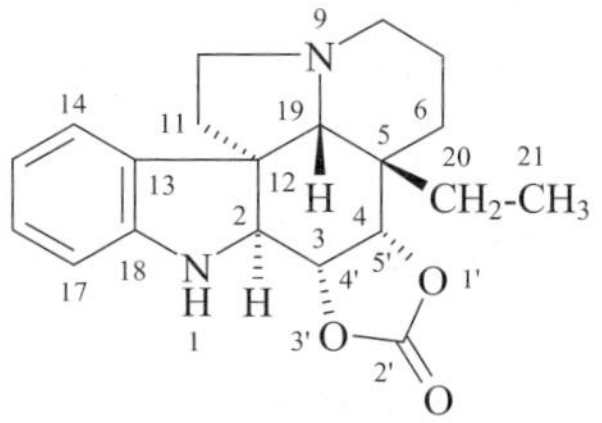

(3βH,4βH)-3,4-ジヒドロ[1,3]ジオキソロ[4′,5′:3,4]アスピドスペルミジン-2′-オン
(3βH,4βH)-3,4-dihydro[1,3]dioxolo[4′,5′:3,4]aspidospermidin-2′-one

炭酸アスピドスペルミジン-3α,4α-ジイル
aspidospermidine-3α,4α-diyl carbonate　（P-65.6.3.5.4 参照）

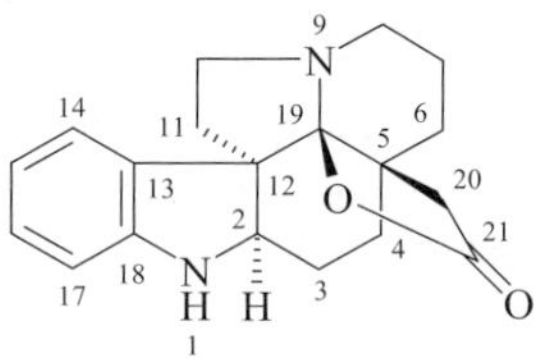

19,21-エポキシアスピドスペルミジン-21-オン
19,21-epoxyaspidospermidin-21-one

21-ノルアスピドスペルミジン-20,19-カルボラクトン
21-noraspidospermidine-20,19-carbolactone　（P-65.6.3.5.1 参照）

19-ヒドロキシアスピドスペルミジン-21,19-ラクトン
19-hydroxyaspidospermidine-21,19-lactone

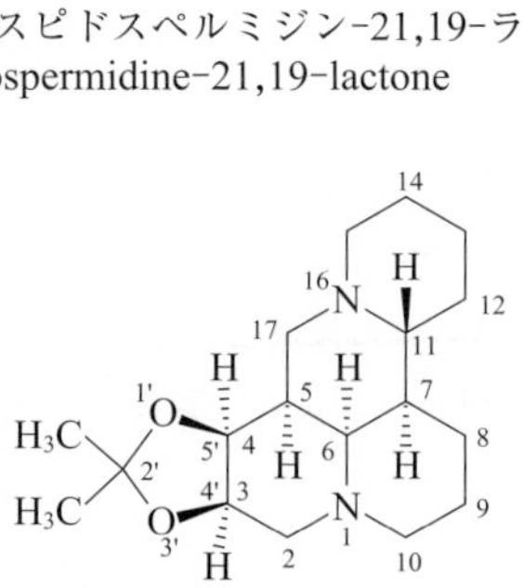

(3αH,4αH)-2′,2′-ジメチル-3,4-ジヒドロ-[1,3]-ジオキソロ[4′,5′:3,4]マトリジン
(3αH,4αH)-2′,2′-dimethyl-3,4-dihydro-[1,3]-dioxolo[4′,5′:3,4]matridine

プロパン-2-オンマトリジン-3β,4β-ジイルアセタール
propan-2-one matridine-3β,4β-diyl acetal　（P-66.6.5 参照）

アセトンマトリジン-3β,4β-ジイルアセタール
acetone matridine-3β,4β-diyl acetal

P-101.7.5 基または原子(水素を除く)の名称の前に置く接頭語 デ de (des ではない)は，その基または原子の除去，および代わりの水素原子の付加(必要に応じて)を示す．接頭語 de は現在，炭水化物命名法(P-102.5.3 参照)において，−OH からの酸素原子の除去とそれに伴う水素原子の再結合を示すのに用いている．

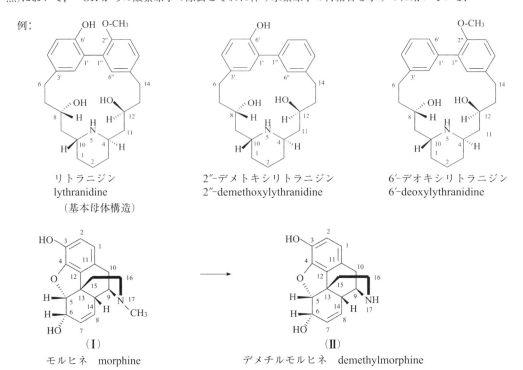

例：

リトラニジン
lythranidine
（基本母体構造）

2″-デメトキシリトラニジン
2″-demethoxylythranidine

6′-デオキシリトラニジン
6′-deoxylythranidine

モルヒネ　morphine

デメチルモルヒネ　demethylmorphine

（Ⅰ）(5βH)-17-メチル-7,8-ジデヒドロフロ[2′,3′,4′,5′:4,12,13,5]モルフィナン-3,6α-ジオール
　　　(5βH)-17-methyl-7,8-didehydrofuro[2′,3′,4′,5′:4,12,13,5]morphinan-3,6α-diol

（Ⅱ）(5βH)-7,8-ジデヒドロフロ[2′,3′,4′,5′:4,12,13,5]モルフィナン-3,6α-ジオール
　　　(5βH)-7,8-didehydrofuro[2′,3′,4′,5′:4,12,13,5]morphinan-3,6α-diol

P-101.8　立体配置特定に関する追加事項

立体表示記号 α, β, ξ, R, S を用いて，基本母体構造と修飾母体構造の絶対配置の特定を行ったが，それに加えて多くの立体化学的特性についても説明する必要がある．P-9 で説明した原則，規則，慣用を適用する．

P-101.8.1　立体配置の反転

すべてのキラリティー中心の立体配置が反転する場合は，化合物の完成した名称の前にイタリック体の接頭語 *ent* (*enantio* の短縮形)を置いて示す．この接頭語は，キラリティー中心が個別に記載されているか名称中に含まれているかに関係なく，すべてのキラリティー中心(名称に取入れた置換基にあるものも含む)の反転を示す．下記に図示する カウラン kaurane および *ent*-カウラン *ent*-kaurane は，正しい構造と名称を示している．Chemical Abstracts では表示が逆である(参考文献 22 参照)．

例：

カウラン
kaurane

ent-カウラン
ent-kaurane

P-101.8.2 ラセミ化合物

ラセミ化合物は，接頭語 エピ *epi* を含む化合物名全体の前に，イタリック体の立体表示記号 *rac*（*racemo* の省略形）を表示して命名する．ラセミ化合物の場合，構造式として描く鏡像異性体の構造には，最小の位置番号をもったキラリティー中心を，α-配置として示すべきである．このような構造は，天然由来の化合物と同じ絶対立体配置をもった鏡像異性体構造を示すという通常の方法とは異なることがある．

P-101.8.3 相対立体配置

キラリティー中心の間の相対立体配置関係（絶対立体配置関係ではない）が既知である場合，規則 P-93.5.1.2 に従って，*R* または *S* と関連する記号 *rel* を，*R** や *S** に優先して使用する．他方，相対立体配置は既知で絶対立体配置は未知である光学異性体は，複合立体表示記号（＋）-*rel*- または（－）-*rel*-（＋と－の記号は，ナトリウム D 線に対する偏光の回転方向を示す）を使って区別することがある．これに従うと，以下の構造の右旋体は，（＋）-*rel*-17β-ヒドロキシ-8α,9β-アンドロスタ-4-エン-3-オン（＋）-*rel*-17β-hydroxy-8α,9β-androst-4-en-3-one と命名することになる．

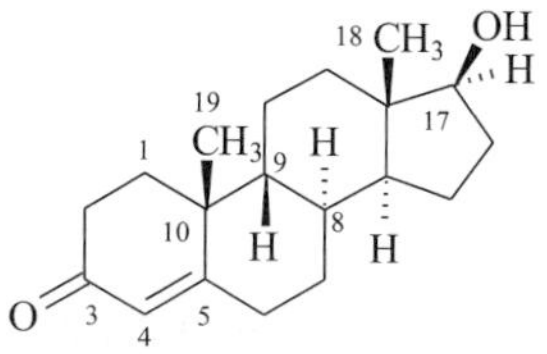

P-101.8.4

立体表示記号 *R* および *S* は，母体構造がアキラルな化合物（たとえばボルナン bornane）におけるステレオジェン中心の絶対立体配置を表すのに使う．また，ビタミン D の場合のように，環が開裂して二つのキラル部分が生じ，うち一つは回転することが可能な場合に，α, β, ξ の代わりに使用する．

例：

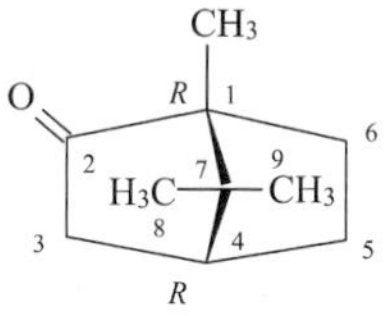

(1*R*,4*R*)-ボルナン-2-オン　(1*R*,4*R*)-bornan-2-one
（＋）-カンファー　（＋）-camphor
(1*R*,4*R*)-1,7,7-トリメチルビシクロ[2.2.1]ヘプタン-2-オン
(1*R*,4*R*)-1,7,7-trimethylbicyclo[2.2.1]heptan-2-one

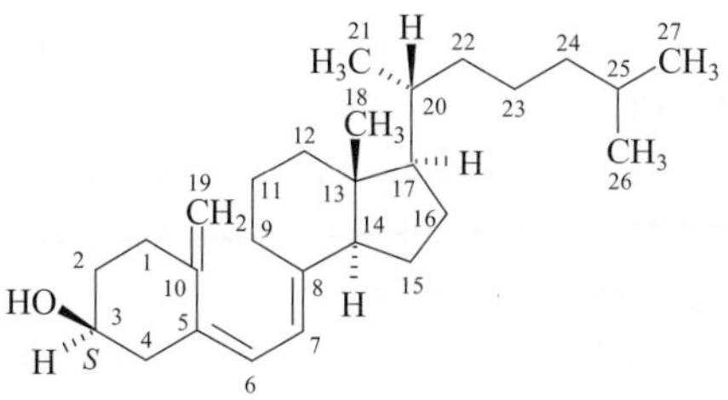

（I）は（II）と同等である

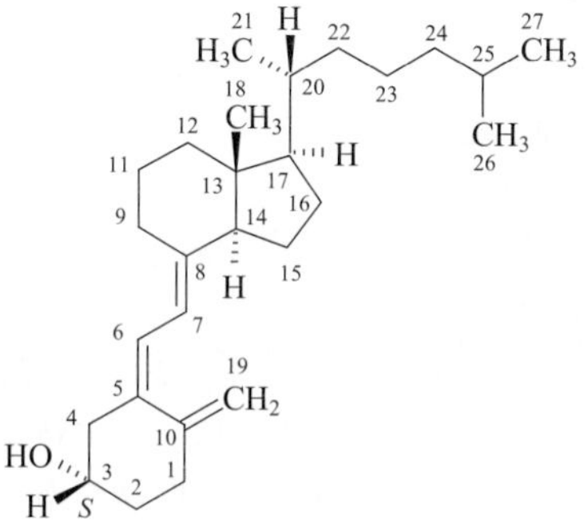

(3*S*,5*Z*,7*E*)-9,10-セココレスタ-5,7,10(19)-トリエン-3-オール
(3*S*,5*Z*,7*E*)-9,10-secocholesta-5,7,10(19)-trien-3-ol
〔構造（I）および（II）は，同じ 3-ヒドロキシ誘導体の
二つの立体配座異性体である〕

946   P-10　天然物および関連化合物の母体構造

P-102　炭水化物の命名法　　"日本語名称のつくり方"も参照

P-102.0　はじめに

　炭水化物の命名法は，保存名をもつ母体単糖類の概念に基づいている．母体単糖類の構造と名称は，存在するアルデヒド，カルボン酸，アルコールのような特性基の性質を示すように修飾することができる．また，二糖，三糖およびオリゴ糖が形成するように組合わせることもできる．

　命名法は，最近改訂された(参考文献 27)．この節では，この別種の命名法の基本概念，特に，多くのジアステレオマーやエナンチオマーの立体配置を示すための記号や立体表示記号を含む広範囲な体系について説明する．

P-102.1　定　義	P-102.5　単糖類: アルドースとケトース，
P-102.2　母体単糖類	デオキシ糖およびアミノ糖
P-102.3　立体配置記号	P-102.6　単糖類と置換誘導体
P-102.4　母体構造の選定	P-102.7　二糖類およびオリゴ糖

P-102.1　定　義

P-102.1.1　炭 水 化 物	P-102.1.3　オリゴ糖類
P-102.1.2　単 　糖 　類	P-102.1.4　多 　糖 　類

P-102.1.1　炭 水 化 物

　一般名称'炭水化物'は，単糖，オリゴ糖，多糖を含み，さらに，カルボニル基の還元生成物(アルジトール alditol)，末端基の酸化で得られるカルボン酸，あるいは，水素原子，アミノ基，スルファニル基，類似のヘテロ原子の基などによるヒドロキシ基の置換体など，単糖から誘導される物質も含んでいる．さらに，それらの化合物の誘導体も含む．用語'糖'は，単糖および低級オリゴ糖に適用されることが多い．

　シクリトールは，一般に炭水化物とはみなさない．シクリトールの命名法については，P-104 および参考文献39 を参照されたい．

P-102.1.2　単 　糖 　類

　母体単糖は，3 個以上の炭素原子をもつ，ポリヒドロキシアルデヒド polyhydroxy aldehyde H-$[CHOH]_n$-CHO または ポリヒドロキシケトン polyhydroxy ketone H-$[CHOH]_m$-CO-$[CHOH]_n$-H である．

　一般的な用語である単糖は，オリゴ糖や多糖とは異なり，他の糖単位とグリコシド結合をしていない単一の糖を示し，母体化合物が(潜在的)カルボニル基をもつ場合は，アルドース，ジアルドース，アルドケトース，ケトース，ジケトースなどに加え，デオキシ糖，アミノ糖とそれらの誘導体なども含んでいる．

　単糖類の名称は，慣用名か体系名のいずれかである．グルコース，フルクトースなどのような多くの慣用名は保存され，相当する官能性母体を表すのに使われる．炭水化物の命名法のこの方式には限界があり，4〜6 個の炭素原子をもつ単糖類にのみ適用できる．'体系的炭水化物命名法'が開発されて，4 個以上の炭素原子をもつ化合物に適用できるようになり，6 個を超える炭素原子をもつ化合物にも，また不飽和糖または分枝糖に対しても，炭水化物化学者により広く使用されている．この命名法では名称を'体系的炭水化物名'とよんでいる．これは，本勧告の P-1〜P-9 で論じられている置換命名法の原則，規則，慣用を適用することによって体系的に作成した置換名または体系的置換名とよばれる名称と区別するためである(これら二つのタイプの命名法についての解説

と実例については, P-102.5.2.3 を参照).

P-102.1.2.1　アルドースとケトース　　アルデヒドカルボニル基または潜在的アルデヒドカルボニル基をもつ単糖類をアルドースとよぶ. ケトンカルボニル基または潜在的ケトンカルボニル基をもつ場合は, ケトースとよぶ.

倍数接頭語(たとえば penta, hexa. o の前では末尾の a は省略)を付けて, 存在する炭素原子の数を示す(たとえば アルドペントース aldopentose, ケトヘキソース ketohexose).

'潜在的アルデヒド官能基'という用語は, 閉環により生じるヘミアセタール構造のことである. '潜在的ケトン官能基'という用語は, ヘミケタール構造のことを指している.

五員環(オキソラン oxolane または テトラヒドロフラン tetrahydrofuran)をもつ糖の環状ヘミアセタールまたは環状ヘミケタールを, フラノースとよぶ. 六員環(オキサン oxane または テトラヒドロピラン tetrahydropyran)をもつ場合は, ピラノースとよぶ.

ジアルドースは, 二つの(潜在的)アルデヒド官能基をもつ単糖である.

ジケトースは, 二つの(潜在的)ケトン官能基をもつ単糖である.

ケトアルドース ketoaldose は, 一つの(潜在的)アルデヒド官能基と, 一つの(潜在的)ケトン官能基をもつ単糖である. この用語は, アルドケトース aldoketose およびアルドスロース aldosulose より優先する.

P-102.1.2.2　デオキシ糖　　アルコール性のヒドロキシ基を水素原子によって置き換えた単糖類をデオキシ糖とよぶ.

P-102.1.2.3　アミノ糖　　アルコール性のヒドロキシ基をアミノ基によって置き換えた単糖類をアミノ糖とよぶ. ヘミアセタール基をアミノ基によって置き換えた場合, 化合物はグリコシルアミンとよぶ.

P-102.1.2.4　グリコシド　　グリコシドは, 糖のヘミアセタールまたはヘミケタールのヒドロキシ基ともう一つの化合物のヒドロキシ基の間で, 形式的に水が脱離して生じる混合アセタールである. 二成分間の結合をグリコシド結合とよぶ.

P-102.1.3　オリゴ糖類

オリゴ糖類は, 単糖という単位がグリコシド結合により連結した化合物である. それらを単位数に応じて, 二糖類, 三糖類などとよぶ. 単位の最大数は定義されていない.

P-102.1.4　多糖類

多糖(グリカン glycan)は, 互いにグリコシド結合で連結している多数の単糖(グリコース glycose)残基からなる巨大分子に与える名称である. 用語 ポリ(グリコース) poly(glycose) は, 多糖(グリカン glycan)と同義語ではない. ポリ(グリコース)は, グリコシド結合とは異なった結合をしている単糖残基を含むからである.

P-102.2　母体単糖類

P-102.2.1　　炭水化物名の基礎となるのは, 鎖状の母体単糖の構造である. 表10·2 および表10·3 に, 最大で炭素原子6個をもつ母体アルドースとケトースの保存名を示す. これらの保存名は, 鎖状アルドースまたは鎖状ケトースが4,5,6個の炭素原子からなる炭素鎖をもつ場合, 慣用的に使用する. 炭素骨格が6個を超える炭素原子からなる単糖の名称は, 体系的炭水化物名である.

表10·2 に, 3〜6個の炭素原子をもつアルドース(アルデヒド鎖状形)の構造と保存名を示す. D-型のみを示す. L-型は D-型の鏡像構造である.

表10·3 に, 3〜6個の炭素原子をもつ 2-ケトース(ケトン鎖状形)の構造と保存名を示す. D-型のみを示す. L-型は D-型の鏡像構造である.

P-10 天然物および関連化合物の母体構造

表 10・2　炭水化物の名称と炭素数 3〜6 個のアルドースの構造（アルデヒド鎖状形）

```
        CHO
      H-C-OH
      CH₂-OH
```

(2R)-2,3-ジヒドロキシプロパナール
(2R)-2,3-dihydroxypropanal
D-グリセルアルデヒド　D-glyceraldehyde
D-*glycero*-トリオース　D-*glycero*-triose

```
        CHO                          CHO
      H-C-OH                       HO-C-H
      H-C-OH                        H-C-OH
      CH₂-OH                        CH₂-OH
```

D-エリトロース　D-erythrose　　　　　D-トレオース　D-threose
D-*erythro*-テトロース　　　　　　　　D-*threo*-テトロース
D-*erythro*-tetrose　　　　　　　　　　D-*threo*-tetrose

```
     CHO           CHO           CHO           CHO
   H-C-OH        HO-C-H        H-C-OH        HO-C-H
   H-C-OH        H-C-OH        HO-C-H        HO-C-H
   H-C-OH        H-C-OH        H-C-OH        H-C-OH
   CH₂-OH        CH₂-OH        CH₂-OH        CH₂-OH
```

D-リボース　　　　D-アラビノース　　　D-キシロース　　　D-リキソース
D-ribose　　　　　D-arabinose　　　　　D-xylose　　　　　D-lyxose
D-*ribo*-ペントース　D-*arabino*-ペントース　D-*xylo*-ペントース　D-*lyxo*-ペントース
D-*ribo*-pentose　　D-*arabino*-pentose　　D-*xylo*-pentose　　D-*lyxo*-pentose

```
     CHO           CHO           CHO           CHO
   H-C-OH        HO-C-H        H-C-OH        HO-C-H
   H-C-OH        H-C-OH        HO-C-H        HO-C-H
   H-C-OH        H-C-OH        H-C-OH        H-C-OH
   H-C-OH        H-C-OH        H-C-OH        H-C-OH
   CH₂-OH        CH₂-OH        CH₂-OH        CH₂-OH
```

D-アロース　　　　D-アルトロース　　　D-グルコース　　　D-マンノース
D-allose　　　　　D-altrose　　　　　　D-glucose　　　　　D-mannose
D-*allo*-ヘキソース　D-*altro*-ヘキソース　D-*gluco*-ヘキソース　D-*manno*-ヘキソース
D-*allo*-hexose　　D-*altro*-hexose　　D-*gluco*-hexose　　D-*manno*-hexose

```
     CHO           CHO           CHO           CHO
   H-C-OH        HO-C-H        H-C-OH        HO-C-H
   H-C-OH        H-C-OH        HO-C-H        HO-C-H
   HO-C-H        HO-C-H        HO-C-H        HO-C-H
   H-C-OH        H-C-OH        H-C-OH        H-C-OH
   CH₂-OH        CH₂-OH        CH₂-OH        CH₂-OH
```

D-グロース　　　　D-イドース　　　　　D-ガラクトース　　D-タロース
D-gulose　　　　　D-idose　　　　　　　D-galactose　　　　D-talose
D-*gulo*-ヘキソース　D-*ido*-ヘキソース　D-*galacto*-ヘキソース　D-*talo*-ヘキソース
D-*gulo*-hexose　　D-*ido*-hexose　　D-*galacto*-hexose　　D-*talo*-hexose

P-102　炭水化物の命名法　　　　　　　　　　　　　　　　　　　　　　949

表 10·3　炭素数 3〜6 個の 2-ケトース炭水化物の構造と名称

$$
\begin{array}{c}
CH_2\text{-}OH \\
| \\
C{=}O \\
| \\
CH_2\text{-}OH
\end{array}
$$

1,3-ジヒドロキシプロパン-2-オン
1,3-dihydroxypropan-2-one
1,3-ジヒドロキシアセトン
1,3-dihydroxyacetone
グリセロン　glycerone

$$
\begin{array}{c}
CH_2\text{-}OH \\
| \\
C{=}O \\
| \\
H\text{-}C\text{-}OH \\
| \\
CH_2\text{-}OH
\end{array}
$$

D-エリトロウロース
D-erythrulose

$$
\begin{array}{c}
CH_2\text{-}OH \\
| \\
C{=}O \\
| \\
H\text{-}C\text{-}OH \\
| \\
H\text{-}C\text{-}OH \\
| \\
CH_2\text{-}OH
\end{array}
$$

D-リボウロース　D-ribulose

$$
\begin{array}{c}
CH_2\text{-}OH \\
| \\
C{=}O \\
| \\
HO\text{-}C\text{-}H \\
| \\
H\text{-}C\text{-}OH \\
| \\
CH_2\text{-}OH
\end{array}
$$

D-キシロウロース　D-xylulose

$$
\begin{array}{c}
CH_2\text{-}OH \\
| \\
C{=}O \\
| \\
H\text{-}C\text{-}OH \\
| \\
H\text{-}C\text{-}OH \\
| \\
H\text{-}C\text{-}OH \\
| \\
CH_2\text{-}OH
\end{array}
$$

D-プシコース
D-psicose
D-*ribo*-ヘキサ-2-ウロース
D-*ribo*-hex-2-ulose

$$
\begin{array}{c}
CH_2\text{-}OH \\
| \\
C{=}O \\
| \\
HO\text{-}C\text{-}H \\
| \\
H\text{-}C\text{-}OH \\
| \\
H\text{-}C\text{-}OH \\
| \\
CH_2\text{-}OH
\end{array}
$$

D-フルクトース
D-fructose
D-*arabino*-ヘキサ-2-ウロース
D-*arabino*-hex-2-ulose

$$
\begin{array}{c}
CH_2\text{-}OH \\
| \\
C{=}O \\
| \\
H\text{-}C\text{-}OH \\
| \\
HO\text{-}C\text{-}H \\
| \\
H\text{-}C\text{-}OH \\
| \\
CH_2\text{-}OH
\end{array}
$$

D-ソルボース
D-sorbose
D-*xylo*-ヘキサ-2-ウロース
D-*xylo*-hex-2-ulose

$$
\begin{array}{c}
CH_2\text{-}OH \\
| \\
C{=}O \\
| \\
HO\text{-}C\text{-}H \\
| \\
HO\text{-}C\text{-}H \\
| \\
H\text{-}C\text{-}OH \\
| \\
CH_2\text{-}OH
\end{array}
$$

D-タガトース
D-tagatose
D-*lyxo*-ヘキサ-2-ウロース
D-*lyxo*-hex-2-ulose

P-102.2.2　母体構造の番号付け

単糖類の炭素原子は，次のような方法で連続して番号を付ける.

(1) (潜在的)アルデヒド官能基に位置番号 1 を割当てる(より優先順位の高い特性基が存在する場合でも).

(2) 接尾語で表すその他の特性基のうち最も優先順位の高い特性基に，できるかぎり小さい位置番号を割当てる. すなわち，カルボン酸(誘導体)＞(潜在的)ケトンカルボニル基.

例:

$$
\begin{array}{c}
\overset{1}{C}HO \\
| \\
H\text{-}C\text{-}OH \\
| \\
HO\text{-}\overset{3}{C}\text{-}H \\
| \\
H\text{-}C\text{-}OH \\
| \\
H\text{-}\overset{5}{C}\text{-}OH \\
| \\
\overset{6}{C}H_2\text{-}OH
\end{array}
$$

D-グルコース
D-glucose

$$
\begin{array}{c}
\overset{1}{C}H_2\text{-}OH \\
| \\
\overset{2}{C}{=}O \\
| \\
HO\text{-}\overset{3}{C}\text{-}H \\
| \\
H\text{-}C\text{-}OH \\
| \\
H\text{-}\overset{5}{C}\text{-}OH \\
| \\
\overset{6}{C}H_2\text{-}OH
\end{array}
$$

D-フルクトース
D-fructose

$$
\begin{array}{c}
\overset{1}{C}HO \\
| \\
H\text{-}C\text{-}OH \\
| \\
HO\text{-}\overset{3}{C}\text{-}H \\
| \\
H\text{-}C\text{-}OH \\
| \\
H\text{-}\overset{5}{C}\text{-}OH \\
| \\
\overset{6}{C}OOH
\end{array}
$$

D-グルクロン酸
D-glucuronic acid

P-102.3　立体配置記号

P-102.3.1　鎖状形の Fischer 投影図

この単糖の表示において，炭素鎖は，P-102.2.2 に示すとおり，最小の位置番号の炭素を上にし，縦方向に描

く．立体配置を明確にするため，各炭素原子を順々に検討し紙面上に置く．隣接する炭素原子は紙面の裏側に，H 原子および OH 基は紙面の表側にある．Fischer 投影図における単糖中の炭素原子は，次の b, c, d, e のように，種々の形式で表示できる．構造 a は三次元表示であり，正式な Fischer 投影図は d である．本勧告では表示 c を使用する．

$$
H \blacktriangleright \overset{|}{\underset{|}{C}} \blacktriangleleft OH \qquad H \blacktriangleright \overset{|}{\underset{|}{C}} \blacktriangleleft OH \qquad H\text{-}\overset{|}{\underset{|}{C}}\text{-}OH \qquad H\underset{|}{\overset{|}{-\!\!\!-\!\!\!-}}OH \qquad HCOH
$$

a   b   c   d   e

P-102.3.2 立体表示記号 D および L

最も単純なアルドースは，グリセルアルデヒド glyceraldehyde である．キラリティー中心を一つもち，したがって，D-グリセルアルデヒドおよび L-グリセルアルデヒドとよばれる二つのエナンチオマー（鏡像異性体）を生じる．これらは，下に示す Fischer 投影図によって表される．これらの投影図は，絶対配置に対応する．立体配置を表す立体表示記号 D と L は，小さい大文字で書き，糖の名称にハイフンでつなげなければならない．立体配置は，しばしば CIP 立体表示記号 R と S によっても表される．

CHO H-C-OH CH₂-OH	D-グリセルアルデヒド D-glyceraldehyde (2R)-2,3-ジヒドロキシプロパナール (2R)-2,3-dihydroxypropanal
CHO HO-C-H CH₂-OH	L-グリセルアルデヒド L-glyceraldehyde (2S)-2,3-ジヒドロキシプロパナール (2S)-2,3-dihydroxypropanal

P-102.3.3 基準炭素原子

単糖は，最大の位置番号を付けたキラリティー中心の立体配置に従って，D-系または L-系に割当てる．この非対称置換炭素原子を基準炭素原子とよぶ．それゆえ，その炭素上のヒドロキシ基が Fischer 投影図において右に投影された場合，その糖は D-系に属し，立体表示記号 D を付ける．

例：

¹CHO HO-C-H² HO-C-H³ H-C-OH⁴ H-C-OH⁵ ⁶CH₂-OH	¹CHO HO-C-H² H-C-OH³ HO-C-H⁴ HO-C-H⁵ ⁶CH₂-OH	¹CHO HO-C-H² HO-C-H³ HO-C-H⁴ ⁵CH₂-OH	¹CH₂-OH C=O² H-C-OH³ HO-C-H⁴ H-C-OH⁵ ⁶CH₂-OH
D-マンノース D-mannose	L-グルコース L-glucose	L-リボース L-ribose	D-ソルボース D-sorbose

P-102.3.4 単糖類の環状体

ほとんどの単糖類は，環状ヘミアセタールまたは環状ヘミケタールとして存在する．分子内環化における二つの問題である環の大きさと新たに生成するキラリティー中心の立体配置を検討する必要がある．

P-102.3.4.1 環の大きさ　ヘミアセタールあるいはヘミケタールの生成により，種々の大きさの複素環が可能であるが，酸素原子 1 個を含む五員環と六員環が主流で，それらをこの節で論じる．それらの名称は，それぞれ母体複素環のフランとピランを基にしている．この名称は，糖の名称の語尾 オース ose の前に用語 フラン furan と ピラン pyran を含めることによりつくる．たとえば，D-マンノース D-mannose は，六員環をもつ環状形を示すためには D-マンノピラノース D-mannopyranose へと変える．さらに，総称語である ピラノース pyranose は，六員環構造をもつすべての糖を含む．同様に，五員環構造をもつ糖はフラノース furanose である．オキシロース oxirose，オキセトース oxetose およびセプタノース septanose は，それぞれ三，四，七員環構造をもつ．

環状形の異なる表示については，今後検討される予定である．

P-102 炭水化物の命名法　　　　951

P-102.3.4.1.1　　　ヘミアセタールまたはヘミケタールの生成は，環内に含まれる酸素原子ともとのアルデヒド官能基またはケトン官能基を連結する長い結合を用いて，環状体の Fischer 投影図により示す.

例：

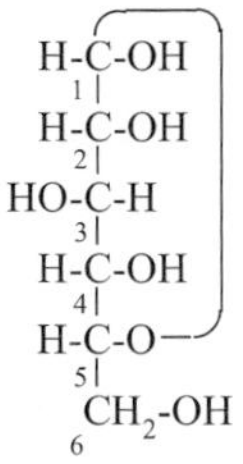

```
    1                          1
  H-C-OH ─┐                  H-C-OH ─┐
    2     │                    2     │
  H-C-OH  │                  H-C-OH  │
    3     │                    3     │
 HO-C-H   │                 HO-C-H   │
    4     │                    4     │
  H-C-OH  │                  H-C-O ──┘
    5     │                    5
  H-C-O ──┘                  H-C-OH
    6                          6
  CH2-OH                     CH2-OH
```

　　D-グルコピラノース　　　　　　　　D-グルコフラノース
　　D-glucopyranose　　　　　　　　　D-glucofuranose

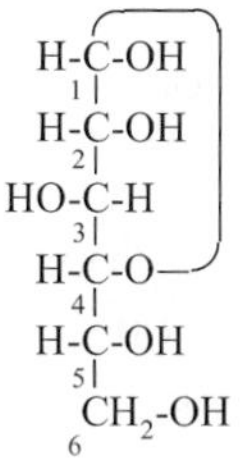

P-102.3.4.1.2　Haworth 投影図　　　Haworth 投影図は，透視画法による図である. 環を紙面に対してほぼ垂直に配置するが，わずかに上方から見ているため，環の一部となる酸素を後方に，C1 を右端に置き，見る側に近い方の環の縁を遠い縁の下側に描く. 環の形成は，図 10·1 で D-グルコピラノース D-glucopyranose について例示するように，段階を経て進むように描く.

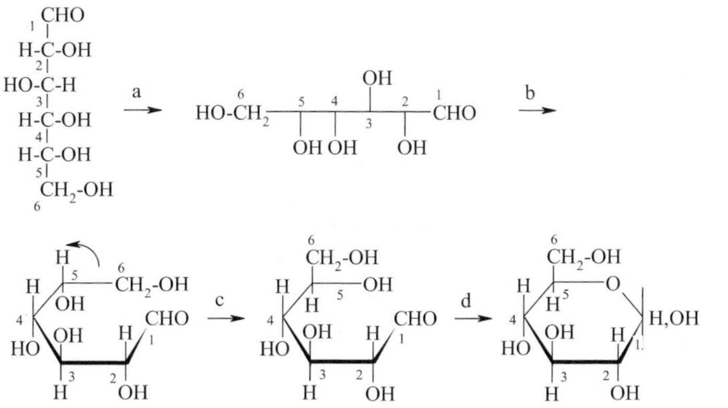

図 10·1　Fischer 投影図から Haworth 投影図への再配向

　　標準の Fischer 投影図からアセタール化またはケタール化の過程を描くには，2 回の再配向が必要である. 第一の再配向，段階(a)は，非末端のヒドロキシ基を垂直に向けることである. 第二の再配向，段階(c)は，酸素原子を環平面に置くための炭素 C5 の再配向である. 環化の結果は，1 位の炭素の立体配置を表すことによって，完全に確定したことになる.

P-102.3.4.2　アノマー型: 立体表示記号 α と β

P-102.3.4.2.1　　　環状構造においては，新たに生成したキラリティー中心 C1 の立体配置を表示しなければならない. この中心を**アノマー中心** anomeric center とよぶ. 二つの異性体を**アノマー** anomer とよび，アノマー中心と**アノマー基準中心** anomeric reference center との間の Fischer 投影図における立体配置の相関関係に従って，立体表示記号 α と β により表す.

P-102.3.4.2.2　単糖類における立体配置 α と β　　　保存名をもつ単糖におけるアノマー基準中心は，P-102.3.3 で定めたように基準炭素原子である. Fischer 投影図においては，α-アノマーは，アノマー中心において，アノマー基準原子に結合する酸素原子に対し形式的に *cis* の関係にある環外酸素原子をもつ. β-アノマーにおいては，その関係は *trans* である. 立体配置 *cis* および *trans* を決定するための**参照平面** reference plane は，単糖のすべての炭素原子を含み，Fischer 投影図に垂直である.

　　アノマー立体表示記号 α または β は，ハイフンを後に置き，炭水化物名の立体配置表示記号 D または L の直前

に置く.

例:

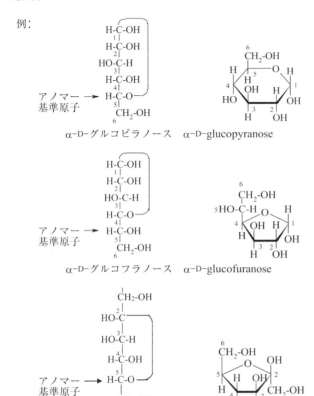

P-102.3.5 単糖類の立体配座

ピラノースは平面でない配座をとる．たとえば，β-D-グルコピラノース β-D-glucopyranose は，特性基がエクアトリアル結合となるいす形配座をとる(環に結合した水素原子は示していない).

例: β-D-グルコピラノース β-D-glucopyranose

P-102.3.6 Mills 描画

この描き方では，主となるヘミアセタール環は紙の平面上に描かれる．破線のくさび形結合はこの平面より下方の置換基を，実線のくさび形結合は上方の置換基を示す.

例: α-D-グルコピラノース α-D-glucopyranose

P-102.3.7 ラセミ体および立体配置不詳を示す立体表示記号

P-102.3.7.1 ラセミ体を示す立体表示記号
ラセミ体は，立体表示記号 DL により示す.

P-102 炭水化物の命名法 953

例:

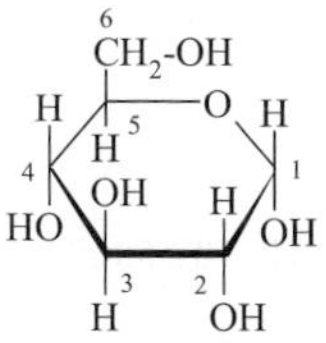

および

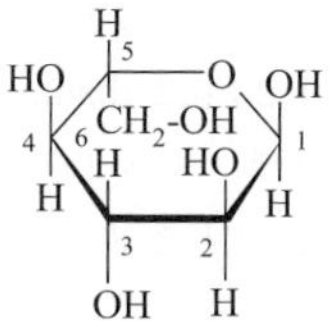

D-配置   L-配置

α-DL-グルコピラノース   α-DL-glucopyranose

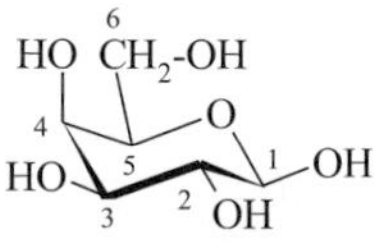

および

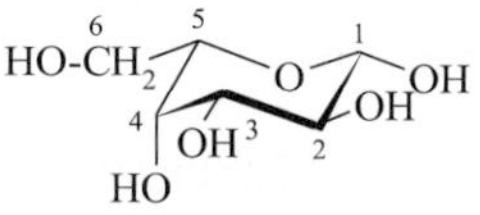

D-配置   L-配置

β-DL-ガラクトピラノース   β-DL-galactopyranose

P-102.3.7.2 アノマーの混合物   アノマーの混合物を表示なければならない場合は，立体表示記号 α と β を，名称の前にコンマで区切って置く．Haworth 投影図では，記号 H と OH は，アノマー炭素原子において見かけだけの結合にとって代わる．

例:

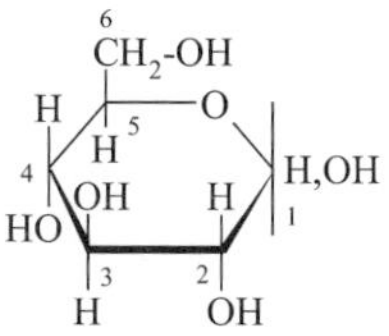

H,OH   α,β-D-グルコピラノース   α,β-D-glucopyranose

P-102.4 母体構造の選定

大きな分子内に複数の単糖構造が組込まれている場合，母体構造は結論がでるまで以下の基準を順次適用して選ぶ．

(a) 化合物種類の順(P-41 参照)において最も優先順位の高い官能基を含む母体．選択肢がある場合は，最も優先順位の高い官能基の最大数をもとに選定を行う．

したがって，

ケトアルダル酸 ketoaldaric acid/アルダル酸 aldaric acid/ケトウロン酸 ketouronic acid/ウロン酸 uronic acid/ケトアルドン酸 ketoaldonic acid/アルドン酸 aldonic acid＞ジアルドース dialdose＞ケトアルドース ketoaldose/アルドース aldose＞ジケトース diketose＞ケトース ketose

の順になる．

(b) 鎖中に最大数の炭素原子をもつ母体，たとえば，ヘキソース hexose よりは ヘプトース heptose

(c) 以下の基準に基づくアルファベット順リストにおいて最初にくる名称をもつ母体

   (i) 慣用名または体系名の配置接頭語．たとえば，グロース gulose よりは グルコース glucose，グロ *gulo* 誘導体よりは グルコ *gluco* 誘導体

     例: D-グルシトール   D-glucitol であり，

       L-グリトール   L-gulitol ではない （P-102.5.6.5.1 参照）

   (ii) 配置記号 L よりは D

     例: 5-*O*-メチル-D-ガラクチトール   5-*O*-methyl-D-galactitol であり，

       2-*O*-メチル-L-ガラクチトール   2-*O*-methyl-L-galactitol ではない （P-102.5.6.5.2 参照）

   (iii) アノマー立体表示記号 β より α

954   P-10 天然物および関連化合物の母体構造

例: α-D-フルクトピラノースβ-D-フルクトピラノース 1,2′:1′,2-二無水物

α-D-fructopyranose β-D-fructopyranose 1,2′:1′,2-dianhydride であり,

β-D-フルクトピラノースα-D-フルクトピラノース 1,2′:1′,2-二無水物

β-D-fructopyranose α-D-fructopyranose 1,2′:1′,2-dianhydride ではない (P-102.5.6.7.2 参照)

(d) 接頭語として記載される最も多くの置換基をもつ母体(たとえば橋かけ置換で, 2,3-O-メチレン 2,3-O-methylene は, この判断基準では, 複数置換とみなす). 接頭語 デオキシ deoxy と アンヒドロ anhydro は分離可能であり, アルファベット順に表示するので置換基とみなす.

(e) 置換接頭語の位置番号が最小の組合わせをもつ母体

例: 2,3,5-トリ-O-メチル-D-マンニトール 2,3,5-tri-O-methyl-D-mannitol であり,

2,4,5-トリ-O-メチル-D-マンニトール 2,4,5-tri-O-methyl-D-mannitol ではない

〔P-102.5.6.5.3(a)参照〕

(f) 最初に記載される置換基がより小さい位置番号をもつ母体

例: 2-O-アセチル-5-O-メチル-D-マンニトール 2-O-acetyl-5-O-methyl-D-mannitol であり,

5-O-アセチル-2-O-メチル-D-マンニトール 5-O-acetyl-2-O-methyl-D-mannitol ではない

〔P-102.5.6.5.3(b)参照〕

P-102.5 単糖類: アルドースとケトース, デオキシ糖およびアミノ糖

P-102.5.1 アルドース	P-102.5.4 アミノ糖
P-102.5.2 ケトース	P-102.5.5 チオ糖および他のカルコゲン類縁体
P-102.5.3 デオキシ糖	P-102.5.6 単糖誘導体

P-102.5.1 アルドース

アルドース aldose の名称は, 保存されているか, 置換命名法によりつくる. 3〜6 個の炭素原子をもつアルドースに対する保存炭水化物名および半体系的炭水化物名は, 表 10・2 にまとめてある.

7 個以上の炭素原子をもつアルドースの名称は, 2 通りの方法でつくる. すなわち, 体系的炭水化物命名法によるものと, 体系的置換命名法によるものである.

P-102.5.1.1 体系的炭水化物名   アルドースの体系的な炭水化物名は, 基幹名と配置接頭語から組立てる. 3〜10 個の炭素原子をもつアルドースの基幹名は, トリオース triose, テトロース tetrose, ペントース pentose, ヘキソース hexose, ヘプトース heptose, オクトース octose, ノノース nonose およびデコース decose である. カルボニル基が位置番号 1 になるように鎖を番号付けする.

P-102.5.1.1.1   糖の >CH-OH 基の立体配置は, 表 10・2 に表示してある配置接頭語(グリセロ glycero, グルコ gluco, マンノ manno など)によって指定する. 各名称には, P-102.3.2 で定義したように, 立体表示記号 D または L を付ける.

例:
```
     CHO
    1|
  HO-C-H
    2|
  HO-C-H        D-manno-ヘキソース  D-manno-hexose  (体系的炭水化物名)
    3|
   H-C-OH       D-マンノース  D-mannose  (保存名)
    4|
   H-C-OH
    5|
    CH2-OH
    6
```

P-102.5.1.1.2   5 個以上のキラリティー中心をもつアルドースは, 基幹名に, 二つまたはそれ以上の配置接

P-102 炭水化物の命名法   955

頭語(表 10·2 に一覧表示)を付加することにより命名する. 接頭語は, アルデヒド官能基の隣の基から始めて, 順に四つを 1 組としたキラリティー中心に割当てる. アルデヒド官能基から最も遠い炭素原子団(四つよりも少ない数のキラリティー中心をもつことがある)に関連する接頭語を最初に記す.

例:

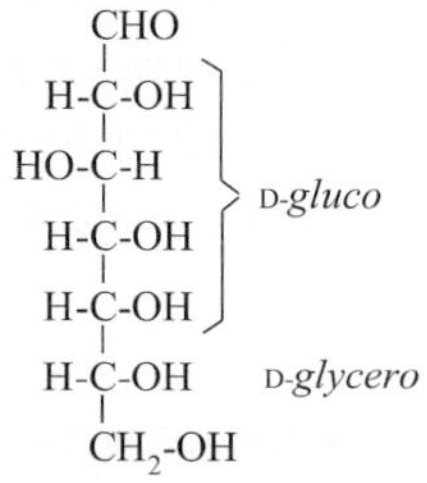

D-*glycero*-D-*gluco*-ヘプトース D-*glycero*-D-*gluco*-heptose
    (D-*gluco*-D-*glycero*-ヘプトース D-*gluco*-D-*glycero*-heptose ではない)
(2*R*,3*S*,4*R*,5*R*,6*R*)-2,3,4,5,6,7-ヘキサヒドロキシヘプタナール
(2*R*,3*S*,4*R*,5*R*,6*R*)-2,3,4,5,6,7-hexahydroxyheptanal

P-102.5.1.1.3   キラリティー中心の配列が, アキラル炭素によって分断される場合, アキラル炭素は無視し, 残ったキラリティー中心の組に該当する配置接頭語一つ(4 個以下の中心に対して)または複数(5 個以上の中心に対して)を割当てる.

例:

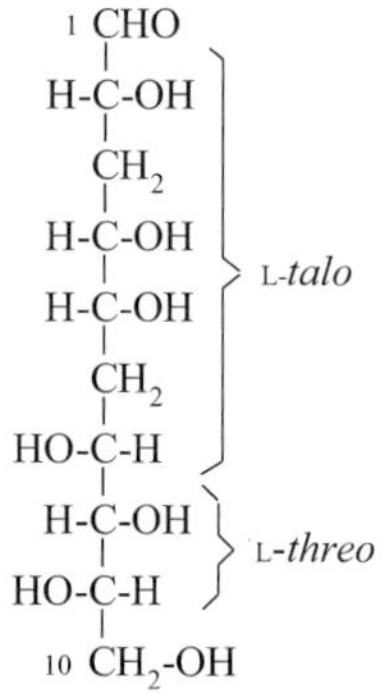

3,6-ジデオキシ-L-*threo*-L-*talo*-デコース
3,6-dideoxy-L-*threo*-L-*talo*-decose
    (デオキシ糖については, P-102.5.3 を参照)
(2*R*,4*S*,5*R*,7*R*,8*S*,9*S*)-2,4,5,7,8,9,10-ヘプタヒドロキシデカナール
(2*R*,4*S*,5*R*,7*R*,8*S*,9*S*)-2,4,5,7,8,9,10-heptahydroxydecanal

P-102.5.1.1.4 環状体   7 個以上の炭素原子をもつ単糖類においては, アノマー基準中心は, アノマー中心につらなるキラリティー中心群の中で最も大きな位置番号をもつ原子であり, アノマー中心は複素環の一員で, 単独に立体配置接頭語を付ける. α-アノマーにおいては, アノマー中心と結合する環外の酸素原子は, Fischer 投影図ではアノマー基準原子と結合する酸素原子に対して形式上 *cis* である. β-アノマーでは, この酸素原子同士は形式上 *trans* である.

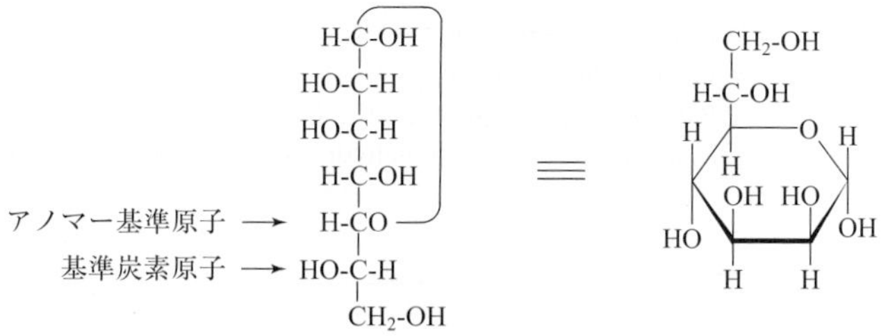

アノマー基準原子 →
基準炭素原子 →

L-*glycero*-α-D-*manno*-ヘプトピラノース
L-*glycero*-α-D-*manno*-heptopyranose

(2*S*,3*S*,4*S*,5*S*,6*R*)-6-[(1*S*)-1,2-ジヒドロキシエチル]オキサン-2,3,4,5-テトラオール
(2*S*,3*S*,4*S*,5*S*,6*R*)-6-[(1*S*)-1,2-dihydroxyethyl]oxane-2,3,4,5-tetrol

P-102.5.2 ケ ト ー ス

P-102.5.2.1 分類   ケトースは, (潜在的)カルボニル基の位置に対する最小の位置番号に従って, 2-ケトース, 3-ケトースなどに分類する.

956   P-10　天然物および関連化合物の母体構造

P-102.5.2.2　保存名　　保存名および構造は，表 10・3 に示す．立体配置は，P-102.3.2 で定めたとおり，立体表示記号，D あるいは L で表す．

P-102.5.2.3　体系的炭水化物名　　4〜6 個の炭素原子をもつケトースの体系的炭水化物名は，表 10・3 に表示した基幹名と該当する配置接頭語からつくる．基幹名は，相当するアルドースの基幹名の語尾 オース ose を ウロース ulose に置き換え，カルボニル基の位置番号の後に置いてつくる．たとえば，ペンタ-2-ウロース pent-2-ulose およびヘキサ-3-ウロース hex-3-ulose のようになる．鎖骨格は，カルボニル基ができるだけ小さい位置番号になるように番号付けする．カルボニル基が，奇数の炭素原子をもつ鎖の中央にある場合は，P-102.4 に従って，複数の選択肢から名称を選定する．

2-ケトースでは，立体配置接頭語はアルドースと同じ方法で決める．

炭水化物命名法において推奨される二つの方式の体系名を説明するために，体系的炭水化物名の後に置換命名法による名称を示してある．

例：

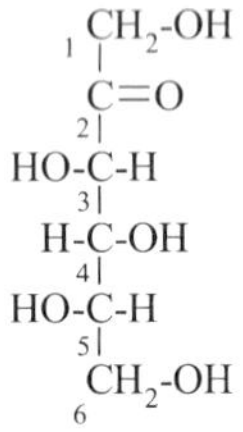

L-*xylo*-ヘキサ-2-ウロース
L-*xylo*-hex-2-ulose
L-ソルボース
L-sorbose

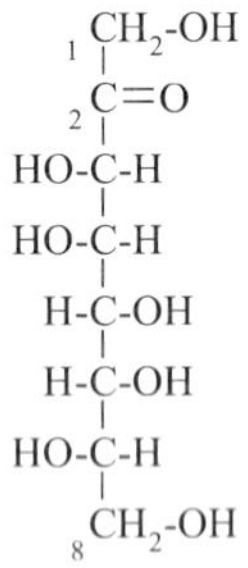

L-*glycero*-D-*manno*-オクタ-2-ウロース
L-*glycero*-D-*manno*-oct-2-ulose
$(3S,4S,5R,6R,7S)$-1,3,4,5,6,7,8-ヘプタヒドロキシオクタン-2-オン
$(3S,4S,5R,6R,7S)$-1,3,4,5,6,7,8-heptahydroxyoctan-2-one

C3 以上の大きい位置番号の炭素原子にカルボニル基をもつケトースの場合は，カルボニル基は無視し，キラリティー中心の組合わせを表 10・3 に従って該当する接頭語(一つまたは複数の)で与える．

例：

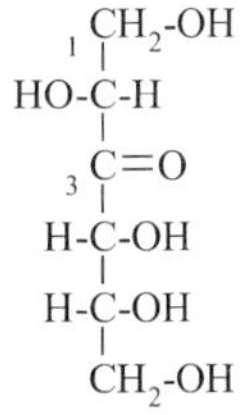

D-*arabino*-ヘキサ-3-ウロース
D-*arabino*-hex-3-ulose
$(2R,4R,5R)$-1,2,4,5,6-ペンタヒドロキシヘキサン-3-オン
$(2R,4R,5R)$-1,2,4,5,6-pentahydroxyhexan-3-one

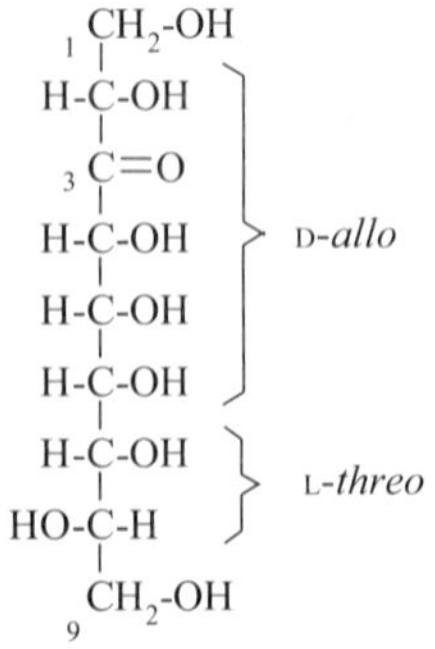

D-*allo*
L-*threo*

L-*threo*-D-*allo*-ノナ-3-ウロース
L-*threo*-D-*allo*-non-3-ulose
$(2S,4R,5R,6R,7R,8S)$-1,2,4,5,6,7,8,9-オクタヒドロキシノナン-3-オン
$(2S,4R,5R,6R,7R,8S)$-1,2,4,5,6,7,8,9-octahydroxynonan-3-one

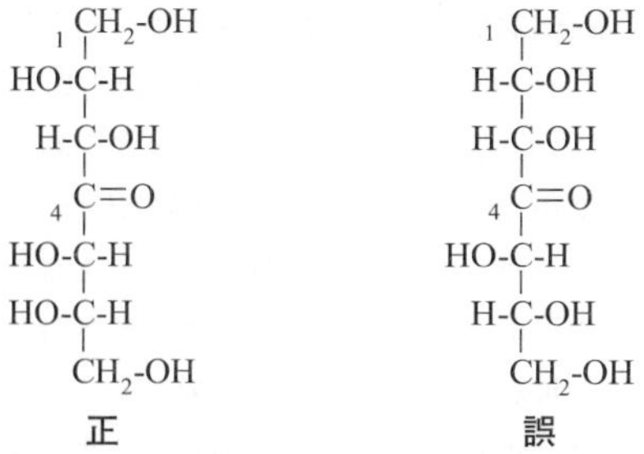

P-102 炭水化物の命名法 957

正　　　　　　　　　　誤

L-*gluco*-ヘプタ-4-ウロース　L-*gluco*-hept-4-ulose

〔D-*gulo*-hept-4-ulose ではない．*gluco* が英数字順で前である．P-102.4(c)参照〕

(2R,3S,5S,6S)-1,2,3,5,6,7-ヘキサヒドロキシヘプタン-4-オン
(2R,3S,5S,6S)-1,2,3,5,6,7-hexahydroxyheptan-4-one

〔(2S,3S,5S,6R)-1,2,3,5,6,7-hexahydroxyheptan-4-one ではない．選択
肢がある場合，R 配置に最小の位置番号を割当てる．P-14.4(j)参照〕

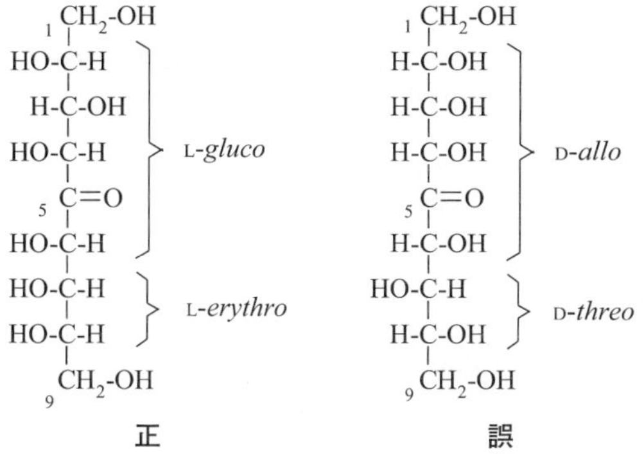

正　　　　　　　　　　誤

L-*erythro*-L-*gluco*-ノナ-5-ウロース　L-*erythro*-L-*gluco*-non-5-ulose

（D-*threo*-D-*allo*-non-5-ulose ではない．*erythro-gluco* が英数字順で前である）

(2R,3S,4R,6S,7S,8S)-1,2,3,4,6,7,8,9-オクタヒドロキシノナン-5-オン
(2R,3S,4R,6S,7S,8S)-1,2,3,4,6,7,8,9-octahydroxynonan-5-one

P-102.5.3　デオキシ糖

P-102.5.3.1　　接頭語 デオキシ deoxy は，水素原子の再結合を伴う オキシ oxy 基 —O— の除去を示す．本勧告においては，接頭語 deoxy は分離可能接頭語に分類する．すなわち，置換命名法で用いる置換基の中でアルファベット順に並べる．これは，接頭語デオキシを分離不可接頭語に分類していた以前の方式(参考文献 2, R-0.1.8.4 参照)からの変更である(同様に，接頭語 アンヒドロ anhydro も現在は分離可能となり，分離可能接頭語の中でアルファベット順に並べるので注意してほしい)．

P-102.5.3.2　**慣用名**　　フコース fucose, キノボース quinovose, ラムノース rhamnose は保存名である．対応する構造をピラノース型で示す．

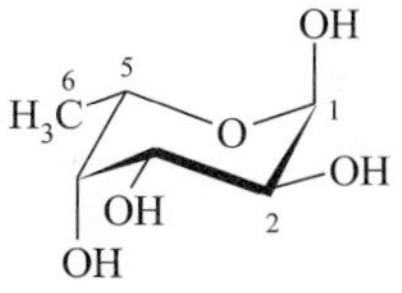

α-L-フコピラノース
α-L-fucopyranose
6-デオキシ-α-L-ガラクトピラノース
6-deoxy-α-L-galactopyranose

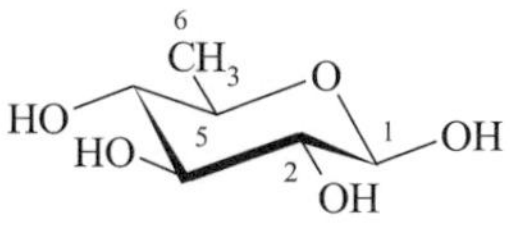

β-D-キノボピラノース
β-D-quinovopyranose
6-デオキシ-β-D-グルコピラノース
6-deoxy-β-D-glucopyranose

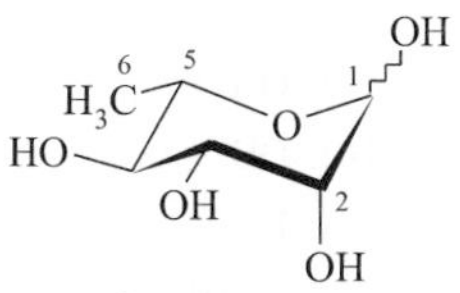

L-ラムノピラノース
L-rhamnopyranose
6-デオキシ-L-マンノピラノース
6-deoxy-L-mannopyranose

P-102.5.3.3　保存名に由来する炭水化物名　　接頭語 deoxy はたとえば 6-デオキシ-D-アロース　6-deoxy-D-allose のように，脱酸素化がキラリティー中心の立体配置にまったく影響しない場合は，保存名と組合わせて使う．一方，グルコース，マンノースおよびガラクトースの 6-デオキシ誘導体は，固有の保存された慣用名をもつ（P-102.5.3.2 参照）．接頭語デオキシがキラリティー中心に影響を与える場合は，体系的炭水化物名を優先する．置換命名法により CIP 立体表示記号を使ってつくる名称を用いてもよい（たとえば P-102.5.3.4 参照）．

同じ位置にアミノとデオキシの二つが重なること〔あるいは，置換命名法で常に接頭語として表す接頭語（P-59.1.9 参照）とデオキシが同じ位置に重なること〕は，認められている．

P-102.5.3.4　体系的炭水化物名　　体系的炭水化物名は接頭語デオキシを使い，この接頭語を該当する位置番号の後に置き，その後にデオキシ化合物に存在するキラリティー中心を表すのに必要な配置接頭語をもつ基幹名を置く．配置接頭語の表示は，C1 から最も遠い端から始まり順に記す．アルドースおよびケトースの保存名とともに接頭語デオキシを使用することは推奨しない．

例：

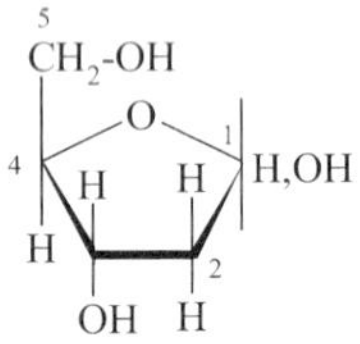

2-デオキシ-D-*erythro*-ペントフラノース
2-deoxy-D-*erythro*-pentofuranose
　　（しばしば 2-デオキシ-D-リボフラノース　2-deoxy-D-ribofuranose
　　または 2-デオキシ-D-リボース　2-deoxy-D-ribose とよぶ）
(2ξ,4S,5R)-5-(ヒドロキシメチル)オキソラン-2,4-ジオール
(2ξ,4S,5R)-5-(hydroxymethyl)oxolane-2,4-diol

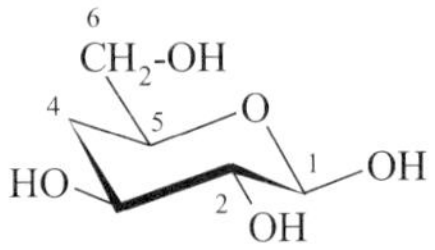

4-デオキシ-β-D-*xylo*-ヘキソピラノース
4-deoxy-β-D-*xylo*-hexopyranose
　　（4-デオキシ-β-D-ヘキソピラノース
　　4-deoxy-β-D-galactopyranose ではない）
(2R,3R,4S,6S)-6-(ヒドロキシメチル)オキサン-2,3,4-トリオール
(2R,3R,4S,6S)-6-(hydroxymethyl)oxane-2,3,4-triol

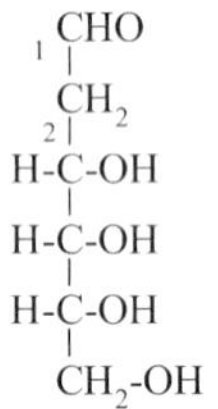

2-デオキシ-D-*ribo*-ヘキソース
2-deoxy-D-*ribo*-hexose
　　（2-デオキシ-D-アロース　2-deoxy-D-allose ではない）
(3S,4S,5R)-3,4,5,6-テトラヒドロキシヘキサナール
(3S,4S,5R)-3,4,5,6-tetrahydroxyhexanal

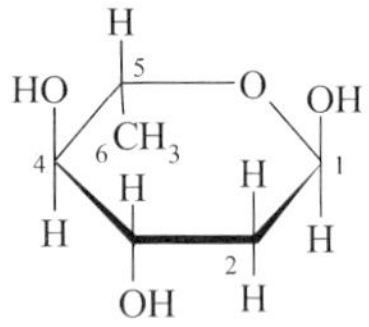

2,6-ジデオキシ-α-L-*arabino*-ヘキソピラノース
2,6-dideoxy-α-L-*arabino*-hexopyranose
(2R,4S,5R,6S)-6-メチルオキサン-2,4,5-トリオール
(2R,4S,5R,6S)-6-methyloxane-2,4,5-triol

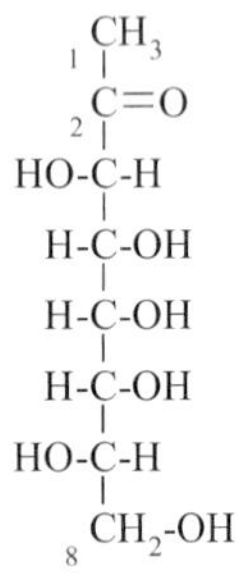

1-デオキシ-L-*glycero*-D-*altro*-オクタ-2-ウロース
1-deoxy-L-*glycero*-D-*altro*-oct-2-ulose
(3S,4R,5R,6R,7S)-3,4,5,6,7,8-ヘキサヒドロキシオクタン-2-オン
(3S,4R,5R,6R,7S)-3,4,5,6,7,8-hexahydroxyoctan-2-one

　−CH₂− 基がキラリティー中心群を二つに分断する場合，−CH₂− 基は，配置接頭語を割当てる際には無視する．割当てた（一つまたは複数の）接頭語は，キラリティー中心についての配列を対象とする（アルドースを参照，

P-102 炭水化物の命名法   959

P-102.5.1.1.3 参照).

例:

```
      1 CHO
     H-C-OH
       CH2
     H-C-OH  ⎫
     H-C-OH  ⎬ L-talo    3,6,10-トリデオキシ-L-threo-L-talo-デコース
       CH2   ⎭          3,6,10-trideoxy-L-threo-L-talo-decose
     HO-C-H
                        (2R,4S,5R,7R,8R,9S)-2,4,5,7,8,9-ヘキサヒドロキシデカナール
     H-C-OH  ⎫          (2R,4S,5R,7R,8R,9S)-2,4,5,7,8,9-hexahydroxydecanal
     HO-C-H  ⎬ L-threo
      10 CH3
```

P-102.5.4 アミノ糖

単糖または単糖誘導体のアノマー位ヒドロキシ基以外のヒドロキシ基をアミノ基に置換する操作は，対応するデオキシ糖の該当する水素原子をアミノ基により置換する操作とみなす．アミノ基をもつ炭素原子における立体配置は，アミノ基がヒドロキシ基に置き換わったと考え，アルドースの配置と同様に表す．

これに対して，スルファニル基によるヒドロキシ基の置換は，官能基代置とみなして接頭語 チオ thio により示す(P-102.5.5 参照)．

P-102.5.4.1 慣用名 以下の グリコサミン glycosamine 名は保存する．

```
      1 CHO
     H-C-NH2         D-ガラクトサミン
     HO-C-H          D-galactosamine
     HO-C-H          2-アミノ-2-デオキシ-D-ガラクトース
     H-C-OH          2-amino-2-deoxy-D-galactose
      CH2-OH
```

```
      1 CHO
     H-C-NH2         D-グルコサミン
     HO-C-H          D-glucosamine
     H-C-OH          2-アミノ-2-デオキシ-D-グルコース
     H-C-OH          2-amino-2-deoxy-D-glucose
      CH2-OH
```

```
      1 CHO
    H2N-C-H          D-マンノサミン
     HO-C-H          D-mannosamine
     H-C-OH          2-アミノ-2-デオキシ-D-マンノース
     H-C-OH          2-amino-2-deoxy-D-mannose
      CH2-OH
```

```
      1 CHO
     H-C-NH2         D-フコサミン
     HO-C-H          D-fucosamine
     HO-C-H          2-アミノ-2,6-ジデオキシ-D-ガラクトース
     H-C-OH          2-amino-2,6-dideoxy-D-galactose
      6 CH3
```

960　　　　　　　　　　　　P-10　天然物および関連化合物の母体構造

$$
\begin{array}{c}
\overset{1}{C}HO \\
H\text{-}\overset{|}{C}\text{-}NH_2 \\
HO\text{-}\overset{|}{C}\text{-}H \\
H\text{-}\overset{|}{C}\text{-}OH \\
H\text{-}\overset{|}{C}\text{-}OH \\
\overset{|}{\underset{6}{C}H_3}
\end{array}
$$

D-キノボサミン
D-quinovosamine
2-アミノ-2,6-デオキシ-D-グルコース
2-amino-2,6-deoxy-D-glucose

N-アセチル-D-ガラクトサミン
N-acetyl-D-galactosamine
2-アセトアミド-2-デオキシ-D-ガラクトピラノース
2-acetamido-2-deoxy-D-galactopyranose

P-102.5.4.2　体系的炭水化物名　　体系的炭水化物名は，二段階で組立てる．第一段階でデオキシ糖が炭素原子における脱酸素により生成し，第二段階でその炭素原子にアミノ基を置換することにより誘導される．置換を受けたアミンの名称は，置換アミノ基名を接頭語として使うことによりつくる．

例：

$$
\begin{array}{c}
\overset{1}{C}HO \\
H\text{-}\overset{|}{\underset{3}{C}}\text{-}OH \\
(CH_3)_2N\text{-}\overset{|}{C}\text{-}H \\
\overset{|}{C}H_2 \\
H\text{-}\overset{|}{\underset{4}{C}}\text{-}OH \\
\overset{|}{\underset{6}{C}H_3}
\end{array}
$$

3,4,6-トリデオキシ-3-(ジメチルアミノ)-D-*xylo*-ヘキソース
3,4,6-trideoxy-3-(dimethylamino)-D-*xylo*-hexose
(2R,3S,5R)-3-(ジメチルアミノ)-2,5-ジヒドロキシヘキサナール
(2R,3S,5R)-3-(dimethylamino)-2,5-dihydroxyhexanal

P-102.5.5　チオ糖および他のカルコゲン類縁体

　硫黄，セレンまたはテルルによる，アルドースおよびケトースのヒドロキシ基酸素原子の置換，あるいは，鎖状アルドースおよびケトースのカルボニル基酸素原子の置換は，それぞれ接頭語 チオ thio，セレノ seleno またはテルロ telluro を該当する位置番号の後ろで，アルドースまたはケトースの体系名または慣用名の前に置くことによって示す．炭水化物命名法においては，接頭語チオ，セレノ，テルロは分離可能なアルファベット順に並べる接頭語とみなす．

　硫黄，セレン，またはテルルによる，環状アルドースまたはケトースの環骨格酸素原子の置換は，アノマー中心ではない側の隣接炭素原子の番号を位置番号として用い，上と同じ方法で示す．この場合，"ア"接頭語による骨格代置は推奨しない．

　スルホキシド sulfoxide，セレノキシド selenoxide，テルロキシド telluroxide および スルホン sulfone，セレノン selenone，テルロン tellurone は，官能種類命名法により命名する（スルホキシドおよびスルホンの官能種類命名法については P-63.6 を参照）．

例：

2-チオ-α-D-グルコピラノース
2-thio-α-D-glucopyranose

5-チオ-β-D-ガラクトピラノース
5-thio-β-D-galactopyranose

P-102 炭水化物の命名法   961

β-D-グルコピラノシルフェニルスルホキシド
β-D-glucopyranosyl phenyl sulfoxide
　（グリコシル基については P-102.6.1.1 を参照）

(2S,3R,4S,5S,6R)-2-(ベンゼンスルフィニル)-6-(ヒドロキシメチル)オキサン-3,4,5-トリオール
(2S,3R,4S,5S,6R)-2-(benzenesulfinyl)-6-(hydroxymethyl)oxane-3,4,5-triol

P-102.5.6　単 糖 誘 導 体

P-102.5.6.1　O-置　換	P-102.5.6.5　アルジトール
P-102.5.6.2　グリコシド	P-102.5.6.6　単糖カルボン酸
P-102.5.6.3　C-置　換	P-102.5.6.7　無　水　物
P-102.5.6.4　N-置　換	

P-102.5.6.1　O-置換　　全体の構造を維持し，また，絶対配置を含んでいる保存名を利用するために，炭水化物命名法においては O-置換法を認めている．単糖または単糖誘導体のアルコール性ヒドロキシ基の水素原子を置き換える置換基を O-置換基とする．アノマー位のヒドロキシ基の置換は，P-102.5.6.3.2 で述べる．O-位置番号は，同一の原子または基による複数の置換において反復して用いることはしない．位置番号は，置換基の位置を特定する必要があるときに使い，同一の原子または基により完全に置換された化合物では必要としない．

P-102.5.6.1.1　O-アシルおよび O-アルキル官能化　　O-アシル誘導体において，単糖名の後ろに アート ate で終わる別個の単語として記載する酸成分を伴う名称は，O-アシル基接頭語を使用する名称に優先する．一方，語尾 オース ose が変更を受ける場合(たとえば，エステルより優先順位の高いグリコシル基または酸を示す場合)，O-アシル接頭語が必要となる．O-アルキル誘導体は必ず接頭語によって表す．

例：

6-O-トリチル-β-D-グルコピラノース 2,4-ジアセタート
6-O-trityl-β-D-glucopyranose 2,4-diacetate

2,3,4,6-テトラ-O-メチル-β-D-グルコピラノース
2,3,4,6-tetra-O-methyl-β-D-glucopyranose

4,6-ジ-O-メチル-β-D-ガラクトピラノース
4,6-di-O-methyl-β-D-galactopyranose

フェニル β-D-グルコピラノシド 6-(エチルカルボナート)
phenyl β-D-glucopyranoside 6-(ethylcarbonate)

```
        CHO
         |1
C₆H₅-CO-O-C-H
         |2
C₆H₅-CO-O-C-H
         |3
     H-C-O-CO-C₆H₅
         |4
     H-C-O-CO-C₆H₅
         |5
        CH₂-O-CO-C₆H₅
         6
```

D-マンノース 2,3,4,5,6-ペンタベンゾアート
D-mannose 2,3,4,5,6-pentabenzoate

P-102.5.6.1.2 リン酸エステル リン酸と糖のエステルを，一般に**リン酸エステル** phosphate とよぶ．生化学の用語としてのリン酸エステルは，イオン化状態または存在する対イオンにかかわりなく，リン酸エステル残基を指す．一方で，真のリン酸エステル $-\text{O-PO(O}^-)_2$ と，リン酸二水素エステルとよばれるリン酸エステルすなわち $-\text{O-PO(OH)}_2$ の名称を体系的に区別しなければならない．O-ホスホン酸誘導体を示すのに，$-\text{PO(OH)}_2$ に対して接頭語 ホスホノ phosphono が，$\text{PO(O}^-)_2$ に対して接頭語 ホスホナト phosphonato が使われている．

生化学の分野では，用語 ホスホ phospho がホスホノおよびホスホナトの代わりに使われている．

糖が2個またはそれ以上のリン酸基によりエステル化される場合，数を示す接頭語 ビス bis，トリス tris を使ってビス(リン酸エステル) bis(phosphate)，トリス(リン酸エステル) tris(phosphate)のように表す．

ホスホン酸エステルは，リン酸エステルと同様に扱う．

例:

D-グルコピラノース 6-(リン酸二水素エステル)
D-glucopyranose 6-(dihydrogen phosphate)
6-O-ホスホノ-D-グルコピラノース
6-O-phosphono-D-glucopyranose

リン酸 α-D-グルコピラノシル
α-D-glucopyranosyl phosphate
α-D-グルコピラノース 1-リン酸エステル
α-D-glucopyranose 1-phosphate

D-グルコピラノース 6-リン酸エステル
D-glucopyranose 6-phosphate
6-O-ホスホナト-D-グルコピラノース
6-O-phosphonato-D-glucopyranose

D-フルクトフラノース 1,6-ビス(リン酸エステル)
D-fructofuranose 1,6-bis(phosphate)
1,6-ジ-O-ホスホナト-D-フルクトフラノース
1,6-di-O-phosphonato-D-fructofuranose

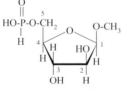

メチル β-D-アラビノフラノシド 5-(ホスホン酸一水素エステル)
methyl β-D-arabinofuranoside 5-(hydrogen phosphonate)
メチル 5-デオキシ-β-D-アラビノフラノシド-5-イルホスホン酸一水素エステル
methyl 5-deoxy-β-D-arabinofuranosid-5-yl hydrogen phosphonate

P-102.5.6.1.3 硫酸エステル 糖の硫酸エステルは，糖の名称の後に該当する位置番号をつけ，用語 **硫酸エステル** sulfate を付加することにより命名する．O-誘導体を示すのに，$-\text{SO}_3\text{H}$ に対する接頭語 スルホ sulfo およ

例: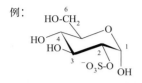

α-D-グルコピラノース 2-硫酸エステル
α-D-glucopyranose 2-sulfate
2-*O*-スルホナト-α-D-グルコピラノース
2-*O*-sulfonato-α-D-glucopyranose

P-102.5.6.2 グリコシド

P-102.5.6.2.1 定義　グリコースという用語は，単糖に対してはさほど高頻度では使用されない．グリコシドは，単糖類の環状体から得られる混合アセタール(ケタール)であり，それゆえ，−OR のような *O*-置換されたアノマー性 −OH 基をもつ．用語 **グリコシド** glycoside の使用についての詳細な議論は，参考文献 23 を参照してほしい．

P-102.5.6.2.2 名称　グリコシドは，官能種類命名法を用いて命名する．グリコシド類の名称は，環状単糖の名称をもとに，その末尾の文字 e を ide に(たとえば，グルコピラノース glucopyranose はグルコピラノシド glucopyranoside に，フルクトフラノース fructofuranose はフルクトフラノシド fructofuranoside に)変えて用いる．アセタールまたはケタール基の一部である置換基 R の名称を前に置き，その後に別の単語として，化合物種類名を置く．

例: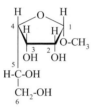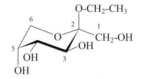

メチル α-D-グロフラノシド　　　エチル β-D-フルクトピラノシド
methyl α-D-gulofuranoside　　　ethyl β-D-fructopyranoside

P-102.5.6.3 *C*-置換

> P-102.5.6.3.1　非末端炭素原子における置換
> P-102.5.6.3.2　非末端ヒドロキシ基を置き換える置換
> P-102.5.6.3.3　末端炭素原子における置換

P-102.5.6.3.1 非末端炭素原子における置換　置換基を末端ではない炭素にもった化合物は，*C*-置換単糖として命名する．置換の起こった炭素上にある CIP 順位がより高い基を −OH と同等とみなし，それに基づく立体配置をもつ糖の保存名を用いて命名する．キラリティー中心が修飾を受けても，立体配置を特定するために *R*, *S* 方式を使用すれば，いかなる曖昧さも(たとえば，環の形成に関わる炭素原子においても)避けることができる．

例:

2-*C*-フェニル-β-D-グルコピラノース
2-*C*-phenyl-β-D-glucopyranose

(2*R*,3*R*,4*S*,5*S*,6*R*)-6-(ヒドロキシメチル)-3-フェニルオキサン-2,3,4,5-テトラオール
(2*R*,3*R*,4*S*,5*S*,6*R*)-6-(hydroxymethyl)-3-phenyloxane-2,3,4,5-tetrol

5-*C*-ブロモ-β-D-グルコピラノースペンタアセタート
5-*C*-bromo-β-D-glucopyranose pentaacetate

(2*R*,3*R*,4*R*,5*S*,6*S*)-6-[(アセチルオキシ)メチル]-6-ブロモオキサン-2,3,4,5-テトライルテトラアセタート
(2*R*,3*R*,4*R*,5*S*,6*S*)-6-[(acetyloxy)methyl]-6-bromooxane-2,3,4,5-tetrayl tetraacetate

P-102.5.6.3.2 非末端ヒドロキシ基を置き換える置換 末端にないヒドロキシ基が置換を受けた化合物は，デオキシ糖の置換体として命名する．その立体配置は −OH 基に置き換わる基によって左右される．*R*, *S* 方式の使用によって，少しでも曖昧さが残らないようにしなければならない．異なる二つの置換基で置換されたキラリティー中心の立体配置を指定するためには，*R*, *S* 方式を使用しなければならない．この方法は，P-102.5.6.3.1 で述べた CIP 順位が高い置換基を −OH 基と同等とみなして立体配置を決定する方法よりも望ましい．

例: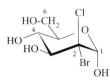

2-デオキシ-2-フェニル-α-D-グルコピラノース
2-deoxy-2-phenyl-α-D-glucopyranose
2-デオキシ-2-*C*-フェニル-α-D-グルコピラノース
2-deoxy-2-*C*-phenyl-α-D-glucopyranose
(2*R*)-2-デオキシ-2-フェニル-α-D-*arabino*-ヘキソピラノース
(2*R*)-2-deoxy-2-phenyl-α-D-*arabino*-hexopyranose
(2*S*,3*R*,4*R*,5*S*,6*R*)-6-(ヒドロキシメチル)-3-フェニルオキサン-2,4,5-トリオール
(2*S*,3*R*,4*R*,5*S*,6*R*)-6-(hydroxymethyl)-3-phenyloxane-2,4,5-triol

2-ブロモ-2-デオキシ-α-D-グルコピラノース
2-bromo-2-deoxy-α-D-glucopyranose

(2*R*)-2-ブロモ-2-クロロ-2-デオキシ-α-D-*arabino*-ヘキソピラノース
(2*R*)-2-bromo-2-chloro-2-deoxy-α-D-*arabino*-hexopyranose
2-ブロモ-2-クロロ-2-デオキシ-α-D-グルコピラノース
2-bromo-2-chloro-2-deoxy-α-D-glucopyranose
(2*S*,3*R*,4*S*,5*S*,6*R*)-3-ブロモ-3-クロロ-6-(ヒドロキシメチル)オキサン-2,4,5-トリオール
(2*S*,3*R*,4*S*,5*S*,6*R*)-3-bromo-3-chloro-6-(hydroxymethyl)oxane-2,4,5-triol

2-*C*-アセトアミド-2,3,4,6-テトラ-*O*-アセチル-β-D-マンノピラノシルフルオリド
2-*C*-acetamido-2,3,4,6-tetra-*O*-acetyl-β-D-mannopyranosyl fluoride
(2*S*,3*S*,4*S*,5*R*,6*R*)-3-アセトアミド-6-[(アセチルオキシ)メチル]-2-フルオロオキサン-3,4,5-トリイルトリアセタート
(2*S*,3*S*,4*S*,5*R*,6*R*)-3-acetamido-6-[(acetyloxy)methyl]-2-fluorooxane-3,4,5-triyl triacetate

P-102.5.6.3.3 末端炭素原子における置換 炭水化物鎖の末端炭素原子における置換で新たなキラリティー

中心を生成する場合は，立体配置は R, S 方式によって示す．体系名は置換命名法によりつくる．

例：

(5R)-5-C-シクロヘキシル-5-C-フェニル-D-キシロース
(5R)-5-C-cyclohexyl-5-C-phenyl-D-xylose
(2R,3S,4S,5R)-5-シクロヘキシル-2,3,4,5-テトラヒドロキシ-5-
　　　　　　　　　　　　　　　フェニルペンタナール
(2R,3S,4S,5R)-5-cyclohexyl-2,3,4,5-tetrahydroxy-5-phenylpentanal

1-フェニル-D-グルコース　1-phenyl-D-glucose
(2R,3S,4R,5R)-2,3,4,5,6-ペンタヒドロキシ-1-フェニルヘキサン-1-オン
(2R,3S,4R,5R)-2,3,4,5,6-pentahydroxy-1-phenylhexan-1-one

1-C-フェニル-β-D-グルコピラノース
1-C-phenyl-β-D-glucopyranose
(2R,3R,4S,5S,6R)-6-(ヒドロキシメチル)-
　　2-フェニルオキサン-2,3,4,5-テトラオール
(2R,3R,4S,5S,6R)-6-(hydroxymethyl)-
　　2-phenyloxane-2,3,4,5-tetrol

P-102.5.6.4　*N*-置換　アミノ糖の $-NH_2$ 基における置換は，異なる 2 通りの方法で処理する．

(1) 置換されたアミノ基全体を 2-アセトアミド（あるいは 2-ブチルアミノ）-2-デオキシ-D-グルコース
　　2-acetamido（あるいは 2-butylamino）-2-deoxy-D-glucose のように，接頭語として示す．

(2) アミノ糖が保存された慣用名をもつ場合，置換はイタリック体の大文字 *N* の後に接頭語を置いて示す．

例：

2-アセトアミド-2-デオキシ-β-D-グルコピラノース
2-acetamido-2-deoxy-β-D-glucopyranose

N-アセチル-β-D-グルコサミン
N-acetyl-β-D-glucosamine

4-アセトアミド-4-デオキシ-β-D-グルコピラノース
4-acetamido-4-deoxy-β-D-glucopyranose

P-102.5.6.5　アルジトール　アルジトール alditol は，対応するアルドース aldose 名の語尾 ose を，itol に変えることによって命名する．

P-102.5.6.5.1　母体構造の選定　同一のアルジトールが，異なる二つのアルドースのいずれからも，またアルドースとケトースのいずれからも得られる場合，推奨名は規則 P-102.4 に従って決める．ただし，保存名 フシトール fucitol と ラムニトール rhamnitol は例外である．

例：

D-グルシトール　D-glucitol
　（L-gulitol ではない）

D-アラビニトール　D-arabinitol
　（D-lyxitol ではない）

```
      CH₂-OH
    1 |
HO-C-H          L-フシトール
    |           L-fucitol
  H-C-OH        1-デオキシ-D-ガラクチトール
    |           1-deoxy-D-galactitol
  H-C-OH
    |
HO-C-H
    |
   CH₃
```

```
      CH₂-OH
    1 |
  H-C-OH        L-ラムニトール
    |           L-rhamnitol
  H-C-OH        1-デオキシ-L-マンニトール
    |           1-deoxy-L-mannitol
HO-C-H
    |
HO-C-H
    |
   CH₃
```

P-102.5.6.5.2　メソ型　エリトリトール erythritol, リビトール ribitol および ガラクチトール galactitol の推奨名には，立体表示記号 *meso* を付けなければならない(P-102.5.6.6.5.1 参照)．*meso* 形の誘導体が置換によって不斉となった場合は，立体表示記号 D または L をつけなければならない．隣接するキラリティー中心が 5 個以上ある場合も，立体表示記号 D または L を使用する必要がある．

```
例：    CH₂-OH
      1 |
    H-C-OH        5-O-メチル-D-ガラクチトール
      |           5-O-methyl-D-galactitol
  HO-C-H            (D-配置は L よりも優先順位が高い．P-102.4 参照)
      |
  HO-C-H
      |
    H-C-O-CH₃
      5 |
      CH₂-OH
```

```
        CH₂-OH
      1 |
    H-C-OH        meso-D-glycero-L-ido-ヘプチトール
      |           meso-D-glycero-L-ido-heptitol
  HO-C-H            (D-配置は L よりも優先順位が高い．P-102.4 参照)
      |           (2R,3S,4r,5R,6S)-ヘプタン-1,2,3,4,5,6,7-ヘプタオール
    H-C-OH        (2R,3S,4r,5R,6S)-heptane-1,2,3,4,5,6,7-heptol
      |             (位置番号 1 は，アルジトールの他端に移動しなければならないことに留意すること)
  HO-C-H
      |
    H-C-OH
      |
      CH₂-OH
```

P-102.5.6.5.3　置換されたアルジトールに対する母体構造の選定

母体構造は，(a),(b)の規則に従う．

(a) 規則 P-102.4 における基準(e)に従って，置換基接頭語に最小の位置番号を割当てなければならない．

```
    例：      CH₂-OH
            1 |
    CH₃-O-C-H
          2 |
    CH₃-O-C-H        2,3,5-トリ-O-メチル-D-マンニトール
          3 |        2,3,5-tri-O-methyl-D-mannitol
        H-C-OH          (2,4,5-tri-O-methyl-D-mannitol ではない)
          |
        H-C-O-CH₃
          5 |
          CH₂-OH
```

(b) 規則 P-102.4 における基準(f)に従って，英数字順で最初になる置換基が最小の位置番号でなければならない．

P-102　炭水化物の命名法　　　967

例：

$$CH_3\text{-}CH_2\text{-}CH_2\text{-}CH_2\text{-}O\text{-}\overset{\displaystyle CH_2\text{-}OH}{\underset{\displaystyle |}{\overset{\displaystyle |}{C}}}\text{-}H$$

$$HO\text{-}C\text{-}H$$
$$H\text{-}C\text{-}OH$$
$$H\text{-}\underset{5}{C}\text{-}O\text{-}CH_3$$
$$CH_2\text{-}OH$$

2-*O*-ブチル-5-*O*-メチル-D-マンニトール
2-*O*-butyl-5-*O*-methyl-D-mannitol
　(5-*O*-butyl-2-*O*-methyl-D-mannitol ではない)

P-102.5.6.5.4　アミノアルジトール　　ガラクトサミンおよびグルコサミンに由来するアルジトールを，アミノアルジトール aminoalditol という．それぞれ，ガラクトサミニトール galactosaminitol およびグルコサミニトール glucosaminitol という保存名をもつ．

例：

$$\underset{1}{CH_2}\text{-}OH$$
$$H\text{-}C\text{-}NH_2$$
$$HO\text{-}C\text{-}H$$
$$H\text{-}C\text{-}OH$$
$$H\text{-}C\text{-}OH$$
$$CH_2\text{-}OH$$

D-グルコサミニトール
D-glucosaminitol
2-アミノ-2-デオキシ-D-グルシトール
2-amino-2-deoxy-D-glucitol

$$\underset{1}{CH_2}\text{-}OH$$
$$H\text{-}C\text{-}NH_2$$
$$HO\text{-}C\text{-}H$$
$$HO\text{-}C\text{-}H$$
$$H\text{-}C\text{-}OH$$
$$\underset{5}{CH_2}\text{-}OH$$

D-ガラクトサミニトール
D-galactosaminitol
2-アミノ-2-デオキシ-D-ガラクチトール
2-amino-2-deoxy-D-galactitol

$$\underset{1}{CH_2}\text{-}O\text{-}CO\text{-}CH_3$$
$$H\text{-}\underset{2}{C}\text{-}N(CH_3)\text{-}CO\text{-}CH_3$$
$$CH_3\text{-}CO\text{-}O\text{-}\underset{3}{C}\text{-}H$$
$$H\text{-}\underset{4}{C}\text{-}O\text{-}CO\text{-}CH_3$$
$$H\text{-}\underset{5}{C}\text{-}O\text{-}CO\text{-}CH_3$$
$$\underset{6}{CH_2}\text{-}O\text{-}CO\text{-}CH_3$$

2-デオキシ-2-(*N*-メチルアセトアミド)-D-グルシトール 1,3,4,5,6-ペンタアセタート
2-deoxy-2-(*N*-methylacetamido)-D-glucitol 1,3,4,5,6-pentaacetate

P-102.5.6.6　単糖カルボン酸

P-102.5.6.6.1　分　類

　P-102.5.6.6.2　**アルドン酸** aldonic acid．アルドースから，形式的にアルデヒド性カルボニル基のカルボン酸への酸化によって得られるモノカルボン酸を，アルドン酸とよぶ．

　P-102.5.6.6.3　**ケトアルドン酸** ketoaldonic acid．アルドン酸から，形式的に第二級の −CHOH 基のカルボニル基への酸化によって得られるオキソカルボン酸を，ケトアルドン酸とよぶ．

　P-102.5.6.6.4　**ウロン酸** uronic acid．アルドースから，形式的に末端 −CH₂OH 基のカルボキシ基への酸化によって得られるカルボン酸を，ウロン酸とよぶ．

　P-102.5.6.6.5　**アルダル酸** aldaric acid．アルドースの両末端基(−CHO および −CH₂OH)のカルボキシ基への酸化によって得られるカルボン酸を，アルダル酸とよぶ．

P-102.5.6.6.2　アルドン酸　　アルドン酸は，鎖中の炭素原子数に従って，アルドトリオン酸 aldotrionic acid,

アルドテトロン酸 aldotetronic acid などに分けられる．個々の化合物の名称は，アルドースの保存名または体系名の語尾 ose を onic acid に変えることによってつくる．位置番号1はカルボキシ基に割当てる．

例：

```
    COOH              COOH
    |                 |
  H-C-OH           H-C-NH-CH₃
    |                 |
  HO-C-H           HO-C-H
    |                 |
  HO-C-H           H-C-OH
    |                 |
  H-C-OH           H-C-OH
    |                 |
  CH₂-OH           CH₂-OH
```

D-ガラクトン酸　　　2-デオキシ-2-(メチルアミノ)-D-グルコン酸
D-galactonic acid　　2-deoxy-2-(methylamino)-D-gluconic acid

P-102.5.6.6.2.1 アルドン酸の誘導体　アルドン酸は，保存名をもつカルボン酸として扱う．アルドン酸は，体系的命名法について P-65 および P-66 で述べたように，塩，エステル，無水物，アシル基，酸ハロゲン化物，酸擬ハロゲン化物，アミド，ヒドラジド，ニトリルおよびカルコゲン類縁体を形成することができる．

例：

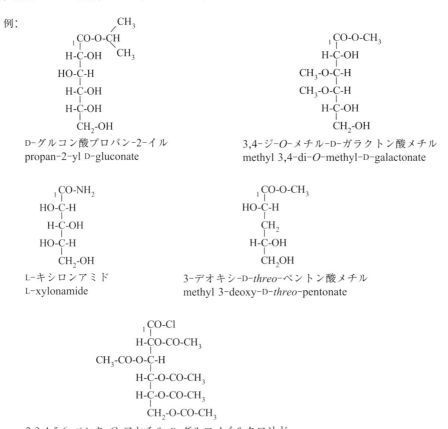

D-グルコン酸プロパン-2-イル　　　3,4-ジ-O-メチル-D-ガラクトン酸メチル
propan-2-yl D-gluconate　　　　　methyl 3,4-di-O-methyl-D-galactonate

L-キシロンアミド　　　3-デオキシ-D-threo-ペントン酸メチル
L-xylonamide　　　　　methyl 3-deoxy-D-threo-pentonate

2,3,4,5,6-ペンタ-O-アセチル-D-グルコノイルクロリド
2,3,4,5,6-penta-O-acetyl-D-gluconoyl chloride

P-102.5.6.6.2.2　ラクトンおよびラクタムは，それぞれ P-65.6.3.5.1 および P-66.1.5 を適用して命名する．二つの位置番号を用語ラクトンまたはラクタムの前に示す．第一の位置番号は，カルボキシ基の位置を示す位置番号1である．第二の位置番号は，炭素鎖上の結合位置を示す．ラクタムを命名するには，アミノ基 −NH₂ を導入し表示しなければならない．ラクトン環やラクタム環の大きさを示すためのギリシャ文字の使用は推奨しない．名称は，P-1〜P-9 で述べた規則に従って，複素環を基に置換命名法によりつくる．

P-102 炭水化物の命名法　　　　969

例：

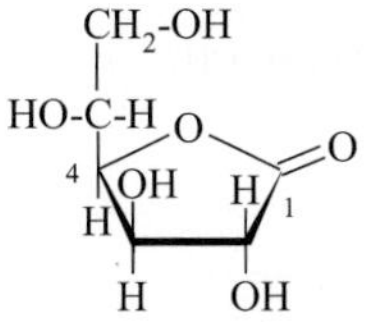

D-グルコノ-1,4-ラクトン　　D-glucono-1,4-lactone

(3*R*,4*R*,5*R*)-5-[(1*R*)-1,2-ジヒドロキシエチル]-3,4-ジヒドロキシオキソラン-2-オン
(3*R*,4*R*,5*R*)-5-[(1*R*)-1,2-dihydroxyethyl]-3,4-dihydroxyoxolan-2-one

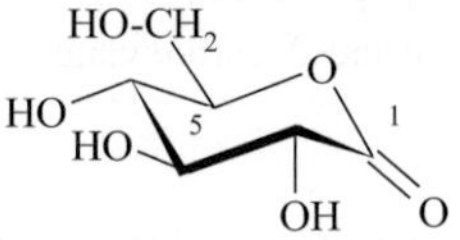

D-グルコノ-1,5-ラクトン　　D-glucono-1,5-lactone

(3*R*,4*S*,5*S*,6*R*)-3,4,5-トリヒドロキシ-6-(ヒドロキシメチル)オキサン-2-オン
(3*R*,4*S*,5*S*,6*R*)-3,4,5-trihydroxy-6-(hydroxymethyl)oxan-2-one

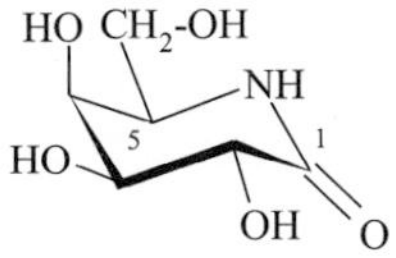

5-アミノ-5-デオキシ-D-ガラクトノ-1,5-ラクタム
5-amino-5-deoxy-D-galactono-1,5-lactam

(3*R*,4*S*,5*S*,6*R*)-3,4,5-トリヒドロキシ-6-(ヒドロキシメチル)ピペリジン-2-オン
(3*R*,4*S*,5*S*,6*R*)-3,4,5-trihydroxy-6-(hydroxymethyl)piperidin-2-one

P-102.5.6.6.3　ケトアルドン酸

P-102.5.6.6.3.1　　個々のケトアルドン酸の名称は，カルボニル基の位置番号を前に置いて，対応するケトースの名称の語尾 ウロース ulose を ウロソン酸 ulosonic acid に変えることによってつくる．番号付けは，カルボキシ基から始まる．

例：

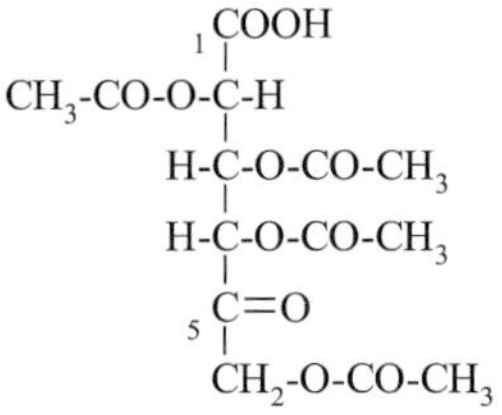

2,3,4,6-テトラ-*O*-アセチル-D-*arabino*-ヘキサ-5-ウロソン酸
2,3,4,6-tetra-*O*-acetyl-D-*arabino*-hex-5-ulosonic acid

(2*S*,3*R*,4*S*)-2,3,4,6-テトラキス(アセチルオキシ)-5-オキソヘキサン酸
(2*S*,3*R*,4*S*)-2,3,4,6-tetrakis(acetyloxy)-5-oxohexanoic acid

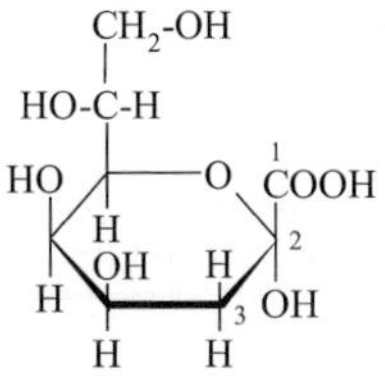

3-デオキシ-α-D-*manno*-オクタ-2-ウロピラノソン酸
3-deoxy-α-D-*manno*-oct-2-ulopyranosonic acid

(2*R*,4*R*,5*R*,6*R*)-6-[(1*R*)-1,2-ジヒドロキシエチル]-2,4,5-トリヒドロキシオキサン-2-カルボン酸
(2*R*,4*R*,5*R*,6*R*)-6-[(1*R*)-1,2-dihydroxyethyl]-2,4,5-trihydroxyoxane-2-carboxylic acid

P-102.5.6.6.3.2　　ケトアルドン酸のグリコシドは，名称中の成分 ピラノース pyranose を ピラノシド pyranoside に変えて ウロピラノシドン酸 ulopyranosidonic acid となるように命名する．ケトアルドン酸の誘導体の名称は，アルドン酸について P-102.5.6.6.2.1 に述べたようにつくる．グリコシドがエステル化される場合，名称のグリコシド部分を分離するために括弧を使用する．

970 　　　　　　　　　　P-10　天然物および関連化合物の母体構造

例：

エチル(メチル α-D-フルクトピラノシド)オナート
ethyl (methyl α-D-fructopyranosid)onate

エチル(メチル α-D-*arabino*-ヘキサ-2-ウロピラノシド)オナート
ethyl (methyl α-D-*arabino*-hex-2-ulopyranosid)onate

エチル(2*R*,3*S*,4*R*,5*R*)-3,4,5-トリヒドロキシ-2-メトキシオキサン-2-カルボキシラート
ethyl (2*R*,3*S*,4*R*,5*R*)-3,4,5-trihydroxy-2-methoxyoxane-2-carboxylate

P-102.5.6.6.4　ウ ロ ン 酸

P-102.5.6.6.4.1　個々のウロン酸の名称は，対応するアルドースの保存名または体系名の語尾 ose を ウロン酸 uronic acid に変えることによりつくる．アルドースの番号付けは変わらない．位置番号 1 も，いぜんとして(潜在的)アルデヒド性カルボニル基のままである．

例：

D-グルクロン酸
D-glucuronic acid

α-D-グルコピランウロン酸
α-D-glucopyranuronic acid

β-D-ガラクトピランウロン酸
β-D-galactopyranuronic acid

P-102.5.6.6.4.2　ウロン酸のグリコシドは，酸の名称中の成分 ピラン pyran を ピラノシド pyranoside に変え(末尾の文字 e は省略)，ピラノシドウロン酸 pyranosiduronic acid として命名する．

例：

メチル β-D-グルコピラノシドウロン酸
methyl β-D-glucopyranosiduronic acid

P-102.5.6.6.4.3　ウロン酸の誘導体は，P-102，P-65 および P-66 に述べたように命名する．

例：

エチル(メチル β-D-グルコピラノシド)ウロナート
ethyl (methyl β-D-glucopyranosid)uronate

N,*N*-ジメチル(メチル β-D-グルコピラノシド)ウロンアミド
N,*N*-dimethyl(methyl β-D-glucopyranosid)uronamide

(5*R*)-1,2,3,4-テトラ-*O*-アセチル-5-*C*-ブロモ-α-D-*xylo*-ヘキソピランウロン酸
(5*R*)-1,2,3,4-tetra-*O*-acetyl-5-*C*-bromo-α-D-*xylo*-hexopyranuronic acid

(2*R*,3*S*,4*R*,5*R*,6*R*)-3,4,5,6-テトラキス(アセチルオキシ)-2-ブロモオキサン-2-カルボン酸
(2*R*,3*S*,4*R*,5*R*,6*R*)-3,4,5,6-tetrakis(acetyloxy)-2-bromooxane-2-carboxylic acid

P-102 炭水化物の命名法　　　　　　　　　　　　　　　　　　971

P-102.5.6.6.5　アルダル酸

P-102.5.6.6.5.1　アルダル酸 aldaric acid の名称は，母体アルドースの保存名または体系名の語尾 ose を aric acid に変えることによってつくる．母体構造の選定は，P-102.4 および P-102.5.6.5.1 に従って行う．明確さを期すために，該当するアルダル酸の名称には立体表示記号 *meso* を付加しなければならない．

例：

```
   COOH
   |
H-C-OH
   |
HO-C-H          L-アルトラル酸
   |            L-altraric acid
HO-C-H              (L-タラル酸 L-talaric acid ではない)
   |
HO-C-H
   |
   COOH
```

```
   COOH
   |
H-C-OH
   |
HO-C-H          meso-キシラル酸
   |            meso-xylaric acid
H-C-OH
   |
   COOH
```

```
   COOH
   |
H-C-OH          4-O-メチル-D-キシラル酸
   |            4-O-methyl-D-xylaric acid
HO-C-H              (2-O-メチル-L-キシラル酸
   |
H-C-O-CH₃           2-O-methyl-L-xylaric acid ではない)
 4 |
   COOH
```

P-102.5.6.6.5.2　酒石酸は，母体のアルドースであるエリトロースおよびトレオースに対応するアルダル酸を表す保存名であり，*R* および *S* は酒石酸の立体配置を示すための優先的な立体表示記号である．塩およびエステルは tartrate とよばれる．

例：

```
   COOH        (2R,3R)-2,3-ジヒドロキシブタン二酸
   |           (2R,3R)-2,3-dihydroxybutanedioic acid
H-C-OH         (2R,3R)-酒石酸　(2R,3R)-tartaric acid
   |           L-トレアル酸　L-threaric acid
HO-C-H         (＋)-酒石酸　(＋)-tartaric acid
   |
   COOH
```

```
   COOH        (2S,3S)-2,3-ジヒドロキシブタン二酸
   |           (2S,3S)-2,3-dihydroxybutanedioic acid
HO-C-H         (2S,3S)-酒石酸　(2S,3S)-tartaric acid
   |           D-トレアル酸　D-threaric acid
H-C-OH         (－)-酒石酸　(－)-tartaric acid
   |
   COOH
```

```
   COOH        (2R,3S)-2,3-ジヒドロキシブタン二酸
   |           (2R,3S)-2,3-dihydroxybutanedioic acid
H-C-OH         (2R,3S)-酒石酸　(2R,3S)-tartaric acid
   |           エリトラル酸　erythraric acid
H-C-OH         meso-酒石酸　meso-tartaric acid
   |
   COOH
```

P-102.5.6.6.5.3　カルボキシ基を修飾してできるエステル，アミド，ヒドラジド，ニトリル，アミド酸などのアルダル酸の誘導体は，P-102.5.6.6.2.1，P-65 および P-66 に述べた方法により命名する．

例：

```
   CO-O-CH₃
   |
H-C-OH
   |
HO-C-H
   |
HO-C-H
   |
HO-C-H
   |
   COOH
L-アルトラル酸水素 1-メチル
1-methyl hydrogen L-altrarate
```

```
   COOH
   |
H-C-OH
   |
HO-C-H
   |
HO-C-H
   |
HO-C-H
   |
   CO-O-CH₃
L-アルトラル酸水素 6-メチル
6-methyl hydrogen L-altrarate
```

972   P-10 天然物および関連化合物の母体構造

```
 1COOH
H-C-OH
HO-C-H
H-C-OH
H-C-OH
  CO-NH2
```
6-アミノ-6-デオキシ-6-オキソ-D-グルコン酸
6-amino-6-deoxy-6-oxo-D-gluconic acid
D-グルカル-6-アミド酸
D-glucar-6-amic acid

```
 1CO-O-CH3
H-C-OH
HO-C-H
H-C-OH
H-C-OH
  CO-NH2
```
6-アミノ-6-デオキシ-6-オキソ-D-グルコン酸メチル
methyl 6-amino-6-deoxy-6-oxo-D-gluconate
D-グルカル-6-アミド酸 1-メチル
1-methyl D-glucar-6-amate

P-102.5.6.7 無水物 無水物は，単糖の分子内または分子間誘導体である．

P-102.5.6.7.1 分子内無水物 分子内エーテル（通常分子内無水物とよばれる）は，形式的には単糖（アルドース，ケトース）または単糖誘導体の1個の分子中の二つのヒドロキシ基から水の除去によって生じるが，その名称は二つのヒドロキシ基の位置を示す1組の位置番号を前に置き，その後に分離可能接頭語 アンヒドロ anhydro を付けた単糖名を置いて命名する．

例：

1,5-アンヒドロ-D-ガラクチトール
1,5-anhydro-D-galactitol
(2R,3R,4R,5S)-2-(ヒドロキシメチル)オキサン-3,4,5-トリオール
(2R,3R,4R,5S)-2-(hydroxymethyl)oxane-3,4,5-triol

3,6-アンヒドロ-2,4,5-トリ-O-メチル-D-グルコース
3,6-anhydro-2,4,5-tri-O-methyl-D-glucose
(2R)-2-[(2S,3R,4R)-3,4-ジメトキシオキソラン-2-イル]-2-メトキシアセトアルデヒド
(2R)-2-[(2S,3R,4R)-3,4-dimethoxyoxolan-2-yl]-2-methoxyacetaldehyde

P-102.5.6.7.2 分子間無水物 2個の単糖分子から，水分子2個の除去を伴う縮合で生じる環状生成物（通常分子間無水物とよばれる）は，二つの母体単糖の名称の後に用語 二無水物 dianhydride を置くことによって命名する．二つの母体が異なる場合は，母体構造を選定するための選定基準（P-102.4 参照）に従って，優先順位の高い母体を最初に記載する．各無水物結合の位置は，関与する二つのヒドロキシ基の位置を示す1組の位置番号によって示し，そのうち2番目に名称を記した単糖の位置番号にはプライムを付ける．1組の位置番号は，用語 dianhydride の直前に置く．

例：

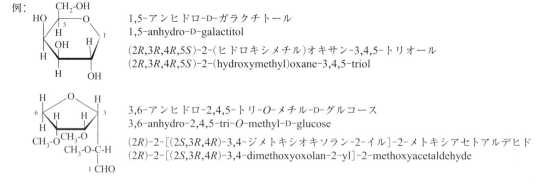

α-D-フルクトピラノース β-D-フルクトピラノース 1,2′:1′,2-二無水物
α-D-fructopyranose β-D-fructopyranose 1,2′:1′,2-dianhydride
〔α-D-fructopyranose を最初に記す．P-102.4(c)により α は β に優先する〕
(3R,4R,5S,6R,9S,12R,13R,14S)-1,7,10,15-テトラオキサ
　　　　　ジスピロ[5.2.5^9.2^6]ヘキサデカン-3,4,5,12,13,14-ヘキサオール
(3R,4R,5S,6R,9S,12R,13R,14S)-1,7,10,15-
　　　　　tetraoxadispiro[5.2.5^9.2^6]hexadecane-3,4,5,12,13,14-hexol

P-102 炭水化物の命名法 973

P-102.6 単糖類と置換誘導体

> P-102.6.1 グリコシル基
> P-102.6.2 グリコシル基以外の置換基

P-102.6.1 グリコシル基

> P-102.6.1.1 グリコシル基　　　　　　　P-102.6.1.4 *C*-グリコシル化合物
> P-102.6.1.2 *O*-グリコシル化合物　　　P-102.6.1.5 グリコシルハロゲン化物,
> P-102.6.1.3 *N*-グリコシル化合物　　　　　　　　　　擬ハロゲン化物およびエ
> 　　　　　　（グリコシルアミン類）　　　　　　　　ステル

P-102.6.1.1 グリコシル基

P-102.6.1.1.1 　　環状単糖からアノマー位のヒドロキシ基を除去して生成する置換基は，単糖名の末尾の文字 e を yl により置き換えて命名する．グリコシル残基という用語は，炭水化物命名法において使用される．この種の用語は，母体構造ではない場合のグリコシドおよびオリゴ糖の命名に広く使われる．

　遊離原子価の位置を示すための位置番号をこの置換基の名称に付けることはない．体系名において環状置換基に対して推奨されるように，波線は遊離原子価を示す．

例： 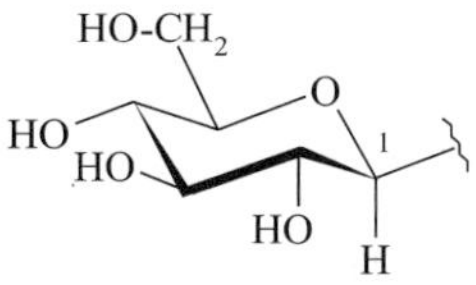
β-D-グルコピラノシル
β-D-glucopyranosyl
（1 位の水素原子が示してある）

P-102.6.1.1.2 　　水素原子の除去によって遊離原子価が 1 位の炭素に生じる場合，その置換基をグリコシル基と命名するが，ヒドロキシ基の存在は 1 位の炭素における置換というかたちで示す．この場合，立体表示記号 α または β は，−OH 基ではなく遊離原子価を対象とする．

例： 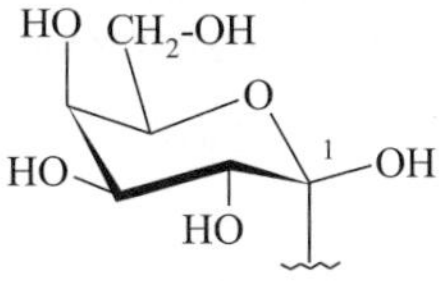
1-ヒドロキシ-α-D-ガラクトピラノシル
1-hydroxy-α-D-galactopyranosyl

P-102.6.1.2 *O*-グリコシル化合物 　　アノマー位の −OH 基から水素原子を除去して生じる置換基はグリコシル基とオキシ基により形成される複合置換基とみなす．以下の例では，単糖またはアグリコン成分のいずれに主特性基を割当てるかを決定するために，化合物種類の優先順位を用いて名称をつくる．

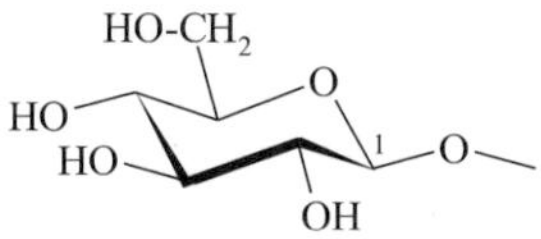

β-D-グルコピラノシルオキシ
β-D-glucopyranosyloxy

例： 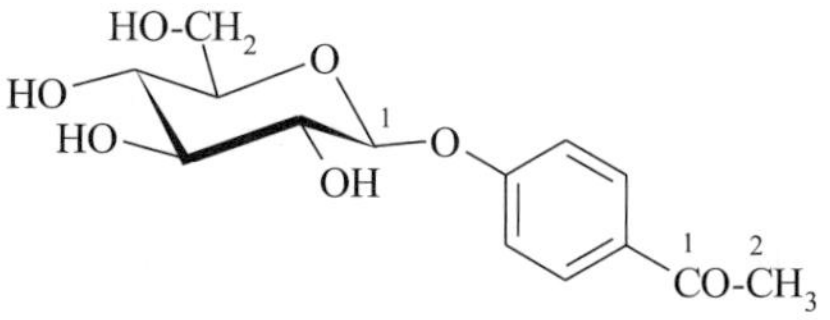
1-[4-(β-D-グルコピラノシルオキシ)フェニル]エタン-1-オン
1-[4-(β-D-glucopyranosyloxy)phenyl]ethan-1-one
　〔4'-(β-D-glucopyranosyloxy)acetophenone ではない．
　acetophenone は置換が認められない(P-64.2.2.1 参照)．
　4-acetylphenyl β-D-glucopyranoside ではない．
　ケトンはヒドロキシ基に優先する〕

974   P-10 天然物および関連化合物の母体構造

21β-カルボキシ-11-オキソ-30-ノルオレアン-12-エン-3β-イル(2-O-β-D-グルコピラノシルウロン酸)-
α-D-グルコピラノシドウロン酸
21β-carboxy-11-oxo-30-norolean-12-en-3β-yl (2-O-β-D-glucopyranosyluronic acid)-
α-D-glucopyranosiduronic acid

4-[(2R)-2-アミノ-3-ヒドロキシ-2-メチルプロパンアミド]-N-{1-[(2R,5S,6R)-5-{[4,6-ジデオキシ-
4-(ジメチルアミノ)-α-D-グルコピラノシル]オキシ}-6-メチルオキサン-2-イル]-
2-オキソ-1,2-ジヒドロピリミジン-4-イル}ベンズアミド
4-[(2R)-2-amino-3-hydroxy-2-methylpropanamido]-N-{1-[(2R,5S,6R)-5-{[4,6-dideoxy-
4-(dimethylamino)-α-D-glucopyranosyl]oxy}-6-methyloxan-2-yl]-
2-oxo-1,2-dihydropyrimidin-4-yl}benzamide

説明: 主官能基はアミドである. 環状アミドであるベンズアミドは, 鎖状アミドであるプ
ロパンアミドに優先する.

P-102.6.1.3　N-グリコシル化合物（グリコシルアミン類）　　N-グリコシル誘導体は, グリコシルアミン gly-
cosylamine として命名する.

例:

α-D-フルクトピラノシルアミン
α-D-fructopyranosylamine

P-102.6.1.4　C-グリコシル化合物　　形式的に, グリコシド性ヒドロキシ基と炭素原子に結合する水素原子
から水を除去して(したがって C–C 結合を生成する)生じる化合物は, 該当するグリコシル基を用いて命名する.

例：

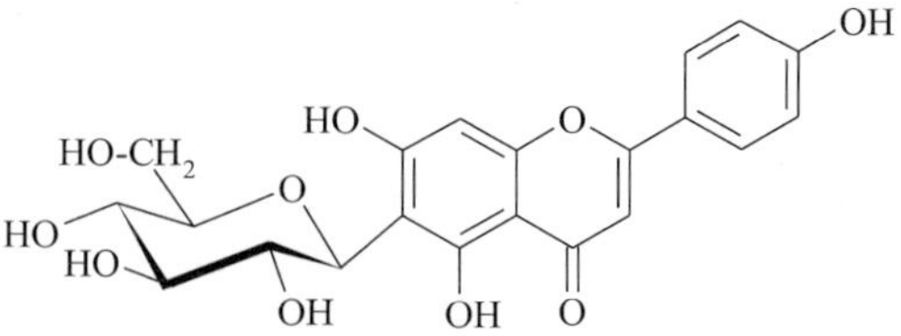

6-(β-D-グルコピラノシル)-5,7-ジヒドロキシ-2-(4-ヒドロキシフェニル)-4H-クロメン-4-オン
6-(β-D-glucopyranosyl)-5,7-dihydroxy-2-(4-hydroxyphenyl)-4H-chromen-4-one
6-(β-D-グルコピラノシル)-5,7-ジヒドロキシ-2-(4-ヒドロキシフェニル)-4H-1-ベンゾピラン-4-オン
6-(β-D-glucopyranosyl)-5,7-dihydroxy-2-(4-hydroxyphenyl)-4H-1-benzopyran-4-one
6-(β-D-グルコピラノシル)-4′,5,7-ジヒドロキシフラボン
6-(β-D-glucopyranosyl)-4′,5,7-dihydroxyflavone

P-102.6.1.5　グリコシルハロゲン化物，擬ハロゲン化物およびエステル　　グリコシルハロゲン化物および擬ハロゲン化物は，官能種類命名法を用い，化合物種類名 クロリド chloride，イソシアナート isocyanate などを別個の単語として，該当するグリコシル基の名称に付加することにより命名する．オキソ酸の 1 位のエステルは，他の位置のエステルについて述べたのと同様に扱う(P-102.5.6.1 参照).

例：

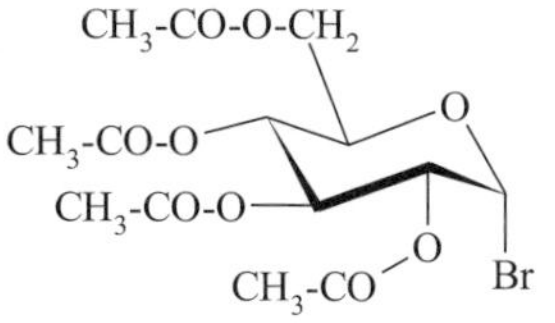

2,3,4,6-テトラ-O-アセチル-α-D-グルコピラノシルブロミド
2,3,4,6-tetra-O-acetyl-α-D-glucopyranosyl bromide

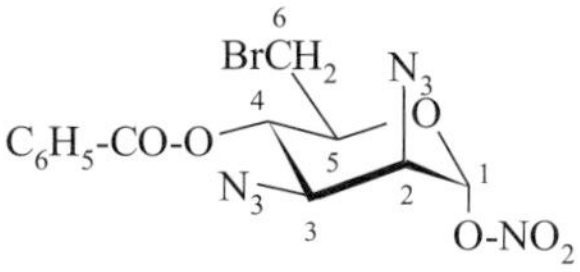

2,3-ジアジド-6-ブロモ-2,3,6-トリデオキシ-
　α-D-マンノピラノース 4-ベンゾアート 1-ニトラート
2,3-diazido-6-bromo-2,3,6-trideoxy-
　α-D-mannopyranose 4-benzoate 1-nitrate

P-102.6.2　グリコシル基以外の置換基

　水素原子は，単糖の C1 以外の位置ならどこからでも除去してよい．こうして生じた遊離原子価は接尾語 yl によって示す．しかし，位置番号 1 を省略するグリコシル置換基と区別するために，遊離原子価の位置を示す位置番号が必要である．このような接頭語は，単糖の体系名または慣用名の末尾の文字 e を，n-C-yl, n-O-yl (n は位置番号)で置き換えることによってつくることができる．遊離原子価が，水素原子のみの結合している位置から生じる場合は，記号 C は不要である.

例：

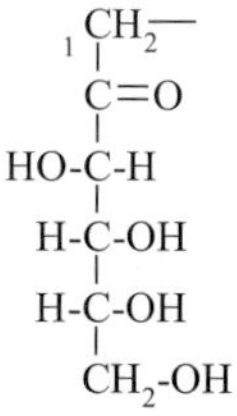

1-デオキシ-D-フルクトス-1-イル
1-deoxy-D-fructos-1-yl

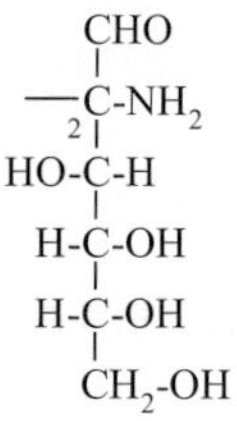

2-アミノ-2-デオキシ-D-グルコス-2-C-イル
2-amino-2-deoxy-D-glucos-2-C-yl

```
    CHO
  ─COH
      2
HO-C-H      D-グルコス-2-C-イル
 H-C-OH     D-glucos-2-C-yl
 H-C-OH
    CH₂-OH
```

メチル β-D-リボピラノシド-2-O-イル
methyl β-D-ribopyranosid-2-O-yl

(β-D-グルコピラノス-2-O-イル)酢酸
(β-D-glucopyranos-2-O-yl)acetic acid
〔2-O-(carboxymethyl)-β-D-glucopyranose ではない．
この名称は，P-102.6.1.2 に従っていない．カルボン酸
は，ヒドロキシ化合物に優先する〕

P-102.7　二糖類およびオリゴ糖

二糖類およびオリゴ糖類の名称は，単糖類について上述した原理，規則，慣用によってつくる．

```
P-102.7.1  二 糖 類
P-102.7.2  オリゴ糖
```

P-102.7.1　二 糖 類

P-102.7.1.1　遊離のヘミアセタール基をもたない二糖類　二つのグリコシド性(アノマー位の)ヒドロキシ基から，1分子の水を除去して生成したとみなすことができる二糖類は，グリコシルグリコシド glycosylglycoside と命名する．グリコシドと記す母体は，P-102.4 に述べた基準に従って選定する．アノマー位の立体表示記号は，どちらも名称中に表示しなければならない．

例：

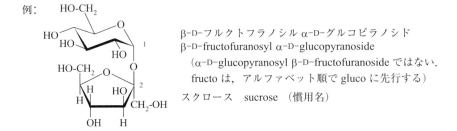

β-D-フルクトフラノシル α-D-グルコピラノシド
β-D-fructofuranosyl α-D-glucopyranoside
　(α-D-glucopyranosyl β-D-fructofuranoside ではない．
　fructo は，アルファベット順で gluco に先行する)
スクロース　sucrose　(慣用名)

P-102.7.1.2　遊離のヘミアセタール基をもつ二糖類　グリコシド性(アノマー位の)ヒドロキシ基一つとアルコール性ヒドロキシ基一つから，1分子の水を除去して生成するとみなせる二糖類は，グリコシルグリコース glycosylglycose と命名する．完全な名称には，位置番号とアノマー位の立体表示記号を記載しなければならない．

位置番号を記載するために定められた方法が二つある．

(1) グリコシル成分の位置番号からグリコース成分の位置番号に向けた矢印を番号とともに丸括弧内に入れ，成分の間に記す．

P-102 炭水化物の命名法 977

(2) グリコシル成分の前に置換位置を記す.

例:

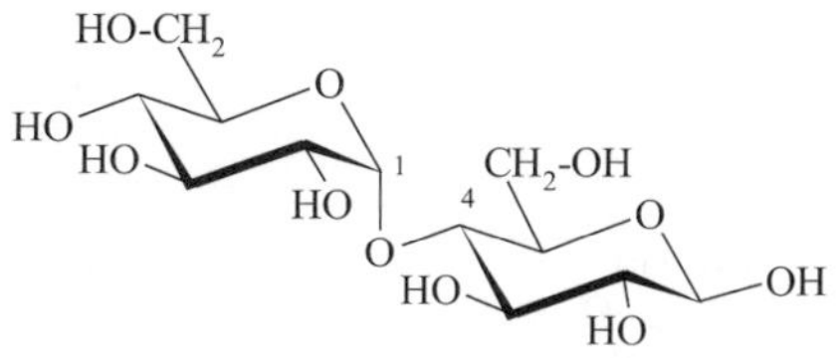

(1) α-D-グルコピラノシル-(1→4)-β-D-グルコピラノース
α-D-glucopyranosyl-(1→4)-β-D-glucopyranose

(2) 4-*O*-α-D-グルコピラノシル-β-D-グルコピラノース
4-*O*-α-D-glucopyranosyl-β-D-glucopyranose

β-マルトース β-maltose
（慣用名, β-D-maltose ではない）

P-102.7.2 オ リ ゴ 糖

オリゴ糖は，一般に複数の単糖単位を含む多成分糖である．単位数に従って，三糖，四糖などとよばれる．多糖類となる下限の単位数は決まっていない.

P-102.7.2.1 遊離のヘミアセタール基をもたないオリゴ糖　　たとえば三糖は，必要に応じて glycosylglycosyl glycoside または glycosyl glycosylglycoside と命名する．アノマー位を通じて結合する二つの残基のうち，いずれをグリコシド部分として記載するかの選定は，P-102.4 をもとに行うことができる．他の方法としては，P-102.4 によらず，順を追って(端から端まで)命名する方式を用いてもよい．名称は，二糖類の命名において推奨されている方法によりつくる.

例:

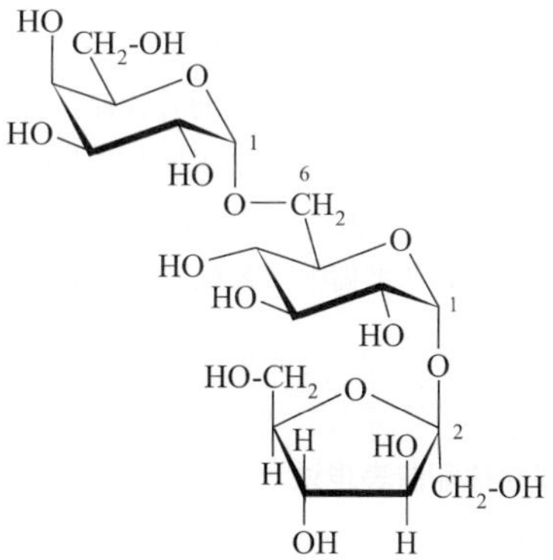

β-D-フルクトフラノシル α-D-ガラクトピラノシル-(1→6)-α-D-グルコピラノシド
β-D-fructofuranosyl α-D-galactopyranosyl-(1→6)-α-D-glucopyranoside
（グリコシドとして，フルクトースでなくグルコースを選択する）

α-D-ガラクトピラノシル-(1→6)-α-D-グルコピラノシル β-D-フルクトフラノシド
α-D-galactopyranosyl-(1→6)-α-D-glucopyranosyl β-D-fructofuranoside
（並び順による方法）

ラフィノース raffinose （慣用名）

P-102.7.2.2 遊離のヘミアセタール基をもつオリゴ糖　　このタイプのオリゴ糖は，グリコース部分を母体とし，glycosyl[glycosyl]$_n$glycose と命名する．慣用的な描き方では，グリコース部分を右側に置く．名称は，P-102.7.2.1 に述べたようにつくる.

例：

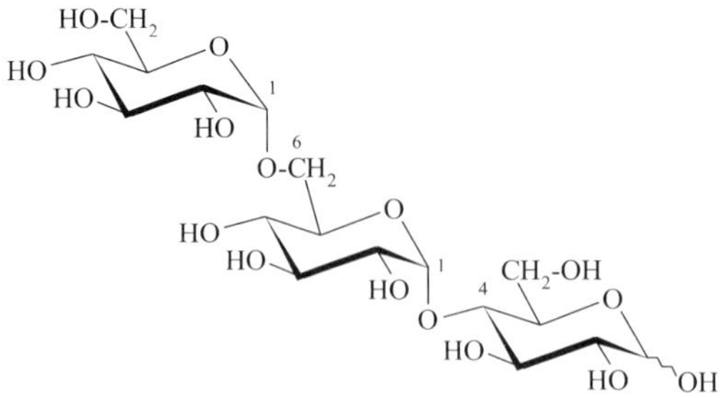

α-D-グルコピラノシル-(1→6)-α-D-グルコピラノシル-(1→4)-D-グルコピラノース
α-D-glucopyranosyl-(1→6)-α-D-glucopyranosyl-(1→4)-D-glucopyranose

パノース　panose　（慣用名）

P-103　アミノ酸とペプチド　　　"日本語名称のつくり方"も参照

P-103.0　はじめに	P-103.2　アミノ酸の誘導体
P-103.1　アミノ酸の名称，番号付け 　　　　　および立体配置表現法	P-103.3　ペプチドの命名法

P-103.0　はじめに

　この節は，ペプチドおよびタンパク質の構成要素であるアミノ酸の命名法について述べる．アミノ酸は，表10・4に一覧表示した保存名をもつ官能性母体である．あまり一般的でないアミノ酸にも保存名がある(表10・5参照)．アミノ酸の命名法には，二つのタイプの名称がある．官能性母体の保存名に基づく名称(官能基化および置換には制限がある)と，それ以外のすべての化合物に対する体系的置換名である．

　これらのアミノ酸およびペプチドの命名法は，"アミノ酸とペプチドの命名法と記号体系"(参考文献18)に記されている．環状ペプチドの命名法に関する文書は出版準備中である．この節では，命名法はこれらのアミノ酸とペプチドおよびその誘導体に限って述べる．

P-103.1　アミノ酸の名称，番号付けおよび立体配置表現法

P-103.1.1　保存名と体系名
P-103.1.2　α-アミノカルボン酸の番号付け
P-103.1.3　α-アミノカルボン酸の立体配置

P-103.1.1　保存名と体系名

P-103.1.1.1　一般的なアミノ酸の保存名
P-103.1.1.2　あまり一般的でないアミノ酸の保存名
P-103.1.1.3　体系的置換名

P-103 アミノ酸とペプチド

P-103.1.1.1 一般的なアミノ酸の保存名　　通常のタンパク質中に見られ，遺伝子コードに表される α-アミノ酸の保存名を，その体系名，記号(3 文字および 1 文字)および構造式とともに表 10·4 に示す．一部のあまり一般的でないアミノ酸については，P-103.1.1.2 で論じ，表 10·5 に一覧表示する．

表 10·4　一般的な α-アミノ酸の保存名

保存名 体系名	記　号		構造式
	3 文字	1 文字	
アラニン　alanine 2-アミノプロパン酸 2-aminopropanoic acid	Ala	A	$CH_3\text{-}CH(NH_2)\text{-}COOH$
アルギニン　arginine 2-アミノ-5-(カルバモイミドイルアミノ)ペンタン酸 2-amino-5-(carbamimidoylamino)pentanoic acid	Arg	R	$H_2N\text{-}C(=NH)\text{-}NH\text{-}[CH_2]_3\text{-}CH(NH_2)\text{-}COOH$
アスパラギン　asparagine 2,4-ジアミノ-4-オキソブタン酸 2,4-diamino-4-oxobutanoic acid	Asn	N	$H_2N\text{-}CO\text{-}CH_2\text{-}CH(NH_2)\text{-}COOH$
アスパラギン酸　aspartic acid 2-アミノブタン二酸 2-aminobutanedioic acid	Asp	D	$HOOC\text{-}CH_2\text{-}CH(NH_2)\text{-}COOH$
システイン　cysteine 2-アミノ-3-スルファニルプロパン酸 2-amino-3-sulfanylpropanoic acid	Cys	C	$HS\text{-}CH_2\text{-}CH(NH_2)\text{-}COOH$
グルタミン　glutamine 2,5-ジアミノ-5-オキソペンタン酸 2,5-diamino-5-oxopentanoic acid	Gln	Q	$H_2N\text{-}CO\text{-}[CH_2]_2\text{-}CH(NH_2)\text{-}COOH$
グルタミン酸　glutamic acid 2-アミノペンタン二酸 2-aminopentanedioic acid	Glu	E	$HOOC\text{-}[CH_2]_2\text{-}CH(NH_2)\text{-}COOH$
グリシン　glycine アミノ酢酸　aminoacetic acid	Gly	G	$H_2N\text{-}CH_2\text{-}COOH$
ヒスチジン　histidine 2-アミノ-3-(1H-イミダゾール-4-イル)プロパン酸 2-amino-3-(1H-imidazol-4-yl)propanoic acid	His	H	(構造式)
イソロイシン　isoleucine (2S,3S)-2-アミノ-3-メチルペンタン酸 (2S,3S)-2-amino-3-methylpentanoic acid 　(立体配置表示については，P-103.1.3.2.1 を参照)	Ile	I	$CH_3\text{-}CH_2\text{-}CH(CH_3)\text{-}CH(NH_2)\text{-}COOH$
ロイシン　leucine 2-アミノ-4-メチルペンタン酸 2-amino-4-methylpentanoic acid	Leu	L	$(CH_3)_2CH\text{-}CH_2\text{-}CH(NH_2)\text{-}COOH$
リシン　lysine 2,6-ジアミノヘキサン酸 2,6-diaminohexanoic acid	Lys	K	$H_2N\text{-}[CH_2]_4\text{-}CH(NH_2)\text{-}COOH$
メチオニン　methionine 2-アミノ-4-(メチルスルファニル)ブタン酸 2-amino-4-(methylsulfanyl)butanoic acid	Met	M	$CH_3\text{-}S\text{-}[CH_2]_2\text{-}CH(NH_2)\text{-}COOH$
フェニルアラニン　phenylalanine 2-アミノ-3-フェニルプロパン酸 2-amino-3-phenylpropanoic acid	Phe	F	$C_6H_5\text{-}CH_2\text{-}CH(NH_2)\text{-}COOH$

表 10·4 （つづき）

保存名 体系名	記号 3文字	記号 1文字	構造式
プロリン proline ピロリジン-2-カルボン酸 pyrrolidine-2-carboxylic acid	Pro	P	
セリン serine 2-アミノ-3-ヒドロキシプロパン酸 2-amino-3-hydroxypropanoic acid	Ser	S	$HO\text{-}CH_2\text{-}CH(NH_2)\text{-}COOH$
トレオニン threonine (2S,3R)-2-アミノ-3-ヒドロキシブタン酸 (2S,3R)-2-amino-3-hydroxybutanoic acid 　（立体配置表示については, P-103.1.3.2.1 を参照）	Thr	T	$CH_3\text{-}CH(OH)\text{-}CH(NH_2)\text{-}COOH$
トリプトファン tryptophan 2-アミノ-3-(1H-インドール-3-イル)プロパン酸 2-amino-3-(1H-indol-3-yl)propanoic acid	Trp	W	
チロシン tyrosine 2-アミノ-3-(4-ヒドロキシフェニル)プロパン酸 2-amino-3-(4-hydroxyphenyl)propanoic acid	Tyr	Y	
バリン valine 2-アミノ-3-メチルブタン酸 2-amino-3-methylbutanoic acid	Val	V	$(CH_3)_2CH\text{-}CH(NH_2)\text{-}COOH$
特定されないアミノ酸	Xaa	X	

P-103.1.1.2　あまり一般的でないアミノ酸の保存名　　他のあまり一般的でない保存名とその記号を表 10·5 に示す．あまり一般的でないアミノ酸の名称を完全に記述するためには，"アミノ酸とペプチドの命名法と記号 体系"（参考文献 18）を参照してほしい．

表 10·5　アミノ酸の保存名（表 10·4 に一覧表示された以外のもの）

保存名 体系名	記号	構造式
β-アラニン β-alanine 3-アミノプロパン酸 3-aminopropanoic acid	βAla	$H_2N\text{-}CH_2\text{-}CH_2\text{-}COOH$
アロイソロイシン alloisoleucine 2-アミノ-3-メチルペンタン酸 2-amino-3-methylpentanoic acid 　（立体配置表示については P-103.1.3.2.1 を参照）	aIle	$CH_3\text{-}CH_2\text{-}CH(CH_3)\text{-}CH(NH_2)\text{-}COOH$
アロトレオニン allothreonine 2-アミノ-3-ヒドロキシブタン酸 2-amino-3-hydroxybutanoic acid 　（立体配置表示については P-103.1.3.2.1 を参照）	aThr	$CH_3\text{-}CH(OH)\text{-}CH(NH_2)\text{-}COOH$
アリシン allysine 2-アミノ-6-オキソヘキサン酸 2-amino-6-oxohexanoic acid	——	$OHC\text{-}[CH_2]_3\text{-}CH(NH_2)\text{-}COOH$

P-103 アミノ酸とペプチド

表 10·5 （つづき）

保存名 体系名	記　号	構造式
シトルリン　citrulline N^5-カルバモイルオルニチン N^5-carbamoylornithine	Cit	$NH_2\text{-}CO\text{-}NH\text{-}[CH_2]_3\text{-}CH(NH_2)\text{-}COOH$
シスタチオニン　cystathionine S-(2-アミノ-2-カルボキシエチル)ホモシステイン S-(2-amino-2-carboxyethyl)homocysteine	Ala | Hcy	$HOOC\text{-}CH(NH_2)\text{-}CH_2\text{-}CH_2\text{-}S\text{-}$ $\qquad\qquad CH_2\text{-}CH(NH_2)\text{-}COOH$
システイン酸　cysteic acid 3-スルホアラニン　3-sulfoalanine 2-アミノ-3-スルホプロパン酸 2-amino-3-sulfopropanoic acid	Cya	$HO_3S\text{-}CH_2\text{-}CH(NH_2)\text{-}COOH$
シスチン　cystine 3,3′-ジスルファンジイルジアラニン 3,3′-disulfanediyldialanine	Cys | Cys	$S\text{-}CH_2\text{-}CH(NH_2)\text{-}COOH$ $S\text{-}CH_2\text{-}CH(NH_2)\text{-}COOH$
ドーパ　dopa 3-ヒドロキシチロシン 3-hydroxytyrosine	――	
ホモシステイン　homocysteine 2-アミノ-4-スルファニルブタン酸 2-amino-4-sulfanylbutanoic acid	Hcy	$HS\text{-}CH_2\text{-}CH_2\text{-}CH(NH_2)\text{-}COOH$
ホモセリン　homoserine 2-アミノ-4-ヒドロキシブタン酸 2-amino-4-hydroxybutanoic acid	Hse	$HO\text{-}CH_2\text{-}CH_2\text{-}CH(NH_2)\text{-}COOH$
ホモセリンラクトン　homoserine lactone 3-アミノオキソラン-2-オン 3-aminooxolan-2-one	Hsl	
ランチオニン　lanthionine 3,3′-スルファンジイルジアラニン 3,3′-sulfanediyldialanine	Ala | Cys	$CH_2\text{-}CH(NH_2)\text{-}COOH$ $S\text{-}CH_2\text{-}CH(NH_2)\text{-}COOH$
オルニチン　ornithine 2,5-ジアミノペンタン酸 2,5-diaminopentanoic acid	Orn	$H_2N\text{-}[CH_2]_3\text{-}CH(NH_2)\text{-}COOH$
5-オキソプロリン　5-oxoproline 5-オキソピロリジン-2-カルボン酸 5-oxopyrrolidine-2-carboxylic acid	Glp	
サルコシン　sarcosine N-メチルグリシン　N-methylglycine	Sar	$CH_3\text{-}NH\text{-}CH_2\text{-}COOH$
チロキシン　thyroxine O-(4-ヒドロキシ-3,5-ジヨードフェニル)- 　　　　　3,5-ジヨードチロシン O-(4-hydroxy-3,5-diiodophenyl)-3,5-diiodotyrosine	Thx	

P-103.1.1.3　体系的置換名　　保存名で表示しない場合，アミノ酸には置換命名法の原則，規則，慣用を適用してつくる体系的置換名を与える．

体系的置換名はグリシンおよびアラニンの同族体に適用する．たとえば 2-アミノブタン酸 2-aminobutanoic

acid, 2-アミノペンタン酸 2-aminopentanoic acid（以前はノルバリン norvaline），2-アミノヘキサン酸 2-amino-hexanoic acid（以前はノルロイシン norleucine)である．対応する 3 文字記号は，Abu, Ape, Ahx である．CIP 立体表示記号である R と S は，C2 の立体配置を示すのに使う．これらの酸とその記号については，参考文献 18 のCP-13 で説明されている．名称ノルバリンおよびノルロイシンは推奨しない（参考文献 18，3AA-15.2.3 参照）．

例：

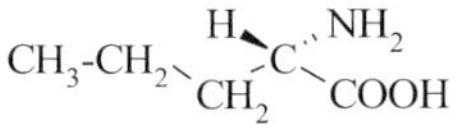

$$CH_3\text{-}CH_2\diagdown\overset{H}{\underset{CH_2}{C}}\diagup\overset{NH_2}{\underset{COOH}{}}$$

(2S)-2-アミノペンタン酸
(2S)-2-aminopentanoic acid
（3 文字記号：Ape)

P-103.1.2　α-アミノカルボン酸の番号付け

鎖状アミノ酸において，アミノ基が結合した炭素原子に隣接するカルボキシ基の炭素原子を 1 と番号付けする．あるいは，C2 を α と指定するように，ギリシャ文字を使うこともある．

$$\underset{\varepsilon}{\overset{6}{H_2N\text{-}CH_2}}\text{-}\underset{\delta}{\overset{5}{CH_2}}\text{-}\underset{\gamma}{\overset{4}{CH_2}}\text{-}\underset{\beta}{\overset{3}{CH_2}}\text{-}\underset{\alpha}{\overset{2}{CH(NH_2)}}\text{-}\overset{1}{COOH}$$

特性基中のヘテロ原子は，結合する炭素原子と同じ番号をもつ．たとえば，N2 は C2 上にある．このように数字を位置番号として使う場合，上付き文字として，たとえば N^2-アセチルリジン N^2-acetyllysine のように表示する（P-103.2.1 参照)．

バリンのメチル基の炭素原子は，4 および 4′ と番号付けし，同様にロイシンの場合は 5 および 5′ となる．イソロイシンは，以下のように番号付けする．

$$\underset{5}{CH_3}\text{-}\underset{4}{CH_2}\text{-}\underset{3}{\overset{\overset{3'}{CH_3}}{CH}}\text{-}\underset{2}{CH(NH_2)}\text{-}\underset{1}{COOH}$$
イソロイシン　isoleucine

プロリン中の原子はピロリジンと同様に番号付けするので，窒素原子が 1，カルボキシ基の付く炭素が 2 となる．

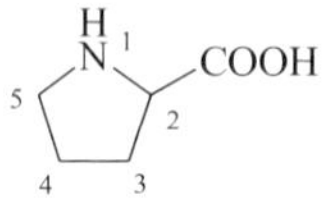

プロリン　proline

フェニルアラニン，チロシンおよびトリプトファンの芳香族環上の炭素原子は，体系的命名法により番号付けする．鎖の炭素原子は以下に示すように，α および β で指定する．

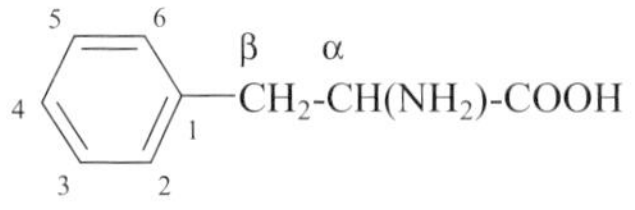

フェニルアラニン　phenylalanine

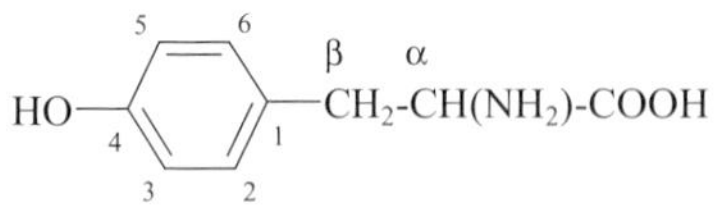

チロシン　tyrosine

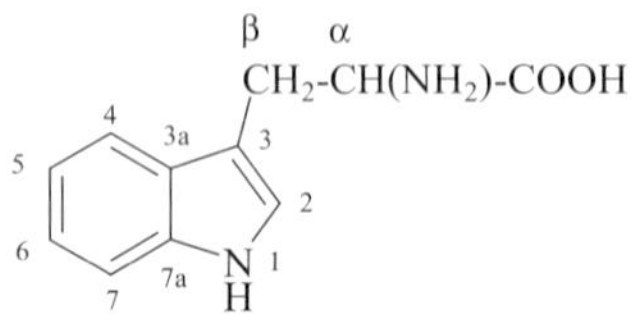

トリプトファン　tryptophan

ヒスチジンの場合は，数詞とギリシャ文字を使って特別に決められた固有の番号付けをする．ギリシャ文字 π

とτを，それぞれ側鎖に近い環の窒素原子と側鎖から遠い環の窒素原子を指定するのに使う．

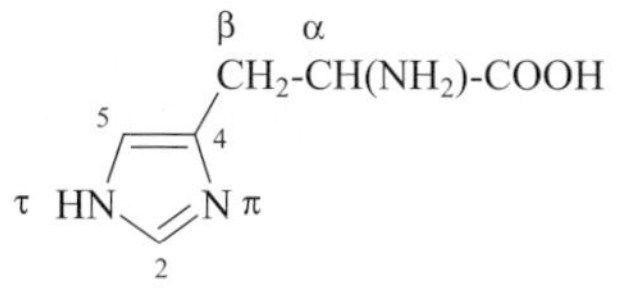

$$\begin{array}{cc} \beta & \alpha \\ CH_2\text{-}CH(NH_2)\text{-}COOH \end{array}$$

ヒスチジン　histidine

P-103.1.3　α-アミノカルボン酸の立体配置

P-103.1.3.1　立体表示記号 D および L　　α-アミノカルボン酸の α-炭素原子における絶対配置は，D-または L-グリセルアルデヒドに対する構造上の関係を示すように，立体表示記号 D または L によって表す．立体表示記号 ξ(ギリシャ文字グサイ)は未詳の立体配置を表す．

アミノ酸の立体配置を示す構造はいくつかの方法で描かれる．L-アラニンについて，Fischer 投影図(P-102.3.1 参照)または並線と楔形の結合(実線または破線)を含む構造式(P-91.1 参照)を下に示したように描いて使用する．

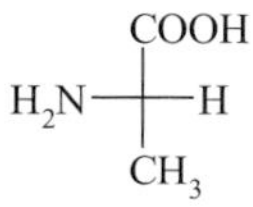

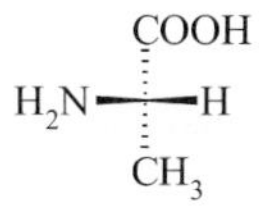

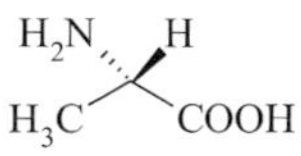

システインが(シスチンも同様．P-103.1.1.2 参照)R 配置をもつことを除いて，L-配置は CIP 体系の S-配置に相当する．

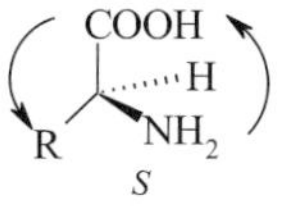

L＝S 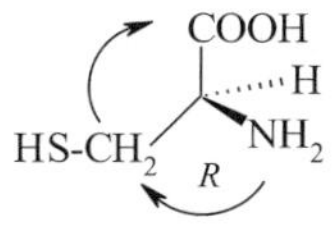　　　　　　　L＝R，システインの場合

D-および L-化合物の等モル量混合物は，ラセミ体 racemate とよばれ，立体表示記号 DL により，たとえば DL-ロイシンのように示す．立体表示記号 DL は *rac* すなわち *rac*-ロイシンよりも優先する．

P-103.1.3.2　α-炭素原子以外のキラリティー中心の立体配置

P-103.1.3.2.1　CIP 立体表示記号の使用　　立体表示記号 R および S は，α-炭素原子以外のキラリティー中心における立体配置を表すために使い，一方で，ペプチド類における立体表示記号との一体性を保てるように(P-103.3.4 参照)，α-炭素原子における立体表示記号 D および L を保存する．立体表示記号の使用について，ここではヒドロキシプロリン類を例にして示す．このヒドロキシプロリン化合物については，アミノ酸固有の命名法および一般命名法において，立体表示記号 *cis* および *trans* を使用することも認められる．

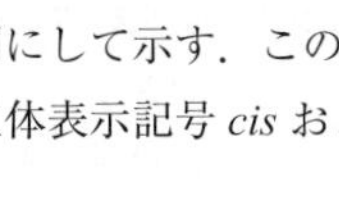

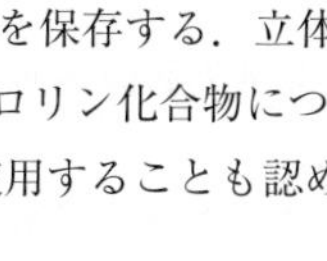

L-プロリン　　L-proline
(2S)-プロリン　　(2S)-proline

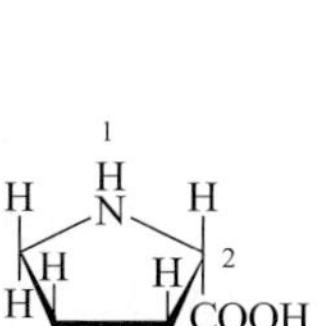

(3R)-3-ヒドロキシ-L-プロリン　　(3R)-3-hydroxy-L-proline
(2S,3R)-3-ヒドロキシプロリン　　(2S,3R)-3-hydroxyproline
cis-3-ヒドロキシ-L-プロリン　　*cis*-3-hydroxy-L-proline

	(3S)-3-ヒドロキシ-L-プロリン	(3S)-3-hydroxy-L-proline
	(2S,3S)-3-ヒドロキシプロリン	(2S,3S)-3-hydroxyproline
	trans-3-ヒドロキシ-L-プロリン	trans-3-hydroxy-L-proline

P-103.1.3.2.2　接頭語アロの使用　　接頭語 アロ allo は，イソロイシンとトレオニンのC3における立体配置が反転した場合に，保存名を修飾するのに使用する．化合物の記号も，それぞれ aIle および aThr に変更する．

L-イソロイシン　L-isoleucine　（記号 Ile, I）
(2S,3S)-2-アミノ-3-メチルペンタン酸
(2S,3S)-2-amino-3-methylpentanoic acid

L-アロイソロイシン　L-alloisoleucine　（記号 aIle）
(2S,3R)-2-アミノ-3-メチルペンタン酸
(2S,3R)-2-amino-3-methylpentanoic acid

L-トレオニン　L-threonine　（記号 Thr, T）
(2S,3R)-2-アミノ-3-ヒドロキシブタン酸
(2S,3R)-2-amino-3-hydroxybutanoic acid

L-アロトレオニン　L-allothreonine　（記号 aThr）
(2S,3S)-2-アミノ-3-ヒドロキシブタン酸
(2S,3S)-2-amino-3-hydroxybutanoic acid

P-103.2　アミノ酸の誘導体

　保存名は，炭素原子および窒素原子上の置換，または酸素原子および硫黄原子の官能化によって生成する塩，エステルおよびアシル基の名称，ならびに誘導体の名称を作成するために使う．

　カルボキシ基 −COOH は，ヒドロキシメチル基 −CH$_2$-OH またはホルミル基 −CHO のようなさまざまな特性基に変換できる．保存アミノ酸名に由来する名称のいくつかは，ペプチドおよびタンパク質の命名法にそって，アミド，アルコール，アルデヒド，さらにはケトンを命名するために使うことを推奨する．

P-103.2.1　位置番号を示すための体系	P-103.2.6　エステル
P-103.2.2　置換基の名称	P-103.2.7　アミド，アニリド，ヒドラジドおよび他の窒素類縁体
P-103.2.3　置換により生成する誘導体	
P-103.2.4　特性基のイオン化	P-103.2.8　アルコール，アルデヒド，ケトンおよびニトリル
P-103.2.5　アシル基	

P-103.2.1　位置番号を示すための体系

　窒素原子，酸素原子または硫黄原子が複数個存在する場合は，それらの原子上の置換を表すために，結合する炭素原子の位置番号の数字を上付き文字として，位置番号 N, O, S とともに使用することを推奨する．P-103.1.2 に述べた対応するα-アミノ酸の番号付けに従って，リシンには位置番号 N^2 および N^6 が，アルギニンには N^α, N^δ, N^ω が，グルタミンには N^2 および N^5 が，アスパラギンには N^2 および N^4 が，ヒスチジンには N^α, N^π, N^τ を推

P-103　アミノ酸とペプチド

奨する．窒素原子が1個しか存在しない場合は，位置番号 N を推奨し，名称中に他の位置番号が出てきても数字の位置番号は省略する.

例:

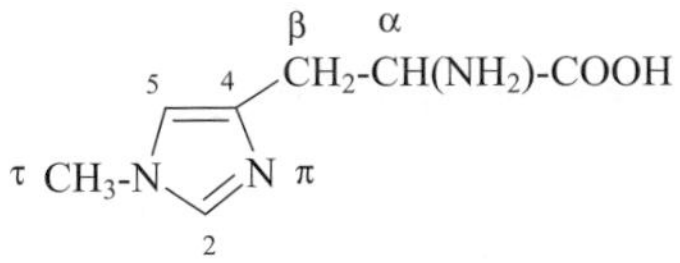

N^τ-メチル-L-ヒスチジン
N^τ-methyl-L-histidine

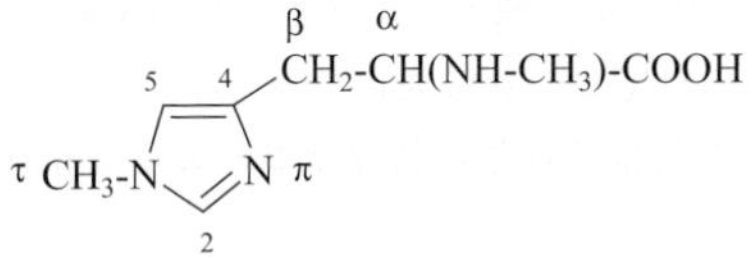

N^α,N^τ-ジメチル-L-ヒスチジン
N^α,N^τ-dimethyl-L-histidine

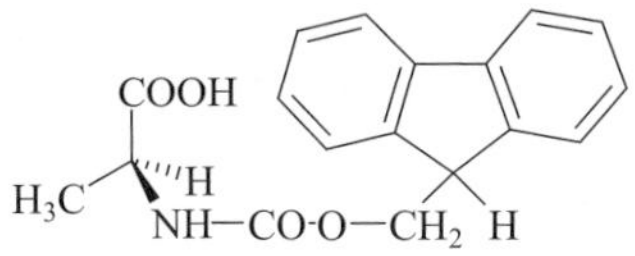

N-[(9H-フルオレン-9-イルメトキシ)カルボニル]-L-アラニン
N-[(9H-fluoren-9-ylmethoxy)carbonyl]-L-alanine

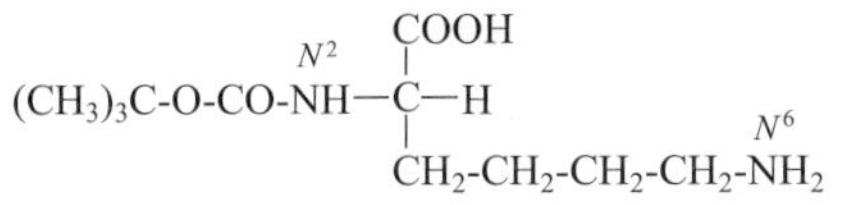

N^2-($tert$-ブトキシカルボニル)-L-リシン
N^2-($tert$-butoxycarbonyl)-L-lysine

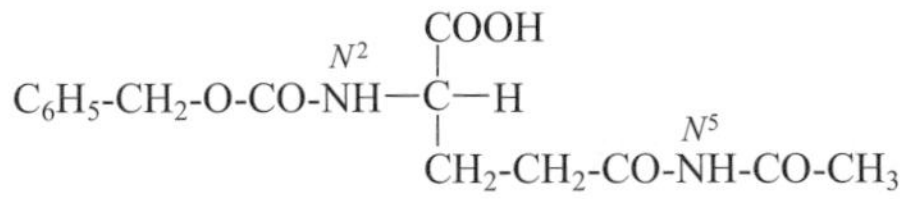

N^5-アセチル- N^2-[(ベンジルオキシ)カルボニル]-L-グルタミン
N^5-acetyl- N^2-[(benzyloxy)carbonyl]-L-glutamine

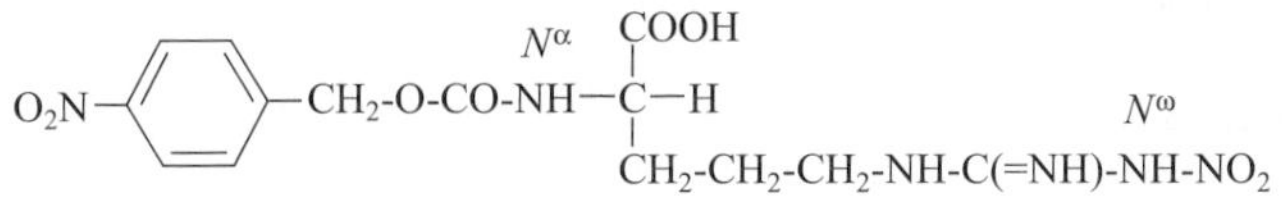

N^α-{[(4-ニトロベンジル)オキシ]カルボニル}-N^ω-ニトロ-L-アルギニン
N^α-{[(4-nitrobenzyl)oxy]carbonyl}-N^ω-nitro-L-arginine

P-103.2.2　置換基の名称

接尾語として記載すべき優先順位の高い特性基があり，α-アミノカルボン酸を置換基として表さなければならない場合，接頭語は以下の原則に従ってつくる.

P-103.2.2.1　　α-アミノカルボン酸の炭素原子上に遊離原子価をもつ置換基は，本勧告のこれまでの章に示した置換命名法の規則，原則，慣用に従ってつくる.

例:

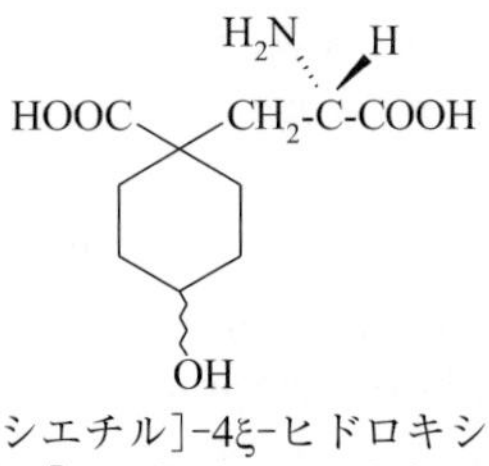

1-[(2S)-2-アミノ-2-カルボキシエチル]-4ξ-ヒドロキシシクロヘキサン-1-カルボン酸
1-[(2S)-2-amino-2-carboxyethyl]-4ξ-hydroxycyclohexane-1-carboxylic acid

N-[(2*S*)-1-ヒドロキシ-3-(1*H*-イミダゾール-4-イル)プロパン-2-イル]アセトアミド
N-[(2*S*)-1-hydroxy-3-(1*H*-imidazol-4-yl)propan-2-yl]acetamide

P-103.2.2.2　窒素原子上に遊離原子価をもつ置換基　　α-アミノカルボン酸のアミノ基から水素原子を除去して生じる窒素原子上に遊離原子価をもつ置換基は，α-アミノ酸名の語尾 e を o に変えてつくる．またトリプトファンの場合は文字 o を付け加え，アスパラギン酸およびグルタミン酸はそれぞれ名称 アスパルト asparto および グルタモ glutamo を使う．

例：　–HN-CH$_2$-COOH　　グリシノ　glycino
　　　　　　　　　　　　　　（カルボキシメチル）アミノ
　　　　　　　　　　　　　　(carboxymethyl)amino

アミノ酸に複数の窒素原子がある場合は，N^x 型の位置番号の使用を推奨する．

例：　–HN-[CH$_2$]$_4$-CH(NH$_2$)-COOH　　N^6-リシノ　　N^6-lysino
　　　　　　　　　　　　　　　　　　　（5-アミノ-5-カルボキシペンチル）アミノ
　　　　　　　　　　　　　　　　　　　(5-amino-5-carboxypentyl)amino

　　　　–HN-C(=NH)-NH-[CH$_2$]$_3$-CH(NH$_2$)-COOH
　　　　　　　　N^ω-アルギニノ　　N^ω-arginino
　　　　　　　　N'-(4-アミノ-4-カルボキシブチル)カルバモイミドイルアミノ
　　　　　　　　N'-(4-amino-4-carboxybutyl)carbamimidoylamino

　　　　–HN-CO-[CH$_2$]$_2$-CH(NH$_2$)-COOH
　　　　　　　　N^5-グルタミノ　　N^5-glutamino
　　　　　　　　4-アミノ-4-カルボキシブタンアミド
　　　　　　　　4-amino-4-carboxybutanamido

P-103.2.2.3　　酸素原子または硫黄原子から水素原子を除去して生じる酸素原子または硫黄原子上に遊離原子価をもつ置換基は α-アミノ酸名の末尾の文字 e を *x*-yl に変えることによって命名する．*x* はたとえば cystein-*S*-yl，threonin-*O*-yl のように，水素原子を除去した原子の元素記号である．

例：　–S-CH$_2$-CH(NH$_2$)-COOH　　システイン-*S*-イル　cystein-*S*-yl
　　　　　　　　　　　　　　　　　（2-アミノ-2-カルボキシエチル）スルファニル
　　　　　　　　　　　　　　　　　(2-amino-2-carboxyethyl)sulfanyl

P-103.2.3　置換により生成する誘導体
　炭素，窒素，酸素および硫黄置換を示すには保存名を使う．炭素原子上の置換は，置換命名法の原則，規則，慣用に従う．数字の位置番号と元素記号 *N*, *O*, *S* により，窒素，酸素，硫黄原子上の置換を示す．リシンでは位置番号 N^2 と N^6 をそれぞれ，2 位と 6 位にある二つのアミノ基を示すのに使う．

例：

5-ヒドロキシトリプトファン
5-hydroxytryptophan

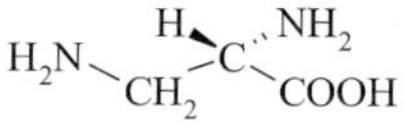

P-103 アミノ酸とペプチド   987

3-アミノ-L-アラニン   3-amino-L-alanine
(2S)-2,3-ジアミノプロパン酸   (2S)-2,3-diaminopropanoic acid
L-2,3-ジアミノプロパン酸   L-2,3-diaminopropanoic acid
(2S)-2-アミノ-β-アラニン   (2S)-2-amino-β-alanine
  （参考文献 18 参照）

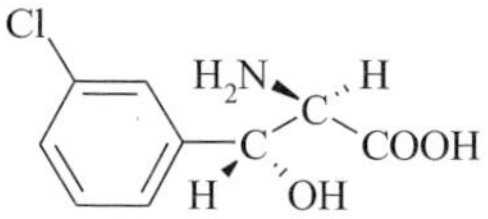

(2R,3R)-2-アミノ-3-(3-クロロフェニル)-3-ヒドロキシプロパン酸
(2R,3R)-2-amino-3-(3-chlorophenyl)-3-hydroxypropanoic acid
(βR)-3-クロロ-β-ヒドロキシ-D-フェニルアラニン
(βR)-3-chloro-β-hydroxy-D-phenylalanine

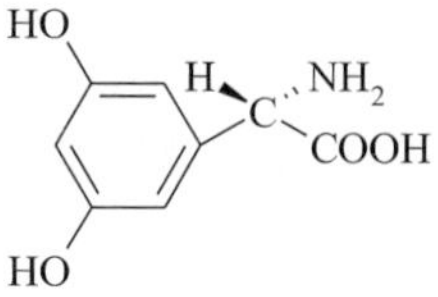

(2S)-2-アミノ-2-(3,5-ジヒドロキシフェニル)酢酸
(2S)-2-amino-2-(3,5-dihydroxyphenyl)acetic acid
2-(3,5-ジヒドロキシフェニル)-L-グリシン
2-(3,5-dihydroxyphenyl)-L-glycine

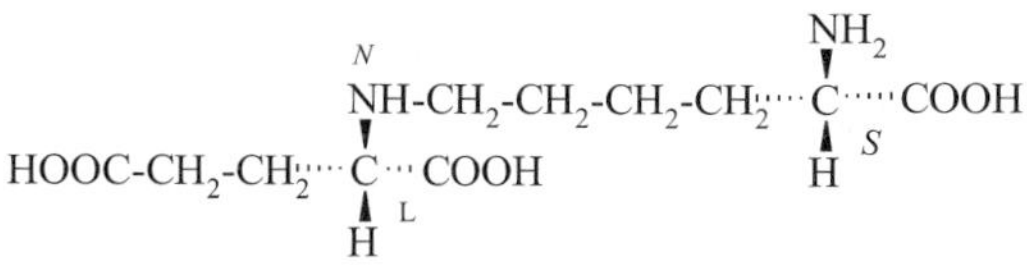

N-［(5S)-5-アミノ-5-カルボキシペンチル］-L-グルタミン酸
N-［(5S)-5-amino-5-carboxypentyl］-L-glutamic acid

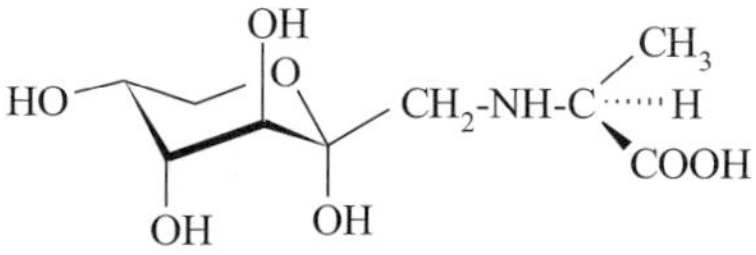

N-(1-デオキシ-α-D-フルクトピラノス-1-イル)-L-アラニン
N-(1-deoxy-α-D-fructopyranos-1-yl)-L-alanine

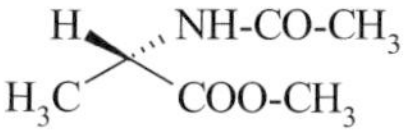

メチル N-アセチル-L-アラニナート
methyl N-acetyl-L-alaninate

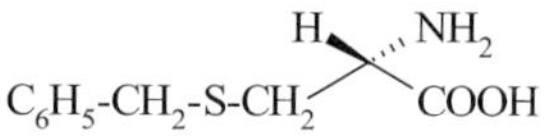

S-ベンジル-L-システイン
S-benzyl-L-cysteine

(HO)₂N-CH₂-COOH   N,N-ジヒドロキシグリシン   N,N-dihydroxyglycine

(HO)₂N-CH(NH₂)-COOCH₃   N-(1-アミノ-2-メトキシ-2-オキソエチル)亜アゾン酸
N-(1-amino-2-methoxy-2-oxoethyl)azonous acid
  〔酸である亜アゾン酸 (HO)₂NH は，エステルに優先する．
  P-67.1.1.1 参照〕

P-103.2.4 　特性基のイオン化

P-103.2.4.1 　中性溶液(pH 7)中におけるモノアミノモノカルボン酸の主要な状態は，R-CH(NH₂)-COOH よりむしろ R-CH(NH₃⁺)-COO⁻ である．それでもなお，表 10・4 および表 10・5 のような慣用的な型を描き，P-7 (P-74.1.3)のようにアミノ酸であるアラニンを 2-アンモニウムイルプロパノアート 2-ammoniumylpropanoate または 2-アンモニオプロパノアート 2-ammoniopropanoate とするよりは，2-アミノプロパン酸 2-aminopropanoic acid と命名する方が便利である．

このことは，

$$NH_3^+\text{-}[CH_2]_4\text{-}CH(NH_2)\text{-}COO^- \quad および \quad NH_2\text{-}[CH_2]_4\text{-}CH(NH_3^+)\text{-}COO^-$$

の双方を相当量含むリシンの溶液のように，ほかにもイオン化基をもつアミノ酸の等電荷型を表すためには，特

にあてはまる.

P-103.2.4.2　アミノ酸のイオン的性質を表現または強調することが望ましい場合，モノアミノモノカルボン酸から得られるカチオンまたはアニオンは下記のように示す. すなわち，アニオンを表す場合は，ic acid または慣用名の末尾 e を語尾 ate に置き換え，tryptophan では名称に ate を付加する.

例：$H_2N\text{-}CH_2\text{-}COO^-$　　グリシナート　glycinate
　　　　　　　　　　　　グリシンアニオン　glycine anion

　　$NH_3^+\text{-}CH_2\text{-}COOH$　　グリシニウム　glycinium
　　　　　　　　　　　　グリシンカチオン　glycine cation

P-103.2.4.3　二つのアミノ基または二つのカルボキシ基をもつアミノ酸に対しては，さらに別の形が必要である.

P-103.2.4.3.1　アスパラギン酸とグルタミン酸の一価のアニオン（厳密には，それぞれ一価の正電荷と二価の負電荷をもつが，本命名法は総電荷に注目する）は，名称の後に電荷を置くか，中和に要するカチオンの数を明記することによって，二価のアニオンと区別することができる.

例：$^-OOC\text{-}CH_2\text{-}CH_2\text{-}CH(NH_2)\text{-}COO^-$　H^+
　　　　　　　　　　　グルタマート(1−)　glutamate(1−)
　　　　　　　　　　　グルタマート水素　hydrogen glutamate
　　　　　　　　　　　グルタミン酸モノアニオン　glutamic acid monoanion

　　$^-OOC\text{-}CH_2\text{-}CH_2\text{-}CH(NH_2)\text{-}COO^-$　Na^+　H^+
　　　　　　　　　　　グルタミン酸ナトリウム(1−)　sodium glutamate(1−)
　　　　　　　　　　　グルタミン酸水素ナトリウム　sodium hydrogen glutamate
　　　　　　　　　　　グルタミン酸一ナトリウム　monosodium glutamate

　　$^-OOC\text{-}CH_2\text{-}CH_2\text{-}CH(NH_2)\text{-}COO^-$
　　　　　　　　　　　グルタマート(2−)　glutamate(2−)
　　　　　　　　　　　グルタミン酸ジアニオン　glutamic acid dianion
　　　　　　　　　　　グルタマート　glutamate
　　　　　　　　　　　（付記事項なし. 名称 glutamate はジアニオンを意味する）

　　$^-OOC\text{-}CH_2\text{-}CH_2\text{-}CH(NH_2)\text{-}COO^-$　$2Na^+$　　グルタミン酸二ナトリウム　disodium glutamate

P-103.2.4.3.2　アスパラギン，グルタミンおよびリシンの一価のカチオン（厳密には，それぞれ二つの正電荷と一つの負電荷をもつが本命名法では総電荷に注目する）は，名称の後に電荷を置くか モノカチオン monocation という語を加えるか，または中和作用に要するアニオンの数を明記することにより，二価のカチオンと区別することができる. 電荷の位置は，語尾 ium の前に置く N に位置番号を上付き文字で加えて特定できる.

例：$NH_2\text{-}[CH_2]_4\text{-}CH(NH_3^+)\text{-}COOH$
　　　　　　　　　　　リシニウム(+1)　lysinium(1+)
　　　　　　　　　　　リシンモノカチオン　lysine monocation
　　　　　　　　　　　リシン-N^2-イウム　lysin-N^2-ium

　　$NH_2\text{-}[CH_2]_4\text{-}CH(NH_3^+)\text{-}COOH$　Cl^-
　　　　　　　　　　　リシニウム(1+)クロリド　lysinium(1+) chloride
　　　　　　　　　　　リシンモノヒドロクロリド　lysine monohydrochloride
　　　　　　　　　　　リシン-N^2-イウムクロリド　lysin-N^2-ium chloride

　　$NH_3^+\text{-}[CH_2]_4\text{-}CH(NH_3^+)\text{-}COOH$
　　　　　　　　　　　リシニウム(2+)　lysinium(2+)
　　　　　　　　　　　リシンジカチオン　lysine dication
　　　　　　　　　　　リシン-N^2,N^6-ジイウム　lysine-N^2,N^6-diium

P-103.2.4.4　両性イオン性アミノ酸は，2通りの方法で命名する.

(1) カチオン性置換基の名称を母体アニオンの名称（P-74.1.3 参照）の前につけ，立体配置を表すために CIP 立体表示記号を用いる.

(2) アミノ酸名に用語 両性イオン zwitterion を付加する．

例： H₃N⁺-CH₂-COO⁻　　アザニウムイルアセタート　azaniumylacetate
　　　　　　　　　　　　グリシン両性イオン　glycine zwitterion

CH₃-S-CH₂-C(H)(NH₃⁺)(COO⁻)　　(2S)-2-アザニウムイル-3-(メチルスルファニル)プロパノアート
　　　　　　　　　　　　　　　　　(2S)-2-azaniumyl-3-(methylsulfanyl)propanoate
　　　　　　　　　　　　　　　　　S-メチル-L-システイン両性イオン　S-methyl-L-cysteine zwitterion

P-103.2.5 アシル基

有機酸に由来するアシル基(たとえば H₂N-CHR-CO−)は，語尾 ine (トリプトファン tryptophan の場合は an)を yl に変える(たとえば アラニル alanyl，バリル valyl，トリプトフィル tryptophyl)ことによって命名する．システイル cysteyl ではなく システイニル cysteinyl を使う．シスチン cystine に由来する基名は シスチル cystyl である (P-103.1.1.2 参照)．

以下の名称は，ジカルボキシアミノ酸および対応するアミドに由来するアシル基の名称として使う．

HOOC-CH₂-CH(NH₂)-CO−　　　　　−CO-CH₂-CH(NH₂)-COOH
　α-アスパルチル　α-aspartyl　　　　β-アスパルチル　β-aspartyl
　アスパルト-1-イル　aspart-1-yl　　アスパルト-4-イル　aspart-4-yl

−CO-CH₂-CH(NH₂)-CO−　　　　　HOOC-CH₂-CH₂-CH(NH₂)-CO−
　アスパルトイル　aspartoyl　　　　　α-グルタミル　α-glutamyl
　　　　　　　　　　　　　　　　　　グルタム-1-イル　glutam-1-yl

−CO-CH₂-CH₂-CH(NH₂)-COOH　　−CO-CH₂-CH₂-CH(NH₂)-CO−
　γ-グルタミル　γ-glutamyl　　　　　グルタモイル　glutamoyl
　グルタム-5-イル　glutam-5-yl

H₂N-CO-CH₂-CH(NH₂)-CO−　　　H₂N-CO-CH₂-CH₂-CH(NH₂)-CO−
　アスパラギニル　asparaginyl　　　　グルタミニル　glutaminyl

P-103.2.6 エステル

アミノ酸のエステル R-CO-OR′は，保存名の語尾 ic acid または末尾の文字 e を語尾 ate に置き換え(トリプトファン tryptophan については語尾 ate を付加)，置換基 R′の名称をその前に置く一般的方法によってつくる．

例：
H₃C-C(H)(NH₂)-COO-CH₃　　　　メチル L-アラニナート　methyl L-alaninate
　　　　　　　　　　　　　　　　L-アラニンメチルエステル　L-alanine methyl ester

HOOC-CH₂-C(H)(NH₂)-COO-CH₃　　1-メチル L-アスパルタート　1-methyl L-aspartate
　　　　　　2　　　1

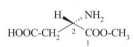
　　　　　　　　　　　　　　　　(2S)-2-アミノ-3-メチルブチル L-バリナート
　　　　　　　　　　　　　　　　(2S)-2-amino-3-methylbutyl L-valinate

P-103.2.7 アミド，アニリド，ヒドラジドおよび他の窒素類縁体

アミノ酸に由来するアミド，アニリド，ヒドラジドおよびその他の窒素類縁誘導体は，体系的に命名する．

アミノ酸に由来するアミドの名称は，アミノ酸名の末尾の文字 e を amide に変える．トリプトファンの場合は名称に amide を付加する．

例： H₂N-CH₂-CO-NH₂　　2-アミノアセトアミド　2-aminoacetamide
　　　　　　　　　　　　グリシンアミド　glycinamide

アスパラギン酸の 4-アミドは，アスパラギンという独自の名称をもち，グルタミン酸の 5-アミドはグルタミンである(表 10・4 参照)．両者の 1-アミドは，以下のように命名する．

H$_2$N-CO-CH$_2$-CH(NH$_2$)-CO-NH$_2$ 　　2-アミノブタンジアミド　2-aminobutanediamide
　　　　　　　　　　　　　　　　　　　アスパラギンアミド　asparaginamide

H$_2$N-CO-CH$_2$-CH$_2$-CH(NH$_2$)-CO-NH$_2$ 　2-アミノペンタンジアミド　2-aminopentanediamide
　　　　　　　　　　　　　　　　　　　グルタミンアミド　glutaminamide

アスパラギン酸およびグルタミン酸の 1-アミドは次のように命名される．

HO-CO-CH$_2$-CH(NH$_2$)-CO-NH$_2$ 　　3,4-ジアミノ-4-オキソブタン酸
　　　　　　　　　　　　　　　　　　　3,4-diamino-4-oxobutanoic acid
　　　　　　　　　　　　　　　　　　　アスパラギン酸 1-アミド　aspartic 1-amide

HO-CO-CH$_2$-CH$_2$-CH(NH$_2$)-CO-NH$_2$ 　4,5-ジアミノ-5-オキソペンタン酸
　　　　　　　　　　　　　　　　　　　4,5-diamino-5-oxopentanoic acid
　　　　　　　　　　　　　　　　　　　グルタミン酸 1-アミド　glutamic 1-amide

アニリドの名称は，フェニル基または置換フェニル基でアミド基を N-置換することによりつくる．アミド amide に代わり，語尾 アニリド anilide を使ってもよい．

例：H$_2$N-CH$_2$-CO-NH$-$〈環〉 　　2-アミノ-1-N-フェニルアセトアミド　2-amino-1-N-phenylacetamide
　　　　　　　　　　　　　　　　　グリシンアニリド　glycinanilide

アミノ酸のアミドにおける窒素原子上の置換は，アミド(P-66.1.1.3)およびアミン(P-62.2.2.1)について述べた方法により体系的に表す．

例：CH$_3$-NH-CH$_2$-CO-NH-CH$_2$-CH$_3$ 　N-エチル-2-(メチルアミノ)アセトアミド
　　　　　　　　　　　　　　　　　　　N-ethyl-2-(methylamino)acetamide

CH$_3$-CO-NH-CH$_2$-CO-NH$_2$ 　　2-(アセチルアミノ)アセトアミド　2-(acetylamino)acetamide
　　　　　　　　　　　　　　　　　2-アセトアミドアセトアミド　2-acetamidoacetamide
　　　　　　　　　　　　　　　　　N^2-アセチルグリシンアミド　N^2-acetylglycinamide

P-103.2.8　アルコール，アルデヒド，ケトンおよびニトリル

保存された慣用名をもつアミノ酸に対応するアルコール，アルデヒド，ケトンおよびニトリルは，置換命名法の原則，規則，慣用を使うことによって体系的に命名する．語尾 ol, al, one, onitrile は，末尾の文字 e を省略した保存名に付加し，アミノ酸の特性基における変化を表すために使うことができる．ケトンは，必要な場合は立体表示記号 R と S を使い，体系的な置換命名法を使用して命名しなければならない．

例：(CH$_3$)$_2$CH-C(H)(NH$_2$)-CH$_2$OH 　　(2S)-2-アミノ-3-メチルブタン-1-オール
　　　　　　　　　　　　　　　　　　　(2S)-2-amino-3-methylbutan-1-ol
　　　　　　　　　　　　　　　　　　　L-バリノール　L-valinol

(CH$_3$)$_2$CH-CH$_2$-CH(NH$_2$)-CHO 　　2-アミノ-4-メチルペンタナール
　　　　　　　　　　　　　　　　　　　2-amino-4-methylpentanal
　　　　　　　　　　　　　　　　　　　ロイシナール　leucinal

H$_2$N-CH$_2$-CO-CH$_2$Cl 　　　　　　　1-アミノ-3-クロロプロパン-2-オン
　　　　　　　　　　　　　　　　　　　1-amino-3-chloropropan-2-one

H$_2$N-CH$_2$-C≡N 　　　　　　　　　　アミノアセトニトリル　aminoacetonitrile
　　　　　　　　　　　　　　　　　　　グリシノニトリル　glycinonitrile

P-103.3　ペプチドの命名法

ペプチドの命名法は高度に特殊化しており，参考文献 18 で詳しく述べられている．環状ペプチドの命名法は，IUPAC 化学命名法および構造表示部会によって検討中である．

P-103.3.1　定　　義	P-103.3.4　ペプチドにおける立体配置の表示
P-103.3.2　ペプチドの名称	P-103.3.5　命名されたペプチドの修飾
P-103.3.3　ペプチドの記号	P-103.3.6　環状ペプチド

P-103.3.1　定　　義

ペプチド peptide は，一方の分子の炭素原子と他方の分子の窒素原子からの形式的な脱水で共有結合を生じることにより，2 個以上の(同一のまたは異なる)アミノカルボン酸分子から得られるアミドである．通常は α-アミノカルボン酸から生成する構造にこの用語を適用するが，どのようなアミノカルボン酸から得られる構造にも適用される．以下の例で，R はどんな有機基でもよい．すなわち，天然のアミノ酸(表 10・4 参照)に見られる有機基が一般的ではあるが，必ずしもそれだけではない．

$$H_2N\text{-}CH\text{-}CO\text{-}[NH\text{-}CH\text{-}CO]_n\text{-}OH$$
$$\overset{|}{R} \qquad\qquad \overset{|}{R}$$

ペプチドにおけるアミド結合を**ペプチド結合** peptide bond とよぶ．一つのアミノ酸の C1 と別のアミノ酸の N2 の間に生じるペプチド結合を，**真正ペプチド結合** eupeptide bond とよぶ．一つのアミノ酸のアミノ基と別のアミノ酸のカルボキシ基の間に生じ，真正ペプチド結合でないペプチド結合を**イソペプチド結合** isopeptide bond とよぶ．

P-103.3.2　ペプチドの名称

ペプチドの命名には，yl で終わるアシル基の名称 (P-103.2.5 参照) を使う．すなわち，アミノ酸のグリシン $H_2N\text{-}CH_2\text{-}COOH$ とアラニン $H_2N\text{-}CH(CH_3)\text{-}COOH$ において，グリシンがアラニンをアシル化するように縮合する場合，生成したジペプチド $H_2N\text{-}CH_2\text{-}CO\text{-}NH\text{-}CH(CH_3)\text{-}COOH$ は グリシルアラニン glycylalanine と命名する．逆の順番で縮合する場合，生成物の $H_2N\text{-}CH(CH_3)\text{-}CO\text{-}NH\text{-}CH_2\text{-}COOH$ はアラニルグリシン alanylglycine と命名する．さらに構成アミノ酸数の多いペプチドは，同様に，たとえば，アラニルロイシルトリプトファン alanylleucyltryptophan のように命名する．

P-103.3.3　ペプチドの記号

ペプチドであるグリシルグリシルグリシン glycylglycylglycine は，Gly-Gly-Gly と記号化する．これには，グリシン $H_2N\text{-}CH_2\text{-}COOH$ に対する記号 Gly を，ハイフンの付加によって 3 通りに使い分けることが含まれている．

(a) Gly- ＝ $H_2N\text{-}CH_2\text{-}CO-$

(b) -Gly ＝$-HN\text{-}CH_2\text{-}COOH$

(c) -Gly- ＝$-HN\text{-}CH_2\text{-}CO-$

すなわち，ペプチド結合を表すハイフンは，記号の右に書く場合はアミノ酸の $-COOH$ 基から $-OH$ 基を，記号の左に書く場合は $-NH_2$ 基から水素原子を除去することを示す．

P-103.3.4　ペプチドにおける立体配置の表示

立体表示記号 L は，名称においても，表 10・4 に表示したアミノ酸で構成されるペプチドの記号表示において

992   P-10 天然物および関連化合物の母体構造

も示さない．反対に立体表示記号 D は，アシル基の前かその立体配置をもつ各成分の名称の前に示す．

例：Leu-D-Glu-L-aThr-D-Val-Leu　（記号 aThr は アロトレオニン allothreonine を表す）
　　L-leucyl-D-glutamyl-L-allothreonyl-D-valyl-L-leucine

　記号 DL は，P-103.1.3.1 で述べたように，一つのキラリティー中心が存在する場合にラセミ混合物を示すのに使うが，ペプチドに付けることは認められない．イタリック体の接頭語 アンボ *ambo* は，両方の立体異性体が存在することを示すために使われる〔P-91.2.1.2.1(c)(vi)参照〕．たとえば，DL-アラニンによる L-ロイシンのアシル化の結果は，*ambo*-アラニルロイシンまたは *ambo*-Ala-Leu である．立体配置未詳の残基は，接頭語 ξ（ギリシャ文字グサイ）によって示す．命名されたペプチドのエナンチオマーは，接頭語 エント *ent*（*enantio* の略，P-101.8.1 参照）によって示す．たとえば，ブラジキニン bradykinin に対して *ent*-ブラジキニン *ent*-bradykinin のように記す．

P-103.3.5　命名されたペプチドの修飾

　ペプチドの構造を，命名済みの配列を標準とし，その変種として特定するのは，便利なことが多い．後で述べるように，本勧告ではこの方式を認めるが，その適用は残基間の通常のアミド結合を含む配列の修飾に限る．この勧告の説明として，保存名 アンジオテンシン II angiotensin II，ブラジキニン bradikinin，オキシトシン oxytocin およびインスリン insulin（ヒト）を取上げる．

```
 1                    8
Asp-Arg-Val-Tyr-Ile-His-Pro-Phe           アンジオテンシン II   angiotensin II

Arg-Pro-Pro-Gly-Phe-Ser-Pro-Phe-Arg       ブラジキニン    bradykinin

   ┌─────────────────┐
Cys-Tyr-Ile-Gln-Asn-Cys-Pro-Leu-Gly-NH₂   オキシトシン    oxytocin
 1                    9
```

　配列を特定するには，命名するペプチドとならんで，生物種名も必要な場合がある（下記のインスリンを参照）．そのようなときは，修飾接頭語が存在する場合は必ず，生物種名を丸括弧付きでペプチドに付加しなければならない．

```
                  A 鎖
              ┌────────────┐
Gly-Ile-Val-Glu-Gln-Cys-Cys-Thr-Ser-Ile-Cys-Ser-Leu-Tyr-Gln-Leu-Gln-Asn-Tyr-Cys-Asn

Phe-Val-Asn-Gln-His-Leu-Cys-Gly-Ser-His-Leu-Val-Glu-Ala-Leu-Tyr-Leu-Val-Cys-Gly-

Glu-Arg-Gly-Phe-Phe-Tyr-Thr-Pro-Lys-Thr
                  B 鎖
       インスリン（ヒト）　insulin（human）
```

P-103.3.5.1　残基の置換	P-103.3.5.3　残基の挿入
P-103.3.5.2　ペプチド鎖の伸長	P-103.3.5.4　残基の除去

P-103.3.5.1　残基の置換　慣用名ブラジキニン bradykinin のペプチドで，鎖の N-末端から始まって q 番目アミノ酸残基がアミノ酸 Xaa によって置き換えられる場合，修飾されたペプチドの名称は，[q-アミノ酸 Xaa]ブラジキニン [q-aminoacidXaa]bradikinin であり，その短縮型は [Xaa^q]bradikinin である．省略しない正式名において，置換アミノ酸は，アシル基の名称ではなく，残基名によって表す（たとえば，alanyl ではなく alanine）．短縮型において，アミノ酸残基は 3 文字記号により表す．短縮型では，置換位置は上付き文字によって示す．

例：
```
 1   2                    9
Arg-Lys-Pro-Gly-Phe-Ser-Pro-Phe-Arg
```
[2-リシン]ブラジキニン　[2-lysine]bradikinin
[Lys^2]ブラジキニン　[Lys^2]bradikinin

P-103 アミノ酸とペプチド 993

```
   1              5    7   8
Asp-Arg-Val-Tyr-Ile-His-Ala-Phe
```
[5-イソロイシン,7-アラニン]アンジオテンシンⅡ
[5-isoleucine,7-alanine]angiotensinⅡ
[Ile⁵,Ala⁷]アンジオテンシンⅡ [Ile⁵,Ala⁷]angiotensinⅡ

P-103.3.5.1.1　配列を特定するには，命名されるペプチド同様，生物種名も必要な場合がある．もしそうならば，修飾接頭語が存在する場合は必ず，ペプチド名に生物種名を丸括弧付きで付加しなければならない．

例：

A鎖
```
Gly-Ile-Val-Glu-Gln-Cys-Cys-Thr-Ser-Ile-Cys-Ser-Leu-Tyr-Gln-Leu-Gln-Asn-Tyr-Cys-Asn
                                                12
Phe-Val-Asn-Gln-His-Leu-Cys-Gly-Ser-His-Leu-Ala-Glu-Ala-Leu-Tyr-Leu-Val-Cys-Gly-
Glu-Arg-Gly-Phe-Phe-Tyr-Thr-Pro-Lys-Thr
                B鎖
```
[Ala^{B12}]インスリン（ヒト）　[Ala^{B12}]insulin（human）

A鎖
```
Gly-Ile-Val-Glu-Gln-Cys-Cys-Thr-Ser-Ile-Cys-Ser-Leu-Tyr-Gln-Leu-Gln-Asn-Tyr-Cys-Asn
     3
Phe-Val-Lys-Gln-His-Leu-Cys-Gly-Ser-His-Leu-Val-Glu-Ala-Leu-Tyr-Leu-Val-Cys-Gly-
Glu-Arg-Gly-Phe-Phe-Tyr-Thr-Pro-Glu-Thr
                              29
                B鎖
```
[B3-リシン,B29-グルタミン酸]インスリン（ヒト）　[B3-lysine,B29-glutamic acid]insulin（human）

P-103.3.5.1.2　エナンチオマーによるアミノ酸残基の置換は，以下のように表す．3位のL-プロリンのD-プロリンによる置換では，[3-D-プロリン]ブラジキニン [3-D-proline]bradykinin（短縮型は[D-Pro³]ブラジキニン [D-Pro³]bradykinin）を生じる．ブラジキニンを含むこの混合物は，[3-*ambo*-プロリン]ブラジキニン [3-*ambo*-proline]bradykinin あるいは[*ambo*-Pro³]ブラジキニン [*ambo*-Pro³]bradykinin を生じる．

例：

A鎖
```
        3
Gly-Ile-D-Val-Glu-Gln-Cys-Cys-Thr-Ser-Ile-Cys-Ser-Leu-Tyr-Gln-Leu-Gln-Asn-Tyr-Cys-Asn
Phe-Val-Asn-Gln-His-Leu-Cys-Gly-Ser-His-Leu-Val-Glu-Ala-Leu-Tyr-Leu-Val-Cys-Gly-
Glu-Arg-Gly-Phe-Phe-Tyr-Thr-Pro-Lys-Thr
                B鎖
```
[D-Val^{A3}]インスリン（ヒト）　[D-Val^{A3}]insulin（human）

P-103.3.5.2　ペプチド鎖の伸長　ペプチドのN-末端またはC-末端のいずれかを伸長して得られる化合物は，以下に記す名称および短縮名で示す．

P-103.3.5.2.1　N-末端における伸長

例：
```
    1                              9
Val-Arg-Pro-Pro-Gly-Phe-Ser-Pro-Phe-Arg
```
バリルブラジキニン　valylbradykinin
Val-ブラジキニン　Val-bradykinin

```
        1                              9
Val-Gly-Arg-Pro-Pro-Gly-Phe-Ser-Pro-Phe-Arg
```
バリルグリシルブラジキニン　valylglycylbradykinin
Val-Gly-ブラジキニン　Val-Gly-bradykinin

P-103.3.5.2.2　C-末端における伸長

例：
```
1                              9
Arg-Pro-Pro-Gly-Phe-Ser-Pro-Phe-Arg-Leu
```
ブラジキニニルロイシン　bradykininylleucine
ブラジキニニル-Leu　bradykininyl-Leu

```
                       A鎖
Gly-Ile-Val-Glu-Gln-Cys-Cys-Thr-Ser-Ile-Cys-Ser-Leu-Tyr-Gln-Leu-Gln-Asn-Tyr-Cys-Asn
                   \                                                            /
Phe-Val-Asn-Gln-His-Leu-Cys-Gly-Ser-His-Leu-Val-Glu-Ala-Leu-Tyr-Leu-Val-Cys-Gly-
                                                    30a   30b
Glu-Arg-Gly-Phe-Phe-Tyr-Thr-Pro-Lys-Thr-Arg-Arg
                       B鎖
```

インスリン-B30-イル-L-アルギニル-L-アルギニン（ヒト）
insulin-B30-yl-L-arginyl-L-arginine（human）

```
                       A鎖
                                                                              21
Gly-Ile-Val-Glu-Gln-Cys-Cys-Thr-Ser-Ile-Cys-Ser-Leu-Tyr-Gln-Leu-Gln-Asn-Tyr-Cys-Gly
                   \                                                            /
Phe-Val-Asn-Gln-His-Leu-Cys-Gly-Ser-His-Leu-Val-Glu-Ala-Leu-Tyr-Leu-Val-Cys-Gly-
                                                    30a   30b
Glu-Arg-Gly-Phe-Phe-Tyr-Thr-Pro-Lys-Thr-Arg-Arg
                       B鎖
```

［A21-グリシン］インスリン-B30-イル-L-アルギニル-L-アルギニン（ヒト）
［A21-glycine］insulin-B30-yl-L-arginyl-L-arginine（human）
　　（このインスリンは，A鎖における置換とB鎖のC-末端における
　　伸長によって修飾されている）

P-103.3.5.3　残基の挿入　ペプチドの命名法においては，接頭語 エンド endo（イタリック体ではない）を，ペプチド中の確定した位置へのアミノ酸残基の挿入を示すために使う．たとえば，名称 エンド-6a-アラニン-ブラジキニン endo-6a-alanine-bradykinin，あるいは ［エンド-Ala[6a]］ブラジキニン ［endo-Ala[6a]］bradykinin は，アミノ酸残基 アラニル alanyl がブラジキニンの構造中の 6 位と 7 位の間に挿入されたことを意味する．接頭語 endo を，P-93.5.2.2.1 で述べた推奨立体表示記号 *endo*（イタリック体で書く）と混同してはならない．

例：
　　　　　　　　　　6　6a　7　　　9　　　　エンド-6a-アラニン-ブラジキニン
　Arg-Pro-Pro-Gly-Phe-Ser-Ala-Pro-Phe-Arg　　endo-6a-alanine-bradykinin
　　　　　　　　　　　　　　　　　　　　　　　　［エンド-Ala[6a]］ブラジキニン　［endo-Ala[6a]］bradykinin

複数の挿入および鎖中の同じ位置への最大 2 残基の挿入は，本勧告の表示法を拡張して表すことができる．すなわち，ブラジキニンの残基 1 と 2 の間へトレオニンを挿入し，残基 4 と 5 の間へはバリンとグリシン（この順で）を挿入した場合は，endo-1a-threonine,4a-valine,4b-glycine-bradykinin，あるいは endo-Thr[1a], Val[4a], Gly[4b]-bradykinin という名称で示すことができる．

例：
　　　　　　　　1　1a　2　　4　4a　4b　5　　　9
　　　Arg-Thr-Pro-Pro-Gly-Val-Gly-Phe-Ser-Pro-Phe-Arg

　エンド-1a-トレオニン, 4a-バリン, 4b-グリシン-ブラジキニン
　endo-1a-threonine, 4a-valine, 4b-glycine-bradykinin
　エンド-Thr[1a], Val[4a], Gly[4b]-ブラジキニン　endo-Thr[1a], Val[4a], Gly[4b]-bradykinin

P-103.3.5.4　残基の除去　ペプチドの命名法における除去接頭語 デス des は，ペプチド構造中のあらゆる位置におけるアミノ酸残基の除去を示すために使う．たとえば，デス-8-フェニルアラニン-ブラジキニン des-8-phenylalanine-bradykinin（または短縮型デス-Phe[8]-ブラジキニン des-Phe[8]-bradykinin）は，ペプチドであるブラジキニンの 8 位に位置するアミノ酸残基 phenylalanyl が除去されたことを意味する．P-101 に述べた母体構造の修飾では，接頭語 des は，ステロイドの末端環を除去し，同時に隣接環との結合点に適切な数の水素原子を付加する操作を示すのに使われている（P-101.3.6 参照）．

P-104 シクリトール   995

例：

Cys-Tyr-Ile-Gln-Asn-Cys-Leu-Gly-NH$_2$ デス-7-プロリン-オキシトシン des-7-proline-oxytocin
 1   6 8 9   デス-Pro^7-オキシトシン des-Pro^7-oxytocin

A 鎖

Gly-Ile-Val-Glu-Gln-Cys-Cys-Ala-Ser-Ile-Cys-Ser-Leu-Tyr-Gln-Leu-Glu-Asn-Tyr-Cys-Asn
 2

Val-Asn-Gln-His-Leu-Cys-Gly-Ser-His-Leu-Val-Glu-Ala-Leu-Tyr-Leu-Val-Cys-Gly-

Glu-Arg-Gly-Phe-Phe-Tyr-Thr-Pro-Lys-Ala

B 鎖

デス-B1-フェニルアラニン-インスリン（ウシ） des-B1-phenylalanine-insulin（cattle）
デス-Phe^{B1}-インスリン（ウシ） des-Phe^{B1}-insulin（cattle）

P-103.3.6 環状ペプチド

環状ペプチドは，ペプチド結合またはエステル結合の形成，ジスルフィド結合，新たな炭素－炭素，炭素－窒素，炭素－酸素，炭素－硫黄結合(エステルおよびアミドを除く)などによってペプチド(鎖状ペプチド)から形成される環をもっている．環がすべて真正ペプチド結合をもつアミノ酸残基で構成されている環状ペプチドを，**ホモデチック環状ペプチド** homodetic cyclic peptide とよぶ．真正ペプチド結合およびイソペプチド結合により形成された環状ペプチドを，**ヘテロデチック環状ペプチド** heterodetic cyclic peptide とよぶ．この分野のペプチド命名法については，IUPAC 化学命名法および構造表示部会が検討中である．

P-104 シクリトール   "日本語名称のつくり方"も参照

P-104.0 は じ め に	P-104.2 名称の作成
P-104.1 定 義	P-104.3 シクリトールの誘導体

P-104.0 は じ め に

シクリトール cyclitol の命名法は，1973 勧告 "シクリトールの命名法"（参考文献 39）に述べられている．

P-104.1 定 義

シクリトールは，3 個以上の環原子が，それぞれ 1 個のヒドロキシ基で置換された環状アルカンのことである．**イノシトール** inositol（シクロヘキサン-1,2,3,4,5,6-ヘキサオール cyclohexane-1,2,3,4,5,6-hexol）は，シクリトールグループの代表例の一つである．

イノシトールは保存名であり，*O*-アルキル，*O*-アリール，アルカノアート，カルボン酸エステルおよびアミノ誘導体(OH が NH$_2$ に置換したもの)も含めて，立体配置を表すために立体表示記号 D と L を用いる．シクリトールの他の名称は，CIP 立体表示記号により立体配置を示した体系的置換名である．

P-104.2 名 称 の 作 成

シクリトールを命名するために，さまざまな方法が推奨されている．

P-104.2.1 イノシトールの立体異性体は，名称 イノシトール inositol の前にイタリック体の接頭語を付加することによって表す．下記の例では，後述の方法(P-104.2.3 参照)で表す位置番号を丸括弧内に示してある．

イタリック体接頭語によって示す名称を優先する．

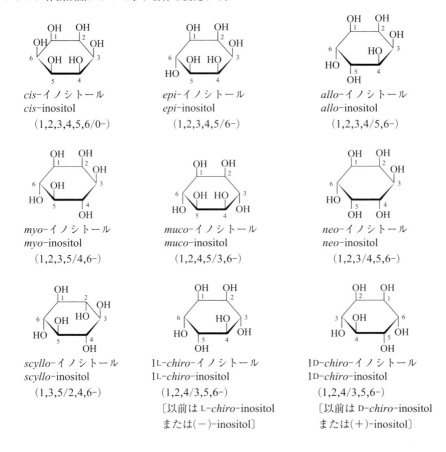

キラルなシクリトールの絶対配置はDとLによって示し，以下の方法で決定する．1と番号付けしたヒドロキシ基が環平面の上方にある平面環表示においては，上記の二つのエナンチオマー *chiro*-イノシトールに記したように，L-配置は時計回りの番号付けに相当し，D-配置は反時計回りの番号付けに対応する．立体表示記号DとLはハイフンを付けて化合物名の前に置き，基準中心の位置番号，すなわち上記の場合は1の後に置く．

P-104.2.2 シクリトールは，イノシトールは例外として，立体異性体を表すためにCIP法とその順位規則を用い，シクロヘキサンを母体にして体系的に命名する．この方法は，P-104.2.3で述べる位置番号方式に優先する．

例：

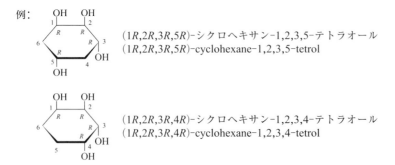

P-104.2.3 位置番号は，シクリトール中のヒドロキシ基のいずれかが最小番号になるように割当て，環に結合

する置換基の立体的関係および性質を参考にして番号付けの方向を決める．環平面の上方に位置する置換基を一つの組とし，下方に位置する置換基は別のもう一つの組とする．最小の位置番号は，以下の基準に従って置換基の一方の組に割当てる．この基準は，決定に至るまで順次適用する．

(a) 立体配置を考慮せずに，連続した位置番号のある置換基に割当てる．
(b) 1組の置換基数がもう1組よりも多数である場合は，多数の組に割当てる．
(c) いずれの組も同数からなり，その一方をより小さい位置番号で示すことができる場合は，その組に割当てる．
(d) 修飾されているヒドロキシ基をより多く含む組に割当てる．
(e) アルファベット順で最初に記載される置換基に割当てる．
(f) D-配置よりL-配置となる組に割当てる(配置は上述のP-104.2.1の方法によって決定する．これは*meso*化合物にのみ適用する)．

位置番号の数字は分数表示により，分子には昇順に並べた最小の位置番号をもつ組，分母にはもう一方の組を記す．

例：

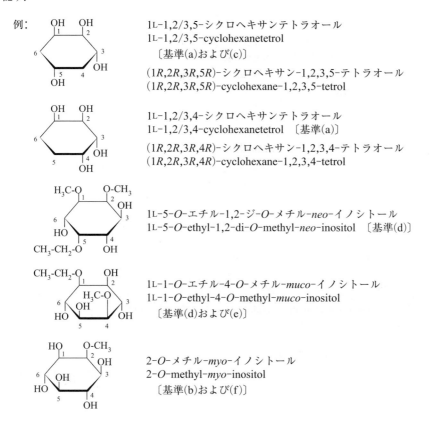

1L-1,2/3,5-シクロヘキサンテトラオール
1L-1,2/3,5-cyclohexanetetrol
〔基準(a)および(c)〕
(1*R*,2*R*,3*R*,5*R*)-シクロヘキサン-1,2,3,5-テトラオール
(1*R*,2*R*,3*R*,5*R*)-cyclohexane-1,2,3,5-tetrol

1L-1,2/3,4-シクロヘキサンテトラオール
1L-1,2/3,4-cyclohexanetetrol 〔基準(a)〕
(1*R*,2*R*,3*R*,4*R*)-シクロヘキサン-1,2,3,4-テトラオール
(1*R*,2*R*,3*R*,4*R*)-cyclohexane-1,2,3,4-tetrol

1L-5-*O*-エチル-1,2-ジ-*O*-メチル-*neo*-イノシトール
1L-5-*O*-ethyl-1,2-di-*O*-methyl-*neo*-inositol 〔基準(d)〕

1L-1-*O*-エチル-4-*O*-メチル-*muco*-イノシトール
1L-1-*O*-ethyl-4-*O*-methyl-*muco*-inositol
〔基準(d)および(e)〕

2-*O*-メチル-*myo*-イノシトール
2-*O*-methyl-*myo*-inositol
〔基準(b)および(f)〕

P-104.3 シクリトールの誘導体
P-104.3.1 イノシトールの誘導体

イノシトールは，誘導体の名称をつくるために，炭水化物と同じ方法で修飾する．アルキル(アリール)基による*O*-置換に制限はない(P-102.5.6.1 参照)．ヒドロキシ基は，デオキシ操作によりアミノ基に交換できる(P-102.5.4 参照)．ヒドロキシ基より優先順位が高い特性基がヒドロキシ基を置換する場合は，完全な置換名をつくる必要がある．一方エステルは，アルカノアート/カルボキシラートとして命名する．イノシトールの番号付けは変えずに維持し，その立体配置は立体表示記号LまたはDによって表す．

例： 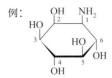 1D-1-アミノ-1-デオキシ-*myo*-イノシトール
1D-1-amino-1-deoxy-*myo*-inositol

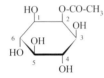 1L-1-デオキシ-6-*O*-メチル-1-スルファニル-*allo*-イノシトール
1L-1-deoxy-6-*O*-methyl-1-sulfanyl-*allo*-inositol
（1L-6-*O*-methyl-1-thio-*allo*-inositol ではない）
(1*S*,2*R*,3*S*,4*S*,5*S*,6*S*)-5-メトキシ-6-スルファニルシクロヘキサン-1,2,3,4-テトラオール
(1*S*,2*R*,3*S*,4*S*,5*S*,6*S*)-5-methoxy-6-sulfanylcyclohexane-1,2,3,4-tetrol

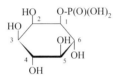 *myo*-イノシトール 2-アセタート
myo-inositol 2-acetate
（炭水化物エステルの命名については，P-102.5.6.1.1 を参照）

 1D-*myo*-イノシトール 1-(リン酸二水素エステル)
1D-*myo*-inositol 1-(dihydrogen phosphate)

2-メチル-*myo*-イノシトール　2-methyl-*myo*-inositol

(1*s*,2*R*,3*S*,4*s*,5*R*,6*S*)-1-メチルシクロヘキサン-1,2,3,4,5,6-ヘキサオール
(1*s*,2*R*,3*S*,4*s*,5*R*,6*S*)-1-methylcyclohexane-1,2,3,4,5,6-hexol

　　　　(Ⅰ)　　　　　　　(Ⅱ)

(Ⅰ) 2-カルボキシ-2-デオキシ-*myo*-イノシトール　2-carboxy-2-deoxy-*myo*-inositol
(Ⅱ) (1*r*,2*R*,3*S*,4*r*,5*R*,6*S*)-2,3,4,5,6-ペンタヒドロキシシクロヘキサン-1-カルボン酸
(1*r*,2*R*,3*S*,4*r*,5*R*,6*S*)-2,3,4,5,6-pentahydroxycyclohexane-1-carboxylic acid

P-104.3.2　イノシトール以外のシクリトールの誘導体

イノシトール以外のシクリトールの誘導体の名称は，すべて P-1〜P-9 に述べられている置換命名法の原則，規則および慣用を適用することによってつくる．

例： 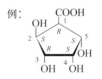 (1*R*,2*S*,3*R*,4*S*,5*S*)-2,3,4,5-テトラヒドロキシシクロペンタン-1-カルボン酸
(1*R*,2*S*,3*R*,4*S*,5*S*)-2,3,4,5-tetrahydroxycyclopentane-1-carboxylic acid

 (1*R*,2*S*,3*R*,4*S*,5*r*)-5-アミノシクロペンタン-1,2,3,4-テトラオール
(1*R*,2*S*,3*R*,4*S*,5*r*)-5-aminocyclopentane-1,2,3,4-tetrol

P-105　ヌクレオシド　　"日本語名称のつくり方"も参照

```
P-105.0　はじめに
P-105.1　ヌクレオシドの保存名
P-105.2　ヌクレオシド上の置換
```

P-105.0　はじめに

　ヌクレオシドの命名法は，"核酸，ポリヌクレオチドおよびその構成成分の略号と記号"(参考文献47)に例示されている．この節に示す誘導体を命名するための手順には，炭水化物部分での修飾に関するP-102，ならびに有機化合物の置換の一般規則を適用する．

P-105.1　ヌクレオシドの保存名

　以下の名称は保存する．

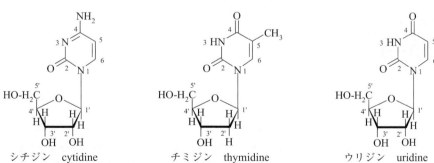

アデノシン　adenosine　　　　　グアノシン　guanosine

イノシン　inosine　　　　　キサントシン　xanthosine

シチジン　cytidine　　　チミジン　thymidine　　　ウリジン　uridine

P-105.2　ヌクレオシド上の置換

P-105.2.1　　保存名をもつヌクレオシドは，プリン環またはピリミジン環上で制約なく置換することができる．

ヌクレオシドのオキソ基の置換は，官能代置接頭語によって示す．リボフラノシル成分は，炭水化物について定めたように修飾してよい(P-102.5 参照).

例：

2′-デオキシ-1-メチルグアノシン
2′-deoxy-1-methylguanosine

2′-デオキシ-2′-フルオロ-5-ヨード-5′-O-メチルシチジン
2′-deoxy-2′-fluoro-5-iodo-5′-O-methylcytidine
　(同じ位置におけるフッ素原子によるヒドロキシ基の置換は許容される)

4-アミノ-1-[(2R,3R,4R,5R)-3-フルオロ-4-ヒドロキシ-5-
　(メトキシメチル)オキソラン-2-イル]-5-ヨードピリミジン-
　　　　　　　　　　　　　　　　　　　　　2(1H)-オン
4-amino-1-[(2R,3R,4R,5R)-3-fluoro-4-hydroxy-5-
　(methoxymethyl)oxolan-2-yl]-5-iodopyrimidin-2(1H)-one

(2′E)-2′-デオキシ-2′-(フルオロメチリデン)シチジン
(2′E)-2′-deoxy-2′-(fluoromethylidene)cytidine

4-アミノ-1-[(2R,3E,4S,5R)-3-(フルオロメチリデン)-4-ヒドロキシ-
　5-(ヒドロキシメチル)オキソラン-2-イル]ピリミジン-2(1H)-オン
4-amino-1-[(2R,3E,4S,5R)-3-(fluoromethylidene)-4-hydroxy-
　(hydroxymethyl)oxolan-2-yl]pyrimidin-2(1H)-one

5-エチル-4-チオウリジン
5-ethyl-4-thiouridine

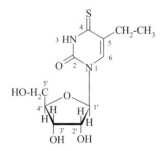

N-(2-ヒドロキシエチル)-5′-S-メチル-5′-チオグアノシン
N-(2-hydroxyethyl)-5′-S-methyl-5′-thioguanosine

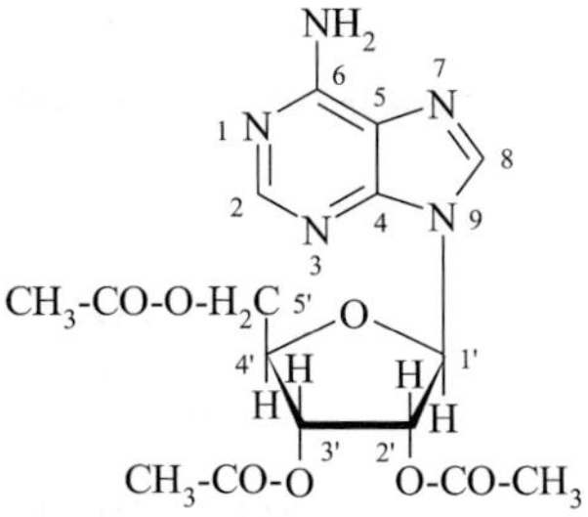

P-106 ヌクレオチド 1001

2′,3′,5′-トリ-*O*-アセチルアデノシン
2′,3′,5′-tri-*O*-acetyladenosine
アデノシン 2′,3′,5′-トリアセタート
adenosine 2′,3′,5′-triacetate

P-105.2.2 擬ケトン pseudoketone よりも優先順位の高い特性基がある場合は，通常の置換命名法の原則を適用する．

例：

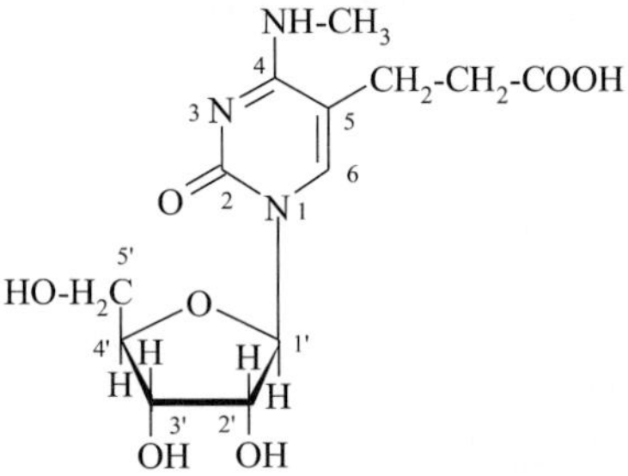

3-[4-(メチルアミノ)-2-オキソ-1-β-D-リボフラノシル-1,2-ジヒドロピリミジン-5-イル]プロパン酸
3-[4-(methylamino)-2-oxo-1-β-D-ribofuranosyl-1,2-dihydropyrimidin-5-yl]propanoic acid

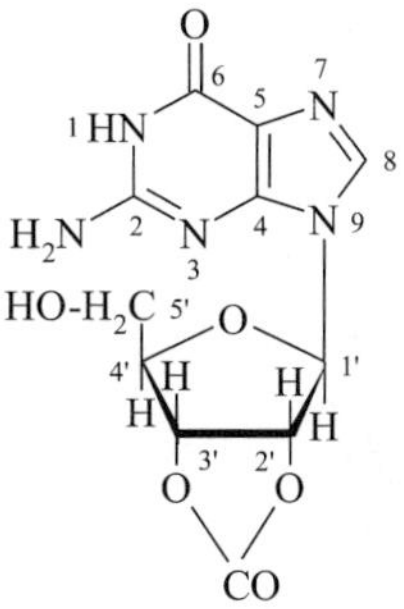

2′,3′-ジデオキシグアノシン-2′,3′-ジイルカルボナート
2′,3′-dideoxyguanosine-2′,3′-diyl carbonate （P-101.7.4 参照）
グアノシンサイクリック-2′,3′-カルボナート
guanosine cyclic-2′,3′-carbonate

P-106 ヌ ク レ オ チ ド　　　　"日本語名称のつくり方"も参照

P-106.0　は じ め に	P-106.2　ヌクレオシド二リン酸および三リン酸
P-106.1　保 存 名	P-106.3　ヌクレオチドの誘導体

P-106.0　は じ め に

　ヌクレオチドの名称は，"核酸，ポリヌクレオチドおよびその構成成分の略号と記号"(参考文献47)に例示されている．この節に示す誘導体の命名のための手順には，炭水化物部分での修飾に関する P-102，ならびに有機化合物の置換の一般規則を適用する．

P-106.1 保存名

以下は，リン酸をもつヌクレオシドのエステルに対する慣用名である．リボシル成分のプライム付き位置番号は，リン酸基の位置を示すために記している．

5′-アデニル酸　5′-adenylic acid　　　5′-チミジル酸　5′-thymidylic acid　　　5′-グアニル酸　5′-guanylic acid

5′-イノシン酸　5′-inosinic acid　　　3′-キサンチル酸　3′-xanthylic acid

5′-シチジル酸　5′-cytidylic acid　　　5′-ウリジル酸　5′-uridylic acid

P-106.2　ヌクレオシド二リン酸および三リン酸

ヌクレオシドの二リン酸，三リン酸などのエステルは，ヌクレオシド名の後に二リン酸 diphosphate のような語を記すことによって命名する．二リン酸エステル，三リン酸エステルなどにおける分子成分上の水素原子の存在は，水素 hydrogen，二水素 dihydrogen などの語によって示す．丸括弧は曖昧さを避けるために使う．

例：

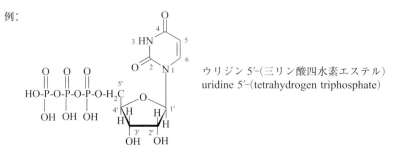

ウリジン 5′-(三リン酸四水素エステル)
uridine 5′-(tetrahydrogen triphosphate)

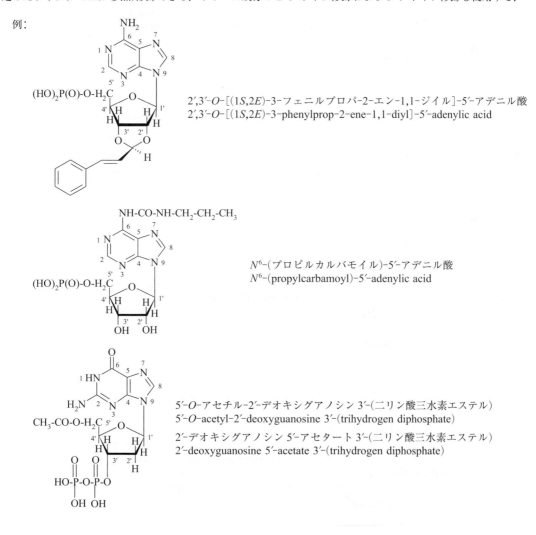

キサントシン 3′-(二リン酸三水素エステル)
xanthosine 3′-(trihydrogen diphosphate)

P-106.3　ヌクレオチドの誘導体

P-106.3.1　保存名をもつヌクレオチドの誘導体は，対応するヌクレオシドと同じ方法で命名する．すなわち，プリン環またはピリミジン環上に制約なく置換することができ，そのリボフラノシル成分は，炭水化物について定めたように(P-102.5 参照)修飾できる．リボース成分の 2-デオキシ修飾および 3-デオキシ修飾も使用する．

例：

2′,3′-*O*-[(1*S*,2*E*)-3-フェニルプロパ-2-エン-1,1-ジイル]-5′-アデニル酸
2′,3′-*O*-[(1*S*,2*E*)-3-phenylprop-2-ene-1,1-diyl]-5′-adenylic acid

*N*⁶-(プロピルカルバモイル)-5′-アデニル酸
*N*⁶-(propylcarbamoyl)-5′-adenylic acid

5′-*O*-アセチル-2′-デオキシグアノシン 3′-(二リン酸三水素エステル)
5′-*O*-acetyl-2′-deoxyguanosine 3′-(trihydrogen diphosphate)

2′-デオキシグアノシン 5′-アセタート 3′-(二リン酸三水素エステル)
2′-deoxyguanosine 5′-acetate 3′-(trihydrogen diphosphate)

P-106.3.2　ヌクレオシド二リン酸エステルおよびポリリン酸エステルの類縁体は，二リン酸およびポリリン

1004   P-10 天然物および関連化合物の母体構造

酸に適用可能な官能基代置の方法(P-67.2 参照)によって命名する.

例:

アデノシン 5′-(2-チオ二リン酸三水素エステル)
adenosine 5′-(trihydrogen 2-thiodiphosphate)

グアノシン 5′-[(ホスホノメチル)ホスホン酸水素エステル]
guanosine 5′-[hydrogen(phosphonomethyl)phosphonate]
グアノシン 5′-(メチレンジホスホン酸三水素エステル)
guanosine 5′-(trihydrogen methylenediphosphonate)
グアノシン 5′-(2-カルバ二リン酸三水素エステル)
guanosine 5′-(trihydrogen 2-carbadiphosphate)
(この名称はもとのヌクレオチド名のすべてを保持している.
P-101.4.3 参照)

P-106.3.3   リン酸残基よりも優先順位の高い特性基がある場合は，通常の置換命名の原則を適用する．置換基接頭語名は，ヌクレオシド一リン酸エステルの慣用名の語尾 ic acid を yl に置き換えること(たとえば，アデニリル adenylyl およびシチジリル cytidylyl)により得られる．イノシン酸から得られる置換接頭語名は例外であることに留意してほしい．この場合は，ヌクレオシド一リン酸エステルに由来する他の置換接頭語名と語尾が同じになるように，イノシニリル inosinylyl と命名する.

例:

3-(5′-グアニリルオキシ)安息香酸
3-(5′-guanylyloxy)benzoic acid

3′-*O*-ホスホナト-5′-アデニリル硫酸エステル
3′-*O*-phosphonato-5′-adenylyl sulfate
3′-ホスホ-5′-アデニリル硫酸エステル
3′-phospho-5′-adenylyl sulfate

P-106 ヌクレオチド   1005

P-106.3.4   オリゴヌクレオチドは，ヌクレオチドの慣用名に由来する接頭語名を使うことにより命名する.

例：

2′-デオキシグアニリル-(3′→5′)-2′-デオキシウリジリル-(3′→5′)-2′-デオキシグアノシン
2′-deoxyguanylyl-(3′→5′)-2′-deoxyuridylyl-(3′→5′)-2′-deoxyguanosine

P-106.3.5   HO-P の代わりに HS-P となるホスホロチオ酸の場合は，接頭語 *P*-thio をヌクレオチド名称の前に付ける.

例：

2′-デオキシ-*P*-チオグアニリル-(3′→5′)-2′-デオキシ-*P*-チオウリジリル-(3′→5′)-2′-デオキシグアノシン
2′-deoxy-*P*-thioguanylyl-(3′→5′)-2′-deoxy-*P*-thiouridylyl-(3′→5′)-2′-deoxyguanosine

P-107 脂　質　"日本語名称のつくり方"も参照

P-107.0　はじめに	P-107.3　ホスファチジン酸
P-107.1　定　義	P-107.4　糖　脂　質
P-107.2　グリセリド	

P-107.0　はじめに

脂質，リン脂質，糖脂質の命名法は，1976 年に発行されている(参考文献 48)．糖脂質の命名法は，1997 年に改訂された(参考文献 50)．

P-107.1　定　義

脂質は，無極性溶媒に溶ける生物起源の物質に対して，大まかに定義された用語である．グリセリド(脂肪と油)やリン脂質のようなけん化性の脂質とともに，ステロイドのような非けん化性の脂質も含まれている．

脂質の命名法には，炭水化物の命名法と同様に，脂質に固有の命名法をもとにつくられた保存名と体系名がある．(2S,3R)-2-アミノオクタデカン-1,3-ジオール (2S,3R)-2-aminoctadecane-1,3-diol に対する名称，スフィンガニン sphinganine はジオール自体もその誘導体の脂質も命名法において保存名となっている．

P-107.2　グリセリド

グリセリドは，グリセリン (プロパン-1,2,3-トリオール propane-1,2,3-triol) と脂肪酸のエステルである．古くに確立された慣用により，アシル基の数および位置に従って，グリセリドはトリグリセリド，1,2- または 1,3-ジグリセリド，1- または 2-モノグリセリドに分類される．個々のグリセリドは，モノ-，ジ- またはトリ-O-アシルグリセリンと命名する．名称グリセリンは，有機化合物の命名に際し，GIN として認められている(P-63.1.1.2 参照)．天然物の分野，特に脂質の命名法においては，グリセリンは保存名でもある．

例：

$$CH_2\text{-}O\text{-}CO\text{-}[CH_2]_{16}\text{-}CH_3$$
$$CH\text{-}O\text{-}CO\text{-}[CH_2]_{16}\text{-}CH_3$$
$$CH_2\text{-}O\text{-}CO\text{-}[CH_2]_{16}\text{-}CH_3$$

トリ-O-オクタデカノイルグリセリン　tri-O-octadecanoylglycerol
トリオクタデカン酸プロパン-1,2,3-トリイル
propane-1,2,3-triyl trioctadecanoate

(2S)-2-O-アセチル-1-O-ヘキサデカノイル-3-O-[(9Z)-オクタデカ-9-エノイル]グリセリン
(2S)-2-O-acetyl-1-O-hexadecanoyl-3-O-[(9Z)-octadec-9-enoyl]glycerol　(番号付けを示す)

(2S)-2-O-アセチル-1-O-オレオイル-3-O-パルミトイルグリセリン
(2S)-2-O-acetyl-1-O-oleoyl-3-O-palmitoylglycerol

2-酢酸 1-ヘキサデカン酸 3-[(9Z)-オクタデカ-9-エン酸](2S)-プロパン-1,2,3-トリイル
(2S)-propane-1,2,3-triyl 2-acetate 1-hexadecanoate 3-[(9Z)-octadec-9-enoate]

リン脂質は，ホスファチジン酸 phosphatidic acid および ホスホグリセリド phosphoglyceride を含め，リン酸をモノエステルまたはジエステルとして含む脂質である．

ホスファチジン酸は，一つのヒドロキシ基(一般には第一級のヒドロキシ基だが，必然性はない)がリン酸でエステル化され，他の二つのヒドロキシ基が脂肪酸でエステル化されたグリセリンの誘導体である．

ホスホグリセリドは，エステル化されたアルコール〔代表的な例は 2-アミノエタノール (エタノールアミンではない)，コリン，グリセリン，イノシトール，セリンである〕上に，極性頭部基($-OH$ または $-NH_2$)を通常もつリン酸ジエステル，つまりホスファチジン酸のエステルである．ホスホグリセリドには，レシチン lecithin とセファリン cephalin が含まれている．

P-107.3 ホスファチジン酸

P-107.3.1 ホスファチジン酸は，以下のような一般的構造をもつ．

$$CH_2\text{-}O\text{-}CO\text{-}R$$
$$R'\text{-}CO\text{-}O\text{—}C\text{—}H$$
$$CH_2\text{-}O\text{-}P(O)(OH)_2$$

3-*sn*-ホスファチジン酸　3-*sn*-phosphatidic acid
(*sn* の説明および例については，P-107.3.2 を参照)

一般に，3-*sn*-ホスファチジン酸 3-*sn*-phosphatidic acid は，単にホスファチジン酸とよばれる．

$$\overset{1}{C}H_2\text{-}O\text{-}CO\text{-}R$$
$$(HO)_2P(O)\text{-}O\text{—}\overset{2}{C}\text{—}H$$
$$\underset{3}{C}H_2\text{-}O\text{-}CO\text{-}R'$$

2-ホスファチジン酸　2-phosphatidic acid

一価のアシル基の名称は，ホスファチジルであり，保存接頭語である．

$$CH_2\text{-}OH$$
$$HO\text{—}\overset{2}{C}\text{—}H$$
$$\underset{3}{C}H_2\text{-}O\text{-}P(O)\text{—}$$
$$\qquad\qquad |$$
$$\qquad\qquad OH$$

ホスファチジル　phosphatidyl

P-107.3.2 ホスファチジン酸の立体配置

グリセリンの誘導体の立体配置を指定するために，グリセリンの炭素原子を，立体特異的番号付けとよばれる方法により番号付けする．炭素鎖を垂直に置いた Fischer 投影図で，2 位の炭素のヒドロキシ基を左になるように配置したとき，上端にくる炭素原子を C1 とする．

このような番号付けを，立体構造を考慮しない従来の番号付けと区別するために，立体表示記号 *sn* (立体特異的に番号付けした stereospecifically numbered)を使う．この表示記号は，グリセリンの名称の直前にハイフンをはさんで置き，文頭であっても小文字のイタリック体で書く．立体表示記号 *rac* を，ラセミ体を示すのに使い，立体表示記号 *Ξ* を，化合物の立体配置が未詳または特定されていない場合に使うことがある．

例：

$$\overset{1}{C}H_2\text{-}O\text{-}P(O)(OH)_2$$
$$HO\text{—}\overset{2}{C}\text{—}H$$
$$\underset{3}{C}H_2\text{-}OH$$

sn-グリセリン 1-リン酸
sn-glycerol 1-phosphate
(2*S*)-2,3-ジヒドロキシプロピルリン酸二水素エステル
(2*S*)-2,3-dihydroxypropyl dihydrogen phosphate

$$\overset{1}{C}H_2\text{-}OH$$
$$HO\text{—}\overset{2}{C}\text{—}H$$
$$\underset{3}{C}H_2\text{-}O\text{-}P(O)(OH)_2$$

sn-グリセリン 3-リン酸
sn-glycerol 3-phosphate
(2*R*)-2,3-ジヒドロキシプロピルリン酸二水素エステル
(2*R*)-2,3-dihydroxypropyl dihydrogen phosphate

P-107.3.3 ホスファチジルセリン

ホスファチジルセリン phosphatidylserine という用語は，リン酸成分がアミノ酸のセリン（通常はL-セリン）を
エステル化したホスファチジン酸のアシル誘導体を示すために使う．個々の化合物の半体系的名称は，置換命名
法の原則，規則，慣用に従ってつくる．

例：

$$CH_2\text{-}O\text{-}CO\text{-}[CH_2]_{16}\text{-}CH_3$$

$$CH_3\text{-}[CH_2]_{16}\text{-}CO\text{-}O\text{—}\overset{R}{C}\text{◄}H$$

$$CH_2\text{-}O\text{-}P(O)\text{-}O\text{-}CH_2\text{-}C\text{-}COOH$$

OH　H L NH₂

1,2-ジ(オクタデカノイル)-*sn*-グリセロ-3-ホスホ-L-セリン
1,2-di(octadecanoyl)-*sn*-glycero-3-phospho-L-serine

O-{[(2*R*)-2,3-ジ(オクタデカノイルオキシ)プロポキシ]ヒドロキシホスホリル}-L-セリン
O-{[(2*R*)-2,3-di(octadecanoyloxy)propoxy]hydroxyphosphoryl}-L-serine

P-107.3.4 ホスファチジルコリン

ホスファチジルコリン phosphatidylcholine という用語は，リン酸成分がコリンをエステル化したホスファチジ
ン酸のアシル誘導体を示すために使う．個々の化合物の半体系的名称は，置換命名法の原則，規則，慣用に従っ
てつくる．

例：

$$\left[\begin{array}{c} CH_2\text{-}O\text{-}CO\text{-}[CH_2]_{14}\text{-}CH_3 \\ CH_3\text{-}[CH_2]_{14}\text{-}CO\text{-}O\text{—}\overset{R}{C}\text{◄}H \\ CH_2\text{-}O\text{-}P(O)\text{-}O\text{-}CH_2\text{-}CH_2\text{-}N(CH_3)_3^+ \\ OH \end{array}\right] OH^-$$

(9 10 25 / 7 / 4 / 6 5 3 1)

(7*R*)-7-(ヘキサデカノイルオキシ)-4-ヒドロキシ-*N*,*N*,*N*-トリメチル-4,10-ジオキソ-
3,5,9-トリオキサ-4λ^5-ホスファペンタコサン-1-アミニウムヒドロキシド
(7*R*)-7-(hexadecanoyloxy)-4-hydroxy-*N*,*N*,*N*-trimethyl-4,10-dioxo-3,5,9-trioxa-
4λ^5-phosphapentacosan-1-aminium hydroxide

P-107.3.5 ホスファチジルエタノールアミン

ホスファチジルエタノールアミン phosphatidylethanolamine〔より正確には，ホスファチジル(アミノ)エタノー
ル phosphatidyl(amino)ethanol〕という用語は，リン酸成分が2-アミノエタノール 2-aminoethanol をエステル化
したホスファチジン酸のアシル誘導体を示すために使う．個々の化合物の半体系的名称は，置換命名法の原則，
規則，慣用に従ってつくる．

例：

$$CH_2\text{-}O\text{-}CO\text{-}[CH_2]_{14}\text{-}CH_3$$

$$CH_3\text{-}[CH_2]_{14}\text{-}CO\text{-}O\text{—}\overset{R}{\underset{2}{C}}\text{◄}H$$

$$CH_2\text{-}O\text{-}P(O)\text{-}O\text{-}CH_2\text{-}CH_2\text{-}NH_2$$

OH

1,2-ジ(ヘキサデカノイル)-*sn*-グリセロ-3-ホスホエタノールアミン
1,2-di(hexadecanoyl)-*sn*-glycero-3-phosphoethanolamine

ジヘキサデカン酸(2*R*)-3-{[(2-アミノエトキシ)ヒドロキシホスホリル]オキシ}プロパン-1,2-ジイル
(2*R*)-3-{[(2-aminoethoxy)hydroxyphosphoryl]oxy}propane-1,2-diyl dihexadecanoate

P-107.3.6 ホスファチジルイノシトール

ホスファチジルイノシトール phosphatidylinositol という用語は，リン酸成分がイノシトール分子をエステル化
したホスファチジン酸のアシル誘導体を示すために使う．個々の化合物の半体系的名称は，置換命名法の原則，

P-107 脂　　質　　　　1009

規則，慣用に従ってつくる．

例：

$$CH_3\text{-}[CH_2]_{14}\text{-CO-O} \overset{R}{-} C \overset{CH_2\text{-O-CO-}[CH_2]_{14}\text{-CH}_3}{\underset{CH_2\text{-O-P(O)-OH}}{-}} H$$

L-*myo*-イノシトール 2-[(2*R*)-2,3-ビス(ヘキサデカノイルオキシ)プロピルリン酸水素エステル]
L-*myo*-inositol 2-[(2*R*)-2,3-bis(hexadecanoyloxy)propyl hydrogen phosphate]

ジヘキサデカン酸(2*R*)-3-[(ヒドロキシ{[(1*s*,2*R*,3*R*,4*s*,5*S*,6*S*)-2,3,4,5,6-
　　　　　ペンタヒドロキシシクロヘキシル]オキシ}ホスホリル)オキシ]プロパン-1,2-ジイル
(2*R*)-3-[(hydroxy{[(1*s*,2*R*,3*R*,4*s*,5*S*,6*S*)-2,3,4,5,6-
　　　　　pentahydroxycyclohexyl]oxy}phosphoryl)oxy]propane-1,2-diyl dihexadecanoate

P-107.4　糖　脂　質

P-107.4.1　定　　義

用語，**糖脂質** glycolipid は，アシルグリセリン，スフィンゴイド(長鎖の脂肪族アミノアルコール)，セラミド (*N*-アシル-スフィンゴイド)，プレニルリン酸のような疎水部とグリコシド結合で結合する，一つまたは複数の単糖残基をもつ化合物全般を指している．

グリセロ糖脂質は，一つまたは複数のグリセリン残基をもつ糖脂質である．

スフィンゴ糖脂質は，少なくとも一つの単糖残基と，スフィンゴイドまたはセラミドのいずれかをもつ脂質を指す．

ホスファチジル糖イノシトール glycophosphatidylinositol という用語は，ホスファチジルイノシトールのイノシトール部にグリコシド結合する単糖を含む糖脂質を指す．

個々の化合物は体系的に命名する．

P-107.4.2　グリセロ糖脂質

個々の化合物は，P-107.3.2 で示したように，立体配置を特別に番号付けした母体グリセリンをもとに命名する．

$$H_3C\text{-}[CH_2]_{16}\text{-CO-O} \overset{1\ CH_2\text{-O-CO-}[CH_2]_{16}\text{-CH}_3}{\underset{3\ CH_2}{\overset{|}{\underset{|}{C}}}} \overset{S}{-} H$$

3-*O*-β-D-ガラクトピラノシル-1,2-ジ-*O*-オクタデカノイル-*sn*-グリセリン
3-*O*-β-D-galactopyranosyl-1,2-di-*O*-octadecanoyl-*sn*-glycerol

ジオクタデカン酸(2*S*)-3-(β-D-ガラクトピラノシルオキシ)プロパン-1,2-ジイル
(2*S*)-3-(β-D-galactopyranosyloxy)propane-1,2-diyl dioctadecanoate

P-107.4.3　スフィンゴ糖脂質

P-107.4.3.1　下に記した絶対配置をもつ脂肪族アミノアルコールの保存名，スフィンガニン sphinganine を使用して名称をつくる．保存名スフィンガニンは，体系名 (2*S*,3*R*)-2-アミノオクタデカン-1,3-ジオールに優先する．

1010   P-10 天然物および関連化合物の母体構造

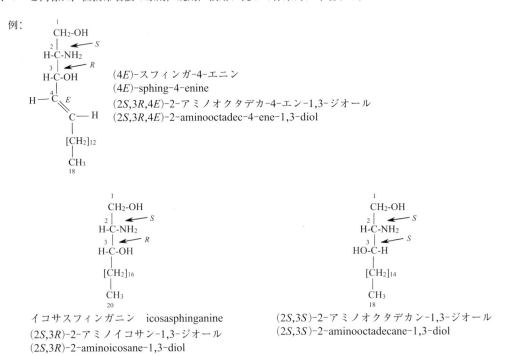

```
     1
    CH2OH
     2|  ← S
   H-C-NH2
     3|  ← R
   H-C-OH              スフィンガニン  sphinganine
     |                 (2S,3R)-2-アミノオクタデカン-1,3-ジオール
   [CH2]14             (2S,3R)-2-aminooctadecane-1,3-diol
     |
    CH3
     18
```

保存名 スフィンガニン sphinganine は，O-置換誘導体のほか，不飽和誘導体および N-置換誘導体の名称をつくるのに使う．ヒドロキシ，オキソ，アミノなどの他の誘導体は，鎖長が異なる異性体あるいは他のジアステレオマーと同様に，置換命名法の原則，規則，慣用に従って体系的に命名する．

例：

(4E)-スフィンガ-4-エニン
(4E)-sphing-4-enine
(2S,3R,4E)-2-アミノオクタデカ-4-エン-1,3-ジオール
(2S,3R,4E)-2-aminooctadec-4-ene-1,3-diol

イコサスフィンガニン icosasphinganine
(2S,3R)-2-アミノイコサン-1,3-ジオール
(2S,3R)-2-aminoicosane-1,3-diol

(2S,3S)-2-アミノオクタデカン-1,3-ジオール
(2S,3S)-2-aminooctadecane-1,3-diol

P-107.4.3.2 セラミド　セラミドは，N-アシルスフィンゴイドである．

例：

(4E)-N-ヘキサデカノイルスフィンガ-4-エニン
(4E)-N-hexadecanoylsphing-4-enine
N-[(2S,3R,4E)-1,3-ジヒドロキシオクタデカ-4-エン-2-イル]ヘキサデカンアミド
N-[(2S,3R,4E)-1,3-dihydroxyoctadec-4-en-2-yl]hexadecanamide

P-107　脂　　質　　　　　　　　　　　　　　　　　　　　　1011

P-107.4.3.3　中性スフィンゴ糖脂質　　　中性スフィンゴ糖脂質は，炭水化物を含むスフィンゴイドまたはセラ
ミドの誘導体である．炭水化物残基は，グリコシド結合によって 1-*O*- に結合することがわかっている．優先的
体系名では，すべての位置番号を示さなければならない．

例：

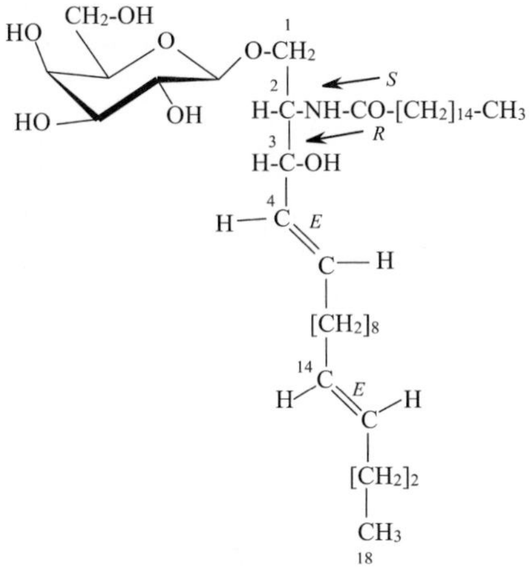

(4*E*,14*E*)-1-*O*-(β-D-ガラクトピラノシル)-*N*-ヘキサデカノイルスフィンガ-4,14-ジエニン
(4*E*,14*E*)-1-*O*-(β-D-galactopyranosyl)-*N*-hexadecanoylsphinga-4,14-dienine

N-[(2*S*,3*R*,4*E*,14*E*)-1-(β-D-ガラクトピラノシルオキシ)-3-ヒドロキシオクタデカ-
　　　　　　　　　　　　　　　　　　　　　　4,14-ジエン-2-イル]ヘキサデカンアミド
　　N-[(2*S*,3*R*,4*E*,14*E*)-1-(β-D-galactopyranosyloxy)-3-hydroxyoctadeca-4,14-dien-2-yl]hexadecanamide

参 考 文 献

1) IUPAC *Nomenclature of Organic Chemistry, Sections A, B, C, D, E, F and H, 1979 Edition*, Pergamon Press, 1979. [邦訳: 平山健三・平山和雄訳著, "有機化学・生化学命名法", 改訂第 2 版, 南江堂 (1988, 1989)]

2) *A Guide to IUPAC Nomenclature of Organic Compounds, Recommendations 1993*, Blackwell Scientific Publications, 1993.

3) Revised Nomenclature for Radicals and Ions, Radicals Ions and Related Species (IUPAC Recommendations 1993), *Pure Appl. Chem.*, **65**, 1357-1455 (1993).

4) Nomenclature of Fused and Bridged-fused Ring Systems (IUPAC Recommendations 1998), *Pure Appl. Chem.*, **70**, 143-216 (1998).

5) Phane Nomenclature Part I. Phane Parent Names (IUPAC Recommendations 1998), *Pure Appl. Chem.*, **70**, 1513-1545 (1998).

6) Phane Nomenclature Part II. Modification of the Degree of Hydrogenation and Substitution Derivatives of Phane Parent Hydrides (IUPAC Recommendations 2002), *Pure Appl. Chem.*, **74**, 809-834 (2002).

7) Extension and Revision of the von Baeyer System for Naming Polycyclic Compounds (including bicyclic compounds) (IUPAC Recommendations 1999), *Pure Appl. Chem.*, **71**, 513-529 (1999).

8) Extension and Revision of the Nomenclature for Spiro Compounds (IUPAC Recommendations 1999), *Pure Appl. Chem.*, **71**, 531-558 (1999).

9) Revised Section F: Natural Products and Related Compounds (IUPAC Recommendations 1999), *Pure Appl. Chem.*, **71**, 587-643 (1999); Corrections and Modifications (2004), *Pure Appl. Chem.*, **76**, 1283-1292 (2004).

10) Nomenclature for the C_{60}-I_h and C_{70}-$D_{5h(6)}$ Fullerenes (IUPAC Recommendations 2002), *Pure Appl. Chem.*, **74**, 629-695 (2002).

11) Numbering of Fullerenes (Recommendations 2005), *Pure Appl. Chem.*, **77**, 843-923 (2005).

12) IUPAC *Nomenclature of Inorganic Chemistry, Recommendations 2005*, RSC Publications, 2005. [邦訳: 日本化学会化合物命名法委員会訳著, "無機化学命名法——IUPAC 2005 年勧告——", 東京化学同人 (2010)]

13) Treatment of Variable Valence in Organic Nomenclature (λ-Convention) (Recommendations 1983), *Pure Appl. Chem.*, **56**, 769-778 (1984).

14) International Union of Pure and Applied Chemistry. Division of Physical Chemistry. Commission on Symbols, Quantities, and Units, *Quantities, Units, and Symbols in Physical Chemistry*, 2nd Ed., Blackwell Scientific Publications, Oxford, UK, 1993. 3rd Ed., RSC Publishing, 2007 (The Green Book). [邦訳: (社) 日本化学会監修, (独) 産業技術総合研究所計量標準総合センター訳, "物理化学で用いられる量・単位・記号", 第 3 版, 講談社サイエンティフィク (2009)]

15) Extension of Rules A-1.1 and A-2.5 Concerning Numerical Terms Used in Organic Chemical Nomenclature (Recommendations 1986), *Pure Appl. Chem.*, **58**, 1693-1696 (1986).

16) International Union of Biochemistry and Molecular Biology, 'Biochemical Nomenclature and Related Documents', Portland Press Ltd, London (1992). 'Nomenclature of Steroids (Recommendations 1989)', 192-246 を参照.

17) International Union of Biochemistry and Molecular Biology, 'Biochemical Nomenclature and Related Documents', Portland Press Ltd, London (1992). 'Nomenclature of Tetrapyrroles (Recommendations 1986)', 278-329 を参照.

18) International Union of Biochemistry and Molecular Biology, 'Biochemical Nomenclature and Related Documents', Portland Press Ltd, London (1992). 'Nomenclature and Symbolism for Amino Acids and Peptides (Recommendations 1983)', 39-69 を参照.

19) International Union of Pure and Applied Chemistry, IUPAC *Compendium of Chemical Terminology* (Gold Book), http://goldbook.iupac.org

20) F. Reich and Th. Richter, *J. für Praktische Chemie*, **89**, 441 (1863); **90**, 175 (1863); **92**, 490 (1864).

21) Revision of the Extended Hantzsch-Widman System of Nomenclature for Heteromonocycles (Recommendations 1982), *Pure Appl. Chem.*, **55**, 409-416 (1983).

22) *The Ring Systems Handbook*, Chemical Abstracts Service, 1984; and supplements.

23) Glossary of Class Names of Organic Compounds and Reactive Intermediates Based on Structure (IUPAC Recommendations 1995), *Pure Appl. Chem.*, **67**, 1307-1375 (1995); Compendium of Chemical Technology, IUPAC Recommendations, 2nd Ed., A. D. McNaught, A. Wilkinson, Compilers, Blackwell Science, 1997.

24) Nomenclature for Cyclic Organic Compounds with Contiguous Formal Double Bonds (δ-Convention) (Recommendations 1988), *Pure Appl. Chem.*, **60**, 1395-1401 (1988).

25) International Union of Pure and Applied Chemistry, 'Nomenclature and Terminology of Fullerenes: A

Preliminary Report', *Pure Appl. Chem.* **69**, 1411-1434 (1997).

26) W. Kem, M. Seibel, H. O. Wirth, Über die Synthese Methylsubstituierter *p*-Oligophenylene, *Makromoleculare Chem.* **1959**：*29*, 164-189 (sp. 167)

27) International Union of Pure and Applied Chemistry and International Union of Biochemistry and Molecular Biology, Joint Commission on Biochemical Nomenclature, 'Nomenclature of Carbohydrates (Recommendations 1996)', *Pure Appl. Chem.*, **68**,1919-2008 (1996)

28) Glossary of Terms Used in Theoretical Chemistry, *Pure Appl. Chem.* **71**, 1919-1981 (1999)

29) '天然組成' の意味に関する議論については, 'IUPAC, Commission on Atomic Weights', *Pure Appl. Chem.*, **37**, 591-603 (1974) を参照.

30) International Union of Biochemistry and Molecular Biology, 'Biochemical Nomenclature and Related Documents', Portland Press Ltd, London (1992). 'Isotopically labeled compounds, Common biochemical practice', pp. 27-28 and 'Isotopically substituted compounds', pp. 29-30 を参照.

31) W. A. Boughton, 'Naming Hydrogen Isotopes', *Science*, **79**, 159-160 (1934).

32) American Chemical Society, Chemical Abstracts Service, 'Chemical Substance Index Names', Appendix Ⅳ, *Chemical Abstracts* 1997 *Index Guide*, 220, 223I-225I.

33) IUPAC Names for Hydrogen Atoms (Recommendations 1988), *Pure Appl. Chem.*, **60**, 1115-1116 (1988).

34) R. S. Cahn, C. K. Ingold, and V. Prelog, *Experientia*, **Ⅻ**, 81-124 (1956).

35) R. S. Cahn, C. K. Ingold, and V. Prelog, *Angew. Chem.*, **78**, 413-447 (1966); *Angew. Chem., Int. Ed.*, **5**, 385-415 (1966).

36) V. Prelog and G. Helmchen, *Angew. Chem.*, **94**, 614-631 (1982), *Angew. Chem., Int. Ed. Engl.*, **21**, 567-583 (1982).

37) Basic Terminology of Stereochemistry (IUPAC Recommendations 1996), *Pure Appl. Chem.*, **68**, 2193-2222 (1996).

38) Graphical Representation of Stereochemical Configuration (IUPAC Recommendations 2006), *Pure Appl. Chem.*, **78**(10), 1897-1970 (2006).

39) International Union of Biochemistry and Molecular Biology, 'Biochemical Nomenclature and Related Documents', Portland Press Ltd, London (1992). 'Nomenclature of Cyclitols (Recommendations 1973)', 149-155 を参照.

40) International Union of Biochemistry and Molecular Biology, 'Biochemical Nomenclature and Related Documents', Portland Press Ltd, London (1992). 'Nomenclature of Carotenoids (1970) and Amendments (1973)', 226-238 を参照.

41) P. Mata, A. M. Lobo, C. Marshall and A. P. Johnson, *Tetrahedron*: *Asymmetry*, **4**, 657-668 (1993).

42) R. H. Custer, *Match*, **21**, 3 (1986).

43) H. Hirschmann and K. R. Hanson, *Tetrahedron*, **30**, 3649 (1974).

44) International Union of Biochemistry and Molecular Biology, 'Biochemical Nomenclature and Related Documents', Portland Press Ltd, London (1992). Nomenclature of Tocopherols and Related Compounds, Recommendations, 1981, 239-241 を参照.

45) International Union of Biochemistry and Molecular Biology, 'Biochemical Nomenclature and Related Documents', Portland Press Ltd, London (1992). 'Nomenclature of Corrinoids (Recommendations 1973)', 272-277 を参照.

46) International Union of Pure and Applied Chemistry and International Union of Biochemistry and Molecular Biology, Joint Committee on Biochemical Nomenclature, 'Nomenclature of Lignans and Neolignans, IUPAC Recommendations 2000', *Pure Appl. Chem.*, **72**,1493-1523 (2000).

47) International Union of Biochemistry and Molecular Biology, 'Biochemical Nomenclature and Related Documents', Portland Press Ltd, London (1992). 'Abbreviations and Symbols for Nucleic Acids, Polynucleotides and their Constituents (Recommendations 1970)', 109-114 を参照.

48) International Union of Biochemistry and Molecular Biology, 'Biochemical Nomenclature and Related Documents', Portland Press Ltd, London (1992). 'Nomenclature of Lipids' (Recommendations 1976), 180-190 を参照.

49) International Union of Biochemistry and Molecular Biology, 'Biochemical Nomenclature and Related Documents', Portland Press Ltd, London (1992); Nomenclature of Retinoids Recommendations 1981, *Pure Appl. Chem.*, **55**, 721-726 (1983).

50) International Union of Pure and Applied Chemistry and International Union of Biochemistry and Molecular Biology, Joint Commission on Biochemical Nomenclature, 'Nomenclature of Glycolipids, Recommendations, 1997', *Pure Appl. Chem.*, **69**, 2475-2487 (1997).

付　　　録

付録 1　"ア"命名法で用いられる元素および
　　　　　"ア"語の優先順位表（優先度順）……………………1016

付録 2　置換命名法で使用される分離可能接頭語
　　　　　（アルファベット順）……………………………………1017

付録 3　表 10・1 所載のアルカロイド，ステロイド，
　　　　　テルペノイドおよび類縁化合物の構造 ………1077

付録 1

"ア"命名法で用いられる元素および "ア"語の優先順位表（優先度順）

元素	"ア"語	元素	"ア"語	元素	"ア"語
F	フルオラ fluora	Pd	パラダ pallada	Ho	ホルマ holma
Cl	クロラ chlora	Pt	プラチナ platina	Er	エルバ erba
Br	ブロマ broma	Ds	ダームスタタ darmstadta	Tm	ツラ thula
I	ヨーダ ioda	Co	コバルタ cobalta	Yb	イッテルバ ytterba
At	アスタタ astata	Rh	ロダ rhoda	Lu	ルテタ luteta
Ts	テネサ tennessa	Ir	イリダ irida	Ac	アクチナ actina
O	オキサ oxa	Mt	マイトネラ meitnera	Th	トラ thora
S	チア thia	Fe	フェラ ferra	Pa	プロトアクチナ protactina
Se	セレナ selena	Ru	ルテニカ ruthenica	U	ウラナ urana
Te	テルラ tellura	Os	オスマ osma	Np	ネプツナ neptuna
Po	ポロナ polona	Hs	ハッサ hassa	Pu	プルトナ plutona
Lv	リバモラ livermora	Mn	マンガナ mangana	Am	アメリカ america
N	アザ aza	Tc	テクネカ techneta	Cm	キュラ cura
P	ホスファ phospha	Re	レナ rhena	Bk	バークラ berkela
As	アルサ arsa	Bh	ボーラ bohra	Cf	カリホルナ californa
Sb	スチバ stiba	Cr	クロマ chroma	Es	アインスタイナ einsteina
Bi	ビスマ bisma	Mo	モリブダ molybda	Fm	フェルマ ferma
Mc	モスコバ moscova	W	タングスタ tungsta	Md	メンデレバ mendeleva
C	カルバ carba	Sg	シーボーガ seaborga	No	ノーベラ nobela
Si	シラ sila	V	バナダ vanada	Lr	ローレンカ lawrenca
Ge	ゲルマ germa	Nb	ニオバ nioba	Be	ベリラ berylla
Sn	スタンナ stanna	Ta	タンタラ tantala	Mg	マグネサ magnesa
Pb	プルンバ plumba	Db	ドブナ dubna	Ca	カルカ calca
Fl	フレロバ flerova	Ti	チタナ titana	Sr	ストロンタ stronta
B	ボラ bora	Zr	ジルコナ zircona	Ba	バラ bara
Al	アルミナ alumina	Hf	ハフナ hafna	Ra	ラダ rada
Ga	ガラ galla	Rf	ラザホーダ rutherforda	Li	リタ litha
In	インダ inda	Sc	スカンダ scanda	K	ポタッサ potassa
Tl	タラ thalla	Y	イットラ yttra	Na	ソーダ soda
Nh	ニホナ nihona	La	ランタナ lanthana	Rb	ルビダ rubida
Zn	ジンカ zinca	Ce	セラ cera	Cs	セサ caesa
Cd	カドマ cadma	Pr	プラセオジマ praseodyma	Fr	フランカ franca
Hg	メルクラ mercura	Nd	ネオジマ neodyma	He	ヘラ hela
Cn	コペルニカ copernica	Pm	プロメタ promretha	Ne	ネオナ neona
Cu	クプラ cupra	Sm	サマラ samara	Ar	アルゴナ argona
Ag	アルゲンタ argenta	Eu	ユウロパ europa	Kr	クリプトナ kryptona
Au	アウラ aura	Gd	ガドリナ gadolina	Xe	キセノナ xenona
Rg	レントゲナ roentgena	Tb	テルバ terba	Rn	ラドナ radona
Ni	ニッケラ nickela	Dy	ジスプロサ dysprosa	Og	オガネソナ oganessona

付録 2
置換命名法で使用される分離可能接頭語
（アルファベット順）

* の記号は，優先接頭語(たとえば，acetamido* ＝ acetylamino, acetylamino ＝ acetamido*)
または予備選択接頭語(たとえば，sulfanyl* ＝ thio)を示す.

　推奨されない接頭語の後には，参照すべき優先接頭語や予備選択接頭語が'を参照'ととも
に記載されている(たとえば，chloroxy: chloryl* を参照). 推奨されない接頭語(たとえ
ば，chloroxy)には化学式がなく，見出し語のみが書かれている. それに対応する優先接頭
語や予備選択接頭語の見出し語では，その推奨されない接頭語が'ではない'の語句をつけ
て括弧中に記載されている〔たとえば，chloryl* (chloroxy ではない)〕.

名　称	化学式	規　則
acetamido*　アセトアミド* ＝ acetylamino　アセチルアミノ	$CH_3\text{-}CO\text{-}NH-$	P-66.1.1.4.3
acetimidamido　アセトイミドアミド ＝ ethanimidamido*　エタンイミドアミド* ＝ acetimidoylamino　アセトイミドイルアミノ	$CH_3\text{-}C(=NH)\text{-}NH-$	P-66.4.1.3.5
acetimidoyl　アセトイミドイル ＝ ethanimidoyl*　エタンイミドイル* ＝ 1-iminoethyl　1-イミノエチル	$CH_3\text{-}C(=NH)-$	P-65.1.7.2.2
acetimidoylamino　アセトイミドイルアミノ ＝ ethanimidamido*　エタンイミドアミド* ＝ acetimidamido　アセトイミドアミド	$CH_3\text{-}C(=NH)\text{-}NH-$	P-66.4.1.3.5
acetohydrazido*　アセトヒドラジド* ＝ 2-acetylhydrazin-1-yl　2-アセチルヒドラジン-1-イル	$CH_3\text{-}CO\text{-}NH\text{-}NH-$	P-66.3.2.3
acetohydrazonoyl　アセトヒドラゾノイル ＝ ethanehydrazonoyl*　エタンヒドラゾノイル* ＝ 1-hydrazinylideneethyl　1-ヒドラジニリデンエチル	$CH_3\text{-}C(=N\text{-}NH_2)-$	P-65.1.7.2.2
acetohydroximoyl　アセトヒドロキシモイル ＝ N-hydroxyethanimidoyl* N-ヒドロキシエタンイミドイル* ＝ N-hydroxyacetimidoyl N-ヒドロキシアセトイミドイル	$CH_3\text{-}C(=N\text{-}OH)-$	P-65.1.7.2.2
acetonyl　アセトニル ＝ 2-oxopropyl*　2-オキソプロピル*	$\overset{3}{C}H_3\text{-}\overset{2}{C}O\text{-}\overset{1}{C}H_2-$	P-64.5.1
acetonylidene: 2-oxopropylidene* を参照		
acetonylidyne: 2-oxopropylidyne* を参照		
acetoxy　アセトキシ ＝ acetyloxy*　アセチルオキシ*	$CH_3\text{-}CO\text{-}O-$	P-65.6.3.2.3
acetoxysulfonyl　アセトキシスルホニル ＝ (acetyloxy)sulfonyl*　(アセチルオキシ)スルホニル*	$CH_3\text{-}CO\text{-}O\text{-}SO_2-$	P-65.3.2.3
acetyl*　アセチル* ＝ ethanoyl　エタノイル ＝ 1-oxoethyl　1-オキソエチル	$CH_3\text{-}CO-$	P-65.1.7.2.1
N-acetylacetamido*　N-アセチルアセトアミド* ＝ diacetylamino　ジアセチルアミノ (diacetylazanyl, diacetamido ではない)	$(CH_3\text{-}CO)_2N-$	P-66.1.2.1

付録2　置換命名法で使用される分離可能接頭語

名　称	化学式	規　則
acetylamino　アセチルアミノ 　　= acetamido*　アセトアミド*	$CH_3\text{-}CO\text{-}NH-$	P-66.1.1.4.3
acetylazanediyl*　アセチルアザンジイル* 　　（acetylimino ではない）	$CH_3\text{-}CO\text{-}N<$	P-66.1.1.4.4
2-acetylhydrazin-1-yl　2-アセチルヒドラジン-1-イル 　　= acetohydrazido*　アセトヒドラジド*	$CH_3\text{-}CO\text{-}NH\text{-}NH-$	P-66.3.2.3
acetylimino：acetylazanediyl* を参照		
acetyloxy*　アセチルオキシ* 　　= acetoxy　アセトキシ	$CH_3\text{-}CO\text{-}O-$	P-65.6.3.2.3
(acetyloxy)sulfonyl*　（アセチルオキシ)スルホニル* 　　= acetoxysulfonyl　アセトキシスルホニル	$CH_3\text{-}CO\text{-}O\text{-}SO_2-$	P-65.3.2.3
acrylohydrazonoyl　アクリロヒドラゾノイル 　　= prop-2-enehydrazonoyl* 　　　プロパ-2-エンヒドラゾノイル* 　　= 1-hydrazinylideneprop-2-en-1-yl 　　　1-ヒドラジニリデンプロパ-2-エン-1-イル	$CH_2\text{=}CH\text{-}C(\text{=}NNH_2)-$	P-65.1.7.3.2
acryloyl　アクリロイル 　　= prop-2-enoyl*　プロパ-2-エノイル* 　　= 1-oxoprop-2-en-1-yl　1-オキソプロパ-2-エン-1-イル	$CH_2\text{=}CH\text{-}CO-$	P-65.1.7.3.1
adamantan-2-yl*　アダマンタン-2-イル* 　　= 2-adamantyl　2-アダマンチル 　　= tricyclo[3.3.1.1³,⁷]decan-2-yl 　　　トリシクロ[3.3.1.1³,⁷]デカン-2-イル 　　（1-異性体も同様） 2-adamantyl　2-アダマンチル 　　= adamantan-2-yl*　アダマンタン-2-イル* 　　= tricyclo[3.3.1.1³,⁷]decan-2-yl 　　　トリシクロ[3.3.1.1³,⁷]デカン-2-イル		P-29.6.2.3
adipoyl　アジポイル 　　= hexanedioyl*　ヘキサンジオイル* 　　= 1,6-dioxohexane-1,6-diyl 　　　1,6-ジオキソヘキサン-1,6-ジイル	$-CO\text{-}[CH_2]_4\text{-}CO-$	P-65.1.7.3.1
allyl　アリル 　　= prop-2-en-1-yl*　プロパ-2-エン-1-イル*	$CH_2\text{=}CH\text{-}CH_2-$	P-32.3
allylidene　アリリデン 　　= prop-2-en-1-ylidene*　プロパ-2-エン-1-イリデン*	$CH_2\text{=}CH\text{-}CH\text{=}$	P-32.3
allylidyne　アリリジン 　　= prop-2-enylidyne*　プロパ-2-エニリジン*	$CH_2\text{=}CH\text{-}C\equiv$	P-32.3
alumanyl　アルマニル	H_2Al-	P-29.3.1; P-68.1.2
alumanylidene　アルマニリデン	$HAl\text{=}$	P-29.3.1; P-68.1.2
amidino：carbamimidoyl* を参照		
amidochlorophosphoryl　アミドクロロホスホリル 　　= phosphoramidochloridoyl* 　　　ホスホロアミドクロリドイル* 　　〔chlorido(amido)phosphoryl ではない〕	$(H_2N)ClP(O)-$	P-67.1.4.1.1.4
amidyl　アミジル 　　= azanidyl*　アザニドイル*	$^{-}NH-$	P-72.6.3
amidylidene　アミジリデン 　　= azanidylidene*　アザニドイリデン*	$^{-}N\text{=}$	P-72.6.3
amino*　アミノ* 　　= azanyl　アザニル	H_2N-	P-62.2.3
(4′-amino[1,1′-biphenyl]-4-yl)amino* (4′-アミノ[1,1′-ビフェニル]-4-イル)アミノ* 　　= benzidino　ベンジジノ	$H_2N\text{-}\!\!\underset{4'}{\bigcirc}\!\!\underset{1'}{\bigcirc}\!\!\text{-}\!\!\underset{1}{\bigcirc}\!\!\underset{4}{\bigcirc}\!\!\text{-}NH-$	P-62.2.4.1.1
C-aminocarbonimidoyl　C-アミノカルボノイミドイル 　　= carbamimidoyl*　カルバモイミドイル* 　　= amino(imino)methyl　アミノ(イミノ)メチル	$H_2N\text{-}C(\text{=}NH)-$	P-65.2.1.5; P-66.4.1.3.1

付録 2 置換命名法で使用される分離可能接頭語

名　称	化学式	規　則
aminocarbonothioyl　アミノカルボノチオイル 　= carbamothioyl*　カルバモチオイル* 　= amino(sulfanylidene)methyl 　　アミノ(スルファニリデン)メチル 　(thiocarbamoyl ではない)	H_2N-CS-	P-65.2.1.5; P-66.1.4.4
aminocarbonyl　アミノカルボニル 　= carbamoyl*　カルバモイル*	H_2N-CO-	P-65.2.1.5; P-66.1.1.4.1.1
(aminocarbonyl)amino　(アミノカルボニル)アミノ 　= carbamoylamino*　カルバモイルアミノ* 　(ureido ではない)	$H_2N-CO-NH-$	P-66.1.6.1.1.3
[(aminocarbonyl)amino]carbonyl [(アミノカルボニル)アミノ]カルボニル 　= carbamoylcarbamoyl*　カルバモイルカルバモイル*	$H_2N-CO-NH-CO-$	P-66.1.6.1.1.4
2-(aminocarbonyl)hydrazin-1-yl 2-(アミノカルボニル)ヒドラジン-1-イル 　= 2-carbamoylhydrazin-1-yl* 　　2-カルバモイルヒドラジン-1-イル* 　= semicarbazido　セミカルバジド	$H_2N-CO-NH-NH-$	P-68.3.1.2.4
aminodichlorosilyl*　アミノジクロロシリル*	$(H_2N)Cl_2Si-$	P-67.1.4.2
amino(hydrazinylidene)methyl アミノ(ヒドラジニリデン)メチル 　= carbamohydrazonoyl*　カルバモヒドラゾノイル*	$H_2N-C(=N-NH_2)-$	P-66.4.2.3.2
[amino(hydroxy)methylidene]amino* [アミノ(ヒドロキシ)メチリデン]アミノ* 　(3-isoureido ではない)	$H_2N-C(OH)=N-$	P-66.1.6.1.2.2
amino(imino)methyl　アミノ(イミノ)メチル 　= carbamimidoyl*　カルバモイミドイル* 　= C-aminocarbonimidoyl　C-アミノカルボノイミドイル	$H_2N-C(=NH)-$	P-65.2.1.5; P-66.4.1.3.1
[amino(imino)methyl]amino　[アミノ(イミノ)メチル]アミノ 　= carbamimidoylamino*　カルバモイミドイルアミノ* 　= carbamimidamido　カルバモイミドアミド 　(guanidino ではない)	$H_2N-C(=NH)-NH-$	P-66.4.1.2.1.3
(aminomethylidene)amino*　(アミノメチリデン)アミノ*	$H_2N-CH=N-$	P-66.4.1.3.3
2-(aminomethylidene)hydrazin-1-yl* 2-(アミノメチリデン)ヒドラジン-1-イル*	$H_2N-CH=N-NH-$	P-66.4.2.3.4
aminooxalyl　アミノオキサリル 　= oxamoyl*　オキサモイル* 　= amino(oxo)acetyl　アミノ(オキソ)アセチル	$H_2N-CO-CO-$	P-66.1.1.4.1.2
amino(oxo)acetamido　アミノ(オキソ)アセトアミド 　= oxamoylamino*　オキサモイルアミノ* 　(carbamoylformamido ではない)	$H_2N-CO-CO-NH-$	P-66.1.1.4.5.1
amino(oxo)acetyl　アミノ(オキソ)アセチル 　= oxamoyl*　オキサモイル* 　= aminooxalyl　アミノオキサリル	$H_2N-CO-CO-$	P-66.1.1.4.1.2
[amino(oxo)acetyl]imino　[アミノ(オキソ)アセチル]イミノ 　= oxamoylimino*　オキサモイルイミノ*	$H_2N-CO-CO-N=$	P-66.1.1.4.5.1
aminooxy*　アミノオキシ* 　(aminoxy ではない)	H_2N-O-	P-68.3.1.1.1.5
amino(sulfanylidene)methyl　アミノ(スルファニリデン)メチル 　= carbamothioyl*　カルバモチオイル* 　= aminocarbonothioyl　アミノカルボノチオイル 　(thiocarbamoyl ではない)	H_2N-CS-	P-65.2.1.5; P-66.1.4.4
[amino(sulfanylidene)methyl]amino [アミノ(スルファニリデン)メチル]アミノ 　= carbamothioylamino*　カルバモチオイルアミノ*	$H_2N-CS-NH-$	P-66.1.6.1.3.3
[amino(sulfanyl)methylidene]amino [アミノ(スルファニル)メチリデン]アミノ*	$H_2N-C(SH)=N-$	P-66.1.6.1.3.3
S-aminosulfinimidoyl* S-アミノスルフィンイミドイル*	$H_2N-S(=NH)-$	P-66.4.1.3.4

名　称	化学式	規　則
aminosulfinyl*　アミノスルフィニル* 　（sulfinamoyl ではない）	$H_2N\text{-}SO\text{-}$	P-66.1.1.4.2
(aminosulfinyl)oxy*　（アミノスルフィニル)オキシ* 　（sulfinamoyloxy ではない）	$H_2N\text{-}SO\text{-}O\text{-}$	P-67.1.4.4.2
S-aminosulfonimidoyl*　*S*-アミノスルホンイミドイル*	$H_2N\text{-}S(O)(=NH)\text{-}$	P-66.4.1.3.4
S-aminosulfonodiimidoyl*　*S*-アミノスルホノジイミドイル*	$H_2N\text{-}S(=NH)_2\text{-}$	P-66.4.1.3.4
aminosulfonyl　アミノスルホニル 　＝ sulfamoyl*　スルファモイル* 　＝ sulfuramidoyl　スルフロアミドイル	$H_2N\text{-}SO_2\text{-}$	P-65.3.2.3； P-66.1.1.4.2
aminoxy: aminooxy* を参照		
ammonio　アンモニオ 　＝ azaniumyl*　アザニウムイル* 　＝ ammoniumyl　アンモニウムイル	$H_3N^+\text{-}$	P-73.6
ammoniumyl　アンモニウムイル 　＝ azaniumyl*　アザニウムイル* 　＝ ammonio　アンモニオ	$H_3N^+\text{-}$	P-73.6
anilino*　アニリノ* 　＝ phenylamino　フェニルアミノ	$C_6H_5\text{-}NH\text{-}$	P-62.2.1.1.1
anilinosulfonyl　アニリノスルホニル 　＝ phenylsulfamoyl*　フェニルスルファモイル* 　＝ (phenylamino)sulfonyl　（フェニルアミノ)スルホニル	$C_6H_5\text{-}NH\text{-}SO_2\text{-}$	P-66.1.1.4.2
o-anisidino: 2-methoxyanilino* を参照 　（*m* = 3- および *p* = 4-異性体も同様） 2-anisidino: 2-methoxyanilino* を参照		
anthracen-1-yl*　アントラセン-1-イル* 　＝ 1-anthryl　1-アントリル 　（2-, 9-異性体も同様）		P-29.6.2.3
antimonyl: stiboryl* を参照		
arsanediyl*　アルサンジイル* 　（arsinediyl ではない）	$HAs<$	P-68.3.2.3.2.2
arsanetriyl*　アルサントリイル* 　（arsinetriyl ではない）	$\text{-}As<$	P-68.3.2.3.2.2
arsaniumyl*　アルサニウムイル* 　＝ arsonio　アルソニオ 　＝ arsoniumyl　アルソニウムイル	$H_3As^+\text{-}$	P-73.6
arsanyl*　アルサニル* 　＝ arsino　アルシノ	$H_2As\text{-}$	P-29.3.1； P-68.3.2.3.2.2
λ^5-arsanyl*　λ^5-アルサニル* 　＝ arsoranyl　アルソラニル	$H_4As\text{-}$	P-68.3.2.3.2.2
arsanylidene*　アルサニリデン* 　（arsinidine ではない）	$HAs=$	P-29.3.1； P-68.3.2.3.2.2
arsenoso: oxoarsanyl* を参照		
arsenyl: arsoryl* を参照		
arsinediyl: arsanediyl* を参照		
arsinetriyl: arsanetriyl* を参照		
arsinidine: arsanylidene* を参照		
arsino　アルシノ 　＝ arsanyl*　アルサニル*	$H_2As\text{-}$	P-29.3.1； P-68.3.2.3.2.2
arsinoyl*　アルシノイル* 　＝ dihydroarsoryl　ジヒドロアルソリル 　（arsinyl ではない）	$H_2As(O)\text{-}$	P-67.1.4.1.1.2
arsinyl: arsinoyl* を参照		
arso: dioxo-λ^5-arsanyl* を参照		
arsonato*　アルソナト*	$(^-O)_2As(O)\text{-}$	P-72.6.1
arsonio　アルソニオ 　＝ arsaniumyl*　アルサニウムイル* 　＝ arsoniumyl　アルソニウムイル	$H_3As^+\text{-}$	P-73.6

名　称	化学式	規　則
arsoniumyl　アルソニウムイル 　= arsaniumyl*　アルサニウムイル* 　= arsonio　アルソニオ	H_3As^+-	P-73.6
arsono*　アルソノ* 　= dihydroxyarsoryl　ジヒドロキシアルソリル	$(HO)_2As(O)-$	P-67.1.4.1.1.1
arsonoyl*　アルソノイル* 　= hydroarsoryl　ヒドロアルソリル	$HAs(O)<$	P-67.1.4.1.1.2; P-67.1.4.1.2
arsoranyl　アルソラニル 　= λ^5-arsanyl*　λ^5-アルサニル*	H_4As-	P-68.3.2.3.2.2
arsorimidoyl*　アルソロイミドイル* 　= imidoarsoryl　イミドアルソリル	$-As(=NH)<$	P-67.1.4.1.1.4
arsoryl*　アルソリル* 　(arsenyl ではない)	$-As(O)<$	P-67.1.4.1.1.2
azanediidyl*　アザンジイドイル*	$N^{2-}-$	P-72.6.3
azanediyl*　アザンジイル* 　(imino ではない)	$-HN-$	P-35.2.2; P-62.2.5.1
azanetriyl　アザントリイル 　= nitrilo*　ニトリロ*	$-N<$	P-35.2.1; P-62.2.5.1
azanidyl*　アザニドイル* 　= amidyl　アミジル	HN^--	P-72.6.3
azanidylidene*　アザニドイリデン* 　= amidylidene　アミジリデン	$^-N=$	P-72.6.3
azaniumyl*　アザニウムイル* 　= ammonio　アンモニオ 　= ammoniumyl　アンモニウムイル	H_3N^+-	P-73.6
azanyl　アザニル 　= amino*　アミノ*	H_2N-	P-62.2.3
azanylidene: imino* を参照		
azanylidyne*　アザニリジン* 　(nitrilo ではない)	$N\equiv$	P-35.2.2
azanylylidene*　アザニルイリデン* 　(nitrilo ではない)	$-N=$	P-35.2.2; P-62.3.1.2
azido*　アジド*	N_3-	P-61.7
azino: hydrazinediylidene* を参照		
azinoyl*　アジノイル* 　= dihydronitroryl　ジヒドロニトロリル 　(azinyl ではない)	$H_2N(O)-$	P-67.1.4.1.1.2
azinyl: azinoyl* を参照		
azo　アゾ 　= diazenediyl*　ジアゼンジイル*	$-N=N-$	P-68.3.1.3.2.2; P-68.3.1.3.2.1
azonato*　アゾナト*	$(^-O)_2N(O)-$	P-72.6.1
azono*　アゾノ* 　= dihydroxynitroryl　ジヒドロキシニトロリル	$(HO)_2N(O)-$	P-67.1.4.1.1.1
azonothioyl*　アゾノチオイル* 　= thioazonoyl　チオアゾノイル	$HN(S)<$	P-67.1.4.1.1.4
azonoyl*　アゾノイル* 　= hydronitroryl　ヒドロニトロリル	$HN(O)<$	P-67.1.4.1.1.2
azoryl: nitroryl* を参照		
azoxy　アゾキシ	$-N(O)=N-$ または $-N=N(O)-$	P-68.3.1.3.3.1
benzal: benzylidene* を参照		
benzamido*　ベンズアミド* 　= benzoylamino　ベンゾイルアミノ	$C_6H_5\text{-}CO\text{-}NH-$	P-66.1.1.4.3
benzenecarbohydroximoyl ベンゼンカルボヒドロキシモイル 　= N-hydroxybenzenecarboximidoyl* 　　N-ヒドロキシベンゼンカルボキシイミドイル* 　= N-hydroxybenzimidoyl 　　N-ヒドロキシベンズイミドイル	$C_6H_5\text{-}C(=N\text{-}OH)-$	P-65.1.7.2.2

名　称	化学式	規　則
benzenecarbonyl　ベンゼンカルボニル 　= benzoyl*　ベンゾイル* 　= oxo(phenyl)methyl　オキソ(フェニル)メチル	C6H5-CO−	P-65.1.7.2.1
benzenecarbothioamido*　ベンゼンカルボチオアミド* 　= (benzenecarbothioyl)amino 　　(ベンゼンカルボチオイル)アミノ 　= thiobenzamido　チオベンズアミド	C6H5-CS-NH−	P-66.1.4.4
benzenecarbothioyl*　ベンゼンカルボチオイル* 　= thiobenzoyl　チオベンゾイル 　= phenyl(sulfanylidene)methyl 　　フェニル(スルファニリデン)メチル 　= phenyl(thioxo)methyl　フェニル(チオキソ)メチル	C6H5-CS−	P-65.1.7.2.3
(benzenecarbothioyl)amino (ベンゼンカルボチオイル)アミノ 　= benzenecarbothioamido*　ベンゼンカルボチオアミド* 　= thiobenzamido　チオベンズアミド	C6H5-CS-NH−	P-66.1.4.4
benzenecarboximidohydrazido* ベンゼンカルボキシイミドヒドラジド* 　= 2-(benzenecarboximidoyl)hydrazin-1-yl 　　2-(ベンゼンカルボキシイミドイル)ヒドラジン-1-イル	C6H5-C(=NH)-NH-NH−	P-66.4.2.3.6
benzenecarboximidoyl*　ベンゼンカルボキシイミドイル* 　= benzimidoyl　ベンズイミドリル 　= imino(phenyl)methyl　イミノ(フェニル)メチル	C6H5-C(=NH)−	P-65.1.7.2.2
2-(benzenecarboximidoyl)hydrazin-1-yl 2-(ベンゼンカルボキシイミドイル)ヒドラジン-1-イル 　= benzenecarboximidohydrazido* 　　ベンゼンカルボキシイミドヒドラジド*	C6H5-C(=NH)-NH-NH−	P-66.4.2.3.6
benzene-1,2-dicarbonyl*　ベンゼン-1,2-ジカルボニル* 　= phthaloyl　フタロイル 　= 1,2-phenylenedicarbonyl　1,2-フェニレンジカルボニル 　= 1,2-phenylenebis(oxomethylene) 　　1,2-フェニレンビス(オキソメチレン)	(structure: benzene ring with 1-CO− and 2-CO−)	P-65.1.7.4.2; P-65.1.7.3.1
benzene-1,3-dicarbonyl*　ベンゼン-1,3-ジカルボニル* 　= isophthaloyl　イソフタロイル 　= 1,3-phenylenedicarbonyl　1,3-フェニレンジカルボニル 　= 1,3-phenylenebis(oxomethylene) 　　1,3-フェニレンビス(オキソメチレン)	(structure: benzene ring with 1-CO− and 3-CO−)	P-65.1.7.4.2; P-65.1.7.3.1
benzene-1,4-dicarbonyl*　ベンゼン-1,4-ジカルボニル* 　= terephthaloyl　テレフタロイル 　= 1,4-phenylenedicarbonyl　1,4-フェニレンジカルボニル 　= 1,4-phenylenebis(oxomethylene) 　　1,4-フェニレンビス(オキソメチレン)	(structure: benzene ring with 1-OC− and 4-CO−)	P-65.1.7.3.1; P-65.1.7.4.2
benzene-1,2-dicarbothioyl*　ベンゼン-1,2-ジカルボチオイル* 　= 1,2-phenylenebis(sulfanylidenemethylene) 　　1,2-フェニレンビス(スルファニリデンメチレン) 　= 1,2-phenylenebis(thioxomethylene) 　　1,2-フェニレンビス(チオキソメチレン) 　(dithiophthaloyl ではない)	(structure: benzene ring with 1-CS− and 2-CS−)	P-65.1.7.4.3
benzene-1,4-dicarboximidoyl* ベンゼン-1,4-ジカルボキシイミドイル* 　= terephthalimidoyl　テレフタルイミドイル 　= 1,4-phenylenebis(iminomethylene) 　　1,4-フェニレンビス(イミノメチレン) 　= 1,4-phenylenedicarbonimidoyl 　　1,4-フェニレンジカルボノイミドイル	(structure: −(HN=)C−4 benzene ring 1−C(=NH)−)	P-65.1.7.3.2
benzene-1,2-diyl: 1,2-phenylene* を参照 　(1,3- および 1,4-異性体も同様)		
benzeneselenonyl*　ベンゼンセレノニル* 　= phenylselenonyl　フェニルセレノニル	C6H5-SeO2−	P-65.3.2.2.2

名　称	化学式	規　則
benzenesulfinamido*　ベンゼンスルフィンアミド* 　= (benzenesulfinyl)amino　(ベンゼンスルフィニル)アミノ 　= (phenylsulfinyl)amino　(フェニルスルフィニル)アミノ	C_6H_5-SO-NH−	P-66.1.1.4.3
benzenesulfinohydrazonamido* ベンゼンスルフィノヒドラゾノアミド* 　= (benzenesulfinohydrazonoyl)amino 　　(ベンゼンスルフィノヒドラゾノイル)アミノ	C_6H_5-S(=N-NH$_2$)-NH−	P-66.4.2.3.5
(benzenesulfinohydrazonoyl)amino (ベンゼンスルフィノヒドラゾノイル)アミノ 　= benzenesulfinohydrazonamido* 　　ベンゼンスルフィノヒドラゾノアミド*	C_6H_5-S(=N-NH$_2$)-NH−	P-66.4.2.3.5
benzenesulfinoselenoyl*　ベンゼンスルフィノセレノイル* 　= phenylsulfinoselenoyl　フェニルスルフィノセレノイル	C_6H_5-S(Se)−	P-65.3.2.2.2
benzenesulfinyl*　ベンゼンスルフィニル* 　= phenylsulfinyl　フェニルスルフィニル	C_6H_5-SO−	P-63.6; P-65.3.2.2.2
(benzenesulfinyl)amino　(ベンゼンスルフィニル)アミノ 　= benzenesulfinamido*　ベンゼンスルフィンアミド* 　= (phenylsulfinyl)amino　(フェニルスルフィニル)アミノ	C_6H_5-SO-NH−	P-66.1.1.4.3
benzenesulfonamido*　ベンゼンスルホンアミド* 　= (benzenesulfonyl)amino　(ベンゼンスルホニル)アミノ 　= (phenylsulfonyl)amino　(フェニルスルホニル)アミノ	C_6H_5-SO$_2$-NH−	P-66.1.1.4.3
benzenesulfonyl*　ベンゼンスルホニル* 　= phenylsulfonyl　フェニルスルホニル	C_6H_5-SO$_2$−	P-63.6; P-65.3.2.2.2
(benzenesulfonyl)amino　(ベンゼンスルホニル)アミノ 　= benzenesulfonamido*　ベンゼンスルホンアミド* 　= (phenylsulfonyl)amino　(フェニルスルホニル)アミノ	C_6H_5-SO$_2$-NH−	P-66.1.1.4.3
benzhydroximoyl: N-hydroxybenzenecarboximidoyl* を参照		
benzhydryl: diphenylmethyl* を参照		
benzidino　ベンジジノ 　= (4′-amino[1,1′-biphenyl]-4-yl)amino* 　　(4′-アミノ[1,1′-ビフェニル]-4-イル)アミノ*	H$_2$N—〈4′〉〈1′〉—〈1〉〈4〉—NH−	P-62.2.4.1.1
benzimidoyl　ベンズイミドイル 　= benzenecarboximidoyl* 　　ベンゼンカルボキシイミドイル* 　= imino(phenyl)methyl　イミノ(フェニル)メチル	C_6H_5-C(=NH)−	P-65.1.7.2.2
benzohydrazido*　ベンゾヒドラジド* 　= 2-benzoylhydrazin-1-yl 　　2-ベンゾイルヒドラジン-1-イル	C_6H_5-CO-NH-NH−	P-66.3.2.3
benzoyl*　ベンゾイル* 　= benzenecarbonyl　ベンゼンカルボニル 　= oxo(phenyl)methyl　オキソ(フェニル)メチル	C_6H_5-CO−	P-65.1.7.2.1
benzoylamino　ベンゾイルアミノ 　= benzamido*　ベンズアミド*	C_6H_5-CO-NH−	P-66.1.1.4.3
benzoylazanediyl*　ベンゾイルアザンジイル*	C_6H_5-CO-N<	P-66.1.1.4.4
benzoylazanylidene　ベンゾイルアザニリデン 　= benzoylimino*　ベンゾイルイミノ*	C_6H_5-CO-N=	P-66.1.1.4.4
2-benzoylhydrazin-1-yl　2-ベンゾイルヒドラジン-1-イル 　= benzohydrazido*　ベンゾヒドラジド*	C_6H_5-CO-NH-NH−	P-66.3.2.3
benzoylimino*　ベンゾイルイミノ* 　= benzoylazanylidene　ベンゾイルアザニリデン	C_6H_5-CO-N=	P-66.1.1.4.4
benzoyloxy*　ベンゾイルオキシ* 　= (phenylcarbonyl)oxy　(フェニルカルボニル)オキシ	C_6H_5-CO-O−	P-65.6.3.2.3
benzyl*　ベンジル* 　= phenylmethyl　フェニルメチル	C_6H_5-CH$_2$−	P-29.6.1; P-29.6.2.1
benzylidene*　ベンジリデン* 　= phenylmethylidene　フェニルメチリデン 　(benzal ではない)	C_6H_5-CH=	P-29.6.1; P-29.6.2.1
benzylidyne*　ベンジリジン* 　= phenylmethylidyne　フェニルメチリジン	C_6H_5-C≡	P-29.6.1; P-29.6.2.1

付録2　置換命名法で使用される分離可能接頭語

名　称	化学式	規　則
benzyloxy*　ベンジルオキシ* = phenylmethoxy　フェニルメトキシ	C_6H_5-CH_2-O-	P-63.2.2.1.1
[1,1'-biphenyl]-4-yl*　[1,1'-ビフェニル]-4-イル* (4-phenylphenyl ではない)		P-29.3.5
bis(acetyloxy)-λ^3-iodanyl* ビス(アセチルオキシ)-λ^3-ヨーダニル* (diacetoxyiodo ではない)	$(CH_3$-CO-O$)_2$I-	P-68.5.1
bismuthaniumyl*　ビスムタニウムイル* = bismuthonio　ビスムトニオ = bismuthoniumyl　ビスムトニウムイル	H_3Bi^+-	P-73.6
bismuthanyl*　ビスムタニル* = bismuthino　ビスムチノ	H_2Bi-	P-29.3.1; P-68.3.3
λ^5-bismuthanylidene*　λ^5-ビスムタニリデン* = bismuthoranylidene　ビスムトラニリデン	H_3Bi=	P-68.3.3
bismuthino　ビスムチノ = bismuthanyl*　ビスムタニル*	H_2Bi-	P-29.3.1; P-68.3.3
bismuthonio　ビスムトニオ = bismuthaniumyl*　ビスムタニウムイル* = bismuthoniumyl　ビスムトニウムイル	H_3Bi^+-	P-73.6
bismuthoniumyl　ビスムトニウムイル = bismuthaniumyl*　ビスムタニウムイル* = bismuthonio　ビスムトニオ	H_3Bi^+-	P-73.6
bismuthoranylidene　ビスムトラニリデン = λ^5-bismuthanylidene*　λ^5-ビスムタニリデン*	H_3Bi=	P-68.3.3
bis(selanyl)boranyl　ビス(セラニル)ボラニル = diselenoborono*　ジセレノボロノ*	$(HSe)_2B$-	P-68.1.4.2
bis(silylamino)silyl*　ビス(シリルアミノ)シリル* (trisilazan-3-yl ではない)	SiH$_3$-NH-SiH-NH-SiH$_3$	P-29.3.2.2
1,4-bis(sulfanylidene)butane-1,4-diyl 1,4-ビス(スルファニリデン)ブタン-1,4-ジイル = butanebis(thioyl)*　ブタンビス(チオイル)*	-CS-CH_2-CH_2-CS-	P-65.1.7.4.1; P-65.1.7.4.3
bis(sulfanylidene)ethane-1,2-diyl ビス(スルファニリデン)エタン-1,2-ジイル = dithiooxalyl　ジチオオキサリル = ethanebis(thioyl)*　エタンビス(チオイル)*	-CS-CS-	P-65.1.7.2.3
bis(sulfanyl)phosphoryl*　ビス(スルファニル)ホスホリル*	$(HS)_2$P(O)-	P-67.1.4.1.1.5
boranediyl*　ボランジイル* (borylene, boranylidene, borylidene ではない)	HB<	P-68.1.2
boranetriyl*　ボラントリイル* (borylidyne ではない)	-B<	P-68.1.2
boranuidyl*　ボラヌイドイル*	H_3B^--	P-72.6.3
boranyl*　ボラニル* (boryl ではない)	H_2B-	P-29.3.1; P-67.1.4.2; P-68.1.2
(boranylamino)boranyl*　(ボラニルアミノ)ボラニル* (diborazan-1-yl ではない)	H_2B-NH-BH-	P-68.1.2
boranylidene*　ボラニリデン* (borylidene ではない)	HB=	P-29.3.1; P-67.1.4.2; P-68.1.2
boranylidyne*　ボラニリジン* (borylidyne ではない)	B≡	P-29.3.1; P-67.1.4.2; P-68.1.2
borodiamidoyl：diaminoboranyl* を参照		
borono*　ボロノ* = dihydroxyboranyl　ジヒドロキシボラニル	$(HO)_2B$-	P-67.1.4.2; P-68.1.4.2
boryl：boranyl* を参照		
borylene：boranediyl* を参照		
borylidene：boranylidene* を参照		
borylidyne：boranylidyne* を参照		

付録2 置換命名法で使用される分離可能接頭語

名　　称	化学式	規　則
bromo*　ブロモ*	Br−	P-61.3.1
bromocarbonothioyl　ブロモカルボノチオイル	BrCS−	P-65.2.1.5
= carbonobromidothioyl*　カルボノブロミドチオイル*		
bromosyl*　ブロモシル*	BrO−	P-61.3.2.3
bromyl*　ブロミル*	BrO_2−	P-61.3.2.3
butanamido*　ブタンアミド*	$CH_3\text{-}[CH_2]_2\text{-CO-NH}$−	P-66.1.1.4.3
= butanoylamino　ブタノイルアミノ		
= butyramido　ブチルアミド		
= butyrylamino　ブチリルアミノ		
butanebis(thioyl)*　ブタンビス(チオイル)*	−$CS\text{-}CH_2\text{-}CH_2\text{-}CS$−	P-65.1.7.4.1;
= 1,4-bis(sulfanylidene)butane-1,4-diyl		P-65.1.7.4.3
1,4-ビス(スルファニリデン)ブタン-1,4-ジイル		
= 1,4-dithioxobutane-1,4-diyl		
1,4-ジチオキソブタン-1,4-ジイル		
(dithiosuccinyl ではない)		
butanediimidoyl*　ブタンジイミドイル*	−$C(=NH)\text{-}CH_2\text{-}CH_2\text{-}C(=NH)$−	P-65.1.7.3.2
= succinimidoyl　スクシンイミドイル		
= 1,4-diiminobutane-1,4-diyl		
1,4-ジイミノブタン-1,4-ジイル		
butanedioyl*　ブタンジオイル*	−$CO\text{-}CH_2\text{-}CH_2\text{-}CO$−	P-65.1.7.3.1
= succinyl　スクシニル		
= 1,4-dioxobutane-1,4-diyl		
1,4-ジオキソブタン-1,4-ジイル		
butane-1,1-diyl*　ブタン-1,1-ジイル*	$CH_3\text{-}CH_2\text{-}CH_2\text{-}CH$<	P-29.3.2.2
butane-1,4-diyl*　ブタン-1,4-ジイル*	−$CH_2\text{-}CH_2\text{-}CH_2\text{-}CH_2$−	P-29.3.2.2
(tetramethylene ではない)		
butanethioyl*　ブタンチオイル*	$CH_3\text{-}CH_2\text{-}CH_2\text{-}CS$−	P-65.1.7.4.1
= thiobutyryl　チオブチリル		
= 1-sulfanylidenebutyl　1-スルファニリデンブチル		
= 1-thioxobutyl　1-チオキソブチル		
butanimidoyl*　ブタンイミドイル*	$CH_3\text{-}CH_2\text{-}CH_2\text{-}C(=NH)$−	P-65.1.7.3.2;
= butyrimidoyl　ブチルイミドイル		P-65.1.7.4.1
= 1-iminobutyl　1-イミノブチル		
butanoyl*　ブタノイル*	$CH_3\text{-}CH_2\text{-}CH_2\text{-}CO$−	P-65.1.7.3.1;
= butyryl　ブチリル		P-65.1.7.4.1
= 1-oxobutyl　1-オキソブチル		
butanoylamino　ブタノイルアミノ	$CH_3\text{-}CH_2\text{-}CH_2\text{-}CO\text{-}NH$−	P-66.1.1.4.3
= butanamido*　ブタンアミド*		
= butyramido　ブチルアミド		
= butyrylamino　ブチリルアミノ		
butan-1-yl　ブタン-1-イル	$CH_3\text{-}CH_2\text{-}CH_2\text{-}CH_2$−	P-29.3.2.2;
= butyl*　ブチル*		P-29.3.2.1
butan-2-yl*　ブタン-2-イル*	$CH_3\text{-}CH_2\text{-}CH(CH_3)$−	P-29.3.2.2;
= 1-methylpropyl　1-メチルプロピル		P-29.4.1;
(sec-butyl ではない)		P-29.6.3
butan-1-ylidene　ブタン-1-イリデン	$CH_3\text{-}CH_2\text{-}CH_2\text{-}CH$=	P-29.3.2.2;
= butylidene*　ブチリデン*		P-29.3.2.1
butan-2-ylidene*　ブタン-2-イリデン*	$CH_3\text{-}CH_2\text{-}C(CH_3)$=	P-29.3.2.2;
= 1-methylpropylidene　1-メチルプロピリデン		P-29.4.1;
(sec-butylidene ではない)		P-29.6.3
butanylidyne　ブタニリジン	$CH_3\text{-}CH_2\text{-}CH_2\text{-}C$≡	P-29.3.2.2;
= butylidyne*　ブチリジン*		P-29.3.2.1
butan-2-yloxy*　ブタン-2-イルオキシ*	$CH_3\text{-}CH_2\text{-}CH(CH_3)\text{-}O$−	P-63.2.2.2
= 1-methylpropoxy　1-メチルプロポキシ		
(sec-butoxy ではない)		
butan-2-yl-3-ylidene*　ブタン-2-イル-3-イリデン*	$\overset{\parallel\ \ \mid}{\underset{4\quad3\ 2\ 1}{CH_3\text{-}C\text{-}CH\text{-}CH_3}}$	P-29.3.2.2
butan-3-yl-1-ylidene*　ブタン-3-イル-1-イリデン*	$\overset{\mid}{\underset{4\quad3\quad2\ 1}{CH_3\text{-}CH\text{-}CH_2\text{-}CH}}=$	P-29.3.2.2

名　称	化学式	規　則
(2E)-but-2-enedioyl* (2E)-ブタ-2-エンジオイル* 　= fumaroyl　フマロイル 　= (2E)-1,4-dioxobut-2-ene-1,4-diyl 　　(2E)-1,4-ジオキソブタ-2-エン-1,4-ジイル	$\overset{2\ \ \ 1}{HC\text{-}CO-}$ $\parallel$ $\underset{4\ \ \ 3}{-OC\text{-}CH}$	P-65.1.7.3.1
(2Z)-but-2-enedioyl* (2Z)-ブタ-2-エンジオイル* 　= maleoyl　マレオイル 　= (2Z)-1,4-dioxobut-2-ene-1,4-diyl 　　(2Z)-1,4-ジオキソブタ-2-エン-1,4-ジイル	$\overset{2\ \ \ 1}{HC\text{-}CO-}$ $\parallel$ $\underset{3\ \ \ 4}{HC\text{-}CO-}$	P-65.1.7.3.1
but-2-ene-1,4-diyl*　ブタ-2-エン-1,4-ジイル*	$\overset{4\quad\ 3\quad\ 2\quad\ 1}{-CH_2\text{-}CH=CH\text{-}CH_2-}$	P-32.1.1
but-2-enoyl*　ブタ-2-エノイル* 　(crotonyl ではない) but-1-enyl: but-1-en-1-yl* を参照	$CH_3\text{-}CH=CH\text{-}CO-$	P-65.1.7.4.1
but-1-en-1-yl*　ブタ-1-エン-1-イル* 　(but-1-enyl ではない) but-2-enyl: but-2-en-1-yl* を参照	$CH_3\text{-}CH_2\text{-}CH=CH-$	P-32.1.1
but-2-en-1-yl*　ブタ-2-エン-1-イル* 　(but-2-enyl ではない)	$CH_3\text{-}CH=CH\text{-}CH_2-$	P-32.1.1
but-3-en-2-yl*　ブタ-3-エン-2-イル* 　= 1-methylprop-2-en-1-yl 　　1-メチルプロパ-2-エン-1-イル	$\mid$ $\underset{4\quad\ 3\quad\ 2\quad\ 1}{CH_2=CH\text{-}CH\text{-}CH_3}$	P-32.1.1
butoxy*　ブトキシ* 　= butyloxy　ブチルオキシ sec-butoxy: butan-2-yloxy* を参照 　(sec-butyloxy ではない)	$\overset{4\qquad 3\qquad 2\qquad 1}{CH_3\text{-}CH_2\text{-}CH_2\text{-}CH_2\text{-}O-}$	P-63.2.2.2
tert-butoxy　tert-ブトキシ (非置換*) 　= (2-methylpropan-2-yl)oxy 　　(2-メチルプロパン-2-イル)オキシ 　= 1,1-dimethylethoxy　1,1-ジメチルエトキシ 　(tert-butyloxy ではない)	$CH_3\text{-}C(CH_3)_2\text{-}O-$	P-63.2.2.2
butyl*　ブチル* 　= butan-1-yl　ブタン-1-イル sec-butyl: butan-2-yl* を参照	$CH_3\text{-}CH_2\text{-}CH_2\text{-}CH_2-$	P-29.3.2.1; P-29.3.2.2
tert-butyl　tert-ブチル (非置換*) 　= 2-methylpropan-2-yl　2-メチルプロパン-2-イル 　= 1,1-dimethylethyl　1,1-ジメチルエチル	$CH_3\text{-}C(CH_3)_2-$	P-29.6.1; P-29.4.1
butylidene*　ブチリデン* 　= butan-1-ylidene　ブタン-1-イリデン sec-butylidene: butan-2-ylidene* を参照	$CH_3\text{-}CH_2\text{-}CH_2\text{-}CH=$	P-29.3.2.1; P-29.3.2.2
butylidyne*　ブチリジン* 　= butanylidyne　ブタニリジン	$CH_3\text{-}CH_2\text{-}CH_2\text{-}C\equiv$	P-29.3.2.1; P-29.3.2.2
butyloxy　ブチルオキシ 　= butoxy*　ブトキシ* sec-butyloxy: butan-2-yloxy* を参照 　(sec-butoxy ではない) tert-butyloxy: tert-butoxy (非置換*)を参照	$CH_3\text{-}CH_2\text{-}CH_2\text{-}CH_2\text{-}O-$	P-63.2.2.2
butyramido　ブチルアミド 　= butanamido*　ブタンアミド* 　= butyrylamino　ブチリルアミノ 　= butanoylamino　ブタノイルアミノ	$CH_3\text{-}[CH_2]_2\text{-}CO\text{-}NH-$	P-66.1.1.4.3
butyrimidoyl　ブチルイミドイル 　= butanimidoyl*　ブタンイミドイル* 　= 1-iminobutyl　1-イミノブチル	$CH_3\text{-}CH_2\text{-}CH_2\text{-}C(=NH)-$	P-65.1.7.3.2; P-65.1.7.4.1
butyryl　ブチリル 　= butanoyl*　ブタノイル* 　= 1-oxobutyl　1-オキソブチル	$CH_3\text{-}CH_2\text{-}CH_2\text{-}CO-$	P-65.1.7.3.1; P-65.1.7.4.1

付録 2 置換命名法で使用される分離可能接頭語

名　称	化学式	規　則
butyrylamino　ブチリルアミノ 　= butanamido*　ブタンアミド* 　= butanoylamino　ブタノイルアミノ 　= butyramido　ブチルアミド	$CH_3\text{-}CH_2\text{-}CH_2\text{-}CO\text{-}NH-$	P-66.1.1.4.3
carbamimidamido　カルバモイミドアミド 　= carbamimidoylamino*　カルバモイミドイルアミノ* 　= [amino(imino)methyl]amino 　　[アミノ(イミノ)メチル]アミノ 　(guanidino ではない)	$H_2N\text{-}C(=NH)\text{-}NH-$	P-66.4.1.2.1.3
carbamimidoyl*　カルバモイミドイル* 　= C-aminocarbonimidoyl　C-アミノカルボノイミドイル 　= amino(imino)methyl　アミノ(イミノ)メチル 　(amidino ではない)	$H_2N\text{-}C(=NH)-$	P-65.2.1.5; P-66.4.1.3.1
carbamimidoylamino*　カルバモイミドイルアミノ* 　= carbamimidamido　カルバモイミドアミド 　= [amino(imino)methyl]amino 　　[アミノ(イミノ)メチル]アミノ 　(guanidino ではない)	$H_2N\text{-}C(=NH)\text{-}NH-$	P-66.4.1.2.1.3
carbamohydrazonoyl*　カルバモヒドラゾノイル* 　= amino(hydrazinylidene)methyl 　　アミノ(ヒドラジニリデン)メチル	$H_2N\text{-}C(=N\text{-}NH_2)-$	P-66.4.2.3.2
carbamothioyl*　カルバモチオイル* 　= aminocarbonothioyl　アミノカルボノチオイル 　= amino(sulfanylidene)methyl 　　アミノ(スルファニリデン)メチル 　(thiocarbamoyl ではない)	$H_2N\text{-}CS-$	P-65.2.1.5; P-66.1.4.4
carbamothioylamino*　カルバモチオイルアミノ* 　= [amino(sulfanylidene)methyl]amino 　　[アミノ(スルファニリデン)メチル]アミノ	$H_2N\text{-}CS\text{-}NH-$	P-66.1.6.1.3.3
carbamoyl*　カルバモイル* 　= aminocarbonyl　アミノカルボニル	$H_2N\text{-}CO-$	P-65.2.1.5; P-66.1.1.4.1.1
carbamoylamino*　カルバモイルアミノ* 　= (aminocarbonyl)amino　(アミノカルボニル)アミノ 　(ureido ではない)	$H_2N\text{-}CO\text{-}NH-$	P-66.1.6.1.1.3
carbamoylcarbamoyl*　カルバモイルカルバモイル* 　= [(aminocarbonyl)amino]carbonyl 　　[(アミノカルボニル)アミノ]カルボニル	$H_2N\text{-}CO\text{-}NH\text{-}CO-$	P-66.1.6.1.1.4
carbamoylcarbonyl: oxamoyl* を参照		
carbamoylformamido: oxamoylamino* を参照		
carbamoylformyl: oxamoyl* を参照		
2-carbamoylhydrazin-1-yl* 2-カルバモイルヒドラジン-1-イル* 　= 2-(aminocarbonyl)hydrazin-1-yl 　　2-(アミノカルボニル)ヒドラジン-1-イル 　= semicarbazido　セミカルバジド	$H_2N\text{-}CO\text{-}NH\text{-}NH-$	P-68.3.1.2.4
carbamoylhydrazinylidene*　カルバモイルヒドラジニリデン* 　= semicarbazono　セミカルバゾノ	$H_2N\text{-}CO\text{-}NH\text{-}N=$	P-68.3.1.2.5
carbazimidoyl: hydrazinecarboximidoyl* を参照		
carbazono: diazenecarbohydrazido* を参照		
carbazoyl: hydrazinecarbonyl* を参照		
carboethoxy: ethoxycarbonyl* を参照		
carbomethoxy: methoxycarbonyl* を参照		
carbonimidoyl*　カルボノイミドイル*	$-C(=NH)-$	P-65.2.1.5
carbonobromidothioyl*　カルボノブロミドチオイル* 　= bromocarbonothioyl　ブロモカルボノチオイル	$Br\text{-}CS-$	P-65.2.1.5
carbonochloridimidoyl* カルボノクロリドイミドイル* 　= C-chlorocarbonimidoyl 　　C-クロロカルボノイミドイル	$Cl\text{-}C(=NH)-$	P-65.2.1.5

名　称	化学式	規　則
carbonochloridoyl*　カルボノクロリドイル* ＝ chlorocarbonyl　クロロカルボニル (chloroformyl ではない)	Cl-CO−	P-65.2.1.5
carbonocyanidoyl*　カルボノシアニドイル* ＝ cyanocarbonyl　シアノカルボニル ＝ carbononitridoylcarbonyl 　　カルボノニトリドイルカルボニル	NC-CO−	P-65.2.1.5
carbonohydrazidimidoyl　カルボノヒドラジドイミドイル ＝ hydrazinecarboximidoyl* 　　ヒドラジンカルボキシイミドイル* ＝ hydrazinyl(imino)methyl　ヒドラジニル(イミノ)メチル ＝ C-hydrazinylcarbonimidoyl 　　C-ヒドラジニルカルボノイミドイル (C-hydrazinocarbonimidoyl ではない)	H₂N-NH-C(=NH)−	P-66.4.2.3.1
carbonohydrazidoyl　カルボノヒドラジドイル ＝ hydrazinecarbonyl　ヒドラジンカルボニル*	H₂N-NH-CO−	P-66.3.2.1
carbonohydrazonoyl*　カルボノヒドラゾノイル*	−C(=N-NH₂)−	P-65.2.1.5
carbononitridoyl　カルボノニトリドイル ＝ cyano*　シアノ*	NC−	P-65.2.2
carbononitridoylcarbonyl　カルボノニトリドイルカルボニル ＝ carbonocyanidoyl*　カルボノシアニドイル*	NC-CO−	P-65.2.1.5
carbononitridoyldisulfanyl カルボノニトリドイルジスルファニル ＝ cyanodisulfanyl*　シアノジスルファニル*	NC-S-S−	P-65.2.2
carbononitridoyloxy　カルボノニトリドイルオキシ ＝ cyanato*　シアナト*	NC-O−	P-65.2.2
carbononitridoylperoxy　カルボノニトリドイルペルオキシ ＝ cyanoperoxy*　シアノペルオキシ*	NC-O-O−	P-65.2.2
carbononitridoylselanyl　カルボノニトリドイルセラニル ＝ selenocyanato*　セレノシアナト*	NC-Se−	P-65.2.2
carbononitridoylsulfanyl カルボノニトリドイルスルファニル ＝ thiocyanato*　チオシアナト* ＝ carbononitridoylthio　カルボノニトリドイルチオ	NC-S−	P-65.2.2
carbononitridoyltellanyl　カルボノニトリドイルテラニル ＝ tellurocyanato*　テルロシアナト*	NC-Te−	P-65.2.2
carbononitridoylthio　カルボノニトリドイルチオ ＝ thiocyanato*　チオシアナト* ＝ carbononitridoylsulfanyl 　　カルボノニトリドイルスルファニル	NC-S−	P-65.2.2
carbonoperoxoyl*　カルボノペルオキソイル* ＝ (hydroperoxy)carbonyl　(ヒドロペルオキシ)カルボニル (peroxycarboxy ではない)	HO-O-CO−	P-65.2.1.5
carbono(thioperoxoyl)*　カルボノ(チオペルオキソイル)* ＝ (thiohydroperoxy)carbonyl 　　(チオヒドロペルオキシ)カルボニル	HO-S-CO− または HS-O-CO−	P-65.2.1.7 P-65.1.5.3
carbonothioyl*　カルボノチオイル* ＝ thiocarbonyl　チオカルボニル	−CS−	P-65.2.1.5
carbonyl*　カルボニル*	−CO−	P-65.2.1.5
carbonylbis(azanediyl)* カルボニルビス(アザンジイル)* (ureylene ではない)	−NH-CO-NH−	P-66.1.6.1.1.3
carboxy*　カルボキシ*	HOOC−	P-65.1.2.2.3; P-65.2.1.6
carboxyamino*　カルボキシアミノ*	HOOC-NH−	P-65.2.1.6
carboxycarbonothioyl カルボキシカルボノチオイル ＝ carboxymethanethioyl* 　　カルボキシメタンチオイル*	HOOC-CS−	P-65.1.7.2.4

付録 2　置換命名法で使用される分離可能接頭語

名　称	化学式	規　則
(carboxycarbonothioyl)sulfanyl (カルボキシカルボノチオイル)スルファニル 　= (carboxymethanethioyl)sulfanyl* 　　(カルボキシメタンチオイル)スルファニル*	HOOC-CS-S—	P-65.1.7.2.4
carboxycarbonyl　カルボキシカルボニル 　= oxalo*　オキサロ* 　〔hydroxy(oxo)acetyl, carboxyformyl ではない〕	HOOC-CO—	P-65.1.7.2.1; P-65.1.2.2.3
(carboxycarbonyl)amino　(カルボキシカルボニル)アミノ 　= oxaloamino*　オキサロアミノ*	HOOC-CO-NH—	P-65.1.7.2.4
(carboxycarbonyl)oxy　(カルボキシカルボニル)オキシ 　= oxalooxy*　オキサロオキシ*	HOOC-CO-O—	P-65.1.7.2.4
(carboxycarbonyl)sulfanyl (カルボキシカルボニル)スルファニル 　= oxalosulfanyl*　オキサロスルファニル*	HOOC-CO-S—	P-65.1.7.2.4
(carboxycarbonyl)thio　(カルボキシカルボニル)チオ 　= oxalosulfanyl*　オキサロスルファニル*	HOOC-CO-S—	P-65.1.7.2.4
carboxyformyl: oxalo* を参照 (carboxyformyl)oxy: oxalooxy* を参照 (carboxyformyl)sulfanyl: oxalosulfanyl* を参照 (carboxyformyl)thio: oxalosulfanyl* を参照		
carboxylato*　カルボキシラト*	⁻O-CO—	P-72.6.1
carboxymethanethioyl*　カルボキシメタンチオイル* 　= carboxycarbonothioyl　カルボキシカルボノチオイル	HOOC-CS—	P-65.1.7.2.4
(carboxymethanethioyl)sulfanyl* (カルボキシメタンチオイル)スルファニル* 　= (carboxycarbonothioyl)sulfanyl 　　(カルボキシカルボノチオイル)スルファニル	HOOC-CS-S—	P-65.1.7.2.4
3-carboxy-3-oxopropyl*　3-カルボキシ-3-オキソプロピル* 　(2-oxaloethyl ではない)	HOOC-CO-CH$_2$-CH$_2$—	P-65.1.2.2.3
carboxyoxy*　カルボキシオキシ*	HOOC-O—	P-65.2.1.6
(carboxyoxy)carbonyl*　(カルボキシオキシ)カルボニル* 　〔(carboxyoxy)formyl ではない〕	HOOC-O-CO—	P-65.2.3.1.5
(carboxyoxy)formyl: (carboxyoxy)carbonyl* を参照		
carboxysulfanyl*　カルボキシスルファニル* 　= carboxythio　カルボキシチオ	HOOC-S—	P-65.2.1.6
carboxythio　カルボキシチオ 　= carboxysulfanyl*　カルボキシスルファニル*	HOOC-S—	P-65.2.1.6
chloro*　クロロ*	Cl—	P-61.3.1
chloroarsanyl*　クロロアルサニル*	ClAsH—	P-67.1.4.1.1.6
chloroboranyl*　クロロボラニル* 　(chloroboryl ではない)	ClBH—	P-68.1.4.2
chloroboryl: chloroboranyl* を参照		
C-chlorocarbonimidoyl　C-クロロカルボノイミドイル 　= carbonochloridimidoyl*　カルボノクロリドイミドイル*	ClC(=NH)—	P-65.2.1.5
chlorocarbonyl　クロロカルボニル 　= carbonochloridoyl*　カルボノクロリドイル*	ClCO—	P-65.2.1.5
chloroformyl: carbonochloridoyl* を参照		
chlorooxalyl　クロロオキサリル 　= chloro(oxo)acetyl*　クロロ(オキソ)アセチル*	ClCO-CO—	P-65.1.7.2.4
chloro(oxo)acetyl*　クロロ(オキソ)アセチル* 　= chlorooxalyl　クロロオキサリル	ClCO-CO—	P-65.1.7.2.4
chloroso: chlorosyl* を参照		
chlorosulfinyl*　クロロスルフィニル*	ClS(O)—	P-65.3.2.3; P-67.1.4.4.1
chlorosulfonyl*　クロロスルホニル* 　= sulfurochloridoyl　スルフロクロリドイル	ClSO$_2$—	P-65.3.2.3; P-67.1.4.4.1
(chlorosulfonyl)oxy*　(クロロスルホニル)オキシ* 　= sulfurochloridoyloxy 　　スルフロクロリドイルオキシ	ClSO$_2$-O—	P-67.1.4.4.2

名　称	化学式	規　則
chlorosyl*　クロロシル*　（chloroso ではない）	(O)Cl−	P-61.3.2.3
chloroxy：chloryl* を参照		
chloryl*　クロリル* 　（chloroxy ではない）	O₂Cl−	P-61.3.2.3
cinnamoyl　シンナモイル 　= 3-phenylprop-2-enoyl* 　　3-フェニルプロパ-2-エノイル*	C_6H_5-CH=CH-CO−	P-65.1.7.3.1
crotonyl：but-2-enoyl* を参照		
cyanato*　シアナト* 　= carbononitridoyloxy　カルボノニトリドイルオキシ	NC-O−	P-65.2.2
cyano*　シアノ* 　= carbononitridoyl　カルボノニトリドイル	NC−	P-65.2.2; P-66.5.1.1.4
cyanocarbonyl　シアノカルボニル 　= carbonocyanidoyl*　カルボノシアニドイル*	NC-CO−	P-65.2.1.5
cyanodisulfanyl*　シアノジスルファニル* 　= carbononitridoyldisulfanyl 　　カルボノニトリドイルジスルファニル 　= carbononitridoyldithio　カルボノニトリドイルジチオ 　（thiocyanatosulfanyl ではない）	NC-S-S−	P-65.2.2
cyano(isocyanato)(phosphorothioyl) シアノ(イソシアナト)(ホスホロチオイル) 　= phosphorocyanidoisocyanatidothioyl* 　　ホスホロシアニドイソシアナチドチオイル* 　= cyano(isocyanato)(thiophosphoryl) 　　シアノ(イソシアナト)(チオホスホリル)	(OCN)(CN)P(S)−	P-67.1.4.1.1.4
cyano(isocyanato)(thiophosphoryl) シアノ(イソシアナト)(チオホスホリル) 　= phosphorocyanidoisocyanatidothioyl* 　　ホスホロシアニドイソシアナチドチオイル* 　= cyano(isocyanato)(phosphorothioyl) 　　シアノ(イソシアナト)(ホスホロチオイル)	(OCN)(CN)P(S)−	P-67.1.4.1.1.4
cyanoperoxy*　シアノペルオキシ* 　= carbononitridoylperoxy 　　カルボノニトリドイルペルオキシ	NC-O-O−	P-65.2.2
cyanosulfonyl*　シアノスルホニル* 　= sulfurocyanidoyl　スルフロシアニドイル	NC-SO₂−	P-67.1.4.4.1
cyclohexanecarbonyl*　シクロヘキサンカルボニル* 　= cyclohexylcarbonyl　シクロヘキシルカルボニル 　= cyclohexyl(oxo)methyl 　　シクロヘキシル(オキソ)メチル	C_6H_{11}-CO−	P-65.1.7.4.2
cyclohexanecarboximidoyl* シクロヘキサンカルボキシイミドイル* 　= cyclohexylcarbonimidoyl 　　シクロヘキシルカルボノイミドイル 　= cyclohexyl(imino)methyl 　　シクロヘキシル(イミノ)メチル 　（C-cyclohexylcarbonimidoyl ではない）	C_6H_{11}-C(=NH)−	P-65.1.7.4.2
cyclohexane-1,1-diyl*　シクロヘキサン-1,1-ジイル* 　（cyclohexanylidene ではない）	C_6H_{10}<	P-29.3.3
cyclohexane-1,4-diyl*　シクロヘキサン-1,4-ジイル* 　（1,4-cyclohexylene ではない） 　（1,1-, 1,2- および 1,3-異性体も同様）	−C_6H_{10}−	P-29.3.3
cyclohexanyl　シクロヘキサニル 　= cyclohexyl*　シクロヘキシル*	C_6H_{11}−	P-29.3.3
cyclohexanylidene　シクロヘキサニリデン 　= cyclohexylidene*　シクロヘキシリデン* 　（cyclohexane-1,1-diyl* も参照）	C_6H_{10}=	P-29.3.3
cyclohexyl　シクロヘキシル* 　= cyclohexanyl　シクロヘキサニル	C_6H_{11}−	P-29.2; P-29.3.3

付録2　置換命名法で使用される分離可能接頭語

名　称	化学式	規　則
cyclohexylcarbonimidoyl　シクロヘキシルカルボノイミドイル 　= cyclohexanecarboximidoyl* 　　シクロヘキサンカルボキシイミドイル* *C*-cyclohexylcarbonimidoyl: cyclohexanecarboximidoyl* 参照	C_6H_{11}-C(=NH)—	P-65.1.7.4.2
cyclohexylcarbonyl　シクロヘキシルカルボニル 　= cyclohexanecarbonyl*　シクロヘキサンカルボニル* 1,4-cyclohexylene: cyclohexane-1,4-diyl* 参照 　(1,1-, 1,2- および 1,3-異性体も同様)	C_6H_{11}-CO—	P-65.1.7.4.2
cyclohexylidene*　シクロヘキシリデン* 　= cyclohexanylidene　シクロヘキサニリデン	C_6H_{10}=	P-29.3.3
cyclohexyl(imino)methyl　シクロヘキシル(イミノ)メチル 　= cyclohexanecarboximidoyl* 　　シクロヘキサンカルボキシイミドイル*	C_6H_{11}-C(=NH)—	P-65.1.7.4.2
cyclohexyl(oxo)methyl　シクロヘキシル(オキソ)メチル 　= cyclohexanecarbonyl*　シクロヘキサンカルボニル* 　= cyclohexylcarbonyl　シクロヘキシルカルボニル	C_6H_{11}-CO—	P-65.1.7.4.2
cyclopentanecarbohydrazonoyl* シクロペンタンカルボヒドラゾノイル* 　= cyclopentyl(hydrazinylidene)methyl 　　シクロペンチル(ヒドラジニリデン)メチル	C_5H_9-C(=NNH$_2$)—	P-65.1.7.4.2
cyclopentanecarboximidoyl* シクロペンタンカルボキシイミドイル* 　= cyclopentyl(imino)methyl 　　シクロペンチル(イミノ)メチル 　= cyclopentylcarbonimidoyl 　　シクロペンチルカルボノイミドイル 　(*C*-cyclopentylcarbonimidoyl ではない)	C_5H_9-C(=NH)—	P-65.1.7.4.2
cyclopentylcarbonimidoyl シクロペンチルカルボノイミドイル 　= cyclopentanecarboximidoyl* 　　シクロペンタンカルボキシイミドイル* *C*-cyclopentylcarbonimidoyl: cyclopentanecarboximidoyl* を 　　　　　　　　　　　　参照	C_5H_9-C(=NH)—	P-65.1.7.4.2
cyclopentyl(hydrazinylidene)methyl シクロペンチル(ヒドラジニリデン)メチル 　= cyclopentanecarbohydrazonoyl* 　　シクロペンタンカルボヒドラゾノイル*	C_5H_9-C(=NNH$_2$)—	P-65.1.7.4.2
cyclopentyl(imino)methyl　シクロペンチル(イミノ)メチル 　= cyclopentanecarboximidoyl* 　　シクロペンタンカルボキシイミドイル*	C_5H_9-C(=NH)—	P-65.1.7.4.2
cyclopropanyl　シクロプロパニル 　= cyclopropyl*　シクロプロピル*	C_3H_5—	P-29.3.3
cyclopropanylidene　シクロプロパニリデン 　= cyclopropylidene*　シクロプロピリデン*	C_3H_4=	P-29.3.3
cyclopropyl*　シクロプロピル* 　= cyclopropanyl　シクロプロパニル	C_3H_5—	P-29.3.3
cyclopropylidene*　シクロプロピリデン* 　= cyclopropanylidene　シクロプロパニリデン	C_3H_4=	P-29.3.3
cyclotrisilanyl　シクロトリシラニル 　= trisiliranyl*　トリシリラニル*	H$_2$Si$\diagdown$ 　　　$>$SiH— H$_2$Si$\diagup$	P-68.2.2
decanedioyl*　デカンジオイル* 　= 1,10-dioxodecane-1,10-diyl 　　1,10-ジオキソデカン-1,10-ジイル	—CO-[CH$_2$]$_8$-CO—	P-65.1.7.4.1
decanoyl*　デカノイル* 　= 1-oxodecyl　1-オキソデシル	CH$_3$-[CH$_2$]$_8$-CO—	P-65.1.7.4.1
decan-1-yl　デカン-1-イル 　= decyl*　デシル*	CH$_3$-[CH$_2$]$_8$-CH$_2$—	P-29.3.2.2; P-29.3.2.1
decan-1-ylidene　デカン-1-イリデン 　= decylidene*　デシリデン*	CH$_3$-[CH$_2$]$_8$-CH=	P-29.3.2.2; P-29.3.2.1

名　称	化学式	規　則
decanylidyne　デカニリジン 　= decylidyne*　デシリジン*	CH₃-[CH₂]₈-C≡	P-29.3.2.2; P-29.3.2.1
decyl*　デシル* 　= decan-1-yl　デカン-1-イル	CH₃-[CH₂]₈-CH₂—	P-29.3.2.1; P-29.3.2.2
decylidene*　デシリデン* 　= decan-1-ylidene　デカン-1-イリデン	CH₃-[CH₂]₈-CH=	P-29.3.2.1; P-29.3.2.2
decylidyne*　デシリジン* 　= decanylidyne　デカニリジン	CH₃-[CH₂]₈-C≡	P-29.3.2.1; P-29.3.2.2
diacetamido: *N*-acetylacetamido* を参照		
diacetoxyiodo: bis(acetyloxy)-λ³-iodanyl* を参照		
diacetylamino　ジアセチルアミノ 　= *N*-acetylacetamido*　*N*-アセチルアセトアミド*	(CH₃-CO)₂N—	P-66.1.2.1
diacetylazanyl: *N*-acetylacetamido* を参照		
diaminoboranyl*　ジアミノボラニル* 　(borodiamidoyl ではない)	(H₂N)₂B—	P-67.1.4.2
(diaminomethylidene)amino*　（ジアミノメチリデン）アミノ*	(H₂N)₂C=N—	P-66.4.1.2.1.3
diaminophosphanyl*　ジアミノホスファニル*	(H₂N)₂P—	P-67.1.4.1.1.6
diarsanyl*　ジアルサニル*	H₂As-AsH—	P-29.3.2.2
diazane-1,2-diyl　ジアザン-1,2-ジイル 　= hydrazine-1,2-diyl*　ヒドラジン-1,2-ジイル* 　(hydrazo ではない)	—HN-NH—	P-29.3.2.2; P-68.3.1.2.1
diazanediylidene　ジアザンジイリデン 　= hydrazinediylidene*　ヒドラジンジイリデン* 　(azino ではない)	=N-N=	P-29.3.2.2; P-68.3.1.2.1
diazanyl　ジアザニル 　= hydrazinyl*　ヒドラジニル* 　(hydrazino ではない)	H₂N-NH—	P-29.3.2.2; P-68.3.1.2.1
diazanylidene　ジアザニリデン 　= hydrazinylidene*　ヒドラジニリデン* 　(hydrazono ではない)	H₂N-N=	P-29.3.2.2; P-68.3.1.2.1
diazanylidenemethylidene　ジアザニリデンメチリデン 　= hydrazinylidenemethylidene* 　　ヒドラジニリデンメチリデン*	H₂N-N=C=	P-65.2.1.8
diazenecarbohydrazido*　ジアゼンカルボヒドラジド* 　= 2-(diazenecarbonyl)hydrazin-1-yl 　　2-（ジアゼンカルボニル）ヒドラジン-1-イル 　(carbazono ではない)	HN=N-CO-NH-NH—	P-68.3.1.3.4
(diazenecarbonyl)diazenyl* （ジアゼンカルボニル）ジアゼニル*	HN=N-CO-N=N—	P-68.3.1.3.6
2-(diazenecarbonyl)hydrazin-1-yl 2-（ジアゼンカルボニル）ヒドラジン-1-イル 　= diazenecarbohydrazido* 　　ジアゼンカルボヒドラジド*　(carbazono ではない)	HN=N-CO-NH-NH—	P-68.3.1.3.4
diazenediyl*　ジアゼンジイル* 　= azo　アゾ	—N=N—	P-32.1.1; P-68.3.1.3.2.2
diazenyl*　ジアゼニル*	HN=N—	P-32.1.1; P-68.3.1.3.2.2
diazenyl(hydrazinylidene)methyl ジアゼニル（ヒドラジニリデン）メチル 　= formazan-3-yl*　ホルマザン-3-イル*	$\overset{1}{H}\overset{2}{N}=\overset{3}{N}-\overset{4}{C}(=\overset{5}{N}-NH_2)-$	P-68.3.1.3.5.2
(diazenylmethylidene)hydrazinyl （ジアゼニルメチリデン）ヒドラジニル 　= formazan-5-yl*　ホルマザン-5-イル*	$\overset{1}{H}\overset{2}{N}=\overset{3}{N}-\overset{4}{C}H=\overset{5}{N}-NH-$	P-68.3.1.3.5.2
diazo*　ジアゾ*	N₂—	P-61.4
diazoamino: triaz-1-ene-1,3-diyl* を参照		
diazonio　ジアゾニオ 　= diazyn-1-ium-1-yl*　ジアジン-1-イウム-1-イル*	N≡N⁺—	P-73.6
diazyn-1-ium-1-yl*　ジアジン-1-イウム-1-イル* 　= diazonio　ジアゾニオ	N≡N⁺—	P-73.6

付録 2　置換命名法で使用される分離可能接頭語

名　称	化学式	規　則
dibismuthane-1,2-diyl*　ジビスムタン-1,2-ジイル*	$-BiH-BiH-$	P-68.3.3
diborazan-1-yl: (boranylamino)boranyl* を参照		
diboroxanyl*　ジボロキサニル*	$H_2B-O-BH-$	P-68.1.2
dichloroboranyl*　ジクロロボラニル*	Cl_2B-	P-67.1.4.2
(dichloroboryl ではない)		
dichloroboryl: dichloroboranyl* を参照		
dichloro-λ^3-iodanyl*　ジクロロ-λ^3-ヨーダニル*	Cl_2I-	P-68.5.1
(dichloroiodo ではない)		
dichloroiodo: dichloro-λ^3-iodanyl* を参照		
dichlorophosphanyl*　ジクロロホスファニル*	Cl_2P-	P-67.1.4.1.1.6;
＝ dichlorophosphino　ジクロロホスフィノ		P-68.3.2.3.2.2
dichlorophosphino　ジクロロホスフィノ	Cl_2P-	P-67.1.4.1.1.6;
＝ dichlorophosphanyl*　ジクロロホスファニル*		P-68.3.2.3.2.2
dichlorophosphoryl　ジクロロホスホリル	$Cl_2P(O)-$	P-67.1.4.1.1.4
＝ phosphorodichloridoyl*　ホスホロジクロリドイル*		
dihydroarsoryl　ジヒドロアルソリル	$H_2As(O)-$	P-67.1.4.1.1.2
＝ arsinoyl*　アルシノイル*		
dihydronitroryl　ジヒドロニトロリル	$H_2N(O)-$	P-67.1.4.1.1.2
＝ azinoyl*　アジノイル*		
dihydrophosphorimidoyl　ジヒドロホスホロイミドイル	$H_2P(=NH)-$	P-67.1.4.1.1.4
＝ phosphinimidoyl*　ホスフィンイミドイル*		
dihydrophosphorothioyl　ジヒドロホスホロチオイル	$H_2P(S)-$	P-67.1.4.1.1.4
＝ phosphinothioyl*　ホスフィノチオイル*		
dihydrophosphoryl　ジヒドロホスホリル	$H_2P(O)-$	P-67.1.4.1.1.2
＝ phosphinoyl*　ホスフィノイル*		
dihydrostiborimidoyl　ジヒドロスチボロイミドイル	$H_2Sb(=NH)-$	P-67.1.4.1.1.4
＝ stibinimidoyl*　スチビンイミドイル*		
dihydrostiborothioyl　ジヒドロスチボロチオイル	$H_2Sb(S)-$	P-67.1.4.1.1.4
＝ stibinothioyl*　スチビノチオイル*		
dihydrostiboryl　ジヒドロスチボリル	$H_2Sb(O)-$	P-67.1.4.1.1.2
＝ stibinoyl*　スチビノイル*		
dihydroxyarsoryl　ジヒドロキシアルソリル	$(HO)_2As(O)-$	P-67.1.4.1.1.1
＝ arsono*　アルソノ*		
dihydroxyboranyl　ジヒドロキシボラニル	$(HO)_2B-$	P-67.1.4.2;
＝ borono*　ボロノ*		P-68.1.4.2
C,N-dihydroxycarbonimidoyl*	$HO-C(=N-OH)-$	P-65.1.3.3.2
C,N-ジヒドロキシカルボノイミドイル*		
dihydroxy-λ^3-iodanyl*　ジヒドロキシ-λ^3-ヨーダニル*	$(HO)_2I-$	P-68.5.1
(dihydroxyiodo ではない)		
dihydroxyiodo: dihydroxy-λ^3-iodanyl* を参照		
dihydroxynitroryl　ジヒドロキシニトロリル	$(HO)_2N(O)-$	P-67.1.4.1.1.1
＝ azono*　アゾノ*		
dihydroxyphosphanyl*　ジヒドロキシホスファニル*	$(HO)_2P-$	P-67.1.4.1.1.6
＝ dihydroxyphosphino　ジヒドロキシホスフィノ		
dihydroxyphosphino　ジヒドロキシホスフィノ	$(HO)_2P-$	P-67.1.4.1.1.6
＝ dihydroxyphosphanyl*　ジヒドロキシホスファニル*		
dihydroxyphosphinothioyl: dihydroxyphosphorothioyl* を参		
照		
dihydroxyphosphorothioyl*	$(HO)_2P(S)-$	P-67.1.4.1.1.5
ジヒドロキシホスホロチオイル*		
(dihydroxyphosphinothioyl ではない)		
dihydroxy(sulfanyl)silyl*	$(HS)(HO)_2Si-$	P-67.1.4.2
ジヒドロキシ(スルファニル)シリル*		
1,4-diiminobutane-1,4-diyl　1,4-ジイミノブタン-1,4-ジイル	$-C(=NH)-CH_2-CH_2-C(=NH)-$	P-65.1.7.3.2
＝ butanediimidoyl*　ブタンジイミドイル*		
＝ succinimidoyl　スクシンイミドイル		
diiminoethane-1,2-diyl　ジイミノエタン-1,2-ジイル	$-C(=NH)-C(=NH)-$	P-65.1.7.2.2
＝ ethanediimidoyl*　エタンジイミドイル*		
＝ oxalimidoyl　オキサルイミドイル		

名　称	化学式	規　則
1,3-diiminopropane-1,3-diyl 1,3-ジイミノプロパン-1,3-ジイル 　= propanediimidoyl*　プロパンジイミドイル* 　= malonimidoyl　マロンイミドイル	$-C(=NH)-CH_2-C(=NH)-$	P-65.1.7.4.1
dimethoxyphosphanyl*　ジメトキシホスファニル*	$(CH_3-O)_2P-$	P-67.1.4.1.1.6
dimethoxyphosphoroselenoyl* ジメトキシホスホロセレノイル* 　= dimethoxy(selenophosphoryl) 　　ジメトキシ(セレノホスホリル)	$(CH_3-O)_2P(Se)-$	P-67.1.4.1.1.5
dimethoxyphosphoryl*　ジメトキシホスホリル*	$(CH_3-O)_2P(O)-$	P-67.1.4.1.1.5
(dimethoxyphosphoryl)sulfanyl* （ジメトキシホスホリル）スルファニル*	$(CH_3-O)_2P(O)-S-$	P-67.1.4.1.3
dimethoxy(selenophosphoryl) ジメトキシ(セレノホスホリル) 　= dimethoxyphosphoroselenoyl* 　　ジメトキシホスホロセレノイル*	$(CH_3-O)_2P(Se)-$	P-67.1.4.1.1.5
(dimethylamido)phosphoryl　（ジメチルアミド）ホスホリル 　= N,N-dimethylphosphoramidoyl* 　　N,N-ジメチルホスホロアミドイル*	$(CH_3)_2N-P(O)<$	P-67.1.4.1.1.4
dimethylammoniumylidene：dimethylazaniumylidene* を参照		
2,3-dimethylanilino*　2,3-ジメチルアニリノ* 　= (2,3-dimethylphenyl)amino 　　(2,3-ジメチルフェニル)アミノ 　(2,4-，2,5-，2,6-，3,4- および 3,5-異性体も同様) 　(2,3-xylidino ではない)	$2,3-(CH_3)_2C_6H_3-NH-$	P-62.2.1.1.2
dimethylazaniumylidene*　ジメチルアザニウムイリデン* 　(dimethylammoniumylidene，dimethylimino ではない)	$(CH_3)_2N^+=$	P-73.6
dimethylazinoyl*　ジメチルアジノイル* 　(dimethylnitroryl ではない)	$(CH_3)_2N(O)-$	P-67.1.6
(dimethylboranyl)oxy*　（ジメチルボラニル)オキシ*	$(CH_3)_2B-O-$	P-68.1.4.2
1,1-dimethylethoxy　1,1-ジメチルエトキシ 　= (2-methylpropan-2-yl)oxy 　　(2-メチルプロパン-2-イル)オキシ 　= tert-butoxy　tert-ブトキシ　(非置換*)	$(CH_3)_3C-O-$	P-63.2.2.2
1,1-dimethylethyl　1,1-ジメチルエチル 　= tert-butyl　tert-ブチル　(非置換*) 　= 2-methylpropan-2-yl　2-メチルプロパン-2-イル	$(CH_3)_3C-$	P-29.4.1； P-29.6.1
dimethyliminio：dimethylazaniumylidene* を参照		
dimethylnitroryl：dimethylazinoyl* を参照		
(2,3-dimethylphenyl)amino　(2,3-ジメチルフェニル)アミノ 　= 2,3-dimethylanilino*　2,3-ジメチルアニリノ* 　(2,4-，2,5-，2,6-，3,4- および 3,5-異性体も同様) 　(2,3-xylidino ではない)	$2,3-(CH_3)_2C_6H_3-NH-$	P-62.2.1.1.2
dimethylphosphinoselenoyl* ジメチルホスフィノセレノイル* 　= dimethyl(selenophosphinoyl) 　　ジメチル(セレノホスフィノイル)	$(CH_3)_2P(Se)-$	P-67.1.4.1.1.4
N,N-dimethylphosphoramidoyl* N,N-ジメチルホスホロアミドイル* 　= (dimethylamido)phosphoryl 　　（ジメチルアミド）ホスホリル	$(CH_3)_2N-P(O)<$	P-67.1.4.1.1.4
1,1-dimethylpropyl　1,1-ジメチルプロピル 　= 2-methylbutan-2-yl*　2-メチルブタン-2-イル* 　(tert-pentyl ではない)	$CH_3-CH_2-C(CH_3)_2-$	P-29.4.1； P-29.6.3
2,2-dimethylpropyl*　2,2-ジメチルプロピル* 　(neopentyl ではない)	$CH_3-C(CH_3)_2-CH_2-$	P-57.1.4
dimethyl(selenophosphinoyl)　ジメチル(セレノホスフィノイル) 　= dimethylphosphinoselenoyl* 　　ジメチルホスフィノセレノイル*	$(CH_3)_2P(Se)-$	P-67.1.4.1.1.4

名　　称	化学式	規　　則
dioxo-λ^5-arsanyl*　ジオキソ-λ^5-アルサニル* 　（arso ではない）	O$_2$As—	P-61.6
1,4-dioxobutane-1,4-diyl　1,4-ジオキソブタン-1,4-ジイル 　= butanedioyl*　ブタンジオイル* 　= succinyl　スクシニル	—CO-CH$_2$-CH$_2$-CO—	P-65.1.7.3.1
(2E)-1,4-dioxobut-2-ene-1,4-diyl (2E)-1,4-ジオキソブタ-2-エン-1,4-ジイル 　= (2E)-but-2-enedioyl*　(2E)-ブタ-2-エンジオイル* 　= fumaroyl　フマロイル	$\overset{2}{H}\overset{}{C}\text{-}\overset{1}{C}O\text{—}$ ‖ $\text{—}O\overset{}{C}\text{-}\overset{}{C}\overset{}{H}$ 　⁴　³	P-65.1.7.3.1
(2Z)-1,4-dioxobut-2-ene-1,4-diyl (2Z)-1,4-ジオキソブタ-2-エン-1,4-ジイル 　= (2Z)-but-2-enedioyl*　(2Z)-ブタ-2-エンジオイル* 　= maleoyl　マレオイル	$\overset{2}{H}C\text{-}\overset{1}{C}O\text{—}$ ‖ $HC\text{-}CO\text{—}$ 　³　⁴	P-65.1.7.3.1
1,10-dioxodecane-1,10-diyl 1,10-ジオキソデカン-1,10-ジイル 　= decanedioyl*　デカンジオイル*	—CO-[CH$_2$]$_8$-CO—	P-65.1.7.4.1
dioxoethane-1,2-diyl　ジオキソエタン-1,2-ジイル 　= oxalyl*　オキサリル* 　= ethanedioyl　エタンジオイル	—CO-CO—	P-65.1.7.2.1
1,6-dioxohexane-1,6-diyl 1,6-ジオキソヘキサン-1,6-ジイル 　= hexanedioyl*　ヘキサンジオイル* 　= adipoyl　アジポイル	—CO-[CH$_2$]$_4$-CO—	P-65.1.7.3.1
1,5-dioxopentane-1,5-diyl 1,5-ジオキソペンタン-1,5-ジイル 　= pentanedioyl*　ペンタンジオイル* 　= glutaryl　グルタリル	—CO-CH$_2$-CH$_2$-CH$_2$-CO—	P-65.1.7.3.1
dioxo-λ^5-phosphanyl*　ジオキソ-λ^5-ホスファニル* 　（phospho ではない）	O$_2$P—	P-61.6; P-67.1.4.1.1.6
1,3-dioxopropane-1,3-diyl 1,3-ジオキソプロパン-1,3-ジイル 　= propanedioyl*　プロパンジオイル* 　= malonyl　マロニル	—CO-CH$_2$-CO—	P-65.1.7.3.1
1,2-dioxopropyl　1,2-ジオキソプロピル 　= 2-oxopropanoyl*　2-オキソプロパノイル* 　（pyruvoyl ではない）	CH$_3$-CO-CO—	P-65.1.1.2.3; P-65.1.7.4.1
dioxy: peroxy* を参照		
diphenylmethyl*　ジフェニルメチル* 　（benzhydryl ではない）	(C$_6$H$_5$)$_2$CH—	P-29.6.3
diphosphanyl*　ジホスファニル* 　（diphosphino ではない）	H$_2$P-PH—	P-29.3.2.2; P-68.3.2.3.2.2
diphosphino: diphosphanyl* を参照		
diselanediyl*　ジセランジイル* 　= diseleno　ジセレノ	—Se-Se—	P-63.3.1
diselanyl*　ジセラニル* 　= diselenohydroperoxy 　　ジセレノヒドロペルオキシ	HSe-Se—	P-63.4.2.2
diseleno　ジセレノ 　= diselanediyl*　ジセランジイル*	—Se-Se—	P-63.3.1
diselenoborono*　ジセレノボロノ* 　= bis(selanyl)boranyl　ビス(セラニル)ボラニル	(HSe)$_2$B—	P-68.1.4.2
diselenohydroperoxy　ジセレノヒドロペルオキシ 　= diselanyl*　ジセラニル*	HSe-Se—	P-63.4.2.2
disilane-1,1-diyl*　ジシラン-1,1-ジイル*	H$_3$Si-SiH<	P-29.3.2.2; P-68.2.2
disilanyl*　ジシラニル*	H$_3$Si-SiH$_2$—	P-29.3.2.2; P-68.2.2
disilazan-1-yl: (silylamino)silyl* を参照		

名　　称	化学式	規　則
disilazan-2-yl: disilylamino* を参照		
disiloxanyl*　ジシロキサニル*	H₃Si-O-SiH₂−	P-29.3.2.2; P-68.2.2
disilylamino*　ジシリルアミノ* 　(disilazan-2-yl ではない)	(SiH₃)₂N−	P-29.3.2.2; P-68.2.2
disulfanediyl*　ジスルファンジイル* 　= dithio　ジチオ	−S-S−	P-63.3.1
disulfanidyl*　ジスルファニドイル*	⁻S-S−	P-72.6.3
disulfanyl*　ジスルファニル* 　= dithiohydroperoxy　ジチオヒドロペルオキシ 　(thiosulfeno ではない)	HS-S−	P-63.4.2.2
(disulfanylcarbonyl)oxy* (ジスルファニルカルボニル)オキシ* 　= [(dithiohydroperoxy)carbonyl]oxy 　　[(ジチオヒドロペルオキシ)カルボニル]オキシ	HS-S-CO-O−	P-65.2.1.7
ditellanediyl*　ジテランジイル* 　= ditelluro　ジテルロ	−Te-Te−	P-63.3.1
ditellanyl*　ジテラニル* 　= ditellurohydroperoxy　ジテルロヒドロペルオキシ	HTe-Te−	P-63.4.2.2
ditelluro　ジテルロ 　= ditellanediyl*　ジテランジイル*	−Te-Te−	P-63.3.1
ditellurohydroperoxy　ジテルロヒドロペルオキシ 　= ditellanyl*　ジテラニル*	HTe-Te−	P-63.4.2.2
dithio　ジチオ 　= disulfanediyl*　ジスルファンジイル*	−S-S−	P-63.3.1
dithiocarbonoperoxoyl* ジチオカルボノペルオキソイル* 　(硫黄原子の位置は未確定)	HOS₂C−	P-65.1.5.3
dithiocarboxy*　ジチオカルボキシ* 　= sulfanylcarbonothioyl 　　スルファニルカルボノチオイル	HS-CS−	P-65.2.1.6
[(dithiocarboxy)sulfanyl]carbonothioyl* [(ジチオカルボキシ)スルファニル]カルボノチオイル* 　= [sulfanyl(thiocarbonyl)sulfanyl](thiocarbonyl) 　　[スルファニル(チオカルボニル)スルファニル](チオカ 　　　　　　　　　　　　　　　　　　　ルボニル) 　= [(sulfanylcarbonothioyl)sulfanyl]carbonothioyl 　　[(スルファニルカルボノチオイル)スルファニル]カルボ 　　　　　　　　　　　　　　　　　　　ノチオイル 　[[(dithiocarboxy)sulfanyl]thioformyl ではない]	HS-CS-S-CS−	P-65.2.3.1.5
[(dithiocarboxy)sulfanyl]thioformyl: 　　　　　　　[(dithiocarboxy)sulfanyl]carbonothioyl* を参照		
dithiohydroperoxy　ジチオヒドロペルオキシ 　= disulfanyl*　ジスルファニル*	HS-S−	P-63.4.2.2
[(dithiohydroperoxy)carbonyl]oxy [(ジチオヒドロペルオキシ)カルボニル]オキシ 　= (disulfanylcarbonyl)oxy* 　　(ジスルファニルカルボニル)オキシ*	HS-S-CO-O−	P-65.2.1.7
1,2-dithiooxalo: hydroxy(sulfanylidene)ethanethioyl* を参照		
dithiooxalyl　ジチオオキサリル 　= ethanebis(thioyl)*　エタンビス(チオイル)* 　= bis(sulfanylidene)ethane-1,2-diyl 　　ビス(スルファニリデン)エタン-1,2-ジイル	−CS-CS−	P-65.1.7.2.3
dithiophthaloyl: benzene-1,2-dicarbothioyl* を参照		
dithiosuccinyl: butanebis(thioyl)* を参照		
dithiosulfo*　ジチオスルホ* 　(硫黄原子の位置は未確定)	HOS₃−	P-65.3.2.1
1,4-dithioxobutane-1,4-diyl　1,4-ジチオキソブタン-1,4-ジイル 　= butanebis(thioyl)*　ブタンビス(チオイル)*	−CS-CH₂-CH₂-CS−	P-65.1.7.4.1; P-65.1.7.4.3

付録2　置換命名法で使用される分離可能接頭語　　　　　　　　　　　1037

名　　称	化学式	規　則
1,1-diyloethyl*　1,1-ジイロエチル*	$CH_3-C^{2\cdot}-$	P-71.5
3,5-diylophenyl*　3,5-ジイロフェニル*		P-71.5
dodecanoyl*　ドデカノイル*	$CH_3-[CH_2]_{10}-CO-$	P-65.1.7.4.1
= 1-oxododecyl　1-オキソドデシル		
dodecan-1-yl　ドデカン-1-イル	$CH_3-[CH_2]_{10}-CH_2-$	P-29.3.2.2;
= dodecyl*　ドデシル*		P-29.3.2.1
dodecyl*　ドデシル*	$CH_3-[CH_2]_{10}-CH_2-$	P-29.3.2.1;
= dodecan-1-yl　ドデカン-1-イル		P-29.3.2.2
episeleno　エピセレノ	$-Se-$	P-25.4.2.1.4;
= selano*　セラノ*		P-63.5
epitelluro　エピテルロ	$-Te-$	P-25.4.2.1.4;
= tellano*　テラノ*		P-63.5
epithio　エピチオ	$-S-$	P-25.4.2.1.4;
= sulfano*　スルファノ*		P-63.5
epoxidano: epoxy を参照		
epoxy　エピオキシ　（縮合環の橋かけ基*）	$-O-$	P-25.4.2.1.4;
（epoxidano ではない）		P-63.5
ethanebis(thioyl)*　エタンビス(チオイル)*	$-CS-CS-$	P-65.1.7.2.3
= dithiooxalyl　ジチオオキサリル		
= bis(sulfanylidene)ethane-1,2-diyl		
ビス(スルファニリデン)エタン-1,2-ジイル		
ethanediimidoyl*　エタンジイミドイル*	$-C(=NH)-C(=NH)-$	P-65.1.7.2.2
= oxalimidoyl　オキサルイミドイル		
= diiminoethane-1,2-diyl　ジイミノエタン-1,2-ジイル		
ethanedioyl　エタンジオイル	$-CO-CO-$	P-65.1.7.2.1
= oxalyl*　オキサリル*		
= dioxoethane-1,2-diyl　ジオキソエタン-1,2-ジイル		
ethanedioylbis(azanediyl)	$-HN-CO-CO-NH-$	P-66.1.1.4.5.2
エタンジオイルビス(アザンジイル)		
= oxalylbis(azanediyl)*		
オキサリルビス(アザンジイル)*		
ethanedioylbis(azanetriyl)	$>N-CO-CO-N<$	P-66.1.1.4.5.2
エタンジオイルビス(アザントリイル)		
= oxalyldinitrilo*　オキサリルジニトリロ*		
= oxalylbis(azanetriyl)　オキサリルビス(アザントリイル)		
= ethanedioyldinitrilo　エタンジオイルジニトリロ		
ethanedioylbis(azanylylidene)	$=N-CO-CO-N=$	P-66.1.1.4.5.2
エタンジオイルビス(アザニルイリデン)		
= oxalylbis(azanylylidene)*		
オキサリルビス(アザニルイリデン)*		
ethanedioyldinitrilo　エタンジオイルジニトリロ	$>N-CO-CO-N<$	P-66.1.1.4.5.2
= oxalyldinitrilo*　オキサリルジニトリロ*		
= oxalylbis(azanetriyl)　オキサリルビス(アザントリイル)		
= ethanedioylbis(azanetriyl)		
エタンジオイルビス(アザントリイル)		
ethane-1,1-diyl*　エタン-1,1-ジイル*	$CH_3-CH<$	P-29.3.2.2
ethane-1,2-diyl*　エタン-1,2-ジイル*	$-CH_2-CH_2-$	P-29.3.2.2;
= ethylene　エチレン		P-29.6.2.3
ethane-1,2-diylbis(oxy)*	$-O-CH_2-CH_2-O-$	P-63.2.2.1.3
エタン-1,2-ジイルビス(オキシ)*		
= ethylenebis(oxy)　エチレンビス(オキシ)		
（ethane-1,2-diyldioxy, ethylenedioxy ではない）		
ethane-1,2-diyldioxy: ethane-1,2-diylbis(oxy)* を参照		
ethanehydrazonamido*　エタンヒドラゾノアミド*	$CH_3-C(=N-NH_2)-NH-$	P-66.4.2.3.5
= (ethanehydrazonoyl)amino		
(エタンヒドラゾノイル)アミノ		

名　称	化学式	規　則
ethanehydrazonoyl*　エタンヒドラゾノイル* 　= acetohydrazonoyl　アセトヒドラゾノイル 　= 1-hydrazinylideneethyl　1-ヒドラジニリデンエチル	$CH_3\text{-}C(=N\text{-}NH_2)-$	P-65.1.7.2.2
(ethanehydrazonoyl)amino　(エタンヒドラゾノイル)アミノ 　= ethanehydrazonamido*　エタンヒドラゾノアミド*	$CH_3\text{-}C(=N\text{-}NH_2)\text{-}NH-$	P-66.4.2.3.5
ethaneselenoyl*　エタンセレノイル* 　= selenoacetyl　セレノアセチル 　= 1-selanylideneethyl　1-セラニリデンエチル	$CH_3\text{-}CSe-$	P-65.1.7.2.3
ethanesulfinimidoyl*　エタンスルフィンイミドイル* 　= S-ethylsulfinimidoyl　S-エチルスルフィンイミドイル	$CH_3\text{-}CH_2\text{-}S(=NH)-$	P-65.3.2.2.2
ethanesulfinyl*　エタンスルフィニル* 　= ethylsulfinyl　エチルスルフィニル	$CH_3\text{-}CH_2\text{-}SO-$	P-63.6; P-65.3.2.2.2
ethanesulfonimidoyl*　エタンスルホンイミドイル* 　= S-ethylsulfonimidoyl　S-エチルスルホンイミドイル	$CH_3\text{-}CH_2\text{-}S(O)(=NH)-$	P-65.3.2.2.2
ethanesulfonodiimidamido* エタンスルホノジイミドアミド* 　= ethanesulfonodiimidoylamino 　　エタンスルホノジイミドイルアミノ	$CH_3\text{-}CH_2\text{-}S(=NH)_2\text{-}NH-$	P-66.4.1.3.5
ethanesulfonodiimidoylamino エタンスルホノジイミドイルアミノ 　= ethanesulfonodiimidamido* 　　エタンスルホノジイミドアミド*	$CH_3\text{-}CH_2\text{-}S(=NH)_2\text{-}NH-$	P-66.4.1.3.5
ethanesulfonothioyl*　エタンスルホノチオイル* 　= ethylsulfonothioyl　エチルスルホノチオイル	$CH_3\text{-}CH_2\text{-}S(O)(S)-$	P-65.3.2.2.2
ethanesulfonyl*　エタンスルホニル* 　= ethylsulfonyl　エチルスルホニル	$CH_3\text{-}CH_2\text{-}SO_2-$	P-63.6; P-65.3.2.2.2
ethanethioamido*　エタンチオアミド* 　= (ethanethioyl)amino　(エタンチオイル)アミノ 　= thioacetamido　チオアセトアミド	$CH_3\text{-}CS\text{-}NH-$	P-66.1.4.4
ethanethioyl*　エタンチオイル* 　= thioacetyl　チオアセチル 　= 1-sulfanylideneethyl　1-スルファニリデンエチル	$CH_3\text{-}CS-$	P-65.1.7.2.3
(ethanethioyl)amino　(エタンチオイル)アミノ 　= ethanethioamido*　エタンチオアミド* 　= thioacetamido　チオアセトアミド	$CH_3\text{-}CS\text{-}NH-$	P-66.1.4.4
ethanimidamido*　エタンイミドアミド* 　= acetimidamido　アセトイミドアミド 　= acetimidoylamino　アセトイミドイルアミノ	$CH_3\text{-}C(=NH)\text{-}NH-$	P-66.4.1.3.5
ethanimidohydrazido*　エタンイミドヒドラジド* 　= 2-(ethanimidoyl)hydrazin-1-yl 　　2-(エタンイミドイル)ヒドラジン-1-イル	$CH_3\text{-}C(=NH)\text{-}NH\text{-}NH-$	P-66.4.2.3.6
ethanimidoyl*　エタンイミドイル* 　= acetimidoyl　アセトイミドイル 　= 1-iminoethyl　1-イミノエチル	$CH_3\text{-}C(=NH)-$	P-65.1.7.2.2
2-(ethanimidoyl)hydrazin-1-yl 2-(エタンイミドイル)ヒドラジン-1-イル 　= ethanimidohydrazido*　エタンイミドヒドラジド*	$CH_3\text{-}C(=NH)\text{-}NH\text{-}NH-$	P-66.4.2.3.6
ethanoyl　エタノイル 　= acetyl*　アセチル* 　= 1-oxoethyl　1-オキソエチル	$CH_3\text{-}CO-$	P-65.1.7.2.1
ethanyl　エタニル 　= ethyl*　エチル*	$CH_3\text{-}CH_2-$	P-29.3.2.2; P-29.3.2.1
ethanylidene　エタニリデン 　= ethylidene*　エチリデン*	$CH_3\text{-}CH=$	P-29.3.2.2; P-29.3.2.1
ethanylidyne　エタニリジン 　= ethylidyne*　エチリジン*	$CH_3\text{-}C\equiv$	P-29.3.2.2; P-29.3.2.1
ethan-1-yl-2-ylidene*　エタン-1-イル-2-イリデン*	$-CH_2\text{-}CH=$	P-29.3.2.2
ethene-1,2-diyl*　エテン-1,2-ジイル* 　(vinylene ではない)	$-CH=CH-$	P-32.1.1

付録 2　置換命名法で使用される分離可能接頭語　　　　　　　　　　　　　　　　1039

名　称	化学式	規　則
ethenyl*　エテニル* 　= vinyl　ビニル	$CH_2=CH-$	P-32.3
ethenylidene*　エテニリデン* 　= vinylidene　ビニリデン	$CH_2=C=$	P-32.3
ethoxy*　エトキシ* 　= ethyloxy　エチルオキシ	CH_3-CH_2-O-	P-63.2.2.2
2-ethoxyanilino*　2-エトキシアニリノ* 　= (2-ethoxyphenyl)amino 　　(2-エトキシフェニル)アミノ 　(3- および 4-異性体も同様) 　(o-phenetidino ではない. m-, p-phenetidino でもない)	$2\text{-}(CH_3\text{-}CH_2\text{-}O)C_6H_4\text{-}NH-$	P-62.2.1.1.2
ethoxycarbonyl*　エトキシカルボニル* 　(carboethoxy ではない)	$CH_3-CH_2-O-CO-$	P-65.6.3.2.3
(2-ethoxyphenyl)amino　(2-エトキフェニル)アミノ 　= 2-ethoxyanilino*　2-エトキシアニリノ* 　(3- および 4-異性体も同様) 　(o-, m-, p-phenetidino ではない)	$2\text{-}(CH_3\text{-}CH_2\text{-}O)C_6H_4\text{-}NH-$	P-62.2.1.1.2
ethyl*　エチル* 　= ethanyl　エタニル	CH_3-CH_2-	P-29.3.2.1; P-29.3.2.2
ethylene　エチレン 　= ethane-1,2-diyl*　エタン-1,2-ジイル*	$-CH_2-CH_2-$	P-29.6.2.3; P-29.3.2.2
ethylenebis(oxy)　エチレンビス(オキシ) 　= ethane-1,2-diylbis(oxy)* 　　エタン-1,2-ジイルビス(オキシ)*	$-O-CH_2CH_2-O-$	P-63.2.2.1.3
ethylenedioxy: ethane-1,2-diylbis(oxy)* を参照		
ethylidene*　エチリデン* 　= ethanylidene　エタニリデン	$CH_3-CH=$	P-29.3.2.1; P-29.3.2.2
ethylidyne*　エチリジン* 　= ethanylidyne　エタニリジン	$CH_3-C\equiv$	P-29.3.2.1; P-29.3.2.2
ethyloxy　エチルオキシ 　= ethoxy*　エトキシ*	CH_3-CH_2-O-	P-63.2.2
1-ethylpropylidene　1-エチルプロピリデン 　= pentan-3-ylidene*　ペンタン-3-イリデン*	$(CH_3-CH_2)_2C=$	P-29.4.1; P-29.3.2.2
ethylstibinoyl*　エチルスチビノイル*	$CH_3-CH_2-SbH(O)-$	P-67.1.4.1.1.3
ethylsulfanyl*　エチルスルファニル* 　= ethylthio　エチルチオ	CH_3-CH_2-S-	P-63.2.5.1
S-ethylsulfinimidoyl　S-エチルスルフィンイミドイル 　= ethanesulfinimidoyl*　エタンスルフィンイミドイル*	$CH_3-CH_2-S(=NH)-$	P-65.3.2.2.2
ethylsulfinyl　エチルスルフィニル 　= ethanesulfinyl*　エタンスルフィニル*	CH_3-CH_2-SO-	P-63.6; P-65.3.2.2.2
S-ethylsulfonimidoyl　S-エチルスルホンイミドイル 　= ethanesulfonimidoyl*　エタンスルホンイミドイル*	$CH_3-CH_2-S(O)(=NH)-$	P-65.3.2.2.2
ethylsulfonothioyl　エチルスルホノチオイル 　= ethanesulfonothioyl*　エタンスルホノチオイル*	$CH_3-CH_2-S(O)(S)-$	P-65.3.2.2.2
ethylsulfonyl　エチルスルホニル 　= ethanesulfonyl*　エタンスルホニル*	$CH_3-CH_2-SO_2-$	P-63.6; P-65.3.2.2.2
ethylthio　エチルチオ 　= ethylsulfanyl*　エチルスルファニル*	CH_3-CH_2-S-	P-63.2.5.1
fluoro*　フルオロ*	$F-$	P-61.3.1
fluorosyl*　フルオロシル*	$(O)F-$	P-61.3.2.3
fluoryl*　フルオリル*	O_2F-	P-61.3.2.3
formamido*　ホルムアミド* 　= formylamino　ホルミルアミノ	$HCO-NH-$	P-66.1.1.4.3
formazan-1-yl*　ホルマザン-1-イル* 　= (hydrazinylidenemethyl)diazenyl 　　(ヒドラジニリデンメチル)ジアゼニル	$HC(=N\text{-}NH_2)\text{-}N=N-$	P-68.3.1.3.5.2
formazan-3-yl*　ホルマザン-3-イル* 　= diazenyl(hydrazinylidene)methyl 　　ジアゼニル(ヒドラジニリデン)メチル	$HN=N\text{-}C(=N\text{-}NH_2)-$	P-68.3.1.3.5.2

名　称	化学式	規　則
formazan-5-yl*　ホルマザン-5-イル* 　= (diazenylmethylidene)hydrazinyl 　　(ジアゼニルメチリデン)ヒドラジニル	HN=N-CH=N-NH−	P-68.3.1.3.5.2
formazan-1-yl-5-ylidene*　ホルマザン-1-イル-5-イリデン*	$\overset{1\ \ 2\ \ 3\ \ \ \ 4\ \ 5}{-N=N-CH=N-N=}$	P-68.3.1.3.5.2
formazan-3-yl-5-ylidene*　ホルマザン-3-イル-5-イリデン*	$\underset{1\ \ 2\ \ 3\ \ 4\ \ 5}{HN=N-C=N-N=}$	P-68.3.1.3.5.2
formimidoyl　ホルムイミドイル 　= methanimidoyl*　メタンイミドイル* 　= iminomethyl　イミノメチル	HC(=NH)−	P-65.1.7.2.2
formimidoylamino　ホルムイミドイルアミノ 　= methanimidamido*　メタンイミドアミド* 　= (iminomethyl)amino　(イミノメチル)アミノ	HC(=NH)-NH−	P-66.4.1.3.3
formohydrazido*　ホルモヒドラジド* 　= 2-formylhydrazin-1-yl　2-ホルミルヒドラジン-1-イル	HCO-NH-NH−	P-66.3.5.3
formohydrazonoyl　ホルモヒドラゾノイル 　= methanehydrazonoyl　メタンヒドラゾノイル* 　= hydrazinylidenemethyl　ヒドラジニリデンメチル	HC(=N-NH$_2$)−	P-65.1.7.2.2
formyl*　ホルミル* 　= methanoyl　メタノイル 　= oxomethyl　オキソメチル	HCO−	P-65.1.7.2.1; P-66.6.1.3
formylamino　ホルミルアミノ 　= formamido*　ホルムアミド*	HCO-NH−	P-66.1.1.4.3
formylazanediyl*　ホルミルアザンジイル*	HCO-N<	P-66.1.1.4.4
formylazanylidene*　ホルミルアザニリデン* 　(formylimino ではない)	HCO-N=	P-66.1.1.4.4
2-formylhydrazin-1-yl　2-ホルミルヒドラジン-1-イル 　= formohydrazido*　ホルモヒドラジド*	HCO-NH-NH−	P-66.3.5.3
formylimino：formylazanylidene* を参照		
formyloxy*　ホルミルオキシ*	HCO-O−	P-65.1.8.3; P-65.6.3.2.3
formylsulfanyl*　ホルミルスルファニル*	HCO-S−	P-65.1.8.3
fulminato：(λ²-methylideneamino)oxy* を参照		
fumaroyl　フマロイル 　= (2E)-but-2-enedioyl*　(2E)-ブタ-2-エンジオイル* 　= (2E)-1,4-dioxobut-2-ene-1,4-diyl 　　(2E)-1,4-ジオキソブタ-2-エン-1,4-ジイル	$\overset{2\ \ \ \ 1}{HC-CO-}$ $\ \ \ \|$ $-OC-CH$ $\ \ \ \ \underset{4\ \ 3}{}$	P-65.1.7.3.1
furan-2-carbonyl*　フラン-2-カルボニル* 　= 2-furoyl　2-フロイル 　= 2-furylcarbonyl　2-フリルカルボニル 　(3-異性体も同様)	〔フラン環-CO−〕	P-65.1.7.4.2; P-65.1.7.3.1
furan-3-yl*　フラン-3-イル* 　= 3-furyl　3-フリル 　(2-異性体も同様)	〔フラン環 3-yl〕	P-29.6.2.3
(furan-2-yl)methyl*　(フラン-2-イル)メチル* 　(furfuryl ではない)	〔フラン環-CH$_2$−〕	P-29.6.3
furfuryl (2-異性体のみ)：(furan-2-yl)methyl* を参照		
2-furoyl　2-フロイル 　= furan-2-carbonyl*　フラン-2-カルボニル* 　= 2-furylcarbonyl　2-フリルカルボニル 　(3-異性体も同様)	〔フラン環-CO−〕	P-65.1.7.4.2; P-65.1.7.3.1
3-furyl　3-フリル 　= furan-3-yl*　フラン-3-イル* 　(2-異性体も同様)	〔フラン環 3-yl〕	P-29.6.2.3
2-furylcarbonyl　2-フリルカルボニル 　= furan-2-carbonyl*　フラン-2-カルボニル* 　= 2-furoyl　2-フロイル 　(3-異性体も同様)	〔フラン環-CO−〕	P-65.1.7.4.2; P-65.1.7.3.1

名　称	化学式	規　則
gallanyl　ガラニル	H_2Ga-	P-29.3.1; P-68.1.2
germanediyl*　ゲルマンジイル* 　（germylene ではない）	$H_2Ge<$	P-68.2.2
germanediylidene*　ゲルマンジイリデン*	$=Ge=$	P-68.2.2
germanetetrayl*　ゲルマンテトライル*	$>Ge<$	P-68.2.2
germanetriyl*　ゲルマントリイル*	$-GeH<$	P-68.2.2
germanyl　ゲルマニル 　= germyl*　ゲルミル*	H_3Ge-	P-29.3.1; P-68.2.2
germanylidene　ゲルマニリデン 　= germylidene*　ゲルミリデン*	$H_2Ge=$	P-29.3.1; P-68.2.2
germanylidyne　ゲルマニリジン 　= germylidyne*　ゲルミリジン*	$HGe≡$	P-29.3.1; P-68.2.2
germanylylidene*　ゲルマニルイリデン*	$-GeH=$	P-68.2.2
germyl*　ゲルミル* 　= germanyl　ゲルマニル	H_3Ge-	P-29.3.1; P-68.2.2
germylene：germanediyl を参照		
germylidene*　ゲルミリデン* 　= germanylidene　ゲルマニリデン	$H_2Ge=$	P-29.3.1; P-68.2.2
germylidyne*　ゲルミリジン* 　= germanylidyne　ゲルマニリジン	$HGe≡$	P-29.3.1; P-68.2.2
glutaryl　グルタリル 　= pentanedioyl*　ペンタンジオイル* 　= 1,5-dioxopentane-1,5-diyl 　　1,5-ジオキソペンタン-1,5-ジイル	$-CO\text{-}[CH_2]_3\text{-}CO-$	P-65.1.1.2.2; P-65.1.7.3.1
guanidino：carbamimidoylamino* を参照		
heptanoyl*　ヘプタノイル* 　= 1-oxoheptyl　1-オキソヘプチル	$CH_3\text{-}[CH_2]_5\text{-}CO-$	P-65.1.7.4.1
heptan-1-yl　ヘプタン-1-イル 　= heptyl*　ヘプチル*	$CH_3\text{-}[CH_2]_5\text{-}CH_2-$	P-29.3.2.2; P-29.3.2.1
heptan-1-ylidene　ヘプタン-1-イリデン 　= heptylidene*　ヘプチリデン*	$CH_3\text{-}[CH_2]_5\text{-}CH=$	P-29.3.2.2; P-29.3.2.1
heptanylidyne　ヘプタニリジン 　= heptylidyne*　ヘプチリジン*	$CH_3\text{-}[CH_2]_5\text{-}C≡$	P-29.3.2.2; P-29.3.2.1
heptyl*　ヘプチル* 　= heptan-1-yl　ヘプタン-1-イル	$CH_3\text{-}[CH_2]_5\text{-}CH_2-$	P-29.3.2.1; P-29.3.2.2
heptylidene*　ヘプチリデン* 　= heptan-1-ylidene　ヘプタン-1-イリデン	$CH_3\text{-}[CH_2]_5\text{-}CH=$	P-29.3.2.1; P-29.3.2.2
heptylidyne*　ヘプチリジン* 　= heptanylidyne　ヘプタニリジン	$CH_3\text{-}[CH_2]_5\text{-}C≡$	P-29.3.2.1; P-29.3.2.2
hexadecanoyl*　ヘキサデカノイル* 　= palmitoyl　パルミトイル 　= 1-oxohexadecyl　1-オキソヘキサデシル	$CH_3\text{-}[CH_2]_{14}\text{-}CO-$	P-65.1.7.3.1
hexadecan-1-yl　ヘキサデカン-1-イル 　= hexadecyl*　ヘキサデシル*	$CH_3\text{-}[CH_2]_{14}\text{-}CH_2-$	P-29.3.2.2; P-29.3.2.1
hexadecyl*　ヘキサデシル* 　= hexadecan-1-yl　ヘキサデカン-1-イル	$CH_3\text{-}[CH_2]_{14}\text{-}CH_2-$	P-29.3.2.1; P-29.3.2.2
hexamethylene：hexane-1,6-diyl* を参照		
hexanedioyl*　ヘキサンジオイル* 　= adipoyl　アジポイル 　= 1,6-dioxohexane-1,6-diyl 　　1,6-ジオキソヘキサン-1,6-ジイル	$-CO\text{-}[CH_2]_4\text{-}CO-$	P-65.1.7.3.1
hexane-1,6-diyl*　ヘキサン-1,6-ジイル* 　（hexamethylene ではない）	$-CH_2\text{-}[CH_2]_4\text{-}CH_2-$	P-29.3.2.2
hexane-2,3,5-tricarbonyl* ヘキサン-2,3,5-トリカルボニル* 　= hexane-2,3,5-triyltris(oxomethylene) 　　ヘキサン-2,3,5-トリイルトリス(オキソメチレン) 　（hexane-2,3,5-triyltricarbonyl ではない）	$\overset{\displaystyle -OC\ \ \ CO-\ \ \ \ \ CO-}{\underset{1\ \ \ 2\ \ \ 3\ \ \ \ 4\ \ \ \ 5\ \ \ 6}{CH_3\text{-}CH\text{-}CH\text{-}CH_2\text{-}CH\text{-}CH_3}}$	P-65.1.7.4.2

名　　称	化学式	規　　則
hexane-2,3,5-tricarbothioyl* ヘキサン-2,3,5-トリカルボチオイル* 　= hexane-2,3,5-triyltris(sulfanylidenemethylene) 　　ヘキサン-2,3,5-トリイルトリス(スルファニリデンメチ 　　　　　　　　　　　　　　　　　　　　レン) 　= hexane-2,3,5-triyltris(thioxomethylene) 　　ヘキサン-2,3,5-トリイルトリス(チオキソメチレン) hexane-2,3,5-triyltricarbonyl: hexane-2,3,5-tricarbonyl* を 　　　　　　　　　　　　　　　　　　　　参照	$-SC$　$CS-$　　$CS-$ 　|　　|　　　| $CH_3-CH-CH-CH_2-CH-CH_3$ 　1　2　3　4　5　6	P-65.1.7.4.2
hexane-2,3,5-triyltris(oxomethylene) ヘキサン-2,3,5-トリイルトリス(オキソメチレン) 　= hexane-2,3,5-tricarbonyl* 　　ヘキサン-2,3,5-トリカルボニル*	$-OC$　$CO-$　　$CO-$ 　|　　|　　　| $CH_3-CH-CH-CH_2-CH-CH_3$ 　1　2　3　4　5　6	P-65.1.7.4.2
hexane-2,3,5-triyltris(sulfanylidenemethylene) ヘキサン-2,3,5-トリイルトリス(スルファニリデンメチレ 　　　　　　　　　　　　　　　　　　　　　　　ン) 　= hexane-2,3,5-tricarbothioyl* 　　ヘキサン-2,3,5-トリカルボチオイル* hexane-2,3,5-triyltris(thioxomethylene) ヘキサン-2,3,5-トリイルトリス(チオキソメチレン) 　= hexane-2,3,5-tricarbothioyl* 　　ヘキサン-2,3,5-トリカルボチオイル*	$-SC$　$CS-$　　$CS-$ 　|　　|　　　| $CH_3-CH-CH-CH_2-CH-CH_3$ 　1　2　3　4　5　6	P-65.1.7.4.2
hexanoyl*　ヘキサノイル* 　= 1-oxohexyl　1-オキソヘキシル	$CH_3-[CH_2]_4-CO-$	P-65.1.7.4.1
hexan-1-yl　ヘキサン-1-イル 　= hexyl*　ヘキシル*	$CH_3-[CH_2]_5-$	P-29.3.2.2; P-29.3.2.1
hexan-1-ylidene　ヘキサン-1-イリデン 　= hexylidene*　ヘキシリデン*	$CH_3-[CH_2]_4-CH=$	P-29.3.2.2; P-29.3.2.1
hexanylidyne　ヘキサニリジン 　= hexylidyne*　ヘキシリジン*	$CH_3-[CH_2]_4-C\equiv$	P-29.3.2.2; P-29.3.2.1
hexyl*　ヘキシル* 　= hexan-1-yl　ヘキサン-1-イル	$CH_3-[CH_2]_5-$	P-29.3.2.1; P-29.3.2.2
hexylidene*　ヘキシリデン* 　= hexan-1-ylidene　ヘキサン-1-イリデン	$CH_3-[CH_2]_4-CH=$	P-29.3.2.1; P-29.3.2.2
hexylidyne*　ヘキシリジン* 　= hexanylidyne　ヘキサニリジン	$CH_3-[CH_2]_4-C\equiv$	P-29.3.2.1; P-29.3.2.2
hydrazi: 複素環作成のために用いてはならない.		
hydrazidimidophosphoryl　ヒドラジドイミドホスホリル 　= phosphorohydrazidimidoyl* 　　ホスホロヒドラジドイミドイル*	$H_2N-NH-P(=NH)<$	P-67.1.4.1.1.4
hydrazinecarbohydrazido*　ヒドラジンカルボヒドラジド* 　= 2-(hydrazinecarbonyl)hydrazin-1-yl 　　2-(ヒドラジンカルボニル)ヒドラジン-1-イル 　= 2-(hydrazinylcarbonyl)hydrazin-1-yl 　　2-(ヒドラジニルカルボニル)ヒドラジン-1-イル	$H_2N-NH-CO-NH-NH-$	P-66.3.5.3; P-68.3.1.2.6.1
hydrazinecarbohydrazonoyl* ヒドラジンカルボヒドラゾノイル* 　= C-hydrazinylcarbonohydrazonoyl 　　C-ヒドラジニルカルボヒドラゾノイル 　= hydrazinyl(hydrazinylidene)methyl 　　ヒドラジニル(ヒドラジニリデン)メチル	$H_2N-NH-C(=N-NH_2)-$	P-66.4.3.4.1
hydrazinecarbonyl*　ヒドラジンカルボニル* 　= hydrazinylcarbonyl　ヒドラジニルカルボニル 　= carbonohydrazidoyl　カルボノヒドラジドイル 　(carbazoyl, hydrazinocarbonyl ではない)	$H_2N-NH-CO-$	P-66.3.2.1
(hydrazinecarbonyl)diazenyl* (ヒドラジンカルボニル)ジアゼニル* 　= (hydrazinylcarbonyl)diazenyl 　　(ヒドラジニルカルボニル)ジアゼニル	$H_2N-NH-CO-N=N-$	P-68.3.1.3.4

付録2　置換命名法で使用される分離可能接頭語　　　　　　　1043

名　称	化学式	規　則
2-(hydrazinecarbonyl)hydrazin-1-yl 2-(ヒドラジンカルボニル)ヒドラジン-1-イル 　= hydrazinecarbohydrazido* 　　ヒドラジンカルボヒドラジド* 　= 2-(hydrazinylcarbonyl)hydrazin-1-yl 　　2-(ヒドラジニルカルボニル)ヒドラジン-1-イル	$H_2N\text{-}NH\text{-}CO\text{-}NH\text{-}NH-$	P-68.3.1.2.6; P-66.3.5.3
(hydrazinecarbonyl)hydrazinylidene* (ヒドラジンカルボニル)ヒドラジニリデン* 　= (hydrazinylcarbonyl)hydrazinylidene 　　(ヒドラジニルカルボニル)ヒドラジニリデン	$H_2N\text{-}NH\text{-}CO\text{-}NH\text{-}N=$	P-68.3.1.2.6
hydrazinecarboximidoyl* ヒドラジンカルボキシイミドイル* 　= hydrazinyl(imino)methyl　ヒドラジニル(イミノ)メチル 　= C-hydrazinylcarbonimidoyl 　　C-ヒドラジニルカルボノイミドイル 　= carbonohydrazidimidoyl 　　カルボノヒドラジドイミドイル (carbazimidoyl ではない; C-hydrazinocarbonimidoyl では 　　　　　　　　　　　　ない)	$H_2N\text{-}NH\text{-}C(=NH)-$	P-66.4.2.3.1
hydrazine-1,2-diyl*　ヒドラジン-1,2-ジイル* 　= diazane-1,2-diyl　ジアザン-1,2-ジイル (hydrazo ではない)	$-NH\text{-}NH-$	P-29.3.2.2; P-68.3.1.2.1
hydrazinediylidene*　ヒドラジンジイリデン* 　= diazanediylidene　ジアザンジイリデン (azino ではない)	$=N\text{-}N=$	P-29.3.2.2; P-68.3.1.2.1
hydrazinesulfinyl*　ヒドラジンスルフィニル* 　= hydrazinylsulfinyl　ヒドラジニルスルフィニル (hydrazinosulfinyl ではない)	$H_2N\text{-}NH\text{-}SO-$	P-66.3.2.1
hydrazinesulfonyl*　ヒドラジンスルホニル* 　= hydrazinylsulfonyl　ヒドラジニルスルホニル (hydrazinosulfonyl ではない)	$H_2N\text{-}NH\text{-}SO_2-$	P-66.3.2.1
hydrazino: hydrazinyl* を参照 C-hydrazinocarbonimidoyl: hydrazinecarboximidoyl* を参照 hydrazinocarbonyl: hydrazinecarbonyl* を参照 hydrazinosulfinyl: hydrazinesulfinyl* を参照 hydrazinosulfonyl: hydrazinesulfonyl* を参照		
hydrazinyl*　ヒドラジニル* 　= diazanyl　ジアザニル (hydrazino ではない)	$H_2N\text{-}NH-$	P-29.3.2.2; P-68.3.1.2.1
C-hydrazinylcarbonohydrazonoyl C-ヒドラジニルカルボノヒドラゾノイル 　= hydrazinecarbohydrazonoyl* 　　ヒドラジンカルボヒドラゾノイル* 　= hydrazinyl(hydrazinylidene)methyl 　　ヒドラジニル(ヒドラジニリデン)メチル	$H_2N\text{-}NH\text{-}C(=N\text{-}NH_2)-$	P-66.4.3.4.1
hydrazinylcarbonyl　ヒドラジニルカルボニル 　= hydrazinecarbonyl*　ヒドラジンカルボニル* 　= carbonohydrazidoyl　カルボノヒドラジドイル (hydrazinocarbonyl ではない)	$H_2N\text{-}NH\text{-}CO-$	P-66.3.2.1
(hydrazinylcarbonyl)diazenyl (ヒドラジニルカルボニル)ジアゼニル 　= (hydrazinecarbonyl)diazenyl* 　　(ヒドラジンカルボニル)ジアゼニル*	$H_2N\text{-}NH\text{-}CO\text{-}N=N-$	P-68.3.1.3.4
2-(hydrazinylcarbonyl)hydrazin-1-yl 2-(ヒドラジニルカルボニル)ヒドラジン-1-イル 　= hydrazinecarbohydrazido* 　　ヒドラジンカルボヒドラジド* 　= 2-(hydrazinecarbonyl)hydrazin-1-yl 　　2-(ヒドラジンカルボニル)ヒドラジン-1-イル	$H_2N\text{-}NH\text{-}CO\text{-}NH\text{-}NH-$	P-66.3.5.3; P-68.3.1.2.6.1

名　称	化学式	規　則
(hydrazinylcarbonyl)hydrazinylidene (ヒドラジニルカルボニル)ヒドラジニリデン 　= (hydrazinecarbonyl)hydrazinylidene* 　　(ヒドラジンカルボニル)ヒドラジニリデン*	$H_2N\text{-}NH\text{-}CO\text{-}NH\text{-}N=$	P-68.3.1.2.6
hydrazinyl(hydrazinylidene)methyl ヒドラジニル(ヒドラジニリデン)メチル 　= hydrazinecarbohydrazonoyl* 　　ヒドラジンカルボヒドラゾノイル* 　= C-hydrazinylcarbonohydrazonoyl 　　C-ヒドラジニルカルボノヒドラゾノイル	$H_2N\text{-}NH\text{-}C(=N\text{-}NH_2)-$	P-66.4.3.4.1
hydrazinylidene*　ヒドラジニリデン* 　= diazanylidene　ジアザニリデン 　(hydrazono ではない)	$H_2N\text{-}N=$	P-29.3.2.2; P-68.3.1.2.1
1-hydrazinylideneethyl　1-ヒドラジニリデンエチル 　= ethanehydrazonoyl*　エタンヒドラゾノイル* 　= acetohydrazonoyl　アセトヒドラゾノイル	$CH_3\text{-}C(=N\text{-}NH_2)-$	P-65.1.7.2.2
hydrazinylidene(hydroxy)methyl ヒドラジニリデン(ヒドロキシ)メチル 　= C-hydroxycarbonohydrazonoyl* 　　C-ヒドロキシカルボノヒドラゾノイル*	$HO\text{-}C(=N\text{-}NH_2)-$	P-65.1.3.2.2
hydrazinylidenemethyl　ヒドラジニリデンメチル 　= methanehydrazonoyl*　メタンヒドラゾノイル* 　= formohydrazonoyl　ホルモヒドラゾノイル	$HC(=N\text{-}NH_2)-$	P-65.1.7.2.2
(hydrazinylidenemethyl)amino (ヒドラジニリデンメチル)アミノ 　= methanehydrazonamido*　メタンヒドラゾノアミド* 　= methanehydrazonoylamino 　　メタンヒドラゾノイルアミノ	$HC(=N\text{-}NH_2)\text{-}NH-$	P-66.4.2.3.3
(hydrazinylidenemethyl)diazenyl (ヒドラジニリデンメチル)ジアゼニル 　= formazan-1-yl*　ホルマザン-1-イル*	$HC(=N\text{-}NH_2)\text{-}N=N-$	P-68.3.1.3.5.2
2-(hydrazinylidenemethyl)hydrazin-1-yl 2-(ヒドラジニリデンメチル)ヒドラジン-1-イル 　= methanehydrazonohydrazido* 　　メタンヒドラゾノヒドラジド* 　= 2-(methanehydrazonoyl)hydrazin-1-yl 　　2-(メタンヒドラゾノイル)ヒドラジン-1-イル	$HC(=N\text{-}NH_2)\text{-}NH\text{-}NH-$	P-66.4.3.4.2
hydrazinylidenemethylidene*　ヒドラジニリデンメチリデン* 　= diazanylidenemethylidene　ジアザニリデンメチリデン 　(hydrazonomethylidene ではない)	$H_2N\text{-}N=C=$	P-65.2.1.8
1-hydrazinylideneprop-2-en-1-yl 1-ヒドラジニリデンプロパ-2-エン-1-イル 　= prop-2-enehydrazonoyl* 　　プロパ-2-エンヒドラゾノイル* 　= acrylohydrazonoyl　アクリロヒドラゾノイル	$CH_2=CH\text{-}C(=N\text{-}NH_2)-$	P-65.1.7.3.2
hydrazinyl(imino)methyl　ヒドラジニル(イミノ)メチル 　= hydrazinecarboximidoyl* 　　ヒドラジンカルボキシイミドイル* 　= carbonohydrazidimidoyl 　　カルボノヒドラジドイミドイル 　= C-hydrazinylcarbonimidoyl 　　C-ヒドラジニルカルボノイミドイル	$H_2N\text{-}NH\text{-}C(=NH)-$	P-66.4.2.3.1
hydrazinylsulfinyl　ヒドラジニルスルフィニル 　= hydrazinesulfinyl*　ヒドラジンスルフィニル*	$H_2N\text{-}NH\text{-}SO-$	P-66.3.2.1
hydrazinylsulfonyl　ヒドラジニルスルホニル 　= hydrazinesulfonyl*　ヒドラジンスルホニル* 　(hydrazinosulfonyl ではない)	$H_2N\text{-}NH\text{-}SO_2-$	P-66.3.2.1
hydrazo：hydrazine-1,2-diyl* を参照 hydrazono：hydrazinylidene* を参照		

名　　称	化学式	規　則
hydrazono(hydroxy)methyl: *C*-hydroxycarbonohydrazonoyl* を参照		
hydrazonomethylidene: hydrazinylidenemethylidene* を参照		
hydrazonostiboryl　ヒドラゾノスチボリル 　= stiborohydrazonoyl* 　　スチボロヒドラゾノイル*	−Sb(=N-NH₂)<	P-67.1.4.1.1.4
hydroarsoryl　ヒドロアルソリル 　= arsonoyl*　アルソノイル*	HAs(O)<	P-67.1.4.1.1.2; P-67.1.4.1.2
hydromethoxyboryl: methoxyboranyl* を参照		
hydronitroryl　ヒドロニトロリル 　= azonoyl*　アゾノイル*	HN(O)<	P-67.1.4.1.1.2
hydroperoxy*　ヒドロペルオキシ*	HO-O−	P-63.4.2.2
(hydroperoxy)carbonyl　（ヒドロペルオキシ）カルボニル 　= carbonoperoxoyl*　カルボノペルオキソイル*	HO-O-CO−	P-65.2.1.5
(hydroperoxy)phosphoryl （ヒドロペルオキシ）ホスホリル 　= phosphoroperoxoyl*　ホスホロペルオキソイル* 　= peroxyphosphoryl　ペルオキシホスホリル	HO-O-P(O)<	P-67.1.4.1.1.4
hydrophosphoryl　ヒドロホスホリル 　= phosphonoyl*　ホスホノイル*	HP(O)<	P-67.1.4.1.1.2; P-67.1.4.1.2
hydroseleninyl*　ヒドロセレニニル*	HSe(O)−	P-65.3.2.3
hydroseleno: selanyl* を参照		
hydrostiboryl　ヒドロスチボリル 　= stibonoyl*　スチボノイル*	HSb(O)<	P-67.1.4.1.1.2
hydrosulfinyl*　ヒドロスルフィニル*	HS(O)−	P-65.3.2.3
hydrosulfonyl*　ヒドロスルホニル*	HSO₂−	P-65.3.2.3
hydrotelluro: tellanyl* を参照		
hydro(thiophosphoryl)　ヒドロ（チオホスホリル） 　= phosphonothioyl*　ホスホノチオイル*	HP(S)<	P-67.1.4.1.2
hydrotrioxy　ヒドロトリオキシ 　= trioxidanyl*　トリオキシダニル*	HO-O-O−	P-68.4.1.3
hydrotriseleno　ヒドロトリセレノ 　= triselanyl*　トリセラニル*	HSe-Se-Se−	P-68.4.1.3
hydrotritelluro　ヒドロトリテルロ 　= tritellanyl*　トリテラニル*	HTe-Te-Te−	P-68.4.1.3
hydroxy*　ヒドロキシ* （oxidanyl ではない）	HO−	P-63.1.4
N-hydroxyacetimidoyl　*N*-ヒドロキシアセトイミドイル 　= *N*-hydroxyethanimidoyl* 　　*N*-ヒドロキシエタンイミドイル* 　= acetohydroximoyl　アセトヒドロキシモイル	CH₃-C(=N-OH)−	P-65.1.7.2.2
hydroxyamino*　ヒドロキシアミノ* （hydroxylamino ではない）	HO-NH−	P-68.3.1.1.1.5
hydroxyarsanyl*　ヒドロキシアルサニル*	(HO)AsH−	P-67.1.4.1.1.6
hydroxyarsoryl*　ヒドロキシアルソリル*	(HO)As(O)<	P-67.1.4.1.1.5
hydroxyazanediyl*　ヒドロキシアザンジイル*	HO-N<	P-68.3.1.1.1.5
hydroxyazonoyl*　ヒドロキシアゾノイル*	(HO)HN(O)−	P-67.1.4.1.1.5
N-hydroxybenzenecarboximidoyl* *N*-ヒドロキシベンゼンカルボキシイミドイル* 　= *N*-hydroxybenzimidoyl 　　*N*-ヒドロキシベンズイミドイル 　= benzenecarbohydroximoyl 　　ベンゼンカルボヒドロキシモイル （benzhydroximoyl ではない）	C₆H₅-C(=N-OH)−	P-65.1.7.2.2
N-hydroxybenzimidoyl　*N*-ヒドロキシベンズイミドイル 　= *N*-hydroxybenzenecarboximidoyl* 　　*N*-ヒドロキシベンゼンカルボキシイミドイル* 　= benzenecarbohydroximoyl 　　ベンゼンカルボヒドロキシモイル	C₆H₅-C(=N-OH)−	P-65.1.7.2.2

名　称	化学式	規　則
hydroxybis(sulfanylidene)ethyl ヒドロキシビス(スルファニリデン)エチル 　　= hydroxy(sulfanylidene)ethanethioyl* 　　　　ヒドロキシ(スルファニリデン)エタンチオイル* 　　(1,2-dithiooxalo ではない)	HO-CS-CS−	P-65.1.7.2.4
hydroxyboranyl*　ヒドロキシボラニル*	(HO)HB−	P-67.1.4.2
C-hydroxycarbonimidoyl* C-ヒドロキシカルボノイミドイル* 　　= hydroxy(imino)methyl　ヒドロキシ(イミノ)メチル	HO-C(=NH)−	P-65.1.3.1.2
(C-hydroxycarbonimidoyl)amino* (C-ヒドロキシカルボノイミドイル)アミノ* 　　= [hydroxy(imino)methyl]amino 　　　　[ヒドロキシ(イミノ)メチル]アミノ 　　(1-isoureido ではない)	HO-C(=NH)-NH−	P-66.1.6.1.2.2
C-hydroxycarbonohydrazonoyl* C-ヒドロキシカルボノヒドラゾノイル* 　　= hydrazinylidene(hydroxy)methyl 　　　　ヒドラジニリデン(ヒドロキシ)メチル 　　〔hydrazono(hydroxy)methyl ではない〕	HO-C(=N-NH$_2$)−	P-65.1.3.2.2
hydroxycarbonothioyl*　ヒドロキシカルボノチオイル*	HO-CS−	P-65.2.1.6
(hydroxycarbonothioyl)carbonyl (ヒドロキシカルボノチオイル)カルボニル 　　= hydroxy(sulfanylidene)acetyl* 　　　　ヒドロキシ(スルファニリデン)アセチル* 　　= hydroxy(thiocarbonyl)carbonyl 　　　　ヒドロキシ(チオカルボニル)カルボニル 　　(2-thiooxalo, 2-hydroxy-2-thiooxalyl ではない)	HO-CS-CO−	P-65.1.7.2.4
N-hydroxyethanimidoyl*　N-ヒドロキシエタンイミドイル* 　　= N-hydroxyacetimidoyl　N-ヒドロキシアセトイミドイル 　　= acetohydroximoyl　アセトヒドロキシモイル	CH$_3$-C(=N-OH)−	P-65.1.7.2.2
hydroxyimino*　ヒドロキシイミノ*	HO-N=	P-68.3.1.1.2
hydroxy(imino)methyl　ヒドロキシ(イミノ)メチル 　　= C-hydroxycarbonimidoyl* 　　　　C-ヒドロキシカルボノイミドイル*	HO-C(=NH)−	P-65.1.3.1.2
[hydroxy(imino)methyl]amino [ヒドロキシ(イミノ)メチル]アミノ 　　= (C-hydroxycarbonimidoyl)amino* 　　　　(C-ヒドロキシカルボノイミドイル)アミノ* 　　(1-isoureido ではない)	HO-C(=NH)-NH−	P-66.1.6.1.2.2
hydroxylamino: hydroxyamino* を参照 hydroxy(mercapto)phosphoryl: 　　　　　　　　hydroxy(sulfanyl)phosphoryl* を参照		
hydroxy(methyl)boranyl*　ヒドロキシ(メチル)ボラニル*	CH$_3$(HO)B−	P-68.1.4.2
hydroxy(methylphosphonoyl)* ヒドロキシ(メチルホスホノイル)* 　　= hydroxy(methyl)phosphoryl 　　　　ヒドロキシ(メチル)ホスホリル	CH$_3$-P(O)(OH)−	P-67.1.4.1.1.5
hydroxy(methyl)phosphoryl ヒドロキシ(メチル)ホスホリル 　　= hydroxy(methylphosphonoyl)* 　　　　ヒドロキシ(メチルホスホノイル)*	CH$_3$-P(O)(OH)−	P-67.1.4.1.1.5
hydroxy(oxo)acetyl: oxalo* を参照		
hydroxy(oxo)-λ^5-arsanylidene* ヒドロキシ(オキソ)-λ^5-アルサニリデン*	HO-As(O)=	P-67.1.4.1.1.6
hydroxy(oxo)-λ^5-azanylidene* ヒドロキシ(オキソ)-λ^5-アザニリデン* 　　= aci-nitro　aci-ニトロ	HO-N(O)=	P-61.5.3; P-67.1.4.1.1.6; P-67.1.6
hydroxy(oxo)-λ^5-phosphanylidene* ヒドロキシ(オキソ)-λ^5-ホスファニリデン*	HO-P(O)=	P-67.1.4.1.1.6

付録2 置換命名法で使用される分離可能接頭語

名　称	化学式	規　則
hydroxy(oxo)-λ⁵-stibanediyl ヒドロキシ(オキソ)-λ⁵-スチバンジイル 　＝ hydroxystiboryl*　ヒドロキシスチボリル*	HO-Sb(O)<	P-67.1.4.1.1.5; P-67.1.4.1.1.2
hydroxy(oxo)-λ⁵-stibanylidene* ヒドロキシ(オキソ)-λ⁵-スチバニリデン*	HO-Sb(O)=	P-67.1.4.1.1.6
hydroxyphosphanylidene*　ヒドロキシホスファニリデン*	HO-P=	P-67.1.4.1.1.6
hydroxyphosphoryl*　ヒドロキシホスホリル*	HO-P(O)<	P-67.1.4.1.1.5
hydroxyselanyl*　ヒドロキシセラニル* 　(seleneno ではない)	HO-Se—	P-63.4.2.2
(hydroxyselanyl)methyl*　(ヒドロキシセラニル)メチル* 　＝ (OSe-selenohydroperoxy)methyl 　　(OSe-セレノヒドロペルオキシ)メチル	HO-Se-CH₂—	P-63.4.2.2
hydroxystibanediyl*　ヒドロキシスチバンジイル*	HO-Sb<	P-67.1.4.1.1.6
hydroxystiboryl*　ヒドロキシスチボリル* 　＝ hydroxy(oxo)-λ⁵-stibanediyl 　　ヒドロキシ(オキソ)-λ⁵-スチバンジイル	HO-Sb(O)<	P-67.1.4.1.1.6; P-67.1.4.1.1.5
hydroxysulfanyl*　ヒドロキシスルファニル* 　＝ OS-thiohydroperoxy　OS-チオヒドロペルオキシ 　(sulfeno, hydroxythio ではない)	HO-S—	P-63.4.2.2
hydroxy(sulfanyl)boranyl　ヒドロキシ(スルファニル)ボラニル 　＝ thioborono*　チオボロノ*	(HO)(HS)B—	P-68.1.4.2
(hydroxysulfanyl)carbonoselenoyl* (ヒドロキシスルファニル)カルボノセレノイル* 　＝ (OS-thiohydroperoxy)carbonoselenoyl 　　(OS-チオヒドロペルオキシ)カルボノセレノイル	HO-S-C(Se)—	P-65.2.1.7
(hydroxysulfanyl)carbonyl* (ヒドロキシスルファニル)カルボニル* 　＝ (OS-thiohydroperoxy)carbonyl 　　(OS-チオヒドロペルオキシ)カルボニル	HO-S-CO—	P-65.1.5.3; P-65.2.1.7
hydroxy(sulfanylidene)acetyl* ヒドロキシ(スルファニリデン)アセチル* 　＝ (hydroxycarbonothioyl)carbonyl 　　(ヒドロキシカルボノチオイル)カルボニル 　＝ hydroxy(thiocarbonyl)carbonyl 　　ヒドロキシ(チオカルボニル)カルボニル 　(2-hydroxy-2-thiooxalyl, 2-thiooxalo ではない)	HO-CS-CO—	P-65.1.7.2.4
hydroxy(sulfanylidene)ethanethioyl* ヒドロキシ(スルファニリデン)エタンチオイル* 　＝ hydroxybis(sulfanylidene)ethyl 　　ヒドロキシビス(スルファニリデン)エチル 　(1,2-dithiooxalo ではない)	HO-CS-CS—	P-65.1.7.2.4
(hydroxysulfanyl)phosphorothioyl* (ヒドロキシスルファニル)ホスホロチオイル* 　＝ (OS-thiohydroperoxy)phosphorothioyl 　　(OS-チオヒドロペルオキシ)ホスホロチオイル	(HOS)-P(S)<	P-67.1.4.1.1.5
hydroxy(sulfanyl)phosphoryl* ヒドロキシ(スルファニル)ホスホリル* 　〔hydroxy(mercapto)phosphoryl ではない〕	(HO)(HS)P(O)—	P-67.1.4.1.1.5
hydroxysulfonothioyl*　ヒドロキシスルホノチオイル*	HO-S(O)(S)—	P-65.3.2.3
hydroxytellanyl*　ヒドロキシテラニル* 　＝ OTe-tellurohydroperoxy　OTe-テルロヒドロペルオキシ 　(tellureno ではない)	HO-Te—	P-63.4.2.2
hydroxythio：hydroxysulfanyl* を参照		
hydroxy(thiocarbonyl)carbonyl ヒドロキシ(チオカルボニル)カルボニル 　＝ hydroxy(sulfanylidene)acetyl* 　　ヒドロキシ(スルファニリデン)アセチル*	HO-CS-CO—	P-65.1.7.2.4
2-hydroxy-2-thiooxalyl：hydroxy(sulfanylidene)acetyl* を参照		

名　称	化学式	規　則
imidoarsoryl　イミドアルソリル 　= arsorimidoyl*　アルソロイミドイル*	−As(=NH)<	P-67.1.4.1.1.4
imidophosphinoyl　イミドホスフィノイル 　= phosphinimidoyl*　ホスフィンイミドイル*	H₂P(=NH)−	P-67.1.4.1.1.4
imidostibinoyl　イミドスチビノイル 　= stibinimidoyl*　スチビンイミドイル*	H₂Sb(=NH)−	P-67.1.4.1.1.4
imino*　イミノ* 　(azanylidene ではない．azanediyl* も参照)	HN=	P-62.3.1.2
1-iminobutyl　1-イミノブチル 　= butanimidoyl*　ブタンイミドイル* 　= butyrimidoyl　ブチルイミドイル	CH₃-CH₂-CH₂-C(=NH)−	P-65.1.7.4.1； P-65.1.7.3.2
1-iminoethyl　1-イミノエチル 　= ethanimidoyl*　エタンイミドイル* 　= acetimidoyl　アセトイミドイル	CH₃-C(=NH)−	P-65.1.7.2.2
iminomethyl　イミノメチル 　= methanimidoyl*　メタンイミドイル* 　= formimidoyl　ホルムイミドイル	HC(=NH)−	P-65.1.7.2.2
(iminomethyl)amino　(イミノメチル)アミノ 　= methanimidamido*　メタンイミドアミド* 　= formimidoylamino　ホルムイミドイルアミノ	HN=CH-NH−	P-66.4.1.3.3
iminomethylidene*　イミノメチリデン*	HN=C=	P-65.2.1.8
imino(phenyl)methyl　イミノ(フェニル)メチル 　= benzenecarboximidoyl* 　　ベンゼンカルボキシイミドイル* 　= benzimidoyl　ベンズイミドイル	C₆H₅-C(=NH)−	P-65.1.7.2.2
1-iminopropyl　1-イミノプロピル 　= propanimidoyl*　プロパンイミドイル* 　= propionimidoyl　プロピオンイミドイル	CH₃-CH₂-C(=NH)−	P-65.1.7.4.1； P-65.1.7.3.2
1-imino-2-selanylideneethane-1,2-diyl* 　1-イミノ-2-セラニリデンエタン-1,2-ジイル*	−C(=NH)-C(Se)−	P-65.1.7.5
[imino(sulfanyl)methyl]amino 　[イミノ(スルファニル)メチル]アミノ 　= (C-sulfanylcarbonimidoyl)amino* 　　(C-スルファニルカルボノイミドイル)アミノ*	HS-C(=NH)-NH−	P-66.1.6.1.3.3
indiganyl　インジガニル	H₂In−	P-29.3.1； P-68.1.2
iodoso：iodosyl* を参照		
iodosyl*　ヨードシル* 　(iodoso ではない)	(O)I−	P-61.3.2.3
iodyl*　ヨージル*	O₂I−	P-61.3.2.3
isobutoxy：2-methylpropoxy* を参照		
isobutyl：2-methylpropyl* を参照		
isocyanato*　イソシアナト*	OCN−	P-61.8
isocyano*　イソシアノ*	CN−	P-61.9
isofulminato：(oxo-λ⁵-azanylidyne)methyl* を参照		
isonicotinoyl　イソニコチノイル 　= pyridine-4-carbonyl*　ピリジン-4-カルボニル* 　= 4-pyridylcarbonyl　4-ピリジルカルボニル 　= oxo(pyridin-4-yl)methyl 　　オキソ(ピリジン-4-イル)メチル	(ピリジン環)N—◯—4—CO−	P-65.1.7.3.1； P-65.1.7.4.2
isopentyl：3-methylbutyl* を参照		
isophthaloyl　イソフタロイル 　= benzene-1,3-dicarbonyl*　ベンゼン-1,3-ジカルボニル* 　= 1,3-phenylenedicarbonyl　1,3-フェニレンジカルボニル 　= 1,3-phenylenebis(oxomethylene) 　　1,3-フェニレンビス(オキソメチレン)	−CO—◯(1,3)—CO−	P-65.1.7.3.1； P-65.1.7.4.2
isopropenyl　イソプロペニル(非置換) 　= prop-1-en-2-yl*　プロパ-1-エン-2-イル* 　= 1-methylethen-1-yl　1-メチルエテン-1-イル	CH₂=C(CH₃)−	P-32.1.1； P-32.3

付録 2　置換命名法で使用される分離可能接頭語　　　　1049

名　称	化学式	規　則
isopropoxy　イソプロポキシ（非置換） ＝ propan-2-yloxy*　プロパン-2-イルオキシ* ＝ 1-methylethoxy　1-メチルエトキシ	$(CH_3)_2CH-O-$	P-63.2.2.2
isopropyl　イソプロピル（非置換） ＝ propan-2-yl*　プロパン-2-イル* ＝ 1-methylethyl　1-メチルエチル	$(CH_3)_2CH-$	P-29.6.2.2; P-29.3.2.2; P-29.4.1
isopropylidene　イソプロピリデン（非置換） ＝ propan-2-ylidene*　プロパン-2-イリデン* ＝ 1-methylethylidene　1-メチルエチリデン	$(CH_3)_2C=$	P-29.6.2.2; P-29.3.2.2; P-29.4.1
isoquinolin-7-yl*　イソキノリン-7-イル* ＝ 7-isoquinolyl　7-イソキノリル （1-, 3-, 4-, 5-, 6- および 8-異性体も同様） 7-isoquinolyl　7-イソキノリル ＝ isoquinolin-7-yl*　イソキノリン-7-イル* （1-, 3-, 4-, 5-, 6- および 8-異性体も同様）	*(イソキノリン構造式)*	P-29.3.4.1
isoselenocyanato*　イソセレノシアナト*	$SeCN-$	P-61.8
isotellurocyanato*　イソテルロシアナト*	$TeCN-$	P-61.8
isothiocyanato*　イソチオシアナト*	$SCN-$	P-61.8
isothiocyanatosulfonothioyl* イソチオシアナトスルホノチオイル* ＝ sulfur(isothiocyanatido)thioyl 　スルフロ(イソチオシアナチド)チオイル	$(SCN)\text{-}S(O)(S)-$	P-67.1.4.4.1
isothiocyanatosulfonyl*　イソチオシアナトスルホニル* ＝ sulfurisothiocyanatidoyl 　スルフロイソチオシアナチドイル	$(SCN)\text{-}SO_2-$	P-67.1.4.4.1
1-isoureido：（C-hydroxycarbonimidoyl)amino* を参照 3-isoureido：[amino(hydroxy)methylidene]amino* を参照 keto　ケト（使用すべきではない）：oxo* を参照		
maleoyl　マレオイル ＝ (2Z)-but-2-enedioyl*　(2Z)-ブタ-2-エンジオイル* ＝ (2Z)-1,4-dioxobut-2-en-1,4-diyl 　(2Z)-1,4-ジオキソブタ-2-エン-1,4-ジイル	$\overset{2}{H}\overset{1}{C}\text{-}CO-$ $\parallel$ $\underset{3}{H}\underset{4}{C}\text{-}CO-$	P-65.1.7.3.1
malonimidoyl　マロンイミドイル ＝ propanediimidoyl*　プロパンジイミドイル* ＝ 1,3-diiminopropane-1,3-diyl 　1,3-ジイミノプロパン-1,3-ジイル	$-C(=NH)\text{-}CH_2\text{-}C(=NH)-$	P-65.1.7.4.1
malonyl　マロニル ＝ propanedioyl*　プロパンジオイル* ＝ 1,3-dioxopropane-1,3-diyl 　1,3-ジオキソプロパン-1,3-ジイル	$-CO\text{-}CH_2\text{-}CO-$	P-65.1.7.3.1
mercapto：sulfanyl* を参照 mercaptocarbonyl：sulfanylcarbonyl* を参照 mercaptooxy：sulfanyloxy* を参照		
methacryloyl　メタクリロイル ＝ 2-methylprop-2-enoyl*　2-メチルプロパ-2-エノイル* ＝ 2-methyl-1-oxoprop-2-en-1-yl 　2-メチル-1-オキソプロパ-2-エン-1-イル	$CH_2=C(CH_3)\text{-}CO-$	P-65.1.7.3.1
methanediyl：methylene* を参照		
methanehydrazonamido*　メタンヒドラゾノアミド* ＝ methanehydrazonoylamino 　メタンヒドラゾノイルアミノ ＝ (hydrazinylidenemethyl)amino 　(ヒドラジニリデンメチル)アミノ	$CH(=N\text{-}NH_2)\text{-}NH-$	P-66.4.2.3.3
methanehydrazonohydrazido*　メタンヒドラゾノヒドラジド* ＝ 2-(methanehydrazonoyl)hydrazin-1-yl 　2-(メタンヒドラゾノイル)ヒドラジン-1-イル ＝ 2-(hydrazinylidenemethyl)hydrazin-1-yl 　2-(ヒドラジニリデンメチル)ヒドラジン-1-イル	$CH(=N\text{-}NH_2)\text{-}NH\text{-}NH-$	P-66.4.3.4.2

付録2 置換命名法で使用される分離可能接頭語

名　称	化学式	規　則
methanehydrazonoyl*　メタンヒドラゾノイル*	$CH(=N-NH_2)-$	P-65.1.7.2.2
= formohydrazonoyl　ホルモヒドラゾノイル		
= hydrazinylidenemethyl　ヒドラジニリデンメチル		
methanehydrazonoylamino　メタンヒドラゾノイルアミノ	$CH(=N-NH_2)-NH-$	P-66.4.2.3.3
= methanehydrazonamido*　メタンヒドラゾノアミド*		
= (hydrazinylidenemethyl)amino		
(ヒドラジニリデンメチル)アミノ		
2-(methanehydrazonoyl)hydrazin-1-yl	$CH(=N-NH_2)-NH-NH-$	P-66.4.3.4.2
2-(メタンヒドラゾノイル)ヒドラジン-1-イル		
= methanehydrazonohydrazido*		
メタンヒドラゾノヒドラジド*		
= 2-(hydrazinylidenemethyl)hydrazin-1-yl		
2-(ヒドラジニリデンメチル)ヒドラジン-1-イル		
methaneseleninyl*　メタンセレニニル*	$CH_3-Se(O)-$	P-65.3.2.2.2
= methylseleninyl　メチルセレニニル		
methaneselenonyl*　メタンセレノニル*	CH_3-SeO_2-	P-65.3.2.2.2
= methylselenonyl　メチルセレノニル		
methaneselenoyl*　メタンセレノイル*	$HC(Se)-$	P-65.1.7.2.3;
= selenoformyl　セレノホルミル		P-66.6.3
= selanylidenemethyl　セラニリデンメチル		
methanesulfinamido*　メタンスルフィンアミド*	$CH_3-SO-NH-$	P-66.1.1.4.3
= (methanesulfinyl)amino　(メタンスルフィニル)アミノ		
methanesulfinimidoyl*　メタンスルフィンイミドイル*	$CH_3-S(=NH)-$	P-65.3.2.2.2
= S-methylsulfinimidoyl　S-メチルスルフィンイミドイル		
methanesulfinyl*　メタンスルフィニル*	$CH_3-S(O)-$	P-65.3.2.2.2
= methylsulfinyl　メチルスルフィニル		
(methanesulfinyl)amino　(メタンスルフィニル)アミノ	$CH_3-SO-NH-$	P-66.1.1.4.3
= methanesulfinamido*　メタンスルフィンアミド*		
methanesulfonamido*　メタンスルホンアミド*	CH_3-SO_2-NH-	P-66.1.1.4.3
= (methanesulfonyl)amino　(メタンスルホニル)アミノ		
methanesulfonimidoyl*　メタンスルホンイミドイル*	$CH_3-S(=NH)(O)-$	P-65.3.2.2.2
= S-methylsulfonimidoyl　S-メチルスルホンイミドイル		
methanesulfonyl*　メタンスルホニル*	CH_3-SO_2-	P-65.3.2.2.2
= methylsulfonyl　メチルスルホニル		
(methanesulfonyl)amino　(メタンスルホニル)アミノ	CH_3-SO_2-NH-	P-66.1.1.4.3
= methanesulfonamido*　メタンスルホンアミド*		
(methanesulfonyl)azanylidene：(methanesulfonyl)imino* を参照		
(methanesulfonyl)imino*　(メタンスルホニル)イミノ*	$CH_3-SO_2-N=$	P-66.1.1.4.4
= (methylsulfonyl)imino　(メチルスルホニル)イミノ		
〔(methanesulfonyl)azanylidene ではない〕		
methanetelluroyl*　メタンテルロイル*	$HC(Te)-$	P-65.1.7.2.3;
= telluroformyl　テルロホルミル		P-66.6.3
= tellanylidenemethyl　テラニリデンメチル		
methanetetrayl*　メタンテトライル*	$>C<$	P-29.3.1
methanethioamido*　メタンチオアミド*	$HC(S)-NH-$	P-66.1.4.4
= (methanethioyl)amino　(メタンチオイル)アミノ		
= thioformamido　チオホルムアミド		
methanethioyl*　メタンチオイル*	$HC(S)-$	P-65.1.7.2.3;
= thioformyl　チオホルミル		P-66.6.3
= sulfanylidenemethyl　スルファニリデンメチル		
(methanethioyl)amino　(メタンチオイル)アミノ	$HC(S)-NH-$	P-66.1.4.4
= methanethioamido*　メタンチオアミド*		
= thioformamido　チオホルムアミド		
methanetriyl*　メタントリイル*	$-CH<$	P-29.3.1
methanidyl*　メタニドイル*	H_2C^--	P-72.6.3
methanimidamido*　メタンイミドアミド*	$HC(=NH)-NH-$	P-66.4.1.3.3
= (iminomethyl)amino　(イミノメチル)アミノ		
= formimidoylamino　ホルムイミドイルアミノ		

付録 2　置換命名法で使用される分離可能接頭語　　　　　　　　　　　　　1051

名　称	化学式	規　則
methanimidoyl*　メタンイミドイル*	HC(=NH)−	P-65.1.7.2.2
= formimidoyl　ホルムイミドイル		
= iminomethyl　イミノメチル		
methanoyl　メタノイル	HC(O)−	P-65.1.7.2.1;
= formyl*　ホルミル*		P-66.6.1.3
= oxomethyl　オキソメチル		
methanyl　メタニル	CH_3−	P-29.3.1
= methyl*　メチル*		
methanylidene　メタニリデン	CH_2=	P-29.3.1
= methylidene*　メチリデン*		
methanylidyne　メタニリジン	CH≡	P-29.3.1
= methylidyne*　メチリジン*		
methanylylidene*　メタニルイリデン*	−CH=	P-29.3.1
methoxy*　メトキシ*	CH_3-O−	P-63.2.2.2
= methyloxy　メチルオキシ		
2-methoxyanilino*　2-メトキシアニリノ*	2-$(CH_3$-O)-C_6H_4-NH−	P-62.2.1.1.2
= (2-methoxyphenyl)amino		
(2-メトキシフェニル)アミノ		
(3- および 4-メトキシ異性体も同様)		
(2-anisidino, o-anisidino ではない)		
methoxyboranyl*　メトキシボラニル*	CH_3-O-BH−	P-67.1.4.2
(hydromethoxyboryl ではない)		
methoxyboranylidene*　メトキシボラニリデン*	CH_3-O-B=	P-67.1.4.1.1.6
C-methoxycarbonimidoyl*　C-メトキシカルボノイミドイル*	CH_3-O-C(=NH)−	P-65.2.1.5
methoxycarbonothioyl*　メトキシカルボノチオイル*	CH_3-O-CS−	P-65.2.1.5
methoxycarbonyl*　メトキシカルボニル*	CH_3-O-CO−	P-65.6.3.2.3
(carbomethoxy ではない)		
methoxy(isocyanato)phosphoryl*	$(CH_3$-O)(OCN)P(O)−	P-67.1.4.1.1.5
メトキシ(イソシアナト)ホスホリル*		
methoxy(oxo)-λ^5-arsanylidene*	CH_3-O-As(O)=	P-67.1.4.1.1.6
メトキシ(オキソ)-λ^5-アルサニリデン*		
(2-methoxyphenyl)amino　(2-メトキシフェニル)アミノ	2-$(CH_3$-O)-C_6H_4-NH−	P-62.2.1.1.2
= 2-methoxyanilino*　2-メトキシアニリノ*		
methoxysulfanyl*　メトキシスルファニル*	CH_3-O-S−	P-63.3.2
(methoxythio ではない)		
S-methoxysulfinimidoyl*　S-メトキシスルフィンイミドイル*	CH_3-O-S(=NH)−	P-65.3.2.3
(methoxysulfinyl)oxy*　(メトキシスルフィニル)オキシ*	CH_3-O-SO-O−	P-67.1.4.4.2
methoxysulfonyl*　メトキシスルホニル*	CH_3-O-SO_2−	P-65.3.2.3;
= methoxysulfuryl　メトキシスルフリル		P-67.1.4.4.1
(methoxysulfonyl)amino*　(メトキシスルホニル)アミノ*	CH_3-O-SO_2-NH−	P-67.1.4.4.2
methoxysulfuryl　メトキシスルフリル	CH_3-O-SO_2−	P-65.3.2.3;
= methoxysulfonyl*　メトキシスルホニル*		P-67.1.4.4.1
methoxythio：methoxysulfanyl* を参照		
methyl*　メチル*	CH_3−	P-29.3.1
= methanyl　メタニル		
(methylamino)sulfinyl*　(メチルアミノ)スルフィニル*	CH_3-NH-SO−	P-66.1.1.4.2
2-methylanilino*　2-メチルアニリノ*	2-CH_3-C_6H_4-NH−	P-62.2.1.1.2
= (2-methylphenyl)amino　(2-メチルフェニル)アミノ		
(3- および 4-メチル異性体も同様)		
(o-toluidino, 2-toluidino ではない)		
(methylboranyl)amino*　(メチルボラニル)アミノ*	CH_3-BH-NH−	P-68.1.4.2
2-methylbutan-2-yl*　2-メチルブタン-2-イル*	CH_3-CH_2-C$(CH_3)_2$−	P-29.4.1;
= 1,1-dimethylpropyl　1,1-ジメチルプロピル		P-29.6.3
(tert-pentyl ではない)		
1-methylbutyl　1-メチルブチル	CH_3-CH_2-CH_2-CH(CH_3)−	P-29.4.1;
= pentan-2-yl*　ペンタン-2-イル*		P-29.3.2.2
2-methylbutyl*　2-メチルブチル*	CH_3-CH_2-CH(CH_3)-CH_2−	P-29.4.1
3-methylbutyl*　3-メチルブチル*	$(CH_3)_2$CH-CH_2-CH_2−	P-29.4.1;
(isopentyl ではない)		P-29.6.3

名　称	化学式	規　則
methyldioxy: methylperoxy* を参照		
methyldiselanyl*　メチルジセラニル*	$CH_3-Se-Se-$	P-63.3.1
= methyldiseleno　メチルジセレノ		
methyldiseleno　メチルジセレノ	$CH_3-Se-Se-$	P-63.3.1
= methyldiselanyl*　メチルジセラニル*		
methyldisulfanyl*　メチルジスルファニル*	CH_3-S-S-	P-63.3.1
= methyldithio　メチルジチオ		
methylditellanyl*　メチルジテラニル*	$CH_3-Te-Te-$	P-63.3.1
= methylditelluro　メチルジテルロ		
methylditelluro　メチルジテルロ	$CH_3-Te-Te-$	P-63.3.1
= methylditellanyl*　メチルジテラニル*		
methyldithio　メチルジチオ	CH_3-S-S-	P-63.3.1
= methyldisulfanyl*　メチルジスルファニル*		
methylene*　メチレン*	$-CH_2-$	P-29.6.1
(methanediyl ではない)		
methylenebis(oxy)*　メチレンビス(オキシ)*	$-O-CH_2-O-$	P-63.2.2.1.3
(methylenedioxy ではない)		
methylenebis(sulfanediyl)*	$-S-CH_2-S-$	P-63.2.2.1.3
メチレンビス(スルファンジイル)*		
= methylenebis(thio)　メチレンビス(チオ)		
methylenebis(thio)　メチレンビス(チオ)	$-S-CH_2-S-$	P-63.2.2.1.3
= methylenebis(sulfanediyl)*		
メチレンビス(スルファンジイル)*		
methylenedioxy: methylenebis(oxy)* を参照		
1-methylethane-1,2-diyl	$-CH_2-CH(CH_3)-$	P-29.3.2.2
1-メチルエタン-1,2-ジイル		
= propane-1,2-diyl*　プロパン-1,2-ジイル*		
(propylene ではない)		
1-methylethen-1-yl　1-メチルエテン-1-イル	$CH_2=C(CH_3)-$	P-32.1.1;
= prop-1-en-2-yl*　プロパ-1-エン-2-イル*		P-32.3
= isopropenyl　イソプロペニル		
1-methylethoxy　1-メチルエトキシ	$(CH_3)_2CH-O-$	P-63.2.2.2
= propan-2-yloxy*　プロパン-2-イルオキシ*		
= isopropoxy　イソプロポキシ		
1-methylethyl　1-メチルエチル	$(CH_3)_2CH-$	P-29.6.2.2;
= propan-2-yl*　プロパン-2-イル*		P-29.3.2.2;
= isopropyl　イソプロピル		P-29.4.1
1-methylethylidene　1-メチルエチリデン	$(CH_3)_2C=$	P-29.6.2.2;
= propan-2-ylidene*　プロパン-2-イリデン*		P-29.3.2.2;
= isopropylidene　イソプロピリデン		P-29.4.1
methylidene*　メチリデン*	$CH_2=$	P-29.3.1
= methanylidene　メタニリデン		
(λ^2-methylidenamino)oxy*	$C≡N-O-$	P-61.10
(λ^2-メチリデンアミノ)オキシ*		
(fulminato ではない)		
methylidyne*　メチリジン*	$CH≡$	P-29.3.1
= methanylidyne　メタニリジン		
2-methyl-1-oxoprop-2-en-1-yl	$CH_2=C(CH_3)-CO-$	P-65.1.7.3.1
2-メチル-1-オキソプロパ-2-エン-1-イル		
= 2-methylprop-2-enoyl*		
2-メチルプロパ-2-エノイル*		
= methacryloyl　メタクリロイル		
methyloxy　メチルオキシ	CH_3-O-	P-63.2.2.2
= methoxy*　メトキシ*		
methylperoxy*　メチルペルオキシ*	CH_3-OO-	P-63.3.1
(methyldioxy ではない)		
2-methylphenyl*　2-メチルフェニル*	$2-CH_3-C_6H_4-$	P-29.6.2.3
= o-tolyl　o-トリル		
(3- および 4-メチル異性体も同様)		

付録2 置換命名法で使用される分離可能接頭語　　　　1053

名　称	化学式	規　則
(2-methylphenyl)amino　(2-メチルフェニル)アミノ 　= 2-methylanilino*　2-メチルアニリノ* 　(3- および 4-異性体も同様) 　(o-toluidino, 2-toluidino ではない)	2-CH$_3$-C$_6$H$_4$-NH—	P-62.2.1.1.2
methyl(phenyl)arsinoyl*　メチル(フェニル)アルシノイル*	(C$_6$H$_5$)(CH$_3$)As(O)—	P-67.1.4.1.1.3
methylphosphonoyl*　メチルホスホノイル*	CH$_3$-P(O)<	P-67.1.4.1.1.3
2-methylpropan-2-yl　2-メチルプロパン-2-イル 　= tert-butyl　tert-ブチル (非置換*) 　= 1,1-dimethylethyl　1,1-ジメチルエチル	(CH$_3$)$_3$C—	P-29.4.1; P-29.6.1
2-methylpropan-2-ylium-1-yl* 2-メチルプロパン-2-イリウム-1-イル*	CH$_3$-C$^+$(CH$_3$)-CH$_2$—	P-73.6
(2-methylpropan-2-yl)oxy (2-メチルプロパン-2-イル)オキシ 　= tert-butoxy　tert-ブトキシ (非置換*) 　= 1,1-dimethylethoxy　1,1-ジメチルエトキシ	(CH$_3$)$_3$C-O—	P-63.2.2.2
2-methylprop-2-enoyl*　2-メチルプロパ-2-エノイル* 　= methacryloyl　メタクリロイル 　= 2-methyl-1-oxoprop-2-en-1-yl 　　2-メチル-1-オキソプロパ-2-エン-1-イル	CH$_2$=C(CH$_3$)-CO—	P-65.1.7.3.1
1-methylprop-2-en-1-yl　1-メチルプロパ-2-エン-1-イル 　= but-3-en-2-yl*　ブタ-3-エン-2-イル*	CH$_2$=CH-CH(CH$_3$)—	P-32.1.1
1-methylpropoxy　1-メチルプロポキシ 　= butan-2-yloxy*　ブタン-2-イルオキシ* 　(sec-butoxy ではない)	CH$_3$-CH$_2$-CH(CH$_3$)-O—	P-63.2.2.2
2-methylpropoxy*　2-メチルプロポキシ* 　(isobutoxy ではない)	CH$_3$-CH(CH$_3$)-CH$_2$-O—	P-63.2.2.2
1-methylpropyl　1-メチルプロピル 　= butan-2-yl*　ブタン-2-イル* 　(sec-butyl ではない)	CH$_3$-CH$_2$-CH(CH$_3$)—	P-29.4.1; P-29.3.2.2; P-29.6.3
2-methylpropyl*　2-メチルプロピル* 　(isobutyl ではない)	CH$_3$-CH(CH$_3$)-CH$_2$—	P-29.6.3
1-methylpropylidene　1-メチルプロピリデン 　= butan-2-ylidene*　ブタン-2-イリデン* 　(sec-butylidene ではない)	CH$_3$-CH$_2$-C(CH$_3$)=	P-29.3.2.2; P-29.4.1; P-29.6.3
1-methylpyridin-1-ium-4-yl* 1-メチルピリジン-1-イウム-4-イル*	H$_3$C—N$^+_1$〈=〉$_4${	P-73.6
methylselanyl*　メチルセラニル* 　= methylseleno　メチルセレノ	CH$_3$-Se—	P-63.2.5.1; P-63.2.2.1.2
methylseleninyl　メチルセレニニル 　= methaneseleninyl*　メタンセレニニル*	CH$_3$-Se(O)—	P-65.3.2.2.2
methylseleno　メチルセレノ 　= methylselanyl*　メチルセラニル*	CH$_3$-Se—	P-63.2.5.1; P-63.2.2.1.2
methylselenonyl　メチルセレノニル 　= methaneselenonyl*　メタンセレノニル*	CH$_3$-SeO$_2$—	P-65.3.2.2.2
methylsulfaniumdiyl*　メチルスルファニウムジイル* 　= methylsulfoniumdiyl　メチルスルホニウムジイル	CH$_3$-S$^+$<	P-73.6
methylsulfanyl*　メチルスルファニル* 　= methylthio　メチルチオ	CH$_3$-S—	P-63.2.2.1.2; P-63.2.5.1
(methylsulfanyl)oxy*　(メチルスルファニル)オキシ* 　〔(methylthio)oxy ではない〕	CH$_3$-S-O—	P-63.3.2
(methylsulfanyl)sulfonyl (メチルスルファニル)スルホニル* 　= (methylthio)sulfonyl　(メチルチオ)スルホニル	CH$_3$-S-SO$_2$—	P-65.3.2.3
S-methylsulfinimidoyl　S-メチルスフィンイミドイル 　= methanesulfinimidoyl* 　　メタンスルフィンイミドイル*	CH$_3$-S(=NH)—	P-65.3.2.2.2
methylsulfinyl　メチルスルフィニル 　= methanesulfinyl*　メタンスルフィニル*	CH$_3$-S(O)—	P-65.3.2.2.2

名　称	化学式	規　則
S-methylsulfonimidoyl　*S*-メチルスルホンイミドイル 　＝ methanesulfonimidoyl*　メタンスルホンイミドイル*	$CH_3-S(=NH)(O)-$	P-65.3.2.2.2
methylsulfoniumdiyl　メチルスルホニウムジイル 　＝ methylsulfaniumdiyl*　メチルスルファニウムジイル*	$CH_3-S^+<$	P-73.6
methylsulfonyl　メチルスルホニル 　＝ methanesulfonyl*　メタンスルホニル*	CH_3-SO_2-	P-65.3.2.2.2
(methylsulfonyl)imino　(メチルスルホニル)イミノ 　＝ (methanesulfonyl)imino*　(メタンスルホニル)イミノ*	$CH_3-SO_2-N=$	P-66.1.1.4.4
methyltellanyl*　メチルテラニル* 　＝ methyltelluro　メチルテルロ	CH_3-Te-	P-63.2.5.1
methyltelluro　メチルテルロ 　＝ methyltellanyl*　メチルテラニル*	CH_3-Te-	P-63.2.5.1
1-methyltetrasilan-1-yl*　1-メチルテトラシラン-1-イル*	$SiH_3-SiH_2-SiH_2-SiH(CH_3)-$	P-29.4.1
methylthio　メチルチオ 　＝ methylsulfanyl*　メチルスルファニル*	CH_3-S-	P-63.2.2.1.2; P-63.2.5.1
(methylthio)oxy: (methylsulfanyl)oxy* を参照		
(methylthio)sulfonyl　(メチルチオ)スルホニル 　＝ (methylsulfanyl)sulfonyl* 　　(メチルスルファニル)スルホニル*	CH_3-S-SO_2-	P-65.3.2.3
methyltrisulfanyl*　メチルトリスルファニル* 　＝ methyltrithio　メチルトリチオ	$CH_3-S-S-S-$	P-68.4.1.3
methyltrithio　メチルトリチオ 　＝ methyltrisulfanyl*　メチルトリスルファニル*	$CH_3-S-S-S-$	P-68.4.1.3
morpholino: morpholin-4-yl* を参照		
morpholin-4-yl*　モルホリン-4-イル* 　(morpholino ではない)	(structure)	P-29.3.3; P-29.6.2.3
naphthalene-1-carbonyl*　ナフタレン-1-カルボニル* 　＝ 1-naphthoyl　1-ナフトイル 　＝ 1-naphthylcarbonyl　1-ナフチルカルボニル 　＝ naphthalen-1-yl(oxo)methyl 　　ナフタレン-1-イル(オキソ)メチル 　(2-異性体も同様)	(structure)	P-65.1.7.3.1; P-65.1.7.4.2
naphthalen-2-yl*　ナフタレン-2-イル* 　＝ 2-naphthyl　2-ナフチル 　(1-異性体も同様)	(structure)	P-29.3.4.1; P-29.6.2.3
naphthalen-2(1*H*)-ylidene*　ナフタレン-2(1*H*)-イリデン* 　[1(2*H*)-異性体も同様]	(structure)	P-29.3.4.1
naphthalene-2,3-diylidene*　ナフタレン-2,3-ジイリデン*	(structure)	P-29.3.4.1
naphthalen-1-yl(oxo)methyl ナフタレン-1-イル(オキソ)メチル 　＝ naphthalene-1-carbonyl*　ナフタレン-1-カルボニル* 1-naphthoyl　1-ナフトイル 　＝ naphthalene-1-carbonyl*　ナフタレン-1-カルボニル* 　＝ 1-naphthylcarbonyl　1-ナフチルカルボニル 　＝ naphthalen-1-yl(oxo)methyl 　　ナフタレン-1-イル(オキソ)メチル 　(2-異性体も同様) 1-naphthylcarbonyl　1-ナフチルカルボニル 　＝ naphthalene-1-carbonyl*　ナフタレン-1-カルボニル* 　(2-異性体も同様)	(structure)	P-65.1.7.3.1; P-65.1.7.4.2
2-naphthyl　2-ナフチル 　＝ naphthalen-2-yl*　ナフタレン-2-イル* 　(1-異性体も同様)	(structure)	P-29.3.4.1; P-29.6.2.3

付録 2　置換命名法で使用される分離可能接頭語　　　　　　　　　　1055

名　称	化学式	規　則
neopentyl: 2,2-dimethylpropyl* を参照		
nicotinoyl　ニコチノイル		P-65.1.7.3.1;
= pyridine-3-carbonyl*　ピリジン-3-カルボニル*		P-65.1.7.4.2
= 3-pyridylcarbonyl　3-ピリジルカルボニル		
= oxo(pyridin-3-yl)methyl		
オキソ(ピリジン-3-イル)メチル		
nitramido*　ニトロアミド*	$O_2N\text{-}NH\text{-}$	P-67.1.4.3.2
(nitroamino ではない)		
nitridophosphoryl　ニトリドホスホリル	$N{\equiv}P{<}$	P-67.1.4.1.1.4
= phosphoronitridoyl*　ホスホロニトリドイル*		
nitridostiboryl　ニトリドスチボリル	$N{\equiv}Sb{<}$	P-67.1.4.1.1.4
= stiboronitridoyl*　スチボロニトリドイル*		
nitrilo*　ニトリロ*	$\text{-}N{<}$	P-35.2.1;
= azanetriyl　アザントリイル		P-62.2.5.1
(azanylidyne, azanylylidene ではない)		
nitro*　ニトロ*	$O_2N\text{-}$	P-61.5.1
aci-nitro　aci-ニトロ	$HO\text{-}N(O){=}$	P-61.5.3;
= hydroxy(oxo)-λ^5-azanylidene*		P-67.1.4.1.1.6;
ヒドロキシ(オキソ)-λ^5-アザニリデン*		P-67.1.6
nitroamino: nitramido* を参照		
nitroazanediyl*　ニトロアザンジイル*	$O_2N\text{-}N{<}$	P-67.1.4.3.2
1-nitrohydrazin-1-yl*　1-ニトロヒドラジン-1-イル*	$H_2N\text{-}N(NO_2)\text{-}$	P-67.1.4.3.3
2-nitrohydrazin-1-yl*　2-ニトロヒドラジン-1-イル*	$O_2N\text{-}NH\text{-}NH\text{-}$	P-67.1.4.3.3
nitroimino*　ニトロイミノ*	$O_2N\text{-}N{=}$	P-67.1.4.3.2
nitrooxy*　ニトロオキシ*	$O_2N\text{-}O\text{-}$	P-67.1.4.3.1
nitroryl*　ニトロリル*	$\text{-}N(O){<}$	P-67.1.4.1.1.2
(azoryl ではない)		
nitroso*　ニトロソ*	$O{=}N\text{-}$	P-61.5.1
nitrosoamino*　ニトロソアミノ*	$ON\text{-}NH\text{-}$	P-67.1.4.3.2
nitrosohydrazinylidene*　ニトロソヒドラジニリデン*	$ON\text{-}NH\text{-}N{=}$	P-67.1.4.3.3
nitrosooxy*　ニトロソオキシ*	$ON\text{-}O\text{-}$	P-67.1.4.3.1
nitrososelanyl*　ニトロソセラニル*	$ON\text{-}Se\text{-}$	P-67.1.4.3.1
nitrosulfanyl*　ニトロスルファニル*	$O_2N\text{-}S\text{-}$	P-67.1.4.3.1
nonanoyl*　ノナノイル*	$CH_3\text{-}[CH_2]_7\text{-}CO\text{-}$	P-65.1.7.4.1
= 1-oxononyl　1-オキソノニル		
nonan-1-yl　ノナン-1-イル	$CH_3\text{-}[CH_2]_7\text{-}CH_2\text{-}$	P-29.3.2.2;
= nonyl*　ノニル*		P-29.3.2.1
nonan-1-ylidene　ノナン-1-イリデン	$CH_3\text{-}[CH_2]_7\text{-}CH{=}$	P-29.3.2.2;
= nonylidene*　ノニリデン*		P-29.3.2.1
nonanylidyne　ノナニリジン	$CH_3\text{-}[CH_2]_7\text{-}C{\equiv}$	P-29.3.2.2;
= nonylidyne*　ノニリジン*		P-29.3.2.1
nonyl*　ノニル*	$CH_3\text{-}[CH_2]_7\text{-}CH_2\text{-}$	P-29.3.2.1;
= nonan-1-yl　ノナン-1-イル		P-29.3.2.2
nonylidene*　ノニリデン*	$CH_3\text{-}[CH_2]_7\text{-}CH{=}$	P-29.3.2.1;
= nonan-1-ylidene　ノナン-1-イリデン		P-29.3.2.2
nonylidyne*　ノニリジン*	$CH_3\text{-}[CH_2]_7\text{-}C{\equiv}$	P-29.3.2.1;
= nonanylidyne　ノナニリジン		P-29.3.2.2
octadecanoyl*　オクタデカノイル*	$CH_3\text{-}[CH_2]_{16}\text{-}CO\text{-}$	P-65.1.7.4.1;
= stearoyl　ステアロイル		P-65.1.7.3.1
= 1-oxooctadecyl　1-オキソオクタデシル		
octadecan-1-yl　オクタデカン-1-イル	$CH_3\text{-}[CH_2]_{17}\text{-}$	P-29.3.2.2;
= octadecyl*　オクタデシル*		P-29.3.2.1
(9Z)-octadec-9-enoyl*		P-65.1.7.3.1;
(9Z)-オクタデカ-9-エノイル*	$\overset{10}{CH}\text{-}[CH_2]_7\text{-}\overset{18}{CH_3}$	P-65.1.7.4.1
= oleoyl　オレオイル	$\overset{9}{CH}\text{-}[CH_2]_7\text{-}\underset{1}{CO}\text{-}$	
= (9Z)-1-oxooctadec-9-en-1-yl		
(9Z)-1-オキソオクタデカ-9-エン-1-イル		
octadecyl*　オクタデシル*	$CH_3\text{-}[CH_2]_{17}\text{-}$	P-29.3.2.1;
= octadecan-1-yl　オクタデカン-1-イル		P-29.3.2.2

名　称	化学式	規　則
octanoyl*　オクタノイル* 　= 1-oxooctyl　1-オキソオクチル	$CH_3\text{-}[CH_2]_6\text{-}CO-$	P-65.1.7.4.1
octan-1-yl　オクタン-1-イル 　= octyl*　オクチル*	$CH_3\text{-}[CH_2]_6\text{-}CH_2-$	P-29.3.2.2; P-29.3.2.1
octan-1-ylidene　オクタン-1-イリデン 　= octylidene*　オクチリデン*	$CH_3\text{-}[CH_2]_6\text{-}CH=$	P-29.3.2.2; P-29.3.2.1
octanylidyne　オクタニリジン 　= octylidyne*　オクチリジン*	$CH_3\text{-}[CH_2]_6\text{-}C\equiv$	P-29.3.2.2; P-29.3.2.1
octyl*　オクチル* 　= octan-1-yl　オクタン-1-イル	$CH_3\text{-}[CH_2]_6\text{-}CH_2-$	P-29.3.2.1; P-29.3.2.2
octylidene*　オクチリデン* 　= octan-1-ylidene　オクタン-1-イリデン	$CH_3\text{-}[CH_2]_6\text{-}CH=$	P-29.3.2.1; P-29.3.2.2
octylidyne*　オクチリジン* 　= octanylidyne　オクタニリジン	$CH_3\text{-}[CH_2]_6\text{-}C\equiv$	P-29.3.2.1; P-29.3.2.2
oleoyl　オレオイル 　= (9Z)-octadec-9-enoyl* 　　(9Z)-オクタデカ-9-エノイル* 　= (9Z)-1-oxooctadec-9-en-1-yl 　　(9Z)-1-オキソオクタデカ-9-エン-1-イル	$\overset{10}{CH}\text{-}[CH_2]_7\text{-}\overset{18}{CH_3}$ $\|$ $\underset{9\quad\ 8\text{-}2\quad 1}{CH\text{-}[CH_2]_7\text{-}CO-}$	P-65.1.7.3.1; P-65.1.7.4.1
oxalaldehydoyl　オキサルアルデヒドイル 　= oxoacetyl*　オキソアセチル*	$HCO\text{-}CO-$	P-65.1.7.2.4
oxalimidoyl　オキサルイミドイル 　= ethanediimidoyl*　エタンジイミドイル* 　= diiminoethane-1,2-diyl　ジイミノエタン-1,2-ジイル	$-C(=NH)\text{-}C(=NH)-$	P-65.1.7.2.2
oxalo*　オキサロ* 　= carboxycarbonyl　カルボキシカルボニル 　〔carboxyformyl, hydroxy(oxo)acetyl ではない〕	$HO\text{-}CO\text{-}CO-$	P-65.1.7.2.1
oxaloamino*　オキサロアミノ* 　= (carboxycarbonyl)amino 　　(カルボキシカルボニル)アミノ	$HO\text{-}CO\text{-}CO\text{-}NH-$	P-65.1.7.2.4
2-oxaloethyl: 3-carboxy-3-oxopropyl* を参照		
oxalooxy*　オキサロオキシ* 　= (carboxycarbonyl)oxy　(カルボキシカルボニル)オキシ 　〔(carboxyformyl)oxy ではない〕	$HO\text{-}CO\text{-}CO\text{-}O-$	P-65.1.7.2.4
oxalosulfanyl*　オキサロスルファニル* 　= (carboxycarbonyl)sulfanyl 　　(カルボキシカルボニル)スルファニル 　= (carboxycarbonyl)thio　(カルボキシカルボニル)チオ 　〔(carboxyformyl)sulfanyl, (carboxyformyl)thio ではない〕	$HO\text{-}CO\text{-}CO\text{-}S-$	P-65.1.7.2.4
oxalyl*　オキサリル* 　= ethanedioyl　エタンジオイル 　= dioxoethane-1,2-diyl　ジオキソエタン-1,2-ジイル	$-CO\text{-}CO-$	P-65.1.7.2.1
oxalylbis(azanediyl)*　オキサリルビス(アザンジイル)* 　= ethanedioylbis(azanediyl) 　　エタンジオイルビス(アザンジイル)	$-HN\text{-}CO\text{-}CO\text{-}NH-$	P-66.1.1.4.5.2
oxalylbis(azanetriyl)　オキサリルビス(アザントリイル) 　= oxalyldinitrilo*　オキサリルジニトリロ* 　= ethanedioyldinitrilo　エタンジオイルジニトリロ 　= ethanedioylbis(azanetriyl) 　　エタンジオイルビス(アザントリイル)	$>N\text{-}CO\text{-}CO\text{-}N<$	P-66.1.1.4.5.2
oxalylbis(azanylylidene)* オキサリルビス(アザニルイリデン)* 　= ethanedioylbis(azanylylidene) 　　エタンジオイルビス(アザニルイリデン)	$=N\text{-}CO\text{-}CO\text{-}N=$	P-66.1.1.4.5.2
oxalyldinitrilo*　オキサリルジニトリロ* 　= oxalylbis(azanetriyl)　オキサリルビス(アザントリイル) 　= ethanedioyldinitrilo　エタンジオイルジニトリロ 　= ethanedioylbis(azanetriyl) 　　エタンジオイルビス(アザントリイル)	$>N\text{-}CO\text{-}CO\text{-}N<$	P-66.1.1.4.5.2

名　称	化学式	規　則
oxamoyl*　オキサモイル* 　= aminooxalyl　アミノオキサリル 　= amino(oxo)acetyl　アミノ(オキソ)アセチル 　(carbamoylformyl, carbamoylcarbonyl ではない)	$H_2N\text{-}CO\text{-}CO-$	P-66.1.1.4.1.2
oxamoylamino*　オキサモイルアミノ* 　= amino(oxo)acetamido　アミノ(オキソ)アセトアミド 　(carbamoylformamido ではない)	$H_2N\text{-}CO\text{-}CO\text{-}NH-$	P-66.1.1.4.5.1
oxamoylazanediyl*　オキサモイルアザンジイル*	$H_2N\text{-}CO\text{-}CO\text{-}N<$	P-66.1.1.4.5.2
oxamoylimino*　オキサモイルイミノ* 　= [amino(oxo)acetyl]imino 　[アミノ(オキソ)アセチル]イミノ	$H_2N\text{-}CO\text{-}CO\text{-}N=$	P-66.1.1.4.5.1
oxidanyl: hydroxy* を参照		
oxido*　オキシド*	$^-O-$	P-72.6.2
oxo*　オキソ*　(keto ケト ではない)	$O=$	P-64.5.1
oxoacetyl*　オキソアセチル* 　= oxalaldehydoyl　オキサルアルデヒドイル	$OCH\text{-}CO-$	P-65.1.7.2.4
oxoarsanyl*　オキソアルサニル* 　(arsenoso ではない)	$(O)As-$	P-61.6
oxo-λ^5-azanyl*　オキソ-λ^5-アザニル*	$H_2N(O)-$	P-62.5
(oxo-λ^5-azanylidyne)methyl* （オキソ-λ^5-アザニリジン）メチル* 　(isofulminato ではない)	$(O)N\equiv C-$	P-61.10; P-66.5.4.2
1-oxobutyl　1-オキソブチル 　= butanoyl*　ブタノイル* 　= butyryl　ブチリル	$CH_3\text{-}CH_2\text{-}CH_2\text{-}CO-$	P-65.1.7.3.1; P-65.1.7.4.1
1-oxodecyl　1-オキソデシル 　= decanoyl*　デカノイル*	$CH_3\text{-}[CH_2]_8\text{-}CO-$	P-65.1.7.4.1
1-oxododecyl　1-オキソドデシル 　= dodecanoyl*　ドデカノイル*	$CH_3\text{-}[CH_2]_{10}\text{-}CO-$	P-65.1.7.4.1
1-oxoethyl　1-オキソエチル 　= acetyl*　アセチル* 　= ethanoyl　エタノイル	$CH_3\text{-}CO-$	P-65.1.7.2.1
1-oxoheptyl　1-オキソヘプチル 　= heptanoyl*　ヘプタノイル*	$CH_3\text{-}[CH_2]_5\text{-}CO-$	P-65.1.7.4.1
1-oxohexadecyl　1-オキソヘキサデシル 　= hexadecanoyl*　ヘキサデカノイル* 　= palmitoyl　パルミトイル	$CH_3\text{-}[CH_2]_{14}\text{-}CO-$	P-65.1.7.3.1; P-65.1.7.4.1
1-oxohexyl　1-オキソヘキシル 　= hexanoyl*　ヘキサノイル*	$CH_3\text{-}[CH_2]_4\text{-}CO-$	P-65.1.7.4.1
oxolan-3-yl-4-ylidene*　オキソラン-3-イル-4-イリデン*	構造式	P-29.3.3
oxomethyl　オキソメチル 　= formyl*　ホルミル* 　= methanoyl　メタノイル	$HCO-$	P-65.1.7.2.1; P-66.6.1.3
oxomethylidene*　オキソメチリデン*	$O=C=$	P-65.2.1.8
1-oxononyl　1-オキソノニル 　= nonanoyl*　ノナノイル*	$CH_3\text{-}[CH_2]_7\text{-}CO-$	P-65.1.7.4.1
(9Z)-1-oxooctadec-9-en-1-yl (9Z)-1-オキソオクタデカ-9-エン-1-イル 　= (9Z)-octadec-9-enoyl* 　(9Z)-オクタデカ-9-エノイル* 　= oleoyl　オレオイル	$\overset{10}{CH}\text{-}[CH_2]_7\text{-}\overset{18}{CH_3}$ $\parallel$ $\underset{9\quad 8\text{-}2\quad 1}{CH\text{-}[CH_2]_7\text{-}CO-}$	P-65.1.7.3.1; P-65.1.7.4.1
1-oxooctadecyl　1-オキソオクタデシル 　= octadecanoyl*　オクタデカノイル* 　= stearoyl　ステアロイル	$CH_3\text{-}[CH_2]_{16}\text{-}CO-$	P-65.1.7.3.1; P-65.1.7.4.1
1-oxooctyl　1-オキソオクチル 　= octanoyl*　オクタノイル*	$CH_3\text{-}[CH_2]_6\text{-}CO-$	P-65.1.7.4.1

名　称	化学式	規　則
1-oxopentyl　1-オキソペンチル 　= pentanoyl*　ペンタノイル*	CH₃-CH₂-CH₂-CH₂-CO—	P-65.1.7.4.1
oxo(phenyl)methyl　オキソ(フェニル)メチル 　= benzoyl*　ベンゾイル*	C₆H₅-CO—	P-65.1.7.2.1
oxophosphanyl*　オキソホスファニル* 　(phosphoroso ではない)	(O)P—	P-61.6; P-67.1.4.1.1.6
oxo-λ⁵-phosphanylidene*　オキソ-λ⁵-ホスファニリデン*	HP(O)=	P-67.1.4.1.1.6
oxo-λ⁵-phosphanylidyne*　オキソ-λ⁵-ホスファニリジン*	P(O)≡	P-67.1.4.1.1.6
2-oxopropanoyl*　2-オキソプロパノイル* 　= 1,2-dioxopropyl　1,2-ジオキソプロピル 　(pyruvoyl ピルボイルではない)	CH₃-CO-CO—	P-65.1.1.2.3; P-65.1.7.4.1
1-oxoprop-2-en-1-yl　1-オキソプロパ-2-エン-1-イル 　= prop-2-enoyl*　プロパ-2-エノイル* 　= acryloyl　アクリロイル	CH₂=CH-CO—	P-65.1.7.3.1
1-oxopropyl　1-オキソプロピル 　= propanoyl*　プロパノイル* 　= propionyl　プロピオニル	CH₃-CH₂-CO—	P-65.1.7.3.1; P-65.1.7.4.1
2-oxopropyl*　2-オキソプロピル* 　= acetonyl　アセトニル	CH₃-CO-CH₂—	P-64.5.1
2-oxopropylidene*　2-オキソプロピリデン* 　(acetonylidene ではない)	CH₃-CO-CH=	P-64.5
2-oxopropylidyne*　2-オキソプロピリジン* 　(acetonylidyne アセトニリジンではない)	CH₃-CO-C≡	P-64.5
oxo(pyridin-3-yl)methyl　オキソ(ピリジン-3-イル)メチル 　= pyridine-3-carbonyl*　ピリジン-3-カルボニル*	3-C₅H₄N-CO—	P-65.1.7.3.1; P-65.1.7.4.2
oxo(pyridin-4-yl)methyl　オキソ(ピリジン-4-イル)メチル 　= pyridine-4-carbonyl*　ピリジン-4-カルボニル*	4-C₅H₄N-CO—	P-65.1.7.3.1; P-65.1.7.4.2
oxostibanyl*　オキソスチバニル*	(O)Sb—	P-67.1.4.1.1.6
1-oxo-4-sulfanylidenebutane-1,4-diyl* 1-オキソ-4-スルファニリデンブタン-1,4-ジイル*	—CO-CH₂-CH₂-CS—	P-65.1.7.5
1-oxotetradecyl　1-オキソテトラデシル 　= tetradecanoyl*　テトラデカノイル*	CH₃-[CH₂]₁₂-CO—	P-65.1.7.4.1
oxy*　オキシ*	—O—	P-15.3.1.2.1.1; P-63.2.2.1.1
oxyl*　オキシル* 　= ylooxidanyl　イロオキシダニル 　(ylohydroxy ではない)	•O—	P-71.5
oxylcarbonyl*　オキシルカルボニル* 　= (ylooxidanyl)formyl　(イロオキシダニル)ホルミル	•O-CO—	P-71.5
palmitoyl　パルミトイル 　= hexadecanoyl*　ヘキサデカノイル* 　= 1-oxohexadecyl　1-オキソヘキサデシル	CH₃-[CH₂]₁₄-CO—	P-65.1.7.3.1
pentanedioyl*　ペンタンジオイル* 　= glutaryl　グルタリル 　= 1,5-dioxopentane-1,5-diyl 　　1,5-ジオキソペンタン-1,5-ジイル	—CO-CH₂-CH₂-CH₂-CO—	P-65.1.7.3.1
pentanoyl*　ペンタノイル* 　= 1-oxopentyl　1-オキソペンチル	CH₃-CH₂-CH₂-CH₂-CO—	P-65.1.7.4.1
pentan-1-yl　ペンタン-1-イル 　= pentyl*　ペンチル*	CH₃-CH₂-CH₂-CH₂-CH₂—	P-29.3.2.2; P-29.3.2.1
pentan-2-yl*　ペンタン-2-イル* 　= 1-methylbutyl　1-メチルブチル	CH₃-CH₂-CH₂-CH(CH₃)—	P-29.3.2.2; P-29.4
pentan-1-ylidene　ペンタン-1-イリデン 　= pentylidene*　ペンチリデン*	CH₃-CH₂-CH₂-CH₂-CH=	P-29.3.2.2; P-29.3.2.1
pentan-3-ylidene*　ペンタン-3-イリデン* 　= 1-ethylpropylidene　1-エチルプロピリデン	(CH₃-CH₂)₂C=	P-29.3.2.2; P-29.4
pentanylidyne　ペンタニリジン 　= pentylidyne*　ペンチリジン*	CH₃-CH₂-CH₂-CH₂-C≡	P-29.3.2.2; P-29.3.2.1
pent-2-enoyl*　ペンタ-2-エノイル*	CH₃-CH₂-CH=CH-CO—	P-65.1.7.4.1

名　称	化学式	規　則
pentyl*　ペンチル*　 　＝ pentan-1-yl　ペンタン-1-イル	$CH_3\text{-}CH_2\text{-}CH_2\text{-}CH_2\text{-}CH_2-$	P-29.3.2.1； P-29.3.2.2
tert-pentyl：2-methylbutan-2-yl* を参照		
pentylidene*　ペンチリデン*　 　＝ pentan-1-ylidene　ペンタン-1-イリデン	$CH_3\text{-}CH_2\text{-}CH_2\text{-}CH_2\text{-}CH=$	P-29.3.2.1； P-29.3.2.2
pentylidyne*　ペンチリジン*　 　＝ pentanylidyne　ペンタニリジン	$CH_3\text{-}CH_2\text{-}CH_2\text{-}CH_2\text{-}C\equiv$	P-29.3.2.1； P-29.3.2.2
pentyloxy*　ペンチルオキシ*	$CH_3\text{-}[CH_2]_3\text{-}CH_2\text{-}O-$	P-63.2.2.1.1
perbromyl*　ペルブロミル*	O_3Br-	P-61.3.2.3
perchloryl*　ペルクロリル*	O_3Cl-	P-61.3.2.3
perfluoryl*　ペルフルオリル*	O_3F-	P-61.3.2.3
periodyl*　ペルヨージル*	O_3I-	P-61.3.2.3
peroxy*　ペルオキシ*　（dioxy ではない）	$-O\text{-}O-$	P-63.3.1
peroxycarboxy：carbonoperoxoyl* を参照		
peroxyphosphoryl　ペルオキシホスホリル 　＝ phosphoroperoxoyl*　ホスホロペルオキソイル* 　＝ (hydroperoxy)phosphoryl 　　（ヒドロペルオキシ）ホスホリル	$HO\text{-}O\text{-}P(O)<$	P-67.1.4.1.1.4
phenanthren-9-yl*　フェナントレン-9-イル* 　＝ 9-phenanthryl　9-フェナントリル 　（1-, 2-, 3- および 4-異性体も同様） 9-phenanthryl　9-フェナントリル 　＝ phenanthren-9-yl*　フェナントレン-9-イル* 　（1-, 2-, 3- および 4-異性体も同様）		P-29.3.4.1； P-29.6.2.3
phenethyl：2-phenylethyl* を参照		
o-phenetidino：2-ethoxyanilino* を参照 　（m- ＝ 3- および p= ＝ 4-異性体も同様）		
phenoxy*　フェノキシ*　 　＝ phenyloxy　フェニルオキシ	$C_6H_5\text{-}O-$	P-63.2.2.2
phenyl*　フェニル*	C_6H_5-	P-29.6.1
phenylamino　フェニルアミノ 　＝ anilino*　アニリノ*	$C_6H_5\text{-}NH-$	P-62.2.1.1.1
(phenylamino)sulfonyl　（フェニルアミノ）スルホニル 　＝ phenylsulfamoyl*　フェニルスルファモイル* 　＝ anilinosulfonyl　アニリノスルホニル	$C_6H_5\text{-}NH\text{-}SO_2-$	P-66.1.1.4.2
phenylazo　フェニルアゾ 　＝ phenyldiazenyl*　フェニルジアゼニル*	$C_6H_5\text{-}N=N-$	P-68.3.1.3.2.2
phenylcarbonyl：benzoyl* を参照		
(phenylcarbonyl)oxy　（フェニルカルボニル）オキシ 　＝ benzoyloxy*　ベンゾイルオキシ*	$C_6H_5\text{-}CO\text{-}O-$	P-65.6.3.2.3
phenyl(chlorophosphonoyl) フェニル(クロロホスホノイル) 　＝ phenylphosphonochloridoyl* 　　フェニルホスホノクロリドイル*	$C_6H_5\text{-}P(O)Cl-$	P-67.1.4.1.1.4
phenyldiazenyl*　フェニルジアゼニル* 　＝ phenylazo　フェニルアゾ	$C_6H_5\text{-}N=N-$	P-68.3.1.3.2.2
1,2-phenylene*　1,2-フェニレン* 　（benzene-1,2-diyl ではない） 　（1,3- および 1,4-異性体も同様）		P-29.6.1
1,4-phenylenebis(iminomethylene) 1,4-フェニレンビス(イミノメチレン) 　＝ benzene-1,4-dicarboximidoyl* 　　ベンゼン-1,4-ジカルボキシイミドイル* 　＝ terephthalimidoyl　テレフタルイミドイル	$-(HN=)C\text{-}\!\!\!\!\text{（環）}\text{-}C(=NH)-$	P-65.1.7.3.2
1,2-phenylenebis(oxomethylene) 1,2-フェニレンビス(オキソメチレン) 　＝ benzene-1,2-dicarbonyl* 　　ベンゼン-1,2-ジカルボニル* 　（1,3-, 1,4-異性体も同様）		P-65.1.7.3.1； P-65.1.7.4.1

名　称	化学式	規　則
1,2-phenylenebis(sulfanylidenemethylene) 1,2-フェニレンビス(スルファニリデンメチレン) 　= benzene-1,2-dicarbothioyl* 　　ベンゼン-1,2-ジカルボチオイル* 　(1,3-, 1,4-異性体も同様) 1,2-phenylenebis(thioxomethylene) 1,2-フェニレンビス(チオキソメチレン) 　= benzene-1,2-dicarbothioyl* 　　ベンゼン-1,2-ジカルボチオイル* 　(1,3-, 1,4-異性体も同様)	(ベンゼン環 1,2位に -CS- が2つ)	P-65.1.7.4.3
1,2-phenylenedicarbonyl　1,2-フェニレンジカルボニル 　= benzene-1,2-dicarbonyl*　ベンゼン-1,2-ジカルボニル* 　= phthaloyl　フタロイル 　= 1,2-phenylenebis(oxomethylene) 　　1,2-フェニレンビス(オキソメチレン)	(ベンゼン環 1,2位に -CO- が2つ)	P-65.1.7.3.1; P-65.1.7.4.2
1,3-phenylenedicarbonyl　1,3-フェニレンジカルボニル 　= benzene-1,3-dicarbonyl*　ベンゼン-1,3-ジカルボニル* 　= isophthaloyl　イソフタロイル 　= 1,3-phenylenebis(oxomethylene) 　　1,3-フェニレンビス(オキソメチレン)	(ベンゼン環 1,3位に -CO- が2つ)	P-65.1.7.3.1; P-65.1.7.4.2
1,4-phenylenedicarbonyl　1,4-フェニレンジカルボニル 　= benzene-1,4-dicarbonyl*　ベンゼン-1,4-ジカルボニル* 　= terephthaloyl　テレフタロイル 　= 1,4-phenylenebis(oxomethylene) 　　1,4-フェニレンビス(オキソメチレン)	(ベンゼン環 1,4位に -CO- が2つ)	P-65.1.7.3.1; P-65.1.7.4.2
2-phenylethenyl*　2-フェニルエテニル* 　= 2-phenylvinyl　2-フェニルビニル 　= styryl　スチリル	$C_6H_5\text{-}CH{=}CH-$	P-32.3
2-phenylethyl*　2-フェニルエチル* 　(phenethyl ではない)	$C_6H_5\text{-}CH_2\text{-}CH_2-$	P-29.6.3
phenylmethoxy　フェニルメトキシ 　= benzyloxy*　ベンジルオキシ*	$C_6H_5\text{-}CH_2\text{-}O-$	P-63.2.2.1.1
phenylmethyl　フェニルメチル 　= benzyl*　ベンジル*	$C_6H_5\text{-}CH_2-$	P-29.6.1; P-29.6.2.1
phenylmethylidene　フェニルメチリデン 　= benzylidene*　ベンジリデン*	$C_6H_5\text{-}CH{=}$	P-29.6.1; P-29.6.2.1
phenylmethylidyne　フェニルメチリジン 　= benzylidyne*　ベンジリジン*	$C_6H_5\text{-}C{\equiv}$	P-29.6.1; P-29.6.2.1
phenyloxy　フェニルオキシ 　= phenoxy*　フェノキシ*	$C_6H_5\text{-}O-$	P-63.2.2.2
4-phenylphenyl: [1,1′-biphenyl]-4-yl* を参照		
phenylphosphonochloridoyl* フェニルホスホノクロリドイル* 　= phenyl(chlorophosphonoyl) 　　フェニル(クロロホスホノイル)	$C_6H_5\text{-}P(O)Cl-$	P-67.1.4.1.1.4
3-phenylprop-2-enoyl*　3-フェニルプロパ-2-エノイル* 　= cinnamoyl　シンナモイル	$C_6H_5\text{-}CH{=}CH\text{-}CO-$	P-65.1.7.3.1
phenylselanyl*　フェニルセラニル* 　= phenylseleno　フェニルセレノ	$C_6H_5\text{-}Se-$	P-63.2.2.1.2; P-63.2.5
(phenylselanyl)oxy*　(フェニルセラニル)オキシ*	$C_6H_5\text{-}Se\text{-}O-$	P-63.3.2
phenylseleno　フェニルセレノ 　= phenylselanyl*　フェニルセラニル*	$C_6H_5\text{-}Se-$	P-63.2.2.1.2; P-63.2.5
phenylselenonyl　フェニルセレノニル 　= benzeneselenonyl*　ベンゼンセレノニル*	$C_6H_5\text{-}SeO_2-$	P-65.3.2.2.2
phenylsulfamoyl*　フェニルスルファモイル* 　= (phenylamino)sulfonyl 　　(フェニルアミノ)スルホニル 　= anilinosulfonyl　アニリノスルホニル	$C_6H_5\text{-}NH\text{-}SO_2-$	P-66.1.1.4.2

付録2　置換命名法で使用される分離可能接頭語　　　　　　　　　1061

名　称	化学式	規　則
phenylsulfanyl*　フェニルスルファニル* ＝ phenylthio　フェニルチオ	C_6H_5-S-	P-63.2.2.1.2; P-63.2.5
phenyl(sulfanylidene)methyl フェニル(スルファニリデン)メチル ＝ benzenecarbothioyl*　ベンゼンカルボチオイル*	C_6H_5-CS-	P-65.1.7.2.3
(phenylsulfanyl)oxy*　(フェニルスルファニル)オキシ*	C_6H_5-S-O-	P-63.3.2
phenylsulfinoselenoyl　フェニルスルフィノセレノイル ＝ benzenesulfinoselenoyl* 　　ベンゼンスルフィノセレノイル*	$C_6H_5-S(Se)-$	P-65.3.2.2.2
phenylsulfinyl　フェニルスルフィニル ＝ benzenesulfinyl*　ベンゼンスルフィニル*	C_6H_5-SO-	P-63.6; P-65.3.2.2.2
(phenylsulfinyl)amino　(フェニルスルフィニル)アミノ ＝ benzenesulfinamido*　ベンゼンスルフィンアミド*	$C_6H_5-SO-NH-$	P-66.1.1.4.3
phenylsulfonyl　フェニルスルホニル ＝ benzenesulfonyl*　ベンゼンスルホニル*	$C_6H_5-SO_2-$	P-63.6 ; P-65.3.2.2.2
(phenylsulfonyl)amino　(フェニルスルホニル)アミノ ＝ benzenesulfonamido*　ベンゼンスルホンアミド*	$C_6H_5-SO_2-NH-$	P-66.1.1.4.3
phenyltellanyl*　フェニルテラニル* ＝ phenyltelluro　フェニルテルロ	C_6H_5-Te-	P-63.2.2.1.2; P-63.2.5
(phenyltellanyl)oxy*　(フェニルテラニル)オキシ*	$C_6H_5-Te-O-$	P-63.3.2
phenyltelluro　フェニルテルロ ＝ phenyltellanyl*　フェニルテラニル*	C_6H_5-Te-	P-63.2.2.1.2; P-63.2.5
phenylthio　フェニルチオ ＝ phenylsulfanyl*　フェニルスルファニル*	C_6H_5-S-	P-63.2.2.1.2; P-63.2.5
phenyl(thioxo)methyl　フェニル(チオキソ)メチル ＝ benzenecarbothioyl*　ベンゼンカルボチオイル*	C_6H_5-CS-	P-65.1.7.2.3
2-phenylvinyl　2-フェニルビニル ＝ 2-phenylethenyl*　2-フェニルエテニル* ＝ styryl　スチリル	$C_6H_5-CH=CH-$	P-32.3
phosphanediyl*　ホスファンジイル* (phosphinediyl ではない)	$HP<$	P-68.3.2.3.2.2
phosphanetriyl*　ホスファントリイル* (phosphinetriyl ではない)	$-P<$	P-68.3.2.3.2.2
phosphaniumyl*　ホスファニウムイル* ＝ phosphonio　ホスホニオ ＝ phosphoniumyl　ホスホニウムイル	H_3P^+-	P-73.6
phosphanyl*　ホスファニル* ＝ phosphino　ホスフィノ	H_2P-	P-29.3.1; P-68.3.2.3.2.2
λ^5-phosphanyl*　λ^5-ホスファニル* ＝ phosphoranyl　ホスホラニル	H_4P-	P-68.3.2.3.2.2
phosphanylidene*　ホスファニリデン*	$HP=$	P-29.3.1; P-68.3.2.3.2.2
phosphanylylidene*　ホスファニルイリデン*	$-P=$	P-68.3.2.3.2.2
phosphinane-3,5-diyl*　ホスフィナン-3,5-ジイル*	(構造式)	P-29.3.3
phosphinediyl: phosphanediyl* を参照		
phosphinetriyl: phosphanetriyl* を参照		
phosphinimidoyl*　ホスフィンイミドイル* ＝ imidophosphinoyl　イミドホスフィノイル ＝ dihydrophosphorimidoyl 　ジヒドロホスホロイミドイル	$H_2P(=NH)-$	P-67.1.4.1.1.4
phosphino　ホスフィノ ＝ phosphanyl*　ホスファニル*	H_2P-	P-29.3.1; P-68.3.2.3.2.2
phosphinothioyl*　ホスフィノチオイル* ＝ thiophosphinoyl　チオホスフィノイル ＝ dihydrophosphorothioyl　ジヒドロホスホロチオイル	$H_2P(S)-$	P-67.1.4.1.1.4

名　称	化学式	規　則
phosphinoyl*　ホスフィノイル*	$H_2P(O)-$	P-67.1.4.1.1.2
= dihydrophosphoryl　ジヒドロホスホリル		
（phosphinyl ではない）		
phosphinyl：phosphinoyl* を参照		
phospho：dioxo-λ^5-phosphanyl* を参照		
phosphonato*　ホスホナト*	$(^-O)_2P(O)-$	P-72.6.1
phosphonio　ホスホニオ	H_3P^+-	P-73.6
= phosphaniumyl*　ホスファニウムイル*		
= phosphoniumyl　ホスホニウムイル		
phosphoniumyl　ホスホニウムイル	H_3P^+-	P-73.6
= phosphaniumyl*　ホスファニウムイル*		
= phosphonio　ホスホニオ		
phosphono*　ホスホノ*	$(HO)_2P(O)-$	P-67.1.4.1.1.1
phosphonooxy*　ホスホノオキシ*	$(HO)_2P(O)-O-$	P-67.1.4.1.3
phosphonothioyl*　ホスホノチオイル*	$HP(S)<$	P-67.1.4.1.2
= hydro(thiophosphoryl)　ヒドロ（チオホスホリル）		
phosphonoyl*　ホスホノイル*	$HP(O)<$	P-67.1.4.1.1.2;
= hydrophosphoryl　ヒドロホスホリル		P-67.1.4.1.2
phosphoramidochloridoyl*　ホスホロアミドクロリドイル*	$(H_2N)ClP(O)-$	P-67.1.4.1.1.4
= amidochlorophosphoryl　アミドクロロホスホリル		
phosphoranyl　ホスホラニル	H_4P-	P-68.3.2.3.2.2
= λ^5-phosphanyl*　λ^5-ホスファニル*		
phosphorocyanidoisocyanatidothioyl*	$(OCN)(NC)P(S)-$	P-67.1.4.1.1.4
ホスホロシアニドイソシアナチドチオイル*		
= cyano(isocyanato)phosphorothioyl		
シアノ（イソシアナト）ホスホロチオイル		
= cyano(isocyanato)(thiophosphoryl)		
シアノ（イソシアナト）（チオホスホリル）		
phosphorodichloridoyl*　ホスホロジクロリドイル*	$Cl_2P(O)-$	P-67.1.4.1.1.4
= dichlorophosphoryl　ジクロロホスホリル		
phosphorohydrazidimidoyl*　ホスホロヒドラジドイミドイル*	$(H_2N-NH)P(=NH)<$	P-67.1.4.1.1.4
= hydrazidimidophosphoryl　ヒドラジドイミドホスホリル		
phosphoronitridoyl*　ホスホロニトリドイル*	$N{\equiv}P<$	P-67.1.4.1.1.4
= nitridophosphoryl　ニトリドホスホリル		
phosphoroperoxoyl*　ホスホロペルオキソイル*	$(HO-O)P(O)<$	P-67.1.4.1.1.4
= peroxyphosphoryl　ペルオキシホスホリル		
= (hydroperoxy)phosphoryl		
（ヒドロペルオキシ）ホスホリル		
phosphoroso：oxophosphanyl* を参照		
phosphoro(thioperoxoyl)*　ホスホロ（チオペルオキソイル）*	$(HS-O)P(O)<$ または	P-67.1.4.1.1.4
= (thioperoxy)phosphoryl　（チオペルオキシ）ホスホリル	$(HO-S)P(O)<$	
= (thiohydroperoxy)phosphoryl		
（チオヒドロペルオキシ）ホスホリル		
phosphorothioyl*　ホスホロチオイル*	$-P(S)<$	P-67.1.4.1.1.4
= thiophosphoryl　チオホスホリル		
phosphoryl*　ホスホリル*	$-P(O)<$	P-67.1.4.1.1.2
phthaloyl　フタロイル		
= benzene-1,2-dicarbonyl*　ベンゼン-1,2-ジカルボニル*		P-65.1.7.3.1;
= 1,2-phenylenedicarbonyl　1,2-フェニレンジカルボニル		P-65.1.7.4.2
= 1,2-phenylenebis(oxomethylene)		
1,2-フェニレンビス（オキソメチレン）		
piperidino　ピペリジノ		
= piperidin-1-yl*　ピペリジン-1-イル*		
piperidin-1-yl*　ピペリジン-1-イル*		P-29.6.2.3
= 1-piperidyl　1-ピペリジル		
= piperidino　ピペリジノ		
piperidin-4-yl*　ピペリジン-4-イル*		P-29.6.2.3
= 4-piperidyl　4-ピペリジル		
（2- および 3-異性体も同様）		

付録2 置換命名法で使用される分離可能接頭語　　　1063

名　称	化学式	規　則
1-piperidyl　1-ピペリジル 　= piperidin-1-yl*　ピペリジン-1-イル*	$1\text{-}C_5H_{10}N-$	P-29.6.2.3
plumbanediyl*　プルンバンジイル* 　（plumbylene ではない）	$H_2Pb<$	P-68.2.2
plumbanediylidene*　プルンバンジイリデン*	$=Pb=$	P-68.2.2
plumbanetetrayl*　プルンバンテトライル*	$>Pb<$	P-68.2.2
plumbanetriyl*　プルンバントリイル*	$-PbH<$	P-68.2.2
plumbanyl　プルンバニル 　= plumbyl*　プルンビル*	H_3Pb-	P-29.3.1; P-68.2.2
plumbanylidene　プルンバニリデン 　= plumbylidene*　プルンビリデン*	$H_2Pb=$	P-29.3.1; P-68.2.2
plumbanylidyne　プルンバニリジン 　= plumbylidyne*　プルンビリジン*	$HPb\equiv$	P-29.3.1; P-68.2.2
plumbanylylidene*　プルンバニルイリデン*	$-PbH=$	P-68.2.2
plumbyl*　プルンビル* 　= plumbanyl　プルンバニル	H_3Pb-	P-29.3.1; P-68.2.2
plumbylene: plumbanediyl* を参照		
plumbylidene*　プルンビリデン* 　= plumbanylidene　プルンバニリデン	$H_2Pb=$	P-29.3.1; P-68.2.2
plumbylidyne*　プルンビリジン* 　= plumbanylidyne　プルンバニリジン	$HPb\equiv$	P-29.3.1; P-68.2.2
propanamido*　プロパンアミド* 　= propanoylamino　プロパノイルアミノ 　= propionamido プロピオンアミド 　= propionylamino　プロピオニルアミノ	$CH_3\text{-}CH_2\text{-}CO\text{-}NH-$	P-66.1.1.4.3
propanediimidoyl*　プロパンジイミドイル* 　= malonimidoyl　マロンイミドイル 　= 1,3-diiminopropane-1,3-diyl 　1,3-ジイミノプロパン-1,3-ジイル	$-C(=NH)\text{-}CH_2\text{-}C(=NH)-$	P-65.1.7.4.1
propanedioyl*　プロパンジオイル* 　= malonyl　マロニル 　= 1,3-dioxopropane-1,3-diyl 　1,3-ジオキソプロパン-1,3-ジイル	$-CO\text{-}CH_2\text{-}CO-$	P-65.1.7.3.1
propane-1,3-diyl*　プロパン-1,3-ジイル* 　（trimethylene ではない）	$-CH_2\text{-}CH_2\text{-}CH_2-$	P-29.3.2.2
propane-1,2-diyl*　プロパン-1,2-ジイル* 　= 1-methylethane-1,2-diyl 　1-メチルエタン-1,2-ジイル 　（propylene ではない）	$-CH_2\text{-}CH(CH_3)-$	P-29.3.2.2
propane-1,1,1-triyl*　プロパン-1,1,1-トリイル*	$CH_3\text{-}CH_2\text{-}\overset{\shortmid}{C}<$	P-29.3.2.2
propanethioyl*　プロパンチオイル* 　= thiopropionyl　チオプロピオニル 　= 1-sulfanylidenepropyl　1-スルファニリデンプロピル 　= 1-thioxopropyl　1-チオキソプロピル	$CH_3\text{-}CH_2\text{-}CS-$	P-65.1.7.4.1
propanimidoyl*　プロパンイミドイル* 　= propionimidoyl　プロピオンイミドイル 　= 1-iminopropyl　1-イミノプロピル	$CH_3\text{-}CH_2\text{-}C(=NH)-$	P-65.1.7.4.1; P-65.1.7.3.2
propanoyl*　プロパノイル* 　= propionyl　プロピオニル 　= 1-oxopropyl　1-オキソプロピル	$CH_3\text{-}CH_2\text{-}CO-$	P-65.1.7.3.1; P-65.1.7.4.1
propanoylamino　プロパノイルアミノ 　= propanamido*　プロパンアミド* 　= propionamido　プロピオンアミド 　= propionylamino　プロピオニルアミノ	$CH_3\text{-}CH_2\text{-}CO\text{-}NH-$	P-66.1.1.4.3
propanoyloxy*　プロパノイルオキシ* 　= propionyloxy　プロピオニルオキシ	$CH_3\text{-}CH_2\text{-}CO\text{-}O-$	P-65.6.3.2.3
propan-1-yl　プロパン-1-イル 　= propyl*　プロピル*	$CH_3\text{-}CH_2\text{-}CH_2-$	P-29.3.2.2; P-29.3.2.1

名　称	化学式	規　則
propan-2-yl*　プロパン-2-イル*	$(CH_3)_2CH-$	P-29.3.2.2;
= isopropyl　イソプロピル		P-29.6.2.2;
= 1-methylethyl　1-メチルエチル		P-29.4.1
propan-1-ylidene　プロパン-1-イリデン	$CH_3-CH_2-CH=$	P-29.3.2.2;
= propylidene*　プロピリデン*		P-29.3.2.1
propan-2-ylidene*　プロパン-2-イリデン*	$(CH_3)_2C=$	P-29.3.2.2;
= 1-methylethylidene　1-メチルエチリデン		P-29.4.1;
= isopropylidene　イソプロピリデン		P-29.6.2.2
propanylidyne　プロパニリジン	$CH_3-CH_2-C\equiv$	P-29.3.2.1;
= propylidyne*　プロピリジン*		P-29.3.2.2
propan-2-yloxy*　プロパン-2-イルオキシ*	$(CH_3)_2CH-O-$	P-63.2.2.2
= isopropoxy　イソプロポキシ		
= 1-methylethoxy　1-メチルエトキシ		
propan-1-yl-1-ylidene*　プロパン-1-イル-1-イリデン*	$CH_3-CH_2-\overset{\vert}{C}=$	P-29.3.2.2
prop-2-enehydrazonoyl*　プロパ-2-エンヒドラゾノイル*	$CH_2=CH-C(=NNH_2)-$	P-65.1.7.3.2
= acrylohydrazonoyl　アクリロヒドラゾノイル		
= 1-hydrazinylideneprop-2-en-1-yl		
1-ヒドラジニリデンプロパ-2-エン-1-イル		
prop-2-eneselenoyl*　プロパ-2-エンセレノイル*	$CH_2=CH-C(Se)-$	P-65.1.7.3.3
= selenoacryloyl　セレノアクリロイル		
= 1-selanylideneprop-2-en-1-yl		
1-セラニリデンプロパ-2-エン-1-イル		
prop-2-enoyl*　プロパ-2-エノイル*	$CH_2=CH-CO-$	P-65.1.7.3.1
= acryloyl　アクリロイル		
= 1-oxoprop-2-en-1-yl　1-オキソプロパ-2-エン-1-イル		
prop-1-en-1-yl*　プロパ-1-エン-1-イル*	$CH_3-CH=CH-$	P-32.1.1
prop-1-en-2-yl*　プロパ-1-エン-2-イル*	$CH_2=C(CH_3)-$	P-32.1.1;
= 1-methylethen-1-yl　1-メチルエテン-1-イル		P-32.3
= isopropenyl　イソプロペニル		
prop-2-en-1-yl*　プロパ-2-エン-1-イル*	$CH_2=CH-CH_2-$	P-32.1.1;
= allyl　アリル		P-32.3
prop-2-en-1-ylidene*　プロパ-2-エン-1-イリデン*	$CH_2=CH-CH=$	P-32.1.1;
= allylidene　アリリデン		P-32.3
prop-2-enylidyne*　プロパ-2-エニリジン*	$CH_2=CH-C\equiv$	P-32.1.1;
= allylidyne　アリリジン		P-32.3
propionamido　プロピオンアミド	$CH_3-CH_2-CO-NH-$	P-66.1.1.4.3
= propanamido*　プロパンアミド*		
= propionylamino　プロピオニルアミノ		
= propanoylamino　プロパノイルアミノ		
propionimidoyl　プロピオンイミドイル	$CH_3-CH_2-C(=NH)-$	P-65.1.7.3.2;
= propanimidoyl*　プロパンイミドイル*		P-65.1.7.4.1
= 1-iminopropyl　1-イミノプロピル		
propionyl　プロピオニル	CH_3-CH_2-CO-	P-65.1.7.3.1;
= propanoyl*　プロパノイル*		P-65.1.7.4.1
= 1-oxopropyl　1-オキソプロピル		
propionylamino　プロピオニルアミノ	$CH_3-CH_2-CO-NH-$	P-66.1.1.4.3
= propanamido*　プロパンアミド*		
= propanoylamino　プロパノイルアミノ		
= propionamido　プロピオンアミド		
propionyloxy　プロピオニルオキシ	$CH_3-CH_2-CO-O-$	P-65.6.3.2.3
= propanoyloxy*　プロパノイルオキシ*		
propoxy*　プロポキシ*	$CH_3-CH_2-CH_2-O-$	P-63.2.2.2
= propyloxy　プロピルオキシ		
propyl*　プロピル*	$CH_3-CH_2-CH_2-$	P-29.3.2.1;
= propan-1-yl　プロパン-1-イル		P-29.3.2.2
propylene：propane-1,2-diyl* を参照		
propylidene*　プロピリデン*	$CH_3-CH_2-CH=$	P-29.3.2.1;
= propan-1-ylidene　プロパン-1-イリデン		P-29.3.2.2

付録 2　置換命名法で使用される分離可能接頭語　　　　　　　　　　　　　　1065

名　称	化学式	規　則
propylidyne*　プロピリジン* 　= propanylidyne　プロパニリジン	$CH_3\text{-}CH_2\text{-}C\equiv$	P-29.3.2.1； P-29.3.2.2
propyloxy　プロピルオキシ 　= propoxy*　プロポキシ*	$CH_3\text{-}CH_2\text{-}CH_2\text{-}O-$	P-63.2.2.2
pyridine-3-carbonyl*　ピリジン-3-カルボニル* 　= nicotinoyl　ニコチノイル 　= 3-pyridylcarbonyl　3-ピリジルカルボニル 　= oxo(pyridin-3-yl)methyl 　　オキソ(ピリジン-3-イル)メチル		P-65.1.7.4.2； P-65.1.7.3.1
pyridine-4-carbonyl*　ピリジン-4-カルボニル* 　= 4-pyridylcarbonyl　4-ピリジルカルボニル 　= isonicotinoyl　イソニコチノイル 　= oxo(pyridin-4-yl)methyl 　　オキソ(ピリジン-4-イル)メチル		P-65.1.7.3.1； P-65.1.7.4.2
pyridin-1(4H)-yl*　ピリジン-1(4H)-イル* 　〔1(2H)-異性体も同様〕		P-29.3.4.1； P-29.6.2.3
pyridin-2-yl*　ピリジン-2-イル* 　= 2-pyridyl　2-ピリジル 　(3- および 4-異性体も同様) 2-pyridyl　2-ピリジル 　= pyridin-2-yl*　ピリジン-2-イル*		P-29.3.4.1； P-29.6.2.3
3-pyridylcarbonyl　3-ピリジルカルボニル 　= pyridine-3-carbonyl*　ピリジン-3-カルボニル* 　= nicotinoyl　ニコチノイル 　= oxo(pyridin-3-yl)methyl 　　オキソ(ピリジン-3-イル)メチル		P-65.1.7.3.1； P-65.1.7.4.2
4-pyridylcarbonyl　4-ピリジルカルボニル 　= pyridine-4-carbonyl*　ピリジン-4-カルボニル* 　= isonicotinoyl　イソニコチノイル 　= oxo(pyridin-4-yl)methyl 　　オキソ(ピリジン-4-イル)メチル		P-65.1.7.3.1； P-65.1.7.4.2
pyruvoyl：2-oxopropanoyl* を参照		
quinolin-2-yl*　キノリン-2-イル* 　= 2-quinolyl　2-キノリル 　(3-, 4-, 5-, 6-, 7- および 8-異性体も同様) 2-quinolyl　2-キノリル 　= quinolin-2-yl*　キノリン-2-イル*		P-29.6.2.3
selanediyl*　セランジイル*　(seleno ではない)	$-Se-$	P-63.2.5.1
selaniumyl*　セレニウムイル* 　= selenonio　セレノニオ 　= selenoniumyl　セレノニウムイル	H_2Se^+-	P-73.6
selano*　セラノ* 　= episeleno　エピセレノ	$-Se-$	P-25.4.2.1.4； P-63.5
selanyl*　セラニル*　(hydroseleno ではない)	$HSe-$	P-63.1.5
selanylidene*　セラニリデン* 　= selenoxo　セレノキソ	$Se=$	P-29.3.1； P-64.6.1
1-selanylideneethyl　1-セラニリデンエチル 　= ethaneselenoyl*　エタンセレノイル* 　= selenoacetyl　セレノアセチル	$CH_3\text{-}C(Se)-$	P-65.1.7.2.3
selanylidenemethyl　セラニリデンメチル 　= methaneselenoyl*　メタンセレノイル* 　= selenoformyl　セレノホルミル	$HC(Se)-$	P-65.1.7.2.3； P-66.6.3
1-selanylideneprop-2-en-1-yl 1-セラニリデンプロパ-2-エン-1-イル 　= prop-2-eneselenoyl*　プロパ-2-エンセレノイル* 　= selenoacryloyl　セレノアクリロイル	$CH_2{=}CH\text{-}C(Se)-$	P-65.1.7.3.3
selanylphosphonoyl*　セラニルホスホノイル* seleneno：hydroxyselanyl* を参照	$HP(O)(SeH)-$	P-67.1.4.1.1.5

1066　　　　　　付録2　置換命名法で使用される分離可能接頭語

名　称	化学式	規　則
selenino　セレニノ	HO-Se(O)−	P-65.3.0; P-65.3.2.1
seleninyl*　セレニニル*	O=Se<	P-65.3.2.3
seleno: selanediyl* を参照		
selenoacetyl　セレノアセチル	CH_3-C(Se)−	P-65.1.7.2.3
= ethaneselenoyl*　エタンセレノイル*		
= 1-selanylideneethyl　1-セラニリデンエチル		
selenoacryloyl　セレノアクリロイル	CH_2=CH-C(Se)−	P-65.1.7.3.3
= prop-2-eneselenoyl*　プロパ-2-エンセレノイル*		
= 1-selanylideneprop-2-en-1-yl		
1-セラニリデンプロパ-2-エン-1-イル		
selenocyanato*　セレノシアナト*	NC-Se−	P-65.2.2
= carbononitridoylselanyl		
カルボノニトリドイルセラニル		
selenoformyl　セレノホルミル	HC(Se)−	P-65.1.7.2.3; P-66.6.3
= methaneselenoyl*　メタンセレノイル*		
= selanylidenemethyl　セラニリデンメチル		
(OSe-selenohydroperoxy)methyl	(HOSe)-CH_2−	P-63.4.2.2
(OSe-セレノヒドロペルオキシ)メチル		
= (hydroxyselanyl)methyl*　(ヒドロキシセラニル)メチル*		
selenonimidothioyl*　セレノノイミドチオイル*	Se(=NH)(=S)<	P-65.3.2.3
selenonio　セレノニオ	H_2Se^+−	P-73.6
= selaniumyl*　セラニウムイル*		
= selenoniumyl　セレノニウムイル		
selenoniumyl　セレノニウムイル	H_2Se^+−	P-73.6
= selaniumyl*　セラニウムイル*		
= selenonio　セレノニオ		
selenono　セレノノ	HO-SeO_2−	P-65.3.0; P-65.3.2.1
selenonohydrazonoyl*　セレノノヒドラゾノイル*	Se(O)(=N-NH_2)<	P-65.3.2.3
selenoxo　セレノキソ	Se=	P-64.6.1; P-29.3.1
= selanylidene*　セラニリデン*		
semicarbazido　セミカルバジド	H_2N-CO-NH-NH−	P-68.3.1.2.4
= 2-carbamoylhydrazin-1-yl*		
2-カルバモイルヒドラジン-1-イル*		
= 2-(aminocarbonyl)hydrazin-1-yl		
2-(アミノカルボニル)ヒドラジン-1-イル		
semicarbazono　セミカルバゾノ	H_2N-CO-NH-N=	P-68.3.1.2.5
= carbamoylhydrazinylidene*		
カルバモイルヒドラジニリデン*		
silanediyl*　シランジイル*	H_2Si<	P-29.3.1; P-68.2.2
(silylene ではない)		
silanediyldi(ethane-2,1-diyl)*	−CH_2-CH_2-SiH_2-CH_2-CH_2−	P-29.4.2
シランジイルジ(エタン-2,1-ジイル)*		
= silanediyldiethylene　シランジイルジエチレン		
silanediyldiethylene　シランジイルジエチレン	−CH_2-CH_2-SiH_2-CH_2-CH_2−	P-29.4.2
= silanediyldi(ethane-2,1-diyl)*		
シランジイルジ(エタン-2,1-ジイル)*		
silanediylidene*　シランジイリデン*	=Si=	P-68.2.2
silanetetrayl*　シランテトライル*	>Si<	P-68.2.2
silanetriyl*　シラントリイル*	−SiH<	P-68.2.2
silanyl　シラニル	H_3Si−	P-29.3.1; P-68.2.2
= silyl*　シリル*		
silanylidene　シラニリデン	H_2Si=	P-29.3.1; P-68.2.2
= silylidene*　シリリデン*		
silanylidyne　シラニリジン	HSi≡	P-29.3.1; P-68.2.2
= silylidyne*　シリリジン*		
silanylylidene*　シラニルイリデン*	−SiH=	P-68.2.2
siloxy: silyloxy* を参照		

付録 2 置換命名法で使用される分離可能接頭語

名　称	化学式	規　則
silyl* 　シリル*	H_3Si-	P-29.3.1;
= silanyl 　シラニル		P-68.2.2
(silylamino)silyl* 　（シリルアミノ）シリル*	$H_3Si-NH-SiH_2-$	P-29.3.2.2
(disilazan-1-yl ではない)		
silylene：silanediyl* を参照		
silylidene* 　シリリデン*	$H_2Si=$	P-29.3.1;
= silanylidene 　シラニリデン		P-68.2.2
silylidyne* 　シリリジン*	$HSi\equiv$	P-29.3.1;
= silanylidyne 　シラニリジン		P-68.2.2
silyloxy* 　シリルオキシ*	H_3Si-O-	P-63.2.2.1.1
(siloxy ではない)		
3-silyltetrasilan-1-yl* 　3-シリルテトラシラン-1-イル*	$\overset{4}{S}iH_3-\overset{3}{S}iH(SiH_3)-\overset{2}{S}iH_2-\overset{1}{S}iH_2-$	P-29.4.1
stannanediyl* 　スタンナンジイル*	$H_2Sn<$	P-68.2.2
(stannylene ではない)		
stannanediylidene* 　スタンナンジイリデン*	$=Sn=$	P-68.2.2
stannanetetrayl* 　スタンナンテトライル*	$>Sn<$	P-68.2.2
stannanetriyl* 　スタンナントリイル*	$-SnH<$	P-68.2.2
stannanyl 　スタンナニル	H_3Sn-	P-29.3.1;
= stannyl* 　スタンニル*		P-68.2.2
stannylene：stannanediyl を参照		
stannanylidene 　スタンナニリデン	$H_2Sn=$	P-29.3.1;
= stannylidene* 　スタンニリデン*		P-68.2.2
stannanylidyne 　スタンナニリジン	$HSn\equiv$	P-29.3.1;
= stannylidyne* 　スタンニリジン*		P-68.2.2
stannanylylidene* 　スタンナニルイリデン*	$-SnH=$	P-68.2.2
stannylidene* 　スタンニリデン*	$H_2Sn=$	P-29.3.1;
= stannanylidene 　スタンナニリデン		P-68.2.2
stannylidyne* 　スタンニリジン*	$HSn\equiv$	P-29.3.1;
= stannanylidyne 　スタンナニリジン		P-68.2.2
stearoyl 　ステアロイル	$CH_3-[CH_2]_{16}-CO-$	P-65.1.7.3.1;
= octadecanoyl* 　オクタデカノイル*		P-65.1.7.4.1
= 1-oxooctadecyl 　1-オキソオクタデシル		
stibanediyl* 　スチバンジイル*	$HSb<$	P-68.3.2.3.2.2
(stibinediyl ではない)		
stibanetriyl* 　スチバントリイル*	$-Sb<$	P-68.3.2.3.2.2
(stibinetriyl ではない)		
stibaniumyl* 　スチバニウムイル*	H_3Sb^+-	P-73.6
= stibonio 　スチボニオ		
= stiboniumyl 　スチボニウムイル		
stibanyl* 　スチバニル*	H_2Sb-	P-29.3.1;
= stibino 　スチビノ		P-68.3.2.3.2.2
λ^5-stibanyl* 　λ^5-スチバニル*	H_4Sb-	P-68.3.2.3.2.2
= stiboranyl 　スチボラニル		
stibanylidene* 　スチバニリデン*	$HSb=$	P-29.3.1;
		P-68.3.2.3.2.2
stibanylylidene* 　スチバニルイリデン*	$-Sb=$	P-68.3.2.3.2.2
stibinediyl：stibanediyl* を参照		
stibinetriyl：stibanetriyl* を参照		
stibinimidoyl* 　スチビンイミドイル*	$H_2Sb(=NH)-$	P-67.1.4.1.1.4
= imidostibinoyl 　イミドスチビノイル		
= dihydrostiborimidoyl 　ジヒドロスチボロイミドイル		
stibino 　スチビノ	H_2Sb-	P-29.3.1;
= stibanyl* 　スチバニル*		P-68.3.2.3.2.2
stibinothioyl* 　スチビノチオイル*	$H_2Sb(S)-$	P-67.1.4.1.1.4
= dihydrostiborothioyl 　ジヒドロスチボロチオイル		
stibinoyl* 　スチビノイル*	$H_2Sb(O)-$	P-67.1.4.1.1.2
= dihydrostiboryl 　ジヒドロスチボリル		
stibonato* 　スチボナト*	$(^-O)_2Sb(O)-$	P-72.6.1

名　称	化学式	規　則
stibonio　スチボニオ 　= stibaniumyl*　スチバニウムイル* 　= stiboniumyl　スチボニウムイル	H_3Sb^+-	P-73.6
stiboniumyl　スチボニウムイル 　= stibaniumyl*　スチバニウムイル* 　= stibonio　スチボニオ	H_3Sb^+-	P-73.6
stibono*　スチボノ*	$(HO)_2Sb(O)-$	P-67.1.4.1.1.1
stibonoyl*　スチボノイル* 　= hydrostiboryl　ヒドロスチボリル	$HSb(O)<$	P-67.1.4.1.2
stiboranyl　スチボラニル 　= λ^5-stibanyl*　λ^5-スチバニル	H_4Sb-	P-68.3.2.3.2.2
stiborodiamidothioyl*　スチボロジアミドチオイル*	$(H_2N)_2Sb(S)-$	P-67.1.4.1.1.4
stiborohydrazonoyl*　スチボロヒドラゾノイル* 　= hydrazonostiboryl　ヒドラゾノスチボリル	$-Sb(=NNH_2)<$	P-67.1.4.1.1.4
stiboronitridoyl*　スチボロニトリドイル* 　= nitridostiboryl　ニトリドスチボリル	$N\equiv Sb<$	P-67.1.4.1.1.4
stiboryl*　スチボリル* 　(antimonyl ではない)	$-Sb(O)<$	P-67.1.4.1.1.2
styryl　スチリル 　= 2-phenylethenyl*　2-フェニルエテニル* 　= 2-phenylvinyl　2-フェニルビニル	$C_6H_5-CH=CH-$	P-32.3
succinimidoyl　スクシンイミドイル 　= butanediimidoyl*　ブタンジイミドイル* 　= 1,4-diiminobutane-1,4-diyl 　　1,4-ジイミノブタン-1,4-ジイル	$-C(=NH)-CH_2-CH_2-C(=NH)-$	P-65.1.7.3.2
succinyl　スクシニル 　= butanedioyl*　ブタンジオイル* 　= 1,4-dioxobutane-1,4-diyl 　　1,4-ジオキソブタン-1,4-ジイル	$-CO-CH_2-CH_2-CO-$	P-65.1.7.3.1
sulfamoyl*　スルファモイル* 　= aminosulfonyl　アミノスルホニル 　= sulfuramidoyl　スルフロアミドイル	H_2N-SO_2-	P-65.3.2.3; P-66.1.1.4.2
sulfamoyloxy*　スルファモイルオキシ* 　= sulfuramidoyloxy　スルフロアミドイルオキシ	H_2N-SO_2-O-	P-67.1.4.4.2
sulfanediyl*　スルファンジイル* 　(thio, sulfenyl ではない)	$-S-$	P-63.2.5.1
sulfanediylbis(methylene)* スルファンジイルビス(メチレン)* 　(sulfanediyldimethylene, thiodimethylene ではない) sulfanediyldimethylene: sulfanediylbis(methylene)* を参照	$-CH_2-S-CH_2-$	P-63.2.2.1.3
sulfaniumyl*　スルファニウムイル* 　= sulfoniumyl　スルホニウムイル 　= sulfonio　スルホニオ	H_2S^+-	P-73.6
sulfano*　スルファノ* 　= epithio　エピチオ	$-S-$	P-25.4.2.1.4; P-63.5
sulfanyl*　スルファニル* 　(mercapto ではない)	$HS-$	P-63.1.5
2-sulfanyl-1,2-bis(sulfanylidene)ethyl 2-スルファニル-1,2-ビス(スルファニリデン)エチル 　= sulfanyl(sulfanylidene)ethanethioyl* 　　スルファニル(スルファニリデン)エタンチオイル* 　= trithiooxalo　トリチオオキサロ	$HS-CS-CS-$	P-65.1.7.2.4; P-65.1.7.3.3
sulfanylboranyl*　スルファニルボラニル*	$HS-BH-$	P-67.1.4.2
(C-sulfanylcarbonimidoyl)amino* (C-スルファニルカルボノイミドイル)アミノ* 　= [imino(sulfanyl)methyl]amino 　　[イミノ(スルファニル)メチル]アミノ	$HS-C(=NH)-NH-$	P-66.1.6.1.3.3
sulfanylcarbonothioyl　スルファニルカルボノチオイル 　= dithiocarboxy*　ジチオカルボキシ*	$HS-CS-$	P-65.2.1.6

付録2　置換命名法で使用される分離可能接頭語　　　　　　　　　　1069

名　　称	化学式	規　　則
[(sulfanylcarbonothioyl)sulfanyl]carbonothioyl [(スルファニルカルボノチオイル)スルファニル]カルボノチオイル 　= [(dithiocarboxy)sulfanyl]carbonothioyl* 　　[(ジチオカルボキシ)スルファニル]カルボノチオイル* 　= [sulfanyl(thiocarbonyl)sulfanyl](thiocarbonyl) 　　[スルファニル(チオカルボニル)スルファニル](チオカルボニル) 　〔[[(dithiocarboxy)sulfanyl]thioformyl ではない〕	HS-CS-S-CS−	P-65.2.3.1.5
sulfanylcarbonyl*　スルファニルカルボニル* 　(mercaptocarbonyl ではない)	HS-CO−	P-65.2.1.6
(sulfanylcarbonyl)oxy*　(スルファニルカルボニル)オキシ*	HS-CO-O−	P-65.2.1.6
sulfanylidene*　スルファニリデン* 　= thioxo　チオキソ	S=	P-29.3.1; P-64.6.1
sulfanylideneamino*　スルファニリデンアミノ* 　= thionitroso　チオニトロソ 　= thioxoamino　チオキソアミノ	S=N−	P-67.1.4.3.2
(sulfanylideneamino)sulfanyl* (スルファニリデンアミノ)スルファニル* 　= (thioxoamino)sulfanyl　(チオキソアミノ)スルファニル 　= (thionitroso)sulfanyl　(チオニトロソ)スルファニル	S=N-S−	P-67.1.4.3.2
1-sulfanylidenebutyl　1-スルファニリデンブチル 　= butanethioyl*　ブタンチオイル* 　= thiobutyryl　チオブチリル 　= 1-thioxobutyl　1-チオキソブチル	CH₃-CH₂-CH₂-CS−	P-65.1.7.4.1
1-sulfanylideneethyl　1-スルファニリデンエチル 　= ethanethioyl*　エタンチオイル* 　= thioacetyl　チオアセチル	CH₃-CS−	P-65.1.7.2.3
sulfanylidenemethyl　スルファニリデンメチル 　= methanethioyl*　メタンチオイル* 　= thioformyl　チオホルミル	HC(S)−	P-65.1.7.2.3; P-66.6.3
sulfanylidenemethylidene*　スルファニリデンメチリデン* 　= thioxomethylidene　チオキソメチリデン	S=C=	P-65.2.1.8
1-sulfanylidenepropyl　1-スルファニリデンプロピル 　= propanethioyl*　プロパンチオイル* 　= thiopropionyl　チオプロピオニル 　= 1-thioxopropyl　1-チオキソプロピル	CH₃-CH₂-CS−	P-65.1.7.4.1
sulfanyloxy*　スルファニルオキシ* 　= SO-thiohydroperoxy　SO-チオヒドロペルオキシ 　(mercaptooxy ではない)	HS-O−	P-63.4.2.2
[(sulfanyloxy)carbonyl]oxy* [(スルファニルオキシ)カルボニル]オキシ* 　= [(SO-thiohydroperoxy)carbonyl]oxy 　　[(SO-チオヒドロペルオキシ)カルボニル]オキシ	HS-O-CO-O−	P-65.2.1.7
(sulfanyloxy)phosphoryl*　(スルファニルオキシ)ホスホリル* 　= (SO-thiohydroperoxy)phosphoryl 　　(SO-チオヒドロペルオキシ)ホスホリル	HS-O-P(O)<	P-67.1.4.1.1.5
sulfanylphosphonothioyl*　スルファニルホスホノチオイル* 　= sulfanyl(thiophosphonoyl) 　　スルファニル(チオホスホノイル)	HS-P(S)H−	P-67.1.4.1.1.5
sulfanyl(sulfanylidene)ethanethioyl* スルファニル(スルファニリデン)エタンチオイル* 　= 2-sulfanyl-1,2-bis(sulfanylidene)ethyl 　　2-スルファニル-1,2-ビス(スルファニリデン)エチル 　= trithiooxalo　トリチオオキサロ	HS-CS-CS−	P-65.1.7.2.4; P-65.1.7.3.3
(sulfanylsulfinyl)oxy* (スルファニルスルフィニル)オキシ*	HS-SO-O−	P-65.3.2.3
sulfanylsulfonodithioyl　スルファニルスルホノジチオイル 　= trithiosulfo*　トリチオスルホ*	HS-S(S)₂−	P-65.3.2.1

名　称	化学式	規　則
[sulfanyl(thiocarbonyl)sulfanyl](thiocarbonyl) ［スルファニル(チオカルボニル)スルファニル］(チオカルボ 　　　　　　　　　　　　　　　　　　　　　　　ニル) 　＝ [(dithiocarboxy)sulfanyl]carbonothioyl* 　　　［(ジチオカルボキシ)スルファニル］カルボノチオイル* 　＝ [(sulfanylcarbonothioyl)sulfanyl]carbonothioyl 　　　［(スルファニルカルボノチオイル)スルファニル］カルボ 　　　　　　　　　　　　　　　　　　　　　　　ノチオイル 　〔[(dithiocarboxy)sulfanyl]thioformyl ではない〕	HS-CS-S-CS−	P-65.2.3.1.5
sulfanyl(thiophosphonoyl) スルファニル(チオホスホノイル) 　＝ sulfanylphosphonothioyl* 　　　スルファニルホスホノチオイル*	HS-P(S)H−	P-67.1.4.1.1.5
sulfeno：hydroxysulfanyl* を参照		
sulfenyl：sulfanediyl* を参照		
sulfido*　スルフィド*	⁻S−	P-72.6.2
sulfinamoyl：aminosulfinyl を参照		
sulfinamoyloxy：(aminosulfinyl)oxy* を参照		
sulfinimidoyl*　スルフィンイミドイル*	−S(=NH)−	P-65.3.2.3
sulfino*　スルフィノ*	HO-SO−	P-65.3.0； P-65.3.2.1
sulfinothioyl*　スルフィノチオイル*	−S(S)−	P-65.3.2.3
sulfinyl*　スルフィニル* 　＝ thionyl　チオニル	−SO−	P-65.3.2.3
sulfinylbis(oxy)*　スルフィニルビス(オキシ)* 　(sulfinyldioxy ではない)	−O-SO-O−	P-65.3.2.3
sulfinyldioxy：sulfinylbis(oxy)* を参照		
sulfo*　スルホ*	HO-SO_2−	P-65.3.0； P-65.3.2.1
sulfonato*　スルホナト*	⁻O-SO_2−	P-72.6.1
sulfonimidoyl*　スルホンイミドイル* 　＝ sulfurimidoyl　スルフロイミドイル	−S(O)(=NH)−	P-65.3.2.3； P-67.1.4.4.1
sulfonio　スルホニオ 　＝ sulfaniumyl*　スルファニウムイル* 　＝ sulfoniumyl　スルホニウムイル	H_2S⁺−	P-73.6
sulfoniumyl　スルホニウムイル 　＝ sulfaniumyl*　スルファニウムイル* 　＝ sulfonio　スルホニオ	H_2S⁺−	P-73.6
sulfonodihydrazonoyl*　スルホノジヒドラゾノイル* 　＝ sulfurodihydrazonoyl　スルフロジヒドラゾノイル	−S(=N-NH_2)_2−	P-67.1.4.4.1； P-65.3.2.3
sulfonodiimidoyl*　スルホノジイミドイル* 　＝ sulfurodiimidoyl　スルフロジイミドイル	−S(=NH)_2−	P-67.1.4.4.1； P-65.3.2.3
sulfonodithioyl*　スルホノジチオイル* 　＝ sulfurodithioyl　スルフロジチオイル	−S(S)_2−	P-65.3.2.3； P-67.1.4.4.1
sulfonohydrazonoyl*　スルホノヒドラゾノイル* 　＝ sulfurohydrazonoyl　スルフロヒドラゾノイル	−S(O)(=NNH_2)−	P-65.3.2.3； P-67.1.4.4.1
sulfonothioyl*　スルホノチオイル* 　＝ sulfurothioyl　スルフロチオイル	−S(O)(S)−	P-65.3.2.3； P-67.1.4.4.1
sulfonyl*　スルホニル* 　＝ sulfuryl　スルフリル	−SO_2−	P-65.3.2.3； P-67.1.4.4.1
sulfonylbis(methylene)* スルホニルビス(メチレン)* 　(sulfonyldimethylene ではない)	−CH_2-SO_2-CH_2−	P-65.3.2.3
sulfonylbis(oxy)*　スルホニルビス(オキシ)* 　(sulfonyldioxy ではない)	−O-SO_2-O−	P-65.3.2.3
sulfonylbis(sulfanediyl)* スルホニルビス(スルファンジイル)* 　(sulfonyldisulfanediyl ではない)	−S-SO_2-S−	P-65.3.2.3
sulfonyldimethylene：sulfonylbis(methylene)* を参照		

名　称	化学式	規　則
sulfonyldioxy: sulfonylbis(oxy)* を参照		
sulfonyldisulfanediyl: sulfonylbis(sulfanediyl)* を参照		
sulfooxy*　スルホオキシ*	HO-SO$_2$-O—	P-65.3.2.3; P-67.1.4.4.2
sulfuramidoyl　スルフロアミドイル 　= sulfamoyl*　スルファモイル* 　= aminosulfonyl　アミノスルホニル	H$_2$N-SO$_2$—	P-65.3.2.3
sulfuramidoyloxy　スルフロアミドイルオキシ 　= sulfamoyloxy*　スルファモイルオキシ*	H$_2$N-SO$_2$-O—	P-67.1.4.4.2
sulfurimidoyl　スルフロイミドイル 　= sulfonimidoyl*　スルホンイミドイル*	—S(O)(=NH)—	P-65.3.2.3; P-67.1.4.4.1
sulfur(isothiocyanatido)thioyl スルフロ(イソチオシアナチド)チオイル 　= isothiocyanatosulfonothioyl* 　　イソチオシアナトスルホノチオイル*	(SCN)S(O)(S)—	P-67.1.4.4.1
sulfurisothiocyanatidoyl スルフロイソチオシアナチドイル 　= isothiocyanatosulfonyl* 　　イソチオシアナトスルホニル*	(SCN)SO$_2$—	P-67.1.4.4.1
sulfurochloridoyl　スルフロクロリドイル 　= chlorosulfonyl*　クロロスルホニル*	Cl-SO$_2$—	P-65.3.2.3; P-67.1.4.4.1
sulfurochloridoyloxy　スルフロクロリドイルオキシ 　= (chlorosulfonyl)oxy*　（クロロスルホニル)オキシ*	Cl-SO$_2$-O—	P-67.1.4.4.2
sulfurocyanidoyl　スルフロシアニドイル 　= cyanosulfonyl*　シアノスルホニル*	NC-SO$_2$—	P-67.1.4.4.1
sulfurodihydrazonoyl　スルフロジヒドラゾノイル 　= sulfonodihydrazonoyl*　スルホノジヒドラゾノイル*	—S(=NNH$_2$)$_2$—	P-67.1.4.4.1; P-65.3.2.3
sulfurodiimidoyl　スルフロジイミドイル 　= sulfonodiimidoyl*　スルホノジイミドイル*	—S(=NH)$_2$—	P-67.1.4.4.1; P-65.3.2.3
sulfurodithioyl　スルフロジチオイル 　= sulfonodithioyl*　スルホノジチオイル*	—S(S)$_2$—	P-65.3.2.3; P-67.1.4.4.1
sulfurohydrazonoyl　スルフロヒドラゾノイル 　= sulfonohydrazonoyl*　スルホノヒドラゾノイル*	—S(O)(=NNH$_2$)—	P-65.3.2.3; P-67.1.4.4.1
sulfurothioyl　スルフロチオイル 　= sulfonothioyl*　スルホノチオイル*	—S(O)(S)—	P-65.3.2.3; P-67.1.4.4.1
sulfuryl　スルフリル 　= sulfonyl*　スルホニル*	—SO$_2$—	P-65.3.2.3; P-67.1.4.4.1
tellanediyl*　テランジイル* 　(telluro ではない)	—Te—	P-63.2.5.1
tellano*　テラノ* 　= epitelluro　エピテルロ	—Te—	P-25.4.2.1.4; P-63.5
tellanyl*　テラニル* 　(hydrotelluro ではない)	HTe—	P-63.1.5
tellanylidene*　テラニリデン* 　= telluroxo　テルロキソ	Te=	P-29.3.1; P-64.6.1; P-66.6.3
tellanylidenemethyl　テラニリデンメチル 　= methanetelluroyl*　メタンテルロイル* 　= telluroformyl　テルロホルミル	HC(Te)—	P-65.1.7.2.3; P-66.6.3
tellureno: hydroxytellanyl* を参照		
tellurino*　テルリノ*	HO-Te(O)—	P-65.3.0; P-65.3.2.1
tellurinyl*　テルリニル*	—Te(O)—	P-65.3.2.3
telluro: tellanediyl* を参照		
tellurocyanato*　テルロシアナト* 　= carbononitridoyltellanyl　カルボノニトリドイルテラニル	NC-Te—	P-65.2.2
telluroformyl　テルロホルミル 　= methanetelluroyl*　メタンテルロイル* 　= tellanylidenemethyl　テラニリデンメチル	HC(Te)—	P-65.1.7.2.3; P-66.6.3

名　称	化学式	規　則
OTe-tellurohydroperoxy　*OTe*-テルロヒドロペルオキシ 　＝ hydroxytellanyl*　ヒドロキシテラニル* 　（tellureno ではない）	HO-Te—	P-63.4.2.2
tellurono*　テルロノ*	HO-TeO₂—	P-65.3.0; P-65.3.2.1
telluronyl*　テルロニル*	—TeO₂—	P-65.3.2.3
telluroxo　テルロキソ 　＝ tellanylidene*　テラニリデン*	Te=	P-64.6.1; P-29.3.1; P-66.6.3
terephthalimidoyl　テレフタルイミドイル 　＝ benzene-1,4-dicarboximidoyl* 　　ベンゼン-1,4-ジカルボキシイミドイル* 　＝ 1,4-phenylenebis(iminomethylene) 　　1,4-フェニレンビス(イミノメチレン)	—(HN=)C—⟨benzene ring 4,1⟩—C(=NH)—	P-65.1.7.3.2
terephthaloyl　テレフタロイル 　＝ benzene-1,4-dicarbonyl*　ベンゼン-1,4-ジカルボニル* 　＝ 1,4-phenylenedicarbonyl　1,4-フェニレンジカルボニル 　＝ 1,4-phenylenebis(oxomethylene) 　　1,4-フェニレンビス(オキソメチレン)	—OC—⟨benzene ring 1,2,3,4⟩—CO—	P-65.1.7.3.1; P-65.1.7.4.2
tetraazan-1-yl*　テトラアザン-1-イル*	H₂N-NH-NH-NH—	P-68.3.1.4.1
tetradecanoyl*　テトラデカノイル* 　＝ 1-oxotetradecyl　1-オキソテトラデシル	CH₃-[CH₂]₁₂-CO—	P-65.1.7.4.1
tetramethylene：butane-1,4-diyl* を参照		
tetrasulfanediyl*　テトラスルファンジイル* 　＝ tetrathio　テトラチオ	—S-S-S-S—	P-68.4.1.2
tetrathio　テトラチオ 　＝ tetrasulfanediyl*　テトラスルファンジイル*	—S-S-S-S—	P-68.4.1.2
thallanyl　タラニル	H₂Tl—	P-29.3.1; P-68.1.2
thenyl(2-異性体のみ)：thiophen-2-ylmethyl* を参照 2-thienyl　2-チエニル 　＝ thiophen-2-yl*　チオフェン-2-イル* 　（3-異性体も同様）	⟨thiophene ring, S at 1, position 2⟩	P-29.6.2.3
thio：sulfanediyl* を参照		
thioacetamido　チオアセトアミド 　＝ ethanethioamido*　エタンチオアミド* 　＝ (ethanethioyl)amino　(エタンチオイル)アミノ	CH₃-CS-NH—	P-66.1.4.4
thioacetyl　チオアセチル 　＝ ethanethioyl*　エタンチオイル* 　＝ 1-sulfanylideneethyl　1-スルファニリデンエチル	CH₃-CS—	P-65.1.7.2.3
thioazonoyl　チオアゾノイル 　＝ azonothioyl*　アゾノチオイル*	HN(S)<	P-67.1.4.1.1.4
thiobenzamido　チオベンズアミド 　＝ benzenecarbothioamido*　ベンゼンカルボチオアミド* 　＝ (benzenecarbothioyl)amino 　　(ベンゼンカルボチオイル)アミノ	C₆H₅-CS-NH—	P-66.1.4.4
thiobenzoyl　チオベンゾイル 　＝ benzenecarbothioyl*　ベンゼンカルボチオイル* 　＝ phenyl(sulfanylidene)methyl 　　フェニル(スルファニリデン)メチル 　＝ phenyl(thioxo)methyl　フェニル(チオキソ)メチル	C₆H₅-CS—	P-65.1.7.2.3
thioborono*　チオボロノ* 　＝ hydroxy(sulfanyl)boranyl 　　ヒドロキシ(スルファニル)ボラニル	(HO)(HS)B—	P-68.1.4.2
thiobutyryl　チオブチリル 　＝ butanethioyl*　ブタンチオイル* 　＝ 1-sulfanylidenebutyl 　　1-スルファニリデンブチル 　＝ 1-thioxobutyl　1-チオキソブチル	CH₃-CH₂-CH₂-CS—	P-65.1.7.4.1

付録 2 　置換命名法で使用される分離可能接頭語　　　　　　1073

名　称	化学式	規　則
thiocarbamoyl：carbamothioyl* を参照		
thiocarbonyl　チオカルボニル	−CS−	P-65.2.1.5
＝ carbonothioyl*　カルボノチオイル*		
thiocarboxy　チオカルボキシ	H{S/O}C−	P-65.2.1.6
（硫黄原子の位置未確定*）		
(thiocarboxy)carbonyl*　（チオカルボキシ）カルボニル*	H{O/S}C-CO−	P-65.1.7.2.4
thiochlorosyl*　チオクロロシル*	(S)Cl−	P-67.1.4.5
thiocyanato*　チオシアナト*	NC-S−	P-65.2.2
＝ carbononitridoylsulfanyl		
カルボノニトリドイルスルファニル		
＝ carbononitridoylthio		
カルボノニトリドイルチオ		
thiocyanatosulfanyl：cyanodisulfanyl* を参照		
thiodimethylene：sulfanediylbis(methylene)* を参照		
thioformamido　チオホルムアミド	HCS-NH−	P-66.1.4.4
＝ methanethioamido*　メタンチオアミド*		
thioformyl　チオホルミル	HC(S)−	P-65.1.7.2.3；
＝ methanethioyl*　メタンチオイル*		P-66.6.3
＝ sulfanylidenemethyl　スルファニリデンメチル		
OS-thiohydroperoxy　*OS*-チオヒドロペルオキシ	HO-S−	P-63.4.2.2
＝ hydroxysulfanyl*　ヒドロキシスルファニル*		
（sulfeno ではない）		
SO-thiohydroperoxy　*SO*-チオヒドロペルオキシ	HS-O−	P-63.4.2.2
＝ sulfanyloxy*　スルファニルオキシ*		
(*OS*-thiohydroperoxy)carbonoselenoyl	HO-S-C(Se)−	P-65.2.1.7
(*OS*-チオヒドロペルオキシ)カルボノセレノイル		
＝ (hydroxysulfanyl)carbonoselenoyl*		
（ヒドロキシスルファニル）カルボノセレノイル*		
(thiohydroperoxy)carbonyl	(HO-S)CO− または	P-65.1.5.3；
(チオヒドロペルオキシ)カルボニル	(HS-O)CO−	P-65.2.1.7
＝ carbono(thioperoxoyl)*		
カルボノ（チオペルオキソイル）*		
(*OS*-thiohydroperoxy)carbonyl	HO-S-CO−	P-65.1.5.3；
(*OS*-チオヒドロペルオキシ)カルボニル		P-65.2.1.7
＝ (hydroxysulfanyl)carbonyl*		
（ヒドロキシスルファニル）カルボニル*		
[(*SO*-thiohydroperoxy)carbonyl]oxy	HS-O-CO-O−	P-65.2.1.7
[(*SO*-チオヒドロペルオキシ)カルボニル]オキシ		
＝ [(sulfanyloxy)carbonyl]oxy*		
[（スルファニルオキシ）カルボニル]オキシ*		
(*OS*-thiohydroperoxy)phosphorothioyl	HO-S-P(S)<	P-67.1.4.1.1.5
(*OS*-チオヒドロペルオキシ)ホスホロチオイル		
＝ (hydroxysulfanyl)phosphorothioyl*		
（ヒドロキシスルファニル）ホスホロチオイル*		
(thiohydroperoxy)phosphoryl	(HS-O)P(O)< または	P-67.1.4.1.1.4
(チオヒドロペルオキシ)ホスホリル	(HO-S)P(O)<	
＝ phosphoro(thioperoxoyl)*		
ホスホロ（チオペルオキソイル）*		
(*SO*-thiohydroperoxy)phosphoryl	HS-O-P(O)<	P-67.1.4.1.1.5
(*SO*-チオヒドロペルオキシ)ホスホリル		
＝ (sulfanyloxy)phosphoryl*		
（スルファニルオキシ）ホスホリル*		
thionitroso　チオニトロソ	S=N−	P-67.1.4.3.2
＝ sulfanylideneamino*　スルファニリデンアミノ*		
＝ thioxoamino　チオキソアミノ		
(thionitroso)sulfanyl　（チオニトロソ）スルファニル	S=N-S−	P-67.1.4.3.2
＝ (sulfanylideneamino)sulfanyl*		
（スルファニリデンアミノ）スルファニル*		
＝ (thioxoamino)sulfanyl　（チオキソアミノ）スルファニル		

名　　称	化学式	規　則
thionyl　チオニル 　　= sulfinyl*　スルフィニル*	$-SO-$	P-65.3.2.3
2-thiooxalo　2-チオオキサロ 　　（硫黄原子の位置未確定*）	HO-CS-CO− または HS-CO-CO−	P-65.1.7.2.4
(thioperoxy)phosphoryl　（チオペルオキシ）ホスホリル 　　= phosphoro(thioperoxoyl)* 　　　　ホスホロ（チオペルオキソイル）* 　　= (thiohydroperoxy)phosphoryl 　　　　（チオヒドロペルオキシ）ホスホリル	(HS-O)P(O)< または (HO-S)P(O)<	P-67.1.4.1.1.4
thiophen-2-yl*　チオフェン-2-イル* 　　= 2-thienyl　2-チエニル 　　（3-異性体も同様）		P-29.6.2.3
(thiophen-2-yl)methyl*　（チオフェン-2-イル）メチル* 　　（thenyl ではない）		P-29.6.3
thiophosphinoyl　チオホスフィノイル 　　= phosphinothioyl*　ホスフィノチオイル*	$H_2P(S)-$	P-67.1.4.1.1.4
thiophosphono　チオホスホノ 　　（硫黄原子の位置未確定*）	$H_2\{O_2S\}P-$	P-67.1.4.1.1.1
thiophosphoryl　チオホスホリル 　　= phosphorothioyl*　ホスホロチオイル*	$-P(S)<$	P-67.1.4.1.1.4
thiopropionyl　チオプロピオニル 　　= propanethioyl*　プロパンチオイル* 　　= 1-sulfanylidenepropyl　1-スルファニリデンプロピル 　　= 1-thioxopropyl　1-チオキソプロピル	$CH_3\text{-}CH_2\text{-}CS-$	P-65.1.7.4.1
thiosulfeno：disulfanyl* を参照		
thiosulfino　チオスルフィノ 　　（硫黄原子の位置未確定*）	$H\{O/S\}S$	P-65.3.2.1
thiosulfo　チオスルホ 　　（硫黄原子の位置未確定*）	HO_2S_2-	P-65.3.2.1
thioxo　チオキソ 　　= sulfanylidene*　スルファニリデン*	$S=$	P-29.3.1； P-64.6.1
thioxoamino　チオキソアミノ 　　= thionitroso　チオニトロソ 　　= sulfanylideneamino*　スルファニリデンアミノ*	$S=N-$	P-67.1.4.3.2
(thioxoamino)sulfanyl　（チオキソアミノ）スルファニル 　　= (sulfanylideneamino)sulfanyl* 　　　　（スルファニリデンアミノ）スルファニル* 　　= (thionitroso)sulfanyl　（チオニトロソ）スルファニル	$S=N\text{-}S-$	P-67.1.4.3.2
1-thioxobutyl　1-チオキソブチル 　　= butanethioyl*　ブタンチオイル* 　　= 1-sulfanylidenebutyl　1-スルファニリデンブチル 　　= thiobutyryl　チオブチリル	$CH_3\text{-}CH_2\text{-}CH_2\text{-}CS-$	P-65.1.7.4.1
thioxomethylidene　チオキソメチリデン 　　= sulfanylidenemethylidene* 　　　　スルファニリデンメチリデン*	$S=C=$	P-65.2.1.8
1-thioxopropyl　1-チオキソプロピル 　　= propanethioyl*　プロパンチオイル* 　　= thiopropionyl　チオプロピオニル 　　= 1-sulfanylidenepropyl　1-スルファニリデンプロピル	$CH_3\text{-}CH_2\text{-}CS-$	P-65.1.7.4.1
o-toluidino：2-methylanilino* を参照 　　（m- および p-異性体も同様）		
o-tolyl　o-トリル（非置換） 　　= 2-methylphenyl*　2-メチルフェニル* 　　（m- および p-異性体も同様）		P-29.6.2.3
triazano：triazan-1-yl* を参照		
triazan-1-yl*　トリアザン-1-イル* 　　（triazano ではない）	$H_2N\text{-}NH\text{-}NH-$	P-29.3.2.2； P-68.3.1.4.1

名　称	化学式	規　則
triaz-1-ene-1,3-diyl*　トリアザ-1-エン-1,3-ジイル* （diazoamino ではない）	—N=N-NH—	P-68.3.1.4.2
triaz-2-en-1-ium-1-yl*　トリアザ-2-エン-1-イウム-1-イル* 　= triaz-2-en-1-io　トリアザ-2-エン-1-イオ	$\overset{+}{\underset{3\ \ 2\ \ 1}{HN=N-NH_2}}$—	P-73.6
triaz-2-en-1-io　トリアザ-2-エン-1-イオ 　= triaz-2-en-1-ium-1-yl* 　　トリアザ-2-エン-1-イウム-1-イル*	$\overset{+}{\underset{3\ \ 2\ \ 1}{HN=N-NH_2}}$—	P-73.6
triaz-2-eno: triaz-2-en-1-yl* を参照		
triaz-2-en-1-yl*　トリアザ-2-エン-1-イル* （triaz-2-eno ではない）	HN=N-NH—	P-32.1.1; P-68.3.1.4.1
triboran(5)-1-yl*　トリボラン(5)-1-イル*	$H_2B-BH-BH$—	P-68.1.2
tricyclo[3.3.1.1^{3,7}]decan-2-yl トリシクロ[3.3.1.1^{3,7}]デカン-2-イル 　= adamantan-2-yl*　アダマンタン-2-イル* 　= 2-adamantyl　2-アダマンチル （1-異性体も同様）	$C_{10}H_{15}$—	P-29.6.2.3
trihydroxysilyl*　トリヒドロキシシリル*	$(HO)_3Si$—	P-67.1.4.2
trimethoxysilyl*　トリメトキシシリル*	$(CH_3O)_3Si$—	P-67.1.4.2
trimethylene: propane-1,3-diyl* を参照		
trioxidanediyl*　トリオキシダンジイル* 　= trioxy　トリオキシ	—O-O-O—	P-68.4.1.2
trioxidanyl*　トリオキシダニル* 　= hydrotrioxy　ヒドロトリオキシ	HO-O-O—	P-68.4.1.3
trioxy　トリオキシ 　= trioxidanediyl*　トリオキシダンジイル*	—O-O-O—	P-68.4.1.2
triphenylmethyl*　トリフェニルメチル* 　= trityl　トリチル	$(C_6H_5)_3C$—	P-29.6.2.2
triselanediyl*　トリセランジイル* 　= triseleno　トリセレノ	—Se-Se-Se—	P-68.4.1.2
triselanyl*　トリセラニル* 　= hydrotriseleno　ヒドロトリセレノ	HSe-Se-Se—	P-68.4.1.3
triseleno　トリセレノ 　= triselanediyl*　トリセランジイル*	—Se-Se-Se—	P-68.4.1.2
trisilan-2-yl*　トリシラン-2-イル*	$(SiH_3)_2SiH$—	P-29.3.2.2
trisilazan-3-yl: bis(silylamino)silyl* を参照		
trisiliranyl*　トリシリラニル* 　= cyclotrisilanyl　シクロトリシラニル	$\begin{array}{c}H_2Si\\ \ \ \ \ \ \ \ \ \ \ \ \ \ >SiH-\\ H_2Si\end{array}$	P-68.2.2
trisulfanediyl*　トリスルファンジイル* 　= trithio　トリチオ	—S-S-S—	P-68.4.1.2
tritellanediyl*　トリテランジイル* 　= tritelluro　トリテルロ	—Te-Te-Te—	P-68.4.1.2
tritellanyl*　トリテラニル* 　= hydrotritelluro　ヒドロトリテルロ	HTe-Te-Te—	P-68.4.1.3
tritelluro　トリテルロ 　= tritellanediyl*　トリテランジイル*	—Te-Te-Te—	P-68.4.1.2
trithio　トリチオ 　= trisulfanediyl*　トリスルファンジイル*	—S-S-S—	P-68.4.1.2
trithiooxalo　トリチオオキサロ 　= sulfanyl(sulfanylidene)ethanethioyl* 　　スルファニル(スルファニリデン)エタンチオイル* 　= 2-sulfanyl-1,2-bis(sulfanylidene)ethyl 　2-スルファニル-1,2-ビス(スルファニリデン)エチル	HS-CS-CS—	P-65.1.7.3.3; P-65.1.7.2.4
trithiophosphono*　トリチオホスホノ*	$(HS)_2P(S)$—	P-67.1.4.1.1.1
trithiosulfo*　トリチオスルホ* 　= sulfanylsulfonodithioyl 　　スルファニルスルホノジチオイル	$HS-S(S)_2$—	P-65.3.2.1
trityl　トリチル（非置換） 　= triphenylmethyl*　トリフェニルメチル*	$(C_6H_5)_3C$—	P-29.6.2.2

名　称	化学式	規　則
undecan-1-yl　ウンデカン-1-イル 　= undecyl*　ウンデシル*	$CH_3\text{-}[CH_2]_9\text{-}CH_2-$	P-29.3.2.2; P-29.3.2.1
undecyl*　ウンデシル* 　= undecan-1-yl　ウンデカン-1-イル	$CH_3\text{-}[CH_2]_9\text{-}CH_2-$	P-29.3.2.1; P-29.3.2.2
ureido: carbamoylamino* を参照		
ureylene: carbonylbis(azanediyl)* を参照		
vinyl　ビニル 　= ethenyl*　エテニル*	$CH_2{=}CH-$	P-32.3
vinylene: ethene-1,2-diyl* を参照		
vinylidene　ビニリデン 　= ethenylidene*　エテニリデン*	$CH_2{=}C{=}$	P-32.3
2,3-xylidino: 2,3-dimethylanilino* を参照		
yloamino*　イロアミノ* 　= yloazanyl　イロアザニル	$H\overset{\bullet}{N}-$	P-71.5
yloazanyl　イロアザニル 　= yloamino*　イロアミノ*	$H\overset{\bullet}{N}-$	P-71.5
yloformyl*　イロホルミル*	$O{=}\overset{\bullet}{C}-$	P-71.5
ylohydroxy: oxyl* を参照		
ylomethyl*　イロメチル*	$H_2\overset{\bullet}{C}-$	P-71.5
ylooxidanyl　イロオキシダニル 　= oxyl*　オキシル* 　(ylohydroxy ではない)	$\bullet O-$	P-71.5
(ylooxidanyl)formyl　(イロオキシダニル)ホルミル 　= oxylcarbonyl*　オキシルカルボニル*	$\bullet O\text{-}CO-$	P-71.5

付録 3

表 10·1 所載のアルカロイド，ステロイド，テルペノイドおよび類縁化合物の構造

** のついた構造は CAS では体系的に命名されている．また各化合物はアルファベット順に並んでいる．

1. アルカロイド

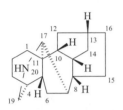

アコニタン　aconitane　　　アジュマラン　ajmalan　　　アクアンミラン　akuammilan**

アルストフィラン　alstophyllan**　　　アポルフィン　aporphine**　　　アスピドフラクチニン　aspidofractinine**

アスピドスペルミジン　aspidospermidine　　　アチダン　atidane**,†1　　　アチシン　atisine**

---

†1　この構造は，1999 勧告　改訂 F の部：天然物と関連化合物，*Pure Appl. Chem.*, **71**, 587-643 (1999)で公表された構造（4β-メチル基が記されていなかった）の訂正である．

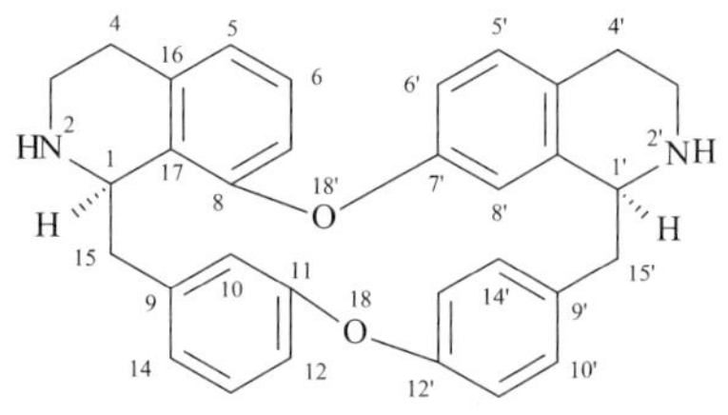

付録3　表10・1所載の天然物の構造

ベルバマン　berbaman**

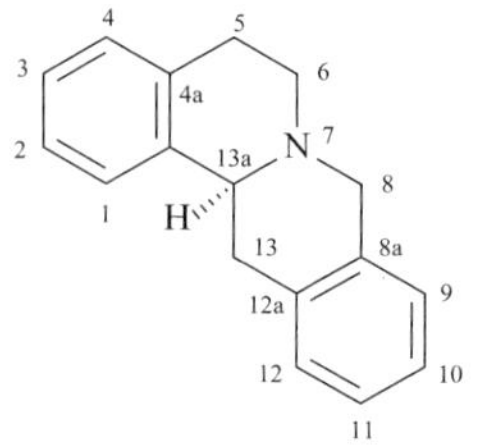

ベルビン　berbine**

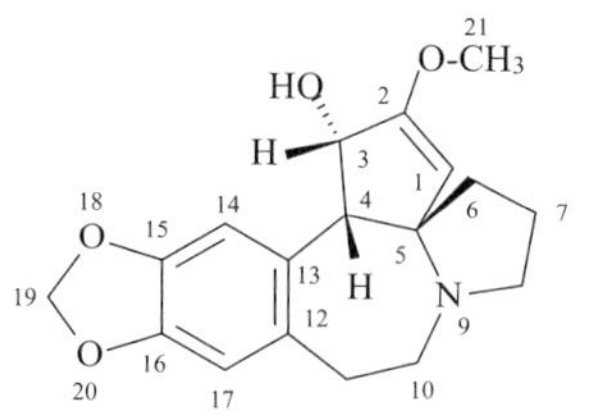

セファロタキシン　cephalotaxine

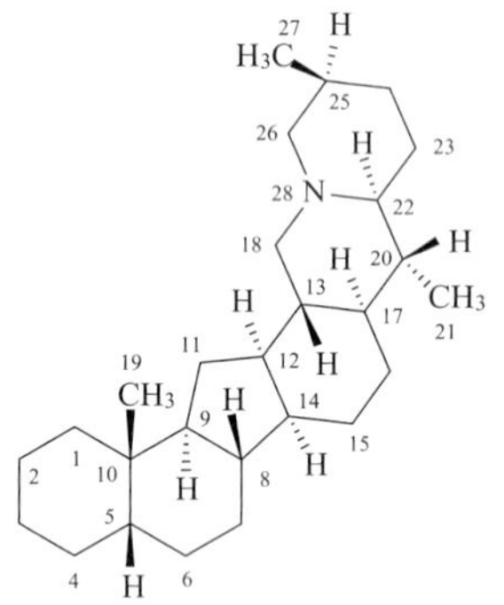

セバン　cevane

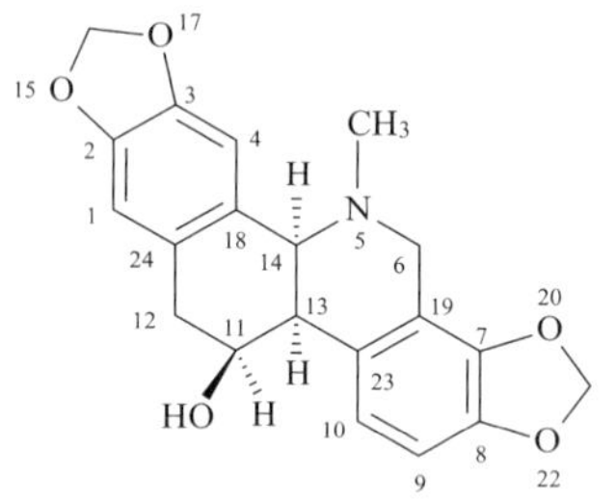

ケリドニン　chelidonine**

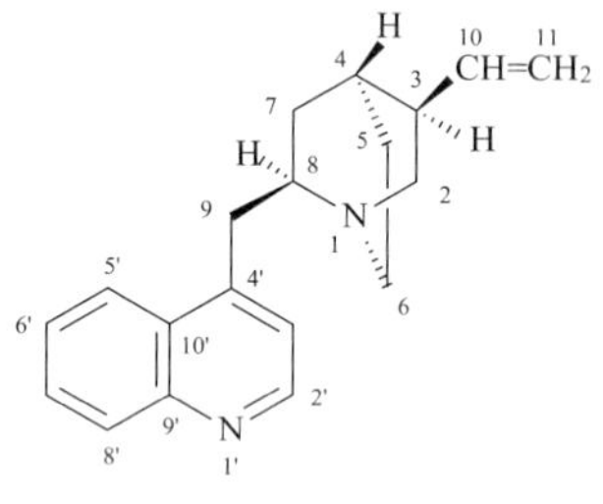

シンコナン　cinchonan**

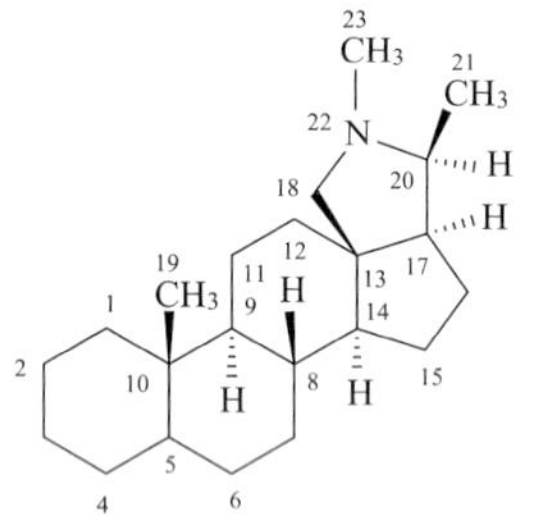

コナニン　conanine

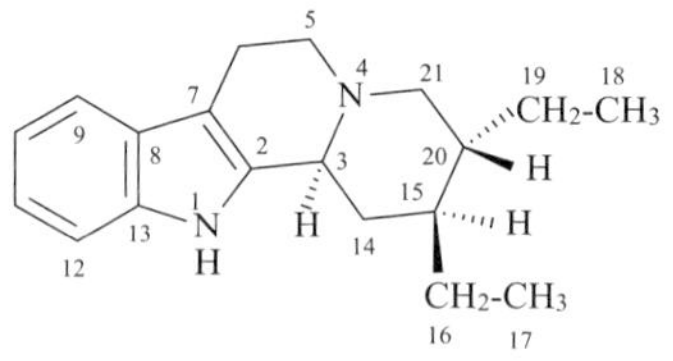

コリナン　corynan**

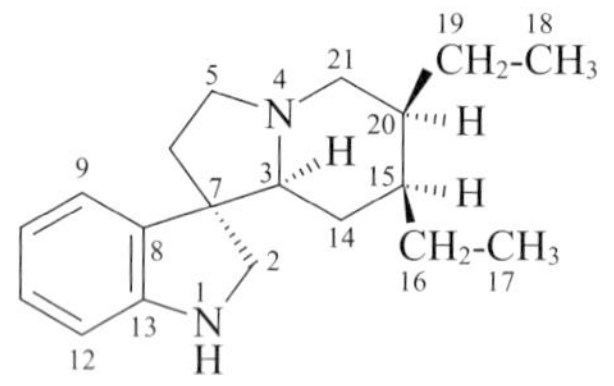

コリノキサン　corynoxan**

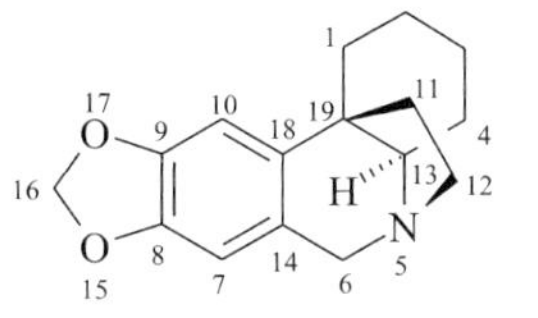

クリナン　crinan**

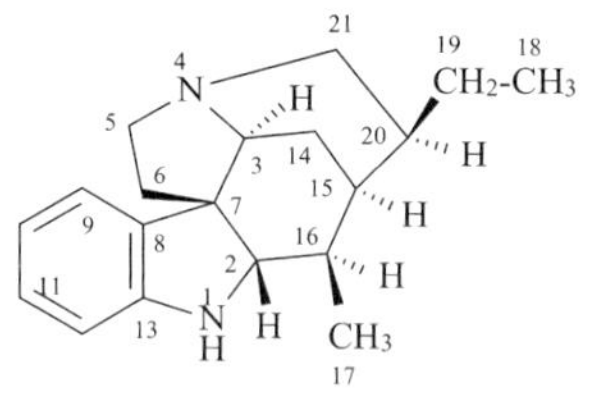

クラン　curan

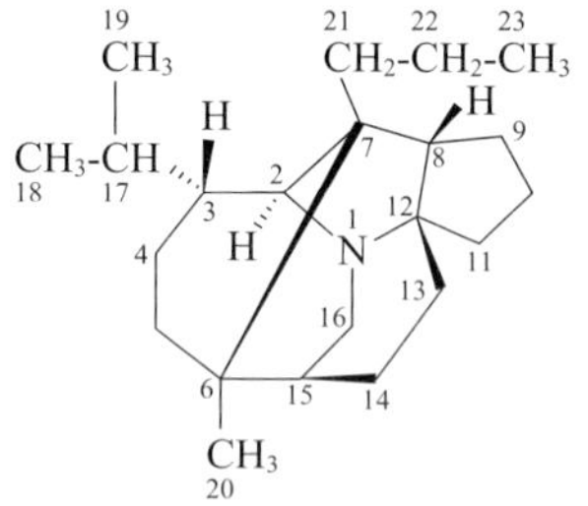

ダフナン　daphnane**

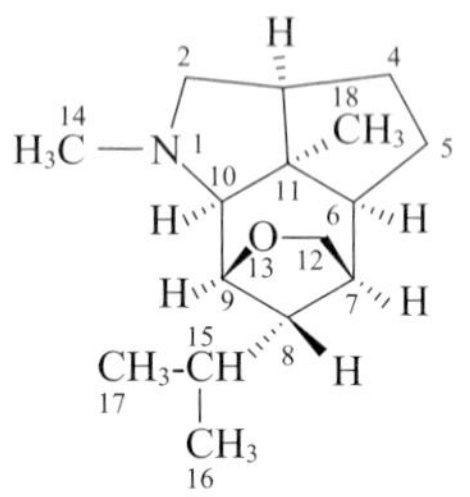

デンドロバン　dendrobane**

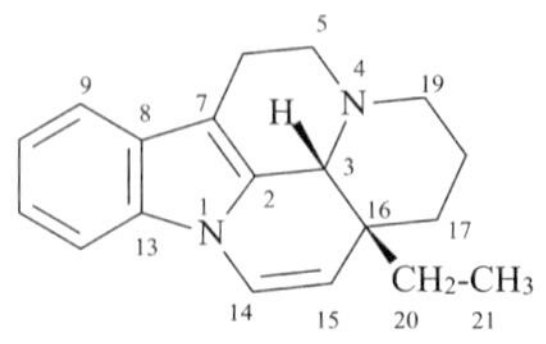

エブルナメニン　eburnamenine

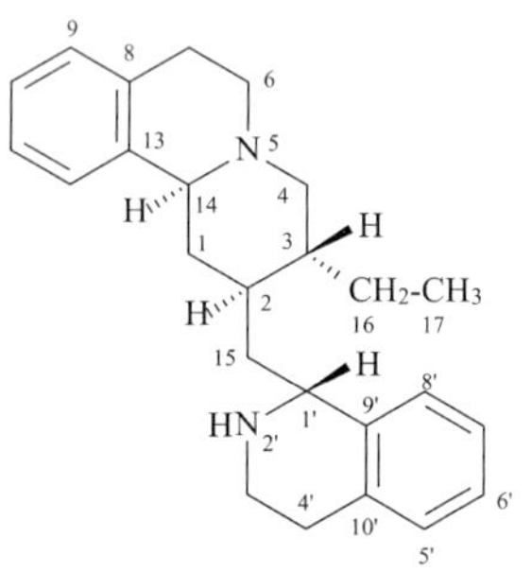

エメタン　emetan**

1. アルカロイド

エルゴリン　ergoline　　　エルゴタマン　ergotaman　　　エリトリナン　erythrinan

エボニミン　evonimine**　　エボニン　evonine**　　ホルモサナン　formosanan**

ガランタミン　galanthamine**　　ガランタン　galanthan**　　ハスバナン　hasubanan

ヘチサン　hetisan　　イボガミン　ibogamine　　コプサン　kopsan**

ルナリン　lunarine**　　リコポダン　lycopodane**　　リコレナン　lycorenan**

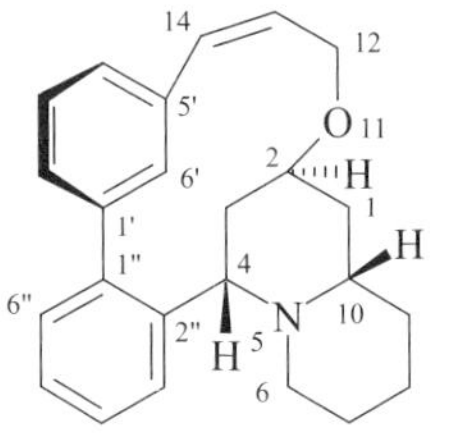

付録3　表 10·1 所載の天然物の構造

リトラン　lythran**

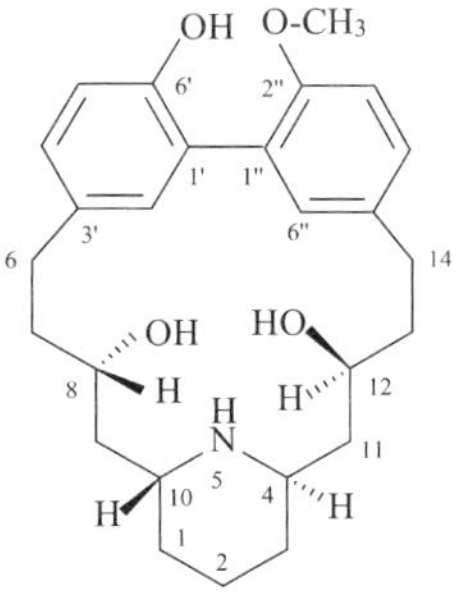

リトラニジン　lythranidine**

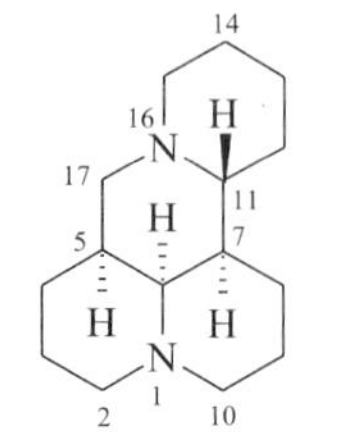

マトリジン　matridine**

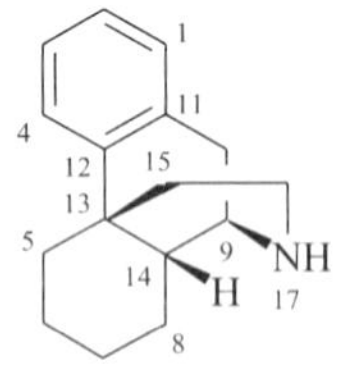

モルフィナン　morphinan

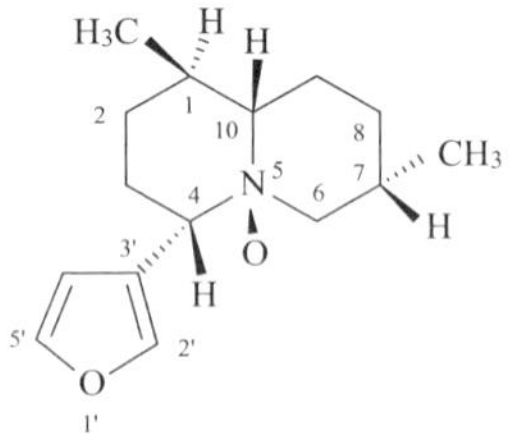

ヌファリジン　nupharidine**

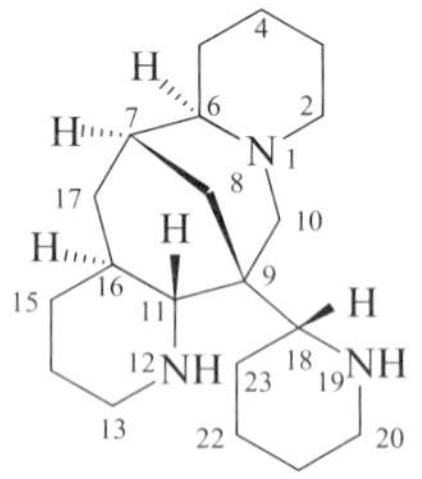

オルモサニン　ormosanine

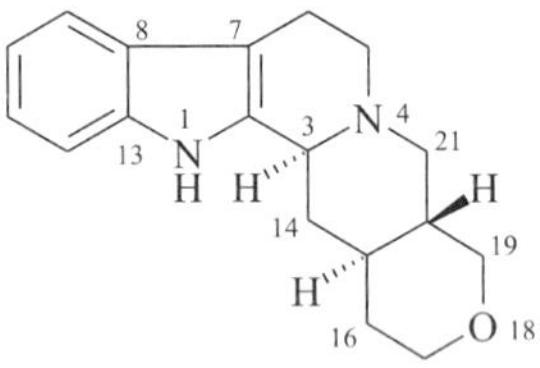

18-オキサヨヒンバン
18-oxayohimban

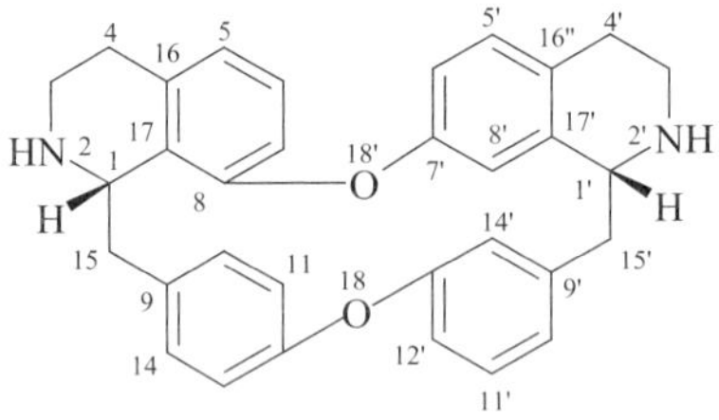

オキシアカンタン　oxyacanthan**

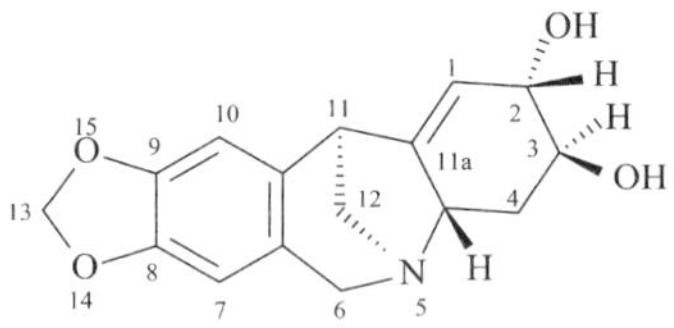

パンクラシン　pancracine**

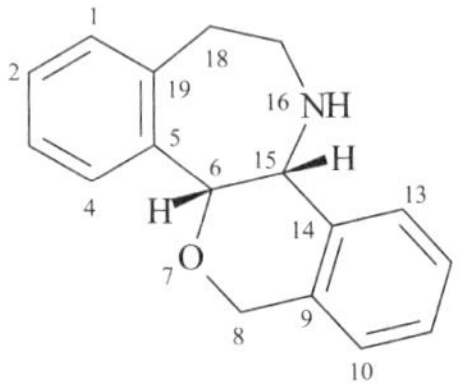

レアダン　rheadan**

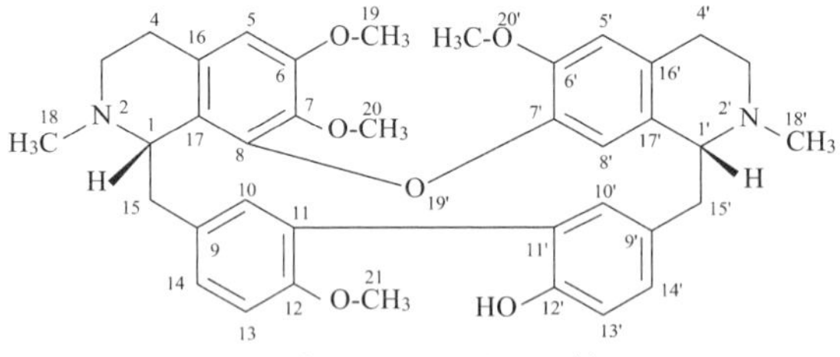

ロジアシン　rodiasine**

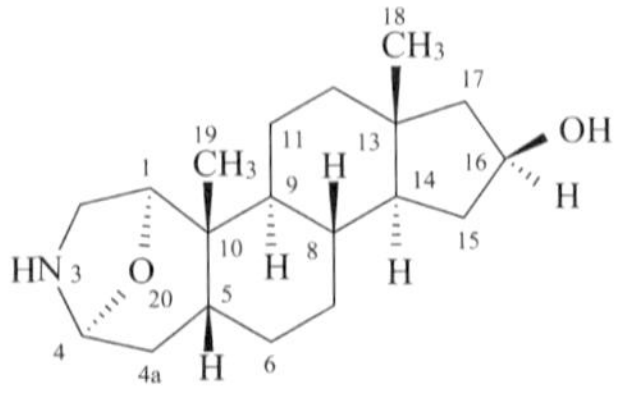

サマンダリン　samandarine**

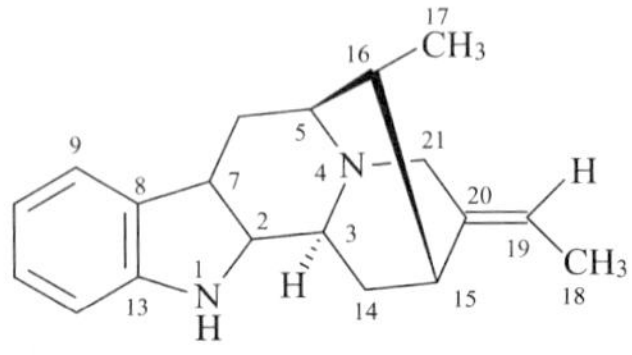

サルパガン　sarpagan

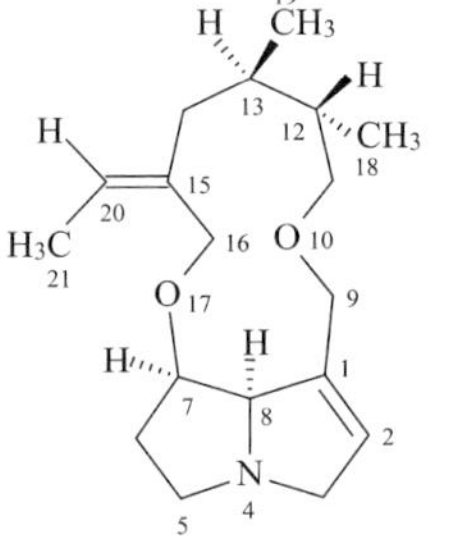

セネシオナン　senecionan**

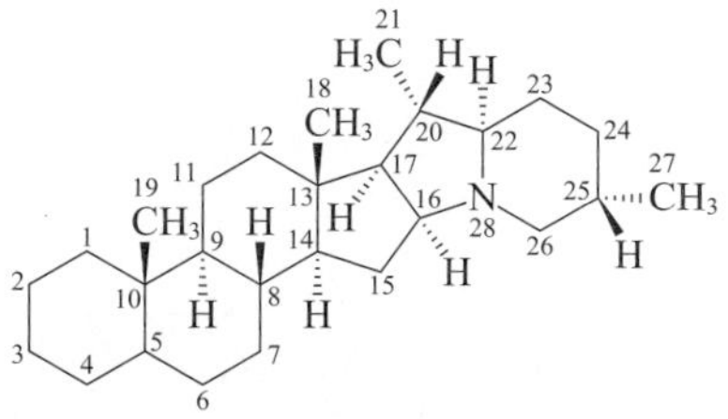

1. アルカロイド   1081

ソラニダン
solanidane

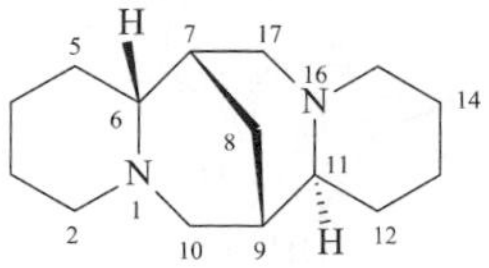

スパルテイン
sparteine**

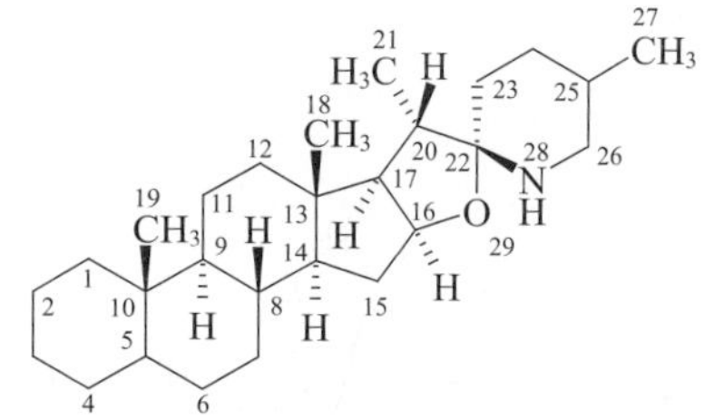

スピロソラン
spirosolane**

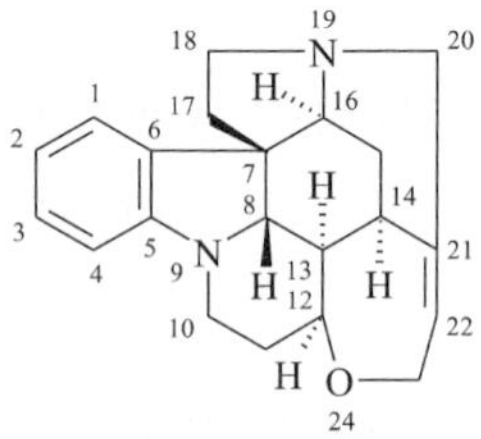

ストリキニジン   strychnidine

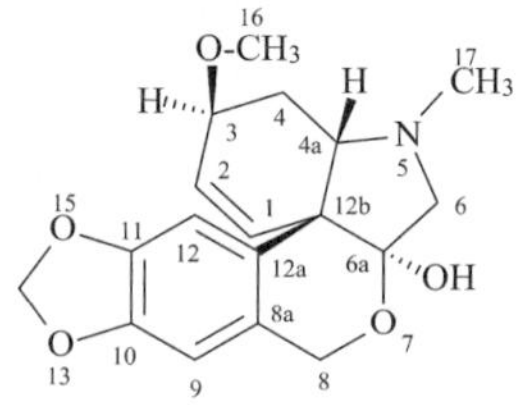

タゼッチン   tazettine**

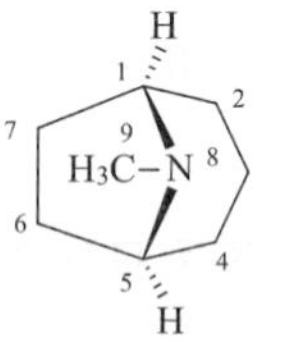

$(1\alpha H,5\alpha H)$-トロパン
$(1\alpha H,5\alpha H)$-tropane**

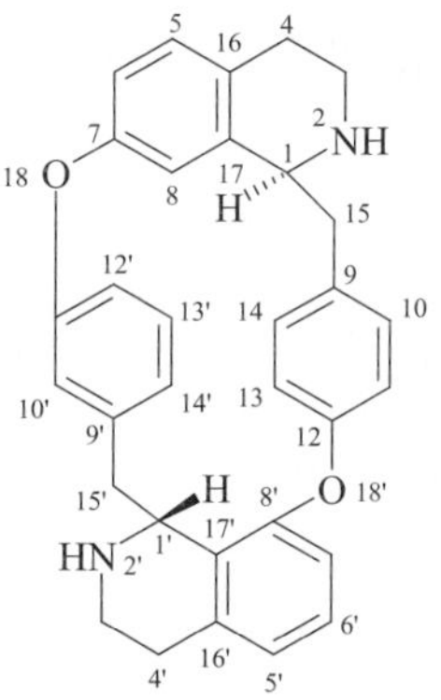

ツボクララン
tubocuraran**

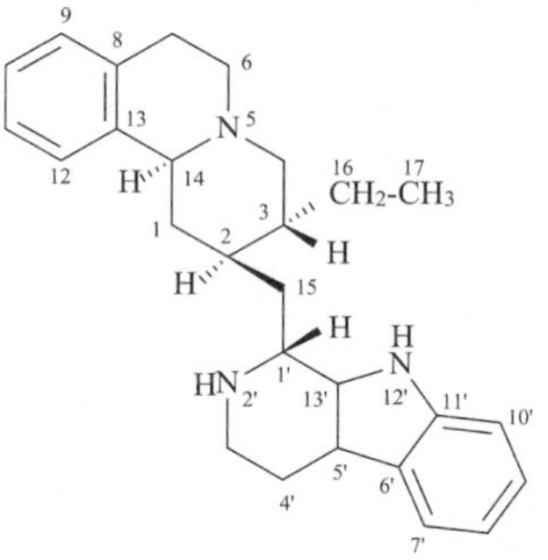

ツブロサン
tubulosan**

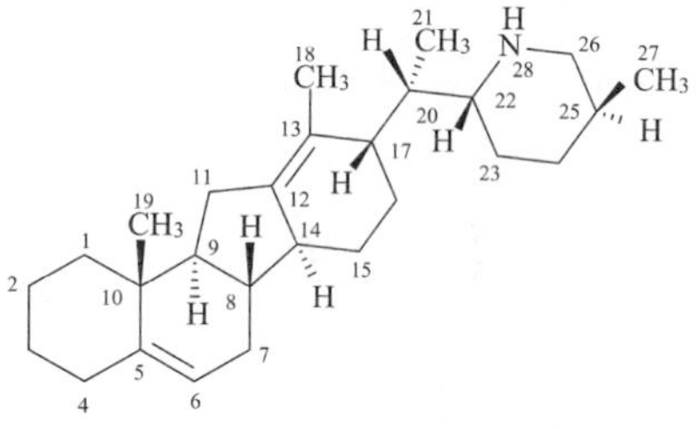

ベラトラマン
veratraman

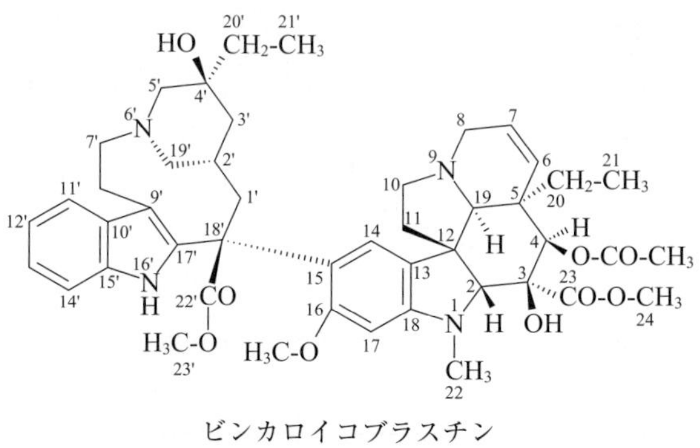

ビンカロイコブラスチン
vincaleukoblastine

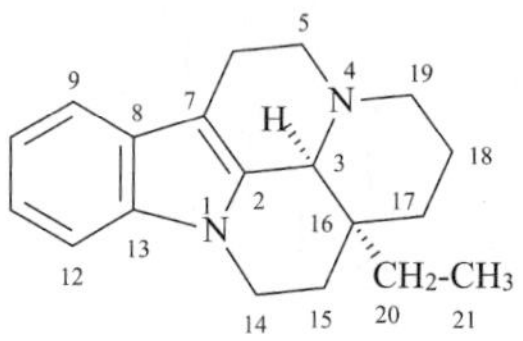

ビンカン
vincane**

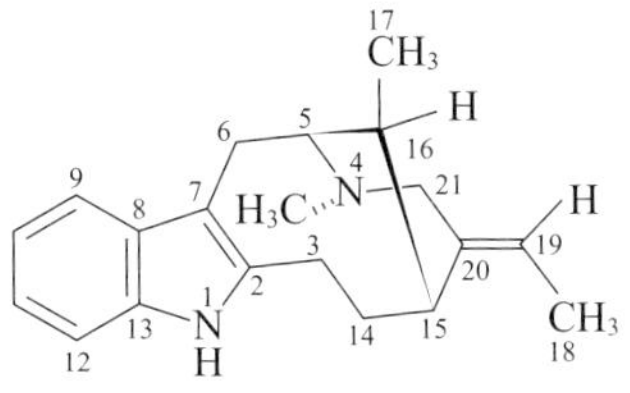

1082   付録3   表10·1所載の天然物の構造

ボバサン　vobasan 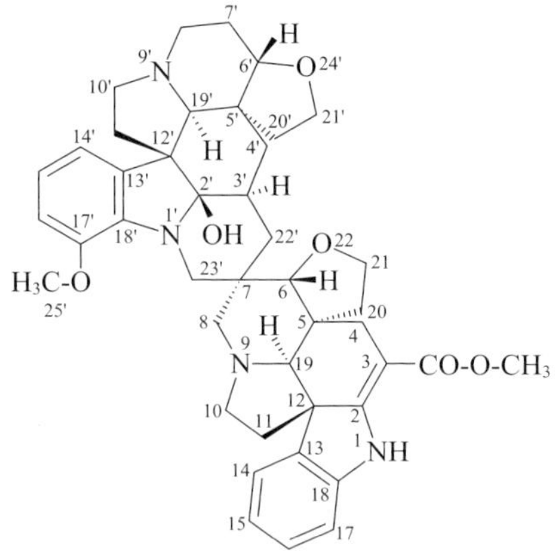   ボブツシン vobtusine** 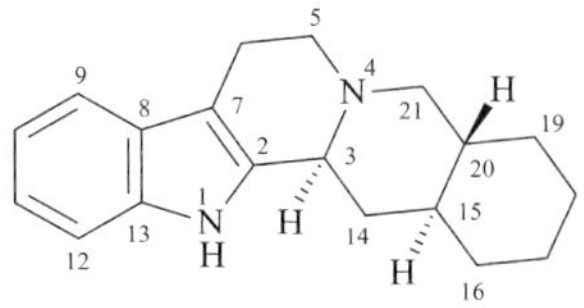   ヨヒンバン　yohimban

2. ス テ ロ イ ド

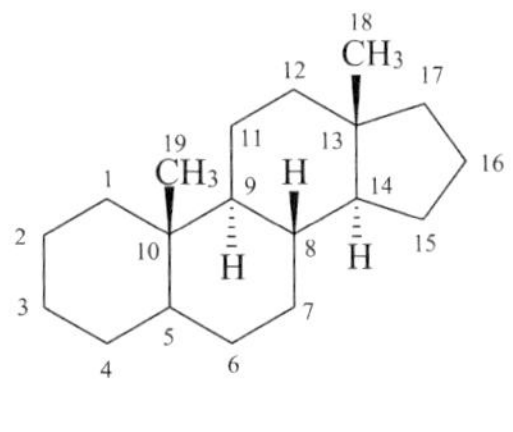

アンドロスタン　androstane 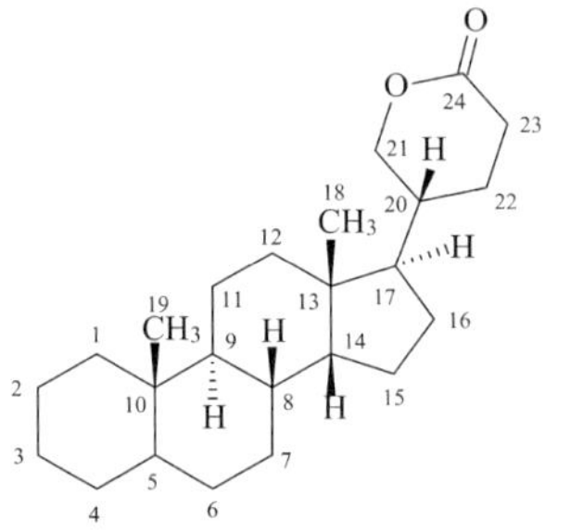   ブファノリド　bufanolide 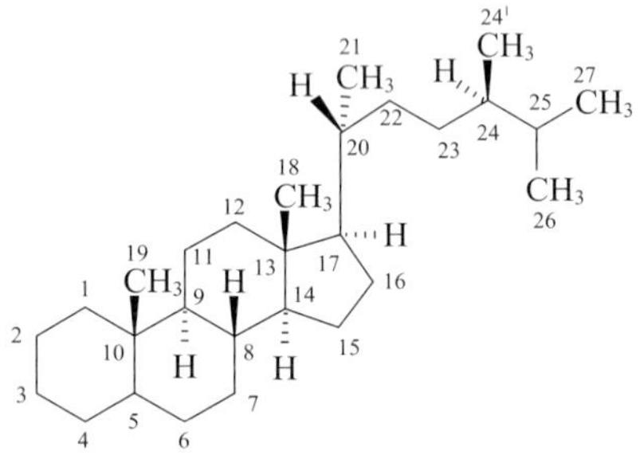   カンペスタン　campestane[†1]

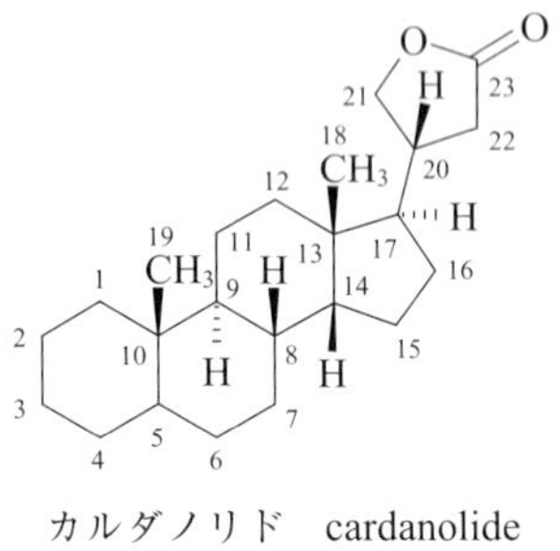

カルダノリド　cardanolide 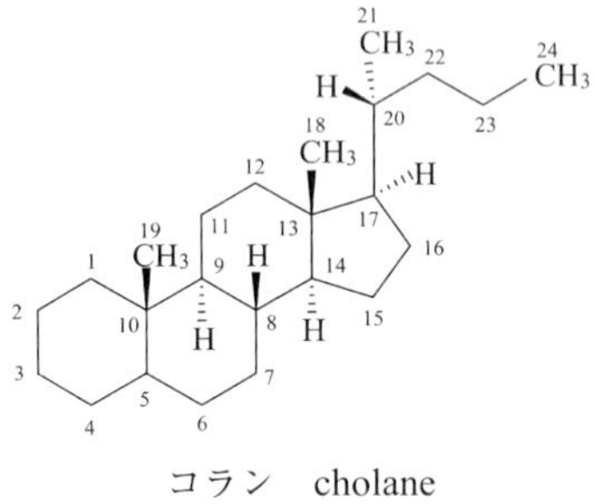   コラン　cholane 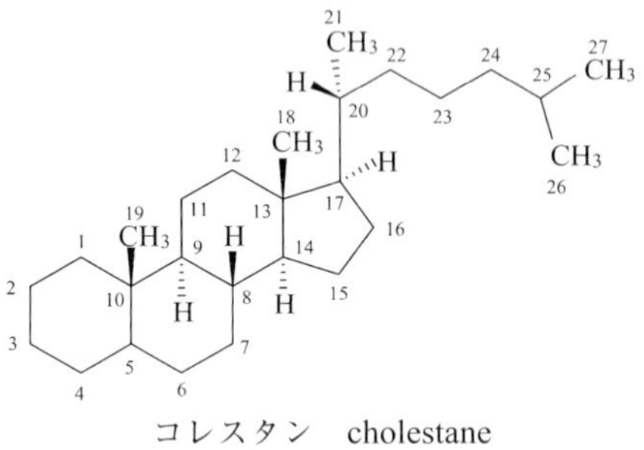   コレスタン　cholestane

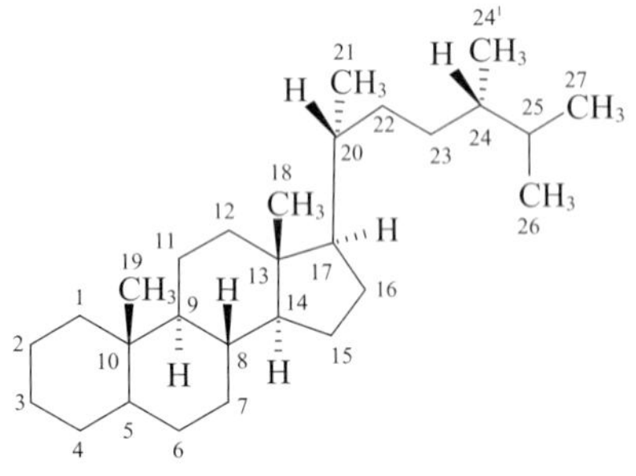

エルゴスタン　ergostane 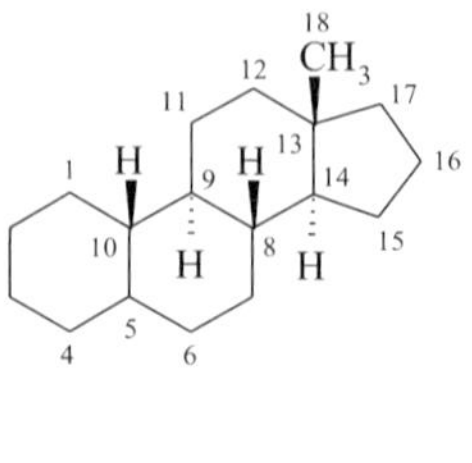   エストラン　estrane 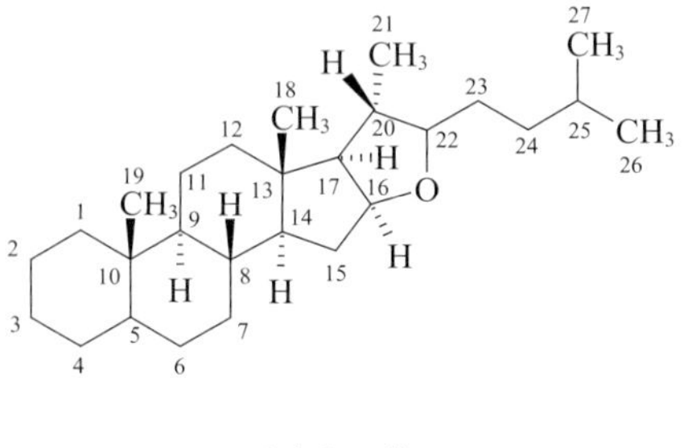   フロスタン　furostan

---

†1 この母体構造は CAS では，エルゴスタン ergostane の立体異性体として，位置番号 24¹ を 28 に変えて命名されている.

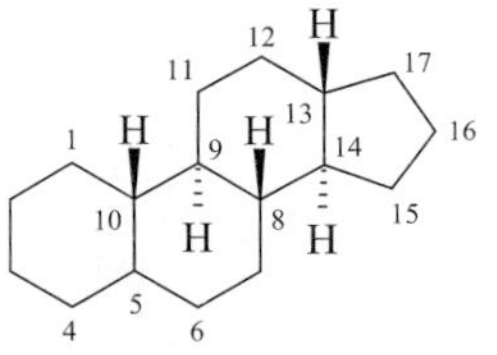

3. テルペノイド

ゴナン gonane 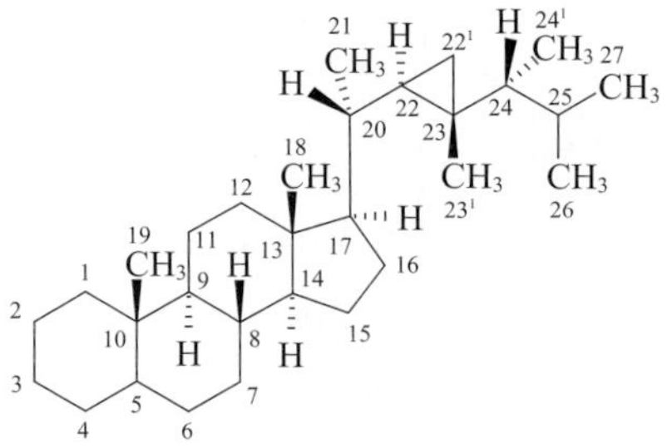　　ゴルゴスタン gorgostane[†1] 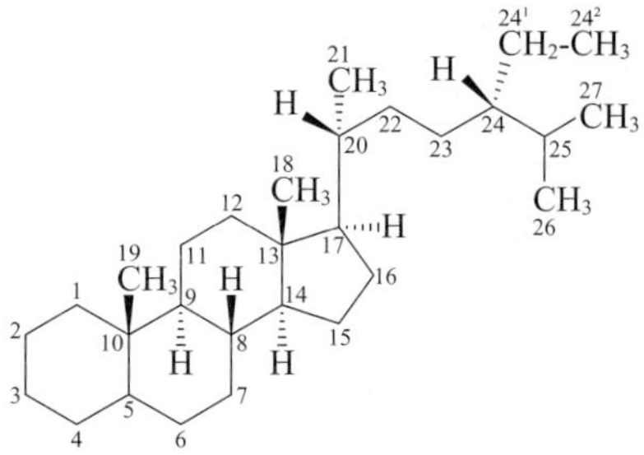　　ポリフェラスタン poriferastane[†2]

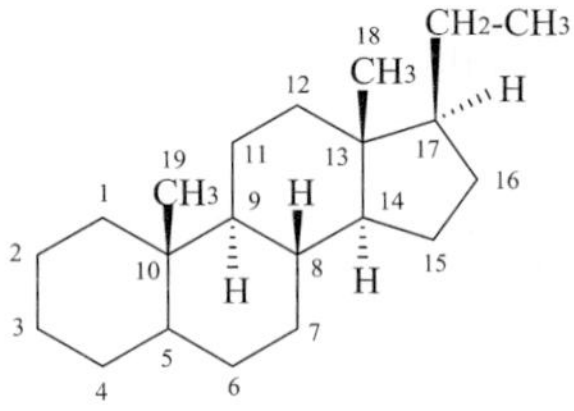

プレグナン pregnane 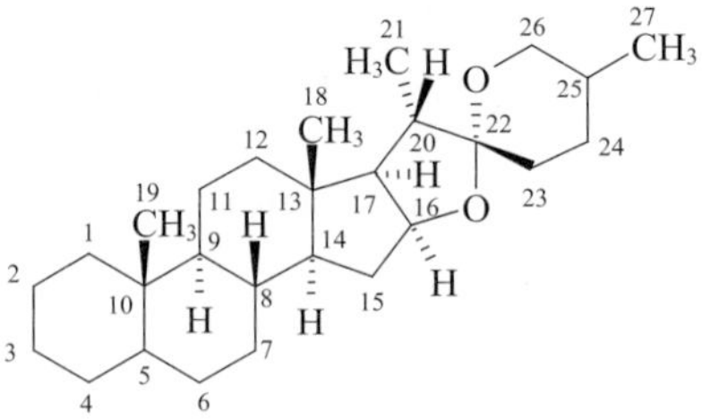　　スピロスタン spirostan 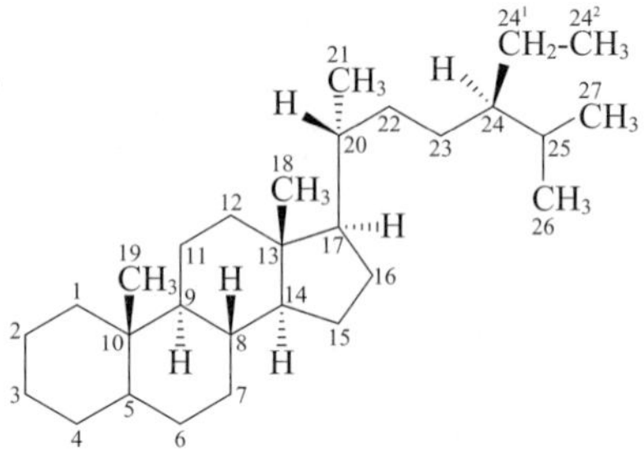　　スチグマスタン stigmastane

3. テルペノイド

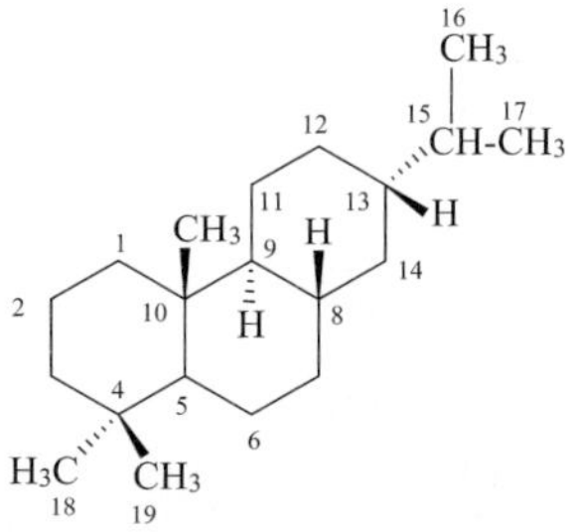

アビエタン abietane** 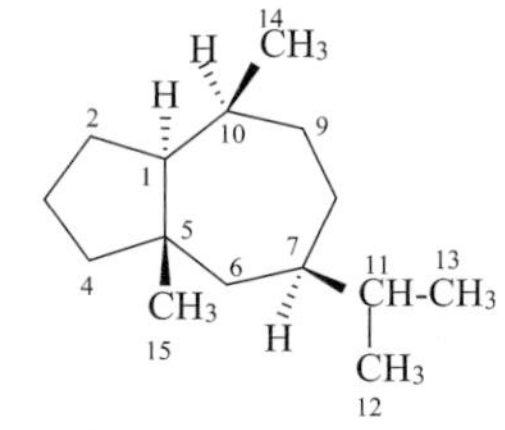　　アンブロサン ambrosane** 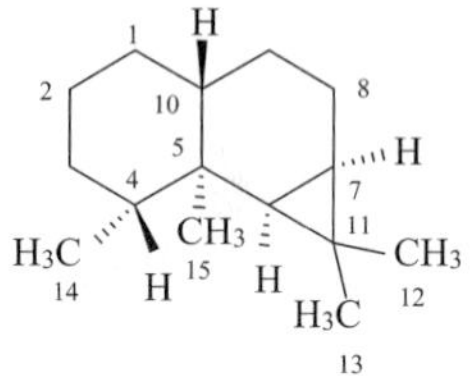　　アリストラン aristolane

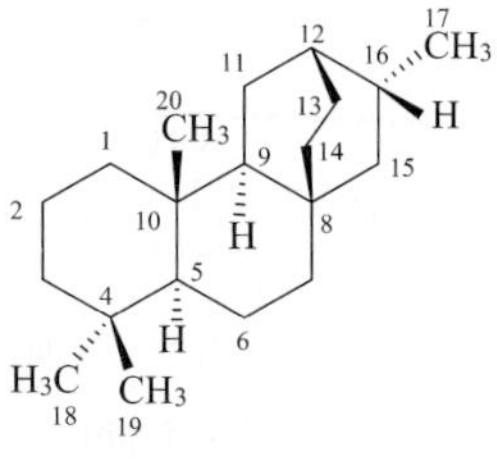

アチサン atisane 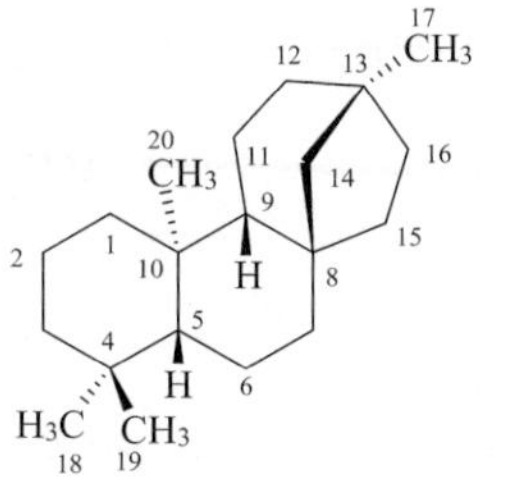　　ベイエラン beyerane** 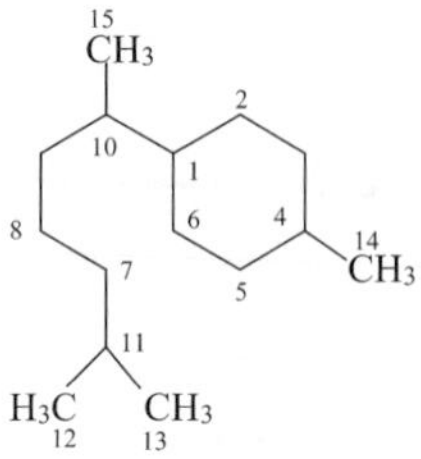　　ビサボラン bisabolane**

[†1] CAS では，位置番号 22¹, 23¹, 24¹ はそれぞれ 34, 33, 28 である．
[†2] この母体構造は CAS では，スチグマスタン stigmastane の立体異性体として位置番号 24¹ および 24² をそれぞれ 28 および 29 に変えて命名されている．

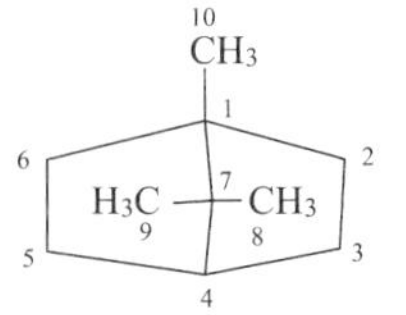

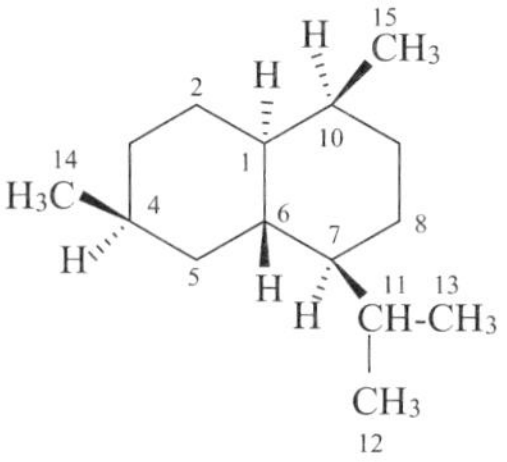

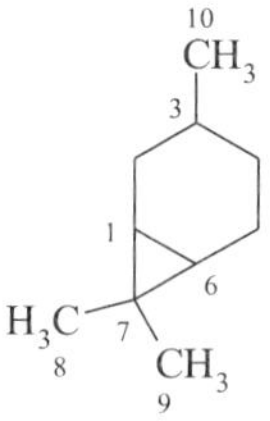

付録 3　表 10·1 所載の天然物の構造

ボルナン　bornane**

カジナン　cadinane**

カラン　carane**

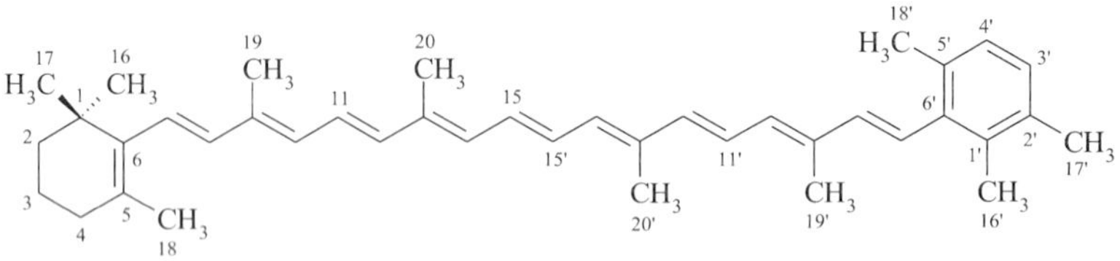

β,φ-カロテン　β,φ-carotene

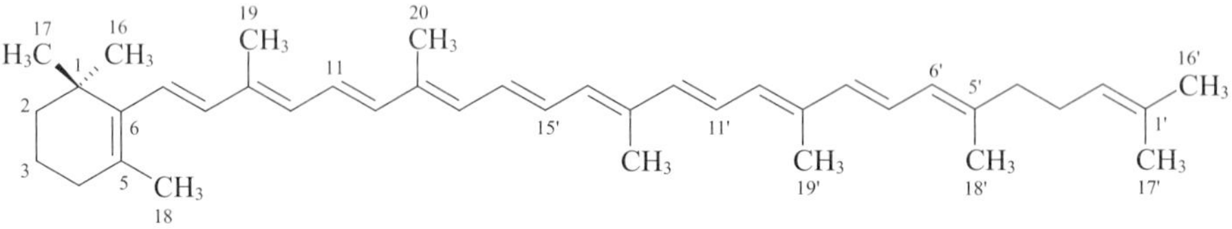

β,ψ-カロテン　β,ψ-carotene

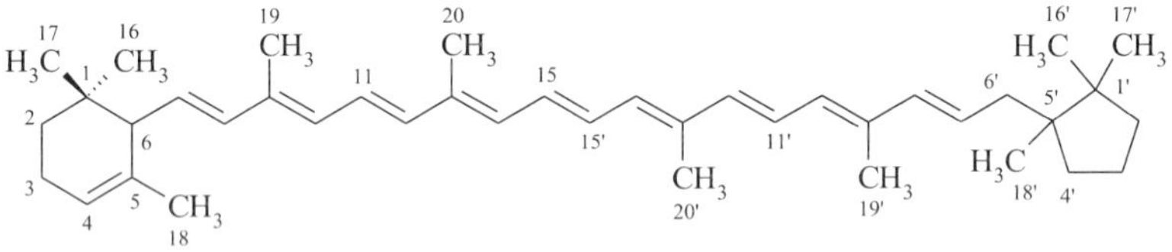

ε,κ-カロテン　ε,κ-carotene

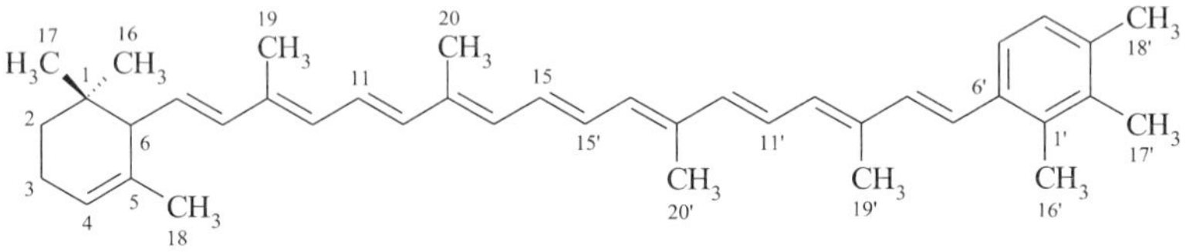

ε,χ-カロテン　ε,χ-carotene

注記: 存在しうるカロテン母体構造は 28 個あり，そのうち 4 個を上に記載している．その 28 個は，次の 7 個の末端基のいずれか二つを組合わせて得られる．

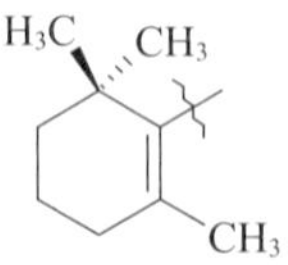

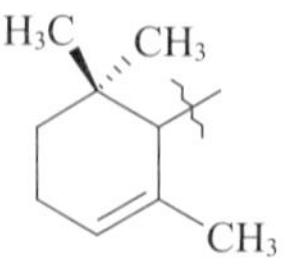

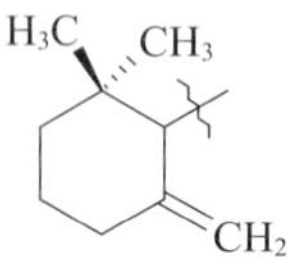

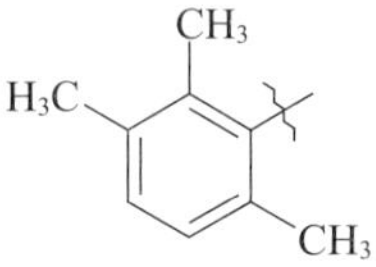

β（ベータ beta）

ε（イプシロン epsilon）

γ（ガンマ gamma）

φ（ファイ phi）

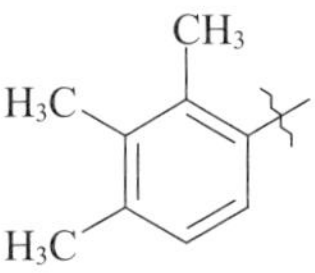

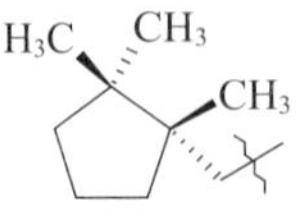

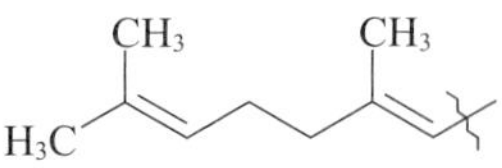

χ（カイ chi）

κ（カッパ kappa）

ψ（プサイ psi）

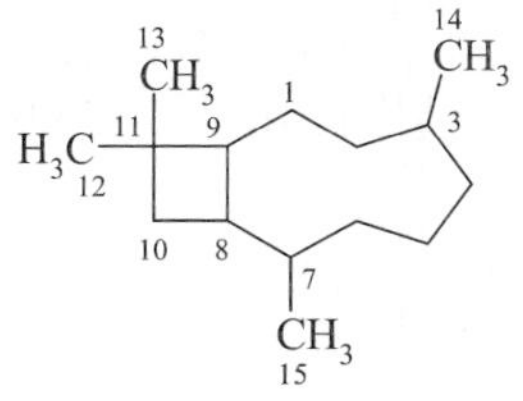

3. テルペノイド

カリオフィラン　caryophyllane** 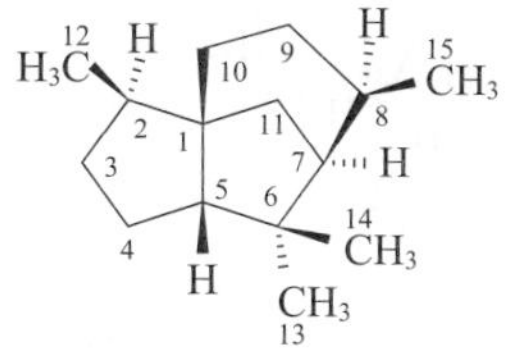　　セドラン　cedrane** 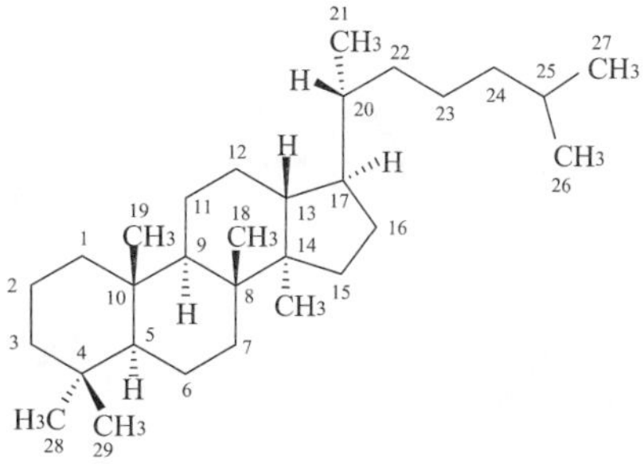　　ダンマラン　dammarane

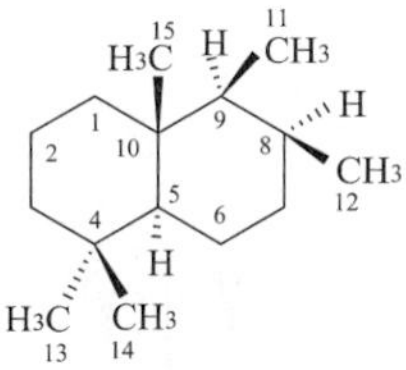

ドリマン　drimane** 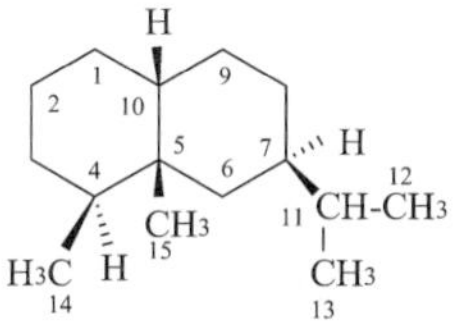　　エレモフィラン　eremophilane** 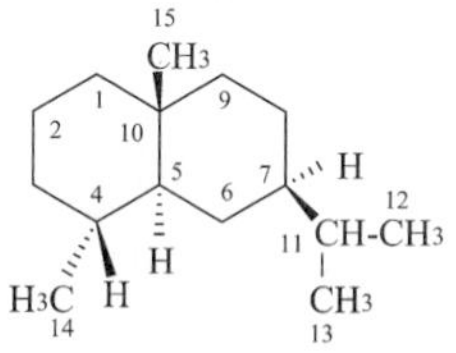　　オイデスマン　eudesmane**

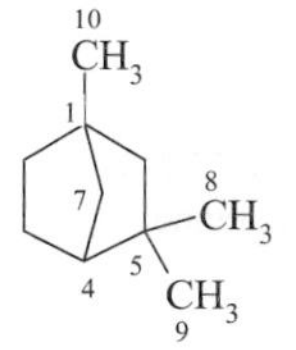

フェンカン　fenchane** 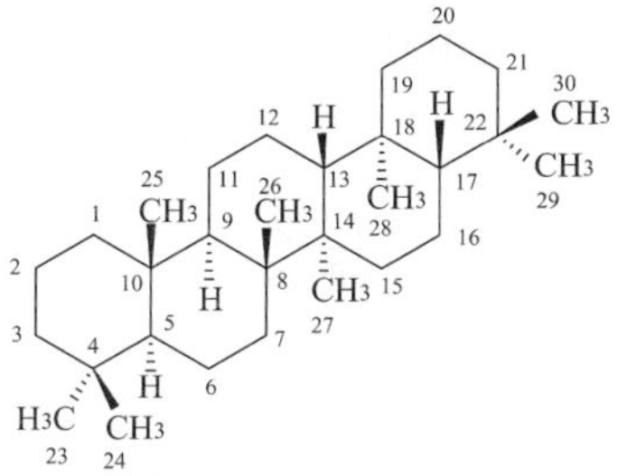　　ガンマセラン　gammacerane 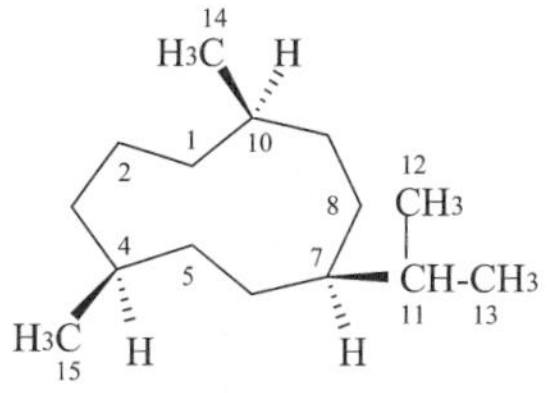　　ゲルマクラン　germacrane**

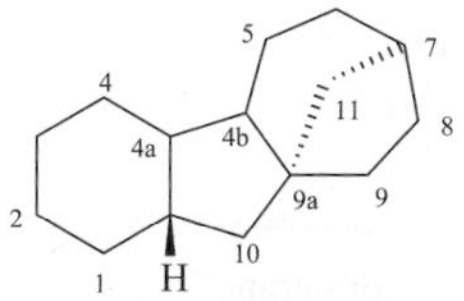

ジバン　gibbane 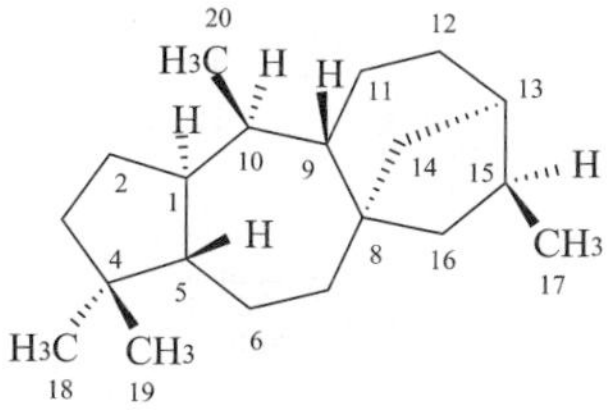　　グラヤノトキサン　grayanotoxane 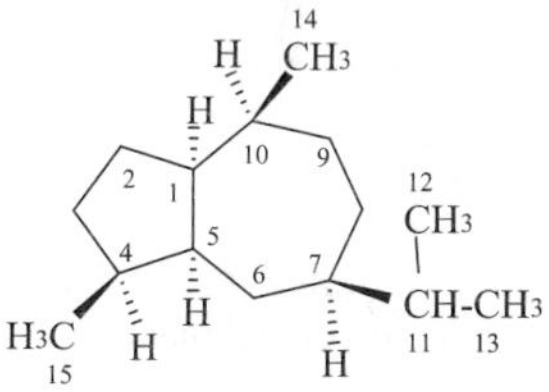　　グアイアン　guaiane**

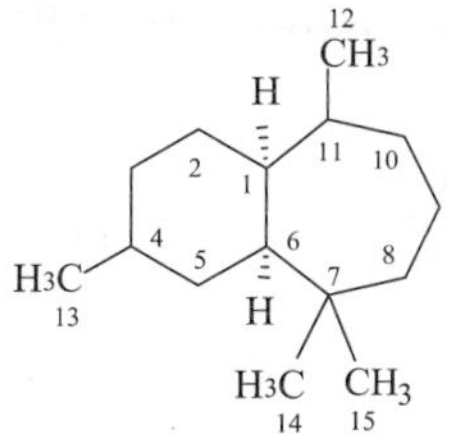

ヒマカラン　himachalane** 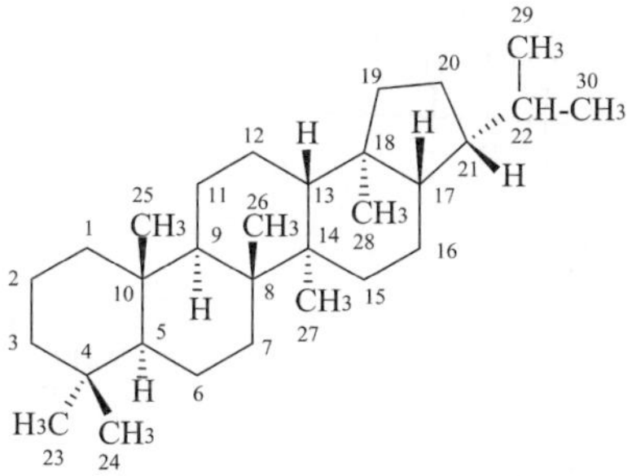　　ホパン　hopane[†1] 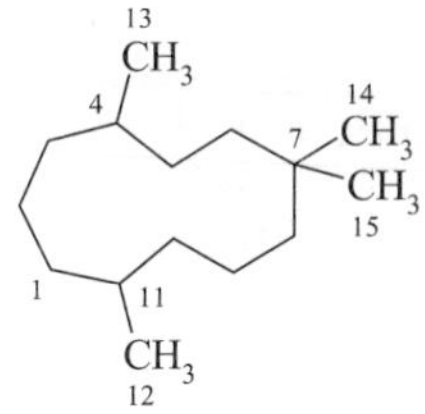　　フムラン　humulane**

---

†1　この構造の CAS 名称は ガンマセラン gammacerane に基づいている．

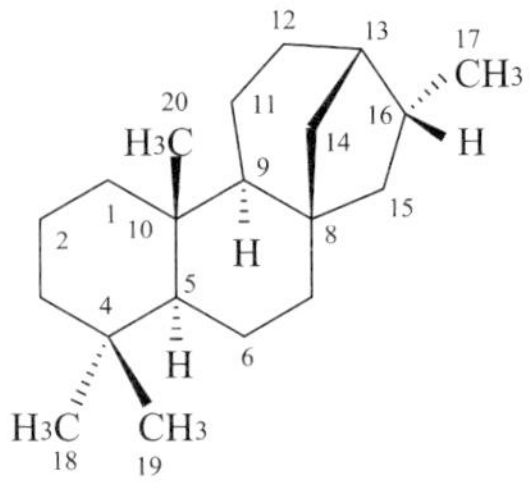

付録 3　表 10・1 所載の天然物の構造

カウラン
kaurane[†1]

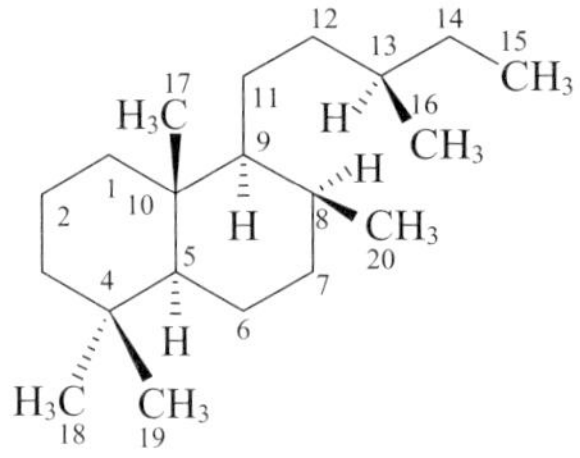

ラブダン
labdane**

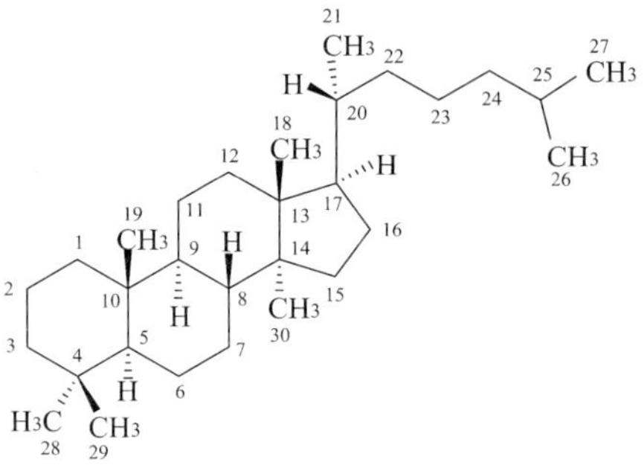

ラノスタン
lanostane

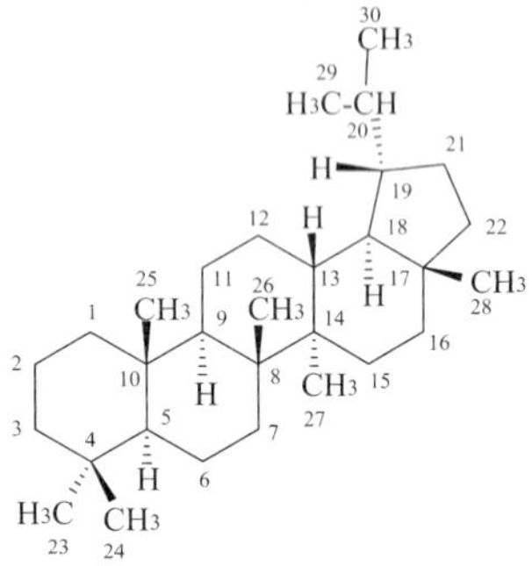

ルパン
lupane

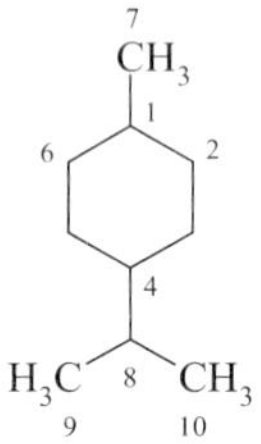

p-メンタン
p-menthane**

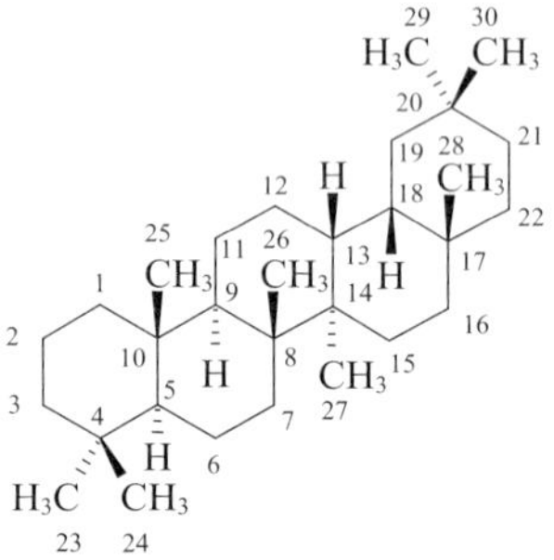

オレアナン
oleanane

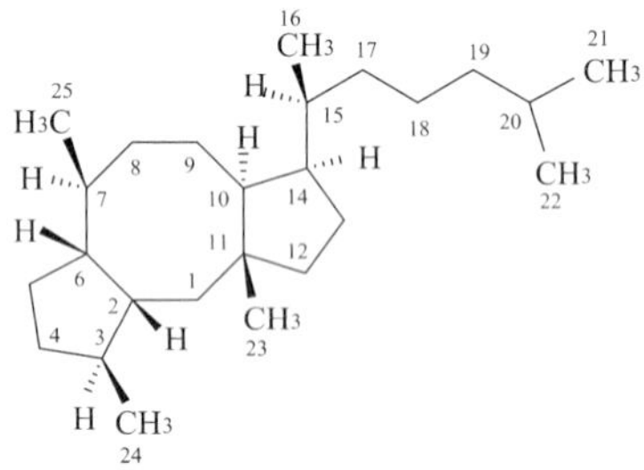

オフィオボラン
ophiobolane**

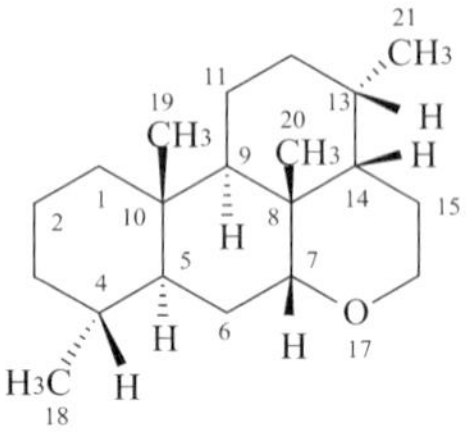

ピクラサン
picrasane

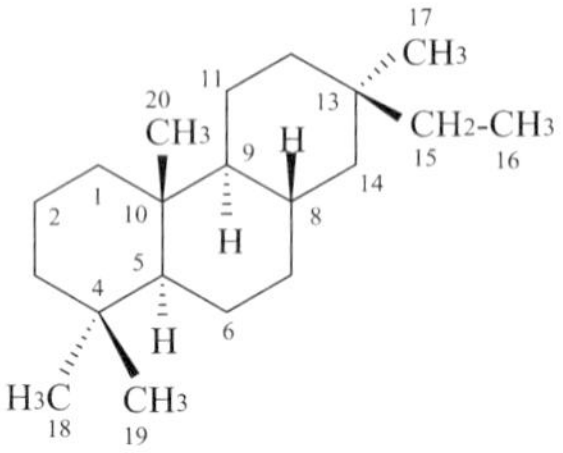

ピマラン
pimarane**

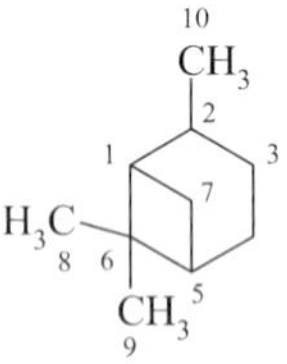

ピナン
pinane**

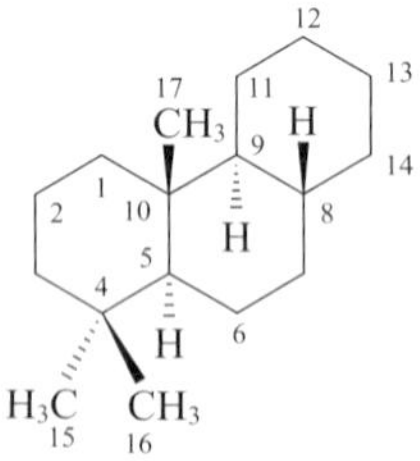

ポドカルパン
podocarpane**

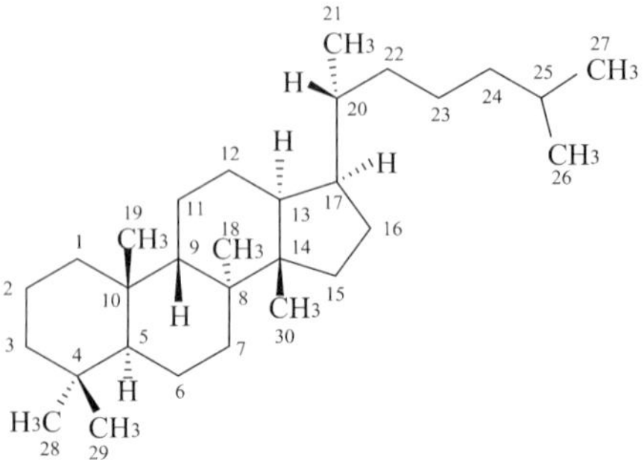

プロトスタン
protostane[†2]

†1　この構造の CAS 名称は *ent*-型立体異性体に基づいている.
†2　この構造は CAS ではダンマラン dammarane の立体異性体として命名されている.

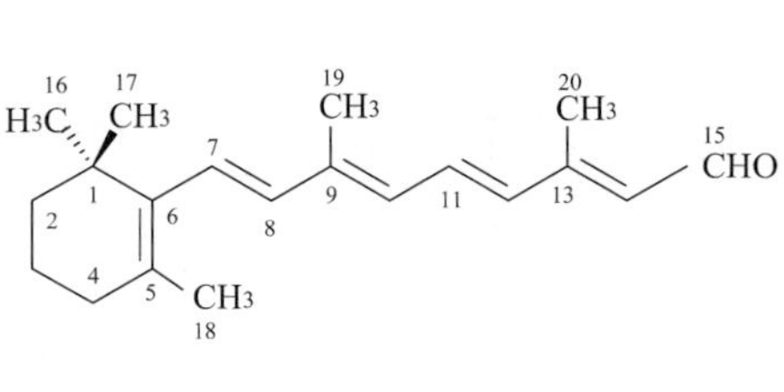

4. その他

レチナール　retinal

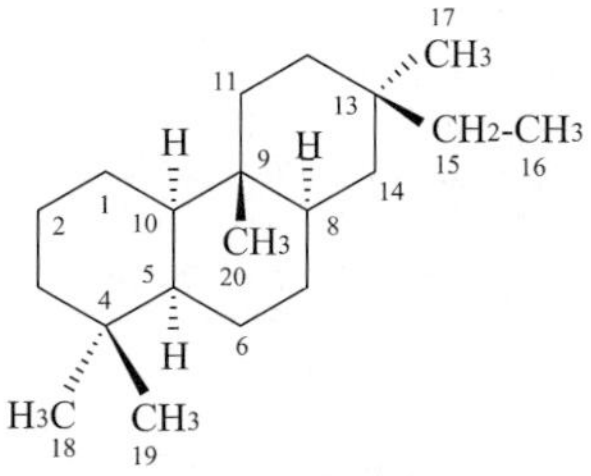

ロサン　rosane**

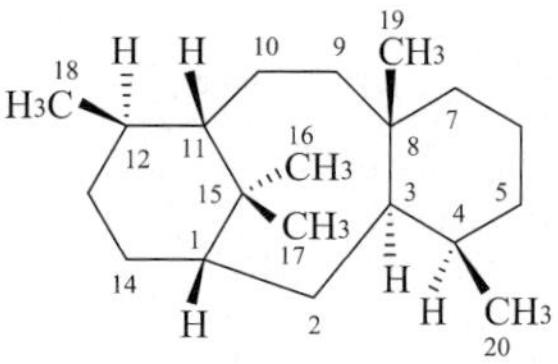

タキサン　taxane**

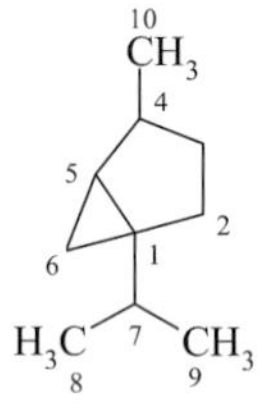

ツジャン　thujane**

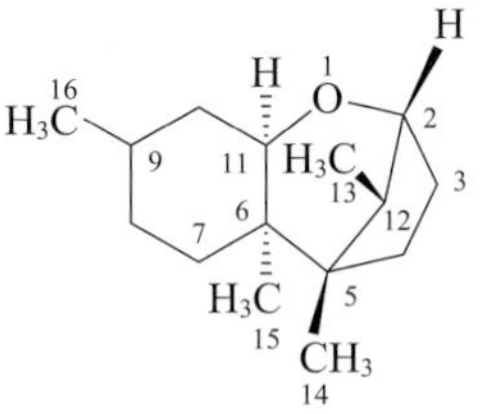

トリコテカン　trichothecane

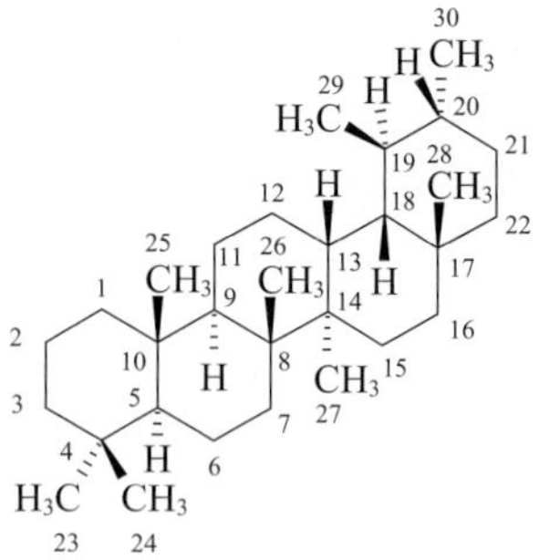

ウルサン　ursane

4. その他

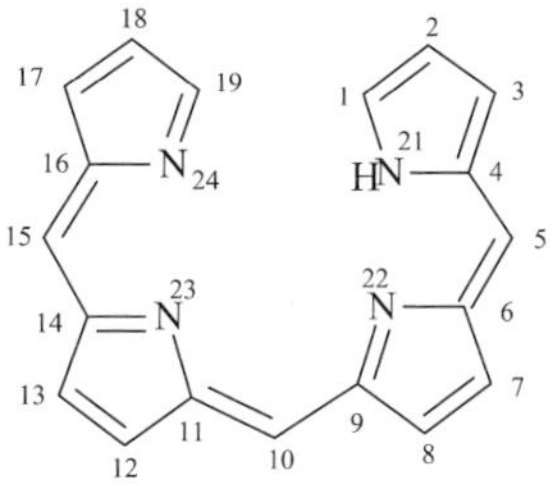

21H-ビリン　21H-biline

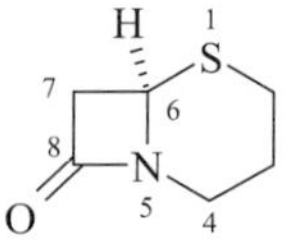

セファム　cepham**

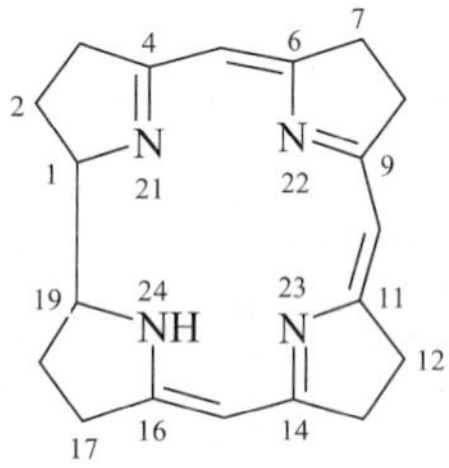

コリン　corrin

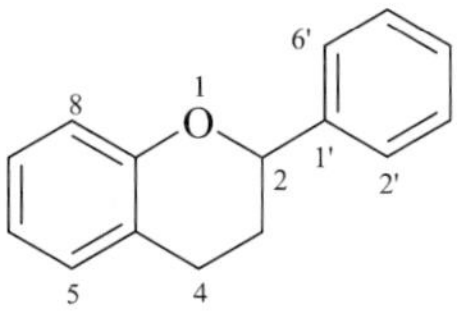

フラバン　flavan**

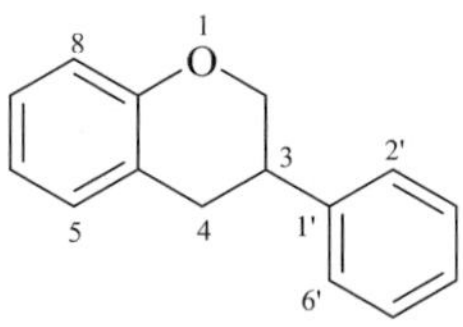

イソフラバン　isoflavan**

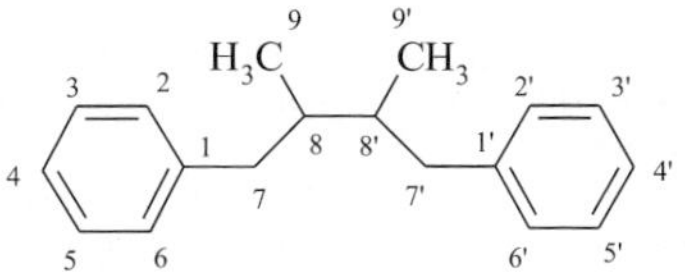

リグナン　lignane
〔8,8′(β,β′)位で結合しているときのみ〕

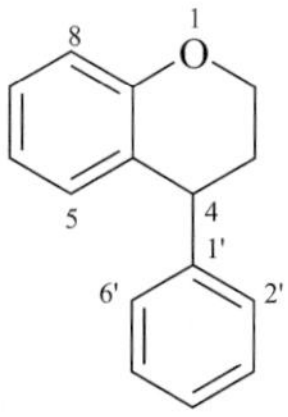

ネオフラバン　neoflavan**

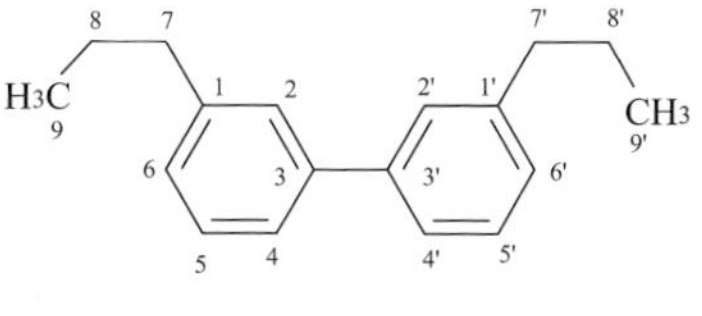

3,3′-ネオリグナン　3,3′-neolignane
〔8,8′(β,β′)位以外で結合しているその他
のすべての構造をネオリグナンとよぶ〕

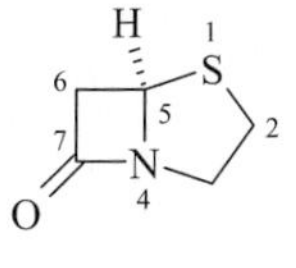

ペナム　penam**

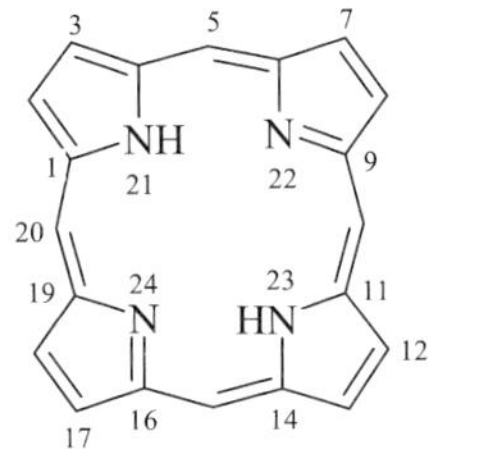

付録3 表10・1所載の天然物の構造

ポルフィリン porphyrin[†1]

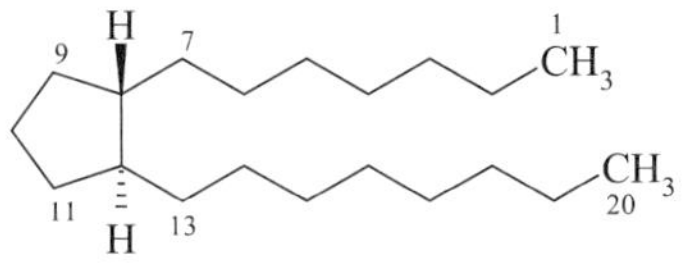

プロスタン prostane

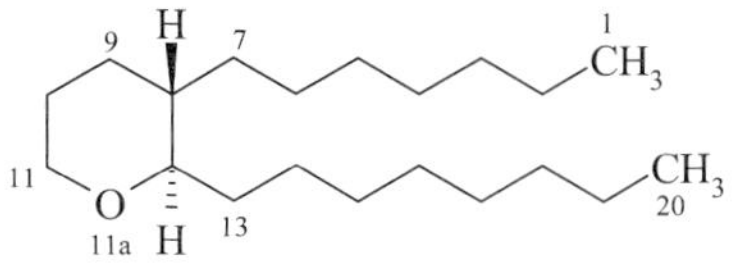

トロンボキサン thromboxane**

---

†1 この構造は CAS では母体名称ポルフィン porphine に基づいて命名されている.

索　引

欧文索引 ……………………………………………………………1091

和文索引 ……………………………………………………………1119

化合物名は原則として欧文索引を参照．また“ア”接頭語については付録1を，分離可能接頭語（置換基名）については付録2を参照のこと．

索 引 凡 例

1. 語の配列はアルファベット順，または 50 音順とした．

2. 2 語以上からなる語は語の区切りを無視し，全体を一語として読んで配列した．

3. 化合物名は，下記のような位置記号（数字，文字位置記号，ギリシャ文字を含む），立
   体表示記号，同位体表示記号，指示水素，付加指示水素，スペース，ハイフン，括弧類
   を無視してアルファベット順または 50 音順に配列した．

   例：1,2-，[3.2.1]，*tert*-，*N*-，β,γ-，(*R*,*S*)-，*erythro*-，[^{14}C]，1*H*-

4. 欧文索引で化合物の名称をハイフンやスペースのないところで改行したものに，記号
   ○ を付した．

5. 欧文索引ではギリシャ文字の接頭記号をもつ語のうち，ギリシャ文字を無視すると意
   味をなさない語については下記の読み替えに従って配列した．

α	β	γ	Δ,δ	ε	ζ	η	θ	κ	Λ,λ	μ	Ξ,ξ	π	ρ	Σ,σ	τ	φ	χ	ψ	ω
A	B	G	D	E	Z	E	T	K	L	M	X	P	R	S	T	P	C	P	O

欧 文 索 引

A

α 825, 916, 951
A（アラニン） 979
A 825, 869
f,s*A* 900
abeo 17, 926
(3α*H*)-5(4→3)-abeo-podocarpane 926
abietane 917, 919, 1083
13β-abietane 917
absolute configuration 859
ac 908
ace 147
aceanthrylene 147, 205
acenaphtho 91, 155, 158
acenaphthoquinone 511
acenaphthylene 147, 205
acenaphthylene-1,2-dione 511, 514
acene 146
acephenanthrylene 147, 205
acetal 648
acetaldehyde 645
acetaldehyde ethylene monothioacetal 649
acetamide 597
acetamidine 420
2-acetamido-2-deoxy-D-galactopyranose 960
acetamidylium 777
acetamidyliumyl 801
acetanilide 601
acetate 761
acetato 737
acetic acid 4, 42, 287, 288, 526
(2-²H₁)acetic acid 810
[1-¹⁴C]acetic acid 817
(*O*-²H)acetic acid 810
acetic (²H)acid 810
acetic acidium 773
acetic anhydride 50, 587
acetic boric dianhydride 589
acetic cyanic anhydride 587
acetic dimethylborinic anhydride 665
acetic peroxyanhydride 588
acetic propanoic anhydride 385, 587
acetimidamide 625
acetimidic acid 533
acetimidoyl 545
acetoacetic acid 528
acetohydrazide 619
4-(acetohydrazido)benzoic acid 621
acetohydrazonic acid 534
acetohydroxamic acid 537
acetohydroximic acid 536
acetoin 524
acetone 4, 510, 511

acetone azine 386, 711
acetone semicarbazone 50, 386
acetonitrile 640
(²H₃)acetonitrile 813
acetonitrile oxide 11, 796
acetonitrile sulfide 796
acetonyl 519
acetonylidene 519
acetonylidyne 519
acetophenone 510, 512
acetoxy 572
2-acetoxyethanesulfonic acid 572
acetyl 289, 291, 295, 427, 544
N-acetylacetamido 606
acetylacetic acid 520
acetylamide 764
acetyl anion 759
4,4′-(acetylazanediyl)dibenzoic acid 605
acetylazanide 764
N-acetylbenzamide 606
2-acetylbenzoic acid 564
acetyl cation 774, 777
acetyl chloride 49, 385, 565
acetyl cyanide 641
acetylene 24, 47, 259, 400
N-acetyl-D-galactosamine 960
acetylide 759
acetyl isocyanate 385
acetylium 747, 774, 777
acetyl(methanido)bis◯
　　　　(triethylphosphane)platinum 738
5-acetylnonane-4,6-dione 520
acetyloxy 572
4-(acetyloxy)benzoic acid 581
2-(acetyloxy)ethane-1-sulfonic acid 572
2-(acetyloxy)ethyl methyl butanedioate 577
(acetyloxy)sulfonyl 563
1-acetylpiperidine 607
acetylsilane 509
(acetylsulfanyl)carbonyl 296
acetylsulfanylium 778
acetylthioxylium 778
acetyl(trimethyl)silane 518
ace···ylene 147
achiral 827
acidium 773
aconitane 918, 1077
acridarsine 150, 204
acridine 148, 150, 201
acridophosphine 150, 204
acrylamide 598
acrylic acid 526
acrylohydrazonoyl 547
acryloyl 547
acylal 586
acyl carbene 797

acylium cation 777
acyloin 524
acyloxy 572
adamantane 121
adamantan-2-yl 254, 423
2-adamantyl 254, 423
addition compound 697
additive name 741
adduct 696
adenosine 999
5′-adenylic acid 1002
adipic acid 526
aIle 980
ajmalan 918, 1077
akuammilan 918, 1077
al 282, 284, 310, 644
Ala 979
alane 96
alanine 42, 979
β-alanine 980
L-alanine methyl ester 989
aldaric acid 953, 967, 971
aldehyde 644
aldehydic acid 543
aldimine 478
alditol 965
aldonic acid 953, 967
aldose 953, 954
aldotetronic acid 968
aldotrionic acid 967
aldoxime 708
alene 146
alkane 98
alkanesulfinyl 440
alkanesulfonyl 440
alkanyl-type substituent 243
alkoxy 440
alkylperoxy 440
alkyl-type substituent 243
all 937
all-E 825
allene 47, 259
allo 984
alloisoleucine 980
L-alloisoleucine 984
allophanic acid 612
D-allose 948
allothreonine 980
L-allothreonine 984
all-trans 825
allyl 280, 426
allylamine 478
allylcyclohexane 457
allylidene 280, 426
allylidyne 280, 426
allysine 980
alstophyllan 918, 1077
L-altraric acid 971

D-altrose 948
aluma 104
alumane 96, 686
alumanyl 244, 690
alumanylidene 244
alumina 66, 104
aluminane 96
aluminium 2
ambo 825, 861, 992
ambrosane 919, 1083
amic acid 542, 600
amide 282, 283, 308, 596, 597, 660,
　　　　　　　　　　　　　747, 753
amide oxime 638
amidine 420, 625
amidium 772
amido 70, 559, 656, 657
1-amido-2-thiodicarbonic acid 559
amidoxime 638
amidrazone 632
amidyl 753, 768
amidylidene 753, 768
amine 42, 85, 282, 310, 753
aminediide 763
amine imide 791
aminide 763
aminidyl 799
aminium 772
amino 293, 472, 531, 542
2-aminoacetamide 598, 989
aminoacetone 47
aminoacetonitrile 641, 990
3-amino-L-alanine 987
aminoalditol 967
3-aminoazepan-2-one 523
5-aminoazulen-2-ol 47
4-aminobenzene-1-sulfonic acid 560
2-aminobenzoic acid 528
(1*S*,3*R*,5*R*,7*R*)-3-amino-5-
　　　　　bromoadamantan-1-ol 887
aminocarbonimidoyl 289, 291, 554
aminocarbonothioyl 554
aminocarbonyl 289, 291, 542, 554, 602
(aminocarbonyl)acetic acid 600
(aminocarbonyl)amino 611
[(aminocarbonyl)amino]carbonyl 612
2-(aminocarbonyl)benzoic acid 602
(aminocarbonyl)carbamic acid 612
1-amino-3-chloropropan-2-one 990
2-amino-2-deoxy-D-galactose 959
2-amino-2-deoxy-D-glucose 959
2-amino-2-deoxy-D-mannose 959
aminodichlorosilyl 671
2-amino-2,6-dideoxy-D-galactose 959
4-amino-3,4-dioxobutanoic acid 603
2-aminoethan-1-ol 506
3-amino-3-hydrazinylidenepropanoic
　　　　　　　　　　　　acid 634
[amino(hydroxy)methylidene]amino
　　　　　　　　　　　　　613
[amino(imino)methyl]amino 627
4-[amino(imino)methyl]benzoic acid
　　　　　　　　　　　　　628
2-(aminomethylidene)hydrazin-1-yl
　　　　　　　　　　　　　635
1-amino-2-methylpropane-2-peroxol
　　　　　　　　　　　　　505
4-aminonaphthalene-1-sulfonic acid 564

aminonitrene 750
2-amino-5-nitrobenzoic acid 531
aminooxalyl 603
(aminooxalyl)acetic acid 603
amino(oxo)acetamido 605
amino(oxo)acetic acid 287, 526
4-amino-4-oxobutanoic acid 543
amino(oxo)ethaneperoxoic acid 537
3-amino-3-oxopropanoic acid 600
aminooxy 90, 292, 708
N-(aminooxy)methanamine 707
5-aminopentanoic acid 531
4-aminophenyl 427
2-amino-1-*N*-phenylacetamide 990
3-aminopropanoic acid 473
1-aminopropan-2-one 47
S-aminosulfonimidoyl 629
aminosulfonyl 563
aminoxide 507, 762
aminoxyl 755
aminoxylium 778
aminyl 748, 753, 754
aminylene 749, 750
aminylidene 750, 753
aminylium 775, 787
ammine 738
ammonio 785
ammonium 747, 770
ammonium 3-carboxypropanoate 570
ammonium hydrogen butanedioate 570
ammonium hydrogen succinate 570
ammoniumyl 785
amplificant 206, 207
amplification 206
androsta-5,7-diene 935
androstane 919, 1082
5β-androstan-3β-ol 941
ane 44, 105
angiotensin II 992
angular position 143
anhydride 587
anhydro 17, 19, 972
1,5-anhydro-D-galactitol 972
3,6-anhydro-2,4,5-tri-*O*-methyl-D-
　　　　　　　　　　　mannose 19
anilic acid 543
anilide 600
aniline 42, 288, 468
anilinium chloride 802
anilino 290, 291, 426, 468, 472, 543,
　　　　　　　　　　　　　753
anilino(oxo)acetic acid 543
5-anilino-5-oxopentanoic acid 543
3-anilinopyridine 471
anisidine 468
anisidino 469
anisole 12, 48, 287, 288, 493, 495
annulene 100, 205, 400
1*H*-[7]annulene 101, 156, 400
[6]annulene 100
[8]annulene 415
[10]annulene 100, 156
('a') nomenclature 65
anomer 951
anomeric center 951
anomeric reference center 951
anthra 91, 158
anthracena 208

anthracene 145, 205
anthracene-1,2-dione 514
anthracene-9,10-dione 510
anthracene-9-hydryl 748
anthracen-9-ol 486
anthracen-2-yl 254, 423
anthracen-4a(2*H*)-ylium 36
anthranilic acid 528
anthraquinone 510, 513
1,2-anthraquinone 514
9,10-anthraquinone 510
9-anthrol 486
2-anthryl 254, 423
anti 825, 876, 888
anticlinal 908
anticlockwise 870
antimonic acid 652
antimonous acid 653
antimony 2
antimonyl 666
antiperiplaner 908
ap 908
apo 17, 925
6′-apo-β-carotene 925
aporphine 918, 1077
aqua 738
D-arabinitol 965
arabino 825
D-arabinose 948
Arg 979
arginine 979
*N*ω-arginino 986
aristolane 919, 1083
arsa 66, 104
arsane 96, 397
λ⁵-arsane 97, 397, 723
arsanetriyl 725
arsanthrene 151, 204
arsanthridine 150, 204
arsanyl 725
arsanylidene 244
arsanylylidene 725
arsenic 2
arsenic acid 651
arsen(i)ous acid 651
arsenoso 464
arsenyl 666
arsindole 150, 204
arsindolizine 150, 204
arsine 397
arsinic acid 300, 651
arsinidine 244
arsino 725
arsinoline 150, 204, 723
arsinolizine 150, 204
arsinous acid 300, 651
arsinoyl 667
arsinyl 667
arso 464
arsonato 767
arsonic acid 300, 651
arsonium 770
arsono 666
arsonoacetic acid 726
arsonous acid 300, 651
arsonoyl 667
arsorane 97, 397, 723
arsoric acid 301, 651

arsorimidoyl 667
arsorodithioic acid 658
arsorothioic *O,O,O*-acid 658
arsorous acid 301, 651
arsoryl 666
Asn 979
Asp 979
asparagine 979
asparaginyl 989
aspartic acid 979
asparto 986
α-aspartyl 989
aspart-1-yl 989
aspidofractinine 918, 1077
aspidospermidine 918, 1077
astata 66
astatane 96
astatine 2
ate 285, 569, 746, 758, 761
aThr 980
atidane 918, 1077
atisane 919, 1083
atisine 918, 1077
atropisomerism 830
attached component 154
attachment atom 207
attachment locant 207
aza 66, 104
1*H*-1-aza[13]annulene 108, 261
aza[14]annulene 107
4-azabicyclo[8.5.1]hexadec-1(15)-ene 258
3-azabicyclo[3.2.2]non-6-ene 264
1-azabicyclo[2.2.2]octane 121
1-azacyclododeca-1,3,5,7,9,11-hexaene 394
1-azacyclododeca-1,5,7,9,11-pentaen-6-yl 279
1-azacyclotetradeca-1,3,5,7,9,11,13-heptaene 107
1-azacyclotrideca-2,4,6,8,10,12-hexaene 261
2*H*-1-aza(C₆₀-*I*ₕ)[5,6]fullerene 229
(ᶠˢ*A*)-2*H*-5-aza-(C₇₆-*D*₂)[5,6]fullerene 900
azane 96
azanediidyl 768
azanediyl 294, 476, 750
N,N′-azanediylbis(arsanediyl)bis○ (arsanamine) 99
4,4′-azanediyldibenzonitrile 476
azanidyl 768, 799
azanidylidene 768
azanium 770
λ¹-azanium 787
azaniumyl 785
azaniumylacetate 989
azano 184
(azanoethano) 186
azanyl 472, 748, 754
azanylia 67, 781
azanylidene 750
azanylidyne 294
azanylium 775, 787
3-azanylpropanoic acid 473
azanylylidene 294, 479
1-azaspiro[5.5]dec-3-ene 265
(azeno) 185

azepane-2-thione 522
azepan-2-one 516
azepine 202
1*H*-azepine 106
azetidine 106
azide 566, 796
azido 70, 293, 440, 464, 566, 656, 796
azidobenzene 49, 796
azimino 184
azine 711
azinic acid 300, 464, 651
azino 710
azinous acid 651
azinoyl 666
azirene 202
1*H*-azirine 106
azo 184
azobenzene 715
4,4′-azobenzoic acid 716
azo imide 793
azomethane 715
azomethine imide 793
azomethine ylide 794
azonia 781
azonic acid 300, 651
azono 666
azonothioyl 668
azonous acid 651
azonoyl 666
azorous acid 652
azoxy 717
azoxybenzene 717
azulene 145, 165, 205
azulene-3a(1*H*)-carboxylic acid 36
azulenelium 798
{μ-[2(1—3,3a,8a-η):1(4—6-η)]○ azulene}-(pentacarbonyl-1κ³*C*,2κ²*C*)○ diiron(*Fe*—*Fe*) 739
azulene radical cation 798
azulene radical ion(1+) 798
azulen-2(1*H*)-ylidene 247

B

β 825, 916, 951
βAla 980
base component 154
benzal 511
benzaldehyde 645
benzamide 597
1(1,3)-benzenacycloheptadecaphane 406
1(1,3)-benzena-9(1,3)-cyclohexanacyclohexadecaphane-9¹(9⁶), 9⁴-diene 267
benzenamine 288
benzenaminediide 763
benzenaminide 763
benzenaminium chloride 802
benzenaminiumyl 800
benzenaminyl 753
benzene 100, 205, 400
benzeneacetic acid 72, 90
benzene-1,2-bis(olate) 762
benzene-1,2-bis(thiolate) 762
benzenecarbaldehyde 645

benzenecarbodithioic acid 72
benzenecarbohydrazonamide 632
benzenecarbohydrazonic acid 534
benzenecarbohydroximoyl 545
benzenecarbonitrile 640
benzenecarbonyl 289, 291, 545, 752
benzenecarboperoxoic acid 528, 537
benzenecarboselenoic acid 9, 540
benzenecarbothialdehyde 647
benzenecarbothioamide 608
benzenecarbothiohydrazide 623
benzenecarbothioic anhydride 587
benzenecarbothioyl 546
benzenecarboximidic acid 533
benzenecarboximidoyl 545
benzenecarboxylic acid 287, 288, 526
benzene-1,2-dicarbaldehyde 645
benzene-1,4-dicarbaldehyde 645
benzene-1,2-dicarbohydrazide 619
benzene-1,4-dicarbohydrazide 619
benzene-1,2-dicarbohydrazonic acid 535
benzene-1,2-dicarbonitrile 641
benzene-1,4-dicarbonitrile 641
benzene-1,2-dicarbonyl 547
benzene-1,4-dicarbonyl 753
benzene-1,2-dicarboxamide 598
benzene-1,4-dicarboxamide 598
benzene-1,2-dicarboximidic acid 533
benzene-1,4-dicarboximidoyl 548
benzene-1,2-dicarboxylic acid 47, 526
benzene-1,3-dicarboxylic acid 526
benzene-1,4-dicarboxylic acid 526
benzene-1,2-diol 486
benzene-1,3-diol 486
benzene-1,4-diol 486
benzenediselenoperoxol 420
benzene-1,4-diyl 750
benzenehexayl 25
benzenehexol 90, 487
benzenelium 799
benzeneseleninyl cyanide 642
benzeneselenoselenic acid 420
benzenesulfinohydrazonohydrazide 637
benzenesulfinyl anion 759
benzenesulfonate 761
benzenesulfonic acid 560
benzenesulfonohydrazonic acid 561
benzenesulfonyl 562
benzenethiol 71, 491
benzene-1,2,4-tricarboxylic acid 47
benzene-1,2,4-triyltris(oxy) 54
(benzene-1,3,5-triyl)tris(silane) 59
benzenide 759
benzenido 737
benzenium 770
benzeniumyl 799
[1,2]benzeno 183
[1,3]benzeno 183
9,10-[1,2]benzenoanthracene 193
benzenol 4, 287, 289
([1,4]benzenomethano) 186
benzenylium 774
benzhydryl 255, 422
benzidine 473
benzidino 473
benzilic acid 528
benzimidic acid 533

benzimidoyl 545
$1H$-$1\lambda^3$-benziodole 735
benzo 91, 152, 155, 158
benzo[2,3]-5α-androstane 932
$8\delta^2$-benzo[9]annulene 200
benzo[8]annulene 17
benzo[7]annulenylium 801
$2H$-2-benzoborol-2-uid-2-ylidene 768
benzo[1,2:4,5]di[7]annulene 177
benzo[1,2-f:4,5-g']diindole 177
$1\lambda^4$,5-benzodithiepine 29
benzoferrocene 741
benzofuran 153
1-benzofuran 153
2-benzofuran 153
benzo[c]furan 153
1-benzofuran-2-amine 469
2-benzofuran-1,3-dione 593
benzohydrazide 619
benzohydrazonic acid 534
benzohydroximic acid 536
benzoic acid 287, 288, 526
benzoic thioanhydride 588
benzoin 524
benzonitrile 640
benzonitrile oxide 643
benzonitrilium 772
benzonitriliumyl 801
$4H$-3,1-benzooxazine 153
$4H$-benzo[d][1,3]oxazine 153
3-benzooxepine 152
benzo[d]oxepine 152
benzophenone 510, 512
1-benzopyran 149, 203
2-benzopyran 149, 203
$1\lambda^4$-benzopyran-1-ylium 780
$2\lambda^4$-benzopyran-2-ylium 780
1-benzopyridine 3
benzo[b]pyridine 3
benzo[g]quinoline 180
1,4-benzoquinone 510, 513
1-benzoselenopyran 149, 203
2-benzoselenopyran 149, 203
$1\lambda^4$-benzoselenopyran-1-ylium 780
$2\lambda^4$-benzoselenopyran-2-ylium 780
1-benzotelluropyran 149, 203
2-benzotelluropyran 149, 203
$1\lambda^4$-benzotelluropyran-1-ylium 780
$2\lambda^4$-benzotelluropyran-2-ylium 780
benzo[a]tetracene 179
benzo[m]tetraphene 164
benzo[pqr]tetraphene 162
1-benzothiopyran 149, 203
2-benzothiopyran 149, 203
$1\lambda^4$-benzothiopyran-1-ylium 780
$2\lambda^4$-benzothiopyran-2-ylium 780
$2H$-1,3-benzoxathiole 198
$4H$-3,1-benzoxazine 90, 153
3-benzoxepine 90, 152
benzoyl 289, 291, 295, 545, 752
benzoyl cyanide 49
benzoyl isocyanide 385
benzyl 252, 422
benzyl bromide 459
benzyl cyanide 12
S-benzyl-L-cysteine 987
benzylidene 252, 422
benzylidyne 252, 422

benzylidyneammonium 772
benzylidyneazanium 772
(benzylidyneazaniumyl)oxidanide 643
benzylidyne(oxo)-λ^5-azane 643
benzyl isothiocyanate 49
benzyl methyl ketone 512
benzyloxy 295, 427
(benzyloxy)carbonyl 296
2-benzylpyridine 252
benzyne 270, 276, 418
berbaman 918, 1078
berbine 918, 1078
beyerane 919, 1083
bi 21, 82, 233
biacetyl 511
$1H$,$3'H$-4,4′-biazepine 235
bicyclo 112
bicyclo[4.4.0]decane 417
bicyclo[4.4.2]dodecane 112
[(2,3,5,6-η^4)-bicyclo[2.2.1]hepta-2,5-
    diene]tricarbonyliron 739
bicyclo[2.2.1]heptan-2-yl 243
bicyclo[4.1.0]hepta-1,3,5-triene
    262, 401
bicyclo[2.2.1]hept-2-yl 243
[1,1′-bi(cyclohexane)]-1,2′-diene 268
bicyclo[4.2.1]nonasilane 399
bicyclo[2.2.2]octa-2,5-diene 262
bicyclo[3.2.1]octane 112
(3Z)-[1,1′-bi(cyclooctan)]-3-ene 905
bicyclo[4.2.0]octan-3-ol 487
bicyclo[3.2.1]octan-2-one 512
bicyclo[2.2.2]octan-2-yl 423
bicyclo[4.2.0]octa-1,3,5,7-tetraene
    401
bicyclo[3.2.1]oct-2-ene 262
bicyclo[2.2.2]oct-5-en-2-yl 278
bicyclo[2.2.2]oct-2-yl 423
1,1′-bi(cyclopentylidene) 235
$\Delta^{1,1'}$-bicyclopentylidene 235
1,1′-bi(cyclopropane) 234, 413
1,1′-bi(cyclopropyl) 234, 413
bicyclo[4.2.0]oct-6-ene 262
bicyclo[6.6.0]tetradecaphane 208
bidentate 737
2,3′-bifuran 234
$2'H$,$3H$-2,3′-bifuranylidene 236
$2'H$,$5H$-[2,3′-bifuranylidene]-2′,5-dione
    517
2,3′-bifuryl 234
biguanide 628
biimino 184
$1H$,$1'H$-1,1′-biindene 235
3a,3′a-biindene 235
$2'H$-1,2′-biindole 235
$2'H$-1,2′-biisoindole 236
$21H$-biline 919, 1087
1,2′-binaphthalene 234
$2'H$-1,4′a-binaphthalene 236
2,2′-bi-1-naphthol 489
1,2′-binaphthyl 234
binary name 802
2,2′-biphenol 489
biphenyl 4, 234
1,1′-biphenyl 4, 234
[1,1′-biphenyl]-4,4′-diamine 473
[1,1′-biphenyl]dielide 798
biphenyl diradical dianion 798

biphenyl diradical ion(2−) 798
biphenylene 146, 205
[1,1′-biphenyl]-3,3′,4,4′-tetramine 90
[1,1′-biphenyl]-4-yl 248
$6H$,$6'H$-2,2′-bipyran 235
$2'H$,$4'H$-[2,3′-bipyranylidene]-2′,5(6H)-
    dione 517
2,2′-bipyridine 15, 234
$2H$-1,2′-bipyridine 236
2,2′-bipyridyl 15, 234
1,1′-bipyrrole 235
bis 21, 59, 78, 80
bisabolane 919, 1083
bis(acetyloxy)borinic acid 589
N,N-bis(carboxymethyl)glycine 16, 476
bis(chloroacetic) anhydride 595
bis(chloromethyl)aminoxyl 755
bis(diazenyl)methanethione 721
bis(diazenyl)methanone 721
bisecting conformation 909
bis(2-hydroxyethoxy)acetic acid 531
2,2-bis(hydroxymethyl)propane-1,3-diol
    485
bisma 66, 104
bis(methanaminium) sulfate 802
4,4-bis(methylamino)butanoic acid 473
bis(1-methylethylidene)hydrazine 711
1,1-bis(methylsulfanyl)pentane 649
bismuth 2
bismuthane 96, 397, 727
λ^5-bismuthane 727
bismuthanyl 727
λ^5-bismuthanylidene 727
bismuthine 397, 727
bismuthino 727
bismuthonia 781
bismuthonium 770
bismuthorane 727
1,2-bis(4-oxocyclohexyl)-$1\lambda^6$,$2\lambda^6$-
    disulfane-1,1,2,2-tetrone 524
bis(phenyldiazenyl)methanone 61, 390
bis(phosphate) 962
bis(silylamino)silyl 246
3,4-bis(sulfanyl)butanoic acid 491
1,4-bis(sulfanylidene)butane-1,4-diyl
    549
bis(sulfanylidene)ethanediyl 546
bis(thioanhydride) 594
1,1′-bistibinane 723
biuret 615
boat form 910
bora 66, 104
boranamine 662
borane 96, 686
λ^1-borane 686
boranediyl 671, 690
boranetriyl 671, 690
1,1′,1″-boranetriyltrihydrazine 662
borano 184
boranthrene 151, 204, 689
boranuida 67, 765
boranuidyl 768
boranyl 244, 671, 690, 748
boranylia 781
boranylidene 244, 671, 690
boranylidyne 671
boranylphosphane 299
borata 765

欧　文　索　引　　1095

borazine　689
1*H*-borepine　688
boric acid　302, 652, 691
borinan-1-yl acetate　583
borinic acid　301, 652, 691
bornane　919, 1084
(1*R*,4*R*)-bornan-2-one　945
boron　2
boronic acid　301, 652, 691
borono　671, 692
boron trifluoride——bis(water)　697
boroxin　689
borthiin　689
boryl　244
borylene　421
borylidene　244
bradykinin　992
[Lys²]bradykinin　992
bradykininyl-Leu　993
bradykininylleucine　993
bridge　111, 181
bridged fused ring system　181
bridgehead　111
bridgehead atom　181
bridging group　737
broma　66, 104
bromane　96
bromic acid　302, 652
bromide　459, 566
bromido　70, 656
bromine　2
1λ³-bromirane　735
bromo　70, 293, 440, 459, 566, 656
bromoacetylene　48
bromobenzene　23
2-(4-bromobenzyl)pyridine　252
2-bromo-2-(bromomethyl)butyl　242
(±)-2-bromobutane　861
rac-(2*R*)-2-bromobutane　861
(2*RS*)-2-bromobutane　861
(2*S*,3*S*)-3-bromobutan-2-ol　859
bromocarbonothioyl　554
(*R*)-bromo(chloro)fluoromethane　826, 837
bromo(chloro)phenylborane　660
3-bromocyclohex-1-ene　28
bromodiethenylstibane　737
bromoethyne　48
2-*endo*-bromo-7-*anti*-fluorobicyclo[2.2.1]heptane　888
rel-(1*S*,2*R*,4*S*,7*S*)-2-bromo-7-fluorobicyclo[2.2.1]heptane　888
bromoform　462, 463
(2*Z*)-2-bromo-3-iodotridec-2-enenitrile　846
(bromomethyl)benzene　459
bromomethylene　252
bromonium　770
2-bromophenol　485
2-[(4-bromophenyl)methyl]pyridine　252
N-bromosuccinimide　617
bromosyl　440, 462
bromosylbenzene　674
α-bromotoluene　459
bromous acid　302, 652
bromyl　440, 462
N-bromylmethanamine　736

bufanolide　919, 1082
buta-1,3-diene　91, 258
buta[1,3]dieno　182
butane　44, 400
(2-¹⁴C)butane　29
butanebis(thioyl)　549
butanedial　645
butanedihydrazide　618
butanedihydrazonic acid　534
butanedihydroximic acid　536
butanediimidic acid　533
butanediimidoyl　547
butanedinitrile　641
butanedioic acid　23, 527
butanedioic anhydride　592
butane-1,3-diol　487
butane-2,3-dione　511
butanedioyl　53, 547
butanedithioamide　608
butane-1,4-dithiol　490
butane-1,3-diyl　245
butanehydrazonic acid　534
butanehydrazonohydrazide　636
butanehydroximic acid　536
butane-2-sulfinic acid　560
butane-1,4-sultam　610
butane-2-thione　521
butane-1,2,4-tricarbaldehyde　644
butane-1,1,1-tricarbonitrile　639
butane-1,1,2-triyl　250
butanoic acid　526, 529
butanoic acid methyl ester　50
(2*R*)-butan-2-ol　859, 872
(2*S*)-butan-2-ol　872
(2*S*)-(2-²H)butan-2-ol　873
butano-4-lactam　609
butano-4-lactone　584
butan-2-one　50, 89, 508, 511
butanoyl　547
butanoyl azide　385
butanoyl cyanide　567
butanoyloxy　755
butanoylphosphane　521
butan-2-yl　44, 245, 255, 422
1-(butan-2-yl)-3-*tert*-butylbenzene　32
butanylidyne　245
butan-2-yloxy　492, 493
butan-2-yl-3-ylidene　245
butan-3-yl-1-ylidene　245
but-1-ene　46, 258
(2*E*)-but-2-ene　875
(2*Z*)-but-2-ene　826, 875
cis-but-2-ene　875
trans-but-2-ene　875
(2*E*)-but-2-enedioic acid　527, 875
(2*Z*)-but-2-enedioic acid　527
but[1]eno　182
but[2]eno　182
but-3-en-1-ol　46
but-3-en-2-ol　833
but-3-en-2-one　515
but-3-en-1-yl　277, 425
but-3-en-2-yl　277
tert-butoxide　507, 762
butoxide　507, 762
butoxy　493
sec-butoxy　493
tert-butoxy　493

tert-butoxyl　755
butoxyl　755
butoxylium　777
butyl　44, 244
sec-butyl　255, 422
tert-butyl　250, 422, 748
but-2-yl　245
tert-butyl alcohol　487
tert-butyl chloride　459
(f,sC)-20-*tert*-butyl-20,21-dihydro(C₇₆-D₂)[5,6]fullerene　900
tert-butyl(dimethyl)phosphane　252
tert-butyldioxidanylium　778
butyl ethyl ketone　511
butyl ethyl sulfoxide　504
2-butylhex-1-en-1-one　516
butylidyne　245
tert-butyl octanoate　573
tert-butylperoxylium　778
but-2-yne　259
but-3-yn-1-yl　277
butyric acid　526, 529
butyrohydrazonic acid　534
butyrohydroximic acid　536
γ-butyrolactone　584
butyryl　547
butyryl cyanide　567

C

C（システイン）　979
C　825, 869
c　825, 882
f,s*C*　900
cadinane　919, 1084
calcium diacetate　569
campestane　919, 1082
(＋)-camphor　945
carane　919, 1084
carba　66, 930
carbaldehyde　282, 283, 310, 644
carbamic acid　287, 288, 551, 552, 554
carbamimidamido　627
carbamimidic acid　287, 288, 551, 552, 554, 613
carbamimidothioic acid　552, 614
carbamimidoyl　289, 291, 554
carbamimidoylamino　290, 291, 627
4-carbamimidoylbenzoic acid　628
carbamohydrazonoyl　634
carbamohydrazonoylacetic acid　634
carbamoperoxoic acid　552
carbamothioic *O*-acid　552, 554
carbamothioyl　554
carbamothioylamino　614
carbamoyl　289, 291, 542, 554, 602
carbamoylacetic acid　600
carbamoylamino　290, 291, 611
2-carbamoylbenzoic acid　602
carbamoylcarbamic acid　612
carbamoylcarbamoyl　612
carbamoylhydrazinylidene　713
carbane　3, 96
1-carba-*nido*-pentaborane(5)　9, 687
(4β*H*)-4-carbayohimban　931
carbazic acid　550

欧 文 索 引

carbazole 148, 201
carbazone 718
carbazono 719
carbene 747, 749
carbodiazone 721
carbodiimide 259, 480
carbodiselenoic acid 304
carbo(diselenoperoxo)selenoic acid 304
carbo(ditelluroperoxo)hydrazonic acid
　　　　　　　　　　　　　　304, 307
carbo(ditelluroperoxo)telluroic acid 304
carbodithioic acid 304, 306
carbo(dithioperox)imidic acid 304, 306
carbo(dithioperoxo)thioic acid 304
carbohydrazide 282, 283, 309, 618
carbohydrazonamide 309, 632
carbohydrazonic acid 283, 304, 307, 534
carbohydrazonohydrazide 309, 636
carbohydrazonoperoxoic acid 304, 307
carbohydrazonothioic acid 307
carbohydrazono(thioperoxoic) OS-acid
　　　　　　　　　　　　　　304, 307
carbohydrazono(thioperoxoic) SO-acid
　　　　　　　　　　　　　　304, 307
carbohydrazonoyl 549
carbohydroximic acid 535
carbolactone 584
carbon 2
carbonamidic acid 287, 288
carbonamidimidic acid 287
carbonazidic acid 553
carbonic acid 287, 288, 300, 551, 553
carbonic diamide 288, 289, 611
carbonic dihydrazide 623, 714
carbonimidic acid 552, 554
carbonimidic diamide 288, 626
carbonimidic dihydrazide 633
carbonimidothioic acid 552
carbonimidoyl 554
carbonisothiocyanatidic acid 553
3-carbonitridothioylpropanoic acid 556
carbonitridoylacetic acid 556
carbonitrile 282, 310, 639
carbonitrilium 772
carbon monoxide—methylborane 13
carbonobromidothioic O-acid 554
carbonobromidothioyl 554
carbonochloridic acid 550, 553, 554
carbonochloridimidic acid 554
carbonochloridimidoyl 554
carbonochloridoyl 12, 295, 550, 554
(carbonochloridoyl)acetic acid 568
carbonocyanidic acid 553, 554
carbonocyanidoyl 554
carbonodiperoxoic acid 552
carbonohydrazidic acid 550, 620, 623
carbonohydrazidimidoyl 634
carbonohydrazidoyl 620
carbonohydrazonic acid 552, 554
carbonohydrazonoyl 554
carbonitridic acid 287, 288, 567
carbononitridic amide 615
carbononitridic azide 568
carbononitridic chloride 568
carbononitridic hydrazide 623
carbononitrido(dithioperoxoic) acid 556
carbononitridoperoxoic acid 556

carbononitridothioic acid 556
carbononitridoylcarbonyl 554
carbononitridoyldisulfanyl 556
carbononitridoyldithio 556
carbononitridoylperoxy 556
carbononitridoylsulfanyl 556
carbononitridoylthio 556
carbonoperoxoic acid 552, 554
carbonoperoxoyl 538, 554, 555
2-carbonoperoxoylbenzoic acid 538
carbonothioic O,O-acid 553
carbonothioic S-acid 48, 552
carbonothioic diamide 72, 614
carbonothioyl 553
carbonyl 289, 291, 295, 519, 549, 553,
　　　　　　　　　　　　738, 752
carbonylbis(azanediyl) 290, 291, 421,
　　　　　　　　　　　　　　611
carbonyl bromide chloride 567
carbonyl dichloride 567
carbonyl dicyanide 643
carbonyldiimino 421
carbonyl imide 794
carbonylium 777
carbonyl oxide 794
carbonyl ylide 794
carboperoxoic acid 71, 283, 304, 306,
　　　　　　　　　　　　　　537
carboperoxoselenoic acid 306
carboperoxoselenoic OO-acid 304
carboperoxothioic acid 306
carboperoxothioic OO-acid 304
carboselenaldehyde 310, 646
carboselenoic acid 540
carboselenoic O-acid 283
carboselenoic Se-acid 306
carbo(selenoperoxoic) OSe-acid 304
carbo(selenoperoxoic) SeO-acid 304
carbo(selenoperoxo)thioic OSe-acid
　　　　　　　　　　　　　　304
carbo(selenoperoxo)thioic SeO-acid
　　　　　　　　　　　　　　304
carboselenotelluroic Se-acid 304
carboselenothioic S-acid 304
carboselenothioic Se-acid 304
carboseleno(thioperoxoic) OS-acid 304
carboselenoyl 549
carbotelluraldehyde 310, 646
carbotelluroamide 283
carbotelluroic acid 540
carbotelluroyl 549
carbothialdehyde 283, 310, 646
carbothioamide 308, 607
carbothiohydrazide 283
carbothioic acid 540
carbothioic O-acid 71, 304, 306
carbothioic S-acid 71, 283, 304, 306
carbo(thioperoxoic) OS-acid 304, 306
carbo(thioperoxoic) SO-acid 304, 306,
　　　　　　　　　　　　　　541
carbothio(thioperoxoic) OS-acid 304
carbothio(thioperoxoic) SO-acid 304
carbothioyl 549
carboxamide 282, 283, 308, 596, 597,
　　　　　　　　　　　　　　753
carboxamidine 420, 624, 625
carboxamidium 772
carboxamidyl 753

carboxamidylidene 753
carboximidamide 285, 309, 420, 625
carboximidic acid 71, 283, 285, 304,
　　　　　　　　　　　306, 533
carboximidium 772
carboximidohydrazide 309, 632
carboximidoperoxoic acid 304, 306
carboximidoselenoic acid 304
carboximido(selenothioperoxoic)
　　　　　　　　　　　SeS-acid 304, 306
carboximidotelluroic acid 304
carboximidothioic acid 283, 304, 307
carboximido(thioperoxoic) OS-acid
　　　　　　　　　　　304, 306
carboximido(thioperoxoic) SO-acid
　　　　　　　　　　　304, 306
carboximidoyl 549
carboxy 293, 529, 530
carboxyamino 555
carboxycarbonyl 530, 545
2-[(4-carboxycyclohexyl)methyl]○
　　cyclohexane-1-carboxylic acid 58
2-(2-carboxyethoxy)propanoic acid 59
2-carboxyethyl 298, 530
carboxylate 42
carboxylato 767
2-(carboxylatomethyl)benzoate 769
carboxylic acid 42, 282, 283, 299, 304,
　　　　　　　　　　306, 525, 528
carboxymethanethioyl 546
(carboxymethyl)amino 986
3-(carboxymethyl)heptanedioic acid
　　　　　　　　　　　　　　530
[(carboxymethyl)sulfanyl]acetic acid
　　　　　　　　　　　　　　387
3-carboxy-3-oxopropyl 530
carboxyoxy 555
(carboxyoxy)carbonyl 559
2-[(carboxyoxy)carbonyl]benzoic acid
　　　　　　　　　　　　　　559
5-carboxypentanoate 761
carboxysulfanyl 555
carbyne 749
cardanolide 919, 1082
4′,11-retro-β,ψ-carotene 926
β,φ-carotene 919, 1084
β,ψ-carotene 919, 1084
ε,χ-carotene 919, 1084
ε,κ-carotene 919, 1084
carvacrol 486
caryophyllane 919, 1085
cedrane 919, 1085
central atom 737
cephalotaxine 918, 1078
cepham 919, 1087
cevane 918, 1078
chair form 910
chalcone 509
characteristic group 257
chelate 737
chelidonine 918, 1078
chirality 827
chirality symbol 864
chlora 66, 104
chlorane 96
chloranium 771
chloric acid 302, 652
chloride 459, 566

chlorido 70, 656
chlorine 2
chloro 70, 293, 440, 459, 566, 656
(chloroacetyl)oxyl 755
(chloroacetyl)oxylium 778
chloroamino 90, 295
4-chloroaniline 468
4-chloroanisole 493
chloroarsanyl 670
(chloroazanediyl)bis(methylene) 242
4-chlorobenzenamine 468
2-chlorobutanedioic acid 23
C-chlorocarbonimidoyl 554
chlorocarbonyl 12, 242, 295, 554
1-chloro-4-(chloromethyl)benzene 460
chlorocoronene 24
4-chloro-2-[(3-cyanophenyl)methyl]○
                          benzonitrile 61
(1Ξ)-1-chlorocyclododec-1-ene 827
(1R*,2S*)-2-chlorocyclopentane-1-
                       carboxylic acid 859
rel-(1R,2S)-2-chlorocyclopentane-1-
                       carboxylic acid 859
trans-2-chlorocyclopentane-1-
                       carboxylic acid 859
chlorodiazenyl 25
chlorodicarbonic acid 559
chloro(dimethyl)borane 462
chlorodisiloxane 24
1-chloroethane-1,2-diyl 53
1-chloro-1,1'-
        (ethane-1,2-diyl)bis(silane) 61
2-chloroethen-1-yl 25
1-chloro-2-ethoxyethane 495
6-(1-chloroethyl)-5-(2-chloroethyl)-
                          1H-indole 33
2-chloroethyl ethyl ether 495
(12C)chloroform 807
[def13C]chloroform 820
chloroformic acid 550
(2Z,6S)-6-chlorohept-2-ene 827
2-chlorohexane 460
6-chlorohexane-2,4-diol 832
chlorohydrazine 23
(2R,3S)-3-chloro-2-hydroxybutanoic
                          acid 873
1H-1λ3-chlorole 735
chloromalonic acid 24
N-chloromethanamine 462
chloromethane 23, 735
N-chloromethanimine N-oxide 385
chloromethanol 50
chloromethanylylidene 53
1-chloro-4-methoxybenzene 493
chloromethyl 242
chloromethyl alcohol 50
(chloromethyl)amino 296
(1r,4r)-4-chloro-4-methylcyclohexan-
                          1-ol 880
trans-4-chloro-4-methylcyclohexan-1-
                          ol 880
chloromethylene 53
4-chloro-2,3'-methylenedibenzonitrile
                          61
[chloro(methylidene)azaniumyl]○
                          oxidanide 385
chloro(methyl)phosphane 462
(chloromethyl)phosphanediyl 53

2-chloro-2-methylpropane 459
2-chloro-6-nitrobenzonitrile 642
chloronium 770, 771
chlorooxalyl 546
chloro(oxo)acetyl 546
3-chloro-3-oxopropanoic acid 568
(4-chlorophenyl)methoxy 296, 427
chlorophosphanyl 295
3-chloropropanamide 601
chloropropanedioic acid 24
3-chloropropanoic acid 48
(2R)-2-chloropropan-1-ol 838
[(1R)-1-chloropropyl]benzene 826
chloro(2-silylethyl)silane 61
chloroso 462
chlorosulfinyl 563, 673
chlorosulfonyl 673
chlorosyl 440, 462, 674
chlorosylbenzene 735
chlorotrioxetane 26
chlorous acid 302, 652
2-chlorovinyl 25
chloroxy 462
chloryl 440, 462, 674
cholane 919, 1082
cholestane 919, 1082
5α-cholestane-3β,6α-diyl diacetate 581
(23E)-5α-cholest-23-ene 936
chromane 10, 272
chroman-2-yl 281
chromene 10, 149
chromenylium 780
chromocene 740
chrysene 145, 205
chrysene-6,12-dione 514
cinchonan 918, 1078
cinnamic acid 526
cinnoline 148, 201
CIP stereodescriptor 824
cis 825, 875, 876, 881
cisoid 897
Cit 981
citric acid 527
citrulline 981
clockwise 870
cobaltocene 740
complex concatenated prefix 242
complex ligand 737
complex substituent group 242
composite bridge 181
composite locant 217
compound ligand 737
compound substituent group 241
conanine 918, 1078
concatenated prefix 242
configuration 858
configurational index 864
conformation 858
conjunctive nomenclature 72
coordination entity 737
coordination number 737
coronene 145, 205
corrin 919, 1087
corynan 918, 1078
corynoxan 918, 1078
cresol 486
crinan 918, 1078
crown conformation 910

cubane 121
cumene 101
cumulative suffix 42, 745
curan 918, 1078
Cya 981
cyanamide 597, 615
cyanatido 70, 657
cyanato 70, 657
cyanatosilicic acid 659
cyanic acid 287, 288, 300, 551, 556
cyanic azide 568
cyanic chloride 568
cyanide 566, 639
cyanido 70, 656
cyano 70, 293, 566, 656
cyanoacetic acid 556
cyanoacetyl chloride 51
cyanocarbonyl 554
cyanodisulfanyl 556
5-cyanofuran-2-carboxylic acid 640
5-cyano-2-furoic acid 640
cyanohydrazide 619, 623, 640
cyanohypodiphosphorous triiodide 680
cyanoperoxy 556
3-cyanopropanoic acid 640
cyanosulfonyl 673
cyclitol 995
cyclo 15, 228, 924
cycloalkane 100
cyclobuta 91, 155, 157
cyclobutabenzene 401
cyclobuta[1,7]indeno[5,6-b]naphthalene
                          196
(1r,3r)-cyclobutane-1,3-diol 856
cyclobutyl 747
cyclobutylcyclohexane 456
cyclobutylium 775
(16βH)-1,16-cyclocorynan 924
cyclodeca-1,3,5,7,9-pentaene 100, 156
cyclodecene 156
cyclodiborathiane 688
cyclododeca-1,5-diene 260
(1Z,3E)-cyclododeca-1,3-diene 30
cyclododecasilane 109, 398
cyclohepta 157
cycloheptaphane 208
cyclohepta-1,3,5-triene 101, 156, 400
cycloheptene 156
cyclohexa-1,4-diene 260, 270
cyclohexa-3,5-diene-1,2-dione 513
(cyclohexa-1,3-dien-1-yl)benzene 274
cyclohexa-1,3-dien-5-yne 270, 276,
                          418
cyclohexagermane 109, 398
cyclohexane 3, 100
cyclohexanecarbaldehyde 644
cyclohexanecarbohydrazide 618
cyclohexanecarbohydrazonic acid 534
cyclohexanecarbohydroxamic acid 537
cyclohexanecarbonitrile 640
cyclohexanecarbonyl 549, 753
cyclohexanecarbonyl cation 777
cyclohexanecarbonylium 777
cyclohexanecarboperoxoic acid 537
cyclohexanecarboxamidine 420
cyclohexanecarboximidamide 420, 625
cyclohexanecarboximidic acid 533
cyclohexanecarboximidoyl chloride 565

cyclohexane-1,2-dicarbothioyl 549
(1s,4s)-cyclohexane-1,4-diol 879
cis-cyclohexane-1,4-diol 879
cyclohexane-1,1-diyl 749
cyclohexaneethanol 15
cyclohexanemethanol 72
cyclohexanethiol 23
cyclohexanyl 246, 423
cyclohexan-1-yl-2-ylidene 246
cyclohex-2-en-1-amine 27
cyclohexene 260, 270
cyclohex-2-en-1-ol 22
cyclohex-1-en-1-yl 278
cyclohex-3-en-1-yl 27
cyclohexyl 243, 246, 423
N-cyclohexylaniline 472
cyclohexylbenzene 415, 457
cyclohexylcarbonyl 549
cyclohexyl cyanide 640
1-cyclohexyldecane 457
2-cyclohexylethan-1-ol 15
2-cyclohexylhexanedioic acid 74
cyclohexylidene 749
cyclohexylidenemethanone 516
(cyclohexylidenemethyl)benzene 64
cyclohexyl isocyanate 465
cyclohexylmethanol 72
β-cyclohexylnaphthalene-2-ethanol 74
2-cyclohexyl-2-(naphthalen-2-yl)ethan-
              1-ol 74
cyclohexyl(oxo)methyl 549, 753
(cyclohexyloxy)benzene 495
cyclohexyl(phenyl)amine 472
cyclohexyl(phenyl)azane 472
cyclohexyl phenyl ether 495
cyclohexylphosphane 724
cyclohexylphosphine 724
3-cyclohexylprop-1-ene 457
(E)-cyclononene 883
2H-2,9-cyclo-1-nor(C₆₀-Iₕ)[5,6]○
              fullerene 228
cycloocta 157
cycloocta-1,3,5,7-tetraene 260, 415
(E)-cyclooctene 883
(E,Sₚ)-cyclooctene 884
(E,M)-cyclooctene 884
(1E,1M)-cyclooct-1-ene 884
cyclopenta 157
1H-cyclopenta[8]annulene 179
cyclopentaazane 109, 271, 398, 417
cyclopentadec-1-en-4-yne 89, 260
cyclopentadienide 759, 801
cyclopenta-2,4-dien-1-ide 759
cyclopenta-1,4-dien-3-ide-1,2-diyl
              768
cyclopenta-2,4-dien-1-yl 748
cyclopenta-2,4-dien-1-yl anion 759
cyclopentadienyl 748, 801
cyclopentadienylium 801
cyclopentanecarboximidoyl 549
cyclopentanecarboxylic acid 529
cyclopentane-1,3-diyl 246
cyclopentanol 487
cyclopentanone 512
cyclopentanylidene 246
1H-cyclopenta[l]phenanthrene 165
cyclopentaphosphane 723
cyclopenta[b]pyran 164

cyclopent-3-ene-1,2-diyl 278
2-cyclopentylbutanoic acid 15
cyclopentylidene 246
cyclopentylideneacetic acid 74
cyclophanamine 477
3α,5α-cyclo-5α-pregnane 924
cyclopropa 91, 155, 157
cyclopropa[de]anthracene 91, 164, 179
1H-cyclopropabenzene 401
3'H-cyclopropa[1,9](C₆₀-Iₕ)[5,6]○
              fullerene 230
cyclopropane 15, 100
(cyclopropane-1,2-diyl)dimethyl 756
cyclopropanyl 423
cyclopropyl 423
(1R)-1-cyclopropyl-2-methylpropan-1-
              ol 834, 841
3α,5α-cyclo-9,10-seco-5α-androstane
              928
cyclotetraborane(4) 688
cyclotetradecane 100
cyclotetragermoxane 701
cyclotetrastannane 701
cyclotriborazane 689
cyclotriphosphazene 723
cyclotrisiloxane 7
cycloundecaundecaene 261
cymene 101
Cys 979
cystathionine 981
cysteic acid 981
cysteine 979
cystein-S-yl 986
cystine 981
cytidine 999
5'-cytidylic acid 1002

D

Δ 199, 234
D (アスパラギン酸) 979
D 825, 950
d (ジュウテリウム) 805
dammarane 919, 1085
daphnane 918, 1078
de 17, 944
deca 21
decahydronaphthalene 25, 273, 417
(4as,8as)-decahydronaphthalene 896
cis-decahydronaphthalene 896
decane 44
decanedioyl 548
decanoic acid 529
deci 21
decose 954
decylcyclohexane 457
dehydro 13, 269, 938
2″-demethoxylythranidine 944
demethylmorphine 944
dendrobane 918, 1078
deoxy 18, 957
1-deoxy-D-fructos-1-yl 975
4-deoxy-β-D-xylo-hexopyranose 18
6′-deoxylythranidine 944
2′-deoxy-1-methylguanosine 1000

dependent bridge 181
dependent secondary bridge 112
des 17, 18, 927, 994
des-A-androstane 18, 927
des-7-proline-oxytocin 18
deuteride 806
deuterium 805, 806
deuteron 806
di 21, 78
diacetic butanedioic bis(thioanhydride)
              591
diacetylamino 606
1,1′-diacetylferrocene 740
dialdose 953
diamidide 631
diaminoboranyl 671
(diaminomethylidene)amino 290, 291,
              627
[(diaminomethylidene)amino]acetic acid
              627
N-(diaminomethylidene)glycine 627
diaminophosphanyl 670
dianhydride 589, 594, 972
diarsanyl 245
diarsenic acid 677
diarsenous acid 677
diarsonic acid 300, 676
diarsonous acid 300, 677
diarsoric acid 301, 677
diarsorous acid 301, 677
5,6′-diaza-2,2′-bi(bicyclo[2.2.2]octane)
              238
diazane 98
diazane-1,2-diyl 710, 750
diazanediylidene 710
diazano 184
diazanyl 246, 294, 710
diazanylidene 246, 710
diazanylidenemethylidene 556
diazene 24, 715
diazenecarbohydrazide 718
diazenecarbohydrazido 719
2-(diazenecarbonyl)hydrazin-1-yl 719
diazenecarbothiohydrazide 718
diazenedicarbaldehyde 715
diazenediyl 278, 716
4,4′-diazenediyldibenzoic acid 716
diazene oxide 718
diazeno 184
diazenyl 278, 294, 715
diazenyl(hydrazinylidene)methyl 720
(diazenylmethylidene)hydrazinyl 720
3-diazenylpropanoic acid 715
[1,3]diazeto[1,2-a:3,4-a′]○
              dibenzimidazole 165
1,3-diazinane-2,4,6-trione 517
diazo 293, 440, 463, 796
diazoamino 722
diazoaminobenzene 722
1,5-diazocine 105
diazomethane 463, 796
diazonio 786
diazonium 776
diazyn-1-ium-1-yl 786
1,4(1,4)-dibenzenacyclohexaphane 213
(1¹Sₚ)-1,4(1,4)-
              dibenzenacyclohexaphane-1²-
              carboxylic acid 897

欧 文 索 引　　　　　　　　　　　　　　　　1099

(1¹M)-1,4(1,4)-
　　dibenzenacyclohexaphane-1²-
　　carboxylic acid　897
dibenzo[b,h]biphenylene　147
5H-dibenzo[b,d]borole　689
dibenzo[c,e]oxepine　176
dibenzylidenedisilanyl　24
dibismuthane　727
dibismuthane-1,2-diyl　727
diborane(4)　687
diborane(6)　687
diboric acid　301, 676
diboronic acid　301
1r,2t-dibromo-4c-chlorocyclopentane
　　30
rel-(1R,2R)-1,2-dibromo-4-
　　chlorocyclopentane　30
(1Z)-1,2-dibromo-1-chloro-2-
　　iodoethene　875
3,3-dibromo-3-cyclohexylpropanoic acid
　　31
1,2-dibromoethane　459
dibromoethen-1-one　516
3,5-dibromo-4-hydroxybenzoic acid
　　531
dibromoketene　516
1,2-di-tert-butylbenzene　457
1,2-dicarba-closo-decaborane(10)　688
16a,22a-dicarba-5β-spirostan　930
dicarbonic acid　299, 551, 557
dicarbonic diamide　615
dicarbonic dichloride　567
dicarboximide　617
1,1-dichlorido-2,3,4,5-tetramethyl-1-
　　platinacyclopenta-2,4-diene　742
1,1-dichlorido-2,3,4,5-
　　tetramethylplatinole　742
1,3-dichloroallene　48
(2R,3R)-2,3-dichloro-(2-²H)butane
　　874
(2S,3S)-2,3-dichlorobutan-1-ol　838
1,2-dichloroethane-1,2-diyl　254
1,2-dichloroethylene　254
dichloro-λ²-methane　751
dichloromethanediyl　751
dichloromethylidene　751
dichloro(methyl)-λ³-iodane　735
(1M,6P)-1,8-dichloroocta-1,2,6,7-
　　tetraene　31
dichlorophosphoryl　668
1,3-dichloropropa-1,2-diene　48
(1M)-1,3-dichloropropa-1,2-diene　877
(1Rₐ)-1,3-dichloropropa-1,2-diene　877
(2S)-2,3-dichloropropan-1-ol　838
dichlorosilane　23
(2P)-2,6-dichlorospiro[3.3]heptane
　　894
(2R,4S,6R)-2,6-dichlorospiro[3.3]⏝
　　heptane　894
α,4-dichlorotoluene　460
dichlorotrioxetane　26
dicta　21
dicyclohexylcarbodiimide　480
dicyclohexyl ketone　12
dicyclohexylmethanediimine　480
dicyclohexylmethanone　12
di(decanoic acid)　80
di(decyl)　80

1,2-didehydro[12]annulene　276
1,2-didehydrobenzene　270, 276, 418
7,8-didehydro-ε,ε-carotene　939
3,5-didehydrolycorenan　938
2,3-didehydrooxepane　13
2,3-didehydropenam　938
1,2-didehydropiperidine　418
di(dodecyl)　79
di(dodecyl)silane　704
1,4-diethenylbenzene　457
diethylcarbononitridic amide　615
diethylcyanamide　615
N,N-diethylethanamine　470
N,N-diethyl-2-furamide　599
N,N-diethylfuran-2-carboxamide　599
(1Z,3E)-1,3-diethylidenecyclopentane
　　884
diethyl ketone　49
S,S-diethyl-N-phenyl-λ⁴-sulfanimine
　　733
S,S-diethyl-N-phenylsulfimide　733
diethylphosphinic acid　653
diethylphosphinothioic chloride　660
diethyl sulfone　505
difluoroacetic acid　26
7-(1,2-difluorobutyl)-5-ethyltridecane
　　32
(2R,4S)-2,4-difluoropentane　30
difuro[3,2-b:3′,4′-e]pyridine　172, 176
digallane(6)　687
digermene　702
digraph　832
dihomo　942
3,4-dihydro-1-aza[12]annulen-6-yl
　　279
4,5-dihydro-3H-azepine　269
3,4-dihydro-1H-2-benzopyran　272
3,4-dihydro-2H-1-benzopyran　272
3,4-dihydro-1H-2-benzopyran-3-yl
　　281
3,4-dihydro-2H-1-benzopyran-2-yl
　　281
3,4-dihydro-1H-2-benzoselenopyran
　　272
3,4-dihydro-2H-1-benzoselenopyran
　　272
3,4-dihydro-1H-2-benzoselenopyran-3-
　　yl　281
3,4-dihydro-2H-1-benzoselenopyran-2-
　　yl　281
3,4-dihydro-1H-2-benzotelluropyran
　　272
3,4-dihydro-2H-1-benzotelluropyran
　　272
3,4-dihydro-1H-2-benzotelluropyran-3-
　　yl　281
3,4-dihydro-2H-1-benzotelluropyran-2-
　　yl　281
3,4-dihydro-1H-2-benzothiopyran
　　272, 418
3,4-dihydro-2H-1-benzothiopyran　272
3,4-dihydro-1H-2-benzothiopyran-3-yl
　　281
3,4-dihydro-2H-1-benzothiopyran-2-yl
　　281
2,3-dihydro-1,1′-biphenyl　274
3,4-dihydro-2H-chromene　272
3,4-dihydro-2H-chromen-2-yl　281

16,17-dihydroformosanan　937
3,4-dihydrofuran-2,5-dione　592
2,3-dihydro-1H-indene　97, 272, 418
2,3-dihydro-1H-inden-1-one　514
2,3-dihydro-1H-inden-2-yl　281
2,3-dihydro-1H-indole　272
2,3-dihydro-1H-indol-2-yl　281
3,4-dihydro-1H-isochromene　272
3,4-dihydro-1H-isochromen-3-yl　281
2,3-dihydro-1H-isoindole　272
2,3-dihydro-1H-isoindol-2-yl　281
1,2-dihydroisoquinolin-3-yl　279
3,4-dihydro-1H-isoselenochromene
　　272
3,4-dihydro-1H-isoselenochromen-3-yl
　　281
3,4-dihydro-1H-isotellurochromene
　　272
3,4-dihydro-1H-isotellurochromen-3-yl
　　281
3,4-dihydro-1H-isothiochromene　272
3,4-dihydro-1H-isothiochromen-3-yl
　　281
1,2-dihydronaphthalene　417
1,4-dihydronaphthalene　272
2,4a-dihydronaphthalen-4a-ol　487
3,4-dihydronaphthalen-1(2H)-one　27
3,4-dihydronaphthalen-1-yl　279
3,4-dihydro-2H-pyran-3-yl　279
5,6-dihydro-2H-pyran-3(4H)-ylidene
　　279
1,2-dihydropyridine　270
3,4-dihydro-2H-pyrrole　270
3,4-dihydro-2H-selenochromene　272
3,4-dihydro-2H-selenochromen-2-yl
　　281
1,4-dihydro-1,4-sulfanonaphthalene
　　504
3,4-dihydro-2H-tellurochromene　272
3,4-dihydro-2H-tellurochromen-2-yl
　　281
2,3-dihydro-1,3-thiazol-3-yl　751
3,4-dihydro-2H-thiochromene　272
3,4-dihydro-2H-thiochromen-2-yl　281
1,3-dihydroxyacetone　949
4-(dihydroxyarsanyl)benzoic acid　674
N¹,N⁴-dihydroxybenzene-1,4-
　　dicarboximidic acid　536
dihydroxyboranyl　692
N¹,N⁴-dihydroxybutanediimidic acid
　　536
2,3-dihydroxybutanedioic acid　528
(2R,3R)-2,3-dihydroxybutanedioic acid
　　971
C,N-dihydroxycarbonimidoyl　536
2-(C,N-dihydroxycarbonimidoyl)⏝
　　cyclopentane-1-carboxylic acid　536
N,N-dihydroxyglycine　987
dihydroxyphosphanyl　670
(dihydroxyphosphanyl)phosphinic acid
　　684
(2R)-2,3-dihydroxypropanal　948, 950
(2S)-2,3-dihydroxypropanal　950
2,3-dihydroxypropanoic acid　527
1,3-dihydroxypropan-2-one　949
dihydroxy(sulfanyl)silyl　671
diimidotricarbonic acid　615
1,4-diiminobutane-1,4-diyl　547

diketose 953
dilia 21
1,2-dimethoxyethane 495
dimethoxyphosphanyl 670
dimethoxyphosphoroselenoyl 669
1,1-dimethoxypropane 50
dimethoxy(selenophosphoryl) 669
dimethoxysulfane 731
dimethylacetylene 259
(dimethylamido)phosphoryl 668
dimethylaminoxide 762
dimethylarsanido 737
4-(dimethylarsanyl)quinoline 726
4-(dimethylarsino)quinoline 726
1,2-dimethylbenzene 457
dimethylboranyl chloride 462
B,N-dimethylboronamidic acid 657
dimethyl butanedioate 49, 574
2,3-dimethylbutane-2,3-diol 486
dimethylcarbamic acid 551
N,N'-dimethylcarbonic diamide 611
dimethyldiazene 715
dimethyl(1,1-dimethylethyl)phosphane
                                    252
1,2-dimethyl-1λ^4,2λ^4-disulfane-1,2-
                                    dione 733
dimethyl disulfide 498
dimethyl disulfoxide 733
dimethyldithioxane 730
dimethyl ethane-1,2-diyl dibutanedioate
                                    577
dimethyl ether 494
1,1-dimethylethyl 250, 422, 748
dimethylformamide 599
N,N-dimethylformamide 599
1,6-dimethyl-Δ^1-heptalene 199
1,1-dimethylhydrazine 710
N,1-dimethylhydrazine-1-carboxamide
                                    712
dimethylhydrazinylidene 721
N,O-dimethylhydroxylamine 707
dimethylindigane 737
dimethylisodiazene 721
dimethyl ketone 511
N,N-dimethylmethanamine N-oxide
                            50, 385, 481, 791
dimethyl(methylidene)-λ^4-sulfane 732
3-(dimethyloxidaniumyl)pentan-3-ide
                                    791
dimethyl 3,3′-oxydibenzoate 575
N^4,2-dimethylpentane-2,4-diamine 474
2,6-dimethyl-1,4-phenylene 252
dimethylphosphinoselenoyl 668
4-(dimethylphosphinothioyl)benzoic acid
                                    726
dimethylphosphinous hydrazide 386
dimethylphosphinoyl 752
dimethylphosphinoylium 777
dimethyl phosphonate 664
N,N-dimethylphosphoramidic acid 657
N,N-dimethylphosphoramidoyl 668
N,N-dimethylpropanamide 599
2,2-dimethylpropane 456
N^1,N^3-dimethylpropanediamide 23
1,1-dimethylpropyl 255, 423
2,2-dimethylpropyl 255, 423
dimethyl(selenophosphinoyl) 668
2,4-dimethylsemicarbazide 712

dimethylsilanediol 703
dimethylsilanone 518
dimethyl succinate 49, 574
2-(dimethylsulfamoyl)benzene-1-
                        sulfonic acid 603
3-(dimethylsulfaniumyl)pentan-3-ide
                                    791
dimethyl sulfide 496
1,2-dimethyltetraazane 721
di-μ-methyl-tetramethyldiindigane(6)
                                    694
dimethyl thiohypodiphosphonite 682
dimethyltrioxidane 728
dimethyl trioxide 728
N,N'-dimethylurea 611
dinaphthylene 147
(1M)-6,6′-dinitro[1,1′-biphenyl]-2,2′-
                    dicarboxylic acid 903
(1R_a)-6,6′-dinitro[1,1′-biphenyl]-2,2′-
                    dicarboxylic acid 903
N,N-dinitromethanamine 663
1,4-dinitrosobenzene 463
1,9-dinor(C$_{60}$-I_h)[5,6]fullerene 227
1,20-dinorprostane 921
dinuclear 737
2,6-dioxabicyclo[3.3.2]decane 395
3,3′-dioxa-1,1′-bi(cyclotetradecane)
                                    238
1,3,2-dioxaboretane 688
1,8-dioxacyclooctadecane 109
1,8-dioxacyclooctadeca-
                    2,4,6,9,11,13,15,17-octaene
                                    151, 157
1,8-dioxacyclooctadecine 109, 151, 157
1,2-dioxane 504
1,4-dioxane-2,5-dione 585
1,3-dioxan-2-one 509, 586
1,6,2-dioxazepane 90, 106
dioxidane 730
dioxidanyl 755
dioxidanylium 777
dioxide 518
1,4-dioxine 107, 203
dioxo-λ^5-arsanyl 464
1,4-dioxobutane-1,4-diyl 547
2,3-dioxobutanedinitrile 641
1,10-dioxodecane-1,10-diyl 548
dioxoethanediyl 289, 545
1,3-dioxolane 105
1,3-dioxole 203
2H-1,3-dioxole 106
1,5-dioxopentane-1,5-diyl 547
dioxo(phenyl)-λ^5-phosphane 464
dioxo-λ^5-phosphanyl 464, 670
1,3-dioxopropane-1,3-diyl 547
2,5-dioxopyrrolidin-1-yl 617
dioxy 52
di(pentanal) 79
diperoxyoxalic acid 537
(diphenyl)amine 470
diphenylazane 470
diphenyldiazene 715
(Z)-diphenyldiazene 876
diphenyldiazene oxide 717
(diphenyldiazeniumyl)oxidanide 717
diphenylene 146
1,2-diphenylethane-1,2-dione 511
diphenyl ether 407, 496

1,3-diphenylformazan 719
3,5-diphenylformazan 719
diphenyliodanium 770
diphenyliodonium 770
diphenyl ketone 512
diphenylmethanediide 759
diphenylmethanone 510, 512
diphenylmethyl 255, 422
diphenylmethylidene dianion 759
diphenylphosphinous chloride 659
N,P-diphenylphosphonochloridimidic
                                acid 90
(2E)-1,3-diphenylprop-2-en-1-one
                                    509
3,5-diphenylpyridine 407
[4-(diphenylstibanyl)phenyl](phenyl)◯
                            mercury 743
diphenylstibinous isocyanate 659
diphenyl sulfide 496
1,3-diphenyltriaz-1-ene 722
diphosphane 723
diphosphane-1,2-diyl 725
diphosphanylidene 750
diphosphaselenane 99
diphosphine 723
diphosphonic acid 300, 676
diphosphonous acid 300, 676
diphosphoric acid 301, 676
diphosphoric tetraisocyanate 680
diphosphorous acid 301, 676
diplumbatellurane 701
dipolar compound 790
1,2-dipolar compound 790
1,3-dipolar compound 793
di(propan-2-yl) 79
di(propan-2-yl) disulfite 682
di(propan-2-ylidene)hydrazine 711
1,2-di(propan-2-ylidene)hydrazine 386
di(prop-1-en-2-yl) 79
N,N-dipropylnitrous amide 662
dipyrido[1,2-a:2′,1′-c]pyrazine 163
diselanediyl 294
diselenic acid 302
diseleno 294
diselenoperoxo 655
diselenoperoxol 502
$SeSe$-diselenoperoxol 420
diselenoperoxy 656
diselenous acid 302
disilanyl 245, 702
disilathiane 99
disilazane 99, 471
disilazan-1-yl 246
disilicic acid 676
disiloxane 90
disiloxanyl 246
(disilyl)amine 471
disilylamino 246
disilylazane 471
disilyne 24, 260
disodium benzene-1,2-bis(olate) 507
disodium benzene-1,2-bis(thiolate) 507
disodium carbonate 569
disodium methylboronate 691
disodium N^1-methyl-1,2-
                    diimidodithionite 682
disodium methylphosphonite 663
dispiro[3.2.3^7.2^4]dodecane 123

欧 文 索 引　　　　　　　　　　1101

dispiroter 129
distibanyl 725
distibenyl 278
distibonic acid 300, 677
distibonous acid 300, 677
distiboric acid 301, 677
distiborous acid 301, 677
disulfane 730
disulfanediyl 52, 294
disulfanidyl 768
disulfano 183
disulfanyl 755
disulfanylacetic acid 503
disulfone 732
disulfoxide 732
disulfuric acid 302, 677
disulfurous acid 302, 685
ditellanediyl 294
ditelluric acid 302
ditelluro 294
ditelluroperoxo 655
(ditelluroperoxo)hydrazonic acid 307
ditelluroperoxol 502
ditelluroperoxy 656
ditellurous acid 302
di(tetradecane-14,1-diyl) 79
1,3,2,4-dithiadiboretane 688
1,3,2-dithiagermolane 701
5,6′-dithia-2,2′-spirobi○
　　　　　[bicyclo[2.2.2]octane] 129
$2\lambda^6,4\lambda^4$-dithiaspiro[5.5]undecane 138
$1H$-$1\lambda^4$,$3\lambda^4$-dithiepine 732
dithio 52, 294
dithioacetal 649
dithiobenzoic acid 72
1,3-dithiodicarbonic S^1,S^3-acid 558
(dithiohydroperoxy)acetic acid 503
dithioic acid 306
dithioketal 649
$1\lambda^4$,3-dithiole 111
$7\lambda^4$-[1,2]dithiolo[1,5-b][1,2]dithiole
　　　　　　　　　　　　　　　　197
dithionic acid 302, 677
dithionous acid 302, 677
dithiooxalyl 546
(dithioperox)imidic acid 306
dithioperoxo 70, 303, 655
dithioperoxol 485, 501, 502
SS-dithioperoxol 420
dithioperoxy 70, 303, 656
dithioperoxycyanic acid 556
dithioperoxylium 778
1,3-dithiotriphosphoric S^1,S^3-acid 678
dithioxane 99, 730
di(tridecyl) 79
divalent bridge 181
1,4-divinylbenzene 457
diyl 242, 285, 420, 746
diylidene 242
3,5-diylophenyl 756
diylylidene 242
DL 952
do 21
docosasiloxane 701
dodecanedioic acid 529
dodecasilacyclododecane 109, 398
dopa 981
drimane 919, 1085

duplicated atom 833

E

E（グルタミン酸） 979
E 825, 845, 875
eburnamenine 918, 1078
ecane 105
ecine 105
eclipsed 909
eclipsing conformation 909
eicosane 98
elide 746, 758, 798
elium 746, 798
emetan 918, 1078
endo（ペプチドの） 994
$endo$ 184, 825, 888
[endo-Ala^{6a}]bradykinin 994
endo-6a-alanine-bradykinin 994
ene 46, 258, 415, 451
ent 944, 992
envelope conformation 910
epane 105
epi 184
epi（天然物の） 917, 945
(epiazanetriyl) 185
(epiazanylylidene) 185
(epibenzene[1,2,3,4]tetrayl) 186
[1,2]epicyclopenta 182
[1,3]epicyclopropa 182
(epidiazanediylidene) 186
epidioxy 183
epidithio 183
(epiethane[1,1,2]triyl) 185
(epiethanylylidene) 185
(epiethene[1,1,2]triyl) 185
(epimethanediylylidene) 185
(epimethanetriyl) 185
(epimethanylylidene) 185
epimino 184
[1,3]epindeno 183
epine 105
(epinitrilo) 185
epiperoxy 183
(epiphosphanetriyl) 185
(epiphosphanylylidene) 185
[2,3]epipyrano 184
[2,5]epipyrrolo 184
episeleno 184
(episilanetetrayl) 185
epitelluro 184
epithio 183
epitriazano 184
epitriaz[1]eno 184
[3,4]epi[1,2,4]triazolo 184
epitrioxidanediyl 183
epitrioxy 183
epoxidano 183
epoxireno 184
epoxy 183, 933
(epoxy[1,4]benzeno) 186
(epoxymethano) 186
$2H$-3,5-(epoxymethano)furo[3,4-b]○
　　　　　　　　　　　　　　　pyran 188
1,2-epoxy-2-methylbutane 504
4,5α-epoxymorphinan 933

1,4-epoxynaphthalene 188
(epoxysulfanooxy) 186
eremophilane 919, 1085
ergoline 918, 1079
ergostane 919, 1082
ergotaman 918, 1079
erythraric acid 971
erythrinan 918, 1079
$erythro$ 825
D-erythrose 948
D-erythrulose 949
estrane 919, 1082
etane 105
ete 105
ethanal 645
ethanamine 42
ethanaminediide 763
ethanaminium 42
ethanaminylium 777
ethane 44, 400
ethanebis(thioyl) 546
ethane-1,2-bis(ylium) 774
ethanedial 287, 288, 645
ethane-1,2-diamine 474
ethanedihydrazonic acid 534
ethanediimidic acid 533
ethanedinitrile 640
ethanedioic acid 287, 289, 526
ethane-1,2-diol 485
ethanedioyl 289, 291, 545
ethanedioyl dichloride 566
ethanediperoxoic acid 537
ethane-1,2-diyl 254, 420, 750
ethane-1,1-diyl 245
ethane-1,2-diylbis(aminyl) 754
ethane-1,2-diylbis-(azanediyl) 12
N,N'-ethane-1,2-diylbis○
　　　[N-(carboxymethyl)glycine] 528
ethane-1,2-diylbis(oxy) 296
ethane-1,2-diylbis○
　　　　　[oxy(chloromethylene)] 242
ethane-1,2-diylbis(oxylium) 783
ethane-1,2-diyl diacetate 49, 576
ethane-1,2-diyl dication 774
ethane-1,2-diyl dimethyl ether 495
2,2′,2″,2‴-(ethane-1,2-diyldinitrilo)○
　　　　　　　tetraacetic acid 90, 528
ethane-1,2-diylidenebis○
　　　　　　(azanylylideneoxy) 54
ethanehydrazonamide 632
3-(ethanehydrazonamido)propanoic acid
　　　　　　　　　　　　　　　　635
ethanehydrazonic acid 534
ethanenitrile 640
ethaneperoxoic acid 528, 537
ethaneperoxol 419
ethaneperoxothioate 761
ethaneselenol 490
ethaneselenoyl 546
1-(ethanesulfinyl)butane 504
ethanesulfonodiimidic acid 91, 561
ethanesulfonyl chloride 735
(ethanesulfonyl)ethane 505
ethanethial 646
ethanethioamide 608
ethanethioate 761
ethanethioic O-acid 540
ethanethioic S-acid 72

ethanethioic propanoic anhydride 588
ethanethioyl 752
N-(ethanethioyl)ethanethioamide 608
ethane-1,1,2-triyl 53
ethane-1,1,2-triyltrinitrilo 54
ethanide 747
ethanidohydridoberyllium 741
ethan-2-id-1-yl 799
ethanimidamide 420, 625
4-ethanimidamidobenzoic acid 630
ethanimidic acid 533
ethanimidohydrazide 619
ethanimidoyl 545
ethan-1-ium-1-yl 785
ethaniumyliumyl 799
ethano 182
9*H*-9,10-ethanoacridine 189
1,4-ethano(C$_{70}$-$D_{5h(6)}$)[5,6]fullerene 232
ethanoic acid 4, 287, 288, 526
(1*R*)-(1-^{2}H$_1$)ethan-1-ol 811, 845, 873
ethanol 23
ethan(^{2}H)ol 813
ethanolamine 506
ethanol—pyridine (1/1) 39
1,4-ethanonaphthalene 193
4a,8a-ethanonaphthalene 189
ethanoyl 289, 291, 544
ethanylidyne 243, 422
ethan-1-yl-2-ylidene 245, 282, 757
ethene 24
etheneazomethane 716
1,1'-(ethene-1,2-diyl)dibenzene 261
ethene oxide 504
ethenesulfinylium 777
etheno 182
ethenone 510
ethenylbenzene 4, 261
N-ethenylbutan-1-amine 472
ethenyl carbene 797
ethenyl(methyl)diazene 716
ethoxide 507, 746, 762
ethoxy 493
N-ethoxyaniline 707
ethoxyl 746, 755
ethoxylium 777
N-ethoxypropan-1-imine 709
8-ethoxyquinoline-5-sulfonic acid 564
(ethoxysulfinyl)amino 296
ethyl 244
ethyl acetate 571, 573
ethylarsane 724
ethylarsine 724
ethylazanediide 763
[(1*S*)-(1-^{2}H$_1$)ethyl]benzene 873
ethyl butanoate 48
ethyl butyrate 48
ethyl cyanide 386
α-ethylcyclopentaneacetic acid 15
ethyl diazoacetate 463
ethylene 254, 420
ethylene diacetate 49
ethylenediamine 474
ethylenediaminetetraacetic acid 528
ethylene dibromide 459
ethylene glycol 485
2-ethylethane-1,1,2-triyl 250
8α-ethyleudesmane 939

S-ethyl hexanethioate 581
ethylhydridoberyllium 741
ethyl hydroperoxide 419
N-ethylhydroxylamine 481
ethylidene 245, 420
ethylideneazinic acid 464
ethylidenehydrazinyl 24
2-ethylideneoctanoic acid 531
ethylideneoxidanium 773
ethylideneoxonium 773
ethylidyne 243, 422, 749
ethylidyne(methylidyne)disilane 24
ethylidyneoxidanium 770
ethylidyneoxonium 770
ethylimide 763
ethyl methanesulfenate 500
1-ethyl-3-methylallene 259
ethyl(methyl)azanium bromide 483
ethyl methyl benzene-1,3-dicarboxylate 49
ethyl methyl butanedioate 571
1-ethyl-1-methylcyclohexane 31
1-ethyl-4-methylcyclohexane 31
1-ethyl-2-methyl-1λ^6,2λ^6-disulfane-1,1,2,2-tetrone 733
ethyl methyl disulfone 733
ethyl methyl ether 495
3-ethyl-5-methylheptane 45
4-ethyl-2-methylhexane 45
ethyl methyl ketone 50, 511
ethyl methyl malonate 574
2-ethyl-2-methyloxirane 504
ethyl methyl peroxide 498
ethyl methyl propanedioate 574
3-ethyl 1-*S*-methyl 1-thiodicarbonate 582
S-ethyl *O*-methyl thiodisulfate 682
O-ethyl *S*-methyl thioperoxide 500
(ethylperoxy)benzene 499
1-(ethylperoxy)-2-methoxyethane 506
O-ethyl-*N*-phenylhydroxylamine 707
ethyl phenyl peroxide 499
ethylphosphonic acid 653
ethylsilanecarboxylic acid 312
ethylstibinoyl 667
1-(ethylsulfanyl)-1-methoxypropane 649
1-(ethylsulfinyl)butane 504
(ethylsulfonyl)ethane 505
5-ethyl-4-thiouridine 1000
ethynediide 759
etidine 105
eudesmane 919, 1085
eupeptide bond 991
evonimine 918, 1079
evonine 918, 1079
exo 825, 876, 888

F, G

F（フェニルアラニン） 979
fenchane 919, 1085
ferrocene 740
1,1'-(ferrocene-1,1'-diyl)di(ethan-1-one) 740
flavan 919, 1087

flavylium 780
fluora 66, 104
fluorane 96
fluoranthene 145, 205
fluorene 145, 199, 205
fluoric acid 302
fluoride 459, 566
fluorido 70, 656
fluorine 2
fluoro 70, 293, 440, 459, 566, 656
2-fluoro-3-nitrobutanedioic acid 46
fluoronium 770
fluorosyl 440, 462
6-fluoro-1,2,3,4-tetrahydronaphthalene 28
fluorous acid 302
fluoryl 440, 462
formaldehyde 645
formamide 597
formamidine disulfide 631
4-formamidobenzoic acid 604
formamidyl 753
formanilide 601
formazan 259, 288, 400, 719
formazan-1,5-diyl 290, 291, 720
formazan-1,3,5-triyl 290, 720
formazan-1-yl 290, 720
formazan-3-yl 720
formazan-5-yl 720
formazan-1-yl-5-ylidene 290, 291, 720
formic acid 48, 287, 288, 526
formic anhydride 646
formimidic acid 533
formimidoylamino 629
formohydrazide 619, 645
formohydrazonic acid 534
formohydrazonoyl 545
formonitrile 640
formonitrile oxide 466
formosanan 918, 1079
formyl 289, 291, 427, 519, 543, 544
4-(formylamino)benzoic acid 604
formylaminyl 753
formylazanyl 753
4-formylbenzoic acid 544
formyl bromide 565
formyl cyanide 641
N-formylformamide 606
formyloxy 551
(formyloxy)methyl acetate 576
3-formylpropanoic acid 544, 645
formylsulfanyl 551
fructofuranoside 963
β-D-fructofuranosyl α-D-glucopyranoside 976
α-D-fructopyranosylamine 974
D-fructose 949
L-fucitol 966
α-L-fucopyranose 957
D-fucosamine 959
fucose 957
fullerane 224, 229
fullerene 223
(C$_{60}$-I_h)[5,6]fullerene 224
(C$_{70}$-$D_{5h(6)}$)[5,6]fullerene 224
[60]fullerene 225
[70-D_{5h}]fullerene 226
(C$_{60}$-I_h)[5,6]fulleren-1(9*H*)-ide 760

欧 文 索 引　　　　　　　　　　　　　　　　1103

$(C_{60}-I_h)[5,6]$fulleren-1(9H)-yl 247, 752
$(C_{60}-I_h)[5,6]$fulleren-1(9H)-ylium 776
fulleroid 224
fulminate 466
fulminato 466
fulvene 261, 457
fumaric acid 527, 875
functional class nomenclature 48
functional group 257
functionality 257
functionalized parent hydride 42, 257
functional parent compound 41, 257
functional replacement 9
functional replacement nomenclature 69
functional suffix 42
furaldehyde 645
furan 103, 203, 271, 416
furana 208
furanamide 597
furan-2-carboxylic acid 526
furan-2,5-dione 593
[2,3]furano 184
10,5-[2,3]furanobenzo[g]quinoline 193
([2,3]furanomethano) 186
([3,2]furanomethano) 186
furanose 950
furan-3-yl 254, 424
furan-2-ylium 775
2H-1λ^4-furan-1-ylium 780
(furan-2-yl)methyl 255
furfuryl 255, 424
furo 158
furohydrazide 619
2-furoic acid 526
furonitrile 640
furo[3,2-h]pyrrolo[3,4-a]carbazole 173
furostan 919, 1082
3-furyl 254, 424
fusion 143
fusion atom 154

G（グリシン） 979
D-galactonic acid 968
D-galactosamine 959
D-galactosaminitol 967
D-galactose 948
galanthamine 918, 1079
galanthan 918, 1079
galla 66, 104
gallane 96, 686
gallanyl 690
gallium 2
1H-gallole 688
gammacerane 919, 1085
gauche 909
general labeling 820
germa 66, 104
germacrane 919, 1085
1-germacyclotetradecane-3-carbonitrile 27
germane 96
germanediyl 701
germanediylidene 702
germanium 2
germyl 244, 701, 747

germylbismuthane 743
germylene 421, 701
germylidyne 702
gibbane 919, 1085
GIN 1
Gln 979
Glp 981
Glu 979
D-glucitol 965
gluco 825, 954
D-glucofuranose 951
D-glucopyranose 951
α,β-D-glucopyranose 953
D-glucopyranose 6-(dihydrogen phosphate) 962
glucopyranoside 963
β-D-glucopyranosyl 973
β-D-glucopyranosyloxy 973
D-glucosamine 959
D-glucosaminitol 967
D-glucose 42, 948
D-glucos-2-C-yl 976
glutamate(1-) 988
glutamic acid 979
glutamic acid monoanion 988
glutamine 979
N^5-glutamino 986
glutaminyl 989
glutamo 986
glutamoyl 989
γ-glutamyl 989
glutam-5-yl 989
glutaranilic acid 543
glutaric acid 527
glutaryl 547
Gly 979
glycan 947
D-glyceraldehyde 948, 950
L-glyceraldehyde 950
glyceric acid 527
glycero 954
glycerol 485
sn-glycerol 1-phosphate 1007
glycerone 949
glycinamide 598, 989
glycinanilide 990
glycinate 988
glycine 979
glycine anion 988
glycine cation 988
glycine zwitterion 989
glycinium 988
glycino 986
glycinonitrile 641, 990
glycolic acid 528
glycolipid 1009
glycophosphatidylinositol 1009
glycosamine 959
glycose 947
glycoside 963
glyoxal 287, 288, 645
glyoxylic acid 528, 544
gonane 919, 1083
gorgostane 919, 1083
grayanotoxane 919, 1085
guaiane 919, 1085
guanidine 288, 626
guanidino 290, 627

guanosine 999
5'-guanylic acid 1002
D-gulose 948

H

H（ヒスチジン） 979
H 35, 429
half-chair conformation 910
halo 531
hapticity 738
hasubanan 918, 1079
Hcy 981
hecta 21
helicene 147
helicity 830
hemiacetal 649
hemiketal 649
hen 21
henhecta 21
henkilia 21
hepta 21
1,7(1),2,3,4,5,6(1,4)-heptabenzenaheptaphane 239
heptacene 205
heptaconta 21
heptacontane 98
heptacta 21
(2Z,5E)-hepta-2,5-dienedioic acid 30
heptafluorobutanoic acid 25
heptahelicene 205
heptalene 205
heptalia 21
heptane 98
heptano-7-lactim 609
heptan-3-one 511
heptanoyl cyanide 641
heptaphene 205
meso-D-*glycero*-L-*ido*-heptitol 966
heptose 954
heterodetic cyclic peptide 995
heterofullerene 228
heterone 509, 518
heterone S-oxide 795
hetisan 918, 1079
hexa 21
1,2,3,4,5,6-hexaazacyclopenta[cd]○
pentalene 195
hexacene 205
hexachlorocyclohexane 880
hexaconta 21
hexacta 21
hexadecanoic acid 527
(4E)-N-hexadecanoylsphing-4-enine 1010
hexa-2,3-diene 259
hexa-1,3-dien-5-yne 91, 259
hexagermanine 109, 398
hexahelicene 147, 164, 205, 830
3,4,5,6,7,8-hexahydroazocin-2-ol 609
hexahydro-2-benzothiophene-1,3-dione 594
hexahydrobenzo[c]thiophene-1,3-dione 594
1,2,3,4,5,6-hexahydro-1,1'-biphenyl 415

hexahydropyridine　271, 417
hexahydrosiline　271, 416
hexahydro-1,4-thiazepine　271, 417
hexalia　21
hexamethylphosphoramide　661
hexamethylphosphoric triamide　661
hexanamide　597
hexanamidine　625
hexananilide　601
hexanebis(dithioic acid)　539
hexanedioic acid　526
hexanenitrile　639
hexaneperoxoic acid　537
hexaneselenal　647
hexaneselenothioic *S*-acid　539
hexane-3-selone　521
hexanethioamide　608
hexanethioic *O*-acid　539
hexanimidamide　625
hexan-1-imine　478
hexanoic anhydride　587
hexano-6-lactam　516
hexanoyl　752
hexanoyl fluoride　565
hexanoylperoxyl　755
hexan-2-yl chloride　460
1,4,6,9,10,13-hexaoxa-5λ^6-thiaspiro⌒
　　　　　　[4.4^5.4^5]tridecane　138
hexaphene　146, 205
hexaphenylene　205
hexasil-2-ene　259
hexasilinane　107
2λ^6,5λ^4-hexasulfane　100
cis-hexa-2,3,4-triene　877
(2*Z*)-hexa-2,3,4-triene　877
hex-2-ene　22, 259
hexose　954
D-*allo*-hexose　948
D-*altro*-hexose　948
D-*galacto*-hexose　948
D-*gluco*-hexose　948
D-*gulo*-hexose　948
D-*ido*-hexose　948
D-*manno*-hexose　948, 954
D-*talo*-hexose　948
D-*arabino*-hex-2-ulose　949
D-*arabino*-hex-3-ulose　956
D-*lyxo*-hex-2-ulose　949
D-*ribo*-hex-2-ulose　949
D-*xylo*-hex-2-ulose　949
L-*xylo*-hex-2-ulose　956
hidden amide　508, 607
himachalane　919, 1085
His　979
histidine　979
homo　226, 922
homocysteine　981
homodetic cyclic peptide　995
1(9)a*H*-1(9)a-homo(C$_{60}$-*I*$_h$)[5,6]⌒
　　　　　　　　　　fullerene　227
1*H*-4a-homomorphinan　923
20a*H*-20a-homoporphyrin　923
16a-homo-5α-pregnane　922
homoserine　981
homoserine lactone　981
hopane　919, 1085
Hse　981
Hsl　981

humulane　919, 1085
hydantoic acid　612
hydrazide　282, 283, 309, 618, 660
hydrazidimidophosphoryl　668
hydrazidine　636
hydrazido　70, 559, 656, 657
hydrazine　98, 400, 710
hydrazinecarbaldehyde　619, 645
hydrazinecarbohydrazide　623, 714
hydrazinecarbohydrazonohydrazide　637
hydrazinecarbohydrazonoyl　637
hydrazinecarbonitrile　619, 623, 640
hydrazinecarbonyl　620
(hydrazinecarbonyl)diazenyl　719
hydrazinecarboselenoamide　72, 713
hydrazinecarbothioamide　713
hydrazinecarboxamide　712, 713
hydrazinecarboximidohydrazide　633
hydrazinecarboximidoyl　634
hydrazinecarboxylic acid　312, 550, 620,
　　　　　　　　　　　　623, 710
hydrazine-1,2-diyl　710, 750
hydrazinediylidene　710
hydrazinesulfinic acid　620
hydrazinesulfinyl　620
hydrazinesulfonic acid　620
hydrazinesulfonyl　620
(hydrazinesulfonyl)acetic acid　620
hydrazino　710
hydrazinyl　23, 246, 294, 620, 710
hydrazinylacetonitrile　710
C-hydrazinylcarbonohydrazonoyl　637
hydrazinylcarbonyl　620
hydrazinyl cyanide　640
3-hydrazinyl-3-
　　　hydrazinylidenepropanoic acid　637
hydrazinylidene　246, 710, 750
hydrazinylidene(hydroxy)methyl　296
hydrazinylidenemethyl　545
(hydrazinylidenemethyl)amino　634
(hydrazinylidenemethyl)diazene　288
(hydrazinylidenemethyl)diazenyl　290,
　　　　　　　　　　　　　　720
hydrazinylidenemethylidene　556
1-hydrazinylideneprop-2-en-1-yl　547
3-hydrazinyl-3-iminopropanoic acid
　　　　　　　　　　　　634
1-hydrazinylmethanamine　710
(hydrazinylmethylidene)amino　634
4-[(hydrazinylmethylidene)amino]⌒
　　　　　　　　benzoic acid　634
hydrazinylsulfinyl　620
hydrazinylsulfonyl　620
hydrazo　710
hydrazonamide　309, 632
hydrazone　710
hydrazonic acid　283, 285, 307, 534
hydrazono　70, 303, 557, 656, 657, 710
hydrazonohydrazide　285, 309, 636
hydrazonoperoxoic acid　307
hydrazonostiboryl　668
hydrazonothioic acid　307
hydrazono(thioperoxoic) *OS*-acid　307
hydrazono(thioperoxoic) *SO*-acid　307
hydride　13, 806
hydrido　741
hydro　269, 937
hydrogen　806

hydrogen cyanide　640
hydrogen glutamate　988
hydron　13, 806
hydroperoxide　485, 501
hydroperoxy　501
hydroperoxycarbonyl　538, 554
2-hydroperoxyethan-1-ol　503
hydroperoxyl　748
6-hydroperoxy-6-oxohexanoic acid　538
2-hydroperoxy-1-phenylethan-1-one
　　　　　　　　　　　　501
(hydroperoxy)phosphoryl　668
hydrophosphoryl　670
hydroquinone　486
hydroseleno　490
hydroselenonyl　564
hydrosulfinyl　563
hydro(thiophosphoryl)）　670
1-(hydrotrioxy)propan-1-one　729
hydroxamic acid　600
hydroximic acid　535
hydroxy　293, 486, 531
N-hydroxyacetamide　537, 706
hydroxyacetic acid　528
hydroxyamide　764
hydroxyamino　292, 708
4-(hydroxyamino)phenol　708
hydroxyarsanyl　670
hydroxyazanediide　764
hydroxyazanediyl　292, 708
hydroxyazanide　764
hydroxyazonoyl　669
2-hydroxybenzaldehyde　647
N-hydroxybenzenecarboximidic acid
　　　　　　　　　　　　536
N-hydroxybenzenecarboximidoyl　545
N-hydroxybenzimidoyl　545
2-hydroxybenzoic acid　47
4-hydroxybutanenitrile　642
N-hydroxybutanimidic acid　536
3-hydroxybutan-2-one　524
4-hydroxybutan-2-one　51
(2*R*)-2-hydroxybut-3-enal　841
C-hydroxycarbonimidoyl　295, 533
(*C*-hydroxycarbonimidoyl)amino　613
C-hydroxycarbonohydrazonoyl　296
N-hydroxycyclohexanecarboxamide　537
1-hydroxy-4,5-dihydro-3*H*-1λ^4,2-
　　　　　　　thiazole 1-oxide　610
1-hydroxy-4,5-dihydro-3*H*-1λ^6,2-
　　　　　　　thiazol-1-one　610
hydroxy(diphenyl)acetic acid　528
2-hydroxy-1,2-diphenylethan-1-one
　　　　　　　　　　　　524
N-hydroxyethanamine　481
N-hydroxyethanimidic acid　536
2-hydroxyethyl methyl ketone　51
1-(2-hydroxyethyl)osmocene　740
2-(2-hydroxyethyl)phenol　505
6-hydroxyheptan-2-one　490
hydroxyimide　764
hydroxyimino　708
3-(hydroxyimino)butanal　709
hydroxy(imino)methyl　295
[hydroxy(imino)methyl]amino　613
hydroxyl　747
hydroxylamine　48, 288, 651, 706
hydroxylamine-*O*-sulfonic acid　708

欧 文 索 引

N-hydroxymethanamine 706
N-hydroxymethanesulfonamide 706
N-hydroxymethanesulfonimidic acid
　　　　　561
2-(hydroxymethyl)benzene-1,4-diol 74
5-(hydroxymethyl)-2-furaldehyde 647
5-(hydroxymethyl)furan-2-carbaldehyde
　　　　　647
(2*R*,3*R*,4*S*,6*S*)-6-(hydroxymethyl)◯
　　　oxane-2,3,4-triol 18
hydroxy(methylphosphonoyl) 669
hydroxy(oxo)-λ⁵-azanylidene 670, 675
hydroxy(oxo)-λ⁵-phosphanylidene 670
hydroxyphosphanylidene 670
N-(hydroxyphosphonoyl)phosphoramidic
　　　　　acid 684
1-hydroxipiperidine 489
N-hydroxipiperidine 489
(3*S*)-3-hydroxy-L-proline 984
2-hydroxypropanal 834
2-hydroxypropanamide 598
3-hydroxypropanamide 298
N-hydroxypropanamide 285, 600
2-hydroxypropane-1,2,3-tricarboxylic
　　　　　acid 527
N-hydroxypropanimidic acid 285
2-hydroxypropanoic acid 527
2-(3-hydroxypropyl)quinoline-3-acetic
　　　　　acid 74
[2-(3-hydroxypropyl)quinolin-3-yl]
　　　　　acetic acid 74
1-hydroxy-1*H*-pyrrole-2,5-dione 523
hydroxystibanediyl 670
(hydroxysulfanyl)carbonoselenoyl 555
hydroxy(sulfanylidene)acetic acid 540
(hydroxysulfanyl)oxoacetic acid 542
N-hydroxysulfonamide 561
N-hydroxysulfonimidic acid 561
hydroxy(trimethyl)silane 489
5-hydroxytryptophan 986
hydryl 746, 747, 748
hypobromous acid 302, 652
hypochlorous acid 302, 652
hypodiarsenic acid 677
hypodiarsenous acid 677
hypodiarsonic acid 300, 676
hypodiarsonous acid 300, 677
hypodiarsoric acid 301, 677
hypodiarsorous acid 301, 677
hypodiboric acid 302, 676
hypodiboronic acid 301
hypodiphosphonic acid 300, 676
hypodiphosphonous acid 300, 676
hypodiphosphoric acid 301, 676
hypodiphosphoric tetraamide 680
hypodiphosphorous acid 301, 676
hypodiselenic acid 302
hypodiselenous acid 302
hypodistibonic acid 300, 677
hypodistibonous acid 300, 677
hypodistiboric acid 301, 677
hypodistiborous acid 301, 677
hypodisulfuric acid 302, 677
hypodisulfurous acid 302, 677
hypoditelluric acid 302
hypoditellurous acid 302
hypofluorous acid 302
hypoflurous acid 652

hypoiodous acid 303, 652

I

I（イソロイシン）979
ibogamine 918, 1079
icosa 21
icosane 98
ide 13, 42, 285, 746, 758, 764
D-idose 948
Ile 979
imidamide 285, 309, 420, 625
imidazo 158
imidazole 103, 202
1*H*-imidazole 103
imidazolidine 104
imidazolidine-2,4-dione 516
imidazo[1,2-*b*][1,2,4]triazine 165
imidazo[1,2-*b*][1,2,4]triazin-1(2*H*)-yl
　　　　　247
imide 616, 790
imidic acid 283, 285, 306, 533
imidium 772
imido 70, 303, 557, 656, 657
imidoarsoryl 667
imidodicarbonic acid 615
2-imidodicarbonic acid 557
imidodicarbonimidic diamide 628
2-imidodiphosphonic 1-bromide 3-
　　　　　chloride 680
imidohydrazide 309, 632
imidoperoxoic acid 306
imidophosphinoyl 668
imidoselenoic acid 283
imido(selenothioperoxoic) *SeS*-acid 306
imidothioic acid 307
imido(thioperoxoic) *OS*-acid 306
imido(thioperoxoic) *SO*-acid 306
imidoyl carbene 797
imidoyl nitrene 797
imine 282, 310, 478, 753
iminide 763
iminium 772
imino 293, 479, 531
1-iminoethyl 545
(iminomethyl)amino 629
2-(iminomethyl)hydrazin-1-yl 635
iminomethylidene 556
1-iminopropyl 547
iminyl 753
inane 105
inda 66, 104
as-indacene 145, 172, 205
s-indacene 145, 172, 205
3-(*as*-indacen-3-yl)-5-
　　　　　(*s*-indacen-1-yl)pyridine 32
indane 97, 272, 418
indane-1,2,3-trione 47
indan-2-yl 281
indazole 149, 199, 202
1*H*-inden-3-amine 469
indene 145, 199, 205
5*H*-inden-5-one 27
independent bridge 181
independent secondary bridge 112
indiga 104
indigane 96, 686

indiganyl 690
indium 2
indole 149, 150, 199, 202
(¹⁵N)-1*H*-indole 809
1*H*-indoline 272
indolin-2-yl 281
indolizine 149, 150, 202
ine 105, 150
inine 105
inosine 999
5′-inosinic acid 1002
inositol 995
cis-inositol 996
epi-inositol 996
myo-inositol 2-acetate 998
in-out isomerism 910
insulin (human) 992
interior atom 154
interparent component 154
ioda 66, 104
iodane 96
λ³-iodane 97, 397
λ⁵-iodane 398
iodic acid 302, 652
iodide 459, 566
iodido 70, 656
iodinane 97, 397
1λ³-iodinane 110
iodine 2
iodo 70, 293, 440, 459, 566, 656
iodoform 462
(2*R*)-1-[¹³¹I]iodo-3-iodopropan-2-ol
　　　　　845
1*H*-1λ⁵-iodole 110
iodomethane 459
iodonia 67, 781
iodonium 770
iodosyl 440, 462
iodous acid 303, 652
1λ³-1,2-iodoxole 202
iodyl 440, 462
irane 105
irene 105
iridine 105
irine 105
isoarsindole 150, 204
isoarsinoline 150, 204
isobenzofuran 153
isobenzofuran-1,3-dione 593
isobutane 456
isobutoxy 493
isobutyl 255, 422
isobutyric acid 528
isochromane 10, 272
isochroman-3-yl 281
isochromene 10, 149, 199
isochromenylium 780
isocyanate 465, 566
isocyanatido 70, 656
isocyanato 70, 293, 440, 465, 566, 657
isocyanatocyclohexane 465
isocyanide 466, 566
isocyanido 70, 656
isocyano 70, 293, 440, 466, 566, 656
isocyanobenzene 49, 386, 466
isodiazene 721
isoflavan 919, 1087
isofulminate 466

isofulminato 466
isofulminic acid 466
isoindole 149, 150, 199, 202
2*H*-isoindoline 272
isoindolin-2-yl 281
isoleucine 979
isonicotinic acid 527
isopentane 456
isopentyl 255, 423
isopeptide bond 991
isophosphindole 150, 204
isophosphinoline 150, 204
isophthalaldehyde 645
isophthalamide 597
isophthalic acid 526
isophthalohydrazide 619
isophthalonitrile 640
isoprene 259, 456
isopropenyl 277, 280, 426
isopropoxide 507, 762
isopropoxy 493
isopropyl 422, 748
isopropylidene 253
isopropyl methyl peroxide 498
isoquino 158
isoquinoline 149, 150, 202
isoquinolin-1(2*H*)-one 511, 517
isoquinolin-4a(2*H*)-yl 36
isoquinolin-7-yl 254, 424
isoquinolone 511
7-isoquinolyl 254, 424
isoselenazole 103
isoselenazolidine 104
isoselenochromane 272
isoselenochroman-3-yl 281
isoselenochromene 149
isoselenochromenylium 780
isoselenocyanate 566
isoselenocyanatido 656
isoselenocyanato 293, 566, 657
isotellurazole 103
isotellurazolidine 104
isotellurochromane 272
isotellurochroman-3-yl 281
isotellurochromene 149
isotellurochromenylium 780
isotellurocyanate 566
isotellurocyanatido 656
isotellurocyanato 293, 566, 657
isothiazole 103, 400
isothiazolidine 104
isothiochromane 272, 418
isothiochroman-3-yl 281
isothiochromene 149
isothiochromenylium 780
isothiocyanate 566
isothiocyanatido 70, 656
isothiocyanato 70, 293, 566, 657
isothiocyanatobenzene 465
(isothiocyanatomethyl)benzene 49
isothiocyanatosulfonothioyl 673
isothiocyanatosulfonyl 673
isotopically deficient compound 820
isourea 613
isoureido 613
isoxazole 103, 400
isoxazolidine 104
ite 285, 569, 746, 758, 761

ium 42, 285, 746, 787

K, L

K (リシン) 979
kaurane 919, 1086
ent-kaurane 944
Kekulé structure 835
ketal 648
ketene 510
ketimine 478
ketoaldaric acid 953
ketoaldonic acid 953, 967
ketoaldose 953
ketose 953
ketouronic acid 953
ketoxime 708
kilia 21
kis 21
kopsan 918, 1079

λ^n 66
L (ロイシン) 979
ʟ 825, 950
l 850
labdane 919, 1086
lactam 609
lactamide 598
lactic acid 527
lactide 585
lactim 609
lactone 584
lanostane 919, 1086
lanthionine 981
lead 2
lead tetraphenoxide 507
Leu 979
leucinal 990
leucine 979
ligand 737
lignane 919, 1087
like 832, 848
linear formula 737
lithium methanide 741
lithium phenolate 507
lithium phenoxide 507
lunarine 918, 1079
lupane 919, 1086
lycopodane 918, 1079
lycorenan 918, 1079
Lys 979
lysine 979
[2-lysine]bradykinin 992
lysine monocation 988
lysinium(1+) 988
lysin-N^2-ium 988
N^6-lysino 986
lythran 918, 1080
lythranidine 918, 1080
ᴅ-lyxose 948

M

M (メチオニン) 979
M 824, 830, 856, 859, 902

*M** 859
m 824
magnesium iodide methanide 741
main bridge 111
main bridgehead 111
main ring 111
maleic acid 527
maleic anhydride 593
malonamic acid 600
malonic acid 47, 527
malonyl 547
malonyl dichloride 566
β-maltose 977
mancude 102, 257
manno 954
ᴅ-mannosamine 959
ᴅ-mannose 948, 954
matridine 918, 1080
menthane 919
p-menthane 1086
mercapto 244, 294, 490
mesitylene 101, 457
meso 825, 966
Met 979
metaarsenic acid 677
metaarsenous acid 677
metaarsoric acid 677
metaarsorous acid 677
metaboric acid 677
metaphosphoric acid 677
metaphosphorous acid 677
metasilicic acid 677
metastiboric acid 677
metastiborous acid 677
methacrylic acid 527
methacryloyl 547
methanal 645
methanamine 469, 738
methanaminide 759, 763
methanaminidyl 800
methanaminium 282
methanaminium chloride 483
methanaminyl 746, 753
methanaminyl anion 759
methane 3, 44, 400
(^{14}C)methane 807
(^{2}H$_1$)methane 807
[^{13}C]methane 816
[^{2}H$_1$]methane 816
methanediazonium 776
methanediimine 259
methanediyl 52, 420
methanehydrazonamido 634, 635
methanehydrazonic acid 534
methanehydrazonohydrazide 636
methanehydrazonoyl 545
methanehydrazonoylamino 634, 635
methanenitrile 640
methaneperoxoic acid 528, 537
methaneperoxolate 762
methaneseleninyl 563
methane-*SSe*-selenothioperoxol 502
methaneselenoyl 646
methanesulfenic acid 420, 502
methanesulfinimidic acid 561
(*S*)-(methanesulfinyl)benzene 870
(*S*)-(methanesulfinyl)ethane 870
(methanesulfinyl)methane 866

1-(methanesulfinyl)-2-
(methylsulfanyl)ethane 299
methanesulfonamide 598
methanesulfonoperoxoic acid 560
methanesulfonyl cyanide 642
methanetelluroyl 646
methanethioamide 608
methane-*SO*-thioperoxol 420, 502
methanethioyl 546, 646
4-(methanethioyl)benzoic acid 647
methanetriyl 749
methanide 759, 769
methanido 737
methanidolithium 741
methanidyl 768
methanimidamido 629
methanimidic acid 533
methanimidohydrazido 635
2-methanimidoylhydrazin-1-yl 635
methanium 89, 282, 770
methaniumyl 42, 747
methano 182
1,9-methano(C$_{60}$-*I*$_h$)[5,6]fullerene 230
methanoic acid 287, 288, 526
1,5-methanoindole 189
methanol 12, 49, 487
methanolate 762
(methanooxymetheno) 187
methanoyl 291, 544
methanyl 243, 244, 421
methanylidene 243, 244, 422
(metheno) 185
methionine 979
methoxide 507, 746, 762
methoxy 493
(methoxyamino)phosphanyl 296
methoxybenzene 12, 287, 288, 495
2-methoxybenzonitrile 642
methoxyboranyl 671
methoxyboranylidene 670
(methoxycarbonothioyl)oxy 296
N-methoxyethanamine 480
methoxyethane 495
methoxyl 746, 748, 755
methoxylium 777, 778
N-methoxymethanamine 707
methoxymethane 494
1-methoxy-2-(2-methoxyethoxy)ethane
495
(1*R*)-1-methoxy-1-
(methylsulfanyl)ethane 837
methoxy(methylsulfanyl)methane 299
1-methoxy-3-(methylsulfanyl)propane
506
1-methoxy-3-(methylthio)propane 506
2-methoxynaphthalene 495
methoxy(oxo)-λ^5-arsanylidene 670
4-methoxyphenyl 427
[(methoxysulfanyl)oxy]methane 731
S-methoxysulfinimidoyl 564
methoxysulfonyl 563, 673
methoxysulfuryl 673
methyl 243, 244, 421, 738, 747
methyl acetate 385
methyl acetimidate 581
N-methylacetohydrazide 622
methyl *N*-acetyl-L-alaninate 987
methyl L-alaninate 989

methyl alcohol 12, 49, 487
methylamide 763
methylamine 469
methylamino 295, 473
(methylamino)silanetriol 703
methylaminyl 753
17β-methyl-5α-androstane 940
methyl 5β-androstane-17β-carboxylate
942
4-methylaniline 469
N-methylaniline 468
methyl anion 759
methylazane 469
methylazanediyl 53
methylazanium chloride 483
methylazanyl 746, 753
methylazonic dichloride 385, 659
methylazonothious acid 657
N-methylbenzamide 599
N-methylbenzanilide 601
4-methylbenzenamine 469
N-methylbenzenamine 468
methylboranuide 11
methylboronic acid 691
methylboronothioic acid 657
N-methylbromic amide 736
2-methylbuta-1,3-diene 259
2-methylbutane 456
N^1-methylbutanediamide 599
1-methylbutane-1,4-diyl 250
methyl butanoate 50
2-methylbutan-2-yl 255, 423
3-methylbut-1-ene 46
(2*Z*)-2-methylbut-2-enoic acid 875
1-methylbutyl 250
2-methylbutyl 250
3-methylbutyl 255, 423
4-(2-methylbutyl)-*N*-
(3-methylbutyl)aniline 33
17-methyl-5α-campestane 940
methyl cation 774
methyl chloride 735
methyl cyclohexanecarboxylate 571,
573
2-methylcyclopentyl 250
methyldiazenylium 776
1-methyldiborane(6) 687, 694
methyl dihydrogen phosphate 664
5-methyl-1,2-dihydronaphthalene 458
methyl *P*,*P*-dimethyl(imidophosphinate)
9
methyl *P*,*P*-dimethylphosphinimidate 9
methyldioxidanethiol 730
methyl(dioxo)-λ^5-phosphane 509
N'-methyl-*N*,*N*-
diphenylbenzenecarboximidamide
630
(methyldiselanyl)(methylsulfanyl)◯
methane 299
methyldisulfanol 730
(methyldisulfanyl)methane 498
methyldithioxane 730
methylene 52, 420, 749
methylene acetate formate 576
1,1'-methylenebis(disilane) 56
methylenebis(oxy) 54, 493
methylenebis(phosphorothioyl) 296
2,2'-methylenedibenzonitrile 16

2,4'-methylenedi(cyclohexane-1-
carboxylic acid) 58
methylenedinitrilo 296
methylenedioxy 54, 493
N-methylethanaminium bromide 483
methyl ethanimidate 581
N-methylethanimine 478
1-methyleth-1-en-1-yl 277
1-methylethoxy 493
1-methylethyl 243, 422, 748, 751
1-methylethylidene 250, 253
methylgermanethiol 703
methyl α-D-gulofuranoside 49, 386
6-methylhept-2-en-4-ol 46
5-methylhexan-2-one 512
N^τ-methyl-L-histidine 985
methyl hydrogen sulfate 664
N-methylhydroxylamine 706
O-methylhydroxylamine 48, 707
N-methylhypochlorous amide 462
(λ^2-methylidenamino)oxy 466
methylidene 243, 244, 420, 422, 749
methylideneazinic acid 675
5-methylidenecyclopenta-1,3-diene
261
methylidenediazen-2-ium-1-ide 796
2-methylidenehexanal 647
3-methylidenehexane 456
2-methylidenepentan-1-ol 488
methylidyne 749
(methylimino)-λ^6-sulfanedione 734
3-methyl-1*H*-indene 458
methyl iodide 459
methylium 747, 774, 775
methyliumyl 799
methyllithium 741
methylmagnesium iodide 741
methyl 1-methylethyl peroxide 498
7-methylnaphthalen-2-yl 250
methyl naphthalen-2-yl ether 495
methyl 2-naphthyl ether 495
1-methyl-4-nitronaphthalene 28
N-methyl-*N*-nitronitramide 663
4-methyl-5-nitrooctanedioic acid 28
3-methyl-1,2λ^6-oxathiane-2,2-dione
585
3-methyl-1,2-oxathiane 2,2-dioxide
585
2-methyl-1,3-oxathiolane 649
methyloxidanyl 755
methyloxidanylium 778
2-methyl-1-oxoprop-2-en-1-yl 547
2-methylpentane 45
3-methylpentane 45
2-methylpent-1-en-4-yn-3-ol 28
1-methylpentyl chloride 460
(methylperoxy)ethane 498
2-(methylperoxy)propane 498
[(methylperoxy)sulfanyl]methane 731
4-methylphenol 486
2-methylphenyl 255, 424
4-methylphenyl 252
methyl(phenyl)arsinoyl 667
N-methyl-*N*-phenylbenzamide 601
methyl phenyl ether 12, 495
methyl(phenyl)triselane 728
methyl phenyl triselenide 728
methyl-λ^5-phosphanedione 509

1-methylphosphanimine 480
methylphosphinous chloride 462
P-methylphosphonimidothioic acid 72
methylphosphonocyanatidic acid 659
methylphosphonoyl 667
methylphosphonoylium 777
2-methylpropan-1-amine 469
2-methylpropane 456
2-methylpropanediamide 23
1-methylpropane-1,3-diyl 245
2-methylpropane-1,3-diyl 53
methyl propanoate 49
2-methylpropanoic acid 528
2-methylpropan-2-ol 487
2-methylpropan-2-yl 250, 748
(1*R*,2*S*,5*R*)-5-methyl-2-(propan-2-yl)〜
　　　　cyclohexan-1-ol 879
2-methyl-5-(propan-2-yl)phenol 486
5-methyl-2-(propan-2-yl)phenol 486
2-methylprop-2-enoic acid 527
2-methylprop-2-enoyl 547
1-methylprop-2-en-1-yl 277
1-methylpropoxy 492, 493
2-methylpropoxy 493
1-methylpropyl 255, 422
2-methylpropyl 255, 422
(2-methylpropyl)amine 469
(2-methylpropyl)azane 469
methylselanyl 755
methylseleninyl 563
S-methyl selenothiohydroperoxide 502
1-methylsilanetriamine 703
methylsilanuide 764
methylsulfaniumdiyl 785
methylsulfanyl 492
(methylsulfanyl)benzene 498
methyl(sulfanyl)germane 703
(methylsulfanyl)methane 496
4-(methylsulfanyl)-2-oxobutanoic acid
　　　　　　　　　　　　　　532
[(methylsulfanyl)oxy]ethane 500
2-methyl-2-(sulfanyloxy)propane-1-
　　　　　　　　　　　thiol 505
methylsulfoniumdiyl 785
N-methylsulfurous diamide 386
methylthio 492
S-methyl thiohydroperoxide 502
N-methyl(thiohydroxylamine) 708
methyl thiohypochlorite 462
(methylthio)methane 496
S-methyl thionitrate 663
(methyl-*OOS*-thiotrioxy)methane 731
(methyl-*OSO*-thiotrioxy)methane 731
1-methyltriazane 721
1-methyltridecastannane 7
2-methyl-1,3,5-trinitrobenzene 463
methyltrioxidanethiol 730
methyltrisulfane 728
methylurea 24
methyl(vinyl)diazene 716
(methyno) 185
mixed labeled 816
mono 20, 21, 83
monodentate 737
mononuclear 737
monosodium glutamate 988
monothioacetal 649
morphinan 918, 1080

morpholine 10, 104
multidentate 737
multiplicative nomenclature 51
multiply labeled 816

N, O

N（アスパラギン） 979
N 59
naphthacene 146
naphthalena 208
naphthalene 27, 145, 205, 417
naphthalene-2-carboxylic acid 527
naphthalene-2,3-diacetic acid 73
naphthalene-4a,8a-diol 36
naphthalene-1,2-dione 36, 514
naphthalene-1,4-dione 510
2,2′-(naphthalene-2,3-diyl)diacetic acid
　　　　　　　　　　　　　　73
naphthalene-2,3-diylidene 248
naphthalene-2-propanol 73
[1,2]naphthaleno 183
naphthalen-1-ol 486
naphthalen-4a(2*H*)-ol 487
naphthalen-1(2*H*)-one 35, 431
naphthalen-2-yl 22, 247, 254, 424, 748
naphthalen-1(2*H*)-ylidene 247
2-[(naphthalen-2-yl)methyl]pyridine
　　　　　　　　　　　　　　316
3-(naphthalen-2-yl)propan-1-ol 73
naphtho 155, 158
naphtho[2,1,8-*mna*]acridine 156
naphtho[1,2-*a*]azulene 91, 155
2-naphthoic acid 527
naphthoquinone 510, 513
1-naphthol 486
1,2-naphthoquinone 514
1,4-naphthoquinone 510
2-naphthyl 254, 424
naphthylene 146
3-(2-naphthyl)propan-1-ol 73
naphthyridine 148
1,5-naphthyridine 202
1,6-naphthyridine 202
1,7-naphthyridine 202
1,8-naphthyridine 202
2,6-naphthyridine 202
2,7-naphthyridine 202
neoflavan 919, 1087
neolignane 919
3,3′-neolignane 1087
neopentane 456
neopentyl 255, 423
nickelocene 740
nicotinic acid 527, 529
nitramide 662
nitramido 672
nitramine 662
nitrene 747, 749, 750
nitrenium 775, 787
nitric acid 302, 652
nitric hydrazide 662
nitrido 70, 656, 657
nitridophosphoryl 668
nitrile 282, 310, 639
nitrile imide 795
nitrile oxide 643, 795

nitrile ylide 795
nitrilium 772
nitrilo 53, 185, 293, 476
2,2′,2″-nitrilotriacetic acid 16, 476
nitro 440, 463, 531, 795
aci-nitro 670
nitroazanediyl 672
2-nitrobenzene-1,3-diol 487
aci-nitroethane 464
nitroformic acid 550
nitrogen 2
2-nitrohydrazin-1-yl 672
nitroimino 672
nitrolic acid 709
nitromethane 463
aci-nitromethane 675
2-nitronaphthalene 463
nitrone 795
nitrooxy 671
1-nitropropanal oxime 709
1-nitropropan-1-one oxime 709
N-(1-nitropropylidene)hydroxylamine
　　　　　　　　　　　　　　709
nitroric acid 651
nitroryl 666
nitrosamine 662
nitroso 440, 463
nitrosoamino 672
nitrosolic acid 709
nitrosooxy 671
N-nitroso-*N*-propylpropan-1-amine
　　　　　　　　　　　　　　662
nitrososelanyl 672
nitrosulfanyl 672
nitrosyl 738
nitrous acid 302, 652
nitrous amide 437
nitrous hydrazide 662
nona 21
nonaazane 90, 98
nonacene 204
nonaconta 21
nonacta 21
nonahelicene 205
nonalia 21
nonaphane 208
nonaphene 204
nonasilabicyclo[4.2.1]nonane 399
nona-1,3,5,7-tetraene 258
nonose 954
nonselectively labeled compound 819
nor 14, 227, 920
20-nor-ε,ε-carotene 921
13-norgermacrane 921
3-norlabdane 14
1*H*-4-normorphinan 922
4-nor-5β-pregnane 920
novi 21
nupharidine 918, 1080

OC-6 865
ocane 105
ocene 740
ocine 105
octa 21
octacene 205
octaconta 21
octacta 21

欧　文　索　引

octadecanoic acid 527
(9*Z*)-octadec-9-enoic acid 527
(2-*cis*,4-*trans*)-octa-2,4-diene 876
(2*Z*,4*E*)-octa-2,4-diene 876
octafluoropropanimidamide 25
octahedron 865
octahelicene 205
octalene 146
octalia 21
octaphene 205
octaphenylene 204
(2-*trans*,6-*trans*)-octa-2,3,4,6-tetraene
　　　　　　　　　　　　　　　　　877
(2*E*,6*E*)-octa-2,3,4,6-tetraene 877
octi 21
octose 954
ohydrazide 619
oic acid 282, 283, 299, 306, 528
ol 45, 282, 284, 310, 486
olane 105
olate 507, 762
ole 105
oleanane 919, 1086
oleic acid 527
olidine 105
onane 105
one 42, 282, 284, 310, 508
onic acid 968
onine 105
onitrile 639
onium 770
ophiobolane 919, 1086
ormosanine 918, 1080
Orn 981
ornithine 981
ortho- and *peri*-fusion 154
ortho-fusion 153
orthosilicic acid 301, 703
osmocene 740
2-(osmocen-1-yl)ethanol 740
ovalene 145, 204
oxa 66, 104
oxa[11]annulene 108
1-oxa-4-azacyclododec-3-ene 260
2-oxabicyclo[2.2.1]hept-5-ene 264
3-oxabicyclo[3.2.1]octane 118
1-oxacyclododecan-7-yl 246
oxacyclotridecane 503
1-oxacycloundeca-2,4,6,8,10-pentaene
　　　　　　　　　　　　　　　　　108
1,3,5-oxadiazine 202
1,2,5-oxadiazole 202
5-oxa-2,8-dithia-11-silatetradecan-14-
　　　　　　　　　　　　　　　oic acid 27
1,2,6-oxadithiepane 106
oxalaldehyde 287, 288, 645
oxalaldehydic acid 544
oxalaldehydoyl 546
oxalamide 597
oxalanilic acid 543
oxalic acid 287, 289, 526
oxalic diamide 288
oxalimidic acid 533
oxalo 530, 545
oxaloamino 546
oxalohydrazide 619
oxalohydrazonic acid 534
oxalonitrile 640

oxalooxy 546
oxalosulfanyl 546
oxalyl 289, 291, 545
oxalylbis(azanediyl) 290, 291
oxalyl dichloride 566
oxalyl dicyanide 641
oxamic acid 287, 288, 526, 542, 543
oxamide 288, 597
2*H*-1-oxamorphinan 931
oxamoyl 289, 291, 603
oxamoylacetic acid 603
oxamoylamino 290, 291, 605
oxamoyl bromide 566
3-(oxamoylimino)propanoic acid 605
oxane 271
oxanthrene 151, 203
oxan-3-ylidene 279
1,2-oxaphospholane 106
1,3λ^5-oxaphosphole 110
1,3-oxarsinane 107
6-oxaspiro[4.5]decane 126
2-oxa-4-thiabicyclo[3.2.1]octane 118
3′-oxa-2-thia-1,1′-bi(cyclotetradecane)
　　　　　　　　　　　　　　　　　238
1-oxa-4λ^4-thiacyclotetradecane 110
2-oxa-4-thia-1,5-disilapentane 67, 394
1,2,3-oxathiazolidine 106
1,2-oxathiolane 105, 504
1,4,8,11-oxatriazacyclotetradecino 158
18-oxayohimban 918, 1080
1,2,5-oxazaphosphole 106
1,3-oxazinane 107
oxazirene 106
oxazole 103, 400
1,2-oxazole 103, 202, 400
1,3-oxazole 103
oxazolidine 104
1,2-oxazolidine 104
1,3-oxazolidine 104
(8α*H*)-[1,3]oxazolo[5′,4′:8,14]〇
　　　　　　　　　　　　　morphinan 932
oxepine 203
oxetane 106
oxetose 950
oxidane 96, 730
oxidanethiol 730
oxidanyl 755
oxidanylium 777
oxide 518, 790
oxido 767
2-(oxidoazaniumyl)ethyl 482
oxime 708
oxirane 504
oxirene 106, 203
oxireno 933
oxirose 950
oxo 293, 508, 531
oxoacetic acid 528, 544
oxoacetonitrile 641
oxoacetyl 546
3-oxoandrost-4-en-18-oic acid 942
oxoarsanyl 464
2-(oxo-λ^5-azanyl)ethyl 482
(oxo-λ^5-azanylidyne)methyl 466
3-oxobutanal 647
4-oxobutanenitrile 298
3-oxobutanoic acid 520, 523, 528
4-oxobutanoic acid 544, 645

1-oxobutyl 547
oxocane 105
4-(4-oxocyclohexyl)oxolan-2-one 524
1-oxo-1,2-diphenyl-1λ^5-diazene 717
1-oxoethan-1-ide 759, 764
oxoethenyl 25
1-oxoethyl 289, 544
5-oxohexanenitrile 642
5-oxohexanoic acid 531
1-oxohexyl 752
oxolane 271, 416, 503
oxolane-2,5-dione 516, 592
oxolane-2-thione 584
oxolan-2-one 584
oxolan-3-yl-4-ylidene 246
oxomethyl 289, 291, 544
oxomethylidene 519, 556
oxonium 770
2-oxooctanenitrile 641
oxo(phenyl)methyl 545
oxo(phenyl)phosphane 509
oxo(phenyl)-λ^4-sulfanide 759
oxophosphanyl 464, 670
5-oxoproline 981
2-oxopropanedinitrile 643
2-oxopropanenitrile 641
2-oxopropanoic acid 528
1-oxoprop-2-en-1-yl 547
1-oxopropyl 547, 548
2-(2-oxopropyl)cyclohexan-1-one 519
1-(1-oxopropyl)piperidine 517
oxostibanyl 670
oxo(sulfanyl)acetic acid 539
4-oxo-4-sulfanylbutanoic acid 540
1-(oxosulfanylidene)propane 519
oxy 52, 293, 492
oxyacanthan 918, 1080
oxybis(azanylylidenemethanylylidene)
　　　　　　　　　　　　　　　　　54
1,1′-oxybis(4-bromobenzene) 60
oxybis(cyclopropylidenemethylene) 55
oxybis(methylazanediyl) 54
oxybis(methylene) 54
oxybis(methylenenitrilo) 242
N,*N*′-oxybis(*N*-methylmethanamine) 60
oxybis(nitrilomethanylylidene) 54
1,1′-oxybis(3-phenoxybenzene) 390
1,1′-oxydibenzene 407, 496
4,4′-oxydi(benzene-1-sulfonic acid) 57
1,1′-oxydicyclohexane 16
4,4′-oxydi(cyclohexane-1-carboxylic
　　　　　　　　　　　　　　　acid) 57
oxydiformaldehyde 646
3,3′-oxydi(methyl benzoate) 575
2,3′-oxydipropanoic acid 59
8,8′-oxydi(spiro[4.5]decane) 57
oxygen 2
oxyl 756
oxylcarbonyl 756
oxylium 777
oxytocin 992
oyl 544, 752
oylium 777

P

P（プロリン） 980

P 824, 830, 856, 859, 902
*P** 859
p 824
palmitic acid 527
pancracine 918, 1080
panose 978
parent component 154
parent hydride 41
penam 919, 1087
penta 21
pentaammine(ethanido)osmium(1+)
　　　　　　　　　　chloride 738
pentaammine(ethyl)osmium(1+)
　　　　　　　　　　chloride 738
pentaarsane 723
1,3,5,7,10-pentaaza-2,4,6,8,9-
　　　　pentasilatricyclo[3.3.1.1^{2,4}]decane
　　　　　　　　　　120
pentaaz-2-ene 259
nido-pentaborane(9) 688
pentacene 146, 205
(2*R*,3*R*,4*R*,5*S*,6*R*)-2,3,4,5,6-
　　　　pentachloroheptanedioic acid 850
pentaconta 21
pentacta 21
pentacyclo[4.2.0.0^{2,5}.0^{3,8}.0^{4,7}]octane 121
pentadienyl 801
pentaerythritol 485
2,2,3,3,3-pentafluoropropan-1-ol 25
pentakis 21
pentalene 146, 205
pentaleno 158
pentalia 21
pentanal 89, 644
pentane 3, 44
pentanedial 644
pentanediamide 597
pentanediimidamide 626
pentanedinitrile 639
pentanedioic acid 527
pentanedioyl 547
pentanedithial 647
pentane-2,4-dithione 521
pentane-1,4-diyl 250
pentane-2,4-diylidene 750
pentanehydrazide 618
pentane-2,5-sultone 585
pentanethioylium 777
pentane-1,3,5-tricarboxylic acid 529
(2*R*,3*r*,4*S*)-pentane-2,3,4-trithiol 856
pentan-3-one 49
pentan-2-one oxime 709
pentanoyl 23
pentan-2-yl 250
pentan-3-ylidene 245
pentan-2-ylidenehydroxylamine 709
pentaphene 146, 205
(*TBPY*-5)-pentaphenoxy-λ^5-phosphane
　　　　　　　　　　865
(*SPY*-5)-pentaphenyl-λ^5-stibane 865
pentaphosphane 98
pentaphospholane 723
pentasilane 98
pentazolane 109, 271, 398, 417
pentazolidine 109, 271, 398, 417
pent-2-ene-1,5-diol 487
(3*R*)-pent-1-en-3-ol 826, 840
pent-1-en-4-yne 258

pent-3-en-1-yne 258
pent-1-en-4-yn-3-one 515
pentose 954
D-*arabino*-pentose 948
D-*lyxo*-pentose 948
D-*ribo*-pentose 948
D-*xylo*-pentose 948
pentyl 44
tert-pentyl 255, 423
pentyl cyanide 639
pentyl nitrite 663
pentyloxy 12, 295, 492
peptide 991
peptide bond 991
peracetic acid 528, 537
perbenzoic acid 528, 537
perbromic acid 302, 652
perbromyl 440, 462
perchloric acid 302, 652
perchloryl 440, 462, 674
perfluoric acid 302, 652
perfluoryl 440, 462
performic acid 528, 537
perimidine 148, 199, 201
periodic acid 302, 652
periodinane 97, 398
periodyl 440, 462
peripheral atom 154
peroxo 70, 303, 655
peroxoic acid 283, 306, 537
peroxol 282, 284, 310, 419, 485, 501
peroxolate 507, 762
peroxoselenoic acid 306
peroxothioic acid 306
peroxy 52, 70, 303, 501, 537, 557, 656
peroxyacetic acid 537
peroxyanhydride 588
peroxybenzoic acid 537
peroxycarboxylic acid 537
peroxycyanic acid 556
1,1′-peroxydibenzene 56
2-peroxydicarbonic acid 557
peroxyformic acid 537
peroxyl 755
peroxylium 777
peroxyoxamic acid 537
persulfurane 97, 397
perylene 145, 205
perylo 91, 155, 158
phane 207
phane replacement 206
phantom atom 832
Phe 979
phenalene 145, 199, 205
1*H*-phenalene 167
1*H*-phenalen-4-ol 27
phenanthrene 145, 205
phenanthren-9-yl 254, 424
phenanthridine 148, 150, 201
phenanthro 91, 158
phenanthroline 148, 201
9-phenanthryl 254, 424
phenarsazine 152
phenazaphosphinine 152, 201
phenazarsinine 152, 201
phenazine 27, 148, 151, 201
phene 146
phenethyl 255, 422

phenetidine 468
phenetidino 469
pheno 151
phenol 4, 287, 289, 485
(3-^{3}H)phenol 29
phenophosphazine 152
phenoselenazine 151, 201
phenotellurazine 151, 201
phenothiarsine 152
phenothiarsinine 152, 203
phenothiazine 151, 201
phenoxantimonine 152
phenoxaphosphine 152
phenoxaphosphinine 152, 203
phenoxarsine 152
phenoxarsinine 152, 203
phenoxaselenine 152, 202
phenoxastibinine 152, 203
phenoxatellurine 152, 203
phenoxathiine 152, 202
phenoxazine 151, 201
phenoxide 507, 762
phenoxy 290, 291, 426, 493
phenoxyacetaldehyde 647
phenoxybenzene 407, 496
phenoxyl 755
phenoxylium 777
phenyl 423, 738
N-phenylacetamide 601
phenylacetic acid 72, 90
phenylacetonitrile 12
phenylalanine 979
L-(α-^{2}H)phenylalanine 814
phenylamide 763
phenylamino 290, 291, 426, 468
phenylaminyl 753
N-phenylaniline 470
phenyl anion 759
phenylarsanethione 724
phenylazanediide 763
phenylazanyl 753
phenyl azide 49, 796
phenylboronic bromide chloride 660
phenylboronobromidic chloride 660
phenylcarbamic acid 74
phenylcarbonyl 289, 291
phenyl cation 774
phenyl(chlorophosphonoyl) 668
phenylcycloheptane 456
phenyldiazenecarbonitrile 715
phenylene 146
1,4-phenylene 53, 423, 750
1,4-phenylenebis(iminomethylene) 548
1,4-phenylenebis(methylene) 251
1,4-phenylenebis(oxomethyl) 753
1,2-phenylenebis(oxomethylene) 547
1,4-phenylenebis(phosphanide) 766
1,4-phenylenebis(phosphanium) 783
1-phenylethan-1-one 510, 512
phenylethene 4
2-phenylethyl 255, 422
phenylethylene 4
N-phenylformamide 601
N-phenylhexanamide 601
1-phenylhexan-3-ol 73
phenylhydrazine 710
N-phenylhydrazinecarboxamide 712
phenyl hydrogen phosphate 762

欧 文 索 引

O-phenylhydroxylamine 707
phenylimide 763
phenyl-λ^3-iodanediol 735
phenyl isocyanide 49, 386, 466
phenyl isothiocyanate 465
phenylium 774
phenylmethoxy 427
phenylmethyl 422
phenylmethylidene 422
phenylmethylidyne 422
2-(phenylmethyl)pyridine 252
2-phenylnaphthalene 456
N-phenylnitrous amide 47
2-phenyloxirane 12
phenyloxy 290, 291
phenyl-λ^5-phosphanedione 464
phenylphosphanone 509, 724
phenylphosphonochloridic acid 658
phenylphosphonochloridoyl 668
phenylphosphononitridic acid 91
phenylphosphonothious acid 658
1-phenylpropan-1-one 511
1-phenylpropan-2-one 512
3-phenylprop-2-enoic acid 526
phenylselanyl 492
phenylseleno 492
4-phenylsemicarbazide 712
phenylsulfanyl 755
(phenylsulfanyl)benzene 496
phenyl(sulfanylidene)methyl 546
phenylsulfanylium 775
phenylsulfonyl 562
5′-phenyl-1,1′:3′,1″-terphenyl 239
2⁵-phenyl-1¹,2¹:2³,3¹-terphenyl 239
(phenylthio)benzene 496
phenyl(thioxo)methyl 546
3-phenyltriazadien-2-ium-1-ide 796
N-phenylurea(N′——B)borane (1/1)
                                    698
phospha 66, 104
phosphane 96, 397, 723
λ^5-phosphane 97, 397
phosphanecarbaldehyde 644
phosphanecarboxamide 597, 723
phosphanecarboxylic acid 723
phosphane oxide 518
phosphanetriyl 185
phosphanida 67, 765
phosphanium 770, 787
phosphano 184
phosphanone 518
phosphanthrene 151, 204
phosphanthridine 150, 204
phosphanyl 244, 421, 725
1-phosphanylbutan-1-one 521
2-phosphanylethan-1-amine 725
phosphanylidyne 244
λ^5-phosphanylidyne 750
λ^5-phosphanylium 787
1-phosphanylpropan-1-one 509
6λ^5-phosphaspiro[4.5]decane 66
2-phosphaspiro[4.5]decan-8-yl 247
7λ^5-phosphaspiro[3.5]nonane 138
phosphate 962
3-sn-phosphatidic acid 1007
phosphatidylcholine 1008
phosphatidylethanolamine 1008
phosphatidylinositol 1008

phosphatidylserine 1008
3-phospha-2,5,7-trisilaoctane 392
(phospheno) 185
phosphinane-3,5-diyl 246
phosphindole 150, 204
phosphindolizine 150, 204
phosphine 397, 723
phosphine imide 792
phosphine oxide 518, 792
phosphinic acid 300, 652, 659
phosphinidyne 185, 244
phosphinimidoyl 668
phosphinine 35
phosphinin-2(1H)-one 35
phosphino 244, 725
2-phosphinoethan-1-amine 725
phosphinoline 150, 204
phosphinolizine 150, 204
phosphinous acid 300, 652, 659
phosphinoyl 667
phosphinyl 667
phospho 464
phosphobenzene 464
phospholane 270, 416
1H-phosphole 106, 270, 416
phosphomethane 509
phosphonato 767, 962
phosphonic acid 42, 300, 652, 659
phosphonic diisocyanate 660
phosphonium 770, 787
phosphono 666, 962
6-O-phosphono-D-glucopyranose 962
(phosphonooxy)acetic acid 670
phosphonothioyl 670
phosphonous acid 300, 652, 659
phosphonoyl 666, 670
phosphorane 97, 397
phosphoric acid 7, 301, 652
phosphorodichloridoyl 668
phosphorodicyanatidic acid 659
phosphorohydrazidimidic acid 658
phosphorohydrazidimidoyl 668
phosphoronitridoyl 668
phosphoroperoxoyl 668
phosphoroso 464
phosphorosobenzene 509
phosphoro(thioperoxoic) OS-acid 658
phosphoro(thioperoxoyl) 669
phosphorothioyl 667
phosphorous acid 301, 652
phosphorus 2
phosphoryl 295, 666
phosphoryl triisocyanate 659
phthalaldehyde 645
phthalamic acid 602
phthalamide 597, 598
phthalazine 148, 202
phthalic acid 47, 526
phthalic anhydride 593
phthalimidic acid 533
phthalohydrazide 619
phthalohydrazonic acid 535
phthalonitrile 640, 641
phthaloyl 547
picene 145, 205
picrasane 919, 1086
picric acid 486
pimarane 919, 1086

PIN 1, 3, 400, 428
pinacol 486
pinane 919, 1086
piperazine 104
piperidin-1-amine 470
piperidine 104, 271, 417
piperidine-1-carbodithioic acid 539
piperidine-1-carbohydrazide 619
piperidine-1-carbonitrile 640
piperidino 254, 424
piperidin-1-ol 489
piperidin-2-one 509
piperidin-4-one 513
piperidin-2-yl 254, 424
1-(piperidin-1-yl)ethan-1-one 607
1-(piperidin-1-yl)propan-1-one 517,
                                    520
2-piperidyl 254, 424
pleiadene 145, 205
plumba 66, 104
plumbane 96
plumbanediyl 702
plumbanetetrayl 702
plumbanetetrayltetrakis(stannane) 743
plumbyl 701
plumbylene 702
plumbylidene 702
podocarpane 919, 1086
polane 96
polona 66
polyacene 144
polyalene 146
polyaphene 146
polyarsonic acid 300
polyarsonous acid 300
polyarsoric acid 301
polyarsorous acid 301
polyazane 721
polycarbonic acid 299, 551
polycyclic system 112
polyhedral symbol 864
polyhelicene 147
polynaphthylene 146
polynuclear 737
polyphenylene 146
polyphosphonic acid 300
polyphosphonous acid 300
polyphosphoric acid 301
polyphosphorous acid 301
polyselenic acid 302
polyselenous acid 302
polystibonic acid 300
polystibonous acid 300
polystiboric acid 301
polystiborous acid 301
polysulfuric acid 302
polysulfurous acid 302
polytelluric acid 302
polytellurous acid 302
polyuret 615
polyvalent bridge 181
poriferastane 919, 1083
porphyrin 919, 1088
potassium butanoate 569
potassium 6-carboxyhexanoate 570
potassium dimethylarsinate 663
potassium hydrogen heptanedioate 570
potassium isopropoxide 507

potassium propan-2-olate 507
pregnane 917, 919, 1083
5β,9β,10α-pregnane 917
principal chain 340
principal component 154
priority number 865
prismane 121
Pro 980
proline 980
propanal 645
propanal dimethyl acetal 50
propanal O-ethyloxime 709
propanal hydrazone 50, 711
propanal oxime 50, 386
propanamide 285
propane 44, 400
propane-1,3-bis(ylium) 775
propanedioic acid 47, 527
propanedioyl 547
propanedioylbis(azanediylmethylene) 54
propanedioyl dichloride 566
propane-1,3-diyl 245
propane-1,3-diyl dicyanide 639
propanehydroxamic acid 285
propanehydroximic acid 285
propanenitrile 386, 641
propaneperoxoate 761
propane-1,3-sultim 610
propanethial oxide 519
propanethioamide 608
propanethiohydrazide 623
propanethioic O-acid 72
propane-2-thiol 490
propane-2-thione 71, 521
propanethioyl 548
propane-1,2,3-tricarboxamide 597
propane-1,2,3-triol 485
propanimidic acid 285
propanimidothioic acid 539
propanimidoyl 547
propan-1-iminyl 746
propano 182
propanoic acid 527
propan-1-ol 45
propan-2-olate 762
propan-2-one 4, 510, 511
propanoyl 547, 548
propanoyl bromide 735
propanoyl cyanide 385
propanoylphosphane 509
1-propanoylpiperidine 517, 520
propan-1-yl 245
propan-2-yl 243, 245, 422, 748, 751
N-(propan-2-yl)acetamide 599
propan-1-ylidene 421
propan-2-ylidene 245, 250, 253
2-(propan-2-ylidene)○
        hydrazinecarboxamide 386
propan-2-yloxy 493
propan-1-yl-1-ylidene 245
prop-2-enamide 598
prop-2-en-1-amine 478
propene 24
(1E)-(1-²H₁)prop-1-ene 875
trans-(1-²H₁)prop-1-ene 875
prop-1-ene-1,3-diyl 53
prop-2-enehydrazonoyl 547
prop[1]eno 182

prop-2-enoic acid 526
prop-2-enoyl 547
prop-1-en-2-yl 277
prop-2-en-1-yl 277, 425
(prop-2-en-1-yl)azane 478
(prop-2-en-1-yl)cyclohexane 457
propiolic acid 528
propionaldehyde 645
propionic acid 527
propionic thioacetic anhydride 588
propionimidoyl 547
propiononitrile 641
propionyl 547, 548
propionyl bromide 735
1-propionylpiperidine 520
propiophenone 511
propoxide 507, 762
propoxy 493
propoxyl 755
propoxylium 777
propyl 244, 245, 747
α-propylbenzenepropanol 73
3-propylbenzoic acid 312
N⁶-(propylcarbamoyl)-5′-adenylic acid
        1003
propylidene 244, 421
propylideneazanyl 746
propylidenehydrazine 50, 711
N-propylidenehydroxylamine 50, 386
propylidene-λ⁴-sulfanone 519
propylium 775
prop-1-yne 258
prop-2-ynoic acid 528
prostane 919, 1088
protide 806
protium 805, 806
proton 806
protostane 919, 1086
pseudoasymmetric 828
pseudoketone 508
D-psicose 949
pteridine 148, 201
purine 149, 199, 202
pyran 10, 103, 203
2H-pyran 103, 271
pyrana 208
pyran-4-one 513
4H-pyran-4-one 513
pyranose 950
pyranthrene 145, 205
pyrazine 103, 202
pyrazinecarboxylic acid 24
pyrazino[2,1,6-cd:3,4,5-c′d′]○
        dipyrrolizine 166
pyrazole 103, 202
1H-pyrazole 103
pyrazolidine 104
pyrazolo 158
pyrene 145, 167, 205
pyridazine 103, 202
pyridine 103, 202, 271, 417
pyridine-3-carboxylic acid 527, 529
pyridine-4-carboxylic acid 527
pyridine-2,6-dicarbaldehyde 644
pyridine-2,6-dicarboxylate 761
pyridin-1(2H)-ide 759
pyridinio 786
pyridin-1-ium 11

pyridin-1-ium-1-yl 786
pyridin-1(4H)-yl 247
pyridin-2-yl 247, 254, 424
pyrido 158
2-pyridyl 254, 424
1(4)-pyrimidina-3,6(5,2),9(3)-
        tripyridinanonaphane 211
pyrimidine 103, 202
pyrimido 158
pyrocatechol 486
pyrocatecholate 762
pyrrola 208
pyrrole 35, 103, 199, 202
1H-pyrrole 35, 103
3H-pyrrole 35
pyrrole-2,5-dione 617
1H-pyrrole-2,5-dione 617
pyrrolidine 104
pyrrolidine-1-carboxylic acid 530
pyrrolidine-2,5-dione 617
pyrrolidine-1-peroxol 501
pyrrolidin-2-one 511, 516, 609
1-(pyrrolidin-1-yl)ethane-1-thione 608
pyrrolidin-1-yl hydroperoxide 501
pyrrolidone 511
pyrrolizine 149, 202
6H-pyrrolo[3,2,1-de]acridine 156
1H-pyrrolo[3,2-b]pyridine 200
pyrrolo[3,2-b]pyrrole 198
pyruvic acid 528
pyrylium 780

Q〜R

Q（グルタミン） 979
quater 21, 82, 233
quinazoline 148, 202
quino 158
quinolin-4-amine 469
quinoline 3, 148, 150, 202
quinoline-5,8-dione 514
quinolin-8-ol 487
quinolin-2(1H)-one 511, 516
quinolin-2-yl 424
quinolin-2(1H)-ylidene 36
quinolizine 149, 150, 202
6H-quinolizino[3,4,5,6-ija]quinoline
        165
quinolone 511
2-quinolyl 255, 424
β-D-quinovopyranose 957
D-quinovosamine 960
quinovose 957
quinoxaline 148, 202
quinque 21
quinuclidine 121

R（アルギニン） 979
R 355, 824, 829, 850, 856, 859
R* 859
Rₐ 824, 829, 902
Rₚ 824, 830
r 824, 825, 859, 882
rₐ 824
rₚ 824
rac 824, 945

欧 文 索 引　　　　　　　　　　　　　1113

racemate 860
radical anion 798
radical cation 798
radical ion 798
radicofunctional nomenclature 48
raffinose 977
reference plane 951
rel 824, 859, 945
relative configuration 859
resorcinol 486
retinal 919, 1087
11-*cis*-retinal 936
(*all-trans*)-retinal 937
retro 17, 926
L-rhamnitol 966
L-rhamnopyranose 957
rhamnose 957
rheadan 918, 1080
D-ribose 948
D-ribulose 949
ring assembly 234
rodiasine 918, 1080
rosane 919, 1087
rubicene 145, 205
ruthenocene 740

S

S（セリン） 980
S 355, 824, 829, 850, 856, 859
*S** 859
S_a 824, 829, 902
S_p 824, 830
s 824, 859
s_a 824
s_p 824
salicylaldehyde 647
samandarine 918, 1080
Sar 981
sarcosine 981
sarpagan 918, 1080
sc 908
s-*cis* 910
seco 227, 924
3,4-secocuran 925
1,9-seco(C$_{60}$-I_h)[5,6]fullerene 11, 228
6,7-seco-3a-homopimarane 928
2,3-secohopane 925
secondary bridge 111
see-saw 865
selane 96
λ⁴-selane 732
selanediyl 294
selaniumyl 785
selano 184
selanthrene 203
selanyl 294, 492, 755
selanylidene 294, 521, 646
1-selanylideneethyl 546
selanylphosphonoyl 669
selanylsulfanyl 295
(selanylsulfanyl)amino 296
selectively labeled compound 818
selena 66, 104
2-selenabicyclo[2.2.1]heptane 118
selenal 284, 310, 646

selenanthrene 151
selenazole 103
1,2-selenazole 103
1,3-selenazole 103
selenazolidine 104
1,2-selenazolidine 104
1,3-selenazolidine 104
selenenic acid 502
selenic acid 302, 652
selenide 496
seleninamide 309, 598
seleninic acid 284, 285, 299, 308, 559, 560
seleninimidamide 625
selenino 293, 560
seleninohydrazide 285, 310
seleninoperoxoic acid 560
seleninothioic *O*-acid 561
seleninothioic *S*-acid 284
seleninyl 295, 563
selenium 2
seleno 9, 70, 294, 303, 538, 557, 656
selenoacetyl 546
selenoanhydride 588
selenobenzoic acid 9, 540
selenochromane 272
selenochroman-2-yl 281
selenochromene 149
selenochromenylium 780
selenoflavylium 780
selenoformyl 646
selenoic *Se*-acid 306
selenoic acid 540
selenol 71, 310, 490
selenomorpholine 104
selenonamide 309, 598
selenonic acid 284, 299, 308, 559, 560
selenonio 785
selenonium 770
selenoniumyl 785
selenono 293, 560
selenonohydrazide 310
selenonohydrazonoyl 563
selenonyl 295, 563
selenoperoxo 655
selenoperoxol 485, 501
OSe-selenoperoxol 502
SeO-selenoperoxol 420, 502
selenoperoxy 656
selenophene 103, 203
selenopheno[2,3-*b*]selenophene 156
2*H*-1λ⁴-selenophen-1-ylium 780
selenopyran 103, 203
2*H*-selenopyran 103
selenopyrano 158
selenopyrylium 780
selenosemicarbazide 72, 713
SeTe-selenotelluroperoxol 420, 502
TeSe-selenotelluroperoxol 502
selenothioperoxo 655
selenothioperoxol 485, 501
SSe-selenothioperoxol 502
SeS-selenothioperoxol 502
selenothioperoxy 656
selenous acid 302, 652
selenoxanthene 149, 203
selenoxanthylium 780
selenoxo 294, 521, 646

selenurane 97
selenyl 294, 490
selone 284, 310, 521
semicarbazide 712
semicarbazido 712
semicarbazone 713
semicarbazono 713
semioxamazone 624
senecionan 918, 1080
septanose 950
septi 21
seqCis 824, 846, 856
seqcis 846
seqTrans 824, 846, 856
seqtrans 846
Ser 980
serine 980
sesqui 83
sexi 21
sila 66, 104
silacyclotetradecane 8
sila(C$_{60}$-I_h)[5,6]fullerene 229
silane 96
silanecarbonitrile 639
silanediyl 421, 701, 749
silanediyldi(ethane-2,1-diyl) 251
silanediyldiethylene 251
silanetetramine 662, 703
silaniumyl 799
silano 184
silanthrene 151, 204
silanyl 421
silanylylidene 702
silasesquiazane 120
silasesquioxane 120
silasesquithiane 120
5-silaspiro[4.5]decane 701
3-silaspiro[5.5]undec-7-ene 265
silicic acid 301, 652, 703
silicon 2
silinane 271, 416
siline 271, 416
silin-4-yl 423
siloxy 492
silyl 243, 421, 701
(silylamino)silyl 246
silyl cyanide 639
silylene 421, 701, 702, 749
1-silylethan-1-one 509
silylidene 702, 749
silylidyne 244, 702
silyloxy 492
3-silylpropanoic acid 312
N-silylsilanamine 99, 471
3-silyltetrasilan-1-yl 250
simple bridge 181
simple substituent group 241
simplification 206
simplified skeleton 207
singly labeled 816
skeletal locant 207
skeletal replacement 8
skeletal replacement nomenclature 65
sodium acetate 802
sodium dihydrogenphosphate 571
sodium 4-ethoxy-4-oxobutanoate 580
sodium ethyl succinate 580
sodium glutamate(1－) 988

sodium hydrogen carbonate 570
sodium hydrogen glutamate 988
sodium methanolate 507, 802
sodium methoxide 507, 802
sodium propane(dithioate) 569
sodium propan-1-olate 507
sodium propoxide 507
sodium trimethylboranuide 765
solanidane 918, 1081
D-sorbose 949
L-sorbose 956
sp 908
SP-4 865
sparteine 918, 1081
sphinganine 1010
spiro 122
spirobi 127
2,2′-spirobi[[1,3,2]benzodioxagermole] 507
2λ⁴,2′-spirobi[[1,3,2]benzodioxathiole] 140
3,3′-spirobi[bicyclo[3.3.1]nonane]-6,6′-diene 266
1,1′-spirobi[indene] 128
1*H*,1′*H*-2,2′-spirobi[naphthalene] 128
spiro[cyclohexane-1,1′a-[1(9)a]-homo(C₆₀-*I*ₕ)[5,6]fullerene] 233
spiro[cyclohexane-1,1′-indene] 131
spiro[cyclopentane-1,1′-indene] 17
spiro[4.5]decane 123
spiro[4.5]decane-1,7-dione 513
spiro[4.5]dec-6-ene 265
(1*R*)-5′*H*-spiro[indene-1,2′-[1,3]oxazole] 891
spiro[4.4]nonane 123
spiro[4.4]nonan-2-ylidene 243
spiro[4.4]non-2-ylidene 243
spirosolane 918, 1081
spirostan 919, 1083
2λ⁶,2′,2″-spiroter[[1,3,2]○benzodioxathiole] 140
spiro[5.7]tridecaphane 208
SPY-5 865
square plane 865
square pyramid 865
SS-4 865
staggered 909
stanna 66, 104
stannane 96
λ²-stannane 97
stannanediyl 701
stannanetriyl 702
stannano 184
stannyl 701
stannylene 701
stannylidene 244
stannylidyne 702
stearic acid 527
stereodescriptor 823
stereogenic unit 823, 827
stereoparent 915
stiba 66, 104
stibane 96, 397
λ⁵-stibane 97, 398
stibanediyl 421
stibanyl 725
stibanylidene 421
stibine 397

stibinediyl 421
stibinic acid 301, 652
stibino 725
stibinous acid 301, 652
stibinoyl 667
stibinylidene 421
stibonic acid 300, 652
stibonium 770
stibono 666
stibonous acid 301, 652
stibonoyl 667
stiborane 97, 398
stiboric acid 301, 652
stiborohydrazonoyl 668
stiborous acid 301, 653
stiboryl 666
stibylene 421
stigmastane 919, 1083
stilbene 261, 457
s-*trans* 910
strychnidane 918
strychnidine 1081
styrene 4, 261, 457
styrene oxide 12
styryl 280
subsidiary parent substituent group 242
substituent 257
substituent prefix 242
substitutive nomenclature 41
succinaldehyde 645
succinaldehydic acid 544
succinamic acid 543
succinic acid 527
succinic anhydride 516, 592
succinimide 617
succinimidic acid 533
succinimido 617
succinimidoyl 547
succinohydrazide 618
succinohydrazonic acid 534
succinohydroximic acid 536
succinonitrile 641
succinyl 53, 547
sucrose 976
sulfamic acid 658
sulfamoyl 563, 603
sulfane 96, 730
λ⁴-sulfane 97, 397, 732
λ⁶-sulfane 397, 732
sulfanediyl 52, 294
2,2′-sulfanediyldiacetic acid 387
1,1′-sulfanediyldibenzene 496
λ⁴-sulfanida 67
sulfanilic acid 560
sulfanium 770
sulfano 183
λ⁴-sulfano 183
sulfanol 730
sulfanuida 67, 765
sulfanyl 89, 244, 294, 490, 492, 748, 755
N-sulfanylacetamide 708
sulfanylacetic acid 47
sulfanylboranyl 692
sulfanylcarbonyl 555
(sulfanylcarbonyl)oxy 555
sulfanylidene 71, 244, 294, 521, 646
sulfanylideneamino 672

(sulfanylideneamino)sulfonyl 672
3-sulfanylidenebutanoic acid 522
sulfanylidenemethyl 546
sulfanylidenemethylidene 556
4-sulfanylidenepentan-2-one 522
1-sulfanylidenepropyl 548
4-sulfanylidene-4-(sulfanyloxy)butanoic acid 542
N-sulfanylmethanamine 708
2-sulfanylphenol 491
3-sulfanylpropanoic acid 491
sulfate 962
sulfenic acid 419, 502
sulfide 496, 790
sulfido 767
sulfilimine 733
sulfimide 733
sulfinamide 309, 598
sulfinamidine 624
sulfinic acid 282, 284, 299, 308, 559, 560
sulfinimidamide 309, 625, 629
sulfinimidic acid 308, 561
sulfinimidohydrazide 310
sulfinimidoperoxoic acid 308
sulfinimidothioic acid 308
sulfinimido(thioperoxoic) *OS*-acid 308
sulfinimidoyl 563
sulfino 293, 560
sulfinoacetic acid 562
sulfinohydrazide 310, 618
sulfinohydrazonamide 309
sulfinohydrazonic acid 71, 284, 308
sulfinohydrazonohydrazide 310
sulfinohydrazonoperoxoic acid 308
sulfinohydrazono(selenothioperoxoic) *SSe*-acid 308
sulfinohydrazonotelluroic acid 308
sulfinoperoxoic acid 71, 308
sulfinoperoxothioic acid 308
sulfinoselenoamide 309
sulfinoselenohydrazide 310
sulfinoselenoic *Se*-acid 308
sulfinothioamide 607
sulfinothioic *O*-acid 308
sulfino(thioperoxoic) *OS*-acid 308
sulfino(thioperoxoic) *SO*-acid 308
sulfinyl 295, 563
sulfinylamine 733
sulfinylbis(oxy) 564
sulfo 293, 560, 962
4-sulfobenzene-1,2-dicarboxylic acid 562
4-sulfobenzoic acid 562
sulfonamide 285, 309, 598
sulfonato 767, 963
sulfone 504
sulfonediimine 734
sulfonic acid 282, 284, 285, 299, 305, 307, 559, 560
sulfonimidamide 309, 624, 625, 629
sulfonimidic acid 305, 307
sulfonimidoditelluroic acid 305
sulfonimidodithioic acid 305
sulfonimidohydrazide 309
sulfonimidoperoxoic acid 305, 307
sulfonimidoperoxothioic *OO*-acid 305
sulfonimidoselenohydrazide 309

欧 文 索 引　　　　　　　　1115

sulfonimidoselenothioic *S*-acid　305
sulfonimidoselenothioic *Se*-acid　305
sulfonimidothioamide　309, 625
sulfonimidothioic *O*-acid　305
sulfonimidothioic *S*-acid　305, 307
sulfonimido(thioperoxoic) *OS*-acid
　　　　　　　　305, 307
sulfonimido(thioperoxoic) *SO*-acid
　　　　　　　　305, 307
sulfonimidoyl　673
sulfonium　747, 770
sulfonodihydrazonamide　309
sulfonodihydrazonic acid　284, 306, 308
sulfonodihydrazonohydrazide　310
sulfonodihydrazonoperoxoic acid　306,
　　　　　　　　308
sulfonodihydrazonothioic acid　306, 308
sulfonodihydrazono(thioperoxoic)
　　　　　　　　SO-acid　306, 308
sulfonodihydrazonoyl　673
sulfonodiimidamide　309, 625
sulfonodiimidic acid　305, 307
sulfonodiimidohydrazide　310
sulfonodiimidoperoxoic acid　305, 307
sulfonodiimidoselenoic acid　305, 307
sulfonodiimidotelluroic acid　305
sulfonodiimido(thioperoxoic) *OS*-acid
　　　　　　　　305, 307
sulfonodiimido(thioperoxoic) *SO*-acid
　　　　　　　　305, 307
sulfonodiimidoyl　673
sulfono(diselenoperoxo)dithioic acid
　　　　　　　　305
sulfono(ditelluroperoxo)ditelluroic acid
　　　　　　　　305
sulfonodithioamide　607
sulfonodithioic *O*-acid　305
sulfonodithioic *S*-acid　305
sulfono(dithioperoxo)diselenoic acid
　　　　　　　　305
sulfonodithioyl　673
sulfonohydrazide　309, 618
sulfonohydrazonamide　309
sulfonohydrazonic acid　305, 307, 561
sulfonohydrazonohydrazide　310
sulfonohydrazonoperoxoic acid　306,
　　　　　　　　307
sulfonohydrazonoperoxothioic acid
　　　　　　　　306, 307
sulfonohydrazonotellurohydrazide　310
sulfonohydrazonothioamide　309
sulfonohydrazonothioic *O*-acid　306,
　　　　　　　　308
sulfonohydrazonothioic *S*-acid　306, 308
sulfonohydrazonoyl　673
sulfonoperoxodithioic acid　307
sulfonoperoxodithioic *OO*-acid　305
sulfonoperoxoic acid　284, 305, 307, 560
sulfonoperoxoselenoic *OO*-acid　305
sulfonoperoxoselenothioic *OO*-acid　305
sulfonoperoxothioic acid　307
sulfonoperoxothioic *OO*-acid　305
sulfonoselenoic *Se*-acid　305
sulfonoselenotelluroic *O*-acid　305
sulfonoselenotelluroic *Se*-acid　305
sulfonoselenotelluroic *Te*-acid　305
sulfonoselenothioamide　309
sulfonothioamide　309, 607

sulfonothiohydrazide　309
sulfonothioic *O*-acid　305, 307
sulfonothioic *S*-acid　305, 307, 561
sulfono(thioperoxoic) *OS*-acid　305,
　　　　　　　　307
sulfono(thioperoxoic) *SO*-acid　305,
　　　　　　　　307
sulfonothio(thioperoxoic) *SO*-acid　305
sulfonothioyl　563, 673
sulfonotrithioic acid　305, 307
sulfonyl　295, 563, 672
sulfonylamine　733
sulfonylbis(sulfanediyl)　564
sulfooxy　564
3-(sulfooxy)propanoic acid　673
4-sulfophthalic acid　562
sulfoxide　504
sulfoximide　734
sulfur　2
sulfuramidoyl　563
sulfurane　97, 397
sulfur diimide　734
sulfuric acid　302, 653
sulfurimidoyl　673
sulfur(isothiocyanatido)thioyl　673
sulfurisothiocyanatidoyl　673
sulfurochloridoyl　673
sulfurocyanidoyl　673
sulfurodihydrazonoyl　673
sulfurodiimidoyl　673
sulfurodithioyl　673
sulfurohydrazonoyl　673
sulfurothioic acid　658
sulfurothioyl　673
sulfurous acid　302, 653
sulfur triimide　734
sulfuryl　295, 563, 672
sultam　609
sultim　610
sultine　585
sultone　585
superatom　207
syn　825, 876, 888
synclinal　908
synperiplanar　908

T

T（トレオニン）　980
t（トリチウム）　805
t　825, 882
T-4　865
D-tagatose　949
D-talose　948
tartaric acid　528, 971
(2*R*,3*R*)-tartaric acid　971
taxane　919, 1087
tazettine　918, 1081
TBPY-5　865
tellanal　646
tellane　96
tellanediselenol　731
tellanediyl　294
tellano　184
tellanyl　294, 490, 492
tellanylidene　294, 521, 646
tellone　284, 310, 521

tellura　66, 104
3-tellura-4a-homo-5α-androstane　930
tellural　310
telluranthrene　151, 203
tellurazole　103
1,2-tellurazole　103
1,3-tellurazole　103
tellurazolidine　104
1,2-tellurazolidine　104
1,3-tellurazolidine　104
tellurenic acid　502
telluric acid　302, 653
telluride　496
tellurinamide　309, 598
tellurinic acid　284, 299, 308, 559, 560
tellurino　293, 560
tellurinohydrazide　310
tellurinyl　295, 563
tellurium　2
telluro　9, 70, 294, 303, 538, 557, 656
telluroanhydride　588
tellurochromane　272
tellurochroman-2-yl　281
tellurochromene　149
tellurochromenylium　780
telluroflavylium　780
telluroformyl　646
telluroic acid　540
telluroic *O*-acid　283
tellurol　310, 490
telluromorpholine　104
telluronamide　309, 598
telluronic acid　284, 299, 308, 559, 560
telluronimidic acid　284
telluronium　770
tellurono　293, 560
telluronohydrazide　310
telluronyl　295, 563
telluroperoxo　655
OTe-telluroperoxol　502
TeO-telluroperoxol　502
telluroperoxy　656
tellurophene　103, 204, 503
2*H*-1λ⁴-tellurophen-1-ylium　780
telluropyran　103, 204
2*H*-telluropyran　103
telluropyrylium　780
TeSe-telluroselenoperoxol　420
STe-tellurothioperoxol　502
TeS-tellurothioperoxol　420, 502
tellurous acid　302, 653
telluroxanthene　149, 203
telluroxanthylium　780
telluroxo　294, 521, 646
ter　21, 84, 233
[1,1′:4′,1″-tercyclohexan]-1(1′)-ene
　　　　　　　　268
[1¹,2¹:2⁴,3¹-tercyclohexan]-1¹(2¹)-ene
　　　　　　　　268
1,1′:2′,1″-tercyclopropane　236
1¹,2¹:2²,3¹-tercyclopropane　236, 413
terephthalaldehyde　645
terephthalaldehydic acid　544
terephthalamide　597, 598
terephthalic acid　526
terephthalimidoyl　548
terephthalohydrazide　619
terephthalohydroximic acid　536

terephthalonitrile 640, 641
terephthaloyl 753
1,1′:4,1″-terphenyl 237
$1^1,2^1:2^4,3^1$-terphenyl 237
tetra 21
tetraacetic hypodiphosphoric
　　　　tetraanhydride 682
tetraarsazane 99
$1,3a^1,4,9$-tetraazaphenalene 195
arachno-tetraborane(10) 688
tetraboretane 688
tetracarbonic acid 551
2,2,2,2-tetracarbonyl-1,1-dichloro-1-
　　　sila-2-ferracyclopentane 742
2,2,2,2-tetracarbonyl-1,1-dichloro-1,2-
　　　　　silaferrolane 742
tetracene 146, 163, 205
tetrachlorosilane 660
tetraconta 21
tetracta 21
tetracyclo[2.2.0.0^{2,6}.0^{3,5}]hexane 121
tetracyclo[5.5.1.1^{3,11}.1^{5,9}]hexasiloxane
　　　　　　120
tetradecahydroanthracene 273
(4aR,8aR,9aS,10aS)-
　　　　tetradecahydroanthracene 897
cis-cisoid-cis-tetradecahydroanthracene
　　　　　　897
tetraethylplumbane 737
tetrafluorocarbonic diamide 460
tetrafluorohydrazine 710
tetrafluorourea 26, 460
tetrahedron 865
1′,2′,3′,4′-tetrahydro-1,2′-binaphthalene
　　　　269
tetrahydrocyclobuta[1,2-c:3,4-c′]◯
　　　　difuran-1,3,4,6-tetrone 594
tetrahydrofuran 271, 416, 503
tetrahydrofuran-2-one 584
1,2,3,4-tetrahydrogermine 702
1,2,3,4-tetrahydronaphthalen-1-amine
　　　　478
1,2,3,4-tetrahydronaphthalene 10
1,2,3,4-tetrahydronaphthalene-4a,8a-
　　　　diyl 279
1,2,3,4-tetrahydronaphthalene-1-peroxol
　　　　501
1,2,3,4-tetrahydronaphthalen-1-yl
　　　　hydroperoxide 501
2,3,4,5-tetrahydrooxepine 13
2,3,4,5-tetrahydro-1H-phosphole 416
tetrahydropyran 271
2,3,4,5-tetrahydropyridine 418
tetrakis 21, 80
tetralia 21
tetramethylammonium 770, 772
tetramethylammonium iodide 483
tetramethylazanium 770
tetramethylazanium iodide 483
tetramethylboranuide 89, 764
tetramethyldiboroxane 687
1,2,2,2-tetramethylhydrazin-2-ium-1-
　　　　ide 788
N,N,N′,N′-tetramethyl-N″-
　　　　phenylguanidine 627
tetramethylphosphanuide 764
N,N,P,P-tetramethylphosphinic amide
　　　　661

tetramethylsilane 299, 313
tetra(naphthalen-2-yl) 79
tetranaphthylene 204
1,4,7,10-tetraoxacyclododec-2-ene 260
3,6,9,12-tetraoxapentadecan-1-oic acid
　　　　529
2,5,8,11-tetraoxatetradec-13-ene 260
2,4,7,10-tetraoxaundecane 99
tetraphene 205
tetraphenylene 205
tetraphosphoric acid 301
tetraselanediyl 729
tetraseleno 729
1,2,5,8-tetrasilacyclotridecane 108
2,4,6,8-tetrasiladecan-10-yl 68
2,4,6,8-tetrasiladec-9-ene 68
2,4,6,8-tetrasilanonan-1-oic acid 68
2,4,6,8-tetrasilaundecan-10-one 515
2,4,6,8-tetrasilaundecan-11-yl 90
tetrasodium diphosphate 682
tetrastannetane 701
tetrastannoxane 90, 99
tetrasulfane 98
1,1,3,3-tetrathiodicarbonic acid 558
tetrayl 242
tetrose 954
D-erythro-tetrose 948
D-threo-tetrose 948
1,3,5,7,2,4,6,8-tetroxatetragermocane
　　　　701

thalla 66, 104
thallane 96, 686
thallanyl 690
thallium 2
thenyl 255
thia 66, 104
$3\lambda^4$-thiabicyclo[3.2.1]octane 121
2-thiabicyclo[2.2.2]octan-3-yl 247
2-thiabicyclo[2.2.2]oct-5-ene 264
thiacyclododecane 107
1-thiacyclotridecan-3-amine 469
1-thiaergoline 930
thial 310, 646
thiamide 71
λ^4-thiane 732
thianthrene 151, 203
1-thia-5-selenacyclododecane 108
1,3-thiaselenane 107
$3\lambda^6$-thiaspiro[2.4^3.5^3]dodecane 139
8-thia-2,4,6-trisiladecane 68, 392
1,4-thiazepane 271, 417
1,4-thiazepine 271, 417
$1\lambda^6,2$-thiazinane-1,1-dione 610
1,2-thiazinane 1,1-dioxide 610
1,2-thiazinane 1-oxide 610
$1\lambda^4,2$-thiazinan-1-one 610
1,2-thiazine 202
$1\lambda^4,3$-thiazine 110
thiazole 103, 400
1,2-thiazole 103
1,3-thiazole 89, 103, 105, 400
1,3-thiazole-2-acetic acid 73
thiazolidine 104
1,2-thiazolidine 104
1,3-thiazolidine 104
1,3-thiazolidine-2,4-dithione 522
1,3-thiazol-3(2H)-yl 751
(1,3-thiazol-2-yl)acetic acid 73

thieno 158
thieno[2,3-b]furan 164
2-thienyl 255, 424
2-thienylmethyl 255
thiepine 105
$1H$-$1\lambda^4$-thiepine 111
thiepino 158
2H-thiine 10
4H-thiine 71
thio 9, 52, 70, 294, 303, 538, 557, 655,
　　　　656
thioacetaldehyde 646
thioacetamide 608
thioacetic O-acid 540
thioacetic S-acid 72
thioacetone 71, 521
N-(thioacetyl)thioacetamide 608
thioaldehyde S-oxide 795
thioamide 71, 283, 308, 607
thioanhydride 588, 594
thioazonoyl 668
thiobenzaldehyde 647
thiobenzamide 608
thiobenzoic anhydride 587
thiobenzoyl 546
thioborono 692
thiocane 503
thiocarbodiazone 721
thiocarbonyl 553
thiocarboxy 71, 555
4-(thiocarboxy)butanoic acid 540
5-(thiocarboxy)pentanoic acid 539
thiochlorosyl 674
thiochromane 272
thiochroman-2-yl 281
thiochromene 149
thiochromenylium 780
thiocyanatido 70
thiocyanato 70, 556
3-(thiocyanato)propanoic acid 556
thiocyanic acid 556
2-thiodicarbonic acid 557
1-thiodiphosphoric S^1-acid 678
thioflavylium 780
thioformamide 608
thioformic S-acid 540
thioformyl 546, 646
4-(thioformyl)benzoic acid 647
2-thio-α-D-glucopyranose 960
thioglutaric acid 540
thiohydrazide 284
(OS-thiohydroperoxy)carbonoselenoyl
　　　　555
(thiohydroperoxy)phosphoryl 669
thiohydroxylamine 708
thioic acid 71, 540
thioic O-acid 306
thioic S-acid 283, 306
thioketone S-oxide 795
thiol 284, 310, 490
thiolan-2-imine 479
thiolate 507, 762
thiomorpholine 104
thione 71, 284, 310, 521
thionia 67, 781
thionitroso 672
(thionitroso)sulfonyl 672
thionitrous O-acid 658

欧 文 索 引　　　　　　　　　1117

thionyl　295, 563
thioperoxo　70, 303, 655
(thioperoxoic) *OS*-acid　306, 541
(thioperoxoic) *SO*-acid　306
thioperoxol　485, 501
OS-thioperoxol　284, 310, 502
SO-thioperoxol　310, 419, 502
thioperoxy　70, 303, 656
thiophene　103, 203, 503
$1H$-$1\lambda^4$-thiophene　110
$3H$-$1\lambda^4$-thiophene　110
thiophene-2-carboxamide　597
thiophenol　71, 491
thiophen-2-yl　255, 424
$2H$-$1\lambda^4$-thiophen-1-ylium　780
$3H$-$1\lambda^4$-thiophen-1-ylium　779
(thiophen-2-yl)methyl　255
thiophosphono　666
thiophosphoryl　667
thiopropionic *O*-acid　72
thiopropionyl　548
thiopyran　103, 203
$2H$-thiopyran　10, 103
$4H$-thiopyran　71
thiopyrylium　780
thiosemicarbazide　713
thiosilicic acid　658
thiosuccinic acid　540
thiourea　72, 614
thiouronium　774
thioxanthene　149, 203
thioxanthylium　780
thioxo　71, 244, 294, 521, 646
thioxoamino　672
(thioxoamino)sulfonyl　672
3-thioxobutanoic acid　522
thioxomethylidene　556
4-thioxopentan-2-one　522
thioxylium　778
Thr　980
L-threaric acid　971
threo　825
threonine　980
D-threose　948
thromboxane　919, 1088
thujane　919, 1087
Thx　981
thymidine　999
5′-thymidylic acid　1002
thyroxine　981
tin　2
toluene　101, 457
toluidine　468
toluidino　468
o-tolyl　255, 424
TPY-3　865
trans　825, 875, 876, 881
transoid　897
tri　21, 78
triacetic phosphoric trianhydride　590
triaconta　21
trialuminoxane　687
trianhydride　589
triazano　184, 722
triazan-1-yl　245, 722
1,3,5,2,4,6-triazatriborinane　689
1,3,5,2,4,6-triazatriphosphinine　723
triazene　24, 722

triaz[1]eno　184
triaz-2-en-1-yl　278, 722
1,3,5-triazine　107
triborane(5)　687
triborene(5)　690
1-r,2-c,4-c-tribromocyclohexane　882
rel-(1R,2S,4S)-1,2,4-
　　　　tribromocyclohexane　882
tribromomethane　463
tricarbonic acid　551, 557
tricarbonyl{1-[2-(diphenylphosphanyl)-
　　η^6-phenyl]-*N,N*-dimethylethan-1-
　　amine}chromium　739
tricarboximidamide　477
trichlorido(methanido)titanium　738
trichlorido(methyl)titanium　738
trichloro(iodomethyl)silane　462
trichloro(^{12}C)methane　807
trichloro[*def*^{13}C]methane　820
trichloro(methyl)silane　660
(2S,4S)-2,3,4-trichloropentanedioic acid
　　　　873
trichothecane　919, 1087
tricosane　98
tricta　21
tricyanomethanide　759
tricyclo[3.3.1.1^{3,7}]decane　121
tricyclo[3.3.1.1^{3,7}]decan-2-yl　254
tricyclo[2.2.1.0^{2,6}]heptane　113
$1N$-tricyclo[3.3.1.1^{2,4}]pentasilazane　120
(2Z,7R,11E)-trideca-2,11-dien-7-ol
　　　　846
tridecastannane　7, 700
tri(decyl)　80
triethenylbismuthane　727
triethylalumane　313, 693, 737
(triethyl)amine　470
triethylazane　470
(triethylazaniumyl)boranuidyl　799
triethylphosphane　738
trifluoridoboron dihydrate　697
trifluoroborane——water (1/2)　697
trigermaselenane　700
trigonal bipyramid　865
trigonal pyramid　865
triguanide　628
trihydrido(*N*-phenylurea-$\kappa N'$)boron
　　　　698
trihydroxysilyl　671, 703
triimidotetracarbonic acid　615
trilia　21
trimethoxysilyl　671
trimethylalumane　23
(trimethyl)amine oxide　50, 481
(trimethylammoniumyl)acetate　789
trimethylazane oxide　50
(trimethylazaniumyl)acetate　298, 789
(trimethylazaniumyl)oxidanide　385, 481
2-(trimethylazaniumyl)propan-2-ide
　　　　790
1,3,5-trimethylbenzene　101
trimethylborane　693
trimethylene　245
2,3,5-trimethylhexane　45
N,N,N-trimethylmethanaminium
　　　　770, 772
N,N,N-trimethylmethanaminium iodide
　　　　483

1,8,8-trimethyl-3-oxabicyclo[3.2.1]○
　　　　octane-2,4-dione　593
2-(trimethylphosphaniumyl)propan-2-ide
　　　　791
trimethyl phosphate　7, 664
trimethyl phosphite　664
1,1,1-trimethylsilanamine　470
trimethylsilanecarboxylic acid　703
trimethylsilanol　489
trimethylsilyl　738
trimethylsilyl acetate　571, 583
1-(trimethylsilyl)ethan-1-one　518
trinaphthylene　147, 205
2,4,6-trinitrophenol　486
2,4,6-trinitrotoluene　463
tri-*O*-octadecanoylglycerol　1006
triose　954
D-*glycero*-triose　948
1,3,6,2-trioxaluminocane　688
2,3,9-trioxa-5,8-methanocyclopenta○
　　　　[*cd*]azulene　196
2,4,6-trioxa-1,7(1),3,5(1,3)-
　　　　tetrabenzenaheptaphane　390
2,5,8-trioxa-11 λ^4-thiadodecane　68
1,3,5,2,4,6-trioxatrisilinane　7
trioxidane　728
trioxidanediyl　729
1-trioxidanylpropan-1-one　729
trioxy　729
triphenylene　146, 205
triphenylmethyl　253
triphenylphosphane　299, 724
triphenylphosphane oxide　518, 724
triphenyl-λ^5-phosphanone　518, 724
triphenylphosphonium　724
triphenylphosphine oxide　518
triphenylsilylium　775
1,3,5,2,4,6-triphosphatriborinane　107
1,3,5,2,4,6-triphosphatriborinine　107
1,3,5-triphosphinine　107
triphosphonic acid　677
triphosphoric acid　301, 677
tris　21, 59, 78, 80
tris(η^3-allyl)chromium　738
trisilan-1-yl　243, 422
trisilan-2-yl　245, 748
tris(phosphate)　962
trispiro[2.2.2.2^9.2^6.2^3]pentadecane　123
tristannaphospha-1,3-diene　260
2λ^4-trisulfane　99, 398
trisulfanedisulfonothioic *S*-acid　437
trisulfanediyl　729
(trisulfanyl)silane　299
trisulfoxide　732
trisulfuric acid　677
1,4,7-trithiaspiro[4.5]dec-9-ene　265
trithio　729
trithiophosphono　666
tritide　806
tritium　805, 806
triton　806
trityl　253
6-*O*-trityl-β-D-glucopyranose 2,4-
　　　　diacetate　961
triuret　615
trivinylbismuthine　727
triyl　242, 285, 746
tropane　918

(1αH,5αH)-tropane 1081
Trp 980
tryptophan 980
TS-3 865
T-shape 865
tub conformation 910
tubocuraran 918, 1081
tubulosan 918, 1081
twist form 910
Tyr 980
tyrosine 980

U〜Y

u 850
uide 285, 746, 758, 764
ulosonic acid 969
undeca 21
unexpressed amide 508
uniform labeling 821
unlike 832, 848
urea 288, 289, 611
ureido 611
ureylene 421, 611
uridine 999
5′-uridylic acid 1002
uronic acid 953, 967, 970
uronium 773
ursane 919, 1087

V（バリン） 980
Val 980

Val-bradykinin 993
valine 980
L-valinol 990
valylbradykinin 993
vanadocene 740
veratraman 918, 1081
vincaleukoblastine 918, 1081
vincane 918, 1081
vinyl 280, 426
vinylbenzene 4, 261
vinyl carbene 797
vinylidene 280, 426
vobasan 918, 1082
vobtusine 918, 1082

W（トリプトファン） 980

Ξ 825
ξ 1007
ξ（天然物の） 917
X（特定されないアミノ酸） 980
Xaa 980
xanthene 10, 149, 199, 203
xanthosine 999
3′-xanthylic acid 1002
xanthylium 780
meso-xylaric acid 971
xylene 101, 457
1,2-xylene 457
xylidino 469
L-xylononitrile 641
D-xylose 948
D-xylulose 949

Y（チロシン） 980
yl 13, 42, 44, 242, 285, 544, 746, 747, 752, 757
ylene 147, 420
ylide 790
ylidene 242, 285, 420, 746, 747, 749, 757
ylidyne 242, 285, 746, 747, 749, 757
ylium 13, 285, 746, 777, 779, 787
ylo 746, 747
yloamino 756
yloazanyl 756
yloformyl 756
ylomethyl 756
ylooxidanyl 756
(ylooxidanyl)formyl 756
ylylidene 242, 285, 746
ylylidyne 242
yne 258, 415, 451
yohimban 918, 1082

Z

Z 825, 845, 875
zwitterionic compound 787

数　字

0 832

和 文 索 引

あ

亜アジン酸　651
亜アゾル酸　652
亜アゾン酸　651
亜アルシン酸　300, 651
亜アルソル酸　301, 651
亜アルソン酸　300, 651
亜アンチモン酸　653
亜塩素酸　302, 652
アキラル　827
アクア　738
アクアンミラン　918
アクリジン　148, 150
アクリドアルシン　150
アクリドホスフィン　150
アクリルアミド　598
アクリル酸　526
アクリロイル　547
アコニタン　918
ア　ザ　66, 104
アザ[14]アンヌレン　107
アザイミノ　184
1-アザシクロテトラデカ-
　1,3,5,7,9,11,13-ヘプタエ
　ン　107
アザニウム　770
　――の立体表示　862
アザニウムイル　785
アザニドイリデン　768
アザニドイル　768, 799
アザニリア　67, 781
アザニリウム　775
アザニリジン　294
アザニリデン　750
アザニル　472, 748, 754
アザニルイリデン　294, 479
アザノ　184
（アザノエタノ）　186
1-アザビシクロ[2.2.2]オク
　タン　121
2H-1-アザ(C₆₀-Iₕ)[5,6]フ
　ラーレン　229
アザン　96
アザンジイドイル　768
アザンジイル　53, 294, 476,
　　　　　750
アジ化アシル　385
アジ化フェニル　49
アシジウム　773
亜ジチオン酸　302, 677
アジド　70, 293, 440, 464,
　　　566, 656, 796
アジドベンゼン　49, 796
アジノ　710

アジノイル　666
アジピン酸　526
亜臭素酸　302, 652
アジュマラン　918
亜硝酸　302, 652
亜硝酸アミド　437
亜硝酸ヒドラジド　662
アシラール　586
アシリウムカチオン　777
1H-アジリン　106
アシルオキシ　572
アシルカルベン　797
アシル基　544
アシルラジカル　752
アシロイン　524
アジン　50, 711
アジン酸　300, 464, 651
アスタタ　66
アスタタン　96
アスタチン　2
亜スチビン酸　301, 652
亜スチボル酸　301, 653
亜スチボン酸　301, 652
アスパラギン　979
アスパラギン酸　979
アスピドスペルミジン　918
アスピドフラクチニン　918
アズレン　145, 165
アズレン-2(1H)-イリデン
　　　　　247
ア　セ　147
アセアントリレン　147
アセ…イレン　147
アセタト　737
アセタート　761
アセタール　50, 648
　――のカルコゲン類縁体
　　　　　649
アゼチジン　106
アセチリウム　747, 774, 777
アセチリド　759
アセチル　289, 291, 295,
　　　　　427, 544
N-アセチルアセトアミド
　　　　　606
アセチルアニオン　759
アセチルオキシ　572
アセチルカチオン　774, 777
N-アセチル-D-ガラクトサミ
　ン　960
アセチル=クロリド　49,
　　　　　385, 565
N-アセチルベンズアミド
　　　　　606
アセチレン　24, 47, 259, 400
"ア"接頭語　8, 66
　――の記載順序　107
　――の名称中の順序　67

アセトアミジリウム　777
アセトアミド　597
アセトアルデヒド　645
アセトイミド酸　533
アセトイン　524
アセトキシ　572
アセト酢酸　528
アセトニトリル　640
アセトニトリル=オキシド
　　　　　11, 796
アセトニリジン　519
アセトニリデン　519
アセトニル　519
アセトフェノン　510, 512
アセトン　4, 510, 511
アセナフチレン　147
アセナフト　91, 155, 158
（アゼノ）　185
1H-アゼピン　106
アセフェナントリレン　147
亜セレン酸　302, 652
アセン　146
ア　ゾ　184
アゾイミド　793
アゾ化合物　715
アゾキシ化合物　717, 794
アゾキシベンゼン　717
アゾニア　781
アゾノ　666
アゾノイル　666
アゾノチオイル　668
アゾベンゼン　715
アゾメタン　715
アゾメチンイミド　793
アゾメチンイリド　794
アゾン酸　300, 651
アダマンタン　121
アダマンタン-2-イル　254,
　　　　　423
2-アダマンチル　254, 423
アチサン　919
アチシン　918
アチダン　918
5′-アデニル酸　1002
アデノシン　999
亜テルル酸　302, 653
ア　ト　285
アート　746, 758
アトロプ異性　830
アニオン　297, 758
　――のPIN　759
　――の優先順位　768
アニシジノ　469
アニシジン　468
アニソール　12, 48, 287,
　　　　　288, 493, 495
アニリド　600
アニリド酸　543

アニリニウム=クロリド
　　　　　802
アニリノ　290, 291, 426,
　　　　　468, 472, 543
アニリン　42, 288, 468
亜二リン酸　676
アノマー　951
　――の混合物　953
アノマー基準中心　951
アノマー中心　951
アビエタン　917, 919
アピカル原子　867
亜ヒ酸　651
亜フッ素酸　302
アベオ　17, 926
ア　ポ　17
　――の優先順位　925
亜ホスフィン酸
　　　　　300, 652, 659
亜ホスホン酸　300, 652, 659
アポルフィン　918
アミジウム　772
アミジリデン　753, 768
アミジル　753, 768
アミジン　624
アミド　70, 282, 283, 298,
　　　559, 596, 597, 656, 657,
　　　　　747, 753
　――のカルコゲン類縁体
　　　　　607
アミドオキシム　638
アミドキシム　638
アミド酸　542, 600
アミドラジカル
　――の接尾語　753
アミドラゾン　632
アミニウム　772
アミニド　763
アミニドイル　799
アミニリウム　775
アミニリデン　750, 753
アミニル　748, 753, 754
アミニレン　749, 750
アミノ　293, 472, 531, 542
2-アミノアセトアミド　598
アミノアセトン　47
アミノアルジトール　967
2-アミノ安息香酸　528
4-[アミノ(イミノ)メチル]安
　息香酸　628
2-アミノエタン-1-オール
　　　　　506
アミノオキサリル　603
アミノオキシ　90, 292, 708
アミノ(オキソ)アセトアミド
　　　　　605
アミノ(オキソ)酢酸　287,
　　　　　526

アミノカルボニル 289, 542,602
アミノカルボノイミドイル 289,291
アミノキシド 762
アミノキシリウム 777
アミノキシル 755
アミノ酸 959
——のイオン名 987
——の番号付け 982
——の保存名 979
——の誘導体 984
——の立体配置 983
アミノスルフィン酸
——の分子内アミド 610
アミノスルホニル 563
アミノ糖 947
［アミノ(ヒドロキシ)メチリデン］アミノ 613
4-アミノフェニル 427
1-アミノプロパン-2-オン 47
2-(アミノメチリデン)ヒドラジン-1-イル 635
アミン 42,85,282,298, 310,467,753
——のアニオン 763
——の塩 482
——の接尾語 753
——名称の優先 99
アミンイミド 791
アミンオキシド 385,481, 507,791
——の立体表示 862
アミンジイド 763
"ア"命名法 65,195,384, 391
——における番号付け 392
環状化合物の—— 394
鎖状化合物における—— 391
複素単環水素化物の—— 107
亜ヨウ素酸 303,652
アラニン 42,979
β-アラニン 980
D-アラビノース 948
アラン 96
アリシン 980
アリストラン 919
亜硫酸 302,653
アリリジン 280,426
アリリデン 280,426
アリル 280,426
アリルアミン 478
アリル型化合物 793
アリルシクロヘキサン 457
亜リン酸 301,652
亜リン酸トリメチル 664
R 355,824,850,856
R_a 902
r 824,882
アール 282,284,644
アルカニル型置換基 243,374
アルカロイド 1077
——の命名法 914
アルカン 44,98

アルカンスルフィニル 440
アルカンスルホニル 440
アルギニン 979
アルキル型置換基 243,374
アルキルペルオキシ 440
アルケン 46
アルコキシ 440
アルコール 45
アルサ 66,104
アルサニリデン 244
アルサニル 725
アルサニルイリデン 725
アルサン 96,397
λ^5-アルサン 97,723
アルサントリジン 150
アルサントレン 151
アルジトール 965
アルシニジン 244
アルシニル 667
アルシノイル 667
アルシノリジン 150
アルシノリン 150,723
アルシン 397
アルシン酸 300,651
アルシンドリジン 150
アルシンドール 150
アルストフィラン 918
アルセニル 666
アルセノソ 464
アルソ 464
アルソナト 767
アルソニウム 770
アルソノ 666
アルソノイル 667
アルソラン 97,723
アルソリル 666
アルソル酸 301,651
アルソロイミドイル 667
アルソン酸 300,651
アルダル酸 953,967,971
アルデヒド 298,310,644
——のカルコゲン類縁体 646
アルデヒド酸 543
アルドイミン 478
アルドキシム 708
アルドース 947,953,954
——の構造 948
アルドテトロン酸 968
アルドトリオン酸 967
D-アルトロース 948
アルドン酸 953,967
α 916,951
アルマ 104
アルマニリデン 244
アルマニル 244,690
アルマン 96,686
アルミナ 66,104
アルミナン 96
アルミニウム 2
アルミニウム化合物 298
アレン 47,146,259,877
アロ 984
アロイソロイシン 980
L-アロイソロイシン 984
D-アロース 948
アロトレオニン 980

L-アロトレオニン 984
アロファン酸 612
アン 44,105
アンジオテンシンII 992
安息香酸 287,288,526
安息香酸チオ無水物 588
anti 876
アンチ 888
アンチクリナル 908
アンチペリプラナー 908
アンチモニル 666
アンチモン 2
アンチモン化合物 298, 705,722
アンチモン酸 652
アントラ 91,158
アントラキノン 510
アントラセナ 208
アントラセン 145
アントラセン-2-イル 254, 423
アントラセン-9-オール 486
アントラニル酸 528
2-アントリル 254,423
アンドロスタン 919
9-アントロール 486
アンヌレン 100,156,400
1H-[7]アンヌレン 101, 156,400
[6]アンヌレン 100
[8]アンヌレン 415
[10]アンヌレン 100,156
アンヒドロ 17,19,972
アンブロサン 919
アンミン 738
アンモニウム 747,770
アンモニウムイル 785
アンモニオ 785
unlike 832,848

い

E 845,875
イウム 285,746
硫黄 2
硫黄イリド 791
硫黄化合物 298
硫黄ジイミド 734
硫黄トリイミド 734
イオン 257,285
——のPIN 746
非局在化した—— 801
イコサ 21
イコサン 98
E/Z表示法 354
いす形 910
イソアルシノリン 150
イソアルシンドール 150
2H-イソインドリン 272
イソインドール 149,150, 199
イソウレイド 613
イソオキサゾリジン 104
イソオキサゾール 103,400
イソキノ 158
7-イソキノリル 254,424
イソキノリン 149,150

イソキノリン-7-イル 254, 424
イソキノロン 511
イソクロマン 10,272
イソクロメン 10,149,199
イソジアゼン 721
イソシアナチド 70,656
イソシアナト 70,293,440, 465,566,657
イソシアナート 465,566
イソシアニド 70,466,566, 656
イソシアノ 70,293,440, 466,566,656
イソシアノベンゼン 49, 386,466
イソシアン化アシル 385
イソシアン化フェニル 49, 386,466
イソシアン化物 466
イソシアン酸アシル 385
イソシアン酸エステル 465
イソセレナゾリジン 104
イソセレナゾール 103
イソセレノクロマン 272
イソセレノクロメン 149
イソセレノシアナチド 656
イソセレノシアナト 293, 566,657
イソセレノシアナート 566
イソチアゾリジン 104
イソチアゾール 103
イソチオクロマン 272
イソチオクロメン 149
イソチオシアナチド 70, 656
イソチオシアナト 70,293, 566,657
イソチオシアナート 566
(イソチオシアナトメチル)ベンゼン 49
イソチオシアン酸ベンジル 49
イソテルラゾリジン 104
イソテルラゾール 103
イソテルロクロマン 272
イソテルロクロメン 149
イソテルロシアナチド 656
イソテルロシアナト 293, 566,657
イソテルロシアナート 566
イソニコチン酸 527
イソ尿素 613
——のカルコゲン類縁体 613
イソフタルアミド 597
イソフタルアルデヒド 645
イソフタル酸 526
イソフタロニトリル 640
イソブタン 456
イソブチル 255,422
イソブトキシ 493
イソフラバン 919
イソプレン 259,456
イソプロピリデン 253
イソプロピル 422,748
イソプロピルメチルペルオキシド 498

和 文 索 引

イソプロペニル 280, 426
イソプロポキシ 493
イソプロポキシド 507, 762
イソペプチド結合 991
イソペンタン 456
イソペンチル 255, 423
イソホスフィノリン 150
イソホスフィンドール 150
イソ雷酸エステル 466
イソ酪酸 528
イソロイシン 979
イタリック体 89
一次付随成分 168
位置番号 22
──の最小組合わせ 26
──の省略 23, 260, 261, 272
──の優先順位 26, 173
一般 IUPAC 名 (GIN) 1
一般 IUPAC 命名法 1
イト 285, 758
イ ド 13, 285, 746, 758, 764
D-イドース 948
イナン 105
イニン 105
イノシトール 995
イノシン 999
5′-イノシン酸 1002
イボガミン 918
イミジウム 772
イミダゾ 158
イミダゾリジン 104
イミダゾール 103
1H-イミダゾール 103
イミド 70, 298, 303, 557, 616, 656, 657
イミドアミド 285, 420
イミドアルソリル 667
イミドイルカルベン 797
イミドイルナイトレン 797
イミド酸 283, 285, 533
イミドセレノ酸 283
イミド二炭酸 615
イミドヒドラジド 632
イミドホスフィノイル 668
イミニウム 772
イミニド 763
イミニル 753
イミノ 53, 293, 479, 531
イミノメチリデン 556
(イミノメチル)アミノ 629
2-(イミノメチル)ヒドラジン-1-イル 635
イミン 282, 298, 310, 467, 478, 753
──のアニオン 763
──の塩 482
──の接尾語 753
イミンオキシド 385, 481, 791
イラン 105
イリウム 13, 285, 746, 777, 779
イリウムカチオン
──の保存名 780
イリジン 105, 242, 285, 746, 747

イリデン 242, 285, 746, 747
イリド 790
イリン 105
イ ル 13, 242, 285, 746, 747
イルイリジン 242
イルイリデン 242, 285, 746
イレン 105, 147
イ ロ 746, 747
イロアザニル 756
イロアミノ 756
イロオキシダニル 756
(イロオキシダニル)ホルミル 756
イロホルミル 756
イロメチル 756
イ ン 105, 150, 258
イン-アウト異性 910
インジウム 2
インジウム化合物 298
インジガ 104
インジガニル 690
インジガン 96, 686
インスリン (ヒト) 992
インダ 66, 104
as-インダセン 145, 172
s-インダセン 145, 172
インダゾール 149, 199
インダン 97, 272
インデン 145, 199
インドリジン 149, 150
1H-インドリン 272
インドール 149, 150, 199

う, え

ウイド 285, 746, 758, 764
5′-ウリジル酸 1002
ウリジン 999
ウルサン 919
ウレイド 611
ウレイレン 421, 611
ウロソン酸 969
ウロニウム 773
ウロン酸 953, 967, 970
ウンデカ 21

A 869
エイコサン 98
英数字順 31, 369
エカン 105
エキソ 876, 888
ac 908
エシン 105
S 355, 824, 856
S 850
Sa 902
s 824
SS-4 865
sc 908
s-cis 910
エステル 297, 385, 571
エストラン 919
s-trans 910
sp 908
SP-4 865
SPY-5 865

エタナール 645
エタニド 747
エタニリジン 243, 422
エタノ 182
エタノイル 289, 291, 544
1,4-エタノナフタレン 193
エタノール 23
エタノールアミン 506
エタン 44, 105, 400
エタンアミニウム 42
エタンアミン 42
エタン-1-イウム-1-イル 785
エタンイミドアミド 420
エタンイミド酸 533
エタン-1-イル-2-イリデン 245, 282, 757
(1R)-(1-2H1)エタン-1-オール 811
エタン酸 4, 287, 288, 526
エタン-1,2-ジアミン 474
エタンジアール 287, 288, 645
エタン-1,2-ジイル 254, 420, 750
エタン-1,1-ジイル 245
2,2′,2″,2‴-(エタン-1,2-ジイルジニトリロ)四酢酸 90
エタン-1,2-ジイルビス-(アザンジイル) 12
エタン-1,2-ジイルビス(オキシ) 296
エタンジオイル 289, 291, 545
エタン-1,2-ジオール 485
エタンジニトリル 640
エタンスルホノジイミド酸 91
エタンセレノール 490
エタンチアール 646
エタンチオイル 752
エタンチオ O-酸 540
エタンチオ S-酸 72
エタン-1,1,2-トリイル 53
エタン二酸 287, 289, 526
エタンニトリル 640
エタンペルオキソ酸 528, 537
エタンペルオキソール 419
エチジン 105
エチリジン 243, 422
エチリジン(メチリジン)ジシラン 24
エチリデン 245, 420
エチリデンヒドラジニル 24
エチル 244
エチルスチビノイル 667
5-エチル-4-チオウリジン 1000
エチルヒドロペルオキシド 419
エチルメチルエーテル 495
エチルメチルケトン 50, 511
1-エチル-1-メチルシクロヘキサン 31
1-エチル-4-メチルシクロヘキサン 31

エチルメチルペルオキシド 498
エチレン 254, 420
エチレングリコール 485
エチレンジアミン 474
エチレンジアミン四酢酸 528
エチレンジブロミド 459
エチンジイド 759
H 429
エ テ 105
エテニルカルベン 797
エテニルベンゼン 261
エテニル(メチル)ジアゼン 716
エテノ 182
エテノン 510
エーテル 298, 491
──のカルコゲン類縁体 496
エテン 24
エテンアゾメタン 716
エテンオキシド 504
1,1′-(エテン-1,2-ジイル)ジベンゼン 261
エトキシ 493
エトキシド 507, 746, 762
エトキシリウム 777
エトキシル 746, 755
エナンチオマー 828
エパン 105
ap 908
エ ピ 184, 945
(エピアザニルイリデン) 185
(エピアザントリル) 185
エピイミノ 184
a(ba)n 母体水素化物 397
エピオキシ 183
(エピオキシスルファノオキシ) 186
エピオキシダノ 183
1,4-エピオキシナフタレン 188
(エピオキシメタノ) 186
エピオキシレノ 184
(エピジアザンジイリデン) 186
エピジオキシ 183
[1,3]エピシクロプロパ 182
[1,2]エピシクロペンタ 182
エピジチオ 183
(エピシランテトライル) 185
エピセレノ 184
エピチオ 183
エピテルロ 184
エピトリアザ[1]エノ 184
エピトリアザノ 184
[3,4]エピ[1,2,4]トリアゾロ 184
エピトリオキシ 183
エピトリオキシダンジイル 183
(エピニトリロ) 185
[2,3]エピピラノ 184
[2,5]エピピロロ 184
エピペルオキシ 183
(エピベンゼン[1,2,3,4]テトライル) 186

（エピホスファニルイリデン） 185
（エピホスファントリイル） 185
（エピメタニルイリデン） 185
（エピメタンジイルイリデン） 185
（エピメタントリイル） 185
エピン 105
エブルナメニン 918
エボニミン 918
エボニン 918
M 824, 856, 902
m 824
エメタン 918
エリウム 746, 798
エリド 746, 758, 798
エリトリナン 918
D-エリトロウロース 949
D-エリトロース 948
エルゴスタン 919
エルゴタマン 918
エルゴリン 918
エレモフィラン 919
エン 46, 258
塩 569
　有機塩基の—— 802
　有機酸の—— 802
塩化アセチル 385
塩化 *tert*-ブチル 459
塩化ヘキサン-2-イル 460
塩化メチル 735
塩化メチルアザニウム 483
塩化 1-メチルペンチル 460
塩　素 2
塩素酸 302, 652
エンド 888, 994

お

オイデスマン 919
オイリウム 777
王冠形配座 910
オカン 105
オキサ 66, 104
1,3-オキサアジナン 107
オキサアジレン 106
1,2-オキサアゾリジン 104
1,3-オキサアゾリジン 104
1,2-オキサアゾール 103, 400
1,3-オキサアゾール 103
1-オキサシクロドデカン-7-イル 246
オキサシクロトリデカン 503
6-オキサスピロ[4.5]デカン 126
オキサゾリジン 104
オキサゾール 103
1,2,3-オキサチアアゾリジン 106
2-オキサ-4-チアビシクロ[3.2.1]オクタン 118
1,2-オキサチオラン 105, 504

1,4,8,11-オキサトリアザシクロテトラデシノ 158
3-オキサビシクロ[3.2.1]オクタン 118
1,2-オキサホスホラン 106
1,3λ⁵-オキサホスホール 110
オキサミド 288, 597
オキサミド酸 526, 542, 543
オキサム酸 287, 288
オキサモイル 289, 291, 603
オキサモイルアミノ 290, 291, 605
オキサモイルイミノ 605
18-オキサヨヒンバン 918
オキサリル 289, 291, 545
オキサルアミド 597
1,3-オキサルアルシナン 107
オキサルアルデヒド 287, 288, 645
オキサルアルデヒドイル 546
オキサルアルデヒド酸 544
オキサロ 530, 545
オキサロアミノ 546
オキサロオキシ 546
オキサロスルファニル 546
オキサロニトリル 640
オキサントレン 151
オキシ 52, 293, 492
オキシアカンタン 918
1,1'-オキシジベンゼン 496
オキシジホルムアルデヒド 646
オキシダニリウム 777
オキシダニル 755
オキシダン 96, 730
オキシド 518, 767
N-オキシド 50
オキシトシン 992
オキシビス（メチレンニトリロ） 242
オキシム 50, 708
オキシラン 504
オキシリウム 777
オキシル 754, 756
オキシルカルボニル 756
オキシレン 106
オキシロース 950
オキセタン 106
オキセトース 950
オキソ 293, 508, 531
オキソアセチル 546
オキソアセトニトリル 641
オキソアルサニル 464
1-オキソエタン-1-イド 759
1-オキソエチル 289, 544
オキソエテニル 25
オキソカン 105
オキソ酢酸 528, 544
オキソニウム 770
オキソ（フェニル）メチル 545
3-オキソブタン酸 528
4-オキソブタン酸 544, 645
4-オキソブタンニトリル 298

1-オキソブチル 547
2-オキソプロパン酸 528
1-オキソプロピル 547, 548
5-オキソプロリン 981
1-オキソヘキシル 752
オキソホスファニル 464
オキソメチリデン 519, 556
オキソメチル 289, 291, 544
オキソラン 503
オキソラン-3-イル-4-イリデン 246
オキソラン-2-オン 584
オキソラン-2,5-ジオン 516, 592
オクタ 21
オクタクタ 21
オクタコンタ 21
(9Z)-オクタデカ-9-エン酸 527
オクタデカン酸 527
オクタリア 21
オクタレン 146
オクチ 21
オクトース 954
OC-6 865
オシン 105
オスモセン 740
オセン 740
オナン 105
オニウム 770
オニン 105
オパレン 145
オフィオボラン 919
オラート 507, 762
オラン 105
オリゴ糖 947, 977
オリジン 105
オール 45, 105, 282, 284, 486
オルトケイ酸 301, 703
オルト縮合 143, 153
オルト-ペリ縮合 143, 154
オルニチン 981
オルモサニン 918
オレアナン 919
オレイン酸 527
オン 42, 282, 284, 508

か

過安息香酸 528, 537
外縁原子 154
外縁骨格原子
　——の番号付け 163
外縁縮合位 143
階層有向グラフ 832
　——の領域 836
カウラン 919
過塩素酸 302, 652
過ギ酸 528, 537
架橋基 737
角括弧 34, 86
核種記号 805
　——の順番 810
隠れたアミド 508, 607
化合物種類 453
　——の優先順位 297

過酢酸 528, 537
重なり形配座 909
過酸化物 498
カジナン 919
過臭素酸 302, 652
仮想原子 832
カチオン 297, 769
　——の接頭語名 785
　——の接尾語 772
　——の優先順位 786
括　弧 83
カーブ → 丸括弧
過フッ素酸 302, 652
過ヨウ素酸 302, 652
ガ　ラ 66, 104
D-ガラクトサミニトール 967
D-ガラクトサミン 959
D-ガラクトース 948
ガラニル 690
カラン 919
ガラン 96, 686
ガランタミン 918
ガランタン 918
ガリウム 2
ガリウム化合物 298
カリオフィラン 919
カルコゲン原子 728
カルコゲン酸
　——に由来する置換基 672
カルコン 509
カルダノリド 919
カルバ 66, 930
カルバクロール 486
カルバゾノ 719
カルバゾール 148
カルバゾン 718
カルバミン酸 287, 288, 551, 552
カルバモイミドイル 289, 291
カルバモイミドイルアミノ 290, 291, 627
4-カルバモイミドイル安息香酸 628
カルバモイミド酸 287, 288, 551, 552, 613
カルバモイル 289, 291, 542, 602
カルバモイルアミノ 291, 611
カルバモイルヒドラジニリデン 713
カルバモチオイルアミノ 614
カルバモチオ *O*-酸 552
カルバモヒドラゾノイル 634
カルバン 3, 96
カルバン命名法 2
カルビン 749
カルベン 747, 749
カルボアシル基 544
カルボアルデヒド 282, 283, 644
カルボキシ 293, 528, 530
カルボキシアミジウム 772

和 文 索 引

カルボキシアミジリデン 753
カルボキシアミジル 753
カルボキシアミジン 624
カルボキシアミド 282, 283, 308, 596, 753
カルボキシアミノ 555
カルボキシイミジウム 772
カルボキシイミドアミド 285, 309, 420
カルボキシイミドイル 549
カルボキシイミド酸 71, 283, 285, 306, 533
カルボキシイミドチオ酸 283
カルボキシイミドヒドラジド 309, 632
カルボキシイミドペルオキソ酸 306
2-カルボキシエチル 298
カルボキシオキシ 555
カルボキシカルボニル 530, 545
カルボキシスルファニル 555
カルボキシメタンチオイル 546
カルボキシラト 767
カルボキシラート 42
カルボジアゾン 721
カルボジイミド 259, 480
カルボセレノアルデヒド 646
カルボセレノイル 549
カルボセレノ酸 540
カルボセレノ O-酸 283
カルボチオアミド 607
カルボチオアルデヒド 283, 646
カルボチオイル 549
カルボチオ酸 540
カルボチオ O-酸 71
カルボチオ S-酸 71, 283
カルボチオヒドラジド 283
カルボテルロアミド 283
カルボテルロアルデヒド 646
カルボテルロイル 549
カルボテルロ酸 540
カルボニトリリウム 772
カルボニトリル 282, 639
カルボニリウム 777
カルボニル 289, 291, 295, 519, 553, 738
カルボニルイミド 794
カルボニルイリド 794
カルボニルオキシド 794
カルボニル基
　接頭語としての―― 519
カルボニルジイミノ 421
カルボニルビス(アザンジイル) 291, 421
カルボノアジド酸 553
カルボノイミド酸 552
カルボノイミド酸ジアミド 288, 626
カルボノクロリドイル 12, 295

カルボノクロリド酸 553
カルボノシアニド酸 553
カルボノチオイル 553
カルボノチオ O,O-酸 553
カルボノチオ S-酸 48
カルボノチオ酸ジアミド 72
カルボノニトリド酸 287, 288, 567
カルボノニトリド酸アミド 615
カルボノヒドラジドイミドイル 634
カルボノヒドラジドイル 620
カルボノペルオキソイル 538, 555
カルボヒドラジド 282, 283, 309, 618
カルボヒドラゾノアミド 309, 632
カルボヒドラゾノイル 549
カルボヒドラゾノヒドラジド 309, 636
カルボヒドラゾノペルオキソ酸 307
カルボヒドラゾン 50
カルボヒドラゾン酸 283, 307, 534
カルボヒドロキシム酸 535
カルボペルオキソ酸 71, 283, 306, 537
カルボラクトン 584
カルボンアミドイミド酸 287
カルボンアミド酸 287, 288
カルボン酸 42, 282, 283, 299, 306, 525, 528
――のカルコゲン類縁体 538
――の官能基代置 540
カルボン酸接尾語 304
カロテン
――の命名法 914
β,φ-カロテン 919
β,ψ-カロテン 919
ε,χ-カロテン 919
ε,κ-カロテン 919
環
――と鎖の選択 414
――と鎖の優先性 314, 342
――のタイプによる優先順位 320
――のみに関する優先順位 315
――の有向グラフ 834
Cahn-Ingold-Prelog 立体表示記号 824
環外二重結合 884
環集合 233, 234, 248, 407
――における不飽和度 415
――の PIN および番号付け 412
――の優先順位 338
――の立体表示 902
"ア"命名法による―― 237

枝分かれした―― 239
枝分かれのない―― 236
単結合で結合した―― 234
二重結合で結合した―― 234
ヒドロ接頭語と―― 274
不飽和化合物の―― 268
環状アセタール 648
環状エステル 583
環状エーテル 503
環状クムレン 261
環状ケタール 648
環状ケトン 512
環状スルフィド 503
環状セレニド 503
環状炭化水素 456
環状テルリド 503
環状ファン系
――の優先順位 323
環状ペプチド 995
環状ポリボラン 8
環状無水物 592
完全有向グラフ 832
環内二重結合 883
官能化母体水素化物 42, 257
官能基 257
官能基修飾語 50
官能基接尾語 42, 282
官能基代置 9, 303
官能基代置命名法 69
官能基代置類縁体 306
官能種類名 4
官能種類命名法 48, 384, 385
官能性 257
官能性母体化合物 4, 41, 257, 286
――における代置 71
――に対する優先保存名 419
――の保存名 286
環の集合体 241
カンペスタン 919
ガンマセラン 919
簡略化 206
簡略骨格 207
簡略有向グラフ 832

き

擬エステル 583
基官能命名法 48
擬ケトン 298, 310, 508, 516
――のカルコゲン類縁体 521
ギ 酸 48, 287, 288, 526, 550
3′-キサンチル酸 1002
キサンテン 10, 149, 199
キサントシン 999
ギ酸無水物 646
基準表示記号 850
キシリジノ 469
キシレン 101, 457

1,2-キシレン 457
D-キシロウロース 949
D-キシロース 948
キナゾリン 148
キヌクリジン 121
キノ 158
キノキサリン 148
D-キノボサミン 960
キノボース 957
キノリジン 149, 150
2-キノリル 255, 424
キノリン 3, 148, 150
キノリン-2-イル 424
キノリン-8-オール 487
キノロン 511
キノン 513
擬ハロゲン 48
擬ハロゲン化物 385
擬ハロゲン基
――の優先順位 567
擬不斉 828
基本数詞 20
基本成分 154
基本母体構造 914
基本立体母体構造
――の名称 918
強制接頭語 46
鏡像異性 355
橋 頭 111
橋頭原子 181
局在二重結合 199
キラリティー 827
キラリティー記号 864, 869
キラリティー軸 828
キラリティー則 829
キラリティー中心 827
キラリティー面 828
キリア 21
キレート 737
均一鎖状母体水素化物 98
均一単環母体水素化物 109
均一標識 821
キンクエ 21

く

グアイアン 919
クアテル 21, 82, 233
グアニジノ 290, 627
グアニジン 288, 626
5′-グアニル酸 1002
グアノシン 999
クエン酸 527
ξ 917
くさび 823
鎖
――と環の選択 414
――と環の優先性 314
――の優先順位 340, 342
不飽和と―― 340
句読点 76
クバン 121
クムレン 877
クメン 101
グラヤノトキサン 919
クラン 918

グリオキサール 287, 288, 645
グリオキシル酸 528, 544
グリカン 947
グリコサミン 959
グリコシド 386, 947, 963
グリコシルアミン類 974
グリコシル基 973
グリコシル擬ハロゲン化物 975
グリコシルハロゲン化物 975
グリコース 947
グリコール酸 528
グリシン 979
グリシンアミド 598
グリセリド 1006
グリセリン 485, 1006
グリセリン酸 527
sn-グリセリン 1-リン酸 1007
D-グリセルアルデヒド 948, 950
L-グリセルアルデヒド 950
グリセロ 954
グリセロ糖脂質 1009
グリセロン 949
クリセン 145
クリナン 918
グルコ 954
D-グルコサミニトール 967
D-グルコサミン 959
D-グルコース 42, 948
グルコピラノシド 963
β-D-グルコピラノシル 973
D-グルコピラノース 951
D-グルコフラノース 951
グルタミン 979
グルタミン酸 979
グルタリル 547
グルタル酸 527
クレゾール 486
D-グロース 948
クロマン 10, 272
クロメン 10, 149
クロモセン 740
クロラ 66, 104
クロラニウム 771
クロラン 96
クロリド 70, 459, 566, 656
クロリル 440, 462, 674
クロロ 70, 293, 440, 459, 566, 656
クロロアミノ 90, 295
クロロアルサニル 670
1-クロロエタン-1,2-ジイル 53
クロロカルボニル 12, 242, 295
クロロキシ 462
クロロコロネン 24
クロロジアゼニル 25
クロロジシロキサン 24
クロロシル 440, 462, 674
クロロシルベンゼン 735
クロロスルフィニル 563, 673
クロロスルホニル 673

クロロソ 462
クロロトリオキセタン 26
クロロニウム 770, 771
クロロヒドラジン 23
(4-クロロフェニル)メトキシ 296
2-クロロブタン二酸 23
3-クロロプロパン酸 48
クロロプロパン二酸 24
2-クロロヘキサン 460
クロロホスファニル 295
(^{12}C)クロロホルム 807
クロロマロン酸 24
クロロメタニルイリデン 53
クロロメタン 23, 735
クロロメチル 242
(クロロメチル)アミノ 296
2-クロロ-2-メチルプロパン 459
クロロメチレン 53

け, こ

ケイ酸 301, 652, 703
——に由来する置換基 671
ケイ素 2
ケイ素化合物 298, 700
ケイ皮酸 526
ケクレ構造 834
ケタール 648
——のカルコゲン類縁体 649
結合数 19
ケテン 510, 516
ケトアルダル酸 953
ケトアルドース 953
ケトアルドン酸 953, 967, 969
ケトイミン 478
ケトウロン酸 953
ケトキシム 708
ケトース 947, 953, 955
——の構造 949
ケトン 298, 310, 508, 509
——接尾語の優先順位 522
——のカルコゲン類縁体 521
ケリドニン 918
ゲルマ 66, 104
ゲルマクラン 919
ゲルマニウム 2
ゲルマニウム化合物 298, 700
ゲルマン 96
ゲルマンジイル 701
ゲルミリデン 421
ゲルミル 244, 701, 747
ゲルミレン 421, 701

交互結合ヘテロ原子 119
高次付随成分 168
ゴーシュ 909
骨格位置番号 207
骨格代置 8

骨格代置 "ア" 命名法 →"ア"命名法
コナニン 918
ゴナン 919
コハク酸 527
コハク酸ジメチル 49
コバルトセン 740
語尾 42
木びき台投影図 907
コプサン 918
コラン 919
コリナン 918
コリノイド
——の命名法 914
コリノキサン 918
コリン 919
ゴルゴスタン 919
コレスタン 919
コレセン 145
コロン 34, 77
混合アシル基 550
混合カルコゲンカルボン酸 538
混合標識 816
混合無水物 587
混成接頭語 296
コンマ 34, 76

さ, し

再現化 206
再現環 206, 207
再現環接頭語 208
再現環連結位置番号 209
最多非集積二重結合 198
酢酸 4, 42, 287, 288, 526
酢酸エチル 571, 573
酢酸=ギ酸=メチレン 576
酢酸=シアン酸=無水物 587
酢酸=ジメチルボリン酸=無水物 665
酢酸ナトリウム 802
酢酸=プロパン酸=無水物 587
酢酸ペルオキシ無水物 588
酢酸=ホウ酸=二無水物 589
酢酸(ホルミルオキシ)メチル 576
錯体 737
鎖状ケトン 511
鎖状酸無水物 50
鎖状多核母体水素化物 97
鎖状炭化水素 44, 400, 456
鎖状ファン 407
鎖状ヘテロン 518
鎖状母体水素化物
不飽和結合をもった—— 259
サマンダリン 918
サルコシン 981
サルパガン 918
酸 282, 283, 297, 299, 528
——のアニオン 760
——の優先順位 299
酸アミド類 386
酸擬ハロゲン化物 298, 566

三次元表示(フラーレンの) 225
三重プライム 94
参照平面 951
酸性エステル
——のアニオン 761
酸性塩 570
酸素 2
酸素イリド 791
酸素化合物 298
三炭酸 551, 557
——に対する官能基代置 557
酸ハロゲン化物 298, 385, 565
酸ヒドラジド類 386
三方錐 865, 866
三方両錐 865, 867
酸無水物 586
三硫酸 677
三リン酸 301, 677
C 869
c 882
ジ 21
ジ亜アルソル酸 677
ジ亜アルソン酸 300, 677
GIN (一般 IUPAC 名) 1
——においてのみ推奨される保存接頭語 422, 423
CIP 立体表示記号 824
次亜塩素酸 302, 652
ジアザニリデン 246, 710
ジアザニリデンメチリデン 556
ジアザニル 246, 294, 710
ジアザノ 184
ジアザン 98
ジアザンジイリデン 710
ジアザン-1,2-ジイル 710
次亜臭素酸 302, 652
ジ亜スチボル酸 301, 677
ジ亜スチボン酸 300, 677
ジアゼニル 294, 715
3-ジアゼニルプロパン酸 715
ジアゼノ 184
ジ亜セレン酸 302
ジアゼン 24, 715
ジアゼンオキシド 718
ジアゼンカルボヒドラジド 718
ジアゼンジイル 716
ジアゼンジカルボアルデヒド 715
ジアゾ 293, 440, 463
ジアゾアミノ 722
ジアゾアミノ化合物 722
ジアゾ化合物 463, 796
1,5-ジアゾシン 105
ジアゾニウムイオン 776
ジアゾメタン 796
ジ亜テルル酸 302
シアナチド 70, 657
シアナト 70, 657
シアナミド 597, 615
シアニド 70, 566, 639, 656
シアノ 70, 293, 566, 656

和 文 索 引

シアノアセチル=クロリド 51
シアノスルホニル 673
次亜フッ素酸 302,652
ジ亜ホスホン酸 300,676
ジアミジド 631
ジアミノホスファニル 670
ジアミノボラニル 671
(ジアミノメチリデン)アミノ 290,291
次亜ヨウ素酸 303,652
ジアルサニル 245
ジアルソル酸 677
ジアルソン酸 300,676
ジアルドース 953
シアン化アシル 385
シアン化エチル 386
シアン化水素 640
シアン化物 639
シアン化ベンチル 639
シアン酸 287,288,300, 551,556
ジイミド三炭酸 615
ジイリデン 242
ジイル 242,285,746
ジイルイリデン 242
3,5-ジイロフェニル 756
N,N-ジエチルエタンアミン 470
ジエチルケトン 49
1,4-ジエテニルベンゼン 457
ジェミナルカルボキシアミジ ン基 630
ジェミナルカルボキシアミド 基 600
1,6,2-ジオキサアゼパン 90
1,2-ジオキサン 504
ジオキシ 52
ジオキシダニリウム 777
ジオキシダニル 755
ジオキシダン 730
ジオキシド 518
1,4-ジオキシン 107
ジオキソ-λ⁵-アルサニル 464
ジオキソエタンジイル 289,545
1,4-ジオキソブタン-1,4-ジ イル 547
1,3-ジオキソプロパン-1,3- ジイル 547
ジオキソ-λ⁵-ホスファニル 464
1,3-ジオキソラン 105
2H-1,3-ジオキソール 106
1,2-ジカルバ-closo-デカボ ラン(10) 688
脂環式炭化水素 112
ジグザグ投影図 907
軸性キラリティー 829
ジクタ 21
シクリトール 995
シクロ 15,228
——の優先順位 924
シクロアルカン 100,423
シクロウンデカウンデカエン 261

シクロオクタ 157
シクロオクタ-1,3,5,7-テト ラエン 260,415
(E)-シクロオクテン 883
シクロデカ-1,3,5,7,9-ペンタ エン 100,156
シクロデセン 156
シクロテトラスタンナン 701
シクロテトラデカン 100
シクロドデカ-1,5-ジエン 260
シクロドデカシラン 109
シクロトリシロキサン 7
(E)-シクロノネン 883
シクロファン 206,405
——の立体表示 897
シクロファンアミン 477
シクロブタ 91,155,157
シクロブタベンゼン 401
シクロブチリウム 775
シクロブチル 747
シクロブチルシクロヘキサン 456
シクロフラーレン 228
シクロプロパ 91,155,157
シクロプロパ[de]アントラ セン 91,164
シクロプロパニル 423
1H-シクロプロパベンゼン 401
シクロプロパン 15,100
シクロプロピル 423
シクロヘキサ-2-エン-1- オール 22
シクロヘキサゲルマン 109
シクロヘキサ-1,4-ジエン 260
シクロヘキサ-1,3-ジエン-5- イン 270,276
シクロヘキサニル 246,423
シクロヘキサン 3,100
シクロヘキサン-1-イル-2- イリデン 246
シクロヘキサンエタノール 15
シクロヘキサンカルボキシイ ミドイル=クロリド 565
シクロヘキサンカルボニリウ ム 777
シクロヘキサンカルボニル 549
シクロヘキサンカルボニルカ チオン 777
シクロヘキサンカルボン酸メ チル 571,573
シクロヘキサン-1,1-ジイル 749
シクロヘキサンチオール 23
シクロヘキサンメタノール 72
シクロヘキシリデン 749
シクロヘキシル 243,246,423
2-シクロヘキシルエタン-1- オール 15
シクロヘキシル(オキソ)メチ ル 549

シクロヘキシルカルボニル 549
1-シクロヘキシルデカン 457
3-シクロヘキシルプロパ-1- エン 457
2-シクロヘキシルヘキサン 二酸 74
シクロヘキシルベンゼン 457
シクロヘキシルホスファン 724
シクロヘキシルホスフィン 724
シクロヘキシルメタノール 72
シクロヘキセン 260,270
シクロヘプタ 157
シクロヘプタ-1,3,5-トリエ ン 101,156,400
シクロヘプタファン 208
シクロヘプテン 156
シクロペンタ 157
シクロペンタアザン 109
シクロペンタジエニド 801
シクロペンタジエニリウム 801
シクロペンタジエニル 748,801
シクロペンタ-2,4-ジエン-1- イル 748
シクロペンタデカ-1-エン- 4-イン 89,260
シクロペンタニリデン 246
シクロペンタノール 487
シクロペンタノン 512
シクロペンタ[b]ピラン 164
シクロペンタンカルボン酸 529
シクロペンタン-1,3-ジイル 246
シクロペンチリデン 246
シクロペンチリデン酢酸 74
1,2-ジクロロエタン-1,2-ジ イル 254
1,2-ジクロロエチレン 254
ジクロロシラン 23
ジクロロトリオキセタン 26
ジケトース 953
ジゲルメン 702
次亜アルソル酸 677
次亜アルソン酸 300,677
次亜スチボル酸 301,677
次亜スチボン酸 300,677
次亜セレン酸 302
次亜テルル酸 302
次亜ホスホン酸 300,676
次アルソル酸 677
次アルソン酸 300,676
ジシクロヘキシルカルボジイ ミド 480
ジシクロヘキシルケトン 12
ジシクロヘキシルメタノン 12
指示水素 35,43,106,198, 429
——の省略 199

次ジスチボル酸 301,677
次ジスチボン酸 300,677
次ジセレン酸 302
脂 質 1006
次ジテルル酸 302
次ジホスホン酸 300,676
次ジボロン酸 301
ジシラザン 99
ジシラチアン 99
ジシラニル 245,702
ジシリン 24,260
ジシロキサニル 246
ジシロキサン 90
cis 875,876
環における—— 881
シスタチオニン 981
ジスチボル酸 301,677
ジスチボン酸 300,677
シスチン 981
システイン 979
システイン酸 981
シス/トランス異性体 828
ジスピロテル 129
ジスピロ[3.2.3⁷.2⁴]ドデカン 123
ジスルファニドイル 768
ジスルファニル 755
ジスルファノ 183
ジスルファン 730
ジスルファンジイル 52, 294
ジスルフィド 498
ジスルホキシド 732
ジスルホン 732
ジセランジイル 294
ジセレニド 498
ジセレノ 294
ジセレノペルオキシ 656
ジセレノペルオキソ 655
ジセレノペルオキソール 502
ジセレン酸 302
シーソー 865,867
cisoid 897
1,3,2-ジチアゲルモラン 701
ジチオ 52,294
ジチオアセタール 649
ジチオ安息香酸 72
ジチオキサン 99,730
ジチオケタール 649
1,3-S¹,S³-ジチオ二炭酸 558
ジチオペルオキシ 70,303, 656
ジチオペルオキシリウム 778
ジチオペルオキソ 70,303, 655
ジチオペルオキソール 485, 501,502
ジチオン酸 302,677
5'-シチジル酸 1002
シチジン 999
ジ(デカン酸) 80
ジ(デシル) 80
ジ(テトラデカン-14,1-ジイ ル) 79

和 文 索 引

1,2-ジデヒドロベンゼン 270,276
ジテランジイル 294
ジテルリド 498
ジテルル酸 302
ジテルロ 294
ジテルロペルオキシ 656
ジテルロペルオキソ 655
ジテルロペルオキソール 502
ジ(ドデシル) 79
ジ(トリデシル) 79
シトルリン 981
ジナフチレン 147
次二亜アルソル酸 301
次二亜ヒ酸 677
次二亜硫酸 302,677
次二亜リン酸 301,676
次二アルソル酸 301
1,4-ジニトロソベンゼン 463
次二ヒ酸 677
次二ホウ酸 302,676
次二硫酸 302,677
次二リン酸 301,676
ジバン 919
4,5-ジヒドロ-3H-アゼピン 269
2,3-ジヒドロ-1H-インデン 97
1,3-ジヒドロキシアセトン 949
C,N-ジヒドロキシカルボノ イミドイル 536
2,3-ジヒドロキシブタン二酸 528
(2R)-2,3-ジヒドロキシプロ パナール 948,950
(2S)-2,3-ジヒドロキシプロ パナール 950
1,3-ジヒドロキシプロパン- 2-オン 949
2,3-ジヒドロキシプロパン酸 527
ジヒドロキシホスファニル 670
1,4-ジヒドロナフタレン 272
1,2-ジヒドロピリジン 270
1,4-ジビニルベンゼン 457
ジピリド[1,2-a:2',1'-c]ピラ ジン 163
ジフェニルアザン 470
(ジフェニル)アミン 470
1,2-ジフェニルエタン-1,2- ジオン 511
ジフェニルエーテル 496
ジフェニルジアゼン 715
ジフェニルジアゼン=オキシ ド 717
N,P-ジフェニルホスホノク ロリドイミド酸 90
1,3-ジフェニルホルマザン 719
ジフェニルメタノン 510
ジフェニルメチル 255,422
ジフェニレン 146
1,2-ジ-tert-ブチルベンゼン 457

ジフルオロ酢酸 26
ジフルンバテルラン 701
1,2-ジブロモエタン 459
ジブロモエテン-1-オン 516
ジブロモケテン 516
ジベンジリデンジシラニル 24
ジベンゾ[1,4]ジオキシン 151
ジベンゾ[b,h]ビフェニレン 147
ジ(ペンタナール) 79
ジホスファセレナン 99
ジホスファン 723
ジホスフィン 723
ジホスホン酸 300,676
ジホモ 942
ジボラン(4) 687
ジボラン(6) 687
ジボロン酸 301
ジメチルアセチレン 259
ジメチルアミノキシド 762
ジメチルアルサニド 737
1,1-ジメチルエチル 250, 422,748
ジメチルエーテル 496
ジメチルカルバミン酸 551
ジメチルケトン 511
ジメチルジアゼン 715
ジメチルジスルフィド 498
ジメチルシラノン 518
ジメチルスルフィド 496
N,N'-ジメチル炭酸ジアミド 611
N,N'-ジメチル尿素 611
2,6-ジメチル-1,4-フェニレ ン 252
2,3-ジメチルブタン-2,3-ジ オール 486
2,2-ジメチルプロパン 456
N^1,N^3-ジメチルプロパンジ アミド 23
1,1-ジメチルプロピル 255, 423
2,2-ジメチルプロピル 255, 423
1,6-ジメチル-Δ^1-ヘプタレン 199
1,2-ジメチルベンゼン 457
ジメチルホスフィノイル 752
ジメチルホルムアミド 599
N,N-ジメチルホルムアミド 599
シメン 101
四面体 865
四面体立体配置 炭素以外の元素の—— 861
臭化ベンジル 459
15 族元素化合物 705
シュウ酸 287,289,526,542
シュウ酸ジアミド 288
13 族元素化合物 686
自由スピロ結合 122
集積接尾語 42,285,745
——の優先順位 745
集積二重結合系 877

臭 素 2
従属橋 181
従属副橋 112
臭素酸 302,652
ジュウテリウム 805,806
ジュウテリウム化物イオン 806
ジュウテロン 806
17 族元素化合物 734
重複括弧 87,88
重複合接頭語 296,427
重複合置換基 242,251,374
重複合配位子 737
重複合連結接頭語 242
14 族元素化合物 700
16 族元素化合物 728
主 環 111
——の選択 112
主 橋 111
——の選択 113,114
主橋頭 111
縮 合 143
縮合環 143
——の成分 154
——の配列 158
——の番号付け 163
——の優先順位 326
——の立体表示 895
——名のつくり方 153
二成分—— 156
縮合グアニジン 628
縮合原子 154
縮合接頭語
——を並べる順序 171
縮合操作 17
縮合尿素 615
縮合命名法
——における PIN 401
五員環の—— 401
主 鎖 340
——の選択 340
主成分 154
酒石酸 528,971
Schlegel 表記 225
順位規則(立体表記の) 836
小括弧 → 丸括弧
硝 酸 302,652
硝酸ヒドラジド 662
ショウノウ酸無水物 593
除去操作 13
シ ラ 66,104
5-シラスピロ[4.5]デカン 701
シラセスキアザン 120
シラセスキオキサン 120
シラセスキチアン 120
シラニル 421
シラノ 184
シラ($C_{60}-I_h$)[5,6]フラーレン 229
シラン 96
キラルな—— 864
シランジイル 421,701,749
シラントレン 151
ジリア 21
シリリジン 244
シリリデン 702,749
シリル 243,421,701

(シリルアミノ)シリル 246
シリルオキシ 492
N-シリルシランアミン 99
シリレン 421,701,702
シリン-4-イル 423
シロキシ 492
syn 876
シン 888
シンクリナル 908
シンコナン 918
真正ペプチド結合 991
シンノリン 148
シンペリプラナー 908

す～そ

水 素 806
水素化物イオン 13,758, 806
数 詞 20
スキュー 909
スクシニル 53,547
スクシンアルデヒド 645
スクシンアルデヒド酸 544
スクシンイミド 617
スクロース 976
ス ズ 2
スズ化合物 298,700
スタンナ 66,104
スタンナノ 184
スタンナン 96
λ^2-スタンナン 97
スタンナンジイル 701
スタンニリデン 244
スタンニル 701
スタンニレン 701
スチグマスタン 919
スチバ 66,104
スチバニリデン 421
スチバニル 725
スチバン 96,397
λ^5-スチバン 97
スチバンジイル 421
スチビニリデン 421
スチビノ 725
スチビノイル 667
スチビリデン 421
スチビン 397
スチビン酸 301,652
スチビンジイル 421
スチボニウム 770
スチボノ 666
スチボノイル 667
スチボラン 97
スチボリル 666
スチボル酸 301,652
スチボロヒドラゾノイル 668
スチボン酸 300,652
スチリル 280
スチルベン 261,457
スチレン 261,457
スチレンオキシド 12
ステアリン酸 527
ステレオジェン軸 829,830
ステレオジェン単位 823, 827

和 文 索 引

ステレオジェン中心 829
——の特定 872
——をもつ化合物における母体置換基 382
ステレオジェン面 830,831
ステロイド 1082
——の命名法 914
ストリキニダン 918
スーパー原子 206,207
スーパー原子位置番号 207,209
スパルテイン 918
スピロ 122
スピロ化合物
——の立体表示 890
ヒドロ接頭語と—— 273
不飽和結合をもった—— 265
スピロ環 121
スピロ環系
——の優先順位 321
非標準結合数をもつ原子を含む—— 138
スピロ結合 122
スピロ原子 122
スピロ縮合 122
スピロスタン 919
スピロソラン 918
スピロ[4.5]デカ-6-エン 265
スピロ[4.5]デカン 123
スピロ[5.7]トリデカファン 208
スピロ[4.4]ノナ-2-イリデン 243
スピロ[4.4]ノナン 123
スピロ[4.4]ノナン-2-イリデン 243
スピロビ 127
スピロビ環 129
スピロフラーレン 233
スフィンガニン 1010
スフィンゴ糖脂質 1009
スペース 77
スルタム 609
スルチム 610
スルチン 585
スルトン 585
スルファニウム 770
λ⁴-スルファニダ 67
スルファニリデン 71,244,294,521,646
スルファニリデンアミノ 672
スルファニリデンメチリデン 556
スルファニル 89,244,294,490,492,748,755
スルファニルカルボニル 555
(スルファニルカルボニル)オキシ 555
スルファニル酸 560
3-スルファニルプロパン酸 491
スルファヌイダ 67,765
スルファノ 183
λ⁴-スルファノ 183

スルファミン酸 658
スルファモイル 563,603
スルファン 96,730
λ⁴-スルファン 97
スルファンジイル 52,294
スルフィド 298,496,767
N-スルフィド 50
スルフイル 295,563
スルフィニルアミン 733
スルフィノ 293,560
スルフィノチオアミド 607
スルフィノヒドラジド 310,618
スルフィノヒドラゾノアミド 309
スルフィノヒドラゾノヒドラジド 310
スルフィノヒドラゾノペルオキソ酸 308
スルフィノヒドラゾン酸 71,284,308
スルフィノペルオキソ酸 71,308
スルフイミド 733
スルフイルイミン 733
スルフィンアミジン 624
スルフィンアミド 309,598
スルフィンイミドアミド 309,625,629
スルフィンイミド酸 308,561
スルフィンイミドヒドラジド 310
スルフィンイミドペルオキソ酸 308
スルフィン酸 282,284,299,308,559,560
スルフェン酸 419,502
スルフラン 97
スルフリル 295,563,672
スルフロアミドイル 563
スルフロイミドイル 673
スルフロクロリドイル 673
スルフロシアニドイル 673
スルフロチオイル 673
スルフロヒドラゾノイル 673
スルホ 293,560,962
4-スルホ安息香酸 562
スルホオキシ 564
スルホキシイミド 734
スルホキシド 298,504
スルホナト 767,963
スルホニウム 747,770
スルホニル 295,563,672
スルホニルアミン 733
スルホノジイミドアミド 309
スルホノジイミド酸 307
スルホノジイミドペルオキソ酸 307
スルホノジチオアミド 607
スルホノジヒドラゾノアミド 309
スルホノジヒドラゾノヒドラジド 310
スルホノジヒドラゾノペルオキソ酸 308

スルホノジヒドラゾン酸 284,308
スルホノチオアミド 607
スルホノチオイル 673
スルホノヒドラジド 309,618
スルホノヒドラゾノアミド 309
スルホノヒドラゾノイル 673
スルホノヒドラゾノヒドラジド 310
スルホノヒドラゾノペルオキソ酸 307
スルホノヒドラゾン酸 307,561
スルホノペルオキソ酸 284,307,560
スルホン 298,504
スルホンアミド 285,309,598
スルホンイミドアミド 309,624,625,629
スルホンイミドイル 673
スルホンイミド酸 307
スルホンイミドヒドラジド 309
スルホンイミドペルオキソ酸 307
スルホン酸 282,284,285,299,307,559,560
——の立体表示 863
スルホン酸接尾語 304
スルホンジイミドヒドラジド 310
スルホンジイミン 734

正方錐 865,868
セクシ 21
セコ 227
——の優先順位 924
セコノルフラーレン 411
セコフラーレン 227,411
セスキ 39,83
接合操作 14
接合名
——作成の解析 75
接合命名法 15,72,384,396
——の適用制限 74
絶対配置 859
Z 845
Z 875
接頭語 454
アニオンを表す—— 767
特性基に由来する—— 426
特性基を表す—— 292
有機官能性母体化合物に由来する—— 426
ラジカルとイオンの—— 746
ラジカルを表す—— 756
接尾語 42,280
——と不飽和語尾 448
——の修飾 303
——の優先順位 303
カチオンの—— 772
ヘテロ原子と—— 447

ラジカルとイオンの—— 746
セドラン 919
セネシオナン 918
セバン 918
セファム 919
セファロタキシン 918
セプタノース 950
セプチ 21
セミオキサマゾン 624
セミカルバジド 712
セミカルバゾノ 713
セミカルバゾン 50,713
セミコロン 34,77
セラニリデン 294,521,646
セラニル 294,490,492,755
セラニルスルファニル 295
(セラニルスルファニル)アミノ 296
セラノ 184
セラミド 1010
セラン 96
セランジイル 294
セリン 980
セレナ 66,104
1,2-セレナアゾリジン 104
1,3-セレナアゾリジン 104
1,2-セレナアゾール 103
1,3-セレナアゾール 103
セレナゾリジン 104
セレナゾール 103
2-セレナビシクロ[2.2.1]ヘプタン 118
セレナール 284,646
セレナントレン 151
セレニド 298,496
N-セレニド 50
セレニニル 295,563
セレニノ 293,560
セレニノチオ S-酸 284
セレニノヒドラジド 285,310
セレニノペルオキソ酸 560
セレニル 294,490
セレニンアミド 309,598
セレニン酸 284,285,299,308,559,560
セレヌラン 97
セレネン酸 502
セレノ 9,70,294,303,538,557,656
セレノ安息香酸 540
セレノキサンテン 149
セレノキシド 298
セレノキソ 294,521,646
セレノクロマン 272
セレノクロメン 149
セレノ酸 540
セレノセミカルバジド 72,713
セレノチオペルオキシ 656
セレノチオペルオキソ 655
セレノチオペルオキソール 485,501
SSe-セレノチオペルオキソール 502
SeS-セレノチオペルオキソール 502

和 文 索 引

SeTe-セレノテルロペルオキ
　　　　　ソール　502
TeSe-セレノテルロペルオキ
　　　　　ソール　502
セレノニウム　770
セレノニル　295, 563
セレノノ　293, 560
セレノノヒドラジド　310
セレノピラノ　158
セレノピラン　103
2*H*-セレノピラン　103
セレノフェン　103
セレノペルオキシ　656
セレノペルオキシ　655
セレノペルオキシソール　485,
　　　　　501
OSe-セレノペルオキソール
　　　　　502
SeO-セレノペルオキソール
　　　　　502
セレノホルミル　646
セレノ無水物　588
セレノモルホリン　104
セレノール　71, 490
セレノンアミド　309, 598
セレノン酸　284, 299, 308,
　　　　　559, 560
セレン　2
セレン化合物　298
セレン酸　302, 652
0　832
セロン　284, 521
全角ダッシュ　36
全般標識　820

双極性化合物　790
　1,2-――　790
　1,3-――　793
双極性置換基　797
操　作　4
相対配置　859
挿入語
　――におけるカルコゲン
　　類縁体の優先順位　655
　――におけるハロゲン・擬
　　ハロゲンの優先順位
　　　　　656
ソラニダン　918
D-ソルボース　949
L-ソルボース　956

た　行

第一級アミド　596
第一級アミン　468
大括弧　→　角括弧
体系的炭水化物名　946
　アルドースの――　954
　ケトースの――　956
　デオキシ糖の――　958
第三級アミド　606
第三級アミン　470
対称無水物　587
代置 "ア" 接頭語　8
代置接頭語　9
代置操作　8
代置挿入語　9

第二級アミド　606
第二級アミン　470
多価橋　181, 185
多　核　737
多核非炭素オキソ酸　675
D-タガトース　949
多環系
　――の優先順位　405
多官能基化合物　51, 466
多官能性アミド　616
多官能性アルデヒド　647
多官能性カルボン酸　531
多官能性擬ケトン　522
多官能性ケトン　522
多官能性ヘテロン　522
多官能性無水物　595
多環ポリボラン　687
多環マンキュード化合物
　　　　　272
タキサン　919
多　座　737
多重結合
　――の有向グラフ　833
多重母体環系　177
多重母体縮合環系　402
多重母体名　168
多成分縮合環　167
タゼッチノイ　918
多糖類　947
タブ形配座　910
ダフナン　918
多面体記号　864, 865
多面体ポリボラン　688
タ　ラ　66, 104
タラニル　690
タラン　96, 686
タリウム　2
タリウム化合物　298
D-タロース　948
単　核　737
単核非炭素オキソ酸　651
単核母体水素化物　95
炭化水素　98
　環と鎖で構成する――
　　　　　457
炭化水素母体成分
　――の優先順位　204
単環化合物
　――の立体表示　878
単環炭化水素　100, 400
単環母体水素化物　100, 260
単　座　737
炭　酸　287, 288, 300, 551,
　　　　　553
炭酸ジアミド　288, 289, 611
炭酸ジヒドラジド　714
炭酸=水素=ナトリウム　570
炭酸二ナトリウム　569
単純橋　181
単純接頭語　293
単純置換基　241
炭水化物
　――の命名法　946
炭　素　2
炭素化合物　298
単　糖　946
　――のカルボン酸　967
　――の誘導体　961

単独標識　816
ダンマラン　919

チ　ア　66, 104
1,2-チアアゾリジン　104
1,3-チアアゾリジン　104
1,2-チアアゾール　103
1,3-チアアゾール　89, 103,
　　　　　105, 400
チアシクロデカン　107
1,3-チアセレナン　107
チアゾリジン　104
チアゾール　103, 400
チアール　646
チアントレン　151
2*H*-チイン　10
4*H*-チイン　71
2-チエニル　255, 424
2-チエニルメチル　255
チエノ　158
チエノ[2,3-*b*]フラン　164
チエピノ　158
チエピン　105
チ　オ　9, 52, 70, 294, 303,
　　　　　538, 557, 655, 656
チオアセトアルデヒド　646
チオアセトン　521
チオアゾノイ　668
チオアミド　71, 283, 607
チオアルデヒド
　――のオキシド　518
チオアルデヒド *S*-オキシド
　　　　　795
チオ安息香酸無水物　587
チオウロニウム　774
チオカルボキシ　71, 555
チオカルボニル　553
チオカン　503
S-チオギ酸　540
チオキサンテン　149
チオキシリウム　778
チオキソ　71, 244, 294, 521,
　　　　　646
チオキソアミノ　672
チオキソメチリデン　556
チオクロマン　272
チオクロメン　149
チオクロロシル　674
チオケトン
　――のオキシド　518
チオケトン *S*-オキシド　795
O-チオ酢酸　540
S-チオ酢酸　72
チオ酸　71, 540
チオ *S*-酸　283
チオシアナチド　70
チオシアナト　70
チオセミカルバジド　713
チオ糖　960
チオニア　67, 781
チオニトロソ　672
チオ尿素　72
チオニル　295, 563
チオヒドラジド　284
チオヒドロキシルアミン
　　　　　708
チオピラン　103
2*H*-チオピラン　10, 103

4*H*-チオピラン　71
チオフェノール　491
チオフェン　103, 503
1*H*-1λ⁴-チオフェン　110
3*H*-1λ⁴-チオフェン　110
チオフェン-2-イル　255, 424
(チオフェン-2-イル)メチル
　　　　　255
O-チオプロピオン酸　72
チオペルオキシ　70, 303,
　　　　　656
チオペルオキソ　70, 303,
　　　　　655
チオペルオキソール
　　　　　485, 501
OS-チオペルオキソール
　　　　　284, 502
SO-チオペルオキソール
　　　　　502
チオベンゾイル　546
チオホスホノ　666
チオホスホリル　667
チオホルミル　546, 646
チオ無水物　588, 594
チオモルホリン　104
チオラート　507, 762
チオール　284, 490
チオン　71, 284, 521
置換アミジン　630
置換基　241, 257
置換基接頭語　242
置換操作　8
置換命名法　4, 41, 384, 454
窒　素　2
窒素イリド　790
窒素化合物　298, 705, 706
5′-チミジル酸　1002
チミジン　999
チモール　486
中括弧　→　波括弧
中心原子　737
中性スフィンゴ糖脂質
　　　　　1011
直線化学式　737
直線状ファン系
　――の優先順位　333
チロキシン　981
チロシン　980

ツジャン　919
綴　り　76
ツブロサン　918
ツボクララン　918

デ　17, 944
t　805
t　882
d　805
TS-3　865
T-型　865, 866
TBPY-5　865
TPY-3　865
T-4　865
デオキシ　18, 957
デオキシ糖　947, 957
2′-デオキシ-1-メチルグアノ
　　　　　シン　1000
デ　カ　21

和 文 索 引

デカヒドロナフタレン 25, 417
デカン 44
デカン酸 529
デコース 954
デシ 21
デシルシクロヘキサン 457
デス 17, 18, 927, 994
デス-A-アンドロスタン 18
デス-7-プロリン-オキシトシン 18
テトラ 21
テトライル 242
2,4,7,10-テトラオキサウンデカン 99
1,4,7,10-テトラオキサシクロドデカ-2-エン 260
テトラキス 21
テトラクタ 21
テトラコンタ 21
テトラシクロ[2.2.0.0^{2,6}.0^{3,5}]ヘキサン 121
2,4,6,8-テトラシラウンデカン-11-イル 90
テトラスタンネタン 701
テトラスタンノキサン 90, 99
テトラスルファン 98
テトラセランジイル 729
テトラセレノ 729
テトラセン 146, 163
1,2,3,4-テトラヒドロゲルミン 702
テトラヒドロフラン 503
テトラヒドロフラン-2-オン 584
テトラヒドロ-1H-ホスホール 270
テトラピロール
　——の命名法 914
テトラフェン 162
テトラフルオロ炭酸ジアミド 460
テトラフルオロ尿素 26, 460
arachno-テトラボラン(10) 688
テトラメチルアザニウム 770
テトラメチルアザニウムヨージド 483
テトラメチルアンモニウム 770, 772
テトラメチルアンモニウムヨージド 483
テトラメチルシラン 313
1,2,2,2-テトラメチルヒドラジン-2-イウム-1-イド 788
テトラメチルボラヌイド 89
テトラリア 21
D-erythro-テトロース 948
D-threo-テトロース 948
テトロース 954
テニル 255
デヒドロ 13, 269
　天然物における—— 938

デヒドロ接頭語 43, 276, 416, 418, 451
テラナール 646
テラニリデン 294, 521, 646
テラニル 294, 490, 492
テラノ 184
テラン 96
テランジイル 294
テル 21, 82, 233
1,1':2',1''-テルシクロプロパン 236
1^1,2^1:2^2,3^1-テルシクロプロパン 236
Δ 199
δ-標記 200
1,1':4',1''-テルフェニル 237
1^1,2^1:2^4,3^1-テルフェニル 237
テルペノイド 1083
テルペン
　——の命名法 914
テルラ 66, 104
1,2-テルラアゾリジン 104
1,3-テルラアゾリジン 104
1,2-テルラアゾール 103
1,3-テルラアゾール 103
テルラゾリジン 104
テルラゾール 103
N-テルリド 50
テルリド 496
テルリニル 295, 563
テルリノ 293, 560
テルリノヒドラジド 310
テルリンアミド 309, 598
テルリン酸 284, 299, 308, 559, 560
テルル 2
テルル化合物 298
テルル酸 302, 653
テルレン酸 502
テルロ 9, 70, 294, 303, 538, 557, 656
テルロキサンテン 149
テルロキソ 294, 521, 646
テルロクロマン 272
テルロクロメン 149
テルロ酸 540
テルロO-酸 283
STe-テルロチオペルオキソール 502
TeS-テルロチオペルオキソール 502
テルロニウム 770
テルロニル 295, 563
テルロノ 293, 560
テルロノヒドラジド 310
テルロピラン 103
2H-テルロピラン 103
テルロフェン 103, 503
テルロペルオキシ 656
テルロペルオキソ 655
OTe-テルロペルオキソール 502
TeO-テルロペルオキソール 502
テルロホルミル 646

テルロ無水物 588
テルロモルホリン 104
テルロール 490
テルロンアミド 309, 598
テルロンイミド酸 284
テルロン酸 284, 299, 308, 559, 560
テレフタルアミド 597, 598
テレフタルアルデヒド 645
テレフタル酸 526
テレフタロニトリル 640
テロン 284, 521
デンドロバン 918

ド 21
同位体修飾
　——された置換基 368
同位体修飾化合物 805, 806
同位体置換化合物 806, 845
　——の位置番号 813
　——の番号付け 812
同位体非修飾化合物 806
同位体標識
　——された化合物における母体置換基 381
同位体標識化合物 815, 845
同位体表示記号 810
同位体不足化合物 820
同一構造単位 52
　認められない—— 65
同一再現環 209
糖脂質 1009
特性基 257, 439
　——を表す接頭語 292
　常に接頭語として表示する—— 440
特定位置標識化合物 818
特定数標識化合物 815
独立橋 181
独立副橋 112
時計回り 870
ドコサシロキサン 701
ドデカシラシクロドデカン 109
ドデカン二酸 529
ドーパ 981
trans 875, 876
　環における—— 881
　トランス最大差
　　優先順位の—— 866
transoid 897
ト　リ 21
トリアコンタ 21
トリアザ[1]エノ 184
トリアザノ 184
トリアザン-1-イル 245
1,3,5-トリアジン 107
トリアゼン 24, 722
トリアルミノキサン 687
トリイミド四炭酸 615
トリイル 242, 285, 746
トリウレット 615
トリエチルアザン 470
(トリエチル)アミン 470
トリエチルアルマン 313
トリエチルホスファン 738
1,3,5,2,4,6-トリオキサトリシリナン 7

トリオキシ 729
トリオキシダン 728
　——のジアシル誘導体 589
トリオキシダンジイル 729
トリオース 954
D-glycero-トリオース 948
トリカルボキシイミドアミド 477
トリグアニド 628
トリクタ 21
トリクロロ(^{12}C)メタン 807
トリゲルマセレナン 700
トリコサン 98
トリコテカン 919
トリシクロ脂環式炭化水素 113
トリシクロ[3.3.1.1^{3,7}]デカン 121
トリシクロ[3.3.1.1^{3,7}]デカン-2-イル 254
トリシクロ[2.2.1.0^{2,6}]ヘプタン 113
トリシラン-1-イル 243, 422
トリシラン-2-イル 245
トリス 21
トリスピロ[2.2.2.2^9.2^6.2^3]ペンタデカン 123
トリス(リン酸エステル) 962
2λ^4-トリスルファン 99
トリスルファンジイル 729
トリスルホキシド 732
トリチウム 805, 806
トリチウム化物イオン 806
トリチオ 729
トリチオホスホノ 666
トリチル 253
トリデカスタンナン 7, 700
トリ(デシル) 80
トリトン 806
トリナフチレン 147
2,4,6-トリニトロトルエン 463
2,4,6-トリニトロフェノール 486
トリフェニルシリリウム 775
トリフェニル-λ^5-ホスファノン 724
トリフェニルホスファン 724
トリフェニルホスファンオキシド 724
トリフェニルホスフィン 724
トリフェニルメチル 253
トリフェニレン 146
トリプトファン 980
トリブロモメタン 463
1,3,5,2,4,6-トリボホスファリボリナン 107
1,3,5,2,4,6-トリボホスファリボリニン 107
1,3,5-トリボスフィニン 107
トリホスホン酸 677

トリボラン(5) 687
トリボレン(5) 690
ドリマン 919
(トリメチルアザニウムイル)アセタート 298
トリメチルアルマン 23
トリメチルシリル 738
2,3,5-トリメチルヘキサン 45
1,3,5-トリメチルベンゼン 101
N,N,N-トリメチルメタンアミニウム 770,772
N,N,N-トリメチルメタンアミニウム=ヨージド 483
トリメチレン 245
トリリア 21
o-トリル 255,424
トルイジノ 468
トルイジン 468
トルエン 101,457
D-トレオース 948
トレオニン 980
トロパン 918
トロンボキサン 919

な 行

ナイトレニウム 775
ナイトレン 747,749,750
内部原子 154
内部炭素原子
　——の番号付け 166
内部ヘテロ原子
　——の番号付け 166
ナトリウムメタノラート 507,802
ナトリウムメトキシド 507,802
ナフタセン 146
ナフタレナ 208
ナフタレン 27,145,417
ナフタレン-1(2H)-イリデン 247
ナフタレン-2-イル 22,247,254,424,748
ナフタレン-1-オール 486
ナフタレン-1(2H)-オン 35,431
ナフタレン-2-カルボン酸 527
ナフタレン-4a,8a-ジオール 36
ナフタレン-1,2-ジオン 36
ナフチリジン 148
2-ナフチル 22,254,424
ナフチレン 146
ナフト 155,158
ナフト[1,2-a]アズレン 91,155
2-ナフトエ酸 527
ナフトキノン 510
1-ナフトール 486
鉛 2
鉛化合物 298,700
波括弧 34,87

波線 823
二亜アルソル酸 301
二亜ヒ酸 677
二亜硫酸 302
二亜リン酸 301
二アルソル酸 301
二塩化マロニル 566
二価橋 181,182
二核 737
二核非炭素オキソ酸 675
二ケイ酸 676
ニコチン酸 527,529
二座 737
二酢酸カルシウム 569
二シアン化プロパン-1,3-ジイル 639
二臭化エチレン 459
二重結合
　——の立体配置の特定 875
二重プライム 94
二成分縮合環 156
二成分名 802
二炭酸 299,551,557
　——に対する官能基代置 557
二炭酸ジアミド 615
ニッケロセン 740
二糖類 976
ニトリド 70,656,657
ニトリドホスホリル 668
ニトリリウム 772
ニトリル 282,298,310,639
　α-オキソ基をもつ—— 641
ニトリルイミド 795
ニトリルイリド 795
ニトリルオキシド 643,795
ニトリロ 53,293,476
ニトロ 440,463,531,795
aci-ニトロ 464,670,675
ニトロアザンジイル 672
ニトロアミド 662,672
ニトロアミン 662
ニトロイミノ 672
ニトロオキシ 671
ニトロギ酸 550
ニトロシル 738
ニトロソ 440,463
ニトロソアミノ 672
ニトロソアミン 662
ニトロソオキシ 671
ニトロソ化合物 463
ニトロソ酸 709
2-ニトロナフタレン 463
ニトロメタン 463
ニトロリル 666
ニトロル酸 651,709
ニトロン 795
二ナトリウムベンゼン-1,2-ビス(オラート) 507
二ヒ酸 677
二分形配座 909
二ホウ酸 301,676
二無水物 589,972
乳酸 527
乳酸アミド 598

Newman 投影図 907
尿素 288,289,611
　——のカルコゲン類縁体 613
二硫酸 302,677
二リン酸 301,676
2連ハイフン 36
ヌクレオシド 999
ヌクレオチド 1001
ヌファリジン 918
ネオフラバン 919
ネオペンタン 456
ネオペンチル 255,423
ネオリグナン 919
ねじれ角 908
ねじれ形 909,910
ノナ 21
ノナアザン 90,98
ノナクタ 21
ノナコンタ 21
ノナ-1,3,5,7-テトラエン 258
ノナファン 208
ノナリア 21
ノノース 954
ノビ 21
ノル 14,227
　——の優先順位 920
ノルフラーレン 227,409
3-ノルラブダン 14

は

配位子 737
　——の序列 836
配位数 737
倍数接頭語 20,78
倍数操作 16
倍数置換基 52
　認められない—— 64
倍数名 387
　——間の順位 63
　——の組立て方 56
　GINとなる—— 61
倍数命名法 51,356,384,386
　アミンの—— 476
配置指数 864,865
配置接頭語 954
ハイフン 34,77
橋 111,181
　——の選び方 188
　——の並べ方 187
　——の番号付け 194
　——の名称 182
橋かけ縮合環系 143,180,181
　——の命名法 187
　——の優先順位 328
　——の立体表示 895
橋かけフラーレン 231
橋かけ命名法 197
橋原子 193

Haworth 投影図 951
ハスバナン 918
派生優先接尾語 283
派生予備選択接尾語 283
八面体 865,869
バナダセン 740
パノース 978
ハプト数 738
バリン 980
パルミチン酸 527
パーレン → 丸括弧
ハロ 531
ハロゲン 48
ハロゲンオキソ酸 48
ハロゲン化アシル 385
λ^1 ハロゲン化合物 298
$\lambda^7,\lambda^5,\lambda^3$ ハロゲン化合物 298
ハロゲン化合物 459
ハロゲン酸 735
　——のアミド 736
半いす形配座 910
パンクラシン 918
半体系名 913
Hantzsch-Widman 名 102,398,416
反時計回り 870
汎用"アン"命名法 2

ひ

P 824,856,902
p 824
ビ 21,82,233
PIN(優先IUPAC名) 3
　——の選択 356,400,428
　——の体系的なつくり方 438
　アニオンの—— 759
　ラジカルおよびイオンの—— 746
ビアセチル 511
ビイミノ 184
ビウレット 615
非英数字順 34
ビグアニド 628
ビクラサン 919
ビクリン酸 486
ビサボラン 919
ヒ酸 651
非CIP立体表示記号 824
ビシクロ 112
ビシクロ[2.2.2]オクタ-2-イル 423
ビシクロ[3.2.1]オクタ-2-エン 262
ビシクロ[4.2.0]オクタ-6-エン 262
ビシクロ[4.2.0]オクタ-1,3,5,7-テトラエン 401
ビシクロ[3.2.1]オクタン 112
ビシクロ[2.2.2]オクタン-2-イル 423

和 文 索 引

ビシクロ[4.2.0]オクタン-3-オール 487
ビシクロ脂環式炭化水素 112
ビシクロ[4.4.0]デカン 417
ビシクロ[6.6.0]テトラデカファン 208
ビシクロ[4.4.2]ドデカン 112
1,1′-ビ(シクロプロパン) 234
1,1′-ビ(シクロプロビル) 234
ビシクロ[2.2.1]ヘプタ-2-イル 243
ビシクロ[4.1.0]ヘプタ-1,3,5-トリエン 262,401
ビシクロ[2.2.1]ヘプタン-2-イル 243
1,1′-ビ(シクロペンチリデン) 235
非自由スピロ結合 122
ビス 21
ビス(アセチルオキシ)ボリン酸 589
ビス(クロロ酢酸)無水物 595
ビス(ジアゼニル)メタノン 721
ビス(チオ無水物) 594
ヒスチジン 979
2,2-ビス(ヒドロキシメチル)プロパン-1,3-ジオール 485
ビスマ 66,104
ビスマス 2
ビスマス化合物 298,705,727
ビスマタニル 727
ビスマタン 96,397,727
ビスムチノ 727
ビスムチン 397,727
ビスムトニア 781
ビスムトニウム 770
ビスムトラン 727
ビス(リン酸エステル) 962
ビセン 145
ヒ素 2
ヒ素化合物 298,705,722
ヒダントイン酸 612
ヒドラジジン 636
ヒドラジド 70,282,283,298,559,618,656,657
　——のカルコゲン類縁体 622
ヒドラジドイミドホスホリル 668
ヒドラジニリデン 246,710,750
ヒドラジニリデン(ヒドロキシ)メチル 296
ヒドラジニリデンメチリデン 556
(ヒドラジニリデンメチル)アミノ 634
(ヒドラジニリデンメチル)ジアゼニル 290
(ヒドラジニリデンメチル)ジアゼン 288

ヒドラジニル 23,246,294,620,710
C-ヒドラジニルカルボノヒドラゾノイル 637
(ヒドラジニルメチリデン)アミノ 634
ヒドラジノ 710
ヒドラジン 98,400,710
ヒドラジンカルボキシアミド 712,713
ヒドラジンカルボキシイミドイル 634
ヒドラジンカルボセレノアミド 72,713
ヒドラジンカルボチオアミド 713
ヒドラジンカルボヒドラジド 714
ヒドラジンカルボヒドラゾノイル 637
ヒドラジンジイリデン 710
ヒドラジン-1,2-ジイル 710
ヒドラゾ 710
ヒドラゾノ 70,303,557,656,657,710
ヒドラゾノアミド 632
ヒドラゾノスチボリル 668
ヒドラゾノヒドラジド 285,636
ヒドラゾン 50,710
ヒドラゾン酸 283,285,534
ヒドリド 741
ヒドリドイオン 13,758
ヒドリル 746,747,748
ヒドロ 269
　天然物における—— 937
ヒドロキサム酸 600
ヒドロキシ 293,486,531
ヒドロキシアザンジイル 292,708
N-ヒドロキシアセトアミド 706
ヒドロキシアゾノイル 669
N-ヒドロキシアミド 537
ヒドロキシアミノ 292,708
ヒドロキシアルサニル 670
2-ヒドロキシ安息香酸 47
ヒドロキシイミノ 708
3-(ヒドロキシイミノ)ブタナール 709
ヒドロキシ(イミノ)メチル 295
[ヒドロキシ(イミノ)メチル]アミノ 613
ヒドロキシ(オキソ)-λ^5-アザニリデン 670,675
ヒドロキシ化合物 298,310,485
　——のアニオン 762
　——の塩 507
　——のカルコゲン類縁体 490
C-ヒドロキシカルボノイミドイル 295,533
(C-ヒドロキシカルボノイミドイル)アミノ 613
C-ヒドロキシカルボノヒドラゾノイル 296

ヒドロキシ酢酸 528
ヒドロキシ(ジフェニル)酢酸 528
ヒドロキシ(スルファニリデン)酢酸 540
N-ヒドロキシスルホンアミド 561
N-ヒドロキシスルホンイミド酸 561
3-ヒドロキシブタン-2-オン 524
2-ヒドロキシプロパンアミド 598
3-ヒドロキシプロパンアミド 298
N-ヒドロキシプロパンアミド 285
N-ヒドロキシプロパンイミド酸 285
2-ヒドロキシプロパン酸 527
2-ヒドロキシプロパン-1,2,3-トリカルボン酸 527
ヒドロキシム酸 535
N-ヒドロキシメタンアミン 706
N-ヒドロキシメタンスルホンアミド 706
ヒドロキシル 747
ヒドロキシルアミン 48,288,651,706
ヒドロキノン 486
ヒドロスルフィニル 563
ヒドロ接頭語 43,270,416,430,451
ヒドロセレノ 490
ヒドロペルオキシ 501
ヒドロペルオキシ化合物
　——の塩 507
ヒドロペルオキシカルボニル 538
ヒドロペルオキシド 298,310,419,485,501
ヒドロペルオキシル 748
ヒドロン 13,758,806
ピナコール 486
1,2′-ビナフタレン 234
1,2′-ビナフチル 234
2,2′-ビ-1-ナフトール 489
ピナン 919
ビニリデン 280,426
ビニル 280,426
ビニルカルベン 797
ビニルベンゼン 261
非標準結合数 20,110
　——をもつ置換基 367
6H,6′H-2,2′-ビピラン 235
2,2′-ビピリジル 15,234
2,2′-ビピリジン 15,234
1,1′-ビピロール 235
ビフェニル 4,234
1,1′-ビフェニル 4,234
[1,1′-ビフェニル]-4-イル 248
[1,1′-ビフェニル]-3,3′,4,4′-テトラアミン 90
ビフェニレン 146

2,2′-ビフェノール 489
2,3′-ビフラン 234
2,3′-ビフリル 234
ピペラジン 104
ピペリジノ 254,424
2-ピペリジル 254,424
ピペリジン 104
ピペリジン-2-イル 254,424
ヒマカラン 919
ヒマラン 919
表現されないアミド 508
標準結合数 20
ピラジン 103
ピラジンカルボン酸 24
ピラゾリジン 104
ピラゾール 103
1H-ピラゾール 103
ピラゾロ 158
ピラナ 208
ピラノース 950
ピラン 10,103
2H-ピラン 103
ピラントレン 145
ピリオド 34,76
2-ピリジル 424
2-ピリジル 254
ピリジン 103
ピリジン-1-イウム 11
ピリジン-2-イル 247,254,424
ピリジン-1(4H)-イル 247
ピリジン-3-カルボン酸 527,529
ピリジン-4-カルボン酸 527
ピリダジン 103
ピリド 158
ピリミジン 103
ピリミド 158
21H-ビリン 919
ピルビン酸 528
ピレン 145,167
ピロカテコール 486
ピロラ 208
ピロリジン 104,149
ピロリジン-2,5-ジオン 617
ピロリドン 511
ピロール 35,103,199
1H-ピロール 35,103
3H-ピロール 35
ピロロ[3,2-b]ピロール 198
ビンカロイコブラスチン 918
ビンカン 918

ふ

ファン化合物 207
　——の置き換え 206
　ヒドロ接頭語と—— 273
ファン母体骨格 207
ファン母体水素化物 207
　——の番号付け 210,217
　不飽和結合をもった—— 266
ファン母体名 207

ファン命名法 206
——における"ア"命名法 219
——における PIN 405
Fischer 投影図 949
封筒形配座 910
フェナジン 27, 148, 151
フェナレン 145, 199
1H-フェナレン 167
1H-フェナレン-4-オール 27
フェナントリジン 148, 150
9-フェナントリル 254, 424
フェナントレン 145
フェナントレン-9-イル 254, 424
フェナントロ 91, 158
フェナントロリン 148
フェニリウム 774
フェニル 423, 738
フェニルアジド 796
N-フェニル亜硝酸アミド 47
フェニルアセトニトリル 12
フェニルアニオン 759
N-フェニルアニリン 470
フェニルアミド 763
フェニルアミノ 290, 291, 426, 468
フェニルアラニン 979
L-(α-²H)フェニルアラニン 814
フェニルイソシアニド 466
1-フェニルエタン-1-オン 510, 512
2-フェニルエチル 255, 422
フェニルオキシ 290, 291
2-フェニルオキシラン 12
フェニルカチオン 774
フェニルカルバミン酸 74
フェニルカルボニル 289, 291
フェニル酢酸 72, 90
フェニルジアゼンカルボニトリル 715
フェニルシクロヘプタン 456
フェニルスルホニル 562
フェニルセラニル 492
フェニルセレノ 492
3-フェニルトリアザジエン-2-イウム-1-イド 796
2-フェニルナフタレン 456
3-フェニルプロパ-2-エン酸 526
1-フェニルプロパン-1-オン 511
フェニルホスファノン 724
フェニルホスホノニトリド酸 91
フェニルメチリジン 422
フェニルメチリデン 422
フェニルメチル 422
フェニル-λ³-ヨーダンジオール 735
1,4-フェニレン 53, 423, 750

フェニレン 146
1,4-フェニレンビス(メチレン) 251
フェネチジノ 469
フェネチジン 468
フェネチル 255, 422
フェノ 151
フェノ…イン成分 151
フェノキサジン 151
フェノキシ 290, 291, 426, 493
フェノキシド 507, 762
フェノキシベンゼン 496
フェノキシリウム 777
フェノキシル 755
フェノセレナジン 151
フェノチアジン 151
フェノテルラジン 151
フェノール 4, 287, 289, 485
フェロセン 740
フェン 146
フェンカン 919
von Baeyer 環系
——の優先順位 332
von Baeyer スピロ表示記号 123
von Baeyer 炭化水素 112
von Baeyer 表示記号 114
von Baeyer 母体水素化物
均一複素環—— 118
交互結合ヘテロ原子からなる不均一複素環—— 119
不均一複素環—— 118
付加化合物 → 付加物
付加指示水素 35, 430
アニオンの—— 759
カチオンの—— 776
ラジカルイオンの—— 799
ラジカルの—— 751
付加接頭語 10
付加接尾語 11
付加操作 10
付加物 36, 484, 696, 697
付加名 741
不均一母体水素化物 98
副 橋 111
——の選択 114
——の番号付け 113
複合位置番号 22
複合橋 181, 186
複合接頭語 295, 427
複合置換基 241, 249, 374
複合配位子 737
複式位置番号 22, 217
複数標識 816
複製原子 833
複素環成分 150
複素環母体水素化物 67
——における代置 69
複素環母体成分 201
複素スピロ環 126
交互ヘテロ原子からなる—— 127
複素単環 400
ベンゼン環が縮合した—— 175

複素単環母体水素化物 102, 398
繰返し単位からなる—— 110
交互結合ヘテロ原子からなる—— 398
非標準結合数をもった—— 110
複素フラーレン 228
副母体置換基 242
D-フコサミン 959
フコース 957
D-プシコース 949
付随成分 154
——の優先順位 170
——を表す接頭語 157
ブタ-2-イン 259
ブタ[1]エノ 182
ブタ[2]エノ 182
ブタ-1-エン 46, 258
(2E)-ブタ-2-エン 875
(2Z)-ブタ-2-エン 826, 875
cis-ブタ-2-エン 875
trans-ブタ-2-エン 875
(2E)-ブタ-2-エン二酸 527, 875
(2Z)-ブタ-2-エン二酸 527
ブタ[1,3]ジエノ 182
ブタ-1,3-ジエン 91, 258
ブタニリジン 245
ブタノイル 547
ブタノ-4-ラクトン 584
フタラジン 148
フタルアミド 597, 598
フタルアルデヒド 645
フタル酸 47, 526
フタロイル 547
フタロニトリル 640
ブタン 44, 400
(2-¹⁴C)ブタン 29
ブタン-2-イル 44, 255, 422
ブタン-2-イルオキシ 492, 493
(2R)-ブタン-2-オール 859
ブタン-2-オン 50, 89, 508, 511
ブタン酸 526, 529
ブタン酸エチル 48
ブタン酸カリウム 569
ブタンジアール 645
ブタン-1,3-ジイル 245
ブタンジオイル 53, 547
ブタン-1,3-ジオール 487
ブタン-2,3-ジオン 511
ブタン-1,4-ジチオール 490
ブタン-2-スルフィン酸 560
ブタン-2-チオン 521
ブタン二酸 23, 527
ブタン二酸=エチル=メチル 571
ブタン二酸ジメチル 49, 574
ブチリジン 245
ブチリル 547
ブチル 44, 244
sec-ブチル 255, 422
tert-ブチル 250, 422, 748

tert-ブチルアルコール 487
tert-ブチルクロリド 459
γ-ブチロラクトン 584
フッ素 2
フッ素酸 302
プテリジン 148
ブトキシ 493
sec-ブトキシ 493
tert-ブトキシ 493
ブトキシド 507, 762
tert-ブトキシド 507, 762
ブトキシリウム 777
tert-ブトキシル 755
不特定標識化合物 819
舟 形 910
ブファノリド 919
不飽和結合
——をもった置換基の接頭語 276
——をもった置換基の保存名 280
不飽和語尾 448
接尾語と—— 448
不飽和度 415
不飽和複素単環化合物
十一員環以上の—— 401
フマル酸 527, 875
フムラン 919
プライム記号 22, 59, 91, 94
プライム方式
優先順位数の—— 866
ブラケット → 角括弧
ブラジキニン 992
フラナ 208
[2,3]フラノ 184
フラノース 950
フラバン 919
フラーラン 224, 229
フラーレン 223
——の PIN 408
——の命名法 223
——の立体表示 899
(C₆₀-Iₕ)[5,6]フラーレン 224
(C₇₀-D₅ₕ₍₆₎)[5,6]フラーレン 224
[60]フラーレン 225
[70-D₅ₕ]フラーレン 226
(C₆₀-Iₕ)[5,6]フラーレン-1(9H)-イル 247
フラーロイド 224
フラン 103
フランアミド 597
フラン-3-イル 254, 424
(フラン-2-イル)メチル 255
フラン-2-カルボン酸 526
フラン-2,5-ジオン 593
プリスマン 121
フリーラジカル 745
3-フリル 254, 424
プリン 149, 199
フルオラ 66, 104
フルオラン 96
フルオランテン 145
フルオリド 70, 459, 566, 656
フルオリル 440, 462
フルオレン 145, 199

和 文 索 引 1133

フルオロ　70, 293, 440, 459, 566, 656
フルオロシル　440, 462
フルオロニウム　770
D-フルクトース　949
フルクトフラノシド　963
フルフリル　255, 424
フルベン　261, 457
プルンバ　66, 104
プルンバン　96
プルンバンジイル　702
プルンビリデン　702
プルンビル　701
プレイアデン　145
プレグナン　917, 919
ブレース → 波括弧
フロ　158
フロアルデヒド　645
2-フロ酸　526
フロスタン　919
プロスタン　919
プロチウム　805, 806
プロチウム化物イオン　806
プロトスタン　919
プロトン　13, 758, 806
フロニトリル　640
プロパ-1-イン　258
プロパ-2-イン酸　528
プロパ[1]エノ　182
プロパ-2-エノイル　547
プロパ-2-エンアミド　598
プロパ-2-エン-1-アミン　478
(プロパ-2-エン-1-イル)アザ　478
(プロパ-2-エン-1-イル)シクロヘキサン　457
プロパ-2-エン酸　526
プロパ-1-エン-1,3-ジイル　53
プロパナール　645
プロパナールヒドラゾン　711
プロパノ　182
プロパノイル　547, 548
プロパルギル型化合物　795
プロパン　44, 400
プロパンアミド　285
プロパンイミド酸　285
プロパン-1-イミニル　746
プロパン-1-イリデン　421
プロパン-2-イリデン　245, 253
プロパン-1-イル　245
プロパン-2-イル　243, 422, 748
プロパン-2-イルオキシ　493
プロパン-2-オラート　762
プロパン-1-オール　45
プロパン-2-オン　4, 510, 511
プロパン酸　527
プロパン酸メチル　49
プロパン-1,3-ジイル　245
プロパン-1,3-ジイルジシアニド　639
プロパンジオイル　547

プロパンジオイル=ジクロリド　566
プロパンチオ O-酸　72
プロパン-2-チオール　490
プロパン-2-チオン　71, 521
プロパン-1,2,3-トリオール　485
プロパン-1,2,3-トリカルボキシアミド　597
プロパン二酸　47, 527
プロパン二酸=エチル=メチル　574
プロパンニトリル　386
プロパンヒドロキサム酸　285
プロパンヒドロキシム酸　285
プロパンペルオキソアート　761
プロピオニル　547, 548
プロピオフェノン　511
プロピオール酸　528
プロピオンアルデヒド　645
プロピオン酸　527
プロピニル型化合物　795
プロピリウム　775
プロピリデン　244, 421
プロピリデンアザニル　746
プロピリデンヒドラジン　711
プロピル　244, 245, 747
プロペニル型化合物　793
プロペン　24
プロポキシ　493
プロポキシド　507, 762
プロポキシリウム　777
プロポキシル　755
ブロマ　66, 104
ブロマン　96
ブロミド　70, 459, 566, 656
ブロミル　440, 462
ブロモ　70, 293, 440, 459, 566, 656
ブロモアセチレン　48
ブロモエチン　48
(R)-ブロモ(クロロ)フルオロメタン　826
ブロモシル　440, 462
N-ブロモスクシンイミド　617
α-ブロモトルエン　459
ブロモニウム　770
2-ブロモフェノール　485
(2S,3S)-3-ブロモブタン-2-オール　859
2-ブロモ-2-(ブロモメチル)ブチル　242
ブロモベンゼン　23
ブロモホルム　462, 463
(ブロモメチル)ベンゼン　459
ブロモメチレン　252
プロリン　980
分子内付加物　698
分離可能アルファベット順接頭語　44
分離可能接頭語　43, 451, 452

分離不可接頭語　43

へ

ベイエラン　919
平面四角形　865
ヘキサ　21
D-*arabino*-ヘキサ-2-ウロース　949
D-*lyxo*-ヘキサ-2-ウロース　949
D-*ribo*-ヘキサ-2-ウロース　949
D-*xylo*-ヘキサ-2-ウロース　949
L-*xylo*-ヘキサ-2-ウロース　956
ヘキサ-2-エン　22, 259
ヘキサクタ　21
ヘキサクロロシクロヘキサン　880
ヘキサゲルミナン　109
ヘキサコンタ　21
ヘキサ-1,3-ジエン-5-イン　91
ヘキサシリナン　107
ヘキサデカン酸　527
ヘキサノイル　752
ヘキサノイル=フルオリド　565
ヘキサフェン　146
ヘキサヘリセン　147, 164, 830
ヘキサメチルホスホロアミド　661
ヘキサメチルリン酸トリアミド　661
ヘキサリア　21
ヘキサンアミジン　625
ヘキサンアミド　597
ヘキサンイミドアミド　625
ヘキサン-2-イルクロリド　460
ヘキサンチオ O-酸　539
ヘキサン二酸　526
ヘキサンニトリル　639
ヘキソース　954
D-*allo*-ヘキソース　948
D-*altro*-ヘキソース　948
D-*galacto*-ヘキソース　948
D-*gluco*-ヘキソース　948
D-*gulo*-ヘキソース　948
D-*ido*-ヘキソース　948
D-*manno*-ヘキソース　948, 954
D-*talo*-ヘキソース　948
ヘクタ　21
β　916, 951
ヘチサン　918
ヘテラントレン成分　151
ヘテラン命名法　2, 298
ヘテロイミン　480
ヘテロ原子　66
　　——と接尾語　447
ヘテロ鎖　66, 394, 400
　　均一な——　437
ヘテロ単位　391

ヘテロデチック環状ペプチド　995
ヘテロール　489
ヘテロン　298, 464, 509, 518
　　——のカルコゲン類縁体　521
ヘテロン S-オキシド　795
ヘテロン類　310
ベナム　919
ヘプタ　21
ヘプタクタ　21
ヘプタコンタ　21
ヘプタコンタン　98
ヘプタリア　21
ヘプタン　98
ペプチド　991
ペプチド結合　991
ヘプトース　954
ヘミ　39
ヘミアセタール　50, 649
ヘミケタール　649
ベラトラマン　918
ヘリシティー　830
ヘリシティー則　830
ヘリセン　147
ペリミジン　148, 199
ペリレン　145
ペリロ　91, 155, 158
ペルオキシ　52, 70, 303, 501, 537, 557, 656
ペルオキシカルボン酸　537
　　——の官能基代置　541
ペルオキシ酸　560
ペルオキシド　298
ペルオキシ無水物　588
ペルオキシリウム　777
ペルオキシル　754
ペルオキソ　70, 303, 655
ペルオキソ酸　283, 537
ペルオキソラート　507, 762
ペルオキソール　282, 284, 298, 419, 485, 501
ペルクロリル　440, 462, 674
ペルスルフラン　97
ベルバマン　918
ベルビン　918
ペルフルオリル　440, 462
ペルブロミル　440, 462
ペルヨージナン　97
ペルヨージル　440, 462
ヘン　21
ヘンキリア　21
ベンザイン　270, 276
ベンザル　511
ベンジジノ　473
ベンジジン　473
ベンジリジン　252, 422
ベンジリジンアザニウム　772
ベンジリジンアンモニウム　772
ベンジリデン　252, 422
ベンジル　252, 422
ベンジルオキシ　295
(ベンジルオキシ)カルボニル　296
ベンジル酸　528
ベンジルシアニド　12

ベンジルブロミド 459
ベンズアミド 597
ベンズアルデヒド 645
ベンズヒドリル 255, 422
ベンゼニウム 770
ベンゼニウムイル 799
ベンゼニド 737, 759
ベンゼニリウム 774
ベンゼネリウム 799
ベンゼノール 4, 287, 289
ベンゼン 100, 400
ベンゼンアミニウムクロリド 802
ベンゼンアミニド 763
ベンゼンアミン 288
ベンゼンカルボアルデヒド 645
ベンゼンカルボジチオ酸 72
ベンゼンカルボセレノ酸 540
ベンゼンカルボチオイル 546
ベンゼンカルボチオ酸無水物 587
ベンゼンカルボニトリル 640
ベンゼンカルボニル 289, 291, 545, 752
ベンゼンカルボペルオキソ酸 528, 537
ベンゼンカルボン酸 287, 288, 526
ベンゼン酢酸 72, 90
ベンゼン-1,2-ジオール 486
ベンゼン-1,3-ジオール 486
ベンゼン-1,4-ジオール 486
ベンゼン-1,2-ジカルボアルデヒド 645
ベンゼン-1,4-ジカルボアルデヒド 645
ベンゼン-1,2-ジカルボニル 547
ベンゼン-1,2-ジカルボン酸 47, 526
ベンゼン-1,3-ジカルボン酸 526
ベンゼン-1,4-ジカルボン酸 526
ベンゼンジセレノペルオキソール 420
ベンゼンスルホナート 761
ベンゼンスルホニル 562
ベンゼンスルホン酸 560
ベンゼンチオール 71, 491
ベンゼン-1,2,4-トリカルボン酸 47
ベンゼン-1,2-ビス(オラート) 762
ベンゼン-1,2-ビス(チオラート) 762
ベンゼンヘキサイル 25
ベンゼンヘキサオール 90, 487
ベンゾ 91, 152, 155, 158
ベンゾイル 289, 295, 545, 752
ベンゾイル=シアニド 49

ベンゾイン 524
4H-3,1-ベンゾオキサアジン 153
4H-3,1-ベンゾオキサジン 90
2H-1,3-ベンゾオキサチオール 198
3-ベンゾオキセピン 90, 152
ベンゾ[d]オキセピン 152
1,4-ベンゾキノン 510
1-ベンゾセレノピラン 149
2-ベンゾセレノピラン 149
1-ベンゾチオピラン 149
2-ベンゾチオピラン 149
ベンゾ[pqr]テトラフェン 162
ベンゾ[m]テトラフェン 164
1-ベンゾテルロピラン 149
2-ベンゾテルロピラン 149
ベンゾニトリリウム 772
ベンゾニトリル 640
1-ベンゾピラン 149
2-ベンゾピラン 149
1-ベンゾピリジン 3
ベンゾ[b]ピリジン 3
ベンゾフェノン 510
ベンゾフラン 153
1-ベンゾフラン 153
2-ベンゾフラン-1,3-ジオン 593
ペンタ 21
ペンタエリトリトール 485
ペンタ-1-エン-4-イン 258
ペンタ-3-エン-1-イン 258
ペンタ-2-エン-1,5-ジオール 487
ペンタキス 21
ペンタクタ 21
ペンタコンタ 21
ペンタシラン 98
ペンタセン 146
ペンタゾラン 109
ペンタゾリジン 109
ペンタナール 89, 644
ペンタノイル 23
ペンタフェン 146
ペンタホスファン 98
nido-ペンタボラン(9) 688
ペンタリア 21
ペンタレノ 158
ペンタレン 146
ペンタン 3, 44
ペンタン-2-イル 250
ペンタン-3-オン 49
ペンタンジアミド 597
ペンタンジアール 644
ペンタンジオイル 547
ペンタン-2,4-ジチオン 521
ペンタンジニトリル 639
ペンタン二酸 527
ペンチル 44
tert-ペンチル 255, 423
ペンチルオキシ 12, 295, 492
ペンチルシアニド 639
ペントース 954

D-arabino-ペントース 948
D-lyxo-ペントース 948
D-ribo-ペントース 948
D-xylo-ペントース 948
ヘンヘクタ 21

ほ

母音字
　　——の省略 89
　　——の補足 91
ホウ酸 302, 652, 691
ホウ素 2
　　——の酸に由来する置換基 671
ホウ素化合物 298, 686
飽和状母体水素化物 246
飽和複素環化合物
　　——の PIN 416
ホスファ 66, 104
6λ5-ホスファスピロ[4.5]デカン 66
ホスファチジルイノシトール 1008
ホスファチジルエタノールアミン 1008
ホスファチジルコリン 1008
ホスファチジルセリン 1008
ホスファチジル糖イノシトール 1009
ホスファチジン酸 1007
3-sn-ホスファチジン酸 1007
ホスファニウム 770
　　——の立体表示 862
ホスファニダ 67, 765
ホスファニリジン 244
ホスファニル 244, 421, 725
ホスファノ 184
ホスファノン 518
ホスファン 96, 397, 723
λ5-ホスファン 97
ホスファンオキシド 518
　　——の立体表示 862
ホスファントリジン 150
ホスファントレン 151
ホスフィナン-3,5-ジイル 246
ホスフィニジン 244
ホスフィニル 667
ホスフィニン 35
ホスフィニン-2(1H)-オン 35
ホスフィノ 244, 725
ホスフィノイル 667
ホスフィノリジン 150
ホスフィノリン 150
ホスフィン 397, 723
ホスフィンイミド 792
ホスフィンイミドイル 668
ホスフィンオキシド 518, 792
ホスフィン酸 300, 652, 659
ホスフィンドリジン 150
ホスフィンドール 150

(ホスフェノ) 185
ホスホ 464
ホスホナト 767, 962
ホスホニウム 770
ホスホノ 666, 962
ホスホノイル 666
(ホスホノオキシ)酢酸 670
ホスホラン 97, 270
ホスホリル 295, 666
1H-ホスホール 106, 270
ホスホロソ 464
ホスホロチオイル 667
ホスホロニトリドイル 668
ホスホロヒドラジドイミドイル 668
ホスホン酸 42, 300, 652, 659
　　——の立体表示 863
保存縮合環名 417
保存接頭語 252
　　GIN においてのみ推奨される—— 422, 423
　　水素化段階の修飾—— 426
　　廃止となった—— 422, 424
保存名 7
　　——における置換規則 46
　　官能性母体化合物の—— 286
　　GIN として推奨される—— 419
　　PIN として使用される—— 419
母体アニオン
　　——の選択 768
母体カチオン
　　——の選択 786
母体環
　　——の選択 402
母体間成分 154
母体構造 3
　　——の優先順位 311
母体水素化物 3, 41, 95
　　——の水素化の段階 415
　　——の選択 441
　　——の優先保存名 414
母体成分 154
　　——の優先順位 169, 201
母体炭化水素環成分 144
母体単糖類 947
母体置換基 375
　　ステレオジェン中心をもつ化合物における—— 382
　　同位体標識された化合物における—— 381
母体複素環成分 148
母体ラジカル
　　——の選択 757
ポドカルパン 919
ボバサン 918
ホパン 919
ボブツシン 918
ホモ 226
　　——の優先順位 922
ホモシステイン 981

和 文 索 引　　　1135

ホモセリン 981
ホモセリンラクトン 981
ホモデチック環状ペプチド 995
ホモフラーレン 226
ボラ 66,104
ボラタ 765
ボラニリア 781
ボラニリジン 671
ボラニリデン 244,421, 671,690
ボラニル 244,671,690,748
ボラヌイダ 67,765
ボラヌイドイル 768
ボラノ 184
ボラン 96,686
λ¹-ボラン 686
ボラン 96
ボランジイル 421,671,690
ボラントリイル 671,690
ボラントレン 151
ポリ亜アルソル酸 301
ポリ亜アルソン酸 300
ポリアザン 721
ポリ亜スチボル酸 301
ポリ亜スチボン酸 300
ポリ亜セレン酸 302
ポリアセン 144
ポリ亜テルル酸 302
ポリアニオン 767
ポリアフェン 146
ポリ亜ホスホン酸 300
ポリアミドラジカル 754
ポリアミン 473
ポリアミンラジカル 754
ポリ亜硫酸 302
ポリ亜リン酸 301
ポリアルソル酸 301
ポリアルソン酸 300
ポリアレン 146
ポリイミンラジカル 754
ポリウレット 615
ポリエステル 574
ポリカチオン 783
ポリシクロ環化合物
　　──の立体表示 887
ポリシクロ環系 112
　　──の優先順位 332
ポリシクロ脂環式炭化水素 113
ポリシクロ母体水素化物 111
ポリスチボル酸 301
ポリスチボン酸 300
ポリスピロ環
　枝分かれのある── 135
ポリスピロ脂環式環 123
ポリセレン酸 302
ポリ炭酸 299,551
　　──に対する官能基代置 557
ポリテルル酸 302
ポリナフチレン 146
ポリフェニレン 146
ポリフェラスタン 919
ポリヘリセン 147
ポリホスホン酸 300
ポリ無水物 589

ポリラジカル 750,755
ポリリデン 244
ポリ硫酸 302
ポリリン酸 301
ボリル 244
ボリレン 421
ボリン酸 301,652,691
ボルナン 919
ポルフィリン 919
ホルマザン 259,288,400, 719
ホルマザン-1-イル 290
ホルマザン-1-イル-5-イリ デン 290
ホルマザン-1,5-ジイル 291
ホルミル 289,291,427, 519,543,544
4-ホルミル安息香酸 544
ホルミルオキシ 551
ホルミル=シアニド 641
ホルミルスルファニル 551
3-ホルミルプロパン酸 645
ホルミル=ブロミド 565
N-ホルミルホルムアミド 606
ホルムアミジンジスルフィド 631
ホルムアミド 597
ホルムアルデヒド 645
ホルムイミドイルアミノ 629
ホルムイミド酸 533
ホルモサナン 918
ホルモニトリル 640
ホルモニトリル=オキシド 466
ポロナ 66
ポロニウム 2
ボロノ 671
ボロン酸 301,652,691

ま　行

マトリジン 918
丸括弧 34,83
β-マルトース 977
マレイン酸 527
マロニル 547
マロニルジクロリド 566
マロン酸 47,527
マンキュード 102
マンキュード化合物 257, 415
マンキュード環 834
マンキュード母体水素化物 247
マンノ 954
D-マンノサミン 959
D-マンノース 948,954

Mills 描画 952

無水コハク酸 516,592
無水酢酸 50,587
無水フタル酸 593
無水物 297,385
　糖類の── 972

無水マレイン酸 593
メシチレン 101,457
メタ亜アルソル酸 677
メタ亜スチボル酸 677
メタ亜ヒ酸 677
メタ亜リン酸 677
メタアルソル酸 677
メタクリル酸 527
メタクリロイル 547
メタケイ酸 677
メタスチボル酸 677
メタナール 645
メタニウム 89,282,770
メタニウムイル 42,747
メタニド 737,759
メタニドイル 768
メタニリデン 243,244,422
メタニル 243,244,421
メタノ 182
メタノイル 291,544
メタノラート 762
メタノール 12,49,487
メタヒ酸 677
メタホウ酸 677
メタラサイクル 741
メタリン酸 677
メタン 3,44,400
(¹⁴C)メタン 807
(²H₁)メタン 807
メタンアミニウム 282
メタンアミニウム=クロリド 483
メタンアミニド 763
メタンアミニル 746
メタンアミン 469,738
メタンイミドアミド 629
2-メタンイミドイルヒドラ ジン-1-イル 635
メタンイミド酸 533
メタンイミドヒドラジド 635
メタン酸 287,288,526
メタンジアゾニウム 776
メタンジイミン 259
メタンジイル 52,420
メタンスルフェン酸 502
メタンスルホノペルオキソ酸 560
メタンスルホンアミド 598
メタンセレノイル 646
メタンチオイル 546,646
メタンチオ S-酸 540
メタン-SO-チオペルオキ ソール 420,502
メタンテルロイル 646
メタントリイル 749
メタンニトリル 640
メタンヒドラゾノアミド 634,635
メタンヒドラゾノイルアミノ 634,635
メタンペルオキソ酸 528, 537
メチオニン 979
(メチノ) 185
メチリウム 747,774,775
メチリウムイル 799

メチリジン 749
メチリデン 243,244,420, 422,749
5-メチリデンシクロペンタ- 1,3-ジエン 261
3-メチリデンヘキサン 456
メチル 243,244,421,738, 747
メチルアザニウムクロリド 483
メチルアザニル 746
メチルアザン 469
メチルアザンジイル 53
メチルアニオン 759
4-メチルアニリン 469
N-メチルアニリン 468
メチルアミド 763
メチルアミノ 295,473
メチルアミン 469
メチルアルコール 12,49, 487
1-メチルエチリデン 253
1-メチルエチル 243,422, 748
1-メチルエトキシ 493
メチルオキシダニリウム 778
メチルオキシダニル 755
メチルカチオン 774
メチルクロリド 735
メチルジアゼニリウム 776
2-メチルシクロペンチル 250
(メチルジスルファニル)メタ ン 498
メチルジチオキサン 730
メチルスルファニル 492
(メチルスルファニル)ベンゼ ン 498
(メチルスルファニル)メタン 496
メチルチオ 492
S-メチルチオヒドロペルオ キシド 502
(メチルチオ)メタン 496
1-メチルトリアザン 721
1-メチルトリデカスタンナ ン 7
2-メチル-1,3,5-トリニトロ ベンゼン 463
メチル尿素 24
N-メチルヒドロキシルアミ ン 706
O-メチルヒドロキシルアミ ン 48,707
メチル(ビニル)ジアゼン 716
2-メチルフェニル 255,424
4-メチルフェニル 252
メチル(フェニル)アルシノイ ル 667
メチルフェニルエーテル 12,495
4-メチルフェノール 486
2-メチルブタ-1,3-ジエン 259
2-メチルブタン 456
2-メチルブタン-2-イル 255,423

1-メチルブチル　250
2-メチルブチル　250
3-メチルブチル　255,423
2-メチルプロパ-2-エノイル　547
2-メチルプロパ-2-エン酸　527
2-メチルプロパン　456
2-メチルプロパン-2-イル　250,748
2-メチル-5-(プロパン-2-イル)フェノール　486
5-メチル-2-(プロパン-2-イル)フェノール　486
2-メチルプロパン-2-オール　487
2-メチルプロパン酸　528
2-メチルプロパンジアミド　23
1-メチルプロピル　255,422
2-メチルプロピル　255,422
1-メチルプロポキシ　492,493
2-メチルプロポキシ　493
(メチルペルオキシ)エタン　498
2-(メチルペルオキシ)プロパン　498
N-メチルベンズアミド　599
4-メチルベンゼンアミン　469
2-メチルペンタン　45
3-メチルペンタン　45
1-メチルペンチルクロリド　460
メチルホスホノイル　667
P-メチルホスホンイミドチオ酸　72
メチルボラヌイド　11
メチル 1-メチルエチルペルオキシド　498
メチルヨージド　459
メチレン　52,420,749
メチレンジニトリロ　296
メチレンビス(ホスホロチオイル)　296
(メテノ)　185
メトキシ　493
(メトキシアミノ)ホスファニル　296
メトキシエタン　495
N-メトキシエタンアミン　480
(メトキシカルボノチオイル)オキシ　296
メトキシスルホニル　563
メトキシド　507,746,762
4-メトキシフェニル　427
メトキシベンゼン　12,287,288,495

メトキシメタン　494
メトキシシリウム　777,778
メトキシシル　746,748,755
メルカプト　244,294,490
面性キラリティー　830
メンタン　919

モノ　20,21
モノエステル　573
モノスピロ脂環式環　122
モノチオアセタール　649
モルフィナン　918
モルホリン　10,104

や　行

有機官能性母体化合物　288
有機金属化合物　736
　　──の優先順位　743
有機付加物　36
有機-無機混合付加物　39,484
有向グラフ　832
　　環の──　834
　　鎖状分子の──　832
　　多重結合の──　833
優先 IUPAC 名(PIN)　1,3,383
　　──の選択　356
優先 IUPAC 命名法　1
優先順位
　　カルコゲン類縁体接頭語における──　656
　　カルコゲン類縁体挿入語の──　655
　　ハロゲン・擬ハロゲン接頭語における──　656
優先順位数　865
優先する命名法　384
優先接頭語　421
優先保存名　414
優先母体構造　311
優先立体表示記号　825

ヨウ化テトラメチルアザニウム　483
ヨウ化テトラメチルアンモニウム　483
ヨウ化メチル　459
ヨウ素　2
ヨウ素酸　302,652
ヨージド　70,459,566,656
ヨージナン　97
1λ³-ヨージナン　110
ヨージル　440,462
ヨーダ　66,104
ヨーダン　96

λ³-ヨーダン　97
ヨード　70,293,440,459,566,656
ヨードシル　440,462
ヨードニア　67,781
ヨードニウム　770
ヨードホルム　462
ヨードメタン　459
1H-1λ⁵-ヨードール　110
予備選択接頭語　7,421
予備選択接尾語　7
予備選択名　7,676
　　──の選択　397
ヨヒンバン　918
四炭酸　551
　　──に対する官能基代置　557
四リン酸　301

ら～わ

like　832,848
雷酸エステル　466
酪酸　526,529
酪酸エチル　48
ラクタム　609
ラクチド　585
ラクチム　609
ラクトン　584
ラジカル　257,285,297,747
　　──の PIN　746
　　──の優先順位　757
　　──の λ-標記　751
　　──を表す接頭語　756
　　非局在化した──　801
ラジカルアニオン　297,798
ラジカルイオン　798
ラジカルカチオン　297,798
ラセミ体　860
ラノスタン　919
ラフィノース　977
ラブダン　919
λ″　66
λ-標記　19
　　イリウム，イウムを伴った──　787
　　イリウムを伴った──　779
　　ラジカルの──　751
ラムノース　957
ランチオニン　981

D-リキソース　948
リグナン　919
リコポダン　918
リコレナン　918

リシン　979
立体異性体　823,826
立体異性同位体置換化合物　811
立体配座　858,907
立体配置　371,858
　　──の特定　858
　　四面体以外の──　864
　　二重結合の──　875
　　ヘテロ原子二重結合の──　876
立体表示記号　355,823,824
　　──と PIN　371
　　──の組合わせ　850
　　──の順位規則　831
　　──の省略　825,883
立体母体構造　915
リトラニジン　918
リトラン　918
D-リボウロース　949
D-リボース　948
硫酸　302,653
　　──の立体表示　863
硫酸エステル
　　糖の──　962
硫酸=水素=メチル　664
硫酸ビス(メタンアミニウム)　802
両性イオン　297
両性イオン化合物　787
リン　2
リンイリド　790
リン化合物　298,705,722
リン酸　7,301,652
　　──の立体表示　863
リン酸エステル
　　糖の──　962
リン酸トリメチル　7,664
リン酸二水素ナトリウム　571
リン酸=二水素=メチル　664

ルイス付加物　696
ルテノセン　740
ルナリン　918
ルパン　919
ルビセン　145

レアダン　918
レソルシノール　486
レチナール　919
レトロ　17
連結位置番号　207
連結原子　207
連結接頭語　242
連結操作　12

ロイシン　979
ロサン　919
ロジアシン　918

第 1 版 第 1 刷 2017 年 4 月 3 日 発行

有 機 化 学 命 名 法
IUPAC 2013 勧告および優先 IUPAC 名

Ⓒ 2 0 1 7

訳　著	公益社団法人 日本化学会 命名法専門委員会
発 行 者	小 澤 美 奈 子
発　　行	株式会社 東京化学同人

東京都文京区千石 3-36-7(☎112-0011)
電話 03-3946-5311・FAX 03-3946-5317
URL: http://www.tkd-pbl.com/

印　刷　中央印刷株式会社
製　本　株式会社 松 岳 社

ISBN 978-4-8079-0907-0
Printed in Japan
無断転載および複製物(コピー，電子
データなど)の配布，配信を禁じます．